THE AMERICAN HELIOCENTRIC EPHEMERIS

2001-2050

Compiled and Programmed by

Neil F. Michelsen

with formatting by Gerald Peters

Introduction by

Robert Hand

Starcrafts Publishing

PO Box 446

Exeter, New Hampshire 03833

The American Heliocentric Ephemeris 2001-2050

Previously published by ACS Publications in1982 for the years 1901-2000,
and in 1996 for the years 2001-2050

First printing by Starcrafts Publishing 2007

Compiled and Programmed by Neil F. Michelsen

Formatting by Gerald Peters
Introduction by Robert Hand
Cover by Maria Kay Simms

The planetary mandala used on the cover is adapted from computer plotter graphics by Neil F. Michelsen for ***Tables of Planetary Phenomena.*** It is based on the heliocenric orbital paths of Mercury and Earth from May, 1931, to May 2032.

ISBN 978-0-9762422-5-3

Library of Congress Control Number: 2007932720

Published by:

Starcrafts Publishing, Starcrafts LLC
PO Box 446
Exeter, NH 03833-0446

In Memoriam

Neil F. Michelsen

May 11, 1931—May 15, 1990

Publisher's note:

With the publication of **The American Ephemeris 1931-1980** in 1976, Neil F. Michelsen began the series of computer generated ephemerides that are his most enduring legacy. As a primary pioneer of computer technology for astrology, he set high standards for accuracy. Among the numerous reference works he compiled and programmed was *The American Heliocentric Ephemeris.* Through his company, ACS Publications, Neil published *The American Heliocentric Ephemeris 1901-2000.* After his passing, ACS utilized Neil's programming to extend the years, and in 1996, published *The American Heliocentric Ephemeris 2001-2050.*

This volume, published with copyright by The Michelsen-Simms Family Trust, is for the most part, a reprint of the 2001-2050 edition from ACS Publications. There are no changes in the ephemeris data or in the opening article, "Ephemeris Construction and Use." I am very grateful to Rob Hand for his review and minor revisions of his ***Introduction*** on heliocentric astrology, and to Rique Pottenger for his utilization of Neil's programming routines to prepare the ephemeris pages for this new printing from Starcrafts Publishing.

—Maria Kay Simms

Ephemeris Construction and Use

Planetary Positions in *The American Heliocentric Ephemeris 2001-2050* are calculated for Oh (midnight) Ephemeris Time (UT). Aspect times, planetary nodes, perihelia and Radius Vectors are also given in UT.

The planetary data on which this ephemeris is based represent an advance beyond our previous high-quality ephemerides. All the planetary positions are based on the data from the Jet Propulsion Laboratories (JPL) identified as DE200 which has been used in *The Astronomical Almanac*, the joint publication of the United States Naval Observatory and the Royal Greenwich Observatory, since 1984. The reduction of the JPL barycentric rectangular coordinates for the equator and equinox of J2000.0 to heliocentric coordinates for the true ecliptic and equinox of the date follows the procedure given in *The Astronomical Almanac,* pages B36-B37.

Using This Ephemeris

The experienced astrologer should have no difficulty using most of the information provided in this ephemeris. Full details of horoscope calculation are provided in the *Michelsen Book of Tables.*

Heliocentric longitudes and latitudes of the planets Mercury, Venus, Earth and Mars are given to minutes of arc. (As Earth's orbital plane defines the ecliptic, Earth's heliocentric latitude is effectively zero and not listed.) Positions of Jupiter, Saturn, Uranus, Neptune and Pluto are given every five days, to a tenth of a minute of arc to provide greater accuracy in interpolation. Two months are compressed onto one page to provide the greatest economy of space and cost.

Phenomena

A specialized **Phenomena Section** in the center part of each ephemeris page lists specialized information unique in its importance to heliocentric astrology.

The heliocentric North Node of each planet is given for the first day of every other month (that is the first day of the first month on each two-month page). The heliocentric South Node is precisely opposite the North Node. This differs from geocentric nodes which are rarely exactly opposite each other. These values change very slowly.

Also given every other month are Perihelia of the planets. **Perihelia** (singular: perihelion) are rhe orbital points where each planet passes closest to the Sun and is therefore moving at its fastest speed. Exactly opposite the perihelia are the **Aphelia** (singular: aphelion), the points of greatest distance of each planet from the Sun, where orbital speed is slowest. The relative distance of each planet from the Sun (heliocentric **Distance Values**) can therefore be estimated by noting whether the planet is closer to its Perihelion or Aphelion.

Exact distances from the Sun, in fact, are also listed monthly. This value is called by astronomers the **Radius Vector** of the planet. Radius Vectors are given for the first of each month on the Phenomena Section just above the North Nodes and Perihelia. They are expressed in Astronomical Units (A.U.), with one A.U. equal to the mean distance of the Earth from the Sun. The Radius Vector values for Mercury and Venus, in particular, move relatively fast and may change considerably during the month, though the rest of the planet's elements move more slowly.

For example, examine the ephemeris page for January/February, 2001. Mercury's North Node is given as 18°20' Taurus on January 1 at 0:00 UT. At the same moment, the swift planet's Perihelion was 17°28' Gemini. Its Radius Vector was 0.445723 Astronomical Units, meaning about $^{44}/_{100}$ of 93 million miles. By February 1, Mercury's Radius Vector had shifted to 0.307624 A.U.s.

In the Radius Vector section you will find a small "a" or "p" if the planet reaches its Aphelion or Perihelion, respectively, **sometime** during the month. In February of 2001, this is given for both Mercury and Venus. A glance at the Perihelion listing reveals Mercury's Perihelion to be 17° Gemini and that of Venus, about 11° of Leo. Their **Aphelia** (opposite of Perihelia) are the opposite degrees. Glancing at the ephemeris proper, we find Mercury passing through 17° Sagittarius on March 17, 2001. The aspectarian for that date gives the time at 2:52 pm UT. Venus passes its Aphelion (11° Aquarius) on June 14, 2001, with the aspectarian providing the time, 7:04 pm UT. In the January Radius Vector Section we find Earth followed by a "p," indicating a Perihelion crossing during that month. As Earth's Perihelion is 14° Cancer, we search the ephemeris for Earth's transit of that degree, which occurred on January 4. Examining the first half of the aspectarian at the bottom of the page, we find the exact time to be 8:53 am UT.

Incidentally, these are **osculating elements**, or **true** elements of the planets, rather than mean values given in virtually all astronomical references. Not until 1981 did the U.S. govenment ephemeris, for example, list the osculating elements of all the planets.

The complete **daily aspectarian** lists exact times of all heliocenric aspects, plus Tropical sign ingresses, zero latitudes, and Perihelion and Aphelion passages. The zero latitude moments are identical with each planet's conjuncion with its own North or South Node.

This aspectarian is divided into two parts. The first half displays aspects in the first month on the page. The second half gives the second month. Thus, on January/February, 2001 page, January 1 is found to feature Venus sesquiquad Mars, Mercury sesquiquad Jupiter; while February 1 is the day of Mercury trine Mars, Mercury Perihelion, and Earth trine Pluto.

Introduction

by Robert Hand

Why this Ephemeris?

Heliocentric planetary positions are those determined using the **heliocenter**, or Sun's center, as the point of observation. That is, a heliocentric chart reveals how the planets are arranged as viewed from the Sun. In contrast, the majority of astrology (and thus of astrological references) is done from a **geocentric**, point of view from the center of the Earth.

Yet, of all the astrological research conducted over the last 30 years, heliocentric astrology has been one of the most fruitful in demonstrating a correlation between celestial and terrestrial phenomena. Evidence exists, with various degrees of reliability, showing the potentially great value of heliocentric astrology not only in natal (behavioral) analysis, but also in predictions of mass uprisings, of geophysical phenomena such as radio interference and weather conditions, of stock market and other economic fluctuations, etc.

This ephemeris was created in response to a major demand from the astrological community for a complete heliocentric ephemeris, to allow more detailed and extensive research into this promising area. Previously there have been few sources for this information. Computer firms such as Astro Communications Services have made heliocentric horoscopes available for some time now. Otherwise, one has been generally limited to government ephemerides, such as *The American Ephemeris & Nautical Almanac* (renamed *The Astronomical Ephemeris in 1981*). This ephemeris, issued annually by the U.S. Naval Observatory, is relatively expensive, and extremely hard to locate for back years, large university or urban libraries often being the only source. For a time in the 1960s, Ebertin Verlag of West Germany issued annual heliocentric ephemerides which were inexpensive and relatively accessible; but there remained the problem of back and future years, and they are no longer in print.

More recently, Michael Erlewine, who has done considerable ground-breaking work in heliocentric astrology, published a book titled *The Sun is Shining,* by means of which an astrologer can calculate heliocentric positions with the aid of a small calculator. Yet, while useful, it is not as convenient to use as a true ephemeris.

A few years ago, various groups including Astrolabe, Phenomena Publications and Matrix began to explore the possibilities of producing a full heliocentric ephemeris for the 20th century. After negotiations and fiscal adjustments, Astrolabe inherited the now scaled-down project and published a small edition of a ten-year helio ephemeris for the 1980s. This, unfortunately, was the limit of what the original planners could provide for the present.

With the increasing cry from astrologers for a more extensive helio ephemeris – a cry arising primarily from the publication of T. Patrick Davis' work on helio astrology, described below – I told Neil Michelsen in the fall of 1981 that if Astro Computing Services had the resources, interest and energy to produce a full heliocentric ephemeris, they should do so. The result was *The American Heliocentric Ephemeris 1901-2000.*

Use of Heliocentric Astrology

It should be said at the outset that heliocentric astrology is neither more nor less scientific than geocentric astrology. We should not use heliocentric astrology simply because it is based on a "more scientific" view of the solar system. The fact that "standard" astrology has been done from the geocentric perspective has always been one of the criticisms leveled at astrology by its critics; however, this is a completely specious argument. What concerns astrology is the experience of effects **upon the Earth.** It is therefore logical to look at the heavens from an Earth-centered perspective.

Based upon this point of view, one would be justified in asking why we should look at heliocentric astrology at all. In fact many astrologers have dismissed heliocentric astrology out of hand for just that reason, without bothering to check heliocentric astrology's effectiveness. But the answer to this challenge is simple: The Sun affects us more than any other celestial body, and we are, in fact, within the limits of the Sun's atmosphere, or **corona**. It's accurate, then, to say that while we are on the surface of the Earth, we are also within the direct sphere of influence of the Sun. (Compare this to an airplane in the upper reaches of the Earth's atmosphere. Wouldn't traditional, geocentric astrology consider it within the Earth's sphere of influence?)

One of the most powerful of the Sun's influences, outside of the daily radiation that heats the Earth, is the solar wind, a stream of particles coming from the surface of the Sun toward the Earth and other planets. These particles cause tremendous disturbances of the Earth's ionosphere. There are indications that they in turn are connected with particularly disturbed periods in Earth's history.

What should we use heliocentric astrology for? Many feel that it is most useful for mundane astrology and studying mass behavior, having little usefulness in individual natal astrology. But those of us who have studied the matter more extensively do not agree. Heliocentric positions are apparently useful for both mundane and personal astrology. A purely heliocentric astrology lacks some of the major factors that are found in geocentric astrology, such as the Moon, all of the houses, and the Lunar Nodes; and there are fewer differences among the heliocentric charts of individuals born on the same day than among the geocentric ones. But this does not alter the fact that heliocentric astrology is useful for the study of individuals.

We aren't suggesting that heliocentric charts be used instead of geocentric charts. The two systems of charting should be used together, at least for individual natal astrology. However, as we shall see, even though there are some factors of geocentric astrology that are missing in heliocentric astrology, there are also some factors which are unique to heliocentric astrology.

For example, in heliocentric astrology the planets Mercury and Venus are no longer tied to the position of the Sun (or Earth as it actually would be in heliocentric astrology). That is, Mercury is no longer restricted to a zone 28° to either side of the Sun, nor is Venus to a 48° elongation. Also, Mercury in particular moves very rapidly, more than 6° per day at times. And, while there are no house cusps or lunar nodes, there are planetary nodes and the Perihelia of the planets (points where planets come closest to the Sun). Planetary nodes have been used geocentrically as well, but there are problems with their use in geocentric astrology. These problems are discussed below.

Contrasts of Types

Michael Erlewine has suggested that a personality typology can be derived from the comparison of dominant aspect patterns in the heliocentric chart with those in the geocentric chart. To take a simple example, one can compare the dominance of hard and soft aspects in the two charts. One might have a predominantly hard aspect chart heliocentrically, and a soft aspect chart geocentrically. This would produce a personality type that would be quite different from an individual that had a soft aspect chart heliocentrically and a hard aspect chart geocentrically. The first type (**helio hard/geo soft**) may have a great deal of inner turbulence and experience internal psychological crises, but have a relatively easy time handling the outside world. This could result in a rather energetic individual, though one who might have difficulty attaining inner peace. The second type (**helio soft/geo hard**) may be more tranquil internally, but might experience more difficulty dealing with the exterior world. This could be especially difficult because the lack of inner turbulence can also express itself as a lack of inner energy with which to face challenges from the outer world.

I do not mean to imply that geocentric astrology does not indicate psychological states; but these states are more often projected onto external circumstances than with heliocentric, or have a social dimension even when they are internal. In natal astrology, the heliocentric chart seems to describe the inward nature of the individual **with little reference to the changes brought on by encounters with the environment.** Such encounters, after all, are symbolized by the houses. It might be regarded as what the individual might be like if his or her development were solely the result of inner drives. This is not to say, though, that heliocentric astrology is more spiritual or esoteric than geocentric astrology. It is simply more internal. Nor does that mean that it is less observable. For example, health and other physical problems seem to be shown more clearly and simply in heliocentric charts than in geocentric ones.

Socio-Political Responses

While on an individual basis heliocentric astrology seems to have a tendency to affect inward states most significantly, it also has a very powerful effect on mass behavior and is, therefore, extremely useful in mundane astrology, especially for predicting the likelihood of history-making events which are the result of spontaneous mass behavior rather than planned, intentional activity.

For example, a series of hard aspects between the planets, both inner and outer, seems to correlate with times when groups of individuals are likely to be disturbed. Riots tend to occur at such times and people in groups seem to be more irritable than usual. On the other hand, periods in which soft aspects prevail are times of low energy. People are calm and placid, and may even have difficulty staying awake long enough to get a job done.

Considerable work has been done which relates heliocentric planetary aspects to disturbances on the surface of the Sun, most notably solar flares and sunspots. John Nelson, formerly of R.C.A., is particularly known for his work correlating disturbances in the Earth's ionosphere with heliocentric planetary positions. Ionospheric disturbances also are related to both sunspots and geomagnetic storms. Recent work by both Thomas Shanks and Geoffrey Dean has begun to call Nelson's work into question; however, there still seems to be some kind of connection between heliocentric planetary positions and solar events.The correlations may not be exactly the way that Nelson views them, but they appear to be real correlation nevertheless. Dean himself has noted a possible relationship between planetary declination on the solar equator and the formation of sunspots.

In my own work I have noted that periods of revolutionary activity, such as the American and French Revolutions, seem to come at the peaks of solar activity. In accordance with the principle cited above, revolutions seem to be the result of outbreaks of popular outrage, rather than the result of consciously **planned** activity. In contrast, wars which are usually planned by the aggressor nations do not correlate with solar activity at all.

Mixing Media: The Use of Heliocentric with Geocentric Positions

Several advocates of heliocentric astrology recently have begun to recommend the use of heliocentric positions along with geocentric positions in the standard geocentric chart. Premier among these has been T. Patrick Davis in her 1980 book, *Revolutionizing Astrology With Heliocentric*. According to this practice, one should look at the aspects that heliocentric planets form with geocentric planets as well as those formed with other heliocentric positions. House and sign positions of heliocentric positions are treated just as if they were geocentric. No real interpretive distinction is made between the two frameworks, except that there is an Earth as well as a Sun. Transits and progressions are made with both heliocentric and geocentric positions to both heliocentric and geocentric natal positions. The two coordinate systems are mixed in every possible way.

On the face of it, this seems to be an extremely implausible procedure, like adding apples and oranges. Yet there is a possible rationale. Refer to Figure 1. In this figure we have a schematic representation of **Venus heliocentrically** at 0° Aries, with the **geocentric Moon** also at 0° Aries. That is, the "line of sight" from the Sun toward Venus and from the Earth toward the Moon, are both in the **direction** which we call 0° Aries.

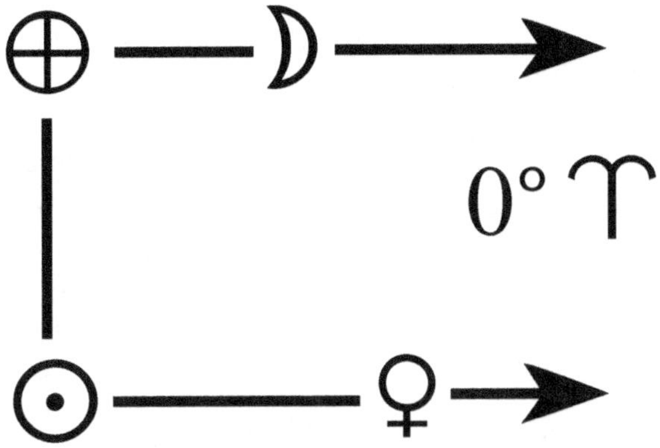

Fig. 1

Connecting the Sun and Earth, we obtain a base line from which the Earth-Moon and Sun-Venus lines run. Note that the Earth-Moon line is parallel to the Sun-Venus line. Just possibly, it isn't important in astrology that placements or aspects be drawn from a single center. It's possible, perhaps, for there to be more than one center, such that aspects arc formed by looking at the angular relationships between lines radiating from each center to the planets in question. This is possible, I say, but we need much more rigorous work than has been done so far in order to reach a sure decision.

However, while it may be plausible to mix two coordinate systems in this manner, I personally don't recommend it. It strikes me as far better to keep the two systems separate, and to discriminate between the two types of charts by finding for each a role that it plays in interpretation better than the other. The problem is that one is nearly doubling the number of factors in a single chart. Thus, it's not surprising that advocates of the mixed-coordinate school claim that their system explains phenomena that were not previously explainable. The more factors that we introduce into a single chart without differentiation, the greater the risk we run that the results are **chance** combinations without meaning. This same logic applies, incidentally to hypothetical planets, asteroids and other devices which increase the content of a chart.

Obviously any new factor or technique should be used if it consistently explains the previously unexplained with great accuracy. However, I am not convinced at this time that this is the case with the mixing of heliocentric and geocentric coordinates.

Having stated my opinion on the matter, I recommend finally that one should explore this matter for oneself and come to one's own conclusions. Davis' book, mentioned above, is the primary source book for this theory of heliocentric astrology.

Some Techniques Peculiar to Heliocentric Astrology

Despite the lack of houses and the Moon, there are some factors which are either peculiar to heliocentric astrology, or are much less ambiguous when used in heliocentric astrology. Among these are **Perihelia** and **planetary nodes**.

Perihelia. Perihelia (plural of **Perihelion**) are the points in the orbits of the planets at which they come closest to the Sun. When a planet passes through its Perihelion it also reaches its maximum orbital speed. In John Nelson's work there is some evidence that planets have their maximum effects when they move the fastest. High speed enables the planet to make the maximum number of aspects in the minimum time. This idea is somewhat contradictory to conventional (geocentric) astrological methods in which a slow-moving planet is given more emphasis than a fast-moving one; yet, if a manifest phenomenon is the result of several critical energy points being reached in the shortest possible time (i.e., several hard aspects occurring in a short period), then the Nelson hypothesis makes sense. It's interesting to note that mundane astrologers in the 19th Century (as well as in modem times) have regarded approaches of the outer planets to their Perihelia to be very important, usually signifying crises in the offing.

Planetary Nodes. Most astrologers do not think of planetary nodes as solely of relevance to heliocentric astrology. They are being used geocentrically by several astrologers, at least experimentally (see *The Node Book* by Zipporah Dobyns). But there are ambiguities in the use of planetary nodes geocentrically that one does not encounter in heliocentric astrology.

A geocentric node of a planet is normally defined as the geocentric position of the **point** in the planetary orbit where the planet crosses the plane of the Earth's or bit. For purposes of the helio-geo conversion, the nodal point is implicitly defined, therefore, as having the same distance from the Sun that the planet would have if it were occupying that position in its orbit. From a strictly astronomical point of view this idea makes sense; but from an astrological point of view it can at least be questioned, in two ways.

First of all, one can take the position of Charles A. Jayne and Carl Payne Tobey that the nodes are not to be treated as points in an orbit with a definite distance from the Sun, but as **linear axes** formed by the intersection of the two orbital planes. It is a basic principle of geometry that two planes intersecting form an **infinite line of intersection.** If a node is in fact an axis, then it is an infinite line and, therefore, its geocentric and heliocentric longitudes are identical. Fixed star longitudes are an example of this phenomenon in that, except for a minute parallax correction, the geocentric and heliocentric longitudes are identical. This is because the distances of the fixed stars from our solar system are so great that they can be treated **as if** they were infinite.

I personally do not know whether this redefinition of the planetary nodes is correct or not. I do know that persons who have investigated the matter have claimed that the heliocentric longitudes of the nodes work as well in the geocentric chart as in the heliocentric chart. It is obviously not a cut-and-dried issue.

A second problem in the use of geocentric planetary nodes I consider to be more serious. Looking at the planetary nodes from the point of view of the original definition outlined above (i.e., as the geocentric positions of the nodal point on the planet's orbit), the node is apparently intended to be a place where there is an exchange of energy between the planet and the Earth. After all, the node is defined as a place where the planet crosses the Earth's orbit. If an interchange of energy is real, then this notion is not so much incorrect as incomplete. If a planetary orbit exchanges energy with the Earth by crossing the plane of the Earth's orbit, then there must also be an exchange of energy whenever the Earth crosses the plane of another planet's orbit. Heliocentrically, the planet's node upon the Earth's orbit and the Earth's node upon the planet's orbit line up exactly, so that there is no discrepancy. However, geocentrically there can be a tremendous difference between the two nodes, depending upon how far the Earth is in its orbit from its node upon the planet's orbital plane. Of course, when the Earth is on this node the two nodes line up exactly. In my own chart, for instance, the Sun-Earth is on the nodes of Uranus such that the Uranus-on-Earth nodes perfectly coincide with the Earth-on-Uranus nodes. If we are going to continue to use geocentric nodes as originally defined above, we are then obliged, in my opinion, to double the number of nodes being considered so that we have not only the planet-Earth geocentric nodes, but also the Earth-planet geocentric nodes.

My main point, however, is that all of these problems disappear when one uses heliocentric coordinates. The nodes as defined conventionally line up with the Jayne/Tobey-defined nodes so that there is no discrepancy. The planet-Earth nodes and the Earth-planet nodes also line up so that there is only one set of planetary nodes for all occasions. Heliocentric astrology simplifies these matters completely.

Conclusions

Obviously in a short introduction such as this, one can only touch on a few of the issues that pertain to heliocentric astrology. I would like to conclude by making a plea. Geocentric astrological techniques are not so reliable that they should be taken as the paradigm for the study of heliocentric astrology. We are dealing here with something that is new and different, and should not be afraid to develop new methods to view it or work with it. We can use the old ideas from geocentric astrology as a guide, but no more than that.

Given this orientation, the greater emergence of heliocentric astrology at the present time can be the occasion for a rebirth of astrology as a whole, because the new insights that we get from it should feed back and affect the way in which we approach all of astrology.

Bibliography

Best, Simon, & Nick Kollerstrom. *Planting by the Moon 1982.* San Diego: Astro Computing Services, 1981.

Davis, T. Patrick. *Revolutionizing Astrology With Heliocentric.* Windemere, Fl: Davis Research Reports, 1980.

Dean, Geoffrey, & Arthur Mather. *Recent Advances in Natal Astrology.* Subiaco, W. Australia: Analogic, 1977.

Erlewine, Michael & Margaret, and David Wilson. *Interface: Planetary Nodes.* Ann Arbor, MI: Heart Center/Circle Books Inc., 1975.

Erlewine, Michael. *The Sun is Shining.* Ann Arbor, MI: Heart Center/Circle Books, 1975.

Landscheidt, Theodor. *Cosmic Cybernetics.* Aalen, Germany; Ebertin-Verlag, 1973.

Nelson, John H. *Cosmic Patterns.* Washington, DC: American Federation of Astrology, 1974.

Nelson, John H. *The Propagation Wizard's Handbook.* Peterborough, NH: A 73 Publication, 1978.

JANUARY 2001

DAY	☿ LONG	☿ LAT	♀ LONG	♀ LAT	⊕ LONG	♂ LONG	♂ LAT
	° '	° '	° '	° '	° '	° '	° '
1 M	22♑24	6S18	16♉51	1S41	10♋38	2♎01	1N22
2 Tu	25 27	6 28	18 27	1 36	11 39	2 27	1 21
3 W	28 34	6 36	20 03	1 31	12 41	2 54	1 21
4 Th	1♒44	6 43	21 39	1 26	13 42	3 21	1 20
5 F	4 58	6 49	23 15	1 21	14 43	3 48	1 20
6 S	8 15	6 54	24 52	1 16	15 44	4 14	1 19
7 Su	11 37	6 57	26 28	1 10	16 45	4 41	1 18
8 M	15 04	7 00	28 04	1 05	17 46	5 08	1 18
9 Tu	18 36	7 00	29 41	1 00	18 47	5 35	1 17
10 W	22 12	6 59	1♊17	0 54	19 49	6 02	1 16
11 Th	25 55	6 57	2 54	0 49	20 50	6 29	1 16
12 F	29 43	6 52	4 30	0 43	21 51	6 56	1 15
13 S	3♓38	6 46	6 07	0 37	22 52	7 23	1 15
14 Su	7 40	6 37	7 43	0 32	23 53	7 50	1 14
15 M	11 49	6 26	9 20	0 26	24 54	8 17	1 13
16 Tu	16 05	6 12	10 56	0 20	25 55	8 44	1 13
17 W	20 29	5 56	12 33	0 15	26 56	9 11	1 12
18 Th	25 01	5 38	14 10	0 09	27 57	9 38	1 11
19 F	29 42	5 16	15 46	0 03	28 59	10 05	1 11
20 S	4♈32	4 52	17 23	0N02	0♌00	10 32	1 10
21 Su	9 30	4 24	19 00	0 08	1 01	10 59	1 09
22 M	14 38	3 54	20 37	0 14	2 02	11 27	1 09
23 Tu	19 55	3 21	22 13	0 20	3 03	11 54	1 08
24 W	25 21	2 45	23 50	0 25	4 04	12 21	1 07
25 Th	0♉56	2 06	25 27	0 31	5 05	12 48	1 06
26 F	6 39	1 26	27 04	0 37	6 06	13 16	1 06
27 S	12 30	0 43	28 41	0 42	7 07	13 43	1 05
28 Su	18 29	0N01	0♋18	0 48	8 08	14 10	1 04
29 M	24 34	0 46	1 55	0 54	9 09	14 38	1 04
30 Tu	0♊44	1 31	3 32	0 59	10 10	15 05	1 03
31 W	6♊59	2N15	5♋09	1N05	11♌11	15♎32	1N02

FEBRUARY 2001

DAY	☿ LONG	☿ LAT	♀ LONG	♀ LAT	⊕ LONG	♂ LONG	♂ LAT
	° '	° '	° '	° '	° '	° '	° '
1 Th	13♊17	2N58	6♋46	1N10	12♌12	16♎00	1N01
2 F	19 36	3 39	8 23	1 15	13 13	16 27	1 01
3 S	25 55	4 17	10 00	1 21	14 13	16 55	1 00
4 Su	2♋13	4 52	11 37	1 26	15 14	17 22	0 59
5 M	8 27	5 23	13 14	1 31	16 15	17 50	0 58
6 Tu	14 37	5 50	14 52	1 36	17 16	18 17	0 58
7 W	20 42	6 13	16 29	1 41	18 17	18 45	0 57
8 Th	26 39	6 31	18 06	1 46	19 17	19 13	0 56
9 F	2♌29	6 44	19 43	1 51	20 18	19 40	0 55
10 S	8 11	6 54	21 21	1 56	21 19	20 08	0 55
11 Su	13 43	6 59	22 58	2 01	22 20	20 36	0 54
12 M	19 06	7 00	24 35	2 05	23 20	21 04	0 53
13 Tu	24 19	6 58	26 13	2 10	24 21	21 31	0 52
14 W	29 22	6 53	27 50	2 14	25 22	21 59	0 51
15 Th	4♍16	6 44	29 27	2 18	26 22	22 27	0 51
16 F	9 01	6 33	1♌05	2 23	27 23	22 55	0 50
17 S	13 36	6 20	2 42	2 27	28 23	23 23	0 49
18 Su	18 03	6 06	4 20	2 31	29 24	23 51	0 48
19 M	22 21	5 49	5 57	2 34	0♍24	24 19	0 47
20 Tu	26 31	5 31	7 35	2 38	1 25	24 47	0 47
21 W	0♎33	5 12	9 12	2 42	2 25	25 15	0 46
22 Th	4 29	4 52	10 49	2 45	3 26	25 43	0 45
23 F	8 17	4 31	12 27	2 48	4 26	26 11	0 44
24 S	11 59	4 10	14 04	2 52	5 27	26 39	0 43
25 Su	15 35	3 48	15 42	2 55	6 27	27 08	0 42
26 M	19 06	3 26	17 20	2 58	7 27	27 36	0 42
27 Tu	22 31	3 04	18 57	3 00	8 28	28 04	0 41
28 W	25♎52	2N41	20♌35	3N03	9♍28	28♎32	0N40

DAY	♃ LONG	♃ LAT	♄ LONG	♄ LAT	♅ LONG	♅ LAT	♆ LONG	♆ LAT	♇ LONG	♇ LAT
	° '	° '	° '	° '	° '	° '	° '	° '	° '	° '
1 M	9♊08.9	0S41	29♉02.8	2S02	20♒23.7	0S42	6♒06.9	0N11	12♐55.2	10N37
6 S	9 35.4	0 40	29 13.8	2 01	20 27.0	0 42	6 08.7	0 10	12 57.2	10 36
11 Th	10 01.9	0 40	29 24.9	2 01	20 30.2	0 43	6 10.5	0 10	12 59.1	10 36
16 Tu	10 28.3	0 39	29 35.9	2 01	20 33.5	0 43	6 12.3	0 10	13 01.1	10 35
21 Su	10 54.7	0 39	29 46.9	2 00	20 36.7	0 43	6 14.1	0 10	13 03.0	10 35
26 F	11 21.1	0 38	29 58.0	2 00	20 40.0	0 43	6 15.9	0 10	13 05.0	10 34
31 W	11 47.5	0 38	0♊09.0	2 00	20 43.3	0 43	6 17.7	0 10	13 06.9	10 34
5 M	12 13.9	0 37	0 20.0	2 00	20 46.5	0 43	6 19.5	0 10	13 08.8	10 33
10 S	12 40.3	0 37	0 31.1	1 59	20 49.8	0 43	6 21.3	0 10	13 10.8	10 33
15 Th	13 06.6	0 36	0 42.1	1 59	20 53.0	0 43	6 23.1	0 10	13 12.7	10 33
20 Tu	13 32.9	0 35	0 53.1	1 59	20 56.3	0 43	6 24.9	0 10	13 14.6	10 32
25 Su	13 59.3	0 35	1 04.2	1 58	20 59.5	0 43	6 26.7	0 10	13 16.6	10 32

☿ .445723	☿p .307624
♀ .722865	♀p .719314
⊕p .983316	⊕ .985374
♂ 1.64881	♂ 1.62682
♃ 5.04604	♃ 5.05543
♄ 9.11350	♄ 9.10836
♅ 19.9578	♅ 19.9605
♆ 30.1079	♆ 30.1068
♇ 30.3365	♇ 30.3466
☊	Perihelia
☿ 18° ♉ 20	☿ 17° ♊ 28
♀ 16 ♊ 41	♀ 11 ♌ 41
⊕	⊕ 14 ♋ 28
♂ 19 ♉ 34	♂ 5 ♓ 59
♃ 10 ♋ 31	♃ 15 ♈ 21
♄ 23 ♋ 38	♄ 1 ♋ 19
♅ 13 ♊ 55	♅ 18 ♍ 55
♆ 11 ♌ 48	♆ 23 ♉ 22
♇ 20 ♋ 15	♇ 13 ♏ 38

1	♀⚼♂	3am27
M	☿⚼♃	2pm13
2	☿∠♇	7pm 9
3	☿△♄	4am17
W	♀□♅	5 32
	⊕⚻♇	6 5
	☿ ♒	10 55
4	⊕ P	8am53
Th	⊕∠♄	11 15
	☿△♂	2pm 0
5	☿☌♆	8am39
6	☿△♃	9am49
7	☿✶♇	9am24
8	♂⚼♅	6pm22
M	♀☌♄	6 48
9	⊕⚻☿	1am52
T	♀ ♊	4 46
	☿☌♅	12pm40
	☿⚼♂	3 11
10	♂△♆	7am24
W	⊕⚻♅	4pm16
11	☿□♄	10pm18
12	☿ ♓	1am43
13	♀△♆	1am 8
S	☿⚺♆	3pm18
14	☿□♀	0am32
Su	☿⚻♂	1 5
	♀△♂	2 17
	⊕⚼☿	9 28
	☿□♃	3pm38
15	☿□♇	6am50
M	⊕∠♃	12pm25
	♀☌♃	4 38
	⊕∠♀	11 15
17	☿⚺♅	0am27
W	☿∠♆	3 54
	♀☍♇	7 6
18	⊕⚼♇	1am45
Th	⊕△☿	7pm18
19	☿✶♄	0am 1
F	☿ ♈	1 29
	♀0N	1pm37
	⊕✶♄	5 56
20	⊕ ♌	0am 9
S	☿∠♅	5 14
	☿✶♆	8 17
	♂△♃	6pm53
21	☿✶♃	6am46
Su	☿☍♂	7 42
	☿△♇	4pm41
22	♀△♅	0am13
M	☿∠♄	0 51
	♀⚼♆	9 27
23	☿✶♅	3am13
T	☿✶♀	2pm37
24	☿∠♃	3am40
W	☿⚼♇	11 48
	☿⚺♄	7pm44
	☿ ♉	8 4
25	♂✶♇	2pm33
Th	⊕□☿	9 15
	☿□♆	10 25
26	⊕☍♆	3am57
F	☿⚺♃	7pm38
	♄ ♊	10 16
27	☿⚻♇	2am23
S	☿⚻♂	5 19
	☿∠♀	6 34
	♀ ♋	7pm36
	♀⚺♄	8 6
	☿0N	11 27
28	☿□♅	8am47
29	☿ ♊	9pm 9
M	☿⚼♂	9 16
	☿☌♄	9 35
30	♂⚼♄	1am45
T	☿⚺♀	2pm31
	☿△♆	9 22
31	♀⚼♅	8am35
W	⊕✶♃	3pm51
	♀⚻♆	5 6
	☿☌♃	6 37
	⊕✶☿	7 6
	☿☍♇	11 24
1	☿△♂	11am 9
Th	☿ P	3pm15
	⊕△♇	10 3
2	☿△♅	4am22
F	☿⚼♆	6 30
3	⊕∠☿	3pm 1
S	☿ ♋	3 34
	☿⚺♄	4 39
4	♀⚺♃	8am13
Su	☿⚼♅	1pm40
	☿⚻♆	3 47
	♀⚻♇	10 38
5	☿⚺♃	2pm53
M	☿⚻♇	6 15
6	☿☌♀	1am16
T	☿∠♄	2 58
	♀∠♄	7 45
	⊕⚺☿	12pm29
	☿□♂	3 38
7	☿⚻♅	0am25
W	⊕✶♂	8pm35
8	☿∠♃	3am29
Th	☿⚼♇	6 11
	☿ ♌	1pm42
	☿✶♄	3 38
	♀□♂	11 0
9	⊕☍♅	12pm22
F	☿☍♆	4 15
	♀⚻♅	4 21
	⊕⚺♀	10 53
10	☿✶♃	7pm45
S	☿△♇	9 41
11	♂△♅	12pm55
12	☿☍♅	8am 1
M	☿✶♂	9 49
13	⊕☌☿	0am11
T	☿⚺♀	1pm 5
14	♀∠♃	2am58
W	☿ ♍	3 1
	♀⚼♇	5 32
	☿□♄	6 17
15	♀ ♌	8am 3
Th	☿⚻♆	10 36
	☿∠♂	5pm45
	♀✶♄	6 51
16	♃☍♇	5am58
F	☿□♇	9pm58
	☿□♃	10 16
18	☿∠♀	11am18
Su	⊕ ♍	2pm20
	☿⚻♅	3 57
	☿⚼♆	6 41
19	♀☍♆	6am48
M	⊕□♄	10 55
	☿⚺♂	12pm39
20	☿ ♎	8pm39
21	☿△♄	2am14
W	⊕⚺☿	3pm16
22	☿⚼♅	9am18
Th	♀ P	12pm 3
	☿△♆	12 14
23	♀△♇	12pm 4
F	♀✶♃	9 16
24	☿✶♇	8am31
S	☿△♃	1pm 0
	⊕⚻♆	11 52
25	☿✶♀	1am25
Su	☿⚼♄	3 18
26	☿△♅	1pm20
27	⊕∠☿	9am33
T	♂∠♇	11 22
28	♀☍♅	6am40
W	☿∠♇	5pm48
	☿☌♂	10 55

MARCH 2001

DAY	☿ LONG	☿ LAT	♀ LONG	♀ LAT	⊕ LONG	♂ LONG	♂ LAT
	° '	° '	° '	° '	° '	° '	° '
1 Th	29♎08	2N19	22♌12	3N05	10♍28	29♎01	0N39
2 F	2♏21	1 56	23 50	3 08	11 28	29 29	0 38
3 S	5 29	1 34	25 27	3 10	12 29	29 58	0 37
4 Su	8 34	1 12	27 05	3 12	13 29	0♏26	0 36
5 M	11 37	0 50	28 42	3 14	14 29	0 55	0 36
6 Tu	14 36	0 28	0♍20	3 15	15 29	1 23	0 35
7 W	17 33	0 06	1 57	3 17	16 29	1 52	0 34
8 Th	20 27	0S16	3 35	3 18	17 29	2 20	0 33
9 F	23 20	0 37	5 12	3 20	18 29	2 49	0 32
10 S	26 10	0 58	6 50	3 21	19 29	3 18	0 31
11 Su	29 00	1 18	8 27	3 22	20 29	3 46	0 30
12 M	1♐48	1 38	10 05	3 22	21 29	4 15	0 29
13 Tu	4 34	1 58	11 42	3 23	22 29	4 44	0 28
14 W	7 20	2 17	13 19	3 23	23 28	5 13	0 28
15 Th	10 06	2 36	14 57	3 24	24 28	5 42	0 27
16 F	12 51	2 55	16 34	3 24	25 28	6 11	0 26
17 S	15 35	3 13	18 12	3 24	26 28	6 40	0 25
18 Su	18 20	3 31	19 49	3 23	27 27	7 09	0 24
19 M	21 05	3 48	21 26	3 23	28 27	7 38	0 23
20 Tu	23 50	4 05	23 04	3 22	29 27	8 07	0 22
21 W	26 36	4 21	24 41	3 22	0♎26	8 36	0 21
22 Th	29 22	4 37	26 18	3 21	1 26	9 05	0 20
23 F	2♑10	4 52	27 55	3 20	2 25	9 34	0 19
24 S	4 59	5 06	29 32	3 19	3 25	10 04	0 18
25 Su	7 49	5 20	1♎10	3 17	4 25	10 33	0 17
26 M	10 41	5 33	2 47	3 16	5 24	11 02	0 16
27 Tu	13 35	5 46	4 24	3 14	6 23	11 32	0 16
28 W	16 31	5 58	6 01	3 12	7 23	12 01	0 15
29 Th	19 29	6 09	7 38	3 10	8 22	12 31	0 14
30 F	22 30	6 19	9 15	3 08	9 21	13 00	0 13
31 S	25♑33	6S28	10♎52	3N06	10♎21	13♏30	0N12

APRIL 2001

DAY	☿ LONG	☿ LAT	♀ LONG	♀ LAT	⊕ LONG	♂ LONG	♂ LAT
	° '	° '	° '	° '	° '	° '	° '
1 Su	28♑40	6S36	12♎29	3N03	11♎20	13♏59	0N11
2 M	1♒50	6 43	14 06	3 01	12 19	14 29	0 10
3 Tu	5 04	6 49	15 42	2 58	13 18	14 59	0 09
4 W	8 22	6 54	17 19	2 55	14 17	15 29	0 08
5 Th	11 44	6 58	18 56	2 52	15 17	15 58	0 07
6 F	15 11	7 00	20 33	2 49	16 16	16 28	0 06
7 S	18 42	7 00	22 09	2 46	17 15	16 58	0 05
8 Su	22 19	6 59	23 46	2 43	18 14	17 28	0 04
9 M	26 02	6 57	25 22	2 39	19 12	17 58	0 03
10 Tu	29 51	6 52	26 59	2 35	20 11	18 28	0 02
11 W	3♓46	6 45	28 35	2 32	21 10	18 58	0 01
12 Th	7 48	6 37	0♏12	2 28	22 09	19 28	0 00
13 F	11 57	6 25	1 48	2 24	23 08	19 59	0S01
14 S	16 13	6 12	3 25	2 20	24 07	20 29	0 02
15 Su	20 38	5 56	5 01	2 16	25 05	20 59	0 03
16 M	25 10	5 37	6 37	2 11	26 04	21 30	0 04
17 Tu	29 51	5 15	8 13	2 07	27 03	22 00	0 05
18 W	4♈41	4 51	9 49	2 02	28 02	22 30	0 06
19 Th	9 40	4 23	11 26	1 58	29 00	23 01	0 07
20 F	14 48	3 53	13 02	1 53	29 59	23 31	0 08
21 S	20 05	3 20	14 38	1 48	0♏57	24 02	0 09
22 Su	25 31	2 44	16 14	1 43	1 56	24 33	0 10
23 M	1♉06	2 05	17 49	1 38	2 55	25 03	0 11
24 Tu	6 50	1 24	19 25	1 33	3 53	25 34	0 12
25 W	12 41	0 42	21 01	1 28	4 51	26 05	0 13
26 Th	18 40	0N02	22 37	1 23	5 50	26 36	0 14
27 F	24 45	0 47	24 13	1 18	6 48	27 07	0 15
28 S	0♊56	1 32	25 48	1 13	7 47	27 38	0 16
29 Su	7 11	2 16	27 24	1 07	8 45	28 09	0 17
30 M	13♊29	2N59	29♏00	1N02	9♏43	28♏40	0S18

DAY	♃ LONG	♃ LAT	♄ LONG	♄ LAT	♅ LONG	♅ LAT	♆ LONG	♆ LAT	♇ LONG	♇ LAT
	° '	° '	° '	° '	° '	° '	° '	° '	° '	° '
2 F	14♊25.5	0S34	1♊15.2	1S58	21♒02.8	0S43	6♒28.5	0N10	13♐18.5	10N31
7 W	14 51.8	0 34	1 26.2	1 58	21 06.1	0 43	6 30.3	0 10	13 20.5	10 31
12 M	15 18.1	0 33	1 37.3	1 58	21 09.3	0 43	6 32.1	0 10	13 22.4	10 30
17 S	15 44.3	0 33	1 48.3	1 57	21 12.6	0 43	6 33.9	0 10	13 24.3	10 30
22 Th	16 10.5	0 32	1 59.4	1 57	21 15.8	0 43	6 35.7	0 10	13 26.3	10 29
27 Tu	16 36.7	0 32	2 10.4	1 57	21 19.1	0 43	6 37.5	0 10	13 28.2	10 29
1 Su	17 02.9	0 31	2 21.5	1 56	21 22.3	0 43	6 39.3	0 10	13 30.1	10 28
6 F	17 29.1	0 31	2 32.5	1 56	21 25.6	0 43	6 41.1	0 09	13 32.0	10 28
11 W	17 55.3	0 30	2 43.6	1 56	21 28.8	0 43	6 42.8	0 09	13 34.0	10 27
16 M	18 21.4	0 30	2 54.6	1 55	21 32.1	0 43	6 44.6	0 09	13 35.9	10 27
21 S	18 47.5	0 29	3 05.7	1 55	21 35.3	0 43	6 46.4	0 09	13 37.8	10 27
26 Th	19 13.6	0 28	3 16.7	1 55	21 38.6	0 43	6 48.2	0 09	13 39.8	10 26

☿a .429260	☿p .438430
♀ .718527	♀ .720923
⊕ .990868	⊕ .999270
♂ 1.60034	♂ 1.56518
♃ 5.06417	♃ 5.07412
♄ 9.10384	♄ 9.09898
♅ 19.9629	♅ 19.9656
♆ 30.1059	♆ 30.1048
♇ 30.3558	♇ 30.3661
☊	Perihelia
☿ 18° ♉ 21	☿ 17° ♊ 28
♀ 16 ♊ 41	♀ 11 ♌ 37
⊕	⊕ 12 ♋ 03
♂ 19 ♉ 34	♂ 5 ♓ 59
♃ 10 ♋ 31	♃ 15 ♈ 17
♄ 23 ♋ 38	♄ 1 ♋ 33
♅ 13 ♊ 55	♅ 18 ♍ 51
♆ 11 ♌ 48	♆ 24 ♉ 59
♇ 20 ♋ 15	♇ 13 ♏ 36

1 Th	☿⚼♃	1am31
	☿ ♏	6 24
	☿⚻♄	3pm41
	♂⚼♃	8 13
3 S	♂ ♏	2am 1
	☿□♆	7 42
	⊕□♇	8pm11
5 M	⊕□♃	5am26
	☿⚺♇	1pm47
	♀ ♍	7 9
6 T	♂⚻♄	0am50
	☿⚻♃	1 29
	⊕⚹☿	10 52
	♀□♄	4pm12
	♀⚹♂	10 4
7 W	☿0S	6am33
	⊕∠♂	5pm19
8	☿□♅	5am30
9	♀⚻♆	7pm28
11 Su	☿ ♐	8am36
	⊕⚻♅	4pm 8
	☿☍♄	10 30
12	⊕⚼♆	1am21
13 T	☿⚺♂	1am40
	☿⚹♆	5pm 5
14	♀□♇	0am54
15	♀□♃	9am37
16 F	☿☌♇	4am51
	♂□♆	7pm11
17 S	☿☍♃	1am21
	☿ A	2pm52
18	♀⚻♅	8pm55
19 M	☿⚹♅	1am19
	♀⚼♆	2 3
	☿∠♆	4 20
	☿□♀	7 36
	☿∠♂	4pm23
20 T	♀∠♂	1am 8
	⊕ ♎	1pm23
22 Th	☿ ♑	5am23
	⊕△♄	1pm59
	☿⚻♄	10 46
23	⊕□☿	3am24
24 S	♀ ♎	6am48
	☿∠♅	11 6
	☿⚺♆	1pm48
25	♀△♄	2pm15
26 M	☿⚹♂	3am34
	⊕⚼♅	10pm14
	☿⚺♇	11 6
27	⊕△♆	5am43
28 W	☿⚻♃	1am36
	♀⚼♅	4 41
	☿⚼♄	5 46
	♀△♆	9 10
29	☿⚺♅	2pm55
30 F	⊕☌♀	4am12
	♂⚺♇	11pm57
31	☿∠♇	10pm45
1 Su	☿ ♒	10am 9
	♀⚹♇	3pm17
2 M	☿⚼♃	2am19
	☿△♄	4 14
	♀⚺♂	8 25
3 T	⊕⚹♇	5am 8
	☿☌♆	11 44
	♀△♃	11pm52
4	♀⚼♄	2am16
5	☿⚹♇	12pm36
6 F	⊕△☿	10am18
	☿□♂	10 20
	⊕⚺♂	10 28
	♀△♅	1pm15
	☿△♃	4 10
7 S	⊕⚼♄	8am31
	⊕△♃	8 50
	☿☌♅	6pm14
8 Su	♂⚻♃	11am 6
	☿△♀	4pm35
10 T	☿ ♓	0am58
	☿□♄	5pm39
	♀∠♇	11 39
11 W	⊕△♅	7am39
	☿⚺♆	5pm40
	⊕⚼☿	7 1
	♀ ♏	9 4
12	♂0S	4am36
13 F	☿□♇	9am17
	♀⚻♄	3pm15
	♀⚼♃	8 26
14 S	☿□♃	11am 0
	☿⚼♀	6pm51
15 Su	☿△♂	2am10
	☿⚺♅	4 49
	☿∠♆	5 57
16 M	♀□♆	1am54
	♂□♅	2 3
	⊕⚻☿	5 55
17 T	☿ ♈	0am44
	☿⚹♄	3pm34
18 W	☿∠♅	9am 7
	☿⚹♆	10 4
	⊕∠♇	2pm28
	☿⚼♂	3 13
19 Th	☿⚻♀	12pm 5
	☿△♇	6 34
20 F	⊕ ♏	0am29
	♀⚺♇	9 0
	☿∠♄	2pm59
	☿⚹♃	6 6
21 S	☿⚹♅	6am43
	☿⚻♂	7pm18
22 Su	☿⚼♇	1pm29
	☿ ♉	7 18
23 M	⊕⚻♄	6am39
	☿⚺♄	8 47
	⊕☍☿	9 12
	☿∠♃	12pm16
	♀⚻♃	6 8
	☿□♆	11 51
24	⊕⚼♃	4am36
25 W	☿⚻♇	3am56
	♀□♅	9 16
	☿0N	10pm42
26 Th	☿⚺♃	2am16
	☿□♅	11 48
	☿☍♀	9pm 8
27 F	⊕□♆	0am 7
	☿☍♂	10 2
	☿ ♊	8pm24
28 S	☿☌♄	9am23
	☿△♆	10pm38
29 Su	⊕⚻☿	7am 6
	♀☌♂	4pm32
30 M	☿☍♇	0am49
	☿ P	2pm30
	♀ ♐	3 7
	☿☌♃	11 29

MAY 2001

DAY	☿ LONG	☿ LAT	♀ LONG	♀ LAT	⊕ LONG	♂ LONG	♂ LAT
	° '	° '	° '	° '	° '	° '	° '
1 Tu	19♊48	3N40	0♐35	0N57	10♏42	29♏11	0S19
2 W	26 07	4 18	2 11	0 51	11 40	29 42	0 20
3 Th	2♋24	4 53	3 46	0 46	12 38	0♐13	0 21
4 F	8 39	5 24	5 22	0 40	13 36	0 45	0 22
5 S	14 49	5 51	6 57	0 34	14 34	1 16	0 22
6 Su	20 53	6 13	8 33	0 29	15 32	1 47	0 23
7 M	26 50	6 31	10 08	0 23	16 30	2 19	0 24
8 Tu	2♌40	6 45	11 43	0 18	17 28	2 50	0 25
9 W	8 21	6 54	13 19	0 12	18 26	3 22	0 26
10 Th	13 53	6 59	14 54	0 06	19 24	3 53	0 27
11 F	19 16	7 00	16 29	0 01	20 22	4 25	0 28
12 S	24 29	6 58	18 04	0S05	21 20	4 57	0 29
13 Su	29 32	6 52	19 40	0 11	22 18	5 28	0 30
14 M	4♍26	6 44	21 15	0 16	23 16	6 00	0 31
15 Tu	9 10	6 33	22 50	0 22	24 14	6 32	0 32
16 W	13 45	6 20	24 25	0 27	25 12	7 04	0 33
17 Th	18 11	6 05	26 00	0 33	26 10	7 36	0 34
18 F	22 29	5 48	27 35	0 39	27 08	8 08	0 35
19 S	26 39	5 30	29 10	0 44	28 05	8 40	0 36
20 Su	0♎41	5 11	0♑45	0 50	29 03	9 12	0 37
21 M	4 36	4 51	2 20	0 55	0♐01	9 45	0 38
22 Tu	8 24	4 31	3 55	1 00	0 59	10 17	0 39
23 W	12 06	4 09	5 30	1 06	1 56	10 49	0 40
24 Th	15 42	3 48	7 05	1 11	2 54	11 22	0 41
25 F	19 12	3 25	8 40	1 16	3 52	11 54	0 42
26 S	22 38	3 03	10 15	1 22	4 49	12 26	0 43
27 Su	25 58	2 41	11 50	1 27	5 47	12 59	0 44
28 M	29 15	2 18	13 25	1 32	6 45	13 32	0 45
29 Tu	2♏27	1 56	15 00	1 37	7 42	14 04	0 46
30 W	5 35	1 33	16 35	1 42	8 40	14 37	0 47
31 Th	8♏40	1N11	18♑09	1S46	9♐37	15♐10	0S48

JUNE 2001

DAY	☿ LONG	☿ LAT	♀ LONG	♀ LAT	⊕ LONG	♂ LONG	♂ LAT
	° '	° '	° '	° '	° '	° '	° '
1 F	11♏42	0N49	19♑44	1S51	10♐35	15♐43	0S49
2 S	14 42	0 27	21 19	1 56	11 32	16 16	0 50
3 Su	17 38	0 05	22 54	2 00	12 30	16 48	0 51
4 M	20 33	0S16	24 29	2 05	13 27	17 21	0 52
5 Tu	23 25	0 37	26 04	2 09	14 25	17 55	0 53
6 W	26 16	0 58	27 39	2 14	15 22	18 28	0 54
7 Th	29 05	1 19	29 13	2 18	16 19	19 01	0 55
8 F	1♐53	1 39	0♒48	2 22	17 17	19 34	0 55
9 S	4 40	1 59	2 23	2 26	18 14	20 07	0 56
10 Su	7 26	2 18	3 58	2 30	19 12	20 41	0 57
11 M	10 11	2 37	5 33	2 33	20 09	21 14	0 58
12 Tu	12 56	2 56	7 08	2 37	21 06	21 48	0 59
13 W	15 41	3 14	8 43	2 41	22 04	22 21	1 00
14 Th	18 25	3 31	10 17	2 44	23 01	22 55	1 01
15 F	21 10	3 49	11 52	2 47	23 58	23 28	1 02
16 S	23 55	4 05	13 27	2 50	24 56	24 02	1 03
17 Su	26 41	4 22	15 02	2 53	25 53	24 36	1 04
18 M	29 28	4 37	16 37	2 56	26 50	25 10	1 05
19 Tu	2♑15	4 52	18 12	2 59	27 48	25 43	1 05
20 W	5 04	5 07	19 47	3 02	28 45	26 17	1 06
21 Th	7 55	5 21	21 22	3 04	29 42	26 51	1 07
22 F	10 47	5 34	22 57	3 06	0♑39	27 25	1 08
23 S	13 40	5 46	24 32	3 09	1 37	28 00	1 09
24 Su	16 36	5 58	26 07	3 11	2 34	28 34	1 10
25 M	19 35	6 09	27 42	3 13	3 31	29 08	1 11
26 Tu	22 35	6 19	29 17	3 14	4 28	29 42	1 12
27 W	25 39	6 28	0♓52	3 16	5 26	0♑16	1 12
28 Th	28 46	6 36	2 27	3 17	6 23	0 51	1 13
29 F	1♒56	6 43	4 02	3 19	7 20	1 25	1 14
30 S	5♒10	6S49	5♓37	3S20	8♑17	2♑00	1S15

DAY	♃ LONG	♃ LAT	♄ LONG	♄ LAT	♅ LONG	♅ LAT	♆ LONG	♆ LAT	♇ LONG	♇ LAT
	° '	° '	° '	° '	° '	° '	° '	° '	° '	° '
1 Tu	19♊39.7	0S28	3♊27.8	1S55	21♒41.8	0S43	6♒50.0	0N09	13♐41.7	10N26
6 Su	20 05.8	0 27	3 38.9	1 54	21 45.1	0 43	6 51.8	0 09	13 43.6	10 25
11 F	20 31.9	0 27	3 49.9	1 54	21 48.4	0 43	6 53.6	0 09	13 45.6	10 25
16 W	20 57.9	0 26	4 01.0	1 54	21 51.6	0 43	6 55.4	0 09	13 47.5	10 24
21 M	21 23.9	0 26	4 12.1	1 53	21 54.9	0 43	6 57.2	0 09	13 49.4	10 24
26 S	21 49.9	0 25	4 23.1	1 53	21 58.1	0 43	6 59.0	0 09	13 51.4	10 23
31 Th	22 15.9	0 25	4 34.2	1 53	22 01.4	0 43	7 00.8	0 09	13 53.3	10 23
5 Tu	22 41.9	0 24	4 45.3	1 52	22 04.6	0 43	7 02.6	0 09	13 55.2	10 22
10 Su	23 07.9	0 23	4 56.4	1 52	22 07.9	0 43	7 04.4	0 09	13 57.2	10 22
15 F	23 33.8	0 23	5 07.5	1 52	22 11.2	0 43	7 06.2	0 09	13 59.1	10 21
20 W	23 59.7	0 22	5 18.5	1 51	22 14.4	0 43	7 08.0	0 09	14 01.0	10 21
25 M	24 25.6	0 22	5 29.6	1 51	22 17.7	0 43	7 09.8	0 09	14 03.0	10 21
30 S	24 51.5	0 21	5 40.7	1 51	22 20.9	0 43	7 11.6	0 09	14 04.9	10 20

☿	.307545	☿a	.444918
♀	.724900	♀a	.727888
⊕	1.00755	⊕	1.01399
♂	1.52732	♂	1.48694
♃	5.08399	♃	5.09442
♄	9.09441	♄	9.08985
♅	19.9681	♅	19.9707
♆	30.1038	♆	30.1028
♇	30.3761	♇	30.3865
	☊		Perihelia
☿	18°♉ 21	☿	17°♊ 29
♀	16 ♊ 41	♀	11 ♌ 36
⊕	....	⊕	11 ♋ 46
♂	19 ♉ 34	♂	5 ♓ 59
♃	10 ♋ 31	♃	15 ♈ 14
♄	23 ♋ 38	♄	1 ♋ 44
♅	13 ♊ 54	♅	18 ♍ 46
♆	11 ♌ 48	♆	26 ♉ 33
♇	20 ♋ 15	♇	13 ♏ 34

1 T	☿△♅	7am14
	☿Q♆	7 45
2 W	⊕Q☿	2am28
	♂ ♐	1pm50
	☿ ♋	2 48
	☿⚻♂	2 54
	♀☍♄	8 21
3 Th	☿⚺♄	4am22
	☿⚻♀	7 2
	☿Q♅	4pm35
	☿⚻♆	5 4
4 F	⊕⚺♇	2am48
	☿⚻♇	7pm43
	♀⚹♆	10 31
	⊕△☿	10 52
5 S	☿Q♂	6am14
	☿∠♄	3pm 3
	☿⚺♃	8 49
6 Su	☿⚻♅	3am28
	☿Q♀	2pm33
7 M	☿Q♇	7am45
	☿ ♌	12pm57
8 T	☿△♂	0am46
	☿⚹♄	4 26
	☿∠♃	11 5
	☿☍♆	5pm44
9 W	♀☌♇	6am35
	♂☍♄	7pm27
	☿△♇	11 25
10	☿△♀	6am20
11 F	♀0S	2am59
	⊕⚻♃	4 17
	☿⚹♃	5 52
	⊕□☿	6 12
	☿☍♅	11 38
12	⊕□♅	11am59
13 Su	☿ ♍	2am16
	♀☍♃	4pm43
	☿□♄	9 35
14 M	☿□♂	8am54
	♀⚹♅	9 1
	♀∠♆	10 6
	☿⚻♆	12pm31
15	♂⚹♆	5pm26
16	☿□♇	0am14
17 Th	⊕⚺♀	6am14
	☿□♃	4pm15
	☿⚻♅	8 35
	☿Q♆	8 54
19 S	⊕⚹☿	11am 9
	♀ ♑	12pm35
	☿ ♎	7 53
20 Su	☿□♀	0am43
	☿△♄	9pm31
	⊕ ♐	11 37
21 M	☿Q♅	2pm34
	☿△♆	2 48
22 T	♀⚻♄	4am56
	☿⚹♂	2pm11
23 W	☿⚹♇	11am32
	♀∠♅	9pm54
	♀⚺♆	10 16
24	⊕∠☿	8pm43
25 F	☿Q♄	1am 0
	⊕☍♄	12pm38
	☿△♃	6 13
	☿△♅	7 19
27 Su	☿∠♂	5pm39
	♃△♅	7 9
	♃Q♆	9 1
	☿∠♇	9 14
28 M	♀⚺♂	2am39
	☿ ♏	5 38
	⊕⚹♆	6 20
	♀⚺♇	6 58
	♂☌♇	3pm17
29	☿⚻♄	3pm49
30 W	☿□♆	11am 2
	☿Q♃	12pm42
31 Th	⊕⚺☿	10am55
	♀Q♄	9pm59
1	☿⚺♇	5pm36
2 S	♀⚺♅	11am 6
	☿⚺♂	3pm39
	♀⚻♃	6 0
3	☿0S	5am48
4 M	⊕☌♇	11am37
	☿□♅	12pm43
	☿⚻♃	5 46
6	♀∠♇	7pm36
7 Th	☿⚹♀	2am43
	☿ ♐	7 50
	♀ ♒	11 48
9 S	☿☍♄	2am 6
	☿⚹♆	8pm54
10 Su	⊕∠♀	8am45
	♀△♄	3pm 8
11 M	♀∠♂	4pm 9
	♀☌♆	11 22
12	☿☌♇	9am 3
T	♂∠♆	12pm43
	♂⚹♅	3 47
	♀Q♃	6 53
13 W	⊕∠♆	0am47
	⊕⚹♅	2 38
	☿ A	2pm 7
	⊕☌♂	5 40
14 Th	⊕☍♃	12pm44
	♀ A	7 4
15 F	♂☍♃	4am37
	☿∠♆	8 10
	☿⚹♅	8 54
	☿☍♃	9pm33
16 S	☿☌♂	1am12
	♀⚹♇	8 12
	⊕☌☿	1pm20
18	☿ ♑	4am37
19	☿∠♀	6pm23
20 W	☿⚻♄	2am 2
	☿⚺♆	5pm30
	☿∠♅	6 26
21	⊕ ♑	7am30
Th	♀☌♅	1pm32
22	♀△♃	7pm35
23	☿⚺♇	3am 0
25 M	☿Q♄	7am26
	☿⚺♅	9pm44
26 T	♀⚹♂	10am 0
	♀ ♓	10 54
	♂ ♑	12pm29
	☿⚻♃	3 33
27	⊕⚻♄	3am41
28 Th	☿∠♇	2am19
	☿ ♒	9 23
	☿⚺♂	7pm16
	⊕⚺♆	8 17
29	⊕∠♅	0am 5
30 S	♀□♄	0am56
	☿△♄	3 46
	☿⚺♀	6 22
	☿☌♆	2pm48
	♀⚺♆	11 56

JULY 2001

DAY	☿ LONG	☿ LAT	♀ LONG	♀ LAT	⊕ LONG	♂ LONG	♂ LAT
	° '	° '	° '	° '	° '	° '	° '
1 Su	8♒28	6S54	7♓12	3S21	9♑14	2♑34	1S16
2 M	11 50	6 58	8 47	3 22	10 12	3 09	1 17
3 Tu	15 17	7 00	10 23	3 22	11 09	3 44	1 17
4 W	18 49	7 00	11 58	3 23	12 06	4 18	1 18
5 Th	22 26	6 59	13 33	3 23	13 03	4 53	1 19
6 F	26 09	6 56	15 08	3 24	14 00	5 28	1 20
7 S	29 58	6 52	16 43	3 24	14 58	6 03	1 20
8 Su	3♓53	6 45	18 19	3 24	15 55	6 38	1 21
9 M	7 55	6 36	19 54	3 23	16 52	7 13	1 22
10 Tu	12 05	6 25	21 29	3 23	17 49	7 48	1 23
11 W	16 21	6 11	23 04	3 22	18 46	8 23	1 24
12 Th	20 46	5 55	24 40	3 22	19 44	8 58	1 24
13 F	25 19	5 36	26 15	3 21	20 41	9 33	1 25
14 S	0♈00	5 15	27 51	3 20	21 38	10 09	1 26
15 Su	4 51	4 50	29 26	3 19	22 35	10 44	1 26
16 M	9 50	4 23	1♈01	3 17	23 33	11 19	1 27
17 Tu	14 58	3 52	2 37	3 16	24 30	11 55	1 28
18 W	20 15	3 19	4 12	3 14	25 27	12 30	1 29
19 Th	25 42	2 43	5 48	3 12	26 24	13 06	1 29
20 F	1♉17	2 04	7 23	3 11	27 22	13 41	1 30
21 S	7 01	1 23	8 59	3 08	28 19	14 17	1 31
22 Su	12 52	0 40	10 34	3 06	29 16	14 53	1 31
23 M	18 51	0N04	12 10	3 04	0♒14	15 28	1 32
24 Tu	24 57	0 49	13 46	3 01	1 11	16 04	1 33
25 W	1♊08	1 33	15 21	2 59	2 08	16 40	1 33
26 Th	7 23	2 18	16 57	2 56	3 06	17 16	1 34
27 F	13 40	3 01	18 33	2 53	4 03	17 52	1 34
28 S	20 00	3 41	20 08	2 50	5 00	18 28	1 35
29 Su	26 19	4 19	21 44	2 47	5 58	19 04	1 36
30 M	2♋36	4 54	23 20	2 43	6 55	19 40	1 36
31 Tu	8♋50	5N25	24♈56	2S40	7♒52	20♑16	1S37

AUGUST 2001

DAY	☿ LONG	☿ LAT	♀ LONG	♀ LAT	⊕ LONG	♂ LONG	♂ LAT
	° '	° '	° '	° '	° '	° '	° '
1 W	15♋00	5N52	26♈31	2S36	8♒50	20♑52	1S37
2 Th	21 04	6 14	28 07	2 33	9 47	21 28	1 38
3 F	27 01	6 32	29 43	2 29	10 44	22 05	1 38
4 S	2♌51	6 45	1♉19	2 25	11 42	22 41	1 39
5 Su	8 32	6 54	2 55	2 21	12 39	23 17	1 40
6 M	14 03	6 59	4 31	2 17	13 37	23 54	1 40
7 Tu	19 26	7 00	6 07	2 13	14 34	24 30	1 41
8 W	24 38	6 58	7 43	2 08	15 32	25 07	1 41
9 Th	29 41	6 52	9 19	2 04	16 29	25 43	1 42
10 F	4♍35	6 44	10 55	1 59	17 27	26 20	1 42
11 S	9 19	6 33	12 31	1 54	18 24	26 57	1 42
12 Su	13 53	6 20	14 07	1 50	19 22	27 33	1 43
13 M	18 19	6 05	15 43	1 45	20 19	28 10	1 43
14 Tu	22 37	5 48	17 19	1 40	21 17	28 47	1 44
15 W	26 47	5 30	18 56	1 35	22 15	29 24	1 44
16 Th	0♎48	5 11	20 32	1 30	23 12	0♒00	1 45
17 F	4 43	4 51	22 08	1 25	24 10	0 37	1 45
18 S	8 31	4 30	23 44	1 19	25 08	1 14	1 45
19 Su	12 13	4 09	25 21	1 14	26 06	1 51	1 46
20 M	15 49	3 47	26 57	1 09	27 03	2 28	1 46
21 Tu	19 19	3 25	28 33	1 03	28 01	3 05	1 46
22 W	22 44	3 02	0♊10	0 58	28 59	3 42	1 47
23 Th	26 05	2 40	1 46	0 52	29 57	4 20	1 47
24 F	29 21	2 17	3 23	0 47	0♓55	4 57	1 47
25 S	2♏33	1 55	4 59	0 41	1 53	5 34	1 48
26 Su	5 41	1 33	6 36	0 36	2 50	6 11	1 48
27 M	8 46	1 10	8 12	0 30	3 48	6 48	1 48
28 Tu	11 48	0 48	9 49	0 24	4 46	7 26	1 48
29 W	14 47	0 26	11 25	0 19	5 44	8 03	1 49
30 Th	17 44	0 05	13 02	0 13	6 42	8 40	1 49
31 F	20♏38	0S17	14♊39	0S07	7♓40	9♒18	1S49

DAY	♃ LONG	♃ LAT	♄ LONG	♄ LAT	♅ LONG	♅ LAT	♆ LONG	♆ LAT	♇ LONG	♇ LAT
	° '	° '	° '	° '	° '	° '	° '	° '	° '	° '
5 Th	25♊17.4	0S21	5♊51.8	1S50	22♒24.2	0S43	7♒13.4	0N08	14♐06.9	10N20
10 Tu	25 43.2	0 20	6 02.9	1 50	22 27.4	0 43	7 15.2	0 08	14 08.8	10 19
15 Su	26 09.1	0 19	6 14.0	1 50	22 30.7	0 43	7 17.0	0 08	14 10.7	10 19
20 F	26 34.9	0 19	6 25.1	1 49	22 33.9	0 43	7 18.8	0 08	14 12.7	10 18
25 W	27 00.7	0 18	6 36.2	1 49	22 37.2	0 43	7 20.6	0 08	14 14.6	10 18
30 M	27 26.5	0 18	6 47.3	1 49	22 40.5	0 43	7 22.4	0 08	14 16.5	10 17
4 S	27 52.2	0 17	6 58.4	1 49	22 43.7	0 43	7 24.2	0 08	14 18.4	10 17
9 Th	28 18.0	0 17	7 09.5	1 48	22 47.0	0 43	7 26.0	0 08	14 20.4	10 16
14 Tu	28 43.7	0 16	7 20.6	1 48	22 50.2	0 43	7 27.8	0 08	14 22.3	10 16
19 Su	29 09.4	0 15	7 31.7	1 48	22 53.5	0 43	7 29.6	0 08	14 24.2	10 15
24 F	29 35.1	0 15	7 42.8	1 47	22 56.7	0 43	7 31.4	0 08	14 26.1	10 15
29 W	0♋00.8	0 14	7 53.9	1 47	23 00.0	0 43	7 33.2	0 08	14 28.1	10 14

☿p.425747	☿ .313639
♀ .727754	♀ .724576
⊕a1.01662	⊕ 1.01493
♂ 1.44980	♂ 1.41702
♃ 5.10472	♃ 5.11555
♄ 9.08557	♄ 9.08131
♅ 19.9732	♅ 19.9757
♆ 30.1018	♆ 30.1008
♇ 30.3966	♇ 30.4072
☊	Perihelia
☿ 18°♉ 21	☿ 17°♊ 29
♀ 16 ♊ 41	♀ 11 ♌ 30
⊕	⊕ 14 ♋ 53
♂ 19 ♉ 34	♂ 5 ♓ 59
♃ 10 ♋ 31	♃ 15 ♈ 13
♄ 23 ♋ 38	♄ 1 ♋ 56
♅ 13 ♊ 54	♅ 18 ♍ 40
♆ 11 ♌ 48	♆ 28 ♉ 32
♇ 20 ♋ 15	♇ 13 ♏ 31

1	⊕⚺☿	7am44
Su	☿⚼♃	10 51
2	☿✶♇	3pm47
4	☿∠♂	3am53
W	⊕✶♀	5 18
	⊕ A	1pm38
	☿☌♅	11 46
5	♀□♇	8am36
Th	☿△♃	6pm55
6	⊕⚺♇	2am52
F	♂⚻♄	7pm11
	⊕∠☿	11 56
7	☿ ♓	0am12
8	☿□♄	12pm36
Su	☿✶♂	7 7
	☿⚺♆	8 1
9	♂⚺♆	1am28
M	♂∠♅	9 48
10	♀∠♆	11am39
T	☿□♇	11 42
	♀⚺♅	2pm47
11	⊕✶☿	4pm52
12	☿∠♆	8am 0
Th	☿⚺♅	9 8
	♀□♃	7pm38
13	☿□♃	3am30
F	☿☌♀	7 22
	⊕⚼♄	12pm31
	☿ ♈	11 58
14	⊕⚺♅	10pm 2
15	☿✶♄	6am49
Su	♀ ♈	8 35
	☿✶♆	11 52
	☿∠♅	12pm58
16	☿□♂	7am58
M	☿△♇	8pm26
18	☿∠♄	4am54
W	☿✶♅	10 12
19	⊕⚻♃	2am28
Th	☿✶♃	3 32
	⊕□☿	3 44
	♀✶♄	9 2
	☿⚼♇	3pm10
	☿ ♉	6 33
	♀✶♆	10 53
20	♀∠♅	2am42
F	♂⚺♇	9pm23
	☿⚺♄	9 41
21	☿□♆	1am17
S	☿⚺♀	11 10
	☿∠♃	7pm23
	⊕∠♇	10 48
22	☿⚻♇	5am28
Su	☿△♂	8 59
	⊕ ♒	6pm19
	☿0N	9 58
23	☿□♅	2pm49
24	♀△♇	7am13
T	☿⚺♃	7 50
	☿ ♊	7pm39
	☿∠♀	7 59
25	☿⚼♂	2am18
W	⊕△☿	4 36
	☿☌♄	9pm10
	☿△♆	11 54
26	♀□♂	7am37
27	☿☍♇	2am13
F	☿ P	1pm46
	☿⚻♂	5 35
28	⊕⚼☿	0am 3
S	☿✶♀	0 44
	☿⚼♆	9 0
	☿△♅	10 7
29	♀∠♄	0am16
Su	☿☌♃	4 2
	☿ ♋	2pm 3
	♀✶♅	2 5
	⊕△♄	8 40
30	⊕☌♆	11am34
M	☿⚺♄	4pm10
	☿⚻♆	6 21
	☿⚼♅	7 32
	⊕⚻☿	7 35
31	☿⚻♇	9pm11
1	♀✶♃	5pm18
2	☿☍♂	1am47
Th	☿∠♄	3 20
	☿⚻♅	6 33
	♀⚼♇	5pm42
	♂⚼♄	5 58
3	☿⚺♃	3am 9
F	♀ ♉	4 14
	☿⚼♇	9 20
	☿ ♌	12pm12
	☿□♀	3 13
4	♂⚺♅	1am47
S	☿✶♄	5pm29
	☿☍♆	7 14
5	⊕⚼♃	8am17
Su	☿∠♃	7pm29
	⊕☍☿	9 38
6	☿△♇	1am10
M	⊕✶♇	5pm50
7	♀⚺♄	2pm54
T	☿☍♅	3 18
	♀□♆	7 41
8	☿⚻♂	2am32
W	☿✶♃	5pm13
9	☿ ♍	1am31
10	☿□♄	1pm17
F	☿⚻♆	2 27
11	♀∠♃	3pm 7
S	☿⚼♂	3 50
12	☿△♀	1am54
Su	☿□♇	2 30
	♀⚻♇	3 37
13	⊕⚻☿	2pm18
M	♂⚻♃	9 40
	☿⚼♆	11 8
14	☿⚻♅	1am15
T	♂∠♇	11pm24
15	☿□♃	12pm18
W	⊕☌♅	3 12
	☿△♂	6 18
	☿ ♎	7 8
	♂ ♒	11 43
17	♀□♅	11am 4
F	☿△♄	5pm22
	☿△♆	5 24
	☿⚼♅	7 54
	♄△♆	9 35
18	☿⚼♀	2am28
S	⊕⚼☿	2pm 3
19	☿✶♇	2pm34
20	⊕□♀	3am57
21	♀⚺♃	12pm10
T	♀ ♊	9 34
	☿⚼♄	11 18
22	☿△♅	1am20
W	⊕△♃	11 46
23	⊕ ♓	1am20
24	☿∠♇	0am41
F	☿△♃	1 50
	☿ ♏	4 53
	⊕△☿	4pm44
25	♀△♂	2pm 3
26	☿□♂	4am50
Su	♀△♆	2pm 5
	☿□♆	2 23
	☿⚻♀	2 42
	☿⚻♄	4 31
	♀☌♄	6 12
28	♂☌♆	4am40
T	♂△♄	5pm46
	♃ ♋	8 28
	☿⚺♇	9 25
29	☿⚼♃	1am53
30	☿0S	5am 4
Th	⊕⚺♆	9pm24
	♀☍♇	9 32
31	⊕□♄	7am48
F	☿□♅	7pm58

SEPTEMBER 2001

DAY	☿ LONG	☿ LAT	♀ LONG	♀ LAT	⊕ LONG	♂ LONG	♂ LAT
	° '	° '	° '	° '	° '	° '	° '
1 S	23♏31	0S38	16♊15	0S02	8♓38	9♒55	1S49
2 Su	26 21	0 59	17 52	0N04	9 36	10 33	1 50
3 M	29 10	1 19	19 29	0 10	10 34	11 10	1 50
4 Tu	1♐58	1 39	21 06	0 16	11 32	11 48	1 50
5 W	4 45	1 59	22 43	0 21	12 31	12 25	1 50
6 Th	7 31	2 19	24 19	0 27	13 29	13 03	1 50
7 F	10 16	2 38	25 56	0 33	14 27	13 40	1 50
8 S	13 01	2 56	27 33	0 38	15 25	14 18	1 51
9 Su	15 46	3 14	29 10	0 44	16 23	14 56	1 51
10 M	18 31	3 32	0♋47	0 50	17 22	15 33	1 51
11 Tu	21 15	3 49	2 24	0 55	18 20	16 11	1 51
12 W	24 01	4 06	4 01	1 01	19 18	16 49	1 51
13 Th	26 47	4 22	5 38	1 06	20 17	17 27	1 51
14 F	29 33	4 38	7 15	1 12	21 15	18 04	1 51
15 S	2♑21	4 53	8 52	1 17	22 14	18 42	1 51
16 Su	5 10	5 07	10 29	1 22	23 12	19 20	1 51
17 M	8 00	5 21	12 07	1 28	24 11	19 58	1 51
18 Tu	10 52	5 34	13 44	1 33	25 09	20 36	1 51
19 W	13 46	5 47	15 21	1 38	26 08	21 14	1 51
20 Th	16 42	5 58	16 58	1 43	27 06	21 51	1 51
21 F	19 40	6 09	18 35	1 48	28 05	22 29	1 51
22 S	22 41	6 19	20 13	1 53	29 04	23 07	1 51
23 Su	25 45	6 28	21 50	1 57	0♈03	23 45	1 51
24 M	28 52	6 36	23 27	2 02	1 01	24 23	1 51
25 Tu	2♒02	6 44	25 05	2 07	2 00	25 01	1 50
26 W	5 16	6 50	26 42	2 11	2 59	25 39	1 50
27 Th	8 35	6 54	28 19	2 15	3 58	26 17	1 50
28 F	11 57	6 58	29 57	2 20	4 57	26 55	1 50
29 S	15 24	7 00	1♌34	2 24	5 55	27 33	1 50
30 Su	18♒56	7S00	3♌12	2N28	6♈54	28♒11	1S50

OCTOBER 2001

DAY	☿ LONG	☿ LAT	♀ LONG	♀ LAT	⊕ LONG	♂ LONG	♂ LAT
	° '	° '	° '	° '	° '	° '	° '
1 M	22♒33	6S59	4♌49	2N32	7♈53	28♒49	1S50
2 Tu	26 16	6 56	6 27	2 36	8 52	29 27	1 49
3 W	0♓05	6 52	8 04	2 39	9 51	0♓05	1 49
4 Th	4 01	6 45	9 42	2 43	10 50	0 44	1 49
5 F	8 03	6 36	11 19	2 46	11 49	1 22	1 49
6 S	12 13	6 25	12 57	2 49	12 49	2 00	1 48
7 Su	16 30	6 11	14 34	2 53	13 48	2 38	1 48
8 M	20 55	5 55	16 12	2 56	14 47	3 16	1 48
9 Tu	25 28	5 36	17 49	2 58	15 46	3 54	1 48
10 W	0♈09	5 14	19 27	3 01	16 45	4 32	1 47
11 Th	5 00	4 49	21 04	3 04	17 45	5 10	1 47
12 F	9 59	4 22	22 42	3 06	18 44	5 48	1 47
13 S	15 08	3 51	24 19	3 08	19 44	6 26	1 46
14 Su	20 25	3 18	25 57	3 11	20 43	7 05	1 46
15 M	25 52	2 41	27 34	3 12	21 42	7 43	1 45
16 Tu	1♉27	2 03	29 12	3 14	22 42	8 21	1 45
17 W	7 11	1 22	0♍49	3 16	23 41	8 59	1 45
18 Th	13 03	0 39	2 27	3 17	24 41	9 37	1 44
19 F	19 03	0N05	4 04	3 19	25 41	10 15	1 44
20 S	25 08	0 50	5 42	3 20	26 40	10 53	1 43
21 Su	1♊19	1 35	7 19	3 21	27 40	11 31	1 43
22 M	7 34	2 19	8 57	3 22	28 40	12 09	1 42
23 Tu	13 52	3 02	10 34	3 23	29 39	12 47	1 42
24 W	20 11	3 43	12 12	3 23	0♉39	13 25	1 42
25 Th	26 30	4 20	13 49	3 23	1 39	14 03	1 41
26 F	2♋48	4 55	15 27	3 24	2 39	14 41	1 40
27 S	9 02	5 26	17 04	3 24	3 38	15 19	1 40
28 Su	15 12	5 52	18 41	3 24	4 38	15 57	1 39
29 M	21 15	6 15	20 19	3 23	5 38	16 35	1 39
30 Tu	27 12	6 32	21 56	3 23	6 38	17 13	1 38
31 W	3♌01	6N45	23♍33	3N22	7♉38	17♓51	1S38

DAY	♃ LONG	♃ LAT	♄ LONG	♄ LAT	♅ LONG	♅ LAT	♆ LONG	♆ LAT	♇ LONG	♇ LAT
	° '	° '	° '	° '	° '	° '	° '	° '	° '	° '
3 M	0♋26.4	0S14	8♊05.0	1S47	23♒03.2	0S43	7♒35.0	0N08	14♐30.0	10N14
8 S	0 52.0	0 13	8 16.1	1 46	23 06.5	0 43	7 36.8	0 08	14 31.9	10 14
13 Th	1 17.7	0 13	8 27.2	1 46	23 09.7	0 43	7 38.6	0 08	14 33.8	10 13
18 Tu	1 43.2	0 12	8 38.3	1 45	23 13.0	0 43	7 40.4	0 08	14 35.8	10 13
23 Su	2 08.8	0 11	8 49.4	1 45	23 16.2	0 43	7 42.2	0 08	14 37.7	10 12
28 F	2 34.4	0 11	9 00.5	1 45	23 19.4	0 43	7 44.0	0 08	14 39.6	10 12
3 W	2 59.9	0 10	9 11.6	1 44	23 22.7	0 43	7 45.8	0 07	14 41.5	10 11
8 M	3 25.4	0 10	9 22.7	1 44	23 25.9	0 43	7 47.6	0 07	14 43.4	10 11
13 S	3 51.0	0 09	9 33.8	1 44	23 29.2	0 43	7 49.4	0 07	14 45.4	10 10
18 Th	4 16.4	0 09	9 44.9	1 43	23 32.4	0 43	7 51.1	0 07	14 47.3	10 10
23 Tu	4 41.9	0 08	9 56.1	1 43	23 35.7	0 43	7 52.9	0 07	14 49.2	10 09
28 Su	5 07.4	0 07	10 07.2	1 43	23 38.9	0 43	7 54.7	0 07	14 51.1	10 09

☿a.456541	☿p.405951
♀ .720503	♀p.718444
⊕ 1.00919	⊕ 1.00117
♂ 1.39352	♂p1.38234
♃ 5.12655	♃ 5.13731
♄ 9.07721	♄ 9.07339
♅ 19.9783	♅ 19.9807
♆ 30.0998	♆ 30.0988
♇ 30.4178	♇ 30.4282
☊	Perihelia
☿ 18°♉ 21	☿ 17°♊ 29
♀ 16 ♊ 41	♀ 11 ♌ 27
⊕	⊕ 15 ♋ 43
♂ 19 ♉ 34	♂ 6 ♓ 00
♃ 10 ♋ 31	♃ 15 ♈ 11
♄ 23 ♋ 39	♄ 2 ♋ 09
♅ 13 ♊ 53	♅ 18 ♍ 37
♆ 11 ♌ 48	♆ 0 ♊ 21
♇ 20 ♋ 15	♇ 13 ♏ 29

1	♀0N	6am26
3	☿ ♐	7am 4
M	☿⚻♃	11 11
4	⊕⚺♂	5pm47
T	♀⚼♆	10 19
5	♀△♅	5am29
6	☿✶♆	0am44
Th	☿☍♄	5 58
7	⊕□♇	1am55
8	♂✶♇	8am56
S	☿☌♇	1pm15
	☿✶♂	2 31
9	⊕□☿	8am27
Su	♀ ♋	12pm21
	☿ A	1 24
	♀⚼♂	6 28
10	♀☌♃	3am59
M	♂⚼♃	9pm17
11	☿∠♆	12pm 1
T	☿✶♅	4 29
14	☿ ♑	3am51
F	♀⚻♆	5 54
	♀⚼♅	1pm43
	☿☍♃	4 12
	♀⚺♄	6 46
15	⊕∠♆	10am35
S	☿∠♂	2pm55
	⊕⚺♅	11 47
16	☿⚺♆	9pm11
17	☿∠♅	1am43
M	☿⚻♄	5 7
18	♀⚻♇	12pm53
19	☿⚺♇	6am54
20	☿☍♀	4am53
22	☿⚺♂	4am20
S	☿⚺♅	4 32
	♂☌♅	5 17
	☿⚼♄	8 46
	⊕ ♈	10pm57
23	♀⚻♅	9pm23
24	☿∠♇	5am52
M	♀∠♄	6 7
	☿ ♒	8 37
	♀⚻♂	10pm35
	⊕✶☿	11 35
25	☿⚻♃	2am 8
T	⊕□♃	8 29
26	☿☌♆	5pm52
27	☿△♄	2am53
Th	♀⚼♇	7pm43
28	♀ ♌	0am46
F	☿✶♇	6pm56
29	☿⚼♃	3pm47
S	♀⚺♃	4 57
30	⊕✶♆	8pm37
1	⊕∠☿	2am58
M	☿☌♅	5 15
	⊕∠♅	11 33
2	⊕✶♄	7am13
T	♀☍♆	7pm27
	♂ ♓	8 32
	☿ ♓	11 26
3	☿☌♂	0am 1
W	♀✶♄	5pm 0
	☿△♃	6 15
4	☿⚺♆	10pm22
5	♀ P	1am23
F	☿□♄	7 9
	⊕△♀	6pm57
6	⊕⚺☿	4am26
S	☿⚻♀	6 44
	☿□♇	2pm 7
7	♀△♇	2am12
Su	⊕△♇	10pm35
8	♂△♃	6am56
M	☿∠♆	10 2
	☿⚺♅	1pm26
9	♀∠♃	10am44
T	☿ ♈	11pm13
10	☿□♃	5pm26
11	☿⚺♂	0am59
Th	☿⚼♀	7 48
	☿✶♆	1pm39
	☿∠♅	4 48
	☿✶♄	9 49
12	♂ P	7am27
F	♀☍♅	11 34
	☿△♇	10pm18
14	⊕☌☿	1am37
Su	☿∠♂	8 21
	☿✶♅	1pm40
	☿∠♄	6 37
15	♂⚺♆	4am44
M	☿△♀	10 27
	☿⚼♇	4pm50
	☿ ♉	5 48
16	☿✶♃	11am19
T	♀ ♍	11 49
	⊕✶♅	8pm 4
17	☿□♆	2am43
W	☿✶♂	8 17
	☿⚺♄	10 27
	⊕∠♂	7pm26
18	⊕∠♄	1am39
Th	♂□♄	5 22
	☿⚻♇	7 0
	☿0N	9pm14
19	☿∠♃	1am16
F	♀✶♃	4 25
	☿□♅	5pm49
20	⊕⚺☿	7am 8
S	☿ ♊	6pm54
21	♀⚻♆	8am 5
Su	☿⚺♃	12pm31
22	☿△♆	1am10
M	☿□♀	7 6
	☿☌♄	8 56
	♀□♄	2pm20
	☿□♂	7 26
23	⊕∠☿	3am33
T	☿☍♇	3 37
	⊕⚼♇	4 0
	⊕ ♉	8 18
	☿ P	1pm 2
24	☿⚼♆	10am16
W	☿△♅	1pm 0
25	♀☍♂	5am42
Th	☿ ♋	1pm19
	♀□♇	3 1
	⊕✶☿	11 19
26	♂□♇	5am43
F	☿☌♃	8 23
	☿⚻♆	7pm39
	☿⚼♅	10 28
27	☿⚺♄	4am 6
S	☿⚻♇	10pm40
28	☿△♂	3am21
Su	⊕✶♃	12pm42
	☿✶♀	6 51
29	☿⚻♅	9am39
M	⊕⚼♀	12pm30
	☿∠♄	3 46
30	☿⚼♇	10am55
T	☿ ♌	11 27
	♀⚼♆	2pm42
	☿⚼♂	11 13
31	♀⚻♅	1am52
W	⊕□♆	7 7
	☿⚺♃	10 1
	☿☍♆	8pm44
	⊕□☿	11 40

NOVEMBER 2001

DAY	☿ LONG	☿ LAT	♀ LONG	♀ LAT	⊕ LONG	♂ LONG	♂ LAT
	° '	° '	° '	° '	° '	° '	° '
1 Th	8♌42	6N54	25♍11	3N21	8♉38	18♓29	1S37
2 F	14 13	6 59	26 48	3 21	9 38	19 07	1 37
3 S	19 35	7 00	28 25	3 19	10 38	19 45	1 36
4 Su	24 48	6 58	0♎02	3 18	11 38	20 23	1 35
5 M	29 50	6 52	1 39	3 17	12 38	21 01	1 35
6 Tu	4♍44	6 43	3 16	3 15	13 39	21 39	1 34
7 W	9 27	6 32	4 54	3 14	14 39	22 17	1 33
8 Th	14 02	6 19	6 31	3 12	15 39	22 55	1 33
9 F	18 28	6 04	8 08	3 10	16 39	23 32	1 32
10 S	22 45	5 47	9 45	3 07	17 39	24 10	1 31
11 Su	26 54	5 29	11 21	3 05	18 40	24 48	1 31
12 M	0♎56	5 10	12 58	3 03	19 40	25 26	1 30
13 Tu	4 50	4 50	14 35	3 00	20 40	26 03	1 29
14 W	8 38	4 29	16 12	2 57	21 41	26 41	1 29
15 Th	12 20	4 08	17 49	2 54	22 41	27 19	1 28
16 F	15 55	3 46	19 26	2 51	23 42	27 56	1 27
17 S	19 25	3 24	21 02	2 48	24 42	28 34	1 26
18 Su	22 50	3 02	22 39	2 45	25 43	29 11	1 26
19 M	26 11	2 39	24 15	2 42	26 43	29 49	1 25
20 Tu	29 27	2 17	25 52	2 38	27 44	0♈27	1 24
21 W	2♏39	1 54	27 28	2 34	28 45	1 04	1 23
22 Th	5 47	1 32	29 05	2 31	29 45	1 42	1 22
23 F	8 52	1 10	0♏41	2 27	0♊46	2 19	1 22
24 S	11 54	0 47	2 18	2 23	1 46	2 56	1 21
25 Su	14 53	0 26	3 54	2 18	2 47	3 34	1 20
26 M	17 49	0 04	5 30	2 14	3 48	4 11	1 19
27 Tu	20 44	0S18	7 07	2 10	4 48	4 48	1 18
28 W	23 36	0 39	8 43	2 05	5 49	5 26	1 17
29 Th	26 27	0 59	10 19	2 01	6 50	6 03	1 16
30 F	29♏16	1S20	11♏55	1N56	7♊51	6♈40	1S16

DECEMBER 2001

DAY	☿ LONG	☿ LAT	♀ LONG	♀ LAT	⊕ LONG	♂ LONG	♂ LAT
	° '	° '	° '	° '	° '	° '	° '
1 S	2♐04	1S40	13♏31	1N52	8♊51	7♈17	1S15
2 Su	4 50	2 00	15 07	1 47	9 52	7 54	1 14
3 M	7 36	2 19	16 43	1 42	10 53	8 31	1 13
4 Tu	10 22	2 38	18 19	1 37	11 54	9 09	1 12
5 W	13 06	2 57	19 55	1 32	12 55	9 46	1 11
6 Th	15 51	3 15	21 31	1 27	13 56	10 23	1 10
7 F	18 36	3 33	23 06	1 22	14 57	10 59	1 09
8 S	21 21	3 50	24 42	1 16	15 57	11 36	1 08
9 Su	24 06	4 06	26 18	1 11	16 58	12 13	1 07
10 M	26 52	4 23	27 53	1 06	17 59	12 50	1 06
11 Tu	29 38	4 38	29 29	1 00	19 00	13 27	1 05
12 W	2♑26	4 53	1♐05	0 55	20 01	14 04	1 04
13 Th	5 15	5 08	2 40	0 49	21 02	14 40	1 04
14 F	8 05	5 21	4 16	0 44	22 03	15 17	1 03
15 S	10 57	5 35	5 51	0 38	23 04	15 53	1 02
16 Su	13 51	5 47	7 27	0 33	24 06	16 30	1 01
17 M	16 47	5 59	9 02	0 27	25 07	17 07	1 00
18 Tu	19 46	6 09	10 37	0 22	26 08	17 43	0 59
19 W	22 47	6 19	12 13	0 16	27 09	18 19	0 58
20 Th	25 51	6 29	13 48	0 10	28 10	18 56	0 57
21 F	28 58	6 37	15 23	0 05	29 11	19 32	0 56
22 S	2♒08	6 44	16 58	0S01	0♋12	20 08	0 55
23 Su	5 23	6 50	18 34	0 07	1 13	20 45	0 54
24 M	8 41	6 54	20 09	0 12	2 14	21 21	0 53
25 Tu	12 03	6 58	21 44	0 18	3 15	21 57	0 51
26 W	15 31	7 00	23 19	0 24	4 17	22 33	0 50
27 Th	19 03	7 00	24 54	0 29	5 18	23 09	0 49
28 F	22 40	6 59	26 29	0 35	6 19	23 45	0 48
29 S	26 23	6 56	28 04	0 40	7 20	24 21	0 47
30 Su	0♓13	6 51	29 39	0 46	8 21	24 57	0 46
31 M	4♓08	6S45	1♑14	0S51	9♋22	25♈33	0S45

DAY	♃ LONG	♃ LAT	♄ LONG	♄ LAT	♅ LONG	♅ LAT	♆ LONG	♆ LAT	♇ LONG	♇ LAT
	° '	° '	° '	° '	° '	° '	° '	° '	° '	° '
2 F	5♋32.8	0S07	10♊18.3	1S42	23♒42.2	0S43	7♒56.5	0N07	14♐53.0	10N08
7 W	5 58.2	0 06	10 29.4	1 42	23 45.4	0 43	7 58.3	0 07	14 55.0	10 08
12 M	6 23.6	0 06	10 40.6	1 42	23 48.7	0 44	8 00.1	0 07	14 56.9	10 07
17 S	6 49.0	0 05	10 51.7	1 41	23 51.9	0 44	8 01.9	0 07	14 58.8	10 07
22 Th	7 14.4	0 04	11 02.8	1 41	23 55.2	0 44	8 03.7	0 07	15 00.7	10 07
27 Tu	7 39.7	0 04	11 13.9	1 41	23 58.4	0 44	8 05.5	0 07	15 02.7	10 06
2 Su	8 05.1	0 03	11 25.1	1 40	24 01.7	0 44	8 07.3	0 07	15 04.6	10 06
7 F	8 30.4	0 03	11 36.2	1 40	24 04.9	0 44	8 09.1	0 07	15 06.5	10 05
12 W	8 55.7	0 02	11 47.4	1 40	24 08.2	0 44	8 10.9	0 07	15 08.4	10 05
17 M	9 20.9	0 02	11 58.5	1 39	24 11.4	0 44	8 12.7	0 07	15 10.4	10 04
22 S	9 46.2	0 01	12 09.6	1 39	24 14.7	0 44	8 14.5	0 07	15 12.3	10 04
27 Th	10 11.4	0 00	12 20.8	1 38	24 17.9	0 44	8 16.3	0 07	15 14.2	10 03

☿ .328488	☿a.462445
♀ .719758	♀ .723466
⊕ .992518	⊕ .986064
♂ 1.38421	♂ 1.39877
♃ 5.14855	♃ 5.15951
♄ 9.06960	♄ 9.06609
♅ 19.9831	♅ 19.9855
♆ 30.0978	♆ 30.0968
♇ 30.4390	♇ 30.4495
☊	Perihelia
☿ 18°♉ 21	☿ 17°♊ 29
♀ 16 ♊ 42	♀ 11 ♌ 33
⊕	⊕ 12 ♋ 32
♂ 19 ♉ 34	♂ 6 ♓ 00
♃ 10 ♋ 31	♃ 15 ♈ 08
♄ 23 ♋ 39	♄ 2 ♋ 21
♅ 13 ♊ 53	♅ 18 ♍ 37
♆ 11 ♌ 48	♆ 1 ♊ 46
♇ 20 ♋ 15	♇ 13 ♏ 28

1	☿⚹♄	6am47
Th	☿∠♀	8 58
2	☿△♇	2am55
F	⊕⚺♄	4pm41
3	☿⚻♂	0am50
S	☿∠♃	4 49
	☿☍♅	6pm59
	♀ ♎	11 27
5	☿ ♍	0am46
M	☿⚺♀	1pm12
6	☿⚹♃	5am55
T	☿⚻♆	4pm23
7	☿□♄	5am25
W	⊕⚻♇	6 32
	♀□♃	4pm52
8	♂∠♆	2am41
Th	☿□♇	4 47
	⊕△☿	11 13
	♀△♆	9pm53
9	♂⚺♅	9am19
F	♀⚼♅	9 45
10	☿⚼♆	1am23
S	☿⚻♅	5 58
	☿☍♂	9 34
	♀△♄	1pm 4
11	☿ ♎	6pm23
13	♀⚹♇	5am29
T	⊕⚼☿	7 5
	☿□♃	10 30
	☿△♆	8pm 1
	⊕∠♃	8 55
14	☿⚼♅	1am16
W	☿△♄	1pm48
15	☿⚹♇	5pm36
16	⊕□♅	3am48
17	☿☌♀	9pm22
18	☿△♅	7am24
Su	♀△♅	6pm27
	☿⚼♄	10 12
19	⊕⚻☿	5am42
M	♂ ♈	7 1
20	♀⚼♄	1am38
T	☿ ♏	4 7
	☿∠♇	4 8
	☿⚻♂	9 13
22	⊕ ♊	5am53
Th	☿△♃	11 37
	♀ ♏	1pm42
	♀∠♇	1 57
	☿□♆	5 45
23	⊕⚻♀	2am57
F	☿⚻♄	5pm45
24	♀⚻♂	3pm44
25	☿⚺♇	1am14
26	☿0S	4am19
M	☿⚼♂	2pm16
	⊕⚹♂	11 55
27	♀△♃	8am44
T	♀□♆	2pm46
	☿⚼♃	4 37
28	☿□♅	3am14
29	♀⚻♄	3pm13
30	⊕⚺♃	1am50
F	☿ ♐	6 19
	⊕△♆	6 20

1	♀⚺♇	11pm24
2	♂□♃	8am 1
Su	♂⚹♆	8 28
	♃⚻♆	11 37
3	☿⚹♆	4am34
M	☿⚻♃	5 4
	☿△♂	10 19
	⊕☌♄	2pm 2
	♂∠♅	8 21
4	☿☍♄	10am 1
T	⊕☍☿	9pm18
5	☿☌♇	5pm26
6	☿ A	12pm40
7	⊕☍♇	3am57
F	♀⚼♃	6 21
	♀□♅	2pm47
8	♂⚹♄	1am28
S	☿∠♆	3pm51
9	☿⚹♅	0am 3
Su	♀⚼♂	10pm36
10	☿⚺♀	8pm51
11	☿ ♑	3am 5
T	♀ ♐	7 46
13	♂△♇	6pm56
14	☿⚺♆	0am52
F	☿☍♃	8 42
	☿∠♅	9 0
	♃⚼♅	8pm 9
15	⊕⚼♆	2am58
S	☿⚻♄	7 56
16	⊕△♅	2am 4
Su	☿⚺♇	10 46
	♀⚹♆	11 34
17	☿□♂	3am15
M	♀⚻♃	5 3
18	♀☍♄	9pm30
19	☿⚺♅	11am17
20	☿⚼♄	9am42
Th	♀☌♇	9pm 9
21	⊕⚻☿	2am27
F	☿ ♒	7 52
	☿∠♇	9 24
	⊕ ♋	7pm14
	♀0S	7 45
	☿∠♀	9 32
23	☿☌♆	8pm56
24	☿⚻♃	9am14
25	☿△♄	1am32
T	♀△♂	5 19
	☿⚹♇	10pm 5
	♀∠♆	11 13
26	♀⚹♅	2pm48
27	⊕⚼☿	11am37
28	☿⚹♂	8am25
F	☿☌♅	10 41
	☿⚼♃	5pm16
	♂⚹♅	10 43
29	☿⚹♀	6pm 8
S	⊕⚻♆	10 34
	☿ ♓	10 42
30	♀ ♑	5am14
Su	♃0N	11pm20
	⊕⚼♅	11 20

JANUARY 2002

DAY	☿ LONG	☿ LAT	♀ LONG	♀ LAT	⊕ LONG	♂ LONG	♂ LAT
	° '	° '	° '	° '	° '	° '	° '
1 Tu	8♓11	6S36	2♑49	0S57	10♋23	26♈09	0S44
2 W	12 21	6 24	4 24	1 02	11 24	26 44	0 43
3 Th	16 38	6 11	5 59	1 07	12 26	27 20	0 42
4 F	21 03	5 54	7 34	1 13	13 27	27 56	0 41
5 S	25 36	5 35	9 09	1 18	14 28	28 31	0 40
6 Su	0♈18	5 13	10 44	1 23	15 29	29 07	0 39
7 M	5 09	4 48	12 19	1 28	16 30	29 42	0 38
8 Tu	10 09	4 21	13 54	1 33	17 31	0♉18	0 37
9 W	15 17	3 50	15 29	1 38	18 32	0 53	0 36
10 Th	20 35	3 17	17 04	1 43	19 34	1 29	0 34
11 F	26 02	2 40	18 38	1 48	20 35	2 04	0 33
12 S	1♉38	2 01	20 13	1 53	21 36	2 39	0 32
13 Su	7 22	1 20	21 48	1 57	22 37	3 14	0 31
14 M	13 14	0 38	23 23	2 02	23 38	3 49	0 30
15 Tu	19 14	0N06	24 58	2 06	24 39	4 24	0 29
16 W	25 20	0 51	26 33	2 11	25 41	4 59	0 28
17 Th	1♊31	1 36	28 08	2 15	26 42	5 34	0 27
18 F	7 46	2 20	29 42	2 19	27 43	6 09	0 26
19 S	14 04	3 03	1♒17	2 23	28 44	6 44	0 25
20 Su	20 23	3 44	2 52	2 27	29 45	7 19	0 24
21 M	26 42	4 22	4 27	2 31	0♌46	7 54	0 22
22 Tu	2♋59	4 56	6 02	2 35	1 47	8 28	0 21
23 W	9 14	5 27	7 37	2 38	2 48	9 03	0 20
24 Th	15 23	5 53	9 12	2 42	3 49	9 38	0 19
25 F	21 27	6 15	10 46	2 45	4 50	10 12	0 18
26 S	27 23	6 33	12 21	2 48	5 51	10 47	0 17
27 Su	3♌12	6 46	13 56	2 51	6 52	11 21	0 16
28 M	8 53	6 55	15 31	2 54	7 53	11 55	0 15
29 Tu	14 24	6 59	17 06	2 57	8 54	12 30	0 14
30 W	19 45	7 00	18 41	3 00	9 55	13 04	0 13
31 Th	24♌58	6N58	20♒16	3S02	10♌56	13♉38	0S11

FEBRUARY 2002

DAY	☿ LONG	☿ LAT	♀ LONG	♀ LAT	⊕ LONG	♂ LONG	♂ LAT
	° '	° '	° '	° '	° '	° '	° '
1 F	0♍00	6N52	21♒51	3S05	11♌57	14♉12	0S10
2 S	4 53	6 43	23 26	3 07	12 58	14 46	0 09
3 Su	9 36	6 32	25 01	3 09	13 58	15 20	0 08
4 M	14 10	6 19	26 36	3 11	14 59	15 54	0 07
5 Tu	18 36	6 04	28 11	3 13	16 00	16 28	0 06
6 W	22 53	5 47	29 46	3 15	17 01	17 02	0 05
7 Th	27 02	5 29	1♓21	3 16	18 02	17 36	0 04
8 F	1♎03	5 10	2 56	3 18	19 03	18 09	0 03
9 S	4 58	4 49	4 31	3 19	20 03	18 43	0 02
10 Su	8 45	4 29	6 06	3 20	21 04	19 17	0 01
11 M	12 27	4 07	7 41	3 21	22 05	19 50	0N01
12 Tu	16 02	3 45	9 16	3 22	23 06	20 24	0 02
13 W	19 32	3 23	10 52	3 23	24 06	20 57	0 03
14 Th	22 57	3 01	12 27	3 23	25 07	21 30	0 04
15 F	26 17	2 39	14 02	3 23	26 08	22 04	0 05
16 S	29 33	2 16	15 37	3 24	27 08	22 37	0 06
17 Su	2♏45	1 54	17 12	3 24	28 09	23 10	0 07
18 M	5 53	1 31	18 48	3 24	29 09	23 43	0 08
19 Tu	8 58	1 09	20 23	3 23	0♍10	24 17	0 09
20 W	12 00	0 47	21 58	3 23	1 10	24 50	0 10
21 Th	14 59	0 25	23 34	3 22	2 11	25 23	0 11
22 F	17 55	0 03	25 09	3 21	3 11	25 55	0 12
23 S	20 49	0S18	26 44	3 21	4 12	26 28	0 13
24 Su	23 42	0 39	28 20	3 20	5 12	27 01	0 14
25 M	26 32	1 00	29 55	3 18	6 12	27 34	0 15
26 Tu	29 21	1 21	1♈30	3 17	7 13	28 07	0 16
27 W	2♐09	1 41	3 06	3 15	8 13	28 39	0 18
28 Th	4♐56	2S00	4♈41	3S14	9♍13	29♉12	0N19

DAY	♃ LONG	♃ LAT	♄ LONG	♄ LAT	♅ LONG	♅ LAT	♆ LONG	♆ LAT	♇ LONG	♇ LAT
	° '	° '	° '	° '	° '	° '	° '	° '	° '	° '
1 Tu	10♋36.7	0N00	12♊31.9	1S38	24♒21.2	0S44	8♒18.1	0N06	15♐16.1	10N03
6 Su	11 01.9	0 01	12 43.1	1 38	24 24.4	0 44	8 19.9	0 06	15 18.1	10 02
11 F	11 27.1	0 01	12 54.2	1 37	24 27.7	0 44	8 21.7	0 06	15 20.0	10 02
16 W	11 52.2	0 02	13 05.4	1 37	24 30.9	0 44	8 23.5	0 06	15 21.9	10 01
21 M	12 17.4	0 02	13 16.5	1 37	24 34.2	0 44	8 25.3	0 06	15 23.8	10 01
26 S	12 42.5	0 03	13 27.6	1 36	24 37.4	0 44	8 27.1	0 06	15 25.7	10 00
31 Th	13 07.6	0 04	13 38.8	1 36	24 40.7	0 44	8 28.9	0 06	15 27.7	10 00
5 Tu	13 32.7	0 04	13 49.9	1 36	24 43.9	0 44	8 30.7	0 06	15 29.6	10 00
10 Su	13 57.8	0 05	14 01.1	1 35	24 47.2	0 44	8 32.5	0 06	15 31.5	9 59
15 F	14 22.9	0 05	14 12.2	1 35	24 50.4	0 44	8 34.3	0 06	15 33.4	9 59
20 W	14 47.9	0 06	14 23.4	1 34	24 53.7	0 44	8 36.1	0 06	15 35.3	9 58
25 M	15 12.9	0 06	14 34.5	1 34	24 56.9	0 44	8 37.9	0 06	15 37.2	9 58

☿p .383671	☿ .349055
♀a .727157	♀ .728171
⊕p .983298	⊕ .985318
♂ 1.42510	♂ 1.45975
♃ 5.17090	♃ 5.18234
♄ 9.06263	♄ 9.05934
♅ 19.9879	♅ 19.9903
♆ 30.0958	♆ 30.0949
♇ 30.4604	♇ 30.4714
☊	Perihelia
☿ 18°♉ 21	☿ 17°♊ 29
♀ 16 ♊ 42	♀ 11 ♌ 37
⊕	⊕ 10 ♋ 04
♂ 19 ♉ 35	♂ 6 ♓ 02
♃ 10 ♋ 32	♃ 15 ♈ 06
♄ 23 ♋ 39	♄ 2 ♋ 32
♅ 13 ♊ 53	♅ 18 ♍ 37
♆ 11 ♌ 48	♆ 3 ♊ 09
♇ 20 ♋ 15	♇ 13 ♏ 27

1 T	☿⚺♆	0am43
	⊕☌♃	5 43
	☿△♃	2pm24
	⊕△☿	4 58
	☿∠♂	8 1
2 W	☿□♄	1am18
	⊕ P	2pm10
	☿□♇	4 31
3 Th	⊕⚺♄	4am24
	♂∠♄	11 40
4 F	♀⚺♆	11am26
	☿∠♆	12pm 5
	☿⚺♅	5 42
5 S	♀∠♅	3am45
	☿⚺♂	5pm 9
	⊕⚻♇	7 40
	☿ ♈	10 29
6	♀☍♃	4am47
7 M	♀⚻♄	6am50
	♂ ♉	11 55
	☿✶♆	3pm26
	☿∠♅	8 37
8 T	♂⚼♇	0am40
	☿□♃	5 4
	☿✶♄	12pm32
	♀⚺♇	9 36
9 W	☿△♇	0am 9
	☿□♀	1 15
	⊕□☿	6pm19
10	☿✶♅	5pm 7
11 F	☿∠♄	8am 8
	☿ ♉	5pm 4
	☿⚼♇	6 30
12	☿☌♂	4am48
13 Su	☿□♆	4am 9
	☿✶♃	5pm41
	☿⚺♄	11 5
14 M	☿⚻♇	8am31
	⊕☍♀	10 53
	♀⚺♅	4pm59
	⊕⚻♅	8 23
	☿0N	8 30
15	☿□♅	8pm49
16 W	⊕✶☿	1am38
	☿∠♃	6 6
	☿△♀	6 23
	☿ ♊	6pm10
17 Th	♀⚼♄	0am 1
	☿⚺♂	5pm13
18 F	☿△♆	2am27
	♀ ♒	4 28
	♀∠♇	10 14
	⊕∠♄	11 1
	☿⚺♃	4pm31
	☿☌♄	8 42
	⊕∠☿	10 29
19 S	☿☍♇	5am 1
	☿⚼♀	11 16
	☿ P	12pm19
20 Su	⊕ ♌	5am55
	☿∠♂	8 4
	☿⚼♆	11 31
	⊕⚼♇	3pm13
	☿△♅	3 53
21 M	☿ ♋	12pm34
	⊕⚺☿	6 30
	♂□♆	10 8
22 T	☿⚻♀	3pm38
	☿⚻♆	8 56
	☿✶♂	11 15
23 W	☿⚼♅	1am25
	♀☌♆	12pm33
	☿☌♃	12 44
	☿⚺♄	4 8
24 Th	☿⚻♇	0am 8
	♀□♂	10 21
25 F	♀ A	11am31
	☿⚻♅	12pm45
26 S	☿∠♄	4am24
	♀⚻♃	5 40
	☿ ♌	10 42
	☿⚼♇	12pm29
	♀△♄	5 11
27 Su	⊕☌☿	6pm49
	☿☍♆	10 14
	♀✶♇	10 50
28 M	⊕☍♆	1pm48
	☿□♂	2 41
	☿⚺♃	5 36
	☿✶♄	8 21
29 T	☿△♇	4am40
	☿☍♀	5pm 4
	♂✶♃	11 1
30	☿☍♅	10pm41
31 Th	♂⚺♄	0am36
	☿∠♃	3pm15
1	☿ ♍	0am 1
2 S	⊕⚺♃	8am38
	☿⚻♆	6pm20
	⊕✶♄	6 42
	♀☌♅	7 22
3 Su	♂⚻♇	6am10
	☿✶♃	8pm 9
	☿□♄	9 58
4 M	⊕⚺☿	5am39
	☿□♇	7 3
	☿△♂	10 39
	⊕△♇	11 52
5	♀⚼♃	5am50
6 W	⊕□♂	0am49
	♀ ♓	3 34
	☿⚼♆	3 38
	☿⚻♅	10 42
7	☿ ♎	5pm37
8 F	☿⚼♂	2pm57
	☿⚻♀	7 18
9 S	⊕∠☿	0am47
	☿△♆	10pm37
10 Su	☿⚼♅	6am39
	♂0N	12pm50
11 M	♃⚺♄	4am18
	☿△♄	10 48
	☿□♃	10 53
	♀⚺♆	1pm 4
	☿✶♇	8 37
13 W	☿⚻♂	11am48
	⊕☍♅	5pm 9
14 Th	☿△♅	1pm30
	⊕✶☿	10 19
15 F	♀□♄	2am40
	♀△♃	5 34
	☿⚼♄	9pm41
	♀□♇	11 9
16 S	☿ ♏	3am21
	☿∠♇	7 34
	☿⚼♀	3pm49
18 M	⊕∠♃	12pm21
	⊕ ♍	8 6
	☿□♆	9 6
20 W	♂□♅	3am 2
	☿⚻♄	7pm30
	☿△♃	11 13
21 Th	♀∠♆	0am45
	☿⚺♇	5 2
	♀⚺♅	8pm29
22 F	☿0S	3am34
	♀✶♂	5pm54
24	☿□♅	10am31
25 M	♀ ♈	1am15
	☿☍♂	10 50
26 T	☿ ♐	5am32
	☿⚼♃	8 21
27 W	⊕⚻♆	10am17
	☿△♀	7pm 8

MARCH 2002 APRIL 2002

MARCH 2002

DAY	☿ LONG	☿ LAT	♀ LONG	♀ LAT	⊕ LONG	♂ LONG	♂ LAT
	° '	° '	° '	° '	° '	° '	° '
1 F	7♐42	2S20	6♈17	3S12	10♍13	29♉44	0N20
2 S	10 27	2 39	7 52	3 10	11 14	0♊17	0 21
3 Su	13 12	2 57	9 28	3 08	12 14	0 49	0 22
4 M	15 56	3 15	11 04	3 06	13 14	1 22	0 23
5 Tu	18 41	3 33	12 39	3 03	14 14	1 54	0 24
6 W	21 26	3 50	14 15	3 01	15 14	2 26	0 25
7 Th	24 11	4 07	15 50	2 58	16 14	2 58	0 26
8 F	26 57	4 23	17 26	2 55	17 14	3 30	0 27
9 S	29 44	4 39	19 02	2 52	18 14	4 03	0 28
10 Su	2♑32	4 54	20 37	2 49	19 14	4 35	0 29
11 M	5 21	5 08	22 13	2 46	20 14	5 07	0 30
12 Tu	8 11	5 22	23 49	2 42	21 14	5 38	0 31
13 W	11 03	5 35	25 25	2 39	22 14	6 10	0 32
14 Th	13 57	5 47	27 01	2 35	23 14	6 42	0 33
15 F	16 53	5 59	28 36	2 32	24 14	7 14	0 34
16 S	19 52	6 10	0♉12	2 28	25 14	7 46	0 35
17 Su	22 53	6 20	1 48	2 24	26 13	8 17	0 36
18 M	25 57	6 29	3 24	2 20	27 13	8 49	0 37
19 Tu	29 04	6 37	5 00	2 16	28 13	9 20	0 38
20 W	2♒15	6 44	6 36	2 11	29 12	9 52	0 38
21 Th	5 29	6 50	8 12	2 07	0♎12	10 23	0 39
22 F	8 47	6 55	9 48	2 02	1 12	10 55	0 40
23 S	12 10	6 58	11 24	1 58	2 11	11 26	0 41
24 Su	15 37	7 00	13 00	1 53	3 11	11 57	0 42
25 M	19 10	7 00	14 36	1 48	4 10	12 28	0 43
26 Tu	22 47	6 59	16 13	1 43	5 10	12 59	0 44
27 W	26 31	6 56	17 49	1 38	6 09	13 31	0 45
28 Th	0♓20	6 51	19 25	1 33	7 08	14 02	0 46
29 F	4 16	6 44	21 01	1 28	8 08	14 33	0 47
30 S	8 19	6 35	22 37	1 23	9 07	15 04	0 48
31 Su	12♓29	6S24	24♉14	1S18	10♎06	15♊34	0N49

APRIL 2002

DAY	☿ LONG	☿ LAT	♀ LONG	♀ LAT	⊕ LONG	♂ LONG	♂ LAT
	° '	° '	° '	° '	° '	° '	° '
1 M	16♓46	6S10	25♉50	1S13	11♎05	16♊05	0N50
2 Tu	21 11	5 54	27 26	1 07	12 05	16 36	0 50
3 W	25 45	5 35	29 03	1 02	13 04	17 07	0 51
4 Th	0♈27	5 13	0♊39	0 56	14 03	17 38	0 52
5 F	5 18	4 48	2 16	0 51	15 02	18 08	0 53
6 S	10 18	4 20	3 52	0 45	16 01	18 39	0 54
7 Su	15 27	3 49	5 28	0 40	17 00	19 09	0 55
8 M	20 45	3 15	7 05	0 34	17 59	19 40	0 56
9 Tu	26 13	2 39	8 42	0 28	18 58	20 10	0 56
10 W	1♉49	2 00	10 18	0 23	19 57	20 41	0 57
11 Th	7 33	1 19	11 55	0 17	20 56	21 11	0 58
12 F	13 26	0 36	13 31	0 11	21 55	21 41	0 59
13 S	19 25	0N08	15 08	0 06	22 54	22 11	1 00
14 Su	25 31	0 53	16 45	0N00	23 53	22 42	1 01
15 M	1♊42	1 38	18 22	0 06	24 51	23 12	1 01
16 Tu	7 58	2 22	19 58	0 12	25 50	23 42	1 02
17 W	14 16	3 04	21 35	0 17	26 49	24 12	1 03
18 Th	20 35	3 45	23 12	0 23	27 48	24 42	1 04
19 F	26 54	4 23	24 49	0 29	28 46	25 12	1 05
20 S	3♋11	4 57	26 26	0 34	29 45	25 42	1 05
21 Su	9 25	5 28	28 03	0 40	0♏43	26 12	1 06
22 M	15 35	5 54	29 40	0 46	1 42	26 42	1 07
23 Tu	21 38	6 16	1♋17	0 51	2 40	27 11	1 08
24 W	27 35	6 33	2 54	0 57	3 39	27 41	1 09
25 Th	3♌23	6 46	4 31	1 02	4 37	28 11	1 09
26 F	9 03	6 55	6 08	1 08	5 36	28 40	1 10
27 S	14 34	6 59	7 45	1 13	6 34	29 10	1 11
28 Su	19 55	7 00	9 22	1 19	7 32	29 39	1 11
29 M	25 07	6 57	10 59	1 24	8 31	0♋09	1 12
30 Tu	0♍09	6N52	12♋36	1N29	9♏29	0♋38	1N13

DAY	♃ LONG	♃ LAT	♄ LONG	♄ LAT	♅ LONG	♅ LAT	♆ LONG	♆ LAT	♇ LONG	♇ LAT
	° '	° '	° '	° '	° '	° '	° '	° '	° '	° '
2 S	15♋37.9	0N07	14♊45.7	1S34	25♒00.1	0S44	8♒39.7	0N06	15♐39.2	9N57
7 Th	16 02.9	0 08	14 56.8	1 33	25 03.4	0 44	8 41.5	0 06	15 41.1	9 57
12 Tu	16 27.9	0 08	15 08.0	1 33	25 06.6	0 44	8 43.3	0 06	15 43.0	9 56
17 Su	16 52.8	0 09	15 19.1	1 33	25 09.9	0 44	8 45.1	0 06	15 44.9	9 56
22 F	17 17.8	0 09	15 30.3	1 32	25 13.1	0 44	8 46.9	0 06	15 46.8	9 55
27 W	17 42.7	0 10	15 41.5	1 32	25 16.4	0 44	8 48.7	0 06	15 48.7	9 55
1 M	18 07.6	0 10	15 52.6	1 31	25 19.6	0 44	8 50.5	0 05	15 50.6	9 54
6 S	18 32.5	0 11	16 03.8	1 31	25 22.8	0 44	8 52.3	0 05	15 52.5	9 54
11 Th	18 57.3	0 11	16 14.9	1 31	25 26.1	0 44	8 54.1	0 05	15 54.4	9 53
16 Tu	19 22.2	0 12	16 26.1	1 30	25 29.3	0 44	8 55.9	0 05	15 56.4	9 53
21 Su	19 47.0	0 13	16 37.3	1 30	25 32.6	0 44	8 57.7	0 05	15 58.3	9 52
26 F	20 11.8	0 13	16 48.4	1 29	25 35.8	0 44	8 59.5	0 05	16 00.2	9 52

☿a .464995	☿p .371930
♀ .726155	♀ .722090
⊕ .990761	⊕ .999163
♂ 1.49515	♂ 1.53549
♃ 5.19268	♃ 5.20413
♄ 9.05651	♄ 9.05355
♅ 19.9925	♅ 19.9948
♆ 30.0940	♆ 30.0930
♇ 30.4814	♇ 30.4925
☊	Perihelia
☿ 18° ♉ 21	☿ 17° ♊ 29
♀ 16 ♊ 42	♀ 11 ♌ 33
⊕	⊕ 11 ♋ 36
♂ 19 ♉ 35	♂ 6 ♓ 04
♃ 10 ♋ 32	♃ 15 ♈ 04
♄ 23 ♋ 39	♄ 2 ♋ 44
♅ 13 ♊ 52	♅ 18 ♍ 39
♆ 11 ♌ 48	♆ 4 ♊ 33
♇ 20 ♋ 15	♇ 13 ♏ 26

DAY	ASPECT	TIME
1 F	☿⚹♆	8am23
	♂ ♊	11 35
2 S	♃⚻♇	6am22
	⊕□☿	10 42
	♀⚹♆	11 56
	♂∠♃	6pm30
3 Su	♀∠♅	8am19
	☿☍♄	2pm12
	☿☌♇	9 35
	☿⚻♃	10 43
4	☿ A	11am56
5	⊕□♄	3pm53
6 W	♀⚹♄	10am15
	⊕□♇	10 40
	⊕⚹♃	7pm 4
	☿∠♆	7 40
	♀△♇	9 40
7 Th	♀□♃	3am19
	☿⚹♅	7 35
	⊕⚻♀	4pm 5
9 S	♀∠♂	0am18
	☿ ♑	2 19
10	☿⚻♂	9pm33
12 T	♀⚺♆	4am32
	☿∠♅	4pm13
	♀⚹♅	7 36
14 Th	☿⚻♄	10am26
	⊕⚼♆	12pm 8
	☿⚺♇	2 36
	☿☍♃	10 34
15 F	♀ ♉	8pm55
	⊕⚻♅	10 14
16 S	♀∠♄	1am11
	♀⚼♇	8 6
17 Su	☿⚼♂	3am52
	☿⚺♅	5pm59
	♂△♆	9 29
18	⊕△☿	2pm26
19 T	☿ ♒	7am 6
	☿⚼♄	10 12
	☿∠♇	12pm53
20	⊕ ♎	7pm 9
21	♀□♆	8am39
Th	☿☌♆	11pm58
22 F	☿□♀	1pm49
	☿△♂	5 54
23 S	♀⚺♂	0am38
	☿△♄	11pm43
24 Su	☿⚹♇	1am11
	☿⚻♃	12pm52
25 M	⊕⚼☿	0am 6
	♀⚺♄	3pm30
	♀⚻♇	5 57
26 T	☿☌♅	4pm 4
	♀⚹♃	10 25
27	☿ ♓	9pm56
28	☿⚼♃	3pm25
29	⊕△♆	5pm 1
30 S	☿⚺♆	3am 2
	⊕⚻☿	6 10
	♄☍♇	10pm12
31 Su	⊕⚼♅	5am14
	♂☍♇	12pm25
	♂☌♄	1 20
	♀□♅	4 23
	☿□♇	6 53
	☿□♄	7 2
	☿□♂	7 45
1 M	☿△♃	7am36
	⊕⚼♀	9 59
2 T	☿∠♆	2pm 5
	☿⚺♅	9 54
3 W	♀ ♊	2pm16
	☿ ♈	9 43
4	☿⚹♀	1am30
5 F	☿⚹♆	5pm12
	♂⚺♃	6 4
	♀∠♃	6 52
	⊕⚹♇	8 30
6 S	☿∠♅	0am22
	⊕△♄	1 8
7 Su	☿△♇	1am58
	☿⚹♄	2 59
	⊕☍☿	8 42
	☿□♃	2pm39
	☿⚹♂	6 36
8 M	☿∠♀	8am23
	⊕□♃	7pm13
	☿⚹♅	8 31
9 T	♀△♆	2am56
	☿ ♉	4pm18
	☿⚼♇	8 8
	☿∠♄	9 26
10	☿∠♂	5pm47
11 Th	☿□♆	5am34
	⊕△♂	12pm33
12 F	☿⚺♀	0am32
	☿⚻♇	10 1
	☿⚺♄	11 34
	☿0N	7pm45
	☿⚹♃	10 47
13 S	♀☍♇	11am44
	☿⚺♂	11 56
	⊕⚻☿	4pm20
	♀☌♄	6 7
	♀0N	11 14
	☿□♅	11 47
14	☿ ♊	5pm24
15 M	☿∠♃	10am 3
	♀⚺♃	2pm33
	⊕△♅	3 24
16 T	☿△♆	3am42
	♂⚼♆	11 16
	⊕⚼☿	12pm58
17 W	☿☍♇	6am24
	☿☌♄	8 26
	☿ P	11 34
	☿⚺♃	7pm58
18 Th	♀⚼♆	11am 6
	☿⚼♆	12pm46
	☿☌♀	1 20
	☿☌♂	4 58
	☿△♅	6 45
19 F	♀☌♂	8am18
	⊕△☿	8 26
	♀△♅	10 36
	☿ ♋	11 49
	♂△♅	3pm51
20 S	⊕ ♏	6am13
	☿⚻♆	10pm13
21 Su	☿⚼♅	4am21
	⊕∠♇	6 8
	⊕⚼♄	10pm57
22 M	☿⚻♇	1am35
	☿⚺♄	4 17
	♀ ♋	5 4
	☿☌♃	5pm11
23	☿⚻♅	3pm51
24 W	☿⚺♂	0am29
	☿ ♌	9 57
	☿⚼♇	2pm 3
	☿∠♄	5 13
25 Th	⊕△♀	4am13
	⊕□☿	6 15
	☿⚺♀	6 34
	☿☍♆	11pm44
26	☿∠♂	10pm 3
27 S	☿△♇	6am24
	☿⚹♄	10 11
	♀⚻♆	6pm38
28 Su	☿⚺♃	2am 1
	♂ ♋	4pm44
	♀⚼♅	6 44
29 M	☿☍♅	2am24
	☿∠♀	5 57
	⊕□♆	12pm21
	☿ ♍	11 15
30	☿⚹♂	2am37

MAY 2002

DAY	☿ LONG	☿ LAT	♀ LONG	♀ LAT	⊕ LONG	♂ LONG	♂ LAT
	° '	° '	° '	° '	° '	° '	° '
1 W	5♍02	6N43	14♋13	1N34	10♏27	1♋08	1N14
2 Th	9 45	6 32	15 51	1 39	11 25	1 37	1 14
3 F	14 19	6 18	17 28	1 44	12 24	2 06	1 15
4 S	18 44	6 03	19 05	1 49	13 22	2 36	1 16
5 Su	23 01	5 46	20 42	1 54	14 20	3 05	1 16
6 M	27 10	5 28	22 20	1 59	15 18	3 34	1 17
7 Tu	1♎11	5 09	23 57	2 03	16 16	4 03	1 18
8 W	5 05	4 49	25 34	2 08	17 14	4 32	1 18
9 Th	8 53	4 28	27 12	2 12	18 12	5 01	1 19
10 F	12 34	4 07	28 49	2 17	19 10	5 30	1 20
11 S	16 09	3 45	0♌26	2 21	20 08	5 59	1 20
12 Su	19 39	3 23	2 04	2 25	21 06	6 28	1 21
13 M	23 03	3 00	3 41	2 29	22 04	6 57	1 22
14 Tu	26 24	2 38	5 19	2 33	23 02	7 26	1 22
15 W	29 39	2 15	6 56	2 37	24 00	7 55	1 23
16 Th	2♏51	1 53	8 34	2 40	24 58	8 24	1 24
17 F	5 59	1 30	10 11	2 44	25 56	8 52	1 24
18 S	9 04	1 08	11 49	2 47	26 54	9 21	1 25
19 Su	12 05	0 46	13 26	2 50	27 52	9 50	1 25
20 M	15 04	0 24	15 04	2 53	28 49	10 18	1 26
21 Tu	18 01	0 03	16 41	2 56	29 47	10 47	1 27
22 W	20 55	0S19	18 19	2 59	0♐45	11 16	1 27
23 Th	23 47	0 40	19 56	3 02	1 42	11 44	1 28
24 F	26 38	1 01	21 34	3 04	2 40	12 13	1 28
25 S	29 27	1 21	23 11	3 07	3 38	12 41	1 29
26 Su	2♐14	1 41	24 49	3 09	4 35	13 09	1 29
27 M	5 01	2 01	26 27	3 11	5 33	13 38	1 30
28 Tu	7 47	2 20	28 04	3 13	6 31	14 06	1 30
29 W	10 32	2 39	29 42	3 15	7 28	14 34	1 31
30 Th	13 17	2 58	1♍19	3 16	8 26	15 03	1 31
31 F	16♐02	3S16	2♍57	3N18	9♐23	15♋31	1N32

JUNE 2002

DAY	☿ LONG	☿ LAT	♀ LONG	♀ LAT	⊕ LONG	♂ LONG	♂ LAT
	° '	° '	° '	° '	° '	° '	° '
1 S	18♐46	3S34	4♍34	3N19	10♐21	15♋59	1N32
2 Su	21 31	3 51	6 12	3 20	11 18	16 27	1 33
3 M	24 17	4 07	7 49	3 21	12 16	16 55	1 33
4 Tu	27 03	4 24	9 27	3 22	13 13	17 23	1 34
5 W	29 49	4 39	11 04	3 23	14 11	17 51	1 34
6 Th	2♑37	4 54	12 42	3 23	15 08	18 19	1 35
7 F	5 26	5 08	14 19	3 24	16 06	18 47	1 35
8 S	8 17	5 22	15 56	3 24	17 03	19 15	1 36
9 Su	11 09	5 35	17 34	3 24	18 00	19 43	1 36
10 M	14 03	5 48	19 11	3 23	18 58	20 11	1 37
11 Tu	16 59	5 59	20 48	3 23	19 55	20 39	1 37
12 W	19 57	6 10	22 26	3 23	20 53	21 07	1 38
13 Th	22 59	6 20	24 03	3 22	21 50	21 34	1 38
14 F	26 03	6 29	25 40	3 21	22 47	22 02	1 38
15 S	29 10	6 37	27 17	3 20	23 45	22 30	1 39
16 Su	2♒21	6 44	28 55	3 19	24 42	22 58	1 39
17 M	5 35	6 50	0♎32	3 18	25 39	23 25	1 40
18 Tu	8 54	6 55	2 09	3 16	26 37	23 53	1 40
19 W	12 16	6 58	3 46	3 15	27 34	24 21	1 40
20 Th	15 44	7 00	5 23	3 13	28 31	24 48	1 41
21 F	19 16	7 00	7 00	3 11	29 28	25 16	1 41
22 S	22 54	6 59	8 37	3 09	0♑26	25 43	1 41
23 Su	26 38	6 56	10 14	3 07	1 23	26 11	1 42
24 M	0♓28	6 51	11 51	3 04	2 20	26 38	1 42
25 Tu	4 24	6 44	13 28	3 02	3 17	27 05	1 43
26 W	8 27	6 35	15 05	2 59	4 14	27 33	1 43
27 Th	12 37	6 24	16 42	2 56	5 12	28 00	1 43
28 F	16 54	6 10	18 18	2 54	6 09	28 28	1 44
29 S	21 20	5 53	19 55	2 50	7 06	28 55	1 44
30 Su	25♓54	5S34	21♎32	2N47	8♑03	29♋22	1N44

DAY	♃ LONG	♃ LAT	♄ LONG	♄ LAT	♅ LONG	♅ LAT	♆ LONG	♆ LAT	♇ LONG	♇ LAT
	° '	° '	° '	° '	° '	° '	° '	° '	° '	° '
1 W	20♋36.6	0N14	16♊59.6	1S29	25♒39.0	0S44	9♒01.3	0N05	16♐02.1	9N52
6 M	21 01.4	0 14	17 10.8	1 29	25 42.3	0 44	9 03.1	0 05	16 04.0	9 51
11 S	21 26.1	0 15	17 21.9	1 28	25 45.5	0 44	9 04.9	0 05	16 05.9	9 51
16 Th	21 50.9	0 15	17 33.1	1 28	25 48.8	0 44	9 06.7	0 05	16 07.8	9 50
21 Tu	22 15.6	0 16	17 44.3	1 28	25 52.0	0 44	9 08.5	0 05	16 09.7	9 50
26 Su	22 40.3	0 16	17 55.4	1 27	25 55.3	0 44	9 10.3	0 05	16 11.6	9 49
31 F	23 05.0	0 17	18 06.6	1 27	25 58.5	0 44	9 12.1	0 05	16 13.6	9 49
5 W	23 29.7	0 18	18 17.8	1 26	26 01.8	0 44	9 13.9	0 05	16 15.5	9 48
10 M	23 54.3	0 18	18 29.0	1 26	26 05.0	0 44	9 15.7	0 05	16 17.4	9 48
15 S	24 19.0	0 19	18 40.1	1 26	26 08.3	0 44	9 17.5	0 05	16 19.3	9 47
20 Th	24 43.6	0 19	18 51.3	1 25	26 11.5	0 44	9 19.3	0 05	16 21.2	9 47
25 Tu	25 08.2	0 20	19 02.5	1 25	26 14.7	0 44	9 21.1	0 05	16 23.1	9 46
30 Su	25 32.8	0 20	19 13.7	1 24	26 18.0	0 44	9 22.9	0 05	16 25.0	9 46

☿a .354838	☿ .466661
♀p .718950	♀ .718798
⊕ 1.00746	⊕ 1.01395
♂ 1.57274	♂ 1.60679
♃ 5.21518	♃ 5.22655
♄ 9.05085	♄ 9.04823
♅ 19.9971	♅ 19.9994
♆ 30.0921	♆ 30.0911
♇ 30.5034	♇ 30.5147
☊	Perihelia
☿ 18°♉ 21	☿ 17°♊ 30
♀ 16 ♊ 42	♀ 11 ♌ 29
⊕	⊕ 14 ♋ 03
♂ 19 ♉ 35	♂ 6 ♓ 05
♃ 10 ♋ 32	♃ 15 ♈ 00
♄ 23 ♋ 39	♄ 2 ♋ 55
♅ 13 ♊ 52	♅ 18 ♍ 44
♆ 11 ♌ 49	♆ 5 ♊ 28
♇ 20 ♋ 16	♇ 13 ♏ 26

Day	Aspect	Time
1 W	☿∠♃	2am57
	☿⊼♆	8pm16
2 Th	♀⊼♇	2am58
	⊕✱☿	11 4
	♀⊻♄	6pm 1
3 F	☿□♇	9am19
	☿□♄	2pm59
4 S	☿✱♀	3am 4
	☿✱♃	12pm 2
5 Su	♀☌♃	3am40
	☿⚼♆	5 54
	☿⊼♅	3pm27
6 M	☿ ♎	4pm51
	⊕⊻♇	7 4
7 T	⊕∠☿	0am42
	☿□♂	8pm 7
8 W	⊕⊼♄	0am22
	♀⊼♅	2 18
9 Th	☿△♆	1am14
	☿⚼♅	12pm 4
10 F	♀ ♌	5pm28
	☿✱♇	11 39
11 S	☿△♄	8am22
	♀⚼♇	9 45
12 Su	♀∠♄	5am 6
	⊕△♃	11 9
	☿□♃	1pm25
	⊕⊻☿	2 15
	⊕⚼♂	6 9
13	☿△♅	7pm37
15 W	☿ ♏	2am35
	☿∠♇	11 0
	♀⊻♂	8pm30
	☿⚼♄	9 43
16 Th	♀☍♆	8am 7
	⊕□♅	9pm15
17 F	♂⊼♆	12pm18
	♀ P	7 7
18 S	☿□♆	0am29
	☿△♂	2 43
19	☿□♀	11pm52
20 M	☿⊻♇	8am50
	♀△♇	4pm12
	☿⊼♄	9 43
21 T	☿0S	2am49
	♂⚼♅	4 17
	⊕ ♐	5 22
	♀✱♄	3pm51
22	☿△♃	12pm15
23	☿□♅	5pm49
24 F	☿⚼♂	5am57
	♀⊻♃	2pm38
25	☿ ♐	4am46
26	♀☍♅	4pm25
27	⊕☌☿	7am 3
28 T	☿⚼♃	0am29
	☿✱♆	12pm13
	♀∠♂	9 29
29 W	♀ ♍	4am31
	⊕⚼♃	12pm19
30 Th	☿⊼♂	6pm33
	⊕✱♆	7 19
31 F	☿☌♇	1am43
	☿ A	11 11
	☿☍♄	6pm27

Day	Aspect	Time
1	♂⊼♇	12pm56
2 Su	☿⊼♃	3pm30
	☿∠♆	11 30
3 M	♀∠♃	7am57
	☿✱♅	3pm 5
	♀⊼♆	8 46
5	☿ ♑	1am32
6	♂⊻♄	0am37
7	⊕☌♇	4am31
8 S	♀□♇	5am 1
	☿⊻♆	8 11
	☿∠♅	11pm24
9 Su	⊕☍♄	11am28
	♀□♄	1pm23
	⊕□♀	4 1
10 M	☿⊻♇	6pm25
	♀✱♂	8 43
11	☿⊼♄	12pm36
12 W	⊕⊻☿	10am44
	☿☍♂	10 53
	⊕⊼♂	11 30
13 Th	♀✱♃	1am36
	♀⚼♆	3 24
	☿☍♃	9 29
	☿△♀	5pm51
14 F	☿⊻♅	0am37
	♀⊼♅	6 48
15 S	☿ ♒	6am20
	⊕∠♆	1pm51
	⊕⊼♃	3 45
	☿∠♇	4 21
16 Su	☿⚼♄	10am15
	♀ ♎	4pm 8
17	⊕✱♅	12pm51
18	☿☌♆	2am59
19 W	⊕∠☿	2am48
	♂☌♃	7pm15
20 Th	☿✱♇	4am15
	☿△♄	9pm25
21	⊕ ♑	1pm17
22 S	☿⚼♀	8am15
	♀△♆	10 39
	☿⊼♃	1pm 9
	☿⊼♂	8 42
	☿☌♅	9 24
23 Su	♂⊼♅	2am32
	♀⚼♅	2pm48
	☿ ♓	9 10
24	⊕✱☿	3pm12
26 W	☿⊻♆	5am20
	☿⚼♃	10 31
	♀✱♇	7pm37
27 Th	☿⚼♂	2am29
	☿□♇	9pm14
28 F	☿⊼♀	12pm 4
	☿□♄	12 23
	♀△♄	12 56
29 S	☿∠♆	4pm 6
	☿△♃	10 9
30 Su	☿⊻♅	2am 5
	☿△♂	7pm39
	☿ ♈	8 57

JULY 2002

DAY	☿ LONG	☿ LAT	♀ LONG	♀ LAT	⊕ LONG	♂ LONG	♂ LAT
	° '	° '	° '	° '	° '	° '	° '
1 M	0♈36	5S12	23♎08	2N44	9♑00	29♋49	1N44
2 Tu	5 28	4 47	24 45	2 40	9 58	0♌17	1 45
3 W	10 28	4 19	26 21	2 37	10 55	0 44	1 45
4 Th	15 37	3 48	27 58	2 33	11 52	1 11	1 45
5 F	20 56	3 14	29 34	2 29	12 49	1 38	1 46
6 S	26 23	2 38	1♏11	2 25	13 47	2 05	1 46
7 Su	1♉59	1 59	2 47	2 21	14 44	2 33	1 46
8 M	7 44	1 18	4 23	2 17	15 41	3 00	1 46
9 Tu	13 37	0 35	6 00	2 13	16 38	3 27	1 47
10 W	19 37	0N09	7 36	2 09	17 35	3 54	1 47
11 Th	25 43	0 54	9 12	2 04	18 33	4 21	1 47
12 F	1♊54	1 39	10 48	2 00	19 30	4 48	1 47
13 S	8 10	2 23	12 24	1 55	20 27	5 15	1 48
14 Su	14 28	3 06	14 00	1 50	21 24	5 42	1 48
15 M	20 47	3 46	15 36	1 45	22 22	6 09	1 48
16 Tu	27 06	4 24	17 12	1 40	23 19	6 36	1 48
17 W	3♋23	4 58	18 48	1 35	24 16	7 02	1 48
18 Th	9 37	5 28	20 24	1 30	25 13	7 29	1 49
19 F	15 46	5 55	22 00	1 25	26 11	7 56	1 49
20 S	21 49	6 16	23 36	1 20	27 08	8 23	1 49
21 Su	27 46	6 34	25 11	1 15	28 05	8 50	1 49
22 M	3♌34	6 47	26 47	1 09	29 02	9 17	1 49
23 Tu	9 14	6 55	28 23	1 04	0♒00	9 43	1 49
24 W	14 44	6 59	29 58	0 59	0 57	10 10	1 49
25 Th	20 05	7 00	1♐34	0 53	1 54	10 37	1 50
26 F	25 17	6 57	3 09	0 48	2 52	11 04	1 50
27 S	0♍19	6 51	4 45	0 42	3 49	11 30	1 50
28 Su	5 11	6 42	6 20	0 37	4 46	11 57	1 50
29 M	9 54	6 31	7 56	0 31	5 44	12 24	1 50
30 Tu	14 28	6 18	9 31	0 25	6 41	12 50	1 50
31 W	18♍52	6N03	11♐06	0N20	7♒38	13♌17	1N50

AUGUST 2002

DAY	☿ LONG	☿ LAT	♀ LONG	♀ LAT	⊕ LONG	♂ LONG	♂ LAT
	° '	° '	° '	° '	° '	° '	° '
1 Th	23♍09	5N46	12♐42	0N14	8♒36	13♌43	1N50
2 F	27 18	5 28	14 17	0 09	9 33	14 10	1 50
3 S	1♎19	5 08	15 52	0 03	10 30	14 37	1 51
4 Su	5 13	4 48	17 27	0S03	11 28	15 03	1 51
5 M	9 00	4 27	19 03	0 08	12 25	15 30	1 51
6 Tu	12 41	4 06	20 38	0 14	13 23	15 56	1 51
7 W	16 16	3 44	22 13	0 20	14 20	16 23	1 51
8 Th	19 45	3 22	23 48	0 25	15 18	16 49	1 51
9 F	23 10	3 00	25 23	0 31	16 15	17 16	1 51
10 S	26 30	2 37	26 58	0 36	17 13	17 42	1 51
11 Su	29 45	2 15	28 33	0 42	18 11	18 09	1 51
12 M	2♏57	1 52	0♑08	0 47	19 08	18 35	1 51
13 Tu	6 05	1 30	1 43	0 53	20 06	19 02	1 51
14 W	9 10	1 08	3 18	0 58	21 03	19 28	1 51
15 Th	12 11	0 45	4 53	1 04	22 01	19 55	1 51
16 F	15 10	0 24	6 28	1 09	22 59	20 21	1 51
17 S	18 06	0 02	8 03	1 14	23 56	20 47	1 51
18 Su	21 00	0S20	9 38	1 19	24 54	21 14	1 51
19 M	23 53	0 41	11 13	1 25	25 52	21 40	1 51
20 Tu	26 43	1 01	12 48	1 30	26 49	22 06	1 51
21 W	29 32	1 22	14 23	1 35	27 47	22 33	1 51
22 Th	2♐20	1 42	15 58	1 40	28 45	22 59	1 51
23 F	5 06	2 02	17 33	1 45	29 43	23 25	1 51
24 S	7 52	2 21	19 07	1 49	0♓41	23 52	1 51
25 Su	10 38	2 40	20 42	1 54	1 38	24 18	1 51
26 M	13 22	2 58	22 17	1 59	2 36	24 44	1 51
27 Tu	16 07	3 17	23 52	2 03	3 34	25 11	1 50
28 W	18 52	3 34	25 27	2 08	4 32	25 37	1 50
29 Th	21 37	3 51	27 02	2 12	5 30	26 03	1 50
30 F	24 22	4 08	28 36	2 16	6 28	26 30	1 50
31 S	27♐08	4S24	0♒11	2S20	7♓26	26♌56	1N50

DAY	♃ LONG	♃ LAT	♄ LONG	♄ LAT	♅ LONG	♅ LAT	♆ LONG	♆ LAT	♇ LONG	♇ LAT
	° '	° '	° '	° '	° '	° '	° '	° '	° '	° '
5 F	25♋57.4	0N21	19♊24.9	1S24	26♒21.2	0S44	9♒24.7	0N04	16♐26.9	9N45
10 W	26 21.9	0 21	19 36.0	1 24	26 24.5	0 44	9 26.5	0 04	16 28.9	9 45
15 M	26 46.5	0 22	19 47.2	1 23	26 27.7	0 44	9 28.3	0 04	16 30.8	9 44
20 S	27 11.0	0 22	19 58.4	1 23	26 31.0	0 44	9 30.1	0 04	16 32.7	9 44
25 Th	27 35.5	0 23	20 09.6	1 22	26 34.2	0 44	9 31.9	0 04	16 34.6	9 44
30 Tu	28 00.0	0 23	20 20.8	1 22	26 37.4	0 44	9 33.7	0 04	16 36.5	9 43
4 Su	28 24.4	0 24	20 32.0	1 22	26 40.7	0 44	9 35.5	0 04	16 38.4	9 43
9 F	28 48.9	0 25	20 43.1	1 21	26 43.9	0 44	9 37.3	0 04	16 40.3	9 42
14 W	29 13.3	0 25	20 54.3	1 21	26 47.2	0 44	9 39.1	0 04	16 42.2	9 42
19 M	29 37.7	0 26	21 05.5	1 20	26 50.4	0 44	9 40.9	0 04	16 44.1	9 41
24 S	0♌02.1	0 26	21 16.7	1 20	26 53.7	0 44	9 42.7	0 04	16 46.0	9 41
29 Th	0 26.5	0 27	21 27.9	1 19	26 56.9	0 44	9 44.4	0 04	16 47.9	9 40

☿p .354456	☿a .378121
♀ .721743	♀ .725845
⊕a1.01662	⊕ 1.01498
♂ 1.63353	♂ 1.65330
♃ 5.23748	♃ 5.24869
♄ 9.04587	♄ 9.04361
♅ 20.0016	♅ 20.0039
♆ 30.0902	♆ 30.0893
♇ 30.5257	♇ 30.5371
☊	Perihelia
☿ 18°♉ 22	☿ 17°♊ 30
♀ 16 ♊ 42	♀ 11 ♌ 35
⊕	⊕ 13 ♋ 08
♂ 19 ♉ 34	♂ 6 ♓ 06
♃ 10 ♋ 32	♃ 14 ♈ 58
♄ 23 ♋ 39	♄ 3 ♋ 04
♅ 13 ♊ 52	♅ 18 ♍ 49
♆ 11 ♌ 49	♆ 6 ♊ 13
♇ 20 ♋ 16	♇ 13 ♏ 27

1	♂ ♌	9am17
M	⊕⚺♆	9 36
2	♀□♃	3pm 8
T	☿⚹♆	6 57
	♀△♅	11 38
3	⊕□☿	2am37
W	☿∠♅	4 6
	⊕∠♅	10 38
4	☿△♇	3am46
Th	♂⚼♇	1pm51
	☿⚹♄	5 11
5	♀ ♏	6am23
F	☿□♃	10pm28
	☿⚹♅	11 54
6	⊕ A	3am48
S	♀∠♇	4 9
	☿ ♉	3pm33
	♀□♂	6 57
	☿⚼♇	9 45
7	☿□♂	2am31
Su	☿☍♀	4 40
	☿∠♄	10 34
8	♀⚼♄	2am 5
M	☿□♆	6 58
	⊕⚺♇	7pm53
9	☿⚻♇	11am31
T	⊕△☿	2pm27
	☿0N	7 1
	☿⚺♄	11 57
10	♃⚻♅	2pm23
11	☿□♅	2am45
Th	☿⚹♃	2 54
	♀□♆	3 42
	☿ ♊	4pm39
	♂∠♄	4 59
12	⊕⚻♄	4am37
F	⊕⚼☿	11 46
	☿⚹♂	11 59
13	☿△♆	4am57
S	☿∠♃	1pm19
	☿⚻♀	9 40
14	☿☍♇	7am46
Su	☿ P	10 49
	☿☌♄	8pm12
15	☿∠♂	1am28
M	⊕⚻☿	7 3
	♀⚺♇	1pm41
	☿⚼♆	2 1
	☿△♅	9 37
	☿⚺♃	11 4
16	☿ ♋	11am 3
17	☿⚼♀	2am 9
W	☿⚺♂	3pm 8
	♀⚻♄	4 18
	☿⚻♆	11 30
18	☿⚼♅	7am18
19	☿⚻♇	3am 2
F	⊕⚺♅	8 20
	☿⚺♄	4pm34
20	⊕☍♃	1am24
S	☿△♀	9 41
	☿⚻♅	6pm57
	☿☌♃	9 56
21	⊕☍☿	1am35
Su	☿ ♌	9 11
	☿⚼♇	3pm37
	♀□♅	8 17
22	☿∠♄	6am15
M	♀△♃	8 56
	♂☍♆	12pm55
23	⊕ ♒	0am 7
T	☿☍♆	1 15
	☿☌♂	2 18
24	♀ ♐	0am27
W	☿△♇	8 8
	⊕∠♇	3pm42
25	☿⚹♄	0am19
Th	⊕⚹♀	12pm51
26	☿☍♅	6am 8
F	☿⚺♃	11 30
	☿ ♍	10pm29
27	⊕⚻☿	9pm25
28	☿□♀	8am44
Su	⊕⚼♄	1pm 7
	☿⚻♆	10 14
29	☿⚺♂	2pm27
M	☿∠♃	4 6
30	♀⚹♆	0am39
T	☿□♇	11 36
31	☿□♄	8am27

1	⊕⚼☿	3am17
Th	♀⚼♃	7 27
	☿⚼♆	8 10
	☿⚻♅	8pm15
	♀△♂	9 34
2	⊕☌♆	0am43
F	☿⚹♃	5 44
	☿∠♂	12pm29
	☿ ♎	4 5
3	♀☌♇	11am35
S	♀0S	12pm32
5	☿△♆	3am53
M	☿⚼♅	5pm32
	♀☍♄	11 38
6	⊕△☿	6am20
7	☿⚹♂	0am55
W	☿⚹♇	2 42
	♂△♇	3pm22
8	☿△♄	6am32
Th	♀∠♆	12pm22
9	⊕⚹♇	10am27
F	♀⚹♅	8pm32
10	☿△♅	1am48
S	☿⚹♀	6 40
	☿□♃	6pm 4
	⊕☍♂	10 37
11	☿ ♏	1am48
Su	♀⚻♃	6 46
	☿∠♇	2pm27
	♀ ♑	9 54
12	☿⚼♄	10pm19
13	⊕△♄	8pm 4
14	☿□♆	3am52
15	♀⚼♂	0am27
16	☿⚺♇	12pm38
17	☿0S	2am 4
S	♂⚹♄	1pm38
18	☿⚻♄	0am23
Su	♀⚺♆	0 37
	☿□♂	2 10
	⊕∠♀	10 18
19	♀∠♅	9am32
20	⊕☌♅	0am40
T	☿□♅	1 8
	⊕□☿	1 22
	☿∠♀	8pm57
21	☿△♃	2am16
W	☿ ♐	3 59
22	♀⚺♇	12pm 6
23	⊕⚻♃	6am35
F	⊕ ♓	7 10
	♃ ♌	1pm25
24	☿⚹♆	4pm 3
25	♀⚻♄	9am31
26	☿⚼♃	4pm26
27	☿☌♇	5am51
T	☿ A	10 26
28	♀⚻♂	3am34
W	☿☍♄	10pm42
	♀⚺♅	10 47
30	☿∠♆	3am19
F	♀ ♒	9pm 8
	☿△♂	9 55
	☿⚹♅	10 35
31	♂☍♅	2am12
S	♀☍♃	6 39

SEPTEMBER 2002

DAY	☿ LONG	☿ LAT	♀ LONG	♀ LAT	⊕ LONG	♂ LONG	♂ LAT
	° '	° '	° '	° '	° '	° '	° '
1 Su	29♐55	4S40	1♒46	2S24	8♓24	27♌22	1N50
2 M	2♑43	4 55	3 21	2 28	9 22	27 48	1 50
3 Tu	5 32	5 09	4 56	2 32	10 20	28 15	1 50
4 W	8 22	5 23	6 31	2 36	11 18	28 41	1 50
5 Th	11 14	5 36	8 06	2 39	12 17	29 07	1 49
6 F	14 08	5 48	9 41	2 43	13 15	29 33	1 49
7 S	17 05	6 00	11 15	2 46	14 13	0♍00	1 49
8 Su	20 03	6 10	12 50	2 49	15 11	0 26	1 49
9 M	23 05	6 20	14 25	2 52	16 09	0 52	1 49
10 Tu	26 09	6 29	16 00	2 55	17 08	1 18	1 49
11 W	29 16	6 37	17 35	2 58	18 06	1 44	1 48
12 Th	2♒27	6 44	19 10	3 01	19 04	2 11	1 48
13 F	5 42	6 50	20 45	3 03	20 03	2 37	1 48
14 S	9 00	6 55	22 20	3 06	21 01	3 03	1 48
15 Su	12 23	6 58	23 55	3 08	22 00	3 29	1 48
16 M	15 51	7 00	25 30	3 10	22 58	3 55	1 48
17 Tu	19 23	7 00	27 05	3 12	23 57	4 22	1 47
18 W	23 01	6 59	28 40	3 14	24 55	4 48	1 47
19 Th	26 45	6 56	0♓15	3 15	25 54	5 14	1 47
20 F	0♓35	6 51	1 50	3 17	26 52	5 40	1 47
21 S	4 31	6 44	3 25	3 18	27 51	6 06	1 46
22 Su	8 34	6 35	5 00	3 19	28 50	6 33	1 46
23 M	12 45	6 23	6 35	3 21	29 48	6 59	1 46
24 Tu	17 03	6 09	8 10	3 21	0♈47	7 25	1 46
25 W	21 29	5 53	9 46	3 22	1 46	7 51	1 45
26 Th	26 03	5 33	11 21	3 23	2 44	8 17	1 45
27 F	0♈45	5 11	12 56	3 23	3 43	8 44	1 45
28 S	5 37	4 46	14 31	3 24	4 42	9 10	1 45
29 Su	10 38	4 18	16 06	3 24	5 41	9 36	1 44
30 M	15♈47	3S47	17♓42	3S24	6♈40	10♍02	1N44

OCTOBER 2002

DAY	☿ LONG	☿ LAT	♀ LONG	♀ LAT	⊕ LONG	♂ LONG	♂ LAT
	° '	° '	° '	° '	° '	° '	° '
1 Tu	21♈06	3S13	19♓17	3S23	7♈39	10♍28	1N44
2 W	26 34	2 37	20 52	3 23	8 38	10 55	1 43
3 Th	2♉10	1 58	22 27	3 23	9 37	11 21	1 43
4 F	7 55	1 17	24 03	3 22	10 36	11 47	1 43
5 S	13 48	0 34	25 38	3 21	11 35	12 13	1 42
6 Su	19 48	0N11	27 13	3 20	12 34	12 39	1 42
7 M	25 55	0 55	28 49	3 19	13 34	13 06	1 42
8 Tu	2♊06	1 40	0♈24	3 18	14 33	13 32	1 41
9 W	8 22	2 24	2 00	3 16	15 32	13 58	1 41
10 Th	14 40	3 07	3 35	3 15	16 31	14 24	1 41
11 F	20 59	3 47	5 11	3 13	17 31	14 51	1 40
12 S	27 18	4 25	6 46	3 11	18 30	15 17	1 40
13 Su	3♋35	4 59	8 22	3 09	19 29	15 43	1 40
14 M	9 49	5 29	9 57	3 07	20 29	16 09	1 39
15 Tu	15 58	5 55	11 33	3 05	21 28	16 36	1 39
16 W	22 01	6 17	13 08	3 02	22 28	17 02	1 38
17 Th	27 57	6 34	14 44	3 00	23 27	17 28	1 38
18 F	3♌45	6 47	16 20	2 57	24 27	17 55	1 38
19 S	9 24	6 55	17 55	2 54	25 26	18 21	1 37
20 Su	14 55	7 00	19 31	2 51	26 26	18 47	1 37
21 M	20 15	7 00	21 07	2 48	27 25	19 14	1 36
22 Tu	25 26	6 57	22 43	2 45	28 25	19 40	1 36
23 W	0♍28	6 51	24 18	2 41	29 25	20 06	1 36
24 Th	5 20	6 42	25 54	2 38	0♉24	20 33	1 35
25 F	10 02	6 31	27 30	2 34	1 24	20 59	1 35
26 S	14 36	6 17	29 06	2 30	2 24	21 25	1 34
27 Su	19 01	6 02	0♉42	2 27	3 24	21 52	1 34
28 M	23 17	5 45	2 18	2 23	4 24	22 18	1 33
29 Tu	27 25	5 27	3 54	2 18	5 24	22 45	1 33
30 W	1♎26	5 08	5 29	2 14	6 24	23 11	1 32
31 Th	5♎20	4N48	7♉05	2S10	7♉23	23♍37	1N32

DAY	♃ LONG	♃ LAT	♄ LONG	♄ LAT	♅ LONG	♅ LAT	♆ LONG	♆ LAT	♇ LONG	♇ LAT
	° '	° '	° '	° '	° '	° '	° '	° '	° '	° '
3 Tu	0♌50.9	0N27	21♊39.1	1S19	27♒00.1	0S44	9♒46.2	0N04	16♐49.8	9N40
8 Su	1 15.2	0 28	21 50.3	1 19	27 03.4	0 44	9 48.0	0 04	16 51.7	9 39
13 F	1 39.6	0 28	22 01.4	1 18	27 06.6	0 44	9 49.8	0 04	16 53.6	9 39
18 W	2 03.9	0 29	22 12.6	1 18	27 09.8	0 44	9 51.6	0 04	16 55.5	9 38
23 M	2 28.2	0 29	22 23.8	1 17	27 13.1	0 44	9 53.4	0 04	16 57.4	9 38
28 S	2 52.5	0 30	22 35.0	1 17	27 16.3	0 44	9 55.2	0 04	16 59.3	9 37
3 Th	3 16.7	0 30	22 46.2	1 17	27 19.5	0 44	9 57.0	0 03	17 01.2	9 37
8 Tu	3 41.0	0 31	22 57.4	1 16	27 22.8	0 44	9 58.8	0 03	17 03.1	9 36
13 Su	4 05.2	0 31	23 08.6	1 16	27 26.0	0 44	10 00.6	0 03	17 05.0	9 36
18 F	4 29.5	0 32	23 19.8	1 15	27 29.3	0 44	10 02.4	0 03	17 06.9	9 35
23 W	4 53.7	0 32	23 31.0	1 15	27 32.5	0 44	10 04.2	0 03	17 08.8	9 35
28 M	5 17.9	0 33	23 42.1	1 14	27 35.7	0 44	10 06.0	0 03	17 10.7	9 34

☿ .463794	☿p.333009
♀a.728170	♀ .727206
⊕ 1.00928	⊕ 1.00129
♂a1.66414	♂ 1.66564
♃ 5.25978	♃ 5.27039
♄ 9.04153	♄ 9.03969
♅ 20.0061	♅ 20.0083
♆ 30.0884	♆ 30.0875
♇ 30.5486	♇ 30.5598
☊	Perihelia
☿ 18°♉ 22	☿ 17°♊ 30
♀ 16 ♊ 42	♀ 11 ♌ 34
⊕	⊕ 10 ♋ 52
♂ 19 ♉ 34	♂ 6 ♓ 07
♃ 10 ♋ 32	♃ 14 ♈ 58
♄ 23 ♋ 39	♄ 3 ♋ 13
♅ 13 ♊ 52	♅ 18 ♍ 51
♆ 11 ♌ 49	♆ 7 ♊ 19
♇ 20 ♋ 16	♇ 13 ♏ 27

Day	Aspect	Time
1 Su	♀∠♇	0am44
	☿ ♑	0 46
	☿⚻♃	6 52
2 M	⊕⚺♆	9am53
	☿⚺♀	12pm32
4 W	♀⚼♄	2am44
	☿⚺♆	11 50
5 Th	☿∠♅	6am33
	⊕✶☿	12pm56
6 F	♀☌♆	1am43
	☿⚼♂	4 1
	☿⚺♇	10pm12
7 S	♂ ♍	0am25
	♀ A	4 17
8	☿⚻♄	2pm23
9 M	⊕⚼♃	4am47
	⊕□♇	5pm40
10 T	☿⚺♅	7am13
	♂⚺♃	7 37
	♀✶♇	1pm18
11	☿ ♒	5am33
W	☿☍♃	5pm18
	☿∠♇	7 47
	⊕⚺♀	8 22
	☿⚻♂	9 38
12	⊕∠☿	5pm15
13 F	☿⚼♄	9am50
	♀△♄	7pm48
14	☿☌♆	5am59
15	⊕□♄	2am39
16 M	♃⚼♇	3am16
	☿✶♇	7 18
17 T	♀☌♅	1am 6
	☿△♄	6pm38
	⊕∠♆	10 32
18 W	⊕⚺☿	4pm37
	♀ ♓	8 14
19 Th	☿☌♅	2am41
	☿ ♓	8pm23
20 F	♀⚻♃	6am17
	⊕⚺♅	7 47
	☿⚻♃	10 19
	☿☌♀	12pm53
21 S	♂ A	0am34
	☿☍♂	10 37
22	☿⚺♆	7am37
23 M	⊕ ♈	4am48
	♀☍♂	8 12
	☿□♇	11pm33
24	☿⚼♃	2am49
25 W	♀⚺♆	2am11
	☿□♄	5 20
	☿∠♆	6pm 5
	⊕△♃	11 14
26 Th	☿⚺♅	6am13
	☿ ♈	8pm11
27 F	☿△♃	10am19
	⊕☌☿	6pm25
28 S	☿⚻♂	6pm41
	☿✶♆	8 41
29 Su	☿∠♅	7am48
	♀□♇	1pm31
	♂⚻♆	6 12
30 M	♀⚼♃	5am29
	☿△♇	5 34
	☿⚺♀	12pm24
1 T	☿✶♄	7am 8
	☿⚼♂	8pm56
2 W	☿✶♅	3am16
	☿ ♉	2pm47
	☿⚼♇	11 22
3 Th	☿□♃	4am44
	♀□♄	4 51
	⊕✶♆	8 11
	☿∠♄	11pm32
4 F	☿∠♀	6am21
	☿□♆	8 22
	⊕⚺☿	1pm13
	♀∠♆	1 49
	☿△♂	5 5
5 S	☿⚻♇	12pm59
	☿0N	6 16
	⊕∠♅	6 43
6 Su	♀⚺♅	2am 3
	⊕⚻♂	3 44
	☿⚺♄	12pm13
7 M	☿□♅	5am42
	⊕∠☿	12pm16
	☿✶♀	3 12
	☿ ♊	3 53
	♀ ♈	5 55
8	☿✶♃	6am10
9 W	☿△♆	6am13
	☿□♂	10pm58
10 Th	♀△♃	4am 7
	⊕✶☿	8 23
	☿☍♇	9 8
	☿ P	10 4
	⊕△♇	1pm16
	☿∠♃	4 6
11 F	☿☌♄	7am58
	☿⚼♆	3pm16
12 S	☿△♅	0am29
	☿ ♋	10 18
13	☿⚺♃	1am58
14 M	☿□♀	0am45
	☿⚻♆	0 48
	♀✶♆	0 57
	☿⚼♅	10 15
15 T	☿✶♂	2am42
	☿⚻♇	4 29
	♀∠♅	1pm47
16 W	⊕□☿	2am 9
	♂□♇	3 51
	☿⚺♄	5 1
	⊕✶♄	7pm59
	☿⚻♅	10 5
17 Th	☿ ♌	8am26
	☿⚼♇	5pm11
	☿∠♂	8 13
18 F	☿☌♃	3am10
	♀△♇	11 54
	☿∠♄	7pm31
19 S	☿☍♆	2am46
	♀⚻♂	8 51
20 Su	☿△♇	9am53
	☿⚺♂	6pm54
21 M	⊕✶♅	2am22
	☿△♀	5 38
	☿✶♄	2pm46
22 T	☿☍♅	9am55
	♂∠♃	9 58
	♀✶♄	11 51
	⊕△☿	5pm38
	☿ ♍	9 45
23 W	⊕ ♉	2pm11
	☿⚺♃	10 11
25 F	☿⚻♆	0am13
	♀✶♅	0 58
	⊕⚼♇	6pm20
	☿⚼♀	7 51
26 S	♀ ♉	1pm34
	☿□♇	1 54
	⊕⚼☿	7 37
27 Su	☿∠♃	6am50
	☿☌♂	5pm47
	♀⚼♇	10 17
28 M	☿□♄	2am26
	☿⚼♆	10 28
	⊕□♃	11pm37
29 T	☿⚻♅	1am 6
	☿ ♎	3pm21
	♀□♃	11 29
31 Th	☿✶♃	1am21
	♂□♄	11 24
	⊕☌♀	12pm 1
	⊕⚻☿	5 42
	☿⚻♀	7 17

NOVEMBER 2002

DAY	☿ LONG	☿ LAT	♀ LONG	♀ LAT	⊕ LONG	♂ LONG	♂ LAT
	° '	° '	° '	° '	° '	° '	° '
1 F	9♎07	4N27	8♉41	2S06	8♉23	24♍04	1N31
2 S	12 47	4 05	10 18	2 01	9 24	24 30	1 31
3 Su	16 22	3 43	11 54	1 56	10 24	24 57	1 30
4 M	19 52	3 21	13 30	1 52	11 24	25 23	1 30
5 Tu	23 16	2 59	15 06	1 47	12 24	25 50	1 29
6 W	26 36	2 36	16 42	1 42	13 24	26 16	1 29
7 Th	29 51	2 14	18 18	1 37	14 24	26 43	1 28
8 F	3♏03	1 51	19 54	1 32	15 24	27 09	1 28
9 S	6 11	1 29	21 31	1 27	16 25	27 36	1 27
10 Su	9 15	1 07	23 07	1 22	17 25	28 02	1 27
11 M	12 17	0 45	24 43	1 16	18 25	28 29	1 26
12 Tu	15 16	0 23	26 19	1 11	19 26	28 56	1 26
13 W	18 12	0 01	27 56	1 06	20 26	29 22	1 25
14 Th	21 06	0S20	29 32	1 00	21 26	29 49	1 25
15 F	23 58	0 41	1♊09	0 55	22 27	0♎16	1 24
16 S	26 48	1 02	2 45	0 49	23 27	0 42	1 24
17 Su	29 37	1 22	4 22	0 44	24 28	1 09	1 23
18 M	2♐25	1 43	5 58	0 38	25 28	1 36	1 22
19 Tu	5 12	2 02	7 35	0 32	26 29	2 02	1 22
20 W	7 58	2 22	9 11	0 27	27 29	2 29	1 21
21 Th	10 43	2 41	10 48	0 21	28 30	2 56	1 21
22 F	13 28	2 59	12 24	0 15	29 30	3 23	1 20
23 S	16 12	3 17	14 01	0 10	0♊31	3 49	1 20
24 Su	18 57	3 35	15 38	0 04	1 31	4 16	1 19
25 M	21 42	3 52	17 14	0N02	2 32	4 43	1 18
26 Tu	24 27	4 08	18 51	0 08	3 33	5 10	1 18
27 W	27 13	4 24	20 28	0 13	4 34	5 37	1 17
28 Th	0♑00	4 40	22 05	0 19	5 34	6 04	1 16
29 F	2 48	4 55	23 41	0 25	6 35	6 31	1 16
30 S	5♑37	5S09	25♊18	0N31	7♊36	6♎57	1N15

DECEMBER 2002

DAY	☿ LONG	☿ LAT	♀ LONG	♀ LAT	⊕ LONG	♂ LONG	♂ LAT
	° '	° '	° '	° '	° '	° '	° '
1 Su	8♑28	5S23	26♊55	0N36	8♊37	7♎24	1N15
2 M	11 20	5 36	28 32	0 42	9 37	7 51	1 14
3 Tu	14 14	5 48	0♋09	0 47	10 38	8 18	1 13
4 W	17 10	6 00	1 46	0 53	11 39	8 45	1 13
5 Th	20 09	6 11	3 23	0 59	12 40	9 13	1 12
6 F	23 10	6 21	5 00	1 04	13 41	9 40	1 11
7 S	26 15	6 30	6 37	1 09	14 42	10 07	1 11
8 Su	29 22	6 38	8 14	1 15	15 43	10 34	1 10
9 M	2♒33	6 45	9 51	1 20	16 44	11 01	1 09
10 Tu	5 48	6 50	11 29	1 25	17 45	11 28	1 08
11 W	9 07	6 55	13 06	1 31	18 46	11 55	1 08
12 Th	12 30	6 58	14 43	1 36	19 47	12 23	1 07
13 F	15 57	7 00	16 20	1 41	20 48	12 50	1 06
14 S	19 30	7 00	17 57	1 46	21 49	13 17	1 06
15 Su	23 08	6 59	19 35	1 51	22 50	13 44	1 05
16 M	26 52	6 56	21 12	1 55	23 51	14 12	1 04
17 Tu	0♓42	6 51	22 49	2 00	24 52	14 39	1 04
18 W	4 39	6 44	24 27	2 05	25 53	15 06	1 03
19 Th	8 42	6 34	26 04	2 09	26 54	15 34	1 02
20 F	12 53	6 23	27 41	2 14	27 55	16 01	1 01
21 S	17 11	6 09	29 19	2 18	28 56	16 29	1 01
22 Su	21 37	5 52	0♌56	2 22	29 57	16 56	1 00
23 M	26 12	5 33	2 33	2 26	0♋58	17 24	0 59
24 Tu	0♈55	5 10	4 11	2 30	1 59	17 51	0 58
25 W	5 46	4 45	5 48	2 34	3 00	18 19	0 58
26 Th	10 47	4 17	7 26	2 38	4 02	18 46	0 57
27 F	15 57	3 46	9 03	2 41	5 03	19 14	0 56
28 S	21 16	3 12	10 41	2 45	6 04	19 42	0 55
29 Su	26 44	2 36	12 18	2 48	7 05	20 10	0 55
30 M	2♉21	1 56	13 56	2 51	8 06	20 37	0 54
31 Tu	8♉06	1S15	15♌33	2N54	9♋07	21♎05	0N53

DAY	♃ LONG	♃ LAT	♄ LONG	♄ LAT	♅ LONG	♅ LAT	♆ LONG	♆ LAT	♇ LONG	♇ LAT
	° '	° '	° '	° '	° '	° '	° '	° '	° '	° '
2 S	5♌42.0	0N33	23♊53.3	1S14	27♒39.0	0S44	10♒07.8	0N03	17♐12.6	9N34
7 Th	6 06.2	0 34	24 04.5	1 14	27 42.2	0 44	10 09.6	0 03	17 14.5	9 34
12 Tu	6 30.3	0 34	24 15.7	1 13	27 45.4	0 44	10 11.4	0 03	17 16.4	9 33
17 Su	6 54.5	0 35	24 26.9	1 13	27 48.7	0 45	10 13.2	0 03	17 18.3	9 33
22 F	7 18.6	0 35	24 38.1	1 12	27 51.9	0 45	10 15.0	0 03	17 20.2	9 32
27 W	7 42.7	0 36	24 49.3	1 12	27 55.2	0 45	10 16.8	0 03	17 22.2	9 32
2 M	8 06.8	0 36	25 00.5	1 12	27 58.4	0 45	10 18.6	0 03	17 24.0	9 31
7 S	8 30.8	0 37	25 11.7	1 11	28 01.6	0 45	10 20.4	0 03	17 26.0	9 31
12 Th	8 54.9	0 37	25 22.9	1 11	28 04.9	0 45	10 22.2	0 03	17 27.9	9 30
17 Tu	9 18.9	0 38	25 34.1	1 10	28 08.1	0 45	10 24.0	0 03	17 29.8	9 30
22 Su	9 43.0	0 38	25 45.4	1 10	28 11.4	0 45	10 25.8	0 03	17 31.7	9 29
27 F	10 07.0	0 39	25 56.6	1 09	28 14.6	0 45	10 27.6	0 03	17 33.6	9 29

☿a .400809	☿ .458684
♀ .723559	♀p .719844
⊕ .992643	⊕ .986159
♂ 1.65782	♂ 1.64153
♃ 5.28120	♃ 5.29149
♄ 9.03797	♄ 9.03648
♅ 20.0105	♅ 20.0126
♆ 30.0866	♆ 30.0857
♇ 30.5715	♇ 30.5828
☊	Perihelia
☿ 18° ♉ 22	☿ 17° ♊ 30
♀ 16 ♊ 42	♀ 11 ♌ 35
⊕	⊕ 12 ♋ 23
♂ 19 ♉ 34	♂ 6 ♓ 07
♃ 10 ♋ 32	♃ 14 ♈ 58
♄ 23 ♋ 39	♄ 3 ♋ 24
♅ 13 ♊ 52	♅ 18 ♍ 57
♆ 11 ♌ 49	♆ 8 ♊ 24
♇ 20 ♋ 16	♇ 13 ♏ 27

Day	Aspect	Time
1 F	☿∠♄	2am28
	☿△♆	6 33
	♀⚼♂	7 42
	⊕∠♄	11 28
	♀☐♂	9pm34
	☿⚼♅	11 4
2 S	⊕⚼♂	4am49
	⊕☐♆	5pm47
3 Su	☿✶♇	5am45
	♂⚼♆	10 29
5 T	☿△♄	5am16
	☿⊻♂	9pm13
6 W	☿△♅	8am 1
	♀⊼♇	8 4
7 Th	☿ ♏	1am 3
	☿∠♇	5pm55
9 S	☿☐♃	0am40
	♂⊼♅	7 5
	⊕⊼♇	8pm15
	☿⚼♄	11 27
10 Su	☿☐♆	7am17
	♀⊻♄	4pm26
11	☿∠♂	11am20
12 T	☿⊻♇	4pm27
	♀☐♅	9 34
13	☿0S	1am20
14 Th	⊕☍☿	4am22
	♀△♂	5 44
	♀ ♊	6 55
	♂ ♎	10 2
15	☿⊼♄	3am28
16 S	☿⚼♅	8am28
	⊕⊻♄	11pm42
17 Su	☿ ♐	3am14
	☿✶♂	3pm33
18	☿✶♃	4pm 2
19	☿△♃	4pm44
20 W	⊕☐♅	8am36
	☿△♆	3pm45
	☿✶♆	7 54
21	☿☍♀	1am43
22	⊕ ♊	11am47
23 S	☿ A	9am43
	☿☌♇	9 59
24	♀0N	3pm58
25 M	☿☍♇	1am45
	☿⚼♃	7 39
26 T	☿☍♄	2am55
	☿∠♆	7 8
27 W	☿✶♅	6am 4
	☿ ♑	12pm 0
28 Th	♀∠♃	11am10
	⊕△♂	8pm50
29 F	♀☌♄	6pm21
	♀⚼♆	11 53
30 S	⊕✶♃	9am 8
	☿☐♂	1pm30
	☿⊼♃	8 19
1 Su	⊕⊼☿	1am58
	☿⊻♆	3pm29
	☿△♅	3 35
2 M	☿∠♅	1pm41
	⊕△♆	4 20
	♂✶♃	4 35
	♀ ♋	9 45
4	☿⊻♇	1am58
6	☿⊼♄	3pm45
7 S	♂△♆	12pm17
	☿⊻♅	1 47
8 Su	☿ ♒	4am47
	♀⊻♃	5 34
	⊕⚼☿	2pm59
	☿∠♇	11 12
9 M	♀⊼♆	7am23
	⊕☍♇	4pm59
	♀☐♂	11 52
10 T	☿☍♃	9pm59
	♀⚼♅	11 38
11 W	☿⚼♄	8am56
	☿☌♆	8 59
	♄⚼♆	2pm28
	☿△♂	11 3
13 F	☿⊼♀	4am48
	☿✶♇	10 20
	♂⚼♇	2pm11
	☿⊼♇	4 53
14	⊕△☿	9pm12
15	☿△♄	3pm22
16	☿☌♅	7am56
M	⊕∠♃	9 57
	☿⚼♂	4pm35
	☿ ♓	7 38
17 T	⊕⚼♆	12pm43
	⊕☌♄	5 16
18	♀⊻♄	5pm38
19 Th	☿⊼♃	4am35
	☿⊻♆	9 55
	☿⚼♀	10pm14
20 F	⊕△♅	5am59
	☿⊼♅	7 9
	⊕⊻♀	9 6
	☿⊼♂	7pm40
21 S	☿☐♇	1am51
	♀ ♌	10 12
22 Su	⊕ ♋	1am 7
	☿⚼♃	4pm37
	☿∠♆	8 5
	☿☐♅	9 55
	♀⚼♇	11 39
23 M	♂✶♇	7am19
	☿⊻♅	10 20
	☿ ♈	7pm26
24	⊕☐☿	6am50
25 W	☿△♀	0am15
	☿△♃	8pm24
	☿✶♆	10 26
26	☿∠♅	11am29
27 F	☿△♇	7am21
	☿☍♂	4pm19
	♀☌♃	4 29
	♀☍♆	8 50
28 S	♀∠♄	4am33
	♀ P	12pm44
	☿✶♄	8 52
29 Su	☿✶♅	6am37
	☿ ♉	2pm 2
30	☿⚼♇	0am58
31 T	⊕✶☿	5am 5
	☿☐♃	9 43
	☿☐♆	9 47
	☿∠♄	12pm20
	♃☍♆	3 39

JANUARY 2003

DAY	☿ LONG	☿ LAT	♀ LONG	♀ LAT	⊕ LONG	♂ LONG	♂ LAT
	° '	° '	° '	° '	° '	° '	° '
1 W	13♉59	0S32	17♌11	2N57	10♋09	21♎33	0N52
2 Th	20 00	0N12	18 48	3 00	11 10	22 01	0 51
3 F	26 06	0 57	20 26	3 03	12 11	22 28	0 51
4 S	2♊18	1 42	22 03	3 05	13 12	22 56	0 50
5 Su	8 33	2 26	23 41	3 07	14 13	23 24	0 49
6 M	14 51	3 08	25 18	3 10	15 14	23 52	0 48
7 Tu	21 11	3 49	26 56	3 12	16 16	24 20	0 47
8 W	27 30	4 26	28 33	3 14	17 17	24 48	0 47
9 Th	3♋47	5 00	0♍11	3 15	18 18	25 16	0 46
10 F	10 00	5 30	1 49	3 17	19 19	25 44	0 45
11 S	16 09	5 56	3 26	3 18	20 20	26 13	0 44
12 Su	22 12	6 18	5 04	3 20	21 21	26 41	0 43
13 M	28 08	6 35	6 41	3 21	22 22	27 09	0 42
14 Tu	3♌56	6 47	8 18	3 22	23 24	27 37	0 42
15 W	9 35	6 55	9 56	3 22	24 25	28 05	0 41
16 Th	15 05	7 00	11 33	3 23	25 26	28 34	0 40
17 F	20 25	7 00	13 11	3 23	26 27	29 02	0 39
18 S	25 36	6 57	14 48	3 24	27 28	29 30	0 38
19 Su	0♍37	6 51	16 26	3 24	28 29	29 59	0 37
20 M	5 29	6 42	18 03	3 24	29 30	0♏27	0 36
21 Tu	10 11	6 30	19 40	3 23	0♌31	0 56	0 35
22 W	14 44	6 17	21 18	3 23	1 32	1 24	0 35
23 Th	19 09	6 02	22 55	3 22	2 33	1 53	0 34
24 F	23 25	5 45	24 32	3 22	3 34	2 21	0 33
25 S	27 33	5 26	26 09	3 21	4 35	2 50	0 32
26 Su	1♎34	5 07	27 47	3 20	5 36	3 19	0 31
27 M	5 27	4 47	29 24	3 19	6 37	3 48	0 30
28 Tu	9 14	4 26	1♎01	3 17	7 38	4 16	0 29
29 W	12 54	4 05	2 38	3 16	8 39	4 45	0 28
30 Th	16 29	3 43	4 15	3 14	9 40	5 14	0 28
31 F	19♎58	3N21	5♎52	3N12	10♌41	5♏43	0N27

FEBRUARY 2003

DAY	☿ LONG	☿ LAT	♀ LONG	♀ LAT	⊕ LONG	♂ LONG	♂ LAT
	° '	° '	° '	° '	° '	° '	° '
1 S	23♎23	2N58	7♎29	3N10	11♌42	6♏12	0N26
2 Su	26 42	2 36	9 06	3 08	12 43	6 41	0 25
3 M	29 58	2 13	10 43	3 06	13 44	7 10	0 24
4 Tu	3♏09	1 51	12 20	3 04	14 45	7 39	0 23
5 W	6 17	1 28	13 57	3 01	15 46	8 08	0 22
6 Th	9 21	1 06	15 34	2 58	16 47	8 37	0 21
7 F	12 23	0 44	17 10	2 56	17 47	9 06	0 20
8 S	15 21	0 22	18 47	2 53	18 48	9 35	0 19
9 Su	18 17	0 01	20 24	2 50	19 49	10 05	0 18
10 M	21 11	0S21	22 01	2 46	20 50	10 34	0 17
11 Tu	24 04	0 42	23 37	2 43	21 50	11 03	0 16
12 W	26 54	1 03	25 14	2 39	22 51	11 33	0 16
13 Th	29 43	1 23	26 50	2 36	23 52	12 02	0 15
14 F	2♐30	1 43	28 27	2 32	24 52	12 32	0 14
15 S	5 17	2 03	0♏03	2 28	25 53	13 01	0 13
16 Su	8 03	2 22	1 40	2 24	26 54	13 31	0 12
17 M	10 48	2 41	3 16	2 20	27 54	14 00	0 11
18 Tu	13 33	3 00	4 52	2 16	28 55	14 30	0 10
19 W	16 18	3 18	6 28	2 12	29 55	15 00	0 09
20 Th	19 02	3 35	8 05	2 07	0♍56	15 29	0 08
21 F	21 47	3 52	9 41	2 03	1 56	15 59	0 07
22 S	24 33	4 09	11 17	1 58	2 57	16 29	0 06
23 Su	27 19	4 25	12 53	1 53	3 57	16 59	0 05
24 M	0♑05	4 41	14 29	1 49	4 57	17 29	0 04
25 Tu	2 53	4 55	16 05	1 44	5 58	17 59	0 03
26 W	5 42	5 10	17 41	1 39	6 58	18 29	0 02
27 Th	8 33	5 24	19 17	1 34	7 59	18 59	0 01
28 F	11♑25	5S37	20♏53	1N29	8♍59	19♏29	0N00

DAY	♃ LONG	♃ LAT	♄ LONG	♄ LAT	♅ LONG	♅ LAT	♆ LONG	♆ LAT	♇ LONG	♇ LAT
	° '	° '	° '	° '	° '	° '	° '	° '	° '	° '
1 W	10♌31.0	0N39	26♊07.8	1S09	28♒17.9	0S45	10♒29.4	0N02	17♐35.5	9N28
6 M	10 54.9	0 40	26 19.0	1 09	28 21.1	0 45	10 31.2	0 02	17 37.4	9 28
11 S	11 18.9	0 40	26 30.2	1 08	28 24.3	0 45	10 33.0	0 02	17 39.3	9 27
16 Th	11 42.8	0 41	26 41.4	1 08	28 27.6	0 45	10 34.8	0 02	17 41.2	9 27
21 Tu	12 06.8	0 41	26 52.6	1 07	28 30.8	0 45	10 36.6	0 02	17 43.1	9 26
26 Su	12 30.7	0 41	27 03.8	1 07	28 34.0	0 45	10 38.4	0 02	17 45.0	9 26
31 F	12 54.6	0 42	27 15.0	1 06	28 37.3	0 45	10 40.2	0 02	17 46.9	9 25
5 W	13 18.5	0 42	27 26.2	1 06	28 40.5	0 45	10 42.0	0 02	17 48.8	9 25
10 M	13 42.4	0 43	27 37.4	1 05	28 43.8	0 45	10 43.8	0 02	17 50.6	9 24
15 S	14 06.2	0 43	27 48.6	1 05	28 47.0	0 45	10 45.6	0 02	17 52.6	9 24
20 Th	14 30.1	0 44	27 59.8	1 05	28 50.2	0 45	10 47.4	0 02	17 54.4	9 24
25 Tu	14 53.9	0 44	28 11.0	1 04	28 53.5	0 45	10 49.2	0 02	17 56.3	9 23

☿p.316491	☿a.421298
♀ .718473	♀ .720570
⊕p.983339	⊕ .985302
♂ 1.61643	♂ 1.58424
♃ 5.30193	♃ 5.31216
♄ 9.03513	♄ 9.03396
♅ 20.0147	♅ 20.0168
♆ 30.0848	♆ 30.0840
♇ 30.5946	♇ 30.6064
☊	Perihelia
☿ 18°♉ 22	☿ 17°♊ 30
♀ 16 ♊ 42	♀ 11 ♌ 32
⊕	⊕ 14 ♋ 51
♂ 19 ♉ 35	♂ 6 ♓ 07
♃ 10 ♋ 32	♃ 14 ♈ 56
♄ 23 ♋ 40	♄ 3 ♋ 33
♅ 13 ♊ 52	♅ 19 ♍ 06
♆ 11 ♌ 49	♆ 8 ♊ 51
♇ 20 ♋ 16	♇ 13 ♏ 28

1 W	♀△♇	6am 6
	⊕⚻♆	8 15
	⊕⚺♃	9 33
	☿⚻♇	2pm28
	☿0N	5 32
	☿□♀	5 33
2	☿⚻♂	8am38
3 F	☿⚺♄	0am24
	⊕∠☿	5 3
	☿□♅	8 39
	☿ ♊	3pm 9
4 S	⊕⚼♅	3am 4
	⊕ P	5 4
	♀✶♂	6pm16
	☿⚼♂	11 23
5 Su	☿△♆	7am29
	☿✶♃	8 49
6 M	⊕⚺☿	1am44
	☿ P	9 21
	☿☍♇	10 31
	♀✶♄	3pm15
7 T	☿△♂	12pm57
	☿⚼♆	4 32
	☿∠♃	6 32
	☿☌♄	7 47
	♀☍♅	9 15
8 W	☿△♅	3am21
	☿✶♀	5 28
	⊕⚻♇	8 26
	☿ ♋	9 33
	♀ ♍	9pm18
10 F	☿⚻♆	2am 6
	☿⚺♃	4 51
	☿⚼♅	1pm13
11 S	☿⚻♇	5am56
	☿∠♀	12pm19
	♂△♄	4 21
	⊕☌☿	7 57
12 Su	☿⚺♄	5pm38
	☿□♂	7 39
13 M	☿⚻♅	1am14
	☿ ♌	7 41
	☿⚼♇	6pm46
14	⊕∠♀	3am23
15 W	☿⚺♀	2am 9
	☿☍♆	4 18
	☿☌♃	9 1
	☿∠♄	9 2
	♀⚻♆	9 32
	♃∠♄	10 14
	♂△♅	6pm41
16 Th	♀⚺♃	2am28
	☿△♇	11 38
17 F	⊕⚺♄	6am50
	♀∠♂	5pm49
18 S	☿✶♄	5am32
	⊕⚺☿	11 4
	☿☍♅	1pm42
	☿✶♂	8 34
	☿ ♍	8 59
19 Su	⊕⚻♅	0am12
	♂ ♏	0 59
	♀□♇	6pm59
20	⊕ ♌	11am45
21 T	☿⚻♆	2am12
	☿⚺♃	10 14
	⊕□♂	6pm11
22 W	☿∠♂	10am 4
	⊕∠☿	12pm36
	☿□♇	4 12
23	⊕⚼♇	4am12
24 F	☿☌♀	10am33
	☿⚼♆	12pm47
	♀⚼♆	4 14
	♂∠♇	7 18
	☿□♄	8 54
	☿∠♃	11 18
25 S	☿⚻♅	5am59
	♀□♄	1pm11
	☿ ♎	2 35
	♀∠♃	7 52
26 Su	♀⚻♅	11am48
	☿⚺♂	12pm14
27 M	♀ ♎	8am57
	⊕✶☿	10 3
28 T	☿△♆	9am13
	☿✶♃	10pm57
29	☿⚼♅	4am37
30 Th	☿✶♇	8am49
	♀⚺♂	8pm42
	⊕☍♆	11 37
1	⊕∠♄	2pm22
2 Su	☿△♄	4am34
	⊕☌♃	9 1
	☿△♅	2pm16
	♀△♆	11 33
3 M	☿ ♏	0am17
	☿∠♇	9pm23
4 T	♀✶♃	2pm 0
	♀⚼♅	7 55
5	☿☌♂	5pm 7
6	☿□♆	10am43
7 F	⊕△♇	0am51
	☿⚼♄	1 5
	☿□♃	8 59
	♀✶♇	9 44
8 S	⊕✶♀	0am40
	☿⚺♇	8pm16
9 Su	☿0S	0am36
	⊕□☿	7pm21
10 M	♂□♆	8am10
	☿⚺♀	3pm32
12 W	☿⚻♄	6am53
	☿□♅	3pm50
13 Th	☿ ♐	2am27
	♀△♄	1pm44
14 F	♀△♅	4am55
	♂⚼♄	12pm59
	♀ ♏	11 13
16 Su	♀∠♇	6pm21
	⊕✶♄	11 33
	☿✶♆	11 44
17 M	♂□♃	2pm51
	⊕☍♅	9 41
18 T	☿△♃	7am 8
	☿⚺♂	10 9
19 W	⊕ ♍	1am53
	☿ A	8 59
	☿☌♇	2pm 5
21	♀□♆	4pm48
22	☿∠♆	10am58
23 Su	♀⚼♄	3am29
	☿☍♄	7 1
	☿∠♀	11 42
	☿✶♅	1pm32
	☿⚼♃	9 36
	☿ ♑	11 14
24 M	♀□♃	5am18
	♂⚺♇	9pm51
25	☿∠♂	1am 0
26 W	♀⚺♇	3am59
	⊕△☿	4pm32
	♀☌♂	5 34
27	☿⚺♆	7pm 8
28 F	♂0S	4am14
	☿∠♅	8pm46

MARCH 2003

DAY	☿ LONG	☿ LAT	♀ LONG	♀ LAT	⊕ LONG	♂ LONG	♂ LAT
	° '	° '	° '	° '	° '	° '	° '
1 S	14♑20	5S49	22♏28	1N24	9♍59	19♏59	0S01
2 Su	17 16	6 00	24 04	1 18	10 59	20 30	0 02
3 M	20 15	6 11	25 40	1 13	12 00	21 00	0 03
4 Tu	23 16	6 21	27 16	1 08	13 00	21 30	0 04
5 W	26 21	6 30	28 51	1 03	14 00	22 01	0 05
6 Th	29 28	6 38	0♐27	0 57	15 00	22 31	0 06
7 F	2♒39	6 45	2 02	0 52	16 00	23 02	0 07
8 S	5 54	6 50	3 38	0 46	17 00	23 32	0 08
9 Su	9 13	6 55	5 13	0 41	18 00	24 03	0 09
10 M	12 36	6 58	6 49	0 35	19 00	24 33	0 10
11 Tu	16 04	7 00	8 24	0 29	20 00	25 04	0 11
12 W	19 37	7 00	10 00	0 24	21 00	25 35	0 12
13 Th	23 15	6 59	11 35	0 18	22 00	26 06	0 13
14 F	26 59	6 56	13 10	0 13	23 00	26 36	0 14
15 S	0♓50	6 50	14 46	0 07	24 00	27 07	0 15
16 Su	4 46	6 43	16 21	0 01	24 59	27 38	0 16
17 M	8 50	6 34	17 56	0S04	25 59	28 09	0 17
18 Tu	13 01	6 22	19 31	0 10	26 59	28 40	0 18
19 W	17 19	6 08	21 06	0 16	27 59	29 11	0 19
20 Th	21 46	5 51	22 41	0 21	28 58	29 43	0 20
21 F	26 20	5 32	24 17	0 27	29 58	0♐14	0 21
22 S	1♈04	5 10	25 52	0 32	0♎57	0 45	0 22
23 Su	5 56	4 44	27 27	0 38	1 57	1 16	0 23
24 M	10 57	4 16	29 02	0 44	2 56	1 48	0 23
25 Tu	16 07	3 45	0♑37	0 49	3 56	2 19	0 24
26 W	21 26	3 11	2 12	0 54	4 55	2 51	0 25
27 Th	26 54	2 34	3 47	1 00	5 55	3 22	0 26
28 F	2♉32	1 55	5 22	1 05	6 54	3 54	0 27
29 S	8 17	1 14	6 57	1 11	7 54	4 25	0 28
30 Su	14 10	0 31	8 32	1 16	8 53	4 57	0 29
31 M	20♉11	0N13	10♑07	1S21	9♎52	5♐29	0S30

APRIL 2003

DAY	☿ LONG	☿ LAT	♀ LONG	♀ LAT	⊕ LONG	♂ LONG	♂ LAT
	° '	° '	° '	° '	° '	° '	° '
1 Tu	26♉18	0N58	11♑42	1S26	10♎52	6♐01	0S31
2 W	2♊29	1 43	13 16	1 31	11 51	6 33	0 32
3 Th	8 45	2 27	14 51	1 36	12 50	7 05	0 33
4 F	15 03	3 10	16 26	1 41	13 49	7 37	0 34
5 S	21 23	3 50	18 01	1 46	14 48	8 09	0 35
6 Su	27 41	4 27	19 36	1 51	15 47	8 41	0 36
7 M	3♋58	5 01	21 11	1 55	16 46	9 13	0 37
8 Tu	10 12	5 31	22 46	2 00	17 45	9 45	0 38
9 W	16 21	5 57	24 21	2 04	18 44	10 17	0 39
10 Th	22 23	6 18	25 55	2 09	19 43	10 50	0 40
11 F	28 19	6 35	27 30	2 13	20 42	11 22	0 41
12 S	4♌06	6 47	29 05	2 17	21 41	11 54	0 42
13 Su	9 45	6 56	0♒40	2 21	22 40	12 27	0 43
14 M	15 15	7 00	2 15	2 25	23 39	12 59	0 44
15 Tu	20 35	7 00	3 50	2 29	24 38	13 32	0 45
16 W	25 46	6 57	5 25	2 33	25 36	14 05	0 46
17 Th	0♍47	6 51	6 59	2 37	26 35	14 37	0 47
18 F	5 38	6 42	8 34	2 40	27 34	15 10	0 48
19 S	10 20	6 30	10 09	2 44	28 32	15 43	0 49
20 Su	14 53	6 16	11 44	2 47	29 31	16 16	0 50
21 M	19 17	6 01	13 19	2 50	0♏29	16 49	0 51
22 Tu	23 33	5 44	14 54	2 53	1 28	17 22	0 52
23 W	27 41	5 26	16 29	2 56	2 27	17 55	0 53
24 Th	1♎41	5 07	18 04	2 59	3 25	18 28	0 54
25 F	5 34	4 46	19 39	3 01	4 23	19 01	0 55
26 S	9 21	4 25	21 14	3 04	5 22	19 34	0 55
27 Su	13 01	4 04	22 49	3 06	6 20	20 08	0 56
28 M	16 36	3 42	24 24	3 08	7 19	20 41	0 57
29 Tu	20 05	3 20	25 59	3 11	8 17	21 14	0 58
30 W	23♎29	2N58	27♒34	3S12	9♏15	21♐48	0S59

DAY	♃ LONG	♃ LAT	♄ LONG	♄ LAT	♅ LONG	♅ LAT	♆ LONG	♆ LAT	♇ LONG	♇ LAT
	° '	° '	° '	° '	° '	° '	° '	° '	° '	° '
2 Su	15♌17.7	0N45	28♊22.2	1S04	28♒56.7	0S45	10♒51.0	0N02	17♐58.2	9N23
7 F	15 41.5	0 45	28 33.4	1 03	28 59.9	0 45	10 52.8	0 02	18 00.1	9 22
12 W	16 05.3	0 45	28 44.6	1 03	29 03.2	0 45	10 54.6	0 02	18 02.0	9 22
17 M	16 29.1	0 46	28 55.8	1 02	29 06.4	0 45	10 56.4	0 02	18 03.9	9 21
22 S	16 52.8	0 46	29 07.0	1 02	29 09.6	0 45	10 58.2	0 02	18 05.8	9 21
27 Th	17 16.6	0 47	29 18.3	1 02	29 12.9	0 45	11 00.0	0 02	18 07.7	9 20
1 Tu	17 40.3	0 47	29 29.5	1 01	29 16.1	0 45	11 01.8	0 01	18 09.6	9 20
6 Su	18 04.0	0 48	29 40.7	1 01	29 19.3	0 45	11 03.6	0 01	18 11.5	9 19
11 F	18 27.7	0 48	29 51.9	1 00	29 22.6	0 45	11 05.4	0 01	18 13.3	9 19
16 W	18 51.4	0 49	0♋03.1	1 00	29 25.8	0 45	11 07.2	0 01	18 15.2	9 18
21 M	19 15.1	0 49	0 14.3	0 59	29 29.0	0 45	11 09.0	0 01	18 17.1	9 18
26 S	19 38.7	0 49	0 25.5	0 59	29 32.3	0 45	11 10.8	0 01	18 19.0	9 17

☿ .453872	☿p.311072
♀ .724214	♀a.727544
⊕ .990721	⊕ .999128
♂ 1.55060	♂ 1.51055
♃ 5.32119	♃ 5.33096
♄ 9.03306	♄ 9.03225
♅ 20.0187	♅ 20.0208
♆ 30.0832	♆ 30.0823
♇ 30.6172	♇ 30.6292
☊	Perihelia
☿ 18°♉ 22	☿ 17°♊ 30
♀ 16 ♊ 42	♀ 11 ♌ 36
⊕	⊕ 15 ♋ 35
♂ 19 ♉ 35	♂ 6 ♓ 06
♃ 10 ♋ 32	♃ 14 ♈ 53
♄ 23 ♋ 40	♄ 3 ♋ 40
♅ 13 ♊ 52	♅ 19 ♍ 15
♆ 11 ♌ 49	♆ 9 ♊ 00
♇ 20 ♋ 17	♇ 13 ♏ 30

1 S	☿⊼♃	7am30
	⊕⊼♆	8pm39
2	☿⊻♇	5am43
3	☿✱♂	7am13
4	♀⊼♄	6pm17
5 W	♀□♅	1am53
	☿⊼♄	4pm40
	♀ ♐	5 16
	☿⊻♅	8 19
6 Th	☿ ♒	4am 2
	⊕⚼☿	5 55
	☿✱♀	2pm51
	⊕⊻♃	3 53
7	☿∠♇	2am36
9 Su	⊕□♇	0am14
	☿☌♆	11 58
10 M	☿⚼♄	7am32
	☿☍♃	11pm35
11	☿✱♇	1pm21
12	⊕⊼☿	12pm42
W	♀✱♆	1 54
13	☿□♂	9pm11
14 F	☿△♄	11am38
	☿☌♅	1pm 9
	☿ ♓	6 52
16 Su	♀△♃	0am56
	♀0S	5 24
	⊕⚼♆	10pm52
17 M	♀☌♇	2am 0
	☿⊻♆	12pm12
18 T	♂⊼♄	2pm45
	☿⊼♃	8 12
	♂□♅	9 2
19	☿□♇	4am 9
20 Th	⊕□♄	1am49
	⊕⊼♅	4 7
	☿□♀	7 35
	♂ ♐	1pm22
	☿∠♆	10 4
21 F	⊕ ♎	0am53
	⊕✱♂	1pm34
	☿□♄	2 9
	☿⊻♅	2 25
	☿ ♈	6 41
	☿△♂	10 16
	⊕☍☿	11 21
22 S	♀∠♆	1am39
	☿⚼♃	4 10
23 Su	⊕∠♃	0am16
	♄△♅	2pm52
24 M	☿✱♆	0am11
	♀✱♅	2 19
	♀☍♄	2 31
	♀ ♑	2pm42
	☿∠♅	3 9
25 T	☿△♃	4am39
	☿⚼♂	6 6
	☿△♇	9 7
	♀⚼♃	12pm 0
26	♀⊻♂	2pm42
27 Th	☿✱♅	9am57
	☿✱♄	10 23
	☿ ♉	1pm17
28 F	☿⚼♇	2am34
	☿⊼♂	6 21
	☿△♀	4pm23
	⊕⊼☿	10 3
29	☿□♆	11am11
30 Su	☿∠♄	0am59
	☿□♃	1pm34
	⊕□♀	2 21
	☿⊼♇	3 56
	☿0N	4 47
31 M	♀⊻♆	1pm55
	⊕⚼☿	9 59
1 T	☿⚼♀	2am 5
	⊕△♆	4 10
	☿□♅	11 35
	☿⊻♄	12pm30
	☿ ♊	2 23
2 W	♀∠♅	3pm22
	☿☍♂	5 0
3 Th	☿△♆	8am44
	⊕△☿	6pm26
4 F	☿⊼♀	7am 0
	☿ P	8 36
	☿✱♃	10 58
	⊕⚼♅	11 51
	☿☍♇	11 52
	♀⊼♃	11pm31
5 S	♀⊻♇	2am32
	☿⚼♆	5pm47
6 Su	☿△♅	6am13
	☿☌♄	7 37
	☿ ♋	8 48
	☿∠♃	8pm47
7 M	♃△♇	5pm 4
	☿⊼♂	10 6
8 T	☿⊼♆	3am24
	⊕✱♇	10 57
	⊕✱♃	12pm23
	☿⚼♅	4 11
9 W	☿⊼♇	7am23
	☿⊻♃	7 50
	⊕□☿	11 19
	♀∠♂	9pm45
10 Th	♂✱♆	11am36
	☿⚼♂	3pm15
	☿☍♀	7 29
11 F	☿⊼♅	4am22
	☿⊻♄	6 25
	☿ ♌	6 56
	☿⚼♇	8pm20
12 S	♀⊻♅	4am36
	♀⊼♄	12pm41
	♀ ♒	1 53
13 Su	☿☍♆	5am50
	☿△♂	12pm57
	☿∠♄	10 47
14 M	☿△♇	1pm23
	♀∠♇	3 8
	♄ ♋	3 10
	☿☌♃	3 40
15	⊕✱☿	11pm 5
16 W	☿☍♅	5pm31
	☿ ♍	8 14
	☿✱♄	8 38
18	☿⊼♀	10pm36
19 S	☿⊼♆	4am12
	♀☌♆	2pm58
	♀ A	9 0
	⊕∠☿	9 30
	⊕△♅	10 57
20 Su	☿□♂	8am31
	⊕ ♏	11 55
	⊕△♄	5pm31
	☿□♇	6 29
	☿⊻♃	11 49
22 T	♀⚼♄	5am50
	☿⚼♆	3pm 5
23 W	☿⊼♅	10am53
	☿ ♎	1pm49
	☿□♄	3 51
	♂☌♇	4 54
	⊕∠♇	9 13
24 Th	⊕∠♂	2am46
	♀✱♇	3 39
	♀✱♂	9 21
	⊕⊻☿	2pm10
	☿⚼♀	2 13
	☿∠♃	5 36
	♀☍♃	10 43
26 S	♂△♃	3am41
	☿△♆	11 54
27	☿⚼♅	10am12
28 M	☿✱♇	11am52
	☿✱♃	10pm33
29	☿✱♂	9am40

MAY 2003

DAY	☿ LONG	☿ LAT	♀ LONG	♀ LAT	⊕ LONG	♂ LONG	♂ LAT
	° '	° '	° '	° '	° '	° '	° '
1 Th	26♎49	2N35	29♒09	3S14	10♏14	22♐21	1S00
2 F	0♏04	2 13	0♓44	3 16	11 12	22 55	1 01
3 S	3 15	1 50	2 19	3 17	12 10	23 29	1 02
4 Su	6 23	1 28	3 54	3 19	13 08	24 02	1 03
5 M	9 27	1 05	5 29	3 20	14 07	24 36	1 04
6 Tu	12 28	0 43	7 04	3 21	15 05	25 10	1 05
7 W	15 27	0 21	8 39	3 22	16 03	25 44	1 05
8 Th	18 23	0S00	10 15	3 22	17 01	26 18	1 06
9 F	21 17	0 22	11 50	3 23	17 59	26 52	1 07
10 S	24 09	0 43	13 25	3 23	18 57	27 26	1 08
11 Su	26 59	1 03	15 00	3 24	19 55	28 00	1 09
12 M	29 48	1 24	16 35	3 24	20 53	28 34	1 10
13 Tu	2♐36	1 44	18 11	3 24	21 51	29 08	1 11
14 W	5 22	2 03	19 46	3 23	22 49	29 42	1 12
15 Th	8 08	2 23	21 21	3 23	23 47	0♑17	1 12
16 F	10 53	2 42	22 57	3 22	24 44	0 51	1 13
17 S	13 38	3 00	24 32	3 22	25 42	1 25	1 14
18 Su	16 23	3 18	26 07	3 21	26 40	2 00	1 15
19 M	19 08	3 36	27 43	3 20	27 38	2 34	1 16
20 Tu	21 53	3 53	29 18	3 19	28 36	3 09	1 17
21 W	24 38	4 09	0♈53	3 17	29 33	3 44	1 17
22 Th	27 24	4 25	2 29	3 16	0♐31	4 18	1 18
23 F	0♑11	4 41	4 04	3 14	1 29	4 53	1 19
24 S	2 59	4 56	5 40	3 13	2 26	5 28	1 20
25 Su	5 48	5 10	7 15	3 11	3 24	6 03	1 20
26 M	8 38	5 24	8 51	3 09	4 22	6 38	1 21
27 Tu	11 31	5 37	10 27	3 06	5 19	7 13	1 22
28 W	14 25	5 49	12 02	3 04	6 17	7 48	1 23
29 Th	17 22	6 01	13 38	3 02	7 15	8 23	1 24
30 F	20 21	6 11	15 13	2 59	8 12	8 58	1 24
31 S	23♑22	6S21	16♈49	2S56	9♐10	9♑33	1S25

JUNE 2003

DAY	☿ LONG	☿ LAT	♀ LONG	♀ LAT	⊕ LONG	♂ LONG	♂ LAT
	° '	° '	° '	° '	° '	° '	° '
1 Su	26♑27	6S30	18♈25	2S53	10♐07	10♑09	1S26
2 M	29 34	6 38	20 00	2 50	11 05	10 44	1 26
3 Tu	2♒45	6 45	21 36	2 47	12 02	11 19	1 27
4 W	6 00	6 51	23 12	2 44	13 00	11 55	1 28
5 Th	9 19	6 55	24 48	2 40	13 57	12 30	1 29
6 F	12 43	6 58	26 24	2 37	14 55	13 06	1 29
7 S	16 11	7 00	27 59	2 33	15 52	13 41	1 30
8 Su	19 44	7 00	29 35	2 29	16 50	14 17	1 31
9 M	23 22	6 59	1♉11	2 25	17 47	14 53	1 31
10 Tu	27 07	6 55	2 47	2 21	18 44	15 28	1 32
11 W	0♓57	6 50	4 23	2 17	19 42	16 04	1 33
12 Th	4 54	6 43	5 59	2 13	20 39	16 40	1 33
13 F	8 58	6 34	7 35	2 09	21 36	17 16	1 34
14 S	13 09	6 22	9 11	2 04	22 34	17 52	1 34
15 Su	17 28	6 08	10 47	2 00	23 31	18 28	1 35
16 M	21 54	5 51	12 23	1 55	24 28	19 04	1 36
17 Tu	26 29	5 31	13 59	1 50	25 26	19 40	1 36
18 W	1♈13	5 09	15 35	1 45	26 23	20 16	1 37
19 Th	6 05	4 44	17 12	1 40	27 20	20 52	1 37
20 F	11 06	4 15	18 48	1 35	28 17	21 29	1 38
21 S	16 17	3 44	20 24	1 30	29 15	22 05	1 38
22 Su	21 36	3 10	22 00	1 25	0♑12	22 41	1 39
23 M	27 05	2 33	23 36	1 20	1 09	23 18	1 40
24 Tu	2♉42	1 54	25 13	1 15	2 06	23 54	1 40
25 W	8 28	1 13	26 49	1 09	3 04	24 30	1 41
26 Th	14 22	0 30	28 25	1 04	4 01	25 07	1 41
27 F	20 22	0N15	0♊02	0 59	4 58	25 44	1 42
28 S	26 29	1 00	1 38	0 53	5 55	26 20	1 42
29 Su	2♊41	1 44	3 15	0 47	6 53	26 57	1 42
30 M	8♊57	2N28	4♊51	0S42	7♑50	27♑33	1S43

DAY	♃ LONG	♃ LAT	♄ LONG	♄ LAT	♅ LONG	♅ LAT	♆ LONG	♆ LAT	♇ LONG	♇ LAT
	° '	° '	° '	° '	° '	° '	° '	° '	° '	° '
1 Th	20♌02.4	0N50	0♋36.7	0S58	29♒35.5	0S45	11♒12.6	0N01	18♐20.9	9N17
6 Tu	20 26.0	0 50	0 47.9	0 58	29 38.7	0 45	11 14.4	0 01	18 22.8	9 16
11 Su	20 49.6	0 51	0 59.1	0 58	29 42.0	0 45	11 16.2	0 01	18 24.7	9 16
16 F	21 13.2	0 51	1 10.3	0 57	29 45.2	0 45	11 18.0	0 01	18 26.6	9 15
21 W	21 36.8	0 51	1 21.5	0 57	29 48.4	0 45	11 19.8	0 01	18 28.5	9 15
26 M	22 00.4	0 52	1 32.7	0 56	29 51.7	0 45	11 21.6	0 01	18 30.4	9 14
31 S	22 24.0	0 52	1 43.9	0 56	29 54.9	0 45	11 23.4	0 01	18 32.2	9 14
5 Th	22 47.5	0 53	1 55.2	0 55	29 58.1	0 45	11 25.2	0 01	18 34.1	9 13
10 Tu	23 11.1	0 53	2 06.4	0 55	0♓01.4	0 45	11 27.0	0 01	18 36.0	9 13
15 Su	23 34.6	0 53	2 17.6	0 54	0 04.6	0 45	11 28.8	0 01	18 37.9	9 12
20 F	23 58.2	0 54	2 28.8	0 54	0 07.8	0 45	11 30.6	0 01	18 39.8	9 12
25 W	24 21.7	0 54	2 40.0	0 53	0 11.1	0 45	11 32.4	0 01	18 41.7	9 12
30 M	24 45.2	0 55	2 51.2	0 53	0 14.3	0 45	11 34.2	0 00	18 43.6	9 11

☿a .426054	☿ .441142
♀ .727968	♀ .725222
⊕ 1.00746	⊕ 1.01399
♂ 1.47178	♂ 1.43516
♃ 5.34016	♃ 5.34938
♄ 9.03165	♄ 9.03121
♅ 20.0228	♅ 20.0248
♆ 30.0815	♆ 30.0806
♇ 30.6409	♇ 30.6530
☊	Perihelia
☿ 18°♉ 22	☿ 17°♊ 30
♀ 16 ♊ 42	♀ 11 ♌ 38
⊕	⊕ 12 ♋ 48
♂ 19 ♉ 35	♂ 6 ♓ 06
♃ 10 ♋ 32	♃ 14 ♈ 53
♄ 23 ♋ 40	♄ 3 ♋ 47
♅ 13 ♊ 52	♅ 19 ♍ 22
♆ 11 ♌ 49	♆ 9 ♊ 18
♇ 20 ♋ 17	♇ 13 ♏ 32

1 Th	♀☌♅	6am47
	♀ ♓	12pm56
	☿△♅	8 33
	♀△♄	10 43
	☿ ♏	11 31
2 F	⊕□♆	0am24
	☿△♄	4 25
	☿△♀	9 52
3	☿∠♇	0am50
5 M	☿∠♂	1am26
	☿□♆	2pm 8
6	⊕⚼♄	6pm33
7 W	☿⚼♄	3am11
	⊕☌☿	7 15
	♂∠♆	10pm12
	☿0S	11 51
8 Th	☿⚺♇	0am 4
	♀⚺♆	3pm20
	☿□♃	6 45
9	⊕⚺♇	10am23
11 Su	☿⚺♂	10am43
	☿□♅	11pm12
12 M	⊕□♃	0am38
	☿ ♐	1 41
	☿⚻♄	10 36
13	♀□♇	3am45
14 W	♂⚹♅	1am 8
	♂ ♑	12pm23
	♀⚻♃	8 38
16 F	☿⚹♆	3am35
	♂☍♄	2pm24
18 Su	♀∠♆	2am54
	☿ A	8 14
	☿☌♇	6pm11
	⊕△♀	8 58
19	☿△♃	8pm57
20 T	♀⚺♅	7am32
	♀ ♈	10 33
21 W	⊕□♅	6am21
	♀□♄	7 14
	⊕ ♐	11 5
	☿∠♆	2pm46
22 Th	☿⚹♅	8pm58
	☿ ♑	10 28
	⊕⚻♄	10 49
23 F	☿☍♄	10am56
	⊕⚺☿	5pm 1
	♀□♂	7 19
24	♀⚼♃	6pm47
25 Su	☿☌♂	2am41
	☿⚼♃	9 51
26 M	☿□♀	3am56
	♂⚼♃	5pm52
	☿⚺♆	10 46
27	♀⚹♆	1pm58
28	☿∠♅	3am49
29 Th	☿⚺♇	9am26
	♀∠♅	7pm10
30	☿⚻♃	4pm 9
31	⊕∠☿	9am 5

1 Su	⊕⚺♂	1am29
	♀△♇	1 59
2 M	☿⚺♅	2am47
	☿ ♒	3 16
	⊕⚹♆	8 6
	☿⚻♄	5pm 6
3 T	♂⚺♆	3am29
	☿∠♇	5 58
	♀△♃	4pm19
5	☿☌♆	2pm57
6 F	☿⚺♂	3am15
	⊕⚹☿	9pm 5
7 S	☿⚼♄	5am37
	☿⚹♇	4pm20
	♅ ♓	9 17
8 Su	♀ ♉	6am11
	♀⚹♅	6 15
	☿☍♃	10pm13
9 M	♂∠♅	5am30
	♀⚹♄	1pm34
	⊕☌♇	8 31
10 T	♀⚼♇	12pm18
	☿ ♓	6 7
	☿☌♅	6 18
11 W	☿∠♂	0am52
	☿△♄	7 23
	⊕⚼♀	11 35
12	☿⚹♀	10am41
13	☿⚺♆	2pm28
15 Su	⊕△♃	1am41
	☿⚹♂	6 21
	☿□♇	6 25
	♂⚺♇	6 46
	♀□♆	10 27
16 M	☿⚻♃	9am26
	⊕□☿	5pm 5
17	☿∠♆	0am 2
T	☿ ♈	5pm55
	☿⚺♅	6 27
	☿∠♀	7 19
18 W	⊕∠♆	2am59
	☿□♄	6 0
19 Th	♀∠♄	3am50
	☿⚼♃	1pm43
	♀⚻♇	10 1
20 F	☿⚹♆	1am54
	☿∠♅	6pm46
21 S	☿△♇	10am52
	⊕ ♑	7pm 3
	⊕⚹♅	10 52
22 Su	☿⚺♀	2am30
	☿□♂	5 23
	☿△♃	11 17
	♀△♂	4pm25
23 M	♀□♃	9am22
	☿ ♉	12pm31
	☿⚹♅	1 15
	⊕△☿	8 57
	☿⚹♄	11 40
24	☿⚼♇	4am 8
T	⊕☍♄	1pm44
	♂⚻♃	5 22
25	☿□♆	12pm35
26 Th	☿∠♄	1pm29
	☿0N	4 2
	☿⚻♇	5 23
	⊕⚼☿	10 5
	♀ ♊	11 32
27 F	♀□♅	2am38
	☿□♃	4pm31
	☿△♂	11 20
28 S	☿ ♊	1pm38
	☿□♅	2 30
	♀⚺♄	5 26
29 Su	☿⚺♄	0am30
	☿☌♀	2 54
	⊕⚻☿	6pm57
30 M	☿△♆	10am 0
	☿⚼♂	3pm13

JULY 2003

DAY	☿ LONG	☿ LAT	♀ LONG	♀ LAT	⊕ LONG	♂ LONG	♂ LAT
	° '	° '	° '	° '	° '	° '	° '
1 Tu	15♊15	3N11	6♊28	0S36	8♑47	28♑10	1S43
2 W	21 35	3 51	8 04	0 31	9 44	28 47	1 44
3 Th	27 53	4 28	9 41	0 25	10 41	29 24	1 44
4 F	4♋10	5 02	11 17	0 19	11 39	0♒01	1 45
5 S	10 24	5 32	12 54	0 14	12 36	0 38	1 45
6 Su	16 32	5 58	14 31	0 08	13 33	1 14	1 45
7 M	22 35	6 19	16 07	0 02	14 30	1 51	1 46
8 Tu	28 30	6 36	17 44	0N04	15 27	2 28	1 46
9 W	4♌17	6 48	19 21	0 09	16 25	3 06	1 46
10 Th	9 56	6 56	20 58	0 15	17 22	3 43	1 47
11 F	15 25	7 00	22 34	0 21	18 19	4 20	1 47
12 S	20 45	7 00	24 11	0 27	19 16	4 57	1 47
13 Su	25 56	6 57	25 48	0 32	20 13	5 34	1 48
14 M	0♍56	6 50	27 25	0 38	21 11	6 11	1 48
15 Tu	5 47	6 41	29 02	0 44	22 08	6 49	1 48
16 W	10 29	6 30	0♋39	0 49	23 05	7 26	1 48
17 Th	15 01	6 16	2 16	0 55	24 02	8 03	1 49
18 F	19 25	6 01	3 53	1 00	25 00	8 41	1 49
19 S	23 41	5 44	5 30	1 06	25 57	9 18	1 49
20 Su	27 49	5 25	7 07	1 11	26 54	9 55	1 49
21 M	1♎49	5 06	8 44	1 16	27 51	10 33	1 50
22 Tu	5 42	4 46	10 21	1 22	28 49	11 10	1 50
23 W	9 28	4 25	11 58	1 27	29 46	11 48	1 50
24 Th	13 08	4 03	13 36	1 32	0♒43	12 26	1 50
25 F	16 43	3 41	15 13	1 37	1 40	13 03	1 50
26 S	20 12	3 19	16 50	1 42	2 38	13 41	1 50
27 Su	23 36	2 57	18 27	1 47	3 35	14 18	1 51
28 M	26 55	2 34	20 04	1 52	4 32	14 56	1 51
29 Tu	0♏10	2 12	21 42	1 57	5 30	15 34	1 51
30 W	3 21	1 49	23 19	2 02	6 27	16 11	1 51
31 Th	6♏29	1N27	24♋56	2N06	7♒25	16♒49	1S51

AUGUST 2003

DAY	☿ LONG	☿ LAT	♀ LONG	♀ LAT	⊕ LONG	♂ LONG	♂ LAT
	° '	° '	° '	° '	° '	° '	° '
1 F	9♏33	1N05	26♋34	2N11	8♒22	17♒27	1S51
2 S	12 34	0 43	28 11	2 15	9 19	18 05	1 51
3 Su	15 33	0 21	29 49	2 19	10 17	18 43	1 51
4 M	18 29	0S01	1♌26	2 23	11 14	19 20	1 51
5 Tu	21 23	0 22	3 03	2 27	12 12	19 58	1 51
6 W	24 15	0 43	4 41	2 31	13 09	20 36	1 51
7 Th	27 05	1 04	6 18	2 35	14 07	21 14	1 51
8 F	29 54	1 24	7 56	2 39	15 04	21 52	1 51
9 S	2♐41	1 44	9 33	2 42	16 02	22 30	1 51
10 Su	5 28	2 04	11 11	2 46	16 59	23 08	1 51
11 M	8 14	2 23	12 48	2 49	17 57	23 46	1 51
12 Tu	10 59	2 42	14 26	2 52	18 54	24 24	1 51
13 W	13 44	3 01	16 03	2 55	19 52	25 02	1 50
14 Th	16 28	3 19	17 41	2 58	20 49	25 40	1 50
15 F	19 13	3 36	19 18	3 01	21 47	26 18	1 50
16 S	21 58	3 53	20 56	3 03	22 45	26 56	1 50
17 Su	24 43	4 10	22 33	3 06	23 42	27 34	1 50
18 M	27 29	4 26	24 11	3 08	24 40	28 12	1 50
19 Tu	0♑16	4 41	25 48	3 10	25 38	28 50	1 50
20 W	3 04	4 56	27 26	3 12	26 35	29 28	1 49
21 Th	5 53	5 11	29 03	3 14	27 33	0♓06	1 49
22 F	8 44	5 24	0♍41	3 16	28 31	0 44	1 49
23 S	11 36	5 37	2 18	3 17	29 29	1 22	1 49
24 Su	14 31	5 50	3 56	3 19	0♓26	2 00	1 48
25 M	17 27	6 01	5 33	3 20	1 24	2 39	1 48
26 Tu	20 26	6 12	7 11	3 21	2 22	3 17	1 48
27 W	23 28	6 22	8 48	3 22	3 20	3 55	1 48
28 Th	26 33	6 30	10 26	3 22	4 18	4 33	1 47
29 F	29 40	6 38	12 03	3 23	5 16	5 11	1 47
30 S	2♒52	6 45	13 41	3 23	6 14	5 49	1 47
31 Su	6♒07	6S51	15♍18	3N24	7♓12	6♓27	1S46

DAY	♃ LONG	♃ LAT	♄ LONG	♄ LAT	♅ LONG	♅ LAT	♆ LONG	♆ LAT	♇ LONG	♇ LAT
	° '	° '	° '	° '	° '	° '	° '	° '	° '	° '
5 S	25♌08.6	0N55	3♋02.4	0S53	0♓17.6	0S45	11♒36.0	0N00	18♐45.5	9N11
10 Th	25 32.1	0 55	3 13.6	0 52	0 20.8	0 45	11 37.8	0 00	18 47.4	9 10
15 Tu	25 55.6	0 56	3 24.9	0 52	0 24.0	0 45	11 39.6	0 00	18 49.3	9 10
20 Su	26 19.0	0 56	3 36.1	0 51	0 27.3	0 45	11 41.4	0 00	18 51.2	9 09
25 F	26 42.5	0 56	3 47.3	0 51	0 30.5	0 45	11 43.2	0 00	18 53.0	9 09
30 W	27 05.9	0 57	3 58.5	0 50	0 33.7	0 45	11 45.0	0 00	18 54.9	9 08
4 M	27 29.3	0 57	4 09.7	0 50	0 37.0	0 45	11 46.8	0 00	18 56.8	9 08
9 S	27 52.7	0 58	4 20.9	0 49	0 40.2	0 45	11 48.6	0 00	18 58.7	9 07
14 Th	28 16.1	0 58	4 32.1	0 49	0 43.4	0 45	11 50.4	0S00	19 00.6	9 07
19 Tu	28 39.5	0 58	4 43.3	0 48	0 46.6	0 45	11 52.2	0 00	19 02.5	9 06
24 Su	29 02.8	0 59	4 54.5	0 48	0 49.9	0 45	11 54.0	0 00	19 04.4	9 06
29 F	29 26.2	0 59	5 05.7	0 48	0 53.1	0 45	11 55.8	0 00	19 06.2	9 05

☿p.307531	☿a.442392
♀ .721257	♀p.718622
⊕a1.01670	⊕ 1.01507
♂ 1.40655	♂p1.38738
♃ 5.35803	♃ 5.36666
♄p9.03097	♄ 9.03091
♅ 20.0268	♅ 20.0287
♆ 30.0798	♆ 30.0790
♇ 30.6648	♇ 30.6770
☊	Perihelia
☿ 18° ♉ 22	☿ 17° ♊ 31
♀ 16 ♊ 43	♀ 11 ♌ 33
⊕	⊕ 10 ♋ 57
♂ 19 ♉ 35	♂ 6 ♓ 06
♃ 10 ♋ 32	♃ 14 ♈ 52
♄ 23 ♋ 40	♄ 3 ♋ 54
♅ 13 ♊ 52	♅ 19 ♍ 31
♆ 11 ♌ 49	♆ 9 ♊ 29
♇ 20 ♋ 17	♇ 13 ♏ 34

DAY	ASPECT	TIME
1 T	☿ P	7am51
	☿☍♇	1pm13
2 W	⊕⚼♃	4am44
	☿✶♃	12pm49
	☿⚼♆	7 2
3 Th	☿⊼♂	6am21
	☿ ♋	8 2
	☿△♅	9 5
	☿☌♄	7pm30
	⊕⚺♆	10 43
	♂ ♒	11 35
4 F	♀△♆	4am32
	⊕ A	5 40
	♂⊼♅	10 47
	⊕⊼♀	12pm55
	☿∠♃	11 1
5 S	☿⊼♆	4am41
	⊕☍☿	10 9
	☿⚺♀	1pm13
	☿⚼♅	7 9
6	☿⊼♇	8am49
7 M	♀0N	8am41
	☿⚺♃	11 7
	♀⚼♂	5pm42
	⊕∠♅	8 37
8 T	☿ ♌	6am10
	☿⊼♅	7 31
	♀☍♇	3pm34
	☿☍♂	6 23
	☿⚺♄	7 22
	☿⚼♇	9 53
9 W	☿∠♀	0am21
	♂⊼♄	4 4
10 Th	♂∠♇	3am 7
	☿☍♆	7 22
11 F	⊕⚺♇	12pm 7
	☿∠♄	12 48
	☿△♇	3 7
	⊕⊼☿	3 46
12 S	☿✶♀	11pm 9
	☿☌♃	11 15
	♀✶♃	11 29
13 Su	♀⚼♆	12pm36
	☿ ♍	7 28
	☿☍♅	9 21
14	☿✶♄	12pm 5
15 T	☿⊼♂	5am57
	♀⚼☿	8 31
	♀ ♋	2pm22
	♀△♅	8 27
16	☿⊼♆	6am12
17 Th	♀☌♄	6pm36
	☿□♇	8 46
19 S	☿⚼♂	4am10
	⊕⊼♃	8 2
	☿⚺♃	3pm 4
	⊕△☿	5 1
	☿⚼♆	5 24
20 Su	☿ ♎	1pm 3
	☿⊼♅	3 49
21	☿□♄	11am19
22 T	♀∠♃	5pm26
	♀⊼♂	7 49
	♀⊼♆	8 3
	♂☌♆	8 26
23 W	⊕ ♒	5am57
	☿∠♃	1pm50
	☿△♆	2 35
	☿△♂	6 18
	⊕⚺♅	6 23
24 Th	☿□♀	5am28
	☿⚼♅	3pm49
25 F	♀⚼♅	4am24
	☿✶♇	2pm55
26	♄ P	4pm33
27 Su	♀⊼♇	6am35
	⊕⊼♄	7 16
	⊕∠♇	7 53
28 M	☿✶♃	0am11
	☿ ♏	10pm45
29	☿△♅	2am52
30 W	☿∠♇	4am17
	☿△♄	4 47
31	⊕□☿	10am29
1 F	♀⚺♃	10am44
	☿□♆	5pm34
3 Su	♀ ♌	2am49
	♂✶♇	8 52
	☿⊼♅	11 51
	♂⚼♄	4pm46
	☿0S	11 6
4 M	☿⚺♇	3am51
	☿⚼♄	5 42
	☿□♂	9 4
	⊕☌♆	1pm41
5 T	☿⚼♇	1pm18
	☿⚺♄	5 17
7	☿□♃	5am36
8 F	☿ ♐	0am54
	☿□♅	6 35
9	☿⊼♄	2pm32
10 Su	♀ P	5am18
	♀☍♆	9 27
11	♆0S	4am 3
12 T	⊕✶♇	2am22
	☿✶♆	7 25
	⊕⚼♄	2pm31
14 Th	☿ A	7am29
	♀△♇	7pm44
	☿☍♇	10 15
15 F	☿△♀	1am53
	☿∠♄	4 4
16	⊕✶☿	10am24
17	☿∠♆	6pm35
18 M	☿✶♂	7am58
	☿△♃	9 42
	♂☍♃	4pm25
	⊕☍♀	5 30
	☿ ♑	9 41
19	☿✶♅	4am23
20 W	☿☍♄	2pm36
	♂ ♓	8 7
	♀☌♃	8 14
21	♀ ♍	1pm56
22 F	♀☍♂	1am21
	♀☍♅	1 54
	♂☌♅	2 47
	⊕☍♃	10 14
23 S	☿⚺♆	2am22
	⊕ ♓	1pm 1
	☿⚼♃	8 3
24 Su	⊕☌♅	9am49
	☿∠♅	10 49
	⊕∠☿	11 18
	♀✶♄	2pm46
25 M	☿∠♂	1am55
	☿⚺♇	1pm 7
27	☿⚼♀	5am40
28 Th	⊕☌♂	5pm53
	⊕△♄	7 33
	♂△♄	8 29
	☿⊼♃	10 9
	♀⊼♆	10 10
29 F	☿ ♒	2am29
	☿⚺♅	9 13
30 S	☿∠♇	9am18
	♂ P	11 5
	☿⊼♄	5pm 1
31 Su	☿⚺♂	3am 6
	⊕⚺☿	11 13

SEPTEMBER 2003

DAY	☿ LONG	☿ LAT	♀ LONG	♀ LAT	⊕ LONG	♂ LONG	♂ LAT
	° '	° '	° '	° '	° '	° '	° '
1 M	9♒26	6S55	16♍55	3N24	8♓10	7♓05	1S46
2 Tu	12 49	6 58	18 33	3 24	9 08	7 43	1 45
3 W	16 18	7 00	20 10	3 23	10 06	8 22	1 45
4 Th	19 51	7 00	21 47	3 23	11 04	9 00	1 45
5 F	23 30	6 59	23 25	3 22	12 03	9 38	1 44
6 S	27 14	6 55	25 02	3 22	13 01	10 16	1 44
7 Su	1♓05	6 50	26 39	3 21	13 59	10 54	1 43
8 M	5 02	6 43	28 16	3 20	14 57	11 32	1 43
9 Tu	9 06	6 33	29 54	3 18	15 55	12 10	1 42
10 W	13 17	6 22	1♎31	3 17	16 54	12 48	1 42
11 Th	17 36	6 07	3 08	3 15	17 52	13 26	1 41
12 F	22 03	5 50	4 45	3 14	18 50	14 04	1 41
13 S	26 38	5 31	6 22	3 12	19 48	14 42	1 40
14 Su	1♈22	5 08	7 59	3 10	20 47	15 20	1 40
15 M	6 14	4 43	9 36	3 08	21 45	15 58	1 39
16 Tu	11 16	4 14	11 13	3 05	22 44	16 36	1 39
17 W	16 27	3 43	12 50	3 03	23 42	17 14	1 38
18 Th	21 47	3 09	14 26	3 00	24 41	17 52	1 38
19 F	27 16	2 32	16 03	2 58	25 39	18 30	1 37
20 S	2♉53	1 53	17 40	2 55	26 38	19 08	1 37
21 Su	8 39	1 11	19 17	2 52	27 37	19 46	1 36
22 M	14 33	0 28	20 53	2 49	28 35	20 24	1 35
23 Tu	20 34	0N16	22 30	2 45	29 34	21 02	1 35
24 W	26 41	1 01	24 07	2 42	0♈33	21 40	1 34
25 Th	2♊53	1 46	25 43	2 38	1 31	22 18	1 33
26 F	9 09	2 30	27 20	2 35	2 30	22 56	1 33
27 S	15 27	3 12	28 56	2 31	3 29	23 34	1 32
28 Su	21 47	3 52	0♏33	2 27	4 28	24 11	1 31
29 M	28 05	4 29	2 09	2 23	5 27	24 49	1 31
30 Tu	4♋22	5N03	3♏45	2N19	6♈26	25♓27	1S30

OCTOBER 2003

DAY	☿ LONG	☿ LAT	♀ LONG	♀ LAT	⊕ LONG	♂ LONG	♂ LAT
	° '	° '	° '	° '	° '	° '	° '
1 W	10♋35	5N33	5♏22	2N15	7♈25	26♓05	1S29
2 Th	16 44	5 58	6 58	2 10	8 24	26 42	1 28
3 F	22 46	6 19	8 34	2 06	9 23	27 20	1 28
4 S	28 41	6 36	10 10	2 01	10 22	27 58	1 27
5 Su	4♌28	6 48	11 46	1 57	11 21	28 35	1 26
6 M	10 06	6 56	13 22	1 52	12 20	29 13	1 25
7 Tu	15 36	7 00	14 58	1 47	13 19	29 50	1 25
8 W	20 55	7 00	16 34	1 42	14 18	0♈28	1 24
9 Th	26 05	6 57	18 10	1 37	15 18	1 05	1 23
10 F	1♍05	6 50	19 46	1 32	16 17	1 43	1 22
11 S	5 56	6 41	21 22	1 27	17 16	2 20	1 21
12 Su	10 38	6 29	22 58	1 22	18 15	2 58	1 21
13 M	15 10	6 16	24 33	1 17	19 15	3 35	1 20
14 Tu	19 34	6 00	26 09	1 12	20 14	4 13	1 19
15 W	23 49	5 43	27 45	1 06	21 13	4 50	1 18
16 Th	27 56	5 25	29 20	1 01	22 13	5 27	1 17
17 F	1♎56	5 05	0♐56	0 55	23 12	6 04	1 16
18 S	5 49	4 45	2 32	0 50	24 12	6 42	1 16
19 Su	9 35	4 24	4 07	0 44	25 12	7 19	1 15
20 M	13 15	4 03	5 43	0 39	26 11	7 56	1 14
21 Tu	16 49	3 41	7 18	0 33	27 11	8 33	1 13
22 W	20 18	3 19	8 53	0 28	28 10	9 10	1 12
23 Th	23 42	2 56	10 29	0 22	29 10	9 47	1 11
24 F	27 01	2 34	12 04	0 17	0♉10	10 24	1 10
25 S	0♏16	2 11	13 39	0 11	1 10	11 01	1 09
26 Su	3 27	1 49	15 15	0 05	2 10	11 38	1 08
27 M	6 35	1 26	16 50	0S00	3 09	12 15	1 07
28 Tu	9 39	1 04	18 25	0 06	4 09	12 52	1 06
29 W	12 40	0 42	20 00	0 12	5 09	13 29	1 05
30 Th	15 38	0 20	21 35	0 17	6 09	14 05	1 04
31 F	18♏34	0S01	23♐11	0S23	7♉09	14♈42	1S03

DAY	♃ LONG	♃ LAT	♄ LONG	♄ LAT	♅ LONG	♅ LAT	♆ LONG	♆ LAT	♇ LONG	♇ LAT
	° '	° '	° '	° '	° '	° '	° '	° '	° '	° '
3 W	29♌49.5	0N59	5♋16.9	0S47	0♓56.3	0S45	11♒57.6	0S00	19♐08.1	9N05
8 M	0♍12.8	1 00	5 28.2	0 47	0 59.6	0 45	11 59.4	0 00	19 10.0	9 04
13 S	0 36.1	1 00	5 39.4	0 46	1 02.8	0 45	12 01.2	0 00	19 11.9	9 04
18 Th	0 59.4	1 00	5 50.6	0 46	1 06.0	0 45	12 03.0	0 00	19 13.7	9 03
23 Tu	1 22.7	1 01	6 01.8	0 45	1 09.3	0 45	12 04.8	0 00	19 15.6	9 03
28 Su	1 46.0	1 01	6 13.0	0 45	1 12.5	0 45	12 06.6	0 01	19 17.5	9 02
3 F	2 09.3	1 01	6 24.2	0 44	1 15.7	0 45	12 08.4	0 01	19 19.4	9 02
8 W	2 32.6	1 02	6 35.4	0 44	1 18.9	0 45	12 10.2	0 01	19 21.3	9 01
13 M	2 55.8	1 02	6 46.6	0 43	1 22.2	0 45	12 12.0	0 01	19 23.1	9 01
18 S	3 19.0	1 02	6 57.8	0 43	1 25.4	0 45	12 13.8	0 01	19 25.0	9 00
23 Th	3 42.3	1 03	7 09.0	0 42	1 28.6	0 45	12 15.6	0 01	19 26.9	9 00
28 Tu	4 05.5	1 03	7 20.2	0 42	1 31.8	0 45	12 17.3	0 01	19 28.8	8 59

☿p .424485	☿ .311832
♀ .719347	♀ .722770
⊕ 1.00937	⊕ 1.00137
♂ 1.38116	♂ 1.38828
♃ 5.37497	♃ 5.38268
♄ 9.03103	♄ 9.03134
♅ 20.0307	♅ 20.0326
♆ 30.0782	♆ 30.0774
♇ 30.6893	♇ 30.7013
☊	Perihelia
☿ 18°♉ 22	☿ 17°♊ 31
♀ 16 ♊ 43	♀ 11 ♌ 29
⊕	⊕ 13 ♋ 21
♂ 19 ♉ 35	♂ 6 ♓ 07
♃ 10 ♋ 32	♃ 14 ♈ 51
♄ 23 ♋ 40	♄ 4 ♋ 00
♅ 13 ♊ 52	♅ 19 ♍ 41
♆ 11 ♌ 49	♆ 9 ♊ 19
♇ 20 ♋ 18	♇ 13 ♏ 36

1	☿☌♆	5pm54
2	♀□♇	8am40
3	☿⚹♇	7pm16
4	☿⚼♄	3am11
Th	⊕⚺♆	10pm15
	☿⚻♀	11 3
5	♃ ♍	5am59
6	☿ ♓	5pm20
S	☿☍♃	6 4
	☿☌♅	11 25
7	♀⚼♆	4am55
8	☿△♄	2am39
M	♂⚺♆	5pm22
9	♀ ♎	1am36
T	♀⚺♃	6 13
	♀⚻♅	4pm35
	☿⚺♆	4 43
	☿☌♂	8 48
11	⊕☌☿	1am51
Th	☿□♇	8 39
12	⊕□♇	8am50
F	♀□♄	1pm14
13	☿∠♆	1am59
S	☿ ♈	5pm 9
	☿⚻♃	8 31
	☿⚺♅	10 28
14	☿□♄	9pm30
15	☿☍♀	11pm37
16	☿⚹♆	3am37
T	♀△♆	12pm18
	☿⚼♃	9 31
	☿∠♅	10 21
17	☿⚺♂	4am 6
W	☿△♇	12pm35
18	⊕⚺☿	3pm32
19	♀∠♃	0am13
F	♀⚼♅	0 51
	☿ ♉	11 45
	♃☍♅	3pm19
	☿⚹♅	4 31
	☿△♃	4 32
20	♂□♇	3am55
S	☿⚼♇	5 41
	☿∠♂	5 54
	⊕∠♆	10 37
	☿⚹♄	12pm45
	♀⚹♇	11 32
21	♀⚻♂	12pm 4
Su	☿□♆	1 58
	⊕∠☿	7 20
22	☿0N	3pm17
M	☿⚻♇	6 49
23	☿∠♄	1am50
T	☿⚹♂	2 4
	☿⚻♀	10 22
	⊕ ♈	10 40
24	☿ ♊	12pm52
W	⊕⚺♅	3 23
	☿□♅	5 24
	⊕⚹☿	5 46
	☿□♃	6 44
25	⊕⚻♃	0am17
Th	☿⚺♄	12pm26
26	☿△♆	11am14
F	☿⚼♀	4pm15
27	☿ P	7am 5
S	☿☍♇	2pm33
	♀ ♏	3 53
28	♀△♅	10am 0
Su	☿□♂	10 10
	♀⚹♃	7pm13
	☿⚼♆	8 17
29	☿ ♋	7am17
M	☿△♅	11 57
	☿⚹♃	2pm30
	⊕□♄	8 28
	☿△♀	8 50
30	☿☌♄	7am26
T	♀∠♇	8 15
	⊕□☿	9 24
1	☿⚻♆	5am59
W	♀△♄	2pm50
	☿⚼♅	10 7
2	☿∠♃	1am23
Th	☿⚻♇	10 15
	♂∠♆	4pm32
3	☿△♂	8pm41
4	☿ ♌	5am25
S	⊕⚻♀	7 35
	☿⚻♅	10 41
	☿⚺♃	2pm51
	☿⚼♇	11 27
5	♀□♆	5am44
Su	☿⚺♄	8 32
	⊕⚹♆	7pm41
6	☿☍♆	8am54
M	⊕△☿	11 46
	☿□♀	8pm 6
	☿⚼♂	8 14
	♀⚼♂	8 46
7	♂ ♈	6am 8
T	☿△♇	4pm52
8	☿∠♄	3am 5
9	♂⚺♅	9am12
Th	♀⚺♇	5pm58
	☿ ♍	6 42
10	⊕⚼☿	1am 9
F	☿☍♅	1 12
	⊕∠♅	1 25
	☿⚻♂	3 30
	☿☌♃	8 0
11	☿⚹♄	3am53
S	♀⚼♄	5 11
	⊕⚼♃	1pm22
	♂⚻♃	7 7
12	☿⚻♆	8am12
13	⊕△♇	3am26
M	☿□♇	11pm 4
14	⊕⚻☿	4am53
15	☿⚼♆	7pm45
16	♀ ♐	9am57
Th	☿ ♎	12pm17
	☿⚹♀	1 51
	☿⚻♅	8 48
17	♀□♅	7am16
F	☿⚺♃	8 9
18	☿☍♂	6am36
S	☿□♄	7 18
	♂□♄	11 5
	♀□♃	12pm33
19	☿△♆	5pm18
20	♀⚻♄	8pm32
M	☿⚼♅	9 29
21	☿∠♃	12pm 6
T	☿⚹♇	5 59
22	♀△♂	6am55
23	⊕ ♉	8pm 1
24	☿∠♀	0am38
F	♀⚹♆	3 0
	☿ ♏	9pm59
25	⊕⚹♅	8am12
S	☿△♅	9 14
	⊕☍☿	9 42
26	☿⚹♃	3am46
Su	☿∠♇	7 45
	♀0S	10pm11
27	♂⚹♆	1am22
M	☿△♄	5 40
	⊕△♃	10pm22
28	⊕⚼♇	7am52
T	♀☌♇	4pm 8
	☿□♆	9 2
29	⊕⚼♀	6am 6
W	☿⚻♂	8 11
30	☿0S	10pm21
31	⊕⚹♄	7am25
F	☿⚺♇	7 39

NOVEMBER 2003

DAY	☿ LONG	☿ LAT	♀ LONG	♀ LAT	⊕ LONG	♂ LONG	♂ LAT
	° '	° '	° '	° '	° '	° '	° '
1 S	21♏28	0S23	24♐46	0S29	8♉09	15♈19	1S03
2 Su	24 20	0 44	26 21	0 34	9 09	15 55	1 02
3 M	27 10	1 05	27 56	0 40	10 09	16 32	1 01
4 Tu	29 59	1 25	29 31	0 45	11 09	17 08	1 00
5 W	2♐47	1 45	1♑06	0 51	12 09	17 45	0 59
6 Th	5 33	2 05	2 41	0 56	13 09	18 21	0 58
7 F	8 19	2 24	4 16	1 01	14 10	18 58	0 57
8 S	11 04	2 43	5 51	1 07	15 10	19 34	0 56
9 Su	13 49	3 01	7 26	1 12	16 10	20 10	0 55
10 M	16 34	3 19	9 01	1 17	17 10	20 47	0 53
11 Tu	19 18	3 37	10 36	1 23	18 11	21 23	0 52
12 W	22 03	3 54	12 10	1 28	19 11	21 59	0 51
13 Th	24 49	4 10	13 45	1 33	20 11	22 35	0 50
14 F	27 35	4 26	15 20	1 38	21 12	23 11	0 49
15 S	0♑22	4 42	16 55	1 43	22 12	23 47	0 48
16 Su	3 10	4 57	18 30	1 47	23 12	24 23	0 47
17 M	5 59	5 11	20 05	1 52	24 13	24 59	0 46
18 Tu	8 50	5 25	21 40	1 57	25 13	25 35	0 45
19 W	11 42	5 38	23 15	2 01	26 14	26 11	0 44
20 Th	14 36	5 50	24 49	2 06	27 14	26 47	0 43
21 F	17 33	6 01	26 24	2 10	28 15	27 22	0 42
22 S	20 32	6 12	27 59	2 14	29 16	27 58	0 41
23 Su	23 34	6 22	29 34	2 19	0♊16	28 33	0 40
24 M	26 39	6 31	1♒09	2 23	1 17	29 09	0 39
25 Tu	29 46	6 39	2 44	2 27	2 18	29 45	0 38
26 W	2♒58	6 45	4 19	2 30	3 18	0♉20	0 37
27 Th	6 13	6 51	5 54	2 34	4 19	0 55	0 36
28 F	9 32	6 55	7 28	2 38	5 20	1 31	0 34
29 S	12 56	6 58	9 03	2 41	6 20	2 06	0 33
30 Su	16♒24	7S00	10♒38	2S45	7♊21	2♉41	0S32

DECEMBER 2003

DAY	☿ LONG	☿ LAT	♀ LONG	♀ LAT	⊕ LONG	♂ LONG	♂ LAT
	° '	° '	° '	° '	° '	° '	° '
1 M	19♒58	7S00	12♒13	2S48	8♊22	3♉17	0S31
2 Tu	23 37	6 59	13 48	2 51	9 23	3 52	0 30
3 W	27 21	6 55	15 23	2 54	10 24	4 27	0 29
4 Th	1♓12	6 50	16 58	2 57	11 24	5 02	0 28
5 F	5 09	6 43	18 33	3 00	12 25	5 37	0 27
6 S	9 14	6 33	20 08	3 02	13 26	6 12	0 26
7 Su	13 25	6 21	21 43	3 05	14 27	6 46	0 25
8 M	17 44	6 07	23 18	3 07	15 28	7 21	0 24
9 Tu	22 11	5 50	24 53	3 09	16 29	7 56	0 22
10 W	26 47	5 30	26 28	3 11	17 30	8 31	0 21
11 Th	1♈31	5 07	28 03	3 13	18 31	9 05	0 20
12 F	6 24	4 42	29 38	3 15	19 32	9 40	0 19
13 S	11 26	4 13	1♓13	3 16	20 33	10 14	0 18
14 Su	16 37	3 42	2 48	3 18	21 34	10 49	0 17
15 M	21 57	3 08	4 23	3 19	22 35	11 23	0 16
16 Tu	27 26	2 31	5 58	3 20	23 36	11 58	0 15
17 W	3♉04	1 51	7 33	3 21	24 37	12 32	0 14
18 Th	8 50	1 10	9 08	3 22	25 38	13 06	0 13
19 F	14 44	0 27	10 44	3 23	26 39	13 40	0 11
20 S	20 45	0N18	12 19	3 23	27 40	14 15	0 10
21 Su	26 53	1 02	13 54	3 23	28 41	14 49	0 09
22 M	3♊05	1 47	15 29	3 24	29 42	15 23	0 08
23 Tu	9 21	2 31	17 04	3 24	0♋43	15 57	0 07
24 W	15 39	3 13	18 40	3 24	1 45	16 31	0 06
25 Th	21 58	3 53	20 15	3 23	2 46	17 04	0 05
26 F	28 17	4 30	21 50	3 23	3 47	17 38	0 04
27 S	4♋34	5 04	23 26	3 22	4 48	18 12	0 03
28 Su	10 47	5 34	25 01	3 22	5 49	18 46	0 02
29 M	16 55	5 59	26 36	3 21	6 50	19 19	0 01
30 Tu	22 57	6 20	28 12	3 20	7 52	19 53	0N01
31 W	28♋52	6N36	29♓47	3S18	8♋53	20♉26	0N02

DAY	♃ LONG	♃ LAT	♄ LONG	♄ LAT	♅ LONG	♅ LAT	♆ LONG	♆ LAT	♇ LONG	♇ LAT
	° '	° '	° '	° '	° '	° '	° '	° '	° '	° '
2 Su	4♍28.7	1N03	7♋31.4	0S41	1♓35.1	0S45	12♒19.2	0S01	19♐30.7	8N59
7 F	4 51.9	1 04	7 42.6	0 41	1 38.3	0 45	12 20.9	0 01	19 32.5	8 58
12 W	5 15.1	1 04	7 53.8	0 41	1 41.5	0 45	12 22.7	0 01	19 34.4	8 58
17 M	5 38.3	1 04	8 05.0	0 40	1 44.8	0 45	12 24.6	0 01	19 36.3	8 58
22 S	6 01.4	1 04	8 16.2	0 40	1 48.0	0 45	12 26.3	0 01	19 38.2	8 57
27 Th	6 24.6	1 05	8 27.4	0 39	1 51.2	0 45	12 28.2	0 01	19 40.1	8 57
2 Tu	6 47.8	1 05	8 38.6	0 39	1 54.5	0 45	12 30.0	0 01	19 41.9	8 56
7 Su	7 10.9	1 05	8 49.8	0 38	1 57.7	0 45	12 31.8	0 01	19 43.8	8 56
12 F	7 34.0	1 06	9 01.0	0 38	2 00.9	0 45	12 33.6	0 01	19 45.7	8 55
17 W	7 57.2	1 06	9 12.2	0 37	2 04.2	0 45	12 35.4	0 01	19 47.6	8 55
22 M	8 20.3	1 06	9 23.4	0 37	2 07.4	0 45	12 37.2	0 01	19 49.5	8 54
27 S	8 43.4	1 06	9 34.7	0 36	2 10.6	0 45	12 39.0	0 02	19 51.4	8 54

☿a.454767	☿p.409716
♀a.726651	♀ .728200
⊕ .992683	⊕ .986170
♂ 1.40825	♂ 1.43743
♃ 5.39030	♃ 5.39732
♄ 9.03184	♄ 9.03251
♅ 20.0345	♅ 20.0363
♆ 30.0766	♆ 30.0758
♇ 30.7138	♇ 30.7259
☊	Perihelia
☿ 18°♉ 22	☿ 17°♊ 31
♀ 16 ♊ 43	♀ 11 ♌ 32
⊕	⊕ 14 ♋ 19
♂ 19 ♉ 35	♂ 6 ♓ 07
♃ 10 ♋ 32	♃ 14 ♈ 52
♄ 23 ♋ 40	♄ 4 ♋ 05
♅ 13 ♊ 52	♅ 19 ♍ 49
♆ 11 ♌ 50	♆ 9 ♊ 15
♇ 20 ♋ 18	♇ 13 ♏ 38

Day	Aspect	Time
1	☿⚼♄	8am36
2	♀∠♆	2pm49
3	♂∠♅	2am36
M	☿⚺♀	2pm45
4	☿ ♐	0am 8
T	♀ ♑	7 23
	☿□♅	1pm59
	☿⚼♂	11 41
5	⊕□♆	4am23
W	♀✶♅	7 57
	☿□♃	5pm11
6	☿⚻♄	6pm40
7	♀△♃	9am36
F	♂△♇	11pm14
8	☿✶♆	11am16
S	♂⚼♃	5pm 2
9	♀☍♄	5am32
10	☿ A	6am44
M	⊕⚻☿	8 26
11	☿☌♇	2am18
T	☿△♂	11pm13
12	♀⚺♆	3am 7
W	⊕⚻♇	9 27
13	☿∠♆	10pm23
14	☿ ♑	8pm55
F	♀∠♅	9 2
15	☿✶♅	11am46
S	⊕∠♄	8pm 3
16	♀⚺♇	4pm44
Su	☿△♃	9 1
17	♀⚼♃	8am53
M	☿☍♄	6pm 0
18	⊕⚼☿	5pm59
T	⊕⚺♂	9 2
19	☿⚺♆	5am59
20	☿∠♅	5pm47
21	☿⚺♇	4pm47
F	♀□♂	11 28
22	☿⚼♃	4am 0
S	⊕ ♊	5pm36
23	♀ ♒	6am34
24	⊕△♀	5am33
M	♀⚺♅	10 17
	⊕□♅	12pm59
	☿□♂	11 42
25	☿ ♒	1am43
T	♂ ♉	10 27
	☿⚺♅	3pm35
26	⊕△☿	3am41
W	♀∠♇	5 20
	☿∠♇	12pm37
	☿☌♀	7 25
27	☿⚻♃	1am27
Th	♀⚻♃	8 16
	☿⚻♄	4pm26
28	♂✶♅	2pm37
F	♀⚻♄	3 52
	☿☌♆	8 51
29	⊕□♃	5am44
30	♀ A	12pm20
Su	☿✶♇	10 12
1	♀☌♆	4am11
M	⊕⚺♄	5 53
2	☿⚼♄	0am13
3	♂⚼♇	10am48
W	☿ ♓	4pm34
4	☿☌♅	4am29
5	⊕△♆	2am16
F	☿✶♂	3 10
	☿☍♃	11 20
	♀✶♇	5pm50
	☿△♄	9 27
6	☿⚺♆	6pm57
7	⊕□☿	7am36
Su	♂△♃	7pm25
8	♀⚼♄	8am53
M	☿□♇	10 52
9	☿∠♂	4am30
T	☿⚺♀	9pm30
10	☿∠♆	3am56
W	☿ ♈	4pm24
	♂✶♄	7 7
11	☿⚺♅	2am26
12	⊕☍♇	5am31
F	♀ ♓	5 36
	☿⚻♃	5 44
	☿□♄	12pm41
	☿⚺♂	5 41
13	☿✶♆	5am20
S	♀☌♅	12pm23
14	☿∠♅	1am56
Su	☿∠♀	7 41
	☿△♇	2pm19
15	⊕✶☿	3am26
M	☿⚼♃	3 49
16	☿ ♉	11am 0
T	☿✶♅	7pm47
17	♂□♆	2am21
W	♀☍♃	6 20
	☿⚼♇	7 15
	☿△♃	8pm38
18	♀△♄	1am34
Th	☿✶♄	1 40
	☿✶♀	1 42
	⊕∠☿	8 53
	☿□♆	3pm22
	☿☌♂	7 15
19	☿0N	2pm33
F	☿⚻♇	8 16
	⊕⚼♆	10 34
20	♀⚺♆	4am29
S	☿∠♄	2pm 5
21	⊕⚺☿	8am25
Su	☿ ♊	12pm 7
	☿□♅	8 19
	♀✶♂	9 28
22	⊕ ♋	6am57
M	☿□♃	8pm24
23	☿⚺♄	0am19
T	⊕∠♂	11 40
	☿△♆	12pm30
24	☿⚺♂	3am35
W	☿ P	6 22
	⊕△♅	9 34
	☿□♀	3pm16
	☿☍♇	3 54
	♀□♇	5 50
25	☿⚼♆	9pm33
26	☿ ♋	6am32
F	☿△♅	2pm50
	☿∠♂	6 15
27	⊕☌☿	1am 5
S	☿✶♃	4pm14
	☿☌♄	7 27
28	☿⚻♆	7am18
29	☿⚼♅	1am 7
M	☿✶♂	10 29
	♂0N	11 8
	☿⚻♇	11 42
	♀∠♆	4pm 0
	♂⚻♇	11 46
30	☿∠♃	4am 5
31	♀ ♈	3am14
W	⊕✶♃	3 55
	☿ ♌	4 40
	☿△♀	5 12
	☿⚻♅	1pm53
	⊕☌♄	8 46

JANUARY 2004

DAY	☿ LONG	☿ LAT	♀ LONG	♀ LAT	⊕ LONG	♂ LONG	♂ LAT
	° '	° '	° '	° '	° '	° '	° '
1 Th	4♌39	6N48	1♈23	3S17	9♋54	21♉00	0N03
2 F	10 17	6 56	2 58	3 16	10 55	21 33	0 04
3 S	15 46	7 00	4 34	3 14	11 56	22 06	0 05
4 Su	21 05	7 00	6 09	3 12	12 57	22 40	0 06
5 M	26 15	6 56	7 45	3 10	13 58	23 13	0 07
6 Tu	1♍15	6 50	9 20	3 08	15 00	23 46	0 08
7 W	6 05	6 41	10 56	3 06	16 01	24 19	0 09
8 Th	10 46	6 29	12 31	3 03	17 02	24 52	0 10
9 F	15 18	6 15	14 07	3 01	18 03	25 25	0 11
10 S	19 42	6 00	15 43	2 58	19 04	25 58	0 12
11 Su	23 57	5 42	17 18	2 55	20 05	26 31	0 13
12 M	28 04	5 24	18 54	2 52	21 06	27 04	0 14
13 Tu	2♎04	5 05	20 30	2 49	22 07	27 37	0 16
14 W	5 56	4 44	22 05	2 46	23 09	28 09	0 17
15 Th	9 42	4 23	23 41	2 43	24 10	28 42	0 18
16 F	13 22	4 02	25 17	2 39	25 11	29 15	0 19
17 S	16 56	3 40	26 53	2 36	26 12	29 47	0 20
18 Su	20 25	3 18	28 29	2 32	27 13	0♊20	0 21
19 M	23 48	2 55	0♉05	2 28	28 14	0 52	0 22
20 Tu	27 08	2 33	1 40	2 24	29 15	1 24	0 23
21 W	0♏22	2 10	3 16	2 20	0♌16	1 57	0 24
22 Th	3 33	1 48	4 52	2 16	1 17	2 29	0 25
23 F	6 41	1 26	6 28	2 12	2 18	3 01	0 26
24 S	9 45	1 03	8 04	2 07	3 20	3 33	0 27
25 Su	12 46	0 41	9 40	2 03	4 21	4 05	0 28
26 M	15 44	0 19	11 16	1 58	5 22	4 37	0 29
27 Tu	18 40	0S02	12 53	1 54	6 23	5 09	0 30
28 W	21 34	0 23	14 29	1 49	7 24	5 41	0 31
29 Th	24 26	0 45	16 05	1 44	8 25	6 13	0 32
30 F	27 16	1 05	17 41	1 39	9 26	6 45	0 33
31 S	0♐04	1S26	19♉17	1S34	10♌26	7♊17	0N34

FEBRUARY 2004

DAY	☿ LONG	☿ LAT	♀ LONG	♀ LAT	⊕ LONG	♂ LONG	♂ LAT
	° '	° '	° '	° '	° '	° '	° '
1 Su	2♐52	1S46	20♉53	1S29	11♌27	7♊48	0N35
2 M	5 38	2 05	22 30	1 24	12 28	8 20	0 36
3 Tu	8 24	2 25	24 06	1 18	13 29	8 52	0 37
4 W	11 09	2 43	25 42	1 13	14 30	9 23	0 38
5 Th	13 54	3 02	27 19	1 08	15 31	9 55	0 39
6 F	16 39	3 20	28 55	1 02	16 32	10 26	0 40
7 S	19 24	3 37	0♊31	0 57	17 32	10 57	0 40
8 Su	22 09	3 54	2 08	0 51	18 33	11 29	0 41
9 M	24 54	4 11	3 44	0 46	19 34	12 00	0 42
10 Tu	27 40	4 27	5 21	0 40	20 35	12 31	0 43
11 W	0♑27	4 42	6 57	0 35	21 35	13 02	0 44
12 Th	3 15	4 57	8 34	0 29	22 36	13 34	0 45
13 F	6 04	5 12	10 10	0 23	23 37	14 05	0 46
14 S	8 55	5 25	11 47	0 18	24 37	14 36	0 47
15 Su	11 48	5 38	13 24	0 12	25 38	15 07	0 48
16 M	14 42	5 50	15 00	0 06	26 39	15 37	0 49
17 Tu	17 39	6 02	16 37	0 00	27 39	16 08	0 50
18 W	20 38	6 12	18 14	0N05	28 40	16 39	0 51
19 Th	23 40	6 22	19 51	0 11	29 41	17 10	0 51
20 F	26 45	6 31	21 27	0 17	0♍41	17 41	0 52
21 S	29 53	6 39	23 04	0 23	1 42	18 11	0 53
22 Su	3♒04	6 46	24 41	0 28	2 42	18 42	0 54
23 M	6 19	6 51	26 18	0 34	3 43	19 12	0 55
24 Tu	9 39	6 55	27 55	0 40	4 43	19 43	0 56
25 W	13 02	6 58	29 32	0 45	5 43	20 13	0 57
26 Th	16 31	7 00	1♋09	0 51	6 44	20 44	0 57
27 F	20 05	7 00	2 46	0 56	7 44	21 14	0 58
28 S	23 44	6 58	4 23	1 02	8 44	21 44	0 59
29 Su	27♒29	6S55	6♋00	1N07	9♍45	22♊15	1N00

DAY	♃ LONG	♃ LAT	♄ LONG	♄ LAT	♅ LONG	♅ LAT	♆ LONG	♆ LAT	♇ LONG	♇ LAT
	° '	° '	° '	° '	° '	° '	° '	° '	° '	° '
1 Th	9♍06.5	1N07	9♋45.9	0S36	2♓13.9	0S45	12♒40.8	0S02	19♐53.2	8N53
6 Tu	9 29.6	1 07	9 57.1	0 35	2 17.1	0 45	12 42.6	0 02	19 55.1	8 53
11 Su	9 52.7	1 07	10 08.3	0 35	2 20.3	0 45	12 44.4	0 02	19 57.0	8 52
16 F	10 15.7	1 08	10 19.5	0 34	2 23.6	0 45	12 46.2	0 02	19 58.9	8 52
21 W	10 38.8	1 08	10 30.7	0 34	2 26.8	0 45	12 48.0	0 02	20 00.7	8 51
26 M	11 01.8	1 08	10 41.9	0 33	2 30.0	0 45	12 49.8	0 02	20 02.6	8 51
31 S	11 24.9	1 08	10 53.1	0 33	2 33.3	0 45	12 51.6	0 02	20 04.5	8 50
5 Th	11 47.9	1 09	11 04.3	0 33	2 36.5	0 45	12 53.4	0 02	20 06.4	8 50
10 Tu	12 10.9	1 09	11 15.5	0 32	2 39.7	0 45	12 55.2	0 02	20 08.2	8 49
15 Su	12 33.9	1 09	11 26.7	0 32	2 42.9	0 45	12 57.0	0 02	20 10.1	8 49
20 F	12 57.0	1 09	11 37.9	0 31	2 46.2	0 45	12 58.8	0 02	20 12.0	8 48
25 W	13 19.9	1 10	11 49.0	0 31	2 49.4	0 45	13 00.6	0 02	20 13.9	8 48

☿ .325308	☿a.462854
♀ .726451	♀ .722506
⊕p.983307	⊕ .985223
♂ 1.47439	♂ 1.51456
♃ 5.40421	♃ 5.41072
♄ 9.03339	♄ 9.03446
♅ 20.0382	♅ 20.0400
♆ 30.0750	♆ 30.0742
♇ 30.7384	♇ 30.7511
☊	Perihelia
☿ 18°♉ 23	☿ 17°♊ 31
♀ 16 ♊ 43	♀ 11 ♌ 36
⊕	⊕ 12 ♋ 49
♂ 19 ♉ 35	♂ 6 ♓ 06
♃ 10 ♋ 33	♃ 14 ♈ 52
♄ 23 ♋ 40	♄ 4 ♋ 11
♅ 13 ♊ 52	♅ 19 ♍ 59
♆ 11 ♌ 50	♆ 9 ♊ 09
♇ 20 ♋ 18	♇ 13 ♏ 40

Day	Aspect	Time
1 Th	☿⚼♇	1am 1
	♀⚺♅	12pm59
	☿⚺♃	7 13
	☿⚺♄	9 56
2 F	⊕⚺☿	3am22
	☿☍♆	10 28
3 S	⊕⚻♆	5pm56
	☿△♇	6 38
4 Su	☿⚼♀	0am27
	☿□♂	8 8
	☿∠♄	5pm42
	⊕ P	5 43
5 M	♀∠♂	10am55
	⊕∠☿	4pm21
	☿ ♍	5 58
6 T	♀⚻♃	2am29
	☿☍♅	5 7
	♀□♄	9 30
7 W	☿☌♃	6pm 5
	☿⚹♄	8 6
8 Th	♀⚹♆	3am 1
	⊕⚼♅	6 36
	♂∠♄	7 13
	☿⚻♆	10 15
	☿⚻♀	2pm 9
9	⊕⚹☿	7pm28
10 S	☿□♇	1am23
	⊕⚻♇	8pm46
11 Su	♀∠♅	0am31
	☿△♂	5pm12
	☿⚼♆	10 7
12 M	☿ ♎	11am32
	♀△♇	3pm57
13	☿⚻♅	1am51
15 Th	☿⚺♃	3am11
	☿□♄	3 49
	⊕□♀	7pm41
	☿△♆	8 2
	♀⚼♃	11 39
16 F	⊕∠♃	2am 6
	☿⚼♂	6 52
17 S	☿⚼♅	3am13
	♂ ♊	9 30
	♃⚹♄	1pm51
	☿⚹♇	9 4
18	♀ ♉	10pm51
19 M	☿∠♃	12pm25
	♀⚺♂	5 56
20 T	♀⚹♅	11am30
	⊕ ♌	5pm35
	☿ ♏	9 13
	⊕□☿	10 54
21 W	☿⚻♂	2pm12
	☿△♅	3 39
	♂□♅	10 51
22 Th	♀⚼♇	2am12
	☿∠♇	11 13
	☿☍♀	8pm44
23	⊕⚻♅	3am49
24 S	☿△♄	7am 3
	☿⚹♃	9 12
	⊕⚹♂	11 24
25 Su	☿□♆	0am30
	♀⚹♄	3pm 9
	⊕⚼♇	4 29
	♀△♃	8 10
26 M	☿0S	9pm37
	♀□♆	11 24
27	☿⚺♇	11am28
29	☿⚼♄	11am51
30	☿ ♐	11pm22
31 S	⊕⚺♄	10am52
	♀⚻♇	11 51
	☿□♅	9pm24

Day	Aspect	Time
1	⊕⚺♃	0am53
2	⊕☍♆	9am31
3 T	☿☍♂	4am56
	☿⚻♄	10pm55
4 W	♀∠♄	5am 2
	☿□♃	5 5
	☿⚹♆	3pm 8
5	⊕△☿	10pm21
6 F	☿ A	6am 1
	♀ ♊	4pm11
7 S	☿☌♇	6am22
	♂⚺♄	9 17
8	♀□♅	7am40
9 M	♂□♃	5am38
	⊕△♇	1pm28
10 T	☿∠♆	2am12
	♂△♆	6pm38
	☿ ♑	8 8
11	☿⚹♅	7pm 9
13	♀⚺♄	6pm15
14 S	⊕⚼☿	9am 9
	♀□♃	11 2
	♀△♆	5pm22
	☿☍♄	9 4
15 Su	☿△♃	6am34
	☿⚺♆	9 36
	⊕∠♄	7pm56
16 M	☿⚻♀	5am31
	☿⚻♂	9 9
	♀☌♂	1pm33
17 T	☿∠♅	0am44
	♀0N	1 27
	☿⚺♇	8pm26
19 Th	♀☍♇	5am15
	⊕ ♍	7 43
20 F	☿⚼♃	9am32
	♃⚻♆	10 30
21 S	☿ ♒	0am57
	⊕⚻☿	8pm 2
	☿⚺♅	9 56
22 Su	⊕☍♅	2am10
	☿⚼♂	5 33
	☿∠♇	3pm54
24 T	♀⚼♆	1am22
	☿⚻♄	3pm19
	☿☌♆	11 47
25 W	♂☍♇	0am28
	☿⚻♃	2 5
	♀ ♋	7 1
	☿⚼♀	7pm17
27 F	☿⚹♇	1am 7
	♀△♅	1 16
	☿△♂	8 54
28	☿⚼♄	8pm45
29	☿ ♓	3pm49

MARCH 2004

DAY	☿ LONG	☿ LAT	♀ LONG	♀ LAT	⊕ LONG	♂ LONG	♂ LAT
	° '	° '	° '	° '	° '	° '	° '
1 M	1♓20	6S50	7♋37	1N13	10♍45	22♊45	1N01
2 Tu	5 17	6 42	9 14	1 18	11 45	23 15	1 02
3 W	9 22	6 33	10 51	1 23	12 45	23 45	1 02
4 Th	13 33	6 21	12 28	1 29	13 45	24 15	1 03
5 F	17 53	6 06	14 05	1 34	14 45	24 45	1 04
6 S	22 20	5 49	15 43	1 39	15 46	25 15	1 05
7 Su	26 56	5 29	17 20	1 44	16 46	25 45	1 06
8 M	1♈40	5 07	18 57	1 49	17 46	26 15	1 06
9 Tu	6 33	4 41	20 34	1 54	18 46	26 45	1 07
10 W	11 35	4 13	22 12	1 58	19 45	27 14	1 08
11 Th	16 47	3 41	23 49	2 03	20 45	27 44	1 09
12 F	22 07	3 07	25 26	2 08	21 45	28 14	1 09
13 S	27 37	2 30	27 04	2 12	22 45	28 43	1 10
14 Su	3♉15	1 50	28 41	2 16	23 45	29 13	1 11
15 M	9 01	1 09	0♌18	2 21	24 45	29 42	1 12
16 Tu	14 55	0 25	1 56	2 25	25 45	0♋12	1 12
17 W	20 57	0N19	3 33	2 29	26 44	0 41	1 13
18 Th	27 04	1 04	5 11	2 33	27 44	1 11	1 14
19 F	3♊16	1 49	6 48	2 36	28 44	1 40	1 14
20 S	9 33	2 32	8 26	2 40	29 43	2 10	1 15
21 Su	15 51	3 15	10 03	2 43	0♎43	2 39	1 16
22 M	22 10	3 55	11 41	2 47	1 43	3 08	1 16
23 Tu	28 29	4 32	13 18	2 50	2 42	3 37	1 17
24 W	4♋45	5 05	14 56	2 53	3 42	4 06	1 18
25 Th	10 58	5 34	16 33	2 56	4 41	4 35	1 19
26 F	17 06	6 00	18 11	2 59	5 41	5 05	1 19
27 S	23 08	6 21	19 48	3 02	6 40	5 34	1 20
28 Su	29 03	6 37	21 26	3 04	7 39	6 03	1 20
29 M	4♌49	6 49	23 03	3 07	8 39	6 31	1 21
30 Tu	10 27	6 56	24 41	3 09	9 38	7 00	1 22
31 W	15♌56	7N00	26♌18	3N11	10♎37	7♋29	1N22

APRIL 2004

DAY	☿ LONG	☿ LAT	♀ LONG	♀ LAT	⊕ LONG	♂ LONG	♂ LAT
	° '	° '	° '	° '	° '	° '	° '
1 Th	21♌15	7N00	27♌56	3N13	11♎36	7♋58	1N23
2 F	26 24	6 56	29 33	3 15	12 36	8 27	1 24
3 S	1♍24	6 50	1♍11	3 16	13 35	8 56	1 24
4 Su	6 14	6 40	2 48	3 18	14 34	9 24	1 25
5 M	10 55	6 28	4 26	3 19	15 33	9 53	1 25
6 Tu	15 27	6 15	6 03	3 20	16 32	10 21	1 26
7 W	19 50	5 59	7 41	3 21	17 31	10 50	1 27
8 Th	24 05	5 42	9 18	3 22	18 30	11 19	1 27
9 F	28 12	5 24	10 56	3 23	19 29	11 47	1 28
10 S	2♎11	5 04	12 33	3 23	20 28	12 16	1 28
11 Su	6 03	4 44	14 11	3 23	21 27	12 44	1 29
12 M	9 49	4 23	15 48	3 24	22 26	13 12	1 29
13 Tu	13 29	4 01	17 25	3 24	23 24	13 41	1 30
14 W	17 03	3 39	19 03	3 24	24 23	14 09	1 30
15 Th	20 31	3 17	20 40	3 23	25 22	14 37	1 31
16 F	23 55	2 55	22 17	3 23	26 21	15 06	1 31
17 S	27 14	2 32	23 55	3 22	27 19	15 34	1 32
18 Su	0♏28	2 10	25 32	3 21	28 18	16 02	1 33
19 M	3 39	1 47	27 09	3 20	29 17	16 30	1 33
20 Tu	6 46	1 25	28 46	3 19	0♏15	16 58	1 33
21 W	9 50	1 03	0♎23	3 18	1 14	17 26	1 34
22 Th	12 51	0 41	2 01	3 16	2 12	17 54	1 34
23 F	15 50	0 19	3 38	3 15	3 11	18 22	1 35
24 S	18 45	0S03	5 15	3 13	4 09	18 50	1 35
25 Su	21 39	0 24	6 52	3 11	5 08	19 18	1 36
26 M	24 31	0 45	8 29	3 09	6 06	19 46	1 36
27 Tu	27 21	1 06	10 06	3 07	7 05	20 14	1 37
28 W	0♐10	1 26	11 43	3 05	8 03	20 42	1 37
29 Th	2 57	1 46	13 19	3 02	9 01	21 10	1 38
30 F	5♐44	2S06	14♎56	3N00	10♏00	21♋37	1N38

DAY	♃ LONG	♃ LAT	♄ LONG	♄ LAT	♅ LONG	♅ LAT	♆ LONG	♆ LAT	♇ LONG	♇ LAT
	° '	° '	° '	° '	° '	° '	° '	° '	° '	° '
1 M	13♍42.9	1N10	12♋00.2	0S30	2♓52.6	0S45	13♒02.4	0S02	20♐15.7	8N47
6 S	14 05.9	1 10	12 11.4	0 30	2 55.9	0 45	13 04.2	0 02	20 17.6	8 47
11 Th	14 28.9	1 10	12 22.6	0 29	2 59.1	0 45	13 06.0	0 02	20 19.5	8 46
16 Tu	14 51.9	1 10	12 33.8	0 29	3 02.3	0 45	13 07.8	0 02	20 21.3	8 46
21 Su	15 14.8	1 11	12 45.0	0 28	3 05.5	0 45	13 09.6	0 02	20 23.2	8 45
26 F	15 37.8	1 11	12 56.2	0 28	3 08.7	0 46	13 11.4	0 03	20 25.1	8 45
31 W	16 00.7	1 11	13 07.4	0 27	3 12.0	0 46	13 13.2	0 03	20 26.9	8 44
5 M	16 23.6	1 11	13 18.6	0 27	3 15.2	0 46	13 15.0	0 03	20 28.8	8 44
10 S	16 46.6	1 12	13 29.7	0 26	3 18.4	0 46	13 16.8	0 03	20 30.7	8 43
15 Th	17 09.5	1 12	13 40.9	0 26	3 21.7	0 46	13 18.6	0 03	20 32.5	8 43
20 Tu	17 32.4	1 12	13 52.1	0 25	3 24.9	0 46	13 20.4	0 03	20 34.4	8 42
25 Su	17 55.3	1 12	14 03.3	0 25	3 28.1	0 46	13 22.2	0 03	20 36.3	8 42
30 F	18 18.2	1 12	14 14.5	0 24	3 31.3	0 46	13 24.0	0 03	20 38.1	8 42

☿p .393419	☿ .339782
♀p .719270	♀ .718645
⊕ .990863	⊕ .999295
♂ 1.55192	♂ 1.58879
♃ 5.41644	♃ 5.42217
♄ 9.03563	♄ 9.03706
♅ 20.0417	♅ 20.0435
♆ 30.0735	♆ 30.0727
♇ 30.7629	♇ 30.7757
☊	Perihelia
☿ 18° ♉ 23	☿ 17° ♊ 31
♀ 16 ♊ 43	♀ 11 ♌ 36
⊕	⊕ 10 ♋ 46
♂ 19 ♉ 35	♂ 6 ♓ 06
♃ 10 ♋ 33	♃ 14 ♈ 51
♄ 23 ♋ 40	♄ 4 ♋ 15
♅ 13 ♊ 53	♅ 20 ♍ 12
♆ 11 ♌ 50	♆ 8 ♊ 25
♇ 20 ♋ 19	♇ 13 ♏ 44

Day	Aspect	Time
1	☿☌♅	9am31
2	⊕⚹♄	7am13
3 W	⊕⚻♆	7am11
	☿△♀	2pm 2
	☿△♄	3 47
	♀☌♄	6 38
	☿⊻♆	9 12
4 Th	⊕☍☿	1am29
	☿☍♃	2 15
	⊕☌♃	4 55
	♀⚻♆	8 45
	♀⚹♃	10pm58
5	☿□♇	1pm 5
6 S	⊕⚹♀	1am55
	☿□♂	5pm10
7 Su	☿∠♆	5am53
	♀⚼♅	9 7
	☿ ♈	3pm38
8 M	☿⊻♅	6am24
	♀⚻♇	8pm 8
10 W	☿□♄	3am32
	☿⚹♆	7 2
	☿⚻♃	1pm18
	⊕□♇	1 33
11 Th	☿∠♅	5am30
	☿△♇	4pm 2
	♂⚼♆	5 58
	⊕⚻☿	10 1
12	☿□♀	8pm39
13 S	☿⚹♂	5am15
	☿⚼♃	8 49
	☿ ♉	10 15
	☿⚹♅	11pm 2
14 Su	☿⚼♇	8am48
	♀⊻♂	11 18
	♀∠♃	3pm57
	♀ ♌	7 28
15 M	⊕⚼☿	3am35
	♂ ♋	2pm15
	☿⚹♄	2 24
	☿□♆	4 45
	☿△♃	11 45
16 T	☿∠♂	1am12
	☿0N	1pm49
	♀⚻♅	4 29
	☿⚻♇	9 41
18 Th	☿∠♄	2am14
	♀⚼♇	2 49
	⊕△☿	3 5
	⊕⚼♆	9 54
	☿ ♊	11 22
	☿⊻♂	5pm18
	☿□♅	11 13
19	☿⚹♀	6pm16
20 S	⊕ ♎	6am41
	☿⊻♄	12pm 9
	☿△♆	1 46
	☿□♃	9 41
21 Su	☿ P	5am38
	☿☍♇	5pm15
	♀ P	9 59
	♂△♅	10 27
22 M	♀⊻♄	4pm48
	♀☍♆	10 5
	☿⚼♆	10 49
	☿∠♀	11 4
23 T	☿ ♋	5am47
	⊕⚻♅	10 3
	☿△♅	5pm43
	⊕□☿	7 9
	☿☌♂	9 17
24 W	♀⊻♃	8am31
	⊕□♂	7pm30
25 Th	☿☌♄	7am32
	☿⚻♆	8 37
	☿⚹♃	6pm 7
26 F	☿⚼♅	4am 7
	☿⊻♀	5 47
	☿⚻♇	1pm 8
27 S	♀△♇	9am13
	♀∠♂	3pm54
28 Su	☿ ♌	3am55
	☿∠♃	7 15
	☿⚻♅	5pm 5
29 M	☿⚼♇	2am35
	☿⊻♂	7 51
	⊕⚹☿	7pm42
	⊕∠♀	10 17
30 T	☿⊻♄	11am32
	☿☍♆	12pm 2
31 W	☿⊻♃	0am22
	☿△♇	8pm23
1 Th	♀∠♄	3am29
	☿∠♂	8 44
2 F	♀ ♍	6am34
	⊕∠☿	7 2
	☿∠♄	8 36
	⊕□♄	3pm16
	⊕△♆	3 37
	☿ ♍	5 12
	☿☌♀	10 25
3 S	♄⚻♆	2am25
	☿☍♅	9 2
4 Su	♀☍♅	6am30
	☿⚹♂	6pm 1
5 M	☿⚻♆	12pm18
	☿⚹♄	12 42
	⊕⊻♃	10 20
6 T	☿☌♃	5am39
	⊕⊻☿	7 34
7 W	☿□♇	3am42
	⊕⚼♅	6pm43
9 F	☿⚼♆	0am29
	☿ ♎	10 47
	♀⚹♂	5pm54
10 S	⊕⚹♇	1am10
	☿⚻♅	6 55
	♀⚻♆	10 48
	♀⚹♄	2pm17
12 M	♂⚻♆	4am22
	♀☌♃	5pm32
	♂☌♄	8 3
	☿△♆	10 47
13 T	☿□♄	0am51
	☿□♂	1 31
14 W	☿⊻♃	0am15
	☿⚼♅	8 58
	♀□♇	10pm10
15 Th	☿⚹♇	0am 9
	☿⊻♀	1 56
17 S	⊕☌☿	0am59
	☿ ♏	8pm28
18 Su	☿∠♃	2pm44
	☿△♅	10 5
19 M	☿∠♇	2pm42
	♀⚼♆	5 36
	⊕ ♏	5 43
20	♀ ♎	6pm14
21	♂⚹♃	10am54
22 Th	☿□♆	3am59
	⊕⊻♀	7 27
	☿△♄	8 51
	⊕∠♃	12pm56
	♀⚻♅	9 19
23 F	♂⚼♅	3am55
	⊕△♅	6 34
	☿⚹♃	4pm18
	☿0S	8 53
24 S	☿△♂	0am48
	☿⊻♇	3pm16
25 Su	☿∠♀	3am59
	⊕∠♇	11 43
27 T	☿⚼♄	3pm22
	♂⚻♇	8 6
	☿ ♐	10 37
29 Th	♀△♆	1am 3
	☿□♅	4 50
	♀□♄	1pm24
30	☿⚼♂	9am20

MAY 2004

DAY	☿ LONG	☿ LAT	♀ LONG	♀ LAT	⊕ LONG	♂ LONG	♂ LAT
	° '	° '	° '	° '	° '	° '	° '
1 S	8♐29	2S25	16♎33	2N57	10♏58	22♋05	1N38
2 Su	11 15	2 44	18 10	2 54	11 56	22 33	1 39
3 M	13 59	3 02	19 47	2 51	12 54	23 01	1 39
4 Tu	16 44	3 20	21 23	2 48	13 52	23 28	1 40
5 W	19 29	3 38	23 00	2 44	14 51	23 56	1 40
6 Th	22 14	3 55	24 36	2 41	15 49	24 23	1 40
7 F	24 59	4 11	26 13	2 37	16 47	24 51	1 41
8 S	27 45	4 27	27 49	2 34	17 45	25 19	1 41
9 Su	0♑32	4 43	29 26	2 30	18 43	25 46	1 42
10 M	3 20	4 58	1♏02	2 26	19 41	26 14	1 42
11 Tu	6 10	5 12	2 39	2 22	20 39	26 41	1 42
12 W	9 00	5 26	4 15	2 18	21 37	27 08	1 43
13 Th	11 53	5 38	5 51	2 13	22 35	27 36	1 43
14 F	14 48	5 51	7 27	2 09	23 32	28 03	1 43
15 S	17 44	6 02	9 04	2 05	24 30	28 31	1 44
16 Su	20 44	6 13	10 40	2 00	25 28	28 58	1 44
17 M	23 46	6 22	12 16	1 55	26 26	29 25	1 44
18 Tu	26 50	6 31	13 52	1 51	27 24	29 52	1 44
19 W	29 58	6 39	15 28	1 46	28 22	0♌20	1 45
20 Th	3♒10	6 46	17 04	1 41	29 19	0 47	1 45
21 F	6 25	6 51	18 40	1 36	0♐17	1 14	1 45
22 S	9 45	6 56	20 16	1 31	1 15	1 41	1 46
23 Su	13 09	6 59	21 51	1 26	2 13	2 08	1 46
24 M	16 38	7 00	23 27	1 21	3 10	2 35	1 46
25 Tu	20 11	7 00	25 03	1 15	4 08	3 03	1 46
26 W	23 51	6 58	26 39	1 10	5 06	3 30	1 47
27 Th	27 36	6 55	28 14	1 05	6 03	3 57	1 47
28 F	1♓27	6 50	29 50	0 59	7 01	4 24	1 47
29 S	5 25	6 42	1♐25	0 54	7 58	4 51	1 47
30 Su	9 29	6 32	3 01	0 48	8 56	5 18	1 48
31 M	13♓41	6S20	4♐36	0N43	9♐53	5♌45	1N48

JUNE 2004

DAY	☿ LONG	☿ LAT	♀ LONG	♀ LAT	⊕ LONG	♂ LONG	♂ LAT
	° '	° '	° '	° '	° '	° '	° '
1 Tu	18♓01	6S06	6♐12	0N37	10♐51	6♌11	1N48
2 W	22 29	5 49	7 47	0 32	11 48	6 38	1 48
3 Th	27 04	5 29	9 23	0 26	12 46	7 05	1 48
4 F	1♈49	5 06	10 58	0 20	13 43	7 32	1 49
5 S	6 43	4 40	12 33	0 15	14 41	7 59	1 49
6 Su	11 45	4 12	14 09	0 09	15 38	8 26	1 49
7 M	16 57	3 40	15 44	0 04	16 35	8 53	1 49
8 Tu	22 17	3 06	17 19	0S02	17 33	9 19	1 49
9 W	27 47	2 29	18 54	0 08	18 30	9 46	1 49
10 Th	3♉25	1 49	20 30	0 13	19 28	10 13	1 50
11 F	9 12	1 07	22 05	0 19	20 25	10 40	1 50
12 S	15 07	0 24	23 40	0 25	21 22	11 06	1 50
13 Su	21 08	0N20	25 15	0 30	22 20	11 33	1 50
14 M	27 16	1 05	26 50	0 36	23 17	12 00	1 50
15 Tu	3♊28	1 50	28 25	0 41	24 14	12 26	1 50
16 W	9 44	2 34	0♑00	0 47	25 12	12 53	1 50
17 Th	16 03	3 16	1 35	0 52	26 09	13 20	1 50
18 F	22 22	3 56	3 10	0 58	27 06	13 46	1 50
19 S	28 41	4 33	4 45	1 03	28 03	14 13	1 50
20 Su	4♋57	5 06	6 20	1 08	29 01	14 40	1 51
21 M	11 10	5 35	7 55	1 14	29 58	15 06	1 51
22 Tu	17 18	6 00	9 30	1 19	0♑55	15 33	1 51
23 W	23 20	6 21	11 05	1 24	1 53	15 59	1 51
24 Th	29 14	6 37	12 40	1 29	2 50	16 26	1 51
25 F	5♌00	6 49	14 15	1 34	3 47	16 52	1 51
26 S	10 38	6 57	15 49	1 39	4 44	17 19	1 51
27 Su	16 06	7 00	17 24	1 44	5 41	17 45	1 51
28 M	21 25	7 00	18 59	1 49	6 39	18 12	1 51
29 Tu	26 34	6 56	20 34	1 54	7 36	18 38	1 51
30 W	1♍33	6N49	22♑09	1S58	8♑33	19♌05	1N51

DAY	♃ LONG	♃ LAT	♄ LONG	♄ LAT	♅ LONG	♅ LAT	♆ LONG	♆ LAT	♇ LONG	♇ LAT
	° '	° '	° '	° '	° '	° '	° '	° '	° '	° '
5 W	18♍41.1	1N13	14♋25.7	0S24	3♓34.5	0S46	13♒25.8	0S03	20♐40.0	8N41
10 M	19 04.0	1 13	14 36.9	0 23	3 37.8	0 46	13 27.6	0 03	20 41.9	8 41
15 S	19 26.8	1 13	14 48.0	0 23	3 41.0	0 46	13 29.4	0 03	20 43.8	8 40
20 Th	19 49.7	1 13	14 59.2	0 23	3 44.2	0 46	13 31.2	0 03	20 45.6	8 40
25 Tu	20 12.6	1 13	15 10.4	0 22	3 47.5	0 46	13 33.0	0 03	20 47.5	8 39
30 Su	20 35.4	1 14	15 21.6	0 22	3 50.7	0 46	13 34.8	0 03	20 49.4	8 39
4 F	20 58.3	1 14	15 32.8	0 21	3 53.9	0 46	13 36.6	0 03	20 51.2	8 38
9 W	21 21.2	1 14	15 44.0	0 21	3 57.2	0 46	13 38.4	0 03	20 53.1	8 38
14 M	21 44.0	1 14	15 55.1	0 20	4 00.4	0 46	13 40.2	0 03	20 55.0	8 37
19 S	22 06.8	1 14	16 06.3	0 20	4 03.6	0 46	13 42.0	0 03	20 56.8	8 37
24 Th	22 29.7	1 14	16 17.5	0 19	4 06.8	0 46	13 43.8	0 04	20 58.7	8 36
29 Tu	22 52.5	1 15	16 28.7	0 19	4 10.1	0 46	13 45.6	0 04	21 00.6	8 36

☿a .465249	☿p .370319
♀ .721235	♀ .725340
⊕ 1.00761	⊕ 1.01406
♂ 1.61923	♂ 1.64354
♃ 5.42731	♃ 5.43220
♄ 9.03862	♄ 9.04042
♅ 20.0452	♅ 20.0469
♆ 30.0720	♆ 30.0712
♇ 30.7881	♇ 30.8010
☊	Perihelia
☿ 18°♉ 23	☿ 17°♊ 31
♀ 16 ♊ 43	♀ 11 ♌ 42
⊕	⊕ 12 ♋ 16
♂ 19 ♉ 35	♂ 6 ♓ 07
♃ 10 ♋ 33	♃ 14 ♈ 49
♄ 23 ♋ 40	♄ 4 ♋ 17
♅ 13 ♊ 53	♅ 20 ♍ 24
♆ 11 ♌ 50	♆ 7 ♊ 06
♇ 20 ♋ 19	♇ 13 ♏ 47

2 Su	♀⚺♃	4am34
	♀⚼♅	5 42
	⊕⚺☿	9 20
	☿⚹♆	6pm59
3 M	☿⚻♄	3am13
	⊕□♆	12pm48
	♀⚹♇	1 9
4 T	☿ A	5am17
	⊕△♄	1pm19
	☿□♃	4 52
5 W	☿☌♇	10am24
	♀□♂	7pm30
6	☿⚻♂	10pm35
8 S	☿⚹♀	1am26
	☿∠♆	6 0
	☿ ♑	7pm23
9 Su	⊕⚹♃	7am30
	♀ ♏	8 30
10 M	☿⚹♅	2am30
	⊕∠☿	5pm22
11 T	⊕⚺♇	1am30
	♀△♅	3pm 0
	♀∠♃	11 31
12	♀∠♇	9pm57
13 Th	☿⚺♆	1pm12
	☿☍♄	11 45
15 S	☿∠♅	7am39
	☿△♃	2pm 7
16	☿⚺♇	0am 4
17	♀□♆	6pm38
18 T	⊕⚹☿	6am13
	♂ ♌	6 43
	♀△♄	4pm 6
19 W	☿ ♒	0am12
	☿☍♂	3 7
20 Th	☿⚺♅	4am15
	☿⚼♃	12pm36
	⊕ ♐	4 52
	⊕⚼♄	5 12
	☿∠♇	7 11
21	♀⚹♃	7pm37
22	♀⚺♇	7am45
S	⊕△♂	8pm38
23 Su	☿☌♆	2am43
	☿⚻♄	1pm40
24	⊕□♅	3pm23
25 T	☿⚻♃	0am 8
	☿⚹♇	4 0
26	♂⚻♅	4pm51
27 Th	☿□♀	6am57
	☿ ♓	3pm 4
	☿⚼♄	4 46
28 F	♀ ♐	2am33
	♀⚼♄	7 0
	☿☌♅	2pm31
	☿⚻♂	8 11
29	⊕□☿	7pm47
30 Su	♀□♅	12pm35
	♂∠♃	7 8
	☿⚺♆	11 26
31 M	♂⚼♇	4am40
	☿△♄	9 39
	♀△♂	11pm51
1 T	☿☍♃	3pm 1
	☿□♇	3 17
	☿⚼♂	7 4
2	♃□♇	7am32
3 Th	☿∠♆	7am50
	☿ ♈	2pm53
	⊕⚹♆	9 14
4	☿⚺♅	10am19
5 S	☿△♂	6am44
	♀⚹♆	4pm 4
	⊕⚻♄	11 40
6 Su	☿⚹♆	8am45
	☿△♀	4pm 3
	☿□♄	6 5
	⊕△☿	10 2
	♀⚻♄	10 51
7 M	☿∠♅	9am 1
	♀0S	2pm53
	☿△♇	5 44
	☿⚻♃	7 27
8	⊕☌♀	8am38
9	☿ ♉	9am30
10 Th	☿⚹♅	2am16
	⊕⚼☿	5 12
	♀☌♇	6 4
	☿⚼♇	10 20
	☿⚼♀	11 56
	☿⚼♃	12pm43
	♀□♃	2 53
11 F	☿□♂	6am28
	⊕☌♇	12pm12
	☿□♆	6 8
12 S	☿⚹♄	2am58
	⊕□♃	5 44
	☿0N	1pm 4
	☿⚻♇	11 6
13 Su	☿△♃	2am 5
	⊕⚻☿	5 34
	☿⚻♀	9pm45
14 M	♀⚼♂	3am26
	☿ ♊	10 37
	☿∠♄	2pm15
15 T	☿□♅	2am 6
	♀∠♆	3 57
	♀ ♑	11pm59
16 W	☿⚹♂	12pm53
	☿△♆	3 2
	☿⚺♄	11 56
17 Th	☿ P	4am53
	☿☍♇	6pm34
	♂☍♆	7 44
	☿□♃	10 43
18 F	♀⚹♅	1pm28
	⊕☍☿	9 12
19 S	☿⚼♆	0am 5
	☿∠♂	2 12
	☿ ♋	5 2
	⊕∠♆	4pm15
	☿△♅	8 36
20	☿☍♀	7am 6
21 M	⊕ ♑	0am49
	⊕⚼♂	6 17
	☿⚻♆	9 55
	☿⚺♂	4pm33
	☿☌♄	7 43
22 T	☿⚼♅	7am 6
	☿⚻♇	2pm34
	☿⚹♃	8 19
23	♂⚺♄	3pm55
24 Th	☿ ♌	3am 9
	♀⚺♆	4pm17
	⊕⚻☿	5 51
	☿⚻♅	8 18
25 F	☿⚼♇	4am 9
	⊕⚹♅	8 41
	☿∠♃	11 1
26 S	♀☍♄	8am25
	☿☍♆	1pm35
27 Su	☿⚺♄	1am22
	♀⚻♂	7 18
	☿☌♂	8 3
	☿⚻♀	8 17
	☿△♇	10pm 7
28 M	⊕⚼☿	1am18
	♀∠♅	2 36
	☿⚺♃	6 29
29 T	♀⚺♇	6am44
	☿ ♍	4pm27
	☿∠♄	11 49
30 W	♀△♃	12pm48
	☿☍♅	12 58

JULY 2004

DAY	☿ LONG	☿ LAT	♀ LONG	♀ LAT	⊕ LONG	♂ LONG	♂ LAT
	° '	° '	° '	° '	° '	° '	° '
1 Th	6♍23	6N40	23♑44	2S03	9♑30	19♌31	1N51
2 F	11 04	6 28	25 19	2 07	10 27	19 57	1 51
3 S	15 35	6 14	26 53	2 11	11 25	20 24	1 51
4 Su	19 58	5 59	28 28	2 16	12 22	20 50	1 51
5 M	24 13	5 41	0♒03	2 20	13 19	21 17	1 51
6 Tu	28 19	5 23	1 38	2 24	14 16	21 43	1 51
7 W	2♎19	5 03	3 13	2 28	15 13	22 09	1 51
8 Th	6 11	4 43	4 48	2 32	16 11	22 36	1 51
9 F	9 56	4 22	6 23	2 35	17 08	23 02	1 51
10 S	13 36	4 01	7 58	2 39	18 05	23 28	1 51
11 Su	17 10	3 39	9 32	2 42	19 02	23 55	1 51
12 M	20 38	3 16	11 07	2 46	19 59	24 21	1 51
13 Tu	24 01	2 54	12 42	2 49	20 57	24 47	1 51
14 W	27 20	2 32	14 17	2 52	21 54	25 14	1 50
15 Th	0♏35	2 09	15 52	2 55	22 51	25 40	1 50
16 F	3 45	1 47	17 27	2 58	23 48	26 06	1 50
17 S	6 52	1 24	19 02	3 00	24 46	26 32	1 50
18 Su	9 56	1 02	20 37	3 03	25 43	26 59	1 50
19 M	12 57	0 40	22 12	3 05	26 40	27 25	1 50
20 Tu	15 55	0 18	23 47	3 08	27 37	27 51	1 50
21 W	18 51	0S03	25 22	3 10	28 35	28 17	1 50
22 Th	21 45	0 25	26 57	3 12	29 32	28 44	1 50
23 F	24 36	0 46	28 32	3 14	0♒29	29 10	1 49
24 S	27 27	1 07	0♓07	3 15	1 27	29 36	1 49
25 Su	0♐15	1 27	1 42	3 17	2 24	0♍02	1 49
26 M	3 03	1 47	3 17	3 18	3 21	0 29	1 49
27 Tu	5 49	2 07	4 52	3 19	4 19	0 55	1 49
28 W	8 35	2 26	6 27	3 20	5 16	1 21	1 49
29 Th	11 20	2 45	8 02	3 21	6 13	1 47	1 48
30 F	14 05	3 03	9 37	3 22	7 11	2 13	1 48
31 S	16♐49	3S21	11♓13	3S23	8♒08	2♍40	1N48

AUGUST 2004

DAY	☿ LONG	☿ LAT	♀ LONG	♀ LAT	⊕ LONG	♂ LONG	♂ LAT
	° '	° '	° '	° '	° '	° '	° '
1 Su	19♐34	3S38	12♓48	3S23	9♒05	3♍06	1N48
2 M	22 19	3 55	14 23	3 24	10 03	3 32	1 48
3 Tu	25 05	4 12	15 58	3 24	11 00	3 58	1 48
4 W	27 51	4 28	17 33	3 24	11 58	4 24	1 47
5 Th	0♑38	4 43	19 09	3 24	12 55	4 51	1 47
6 F	3 26	4 58	20 44	3 23	13 52	5 17	1 47
7 S	6 15	5 12	22 19	3 23	14 50	5 43	1 47
8 Su	9 06	5 26	23 55	3 22	15 47	6 09	1 46
9 M	11 59	5 39	25 30	3 21	16 45	6 35	1 46
10 Tu	14 53	5 51	27 05	3 20	17 43	7 02	1 46
11 W	17 50	6 02	28 41	3 19	18 40	7 28	1 46
12 Th	20 49	6 13	0♈16	3 18	19 38	7 54	1 45
13 F	23 51	6 23	1 52	3 17	20 35	8 20	1 45
14 S	26 56	6 31	3 27	3 15	21 33	8 46	1 45
15 Su	0♒05	6 39	5 02	3 13	22 31	9 13	1 45
16 M	3 16	6 46	6 38	3 12	23 28	9 39	1 44
17 Tu	6 32	6 51	8 14	3 10	24 26	10 05	1 44
18 W	9 51	6 56	9 49	3 07	25 24	10 31	1 44
19 Th	13 16	6 59	11 25	3 05	26 21	10 57	1 43
20 F	16 44	7 00	13 00	3 03	27 19	11 24	1 43
21 S	20 18	7 00	14 36	3 00	28 17	11 50	1 43
22 Su	23 58	6 58	16 12	2 57	29 15	12 16	1 42
23 M	27 43	6 55	17 47	2 55	0♓13	12 42	1 42
24 Tu	1♓34	6 49	19 23	2 52	1 10	13 09	1 42
25 W	5 32	6 42	20 59	2 48	2 08	13 35	1 41
26 Th	9 37	6 32	22 34	2 45	3 06	14 01	1 41
27 F	13 49	6 20	24 10	2 42	4 04	14 27	1 41
28 S	18 09	6 05	25 46	2 38	5 02	14 54	1 40
29 Su	22 37	5 48	27 22	2 35	6 00	15 20	1 40
30 M	27 13	5 28	28 58	2 31	6 58	15 46	1 40
31 Tu	1♈58	5S05	0♉34	2S27	7♓56	16♍12	1N39

DAY	♃ LONG	♃ LAT	♄ LONG	♄ LAT	♅ LONG	♅ LAT	♆ LONG	♆ LAT	♇ LONG	♇ LAT
	° '	° '	° '	° '	° '	° '	° '	° '	° '	° '
4 Su	23♍15.3	1N15	16♋39.9	0S18	4♓13.3	0S46	13♒47.4	0S04	21♐02.5	8N35
9 F	23 38.1	1 15	16 51.0	0 18	4 16.5	0 46	13 49.2	0 04	21 04.3	8 35
14 W	24 00.9	1 15	17 02.2	0 17	4 19.8	0 46	13 51.0	0 04	21 06.2	8 34
19 M	24 23.7	1 15	17 13.4	0 17	4 23.0	0 46	13 52.9	0 04	21 08.1	8 34
24 S	24 46.5	1 15	17 24.6	0 16	4 26.2	0 46	13 54.6	0 04	21 09.9	8 33
29 Th	25 09.3	1 15	17 35.7	0 16	4 29.4	0 46	13 56.5	0 04	21 11.8	8 33
3 Tu	25 32.1	1 16	17 46.9	0 15	4 32.7	0 46	13 58.3	0 04	21 13.6	8 32
8 Su	25 54.9	1 16	17 58.1	0 15	4 35.9	0 46	14 00.1	0 04	21 15.5	8 32
13 F	26 17.7	1 16	18 09.2	0 14	4 39.1	0 46	14 01.9	0 04	21 17.4	8 31
18 W	26 40.4	1 16	18 20.4	0 14	4 42.3	0 46	14 03.7	0 04	21 19.2	8 31
23 M	27 03.2	1 16	18 31.6	0 13	4 45.6	0 46	14 05.5	0 04	21 21.1	8 30
28 S	27 26.0	1 16	18 42.7	0 13	4 48.8	0 46	14 07.3	0 04	21 23.0	8 30

☿a.356416	☿ .466605
♀a.727991	♀ .727520
⊕a1.01666	⊕ 1.01492
♂ 1.65900	♂a1.66589
♃ 5.43652	♃ 5.44056
♄ 9.04234	♄ 9.04451
♅ 20.0486	♅ 20.0503
♆ 30.0705	♆ 30.0698
♇ 30.8135	♇ 30.8265
☊	Perihelia
☿ 18°♉ 23	☿ 17°♊ 31
♀ 16 ♊ 43	♀ 11 ♌ 47
⊕	⊕ 15 ♋ 24
♂ 19 ♉ 35	♂ 6 ♓ 09
♃ 10 ♋ 33	♃ 14 ♈ 50
♄ 23 ♋ 41	♄ 4 ♋ 19
♅ 13 ♊ 53	♅ 20 ♍ 33
♆ 11 ♌ 50	♆ 6 ♊ 01
♇ 20 ♋ 20	♇ 13 ♏ 50

1 Th	☿⚼♀	6pm 4
	⊕△☿	8 2
2	☿⚻♆	2pm20
3	☿⚹♄	5am41
4 Su	☿⚺♂	5am24
	☿□♇	6 0
	♂△♇	11 20
	☿☌♃	6pm52
	♀ ♒	11 11
5 M	⊕ A	10am55
	⊕⚺♆	12pm10
6 T	☿⚼♆	2am52
	☿ ♎	10 1
7 W	☿△♀	9am22
	☿⚻♅	12pm 0
	♀⚺♅	3 52
8 Th	☿∠♂	10am 8
	⊕☍♄	4pm42
	♀∠♇	7 20
10 S	☿△♆	1am32
	♀⚼♃	12pm 0
	♂⚺♃	3 52
	☿□♄	10 23
11 Su	⊕∠♅	6am38
	☿⚼♅	2pm45
	⊕□☿	5 48
12 M	☿⚹♇	3am13
	♀ A	8 21
	☿⚺♃	11pm24
13 T	⊕⚺♇	3am53
	☿⚹♂	6 20
	♀☌♆	5pm23
14	☿ ♏	7pm41
15	♀⚻♄	6pm45
16 F	☿△♅	4am34
	⊕△♃	9 53
	☿∠♇	6pm10
17	☿∠♃	7pm 0
18	♀⚹♇	7am49
19	☿□♆	7am29
20 T	⊕⚻♂	10am38
	♀⚻♃	11 1
	☿△♄	11 4
	☿ 0S	8pm 8
21	☿⚺♇	7pm 3
22	⊕ ♒	11am43
23 F	☿⚹♃	0am48
	♀☍♂	1pm18
	♀ ♓	10 16
24 S	♂ ♍	9pm49
	☿ ♐	9 50
	☿□♂	9 50
25 Su	♀⚼♄	11am36
	☿⚼♄	7pm 6
26 M	⊕⚺♀	2am44
	⊕⚹☿	4 5
	☿□♀	4 48
	☿□♅	12pm16
	♀☌♅	5 56
27	⊕⚺♅	4am 3
28	⊕∠♇	11pm23
29	☿⚹♆	10pm51
31 S	♂∠♄	0am31
	☿ A	4 32
	☿⚻♄	7 30

1 Su	☿☌♇	2pm25
	♀⚺♆	5 39
2	⊕⚼♃	11am17
3 T	☿□♃	4am 6
	⊕∠☿	12pm18
4 W	♀△♄	4am 3
	♂☍♅	8 17
	☿∠♆	9 48
	☿ ♑	6pm36
6 F	⊕☌♆	2am54
	♀□♇	7 47
	☿⚹♅	9 49
	☿△♂	6pm39
7	♂ A	11pm31
9 M	♀☍♃	7am48
	☿⚺♆	4pm48
10	⊕⚻♄	8am41
11 W	☿☍♄	1am59
	♀∠♆	5 10
	⊕⚺☿	9 54
	☿∠♅	2pm30
	♀ ♈	7 57
12 Th	☿⚺♇	3am40
	☿⚼♂	7pm14
13 F	⊕⚹♇	5pm38
	☿△♃	7 29
14 S	♀⚺♅	6pm25
	☿ ♒	11 25
16 M	☿⚺♅	10am30
	☿∠♇	10pm25
17	☿⚹♀	11pm27
18 W	☿⚻♂	5am25
	☿⚼♃	1pm10
	♀⚻♂	2 36
	⊕∠♀	9 58
19 Th	☿☌♆	5am38
	⊕⚻♃	10 37
20 F	☿⚻♄	11am28
	♀⚹♆	4pm 9
21	☿⚹♇	6am51
22 Su	⊕ ♓	6pm46
	☿⚻♃	7 43
23 M	♀□♄	11am24
	☿ ♓	2pm18
	⊕☌☿	8 45
24 T	♀∠♅	5am53
	☿⚼♄	12pm15
	☿☌♅	7 27
25 W	☿∠♀	4am19
	♀△♇	5 51
26 Th	♂⚻♆	5am 5
	⊕⚼♄	1pm49
27 F	☿⚺♆	1am38
	☿☍♂	3 57
	⊕☌♅	6pm27
28 S	☿△♄	3am 4
	☿□♇	5pm27
29	♀⚻♃	2am18
30 M	☿☍♃	1am53
	☿∠♆	9 45
	☿⚺♀	1pm22
	☿ ♈	2 7
	♀ ♉	3 37
31 T	♀⚼♂	1pm24
	☿⚺♅	2 13

SEPTEMBER 2004

DAY	☿ LONG	☿ LAT	♀ LONG	♀ LAT	⊕ LONG	♂ LONG	♂ LAT
	° '	° '	° '	° '	° '	° '	° '
1 W	6♈52	4S39	2♉09	2S23	8♓54	16♍39	1N39
2 Th	11 55	4 11	3 45	2 19	9 52	17 05	1 38
3 F	17 07	3 39	5 21	2 15	10 50	17 31	1 38
4 S	22 28	3 04	6 57	2 10	11 48	17 58	1 38
5 Su	27 58	2 27	8 33	2 06	12 46	18 24	1 37
6 M	3♉36	1 48	10 09	2 01	13 45	18 50	1 37
7 Tu	9 23	1 06	11 45	1 57	14 43	19 16	1 36
8 W	15 18	0 23	13 21	1 52	15 41	19 43	1 36
9 Th	21 20	0N22	14 58	1 47	16 39	20 09	1 36
10 F	27 27	1 07	16 34	1 42	17 38	20 36	1 35
11 S	3♊40	1 51	18 10	1 37	18 36	21 02	1 35
12 Su	9 56	2 35	19 46	1 32	19 34	21 28	1 34
13 M	16 15	3 17	21 22	1 27	20 33	21 55	1 34
14 Tu	22 34	3 57	22 59	1 22	21 31	22 21	1 33
15 W	28 53	4 34	24 35	1 17	22 30	22 47	1 33
16 Th	5♋09	5 07	26 11	1 12	23 28	23 14	1 32
17 F	11 22	5 36	27 48	1 06	24 27	23 40	1 32
18 S	17 30	6 01	29 24	1 01	25 25	24 07	1 31
19 Su	23 31	6 22	1♊00	0 55	26 24	24 33	1 31
20 M	29 25	6 38	2 37	0 50	27 23	25 00	1 30
21 Tu	5♌11	6 49	4 13	0 44	28 21	25 26	1 30
22 W	10 48	6 57	5 50	0 39	29 20	25 53	1 29
23 Th	16 16	7 00	7 26	0 33	0♈19	26 19	1 29
24 F	21 35	7 00	9 03	0 27	1 17	26 46	1 28
25 S	26 43	6 56	10 39	0 22	2 16	27 12	1 28
26 Su	1♍43	6 49	12 16	0 16	3 15	27 39	1 27
27 M	6 32	6 40	13 53	0 10	4 14	28 05	1 27
28 Tu	11 12	6 28	15 29	0 04	5 13	28 32	1 26
29 W	15 44	6 14	17 06	0N01	6 12	28 59	1 26
30 Th	20♍06	5N58	18♊43	0N07	7♈10	29♍25	1N25

OCTOBER 2004

DAY	☿ LONG	☿ LAT	♀ LONG	♀ LAT	⊕ LONG	♂ LONG	♂ LAT
	° '	° '	° '	° '	° '	° '	° '
1 F	24♍21	5N41	20♊20	0N13	8♈09	29♍52	1N25
2 S	28 27	5 22	21 56	0 19	9 08	0♎18	1 24
3 Su	2♎26	5 03	23 33	0 24	10 07	0 45	1 24
4 M	6 18	4 42	25 10	0 30	11 07	1 12	1 23
5 Tu	10 03	4 21	26 47	0 36	12 06	1 38	1 22
6 W	13 43	4 00	28 24	0 41	13 05	2 05	1 22
7 Th	17 16	3 38	0♋01	0 47	14 04	2 32	1 21
8 F	20 44	3 16	1 38	0 52	15 03	2 59	1 21
9 S	24 08	2 53	3 15	0 58	16 02	3 25	1 20
10 Su	27 26	2 31	4 52	1 03	17 02	3 52	1 19
11 M	0♏41	2 08	6 29	1 09	18 01	4 19	1 19
12 Tu	3 51	1 46	8 06	1 14	19 00	4 46	1 18
13 W	6 58	1 24	9 43	1 20	20 00	5 13	1 18
14 Th	10 02	1 01	11 20	1 25	20 59	5 40	1 17
15 F	13 03	0 39	12 57	1 30	21 59	6 07	1 16
16 S	16 01	0 17	14 35	1 35	22 58	6 33	1 16
17 Su	18 57	0S04	16 12	1 40	23 58	7 00	1 15
18 M	21 50	0 25	17 49	1 45	24 57	7 27	1 14
19 Tu	24 42	0 46	19 26	1 50	25 57	7 54	1 14
20 W	27 32	1 07	21 04	1 55	26 57	8 21	1 13
21 Th	0♐21	1 27	22 41	2 00	27 56	8 48	1 13
22 F	3 08	1 47	24 18	2 04	28 56	9 15	1 12
23 S	5 54	2 07	25 56	2 09	29 56	9 43	1 11
24 Su	8 40	2 26	27 33	2 13	0♉56	10 10	1 10
25 M	11 25	2 45	29 10	2 18	1 55	10 37	1 10
26 Tu	14 10	3 04	0♌48	2 22	2 55	11 04	1 09
27 W	16 55	3 21	2 25	2 26	3 55	11 31	1 08
28 Th	19 39	3 39	4 03	2 30	4 55	11 58	1 08
29 F	22 24	3 56	5 40	2 34	5 55	12 25	1 07
30 S	25 10	4 12	7 18	2 37	6 55	12 53	1 06
31 Su	27♐56	4S28	8♌55	2N41	7♉55	13♎20	1N06

DAY	♃ LONG	♃ LAT	♄ LONG	♄ LAT	♅ LONG	♅ LAT	♆ LONG	♆ LAT	♇ LONG	♇ LAT
	° '	° '	° '	° '	° '	° '	° '	° '	° '	° '
2 Th	27♍48.7	1N16	18♋53.9	0S12	4♓52.0	0S46	14♒09.1	0S04	21♐24.8	8N29
7 Tu	28 11.5	1 16	19 05.0	0 12	4 55.2	0 46	14 10.9	0 04	21 26.7	8 29
12 Su	28 34.2	1 17	19 16.2	0 11	4 58.5	0 46	14 12.7	0 04	21 28.5	8 28
17 F	28 56.9	1 17	19 27.4	0 11	5 01.7	0 46	14 14.5	0 04	21 30.4	8 28
22 W	29 19.7	1 17	19 38.5	0 10	5 04.9	0 46	14 16.3	0 05	21 32.2	8 27
27 M	29 42.4	1 17	19 49.7	0 10	5 08.1	0 46	14 18.1	0 05	21 34.1	8 27
2 S	0♎05.1	1 17	20 00.8	0 10	5 11.3	0 46	14 19.9	0 05	21 36.0	8 26
7 Th	0 27.9	1 17	20 12.0	0 09	5 14.6	0 46	14 21.7	0 05	21 37.8	8 26
12 Tu	0 50.6	1 17	20 23.1	0 09	5 17.8	0 46	14 23.5	0 05	21 39.7	8 25
17 Su	1 13.3	1 17	20 34.3	0 08	5 21.0	0 46	14 25.2	0 05	21 41.5	8 25
22 F	1 36.0	1 17	20 45.4	0 08	5 24.2	0 46	14 27.1	0 05	21 43.4	8 24
27 W	1 58.7	1 17	20 56.6	0 07	5 27.5	0 46	14 28.9	0 05	21 45.2	8 24

☿p.347325	☿a.379725
♀ .724119	♀ .720251
⊕ 1.00912	⊕ 1.00108
♂ 1.66327	♂ 1.65178
♃ 5.44416	♃ 5.44721
♄ 9.04687	♄ 9.04932
♅ 20.0520	♅ 20.0535
♆ 30.0690	♆ 30.0683
♇ 30.8396	♇ 30.8523
☊	Perihelia
☿ 18°♉ 23	☿ 17°♊ 32
♀ 16 ♊ 43	♀ 11 ♌ 51
⊕	⊕ 14 ♋ 26
♂ 19 ♉ 35	♂ 6 ♓ 10
♃ 10 ♋ 33	♃ 14 ♈ 50
♄ 23 ♋ 41	♄ 4 ♋ 22
♅ 13 ♊ 54	♅ 20 ♍ 43
♆ 11 ♌ 50	♆ 5 ♊ 11
♇ 20 ♋ 20	♇ 13 ♏ 53

1	⊕⊻☿	12pm 4
2	☿✶♆	10am26
Th	♀✶♅	4pm48
3	☿⊼♂	2am 2
F	☿□♄	8 19
	☿∠♅	12pm31
	♀⚼♇	4 2
	☿△♇	7 24
4	⊕∠☿	11pm 1
5	☿⊼♃	0am21
Su	☿ ♉	8 44
6	☿⚼♂	1am 3
M	☿✶♅	5 28
	⊕⊻♆	10 45
	☿⚼♇	11 50
	♂✶♄	12pm38
7	☿☌♀	1pm16
T	☿⚼♃	3 41
	☿□♆	7 31
	♀⚼♃	10 34
8	⊕✶☿	1am50
W	☿0N	12pm20
	♀□♆	12 28

	☿✶♄	3 21
	☿△♂	6 59
9	☿⊼♇	0am30
10	☿△♃	3am47
F	☿ ♊	9 51
11	☿∠♄	2am11
S	☿□♅	4 59
	⊕△♄	4pm14
	♀✶♄	4 22
	⊕✶♀	4 33
12	♂□♇	0am16
Su	☿△♆	4pm17
13	♀⊼♇	1am38
M	☿ P	4 8
	♀△♂	11 5
	☿⊻♄	11 41
	⊕□☿	7pm17
	☿☍♇	7 53
	☿□♂	11 6
	⊕□♇	11 11
14	☿⊻♀	2am 4
T	☿□♃	11pm41
15	☿⚼♆	1am20

W	☿ ♋	4 16
	⊕☍♂	1pm14
	☿△♅	11 29
17	☿∠♀	7am32
F	☿⊼♆	11 14
	♀△♃	6pm 8
18	☿☌♄	7am58
S	♀ ♊	8 59
	☿⚼♅	10 7
	☿⊼♇	3pm59
19	☿✶♂	4am31
Su	⊕△☿	1pm59
	☿✶♃	11 0
20	☿ ♌	2am24
M	☿✶♀	6pm22
	☿⊼♅	11 31
21	♃⚼♆	4am23
T	☿⚼♇	5 42
	♀∠♄	5 52
	♀□♅	12pm46
	⊕∠♆	10 29
	⊕☍♃	11 53
22	☿∠♂	0am20
W	☿☍♆	3pm 9

	☿∠♃	3 36
	⊕ ♈	4 23
	⊕⚼☿	6 48
23	☿⊻♄	3pm26
Th	☿△♇	11 52
25	☿⊻♂	2am30
S	☿⊻♃	1pm45
	☿ ♍	3 41
26	⊕⊼☿	9am29
Su	☿∠♄	3pm21
	☿☍♅	4 56
27	♀△♆	6am20
M	⊕⊻♅	10pm24
28	☿⊼♆	4pm24
T	♀0N	6 19
29	☿□♀	11am46
W	♂⚼♆	6pm30
	☿✶♄	11 4
30	☿□♇	8am19
Th	♀⊻♄	6pm41
	♃ ♎	8 53

1	♂ ♎	7am24
F	♂☌♃	9 34
	♀☍♇	6pm55
2	☿⚼♆	5am15
S	☿ ♎	9 15
	☿☌♃	9 57
	☿☌♂	12pm29
3	☿⊼♅	5pm 9
5	⊕☍☿	6pm14
6	☿△♆	4am18
W	♀⚼♆	2pm17
	♀ ♋	11 48
7	♀□♃	7am 2
Th	⊕✶♆	7 12
	☿□♄	8pm26
	☿⚼♅	8 35
8	☿✶♇	6am18
F	♄⚼♅	3pm12
9	♀□♂	3am40
10	♀△♅	6am 9
Su	☿ ♏	6pm55

11	☿⊻♃	0am40
12	☿⊻♂	8am 7
T	☿△♅	11 5
	☿∠♇	9pm38
13	♂⊼♅	5am10
W	⊕∠♅	7 34
	⊕□♄	10 41
14	⊕△♇	4pm40
Th	☿△♀	10 24
15	☿□♆	10am59
F	♀⊼♆	9pm36
16	☿∠♃	1am 5
S	☿0S	7pm23
17	☿△♄	1pm38
Su	☿⊻♇	10 50
18	☿∠♂	6am 8
19	♀⚼♅	1pm55
T	⊕⊼☿	4 18
	♀☌♄	6 18
20	♀⊼♇	9am40
W	☿ ♐	9pm 4

21	☿✶♃	10am26
22	☿□♅	7pm43
F	☿⚼♄	11 1
23	⊕ ♉	1am42
24	☿✶♂	3pm34
Su	⊕⊼♃	9 32
25	♀ ♌	12pm14
26	☿✶♆	2am42
T	♀✶♃	5pm10
27	☿ A	3am47
W	☿⚼♀	10 54
28	⊕⚼☿	3am32
Th	☿⊼♄	11 43
	⊕✶♅	1pm29
	☿☌♇	6 25
	♀⊼♅	9 12
29	⊕□♀	9am22
F	♀⚼♇	4pm18
	⊕⚼♇	8 39
31	☿∠♆	1pm36
Su	☿ ♑	5 50

NOVEMBER 2004

DAY	☿ LONG	☿ LAT	♀ LONG	♀ LAT	⊕ LONG	♂ LONG	♂ LAT
	° '	° '	° '	° '	° '	° '	° '
1 M	0♑43	4S44	10♌32	2N44	8♉55	13♎47	1N05
2 Tu	3 31	4 59	12 10	2 48	9 55	14 15	1 04
3 W	6 21	5 13	13 48	2 51	10 55	14 42	1 03
4 Th	9 12	5 26	15 25	2 54	11 55	15 09	1 03
5 F	12 04	5 39	17 03	2 57	12 55	15 37	1 02
6 S	14 59	5 51	18 40	3 00	13 55	16 04	1 01
7 Su	17 56	6 03	20 18	3 02	14 55	16 32	1 01
8 M	20 55	6 13	21 55	3 05	15 56	16 59	1 00
9 Tu	23 57	6 23	23 33	3 07	16 56	17 27	0 59
10 W	27 02	6 32	25 10	3 09	17 56	17 54	0 58
11 Th	0♒11	6 39	26 48	3 12	18 56	18 22	0 58
12 F	3 22	6 46	28 25	3 13	19 57	18 49	0 57
13 S	6 38	6 52	0♍03	3 15	20 57	19 17	0 56
14 Su	9 58	6 56	1 40	3 17	21 58	19 45	0 55
15 M	13 22	6 59	3 18	3 18	22 58	20 12	0 54
16 Tu	16 51	7 00	4 55	3 19	23 59	20 40	0 54
17 W	20 25	7 00	6 33	3 20	24 59	21 08	0 53
18 Th	24 05	6 58	8 10	3 21	26 00	21 36	0 52
19 F	27 50	6 55	9 48	3 22	27 00	22 04	0 51
20 S	1♓42	6 49	11 25	3 23	28 01	22 31	0 51
21 Su	5 40	6 42	13 03	3 23	29 01	22 59	0 50
22 M	9 45	6 32	14 40	3 24	0♊02	23 27	0 49
23 Tu	13 58	6 19	16 18	3 24	1 03	23 55	0 48
24 W	18 18	6 05	17 55	3 24	2 03	24 23	0 47
25 Th	22 46	5 47	19 32	3 23	3 04	24 51	0 46
26 F	27 22	5 27	21 10	3 23	4 05	25 19	0 46
27 S	2♈07	5 04	22 47	3 23	5 05	25 47	0 45
28 Su	7 01	4 39	24 24	3 22	6 06	26 15	0 44
29 M	12 04	4 10	26 01	3 21	7 07	26 44	0 43
30 Tu	17♈17	3S38	27♍39	3N20	8♊07	27♎12	0N42

DECEMBER 2004

DAY	☿ LONG	☿ LAT	♀ LONG	♀ LAT	⊕ LONG	♂ LONG	♂ LAT
	° '	° '	° '	° '	° '	° '	° '
1 W	22♈38	3S03	29♍16	3N19	9♊08	27♎40	0N41
2 Th	28 08	2 26	0♎53	3 18	10 09	28 08	0 41
3 F	3♉47	1 46	2 30	3 16	11 10	28 37	0 40
4 S	9 34	1 05	4 07	3 14	12 11	29 05	0 39
5 Su	15 29	0 21	5 44	3 13	13 12	29 33	0 38
6 M	21 31	0N23	7 21	3 11	14 13	0♏02	0 37
7 Tu	27 39	1 08	8 58	3 09	15 13	0 30	0 36
8 W	3♊52	1 53	10 35	3 06	16 14	0 59	0 35
9 Th	10 08	2 36	12 12	3 04	17 15	1 27	0 35
10 F	16 27	3 18	13 49	3 01	18 16	1 56	0 34
11 S	22 46	3 58	15 26	2 59	19 17	2 24	0 33
12 Su	29 05	4 35	17 03	2 56	20 18	2 53	0 32
13 M	5♋21	5 08	18 39	2 53	21 19	3 22	0 31
14 Tu	11 33	5 37	20 16	2 50	22 20	3 50	0 30
15 W	17 41	6 02	21 53	2 47	23 22	4 19	0 29
16 Th	23 42	6 22	23 29	2 43	24 23	4 48	0 28
17 F	29 36	6 38	25 06	2 40	25 24	5 17	0 27
18 S	5♌22	6 50	26 43	2 36	26 25	5 46	0 27
19 Su	10 59	6 57	28 19	2 32	27 26	6 15	0 26
20 M	16 26	7 00	29 55	2 29	28 27	6 44	0 25
21 Tu	21 45	7 00	1♏32	2 25	29 28	7 13	0 24
22 W	26 53	6 56	3 08	2 21	0♋29	7 42	0 23
23 Th	1♍52	6 49	4 44	2 16	1 30	8 11	0 22
24 F	6 41	6 39	6 21	2 12	2 31	8 40	0 21
25 S	11 21	6 27	7 57	2 08	3 32	9 09	0 20
26 Su	15 52	6 13	9 33	2 03	4 34	9 38	0 19
27 M	20 14	5 58	11 09	1 59	5 35	10 08	0 18
28 Tu	24 29	5 40	12 45	1 54	6 36	10 37	0 17
29 W	28 35	5 22	14 21	1 49	7 37	11 06	0 16
30 Th	2♎34	5 02	15 57	1 44	8 38	11 36	0 15
31 F	6♎25	4N42	17♏33	1N39	9♋39	12♏05	0N15

DAY	♃ LONG	♃ LAT	♄ LONG	♄ LAT	♅ LONG	♅ LAT	♆ LONG	♆ LAT	♇ LONG	♇ LAT
	° '	° '	° '	° '	° '	° '	° '	° '	° '	° '
1 M	2♎21.4	1N17	21♋07.7	0S07	5♓30.7	0S46	14♒30.7	0S05	21♐47.1	8N23
6 S	2 44.1	1 17	21 18.9	0 06	5 33.9	0 46	14 32.5	0 05	21 49.0	8 23
11 Th	3 06.8	1 18	21 30.0	0 06	5 37.1	0 46	14 34.3	0 05	21 50.8	8 22
16 Tu	3 29.5	1 18	21 41.2	0 05	5 40.4	0 46	14 36.1	0 05	21 52.7	8 22
21 Su	3 52.2	1 18	21 52.3	0 05	5 43.6	0 46	14 37.9	0 05	21 54.5	8 21
26 F	4 14.9	1 18	22 03.5	0 04	5 46.8	0 46	14 39.7	0 05	21 56.4	8 21
1 W	4 37.6	1 18	22 14.6	0 04	5 50.0	0 46	14 41.5	0 05	21 58.2	8 20
6 M	5 00.3	1 18	22 25.8	0 03	5 53.3	0 46	14 43.3	0 05	22 00.1	8 20
11 S	5 23.0	1 18	22 36.9	0 03	5 56.5	0 46	14 45.1	0 05	22 02.0	8 20
16 Th	5 45.7	1 18	22 48.1	0 02	5 59.7	0 46	14 46.9	0 05	22 03.8	8 19
21 Tu	6 08.4	1 18	22 59.2	0 02	6 02.9	0 46	14 48.7	0 06	22 05.7	8 19
26 Su	6 31.1	1 18	23 10.3	0 01	6 06.2	0 46	14 50.5	0 06	22 07.5	8 18
31 F	6 53.7	1 18	23 21.5	0 01	6 09.4	0 46	14 52.3	0 06	22 09.4	8 18

☿ .463428	☿p .331674
♀p .718421	♀ .719988
⊕ .992433	⊕ .986014
♂ 1.63119	♂ 1.60377
♃ 5.44991	♃ 5.45210
♄ 9.05204	♄ 9.05484
♅ 20.0552	♅ 20.0567
♆ 30.0676	♆ 30.0669
♇ 30.8654	♇ 30.8783
☊	Perihelia
☿ 18°♉ 23	☿ 17°♊ 32
♀ 16 ♊ 43	♀ 11 ♌ 50
⊕	⊕ 11 ♋ 52
♂ 19 ♉ 35	♂ 6 ♓ 12
♃ 10 ♋ 33	♃ 14 ♈ 50
♄ 23 ♋ 41	♄ 4 ♋ 24
♅ 13 ♊ 55	♅ 20 ♍ 55
♆ 11 ♌ 50	♆ 3 ♊ 43
♇ 20 ♋ 20	♇ 13 ♏ 57

1	☿□♃	2pm28
M	♀ P	6 35
2	♂△♆	2pm34
T	☿✶♅	5 7
3	♀☍♆	10am50
W	♀✶♂	6pm38
5	♀∠♃	9am34
F	⊕△☿	10 41
	☿⊻♆	8pm22
6	☿□♂	10am32
S	⊕□♆	2pm58
7	♀⊻♄	3pm59
Su	☿∠♅	9 20
	♀△♇	10 39
8	☿☍♄	3am47
M	☿⊻♇	7 14
	☿⊼♀	5pm 6
9	⊕⊼♂	10pm35
10	⊕⚼♃	2am38
W	☿ ♒	10pm39
11	☿△♃	10pm35
12	☿⊻♅	4pm42
F	♀ ♍	11 18
13	☿∠♇	1am38
S	⊕✶♄	3pm21
	⊕⊼♇	9 42
15	♀⊻♃	1am50
M	☿☌♆	8 32
16	♂⚼♅	0am10
T	♀☍♅	11 9
	☿⚼♃	11 21
	♀∠♂	3pm25
17	♀∠♄	2am39
W	☿△♂	5 24
	☿⊼♄	8 42
	☿✶♇	9 41
18	♂□♄	9am18
Th	♂✶♇	3pm28
	⊕□☿	4 49
19	☿ ♓	1pm32
20	☿⊼♃	1pm 1
21	☿☌♅	0am22
Su	☿⚼♄	7 13
	☿⚼♂	3pm29
	⊕ ♊	11 15
	♀⊼♆	11 32
22	♄⊼♇	4am28
23	☿⊻♆	3am51
T	☿☍♀	8pm43
24	☿□♇	7pm36
W	☿△♄	8 2
25	☿⊼♂	12pm13
26	⊕△♃	4am27
F	♀□♇	11 35
	☿∠♆	11 40
	☿ ♈	1pm22
	♀✶♄	1 36
27	☿☍♃	11am 2
S	⊕□♅	4pm53
	☿⊻♅	6 4
	⊕✶☿	6 23
29	⊕∠♄	1am26
M	☿✶♆	12pm 7
	♀⊻♂	2 40
30	☿∠♅	4pm 0
T	☿△♇	9 4
	☿□♄	10 16
1	♀⚼♆	6am21
W	⊕∠☿	8 8
	♀ ♎	10 54
2	☿☍♂	0am 1
Th	☿ ♉	7 59
	☿⊼♀	4pm27
3	☿⊼♃	4am13
F	☿✶♅	8 40
	☿⚼♇	1pm21
4	♀☌♃	11am25
S	⊕⊻☿	12pm50
	☿□♆	8 53
5	♀⊼♅	2am 5
Su	☿0N	11 35
	☿⚼♃	5pm56
	♂ ♏	10 32
6	☿⊼♇	1am54
M	☿✶♄	3 36
	☿⚼♀	4 29
	⊕△♆	12pm11
7	☿ ♊	9am 6
T	☿⊼♂	11 58
	⊕⚼♂	12pm22
8	☿△♃	5am 1
W	☿□♅	7 52
	☿∠♄	2pm 2
9	☿△♀	10am35
Th	☿△♆	5pm32
10	☿⚼♂	1am59
F	☿ P	3 23
	⊕☌☿	8 16
	♀△♆	1pm51
	☿☍♇	9 12
	☿⊻♄	11 25
12	☿⚼♆	2am36
Su	☿ ♋	3 31
	☿△♂	3pm45
13	☿□♃	0am43
M	☿△♅	2 22
	⊕☍♇	5pm 7
14	⊕⊻♄	9am26
T	♀⚼♅	10 34
	☿⊼♆	12pm33
15	♀✶♇	2am40
W	☿⚼♅	1pm 8
	♀□♄	1 29
	☿⊼♇	5 25
	☿☌♄	8 21
	☿□♀	10 50
16	⊕⊻☿	3am17
17	☿ ♌	1am39
F	⊕△♀	11 58
18	☿□♂	1am50
S	☿✶♃	2 21
	☿⊼♅	2 46
	☿⚼♇	7 16
	♂⊻♃	8 55
	♂△♅	12pm59
19	⊕∠☿	7am45
Su	♃⊼♅	2pm33
	☿☍♆	4 44
20	♀ ♏	1am 8
M	♂∠♇	6pm12
	☿∠♃	9 12
21	☿△♇	1am37
T	☿⊻♄	5 47
	⊕⚼♆	8 11
	⊕ ♋	12pm34
22	☿ ♍	2pm56
W	⊕✶☿	9 46
23	♀△♅	8pm 1
Th	☿☍♅	8 57
	☿✶♀	9 25
	☿⊻♃	10 22
24	♀⊻♃	0am19
F	☿∠♄	7 14
	☿✶♂	11 15
	♀∠♇	11 32
25	☿⊼♆	6pm28
26	♀☌♂	1am50
27	☿□♇	10am38
M	⊕△♅	12pm47
	☿✶♄	4 54
28	⊕□♃	1am52
T	☿∠♂	7 28
29	♀□♆	7am35
W	☿⚼♆	7 40
	☿∠♀	7 43
	☿ ♎	8 29
30	☿⊼♅	10pm20
31	☿☌♃	3am 3

JANUARY 2005

DAY	☿ LONG	☿ LAT	♀ LONG	♀ LAT	⊕ LONG	♂ LONG	♂ LAT
	° '	° '	° '	° '	° '	° '	° '
1 S	10♎11	4N21	19♏09	1N34	10♋40	12♏34	0N14
2 Su	13 50	3 59	20 45	1 29	11 41	13 04	0 13
3 M	17 23	3 37	22 21	1 24	12 43	13 34	0 12
4 Tu	20 51	3 15	23 57	1 19	13 44	14 03	0 11
5 W	24 14	2 53	25 32	1 14	14 45	14 33	0 10
6 Th	27 33	2 30	27 08	1 08	15 46	15 03	0 09
7 F	0♏47	2 08	28 44	1 03	16 47	15 32	0 08
8 S	3 57	1 45	0♐19	0 58	17 48	16 02	0 07
9 Su	7 04	1 23	1 55	0 52	18 50	16 32	0 06
10 M	10 08	1 01	3 30	0 47	19 51	17 02	0 05
11 Tu	13 09	0 39	5 06	0 41	20 52	17 32	0 04
12 W	16 07	0 17	6 41	0 36	21 53	18 02	0 03
13 Th	19 02	0S05	8 17	0 30	22 54	18 32	0 02
14 F	21 56	0 26	9 52	0 24	23 55	19 02	0 01
15 S	24 47	0 47	11 27	0 19	24 56	19 32	0 00
16 Su	27 37	1 08	13 03	0 13	25 58	20 02	0S01
17 M	0♐26	1 28	14 38	0 07	26 59	20 33	0 02
18 Tu	3 13	1 48	16 13	0 02	28 00	21 03	0 03
19 W	6 00	2 08	17 49	0S04	29 01	21 33	0 04
20 Th	8 45	2 27	19 24	0 10	0♌02	22 04	0 05
21 F	11 31	2 46	20 59	0 15	1 03	22 34	0 06
22 S	14 15	3 04	22 34	0 21	2 04	23 04	0 07
23 Su	17 00	3 22	24 09	0 26	3 05	23 35	0 08
24 M	19 45	3 40	25 44	0 32	4 06	24 06	0 09
25 Tu	22 30	3 56	27 19	0 38	5 07	24 36	0 10
26 W	25 15	4 13	28 54	0 43	6 08	25 07	0 11
27 Th	28 01	4 29	0♑29	0 49	7 09	25 38	0 12
28 F	0♑48	4 44	2 04	0 54	8 10	26 08	0 13
29 S	3 37	4 59	3 39	0 59	9 11	26 39	0 14
30 Su	6 26	5 13	5 14	1 05	10 12	27 10	0 15
31 M	9♑17	5S27	6♑49	1S10	11♌13	27♏41	0S16

FEBRUARY 2005

DAY	☿ LONG	☿ LAT	♀ LONG	♀ LAT	⊕ LONG	♂ LONG	♂ LAT
	° '	° '	° '	° '	° '	° '	° '
1 Tu	12♑10	5S40	8♑24	1S15	12♌14	28♏12	0S17
2 W	15 05	5 52	9 59	1 21	13 14	28 43	0 18
3 Th	18 02	6 03	11 34	1 26	14 15	29 14	0 19
4 F	21 01	6 14	13 09	1 31	15 16	29 45	0 20
5 S	24 03	6 23	14 44	1 36	16 17	0♐17	0 21
6 Su	27 08	6 32	16 19	1 41	17 18	0 48	0 22
7 M	0♒17	6 40	17 54	1 46	18 19	1 19	0 23
8 Tu	3 29	6 46	19 28	1 50	19 20	1 50	0 24
9 W	6 44	6 52	21 03	1 55	20 20	2 22	0 25
10 Th	10 04	6 56	22 38	2 00	21 21	2 53	0 26
11 F	13 29	6 59	24 13	2 04	22 22	3 25	0 27
12 S	16 58	7 00	25 48	2 08	23 23	3 56	0 28
13 Su	20 32	7 00	27 23	2 13	24 23	4 28	0 29
14 M	24 12	6 58	28 58	2 17	25 24	5 00	0 29
15 Tu	27 57	6 55	0♒32	2 21	26 24	5 32	0 30
16 W	1♓49	6 49	2 07	2 25	27 25	6 03	0 31
17 Th	5 48	6 41	3 42	2 29	28 26	6 35	0 32
18 F	9 53	6 31	5 17	2 33	29 26	7 07	0 33
19 S	14 06	6 19	6 52	2 36	0♍27	7 39	0 34
20 Su	18 26	6 04	8 27	2 40	1 27	8 11	0 35
21 M	22 54	5 47	10 02	2 43	2 28	8 43	0 36
22 Tu	27 31	5 27	11 37	2 47	3 28	9 15	0 37
23 W	2♈16	5 04	13 11	2 50	4 28	9 48	0 38
24 Th	7 11	4 38	14 46	2 53	5 29	10 20	0 39
25 F	12 14	4 09	16 21	2 56	6 29	10 52	0 40
26 S	17 26	3 37	17 56	2 59	7 29	11 24	0 41
27 Su	22 48	3 02	19 31	3 01	8 30	11 57	0 42
28 M	28♈18	2S25	21♒06	3S04	9♍30	12♐29	0S43

DAY	♃ LONG	♃ LAT	♄ LONG	♄ LAT	♅ LONG	♅ LAT	♆ LONG	♆ LAT	♇ LONG	♇ LAT
	° '	° '	° '	° '	° '	° '	° '	° '	° '	° '
5 W	7♎16.4	1N18	23♋32.6	0S00	6♓12.6	0S46	14♒54.1	0S06	22♐11.3	8N17
10 M	7 39.1	1 18	23 43.7	0N00	6 15.9	0 46	14 55.9	0 06	22 13.1	8 17
15 S	8 01.8	1 18	23 54.9	0 01	6 19.1	0 46	14 57.7	0 06	22 15.0	8 16
20 Th	8 24.4	1 18	24 06.0	0 01	6 22.3	0 46	14 59.5	0 06	22 16.8	8 16
25 Tu	8 47.1	1 18	24 17.1	0 02	6 25.5	0 46	15 01.4	0 06	22 18.7	8 15
30 Su	9 09.8	1 18	24 28.3	0 02	6 28.8	0 46	15 03.2	0 06	22 20.5	8 15
4 F	9 32.4	1 18	24 39.4	0 03	6 32.0	0 46	15 05.0	0 06	22 22.4	8 14
9 W	9 55.1	1 18	24 50.5	0 03	6 35.2	0 46	15 06.8	0 06	22 24.2	8 14
14 M	10 17.7	1 18	25 01.6	0 04	6 38.4	0 46	15 08.6	0 06	22 26.1	8 13
19 S	10 40.4	1 18	25 12.8	0 04	6 41.7	0 46	15 10.4	0 06	22 27.9	8 13
24 Th	11 03.1	1 18	25 23.9	0 04	6 44.9	0 46	15 12.2	0 06	22 29.8	8 12

☿a.402306	☿ .455785
♀ .723919	♀a.727420
⊕p.983300	⊕ .985363
♂ 1.56918	♂ 1.53031
♃ 5.45389	♃ 5.45523
♄ 9.05791	♄ 9.06116
♅ 20.0583	♅ 20.0598
♆ 30.0662	♆ 30.0655
♇ 30.8915	♇ 30.9049
☊	Perihelia
☿ 18°♉ 23	☿ 17°♊ 32
♀ 16 ♊ 43	♀ 11 ♌ 48
⊕	⊕ 11 ♋ 03
♂ 19 ♉ 36	♂ 6 ♓ 14
♃ 10 ♋ 33	♃ 14 ♈ 49
♄ 23 ♋ 41	♄ 4 ♋ 23
♅ 13 ♊ 55	♅ 21 ♍ 06
♆ 11 ♌ 51	♆ 1 ♊ 47

1 S	⊕□☿	4am27
	☿⚺♂	6pm10
2 Su	⊕ P	0am36
	☿△♆	7 5
	♀∠♃	8pm27
	♀⚺♇	9 24
3	♀△♄	5pm16
4 T	☿⚻♅	2am28
	☿✶♇	9 23
	⊕△♂	2pm51
	☿□♄	7 0
5 W	⊕⚼♆	3am39
	♂□♆	5pm23
	☿⚺♀	6 10
6	☿ ♏	6pm 9
7	♀ ♐	7pm 9
8 S	♄0N	3pm57
	☿△♅	5 38
9 Su	☿∠♇	1am 6
	☿⚺♃	4 2
11	⊕⚻♅	9am46
T	☿□♆	2pm30
	♀□♅	5 53
12 W	⊕⚻♀	8am13
	⊕⚼♇	8 13
	♀✶♃	5pm39
	☿0S	6 39
	☿☌♂	6 57
13 Th	♀⚻♄	8am41
	⊕☌♄	10pm54
14 F	☿⚺♇	2am37
	☿∠♃	8 47
	☿△♄	4pm32
15 S	⊕△☿	1am59
	♂0S	2 40
16	☿ ♐	8pm17
17	♀✶♆	5am10
18	♀0S	7am35
19 W	☿□♅	3am11
	☿✶♃	8pm52
	⊕ ♌	11 14
20	☿⚻♄	3am 2
Th	♂⚺♇	10 39
21	♀☌♇	7pm50
22 S	☿✶♆	6am34
	♀⚺♂	11 18
23 Su	♀⚼♄	0am55
	♂∠♃	2 51
	☿ A	3 3
	⊕⚻☿	3pm 4
24 M	♂△♄	7am56
	☿☌♇	10pm24
25 T	☿⚼♄	3pm48
	☿⚺♂	10 31
26 W	⊕⚼♅	7am14
	♀ ♑	4pm35
	♀∠♆	5 5
27 Th	⊕⚻♇	4am 8
	☿ ♑	5pm 4
	☿∠♆	5 24
28	⊕✶♃	9pm36
29	☿☌♀	0am54
30 Su	☿✶♅	0am23
	♀✶♅	6pm57
	☿□♃	11 36

1 T	⊕⚼☿	0am48
	☿∠♂	10 26
	♀□♃	2pm30
	☿⚺♆	11 57
3	⊕☍♆	7pm32
4 F	☿∠♅	4am 7
	☿⚺♇	10 47
	♂ ♐	11 17
5 S	☿☍♄	5am 4
	♀⚺♆	5 28
	♀∠♂	12pm21
6	☿ ♒	9pm53
7 M	☿✶♂	9am23
	⊕⚼♀	5pm44
8	☿⚺♅	10pm52
9 W	☿∠♇	4am50
	♀∠♅	8 8
	♀⚺♇	8pm34
	☿△♃	11 25
11 F	⊕△♇	1am16
	♀☍♄	10 52
	☿☌♆	11 25
13 Su	☿✶♇	12pm30
	⊕⚺♄	2 53
	⊕∠♃	9 23
14 M	☿⚼♄	5am24
	☿⚻♃	7 13
	⊕☍☿	10 35
	♀ ♒	3pm48
15	☿ ♓	12pm46
16	☿⚺♀	3am 5
17 Th	♂□♅	3am57
	☿☌♅	5 14
	☿□♂	5 26
18 F	☿⚻♄	1am43
	☿⚼♃	4 12
	⊕ ♍	1pm25
	♀⚺♅	9 24
19 S	☿⚺♆	6am 3
	♀∠♇	9 10
	♀✶♂	6pm 3
20	☿□♇	9pm44
21 M	☿△♄	12pm35
	♀△♃	12 43
	☿∠♀	4 55
22 T	♀ A	2am15
	☿ ♈	12pm37
	☿∠♆	1 36
23 W	⊕⚼☿	1pm39
	☿⚺♅	9 55
24 Th	♂⚻♄	3am16
	♀☌♆	6 34
	☿△♂	4pm50
	☿☍♃	6 44
25 F	⊕☍♅	6am36
	♂✶♃	1pm22
	☿✶♆	1 49
26 S	☿✶♀	3am12
	☿∠♅	7pm29
	☿△♇	10 44
27 Su	⊕⚻☿	3am45
	☿□♄	11 58
	☿⚻♂	8pm 5
28 M	☿ ♉	7am15
	♀✶♇	9pm37

MARCH 2005

DAY	☿ LONG	☿ LAT	♀ LONG	♀ LAT	⊕ LONG	♂ LONG	♂ LAT
	° '	° '	° '	° '	° '	° '	° '
1 Tu	3♉58	1S45	22♒41	3S06	10♍30	13♐02	0S44
2 W	9 45	1 03	24 16	3 08	11 30	13 34	0 45
3 Th	15 40	0 20	25 51	3 10	12 31	14 07	0 46
4 F	21 42	0N24	27 26	3 12	13 31	14 40	0 47
5 S	27 50	1 09	29 01	3 14	14 31	15 13	0 48
6 Su	4♊03	1 54	0♓36	3 16	15 31	15 45	0 49
7 M	10 20	2 38	2 11	3 17	16 31	16 18	0 50
8 Tu	16 38	3 20	3 46	3 19	17 31	16 51	0 51
9 W	22 58	3 59	5 21	3 20	18 31	17 24	0 52
10 Th	29 16	4 36	6 56	3 21	19 31	17 57	0 53
11 F	5♋32	5 09	8 32	3 22	20 31	18 30	0 54
12 S	11 45	5 38	10 07	3 22	21 31	19 03	0 55
13 Su	17 52	6 03	11 42	3 23	22 31	19 37	0 56
14 M	23 53	6 23	13 17	3 23	23 31	20 10	0 56
15 Tu	29 47	6 39	14 52	3 24	24 31	20 43	0 57
16 W	5♌32	6 50	16 27	3 24	25 30	21 17	0 58
17 Th	11 09	6 57	18 03	3 24	26 30	21 50	0 59
18 F	16 36	7 00	19 38	3 23	27 30	22 24	1 00
19 S	21 54	7 00	21 13	3 23	28 29	22 57	1 01
20 Su	27 02	6 56	22 49	3 23	29 29	23 31	1 02
21 M	2♍01	6 49	24 24	3 22	0♎29	24 05	1 03
22 Tu	6 50	6 39	25 59	3 21	1 28	24 38	1 04
23 W	11 30	6 27	27 35	3 20	2 28	25 12	1 05
24 Th	16 00	6 13	29 10	3 19	3 27	25 46	1 06
25 F	20 22	5 57	0♈45	3 18	4 27	26 20	1 06
26 S	24 36	5 40	2 21	3 16	5 26	26 54	1 07
27 Su	28 42	5 21	3 56	3 15	6 26	27 28	1 08
28 M	2♎41	5 02	5 32	3 13	7 25	28 02	1 09
29 Tu	6 32	4 41	7 07	3 11	8 24	28 36	1 10
30 W	10 17	4 20	8 43	3 09	9 23	29 10	1 11
31 Th	13♎56	3N59	10♈18	3S07	10♎23	29♐44	1S12

APRIL 2005

DAY	☿ LONG	☿ LAT	♀ LONG	♀ LAT	⊕ LONG	♂ LONG	♂ LAT
	° '	° '	° '	° '	° '	° '	° '
1 F	17♎30	3N37	11♈54	3S04	11♎22	0♑19	1S12
2 S	20 57	3 14	13 30	3 02	12 21	0 53	1 13
3 Su	24 20	2 52	15 05	2 59	13 20	1 28	1 14
4 M	27 39	2 30	16 41	2 57	14 19	2 02	1 15
5 Tu	0♏53	2 07	18 17	2 54	15 19	2 37	1 16
6 W	4 03	1 45	19 52	2 51	16 18	3 11	1 17
7 Th	7 10	1 22	21 28	2 47	17 17	3 46	1 17
8 F	10 14	1 00	23 04	2 44	18 16	4 20	1 18
9 S	13 14	0 38	24 39	2 41	19 15	4 55	1 19
10 Su	16 12	0 16	26 15	2 37	20 14	5 30	1 20
11 M	19 08	0S05	27 51	2 34	21 13	6 05	1 21
12 Tu	22 01	0 27	29 27	2 30	22 11	6 40	1 21
13 W	24 53	0 48	1♉03	2 26	23 10	7 15	1 22
14 Th	27 43	1 08	2 39	2 22	24 09	7 50	1 23
15 F	0♐31	1 29	4 15	2 18	25 08	8 25	1 24
16 S	3 19	1 49	5 51	2 13	26 07	9 00	1 24
17 Su	6 05	2 08	7 27	2 09	27 05	9 35	1 25
18 M	8 51	2 28	9 03	2 05	28 04	10 11	1 26
19 Tu	11 36	2 46	10 39	2 00	29 03	10 46	1 26
20 W	14 21	3 05	12 15	1 55	0♏01	11 21	1 27
21 Th	17 05	3 23	13 51	1 51	1 00	11 57	1 28
22 F	19 50	3 40	15 27	1 46	1 58	12 32	1 29
23 S	22 35	3 57	17 03	1 41	2 57	13 08	1 29
24 Su	25 20	4 13	18 39	1 36	3 55	13 43	1 30
25 M	28 07	4 29	20 16	1 31	4 54	14 19	1 31
26 Tu	0♑54	4 45	21 52	1 26	5 52	14 54	1 31
27 W	3 42	5 00	23 28	1 21	6 50	15 30	1 32
28 Th	6 31	5 14	25 04	1 15	7 49	16 06	1 33
29 F	9 23	5 27	26 41	1 10	8 47	16 42	1 33
30 S	12♑15	5S40	28♉17	1S05	9♏45	17♑18	1S34

DAY	♃ LONG	♃ LAT	♄ LONG	♄ LAT	♅ LONG	♅ LAT	♆ LONG	♆ LAT	♇ LONG	♇ LAT
	° '	° '	° '	° '	° '	° '	° '	° '	° '	° '
1 Tu	11♎25.7	1N18	25♋35.0	0N05	6♓48.1	0S46	15♒14.0	0S06	22♐31.6	8N12
6 Su	11 48.4	1 18	25 46.1	0 05	6 51.3	0 46	15 15.8	0 06	22 33.5	8 11
11 F	12 11.0	1 18	25 57.2	0 06	6 54.5	0 46	15 17.6	0 06	22 35.3	8 11
16 W	12 33.7	1 18	26 08.3	0 06	6 57.8	0 46	15 19.4	0 06	22 37.2	8 10
21 M	12 56.3	1 18	26 19.5	0 07	7 01.0	0 46	15 21.2	0 07	22 39.0	8 10
26 S	13 19.0	1 18	26 30.6	0 07	7 04.2	0 46	15 23.0	0 07	22 40.9	8 09
31 Th	13 41.6	1 18	26 41.7	0 08	7 07.4	0 46	15 24.8	0 07	22 42.7	8 09
5 Tu	14 04.3	1 18	26 52.8	0 08	7 10.6	0 46	15 26.6	0 07	22 44.6	8 08
10 Su	14 26.9	1 18	27 03.9	0 09	7 13.9	0 46	15 28.4	0 07	22 46.4	8 08
15 F	14 49.6	1 18	27 15.0	0 09	7 17.1	0 46	15 30.2	0 07	22 48.3	8 07
20 W	15 12.2	1 18	27 26.1	0 10	7 20.3	0 46	15 32.0	0 07	22 50.1	8 07
25 M	15 34.9	1 18	27 37.2	0 10	7 23.5	0 46	15 33.8	0 07	22 51.9	8 06
30 S	15 57.5	1 18	27 48.3	0 11	7 26.7	0 46	15 35.6	0 07	22 53.8	8 06

☿p .322736	☿a .412883
♀ .728149	♀ .725757
⊕ .990827	⊕ .999252
♂ 1.49381	♂ 1.45487
♃ 5.45603	♃a 5.45648
♄ 9.06425	♄ 9.06784
♅ 20.0612	♅ 20.0627
♆ 30.0648	♆ 30.0641
♇ 30.9170	♇ 30.9305
☊	Perihelia
☿ 18°♉ 24	☿ 17°♊ 32
♀ 16 ♊ 44	♀ 11 ♌ 51
⊕	⊕ 13 ♋ 23
♂ 19 ♉ 36	♂ 6 ♓ 14
♃ 10 ♋ 33	♃ 14 ♈ 49
♄ 23 ♋ 41	♄ 4 ♋ 23
♅ 13 ♊ 55	♅ 21 ♍ 17
♆ 11 ♌ 51	♆ 29 ♉ 49
♇ 20 ♋ 21	♇ 14 ♏ 05

Day	Aspect	Time
1 T	⊕∠♄	1am59
	☿✱♅	11 52
	☿⚼♇	2pm51
	⊕⊻♃	11 56
2 W	☿⚻♃	7am15
	⊕△☿	8 38
	☿⚻♂	5pm 7
	☿⚻♄	9 1
	☿□♆	10 17
3 Th	☿0N	10am52
	♀⚼♃	11 37
4 F	☿⚻♇	3am18
	☿✱♄	3pm44
	☿⚼♃	7 38
5 S	♂✱♆	2am 6
	☿□♀	6 8
	☿ ♊	8 22
	♀ ♓	2pm54
	⊕⚻♆	5 54
6 Su	☿□♅	10am45
	⊕□♂	12pm43
7 M	☿∠♄	1am49
	☿△♃	5 59
	☿△♆	6pm49
8 T	☿⚼♂	0am53
	☿ P	2 41
	⊕□☿	3 58
	☿☍♇	10pm32
9 W	☿⊻♄	11am 9
	♀☍♅	11pm22
10 Th	☿ ♋	2am47
	☿⚼♆	3 53
11 F	☿△♅	5am17
	☿△♀	3pm27
12 S	☿□♃	2am 1
	☿⚼♄	1pm38
	☿⚻♆	1 54
13 Su	⊕□♇	2am 6
	☿⚻♂	7 36
	☿⚻♃	10 8
	☿⚼♅	4pm11
	☿⚻♇	6 52
	⊕✱☿	10 12
14	☿☌♄	8am52
15 T	☿⚼♀	0am31
	☿ ♌	0 55
	☿⊻♆	6 47
16 W	☿⚼♂	3am28
	☿⚻♅	6 3
	☿⚼♇	8 50
	⊕✱♄	3pm51
17 Th	⊕∠☿	1am52
	☿✱♃	6 34
	☿☍♆	6pm21
18 F	♂☌♇	10am19
	☿⚻♀	7pm30
19 S	☿△♇	3am24
	☿△♂	5 26
	☿⊻♄	8pm25
	♀□♇	9 31
20 Su	☿∠♃	3am59
	⊕ ♎	12pm26
	☿ ♍	2 11
	⊕⊻☿	2 38
	♀□♂	4 29
	⊕⚼♆	8 57
22 T	☿☍♅	0am59
	♀△♄	5 47
	☿∠♄	11pm30
23 W	☿⊻♃	8am32
	☿⚻♆	8pm34
24 Th	♀ ♈	12pm35
	♀∠♆	6 15
25 F	♂⚻♄	6am27
	☿□♇	12pm59
26 S	☿✱♄	11am10
	☿□♂	3pm28
27 Su	☿ ♎	7am45
	☿⚼♆	10 6
	⊕⚻♅	4pm 4
28	♀⊻♅	11pm42
29 T	☿⚻♅	3am34
	☿☍♀	6 21
	⊕☌☿	4pm 5
30	☿☌♃	10pm20
31 Th	⊕☍♀	2am53
	☿△♆	9 54
	♂ ♑	10 53
1	♂∠♆	4am30
2 S	♀☍♃	5am34
	☿⚼♅	8 23
	☿✱♇	12pm29
3 Su	☿✱♆	5am12
	⊕☌♃	3pm20
	☿□♄	6 3
4	☿ ♏	5pm24
5 T	⊕△♆	3am16
	☿✱♂	3pm54
7 Th	☿△♅	0am14
	☿∠♇	4 35
	♀∠♆	11 6
	☿△♇	7pm28
9 S	☿⊻♃	9am23
	☿□♆	6pm 2
10 Su	♀□♄	12pm27
	☿0S	5 54
11	☿∠♂	8pm16
12 T	⊕⚼♅	1am31
	⊕⊻☿	2 9
	☿⊻♇	6 24
	♀ ♉	8 16
	⊕✱♇	2pm38
13 W	♂✱♅	0am40
	☿△♄	7pm41
14 Th	☿∠♃	5pm53
	☿ ♐	7 32
	♃ A	9 45
16	♀✱♅	9pm55
17 Su	♀⚼♇	5am36
	⊕□♄	5 59
	☿□♅	10 39
18 M	☿⚻♀	4am10
	☿⊻♂	2pm46
19 T	♀△♂	2am49
	☿⚼♄	7 6
	⊕ ♏	11pm30
20 W	☿✱♃	7am45
	⊕∠☿	9 12
	☿✱♆	10 26
21 Th	☿ A	2am20
	♀⚻♃	10pm30
22	♀□♆	1am25
23	☿☌♇	2am22
24 Su	♃△♆	5pm44
	☿⚻♄	7 42
25 M	☿ ♑	4pm18
	☿∠♆	9 11
26	♀⚻♇	3pm 9
27 W	♂⊻♆	2am56
	♂□♃	10 35
	⊕△♅	2pm19
28 Th	⊕∠♇	1am47
	☿✱♅	7 38
	⊕✱☿	4pm29
29	♀✱♄	4pm40
30	☿⚼♀	6pm56

MAY 2005

DAY	☿ LONG	☿ LAT	♀ LONG	♀ LAT	⊕ LONG	♂ LONG	♂ LAT
	° '	° '	° '	° '	° '	° '	° '
1 Su	15♑10	5S52	29♉53	0S59	10♏44	17♑54	1S34
2 M	18 07	6 03	1♊30	0 54	11 42	18 30	1 35
3 Tu	21 07	6 14	3 06	0 48	12 40	19 06	1 36
4 W	24 09	6 24	4 43	0 42	13 38	19 42	1 36
5 Th	27 14	6 32	6 19	0 37	14 36	20 18	1 37
6 F	0♒23	6 40	7 56	0 31	15 34	20 54	1 37
7 S	3 35	6 46	9 32	0 26	16 33	21 30	1 38
8 Su	6 51	6 52	11 09	0 20	17 31	22 06	1 38
9 M	10 11	6 56	12 46	0 14	18 29	22 43	1 39
10 Tu	13 35	6 59	14 22	0 08	19 27	23 19	1 40
11 W	17 04	7 00	15 59	0 03	20 25	23 56	1 40
12 Th	20 39	7 00	17 36	0N03	21 23	24 32	1 41
13 F	24 19	6 58	19 12	0 09	22 21	25 08	1 41
14 S	28 05	6 54	20 49	0 15	23 19	25 45	1 42
15 Su	1♓57	6 49	22 26	0 20	24 16	26 22	1 42
16 M	5 55	6 41	24 03	0 26	25 14	26 58	1 42
17 Tu	10 01	6 31	25 40	0 32	26 12	27 35	1 43
18 W	14 14	6 19	27 17	0 37	27 10	28 12	1 43
19 Th	18 34	6 04	28 53	0 43	28 08	28 48	1 44
20 F	23 03	5 46	0♋30	0 49	29 05	29 25	1 44
21 S	27 40	5 26	2 07	0 54	0♐03	0♒02	1 45
22 Su	2♈25	5 03	3 44	1 00	1 01	0 39	1 45
23 M	7 20	4 37	5 21	1 05	1 59	1 16	1 45
24 Tu	12 24	4 08	6 59	1 11	2 56	1 53	1 46
25 W	17 36	3 36	8 36	1 16	3 54	2 30	1 46
26 Th	22 58	3 01	10 13	1 21	4 51	3 07	1 46
27 F	28 29	2 24	11 50	1 27	5 49	3 44	1 47
28 S	4♉08	1 44	13 27	1 32	6 47	4 21	1 47
29 Su	9 56	1 02	15 04	1 37	7 44	4 58	1 47
30 M	15 52	0 19	16 42	1 42	8 42	5 35	1 48
31 Tu	21♉54	0N26	18♋19	1N47	9♐39	6♒13	1S48

JUNE 2005

DAY	☿ LONG	☿ LAT	♀ LONG	♀ LAT	⊕ LONG	♂ LONG	♂ LAT
	° '	° '	° '	° '	° '	° '	° '
1 W	28♉02	1N11	19♋56	1N52	10♐37	6♒50	1S48
2 Th	4♊15	1 55	21 33	1 56	11 34	7 27	1 49
3 F	10 32	2 39	23 11	2 01	12 32	8 04	1 49
4 S	16 50	3 21	24 48	2 06	13 29	8 42	1 49
5 Su	23 10	4 00	26 25	2 10	14 27	9 19	1 49
6 M	29 28	4 37	28 03	2 15	15 24	9 57	1 49
7 Tu	5♋44	5 10	29 40	2 19	16 22	10 34	1 50
8 W	11 56	5 39	1♌18	2 23	17 19	11 12	1 50
9 Th	18 03	6 03	2 55	2 27	18 16	11 49	1 50
10 F	24 04	6 23	4 32	2 31	19 14	12 27	1 50
11 S	29 58	6 39	6 10	2 35	20 11	13 04	1 50
12 Su	5♌43	6 50	7 47	2 39	21 09	13 42	1 50
13 M	11 19	6 57	9 25	2 42	22 06	14 19	1 51
14 Tu	16 46	7 00	11 02	2 45	23 03	14 57	1 51
15 W	22 04	6 59	12 40	2 49	24 01	15 35	1 51
16 Th	27 12	6 55	14 17	2 52	24 58	16 13	1 51
17 F	2♍10	6 48	15 55	2 55	25 55	16 50	1 51
18 S	6 59	6 39	17 32	2 58	26 52	17 28	1 51
19 Su	11 38	6 26	19 10	3 01	27 50	18 06	1 51
20 M	16 09	6 12	20 47	3 03	28 47	18 44	1 51
21 Tu	20 31	5 56	22 25	3 06	29 44	19 21	1 51
22 W	24 44	5 39	24 03	3 08	0♑41	19 59	1 51
23 Th	28 50	5 21	25 40	3 10	1 39	20 37	1 51
24 F	2♎48	5 01	27 18	3 12	2 36	21 15	1 51
25 S	6 40	4 41	28 55	3 14	3 33	21 53	1 51
26 Su	10 25	4 19	0♍33	3 16	4 30	22 31	1 51
27 M	14 03	3 58	2 10	3 17	5 27	23 09	1 51
28 Tu	17 36	3 36	3 48	3 19	6 25	23 47	1 51
29 W	21 04	3 14	5 25	3 20	7 22	24 25	1 51
30 Th	24♎27	2N51	7♍03	3N21	8♑19	25♒03	1S50

DAY	♃ LONG	♃ LAT	♄ LONG	♄ LAT	♅ LONG	♅ LAT	♆ LONG	♆ LAT	♇ LONG	♇ LAT
	° '	° '	° '	° '	° '	° '	° '	° '	° '	° '
5 Th	16♎20.2	1N18	27♋59.4	0N11	7♓30.0	0S46	15♒37.4	0S07	22♐55.6	8N05
10 Tu	16 42.8	1 18	28 10.5	0 12	7 33.2	0 46	15 39.2	0 07	22 57.5	8 05
15 Su	17 05.5	1 18	28 21.6	0 12	7 36.4	0 46	15 41.0	0 07	22 59.3	8 04
20 F	17 28.1	1 18	28 32.7	0 13	7 39.6	0 46	15 42.8	0 07	23 01.2	8 04
25 W	17 50.8	1 18	28 43.8	0 13	7 42.9	0 46	15 44.6	0 07	23 03.0	8 03
30 M	18 13.5	1 18	28 54.9	0 14	7 46.1	0 46	15 46.4	0 07	23 04.9	8 03
4 S	18 36.1	1 17	29 05.9	0 14	7 49.3	0 46	15 48.2	0 07	23 06.7	8 02
9 Th	18 58.8	1 17	29 17.0	0 15	7 52.5	0 46	15 50.0	0 07	23 08.6	8 02
14 Tu	19 21.4	1 17	29 28.1	0 15	7 55.8	0 46	15 51.8	0 07	23 10.4	8 01
19 Su	19 44.1	1 17	29 39.2	0 16	7 59.0	0 46	15 53.6	0 08	23 12.3	8 01
24 F	20 06.8	1 17	29 50.3	0 16	8 02.2	0 46	15 55.5	0 08	23 14.1	8 00
29 W	20 29.4	1 17	0♌01.4	0 16	8 05.4	0 46	15 57.3	0 08	23 16.0	8 00

☿ .453131	☿p .310518
♀ .721783	♀p .718774
⊕ 1.00756	⊕ 1.01405
♂ 1.42202	♂ 1.39667
♃ 5.45646	♃ 5.45598
♄ 9.07148	♄ 9.07540
♅ 20.0641	♅ 20.0655
♆ 30.0635	♆ 30.0628
♇ 30.9436	♇ 30.9571
☊	Perihelia
☿ 18°♉ 24	☿ 17°♊ 32
♀ 16 ♊ 44	♀ 11 ♌ 53
⊕	⊕ 14 ♋ 14
♂ 19 ♉ 36	♂ 6 ♓ 14
♃ 10 ♋ 33	♃ 14 ♈ 49
♄ 23 ♋ 41	♄ 4 ♋ 22
♅ 13 ♊ 56	♅ 21 ♍ 28
♆ 11 ♌ 51	♆ 27 ♉ 33
♇ 20 ♋ 22	♇ 14 ♏ 09

1 Su	♀ ♊	1am38
	☿⚺♆	3 31
	☿□♃	7 15
	♀⚼♃	5pm55
2	☿☌♂	3am46
3 T	☿∠♅	10am53
	☿⚺♇	2pm19
	♀⚼♂	11 33
5 Th	☿☍♄	5am51
	♀□♅	5pm42
	☿ ♒	9 8
6 F	⊕□♆	1am21
	⊕⚺♃	10pm29
8 Su	☿⚺♅	5am 0
	☿∠♇	8 0
	♂∠♅	5pm 8
9 M	♀∠♄	5am46
	♂⚺♇	9 36
10 T	☿△♀	10am10
	☿☌♆	2pm19
	♀△♆	7 10
	☿△♃	10 1
11 W	♀0N	11am 5
	♀△♃	12pm36
12 Th	⊕□☿	6am35
	☿⚹♇	3pm18
13 F	☿⚺♂	6am22
	⊕⚺♇	3pm48
14 S	☿⚻♄	1am34
	☿ ♓	12pm 1
15 Su	☿⚼♃	0am56
	♀☍♇	8 18
16	☿☌♅	10am 4
17 T	☿∠♂	5pm12
	☿⚼♄	7 43
	⊕⚻♀	7 57
18 W	☿⚺♆	8am15
	♂☍♄	11 33
	☿⚻♃	5pm28
	♀⚺♄	6 10
	♀⚻♂	9 57
19 Th	⊕△♄	9am49
	♀ ♋	4pm28
	☿□♇	11 51
20 F	♀⚼♆	3am 4
	⊕⚹♂	10pm37
	⊕ ♐	10 40
	♂ ♒	10 42
21 S	☿△♄	4am43
	☿ ♈	11 52
	☿⚹♂	1pm49
	⊕△☿	3 12
	☿∠♆	3 31
22	☿□♀	9am44
23 M	☿⚺♅	1am44
	⊕∠♃	7pm30
24 T	♀△♅	10am52
	☿⚹♆	3pm30
25 W	☿☍♃	1am 7
	⊕⚼☿	7 8
	☿∠♅	10pm55
26	☿△♇	0am23
27 F	☿□♄	1am23
	☿ ♉	6 30
28 S	☿□♂	0am59
	⊕⚻☿	1pm10
	☿⚹♅	3 2
	☿⚼♇	4 21
29 Su	⊕□♅	0am32
	♀⚻♆	10 21
	☿□♆	11pm40
30 M	☿⚹♀	4am34
	☿⚻♃	9 34
	☿0N	10 8
	♀□♃	11pm48
31	☿⚻♇	4am41
1 W	☿⚹♄	3am44
	☿ ♊	7 37
	☿⚼♃	8pm53
2 Th	☿∠♀	11am55
	☿△♂	1pm37
	☿□♅	1 37
	♂⚺♅	1 40
	♀⚼♅	6 32
	♀⚻♇	10 56
3 F	♂∠♇	1am14
	⊕☍☿	9 0
	☿∠♄	1pm32
	☿△♆	8 4
4 S	☿ P	1am57
	☿△♃	6 47
	⊕⚼♄	3pm57
	☿☍♇	11 51
5 Su	☿⚼♂	4am54
	☿⚺♀	4pm42
	☿⚺♄	10 52
6 M	☿ ♋	2am 2
	☿⚼♆	5 9
	⊕⚹♆	10 25
	♀☌♄	5pm 4
7 T	♀ ♌	4am54
	☿△♅	8 11
	☿⚻♂	8pm46
8	☿⚻♆	3pm13
9 Th	⊕⚻☿	1am 1
	☿□♃	3 42
	⊕⚼♀	12pm52
	⊕⚹♃	7 13
	☿⚼♅	7 13
	☿⚻♇	8 17
10	☿☌♄	9pm30
11	☿ ♌	0am 9
12 Su	♀⚻♅	1am46
	⊕⚼☿	2 10
	♀⚼♇	5 31
	☿⚻♅	9 19
	☿⚼♇	10 24
	☿☌♀	12pm23
13 M	☿☍♂	2pm51
	☿☍♆	7 56
14 T	⊕☌♇	3am 2
	♀ P	11 41
	☿⚹♃	11 47
15 W	☿△♇	5am 9
	⊕△☿	11 3
	♂☌♆	11 10
16 Th	☿⚺♄	11am18
	☿ ♍	1pm26
	♀☍♆	11 31
17 F	☿∠♃	12pm 8
	♀☍♂	10 15
18	☿☍♅	5am 3
19 Su	♀⚹♃	8am49
	☿∠♄	4pm 6
	☿⚻♆	10 40
20 M	☿⚻♂	4pm29
	☿⚺♃	8 28
	⊕⚻♄	11 47
21 T	⊕ ♑	6am39
	♀△♇	11 52
	☿□♇	3pm18
	☿⚺♀	5 28
	♂△♃	10 52
22	⊕∠♆	5am38
23 Th	☿⚹♄	5am51
	☿ ♎	6 59
	☿⚼♆	12pm32
	⊕□☿	10 19
25 S	☿⚼♂	1am40
	☿⚻♅	8 50
	♀⚺♄	2pm27
	♀ ♍	3 58
27 M	♂⚹♇	4am 7
	☿△♆	12pm43
28 T	♄ ♌	8am57
	☿∠♀	3pm25
	☿☌♃	7 52
29 W	♀∠♃	1am 6
	☿⚼♅	2pm21
	☿⚹♇	3 35
	⊕⚹♅	6 29
30 Th	☿△♂	5am19
	♀☍♅	3pm43

JULY 2005

DAY	☿ LONG	☿ LAT	♀ LONG	♀ LAT	⊕ LONG	♂ LONG	♂ LAT
	° '	° '	° '	° '	° '	° '	° '
1 F	27♎45	2N29	8♍40	3N22	9♑16	25♒41	1S50
2 S	0♏59	2 06	10 18	3 22	10 14	26 19	1 50
3 Su	4 09	1 44	11 55	3 23	11 11	26 57	1 50
4 M	7 16	1 22	13 32	3 23	12 08	27 35	1 50
5 Tu	10 20	0 59	15 10	3 24	13 05	28 13	1 50
6 W	13 20	0 37	16 47	3 24	14 02	28 51	1 50
7 Th	16 18	0 15	18 25	3 24	15 00	29 29	1 49
8 F	19 13	0S06	20 02	3 23	15 57	0♓07	1 49
9 S	22 07	0 27	21 39	3 23	16 54	0 45	1 49
10 Su	24 58	0 48	23 17	3 22	17 51	1 23	1 49
11 M	27 48	1 09	24 54	3 22	18 49	2 01	1 48
12 Tu	0♐37	1 29	26 31	3 21	19 46	2 39	1 48
13 W	3 24	1 49	28 08	3 20	20 43	3 17	1 48
14 Th	6 10	2 09	29 46	3 18	21 40	3 56	1 48
15 F	8 56	2 28	1♎23	3 17	22 37	4 34	1 47
16 S	11 41	2 47	3 00	3 16	23 35	5 12	1 47
17 Su	14 26	3 05	4 37	3 14	24 32	5 50	1 47
18 M	17 10	3 23	6 14	3 12	25 29	6 28	1 46
19 Tu	19 55	3 41	7 51	3 10	26 26	7 06	1 46
20 W	22 40	3 58	9 28	3 08	27 24	7 44	1 45
21 Th	25 26	4 14	11 05	3 06	28 21	8 22	1 45
22 F	28 12	4 30	12 42	3 03	29 18	9 00	1 45
23 S	0♑59	4 45	14 19	3 01	0♒15	9 39	1 44
24 Su	3 47	5 00	15 55	2 58	1 13	10 17	1 44
25 M	6 37	5 14	17 32	2 55	2 10	10 55	1 43
26 Tu	9 28	5 28	19 09	2 52	3 07	11 33	1 43
27 W	12 21	5 40	20 46	2 49	4 05	12 11	1 42
28 Th	15 16	5 52	22 22	2 46	5 02	12 49	1 42
29 F	18 13	6 04	23 59	2 42	5 59	13 27	1 42
30 S	21 13	6 14	25 35	2 39	6 57	14 05	1 41
31 Su	24♑15	6S24	27♎12	2N35	7♒54	14♓43	1S40

AUGUST 2005

DAY	☿ LONG	☿ LAT	♀ LONG	♀ LAT	⊕ LONG	♂ LONG	♂ LAT
	° '	° '	° '	° '	° '	° '	° '
1 M	27♑20	6S32	28♎48	2N31	8♒51	15♓21	1S40
2 Tu	0♒29	6 40	0♏25	2 27	9 49	15 59	1 39
3 W	3 41	6 47	2 01	2 23	10 46	16 37	1 39
4 Th	6 57	6 52	3 38	2 19	11 44	17 15	1 38
5 F	10 17	6 56	5 14	2 15	12 41	17 53	1 38
6 S	13 42	6 59	6 50	2 11	13 39	18 31	1 37
7 Su	17 11	7 00	8 26	2 06	14 36	19 09	1 37
8 M	20 46	7 00	10 03	2 02	15 34	19 47	1 36
9 Tu	24 26	6 58	11 39	1 57	16 31	20 25	1 35
10 W	28 12	6 54	13 15	1 52	17 29	21 03	1 35
11 Th	2♓04	6 49	14 51	1 48	18 26	21 41	1 34
12 F	6 03	6 41	16 27	1 43	19 24	22 18	1 33
13 S	10 09	6 31	18 03	1 38	20 22	22 56	1 33
14 Su	14 22	6 18	19 38	1 33	21 19	23 34	1 32
15 M	18 43	6 03	21 14	1 28	22 17	24 12	1 31
16 Tu	23 11	5 46	22 50	1 23	23 14	24 50	1 31
17 W	27 49	5 25	24 26	1 17	24 12	25 27	1 30
18 Th	2♈35	5 02	26 02	1 12	25 10	26 05	1 29
19 F	7 29	4 36	27 37	1 07	26 07	26 43	1 29
20 S	12 33	4 07	29 13	1 01	27 05	27 21	1 28
21 Su	17 46	3 35	0♐49	0 56	28 03	27 58	1 27
22 M	23 08	3 00	2 24	0 50	29 01	28 36	1 26
23 Tu	28 40	2 23	4 00	0 45	29 58	29 13	1 25
24 W	4♉19	1 43	5 35	0 39	0♓56	29 51	1 25
25 Th	10 07	1 01	7 10	0 34	1 54	0♈29	1 24
26 F	16 03	0 17	8 46	0 28	2 52	1 06	1 23
27 S	22 05	0N27	10 21	0 23	3 50	1 44	1 22
28 Su	28 14	1 12	11 57	0 17	4 48	2 21	1 22
29 M	4♊27	1 57	13 32	0 11	5 46	2 58	1 21
30 Tu	10 43	2 40	15 07	0 06	6 44	3 36	1 20
31 W	17♊02	3N22	16♐42	0N00	7♓42	4♈13	1S19

DAY	♃ LONG	♃ LAT	♄ LONG	♄ LAT	♅ LONG	♅ LAT	♆ LONG	♆ LAT	♇ LONG	♇ LAT
	° '	° '	° '	° '	° '	° '	° '	° '	° '	° '
4 M	20♎52.1	1N17	0♌12.5	0N17	8♓08.7	0S46	15♒59.1	0S08	23♐17.8	7N59
9 S	21 14.8	1 17	0 23.6	0 17	8 11.9	0 46	16 00.9	0 08	23 19.7	7 59
14 Th	21 37.4	1 17	0 34.6	0 18	8 15.1	0 46	16 02.7	0 08	23 21.5	7 58
19 Tu	22 00.1	1 17	0 45.7	0 18	8 18.3	0 46	16 04.5	0 08	23 23.3	7 58
24 Su	22 22.8	1 17	0 56.8	0 19	8 21.6	0 46	16 06.3	0 08	23 25.2	7 57
29 F	22 45.5	1 16	1 07.9	0 19	8 24.8	0 46	16 08.1	0 08	23 27.0	7 57
3 W	23 08.1	1 16	1 18.9	0 20	8 28.0	0 46	16 09.9	0 08	23 28.9	7 56
8 M	23 30.8	1 16	1 30.0	0 20	8 31.2	0 46	16 11.7	0 08	23 30.7	7 56
13 S	23 53.5	1 16	1 41.1	0 21	8 34.4	0 46	16 13.5	0 08	23 32.5	7 55
18 Th	24 16.2	1 16	1 52.1	0 21	8 37.7	0 46	16 15.3	0 08	23 34.4	7 55
23 Tu	24 38.9	1 16	2 03.2	0 22	8 40.9	0 46	16 17.1	0 08	23 36.2	7 54
28 Su	25 01.5	1 16	2 14.2	0 22	8 44.1	0 46	16 18.9	0 08	23 38.1	7 54

☿a.427290	☿p.440119
♀ .718945	♀ .722185
⊕a1.01669	⊕ 1.01500
♂p1.38330	♂ 1.38278
♃ 5.45508	♃ 5.45368
♄ 9.07937	♄ 9.08363
♅ 20.0669	♅ 20.0683
♆ 30.0621	♆ 30.0614
♇ 30.9703	♇ 30.9840
☊	Perihelia
☿ 18°♉ 24	☿ 17°♊ 32
♀ 16 ♊ 44	♀ 11 ♌ 49
⊕	⊕ 11 ♋ 11
♂ 19 ♉ 36	♂ 6 ♓ 14
♃ 10 ♋ 33	♃ 14 ♈ 48
♄ 23 ♋ 41	♄ 4 ♋ 18
♅ 13 ♊ 56	♅ 21 ♍ 40
♆ 11 ♌ 51	♆ 24 ♉ 36
♇ 20 ♋ 22	♇ 14 ♏ 13

1	☿ ♏	4pm38
F	☿□♄	5 33
	⊕△♀	9 34
4	☿△♅	6am52
M	☿∠♇	8 3
5	♀∠♄	1am13
T	⊕ A	4 58
	⊕∠♂	9 30
	♀⚻♆	12pm15
6	⊕✶☿	8am22
W	☿□♆	9pm35
7	☿0S	5pm10
Th	♂ ♓	7 36
8	⊕⚺♆	1am32
F	♂⚻♄	9 37
	☿✶♀	3pm15
	☿⚺♃	4 34
	♀⚺♃	5 39
9	☿⚺♇	10am11
10	♀□♇	0am50
11	☿ ♐	6pm45
M	☿△♄	11 3
12	☿□♂	10pm46
13	⊕□♃	10pm44
14	♀ ♎	3am34
Th	☿∠♃	4 2
	⊕∠☿	6 36
	♀✶♄	12pm25
	☿□♅	6 8
	♀⚼♆	7 8
15	⊕∠♅	4pm15
F	⊕⚺♇	6 45
17	☿⚼♄	11am 9
Su	☿✶♆	2pm18
	♂ P	3 41
18	☿ A	1am36
M	♀⚻♂	5 43
	♂⚼♃	7pm44
19	♀⚻♅	6am49
T	☿✶♃	6pm41
20	☿☌♇	6am19
W	♂☌♅	10pm17
22	⊕⚺☿	2pm28
F	☿ ♑	3 32
	⊕ ♒	5 33
	☿⚻♄	11 20
23	☿∠♆	0am59
S	⊕☍♄	5pm 5
24	♀△♆	2am42
25	☿✶♅	2pm51
26	☿✶♂	10pm13
28	♀☌♃	4am51
Th	☿⚺♆	7 5
	♀⚼♅	3pm27
	♀✶♇	4 3
30	☿□♃	1pm12
S	☿∠♅	5 35
	☿⚺♇	5 49
31	⊕⚺♅	1pm33
Su	⊕∠♇	2 13

1	♀ ♏	5pm48
M	☿ ♒	8 22
	☿□♀	11 0
2	☿∠♂	4am46
T	☿☍♄	6 6
	♂⚺♆	6 39
	♂⚼♄	11 48
	♀□♄	1pm12
	♀⚼♂	2 4
4	☿⚺♅	11am 5
Th	☿∠♇	11 9
5	⊕☌☿	11pm30
6	☿☌♆	5pm11
7	♀∠♇	1am 0
Su	♀△♅	1 3
	☿⚺♂	4pm 5
	♃✶♇	11 28
8	♃⚼♅	2am32
M	⊕☌♆	3pm57
	☿✶♇	6 4
	☿△♃	6 26
10	☿ ♓	11am16
W	☿⚻♄	9pm10
11	♀□♆	8pm36
12	☿☌♅	2pm52
F	☿⚼♃	4 36
13	♂□♇	11pm13
14	☿⚺♆	10am25
Su	☿⚼♄	1pm13
	♂⚻♃	5 14
15	☿△♀	9pm 6
16	⊕⚺☿	0am20
T	☿□♇	1 57
	☿⚻♃	4 57
	⊕✶♇	8 4
	☿☌♂	9 57
	♀⚺♇	10 57
	⊕□♀	3pm17
	♀⚺♃	8 15
	⊕△♃	11 48
17	☿ ♈	11am 7
W	☿∠♆	5pm24
	☿△♄	8 27
18	♀△♂	1am29
19	☿⚺♅	5am31
F	⊕∠☿	9pm18
20	☿⚼♀	11am 7
S	♀ ♐	11 49
	☿✶♆	5pm10
	⊕⚺♂	6 23
21	♀△♄	6pm 4
22	☿△♇	2am 1
M	☿∠♅	2 20
	☿☍♃	6 22
23	⊕ ♓	0am38
T	☿⚺♂	2 44
	☿ ♉	5 44
	⊕✶☿	6 48
	☿□♄	2pm33
24	♂ ♈	5am45
W	☿⚻♀	7 17
	☿⚼♇	5pm49
	☿✶♅	6 10
25	⊕⚻♄	5am48
Th	♀□♅	11pm13
26	☿∠♂	0am14
F	☿□♆	1 2
	♂∠♆	7 51
	☿0N	9 23
	♀∠♃	5pm35
27	☿⚻♇	6am 3
S	☿⚻♃	11 22
	♂△♄	7pm24
28	☿ ♊	6am52
Su	☿✶♄	3pm36
	☿✶♂	5 42
29	⊕□☿	5am58
M	☿□♅	4pm29
	☿⚼♃	9 53
30	♀✶♆	6pm20
T	☿△♆	9 20
	☿☍♀	10 20
31	♀0S	0am22
W	☿∠♄	1 11
	☿ P	1 12
	♀⚼♄	9 55

SEPTEMBER 2005

DAY	☿ LONG	☿ LAT	♀ LONG	♀ LAT	⊕ LONG	♂ LONG	♂ LAT
	° '	° '	° '	° '	° '	° '	° '
1 Th	23♊21	4N02	18♐18	0S06	8♓40	4♈50	1S18
2 F	29 40	4 38	19 53	0 11	9 38	5 28	1 17
3 S	5♋56	5 11	21 28	0 17	10 36	6 05	1 16
4 Su	12 08	5 39	23 03	0 22	11 34	6 42	1 16
5 M	18 15	6 04	24 38	0 28	12 32	7 19	1 15
6 Tu	24 16	6 24	26 13	0 34	13 31	7 57	1 14
7 W	0♌09	6 39	27 48	0 39	14 29	8 34	1 13
8 Th	5 54	6 50	29 23	0 45	15 27	9 11	1 12
9 F	11 30	6 57	0♑58	0 50	16 25	9 48	1 11
10 S	16 57	7 00	2 33	0 56	17 24	10 25	1 10
11 Su	22 14	6 59	4 08	1 01	18 22	11 02	1 09
12 M	27 22	6 55	5 43	1 06	19 20	11 39	1 08
13 Tu	2♍19	6 48	7 18	1 12	20 19	12 15	1 07
14 W	7 08	6 38	8 53	1 17	21 17	12 52	1 06
15 Th	11 47	6 26	10 28	1 22	22 16	13 29	1 05
16 F	16 17	6 12	12 03	1 27	23 14	14 06	1 04
17 S	20 39	5 56	13 38	1 32	24 13	14 43	1 03
18 Su	24 52	5 39	15 13	1 37	25 11	15 19	1 03
19 M	28 58	5 20	16 48	1 42	26 10	15 56	1 02
20 Tu	2♎56	5 00	18 23	1 47	27 08	16 32	1 01
21 W	6 47	4 40	19 57	1 52	28 07	17 09	1 00
22 Th	10 32	4 19	21 32	1 56	29 06	17 45	0 59
23 F	14 10	3 57	23 07	2 01	0♈04	18 22	0 58
24 S	17 43	3 35	24 42	2 05	1 03	18 58	0 57
25 Su	21 11	3 13	26 17	2 10	2 02	19 35	0 56
26 M	24 33	2 51	27 52	2 14	3 01	20 11	0 55
27 Tu	27 51	2 28	29 27	2 18	3 59	20 47	0 54
28 W	1♏05	2 06	1♒01	2 22	4 58	21 23	0 52
29 Th	4 15	1 43	2 36	2 26	5 57	22 00	0 51
30 F	7♏22	1N21	4♒11	2S30	6♈56	22♈36	0S50

OCTOBER 2005

DAY	☿ LONG	☿ LAT	♀ LONG	♀ LAT	⊕ LONG	♂ LONG	♂ LAT
	° '	° '	° '	° '	° '	° '	° '
1 S	10♏25	0N59	5♒46	2S34	7♈55	23♈12	0S49
2 Su	13 26	0 37	7 21	2 38	8 54	23 48	0 48
3 M	16 24	0 15	8 56	2 41	9 53	24 24	0 47
4 Tu	19 19	0S07	10 31	2 44	10 52	25 00	0 46
5 W	22 12	0 28	12 06	2 48	11 51	25 36	0 45
6 Th	25 04	0 49	13 40	2 51	12 51	26 11	0 44
7 F	27 54	1 10	15 15	2 54	13 50	26 47	0 43
8 S	0♐42	1 30	16 50	2 57	14 49	27 23	0 42
9 Su	3 29	1 50	18 25	2 59	15 48	27 59	0 41
10 M	6 16	2 10	20 00	3 02	16 48	28 34	0 40
11 Tu	9 01	2 29	21 35	3 04	17 47	29 10	0 39
12 W	11 46	2 47	23 10	3 07	18 46	29 45	0 38
13 Th	14 31	3 06	24 45	3 09	19 46	0♉21	0 37
14 F	17 16	3 24	26 20	3 11	20 45	0 56	0 36
15 S	20 00	3 41	27 55	3 13	21 44	1 31	0 34
16 Su	22 46	3 58	29 30	3 15	22 44	2 07	0 33
17 M	25 31	4 14	1♓05	3 16	23 43	2 42	0 32
18 Tu	28 17	4 30	2 40	3 18	24 43	3 17	0 31
19 W	1♑04	4 46	4 15	3 19	25 43	3 52	0 30
20 Th	3 53	5 00	5 50	3 20	26 42	4 27	0 29
21 F	6 42	5 15	7 25	3 21	27 42	5 02	0 28
22 S	9 34	5 28	9 01	3 22	28 41	5 37	0 27
23 Su	12 26	5 41	10 36	3 23	29 41	6 12	0 26
24 M	15 21	5 53	12 11	3 23	0♉41	6 47	0 25
25 Tu	18 19	6 04	13 46	3 23	1 41	7 22	0 24
26 W	21 18	6 15	15 21	3 24	2 40	7 57	0 22
27 Th	24 21	6 24	16 57	3 24	3 40	8 32	0 21
28 F	27 26	6 33	18 32	3 24	4 40	9 06	0 20
29 S	0♒35	6 40	20 07	3 23	5 40	9 41	0 19
30 Su	3 47	6 47	21 42	3 23	6 40	10 15	0 18
31 M	7♒03	6S52	23♓18	3S22	7♉40	10♉50	0S17

DAY	♃ LONG	♃ LAT	♄ LONG	♄ LAT	♅ LONG	♅ LAT	♆ LONG	♆ LAT	♇ LONG	♇ LAT
	° '	° '	° '	° '	° '	° '	° '	° '	° '	° '
2 F	25♎24.2	1N16	2♌25.3	0N23	8♓47.3	0S46	16♒20.7	0S08	23♐39.9	7N53
7 W	25 46.9	1 15	2 36.3	0 23	8 50.5	0 46	16 22.5	0 08	23 41.7	7 53
12 M	26 09.6	1 15	2 47.4	0 24	8 53.8	0 46	16 24.3	0 08	23 43.6	7 52
17 S	26 32.3	1 15	2 58.5	0 24	8 57.0	0 46	16 26.1	0 09	23 45.4	7 52
22 Th	26 55.0	1 15	3 09.5	0 25	9 00.2	0 46	16 27.9	0 09	23 47.2	7 51
27 Tu	27 17.7	1 15	3 20.5	0 25	9 03.4	0 46	16 29.7	0 09	23 49.1	7 51
2 Su	27 40.4	1 15	3 31.6	0 26	9 06.6	0 46	16 31.5	0 09	23 50.9	7 50
7 F	28 03.1	1 15	3 42.6	0 26	9 09.8	0 46	16 33.3	0 09	23 52.7	7 50
12 W	28 25.8	1 14	3 53.7	0 26	9 13.1	0 46	16 35.1	0 09	23 54.6	7 49
17 M	28 48.5	1 14	4 04.7	0 27	9 16.3	0 46	16 36.9	0 09	23 56.4	7 49
22 S	29 11.3	1 14	4 15.7	0 27	9 19.5	0 46	16 38.7	0 09	23 58.3	7 48
27 Th	29 34.0	1 14	4 26.8	0 28	9 22.7	0 46	16 40.6	0 09	24 00.1	7 48

☿ .307789	☿a .443370
♀ .726222	♀a .728206
⊕ 1.00924	⊕ 1.00121
♂ 1.39584	♂ 1.41980
♃ 5.45181	♃ 5.44957
♄ 9.08806	♄ 9.09251
♅ 20.0696	♅ 20.0709
♆ 30.0607	♆ 30.0601
♇ 30.9977	♇ 31.0111
☊	Perihelia
☿ 18°♉ 24	☿ 17°♊ 33
♀ 16 ♊ 44	♀ 11 ♌ 46
⊕	⊕ 10 ♋ 14
♂ 19 ♉ 36	♂ 6 ♓ 15
♃ 10 ♋ 33	♃ 14 ♈ 49
♄ 23 ♋ 41	♄ 4 ♋ 15
♅ 13 ♊ 57	♅ 21 ♍ 48
♆ 11 ♌ 51	♆ 22 ♉ 00
♇ 20 ♋ 22	♇ 14 ♏ 17

1 Th	☿☍♇	1am 9
	⊕☌♅	2 49
	☿△♃	7 35
2 F	☿ ♋	1am17
	☿⚼♆	6 25
	☿⚺♄	10 36
	⊕⚼♃	8pm42
3 S	☿□♂	0am39
	☿△♅	11 5
	⊕△☿	9pm24
4 Su	♀☌♇	9am31
	☿⚻♆	4pm33
5 M	♀⚹♃	3pm48
	☿⚻♇	9 42
	☿⚼♅	10 16
6 T	☿□♃	5am56
	☿⚻♀	10 51
	⊕⚼☿	8pm43
	☿ ♌	11 24
7 W	☿☌♄	10am16
	♂⚺♅	11 7
8 Th	♀ ♑	9am15
	☿⚼♇	11 57
	☿⚻♅	12pm37
	☿△♂	3 44
	⊕⚺♆	11 6
9 F	♀∠♆	6am18
	☿☍♆	9pm32
10 S	⊕⚻☿	2am28
	♀⚻♄	2 29
	☿⚼♀	3 54
	⊕⚼♄	8 14
11 Su	☿△♇	6am54
	☿⚹♃	6pm14
	☿⚼♂	8 8
12	☿ ♍	12pm40
13	☿⚺♄	2am30
14 W	♀⚹♅	0am28
	☿☍♅	9 9
	☿△♀	1pm35
	☿∠♃	9 53
15	☿⚻♂	10am23
16 F	☿⚻♆	0am46
	☿∠♄	9 4
	⊕□♇	12pm46
17	☿□♇	5pm38
18 Su	⊕☍☿	2am24
	♀□♂	2 39
	☿⚺♃	10 20
	♀⚺♆	6pm42
19 M	☿ ♎	6am13
	⊕⚻♃	2pm 5
	☿⚼♆	2 59
	♂⚹♆	8 32
20	☿⚹♄	0am58
21	☿⚻♅	2pm 8
22	⊕ ♈	10pm16
23 F	♀⚺♇	10am17
	♀∠♅	1pm40
	☿△♆	3 32
24 S	☿☍♂	10am29
	⊕∠♆	10 33
25 Su	♀□♃	1pm45
	☿⚹♇	6 41
	☿⚼♅	8 21
26	⊕△♄	7am32
M	☿☌♃	7pm48
27 T	♀ ♒	8am27
	☿ ♏	3pm52
	☿□♀	11 3
28	☿□♄	5pm31
29 Th	♀☍♄	12pm37
	⊕⚻☿	7 6
30 F	☿∠♇	11am31
	☿△♅	1pm32
2	♂△♇	2am 5
Su	⊕⚺♅	5 7
	♂∠♅	12pm47
	♀∠♇	10 52
3 M	☿□♆	1am 8
	♀⚺♅	2 56
	☿0S	4pm25
4 T	⊕⚹♀	2pm34
	♀ A	6 47
5	☿⚺♇	1pm57
6	☿⚻♂	12pm 4
7 F	☿⚺♃	1am23
	⊕⚼☿	12pm19
	☿ ♐	5 59
	♀☌♆	7 48
9 Su	☿△♄	2am35
	♂☍♃	10 32
	⊕⚹♆	6pm38
11	☿□♅	1am38
12 W	♂ ♉	9am59
	♀⚹♇	11 18
	☿∠♃	2pm54
13 Th	☿⚼♂	9am13
	☿⚹♆	6pm10
14 F	☿ A	0am51
	☿⚼♄	3pm 7
15 S	♀△♃	11am46
	⊕△☿	11pm38
16 Su	♀ ♓	7am33
	☿☌♇	10 16
17 M	⊕△♇	5am16
	⊕∠♅	1pm24
18 T	☿⚹♃	5am18
	☿ ♑	2pm46
	♀⚹♂	2 49
	♀⚻♄	10 25
19 W	☿∠♆	4am46
	♂□♄	12pm14
20 Th	☿⚻♄	2am41
	☿△♂	6 13
21 F	☿⚹♀	1pm41
	☿⚹♅	10 2
22	♀☌♅	4am48
S	⊕☍♃	12pm59
23	⊕ ♉	7am35
24	☿⚺♆	10am38
25	♀⚼♃	10am16
26 W	♀⚺♆	7pm57
	☿⚺♇	9 18
27 Th	☿∠♅	0am16
	⊕□♄	7pm20
	♂⚼♇	8 1
28 F	♂⚹♅	12pm10
	♀⚼♄	2 44
	☿□♃	5 18
	☿ ♒	7 36
29	⊕∠♀	10pm26
30	☿☍♄	5am46
31 M	⊕□☿	6am22
	♀□♇	11 5
	☿∠♇	2pm16
	☿∠♀	5 8
	☿⚺♅	5 8

NOVEMBER 2005

DAY	☿ LONG	☿ LAT	♀ LONG	♀ LAT	⊕ LONG	♂ LONG	♂ LAT
	° '	° '	° '	° '	° '	° '	° '
1 Tu	10♒24	6S56	24♓53	3S22	8♉40	11♉24	0S16
2 W	13 48	6 59	26 28	3 21	9 40	11 59	0 15
3 Th	17 18	7 00	28 04	3 20	10 40	12 33	0 14
4 F	20 53	7 00	29 39	3 19	11 40	13 07	0 13
5 S	24 33	6 58	1♈15	3 17	12 41	13 41	0 11
6 Su	28 19	6 54	2 50	3 16	13 41	14 15	0 10
7 M	2♓11	6 48	4 26	3 14	14 41	14 50	0 09
8 Tu	6 10	6 40	6 01	3 12	15 41	15 24	0 08
9 W	10 16	6 30	7 37	3 10	16 41	15 58	0 07
10 Th	14 30	6 18	9 12	3 08	17 42	16 31	0 06
11 F	18 51	6 03	10 48	3 06	18 42	17 05	0 05
12 S	23 20	5 45	12 23	3 04	19 42	17 39	0 04
13 Su	27 58	5 25	13 59	3 01	20 43	18 13	0 03
14 M	2♈44	5 01	15 35	2 58	21 43	18 47	0 02
15 Tu	7 39	4 35	17 10	2 56	22 43	19 20	0 01
16 W	12 43	4 06	18 46	2 53	23 44	19 54	0N01
17 Th	17 56	3 34	20 22	2 50	24 44	20 27	0 02
18 F	23 19	2 59	21 57	2 46	25 45	21 01	0 03
19 S	28 50	2 21	23 33	2 43	26 45	21 34	0 04
20 Su	4♉30	1 41	25 09	2 40	27 46	22 07	0 05
21 M	10 18	0 59	26 45	2 36	28 46	22 41	0 06
22 Tu	16 14	0 16	28 21	2 32	29 47	23 14	0 07
23 W	22 17	0N29	29 56	2 29	0♊48	23 47	0 08
24 Th	28 25	1 14	1♉32	2 25	1 48	24 20	0 09
25 F	4♊39	1 58	3 08	2 21	2 49	24 53	0 10
26 S	10 55	2 42	4 44	2 16	3 50	25 26	0 11
27 Su	17 14	3 23	6 20	2 12	4 50	25 59	0 12
28 M	23 33	4 03	7 56	2 08	5 51	26 32	0 13
29 Tu	29 52	4 39	9 32	2 03	6 52	27 05	0 14
30 W	6♋08	5N12	11♉08	1S59	7♊53	27♉38	0N16

DECEMBER 2005

DAY	☿ LONG	☿ LAT	♀ LONG	♀ LAT	⊕ LONG	♂ LONG	♂ LAT
	° '	° '	° '	° '	° '	° '	° '
1 Th	12♋20	5N40	12♉44	1S54	8♊54	28♉10	0N17
2 F	18 26	6 05	14 20	1 49	9 54	28 43	0 18
3 S	24 27	6 24	15 57	1 44	10 55	29 16	0 19
4 Su	0♌20	6 40	17 33	1 39	11 56	29 48	0 20
5 M	6 04	6 51	19 09	1 34	12 57	0♊21	0 21
6 Tu	11 40	6 57	20 45	1 29	13 58	0 53	0 22
7 W	17 07	7 00	22 21	1 24	14 59	1 26	0 23
8 Th	22 24	6 59	23 58	1 19	16 00	1 58	0 24
9 F	27 31	6 55	25 34	1 14	17 01	2 30	0 25
10 S	2♍29	6 48	27 10	1 08	18 02	3 02	0 26
11 Su	7 17	6 38	28 47	1 03	19 03	3 34	0 27
12 M	11 56	6 26	0♊23	0 57	20 04	4 07	0 28
13 Tu	16 26	6 11	2 00	0 52	21 05	4 39	0 29
14 W	20 47	5 55	3 36	0 46	22 06	5 11	0 30
15 Th	25 00	5 38	5 12	0 41	23 07	5 42	0 31
16 F	29 05	5 19	6 49	0 35	24 08	6 14	0 32
17 S	3♎03	5 00	8 26	0 29	25 09	6 46	0 33
18 Su	6 54	4 39	10 02	0 24	26 10	7 18	0 34
19 M	10 39	4 18	11 39	0 18	27 11	7 50	0 35
20 Tu	14 17	3 57	13 15	0 12	28 12	8 21	0 36
21 W	17 50	3 35	14 52	0 07	29 13	8 53	0 37
22 Th	21 17	3 12	16 29	0 01	0♋14	9 24	0 38
23 F	24 40	2 50	18 05	0N05	1 15	9 56	0 39
24 S	27 58	2 27	19 42	0 11	2 16	10 27	0 40
25 Su	1♏11	2 05	21 19	0 16	3 17	10 59	0 40
26 M	4 21	1 42	22 56	0 22	4 19	11 30	0 41
27 Tu	7 28	1 20	24 33	0 28	5 20	12 01	0 42
28 W	10 31	0 58	26 10	0 33	6 21	12 33	0 43
29 Th	13 31	0 36	27 46	0 39	7 22	13 04	0 44
30 F	16 29	0 14	29 23	0 45	8 23	13 35	0 45
31 S	19♏25	0S07	1♋00	0N50	9♋24	14♊06	0N46

DAY	♃ LONG	♃ LAT	♄ LONG	♄ LAT	♅ LONG	♅ LAT	♆ LONG	♆ LAT	♇ LONG	♇ LAT
	° '	° '	° '	° '	° '	° '	° '	° '	° '	° '
1 Tu	29♎56.7	1N14	4♌37.8	0N28	9♓25.9	0S46	16♒42.3	0S09	24♐01.9	7N47
6 Su	0♏19.4	1 14	4 48.8	0 29	9 29.2	0 46	16 44.2	0 09	24 03.8	7 47
11 F	0 42.2	1 13	4 59.9	0 29	9 32.4	0 46	16 46.0	0 09	24 05.6	7 47
16 W	1 04.9	1 13	5 10.9	0 30	9 35.6	0 46	16 47.8	0 09	24 07.4	7 46
21 M	1 27.7	1 13	5 21.9	0 30	9 38.8	0 46	16 49.6	0 09	24 09.3	7 46
26 S	1 50.4	1 13	5 33.0	0 31	9 42.0	0 46	16 51.4	0 09	24 11.1	7 45
1 Th	2 13.2	1 13	5 44.0	0 31	9 45.3	0 46	16 53.2	0 09	24 12.9	7 45
6 Tu	2 36.0	1 12	5 55.0	0 32	9 48.5	0 46	16 55.0	0 09	24 14.8	7 44
11 Su	2 58.7	1 12	6 06.0	0 32	9 51.7	0 46	16 56.8	0 09	24 16.6	7 44
16 F	3 21.5	1 12	6 17.1	0 33	9 54.9	0 46	16 58.6	0 09	24 18.5	7 43
21 W	3 44.3	1 12	6 28.1	0 33	9 58.2	0 46	17 00.4	0 10	24 20.3	7 43
26 M	4 07.0	1 12	6 39.1	0 33	10 01.4	0 46	17 02.2	0 10	24 22.1	7 42
31 S	4 29.8	1 11	6 50.1	0 34	10 04.6	0 46	17 04.1	0 10	24 24.0	7 42

☿p.423214	☿ .312489
♀ .726895	♀ .723217
⊕ .992553	⊕ .986111
♂ 1.45333	♂ 1.49085
♃ 5.44681	♃ 5.44370
♄ 9.09726	♄ 9.10202
♅ 20.0722	♅ 20.0734
♆ 30.0594	♆ 30.0588
♇ 31.0249	♇ 31.0384
☊	Perihelia
☿ 18°♉ 24	☿ 17°♊ 33
♀ 16 ♊ 44	♀ 11 ♌ 36
⊕	⊕ 13 ♋ 07
♂ 19 ♉ 36	♂ 6 ♓ 14
♃ 10 ♋ 34	♃ 14 ♈ 49
♄ 23 ♋ 42	♄ 4 ♋ 13
♅ 13 ♊ 57	♅ 21 ♍ 56
♆ 11 ♌ 51	♆ 19 ♉ 49
♇ 20 ♋ 23	♇ 14 ♏ 20

Day	Aspect	Time
1 T	☿□♂	8am37
	⊕⚼♇	8 46
	♃ ♏	5pm23
	⊕✶♅	6 30
2 W	♀∠♂	11am51
	☿☌♆	8pm 2
4 F	♀ ♈	5am14
	♀⚻♃	8 14
	☿✶♇	8pm49
5	♀∠♆	7am22
6 Su	☿ ♓	10am30
	☿△♃	12pm46
7 M	♀△♄	6am34
	⊕☌♂	7 51
	☿⚻♄	4pm15
	☿⚺♀	10 27
8	☿☌♅	7pm37
9	⊕□♆	1am31
10 Th	♀⚺♅	4am58
	☿⚼♃	6 25
	♂□♆	10 9
	☿⚺♆	12pm35
	☿✶♂	12 57
	⊕✶☿	10 57
11	☿⚼♄	6am16
12	☿□♇	4am 2
13 Su	☿ ♈	10am21
	☿⚻♃	2pm53
	☿∠♆	7 18
14 M	☿∠♂	5am50
	☿△♄	11 47
	♀✶♆	6pm16
15 T	⊕∠☿	0am28
	☿⚺♅	9 16
	♂0N	11 20
16 W	⊕⚻♇	9am24
	☿✶♆	6pm50
17 Th	♀⚺♂	2am10
	☿⚺♂	12pm38
	☿☌♀	3 30
18 F	☿△♇	3am38
	☿∠♅	5 44
	⊕⚺☿	1pm 3
19 S	☿ ♉	4am59
	♀△♇	8 55
	☿☍♃	10 42
	♀∠♅	4pm15
20 Su	☿□♄	3am29
	☿⚼♇	7pm17
	☿✶♅	9 18
22 T	☿□♆	2am23
	⊕ ♊	5 8
	☿0N	8 38
23 W	♀ ♉	0am54
	☿☌♂	6 30
	☿⚻♇	7 25
	♂⚻♇	4pm47
	⊕⚻♃	9 1
24 Th	♀☍♃	2am22
	☿ ♊	6 7
	⊕⚺♀	10 54
	☿⚻♃	12pm47
	⊕☌☿	3 37
	☿⚺♀	4 13
25 F	☿✶♄	3am21
	☿□♅	7pm20
26 S	♀□♄	12pm29
	☿△♆	10 35
	☿⚼♃	10 47
27 Su	☿ P	0am27
	☿∠♄	12pm48
	⊕✶♄	6 21
	☿∠♀	8 51
28 M	☿☍♇	2am26
	☿⚺♂	12pm24
	♀⚼♇	6 59
29 T	☿ ♋	0am31
	♀✶♅	2 58
	☿⚼♆	7 42
	☿△♃	8 32
	☿⚺♄	10pm20
30 W	⊕⚺☿	8am 4
	☿△♅	1pm59
1 Th	☿✶♀	2am10
	☿∠♂	3 37
	☿⚻♆	5pm53
	⊕□♅	8 36
2	☿⚻♇	11pm 7
3 S	☿⚼♅	1am20
	⊕∠☿	7 12
	♀□♆	2pm22
	☿✶♂	9 37
	☿ ♌	10 39
4 Su	♂ ♊	8am42
	☿□♃	8 54
	☿☌♄	11pm11
5 M	☿⚼♇	1pm31
	☿⚻♅	3 55
6 T	⊕✶☿	12pm20
	☿☍♆	11 9
8 Th	♀⚻♇	4am28
	☿△♇	8 39
	☿□♀	10 33
	⊕△♆	10pm 8
9 F	☿ ♍	11am55
	♂⚻♃	4pm56
	⊕⚼♃	8 46
10 S	☿✶♃	2am 7
	☿□♂	3 6
	☿⚺♄	5pm59
11 Su	☿☍♅	1pm16
	♀ ♊	6 15
13 T	⊕∠♄	2am21
	☿⚻♆	2 54
	☿∠♃	9 28
	♀⚻♃	5pm50
14 W	☿∠♄	2am26
	⊕□☿	9 43
	☿□♇	7pm58
15 Th	♀☌♂	11am 9
	♀✶♄	3pm53
16 F	♂✶♄	2am11
	⊕☍♇	4 15
	☿ ♎	5 28
	☿⚼♆	5pm27
17 S	☿⚺♃	2am24
	☿✶♄	8pm32
	♀□♅	10 32
18 Su	☿△♂	2am55
	☿⚻♅	7pm29
19	☿△♀	11am42
20	☿△♆	6pm23
21	⊕ ♋	6pm28
22 Th	♀0N	3am49
	♀△♆	8 0
	☿✶♇	9pm46
23 F	☿⚼♂	2am20
	☿⚼♅	2 24
	♂□♅	2 44
	♀⚼♃	12pm29
	⊕⚼♆	6 9
24	☿ ♏	3pm 6
25 Su	♀∠♄	4am33
	⊕△♃	7pm 7
	☿☌♃	10 8
	⊕△☿	11 28
26 M	☿□♄	5pm54
	♀☍♇	9 29
27 T	☿∠♇	3pm 0
	☿△♅	8 14
28 W	⊕⚺♄	9am13
	☿⚼♀	10 56
	☿⚻♂	7pm31
30 F	☿□♆	4am42
	♀ ♋	9 4
	☿0S	3pm41
31 S	♀⚼♆	3pm50
	⊕△♅	3 57

JANUARY 2006

DAY	☿ LONG	☿ LAT	♀ LONG	♀ LAT	⊕ LONG	♂ LONG	♂ LAT
	° '	° '	° '	° '	° '	° '	° '
1 Su	22♏18	0S29	2♋37	0N56	10♋26	14♊37	0N47
2 M	25 09	0 50	4 14	1 01	11 27	15 08	0 48
3 Tu	27 59	1 10	5 51	1 07	12 28	15 39	0 49
4 W	0♐47	1 31	7 28	1 12	13 29	16 10	0 50
5 Th	3 35	1 51	9 06	1 18	14 30	16 41	0 51
6 F	6 21	2 10	10 43	1 23	15 31	17 11	0 51
7 S	9 07	2 29	12 20	1 28	16 33	17 42	0 52
8 Su	11 52	2 48	13 57	1 33	17 34	18 13	0 53
9 M	14 36	3 06	15 34	1 38	18 35	18 43	0 54
10 Tu	17 21	3 24	17 11	1 43	19 36	19 14	0 55
11 W	20 06	3 42	18 49	1 48	20 37	19 44	0 56
12 Th	22 51	3 59	20 26	1 53	21 38	20 15	0 57
13 F	25 36	4 15	22 03	1 58	22 39	20 45	0 57
14 S	28 23	4 31	23 41	2 03	23 40	21 16	0 58
15 Su	1♑10	4 46	25 18	2 07	24 42	21 46	0 59
16 M	3 58	5 01	26 55	2 12	25 43	22 16	1 00
17 Tu	6 48	5 15	28 33	2 16	26 44	22 46	1 01
18 W	9 39	5 28	0♌10	2 20	27 45	23 16	1 02
19 Th	12 32	5 41	1 48	2 24	28 46	23 47	1 02
20 F	15 27	5 53	3 25	2 28	29 47	24 17	1 03
21 S	18 24	6 04	5 02	2 32	0♌48	24 47	1 04
22 Su	21 24	6 15	6 40	2 36	1 49	25 17	1 05
23 M	24 27	6 24	8 17	2 40	2 50	25 46	1 06
24 Tu	27 32	6 33	9 55	2 43	3 51	26 16	1 06
25 W	0♒41	6 41	11 32	2 47	4 52	26 46	1 07
26 Th	3 53	6 47	13 10	2 50	5 53	27 16	1 08
27 F	7 10	6 52	14 47	2 53	6 54	27 46	1 09
28 S	10 30	6 56	16 25	2 56	7 55	28 15	1 09
29 Su	13 55	6 59	18 02	2 59	8 56	28 45	1 10
30 M	17 25	7 00	19 40	3 01	9 57	29 15	1 11
31 Tu	21♒00	7S00	21♌17	3N04	10♌58	29♊44	1N12

FEBRUARY 2006

DAY	☿ LONG	☿ LAT	♀ LONG	♀ LAT	⊕ LONG	♂ LONG	♂ LAT
	° '	° '	° '	° '	° '	° '	° '
1 W	24♒40	6S58	22♌55	3N06	11♌59	0♋14	1N12
2 Th	28 26	6 54	24 32	3 09	13 00	0 43	1 13
3 F	2♓19	6 48	26 10	3 11	14 01	1 13	1 14
4 S	6 18	6 40	27 48	3 13	15 02	1 42	1 14
5 Su	10 24	6 30	29 25	3 14	16 03	2 11	1 15
6 M	14 38	6 17	1♍03	3 16	17 03	2 41	1 16
7 Tu	18 59	6 02	2 40	3 18	18 04	3 10	1 16
8 W	23 29	5 45	4 18	3 19	19 05	3 39	1 17
9 Th	28 07	5 24	5 55	3 20	20 06	4 08	1 18
10 F	2♈53	5 01	7 33	3 21	21 06	4 37	1 19
11 S	7 48	4 34	9 10	3 22	22 07	5 06	1 19
12 Su	12 53	4 05	10 47	3 23	23 08	5 35	1 20
13 M	18 06	3 33	12 25	3 23	24 08	6 04	1 20
14 Tu	23 29	2 58	14 02	3 23	25 09	6 33	1 21
15 W	29 01	2 20	15 40	3 24	26 10	7 02	1 22
16 Th	4♉41	1 40	17 17	3 24	27 10	7 31	1 22
17 F	10 29	0 58	18 54	3 24	28 11	8 00	1 23
18 S	16 25	0 15	20 32	3 23	29 11	8 29	1 24
19 Su	22 28	0N30	22 09	3 23	0♍12	8 57	1 24
20 M	28 37	1 15	23 46	3 22	1 12	9 26	1 25
21 Tu	4♊50	1 59	25 24	3 21	2 13	9 55	1 25
22 W	11 07	2 43	27 01	3 20	3 13	10 23	1 26
23 Th	17 26	3 25	28 38	3 19	4 14	10 52	1 27
24 F	23 45	4 04	0♎15	3 18	5 14	11 21	1 27
25 S	0♋04	4 40	1 52	3 17	6 14	11 49	1 28
26 Su	6 19	5 13	3 29	3 15	7 15	12 18	1 28
27 M	12 31	5 41	5 06	3 13	8 15	12 46	1 29
28 Tu	18♋38	6N05	6♎43	3N11	9♍15	13♋14	1N29

DAY	♃ LONG	♃ LAT	♄ LONG	♄ LAT	♅ LONG	♅ LAT	♆ LONG	♆ LAT	♇ LONG	♇ LAT
	° '	° '	° '	° '	° '	° '	° '	° '	° '	° '
5 Th	4♏52.6	1N11	7♌01.1	0N34	10♓07.8	0S46	17♒05.9	0S10	24♐25.8	7N41
10 Tu	5 15.4	1 11	7 12.1	0 35	10 11.1	0 46	17 07.7	0 10	24 27.6	7 41
15 Su	5 38.2	1 11	7 23.2	0 35	10 14.3	0 46	17 09.5	0 10	24 29.5	7 40
20 F	6 01.0	1 11	7 34.2	0 36	10 17.5	0 46	17 11.3	0 10	24 31.3	7 40
25 W	6 23.9	1 10	7 45.2	0 36	10 20.7	0 46	17 13.1	0 10	24 33.1	7 39
30 M	6 46.7	1 10	7 56.2	0 37	10 24.0	0 46	17 14.9	0 10	24 35.0	7 39
4 S	7 09.5	1 10	8 07.2	0 37	10 27.2	0 46	17 16.7	0 10	24 36.8	7 38
9 Th	7 32.3	1 10	8 18.2	0 38	10 30.4	0 46	17 18.5	0 10	24 38.6	7 38
14 Tu	7 55.2	1 09	8 29.2	0 38	10 33.6	0 46	17 20.3	0 10	24 40.5	7 37
19 Su	8 18.0	1 09	8 40.1	0 39	10 36.8	0 46	17 22.1	0 10	24 42.3	7 37
24 F	8 40.8	1 09	8 51.1	0 39	10 40.1	0 46	17 23.9	0 10	24 44.1	7 36

☿a .455461	☿p .403013
♀p .719518	♀ .718540
⊕p .983354	⊕ .985361
♂ 1.53127	♂ 1.57007
♃ 5.44005	♃ 5.43595
♄ 9.10709	♄ 9.11232
♅ 20.0747	♅ 20.0759
♆ 30.0581	♆ 30.0574
♇ 31.0523	♇ 31.0663
☊	Perihelia
☿ 18°♉ 24	☿ 17°♊ 33
♀ 16 ♊ 44	♀ 11 ♌ 26
⊕	⊕ 15 ♋ 45
♂ 19 ♉ 36	♂ 6 ♓ 14
♃ 10 ♋ 34	♃ 14 ♈ 48
♄ 23 ♋ 42	♄ 4 ♋ 09
♅ 13 ♊ 58	♅ 22 ♍ 07
♆ 11 ♌ 51	♆ 16 ♉ 58

1	☿⊻♇	5pm43
2 M	♀△♃	6am23
	⊕⚼☿	5pm 6
3 T	♀⊻♄	4pm32
	☿ ♐	5 13
4	⊕ P	3pm30
5 Th	☿⊻♃	11am33
	♀△♅	3pm30
	♂△♆	8 0
6	☿△♄	6am13
7 S	☿□♅	9am 7
	⊕⊼♆	1pm25
9 M	⊕⊻♂	6am34
	☿⊼♀	8pm35
	☿✶♆	10 3
	♀⊼♆	11 4
10 T	☿ A	0am 7
	☿☍♂	8pm10
11 W	☿∠♃	2am 8
	⊕⊼☿	7 15
	☿⚼♄	6pm57
	♀⊻♂	7 58
12 Th	♂⚼♃	9am 6
	☿☌♇	2pm11
13	⊕☌♀	11pm54
14 S	♀⊼♇	12pm 0
	☿ ♑	1 59
	⊕⊼♇	7 13
	♀⚼♅	11 5
15 Su	☿∠♆	8am32
	⊕⚼♅	1pm 0
16 M	♂∠♄	7am57
	☿✶♃	3pm14
17 T	☿⊼♄	5am40
	♀ ♌	9pm31
18	☿✶♅	5am12
20 F	⊕ ♌	5am 8
	♂☍♇	11 53
	☿⊻♆	2pm11
21	♀□♃	4pm20
22	♀☌♄	2pm47
23 M	☿⊻♇	0am45
	☿∠♅	6 54
	☿⊼♂	12pm23
	♀⚼♇	6 33
24 T	♀⊼♅	6am16
	☿ ♒	6pm50
	♀ P	10 50
25	♀∠♂	4am56
26 Th	⊕□♃	2pm59
	☿□♃	7 27
	⊕☍☿	9 18
27 F	☿☍♄	4am53
	☿∠♇	5pm21
	⊕☌♄	10 37
	☿⊻♅	11 7
28 S	♀☍♆	12pm11
	☿⚼♂	10 39
29 Su	⊕⚼♇	3pm13
	☿☌♆	10 53
30	⊕⊼♅	10am41
31 T	☿☍♀	3am32
	♂ ♋	12pm52
	☿✶♇	11 32
2 Th	♀△♇	0am53
	☿ ♓	9 44
	☿△♂	4pm14
4 S	☿△♃	5am 9
	☿⊼♄	10 48
5 Su	☿☌♅	0am20
	♂⚼♆	4 49
	♀ ♍	8 36
6 M	⊕☍♆	5am35
	☿⊻♆	2pm45
	⊕⊼☿	5 30
7 T	⊕∠♂	4am17
	♀✶♂	10 27
	☿⚼♃	6pm33
	☿⚼♄	10 52
8	☿□♇	6am 5
9 Th	☿ ♈	9am36
	☿∠♆	9pm11
10 F	♀✶♃	1am 8
	☿□♂	9 30
	♀⊻♄	12pm 3
	⊕⚼☿	7 51
	☿⊼♃	11 26
11 S	☿△♄	2am45
	☿⊼♀	9 36
	☿⊻♅	1pm 0
	♀☍♅	8 15
12	☿✶♆	8pm29
13	⊕△♇	12pm37
14 T	☿△♇	5am14
	⊕△☿	8 57
	☿∠♅	9 7
15 W	☿ ♉	4am14
	☿⚼♀	9 54
16 Th	♀⊼♆	0am59
	☿✶♂	12pm51
	☿☍♃	2 16
	☿□♄	4 11
	☿⚼♇	8 44
17 F	☿✶♅	0am26
	♂△♃	8 54
18 S	☿□♆	3am46
	☿ 0N	7 54
	♂⊻♄	8 23
	⊕ ♍	7pm18
	☿△♀	10 17
19 Su	☿∠♂	6am20
	☿⊼♇	8 46
	♀∠♃	5pm51
	♀∠♄	11 0
20 M	☿ ♊	5am22
	⊕□☿	11 57
	♀□♇	1pm57
21 T	☿⊼♃	2pm 0
	☿✶♄	3 2
	☿⊻♂	9 0
	☿□♅	10 12
22 W	♂△♅	1pm11
	☿ P	11 47
	☿△♆	11 51
23 Th	♀ ♎	8pm15
	☿⚼♃	11 43
24 F	☿∠♄	0am23
	☿☍♇	3 44
	☿ ♋	11pm47
25 S	♀⚼♆	7am56
	☿⚼♆	8 59
	☿□♀	9 20
26 Su	⊕✶☿	4am15
	☿△♃	9 49
	☿⊻♄	10 6
	☿△♅	4pm55
27 M	☿☌♂	1am 2
	⊕✶♃	4pm58
	⊕⊻♄	5 35
	☿⊼♆	7 13
28	♃□♄	8am 3

MARCH 2006

DAY	☿ LONG	☿ LAT	♀ LONG	♀ LAT	⊕ LONG	♂ LONG	♂ LAT
	° '	° '	° '	° '	° '	° '	° '
1 W	24♋38	6N25	8♎20	3N09	10♍16	13♋43	1N30
2 Th	0♌31	6 40	9 57	3 07	11 16	14 11	1 30
3 F	6 15	6 51	11 34	3 05	12 16	14 39	1 31
4 S	11 51	6 58	13 11	3 02	13 16	15 08	1 32
5 Su	17 17	7 00	14 48	3 00	14 17	15 36	1 32
6 M	22 34	6 59	16 25	2 57	15 17	16 04	1 33
7 Tu	27 41	6 55	18 02	2 54	16 17	16 32	1 33
8 W	2♍38	6 48	19 38	2 51	17 17	17 00	1 34
9 Th	7 26	6 38	21 15	2 48	18 17	17 28	1 34
10 F	12 04	6 25	22 52	2 45	19 17	17 56	1 34
11 S	16 34	6 11	24 28	2 41	20 17	18 24	1 35
12 Su	20 55	5 55	26 05	2 38	21 17	18 52	1 35
13 M	25 08	5 37	27 41	2 34	22 16	19 20	1 36
14 Tu	29 13	5 19	29 18	2 30	23 16	19 48	1 36
15 W	3♎11	4 59	0♏54	2 26	24 16	20 16	1 37
16 Th	7 01	4 39	2 30	2 22	25 16	20 44	1 37
17 F	10 46	4 18	4 07	2 18	26 16	21 12	1 38
18 S	14 24	3 56	5 43	2 14	27 15	21 40	1 38
19 Su	17 56	3 34	7 19	2 09	28 15	22 07	1 38
20 M	21 24	3 12	8 55	2 05	29 15	22 35	1 39
21 Tu	24 46	2 49	10 32	2 00	0♎14	23 03	1 39
22 W	28 04	2 27	12 08	1 56	1 14	23 30	1 40
23 Th	1♏17	2 04	13 44	1 51	2 13	23 58	1 40
24 F	4 27	1 42	15 20	1 46	3 13	24 26	1 40
25 S	7 34	1 19	16 56	1 41	4 12	24 53	1 41
26 Su	10 37	0 57	18 31	1 36	5 12	25 21	1 41
27 M	13 37	0 35	20 07	1 31	6 11	25 48	1 42
28 Tu	16 35	0 13	21 43	1 26	7 11	26 16	1 42
29 W	19 30	0S08	23 19	1 21	8 10	26 43	1 42
30 Th	22 23	0 29	24 55	1 16	9 09	27 11	1 43
31 F	25♏15	0S50	26♏30	1N11	10♎09	27♋38	1N43

APRIL 2006

DAY	☿ LONG	☿ LAT	♀ LONG	♀ LAT	⊕ LONG	♂ LONG	♂ LAT
	° '	° '	° '	° '	° '	° '	° '
1 S	28♏04	1S11	28♏06	1N05	11♎08	28♋05	1N43
2 Su	0♐53	1 31	29 42	1 00	12 07	28 33	1 44
3 M	3 40	1 51	1♐17	0 54	13 06	29 00	1 44
4 Tu	6 26	2 11	2 53	0 49	14 05	29 27	1 44
5 W	9 12	2 30	4 28	0 43	15 05	29 55	1 44
6 Th	11 57	2 49	6 04	0 38	16 04	0♌22	1 45
7 F	14 42	3 07	7 39	0 32	17 03	0 49	1 45
8 S	17 26	3 25	9 14	0 27	18 02	1 16	1 45
9 Su	20 11	3 42	10 50	0 21	19 01	1 43	1 46
10 M	22 56	3 59	12 25	0 15	20 00	2 11	1 46
11 Tu	25 42	4 15	14 00	0 10	20 58	2 38	1 46
12 W	28 28	4 31	15 36	0 04	21 57	3 05	1 46
13 Th	1♑15	4 47	17 11	0S02	22 56	3 32	1 47
14 F	4 04	5 01	18 46	0 07	23 55	3 59	1 47
15 S	6 53	5 15	20 21	0 13	24 54	4 26	1 47
16 Su	9 44	5 29	21 56	0 18	25 52	4 53	1 47
17 M	12 38	5 42	23 32	0 24	26 51	5 20	1 48
18 Tu	15 33	5 54	25 07	0 30	27 50	5 47	1 48
19 W	18 30	6 05	26 42	0 35	28 48	6 14	1 48
20 Th	21 30	6 15	28 17	0 41	29 47	6 41	1 48
21 F	24 32	6 25	29 52	0 46	0♏46	7 08	1 48
22 S	27 38	6 33	1♑27	0 52	1 44	7 34	1 49
23 Su	0♒47	6 41	3 02	0 57	2 43	8 01	1 49
24 M	3 59	6 47	4 37	1 03	3 41	8 28	1 49
25 Tu	7 16	6 52	6 12	1 08	4 40	8 55	1 49
26 W	10 36	6 56	7 47	1 13	5 38	9 22	1 49
27 Th	14 01	6 59	9 22	1 18	6 37	9 49	1 49
28 F	17 31	7 00	10 56	1 24	7 35	10 15	1 50
29 S	21 06	7 00	12 31	1 29	8 33	10 42	1 50
30 Su	24♒47	6S58	14♑06	1S34	9♏32	11♌09	1N50

DAY	♃ LONG	♃ LAT	♄ LONG	♄ LAT	♅ LONG	♅ LAT	♆ LONG	♆ LAT	♇ LONG	♇ LAT
	° '	° '	° '	° '	° '	° '	° '	° '	° '	° '
1 W	9♏03.7	1N09	9♌02.1	0N39	10♓43.3	0S46	17♒25.7	0S10	24♐45.9	7N36
6 M	9 26.5	1 08	9 13.1	0 40	10 46.5	0 46	17 27.5	0 10	24 47.8	7 35
11 S	9 49.4	1 08	9 24.1	0 40	10 49.7	0 46	17 29.3	0 10	24 49.6	7 35
16 Th	10 12.3	1 08	9 35.1	0 41	10 52.9	0 46	17 31.1	0 10	24 51.4	7 34
21 Tu	10 35.2	1 08	9 46.0	0 41	10 56.1	0 46	17 32.9	0 11	24 53.2	7 34
26 Su	10 58.0	1 07	9 57.0	0 42	10 59.4	0 46	17 34.8	0 11	24 55.1	7 33
31 F	11 20.9	1 07	10 08.0	0 42	11 02.6	0 46	17 36.6	0 11	24 56.9	7 33
5 W	11 43.8	1 07	10 18.9	0 43	11 05.8	0 46	17 38.4	0 11	24 58.7	7 32
10 M	12 06.7	1 07	10 29.9	0 43	11 09.0	0 46	17 40.2	0 11	25 00.5	7 32
15 S	12 29.6	1 06	10 40.9	0 44	11 12.2	0 46	17 42.0	0 11	25 02.3	7 31
20 Th	12 52.6	1 06	10 51.8	0 44	11 15.4	0 46	17 43.8	0 11	25 04.2	7 31
25 Tu	13 15.5	1 06	11 02.8	0 45	11 18.7	0 46	17 45.6	0 11	25 06.0	7 30
30 Su	13 38.4	1 06	11 13.8	0 45	11 21.9	0 46	17 47.4	0 11	25 07.8	7 30

☿ .318580	☿a.459936
♀ .720637	♀ .724704
⊕ .990800	⊕ .999185
♂ 1.60146	♂ 1.63019
♃ 5.43188	♃ 5.42696
♄ 9.11717	♄ 9.12269
♅ 20.0770	♅ 20.0781
♆ 30.0568	♆ 30.0562
♇ 31.0790	♇ 31.0931
☊	Perihelia
☿ 18°♉ 24	☿ 17°♊ 33
♀ 16 ♊ 44	♀ 11 ♌ 21
⊕	⊕ 14 ♋ 55
♂ 19 ♉ 36	♂ 6 ♓ 13
♃ 10 ♋ 34	♃ 14 ♈ 47
♄ 23 ♋ 42	♄ 4 ♋ 02
♅ 13 ♊ 58	♅ 22 ♍ 18
♆ 11 ♌ 51	♆ 13 ♉ 13
♇ 20 ♋ 24	♇ 14 ♏ 29

Day	Aspect	Time
1 W	☿⚻♇	0am32
	⊕∠☿	3 4
	☿⚼♅	4 25
	♀✶♄	10 33
	⊕☍♅	11 5
	♀⚺♃	11 14
	☿ ♌	9pm54
2	♀⚻♅	11am35
3 F	☿☌♄	12pm16
	☿□♃	12 49
	☿⚼♇	3 5
	☿⚻♅	7 16
4 S	⊕⚺♀	3am23
	⊕⚺☿	7 39
	☿✶♀	8 19
	☿⚺♂	3pm47
5 Su	☿☍♆	0am46
	♀□♂	4pm42
6 M	☿△♇	10am25
	♀△♆	3pm37
7 T	☿ ♍	11am10
	⊕✶♂	11 36
	☿∠♂	8pm36
8 W	⊕⚻♆	4am38
	☿∠♀	2pm59
9 Th	♂⚻♆	0am15
	☿⚺♄	9 48
	☿✶♃	11 41
	☿☍♅	5pm26
11 S	♃∠♇	0am58
	☿⚻♆	5 2
	♀✶♇	5 20
	☿✶♂	11 16
	♀⚼♅	8pm24
12 Su	⊕☌☿	2am38
	☿∠♄	8pm11
	☿□♇	10 19
	☿∠♃	11 5
14 T	☿⚺♀	0am48
	☿ ♎	4 42
	♀ ♏	10 32
	☿⚼♆	7pm56
15 W	⊕∠♄	7am 1
	⊕□♇	2pm 9
	⊕∠♃	10 28
16 Th	☿✶♄	4pm33
	☿⚺♃	8 49
17	☿⚻♅	0am52
18	☿△♆	9pm15
20 M	☿□♂	9am45
	♀□♄	12pm22
	♀∠♇	2 24
	⊕ ♎	6 18
21 T	☿✶♇	0am53
	♀☌♃	0 57
	♀△♅	6 11
	☿⚼♅	8 29
22	☿ ♏	2pm20
23 Th	⊕⚼♆	8am16
	⊕⚺☿	10 11
24	♄⚼♇	10pm26
25 S	♂⚻♇	1am20
	♀□♆	9 45
	☿∠♇	6pm28
	☿□♄	6 40
26 Su	☿☌♃	2am52
	☿△♅	2 59
	♃△♅	8 3
27	♂⚼♅	10am32
28 T	☿□♆	8am17
	☿0S	2pm57
	⊕∠♀	6 5
30 Th	♀⚺♇	0am28
	☿⚺♇	9pm29
	⊕∠☿	10 41
	⊕✶♄	11 44
31 F	⊕⚻♅	10pm 5
	♀△♂	11 46

Day	Aspect	Time
1 S	☿△♂	0am 9
	☿☌♀	0 31
	⊕⚺♃	7 44
	☿ ♐	4pm27
2	♀ ♐	4am37
5 W	♂ ♌	4am46
	☿△♄	9 53
	☿□♅	4pm38
	☿⚺♃	10 44
7 F	☿⚼♂	11am46
	⊕△♆	2pm53
	☿ A	11 24
8 S	☿✶♆	1am55
	⊕✶☿	8 3
	♀△♄	6pm18
9 Su	♀□♅	4am42
	♀⚺♃	7pm 7
10 M	☿☌♇	6pm 5
	☿⚼♄	10 36
11	☿∠♃	1pm19
12	☿ ♑	1pm14
W	♀0S	5 15
13 Th	♀✶♆	7am40
	☿∠♆	12pm19
	☿⚻♂	11 13
14	♀⚼♂	4am29
15	⊕✶♇	3am33
16 Su	☿⚻♄	8am16
	⊕⚼♅	8 27
	☿✶♅	12pm20
17 M	☿✶♃	0am11
	♀☌♇	11pm11
18 T	♀⚼♄	10am33
	☿⚺♆	5pm43
19	♀∠♃	5pm35
20	⊕ ♏	5am19
21 F	♀ ♑	2am 5
	☿⚺♇	4 12
	☿∠♅	1pm30
22 S	⊕✶♀	11am26
	☿ ♒	6pm 5
	♀∠♆	7 42
23	⊕□☿	8pm46
24	☿⚺♀	8am57
25 T	☿☍♂	1pm46
	☿∠♇	8 26
26 W	☿☍♄	3am25
	☿⚺♅	5 5
	☿□♃	7pm39
27 Th	♀⚻♂	9am29
	♂⚼♇	4pm33
28 F	☿☌♆	1am44
	♀⚻♄	3 20
	♀✶♅	6 8
29	♀✶♃	4pm36
30 Su	☿✶♇	2am14
	♂☌♄	4 56
	♂⚻♅	12pm 7
	⊕∠♇	3 0

MAY 2006

DAY		☿ LONG	☿ LAT	♀ LONG	♀ LAT	⊕ LONG	♂ LONG	♂ LAT
		° '	° '	° '	° '	° '	° '	° '
1	M	28♒33	6S54	15♑41	1S39	10♏30	11♌35	1N50
2	Tu	2♓26	6 48	17 16	1 44	11 28	12 02	1 50
3	W	6 26	6 40	18 51	1 48	12 26	12 29	1 50
4	Th	10 32	6 30	20 26	1 53	13 25	12 55	1 50
5	F	14 46	6 17	22 01	1 58	14 23	13 22	1 50
6	S	19 07	6 02	23 35	2 02	15 21	13 49	1 50
7	Su	23 37	5 44	25 10	2 07	16 19	14 15	1 51
8	M	28 15	5 23	26 45	2 11	17 17	14 42	1 51
9	Tu	3♈02	5 00	28 20	2 15	18 15	15 08	1 51
10	W	7 57	4 33	29 55	2 19	19 13	15 35	1 51
11	Th	13 02	4 04	1♒30	2 24	20 11	16 02	1 51
12	F	18 16	3 32	3 05	2 27	21 09	16 28	1 51
13	S	23 39	2 57	4 39	2 31	22 07	16 55	1 51
14	Su	29 11	2 19	6 14	2 35	23 05	17 21	1 51
15	M	4♉51	1 39	7 49	2 39	24 03	17 48	1 51
16	Tu	10 40	0 57	9 24	2 42	25 00	18 14	1 51
17	W	16 36	0 13	10 59	2 45	25 58	18 40	1 51
18	Th	22 39	0N31	12 34	2 49	26 56	19 07	1 51
19	F	28 48	1 16	14 09	2 52	27 54	19 33	1 51
20	S	5♊02	2 01	15 44	2 55	28 52	20 00	1 51
21	Su	11 19	2 44	17 19	2 57	29 49	20 26	1 51
22	M	17 37	3 26	18 54	3 00	0♐47	20 53	1 51
23	Tu	23 57	4 05	20 29	3 03	1 45	21 19	1 51
24	W	0♋15	4 41	22 04	3 05	2 43	21 45	1 51
25	Th	6 31	5 14	23 38	3 07	3 40	22 12	1 51
26	F	12 42	5 42	25 13	3 10	4 38	22 38	1 51
27	S	18 49	6 06	26 48	3 12	5 36	23 04	1 51
28	Su	24 49	6 25	28 24	3 13	6 33	23 31	1 51
29	M	0♌41	6 41	29 59	3 15	7 31	23 57	1 51
30	Tu	6 26	6 51	1♓34	3 17	8 28	24 23	1 51
31	W	12♌01	6N58	3♓09	3S18	9♐26	24♌50	1N51

JUNE 2006

DAY		☿ LONG	☿ LAT	♀ LONG	♀ LAT	⊕ LONG	♂ LONG	♂ LAT
		° '	° '	° '	° '	° '	° '	° '
1	Th	17♌27	7N00	4♓44	3S19	10♐23	25♌16	1N50
2	F	22 43	6 59	6 19	3 20	11 21	25 42	1 50
3	S	27 50	6 55	7 54	3 21	12 18	26 09	1 50
4	Su	2♍47	6 47	9 29	3 22	13 16	26 35	1 50
5	M	7 35	6 37	11 04	3 23	14 13	27 01	1 50
6	Tu	12 13	6 25	12 40	3 23	15 11	27 27	1 50
7	W	16 42	6 10	14 15	3 23	16 08	27 54	1 50
8	Th	21 03	5 54	15 50	3 24	17 06	28 20	1 50
9	F	25 16	5 37	17 25	3 24	18 03	28 46	1 50
10	S	29 20	5 18	19 00	3 24	19 00	29 12	1 49
11	Su	3♎18	4 59	20 36	3 23	19 58	29 39	1 49
12	M	7 08	4 38	22 11	3 23	20 55	0♍05	1 49
13	Tu	10 53	4 17	23 46	3 22	21 52	0 31	1 49
14	W	14 31	3 55	25 22	3 21	22 50	0 57	1 49
15	Th	18 03	3 33	26 57	3 20	23 47	1 24	1 49
16	F	21 30	3 11	28 33	3 19	24 44	1 50	1 48
17	S	24 52	2 49	0♈08	3 18	25 42	2 16	1 48
18	Su	28 10	2 26	1 43	3 17	26 39	2 42	1 48
19	M	1♏24	2 04	3 19	3 15	27 36	3 08	1 48
20	Tu	4 33	1 41	4 54	3 14	28 33	3 35	1 48
21	W	7 40	1 19	6 30	3 12	29 31	4 01	1 48
22	Th	10 43	0 57	8 05	3 10	0♑28	4 27	1 47
23	F	13 43	0 35	9 41	3 08	1 25	4 53	1 47
24	S	16 41	0 13	11 17	3 05	2 22	5 19	1 47
25	Su	19 36	0S09	12 52	3 03	3 20	5 46	1 47
26	M	22 29	0 30	14 28	3 00	4 17	6 12	1 46
27	Tu	25 20	0 51	16 03	2 58	5 14	6 38	1 46
28	W	28 10	1 12	17 39	2 55	6 11	7 04	1 46
29	Th	0♐58	1 32	19 15	2 52	7 09	7 30	1 46
30	F	3♐45	1S52	20♈51	2S49	8♑06	7♍57	1N45

DAY		♃ LONG	♃ LAT	♄ LONG	♄ LAT	♅ LONG	♅ LAT	♆ LONG	♆ LAT	♇ LONG	♇ LAT
		° '	° '	° '	° '	° '	° '	° '	° '	° '	° '
5	F	14♏01.4	1N05	11♌24.7	0N45	11♓25.1	0S46	17♒49.2	0S11	25♐09.6	7N29
10	W	14 24.3	1 05	11 35.7	0 46	11 28.3	0 46	17 51.0	0 11	25 11.5	7 29
15	M	14 47.3	1 05	11 46.6	0 46	11 31.5	0 46	17 52.8	0 11	25 13.3	7 28
20	S	15 10.2	1 04	11 57.6	0 47	11 34.8	0 46	17 54.6	0 11	25 15.1	7 28
25	Th	15 33.2	1 04	12 08.5	0 47	11 38.0	0 46	17 56.4	0 11	25 16.9	7 27
30	Tu	15 56.2	1 04	12 19.5	0 48	11 41.2	0 46	17 58.2	0 11	25 18.8	7 27
4	Su	16 19.2	1 03	12 30.4	0 48	11 44.4	0 46	18 00.0	0 11	25 20.6	7 26
9	F	16 42.2	1 03	12 41.4	0 49	11 47.6	0 46	18 01.8	0 11	25 22.4	7 26
14	W	17 05.2	1 03	12 52.3	0 49	11 50.9	0 46	18 03.7	0 11	25 24.2	7 25
19	M	17 28.2	1 03	13 03.2	0 49	11 54.1	0 46	18 05.5	0 12	25 26.1	7 25
24	S	17 51.2	1 02	13 14.2	0 50	11 57.3	0 46	18 07.3	0 12	25 27.9	7 24
29	Th	18 14.3	1 02	13 25.1	0 50	12 00.5	0 46	18 09.1	0 12	25 29.7	7 24

☿p.397432	☿ .336069
♀a.727734	♀ .727813
⊕ 1.00749	⊕ 1.01399
♂ 1.65056	♂a1.66291
♃ 5.42179	♃ 5.41604
♄ 9.12817	♄ 9.13398
♅ 20.0792	♅ 20.0804
♆ 30.0555	♆ 30.0549
♇ 31.1068	♇ 31.1210
☊	Perihelia
☿ 18°♉ 24	☿ 17°♊ 33
♀ 16 ♊ 44	♀ 11 ♌ 18
⊕	⊕ 12 ♋ 08
♂ 19 ♉ 36	♂ 6 ♓ 13
♃ 10 ♋ 34	♃ 14 ♈ 47
♄ 23 ♋ 42	♄ 3 ♋ 55
♅ 13 ♊ 59	♅ 22 ♍ 25
♆ 11 ♌ 51	♆ 10 ♉ 00
♇ 20 ♋ 24	♇ 14 ♏ 33

1	☿ ♓	9am 0
M	⊕□♄	7pm43
	⊕△♅	9 56
	☿∠♀	10 16
2	♀⊻♆	8am 9
3	⊕□♂	1am50
4	☿⊼♄	4am52
Th	☿☌♅	5 1
	⊕☌♃	2pm26
	☿⊼♂	3 14
	☿△♃	7 46
	⊕△☿	9 12
5	♄⊼♅	6am 0
F	☿⊻♆	4pm55
6	♂□♃	6pm50
7	♀⊻♇	0am 0
Su	☿□♇	8 9
	☿⚹♀	12pm21
	☿⚼♄	3 3
	♀∠♅	7 22
8	☿⚼♃	5am10
M	☿⚼♂	8 5
	☿ ♈	8 52
	⊕□♆	1pm50
	☿∠♆	11 4
9	⊕⚼☿	1am21
10	♀ ♒	1am17
W	☿⊻♅	4pm43
	☿△♄	5 23
11	☿⊼♃	6am48
Th	☿△♂	3pm 4
	☿⚹♆	10 10
12	⊕⊼☿	3pm45
13	☿△♇	6am51
S	☿∠♅	12pm30
14	☿ ♉	3am30
15	♂☍♆	4am51
M	☿□♀	4pm54
	☿⚼♇	10 12
16	☿⚹♅	3am33
T	☿□♄	4 42
	⊕⊻♇	5 30
	♀∠♇	12pm35
	☿☍♃	5 14
17	♀ A	4am35
W	☿□♆	5 9
	☿0N	7 11
	♀⊻♅	8 37
	☿□♂	8 54
	♀☍♄	1pm28
18	☿⊼♇	10am 8
Th	⊕☍☿	7pm50
19	☿ ♊	4am38
F	♀□♃	3pm 6
21	☿□♅	1am 4
Su	☿⚹♄	2 37
	⊕ ♐	4 24
	♀☌♆	9 13
	☿⊼♃	3pm 9
	☿ P	11 5
22	☿△♆	1am 8
M	☿△♀	6 25
	☿⚹♂	1pm16
23	☿☍♇	5am 2
T	☿∠♄	11 57
	♀☍♂	5pm38
	☿ ♋	11 3
24	☿⚼♃	0am52
W	☿⚼♆	10 16
	⊕⊼☿	11 6
25	☿∠♂	2am50
Th	☿⚼♀	11 2
	☿△♅	7pm51
	☿⊻♄	9 55
26	♀⚹♇	0am58
F	☿△♃	11 35
	☿⊼♆	8pm35
27	⊕⚼☿	8am24
S	☿⊻♂	6pm20
28	☿⊼♇	1am58
Su	☿⚼♅	7 31
	☿⊼♀	7pm58
	☿ ♌	9 9
29	♀ ♓	0am22
30	⊕△☿	10am31
T	☿⚼♇	4pm39
	☿⊼♅	10 37
31	☿☌♄	1am31
W	☿□♃	5pm51

1	☿☍♆	2am25
Th	♂△♇	3 15
2	⊕□♅	9am22
F	☿△♇	12pm11
	☿☌♂	3 14
3	⊕△♄	4am15
S	☿ ♍	10 25
5	♀☌♅	10am20
M	☿☍♅	9pm37
	♀⊼♄	10 47
6	☿⊻♄	1am56
T	☿☍♀	3 36
	⊕□☿	8pm 5
	☿⚹♃	11 9
7	☿⊼♆	7am11
W	⊕⊻♃	11 16
8	♀△♃	12pm37
Th	⊕⚹♆	11 32
9	☿□♇	0am39
F	♀⊻♆	9 16
	☿∠♄	2pm19
	☿⊻♂	11 6
	⊕□♀	11 55
10	☿ ♎	3am57
S	☿∠♃	3pm 0
	☿⚼♆	10 25
11	♂ ♍	7pm34
13	☿⊼♅	6am18
T	☿⚹♄	12pm59
14	♀□♇	0am38
W	☿∠♂	11 6
	☿⊻♃	5pm48
15	☿△♆	0am 7
Th	♀⚼♄	2pm46
16	⊕☌♇	5pm10
F	♀ ♈	10 0
17	☿⚹♇	3am59
S	⊕⚹☿	8 20
	☿⚼♅	2pm37
18	♀⚼♃	10am37
Su	☿ ♏	1pm34
	♀⊼♂	8 22
	♀∠♆	8 37
19	⊕⚼♄	11am50
M	☿⚹♂	3pm19
20	☿⊼♀	5am28
21	⊕ ♑	12pm18
W	☿∠♇	9 56
22	☿△♅	9am45
Th	☿□♄	7pm48
24	⊕∠☿	8am29
S	☿☌♃	9 55
	♀⊻♅	10 18
	☿□♆	11 52
	⊕∠♃	1pm 8
	☿0S	2 12
	⊕∠♆	6 55
25	♀△♄	6am13
26	♂ A	1am 9
27	☿⊻♇	1am14
T	♃□♆	6pm42
28	♀⚹♆	7am27
W	♀⊼♃	8 2
	☿ ♐	3pm41
29	⊕△♂	4pm47

JULY 2006

DAY	☿ LONG	☿ LAT	♀ LONG	♀ LAT	⊕ LONG	♂ LONG	♂ LAT
	° '	° '	° '	° '	° '	° '	° '
1 S	6♐32	2S11	22♈26	2S45	9♑03	8♍23	1N45
2 Su	9 17	2 30	24 02	2 42	10 00	8 49	1 45
3 M	12 02	2 49	25 38	2 39	10 58	9 15	1 45
4 Tu	14 47	3 07	27 14	2 35	11 55	9 41	1 44
5 W	17 32	3 25	28 50	2 31	12 52	10 08	1 44
6 Th	20 16	3 43	0♉26	2 27	13 49	10 34	1 44
7 F	23 01	4 00	2 01	2 23	14 46	11 00	1 43
8 S	25 47	4 16	3 37	2 19	15 44	11 26	1 43
9 Su	28 33	4 32	5 13	2 15	16 41	11 52	1 43
10 M	1♑21	4 47	6 49	2 11	17 38	12 19	1 42
11 Tu	4 09	5 02	8 25	2 06	18 35	12 45	1 42
12 W	6 59	5 16	10 01	2 02	19 32	13 11	1 42
13 Th	9 50	5 29	11 37	1 57	20 29	13 37	1 41
14 F	12 43	5 42	13 14	1 53	21 27	14 04	1 41
15 S	15 38	5 54	14 50	1 48	22 24	14 30	1 41
16 Su	18 36	6 05	16 26	1 43	23 21	14 56	1 40
17 M	21 36	6 15	18 02	1 38	24 18	15 22	1 40
18 Tu	24 38	6 25	19 38	1 33	25 16	15 49	1 40
19 W	27 44	6 33	21 14	1 28	26 13	16 15	1 39
20 Th	0♒53	6 41	22 51	1 23	27 10	16 41	1 39
21 F	4 06	6 47	24 27	1 17	28 07	17 07	1 38
22 S	7 22	6 53	26 03	1 12	29 05	17 34	1 38
23 Su	10 43	6 57	27 40	1 07	0♒02	18 00	1 38
24 M	14 08	6 59	29 16	1 01	0 59	18 26	1 37
25 Tu	17 38	7 00	0♊53	0 56	1 57	18 53	1 37
26 W	21 13	7 00	2 29	0 50	2 54	19 19	1 36
27 Th	24 54	6 58	4 05	0 45	3 51	19 45	1 36
28 F	28 41	6 54	5 42	0 39	4 49	20 12	1 36
29 S	2♓34	6 48	7 19	0 33	5 46	20 38	1 35
30 Su	6 33	6 40	8 55	0 28	6 43	21 04	1 35
31 M	10♓40	6S29	10♊32	0S22	7♒41	21♍31	1N34

AUGUST 2006

DAY	☿ LONG	☿ LAT	♀ LONG	♀ LAT	⊕ LONG	♂ LONG	♂ LAT
	° '	° '	° '	° '	° '	° '	° '
1 Tu	14♓54	6S17	12♊08	0S16	8♒38	21♍57	1N34
2 W	19 16	6 01	13 45	0 11	9 36	22 24	1 33
3 Th	23 46	5 43	15 22	0 05	10 33	22 50	1 33
4 F	28 24	5 23	16 58	0N01	11 30	23 16	1 32
5 S	3♈11	4 59	18 35	0 07	12 28	23 43	1 32
6 Su	8 07	4 33	20 12	0 12	13 25	24 09	1 31
7 M	13 12	4 03	21 49	0 18	14 23	24 36	1 31
8 Tu	18 26	3 31	23 25	0 24	15 20	25 02	1 30
9 W	23 49	2 56	25 02	0 29	16 18	25 29	1 30
10 Th	29 21	2 18	26 39	0 35	17 15	25 55	1 29
11 F	5♉02	1 38	28 16	0 41	18 13	26 22	1 29
12 S	10 51	0 56	29 53	0 46	19 10	26 48	1 28
13 Su	16 48	0 12	1♋30	0 52	20 08	27 15	1 28
14 M	22 51	0N33	3 07	0 57	21 05	27 41	1 27
15 Tu	29 00	1 18	4 44	1 03	22 03	28 08	1 27
16 W	5♊14	2 02	6 21	1 08	23 01	28 35	1 26
17 Th	11 30	2 46	7 58	1 14	23 58	29 01	1 26
18 F	17 49	3 27	9 35	1 19	24 56	29 28	1 25
19 S	24 09	4 06	11 13	1 24	25 54	29 54	1 25
20 Su	0♋27	4 42	12 50	1 30	26 52	0♎21	1 24
21 M	6 42	5 14	14 27	1 35	27 49	0 48	1 24
22 Tu	12 54	5 43	16 04	1 40	28 47	1 14	1 23
23 W	19 00	6 07	17 41	1 45	29 45	1 41	1 22
24 Th	25 00	6 26	19 19	1 50	0♓43	2 08	1 22
25 F	0♌52	6 41	20 56	1 55	1 41	2 35	1 21
26 S	6 36	6 52	22 33	1 59	2 39	3 01	1 21
27 Su	12 11	6 58	24 11	2 04	3 36	3 28	1 20
28 M	17 37	7 00	25 48	2 08	4 34	3 55	1 19
29 Tu	22 53	6 59	27 25	2 13	5 32	4 22	1 19
30 W	27 59	6 55	29 03	2 17	6 30	4 49	1 18
31 Th	2♍56	6N47	0♌40	2N21	7♓28	5♎15	1N18

DAY	♃ LONG	♃ LAT	♄ LONG	♄ LAT	♅ LONG	♅ LAT	♆ LONG	♆ LAT	♇ LONG	♇ LAT
	° '	° '	° '	° '	° '	° '	° '	° '	° '	° '
4 Tu	18♏37.3	1N02	13♌36.1	0N51	12♓03.8	0S46	18♒10.9	0S12	25♐31.5	7N23
9 Su	19 00.4	1 01	13 47.0	0 51	12 07.0	0 46	18 12.7	0 12	25 33.4	7 23
14 F	19 23.4	1 01	13 57.9	0 52	12 10.2	0 46	18 14.5	0 12	25 35.2	7 22
19 W	19 46.5	1 01	14 08.8	0 52	12 13.4	0 46	18 16.3	0 12	25 37.0	7 22
24 M	20 09.6	1 00	14 19.8	0 53	12 16.7	0 46	18 18.1	0 12	25 38.8	7 21
29 S	20 32.7	1 00	14 30.7	0 53	12 19.9	0 46	18 20.0	0 12	25 40.6	7 21
3 Th	20 55.7	1 00	14 41.6	0 53	12 23.1	0 46	18 21.8	0 12	25 42.5	7 20
8 Tu	21 18.9	0 59	14 52.5	0 54	12 26.3	0 46	18 23.6	0 12	25 44.3	7 20
13 Su	21 42.0	0 59	15 03.4	0 54	12 29.5	0 46	18 25.4	0 12	25 46.1	7 19
18 F	22 05.1	0 59	15 14.3	0 55	12 32.7	0 46	18 27.2	0 12	25 47.9	7 19
23 W	22 28.2	0 58	15 25.2	0 55	12 36.0	0 46	18 29.0	0 12	25 49.7	7 18
28 M	22 51.3	0 58	15 36.1	0 56	12 39.2	0 46	18 30.8	0 12	25 51.5	7 18

☿a.464530	☿p.374531
♀ .724885	♀ .720798
⊕a1.01668	⊕ 1.01503
♂ 1.66591	♂ 1.65962
♃ 5.41009	♃ 5.40355
♄ 9.13974	♄ 9.14583
♅ 20.0814	♅ 20.0825
♆ 30.0543	♆ 30.0536
♇ 31.1348	♇ 31.1491
☊	Perihelia
☿ 18°♉ 25	☿ 17°♊ 34
♀ 16 ♊ 44	♀ 11 ♌ 17
⊕	⊕ 12 ♋ 34
♂ 19 ♉ 37	♂ 6 ♓ 12
♃ 10 ♋ 34	♃ 14 ♈ 48
♄ 23 ♋ 42	♄ 3 ♋ 49
♅ 13 ♊ 59	♅ 22 ♍ 32
♆ 11 ♌ 52	♆ 7 ♉ 13
♇ 20 ♋ 24	♇ 14 ♏ 36

Day	Aspect	Time
1 S	☿⚼♀	6pm48
	☿□♂	7 8
	♀⚼♂	7 28
2 Su	⊕⊻☿	9am36
	♀△♇	10pm18
3 M	☿□♅	0am 8
	☿△♄	1pm32
	♀∠♅	9 29
	⊕ A	11 11
4 T	⊕✶♅	3am49
	☿ A	10pm41
5 W	☿✶♆	5am48
	☿⊻♃	10 33
	♀ ♉	5pm37
	⊕⊼♄	8 12
7	☿☌♇	9pm58
9 Su	☿⚼♄	1am59
	☿ ♑	12pm27
	♂☍♅	1 39
10 M	⊕⊻♆	2pm51
	☿∠♆	4 5
11 T	☿∠♃	0am 5
	⊕✶♃	3pm45
12	♀⚼♇	8am17
13 Th	♀✶♅	8am 4
	♂⊻♄	6pm19
	☿✶♅	7 26
14 F	☿△♀	9am19
	☿⊼♄	10 25
	♀□♄	11 20
	☿△♂	1pm 1
	♀△♂	5 11
15	☿⊻♆	9pm15
16	☿✶♃	7am50
17	♀□♆	3am24
18 T	♀☍♃	0am57
	⊕☌☿	7 1
	☿⊻♇	7 36
	⊕⊻♇	8 53
	☿∠♅	8pm 4
19	☿ ♒	5pm19
20 Th	⊕∠♅	1am41
	☿⚼♂	7 0
21	♀⊼♇	5pm40
22 S	⊕ ♒	11pm10
	☿∠♇	11 29
23 Su	☿⊻♅	11am 0
	♂⊼♆	4pm22
24 M	☿☍♄	1am22
	♀ ♊	10 55
25 T	☿☌♆	4am33
	☿⊼♂	9 34
	☿□♃	5pm51
26	⊕△♀	3pm18
27	☿✶♇	4am54
28 F	☿ ♓	8am14
	⊕⚼♂	5pm52
	♂✶♃	6 0
30 Su	⊕⊻☿	1am17
	☿□♀	10pm42
31 M	☿☌♅	9am40
	☿⊼♄	10pm25
1 T	♀□♅	3am23
	☿⊻♆	7pm 4
2 W	☿△♃	8am42
	♀✶♄	1pm50
	☿☍♂	6 35
3 Th	⊕∠♇	3am59
	☿□♇	10 10
	⊕∠☿	11 46
	♀0N	8pm33
4 F	☿⚼♄	6am48
	☿ ♈	8 6
	♀△♆	8pm52
	⊕⊻♅	10 32
5 S	☿∠♆	0am56
	☿⚼♃	2pm25
6 Su	♀⊼♃	3pm 2
	☿⊻♅	8 24
7 M	⊕✶☿	6am42
	☿△♄	7 39
	⊕☍♄	11 59
	☿✶♆	11pm49
8	☿⊼♃	1pm 6
9 W	☿✶♀	7am33
	☿⊼♂	7 53
	☿△♇	8 25
	♀□♂	9 0
	♀☍♇	10 31
	♂□♇	2pm35
	☿∠♅	3 50
10	☿ ♉	2am45
11 F	⊕☌♆	5am 0
	☿⚼♇	11pm38
12 S	♀ ♋	1am42
	♀∠♄	2 4
	☿⚼♂	4 12
	☿✶♅	6 39
	☿□♄	5pm 0
	☿∠♀	10 24
13 Su	☿0N	6am27
	☿□♆	6 30
	⊕□☿	3pm47
	☿☍♃	7 44
14 M	♀⚼♆	4am38
	☿⊼♇	11 28
	⊕□♃	6pm38
	☿△♂	8 23
15	☿ ♊	3am53
16 W	☿⊻♀	5am49
	♀⚼♃	9 0
17 Th	☿□♅	3am55
	☿✶♄	2pm 8
	☿ P	10 21
18 F	☿△♆	2am24
	⊕⚼♀	12pm36
	☿⊼♃	4 23
	⊕✶♇	9 42
19 S	♂ ♎	5am 2
	☿☍♇	6 19
	⊕△☿	7 51
	♀△♅	8pm 7
	♂∠♄	9 40
	☿ ♋	10 17
	☿∠♄	11 29
	☿□♂	11 36
20	☿⚼♆	11am33
21 M	☿⚼♃	2am22
	♀⊻♄	1pm38
	☿△♅	10 47
22 T	⊕⚼☿	4am 6
	☿⊻♄	9 46
	☿☌♀	4pm54
	☿⊼♆	9 56
23 W	⊕ ♓	6am15
	♀⊼♆	11 48
	☿△♃	1pm59
24 Th	☿⊼♇	3am23
	☿⚼♅	10 37
	☿ ♌	8pm24
25 F	⊕⊼☿	4am 0
	☿✶♂	7 40
26 S	♀△♃	2am18
	⊕⊼♂	5pm35
	☿⚼♇	6 12
27 Su	☿⊼♅	1am59
	♂⚼♆	2 5
	☿☌♄	2pm57
28 M	♀⊼♇	0am55
	☿☍♆	4 3
	☿∠♂	6 24
29 T	☿□♃	0am14
	♀⚼♅	3 37
	☿△♇	1pm56
30 W	☿⊻♀	7am29
	☿ ♍	9 39
	♀ ♌	2pm 8
31	☿⊻♂	12pm43

SEPTEMBER 2006

	☿		♀		⊕	♂	
DAY	LONG	LAT	LONG	LAT	LONG	LONG	LAT
	° '	° '	° '	° '	° '	° '	° '
1 F	7♍43	6N37	2♌17	2N25	8♓26	5♎42	1N17
2 S	12 22	6 24	3 55	2 29	9 24	6 09	1 16
3 Su	16 51	6 10	5 32	2 33	10 23	6 36	1 16
4 M	21 11	5 54	7 10	2 37	11 21	7 03	1 15
5 Tu	25 24	5 36	8 47	2 41	12 19	7 30	1 14
6 W	29 28	5 18	10 25	2 44	13 17	7 57	1 14
7 Th	3♎25	4 58	12 02	2 48	14 15	8 24	1 13
8 F	7 16	4 37	13 40	2 51	15 13	8 51	1 12
9 S	11 00	4 16	15 17	2 54	16 12	9 18	1 12
10 Su	14 37	3 55	16 55	2 57	17 10	9 45	1 11
11 M	18 10	3 33	18 32	3 00	18 08	10 12	1 10
12 Tu	21 37	3 10	20 10	3 02	19 06	10 39	1 10
13 W	24 59	2 48	21 47	3 05	20 05	11 07	1 09
14 Th	28 16	2 25	23 25	3 07	21 03	11 34	1 08
15 F	1♏30	2 03	25 02	3 09	22 02	12 01	1 08
16 S	4 39	1 40	26 40	3 11	23 00	12 28	1 07
17 Su	7 46	1 18	28 17	3 13	23 59	12 55	1 06
18 M	10 49	0 56	29 55	3 15	24 57	13 23	1 06
19 Tu	13 49	0 34	1♍33	3 17	25 56	13 50	1 05
20 W	16 46	0 12	3 10	3 18	26 54	14 17	1 04
21 Th	19 41	0S09	4 48	3 19	27 53	14 45	1 03
22 F	22 34	0 31	6 25	3 20	28 52	15 12	1 03
23 S	25 26	0 52	8 02	3 21	29 50	15 39	1 02
24 Su	28 15	1 12	9 40	3 22	0♈49	16 07	1 01
25 M	1♐04	1 32	11 17	3 23	1 48	16 34	1 01
26 Tu	3 51	1 52	12 55	3 23	2 47	17 02	1 00
27 W	6 37	2 12	14 32	3 24	3 46	17 29	0 59
28 Th	9 22	2 31	16 10	3 24	4 44	17 57	0 58
29 F	12 08	2 50	17 47	3 24	5 43	18 25	0 58
30 S	14♐52	3S08	19♍24	3N23	6♈42	18♎52	0N57

OCTOBER 2006

	☿		♀		⊕	♂	
DAY	LONG	LAT	LONG	LAT	LONG	LONG	LAT
	° '	° '	° '	° '	° '	° '	° '
1 Su	17♐37	3S26	21♍02	3N23	7♈41	19♎20	0N56
2 M	20 22	3 43	22 39	3 23	8 40	19 47	0 55
3 Tu	23 07	4 00	24 16	3 22	9 39	20 15	0 54
4 W	25 52	4 16	25 53	3 21	10 38	20 43	0 54
5 Th	28 39	4 32	27 31	3 20	11 37	21 11	0 53
6 F	1♑26	4 48	29 08	3 19	12 36	21 38	0 52
7 S	4 14	5 02	0♎45	3 18	13 36	22 06	0 51
8 Su	7 04	5 16	2 22	3 16	14 35	22 34	0 50
9 M	9 56	5 30	3 59	3 15	15 34	23 02	0 50
10 Tu	12 49	5 42	5 36	3 13	16 33	23 30	0 49
11 W	15 44	5 54	7 13	3 11	17 32	23 58	0 48
12 Th	18 41	6 05	8 50	3 09	18 32	24 26	0 47
13 F	21 41	6 16	10 27	3 07	19 31	24 54	0 46
14 S	24 44	6 25	12 04	3 04	20 31	25 22	0 46
15 Su	27 50	6 34	13 41	3 02	21 30	25 50	0 45
16 M	0♒59	6 41	15 18	2 59	22 29	26 18	0 44
17 Tu	4 12	6 48	16 55	2 56	23 29	26 46	0 43
18 W	7 28	6 53	18 31	2 53	24 29	27 15	0 42
19 Th	10 49	6 57	20 08	2 50	25 28	27 43	0 41
20 F	14 15	6 59	21 45	2 47	26 28	28 11	0 41
21 S	17 45	7 00	23 21	2 44	27 27	28 39	0 40
22 Su	21 20	7 00	24 58	2 40	28 27	29 08	0 39
23 M	25 01	6 58	26 34	2 36	29 27	29 36	0 38
24 Tu	28 48	6 53	28 11	2 33	0♉27	0♏05	0 37
25 W	2♓41	6 47	29 47	2 29	1 26	0 33	0 36
26 Th	6 41	6 39	1♏24	2 25	2 26	1 01	0 35
27 F	10 48	6 29	3 00	2 21	3 26	1 30	0 35
28 S	15 02	6 16	4 36	2 17	4 26	1 59	0 34
29 Su	19 24	6 01	6 12	2 12	5 26	2 27	0 33
30 M	23 54	5 43	7 49	2 08	6 26	2 56	0 32
31 Tu	28♓33	5S22	9♏25	2N04	7♉26	3♏25	0N31

	♃		♄		♅		♆		♇	
DAY	LONG	LAT	LONG	LAT	LONG	LAT	LONG	LAT	LONG	LAT
	° '	° '	° '	° '	° '	° '	° '	° '	° '	° '
2 S	23♏14.5	0N58	15♌47.0	0N56	12♓42.4	0S46	18♒32.6	0S12	25♐53.4	7N17
7 Th	23 37.7	0 57	15 57.9	0 57	12 45.6	0 46	18 34.4	0 12	25 55.2	7 17
12 Tu	24 00.8	0 57	16 08.8	0 57	12 48.8	0 46	18 36.2	0 12	25 57.0	7 16
17 Su	24 24.0	0 56	16 19.7	0 57	12 52.1	0 46	18 38.0	0 13	25 58.8	7 16
22 F	24 47.2	0 56	16 30.6	0 58	12 55.3	0 46	18 39.8	0 13	26 00.6	7 15
27 W	25 10.4	0 56	16 41.5	0 58	12 58.5	0 46	18 41.6	0 13	26 02.4	7 15
2 M	25 33.6	0 55	16 52.4	0 59	13 01.7	0 46	18 43.4	0 13	26 04.2	7 14
7 S	25 56.8	0 55	17 03.3	0 59	13 04.9	0 46	18 45.2	0 13	26 06.0	7 14
12 Th	26 20.0	0 55	17 14.1	1 00	13 08.1	0 46	18 47.0	0 13	26 07.9	7 13
17 Tu	26 43.3	0 54	17 25.0	1 00	13 11.4	0 46	18 48.8	0 13	26 09.7	7 13
22 Su	27 06.5	0 54	17 35.9	1 00	13 14.6	0 46	18 50.6	0 13	26 11.5	7 12
27 F	27 29.8	0 53	17 46.8	1 01	13 17.8	0 46	18 52.5	0 13	26 13.3	7 12

☿a .357984	☿ .466700
♀p .718499	♀ .719556
⊕ 1.00931	⊕ 1.00129
♂ 1.64408	♂ 1.62092
♃ 5.39662	♃ 5.38956
♄ 9.15207	♄ 9.15823
♅ 20.0835	♅ 20.0844
♆ 30.0529	♆ 30.0523
♇ 31.1634	♇ 31.1774
☊	Perihelia
☿ 18° ♉ 25	☿ 17° ♊ 34
♀ 16 ♊ 45	♀ 11 ♌ 20
⊕	⊕ 14 ♋ 57
♂ 19 ♉ 37	♂ 6 ♓ 11
♃ 10 ♋ 34	♃ 14 ♈ 47
♄ 23 ♋ 42	♄ 3 ♋ 42
♅ 14 ♊ 00	♅ 22 ♍ 39
♆ 11 ♌ 52	♆ 4 ♉ 10
♇ 20 ♋ 25	♇ 14 ♏ 40

1	⊕☍☿	4am36
2	☿☍♅	1am50
S	☿⚺♄	6pm24
3	☿⚻♆	9am21
Su	♀✶♂	9pm43
4	☿∠♀	8am56
M	☿✶♃	12pm45
5	☿□♇	3am 0
T	⊕☌♅	10 41
6	☿ ♎	3am11
W	♀⚼♇	7 25
	☿∠♄	8 52
	♀ P	12pm 7
7	☿⚼♆	0am56
Th	♀⚻♅	10 45
	♂∠♃	2pm35
8	☿∠♃	9am23
F	☿☌♂	11 32
	⊕⚻♄	8pm 3
9	♀☌♄	11am20
S	☿⚻♅	11 46
10	⊕⚻♀	9am10
Su	☿✶♄	9 52
	⊕⚻☿	11pm45
11	♀☍♆	0am52
M	☿△♆	3 1
	☿✶♀	4 53
	⊕⚺♆	11 30
12	☿⚺♃	5pm28
13	☿✶♇	7am 5
W	☿⚼♅	8pm47
14	♀□♃	11am40
Th	☿ ♏	12pm48
15	♀△♇	1pm45
16	♀∠♂	4pm28
S	♂⚻♅	8 57
17	⊕△♃	11am19
Su	⊕⚼☿	2pm 0
18	♀ ♍	1am14
M	☿∠♇	1 24
	☿△♅	4pm34
19	☿⚺♂	0am13
T	⊕□♇	1 34
	☿□♄	9pm15
20	☿0S	1pm27
W	☿□♆	3 28
22	☿☌♃	7pm 6
23	⊕ ♈	3am56
S	☿⚺♇	4 59
24	☿ ♐	2pm55
Su	⊕⚼♄	7 26
25	♂✶♄	2am36
M	☿∠♂	5 16
	⊕△☿	9 47
26	♀☍♅	0am46
T	⊕∠♆	10pm23
28	♀⚺♄	8am36
29	☿□♅	7am38
F	♀⚺♂	12pm56
	♀⚻♆	1 43
	♂△♆	3 41
30	☿△♄	5pm 6
S	☿ A	9 56
1	☿✶♆	9am40
Su	☿✶♂	6pm 1
3	♀✶♃	9pm16
T	☿⚺♃	10 35
4	☿□♀	0am22
W	☿☌♇	1 50
	⊕⚼♃	2 2
	♀□♇	2 52
5	☿ ♑	11am41
6	☿⚼♄	5am 5
F	⊕⚺♅	11 25
	♀ ♎	12pm54
	☿∠♆	7 51
7	♀∠♄	7pm48
8	♀⚼♆	8pm43
9	♃⚺♇	3am48
M	☿∠♃	10 5
10	☿✶♅	2am30
T	⊕△♄	3pm22
11	☿⚻♄	12pm 6
W	⊕□☿	10 4
12	☿⚺♆	0am45
Th	⊕✶♆	6 12
13	♀∠♃	2pm58
14	☿□♂	5am48
S	☿⚺♇	10 58
	☿✶♃	1pm59
	♀⚻♅	4 18
15	☿∠♅	2am34
Su	♂✶♇	4pm17
	☿ ♒	4 33
16	♂⚺♃	8pm49
17	♀✶♄	7am45
18	♀△♆	4am28
19	☿∠♇	2am30
Th	☿⚺♅	4pm52
	⊕△♇	5 7
20	♂⚼♅	1am54
F	⊕⚻♃	12pm51
	☿☍♄	10 44
21	☿☌♆	7am22
S	⊕∠♅	6pm54
22	♀✶♇	6pm24
23	⊕☍♂	7am 7
M	☿✶♇	7 33
	♀⚺♃	9 38
	⊕ ♉	1pm19
	☿□♃	2 7
	☿△♀	5 15
	♂ ♏	8 10
24	♀⚼♅	1am16
T	☿ ♓	7 28
	☿△♂	9 3
	⊕✶☿	1pm45
25	♀ ♏	3am11
W	♀☌♂	4pm11
27	☿☌♅	2pm16
F	⊕☍♀	5 13
28	☿⚼♂	12pm 4
S	☿⚻♄	3 29
	☿⚺♆	9 11
29	⊕∠☿	7am 8
Su	☿⚼♀	3pm 4
30	☿□♇	12pm10
M	☿△♃	8 9
31	☿ ♈	7am21
T	☿⚼♄	10pm 7

NOVEMBER 2006

DAY	☿ LONG	☿ LAT	♀ LONG	♀ LAT	⊕ LONG	♂ LONG	♂ LAT
	° '	° '	° '	° '	° '	° '	° '
1 W	3♈20	4S58	11♏01	1N59	8♉26	3♏53	0N30
2 Th	8 16	4 32	12 37	1 54	9 26	4 22	0 29
3 F	13 22	4 02	14 13	1 50	10 26	4 51	0 28
4 S	18 36	3 30	15 49	1 45	11 26	5 20	0 27
5 Su	24 00	2 54	17 25	1 40	12 26	5 49	0 26
6 M	29 32	2 17	19 01	1 35	13 26	6 17	0 26
7 Tu	5♉13	1 36	20 37	1 30	14 26	6 46	0 25
8 W	11 02	0 54	22 12	1 25	15 26	7 15	0 24
9 Th	16 59	0 11	23 48	1 19	16 27	7 45	0 23
10 F	23 02	0N34	25 24	1 14	17 27	8 14	0 22
11 S	29 12	1 19	27 00	1 09	18 27	8 43	0 21
12 Su	5♊25	2 04	28 35	1 04	19 28	9 12	0 20
13 M	11 42	2 47	0♐11	0 58	20 28	9 41	0 19
14 Tu	18 01	3 28	1 46	0 53	21 28	10 10	0 18
15 W	24 21	4 07	3 22	0 47	22 29	10 40	0 17
16 Th	0♋39	4 43	4 57	0 42	23 29	11 09	0 16
17 F	6 54	5 15	6 33	0 36	24 30	11 38	0 15
18 S	13 06	5 44	8 08	0 31	25 30	12 08	0 14
19 Su	19 12	6 07	9 44	0 25	26 31	12 37	0 14
20 M	25 11	6 27	11 19	0 19	27 31	13 07	0 13
21 Tu	1♌03	6 41	12 54	0 14	28 32	13 37	0 12
22 W	6 47	6 52	14 30	0 08	29 32	14 06	0 11
23 Th	12 22	6 58	16 05	0 02	0♊33	14 36	0 10
24 F	17 47	7 00	17 40	0S03	1 34	15 06	0 09
25 S	23 03	6 59	19 15	0 09	2 34	15 35	0 08
26 Su	28 09	6 54	20 50	0 15	3 35	16 05	0 07
27 M	3♍05	6 47	22 26	0 20	4 36	16 35	0 06
28 Tu	7 52	6 37	24 01	0 26	5 37	17 05	0 05
29 W	12 30	6 24	25 36	0 31	6 37	17 35	0 04
30 Th	16♍59	6N10	27♐11	0S37	7♊38	18♏05	0N03

DECEMBER 2006

DAY	☿ LONG	☿ LAT	♀ LONG	♀ LAT	⊕ LONG	♂ LONG	♂ LAT
	° '	° '	° '	° '	° '	° '	° '
1 F	21♍19	5N53	28♐46	0S42	8♊39	18♏35	0N02
2 S	25 31	5 36	0♑21	0 48	9 40	19 05	0 01
3 Su	29 36	5 17	1 56	0 53	10 40	19 35	0 00
4 M	3♎33	4 57	3 31	0 59	11 41	20 05	0S01
5 Tu	7 23	4 37	5 06	1 04	12 42	20 36	0 02
6 W	11 07	4 16	6 41	1 10	13 43	21 06	0 03
7 Th	14 44	3 54	8 16	1 15	14 44	21 36	0 04
8 F	18 16	3 32	9 51	1 20	15 45	22 07	0 05
9 S	21 43	3 10	11 26	1 25	16 46	22 37	0 06
10 Su	25 05	2 47	13 00	1 30	17 47	23 07	0 07
11 M	28 23	2 25	14 35	1 35	18 48	23 38	0 08
12 Tu	1♏36	2 02	16 10	1 40	19 49	24 09	0 09
13 W	4 45	1 40	17 45	1 45	20 50	24 39	0 10
14 Th	7 52	1 17	19 20	1 50	21 51	25 10	0 11
15 F	10 54	0 55	20 55	1 54	22 52	25 41	0 12
16 S	13 54	0 33	22 30	1 59	23 53	26 11	0 13
17 Su	16 52	0 11	24 04	2 04	24 54	26 42	0 14
18 M	19 47	0S10	25 39	2 08	25 55	27 13	0 15
19 Tu	22 40	0 31	27 14	2 12	26 56	27 44	0 16
20 W	25 31	0 52	28 49	2 17	27 57	28 15	0 17
21 Th	28 21	1 13	0♒24	2 21	28 58	28 46	0 18
22 F	1♐09	1 33	1 59	2 25	29 59	29 17	0 19
23 S	3 56	1 53	3 34	2 29	1♋00	29 49	0 20
24 Su	6 42	2 13	5 08	2 32	2 02	0♐20	0 21
25 M	9 28	2 32	6 43	2 36	3 03	0 51	0 22
26 Tu	12 13	2 50	8 18	2 40	4 04	1 22	0 23
27 W	14 58	3 09	9 53	2 43	5 05	1 54	0 24
28 Th	17 42	3 26	11 28	2 46	6 06	2 25	0 25
29 F	20 27	3 44	13 03	2 50	7 07	2 57	0 26
30 S	23 12	4 01	14 38	2 53	8 08	3 28	0 27
31 Su	25♐58	4S17	16♒13	2S55	9♋10	4♐00	0S28

DAY	♃ LONG	♃ LAT	♄ LONG	♄ LAT	♅ LONG	♅ LAT	♆ LONG	♆ LAT	♇ LONG	♇ LAT
	° '	° '	° '	° '	° '	° '	° '	° '	° '	° '
1 W	27♏53.0	0N53	17♌57.6	1N01	13♓21.0	0S46	18♒54.3	0S13	26♐15.1	7N11
6 M	28 16.3	0 53	18 08.5	1 02	13 24.2	0 46	18 56.1	0 13	26 16.9	7 11
11 S	28 39.6	0 52	18 19.4	1 02	13 27.4	0 46	18 57.9	0 13	26 18.7	7 10
16 Th	29 02.9	0 52	18 30.2	1 03	13 30.7	0 46	18 59.7	0 13	26 20.5	7 10
21 Tu	29 26.2	0 51	18 41.1	1 03	13 33.9	0 46	19 01.5	0 13	26 22.3	7 09
26 Su	29 49.6	0 51	18 52.0	1 03	13 37.1	0 46	19 03.3	0 13	26 24.2	7 09
1 F	0♐12.9	0 51	19 02.8	1 04	13 40.3	0 46	19 05.1	0 13	26 26.0	7 08
6 W	0 36.3	0 50	19 13.7	1 04	13 43.5	0 46	19 06.9	0 13	26 27.8	7 08
11 M	0 59.6	0 50	19 24.5	1 05	13 46.8	0 46	19 08.7	0 13	26 29.6	7 07
16 S	1 23.0	0 49	19 35.4	1 05	13 50.0	0 46	19 10.6	0 14	26 31.4	7 07
21 Th	1 46.4	0 49	19 46.2	1 06	13 53.2	0 46	19 12.4	0 14	26 33.2	7 06
26 Tu	2 09.8	0 49	19 57.1	1 06	13 56.4	0 46	19 14.2	0 14	26 35.0	7 06
31 Su	2 33.2	0 48	20 07.9	1 06	13 59.7	0 46	19 16.0	0 14	26 36.9	7 05

☿p .351346	☿a .375528
♀ .723270	♀a .726925
⊕ .992603	⊕ .986110
♂ 1.58979	♂ 1.55434
♃ 5.38191	♃ 5.37417
♄ 9.16473	♄ 9.17114
♅ 20.0854	♅ 20.0863
♆ 30.0517	♆ 30.0510
♇ 31.1918	♇ 31.2058
☊	Perihelia
☿ 18°♉ 25	☿ 17°♊ 34
♀ 16 ♊ 45	♀ 11 ♌ 20
⊕	⊕ 13 ♋ 59
♂ 19 ♉ 37	♂ 6 ♓ 11
♃ 10 ♋ 34	♃ 14 ♈ 47
♄ 23 ♋ 43	♄ 3 ♋ 33
♅ 14 ♊ 01	♅ 22 ♍ 45
♆ 11 ♌ 52	♆ 1 ♉ 18
♇ 20 ♋ 25	♇ 14 ♏ 44

1 W	☿∠♆	2am48
	☿⚻♂	3 0
	♀∠♇	3 33
2 Th	⊕⚺☿	6am52
	♀△♅	11 14
	☿⚼♃	10pm29
3 F	☿⚺♅	0am 3
	☿⚻♀	5 44
	⊕⚼♇	8pm 7
	☿△♄	9 35
4	☿✶♆	1am27
5 Su	☿△♇	9am59
	♀□♄	10 36
	☿⚻♃	6pm31
	☿∠♅	7 9
	♀□♆	10 48
	⊕✶♅	11 15
6	☿ ♉	2am 0
7	☿☍♂	7am 4
8 W	☿⚼♇	1am 3
	☿✶♅	9 43
	⊕☌☿	9pm25
9 Th	☿□♄	5am 5
	☿0N	5 42
	☿□♆	7 51
10 F	☿☍♀	12pm29
	☿⚻♇	12 48
	♀⚺♇	1 42
	⊕□♄	8 46
	☿☍♃	9 54
11 S	☿ ♊	3am 7
	⊕□♆	12pm17
12 Su	♀☌♃	2am23
	☿⚻♂	3pm39
	♀ ♐	9 16
13 M	☿□♅	6am45
	☿ P	9pm36
14 T	☿✶♄	1am34
	☿△♆	3 39
	⊕⚺☿	3pm34
15 W	☿⚼♂	5am26
	☿☍♇	7 35
	☿⚻♃	5pm50
	☿ ♋	9 32
16	♂∠♇	9am28
Th	☿∠♄	11 0
	☿⚼♆	12pm50
	☿⚻♀	10 9
17 F	⊕∠☿	11am57
	☿△♂	7pm55
18 S	☿△♅	1am43
	☿⚼♃	4 23
	⊕⚻♇	8pm24
	☿⚺♄	9 40
	☿⚻♆	11 16
20 M	☿⚻♇	4am47
	☿⚼♀	6 16
	⊕✶☿	11 27
	☿⚼♅	1pm44
	☿△♃	5 14
	☿ ♌	7 39
	♂△♅	9 48
21 T	♀□♅	10am 2
	♀⚺♂	3pm26
	⊕☍♃	11 21
22 W	⊕ ♊	10am55
	☿⚼♇	7pm45
23 Th	☿⚻♅	5am22
	♀0S	10 2
	☿□♂	10 48
	☿△♀	11pm15
24 F	☿☌♄	4am35
	☿☍♆	5 41
	♀△♄	5pm26
	♀✶♆	8 53
25	☿△♇	3pm41
26 Su	☿□♃	8am11
	☿ ♍	8 54
27	⊕□☿	9am28
28	♃ ♐	5am33
29 W	☿☍♅	6am 5
	♀☌♇	12pm33
30 Th	☿✶♂	6am46
	☿⚺♄	11 13
	☿⚻♆	11 31
1 F	♀ ♑	6pm44
	♀⚺♃	11 8
2	♂□♄	0am 1
S	♂□♆	0 25
	☿□♇	5 20
	♄☍♆	6 34
3 Su	♂0S	1am21
	☿ ♎	2 25
	☿✶♃	4 44
	☿□♀	11pm39
4 M	☿⚼♆	3am27
	☿∠♄	3 48
	♀∠♆	8 59
	♀⚼♄	9 58
	☿∠♂	11 0
5	♀∠♂	11am 2
6 W	⊕□♅	0am12
	☿⚻♅	5pm17
	⊕△☿	11 56
7	☿∠♃	6am30
8 F	☿△♆	5am55
	☿✶♄	7 10
9	☿⚺♂	7am28
10 Su	☿✶♇	10am11
	♀✶♅	11 39
11 M	☿⚼♅	2am59
	⊕△♆	8 20
	☿ ♏	12pm 2
	⊕✶♄	3 2
	☿⚺♃	7 57
	♀∠♃	10 27
13 W	⊕⚼☿	12pm15
	♀⚺♆	9 26
14	♀⚻♄	2am53
15 F	☿∠♇	4am52
	☿△♅	11pm24
16	♂⚺♇	3pm42
17 Su	☿0S	12pm43
	☿□♆	7 5
	☿□♄	10 59
18 M	⊕⚻♀	11am 5
	♀⚺♇	1pm25
	⊕☍♇	2 43
19	♀✶♂	11am16
20 W	♀∠♅	0am54
	☿⚺♇	8 44
	⊕⚻♂	2pm25
	♀ ♒	5 57
21 Th	☿☌♂	4am26
	⊕⚻☿	8 22
	☿ ♐	2pm 8
	♀✶♃	9 58
22 F	⊕ ♋	0am15
	☿☌♃	6 12
	☿✶♀	4pm29
23 S	♂ ♐	8am50
	⊕⚻♃	11pm30
26 T	⊕⚼♆	4am 3
	☿□♅	3pm 9
	⊕∠♄	9 38
27 W	♂☌♃	6pm40
	☿ A	9 12
	♀ A	9 12
28 Th	♀∠♇	1am58
	☿✶♆	1pm32
	☿△♄	8 33
29	♀⚺♅	2pm 7
31	☿☌♇	5am40

JANUARY 2007

DAY	☿ LONG	☿ LAT	♀ LONG	♀ LAT	⊕ LONG	♂ LONG	♂ LAT
	° '	° '	° '	° '	° '	° '	° '
1 M	28♐44	4S33	17♒48	2S58	10♋11	4♐31	0S29
2 Tu	1♑31	4 48	19 23	3 01	11 12	5 03	0 30
3 W	4 20	5 03	20 58	3 03	12 13	5 35	0 31
4 Th	7 10	5 17	22 33	3 06	13 14	6 07	0 32
5 F	10 01	5 30	24 08	3 08	14 15	6 39	0 33
6 S	12 54	5 43	25 43	3 10	15 16	7 10	0 33
7 Su	15 50	5 55	27 18	3 12	16 18	7 42	0 34
8 M	18 47	6 06	28 53	3 14	17 19	8 14	0 35
9 Tu	21 47	6 16	0♓28	3 16	18 20	8 47	0 36
10 W	24 50	6 26	2 03	3 17	19 21	9 19	0 37
11 Th	27 56	6 34	3 38	3 18	20 22	9 51	0 38
12 F	1♒05	6 41	5 13	3 20	21 23	10 23	0 39
13 S	4 18	6 48	6 48	3 21	22 24	10 55	0 40
14 Su	7 35	6 53	8 23	3 22	23 26	11 28	0 41
15 M	10 56	6 57	9 58	3 22	24 27	12 00	0 42
16 Tu	14 21	6 59	11 33	3 23	25 28	12 33	0 43
17 W	17 52	7 00	13 09	3 23	26 29	13 05	0 44
18 Th	21 27	7 00	14 44	3 24	27 30	13 38	0 45
19 F	25 08	6 57	16 19	3 24	28 31	14 11	0 46
20 S	28 55	6 53	17 54	3 24	29 32	14 43	0 47
21 Su	2♓49	6 47	19 30	3 23	0♌33	15 16	0 48
22 M	6 49	6 39	21 05	3 23	1 34	15 49	0 49
23 Tu	10 56	6 29	22 40	3 23	2 35	16 22	0 50
24 W	15 10	6 16	24 15	3 22	3 37	16 55	0 51
25 Th	19 33	6 00	25 51	3 21	4 38	17 28	0 52
26 F	24 03	5 42	27 26	3 20	5 39	18 01	0 53
27 S	28 42	5 21	29 02	3 19	6 40	18 34	0 54
28 Su	3♈30	4 58	0♈37	3 18	7 41	19 07	0 55
29 M	8 26	4 31	2 13	3 16	8 42	19 40	0 56
30 Tu	13 32	4 01	3 48	3 15	9 42	20 13	0 57
31 W	18♈46	3S29	5♈23	3S13	10♌43	20♐47	0S57

FEBRUARY 2007

DAY	☿ LONG	☿ LAT	♀ LONG	♀ LAT	⊕ LONG	♂ LONG	♂ LAT
	° '	° '	° '	° '	° '	° '	° '
1 Th	24♈10	2S53	6♈59	3S11	11♌44	21♐20	0S58
2 F	29 43	2 15	8 35	3 09	12 45	21 54	0 59
3 S	5♉24	1 35	10 10	3 07	13 46	22 27	1 00
4 Su	11 13	0 53	11 46	3 05	14 47	23 01	1 01
5 M	17 10	0 09	13 21	3 02	15 48	23 34	1 02
6 Tu	23 14	0N35	14 57	3 00	16 48	24 08	1 03
7 W	29 23	1 20	16 33	2 57	17 49	24 42	1 04
8 Th	5♊37	2 05	18 08	2 54	18 50	25 16	1 05
9 F	11 54	2 48	19 44	2 51	19 51	25 49	1 06
10 S	18 13	3 30	21 20	2 48	20 52	26 23	1 06
11 Su	24 33	4 09	22 56	2 44	21 52	26 57	1 07
12 M	0♋51	4 44	24 31	2 41	22 53	27 31	1 08
13 Tu	7 06	5 16	26 07	2 38	23 54	28 05	1 09
14 W	13 17	5 44	27 43	2 34	24 54	28 40	1 10
15 Th	19 23	6 08	29 19	2 30	25 55	29 14	1 11
16 F	25 22	6 27	0♉55	2 26	26 56	29 48	1 12
17 S	1♌14	6 42	2 31	2 22	27 56	0♑22	1 12
18 Su	6 58	6 52	4 07	2 18	28 57	0 57	1 13
19 M	12 32	6 58	5 43	2 14	29 57	1 31	1 14
20 Tu	17 57	7 00	7 19	2 09	0♍58	2 06	1 15
21 W	23 13	6 59	8 55	2 05	1 58	2 40	1 16
22 Th	28 18	6 54	10 31	2 00	2 59	3 15	1 17
23 F	3♍15	6 46	12 07	1 56	3 59	3 49	1 17
24 S	8 01	6 36	13 43	1 51	5 00	4 24	1 18
25 Su	12 39	6 24	15 19	1 46	6 00	4 59	1 19
26 M	17 07	6 09	16 55	1 41	7 00	5 34	1 20
27 Tu	21 27	5 53	18 31	1 36	8 01	6 09	1 21
28 W	25♍39	5N35	20♉08	1S31	9♍01	6♑44	1S21

DAY	♃ LONG	♃ LAT	♄ LONG	♄ LAT	♅ LONG	♅ LAT	♆ LONG	♆ LAT	♇ LONG	♇ LAT
	° '	° '	° '	° '	° '	° '	° '	° '	° '	° '
5 F	2♐56.7	0N48	20♌18.8	1N07	14♓02.9	0S46	19♒17.8	0S14	26♐38.7	7N05
10 W	3 20.1	0 47	20 29.6	1 07	14 06.1	0 46	19 19.6	0 14	26 40.5	7 04
15 M	3 43.5	0 47	20 40.4	1 08	14 09.3	0 46	19 21.4	0 14	26 42.3	7 04
20 S	4 07.0	0 46	20 51.3	1 08	14 12.6	0 46	19 23.2	0 14	26 44.1	7 03
25 Th	4 30.5	0 46	21 02.1	1 09	14 15.8	0 46	19 25.0	0 14	26 45.9	7 03
30 Tu	4 53.9	0 46	21 12.9	1 09	14 19.0	0 46	19 26.9	0 14	26 47.7	7 02
4 Su	5 17.4	0 45	21 23.8	1 09	14 22.2	0 46	19 28.7	0 14	26 49.5	7 02
9 F	5 40.9	0 45	21 34.6	1 10	14 25.4	0 46	19 30.5	0 14	26 51.3	7 01
14 W	6 04.5	0 44	21 45.4	1 10	14 28.6	0 46	19 32.3	0 14	26 53.1	7 01
19 M	6 28.0	0 44	21 56.2	1 11	14 31.9	0 46	19 34.1	0 14	26 54.9	7 00
24 S	6 51.5	0 43	22 07.0	1 11	14 35.1	0 46	19 35.9	0 14	26 56.7	7 00

☿ .464337	☿p .330378
♀ .728198	♀ .726073
⊕p .983286	⊕ .985247
♂ 1.51453	♂ 1.47444
♃ 5.36584	♃ 5.35719
♄ 9.17790	♄ 9.18479
♅ 20.0872	♅ 20.0881
♆ 30.0504	♆ 30.0497
♇ 31.2204	♇ 31.2349
☊	Perihelia
☿ 18°♉ 25	☿ 17°♊ 34
♀ 16 ♊ 45	♀ 11 ♌ 18
⊕	⊕ 11 ♋ 27
♂ 19 ♉ 37	♂ 6 ♓ 12
♃ 10 ♋ 34	♃ 14 ♈ 47
♄ 23 ♋ 43	♄ 3 ♋ 26
♅ 14 ♊ 01	♅ 22 ♍ 50
♆ 11 ♌ 52	♆ 29 ♈ 02

Day	Aspect	Time
1 M	☿ ♑	10am54
	♀☌♆	10pm30
2 T	☿⚺♃	10am27
	♀☍♄	12pm51
	☿∠♆	11 36
3 W	☿⚼♄	7am50
	☿⚺♂	1pm 4
	⊕ P	7 45
4 Th	☿∠♀	7am13
	⊕△♅	7pm 5
6 S	☿⚹♅	9am32
	♀⚹♇	2pm20
7 Su	⊕☍☿	5am48
	☿∠♃	6pm58
8 M	☿⚺♆	4am16
	☿⚻♄	1pm16
	♀ ♓	5 2
	⊕⚼♃	10 7
9 T	☿∠♂	7pm 2
	⊕⚻♆	11 28
10 W	☿⚺♇	2pm19
	♀□♃	8 34
11 Th	⊕⚺♄	3am56
	☿∠♅	9 3
	☿ ♒	3pm46
12	☿⚹♃	6pm26
14 Su	⊕⚼♀	1am44
	☿⚺♀	11 3
15 M	☿∠♇	5am29
	☿⚹♂	9 1
	☿⚺♅	10pm41
16	♀□♂	10pm44
17 W	⊕⚻♇	5am34
	☿☌♆	10 10
	♀☌♅	3pm45
	☿☍♄	7 31
19 F	♂□♅	1am 2
	☿⚹♇	10 10
	⊕⚼♅	4pm11
20 S	⊕⚻☿	5am12
	☿ ♓	6 42
	⊕⚼♂	9 17
	⊕ ♌	10 54
	♀⚺♆	10pm30
21 Su	☿□♃	8am32
	♀⚻♄	9pm37
23	☿☌♅	6pm50
24 W	☿□♂	11am 0
	⊕△♃	8pm58
	☿⚺♆	11 18
25 Th	⊕⚼☿	0am34
	☿⚻♄	8 5
	♀□♇	1pm54
26	☿□♇	2pm 9
27 S	☿☌♀	2am30
	☿ ♈	6 35
	♀ ♈	2pm41
28 Su	☿∠♆	4am39
	☿△♃	6 14
	☿⚼♄	1pm 4
	♂⚹♆	2 0
29	⊕△☿	1am33
30 T	☿⚺♅	3am40
	♀∠♆	9 49
	♀△♃	5pm26
31 W	☿⚹♆	3am 5
	☿⚼♃	5 30
	☿△♂	10 3
	☿△♄	11 12
	♀⚼♄	1pm16
	♂△♄	9 44
1 Th	⊕⚼♇	1am39
	☿△♇	11 31
	☿∠♅	10pm27
2 F	☿ ♉	1am14
	☿⚻♃	11pm13
3 S	☿⚼♂	9am26
	⊕⚻♅	2pm10
4 Su	☿⚼♇	2am27
	☿⚺♀	3 0
	☿⚹♅	12pm47
	⊕□☿	5 21
5 M	☿0N	4am58
	☿□♆	9 13
	♀⚺♅	3pm33
	☿□♄	5 1
6 T	☿⚻♂	3am54
	☿⚻♇	2pm 6
7 W	☿ ♊	2am22
	☿∠♀	11 12
	☿☍♃	11pm56
8 Th	⊕☍♆	3pm55
	♀⚹♆	8 35
9 F	⊕△♀	4am40
	☿□♅	9 36
	♀⚼♃	3pm 0
	☿ P	8 51
10 S	♀△♄	4am21
	☿△♆	4 55
	⊕⚹☿	11 55
	☿⚹♄	12pm57
	☿⚹♀	3 47
	⊕☌♄	6 30
	♂☌♇	8 14
11 Su	☿☍♇	8am51
	☿☍♂	10 5
	☿ ♋	8pm47
12 M	☿⚼♆	2pm 7
	☿⚻♃	7 42
	☿∠♄	10 32
13 T	⊕∠☿	8am17
	♀△♇	11 28
14 W	☿△♅	4am39
	♀△♂	10pm 2
15 Th	☿⚻♆	0am38
	♀∠♅	2 38
	☿⚼♃	7 7
	☿⚺♄	9 39
	♀ ♉	10 18
	⊕△♇	11pm17
16 F	☿⚻♇	6am11
	⊕⚺☿	7 37
	♂ ♑	8 21
	☿⚼♅	4pm51
	☿ ♌	6 53
	☿⚻♂	8 2
17 S	☿□♀	7am19
	☿△♃	9pm32
18	☿⚼♇	9pm18
19 M	⊕ ♍	1am 2
	☿⚻♅	8 47
	♀⚻♃	11 56
	☿⚼♂	7pm41
20 T	☿☍♆	7am20
	☿☌♄	6pm25
21	☿△♇	5pm27
22 Th	☿ ♍	8am 9
	⊕△♂	2pm46
	♀⚼♇	9 24
23 F	☿△♂	3am16
	⊕☌☿	4 40
	☿□♃	5pm59
24 S	♂∠♆	8am13
	♀⚹♅	1pm 8
25 Su	☿☍♅	10am22
	☿△♀	10pm15
26 M	⊕□♃	0am13
	☿⚻♆	1pm42
27 T	☿⚺♄	4am22
	♀□♆	4pm26
28 W	☿□♇	7am41
	♂⚺♃	9pm18
	♂⚼♄	11 30

MARCH 2007

DAY	☿ LONG	☿ LAT	♀ LONG	♀ LAT	⊕ LONG	♂ LONG	♂ LAT
	° '	° '	° '	° '	° '	° '	° '
1 Th	29♍43	5N16	21♉44	1S26	10♍01	7♑18	1S22
2 F	3♎40	4 57	23 20	1 21	11 02	7 54	1 23
3 S	7 30	4 36	24 56	1 16	12 02	8 29	1 24
4 Su	11 14	4 15	26 33	1 10	13 02	9 04	1 24
5 M	14 51	3 53	28 09	1 05	14 02	9 39	1 25
6 Tu	18 23	3 31	29 45	1 00	15 02	10 14	1 26
7 W	21 50	3 09	1♊22	0 54	16 02	10 50	1 27
8 Th	25 11	2 46	2 58	0 49	17 02	11 25	1 27
9 F	28 29	2 24	4 35	0 43	18 02	12 00	1 28
10 S	1♏42	2 01	6 11	0 37	19 02	12 36	1 29
11 Su	4 51	1 39	7 48	0 32	20 02	13 11	1 29
12 M	7 57	1 17	9 24	0 26	21 02	13 47	1 30
13 Tu	11 00	0 55	11 01	0 20	22 02	14 22	1 31
14 W	14 00	0 33	12 38	0 15	23 02	14 58	1 31
15 Th	16 57	0 11	14 14	0 09	24 02	15 34	1 32
16 F	19 53	0S11	15 51	0 03	25 01	16 10	1 33
17 S	22 45	0 32	17 28	0N03	26 01	16 45	1 33
18 Su	25 37	0 53	19 05	0 08	27 01	17 21	1 34
19 M	28 26	1 13	20 41	0 14	28 01	17 57	1 34
20 Tu	1♐14	1 34	22 18	0 20	29 00	18 33	1 35
21 W	4 01	1 54	23 55	0 25	0♎00	19 09	1 36
22 Th	6 48	2 13	25 32	0 31	1 00	19 45	1 36
23 F	9 33	2 32	27 09	0 37	1 59	20 21	1 37
24 S	12 18	2 51	28 46	0 42	2 59	20 58	1 37
25 Su	15 03	3 09	0♋23	0 48	3 58	21 34	1 38
26 M	17 47	3 27	2 00	0 54	4 58	22 10	1 38
27 Tu	20 32	3 44	3 37	0 59	5 57	22 46	1 39
28 W	23 17	4 01	5 14	1 05	6 57	23 23	1 40
29 Th	26 03	4 17	6 51	1 10	7 56	23 59	1 40
30 F	28 49	4 33	8 28	1 15	8 55	24 36	1 41
31 S	1♑37	4S48	10♋05	1N21	9♎54	25♑12	1S41

APRIL 2007

DAY	☿ LONG	☿ LAT	♀ LONG	♀ LAT	⊕ LONG	♂ LONG	♂ LAT
	° '	° '	° '	° '	° '	° '	° '
1 Su	4♑25	5S03	11♋42	1N26	10♎54	25♑49	1S42
2 M	7 15	5 17	13 19	1 31	11 53	26 25	1 42
3 Tu	10 07	5 30	14 56	1 36	12 52	27 02	1 42
4 W	13 00	5 43	16 34	1 41	13 51	27 39	1 43
5 Th	15 55	5 55	18 11	1 46	14 50	28 15	1 43
6 F	18 53	6 06	19 48	1 51	15 49	28 52	1 44
7 S	21 53	6 16	21 26	1 56	16 48	29 29	1 44
8 Su	24 56	6 26	23 03	2 01	17 47	0♒06	1 45
9 M	28 02	6 34	24 40	2 05	18 46	0 43	1 45
10 Tu	1♒11	6 42	26 18	2 10	19 45	1 19	1 45
11 W	4 24	6 48	27 55	2 14	20 44	1 56	1 46
12 Th	7 41	6 53	29 32	2 18	21 43	2 33	1 46
13 F	11 02	6 57	1♌10	2 23	22 42	3 10	1 46
14 S	14 28	6 59	2 47	2 27	23 41	3 48	1 47
15 Su	17 58	7 00	4 25	2 31	24 40	4 25	1 47
16 M	21 34	7 00	6 02	2 34	25 38	5 02	1 47
17 Tu	25 15	6 57	7 40	2 38	26 37	5 39	1 48
18 W	29 03	6 53	9 17	2 42	27 36	6 16	1 48
19 Th	2♓56	6 47	10 54	2 45	28 34	6 53	1 48
20 F	6 57	6 39	12 32	2 48	29 33	7 31	1 49
21 S	11 04	6 28	14 10	2 52	0♏32	8 08	1 49
22 Su	15 19	6 15	15 47	2 55	1 30	8 45	1 49
23 M	19 41	6 00	17 25	2 58	2 29	9 23	1 49
24 Tu	24 12	5 42	19 02	3 00	3 27	10 00	1 49
25 W	28 51	5 21	20 40	3 03	4 26	10 38	1 50
26 Th	3♈39	4 57	22 17	3 05	5 24	11 15	1 50
27 F	8 35	4 30	23 55	3 08	6 23	11 53	1 50
28 S	13 41	4 00	25 32	3 10	7 21	12 30	1 50
29 Su	18 56	3 28	27 10	3 12	8 19	13 08	1 50
30 M	24♈20	2S52	28♌47	3N14	9♏18	13♒45	1S50

DAY	♃ LONG	♃ LAT	♄ LONG	♄ LAT	♅ LONG	♅ LAT	♆ LONG	♆ LAT	♇ LONG	♇ LAT
	° '	° '	° '	° '	° '	° '	° '	° '	° '	° '
1 Th	7♐15.1	0N43	22♌17.8	1N11	14♓38.3	0S46	19♒37.7	0S14	26♐58.6	6N59
6 Tu	7 38.7	0 43	22 28.6	1 12	14 41.5	0 46	19 39.5	0 14	27 00.4	6 59
11 Su	8 02.2	0 42	22 39.4	1 12	14 44.7	0 46	19 41.3	0 14	27 02.1	6 58
16 F	8 25.8	0 42	22 50.2	1 13	14 47.9	0 46	19 43.1	0 15	27 04.0	6 58
21 W	8 49.4	0 41	23 01.0	1 13	14 51.2	0 46	19 44.9	0 15	27 05.8	6 57
26 M	9 13.1	0 41	23 11.8	1 13	14 54.4	0 46	19 46.7	0 15	27 07.6	6 57
31 S	9 36.7	0 40	23 22.6	1 14	14 57.6	0 46	19 48.6	0 15	27 09.4	6 56
5 Th	10 00.3	0 40	23 33.4	1 14	15 00.8	0 46	19 50.3	0 15	27 11.1	6 56
10 Tu	10 24.0	0 39	23 44.2	1 15	15 04.0	0 46	19 52.2	0 15	27 13.0	6 55
15 Su	10 47.7	0 39	23 54.9	1 15	15 07.2	0 46	19 54.0	0 15	27 14.8	6 55
20 F	11 11.3	0 38	24 05.7	1 15	15 10.5	0 46	19 55.8	0 15	27 16.5	6 54
25 W	11 35.0	0 38	24 16.5	1 16	15 13.7	0 46	19 57.6	0 15	27 18.4	6 54
30 M	11 58.8	0 37	24 27.3	1 16	15 16.9	0 46	19 59.4	0 15	27 20.2	6 53

☿a.387207	☿ .461441
♀ .722414	♀p.719059
⊕ .990668	⊕ .999052
♂ 1.44090	♂ 1.41015
♃ 5.34910	♃ 5.33987
♄ 9.19111	♄ 9.19822
♅ 20.0888	♅ 20.0896
♆ 30.0491	♆ 30.0485
♇ 31.2482	♇ 31.2628
☊	Perihelia
☿ 18°♉ 25	☿ 17°♊ 34
♀ 16 ♊ 45	♀ 11 ♌ 19
⊕	⊕ 10 ♋ 35
♂ 19 ♉ 37	♂ 6 ♓ 12
♃ 10 ♋ 34	♃ 14 ♈ 45
♄ 23 ♋ 43	♄ 3 ♋ 17
♅ 14 ♊ 01	♅ 22 ♍ 55
♆ 11 ♌ 52	♆ 26 ♈ 29
♇ 20 ♋ 26	♇ 14 ♏ 51

1	☿ ♎	1am40
Th	♀□♄	8 40
	♀⚼♂	1pm35
2	☿⚼♆	5am59
F	☿∠♄	11pm 9
	☿⚹♃	11 23
3	☿□♂	7am22
4	☿⚼♀	3am42
Su	♀⚻♇	6 44
	⊕⚺☿	4pm24
	☿⚻♅	10 51
5	⊕☍♅	3pm42
6	♀ ♊	3am37
T	☿△♆	8 50
7	☿⚹♄	4am54
W	☿∠♃	6 29
8	☿⚹♇	1pm18
9	☿⚼♅	9am15
F	☿ ♏	11 16
10	⊕⚻♆	3pm38
11	⊕∠☿	2am 0
Su	♀☍♃	3 45
12	☿⚺♃	1am17
13	☿⚻♀	0am15
T	☿∠♇	8 20
	♂⚹♅	4pm 8
	⊕⚺♄	5 24
14	☿△♅	6am17
W	☿⚹♂	9 47
15	♀□♅	8am14
Th	☿0S	11 59
	☿□♆	10pm42
16	♀⚻♂	7am19
F	♀0N	1pm21
17	☿□♄	0am59
18	⊕□♇	1am31
Su	♀△♆	9 47
	☿⚺♇	12pm28
	⊕⚹☿	6 24
19	☿ ♐	1pm22
20	♀⚹♄	10am19
21	⊕ ♎	0am 0
W	☿∠♂	1 26
	♂⚺♆	11pm58
22	☿☌♃	6pm53
Th	♀☍♇	11 26
24	♀ ♋	6pm24
S	☿□♅	10 40
25	⊕⚼♆	7pm33
Su	☿ A	8 28
26	☿⚹♆	5pm25
27	♀⚼♆	5pm30
T	♂⚻♄	7 18
	☿△♄	11 49
28	☿⚺♂	1am 1
29	⊕∠♄	9am25
Th	☿☌♇	9 30
	♂∠♃	9pm12
	♀∠♄	10 8
30	☿ ♑	10am 8
F	⊕⚹♃	4pm11
	♀⚻♃	4 39
	⊕□♀	5 20

1	☿∠♆	3am22
2	☿⚼♄	10am12
M	☿⚺♃	9pm45
3	♀△♅	0am45
T	♂⚺♇	5 38
4	⊕□☿	10am38
W	☿⚹♅	4pm33
5	⊕⚻♅	4am20
6	♀⚻♆	0am37
F	☿⚺♆	7 46
	☿☍♀	4pm 7
7	☿⚻♄	1pm56
S	♂ ♒	8 18
	♂∠♅	10 2
8	☿∠♃	2am28
Su	♀⚺♄	9 20
	☿⚺♇	5pm39
9	♀⚼♃	10am 7
M	☿ ♒	3pm 1
	☿∠♅	3 29
10	☿☌♂	1am16
T	⊕△♆	2 49
	♀⚻♇	1pm43
12	♀ ♌	6am49
Th	♀⚼♅	8 11
	☿⚹♃	9pm 5
13	☿∠♇	8am27
14	☿⚺♅	4am28
S	⊕⚹♄	5 5
15	♀☍♂	0am 2
Su	☿☌♆	12pm57
16	⊕∠♃	6am14
M	☿☍♄	3pm44
17	⊕△☿	11am44
T	☿⚹♇	12pm47
	⊕⚹♇	3 47
18	☿ ♓	5am57
19	♀△♃	3am 8
Th	♀ P	5 14
	♀⚼♇	8pm11
20	☿⚺♂	3am58
F	⊕ ♏	11 0
	⊕⚼♅	3pm27
21	☿□♃	1am12
S	♀⚻♅	3pm16
	☿☌♅	11 22
22	☿⚻♀	4am13
Su	⊕⚼☿	8 33
23	☿⚺♆	1am25
24	☿⚻♄	0am14
T	☿∠♂	4 53
	♀☍♆	1pm37
	☿□♇	4 7
25	☿ ♈	5am50
26	☿∠♆	6am30
Th	⊕⚻☿	10 45
	♂⚹♃	6pm 0
27	☿⚼♀	2am16
F	☿⚼♄	3 38
	♀☌♄	6 35
	☿△♃	3pm10
	♂∠♇	5 1
	☿⚹♂	5 44
28	☿⚺♅	7am17
29	♀△♇	2am29
Su	☿⚹♆	4 43
30	☿△♄	0am31
M	☿⚼♃	11 41
	☿△♇	1pm 4
	♀ ♍	5 54

MAY 2007

JUNE 2007

MAY 2007

DAY	☿ LONG	☿ LAT	♀ LONG	♀ LAT	⊕ LONG	♂ LONG	♂ LAT
	° ′	° ′	° ′	° ′	° ′	° ′	° ′
1 Tu	29♈53	2S14	0♍25	3N15	10♏16	14♒23	1S51
2 W	5♉35	1 34	2 02	3 17	11 14	15 01	1 51
3 Th	11 24	0 52	3 40	3 18	12 12	15 38	1 51
4 F	17 22	0 08	5 17	3 20	13 10	16 16	1 51
5 S	23 25	0N37	6 55	3 21	14 09	16 54	1 51
6 Su	29 35	1 22	8 32	3 22	15 07	17 32	1 51
7 M	5♊49	2 06	10 10	3 22	16 05	18 09	1 51
8 Tu	12 06	2 50	11 47	3 23	17 03	18 47	1 51
9 W	18 25	3 31	13 25	3 23	18 01	19 25	1 51
10 Th	24 44	4 10	15 02	3 24	18 59	20 03	1 51
11 F	1♋02	4 45	16 39	3 24	19 57	20 41	1 51
12 S	7 18	5 17	18 17	3 24	20 55	21 19	1 51
13 Su	13 29	5 45	19 54	3 23	21 53	21 56	1 51
14 M	19 34	6 09	21 31	3 23	22 51	22 34	1 51
15 Tu	25 34	6 28	23 09	3 22	23 49	23 12	1 51
16 W	1♌25	6 42	24 46	3 22	24 47	23 50	1 51
17 Th	7 08	6 52	26 23	3 21	25 45	24 28	1 51
18 F	12 42	6 58	28 00	3 20	26 42	25 06	1 50
19 S	18 07	7 00	29 38	3 19	27 40	25 44	1 50
20 Su	23 22	6 59	1♎15	3 17	28 38	26 22	1 50
21 M	28 28	6 54	2 52	3 16	29 36	27 00	1 50
22 Tu	3♍24	6 46	4 29	3 14	0♐33	27 38	1 50
23 W	8 10	6 36	6 06	3 12	1 31	28 16	1 50
24 Th	12 47	6 23	7 43	3 10	2 29	28 54	1 50
25 F	17 16	6 09	9 20	3 08	3 27	29 32	1 49
26 S	21 35	5 52	10 57	3 06	4 24	0♓10	1 49
27 Su	25 47	5 35	12 34	3 03	5 22	0 48	1 49
28 M	29 51	5 16	14 11	3 01	6 19	1 26	1 49
29 Tu	3♎48	4 56	15 47	2 58	7 17	2 05	1 48
30 W	7 37	4 35	17 24	2 55	8 14	2 43	1 48
31 Th	11♎21	4N14	19♎01	2N52	9♐12	3♓21	1S48

JUNE 2007

DAY	☿ LONG	☿ LAT	♀ LONG	♀ LAT	⊕ LONG	♂ LONG	♂ LAT
	° ′	° ′	° ′	° ′	° ′	° ′	° ′
1 F	14♎58	3N53	20♎38	2N49	10♐10	3♓59	1S48
2 S	18 30	3 30	22 14	2 46	11 07	4 37	1 47
3 Su	21 56	3 08	23 51	2 43	12 04	5 15	1 47
4 M	25 18	2 46	25 27	2 39	13 02	5 53	1 47
5 Tu	28 35	2 23	27 04	2 35	13 59	6 31	1 46
6 W	1♏48	2 01	28 40	2 32	14 57	7 09	1 46
7 Th	4 57	1 38	0♏17	2 28	15 54	7 47	1 45
8 F	8 03	1 16	1 53	2 24	16 52	8 26	1 45
9 S	11 06	0 54	3 29	2 20	17 49	9 04	1 45
10 Su	14 06	0 32	5 06	2 15	18 46	9 42	1 44
11 M	17 03	0 10	6 42	2 11	19 44	10 20	1 44
12 Tu	19 58	0S11	8 18	2 07	20 41	10 58	1 43
13 W	22 51	0 33	9 54	2 02	21 39	11 36	1 43
14 Th	25 42	0 54	11 30	1 58	22 36	12 14	1 42
15 F	28 32	1 14	13 06	1 53	23 33	12 52	1 42
16 S	1♐20	1 34	14 43	1 48	24 31	13 30	1 41
17 Su	4 07	1 54	16 18	1 43	25 28	14 08	1 41
18 M	6 53	2 14	17 54	1 38	26 25	14 46	1 40
19 Tu	9 38	2 33	19 30	1 33	27 23	15 24	1 40
20 W	12 23	2 51	21 06	1 28	28 20	16 02	1 39
21 Th	15 08	3 10	22 42	1 23	29 17	16 40	1 39
22 F	17 53	3 27	24 18	1 18	0♑14	17 18	1 38
23 S	20 38	3 45	25 53	1 13	1 12	17 56	1 38
24 Su	23 23	4 02	27 29	1 07	2 09	18 34	1 37
25 M	26 08	4 18	29 05	1 02	3 06	19 12	1 37
26 Tu	28 55	4 34	0♐40	0 56	4 03	19 50	1 36
27 W	1♑42	4 49	2 16	0 51	5 00	20 28	1 35
28 Th	4 31	5 04	3 51	0 46	5 58	21 06	1 35
29 F	7 21	5 18	5 27	0 40	6 55	21 44	1 34
30 S	10♑12	5S31	7♐02	0N34	7♑52	22♓21	1S33

DAY	♃ LONG	♃ LAT	♄ LONG	♄ LAT	♅ LONG	♅ LAT	♆ LONG	♆ LAT	♇ LONG	♇ LAT
	° ′	° ′	° ′	° ′	° ′	° ′	° ′	° ′	° ′	° ′
5 S	12♐22.5	0N37	24♌38.0	1N17	15♓20.1	0S46	20♒01.2	0S15	27♐21.9	6N53
10 Th	12 46.2	0 36	24 48.8	1 17	15 23.3	0 46	20 03.0	0 15	27 23.8	6 52
15 Tu	13 10.0	0 36	24 59.6	1 18	15 26.5	0 46	20 04.8	0 15	27 25.5	6 52
20 Su	13 33.8	0 36	25 10.4	1 18	15 29.8	0 46	20 06.6	0 15	27 27.4	6 51
25 F	13 57.6	0 35	25 21.1	1 18	15 33.0	0 46	20 08.4	0 15	27 29.2	6 51
30 W	14 21.3	0 35	25 31.9	1 19	15 36.2	0 46	20 10.3	0 15	27 31.0	6 50
4 M	14 45.2	0 34	25 42.6	1 19	15 39.4	0 46	20 12.1	0 15	27 32.8	6 50
9 S	15 09.0	0 34	25 53.4	1 19	15 42.7	0 46	20 13.9	0 15	27 34.6	6 49
14 Th	15 32.8	0 33	26 04.1	1 20	15 45.9	0 46	20 15.7	0 16	27 36.4	6 49
19 Tu	15 56.7	0 33	26 14.9	1 20	15 49.1	0 46	20 17.5	0 16	27 38.2	6 48
24 Su	16 20.6	0 32	26 25.6	1 21	15 52.3	0 46	20 19.3	0 16	27 40.0	6 48
29 F	16 44.5	0 32	26 36.4	1 21	15 55.5	0 46	20 21.1	0 16	27 41.8	6 47

☿p .325747	☿a .409185
♀ .718696	♀ .721561
⊕ 1.00737	⊕ 1.01390
♂ 1.38998	♂p1.38157
♃ 5.33067	♃ 5.32090
♄ 9.20522	♄ 9.21256
♅ 20.0904	♅ 20.0911
♆ 30.0478	♆ 30.0472
♇ 31.2771	♇ 31.2919
☊	Perihelia
☿ 18°♉ 25	☿ 17°♊ 35
♀ 16 ♊ 45	♀ 11 ♌ 27
⊕	⊕ 13 ♋ 08
♂ 19 ♉ 37	♂ 6 ♓ 13
♃ 10 ♋ 34	♃ 14 ♈ 44
♄ 23 ♋ 43	♄ 3 ♋ 06
♅ 14 ♊ 02	♅ 23 ♍ 00
♆ 11 ♌ 52	♆ 23 ♈ 44
♇ 20 ♋ 26	♇ 14 ♏ 55

MAY 2007

1	☿ ♉	0am29
T	☿∠♅	1 44
	☿△♀	3 9
2	♂⚺♅	11am20
3	⊕⚺♃	0am19
Th	☿⚻♃	3 20
	⊕∠♇	3 42
	☿⚼♇	3 51
	⊕☍☿	3 53
	☿⚹♅	3pm50
	☿□♂	7 8
4	☿0N	4am14
F	☿□♆	10 34
5	☿□♄	4am47
S	☿⚻♇	3pm25
6	☿ ♊	1am37
Su	⊕△♅	5 51
7	☿□♀	10pm23
8	☿☍♃	1am58
T	☿□♅	12pm26
	♀□♃	12 51
	☿ P	8 7
	⊕⚻☿	10 12
9	☿△♂	4am13
W	☿△♆	6 11
10	♂☌♆	0am 9
Th	☿⚹♄	0 17
	♀☍♅	5 18
	☿☍♇	10 7
	☿ ♋	8pm 2
11	⊕□♆	2am40
F	☿⚼♆	3pm24
	⊕⚼☿	5 43
	☿⚼♂	7 47
12	☿∠♄	10am 5
S	☿⚻♃	10pm 8
13	♀⚻♆	2am29
Su	⊕□♂	4 12
	☿△♅	7 37
14	☿⚻♆	1am59
M	☿⚹♀	10 38
	☿⚻♂	1pm23
	⊕△☿	3 35
	☿⚺♄	9 42
15	♀⚻♂	1am27
T	☿⚻♇	7 36
	☿⚼♃	10 46
	☿ ♌	6pm 9
	☿⚼♅	8 0
16	⊕⚹♀	0am27
W	♀⚺♄	4 0
	⊕□♄	6 30
17	♀□♇	3pm39
Th	☿⚼♇	10 51
	♂☍♄	11 57
18	☿∠♀	1am52
F	☿△♃	3 6
	☿⚻♅	12pm13
	⊕⚺♇	6 29
19	♀ ♎	5am33
S	☿☍♆	9 0
20	☿☌♄	8am28
Su	☿☍♂	4pm 2
	☿△♇	7 13
21	⊕□☿	6am45
M	☿ ♍	7 24
	⊕ ♐	10 5
	♂⚹♇	5pm35
22	☿⚺♀	8am 7
T	♀⚼♆	9 33
24	☿□♃	5am53
Th	☿☍♅	2pm42
25	♀∠♄	3pm30
F	☿⚻♆	3 54
	♂ ♓	5 28
26	☿⚺♄	9pm53
27	☿□♇	10am 3
28	♀⚹♃	0am20
M	☿ ♎	0 54
	☿⚻♂	11 27
	♀⚻♅	9pm 3
29	☿⚼♆	8am32
30	⊕⚹☿	5am19
W	♀⚼♂	7 35
	☿∠♄	6pm53
31	♀△♆	5pm23
Th	☿⚹♃	8 55

JUNE 2007

1	☿⚻♅	4am27
2	☿⚼♂	9am31
S	☿△♆	11 46
4	☿☌♀	2am15
M	☿⚹♄	3 2
	♀⚹♄	3 53
	♂ P	12pm38
	☿⚹♇	4 24
5	⊕∠☿	4am16
T	♀⚹♇	7 18
	☿∠♃	9 30
	☿ ♏	10 31
	☿⚼♅	3pm33
	⊕☌♃	11 2
6	⊕□♅	6pm34
W	♀∠♃	7 28
	♀ ♏	7 50
7	♀⚼♅	6am10
Th	⊕∠♀	11pm 5
8	☿△♂	3am40
9	☿∠♇	11am48
10	☿⚺♃	9am25
Su	☿△♅	1pm12
11	☿0S	11am14
M	⊕⚹♆	12pm58
12	☿□♆	2am21
T	⊕⚺☿	8 55
14	☿□♄	3am 9
Th	☿⚺♇	4pm12
	♀∠♇	4 32
	♀△♂	6 2
15	☿ ♐	12pm36
16	♀⚺♃	3pm46
S	♀△♅	4 17
17	♃□♅	3am48
Su	⊕△♄	6pm34
19	⊕☌♇	6am36
T	♀□♆	11 52
	♂☌♅	3pm58
	♂□♃	11 27
21	☿□♅	6am11
Th	☿☌♃	8 44
	☿□♂	5pm27
	⊕ ♑	5 59
	☿ A	7 45
22	☿⚹♆	9pm17
23	♀□♄	7am44
24	♀⚺♇	2am45
25	☿△♄	2am51
M	☿☌♇	1pm19
	♀ ♐	1 54
26	☿ ♑	9am23
T	♂⚺♆	7pm13
27	⊕∠♆	8am24
W	☿⚺♀	11 7
28	☿∠♆	7am 7
Th	⊕☌☿	6pm34
30	☿⚼♄	12pm 9

JULY 2007

DAY	☿ LONG	☿ LAT	♀ LONG	♀ LAT	⊕ LONG	♂ LONG	♂ LAT
	° '	° '	° '	° '	° '	° '	° '
1 Su	13♑05	5S43	8♐38	0N29	8♑49	22♓59	1S33
2 M	16 01	5 55	10 13	0 23	9 46	23 37	1 32
3 Tu	18 59	6 06	11 48	0 18	10 44	24 15	1 31
4 W	21 59	6 17	13 24	0 12	11 41	24 53	1 31
5 Th	25 02	6 26	14 59	0 06	12 38	25 30	1 30
6 F	28 08	6 34	16 34	0 01	13 35	26 08	1 29
7 S	1♒17	6 42	18 09	0S05	14 32	26 46	1 28
8 Su	4 30	6 48	19 45	0 11	15 30	27 23	1 28
9 M	7 47	6 53	21 20	0 16	16 27	28 01	1 27
10 Tu	11 09	6 57	22 55	0 22	17 24	28 39	1 26
11 W	14 34	6 59	24 30	0 27	18 21	29 16	1 25
12 Th	18 05	7 00	26 05	0 33	19 19	29 54	1 25
13 F	21 41	7 00	27 40	0 39	20 16	0♈31	1 24
14 S	25 22	6 57	29 15	0 44	21 13	1 09	1 23
15 Su	29 10	6 53	0♑50	0 50	22 10	1 46	1 22
16 M	3♓04	6 47	2 25	0 55	23 07	2 24	1 21
17 Tu	7 04	6 38	4 00	1 00	24 05	3 01	1 21
18 W	11 12	6 28	5 35	1 06	25 02	3 39	1 20
19 Th	15 27	6 15	7 10	1 11	25 59	4 16	1 19
20 F	19 49	5 59	8 45	1 16	26 57	4 53	1 18
21 S	24 20	5 41	10 20	1 22	27 54	5 31	1 17
22 Su	29 00	5 20	11 55	1 27	28 51	6 08	1 16
23 M	3♈48	4 56	13 30	1 32	29 48	6 45	1 16
24 Tu	8 45	4 29	15 04	1 37	0♒46	7 22	1 15
25 W	13 51	3 59	16 39	1 42	1 43	7 59	1 14
26 Th	19 06	3 27	18 14	1 46	2 40	8 36	1 13
27 F	24 30	2 51	19 49	1 51	3 38	9 13	1 12
28 S	0♉04	2 13	21 24	1 56	4 35	9 50	1 11
29 Su	5 45	1 33	22 59	2 00	5 32	10 27	1 10
30 M	11 35	0 50	24 34	2 05	6 29	11 04	1 09
31 Tu	17♉33	0S06	26♑09	2S09	7♒27	11♈41	1S08

AUGUST 2007

DAY	☿ LONG	☿ LAT	♀ LONG	♀ LAT	⊕ LONG	♂ LONG	♂ LAT
	° '	° '	° '	° '	° '	° '	° '
1 W	23♉37	0N38	27♑43	2S14	8♒24	12♈18	1S07
2 Th	29 46	1 23	29 18	2 18	9 22	12 55	1 06
3 F	6♊00	2 08	0♒53	2 22	10 19	13 32	1 05
4 S	12 18	2 51	2 28	2 26	11 16	14 08	1 04
5 Su	18 37	3 32	4 03	2 30	12 14	14 45	1 03
6 M	24 56	4 11	5 38	2 34	13 11	15 22	1 02
7 Tu	1♋14	4 46	7 13	2 37	14 09	15 58	1 02
8 W	7 29	5 18	8 47	2 41	15 06	16 35	1 01
9 Th	13 40	5 46	10 22	2 44	16 04	17 12	1 00
10 F	19 46	6 09	11 57	2 47	17 01	17 48	0 59
11 S	25 45	6 28	13 32	2 50	17 59	18 24	0 58
12 Su	1♌36	6 42	15 07	2 53	18 56	19 01	0 57
13 M	7 19	6 53	16 42	2 56	19 54	19 37	0 56
14 Tu	12 53	6 58	18 17	2 59	20 52	20 13	0 54
15 W	18 17	7 00	19 52	3 02	21 49	20 50	0 53
16 Th	23 32	6 59	21 27	3 04	22 47	21 26	0 52
17 F	28 37	6 54	23 02	3 07	23 45	22 02	0 51
18 S	3♍33	6 46	24 37	3 09	24 42	22 38	0 50
19 Su	8 19	6 35	26 12	3 11	25 40	23 14	0 49
20 M	12 56	6 23	27 47	3 13	26 38	23 50	0 48
21 Tu	17 24	6 08	29 22	3 14	27 36	24 26	0 47
22 W	21 44	5 52	0♓57	3 16	28 33	25 02	0 46
23 Th	25 55	5 34	2 32	3 17	29 31	25 38	0 45
24 F	29 59	5 15	4 07	3 19	0♓29	26 14	0 44
25 S	3♎55	4 55	5 42	3 20	1 27	26 50	0 43
26 Su	7 45	4 35	7 17	3 21	2 25	27 25	0 42
27 M	11 28	4 14	8 52	3 22	3 22	28 01	0 41
28 Tu	15 05	3 52	10 27	3 22	4 20	28 37	0 40
29 W	18 36	3 30	12 03	3 23	5 18	29 12	0 39
30 Th	22 03	3 08	13 38	3 23	6 16	29 48	0 38
31 F	25♎24	2N45	15♓13	3S24	7♓14	0♉23	0S37

DAY	♃ LONG	♃ LAT	♄ LONG	♄ LAT	♅ LONG	♅ LAT	♆ LONG	♆ LAT	♇ LONG	♇ LAT
	° '	° '	° '	° '	° '	° '	° '	° '	° '	° '
4 W	17♐08.4	0N31	26♌47.1	1N21	15♓58.8	0S46	20♒23.0	0S16	27♐43.6	6N47
9 M	17 32.3	0 31	26 57.9	1 22	16 02.0	0 46	20 24.8	0 16	27 45.4	6 46
14 S	17 56.2	0 30	27 08.6	1 22	16 05.2	0 46	20 26.6	0 16	27 47.2	6 46
19 Th	18 20.2	0 30	27 19.3	1 23	16 08.4	0 46	20 28.4	0 16	27 49.0	6 45
24 Tu	18 44.1	0 29	27 30.1	1 23	16 11.6	0 46	20 30.2	0 16	27 50.8	6 45
29 Su	19 08.1	0 29	27 40.8	1 23	16 14.9	0 46	20 32.0	0 16	27 52.6	6 44
3 F	19 32.1	0 28	27 51.5	1 24	16 18.1	0 46	20 33.8	0 16	27 54.4	6 44
8 W	19 56.1	0 28	28 02.2	1 24	16 21.3	0 46	20 35.6	0 16	27 56.1	6 43
13 M	20 20.1	0 27	28 13.0	1 25	16 24.5	0 46	20 37.4	0 16	27 57.9	6 43
18 S	20 44.2	0 27	28 23.7	1 25	16 27.7	0 46	20 39.2	0 16	27 59.7	6 42
23 Th	21 08.2	0 26	28 34.4	1 25	16 31.0	0 46	20 41.1	0 16	28 01.5	6 42
28 Tu	21 32.3	0 26	28 45.1	1 26	16 34.2	0 46	20 42.9	0 16	28 03.3	6 41

☿ .455034	☿p .312068
♀ .725542	♀a .728090
⊕a 1.01663	⊕ 1.01504
♂ 1.38651	♂ 1.40446
♃ 5.31121	♃ 5.30097
♄ 9.21977	♄ 9.22733
♅ 20.0918	♅ 20.0925
♆ 30.0465	♆ 30.0459
♇ 31.3062	♇ 31.3210
Ω	Perihelia
☿ 18° ♉ 25	☿ 17° ♊ 35
♀ 16 ♊ 45	♀ 11 ♌ 40
⊕	⊕ 15 ♋ 26
♂ 19 ♉ 37	♂ 6 ♓ 14
♃ 10 ♋ 35	♃ 14 ♈ 44
♄ 23 ♋ 43	♄ 2 ♋ 53
♅ 14 ♊ 03	♅ 23 ♍ 01
♆ 11 ♌ 52	♆ 21 ♈ 45
♇ 20 ♋ 26	♇ 14 ♏ 58

Day	Aspect	Time
1 Su	⊕⊻♀	7am20
	☿✶♅	11pm32
2	☿⊻♃	8am 5
3	☿⊻♆	11am15
4	⊕⚼♄	2am45
5 Th	☿✶♂	4am40
	☿⚻♄	2pm 4
	♀□♅	3 21
	☿⊻♇	8 58
6 F	♀0S	2am47
	♀☌♃	11 38
	☿ ♒	2pm15
	☿∠♅	9 54
	⊕ A	11 53
7 S	♂⚻♄	5am15
	☿∠♃	8 23
8 Su	☿∠♀	3am22
	♀✶♆	10 6
	⊕✶♅	1pm28
	♂□♇	1 51
10 T	⊕⊻♃	5am58
	☿∠♇	11 24
	☿∠♂	9pm27
11 W	☿⊻♅	10am13
	☿✶♃	9pm52
12 Th	♂ ♈	3am55
	⊕⊻☿	11 12
	♀△♄	3pm20
	☿☌♆	3 44
13 F	♀☌♇	1am43
	⊕⊻♆	4 25
14 S	♀ ♑	11am21
	☿☍♄	11 23
	☿✶♇	3pm22
15 Su	☿ ♓	5am12
	☿✶♀	5pm26
	☿⊻♂	7 11
	♀□♂	11 28
17 T	⊕∠☿	3pm19
	♀∠♆	10 14
19 Th	☿☌♅	3am53
	☿□♃	4pm14
20 F	☿⊻♆	3am32
	⊕⚻♄	10 52
	⊕⊻♇	10pm16
	♂∠♆	11 5
21 S	☿⚻♄	3pm57
	☿□♇	6 5
	⊕✶☿	11 6
22 Su	☿ ♈	5am 5
	♀⚼♄	8 2
23 M	⊕ ♒	4am53
	☿∠♆	8 21
	☿☌♂	4pm28
24 T	⊕∠♅	11am 1
	♀✶♅	5pm 6
	☿⚼♄	5 52
25 W	☿⊻♅	10am53
	☿□♀	6pm27
	☿△♃	11 4
26 Th	☿✶♆	6am21
	♀⊻♃	10 31
27 F	⊕∠♃	9am35
	♀⊻♆	10 43
	☿△♄	1pm34
	☿△♇	2 36
	☿ ♉	11 45
28 S	☿∠♅	5am 1
	☿⚼♃	5pm 8
	⊕□☿	10 54
29	☿⊻♂	9pm39
30 M	☿⚼♇	5am16
	☿✶♅	6pm54
31 T	☿0N	3am30
	☿⚻♃	7 4
	☿□♆	11 56
1 W	♀⚻♄	1am 0
	♀⊻♇	2 36
	☿∠♂	4pm 1
	☿□♄	4 24
	☿⚻♇	4 44
	♂⚼♄	8 8
	☿△♀	9 34
2 Th	☿ ♊	0am53
	♀ ♒	10 34
3 F	♀∠♅	6am22
	⊕△☿	7pm25
4 S	☿✶♂	7am46
	♄△♇	2pm 7
	☿□♅	3 18
	☿ P	7 24
5 Su	☿⚼♀	2am12
	☿☍♃	4 10
	☿△♆	7 28
	♀∠♃	10 22
	⊕∠♇	5pm21
6 M	☿☍♇	11am23
	☿✶♄	11 36
	⊕⚼☿	2pm36
	☿ ♋	7 18
7 T	♂⊻♅	2pm51
	☿⚼♆	4 42
8 W	☿⚻♀	6am46
	☿∠♄	9pm39
9 Th	⊕⊻♅	7am41
	☿△♅	10 35
	⊕⚻☿	11 8
	☿□♂	3pm22
	♀ A	5 31
10 F	☿⚻♃	1am21
	☿⚻♆	3 22
	♀∠♇	3pm 9
11 S	☿⚻♇	9am 0
	☿⊻♄	9 50
	☿ ♌	5pm24
	☿⚼♅	11 10
12 Su	⊕✶♂	4am58
	☿⚼♃	3pm31
	♀⊻♅	7 34
13 M	⊕✶♃	11am51
	⊕☌♆	6pm12
14 T	☿⚼♇	0am25
	♂△♃	8 44
	☿⚻♅	3pm40
	♂✶♆	4 16
15 W	♀✶♃	10am 5
	☿△♃	10 10
	☿☍♀	10 12
	☿☍♆	10 40
	♀☌♆	11 45
	☿△♂	1pm 2
	⊕☍☿	7 44
	♀✶♂	11 39
16 Th	☿△♇	8pm58
	♃✶♆	9 32
	☿☌♄	10 44
17	☿ ♍	6am38
18	⊕☌♀	3am36
S	☿⚼♂	11pm32
20 M	♀✶♇	3am28
	♀☍♄	10 39
	☿☍♅	7pm 3
21 T	♀ ♓	9am39
	⊕✶♇	10 34
	☿⚻♆	6pm 6
	☿□♃	8 10
	⊕☍♄	11 33
22	☿⚻♂	10pm 5
23 Th	⊕ ♓	12pm 1
	☿□♇	12 24
	☿⊻♄	3 46
24 F	☿ ♎	0am 8
	⊕⚻☿	4 0
25 S	☿⚼♆	11am 6
	☿⚻♀	7pm 1
27 M	♂△♇	1am24
	☿∠♄	3pm 2
28 T	♂△♄	6am 9
	☿⚻♅	10 6
29 W	☿△♆	2pm43
	⊕⚼☿	4 24
	☿✶♃	9 30
30	♂ ♉	8am25
31 F	♀∠♂	4am 0
	☿✶♇	7pm30
	♀☌♅	9 5

SEPTEMBER 2007

DAY	☿ LONG	☿ LAT	♀ LONG	♀ LAT	⊕ LONG	♂ LONG	♂ LAT
	° ′	° ′	° ′	° ′	° ′	° ′	° ′
1 S	28♎41	2N23	16♓48	3S24	8♓12	0♉58	0S35
2 Su	1♏54	2 00	18 24	3 24	9 10	1 34	0 34
3 M	5 03	1 38	19 59	3 23	10 08	2 09	0 33
4 Tu	8 09	1 15	21 34	3 23	11 06	2 44	0 32
5 W	11 12	0 53	23 09	3 22	12 04	3 19	0 31
6 Th	14 12	0 31	24 45	3 22	13 03	3 55	0 30
7 F	17 09	0 09	26 20	3 21	14 01	4 30	0 29
8 S	20 04	0S12	27 55	3 20	14 59	5 05	0 28
9 Su	22 57	0 33	29 31	3 19	15 57	5 40	0 27
10 M	25 48	0 54	1♈06	3 17	16 56	6 15	0 26
11 Tu	28 37	1 15	2 42	3 16	17 54	6 49	0 25
12 W	1♐25	1 35	4 17	3 14	18 52	7 24	0 23
13 Th	4 12	1 55	5 53	3 12	19 51	7 59	0 22
14 F	6 58	2 14	7 28	3 11	20 49	8 34	0 21
15 S	9 44	2 33	9 04	3 08	21 48	9 08	0 20
16 Su	12 29	2 52	10 39	3 06	22 46	9 43	0 19
17 M	15 13	3 10	12 15	3 04	23 45	10 17	0 18
18 Tu	17 58	3 28	13 51	3 01	24 43	10 52	0 17
19 W	20 43	3 45	15 26	2 59	25 42	11 26	0 16
20 Th	23 28	4 02	17 02	2 56	26 40	12 01	0 15
21 F	26 14	4 18	18 38	2 53	27 39	12 35	0 14
22 S	29 00	4 34	20 13	2 50	28 38	13 09	0 13
23 Su	1♑48	4 49	21 49	2 47	29 36	13 43	0 11
24 M	4 36	5 04	23 25	2 43	0♈35	14 18	0 10
25 Tu	7 26	5 18	25 01	2 40	1 34	14 52	0 09
26 W	10 18	5 31	26 36	2 36	2 32	15 26	0 08
27 Th	13 11	5 44	28 12	2 33	3 31	16 00	0 07
28 F	16 07	5 56	29 48	2 29	4 30	16 33	0 06
29 S	19 04	6 07	1♉24	2 25	5 29	17 07	0 05
30 Su	22♑05	6S17	3♉00	2S21	6♈28	17♉41	0S04

OCTOBER 2007

DAY	☿ LONG	☿ LAT	♀ LONG	♀ LAT	⊕ LONG	♂ LONG	♂ LAT
	° ′	° ′	° ′	° ′	° ′	° ′	° ′
1 M	25♑08	6S26	4♉36	2S17	7♈27	18♉15	0S03
2 Tu	28 14	6 35	6 12	2 13	8 26	18 49	0 02
3 W	1♒24	6 42	7 48	2 08	9 25	19 22	0 00
4 Th	4 37	6 48	9 24	2 04	10 24	19 56	0N01
5 F	7 54	6 53	11 00	1 59	11 23	20 29	0 02
6 S	11 15	6 57	12 36	1 54	12 22	21 03	0 03
7 Su	14 41	6 59	14 12	1 50	13 21	21 36	0 04
8 M	18 12	7 00	15 48	1 45	14 20	22 09	0 05
9 Tu	21 48	7 00	17 24	1 40	15 20	22 43	0 06
10 W	25 30	6 57	19 01	1 35	16 19	23 16	0 07
11 Th	29 17	6 53	20 37	1 30	17 18	23 49	0 08
12 F	3♓11	6 47	22 13	1 25	18 18	24 22	0 09
13 S	7 12	6 38	23 49	1 19	19 17	24 55	0 10
14 Su	11 20	6 27	25 26	1 14	20 16	25 28	0 11
15 M	15 35	6 14	27 02	1 09	21 16	26 01	0 12
16 Tu	19 58	5 59	28 38	1 03	22 15	26 34	0 13
17 W	24 29	5 40	0♊15	0 58	23 15	27 07	0 14
18 Th	29 09	5 19	1 51	0 52	24 14	27 40	0 16
19 F	3♈57	4 55	3 28	0 47	25 14	28 12	0 17
20 S	8 54	4 28	5 04	0 41	26 13	28 45	0 18
21 Su	14 01	3 58	6 41	0 36	27 13	29 18	0 19
22 M	19 16	3 26	8 17	0 30	28 13	29 50	0 20
23 Tu	24 41	2 50	9 54	0 24	29 12	0♊23	0 21
24 W	0♉14	2 12	11 30	0 19	0♉12	0 55	0 22
25 Th	5 56	1 31	13 07	0 13	1 12	1 27	0 23
26 F	11 46	0 49	14 44	0 07	2 12	2 00	0 24
27 S	17 44	0 05	16 20	0 01	3 11	2 32	0 25
28 Su	23 48	0N40	17 57	0N04	4 11	3 04	0 26
29 M	29 58	1 25	19 34	0 10	5 11	3 36	0 27
30 Tu	6♊12	2 09	21 11	0 16	6 11	4 08	0 28
31 W	12♊30	2N52	22♊47	0N21	7♉11	4♊40	0N29

DAY	♃ LONG	♃ LAT	♄ LONG	♄ LAT	♅ LONG	♅ LAT	♆ LONG	♆ LAT	♇ LONG	♇ LAT
	° ′	° ′	° ′	° ′	° ′	° ′	° ′	° ′	° ′	° ′
2 Su	21♐56.3	0N25	28♌55.8	1N26	16♓37.4	0S46	20♒44.7	0S16	28♐05.1	6N41
7 F	22 20.4	0 24	29 06.5	1 26	16 40.6	0 46	20 46.5	0 16	28 06.9	6 40
12 W	22 44.5	0 24	29 17.2	1 27	16 43.8	0 46	20 48.3	0 16	28 08.7	6 40
17 M	23 08.7	0 23	29 27.9	1 27	16 47.0	0 46	20 50.1	0 17	28 10.5	6 39
22 S	23 32.8	0 23	29 38.6	1 28	16 50.3	0 46	20 51.9	0 17	28 12.3	6 39
27 Th	23 57.0	0 22	29 49.2	1 28	16 53.5	0 46	20 53.7	0 17	28 14.0	6 38
2 Tu	24 21.1	0 22	29 59.9	1 28	16 56.7	0 46	20 55.5	0 17	28 15.8	6 38
7 Su	24 45.3	0 21	0♍10.6	1 29	16 59.9	0 46	20 57.3	0 17	28 17.6	6 37
12 F	25 09.5	0 21	0 21.3	1 29	17 03.1	0 46	20 59.1	0 17	28 19.4	6 37
17 W	25 33.7	0 20	0 32.0	1 29	17 06.3	0 46	21 00.9	0 17	28 21.2	6 36
22 M	25 58.0	0 20	0 42.6	1 30	17 09.6	0 46	21 02.8	0 17	28 23.0	6 36
27 S	26 22.2	0 19	0 53.3	1 30	17 12.8	0 46	21 04.6	0 17	28 24.8	6 35

☿a.428506	☿p.442766
♀ .727328	♀ .723911
⊕ 1.00937	⊕ 1.00136
♂ 1.43319	♂ 1.46811
♃ 5.29052	♃ 5.28022
♄ 9.23500	♄ 9.24251
♅ 20.0931	♅ 20.0937
♆ 30.0452	♆ 30.0445
♇ 31.3359	♇ 31.3504
☊	Perihelia
☿ 18°♉ 26	☿ 17°♊ 35
♀ 16 ♊ 45	♀ 11 ♌ 45
⊕	⊕ 13 ♋ 13
♂ 19 ♉ 37	♂ 6 ♓ 15
♃ 10 ♋ 35	♃ 14 ♈ 46
♄ 23 ♋ 44	♄ 2 ♋ 44
♅ 14 ♊ 03	♅ 23 ♍ 00
♆ 11 ♌ 52	♆ 20 ♈ 34
♇ 20 ♋ 26	♇ 14 ♏ 59

Day	Aspect	Time
1 S	☿⚹♄	1am33
	☿ ♏	9 44
	☿☍♂	8pm51
	☿⚼♅	9 53
2 Su	♂∠♅	2am31
	☿⚼♀	10pm48
3 M	♀⚺♆	11am41
	☿∠♃	3pm34
4	♀□♃	8am27
5 W	⊕△☿	10am20
	☿∠♇	3pm15
6	☿△♅	8pm 9
7	☿0S	10am29
8 S	♀□♇	2am58
	☿□♆	5 59
	♀⚻♄	6pm49
	☿⚺♃	8 12
9 Su	♀ ♈	7am19
	⊕☌♅	6pm33
10	☿⚺♇	7pm55
11 T	☿□♄	5am29
	☿ ♐	11 49
12 W	♂⚼♃	4pm17
	♀∠♆	10 58
13	⊕⚺♆	11pm57
14 F	☿△♀	10am15
	☿⚻♂	5pm29
15	♀⚺♂	1am47
16	⊕□♃	7am57
17 M	☿□♅	1pm42
	☿ A	7 1
18	♀⚼♄	10am 7
19 W	☿⚹♆	1am 9
	♀⚺♅	8pm45
	☿☌♃	11 16
20	⊕∠♂	8pm 8
21 F	⊕□♇	1pm36
	☿⚼♂	2 46
	☿☌♇	5 6
	⊕□☿	6 59
22 S	♂⚼♇	2am10
	☿△♄	5 36
	☿ ♑	8 36
	♀⚹♆	9 43
23 Su	⊕⚻♄	1am55
	⊕ ♈	9 44
24 M	♀△♃	4am40
	☿∠♆	10 51
27 Th	♀△♇	0am28
	☿⚼♄	1pm38
28 F	♀△♄	0am51
	♀ ♉	2 59
	☿△♂	4 31
	☿⚹♅	6 29
	♂⚹♅	2pm55
29 S	♀∠♅	7am46
	⊕∠♆	10 29
	☿⚺♆	2pm44
30	☿⚺♃	5pm 7
2 T	☿⚺♇	0am14
	♄ ♍	0 48
	☿ ♒	1pm29
	☿⚻♄	1 37
3 W	☿∠♅	4am15
	♂0N	10 49
4	♀⚼♃	1am50
5 F	☿∠♃	12pm30
	⊕⚺♀	2 55
	♂□♆	7 52
6 S	♀⚼♇	10am21
	⊕⚹☿	11 1
	☿∠♇	2pm19
	☿□♀	5 45
7	☿⚺♅	3pm55
8 M	♀⚹♅	6pm11
	☿☌♆	6 30
	⊕⚼♄	10 2
9 T	☿□♂	7am 3
	☿⚹♃	8pm44
10 W	⊕⚺♅	5pm35
	☿⚹♇	5 55
11 Th	☿ ♓	4am26
	♀□♆	5 31
	☿☍♄	6 28
12	⊕∠☿	0am51
13 S	♂⚻♃	4pm20
	♀⚻♃	10 20
14 Su	♀☌♂	0am59
	⊕⚹♆	5pm42
15 M	☿☌♅	8am20
	♀⚻♇	7pm38
16 T	☿⚺♆	5am38
	⊕⚺☿	3pm41
	♀ ♊	8 21
17 W	♀□♄	4am24
	☿□♃	5 43
	☿⚹♂	3pm27
	☿□♇	8 0
18 Th	☿ ♈	4am20
	☿⚻♄	7 15
	☿⚹♀	8pm24
19 F	♂⚻♇	7am 9
	☿∠♆	10 10
	⊕△♃	12pm59
21 Su	☿∠♂	1am27
	☿⚼♄	7 44
	☿⚺♅	2pm26
22 M	⊕△♇	4am 9
	♂ ♊	7 19
	☿⚹♆	7 58
23 T	☿∠♀	1am20
	☿△♃	6 3
	☿△♇	4pm 7
	♂□♄	5 36
	⊕ ♉	7 8
	☿ ♉	10 59
	⊕☌☿	11 49
24 W	☿△♄	2am20
	☿⚺♂	3 12
	☿∠♅	8 16
	⊕△♄	2pm30
25	⊕⚺♂	1pm34
Th	☿⚼♃	10 0
26 F	⊕∠♅	0am13
	☿⚼♇	6 38
	☿⚺♀	4pm22
	☿⚹♅	9 55
27 S	☿0N	2am45
	♀0N	6 10
	♀□♅	1pm 7
	☿□♆	1 17
28 Su	☿⚻♃	10am29
	☿⚻♇	6pm 1
29 M	☿ ♊	0am 7
	☿□♄	3 51
	☿☌♂	3pm20
	♀△♆	10 48
	⊕⚺☿	11 54
30	⊕∠♀	0am21
31 W	☿□♅	6pm 7
	☿ P	6 40

NOVEMBER 2007

DAY	☿ LONG	☿ LAT	♀ LONG	♀ LAT	⊕ LONG	♂ LONG	♂ LAT
	° '	° '	° '	° '	° '	° '	° '
1 Th	18♊49	3N33	24♊24	0N27	8♉11	5♊12	0N30
2 F	25 08	4 12	26 01	0 33	9 11	5 44	0 31
3 S	1♋26	4 47	27 38	0 38	10 11	6 16	0 32
4 Su	7 41	5 19	29 15	0 44	11 11	6 48	0 33
5 M	13 52	5 47	0♋52	0 50	12 11	7 20	0 34
6 Tu	19 57	6 10	2 29	0 55	13 11	7 51	0 35
7 W	25 56	6 29	4 06	1 01	14 12	8 23	0 36
8 Th	1♌47	6 43	5 43	1 06	15 12	8 55	0 37
9 F	7 29	6 53	7 20	1 12	16 12	9 26	0 38
10 S	13 03	6 58	8 57	1 17	17 12	9 58	0 39
11 Su	18 27	7 00	10 34	1 22	18 13	10 29	0 40
12 M	23 42	6 59	12 11	1 28	19 13	11 01	0 40
13 Tu	28 47	6 54	13 48	1 33	20 13	11 32	0 41
14 W	3♍42	6 46	15 26	1 38	21 14	12 03	0 42
15 Th	8 28	6 35	17 03	1 43	22 14	12 34	0 43
16 F	13 05	6 22	18 40	1 48	23 15	13 06	0 44
17 S	17 32	6 08	20 17	1 53	24 15	13 37	0 45
18 Su	21 52	5 51	21 55	1 57	25 16	14 08	0 46
19 M	26 03	5 34	23 32	2 02	26 16	14 39	0 47
20 Tu	0♎06	5 15	25 09	2 07	27 17	15 10	0 48
21 W	4 02	4 55	26 47	2 11	28 17	15 41	0 49
22 Th	7 52	4 34	28 24	2 15	29 18	16 11	0 50
23 F	11 35	4 13	0♌02	2 20	0♊18	16 42	0 51
24 S	15 12	3 51	1 39	2 24	1 19	17 13	0 51
25 Su	18 43	3 29	3 16	2 28	2 20	17 44	0 52
26 M	22 09	3 07	4 54	2 32	3 20	18 14	0 53
27 Tu	25 31	2 44	6 31	2 36	4 21	18 45	0 54
28 W	28 48	2 22	8 09	2 39	5 22	19 16	0 55
29 Th	2♏00	1 59	9 46	2 43	6 22	19 46	0 56
30 F	5♏09	1N37	11♌24	2N46	7♊23	20♊16	0N57

DECEMBER 2007

DAY	☿ LONG	☿ LAT	♀ LONG	♀ LAT	⊕ LONG	♂ LONG	♂ LAT
	° '	° '	° '	° '	° '	° '	° '
1 S	8♏15	1N15	13♌01	2N49	8♊24	20♊47	0N57
2 Su	11 18	0 52	14 39	2 53	9 25	21 17	0 58
3 M	14 17	0 30	16 16	2 56	10 26	21 48	0 59
4 Tu	17 14	0 09	17 54	2 58	11 27	22 18	1 00
5 W	20 09	0S13	19 31	3 01	12 27	22 48	1 01
6 Th	23 02	0 34	21 09	3 04	13 28	23 18	1 02
7 F	25 53	0 55	22 46	3 06	14 29	23 48	1 02
8 S	28 42	1 15	24 24	3 08	15 30	24 18	1 03
9 Su	1♐31	1 36	26 01	3 11	16 31	24 48	1 04
10 M	4 18	1 55	27 39	3 12	17 32	25 18	1 05
11 Tu	7 04	2 15	29 17	3 14	18 33	25 48	1 06
12 W	9 49	2 34	0♍54	3 16	19 34	26 18	1 06
13 Th	12 34	2 53	2 32	3 17	20 35	26 48	1 07
14 F	15 19	3 11	4 09	3 19	21 36	27 18	1 08
15 S	18 03	3 29	5 47	3 20	22 37	27 47	1 09
16 Su	20 48	3 46	7 24	3 21	23 38	28 17	1 09
17 M	23 33	4 03	9 01	3 22	24 39	28 47	1 10
18 Tu	26 19	4 19	10 39	3 23	25 40	29 16	1 11
19 W	29 06	4 35	12 16	3 23	26 41	29 46	1 12
20 Th	1♑53	4 50	13 54	3 23	27 43	0♋15	1 12
21 F	4 42	5 04	15 31	3 24	28 44	0 45	1 13
22 S	7 32	5 18	17 09	3 24	29 45	1 14	1 14
23 Su	10 23	5 32	18 46	3 24	0♋46	1 44	1 14
24 M	13 17	5 44	20 23	3 23	1 47	2 13	1 15
25 Tu	16 12	5 56	22 01	3 23	2 48	2 42	1 16
26 W	19 10	6 07	23 38	3 22	3 49	3 11	1 17
27 Th	22 11	6 17	25 15	3 21	4 50	3 41	1 17
28 F	25 14	6 27	26 52	3 21	5 51	4 10	1 18
29 S	28 20	6 35	28 30	3 19	6 52	4 39	1 19
30 Su	1♒30	6 42	0♎07	3 18	7 54	5 08	1 19
31 M	4♒43	6S48	1♎44	3N17	8♋55	5♋37	1N20

DAY	♃ LONG	♃ LAT	♄ LONG	♄ LAT	♅ LONG	♅ LAT	♆ LONG	♆ LAT	♇ LONG	♇ LAT
	° '	° '	° '	° '	° '	° '	° '	° '	° '	° '
1 Th	26♐46.5	0N19	1♍04.0	1N31	17♓16.0	0S46	21♒06.4	0S17	28♐26.6	6N35
6 Tu	27 10.8	0 18	1 14.6	1 31	17 19.2	0 46	21 08.2	0 17	28 28.4	6 34
11 Su	27 35.1	0 18	1 25.3	1 31	17 22.4	0 46	21 10.0	0 17	28 30.1	6 34
16 F	27 59.4	0 17	1 36.0	1 32	17 25.7	0 46	21 11.8	0 17	28 31.9	6 33
21 W	28 23.7	0 17	1 46.6	1 32	17 28.9	0 46	21 13.6	0 17	28 33.7	6 33
26 M	28 48.1	0 16	1 57.3	1 32	17 32.1	0 46	21 15.4	0 17	28 35.5	6 32
1 S	29 12.5	0 15	2 07.9	1 33	17 35.3	0 46	21 17.3	0 17	28 37.3	6 32
6 Th	29 36.8	0 15	2 18.6	1 33	17 38.5	0 46	21 19.1	0 17	28 39.1	6 31
11 Tu	0♑01.3	0 14	2 29.2	1 33	17 41.8	0 46	21 20.9	0 17	28 40.9	6 31
16 Su	0 25.7	0 14	2 39.9	1 34	17 45.0	0 46	21 22.7	0 18	28 42.7	6 30
21 F	0 50.1	0 13	2 50.5	1 34	17 48.2	0 46	21 24.5	0 18	28 44.5	6 30
26 W	1 14.6	0 13	3 01.2	1 35	17 51.4	0 46	21 26.3	0 18	28 46.3	6 29
31 M	1 39.0	0 12	3 11.8	1 35	17 54.7	0 46	21 28.1	0 18	28 48.0	6 29

☿ .307507	☿a .440764
♀p .719995	♀ .718437
⊕ .992666	⊕ .986140
♂ 1.50791	♂ 1.54670
♃ 5.26940	♃ 5.25878
♄ 9.25038	♄ 9.25809
♅ 20.0943	♅ 20.0948
♆ 30.0438	♆ 30.0432
♇ 31.3654	♇ 31.3799
☊	Perihelia
☿ 18°♉ 26	☿ 17°♊ 35
♀ 16 ♊ 45	♀ 11 ♌ 46
⊕	⊕ 11 ♋ 48
♂ 19 ♉ 37	♂ 6 ♓ 15
♃ 10 ♋ 35	♃ 14 ♈ 45
♄ 23 ♋ 44	♄ 2 ♋ 35
♅ 14 ♊ 03	♅ 23 ♍ 01
♆ 11 ♌ 52	♆ 19 ♈ 11
♇ 20 ♋ 27	♇ 15 ♏ 02

Day	Aspect	Time
1 Th	☿△♆	8am43
	⊕∠☿	7pm43
2 F	☿☌♀	4am31
	☿☍♃	6 38
	☿☍♇	12pm38
	♀☍♃	1 7
	☿ ♋	6 32
	☿⚹♄	10 52
3 S	♀☍♇	12pm16
	☿⚼♆	5 59
	☿⚺♂	8 17
4 Su	♀ ♋	11am10
	⊕⚹☿	4pm11
	⊕⚼♃	9 41
5 M	♀⚹♄	5am14
	☿∠♄	9 15
	☿△♅	1pm33
6 T	☿⚻♆	4am43
	⊕⚼♇	6 47
	☿∠♂	12pm44
7 W	☿⚻♃	5am29
	☿⚻♇	10 24
	☿ ♌	4pm38
	☿⚺♄	10 3
8 Th	☿⚼♅	2am20
	☿⚼♆	6 28
	☿⚺♀	11pm 3
9 F	☿⚹♂	9am12
	☿⚼♃	9pm34
10 S	☿⚼♇	1am57
	⊕⚹♅	3 47
	☿⚻♅	7pm 8
	♀⚺♂	10 10
	⊕□☿	10 39
11	☿☍♆	12pm20
12 M	☿△♃	6pm59
	☿△♇	10 43
13 T	☿∠♀	0am12
	☿ ♍	5 52
	☿☌♄	1pm14
	⊕□♆	10 54
14	♀∠♄	4pm40
15	♀△♅	5am29
16 F	☿□♂	0am 5
	☿☍♅	11pm26
17 S	♀⚻♆	1pm33
	☿⚻♆	8 19
18	☿⚹♀	0am28
19 M	⊕△☿	1am43
	☿□♃	1pm 6
	☿□♇	2 44
	☿ ♎	11 22
20	☿⚺♄	9am59
21 W	⊕⚻♃	2am48
	⊕⚻♇	6 34
	☿⚼♆	1pm40
22 Th	♀⚻♃	1am10
	♀⚻♇	2 27
	⊕ ♊	4pm43
	♀ ♌	11 37
23 F	♃☌♇	5am 4
	⊕⚹♀	11 0
24 S	♀⚺♄	3am33
	⊕⚼☿	10 37
	☿∠♄	11 33
	♀∠♂	12pm15
	♀⚼♅	12 52
	⊕□♄	1 57
	♂□♅	2 12
	☿⚻♅	3 47
	☿△♂	4 3
25	☿△♆	5pm41
27	☿⚹♇	10pm36
28 W	☿⚹♃	1am18
	☿ ♏	8 58
29 Th	☿⚹♄	0am25
	☿⚼♅	4 15
30 F	☿⚼♂	1am 4
	♀ P	4 42

Day	Aspect	Time
1 S	⊕⚻☿	1am44
	♀⚼♇	8 54
	♀⚼♃	6pm27
2 Su	♂△♆	0am19
	☿∠♇	6pm42
3 M	☿∠♃	0am40
	♀⚻♅	7pm54
4 T	☿△♅	3am 7
	☿0S	9 44
	☿□♀	12pm 8
5	☿□♆	9am38
6 Th	♀☍♆	2am31
	☿⚻♂	2 43
7 F	♀⚹♂	10pm 0
	☿⚺♇	11 37
8 S	☿⚺♃	9am24
	☿ ♐	11 3
9	☿□♄	7am54
10 M	⊕□♅	3am35
	♀△♇	3pm12
	♃ ♑	5 50
11 T	♀ ♍	10am42
	♀△♃	11 35
13 Th	♀☌♄	0am30
	⊕△♆	6pm23
14 F	☿ A	6pm16
	☿□♅	9 12
16 Su	☿⚹♆	5am 1
	♂☍♇	8pm57
17	⊕☍☿	3pm 9
18	☿☌♇	8pm51
19 W	☿☍♂	7am 2
	☿ ♑	7 49
	♂ ♋	11 29
	☿☌♃	2pm 1
20	☿△♄	8am 0
21 F	⊕☍♇	0am20
	♂☍♃	5 9
	☿∠♆	2pm35
22 S	⊕ ♋	6am 1
	♀☍♅	9 59
23	⊕☍♃	6am 1
24 M	♀⚻♆	3pm25
	⊕☌♂	7 40
25 T	⊕⚹♄	4am30
	☿⚹♅	1pm23
	☿⚼♄	2 37
	♂⚹♄	2 52
26	☿⚺♆	6pm11
28	⊕⚼♆	2pm 6
29 S	☿△♀	2am31
	☿⚺♇	3 29
	♀□♇	4 23
	☿ ♒	12pm42
	♀ ♎	10 20
30 Su	☿⚺♃	0am34
	☿∠♅	10 33
	☿⚻♄	12pm37
	♀□♃	10 44
31 M	☿⚻♂	7am46
	♀⚺♄	10pm13

JANUARY 2008

DAY	☿ LONG	☿ LAT	♀ LONG	♀ LAT	⊕ LONG	♂ LONG	♂ LAT
	° '	° '	° '	° '	° '	° '	° '
1 Tu	8♒00	6S53	3♎21	3N15	9♋56	6♋06	1N20
2 W	11 22	6 57	4 58	3 13	10 57	6 35	1 21
3 Th	14 48	6 59	6 35	3 12	11 58	7 04	1 22
4 F	18 19	7 00	8 12	3 10	12 59	7 33	1 22
5 S	21 55	7 00	9 49	3 07	14 01	8 02	1 23
6 Su	25 37	6 57	11 26	3 05	15 02	8 30	1 24
7 M	29 25	6 53	13 03	3 03	16 03	8 59	1 24
8 Tu	3♓19	6 46	14 40	3 00	17 04	9 28	1 25
9 W	7 20	6 38	16 17	2 57	18 05	9 57	1 25
10 Th	11 28	6 27	17 53	2 54	19 07	10 25	1 26
11 F	15 43	6 14	19 30	2 51	20 08	10 54	1 27
12 S	20 06	5 58	21 07	2 48	21 09	11 22	1 27
13 Su	24 38	5 40	22 43	2 45	22 10	11 51	1 28
14 M	29 18	5 19	24 20	2 41	23 11	12 19	1 28
15 Tu	4♈06	4 54	25 57	2 38	24 12	12 48	1 29
16 W	9 04	4 27	27 33	2 34	25 13	13 16	1 29
17 Th	14 11	3 57	29 10	2 30	26 15	13 44	1 30
18 F	19 26	3 24	0♏46	2 27	27 16	14 13	1 30
19 S	24 51	2 49	2 22	2 23	28 17	14 41	1 31
20 Su	0♉25	2 11	3 59	2 18	29 18	15 09	1 32
21 M	6 07	1 30	5 35	2 14	0♌19	15 38	1 32
22 Tu	11 58	0 48	7 11	2 10	1 20	16 06	1 33
23 W	17 56	0 04	8 47	2 05	2 21	16 34	1 33
24 Th	24 00	0N41	10 23	2 01	3 22	17 02	1 34
25 F	0♊10	1 26	12 00	1 56	4 23	17 30	1 34
26 S	6 24	2 10	13 36	1 52	5 24	17 58	1 34
27 Su	12 42	2 53	15 12	1 47	6 25	18 26	1 35
28 M	19 01	3 35	16 48	1 42	7 26	18 54	1 35
29 Tu	25 20	4 13	18 24	1 37	8 27	19 22	1 36
30 W	1♋38	4 48	19 59	1 32	9 28	19 50	1 36
31 Th	7♋53	5N20	21♏35	1N27	10♌29	20♋18	1N37

FEBRUARY 2008

DAY	☿ LONG	☿ LAT	♀ LONG	♀ LAT	⊕ LONG	♂ LONG	♂ LAT
	° '	° '	° '	° '	° '	° '	° '
1 F	14♋04	5N47	23♏11	1N22	11♌30	20♋46	1N37
2 S	20 09	6 11	24 47	1 16	12 31	21 14	1 38
3 Su	26 07	6 29	26 22	1 11	13 31	21 41	1 38
4 M	1♌58	6 43	27 58	1 06	14 32	22 09	1 38
5 Tu	7 40	6 53	29 34	1 00	15 33	22 37	1 39
6 W	13 14	6 59	1♐09	0 55	16 34	23 05	1 39
7 Th	18 37	7 00	2 45	0 49	17 35	23 32	1 40
8 F	23 52	6 58	4 20	0 44	18 36	24 00	1 40
9 S	28 56	6 53	5 56	0 38	19 37	24 27	1 40
10 Su	3♍51	6 45	7 31	0 33	20 37	24 55	1 41
11 M	8 37	6 35	9 07	0 27	21 38	25 23	1 41
12 Tu	13 13	6 22	10 42	0 22	22 39	25 50	1 42
13 W	17 41	6 07	12 17	0 16	23 40	26 18	1 42
14 Th	22 00	5 51	13 53	0 10	24 40	26 45	1 42
15 F	26 11	5 33	15 28	0 05	25 41	27 12	1 43
16 S	0♎14	5 14	17 03	0S01	26 41	27 40	1 43
17 Su	4 10	4 54	18 38	0 07	27 42	28 07	1 43
18 M	7 59	4 33	20 14	0 12	28 43	28 35	1 44
19 Tu	11 42	4 12	21 49	0 18	29 43	29 02	1 44
20 W	15 19	3 50	23 24	0 24	0♍44	29 29	1 44
21 Th	18 50	3 28	24 59	0 29	1 44	29 56	1 44
22 F	22 16	3 06	26 34	0 35	2 44	0♌24	1 45
23 S	25 37	2 44	28 09	0 40	3 45	0 51	1 45
24 Su	28 54	2 21	29 44	0 46	4 45	1 18	1 45
25 M	2♏07	1 59	1♑19	0 51	5 46	1 45	1 46
26 Tu	5 16	1 36	2 54	0 57	6 46	2 12	1 46
27 W	8 21	1 14	4 29	1 02	7 46	2 40	1 46
28 Th	11 24	0 52	6 04	1 07	8 47	3 07	1 46
29 F	14♏23	0N30	7♑39	1S13	9♍47	3♌34	1N47

DAY	♃ LONG	♃ LAT	♄ LONG	♄ LAT	♅ LONG	♅ LAT	♆ LONG	♆ LAT	♇ LONG	♇ LAT
	° '	° '	° '	° '	° '	° '	° '	° '	° '	° '
5 S	2♑03.5	0N12	3♍22.4	1N35	17♓57.9	0S46	21♒30.0	0S18	28♐49.8	6N28
10 Th	2 28.0	0 11	3 33.1	1 36	18 01.1	0 46	21 31.8	0 18	28 51.6	6 28
15 Tu	2 52.6	0 10	3 43.7	1 36	18 04.3	0 46	21 33.6	0 18	28 53.4	6 27
20 Su	3 17.1	0 10	3 54.3	1 36	18 07.5	0 46	21 35.4	0 18	28 55.2	6 27
25 F	3 41.6	0 09	4 05.0	1 37	18 10.8	0 46	21 37.2	0 18	28 57.0	6 26
30 W	4 06.2	0 09	4 15.6	1 37	18 14.0	0 46	21 39.0	0 18	28 58.7	6 26
4 M	4 30.8	0 08	4 26.2	1 37	18 17.2	0 46	21 40.8	0 18	29 00.5	6 25
9 S	4 55.4	0 08	4 36.8	1 38	18 20.4	0 46	21 42.7	0 18	29 02.3	6 25
14 Th	5 20.0	0 07	4 47.4	1 38	18 23.6	0 46	21 44.5	0 18	29 04.1	6 24
19 Tu	5 44.7	0 07	4 58.0	1 38	18 26.9	0 46	21 46.3	0 18	29 05.9	6 24
24 Su	6 09.3	0 06	5 08.6	1 39	18 30.1	0 46	21 48.1	0 18	29 07.7	6 23
29 F	6 34.0	0 05	5 19.2	1 39	18 33.3	0 46	21 49.9	0 18	29 09.4	6 23

☿p .426524	☿ .313177
♀ .720265	♀ .724255
⊕p .983289	⊕ .985233
♂ 1.58407	♂ 1.61622
♃ 5.24769	♃ 5.23647
♄ 9.26614	♄ 9.27428
♅ 20.0954	♅ 20.0958
♆ 30.0425	♆ 30.0418
♇ 31.3950	♇ 31.4101
☊	Perihelia
☿ 18° ♉ 26	☿ 17° ♊ 35
♀ 16 ♊ 45	♀ 11 ♌ 53
⊕	⊕ 12 ♋ 49
♂ 19 ♉ 37	♂ 6 ♓ 15
♃ 10 ♋ 35	♃ 14 ♈ 43
♄ 23 ♋ 44	♄ 2 ♋ 24
♅ 14 ♊ 04	♅ 23 ♍ 02
♆ 11 ♌ 52	♆ 17 ♈ 43
♇ 20 ♋ 27	♇ 15 ♏ 05

1 T	♂⚼♆	6pm51
	⊕⚻☿	7 50
2 W	☿∠♇	5pm12
	♀⚼♆	10 32
	⊕ P	11 52
3 Th	♀□♂	10am 8
	☿∠♃	2pm44
	☿⚺♅	9 34
4	☿☌♆	9pm15
5	☿⚼♂	8am21
6 Su	☿⚼♀	9am 9
	☿⚹♇	8pm26
7 M	☿ ♓	3am40
	⊕⚼☿	1pm45
	☿⚹♃	5 43
8 T	☿☍♄	1am 1
	⊕△♅	10pm 4
9 W	⊕∠♄	10am25
	☿△♂	5pm14
10 Th	♀⚻♅	1am56
	♀∠♄	10 5
11	☿☌♅	12pm45
12 S	⊕□♀	1am25
	♀△♆	6 25
	⊕△☿	7 14
	☿⚺♆	7 42
	☿⚻♀	8 25
	⊕⚻♆	9 20
13	☿□♇	9pm55
14 M	☿ ♈	3am34
	☿□♃	5pm50
	☿⚻♄	10 8
15	☿∠♆	11am59
16 W	♀⚹♇	8pm 9
	☿□♂	9 47
17 Th	♀ ♏	12pm34
	☿⚺♅	5 58
	☿⚼♄	9 16
18	☿⚹♆	9am34
19 S	♀⚼♅	11am11
	♀⚹♃	1pm 6
	⊕⚻♇	3 5
	☿△♇	5 36
	⊕□☿	6 9
	☿ ♉	10 14
	♀⚹♄	10 54
20 Su	☿∠♅	11am30
	☿△♃	12pm19
	☿△♄	2 50
	⊕ ♌	4 36
	☿☍♀	8 53
22 T	☿⚼♇	7am59
	☿⚹♂	6pm 6
23 W	☿⚹♅	0am56
	☿0N	2 1
	☿⚼♃	2 27
	☿□♆	2pm37
	⊕⚼♅	7 19
24 Th	⊕⚻♃	6am21
	⊕⚺♄	4pm41
	☿⚻♇	7 17
	☿ ♊	11 22
25 F	☿∠♂	9am45
	☿⚻♃	1pm47
	☿□♄	3 11
	⊕⚹☿	7 24
26	♀∠♇	5am27
S	♂△♅	11 37
27 Su	☿⚻♀	12pm43
	☿ P	5 55
	☿□♅	8 57
	☿⚺♂	11 33
28 M	☿△♆	9am59
	⊕∠☿	3pm28
	♂∠♄	3 58
	♀△♅	9 26
29 T	♀∠♃	9am58
	☿☍♇	1pm52
	☿ ♋	5 46
	♀△♂	8 41
30 W	☿☍♃	9am36
	☿⚹♄	10 8
	☿⚼♀	5pm18
	☿⚼♆	7 17
31 Th	♀□♆	1am 3
	⊕⚺☿	12pm 2
1 F	☿△♅	4pm32
	☿∠♄	8 53
2 S	☿☌♂	4am40
	☿⚻♆	6 5
	♃△♄	8 23
	♂⚻♆	11pm15
3 Su	☿△♀	1am26
	⊕⚼♇	11 22
	☿⚻♇	11 47
	☿ ♌	3pm52
4 M	☿⚼♅	5am31
	☿⚺♄	10 23
	☿⚻♃	10 48
	♀⚺♇	3pm43
5	♀ ♐	6am35
6 W	☿⚼♇	3am30
	⊕☌☿	6pm13
	☿⚻♅	10 37
7 Th	☿⚼♃	5am13
	☿☍♆	2pm 1
	⊕⚻♅	5 37
8 F	☿⚺♂	0am41
	♀□♄	3 40
	♀⚺♃	7 58
9	☿△♇	0am29
S	☿ ♍	5 7
	⊕⚼♃	8 6
10 Su	☿☌♄	3am58
	☿△♃	5 49
11 M	⊕☍♆	2am 6
	☿□♀	3 52
	☿∠♂	10 4
12	♀⚼♂	2am49
13 W	☿☍♅	3am52
	☿⚻♆	10pm33
14	⊕⚺☿	8pm10
15 F	☿⚹♂	6am46
	☿□♇	5pm 6
	♀0S	7 31
	☿ ♎	10 36
16	♀□♅	8pm45
17 Su	☿⚺♄	4am35
	☿□♃	9 0
	☿⚼♆	4pm15
	⊕⚺♂	6 13
18	⊕△♇	9am 9
M	♀⚹♆	11pm22
19 T	♂⚻♇	3am34
	⊕ ♍	6 42
20 W	⊕∠☿	3am56
	☿⚻♅	9pm31
21 Th	♂ ♌	3am 8
	☿∠♄	8 28
	☿△♆	8pm39
23	♀☌♇	2pm45
24 Su	☿⚹♇	1am43
	♀ ♑	4 0
	☿ ♏	8 11
	⊕☌♄	9 36
	☿⚹♀	12pm15
	☿□♂	8 53
25 M	♀⚻♂	9am14
	☿⚼♅	10 40
	⊕△♃	12pm23
	☿⚹♄	11 39
26 T	☿⚹♃	8am24
	⊕⚹☿	5pm16
27	♀△♄	11am51
28 Th	♀☌♃	6am39
	♀∠♆	11 32
	☿∠♇	10pm 9
	♂⚼♅	11 38

MARCH 2008

DAY	☿ LONG	☿ LAT	♀ LONG	♀ LAT	⊕ LONG	♂ LONG	♂ LAT
	° '	° '	° '	° '	° '	° '	° '
1 S	17♏20	0N08	9♑14	1S18	10♍47	4♌01	1N47
2 Su	20 15	0S13	10 49	1 23	11 47	4 28	1 47
3 M	23 08	0 35	12 24	1 28	12 48	4 55	1 47
4 Tu	25 59	0 55	13 59	1 33	13 48	5 22	1 48
5 W	28 48	1 16	15 34	1 38	14 48	5 49	1 48
6 Th	1♐36	1 36	17 08	1 43	15 48	6 16	1 48
7 F	4 23	1 56	18 43	1 48	16 48	6 43	1 48
8 S	7 09	2 15	20 18	1 53	17 48	7 09	1 48
9 Su	9 54	2 35	21 53	1 57	18 48	7 36	1 49
10 M	12 39	2 53	23 28	2 02	19 48	8 03	1 49
11 Tu	15 24	3 11	25 03	2 06	20 48	8 30	1 49
12 W	18 09	3 29	26 38	2 11	21 48	8 57	1 49
13 Th	20 54	3 46	28 13	2 15	22 48	9 24	1 49
14 F	23 39	4 03	29 47	2 19	23 48	9 50	1 49
15 S	26 24	4 19	1♒22	2 23	24 47	10 17	1 50
16 Su	29 11	4 35	2 57	2 27	25 47	10 44	1 50
17 M	1♑58	4 50	4 32	2 31	26 47	11 11	1 50
18 Tu	4 47	5 05	6 07	2 35	27 47	11 37	1 50
19 W	7 37	5 19	7 42	2 38	28 46	12 04	1 50
20 Th	10 29	5 32	9 17	2 42	29 46	12 31	1 50
21 F	13 22	5 45	10 52	2 45	0♎45	12 57	1 50
22 S	16 18	5 56	12 26	2 48	1 45	13 24	1 50
23 Su	19 16	6 07	14 01	2 51	2 45	13 51	1 50
24 M	22 16	6 18	15 36	2 54	3 44	14 17	1 50
25 Tu	25 20	6 27	17 11	2 57	4 43	14 44	1 51
26 W	28 26	6 35	18 46	3 00	5 43	15 10	1 51
27 Th	1♒36	6 42	20 21	3 02	6 42	15 37	1 51
28 F	4 49	6 49	21 56	3 05	7 42	16 03	1 51
29 S	8 07	6 54	23 31	3 07	8 41	16 30	1 51
30 Su	11 28	6 57	25 06	3 09	9 40	16 57	1 51
31 M	14♒55	7S00	26♒41	3S11	10♎39	17♌23	1N51

APRIL 2008

DAY	☿ LONG	☿ LAT	♀ LONG	♀ LAT	⊕ LONG	♂ LONG	♂ LAT
	° '	° '	° '	° '	° '	° '	° '
1 Tu	18♒26	7S00	28♒16	3S13	11♎39	17♌50	1N51
2 W	22 02	6 59	29 51	3 15	12 38	18 16	1 51
3 Th	25 44	6 57	1♓26	3 16	13 37	18 42	1 51
4 F	29 32	6 53	3 01	3 18	14 36	19 09	1 51
5 S	3♓26	6 46	4 36	3 19	15 35	19 35	1 51
6 Su	7 28	6 38	6 11	3 20	16 34	20 02	1 51
7 M	11 36	6 27	7 46	3 21	17 33	20 28	1 51
8 Tu	15 51	6 13	9 22	3 22	18 32	20 55	1 51
9 W	20 15	5 58	10 57	3 23	19 31	21 21	1 51
10 Th	24 47	5 39	12 32	3 23	20 30	21 47	1 51
11 F	29 27	5 18	14 07	3 23	21 29	22 14	1 51
12 S	4♈16	4 54	15 42	3 24	22 28	22 40	1 51
13 Su	9 14	4 26	17 18	3 24	23 27	23 06	1 51
14 M	14 20	3 56	18 53	3 24	24 26	23 33	1 51
15 Tu	19 36	3 23	20 28	3 23	25 25	23 59	1 51
16 W	25 02	2 48	22 03	3 23	26 23	24 25	1 51
17 Th	0♉36	2 09	23 39	3 22	27 22	24 52	1 51
18 F	6 18	1 29	25 14	3 21	28 21	25 18	1 50
19 S	12 09	0 46	26 49	3 21	29 19	25 44	1 50
20 Su	18 07	0 02	28 25	3 19	0♏18	26 11	1 50
21 M	24 11	0N42	0♈00	3 18	1 16	26 37	1 50
22 Tu	0♊22	1 27	1 36	3 17	2 15	27 03	1 50
23 W	6 36	2 12	3 11	3 15	3 13	27 29	1 50
24 Th	12 54	2 55	4 47	3 14	4 12	27 56	1 50
25 F	19 13	3 36	6 22	3 12	5 10	28 22	1 50
26 S	25 32	4 14	7 58	3 10	6 09	28 48	1 50
27 Su	1♋50	4 50	9 33	3 08	7 07	29 14	1 49
28 M	8 04	5 21	11 09	3 06	8 05	29 41	1 49
29 Tu	14 15	5 48	12 44	3 03	9 04	0♍07	1 49
30 W	20♋20	6N11	14♈20	3S01	10♏02	0♍33	1N49

DAY	♃ LONG	♃ LAT	♄ LONG	♄ LAT	♅ LONG	♅ LAT	♆ LONG	♆ LAT	♇ LONG	♇ LAT
	° '	° '	° '	° '	° '	° '	° '	° '	° '	° '
5 W	6♑58.7	0N05	5♍29.8	1N39	18♓36.5	0S46	21♒51.7	0S18	29♐11.2	6N22
10 M	7 23.4	0 04	5 40.4	1 40	18 39.7	0 46	21 53.5	0 18	29 13.0	6 22
15 S	7 48.1	0 04	5 51.0	1 40	18 42.9	0 46	21 55.3	0 19	29 14.8	6 21
20 Th	8 12.8	0 03	6 01.5	1 40	18 46.2	0 46	21 57.1	0 19	29 16.5	6 21
25 Tu	8 37.6	0 03	6 12.1	1 41	18 49.4	0 46	21 58.9	0 19	29 18.3	6 20
30 Su	9 02.3	0 02	6 22.7	1 41	18 52.6	0 46	22 00.7	0 19	29 20.1	6 20
4 F	9 27.1	0 02	6 33.3	1 41	18 55.8	0 46	22 02.6	0 19	29 21.9	6 19
9 W	9 51.9	0 01	6 43.8	1 42	18 59.0	0 46	22 04.4	0 19	29 23.6	6 19
14 M	10 16.8	0 00	6 54.4	1 42	19 02.3	0 46	22 06.2	0 19	29 25.4	6 18
19 S	10 41.6	0S00	7 05.0	1 42	19 05.5	0 46	22 08.0	0 19	29 27.2	6 18
24 Th	11 06.5	0 01	7 15.5	1 43	19 08.7	0 46	22 09.8	0 19	29 29.0	6 17
29 Tu	11 31.4	0 01	7 26.1	1 43	19 11.9	0 46	22 11.6	0 19	29 30.8	6 17

☿a.450802	☿p.412012
♀a.727438	♀ .728017
⊕ .990879	⊕ .999332
♂ 1.63992	♂ 1.65719
♃ 5.22590	♃ 5.21453
♄ 9.28198	♄ 9.29028
♅ 20.0963	♅ 20.0967
♆ 30.0412	♆ 30.0405
♇ 31.4243	♇ 31.4395
☊	Perihelia
☿ 18°♉ 26	☿ 17°♊ 35
♀ 16 ♊ 45	♀ 11 ♌ 55
⊕	⊕ 14 ♋ 56
♂ 19 ♉ 38	♂ 6 ♓ 15
♃ 10 ♋ 35	♃ 14 ♈ 43
♄ 23 ♋ 44	♄ 2 ♋ 12
♅ 14 ♊ 04	♅ 22 ♍ 59
♆ 11 ♌ 52	♆ 16 ♈ 41
♇ 20 ♋ 27	♇ 15 ♏ 07

1	☿0S	8am59
S	☿△♅	10 8
2	☿∠♃	12pm41
Su	☿□♆	1 17
3	♃∠♆	11am29
M	⊕△♀	4pm23
4	♂⚺♄	5am42
5	☿⚺♇	3am19
W	☿ ♐	10 16
6	☿∠♀	10am46
Th	♀⚹♅	10pm35
7	☿□♄	10am23
8	☿△♂	0am 4
S	☿⚺♃	0 40
	♂⚻♃	4 23
	♀⚼♄	4 38
	⊕☍♅	8pm22
9	♀⚺♆	0am 1
11	☿ A	5pm31
12	⊕⚻♆	2am33
W	☿□♅	4 43
13	☿⚹♆	8am53
Th	♀⚺♇	3pm37
14	⊕□☿	2am 1
F	♀ ♒	3 11
	☿⚼♂	12pm24
15	⊕∠♂	9pm37
16	☿☌♇	0am36
Su	☿ ♑	7 2
	♀∠♅	11 50
17	♀⚻♄	9pm32
18	☿△♄	10am 3
T	☿∠♆	6pm18
19	☿⚺♀	1am26
W	☿☌♃	4 26
	♀⚺♃	6 59
	⊕□♇	12pm 7
20	⊕ ♎	5am41
Th	☿⚻♂	7pm56
21	♀ A	3pm 7
22	♀☍♂	8pm15
S	☿⚹♅	8 15
23	♀∠♇	4am 8
Su	☿⚼♄	3pm 6
	☿⚺♆	9 38
24	♂⚼♇	0am41
26	♀⚺♅	1am 0
W	☿⚺♇	6 42
	☿ ♒	11 56
	⊕⚺♄	1pm 9
27	⊕⚼♆	7am 5
Th	☿∠♅	4pm50
28	♀☌♆	1am 1
F	☿⚻♄	11 1
29	⊕△☿	5am50
S	☿⚺♃	6 14
	⊕⚼♀	6 41
	♀∠♃	7 2
	⊕□♃	7 16
30	☿∠♇	8pm 4
31	☿☍♂	7pm21

1	☿⚺♅	3am10
T	♀⚹♇	4pm26
	☿☌♆	11 58
2	♀ ♓	2am16
W	☿∠♃	3pm 1
3	♂⚻♅	11am50
Th	☿⚹♇	10pm56
4	⊕⚼☿	0am35
F	☿ ♓	2 54
5	☿☌♀	11am37
S	☿☍♄	7pm 2
6	♀☍♄	6am45
Su	☿⚹♃	12pm52
8	♀⚹♃	6am45
T	⊕⚻♅	10 39
	☿☌♅	5pm 9
	⊕⚻☿	6 59
9	☿⚻♂	6am32
W	☿⚺♆	9 46
10	♂☍♆	4pm 3
Th	☿□♇	11 48
11	☿ ♈	2am48
F	⊕∠♄	7 56
	⊕△♆	2pm40
12	⊕⚹♂	8am47
S	☿⚻♄	12pm38
	☿∠♆	1 47
	☿⚼♂	6 9
13	☿□♃	4am41
14	♀☌♅	2am23
M	☿⚺♅	9pm29
15	☿⚺♀	5am28
T	☿⚼♄	10 29
	☿⚹♆	11 10
	☿△♂	9pm 8
16	♀⚺♆	0am53
W	⊕☍☿	7 12
	☿△♇	7pm 5
	☿ ♉	9 28
17	☿∠♅	2pm42
Th	♃0S	3 41
18	♀⚻♂	1am22
F	☿△♄	3 6
	☿△♃	6pm 0
	♂⚼♃	8 58
	☿∠♀	10 12
19	⊕⚹♇	3am19
S	☿⚼♇	9 20
	⊕ ♏	4pm44
20	☿0N	1am16
Su	☿⚹♅	3 56
	♀□♇	3pm50
	☿□♆	3 57
	♀ ♈	11 56
21	☿⚼♃	6am37
M	☿□♂	10 12
	☿⚻♇	8pm34
	☿ ♊	10 37
22	☿⚹♀	6am24
T	⊕⚻☿	8 38
23	⊕⚻♀	1am23
W	☿□♄	2 24
	☿⚻♃	5pm 7
	⊕⚼♅	10 44
24	☿ P	5pm10
Th	☿□♅	11 47
25	⊕⚼☿	4am18
F	☿△♆	11 15
	♀∠♆	12pm 7
	♀⚻♄	2 16
26	☿⚹♂	1pm23
S	☿☍♇	3 7
	☿ ♋	5 1
27	⊕⚹♄	6am24
Su	♂△♇	2pm28
	☿⚼♆	8 35
	☿⚹♄	9 23
28	⊕△☿	0am 4
M	♀□♃	4 40
	☿☍♃	1pm13
	☿□♀	4 2
	♂ ♍	5 40
29	☿∠♂	3am39
T	☿△♅	7pm32
30	☿⚻♆	7am28
W	☿∠♄	8 35

MAY 2008

DAY	☿ LONG	☿ LAT	♀ LONG	♀ LAT	⊕ LONG	♂ LONG	♂ LAT
	° '	° '	° '	° '	° '	° '	° '
1 Th	26♋18	6N30	15♈56	2S58	11♏00	0♍59	1N49
2 F	2♌09	6 44	17 31	2 55	11 58	1 26	1 49
3 S	7 51	6 53	19 07	2 52	12 57	1 52	1 48
4 Su	13 24	6 59	20 43	2 49	13 55	2 18	1 48
5 M	18 47	7 00	22 18	2 46	14 53	2 44	1 48
6 Tu	24 01	6 58	23 54	2 42	15 51	3 10	1 48
7 W	29 06	6 53	25 30	2 39	16 49	3 37	1 48
8 Th	4♍00	6 45	27 06	2 35	17 47	4 03	1 47
9 F	8 46	6 34	28 42	2 32	18 45	4 29	1 47
10 S	13 22	6 21	0♉18	2 28	19 43	4 55	1 47
11 Su	17 49	6 07	1 53	2 24	20 41	5 21	1 47
12 M	22 08	5 50	3 29	2 20	21 39	5 48	1 47
13 Tu	26 18	5 32	5 05	2 16	22 37	6 14	1 46
14 W	0♎21	5 13	6 41	2 11	23 35	6 40	1 46
15 Th	4 17	4 53	8 17	2 07	24 33	7 06	1 46
16 F	8 06	4 33	9 53	2 02	25 31	7 32	1 46
17 S	11 49	4 12	11 29	1 58	26 29	7 59	1 45
18 Su	15 25	3 50	13 05	1 53	27 26	8 25	1 45
19 M	18 56	3 28	14 42	1 48	28 24	8 51	1 45
20 Tu	22 22	3 05	16 18	1 43	29 22	9 17	1 45
21 W	25 43	2 43	17 54	1 38	0♐19	9 43	1 44
22 Th	29 00	2 20	19 30	1 33	1 17	10 10	1 44
23 F	2♏13	1 58	21 06	1 28	2 15	10 36	1 44
24 S	5 21	1 36	22 43	1 23	3 12	11 02	1 43
25 Su	8 27	1 13	24 19	1 18	4 10	11 28	1 43
26 M	11 29	0 51	25 55	1 13	5 08	11 55	1 43
27 Tu	14 29	0 29	27 31	1 07	6 05	12 21	1 42
28 W	17 26	0 07	29 08	1 02	7 03	12 47	1 42
29 Th	20 20	0S14	0♊44	0 56	8 00	13 13	1 42
30 F	23 13	0 35	2 21	0 51	8 58	13 40	1 41
31 S	26♏04	0S56	3♊57	0S45	9♐56	14♍06	1N41

JUNE 2008

DAY	☿ LONG	☿ LAT	♀ LONG	♀ LAT	⊕ LONG	♂ LONG	♂ LAT
	° '	° '	° '	° '	° '	° '	° '
1 Su	28♏53	1S17	5♊34	0S40	10♐53	14♍32	1N41
2 M	1♐41	1 37	7 10	0 34	11 51	14 58	1 40
3 Tu	4 28	1 57	8 47	0 28	12 48	15 25	1 40
4 W	7 14	2 16	10 23	0 23	13 46	15 51	1 40
5 Th	10 00	2 35	12 00	0 17	14 43	16 17	1 39
6 F	12 45	2 54	13 37	0 11	15 41	16 43	1 39
7 S	15 29	3 12	15 13	0 05	16 38	17 10	1 38
8 Su	18 14	3 30	16 50	0N00	17 35	17 36	1 38
9 M	20 59	3 47	18 27	0 06	18 33	18 02	1 38
10 Tu	23 44	4 04	20 03	0 12	19 30	18 29	1 37
11 W	26 30	4 20	21 40	0 17	20 27	18 55	1 37
12 Th	29 16	4 36	23 17	0 23	21 25	19 21	1 36
13 F	2♑04	4 51	24 54	0 29	22 22	19 48	1 36
14 S	4 53	5 05	26 31	0 35	23 19	20 14	1 36
15 Su	7 43	5 19	28 08	0 40	24 17	20 40	1 35
16 M	10 34	5 32	29 45	0 46	25 14	21 07	1 35
17 Tu	13 28	5 45	1♋22	0 51	26 11	21 33	1 34
18 W	16 24	5 57	2 59	0 57	27 09	21 59	1 34
19 Th	19 22	6 08	4 36	1 02	28 06	22 26	1 33
20 F	22 22	6 18	6 13	1 08	29 03	22 52	1 33
21 S	25 26	6 27	7 50	1 13	0♑00	23 19	1 32
22 Su	28 32	6 35	9 27	1 19	0 58	23 45	1 32
23 M	1♒42	6 43	11 04	1 24	1 55	24 12	1 31
24 Tu	4 56	6 49	12 41	1 29	2 52	24 38	1 31
25 W	8 13	6 54	14 18	1 34	3 49	25 04	1 30
26 Th	11 35	6 57	15 55	1 39	4 46	25 31	1 30
27 F	15 01	7 00	17 33	1 44	5 44	25 57	1 29
28 S	18 32	7 00	19 10	1 49	6 41	26 24	1 29
29 Su	22 09	6 59	20 47	1 54	7 38	26 51	1 28
30 M	25♒51	6S57	22♋25	1N59	8♑35	27♍17	1N28

DAY	♃ LONG	♃ LAT	♄ LONG	♄ LAT	♅ LONG	♅ LAT	♆ LONG	♆ LAT	♇ LONG	♇ LAT
	° '	° '	° '	° '	° '	° '	° '	° '	° '	° '
4 Su	11♑56.2	0S02	7♍36.6	1N43	19♓15.1	0S46	22♒13.4	0S19	29♐32.5	6N16
9 F	12 21.2	0 02	7 47.2	1 44	19 18.3	0 46	22 15.2	0 19	29 34.3	6 16
14 W	12 46.1	0 03	7 57.8	1 44	19 21.6	0 46	22 17.0	0 19	29 36.1	6 15
19 M	13 11.1	0 04	8 08.3	1 44	19 24.8	0 46	22 18.8	0 19	29 37.8	6 15
24 S	13 36.0	0 04	8 18.9	1 45	19 28.0	0 46	22 20.7	0 19	29 39.6	6 14
29 Th	14 01.0	0 05	8 29.4	1 45	19 31.2	0 46	22 22.5	0 19	29 41.4	6 14
3 Tu	14 26.0	0 05	8 39.9	1 45	19 34.4	0 46	22 24.3	0 19	29 43.2	6 13
8 Su	14 51.1	0 06	8 50.5	1 46	19 37.7	0 46	22 26.1	0 19	29 45.0	6 13
13 F	15 16.1	0 06	9 01.0	1 46	19 40.9	0 46	22 27.9	0 20	29 46.7	6 12
18 W	15 41.1	0 07	9 11.5	1 46	19 44.1	0 46	22 29.7	0 20	29 48.5	6 12
23 M	16 06.2	0 08	9 22.1	1 47	19 47.3	0 46	22 31.6	0 20	29 50.3	6 11
28 S	16 31.3	0 08	9 32.6	1 47	19 50.6	0 46	22 33.4	0 20	29 52.1	6 11

☿ .319562	☿a.460457
♀ .725447	♀ .721339
⊕ 1.00764	⊕ 1.01410
♂a1.66522	♂ 1.66417
♃ 5.20348	♃ 5.19203
♄ 9.29840	♄ 9.30686
♅ 20.0970	♅ 20.0974
♆ 30.0398	♆ 30.0391
♇ 31.4543	♇ 31.4696
☊	Perihelia
☿ 18°♉ 26	☿ 17°♊ 36
♀ 16 ♊ 46	♀ 11 ♌ 50
⊕	⊕ 13 ♋ 57
♂ 19 ♉ 38	♂ 6 ♓ 16
♃ 10 ♋ 35	♃ 14 ♈ 43
♄ 23 ♋ 44	♄ 2 ♋ 01
♅ 14 ♊ 04	♅ 22 ♍ 55
♆ 11 ♌ 52	♆ 15 ♈ 58
♇ 20 ♋ 27	♇ 15 ♏ 08

1	♀⚼♂	1am18
Th	☿⚻♇	1pm11
	☿ ♌	3 8
	⊕⚹♃	6 34
	☿⚺♂	8 47
2	☿⚼♅	8am44
F	☿⚺♄	10pm51
3	♀⚺♅	1am54
S	☿⚻♃	5pm32
4	⊕□☿	2am46
Su	☿⚼♇	5 3
	⊕∠♇	3pm41
	♀⚹♆	10 50
5	☿⚻♅	2am 9
M	♀⚼♄	5 12
	☿☍♆	3pm43
	☿△♀	11 12
6	☿⚼♃	2pm44
7	☿△♇	2am14
W	☿ ♍	4 22
8	☿☌♂	0am13
Th	☿☌♄	6pm59
9	♀△♇	1pm14
F	⊕△♅	1 50
	☿△♃	7 1
	♀ ♉	7 37
10	☿⚼♀	4pm 5
11	☿☍♅	8am20
Su	⊕⚹☿	8pm31
12	☿⚻♆	0am48
M	♀∠♅	12pm49
	⊕□♆	3 28
13	♂ A	1am55
T	☿□♇	7pm28
	☿ ♎	9 51
	♀△♂	11 35
14	♀△♄	7pm33
15	☿⚼♆	6pm52
Th	☿⚺♂	7 58
	☿⚺♄	11 34
16	☿⚻♀	8pm16
F	⊕∠☿	9 1
17	♂☌♄	5am23
S	☿□♃	8 9
18	♀△♃	0am 9
Su	⊕∠♃	6pm 5
	♀⚼♇	11 4
19	☿⚻♅	3am18
M	☿△♆	11pm39
20	☿∠♄	5am46
T	⊕⚺♇	6 52
	☿∠♂	3pm44
	⊕ ♐	3 54
21	♀⚹♅	11pm 9
22	☿⚹♇	4am50
Th	☿ ♏	7 26
23	⊕⚺☿	0am25
F	☿⚼♅	5pm 9
	♀□♆	6 31
24	☿⚹♄	11pm13
26	☿⚹♂	3am56
M	☿⚹♃	6pm47
27	☿∠♇	1am37
T	♀⚼♃	8pm53
28	☿0S	8am15
W	♀⚻♇	8 18
	♀ ♊	12pm59
	☿△♅	5 11
29	⊕□♄	12pm31
Th	☿□♆	4 58
31	♂△♃	5am56
1	☿∠♃	3am20
Su	☿⚺♇	7 1
	☿ ♐	9 30
2	♀□♄	10pm17
4	☿□♄	12pm53
W	⊕⚺♃	8 47
6	♀⚻♃	4pm53
F	☿⚺♃	5 29
	☿☍♀	6 17
7	⊕☌☿	3pm21
S	☿ A	4 48
	☿□♂	5 24
	♀0N	10 56
8	⊕□♂	0am27
Su	☿□♅	12pm14
	♀□♂	3 42
9	⊕☍♀	3am44
M	☿⚹♆	12pm46
	♀□♅	5 54
10	⊕□♅	3am44
11	♀△♆	11am42
12	☿☌♇	4am20
Th	☿ ♑	6 16
	♂☍♅	5pm46
13	⊕⚹♆	2am26
14	☿∠♆	10pm 2
15	☿△♄	11am43
16	♀☍♇	0am48
M	♀ ♋	3 49
17	☿☌♃	6pm 3
19	☿⚹♅	3am 6
Th	♂⚻♆	3 56
20	☿⚺♆	1am 5
F	☿△♂	4 37
	☿⚼♄	3pm 5
	♀⚼♆	7 19
	⊕☌♇	7 28
	⊕ ♑	11 52
21	♀⚹♄	10pm17
22	☿⚺♇	9am54
Su	☿ ♒	11 10
23	⊕⚺☿	2am16
M	☿∠♅	11pm 4
25	☿⚻♄	8am52
W	☿⚼♂	3pm20
26	♀☍♃	6am43
Th	☿∠♇	10pm55
27	☿⚺♃	9am59
28	☿⚻♀	7am40
S	☿⚺♅	8 45
	♀△♅	10 5
	⊕∠♆	10pm 9
29	☿☌♆	2am42
Su	⊕∠☿	4 17
30	♀⚻♆	2am22
M	☿⚻♂	10 19

JULY 2008

DAY	☿ LONG	☿ LAT	♀ LONG	♀ LAT	⊕ LONG	♂ LONG	♂ LAT
	° '	° '	° '	° '	° '	° '	° '
1 Tu	29♒39	6S52	24♋02	2N03	9♑33	27♍44	1N27
2 W	3♓34	6 46	25 39	2 08	10 30	28 10	1 27
3 Th	7 35	6 37	27 17	2 12	11 27	28 37	1 26
4 F	11 44	6 26	28 54	2 17	12 24	29 03	1 26
5 S	16 00	6 13	0♌31	2 21	13 21	29 30	1 25
6 Su	20 23	5 57	2 09	2 25	14 19	29 57	1 25
7 M	24 55	5 39	3 46	2 29	15 16	0♎23	1 24
8 Tu	29 36	5 17	5 24	2 33	16 13	0 50	1 24
9 W	4♈25	4 53	7 01	2 37	17 10	1 17	1 23
10 Th	9 23	4 26	8 39	2 40	18 08	1 43	1 22
11 F	14 30	3 55	10 16	2 44	19 05	2 10	1 22
12 S	19 47	3 22	11 54	2 47	20 02	2 37	1 21
13 Su	25 12	2 47	13 31	2 50	20 59	3 04	1 21
14 M	0♉46	2 08	15 09	2 54	21 56	3 30	1 20
15 Tu	6 29	1 27	16 46	2 56	22 54	3 57	1 19
16 W	12 20	0 45	18 24	2 59	23 51	4 24	1 19
17 Th	18 18	0 01	20 01	3 02	24 48	4 51	1 18
18 F	24 23	0N44	21 39	3 04	25 45	5 18	1 18
19 S	0♊33	1 29	23 16	3 07	26 43	5 45	1 17
20 Su	6 48	2 13	24 54	3 09	27 40	6 12	1 16
21 M	13 05	2 56	26 31	3 11	28 37	6 38	1 16
22 Tu	19 24	3 37	28 09	3 13	29 34	7 05	1 15
23 W	25 44	4 15	29 46	3 15	0♒32	7 32	1 14
24 Th	2♋01	4 51	1♍24	3 16	1 29	7 59	1 14
25 F	8 16	5 22	3 01	3 18	2 26	8 26	1 13
26 S	14 26	5 49	4 39	3 19	3 23	8 53	1 12
27 Su	20 31	6 12	6 16	3 20	4 21	9 20	1 12
28 M	26 29	6 30	7 54	3 21	5 18	9 48	1 11
29 Tu	2♌19	6 44	9 31	3 22	6 15	10 15	1 10
30 W	8 01	6 53	11 09	3 23	7 13	10 42	1 10
31 Th	13♌34	6N59	12♍46	3N23	8♒10	11♎09	1N09

AUGUST 2008

DAY	☿ LONG	☿ LAT	♀ LONG	♀ LAT	⊕ LONG	♂ LONG	♂ LAT
	° '	° '	° '	° '	° '	° '	° '
1 F	18♌57	7N00	14♍24	3N24	9♒08	11♎36	1N08
2 S	24 11	6 58	16 01	3 24	10 05	12 03	1 08
3 Su	29 15	6 53	17 38	3 24	11 03	12 30	1 07
4 M	4♍10	6 45	19 16	3 23	12 00	12 58	1 06
5 Tu	8 55	6 34	20 53	3 23	12 57	13 25	1 06
6 W	13 30	6 21	22 30	3 23	13 55	13 52	1 05
7 Th	17 57	6 06	24 08	3 22	14 52	14 20	1 04
8 F	22 16	5 50	25 45	3 21	15 50	14 47	1 03
9 S	26 26	5 32	27 22	3 20	16 47	15 14	1 03
10 Su	0♎29	5 13	28 59	3 19	17 45	15 42	1 02
11 M	4 24	4 53	0♎36	3 18	18 43	16 09	1 01
12 Tu	8 13	4 32	2 14	3 16	19 40	16 37	1 00
13 W	11 56	4 11	3 51	3 15	20 38	17 04	1 00
14 Th	15 32	3 49	5 28	3 13	21 35	17 32	0 59
15 F	19 03	3 27	7 05	3 11	22 33	17 59	0 58
16 S	22 29	3 05	8 42	3 09	23 31	18 27	0 57
17 Su	25 50	2 42	10 19	3 07	24 28	18 54	0 57
18 M	29 06	2 20	11 56	3 04	25 26	19 22	0 56
19 Tu	2♏19	1 57	13 33	3 02	26 24	19 50	0 55
20 W	5 27	1 35	15 09	2 59	27 21	20 17	0 54
21 Th	8 33	1 13	16 46	2 56	28 19	20 45	0 54
22 F	11 35	0 50	18 23	2 53	29 17	21 13	0 53
23 S	14 34	0 28	20 00	2 50	0♓15	21 41	0 52
24 Su	17 31	0 07	21 36	2 47	1 12	22 09	0 51
25 M	20 26	0S15	23 13	2 44	2 10	22 36	0 50
26 Tu	23 19	0 36	24 49	2 40	3 08	23 04	0 50
27 W	26 09	0 57	26 26	2 37	4 06	23 32	0 49
28 Th	28 59	1 17	28 03	2 33	5 04	24 00	0 48
29 F	1♐47	1 37	29 39	2 29	6 02	24 28	0 47
30 S	4 34	1 57	1♏15	2 25	7 00	24 56	0 46
31 Su	7♐20	2S17	2♏52	2N21	7♓58	25♎24	0N46

DAY	♃ LONG	♃ LAT	♄ LONG	♄ LAT	♅ LONG	♅ LAT	♆ LONG	♆ LAT	♇ LONG	♇ LAT
	° '	° '	° '	° '	° '	° '	° '	° '	° '	° '
3 Th	16♑56.4	0S09	9♍43.1	1N47	19♓53.8	0S46	22♒35.2	0S20	29♐53.8	6N10
8 Tu	17 21.6	0 09	9 53.6	1 48	19 57.0	0 46	22 37.0	0 20	29 55.6	6 10
13 Su	17 46.7	0 10	10 04.2	1 48	20 00.2	0 46	22 38.8	0 20	29 57.4	6 09
18 F	18 11.9	0 10	10 14.7	1 48	20 03.5	0 46	22 40.6	0 20	29 59.2	6 09
23 W	18 37.1	0 11	10 25.2	1 49	20 06.7	0 46	22 42.5	0 20	0♑00.9	6 08
28 M	19 02.3	0 11	10 35.7	1 49	20 09.9	0 46	22 44.3	0 20	0 02.7	6 08
2 S	19 27.5	0 12	10 46.2	1 49	20 13.1	0 46	22 46.1	0 20	0 04.5	6 07
7 Th	19 52.7	0 13	10 56.7	1 50	20 16.3	0 46	22 47.9	0 20	0 06.3	6 07
12 Tu	20 18.0	0 13	11 07.2	1 50	20 19.6	0 46	22 49.7	0 20	0 08.0	6 06
17 Su	20 43.3	0 14	11 17.7	1 50	20 22.8	0 46	22 51.5	0 20	0 09.8	6 06
22 F	21 08.6	0 14	11 28.2	1 50	20 26.0	0 46	22 53.3	0 20	0 11.6	6 05
27 W	21 33.9	0 15	11 38.6	1 51	20 29.2	0 46	22 55.1	0 20	0 13.3	6 05

☿p.395914	☿ .337464
♀p.718671	♀ .719202
⊕a1.01672	⊕ 1.01500
♂ 1.65414	♂ 1.63493
♃ 5.18095	♃ 5.16952
♄ 9.31512	♄ 9.32373
♅ 20.0977	♅ 20.0980
♆ 30.0384	♆ 30.0377
♇ 31.4844	♇ 31.4998
☊	Perihelia
☿ 18°♉ 26	☿ 17°♊ 36
♀ 16 ♊ 46	♀ 11 ♌ 47
⊕	⊕ 10 ♋ 30
♂ 19 ♉ 38	♂ 6 ♓ 16
♃ 10 ♋ 35	♃ 14 ♈ 41
♄ 23 ♋ 45	♄ 1 ♋ 49
♅ 14 ♊ 05	♅ 22 ♍ 51
♆ 11 ♌ 52	♆ 15 ♈ 16
♇ 20 ♋ 28	♇ 15 ♏ 10

Day	Aspect	Time
1	☿⚹♇	1am25
T	☿ ♓	2 8
	⊕△♄	2 46
	♀∠♄	9 20
	☿∠♃	1pm22
3	☿☍♄	12pm33
4	♀⚹♂	3am12
F	⊕⚹☿	4 58
	⊕ A	7 41
	♀⚻♇	2pm54
	♀ ♌	4 16
	☿⚼♀	7 49
5	☿⚹♃	6am17
S	☿☌♅	9pm31
	♂□♇	10 23
6	♂ ♎	2am59
Su	☿⚺♆	11 50
7	♀⚼♅	5pm23
8	☿□♇	1am41
T	☿ ♈	2 3
	☿☍♂	6 53
9	⊕☌♃	7am29
W	☿∠♆	3pm36
	☿△♀	6 47
10	☿⚻♄	2am47
Th	♀⚺♄	7pm56
11	☿□♃	2pm28
F	♀ P	10 14
	⊕⚹♅	10 59
12	☿⚺♅	0am59
S	⊕□☿	1 24
	☿⚹♆	12pm47
	☿⚼♄	11 26
13	☿△♇	8pm33
Su	☿ ♉	8 43
	♀⚼♇	9 19
14	☿⚻♂	12pm33
M	☿∠♅	5 55
	⊕⚺♆	6 4
15	☿△♄	3pm 9
T	♀⚻♃	6 20
16	☿⚼♇	10am41
W	♀∠♂	8pm30
	☿△♃	11 14
17	♀⚻♅	0am24
Th	☿0N	0 32
	☿⚼♂	6 38
	☿⚹♅	6 56
	☿□♀	9 19
	⊕⚼♄	10 41
	☿□♆	5pm18
18	⊕△☿	6am21
F	♀☍♆	3pm18
	☿⚻♇	9 50
	☿ ♊	9 52
19	☿⚼♃	10am40
S	☿△♂	9pm31
20	♇ ♑	8am10
Su	☿□♄	1pm31
21	⊕⚼☿	2am22
M	☿ P	4pm27
	☿⚻♃	8 39
22	☿□♅	2am38
T	⊕ ♒	10 47
	⊕⚺♇	11 6
	☿△♆	12pm31
23	♀ ♍	3am22
W	♀△♇	3 36
	♂⚼♆	9 7
	☿ ♋	4pm17
	☿☍♇	4 21
	☿⚹♀	8 47
	⊕⚻☿	9 34
24	⊕⚻♀	2am57
Th	☿⚼♆	9pm53
25	☿□♂	0am43
F	☿⚹♄	8 39
	♀⚼♃	11 53
26	☿☍♃	5pm42
S	☿△♅	10 33
27	☿∠♀	4am 7
Su	☿⚻♆	8 51
	☿∠♄	8pm22
	⊕∠♅	8 31
28	☿ ♌	2pm23
M	☿⚻♇	2 35
29	☿⚼♅	11am58
T	♀⚺♂	2pm47
	♀☌♄	4 44
	⊕☍☿	7 52
	♂⚺♄	10 14
30	☿⚺♄	11am26
W	☿⚹♂	12pm31
	☿⚺♀	7 3
31	☿⚼♇	6am36
1	☿⚻♃	1am56
F	☿⚻♅	5 42
	☿☍♆	5pm25
2	☿∠♂	2pm50
S	⊕⚻♄	5 49
3	☿ ♍	3am37
Su	☿△♇	4 0
4	☿⚼♃	2am22
M	♀△♃	5 41
	♀☍♅	2pm34
5	☿☌♄	10am15
T	⊕△♂	9pm54
6	☿⚺♂	2am10
W	⊕⚻☿	2 46
	♀⚻♆	4 15
7	⊕∠♇	5am48
Th	☿△♃	10 50
	☿☍♅	12pm51
8	☿⚻♆	3am 4
9	☿☌♀	9am 4
S	☿ ♎	9pm 6
	☿□♇	9 50
10	♀ ♎	2pm59
Su	♀□♇	4 51
	⊕⚼☿	6 16
11	☿⚼♆	9pm30
12	♃⚹♅	8am30
T	⊕⚺♅	4pm37
	⊕⚺♃	5 18
	☿⚺♄	6 54
14	☿☌♂	3pm36
15	⊕☌♆	7am29
F	☿⚻♅	9 8
	☿□♃	10 43
	♀⚼♆	11 25
	⊕⚼♀	5pm10
16	☿△♆	2am40
S	⊕△☿	10 17
17	☿∠♄	3am26
Su	♀⚺♄	2pm55
18	☿ ♏	6am40
M	☿⚹♇	7 56
19	☿⚼♅	11pm39
20	♂⚻♅	6am24
21	♂□♃	7pm19
Th	☿⚹♄	11 5
22	⊕ ♓	5pm55
F	⊕⚹♇	10 51
23	☿∠♇	5am 4
S	♀⚻♅	6 45
	♀□♃	7pm23
24	☿0S	7am30
Su	♀☌♂	11 17
	♀△♆	7pm23
25	☿△♅	0am16
M	☿⚹♃	8 14
	♂△♆	3pm39
	☿□♆	8 40
	☿⚺♂	9 37
27	♀∠♄	3am12
W	☿⚺♀	5 26
28	☿ ♐	8am44
Th	☿⚺♇	10 42
29	♀ ♏	5am14
F	♀⚹♇	8 46
	⊕∠♃	6pm59
30	☿∠♃	8pm11
31	⊕□☿	8am36

SEPTEMBER 2008

DAY	☿ LONG	☿ LAT	♀ LONG	♀ LAT	⊕ LONG	♂ LONG	♂ LAT
	° '	° '	° '	° '	° '	° '	° '
1 M	10♐05	2S36	4♏28	2N17	8♓56	25♎52	0N45
2 Tu	12 50	2 54	6 04	2 13	9 54	26 21	0 44
3 W	15 35	3 12	7 41	2 09	10 52	26 49	0 43
4 Th	18 19	3 30	9 17	2 04	11 51	27 17	0 42
5 F	21 04	3 47	10 53	1 59	12 49	27 45	0 41
6 S	23 49	4 04	12 29	1 55	13 47	28 13	0 41
7 Su	26 35	4 20	14 05	1 50	14 45	28 42	0 40
8 M	29 22	4 36	15 41	1 45	15 43	29 10	0 39
9 Tu	2♑09	4 51	17 17	1 40	16 42	29 38	0 38
10 W	4 58	5 06	18 53	1 35	17 40	0♏07	0 37
11 Th	7 48	5 20	20 29	1 30	18 38	0 35	0 36
12 F	10 40	5 33	22 04	1 25	19 37	1 04	0 35
13 S	13 34	5 45	23 40	1 20	20 35	1 32	0 34
14 Su	16 29	5 57	25 16	1 15	21 33	2 01	0 34
15 M	19 27	6 08	26 52	1 09	22 32	2 30	0 33
16 Tu	22 28	6 18	28 27	1 04	23 30	2 58	0 32
17 W	25 31	6 27	0♐03	0 59	24 29	3 27	0 31
18 Th	28 38	6 36	1 39	0 53	25 27	3 56	0 30
19 F	1♒48	6 43	3 14	0 48	26 26	4 24	0 29
20 S	5 02	6 49	4 50	0 42	27 24	4 53	0 28
21 Su	8 19	6 54	6 25	0 37	28 23	5 22	0 27
22 M	11 41	6 57	8 00	0 31	29 22	5 51	0 26
23 Tu	15 08	7 00	9 36	0 25	0♈21	6 20	0 26
24 W	18 39	7 00	11 11	0 20	1 19	6 49	0 25
25 Th	22 16	6 59	12 46	0 14	2 18	7 18	0 24
26 F	25 58	6 57	14 22	0 09	3 17	7 47	0 23
27 S	29 47	6 52	15 57	0 03	4 16	8 16	0 22
28 Su	3♓41	6 46	17 32	0S03	5 15	8 45	0 21
29 M	7 43	6 37	19 07	0 08	6 14	9 14	0 20
30 Tu	11♓52	6S26	20♐43	0S14	7♈13	9♏43	0N19

OCTOBER 2008

DAY	☿ LONG	☿ LAT	♀ LONG	♀ LAT	⊕ LONG	♂ LONG	♂ LAT
	° '	° '	° '	° '	° '	° '	° '
1 W	16♓08	6S13	22♐18	0S20	8♈12	10♏13	0N18
2 Th	20 32	5 57	23 53	0 25	9 11	10 42	0 17
3 F	25 04	5 38	25 28	0 31	10 10	11 11	0 16
4 S	29 45	5 16	27 03	0 36	11 09	11 41	0 15
5 Su	4♈34	4 52	28 38	0 42	12 08	12 10	0 14
6 M	9 32	4 25	0♑13	0 47	13 07	12 40	0 13
7 Tu	14 40	3 54	1 48	0 53	14 06	13 09	0 13
8 W	19 57	3 21	3 23	0 58	15 05	13 39	0 12
9 Th	25 22	2 45	4 58	1 04	16 05	14 08	0 11
10 F	0♉57	2 07	6 33	1 09	17 04	14 38	0 10
11 S	6 40	1 26	8 08	1 14	18 03	15 08	0 09
12 Su	12 31	0 44	9 43	1 20	19 03	15 38	0 08
13 M	18 29	0N00	11 18	1 25	20 02	16 07	0 07
14 Tu	24 34	0 45	12 53	1 30	21 01	16 37	0 06
15 W	0♊45	1 30	14 28	1 35	22 01	17 07	0 05
16 Th	6 59	2 14	16 03	1 40	23 00	17 37	0 04
17 F	13 17	2 57	17 37	1 45	24 00	18 07	0 03
18 S	19 36	3 38	19 12	1 49	24 59	18 37	0 02
19 Su	25 55	4 17	20 47	1 54	25 59	19 07	0 01
20 M	2♋13	4 52	22 22	1 59	26 58	19 37	0 00
21 Tu	8 28	5 23	23 57	2 03	27 58	20 08	0S01
22 W	14 38	5 50	25 32	2 08	28 58	20 38	0 02
23 Th	20 43	6 12	27 07	2 12	29 57	21 08	0 03
24 F	26 40	6 31	28 41	2 16	0♉57	21 38	0 04
25 S	2♌30	6 44	0♒16	2 20	1 57	22 09	0 05
26 Su	8 12	6 54	1 51	2 24	2 57	22 39	0 06
27 M	13 44	6 59	3 26	2 28	3 57	23 10	0 07
28 Tu	19 07	7 00	5 01	2 32	4 57	23 40	0 08
29 W	24 21	6 58	6 36	2 36	5 57	24 11	0 09
30 Th	29 25	6 53	8 11	2 39	6 57	24 41	0 10
31 F	4♍19	6N44	9♒46	2S43	7♉57	25♏12	0S11

DAY	♃ LONG	♃ LAT	♄ LONG	♄ LAT	♅ LONG	♅ LAT	♆ LONG	♆ LAT	♇ LONG	♇ LAT
	° '	° '	° '	° '	° '	° '	° '	° '	° '	° '
1 M	21♑59.2	0S15	11♍49.1	1N51	20♓32.4	0S46	22♒57.0	0S20	0♑15.1	6N04
6 S	22 24.5	0 16	11 59.6	1 51	20 35.6	0 46	22 58.8	0 20	0 16.9	6 04
11 Th	22 49.9	0 17	12 10.1	1 52	20 38.9	0 46	23 00.6	0 20	0 18.6	6 03
16 Tu	23 15.3	0 17	12 20.5	1 52	20 42.1	0 46	23 02.4	0 21	0 20.4	6 03
21 Su	23 40.7	0 18	12 31.0	1 52	20 45.3	0 46	23 04.2	0 21	0 22.1	6 02
26 F	24 06.1	0 18	12 41.5	1 53	20 48.5	0 46	23 06.0	0 21	0 23.9	6 02
1 W	24 31.5	0 19	12 51.9	1 53	20 51.7	0 46	23 07.8	0 21	0 25.7	6 01
6 M	24 57.0	0 19	13 02.4	1 53	20 54.9	0 46	23 09.6	0 21	0 27.4	6 01
11 S	25 22.4	0 20	13 12.8	1 53	20 58.2	0 46	23 11.4	0 21	0 29.2	6 00
16 Th	25 47.9	0 21	13 23.3	1 54	21 01.4	0 46	23 13.2	0 21	0 31.0	6 00
21 Tu	26 13.4	0 21	13 33.7	1 54	21 04.6	0 46	23 15.1	0 21	0 32.7	5 59
26 Su	26 38.9	0 22	13 44.2	1 54	21 07.8	0 46	23 16.9	0 21	0 34.5	5 59
31 F	27 04.5	0 22	13 54.6	1 55	21 11.0	0 46	23 18.7	0 21	0 36.2	5 58

☿a .465706	☿p .372930
♀ .722667	♀ .726481
⊕ 1.00923	⊕ 1.00119
♂ 1.60766	♂ 1.57494
♃ 5.15813	♃ 5.14717
♄ 9.33240	♄ 9.34085
♅ 20.0982	♅ 20.0984
♆ 30.0369	♆ 30.0362
♇ 31.5152	♇ 31.5302
☊	Perihelia
☿ 18°♉ 26	☿ 17°♊ 36
♀ 16 ♊ 46	♀ 11 ♌ 52
⊕	⊕ 11 ♋ 21
♂ 19 ♉ 38	♂ 6 ♓ 16
♃ 10 ♋ 35	♃ 14 ♈ 41
♄ 23 ♋ 45	♄ 1 ♋ 37
♅ 14 ♊ 05	♅ 22 ♍ 44
♆ 11 ♌ 52	♆ 14 ♈ 57
♇ 20 ♋ 28	♇ 15 ♏ 10

1 M	☿∠♂	8am18
	☿□♄	3pm20
	♀⚼♅	4 10
3 W	♂∠♄	4am14
	☿ A	4pm 4
4 Th	⊕☍♄	2am 4
	☿□♅	7pm45
	⊕⚼♂	9 6
5 F	☿⚺♃	11am18
	♀✶♄	4pm31
	☿✶♆	4 39
7 Su	♀∠♇	6pm 8
	☿✶♂	9 59
8 M	⊕△♀	1am34
	☿ ♑	5 30
	☿☌♇	8 3
9 T	☿∠♀	2am33
	♂ ♏	6pm12
10	♂✶♇	9am45
11 Th	☿∠♆	1am45
	♀△♅	2 34
12 F	☿△♄	12pm57
	♀✶♃	1 22
	♀□♆	2 12
13 S	⊕☌♅	2am 8
	♃⚺♆	6 23
15 M	☿✶♅	9am55
	⊕⚺♆	12pm28
	⊕✶♃	5 15
16 T	☿⚺♆	4am32
	☿☌♃	6 24
	⊕✶☿	12pm 2
	♀ ♐	11 16
17 W	♀⚺♇	4am29
	☿⚼♄	2pm30
18 Th	☿ ♒	10am24
	☿⚺♇	1pm 5
19 F	☿✶♀	9pm 4
	☿□♂	10 46
20 S	♀⚺♂	1am18
	☿∠♅	5 16
21	♂⚼♅	7pm49
22 M	☿⚻♄	6am 8
	♀∠♃	12pm 3
	⊕ ♈	3 37
23 T	⊕□♇	0am58
	☿∠♇	1 44
	⊕∠☿	2 2
24 W	☿⚺♅	2pm18
	♀□♄	10 10
25 Th	☿☌♆	5am26
	☿⚺♃	11 41
27 S	☿ ♓	1am23
	☿✶♇	3 54
	♀0S	12pm18
28	⊕⚺☿	12pm22
29 M	☿∠♃	9am47
	☿△♂	10 5
30 T	♀□♅	2am 9
	☿☍♄	5 34
	⊕∠♆	10pm29
1	♀✶♆	12pm40
2 Th	☿☌♅	1am51
	♀⚺♃	11 39
	☿⚺♆	1pm54
	☿✶♃	10 2
3 F	☿□♀	3am10
	☿⚼♂	6 31
	♀∠♂	3pm51
4 S	☿ ♈	1am18
	☿□♇	3 33
5 Su	⊕⚻♂	1am56
	☿∠♆	5pm24
	♀ ♑	8 41
	⊕⚻♄	10 4
6 M	♀☌♇	3am38
	☿⚻♂	4pm15
	☿⚻♄	4 35
	♂✶♄	7 51
	⊕☌☿	8 47
8 W	☿⚺♅	4am27
	☿✶♆	2pm23
	☿□♃	11 16
9 Th	☿⚼♄	12pm 6
	☿ ♉	7 58
	☿△♇	10 1
10	☿∠♅	9pm 6
11 S	♀∠♆	0am52
	☿△♀	8 20
	♂∠♇	5pm28
12 Su	☿△♄	2am59
	☿⚼♇	12pm 2
	☿☍♂	1 41
	☿0N	11 48
13 M	⊕⚺☿	7am19
	☿✶♅	9 56
	☿□♆	6pm39
	⊕⚺♅	11 31
14 T	☿△♃	4am11
	♀△♄	6 49
	☿⚼♀	5pm19
	☿ ♊	9 7
	☿⚻♇	11 5
16 Th	⊕∠☿	4am35
	⊕✶♆	5 18
	☿⚼♃	2pm44
17 F	☿□♄	0am32
	♀✶♂	10 58
	☿ P	3pm42
	☿⚻♂	7 56
	☿⚻♀	9 59
18 S	☿□♅	5am28
	☿△♆	1pm47
19 Su	⊕✶☿	0am15
	☿⚻♃	0 30
	⊕□♃	1 57
	♀✶♅	4 7
	☿ ♋	3pm32
	☿☍♇	5 35
20 M	♂0S	0am20
	☿⚼♂	10 1
	♀⚺♆	1pm22
	☿⚼♆	11 11
21 T	⊕⚼♄	2pm53
	☿✶♄	7 56
22 W	♀☌♃	12pm30
	♂△♅	10 14
23 Th	⊕ ♉	1am 1
	☿△♅	1 33
	☿△♂	1 51
	☿⚻♆	10 14
	⊕△♇	2pm32
	☿☍♃	11 12
	♀⚼♄	11 37
24 F	☿∠♄	8am12
	☿☍♀	11 18
	☿ ♌	1pm38
	☿⚻♇	3 58
	♀ ♒	7 52
	⊕□☿	9 13
25 S	♀⚺♇	4am31
	☿⚼♅	3pm12
27 M	☿⚺♄	0am 9
	♂□♆	5 59
	☿⚼♇	8 8
	⊕□♀	9pm 2
28 T	☿⚻♅	9am15
	♀∠♅	5pm22
	☿☍♆	7 7
	☿□♂	11 9
29 W	⊕∠♅	5am20
	☿⚻♃	12pm14
30 Th	☿ ♍	2am51
	☿△♇	5 46
31	⊕△☿	11pm15

NOVEMBER 2008

DAY	☿ LONG	☿ LAT	♀ LONG	♀ LAT	⊕ LONG	♂ LONG	♂ LAT
	° '	° '	° '	° '	° '	° '	° '
1 S	9♍03	6N34	11♒20	2S46	8♉57	25♏43	0S12
2 Su	13 39	6 21	12 55	2 49	9 57	26 14	0 13
3 M	18 06	6 06	14 30	2 52	10 57	26 45	0 14
4 Tu	22 24	5 49	16 05	2 55	11 57	27 15	0 15
5 W	26 34	5 31	17 40	2 58	12 57	27 46	0 16
6 Th	0♎37	5 12	19 15	3 01	13 57	28 17	0 17
7 F	4 32	4 52	20 50	3 03	14 57	28 48	0 18
8 S	8 20	4 32	22 25	3 06	15 58	29 20	0 19
9 Su	12 03	4 10	24 00	3 08	16 58	29 51	0 20
10 M	15 39	3 48	25 35	3 10	17 58	0♐22	0 21
11 Tu	19 10	3 26	27 10	3 12	18 58	0 53	0 22
12 W	22 35	3 04	28 45	3 14	19 59	1 25	0 23
13 Th	25 56	2 42	0♓20	3 15	20 59	1 56	0 24
14 F	29 12	2 19	1 55	3 17	21 59	2 27	0 25
15 S	2♏25	1 57	3 30	3 18	23 00	2 59	0 26
16 Su	5 33	1 34	5 05	3 19	24 00	3 30	0 27
17 M	8 39	1 12	6 40	3 21	25 01	4 02	0 28
18 Tu	11 41	0 50	8 16	3 21	26 01	4 34	0 29
19 W	14 40	0 28	9 51	3 22	27 02	5 05	0 30
20 Th	17 37	0 06	11 26	3 23	28 02	5 37	0 31
21 F	20 32	0S15	13 01	3 23	29 03	6 09	0 32
22 S	23 24	0 37	14 36	3 24	0♊03	6 41	0 33
23 Su	26 15	0 57	16 11	3 24	1 04	7 13	0 34
24 M	29 04	1 18	17 47	3 24	2 05	7 45	0 35
25 Tu	1♐52	1 38	19 22	3 23	3 05	8 17	0 35
26 W	4 39	1 58	20 57	3 23	4 06	8 49	0 36
27 Th	7 25	2 17	22 33	3 23	5 07	9 21	0 37
28 F	10 10	2 36	24 08	3 22	6 08	9 53	0 38
29 S	12 55	2 55	25 43	3 21	7 09	10 25	0 39
30 Su	15♐40	3S13	27♓19	3S20	8♊09	10♐58	0S40

DECEMBER 2008

DAY	☿ LONG	☿ LAT	♀ LONG	♀ LAT	⊕ LONG	♂ LONG	♂ LAT
	° '	° '	° '	° '	° '	° '	° '
1 M	18♐25	3S31	28♓54	3S19	9♊10	11♐30	0S41
2 Tu	21 09	3 48	0♈29	3 18	10 11	12 02	0 42
3 W	23 55	4 05	2 05	3 16	11 12	12 35	0 43
4 Th	26 40	4 21	3 40	3 15	12 13	13 07	0 44
5 F	29 27	4 37	5 16	3 13	13 14	13 40	0 45
6 S	2♑15	4 52	6 51	3 11	14 15	14 13	0 46
7 Su	5 03	5 06	8 27	3 09	15 15	14 45	0 47
8 M	7 54	5 20	10 02	3 07	16 16	15 18	0 48
9 Tu	10 45	5 33	11 38	3 05	17 17	15 51	0 49
10 W	13 39	5 46	13 14	3 02	18 18	16 24	0 50
11 Th	16 35	5 57	14 49	3 00	19 19	16 57	0 51
12 F	19 33	6 08	16 25	2 57	20 20	17 30	0 52
13 S	22 34	6 19	18 01	2 54	21 21	18 03	0 53
14 Su	25 37	6 28	19 36	2 51	22 22	18 36	0 54
15 M	28 44	6 36	21 12	2 48	23 23	19 09	0 55
16 Tu	1♒54	6 43	22 48	2 45	24 24	19 42	0 56
17 W	5 08	6 49	24 24	2 41	25 25	20 16	0 57
18 Th	8 26	6 54	25 59	2 38	26 26	20 49	0 57
19 F	11 48	6 58	27 35	2 34	27 27	21 22	0 58
20 S	15 14	7 00	29 11	2 30	28 28	21 56	0 59
21 Su	18 46	7 00	0♉47	2 27	29 30	22 29	1 00
22 M	22 23	6 59	2 23	2 23	0♋31	23 03	1 01
23 Tu	26 06	6 57	3 59	2 18	1 32	23 37	1 02
24 W	29 54	6 52	5 35	2 14	2 33	24 10	1 03
25 Th	3♓49	6 45	7 11	2 10	3 34	24 44	1 04
26 F	7 51	6 37	8 47	2 05	4 35	25 18	1 05
27 S	12 00	6 26	10 23	2 01	5 36	25 52	1 06
28 Su	16 16	6 12	11 59	1 56	6 38	26 26	1 06
29 M	20 40	5 56	13 35	1 52	7 39	27 00	1 07
30 Tu	25 13	5 37	15 11	1 47	8 40	27 34	1 08
31 W	29♓54	5S16	16♉47	1S42	9♋41	28♐08	1S09

DAY	♃ LONG	♃ LAT	♄ LONG	♄ LAT	♅ LONG	♅ LAT	♆ LONG	♆ LAT	♇ LONG	♇ LAT
	° '	° '	° '	° '	° '	° '	° '	° '	° '	° '
5 W	27♑30.1	0S23	14♍05.1	1N55	21♓14.3	0S46	23♒20.5	0S21	0♑38.0	5N58
10 M	27 55.6	0 23	14 15.5	1 55	21 17.5	0 46	23 22.3	0 21	0 39.8	5 57
15 S	28 21.2	0 24	14 25.9	1 56	21 20.7	0 46	23 24.1	0 21	0 41.5	5 57
20 Th	28 46.9	0 24	14 36.4	1 56	21 23.9	0 46	23 25.9	0 21	0 43.3	5 56
25 Tu	29 12.5	0 25	14 46.8	1 56	21 27.1	0 46	23 27.7	0 21	0 45.1	5 56
30 Su	29 38.1	0 26	14 57.2	1 56	21 30.4	0 46	23 29.6	0 21	0 46.8	5 55
5 F	0♒03.8	0 26	15 07.7	1 57	21 33.6	0 46	23 31.4	0 21	0 48.6	5 55
10 W	0 29.5	0 27	15 18.1	1 57	21 36.8	0 46	23 33.2	0 21	0 50.4	5 54
15 M	0 55.2	0 27	15 28.5	1 57	21 40.0	0 46	23 35.0	0 22	0 52.1	5 54
20 S	1 20.9	0 28	15 38.9	1 57	21 43.3	0 46	23 36.8	0 22	0 53.9	5 53
25 Th	1 46.7	0 28	15 49.3	1 58	21 46.5	0 46	23 38.6	0 22	0 55.7	5 53
30 Tu	2 12.5	0 29	15 59.7	1 58	21 49.7	0 46	23 40.5	0 22	0 57.4	5 52

☿a.359565	☿ .466682
♀a.728214	♀ .726642
⊕ .992515	⊕ .986062
♂ 1.53657	♂ 1.49750
♃ 5.13593	♃ 5.12517
♄ 9.34965	♄ 9.35823
♅ 20.0986	♅ 20.0987
♆ 30.0355	♆ 30.0347
♇ 31.5457	♇ 31.5607
☊	Perihelia
☿ 18°♉ 26	☿ 17°♊ 36
♀ 16 ♊ 46	♀ 11 ♌ 53
⊕	⊕ 13 ♋ 59
♂ 19 ♉ 38	♂ 6 ♓ 15
♃ 10 ♋ 35	♃ 14 ♈ 43
♄ 23 ♋ 45	♄ 1 ♋ 27
♅ 14 ♊ 05	♅ 22 ♍ 35
♆ 11 ♌ 53	♆ 15 ♈ 06
♇ 20 ♋ 28	♇ 15 ♏ 10

1	♀ A	7am11
S	☿⚼♃	4pm26
	☿⊼♀	6 6
2	☿☌♄	1am46
Su	♀⊼♄	4pm24
3	♀∠♇	5pm 1
M	☿☍♅	5 23
4	☿⊼♆	5am20
T	♂✶♃	8 50
5	☿△♃	5am36
W	☿✶♂	8 7
	⊕⚼☿	10 48
	☿ ♎	8pm20
6	☿□♇	0am11
Th	⊕△♄	4 8
7	♀⊻♅	6am29
F	☿⚼♀	1pm54
	⊕⚼♇	4 35
8	☿⚼♆	0am 7
S	♀☌♆	2pm21
9	♂ ♐	7am 9
Su	☿⊻♄	2pm35
	☿∠♂	9 47
10	♂⊻♇	1pm52
M	⊕⊼☿	10 11
11	♀⊻♃	1pm33
T	☿⊼♅	3 0
12	☿△♆	5am41
W	♀ ♓	6pm56
13	♀✶♇	5am16
Th	⊕✶♅	8 11
	☿□♃	4pm53
14	☿∠♄	1am26
F	☿ ♏	5 54
	☿✶♇	11 3
	♀□♂	12pm 9
15	☿⊻♂	5am 9
S	⊕□♆	9 42
	☿△♀	4pm42
16	☿⚼♅	6am12
18	☿✶♄	11pm12
19	☿∠♇	8am30
20	☿0S	6am45
Th	⊕△♃	7pm17
21	☿△♅	7am22
F	♀∠♃	1pm34
	⊕ ♊	10 37
22	☿□♆	0am21
S	♀☍♄	1 7
	⊕⊼♇	4pm 8
24	☿✶♃	0am28
M	☿ ♐	7 58
	☿⊻♇	2pm23
25	⊕☍☿	4pm34
26	♀☌♅	7am44
27	♀⊻♆	2pm 8
Th	☿☌♂	8 53
29	☿∠♃	2pm42
S	☿□♄	5 41
30	☿ A	3pm19
1	♀✶♃	1pm 6
M	♀ ♈	4 36
2	☿□♅	3am14
T	♀□♇	4 34
	☿✶♆	8pm30
4	♃ ♒	6am11
5	☿ ♑	4am44
F	☿⊻♃	5 27
	☿☌♇	11 43
	⊕☍♂	10pm29
6	♃⚼♄	6am15
S	⊕□♄	10pm32
	⊕⚼♃	11 25
7	♀∠♆	1am19
Su	♂□♄	8pm39
8	♂∠♃	0am53
M	☿∠♆	5 28
9	☿□♀	4pm13
10	☿△♄	1pm42
11	☿⊻♂	3am39
Th	♀⊼♄	7 56
12	⊕⊼☿	9am30
F	☿✶♅	4pm42
13	♀△♂	0am54
S	⊕□♅	6 59
	☿⊻♆	7 57
14	♃⊻♇	8am33
15	⊕△♆	4am41
M	♀⊻♅	7 4
	☿ ♒	9 38
	☿⚼♄	1pm23
	☿⊻♇	4 14
	☿☌♃	5 3
16	♀✶♆	11am59
17	☿∠♂	1am 8
W	☿∠♅	11 25
18	⊕✶♀	6pm38
19	⊕⚼☿	6am36
F	♂□♅	2pm45
20	☿⊼♄	2am50
S	☿∠♇	4 31
	♀ ♉	12pm16
	♀⚼♄	10 29
21	♀△♇	1am51
Su	♀□♃	10 22
	⊕ ♋	11 57
	☿⊻♅	7pm47
22	☿✶♂	5am 9
M	☿☌♆	8 8
	⊕☍♇	9 26
23	♂✶♆	0am56
T	⊕⊼♃	1 57
24	☿ ♓	0am37
W	☿✶♇	6 19
	☿⊻♃	11 18
	♀∠♅	5pm54
	⊕△☿	9 58
26	☿✶♀	8am55
27	♀⚼♂	11am11
S	☿☍♄	10pm 6
28	☿∠♃	4am19
29	☿☌♅	6am 9
M	☿⊻♆	3pm57
30	⊕⚼♆	0am12
T	♀⚼♇	11 37
	♀△♄	12pm26
	☿□♂	1 48
31	☿ ♈	0am32
W	☿□♇	5 23
	☿✶♃	12pm14
	☿∠♀	2 12

JANUARY 2009

DAY	☿ LONG	☿ LAT	♀ LONG	♀ LAT	⊕ LONG	♂ LONG	♂ LAT
	° '	° '	° '	° '	° '	° '	° '
1 Th	4♈43	4S51	18♉23	1S37	10♋42	28♐42	1S10
2 F	9 42	4 24	20 00	1 32	11 43	29 16	1 11
3 S	14 50	3 53	21 36	1 27	12 45	29 50	1 12
4 Su	20 07	3 20	23 12	1 22	13 46	0♑25	1 12
5 M	25 33	2 44	24 48	1 16	14 47	0 59	1 13
6 Tu	1♉08	2 06	26 25	1 11	15 48	1 33	1 14
7 W	6 51	1 25	28 01	1 06	16 49	2 08	1 15
8 Th	12 42	0 42	29 37	1 00	17 50	2 43	1 16
9 F	18 41	0N02	1♊14	0 55	18 52	3 17	1 17
10 S	24 46	0 47	2 50	0 49	19 53	3 52	1 17
11 Su	0♊57	1 31	4 27	0 44	20 54	4 26	1 18
12 M	7 11	2 16	6 03	0 38	21 55	5 01	1 19
13 Tu	13 29	2 59	7 40	0 32	22 56	5 36	1 20
14 W	19 48	3 40	9 16	0 27	23 57	6 11	1 21
15 Th	26 07	4 18	10 53	0 21	24 58	6 46	1 21
16 F	2♋25	4 53	12 30	0 15	25 59	7 21	1 22
17 S	8 40	5 24	14 06	0 09	27 00	7 56	1 23
18 Su	14 50	5 51	15 43	0 04	28 02	8 31	1 24
19 M	20 54	6 13	17 20	0N02	29 03	9 06	1 24
20 Tu	26 52	6 31	18 56	0 08	0♌04	9 41	1 25
21 W	2♌41	6 45	20 33	0 13	1 05	10 17	1 26
22 Th	8 23	6 54	22 10	0 19	2 06	10 52	1 27
23 F	13 55	6 59	23 47	0 25	3 07	11 27	1 27
24 S	19 18	7 00	25 24	0 31	4 08	12 03	1 28
25 Su	24 31	6 58	27 00	0 36	5 09	12 38	1 29
26 M	29 34	6 52	28 37	0 42	6 10	13 14	1 29
27 Tu	4♍28	6 44	0♋14	0 47	7 11	13 49	1 30
28 W	9 12	6 33	1 51	0 53	8 12	14 25	1 31
29 Th	13 48	6 20	3 28	0 59	9 13	15 01	1 31
30 F	18 14	6 05	5 05	1 04	10 14	15 36	1 32
31 S	22♍32	5N49	6♋42	1N10	11♌15	16♑12	1S33

FEBRUARY 2009

DAY	☿ LONG	☿ LAT	♀ LONG	♀ LAT	⊕ LONG	♂ LONG	♂ LAT
	° '	° '	° '	° '	° '	° '	° '
1 Su	26♍42	5N31	8♋19	1N15	12♌16	16♑48	1S33
2 M	0♎44	5 12	9 57	1 20	13 17	17 24	1 34
3 Tu	4 39	4 52	11 34	1 25	14 18	18 00	1 34
4 W	8 28	4 31	13 11	1 31	15 18	18 36	1 35
5 Th	12 10	4 10	14 48	1 36	16 19	19 12	1 36
6 F	15 46	3 48	16 25	1 41	17 20	19 48	1 36
7 S	19 16	3 26	18 03	1 46	18 21	20 24	1 37
8 Su	22 42	3 03	19 40	1 51	19 22	21 00	1 37
9 M	26 02	2 41	21 17	1 56	20 22	21 36	1 38
10 Tu	29 19	2 18	22 54	2 00	21 23	22 13	1 39
11 W	2♏31	1 56	24 32	2 05	22 24	22 49	1 39
12 Th	5 39	1 33	26 09	2 09	23 24	23 25	1 40
13 F	8 45	1 11	27 46	2 14	24 25	24 02	1 40
14 S	11 47	0 49	29 24	2 18	25 26	24 38	1 41
15 Su	14 46	0 27	1♌01	2 22	26 26	25 15	1 41
16 M	17 43	0 05	2 39	2 26	27 27	25 51	1 42
17 Tu	20 37	0S16	4 16	2 30	28 28	26 28	1 42
18 W	23 30	0 37	5 54	2 34	29 28	27 05	1 42
19 Th	26 20	0 58	7 31	2 38	0♍29	27 41	1 43
20 F	29 10	1 19	9 09	2 41	1 29	28 18	1 43
21 S	1♐58	1 39	10 46	2 45	2 30	28 55	1 44
22 Su	4 44	1 58	12 24	2 48	3 30	29 32	1 44
23 M	7 30	2 18	14 01	2 51	4 31	0♒08	1 45
24 Tu	10 16	2 37	15 39	2 54	5 31	0 45	1 45
25 W	13 01	2 55	17 16	2 57	6 31	1 22	1 45
26 Th	15 45	3 14	18 54	3 00	7 32	1 59	1 46
27 F	18 30	3 31	20 31	3 03	8 32	2 36	1 46
28 S	21♐15	3S49	22♌09	3N05	9♍32	3♒13	1S46

DAY	♃ LONG	♃ LAT	♄ LONG	♄ LAT	♅ LONG	♅ LAT	♆ LONG	♆ LAT	♇ LONG	♇ LAT
	° '	° '	° '	° '	° '	° '	° '	° '	° '	° '
4 Su	2♒38.2	0S29	16♍10.1	1N58	21♓52.9	0S46	23♒42.3	0S22	0♑59.2	5N52
9 F	3 04.0	0 30	16 20.5	1 59	21 56.2	0 46	23 44.1	0 22	1 00.9	5 51
14 W	3 29.8	0 30	16 31.0	1 59	21 59.4	0 46	23 45.9	0 22	1 02.7	5 51
19 M	3 55.7	0 31	16 41.3	1 59	22 02.6	0 46	23 47.7	0 22	1 04.5	5 50
24 S	4 21.5	0 32	16 51.7	1 59	22 05.8	0 46	23 49.5	0 22	1 06.2	5 50
29 Th	4 47.4	0 32	17 02.1	2 00	22 09.1	0 46	23 51.4	0 22	1 08.0	5 49
3 Tu	5 13.3	0 33	17 12.5	2 00	22 12.3	0 46	23 53.2	0 22	1 09.7	5 49
8 Su	5 39.2	0 33	17 22.9	2 00	22 15.5	0 46	23 55.0	0 22	1 11.5	5 48
13 F	6 05.1	0 34	17 33.3	2 00	22 18.7	0 46	23 56.8	0 22	1 13.3	5 48
18 W	6 31.0	0 34	17 43.6	2 01	22 21.9	0 46	23 58.6	0 22	1 15.0	5 47
23 M	6 57.0	0 35	17 54.0	2 01	22 25.2	0 46	24 00.4	0 22	1 16.8	5 47
28 S	7 22.9	0 35	18 04.4	2 01	22 28.4	0 46	24 02.2	0 22	1 18.5	5 46

☿p .349808	☿a .382893
♀ .722742	♀p .719237
⊕p .983305	⊕ .985340
♂ 1.45826	♂ 1.42382
♃ 5.11418	♃ 5.10335
♄ 9.36714	♄ 9.37610
♅ 20.0988	♅a 20.0988
♆ 30.0340	♆ 30.0332
♇ 31.5763	♇ 31.5919
☊	Perihelia
☿ 18° ♉ 27	☿ 17° ♊ 36
♀ 16 ♊ 46	♀ 11 ♌ 46
⊕	⊕ 15 ♋ 15
♂ 19 ♉ 38	♂ 6 ♓ 13
♃ 10 ♋ 35	♃ 14 ♈ 42
♄ 23 ♋ 45	♄ 1 ♋ 20
♅ 14 ♊ 06	♅ 22 ♍ 27
♆ 11 ♌ 53	♆ 15 ♈ 11
♇ 20 ♋ 28	♇ 15 ♏ 10

1	☿∠♆	7pm11
2	⊕□☿	11am55
3 S	♀⚹♅	4am 8
	☿⚻♄	6 2
	♂ ♑	6 45
4 Su	♀□♆	7am34
	☿⚺♅	7 54
	⊕ P	3pm31
	☿⚹♆	3 58
	☿⚺♀	7 26
5 M	♂☌♇	0am20
	☿ ♉	7pm12
	☿△♇	11 27
6 T	☿⚼♄	0am29
	☿△♂	2 2
	☿□♃	7 14
	⊕⚹♄	10 38
7	☿∠♅	0am16
8 Th	♀ ♊	5am37
	♂⚺♃	1pm20
	☿⚼♇	1 20
	☿△♄	2 36
	♀⚻♇	8 47
	☿⚼♂	10 15
	☿0N	11 3
9 F	⊕⚹☿	0am51
	☿⚹♅	12pm54
	☿□♆	7 58
10 S	♀△♃	4am58
	☿ ♊	8pm21
	♀⚻♂	11 54
11 Su	☿⚻♇	0am19
	☿△♃	8 58
	☿⚻♂	2pm50
	☿☌♀	6 9
	⊕∠☿	10 44
12	⊕△♅	1am16
13 T	⊕∠♀	11am 0
	☿□♄	11 27
	☿ P	2pm57
	☿⚼♃	6 58
	⊕⚻♆	7 34
14 W	☿□♅	8am18
	☿△♆	3pm 3
	⊕⚺☿	6 46
15	☿ ♋	2pm46
Th	☿☍♇	6 48
16 F	☿⚻♃	4am52
	☿☍♂	8pm54
17	☿⚼♆	0am29
18 Su	☿⚺♀	4am44
	☿⚹♄	7 13
	♂∠♆	11 17
	♀□♄	2pm18
	♀0N	3 41
19 M	☿△♅	4am34
	☿⚻♆	11 37
	⊕ ♌	10pm33
20 T	♀⚼♃	1am11
	☿ ♌	12pm52
	⊕☌☿	3 54
	☿⚻♇	5 20
	☿∠♄	8 7
21 W	⊕⚻♇	0am10
	☿☍♃	5 59
	⊕∠♄	4pm35
	☿∠♀	4 46
	☿⚼♅	6 27
	♀□♅	10 40
22	☿⚻♂	11am59
23 F	♀△♆	0am37
	☿⚼♇	9 41
	☿⚺♄	1pm 0
24 S	⊕☍♃	5am50
	☿⚻♅	12pm50
	☿☍♆	8 50
25 Su	☿⚼♂	4pm43
	☿⚹♀	5 18
26 M	☿ ♍	2am 5
	☿△♇	7 30
	♀ ♋	8pm27
	⊕⚼♅	10 42
27 T	☿⚻♃	0am46
	♀☍♇	1pm 9
	⊕⚺☿	5 25
29 Th	☿△♂	7am30
	☿☌♄	5pm35
	♀⚻♃	8 40
30 F	☿⚼♃	9am15
	☿☍♅	9pm57
31	☿⚻♆	7am37

1 Su	⊕∠☿	4am24
	♀⚼♆	8 11
	♂△♄	2pm28
	☿ ♎	7 34
2	☿□♇	2am32
3	☿△♃	3am36
4 W	☿⚼♆	2am46
	⊕⚼♇	8pm29
5	⊕⚺♄	11pm26
6 F	☿□♀	8am16
	☿⚺♄	10 38
	♀⚹♄	1pm28
	⊕⚹☿	3 2
7 S	☿□♂	9am32
	⊕⚺♀	12pm 4
	☿⚻♅	8 54
8	☿△♆	8am43
9 M	♀☍♂	7am36
	♀△♅	2pm39
10 T	♂⚹♅	2am44
	☿ ♏	5 7
	☿⚹♇	2pm 9
	♀⚻♆	3 10
	⊕⚻♅	9 27
	☿∠♄	11 46
12 Th	⊕⚻♂	0am56
	☿□♃	2 42
	⊕☍♆	12pm43
	☿⚼♅	12 46
	♂⚺♆	8 39
14	♀ ♌	8am54
15 Su	♀⚻♇	3am 8
	☿∠♇	11 56
	☿⚹♄	11pm33
16 M	♀∠♄	0am12
	☿0S	6 0
17	☿△♅	2pm30
18 W	☿□♆	4am 3
	♀☍♃	9 44
	⊕ ♍	12pm39
	♀⚼♅	9 54
19	☿⚹♂	2pm37
Th	⊕△♇	6 39
20 F	☿ ♐	7am11
	☿⚺♇	6pm 2
21 S	⊕□☿	7am12
	♀ P	2pm22
22 Su	♂ ♒	6pm31
	☿⚹♃	7 0
24 T	♀⚼♇	9am32
	♂⚺♇	8pm53
25 W	♀⚺♄	10am35
	⊕⚻♃	3pm41
26 Th	☿∠♂	1pm53
	☿ A	2 34
	☿□♄	7 55
	♅ A	11 48
27	♂⚼♄	5pm54
28 S	♀⚻♅	4am53
	☿∠♃	10 13
	☿□♅	10 44
	☿△♀	7pm 6

MARCH 2009

DAY	☿ LONG	☿ LAT	♀ LONG	♀ LAT	⊕ LONG	♂ LONG	♂ LAT
	° '	° '	° '	° '	° '	° '	° '
1 Su	24♐00	4S05	23♌46	3N08	10♍33	3♒50	1S47
2 M	26 46	4 21	25 24	3 10	11 33	4 27	1 47
3 Tu	29 32	4 37	27 01	3 12	12 33	5 05	1 47
4 W	2♑20	4 52	28 39	3 14	13 33	5 42	1 48
5 Th	5 09	5 07	0♍16	3 15	14 33	6 19	1 48
6 F	7 59	5 20	1 54	3 17	15 33	6 56	1 48
7 S	10 51	5 34	3 31	3 18	16 33	7 34	1 49
8 Su	13 45	5 46	5 09	3 20	17 33	8 11	1 49
9 M	16 41	5 58	6 46	3 21	18 33	8 48	1 49
10 Tu	19 39	6 09	8 24	3 22	19 33	9 26	1 49
11 W	22 40	6 19	10 01	3 22	20 33	10 03	1 49
12 Th	25 43	6 28	11 39	3 23	21 33	10 41	1 50
13 F	28 50	6 36	13 16	3 23	22 33	11 18	1 50
14 S	2♒00	6 43	14 54	3 24	23 33	11 56	1 50
15 Su	5 14	6 49	16 31	3 24	24 33	12 33	1 50
16 M	8 32	6 54	18 08	3 24	25 32	13 11	1 50
17 Tu	11 54	6 58	19 46	3 23	26 32	13 48	1 50
18 W	15 21	7 00	21 23	3 23	27 32	14 26	1 51
19 Th	18 53	7 00	23 00	3 22	28 32	15 04	1 51
20 F	22 30	6 59	24 38	3 22	29 31	15 41	1 51
21 S	26 13	6 56	26 15	3 21	0♎31	16 19	1 51
22 Su	0♓02	6 52	27 52	3 20	1 30	16 57	1 51
23 M	3 57	6 45	29 29	3 19	2 30	17 35	1 51
24 Tu	7 59	6 36	1♎06	3 17	3 29	18 12	1 51
25 W	12 08	6 25	2 43	3 16	4 29	18 50	1 51
26 Th	16 24	6 12	4 21	3 14	5 28	19 28	1 51
27 F	20 49	5 55	5 58	3 12	6 28	20 06	1 51
28 S	25 22	5 37	7 35	3 10	7 27	20 44	1 51
29 Su	0♈03	5 15	9 12	3 08	8 27	21 22	1 51
30 M	4 53	4 50	10 48	3 06	9 26	21 59	1 51
31 Tu	9♈52	4S23	12♎25	3N04	10♎25	22♒37	1S51

APRIL 2009

DAY	☿ LONG	☿ LAT	♀ LONG	♀ LAT	⊕ LONG	♂ LONG	♂ LAT
	° '	° '	° '	° '	° '	° '	° '
1 W	15♈00	3S52	14♎02	3N01	11♎24	23♒15	1S51
2 Th	20 17	3 19	15 39	2 58	12 24	23 53	1 51
3 F	25 43	2 43	17 16	2 56	13 23	24 31	1 51
4 S	1♉18	2 04	18 53	2 53	14 22	25 09	1 50
5 Su	7 02	1 24	20 29	2 49	15 21	25 47	1 50
6 M	12 54	0 41	22 06	2 46	16 20	26 25	1 50
7 Tu	18 52	0N03	23 43	2 43	17 19	27 03	1 50
8 W	24 58	0 48	25 19	2 39	18 18	27 41	1 50
9 Th	1♊08	1 33	26 56	2 36	19 17	28 19	1 50
10 F	7 23	2 17	28 32	2 32	20 16	28 57	1 50
11 S	13 41	3 00	0♏09	2 28	21 15	29 35	1 49
12 Su	20 00	3 41	1 45	2 24	22 14	0♓14	1 49
13 M	26 19	4 19	3 21	2 20	23 12	0 52	1 49
14 Tu	2♋37	4 54	4 58	2 16	24 11	1 30	1 49
15 W	8 51	5 25	6 34	2 12	25 10	2 08	1 48
16 Th	15 01	5 51	8 10	2 07	26 09	2 46	1 48
17 F	21 05	6 14	9 46	2 03	27 07	3 24	1 48
18 S	27 03	6 32	11 22	1 58	28 06	4 02	1 47
19 Su	2♌52	6 45	12 58	1 53	29 05	4 40	1 47
20 M	8 33	6 54	14 34	1 49	0♏03	5 18	1 47
21 Tu	14 05	6 59	16 10	1 44	1 02	5 56	1 47
22 W	19 28	7 00	17 46	1 39	2 01	6 35	1 46
23 Th	24 40	6 58	19 22	1 34	2 59	7 13	1 46
24 F	29 43	6 52	20 58	1 29	3 58	7 51	1 45
25 S	4♍37	6 44	22 34	1 24	4 56	8 29	1 45
26 Su	9 21	6 33	24 10	1 18	5 54	9 07	1 45
27 M	13 56	6 20	25 45	1 13	6 53	9 45	1 44
28 Tu	18 22	6 05	27 21	1 08	7 51	10 23	1 44
29 W	22 40	5 48	28 57	1 02	8 50	11 01	1 43
30 Th	26♍50	5N30	0♐32	0N57	9♏48	11♓39	1S43

DAY	♃ LONG	♃ LAT	♄ LONG	♄ LAT	♅ LONG	♅ LAT	♆ LONG	♆ LAT	♇ LONG	♇ LAT
	° '	° '	° '	° '	° '	° '	° '	° '	° '	° '
5 Th	7♒48.9	0S36	18♍14.7	2N02	22♓31.6	0S46	24♒04.0	0S22	1♑20.3	5N46
10 Tu	8 14.9	0 36	18 25.1	2 02	22 34.8	0 46	24 05.9	0 22	1 22.0	5 45
15 Su	8 40.9	0 37	18 35.4	2 02	22 38.0	0 46	24 07.7	0 23	1 23.8	5 45
20 F	9 07.0	0 37	18 45.8	2 02	22 41.2	0 46	24 09.5	0 23	1 25.5	5 44
25 W	9 33.0	0 38	18 56.1	2 03	22 44.5	0 46	24 11.3	0 23	1 27.3	5 44
30 M	9 59.1	0 38	19 06.5	2 03	22 47.7	0 46	24 13.1	0 23	1 29.0	5 43
4 S	10 25.2	0 39	19 16.8	2 03	22 50.9	0 46	24 14.9	0 23	1 30.8	5 43
9 Th	10 51.3	0 39	19 27.2	2 03	22 54.1	0 46	24 16.7	0 23	1 32.5	5 42
14 Tu	11 17.4	0 40	19 37.5	2 04	22 57.3	0 46	24 18.5	0 23	1 34.3	5 42
19 Su	11 43.6	0 40	19 47.8	2 04	23 00.6	0 46	24 20.3	0 23	1 36.0	5 41
24 F	12 09.7	0 41	19 58.2	2 04	23 03.8	0 46	24 22.2	0 23	1 37.8	5 41
29 W	12 35.9	0 41	20 08.5	2 04	23 07.0	0 46	24 24.0	0 23	1 39.5	5 40

☿ .465900	☿p .338881
♀ .718542	♀ .721032
⊕ .990828	⊕ .999247
♂ 1.39991	♂p 1.38434
♃ 5.09373	♃ 5.08328
♄ 9.38424	♄ 9.39330
♅ 20.0988	♅ 20.0988
♆ 30.0325	♆ 30.0318
♇ 31.6061	♇ 31.6218
☊	Perihelia
☿ 18°♉ 27	☿ 17°♊ 36
♀ 16 ♊ 46	♀ 11 ♌ 35
⊕	⊕ 13 ♋ 01
♂ 19 ♉ 38	♂ 6 ♓ 11
♃ 10 ♋ 36	♃ 14 ♈ 40
♄ 23 ♋ 45	♄ 1 ♋ 09
♅ 14 ♊ 06	♅ 22 ♍ 20
♆ 11 ♌ 53	♆ 15 ♈ 03
♇ 20 ♋ 28	♇ 15 ♏ 11

1	☿✱♆	0am22
Su	♀☍♆	4 3
	♃∠♅	4 38
3	☿ ♑	3am57
T	☿☌♇	3pm23
4	♀ ♍	7pm59
5	☿⊻♂	12pm41
Th	♀△♇	3 48
	☿⊻♃	11 16
6	☿∠♆	9am 9
F	♂∠♅	11pm31
7	♂☌♃	7pm12
8	⊕☌♄	7pm41
9	☿△♄	1pm59
M	♀⊼♃	9 42
	⊕△☿	10 53
10	☿✱♅	11pm26
11	♀⊼♂	0am46
W	☿⊻♆	11 22
12	☿⚼♀	2pm56
13	⊕☍♅	1am30
F	☿ ♒	8 51
	☿⊻♇	7pm21
14	⊕⚼♃	1am17
S	☿⚼♄	11 41
	⊕⊼♆	1pm55
15	☿∠♅	5pm32
16	☿☌♃	1am43
M	♀☌♄	7 22
	⊕⚼☿	8pm18
17	☿☌♂	4pm14
18	☿∠♇	7am17
W	♀☍♅	7pm 7
	☿⊼♄	10 57
19	♀⚼♃	4pm 2
Th	♀⊼♆	5 3
20	☿⊻♅	1am13
F	☿☌♆	10 48
	⊕ ♎	11 36
21	☿⊼♀	0am22
S	♂∠♇	4 23
	⊕□♇	10pm19
	☿ ♓	11 50
22	☿✱♇	8am44
Su	⊕⊼☿	12pm15
23	⊕⚼♂	5am 7
M	♀ ♎	7 37
24	♀□♇	5am 7
T	☿⊻♃	8 51
25	♂⊼♄	4am 2
26	♀⚼♂	3am 1
Th	☿☍♄	2pm 9
	☿⊻♂	7 30
27	☿☌♅	10am24
F	☿⊻♆	5pm58
	⊕☌♀	7 19
	☿∠♃	9 5
28	☿ ♈	11pm46
29	♀⚼♆	0am18
Su	☿□♇	7 11
	♀△♃	11 5
	⊕⚼♆	6pm47
30	☿∠♂	11am45
M	⊕△♃	2pm44
	☿∠♆	8 58
31	☿✱♃	1am 1
T	⊕☍☿	3 17
	♂⊻♅	7 2
	☿☍♀	5pm34
1	☿⊼♄	7pm 9
2	☿⊻♅	11am20
Th	♂☌♆	1pm21
	☿✱♆	5 32
	☿✱♂	6 4
3	☿ ♉	6pm27
4	☿△♇	0am53
S	♀⊻♄	6 9
	☿⚼♄	12pm37
5	☿∠♅	3am25
Su	☿□♃	2pm30
6	♀⊼♅	11am34
M	☿⚼♇	2pm39
	⊕⊼☿	4 35
	☿0N	10 18
7	☿△♄	2am 2
T	♀△♆	8 21
	☿✱♅	3pm52
	☿□♆	9 18
8	☿⊼♀	1am53
W	☿□♂	11 51
	☿ ♊	7pm35
9	☿⊼♇	1am33
Th	⊕⊻♄	4 16
	⊕⚼☿	2pm21
10	♀△♂	10am24
F	☿△♃	1pm45
	♀ ♏	9 52
11	☿⚼♀	7am25
S	☿ P	2pm12
	♂ ♓	3 28
	♀✱♇	9 10
	☿□♄	10 17
12	⊕△☿	9am59
Su	☿□♅	11 8
	☿△♆	4pm19
	⊕⊼♅	5 29
	☿⚼♃	11 32
13	☿ ♋	2pm 0
M	♀∠♄	6 53
	☿△♂	7 14
	☿☍♇	8 0
14	♂✱♇	2am55
T	⊕△♆	2 59
	☿△♀	12pm 6
15	☿⚼♆	1am47
W	☿⊼♃	9 55
	♀⚼♅	9pm 8
16	☿⚼♂	12pm 4
Th	☿✱♄	6 33
17	☿△♅	7am37
F	☿⊼♆	1pm 0
18	♀□♃	4am15
S	⊕□☿	5 11
	☿ ♌	12pm 6
	☿⊼♇	6 43
19	☿∠♄	8am 7
Su	☿⊼♂	8 29
	☿⚼♅	9pm43
	⊕ ♏	10 37
20	☿☍♃	2pm17
21	♀∠♇	6am38
T	♂ P	9 47
	☿⚼♇	11 13
	☿□♀	1pm 9
	⊕✱♇	2 20
22	☿⊻♄	2am 1
W	☿⊼♅	4pm27
	☿☍♆	10 33
23	♀✱♄	8am41
24	☿ ♍	1am20
F	☿△♇	9 16
25	⊕∠♄	1am48
S	⊕✱☿	1 59
	♀△♅	7 44
	☿☍♂	10pm35
26	♀□♆	3am21
Su	☿⊼♃	3pm50
28	⊕⚼♅	6am18
T	☿☌♄	9 41
29	☿☍♅	2am34
W	⊕∠☿	8 36
	☿⊼♆	9 55
	♀ ♐	3pm56
30	☿⚼♃	5am 9
Th	♀⊻♇	5pm 4
	☿ ♎	6 48

MAY 2009

DAY	☿ LONG	☿ LAT	♀ LONG	♀ LAT	⊕ LONG	♂ LONG	♂ LAT
	° '	° '	° '	° '	° '	° '	° '
1 F	0♎52	5N11	2♐08	0N52	10♏46	12♓17	1S42
2 S	4 47	4 51	3 43	0 46	11 44	12 55	1 42
3 Su	8 35	4 30	5 19	0 40	12 43	13 33	1 41
4 M	12 17	4 09	6 54	0 35	13 41	14 12	1 41
5 Tu	15 52	3 47	8 30	0 29	14 39	14 50	1 40
6 W	19 23	3 25	10 05	0 24	15 37	15 28	1 40
7 Th	22 48	3 03	11 40	0 18	16 35	16 06	1 39
8 F	26 09	2 40	13 16	0 12	17 33	16 44	1 39
9 S	29 25	2 18	14 51	0 07	18 31	17 22	1 38
10 Su	2♏37	1 55	16 26	0 01	19 29	18 00	1 38
11 M	5 45	1 33	18 01	0S04	20 27	18 38	1 37
12 Tu	8 50	1 10	19 36	0 10	21 25	19 15	1 36
13 W	11 52	0 48	21 12	0 16	22 23	19 53	1 36
14 Th	14 52	0 26	22 47	0 21	23 21	20 31	1 35
15 F	17 48	0 05	24 22	0 27	24 19	21 09	1 35
16 S	20 43	0S17	25 57	0 33	25 17	21 47	1 34
17 Su	23 35	0 38	27 32	0 38	26 14	22 25	1 33
18 M	26 26	0 59	29 07	0 44	27 12	23 03	1 33
19 Tu	29 15	1 19	0♑42	0 49	28 10	23 41	1 32
20 W	2♐03	1 39	2 17	0 55	29 08	24 18	1 31
21 Th	4 50	1 59	3 52	1 00	0♐05	24 56	1 31
22 F	7 36	2 18	5 27	1 05	1 03	25 34	1 30
23 S	10 21	2 37	7 02	1 11	2 01	26 12	1 29
24 Su	13 06	2 56	8 37	1 16	2 59	26 49	1 28
25 M	15 51	3 14	10 12	1 21	3 56	27 27	1 28
26 Tu	18 35	3 32	11 47	1 26	4 54	28 05	1 27
27 W	21 20	3 49	13 22	1 31	5 52	28 42	1 26
28 Th	24 05	4 06	14 56	1 36	6 49	29 20	1 25
29 F	26 51	4 22	16 31	1 41	7 47	29 57	1 25
30 S	29 38	4 38	18 06	1 46	8 44	0♈35	1 24
31 Su	2♑26	4S53	19♑41	1S51	9♐42	1♈12	1S23

JUNE 2009

DAY	☿ LONG	☿ LAT	♀ LONG	♀ LAT	⊕ LONG	♂ LONG	♂ LAT
	° '	° '	° '	° '	° '	° '	° '
1 M	5♑14	5S07	21♑16	1S55	10♐39	1♈50	1S22
2 Tu	8 05	5 21	22 51	2 00	11 37	2 27	1 21
3 W	10 57	5 34	24 26	2 05	12 34	3 05	1 21
4 Th	13 50	5 47	26 00	2 09	13 32	3 42	1 20
5 F	16 46	5 58	27 35	2 13	14 29	4 19	1 19
6 S	19 45	6 09	29 10	2 17	15 27	4 57	1 18
7 Su	22 46	6 19	0♒45	2 22	16 24	5 34	1 17
8 M	25 49	6 28	2 20	2 26	17 21	6 11	1 16
9 Tu	28 56	6 36	3 55	2 29	18 19	6 48	1 15
10 W	2♒07	6 43	5 30	2 33	19 16	7 26	1 15
11 Th	5 21	6 49	7 04	2 37	20 14	8 03	1 14
12 F	8 39	6 54	8 39	2 40	21 11	8 40	1 13
13 S	12 01	6 58	10 14	2 44	22 08	9 17	1 12
14 Su	15 28	7 00	11 49	2 47	23 05	9 54	1 11
15 M	19 00	7 00	13 24	2 50	24 03	10 31	1 10
16 Tu	22 37	6 59	14 59	2 53	25 00	11 08	1 09
17 W	26 20	6 56	16 34	2 56	25 57	11 45	1 08
18 Th	0♓09	6 52	18 09	2 59	26 55	12 22	1 07
19 F	4 04	6 45	19 44	3 01	27 52	12 58	1 06
20 S	8 06	6 36	21 19	3 04	28 49	13 35	1 05
21 Su	12 16	6 25	22 54	3 06	29 47	14 12	1 04
22 M	16 33	6 11	24 29	3 08	0♑44	14 49	1 03
23 Tu	20 57	5 55	26 04	3 11	1 41	15 25	1 02
24 W	25 30	5 36	27 39	3 12	2 38	16 02	1 01
25 Th	0♈12	5 14	29 14	3 14	3 36	16 38	1 00
26 F	5 02	4 50	0♓49	3 16	4 33	17 15	0 59
27 S	10 01	4 22	2 24	3 17	5 30	17 51	0 58
28 Su	15 10	3 51	3 59	3 19	6 27	18 28	0 57
29 M	20 27	3 18	5 34	3 20	7 25	19 04	0 56
30 Tu	25♈54	2S42	7♓09	3S21	8♑22	19♈41	0S55

DAY	♃ LONG	♃ LAT	♄ LONG	♄ LAT	♅ LONG	♅ LAT	♆ LONG	♆ LAT	♇ LONG	♇ LAT
	° '	° '	° '	° '	° '	° '	° '	° '	° '	° '
4 M	13♒02.1	0S42	20♍18.8	2N05	23♓10.2	0S46	24♒25.8	0S23	1♑41.3	5N40
9 S	13 28.3	0 42	20 29.1	2 05	23 13.4	0 46	24 27.6	0 23	1 43.0	5 39
14 Th	13 54.5	0 43	20 39.5	2 05	23 16.7	0 46	24 29.4	0 23	1 44.8	5 39
19 Tu	14 20.8	0 43	20 49.8	2 05	23 19.9	0 46	24 31.2	0 23	1 46.5	5 38
24 Su	14 47.0	0 44	21 00.1	2 06	23 23.1	0 46	24 33.0	0 23	1 48.3	5 38
29 F	15 13.3	0 44	21 10.4	2 06	23 26.3	0 46	24 34.9	0 23	1 50.0	5 37
3 W	15 39.6	0 45	21 20.7	2 06	23 29.5	0 46	24 36.7	0 23	1 51.8	5 37
8 M	16 05.9	0 45	21 31.0	2 06	23 32.8	0 46	24 38.5	0 23	1 53.5	5 36
13 S	16 32.3	0 46	21 41.3	2 07	23 36.0	0 46	24 40.3	0 23	1 55.3	5 36
18 Th	16 58.6	0 46	21 51.6	2 07	23 39.2	0 46	24 42.1	0 24	1 57.0	5 35
23 Tu	17 25.0	0 47	22 01.9	2 07	23 42.5	0 46	24 44.0	0 24	1 58.8	5 35
28 Su	17 51.4	0 47	22 12.2	2 07	23 45.7	0 46	24 45.8	0 24	2 00.6	5 34

☿a .388773	☿ .460957
♀ .725027	♀a .727939
⊕ 1.00755	⊕ 1.01401
♂ 1.38200	♂ 1.39304
♃ 5.07339	♃ 5.06342
♄ 9.40210	♄ 9.41123
♅ 20.0988	♅ 20.0987
♆ 30.0310	♆ 30.0302
♇ 31.6370	♇ 31.6528
☊	Perihelia
☿ 18°♉ 27	☿ 17°♊ 37
♀ 16 ♊ 46	♀ 11 ♌ 37
⊕	⊕ 11 ♋ 44
♂ 19 ♉ 38	♂ 6 ♓ 11
♃ 10 ♋ 36	♃ 14 ♈ 39
♄ 23 ♋ 45	♄ 0 ♋ 57
♅ 14 ♊ 06	♅ 22 ♍ 08
♆ 11 ♌ 53	♆ 15 ♈ 15
♇ 20 ♋ 28	♇ 15 ♏ 10

1 F	☿□♇	4am54
	☿✱♀	12pm55
	♂⚺♃	9 14
3 Su	☿⚼♆	5am26
	⊕□♃	6 29
4 M	☿△♃	5am 8
	⊕⚺☿	12pm42
	☿⚻♂	3 25
5	⊕△♂	12pm46
6	☿⚺♄	7am 2
7 Th	☿⚻♅	2am51
	⊕∠♇	3 2
	☿△♆	11 46
8	♀✱♃	2am 0
9 S	☿ ♏	4am22
	☿∠♀	6 21
	☿✱♇	5pm15
10 Su	☿⚼♂	3am34
	♀0S	5 1
	☿∠♄	10pm25
11 M	⊕✱♄	2am40
	♀□♂	3pm12
	☿⚼♅	7 24
12	♀□♄	3pm11
13 W	☿□♃	4pm 5
	⊕△♅	10 16
14 Th	♂☍♄	5am28
	♀□♅	7 36
	☿∠♇	3pm22
	⊕⚺♀	9 58
15 F	♀✱♆	2am 1
	⊕□♆	4 38
	☿0S	5 16
16 S	☿✱♄	0am 7
	☿△♂	11 25
	☿△♅	9pm40
17	☿□♆	7am46
18 M	♀∠♃	2am17
	⊕☌☿	9 56
	♂☌♅	10 39
	♀ ♑	1pm23
19 T	☿ ♐	6am25
	♀☌♇	4pm22
	☿⚺♇	9 42
20 W	☿⚺♀	4am41
	♂⚺♆	8 31
	⊕ ♐	9pm44
22	⊕⚺♇	6pm34
24 Su	♀∠♆	2pm16
	☿✱♃	3 13
25	☿ A	1pm50
26	☿□♄	9pm57
27	☿□♅	6pm13
28 Th	♀⚺♃	3am 7
	☿✱♆	4 14
29 F	♂ ♈	1am42
	♂∠♃	11 54
30 S	☿ ♑	3am11
	☿∠♃	6 2
	☿□♂	10 32
	☿☌♇	7pm 2

1 M	♀△♄	0am11
	♂□♇	0 49
2 T	♀✱♅	9am44
	☿∠♆	12pm51
3 W	♀⚺♆	2am49
	⊕⚺☿	8pm11
4	☿⚺♃	4pm 7
6 S	♀ ♒	12pm37
	⊕✱♃	1 15
	☿△♄	1 45
7 Su	☿✱♅	6am 8
	☿⚺♆	2pm46
	♀⚺♇	5 19
8	⊕∠♀	1am 1
9 T	☿ ♒	8am 5
	☿⚺♇	10pm27
10 W	♀⚼♄	4pm58
	⊕∠☿	10 46
11 Th	☿⚼♄	9am26
	♀∠♅	11pm 0
	☿∠♅	11 36
12 F	☿☌♀	0am 9
	☿✱♂	0 10
	♀✱♂	0 14
	⊕□♄	12pm21
13 S	♂∠♆	3pm20
	♀ A	7 44
14 Su	☿☌♃	8am 9
	☿∠♇	10 1
	⊕□♅	1pm12
15 M	⊕✱♆	4pm 7
	☿⚻♄	6 31
16 T	☿⚺♅	6am38
	☿☌♆	1pm29
	⊕✱☿	8 46
17 W	☿∠♂	3am 8
	♀☌♃	5 14
	♀∠♇	5 49
	♃∠♇	4pm18
	☿ ♓	11 4
18	☿✱♇	11am 7
20	♀⚻♄	9am35
21 Su	⊕ ♑	5am38
	♀⚺♅	12pm 6
	☿⚺♂	12 46
22 M	♀☌♆	3am49
	☿⚺♃	4 24
23 T	☿☍♄	5am47
	⊕☌♇	7 28
	☿☌♅	2pm38
	☿⚺♆	8 0
	⊕∠♃	8 16
24 W	☿⚺♀	4pm37
	☿ ♈	11 0
25 Th	☿□♇	9am 0
	♀ ♓	11 43
	☿∠♃	12pm12
	⊕□☿	9 2
26 F	♀✱♇	6pm 3
	♂✱♃	7 51
	☿∠♆	10 44
27	♀∠♂	11am23
28 Su	☿✱♃	12pm31
	☿☌♂	5 1
29 M	☿∠♀	0am43
	☿⚻♄	8 0
	☿⚺♅	2pm45
	☿✱♆	7 7
30	☿ ♉	5pm42

JULY 2009

DAY	☿ LONG	☿ LAT	♀ LONG	♀ LAT	⊕ LONG	♂ LONG	♂ LAT
	° '	° '	° '	° '	° '	° '	° '
1 W	1♉29	2S03	8♓44	3S22	9♑19	20♈17	0S54
2 Th	7 13	1 22	10 19	3 22	10 16	20 53	0 53
3 F	13 05	0 40	11 54	3 23	11 13	21 29	0 52
4 S	19 04	0N05	13 30	3 23	12 11	22 06	0 51
5 Su	25 09	0 49	15 05	3 24	13 08	22 42	0 50
6 M	1♊20	1 34	16 40	3 24	14 05	23 18	0 49
7 Tu	7 35	2 18	18 15	3 24	15 02	23 54	0 48
8 W	13 53	3 01	19 51	3 23	15 59	24 30	0 47
9 Th	20 12	3 42	21 26	3 23	16 57	25 06	0 46
10 F	26 31	4 20	23 01	3 22	17 54	25 41	0 45
11 S	2♋49	4 55	24 36	3 22	18 51	26 17	0 44
12 Su	9 03	5 25	26 12	3 21	19 48	26 53	0 43
13 M	15 13	5 52	27 47	3 20	20 45	27 29	0 42
14 Tu	21 17	6 14	29 23	3 19	21 43	28 04	0 41
15 W	27 14	6 32	0♈58	3 17	22 40	28 40	0 40
16 Th	3♌03	6 45	2 33	3 16	23 37	29 16	0 39
17 F	8 44	6 54	4 09	3 14	24 34	29 51	0 38
18 S	14 15	6 59	5 44	3 13	25 32	0♉26	0 36
19 Su	19 37	7 00	7 20	3 11	26 29	1 02	0 35
20 M	24 50	6 58	8 56	3 09	27 26	1 37	0 34
21 Tu	29 53	6 52	10 31	3 06	28 23	2 12	0 33
22 W	4♍46	6 44	12 07	3 04	29 21	2 48	0 32
23 Th	9 30	6 33	13 42	3 02	0♒18	3 23	0 31
24 F	14 05	6 19	15 18	2 59	1 15	3 58	0 30
25 S	18 30	6 04	16 54	2 56	2 13	4 33	0 29
26 Su	22 48	5 48	18 29	2 53	3 10	5 08	0 28
27 M	26 57	5 30	20 05	2 50	4 07	5 43	0 27
28 Tu	0♎59	5 10	21 41	2 47	5 05	6 18	0 26
29 W	4 54	4 50	23 16	2 44	6 02	6 53	0 25
30 Th	8 42	4 30	24 52	2 40	6 59	7 28	0 23
31 F	12♎23	4N08	26♈28	2S37	7♒57	8♉02	0S22

AUGUST 2009

DAY	☿ LONG	☿ LAT	♀ LONG	♀ LAT	⊕ LONG	♂ LONG	♂ LAT
	° '	° '	° '	° '	° '	° '	° '
1 S	15♎59	3N46	28♈04	2S33	8♒54	8♉37	0S21
2 Su	19 29	3 24	29 40	2 29	9 52	9 12	0 20
3 M	22 55	3 02	1♉16	2 25	10 49	9 46	0 19
4 Tu	26 15	2 39	2 52	2 21	11 46	10 21	0 18
5 W	29 31	2 17	4 28	2 17	12 44	10 55	0 17
6 Th	2♏43	1 54	6 04	2 13	13 41	11 30	0 16
7 F	5 51	1 32	7 40	2 09	14 39	12 04	0 15
8 S	8 56	1 10	9 16	2 04	15 36	12 38	0 14
9 Su	11 58	0 48	10 52	2 00	16 34	13 13	0 12
10 M	14 57	0 26	12 28	1 55	17 31	13 47	0 11
11 Tu	17 54	0 04	14 04	1 50	18 29	14 21	0 10
12 W	20 48	0S17	15 40	1 45	19 26	14 55	0 09
13 Th	23 41	0 38	17 16	1 40	20 24	15 29	0 08
14 F	26 31	0 59	18 52	1 35	21 22	16 03	0 07
15 S	29 20	1 20	20 28	1 30	22 19	16 37	0 06
16 Su	2♐08	1 40	22 05	1 25	23 17	17 11	0 05
17 M	4 55	2 00	23 41	1 20	24 15	17 44	0 04
18 Tu	7 41	2 19	25 17	1 15	25 12	18 18	0 03
19 W	10 26	2 38	26 54	1 09	26 10	18 52	0 01
20 Th	13 11	2 57	28 30	1 04	27 08	19 25	0 00
21 F	15 56	3 15	0♊06	0 58	28 06	19 59	0N01
22 S	18 41	3 32	1 43	0 53	29 03	20 32	0 02
23 Su	21 25	3 50	3 19	0 47	0♓01	21 06	0 03
24 M	24 11	4 06	4 56	0 42	0 59	21 39	0 04
25 Tu	26 57	4 22	6 32	0 36	1 57	22 13	0 05
26 W	29 43	4 38	8 09	0 31	2 55	22 46	0 06
27 Th	2♑31	4 53	9 45	0 25	3 53	23 19	0 07
28 F	5 20	5 08	11 22	0 19	4 51	23 52	0 08
29 S	8 10	5 21	12 59	0 13	5 49	24 25	0 09
30 Su	11 02	5 34	14 35	0 08	6 47	24 58	0 10
31 M	13♑56	5S47	16♊12	0S02	7♓45	25♉31	0N11

DAY	♃ LONG	♃ LAT	♄ LONG	♄ LAT	♅ LONG	♅ LAT	♆ LONG	♆ LAT	♇ LONG	♇ LAT
	° '	° '	° '	° '	° '	° '	° '	° '	° '	° '
3 F	18♒17.8	0S48	22♍22.5	2N07	23♓48.9	0S46	24♒47.6	0S24	2♑02.3	5N34
8 W	18 44.2	0 48	22 32.8	2 08	23 52.1	0 46	24 49.4	0 24	2 04.1	5 33
13 M	19 10.6	0 49	22 43.1	2 08	23 55.3	0 46	24 51.2	0 24	2 05.8	5 33
18 S	19 37.1	0 49	22 53.3	2 08	23 58.6	0 46	24 53.0	0 24	2 07.5	5 32
23 Th	20 03.5	0 50	23 03.6	2 08	24 01.8	0 46	24 54.9	0 24	2 09.3	5 32
28 Tu	20 30.0	0 50	23 13.9	2 09	24 05.0	0 46	24 56.7	0 24	2 11.0	5 31
2 Su	20 56.5	0 51	23 24.2	2 09	24 08.2	0 46	24 58.5	0 24	2 12.8	5 31
7 F	21 23.0	0 51	23 34.4	2 09	24 11.5	0 46	25 00.3	0 24	2 14.5	5 30
12 W	21 49.5	0 52	23 44.7	2 09	24 14.7	0 46	25 02.1	0 24	2 16.3	5 30
17 M	22 16.0	0 52	23 54.9	2 09	24 17.9	0 46	25 03.9	0 24	2 18.0	5 29
22 S	22 42.6	0 52	24 05.2	2 10	24 21.1	0 46	25 05.7	0 24	2 19.8	5 29
27 Th	23 09.2	0 53	24 15.4	2 10	24 24.3	0 46	25 07.5	0 24	2 21.5	5 28

☿p.324578	☿a.410602
♀ .727699	♀ .724454
⊕a1.01665	⊕ 1.01495
♂ 1.41539	♂ 1.44776
♃ 5.05404	♃ 5.04463
♄ 9.42010	♄ 9.42930
♅ 20.0985	♅ 20.0984
♆ 30.0294	♆ 30.0286
♇ 31.6681	♇ 31.6840
☊	Perihelia
☿ 18°♉ 27	☿ 17°♊ 37
♀ 16 ♊ 46	♀ 11 ♌ 40
⊕	⊕ 14 ♋ 22
♂ 19 ♉ 38	♂ 6 ♓ 12
♃ 10 ♋ 36	♃ 14 ♈ 40
♄ 23 ♋ 45	♄ 0 ♋ 49
♅ 14 ♊ 06	♅ 21 ♍ 54
♆ 11 ♌ 53	♆ 15 ♈ 59
♇ 20 ♋ 28	♇ 15 ♏ 08

1	☿△♇	2am18
W	⊕∠♆	11 46
	⊕✶♀	10pm 4
2	☿⚼♄	0am32
Th	☿∠♅	6 34
	⊕△☿	3pm 1
	☿✶♀	5 30
3	☿⚼♇	3pm57
F	☿□♃	9 16
	☿0N	9 33
4	⊕ A	1am43
S	☿⚺♂	1pm18
	☿△♄	1 19
	♂⚻♄	1 24
	☿✶♅	6 50
	☿□♆	10 38
5	⊕⚼☿	1pm42
Su	☿ ♊	6 51
6	☿⚻♇	2am47
M	♂⚺♅	10pm29
7	☿∠♂	5am32
T	♀⚺♃	6 18
8	⊕⚻☿	9am26
W	♂✶♆	1pm19
	☿ P	1 29
	☿△♃	6 42
9	☿□♀	6am14
Th	☿□♄	9 5
	☿□♅	1pm59
	☿△♆	5 36
	♀☍♄	5 45
	☿✶♂	8 31
10	♀☌♅	1pm15
F	☿ ♋	1 16
	☿☍♇	9 14
11	♀⚺♆	3am32
S	⊕⚺♃	4 13
	☿⚼♃	4 38
12	☿⚼♆	3am 6
Su	♀⚺♂	4pm33
13	☿⚻♃	3pm53
14	⊕☍☿	2am 3
T	☿✶♄	5 56
	♀ ♈	9 24
	☿△♅	10 41
	☿⚻♆	2pm25
15	⊕△♄	3am14
W	☿□♂	6 33
	☿ ♌	11 22
	♀□♇	5pm17
	☿⚻♇	8 6
	☿△♀	9 11
16	⊕✶♅	8am36
Th	☿∠♄	8pm15
17	☿⚼♅	1am 2
F	♀∠♃	6 4
	♂ ♉	6 5
	⊕⚺♆	7 46
18	☿⚼♇	12pm46
19	☿☍♃	0am23
Su	☿⚺♄	3pm13
	☿⚼♀	5 53
	☿⚻♅	8 6
20	☿☍♆	0am18
M	♀∠♆	2pm41
	⊕⚻☿	3 9
	♂△♇	9 20
21	☿ ♍	0am35
T	☿△♇	11 2
	☿△♂	12pm53
22	⊕ ♒	4pm28
24	☿⚻♀	10am11
F	⊕⚼☿	2pm56
	⊕⚺♇	10 54
25	☿⚼♂	6am40
S	☿⚻♃	9 46
26	☿☌♄	2am 5
Su	☿☍♅	7 14
	☿⚻♆	12pm14
27	♀✶♃	5am14
M	☿ ♎	6pm 3
28	☿□♇	7am17
T	♀⚻♄	11pm52
29	☿⚼♃	4am24
W	⊕△☿	9 28
	♀⚺♅	12pm25
	☿⚻♂	2 41
30	♀✶♆	1am17
Th	☿⚼♆	8 7
31	⊕□♂	5am58
F	⊕⚼♄	10 7
	♂⚼♄	1pm 0
1	⊕∠♅	5am42
S	♂∠♅	9pm34
2	♀ ♉	5am 4
Su	☿△♃	10 23
3	☿⚺♄	3am48
M	☿⚻♅	8 52
	♀△♇	2pm26
	☿△♆	2 51
5	☿ ♏	3am36
W	☿✶♇	8pm22
7	♀⚼♄	2pm 2
F	☿∠♄	9 23
	♀∠♅	11 8
8	☿⚼♅	2am 5
S	☿☍♀	5 18
9	☿☍♂	12pm16
Su	⊕∠♇	5 27
10	☿∠♇	6pm48
11	☿0S	4am31
T	♀☌♂	6 37
	⊕□☿	7 7
12	☿□♃	8am46
13	♀⚼♇	0am 8
Th	☿✶♄	0 52
	☿△♅	4 53
	☿□♆	11 30
14	⊕☌♃	5pm43
15	☿ ♐	5am39
16	☿⚺♇	1am21
Su	♀□♃	1 35
	♂⚼♇	5 3
	⊕⚻♄	3pm34
17	⊕⚺♅	1am26
M	♀△♄	3 33
	♀✶♅	9 16
	⊕☌♆	8pm41
	♀□♆	8 45
	⊕□♀	8 50
20	♂0N	9am 1
Th	♀ ♊	10pm24
21	☿ A	1pm 6
22	♀⚻♇	9am13
S	☿⚻♂	8pm26
	⊕ ♓	11 31
23	☿✶♃	12pm23
Su	☿□♄	11 48
24	☿□♅	1am42
M	☿✶♆	8 6
25	⊕✶♇	9am59
26	☿ ♑	2am25
W	♂□♃	3pm26
	☿☌♇	10 39
27	⊕✶☿	5pm43
28	♂△♄	7pm30
29	♂✶♅	0am12
S	☿∠♃	1 24
	☿⚼♂	1pm 2
	☿∠♆	4 33
30	♂□♆	7am32
31	♀0N	8am29

SEPTEMBER 2009

DAY	☿ LONG	☿ LAT	♀ LONG	♀ LAT	⊕ LONG	♂ LONG	♂ LAT
	° '	° '	° '	° '	° '	° '	° '
1 Tu	16♑52	5S59	17♊49	0N04	8♓43	26♉04	0N12
2 W	19 50	6 09	19 25	0 09	9 41	26 37	0 14
3 Th	22 51	6 19	21 02	0 15	10 39	27 10	0 15
4 F	25 55	6 29	22 39	0 21	11 37	27 43	0 16
5 S	29 02	6 37	24 16	0 27	12 35	28 15	0 17
6 Su	2♒13	6 44	25 53	0 32	13 33	28 48	0 18
7 M	5 27	6 50	27 30	0 38	14 31	29 21	0 19
8 Tu	8 45	6 54	29 07	0 44	15 30	29 53	0 20
9 W	12 07	6 58	0♋44	0 49	16 28	0♊26	0 21
10 Th	15 35	7 00	2 21	0 55	17 26	0 58	0 22
11 F	19 07	7 00	3 58	1 00	18 24	1 30	0 23
12 S	22 44	6 59	5 35	1 06	19 23	2 03	0 24
13 Su	26 27	6 56	7 12	1 11	20 21	2 35	0 25
14 M	0♓16	6 51	8 49	1 17	21 20	3 07	0 26
15 Tu	4 12	6 45	10 26	1 22	22 18	3 39	0 27
16 W	8 14	6 36	12 03	1 27	23 16	4 11	0 28
17 Th	12 24	6 24	13 40	1 32	24 15	4 43	0 29
18 F	16 41	6 11	15 18	1 37	25 14	5 15	0 30
19 S	21 06	5 54	16 55	1 42	26 12	5 47	0 31
20 Su	25 39	5 35	18 32	1 47	27 11	6 19	0 32
21 M	0♈21	5 14	20 09	1 52	28 09	6 51	0 33
22 Tu	5 11	4 49	21 47	1 57	29 08	7 23	0 34
23 W	10 11	4 21	23 24	2 02	0♈07	7 54	0 35
24 Th	15 19	3 50	25 01	2 06	1 06	8 26	0 36
25 F	20 37	3 17	26 39	2 11	2 04	8 58	0 37
26 S	26 04	2 41	28 16	2 15	3 03	9 29	0 38
27 Su	1♉40	2 02	29 53	2 19	4 02	10 01	0 39
28 M	7 24	1 21	1♌31	2 23	5 01	10 32	0 40
29 Tu	13 16	0 38	3 08	2 28	6 00	11 04	0 41
30 W	19♉15	0N06	4♌46	2N31	6♈59	11♊35	0N41

OCTOBER 2009

DAY	☿ LONG	☿ LAT	♀ LONG	♀ LAT	⊕ LONG	♂ LONG	♂ LAT
	° '	° '	° '	° '	° '	° '	° '
1 Th	25♉21	0N51	6♌23	2N35	7♈58	12♊06	0N42
2 F	1♊32	1 36	8 01	2 39	8 57	12 37	0 43
3 S	7 47	2 20	9 38	2 42	9 56	13 08	0 44
4 Su	14 05	3 03	11 16	2 46	10 55	13 40	0 45
5 M	20 24	3 43	12 53	2 49	11 54	14 11	0 46
6 Tu	26 43	4 21	14 31	2 52	12 53	14 42	0 47
7 W	3♋00	4 56	16 08	2 55	13 52	15 13	0 48
8 Th	9 14	5 26	17 46	2 58	14 51	15 43	0 49
9 F	15 24	5 53	19 23	3 01	15 50	16 14	0 50
10 S	21 28	6 15	21 01	3 03	16 50	16 45	0 51
11 Su	27 25	6 33	22 38	3 06	17 49	17 16	0 51
12 M	3♌14	6 46	24 16	3 08	18 48	17 47	0 52
13 Tu	8 54	6 55	25 53	3 10	19 48	18 17	0 53
14 W	14 25	6 59	27 31	3 12	20 47	18 48	0 54
15 Th	19 47	7 00	29 09	3 14	21 47	19 18	0 55
16 F	24 59	6 58	0♍46	3 16	22 46	19 49	0 56
17 S	0♍02	6 52	2 24	3 17	23 46	20 19	0 57
18 Su	4 55	6 43	4 01	3 19	24 45	20 50	0 57
19 M	9 39	6 32	5 39	3 20	25 45	21 20	0 58
20 Tu	14 13	6 19	7 16	3 21	26 44	21 50	0 59
21 W	18 39	6 04	8 54	3 22	27 44	22 21	1 00
22 Th	22 56	5 47	10 31	3 22	28 44	22 51	1 01
23 F	27 05	5 29	12 08	3 23	29 44	23 21	1 02
24 S	1♎07	5 10	13 46	3 23	0♉43	23 51	1 02
25 Su	5 01	4 50	15 23	3 24	1 43	24 21	1 03
26 M	8 49	4 29	17 01	3 24	2 43	24 51	1 04
27 Tu	12 30	4 08	18 38	3 24	3 43	25 21	1 05
28 W	16 06	3 46	20 15	3 23	4 43	25 51	1 06
29 Th	19 36	3 24	21 53	3 23	5 43	26 21	1 06
30 F	23 01	3 01	23 30	3 22	6 42	26 51	1 07
31 S	26♎21	2N39	25♍07	3N22	7♉42	27♊20	1N08

DAY	♃ LONG	♃ LAT	♄ LONG	♄ LAT	♅ LONG	♅ LAT	♆ LONG	♆ LAT	♇ LONG	♇ LAT
	° '	° '	° '	° '	° '	° '	° '	° '	° '	° '
1 Tu	23♒35.7	0S53	24♍25.7	2N10	24♓27.6	0S46	25♒09.4	0S24	2♑23.2	5N28
6 Su	24 02.3	0 54	24 35.9	2 10	24 30.8	0 46	25 11.2	0 24	2 25.0	5 27
11 F	24 28.9	0 54	24 46.2	2 11	24 34.0	0 46	25 13.0	0 24	2 26.7	5 27
16 W	24 55.6	0 55	24 56.4	2 11	24 37.2	0 46	25 14.8	0 25	2 28.5	5 26
21 M	25 22.2	0 55	25 06.6	2 11	24 40.4	0 46	25 16.6	0 25	2 30.2	5 26
26 S	25 48.9	0 56	25 16.9	2 11	24 43.7	0 46	25 18.4	0 25	2 31.9	5 25
1 Th	26 15.5	0 56	25 27.1	2 11	24 46.9	0 46	25 20.2	0 25	2 33.7	5 25
6 Tu	26 42.2	0 56	25 37.3	2 12	24 50.1	0 46	25 22.0	0 25	2 35.4	5 24
11 Su	27 08.9	0 57	25 47.5	2 12	24 53.3	0 46	25 23.9	0 25	2 37.1	5 24
16 F	27 35.6	0 57	25 57.7	2 12	24 56.5	0 45	25 25.7	0 25	2 38.9	5 23
21 W	28 02.4	0 58	26 07.9	2 12	24 59.8	0 45	25 27.5	0 25	2 40.6	5 23
26 M	28 29.1	0 58	26 18.2	2 12	25 03.0	0 45	25 29.3	0 25	2 42.4	5 22
31 S	28 55.9	0 58	26 28.4	2 13	25 06.2	0 45	25 31.1	0 25	2 44.1	5 22

☿ .451595	☿p.311447
♀ .720400	♀p.718424
⊕ 1.00921	⊕ 1.00120
♂ 1.48597	♂ 1.52503
♃ 5.03555	♃ 5.02709
♄ 9.43853	♄ 9.44750
♅ 20.0981	♅ 20.0979
♆ 30.0278	♆ 30.0270
♇ 31.6999	♇ 31.7153
☊	Perihelia
☿ 18°♉ 27	☿ 17°♊ 37
♀ 16 ♊ 46	♀ 11 ♌ 35
⊕	⊕ 15 ♋ 57
♂ 19 ♉ 38	♂ 6 ♓ 12
♃ 10 ♋ 36	♃ 14 ♈ 40
♄ 23 ♋ 45	♄ 0 ♋ 43
♅ 14 ♊ 06	♅ 21 ♍ 41
♆ 11 ♌ 53	♆ 16 ♈ 47
♇ 20 ♋ 28	♇ 15 ♏ 06

1	☿⊼♀	4pm44
2	♄☍♅	8am13
3	☿⊻♃	7am25
Th	☿✶♅	12pm48
	☿△♄	1 2
	☿⊻♆	6 10
4	⊕∠☿	7am47
F	☿△♂	4pm46
	♀△♃	7 2
5	♀□♅	3am33
S	♀□♄	4 32
	☿ ♒	7 19
	♀△♆	1pm39
6	☿⊻♇	1am32
8	♂ ♊	5am 1
T	☿∠♅	5 39
	☿⚼♄	6 38
	♀ ♋	1pm12
	♀⊻♂	5 20
10	♀☍♇	1am26
Th	☿∠♇	12pm45
	⊕⊻☿	5 29
	☿⚼♀	10 10
12	♃⊻♅	1am57
S	☿⊻♅	12pm 1
	☿☌♃	12 14
	☿⊼♄	1 33
	☿☌♆	4 9
	♂⊼♇	6 17
13	☿ ♓	10pm19
14	☿✶♇	1pm30
M	♀⚼♃	2 39
	☿□♂	8 13
	♀⚼♆	9 8
16	♃⊼♄	6am 2
17	⊕☌♅	9am28
Th	☿△♀	11 38
	⊕☍♄	6pm26
	⊕⊻♃	8 41
18	⊕⊻♆	0am48
19	☿☌♅	6pm51
S	♃☌♆	8 56
	☿☍♄	8 59
	☿⊻♆	10 1
	☿⊻♃	10 2
20	⊕☌☿	9am59
Su	☿ ♈	10pm15
21	☿□♇	10am47
22	☿✶♂	11am53
T	♀∠♂	1pm13
	⊕ ♈	9 11
23	☿∠♆	0am31
W	☿∠♃	1 46
	♀△♅	7pm18
24	♀✶♄	2am53
Th	♀⊼♆	4 3
	♀⊼♃	9 37
25	⊕□♇	11am10
F	☿∠♂	4pm23
	☿⊻♅	6 9
	☿⊼♄	8 34
	☿✶♆	8 41
	☿✶♃	10 53
26	☿□♀	1pm25
S	☿ ♉	4 57
	♄⊼♆	10 19
27	♀ ♌	1am37
Su	☿△♇	3 43
	⊕⊻☿	12pm 4
28	☿∠♅	9am43
M	☿⚼♄	12pm13
	☿⊻♂	2 10
	♀⊼♇	3 16
29	☿⚼♇	5pm15
T	☿0N	8 49
30	⊕∠☿	12pm52
W	☿✶♅	9 48
	☿□♆	11 58
1	☿△♄	0am25
Th	☿□♃	3 37
	☿ ♊	6pm 6
2	☿⊼♇	4am 1
3	♀⚼♅	2am28
S	☿✶♀	9 34
	⊕✶☿	9 43
	⊕∠♆	10 20
	⊕△♀	10 54
	♀∠♄	1pm19
	☿☌♂	10 16
4	♀ P	4am30
Su	☿ P	12pm45
	⊕∠♃	4 27
5	☿□♅	4pm50
M	☿△♆	6 52
	☿□♄	7 49
	☿△♃	11 57
6	♀✶♂	3am56
T	☿ ♋	12pm31
	☿∠♀	2 22
	☿☍♇	10 26
7	♀⚼♇	9pm37
8	☿⚼♆	4am25
Th	☿⚼♃	10 24
9	⊕□☿	2am 4
F	☿⊻♂	3 36
	⊕✶♂	8pm 7
	☿⊻♀	9 33
10	☿△♅	1pm45
S	☿⊼♆	3 49
	☿✶♄	5 23
	☿⊼♃	10 55
11	☿ ♌	10am37
Su	☿⊼♇	9pm29
	☿∠♂	9 56
12	♀⊼♅	9am25
M	♀☍♆	4pm52
	♀⊻♄	11 32
13	☿⚼♅	4am21
T	☿∠♄	8 29
	♀☍♃	10pm25
14	☿⚼♇	2pm18
W	☿✶♂	9 35
15	⊕△☿	11am13
Th	♀ ♍	12pm40
	☿⊼♅	11 46
16	☿☍♆	2am 3
F	☿⊻♄	4 36
	☿☍♃	12pm31
	☿ ♍	11 50
17	♀△♇	3am52
S	☿△♇	12pm48
	☿☌♀	5 16
18	⊕⊻♅	5am 8
Su	⊕✶♆	4pm40
19	⊕⚼☿	7am18
M	⊕⊼♄	7 56
21	⊕✶♃	8am 3
W	☿□♂	11pm27
22	☿☍♅	11am56
Th	☿⊼♆	2pm34
	☿☌♄	6 47
23	⊕ ♉	6am36
F	☿⊼♃	6 50
	☿ ♎	5pm18
	⊕⊼☿	8 52
24	☿□♇	9am39
25	⊕△♇	11pm47
26	♂□♅	9am46
M	☿⚼♆	10 49
27	⊕⚼♀	3am 0
T	♂△♆	7 1
	☿⚼♃	7 15
29	♂□♄	3am 1
30	☿⊻♀	6am41
F	☿⊼♅	2pm56
	☿△♆	5 57
	♀☍♅	11 44
31	☿⊻♄	0am53
S	♀⊼♆	5 54
	☿△♂	8 29
	☿△♃	7pm27
	♀☌♄	8 26

NOVEMBER 2009

DAY	☿ LONG	☿ LAT	♀ LONG	♀ LAT	⊕ LONG	♂ LONG	♂ LAT
	° '	° '	° '	° '	° '	° '	° '
1 Su	29♎37	2N16	26♍45	3N21	8♉42	27♊50	1N09
2 M	2♏49	1 54	28 22	3 20	9 42	28 20	1 09
3 Tu	5 57	1 31	29 59	3 18	10 42	28 49	1 10
4 W	9 02	1 09	1♎36	3 17	11 42	29 19	1 11
5 Th	12 04	0 47	3 13	3 15	12 43	29 49	1 12
6 F	15 03	0 25	4 50	3 14	13 43	0♋18	1 12
7 S	17 59	0 03	6 27	3 12	14 43	0 47	1 13
8 Su	20 54	0S18	8 04	3 10	15 43	1 17	1 14
9 M	23 46	0 39	9 41	3 08	16 43	1 46	1 14
10 Tu	26 37	1 00	11 18	3 05	17 44	2 16	1 15
11 W	29 26	1 20	12 55	3 03	18 44	2 45	1 16
12 Th	2♐14	1 41	14 32	3 00	19 44	3 14	1 17
13 F	5 00	2 00	16 09	2 58	20 45	3 43	1 17
14 S	7 46	2 20	17 46	2 55	21 45	4 12	1 18
15 Su	10 32	2 39	19 22	2 52	22 45	4 42	1 19
16 M	13 16	2 57	20 59	2 49	23 46	5 11	1 19
17 Tu	16 01	3 15	22 36	2 45	24 46	5 40	1 20
18 W	18 46	3 33	24 12	2 42	25 47	6 09	1 21
19 Th	21 31	3 50	25 49	2 38	26 47	6 38	1 21
20 F	24 16	4 07	27 25	2 35	27 48	7 06	1 22
21 S	27 02	4 23	29 02	2 31	28 49	7 35	1 22
22 Su	29 48	4 38	0♏38	2 27	29 49	8 04	1 23
23 M	2♑36	4 54	2 14	2 23	0♊50	8 33	1 24
24 Tu	5 25	5 08	3 51	2 19	1 51	9 02	1 24
25 W	8 16	5 22	5 27	2 15	2 51	9 30	1 25
26 Th	11 08	5 35	7 03	2 10	3 52	9 59	1 25
27 F	14 02	5 47	8 40	2 06	4 53	10 28	1 26
28 S	16 58	5 59	10 16	2 01	5 53	10 56	1 27
29 Su	19 56	6 10	11 52	1 57	6 54	11 25	1 27
30 M	22♑57	6S20	13♏28	1N52	7♊55	11♋53	1N28

DECEMBER 2009

DAY	☿ LONG	☿ LAT	♀ LONG	♀ LAT	⊕ LONG	♂ LONG	♂ LAT
	° '	° '	° '	° '	° '	° '	° '
1 Tu	26♑01	6S29	15♏04	1N47	8♊56	12♋22	1N28
2 W	29 08	6 37	16 40	1 42	9 56	12 50	1 29
3 Th	2♒19	6 44	18 16	1 37	10 57	13 19	1 29
4 F	5 33	6 50	19 52	1 32	11 58	13 47	1 30
5 S	8 51	6 54	21 27	1 27	12 59	14 15	1 30
6 Su	12 14	6 58	23 03	1 22	14 00	14 44	1 31
7 M	15 41	7 00	24 39	1 17	15 01	15 12	1 32
8 Tu	19 13	7 00	26 15	1 12	16 02	15 40	1 32
9 W	22 51	6 59	27 50	1 06	17 02	16 08	1 33
10 Th	26 34	6 56	29 26	1 01	18 03	16 36	1 33
11 F	0♓24	6 51	1♐01	0 55	19 04	17 04	1 34
12 S	4 19	6 44	2 37	0 50	20 05	17 33	1 34
13 Su	8 22	6 35	4 13	0 44	21 06	18 01	1 35
14 M	12 32	6 24	5 48	0 39	22 07	18 29	1 35
15 Tu	16 49	6 10	7 23	0 33	23 09	18 57	1 35
16 W	21 14	5 54	8 59	0 28	24 10	19 24	1 36
17 Th	25 48	5 35	10 34	0 22	25 11	19 52	1 36
18 F	0♈30	5 13	12 09	0 16	26 12	20 20	1 37
19 S	5 21	4 48	13 45	0 11	27 13	20 48	1 37
20 Su	10 20	4 20	15 20	0 05	28 14	21 16	1 38
21 M	15 29	3 50	16 55	0S01	29 15	21 44	1 38
22 Tu	20 47	3 16	18 30	0 06	0♋16	22 11	1 38
23 W	26 14	2 40	20 06	0 12	1 17	22 39	1 39
24 Th	1♉50	2 01	21 41	0 17	2 18	23 07	1 39
25 F	7 35	1 20	23 16	0 23	3 19	23 35	1 40
26 S	13 27	0 37	24 51	0 29	4 21	24 02	1 40
27 Su	19 26	0N07	26 26	0 34	5 22	24 30	1 40
28 M	25 32	0 52	28 01	0 40	6 23	24 57	1 41
29 Tu	1♊43	1 37	29 36	0 45	7 24	25 25	1 41
30 W	7 59	2 21	1♑11	0 51	8 25	25 52	1 42
31 Th	14♊17	3N04	2♑46	0S56	9♋26	26♋20	1N42

DAY	♃ LONG	♃ LAT	♄ LONG	♄ LAT	♅ LONG	♅ LAT	♆ LONG	♆ LAT	♇ LONG	♇ LAT
	° '	° '	° '	° '	° '	° '	° '	° '	° '	° '
5 Th	29♒22.6	0S59	26♍38.6	2N13	25♓09.4	0S45	25♒32.9	0S25	2♑45.8	5N21
10 Tu	29 49.4	0 59	26 48.8	2 13	25 12.6	0 45	25 34.7	0 25	2 47.6	5 21
15 Su	0♓16.2	1 00	26 59.0	2 13	25 15.9	0 45	25 36.5	0 25	2 49.3	5 20
20 F	0 43.1	1 00	27 09.2	2 13	25 19.1	0 45	25 38.4	0 25	2 51.0	5 20
25 W	1 09.9	1 00	27 19.4	2 14	25 22.3	0 45	25 40.2	0 25	2 52.8	5 19
30 M	1 36.7	1 01	27 29.5	2 14	25 25.5	0 45	25 42.0	0 25	2 54.5	5 19
5 S	2 03.6	1 01	27 39.7	2 14	25 28.8	0 45	25 43.8	0 25	2 56.3	5 18
10 Th	2 30.5	1 02	27 49.9	2 14	25 32.0	0 45	25 45.6	0 25	2 58.0	5 18
15 Tu	2 57.4	1 02	28 00.1	2 14	25 35.2	0 45	25 47.5	0 25	2 59.7	5 17
20 Su	3 24.3	1 02	28 10.3	2 15	25 38.5	0 45	25 49.3	0 26	3 01.5	5 17
25 F	3 51.2	1 03	28 20.5	2 15	25 41.7	0 45	25 51.1	0 26	3 03.2	5 16
30 W	4 18.1	1 03	28 30.6	2 15	25 44.9	0 45	25 52.9	0 26	3 05.0	5 16

☿a.429707	☿p.441767
♀ .719838	♀ .723594
⊕ .992553	⊕ .986094
♂ 1.56424	♂ 1.59845
♃ 5.01871	♃ 5.01097
♄ 9.45678	♄ 9.46579
♅ 20.0976	♅ 20.0973
♆ 30.0262	♆ 30.0254
♇ 31.7313	♇ 31.7468
☊	Perihelia
☿ 18°♉ 27	☿ 17°♊ 37
♀ 16 ♊ 46	♀ 11 ♌ 33
⊕	⊕ 13 ♋ 16
♂ 19 ♉ 38	♂ 6 ♓ 13
♃ 10 ♋ 36	♃ 14 ♈ 40
♄ 23 ♋ 45	♄ 0 ♋ 36
♅ 14 ♊ 06	♅ 21 ♍ 28
♆ 11 ♌ 53	♆ 17 ♈ 30
♇ 20 ♋ 28	♇ 15 ♏ 05

1 Su	☿ ♏	2am51
	♀□♂	11pm18
	☿⚹♇	11 28
2 M	⊕∠♅	10am 9
	♀⚻♃	11 43
3 T	♀ ♎	0am16
	⊕⚼♄	9pm32
	♂△♃	10 19
4 W	☿⚼♅	8am48
	♀□♇	5pm13
	☿∠♄	8 36
5 Th	⊕☍☿	7am45
	♂ ♋	9 20
6 F	☿⚼♂	2am27
	☿∠♇	10pm14
7	☿0S	3am47
9 M	⊕∠♂	2am16
	☿△♅	12pm 6
	♀⚼♆	1 12
	☿□♆	3 15
	☿∠♀	5 56
10	⊕⚼♇	1am35
T	☿⚹♄	1 44
11 W	♂☍♇	2am33
	☿□♃	4 17
	☿ ♐	4 53
	♃ ♓	11pm20
12 Th	☿⚺♇	5am 0
	♀⚼♃	7 24
	☿⚻♂	10 33
17 T	⊕⚹♅	12pm19
	☿ A	12 22
	⊕□♆	8 17
18 W	♀⚻♅	4pm25
	♀△♆	9 19
19 Th	⊕△♄	8am 3
	♀⚺♄	7pm55
20 F	☿□♅	9am11
	☿⚹♆	11 58
	⊕⚻♀	3pm16
21 S	☿□♄	1am22
	♀ ♏	2pm31
22 Su	⊕⚻☿	0am10
	☿ ♑	1 39
	♀△♃	4 8
	⊕ ♊	4 15
	☿⚹♃	9 40
	☿⚹♀	4pm44
23 M	☿☌♇	2am16
	⊕□♃	4 2
	♀⚹♇	9 24
25 W	⊕⚻♇	0am38
	☿☍♂	12pm33
	☿∠♆	8 14
27 F	♂⚼♆	11am17
	☿∠♃	7pm34
28 S	♀⚼♅	2am10
	♀△♂	2pm25
29 Su	♀∠♄	9am 8
	⊕⚼☿	11pm31
30 M	☿⚹♅	7pm27
	☿⚺♆	9 34

1	☿△♄	11am47
2 W	☿ ♒	6am34
	♀∠♇	6pm57
	☿⚺♃	8 40
3	☿⚺♇	4am35
5	☿∠♅	11am39
6 Su	☿⚼♄	3am17
	⊕△☿	5pm26
	☿⚻♂	8 6
7 M	⊕⚺♂	8am12
	♀△♅	12pm55
	☿∠♇	3 27
	♀□♆	4 31
8	♀⚹♄	11pm23
9 W	☿⚺♅	5pm21
	☿☌♆	6 49
10 Th	☿⚻♄	8am 4
	♀ ♐	8 34
	☿ ♓	9pm34
11 F	☿□♀	6am35
	☿⚼♂	11 45
	☿☌♃	1pm52
	☿⚹♇	3 51
	♀⚼♂	10 24
12 S	♀□♃	1am 7
	♀⚺♇	5 28
	♂⚼♃	9 12
15 T	♃⚹♇	11am23
	☿△♂	1pm 0
16 W	⊕□☿	7pm52
	☿☌♅	11 1
17 Th	☿⚺♆	0am 2
	⊕□♅	10 16
	☿☍♄	11 47
	⊕△♆	2pm50
	☿ ♈	9 30
18 F	☿□♇	12pm34
	☿⚺♃	1 51
19	⊕□♄	10pm32
20 Su	☿∠♆	2am17
	♀0S	9pm46
21 M	☿△♀	9am23
	☿∠♃	1pm56
	⊕ ♋	5 40
22 T	☿□♂	6am49
	☿⚺♅	9pm32
	☿⚹♆	10 15
23 W	☿⚻♄	8am51
	☿ ♉	4pm11
24 Th	⊕⚹☿	2am25
	☿△♇	5 7
	☿⚹♃	8 15
	⊕☍♇	5pm34
25 F	☿⚼♀	3am54
	♀⚻♂	6 38
	☿∠♅	12pm50
	⊕△♃	1 38
	☿⚼♄	11 42
26 S	♀□♅	1pm 3
	♀⚹♆	3 19
	☿⚼♇	6 32
	☿0N	8 5
27 Su	⊕∠☿	4am24
	☿⚹♂	9pm32
28 M	☿⚹♅	0am44
	☿□♆	1 18
	♀□♄	6 34
	☿△♄	11 22
	☿⚻♀	12pm59
	☿ ♊	5 21
29 T	☿⚻♇	5am13
	♀ ♑	6 2
	☿□♃	9 43
	♂△♅	5pm18
30 W	♂⚻♆	0am27
	⊕⚺☿	2 1
	☿∠♂	11 55
31 Th	♀☌♇	4am52
	☿ P	12pm 0

JANUARY 2010

DAY	☿ LONG	☿ LAT	♀ LONG	♀ LAT	⊕ LONG	♂ LONG	♂ LAT
	° '	° '	° '	° '	° '	° '	° '
1 F	20♊36	3N44	4♑21	1S02	10♋27	26♋47	1N42
2 S	26 55	4 22	5 56	1 07	11 29	27 15	1 43
3 Su	3♋12	4 57	7 31	1 12	12 30	27 42	1 43
4 M	9 26	5 27	9 06	1 17	13 31	28 10	1 43
5 Tu	15 36	5 54	10 41	1 23	14 32	28 37	1 44
6 W	21 39	6 16	12 16	1 28	15 33	29 04	1 44
7 Th	27 36	6 33	13 51	1 33	16 34	29 31	1 44
8 F	3♌25	6 46	15 25	1 38	17 35	29 59	1 45
9 S	9 05	6 55	17 00	1 43	18 36	0♌26	1 45
10 Su	14 36	6 59	18 35	1 47	19 38	0 53	1 45
11 M	19 57	7 00	20 10	1 52	20 39	1 20	1 45
12 Tu	25 09	6 57	21 45	1 57	21 40	1 48	1 46
13 W	0♍11	6 52	23 20	2 01	22 41	2 15	1 46
14 Th	5 04	6 43	24 55	2 06	23 42	2 42	1 46
15 F	9 47	6 32	26 29	2 10	24 43	3 09	1 46
16 S	14 22	6 18	28 04	2 15	25 45	3 36	1 47
17 Su	18 47	6 03	29 39	2 19	26 46	4 03	1 47
18 M	23 04	5 46	1♒14	2 23	27 47	4 30	1 47
19 Tu	27 13	5 28	2 49	2 27	28 48	4 57	1 47
20 W	1♎14	5 09	4 24	2 31	29 49	5 24	1 48
21 Th	5 09	4 49	5 59	2 34	0♌50	5 51	1 48
22 F	8 56	4 28	7 33	2 38	1 51	6 18	1 48
23 S	12 37	4 07	9 08	2 41	2 52	6 45	1 48
24 Su	16 13	3 45	10 43	2 45	3 53	7 12	1 48
25 M	19 43	3 23	12 18	2 48	4 54	7 39	1 49
26 Tu	23 07	3 01	13 53	2 51	5 55	8 05	1 49
27 W	26 28	2 38	15 28	2 54	6 56	8 32	1 49
28 Th	29 43	2 16	17 03	2 57	7 57	8 59	1 49
29 F	2♏55	1 53	18 38	3 00	8 58	9 26	1 49
30 S	6 03	1 31	20 13	3 02	9 59	9 53	1 49
31 Su	9♏08	1N08	21♒48	3S05	11♌00	10♌19	1N50

FEBRUARY 2010

DAY	☿ LONG	☿ LAT	♀ LONG	♀ LAT	⊕ LONG	♂ LONG	♂ LAT
	° '	° '	° '	° '	° '	° '	° '
1 M	12♏10	0N46	23♒23	3S07	12♌01	10♌46	1N50
2 Tu	15 09	0 24	24 58	3 09	13 02	11 13	1 50
3 W	18 05	0 03	26 33	3 11	14 03	11 40	1 50
4 Th	20 59	0S19	28 08	3 13	15 03	12 06	1 50
5 F	23 52	0 40	29 43	3 15	16 04	12 33	1 50
6 S	26 42	1 01	1♓18	3 16	17 05	13 00	1 50
7 Su	29 31	1 21	2 53	3 18	18 06	13 26	1 50
8 M	2♐19	1 41	4 28	3 19	19 07	13 53	1 50
9 Tu	5 06	2 01	6 03	3 20	20 07	14 19	1 51
10 W	7 52	2 20	7 38	3 21	21 08	14 46	1 51
11 Th	10 37	2 39	9 13	3 22	22 09	15 13	1 51
12 F	13 22	2 58	10 48	3 23	23 10	15 39	1 51
13 S	16 06	3 16	12 23	3 23	24 10	16 06	1 51
14 Su	18 51	3 33	13 59	3 23	25 11	16 32	1 51
15 M	21 36	3 51	15 34	3 24	26 12	16 59	1 51
16 Tu	24 21	4 07	17 09	3 24	27 12	17 25	1 51
17 W	27 07	4 23	18 44	3 24	28 13	17 52	1 51
18 Th	29 54	4 39	20 20	3 23	29 13	18 18	1 51
19 F	2♑42	4 54	21 55	3 23	0♍14	18 45	1 51
20 S	5 31	5 08	23 30	3 22	1 14	19 11	1 51
21 Su	8 21	5 22	25 06	3 22	2 15	19 38	1 51
22 M	11 13	5 35	26 41	3 21	3 15	20 04	1 51
23 Tu	14 07	5 48	28 16	3 20	4 16	20 30	1 51
24 W	17 03	5 59	29 52	3 18	5 16	20 57	1 51
25 Th	20 02	6 10	1♈27	3 17	6 17	21 23	1 51
26 F	23 03	6 20	3 03	3 16	7 17	21 50	1 51
27 S	26 07	6 29	4 38	3 14	8 17	22 16	1 51
28 Su	29♑14	6S37	6♈14	3S12	9♍17	22♌42	1N51

DAY	♃ LONG	♃ LAT	♄ LONG	♄ LAT	♅ LONG	♅ LAT	♆ LONG	♆ LAT	♇ LONG	♇ LAT
	° '	° '	° '	° '	° '	° '	° '	° '	° '	° '
4 M	4♓45.0	1S03	28♍40.8	2N15	25♓48.1	0S45	25♒54.7	0S26	3♑06.7	5N15
9 S	5 12.0	1 04	28 51.0	2 15	25 51.4	0 45	25 56.5	0 26	3 08.4	5 15
14 Th	5 39.0	1 04	29 01.1	2 16	25 54.6	0 45	25 58.4	0 26	3 10.2	5 14
19 Tu	6 05.9	1 04	29 11.3	2 16	25 57.8	0 45	26 00.2	0 26	3 11.9	5 14
24 Su	6 32.9	1 05	29 21.5	2 16	26 01.0	0 45	26 02.0	0 26	3 13.6	5 13
29 F	6 59.9	1 05	29 31.6	2 16	26 04.3	0 45	26 03.8	0 26	3 15.4	5 13
3 W	7 26.9	1 05	29 41.8	2 16	26 07.5	0 45	26 05.6	0 26	3 17.1	5 12
8 M	7 54.0	1 06	29 51.9	2 16	26 10.7	0 45	26 07.4	0 26	3 18.8	5 11
13 S	8 21.0	1 06	0♎02.1	2 17	26 13.9	0 45	26 09.3	0 26	3 20.6	5 11
18 Th	8 48.1	1 06	0 12.2	2 17	26 17.1	0 45	26 11.1	0 26	3 22.3	5 10
23 Tu	9 15.1	1 07	0 22.3	2 17	26 20.4	0 45	26 12.9	0 26	3 24.0	5 10
28 Su	9 42.2	1 07	0 32.4	2 17	26 23.6	0 45	26 14.7	0 26	3 25.8	5 09

☿ .307581	☿a.445267
♀a.727243	♀ .728151
⊕p.983303	⊕ .985288
♂ 1.62779	♂ 1.64945
♃ 5.00337	♃ 4.99620
♄ 9.47511	♄ 9.48444
♅ 20.0969	♅ 20.0965
♆ 30.0245	♆ 30.0236
♇ 31.7629	♇ 31.7790
☊	Perihelia
☿ 18°♉ 27	☿ 17°♊ 37
♀ 16 ♊ 47	♀ 11 ♌ 39
⊕	⊕ 10 ♋ 26
♂ 19 ♉ 38	♂ 6 ♓ 14
♃ 10 ♋ 36	♃ 14 ♈ 40
♄ 23 ♋ 45	♄ 0 ♋ 30
♅ 14 ♊ 06	♅ 21 ♍ 14
♆ 11 ♌ 53	♆ 18 ♈ 25
♇ 20 ♋ 28	♇ 15 ♏ 02

1 F	♀✱♃	2am 5
	⊕⚼♆	10 23
	☿□♅	7pm41
	☿△♆	8 8
2 S	☿⚺♂	1am22
	☿□♄	6 30
	☿ ♋	11 46
	☿☍♇	11pm38
3 Su	⊕ P	0am 9
	☿△♃	5 41
	☿☍♀	10pm15
4 M	☿⚼♆	5am44
	⊕☌☿	7pm 0
5 T	♀∠♆	3am37
	♂✱♄	5 40
	☿⚼♃	5pm 2
6 W	☿△♅	4pm49
	☿⚻♆	5 13
7 Th	☿✱♄	4am53
	☿☌♂	8 34
	☿ ♌	9 51
	☿⚻♇	10pm51
8 F	♂ ♌	1am 5
	☿⚻♃	7 15
9 S	☿⚼♅	7am40
	☿∠♄	8pm51
10 Su	☿⚼♇	3pm50
	⊕⚼♃	5 6
11 M	☿⚻♀	1am23
	♀∠♃	3 24
	⊕⚺☿	3 54
	⊕☍♀	8pm27
12 T	☿⚻♅	3am27
	☿☍♆	3 48
	☿⚺♄	6pm 9
	☿ ♍	11 4
13 W	☿⚺♂	11am 2
	☿△♇	2pm33
14 Th	☿☍♃	2am58
	♀✱♅	3pm16
	♀⚺♆	4 11
	⊕∠☿	11 33
15 F	♂⚻♇	1am25
	☿⚼♀	1pm31
16 S	⊕△♅	4am30
	⊕⚻♆	5 45
	♀△♄	3pm45
17 Su	☿∠♂	1am39
	♀ ♒	5 16
18 M	☿☍♅	4pm40
	☿⚻♆	4 54
19 T	♀⚺♇	5am51
	⊕✱♄	9 32
	☿☌♄	11 47
	⊕✱☿	12pm31
	☿ ♎	4 32
20 W	⊕ ♌	4am21
	☿□♇	12pm 1
	♀☍♂	9 20
21 Th	♀⚺♃	4am52
	☿✱♂	5 1
	☿⚻♃	7 17
	☿△♀	8 55
22 F	♂⚻♃	4am39
	☿⚼♆	1pm31
23	⊕⚻♇	8am22
24	♀∠♅	4am32
Su	♀ A	12pm21
25	☿⚼♃	1pm52
26 T	♀⚼♄	8am24
	⊕⚻♃	8pm58
	☿⚻♅	9 1
	☿△♆	9 2
27 W	♅⚺♆	10am21
	☿⚺♄	10pm17
28 Th	☿ ♏	2am 4
	♀∠♇	6pm19
29 F	☿✱♇	2am34
	⊕☌♂	7pm37
30	☿△♃	8am16
31 Su	⊕⚼♅	2am16
	☿□♂	11 1
	☿⚼♅	3pm32
	⊕□☿	10 12

1 M	♂⚼♅	6pm23
	☿∠♄	8 3
2 T	♀☌♆	5pm10
	♀⚺♅	5 37
3 W	☿∠♇	1am39
	☿0S	3 2
	⊕∠♄	4pm 1
5 F	♀⚻♄	0am49
	♀ ♓	4 23
	☿□♆	6pm59
	☿△♅	7 21
7 Su	☿✱♄	2am42
	☿ ♐	4 7
	⊕⚼♇	5 2
	♀✱♇	6 31
8	☿⚺♇	8am37
9	☿□♀	7pm23
10 W	☿□♃	1am59
	♀☌♃	7 9
	♂∠♄	9 40
11	♄ ♎	11pm44
12	☿△♂	11pm53
13	☿ A	11am37
14	⊕☍♆	11pm21
15	⊕⚻♅	1am27
16 T	♀⚻♂	5am39
	☿✱♆	3pm49
	☿□♅	4 39
17	⊕△☿	2pm52
18 Th	☿ ♑	0am52
	☿□♄	2 39
	♂⚼♇	3 43
	⊕ ♍	6pm28
19 F	⊕⚺♄	0am 7
	☿☌♇	5 51
	☿⚼♂	10 39
21 Su	☿✱♃	6am15
	♀⚺♆	4pm49
	♀☌♅	6 37
	☿∠♆	11 54
22	⊕△♇	3am19
24 W	♀ ♈	2am 5
	♀☍♄	8 23
25 Th	☿⚻♂	12pm39
	⊕⚼☿	2 53
26 F	♀□♇	5am40
	☿∠♃	11 54
27 S	☿⚺♆	0am56
	☿✱♅	2 3
28 Su	☿ ♒	5am47
	☿△♄	9 59
	⊕☍♃	10 50

MARCH 2010

APRIL 2010

DAY	☿ LONG	☿ LAT	♀ LONG	♀ LAT	⊕ LONG	♂ LONG	♂ LAT
	° '	° '	° '	° '	° '	° '	° '
1 M	2♒25	6S44	7♈49	3S10	10♍18	23♌09	1N51
2 Tu	5 39	6 50	9 25	3 08	11 18	23 35	1 51
3 W	8 58	6 55	11 00	3 06	12 18	24 01	1 51
4 Th	12 21	6 58	12 36	3 03	13 18	24 28	1 51
5 F	15 48	7 00	14 11	3 01	14 18	24 54	1 51
6 S	19 20	7 00	15 47	2 58	15 18	25 20	1 50
7 Su	22 58	6 59	17 23	2 55	16 18	25 47	1 50
8 M	26 42	6 56	18 58	2 52	17 19	26 13	1 50
9 Tu	0♓31	6 51	20 34	2 49	18 19	26 39	1 50
10 W	4 27	6 44	22 10	2 46	19 19	27 05	1 50
11 Th	8 30	6 35	23 46	2 43	20 18	27 32	1 50
12 F	12 40	6 24	25 21	2 39	21 18	27 58	1 50
13 S	16 57	6 10	26 57	2 36	22 18	28 24	1 50
14 Su	21 23	5 53	28 33	2 32	23 18	28 50	1 50
15 M	25 57	5 34	0♉09	2 28	24 18	29 17	1 49
16 Tu	0♈39	5 12	1 45	2 24	25 18	29 43	1 49
17 W	5 30	4 47	3 21	2 20	26 18	0♍09	1 49
18 Th	10 30	4 19	4 57	2 16	27 17	0 35	1 49
19 F	15 39	3 49	6 33	2 12	28 17	1 02	1 49
20 S	20 58	3 15	8 09	2 07	29 17	1 28	1 49
21 Su	26 25	2 38	9 45	2 03	0♎16	1 54	1 48
22 M	2♉01	1 59	11 21	1 58	1 16	2 20	1 48
23 Tu	7 46	1 18	12 57	1 53	2 16	2 46	1 48
24 W	13 38	0 35	14 33	1 49	3 15	3 13	1 48
25 Th	19 38	0N09	16 09	1 44	4 15	3 39	1 48
26 F	25 44	0 53	17 45	1 39	5 14	4 05	1 47
27 S	1♊55	1 38	19 22	1 34	6 13	4 31	1 47
28 Su	8 11	2 22	20 58	1 29	7 13	4 58	1 47
29 M	14 29	3 05	22 34	1 24	8 12	5 24	1 47
30 Tu	20 48	3 46	24 10	1 18	9 11	5 50	1 47
31 W	27♊07	4N23	25♉47	1S13	10♎11	6♍16	1N46

DAY	☿ LONG	☿ LAT	♀ LONG	♀ LAT	⊕ LONG	♂ LONG	♂ LAT
	° '	° '	° '	° '	° '	° '	° '
1 Th	3♋24	4N58	27♉23	1S08	11♎10	6♍42	1N46
2 F	9 38	5 28	28 59	1 02	12 09	7 09	1 46
3 S	15 47	5 54	0♊36	0 57	13 08	7 35	1 46
4 Su	21 51	6 16	2 12	0 51	14 07	8 01	1 45
5 M	27 47	6 33	3 49	0 46	15 06	8 27	1 45
6 Tu	3♌35	6 46	5 25	0 40	16 06	8 53	1 45
7 W	9 15	6 55	7 02	0 35	17 05	9 20	1 44
8 Th	14 46	6 59	8 38	0 29	18 04	9 46	1 44
9 F	20 07	7 00	10 15	0 23	19 03	10 12	1 44
10 S	25 19	6 57	11 51	0 17	20 02	10 38	1 44
11 Su	0♍21	6 51	13 28	0 12	21 00	11 04	1 43
12 M	5 13	6 43	15 05	0 06	21 59	11 31	1 43
13 Tu	9 56	6 31	16 41	0 00	22 58	11 57	1 43
14 W	14 30	6 18	18 18	0N05	23 57	12 23	1 42
15 Th	18 55	6 03	19 55	0 11	24 56	12 49	1 42
16 F	23 12	5 46	21 32	0 17	25 55	13 16	1 42
17 S	27 21	5 28	23 09	0 23	26 53	13 42	1 41
18 Su	1♎22	5 09	24 45	0 28	27 52	14 08	1 41
19 M	5 16	4 48	26 22	0 34	28 51	14 34	1 41
20 Tu	9 03	4 28	27 59	0 40	29 49	15 01	1 40
21 W	12 44	4 06	29 36	0 45	0♏48	15 27	1 40
22 Th	16 19	3 44	1♋13	0 51	1 46	15 53	1 40
23 F	19 49	3 22	2 50	0 56	2 45	16 19	1 39
24 S	23 14	3 00	4 27	1 02	3 43	16 46	1 39
25 Su	26 34	2 37	6 04	1 07	4 42	17 12	1 38
26 M	29 49	2 15	7 41	1 13	5 40	17 38	1 38
27 Tu	3♏01	1 52	9 18	1 18	6 39	18 05	1 38
28 W	6 09	1 30	10 56	1 23	7 37	18 31	1 37
29 Th	9 14	1 08	12 33	1 29	8 35	18 57	1 37
30 F	12♏15	0N46	14♋10	1N34	9♏34	19♍24	1N36

DAY	♃ LONG	♃ LAT	♄ LONG	♄ LAT	♅ LONG	♅ LAT	♆ LONG	♆ LAT	♇ LONG	♇ LAT
	° '	° '	° '	° '	° '	° '	° '	° '	° '	° '
5 F	10♓09.3	1S07	0♎42.6	2N17	26♓26.8	0S45	26♒16.5	0S26	3♑27.5	5N09
10 W	10 36.4	1 08	0 52.7	2 18	26 30.0	0 45	26 18.3	0 26	3 29.2	5 08
15 M	11 03.5	1 08	1 02.8	2 18	26 33.3	0 45	26 20.1	0 26	3 30.9	5 08
20 S	11 30.6	1 08	1 12.9	2 18	26 36.5	0 45	26 21.9	0 27	3 32.6	5 07
25 Th	11 57.7	1 09	1 23.0	2 18	26 39.7	0 45	26 23.8	0 27	3 34.4	5 07
30 Tu	12 24.8	1 09	1 33.1	2 18	26 42.9	0 45	26 25.6	0 27	3 36.1	5 06
4 Su	12 52.0	1 09	1 43.2	2 18	26 46.1	0 45	26 27.4	0 27	3 37.8	5 06
9 F	13 19.1	1 10	1 53.4	2 19	26 49.4	0 45	26 29.2	0 27	3 39.6	5 05
14 W	13 46.3	1 10	2 03.4	2 19	26 52.6	0 45	26 31.0	0 27	3 41.3	5 05
19 M	14 13.5	1 10	2 13.5	2 19	26 55.8	0 45	26 32.8	0 27	3 43.0	5 04
24 S	14 40.7	1 10	2 23.6	2 19	26 59.0	0 45	26 34.6	0 27	3 44.7	5 04
29 Th	15 07.9	1 11	2 33.7	2 19	27 02.2	0 45	26 36.4	0 27	3 46.4	5 03

☿p.433919	☿ .309545
♀ .726052	♀ .721971
⊕ .990711	⊕ .999106
♂a1.66149	♂ 1.66593
♃ 4.99010	♃ 4.98379
♄ 9.49288	♄ 9.50224
♅ 20.0961	♅ 20.0956
♆ 30.0229	♆ 30.0220
♇ 31.7936	♇ 31.8098
☊	Perihelia
☿ 18°♉ 27	☿ 17°♊ 37
♀ 16 ♊ 47	♀ 11 ♌ 44
⊕	⊕ 11 ♋ 11
♂ 19 ♉ 38	♂ 6 ♓ 15
♃ 10 ♋ 36	♃ 14 ♈ 40
♄ 23 ♋ 45	♄ 0 ♋ 27
♅ 14 ♊ 05	♅ 21 ♍ 00
♆ 11 ♌ 53	♆ 19 ♈ 31
♇ 20 ♋ 28	♇ 14 ♏ 59

1 M	♀⚼♂	6am47
	☿⊻♇	7 36
2	♀⊻♃	7am33
3 W	♀∠♆	3am55
	☿⊻♃	7 26
	☿∠♅	5pm36
4 Th	☿⚹♀	3am21
	⊕⊼☿	9 30
	☿⚼♄	11pm23
5 F	⊕⊼♀	4am38
	☿∠♇	6pm 7
7 Su	☿☍♂	8pm33
	☿☌♆	9 27
	☿⊻♅	10 38
8 M	♂☍♆	4am24
	♂⊼♅	2pm52
	☿ ♓	8 47
9 T	☿⊼♄	2am 2
	☿⚹♇	6pm10
11 Th	☿∠♀	2am31
	☿☌♃	1pm 2
12 F	♀∠♃	6am50
	♀⚹♆	2pm29
	♀⊻♅	5 37
14 Su	♀△♂	5am59
	⊕☍☿	1pm 3
	♀ ♉	9 45
15 M	☿⊻♆	2am 2
	☿☌♅	3 10
	♀⊼♄	1pm46
	☿⊼♂	6 49
	☿ ♈	8 44
16 T	☿☍♄	2am11
	☿⊻♀	8 14
	☿□♇	2pm19
	♂ ♍	3 37
17 W	⊕⊼♆	1am19
	♀△♇	2 43
	⊕☍♅	6 53
18 Th	☿⊻♃	3am58
	☿∠♆	4 1
19 F	☿⚼♂	1am52
	♂⊻♄	9 12
20	⊕ ♎	5pm25
S	☿⚹♆	11 49
21 Su	☿∠♃	0am49
	☿⊻♅	0 53
	☿ ♉	3pm26
	⊕⊼☿	8 8
	☿⊼♄	8 52
22 M	⊕☌♄	0am25
	☿△♂	1 28
	♀∠♅	4 16
	♀⚹♃	5 27
	☿△♇	6 29
23 T	☿∠♅	3pm56
	☿⚹♃	4 44
	⊕⊻♂	10 19
24 W	☿☌♀	5am 3
	⊕□♇	7 43
	☿⚼♄	10 59
	☿0N	7pm20
	☿⚼♇	7 47
	♂△♇	7 48
	⊕⚼☿	10 9
25	♀⚼♄	3am32
26 F	☿□♆	2am37
	☿⚹♅	3 40
	♀⚼♇	12pm22
	☿ ♊	4 35
	☿△♄	10 11
27 S	☿⊼♇	6am25
	☿□♂	10 45
	⊕△☿	7pm37
28	☿□♃	3pm42
29	☿ P	11am14
30 T	⊕⚼♀	0am41
	☿⊻♀	5pm11
	☿△♆	9 24
	☿□♅	10 31
	♂ A	11 9
31 W	♀□♆	9am50
	☿ ♋	11 0
	♀⚹♅	2pm17
	☿□♄	5 9
1 Th	☿☍♇	0am49
	⊕⚼♆	6 43
	☿⚹♂	1pm39
2	☿⚼♆	7am 2
F	⊕□☿	11 39
	☿△♃	12pm 2
	⊕⊼♃	2 20
	♀ ♊	3 6
	☿∠♀	10 59
3	♀△♄	4pm39
4 Su	☿∠♂	5am 4
	☿⊼♆	6pm37
	☿△♅	7 54
	♀⊼♇	9 23
5 M	☿⚼♃	0am43
	☿ ♌	9 6
	☿⚹♄	4pm27
6 T	☿⊼♇	0am13
	☿⚹♀	10 43
7 W	☿⊻♂	0am20
	☿⚼♅	11 1
	☿⊼♃	5pm 7
8 Th	☿∠♄	9am20
	☿⚼♇	5pm22
	⊕⚹☿	6 0
	♀□♂	11 3
10	☿☍♆	5am33
S	☿⊼♅	7 10
	☿ ♍	10pm19
11 Su	♀□♃	0am31
	☿⊻♄	7 53
	☿△♇	4pm18
12	⊕∠☿	11am14
13 T	♀0N	1am17
	☿☌♂	11 35
	☿☍♃	8pm 2
15	☿□♀	8am48
16 F	⊕△♆	3pm16
	☿⊼♆	7 15
	⊕⊻☿	8 29
	☿☍♅	9 26
17 S	⊕⊼♅	0am29
	☿ ♎	3pm46
18 Su	♂☍♃	0am 2
	☿☌♄	5 5
	☿□♇	2pm23
19 M	♀△♆	2am37
	♀□♅	8 22
	⊕⚼♃	10 17
20 T	⊕ ♏	4am23
	⊕∠♂	8 20
	☿⚼♆	4pm14
21 W	♀ ♋	5am55
	☿⊼♃	11 23
	☿⊻♂	8pm37
22 Th	⊕⊻♄	2pm 5
	♀□♄	4 49
	⊕△♀	8 49
23	♀☍♇	1pm29
24	⊕⚹♇	0am32
25 Su	☿△♆	0am 9
	☿⊼♅	3 9
26 M	☿⚼♃	0am16
	☿ ♏	1 19
	☿⊻♄	8pm 0
27 T	☿∠♂	0am30
	☿⚹♇	5 40
28 W	♀⚼♆	10am 4
	⊕☌☿	4pm38
29	☿⚼♅	10pm20
30	♀△♃	4pm36

MAY 2010

DAY	☿ LONG	☿ LAT	♀ LONG	♀ LAT	⊕ LONG	♂ LONG	♂ LAT
	° '	° '	° '	° '	° '	° '	° '
1 S	15♏14	0N24	15♋47	1N39	10♏32	19♍50	1N36
2 Su	18 11	0 02	17 24	1 44	11 30	20 16	1 36
3 M	21 05	0S19	19 02	1 49	12 28	20 43	1 35
4 Tu	23 57	0 40	20 39	1 54	13 26	21 09	1 35
5 W	26 48	1 01	22 16	1 58	14 25	21 35	1 34
6 Th	29 37	1 22	23 54	2 03	15 23	22 02	1 34
7 F	2♐24	1 42	25 31	2 08	16 21	22 28	1 33
8 S	5 11	2 02	27 08	2 12	17 19	22 55	1 33
9 Su	7 57	2 21	28 46	2 16	18 17	23 21	1 32
10 M	10 42	2 40	0♌23	2 21	19 15	23 47	1 32
11 Tu	13 27	2 58	2 00	2 25	20 13	24 14	1 31
12 W	16 12	3 16	3 38	2 29	21 11	24 40	1 31
13 Th	18 56	3 34	5 15	2 33	22 09	25 07	1 30
14 F	21 41	3 51	6 53	2 36	23 07	25 33	1 30
15 S	24 27	4 08	8 30	2 40	24 05	26 00	1 29
16 Su	27 12	4 24	10 08	2 43	25 03	26 26	1 29
17 M	29 59	4 39	11 45	2 47	26 01	26 53	1 28
18 Tu	2♑47	4 54	13 23	2 50	26 58	27 19	1 28
19 W	5 36	5 09	15 00	2 53	27 56	27 46	1 27
20 Th	8 27	5 23	16 38	2 56	28 54	28 13	1 27
21 F	11 19	5 36	18 15	2 59	29 52	28 39	1 26
22 S	14 13	5 48	19 53	3 02	0♐49	29 06	1 26
23 Su	17 09	6 00	21 30	3 04	1 47	29 32	1 25
24 M	20 08	6 10	23 08	3 07	2 45	29 59	1 25
25 Tu	23 09	6 20	24 46	3 09	3 42	0♎26	1 24
26 W	26 13	6 29	26 23	3 11	4 40	0 52	1 23
27 Th	29 20	6 37	28 01	3 13	5 38	1 19	1 23
28 F	2♒31	6 44	29 38	3 15	6 35	1 46	1 22
29 S	5 46	6 50	1♍16	3 16	7 33	2 12	1 22
30 Su	9 04	6 55	2 53	3 18	8 30	2 39	1 21
31 M	12♒27	6S58	4♍31	3N19	9♐28	3♎06	1N21

JUNE 2010

DAY	☿ LONG	☿ LAT	♀ LONG	♀ LAT	⊕ LONG	♂ LONG	♂ LAT
	° '	° '	° '	° '	° '	° '	° '
1 Tu	15♒55	7S00	6♍08	3N20	10♐25	3♎33	1N20
2 W	19 27	7 00	7 46	3 21	11 23	4 00	1 19
3 Th	23 05	6 59	9 23	3 22	12 20	4 26	1 19
4 F	26 49	6 56	11 01	3 23	13 18	4 53	1 18
5 S	0♓38	6 51	12 38	3 23	14 15	5 20	1 18
6 Su	4 35	6 44	14 16	3 23	15 13	5 47	1 17
7 M	8 38	6 35	15 53	3 24	16 10	6 14	1 16
8 Tu	12 48	6 23	17 30	3 24	17 08	6 41	1 16
9 W	17 06	6 09	19 08	3 24	18 05	7 08	1 15
10 Th	21 31	5 53	20 45	3 23	19 02	7 35	1 14
11 F	26 05	5 33	22 22	3 23	20 00	8 02	1 14
12 S	0♈48	5 11	24 00	3 22	20 57	8 29	1 13
13 Su	5 39	4 46	25 37	3 21	21 54	8 56	1 12
14 M	10 40	4 18	27 14	3 20	22 52	9 23	1 12
15 Tu	15 49	3 48	28 51	3 19	23 49	9 50	1 11
16 W	21 08	3 14	0♎28	3 18	24 47	10 17	1 10
17 Th	26 35	2 37	2 06	3 16	25 44	10 44	1 10
18 F	2♉12	1 58	3 43	3 15	26 41	11 11	1 09
19 S	7 57	1 17	5 20	3 13	27 38	11 38	1 08
20 Su	13 49	0 34	6 57	3 11	28 36	12 06	1 08
21 M	19 49	0N10	8 34	3 09	29 33	12 33	1 07
22 Tu	25 56	0 55	10 11	3 07	0♑30	13 00	1 06
23 W	2♊07	1 40	11 48	3 05	1 27	13 27	1 06
24 Th	8 22	2 24	13 25	3 02	2 25	13 55	1 05
25 F	14 40	3 06	15 01	2 59	3 22	14 22	1 04
26 S	21 00	3 47	16 38	2 57	4 19	14 49	1 03
27 Su	27 19	4 24	18 15	2 54	5 16	15 17	1 03
28 M	3♋36	4 59	19 52	2 51	6 13	15 44	1 02
29 Tu	9 50	5 29	21 28	2 48	7 11	16 12	1 01
30 W	15♋59	5N55	23♎05	2N44	8♑08	16♎39	1N00

DAY	♃ LONG	♃ LAT	♄ LONG	♄ LAT	♅ LONG	♅ LAT	♆ LONG	♆ LAT	♇ LONG	♇ LAT
	° '	° '	° '	° '	° '	° '	° '	° '	° '	° '
4 Tu	15♓35.1	1S11	2♎43.8	2N19	27♓05.5	0S45	26♒38.3	0S27	3♑48.2	5N03
9 Su	16 02.3	1 11	2 53.9	2 19	27 08.7	0 45	26 40.1	0 27	3 49.9	5 02
14 F	16 29.5	1 11	3 04.0	2 20	27 11.9	0 45	26 41.9	0 27	3 51.6	5 02
19 W	16 56.8	1 12	3 14.1	2 20	27 15.1	0 45	26 43.7	0 27	3 53.4	5 01
24 M	17 24.0	1 12	3 24.2	2 20	27 18.4	0 45	26 45.5	0 27	3 55.1	5 01
29 S	17 51.3	1 12	3 34.2	2 20	27 21.6	0 45	26 47.3	0 27	3 56.8	5 00
3 Th	18 18.6	1 12	3 44.3	2 20	27 24.8	0 45	26 49.2	0 27	3 58.5	5 00
8 Tu	18 45.9	1 13	3 54.4	2 20	27 28.0	0 45	26 51.0	0 27	4 00.2	4 59
13 Su	19 13.2	1 13	4 04.4	2 21	27 31.3	0 45	26 52.8	0 27	4 02.0	4 59
18 F	19 40.5	1 13	4 14.5	2 21	27 34.5	0 45	26 54.6	0 27	4 03.7	4 58
23 W	20 07.8	1 13	4 24.6	2 21	27 37.7	0 45	26 56.4	0 28	4 05.4	4 58
28 M	20 35.1	1 13	4 34.6	2 21	27 40.9	0 45	26 58.2	0 28	4 07.2	4 57

☿a.448613	☿p.415631
♀p.718893	♀ .718840
⊕ 1.00742	⊕ 1.01394
♂ 1.66117	♂ 1.64709
♃ 4.97813	♃ 4.97276
♄ 9.51130	♄ 9.52066
♅ 20.0951	♅ 20.0945
♆ 30.0211	♆ 30.0202
♇ 31.8255	♇ 31.8418
☊	Perihelia
☿ 18°♉ 28	☿ 17°♊ 37
♀ 16 ♊ 47	♀ 11 ♌ 41
⊕	⊕ 13 ♋ 56
♂ 19 ♉ 38	♂ 6 ♓ 16
♃ 10 ♋ 36	♃ 14 ♈ 39
♄ 23 ♋ 45	♄ 0 ♋ 23
♅ 14 ♊ 05	♅ 20 ♍ 47
♆ 11 ♌ 53	♆ 20 ♈ 29
♇ 20 ♋ 28	♇ 14 ♏ 57

1	☿△♃	0am37
S	☿△♀	9 51
	☿∠♄	7pm43
2	☿0S	2am18
Su	☿∠♇	5 3
	⊕⚼♅	2pm13
	☿⚹♂	8 22
4	♀⚹♂	10am10
T	☿□♆	10pm44
5	☿△♅	2am38
6	☿ ♐	3am21
Th	⊕△♃	10 36
7	☿⚹♄	3am43
F	☿⚺♇	12pm14
	♀⚻♆	4 57
	♀△♅	11 57
8	⊕∠♄	2pm 7
9	⊕∠♇	1pm42
Su	♀ ♌	6 20
10	♀⚼♃	11am40
11	♀⚹♄	2pm28
12	☿□♃	1am 3
W	♀⚻♇	3 13
	☿ A	10 52
14	☿⚼♀	4am 7
F	⊕⚺☿	7pm 9
15	☿□♂	4pm 4
S	☿⚹♆	7 41
16	☿□♅	0am 6
Su	♂⚻♆	2pm57
	♀ P	10 57
17	☿ ♑	0am 7
M	♀∠♂	2 33
	♀⚼♅	7 4
	⊕□♆	5pm43
	♂☍♅	7 27
18	☿□♄	3am37
T	⊕△♅	6 46
	☿☌♇	9 25
	⊕⚹♂	4pm 8
20	♀⚻♃	6am21
21	♀∠♄	0am41
F	⊕ ♐	3 27
	☿∠♆	3 34
	♀⚼♇	9 32
22	⊕∠☿	7pm36
23	☿⚹♃	1am20
24	♂ ♎	0am54
M	⊕⚹♄	4pm59
25	⊕⚺♇	5am26
26	☿⚻♀	2am44
W	☿⚺♆	4 18
	♀☍♆	5 43
	☿⚹♅	8 37
	♀⚻♅	2pm 0
27	☿ ♒	5am 1
Th	☿△♂	5pm25
28	☿∠♃	1am53
F	♀ ♍	5 22
	☿△♄	7 40
	☿⚺♇	10 36
29	⊕⚹☿	6pm19
S	♀⚺♂	7 15
30	♀⚺♄	10am49
Su	♀△♇	3pm47
	☿∠♅	11 31
1	♂☌♄	7am16
T	☿⚺♃	3pm30
	☿⚼♄	6 56
	☿⚼♂	8 29
	☿∠♇	8 46
	♂□♇	10 45
4	☿☌♆	0am 5
F	☿⚺♅	3 54
	☿ ♓	8pm 2
5	☿⚻♄	7pm31
S	☿⚹♇	8 29
6	☿⚻♂	8am 7
7	⊕□♀	10am20
8	♀☍♃	7pm44
9	⊕□☿	6am55
W	☿☌♃	9 50
	☿☍♀	5pm30
	⊕□♃	9 26
11	☿⚺♆	4am 1
F	☿☌♅	7 17
	♄□♇	12pm33
	☿ ♈	7 59
12	☿□♇	4pm 3
S	☿☍♄	4 13
13	☿☍♂	5pm20
Su	♀⚻♆	6 49
14	♀☍♅	4am26
M	☿∠♆	5 46
15	☿⚺♃	4pm33
T	♀ ♎	4 58
16	⊕△☿	7pm29
17	☿⚹♆	1am22
Th	☿⚺♅	4 14
	☿ ♉	2pm40
18	♀□♇	5am12
F	⊕⚹♆	5 41
	☿△♇	7 52
	♀☌♄	8 2
	☿⚻♄	8 39
	☿⚻♀	8 54
	☿∠♃	10 35
	⊕□♅	10pm37
19	♂⚼♆	2pm45
S	☿⚻♂	4 25
	☿∠♅	7 1
	⊕⚼☿	10 54
20	☿0N	6pm35
Su	☿⚼♇	9 3
	☿⚼♄	10 5
21	☿⚹♃	0am30
M	⊕ ♑	11 21
	☿⚼♀	8pm 3
22	☿□♆	3am56
T	☿⚹♅	6 36
	☿⚼♂	8 44
	☿ ♊	3pm50
	⊕⚻☿	9 0
23	♀⚼♆	2am10
W	☿⚻♇	7 36
	☿△♄	8 52
24	♀☌♂	10am25
Th	☿△♂	10pm45
25	☿△♀	1am47
F	☿ P	10 30
	⊕☌♇	6pm41
	☿□♃	9 43
26	⊕□♄	5am 1
S	☿△♆	10pm41
27	☿□♅	1am22
Su	☿ ♋	10 15
28	☿☍♇	2am 0
M	☿□♄	3 47
	♀⚻♃	11 25
	⊕☍☿	11 55
29	☿⚼♆	8am22
30	☿□♂	2am52
W	☿△♃	7pm15

JULY 2010

DAY	☿ LONG	☿ LAT	♀ LONG	♀ LAT	⊕ LONG	♂ LONG	♂ LAT
	° '	° '	° '	° '	° '	° '	° '
1 Th	22♋02	6N17	24♎42	2N41	9♑05	17♎07	1N00
2 F	27 58	6 34	26 18	2 37	10 02	17 34	0 59
3 S	3♌46	6 47	27 55	2 33	10 59	18 02	0 58
4 Su	9 26	6 55	29 31	2 30	11 57	18 29	0 57
5 M	14 56	7 00	1♏07	2 26	12 54	18 57	0 57
6 Tu	20 17	7 00	2 44	2 22	13 51	19 25	0 56
7 W	25 29	6 57	4 20	2 18	14 48	19 52	0 55
8 Th	0♍30	6 51	5 56	2 13	15 45	20 20	0 54
9 F	5 22	6 42	7 33	2 09	16 43	20 48	0 54
10 S	10 05	6 31	9 09	2 04	17 40	21 15	0 53
11 Su	14 39	6 18	10 45	2 00	18 37	21 43	0 52
12 M	19 04	6 02	12 21	1 55	19 34	22 11	0 51
13 Tu	23 20	5 45	13 57	1 51	20 32	22 39	0 50
14 W	27 28	5 27	15 33	1 46	21 29	23 07	0 50
15 Th	1♎29	5 08	17 09	1 41	22 26	23 35	0 49
16 F	5 23	4 48	18 45	1 36	23 23	24 03	0 48
17 S	9 10	4 27	20 21	1 31	24 21	24 31	0 47
18 Su	12 51	4 06	21 57	1 26	25 18	24 59	0 46
19 M	16 26	3 44	23 32	1 20	26 15	25 27	0 45
20 Tu	19 56	3 22	25 08	1 15	27 12	25 55	0 45
21 W	23 20	2 59	26 44	1 10	28 10	26 23	0 44
22 Th	26 40	2 37	28 19	1 05	29 07	26 51	0 43
23 F	29 56	2 14	29 55	0 59	0♒04	27 19	0 42
24 S	3♏07	1 52	1♐31	0 54	1 01	27 48	0 41
25 Su	6 15	1 29	3 06	0 48	1 59	28 16	0 40
26 M	9 20	1 07	4 42	0 43	2 56	28 44	0 40
27 Tu	12 21	0 45	6 17	0 37	3 53	29 13	0 39
28 W	15 20	0 23	7 53	0 32	4 51	29 41	0 38
29 Th	18 16	0 01	9 28	0 26	5 48	0♏09	0 37
30 F	21 10	0S20	11 03	0 20	6 45	0 38	0 36
31 S	24♏03	0S41	12♐39	0N15	7♒43	1♏06	0N35

AUGUST 2010

DAY	☿ LONG	☿ LAT	♀ LONG	♀ LAT	⊕ LONG	♂ LONG	♂ LAT
	° '	° '	° '	° '	° '	° '	° '
1 Su	26♏53	1S02	14♐14	0N09	8♒40	1♏35	0N34
2 M	29 42	1 22	15 49	0 03	9 38	2 03	0 34
3 Tu	2♐30	1 42	17 24	0S02	10 35	2 32	0 33
4 W	5 16	2 02	19 00	0 08	11 32	3 01	0 32
5 Th	8 02	2 21	20 35	0 14	12 30	3 29	0 31
6 F	10 47	2 40	22 10	0 19	13 27	3 58	0 30
7 S	13 32	2 59	23 45	0 25	14 25	4 27	0 29
8 Su	16 17	3 17	25 20	0 30	15 22	4 56	0 28
9 M	19 02	3 35	26 55	0 36	16 20	5 25	0 27
10 Tu	21 47	3 52	28 30	0 41	17 17	5 53	0 26
11 W	24 32	4 08	0♑05	0 47	18 15	6 22	0 25
12 Th	27 18	4 24	1 40	0 52	19 13	6 51	0 25
13 F	0♑05	4 40	3 15	0 58	20 10	7 20	0 24
14 S	2 52	4 55	4 50	1 03	21 08	7 49	0 23
15 Su	5 42	5 09	6 25	1 09	22 05	8 19	0 22
16 M	8 32	5 23	8 00	1 14	23 03	8 48	0 21
17 Tu	11 24	5 36	9 35	1 19	24 01	9 17	0 20
18 W	14 18	5 48	11 10	1 24	24 58	9 46	0 19
19 Th	17 15	6 00	12 45	1 29	25 56	10 15	0 18
20 F	20 13	6 11	14 20	1 34	26 54	10 45	0 17
21 S	23 15	6 21	15 55	1 39	27 52	11 14	0 16
22 Su	26 19	6 30	17 29	1 44	28 49	11 43	0 15
23 M	29 26	6 38	19 04	1 49	29 47	12 13	0 14
24 Tu	2♒37	6 44	20 39	1 54	0♓45	12 42	0 13
25 W	5 52	6 50	22 14	1 58	1 43	13 12	0 12
26 Th	9 11	6 55	23 49	2 03	2 41	13 41	0 12
27 F	12 34	6 58	25 24	2 07	3 39	14 11	0 11
28 S	16 01	7 00	26 58	2 12	4 36	14 41	0 10
29 Su	19 34	7 00	28 33	2 16	5 34	15 10	0 09
30 M	23 12	6 59	0♒08	2 20	6 32	15 40	0 08
31 Tu	26♒56	6S56	1♒43	2S24	7♓30	16♏10	0N07

DAY	♃ LONG	♃ LAT	♄ LONG	♄ LAT	♅ LONG	♅ LAT	♆ LONG	♆ LAT	♇ LONG	♇ LAT
	° '	° '	° '	° '	° '	° '	° '	° '	° '	° '
3 S	21♓02.4	1S14	4♎44.7	2N21	27♓44.2	0S45	27♒00.1	0S28	4♑08.9	4N57
8 Th	21 29.7	1 14	4 54.7	2 21	27 47.4	0 45	27 01.9	0 28	4 10.6	4 56
13 Tu	21 57.1	1 14	5 04.8	2 21	27 50.6	0 45	27 03.7	0 28	4 12.3	4 56
18 Su	22 24.4	1 14	5 14.8	2 22	27 53.8	0 45	27 05.5	0 28	4 14.0	4 55
23 F	22 51.8	1 14	5 24.9	2 22	27 57.1	0 45	27 07.3	0 28	4 15.8	4 55
28 W	23 19.2	1 15	5 34.9	2 22	28 00.3	0 45	27 09.2	0 28	4 17.5	4 54
2 M	23 46.5	1 15	5 44.9	2 22	28 03.5	0 45	27 11.0	0 28	4 19.2	4 54
7 S	24 13.9	1 15	5 55.0	2 22	28 06.8	0 45	27 12.8	0 28	4 20.9	4 53
12 Th	24 41.3	1 15	6 05.0	2 22	28 10.0	0 45	27 14.6	0 28	4 22.6	4 53
17 Tu	25 08.7	1 15	6 15.0	2 22	28 13.2	0 45	27 16.4	0 28	4 24.4	4 52
22 Su	25 36.1	1 16	6 25.0	2 22	28 16.4	0 45	27 18.2	0 28	4 26.1	4 52
27 F	26 03.5	1 16	6 35.0	2 23	28 19.6	0 45	27 20.0	0 28	4 27.8	4 51

☿ .317054	☿a.459041
♀ .721854	♀ .725954
⊕a1.01663	⊕ 1.01500
♂ 1.62521	♂ 1.59519
♃ 4.96805	♃ 4.96370
♄ 9.52972	♄ 9.53907
♅ 20.0939	♅ 20.0933
♆ 30.0194	♆ 30.0185
♇ 31.8576	♇ 31.8740
☊	Perihelia
☿ 18°♉ 28	☿ 17°♊ 38
♀ 16 ♊ 47	♀ 11 ♌ 38
⊕	⊕ 14 ♋ 04
♂ 19 ♉ 39	♂ 6 ♓ 18
♃ 10 ♋ 36	♃ 14 ♈ 38
♄ 23 ♋ 45	♄ 0 ♋ 18
♅ 14 ♊ 05	♅ 20 ♍ 31
♆ 11 ♌ 53	♆ 21 ♈ 35
♇ 20 ♋ 28	♇ 14 ♏ 53

1 Th	☿□♀	2pm41
	☿⚻♆	8 2
	☿△♅	11 1
2 F	☿ ♌	8am21
	♀△♆	10 23
	♀⚻♅	9pm23
3 S	☿⚻♇	1am35
	☿*♄	4 7
	☿⚼♃	9 42
4 Su	⊕∠♆	1am36
	♀ ♏	7 12
	⊕⚻☿	1pm 9
	☿⚼♅	2 24
5 M	☿⚼♇	6pm54
	☿*♂	7 38
	☿∠♄	9 58
6 T	☿⚻♃	4am46
	⊕ A	11 31
	♀*♇	9pm31
7 W	☿☍♆	7am19
	♀⚺♄	8 17
	☿⚻♅	10 55
	☿ ♍	9pm33
8 Th	⊕⚼☿	1am32
	♀⚼♃	8 49
	☿△♇	6pm 3
	☿⚺♄	9 51
9 F	☿∠♂	2am21
	☿*♀	4pm38
11	♂⚻♃	3am 5
12 M	⊕△☿	3am40
	♀⚼♅	7 17
	☿☍♃	3pm59
	☿⚺♂	7 38
13	☿⚻♆	9pm36
14 W	☿☍♅	2am15
	☿ ♎	3pm 1
	⊕*♃	3 35
15 Th	☿∠♀	6am47
	☿□♇	4pm45
	☿☌♄	10 42
16 F	♀∠♇	7am 8
	♀∠♄	9pm57
17 S	⊕□♂	8am17
	☿⚼♆	6pm59
18	♀△♃	7am23
19	⊕⚺♆	9pm23
20 T	♀⚺♂	4pm38
	⊕*♅	6 6
	☿⚻♃	7 12
21 W	♀□♆	5am44
	♀△♅	6pm11
22 Th	☿☌♂	1am35
	☿△♆	3 16
	☿⚻♅	9 20
	♂△♆	1pm33
	⊕ ♒	10 14
	☿⚺♀	11 52
23 F	☿ ♏	0am32
	♀ ♐	1 14
	⊕□☿	1 31
	⊕*♀	5 44
24 S	♂⚻♅	8am43
	☿*♇	8 46
	☿⚺♄	5pm59
25 Su	☿⚼♃	2pm22
	♀⚺♇	5 44
26	♀*♄	12pm38
27 T	☿⚼♅	5am 9
	⊕⚺♇	10 1
28 W	♂ ♏	4pm 3
	⊕△♄	7 11
29 Th	☿0S	1am33
	☿∠♇	8 28
	☿∠♄	7pm35
30	☿△♃	8pm 6
1 Su	⊕∠♃	0am26
	☿□♆	2 30
	☿△♅	9 56
2	☿ ♐	2am34
M	♀0S	2pm32
3 T	☿⚺♂	0am25
	♀∠♂	2 47
	☿⚺♇	3pm50
4	☿*♄	4am46
5	⊕∠♅	3pm 3
6	♂*♇	6pm57
7 S	♀□♃	7am45
	⊕*☿	11 45
8	☿ A	10am 8
9 M	♀*♆	4am40
	☿∠♂	2pm38
	♀□♅	6 32
10 T	♂⚺♄	6am42
	♀ ♑	10pm41
11 W	☿□♃	0am35
	☿*♆	11pm32
12 Th	⊕∠♇	4am14
	☿□♅	7 33
	☿ ♑	11pm20
13	♀☌♇	5pm12
14 S	⊕⚼♄	0am31
	☿☌♇	12pm57
	♀□♄	8 22
15 Su	☿□♄	4am13
	☿☌♀	1pm53
	⊕∠☿	5 52
16 M	⊕∠♀	1am59
	☿*♂	2 38
	♀*♂	5pm23
17	☿∠♆	7am14
18 W	⊕⚺♃	7am13
	♀∠♆	4pm59
19	♂⚼♃	4am20
20	⊕☌♆	9am53
21 S	⊕⚺♅	10am 9
	☿*♃	6pm16
22 Su	☿⚺♆	7am39
	☿*♅	3pm 8
23	⊕⚺☿	3am47
M	☿ ♒	4 15
	⊕ ♓	5 20
24	☿⚺♇	1pm35
25 W	☿△♄	4am49
	♂⚼♅	5 24
26	☿∠♃	1pm 7
27 F	☿∠♅	5am24
	♀*♃	10 42
	☿□♂	1pm14
	⊕*♇	8 32
28 S	♀⚺♆	5am34
	♀*♅	8pm50
	☿∠♇	11 23
29 Su	☿⚼♄	1pm58
	♀ ♒	9 56
30 M	⊕⚻♄	3am44
	☿⚺♃	8pm41
31 T	☿☌♆	2am43
	☿⚺♅	9 7
	☿ ♓	7pm16

SEPTEMBER 2010

DAY	☿ LONG	☿ LAT	♀ LONG	♀ LAT	⊕ LONG	♂ LONG	♂ LAT
	° '	° '	° '	° '	° '	° '	° '
1 W	0♓46	6S51	3♒18	2S28	8♓28	16♏40	0N06
2 Th	4 42	6 44	4 53	2 32	9 26	17 10	0 05
3 F	8 45	6 34	6 28	2 35	10 25	17 40	0 04
4 S	12 56	6 23	8 02	2 39	11 23	18 10	0 03
5 Su	17 14	6 09	9 37	2 42	12 21	18 40	0 02
6 M	21 40	5 52	11 12	2 46	13 19	19 10	0 01
7 Tu	26 14	5 33	12 47	2 49	14 17	19 40	0S00
8 W	0♈57	5 11	14 22	2 52	15 15	20 10	0 01
9 Th	5 49	4 46	15 57	2 55	16 14	20 40	0 02
10 F	10 49	4 17	17 32	2 58	17 12	21 11	0 03
11 S	15 59	3 47	19 07	3 00	18 10	21 41	0 04
12 Su	21 18	3 13	20 42	3 03	19 09	22 11	0 05
13 M	26 46	2 36	22 17	3 05	20 07	22 42	0 06
14 Tu	2♉22	1 57	23 52	3 08	21 06	23 12	0 07
15 W	8 07	1 16	25 27	3 10	22 04	23 43	0 08
16 Th	14 00	0 33	27 02	3 12	23 03	24 13	0 09
17 F	20 00	0N11	28 37	3 14	24 01	24 44	0 10
18 S	26 07	0 56	0♓12	3 15	25 00	25 15	0 11
19 Su	2♊18	1 41	1 47	3 17	25 58	25 46	0 12
20 M	8 34	2 25	3 22	3 18	26 57	26 16	0 13
21 Tu	14 52	3 08	4 57	3 19	27 55	26 47	0 14
22 W	21 11	3 48	6 32	3 20	28 54	27 18	0 15
23 Th	27 30	4 26	8 07	3 21	29 53	27 49	0 16
24 F	3♋47	5 00	9 42	3 22	0♈51	28 20	0 17
25 S	10 01	5 30	11 17	3 23	1 50	28 51	0 18
26 Su	16 10	5 56	12 53	3 23	2 49	29 22	0 19
27 M	22 13	6 17	14 28	3 24	3 48	29 53	0 20
28 Tu	28 09	6 34	16 03	3 24	4 46	0♐25	0 21
29 W	3♌57	6 47	17 38	3 24	5 45	0 56	0 22
30 Th	9♌36	6N55	19♓14	3S23	6♈44	1♐27	0S23

OCTOBER 2010

DAY	☿ LONG	☿ LAT	♀ LONG	♀ LAT	⊕ LONG	♂ LONG	♂ LAT
	° '	° '	° '	° '	° '	° '	° '
1 F	15♌06	7N00	20♓49	3S23	7♈43	1♐58	0S24
2 S	20 27	7 00	22 24	3 23	8 42	2 30	0 25
3 Su	25 38	6 57	23 59	3 22	9 41	3 01	0 26
4 M	0♍39	6 51	25 35	3 21	10 40	3 33	0 27
5 Tu	5 31	6 42	27 10	3 20	11 39	4 05	0 28
6 W	10 14	6 31	28 46	3 19	12 39	4 36	0 29
7 Th	14 47	6 17	0♈21	3 18	13 38	5 08	0 30
8 F	19 12	6 02	1 56	3 17	14 37	5 40	0 31
9 S	23 28	5 45	3 32	3 15	15 36	6 11	0 32
10 Su	27 36	5 27	5 07	3 13	16 36	6 43	0 33
11 M	1♎37	5 07	6 43	3 12	17 35	7 15	0 34
12 Tu	5 30	4 47	8 18	3 10	18 34	7 47	0 35
13 W	9 17	4 26	9 54	3 07	19 34	8 19	0 36
14 Th	12 58	4 05	11 30	3 05	20 33	8 51	0 37
15 F	16 33	3 43	13 05	3 03	21 32	9 23	0 38
16 S	20 02	3 21	14 41	3 00	22 32	9 56	0 38
17 Su	23 27	2 58	16 16	2 57	23 31	10 28	0 39
18 M	26 46	2 36	17 52	2 54	24 31	11 00	0 40
19 Tu	0♏02	2 14	19 28	2 51	25 30	11 33	0 41
20 W	3 13	1 51	21 03	2 48	26 30	12 05	0 42
21 Th	6 21	1 29	22 39	2 45	27 30	12 37	0 43
22 F	9 25	1 06	24 15	2 42	28 29	13 10	0 44
23 S	12 27	0 44	25 51	2 38	29 29	13 43	0 45
24 Su	15 26	0 22	27 27	2 35	0♉29	14 15	0 46
25 M	18 22	0 01	29 02	2 31	1 28	14 48	0 47
26 Tu	21 16	0S21	0♉38	2 27	2 28	15 21	0 48
27 W	24 08	0 42	2 14	2 23	3 28	15 54	0 49
28 Th	26 58	1 02	3 50	2 19	4 28	16 26	0 50
29 F	29 47	1 23	5 26	2 15	5 28	16 59	0 51
30 S	2♐35	1 43	7 02	2 10	6 28	17 32	0 52
31 Su	5♐22	2S03	8♉38	2S06	7♉28	18♐05	0S53

DAY	♃ LONG	♃ LAT	♄ LONG	♄ LAT	♅ LONG	♅ LAT	♆ LONG	♆ LAT	♇ LONG	♇ LAT
	° '	° '	° '	° '	° '	° '	° '	° '	° '	° '
1 W	26♓30.9	1S16	6♎45.0	2N23	28♓22.9	0S45	27♒21.8	0S28	4♑29.5	4N51
6 M	26 58.3	1 16	6 55.1	2 23	28 26.1	0 45	27 23.7	0 28	4 31.2	4 50
11 S	27 25.7	1 16	7 05.1	2 23	28 29.3	0 45	27 25.5	0 28	4 32.9	4 50
16 Th	27 53.1	1 16	7 15.1	2 23	28 32.5	0 45	27 27.3	0 28	4 34.6	4 49
21 Tu	28 20.6	1 16	7 25.1	2 23	28 35.8	0 45	27 29.1	0 29	4 36.4	4 49
26 Su	28 48.0	1 17	7 35.0	2 23	28 39.0	0 45	27 30.9	0 29	4 38.1	4 48
1 F	29 15.5	1 17	7 45.0	2 23	28 42.2	0 45	27 32.7	0 29	4 39.8	4 48
6 W	29 42.9	1 17	7 55.0	2 24	28 45.4	0 45	27 34.5	0 29	4 41.5	4 47
11 M	0♈10.4	1 17	8 05.0	2 24	28 48.6	0 45	27 36.3	0 29	4 43.2	4 47
16 S	0 37.8	1 17	8 15.0	2 24	28 51.9	0 45	27 38.2	0 29	4 44.9	4 46
21 Th	1 05.3	1 17	8 25.0	2 24	28 55.1	0 45	27 40.0	0 29	4 46.6	4 46
26 Tu	1 32.8	1 17	8 34.9	2 24	28 58.3	0 45	27 41.8	0 29	4 48.3	4 45
31 Su	2 00.2	1 17	8 44.9	2 24	29 01.5	0 45	27 43.6	0 29	4 50.0	4 45

☿p.394379	☿ .333850
♀a.728197	♀ .727132
⊕ 1.00930	⊕ 1.00131
♂ 1.55929	♂ 1.52107
♃ 4.95987	♃ 4.95667
♄ 9.54842	♄ 9.55746
♅ 20.0926	♅ 20.0919
♆ 30.0176	♆ 30.0167
♇ 31.8904	♇ 31.9063
☊	Perihelia
☿ 18°♉ 28	☿ 17°♊ 38
♀ 16 ♊ 47	♀ 11 ♌ 39
⊕	⊕ 11 ♋ 36
♂ 19 ♉ 39	♂ 6 ♓ 20
♃ 10 ♋ 36	♃ 14 ♈ 39
♄ 23 ♋ 45	♄ 0 ♋ 16
♅ 14 ♊ 05	♅ 20 ♍ 14
♆ 11 ♌ 53	♆ 23 ♈ 13
♇ 20 ♋ 28	♇ 14 ♏ 49

1 W	♀⚺♇	6pm11
	☿✶♇	10 46
2 Th	☿⚺♀	1am45
	☿⚻♄	12pm31
3 F	♀△♄	5am32
	⊕☌☿	12pm29
5	☿△♂	8am50
6 M	♀ A	5am45
	♀∠♃	12pm22
	♂∠♇	5 13
	♂0S	10 53
7 T	☿☌♃	4am21
	☿⚺♆	6 0
	♀∠♅	10 5
	☿☌♅	11 22
	☿∠♀	12pm 1
	☿ ♈	7 14
8 W	☿□♇	5pm47
	☿⚼♂	11 16
9 Th	☿☍♄	5am54
	⊕⚺♀	11 1
10	☿∠♆	7am31
F	♃⚺♆	10pm50
11 S	♀∠♇	6am38
	⊕⚺☿	12pm13
	☿✶♀	8 12
	♂∠♄	8 19
12 Su	☿⚻♂	4am23
	♀⚼♄	10pm 1
13 M	☿✶♆	2am56
	☿⚺♃	3 44
	☿⚺♅	7 34
	♀□♂	9 21
	☿ ♉	1pm56
14 T	☿△♇	9am14
	⊕∠☿	6pm45
	☿⚻♄	8 14
15 W	☿∠♃	7pm24
	☿∠♅	10 7
16 Th	♀☌♆	6am30
	♀⚺♃	1pm48
	☿0N	5 51
	☿⚼♇	10 19
	♀⚺♅	11 6
17	☿⚼♄	9am 2
F	⊕✶☿	6pm47
	☿☍♂	8 18
	♀ ♓	9 2
18 S	☿□♆	5am16
	☿✶♃	7 43
	☿✶♅	9 33
	⊕△♂	1pm10
	☿ ♊	3 6
	☿□♀	9 16
19 Su	☿⚻♇	8am48
	☿△♄	7pm28
20 M	⊕⚺♆	1pm13
	♀✶♇	6 47
21 T	☿ P	9am47
	⊕☌♃	11 26
	⊕☌♅	4pm45
22 W	♂□♆	8am57
	♀⚻♄	2pm11
	☿△♆	11 58
23 Th	☿⚻♂	1am18
	⊕ ♈	3 2
	☿□♃	3 57
	☿□♅	4 15
	☿ ♋	9 31
	⊕□☿	10 42
24 F	♃☌♅	3am11
	☿☍♇	3 12
	♂△♅	1pm57
	☿□♄	2 25
	♂△♃	4 0
25 S	☿△♀	6am40
	☿⚼♆	9 42
	☿⚼♂	4pm18
27 M	♂ ♐	5am 8
	⊕□♇	8pm50
	☿⚻♆	9 28
28 T	☿△♅	2am 9
	☿△♃	3 29
	☿ ♌	7 37
	☿△♂	10 13
	☿⚼♀	4pm28
29 W	☿⚻♇	2am58
	⊕△☿	9 12
	☿✶♄	3pm53
30 Th	☿⚼♅	5pm49
	☿⚼♃	8 12

1 F	⊕☍♄	0am46
	☿⚼♇	8pm27
2 S	☿∠♄	10am47
	☿⚻♀	12pm54
	⊕⚼☿	6 31
3 Su	☿☍♆	9am 7
	☿⚻♅	2pm43
	☿⚻♃	6 28
	☿ ♍	8 49
4 M	☿□♂	3pm55
	☿△♇	7 50
5 T	♀⚺♆	6am 4
	☿⚺♄	12pm 3
	⊕∠♆	10 21
	♀☌♅	11 58
6 W	♂⚺♇	4am 5
	♀☌♃	3pm19
	⊕⚻☿	4 8
	♀ ♈	6 44
9 S	♃ ♈	2am43
	♀□♇	5pm49
	☿⚻♆	12 0
10	☿☍♅	7am 7
Su	☿ ♎	2pm16
	☿☍♃	3 6
11 M	♀△♂	12pm13
	☿□♇	7 8
	♀☍♄	9 5
12 T	♂✶♄	3pm51
	☿☌♄	4 39
	☿✶♂	4 46
13 W	☿☍♀	6am55
	☿⚼♆	9pm44
14	♀∠♆	5pm 7
17 Su	⊕☍☿	0am49
	☿∠♂	5pm20
18 M	☿△♆	6am25
	☿⚻♅	3pm35
	☿ ♏	11 48
19	☿⚻♃	6am45
20	☿✶♇	11am52
21 Th	⊕✶♆	4am10
	⊕⚼♂	6 54
	☿⚺♄	4pm16
22	⊕⚺♅	10am44
23 S	☿⚼♅	12pm 1
	☿⚺♂	12 24
	⊕ ♉	12 28
24 Su	♀✶♆	3am37
	☿⚼♃	7 52
	♀⚺♅	10pm47
	⊕⚺♃	11 29
25 M	☿0S	0am49
	☿∠♇	11 52
	♀ ♉	2pm24
	♀⚼♂	5 17
26 T	♀⚺♃	2pm26
	☿∠♄	7 36
28 Th	☿□♆	6am16
	⊕△♇	8 31
	♀△♇	2pm46
	☿△♅	5 16
29 F	⊕☌♀	1am 5
	☿ ♐	1 49
	☿△♃	6pm 2
30	☿⚺♇	7pm26
31	♀⚻♄	1am44

NOVEMBER 2010

DAY	☿ LONG	☿ LAT	♀ LONG	♀ LAT	⊕ LONG	♂ LONG	♂ LAT
	° '	° '	° '	° '	° '	° '	° '
1 M	8♐07	2S22	10♉14	2S01	8♉28	18♐38	0S54
2 Tu	10 53	2 41	11 50	1 57	9 28	19 12	0 55
3 W	13 38	2 59	13 26	1 52	10 28	19 45	0 56
4 Th	16 22	3 17	15 02	1 47	11 28	20 18	0 57
5 F	19 07	3 35	16 39	1 42	12 28	20 51	0 58
6 S	21 52	3 52	18 15	1 37	13 28	21 25	0 58
7 Su	24 37	4 09	19 51	1 32	14 28	21 58	0 59
8 M	27 23	4 25	21 27	1 27	15 29	22 32	1 00
9 Tu	0♑10	4 40	23 03	1 22	16 29	23 05	1 01
10 W	2 58	4 55	24 40	1 17	17 29	23 39	1 02
11 Th	5 47	5 10	26 16	1 11	18 29	24 13	1 03
12 F	8 37	5 23	27 52	1 06	19 30	24 46	1 04
13 S	11 30	5 36	29 29	1 01	20 30	25 20	1 05
14 Su	14 24	5 49	1♊05	0 55	21 31	25 54	1 06
15 M	17 20	6 00	2 42	0 50	22 31	26 28	1 07
16 Tu	20 19	6 11	4 18	0 44	23 31	27 02	1 07
17 W	23 21	6 21	5 55	0 38	24 32	27 36	1 08
18 Th	26 25	6 30	7 31	0 33	25 32	28 10	1 09
19 F	29 32	6 38	9 08	0 27	26 33	28 44	1 10
20 S	2♒43	6 45	10 44	0 21	27 33	29 18	1 11
21 Su	5 58	6 50	12 21	0 16	28 34	29 53	1 12
22 M	9 17	6 55	13 58	0 10	29 34	0♑27	1 13
23 Tu	12 40	6 58	15 34	0 04	0♊35	1 01	1 13
24 W	16 08	7 00	17 11	0N01	1 36	1 36	1 14
25 Th	19 41	7 00	18 48	0 07	2 36	2 10	1 15
26 F	23 19	6 59	20 24	0 13	3 37	2 45	1 16
27 S	27 03	6 56	22 01	0 19	4 38	3 19	1 17
28 Su	0♓53	6 51	23 38	0 24	5 38	3 54	1 17
29 M	4 50	6 43	25 15	0 30	6 39	4 29	1 18
30 Tu	8♓53	6S34	26♊52	0N36	7♊40	5♑04	1S19

DECEMBER 2010

DAY	☿ LONG	☿ LAT	♀ LONG	♀ LAT	⊕ LONG	♂ LONG	♂ LAT
	° '	° '	° '	° '	° '	° '	° '
1 W	13♓04	6S22	28♊29	0N41	8♊41	5♑38	1S20
2 Th	17 22	6 08	0♋06	0 47	9 42	6 13	1 21
3 F	21 48	5 52	1 43	0 53	10 42	6 48	1 21
4 S	26 23	5 32	3 20	0 58	11 43	7 23	1 22
5 Su	1♈06	5 10	4 57	1 04	12 44	7 58	1 23
6 M	5 58	4 45	6 34	1 09	13 45	8 33	1 24
7 Tu	10 59	4 17	8 11	1 14	14 46	9 08	1 24
8 W	16 09	3 46	9 48	1 20	15 47	9 44	1 25
9 Th	21 28	3 12	11 25	1 25	16 48	10 19	1 26
10 F	26 56	2 35	13 02	1 30	17 49	10 54	1 27
11 S	2♉33	1 56	14 39	1 35	18 50	11 30	1 27
12 Su	8 18	1 15	16 17	1 40	19 51	12 05	1 28
13 M	14 11	0 31	17 54	1 45	20 52	12 40	1 29
14 Tu	20 12	0N13	19 31	1 50	21 53	13 16	1 29
15 W	26 18	0 58	21 08	1 55	22 54	13 51	1 30
16 Th	2♊30	1 42	22 46	2 00	23 55	14 27	1 31
17 F	8 46	2 26	24 23	2 04	24 56	15 03	1 31
18 S	15 04	3 09	26 00	2 09	25 57	15 38	1 32
19 Su	21 23	3 49	27 38	2 13	26 58	16 14	1 33
20 M	27 42	4 27	29 15	2 18	27 59	16 50	1 33
21 Tu	3♋59	5 01	0♌53	2 22	29 00	17 26	1 34
22 W	10 13	5 31	2 30	2 26	0♋01	18 02	1 35
23 Th	16 21	5 57	4 07	2 30	1 02	18 38	1 35
24 F	22 24	6 18	5 45	2 34	2 03	19 14	1 36
25 S	28 20	6 35	7 22	2 37	3 04	19 50	1 36
26 Su	4♌08	6 47	9 00	2 41	4 06	20 26	1 37
27 M	9 47	6 56	10 37	2 45	5 07	21 02	1 37
28 Tu	15 16	7 00	12 15	2 48	6 08	21 38	1 38
29 W	20 37	7 00	13 52	2 51	7 09	22 15	1 39
30 Th	25 48	6 57	15 30	2 54	8 10	22 51	1 39
31 F	0♍49	6N51	17♌07	2N57	9♋11	23♑27	1S40

DAY	♃ LONG	♃ LAT	♄ LONG	♄ LAT	♅ LONG	♅ LAT	♆ LONG	♆ LAT	♇ LONG	♇ LAT
	° '	° '	° '	° '	° '	° '	° '	° '	° '	° '
5 F	2♈27.7	1S17	8♎54.9	2N24	29♓04.7	0S45	27♒45.4	0S29	4♑51.7	4N44
10 W	2 55.2	1 18	9 04.9	2 24	29 08.0	0 45	27 47.2	0 29	4 53.5	4 44
15 M	3 22.7	1 18	9 14.8	2 24	29 11.2	0 45	27 49.0	0 29	4 55.2	4 43
20 S	3 50.2	1 18	9 24.8	2 25	29 14.4	0 45	27 50.8	0 29	4 56.9	4 43
25 Th	4 17.7	1 18	9 34.8	2 25	29 17.7	0 45	27 52.7	0 29	4 58.6	4 42
30 Tu	4 45.2	1 18	9 44.7	2 25	29 20.9	0 45	27 54.5	0 29	5 00.3	4 42
5 Su	5 12.7	1 18	9 54.7	2 25	29 24.1	0 45	27 56.3	0 29	5 02.0	4 41
10 F	5 40.2	1 18	10 04.6	2 25	29 27.3	0 45	27 58.1	0 29	5 03.7	4 41
15 W	6 07.7	1 18	10 14.6	2 25	29 30.6	0 45	27 59.9	0 29	5 05.5	4 40
20 M	6 35.3	1 18	10 24.5	2 25	29 33.8	0 45	28 01.8	0 29	5 07.2	4 40
25 S	7 02.8	1 18	10 34.5	2 25	29 37.0	0 45	28 03.6	0 30	5 08.9	4 39
30 Th	7 30.3	1 18	10 44.4	2 25	29 40.3	0 45	28 05.4	0 30	5 10.6	4 39

☿a .465089	☿p .377126
♀ .723437	♀p .719762
⊕ .992661	⊕ .986180
♂ 1.48081	♂ 1.44430
♃ 4.95391	♃ 4.95176
♄ 9.56679	♄ 9.57581
♅ 20.0911	♅ 20.0903
♆ 30.0157	♆ 30.0148
♇ 31.9228	♇ 31.9389
☊	Perihelia
☿ 18°♉ 28	☿ 17°♊ 38
♀ 16 ♊ 47	♀ 11 ♌ 48
⊕	⊕ 12 ♋ 15
♂ 19 ♉ 39	♂ 6 ♓ 20
♃ 10 ♋ 37	♃ 14 ♈ 39
♄ 23 ♋ 45	♄ 0 ♋ 19
♅ 14 ♊ 04	♅ 20 ♍ 00
♆ 11 ♌ 54	♆ 24 ♈ 58
♇ 20 ♋ 28	♇ 14 ♏ 44

1 M	⊕⚻☿	4am37
	☿⚹♄	5 48
	⊕⚻♄	7 57
2	☿⚻♀	8pm 6
3	♀∠♅	9am20
4	☿ A	9am26
5 F	♀∠♃	1pm 0
	☿☌♂	7 6
6	⊕∠♅	2pm59
7	♀⚼♇	0am22
8 M	☿⚹♆	3am23
	☿□♅	2pm59
	☿ ♑	10 35
9 T	♀⚻♂	0am44
	♀⚼♄	3pm 7
	⊕⚼☿	5 39
	☿□♃	11 38
10 W	⊕∠♃	11am24
	☿☌♇	4pm29
11	♀□♆	10pm52
12 F	☿□♄	4am27
	⊕⚼♇	9 44
	♀⚹♅	7pm15
13 S	♀ ♊	7am45
	☿∠♆	10 53
15 M	☿⚼♀	6am18
	♀⚹♃	10 49
16 T	♀⚻♇	9am20
	⊕⚼♄	6pm39
17 W	♂⚹♆	9am47
	⊕△☿	1pm54
18 Th	☿⚺♆	10am59
	☿⚺♂	4pm32
	☿⚹♅	9 38
19 F	☿ ♒	3am30
	♀△♄	3 50
	♂□♅	9pm 8
20 S	⊕□♆	6am59
	☿⚹♃	8 32
	☿⚺♇	4pm33
21 Su	♂ ♑	5am 7
	⊕⚹♅	4pm30
22 M	☿△♄	1am27
	⊕ ♊	10 7
23 T	☿∠♅	11am14
	♀0N	6pm 0
24 W	⊕⚻♂	0am 8
	☿∠♂	3 49
	☿△♀	1pm11
	☿∠♃	9 22
25	☿∠♇	2am 0
26 F	☿⚼♄	8am29
	⊕⚹♃	8pm 6
27 S	☿☌♆	5am20
	⊕⚻♇	8 36
	☿⚺♅	2pm18
	☿ ♓	6 31
28 Su	☿⚹♂	9pm33
	☿⚺♃	10 59
29 M	☿⚹♇	1am 2
	♂□♃	8 59
	⊕□☿	2pm30
	♂☌♇	9 46
30	☿⚻♄	5am 2
T	♀△♆	3pm35
1 W	♀□♅	1pm10
	♀ ♋	10 36
2 Th	⊕△♄	2am56
	♃□♇	10pm17
4 S	☿⚺♆	7am59
	☿☌♅	3pm26
	☿ ♈	6 29
5 Su	♀☍♇	1am20
	♀□♃	4 12
	☿□♇	7pm30
	☿☌♃	8 44
6 M	☿□♀	4am19
	☿□♂	2pm 8
	☿☍♄	7 14
7 T	☿∠♆	9am16
	⊕⚹☿	9pm56
	♀☍♂	10 19
8 W	♀□♄	3am13
	♂□♄	12pm19
9	♀⚼♆	10pm59
10 F	☿⚹♆	4am29
	☿⚺♅	10 53
	☿ ♉	1pm11
11 S	⊕∠☿	6am34
	☿△♇	10 35
	☿⚺♃	1pm41
12 Su	☿⚻♄	7am36
	☿△♂	5pm11
13 M	☿∠♅	1am12
	♂∠♆	12pm52
	☿0N	5 7
	☿⚹♀	8 20
	☿⚼♇	11 34
14 T	☿∠♃	3am23
	⊕⚺☿	7 59
	☿⚼♄	7pm50
15 W	☿□♆	6am36
	☿⚼♂	10 58
	☿⚹♅	12pm28
	☿ ♊	2 21
16 Th	☿⚻♇	9am59
	☿⚹♃	2pm30
17 F	☿∠♀	3am12
	☿△♄	5 56
	⊕⚺♀	9pm45
18 S	☿⚻♂	2am25
	☿ P	9 3
19	♀⚻♆	5am51
20 M	⊕△♆	1am 4
	☿△♆	1 15
	⊕☌☿	1 17
	♀△♅	4 38
	☿□♅	7 7
	☿⚺♀	7 58
	☿ ♋	8 46
	♀ ♌	11 3
21 T	☿☍♇	4am23
	☿□♃	10 31
	⊕□♅	1pm38
	⊕ ♋	11 31
22 W	☿□♄	1am 2
	☿⚼♆	11 2
23 Th	☿☍♂	9am58
	♀⚻♇	3pm 2
24	♀△♃	6pm55
F	☿⚻♆	10 54
25 S	☿△♅	5am18
	☿ ♌	6 52
	⊕⚺☿	11pm50
26 Su	☿⚻♇	4am20
	☿△♃	12pm56
27 M	♀⚹♄	0am18
	⊕☍♇	1 7
	☿⚹♄	3 45
	☿☌♀	5 9
	♀ P	4pm47
	☿⚼♅	9 14
28	☿⚼♇	9pm59
29 W	⊕□♃	6am49
	☿⚼♃	8 24
	☿⚻♂	8 28
	⊕∠☿	8 45
	♀⚼♅	11 44
	☿∠♄	11pm45
30 Th	☿☍♆	10am54
	☿⚻♅	6pm31
	☿ ♍	8 4
31	☿△♇	9pm35

JANUARY 2011

DAY	☿ LONG	☿ LAT	♀ LONG	♀ LAT	⊕ LONG	♂ LONG	♂ LAT
	° '	° '	° '	° '	° '	° '	° '
1 S	5♍40	6N42	18♌45	3N00	10♋12	24♑04	1S40
2 Su	10 22	6 30	20 22	3 02	11 14	24 40	1 41
3 M	14 55	6 17	22 00	3 05	12 15	25 17	1 41
4 Tu	19 20	6 01	23 37	3 07	13 16	25 53	1 42
5 W	23 36	5 44	25 15	3 10	14 17	26 30	1 42
6 Th	27 44	5 26	26 52	3 12	15 18	27 07	1 43
7 F	1♎44	5 07	28 30	3 13	16 20	27 43	1 43
8 S	5 38	4 47	0♍08	3 15	17 21	28 20	1 43
9 Su	9 24	4 26	1 45	3 17	18 22	28 57	1 44
10 M	13 05	4 04	3 23	3 18	19 23	29 33	1 44
11 Tu	16 40	3 42	5 00	3 19	20 24	0♒10	1 45
12 W	20 09	3 20	6 37	3 21	21 25	0 47	1 45
13 Th	23 33	2 58	8 15	3 21	22 26	1 24	1 45
14 F	26 53	2 35	9 52	3 22	23 28	2 01	1 46
15 S	0♏08	2 13	11 30	3 23	24 29	2 38	1 46
16 Su	3 19	1 50	13 07	3 23	25 30	3 15	1 46
17 M	6 27	1 28	14 45	3 24	26 31	3 52	1 47
18 Tu	9 31	1 06	16 22	3 24	27 32	4 29	1 47
19 W	12 33	0 44	17 59	3 24	28 33	5 06	1 47
20 Th	15 31	0 22	19 37	3 23	29 34	5 44	1 48
21 F	18 27	0 00	21 14	3 23	0♌35	6 21	1 48
22 S	21 21	0S21	22 51	3 23	1 36	6 58	1 48
23 Su	24 13	0 42	24 29	3 22	2 37	7 35	1 49
24 M	27 04	1 03	26 06	3 21	3 38	8 13	1 49
25 Tu	29 53	1 24	27 43	3 20	4 39	8 50	1 49
26 W	2♐40	1 44	29 20	3 19	5 40	9 28	1 49
27 Th	5 27	2 03	0♎58	3 17	6 41	10 05	1 49
28 F	8 13	2 23	2 35	3 16	7 42	10 42	1 50
29 S	10 58	2 42	4 12	3 14	8 43	11 20	1 50
30 Su	13 43	3 00	5 49	3 13	9 44	11 57	1 50
31 M	16♐27	3S18	7♎26	3N11	10♌45	12♒35	1S50

FEBRUARY 2011

DAY	☿ LONG	☿ LAT	♀ LONG	♀ LAT	⊕ LONG	♂ LONG	♂ LAT
	° '	° '	° '	° '	° '	° '	° '
1 Tu	19♐12	3S36	9♎03	3N09	11♌46	13♒13	1S50
2 W	21 57	3 53	10 40	3 06	12 47	13 50	1 50
3 Th	24 42	4 09	12 17	3 04	13 48	14 28	1 51
4 F	27 28	4 25	13 53	3 01	14 49	15 05	1 51
5 S	0♑15	4 41	15 30	2 59	15 50	15 43	1 51
6 Su	3 03	4 56	17 07	2 56	16 50	16 21	1 51
7 M	5 52	5 10	18 44	2 53	17 51	16 59	1 51
8 Tu	8 43	5 24	20 21	2 50	18 52	17 36	1 51
9 W	11 35	5 37	21 57	2 47	19 53	18 14	1 51
10 Th	14 30	5 49	23 34	2 43	20 54	18 52	1 51
11 F	17 26	6 01	25 10	2 40	21 54	19 30	1 51
12 S	20 25	6 11	26 47	2 36	22 55	20 07	1 51
13 Su	23 26	6 21	28 23	2 32	23 56	20 45	1 51
14 M	26 31	6 30	0♏00	2 29	24 56	21 23	1 51
15 Tu	29 38	6 38	1 36	2 25	25 57	22 01	1 51
16 W	2♒49	6 45	3 13	2 20	26 58	22 39	1 51
17 Th	6 04	6 51	4 49	2 16	27 58	23 17	1 51
18 F	9 23	6 55	6 25	2 12	28 59	23 55	1 51
19 S	12 47	6 58	8 01	2 08	29 59	24 33	1 51
20 Su	16 15	7 00	9 38	2 03	1♍00	25 11	1 50
21 M	19 48	7 00	11 14	1 59	2 00	25 49	1 50
22 Tu	23 26	6 59	12 50	1 54	3 01	26 27	1 50
23 W	27 10	6 56	14 26	1 49	4 01	27 05	1 50
24 Th	1♓00	6 50	16 02	1 44	5 01	27 43	1 50
25 F	4 57	6 43	17 38	1 39	6 02	28 21	1 50
26 S	9 01	6 34	19 14	1 34	7 02	28 59	1 50
27 Su	13 12	6 22	20 49	1 29	8 02	29 37	1 49
28 M	17♓30	6S08	22♏25	1N24	9♍03	0♓15	1S49

DAY	♃ LONG	♃ LAT	♄ LONG	♄ LAT	♅ LONG	♅ LAT	♆ LONG	♆ LAT	♇ LONG	♇ LAT
	° '	° '	° '	° '	° '	° '	° '	° '	° '	° '
4 Tu	7♈57.8	1S18	10♎54.4	2N25	29♓43.5	0S45	28♒07.2	0S30	5♑12.3	4N38
9 Su	8 25.4	1 18	11 04.3	2 26	29 46.7	0 45	28 09.0	0 30	5 14.0	4 38
14 F	8 52.9	1 18	11 14.2	2 26	29 49.9	0 45	28 10.8	0 30	5 15.7	4 37
19 W	9 20.4	1 18	11 24.2	2 26	29 53.2	0 45	28 12.7	0 30	5 17.4	4 37
24 M	9 48.0	1 18	11 34.1	2 26	29 56.4	0 45	28 14.5	0 30	5 19.1	4 36
29 S	10 15.5	1 18	11 44.0	2 26	29 59.6	0 45	28 16.3	0 30	5 20.8	4 36
3 Th	10 43.0	1 18	11 53.9	2 26	0♈02.9	0 45	28 18.1	0 30	5 22.6	4 35
8 Tu	11 10.6	1 18	12 03.8	2 26	0 06.1	0 45	28 19.9	0 30	5 24.3	4 35
13 Su	11 38.1	1 18	12 13.7	2 26	0 09.3	0 45	28 21.7	0 30	5 26.0	4 34
18 F	12 05.7	1 18	12 23.7	2 26	0 12.5	0 45	28 23.6	0 30	5 27.7	4 34
23 W	12 33.2	1 18	12 33.6	2 26	0 15.7	0 44	28 25.4	0 30	5 29.4	4 33
28 M	13 00.7	1 18	12 43.5	2 26	0 19.0	0 44	28 27.2	0 30	5 31.1	4 33

☿a .355433	☿ .466639
♀ .718485	♀ .720663
⊕p .983356	⊕ .985300
♂ 1.41272	♂ 1.39092
♃ 4.95008	♃ 4.94898
♄ 9.58511	♄ 9.59439
♅ 20.0894	♅ 20.0885
♆ 30.0139	♆ 30.0129
♇ 31.9554	♇ 31.9721
☊	Perihelia
☿ 18°♉ 28	☿ 17°♊ 38
♀ 16 ♊ 47	♀ 11 ♌ 46
⊕	⊕ 14 ♋ 28
♂ 19 ♉ 39	♂ 6 ♓ 20
♃ 10 ♋ 37	♃ 14 ♈ 38
♄ 23 ♋ 45	♄ 0 ♋ 21
♅ 14 ♊ 04	♅ 19 ♍ 50
♆ 11 ♌ 54	♆ 26 ♈ 18
♇ 20 ♋ 28	♇ 14 ♏ 41

1 S	☿⚻♃	10am25
	⊕□♄	2pm34
	☿⚼♂	7 50
	♀⚼♇	9 21
2 Su	☿⚺♄	2am27
	⊕✱☿	5 43
3 M	♀⚼♃	1pm41
	⊕ P	6 32
	⊕⚼♆	8 32
5 W	♀∠♄	10am24
	☿⚺♀	3pm41
	☿△♂	7 43
6 Th	☿⚻♆	2am23
	♀⚻♂	5 33
	☿☍♅	12pm 1
	☿ ♎	1 31
	♀☍♆	6 39
7 F	♂⚺♆	4pm34
	♀⚻♅	6 41
	☿□♇	9 30
	♀ ♍	10 9
8	☿☍♃	5pm32
9	☿☌♄	10am54
10 M	☿⚼♆	0am30
	♂✱♅	9 12
	♂ ♒	5pm16
11 T	♀△♇	3am38
	⊕∠♀	3pm58
12 W	⊕□☿	12pm44
	☿∠♀	7 52
13	♀⚻♃	8am28
14 F	☿△♆	9am35
	♀⚺♄	8pm34
	☿⚻♅	9 51
	☿ ♏	11 2
15	☿□♂	11pm22
16	☿✱♇	2pm58
17	☿⚻♃	9pm48
18 T	☿⚺♄	2pm48
	⊕⚻♆	3 57
19 W	♂⚺♇	7am 8
	☿⚼♅	6pm56
20	⊕△♅	7am51
Th	⊕ ♌	10 11
21 F	☿0S	0am 5
	♀⚼♂	2 42
	☿∠♇	3pm16
23 Su	☿⚼♃	4am12
	☿✱♀	4 58
	☿∠♄	7pm45
24	☿□♆	10am 3
25 T	☿△♅	0am38
	☿ ♐	1 3
	♀⚻♆	7 51
	⊕⚻♇	3pm56
26 W	♀☍♅	9am17
	♀ ♎	9 48
	☿⚺♇	11pm 1
	♂✱♃	11 39
27	⊕△☿	5pm 0
28	☿△♃	5pm37
29 S	☿✱♂	4am 8
	☿✱♄	6 47
	♅ ♈	1pm55
	♂△♄	4 18
	♀□♇	5 9
30	⊕△♃	3pm57
31	☿ A	8am41

1 T	⊕✱♄	1am36
	♀☍♃	11pm26
2	♀☌♄	6pm16
3 Th	♀⚼♆	3pm18
	♂∠♅	10 46
4 F	⊕⚼♅	5am52
	☿✱♆	7 14
	⊕☍♂	5pm13
	☿ ♑	9 49
	☿□♅	10 24
5 S	☿∠♂	5am 9
	♀△♂	5 11
	⊕⚼☿	7 44
	⊕✱♀	12pm54
6	☿☌♇	7pm59
8	☿□♃	9pm15
9 W	☿□♄	4am16
	⊕⚼♇	12pm36
	☿∠♆	2 32
11	☿⚺♂	9pm 4
12 S	♂∠♇	11am36
	♀△♆	11pm35
13	⊕⚻☿	5am45
14 M	♀ ♏	0am 2
	♀⚻♅	2 32
	☿⚺♆	2pm19
15 T	☿ ♒	2am44
	☿✱♅	4 5
	⊕⚼♃	10pm42
16 W	☿□♀	5am43
	⊕∠♄	9 2
	☿⚺♇	7pm28
17 Th	♀✱♇	9am37
	⊕☍♆	9 59
18 F	☿✱♃	7pm45
	☿△♄	9 32
19 S	⊕ ♍	0am18
	⊕⚻♅	5 35
	☿∠♅	5pm 2
21 M	☿∠♇	4am34
	♀⚻♃	6pm10
	♀⚺♄	7 23
22	☿☌♂	11pm20
23 W	♃☍♄	2am29
	☿⚼♄	2 29
	☿∠♃	2 29
	☿☌♆	7 55
	♀⚼♅	12pm36
	☿ ♓	5 46
	♂⚼♄	7 5
	☿⚺♅	7 27
	♂∠♃	8 53
24	⊕△♇	11am18
25 F	☿✱♇	3am16
	♂☌♆	3 17
	⊕☍☿	8 33
26 S	♀∠♇	7pm19
	☿⚻♄	9 7
	☿⚺♃	10 24
27	♂ ♓	2pm28
28	♂⚺♅	2am28

MARCH 2011

DAY	☿ LONG	☿ LAT	♀ LONG	♀ LAT	⊕ LONG	♂ LONG	♂ LAT
	° '	° '	° '	° '	° '	° '	° '
1 Tu	21♓57	5S51	24♏01	1N19	10♍03	0♓53	1S49
2 W	26 32	5 32	25 37	1 14	11 03	1 31	1 49
3 Th	1♈15	5 09	27 12	1 08	12 04	2 09	1 48
4 F	6 07	4 44	28 48	1 03	13 04	2 47	1 48
5 S	11 08	4 16	0♐24	0 58	14 04	3 26	1 48
6 Su	16 19	3 45	1 59	0 52	15 04	4 04	1 47
7 M	21 38	3 10	3 35	0 47	16 04	4 42	1 47
8 Tu	27 06	2 34	5 10	0 41	17 04	5 20	1 47
9 W	2♉44	1 55	6 46	0 35	18 04	5 58	1 47
10 Th	8 29	1 13	8 21	0 30	19 04	6 36	1 46
11 F	14 23	0 30	9 56	0 24	20 04	7 14	1 46
12 S	20 23	0N14	11 32	0 19	21 04	7 52	1 45
13 Su	26 30	0 59	13 07	0 13	22 04	8 30	1 45
14 M	2♊42	1 44	14 42	0 07	23 04	9 08	1 45
15 Tu	8 58	2 28	16 18	0 02	24 04	9 47	1 44
16 W	15 16	3 10	17 53	0S04	25 04	10 25	1 44
17 Th	21 35	3 50	19 28	0 10	26 03	11 03	1 43
18 F	27 54	4 28	21 03	0 15	27 03	11 41	1 43
19 S	4♋11	5 02	22 38	0 21	28 03	12 19	1 42
20 Su	10 24	5 32	24 13	0 26	29 02	12 57	1 42
21 M	16 33	5 57	25 49	0 32	0♎02	13 35	1 41
22 Tu	22 35	6 19	27 24	0 38	1 01	14 13	1 41
23 W	28 31	6 35	28 59	0 43	2 01	14 51	1 40
24 Th	4♌18	6 48	0♑34	0 49	3 01	15 29	1 40
25 F	9 57	6 56	2 09	0 54	4 00	16 07	1 39
26 S	15 27	7 00	3 44	0 59	5 00	16 45	1 39
27 Su	20 47	7 00	5 19	1 05	5 59	17 23	1 38
28 M	25 57	6 57	6 54	1 10	6 58	18 01	1 38
29 Tu	0♍58	6 50	8 29	1 15	7 58	18 39	1 37
30 W	5 49	6 41	10 03	1 21	8 57	19 17	1 36
31 Th	10♍31	6N30	11♑38	1S26	9♎56	19♓55	1S36

APRIL 2011

DAY	☿ LONG	☿ LAT	♀ LONG	♀ LAT	⊕ LONG	♂ LONG	♂ LAT
	° '	° '	° '	° '	° '	° '	° '
1 F	15♍04	6N16	13♑13	1S31	10♎56	20♓33	1S35
2 S	19 28	6 01	14 48	1 36	11 55	21 11	1 35
3 Su	23 44	5 44	16 23	1 41	12 54	21 49	1 34
4 M	27 51	5 25	17 58	1 46	13 53	22 26	1 33
5 Tu	1♎52	5 06	19 33	1 50	14 52	23 04	1 33
6 W	5 45	4 46	21 08	1 55	15 52	23 42	1 32
7 Th	9 31	4 25	22 43	2 00	16 51	24 20	1 31
8 F	13 12	4 04	24 17	2 04	17 50	24 58	1 31
9 S	16 46	3 42	25 52	2 09	18 49	25 35	1 30
10 Su	20 15	3 19	27 27	2 13	19 48	26 13	1 29
11 M	23 39	2 57	29 02	2 17	20 47	26 51	1 28
12 Tu	26 59	2 35	0♒37	2 21	21 45	27 28	1 28
13 W	0♏14	2 12	2 12	2 25	22 44	28 06	1 27
14 Th	3 25	1 50	3 47	2 29	23 43	28 44	1 26
15 F	6 33	1 27	5 21	2 33	24 42	29 21	1 25
16 S	9 37	1 05	6 56	2 36	25 41	29 59	1 25
17 Su	12 38	0 43	8 31	2 40	26 39	0♈36	1 24
18 M	15 37	0 21	10 06	2 43	27 38	1 14	1 23
19 Tu	18 33	0S01	11 41	2 47	28 37	1 51	1 22
20 W	21 27	0 22	13 16	2 50	29 35	2 29	1 21
21 Th	24 19	0 43	14 51	2 53	0♏34	3 06	1 21
22 F	27 09	1 04	16 26	2 56	1 32	3 44	1 20
23 S	29 58	1 24	18 01	2 59	2 31	4 21	1 19
24 Su	2♐46	1 44	19 36	3 01	3 29	4 58	1 18
25 M	5 32	2 04	21 11	3 04	4 28	5 36	1 17
26 Tu	8 18	2 23	22 46	3 06	5 26	6 13	1 16
27 W	11 03	2 42	24 21	3 08	6 25	6 50	1 15
28 Th	13 48	3 01	25 56	3 10	7 23	7 27	1 15
29 F	16 33	3 19	27 31	3 12	8 21	8 04	1 14
30 S	19♐17	3S36	29♒06	3S14	9♏20	8♈41	1S13

DAY	♃ LONG	♃ LAT	♄ LONG	♄ LAT	♅ LONG	♅ LAT	♆ LONG	♆ LAT	♇ LONG	♇ LAT
	° '	° '	° '	° '	° '	° '	° '	° '	° '	° '
5 S	13♈28.3	1S18	12♎53.3	2N27	0♈22.2	0S44	28♒29.0	0S30	5♑32.8	4N32
10 Th	13 55.8	1 18	13 03.2	2 27	0 25.4	0 44	28 30.8	0 30	5 34.5	4 32
15 Tu	14 23.3	1 18	13 13.1	2 27	0 28.6	0 44	28 32.6	0 30	5 36.2	4 31
20 Su	14 50.9	1 18	13 23.0	2 27	0 31.9	0 44	28 34.4	0 30	5 37.9	4 31
25 F	15 18.4	1 18	13 32.9	2 27	0 35.1	0 44	28 36.2	0 30	5 39.6	4 30
30 W	15 46.0	1 18	13 42.8	2 27	0 38.3	0 44	28 38.1	0 31	5 41.3	4 30
4 M	16 13.5	1 18	13 52.7	2 27	0 41.5	0 44	28 39.9	0 31	5 43.0	4 29
9 S	16 41.0	1 18	14 02.5	2 27	0 44.7	0 44	28 41.7	0 31	5 44.7	4 29
14 Th	17 08.6	1 18	14 12.4	2 27	0 48.0	0 44	28 43.5	0 31	5 46.4	4 28
19 Tu	17 36.1	1 18	14 22.3	2 27	0 51.2	0 44	28 45.3	0 31	5 48.1	4 28
24 Su	18 03.6	1 18	14 32.1	2 27	0 54.4	0 44	28 47.1	0 31	5 49.8	4 27
29 F	18 31.2	1 17	14 42.0	2 27	0 57.6	0 44	28 48.9	0 31	5 51.5	4 27

☿p.365338	☿a.367122
♀ .724327	♀a.727608
⊕ .990688	⊕ .999075
♂p1.38191	♂ 1.38499
♃p4.94847	♃ 4.94845
♄ 9.60275	♄ 9.61197
♅ 20.0877	♅ 20.0867
♆ 30.0121	♆ 30.0111
♇ 31.9871	♇ 32.0039
☊	Perihelia
☿ 18°♉ 28	☿ 17°♊ 38
♀ 16 ♊ 47	♀ 11 ♌ 42
⊕	⊕ 15 ♋ 51
♂ 19 ♉ 39	♂ 6 ♓ 20
♃ 10 ♋ 37	♃ 14 ♈ 38
♄ 23 ♋ 45	♄ 0 ♋ 22
♅ 14 ♊ 04	♅ 19 ♍ 37
♆ 11 ♌ 54	♆ 27 ♈ 45
♇ 20 ♋ 28	♇ 14 ♏ 37

1	☿△♀	4pm46
2 W	☿⚺♆	9am57
	☿ ♈	5pm43
	☿☌♅	7 28
3 Th	☿⚺♂	5am13
	♀∠♄	9 29
	♀⚼♃	5pm16
	⊕⚺♄	6 54
	♀□♆	7 7
	☿□♇	9 11
4 F	⊕⚻♃	8am21
	♀ ♐	6pm 4
	♀△♅	11 38
5 S	♃∠♆	3am26
	☿☍♄	8 15
	☿∠♆	10 59
	☿☌♃	11 7
	⊕⚻☿	4pm56
6 Su	☿⚼♀	4am25
	☿∠♂	2pm11
8 T	♀□♂	4am 3
	♀⚺♇	5 57
	☿⚹♆	6 1
	♂⚹♇	8 51
	☿ ♉	12pm26
	☿⚺♅	2 10
9 W	⊕⚼☿	1am45
	☿△♇	11 55
	♂ P	2pm 7
	☿⚹♂	3 14
	☿⚻♀	11 14
10 Th	☿⚻♄	6pm45
	☿⚺♃	10 32
11 F	☿∠♅	4am15
	☿0N	4pm23
12 S	☿⚼♇	0am47
	⊕△☿	3 14
13 Su	♀⚹♄	0am32
	☿⚼♄	6 28
	☿□♆	7 55
	☿∠♃	10 40
	☿ ♊	1pm35
	☿⚹♅	3 23
	♀△♃	5 26
14	☿⚻♇	11am 9
15 T	☿□♂	3am28
	♀0S	7 24
	☿△♄	4pm19
	☿⚹♃	8 59
16 W	☿ P	8am18
	☿☍♀	1pm16
17 Th	♃ P	5pm 2
	⊕□☿	8 10
18 F	☿△♆	2am32
	☿ ♋	8 1
	☿□♅	9 58
19 S	☿☍♇	5am33
	⊕⚻♆	12pm43
20 Su	☿△♂	11am 2
	☿□♄	11 40
	☿⚼♆	12pm21
	♂⚻♄	5 20
	☿□♃	5 35
	⊕ ♎	11 14
21	⊕☍♅	12pm27
22	♀⚹♆	6pm 8
23 W	☿⚻♆	0am19
	☿⚻♀	2 36
	☿ ♌	6 6
	☿⚼♂	6 10
	☿△♅	8 26
	♂⚺♃	12pm 2
	♀ ♑	3 29
	⊕⚹☿	5 27
24 Th	♀□♅	0am11
	☿⚻♇	5 41
25 F	☿⚹♄	3pm44
	☿△♃	11 47
26 S	☿⚼♅	0am40
	☿⚻♂	6 35
	⊕□♇	4pm24
	☿⚼♀	8 57
	☿⚼♇	11 30
27 Su	⊕∠☿	1am 8
	♄⚼♆	1 46
	♀☌♇	5 29
28 M	⊕□♀	3am12
	☿☍♆	12pm42
	☿∠♄	12 53
	☿ ♍	7 19
	☿⚻♅	10 21
	☿⚼♃	10 33
29	☿△♇	11pm20
30	⊕⚺☿	8pm11
31 Th	☿△♀	8am56
	☿⚺♄	5pm 5
1 F	☿⚻♃	4am52
	♀∠♆	6 28
	♀□♄	8 38
2 S	☿☍♂	11am12
	♀□♃	7pm57
3 Su	⊕⚼♆	6pm32
	⊕☌♄	11 44
4 M	☿⚻♆	4am47
	☿ ♎	12pm45
	☿☍♅	4 58
5	☿□♇	11pm52
6	⊕☍♃	2pm46
8 F	☿⚼♆	3am17
	☿☌♄	5 28
	♀⚹♂	4pm54
	☿☍♃	11 24
9	⊕☌☿	7pm31
10	♀⚺♆	7pm 1
11	♀ ♒	2pm40
12 T	♀⚹♅	2am30
	☿⚻♂	4 28
	☿△♆	12pm45
	☿ ♏	10 16
13 W	☿⚻♅	4am10
	♂⚺♆	11pm51
14 Th	☿□♀	5am28
	☿⚹♇	6pm 3
15	♀⚺♇	6am24
16	♂ ♈	0am43
17 Su	♂☌♅	8am47
	☿⚺♄	1pm33
18 M	☿⚼♅	1am52
	☿⚼♂	6 23
	☿⚻♃	3pm58
	☿0S	11 20
	♀ A	11 44
19 T	⊕△♆	3am36
	☿∠♇	6pm39
20 W	⊕ ♏	10am10
	♀△♄	5pm39
21 Th	⊕⚻♅	7am46
	♀∠♅	3pm42
22 F	☿□♆	1pm50
	☿∠♄	7 59
	♀⚹♃	11 19
23 S	☿ ♐	0am17
	☿△♅	8 0
24 Su	☿⚼♃	2am41
	♀∠♂	9 26
	⊕⚺☿	9 41
	♀∠♇	6pm48
25 M	☿△♂	0am38
	☿⚺♇	2 36
	♂□♇	9 26
26	⊕⚹♇	10am 1
28 Th	⊕⚻♂	4am46
	☿⚹♄	7 40
29 F	☿ A	7am56
	☿△♃	5pm52
	♀☌♆	7 52
30 S	♀⚼♄	9am53
	♀ ♓	1pm44

MAY 2011

DAY	☿ LONG	☿ LAT	♀ LONG	♀ LAT	⊕ LONG	♂ LONG	♂ LAT
	° '	° '	° '	° '	° '	° '	° '
1 Su	22♐02	3S53	0♓41	3S16	10♏18	9♈19	1S12
2 M	24 48	4 10	2 16	3 17	11 16	9 56	1 11
3 Tu	27 34	4 26	3 51	3 19	12 14	10 33	1 10
4 W	0♑21	4 41	5 26	3 20	13 13	11 09	1 09
5 Th	3 08	4 56	7 01	3 21	14 11	11 46	1 08
6 F	5 58	5 11	8 36	3 22	15 09	12 23	1 07
7 S	8 48	5 24	10 11	3 22	16 07	13 00	1 06
8 Su	11 41	5 37	11 46	3 23	17 05	13 37	1 05
9 M	14 35	5 49	13 22	3 23	18 03	14 14	1 04
10 Tu	17 32	6 01	14 57	3 24	19 01	14 50	1 03
11 W	20 31	6 12	16 32	3 24	19 59	15 27	1 02
12 Th	23 32	6 21	18 07	3 24	20 57	16 04	1 01
13 F	26 37	6 30	19 43	3 23	21 55	16 40	1 00
14 S	29 44	6 38	21 18	3 23	22 53	17 17	0 59
15 Su	2♒56	6 45	22 53	3 23	23 51	17 53	0 58
16 M	6 11	6 51	24 29	3 22	24 49	18 30	0 57
17 Tu	9 30	6 55	26 04	3 21	25 47	19 06	0 56
18 W	12 53	6 58	27 39	3 20	26 45	19 42	0 55
19 Th	16 21	7 00	29 15	3 19	27 42	20 19	0 54
20 F	19 54	7 00	0♈50	3 18	28 40	20 55	0 53
21 S	23 33	6 59	2 26	3 16	29 38	21 31	0 52
22 Su	27 17	6 55	4 01	3 15	0♐36	22 07	0 51
23 M	1♓08	6 50	5 37	3 13	1 33	22 43	0 50
24 Tu	5 05	6 43	7 12	3 11	2 31	23 19	0 49
25 W	9 09	6 33	8 48	3 09	3 29	23 55	0 48
26 Th	13 20	6 22	10 23	3 07	4 26	24 31	0 47
27 F	17 39	6 07	11 59	3 04	5 24	25 07	0 46
28 S	22 05	5 51	13 34	3 02	6 21	25 43	0 45
29 Su	26 40	5 31	15 10	2 59	7 19	26 19	0 44
30 M	1♈24	5 08	16 46	2 56	8 17	26 55	0 43
31 Tu	6♈16	4S43	18♈21	2S54	9♐14	27♈31	0S42

JUNE 2011

DAY	☿ LONG	☿ LAT	♀ LONG	♀ LAT	⊕ LONG	♂ LONG	♂ LAT
	° '	° '	° '	° '	° '	° '	° '
1 W	11♈18	4S15	19♈57	2S51	10♐12	28♈06	0S41
2 Th	16 28	3 44	21 33	2 47	11 09	28 42	0 40
3 F	21 48	3 09	23 09	2 44	12 07	29 17	0 39
4 S	27 17	2 33	24 44	2 41	13 04	29 53	0 38
5 Su	2♉54	1 53	26 20	2 37	14 02	0♉28	0 36
6 M	8 40	1 12	27 56	2 33	14 59	1 04	0 35
7 Tu	14 34	0 29	29 32	2 30	15 57	1 39	0 34
8 W	20 35	0N16	1♉08	2 26	16 54	2 14	0 33
9 Th	26 42	1 00	2 44	2 22	17 51	2 50	0 32
10 F	2♊54	1 45	4 20	2 18	18 49	3 25	0 31
11 S	9 09	2 29	5 56	2 13	19 46	4 00	0 30
12 Su	15 28	3 12	7 32	2 09	20 44	4 35	0 29
13 M	21 47	3 52	9 08	2 05	21 41	5 10	0 28
14 Tu	28 06	4 29	10 44	2 00	22 38	5 45	0 27
15 W	4♋23	5 03	12 20	1 55	23 35	6 20	0 26
16 Th	10 36	5 32	13 56	1 51	24 33	6 55	0 24
17 F	16 44	5 58	15 32	1 46	25 30	7 30	0 23
18 S	22 47	6 19	17 08	1 41	26 27	8 04	0 22
19 Su	28 42	6 36	18 44	1 36	27 25	8 39	0 21
20 M	4♌29	6 48	20 21	1 31	28 22	9 14	0 20
21 Tu	10 08	6 56	21 57	1 26	29 19	9 48	0 19
22 W	15 37	7 00	23 33	1 20	0♑16	10 23	0 18
23 Th	20 57	7 00	25 09	1 15	1 14	10 57	0 17
24 F	26 07	6 57	26 46	1 10	2 11	11 32	0 16
25 S	1♍07	6 50	28 22	1 04	3 08	12 06	0 15
26 Su	5 58	6 41	29 58	0 59	4 05	12 40	0 13
27 M	10 40	6 29	1♊35	0 53	5 03	13 15	0 12
28 Tu	15 12	6 16	3 11	0 48	6 00	13 49	0 11
29 W	19 36	6 00	4 48	0 42	6 57	14 23	0 10
30 Th	23♍52	5N43	6♊24	0S37	7♑54	14♉57	0S09

DAY	♃ LONG	♃ LAT	♄ LONG	♄ LAT	♅ LONG	♅ LAT	♆ LONG	♆ LAT	♇ LONG	♇ LAT
	° '	° '	° '	° '	° '	° '	° '	° '	° '	° '
4 W	18♈58.7	1S17	14♎51.9	2N27	1♈00.9	0S44	28♒50.7	0S31	5♑53.1	4N26
9 M	19 26.2	1 17	15 01.7	2 27	1 04.1	0 44	28 52.6	0 31	5 54.8	4 26
14 S	19 53.8	1 17	15 11.6	2 28	1 07.3	0 44	28 54.4	0 31	5 56.5	4 25
19 Th	20 21.3	1 17	15 21.4	2 28	1 10.6	0 44	28 56.2	0 31	5 58.2	4 25
24 Tu	20 48.8	1 17	15 31.3	2 28	1 13.8	0 44	28 58.0	0 31	5 59.9	4 24
29 Su	21 16.4	1 17	15 41.1	2 28	1 17.0	0 44	28 59.8	0 31	6 01.6	4 24
3 F	21 43.9	1 17	15 51.0	2 28	1 20.2	0 44	29 01.6	0 31	6 03.3	4 23
8 W	22 11.4	1 17	16 00.8	2 28	1 23.5	0 44	29 03.5	0 31	6 05.0	4 23
13 M	22 38.9	1 16	16 10.7	2 28	1 26.7	0 44	29 05.3	0 31	6 06.7	4 22
18 S	23 06.5	1 16	16 20.5	2 28	1 29.9	0 44	29 07.1	0 31	6 08.4	4 22
23 Th	23 34.0	1 16	16 30.3	2 28	1 33.2	0 44	29 08.9	0 31	6 10.1	4 21
28 Tu	24 01.5	1 16	16 40.2	2 28	1 36.4	0 44	29 10.7	0 32	6 11.8	4 21

☿ .466307	☿p .342682
♀ .727936	♀ .725112
⊕ 1.00741	⊕ 1.01396
♂ 1.40064	♂ 1.42788
♃ 4.94897	♃ 4.95006
♄ 9.62087	♄ 9.63004
♅ 20.0857	♅ 20.0847
♆ 30.0102	♆ 30.0092
♇ 32.0201	♇ 32.0369
☊	Perihelia
☿ 18°♉ 28	☿ 17°♊ 38
♀ 16 ♊ 47	♀ 11 ♌ 44
⊕	⊕ 13 ♋ 32
♂ 19 ♉ 39	♂ 6 ♓ 18
♃ 10 ♋ 37	♃ 14 ♈ 38
♄ 23 ♋ 45	♄ 0 ♋ 25
♅ 14 ♊ 03	♅ 19 ♍ 24
♆ 11 ♌ 54	♆ 29 ♈ 34
♇ 20 ♋ 28	♇ 14 ♏ 32

1	♀⚺♅	4am39
2	⊕∠☿	7pm44
3	♀∠♃	0am39
T	☿✶♆	11 4
	☿ ♑	9pm 3
4	☿□♅	5am48
W	♀✶♇	6 54
5	⊕⚺♄	6pm20
Th	☿☌♇	11 27
6	⊕⚼♅	10pm11
8	☿✶♀	1am46
Su	♂∠♆	10 6
	☿∠♆	6pm10
	☿□♂	8 17
9	☿□♄	3am41
M	♀⚺♂	9pm18
10	♀⚻♄	1am45
T	♂☍♄	9 15
	⊕⚻♃	1pm53
	☿□♃	4 40
	⊕✶☿	5 52
11	⊕∠♇	11pm23
13	♀⚺♃	1am30
F	☿⚺♆	5pm38
14	☿ ♒	1am59
S	☿✶♅	10 30
15	☿⚺♇	10pm23
16	⊕△♀	12pm59
17	☿∠♀	9pm 2
18	☿△♄	5pm 7
W	♀⚺♆	7 19
	☿∠♅	10 47
19	♂☌♃	2am 4
Th	♀ ♈	11 23
20	☿✶♃	3am42
F	♀☌♅	5 19
	⊕□♆	6 54
	☿∠♇	7 8
	☿✶♂	8 3
21	⊕ ♐	9am14
S	⊕∠♄	8pm29
22	☿☌♆	10am30
Su	⊕△♅	3pm33
	☿ ♓	5 1
	☿⚼♄	8 0
23	☿⚺♅	0am33
M	⊕□☿	3 27
	♀□♇	5 48
24	☿∠♃	4am29
T	☿✶♇	5 30
	☿⚺♀	8pm40
	☿∠♂	10 30
26	☿⚻♄	12pm45
27	⊕⚺♇	3pm34
F	☿⚺♃	7 3
	⊕⚼♃	7 8
28	♀∠♆	6am18
S	☿⚺♂	9pm54
29	♀☍♄	7am57
Su	☿⚺♆	11 55
	☿ ♈	4pm58
	☿☌♅	11 28
30	☿□♇	10pm52
31	⊕△☿	5pm35
1	☿∠♆	12pm42
W	☿☍♄	8 58
2	♀☌♃	1am28
Th	♂✶♆	1pm17
	☿☌♃	11 41
3	☿☌♀	8am24
4	⊕⚼☿	4am 7
S	♂ ♉	4 50
	☿✶♆	7 33
	☿ ♉	11 41
	☿☌♂	12pm29
	☿⚺♅	5 27
5	☿△♇	1pm15
6	♂⚺♅	12pm46
M	♀✶♆	4 45
7	⊕✶♄	0am57
T	☿⚻♄	5 43
	⊕⚻☿	6 36
	♀ ♉	7 1
	☿∠♅	7 18
	☿0N	3pm38
8	☿⚼♇	2am 0
W	♀⚺♅	3 56
	☿⚺♃	6 28
	⊕⚼♂	9pm59
9	♀☌♂	2am18
Th	⊕⚼♀	4 48
	☿□♆	9 13
	☿ ♊	12pm50
	☿⚼♄	4 58
	☿✶♅	6 17
10	☿⚺♂	2am12
F	☿⚺♀	7 25
	☿⚻♇	12pm18
	☿∠♃	5 27
11	♀△♇	2am37
12	☿△♄	2am36
Su	☿ P	7 33
	☿∠♂	5pm14
	⊕☍☿	11 33
13	☿✶♃	3am20
M	☿∠♀	11 56
14	⊕△♃	2am54
T	☿△♆	3 48
	☿ ♋	7 15
	☿□♅	12pm50
	♂△♇	3 20
15	☿☍♇	6am43
W	☿✶♂	8 17
16	☿⚼♆	1pm41
Th	☿✶♀	5 35
	☿□♄	10 18
17	♀⚻♄	11am51
F	♀∠♅	2pm23
18	☿□♃	1am21
S	⊕⚻☿	5pm43
19	☿⚻♆	1am45
Su	☿ ♌	5 21
	☿△♅	11 36
20	☿⚻♇	7am 2
M	♀⚼♇	12pm 9
	⊕✶♆	7 24
	☿□♂	10 27
21	⊕ ♑	5pm 9
T	⊕⚼☿	10 9
	♀⚺♃	10 46
22	☿✶♄	3am50
W	☿⚼♅	4 8
23	☿⚼♇	1am 1
Th	⊕□♅	8 18
	☿△♃	12pm17
24	☿□♀	4am29
F	☿☍♆	2pm30
	☿ ♍	6 33
25	☿∠♄	2am12
S	☿⚻♅	2 12
	♀□♆	11 53
	⊕△☿	12pm16
26	♀ ♊	0am23
Su	☿△♇	1 5
	☿⚼♃	2pm52
27	♀✶♅	0am13
M	♀⚼♄	0 50
	☿△♂	3pm29
28	⊕☌♇	5am 6
T	☿⚺♄	7 58
29	♀⚻♇	9pm 3
30	☿⚻♃	2am 2

JULY 2011

DAY	☿ LONG	☿ LAT	♀ LONG	♀ LAT	⊕ LONG	♂ LONG	♂ LAT
	° '	° '	° '	° '	° '	° '	° '
1 F	27♍59	5N25	8♊01	0S31	8♑51	15♉31	0S08
2 S	1♎59	5 06	9 37	0 25	9 49	16 05	0 07
3 Su	5 52	4 45	11 14	0 20	10 46	16 39	0 06
4 M	9 39	4 24	12 51	0 14	11 43	17 13	0 05
5 Tu	13 19	4 03	14 27	0 08	12 40	17 47	0 04
6 W	16 53	3 41	16 04	0 03	13 38	18 20	0 03
7 Th	20 22	3 19	17 41	0N03	14 35	18 54	0 01
8 F	23 46	2 56	19 17	0 09	15 32	19 28	0 00
9 S	27 05	2 34	20 54	0 15	16 29	20 01	0N01
10 Su	0♏20	2 11	22 31	0 20	17 26	20 35	0 02
11 M	3 31	1 49	24 08	0 26	18 24	21 08	0 03
12 Tu	6 39	1 27	25 45	0 32	19 21	21 41	0 04
13 W	9 43	1 04	27 22	0 37	20 18	22 15	0 05
14 Th	12 44	0 42	28 59	0 43	21 15	22 48	0 06
15 F	15 43	0 20	0♋35	0 49	22 12	23 21	0 07
16 S	18 39	0S01	2 12	0 54	23 10	23 54	0 08
17 Su	21 32	0 23	3 49	1 00	24 07	24 28	0 09
18 M	24 24	0 44	5 27	1 05	25 04	25 01	0 10
19 Tu	27 15	1 04	7 04	1 11	26 01	25 34	0 11
20 W	0♐03	1 25	8 41	1 16	26 58	26 07	0 12
21 Th	2 51	1 45	10 18	1 21	27 56	26 39	0 14
22 F	5 38	2 05	11 55	1 27	28 53	27 12	0 15
23 S	8 23	2 24	13 32	1 32	29 50	27 45	0 16
24 Su	11 08	2 43	15 09	1 37	0♒48	28 18	0 17
25 M	13 53	3 01	16 46	1 42	1 45	28 50	0 18
26 Tu	16 38	3 19	18 24	1 47	2 42	29 23	0 19
27 W	19 23	3 37	20 01	1 52	3 40	29 55	0 20
28 Th	22 08	3 54	21 38	1 56	4 37	0♊28	0 21
29 F	24 53	4 10	23 16	2 01	5 34	1 00	0 22
30 S	27 39	4 26	24 53	2 06	6 32	1 33	0 23
31 Su	0♑26	4S42	26♋30	2N10	7♒29	2♊05	0N24

AUGUST 2011

DAY	☿ LONG	☿ LAT	♀ LONG	♀ LAT	⊕ LONG	♂ LONG	♂ LAT
	° '	° '	° '	° '	° '	° '	° '
1 M	3♑14	4S57	28♋08	2N15	8♒26	2♊37	0N25
2 Tu	6 03	5 11	29 45	2 19	9 24	3 09	0 26
3 W	8 54	5 25	1♌22	2 23	10 21	3 42	0 27
4 Th	11 46	5 38	3 00	2 27	11 19	4 14	0 28
5 F	14 41	5 50	4 37	2 31	12 16	4 46	0 29
6 S	17 37	6 01	6 15	2 35	13 14	5 18	0 30
7 Su	20 36	6 12	7 52	2 39	14 11	5 50	0 31
8 M	23 38	6 22	9 30	2 42	15 09	6 22	0 32
9 Tu	26 43	6 31	11 07	2 46	16 06	6 53	0 33
10 W	29 50	6 38	12 45	2 49	17 04	7 25	0 34
11 Th	3♒02	6 45	14 22	2 52	18 01	7 57	0 35
12 F	6 17	6 51	16 00	2 55	18 59	8 28	0 36
13 S	9 36	6 55	17 37	2 58	19 56	9 00	0 37
14 Su	13 00	6 58	19 15	3 01	20 54	9 32	0 38
15 M	16 28	7 00	20 52	3 03	21 51	10 03	0 39
16 Tu	20 01	7 00	22 30	3 06	22 49	10 34	0 40
17 W	23 40	6 59	24 07	3 08	23 47	11 06	0 41
18 Th	27 25	6 55	25 45	3 10	24 44	11 37	0 42
19 F	1♓15	6 50	27 22	3 12	25 42	12 08	0 42
20 S	5 12	6 43	29 00	3 14	26 40	12 40	0 43
21 Su	9 17	6 33	0♍37	3 16	27 37	13 11	0 44
22 M	13 28	6 21	2 15	3 17	28 35	13 42	0 45
23 Tu	17 47	6 07	3 52	3 19	29 33	14 13	0 46
24 W	22 14	5 50	5 30	3 20	0♓31	14 44	0 47
25 Th	26 49	5 30	7 07	3 21	1 29	15 15	0 48
26 F	1♈33	5 08	8 45	3 22	2 27	15 46	0 49
27 S	6 26	4 42	10 22	3 22	3 24	16 17	0 50
28 Su	11 28	4 14	12 00	3 23	4 22	16 48	0 51
29 M	16 38	3 43	13 37	3 23	5 20	17 18	0 52
30 Tu	21 58	3 08	15 14	3 24	6 18	17 49	0 52
31 W	27♈27	2S31	16♍52	3N24	7♓16	18♊20	0N53

DAY	♃ LONG	♃ LAT	♄ LONG	♄ LAT	♅ LONG	♅ LAT	♆ LONG	♆ LAT	♇ LONG	♇ LAT
	° '	° '	° '	° '	° '	° '	° '	° '	° '	° '
3 Su	24♈29.0	1S16	16♎50.0	2N28	1♈39.6	0S44	29♒12.5	0S32	6♑13.5	4N20
8 F	24 56.5	1 16	16 59.8	2 28	1 42.8	0 44	29 14.4	0 32	6 15.2	4 20
13 W	25 24.0	1 16	17 09.6	2 28	1 46.1	0 44	29 16.2	0 32	6 16.9	4 19
18 M	25 51.5	1 15	17 19.5	2 28	1 49.3	0 44	29 18.0	0 32	6 18.6	4 19
23 S	26 19.0	1 15	17 29.3	2 28	1 52.5	0 44	29 19.8	0 32	6 20.3	4 18
28 Th	26 46.5	1 15	17 39.1	2 28	1 55.8	0 44	29 21.6	0 32	6 22.0	4 18
2 Tu	27 14.0	1 15	17 48.9	2 28	1 59.0	0 44	29 23.4	0 32	6 23.7	4 17
7 Su	27 41.4	1 15	17 58.7	2 28	2 02.2	0 44	29 25.3	0 32	6 25.4	4 17
12 F	28 08.9	1 15	18 08.5	2 29	2 05.4	0 44	29 27.1	0 32	6 27.1	4 16
17 W	28 36.4	1 14	18 18.3	2 29	2 08.7	0 44	29 28.9	0 32	6 28.8	4 16
22 M	29 03.8	1 14	18 28.1	2 29	2 11.9	0 44	29 30.7	0 32	6 30.5	4 15
27 S	29 31.3	1 14	18 37.9	2 29	2 15.1	0 44	29 32.5	0 32	6 32.2	4 15

☿a.384655	☿ .462173
♀ .721149	♀p.718595
⊕a1.01670	⊕ 1.01510
♂ 1.46193	♂ 1.50143
♃ 4.95166	♃ 4.95386
♄ 9.63888	♄ 9.64797
♅ 20.0836	♅ 20.0825
♆ 30.0083	♆ 30.0073
♇ 32.0532	♇ 32.0701
☊	Perihelia
☿ 18° ♉ 28	☿ 17° ♊ 38
♀ 16 ♊ 47	♀ 11 ♌ 46
⊕	⊕ 10 ♋ 41
♂ 19 ♉ 39	♂ 6 ♓ 16
♃ 10 ♋ 37	♃ 14 ♈ 38
♄ 23 ♋ 45	♄ 0 ♋ 30
♅ 14 ♊ 03	♅ 19 ♍ 14
♆ 11 ♌ 54	♆ 1 ♉ 27
♇ 20 ♋ 28	♇ 14 ♏ 27

1 F	☿⚻♆	7am12
	☿ ♎	11 59
	☿⚼♂	5pm36
	♀∠♃	8 20
	☿☍♅	9 57
2	⊕⚻♀	6am52
3 Su	♂∠♅	0am33
	☿□♇	2 14
	♂⚻♄	8 23
4 M	⊕ A	2pm56
	⊕□☿	6 17
5 T	☿⚼♆	6am 4
	☿△♀	1pm52
6 W	☿☌♄	0am20
	♀0N	10 43
	☿⚻♂	11 52
	♀△♄	1pm 9
	⊕∠♆	3 13
8 F	♀⊻♂	3am50
	♂0N	8 19
	☿☍♃	8 41
9 S	⊕□♄	2pm10
	☿△♆	3 56

	☿ ♏	9 30
10	☿⚻♅	10am32
11 M	♂⚼♇	5am57
	♀✶♃	5pm 7
	☿✶♇	9 9
14 Th	♀△♆	4am29
	♀ ♋	3pm13
	☿⚼♀	9 54
15 F	☿⚼♅	8am50
	☿⊻♄	12pm31
	♀□♅	5 55
	☿0S	10 36
16	☿∠♇	10pm 2
17	⊕△♂	8pm36
18 M	☿☍♂	6am19
	⊕✶☿	8 23
	☿⚻♃	12pm40
	♀☍♇	12 56
	⊕□♃	10 1
19 T	☿□♆	5pm37
	♂⊻♃	8 29
	☿ ♐	11 31

20 W	☿△♅	3pm24
	☿∠♄	8 17
22 F	☿⊻♇	6am 9
	♀∠♂	6 27
	⊕⊻♆	11 9
23 S	⊕ ♒	4am 4
	♀⚼♆	11 50
24	☿⚼♃	2am25
25 M	⊕✶♅	3am47
	♀□♄	11 46
	♂□♆	10pm30
26 T	☿ A	7am12
	☿✶♄	8 26
	⊕∠☿	2pm22
27 W	♂ ♊	3am21
	☿⚻♀	1pm37
29 F	☿△♃	5pm48
	⊕⊻♇	8 15
30 S	☿✶♆	2pm54
	♂✶♅	6 26
	☿ ♑	8 17

31 Su	♀□♃	8am33
	☿□♅	1pm11
	☿⚻♂	5 33
1 M	♂⚼♄	7am39
	♀⚻♆	6pm40
2 T	☿☌♇	2am55
	♀ ♌	3 42
3 W	♀△♅	9am14
	⊕⊻☿	6pm16
4	☿∠♆	9pm47
5	♀✶♂	3am 7

6 S	♀⚻♇	2am33
	☿□♄	2 39
7	☿⚼♂	2am10
8	♂⚻♇	3am13
9 T	♀ P	8am51
	☿□♃	9 15
	☿⊻♆	8pm57
10 W	⊕∠♅	0am15
	☿ ♒	1 13
	☿✶♅	4pm53
11	⊕△♄	2am22
12 F	☿⊻♇	1am15
	♀⚼♅	4pm18
	☿△♂	6 54
13	♀✶♄	8am22
14	⊕∠♇	2pm16
15 M	☿∠♅	4am30
	♀⚼♇	8 52
	☿△♄	12pm10
16	☿∠♇	9am40

T	⊕☍♀	11 34
17 W	⊕☌☿	0am58
	☿☍♀	5 15
18 Th	☿✶♃	8am19
	☿☌♆	1pm 5
	☿ ♓	4 15
19 F	☿⊻♅	5am37
	☿⚼♄	1pm 3
	♀△♃	10 11
20 S	♀☍♆	7am27
	☿✶♇	7 42
	♀ ♍	2pm49
21	♀⚻♅	11pm16
22 M	☿□♂	1am30
	☿∠♃	3 27
	⊕✶♃	1pm 9
	♀∠♄	6 24
	♂∠♃	8 33
	⊕☌♆	11 12
23 T	☿⚻♄	3am58
	⊕ ♓	11 13
24	♀△♇	3pm 9

25 Th	☿⊻♃	1pm 7
	☿⊻♆	1 51
	☿ ♈	4 13
	⊕⊻♅	6 57
26 F	☿☌♅	3am27
	⊕⊻☿	5 33
27 S	☿□♇	0am31
	♃✶♆	5 43
	⊕⚼♄	5 46
28 Su	☿⚻♀	3am41
	☿∠♆	2pm25
29 M	☿✶♂	3am21
	☿☍♄	9 24
	♀⚼♃	5pm 1
	⊕∠☿	8 23
30	⊕✶♇	6am11
31 W	☿✶♆	9am 5
	☿☌♃	10 37
	☿ ♉	10 56
	☿⊻♅	8pm43
	♂△♄	9 54

SEPTEMBER 2011

DAY	☿ LONG	☿ LAT	♀ LONG	♀ LAT	⊕ LONG	♂ LONG	♂ LAT
	° '	° '	° '	° '	° '	° '	° '
1 Th	3♉05	1S52	18♍29	3N24	8♓14	18♊50	0N54
2 F	8 51	1 11	20 07	3 23	9 12	19 21	0 55
3 S	14 45	0 27	21 44	3 23	10 11	19 51	0 56
4 Su	20 46	0N17	23 21	3 22	11 09	20 22	0 57
5 M	26 53	1 02	24 58	3 22	12 07	20 52	0 58
6 Tu	3♊05	1 47	26 36	3 21	13 05	21 22	0 58
7 W	9 21	2 30	28 13	3 20	14 03	21 53	0 59
8 Th	15 40	3 13	29 50	3 18	15 01	22 23	1 00
9 F	21 59	3 53	1♎27	3 17	16 00	22 53	1 01
10 S	28 18	4 30	3 04	3 16	16 58	23 23	1 02
11 Su	4♋34	5 04	4 41	3 14	17 56	23 53	1 02
12 M	10 47	5 33	6 18	3 12	18 54	24 23	1 03
13 Tu	16 56	5 59	7 55	3 10	19 53	24 53	1 04
14 W	22 58	6 20	9 32	3 08	20 51	25 23	1 05
15 Th	28 53	6 36	11 09	3 06	21 50	25 53	1 06
16 F	4♌40	6 48	12 46	3 03	22 48	26 23	1 06
17 S	10 18	6 56	14 23	3 01	23 46	26 53	1 07
18 Su	15 47	7 00	16 00	2 58	24 45	27 23	1 08
19 M	21 07	7 00	17 37	2 55	25 44	27 52	1 09
20 Tu	26 16	6 56	19 13	2 52	26 42	28 22	1 09
21 W	1♍17	6 50	20 50	2 49	27 41	28 52	1 10
22 Th	6 07	6 41	22 27	2 46	28 39	29 21	1 11
23 F	10 49	6 29	24 03	2 42	29 38	29 51	1 12
24 S	15 21	6 15	25 40	2 39	0♈37	0♋20	1 12
25 Su	19 44	6 00	27 16	2 35	1 36	0 50	1 13
26 M	24 00	5 43	28 53	2 31	2 34	1 19	1 14
27 Tu	28 07	5 24	0♏29	2 27	3 33	1 49	1 15
28 W	2♎07	5 05	2 06	2 23	4 32	2 18	1 15
29 Th	5 59	4 45	3 42	2 19	5 31	2 47	1 16
30 F	9♎45	4N24	5♏18	2N15	6♈30	3♋16	1N17

OCTOBER 2011

DAY	☿ LONG	☿ LAT	♀ LONG	♀ LAT	⊕ LONG	♂ LONG	♂ LAT
	° '	° '	° '	° '	° '	° '	° '
1 S	13♎25	4N02	6♏54	2N11	7♈29	3♋46	1N17
2 Su	17 00	3 40	8 31	2 06	8 28	4 15	1 18
3 M	20 28	3 18	10 07	2 02	9 27	4 44	1 19
4 Tu	23 52	2 56	11 43	1 57	10 26	5 13	1 19
5 W	27 11	2 33	13 19	1 52	11 25	5 42	1 20
6 Th	0♏26	2 11	14 55	1 48	12 24	6 11	1 21
7 F	3 37	1 48	16 31	1 43	13 23	6 40	1 21
8 S	6 45	1 26	18 07	1 38	14 23	7 09	1 22
9 Su	9 49	1 04	19 43	1 33	15 22	7 38	1 22
10 M	12 50	0 42	21 19	1 28	16 21	8 07	1 23
11 Tu	15 48	0 20	22 54	1 23	17 20	8 35	1 24
12 W	18 44	0S02	24 30	1 17	18 20	9 04	1 24
13 Th	21 38	0 23	26 06	1 12	19 19	9 33	1 25
14 F	24 30	0 44	27 41	1 07	20 18	10 01	1 25
15 S	27 20	1 05	29 17	1 01	21 18	10 30	1 26
16 Su	0♐09	1 25	0♐53	0 56	22 17	10 59	1 27
17 M	2 56	1 45	2 28	0 50	23 17	11 27	1 27
18 Tu	5 43	2 05	4 04	0 45	24 16	11 56	1 28
19 W	8 29	2 24	5 39	0 39	25 16	12 24	1 28
20 Th	11 14	2 43	7 15	0 34	26 15	12 53	1 29
21 F	13 58	3 02	8 50	0 28	27 15	13 21	1 29
22 S	16 43	3 20	10 25	0 23	28 15	13 49	1 30
23 Su	19 28	3 37	12 01	0 17	29 14	14 18	1 31
24 M	22 13	3 54	13 36	0 11	0♉14	14 46	1 31
25 Tu	24 58	4 11	15 11	0 06	1 14	15 14	1 32
26 W	27 44	4 27	16 47	0 00	2 14	15 42	1 32
27 Th	0♑31	4 42	18 22	0S06	3 13	16 11	1 33
28 F	3 19	4 57	19 57	0 11	4 13	16 39	1 33
29 S	6 08	5 11	21 32	0 17	5 13	17 07	1 34
30 Su	8 59	5 25	23 07	0 22	6 13	17 35	1 34
31 M	11♑52	5S38	24♐42	0S28	7♉13	18♋03	1N35

DAY	♃ LONG	♃ LAT	♄ LONG	♄ LAT	♅ LONG	♅ LAT	♆ LONG	♆ LAT	♇ LONG	♇ LAT
	° '	° '	° '	° '	° '	° '	° '	° '	° '	° '
1 Th	29♈58.7	1S14	18♎47.7	2N29	2♈18.3	0S44	29♒34.3	0S32	6♑33.8	4N14
6 Tu	0♉26.2	1 14	18 57.5	2 29	2 21.6	0 44	29 36.1	0 32	6 35.5	4 14
11 Su	0 53.6	1 13	19 07.3	2 29	2 24.8	0 44	29 37.9	0 32	6 37.2	4 13
16 F	1 21.0	1 13	19 17.0	2 29	2 28.0	0 44	29 39.8	0 32	6 38.9	4 13
21 W	1 48.5	1 13	19 26.8	2 29	2 31.2	0 44	29 41.6	0 32	6 40.6	4 12
26 M	2 15.9	1 13	19 36.6	2 29	2 34.5	0 44	29 43.4	0 32	6 42.3	4 12
1 S	2 43.3	1 12	19 46.3	2 29	2 37.7	0 44	29 45.2	0 33	6 44.0	4 11
6 Th	3 10.7	1 12	19 56.1	2 29	2 40.9	0 44	29 47.0	0 33	6 45.7	4 11
11 Tu	3 38.1	1 12	20 05.9	2 29	2 44.1	0 44	29 48.8	0 33	6 47.3	4 10
16 Su	4 05.5	1 12	20 15.6	2 29	2 47.3	0 44	29 50.6	0 33	6 49.0	4 10
21 F	4 32.9	1 11	20 25.4	2 29	2 50.6	0 44	29 52.4	0 33	6 50.7	4 09
26 W	5 00.3	1 11	20 35.1	2 29	2 53.8	0 44	29 54.2	0 33	6 52.4	4 09
31 M	5 27.7	1 11	20 44.9	2 29	2 57.0	0 44	29 56.1	0 33	6 54.1	4 08

☿p.323431	☿a.406856
♀ .719415	♀ .722882
⊕ 1.00942	⊕ 1.00141
♂ 1.54172	♂ 1.57848
♃ 4.95662	♃ 4.95981
♄ 9.65703	♄ 9.66575
♅ 20.0813	♅ 20.0801
♆ 30.0063	♆ 30.0054
♇ 32.0870	♇ 32.1035
☊	Perihelia
☿ 18°♉ 29	☿ 17°♊ 39
♀ 16 ♊ 47	♀ 11 ♌ 44
⊕	⊕ 12 ♋ 34
♂ 19 ♉ 39	♂ 6 ♓ 15
♃ 10 ♋ 37	♃ 14 ♈ 38
♄ 23 ♋ 45	♄ 0 ♋ 34
♅ 14 ♊ 03	♅ 19 ♍ 05
♆ 11 ♌ 55	♆ 3 ♉ 13
♇ 20 ♋ 28	♇ 14 ♏ 22

1 Th	☿⚼♀	2am22
	☿∠♂	3 28
	♀⚺♄	4 39
	♃ ♉	5 32
	♀□♂	7 32
	☿△♇	2pm34
2	⊕✶☿	1am45
3 S	☿∠♅	10am21
	☿0N	2pm54
	☿⚻♄	4 32
	☿⚺♂	10 15
4 Su	☿⚼♇	3am13
	☿△♀	1pm52
5 M	☿□♆	10am32
	☿ ♊	12pm 5
	☿⚺♃	1 37
	☿✶♅	9 12
6 T	☿⚼♄	3am22
	☿⚻♇	1pm28
7 W	♀⚻♆	8pm44
	⊕□☿	9 9
	☿∠♃	11 51
8	♀ ♎	2am28
Th	☿ P	6 49
	♀⚻♃	12pm21
	☿△♄	12 50
	⊕∠♃	4 18
9 F	☿☌♂	3am44
	♀☍♅	2pm 1
10 S	☿△♆	5am 5
	☿ ♋	6 31
	☿✶♃	9 43
	☿□♅	3pm43
11 Su	☿□♀	0am37
	☿☍♇	7 53
12 M	♀□♇	4am46
	⊕⚻♄	6 17
	☿⚼♆	3pm 1
13 T	☿□♄	8am58
	⊕△☿	1pm55
14	☿⚺♂	10am41
15 Th	☿⚻♆	3am11
	☿ ♌	4 36
	☿□♃	9 58
	☿△♅	2pm48
16 F	☿⚻♇	8am23
	⊕⚼☿	4pm 4
17 S	♀⚼♆	4am15
	☿∠♂	7 32
18 Su	☿✶♀	1am21
	☿⚼♅	7 37
	☿✶♄	4pm 5
19	☿⚼♇	2am33
20 T	⊕⚻☿	2am31
	♀☌♄	2 55
	☿✶♂	11 3
	☿☍♆	4pm19
	☿ ♍	5 48
21 W	☿△♃	2am39
	☿⚻♅	6 6
	☿∠♄	3pm44
22 Th	☿△♇	2am50
	☿∠♀	10 11
	♂△♆	4pm53
23 F	⊕⚺♆	1am44
	♂ ♋	7 22
	⊕ ♈	8 57
	⊕□♂	10 34
24 S	☿⚼♃	9am36
	☿⚺♄	11pm 6
25	⊕⚺♃	3pm41
26 M	⊕☌♅	0am 2
	♀△♆	12pm38
	♀ ♏	4 44
27 T	☿⚻♆	9am38
	☿ ♎	11 14
	☿⚺♀	11pm49
28 W	☿□♂	1am19
	☿⚻♃	2 7
	☿☍♅	2 58
	♀△♂	4 26
	♀☍♃	5 37
	♀⚻♅	7 34
	♂✶♃	8 57
	♂□♅	2pm53
	⊕☍☿	8 1
29 Th	☿□♇	4am37
	♃⚺♅	8pm 5
30 F	⊕□♇	5am36
	♀✶♇	9pm23

1 S	☿⚼♆	8am53
	⊕⚻♀	10pm15
2	☿☌♄	7pm32
5 W	☿△♆	7pm 7
	☿ ♏	8 45
6 Th	☿⚻♅	4pm56
	☿☍♃	9 16
7 F	♂☍♇	5am 5
	♀⚼♅	5pm47
8 S	☿✶♇	0am14
	☿△♂	3 44
	⊕∠♆	10 17
9	♀⚺♄	4am55
10	♀∠♇	7am 9
11 T	♀⚼♂	2pm39
	☿⚼♅	3 51
	⊕⚻☿	6 54
	☿0S	9 52
12	☿⚺♄	11am40
13 Th	☿∠♇	1am25
	⊕☍♄	9pm17
14	☿⚼♂	5am20
15 S	♀□♆	8am21
	♀ ♐	10 46
	☿□♆	9pm25
	☿ ♐	10 46
16 Su	☿☌♀	2pm38
	☿△♅	10 49
17 M	♀△♅	4am59
	☿⚻♃	11 7
	☿∠♄	8pm36
18 T	♀⚻♃	3am23
	☿⚺♇	9 42
	♀∠♄	7pm26
19	♀⚺♇	5pm52
20 Th	⊕⚼☿	0am21
	☿⚻♂	5pm23
22	☿ A	6am29
23 Su	☿⚼♃	2am25
	☿✶♄	9 3
	⊕✶♆	3pm44
	⊕ ♉	6 23
24	♂⚼♆	6am34
25	♀⚻♂	0am59
26 W	♀0S	0am11
	⊕⚺♅	4pm18
	⊕⚼♀	6 17
	☿✶♆	6 44
	☿ ♑	7 32
27	☿□♅	8pm33
28 F	♀⚼♃	3am48
	♀✶♄	10 49
	⊕△☿	11 55
	☿△♃	4pm26
29 S	⊕☌♃	1am32
	☿☌♇	6 21
30	⊕△♇	4pm20

NOVEMBER 2011

	☿		♀		⊕	♂	
DAY	LONG	LAT	LONG	LAT	LONG	LONG	LAT
	° '	° '	° '	° '	° '	° '	° '
1 Tu	14♑46	5S50	26♐18	0S34	8♉13	18♋31	1N35
2 W	17 43	6 02	27 53	0 39	9 13	18 59	1 35
3 Th	20 42	6 12	29 28	0 45	10 13	19 27	1 36
4 F	23 44	6 22	1♑03	0 50	11 13	19 55	1 36
5 S	26 48	6 31	2 38	0 56	12 13	20 23	1 37
6 Su	29 56	6 39	4 13	1 01	13 14	20 50	1 37
7 M	3♒08	6 45	5 48	1 06	14 14	21 18	1 38
8 Tu	6 23	6 51	7 23	1 12	15 14	21 46	1 38
9 W	9 42	6 55	8 57	1 17	16 14	22 14	1 39
10 Th	13 06	6 58	10 32	1 22	17 14	22 41	1 39
11 F	16 34	7 00	12 07	1 27	18 15	23 09	1 39
12 S	20 08	7 00	13 42	1 32	19 15	23 37	1 40
13 Su	23 47	6 59	15 17	1 37	20 15	24 04	1 40
14 M	27 32	6 55	16 52	1 42	21 16	24 32	1 40
15 Tu	1♓22	6 50	18 27	1 47	22 16	25 00	1 41
16 W	5 20	6 42	20 02	1 52	23 16	25 27	1 41
17 Th	9 24	6 33	21 37	1 56	24 17	25 55	1 42
18 F	13 36	6 21	23 11	2 01	25 17	26 22	1 42
19 S	17 55	6 06	24 46	2 05	26 18	26 50	1 42
20 Su	22 22	5 49	26 21	2 10	27 18	27 17	1 43
21 M	26 58	5 30	27 56	2 14	28 19	27 44	1 43
22 Tu	1♈42	5 07	29 31	2 18	29 20	28 12	1 43
23 W	6 35	4 41	1♒06	2 22	0♊20	28 39	1 44
24 Th	11 37	4 13	2 41	2 26	1 21	29 06	1 44
25 F	16 48	3 42	4 16	2 30	2 22	29 34	1 44
26 S	22 08	3 07	5 50	2 34	3 22	0♌01	1 45
27 Su	27 37	2 30	7 25	2 38	4 23	0 28	1 45
28 M	3♉15	1 51	9 00	2 41	5 24	0 55	1 45
29 Tu	9 02	1 09	10 35	2 44	6 24	1 23	1 45
30 W	14♉56	0S26	12♒10	2S48	7♊25	1♌50	1N46

DECEMBER 2011

	☿		♀		⊕	♂	
DAY	LONG	LAT	LONG	LAT	LONG	LONG	LAT
	° '	° '	° '	° '	° '	° '	° '
1 Th	20♉57	0N18	13♒45	2S51	8♊26	2♌17	1N46
2 F	27 04	1 03	15 20	2 54	9 27	2 44	1 46
3 S	3♊17	1 48	16 55	2 57	10 28	3 11	1 46
4 Su	9 33	2 32	18 30	2 59	11 29	3 38	1 47
5 M	15 51	3 14	20 05	3 02	12 29	4 05	1 47
6 Tu	22 10	3 54	21 40	3 04	13 30	4 32	1 47
7 W	28 29	4 31	23 15	3 07	14 31	4 59	1 47
8 Th	4♋46	5 05	24 50	3 09	15 32	5 26	1 48
9 F	10 59	5 34	26 25	3 11	16 33	5 53	1 48
10 S	17 07	5 59	28 00	3 13	17 34	6 20	1 48
11 Su	23 09	6 20	29 35	3 15	18 35	6 47	1 48
12 M	29 04	6 37	1♓10	3 16	19 36	7 14	1 48
13 Tu	4♌50	6 49	2 45	3 18	20 37	7 41	1 49
14 W	10 28	6 56	4 20	3 19	21 38	8 08	1 49
15 Th	15 57	7 00	5 55	3 20	22 39	8 35	1 49
16 F	21 16	7 00	7 30	3 21	23 40	9 01	1 49
17 S	26 26	6 56	9 05	3 22	24 41	9 28	1 49
18 Su	1♍26	6 50	10 40	3 23	25 42	9 55	1 49
19 M	6 16	6 40	12 16	3 23	26 43	10 22	1 50
20 Tu	10 57	6 29	13 51	3 23	27 44	10 48	1 50
21 W	15 29	6 15	15 26	3 24	28 45	11 15	1 50
22 Th	19 52	5 59	17 01	3 24	29 46	11 42	1 50
23 F	24 07	5 42	18 36	3 24	0♋47	12 08	1 50
24 S	28 14	5 24	20 12	3 23	1 49	12 35	1 50
25 Su	2♎14	5 04	21 47	3 23	2 50	13 02	1 50
26 M	6 07	4 44	23 22	3 22	3 51	13 28	1 50
27 Tu	9 53	4 23	24 58	3 22	4 52	13 55	1 50
28 W	13 32	4 02	26 33	3 21	5 53	14 22	1 51
29 Th	17 06	3 40	28 08	3 20	6 54	14 48	1 51
30 F	20 35	3 17	29 44	3 19	7 55	15 15	1 51
31 S	23♎59	2N55	1♈19	3S17	8♋57	15♌41	1N51

	♃		♄		♅		♆		♇	
DAY	LONG	LAT	LONG	LAT	LONG	LAT	LONG	LAT	LONG	LAT
	° '	° '	° '	° '	° '	° '	° '	° '	° '	° '
5 S	5♉55.0	1S11	20♎54.7	2N29	3♈00.3	0S44	29♒57.9	0S33	6♑55.8	4N08
10 Th	6 22.4	1 10	21 04.4	2 29	3 03.5	0 44	29 59.7	0 33	6 57.4	4 07
15 Tu	6 49.7	1 10	21 14.2	2 29	3 06.7	0 44	0♓01.5	0 33	6 59.1	4 07
20 Su	7 17.1	1 10	21 23.9	2 29	3 09.9	0 44	0 03.3	0 33	7 00.8	4 06
25 F	7 44.4	1 10	21 33.6	2 29	3 13.2	0 44	0 05.1	0 33	7 02.5	4 06
30 W	8 11.8	1 09	21 43.4	2 29	3 16.4	0 44	0 07.0	0 33	7 04.2	4 05
5 M	8 39.1	1 09	21 53.1	2 29	3 19.6	0 44	0 08.8	0 33	7 05.9	4 05
10 S	9 06.4	1 09	22 02.9	2 29	3 22.9	0 44	0 10.6	0 33	7 07.6	4 04
15 Th	9 33.7	1 08	22 12.6	2 29	3 26.1	0 44	0 12.4	0 33	7 09.3	4 04
20 Tu	10 01.0	1 08	22 22.3	2 29	3 29.3	0 44	0 14.2	0 33	7 10.9	4 03
25 Su	10 28.3	1 08	22 32.1	2 29	3 32.6	0 44	0 16.0	0 33	7 12.6	4 03
30 F	10 55.6	1 08	22 41.8	2 29	3 35.8	0 44	0 17.9	0 33	7 14.3	4 02

☿ .453598	☿p.313184
♀a.726734	♀ .728201
⊕ .992710	⊕ .986193
♂ 1.61163	♂ 1.63721
♃ 4.96363	♃ 4.96783
♄ 9.67472	♄ 9.68335
♅ 20.0788	♅ 20.0776
♆ 30.0044	♆ 30.0034
♇ 32.1205	♇ 32.1370
☊	Perihelia
☿ 18°♉ 29	☿ 17°♊ 39
♀ 16 ♊ 48	♀ 11 ♌ 41
⊕	⊕ 14 ♋ 22
♂ 19 ♉ 39	♂ 6 ♓ 15
♃ 10 ♋ 37	♃ 14 ♈ 38
♄ 23 ♋ 45	♄ 0 ♋ 41
♅ 14 ♊ 02	♅ 18 ♍ 56
♆ 11 ♌ 55	♆ 5 ♉ 17
♇ 20 ♋ 28	♇ 14 ♏ 17

1	☿∠♆	1am24
2	☿☍♂	12pm 7
3	☿□♄	1am11
Th	♀✶♆	7 29
	♀ ♑	8 11
5	♀□♅	5am45
6	☿⚺♆	0am15
Su	☿ ♒	0 28
	♂□♄	5 44
	☿✶♅	11pm14
7	♀△♃	4am56
M	♀☌♇	5pm28
	☿□♃	10 34
8	☿⚺♇	4am 7
T	☿⚺♀	1pm50
10	⊕∠♅	7pm47
Th	♆ ♓	9 2
11	☿∠♅	10am12
F	⊕□☿	3pm48
12	☿△♄	6am45
S	☿∠♇	12pm11
	♀∠♆	7 51
13	☿⚻♂	2am11
Su	⊕⚻♄	10pm36
14	☿ ♓	3pm31
M	☿☌♆	3 39
	⊕⚼♇	5 16
15	☿⚺♅	10am39
T	☿∠♀	9pm 1
16	☿⚼♄	5am38
W	☿✶♃	9 40
	☿✶♇	9 53
	♀□♄	7pm13
	♃△♇	7 56
17	☿⚼♂	9am48
19	☿⚻♄	6pm48
S	⊕✶♂	11 1
	☿∠♃	11 33
20	♀☍♂	7pm52
21	☿△♂	4am26
M	☿✶♀	7 31
	⊕✶☿	8 50
	☿ ♈	3pm29
	☿⚺♆	3 49
	⊕△♀	4 3
22	♀ ♒	7am22
T	☿☌♅	7 25
	♀⚺♆	8 25
	⊕ ♊	4pm 1
	⊕□♆	5 43
23	☿□♇	2am11
W	☿⚺♃	4 48
24	♀✶♅	8am 7
Th	☿∠♆	4pm 8
25	⊕∠☿	3am 9
F	⊕✶♅	8pm38
	☿☍♄	9 34
	♂ ♌	11 7
26	♂⚻♆	4am 1
S	♀⚺♇	6pm24
27	♀□♃	8am 5
Su	☿ ♉	10 12
	☿✶♆	10 37
	☿□♂	1pm16
	☿⚺♅	11 59
28	⊕⚺☿	10am52
M	☿△♇	3pm53
	☿☌♃	8 8
29	⊕⚼♄	6am55
T	☿□♀	8 43
	⊕⚻♇	3pm38
	♀ A	4 19
30	☿∠♅	1pm24
W	☿0N	2 11
	⊕⚺♃	8 10
1	☿⚻♄	3am12
Th	☿⚼♇	4 26
2	☿ ♊	11am22
F	☿□♆	11 52
	☿✶♂	11pm37
3	☿✶♅	0am 7
S	♂△♅	6 32
	☿⚼♄	1pm40
	☿⚻♇	2 38
	☿⚺♃	8 11
	♀∠♅	9 17
4	⊕☌☿	8am47
5	☿ P	6am 6
M	☿∠♂	1pm14
	☿△♀	9 24
	☿△♄	11 2
6	♀△♄	4am 0
T	☿∠♃	6 3
	♀∠♇	6 46
7	☿ ♋	5am47
W	☿△♆	6 23
	☿□♅	6pm37
8	☿⚺♂	2am48
Th	☿☍♇	9 4
	☿✶♃	4pm17
9	☿⚼♀	2am15
F	☿⚼♆	4pm22
10	⊕⚺☿	2am 8
S	☿□♄	7pm42
11	♀ ♓	6am25
Su	♀☌♆	9 13
	♂⚻♇	6pm50
12	☿ ♌	3am52
M	☿⚻♆	4 39
	☿⚻♀	11 55
	☿△♅	6pm 1
13	⊕∠☿	3am58
T	☿⚻♇	9 45
	♀⚺♅	10 11
	☿☌♂	1pm 4
	☿□♃	7 37
14	⊕△♄	1pm21
15	☿⚼♅	11am 8
Th	♀✶♇	6pm49
	♀⚼♄	8 0
16	☿⚼♇	4am 5
F	☿✶♄	4 29
	⊕✶☿	1pm45
	⊕∠♂	3 4
17	⊕∠♃	1am38
S	♀⚻♂	8 3
	♀✶♃	10 33
	☿ ♍	5pm 4
	☿☍♆	6 8
	♂□♃	6 36
18	☿⚻♅	10am 2
19	☿△♇	4am36
M	☿∠♄	5 27
	☿△♃	7pm 3
	☿⚺♂	11 10
20	☿☍♀	11pm34
22	⊕ ♋	5am23
Th	⊕△♆	11 19
	☿⚺♄	2pm30
23	☿⚼♃	6am53
F	☿∠♂	7pm40
24	☿ ♎	10am29
S	☿⚻♆	12pm 4
25	⊕□☿	4am55
Su	☿☍♅	8 3
	♀⚻♄	11 34
	⊕□♅	5pm 0
26	☿□♇	6am59
27	☿⚻♃	5am10
T	♀∠♃	11 5
28	☿✶♂	6am15
W	☿⚼♆	11 42
29	⊕☍♇	7am45
30	♀ ♈	4am 3
F	♀⚺♆	8 35
	♀⚼♂	10 46
	☿☌♄	3pm 2

JANUARY 2012

DAY	☿ LONG	☿ LAT	♀ LONG	♀ LAT	⊕ LONG	♂ LONG	♂ LAT
	° '	° '	° '	° '	° '	° '	° '
1 Su	27♎18	2N33	2♈55	3S16	9♋58	16♌08	1N51
2 M	0♏32	2 10	4 30	3 14	10 59	16 34	1 51
3 Tu	3 43	1 48	6 06	3 12	12 00	17 01	1 51
4 W	6 50	1 25	7 41	3 10	13 01	17 27	1 51
5 Th	9 54	1 03	9 17	3 08	14 02	17 54	1 51
6 F	12 55	0 41	10 52	3 06	15 04	18 20	1 51
7 S	15 54	0 19	12 28	3 04	16 05	18 47	1 51
8 Su	18 50	0S03	14 04	3 01	17 06	19 13	1 51
9 M	21 43	0 24	15 39	2 58	18 07	19 40	1 51
10 Tu	24 35	0 45	17 15	2 56	19 08	20 06	1 51
11 W	27 25	1 06	18 51	2 53	20 09	20 33	1 51
12 Th	0♐14	1 26	20 26	2 50	21 10	20 59	1 51
13 F	3 02	1 46	22 02	2 46	22 11	21 25	1 51
14 S	5 48	2 06	23 38	2 43	23 13	21 52	1 51
15 Su	8 34	2 25	25 14	2 40	24 14	22 18	1 51
16 M	11 19	2 44	26 49	2 36	25 15	22 44	1 51
17 Tu	14 04	3 02	28 25	2 32	26 16	23 11	1 51
18 W	16 48	3 20	0♉01	2 28	27 17	23 37	1 51
19 Th	19 33	3 38	1 37	2 25	28 18	24 03	1 51
20 F	22 18	3 55	3 13	2 20	29 19	24 30	1 51
21 S	25 04	4 11	4 49	2 16	0♌20	24 56	1 51
22 Su	27 50	4 27	6 25	2 12	1 21	25 22	1 50
23 M	0♑37	4 43	8 01	2 08	2 22	25 49	1 50
24 Tu	3 25	4 58	9 37	2 03	3 23	26 15	1 50
25 W	6 14	5 12	11 13	1 59	4 25	26 41	1 50
26 Th	9 05	5 25	12 49	1 54	5 26	27 07	1 50
27 F	11 57	5 38	14 25	1 49	6 27	27 34	1 50
28 S	14 52	5 51	16 01	1 44	7 28	28 00	1 50
29 Su	17 49	6 02	17 38	1 39	8 29	28 26	1 50
30 M	20 48	6 13	19 14	1 34	9 30	28 52	1 50
31 Tu	23♑50	6S22	20♉50	1S29	10♌30	29♌19	1N49

FEBRUARY 2012

DAY	☿ LONG	☿ LAT	♀ LONG	♀ LAT	⊕ LONG	♂ LONG	♂ LAT
	° '	° '	° '	° '	° '	° '	° '
1 W	26♑54	6S31	22♉26	1S24	11♌31	29♌45	1N49
2 Th	0♒02	6 39	24 03	1 19	12 32	0♍11	1 49
3 F	3 14	6 46	25 39	1 14	13 33	0 37	1 49
4 S	6 29	6 51	27 15	1 08	14 34	1 04	1 49
5 Su	9 49	6 56	28 52	1 03	15 35	1 30	1 49
6 M	13 12	6 59	0♊28	0 57	16 36	1 56	1 48
7 Tu	16 41	7 00	2 04	0 52	17 36	2 22	1 48
8 W	20 15	7 00	3 41	0 46	18 37	2 49	1 48
9 Th	23 54	6 58	5 17	0 41	19 38	3 15	1 48
10 F	27 39	6 55	6 54	0 35	20 39	3 41	1 48
11 S	1♓30	6 50	8 30	0 29	21 39	4 07	1 47
12 Su	5 27	6 42	10 07	0 24	22 40	4 33	1 47
13 M	9 32	6 33	11 44	0 18	23 41	5 00	1 47
14 Tu	13 44	6 20	13 20	0 12	24 41	5 26	1 47
15 W	18 03	6 06	14 57	0 07	25 42	5 52	1 47
16 Th	22 31	5 49	16 34	0 01	26 43	6 18	1 46
17 F	27 07	5 29	18 10	0N05	27 43	6 44	1 46
18 S	1♈51	5 06	19 47	0 11	28 44	7 11	1 46
19 Su	6 44	4 41	21 24	0 16	29 44	7 37	1 46
20 M	11 46	4 12	23 01	0 22	0♍45	8 03	1 45
21 Tu	16 58	3 41	24 37	0 28	1 45	8 29	1 45
22 W	22 18	3 06	26 14	0 33	2 46	8 55	1 45
23 Th	27 48	2 29	27 51	0 39	3 46	9 22	1 44
24 F	3♉26	1 50	29 28	0 45	4 47	9 48	1 44
25 S	9 13	1 08	1♋05	0 50	5 47	10 14	1 44
26 Su	15 07	0 25	2 42	0 56	6 48	10 40	1 44
27 M	21 08	0N20	4 19	1 01	7 48	11 06	1 43
28 Tu	27 16	1 05	5 56	1 07	8 48	11 33	1 43
29 W	3♊28	1N49	7♋33	1N12	9♍49	11♍59	1N43

DAY	♃ LONG	♃ LAT	♄ LONG	♄ LAT	♅ LONG	♅ LAT	♆ LONG	♆ LAT	♇ LONG	♇ LAT
	° '	° '	° '	° '	° '	° '	° '	° '	° '	° '
4 W	11♉22.8	1S07	22♎51.5	2N29	3♈39.0	0S44	0♓19.7	0S34	7♑16.0	4N02
9 M	11 50.1	1 07	23 01.2	2 29	3 42.3	0 44	0 21.5	0 34	7 17.7	4 01
14 S	12 17.4	1 07	23 10.9	2 29	3 45.5	0 44	0 23.3	0 34	7 19.4	4 01
19 Th	12 44.6	1 06	23 20.6	2 29	3 48.7	0 44	0 25.1	0 34	7 21.0	4 00
24 Tu	13 11.9	1 06	23 30.4	2 29	3 51.9	0 44	0 26.9	0 34	7 22.7	4 00
29 Su	13 39.1	1 06	23 40.1	2 29	3 55.2	0 44	0 28.8	0 34	7 24.4	3 59
3 F	14 06.3	1 05	23 49.8	2 29	3 58.4	0 44	0 30.6	0 34	7 26.1	3 59
8 W	14 33.5	1 05	23 59.5	2 29	4 01.6	0 44	0 32.4	0 34	7 27.8	3 58
13 M	15 00.7	1 05	24 09.2	2 29	4 04.9	0 44	0 34.2	0 34	7 29.4	3 58
18 S	15 27.9	1 04	24 18.9	2 29	4 08.1	0 44	0 36.0	0 34	7 31.1	3 57
23 Th	15 55.0	1 04	24 28.5	2 29	4 11.3	0 44	0 37.8	0 34	7 32.8	3 57
28 Tu	16 22.2	1 03	24 38.2	2 29	4 14.5	0 43	0 39.6	0 34	7 34.5	3 56

☿a.426518	☿ .440765
♀ .726363	♀ .722390
⊕p.983330	⊕ .985241
♂ 1.65558	♂a1.66488
♃ 4.97269	♃ 4.97804
♄ 9.69223	♄ 9.70104
♅ 20.0763	♅ 20.0749
♆ 30.0024	♆ 30.0014
♇ 32.1542	♇ 32.1713
☊	Perihelia
☿ 18°♉ 29	☿ 17°♊ 39
♀ 16 ♊ 48	♀ 11 ♌ 42
⊕	⊕ 13 ♋ 49
♂ 19 ♉ 40	♂ 6 ♓ 14
♃ 10 ♋ 37	♃ 14 ♈ 38
♄ 23 ♋ 45	♄ 0 ♋ 50
♅ 14 ♊ 02	♅ 18 ♍ 51
♆ 11 ♌ 55	♆ 7 ♉ 28
♇ 20 ♋ 28	♇ 14 ♏ 12

1 Su	♀☌♅	10am42
	☿ ♏	7pm59
	☿△♆	10 20
2 M	⊕⚹♃	5am36
	☿⚻♅	11pm23
3	♀□♇	5pm38
4 W	☿⚹♇	3am19
	☿⚻♀	1pm41
5 Th	⊕ P	0am33
	☿☍♃	12pm47
6 F	⊕⚼♆	6am40
	♀⚺♃	11 1
	♂⚼♅	6pm33
7 S	⊕△☿	2am15
	☿0S	9pm 7
	☿⚼♅	10 53
8 Su	☿□♂	3am49
	♀∠♆	7pm31
9 M	☿∠♇	4am46
	☿⚺♄	10 58
11	⊕⚺♂	4pm 8
W	☿ ♐	9 59
12 Th	☿□♆	1am13
	♀△♂	11 16
13 F	☿△♅	6am15
	⊕□♀	6 26
	♀☍♄	5pm 6
	⊕□♄	11 21
14 S	☿⚺♇	1pm14
	☿∠♄	8 55
15 Su	♂⚼♇	1am32
	⊕⚼☿	9 10
16 M	☿⚻♃	10am26
	☿⚼♀	10 36
17 T	♂⚹♄	5am55
	♀ ♉	11pm42
18 W	☿ A	5am46
	♀⚹♆	5 55
20 F	♀⚺♅	9am 9
	☿⚹♄	9 28
	⊕ ♌	4pm 3
	☿△♂	10 42
21	⊕⚻♆	2am13
22 Su	☿⚼♃	1am41
	♀△♇	2pm19
	☿ ♑	6 45
	☿⚹♆	10 34
23	⊕⚻☿	11pm45
24 T	☿□♅	3am54
	⊕△♅	11 19
25	☿☌♇	9am46
26	♀☌♃	8am53
27 F	☿⚼♂	5am55
	☿△♃	12pm56
	⊕⚻♇	10 37
28 S	☿∠♆	5am 0
	☿△♀	8pm46
29	♀∠♅	7pm29
30	☿□♄	11pm15
31	♀⚼♇	11pm48
1 W	♂ ♍	1pm45
	♀⚻♄	8 16
	☿ ♒	11 42
2 Th	☿⚻♂	1am18
	☿⚺♆	3 31
	♂☍♆	5pm38
3 F	☿⚹♅	5am32
	⊕□♃	2pm21
4	☿⚺♇	6am57
5	♀ ♊	5pm 3
6 M	♀□♆	0am56
	☿□♃	8 21
7	♀□♂	6am 8
T	⊕☍☿	8 47
	☿∠♅	3pm50
8 W	♀⚹♅	5am13
	⊕⚼♅	9 45
	☿∠♇	2pm40
9	☿△♄	0am49
10 F	♀⚻♇	8am38
	☿ ♓	2pm45
	☿☌♆	6 12
	♂⚻♅	8 39
11 S	♀⚼♄	8am51
	☿⚺♅	3pm39
	☿☍♂	5 56
	⊕⚼♇	7 38
12 Su	☿⚹♇	12pm 3
	☿⚼♄	9 47
13 M	⊕⚹♄	11am36
	☿□♀	8pm26
14	☿⚹♃	7am52
15 W	♀⚺♃	3am52
	♂ A	9pm 1
16 Th	♀0N	3am29
	☿⚻♄	9 14
17 F	⊕⚻☿	4am 0
	☿ ♈	2pm44
	☿∠♃	4 56
	☿⚺♆	5 45
18 S	☿☌♅	11am21
	♂△♇	7pm 7
19 Su	☿□♇	3am48
	☿⚻♂	4 38
	⊕ ♍	6 10
	⊕☍♆	8pm43
20 M	☿∠♆	5pm50
	☿⚺♃	6 17
	♀△♄	8 46
	⊕⚼☿	10 50
22 W	☿⚼♂	7am45
	☿☍♄	9 28
23 Th	☿⚹♀	0am20
	♂∠♄	6 56
	☿ ♉	9 27
	⊕⚻♅	10 0
	☿⚹♆	12pm 9
24 F	☿⚺♅	3am12
	⊕△☿	6 50
	♀ ♋	7 53
	☿△♇	5pm10
	♀△♆	5 24
25 S	♀∠♃	0am12
	☿△♂	4 31
26 Su	☿☌♃	4am22
	☿0N	1pm27
	☿∠♀	2 9
	☿∠♅	4 25
	⊕△♇	6 28
	♀□♅	10 42
27 M	☿⚼♇	5am38
	☿⚻♄	1pm41
28 T	☿ ♊	10am37
	☿□♆	1pm11
	⊕∠♄	8 33
29 W	♀☍♇	0am23
	☿⚹♅	3 0
	☿⚻♇	3pm46
	☿⚺♀	9 5
	☿⚼♄	11 51

MARCH 2012

DAY	☿ LONG	☿ LAT	♀ LONG	♀ LAT	⊕ LONG	♂ LONG	♂ LAT
	° '	° '	° '	° '	° '	° '	° '
1 Th	9♊44	2N33	9♋10	1N18	10♍49	12♍25	1N42
2 F	16 03	3 15	10 47	1 23	11 49	12 51	1 42
3 S	22 22	3 55	12 25	1 28	12 49	13 18	1 42
4 Su	28 41	4 32	14 02	1 33	13 49	13 44	1 41
5 M	4♋57	5 05	15 39	1 38	14 49	14 10	1 41
6 Tu	11 10	5 35	17 16	1 43	15 49	14 36	1 41
7 W	17 18	6 00	18 53	1 48	16 50	15 02	1 40
8 Th	23 20	6 21	20 31	1 53	17 50	15 29	1 40
9 F	29 15	6 37	22 08	1 58	18 49	15 55	1 40
10 S	5♌01	6 49	23 45	2 03	19 49	16 21	1 39
11 Su	10 39	6 56	25 23	2 07	20 49	16 48	1 39
12 M	16 07	7 00	27 00	2 12	21 49	17 14	1 38
13 Tu	21 26	7 00	28 37	2 16	22 49	17 40	1 38
14 W	26 35	6 56	0♌15	2 20	23 49	18 06	1 38
15 Th	1♍35	6 49	1 52	2 24	24 49	18 33	1 37
16 F	6 25	6 40	3 30	2 28	25 48	18 59	1 37
17 S	11 06	6 28	5 07	2 32	26 48	19 25	1 36
18 Su	15 38	6 14	6 45	2 36	27 48	19 52	1 36
19 M	20 01	5 59	8 22	2 40	28 48	20 18	1 35
20 Tu	24 15	5 42	9 59	2 43	29 47	20 44	1 35
21 W	28 22	5 23	11 37	2 47	0♎47	21 11	1 35
22 Th	2♎22	5 04	13 14	2 50	1 46	21 37	1 34
23 F	6 14	4 43	14 52	2 53	2 46	22 04	1 34
24 S	10 00	4 22	16 29	2 56	3 46	22 30	1 33
25 Su	13 39	4 01	18 07	2 59	4 45	22 56	1 33
26 M	17 13	3 39	19 45	3 01	5 45	23 23	1 32
27 Tu	20 41	3 17	21 22	3 04	6 44	23 49	1 32
28 W	24 05	2 54	23 00	3 06	7 43	24 16	1 31
29 Th	27 24	2 32	24 37	3 09	8 43	24 42	1 31
30 F	0♏38	2 09	26 15	3 11	9 42	25 09	1 30
31 S	3♏49	1N47	27♌52	3N13	10♎41	25♍35	1N30

APRIL 2012

DAY	☿ LONG	☿ LAT	♀ LONG	♀ LAT	⊕ LONG	♂ LONG	♂ LAT
	° '	° '	° '	° '	° '	° '	° '
1 Su	6♏56	1N24	29♌30	3N14	11♎40	26♍02	1N29
2 M	10 00	1 02	1♍07	3 16	12 40	26 28	1 29
3 Tu	13 01	0 40	2 45	3 18	13 39	26 55	1 28
4 W	15 59	0 18	4 22	3 19	14 38	27 21	1 28
5 Th	18 55	0S03	6 00	3 20	15 37	27 48	1 27
6 F	21 49	0 25	7 37	3 21	16 36	28 14	1 27
7 S	24 41	0 46	9 15	3 22	17 35	28 41	1 26
8 Su	27 31	1 06	10 52	3 23	18 34	29 08	1 26
9 M	0♐19	1 27	12 29	3 23	19 33	29 34	1 25
10 Tu	3 07	1 47	14 07	3 23	20 32	0♎01	1 25
11 W	5 53	2 06	15 44	3 24	21 31	0 28	1 24
12 Th	8 39	2 26	17 22	3 24	22 30	0 54	1 23
13 F	11 24	2 44	18 59	3 24	23 28	1 21	1 23
14 S	14 09	3 03	20 36	3 23	24 27	1 48	1 22
15 Su	16 54	3 21	22 14	3 23	25 26	2 14	1 22
16 M	19 38	3 38	23 51	3 22	26 25	2 41	1 21
17 Tu	22 23	3 55	25 28	3 21	27 23	3 08	1 21
18 W	25 09	4 12	27 05	3 20	28 22	3 35	1 20
19 Th	27 55	4 28	28 43	3 19	29 21	4 01	1 19
20 F	0♑42	4 43	0♎20	3 18	0♏19	4 28	1 19
21 S	3 30	4 58	1 57	3 17	1 18	4 55	1 18
22 Su	6 19	5 12	3 34	3 15	2 16	5 22	1 18
23 M	9 10	5 26	5 11	3 13	3 15	5 49	1 17
24 Tu	12 03	5 39	6 48	3 11	4 13	6 16	1 16
25 W	14 57	5 51	8 25	3 09	5 12	6 43	1 16
26 Th	17 54	6 02	10 02	3 07	6 10	7 10	1 15
27 F	20 53	6 13	11 39	3 05	7 09	7 37	1 14
28 S	23 55	6 23	13 16	3 02	8 07	8 04	1 14
29 Su	27 00	6 31	14 53	3 00	9 05	8 31	1 13
30 M	0♒08	6S39	16♎29	2N57	10♏04	8♎58	1N12

DAY	♃ LONG	♃ LAT	♄ LONG	♄ LAT	♅ LONG	♅ LAT	♆ LONG	♆ LAT	♇ LONG	♇ LAT
	° '	° '	° '	° '	° '	° '	° '	° '	° '	° '
4 Su	16♉49.3	1S03	24♎47.9	2N29	4♈17.8	0S43	0♓41.4	0S34	7♑36.2	3N56
9 F	17 16.5	1 03	24 57.6	2 29	4 21.0	0 43	0 43.3	0 34	7 37.8	3 55
14 W	17 43.6	1 02	25 07.3	2 29	4 24.2	0 43	0 45.1	0 34	7 39.5	3 55
19 M	18 10.7	1 02	25 16.9	2 29	4 27.4	0 43	0 46.9	0 34	7 41.2	3 54
24 S	18 37.8	1 02	25 26.6	2 29	4 30.7	0 43	0 48.7	0 34	7 42.8	3 54
29 Th	19 04.9	1 01	25 36.3	2 29	4 33.9	0 43	0 50.5	0 34	7 44.5	3 53
3 Tu	19 32.0	1 01	25 45.9	2 29	4 37.1	0 43	0 52.3	0 34	7 46.2	3 53
8 Su	19 59.0	1 00	25 55.6	2 29	4 40.3	0 43	0 54.1	0 35	7 47.9	3 52
13 F	20 26.1	1 00	26 05.3	2 29	4 43.6	0 43	0 55.9	0 35	7 49.5	3 52
18 W	20 53.1	1 00	26 14.9	2 29	4 46.8	0 43	0 57.7	0 35	7 51.2	3 51
23 M	21 20.2	0 59	26 24.6	2 29	4 50.0	0 43	0 59.5	0 35	7 52.9	3 51
28 S	21 47.2	0 59	26 34.2	2 29	4 53.2	0 43	1 01.4	0 35	7 54.6	3 50

☿p.307978	☿a.439084
♀p.719208	♀ .718684
⊕ .990867	⊕ .999276
♂ 1.66499	♂ 1.65592
♃ 4.98349	♃ 4.98978
♄ 9.70924	♄ 9.71795
♅ 20.0736	♅ 20.0721
♆ 30.0005	♆ 29.9995
♇ 32.1875	♇ 32.2047
☊	Perihelia
☿ 18°♉ 29	☿ 17°♊ 39
♀ 16 ♊ 48	♀ 11 ♌ 49
⊕	⊕ 11 ♋ 35
♂ 19 ♉ 40	♂ 6 ♓ 13
♃ 10 ♋ 37	♃ 14 ♈ 37
♄ 23 ♋ 45	♄ 0 ♋ 59
♅ 14 ♊ 02	♅ 18 ♍ 49
♆ 11 ♌ 55	♆ 9 ♉ 16
♇ 20 ♋ 28	♇ 14 ♏ 09

1 Th	⊕□☿	4am52
	☿□♂	10 57
2 F	☿⊻♃	2am17
	☿ P	5 22
3 S	☿△♄	9am 9
	⊕✱♀	3pm54
	♀✱♂	5 54
	⊕☌♂	8 4
4 Su	☿ ♋	5am 2
	☿△♆	7 40
	☿∠♃	12pm10
	☿□♅	9 30
5 M	♀⚼♆	0am42
	☿☍♇	10 13
	♀✱♃	7pm48
6 T	☿✱♂	2pm25
	☿⚼♆	5 43
	⊕✱☿	9 44
	☿✱♃	11 9
7 W	⊕△♃	7am 5
	☿☌♀	8 34
8	☿□♄	6am27
9 F	☿ ♌	3am 7
	☿⊼♆	6 5
	☿∠♂	7 27
	☿△♅	9pm14
	⊕∠☿	11 1
10 S	☿⊼♇	11am 6
	♀□♄	6pm40
12 M	☿⊻♂	5am24
	☿□♃	6 28
	☿⚼♅	2pm40
	♂△♃	9 42
13 T	☿⚼♇	5am36
	⊕⊻☿	7 52
	☿✱♄	5pm 2
	♀ ♌	8 21
14 W	♀⊼♆	7am29
	☿ ♍	4pm18
	☿☍♆	7 58
15 Th	☿⊻♀	2am 5
	⊕⊻♄	8 30
	☿⊼♅	1pm59
16 F	☿△♇	6am21
	♀∠♂	9 57
	♀△♅	1pm51
	☿∠♄	7 24
18 Su	☿△♃	1pm40
	♀⊼♇	1 55
19	☿☌♂	1am49
20 T	⊕ ♎	5am 7
	☿⊻♄	6 9
	☿∠♀	6 58
21 W	⊕⊼♆	0am17
	♀ P	1 0
	☿ ♎	9 43
	☿⊼♆	2pm31
	⊕☌☿	7 15
22 Th	☿⚼♃	6am51
	☿☍♅	1pm 9
23 F	☿□♇	9am21
	⊕⚼♃	8pm33
24	⊕☍♅	6pm23
25 Su	♀□♃	9am26
	☿⚼♆	2pm32
	♀⚼♅	8 53
26	☿⊼♃	11am14
27 T	☿✱♀	9am 4
	⊕∠♀	1pm46
	♀⚼♇	8 12
28 W	⊕□♇	0am21
	☿⊻♂	1 29
	☿☌♄	10 50
29 Th	♀⊻♂	1am44
	♀✱♄	2pm51
	☿ ♏	7 13
30	☿△♆	1am33
31 S	♂⊻♄	4am50
	☿⊼♅	5 52

1 Su	☿✱♇	6am23
	♀ ♍	7 28
	♀☍♆	8pm14
2	☿∠♂	1pm37
3	⊕⊻☿	7am31
4 W	♃∠♅	1am51
	♀⊼♅	3 51
	☿0S	8pm22
5 Th	☿⚼♅	5am57
	⊕⚼♆	6 34
	☿☍♃	6 45
6 F	♀△♇	2am29
	☿∠♇	8 8
7	☿⊻♄	10am23
8 Su	♀∠♄	0am53
	☿✱♂	4pm20
	☿ ♐	9 13
9 M	☿□♆	5am 1
	⊕⊼♃	2pm 8
	♂ ♎	11 12
10	☿△♅	1pm41
11 W	⊕∠☿	8am22
	☿⊻♇	4pm45
12 Th	♂⊼♆	1am13
	☿∠♄	9pm12
13	♀△♃	10pm44
15 Su	☿ A	5am 1
	⊕☌♄	6pm14
16	☿⊼♃	9am37
17	♀⊻♄	11am17
18	☿✱♄	9am41
19 Th	⊕ ♏	4pm 5
	☿□♀	4 26
	☿ ♑	6 0
	⊕✱☿	7 1
	♀ ♎	7 7
	⊕⊻♀	11 44
20 F	☿✱♆	2am23
	♀⊼♆	9 36
	⊕△♆	4pm 7
	♂☍♅	6 8
21 S	☿□♅	11am14
	☿□♂	2pm22
	☿⚼♃	11 20
22 Su	☿☌♇	1pm 9
	♀☍♅	6 45
23 M	♀☌♂	12pm56
	♀⚼♃	6 6
24 T	♂⚼♃	10am56
	⊕⊼♅	3pm25
	♀□♇	4 10
25	☿∠♆	8am35
27 F	☿△♃	6am37
	♂□♇	3pm51
	⊕✱♇	6 48
	⊕⊻♂	9 18
28	☿□♄	8pm52
29 Su	♀⚼♆	5pm11
	☿ ♒	10 57
30	☿⊻♆	6am47

MAY 2012

DAY	☿ LONG	☿ LAT	♀ LONG	♀ LAT	⊕ LONG	♂ LONG	♂ LAT
	° '	° '	° '	° '	° '	° '	° '
1 Tu	3♒20	6S46	18♎06	2N54	11♏02	9♎25	1N12
2 W	6 35	6 51	19 43	2 51	12 00	9 52	1 11
3 Th	9 55	6 56	21 20	2 48	12 58	10 19	1 10
4 F	13 19	6 59	22 56	2 45	13 57	10 46	1 10
5 S	16 48	7 00	24 33	2 41	14 55	11 13	1 09
6 Su	20 22	7 00	26 09	2 38	15 53	11 40	1 08
7 M	24 01	6 58	27 46	2 34	16 51	12 08	1 08
8 Tu	27 46	6 55	29 22	2 30	17 49	12 35	1 07
9 W	1♓37	6 49	0♏59	2 26	18 47	13 02	1 06
10 Th	5 35	6 42	2 35	2 22	19 45	13 29	1 06
11 F	9 40	6 32	4 11	2 18	20 43	13 57	1 05
12 S	13 52	6 20	5 48	2 14	21 41	14 24	1 04
13 Su	18 12	6 06	7 24	2 09	22 39	14 51	1 03
14 M	22 39	5 48	9 00	2 05	23 37	15 19	1 03
15 Tu	27 15	5 28	10 36	2 00	24 34	15 46	1 02
16 W	2♈00	5 06	12 12	1 56	25 32	16 14	1 01
17 Th	6 54	4 40	13 48	1 51	26 30	16 41	1 00
18 F	11 56	4 11	15 24	1 46	27 28	17 09	1 00
19 S	17 08	3 39	17 00	1 41	28 26	17 36	0 59
20 Su	22 29	3 05	18 36	1 36	29 24	18 04	0 58
21 M	27 58	2 28	20 12	1 31	0♐21	18 31	0 57
22 Tu	3♉37	1 48	21 48	1 26	1 19	18 59	0 57
23 W	9 24	1 07	23 24	1 21	2 17	19 27	0 56
24 Th	15 18	0 23	24 59	1 16	3 14	19 54	0 55
25 F	21 20	0N21	26 35	1 10	4 12	20 22	0 54
26 S	27 28	1 06	28 11	1 05	5 10	20 50	0 54
27 Su	3♊40	1 51	29 46	1 00	6 07	21 17	0 53
28 M	9 56	2 34	1♐22	0 54	7 05	21 45	0 52
29 Tu	16 15	3 17	2 58	0 49	8 03	22 13	0 51
30 W	22 34	3 56	4 33	0 43	9 00	22 41	0 50
31 Th	28♊53	4N33	6♐09	0N38	9♐58	23♎09	0N50

JUNE 2012

DAY	☿ LONG	☿ LAT	♀ LONG	♀ LAT	⊕ LONG	♂ LONG	♂ LAT
	° '	° '	° '	° '	° '	° '	° '
1 F	5♋09	5N06	7♐44	0N32	10♐55	23♎37	0N49
2 S	11 22	5 36	9 19	0 27	11 53	24 05	0 48
3 Su	17 30	6 01	10 55	0 21	12 50	24 33	0 47
4 M	23 31	6 21	12 30	0 15	13 47	25 01	0 46
5 Tu	29 26	6 37	14 05	0 10	14 45	25 29	0 45
6 W	5♌12	6 49	15 41	0 04	15 42	25 57	0 45
7 Th	10 49	6 57	17 16	0S02	16 40	26 25	0 44
8 F	16 17	7 00	18 51	0 07	17 37	26 53	0 43
9 S	21 36	7 00	20 26	0 13	18 34	27 21	0 42
10 Su	26 45	6 56	22 01	0 19	19 32	27 50	0 41
11 M	1♍44	6 49	23 37	0 24	20 29	28 18	0 40
12 Tu	6 34	6 40	25 12	0 30	21 27	28 46	0 40
13 W	11 15	6 28	26 47	0 35	22 24	29 15	0 39
14 Th	15 46	6 14	28 22	0 41	23 21	29 43	0 38
15 F	20 09	5 58	29 57	0 46	24 19	0♏11	0 37
16 S	24 23	5 41	1♑32	0 52	25 16	0 40	0 36
17 Su	28 30	5 23	3 07	0 57	26 13	1 08	0 35
18 M	2♎29	5 03	4 42	1 03	27 10	1 37	0 34
19 Tu	6 21	4 43	6 17	1 08	28 08	2 06	0 34
20 W	10 07	4 22	7 52	1 13	29 05	2 34	0 33
21 Th	13 46	4 00	9 27	1 19	0♑02	3 03	0 32
22 F	17 20	3 38	11 02	1 24	1 00	3 31	0 31
23 S	20 48	3 16	12 36	1 29	1 57	4 00	0 30
24 Su	24 11	2 54	14 11	1 34	2 54	4 29	0 29
25 M	27 30	2 31	15 46	1 39	3 51	4 58	0 28
26 Tu	0♏45	2 09	17 21	1 44	4 49	5 27	0 27
27 W	3 55	1 46	18 56	1 48	5 46	5 56	0 26
28 Th	7 02	1 24	20 31	1 53	6 43	6 24	0 25
29 F	10 06	1 02	22 06	1 58	7 40	6 53	0 25
30 S	13♏07	0N40	23♑41	2S02	8♑37	7♏22	0N24

DAY	♃ LONG	♃ LAT	♄ LONG	♄ LAT	♅ LONG	♅ LAT	♆ LONG	♆ LAT	♇ LONG	♇ LAT
	° '	° '	° '	° '	° '	° '	° '	° '	° '	° '
3 Th	22♉14.2	0S58	26♎43.9	2N29	4♈56.5	0S43	1♓03.2	0S35	7♑56.2	3N50
8 Tu	22 41.2	0 58	26 53.5	2 29	4 59.7	0 43	1 05.0	0 35	7 57.9	3 49
13 Su	23 08.2	0 58	27 03.2	2 29	5 02.9	0 43	1 06.8	0 35	7 59.6	3 49
18 F	23 35.2	0 57	27 12.8	2 29	5 06.2	0 43	1 08.6	0 35	8 01.2	3 48
23 W	24 02.1	0 57	27 22.5	2 29	5 09.4	0 43	1 10.4	0 35	8 02.9	3 48
28 M	24 29.1	0 56	27 32.1	2 29	5 12.6	0 43	1 12.3	0 35	8 04.6	3 47
2 S	24 56.0	0 56	27 41.7	2 29	5 15.8	0 43	1 14.1	0 35	8 06.3	3 47
7 Th	25 22.9	0 56	27 51.4	2 29	5 19.1	0 43	1 15.9	0 35	8 07.9	3 46
12 Tu	25 49.9	0 55	28 01.0	2 29	5 22.3	0 43	1 17.7	0 35	8 09.6	3 46
17 Su	26 16.7	0 55	28 10.6	2 29	5 25.5	0 43	1 19.5	0 35	8 11.3	3 45
22 F	26 43.6	0 54	28 20.3	2 29	5 28.8	0 43	1 21.3	0 35	8 13.0	3 45
27 W	27 10.5	0 54	28 29.9	2 29	5 32.0	0 43	1 23.1	0 35	8 14.6	3 44

☿p .432786	☿ .310002
♀ .721341	♀ .725440
⊕ 1.00757	⊕ 1.01403
♂ 1.63849	♂ 1.61238
♃ 4.99630	♃ 5.00348
♄ 9.72632	♄ 9.73490
♅ 20.0707	♅ 20.0692
♆ 29.9985	♆ 29.9975
♇ 32.2215	♇ 32.2388
☊	Perihelia
☿ 18°♉ 29	☿ 17°♊ 39
♀ 16 ♊ 48	♀ 11 ♌ 58
⊕	⊕ 12 ♋ 11
♂ 19 ♉ 40	♂ 6 ♓ 13
♃ 10 ♋ 37	♃ 14 ♈ 36
♄ 23 ♋ 44	♄ 1 ♋ 06
♅ 14 ♊ 01	♅ 18 ♍ 46
♆ 11 ♌ 55	♆ 10 ♉ 55
♇ 20 ♋ 28	♇ 14 ♏ 05

1	☿✶♅	11am47
2	☿⊻♇	9am45
3	☿△♂	3am17
Th	♀⊼♃	2pm21
4	⊕□☿	6am 4
5	☿∠♅	9pm25
6	♀☌♄	10am13
Su	☿□♃	2pm32
	☿∠♇	5 8
7	☿△♄	6pm25
M	☿⚼♂	10 40
8	♀ ♏	9am22
T	☿ ♓	2pm 0
	☿△♀	5 17
	☿☌♆	8 44
9	♀△♆	1am39
W	☿⊻♅	8pm36
10	⊕⚼♅	6am45
Th	☿✶♇	2pm11
11	♃⚼♇	7am 9
F	♀⊼♅	12pm36
	☿⚼♄	1 29
12	☿⊼♂	3am22
13	⊕∠♇	8am42
Su	♀✶♇	8 55
	⊕☍♃	1pm29
14	☿✶♃	3am 5
M	⊕△☿	6 24
	☿⚼♀	10 56
	☿⊼♄	11pm17
15	☿ ♈	1pm59
T	♂⚼♆	6 56
	☿⊻♆	7 40
16	☿☌♅	3pm14
17	☿□♇	5am25
Th	☿∠♃	7 51
	⊕⊻♄	5pm29
18	⊕⚼☿	3am 4
F	☿∠♆	7pm31
	☿⊼♀	11 12
19	☿☍♂	2am21
S	♀⊻♂	12pm33
20	☿⊻♃	5am47
Su	⊕ ♐	3pm 8
	☿☍♄	9 7
	♀⚼♅	10 59
21	☿ ♉	8am41
M	⊕⊼☿	12pm18
	☿✶♆	1 39
	⊕□♆	8 14
22	☿⊻♅	6am25
T	☿△♇	6pm27
	♀∠♇	6 46
23	♀☍♃	10am11
24	☿0N	12pm42
Th	☿∠♅	7 26
	☿⊼♂	7 52
25	☿⚼♇	6am49
F	☿☌♃	11 30
	♀⊻♄	1pm 5
26	☿⊼♄	0am 3
S	⊕△♅	0 39
	☿☍♀	3 47
	☿ ♊	9 51
	☿□♆	2pm29
27	♀ ♐	3am24
Su	☿✶♅	5 53
	⊕∠♂	8 5
	☿⚼♂	10 52
	⊕☍☿	11 7
	☿⊼♇	4pm53
	♀□♆	9 32
28	☿⚼♄	9am57
29	⊕⊻♇	1am 0
T	☿ P	4 37
30	☿△♂	0am28
W	☿⊻♃	8 4
	♀△♅	10 20
	☿△♄	7pm13
31	☿ ♋	4am16
Th	☿△♆	8 57
1	☿□♅	0am23
F	♀⊻♇	5 32
	☿☍♇	11 21
	☿⊼♀	1pm21
	☿∠♃	6 21
	♀∠♂	6 47
2	⊕⊼☿	2am21
S	☿⚼♆	7pm 3
	⊕∠♄	9 15
4	♀∠♄	3am59
M	♂⊼♃	6 22
	☿✶♃	6 31
	☿□♂	6 31
	☿□♄	5pm16
	☿⚼♀	10 6
5	⊕⚼☿	1am35
T	☿ ♌	2 21
	☿⊼♆	7 32
6	☿△♅	0am28
W	⊕☌♀	1 4
	☿⊼♇	12pm26
	♀0S	4 55
8	⊕△☿	7am13
F	☿△♀	4pm23
	☿⚼♅	6 13
9	☿⚼♇	7am 7
S	☿□♃	6pm43
10	☿✶♂	5am39
Su	☿✶♄	5 45
	♂☌♄	6 48
	☿ ♍	3pm33
	☿☍♆	9 48
11	☿⊼♅	5pm58
12	☿△♇	8am 5
T	♀⊼♃	10 14
13	☿∠♄	9am33
W	☿∠♂	5pm42
	♀✶♄	7 39
14	♂ ♏	2pm20
15	♀ ♑	0am49
F	♀✶♂	5 17
	♀✶♆	8pm48
16	⊕□☿	6am34
S	☿△♃	10 40
	☿⊻♄	10pm 5
17	⊕⊼♃	1am40
Su	☿ ♎	8 58
	♂△♆	9 28
	☿⊼♆	4pm59
	☿⊻♂	5 59
18	♀□♅	11am18
M	☿☍♅	6pm18
	☿□♀	11 12
19	⊕✶♄	2am55
T	☿□♇	11 43
20	♀☌♇	5am14
W	☿⚼♃	9 35
	⊕ ♑	11pm 1
21	☿⚼♆	5pm22
22	⊕✶♆	9am10
F	♀⚼♃	11 17
24	☿⊼♃	8pm12
25	☿☌♄	6am55
M	♀∠♆	9 12
	☿ ♏	6pm27
26	♂⊼♅	3am59
T	☿△♆	4 46
	⊕□♅	6pm 8
27	⊕✶♂	8am16
W	☿⊼♅	12pm24
	☿☌♂	6 13
	⊕✶☿	8 24
28	☿✶♇	9am27
29	⊕☌♇	2pm48

JULY 2012

DAY	☿ LONG	☿ LAT	♀ LONG	♀ LAT	⊕ LONG	♂ LONG	♂ LAT
	° '	° '	° '	° '	° '	° '	° '
1 Su	16♏05	0N18	25♑15	2S07	9♑35	7♏52	0N23
2 M	19 01	0S04	26 50	2 11	10 32	8 21	0 22
3 Tu	21 54	0 25	28 25	2 15	11 29	8 50	0 21
4 W	24 46	0 46	0♒00	2 20	12 26	9 19	0 20
5 Th	27 36	1 07	1 35	2 24	13 23	9 48	0 19
6 F	0♐25	1 27	3 10	2 28	14 21	10 18	0 18
7 S	3 12	1 47	4 45	2 31	15 18	10 47	0 17
8 Su	5 59	2 07	6 19	2 35	16 15	11 16	0 16
9 M	8 44	2 26	7 54	2 39	17 12	11 46	0 15
10 Tu	11 30	2 45	9 29	2 42	18 09	12 15	0 14
11 W	14 14	3 03	11 04	2 45	19 07	12 45	0 13
12 Th	16 59	3 21	12 39	2 49	20 04	13 14	0 12
13 F	19 44	3 39	14 14	2 52	21 01	13 44	0 11
14 S	22 29	3 56	15 49	2 55	21 58	14 13	0 11
15 Su	25 14	4 12	17 24	2 58	22 55	14 43	0 10
16 M	28 00	4 28	18 59	3 00	23 53	15 13	0 09
17 Tu	0♑47	4 44	20 34	3 03	24 50	15 42	0 08
18 W	3 35	4 58	22 09	3 05	25 47	16 12	0 07
19 Th	6 25	5 13	23 44	3 07	26 45	16 42	0 06
20 F	9 16	5 26	25 19	3 10	27 42	17 12	0 05
21 S	12 08	5 39	26 54	3 12	28 39	17 42	0 04
22 Su	15 03	5 51	28 29	3 13	29 36	18 12	0 03
23 M	18 00	6 03	0♓04	3 15	0♒34	18 42	0 02
24 Tu	20 59	6 13	1 39	3 17	1 31	19 12	0 01
25 W	24 01	6 23	3 14	3 18	2 28	19 42	0S00
26 Th	27 06	6 32	4 49	3 19	3 26	20 13	0 01
27 F	0♒14	6 39	6 24	3 20	4 23	20 43	0 02
28 S	3 26	6 46	7 59	3 21	5 20	21 13	0 03
29 Su	6 42	6 52	9 34	3 22	6 18	21 43	0 04
30 M	10 01	6 56	11 09	3 23	7 15	22 14	0 05
31 Tu	13♒26	6S59	12♓44	3S23	8♒12	22♏44	0S06

AUGUST 2012

DAY	☿ LONG	☿ LAT	♀ LONG	♀ LAT	⊕ LONG	♂ LONG	♂ LAT
	° '	° '	° '	° '	° '	° '	° '
1 W	16♒54	7S00	14♓20	3S24	9♒10	23♏15	0S07
2 Th	20 28	7 00	15 55	3 24	10 07	23 45	0 08
3 F	24 08	6 58	17 30	3 24	11 05	24 16	0 09
4 S	27 53	6 55	19 05	3 24	12 02	24 47	0 10
5 Su	1♓45	6 49	20 41	3 23	12 59	25 17	0 11
6 M	5 43	6 42	22 16	3 23	13 57	25 48	0 12
7 Tu	9 48	6 32	23 51	3 22	14 54	26 19	0 13
8 W	14 00	6 20	25 27	3 21	15 52	26 50	0 14
9 Th	18 20	6 05	27 02	3 20	16 49	27 21	0 15
10 F	22 48	5 48	28 37	3 19	17 47	27 52	0 16
11 S	27 24	5 28	0♈13	3 18	18 44	28 23	0 17
12 Su	2♈09	5 05	1 48	3 17	19 42	28 54	0 18
13 M	7 03	4 39	3 24	3 15	20 40	29 25	0 19
14 Tu	12 06	4 10	4 59	3 14	21 37	29 56	0 20
15 W	17 18	3 38	6 35	3 12	22 35	0♐27	0 21
16 Th	22 39	3 04	8 10	3 10	23 33	0 58	0 22
17 F	28 09	2 27	9 46	3 08	24 30	1 30	0 23
18 S	3♉48	1 47	11 21	3 05	25 28	2 01	0 24
19 Su	9 35	1 05	12 57	3 03	26 26	2 33	0 25
20 M	15 30	0 22	14 32	3 00	27 23	3 04	0 26
21 Tu	21 31	0N22	16 08	2 58	28 21	3 36	0 27
22 W	27 39	1 07	17 44	2 55	29 19	4 07	0 28
23 Th	3♊52	1 52	19 19	2 52	0♓17	4 39	0 29
24 F	10 08	2 36	20 55	2 49	1 15	5 10	0 30
25 S	16 27	3 18	22 31	2 45	2 13	5 42	0 31
26 Su	22 46	3 58	24 07	2 42	3 10	6 14	0 32
27 M	29 05	4 34	25 43	2 39	4 08	6 46	0 33
28 Tu	5♋21	5 07	27 18	2 35	5 06	7 18	0 34
29 W	11 34	5 37	28 54	2 31	6 04	7 50	0 35
30 Th	17 41	6 02	0♉30	2 27	7 02	8 22	0 36
31 F	23♋43	6N22	2♉06	2S23	8♓00	8♐54	0S37

DAY	♃ LONG	♃ LAT	♄ LONG	♄ LAT	♅ LONG	♅ LAT	♆ LONG	♆ LAT	♇ LONG	♇ LAT
	° '	° '	° '	° '	° '	° '	° '	° '	° '	° '
2 M	27♉37.4	0S53	28♎39.5	2N29	5♈35.2	0S43	1♓25.0	0S35	8♑16.3	3N44
7 S	28 04.2	0 53	28 49.1	2 29	5 38.5	0 43	1 26.8	0 35	8 18.0	3 43
12 Th	28 31.0	0 52	28 58.8	2 29	5 41.7	0 43	1 28.6	0 36	8 19.6	3 43
17 Tu	28 57.9	0 52	29 08.4	2 29	5 44.9	0 43	1 30.4	0 36	8 21.3	3 42
22 Su	29 24.7	0 52	29 18.0	2 29	5 48.2	0 43	1 32.2	0 36	8 23.0	3 42
27 F	29 51.4	0 51	29 27.6	2 28	5 51.4	0 43	1 34.0	0 36	8 24.7	3 41
1 W	0♊18.2	0 51	29 37.2	2 28	5 54.6	0 43	1 35.9	0 36	8 26.3	3 41
6 M	0 45.0	0 50	29 46.8	2 28	5 57.9	0 43	1 37.7	0 36	8 28.0	3 40
11 S	1 11.7	0 50	29 56.4	2 28	6 01.1	0 43	1 39.5	0 36	8 29.7	3 40
16 Th	1 38.5	0 49	0♏06.0	2 28	6 04.3	0 43	1 41.3	0 36	8 31.3	3 39
21 Tu	2 05.2	0 49	0 15.6	2 28	6 07.5	0 43	1 43.1	0 36	8 33.0	3 39
26 Su	2 31.9	0 48	0 25.2	2 28	6 10.8	0 43	1 44.9	0 36	8 34.7	3 38
31 F	2 58.6	0 48	0 34.8	2 28	6 14.0	0 43	1 46.7	0 36	8 36.3	3 38

☿a.449463	☿p.414268
♀a.728025	♀ .727462
⊕a1.01665	⊕ 1.01493
♂ 1.58056	♂ 1.54279
♃ 5.01084	♃ 5.01884
♄ 9.74315	♄ 9.75159
♅ 20.0676	♅ 20.0661
♆ 29.9966	♆ 29.9956
♇ 32.2557	♇ 32.2731
☊	Perihelia
☿ 18° ♉ 29	☿ 17° ♊ 39
♀ 16 ♊ 48	♀ 11 ♌ 56
⊕	⊕ 15 ♋ 34
♂ 19 ♉ 40	♂ 6 ♓ 14
♃ 10 ♋ 37	♃ 14 ♈ 37
♄ 23 ♋ 44	♄ 1 ♋ 14
♅ 14 ♊ 01	♅ 18 ♍ 42
♆ 11 ♌ 56	♆ 13 ♉ 02
♇ 20 ♋ 28	♇ 14 ♏ 01

1	☿0S	7pm38
Su	♂*♇	8 22
2	♀△♃	12pm38
M	☿⚼♅	1 3
3	♀□♄	4am13
T	☿∠♇	11 28
4	♀ ♒	0am 0
W	⊕⚼♃	10 9
	♀⚺♆	9pm46
5	☿☍♃	2am31
Th	⊕ A	3 35
	☿⚺♄	9 55
	⊕∠☿	10 7
	☿ ♐	8pm27
6	☿□♆	8am49
7	♀*♅	1pm44
S	☿△♅	9 9
8	⊕∠♆	5am10
Su	☿*♀	6 59
	☿⚺♇	8pm15
9	♀⚺♇	6am11
10	☿⚺♂	8am 4
T	☿∠♄	9pm25
11	♀ A	12pm56
12	☿ A	4am16
Th	♀□♂	12pm54
13	⊕⚺☿	5pm13
16	☿⚻♃	7am46
M	☿*♄	9 38
	☿ ♑	5pm13
	☿∠♂	11 9
17	♀∠♅	2am53
T	☿*♆	6 11
18	☿□♅	6pm32
W	♀∠♇	6 32
19	☿☌♇	4pm31
20	♃⚻♄	1am20
F	☿∠♀	7pm26
21	⊕□♄	4pm 2
S	☿⚼♃	6 35
	⊕△♃	6 35
22	⊕ ♒	9am54
Su	☿∠♆	12pm10
	♀△♄	12 45
	♀□♃	3 1
	♀ ♓	11 6
23	☿*♂	6am49
M	⊕⚺♀	7pm 9
	♀☌♆	10 34
24	⊕⚺♆	0am50
T	♂0S	10pm 3
26	♀⚺♅	3pm45
Th	☿□♄	6 0
	☿△♃	9 0
	☿ ♒	10 10
27	♂⚼♅	6am59
F	☿⚺♆	10 2
28	♀*♇	6am35
S	⊕*♅	1pm26
	♃ ♊	2 19
	☿*♅	6 0
	⊕☌☿	7 51
29	☿⚺♇	12pm32
30	☿⚺♀	3pm 3
31	⊕⚺♇	5am44
1	♀⚼♄	4am31
W	♂∠♇	9 12
2	☿∠♅	2am58
Th	☿∠♇	7pm34
3	☿□♂	1am 0
4	☿△♄	11am33
S	☿ ♓	1pm14
	☿□♃	5 10
	☿☌♆	11 15
6	☿⚺♅	1am30
M	☿*♇	4pm18
8	☿⚼♄	4am46
W	⊕⚺☿	1pm22
9	♀△♂	6am55
10	♀⚻♄	7pm48
F	♀ ♈	8 48
11	☿△♂	5am35
S	☿⚻♄	1pm 0
	☿ ♈	1 13
	♀*♃	3 43
	☿*♃	7 35
	☿☌♀	9 24
	☿⚺♆	9 34
	♀⚺♆	9 54
12	⊕∠☿	3pm38
Su	☿☌♅	7 6
	♄ ♏	9 9
13	☿□♇	7am 0
M	⊕∠♅	9 36
14	♂ ♐	3am11
T	♂⚺♄	5 9
	☿⚼♂	2pm38
	♀☌♅	4 10
	☿∠♃	8 33
	☿∠♆	9 12
15	⊕∠♇	11pm29
16	⊕*☿	4am47
Th	♀□♇	5 20
	♃□♆	1pm41
	⊕∠♀	2 12
17	☿ ♉	7am56
F	☿☍♄	8 33
	♂□♆	9 16
	♂☍♃	1pm 1
	☿*♆	3 9
	☿⚺♃	3 32
	☿⚻♂	3 45
18	☿⚺♅	9am37
S	☿△♇	7pm43
19	☿⚺♀	6pm46
20	☿0N	11am58
M	☿∠♅	10pm26
21	☿⚼♇	7am59
T	♀∠♆	8 49
	♀∠♃	3pm10
22	⊕□☿	7am39
W	☿ ♊	9 6
	☿⚻♄	10 17
	☿□♆	3pm47
	⊕ ♓	5 0
	☿☌♃	5 45
23	⊕△♄	1am 5
Th	☿∠♀	2 23
	☿☍♂	3 17
	♀⚼♂	7 14
	☿*♅	8 46
	☿⚻♇	6pm 0
24	⊕☌♆	12pm18
F	☿⚼♄	7 58
25	☿ P	3am53
S	⊕□♃	6 22
	♂△♅	9pm27
26	☿*♀	6am50
27	☿ ♋	3am31
M	☿△♄	5 16
	☿△♆	10 14
	☿⚺♃	1pm44
	⊕△☿	10 53
28	☿□♅	3am17
T	☿⚻♂	8 12
	☿☍♇	12pm30
29	⊕⚺♅	3am32
W	♀ ♉	4pm29
	☿⚼♆	8 24
30	♀☍♄	0am43
Th	☿∠♃	0 48
	♂⚺♇	10 38
	♀*♆	7pm10
	⊕⚼☿	8 37
31	☿⚼♂	0am51
F	♀⚺♃	1pm56
	⊕*♇	3 1

SEPTEMBER 2012 — OCTOBER 2012

SEPTEMBER 2012

DAY	☿ LONG	☿ LAT	♀ LONG	♀ LAT	⊕ LONG	♂ LONG	♂ LAT
	° '	° '	° '	° '	° '	° '	° '
1 S	29♋37	6N38	3♉42	2S19	8♓58	9♐26	0S38
2 Su	5♌23	6 49	5 18	2 15	9 56	9 58	0 39
3 M	11 00	6 57	6 54	2 11	10 54	10 31	0 40
4 Tu	16 28	7 00	8 30	2 06	11 52	11 03	0 40
5 W	21 46	7 00	10 06	2 02	12 51	11 35	0 41
6 Th	26 55	6 56	11 42	1 57	13 49	12 08	0 42
7 F	1♍54	6 49	13 18	1 53	14 47	12 40	0 43
8 S	6 43	6 39	14 54	1 48	15 45	13 13	0 44
9 Su	11 23	6 27	16 30	1 43	16 44	13 45	0 45
10 M	15 54	6 13	18 06	1 38	17 42	14 18	0 46
11 Tu	20 17	5 58	19 43	1 33	18 40	14 51	0 47
12 W	24 31	5 40	21 19	1 28	19 39	15 24	0 48
13 Th	28 37	5 22	22 55	1 23	20 37	15 56	0 49
14 F	2♎36	5 02	24 31	1 17	21 35	16 29	0 50
15 S	6 28	4 42	26 08	1 12	22 34	17 02	0 51
16 Su	10 14	4 21	27 44	1 07	23 32	17 35	0 52
17 M	13 53	4 00	29 20	1 01	24 31	18 08	0 53
18 Tu	17 26	3 38	0♊57	0 56	25 29	18 41	0 54
19 W	20 54	3 15	2 33	0 50	26 28	19 15	0 55
20 Th	24 18	2 53	4 10	0 45	27 27	19 48	0 56
21 F	27 36	2 30	5 46	0 39	28 25	20 21	0 57
22 S	0♏51	2 08	7 23	0 33	29 24	20 54	0 58
23 Su	4 01	1 45	8 59	0 28	0♈23	21 28	0 58
24 M	7 08	1 23	10 36	0 22	1 22	22 01	0 59
25 Tu	10 12	1 01	12 12	0 16	2 20	22 35	1 00
26 W	13 13	0 39	13 49	0 11	3 19	23 08	1 01
27 Th	16 11	0 17	15 26	0 05	4 18	23 42	1 02
28 F	19 06	0S05	17 02	0N01	5 17	24 16	1 03
29 S	22 00	0 26	18 39	0 07	6 16	24 49	1 04
30 Su	24♏52	0S47	20♊16	0N12	7♈15	25♐23	1S05

OCTOBER 2012

DAY	☿ LONG	☿ LAT	♀ LONG	♀ LAT	⊕ LONG	♂ LONG	♂ LAT
	° '	° '	° '	° '	° '	° '	° '
1 M	27♏42	1S08	21♊53	0N18	8♈14	25♐57	1S06
2 Tu	0♐30	1 28	23 30	0 24	9 13	26 31	1 07
3 W	3 18	1 48	25 06	0 29	10 12	27 05	1 07
4 Th	6 04	2 08	26 43	0 35	11 11	27 39	1 08
5 F	8 50	2 27	28 20	0 41	12 10	28 13	1 09
6 S	11 35	2 46	29 57	0 46	13 09	28 47	1 10
7 Su	14 20	3 04	1♋34	0 52	14 08	29 22	1 11
8 M	17 04	3 22	3 11	0 58	15 07	29 56	1 12
9 Tu	19 49	3 39	4 48	1 03	16 06	0♑30	1 13
10 W	22 34	3 56	6 25	1 08	17 06	1 04	1 13
11 Th	25 19	4 13	8 02	1 14	18 05	1 39	1 14
12 F	28 06	4 29	9 39	1 19	19 04	2 13	1 15
13 S	0♑53	4 44	11 17	1 24	20 04	2 48	1 16
14 Su	3 41	4 59	12 54	1 30	21 03	3 23	1 17
15 M	6 30	5 13	14 31	1 35	22 03	3 57	1 18
16 Tu	9 21	5 27	16 08	1 40	23 02	4 32	1 18
17 W	12 14	5 40	17 45	1 45	24 02	5 07	1 19
18 Th	15 09	5 52	19 23	1 50	25 01	5 42	1 20
19 F	18 06	6 03	21 00	1 55	26 01	6 16	1 21
20 S	21 05	6 14	22 37	1 59	27 01	6 51	1 21
21 Su	24 07	6 23	24 15	2 04	28 00	7 26	1 22
22 M	27 12	6 32	25 52	2 08	29 00	8 01	1 23
23 Tu	0♒20	6 40	27 29	2 13	0♉00	8 36	1 24
24 W	3 32	6 46	29 07	2 17	0 59	9 12	1 24
25 Th	6 48	6 52	0♌44	2 21	1 59	9 47	1 25
26 F	10 08	6 56	2 22	2 26	2 59	10 22	1 26
27 S	13 32	6 59	3 59	2 29	3 59	10 57	1 27
28 Su	17 01	7 00	5 36	2 33	4 59	11 33	1 27
29 M	20 35	7 00	7 14	2 37	5 59	12 08	1 28
30 Tu	24 15	6 58	8 51	2 41	6 59	12 44	1 29
31 W	28♒00	6S55	10♌29	2N44	7♉59	13♑19	1S29

DAY	♃ LONG	♃ LAT	♄ LONG	♄ LAT	♅ LONG	♅ LAT	♆ LONG	♆ LAT	♇ LONG	♇ LAT
	° '	° '	° '	° '	° '	° '	° '	° '	° '	° '
5 W	3♊25.2	0S47	0♏44.3	2N28	6♈17.2	0S43	1♓48.5	0S36	8♑38.0	3N37
10 M	3 51.9	0 47	0 53.9	2 28	6 20.4	0 43	1 50.4	0 36	8 39.6	3 37
15 S	4 18.5	0 46	1 03.5	2 28	6 23.7	0 43	1 52.2	0 36	8 41.3	3 36
20 Th	4 45.1	0 46	1 13.1	2 28	6 26.9	0 43	1 54.0	0 36	8 43.0	3 36
25 Tu	5 11.8	0 45	1 22.6	2 28	6 30.1	0 43	1 55.8	0 36	8 44.6	3 35
30 Su	5 38.3	0 45	1 32.2	2 28	6 33.4	0 43	1 57.6	0 36	8 46.3	3 35
5 F	6 04.9	0 44	1 41.8	2 28	6 36.6	0 43	1 59.4	0 36	8 47.9	3 34
10 W	6 31.5	0 44	1 51.3	2 28	6 39.8	0 43	2 01.2	0 36	8 49.6	3 34
15 M	6 58.0	0 43	2 00.9	2 28	6 43.0	0 43	2 03.0	0 37	8 51.3	3 33
20 S	7 24.6	0 43	2 10.5	2 28	6 46.3	0 43	2 04.8	0 37	8 52.9	3 33
25 Th	7 51.1	0 42	2 20.0	2 28	6 49.5	0 43	2 06.6	0 37	8 54.6	3 32
30 Tu	8 17.6	0 42	2 29.6	2 27	6 52.7	0 43	2 08.5	0 37	8 56.2	3 32

☿ .321644	☿a.459599
♀ .724003	♀p.720158
⊕ 1.00916	⊕ 1.00112
♂ 1.50258	♂ 1.46429
♃ 5.02722	♃ 5.03569
♄ 9.75997	♄ 9.76801
♅ 20.0644	♅ 20.0628
♆ 29.9946	♆ 29.9936
♇ 32.2906	♇ 32.3076
☊	Perihelia
☿ 18° ♉ 29	☿ 17° ♊ 40
♀ 16 ♊ 48	♀ 11 ♌ 56
⊕	⊕ 15 ♋ 15
♂ 19 ♉ 40	♂ 6 ♓ 15
♃ 10 ♋ 38	♃ 14 ♈ 38
♄ 23 ♋ 44	♄ 1 ♋ 25
♅ 14 ♊ 01	♅ 18 ♍ 42
♆ 11 ♌ 56	♆ 15 ♉ 20
♇ 20 ♋ 28	♇ 13 ♏ 56

1 S	☿ ♌	1am36
	☿□♄	4 9
	☿⚻♆	9 0
	☿✱♃	2pm32
	☿□♀	11 32
2 Su	⊕□♂	1am55
	☿△♅	3 43
	☿⚻♇	1pm47
	♀⚺♅	2 28
	☿△♂	9 41
	⊕⚻☿	11 32
4 T	♀△♇	1am58
	☿⚼♅	9pm48
5	☿⚼♇	8am38
6 Th	♀⚻♂	9am45
	☿ ♍	2pm48
	☿✱♄	6 39
	☿☍♆	11 39
7 F	☿□♃	8am33
	☿⚻♅	9pm59
8 S	⊕⚼♄	2am 4
	☿△♇	9 51
9	⊕✱♀	8am24
Su	☿□♂	2pm12
	☿∠♄	11 57
10 M	⊕☍☿	12pm30
	☿△♀	6 57
12	♀∠♅	0am44
13 Th	♂∠♄	2am33
	☿ ♎	8 12
	♀⚼♇	11 23
	☿⚺♄	2pm19
	☿⚻♆	7 28
14 F	☿△♃	10am10
	☿☍♅	11pm31
15	☿□♇	2pm 6
17 M	☿⚼♀	5am33
	♀ ♊	9 51
	☿⚼♆	8pm14
18 T	♀⚻♄	3am 9
	☿✱♂	10 12
	♀□♆	2pm 6
	☿⚼♃	3 6
20	♀☌♃	9am20
21 F	⊕⚻☿	8am36
	♀✱♅	10 21
	☿ ♏	5pm42
22 S	☿☌♄	3am18
	☿△♆	8 2
	⊕ ♈	2pm42
	♀⚻♇	8 11
23 Su	☿⚻♃	7am52
	☿⚻♅	6pm59
	☿∠♂	10 55
	⊕⚻♄	11 40
24 M	☿✱♇	12pm32
	⊕⚺♆	1 56
26	☿⚻♀	10am40
27 Th	♀⚼♄	3pm22
	☿0S	6 53
	♀0N	8 23
28 F	⊕✱♃	4am54
	⊕⚼☿	2pm41
	☿⚼♅	8 12
29 S	⊕☌♅	7am 2
	☿∠♇	2pm49
30	☿⚺♂	5am34
1 M	⊕□♇	1pm32
	☿ ♐	7 41
2 T	☿⚺♄	9am32
	☿□♆	12pm39
3	☿☍♃	11pm21
4 Th	☿△♅	4am38
	♀☍♂	9pm17
	☿⚺♇	11 45
6 S	♀ ♋	0am42
	⊕△☿	9pm22
7 Su	♀△♄	2am53
	♀△♆	6 27
	☿∠♄	9pm32
8 M	♂ ♑	2am57
	☿ A	3 32
9	⊕∠♆	10pm 9
10 W	♀⚺♃	1am38
	♀□♅	3 37
11 Th	♂✱♄	10am34
	♀☍♇	11 48
	♂✱♆	3pm56
	♃✱♅	6 50
12	☿ ♑	4pm28
13 S	☿✱♄	9am20
	☿✱♆	10 0
	☿☌♂	8pm45
14	⊕∠♃	9pm54
15 M	☿□♅	1am49
	☿⚻♃	4 3
	☿☌♇	7pm51
16 T	♄△♆	8am59
	♀⚼♆	1pm41
18	☿∠♆	3pm44
19 F	♂□♅	8pm27
	♀∠♃	8 42
20	☿⚼♃	10am51
21 Su	☿☍♀	2am 6
	♂⚻♃	2 52
22 M	⊕□☿	8pm11
	☿ ♒	9 25
23 T	⊕ ♉	0am 6
	♂☌♇	12pm 2
	☿⚺♆	1 17
	☿□♄	2 41
24	♀ ♌	1pm 8
25 Th	☿✱♅	0am11
	⊕✱♆	2 59
	☿△♃	7 51
	⊕☍♄	8 36
	☿⚺♇	3pm17
	♀⚻♆	8 25
26 F	♀□♄	0am 6
	☿⚺♂	2 3
	⊕□♀	11pm59
28	♀△♅	6pm36
29 M	☿∠♅	8am29
	♀✱♃	3pm13
	⊕⚺♅	9 37
	☿∠♇	9 59
30	♀⚻♇	1am13
31 W	☿∠♂	2am20
	⊕⚺♃	10 41
	☿ ♓	12pm29
	♀ P	8 46
	⊕△♇	11 20

NOVEMBER 2012

DAY	☿ LONG	☿ LAT	♀ LONG	♀ LAT	⊕ LONG	♂ LONG	♂ LAT
	° '	° '	° '	° '	° '	° '	° '
1 Th	1♓52	6S49	12♌06	2N48	8♉59	13♑55	1S30
2 F	5 50	6 41	13 44	2 51	9 59	14 30	1 31
3 S	9 55	6 31	15 21	2 54	10 59	15 06	1 31
4 Su	14 08	6 19	16 59	2 57	11 59	15 42	1 32
5 M	18 28	6 05	18 36	3 00	12 59	16 18	1 33
6 Tu	22 56	5 47	20 14	3 02	13 59	16 53	1 33
7 W	27 33	5 27	21 51	3 05	14 59	17 29	1 34
8 Th	2♈18	5 04	23 29	3 07	15 59	18 05	1 35
9 F	7 12	4 38	25 07	3 09	17 00	18 41	1 35
10 S	12 15	4 09	26 44	3 11	18 00	19 17	1 36
11 Su	17 28	3 37	28 22	3 13	19 00	19 53	1 36
12 M	22 49	3 03	29 59	3 15	20 01	20 29	1 37
13 Tu	28 19	2 26	1♍37	3 17	21 01	21 06	1 37
14 W	3♉58	1 46	3 14	3 18	22 02	21 42	1 38
15 Th	9 46	1 04	4 52	3 19	23 02	22 18	1 39
16 F	15 41	0 21	6 29	3 20	24 02	22 54	1 39
17 S	21 43	0N24	8 07	3 21	25 03	23 31	1 40
18 Su	27 51	1 09	9 44	3 22	26 03	24 07	1 40
19 M	4♊03	1 53	11 22	3 23	27 04	24 44	1 41
20 Tu	10 20	2 37	12 59	3 23	28 05	25 20	1 41
21 W	16 38	3 19	14 36	3 24	29 05	25 57	1 42
22 Th	22 58	3 59	16 14	3 24	0♊06	26 33	1 42
23 F	29 16	4 35	17 51	3 24	1 06	27 10	1 43
24 S	5♋33	5 08	19 29	3 23	2 07	27 47	1 43
25 Su	11 45	5 37	21 06	3 23	3 08	28 23	1 43
26 M	17 52	6 02	22 43	3 23	4 08	29 00	1 44
27 Tu	23 54	6 23	24 20	3 22	5 09	29 37	1 44
28 W	29 47	6 38	25 58	3 21	6 10	0♒14	1 45
29 Th	5♌33	6 50	27 35	3 20	7 11	0 51	1 45
30 F	11♌10	6N57	29♍12	3N19	8♊11	1♒28	1S45

DECEMBER 2012

DAY	☿ LONG	☿ LAT	♀ LONG	♀ LAT	⊕ LONG	♂ LONG	♂ LAT
	° '	° '	° '	° '	° '	° '	° '
1 S	16♌38	7N00	0♎49	3N18	9♊12	2♒05	1S46
2 Su	21 56	7 00	2 26	3 16	10 13	2 42	1 46
3 M	27 04	6 56	4 04	3 15	11 14	3 19	1 46
4 Tu	2♍03	6 49	5 41	3 13	12 15	3 56	1 47
5 W	6 52	6 39	7 18	3 11	13 15	4 33	1 47
6 Th	11 32	6 27	8 55	3 09	14 16	5 10	1 47
7 F	16 03	6 13	10 32	3 07	15 17	5 47	1 48
8 S	20 25	5 57	12 09	3 04	16 18	6 24	1 48
9 Su	24 39	5 40	13 45	3 02	17 19	7 02	1 48
10 M	28 45	5 21	15 22	2 59	18 20	7 39	1 49
11 Tu	2♎44	5 02	16 59	2 56	19 21	8 16	1 49
12 W	6 35	4 41	18 36	2 53	20 22	8 54	1 49
13 Th	10 21	4 20	20 12	2 50	21 23	9 31	1 49
14 F	14 00	3 59	21 49	2 47	22 24	10 08	1 49
15 S	17 33	3 37	23 26	2 44	23 25	10 46	1 50
16 Su	21 01	3 15	25 02	2 40	24 26	11 23	1 50
17 M	24 24	2 52	26 39	2 36	25 27	12 01	1 50
18 Tu	27 43	2 30	28 15	2 33	26 29	12 38	1 50
19 W	0♏57	2 07	29 52	2 29	27 30	13 16	1 50
20 Th	4 07	1 45	1♏28	2 25	28 31	13 54	1 50
21 F	7 14	1 22	3 05	2 21	29 32	14 31	1 51
22 S	10 18	1 00	4 41	2 17	0♋33	15 09	1 51
23 Su	13 18	0 38	6 17	2 12	1 34	15 47	1 51
24 M	16 16	0 16	7 53	2 08	2 35	16 24	1 51
25 Tu	19 12	0S05	9 30	2 04	3 36	17 02	1 51
26 W	22 05	0 27	11 06	1 59	4 37	17 40	1 51
27 Th	24 57	0 48	12 42	1 54	5 38	18 18	1 51
28 F	27 47	1 08	14 18	1 50	6 40	18 55	1 51
29 S	0♐36	1 29	15 54	1 45	7 41	19 33	1 51
30 Su	3 23	1 49	17 30	1 40	8 42	20 11	1 51
31 M	6♐09	2S08	19♏06	1N35	9♋43	20♒49	1S51

DAY	♃ LONG	♃ LAT	♄ LONG	♄ LAT	♅ LONG	♅ LAT	♆ LONG	♆ LAT	♇ LONG	♇ LAT
	° '	° '	° '	° '	° '	° '	° '	° '	° '	° '
4 Su	8♊44.1	0S41	2♏39.1	2N27	6♈55.9	0S43	2♓10.3	0S37	8♑57.9	3N31
9 F	9 10.5	0 41	2 48.7	2 27	6 59.2	0 43	2 12.1	0 37	8 59.6	3 31
14 W	9 37.0	0 40	2 58.2	2 27	7 02.4	0 43	2 13.9	0 37	9 01.2	3 30
19 M	10 03.4	0 40	3 07.8	2 27	7 05.6	0 43	2 15.7	0 37	9 02.9	3 30
24 S	10 29.9	0 39	3 17.3	2 27	7 08.9	0 43	2 17.5	0 37	9 04.5	3 29
29 Th	10 56.3	0 39	3 26.9	2 27	7 12.1	0 43	2 19.3	0 37	9 06.2	3 29
4 Tu	11 22.7	0 38	3 36.4	2 27	7 15.3	0 43	2 21.2	0 37	9 07.9	3 28
9 Su	11 49.0	0 38	3 45.9	2 27	7 18.6	0 43	2 23.0	0 37	9 09.5	3 28
14 F	12 15.4	0 37	3 55.5	2 27	7 21.8	0 43	2 24.8	0 37	9 11.2	3 27
19 W	12 41.8	0 37	4 05.0	2 27	7 25.0	0 43	2 26.6	0 37	9 12.8	3 27
24 M	13 08.1	0 36	4 14.5	2 27	7 28.3	0 43	2 28.4	0 37	9 14.5	3 26
29 S	13 34.4	0 36	4 24.1	2 27	7 31.5	0 43	2 30.2	0 37	9 16.2	3 26

☿p.392846	☿ .335208
♀ .718424	♀ .720081
⊕ .992458	⊕ .986022
♂ 1.42889	♂ 1.40214
♃ 5.04477	♃ 5.05387
♄ 9.77625	♄ 9.78414
♅ 20.0611	♅ 20.0594
♆ 29.9926	♆ 29.9917
♇ 32.3252	♇ 32.3423
☊	Perihelia
☿ 18°♉ 29	☿ 17°♊ 40
♀ 16 ♊ 48	♀ 12 ♌ 02
⊕	⊕ 12 ♋ 13
♂ 19 ♉ 40	♂ 6 ♓ 15
♃ 10 ♋ 38	♃ 14 ♈ 36
♄ 23 ♋ 44	♄ 1 ♋ 36
♅ 14 ♊ 01	♅ 18 ♍ 45
♆ 11 ♌ 56	♆ 17 ♉ 21
♇ 20 ♋ 28	♇ 13 ♏ 53

1 Th	☿☌♆	1am45
	☿△♄	4 15
2 F	☿⚺♅	6am23
	☿□♃	4pm25
	♀⚻♂	6 4
	☿✶♇	6 24
3	⊕✶☿	7am59
4 Su	☿✶♂	10am 9
	☿⚼♄	7pm41
5	☿⚻♀	1am12
6 T	♂∠♆	11am52
	♃⚻♇	6pm51
7 W	♀⚼♅	1am35
	☿ ♈	12pm28
	⊕∠☿	3 43
	☿⚺♆	11 28
8 Th	☿⚻♄	2am23
	♀⚼♇	7 28
	☿☌♅	10pm57
9 F	☿□♇	8am35
	☿✶♃	9 37
	☿⚼♀	8pm25
10	☿∠♆	10pm53
11 Su	⊕⚺☿	8am37
	☿□♂	12pm22
12 M	♀ ♍	0am13
	☿∠♃	7 16
13 T	⊕△♂	4am31
	☿ ♉	7 12
	♀☍♆	9 7
	☿✶♆	4pm40
	☿△♀	7 40
	☿☍♄	7 46
	♀✶♄	8 0
14 W	⊕∠♅	0am21
	☿⚺♅	12pm49
	☿△♇	8 59
	☿⚺♃	11 46
15	⊕⚼♇	11pm46
16 F	♀⚻♅	8am34
	☿0N	11 14
17 S	☿∠♅	1am26
	☿△♂	7 52
	☿⚼♇	9 9
	♀⚼♂	9 30
	♀△♇	1pm44
	⊕☌☿	3 41
18 Su	♀□♃	3am39
	☿ ♊	8 22
	☿□♆	5pm 5
	☿⚻♄	8 25
19 M	☿✶♅	11am40
	♂⚼♃	3pm11
	☿⚻♇	7 8
	☿☌♃	11 17
20 T	☿⚼♂	0am 2
	☿□♀	1pm36
21 W	☿ P	3am 9
	☿⚼♄	5 56
	⊕ ♊	9pm43
22	☿⚻♂	3pm 7
23 F	☿ ♋	2am47
	♀∠♄	6 5
	⊕⚺☿	8 21
	☿△♆	11 31
	☿△♄	3pm18
24 S	⊕□♆	4am11
	☿□♅	6 11
	☿☍♇	1pm38
	☿⚺♃	7 25
25 Su	⊕⚻♄	4am43
	☿⚼♆	9pm45
26	⊕∠☿	6am 1
27 T	☿✶♀	2am29
	☿∠♃	7 40
	♂ ♒	3pm 1
28 W	☿ ♌	0am52
	☿☍♂	2 1
	☿⚻♆	10 28
	☿□♄	3pm 7
29 Th	⊕✶♅	0am37
	☿△♅	7 0
	⊕✶☿	8 23
	☿⚻♇	3pm 7
	☿✶♃	11 23
30 F	♀ ♎	11am49
	☿∠♀	6pm54
	⊕⚻♇	9 55
1	♂⚺♆	10am 9
S	♀⚻♆	10pm30
2 Su	☿⚼♅	1am25
	♀△♂	6 3
	☿⚼♇	10 10
	♀⚺♄	4pm40
3 M	⊕☌♃	1am35
	♂□♄	10 50
	☿ ♍	2pm 3
4 T	☿☍♆	1am30
	☿✶♄	7 44
	☿⚻♂	10 39
	♀☍♅	11pm35
5 W	☿⚻♅	2am 2
	☿⚺♀	3 18
	☿△♇	11 36
6 Th	☿□♃	0am 8
	♀□♇	3 27
	⊕□☿	6pm43
7 F	☿∠♄	2pm36
	♀△♃	5 31
8	☿⚼♂	6am30
9	♂✶♅	11am 5
10 M	☿ ♎	7am27
	⊕⚼♄	11 15
	☿⚻♆	9pm57
11 T	♀⚼♆	6am 9
	☿⚺♄	6 49
12 W	☿☍♅	4am45
	♂⚺♇	10 56
	☿□♇	4pm29
	☿△♂	5 35
13	☿△♃	12pm13
14 F	☿⚼♆	11pm 6
	⊕△♀	11 41
17 M	⊕△☿	10am59
	♀⚼♃	1pm46
	♂△♃	10 32
	☿⚼♃	11 15
18 T	☿☌♀	7am57
	☿ ♏	4pm56
19 W	♀ ♏	2am 2
	☿△♆	11 17
	☿☌♄	11pm58
20	♀△♆	2pm41
Th	⊕⚼♂	11 28
21 F	☿⚻♅	1am36
	⊕ ♋	11 5
	☿✶♇	3pm36
	♀☌♄	4 20
22	☿⚻♃	9pm52
23 Su	♀⚻♅	5pm42
	⊕△♆	9 21
24 M	☿□♂	1am23
	⊕⚼☿	4pm28
	☿0S	6 9
	♀✶♇	8 19
25	⊕△♄	4pm18
26 W	☿⚼♅	3am22
	☿∠♇	6pm10
27	♀⚻♃	11am 8
28 F	☿ ♐	6pm56
	⊕□♅	8 21
29	☿□♆	4pm28
30 Su	☿⚺♄	9am11
	⊕☍♇	1pm41
31	☿△♅	12pm 8

JANUARY 2013

DAY	☿ LONG	☿ LAT	♀ LONG	♀ LAT	⊕ LONG	♂ LONG	♂ LAT
	° ′	° ′	° ′	° ′	° ′	° ′	° ′
1 Tu	8♐55	2S27	20♏42	1N30	10♋44	21♒27	1S51
2 W	11 40	2 46	22 17	1 25	11 45	22 05	1 51
3 Th	14 25	3 04	23 53	1 19	12 46	22 43	1 51
4 F	17 09	3 22	25 29	1 14	13 48	23 21	1 51
5 S	19 54	3 40	27 05	1 09	14 49	23 58	1 51
6 Su	22 39	3 57	28 40	1 03	15 50	24 36	1 51
7 M	25 25	4 13	0♐16	0 58	16 51	25 14	1 50
8 Tu	28 11	4 29	1 51	0 53	17 52	25 52	1 50
9 W	0♑58	4 45	3 27	0 47	18 53	26 30	1 50
10 Th	3 46	4 59	5 02	0 42	19 54	27 08	1 50
11 F	6 36	5 14	6 38	0 36	20 56	27 46	1 50
12 S	9 27	5 27	8 13	0 30	21 57	28 24	1 50
13 Su	12 19	5 40	9 49	0 25	22 58	29 03	1 49
14 M	15 14	5 52	11 24	0 19	23 59	29 41	1 49
15 Tu	18 11	6 03	12 59	0 14	25 00	0♓19	1 49
16 W	21 11	6 14	14 35	0 08	26 01	0 57	1 49
17 Th	24 13	6 23	16 10	0 02	27 02	1 35	1 49
18 F	27 18	6 32	17 45	0S03	28 04	2 13	1 48
19 S	0♒26	6 40	19 20	0 09	29 05	2 51	1 48
20 Su	3 38	6 46	20 55	0 15	0♌06	3 29	1 48
21 M	6 54	6 52	22 31	0 20	1 07	4 07	1 47
22 Tu	10 14	6 56	24 06	0 26	2 08	4 45	1 47
23 W	13 39	6 59	25 41	0 31	3 09	5 23	1 47
24 Th	17 08	7 00	27 16	0 37	4 10	6 01	1 46
25 F	20 42	7 00	28 51	0 43	5 11	6 40	1 46
26 S	24 22	6 58	0♑26	0 48	6 12	7 18	1 46
27 Su	28 07	6 54	2 01	0 54	7 13	7 56	1 45
28 M	1♓59	6 49	3 36	0 59	8 14	8 34	1 45
29 Tu	5 58	6 41	5 11	1 04	9 15	9 12	1 45
30 W	10 03	6 31	6 46	1 10	10 16	9 50	1 44
31 Th	14♓16	6S19	8♑21	1S15	11♌17	10♓28	1S44

FEBRUARY 2013

DAY	☿ LONG	☿ LAT	♀ LONG	♀ LAT	⊕ LONG	♂ LONG	♂ LAT
	° ′	° ′	° ′	° ′	° ′	° ′	° ′
1 F	18♓36	6S04	9♑56	1S20	12♌17	11♓06	1S43
2 S	23 05	5 47	11 31	1 25	13 18	11 44	1 43
3 Su	27 42	5 26	13 06	1 30	14 19	12 22	1 42
4 M	2♈27	5 03	14 40	1 35	15 20	13 00	1 42
5 Tu	7 21	4 37	16 15	1 40	16 21	13 38	1 41
6 W	12 25	4 08	17 50	1 45	17 22	14 16	1 41
7 Th	17 37	3 36	19 25	1 50	18 22	14 54	1 40
8 F	22 59	3 02	21 00	1 55	19 23	15 32	1 40
9 S	28 30	2 24	22 35	1 59	20 24	16 10	1 39
10 Su	4♉09	1 45	24 10	2 04	21 25	16 48	1 39
11 M	9 57	1 03	25 45	2 08	22 26	17 26	1 38
12 Tu	15 52	0 19	27 19	2 12	23 26	18 04	1 38
13 W	21 54	0N25	28 54	2 17	24 27	18 42	1 37
14 Th	28 02	1 10	0♒29	2 21	25 28	19 20	1 36
15 F	4♊15	1 55	2 04	2 25	26 28	19 58	1 36
16 S	10 31	2 38	3 39	2 29	27 29	20 36	1 35
17 Su	16 50	3 20	5 14	2 32	28 29	21 14	1 35
18 M	23 09	4 00	6 49	2 36	29 30	21 52	1 34
19 Tu	29 28	4 36	8 23	2 40	0♍30	22 30	1 33
20 W	5♋44	5 09	9 58	2 43	1 31	23 07	1 33
21 Th	11 57	5 38	11 33	2 46	2 31	23 45	1 32
22 F	18 04	6 03	13 08	2 50	3 32	24 23	1 31
23 S	24 05	6 23	14 43	2 53	4 32	25 01	1 31
24 Su	29 58	6 39	16 18	2 56	5 33	25 39	1 30
25 M	5♌44	6 50	17 53	2 58	6 33	26 16	1 29
26 Tu	11 20	6 57	19 28	3 01	7 33	26 54	1 28
27 W	16 48	7 00	21 03	3 03	8 34	27 32	1 28
28 Th	22♌05	6N59	22♒38	3S06	9♍34	28♓09	1S27

DAY	♃ LONG	♃ LAT	♄ LONG	♄ LAT	♅ LONG	♅ LAT	♆ LONG	♆ LAT	♇ LONG	♇ LAT
	° ′	° ′	° ′	° ′	° ′	° ′	° ′	° ′	° ′	° ′
3 Th	14♊00.7	0S35	4♏33.6	2N27	7♈34.7	0S42	2♓32.1	0S37	9♑17.8	3N25
8 Tu	14 27.0	0 35	4 43.1	2 26	7 38.0	0 42	2 33.9	0 37	9 19.5	3 25
13 Su	14 53.3	0 34	4 52.7	2 26	7 41.2	0 42	2 35.7	0 37	9 21.2	3 24
18 F	15 19.5	0 33	5 02.2	2 26	7 44.4	0 42	2 37.5	0 38	9 22.8	3 24
23 W	15 45.7	0 33	5 11.7	2 26	7 47.7	0 42	2 39.3	0 38	9 24.5	3 23
28 M	16 11.9	0 32	5 21.2	2 26	7 50.9	0 42	2 41.1	0 38	9 26.1	3 23
2 S	16 38.1	0 32	5 30.7	2 26	7 54.1	0 42	2 42.9	0 38	9 27.8	3 22
7 Th	17 04.3	0 31	5 40.2	2 26	7 57.4	0 42	2 44.8	0 38	9 29.4	3 22
12 Tu	17 30.5	0 31	5 49.7	2 26	8 00.6	0 42	2 46.6	0 38	9 31.1	3 22
17 Su	17 56.6	0 30	5 59.2	2 26	8 03.8	0 42	2 48.4	0 38	9 32.7	3 21
22 F	18 22.7	0 30	6 08.7	2 26	8 07.1	0 42	2 50.2	0 38	9 34.4	3 21
27 W	18 48.8	0 29	6 18.2	2 26	8 10.3	0 42	2 52.0	0 38	9 36.0	3 20

☿a .465346	☿p .369727
♀ .724033	♀a .727477
⊕p .983295	⊕ .985354
♂p 1.38542	♂ 1.38191
♃ 5.06356	♃ 5.07353
♄ 9.79222	♄ 9.80022
♅ 20.0576	♅ 20.0558
♆ 29.9907	♆ 29.9897
♇ 32.3600	♇ 32.3777
☊	Perihelia
☿ 18° ♉ 29	☿ 17° ♊ 40
♀ 16 ♊ 48	♀ 12 ♌ 04
⊕	⊕ 10 ♋ 34
♂ 19 ♉ 40	♂ 6 ♓ 16
♃ 10 ♋ 38	♃ 14 ♈ 36
♄ 23 ♋ 44	♄ 1 ♋ 46
♅ 14 ♊ 00	♅ 18 ♍ 48
♆ 11 ♌ 56	♆ 19 ♉ 08
♇ 20 ♋ 28	♇ 13 ♏ 51

1 T	☿⊻♇	3am14
	♀□♂	6pm45
2 W	⊕⊼☿	1am12
	♀⚼♅	4 14
	⊕ P	4 38
	♂∠♅	6pm57
	☿☍♃	8 22
3	♀∠♇	6am13
4 F	☿ A	2am50
	⊕⊻♃	7 55
	☿∠♄	9pm32
5	♂∠♇	12pm46
6 Su	♀ ♐	8pm 2
	☿✱♂	10 4
7	⊕⚼♆	4pm47
8 T	♀□♆	10am43
	☿ ♑	3pm42
9 W	☿✱♆	1pm48
	⊕⚼♀	6 28
	♀⊻♄	8 2
10	☿✱♄	8am44
11 F	☿⊻♀	0am43
	☿□♅	9 5
	♀△♅	3pm43
	☿☌♇	11 11
12	♀⊻♇	5pm 3
13 Su	☿∠♂	6pm 8
	☿⊼♃	9 48
14 M	♂ ♓	12pm15
	☿∠♆	7 18
16	♀☍♃	9am10
17	♀0S	9am38
18 F	⊕☍☿	8am40
	♂☌♆	3pm41
	☿ ♒	8 40
	☿⚼♃	11 47
19 S	♀∠♄	11am16
	☿⊻♆	4pm31
	⊕ ♌	9 45
	☿⊻♂	10 33
20 Su	⊕∠♃	10am26
	☿□♄	10 54
21 M	☿✱♅	6am20
	☿∠♀	8 27
	☿⊻♇	6pm 2
22 T	⊕⊼♆	12pm19
	♂△♄	4 17
23	☿△♃	3pm 2
24	♂ P	8am58
25 F	⊕□♄	1am53
	☿∠♅	1pm59
	♀ ♑	5 27
26 S	☿∠♇	0am23
	♂⊻♅	8pm30
27 Su	♀✱♆	10am 6
	☿ ♓	11 44
	⊕△♅	2pm54
28 M	☿☌♆	4am16
	☿✱♀	4pm17
	☿△♄	8 32
	⊕⊼♂	9 4
29 T	♀✱♄	3am 9
	⊕⊼♇	4 39
	♂✱♇	9 15
	☿⊻♅	11 15
	☿✱♇	8pm29
	☿☌♂	10 30
30 W	⊕⊼☿	1am35
	♀□♅	4pm53
31 Th	☿□♃	12pm29
	♀☌♇	4 49
1	☿⚼♄	10am13
2	♀✱♂	5am44
3 Su	⊕⚼☿	10am32
	☿ ♈	11 44
4 M	☿⊻♆	1am22
	☿⊼♄	3pm28
5 T	☿☌♅	2am47
	⊕⊼♀	3 54
	☿□♇	10 10
	♀⊼♃	10 19
	⊕✱♃	2pm14
	♀∠♆	10 31
6	☿⊻♂	9am51
W	☿✱♃	9pm27
7 Th	☿∠♆	0am34
	⊕△☿	4 13
	☿□♀	11 31
9 S	☿ ♉	6am27
	☿∠♂	12pm54
	☿∠♃	4 15
	☿✱♆	6 10
10 Su	☿☍♄	6am47
	☿⊻♅	4pm 0
	☿△♇	10 14
	♂□♃	11 7
11	⊕⚼♅	1pm45
12 T	☿⊻♃	6am41
	☿✱♂	9 53
	☿0N	10 30
13 W	⊕⚼♇	1am46
	☿∠♅	4 25
	☿⚼♇	10 19
	⊕□☿	12pm 0
	♀ ♒	4 39
14 Th	☿ ♊	7am37
	☿△♀	12pm44
	☿□♆	6 24
15 F	☿⊼♄	6am27
	♀⊻♆	11 6
	♀⚼♃	11 18
	☿✱♅	2pm33
	☿⊼♇	8 15
16	♂⚼♄	2pm 9
17 Su	☿ P	2am26
	☿☌♃	4 16
	♀□♄	11 46
	☿⚼♄	3pm50
	☿⚼♀	5 10
	☿□♂	6 33
18 M	♀∠♂	1am23
	⊕ ♍	11 54
	♀✱♅	7pm21
19 T	☿ ♋	2am 2
	⊕✱☿	4 44
	☿△♆	12pm49
	♀⊻♇	5 46
20 W	☿△♄	1am20
	☿□♅	9 7
	☿☍♇	2pm47
	☿⊼♀	9 58
21 Th	♀ A	7am 3
	⊕☍♆	7 21
	☿⚼♆	11pm 6
22 F	☿⊻♃	1am16
	⊕∠☿	2 13
23	☿△♂	4am13
24 Su	☿ ♌	0am 7
	☿⊼♆	11 56
	☿∠♃	3pm 5
	⊕✱♄	4 23
25 M	☿□♄	2am10
	⊕⊻☿	4 13
	☿△♅	10 18
	♀△♃	12pm12
	☿⊼♇	4 28
26 T	☿⚼♂	2am45
	⊕⊼♅	2pm39
27	☿✱♃	9am13
28 Th	⊕△♇	1am 2
	☿☍♀	3 34
	☿⚼♅	5 3
	♀∠♅	8 28
	☿⚼♇	11 41

MARCH 2013

DAY	☿ LONG	☿ LAT	♀ LONG	♀ LAT	⊕ LONG	♂ LONG	♂ LAT
	° '	° '	° '	° '	° '	° '	° '
1 F	27♌14	6N55	24♒13	3S08	10♍34	28♓47	1S26
2 S	2♍12	6 48	25 48	3 10	11 34	29 24	1 25
3 Su	7 01	6 39	27 23	3 12	12 34	0♈02	1 25
4 M	11 41	6 27	28 58	3 14	13 35	0 40	1 24
5 Tu	16 11	6 13	0♓33	3 16	14 35	1 17	1 23
6 W	20 33	5 57	2 08	3 17	15 35	1 54	1 22
7 Th	24 47	5 39	3 43	3 18	16 35	2 32	1 21
8 F	28 53	5 21	5 18	3 20	17 35	3 09	1 21
9 S	2♎51	5 01	6 53	3 21	18 35	3 47	1 20
10 Su	6 43	4 41	8 28	3 22	19 35	4 24	1 19
11 M	10 28	4 20	10 03	3 22	20 35	5 01	1 18
12 Tu	14 07	3 58	11 38	3 23	21 35	5 39	1 17
13 W	17 40	3 36	13 14	3 23	22 35	6 16	1 16
14 Th	21 08	3 14	14 49	3 24	23 34	6 53	1 15
15 F	24 30	2 52	16 24	3 24	24 34	7 30	1 15
16 S	27 49	2 29	17 59	3 24	25 34	8 07	1 14
17 Su	1♏03	2 07	19 35	3 23	26 34	8 44	1 13
18 M	4 13	1 44	21 10	3 23	27 34	9 21	1 12
19 Tu	7 20	1 22	22 45	3 23	28 33	9 58	1 11
20 W	10 23	1 00	24 20	3 22	29 33	10 35	1 10
21 Th	13 24	0 37	25 56	3 21	0♎32	11 12	1 09
22 F	16 22	0 16	27 31	3 20	1 32	11 49	1 08
23 S	19 18	0S06	29 07	3 19	2 32	12 26	1 07
24 Su	22 11	0 27	0♈42	3 18	3 31	13 03	1 06
25 M	25 03	0 48	2 17	3 16	4 31	13 40	1 05
26 Tu	27 52	1 09	3 53	3 15	5 30	14 16	1 04
27 W	0♐41	1 29	5 28	3 13	6 29	14 53	1 03
28 Th	3 28	1 49	7 04	3 11	7 29	15 30	1 02
29 F	6 15	2 09	8 39	3 09	8 28	16 06	1 01
30 S	9 00	2 28	10 15	3 07	9 27	16 43	1 00
31 Su	11♐45	2S47	11♈50	3S05	10♎27	17♈19	0S59

APRIL 2013

DAY	☿ LONG	☿ LAT	♀ LONG	♀ LAT	⊕ LONG	♂ LONG	♂ LAT
	° '	° '	° '	° '	° '	° '	° '
1 M	14♐30	3S05	13♈26	3S02	11♎26	17♈56	0S58
2 Tu	17 15	3 23	15 02	3 00	12 25	18 32	0 57
3 W	19 59	3 40	16 37	2 57	13 24	19 09	0 56
4 Th	22 44	3 57	18 13	2 54	14 23	19 45	0 55
5 F	25 30	4 14	19 49	2 51	15 22	20 21	0 54
6 S	28 16	4 30	21 24	2 48	16 21	20 58	0 53
7 Su	1♑03	4 45	23 00	2 44	17 20	21 34	0 52
8 M	3 51	5 00	24 36	2 41	18 19	22 10	0 51
9 Tu	6 41	5 14	26 12	2 37	19 18	22 46	0 50
10 W	9 32	5 27	27 48	2 34	20 17	23 22	0 49
11 Th	12 25	5 40	29 23	2 30	21 16	23 58	0 48
12 F	15 20	5 52	0♉59	2 26	22 15	24 34	0 47
13 S	18 17	6 04	2 35	2 22	23 14	25 10	0 46
14 Su	21 16	6 14	4 11	2 18	24 13	25 46	0 45
15 M	24 19	6 24	5 47	2 14	25 12	26 22	0 44
16 Tu	27 24	6 32	7 23	2 09	26 10	26 57	0 43
17 W	0♒32	6 40	8 59	2 05	27 09	27 33	0 42
18 Th	3 45	6 47	10 35	2 00	28 08	28 09	0 41
19 F	7 00	6 52	12 11	1 56	29 06	28 44	0 40
20 S	10 21	6 56	13 47	1 51	0♏05	29 20	0 39
21 Su	13 45	6 59	15 23	1 46	1 04	29 55	0 38
22 M	17 14	7 00	17 00	1 41	2 02	0♉31	0 36
23 Tu	20 49	7 00	18 36	1 36	3 01	1 06	0 35
24 W	24 29	6 58	20 12	1 31	3 59	1 41	0 34
25 Th	28 15	6 54	21 48	1 26	4 57	2 17	0 33
26 F	2♓07	6 49	23 24	1 21	5 56	2 52	0 32
27 S	6 05	6 41	25 01	1 16	6 54	3 27	0 31
28 Su	10 11	6 31	26 37	1 10	7 53	4 02	0 30
29 M	14 24	6 18	28 13	1 05	8 51	4 37	0 29
30 Tu	18♓45	6S04	29♉50	1S00	9♏49	5♉12	0S28

DAY	♃ LONG	♃ LAT	♄ LONG	♄ LAT	♅ LONG	♅ LAT	♆ LONG	♆ LAT	♇ LONG	♇ LAT
	° '	° '	° '	° '	° '	° '	° '	° '	° '	° '
4 M	19♊14.9	0S29	6♏27.7	2N26	8♈13.5	0S42	2♓53.8	0S38	9♑37.7	3N20
9 S	19 41.0	0 28	6 37.2	2 25	8 16.8	0 42	2 55.6	0 38	9 39.3	3 19
14 Th	20 07.0	0 27	6 46.7	2 25	8 20.0	0 42	2 57.4	0 38	9 41.0	3 19
19 Tu	20 33.1	0 27	6 56.2	2 25	8 23.2	0 42	2 59.2	0 38	9 42.6	3 18
24 Su	20 59.1	0 26	7 05.6	2 25	8 26.4	0 42	3 01.1	0 38	9 44.3	3 18
29 F	21 25.1	0 26	7 15.1	2 25	8 29.7	0 42	3 02.9	0 38	9 45.9	3 17
3 W	21 51.1	0 25	7 24.6	2 25	8 32.9	0 42	3 04.7	0 38	9 47.6	3 17
8 M	22 17.1	0 25	7 34.1	2 25	8 36.1	0 42	3 06.5	0 38	9 49.2	3 16
13 S	22 43.0	0 24	7 43.5	2 25	8 39.3	0 42	3 08.3	0 38	9 50.9	3 16
18 Th	23 08.9	0 23	7 53.0	2 25	8 42.6	0 42	3 10.1	0 38	9 52.5	3 15
23 Tu	23 34.9	0 23	8 02.5	2 25	8 45.8	0 42	3 11.9	0 38	9 54.2	3 15
28 Su	24 00.7	0 22	8 12.0	2 24	8 49.0	0 42	3 13.7	0 39	9 55.8	3 14

☿ .345816	☿a .466538
♀ .728125	♀ .725657
⊕ .990817	⊕ .999231
♂ 1.39053	♂ 1.41196
♃ 5.08276	♃ 5.09320
♄ 9.80737	♄ 9.81521
♅ 20.0542	♅ 20.0523
♆ 29.9888	♆ 29.9878
♇ 32.3938	♇ 32.4116
☊	Perihelia
☿ 18° ♉ 30	☿ 17° ♊ 40
♀ 16 ♊ 48	♀ 12 ♌ 00
⊕	⊕ 12 ♋ 40
♂ 19 ♉ 40	♂ 6 ♓ 17
♃ 10 ♋ 38	♃ 14 ♈ 36
♄ 23 ♋ 44	♄ 1 ♋ 57
♅ 14 ♊ 00	♅ 18 ♍ 52
♆ 11 ♌ 56	♆ 21 ♉ 05
♇ 20 ♋ 28	♇ 13 ♏ 48

1 F	♀∠♇	6am 6
	☿⚼♂	8 29
	☿ ♍	1pm18
2 S	☿☍♆	3am22
	☿✶♄	9pm 2
	♂ ♈	10 44
3 Su	☿⚼♅	6am 7
	☿△♇	1pm21
4 M	⊕☌☿	12pm52
	♀ ♓	3 45
5 T	☿□♃	5pm35
	♀⚺♂	6 28
6 W	☿∠♄	5am30
	♀☌♆	11 51
7	♂⚺♆	2pm54
8 F	☿ ♎	6am42
	♀△♄	7pm56
9 S	☿⚼♆	0am27
	☿☍♂	6 46
	♀⚺♅	9pm16
	☿⚺♄	11 37
10 Su	⊕□♃	4am59
	☿☍♅	10 3
	♀✶♇	6pm 6
	☿□♇	6 51
	☿⚼♀	7 23
12	⊕∠♄	3am22
13 W	☿⚻♆	1am59
	☿△♃	4pm46
	♂⚼♄	7 42
15	⊕⚺☿	0am40
16 S	♂☌♅	9am13
	☿ ♏	4pm10
17 Su	♀□♃	12pm50
	☿△♆	2 33
18 M	☿⚻♃	9am49
	♀⚻♄	11 25
	♂□♇	1pm40
	☿☌♄	8 53
19 T	☿⚻♀	6am45
	☿⚼♅	8 15
	☿✶♇	6pm39
20 W	☿⚼♂	1am58
	⊕ ♎	10 55
22 F	⊕∠☿	2am 4
	☿0S	5pm24
23 S	⊕⚼♆	11am49
	♀ ♈	1pm27
	☿⚼♃	1 43
24 Su	☿⚻♅	10am34
	☿∠♇	9pm29
25	♀⚺♆	11am 7
26 T	☿⚻♂	3pm16
	☿ ♐	6 9
27 W	⊕⚺♄	5pm33
	☿□♆	8 17
28 Th	♀⚼♄	2am24
	⊕☍♀	4pm28
	♀☌♅	9 33
29 F	⊕☍♅	0am41
	☿⚺♄	8 51
	♀□♇	4pm47
	☿△♅	7 38
30 S	⊕✶☿	6am 7
	☿⚺♇	6 42
	⊕□♇	7 44
31	☿△♀	1am47

1	♂∠♆	5am21
2 T	☿ A	2am 5
	☿△♂	2pm31
3 W	☿☍♃	4pm46
	☿∠♄	9 21
	♀∠♆	9 59
5	♀☌♂	1pm 9
6 S	♀✶♃	11am11
	☿ ♑	2pm56
7 Su	☿✶♆	5pm35
	⊕⚻♆	6 40
8	♂✶♃	5am33
9 T	☿✶♄	7am49
	☿□♅	4pm19
10	☿☌♇	2am29
11	♀ ♉	9am 9
12 F	⊕△♃	10am 6
	☿∠♆	10pm51
13 S	♃⚻♄	3am58
	♀✶♆	8 18
14	☿⚼♃	12pm29
15 M	⊕□☿	10am 8
	☿□♂	7pm46
16 T	♀☍♄	6am40
	♀∠♃	9 22
	♀⚺♅	7pm40
	☿ ♒	7 54
17 W	♀△♇	1pm18
	☿⚺♆	7 43
18	⊕☍♂	0am52
19 F	☿□♄	6am39
	☿⚻♃	9 8
	☿✶♅	12pm26
	☿⚺♇	8 44
	⊕ ♏	9 56
21 Su	♂ ♉	3am12
	☿□♀	8pm55
23 T	⊕△♆	4am40
	☿△♃	6pm36
	☿∠♅	7 24
24	☿∠♇	2am46
25	☿ ♓	10am58
26 F	☿✶♂	5am24
	♀∠♅	5 50
	☿☌♆	6 44
	♀⚺♃	6 50
	♂✶♆	2pm30
	♀⚻♇	10 41
27 S	⊕△☿	6am21
	☿△♄	12pm22
	☿⚺♅	4 3
	☿✶♇	10 32
28 Su	⊕☌♄	8am15
	⊕⚼♅	11pm30
29	⊕⚻♃	6am48
30 T	♀ ♊	2am32
	⊕✶♇	3 2
	☿∠♂	9 6

MAY 2013

DAY	☿ LONG	☿ LAT	♀ LONG	♀ LAT	⊕ LONG	♂ LONG	♂ LAT
	° '	° '	° '	° '	° '	° '	° '
1 W	23♓13	5S46	1♊26	0S54	10♏47	5♉47	0S27
2 Th	27 50	5 26	3 03	0 49	11 46	6 22	0 26
3 F	2♈36	5 03	4 39	0 43	12 44	6 57	0 24
4 S	7 31	4 36	6 16	0 37	13 42	7 32	0 23
5 Su	12 35	4 07	7 52	0 32	14 40	8 07	0 22
6 M	17 47	3 35	9 29	0 26	15 38	8 41	0 21
7 Tu	23 09	3 01	11 05	0 20	16 36	9 16	0 20
8 W	28 40	2 23	12 42	0 15	17 35	9 50	0 19
9 Th	4♉20	1 43	14 19	0 09	18 33	10 25	0 18
10 F	10 08	1 01	15 55	0 03	19 31	10 59	0 17
11 S	16 03	0 18	17 32	0N03	20 29	11 34	0 16
12 Su	22 05	0N27	19 09	0 08	21 27	12 08	0 15
13 M	28 14	1 11	20 45	0 14	22 25	12 42	0 13
14 Tu	4♊27	1 56	22 22	0 20	23 22	13 17	0 12
15 W	10 43	2 40	23 59	0 25	24 20	13 51	0 11
16 Th	17 02	3 22	25 36	0 31	25 18	14 25	0 10
17 F	23 21	4 01	27 13	0 37	26 16	14 59	0 09
18 S	29 40	4 37	28 50	0 42	27 14	15 33	0 08
19 Su	5♋56	5 10	0♋27	0 48	28 12	16 07	0 07
20 M	12 08	5 39	2 04	0 54	29 09	16 41	0 06
21 Tu	18 15	6 04	3 41	0 59	0♐07	17 15	0 05
22 W	24 16	6 24	5 18	1 05	1 05	17 49	0 04
23 Th	0♌09	6 39	6 55	1 10	2 03	18 22	0 03
24 F	5 55	6 50	8 32	1 15	3 00	18 56	0 01
25 S	11 31	6 57	10 09	1 21	3 58	19 30	0 00
26 Su	16 58	7 00	11 46	1 26	4 55	20 03	0N01
27 M	22 15	6 59	13 23	1 31	5 53	20 37	0 02
28 Tu	27 23	6 55	15 01	1 36	6 51	21 10	0 03
29 W	2♍21	6 48	16 38	1 41	7 48	21 43	0 04
30 Th	7 10	6 38	18 15	1 46	8 46	22 17	0 05
31 F	11♍49	6N26	19♋52	1N51	9♐43	22♉50	0N06

JUNE 2013

DAY	☿ LONG	☿ LAT	♀ LONG	♀ LAT	⊕ LONG	♂ LONG	♂ LAT
	° '	° '	° '	° '	° '	° '	° '
1 S	16♍20	6N12	21♋30	1N56	10♐41	23♉23	0N07
2 Su	20 41	5 56	23 07	2 01	11 38	23 56	0 08
3 M	24 55	5 39	24 44	2 05	12 36	24 30	0 09
4 Tu	29 00	5 20	26 22	2 10	13 33	25 03	0 10
5 W	2♎59	5 01	27 59	2 14	14 31	25 36	0 11
6 Th	6 50	4 40	29 36	2 18	15 28	26 08	0 13
7 F	10 35	4 19	1♌14	2 23	16 26	26 41	0 14
8 S	14 13	3 57	2 51	2 27	17 23	27 14	0 15
9 Su	17 46	3 36	4 29	2 31	18 20	27 47	0 16
10 M	21 14	3 13	6 06	2 34	19 18	28 20	0 17
11 Tu	24 37	2 51	7 44	2 38	20 15	28 52	0 18
12 W	27 55	2 28	9 21	2 42	21 13	29 25	0 19
13 Th	1♏09	2 06	10 59	2 45	22 10	29 57	0 20
14 F	4 19	1 43	12 36	2 49	23 07	0♊30	0 21
15 S	7 26	1 21	14 14	2 52	24 05	1 02	0 22
16 Su	10 29	0 59	15 51	2 55	25 02	1 35	0 23
17 M	13 30	0 37	17 29	2 58	25 59	2 07	0 24
18 Tu	16 28	0 15	19 06	3 00	26 56	2 39	0 25
19 W	19 23	0S07	20 44	3 03	27 54	3 11	0 26
20 Th	22 17	0 28	22 21	3 05	28 51	3 44	0 27
21 F	25 08	0 49	23 59	3 08	29 48	4 16	0 28
22 S	27 58	1 09	25 36	3 10	0♑45	4 48	0 29
23 Su	0♐46	1 30	27 14	3 12	1 43	5 20	0 30
24 M	3 34	1 50	28 51	3 14	2 40	5 52	0 31
25 Tu	6 20	2 09	0♍29	3 15	3 37	6 23	0 32
26 W	9 06	2 29	2 06	3 17	4 34	6 55	0 33
27 Th	11 51	2 47	3 44	3 18	5 32	7 27	0 34
28 F	14 35	3 06	5 21	3 20	6 29	7 59	0 35
29 S	17 20	3 24	6 59	3 21	7 26	8 30	0 36
30 Su	20♐05	3S41	8♍36	3N22	8♑23	9♊02	0N37

DAY	♃ LONG	♃ LAT	♄ LONG	♄ LAT	♅ LONG	♅ LAT	♆ LONG	♆ LAT	♇ LONG	♇ LAT
	° '	° '	° '	° '	° '	° '	° '	° '	° '	° '
3 F	24♊26.6	0S22	8♏21.4	2N24	8♈52.3	0S42	3♓15.5	0S39	9♑57.5	3N14
8 W	24 52.5	0 21	8 30.9	2 24	8 55.5	0 42	3 17.3	0 39	9 59.1	3 13
13 M	25 18.3	0 21	8 40.3	2 24	8 58.7	0 42	3 19.2	0 39	10 00.8	3 13
18 S	25 44.2	0 20	8 49.8	2 24	9 02.0	0 42	3 21.0	0 39	10 02.4	3 12
23 Th	26 10.0	0 20	8 59.3	2 24	9 05.2	0 42	3 22.8	0 39	10 04.0	3 12
28 Tu	26 35.8	0 19	9 08.7	2 24	9 08.4	0 42	3 24.6	0 39	10 05.7	3 11
2 Su	27 01.6	0 18	9 18.2	2 24	9 11.7	0 42	3 26.4	0 39	10 07.4	3 11
7 F	27 27.3	0 18	9 27.6	2 24	9 14.9	0 42	3 28.2	0 39	10 09.0	3 10
12 W	27 53.1	0 17	9 37.1	2 24	9 18.1	0 42	3 30.0	0 39	10 10.7	3 10
17 M	28 18.8	0 17	9 46.5	2 23	9 21.4	0 42	3 31.9	0 39	10 12.3	3 09
22 S	28 44.5	0 16	9 56.0	2 23	9 24.6	0 42	3 33.7	0 39	10 13.9	3 09
27 Th	29 10.2	0 16	10 05.4	2 23	9 27.8	0 42	3 35.5	0 39	10 15.6	3 08

☿p.363747	☿a.368716
♀ .721673	♀p.718733
⊕ 1.00753	⊕ 1.01400
♂ 1.44212	♂ 1.47960
♃ 5.10350	♃ 5.11433
♄ 9.82270	♄ 9.83036
♅ 20.0505	♅ 20.0485
♆ 29.9869	♆ 29.9859
♇ 32.4289	♇ 32.4468
☊	Perihelia
☿ 18°♉ 30	☿ 17°♊ 40
♀ 16 ♊ 48	♀ 11 ♌ 58
⊕	⊕ 14 ♋ 25
♂ 19 ♉ 40	♂ 6 ♓ 19
♃ 10 ♋ 38	♃ 14 ♈ 35
♄ 23 ♋ 44	♄ 2 ♋ 08
♅ 14 ♊ 00	♅ 18 ♍ 59
♆ 11 ♌ 57	♆ 22 ♉ 56
♇ 20 ♋ 28	♇ 13 ♏ 46

1 W	☿⚼♄	0am23
	☿□♃	5 37
	⊕⚼☿	4pm59
2 Th	♀□♆	3am 7
	☿ ♈	10 58
3 F	☿⚺♆	3am15
	☿✱♀	3pm 1
4 S	☿⚺♂	0am 5
	☿⚻♄	4 13
	☿☌♅	6 34
	☿□♇	11 43
5 Su	♀⚺♂	5am36
	♀⚻♄	8 23
	⊕⚻☿	11 57
	♂☍♄	1pm37
	♀✱♅	3 22
6 M	☿∠♆	2am13
	♀⚻♇	7 25
	♂⚺♅	9 8
7 T	☿✱♃	7am18
	☿∠♀	6pm 7
8 W	♂∠♃	1am39
	☿ ♉	5 42
	♂△♇	6 3
	☿✱♆	7pm39
9 Th	☿☍♄	5pm37
	☿⚺♅	7 9
	☿△♇	11 28
	☿∠♃	11 40
10 F	☿☌♂	3am55
	♀0N	1pm 9
11 S	☿⚺♀	8am 6
	☿0N	9 45
	⊕☍☿	8pm58
12 Su	☿∠♅	7am24
	☿⚼♇	11 28
	☿⚺♃	12pm27
13 M	☿ ♊	6am52
	☿□♆	7pm41
14 T	⊕⚼♅	3pm29
	☿⚻♄	4 23
	☿✱♅	5 25
	♀⚼♄	8 13
	☿⚻♇	9 20
15 W	⊕⚻♀	1pm 4
	☿⚺♂	1 5
	⊕∠♇	5 8
	♀☌♃	11 26
16 Th	☿ P	1am41
	⊕⚻♃	7 7
17 F	☿⚼♄	1am41
	☿☌♃	8 50
	⊕⚻☿	1pm 4
	☿☌♀	7 43
18 S	☿ ♋	1am17
	☿∠♂	3 43
	☿△♆	2pm 6
	♀ ♋	5 23
19 Su	☿△♄	11am21
	☿□♅	12pm 1
	♀∠♂	3 21
	☿☍♇	3 54
20 M	⊕⚼☿	9am21
	♀△♆	7pm22
	☿✱♂	7 37
	⊕ ♐	9 2
21	☿⚼♆	0am27
22 W	☿⚺♃	7am27
	☿ ♌	11pm21
23 Th	⊕△☿	9am22
	☿⚻♆	1pm23
24 F	♀△♄	7am22
	♀□♅	8 26
	⊕□♆	9 38
	☿□♄	1pm19
	☿△♅	1 36
	☿⚺♀	3 41
	☿⚻♇	5 47
	♀☍♇	10 56
	☿∠♃	11 14
25	♂0N	7am37
26	☿□♂	3pm34
27 M	☿⚼♅	8am42
	☿⚼♇	1pm11
	♄⚻♅	6 26
	☿✱♃	8 12
28 T	☿ ♍	12pm32
	☿∠♀	6 42
29	☿☍♆	5am14
30 Th	♀⚼♆	2am33
	⊕△♅	10 9
	☿⚻♅	10 13
	⊕□☿	10 14
	☿✱♄	10 31
	⊕⚺♄	11 35
	☿△♇	3pm 5
31	⊕⚺♇	9am52
2 Su	♂∠♅	11am15
	♀✱♂	6pm31
	☿∠♄	8 38
	☿△♂	9 12
	☿✱♀	10 20
3	☿□♃	1pm 4
4 T	♂⚼♇	3am59
	☿ ♎	5 56
	♀⚺♃	1pm 5
5	☿⚻♆	2am57
6 Th	♀ ♌	5am50
	☿☍♅	3pm22
	☿⚺♄	4 42
	☿□♇	9 12
7 F	⊕⚼♀	7am 4
	☿⚼♂	8 30
8 S	♀⚻♆	9am15
	♂⚺♃	3pm54
9 Su	☿⚼♆	4am52
	⊕✱☿	5 21
11 T	♀△♅	11pm17
	☿△♃	11 45
12 W	♀□♄	4am 2
	♀⚻♇	12pm15
	☿⚻♂	1 16
	☿ ♏	3 24
13 Th	♂ ♊	1am55
	♀ P	2pm 2
	☿△♆	5 49
14	♀∠♃	7am 6
15 S	☿⚻♅	2pm57
	⊕∠♄	4 32
	☿☌♄	6 3
	⊕∠☿	6 43
	☿✱♇	9 42
16	☿⚼♃	10pm29
18	☿0S	4pm39
19 W	♂□♆	4pm 0
	⊕☍♃	4 17
20 Th	☿□♀	1am30
	☿⚼♅	5pm47
21 F	☿∠♇	0am47
	⊕ ♑	4 57
	♀⚼♅	6 15
	♀⚼♇	6pm30
22 S	☿⚻♃	6am50
	☿ ♐	5pm23
23	⊕⚺☿	12pm15
24 M	☿□♆	0am 7
	♀✱♃	0 54
	♀ ♍	4pm54
	⊕✱♆	11 1
25	☿☍♂	0am37
26 W	☿△♅	3am 9
	☿⚺♄	8 31
	☿⚺♇	10 9
	♀☍♆	9pm56
29 S	☿ A	1am20
	⊕△♀	4pm 9
30 Su	♀□♂	9am19
	♀⚻♅	1pm15
	♂✱♅	9 40
	♀✱♄	11 48

JULY 2013

DAY	☿ LONG	☿ LAT	♀ LONG	♀ LAT	⊕ LONG	♂ LONG	♂ LAT
	° '	° '	° '	° '	° '	° '	° '
1 M	22♐50	3S58	10♍14	3N22	9♑20	9♊33	0N38
2 Tu	25 35	4 14	11 51	3 23	10 18	10 05	0 39
3 W	28 22	4 30	13 29	3 23	11 15	10 36	0 40
4 Th	1♑09	4 46	15 06	3 24	12 12	11 08	0 41
5 F	3 57	5 00	16 43	3 24	13 09	11 39	0 42
6 S	6 47	5 14	18 21	3 24	14 06	12 10	0 42
7 Su	9 38	5 28	19 58	3 23	15 04	12 42	0 43
8 M	12 31	5 41	21 36	3 23	16 01	13 13	0 44
9 Tu	15 25	5 53	23 13	3 22	16 58	13 44	0 45
10 W	18 23	6 04	24 50	3 22	17 55	14 15	0 46
11 Th	21 22	6 14	26 27	3 21	18 53	14 46	0 47
12 F	24 25	6 24	28 05	3 20	19 50	15 17	0 48
13 S	27 30	6 33	29 42	3 19	20 47	15 48	0 49
14 Su	0♒39	6 40	1♎19	3 17	21 44	16 19	0 50
15 M	3 51	6 47	2 56	3 16	22 42	16 49	0 51
16 Tu	7 07	6 52	4 33	3 14	23 39	17 20	0 52
17 W	10 27	6 56	6 10	3 12	24 36	17 51	0 52
18 Th	13 52	6 59	7 47	3 10	25 33	18 21	0 53
19 F	17 21	7 00	9 24	3 08	26 31	18 52	0 54
20 S	20 56	7 00	11 01	3 06	27 28	19 23	0 55
21 Su	24 36	6 58	12 38	3 03	28 25	19 53	0 56
22 M	28 22	6 54	14 15	3 01	29 22	20 24	0 57
23 Tu	2♓14	6 48	15 52	2 58	0♒20	20 54	0 58
24 W	6 13	6 41	17 28	2 55	1 17	21 24	0 58
25 Th	10 19	6 30	19 05	2 52	2 14	21 55	0 59
26 F	14 32	6 18	20 42	2 49	3 11	22 25	1 00
27 S	18 53	6 03	22 19	2 46	4 09	22 55	1 01
28 Su	23 22	5 45	23 55	2 43	5 06	23 25	1 02
29 M	27 59	5 25	25 32	2 39	6 03	23 55	1 02
30 Tu	2♈45	5 02	27 08	2 35	7 01	24 25	1 03
31 W	7♈40	4S36	28♎45	2N32	7♒58	24♊55	1N04

AUGUST 2013

DAY	☿ LONG	☿ LAT	♀ LONG	♀ LAT	⊕ LONG	♂ LONG	♂ LAT
	° '	° '	° '	° '	° '	° '	° '
1 Th	12♈44	4S06	0♏21	2N28	8♒56	25♊25	1N05
2 F	17 57	3 34	1 58	2 24	9 53	25 55	1 06
3 S	23 20	2 59	3 34	2 20	10 50	26 25	1 06
4 Su	28 51	2 22	5 10	2 15	11 48	26 55	1 07
5 M	4♉31	1 42	6 46	2 11	12 45	27 25	1 08
6 Tu	10 19	1 00	8 23	2 07	13 43	27 54	1 09
7 W	16 14	0 17	9 59	2 02	14 40	28 24	1 09
8 Th	22 17	0N28	11 35	1 58	15 38	28 54	1 10
9 F	28 25	1 13	13 11	1 53	16 35	29 23	1 11
10 S	4♊39	1 57	14 47	1 48	17 33	29 53	1 12
11 Su	10 55	2 41	16 23	1 43	18 30	0♋22	1 12
12 M	17 14	3 23	17 59	1 38	19 28	0 52	1 13
13 Tu	23 33	4 02	19 35	1 33	20 26	1 21	1 14
14 W	29 52	4 39	21 11	1 28	21 23	1 51	1 15
15 Th	6♋08	5 11	22 46	1 23	22 21	2 20	1 15
16 F	12 20	5 40	24 22	1 18	23 19	2 49	1 16
17 S	18 27	6 04	25 58	1 13	24 16	3 18	1 17
18 Su	24 27	6 24	27 34	1 07	25 14	3 48	1 17
19 M	0♌20	6 40	29 09	1 02	26 12	4 17	1 18
20 Tu	6 05	6 51	0♐45	0 56	27 09	4 46	1 19
21 W	11 41	6 57	2 20	0 51	28 07	5 15	1 19
22 Th	17 08	7 00	3 56	0 45	29 05	5 44	1 20
23 F	22 25	6 59	5 31	0 40	0♓03	6 13	1 21
24 S	27 33	6 55	7 07	0 34	1 00	6 42	1 21
25 Su	2♍31	6 48	8 42	0 29	1 58	7 11	1 22
26 M	7 19	6 38	10 18	0 23	2 56	7 40	1 22
27 Tu	11 58	6 26	11 53	0 18	3 54	8 08	1 23
28 W	16 28	6 12	13 28	0 12	4 52	8 37	1 24
29 Th	20 49	5 56	15 04	0 06	5 50	9 06	1 24
30 F	25 03	5 38	16 39	0 01	6 48	9 35	1 25
31 S	29♍08	5N20	18♐14	0S05	7♓46	10♋03	1N25

DAY	♃ LONG	♃ LAT	♄ LONG	♄ LAT	♅ LONG	♅ LAT	♆ LONG	♆ LAT	♇ LONG	♇ LAT
	° '	° '	° '	° '	° '	° '	° '	° '	° '	° '
2 Tu	29♊35.9	0S15	10♏14.9	2N23	9♈31.1	0S42	3♓37.3	0S39	10♑17.2	3N08
7 Su	0♋01.5	0 14	10 24.3	2 23	9 34.3	0 42	3 39.1	0 39	10 18.9	3 07
12 F	0 27.2	0 14	10 33.7	2 23	9 37.6	0 42	3 40.9	0 39	10 20.5	3 07
17 W	0 52.8	0 13	10 43.2	2 23	9 40.8	0 42	3 42.8	0 39	10 22.2	3 06
22 M	1 18.4	0 13	10 52.6	2 23	9 44.0	0 42	3 44.6	0 39	10 23.8	3 06
27 S	1 44.0	0 12	11 02.0	2 22	9 47.3	0 42	3 46.4	0 39	10 25.5	3 05
1 Th	2 09.5	0 12	11 11.5	2 22	9 50.5	0 42	3 48.2	0 40	10 27.1	3 05
6 Tu	2 35.1	0 11	11 20.9	2 22	9 53.7	0 42	3 50.0	0 40	10 28.8	3 04
11 Su	3 00.6	0 10	11 30.3	2 22	9 57.0	0 42	3 51.8	0 40	10 30.4	3 04
16 F	3 26.1	0 10	11 39.7	2 22	10 00.2	0 42	3 53.6	0 40	10 32.0	3 03
21 W	3 51.6	0 09	11 49.1	2 22	10 03.4	0 42	3 55.4	0 40	10 33.7	3 03
26 M	4 17.0	0 09	11 58.5	2 22	10 06.6	0 42	3 57.3	0 40	10 35.3	3 02
31 S	4 42.5	0 08	12 07.9	2 22	10 09.9	0 42	3 59.1	0 40	10 37.0	3 02

☿ .466175	☿p.341224
♀ .719006	♀ .722303
⊕a1.01665	⊕ 1.01498
♂ 1.51851	♂ 1.55810
♃ 5.12496	♃ 5.13608
♄ 9.83768	♄ 9.84516
♅ 20.0466	♅ 20.0446
♆ 29.9850	♆ 29.9840
♇ 32.4642	♇ 32.4822
☊	Perihelia
☿ 18°♉ 30	☿ 17°♊ 40
♀ 16 ♊ 49	♀ 12 ♌ 01
⊕	⊕ 12 ♋ 09
♂ 19 ♉ 40	♂ 6 ♓ 20
♃ 10 ♋ 38	♃ 14 ♈ 34
♄ 23 ♋ 44	♄ 2 ♋ 18
♅ 14 ♊ 00	♅ 19 ♍ 06
♆ 11 ♌ 57	♆ 24 ♉ 29
♇ 20 ♋ 28	♇ 13 ♏ 45

1 M	♀△♇	0am46
	⊕□♅	4 16
	⊕⚻♂	12pm12
	☿∠♄	9 0
	⊕✶♄	10 49
	⊕☌♇	11 52
2 T	♂⚻♄	8am 4
	♂⚻♇	9 30
3 W	☿☍♃	11am47
	♄✶♇	12pm45
	☿ ♑	2 9
4	☿✶♆	9pm21
5	⊕ A	2pm46
6 S	♃ ♋	4pm54
	☿□♅	11 32
7 Su	☿☌♇	5am45
	☿✶♄	6 34
8	☿⚻♂	7am 4
9	⊕☌☿	6pm35
10 W	☿∠♆	2am22
	♀∠♄	10 2
	⊕∠♆	6pm55
13 S	♀ ♎	4am31
	♀□♃	1pm11
	☿ ♒	7 7
	☿⚻♃	11 50
14 Su	☿⚼♂	5am59
	☿△♀	10 17
	☿⚺♆	10pm55
15	♀⚻♆	11am25
16 T	☿✶♅	6pm29
	☿⚺♇	11 25
17	☿□♄	1am55
18	☿⚼♃	2pm53
19 F	♀☍♅	4am28
	☿△♂	11 55
	♀□♇	2pm35
	♀⚺♄	8 54
21 Su	☿∠♅	0am47
	☿∠♇	5 6
22 M	⊕⚺☿	8am21
	☿⚼♀	9 29
	☿ ♓	10 12
	⊕ ♒	3pm49
	☿△♃	6 41
23	☿☌♆	9am12
24 W	⊕⚻♃	5am26
	♀⚼♆	7pm 8
	☿⚺♅	8 48
25 Th	☿✶♇	0am34
	☿△♄	3 48
26	⊕⚺♆	2pm35
27 S	⊕∠☿	1am48
	♀△♂	1pm10
28 Su	☿□♂	0am18
	☿⚻♀	4 28
	☿⚼♄	2pm11
29 M	☿ ♈	10am12
	☿□♃	8pm 6
30	☿⚺♆	5am 7
31 W	⊕✶☿	1am45
	☿☌♅	10 20
	☿□♇	1pm15
	☿⚻♄	4 42
	♀ ♏	6 44
1	⊕✶♅	11pm14
2 F	☿∠♆	3am51
	♀△♃	4 29
	⊕⚺♇	2pm30
	♂⚼♄	3 33
3 S	♀△♆	3am46
	⊕□♄	10 44
	☿✶♂	2pm51
4 Su	☿ ♉	4am56
	⊕⚼♂	6 7
	☿✶♃	3pm25
	☿✶♆	9 8
5 M	☿☍♀	1pm 2
	☿⚺♅	10 18
6 T	☿△♇	0am41
	☿☍♄	4 15
	☿∠♂	11 32
	⊕□☿	4pm29
	♀⚻♅	10 53
7 W	☿∠♃	5am48
	♀✶♇	7 35
	☿0N	9 1
	♀☌♄	9pm23
8 Th	☿∠♅	10am21
	☿⚼♇	12pm35
9 F	☿⚺♂	4am 4
	☿ ♊	6 7
	☿⚺♃	5pm18
	☿□♆	8 59
10 S	♀⚼♂	2am 6
	♂ ♋	5 50
	⊕⚼♃	10 19
	☿✶♅	8pm17
	☿⚻♇	10 25
11	☿⚻♄	2am14
12 M	☿ P	0am57
	♀⚼♃	1 47
	☿⚻♀	3 48
	⊕△☿	10 0
13	☿⚼♄	11am30
14 W	☿ ♋	0am31
	⊕□♀	7 56
	☿☌♂	8 12
	☿☌♃	1pm11
	☿△♆	3 23
15 Th	⊕⚼☿	5am33
	☿⚼♀	8 32
	☿□♅	2pm56
	☿☍♇	5 1
	☿△♄	9 23
16 F	♀⚼♅	9am35
	♀∠♇	5pm34
17 S	☿⚼♆	1am48
	♂☌♃	12pm44
	⊕∠♅	6 46
18 Su	⊕⚻☿	3am45
	♂△♆	5 39
	⊕∠♇	7 51
	☿△♀	5pm18
	☿ ♌	10 36
19 M	♀ ♐	12pm44
	☿⚺♃	2 7
	☿⚻♆	2 52
	☿⚺♂	5 54
20 T	☿△♅	4pm56
	☿⚻♇	7 7
21 W	☿□♄	0am34
	♃△♆	7pm38
	♀□♆	11 58
22 Th	♀⚻♃	0am12
	☿∠♃	8 16
	☿∠♂	5pm54
	⊕ ♓	10 54
23 F	☿⚼♅	12pm23
	☿⚼♇	2 41
	♀⚻♂	2 58
24 S	☿ ♍	11am46
	⊕☍☿	8pm43
25 Su	☿☍♆	7am 7
	☿✶♃	8 30
	♀△♅	9pm13
26 M	☿✶♂	1am57
	♀⚺♇	4 28
	☿⚻♅	2pm22
	☿△♇	4 50
	☿□♀	11 20
27 T	☿✶♄	0am13
	⊕☌♆	1 29
	♀⚺♄	1 54
	⊕△♃	12pm45
30 F	♀0S	2am26
	☿∠♄	12pm 4
31 S	☿ ♎	5am10
	♂□♅	5 38

SEPTEMBER 2013 — OCTOBER 2013

SEPTEMBER 2013

DAY	☿ LONG	☿ LAT	♀ LONG	♀ LAT	⊕ LONG	♂ LONG	♂ LAT
	° '	° '	° '	° '	° '	° '	° '
1 Su	3♎06	5N00	19♐49	0S11	8♓44	10♋32	1N26
2 M	6 57	4 40	21 24	0 16	9 42	11 01	1 27
3 Tu	10 42	4 18	23 00	0 22	10 40	11 29	1 27
4 W	14 20	3 57	24 35	0 28	11 38	11 58	1 28
5 Th	17 53	3 35	26 10	0 33	12 37	12 26	1 28
6 F	21 21	3 13	27 45	0 39	13 35	12 54	1 29
7 S	24 43	2 50	29 20	0 44	14 33	13 23	1 29
8 Su	28 01	2 28	0♑55	0 50	15 31	13 51	1 30
9 M	1♏15	2 05	2 30	0 55	16 29	14 20	1 31
10 Tu	4 25	1 43	4 05	1 01	17 28	14 48	1 31
11 W	7 32	1 20	5 40	1 06	18 26	15 16	1 32
12 Th	10 35	0 58	7 15	1 11	19 24	15 44	1 32
13 F	13 36	0 36	8 50	1 16	20 23	16 12	1 33
14 S	16 33	0 14	10 25	1 22	21 21	16 41	1 33
15 Su	19 29	0S07	12 00	1 27	22 20	17 09	1 34
16 M	22 22	0 29	13 34	1 32	23 18	17 37	1 34
17 Tu	25 13	0 49	15 09	1 37	24 17	18 05	1 35
18 W	28 03	1 10	16 44	1 42	25 15	18 33	1 35
19 Th	0♐52	1 30	18 19	1 47	26 14	19 01	1 35
20 F	3 39	1 50	19 54	1 51	27 12	19 29	1 36
21 S	6 25	2 10	21 29	1 56	28 11	19 57	1 36
22 Su	9 11	2 29	23 04	2 01	29 10	20 25	1 37
23 M	11 56	2 48	24 39	2 05	0♈08	20 52	1 37
24 Tu	14 41	3 06	26 13	2 09	1 07	21 20	1 38
25 W	17 25	3 24	27 48	2 14	2 06	21 48	1 38
26 Th	20 10	3 41	29 23	2 18	3 05	22 16	1 39
27 F	22 55	3 58	0♒58	2 22	4 03	22 43	1 39
28 S	25 41	4 15	2 33	2 26	5 02	23 11	1 39
29 Su	28 27	4 31	4 08	2 30	6 01	23 39	1 40
30 M	1♑14	4S46	5♒43	2S34	7♈00	24♋06	1N40

OCTOBER 2013

DAY	☿ LONG	☿ LAT	♀ LONG	♀ LAT	⊕ LONG	♂ LONG	♂ LAT
	° '	° '	° '	° '	° '	° '	° '
1 Tu	4♑02	5S01	7♒17	2S37	7♈59	24♋34	1N40
2 W	6 52	5 15	8 52	2 41	8 58	25 02	1 41
3 Th	9 43	5 28	10 27	2 44	9 57	25 29	1 41
4 F	12 36	5 41	12 02	2 47	10 56	25 57	1 42
5 S	15 31	5 53	13 37	2 51	11 55	26 24	1 42
6 Su	18 28	6 04	15 12	2 54	12 55	26 52	1 42
7 M	21 28	6 15	16 47	2 56	13 54	27 19	1 43
8 Tu	24 30	6 24	18 22	2 59	14 53	27 46	1 43
9 W	27 36	6 33	19 57	3 02	15 52	28 14	1 43
10 Th	0♒45	6 40	21 32	3 04	16 51	28 41	1 44
11 F	3 57	6 47	23 07	3 07	17 51	29 08	1 44
12 S	7 13	6 52	24 42	3 09	18 50	29 36	1 44
13 Su	10 34	6 56	26 17	3 11	19 50	0♌03	1 45
14 M	13 58	6 59	27 52	3 13	20 49	0 30	1 45
15 Tu	17 28	7 00	29 27	3 14	21 48	0 57	1 45
16 W	21 03	7 00	1♓02	3 16	22 48	1 25	1 45
17 Th	24 43	6 58	2 37	3 17	23 47	1 52	1 46
18 F	28 29	6 54	4 12	3 19	24 47	2 19	1 46
19 S	2♓22	6 48	5 47	3 20	25 46	2 46	1 46
20 Su	6 21	6 40	7 22	3 21	26 46	3 13	1 46
21 M	10 27	6 30	8 57	3 22	27 46	3 40	1 47
22 Tu	14 40	6 18	10 32	3 22	28 45	4 07	1 47
23 W	19 01	6 03	12 07	3 23	29 45	4 34	1 47
24 Th	23 31	5 45	13 43	3 23	0♉45	5 01	1 47
25 F	28 08	5 24	15 18	3 24	1 44	5 28	1 48
26 S	2♈55	5 01	16 53	3 24	2 44	5 55	1 48
27 Su	7 50	4 35	18 28	3 24	3 44	6 22	1 48
28 M	12 54	4 05	20 04	3 23	4 44	6 49	1 48
29 Tu	18 07	3 33	21 39	3 23	5 44	7 16	1 48
30 W	23 30	2 58	23 14	3 22	6 44	7 43	1 49
31 Th	29♈01	2S21	24♓50	3S22	7♉44	8♌10	1N49

DAY	♃ LONG	♃ LAT	♄ LONG	♄ LAT	♅ LONG	♅ LAT	♆ LONG	♆ LAT	♇ LONG	♇ LAT
	° '	° '	° '	° '	° '	° '	° '	° '	° '	° '
5 Th	5♋07.9	0S07	12♏17.4	2N21	10♈13.1	0S42	4♓00.9	0S40	10♑38.6	3N01
10 Tu	5 33.3	0 07	12 26.7	2 21	10 16.3	0 42	4 02.7	0 40	10 40.2	3 01
15 Su	5 58.7	0 06	12 36.2	2 21	10 19.6	0 42	4 04.5	0 40	10 41.9	3 00
20 F	6 24.1	0 06	12 45.6	2 21	10 22.8	0 42	4 06.3	0 40	10 43.5	3 00
25 W	6 49.5	0 05	12 54.9	2 21	10 26.0	0 42	4 08.1	0 40	10 45.1	2 59
30 M	7 14.8	0 05	13 04.3	2 21	10 29.3	0 41	4 09.9	0 40	10 46.8	2 59
5 S	7 40.1	0 04	13 13.7	2 21	10 32.5	0 41	4 11.7	0 40	10 48.4	2 58
10 Th	8 05.4	0 03	13 23.1	2 21	10 35.7	0 41	4 13.5	0 40	10 50.0	2 58
15 Tu	8 30.7	0 03	13 32.5	2 20	10 39.0	0 41	4 15.3	0 40	10 51.7	2 57
20 Su	8 56.0	0 02	13 41.9	2 20	10 42.2	0 41	4 17.2	0 40	10 53.3	2 57
25 F	9 21.3	0 02	13 51.3	2 20	10 45.4	0 41	4 19.0	0 40	10 55.0	2 56
30 W	9 46.5	0 01	14 00.7	2 20	10 48.6	0 41	4 20.8	0 40	10 56.6	2 56

☿a.391877	☿ .461732
♀ .726309	♀a.728209
⊕ 1.00926	⊕ 1.00125
♂ 1.59417	♂ 1.62357
♃ 5.14731	♃ 5.15827
♄ 9.85253	♄ 9.85957
♅ 20.0426	♅ 20.0406
♆ 29.9830	♆ 29.9821
♇ 32.5003	♇ 32.5178
☊	Perihelia
☿ 18°♉ 30	☿ 17°♊ 40
♀ 16 ♊ 49	♀ 12 ♌ 02
⊕	⊕ 10 ♋ 33
♂ 19 ♉ 40	♂ 6 ♓ 20
♃ 10 ♋ 38	♃ 14 ♈ 35
♄ 23 ♋ 44	♄ 2 ♋ 28
♅ 13 ♊ 59	♅ 19 ♍ 11
♆ 11 ♌ 57	♆ 26 ♌ 11
♇ 20 ♋ 28	♇ 13 ♏ 43

1 Su	♂☍♇	4am33
	☿⊼♆	5 29
	☿□♃	10 41
2 M	⊕⊻☿	12pm 9
	☿☍♅	8 44
	⊕⊼♇	11 4
	☿□♇	11 34
	⊕⊼☿	11 45
3 T	☿□♂	5am54
	☿⊻♄	10 5
4 W	⊕△♂	3pm33
	⊕△♄	3 50
	♂△♄	4 9
5 Th	☿⚼♆	7am47
	♀∠♄	5pm25
7	♀ ♑	10am 9
8	☿ ♏	2pm38
9 M	⊕⚼☿	2am34
	☿✱♀	6pm45
	☿△♅	9 7
	♀✱♆	11 27
10	☿△♃	8am57
T	♀☍♃	11pm38
11	☿⊼♅	9pm41
12 Th	☿✱♇	0am45
	☿☌♄	3pm28
13	♀□♅	10pm33
14 S	☿△♂	1am11
	☿☌♇	4 18
	☿0S	3pm54
15 Su	♀✱♄	9am27
	☿⚼♃	12pm48
16	⊕△☿	11am53
17 T	☿⚼♅	1am 2
	☿∠♇	4 6
18	☿ ♐	4pm37
19 Th	♂⚼♆	4am26
	♀∠♆	11 54
	♀☍♂	2pm59
20 F	☿□♆	3am56
	☿⚼♂	8 37
	⊕⚼♄	2pm 3
21 S	☿⊼♃	0am35
	☿∠♀	1 11
22 Su	☿△♅	10am41
	☿⊻♇	1pm35
	⊕ ♈	8 37
23	☿⊻♄	8am 8
25	☿ A	0am36
26 Th	♀ ♒	9am20
	☿⊼♂	9pm58
27	⊕⊻♆	2am14
28	☿∠♄	8pm26
29 Su	☿⊻♆	0am29
	☿ ♑	1pm23
30	⊕□♃	6am33
1 T	♀⊼♃	0am40
	☿✱♆	1 7
2 W	⊕✱♀	3am54
	☿☍♃	4 47
3 Th	♀✱♅	1am 1
	⊕□☿	2 58
	♀⊻♇	5 13
	☿□♅	6 43
	☿☌♇	9 0
	☿⊻♀	1pm36
	⊕☌♅	1 59
	⊕□♇	8 40
	♀ A	11 18
4 F	☿✱♄	4am58
	♀□♄	6pm 0
6 Su	☿∠♆	5am53
	⊕⊼♄	8 50
9 W	☿☍♂	5am40
	☿ ♒	6pm21
11 F	♀⚼♃	1am 2
	☿⊻♆	2 5
12 S	☿⊼♃	7am43
	⊕∠♆	9 48
	♀∠♅	2pm 6
	♀∠♇	5 31
	♂ ♌	9 21
13 Su	☿✱♅	0am29
	☿⊻♇	2 4
	☿□♄	8pm45
15	♀ ♓	8am26
16 W	☿⊼♂	8am 7
	⊕✱☿	3pm46
	☿⚼♃	5 7
17 Th	☿∠♅	6am 8
	☿∠♇	7 25
18 F	☿☌♆	1am10
	☿ ♓	9 26
19 S	☿⊼♂	2am47
	☿☌♆	11 39
20 Su	☿☌♀	9am52
	☿△♃	3pm32
21 M	♀△♃	1am 2
	☿⊻♅	1 32
	☿✱♇	2 34
	⊕∠☿	5pm16
	☿△♄	6 51
22 T	☿⊻♅	2am50
	☿✱♇	5 29
	♂⊼♆	9 33
23 W	☿⚼♂	3am18
	⊕ ♉	6 3
24	♀△♄	1am44
25 F	☿⚼♄	3am40
	☿ ♈	9 27
	⊕⊻☿	10pm55
26 S	☿⊻♆	6am58
	♀△♂	4pm15
27 Su	☿□♃	8am14
	⊕∠♀	10 41
	☿☌♆	2pm 4
	⊕✱♆	2 21
	☿□♇	2 45
28	☿⊼♄	4am54
29 T	☿∠♆	5am30
	♀⚼♂	1pm 0
	☿⊻♀	10 22
31 Th	☿ ♉	4am11
	⊕□♂	6pm42
	☿✱♆	10 37

NOVEMBER 2013

DAY	☿ LONG	☿ LAT	♀ LONG	♀ LAT	⊕ LONG	♂ LONG	♂ LAT
	° ′	° ′	° ′	° ′	° ′	° ′	° ′
1 F	4♉41	1S41	26♓25	3S21	8♉44	8♌37	1N49
2 S	10 30	0 59	28 00	3 20	9 44	9 03	1 49
3 Su	16 26	0 15	29 36	3 19	10 44	9 30	1 49
4 M	22 28	0N29	1♈11	3 17	11 44	9 57	1 49
5 Tu	28 37	1 14	2 47	3 16	12 44	10 24	1 50
6 W	4♊50	1 59	4 22	3 14	13 44	10 50	1 50
7 Th	11 07	2 42	5 58	3 12	14 45	11 17	1 50
8 F	17 26	3 24	7 33	3 11	15 45	11 44	1 50
9 S	23 45	4 03	9 09	3 08	16 45	12 10	1 50
10 Su	0♋04	4 40	10 44	3 06	17 45	12 37	1 50
11 M	6 19	5 12	12 20	3 04	18 46	13 04	1 50
12 Tu	12 31	5 41	13 55	3 01	19 46	13 30	1 50
13 W	18 38	6 05	15 31	2 59	20 46	13 57	1 50
14 Th	24 38	6 25	17 07	2 56	21 47	14 24	1 50
15 F	0♌31	6 40	18 42	2 53	22 47	14 50	1 51
16 S	6 16	6 51	20 18	2 50	23 48	15 17	1 51
17 Su	11 52	6 58	21 54	2 47	24 48	15 43	1 51
18 M	17 18	7 00	23 30	2 43	25 49	16 10	1 51
19 Tu	22 35	6 59	25 05	2 40	26 49	16 36	1 51
20 W	27 42	6 55	26 41	2 36	27 50	17 03	1 51
21 Th	2♍40	6 48	28 17	2 33	28 50	17 29	1 51
22 F	7 28	6 38	29 53	2 29	29 51	17 56	1 51
23 S	12 06	6 25	1♉29	2 25	0♊51	18 22	1 51
24 Su	16 36	6 11	3 05	2 21	1 52	18 49	1 51
25 M	20 57	5 55	4 41	2 17	2 53	19 15	1 51
26 Tu	25 10	5 38	6 17	2 12	3 53	19 42	1 51
27 W	29 16	5 19	7 53	2 08	4 54	20 08	1 51
28 Th	3♎13	4 59	9 29	2 04	5 55	20 35	1 51
29 F	7 04	4 39	11 05	1 59	6 56	21 01	1 51
30 S	10♎49	4N18	12♉41	1S54	7♊56	21♌27	1N51

DECEMBER 2013

DAY	☿ LONG	☿ LAT	♀ LONG	♀ LAT	⊕ LONG	♂ LONG	♂ LAT
	° ′	° ′	° ′	° ′	° ′	° ′	° ′
1 Su	14♎27	3N56	14♉17	1S50	8♊57	21♌54	1N51
2 M	18 00	3 34	15 53	1 45	9 58	22 20	1 51
3 Tu	21 27	3 12	17 29	1 40	10 59	22 46	1 51
4 W	24 50	2 49	19 05	1 35	12 00	23 13	1 51
5 Th	28 07	2 27	20 41	1 30	13 01	23 39	1 51
6 F	1♏21	2 04	22 18	1 25	14 02	24 05	1 51
7 S	4 31	1 42	23 54	1 19	15 02	24 32	1 51
8 Su	7 38	1 20	25 30	1 14	16 03	24 58	1 50
9 M	10 41	0 57	27 07	1 09	17 04	25 24	1 50
10 Tu	13 41	0 35	28 43	1 03	18 05	25 51	1 50
11 W	16 39	0 14	0♊19	0 58	19 06	26 17	1 50
12 Th	19 34	0S08	1 56	0 52	20 07	26 43	1 50
13 F	22 27	0 29	3 32	0 47	21 08	27 09	1 50
14 S	25 19	0 50	5 09	0 41	22 09	27 36	1 50
15 Su	28 09	1 11	6 45	0 36	23 10	28 02	1 50
16 M	0♐57	1 31	8 22	0 30	24 11	28 28	1 50
17 Tu	3 44	1 51	9 58	0 24	25 12	28 54	1 50
18 W	6 31	2 11	11 35	0 19	26 13	29 21	1 49
19 Th	9 16	2 30	13 12	0 13	27 14	29 47	1 49
20 F	12 01	2 48	14 48	0 07	28 15	0♍13	1 49
21 S	14 46	3 07	16 25	0 01	29 17	0 39	1 49
22 Su	17 31	3 25	18 02	0N04	0♋18	1 06	1 49
23 M	20 15	3 42	19 38	0 10	1 19	1 32	1 49
24 Tu	23 00	3 59	21 15	0 16	2 20	1 58	1 48
25 W	25 46	4 15	22 52	0 22	3 21	2 24	1 48
26 Th	28 32	4 31	24 29	0 27	4 22	2 51	1 48
27 F	1♑19	4 46	26 06	0 33	5 23	3 17	1 48
28 S	4 08	5 01	27 43	0 39	6 24	3 43	1 48
29 Su	6 57	5 15	29 20	0 44	7 26	4 09	1 47
30 M	9 49	5 29	0♋56	0 50	8 27	4 35	1 47
31 Tu	12♑42	5S41	2♋33	0N55	9♋28	5♍02	1N47

DAY	♃ LONG	♃ LAT	♄ LONG	♄ LAT	♅ LONG	♅ LAT	♆ LONG	♆ LAT	♇ LONG	♇ LAT
	° ′	° ′	° ′	° ′	° ′	° ′	° ′	° ′	° ′	° ′
4 M	10♋11.7	0S01	14♏10.0	2N20	10♈51.9	0S41	4♓22.6	0S41	10♑58.2	2N55
9 S	10 36.9	0 00	14 19.4	2 20	10 55.1	0 41	4 24.4	0 41	10 59.9	2 55
14 Th	11 02.1	0N01	14 28.8	2 20	10 58.3	0 41	4 26.2	0 41	11 01.5	2 54
19 Tu	11 27.3	0 01	14 38.2	2 19	11 01.6	0 41	4 28.0	0 41	11 03.1	2 54
24 Su	11 52.4	0 02	14 47.6	2 19	11 04.8	0 41	4 29.8	0 41	11 04.8	2 53
29 F	12 17.5	0 02	14 56.9	2 19	11 08.1	0 41	4 31.7	0 41	11 06.4	2 53
4 W	12 42.7	0 03	15 06.3	2 19	11 11.3	0 41	4 33.5	0 41	11 08.0	2 52
9 M	13 07.8	0 03	15 15.7	2 19	11 14.5	0 41	4 35.3	0 41	11 09.7	2 52
14 S	13 32.8	0 04	15 25.0	2 19	11 17.8	0 41	4 37.1	0 41	11 11.3	2 51
19 Th	13 57.9	0 05	15 34.4	2 19	11 21.0	0 41	4 38.9	0 41	11 13.0	2 51
24 Tu	14 22.9	0 05	15 43.8	2 18	11 24.2	0 41	4 40.7	0 41	11 14.6	2 50
29 Su	14 48.0	0 06	15 53.1	2 18	11 27.5	0 41	4 42.5	0 41	11 16.2	2 50

☿p.322321	☿a.408291
♀ .726812	♀ .723104
⊕ .992595	⊕ .986136
♂ 1.64659	♂ 1.66065
♃ 5.16966	♃ 5.18073
♄ 9.86675	♄ 9.87360
♅ 20.0385	♅ 20.0364
♆ 29.9812	♆ 29.9803
♇ 32.5359	♇ 32.5535
☊	Perihelia
☿ 18° ♉ 30	☿ 17° ♊ 41
♀ 16 ♊ 49	♀ 11 ♌ 46
⊕	⊕ 12 ♋ 53
♂ 19 ♉ 40	♂ 6 ♓ 20
♃ 10 ♋ 38	♃ 14 ♈ 36
♄ 23 ♋ 44	♄ 2 ♋ 40
♅ 13 ♊ 59	♅ 19 ♍ 20
♆ 11 ♌ 58	♆ 28 ♉ 14
♇ 20 ♋ 29	♇ 13 ♏ 41

1 F	☿□♂	5pm36
	⊕☌☿	8 14
	☿✶♃	10 3
2 S	☿⚺♅	1am25
	☿△♇	1 54
	⊕✶♃	7 43
	☿∠♀	1pm57
	☿☍♄	2 44
	♀⚼♄	4 56
3 Su	⊕⚺♅	2am55
	⊕△♇	5 35
	♀ ♈	6 7
	☿0N	8 16
4 M	☿∠♃	10am49
	☿∠♅	1pm19
	☿⚼♇	1 43
	♂⚺♃	4 22
5 T	☿ ♊	5am22
	☿✶♀	9pm34
	☿□♆	10 16
6 W	♀⚺♆	0am20
	♂△♅	2 34
	♂⚻♇	7 44
	⊕☍♄	12pm 5
	☿⚺♃	9 25
	☿✶♅	11 9
	☿⚻♇	11 30
7 Th	☿✶♂	0am41
	☿⚻♄	12pm 1
	⊕⚺☿	4 24
8	☿ P	0am12
9 S	♃0N	5am22
	☿∠♂	2pm 0
	☿⚼♄	9 18
	♀□♃	11 25
	☿ ♋	11 47
10 Su	♀☌♅	2am56
	♀□♇	4 3
	⊕∠☿	12pm17
	☿△♆	4 41
11 M	♀△♂	3pm20
	☿☌♃	5 28
	☿□♅	5 53
	☿☍♇	6 8
12 T	☿⚺♂	4am 8
	☿□♀	7 23
	☿△♄	7 26
	♀⚻♄	7 37
13 W	☿⚼♆	3am10
	♃□♅	3 31
	⊕✶☿	10 12
	♃☍♇	8pm58
14 Th	♂□♄	5am 1
	☿ ♌	9pm51
15 F	♀∠♆	11am 9
	☿⚻♆	4pm21
16 S	☿△♅	8pm17
	☿⚻♇	8 27
	☿⚺♃	9 28
17 Su	☿□♄	11am57
	☿☌♂	6pm29
18 M	⊕∠♅	4am58
	⊕⚼♇	5 42
	⊕∠♃	2pm35
19 T	☿⚼♅	4pm 6
	☿⚼♇	4 12
	☿△♀	4 58
	☿∠♃	6 23
20 W	⊕□☿	0am45
	☿ ♍	11 2
21 Th	☿☍♆	9am 1
	⊕⚺♀	10pm34
22 F	♀ ♉	1am48
	⊕ ♊	3 41
	☿⚻♅	6pm33
	☿△♇	6 35
	☿✶♃	10 18
23 S	☿✶♄	2pm10
	♅□♇	8 37
24 Su	☿⚼♀	12pm41
	☿⚺♂	1 27
	♀✶♆	9 24
26	⊕□♆	2pm49
27 W	☿∠♄	3am46
	☿ ♎	4 25
28 Th	☿⚻♆	8am 1
	☿∠♂	4pm28
	⊕△☿	10 44
29 F	♀△♇	0am28
	♀⚺♅	0 53
	♀✶♃	7pm14
30	☿□♇	1am57
S	☿☍♅	2 10
	☿□♃	10 28
	☿⚻♀	9pm56
1 Su	☿⚺♄	3am47
	♀☍♄	11 11
2	☿⚼♆	10am43
3 T	⊕⚻♇	3am31
	⊕✶♅	4 42
	☿✶♂	10 44
4 W	⊕⚺♃	6pm26
	⊕⚼☿	10 47
5	☿ ♏	1pm53
7 S	☿△♆	0am26
	⊕⚻♄	3 51
	♀□♂	12pm57
8 Su	♀⚼♇	9am46
	♀∠♅	10 56
9 M	☿✶♇	3am49
	☿⚻♅	4 28
	♀∠♃	4pm 4
	☿△♃	8 5
10 T	☿☌♄	1pm 7
	♂⚼♇	5 55
	♀ ♊	7 11
	♂⚼♅	10 59
11	☿0S	3pm10
12	⊕⚻☿	7am 1
13	♀□♆	4pm 6
14 S	☿∠♇	7am24
	☿⚼♅	8 20
	☿□♂	10pm53
15 Su	☿⚼♃	4am17
	☿ ♐	3pm51
16	♂∠♃	4pm31
17 T	☿□♆	7am47
	♀⚻♇	6pm27
	♀✶♅	8 21
19 Th	♂ ♍	11am55
	♀⚺♃	12pm 8
	☿⚺♇	5 1
	☿△♅	6 13
20 F	♀⚻♄	12pm10
	☿⚻♃	6 17
21 S	♀0N	5am54
	☿⚺♄	7 42
	⊕ ♋	5pm 4
	☿ A	11 52
22 Su	⊕⚼♄	9am 4
	☿☍♀	10 58
23	⊕✶♂	9am 2
26 Th	⊕△♆	7am39
	☿ ♑	12pm37
	☿∠♄	7 39
27	☿△♂	7pm49
28	☿✶♆	4am54
29 Su	⊕☍☿	6am10
	♀ ♋	10 1
	♀⚼♄	11pm38
30 M	♂☍♆	7am 3
	☿☌♇	12pm15
	☿□♅	1 53
31	☿☍♃	7pm16

JANUARY 2014

DAY	☿ LONG	☿ LAT	♀ LONG	♀ LAT	⊕ LONG	♂ LONG	♂ LAT
	° '	° '	° '	° '	° '	° '	° '
1 W	15♑37	5S53	4♋10	1N01	10♋29	5♍28	1N47
2 Th	18 34	6 05	5 48	1 06	11 30	5 54	1 47
3 F	21 34	6 15	7 25	1 12	12 31	6 20	1 46
4 S	24 36	6 25	9 02	1 17	13 33	6 46	1 46
5 Su	27 42	6 33	10 39	1 22	14 34	7 13	1 46
6 M	0♒51	6 41	12 16	1 28	15 35	7 39	1 46
7 Tu	4 03	6 47	13 53	1 33	16 36	8 05	1 45
8 W	7 19	6 52	15 30	1 38	17 37	8 31	1 45
9 Th	10 40	6 56	17 08	1 43	18 38	8 57	1 45
10 F	14 05	6 59	18 45	1 48	19 40	9 23	1 44
11 S	17 35	7 00	20 22	1 53	20 41	9 50	1 44
12 Su	21 10	7 00	21 59	1 57	21 42	10 16	1 44
13 M	24 50	6 58	23 37	2 02	22 43	10 42	1 44
14 Tu	28 37	6 54	25 14	2 07	23 44	11 08	1 43
15 W	2♓29	6 48	26 51	2 11	24 45	11 35	1 43
16 Th	6 29	6 40	28 29	2 16	25 46	12 01	1 43
17 F	10 35	6 30	0♌06	2 20	26 47	12 27	1 42
18 S	14 48	6 17	1 44	2 24	27 48	12 53	1 42
19 Su	19 10	6 02	3 21	2 28	28 49	13 19	1 42
20 M	23 39	5 44	4 58	2 32	29 50	13 46	1 41
21 Tu	28 17	5 24	6 36	2 36	0♌52	14 12	1 41
22 W	3♈04	5 00	8 13	2 39	1 53	14 38	1 41
23 Th	7 59	4 34	9 51	2 43	2 54	15 04	1 40
24 F	13 04	4 05	11 28	2 46	3 55	15 31	1 40
25 S	18 17	3 32	13 06	2 49	4 56	15 57	1 40
26 Su	23 40	2 57	14 43	2 53	5 57	16 23	1 39
27 M	29 12	2 20	16 21	2 56	6 58	16 50	1 39
28 Tu	4♉52	1 40	17 58	2 58	7 59	17 16	1 38
29 W	10 41	0 57	19 36	3 01	9 00	17 42	1 38
30 Th	16 37	0 14	21 13	3 04	10 01	18 08	1 38
31 F	22♉40	0N31	22♌51	3N06	11♌02	18♍35	1N37

FEBRUARY 2014

DAY	☿ LONG	☿ LAT	♀ LONG	♀ LAT	⊕ LONG	♂ LONG	♂ LAT
	° '	° '	° '	° '	° '	° '	° '
1 S	28♉49	1N16	24♌29	3N08	12♌03	19♍01	1N37
2 Su	5♊02	2 00	26 06	3 11	13 03	19 27	1 36
3 M	11 19	2 44	27 44	3 13	14 04	19 54	1 36
4 Tu	17 38	3 25	29 21	3 14	15 05	20 20	1 35
5 W	23 57	4 05	0♍59	3 16	16 06	20 46	1 35
6 Th	0♋15	4 41	2 36	3 17	17 07	21 13	1 35
7 F	6 31	5 13	4 14	3 19	18 08	21 39	1 34
8 S	12 43	5 42	5 51	3 20	19 09	22 06	1 34
9 Su	18 49	6 06	7 29	3 21	20 09	22 32	1 33
10 M	24 49	6 25	9 06	3 22	21 10	22 58	1 33
11 Tu	0♌42	6 40	10 44	3 23	22 11	23 25	1 32
12 W	6 26	6 51	12 21	3 23	23 11	23 51	1 32
13 Th	12 02	6 58	13 58	3 23	24 12	24 18	1 31
14 F	17 28	7 00	15 36	3 24	25 13	24 44	1 31
15 S	22 45	6 59	17 13	3 24	26 13	25 11	1 30
16 Su	27 52	6 55	18 50	3 24	27 14	25 37	1 30
17 M	2♍49	6 47	20 28	3 23	28 14	26 04	1 29
18 Tu	7 37	6 37	22 05	3 23	29 15	26 30	1 29
19 W	12 15	6 25	23 42	3 22	0♍15	26 57	1 28
20 Th	16 45	6 11	25 20	3 21	1 16	27 23	1 28
21 F	21 06	5 55	26 57	3 21	2 16	27 50	1 27
22 S	25 18	5 37	28 34	3 19	3 17	28 16	1 27
23 Su	29 23	5 18	0♎11	3 18	4 17	28 43	1 26
24 M	3♎21	4 59	1 48	3 17	5 18	29 09	1 26
25 Tu	7 12	4 38	3 25	3 15	6 18	29 36	1 25
26 W	10 56	4 17	5 03	3 13	7 18	0♎03	1 25
27 Th	14 34	3 55	6 40	3 12	8 19	0 29	1 24
28 F	18♎06	3N33	8♎17	3N10	9♍19	0♎56	1N23

DAY	♃ LONG	♃ LAT	♄ LONG	♄ LAT	♅ LONG	♅ LAT	♆ LONG	♆ LAT	♇ LONG	♇ LAT
	° '	° '	° '	° '	° '	° '	° '	° '	° '	° '
3 F	15♋13.0	0N06	16♏02.5	2N18	11♈30.7	0S41	4♓44.4	0S41	11♑17.9	2N49
8 W	15 38.0	0 07	16 11.9	2 18	11 34.0	0 41	4 46.2	0 41	11 19.5	2 49
13 M	16 02.9	0 07	16 21.2	2 18	11 37.2	0 41	4 48.0	0 41	11 21.1	2 48
18 S	16 27.9	0 08	16 30.6	2 18	11 40.4	0 41	4 49.8	0 41	11 22.8	2 48
23 Th	16 52.8	0 09	16 39.9	2 17	11 43.7	0 41	4 51.6	0 41	11 24.4	2 47
28 Tu	17 17.7	0 09	16 49.3	2 17	11 46.9	0 41	4 53.4	0 41	11 26.0	2 47
2 Su	17 42.7	0 10	16 58.6	2 17	11 50.2	0 41	4 55.3	0 41	11 27.7	2 46
7 F	18 07.5	0 10	17 08.0	2 17	11 53.4	0 41	4 57.1	0 41	11 29.3	2 46
12 W	18 32.4	0 11	17 17.3	2 17	11 56.6	0 41	4 58.9	0 42	11 30.9	2 45
17 M	18 57.2	0 11	17 26.6	2 17	11 59.9	0 41	5 00.7	0 42	11 32.6	2 45
22 S	19 22.1	0 12	17 36.0	2 16	12 03.1	0 41	5 02.5	0 42	11 34.2	2 44
27 Th	19 46.9	0 12	17 45.3	2 16	12 06.3	0 41	5 04.3	0 42	11 35.8	2 44

☿ .452854	☿p.310320
♀p.719448	♀ .718570
⊕p.983357	⊕ .985351
♂a1.66604	♂ 1.66189
♃ 5.19218	♃ 5.20362
♄ 9.88058	♄ 9.88746
♅ 20.0342	♅ 20.0320
♆ 29.9793	♆ 29.9784
♇ 32.5718	♇ 32.5901
☊	Perihelia
☿ 18°♉ 30	☿ 17°♊ 41
♀ 16 ♊ 49	♀ 11 ♌ 30
⊕	⊕ 15 ♋ 39
♂ 19 ♉ 40	♂ 6 ♓ 20
♃ 10 ♋ 38	♃ 14 ♈ 35
♄ 23 ♋ 44	♄ 2 ♋ 52
♅ 13 ♊ 59	♅ 19 ♍ 32
♆ 11 ♌ 58	♆ 29 ♉ 50
♇ 20 ♋ 29	♇ 13 ♏ 41

1	☿✶♄	3am 2
W	♀△♆	8 14
	⊕☍♇	6pm59
	⊕□♅	11 56
2	♀✶♂	2am10
Th	☿∠♆	9 24
	☿⚼♂	9pm52
3	♂ A	0am25
4	⊕ P	12pm 0
5	♀☍♇	9am51
Su	♀□♅	1pm14
	☿ ♒	5 35
	⊕☌♃	9 1
6	⊕△♄	1pm26
7	☿⚺♆	5am16
8	♀☌♃	1am59
W	☿⚻♂	9 56
	♀△♄	10 27
9	☿⚺♇	4am43
Th	☿✶♅	6 28
10	⊕⚼♆	2am54
F	☿⚻♃	12pm 9
	☿□♄	3 9
	♀⚼♆	3 22
11	⊕☌♀	12pm20
12	⊕⚻☿	4am54
Su	☿⚻♀	9 49
13	☿∠♇	9am44
M	☿∠♅	11 27
14	☿ ♓	8am41
T	♂△♇	12pm11
	☿⚼♃	4 2
	♀∠♂	6 18
15	♂⚻♅	3am42
W	☿☌♆	2pm 6
16	♀ ♌	10pm28
17	☿✶♇	4am34
F	☿⚺♅	6 14
	⊕⚼☿	9 9
	☿☍♂	11 56
18	⊕∠♂	3am20
S	☿△♃	9 24
	☿△♄	9 32
	☿⚼♀	4pm59
	♃△♄	8 38
19	♀⚻♆	10pm 2
20	⊕ ♌	3am44
21	☿ ♈	8am42
T	⊕△☿	4pm32
	☿⚼♄	4 51
22	☿⚺♆	8am50
23	☿△♀	1pm 5
Th	☿□♇	4 16
	☿☌♅	5 48
	♀⚻♇	11 6
24	♀ P	1am35
F	♀△♅	3 57
	☿⚻♂	12pm22
	☿⚻♄	4 52
	☿□♃	6 16
	⊕⚻♆	10 41
25	☿∠♆	7am 8
26	♂✶♄	9pm56
27	☿ ♉	3am26
M	♀□♄	6 39
	♀⚺♂	9 38
	☿⚼♂	12pm 8
	♀⚺♃	1 27
28	☿✶♆	0am 5
T	♂✶♃	2 12
	⊕□☿	3pm38
29	☿△♇	3am 6
W	☿⚺♅	4 33
30	☿☍♄	1am 5
Th	☿✶♃	3 26
	☿△♂	6 34
	☿0N	7 32
31	☿□♀	1am 0
F	⊕⚻♇	10 4
	☿⚼♇	2pm51
	☿∠♅	4 16
	⊕△♅	6 49
1	☿ ♊	4am37
S	☿∠♃	2pm57
	☿□♆	11 34
2	♀⚼♇	5am20
Su	♀⚼♅	10 55
3	☿⚻♇	0am35
M	☿✶♅	2 2
	⊕✶☿	12pm30
	☿⚻♄	9 45
	☿ P	11 33
4	☿⚺♃	0am58
T	♀ ♍	9 34
	☿□♂	11 2
5	☿ ♋	11pm 2
W	⊕□♄	11 40
6	♀∠♃	6am51
Th	☿⚼♄	7 6
	⊕∠☿	8 29
	☿✶♀	12pm 7
	☿△♆	5 58
	⊕⚺♃	11 55
7	♀☍♆	10am44
F	☿☍♇	7pm15
	☿□♅	8 50
8	☿△♄	5pm32
S	☿☌♃	9 52
9	☿⚼♆	4am32
Su	⊕⚺☿	6 21
	☿✶♂	3pm57
	☿∠♀	7 59
10	☿ ♌	9pm 6
11	♀△♇	11am39
T	☿⚻♆	5pm50
	♀⚻♅	5 58
12	☿∠♂	11am 9
W	☿⚻♇	9pm47
	☿△♅	11 40
13	⊕⚺♂	3am56
Th	☿⚺♀	12pm 6
	☿□♄	11 28
14	☿⚺♃	5am39
15	♀✶♄	2am27
S	⊕⚼♇	7 26
	☿⚺♂	12pm23
	☿⚼♇	5 43
	⊕⚼♅	6 8
	☿⚼♅	7 51
	⊕☌☿	8 16
16	♀✶♃	0am28
Su	☿ ♍	10 17
17	☿∠♃	5am44
M	☿☍♆	10 55
18	⊕ ♍	5pm52
T	☿△♇	8 21
	☿⚻♅	10 47
20	☿✶♄	4am21
Th	☿✶♃	1pm44
21	♀☌♂	5pm56
22	☿☌♂	7pm30
S	♀ ♎	9 14
23	☿ ♎	3am40
Su	⊕∠♃	4 13
	☿☌♀	8 4
	⊕☍♆	6pm13
	☿∠♄	7 46
24	☿⚻♆	10am35
M	♀∠♄	12pm56
	⊕⚺☿	4 22
25	♂ ♎	9pm35
26	♀⚻♆	0am21
W	☿□♇	4 20
	☿☍♅	7 39
27	☿⚺♄	9pm47
28	☿□♃	12pm27
F	☿⚼♆	1 40

MARCH 2014

APRIL 2014

MARCH 2014

DAY	☿ LONG	☿ LAT	♀ LONG	♀ LAT	⊕ LONG	♂ LONG	♂ LAT
	° '	° '	° '	° '	° '	° '	° '
1 S	21♎34	3N11	9♎54	3N07	10♍19	1♎23	1N23
2 Su	24 56	2 49	11 30	3 05	11 20	1 49	1 22
3 M	28 14	2 26	13 07	3 03	12 20	2 16	1 22
4 Tu	1♏27	2 04	14 44	3 00	13 20	2 43	1 21
5 W	4 37	1 41	16 21	2 57	14 20	3 10	1 21
6 Th	7 44	1 19	17 58	2 54	15 20	3 36	1 20
7 F	10 47	0 57	19 34	2 51	16 20	4 03	1 19
8 S	13 47	0 35	21 11	2 48	17 20	4 30	1 19
9 Su	16 45	0 13	22 48	2 45	18 20	4 57	1 18
10 M	19 40	0S09	24 24	2 41	19 20	5 24	1 17
11 Tu	22 33	0 30	26 01	2 38	20 20	5 51	1 17
12 W	25 24	0 51	27 37	2 34	21 20	6 17	1 16
13 Th	28 14	1 11	29 14	2 30	22 20	6 44	1 16
14 F	1♐02	1 32	0♏50	2 27	23 20	7 11	1 15
15 S	3 50	1 52	2 27	2 23	24 20	7 38	1 14
16 Su	6 36	2 11	4 03	2 18	25 19	8 05	1 14
17 M	9 21	2 30	5 39	2 14	26 19	8 32	1 13
18 Tu	12 06	2 49	7 15	2 10	27 19	8 59	1 12
19 W	14 51	3 07	8 52	2 05	28 19	9 26	1 12
20 Th	17 36	3 25	10 28	2 01	29 18	9 53	1 11
21 F	20 21	3 43	12 04	1 56	0♎18	10 21	1 10
22 S	23 06	3 59	13 40	1 51	1 17	10 48	1 10
23 Su	25 51	4 16	15 16	1 47	2 17	11 15	1 09
24 M	28 38	4 32	16 52	1 42	3 16	11 42	1 08
25 Tu	1♑25	4 47	18 28	1 37	4 16	12 09	1 08
26 W	4 13	5 02	20 04	1 32	5 15	12 36	1 07
27 Th	7 03	5 16	21 39	1 27	6 15	13 04	1 06
28 F	9 54	5 29	23 15	1 21	7 14	13 31	1 05
29 S	12 47	5 42	24 51	1 16	8 14	13 58	1 05
30 Su	15 42	5 54	26 27	1 11	9 13	14 26	1 04
31 M	18♑40	6S05	28♏02	1N06	10♎12	14♎53	1N03

APRIL 2014

DAY	☿ LONG	☿ LAT	♀ LONG	♀ LAT	⊕ LONG	♂ LONG	♂ LAT
	° '	° '	° '	° '	° '	° '	° '
1 Tu	21♑40	6S15	29♏38	1N00	11♎12	15♎20	1N03
2 W	24 42	6 25	1♐13	0 55	12 11	15 48	1 02
3 Th	27 48	6 33	2 49	0 49	13 10	16 15	1 01
4 F	0♒57	6 41	4 24	0 44	14 09	16 43	1 00
5 S	4 09	6 47	6 00	0 38	15 08	17 10	1 00
6 Su	7 26	6 53	7 35	0 33	16 07	17 38	0 59
7 M	10 46	6 57	9 11	0 27	17 06	18 05	0 58
8 Tu	14 11	6 59	10 46	0 21	18 05	18 33	0 57
9 W	17 41	7 00	12 21	0 16	19 04	19 00	0 57
10 Th	21 17	7 00	13 57	0 10	20 03	19 28	0 56
11 F	24 57	6 58	15 32	0 05	21 02	19 56	0 55
12 S	28 44	6 54	17 07	0S01	22 01	20 23	0 54
13 Su	2♓37	6 48	18 42	0 07	23 00	20 51	0 54
14 M	6 36	6 40	20 18	0 12	23 59	21 19	0 53
15 Tu	10 43	6 29	21 53	0 18	24 57	21 47	0 52
16 W	14 56	6 17	23 28	0 24	25 56	22 15	0 51
17 Th	19 18	6 02	25 03	0 29	26 55	22 42	0 50
18 F	23 48	5 44	26 38	0 35	27 53	23 10	0 50
19 S	28 26	5 23	28 13	0 40	28 52	23 38	0 49
20 Su	3♈13	4 59	29 48	0 46	29 51	24 06	0 48
21 M	8 09	4 33	1♑23	0 51	0♏49	24 34	0 47
22 Tu	13 13	4 04	2 58	0 57	1 48	25 02	0 46
23 W	18 27	3 31	4 33	1 02	2 46	25 30	0 45
24 Th	23 50	2 56	6 08	1 07	3 45	25 58	0 45
25 F	29 22	2 18	7 43	1 13	4 43	26 26	0 44
26 S	5♉03	1 38	9 18	1 18	5 42	26 55	0 43
27 Su	10 52	0 56	10 53	1 23	6 40	27 23	0 42
28 M	16 48	0 13	12 28	1 28	7 39	27 51	0 41
29 Tu	22 51	0N32	14 03	1 33	8 37	28 19	0 40
30 W	29♉00	1N17	15♑38	1S38	9♏35	28♎48	0N40

DAY	♃ LONG	♃ LAT	♄ LONG	♄ LAT	♅ LONG	♅ LAT	♆ LONG	♆ LAT	♇ LONG	♇ LAT
	° '	° '	° '	° '	° '	° '	° '	° '	° '	° '
4 Tu	20♋11.7	0N13	17♏54.6	2N16	12♈09.6	0S41	5♓06.1	0S42	11♑37.4	2N43
9 Su	20 36.4	0 14	18 04.0	2 16	12 12.8	0 41	5 07.9	0 42	11 39.1	2 43
14 F	21 01.2	0 14	18 13.3	2 16	12 16.0	0 41	5 09.7	0 42	11 40.7	2 42
19 W	21 25.9	0 15	18 22.6	2 16	12 19.2	0 41	5 11.5	0 42	11 42.3	2 42
24 M	21 50.6	0 15	18 31.9	2 15	12 22.5	0 41	5 13.4	0 42	11 43.9	2 41
29 S	22 15.4	0 16	18 41.3	2 15	12 25.7	0 41	5 15.2	0 42	11 45.6	2 41
3 Th	22 40.0	0 16	18 50.6	2 15	12 28.9	0 41	5 17.0	0 42	11 47.2	2 40
8 Tu	23 04.7	0 17	18 59.9	2 15	12 32.2	0 41	5 18.8	0 42	11 48.8	2 40
13 Su	23 29.4	0 17	19 09.2	2 15	12 35.4	0 41	5 20.6	0 42	11 50.4	2 39
18 F	23 54.0	0 18	19 18.5	2 15	12 38.6	0 41	5 22.4	0 42	11 52.1	2 39
23 W	24 18.6	0 18	19 27.8	2 14	12 41.9	0 41	5 24.2	0 42	11 53.7	2 38
28 M	24 43.2	0 19	19 37.1	2 14	12 45.1	0 41	5 26.0	0 42	11 55.3	2 38

☿a .418482	☿ .446759
♀ .720743	♀ .724815
⊕ .990783	⊕ .999173
♂ 1.65008	♂ 1.62864
♃ 5.21393	♃ 5.22530
♄ 9.89357	♄ 9.90024
♅ 20.0300	♅ 20.0278
♆ 29.9776	♆ 29.9767
♇ 32.6066	♇ 32.6250
☊	Perihelia
☿ 18°♉ 30	☿ 17°♊ 41
♀ 16 ♊ 49	♀ 11 ♌ 31
⊕	⊕ 15 ♋ 32
♂ 19 ♉ 40	♂ 6 ♓ 19
♃ 10 ♋ 38	♃ 14 ♈ 32
♄ 23 ♋ 44	♄ 3 ♋ 01
♅ 13 ♊ 59	♅ 19 ♍ 44
♆ 11 ♌ 58	♆ 0 ♊ 48
♇ 20 ♋ 29	♇ 13 ♏ 41

1	⊕⚺♀	4pm54
2 Su	♀□♇	1am35
	⊕△♇	6 54
	♀☍♅	9 26
	⊕∠☿	2pm31
	♃⚼♆	7 2
	⊕⚻♅	7 37
3	☿ ♏	1pm 7
4 T	☿⚺♂	11am 3
	♂∠♄	11 22
5	☿△♆	3am45
6	♀⚺♄	0am10
7 F	☿✶♇	6am52
	♀⚼♆	8 10
	☿⚻♅	11 17
	♀□♃	1pm38
8	⊕✶♄	5pm13
9 Su	♂⚻♆	10am 2
	☿☌♄	10 57
	☿0S	2pm25
	⊕✶☿	7 55
10 M	☿∠♂	7am10
	☿△♃	8 45
11	⊕✶♃	11am22
12 W	☿∠♇	10am42
	☿⚼♅	3pm39
13 Th	♀ ♏	11am30
	☿ ♐	3pm 5
	☿⚺♀	7 54
15 S	☿□♆	11am38
	☿⚼♃	8pm19
16 Su	☿✶♂	3pm29
	♀△♆	4 55
17	☿⚺♇	8pm26
18	☿△♅	1am47
19 W	♀⚺♂	12pm 6
	☿ A	11 9
20 Th	☿⚺♄	7am10
	⊕ ♎	4pm50
	♀✶♇	6 47
21 F	♀⚻♅	4am13
	☿⚻♃	11 17
24 M	♂□♇	1am45
	⊕∠♄	6 27
	☿ ♑	11 51
25 T	♀☌♄	1am34
	♂☍♅	12pm35
	☿∠♄	6 37
	⊕⚻♆	11 28
26 W	⊕∠♀	7am49
	☿✶♆	8 40
	⊕□☿	1pm36
	☿∠♀	4 26
27	♀△♃	6am54
28 F	☿☌♇	3pm28
	☿□♅	9 2
29	☿□♂	11am35
30 Su	♀∠♇	4am52
	♀⚼♅	3pm 6
31 M	☿✶♄	0am44
	☿∠♆	12pm55

1 T	♀ ♐	5am34
	☿☍♃	6 53
	⊕□♇	2pm16
	♀∠♂	2 57
2	⊕☍♅	7am12
3	☿ ♒	4pm50
4	♀□♆	1pm21
5	☿⚺♆	8am26
6 Su	☿✶♀	2am14
	♀⚼♃	5 10
7 M	☿⚺♇	7am21
	☿✶♅	12pm25
8 T	♀⚺♇	3pm51
	⊕☌♂	8 57
	⊕⚺♄	10 54
9 W	♂⚺♄	1am17
	♀△♅	2 54
	☿□♄	9 7
	☿△♂	10 12
	⊕△☿	12pm51
10 Th	⊕⚼♆	6am39
	☿⚻♃	1pm13
11 F	☿∠♇	12pm 2
	☿∠♅	4 44
	♀0S	7 20
	♂⚼♆	9 14
12	☿ ♓	7am56
13 Su	♀⚺♄	6am54
	⊕□♃	1pm 8
	☿☌♆	4 32
	☿⚼♂	10 5
14 M	☿⚼♃	11am50
	⊕⚼☿	6pm19
	♀✶♂	9 51
15 T	☿✶♇	6am33
	☿⚺♅	10 54
16 W	♀⚻♃	4am20
	☿△♄	11pm52
17	☿⚻♂	8pm19
18 F	☿△♃	0am33
	☿□♀	10pm21
19 S	⊕⚻☿	2am48
	☿ ♈	7 57
	♂□♃	9pm36
20 Su	⊕✶♀	1am44
	♀ ♑	3 1
	⊕ ♏	3 48
	☿⚼♄	5 44
	☿⚺♆	10 41
21 M	☿□♇	5pm46
	☿☌♅	9 30
22	♀∠♄	10pm39
23 W	☿⚻♄	4am35
	☿∠♆	8 47
	♀✶♆	12pm59
24 Th	☿□♃	2am28
	☿☍♂	10 12
25 F	☿ ♉	2am41
	⊕△♆	5pm12
26 S	☿✶♆	1am34
	⊕☍☿	3 15
27 Su	☿△♀	0am 6
	☿△♇	4 18
	☿⚺♅	7 40
	♀☌♇	3pm47
28 M	♀□♅	4am26
	☿0N	6 47
	☿☍♄	11 17
29 T	☿✶♃	7am45
	☿⚼♇	3pm57
	☿∠♅	7 13
	☿⚻♂	11 8
30 W	☿ ♊	3am52
	☿⚼♀	8 26

MAY 2014

JUNE 2014

MAY 2014

DAY	☿ LONG	☿ LAT	♀ LONG	♀ LAT	⊕ LONG	♂ LONG	♂ LAT
	° '	° '	° '	° '	° '	° '	° '
1 Th	5♊14	2N02	17♑12	1S43	10♏34	29♎16	0N39
2 F	11 31	2 45	18 47	1 48	11 32	29 44	0 38
3 S	17 49	3 27	20 22	1 53	12 30	0♏13	0 37
4 Su	24 09	4 06	21 57	1 57	13 28	0 41	0 36
5 M	0♋27	4 42	23 32	2 02	14 26	1 10	0 35
6 Tu	6 43	5 14	25 07	2 06	15 25	1 38	0 34
7 W	12 54	5 42	26 42	2 11	16 23	2 07	0 33
8 Th	19 01	6 06	28 16	2 15	17 21	2 35	0 33
9 F	25 01	6 26	29 51	2 19	18 19	3 04	0 32
10 S	0♌53	6 41	1♒26	2 23	19 17	3 33	0 31
11 Su	6 37	6 51	3 01	2 27	20 15	4 01	0 30
12 M	12 12	6 58	4 36	2 31	21 13	4 30	0 29
13 Tu	17 38	7 00	6 11	2 35	22 11	4 59	0 28
14 W	22 54	6 59	7 46	2 38	23 08	5 28	0 27
15 Th	28 01	6 55	9 21	2 42	24 06	5 57	0 26
16 F	2♍58	6 47	10 55	2 45	25 04	6 26	0 25
17 S	7 45	6 37	12 30	2 48	26 02	6 55	0 25
18 Su	12 24	6 25	14 05	2 51	27 00	7 24	0 24
19 M	16 53	6 10	15 40	2 54	27 58	7 53	0 23
20 Tu	21 14	5 54	17 15	2 57	28 55	8 22	0 22
21 W	25 26	5 37	18 50	3 00	29 53	8 51	0 21
22 Th	29 31	5 18	20 25	3 02	0♐51	9 20	0 20
23 F	3♎28	4 58	22 00	3 05	1 49	9 49	0 19
24 S	7 19	4 38	23 35	3 07	2 46	10 19	0 18
25 Su	11 03	4 16	25 10	3 09	3 44	10 48	0 17
26 M	14 41	3 55	26 45	3 11	4 42	11 17	0 16
27 Tu	18 13	3 33	28 20	3 13	5 39	11 47	0 15
28 W	21 40	3 11	29 55	3 15	6 37	12 16	0 14
29 Th	25 02	2 48	1♓30	3 16	7 34	12 46	0 13
30 F	28 20	2 26	3 05	3 18	8 32	13 15	0 12
31 S	1♏33	2N03	4♓40	3S19	9♐30	13♏45	0N11

JUNE 2014

DAY	☿ LONG	☿ LAT	♀ LONG	♀ LAT	⊕ LONG	♂ LONG	♂ LAT
	° '	° '	° '	° '	° '	° '	° '
1 Su	4♏43	1N41	6♓15	3S20	10♐27	14♏14	0N11
2 M	7 49	1 18	7 50	3 21	11 25	14 44	0 10
3 Tu	10 52	0 56	9 26	3 22	12 22	15 14	0 09
4 W	13 53	0 34	11 01	3 23	13 20	15 44	0 08
5 Th	16 50	0 12	12 36	3 23	14 17	16 13	0 07
6 F	19 45	0S09	14 11	3 23	15 15	16 43	0 06
7 S	22 38	0 30	15 46	3 24	16 12	17 13	0 05
8 Su	25 30	0 51	17 22	3 24	17 09	17 43	0 04
9 M	28 19	1 12	18 57	3 24	18 07	18 13	0 03
10 Tu	1♐08	1 32	20 32	3 23	19 04	18 43	0 02
11 W	3 55	1 52	22 07	3 23	20 01	19 13	0 01
12 Th	6 41	2 12	23 43	3 22	20 59	19 43	0S00
13 F	9 27	2 31	25 18	3 21	21 56	20 14	0 01
14 S	12 12	2 50	26 54	3 21	22 53	20 44	0 02
15 Su	14 56	3 08	28 29	3 19	23 51	21 14	0 03
16 M	17 41	3 26	0♈04	3 18	24 48	21 44	0 04
17 Tu	20 26	3 43	1 40	3 17	25 45	22 15	0 05
18 W	23 11	4 00	3 15	3 15	26 43	22 45	0 06
19 Th	25 57	4 16	4 51	3 14	27 40	23 16	0 07
20 F	28 43	4 32	6 26	3 12	28 37	23 46	0 08
21 S	1♑30	4 47	8 02	3 10	29 34	24 17	0 09
22 Su	4 19	5 02	9 37	3 08	0♑32	24 48	0 10
23 M	7 08	5 16	11 13	3 06	1 29	25 18	0 11
24 Tu	10 00	5 30	12 49	3 03	2 26	25 49	0 12
25 W	12 53	5 42	14 24	3 01	3 23	26 20	0 13
26 Th	15 48	5 54	16 00	2 58	4 21	26 51	0 14
27 F	18 45	6 05	17 35	2 55	5 18	27 22	0 15
28 S	21 45	6 16	19 11	2 52	6 15	27 52	0 16
29 Su	24 48	6 25	20 47	2 49	7 12	28 23	0 17
30 M	27♑54	6S34	22♈23	2S46	8♑10	28♏55	0S18

DAY	♃ LONG	♃ LAT	♄ LONG	♄ LAT	♅ LONG	♅ LAT	♆ LONG	♆ LAT	♇ LONG	♇ LAT
	° '	° '	° '	° '	° '	° '	° '	° '	° '	° '
3 S	25♋07.8	0N20	19♏46.4	2N14	12♈48.3	0S41	5♓27.8	0S42	11♑56.9	2N37
8 Th	25 32.4	0 20	19 55.8	2 14	12 51.6	0 41	5 29.6	0 42	11 58.6	2 37
13 Tu	25 56.9	0 21	20 05.1	2 14	12 54.8	0 41	5 31.4	0 42	12 00.2	2 36
18 Su	26 21.5	0 21	20 14.4	2 14	12 58.1	0 41	5 33.3	0 43	12 01.8	2 36
23 F	26 46.0	0 22	20 23.7	2 13	13 01.3	0 41	5 35.1	0 43	12 03.4	2 36
28 W	27 10.5	0 22	20 33.0	2 13	13 04.5	0 41	5 36.9	0 43	12 05.1	2 35
2 M	27 35.0	0 23	20 42.3	2 13	13 07.8	0 41	5 38.7	0 43	12 06.7	2 35
7 S	27 59.4	0 23	20 51.6	2 13	13 11.0	0 40	5 40.5	0 43	12 08.3	2 34
12 Th	28 23.9	0 24	21 00.9	2 13	13 14.3	0 40	5 42.3	0 43	12 09.9	2 34
17 Tu	28 48.3	0 24	21 10.2	2 12	13 17.5	0 40	5 44.2	0 43	12 11.6	2 33
22 Su	29 12.7	0 25	21 19.5	2 12	13 20.7	0 40	5 46.0	0 43	12 13.2	2 33
27 F	29 37.2	0 25	21 28.7	2 12	13 24.0	0 40	5 47.8	0 43	12 14.8	2 32

☿p .308709	☿a .436275
♀a .727773	♀ .727756
⊕ 1.00748	⊕ 1.01397
♂ 1.60049	♂ 1.56531
♃ 5.23624	♃ 5.24745
♄ 9.90658	♄ 9.91302
♅ 20.0256	♅ 20.0233
♆ 29.9758	♆ 29.9749
♇ 32.6428	♇ 32.6613
☊	Perihelia
☿ 18°♉ 30	☿ 17°♊ 41
♀ 16 ♊ 49	♀ 11 ♌ 33
⊕	⊕ 12 ♋ 32
♂ 19 ♉ 40	♂ 6 ♓ 18
♃ 10 ♋ 38	♃ 14 ♈ 32
♄ 23 ♋ 44	♄ 3 ♋ 09
♅ 13 ♊ 59	♅ 19 ♍ 53
♆ 11 ♌ 58	♆ 1 ♊ 51
♇ 20 ♋ 29	♇ 13 ♏ 42

MAY 2014 aspects

1 Th	☿□♆	0am52
	☿∠♃	6pm21
2 F	⊕⚻☿	0am 5
	☿⚻♇	1 39
	☿⚹♅	4 54
	⊕⚹♇	10 17
	♂ ♏	1pm14
	☿⚼♂	1 17
	♀⚹♄	2 48
	☿ P	10 48
3 S	♀∠♆	1am27
	☿⚻♄	7 26
	⊕⚻♅	7 38
	☿⚻♀	12pm53
4 Su	☿⚺♃	4am 6
	⊕⚼☿	7pm27
	☿ ♋	10 17
5 M	☿△♂	2am56
	☿⚼♄	4pm52
	☿△♆	7 16
6 T	♀☍♃	4am13
	☿☍♇	8pm21
	☿□♅	11 47
7	⊕△☿	4pm10
8 Th	☿△♄	3am39
	☿⚼♆	5 53
9 F	♀ ♒	2am12
	☿☌♃	2 30
	☿ ♌	8pm21
10 S	☿☍♀	3am 9
	☿□♂	12pm 4
	⊕☌♄	6 16
	☿⚻♆	7 19
11 Su	♀□♂	9pm57
	☿⚻♇	11 6
12 M	☿△♅	3am 3
	♀⚺♆	2pm 1
13	☿□♄	11am 7
14 W	⊕□☿	1am20
	♂△♆	3 18
	☿⚺♃	2pm49
	☿⚼♇	7 13
	☿⚼♅	11 36
15	☿ ♍	9am31
16 F	♀ A	8am28
	☿☍♆	12pm49
	♀⚺♇	4 41
	☿⚹♂	7 13
17 S	⊕△♃	6am35
	♀⚹♅	6 54
	☿∠♃	6pm28
	☿△♇	10 5
18 Su	⊕∠♇	0am50
	☿⚻♅	3 2
	☿⚻♀	1pm50
19 M	⊕⚼♅	0am28
	☿⚹♄	6pm47
20	☿∠♂	1pm40
21 W	⊕ ♐	2am52
	☿⚹♃	6 56
	♀□♄	11pm11
22 Th	☿ ♎	2am54
	⊕⚹☿	10 34
23 F	☿∠♄	12pm 1
	☿⚻♆	1 8
24 S	☿⚼♀	2pm 1
	☿⚺♂	10 9
25 Su	☿□♇	6am42
	☿☍♅	1pm 9
26 M	♀⚻♃	4am12
	♀∠♇	4 57
	♀∠♅	7pm55
	⊕□♆	10 53
27 T	♂⚹♇	2pm51
	☿⚺♄	4 5
	☿⚼♆	4 36
	⊕∠☿	11 28
28	♀ ♓	1am16
29 Th	♂⚻♅	4pm14
	☿□♃	4 31
30	☿ ♏	12pm21
31	♀☌♆	2pm38

JUNE 2014 aspects

1	☿△♆	7am 5
2 M	☿△♀	0am16
	⊕⚺♇	5pm39
3 T	⊕⚼♃	8am 5
	☿⚹♇	9 54
	⊕⚺☿	5pm30
	☿⚻♅	6 9
	⊕△♅	7 33
4 W	♀⚹♇	4pm51
	☿☌♂	5 59
5 Th	♀⚼♃	3am39
	♀⚺♅	8 35
	☿0S	1pm40
6	☿☌♄	8am59
7	⊕□♀	4pm14
8 Su	♀△♂	7am54
	☿∠♇	1pm59
	☿△♃	10 30
	☿⚼♅	10 59
9 M	⊕⚺♂	5am34
	☿ ♐	2pm19
10	♀△♄	6am25
11 W	☿□♆	3pm28
	♂0S	9 32
12	⊕⚺♄	0am54
13	☿⚺♇	11pm50
14 S	☿△♅	9am20
	☿⚼♃	12pm18
	♂☌♄	5 33
15 Su	♀△♃	2am33
	☿ A	10pm24
	♀ ♈	10 54
17 T	☿⚺♄	6am31
	☿⚺♂	7pm26
19 Th	♀⚺♆	1pm39
	♀⚼♄	9 18
	⊕☌☿	10 44
20 F	☿⚻♃	2am59
	☿ ♑	11 5
	⊕⚻♃	11 51
21	⊕ ♑	10am44
22 Su	♀⚼♂	3am46
	☿⚹♆	12pm25
	☿∠♄	5 18
23	♀□♇	3pm16
24 T	☿∠♂	8am21
	♀☌♅	8 28
	☿☌♇	6pm40
25	☿□♅	4am 8
26 Th	☿□♀	3am32
	♂∠♇	6pm44
27 F	⊕⚹♆	12pm35
	☿∠♆	4 24
	☿⚹♄	10 2
28	⊕∠♄	6am41
29 Su	♀∠♆	0am24
	♂⚼♅	1 24
	♀⚻♄	11 38
30 M	☿⚹♂	9am17
	☿☍♃	3pm25
	☿ ♒	4 4

JULY 2014

DAY		☿ LONG	☿ LAT	♀ LONG	♀ LAT	⊕ LONG	♂ LONG	♂ LAT
		° '	° '	° '	° '	° '	° '	° '
1	Tu	1♒03	6S41	23♈58	2S42	9♑07	29♏26	0S19
2	W	4 16	6 48	25 34	2 39	10 04	29 57	0 20
3	Th	7 32	6 53	27 10	2 35	11 01	0♐28	0 21
4	F	10 53	6 57	28 46	2 32	11 59	0 59	0 22
5	S	14 18	6 59	0♉22	2 28	12 56	1 31	0 23
6	Su	17 48	7 00	1 58	2 24	13 53	2 02	0 24
7	M	21 23	7 00	3 34	2 20	14 50	2 33	0 25
8	Tu	25 04	6 58	5 10	2 15	15 47	3 05	0 26
9	W	28 51	6 54	6 46	2 11	16 45	3 36	0 27
10	Th	2♓44	6 48	8 22	2 07	17 42	4 08	0 28
11	F	6 44	6 39	9 58	2 02	18 39	4 40	0 29
12	S	10 51	6 29	11 34	1 58	19 36	5 11	0 30
13	Su	15 05	6 16	13 10	1 53	20 33	5 43	0 31
14	M	19 27	6 01	14 46	1 48	21 31	6 15	0 32
15	Tu	23 57	5 43	16 22	1 43	22 28	6 47	0 33
16	W	28 35	5 22	17 58	1 38	23 25	7 19	0 34
17	Th	3♈22	4 59	19 34	1 33	24 22	7 51	0 35
18	F	8 18	4 32	21 11	1 28	25 19	8 23	0 36
19	S	13 23	4 03	22 47	1 23	26 17	8 55	0 37
20	Su	18 37	3 30	24 23	1 18	27 14	9 27	0 38
21	M	24 01	2 55	26 00	1 12	28 11	9 59	0 39
22	Tu	29 33	2 17	27 36	1 07	29 09	10 32	0 40
23	W	5♉14	1 37	29 12	1 02	0♒06	11 04	0 40
24	Th	11 03	0 55	0♊49	0 56	1 03	11 36	0 41
25	F	16 59	0 11	2 25	0 51	2 00	12 09	0 42
26	S	23 03	0N33	4 02	0 45	2 58	12 41	0 43
27	Su	29 12	1 18	5 38	0 40	3 55	13 14	0 44
28	M	5♊26	2 03	7 15	0 34	4 52	13 46	0 45
29	Tu	11 43	2 46	8 51	0 28	5 50	14 19	0 46
30	W	18 01	3 28	10 28	0 23	6 47	14 52	0 47
31	Th	24♊21	4N07	12♊04	0S17	7♒45	15♐24	0S48

AUGUST 2014

DAY		☿ LONG	☿ LAT	♀ LONG	♀ LAT	⊕ LONG	♂ LONG	♂ LAT
		° '	° '	° '	° '	° '	° '	° '
1	F	0♋39	4N43	13♊41	0S11	8♒42	15♐57	0S49
2	S	6 55	5 15	15 18	0 05	9 39	16 30	0 50
3	Su	13 06	5 43	16 54	0N00	10 37	17 03	0 51
4	M	19 12	6 07	18 31	0 06	11 34	17 36	0 52
5	Tu	25 12	6 26	20 08	0 12	12 32	18 09	0 53
6	W	1♌04	6 41	21 45	0 18	13 29	18 42	0 54
7	Th	6 48	6 52	23 22	0 23	14 27	19 16	0 55
8	F	12 23	6 58	24 58	0 29	15 24	19 49	0 56
9	S	17 48	7 00	26 35	0 35	16 22	20 22	0 57
10	Su	23 04	6 59	28 12	0 40	17 19	20 55	0 58
11	M	28 11	6 54	29 49	0 46	18 17	21 29	0 59
12	Tu	3♍07	6 47	1♋26	0 51	19 14	22 02	0 59
13	W	7 54	6 37	3 03	0 57	20 12	22 36	1 00
14	Th	12 32	6 24	4 40	1 03	21 09	23 09	1 01
15	F	17 01	6 10	6 17	1 08	22 07	23 43	1 02
16	S	21 22	5 54	7 54	1 13	23 05	24 17	1 03
17	Su	25 34	5 36	9 31	1 19	24 02	24 50	1 04
18	M	29 39	5 17	11 09	1 24	25 00	25 24	1 05
19	Tu	3♎36	4 57	12 46	1 29	25 58	25 58	1 06
20	W	7 26	4 37	14 23	1 34	26 55	26 32	1 07
21	Th	11 10	4 16	16 00	1 39	27 53	27 06	1 07
22	F	14 48	3 54	17 37	1 44	28 51	27 40	1 08
23	S	18 20	3 32	19 15	1 49	29 49	28 14	1 09
24	Su	21 47	3 10	20 52	1 54	0♓47	28 48	1 10
25	M	25 09	2 47	22 29	1 59	1 45	29 23	1 11
26	Tu	28 26	2 25	24 06	2 04	2 42	29 57	1 12
27	W	1♏40	2 02	25 44	2 08	3 40	0♑31	1 13
28	Th	4 49	1 40	27 21	2 12	4 38	1 05	1 13
29	F	7 55	1 18	28 59	2 17	5 36	1 40	1 14
30	S	10 58	0 55	0♌36	2 21	6 34	2 14	1 15
31	Su	13♏58	0N33	2♌13	2N25	7♓32	2♑49	1S16

DAY		♃ LONG	♃ LAT	♄ LONG	♄ LAT	♅ LONG	♅ LAT	♆ LONG	♆ LAT	♇ LONG	♇ LAT
		° '	° '	° '	° '	° '	° '	° '	° '	° '	° '
2	W	0♌01.5	0N26	21♏38.0	2N12	13♈27.2	0S40	5♓49.6	0S43	12♑16.5	2N32
7	M	0 25.9	0 26	21 47.3	2 12	13 30.5	0 40	5 51.4	0 43	12 18.1	2 31
12	S	0 50.3	0 27	21 56.6	2 12	13 33.7	0 40	5 53.2	0 43	12 19.7	2 31
17	Th	1 14.6	0 28	22 05.9	2 11	13 36.9	0 40	5 55.0	0 43	12 21.3	2 30
22	Tu	1 38.9	0 28	22 15.2	2 11	13 40.2	0 40	5 56.9	0 43	12 22.9	2 30
27	Su	2 03.2	0 29	22 24.5	2 11	13 43.4	0 40	5 58.7	0 43	12 24.6	2 29
1	F	2 27.5	0 29	22 33.7	2 11	13 46.7	0 40	6 00.5	0 43	12 26.2	2 29
6	W	2 51.8	0 30	22 43.0	2 11	13 49.9	0 40	6 02.3	0 43	12 27.8	2 28
11	M	3 16.0	0 30	22 52.3	2 10	13 53.1	0 40	6 04.1	0 43	12 29.4	2 28
16	S	3 40.3	0 31	23 01.5	2 10	13 56.4	0 40	6 05.9	0 43	12 31.0	2 27
21	Th	4 04.5	0 31	23 10.8	2 10	13 59.6	0 40	6 07.7	0 43	12 32.7	2 27
26	Tu	4 28.7	0 32	23 20.1	2 10	14 02.8	0 40	6 09.5	0 44	12 34.3	2 26
31	Su	4 52.9	0 32	23 29.3	2 10	14 06.1	0 40	6 11.3	0 44	12 35.9	2 26

☿p.435742	☿ .308881
♀ .724775	♀ .720705
⊕a1.01666	⊕ 1.01502
♂ 1.52741	♂ 1.48698
♃ 5.25820	♃ 5.26917
♄ 9.91915	♄ 9.92536
♅ 20.0210	♅ 20.0187
♆ 29.9740	♆ 29.9731
♇ 32.6792	♇ 32.6977
☊	Perihelia
☿ 18°♉ 30	☿ 17°♊ 41
♀ 16 ♊ 49	♀ 11 ♌ 28
⊕	⊕ 11 ♋ 56
♂ 19 ♉ 40	♂ 6 ♓ 17
♃ 10 ♋ 38	♃ 14 ♈ 33
♄ 23 ♋ 44	♄ 3 ♋ 19
♅ 13 ♊ 59	♅ 20 ♍ 04
♆ 11 ♌ 58	♆ 3 ♊ 12
♇ 20 ♋ 29	♇ 13 ♏ 42

1	♃ ♌	4pm25
2	♂ ♐	2am26
W	♂△♃	4 17
	☿⚺♆	11 34
4	⊕ A	0am14
F	⊕☌♇	7 49
	☿⚺♇	9 56
	⊕⚺☿	10 45
	☿⚹♅	6pm19
	♀ ♉	6 32
	♀□♃	10 30
5	⊕□♅	2pm10
6	♀⚻♂	1am36
7	☿□♄	2am39
8	♀⚹♆	10am35
T	☿∠♇	2pm17
	☿∠♅	9 58
9	☿ ♓	7am10
W	☿⚻♃	11 5
	⊕∠☿	11pm41
10	☿□♂	9am47
Th	☿☌♆	6pm57
12	☿⚹♀	6am40
S	☿⚹♇	8 31
	♀△♇	11 31
	☿⚺♅	3pm32
13	☿⚼♃	4am46
Su	♀⚺♅	6 10
	♂□♆	7 56
	⊕∠♆	8 33
	⊕∠♂	9 19
14	⊕⚹♄	12pm55
M	☿△♄	1 51
	⊕⚹☿	2 6
16	☿ ♈	7am11
W	☿△♃	1pm15
17	☿∠♀	8am49
Th	☿⚺♆	12pm31
	☿⚼♄	6 20
18	☿△♂	0am26
F	♀☍♄	2pm30
	☿□♇	7 14
19	☿☌♅	1am10
20	☿∠♆	10am24
Su	☿⚻♄	4pm 4
21	☿⚼♂	4am45
M	☿⚺♀	12pm13
	♀⚼♇	8 45
	⊕□☿	9 54
22	☿ ♉	1am56
T	☿□♃	9 4
	♀∠♅	4pm 6
	⊕ ♒	9 34
23	☿⚹♆	3am 1
W	♀ ♊	11 52
24	☿⚻♂	2am30
Th	☿△♇	5 29
	⊕△♀	8 50
	☿⚺♅	10 45
	♀⚹♃	3pm42
	⊕☍♃	8 50
25	☿0N	6am 3
F	♂⚺♇	11 22
	☿☍♄	9pm21
26	☿⚼♇	5pm 3
S	☿∠♅	10 10
27	☿ ♊	3am 6
Su	♀□♆	5 8
	☿⚹♃	11 11
	⊕△☿	9pm30
	♂△♅	10 18
28	☿□♆	2am 8
M	☿☌♀	9 22
29	☿⚻♇	2am43
T	⊕⚺♆	4 1
	☿⚹♅	7 46
	☿☍♂	10 51
	☿∠♃	9pm12
	☿ P	10 3
30	⊕⚼☿	4pm50
W	☿⚻♄	5 4
31	♀⚻♇	5am21
Th	☿ ♋	9pm31

1	♀⚹♅	1am24
F	☿⚺♃	7 0
	☿△♆	8pm33
2	☿⚼♄	2am39
S	⊕⚻☿	12pm33
	☿☍♇	9 27
	♀0N	10 37
3	☿□♅	2am44
Su	♀☍♂	3 17
	♀∠♃	11 11
	☿⚻♂	5pm 2
	☿⚺♀	8 18
4	♂⚼♃	5am 2
M	☿⚼♆	7 15
	☿△♄	1pm50
	⊕⚺♇	10 12
5	☿ ♌	7pm36
6	☿☌♃	7am34
W	⊕⚹♅	8 45
	☿⚼♂	12pm 9
	♀⚻♄	2 43
	☿⚻♆	8 48
7	☿∠♀	9am20
8	☿⚻♇	0am25
F	☿△♅	6 28
	⊕☍☿	4pm 9
9	☿△♂	12pm57
S	☿□♄	10 55
10	☿⚼♇	8pm43
11	♀ ♋	2am41
M	☿⚼♅	3 24
	☿ ♍	8 45
	☿⚹♀	11 42
12	☿⚺♃	1am 8
T	☿☍♆	2pm44
13	♀⚺♃	5am53
W	♂⚺♄	3pm17
	☿△♇	11 49
14	☿⚻♅	7am19
Th	♀△♆	9pm 7
15	☿∠♃	8am44
F	⊕□♄	10pm41
16	♀⚼♄	1am50
S	⊕⚼♀	6 17
	☿⚹♄	9 28
	⊕⚻☿	12pm33
	☿□♂	7 8
18	☿ ♎	2am 8
M	♀☍♇	8pm37
19	⊕⚹♂	0am27
T	☿⚹♃	2 0
	☿⚻♆	3pm43
	♀□♅	6 3
20	☿∠♄	4am35
W	⊕∠♇	3pm25
21	☿□♇	9am 4
Th	⊕⚼☿	3pm24
	☿☍♅	6 43
22	⊕∠♅	3am54
23	⊕ ♓	4am39
S	☿□♀	11 52
	☿⚼♆	7pm34
24	♀⚼♆	4am12
Su	☿⚺♄	10 41
25	♀△♄	12pm20
26	♂ ♑	2am15
T	☿ ♏	11 35
	☿⚹♂	1pm35
27	⊕△☿	9pm59
W	☿□♃	10 35
28	⊕⚻♃	0am 3
Th	☿△♆	10 25
29	⊕☌♆	2pm19
F	♀ ♌	3 8
30	☿⚹♇	12pm56
31	☿⚻♅	1am 2
Su	♀⚻♂	1pm35

SEPTEMBER 2014

DAY	☿ LONG	☿ LAT	♀ LONG	♀ LAT	⊕ LONG	♂ LONG	♂ LAT
	° '	° '	° '	° '	° '	° '	° '
1 M	16♏56	0N12	3♌51	2N29	8♓30	3♑24	1S17
2 Tu	19 51	0S10	5 28	2 33	9 28	3 58	1 18
3 W	22 44	0 31	7 06	2 37	10 26	4 33	1 18
4 Th	25 35	0 52	8 43	2 40	11 25	5 08	1 19
5 F	28 25	1 13	10 21	2 44	12 23	5 43	1 20
6 S	1♐13	1 33	11 58	2 47	13 21	6 17	1 21
7 Su	4 00	1 53	13 36	2 50	14 19	6 52	1 21
8 M	6 47	2 12	15 13	2 54	15 17	7 27	1 22
9 Tu	9 32	2 31	16 51	2 57	16 15	8 02	1 23
10 W	12 17	2 50	18 28	2 59	17 14	8 38	1 24
11 Th	15 02	3 08	20 06	3 02	18 12	9 13	1 24
12 F	17 46	3 26	21 43	3 04	19 10	9 48	1 25
13 S	20 31	3 44	23 21	3 07	20 09	10 23	1 26
14 Su	23 16	4 00	24 58	3 09	21 07	10 58	1 27
15 M	26 02	4 17	26 36	3 11	22 06	11 34	1 27
16 Tu	28 48	4 33	28 13	3 13	23 04	12 09	1 28
17 W	1♑36	4 48	29 51	3 15	24 02	12 45	1 29
18 Th	4 24	5 03	1♍28	3 16	25 01	13 20	1 29
19 F	7 14	5 17	3 06	3 18	26 00	13 56	1 30
20 S	10 05	5 30	4 43	3 19	26 58	14 32	1 31
21 Su	12 58	5 43	6 21	3 20	27 57	15 07	1 31
22 M	15 54	5 55	7 58	3 21	28 56	15 43	1 32
23 Tu	18 51	6 06	9 36	3 22	29 54	16 19	1 33
24 W	21 51	6 16	11 13	3 23	0♈53	16 55	1 33
25 Th	24 54	6 25	12 51	3 23	1 52	17 30	1 34
26 F	28 00	6 34	14 28	3 24	2 51	18 06	1 35
27 S	1♒09	6 41	16 05	3 24	3 49	18 42	1 35
28 Su	4 22	6 48	17 43	3 24	4 48	19 18	1 36
29 M	7 38	6 53	19 20	3 23	5 47	19 55	1 36
30 Tu	10♒59	6S57	20♍58	3N23	6♈46	20♑31	1S37

OCTOBER 2014

DAY	☿ LONG	☿ LAT	♀ LONG	♀ LAT	⊕ LONG	♂ LONG	♂ LAT
	° '	° '	° '	° '	° '	° '	° '
1 W	14♒25	6S59	22♍35	3N23	7♈45	21♑07	1S37
2 Th	17 55	7 00	24 12	3 22	8 44	21 43	1 38
3 F	21 30	7 00	25 49	3 21	9 43	22 19	1 39
4 S	25 11	6 57	27 27	3 20	10 42	22 56	1 39
5 Su	28 58	6 53	29 04	3 19	11 41	23 32	1 40
6 M	2♓52	6 47	0♎41	3 18	12 40	24 09	1 40
7 Tu	6 52	6 39	2 18	3 16	13 39	24 45	1 41
8 W	10 59	6 29	3 55	3 15	14 39	25 21	1 41
9 Th	15 13	6 16	5 32	3 13	15 38	25 58	1 42
10 F	19 35	6 00	7 09	3 11	16 37	26 35	1 42
11 S	24 05	5 42	8 46	3 09	17 36	27 11	1 43
12 Su	28 44	5 22	10 23	3 07	18 36	27 48	1 43
13 M	3♈31	4 58	12 00	3 04	19 35	28 25	1 43
14 Tu	8 28	4 31	13 37	3 02	20 34	29 01	1 44
15 W	13 33	4 02	15 14	2 59	21 34	29 38	1 44
16 Th	18 47	3 29	16 50	2 56	22 33	0♒15	1 45
17 F	24 11	2 54	18 27	2 53	23 33	0 52	1 45
18 S	29 44	2 16	20 04	2 50	24 32	1 29	1 45
19 Su	5♉25	1 36	21 41	2 47	25 32	2 06	1 46
20 M	11 14	0 53	23 17	2 44	26 31	2 43	1 46
21 Tu	17 11	0 10	24 54	2 40	27 31	3 20	1 46
22 W	23 14	0N35	26 30	2 37	28 31	3 57	1 47
23 Th	29 24	1 20	28 07	2 33	29 31	4 34	1 47
24 F	5♊37	2 04	29 43	2 29	0♉30	5 11	1 47
25 S	11 54	2 48	1♏20	2 25	1 30	5 49	1 48
26 Su	18 13	3 29	2 56	2 21	2 30	6 26	1 48
27 M	24 33	4 08	4 32	2 17	3 30	7 03	1 48
28 Tu	0♋51	4 44	6 08	2 13	4 30	7 40	1 49
29 W	7 06	5 16	7 45	2 08	5 30	8 18	1 49
30 Th	13 18	5 44	9 21	2 04	6 29	8 55	1 49
31 F	19♋24	6N08	10♏57	1N59	7♉29	9♒33	1S49

DAY	♃ LONG	♃ LAT	♄ LONG	♄ LAT	♅ LONG	♅ LAT	♆ LONG	♆ LAT	♇ LONG	♇ LAT
	° '	° '	° '	° '	° '	° '	° '	° '	° '	° '
5 F	5♌17.1	0N33	23♏38.6	2N09	14♈09.3	0S40	6♓13.2	0S44	12♑37.5	2N25
10 W	5 41.2	0 33	23 47.9	2 09	14 12.6	0 40	6 15.0	0 44	12 39.1	2 25
15 M	6 05.4	0 34	23 57.1	2 09	14 15.8	0 40	6 16.8	0 44	12 40.7	2 24
20 S	6 29.5	0 34	24 06.4	2 09	14 19.0	0 40	6 18.6	0 44	12 42.3	2 24
25 Th	6 53.6	0 35	24 15.6	2 09	14 22.3	0 40	6 20.4	0 44	12 44.0	2 23
30 Tu	7 17.7	0 35	24 24.9	2 08	14 25.5	0 40	6 22.2	0 44	12 45.6	2 23
5 Su	7 41.8	0 36	24 34.1	2 08	14 28.7	0 40	6 24.0	0 44	12 47.2	2 22
10 F	8 05.8	0 36	24 43.4	2 08	14 32.0	0 40	6 25.8	0 44	12 48.8	2 22
15 W	8 29.9	0 37	24 52.6	2 08	14 35.2	0 40	6 27.6	0 44	12 50.4	2 21
20 M	8 53.9	0 37	25 01.8	2 08	14 38.4	0 40	6 29.4	0 44	12 52.0	2 21
25 S	9 17.9	0 38	25 11.1	2 07	14 41.7	0 40	6 31.2	0 44	12 53.6	2 20
30 Th	9 41.9	0 38	25 20.3	2 07	14 44.9	0 40	6 33.1	0 44	12 55.2	2 20

☿a.450293	☿p.417833
♀p.718488	♀ .719638
⊕ 1.00932	⊕ 1.00133
♂ 1.44861	♂ 1.41693
♃ 5.27998	♃ 5.29028
♄ 9.93146	♄ 9.93725
♅ 20.0163	♅ 20.0139
♆ 29.9723	♆ 29.9714
♇ 32.7163	♇ 32.7343
☊	Perihelia
☿ 18°♉ 30	☿ 17°♊ 41
♀ 16 ♊ 49	♀ 11 ♌ 23
⊕	⊕ 14 ♋ 27
♂ 19 ♉ 40	♂ 6 ♓ 17
♃ 10 ♋ 38	♃ 14 ♈ 33
♄ 23 ♋ 44	♄ 3 ♋ 28
♅ 14 ♊ 00	♅ 20 ♍ 17
♆ 11 ♌ 59	♆ 4 ♊ 11
♇ 20 ♋ 29	♇ 13 ♏ 43

1 M	☿0S	12pm55
	☿∠♂	2 57
	♀☌♃	5 20
2	♀⚻♆	10am49
3	☿☌♄	7am11
4 Th	♂⚻♃	3am36
	☿∠♇	5pm16
5 F	⊕✶♇	6am 9
	☿⚼♅	6 21
	☿ ♐	1pm33
	♀ P	3 40
	♂✶♆	9 16
6 S	♀⚻♇	9am47
	⊕⚺♅	8pm30
7 Su	♀△♅	8am39
	☿△♃	12pm50
	☿□♆	7 19
8 M	⊕⚻♀	2am27
	☿⚺♂	7 30
10 W	☿⚺♇	3am13
	♂∠♄	7 26
	☿△♅	4pm53
11	☿ A	9pm39
12	⊕□☿	6pm56
13 S	☿⚼♃	3am41
	♀□♄	8 10
	⊕⚼♃	9pm 4
14 Su	☿⚺♄	5am43
	♀⚼♂	11pm13
15 M	☿△♀	11am53
	♀⚼♇	4pm 1
16 T	☿ ♑	10am19
	♀⚼♅	3pm37
	♂☌♇	9 41
	⊕△♄	11 18
17 W	♀ ♍	2am14
	♃⚻♆	1pm22
18 Th	☿✶♆	4pm 9
	☿⚻♃	4 53
19 F	♂□♅	3pm25
	☿∠♄	3 42
20 S	☿☌♇	9pm50
	♀☍♆	11 31
21 Su	♀⚺♃	3am28
	☿□♅	11 13
	☿☌♂	10pm11
23 T	⊕ ♈	2am22
	☿∠♆	7pm52
24 W	☿✶♄	6pm57
	♀△♇	10 20
25	♀⚻♅	10pm43
26 F	☿ ♒	3pm18
	☿⚼♀	11 6
28 Su	⊕✶☿	4am40
	☿⚺♆	2pm42
	☿☍♃	8 50
29 M	♀△♂	1pm28
	⊕⚺♆	2 12
30 T	☿⚺♇	12pm30
	⊕△♃	2 0
	♀∠♃	8 48
1 W	☿✶♅	0am10
	♂∠♆	10 30
2 Th	♀✶♄	4am 9
	⊕⚼♄	6pm41
3 F	☿⚺♂	6am26
	☿□♄	7pm45
4 S	⊕∠☿	4am27
	☿∠♇	4pm32
5 Su	☿⚻♀	0am57
	☿∠♅	3 10
	☿ ♓	6 24
	♀ ♎	1pm54
6 M	⊕□♇	2am56
	♂✶♄	7pm 2
	☿☌♆	9 21
7 T	☿⚻♃	6am 0
	☿∠♂	7pm50
	⊕☌♅	8 44
8 W	☿✶♇	10am27
	☿⚺♅	8pm 7
9 Th	⊕⚺☿	3am 0
	♀⚻♆	1pm14
10 F	♀✶♃	2pm45
	☿⚼♃	7 7
11 S	☿△♄	3am30
	♀∠♄	2pm54
	☿✶♂	6 32
12	☿ ♈	6am25
13 M	♀□♇	12pm22
	☿⚺♆	2 20
	☿△♃	11 48
14 T	☿⚼♄	6am39
	♀☍♅	2pm24
	☿□♇	8 42
	⊕∠♆	9 30
15 W	☿☌♅	4am49
	☿☍♀	11 14
	♂ ♒	2pm 7
16 Th	☿∠♆	12pm 0
	⊕☌☿	8 34
17	☿⚻♄	3am19
18 S	☿ ♉	1am10
	☿□♂	8 24
	⊕⚻♄	10 45
	♀⚼♆	9pm 8
19 Su	☿✶♆	4am28
	☿□♃	2pm18
20 M	☿△♇	6am39
	☿⚺♅	1pm50
21 T	♀⚺♄	2am31
	☿0N	5 18
22 W	☿☍♄	7am18
	☿⚻♀	5pm17
	☿⚼♇	6 8
23 Th	⊕⚺☿	0am32
	☿∠♅	1 5
	☿ ♊	2 21
	⊕ ♉	11 50
	☿△♂	10pm 9
24 F	☿□♆	3am25
	♀ ♏	4 11
	☿✶♃	1pm56
25 S	☿⚻♇	3am45
	⊕☍♀	6 54
	☿✶♅	10 37
	⊕∠☿	8pm44
	☿ P	9 18
	☿⚼♀	10 31
26 Su	♂⚺♆	3am44
	☿⚼♂	1pm30
	☿∠♃	11 40
27 M	☿⚻♄	2am41
	☿ ♋	8pm46
28 T	♀△♆	5am58
	⊕✶☿	4pm37
	☿△♆	9 50
29 W	☿△♀	3am19
	☿⚻♂	5 7
	☿⚺♃	9 50
	☿⚼♄	12pm27
	♀□♂	1 31
	☿☍♇	10 32
30 Th	⊕✶♆	1am26
	♀□♃	5 32
	☿□♅	5 42
31 F	☿⚼♆	8am37
	♂☍♃	10 24

NOVEMBER 2014

DAY	☿ LONG	☿ LAT	♀ LONG	♀ LAT	⊕ LONG	♂ LONG	♂ LAT
	° '	° '	° '	° '	° '	° '	° '
1 S	25♋23	6N27	12♏33	1N55	8♉29	10♒10	1S49
2 Su	1♌15	6 42	14 09	1 50	9 29	10 47	1 50
3 M	6 59	6 52	15 45	1 45	10 29	11 25	1 50
4 Tu	12 33	6 58	17 21	1 40	11 30	12 03	1 50
5 W	17 58	7 00	18 57	1 35	12 30	12 40	1 50
6 Th	23 14	6 59	20 33	1 30	13 30	13 18	1 50
7 F	28 20	6 54	22 09	1 25	14 30	13 55	1 50
8 S	3♍16	6 47	23 44	1 20	15 30	14 33	1 51
9 Su	8 03	6 36	25 20	1 15	16 30	15 11	1 51
10 M	12 41	6 24	26 56	1 09	17 31	15 48	1 51
11 Tu	17 10	6 09	28 31	1 04	18 31	16 26	1 51
12 W	21 30	5 53	0♐07	0 59	19 31	17 04	1 51
13 Th	25 42	5 35	1 43	0 53	20 32	17 42	1 51
14 F	29 46	5 17	3 18	0 48	21 32	18 19	1 51
15 S	3♎43	4 57	4 54	0 42	22 32	18 57	1 51
16 Su	7 33	4 36	6 29	0 37	23 33	19 35	1 51
17 M	11 17	4 15	8 04	0 31	24 33	20 13	1 51
18 Tu	14 54	3 53	9 40	0 25	25 34	20 51	1 51
19 W	18 26	3 31	11 15	0 20	26 34	21 29	1 51
20 Th	21 53	3 09	12 50	0 14	27 35	22 06	1 51
21 F	25 15	2 47	14 26	0 08	28 35	22 44	1 51
22 S	28 32	2 24	16 01	0 03	29 36	23 22	1 51
23 Su	1♏46	2 02	17 36	0S03	0♊37	24 00	1 51
24 M	4 55	1 39	19 11	0 08	1 37	24 38	1 51
25 Tu	8 01	1 17	20 47	0 14	2 38	25 16	1 50
26 W	11 04	0 55	22 22	0 20	3 39	25 54	1 50
27 Th	14 04	0 33	23 57	0 25	4 39	26 32	1 50
28 F	17 01	0 11	25 32	0 31	5 40	27 10	1 50
29 S	19 57	0S11	27 07	0 36	6 41	27 48	1 50
30 Su	22♏50	0S32	28♐42	0S42	7♊42	28♒26	1S50

DECEMBER 2014

DAY	☿ LONG	☿ LAT	♀ LONG	♀ LAT	⊕ LONG	♂ LONG	♂ LAT
	° '	° '	° '	° '	° '	° '	° '
1 M	25♏41	0S53	0♑17	0S47	8♊42	29♒04	1S49
2 Tu	28 30	1 13	1 52	0 53	9 43	29 43	1 49
3 W	1♐19	1 34	3 27	0 58	10 44	0♓21	1 49
4 Th	4 06	1 53	5 02	1 04	11 45	0 59	1 49
5 F	6 52	2 13	6 37	1 09	12 46	1 37	1 49
6 S	9 37	2 32	8 12	1 14	13 47	2 15	1 48
7 Su	12 22	2 51	9 47	1 20	14 47	2 53	1 48
8 M	15 07	3 09	11 22	1 25	15 48	3 31	1 48
9 Tu	17 52	3 27	12 57	1 30	16 49	4 09	1 47
10 W	20 36	3 44	14 31	1 35	17 50	4 47	1 47
11 Th	23 22	4 01	16 06	1 40	18 51	5 25	1 47
12 F	26 07	4 17	17 41	1 45	19 52	6 04	1 46
13 S	28 54	4 33	19 16	1 49	20 53	6 42	1 46
14 Su	1♑41	4 48	20 51	1 54	21 54	7 20	1 46
15 M	4 29	5 03	22 26	1 59	22 55	7 58	1 45
16 Tu	7 19	5 17	24 01	2 03	23 56	8 36	1 45
17 W	10 11	5 30	25 36	2 08	24 57	9 14	1 45
18 Th	13 04	5 43	27 10	2 12	25 58	9 52	1 44
19 F	15 59	5 55	28 45	2 16	26 59	10 30	1 44
20 S	18 57	6 06	0♒20	2 20	28 00	11 08	1 43
21 Su	21 57	6 16	1 55	2 24	29 02	11 47	1 43
22 M	25 00	6 26	3 30	2 28	0♋03	12 25	1 42
23 Tu	28 06	6 34	5 05	2 32	1 04	13 03	1 42
24 W	1♒15	6 42	6 40	2 36	2 05	13 41	1 41
25 Th	4 28	6 48	8 14	2 39	3 06	14 19	1 41
26 F	7 45	6 53	9 49	2 43	4 07	14 57	1 40
27 S	11 06	6 57	11 24	2 46	5 08	15 35	1 40
28 Su	14 31	6 59	12 59	2 49	6 10	16 13	1 39
29 M	18 02	7 00	14 34	2 52	7 11	16 51	1 39
30 Tu	21 37	7 00	16 09	2 55	8 12	17 29	1 38
31 W	25♒19	6S57	17♒44	2S58	9♋13	18♓07	1S38

DAY	♃ LONG	♃ LAT	♄ LONG	♄ LAT	♅ LONG	♅ LAT	♆ LONG	♆ LAT	♇ LONG	♇ LAT
	° '	° '	° '	° '	° '	° '	° '	° '	° '	° '
4 Tu	10♌05.9	0N38	25♏29.6	2N07	14♈48.1	0S40	6♓34.9	0S44	12♑56.9	2N19
9 Su	10 29.9	0 39	25 38.8	2 07	14 51.4	0 40	6 36.7	0 44	12 58.5	2 19
14 F	10 53.9	0 39	25 48.1	2 06	14 54.6	0 40	6 38.5	0 44	13 00.1	2 18
19 W	11 17.8	0 40	25 57.3	2 06	14 57.9	0 40	6 40.3	0 44	13 01.7	2 18
24 M	11 41.7	0 40	26 06.5	2 06	15 01.1	0 40	6 42.1	0 44	13 03.3	2 17
29 S	12 05.7	0 41	26 15.8	2 06	15 04.4	0 40	6 43.9	0 44	13 04.9	2 17
4 Th	12 29.6	0 41	26 25.0	2 06	15 07.6	0 40	6 45.8	0 45	13 06.5	2 16
9 Tu	12 53.5	0 42	26 34.2	2 05	15 10.8	0 40	6 47.6	0 45	13 08.2	2 16
14 Su	13 17.3	0 42	26 43.5	2 05	15 14.1	0 40	6 49.4	0 45	13 09.8	2 15
19 F	13 41.2	0 43	26 52.7	2 05	15 17.3	0 40	6 51.2	0 45	13 11.4	2 15
24 W	14 05.0	0 43	27 01.9	2 05	15 20.6	0 40	6 53.0	0 45	13 13.0	2 14
29 M	14 28.9	0 44	27 11.2	2 05	15 23.8	0 40	6 54.8	0 45	13 14.6	2 14

☿ .318941	☿a.458097
♀ .723390	♀a.726996
⊕ .992655	⊕ .986158
♂ 1.39337	♂p1.38215
♃ 5.30074	♃ 5.31065
♄ 9.94311	♄ 9.94867
♅ 20.0115	♅ 20.0091
♆ 29.9706	♆ 29.9698
♇ 32.7530	♇ 32.7711
☊	Perihelia
☿ 18°♉ 31	☿ 17°♊ 42
♀ 16 ♊ 49	♀ 11 ♌ 27
⊕	⊕ 14 ♋ 28
♂ 19 ♉ 40	♂ 6 ♓ 17
♃ 10 ♋ 39	♃ 14 ♈ 32
♄ 23 ♋ 45	♄ 3 ♋ 35
♅ 14 ♊ 00	♅ 20 ♍ 29
♆ 11 ♌ 59	♆ 4 ♊ 54
♇ 20 ♋ 29	♇ 13 ♏ 45

1 S	♀△♄	0am 4
	♀✶♇	5 44
	☿ ♌	6pm50
2 Su	♀⚻♅	9am31
	⊕□♃	11 41
	☿⚻♆	10pm18
3 M	☿☌♃	1pm12
	⊕□☿	6 22
	☿☍♂	9 29
4 T	☿⚻♇	1am44
	☿△♅	9 54
5 W	☿□♀	6am17
	♂⚺♇	11 1
	⊕△♇	11 3
	⊕□♂	11 6
6 Th	☿□♄	10am53
	☿⚼♇	10pm13
7 F	☿⚼♅	7am13
	☿ ♍	8 0
	⊕⚺♅	8 8
8 S	♂✶♅	11am33
	☿☍♆	4pm39
9 Su	♀☌♄	4am48
	☿⚺♃	12pm47
10 M	☿△♇	1am34
	☿⚻♅	11 38
	♀∠♇	3pm53
	☿⚻♂	7 23
11 T	⊕△☿	9am37
	♀⚼♅	8pm33
	♀ ♐	10 15
13 Th	☿✶♄	0am25
	☿∠♃	0 42
14	☿ ♎	1am23
15 S	☿⚼♂	1am43
	☿✶♀	12pm24
	☿⚻♆	6 18
16 Su	♀□♆	2am35
	⊕⚼☿	8 39
	☿∠♄	9pm27
	☿✶♃	11 3
17	☿□♇	11am26
18 T	☿☍♅	0am19
	⊕☍♄	8 54
19 W	♀△♃	0am43
	☿⚼♆	10pm32
20 Th	☿△♂	1am56
	♀⚺♇	2 56
	⊕⚼♇	10 51
21 F	☿⚺♄	5am36
	♀△♅	8 29
22 S	⊕ ♊	9am31
	⊕∠♅	9 33
	☿ ♏	10 49
	⊕⚻☿	11 25
	♀0S	12pm 7
23	☿∠♀	12pm44
24	☿△♆	1pm46
26 W	☿□♃	6am26
	♂□♄	10 34
	☿✶♇	3pm58
27	☿⚻♅	7am58
28 F	♀⚺♄	10am50
	☿0S	12pm11
	♀⚼♃	11 40
29 S	⊕□♆	1am14
	♂∠♇	10 31
	♀✶♂	5pm27
30	♀ ♑	7pm42
1 M	☿☌♄	5am32
	☿∠♇	8pm32
2	♂ ♓	10am59
T	☿ ♐	12pm47
	☿□♂	1 18
	☿⚼♅	1 44
	♂∠♅	3 13
4 Th	☿⚺♀	6pm57
	⊕✶♃	7 8
	☿□♆	11 10
5 F	♀✶♆	2am20
	⊕⚻♇	8 24
7 Su	☿△♃	3am14
	☿⚺♇	6 36
	⊕✶♅	8 48
8 M	☿△♅	0am28
	♀∠♄	2 46
	⊕☍☿	9 33
	☿ A	8pm54
	♀⚻♃	11 10
9	♀☌♇	2am56
10	♀□♅	10am11
12 F	☿⚺♄	4am45
	♃⚻♇	7 16
	♂ P	8 27
	☿⚼♃	5pm55
13 S	♂☌♆	4am39
	☿ ♑	9 32
14	♀∠♆	2pm50
15 M	♀∠♂	1pm34
	☿✶♆	7 53
	⊕⚻♀	8 47
16	☿✶♂	1pm51
17 W	☿∠♄	1pm48
	♀✶♄	6 57
18 Th	☿☌♇	0am59
	☿⚻♃	4 35
	☿□♅	6pm16
	⊕⚻♄	9 17
19	♀ ♒	6pm55
20 S	⊕∠♃	7pm22
	☿∠♆	11 20
21	⊕ ♋	10pm56
22 M	☿✶♄	3pm29
	☿∠♂	11 29
23	♂✶♇	6am22
T	☿ ♒	2pm32
24 W	♀⚺♆	3am25
	⊕⚻☿	9 10
	♂⚻♃	5pm31
25	☿⚺♆	5pm49
26 F	♂⚺♅	4pm 4
	♀ A	11 59
27 S	☿☌♀	4am 4
	☿⚺♇	3pm 3
	☿☍♃	11 8
28 Su	♀⚺♇	3am51
	☿✶♅	5 59
	☿⚺♂	2pm13
	⊕△♆	5 44
	♀☍♃	10 37
29	♀✶♅	12pm40
30	⊕⚼☿	2pm16
31 W	♀⚺♂	9am40
	☿□♄	12pm28
	☿∠♇	6 45

JANUARY 2015

DAY	☿ LONG	☿ LAT	♀ LONG	♀ LAT	⊕ LONG	♂ LONG	♂ LAT
	° '	° '	° '	° '	° '	° '	° '
1 Th	29♒06	6S53	19♒19	3S01	10♋14	18♓45	1S37
2 F	2♓59	6 47	20 54	3 03	11 15	19 23	1 36
3 S	6 59	6 39	22 29	3 06	12 16	20 01	1 36
4 Su	11 07	6 28	24 04	3 08	13 18	20 39	1 35
5 M	15 21	6 15	25 39	3 10	14 19	21 17	1 35
6 Tu	19 43	6 00	27 14	3 12	15 20	21 54	1 34
7 W	24 14	5 42	28 49	3 14	16 21	22 32	1 33
8 Th	28 53	5 21	0♓24	3 15	17 22	23 10	1 33
9 F	3♈41	4 57	1 59	3 17	18 23	23 48	1 32
10 S	8 37	4 30	3 34	3 18	19 24	24 26	1 31
11 Su	13 43	4 01	5 09	3 19	20 25	25 03	1 30
12 M	18 58	3 28	6 44	3 21	21 27	25 41	1 30
13 Tu	24 21	2 53	8 19	3 21	22 28	26 19	1 29
14 W	29 54	2 15	9 54	3 22	23 29	26 57	1 28
15 Th	5♉36	1 34	11 30	3 23	24 30	27 34	1 28
16 F	11 25	0 52	13 05	3 23	25 31	28 12	1 27
17 S	17 22	0 08	14 40	3 24	26 32	28 50	1 26
18 Su	23 26	0N36	16 15	3 24	27 33	29 27	1 25
19 M	29 35	1 21	17 51	3 24	28 34	0♈05	1 25
20 Tu	5♊49	2 06	19 26	3 23	29 36	0 42	1 24
21 W	12 06	2 49	21 01	3 23	0♌37	1 20	1 23
22 Th	18 25	3 30	22 36	3 23	1 38	1 57	1 22
23 F	24 44	4 09	24 12	3 22	2 39	2 35	1 21
24 S	1♋03	4 45	25 47	3 21	3 40	3 12	1 20
25 Su	7 18	5 17	27 23	3 20	4 41	3 49	1 20
26 M	13 29	5 45	28 58	3 19	5 42	4 27	1 19
27 Tu	19 35	6 08	0♈33	3 18	6 43	5 04	1 18
28 W	25 34	6 27	2 09	3 16	7 44	5 41	1 17
29 Th	1♌26	6 42	3 44	3 15	8 45	6 19	1 16
30 F	7 09	6 52	5 20	3 13	9 46	6 56	1 15
31 S	12♌43	6N58	6♈55	3S11	10♌47	7♈33	1S14

FEBRUARY 2015

DAY	☿ LONG	☿ LAT	♀ LONG	♀ LAT	⊕ LONG	♂ LONG	♂ LAT
	° '	° '	° '	° '	° '	° '	° '
1 Su	18♌08	7N00	8♈31	3S09	11♌48	8♈10	1S14
2 M	23 24	6 59	10 06	3 07	12 49	8 47	1 13
3 Tu	28 29	6 54	11 42	3 05	13 49	9 24	1 12
4 W	3♍26	6 46	13 18	3 02	14 50	10 01	1 11
5 Th	8 12	6 36	14 53	3 00	15 51	10 38	1 10
6 F	12 49	6 23	16 29	2 57	16 52	11 15	1 09
7 S	17 18	6 09	18 05	2 54	17 53	11 52	1 08
8 Su	21 38	5 53	19 40	2 51	18 53	12 29	1 07
9 M	25 50	5 35	21 16	2 48	19 54	13 06	1 06
10 Tu	29 54	5 16	22 52	2 45	20 55	13 43	1 05
11 W	3♎50	4 56	24 28	2 41	21 56	14 19	1 04
12 Th	7 40	4 36	26 03	2 38	22 56	14 56	1 03
13 F	11 24	4 14	27 39	2 34	23 57	15 33	1 02
14 S	15 01	3 53	29 15	2 30	24 58	16 09	1 01
15 Su	18 33	3 31	0♉51	2 27	25 58	16 46	1 00
16 M	21 59	3 08	2 27	2 23	26 59	17 22	0 59
17 Tu	25 21	2 46	4 03	2 18	28 00	17 59	0 58
18 W	28 39	2 23	5 39	2 14	29 00	18 35	0 57
19 Th	1♏52	2 01	7 15	2 10	0♍01	19 12	0 56
20 F	5 01	1 39	8 51	2 05	1 01	19 48	0 55
21 S	8 07	1 16	10 27	2 01	2 02	20 24	0 54
22 Su	11 10	0 54	12 03	1 56	3 02	21 01	0 53
23 M	14 10	0 32	13 39	1 52	4 03	21 37	0 52
24 Tu	17 07	0 10	15 15	1 47	5 03	22 13	0 51
25 W	20 02	0S11	16 51	1 42	6 03	22 49	0 50
26 Th	22 55	0 32	18 27	1 37	7 04	23 25	0 49
27 F	25 46	0 53	20 04	1 32	8 04	24 01	0 48
28 S	28♏36	1S14	21♉40	1S27	9♍04	24♈37	0S47

DAY	♃ LONG	♃ LAT	♄ LONG	♄ LAT	♅ LONG	♅ LAT	♆ LONG	♆ LAT	♇ LONG	♇ LAT
	° '	° '	° '	° '	° '	° '	° '	° '	° '	° '
3 S	14♌52.7	0N44	27♏20.4	2N04	15♈27.1	0S40	6♓56.6	0S45	13♑16.2	2N13
8 Th	15 16.5	0 44	27 29.6	2 04	15 30.3	0 40	6 58.5	0 45	13 17.9	2 13
13 Tu	15 40.3	0 45	27 38.8	2 04	15 33.5	0 40	7 00.3	0 45	13 19.5	2 12
18 Su	16 04.1	0 45	27 48.0	2 04	15 36.8	0 39	7 02.1	0 45	13 21.1	2 12
23 F	16 27.8	0 46	27 57.3	2 03	15 40.0	0 39	7 03.9	0 45	13 22.7	2 11
28 W	16 51.6	0 46	28 06.5	2 03	15 43.3	0 39	7 05.7	0 45	13 24.3	2 11
2 M	17 15.3	0 47	28 15.7	2 03	15 46.5	0 39	7 07.5	0 45	13 25.9	2 10
7 S	17 39.0	0 47	28 24.9	2 03	15 49.8	0 39	7 09.4	0 45	13 27.5	2 10
12 Th	18 02.7	0 47	28 34.1	2 03	15 53.0	0 39	7 11.2	0 45	13 29.1	2 09
17 Tu	18 26.4	0 48	28 43.3	2 02	15 56.2	0 39	7 13.0	0 45	13 30.7	2 09
22 Su	18 50.1	0 48	28 52.5	2 02	15 59.5	0 39	7 14.8	0 45	13 32.3	2 09
27 F	19 13.7	0 49	29 01.7	2 02	16 02.7	0 39	7 16.6	0 45	13 33.9	2 08

☿p.396859	☿ .336595
♀ .728169	♀ .725968
⊕p.983311	⊕ .985244
♂ 1.38400	♂ 1.39926
♃ 5.32067	♃ 5.33045
♄ 9.95428	♄ 9.95978
♅ 20.0066	♅ 20.0041
♆ 29.9689	♆ 29.9681
♇ 32.7898	♇ 32.8086
☊	Perihelia
☿ 18°♉ 31	☿ 17°♊ 42
♀ 16 ♊ 49	♀ 11 ♌ 33
⊕	⊕ 12 ♋ 23
♂ 19 ♉ 41	♂ 6 ♓ 16
♃ 10 ♋ 39	♃ 14 ♈ 33
♄ 23 ♋ 45	♄ 3 ♋ 43
♅ 14 ♊ 00	♅ 20 ♍ 41
♆ 11 ♌ 59	♆ 5 ♊ 48
♇ 20 ♋ 30	♇ 13 ♏ 46

1	☿ ♓	5am38
Th	☿∠♅	8 19
2	☿☌♆	11pm44
3	⊕⚼♄	1am37
S	⊕☍♇	11pm37
4	⊕ P	6am37
Su	☿⚹♇	12pm22
	⊕△☿	4 22
	☿⚻♃	10 13
5	☿⚺♅	0am41
M	⊕⚺♃	6pm32
6	♀□♄	3am 7
T	⊕□♅	3 39
	☿☌♂	1pm37
	♀∠♇	4 4
7	☿△♄	4pm52
W	♀ ♓	5 58
8	♀∠♅	1am38
Th	☿ ♈	5 40
	☿⚼♃	7 10
	☿⚺♀	11 28
9	☿⚺♆	4pm 9

10	☿⚼♄	6pm43
S	☿□♇	10 9
11	☿△♃	8am27
Su	☿☌♅	8 27
	♃△♅	8 39
	⊕⚼♀	11 33
12	♀☌♆	3am59
M	⊕⚼♆	1pm10
	☿∠♆	1 37
	⊕□☿	1 43
	☿∠♀	5 35
13	☿⚺♂	9am39
T	☿⚻♄	2pm24
14	☿ ♉	0am25
15	♂△♄	5am30
Th	☿⚹♆	5 55
16	♀⚹♇	3am56
F	☿△♇	7 49
	☿∠♂	8 5
	☿⚹♀	9 14
	☿⚺♅	4pm55
	☿□♃	6 24
17	☿0N	4am33

S	♀⚺♅	2pm14
	♀⚻♃	9 1
18	⊕△♄	5am57
Su	☿☍♄	5pm10
	☿⚼♇	7 14
	⊕⚹☿	7 18
	♂ ♈	8 59
19	☿ ♊	1am36
M	☿⚹♂	2 7
	☿∠♅	4 1
20	☿□♆	4am43
T	⊕ ♌	9 36
	♂⚼♃	10pm56
21	☿⚻♇	4am49
W	☿⚹♅	1pm29
	⊕∠☿	3 54
	☿⚹♃	4 10
	☿ P	8 35
22	⊕△♂	7pm49
Th	☿□♀	9 14
23	☿⚻♄	12pm17
F	☿ ♋	8 1
24	☿∠♃	1am56

S	☿□♂	9 10
	⊕⚺☿	11 59
	☿△♆	11pm 9
25	♀△♄	9am52
Su	☿⚼♄	10pm17
	☿☍♇	11 39
26	☿□♅	8am41
M	☿⚺♃	12pm47
	♀ ♈	3 37
27	⊕⚻♆	8am53
T	☿⚼♆	10 0
	♀⚼♃	7pm27
28	☿△♄	10am23
W	☿ ♌	6pm 6
29	☿△♀	1pm19
Th	☿△♂	10 57
	☿⚻♆	11 49
30	♂⚺♆	6am54
F	⊕☌☿	1pm40
31	♀⚺♆	2am55
S	☿⚻♇	3 3
	☿△♅	1pm22
	♀☌♂	3 32

	☿☌♃	7 37
2	☿⚼♂	2am 4
M	☿⚼♀	11 35
	⊕⚻♇	2pm49
	☿□♄	11 3
	☿⚼♇	11 45
3	☿ ♍	7am16
T	☿⚼♅	11 6
4	♀⚼♄	0am28
W	♀□♇	2 16
	☿☍♆	6pm37
	⊕△♅	10 58
5	♀☌♅	1pm57
Th	☿⚻♂	2 30
6	☿△♇	3am20
F	⊕△♀	3pm49
	☿⚻♅	4 1
	♀△♃	5 16
	⊕☌♃	6 10
7	☿⚺♃	1am57
S	⊕⚺☿	4 7
	☿⚻♀	6 41

8	♄∠♇	5pm17
9	♀∠♆	1pm36
M	♂□♇	2 39
	♂⚼♄	3 35
	☿⚹♄	3 40
10	☿ ♎	0am38
T	☿∠♃	6pm31
11	☿⚻♆	8pm55
12	⊕∠☿	2am20
13	☿□♇	1pm49
F	♂☌♅	1 56
	♀⚻♄	2 29
	☿∠♄	2 39
14	☿☍♅	5am59
S	☿☍♂	9 16
	♀ ♉	11 15
	☿⚹♃	10pm 8
16	☿⚼♆	1am33
17	⊕⚼♇	12pm24
T	⊕□♄	5 52
	♂△♃	8 47

18	☿⚺♄	0am49
W	⊕⚹☿	3 52
	☿ ♏	10 4
	⊕ ♍	11pm43
	♀⚹♆	11 44
19	⊕⚼♅	10pm46
20	☿△♆	5pm 9
22	☿☍♀	3pm 7
Su	☿⚹♇	7 1
	♀△♇	10 24
23	☿⚻♅	2pm58
24	♂∠♆	1am40
T	☿0S	11 26
	♀⚺♅	11 28
	☿□♃	3pm50
26	⊕☍♆	4am57
Th	☿⚻♂	5 20
	♀□♃	10 54
27	☿∠♇	11pm48
28	☿☌♄	4am 1
S	☿ ♐	12pm 1
	☿⚼♅	9 9

MARCH 2015

DAY	☿ LONG	☿ LAT	♀ LONG	♀ LAT	⊕ LONG	♂ LONG	♂ LAT
	° '	° '	° '	° '	° '	° '	° '
1 Su	1♐24	1S34	23♉16	1S21	10♍05	25♈13	0S46
2 M	4 11	1 54	24 53	1 16	11 05	25 49	0 45
3 Tu	6 57	2 14	26 29	1 11	12 05	26 25	0 44
4 W	9 43	2 33	28 05	1 05	13 05	27 00	0 43
5 Th	12 28	2 51	29 42	1 00	14 05	27 36	0 42
6 F	15 12	3 10	1♊18	0 55	15 05	28 12	0 41
7 S	17 57	3 27	2 54	0 49	16 06	28 47	0 40
8 Su	20 42	3 45	4 31	0 43	17 06	29 23	0 38
9 M	23 27	4 02	6 07	0 38	18 06	29 58	0 37
10 Tu	26 12	4 18	7 44	0 32	19 06	0♉34	0 36
11 W	28 59	4 34	9 21	0 27	20 05	1 09	0 35
12 Th	1♑46	4 49	10 57	0 21	21 05	1 45	0 34
13 F	4 35	5 03	12 34	0 15	22 05	2 20	0 33
14 S	7 25	5 17	14 10	0 09	23 05	2 55	0 32
15 Su	10 16	5 31	15 47	0 04	24 05	3 30	0 31
16 M	13 09	5 43	17 24	0N02	25 05	4 05	0 30
17 Tu	16 05	5 55	19 01	0 08	26 05	4 41	0 29
18 W	19 03	6 06	20 37	0 14	27 04	5 16	0 28
19 Th	22 03	6 17	22 14	0 19	28 04	5 51	0 27
20 F	25 06	6 26	23 51	0 25	29 04	6 25	0 25
21 S	28 12	6 34	25 28	0 31	0♎03	7 00	0 24
22 Su	1♒21	6 42	27 05	0 36	1 03	7 35	0 23
23 M	4 34	6 48	28 42	0 42	2 03	8 10	0 22
24 Tu	7 51	6 53	0♋19	0 48	3 02	8 45	0 21
25 W	11 12	6 57	1 56	0 53	4 02	9 19	0 20
26 Th	14 38	6 59	3 33	0 59	5 01	9 54	0 19
27 F	18 08	7 00	5 10	1 04	6 01	10 28	0 18
28 S	21 44	7 00	6 47	1 10	7 00	11 03	0 17
29 Su	25 26	6 57	8 24	1 15	7 59	11 37	0 16
30 M	29 13	6 53	10 01	1 20	8 59	12 11	0 14
31 Tu	3♓07	6S47	11♋38	1N26	9♎58	12♉46	0S13

APRIL 2015

DAY	☿ LONG	☿ LAT	♀ LONG	♀ LAT	⊕ LONG	♂ LONG	♂ LAT
	° '	° '	° '	° '	° '	° '	° '
1 W	7♓07	6S39	13♋15	1N31	10♎57	13♉20	0S12
2 Th	11 14	6 28	14 52	1 36	11 56	13 54	0 11
3 F	15 29	6 15	16 30	1 41	12 56	14 28	0 10
4 S	19 52	5 59	18 07	1 46	13 55	15 02	0 09
5 Su	24 23	5 41	19 44	1 51	14 54	15 36	0 08
6 M	29 02	5 20	21 21	1 56	15 53	16 10	0 07
7 Tu	3♈50	4 56	22 59	2 00	16 52	16 44	0 06
8 W	8 46	4 29	24 36	2 05	17 51	17 18	0 05
9 Th	13 52	4 00	26 13	2 09	18 50	17 52	0 04
10 F	19 07	3 27	27 51	2 14	19 49	18 26	0 02
11 S	24 32	2 52	29 28	2 18	20 48	18 59	0 01
12 Su	0♉05	2 14	1♌06	2 22	21 47	19 33	0 00
13 M	5 46	1 33	2 43	2 26	22 45	20 06	0N01
14 Tu	11 36	0 51	4 20	2 30	23 44	20 40	0 02
15 W	17 33	0 07	5 58	2 34	24 43	21 13	0 03
16 Th	23 37	0N38	7 35	2 38	25 42	21 47	0 04
17 F	29 47	1 23	9 13	2 41	26 41	22 20	0 05
18 S	6♊01	2 07	10 50	2 45	27 39	22 53	0 06
19 Su	12 18	2 50	12 28	2 48	28 38	23 26	0 07
20 M	18 37	3 32	14 05	2 51	29 37	24 00	0 08
21 Tu	24 56	4 10	15 43	2 54	0♏35	24 33	0 09
22 W	1♋14	4 46	17 20	2 57	1 34	25 06	0 10
23 Th	7 29	5 18	18 58	3 00	2 32	25 39	0 12
24 F	13 41	5 46	20 35	3 03	3 31	26 12	0 13
25 S	19 46	6 09	22 13	3 05	4 29	26 45	0 14
26 Su	25 45	6 28	23 50	3 08	5 28	27 17	0 15
27 M	1♌37	6 42	25 28	3 10	6 26	27 50	0 16
28 Tu	7 20	6 52	27 06	3 12	7 25	28 23	0 17
29 W	12 54	6 58	28 43	3 14	8 23	28 55	0 18
30 Th	18♌18	7N00	0♍21	3N15	9♏21	29♉28	0N19

DAY	♃ LONG	♃ LAT	♄ LONG	♄ LAT	♅ LONG	♅ LAT	♆ LONG	♆ LAT	♇ LONG	♇ LAT
	° '	° '	° '	° '	° '	° '	° '	° '	° '	° '
4 W	19♌37.4	0N49	29♏10.9	2N02	16♈06.0	0S39	7♓18.4	0S45	13♑35.5	2N08
9 M	20 01.0	0 50	29 20.1	2 01	16 09.2	0 39	7 20.2	0 45	13 37.1	2 07
14 S	20 24.6	0 50	29 29.3	2 01	16 12.4	0 39	7 22.0	0 46	13 38.7	2 07
19 Th	20 48.2	0 50	29 38.5	2 01	16 15.7	0 39	7 23.8	0 46	13 40.4	2 06
24 Tu	21 11.8	0 51	29 47.7	2 01	16 18.9	0 39	7 25.6	0 46	13 41.9	2 06
29 Su	21 35.4	0 51	29 56.9	2 00	16 22.2	0 39	7 27.4	0 46	13 43.6	2 05
3 F	21 59.0	0 52	0♐06.1	2 00	16 25.4	0 39	7 29.3	0 46	13 45.2	2 05
8 W	22 22.5	0 52	0 15.3	2 00	16 28.6	0 39	7 31.1	0 46	13 46.8	2 04
13 M	22 46.1	0 52	0 24.5	2 00	16 31.9	0 39	7 32.9	0 46	13 48.4	2 04
18 S	23 09.6	0 53	0 33.6	1 59	16 35.1	0 39	7 34.7	0 46	13 50.0	2 03
23 Th	23 33.1	0 53	0 42.8	1 59	16 38.4	0 39	7 36.5	0 46	13 51.6	2 03
28 Tu	23 56.6	0 54	0 52.0	1 59	16 41.6	0 39	7 38.3	0 46	13 53.2	2 02

☿a .461947	☿p .385459
♀ .722303	♀p .719013
⊕ .990653	⊕ .999035
♂ 1.42295	♂ 1.45723
♃ 5.33905	♃ 5.34830
♄ 9.96464	♄ 9.96989
♅ 20.0018	♅ 19.9992
♆ 29.9673	♆ 29.9665
♇ 32.8256	♇ 32.8445
☊	Perihelia
☿ 18°♉ 31	☿ 17°♊ 42
♀ 16 ♊ 49	♀ 11 ♌ 30
⊕	⊕ 10 ♋ 49
♂ 19 ♉ 41	♂ 6 ♓ 16
♃ 10 ♋ 39	♃ 14 ♈ 32
♄ 23 ♋ 45	♄ 3 ♋ 52
♅ 14 ♊ 00	♅ 20 ♍ 55
♆ 11 ♌ 59	♆ 6 ♊ 26
♇ 20 ♋ 30	♇ 13 ♏ 48

1	⊕⚼♂	8am13
2	♀⚺♂	10pm22
3	☿□♆	3am 3
4	♀⚼♇	7am35
W	⊕△♇	12pm 9
	♀☍♄	4 41
5	☿⚼♂	1am36
Th	♀ ♊	4 35
	☿⚺♇	9 58
	♀∠♅	9pm18
	⊕□☿	10 26
6	☿△♅	8am 3
F	☿ A	8pm11
7	⊕⚻♅	0am57
S	☿△♃	5pm12
	♂⚻♄	8 39
9	♂ ♉	1am 2
M	♀□♆	6pm10
11	⊕⚺♃	2am10
W	☿⚺♄	3 37
	☿ ♑	8 47
	☿△♂	11pm43

13	☿⚼♃	6am35
F	♀⚻♇	4pm 7
	☿⚹♆	11 37
15	♀⚹♅	6am30
Su	♀0N	3pm25
16	☿☌♇	4am 7
M	☿∠♄	11 35
17	☿□♅	1am18
T	♀∠♂	3pm33
18	♀⚹♃	1am37
W	☿⚻♃	1pm51
19	☿∠♆	2am48
Th	☿⚻♀	3 13
20	⊕⚹♄	3pm12
F	⊕ ♎	10 38
21	☿⚹♄	11am38
S	☿ ♒	1pm46
	♂⚹♆	4 54
	⊕△☿	8 41
23	♀⚻♄	4pm12
M	♀ ♋	7 24
	☿⚺♆	8 55

24	☿□♂	7am46
25	☿⚺♇	5pm35
26	☿⚹♅	11am46
27	⊕∠♃	11am 9
F	♀∠♃	7pm51
	☿☍♃	10 28
28	☿⚼♀	0am28
S	⊕⚼☿	2 21
	⊕□♀	8 27
	♀△♆	10 2
	⊕⚻♆	11 2
29	☿∠♇	8pm57
30	☿□♄	4am47
M	☿ ♓	4 53
	☿∠♅	1pm27
	♄ ♐	4 33
1	♀⚹♂	1am49
W	☿☌♆	2 7
	♀☍♇	7 16
	♂△♇	5pm23

2	♀⚼♄	2am59
Th	⊕⚻☿	5 14
	☿⚹♇	2pm17
	☿⚹♂	5 28
	♀□♅	10 57
3	☿⚺♅	5am13
F	☿△♀	8 54
	⊕□♇	8pm15
4	☿⚻♃	12pm 0
5	⊕∠♄	6am42
6	☿ ♈	4am55
M	☿△♄	5 56
	☿∠♂	12pm15
	♂⚺♅	12 17
	♀⚺♃	1 24
	⊕☍♅	2 11
	⊕⚻♂	4 41
	♀⚼♆	5 4
7	☿⚼♃	5pm11
T	☿⚺♆	5 58
8	☿□♇	11pm35
9	☿⚼♄	6am34
Th	☿☌♅	12pm 4

	☿⚺♂	8 28
10	⊕☍☿	3am48
F	☿∠♆	3pm13
	☿△♃	3 27
11	♀ ♌	7am51
S	♀△♄	1pm13
	☿ ♉	11 40
12	☿⚻♄	1am17
Su	♂0N	5 33
	☿□♀	6 4
	⊕⚼♆	6pm51
13	⊕⚹♃	0am17
M	☿⚹♆	7 23
14	☿△♇	8am59
T	☿⚺♅	7pm59
15	☿0N	3am49
W	☿☌♂	4pm 2
	☿□♃	9 33
	♀⚻♆	11 39
16	⊕⚻☿	9am40
Th	☿⚼♇	8pm19
17	☿ ♊	0am51

F	☿☍♄	2 55
	☿∠♅	6 57
18	☿□♆	6am 0
S	♀ P	9 15
	♂□♃	1pm45
19	☿⚹♀	0am51
Su	☿⚻♇	5 51
	⊕⚼☿	6 0
	☿⚹♅	4pm22
	☿ P	7 50
	♀⚻♇	8 22
20	⊕ ♏	9am35
M	☿⚹♃	6pm 4
	☿⚺♂	10 22
21	⊕⚺♄	1am40
T	♀△♅	1pm26
	☿ ♋	7 17
	☿⚻♄	9 53
22	⊕△☿	1am29
W	☿∠♀	5 42
23	☿△♆	0am27
Th	☿∠♃	4 9
	☿∠♂	1pm24

24	☿☍♇	0am44
F	☿⚼♄	8 9
	☿□♅	11 41
25	☿⚼♆	11am23
S	☿⚺♀	1pm24
	☿⚺♃	3 58
	♀☌♃	11 10
26	☿⚹♂	6am53
Su	☿ ♌	5pm21
	☿△♄	8 47
28	⊕□☿	0am26
T	☿⚻♆	1 20
	⊕△♆	5 42
	♂⚼♇	10pm32
29	♀⚼♇	2am35
W	☿⚻♇	4 23
	♀□♂	4 35
	☿△♅	4pm52
	♀ ♍	6 56
30	♀□♄	8am49
Th	♀⚼♅	8pm24
	♂ ♊	11 35

MAY 2015

DAY	☿ LONG	☿ LAT	♀ LONG	♀ LAT	⊕ LONG	♂ LONG	♂ LAT
	° '	° '	° '	° '	° '	° '	° '
1 F	23♌33	6N59	1♍58	3N17	10♏19	0♊01	0N20
2 S	28 39	6 54	3 36	3 18	11 18	0 33	0 21
3 Su	3♍35	6 46	5 13	3 20	12 16	1 05	0 22
4 M	8 21	6 36	6 51	3 21	13 14	1 38	0 23
5 Tu	12 58	6 23	8 28	3 22	14 12	2 10	0 24
6 W	17 26	6 08	10 05	3 22	15 10	2 42	0 25
7 Th	21 46	5 52	11 43	3 23	16 08	3 15	0 26
8 F	25 57	5 34	13 20	3 23	17 06	3 47	0 27
9 S	0♎01	5 15	14 58	3 24	18 04	4 19	0 28
10 Su	3 58	4 56	16 35	3 24	19 02	4 51	0 29
11 M	7 47	4 35	18 13	3 24	20 00	5 23	0 30
12 Tu	11 31	4 14	19 50	3 23	20 58	5 55	0 31
13 W	15 08	3 52	21 27	3 23	21 56	6 27	0 32
14 Th	18 39	3 30	23 04	3 22	22 54	6 58	0 33
15 F	22 06	3 08	24 42	3 22	23 52	7 30	0 34
16 S	25 27	2 45	26 19	3 21	24 50	8 02	0 35
17 Su	28 45	2 23	27 56	3 20	25 48	8 33	0 36
18 M	1♏58	2 00	29 33	3 19	26 46	9 05	0 37
19 Tu	5 07	1 38	1♎10	3 17	27 44	9 37	0 38
20 W	8 13	1 16	2 48	3 16	28 41	10 08	0 39
21 Th	11 15	0 53	4 25	3 14	29 39	10 39	0 40
22 F	14 15	0 31	6 02	3 12	0♐37	11 11	0 41
23 S	17 13	0 10	7 39	3 10	1 35	11 42	0 42
24 Su	20 07	0S12	9 16	3 08	2 32	12 13	0 43
25 M	23 00	0 33	10 53	3 06	3 30	12 45	0 43
26 Tu	25 51	0 54	12 30	3 04	4 28	13 16	0 44
27 W	28 41	1 15	14 06	3 01	5 25	13 47	0 45
28 Th	1♐29	1 35	15 43	2 58	6 23	14 18	0 46
29 F	4 16	1 55	17 20	2 56	7 21	14 49	0 47
30 S	7 02	2 14	18 57	2 53	8 18	15 20	0 48
31 Su	9♐48	2S33	20♎33	2N49	9♐16	15♊51	0N49

JUNE 2015

DAY	☿ LONG	☿ LAT	♀ LONG	♀ LAT	⊕ LONG	♂ LONG	♂ LAT
	° '	° '	° '	° '	° '	° '	° '
1 M	12♐33	2S52	22♎10	2N46	10♐13	16♊22	0N50
2 Tu	15 17	3 10	23 47	2 43	11 11	16 52	0 51
3 W	18 02	3 28	25 23	2 39	12 08	17 23	0 52
4 Th	20 47	3 45	27 00	2 36	13 05	17 54	0 52
5 F	23 32	4 02	28 36	2 32	14 03	18 24	0 53
6 S	26 18	4 18	0♏13	2 28	15 00	18 55	0 54
7 Su	29 04	4 34	1 49	2 24	15 58	19 26	0 55
8 M	1♑52	4 49	3 25	2 20	16 55	19 56	0 56
9 Tu	4 40	5 04	5 02	2 16	17 53	20 26	0 57
10 W	7 30	5 18	6 38	2 12	18 50	20 57	0 58
11 Th	10 22	5 31	8 14	2 07	19 47	21 27	0 58
12 F	13 15	5 44	9 50	2 03	20 45	21 57	0 59
13 S	16 10	5 56	11 26	1 58	21 42	22 28	1 00
14 Su	19 08	6 07	13 02	1 53	22 39	22 58	1 01
15 M	22 08	6 17	14 38	1 49	23 37	23 28	1 02
16 Tu	25 12	6 26	16 14	1 44	24 34	23 58	1 03
17 W	28 18	6 35	17 50	1 39	25 31	24 28	1 03
18 Th	1♒27	6 42	19 26	1 34	26 29	24 58	1 04
19 F	4 40	6 48	21 02	1 29	27 26	25 28	1 05
20 S	7 57	6 53	22 38	1 24	28 23	25 58	1 06
21 Su	11 19	6 57	24 14	1 18	29 21	26 28	1 06
22 M	14 44	6 59	25 49	1 13	0♑18	26 58	1 07
23 Tu	18 15	7 00	27 25	1 08	1 15	27 28	1 08
24 W	21 51	7 00	29 01	1 02	2 12	27 57	1 09
25 Th	25 33	6 57	0♐36	0 57	3 10	28 27	1 10
26 F	29 20	6 53	2 12	0 51	4 07	28 57	1 10
27 S	3♓14	6 47	3 47	0 46	5 04	29 26	1 11
28 Su	7 15	6 38	5 23	0 40	6 01	29 56	1 12
29 M	11 22	6 28	6 58	0 35	6 58	0♋25	1 12
30 Tu	15♓37	6S15	8♐34	0N29	7♑56	0♋55	1N13

DAY	♃ LONG	♃ LAT	♄ LONG	♄ LAT	♅ LONG	♅ LAT	♆ LONG	♆ LAT	♇ LONG	♇ LAT
	° '	° '	° '	° '	° '	° '	° '	° '	° '	° '
3 Su	24♌20.1	0N54	1♐01.2	1N59	16♈44.8	0S39	7♓40.1	0S46	13♑54.8	2N02
8 F	24 43.6	0 54	1 10.4	1 59	16 48.1	0 39	7 41.9	0 46	13 56.4	2 01
13 W	25 07.1	0 55	1 19.6	1 58	16 51.3	0 39	7 43.7	0 46	13 58.0	2 01
18 M	25 30.5	0 55	1 28.7	1 58	16 54.6	0 39	7 45.6	0 46	13 59.6	2 00
23 S	25 54.0	0 56	1 37.9	1 58	16 57.8	0 39	7 47.4	0 46	14 01.2	2 00
28 Th	26 17.4	0 56	1 47.1	1 58	17 01.1	0 39	7 49.2	0 46	14 02.8	1 59
2 Tu	26 40.9	0 56	1 56.3	1 57	17 04.3	0 39	7 51.0	0 46	14 04.4	1 59
7 Su	27 04.3	0 57	2 05.5	1 57	17 07.6	0 39	7 52.8	0 46	14 06.0	1 58
12 F	27 27.7	0 57	2 14.6	1 57	17 10.8	0 39	7 54.6	0 46	14 07.6	1 58
17 W	27 51.1	0 57	2 23.8	1 57	17 14.0	0 39	7 56.4	0 47	14 09.2	1 57
22 M	28 14.4	0 58	2 33.0	1 56	17 17.3	0 39	7 58.3	0 47	14 10.8	1 57
27 S	28 37.8	0 58	2 42.2	1 56	17 20.5	0 39	8 00.1	0 47	14 12.4	1 56

☿ .341935	☿a .466240
♀ .718744	♀ .721677
⊕ 1.00736	⊕ 1.01389
♂ 1.49508	♂ 1.53547
♃ 5.35698	♃ 5.36564
♄ 9.97486	♄ 9.97986
♅ 19.9967	♅ 19.9940
♆ 29.9657	♆ 29.9649
♇ 32.8628	♇ 32.8817
☊	Perihelia
☿ 18° ♉ 31	☿ 17° ♊ 42
♀ 16 ♊ 49	♀ 11 ♌ 30
⊕	⊕ 12 ♋ 45
♂ 19 ♉ 41	♂ 6 ♓ 16
♃ 10 ♋ 39	♃ 14 ♈ 30
♄ 23 ♋ 45	♄ 3 ♋ 57
♅ 14 ♊ 00	♅ 21 ♍ 09
♆ 11 ♌ 59	♆ 6 ♊ 12
♇ 20 ♋ 30	♇ 13 ♏ 52

1	☿☌♃	2am56
2 S	☿⚼♇	1am15
	☿ ♍	6 31
	☿□♂	10 18
	☿□♄	11 23
	☿⚼♅	2pm59
	♂☍♄	8 40
3 Su	☿☌♀	12pm22
	☿☍♆	8 34
4 M	♂∠♅	5am49
	♀☍♆	12pm20
	⊕⚹♇	5 3
5 T	☿△♇	5am 5
	⊕⚹☿	8 22
	☿⚻♅	8pm25
7 Th	⊕⚻♅	4pm20
	☿⚺♃	4 45
8 F	♀△♇	8am54
	☿ ♎	11pm53
9	☿⚹♄	7am11
10 Su	⊕∠☿	0am40
	♀⚻♅	3 32
	☿△♂	6 22
	☿⚻♆	11pm32
11	☿∠♃	2pm14
12	☿□♇	4pm12
13 W	☿∠♄	8am 8
	☿☍♅	11 42
	⊕⚹♀	5pm50
15 F	☿⚼♂	3am23
	☿⚼♆	4 34
	♀⚺♃	9 1
	♂□♆	11 1
	⊕⚺☿	5pm41
	☿⚹♃	11 13
16 S	☿⚺♀	12pm14
	⊕□♃	2 0
17 Su	☿ ♏	9am19
	☿⚺♄	8pm20
18	♀ ♎	6am35
19 T	♀⚹♄	5am 4
	☿△♆	8pm33
20	⊕∠♇	7am50
W	☿⚻♂	6pm14
21 Th	⊕ ♐	8am37
	☿⚹♇	10pm 3
22	☿⚻♅	9pm59
23 S	⊕☌♄	1am23
	♀⚻♆	2 9
	⊕⚼♅	9 43
	☿0S	10 42
25	♀∠♃	2am47
26 T	☿□♃	2am25
	♀△♂	4pm52
	♀□♇	11 1
27 W	☿∠♇	3am 4
	☿∠♀	8 31
	☿ ♐	11 16
	♂⚻♇	12pm12
28 Th	☿☌♄	2am36
	☿⚼♅	4 36
	♀∠♄	4pm 9
	♀☍♅	7 26
29	⊕□♆	12pm11
30 S	☿□♆	6am55
	⊕☌☿	4pm50
1	♀⚼♆	10am 7
M	☿⚺♇	1pm20
2 T	♂⚹♅	9am31
	☿△♅	3pm38
	☿☍♂	5 1
	☿ A	7 27
3	♀⚹♃	9pm31
5 F	⊕⚺♇	1am 1
	⊕∠♀	4pm27
	♀ ♏	8 51
6	☿△♃	6am13
7 Su	♀⚺♄	4am11
	☿ ♑	8 1
8 M	☿⚺♄	2am16
	⊕△♅	5 30
	♄⚼♅	6pm12
9 T	☿⚹♀	7am 4
	♀⚼♂	9 3
10 W	☿⚹♆	3am21
	♀△♆	7pm 2
11	☿⚼♃	5pm18
12	☿☌♇	7am14
13 S	☿□♅	8am18
	☿∠♄	9 3
14 Su	⊕☍♂	4pm21
	♀⚹♇	4 31
15 M	☿∠♆	6am15
	☿⚻♂	12pm33
	⊕⚺☿	4 55
16 T	♀⚻♅	2pm52
	☿⚻♃	8 30
17	☿ ♒	1pm 1
18	☿⚹♄	7am23
19	⊕△♃	3pm41
20	☿⚺♆	0am 1
21 Su	☿⚼♂	1am17
	⊕ ♑	4pm31
	☿⚺♇	8 6
22 M	⊕∠☿	5am18
	☿⚹♅	5pm31
23 T	♀⚻♂	0am55
	♀□♃	2pm17
24 W	♀∠♇	2am44
	⊕⚺♄	10 31
	♀ ♐	2pm55
25 Th	♂⚹♃	1am29
	☿☍♃	6pm59
	☿△♂	9 10
	☿∠♇	11 9
26 F	♀⚼♅	2am 3
	☿ ♓	4 8
	♀☌♄	7 19
	☿∠♅	6pm33
	☿□♄	8 44
27 S	☿□♀	5am36
	⊕⚹☿	2pm30
28 Su	♂ ♋	3am32
	☿☌♆	4 30
29 M	⊕⚺♀	0am11
	♀□♆	3pm49
	☿⚹♇	4 10
30 T	⊕⚹♆	2am19
	☿⚺♅	9 43

JULY 2015

DAY		☿ LONG	☿ LAT	♀ LONG	♀ LAT	⊕ LONG	♂ LONG	♂ LAT
		° '	° '	° '	° '	° '	° '	° '
1	W	20♓00	5S59	10♐09	0N24	8♑53	1♋24	1N14
2	Th	24 31	5 41	11 44	0 18	9 50	1 53	1 15
3	F	29 11	5 20	13 20	0 12	10 47	2 23	1 15
4	S	3♈59	4 56	14 55	0 07	11 44	2 52	1 16
5	Su	8 56	4 29	16 30	0 01	12 42	3 21	1 17
6	M	14 02	3 59	18 05	0S05	13 39	3 50	1 17
7	Tu	19 17	3 26	19 41	0 10	14 36	4 20	1 18
8	W	24 42	2 50	21 16	0 16	15 33	4 49	1 19
9	Th	0♉15	2 12	22 51	0 21	16 30	5 18	1 19
10	F	5 57	1 32	24 26	0 27	17 28	5 47	1 20
11	S	11 47	0 50	26 01	0 33	18 25	6 16	1 21
12	Su	17 45	0 06	27 36	0 38	19 22	6 45	1 21
13	M	23 49	0N39	29 11	0 44	20 19	7 13	1 22
14	Tu	29 58	1 24	0♑46	0 49	21 17	7 42	1 23
15	W	6♊13	2 08	2 21	0 55	22 14	8 11	1 23
16	Th	12 30	2 52	3 56	1 00	23 11	8 40	1 24
17	F	18 49	3 33	5 31	1 05	24 08	9 09	1 24
18	S	25 08	4 12	7 06	1 11	25 06	9 37	1 25
19	Su	1♋26	4 47	8 41	1 16	26 03	10 06	1 26
20	M	7 41	5 19	10 16	1 21	27 00	10 35	1 26
21	Tu	13 52	5 46	11 51	1 26	27 57	11 03	1 27
22	W	19 58	6 10	13 26	1 31	28 55	11 32	1 27
23	Th	25 56	6 28	15 01	1 36	29 52	12 00	1 28
24	F	1♌47	6 43	16 35	1 41	0♒49	12 29	1 28
25	S	7 30	6 53	18 10	1 46	1 47	12 57	1 29
26	Su	13 04	6 58	19 45	1 51	2 44	13 26	1 30
27	M	18 28	7 00	21 20	1 55	3 41	13 54	1 30
28	Tu	23 43	6 59	22 55	2 00	4 38	14 22	1 31
29	W	28 48	6 54	24 30	2 05	5 36	14 50	1 31
30	Th	3♍44	6 46	26 05	2 09	6 33	15 19	1 32
31	F	8♍30	6N35	27♑39	2S13	7♒30	15♋47	1N32

AUGUST 2015

DAY		☿ LONG	☿ LAT	♀ LONG	♀ LAT	⊕ LONG	♂ LONG	♂ LAT
		° '	° '	° '	° '	° '	° '	° '
1	S	13♍07	6N23	29♑14	2S17	8♒28	16♋15	1N33
2	Su	17 35	6 08	0♒49	2 22	9 25	16 43	1 33
3	M	21 54	5 51	2 24	2 26	10 23	17 11	1 34
4	Tu	26 05	5 34	3 59	2 29	11 20	17 39	1 34
5	W	0♎09	5 15	5 34	2 33	12 17	18 07	1 35
6	Th	4 05	4 55	7 09	2 37	13 15	18 35	1 35
7	F	7 55	4 34	8 44	2 40	14 12	19 03	1 36
8	S	11 38	4 13	10 18	2 44	15 10	19 31	1 36
9	Su	15 15	3 51	11 53	2 47	16 07	19 59	1 36
10	M	18 46	3 29	13 28	2 50	17 05	20 27	1 37
11	Tu	22 12	3 07	15 03	2 53	18 02	20 55	1 37
12	W	25 34	2 45	16 38	2 56	19 00	21 23	1 38
13	Th	28 51	2 22	18 13	2 59	19 58	21 51	1 38
14	F	2♏04	2 00	19 48	3 01	20 55	22 18	1 39
15	S	5 13	1 37	21 23	3 04	21 53	22 46	1 39
16	Su	8 19	1 15	22 58	3 06	22 51	23 14	1 39
17	M	11 21	0 53	24 33	3 09	23 48	23 41	1 40
18	Tu	14 21	0 31	26 08	3 11	24 46	24 09	1 40
19	W	17 18	0 09	27 43	3 12	25 44	24 37	1 41
20	Th	20 13	0S13	29 18	3 14	26 41	25 04	1 41
21	F	23 06	0 34	0♓53	3 16	27 39	25 32	1 41
22	S	25 57	0 55	2 28	3 17	28 37	25 59	1 42
23	Su	28 46	1 15	4 03	3 19	29 35	26 27	1 42
24	M	1♐34	1 35	5 38	3 20	0♓33	26 54	1 42
25	Tu	4 22	1 55	7 13	3 21	1 30	27 22	1 43
26	W	7 08	2 15	8 48	3 22	2 28	27 49	1 43
27	Th	9 53	2 34	10 24	3 22	3 26	28 16	1 43
28	F	12 38	2 52	11 59	3 23	4 24	28 44	1 44
29	S	15 23	3 11	13 34	3 23	5 22	29 11	1 44
30	Su	18 07	3 28	15 09	3 24	6 20	29 38	1 44
31	M	20♐52	3S46	16♓44	3S24	7♓18	0♌06	1N45

DAY		♃ LONG	♃ LAT	♄ LONG	♄ LAT	♅ LONG	♅ LAT	♆ LONG	♆ LAT	♇ LONG	♇ LAT
		° '	° '	° '	° '	° '	° '	° '	° '	° '	° '
2	Th	29♌01.2	0N58	2♐51.3	1N56	17♈23.8	0S39	8♓01.9	0S47	14♑14.0	1N56
7	Tu	29 24.5	0 59	3 00.5	1 56	17 27.0	0 39	8 03.7	0 47	14 15.6	1 55
12	Su	29 47.8	0 59	3 09.7	1 55	17 30.3	0 39	8 05.5	0 47	14 17.2	1 55
17	F	0♍11.2	0 59	3 18.8	1 55	17 33.5	0 39	8 07.3	0 47	14 18.8	1 54
22	W	0 34.5	1 00	3 28.0	1 55	17 36.8	0 39	8 09.2	0 47	14 20.4	1 54
27	M	0 57.8	1 00	3 37.2	1 55	17 40.0	0 39	8 11.0	0 47	14 22.0	1 53
1	S	1 21.0	1 01	3 46.3	1 54	17 43.3	0 39	8 12.8	0 47	14 23.6	1 53
6	Th	1 44.3	1 01	3 55.5	1 54	17 46.5	0 39	8 14.6	0 47	14 25.2	1 52
11	Tu	2 07.6	1 01	4 04.6	1 54	17 49.8	0 39	8 16.4	0 47	14 26.8	1 52
16	Su	2 30.8	1 02	4 13.8	1 54	17 53.0	0 38	8 18.2	0 47	14 28.4	1 51
21	F	2 54.1	1 02	4 22.9	1 53	17 56.2	0 38	8 20.0	0 47	14 30.0	1 51
26	W	3 17.3	1 02	4 32.1	1 53	17 59.5	0 38	8 21.8	0 47	14 31.6	1 50
31	M	3 40.5	1 02	4 41.2	1 53	18 02.7	0 38	8 23.7	0 47	14 33.2	1 50

☿p.367940	☿a.364521
♀ .725645	♀a.728106
⊕a1.01662	⊕ 1.01502
♂ 1.57275	♂ 1.60681
♃ 5.37371	♃ 5.38171
♄ 9.98457	♄ 9.98931
♅ 19.9915	♅ 19.9888
♆ 29.9642	♆ 29.9634
♇ 32.9001	♇ 32.9191
☊	Perihelia
☿ 18° ♉ 31	☿ 17° ♊ 42
♀ 16 ♊ 49	♀ 11 ♌ 46
⊕	⊕ 15 ♋ 45
♂ 19 ♉ 41	♂ 6 ♓ 18
♃ 10 ♋ 39	♃ 14 ♈ 30
♄ 23 ♋ 45	♄ 4 ♋ 01
♅ 14 ♊ 00	♅ 21 ♍ 20
♆ 12 ♌ 00	♆ 5 ♊ 57
♇ 20 ♋ 30	♇ 13 ♏ 55

2	☿⚻♃	11pm35
3	☿ ♈	4am10
F	♀⚺♇	1pm50
	☿□♂	5 53
	☿△♄	6 43
4	♂⚻♄	2am40
S	☿⚺♆	7pm46
	♃⚼♇	10 56
5	♀0S	4am51
Su	♀△♅	2pm 7
	⊕□☿	9 47
6	☿□♇	1am 1
M	☿⚼♃	1 23
	⊕☌♇	3pm24
	☿☌♅	3 39
	☿⚼♄	6 10
	⊕⚼♃	6 46
	⊕ A	7 41
7	☿△♀	2am27
T	☿∠♆	4pm50
8	☿△♃	9pm 1
W	☿ ♉	10 55
9	☿⚻♄	12pm 0
Th	☿✶♂	11 13
10	⊕□♅	0am35
F	☿✶♆	8 50
	⊕∠♄	4pm39
	☿⚼♀	7 43
11	☿△♇	10am 7
S	☿⚺♅	11pm 3
12	☿0N	3am 5
Su	⊕△☿	7 41
	☿∠♂	5pm14
13	♀△♃	11am 0
M	♀ ♑	12pm21
	☿⚼♇	9 23
	☿□♃	11 55
14	☿ ♊	0am 6
T	☿⚻♀	4 8
	☿∠♅	9 52
	☿☍♄	12pm36
	♃ ♍	2 36
	♂△♆	8 9
15	⊕⚼☿	4am36
W	☿□♆	7 17
	☿⚺♂	8 11
	♀⚺♄	1pm56
	⊕∠♆	10 18
16	☿⚻♇	6am54
Th	☿ P	7pm 6
	☿✶♅	7 14
17	⊕⚻☿	11pm49
18	♀✶♆	3pm40
S	☿ ♋	6 32
	☿✶♃	7 47
19	☿⚻♄	7am28
20	☿△♆	1am45
M	♀☍♂	6 48
	☿☌♂	12pm 7
	☿☍♀	1 24
21	☿☍♇	1am50
T	☿∠♃	6 28
	☿□♅	2pm41
	☿⚼♄	6 3
22	☿⚼♆	12pm46
W	♀☌♇	1 54
23	⊕ ♒	3am23
Th	♀⚼♃	10 16
	☿ ♌	4pm36
	⊕☍☿	7 11
	☿⚺♃	7 33
	⊕⚻♃	9 31
24	☿△♄	7am16
F	♀□♅	3pm57
25	☿⚻♆	2am51
S	♀∠♄	5 59
26	☿⚺♂	1am43
Su	☿⚻♇	5 41
	☿△♅	8pm22
	⊕✶♄	10 17
27	☿⚻♀	6pm38
28	♂☍♇	0am 6
T	♀∠♆	4 10
29	☿⚼♇	2am45
W	☿∠♂	5 31
	☿ ♍	5 45
	☿☌♃	11 21
	☿⚼♅	6pm54
	☿□♄	11 54
30	⊕⚻☿	5pm41
Th	☿☍♆	10 31
31	⊕⚺♆	5pm40
1	♂∠♃	6am 3
S	☿△♇	6 49
	☿⚼♀	9 15
	♀ ♒	11 33
	☿✶♂	6pm48
2	☿⚻♅	0am51
Su	♀⚻♃	9 43
3	♀✶♄	10pm10
4	⊕⚼☿	1am52
T	♂□♅	5 3
	☿ ♎	11pm 7
5	☿⚺♃	9am20
W	☿✶♄	11pm 0
6	♀⚺♆	4pm45
Th	♂⚼♄	6 22
7	☿⚻♆	2am10
F	⊕⚺♇	5 33
	☿△♀	9 2
8	☿□♇	6pm34
S	♀ A	7 39
9	⊕△☿	8am 7
Su	☿∠♃	11 57
	☿☍♅	5pm27
10	☿∠♄	1am56
M	☿□♂	1pm30
	♀⚺♇	2 47
	⊕✶♅	6 39
11	☿⚼♆	7am35
12	♀✶♅	6pm25
13	☿ ♏	8am32
14	☿✶♃	2am17
F	☿⚺♄	4pm 8
15	⊕☌♀	7pm17
S	☿△♆	11 56
16	♂⚼♆	3am57
Su	♀⚻♂	5 39
	⊕⚻♂	6pm32
18	☿✶♇	1am 5
19	☿⚻♅	5am 2
W	☿0S	9 57
20	♀∠♇	2am59
Th	♀ ♓	10 38
21	♃⚼♅	1pm 1
22	☿△♂	0am23
S	♀∠♅	7 20
	♀☍♃	8 9
	⊕∠♇	10pm18
23	♀□♄	6am 3
Su	☿∠♇	6 19
	⊕□☿	10 29
	☿ ♐	10 29
	⊕ ♓	10 30
24	☿⚼♅	12pm 3
M	☿□♃	1 48
25	☿☌♄	1am17
T	♀☌♆	5pm16
26	☿□♆	10am47
W	⊕∠♅	1pm 7
	⊕☍♃	10 8
27	☿□♀	10am29
28	⊕□♄	5am 2
F	☿⚼♂	11 27
	☿⚺♇	4pm40
29	♀⚼♂	1pm 4
S	♀✶♇	2 49
	☿ A	6 42
	☿△♅	11 13
30	♂ ♌	7pm 9
31	♀⚺♅	7pm52

SEPTEMBER 2015

DAY	☿ LONG	☿ LAT	♀ LONG	♀ LAT	⊕ LONG	♂ LONG	♂ LAT
	° '	° '	° '	° '	° '	° '	° '
1 Tu	23♐37	4S03	18♓20	3S24	8♓16	0♌33	1N45
2 W	26 23	4 19	19 55	3 23	9 14	1 00	1 45
3 Th	29 10	4 35	21 30	3 23	10 12	1 27	1 45
4 F	1♑57	4 50	23 06	3 22	11 10	1 54	1 46
5 S	4 46	5 04	24 41	3 22	12 08	2 21	1 46
6 Su	7 36	5 18	26 16	3 21	13 06	2 49	1 46
7 M	10 27	5 32	27 52	3 20	14 05	3 16	1 46
8 Tu	13 21	5 44	29 27	3 19	15 03	3 43	1 47
9 W	16 16	5 56	1♈02	3 17	16 01	4 10	1 47
10 Th	19 14	6 07	2 38	3 16	16 59	4 37	1 47
11 F	22 14	6 17	4 13	3 14	17 58	5 04	1 47
12 S	25 17	6 27	5 49	3 13	18 56	5 31	1 48
13 Su	28 24	6 35	7 24	3 11	19 54	5 58	1 48
14 M	1♒33	6 42	9 00	3 09	20 53	6 25	1 48
15 Tu	4 47	6 48	10 35	3 06	21 51	6 52	1 48
16 W	8 04	6 53	12 11	3 04	22 50	7 18	1 48
17 Th	11 25	6 57	13 47	3 02	23 48	7 45	1 49
18 F	14 51	6 59	15 22	2 59	24 47	8 12	1 49
19 S	18 22	7 00	16 58	2 56	25 45	8 39	1 49
20 Su	21 58	7 00	18 34	2 53	26 44	9 06	1 49
21 M	25 40	6 57	20 09	2 50	27 43	9 33	1 49
22 Tu	29 28	6 53	21 45	2 47	28 41	9 59	1 49
23 W	3♓22	6 46	23 21	2 44	29 40	10 26	1 50
24 Th	7 22	6 38	24 57	2 40	0♈39	10 53	1 50
25 F	11 30	6 27	26 32	2 37	1 37	11 20	1 50
26 S	15 45	6 14	28 08	2 33	2 36	11 46	1 50
27 Su	20 09	5 58	29 44	2 29	3 35	12 13	1 50
28 M	24 40	5 40	1♉20	2 25	4 34	12 40	1 50
29 Tu	29 20	5 19	2 56	2 21	5 33	13 06	1 50
30 W	4♈08	4S55	4♉32	2S17	6♈31	13♌33	1N50

OCTOBER 2015

DAY	☿ LONG	☿ LAT	♀ LONG	♀ LAT	⊕ LONG	♂ LONG	♂ LAT
	° '	° '	° '	° '	° '	° '	° '
1 Th	9♈05	4S28	6♉08	2S13	7♈30	13♌59	1N50
2 F	14 12	3 58	7 44	2 09	8 29	14 26	1 51
3 S	19 28	3 25	9 20	2 04	9 28	14 53	1 51
4 Su	24 52	2 49	10 56	1 59	10 27	15 19	1 51
5 M	0♉26	2 11	12 32	1 55	11 27	15 46	1 51
6 Tu	6 08	1 31	14 08	1 50	12 26	16 12	1 51
7 W	11 58	0 48	15 44	1 45	13 25	16 39	1 51
8 Th	17 56	0 04	17 20	1 40	14 24	17 05	1 51
9 F	24 00	0N40	18 57	1 35	15 23	17 32	1 51
10 S	0♊10	1 25	20 33	1 30	16 22	17 58	1 51
11 Su	6 24	2 10	22 09	1 25	17 22	18 25	1 51
12 M	12 42	2 53	23 45	1 20	18 21	18 51	1 51
13 Tu	19 01	3 34	25 22	1 15	19 21	19 18	1 51
14 W	25 20	4 13	26 58	1 09	20 20	19 44	1 51
15 Th	1♋38	4 48	28 34	1 04	21 19	20 10	1 51
16 F	7 53	5 20	0♊11	0 58	22 19	20 37	1 51
17 S	14 04	5 47	1 47	0 53	23 18	21 03	1 51
18 Su	20 09	6 10	3 24	0 47	24 18	21 30	1 51
19 M	26 08	6 29	5 00	0 42	25 17	21 56	1 51
20 Tu	1♌58	6 43	6 37	0 36	26 17	22 22	1 51
21 W	7 41	6 53	8 13	0 31	27 17	22 49	1 51
22 Th	13 14	6 59	9 50	0 25	28 16	23 15	1 51
23 F	18 38	7 00	11 26	0 19	29 16	23 41	1 51
24 S	23 53	6 58	13 03	0 13	0♉16	24 08	1 51
25 Su	28 58	6 53	14 39	0 08	1 16	24 34	1 51
26 M	3♍53	6 45	16 16	0 02	2 15	25 00	1 50
27 Tu	8 39	6 35	17 53	0N04	3 15	25 27	1 50
28 W	13 15	6 22	19 30	0 10	4 15	25 53	1 50
29 Th	17 43	6 07	21 06	0 15	5 15	26 19	1 50
30 F	22 02	5 51	22 43	0 21	6 15	26 46	1 50
31 S	26♍13	5N33	24♊20	0N27	7♉15	27♌12	1N50

DAY	♃ LONG	♃ LAT	♄ LONG	♄ LAT	♅ LONG	♅ LAT	♆ LONG	♆ LAT	♇ LONG	♇ LAT
	° '	° '	° '	° '	° '	° '	° '	° '	° '	° '
5 S	4♍03.7	1N03	4♐50.4	1N52	18♈06.0	0S38	8♓25.5	0S47	14♑34.8	1N49
10 Th	4 26.9	1 03	4 59.5	1 52	18 09.2	0 38	8 27.3	0 47	14 36.4	1 49
15 Tu	4 50.1	1 03	5 08.7	1 52	18 12.5	0 38	8 29.1	0 47	14 38.0	1 49
20 Su	5 13.3	1 04	5 17.8	1 52	18 15.7	0 38	8 30.9	0 47	14 39.6	1 48
25 F	5 36.5	1 04	5 27.0	1 51	18 18.9	0 38	8 32.7	0 48	14 41.2	1 48
30 W	5 59.6	1 04	5 36.1	1 51	18 22.2	0 38	8 34.5	0 48	14 42.7	1 47
5 M	6 22.8	1 05	5 45.2	1 51	18 25.4	0 38	8 36.3	0 48	14 44.3	1 47
10 S	6 45.9	1 05	5 54.4	1 51	18 28.7	0 38	8 38.1	0 48	14 45.9	1 46
15 Th	7 09.0	1 05	6 03.5	1 50	18 31.9	0 38	8 39.9	0 48	14 47.5	1 46
20 Tu	7 32.1	1 05	6 12.6	1 50	18 35.2	0 38	8 41.7	0 48	14 49.1	1 45
25 Su	7 55.3	1 06	6 21.8	1 50	18 38.4	0 38	8 43.6	0 48	14 50.7	1 45
30 F	8 18.4	1 06	6 30.9	1 50	18 41.6	0 38	8 45.4	0 48	14 52.3	1 44

☿ .466009	☿p .345090
♀ .727246	♀ .723792
⊕ 1.00935	⊕ 1.00135
♂ 1.63431	♂ 1.65328
♃ 5.38937	♃ 5.39644
♄ 9.99391	♄ 9.99824
♅ 19.9861	♅ 19.9835
♆ 29.9626	♆ 29.9619
♇ 32.9382	♇ 32.9567
☊	Perihelia
☿ 18°♉ 31	☿ 17°♊ 42
♀ 16 ♊ 49	♀ 11 ♌ 59
⊕	⊕ 14 ♋ 13
♂ 19 ♉ 41	♂ 6 ♓ 20
♃ 10 ♋ 39	♃ 14 ♈ 32
♄ 23 ♋ 45	♄ 4 ♋ 06
♅ 14 ♊ 01	♅ 21 ♍ 31
♆ 12 ♌ 00	♆ 6 ♊ 14
♇ 20 ♋ 30	♇ 13 ♏ 57

1	⊕☌♆	3am24
3	☿ ♑	7am15
Th	☿⊼♂	11pm33
4	☿△♃	5pm54
5	☿⊻♄	0am42
6	☿⚹♆	7am 4
7	⊕⚹♇	12pm49
8	♀ ♈	8am18
T	☿☌♇	10 20
	⊕⚹☿	8pm56
9	♂⊻♃	1pm28
W	☿□♅	3 17
10	☿⚼♃	1am48
Th	☿∠♄	6 10
	♂△♄	9pm43
11	♀⊼♃	4am48
F	⊕⊻♅	5 6
	☿∠♆	9 41
	♀△♄	12pm18
	♀△♂	5 39
13	☿ ♒	12pm15
Su	♀⊻♆	4 8
15	⊕⚼♂	0am13
T	☿⊼♃	0 27
	☿⚹♄	2 45
	☿☍♂	5pm41
	⊕∠☿	9 37
16	☿⊻♆	3am 6
17	♀□♇	1pm 4
Th	☿⊻♇	10 36
18	☿⚹♀	6am37
F	♂⊼♆	4pm21
	☿⚹♅	11 13
19	♀☌♅	7pm28
21	♀⚼♃	2am15
M	♀⚼♄	2 37
	♃□♄	2pm44
	⊕⊻☿	5 31
22	☿∠♇	1am19
T	☿ ♓	3 22
	☿∠♅	11pm36
23	♀∠♆	2am47
W	⊕ ♈	8 13
	☿□♄	12pm19
	☿☍♃	12 51
24	☿☌♆	6am52
Th	☿⊼♂	10pm52
25	☿∠♀	0am21
F	☿⚹♇	6pm 3
26	☿⊻♅	2pm11
27	♀ ♉	3am58
28	☿⚼♂	5pm 7
29	⊕△♄	0am43
T	☿ ♈	3 24
	⊕⊼♃	9 55
30	☿⊻♀	2am54
W	☿△♄	7 13
	☿⊼♃	9 14
	⊕☌☿	2pm32
	♀⊼♄	4 22
	☿⊻♆	9 34
	♀△♃	11 3
2	☿△♂	1am11
F	⊕⊻♆	2 24
	☿□♇	2 25
	♀⚹♆	12pm53
	♂⊼♇	3 51
	☿☌♅	7 13
3	⊕⊻♀	5am30
S	☿⚼♄	5 34
	☿⚼♃	8 1
	☿∠♆	6pm25
4	☿ ♉	10pm10
5	☿⊼♄	10pm32
6	☿△♃	1am22
T	♀△♇	9 9
	☿⚹♆	10 16
7	⊕⊻☿	7am 1
W	☿△♇	11 15
	♀□♂	6pm48
	☿□♂	8 22
	☿☌♀	8 46
8	☿⊻♅	2am 5
Th	☿0N	2 20
	⊕□♇	8 41
	♀⊻♅	4pm50
9	☿⚼♇	10pm26
F	☿ ♊	11 21
10	⊕∠☿	5am32
S	☿∠♅	12pm47
	☿☍♄	10 12
11	☿□♃	1am41
Su	♂△♅	4 15
	☿□♆	8 33
12	⊕☌♅	3am36
M	☿⊼♇	7 55
	☿ P	6pm20
	⊕△♂	9 54
	☿⚹♅	10 5
13	☿⚹♂	1am 9
T	⊕⚹☿	1 29
14	☿⊻♀	8am20
W	⊕⚼♄	5pm23
	☿ ♋	5 46
15	☿∠♂	2pm36
Th	☿⊼♄	5 3
	♀⚼♇	6 18
	♀ ♊	9 21
	☿⚹♃	9 27
	⊕⚼♃	9 43
16	☿△♆	3am 3
17	☿☍♇	2am54
S	⊕∠♆	9 2
	☿∠♀	2pm31
	☿□♅	5 42
18	♀∠♅	2am35
Su	☿⚼♄	4 0
	☿⊻♂	5 47
	☿∠♃	9 2
	☿⚼♆	2pm 9
	⊕□☿	7 57
19	☿ ♌	3pm50
M	♀☍♄	5 57
20	♀□♃	2pm32
T	☿△♄	5 51
	☿⊻♃	11 42
21	☿⚹♀	3am12
W	☿⊼♆	4 22
	♀□♆	7 15
22	☿⊼♇	7am 0
Th	☿△♅	11pm54
23	⊕ ♉	5pm40
24	☿☌♂	1am15
25	♀⊼♇	2am47
Su	☿⚼♇	4 15
	☿ ♍	5 0
	⊕△☿	1pm56
	☿⚼♅	10 51
26	♀0N	8am13
M	☿□♄	12pm38
	☿☌♃	9 2
27	☿☍♆	0am29
T	♀⚹♅	11 41
	⊕∠♀	2pm26
28	☿△♇	8am34
29	☿⊼♅	5am20
Th	⊕⚼☿	6pm13
30	☿□♀	6am18
F	⊕⊼♄	6 42
31	☿⊻♂	6am25
S	☿ ♎	10pm22

NOVEMBER 2015

DAY	☿ LONG	☿ LAT	♀ LONG	♀ LAT	⊕ LONG	♂ LONG	♂ LAT
	° '	° '	° '	° '	° '	° '	° '
1 Su	0♎16	5N14	25♊57	0N32	8♉15	27♌38	1N50
2 M	4 12	4 54	27 34	0 38	9 15	28 04	1 50
3 Tu	8 02	4 34	29 11	0 44	10 15	28 31	1 50
4 W	11 45	4 12	0♋48	0 49	11 15	28 57	1 50
5 Th	15 21	3 51	2 25	0 55	12 15	29 23	1 49
6 F	18 53	3 29	4 02	1 00	13 15	29 49	1 49
7 S	22 19	3 06	5 39	1 06	14 15	0♍16	1 49
8 Su	25 40	2 44	7 16	1 11	15 15	0 42	1 49
9 M	28 57	2 21	8 53	1 17	16 16	1 08	1 49
10 Tu	2♏10	1 59	10 30	1 22	17 16	1 34	1 49
11 W	5 19	1 36	12 07	1 27	18 16	2 00	1 48
12 Th	8 25	1 14	13 44	1 32	19 17	2 27	1 48
13 F	11 27	0 52	15 21	1 37	20 17	2 53	1 48
14 S	14 27	0 30	16 59	1 42	21 17	3 19	1 48
15 Su	17 24	0 08	18 36	1 47	22 18	3 45	1 48
16 M	20 19	0S13	20 13	1 52	23 18	4 11	1 47
17 Tu	23 11	0 34	21 51	1 57	24 19	4 38	1 47
18 W	26 02	0 55	23 28	2 02	25 19	5 04	1 47
19 Th	28 52	1 16	25 05	2 06	26 20	5 30	1 47
20 F	1♐40	1 36	26 43	2 11	27 20	5 56	1 47
21 S	4 27	1 56	28 20	2 15	28 21	6 22	1 46
22 Su	7 13	2 15	29 57	2 19	29 21	6 49	1 46
23 M	9 58	2 34	1♌35	2 23	0♊22	7 15	1 46
24 Tu	12 43	2 53	3 12	2 28	1 23	7 41	1 46
25 W	15 28	3 11	4 50	2 31	2 23	8 07	1 45
26 Th	18 13	3 29	6 27	2 35	3 24	8 33	1 45
27 F	20 57	3 46	8 04	2 39	4 25	9 00	1 45
28 S	23 43	4 03	9 42	2 42	5 25	9 26	1 44
29 Su	26 28	4 19	11 19	2 46	6 26	9 52	1 44
30 M	29♐15	4S35	12♌57	2N49	7♊27	10♍18	1N44

DECEMBER 2015

DAY	☿ LONG	☿ LAT	♀ LONG	♀ LAT	⊕ LONG	♂ LONG	♂ LAT
	° '	° '	° '	° '	° '	° '	° '
1 Tu	2♑02	4S50	14♌34	2N52	8♊28	10♍44	1N44
2 W	4 51	5 05	16 12	2 55	9 28	11 11	1 43
3 Th	7 41	5 19	17 50	2 58	10 29	11 37	1 43
4 F	10 33	5 32	19 27	3 01	11 30	12 03	1 43
5 S	13 26	5 45	21 05	3 04	12 31	12 29	1 42
6 Su	16 22	5 56	22 42	3 06	13 32	12 56	1 42
7 M	19 20	6 07	24 20	3 08	14 33	13 22	1 42
8 Tu	22 20	6 18	25 57	3 10	15 34	13 48	1 41
9 W	25 23	6 27	27 35	3 12	16 35	14 14	1 41
10 Th	28 30	6 35	29 12	3 14	17 36	14 41	1 41
11 F	1♒39	6 42	0♍50	3 16	18 37	15 07	1 40
12 S	4 53	6 49	2 27	3 17	19 38	15 33	1 40
13 Su	8 10	6 54	4 05	3 19	20 39	15 59	1 39
14 M	11 32	6 57	5 42	3 20	21 40	16 26	1 39
15 Tu	14 58	7 00	7 20	3 21	22 41	16 52	1 39
16 W	18 29	7 00	8 57	3 22	23 42	17 18	1 38
17 Th	22 05	7 00	10 35	3 22	24 43	17 44	1 38
18 F	25 47	6 57	12 12	3 23	25 44	18 11	1 38
19 S	29 35	6 53	13 49	3 23	26 45	18 37	1 37
20 Su	3♓29	6 46	15 27	3 24	27 46	19 03	1 37
21 M	7 30	6 38	17 04	3 24	28 47	19 30	1 36
22 Tu	11 38	6 27	18 42	3 24	29 48	19 56	1 36
23 W	15 54	6 14	20 19	3 23	0♋49	20 22	1 35
24 Th	20 17	5 58	21 56	3 23	1 50	20 49	1 35
25 F	24 49	5 39	23 34	3 22	2 51	21 15	1 35
26 S	29 29	5 18	25 11	3 22	3 52	21 42	1 34
27 Su	4♈17	4 54	26 48	3 21	4 54	22 08	1 34
28 M	9 15	4 27	28 25	3 20	5 55	22 34	1 33
29 Tu	14 22	3 57	0♎02	3 18	6 56	23 01	1 33
30 W	19 38	3 24	1 40	3 17	7 57	23 27	1 32
31 Th	25♈03	2S48	3♎17	3N15	8♋58	23♍54	1N32

DAY	♃ LONG	♃ LAT	♄ LONG	♄ LAT	♅ LONG	♅ LAT	♆ LONG	♆ LAT	♇ LONG	♇ LAT
	° '	° '	° '	° '	° '	° '	° '	° '	° '	° '
4 W	8♍41.5	1N06	6♐40.1	1N49	18♈44.9	0S38	8♓47.2	0S48	14♑53.9	1N44
9 M	9 04.5	1 07	6 49.2	1 49	18 48.1	0 38	8 49.0	0 48	14 55.5	1 43
14 S	9 27.6	1 07	6 58.3	1 49	18 51.4	0 38	8 50.8	0 48	14 57.1	1 43
19 Th	9 50.7	1 07	7 07.4	1 48	18 54.6	0 38	8 52.6	0 48	14 58.7	1 42
24 Tu	10 13.7	1 07	7 16.6	1 48	18 57.9	0 38	8 54.4	0 48	15 00.2	1 42
29 Su	10 36.8	1 08	7 25.7	1 48	19 01.1	0 38	8 56.3	0 48	15 01.8	1 41
4 F	10 59.8	1 08	7 34.8	1 48	19 04.4	0 38	8 58.1	0 48	15 03.4	1 41
9 W	11 22.9	1 08	7 44.0	1 47	19 07.6	0 38	8 59.9	0 48	15 05.0	1 40
14 M	11 45.9	1 08	7 53.1	1 47	19 10.9	0 38	9 01.7	0 48	15 06.6	1 40
19 S	12 08.9	1 09	8 02.2	1 47	19 14.1	0 38	9 03.5	0 48	15 08.2	1 39
24 Th	12 31.9	1 09	8 11.4	1 47	19 17.4	0 38	9 05.3	0 48	15 09.8	1 39
29 Tu	12 54.9	1 09	8 20.5	1 46	19 20.7	0 38	9 07.2	0 48	15 11.4	1 38

☿a.387799	☿ .462854
♀p.719919	♀ .718450
⊕ .992680	⊕ .986168
♂a1.66408	♂ 1.66556
♃ 5.40337	♃ 5.40971
♄ 10.0026	♄ 10.0066
♅ 19.9807	♅ 19.9780
♆ 29.9611	♆ 29.9604
♇ 32.9758	♇ 32.9943
☊	Perihelia
☿ 18°♉ 31	☿ 17°♊ 42
♀ 16 ♊ 49	♀ 11 ♌ 57
⊕	⊕ 12 ♋ 01
♂ 19 ♉ 41	♂ 6 ♓ 21
♃ 10 ♋ 39	♃ 14 ♈ 32
♄ 23 ♋ 45	♄ 4 ♋ 12
♅ 14 ♊ 01	♅ 21 ♍ 46
♆ 12 ♌ 00	♆ 6 ♊ 12
♇ 20 ♋ 30	♇ 14 ♏ 00

1 Su	⊕△♃	5am38
	⊕✶♆	12pm40
2 M	♀✶♂	10am22
	☿✶♄	3pm 7
3 T	☿⚺♃	3am49
	☿⚻♆	4 49
	♀ ♋	12pm12
	⊕⚻☿	7 32
4 W	☿∠♂	4pm35
	☿□♇	8 57
5 Th	♃☍♆	8am19
	☿☍♅	11pm15
6 F	♂⚼♇	4am49
	♂ ♍	9 46
	☿∠♄	8pm 3
7 S	☿⚼♆	10am37
	☿∠♃	11 42
	⊕△♇	3pm53
	♀⚻♄	4 50
8	♀△♆	11pm 2
9 M	♀✶♃	3am 2
	☿ ♏	7 47
	☿✶♂	6pm49
11 W	☿⚺♄	12pm13
	⊕⚺♅	1 21
12 Th	☿△♆	3am21
	☿✶♃	7 13
	♀☍♇	5pm52
14	☿✶♇	4am 6
15 Su	♀∠♂	3am 8
	♀□♅	4 0
	♂⚼♅	6 22
	☿0S	9 13
	☿⚻♅	12pm 8
	☿△♀	10 19
17 T	♀⚼♄	3am20
	⊕☍☿	2pm35
18 W	♀⚼♆	6am 3
	♀∠♃	8pm15
19 Th	☿∠♇	9am33
	☿ ♐	9 44
20 F	☿⚼♅	7pm32
	♂ A	10 36
21 S	⊕✶♀	0am35
	☿□♂	7pm50
22 Su	☿☌♄	0am 0
	♀ ♌	0 40
	☿□♆	2pm39
	⊕⚼♇	3 14
	⊕ ♊	3 18
	♂□♄	11 54
23	☿□♃	1am37
24	☿⚺♇	8pm 0
25	☿ A	5pm57
26 Th	☿△♅	6am49
	♀△♄	1pm21
	⊕∠♅	2 7
	♂☍♆	8 9
27 F	♀⚻♆	12pm37
	♀⚺♂	6 35
28 S	♀⚺♃	12pm59
	☿⚼♀	8 54
29	♀ P	8am55
30	⊕☍♄	0am20
M	☿ ♑	6 29
1 T	♂☌♃	1am41
	♀⚻♇	6 55
	⊕□♆	11 42
2	☿⚺♄	10pm52
3 Th	☿✶♆	10am47
	⊕□♃	11 8
	♀△♅	6pm23
4 F	☿△♃	3am53
	⊕⚻☿	12pm17
	☿△♂	2 47
	⊕□♂	10 59
5	☿☌♇	1pm25
6	☿□♅	10pm13
7	⊕⚻♇	12pm34
8 T	☿∠♄	2am57
	☿∠♆	1pm 6
9	☿⚼♃	7am55
10 Th	☿⚼♂	10am29
	☿⚻♀	11 12
	☿ ♒	11 29
	♀ ♍	11 46
	♀⚼♇	1pm 7
	♂△♇	10 56
11	⊕✶♅	12pm54
F	⊕⚼☿	9 17
12	☿✶♄	9pm43
13 Su	♀⚼♅	1am22
	☿⚺♆	6 10
14	☿⚻♃	1am43
15 T	☿⚺♇	1am 4
	♀□♄	8 50
	☿⚻♂	2pm55
16 W	♀☍♆	1am18
	☿✶♅	4 53
17 Th	♀☌♃	10pm 0
	⊕△☿	11 32
19 S	☿ ♓	2am36
	☿∠♇	3 28
	♀△♇	7pm28
20 Su	☿∠♅	4am37
	♂⚻♅	10 37
21 M	☿□♄	3am32
	☿☌♆	9 12
22	☿☍♃	4am19
T	⊕ ♋	4 41
	♀⚻♅	8 33
	☿✶♇	7pm54
23 W	♀☌♂	1am10
	☿⚺♅	6pm37
24 Th	☿☍♂	3am 9
	☿☍♀	1pm49
26	☿ ♈	2am39
27 Su	⊕□☿	3am44
	☿△♄	7pm29
	☿⚺♆	11 21
28 M	☿⚻♃	5pm11
	♀ ♎	11 23
29 T	☿□♇	3am49
	☿☌♅	10pm46
30 W	⊕⚻♄	10am15
	☿⚼♄	4pm45
	☿⚻♂	6 31
	☿∠♆	8 0
31 Th	⊕△♆	3am52
	☿⚼♃	1pm18
	☿ ♉	9 24

JANUARY 2016

DAY	☿ LONG	☿ LAT	♀ LONG	♀ LAT	⊕ LONG	♂ LONG	♂ LAT
	° '	° '	° '	° '	° '	° '	° '
1 F	0♉37	2S10	4♎54	3N14	9♋59	24♍20	1N31
2 S	6 19	1 29	6 31	3 12	11 00	24 47	1 31
3 Su	12 09	0 47	8 08	3 10	12 02	25 13	1 30
4 M	18 07	0 03	9 45	3 08	13 03	25 39	1 30
5 Tu	24 12	0N42	11 22	3 05	14 04	26 06	1 29
6 W	0♊22	1 27	12 59	3 03	15 05	26 33	1 29
7 Th	6 36	2 11	14 36	3 00	16 06	26 59	1 28
8 F	12 54	2 54	16 12	2 58	17 07	27 26	1 28
9 S	19 13	3 35	17 49	2 55	18 09	27 52	1 27
10 Su	25 32	4 14	19 26	2 52	19 10	28 19	1 27
11 M	1♋50	4 49	21 03	2 48	20 11	28 45	1 26
12 Tu	8 05	5 21	22 39	2 45	21 12	29 12	1 26
13 W	14 15	5 48	24 16	2 42	22 13	29 39	1 25
14 Th	20 20	6 11	25 52	2 38	23 14	0♎05	1 25
15 F	26 19	6 29	27 29	2 35	24 16	0 32	1 24
16 S	2♌09	6 43	29 05	2 31	25 17	0 59	1 23
17 Su	7 52	6 53	0♏42	2 27	26 18	1 25	1 23
18 M	13 25	6 59	2 18	2 23	27 19	1 52	1 22
19 Tu	18 49	7 00	3 54	2 19	28 20	2 19	1 22
20 W	24 03	6 58	5 31	2 15	29 21	2 45	1 21
21 Th	29 07	6 53	7 07	2 10	0♌22	3 12	1 20
22 F	4♍02	6 45	8 43	2 06	1 23	3 39	1 20
23 S	8 48	6 35	10 19	2 01	2 24	4 06	1 19
24 Su	13 24	6 22	11 55	1 57	3 25	4 33	1 19
25 M	17 51	6 07	13 31	1 52	4 26	4 59	1 18
26 Tu	22 10	5 50	15 07	1 47	5 27	5 26	1 17
27 W	26 21	5 33	16 43	1 42	6 28	5 53	1 17
28 Th	0♎24	5 14	18 19	1 37	7 29	6 20	1 16
29 F	4 20	4 54	19 55	1 32	8 30	6 47	1 16
30 S	8 09	4 33	21 31	1 27	9 31	7 14	1 15
31 Su	11♎52	4N12	23♏07	1N22	10♌32	7♎41	1N14

FEBRUARY 2016

DAY	☿ LONG	☿ LAT	♀ LONG	♀ LAT	⊕ LONG	♂ LONG	♂ LAT
	° '	° '	° '	° '	° '	° '	° '
1 M	15♎28	3N50	24♏43	1N17	11♌33	8♎08	1N14
2 Tu	18 59	3 28	26 18	1 11	12 34	8 35	1 13
3 W	22 25	3 06	27 54	1 06	13 35	9 02	1 12
4 Th	25 47	2 43	29 30	1 01	14 36	9 29	1 12
5 F	29 03	2 21	1♐05	0 55	15 36	9 56	1 11
6 S	2♏16	1 58	2 41	0 50	16 37	10 23	1 10
7 Su	5 25	1 36	4 16	0 44	17 38	10 50	1 10
8 M	8 30	1 13	5 52	0 39	18 39	11 17	1 09
9 Tu	11 33	0 51	7 27	0 33	19 40	11 45	1 08
10 W	14 32	0 29	9 03	0 28	20 40	12 12	1 08
11 Th	17 29	0 08	10 38	0 22	21 41	12 39	1 07
12 F	20 24	0S14	12 13	0 16	22 42	13 06	1 06
13 S	23 17	0 35	13 49	0 11	23 43	13 33	1 05
14 Su	26 08	0 56	15 24	0 05	24 43	14 01	1 05
15 M	28 57	1 16	16 59	0S01	25 44	14 28	1 04
16 Tu	1♐45	1 37	18 34	0 06	26 45	14 55	1 03
17 W	4 32	1 56	20 10	0 12	27 45	15 23	1 03
18 Th	7 18	2 16	21 45	0 17	28 46	15 50	1 02
19 F	10 04	2 35	23 20	0 23	29 46	16 18	1 01
20 S	12 49	2 54	24 55	0 29	0♍47	16 45	1 00
21 Su	15 33	3 12	26 30	0 34	1 47	17 13	1 00
22 M	18 18	3 30	28 05	0 40	2 48	17 40	0 59
23 Tu	21 03	3 47	29 40	0 45	3 48	18 08	0 58
24 W	23 48	4 04	1♑15	0 51	4 48	18 35	0 57
25 Th	26 34	4 20	2 50	0 56	5 49	19 03	0 57
26 F	29 20	4 36	4 25	1 02	6 49	19 31	0 56
27 S	2♑08	4 51	6 00	1 07	7 49	19 58	0 55
28 Su	4 56	5 05	7 35	1 12	8 50	20 26	0 54
29 M	7♑46	5S19	9♑10	1S17	9♍50	20♎54	0N53

DAY	♃ LONG	♃ LAT	♄ LONG	♄ LAT	♅ LONG	♅ LAT	♆ LONG	♆ LAT	♇ LONG	♇ LAT
	° '	° '	° '	° '	° '	° '	° '	° '	° '	° '
3 Su	13♍17.9	1N09	8♐29.6	1N46	19♈23.9	0S38	9♓09.0	0S48	15♑13.0	1N38
8 F	13 40.9	1 10	8 38.7	1 46	19 27.2	0 38	9 10.8	0 49	15 14.6	1 37
13 W	14 03.9	1 10	8 47.9	1 45	19 30.4	0 38	9 12.6	0 49	15 16.2	1 37
18 M	14 26.9	1 10	8 57.0	1 45	19 33.7	0 38	9 14.4	0 49	15 17.8	1 36
23 S	14 49.8	1 10	9 06.1	1 45	19 36.9	0 38	9 16.2	0 49	15 19.4	1 36
28 Th	15 12.8	1 11	9 15.2	1 45	19 40.2	0 38	9 18.0	0 49	15 21.0	1 35
2 Tu	15 35.7	1 11	9 24.3	1 44	19 43.4	0 38	9 19.9	0 49	15 22.5	1 35
7 Su	15 58.6	1 11	9 33.4	1 44	19 46.7	0 38	9 21.7	0 49	15 24.1	1 34
12 F	16 21.6	1 11	9 42.5	1 44	19 49.9	0 38	9 23.5	0 49	15 25.7	1 34
17 W	16 44.5	1 11	9 51.6	1 43	19 53.2	0 38	9 25.3	0 49	15 27.3	1 33
22 M	17 07.4	1 12	10 00.8	1 43	19 56.4	0 38	9 27.1	0 49	15 28.9	1 33
27 S	17 30.3	1 12	10 09.9	1 43	19 59.6	0 38	9 28.9	0 49	15 30.5	1 32

☿p .325300	☿a .409724
♀ .720362	♀ .724372
⊕p .983314	⊕ .985236
♂ 1.65773	♂ 1.64076
♃ 5.41588	♃ 5.42163
♄ 10.0107	♄ 10.0146
♅ 19.9752	♅ 19.9724
♆ 29.9597	♆ 29.9590
♇ 33.0135	♇ 33.0328
☊	Perihelia
☿ 18°♉ 31	☿ 17°♊ 42
♀ 16 ♊ 49	♀ 11 ♌ 55
⊕	⊕ 12 ♋ 12
♂ 19 ♉ 41	♂ 6 ♓ 23
♃ 10 ♋ 39	♃ 14 ♈ 31
♄ 23 ♋ 46	♄ 4 ♋ 15
♅ 14 ♊ 02	♅ 22 ♍ 00
♆ 12 ♌ 00	♆ 5 ♊ 21
♇ 20 ♋ 31	♇ 14 ♏ 05

2	☿⚻♀	1am 9
S	☿⚻♄	8 56
	☿⚹♆	11 42
	☿⚼♂	3pm27
	⊕ P	10 50
	⊕⚹☿	11 21
3	☿△♃	4am41
Su	♀⚹♄	5 29
	☿△♇	12pm23
	♀⚻♆	3 11
4	☿0N	1am35
M	☿⚺♅	5 8
	⊕⚹♃	8 24
5	☿△♂	8am 1
T	☿⚼♀	11 29
	☿ ♊	10pm36
	⊕∠☿	10 42
	☿⚼♇	11 30
6	⊕☍♇	3am31
W	♀⚺♃	8 36
	☿∠♅	3pm42
7	☿☍♄	7am44
Th	♀□♇	9 38
	☿□♆	9 50
8	☿□♃	3am 2
F	☿⚻♇	8 56
	☿△♀	4pm54
	☿ P	5 36
	⊕⚺☿	7 10
9	☿⚹♅	0am57
S	⊕□♀	1pm 9
10	♀☍♅	0am40
Su	⊕□♅	7 25
	☿□♂	11 23
	☿ ♋	5pm 1
12	☿⚻♄	2am41
T	☿△♆	4 21
	♀∠♄	4pm56
	♀⚼♆	11 13
	☿⚹♃	11 15
13	☿☍♇	3am59
W	♂ ♎	7pm20
	☿□♅	8 44
14	⊕☌☿	1pm59
Th	☿⚼♄	2 2
	⊕⚼♄	2 17
	☿⚼♆	3 33
	⊕⚼♆	11 8
15	☿□♀	6am33
F	☿∠♃	12pm 2
	☿ ♌	3 5
	☿⚹♂	6 42
16	♀∠♃	3am14
S	♀ ♏	1pm37
17	☿△♄	4am33
Su	☿⚻♆	5 53
	♀⚺♂	2pm59
18	☿⚺♃	4am37
M	☿⚻♇	8 19
	☿∠♂	4pm39
19	☿△♅	3am28
20	⊕∠♃	6am24
W	⊕ ♌	3pm20
21	☿ ♍	4am14
Th	☿⚼♇	5 45
	⊕⚺☿	7 35
	☿⚺♂	9pm53
22	☿⚼♅	2am50
F	♀⚺♄	5 23
	♀△♆	8 12
23	☿□♄	1am36
S	☿☍♆	2 28
	☿⚹♀	12pm 4
24	☿☌♃	8am11
Su	☿△♇	10 19
25	☿⚻♅	9am51
M	⊕∠☿	11 23
	♀⚹♃	10pm59
	⊕⚹♂	11 22
26	♀⚹♇	3am14
27	☿ ♎	9pm36
28	♀⚻♅	8pm22
29	☿∠♀	6am16
F	☿☌♂	5pm23
	⊕△♄	7 4
	⊕⚻♆	7 10
	♃△♇	9 59
	♄□♆	10 48
30	☿⚻♆	7am28
S	☿⚹♄	7 32
	⊕⚹☿	12pm 4
	♀∠♂	2 55
31	☿□♇	11pm20
1	☿⚺♃	0am20
2	☿☍♅	5am 6
3	☿⚼♆	1pm40
W	☿∠♄	2 29
	♂⚻♆	4 31
	♂⚹♄	11 6
4	♀ ♐	7am38
Th	♀∠♇	1pm29
	⊕⚻♇	6 53
5	⊕⚺♃	5am35
F	☿ ♏	7 1
	☿∠♃	1pm29
6	☿⚺♀	6am17
7	♀⚼♅	7am41
8	☿△♆	6am46
M	☿⚺♄	8 34
9	☿⚺♂	1am50
T	⊕△♅	3 18
10	♀□♆	5am 6
W	☿⚹♇	7 7
	♀☌♄	9 19
	☿⚹♃	1pm53
11	☿0S	8am28
Th	☿⚻♅	7pm15
12	♀⚹♂	6pm40
13	⊕□☿	5am35
14	♀⚺♇	0am38
Su	♀□♃	5pm42
	♀0S	9 34
15	☿∠♂	5am16
M	☿ ♐	8 57
	☿∠♇	12pm47
16	♀△♅	7pm51
17	☿⚼♅	3am 3
W	♂□♇	3 56
18	☿□♆	6pm32
Th	☿☌♄	10 47
19	⊕ ♍	5am27
F	⊕⚼♇	4pm37
20	♂⚺♃	1pm41
S	☿⚺♇	11 19
21	☿□♃	1pm26
Su	☿ A	5 13
	☿⚹♂	5 24
	⊕∠♂	6 32
22	☿△♅	2pm24
23	♀ ♑	5am 2
24	⊕⚼♅	3am42
26	☿ ♑	5am43
27	♂☍♅	1am15
28	⊕☍♆	3pm50
29	♀⚹♆	5am 0
M	⊕□♄	9 38
	☿⚹♆	2pm29
	♀⚺♄	4 23
	☿⚺♄	8 47

MARCH 2016

DAY	☿ LONG	☿ LAT	♀ LONG	♀ LAT	⊕ LONG	♂ LONG	♂ LAT
	° '	° '	° '	° '	° '	° '	° '
1 Tu	10♑38	5S32	10♑45	1S23	10♍50	21♎21	0N53
2 W	13 32	5 45	12 20	1 28	11 50	21 49	0 52
3 Th	16 27	5 57	13 55	1 33	12 51	22 17	0 51
4 F	19 25	6 08	15 30	1 38	13 51	22 45	0 50
5 S	22 26	6 18	17 04	1 43	14 51	23 13	0 49
6 Su	25 29	6 27	18 39	1 48	15 51	23 41	0 49
7 M	28 36	6 35	20 14	1 52	16 51	24 09	0 48
8 Tu	1♒45	6 43	21 49	1 57	17 51	24 37	0 47
9 W	4 59	6 49	23 24	2 01	18 51	25 05	0 46
10 Th	8 16	6 54	24 59	2 06	19 51	25 33	0 45
11 F	11 38	6 57	26 34	2 10	20 51	26 01	0 45
12 S	15 04	7 00	28 08	2 15	21 51	26 29	0 44
13 Su	18 36	7 00	29 43	2 19	22 51	26 57	0 43
14 M	22 12	6 59	1♒18	2 23	23 51	27 25	0 42
15 Tu	25 54	6 57	2 53	2 27	24 51	27 54	0 41
16 W	29 42	6 52	4 28	2 31	25 50	28 22	0 40
17 Th	3♓37	6 46	6 03	2 34	26 50	28 50	0 40
18 F	7 38	6 37	7 38	2 38	27 50	29 19	0 39
19 S	11 46	6 26	9 13	2 41	28 49	29 47	0 38
20 Su	16 02	6 13	10 47	2 45	29 49	0♏15	0 37
21 M	20 25	5 57	12 22	2 48	0♎49	0 44	0 36
22 Tu	24 57	5 39	13 57	2 51	1 48	1 12	0 35
23 W	29 37	5 17	15 32	2 54	2 48	1 41	0 34
24 Th	4♈26	4 53	17 07	2 57	3 47	2 09	0 33
25 F	9 24	4 26	18 42	3 00	4 47	2 38	0 33
26 S	14 31	3 56	20 17	3 02	5 46	3 07	0 32
27 Su	19 48	3 23	21 52	3 05	6 45	3 35	0 31
28 M	25 13	2 47	23 27	3 07	7 45	4 04	0 30
29 Tu	0♉47	2 09	25 02	3 09	8 44	4 33	0 29
30 W	6 30	1 28	26 37	3 11	9 43	5 02	0 28
31 Th	12♉20	0S45	28♒12	3S13	10♎43	5♏30	0N27

APRIL 2016

DAY	☿ LONG	☿ LAT	♀ LONG	♀ LAT	⊕ LONG	♂ LONG	♂ LAT
	° '	° '	° '	° '	° '	° '	° '
1 F	18♉18	0S02	29♒47	3S15	11♎42	5♏59	0N26
2 S	24 23	0N43	1♓22	3 16	12 41	6 28	0 25
3 Su	0♊33	1 28	2 57	3 18	13 40	6 57	0 24
4 M	6 48	2 12	4 32	3 19	14 39	7 26	0 24
5 Tu	13 05	2 55	6 07	3 20	15 39	7 55	0 23
6 W	19 24	3 37	7 42	3 21	16 38	8 24	0 22
7 Th	25 43	4 15	9 18	3 22	17 37	8 53	0 21
8 F	2♋01	4 50	10 53	3 23	18 36	9 23	0 20
9 S	8 16	5 21	12 28	3 23	19 35	9 52	0 19
10 Su	14 26	5 49	14 03	3 23	20 34	10 21	0 18
11 M	20 31	6 12	15 38	3 24	21 33	10 50	0 17
12 Tu	26 29	6 30	17 14	3 24	22 31	11 20	0 16
13 W	2♌20	6 44	18 49	3 24	23 30	11 49	0 15
14 Th	8 02	6 53	20 24	3 23	24 29	12 19	0 14
15 F	13 35	6 59	21 59	3 23	25 28	12 48	0 13
16 S	18 58	7 00	23 35	3 22	26 27	13 18	0 12
17 Su	24 12	6 58	25 10	3 22	27 25	13 47	0 11
18 M	29 16	6 53	26 45	3 21	28 24	14 17	0 10
19 Tu	4♍11	6 45	28 21	3 20	29 22	14 46	0 09
20 W	8 56	6 34	29 56	3 18	0♏21	15 16	0 09
21 Th	13 32	6 21	1♈32	3 17	1 20	15 46	0 08
22 F	17 59	6 06	3 07	3 16	2 18	16 16	0 07
23 S	22 18	5 50	4 43	3 14	3 17	16 46	0 06
24 Su	26 28	5 32	6 18	3 12	4 15	17 15	0 05
25 M	0♎31	5 13	7 54	3 10	5 13	17 45	0 04
26 Tu	4 27	4 53	9 29	3 08	6 12	18 15	0 03
27 W	8 16	4 32	11 05	3 06	7 10	18 45	0 02
28 Th	11 58	4 11	12 40	3 03	8 09	19 16	0 01
29 F	15 35	3 49	14 16	3 01	9 07	19 46	0S00
30 S	19♎06	3N27	15♈52	2S58	10♏05	20♏16	0S01

DAY	♃ LONG	♃ LAT	♄ LONG	♄ LAT	♅ LONG	♅ LAT	♆ LONG	♆ LAT	♇ LONG	♇ LAT
	° '	° '	° '	° '	° '	° '	° '	° '	° '	° '
3 Th	17♍53.2	1N12	10♐19.0	1N43	20♈02.9	0S37	9♓30.7	0S49	15♑32.0	1N32
8 Tu	18 16.1	1 12	10 28.1	1 42	20 06.1	0 37	9 32.5	0 49	15 33.6	1 32
13 Su	18 39.0	1 12	10 37.2	1 42	20 09.4	0 37	9 34.4	0 49	15 35.2	1 31
18 F	19 01.9	1 13	10 46.3	1 42	20 12.6	0 37	9 36.2	0 49	15 36.8	1 31
23 W	19 24.7	1 13	10 55.4	1 41	20 15.9	0 37	9 38.0	0 49	15 38.4	1 30
28 M	19 47.6	1 13	11 04.5	1 41	20 19.1	0 37	9 39.8	0 49	15 40.0	1 30
2 S	20 10.4	1 13	11 13.6	1 41	20 22.4	0 37	9 41.6	0 49	15 41.5	1 29
7 Th	20 33.3	1 13	11 22.7	1 41	20 25.6	0 37	9 43.4	0 49	15 43.1	1 29
12 Tu	20 56.1	1 14	11 31.8	1 40	20 28.9	0 37	9 45.2	0 49	15 44.7	1 28
17 Su	21 19.0	1 14	11 40.9	1 40	20 32.1	0 37	9 47.0	0 50	15 46.3	1 28
22 F	21 41.8	1 14	11 49.9	1 40	20 35.4	0 37	9 48.8	0 50	15 47.9	1 27
27 W	22 04.6	1 14	11 59.0	1 39	20 38.6	0 37	9 50.6	0 50	15 49.4	1 27

☿ .457178	☿p.314411
♀a.727496	♀ .727969
⊕ .990859	⊕ .999298
♂ 1.61731	♂ 1.58536
♃ 5.42664	♃ 5.43159
♄ 10.0182	♄ 10.0219
♅ 19.9697	♅ 19.9669
♆ 29.9583	♆ 29.9576
♇ 33.0508	♇ 33.0701
☊	Perihelia
☿ 18°♉ 31	☿ 17°♊ 43
♀ 16 ♊ 50	♀ 11 ♌ 57
⊕	⊕ 14 ♋ 22
♂ 19 ♉ 41	♂ 6 ♓ 25
♃ 10 ♋ 39	♃ 14 ♈ 30
♄ 23 ♋ 46	♄ 4 ♋ 17
♅ 14 ♊ 02	♅ 22 ♍ 11
♆ 12 ♌ 00	♆ 4 ♊ 16
♇ 20 ♋ 31	♇ 14 ♏ 09

1	☿☌♀	2am 4
T	⊕△☿	2 35
	⊕△♀	3 45
2	☿☌♇	4pm28
3	☿△♃	11am56
4	♀☌♇	0am43
F	☿□♅	5 8
5	☿□♂	7am18
S	♀△♃	3pm24
	☿∠♆	4 31
	⊕△♇	4 45
	☿∠♄	11 23
6	♀□♅	9pm47
7	☿ ♒	10am43
M	♂⚼♆	8pm24
8	⊕☌♃	10am47
T	☿⚼♃	11 35
	⊕⚼☿	11 55
9	♀∠♆	5pm31
W	♂∠♄	11 2
10	⊕⚻♅	6am34
Th	♀∠♄	8 30
	☿⚺♆	9 14
	♀□♂	12pm13
	☿✶♄	4 19
12	☿⚺♇	3am31
13	☿⚻♃	0am24
Su	♀ ♒	4 13
	☿✶♅	10 31
14	⊕⚻☿	2pm43
15	☿△♂	2pm27
T	♀⚼♃	2 38
16	☿ ♓	1am51
W	☿∠♇	5 36
17	☿∠♅	9am36
Th	☿⚺♀	12pm 0
18	☿☌♆	11am33
F	☿□♄	6pm25
19	♀⚺♆	6am 5
S	♂ ♏	11 5
	☿⚼♂	7pm 9
	☿✶♇	9 44
20	♀✶♄	0am38
Su	⊕ ♎	4 23
	♀ A	4pm30
	☿☍♃	5 36
	⊕⚺♂	8 11
	☿⚺♅	11 2
23	♀⚺♇	1am34
W	☿ ♈	1 54
	☿∠♀	6 53
	☿⚻♂	11 28
	⊕☍☿	7pm58
25	☿⚺♆	1am 8
F	☿△♄	7 31
	♀⚻♃	1pm45
26	♀✶♅	0am12
S	☿□♇	5 13
	⊕⚼♀	7pm37
	☿⚻♃	11 39
27	☿☌♅	2am19
Su	☿✶♀	1pm 5
	☿∠♆	9 35
28	☿⚼♄	3am46
M	☿ ♉	8pm40
29	☿☍♂	5pm20
T	☿⚼♃	5 28
	♂∠♃	7 14
	⊕⚻♆	10 48
30	☿✶♆	1pm 9
W	⊕⚻☿	4 2
	☿⚻♄	7 12
31	⊕✶♄	11am23
Th	☿△♇	1pm31
1	☿0N	0am51
F	♀ ♓	3 17
	☿△♃	7 12
	☿⚺♅	8 11
	♀∠♇	1pm44
2	⊕⚼☿	3pm20
S	☿ ♊	9 52
3	☿⚼♇	0am33
Su	☿□♀	12pm24
	☿∠♅	6 38
4	☿⚻♂	2am39
M	☿□♆	11 8
	♀∠♅	1pm 4
	☿☍♄	5 14
5	♃⚻♅	1am 5
T	⊕□♇	1 36
	☿⚻♇	9 58
	⊕△☿	11 31
	☿ P	4pm53
6	☿✶♅	3am51
W	☿□♃	4 8
	♀△♂	3pm13
	☿⚼♂	4 27
7	♀☌♆	6am32
Th	☿ ♋	4pm17
8	♀□♄	8am 9
F	♂△♆	5pm35
9	☿△♆	5am41
S	☿△♂	6 42
	☿⚻♄	12pm21
	⊕☍♅	9 30
	☿△♀	9 57
10	☿☍♇	5am 4
Su	⊕⚺♃	5 54
	☿□♅	11pm48
11	☿✶♃	1am22
M	♀✶♇	1 31
	⊕□☿	4 52
	☿⚼♆	4pm57
12	☿⚼♄	0am 9
T	♂⚺♄	10 27
	☿ ♌	2pm21
13	☿⚼♀	8am34
W	☿∠♃	3pm38
14	♀⚺♅	1am32
Th	⊕⚼♆	6 56
	☿⚻♆	7 27
	♀☍♃	10 53
	☿△♄	3pm24
	☿□♂	8 16
15	☿⚻♇	9am38
16	⊕∠♄	5am16
S	☿△♅	7 4
	☿⚺♃	10 28
17	☿⚻♀	6am33
Su	⊕✶☿	6pm48
18	☿ ♍	3am30
M	☿⚼♇	7 17
19	☿⚼♅	6am53
T	⊕ ♏	3pm22
20	♀ ♈	0am56
W	☿☍♆	4 28
	♀⚼♂	7 17
	☿□♄	2pm48
	⊕⚻♀	4 8
21	♂✶♇	1am18
Th	☿△♇	12pm 5
	☿✶♂	1 26
	⊕∠☿	7 12
22	☿⚻♅	2pm26
F	☿☌♃	8 59
24	☿ ♎	8pm52
25	☿∠♂	3pm34
26	♀⚺♆	5am19
T	⊕⚺☿	2pm39
	⊕∠♃	9 31
27	☿⚻♆	10am10
W	♀△♄	1pm53
28	☿✶♄	0am17
Th	☿☍♀	8 13
	♂0S	8pm 7
29	☿□♇	1am43
F	⊕△♆	6pm27
	♀□♇	11 41
30	☿⚺♂	9am30
S	☿☍♅	11 1
	♂⚻♅	8pm 1
	☿⚺♃	10 57

MAY 2016

DAY	☿ LONG	☿ LAT	♀ LONG	♀ LAT	⊕ LONG	♂ LONG	♂ LAT
	° '	° '	° '	° '	° '	° '	° '
1 Su	22♎32	3N05	17♈27	2S55	11♏03	20♏46	0S02
2 M	25 53	2 43	19 03	2 52	12 02	21 16	0 03
3 Tu	29 09	2 20	20 39	2 49	13 00	21 47	0 04
4 W	2♏22	1 58	22 14	2 46	13 58	22 17	0 05
5 Th	5 31	1 35	23 50	2 43	14 56	22 48	0 06
6 F	8 36	1 13	25 26	2 39	15 54	23 18	0 07
7 S	11 38	0 51	27 02	2 36	16 52	23 49	0 08
8 Su	14 38	0 29	28 38	2 32	17 51	24 19	0 09
9 M	17 35	0 07	0♉14	2 28	18 49	24 50	0 10
10 Tu	20 30	0S15	1 49	2 24	19 47	25 21	0 11
11 W	23 22	0 36	3 25	2 20	20 45	25 51	0 12
12 Th	26 13	0 57	5 01	2 16	21 43	26 22	0 13
13 F	29 02	1 17	6 37	2 12	22 40	26 53	0 14
14 S	1♐50	1 37	8 13	2 07	23 38	27 24	0 15
15 Su	4 37	1 57	9 49	2 03	24 36	27 55	0 16
16 M	7 23	2 17	11 25	1 58	25 34	28 26	0 17
17 Tu	10 09	2 36	13 01	1 53	26 32	28 57	0 18
18 W	12 54	2 54	14 38	1 49	27 30	29 28	0 19
19 Th	15 38	3 12	16 14	1 44	28 27	29 59	0 20
20 F	18 23	3 30	17 50	1 39	29 25	0♐30	0 21
21 S	21 08	3 47	19 26	1 34	0♐23	1 01	0 22
22 Su	23 53	4 04	21 02	1 29	1 21	1 33	0 23
23 M	26 39	4 20	22 39	1 24	2 18	2 04	0 24
24 Tu	29 25	4 36	24 15	1 18	3 16	2 36	0 25
25 W	2♑13	4 51	25 51	1 13	4 13	3 07	0 26
26 Th	5 02	5 06	27 27	1 08	5 11	3 39	0 27
27 F	7 52	5 20	29 04	1 02	6 09	4 10	0 28
28 S	10 44	5 33	0♊40	0 57	7 06	4 42	0 29
29 Su	13 37	5 45	2 17	0 51	8 04	5 14	0 30
30 M	16 33	5 57	3 53	0 46	9 01	5 45	0 31
31 Tu	19♑31	6S08	5♊30	0S40	9♐59	6♐17	0S32

JUNE 2016

DAY	☿ LONG	☿ LAT	♀ LONG	♀ LAT	⊕ LONG	♂ LONG	♂ LAT
	° '	° '	° '	° '	° '	° '	° '
1 W	22♑32	6S18	7♊06	0S34	10♐56	6♐49	0S33
2 Th	25 35	6 27	8 43	0 29	11 54	7 21	0 34
3 F	28 42	6 36	10 19	0 23	12 51	7 53	0 35
4 S	1♒51	6 43	11 56	0 17	13 49	8 25	0 36
5 Su	5 05	6 49	13 32	0 12	14 46	8 57	0 37
6 M	8 23	6 54	15 09	0 06	15 44	9 29	0 38
7 Tu	11 44	6 57	16 46	0 00	16 41	10 01	0 39
8 W	15 11	7 00	18 23	0N06	17 39	10 34	0 40
9 Th	18 42	7 00	19 59	0 11	18 36	11 06	0 41
10 F	22 19	6 59	21 36	0 17	19 33	11 38	0 42
11 S	26 01	6 57	23 13	0 23	20 31	12 11	0 42
12 Su	29 49	6 52	24 50	0 28	21 28	12 43	0 43
13 M	3♓44	6 46	26 27	0 34	22 26	13 16	0 44
14 Tu	7 45	6 37	28 03	0 40	23 23	13 48	0 45
15 W	11 54	6 26	29 40	0 45	24 20	14 21	0 46
16 Th	16 10	6 13	1♋17	0 51	25 17	14 54	0 47
17 F	20 34	5 57	2 54	0 56	26 15	15 26	0 48
18 S	25 06	5 38	4 31	1 02	27 12	15 59	0 49
19 Su	29 46	5 17	6 08	1 07	28 09	16 32	0 50
20 M	4♈36	4 52	7 45	1 13	29 06	17 05	0 51
21 Tu	9 34	4 25	9 23	1 18	0♑04	17 38	0 52
22 W	14 41	3 55	11 00	1 23	1 01	18 11	0 53
23 Th	19 58	3 22	12 37	1 29	1 58	18 44	0 54
24 F	25 23	2 46	14 14	1 34	2 55	19 17	0 55
25 S	0♉57	2 07	15 51	1 39	3 53	19 51	0 56
26 Su	6 40	1 27	17 28	1 44	4 50	20 24	0 57
27 M	12 31	0 44	19 06	1 49	5 47	20 57	0 58
28 Tu	18 30	0 00	20 43	1 54	6 44	21 31	0 59
29 W	24 34	0N45	22 20	1 58	7 41	22 04	0 59
30 Th	0♊45	1N29	23♋58	2N03	8♑39	22♐38	1S00

DAY	♃ LONG	♃ LAT	♄ LONG	♄ LAT	♅ LONG	♅ LAT	♆ LONG	♆ LAT	♇ LONG	♇ LAT
	° '	° '	° '	° '	° '	° '	° '	° '	° '	° '
2 M	22♍27.5	1N14	12♐08.1	1N39	20♈41.9	0S37	9♓52.5	0S50	15♑51.0	1N26
7 S	22 50.3	1 14	12 17.2	1 39	20 45.1	0 37	9 54.3	0 50	15 52.6	1 26
12 Th	23 13.1	1 15	12 26.3	1 39	20 48.4	0 37	9 56.1	0 50	15 54.2	1 25
17 Tu	23 35.9	1 15	12 35.4	1 38	20 51.6	0 37	9 57.9	0 50	15 55.8	1 25
22 Su	23 58.7	1 15	12 44.5	1 38	20 54.9	0 37	9 59.7	0 50	15 57.3	1 24
27 F	24 21.5	1 15	12 53.6	1 38	20 58.1	0 37	10 01.5	0 50	15 58.9	1 24
1 W	24 44.3	1 15	13 02.7	1 37	21 01.4	0 37	10 03.3	0 50	16 00.5	1 23
6 M	25 07.1	1 15	13 11.8	1 37	21 04.7	0 37	10 05.2	0 50	16 02.1	1 23
11 S	25 29.9	1 15	13 20.9	1 37	21 07.9	0 37	10 07.0	0 50	16 03.7	1 22
16 Th	25 52.6	1 16	13 30.0	1 36	21 11.2	0 37	10 08.8	0 50	16 05.3	1 22
21 Tu	26 15.4	1 16	13 39.1	1 36	21 14.4	0 37	10 10.6	0 50	16 06.8	1 21
26 Su	26 38.2	1 16	13 48.1	1 36	21 17.7	0 37	10 12.4	0 50	16 08.4	1 21

☿a .419809	☿ .445844
♀ .725329	♀ .721235
⊕ 1.00761	⊕ 1.01409
♂ 1.54937	♂ 1.50933
♃ 5.43596	♃ 5.44006
♄ 10.0253	♄ 10.0286
♅ 19.9641	♅ 19.9612
♆ 29.9569	♆ 29.9562
♇ 33.0888	♇ 33.1082
☊	Perihelia
☿ 18°♉ 32	☿ 17°♊ 43
♀ 16 ♊ 50	♀ 12 ♌ 00
⊕	⊕ 14 ♋ 18
♂ 19 ♉ 41	♂ 6 ♓ 25
♃ 10 ♋ 39	♃ 14 ♈ 30
♄ 23 ♋ 46	♄ 4 ♋ 18
♅ 14 ♊ 02	♅ 22 ♍ 23
♆ 12 ♌ 00	♆ 3 ♊ 13
♇ 20 ♋ 31	♇ 14 ♏ 13

1	☿⚼♆	4pm45
2 M	⊕⚺♄	2am46
	☿∠♄	9 14
3 T	♀☌♅	0am58
	☿ ♏	6 16
4 W	♀⚻♂	0am59
	♀⚻♃	5 50
	♂✶♃	6pm 3
5 Th	♀∠♆	3pm56
	☿∠♃	5 16
	⊕✶♇	11 9
6	☿△♆	10am13
7 S	♀⚼♄	3am56
	☿⚺♄	5 12
8 Su	☿✶♇	10am 9
	♀ ♉	8pm37
9 M	☿0S	7am44
	⊕☌☿	3pm 6
10 T	☿⚻♅	2am26
	☿✶♃	10pm 2
11	⊕⚻♅	1am19
12	☿☌♂	1am33
13 F	☿ ♐	8am12
	☿∠♇	4pm 1
	⊕✶♃	4 44
14	♀⚼♃	2am21
15 Su	♀✶♆	1am59
	☿⚼♅	10 35
16 M	♀⚻♄	5pm23
	☿□♆	10 25
17	☿☌♄	9pm34
18	♀△♇	7pm40
19 Th	♂ ♐	0am45
	☿⚺♇	2 37
	☿⚻♀	12pm21
	☿ A	4 30
20 F	⊕ ♐	2pm29
	♂∠♇	8 32
	☿△♅	10 0
21	⊕∠♇	2pm17
S	♀⚺♅	10 9
22 Su	☿□♃	0am50
	⊕☌♂	11 11
23	♀△♃	10pm10
24	☿ ♑	4am58
25	☿⚺♂	9am30
26 Th	⊕⚺☿	2am 2
	⊕⚼♅	7pm33
27 F	♀ ♊	2pm 0
	☿✶♆	6 11
28 S	♀⚼♇	4am46
	☿⚺♄	6pm27
29	☿☌♇	7pm30
30	♂⚼♅	11am23
31 T	⊕□♆	1am43
	♀∠♅	7 49
	☿□♅	12pm 1
	☿⚼♀	4 49
	☿∠♂	5 11
	♀☍♂	5 39
1 W	☿△♃	5pm51
	☿∠♆	7 56
2 Th	⊕∠☿	2pm45
	☿∠♄	7 28
	♀□♆	8 14
3 F	⊕☌♄	6am25
	☿ ♒	9 58
4	♀☍♄	6pm19
6	⊕⚺♇	7am40
M	☿✶♂	9 29
	☿⚺♆	12pm17
	☿⚼♃	12 47
	♀⚻♇	1 12
	⊕☍♀	9 15
7 T	♀0N	0am57
	♂□♆	3 10
	☿✶♄	10 32
8 W	☿⚺♇	5am57
	⊕✶☿	11pm 4
9 Th	☿△♀	3pm34
	☿✶♅	4 7
	♀✶♅	4 49
10	☿⚻♃	8pm36
11	⊕△♅	3pm41
12 Su	☿ ♓	1am 6
	☿∠♇	7 43
	♀□♃	11 38
13 M	♂☌♄	6am52
	☿∠♅	2pm34
14	☿☌♆	1pm53
15 W	♀ ♋	4am51
	☿□♄	8 59
	☿□♂	3pm54
	☿✶♇	11 34
16	⊕□♃	4pm 1
17	☿⚺♅	3am25
18 S	♂⚺♇	4am54
	☿☍♃	4 56
	⊕□☿	1pm41
19	☿ ♈	1am 9
20 M	⊕ ♑	10pm27
	☿□♀	10 42
21 T	☿⚺♆	2am55
	♀△♆	11 55
	☿△♄	7pm20
22 W	☿□♇	6am36
	☿△♂	5pm52
23 Th	☿☌♅	5am50
	♀⚻♄	4pm34
	☿∠♆	11 11
24	☿⚻♃	4am51
F	☿⚼♄	2pm37
	☿ ♉	7 55
25 S	♀☍♇	4am11
	⊕△☿	2pm48
	☿⚼♂	6 8
26 Su	☿✶♆	2pm35
	☿⚼♃	8 40
27 M	☿⚻♄	5am20
	☿△♇	2pm38
	♂△♅	3 28
28 T	☿0N	0am 8
	♀□♅	8 56
	☿⚺♅	11 13
	☿✶♀	12pm 2
	☿⚻♂	1 10
	⊕⚼☿	3 14
	♀⚻♂	5 55
29 W	☿△♃	9am 3
	☿ ♊	9pm 7
30 Th	☿⚼♇	1am36
	♀⚼♆	6pm53
	☿∠♅	9 33

JULY 2016

DAY	☿ LONG	☿ LAT	♀ LONG	♀ LAT	⊕ LONG	♂ LONG	♂ LAT
	° '	° '	° '	° '	° '	° '	° '
1 F	6♊59	2N14	25♋35	2N08	9♑36	23♐11	1S01
2 S	13 17	2 57	27 12	2 12	10 33	23 45	1 02
3 Su	19 36	3 38	28 50	2 16	11 30	24 18	1 03
4 M	25 55	4 16	0♌27	2 21	12 28	24 52	1 04
5 Tu	2♋13	4 51	2 04	2 25	13 25	25 26	1 05
6 W	8 28	5 22	3 42	2 29	14 22	26 00	1 06
7 Th	14 38	5 49	5 19	2 33	15 19	26 34	1 07
8 F	20 43	6 12	6 57	2 36	16 16	27 08	1 07
9 S	26 40	6 30	8 34	2 40	17 14	27 42	1 08
10 Su	2♌31	6 44	10 12	2 44	18 11	28 16	1 09
11 M	8 12	6 54	11 49	2 47	19 08	28 50	1 10
12 Tu	13 45	6 59	13 27	2 50	20 05	29 24	1 11
13 W	19 08	7 00	15 04	2 53	21 03	29 58	1 12
14 Th	24 22	6 58	16 42	2 56	22 00	0♑33	1 13
15 F	29 26	6 53	18 19	2 59	22 57	1 07	1 13
16 S	4♍20	6 45	19 57	3 02	23 54	1 42	1 14
17 Su	9 05	6 34	21 34	3 04	24 51	2 16	1 15
18 M	13 41	6 21	23 12	3 07	25 49	2 51	1 16
19 Tu	18 07	6 06	24 49	3 09	26 46	3 25	1 17
20 W	22 26	5 49	26 27	3 11	27 43	4 00	1 18
21 Th	26 36	5 31	28 04	3 13	28 40	4 35	1 18
22 F	0♎39	5 12	29 42	3 15	29 38	5 09	1 19
23 S	4 34	4 52	1♍19	3 16	0♒35	5 44	1 20
24 Su	8 23	4 32	2 57	3 18	1 32	6 19	1 21
25 M	12 05	4 10	4 34	3 19	2 29	6 54	1 21
26 Tu	15 42	3 49	6 12	3 20	3 27	7 29	1 22
27 W	19 12	3 27	7 49	3 21	4 24	8 04	1 23
28 Th	22 38	3 04	9 27	3 22	5 21	8 39	1 24
29 F	25 59	2 42	11 04	3 23	6 19	9 14	1 24
30 S	29 15	2 19	12 42	3 23	7 16	9 49	1 25
31 Su	2♏28	1N57	14♍19	3N23	8♒14	10♑25	1S26

AUGUST 2016

DAY	☿ LONG	☿ LAT	♀ LONG	♀ LAT	⊕ LONG	♂ LONG	♂ LAT
	° '	° '	° '	° '	° '	° '	° '
1 M	5♏37	1N34	15♍57	3N24	9♒11	11♑00	1S27
2 Tu	8 42	1 12	17 34	3 24	10 08	11 35	1 27
3 W	11 44	0 50	19 11	3 24	11 06	12 11	1 28
4 Th	14 44	0 28	20 49	3 23	12 03	12 46	1 29
5 F	17 41	0 06	22 26	3 23	13 01	13 22	1 29
6 S	20 35	0S15	24 03	3 22	13 58	13 57	1 30
7 Su	23 28	0 36	25 40	3 21	14 56	14 33	1 31
8 M	26 19	0 57	27 18	3 20	15 53	15 09	1 31
9 Tu	29 08	1 18	28 55	3 19	16 51	15 44	1 32
10 W	1♐56	1 38	0♎32	3 18	17 48	16 20	1 33
11 Th	4 43	1 58	2 09	3 16	18 46	16 56	1 33
12 F	7 29	2 17	3 46	3 15	19 43	17 32	1 34
13 S	10 14	2 36	5 23	3 13	20 41	18 08	1 35
14 Su	12 59	2 55	7 00	3 11	21 39	18 44	1 35
15 M	15 44	3 13	8 37	3 09	22 36	19 20	1 36
16 Tu	18 28	3 31	10 14	3 07	23 34	19 56	1 36
17 W	21 13	3 48	11 51	3 05	24 32	20 32	1 37
18 Th	23 58	4 05	13 28	3 02	25 29	21 08	1 37
19 F	26 44	4 21	15 05	2 59	26 27	21 44	1 38
20 S	29 31	4 36	16 42	2 57	27 25	22 21	1 39
21 Su	2♑18	4 52	18 19	2 54	28 22	22 57	1 39
22 M	5 07	5 06	19 55	2 51	29 20	23 33	1 40
23 Tu	7 57	5 20	21 32	2 48	0♓18	24 10	1 40
24 W	10 49	5 33	23 09	2 44	1 16	24 46	1 41
25 Th	13 43	5 46	24 45	2 41	2 14	25 23	1 41
26 F	16 39	5 57	26 22	2 37	3 12	25 59	1 42
27 S	19 37	6 08	27 58	2 33	4 10	26 36	1 42
28 Su	22 37	6 18	29 35	2 30	5 07	27 13	1 43
29 M	25 41	6 28	1♏11	2 26	6 05	27 49	1 43
30 Tu	28 47	6 36	2 47	2 22	7 03	28 26	1 43
31 W	1♒58	6S43	4♏24	2N18	8♓01	29♑03	1S44

DAY	♃ LONG	♃ LAT	♄ LONG	♄ LAT	♅ LONG	♅ LAT	♆ LONG	♆ LAT	♇ LONG	♇ LAT
	° '	° '	° '	° '	° '	° '	° '	° '	° '	° '
1 F	27♍00.9	1N16	13♐57.2	1N36	21♈20.9	0S37	10♓14.3	0S50	16♑10.0	1N20
6 W	27 23.7	1 16	14 06.3	1 35	21 24.2	0 37	10 16.1	0 50	16 11.6	1 20
11 M	27 46.4	1 16	14 15.4	1 35	21 27.4	0 37	10 17.9	0 50	16 13.2	1 19
16 S	28 09.2	1 16	14 24.5	1 35	21 30.7	0 37	10 19.7	0 50	16 14.8	1 19
21 Th	28 31.9	1 16	14 33.6	1 34	21 34.0	0 37	10 21.5	0 50	16 16.3	1 18
26 Tu	28 54.7	1 17	14 42.6	1 34	21 37.2	0 37	10 23.3	0 51	16 17.9	1 18
31 Su	29 17.4	1 17	14 51.7	1 34	21 40.5	0 37	10 25.2	0 51	16 19.5	1 18
5 F	29 40.1	1 17	15 00.8	1 33	21 43.7	0 37	10 27.0	0 51	16 21.1	1 17
10 W	0♎02.9	1 17	15 09.9	1 33	21 47.0	0 37	10 28.8	0 51	16 22.6	1 17
15 M	0 25.6	1 17	15 19.0	1 33	21 50.2	0 37	10 30.6	0 51	16 24.2	1 16
20 S	0 48.3	1 17	15 28.0	1 33	21 53.5	0 37	10 32.4	0 51	16 25.8	1 16
25 Th	1 11.0	1 17	15 37.1	1 32	21 56.7	0 37	10 34.2	0 51	16 27.4	1 15
30 Tu	1 33.7	1 17	15 46.2	1 32	22 00.0	0 37	10 36.0	0 51	16 28.9	1 15

☿p.308398	☿a.437358
♀p.718649	♀ .719276
⊕a1.01671	⊕ 1.01499
♂ 1.47065	♂ 1.43423
♃ 5.44360	♃ 5.44681
♄ 10.0318	♄ 10.0349
♅ 19.9583	♅ 19.9554
♆ 29.9556	♆ 29.9549
♇ 33.1270	♇ 33.1464
☊	Perihelia
☿ 18°♉ 32	☿ 17°♊ 43
♀ 16 ♊ 50	♀ 11 ♌ 56
⊕	⊕ 10 ♋ 43
♂ 19 ♉ 41	♂ 6 ♓ 25
♃ 10 ♋ 39	♃ 14 ♈ 30
♄ 23 ♋ 46	♄ 4 ♋ 19
♅ 14 ♊ 03	♅ 22 ♍ 35
♆ 12 ♌ 00	♆ 1 ♊ 32
♇ 20 ♋ 31	♇ 14 ♏ 17

1 F	⊕⊼☿	11am45
	☿□♆	12pm25
	⊕✶♆	4 12
	☿∠♀	6 29
	♀✶♃	10 14
2 S	☿☍♄	2am41
	☿⊼♇	11 0
	☿ P	4pm 9
3 Su	♀⚼♄	2am49
	☿✶♅	6 44
	♀ ♌	5pm20
	☿☍♂	7 37
4 M	☿□♃	5am 6
	☿ ♋	3pm32
	⊕ A	4 26
	☿⊻♀	11 17
5	⊕⊻♄	5pm12
6 W	☿△♆	7am 0
	☿⊼♄	10pm 3
7 Th	⊕☍☿	3am12
	☿☍♇	6 9
	⊕☌♇	10pm13
8	☿□♅	2am51
F	☿⚼♆	6pm22
	♂□♃	8 23
9 S	☿✶♃	3am55
	☿⊼♂	4 36
	☿⚼♄	10 21
	☿ ♌	1pm36
10	♀⊼♆	1am26
11 M	♀ P	1am51
	☿⊼♆	9 0
	♀∠♃	2pm46
	☿∠♃	8 0
	☿☌♀	10 6
12 T	☿△♄	2am23
	☿⚼♂	3 13
	☿⊼♇	10 57
	♀△♄	12pm40
	♀⚼♂	9 49
13 W	♂ ♑	1am 4
	⊕⊼☿	10 36
	☿△♅	10 41
	⊕□♅	11 7
	♀⊼♇	5pm10
14	☿⊻♃	5pm25
15 F	☿ ♍	2am45
	☿⚼♇	8 47
	☿△♂	9 16
16 S	☿⚼♅	10am56
	♀△♅	11pm16
17 Su	⊕⚼☿	5am 1
	☿☍♆	6 28
	⊕∠♆	12pm 6
18 M	☿□♄	4am15
	☿△♇	1pm50
19	☿⊼♅	7pm 2
20	⊕△♃	8pm10
21 Th	♀⊻♃	7am 6
	☿☌♃	11 34
	☿⊻♀	2pm27
	⊕△☿	3 58
	☿ ♎	8 6
	⊕⊼♀	9 24
	⊕∠♄	11 2
22 F	♀ ♍	4am26
	⊕ ♒	9 23
	♀⚼♇	11pm23
23	☿□♂	8am33
24	☿⊼♆	12pm51
25	☿✶♄	5pm21
26 T	☿□♇	4am 6
	♀⚼♅	6 15
27 W	♀△♂	5am35
	☿☍♅	4pm58
28 Th	♀☍♆	2pm 8
	☿⚼♆	7 50
29 F	☿∠♀	1am17
	☿⊻♃	11pm40
30 S	☿∠♄	4am18
	☿ ♏	5 31
31 Su	♂✶♆	0am20
	♀□♄	8 10

1	♀△♇	5am44
2 T	⊕⊻♆	7am21
	☿△♆	1pm40
	⊕□☿	4 34
3 W	☿✶♂	4am24
	☿∠♃	10pm53
4 Th	☿⊻♄	2am 6
	☿✶♇	1pm10
	♀⊼♅	1 31
5 F	☿0S	6am59
	⊕⊻♂	10pm58
6 S	☿⊼♅	9am38
	⊕⚼♃	9pm 2
7 Su	⊕✶♄	3am44
	♂⊻♄	10pm18
8 M	⊕⊻♇	12pm 3
	☿✶♀	7 41
9 T	☿✶♃	7am24
	☿ ♐	7 26
	♃ ♎	8 53
	♀ ♎	4pm 5
	♀☌♃	4 26
	☿∠♂	5 31
	☿∠♇	7 15
10	♂☌♇	1am41
11	☿⚼♅	6pm 7
13 S	☿□♆	2am18
	⊕⚼♀	10 47
14 Su	⊕✶♅	4am35
	☿☌♄	8pm21
15 M	☿⊻♇	5am55
	☿ A	3pm46
16 T	♀⊼♆	4am 8
	☿⊻♂	4pm20
17	☿△♅	5am36
18	⊕✶☿	8pm11
19 F	♀✶♄	5am22
	♂□♅	5 40
	♀□♇	8pm 1
20 S	☿ ♑	4am12
	☿□♃	11 26
22	⊕ ♓	4pm31
23 T	♀☍♅	5am53
	⊕⊼♃	7pm47
	☿✶♆	9 53
24	⊕∠♇	4am40
25 Th	♂∠♆	7am36
	♀⚼♆	12pm15
	♀□♂	3 2
	☿⊻♄	3 49
	☿☌♇	10 32
26	⊕∠☿	6pm38
27	☿□♅	6pm53
28 Su	♀ ♏	6am19
	♀∠♄	5pm14
	☿∠♆	11 20
29 M	♀⊻♃	4am44
	☿☌♂	8pm35
	⊕∠♅	10 33
30 T	☿ ♒	9am13
	☿∠♄	3pm11
	☿△♃	9 32

SEPTEMBER 2016

DAY	☿ LONG	☿ LAT	♀ LONG	♀ LAT	⊕ LONG	♂ LONG	♂ LAT
	° '	° '	° '	° '	° '	° '	° '
1 Th	5♒11	6S49	6♏00	2N13	9♓00	29♑40	1S44
2 F	8 29	6 54	7 36	2 09	9 58	0♒16	1 45
3 S	11 51	6 57	9 12	2 04	10 56	0 53	1 45
4 Su	15 17	7 00	10 49	2 00	11 54	1 30	1 45
5 M	18 49	7 00	12 25	1 55	12 52	2 07	1 46
6 Tu	22 26	6 59	14 01	1 50	13 50	2 44	1 46
7 W	26 08	6 57	15 37	1 46	14 49	3 21	1 47
8 Th	29 57	6 52	17 13	1 41	15 47	3 58	1 47
9 F	3♓51	6 46	18 49	1 36	16 45	4 35	1 47
10 S	7 53	6 37	20 24	1 31	17 43	5 13	1 47
11 Su	12 02	6 26	22 00	1 26	18 42	5 50	1 48
12 M	16 18	6 12	23 36	1 20	19 40	6 27	1 48
13 Tu	20 42	5 56	25 12	1 15	20 38	7 04	1 48
14 W	25 14	5 38	26 47	1 10	21 37	7 42	1 49
15 Th	29 55	5 16	28 23	1 05	22 35	8 19	1 49
16 F	4♈45	4 52	29 59	0 59	23 34	8 56	1 49
17 S	9 43	4 24	1♐34	0 54	24 32	9 34	1 49
18 Su	14 51	3 54	3 10	0 48	25 31	10 11	1 49
19 M	20 08	3 21	4 45	0 43	26 29	10 49	1 50
20 Tu	25 33	2 45	6 21	0 37	27 28	11 26	1 50
21 W	1♉08	2 06	7 56	0 32	28 27	12 04	1 50
22 Th	6 51	1 25	9 32	0 26	29 25	12 41	1 50
23 F	12 42	0 43	11 07	0 20	0♈24	13 19	1 50
24 S	18 41	0N01	12 42	0 15	1 23	13 56	1 50
25 Su	24 46	0 46	14 18	0 09	2 21	14 34	1 51
26 M	0♊56	1 31	15 53	0 03	3 20	15 12	1 51
27 Tu	7 11	2 15	17 28	0S02	4 19	15 49	1 51
28 W	13 29	2 58	19 03	0 08	5 18	16 27	1 51
29 Th	19 48	3 39	20 38	0 14	6 17	17 05	1 51
30 F	26♊07	4N17	22♐14	0S19	7♈16	17♒42	1S51

OCTOBER 2016

DAY	☿ LONG	☿ LAT	♀ LONG	♀ LAT	⊕ LONG	♂ LONG	♂ LAT
	° '	° '	° '	° '	° '	° '	° '
1 S	2♋25	4N52	23♐49	0S25	8♈15	18♒20	1S51
2 Su	8 39	5 23	25 24	0 30	9 14	18 58	1 51
3 M	14 49	5 50	26 59	0 36	10 13	19 36	1 51
4 Tu	20 54	6 13	28 34	0 41	11 12	20 14	1 51
5 W	26 52	6 31	0♑09	0 47	12 11	20 52	1 51
6 Th	2♌42	6 45	1 44	0 52	13 10	21 29	1 51
7 F	8 23	6 54	3 19	0 58	14 10	22 07	1 51
8 S	13 55	6 59	4 54	1 03	15 09	22 45	1 51
9 Su	19 18	7 00	6 29	1 09	16 08	23 23	1 51
10 M	24 31	6 58	8 04	1 14	17 07	24 01	1 51
11 Tu	29 35	6 53	9 39	1 19	18 07	24 39	1 51
12 W	4♍29	6 44	11 14	1 24	19 06	25 17	1 50
13 Th	9 14	6 33	12 49	1 29	20 05	25 55	1 50
14 F	13 49	6 20	14 24	1 34	21 05	26 33	1 50
15 S	18 16	6 05	15 58	1 39	22 04	27 11	1 50
16 Su	22 34	5 49	17 33	1 44	23 04	27 49	1 50
17 M	26 44	5 31	19 08	1 49	24 03	28 27	1 50
18 Tu	0♎46	5 12	20 43	1 54	25 03	29 05	1 49
19 W	4 42	4 52	22 18	1 58	26 02	29 43	1 49
20 Th	8 30	4 31	23 53	2 03	27 02	0♓21	1 49
21 F	12 12	4 10	25 28	2 07	28 01	1 00	1 49
22 S	15 48	3 48	27 02	2 12	29 01	1 38	1 49
23 Su	19 19	3 26	28 37	2 16	0♉01	2 16	1 48
24 M	22 44	3 04	0♒12	2 20	1 01	2 54	1 48
25 Tu	26 05	2 41	1 47	2 24	2 00	3 32	1 48
26 W	29 22	2 19	3 22	2 28	3 00	4 10	1 47
27 Th	2♏34	1 56	4 57	2 32	4 00	4 48	1 47
28 F	5 43	1 34	6 32	2 35	5 00	5 26	1 47
29 S	8 48	1 11	8 07	2 39	6 00	6 04	1 46
30 Su	11 50	0 49	9 41	2 42	7 00	6 43	1 46
31 M	14♏49	0N27	11♒16	2S46	8♉00	7♓21	1S46

DAY	♃ LONG	♃ LAT	♄ LONG	♄ LAT	♅ LONG	♅ LAT	♆ LONG	♆ LAT	♇ LONG	♇ LAT
	° '	° '	° '	° '	° '	° '	° '	° '	° '	° '
4 Su	1♎56.4	1N17	15♐55.2	1N32	22♈03.2	0S37	10♓37.8	0S51	16♑30.5	1N14
9 F	2 19.1	1 17	16 04.3	1 31	22 06.5	0 36	10 39.7	0 51	16 32.1	1 14
14 W	2 41.8	1 17	16 13.4	1 31	22 09.7	0 36	10 41.5	0 51	16 33.7	1 13
19 M	3 04.5	1 18	16 22.4	1 31	22 13.0	0 36	10 43.3	0 51	16 35.2	1 13
24 S	3 27.2	1 18	16 31.5	1 30	22 16.3	0 36	10 45.1	0 51	16 36.8	1 12
29 Th	3 49.9	1 18	16 40.6	1 30	22 19.5	0 36	10 46.9	0 51	16 38.4	1 12
4 Tu	4 12.6	1 18	16 49.6	1 30	22 22.8	0 36	10 48.7	0 51	16 39.9	1 11
9 Su	4 35.3	1 18	16 58.7	1 29	22 26.0	0 36	10 50.5	0 51	16 41.5	1 11
14 F	4 57.9	1 18	17 07.8	1 29	22 29.3	0 36	10 52.3	0 51	16 43.1	1 10
19 W	5 20.6	1 18	17 16.8	1 29	22 32.5	0 36	10 54.1	0 51	16 44.6	1 10
24 M	5 43.3	1 18	17 25.9	1 28	22 35.8	0 36	10 56.0	0 51	16 46.2	1 09
29 S	6 06.0	1 18	17 34.9	1 28	22 39.0	0 36	10 57.8	0 51	16 47.8	1 09

☿p.430449	☿ .309277
♀ .722788	♀a.726568
⊕ 1.00922	⊕ 1.00117
♂ 1.40511	♂p1.38710
♃ 5.44957	♃ 5.45181
♄ 10.0378	♄ 10.0405
♅ 19.9524	♅ 19.9495
♆ 29.9542	♆ 29.9536
♇ 33.1659	♇ 33.1848
☊	Perihelia
☿ 18°♉ 32	☿ 17°♊ 43
♀ 16 ♊ 50	♀ 11 ♌ 52
⊕	⊕ 10 ♋ 49
♂ 19 ♉ 41	♂ 6 ♓ 25
♃ 10 ♋ 39	♃ 14 ♈ 30
♄ 23 ♋ 46	♄ 4 ♋ 18
♅ 14 ♊ 03	♅ 22 ♍ 44
♆ 12 ♌ 00	♆ 29 ♉ 39
♇ 20 ♋ 31	♇ 14 ♏ 22

DAY	ASPECT	TIME
1	☿□♀	11am40
Th	♂ ♒	1pm21
2	⊕⚺☿	2pm54
F	☿⚺♆	3 20
	⊕☌♆	4 24
3	♂∠♄	0am 8
S	♀△♆	9pm19
4	☿⚹♄	4am22
Su	☿⚺♇	8 22
	☿⚼♃	11 33
	♂△♃	7pm26
5	⊕△♀	5pm26
M	☿⚹♅	9 40
7	♀⚺♄	6am 7
W	♀⚹♇	1pm45
8	☿ ♓	0am21
Th	♀∠♃	0 31
	⊕□♄	6 41
	☿∠♇	9 49
	☿⚻♃	2pm27
	⊕⚹♇	6 38
9	☿⚺♂	5am13
F	☿∠♅	7pm29
10	☿☌♆	4pm13
11	♀⚻♅	1am55
Su	☿□♄	11pm14
12	☿⚹♇	1am23
M	⊕☌☿	11pm34
13	☿⚺♅	7am46
T	☿∠♂	8 29
14	☿△♀	12pm12
W	⊕⚺♅	1 41
15	☿ ♈	0am24
Th	☿☍♃	2pm30
16	♀ ♐	0am20
F	☿⚹♂	11pm 8
17	♀∠♇	0am 5
S	⊕∠♂	1 37
	☿⚺♆	4 41
	♀⚹♃	9pm25
18	☿△♄	6am55
Su	☿□♇	7 58
	♂⚺♆	8pm36
	☿⚼♀	9 38
19	☿☌♅	9am20
20	☿∠♆	0am45
T	⊕⚺☿	10 3
	♀⚼♅	1pm23
	☿ ♉	7 10
	♀☌♄	10 52
	⊕⚹☿	10 58
	♀⚺♇	11 17
	♀0S	2pm21
21	☿⚼♄	1am17
W	☿⚻♃	8 58
22	⊕ ♈	2pm14
Th	☿⚻♀	3 8
	☿⚹♆	4 0
	♀□♆	6 23
23	☿□♂	2am44
F	⊕∠☿	1pm 0
	☿⚻♄	3 21
	☿△♇	3 44
	☿⚼♃	11 5
	☿0N	11 23
24	☿⚺♅	2pm14
25	♀⚹♂	6am49
Su	☿ ♊	8pm22
26	☿⚼♇	2am38
M	⊕☍♃	7 5
	☿△♃	10 24
27	☿∠♅	0am27
T	♄⚺♇	12pm43
	☿□♆	1 42
28	♂⚺♇	7am 6
W	♂⚹♄	7 52
	☿⚻♇	12pm 0
	☿☍♄	12 5
	☿△♂	12 32
	☿ P	3 24
29	☿☍♀	4am16
Th	☿⚹♅	9 36
30	♀△♅	1am40
F	☿ ♋	2pm47
1	☿⚼♂	3am56
S	☿□♃	6 6
2	⊕□☿	2am39
Su	♂⚼♃	3 56
	☿△♆	8 19
3	☿☍♇	7am13
M	☿⚻♄	7 47
	⊕⚺♆	2pm27
	☿⚻♂	9 1
4	☿□♅	5am56
T	☿⚼♆	7pm46
	♀ ♑	9 44
5	☿ ♌	12pm51
W	☿⚻♀	6 31
	☿⚼♄	8 38
6	☿⚹♃	7am 4
7	☿⚻♆	10am32
F	♂⚹♅	11 9
	♀□♃	5pm50
8	⊕△☿	6am36
S	☿⚻♇	12pm15
	☿△♄	1 29
9	☿∠♃	1am18
Su	⊕□♇	1pm37
	☿⚼♀	2 14
	☿△♅	2 20
	⊕△♄	9 9
	☿☍♂	9 19
11	♀∠♂	0am10
T	☿ ♍	2 0
	☿⚼♇	10 17
	♀⚹♆	6pm24
	⊕⚼☿	9 35
12	☿⚺♃	1am40
W	☿⚼♅	3pm 1
13	☿☍♆	8am29
14	☿△♀	4am42
F	☿△♇	3pm35
	☿□♄	5 56
15	⊕☌♅	10am30
S	♀☌♇	11 25
	♀⚺♄	6pm21
	☿⚻♅	11 41
16	⊕⚻☿	3am41
17	☿⚻♂	12pm 2
M	☿ ♎	7 21
18	⊕∠♆	8pm43
19	♀□♅	3am43
W	☿☌♃	4 8
	♂ ♓	10 28
20	☿⚻♆	3pm34
21	♀∠♆	6am55
22	♂∠♇	5am 2
S	☿□♇	6 29
	☿⚼♂	6 47
	☿⚹♄	10 43
	⊕ ♉	11pm38
23	♀ ♒	8pm55
Su	☿☍♅	10 58
24	☿⚼♆	10pm55
25	⊕□♀	9am10
T	♀∠♄	10 29
	⊕⚼♄	11 16
26	☿ ♏	4am45
W	♀⚺♂	8pm21
	☿∠♄	11 40
27	♀△♃	3pm58
Th	⊕☍☿	4 0
	☿△♂	9 23
28	☿⚺♃	2am29
F	☿□♀	12pm57
29	♂⚻♃	1am 8
S	⊕⚻♃	2 36
	⊕⚹♂	4 50
	♂ P	1pm13
	☿△♆	5 7
30	♀⚺♆	7pm28
31	♀ A	8am25
M	♂∠♅	12pm38
	☿⚹♇	4 10
	☿⚺♄	11 13

NOVEMBER 2016

DAY	☿ LONG	☿ LAT	♀ LONG	♀ LAT	⊕ LONG	♂ LONG	♂ LAT
	° '	° '	° '	° '	° '	° '	° '
1 Tu	17♏46	0N06	12♒51	2S49	9♉00	7♓59	1S45
2 W	20 41	0S16	14 26	2 52	10 00	8 37	1 45
3 Th	23 33	0 37	16 01	2 55	11 00	9 15	1 45
4 F	26 24	0 58	17 36	2 58	12 00	9 53	1 44
5 S	29 13	1 18	19 11	3 00	13 00	10 31	1 44
6 Su	2♐01	1 39	20 46	3 03	14 01	11 09	1 43
7 M	4 48	1 58	22 21	3 05	15 01	11 47	1 43
8 Tu	7 34	2 18	23 56	3 08	16 01	12 25	1 42
9 W	10 19	2 37	25 31	3 10	17 01	13 03	1 42
10 Th	13 04	2 55	27 06	3 12	18 02	13 42	1 41
11 F	15 49	3 13	28 41	3 14	19 02	14 20	1 41
12 S	18 34	3 31	0♓16	3 15	20 02	14 58	1 40
13 Su	21 18	3 48	1 51	3 17	21 03	15 36	1 40
14 M	24 04	4 05	3 26	3 18	22 03	16 14	1 39
15 Tu	26 49	4 21	5 01	3 19	23 03	16 52	1 39
16 W	29 36	4 37	6 36	3 20	24 04	17 30	1 38
17 Th	2♑24	4 52	8 11	3 21	25 04	18 08	1 38
18 F	5 12	5 07	9 47	3 22	26 05	18 46	1 37
19 S	8 03	5 20	11 22	3 23	27 05	19 24	1 36
20 Su	10 55	5 34	12 57	3 23	28 06	20 02	1 36
21 M	13 48	5 46	14 32	3 24	29 06	20 39	1 35
22 Tu	16 44	5 58	16 07	3 24	0♊07	21 17	1 35
23 W	19 42	6 09	17 43	3 24	1 08	21 55	1 34
24 Th	22 43	6 19	19 18	3 23	2 08	22 33	1 33
25 F	25 47	6 28	20 53	3 23	3 09	23 11	1 33
26 S	28 53	6 36	22 28	3 23	4 10	23 49	1 32
27 Su	2♒04	6 43	24 04	3 22	5 10	24 27	1 31
28 M	5 17	6 49	25 39	3 21	6 11	25 04	1 30
29 Tu	8 35	6 54	27 15	3 20	7 12	25 42	1 30
30 W	11♒57	6S58	28♓50	3S19	8♊13	26♓20	1S29

DECEMBER 2016

DAY	☿ LONG	☿ LAT	♀ LONG	♀ LAT	⊕ LONG	♂ LONG	♂ LAT
	° '	° '	° '	° '	° '	° '	° '
1 Th	15♒24	7S00	0♈25	3S18	9♊14	26♓57	1S28
2 F	18 56	7 00	2 01	3 17	10 14	27 35	1 28
3 S	22 33	6 59	3 36	3 15	11 15	28 13	1 27
4 Su	26 15	6 57	5 12	3 13	12 16	28 50	1 26
5 M	0♓04	6 52	6 47	3 11	13 17	29 28	1 25
6 Tu	3 59	6 45	8 23	3 09	14 18	0♈06	1 25
7 W	8 01	6 36	9 58	3 07	15 19	0 43	1 24
8 Th	12 10	6 25	11 34	3 05	16 20	1 21	1 23
9 F	16 26	6 12	13 10	3 03	17 21	1 58	1 22
10 S	20 51	5 56	14 45	3 00	18 22	2 36	1 21
11 Su	25 23	5 37	16 21	2 57	19 23	3 13	1 20
12 M	0♈04	5 15	17 56	2 54	20 24	3 50	1 20
13 Tu	4 54	4 51	19 32	2 51	21 25	4 28	1 19
14 W	9 53	4 23	21 08	2 48	22 26	5 05	1 18
15 Th	15 01	3 53	22 44	2 45	23 27	5 42	1 17
16 F	20 18	3 20	24 19	2 42	24 28	6 20	1 16
17 S	25 44	2 44	25 55	2 38	25 29	6 57	1 15
18 Su	1♉19	2 05	27 31	2 35	26 30	7 34	1 14
19 M	7 02	1 24	29 07	2 31	27 31	8 11	1 14
20 Tu	12 54	0 41	0♉43	2 27	28 32	8 48	1 13
21 W	18 52	0N03	2 19	2 23	29 33	9 25	1 12
22 Th	24 58	0 47	3 55	2 19	0♋34	10 02	1 11
23 F	1♊08	1 32	5 31	2 15	1 35	10 39	1 10
24 S	7 23	2 16	7 07	2 10	2 36	11 16	1 09
25 Su	13 41	2 59	8 43	2 06	3 37	11 53	1 08
26 M	20 00	3 40	10 19	2 01	4 39	12 30	1 07
27 Tu	26 19	4 18	11 55	1 57	5 40	13 07	1 06
28 W	2♋37	4 53	13 31	1 52	6 41	13 44	1 05
29 Th	8 51	5 24	15 07	1 47	7 42	14 20	1 04
30 F	15 01	5 51	16 43	1 42	8 43	14 57	1 03
31 S	21♋05	6N13	18♉19	1S37	9♋44	15♈34	1S02

DAY	♃ LONG	♃ LAT	♄ LONG	♄ LAT	♅ LONG	♅ LAT	♆ LONG	♆ LAT	♇ LONG	♇ LAT
	° '	° '	° '	° '	° '	° '	° '	° '	° '	° '
3 Th	6♎28.6	1N18	17♐44.0	1N28	22♈42.3	0S36	10♓59.6	0S51	16♑49.4	1N08
8 Tu	6 51.3	1 18	17 53.1	1 27	22 45.5	0 36	11 01.4	0 52	16 50.9	1 08
13 Su	7 14.0	1 18	18 02.1	1 27	22 48.8	0 36	11 03.2	0 52	16 52.5	1 07
18 F	7 36.7	1 18	18 11.2	1 27	22 52.1	0 36	11 05.0	0 52	16 54.1	1 07
23 W	7 59.3	1 18	18 20.3	1 27	22 55.3	0 36	11 06.8	0 52	16 55.6	1 06
28 M	8 22.0	1 18	18 29.3	1 26	22 58.6	0 36	11 08.7	0 52	16 57.2	1 06
3 S	8 44.7	1 18	18 38.4	1 26	23 01.8	0 36	11 10.5	0 52	16 58.8	1 05
8 Th	9 07.3	1 18	18 47.4	1 26	23 05.1	0 36	11 12.3	0 52	17 00.4	1 05
13 Tu	9 30.0	1 18	18 56.5	1 25	23 08.4	0 36	11 14.1	0 52	17 01.9	1 05
18 Su	9 52.7	1 18	19 05.6	1 25	23 11.6	0 36	11 15.9	0 52	17 03.5	1 04
23 F	10 15.3	1 18	19 14.6	1 25	23 14.9	0 36	11 17.8	0 52	17 05.1	1 04
28 W	10 38.0	1 18	19 23.7	1 24	23 18.1	0 36	11 19.6	0 52	17 06.7	1 03

☿a.451101	☿p.416482
♀ .728204	♀ .726539
⊕ .992514	⊕ .986080
♂ 1.38129	♂ 1.38878
♃ 5.45367	♃ 5.45503
♄ 10.0432	♄ 10.0457
♅ 19.9464	♅ 19.9435
♆ 29.9529	♆ 29.9523
♇ 33.2043	♇ 33.2232
☊	Perihelia
☿ 18° ♉ 32	☿ 17° ♊ 43
♀ 16 ♊ 50	♀ 11 ♌ 53
⊕	⊕ 13 ♋ 42
♂ 19 ♉ 41	♂ 6 ♓ 25
♃ 10 ♋ 39	♃ 14 ♈ 30
♄ 23 ♋ 47	♄ 4 ♋ 17
♅ 14 ♊ 03	♅ 22 ♍ 53
♆ 12 ♌ 00	♆ 28 ♉ 11
♇ 20 ♋ 31	♇ 14 ♏ 26

1	☿0S	6am15
2	☿∠♃	6am12
W	☿⚻♅	4pm53
	⊕⚹♆	11 46
3	♀⚺♇	12pm15
4	♀⚹♄	2am32
5	☿ ♐	6am41
S	♂☌♆	6pm33
	☿∠♇	10 27
6	♀⚼♃	2pm57
7	♀⚹♅	6am 6
M	☿⚹♃	5pm40
8	☿⚼♅	1am41
T	⊕△♇	7pm59
9	☿□♆	6am11
W	⊕⚻♄	10pm 0
10	☿□♂	7am 4
11	☿⚺♇	9am12
F	☿ A	3pm 1
	☿☌♄	7 6
	♀ ♓	7 59
12	⊕⚻☿	8pm22
13	♀∠♇	0am23
Su	☿△♅	1pm12
14	⊕⚼♃	6am43
M	⊕⚺♅	6pm42
15	♂⚹♇	0am55
16	☿ ♑	3am27
W	♀⚻♃	1pm36
	♀∠♅	6 55
17	♂□♄	1am 9
18	♀☌♆	7pm52
F	☿□♃	8 55
20	☿⚹♆	1am34
21	⊕⚼☿	3am48
M	☿⚹♀	1pm 9
	⊕ ♊	9 15
22	☿☌♇	1am32
T	♀⚹♇	12pm 8
	☿⚺♄	12 53
23	♀□♄	9am40
W	⊕⚼♇	7pm 7
	☿⚹♂	10 20
24	☿□♅	1am42
Th	♂⚺♅	2pm47
25	☿∠♆	2am43
26	♀⚺♅	7am18
S	☿ ♒	8 27
27	♀☌♂	9am28
Su	☿∠♄	10 33
28	⊕△☿	9am30
M	☿△♃	10pm56
29	☿⚺♆	6pm21
T	☿∠♂	6 35
	⊕∠♅	6 52
30	⊕△♃	7am49
W	♀ ♈	5pm38
1	☿∠♀	0am17
Th	☿⚺♇	10 46
	☿⚹♄	9pm50
2	⊕□♆	10pm 6
3	☿⚹♅	3am11
S	☿⚼♃	8 0
4	☿⚺♂	7pm33
Su	☿ ♓	11 36
5	☿∠♇	11am54
M	♂ ♈	8pm26
6	♀☍♃	9am22
7	☿∠♅	0am21
W	☿⚻♃	6 9
	☿⚺♀	6pm30
	☿☌♆	6 31
	♀⚺♆	6 33
8	⊕⚻♇	4pm 4
9	☿⚹♇	3am10
F	⊕□☿	6 31
	☿□♄	1pm10
10	⊕☍♄	11am55
S	☿⚺♅	12pm 5
11	♀□♇	10am12
Su	☿ ♈	11pm39
12	♀△♄	2pm53
M	☿☌♂	9 32
13	☿☍♃	10pm32
14	☿⚺♆	6am27
W	⊕⚹♅	5pm16
15	♀☌♅	6am34
Th	☿□♇	9 19
	☿△♄	6pm18
16	⊕⚹♀	5am40
F	☿☌♅	12pm49
	⊕⚹☿	10 39
17	☿☌♀	1am10
S	☿∠♆	2 18
	♀∠♆	5 7
	☿ ♉	6pm25
18	☿⚼♄	11am48
19	☿⚺♂	5am19
M	☿⚻♃	12pm11
	♀ ♉	1 17
	☿⚹♆	5 26
20	⊕∠☿	3am 7
T	☿△♇	4pm50
	☿0N	10 38
21	☿⚻♄	1am15
W	⊕ ♋	10 37
	☿⚺♅	5pm14
22	☿∠♂	0am21
Th	☿⚼♃	0 52
	♀⚼♄	4 38
	♂☍♃	6 15
	☿ ♊	7pm37
23	⊕⚺☿	2am 5
F	☿⚼♇	3 40
	☿⚺♀	10pm36
24	♂⚺♆	1am12
S	☿∠♅	3 21
	☿△♃	11 23
	☿□♆	2pm58
	☿⚹♂	4 27
25	☿⚻♇	12pm59
Su	☿ P	2 39
	☿☍♄	9 28
26	♀⚻♃	2am42
M	☿⚹♅	12pm29
	♀⚹♆	3 6
27	☿∠♀	3am 2
T	☿ ♋	2pm 2
28	♀⚺♂	5am13
W	⊕☌☿	6pm42
29	☿□♃	7am17
Th	☿△♆	9 38
	☿□♂	11pm43
30	♀△♇	6am 4
F	☿☍♇	8 17
	☿⚹♀	9 4
	☿⚻♄	5pm35
31	☿□♅	9am 1
S	♀⚻♄	5pm46
	☿⚼♆	9 10

JANUARY 2017

DAY	☿ LONG	☿ LAT	♀ LONG	♀ LAT	⊕ LONG	♂ LONG	♂ LAT
	° '	° '	° '	° '	° '	° '	° '
1 Su	27♋03	6N31	19♉55	1S32	10♋46	16♈10	1S01
2 M	2♌52	6 45	21 32	1 27	11 47	16 47	1 00
3 Tu	8 34	6 54	23 08	1 22	12 48	17 24	0 59
4 W	14 06	6 59	24 44	1 17	13 49	18 00	0 58
5 Th	19 28	7 00	26 21	1 11	14 50	18 36	0 57
6 F	24 41	6 58	27 57	1 06	15 51	19 13	0 56
7 S	29 45	6 52	29 33	1 01	16 53	19 49	0 55
8 Su	4♍38	6 44	1♊10	0 55	17 54	20 26	0 54
9 M	9 23	6 33	2 46	0 50	18 55	21 02	0 53
10 Tu	13 58	6 20	4 23	0 44	19 56	21 38	0 52
11 W	18 24	6 05	5 59	0 38	20 57	22 14	0 51
12 Th	22 42	5 48	7 36	0 33	21 58	22 50	0 50
13 F	26 52	5 30	9 12	0 27	22 59	23 26	0 49
14 S	0♎54	5 11	10 49	0 21	24 00	24 02	0 48
15 Su	4 49	4 51	12 25	0 16	25 02	24 38	0 47
16 M	8 37	4 30	14 02	0 10	26 03	25 14	0 46
17 Tu	12 19	4 09	15 39	0 04	27 04	25 50	0 45
18 W	15 55	3 47	17 15	0N02	28 05	26 26	0 44
19 Th	19 26	3 25	18 52	0 07	29 06	27 02	0 43
20 F	22 51	3 03	20 29	0 13	0♌07	27 37	0 42
21 S	26 12	2 40	22 06	0 19	1 08	28 13	0 41
22 Su	29 28	2 18	23 42	0 24	2 09	28 49	0 40
23 M	2♏40	1 55	25 19	0 30	3 10	29 24	0 38
24 Tu	5 49	1 33	26 56	0 36	4 11	0♉00	0 37
25 W	8 54	1 11	28 33	0 41	5 12	0 35	0 36
26 Th	11 56	0 49	0♋10	0 47	6 13	1 11	0 35
27 F	14 55	0 27	1 47	0 53	7 14	1 46	0 34
28 S	17 52	0 05	3 24	0 58	8 15	2 21	0 33
29 Su	20 46	0S16	5 01	1 04	9 16	2 57	0 32
30 M	23 39	0 38	6 38	1 09	10 17	3 32	0 31
31 Tu	26♏29	0S58	8♋15	1N14	11♌18	4♉07	0S30

FEBRUARY 2017

DAY	☿ LONG	☿ LAT	♀ LONG	♀ LAT	⊕ LONG	♂ LONG	♂ LAT
	° '	° '	° '	° '	° '	° '	° '
1 W	29♏18	1S19	9♋52	1N20	12♌19	4♉42	0S29
2 Th	2♐06	1 39	11 29	1 25	13 20	5 17	0 28
3 F	4 53	1 59	13 07	1 30	14 21	5 52	0 27
4 S	7 39	2 18	14 44	1 35	15 22	6 27	0 25
5 Su	10 25	2 37	16 21	1 40	16 23	7 02	0 24
6 M	13 09	2 56	17 58	1 45	17 23	7 36	0 23
7 Tu	15 54	3 14	19 36	1 50	18 24	8 11	0 22
8 W	18 39	3 32	21 13	1 55	19 25	8 46	0 21
9 Th	21 24	3 49	22 50	2 00	20 26	9 21	0 20
10 F	24 09	4 06	24 27	2 04	21 26	9 55	0 19
11 S	26 55	4 22	26 05	2 09	22 27	10 30	0 18
12 Su	29 41	4 37	27 42	2 13	23 28	11 04	0 17
13 M	2♑29	4 52	29 20	2 18	24 28	11 39	0 16
14 Tu	5 18	5 07	0♌57	2 22	25 29	12 13	0 14
15 W	8 08	5 21	2 34	2 26	26 30	12 47	0 13
16 Th	11 00	5 34	4 12	2 30	27 30	13 22	0 12
17 F	13 54	5 46	5 49	2 34	28 31	13 56	0 11
18 S	16 50	5 58	7 27	2 37	29 31	14 30	0 10
19 Su	19 48	6 09	9 04	2 41	0♍32	15 04	0 09
20 M	22 49	6 19	10 42	2 45	1 32	15 38	0 08
21 Tu	25 53	6 28	12 19	2 48	2 33	16 12	0 07
22 W	28 59	6 36	13 57	2 51	3 33	16 46	0 06
23 Th	2♒10	6 43	15 34	2 54	4 34	17 20	0 05
24 F	5 24	6 49	17 12	2 57	5 34	17 53	0 03
25 S	8 42	6 54	18 49	3 00	6 34	18 27	0 02
26 Su	12 04	6 58	20 27	3 03	7 35	19 01	0 01
27 M	15 31	7 00	22 04	3 05	8 35	19 34	0 00
28 Tu	19♒02	7S00	23♌42	3N07	9♍35	20♉08	0N01

DAY	♃ LONG	♃ LAT	♄ LONG	♄ LAT	♅ LONG	♅ LAT	♆ LONG	♆ LAT	♇ LONG	♇ LAT
	° '	° '	° '	° '	° '	° '	° '	° '	° '	° '
2 M	11♎00.6	1N18	19♐32.7	1N24	23♈21.4	0S36	11♓21.4	0S52	17♑08.2	1N03
7 S	11 23.3	1 18	19 41.8	1 24	23 24.7	0 36	11 23.2	0 52	17 09.8	1 02
12 Th	11 46.0	1 18	19 50.9	1 23	23 27.9	0 36	11 25.0	0 52	17 11.4	1 02
17 Tu	12 08.6	1 18	19 59.9	1 23	23 31.2	0 36	11 26.9	0 52	17 12.9	1 01
22 Su	12 31.3	1 18	20 09.0	1 23	23 34.5	0 36	11 28.7	0 52	17 14.5	1 01
27 F	12 53.9	1 18	20 18.0	1 22	23 37.7	0 36	11 30.5	0 52	17 16.1	1 00
1 W	13 16.6	1 18	20 27.1	1 22	23 41.0	0 36	11 32.3	0 52	17 17.6	1 00
6 M	13 39.2	1 18	20 36.1	1 22	23 44.2	0 36	11 34.1	0 52	17 19.2	0 59
11 S	14 01.9	1 18	20 45.2	1 21	23 47.5	0 36	11 35.9	0 52	17 20.8	0 59
16 Th	14 24.5	1 18	20 54.2	1 21	23 50.8	0 36	11 37.7	0 53	17 22.3	0 58
21 Tu	14 47.2	1 18	21 03.3	1 21	23 54.0	0 36	11 39.6	0 53	17 23.9	0 58
26 Su	15 09.8	1 18	21 12.3	1 20	23 57.3	0 36	11 41.4	0 53	17 25.5	0 57

☿ .319948	☿a.460647
♀ .722617	♀p.719182
⊕p.983338	⊕ .985372
♂ 1.40909	♂ 1.43961
♃ 5.45597	♃a5.45646
♄ 10.0480	♄ 10.0503
♅ 19.9404	♅ 19.9373
♆ 29.9517	♆ 29.9511
♇ 33.2428	♇ 33.2625
☊	Perihelia
☿ 18° ♉ 32	☿ 17° ♊ 43
♀ 16 ♊ 50	♀ 11 ♌ 53
⊕	⊕ 15 ♋ 42
♂ 19 ♉ 41	♂ 6 ♓ 24
♃ 10 ♋ 39	♃ 14 ♈ 30
♄ 23 ♋ 47	♄ 4 ♋ 17
♅ 14 ♊ 04	♅ 23 ♍ 05
♆ 12 ♌ 01	♆ 26 ♉ 28
♇ 20 ♋ 32	♇ 14 ♏ 30

Day	Aspect	Time
1 Su	⊕□♃	4am27
	☿ ♌	12pm 6
	⊕△♆	1 59
2 M	☿⚼♄	7am 2
	♂□♇	2pm 3
3 T	♀⚺♅	3am33
	☿✶♃	11 2
	☿⚻♆	12pm 5
	⊕⚺☿	10 31
4 W	☿⚻♇	1pm34
	⊕ P	2 19
	☿△♂	7 36
	♀⚼♃	10 21
5 Th	☿△♄	0am45
	☿△♅	6pm 0
6 F	☿∠♃	7am45
	♂△♄	6pm50
	☿□♀	10 40
	♃⚻♆	11 31
7 S	☿ ♍	1am15
	♀ ♊	6 39
	⊕☍♇	6 47
	☿⚼♇	11 47
	⊕∠☿	1pm 6
8 Su	☿⚼♂	4am30
	♀⚼♇	3pm 5
	☿⚼♅	7 9
9 M	☿☍♆	10am30
	☿⚺♃	11 25
	⊕⚻♄	8pm27
10 T	☿△♇	5pm20
	⊕∠♀	10 40
11 W	☿□♄	7am53
	⊕✶☿	6pm35
12 Th	☿⚻♂	0am55
	☿⚻♅	4 23
	♀∠♂	5 50
	♀∠♅	1pm 6
13 F	♂☌♅	1am31
	⊕□♅	11 37
	☿ ♎	6pm35
14 S	⊕□♂	1am51
	♀□♆	9 14
	♀△♃	5pm16
16 M	⊕⚼♆	9am26
	☿⚻♆	6pm17
	☿☌♃	10 50
17 T	♀0N	5pm42
	♀⚻♇	11 28
18 W	♂∠♆	0am52
	☿□♇	8 51
	☿△♀	4pm50
19 Th	☿✶♄	4am26
	♀☍♄	6pm 3
	⊕ ♌	9 17
20	☿☍♅	5am 1
21 S	☿⚼♆	2am 2
	☿☍♂	6pm 6
	♀✶♅	10 0
22	☿ ♏	3am59
23 M	⊕□☿	5am37
	☿∠♄	7pm21
24	♂ ♉	0am10
25 W	⊕⚼♄	0am54
	☿△♆	8pm36
	♀ ♋	9 30
26 Th	☿⚺♃	7am20
	♀✶♂	11pm35
27	☿✶♇	7pm11
28 S	☿0S	5am31
	☿⚼♀	9 58
	☿⚺♄	8pm35
30	☿⚻♅	0am 9
31 T	⊕⚻♆	5am29
	☿∠♃	2pm57

Day	Aspect	Time
1	☿ ♐	5am55
2 Th	⊕✶♃	0am30
	♀△♆	0 48
	☿∠♇	1 40
	♂⚼♄	8 38
3 F	♀□♃	4am55
	☿⚻♂	10 44
4	☿⚼♅	9am17
5 Su	⊕⚺♀	0am59
	☿□♆	10 5
	♀☍♇	2pm20
	⊕⚻♇	10 22
6	☿✶♃	4am27
7 T	☿⚺♇	12pm28
	☿ A	2 17
	♀⚻♄	3 42
8 W	⊕△☿	10am37
	☿☌♄	5pm48
9 Th	⊕△♄	6am30
	♀□♅	1pm56
	☿△♅	8 47
10 F	☿⚻♀	6am31
	☿⚼♂	8 28
11	♀⚼♆	7am43
12 Su	☿ ♑	2am41
	⊕△♅	8 11
	♂✶♆	10pm38
13	♀ ♌	9am59
16 Th	☿✶♆	5am15
	⊕⚼☿	7pm 8
17 F	☿△♂	0am19
	♀⚼♄	1 43
	☿□♃	4 58
	♃ A	7 18
18 S	⊕∠♃	1am 0
	♂⚻♃	3 3
	☿☌♇	4 30
	⊕ ♍	11 24
19	☿⚺♄	9am39
20 M	☿□♅	8am30
	♀⚻♆	2pm13
	♀ P	4 56
	⊕⚼♇	8 29
21	☿∠♆	6am 5
22 W	☿ ♒	7am41
	♀✶♃	2pm13
23	♂△♇	3am30
24 F	⊕⚻☿	1am51
	♀⚻♇	3 15
	☿∠♄	5 34
	♀□♂	3pm43
25	☿⚺♆	9pm22
26 Su	♀△♄	11am26
	☿△♃	10pm 5
27 M	♂0N	4am53
	⊕⚼♅	9 11
	☿⚺♇	1pm 8
28 T	♀△♅	4am10
	☿□♂	8 39
	☿✶♄	2pm57

MARCH 2017

DAY	☿ LONG	☿ LAT	♀ LONG	♀ LAT	⊕ LONG	♂ LONG	♂ LAT
	° '	° '	° '	° '	° '	° '	° '
1 W	22♒40	6S59	25♌19	3N10	10♍36	20♉42	0N02
2 Th	26 22	6 56	26 57	3 12	11 36	21 15	0 03
3 F	0♓11	6 52	28 34	3 13	12 36	21 48	0 04
4 S	4 07	6 45	0♍12	3 15	13 36	22 22	0 05
5 Su	8 09	6 36	1 49	3 17	14 36	22 55	0 06
6 M	12 18	6 25	3 27	3 18	15 36	23 28	0 07
7 Tu	16 34	6 11	5 04	3 19	16 37	24 01	0 08
8 W	20 59	5 55	6 42	3 21	17 37	24 34	0 09
9 Th	25 32	5 36	8 19	3 21	18 37	25 08	0 11
10 F	0♈13	5 15	9 57	3 22	19 37	25 41	0 12
11 S	5 03	4 50	11 34	3 23	20 36	26 13	0 13
12 Su	10 02	4 22	13 12	3 23	21 36	26 46	0 14
13 M	15 10	3 52	14 49	3 24	22 36	27 19	0 15
14 Tu	20 28	3 19	16 26	3 24	23 36	27 52	0 16
15 W	25 54	2 42	18 04	3 24	24 36	28 25	0 17
16 Th	1♉29	2 04	19 41	3 23	25 36	28 57	0 18
17 F	7 13	1 23	21 18	3 23	26 35	29 30	0 19
18 S	13 05	0 40	22 56	3 23	27 35	0♊02	0 20
19 Su	19 04	0N04	24 33	3 22	28 35	0 35	0 21
20 M	25 09	0 49	26 10	3 21	29 34	1 07	0 22
21 Tu	1♊20	1 34	27 48	3 20	0♎34	1 40	0 23
22 W	7 35	2 18	29 25	3 19	1 33	2 12	0 24
23 Th	13 52	3 01	1♎02	3 17	2 33	2 44	0 25
24 F	20 12	3 41	2 39	3 16	3 33	3 16	0 26
25 S	26 31	4 19	4 16	3 14	4 32	3 49	0 27
26 Su	2♋48	4 54	5 53	3 13	5 31	4 21	0 28
27 M	9 03	5 25	7 30	3 11	6 31	4 53	0 29
28 Tu	15 12	5 52	9 07	3 08	7 30	5 25	0 30
29 W	21 16	6 14	10 44	3 06	8 30	5 57	0 31
30 Th	27 14	6 32	12 21	3 04	9 29	6 28	0 32
31 F	3♌03	6N45	13♎58	3N01	10♎28	7♊00	0N33

APRIL 2017

DAY	☿ LONG	☿ LAT	♀ LONG	♀ LAT	⊕ LONG	♂ LONG	♂ LAT
	° '	° '	° '	° '	° '	° '	° '
1 S	8♌44	6N54	15♎35	2N59	11♎28	7♊32	0N34
2 Su	14 16	6 59	17 11	2 56	12 27	8 04	0 35
3 M	19 38	7 00	18 48	2 53	13 26	8 35	0 36
4 Tu	24 51	6 58	20 25	2 50	14 25	9 07	0 37
5 W	29 54	6 52	22 02	2 47	15 24	9 38	0 38
6 Th	4♍47	6 44	23 38	2 43	16 23	10 10	0 39
7 F	9 31	6 33	25 15	2 40	17 22	10 41	0 40
8 S	14 06	6 20	26 51	2 36	18 21	11 13	0 41
9 Su	18 32	6 04	28 28	2 32	19 20	11 44	0 42
10 M	22 50	5 48	0♏04	2 28	20 19	12 15	0 43
11 Tu	26 59	5 30	1 41	2 25	21 18	12 47	0 44
12 W	1♎01	5 11	3 17	2 20	22 17	13 18	0 44
13 Th	4 56	4 51	4 53	2 16	23 16	13 49	0 45
14 F	8 44	4 30	6 29	2 12	24 14	14 20	0 46
15 S	12 26	4 08	8 06	2 08	25 13	14 51	0 47
16 Su	16 02	3 47	9 42	2 03	26 12	15 22	0 48
17 M	19 32	3 25	11 18	1 58	27 11	15 53	0 49
18 Tu	22 57	3 02	12 54	1 54	28 09	16 24	0 50
19 W	26 18	2 40	14 30	1 49	29 08	16 54	0 51
20 Th	29 34	2 17	16 06	1 44	0♏07	17 25	0 52
21 F	2♏46	1 55	17 42	1 39	1 05	17 56	0 53
22 S	5 54	1 32	19 18	1 34	2 04	18 27	0 53
23 Su	8 59	1 10	20 54	1 29	3 02	18 57	0 54
24 M	12 01	0 48	22 29	1 24	4 01	19 28	0 55
25 Tu	15 01	0 26	24 05	1 19	4 59	19 58	0 56
26 W	17 57	0 04	25 41	1 14	5 58	20 29	0 57
27 Th	20 52	0S17	27 17	1 08	6 56	20 59	0 58
28 F	23 44	0 38	28 52	1 03	7 54	21 29	0 58
29 S	26 35	0 59	0♐28	0 57	8 53	22 00	0 59
30 Su	29♏24	1S20	2♐03	0N52	9♏51	22♊30	1N00

DAY	♃ LONG	♃ LAT	♄ LONG	♄ LAT	♅ LONG	♅ LAT	♆ LONG	♆ LAT	♇ LONG	♇ LAT
	° '	° '	° '	° '	° '	° '	° '	° '	° '	° '
3 F	15♎32.5	1N18	21♐21.4	1N20	24♈00.5	0S36	11♓43.2	0S53	17♑27.0	0N57
8 W	15 55.1	1 18	21 30.4	1 20	24 03.8	0 35	11 45.0	0 53	17 28.6	0 56
13 M	16 17.8	1 18	21 39.4	1 19	24 07.1	0 35	11 46.8	0 53	17 30.2	0 56
18 S	16 40.4	1 18	21 48.5	1 19	24 10.3	0 35	11 48.6	0 53	17 31.7	0 55
23 Th	17 03.1	1 18	21 57.5	1 19	24 13.6	0 35	11 50.4	0 53	17 33.3	0 55
28 Tu	17 25.7	1 18	22 06.6	1 18	24 16.8	0 35	11 52.2	0 53	17 34.8	0 54
2 Su	17 48.4	1 18	22 15.6	1 18	24 20.1	0 35	11 54.1	0 53	17 36.4	0 54
7 F	18 11.0	1 18	22 24.7	1 18	24 23.3	0 35	11 55.9	0 53	17 38.0	0 54
12 W	18 33.7	1 17	22 33.7	1 17	24 26.6	0 35	11 57.7	0 53	17 39.5	0 53
17 M	18 56.3	1 17	22 42.7	1 17	24 29.9	0 35	11 59.5	0 53	17 41.1	0 53
22 S	19 19.0	1 17	22 51.8	1 17	24 33.1	0 35	12 01.3	0 53	17 42.6	0 52
27 Th	19 41.6	1 17	23 00.8	1 16	24 36.4	0 35	12 03.1	0 53	17 44.2	0 52

☿p .406143	☿ .328324
♀ .718583	♀ .721147
⊕ .990843	⊕ .999243
♂ 1.47307	♂ 1.51318
♃ 5.45649	♃ 5.45608
♄ 10.0521	♄ 10.0541
♅ 19.9345	♅ 19.9314
♆ 29.9505	♆ 29.9499
♇ 33.2802	♇ 33.2999
☊	Perihelia
☿ 18°♉ 32	☿ 17°♊ 43
♀ 16 ♊ 50	♀ 11 ♌ 42
⊕	⊕ 14 ♋ 04
♂ 19 ♉ 41	♂ 6 ♓ 23
♃ 10 ♋ 39	♃ 14 ♈ 29
♄ 23 ♋ 47	♄ 4 ♋ 14
♅ 14 ♊ 04	♅ 23 ♍ 16
♆ 12 ♌ 01	♆ 23 ♉ 39
♇ 20 ♋ 32	♇ 14 ♏ 36

Day	Aspect	Time
1	☿*♅	8am40
2	⊕☍♆	2am47
Th	♂⚻♄	3 28
	☿☍♀	6 24
	☿ ♓	10pm50
3	☿⚼♃	2am14
F	☿∠♇	1pm57
	♀ ♍	9 5
4	♀∠♃	6am29
5	☿∠♅	5am12
Su	♀⚼♇	9 27
	☿☌♆	8pm49
6	⊕⚺♃	4am 8
M	☿⚻♃	7pm53
7	⊕☍☿	0am15
T	♂⚺♅	1 19
	☿*♇	4 57
	⊕△♇	8pm48
8	☿□♄	2am49
W	☿⚺♅	4pm22
	☿*♂	9 36
9	♀⚼♅	11am11
Th	☿ ♈	10pm54
11	♀☍♆	2am56
12	⊕□♄	0am33
Su	☿⚺♆	8 12
	☿∠♂	9 10
	☿⚻♀	9pm37
13	☿☍♃	5am13
M	☿□♇	10 40
	♀⚺♃	10pm56
14	☿△♄	5am30
T	⊕⚻♅	12pm52
	♀△♇	3 50
	☿☌♅	4 17
	⊕⚻☿	5 2
15	☿∠♆	3am52
W	☿⚺♂	12pm 1
	☿ ♉	5 40
16	☿⚼♀	6pm46
Th	☿⚼♄	10 10
17	♀□♄	7am 5
F	☿*♆	6pm51
	⊕⚼☿	9 35
	♂ ♊	10 15
18	☿⚻♃	2pm40
S	☿△♇	5 55
	♀⚻♅	6 31
	☿0N	9 54
19	☿⚻♄	11am 3
Su	☿⚺♅	8pm15
20	☿△♀	5am25
M	⊕ ♎	10 21
	☿ ♊	6pm52
	⊕△☿	8 29
21	☿☌♂	1am24
T	☿⚼♃	2 14
	☿⚼♇	4 41
	♂⚼♃	12pm24
22	☿∠♅	6am16
W	♀ ♎	8 43
	♂⚼♇	3pm47
	☿□♆	4 15
23	⊕△♂	9am50
Th	☿△♃	12pm13
	☿ P	1 55
	☿⚻♇	1 59
24	☿☍♄	6am51
F	♀△♂	1pm50
	☿*♅	3 23
25	⊕☌♀	10am12
S	☿ ♋	1pm17
26	☿⚺♂	6am27
Su	⊕□☿	12pm24
	☿□♀	3 58
27	☿△♆	10am57
28	☿□♃	8am51
T	☿☍♇	9 21
	☿∠♂	10pm33
29	☿⚻♄	3am28
W	☿□♅	12pm 7
	♀⚻♆	5 3
	☿⚼♆	10 35
30	♃□♇	3am57
Th	☿ ♌	11 21
31	☿⚼♄	5pm33
F	☿*♂	6 21
1	⊕⚻♆	10am39
S	☿⚻♆	1pm39
	⊕*☿	2 18
2	♀□♇	6am13
Su	♀☌♃	9 37
	☿⚻♇	2pm52
	☿*♃	3 59
	☿*♀	6 36
3	☿△♄	12pm12
M	☿△♅	9 42
4	♂∠♅	11am13
5	☿ ♍	0am30
W	⊕∠☿	3 3
	♀*♄	4 57
	☿⚼♇	1pm18
	☿∠♃	3 32
6	♀☍♅	11am 9
Th	☿⚼♅	11pm19
7	☿∠♀	5am44
F	⊕□♇	6 25
	☿□♂	6 49
	♀⚼♂	9 50
	☿☍♆	12pm33
	⊕☌♃	9 28
8	♀⚼♆	1am15
S	☿△♇	7pm 6
	☿⚺♃	10 52
9	⊕⚺☿	5am43
Su	♂□♆	9 42
	☿□♄	10pm 7
	♀ ♏	10 59
10	☿⚻♅	9am 7
11	☿ ♎	5pm51
12	⊕*♄	7am 5
W	☿⚺♀	11pm28
14	⊕☍♅	5am33
F	♀∠♄	5pm16
	☿⚻♆	9 1
15	☿△♂	6pm46
16	☿□♇	11am14
Su	⊕⚼♆	7pm25
	☿☌♃	7 47
17	♀△♆	10am26
M	☿*♄	10pm29
18	☿☍♅	11am 8
19	☿⚼♆	5am10
W	⊕ ♏	9pm20
20	☿ ♏	3am14
Th	⊕☌☿	5 48
	♂⚻♇	1pm18
21	♀*♇	0am 7
F	☿⚼♂	1 29
	♀⚻♂	5 9
22	♀⚺♃	0am19
S	☿∠♄	3pm20
24	☿△♆	0am 6
M	♂△♃	0 22
	♀⚺♄	6 38
	⊕⚼♂	11pm 9
25	♀⚻♅	7am33
T	☿*♇	10pm11
26	☿0S	4am46
W	☿⚺♃	2pm 5
27	☿⚻♂	1am15
Th	☿⚺♄	6pm 9
28	⊕∠♄	3am30
F	☿⚻♅	7 28
	♀ ♐	5pm 1
30	☿ ♐	5am10
Su	♀∠♇	10 32

MAY 2017

JUNE 2017

DAY	☿ LONG	☿ LAT	♀ LONG	♀ LAT	⊕ LONG	♂ LONG	♂ LAT
	° '	° '	° '	° '	° '	° '	° '
1 M	2♐12	1S40	3♐39	0N47	10♏49	23♊00	1N01
2 Tu	4 58	2 00	5 14	0 41	11 48	23 30	1 02
3 W	7 44	2 19	6 50	0 35	12 46	24 00	1 03
4 Th	10 30	2 38	8 25	0 30	13 44	24 30	1 03
5 F	13 15	2 56	10 01	0 24	14 42	25 00	1 04
6 S	15 59	3 15	11 36	0 19	15 40	25 30	1 05
7 Su	18 44	3 32	13 11	0 13	16 38	26 00	1 06
8 M	21 29	3 49	14 47	0 07	17 36	26 30	1 07
9 Tu	24 14	4 06	16 22	0 02	18 34	27 00	1 07
10 W	27 00	4 22	17 57	0S04	19 32	27 30	1 08
11 Th	29 47	4 38	19 32	0 10	20 30	27 59	1 09
12 F	2♑34	4 53	21 07	0 15	21 28	28 29	1 10
13 S	5 23	5 07	22 42	0 21	22 26	28 59	1 10
14 Su	8 13	5 21	24 18	0 26	23 24	29 28	1 11
15 M	11 05	5 34	25 53	0 32	24 22	29 58	1 12
16 Tu	13 59	5 47	27 28	0 38	25 20	0♋27	1 12
17 W	16 55	5 58	29 03	0 43	26 18	0 57	1 13
18 Th	19 54	6 09	0♑38	0 49	27 15	1 26	1 14
19 F	22 55	6 19	2 13	0 54	28 13	1 56	1 15
20 S	25 58	6 28	3 48	0 59	29 11	2 25	1 15
21 Su	29 05	6 37	5 23	1 05	0♐09	2 54	1 16
22 M	2♒16	6 44	6 58	1 10	1 06	3 23	1 17
23 Tu	5 30	6 50	8 33	1 15	2 04	3 53	1 17
24 W	8 48	6 54	10 07	1 21	3 02	4 22	1 18
25 Th	12 10	6 58	11 42	1 26	3 59	4 51	1 19
26 F	15 37	7 00	13 17	1 31	4 57	5 20	1 19
27 S	19 09	7 00	14 52	1 36	5 55	5 49	1 20
28 Su	22 46	6 59	16 27	1 41	6 52	6 18	1 21
29 M	26 29	6 56	18 02	1 46	7 50	6 47	1 21
30 Tu	0♓18	6 52	19 37	1 50	8 48	7 16	1 22
31 W	4♓14	6S45	21♑12	1S55	9♐45	7♋45	1N23

DAY	☿ LONG	☿ LAT	♀ LONG	♀ LAT	⊕ LONG	♂ LONG	♂ LAT
	° '	° '	° '	° '	° '	° '	° '
1 Th	8♓16	6S36	22♑46	2S00	10♐43	8♋13	1N23
2 F	12 25	6 25	24 21	2 04	11 40	8 42	1 24
3 S	16 42	6 11	25 56	2 09	12 38	9 11	1 24
4 Su	21 07	5 55	27 31	2 13	13 35	9 40	1 25
5 M	25 40	5 36	29 06	2 17	14 33	10 08	1 26
6 Tu	0♈22	5 14	0♒41	2 21	15 30	10 37	1 26
7 W	5 12	4 49	2 16	2 25	16 27	11 06	1 27
8 Th	10 12	4 22	3 50	2 29	17 25	11 34	1 27
9 F	15 20	3 51	5 25	2 33	18 22	12 03	1 28
10 S	20 38	3 18	7 00	2 37	19 19	12 31	1 28
11 Su	26 04	2 41	8 35	2 40	20 17	12 59	1 29
12 M	1♉40	2 03	10 10	2 43	21 14	13 28	1 30
13 Tu	7 24	1 22	11 45	2 47	22 11	13 56	1 30
14 W	13 15	0 39	13 20	2 50	23 09	14 25	1 31
15 Th	19 15	0N05	14 55	2 53	24 06	14 53	1 31
16 F	25 20	0 50	16 30	2 56	25 03	15 21	1 32
17 S	1♊31	1 35	18 04	2 59	26 01	15 49	1 32
18 Su	7 46	2 19	19 39	3 01	26 58	16 17	1 33
19 M	14 04	3 02	21 14	3 04	27 55	16 46	1 33
20 Tu	20 23	3 43	22 49	3 06	28 53	17 14	1 34
21 W	26 42	4 21	24 24	3 08	29 50	17 42	1 34
22 Th	3♋00	4 55	25 59	3 10	0♑47	18 10	1 35
23 F	9 14	5 26	27 34	3 12	1 44	18 38	1 35
24 S	15 24	5 52	29 09	3 14	2 42	19 06	1 36
25 Su	21 28	6 15	0♓44	3 16	3 39	19 34	1 36
26 M	27 25	6 32	2 19	3 17	4 36	20 02	1 36
27 Tu	3♌14	6 46	3 55	3 19	5 33	20 30	1 37
28 W	8 54	6 54	5 30	3 20	6 31	20 57	1 37
29 Th	14 26	6 59	7 05	3 21	7 28	21 25	1 38
30 F	19♌48	7N00	8♓40	3S22	8♑25	21♋53	1N38

DAY	♃ LONG	♃ LAT	♄ LONG	♄ LAT	♅ LONG	♅ LAT	♆ LONG	♆ LAT	♇ LONG	♇ LAT
	° '	° '	° '	° '	° '	° '	° '	° '	° '	° '
2 Tu	20♎04.3	1N17	23♐09.9	1N16	24♈39.6	0S35	12♓04.9	0S53	17♑45.8	0N51
7 Su	20 27.0	1 17	23 18.9	1 16	24 42.9	0 35	12 06.8	0 53	17 47.3	0 51
12 F	20 49.6	1 17	23 27.9	1 15	24 46.2	0 35	12 08.6	0 53	17 48.9	0 50
17 W	21 12.3	1 17	23 37.0	1 15	24 49.4	0 35	12 10.4	0 53	17 50.4	0 50
22 M	21 35.0	1 17	23 46.0	1 15	24 52.7	0 35	12 12.2	0 53	17 52.0	0 49
27 S	21 57.6	1 17	23 55.1	1 14	24 56.0	0 35	12 14.0	0 53	17 53.6	0 49
1 Th	22 20.3	1 17	24 04.1	1 14	24 59.2	0 35	12 15.8	0 54	17 55.1	0 48
6 Tu	22 43.0	1 16	24 13.1	1 14	25 02.5	0 35	12 17.7	0 54	17 56.7	0 48
11 Su	23 05.7	1 16	24 22.2	1 13	25 05.8	0 35	12 19.5	0 54	17 58.3	0 47
16 F	23 28.3	1 16	24 31.2	1 13	25 09.0	0 35	12 21.3	0 54	17 59.8	0 47
21 W	23 51.0	1 16	24 40.3	1 13	25 12.3	0 35	12 23.1	0 54	18 01.4	0 46
26 M	24 13.7	1 16	24 49.3	1 12	25 15.6	0 35	12 24.9	0 54	18 03.0	0 46

☿a .462386		☿p .383885
♀ .725139		♀a .727974
⊕ 1.00754		⊕ 1.01401
♂ 1.55185		♂ 1.58872
♃ 5.45523		♃ 5.45390
♄ 10.0558		♄ 10.0575
♅ 19.9283		♅ 19.9252
♆ 29.9493		♆ 29.9487
♇ 33.3190		♇ 33.3387
☊		Perihelia
☿ 18°♉ 32		☿ 17°♊ 44
♀ 16 ♊ 50		♀ 11 ♌ 36
⊕		⊕ 11 ♋ 53
♂ 19 ♉ 41		♂ 6 ♓ 22
♃ 10 ♋ 40		♃ 14 ♈ 29
♄ 23 ♋ 47		♄ 4 ♋ 09
♅ 14 ♊ 05		♅ 23 ♍ 23
♆ 12 ♌ 01		♆ 20 ♉ 32
♇ 20 ♋ 32		♇ 14 ♏ 42

1	☿∠♇	4am52
M	♂☍♄	6 45
	♀∠♃	9pm21
2	☿∠♃	0am52
T	☿☌♀	5 23
	⊕△♆	7 13
3	☿⚼♅	4pm53
4	♂⚹♅	8am39
Th	☿□♆	1pm59
	♀⚼♅	7 11
5	⊕⊻☿	7pm41
6	♀□♆	7am42
S	☿ A	1pm34
	☿⊻♇	3 44
7	☿⚹♃	3pm25
8	⊕⚹♇	4am42
M	☿☌♄	4pm26
9	☿△♅	4am23
T	♀0S	7 5
	♀⊻♇	9pm48
10	☿☍♂	5am14
11	☿ ♑	1am55
Th	⊕⊻♃	6 39
	♀⚹♃	7pm19
12	⊕⊻♀	1pm30
13	♀☌♄	12pm10
14	⊕∠☿	2am15
Su	⊕⊻♄	3 13
	♀△♅	7 36
15	♂ ♋	1am44
M	☿⚹♆	8 55
	⊕⊼♅	11 0
17	☿☌♇	7am29
W	♀ ♑	2pm28
18	☿□♃	11am22
Th	♀☍♂	5pm44
19	☿⊻♄	6am 7
F	☿□♅	3pm16
20	☿∠♆	9am27
S	⊕ ♐	8pm24
21	☿ ♒	6am57
Su	⊕⚹☿	11 33
22	☿⊼♂	9am56
23	⊕∠♇	8pm10
24	☿∠♄	0am14
W	☿⊻♀	5pm54
25	☿⊻♆	0am22
Th	♀⚹♆	7 51
26	☿⊻♇	3pm30
F	⊕⊼♂	7 6
27	☿⚼♂	12pm49
S	☿△♃	7 4
28	⊕∠♃	4am25
Su	☿⚹♄	7 43
	☿⚹♅	2pm 8
	♀☌♇	10 3
29	☿ ♓	10pm 6
30	☿∠♇	4pm 1
31	⊕⚼♅	5am41
W	♀□♃	5pm 2
	☿⚼♃	6 26
	☿∠♀	7 17
	☿△♂	11 43
1	☿∠♅	10am 2
Th	⊕□☿	6pm25
	♀⊻♄	8 1
	☿☌♆	11 7
2	♀□♅	9am49
F	⊕□♆	3pm 9
3	☿⚹♇	6am44
S	♀∠♆	8pm25
4	☿⊼♃	7am50
Su	☿□♄	4pm13
	☿⊻♅	8 40
5	♀ ♒	1pm41
M	⊕∠♀	5 4
	☿ ♈	10 10
6	☿⚹♀	2am22
8	☿□♂	7am 9
Th	☿⊻♆	9 58
	⊕⊻♇	1pm43
9	☿□♇	12pm 1
F	♂△♆	1 49
	⊕△☿	4 53
10	☿☍♃	10am47
S	☿△♄	4pm32
	☿☌♅	7 45
11	☿∠♆	5am27
Su	♀∠♄	12pm 9
	☿ ♉	4 56
12	♀ A	9pm13
M	⊕⚼☿	11 0
13	☿⚼♄	8am26
T	♀⊻♆	8 59
	☿⚹♆	8pm17
14	☿□♀	0am24
W	⊕⚹♃	4 47
	☿⚹♂	5 3
	☿△♇	7pm 1
	☿0N	9 11
	♀⊼♂	11 21
15	⊕☌♄	10am 6
Th	☿⊼♃	4pm36
	☿⊼♄	8 48
	⊕⊼☿	10 42
	☿⊻♅	11 16
16	⊕△♅	2am24
F	☿ ♊	6pm 8
	☿∠♂	9 5
	♀⊻♇	10 54
17	☿⚼♇	5am44
18	☿⚼♃	3am18
Su	☿∠♅	9 12
	☿□♆	5pm33
19	☿⊻♂	11am 3
M	☿ P	1pm13
	☿⊼♇	3 0
20	☿△♀	12pm20
T	☿△♃	1 1
	♀△♃	3 10
	☿☍♄	4 14
	☿⚹♅	6 17
21	♀⚹♄	4am 6
W	⊕ ♑	4 17
	♀⚹♅	12pm12
	☿ ♋	12 33
	⊕☍☿	2 2
	♂☍♇	4 58
23	☿△♆	12pm18
F	☿⚼♀	5 28
24	☿☍♇	10am26
S	♀ ♓	12pm47
	☿☌♂	3 49
25	☿□♃	10am57
Su	☿⊼♄	1pm27
	☿□♅	3 15
26	☿⚼♆	0am 2
M	☿ ♌	10 37
	♀∠♇	11 1
27	☿⊼♀	3am56
T	⊕⊼☿	11 44
28	☿⚼♄	4am13
W	♀⚼♂	9 53
	☿⊼♆	3pm14
29	⊕⚹♀	2pm37
Th	☿⊼♇	4 11
30	☿⊻♂	10am27
F	♀⚼♃	1pm46
	⊕⚼☿	8 22
	☿⚹♃	10 7
	☿△♄	11 51

JULY 2017

DAY	☿ LONG	☿ LAT	♀ LONG	♀ LAT	⊕ LONG	♂ LONG	♂ LAT
	° '	° '	° '	° '	° '	° '	° '
1 S	25♌00	6N58	10♓15	3S22	9♑22	22♋21	1N39
2 Su	0♍03	6 52	11 50	3 23	10 19	22 48	1 39
3 M	4 56	6 43	13 25	3 23	11 17	23 16	1 39
4 Tu	9 40	6 32	15 01	3 24	12 14	23 44	1 40
5 W	14 15	6 19	16 36	3 24	13 11	24 11	1 40
6 Th	18 40	6 04	18 11	3 24	14 08	24 39	1 41
7 F	22 58	5 47	19 46	3 23	15 05	25 07	1 41
8 S	27 07	5 29	21 22	3 23	16 03	25 34	1 41
9 Su	1♎09	5 10	22 57	3 23	17 00	26 02	1 42
10 M	5 03	4 50	24 32	3 22	17 57	26 29	1 42
11 Tu	8 51	4 29	26 08	3 21	18 54	26 57	1 42
12 W	12 33	4 08	27 43	3 20	19 51	27 24	1 43
13 Th	16 08	3 46	29 18	3 19	20 49	27 51	1 43
14 F	19 39	3 24	0♈54	3 18	21 46	28 19	1 43
15 S	23 04	3 02	2 29	3 16	22 43	28 46	1 44
16 Su	26 24	2 39	4 05	3 15	23 40	29 13	1 44
17 M	29 40	2 17	5 40	3 13	24 37	29 41	1 44
18 Tu	2♏52	1 54	7 16	3 11	25 35	0♌08	1 45
19 W	6 00	1 32	8 51	3 09	26 32	0 35	1 45
20 Th	9 05	1 09	10 27	3 07	27 29	1 02	1 45
21 F	12 07	0 47	12 02	3 04	28 27	1 30	1 45
22 S	15 06	0 25	13 38	3 02	29 24	1 57	1 46
23 Su	18 03	0 04	15 14	2 59	0♒21	2 24	1 46
24 M	20 57	0S18	16 49	2 56	1 18	2 51	1 46
25 Tu	23 49	0 39	18 25	2 54	2 16	3 18	1 46
26 W	26 40	1 00	20 01	2 51	3 13	3 45	1 47
27 Th	29 29	1 20	21 37	2 47	4 11	4 12	1 47
28 F	2♐17	1 40	23 12	2 44	5 08	4 39	1 47
29 S	5 04	2 00	24 48	2 41	6 05	5 06	1 47
30 Su	7 50	2 19	26 24	2 37	7 03	5 33	1 48
31 M	10♐35	2S38	28♈00	2S33	8♒00	6♌00	1N48

AUGUST 2017

DAY	☿ LONG	☿ LAT	♀ LONG	♀ LAT	⊕ LONG	♂ LONG	♂ LAT
	° '	° '	° '	° '	° '	° '	° '
1 Tu	13♐20	2S57	29♈36	2S30	8♒57	6♌27	1N48
2 W	16 05	3 15	1♉11	2 26	9 55	6 54	1 48
3 Th	18 49	3 33	2 47	2 22	10 52	7 21	1 48
4 F	21 34	3 50	4 23	2 18	11 50	7 48	1 49
5 S	24 19	4 07	5 59	2 13	12 47	8 15	1 49
6 Su	27 05	4 23	7 35	2 09	13 44	8 41	1 49
7 M	29 52	4 38	9 11	2 04	14 42	9 08	1 49
8 Tu	2♑40	4 53	10 47	2 00	15 39	9 35	1 49
9 W	5 29	5 08	12 23	1 55	16 37	10 02	1 49
10 Th	8 19	5 22	14 00	1 51	17 34	10 28	1 50
11 F	11 11	5 35	15 36	1 46	18 32	10 55	1 50
12 S	14 05	5 47	17 12	1 41	19 30	11 22	1 50
13 Su	17 01	5 59	18 48	1 36	20 27	11 49	1 50
14 M	19 59	6 10	20 24	1 31	21 25	12 15	1 50
15 Tu	23 00	6 20	22 01	1 26	22 22	12 42	1 50
16 W	26 04	6 29	23 37	1 20	23 20	13 09	1 50
17 Th	29 11	6 37	25 13	1 15	24 18	13 35	1 50
18 F	2♒22	6 44	26 49	1 10	25 15	14 02	1 50
19 S	5 36	6 50	28 26	1 04	26 13	14 28	1 51
20 Su	8 54	6 54	0♊02	0 59	27 11	14 55	1 51
21 M	12 17	6 58	1 39	0 53	28 09	15 22	1 51
22 Tu	15 44	7 00	3 15	0 48	29 06	15 48	1 51
23 W	19 16	7 00	4 52	0 42	0♓04	16 15	1 51
24 Th	22 53	6 59	6 28	0 37	1 02	16 41	1 51
25 F	26 37	6 56	8 05	0 31	2 00	17 08	1 51
26 S	0♓26	6 51	9 41	0 25	2 58	17 34	1 51
27 Su	4 21	6 45	11 18	0 20	3 56	18 01	1 51
28 M	8 24	6 36	12 54	0 14	4 54	18 27	1 51
29 Tu	12 33	6 24	14 31	0 08	5 52	18 54	1 51
30 W	16 51	6 10	16 08	0 03	6 50	19 20	1 51
31 Th	21♓16	5S54	17♊44	0N03	7♓48	19♌46	1N51

DAY	♃ LONG	♃ LAT	♄ LONG	♄ LAT	♅ LONG	♅ LAT	♆ LONG	♆ LAT	♇ LONG	♇ LAT
	° '	° '	° '	° '	° '	° '	° '	° '	° '	° '
1 S	24♎36.4	1N16	24♐58.3	1N12	25♈18.8	0S35	12♓26.8	0S54	18♑04.5	0N45
6 Th	24 59.1	1 16	25 07.4	1 12	25 22.1	0 35	12 28.6	0 54	18 06.1	0 45
11 Tu	25 21.8	1 16	25 16.4	1 11	25 25.4	0 35	12 30.4	0 54	18 07.6	0 44
16 Su	25 44.5	1 15	25 25.4	1 11	25 28.6	0 35	12 32.2	0 54	18 09.2	0 44
21 F	26 07.2	1 15	25 34.5	1 11	25 31.9	0 35	12 34.0	0 54	18 10.8	0 43
26 W	26 29.9	1 15	25 43.5	1 10	25 35.2	0 35	12 35.9	0 54	18 12.3	0 43
31 M	26 52.6	1 15	25 52.6	1 10	25 38.4	0 35	12 37.7	0 54	18 13.9	0 43
5 S	27 15.3	1 15	26 01.6	1 10	25 41.7	0 35	12 39.5	0 54	18 15.4	0 42
10 Th	27 38.0	1 15	26 10.6	1 09	25 45.0	0 35	12 41.3	0 54	18 17.0	0 42
15 Tu	28 00.7	1 15	26 19.7	1 09	25 48.2	0 35	12 43.1	0 54	18 18.5	0 41
20 Su	28 23.4	1 14	26 28.7	1 08	25 51.5	0 35	12 44.9	0 54	18 20.1	0 41
25 F	28 46.1	1 14	26 37.7	1 08	25 54.8	0 35	12 46.7	0 54	18 21.6	0 40
30 W	29 08.9	1 14	26 46.7	1 08	25 58.0	0 34	12 48.6	0 54	18 23.2	0 40

☿ .343401	☿a.466371
♀ .727630	♀ .724322
⊕a1.01666	⊕ 1.01497
♂ 1.61918	♂ 1.64350
♃ 5.45216	♃ 5.44992
♄ 10.0589	♄ 10.0603
♅ 19.9221	♅ 19.9189
♆ 29.9481	♆ 29.9476
♇ 33.3578	♇ 33.3776
☊	Perihelia
☿ 18°♉ 32	☿ 17°♊ 44
♀ 16 ♊ 50	♀ 11 ♌ 36
⊕	⊕ 13 ♋ 41
♂ 19 ♉ 42	♂ 6 ♓ 22
♃ 10 ♋ 40	♃ 14 ♈ 29
♄ 23 ♋ 47	♄ 4 ♋ 04
♅ 14 ♊ 05	♅ 23 ♍ 29
♆ 12 ♌ 01	♆ 17 ♉ 56
♇ 20 ♋ 32	♇ 14 ♏ 46

1 S	♀∠♅	0am58
	☿△♅	1 27
	☿ ♍	11pm45
2 Su	♀☌♆	9am21
	☿⚼♇	2pm48
3 M	☿∠♂	6pm40
	⊕ A	8 12
4 T	☿∠♃	0am53
	☿⚼♅	3 32
	⊕✱♆	5 54
	☿☍♆	2pm36
	⊕△☿	4 53
5 W	☿☍♀	7pm47
	☿△♇	8 51
	♀✱♇	10 44
6	♂□♃	8pm58
7 F	♂⊼♄	2am28
	☿⊻♃	12pm15
	☿□♄	12 39
	☿✱♂	1 50
	☿⊼♅	1 54
	♂□♅	2 29
8	☿ ♎	5pm 5
9	♃✱♄	0am52
10 M	⊕☌♇	4am22
	♀□♄	10 52
	♀⊼♃	11 53
	♀⊻♅	1pm17
11 T	♀△♂	5pm16
	♃☍♅	10 11
	☿⊼♆	11 46
12	♂⚼♆	6am 4
13 Th	♀ ♈	10am28
	☿□♇	1pm37
14	⊕□☿	8pm36
15 S	☿✱♄	4pm52
	☿☍♅	5 17
	☿☌♃	7 6
16	☿⚼♆	8am18
17 M	☿□♂	0am 5
	☿ ♏	2 28
	♂ ♌	5pm 3
	⊕⊻♄	9 33
	⊕□♅	9 58
18 T	⊕□♃	8am34
	♄△♅	6pm17
20 Th	⊕∠♆	1am51
	☿∠♄	11 36
	☿⊼♀	10pm41
21 F	☿△♆	3am35
	♀⊻♆	7 57
22	⊕ ♒	3pm 8
23 Su	☿✱♇	1am11
	☿0S	4 2
24	♀□♇	8pm43
25 T	☿⊼♅	2pm48
	☿⊻♄	3 56
	☿⊻♃	10 31
27 Th	⊕☍♂	1am18
	☿ ♐	4 23
28	☿∠♇	8am 3
29 S	☿△♂	0am24
	♀☌♅	12pm23
	⊕✱☿	1 33
	♀△♄	3 33
30 Su	♀☍♃	6am21
	♀∠♆	6pm28
31 M	☿⚼♅	0am30
	☿∠♃	11 36
	☿□♆	5pm53
1	♀ ♉	6am 7
2 W	☿⚼♀	2am23
	☿ A	12pm50
	☿⊻♇	6 58
3	⊕∠♄	2am30
4 F	☿⚼♂	12pm46
	⊕⊻♆	8 50
5 S	☿△♅	11am58
	☿☌♄	2pm58
6 Su	☿✱♃	2am 9
	⊕∠☿	9pm48
	♀□♂	10 54
7	☿ ♑	1am 9
8	♀⚼♄	5am 0
9	♀✱♆	4am23
10 Th	⊕⊻♇	5pm51
	♃⚼♆	7 0
	☿⊼♂	9 25
11 F	☿✱♆	12pm35
	♂⚼♄	4 36
12	♀△♇	4pm27
13	☿☌♇	10am25
14 M	☿△♀	7am 8
	⊕⊻☿	4pm40
15 T	♂⊼♆	1am 3
	⊕□♀	1pm33
	☿□♅	10 0
16 W	☿⊻♄	2am15
	☿∠♆	12pm49
	☿□♃	3 58
17 Th	☿ ♒	6am11
	♀⊻♅	9 9
	♀⊼♄	5pm49
18 F	⊕✱♅	2pm39
	♀⊼♃	10 11
19 S	⊕✱♄	5am54
	♀ ♊	11pm27
20	☿∠♄	6pm32
21 M	☿⊻♆	3am22
	⊕△♃	8 42
22 T	☿☍♂	0am34
	♀⚼♇	1 25
	☿⊻♇	5pm50
	⊕ ♓	10 13
24	☿✱♅	7pm33
25 F	☿✱♄	0am 8
	☿△♃	1pm56
	☿ ♓	9 20
26 S	⊕∠♇	10am 1
	☿∠♇	6pm 2
	♀∠♅	6 34
	⊕☌☿	8 37
27 Su	♂⊼♇	7pm49
	♀□♆	10 22
28 M	☿∠♅	2pm49
	♀⚼♃	5 2
29 T	☿☌♆	1am24
	☿⚼♃	8 43
	☿□♀	5pm42
30 W	☿✱♇	8am29
	♀0N	10 30
	☿⊼♂	3pm 7
31	♀⊼♇	9am43

SEPTEMBER 2017

DAY	☿ LONG	☿ LAT	♀ LONG	♀ LAT	⊕ LONG	♂ LONG	♂ LAT
	° '	° '	° '	° '	° '	° '	° '
1 F	25♓49	5S35	19♊21	0N09	8♓46	20♌13	1N51
2 S	0♈31	5 13	20 58	0 15	9 44	20 39	1 51
3 Su	5 21	4 48	22 35	0 20	10 42	21 06	1 51
4 M	10 21	4 21	24 12	0 26	11 40	21 32	1 51
5 Tu	15 30	3 50	25 49	0 32	12 38	21 58	1 51
6 W	20 48	3 16	27 25	0 37	13 36	22 25	1 51
7 Th	26 15	2 40	29 02	0 43	14 34	22 51	1 51
8 F	1♉50	2 01	0♋39	0 49	15 33	23 17	1 51
9 S	7 34	1 20	2 16	0 54	16 31	23 44	1 51
10 Su	13 27	0 38	3 53	1 00	17 29	24 10	1 51
11 M	19 26	0N07	5 30	1 05	18 28	24 36	1 51
12 Tu	25 32	0 51	7 07	1 11	19 26	25 03	1 50
13 W	1♊43	1 36	8 45	1 16	20 24	25 29	1 50
14 Th	7 58	2 20	10 22	1 21	21 23	25 55	1 50
15 F	14 16	3 03	11 59	1 27	22 21	26 22	1 50
16 S	20 35	3 44	13 36	1 32	23 20	26 48	1 50
17 Su	26 54	4 22	15 13	1 37	24 18	27 14	1 50
18 M	3♋11	4 56	16 50	1 42	25 17	27 40	1 50
19 Tu	9 26	5 27	18 28	1 47	26 15	28 07	1 50
20 W	15 35	5 53	20 05	1 52	27 14	28 33	1 50
21 Th	21 39	6 15	21 42	1 57	28 13	28 59	1 50
22 F	27 36	6 33	23 20	2 01	29 11	29 25	1 49
23 S	3♌24	6 46	24 57	2 06	0♈10	29 52	1 49
24 Su	9 05	6 55	26 34	2 10	1 09	0♍18	1 49
25 M	14 36	6 59	28 12	2 15	2 08	0 44	1 49
26 Tu	19 58	7 00	29 49	2 19	3 06	1 10	1 49
27 W	25 10	6 58	1♌26	2 23	4 05	1 37	1 49
28 Th	0♍12	6 52	3 04	2 27	5 04	2 03	1 48
29 F	5 05	6 43	4 41	2 31	6 03	2 29	1 48
30 S	9♍49	6N32	6♌19	2N35	7♈02	2♍55	1N48

OCTOBER 2017

DAY	☿ LONG	☿ LAT	♀ LONG	♀ LAT	⊕ LONG	♂ LONG	♂ LAT
	° '	° '	° '	° '	° '	° '	° '
1 Su	14♍23	6N19	7♌56	2N39	8♈01	3♍21	1N48
2 M	18 49	6 03	9 34	2 42	9 00	3 48	1 48
3 Tu	23 06	5 47	11 11	2 46	9 59	4 14	1 47
4 W	27 15	5 29	12 49	2 49	10 58	4 40	1 47
5 Th	1♎16	5 09	14 26	2 52	11 57	5 06	1 47
6 F	5 11	4 49	16 04	2 55	12 56	5 32	1 47
7 S	8 58	4 29	17 41	2 58	13 55	5 59	1 47
8 Su	12 40	4 07	19 19	3 01	14 54	6 25	1 46
9 M	16 15	3 45	20 56	3 03	15 54	6 51	1 46
10 Tu	19 45	3 23	22 34	3 06	16 53	7 17	1 46
11 W	23 10	3 01	24 11	3 08	17 52	7 43	1 46
12 Th	26 30	2 38	25 49	3 10	18 52	8 10	1 45
13 F	29 46	2 16	27 27	3 12	19 51	8 36	1 45
14 S	2♏58	1 53	29 04	3 14	20 50	9 02	1 45
15 Su	6 06	1 31	0♍42	3 16	21 50	9 28	1 44
16 M	9 11	1 09	2 19	3 17	22 49	9 54	1 44
17 Tu	12 13	0 47	3 57	3 19	23 49	10 21	1 44
18 W	15 12	0 25	5 34	3 20	24 48	10 47	1 44
19 Th	18 08	0 03	7 12	3 21	25 48	11 13	1 43
20 F	21 03	0S18	8 49	3 22	26 48	11 39	1 43
21 S	23 55	0 40	10 27	3 22	27 47	12 05	1 43
22 Su	26 45	1 00	12 04	3 23	28 47	12 32	1 42
23 M	29 35	1 21	13 41	3 23	29 47	12 58	1 42
24 Tu	2♐22	1 41	15 19	3 24	0♉47	13 24	1 42
25 W	5 09	2 01	16 56	3 24	1 46	13 50	1 41
26 Th	7 55	2 20	18 34	3 24	2 46	14 17	1 41
27 F	10 40	2 39	20 11	3 23	3 46	14 43	1 41
28 S	13 25	2 58	21 48	3 23	4 46	15 09	1 40
29 Su	16 10	3 16	23 26	3 22	5 46	15 35	1 40
30 M	18 55	3 33	25 03	3 22	6 46	16 02	1 39
31 Tu	21♐39	3S50	26♍40	3N21	7♉46	16♍28	1N39

DAY	♃ LONG	♃ LAT	♄ LONG	♄ LAT	♅ LONG	♅ LAT	♆ LONG	♆ LAT	♇ LONG	♇ LAT
	° '	° '	° '	° '	° '	° '	° '	° '	° '	° '
4 M	29♎31.6	1N14	26♐55.8	1N07	26♈01.3	0S34	12♓50.4	0S54	18♑24.8	0N39
9 S	29 54.3	1 14	27 04.8	1 07	26 04.6	0 34	12 52.2	0 54	18 26.3	0 39
14 Th	0♏17.0	1 14	27 13.8	1 07	26 07.8	0 34	12 54.0	0 55	18 27.9	0 38
19 Tu	0 39.8	1 13	27 22.9	1 06	26 11.1	0 34	12 55.8	0 55	18 29.4	0 38
24 Su	1 02.5	1 13	27 31.9	1 06	26 14.4	0 34	12 57.6	0 55	18 31.0	0 37
29 F	1 25.3	1 13	27 40.9	1 06	26 17.6	0 34	12 59.4	0 55	18 32.5	0 37
4 W	1 48.0	1 13	27 49.9	1 05	26 20.9	0 34	13 01.3	0 55	18 34.1	0 36
9 M	2 10.8	1 13	27 59.0	1 05	26 24.1	0 34	13 03.1	0 55	18 35.6	0 36
14 S	2 33.5	1 13	28 08.0	1 05	26 27.4	0 34	13 04.9	0 55	18 37.2	0 35
19 Th	2 56.3	1 12	28 17.0	1 04	26 30.7	0 34	13 06.7	0 55	18 38.7	0 35
24 Tu	3 19.1	1 12	28 26.0	1 04	26 33.9	0 34	13 08.5	0 55	18 40.3	0 34
29 Su	3 41.8	1 12	28 35.1	1 04	26 37.2	0 34	13 10.3	0 55	18 41.8	0 34

☿p .360562	☿a .366116
♀ .720302	♀p .718429
⊕ 1.00922	⊕ 1.00120
♂ 1.65933	♂a1.66585
♃ 5.44722	♃ 5.44418
♄ 10.0615	♄ 10.0625
♅ 19.9156	♅ 19.9125
♆ 29.9470	♆ 29.9464
♇ 33.3974	♇ 33.4166
☊	Perihelia
☿ 18°♉ 32	☿ 17°♊ 44
♀ 16 ♊ 50	♀ 11 ♌ 39
⊕	⊕ 15 ♋ 37
♂ 19 ♉ 42	♂ 6 ♓ 22
♃ 10 ♋ 40	♃ 14 ♈ 29
♄ 23 ♋ 47	♄ 4 ♋ 00
♅ 14 ♊ 05	♅ 23 ♍ 36
♆ 12 ♌ 01	♆ 15 ♉ 24
♇ 20 ♋ 32	♇ 14 ♏ 51

Day	Aspect	Time
1 F	☿⊻♅	0am54
	☿□♄	5 19
	♀✱♂	5pm36
	☿⊼♃	6 9
	☿ ♈	9 25
3 Su	☿Q♂	3am56
	⊕∠♅	7 50
4 M	⊕⊻☿	7am39
	☿⊻♆	11 43
5 T	♀✱♅	3am20
	⊕☌♆	5 14
	☿□♇	1pm20
	♀☍♄	5 25
6 W	☿△♂	7am50
	☿☌♅	11pm11
7 Th	☿△♄	3am24
	⊕Q♃	4 48
	☿∠♆	7 0
	♀△♃	11 7
	♀ ♋	2pm16
	☿☍♃	3 21
	☿ ♉	4 11
	☿✱♀	4 58
	⊕∠☿	5 22
9 S	☿Q♄	6pm34
	☿✱♆	9 42
10 Su	♃ ♏	6am 4
	⊕✱☿	7pm23
	☿△♇	8 5
	☿0N	8 27
	⊕✱♇	11 45
11 M	☿∠♀	5am48
	☿□♂	9pm58
12 T	☿⊻♅	2am16
	☿⊼♄	6 26
	☿ ♊	5pm23
	☿⊼♃	6 7
13	☿Q♇	6am44
14 Th	♀∠♂	11am24
	♂△♅	11 42
	☿∠♅	12pm 6
	☿⊻♀	12 19
	☿□♆	6 50
15 F	☿Q♃	4am13
	☿ P	12pm28
	♀△♆	1 46
	☿⊼♇	3 59
16 S	⊕□☿	12pm19
	☿✱♅	9 11
17 Su	☿✱♂	1am22
	☿☍♄	1 36
	♂△♄	5 0
	☿ ♋	11 48
	☿△♃	1pm56
18	⊕⊻♅	10pm15
19 T	♀☍♇	0am25
	☿△♆	1pm38
	☿∠♂	3 25
20 W	⊕□♄	4am32
	☿☍♇	11 29
21 Th	☿☌♀	0am19
	☿□♅	6pm24
	☿⊼♄	11 30
22 F	☿Q♆	1am27
	⊕△☿	7 50
	☿⊻♂	8 6
	☿ ♌	9 52
	⊕⊼♂	10 26
	☿□♃	1pm43
	⊕ ♈	7 55
23 S	♂ ♍	7am39
	♀□♅	7pm 3
	⊕⊼♃	9 14
24 Su	♀⊼♄	2pm28
	☿Q♄	3 0
	☿⊼♆	4 49
	♀Q♆	8 37
25 M	⊕Q☿	1pm43
	☿⊼♇	5 29
26 T	♂✱♃	1am27
	♀ ♌	2 41
	♀□♃	9pm20
27 W	♀⊻♂	3am23
	☿△♅	5 13
	☿△♄	11 40
	☿ ♍	11pm 0
28 Th	☿✱♃	5am37
	☿☌♂	9 50
	☿Q♇	4pm18
	☿⊻♀	9 0
29	⊕⊼☿	6am 5
30 S	☿Q♅	7am46
	☿☍♆	4pm39
1 Su	⊕△♀	2am51
	♂Q♇	10 55
	☿∠♃	11 59
	☿△♇	10pm36
3 T	♀ P	5am44
	☿⊼♅	6pm44
4 W	♀Q♄	0am17
	♀⊼♆	3 5
	☿□♄	3 28
	☿∠♀	5 33
	☿ ♎	4pm20
5	☿⊻♃	3am44
6 F	⊕⊻♆	2am23
	☿⊻♂	2 32
7 S	♀⊼♇	1pm14
	♂ A	10 8
8 Su	☿⊼♆	2am32
	⊕☍☿	8pm39
9	☿□♇	4pm 0
10	☿∠♂	8pm22
	☿⊼♅	10 11
11 W	☿✱♀	2pm13
	⊕□♇	5 53
	☿☍♅	11 29
12 Th	♀△♅	9am11
	☿Q♆	11 27
	☿✱♄	11 34
13 F	☿ ♏	1am43
	♀△♄	9 56
	☿☌♃	8pm50
14	♀ ♍	1pm46
16 M	♀✱♃	6am 4
	☿✱♂	6 38
	♀Q♇	7pm25
17 T	☿△♆	7am 6
	☿∠♄	8 10
19 Th	☿0S	3am17
	☿✱♇	4 10
	♂Q♅	4pm39
	⊕☌♅	5 22
	⊕Q♂	5 54
21 S	⊕∠♆	8am 8
	⊕△♄	1pm49
	♀Q♅	4 14
22 Su	♀☌♂	9am19
	☿⊻♄	1pm53
	♀☍♆	3 47
23 M	⊕⊼☿	2am42
	☿ ♐	3 38
	⊕ ♉	5 20
	♂☍♆	9 35
24 T	☿⊻♃	8am23
	☿∠♇	11 13
	⊕Q♀	5pm41
25	♀∠♃	10pm36
26 Th	♀△♇	1am49
	⊕☍♃	6pm15
27 F	☿Q♅	8am 7
	☿□♆	9pm47
28	☿□♂	6pm 0
29 Su	☿ A	12pm 6
	☿⊻♇	10 12
	☿∠♃	10 47
30	♀⊼♅	11pm38
31	⊕Q☿	3pm 7

NOVEMBER 2017

DAY	☿ LONG	☿ LAT	♀ LONG	♀ LAT	⊕ LONG	♂ LONG	♂ LAT
	° ′	° ′	° ′	° ′	° ′	° ′	° ′
1 W	24♐25	4S07	28♍17	3N20	8♉46	16♍54	1N39
2 Th	27 11	4 23	29 54	3 18	9 46	17 20	1 38
3 F	29 57	4 39	1♎32	3 17	10 46	17 47	1 38
4 S	2♑45	4 54	3 09	3 16	11 46	18 13	1 38
5 Su	5 34	5 08	4 46	3 14	12 46	18 39	1 37
6 M	8 24	5 22	6 23	3 12	13 46	19 06	1 37
7 Tu	11 16	5 35	8 00	3 10	14 46	19 32	1 36
8 W	14 10	5 48	9 37	3 08	15 46	19 58	1 36
9 Th	17 07	5 59	11 14	3 06	16 47	20 25	1 35
10 F	20 05	6 10	12 51	3 03	17 47	20 51	1 35
11 S	23 06	6 20	14 27	3 01	18 47	21 17	1 35
12 Su	26 10	6 29	16 04	2 58	19 48	21 44	1 34
13 M	29 17	6 37	17 41	2 55	20 48	22 10	1 34
14 Tu	2♒28	6 44	19 18	2 52	21 48	22 37	1 33
15 W	5 42	6 50	20 54	2 49	22 49	23 03	1 33
16 Th	9 00	6 55	22 31	2 46	23 49	23 29	1 32
17 F	12 23	6 58	24 08	2 42	24 50	23 56	1 32
18 S	15 50	7 00	25 44	2 39	25 50	24 22	1 31
19 Su	19 23	7 00	27 21	2 35	26 51	24 49	1 31
20 M	23 00	6 59	28 57	2 31	27 51	25 15	1 30
21 Tu	26 44	6 56	0♏34	2 27	28 52	25 42	1 30
22 W	0♓33	6 51	2 10	2 23	29 53	26 08	1 29
23 Th	4 29	6 44	3 46	2 19	0♊53	26 35	1 29
24 F	8 32	6 35	5 23	2 15	1 54	27 01	1 28
25 S	12 41	6 24	6 59	2 11	2 55	27 28	1 28
26 Su	16 59	6 10	8 35	2 06	3 55	27 54	1 27
27 M	21 24	5 54	10 11	2 02	4 56	28 21	1 27
28 Tu	25 58	5 34	11 47	1 57	5 57	28 47	1 26
29 W	0♈40	5 12	13 23	1 52	6 57	29 14	1 26
30 Th	5♈31	4S48	14♏59	1N48	7♊58	29♍41	1N25

DECEMBER 2017

DAY	☿ LONG	☿ LAT	♀ LONG	♀ LAT	⊕ LONG	♂ LONG	♂ LAT
	° ′	° ′	° ′	° ′	° ′	° ′	° ′
1 F	10♈31	4S20	16♏35	1N43	8♊59	0♎07	1N24
2 S	15 40	3 49	18 11	1 38	10 00	0 34	1 24
3 Su	20 58	3 15	19 47	1 33	11 01	1 01	1 23
4 M	26 25	2 39	21 23	1 28	12 01	1 27	1 23
5 Tu	2♉01	2 00	22 59	1 22	13 02	1 54	1 22
6 W	7 45	1 19	24 34	1 17	14 03	2 21	1 22
7 Th	13 38	0 36	26 10	1 12	15 04	2 48	1 21
8 F	19 37	0N08	27 46	1 07	16 05	3 14	1 20
9 S	25 43	0 53	29 21	1 01	17 06	3 41	1 20
10 Su	1♊54	1 38	0♐57	0 56	18 07	4 08	1 19
11 M	8 10	2 22	2 33	0 50	19 08	4 35	1 19
12 Tu	14 28	3 04	4 08	0 45	20 09	5 02	1 18
13 W	20 47	3 45	5 44	0 39	21 10	5 28	1 17
14 Th	27 06	4 23	7 19	0 34	22 11	5 55	1 17
15 F	3♋23	4 57	8 54	0 28	23 12	6 22	1 16
16 S	9 37	5 28	10 30	0 23	24 13	6 49	1 16
17 Su	15 47	5 54	12 05	0 17	25 14	7 16	1 15
18 M	21 50	6 16	13 40	0 11	26 15	7 43	1 14
19 Tu	27 47	6 33	15 16	0 06	27 16	8 10	1 14
20 W	3♌35	6 46	16 51	0S00	28 17	8 37	1 13
21 Th	9 15	6 55	18 26	0 06	29 18	9 04	1 12
22 F	14 46	6 59	20 01	0 11	0♋19	9 31	1 12
23 S	20 08	7 00	21 36	0 17	1 21	9 58	1 11
24 Su	25 20	6 57	23 12	0 23	2 22	10 25	1 10
25 M	0♍22	6 51	24 47	0 28	3 23	10 52	1 10
26 Tu	5 14	6 43	26 22	0 34	4 24	11 20	1 09
27 W	9 58	6 32	27 57	0 39	5 25	11 47	1 08
28 Th	14 32	6 18	29 32	0 45	6 26	12 14	1 08
29 F	18 57	6 03	1♑07	0 50	7 27	12 41	1 07
30 S	23 14	5 46	2 42	0 56	8 29	13 08	1 06
31 Su	27♍23	5N28	4♑17	1S01	9♋30	13♎36	1N05

DAY	♃ LONG	♃ LAT	♄ LONG	♄ LAT	♅ LONG	♅ LAT	♆ LONG	♆ LAT	♇ LONG	♇ LAT
	° ′	° ′	° ′	° ′	° ′	° ′	° ′	° ′	° ′	° ′
3 F	4♏04.6	1N12	28♐44.1	1N03	26♈40.5	0S34	13♓12.1	0S55	18♑43.4	0N34
8 W	4 27.4	1 12	28 53.1	1 03	26 43.8	0 34	13 14.0	0 55	18 44.9	0 33
13 M	4 50.2	1 11	29 02.2	1 02	26 47.0	0 34	13 15.8	0 55	18 46.5	0 33
18 S	5 13.0	1 11	29 11.2	1 02	26 50.3	0 34	13 17.6	0 55	18 48.0	0 32
23 Th	5 35.8	1 11	29 20.2	1 02	26 53.6	0 34	13 19.4	0 55	18 49.6	0 32
28 Tu	5 58.6	1 11	29 29.2	1 01	26 56.8	0 34	13 21.2	0 55	18 51.1	0 31
3 Su	6 21.4	1 10	29 38.3	1 01	27 00.1	0 34	13 23.1	0 55	18 52.7	0 31
8 F	6 44.2	1 10	29 47.3	1 01	27 03.4	0 34	13 24.9	0 55	18 54.2	0 30
13 W	7 07.1	1 10	29 56.3	1 00	27 06.7	0 34	13 26.7	0 55	18 55.8	0 30
18 M	7 29.9	1 10	0♑05.4	1 00	27 09.9	0 34	13 28.5	0 55	18 57.3	0 29
23 S	7 52.8	1 10	0 14.4	1 00	27 13.2	0 34	13 30.3	0 56	18 58.9	0 29
28 Th	8 15.6	1 09	0 23.4	0 59	27 16.5	0 34	13 32.2	0 56	19 00.4	0 28

☿ .465830	☿p.343607
♀ .719940	♀ .723719
⊕ .992534	⊕ .986079
♂ 1.66320	♂ 1.65168
♃ 5.44059	♃ 5.43670
♄ 10.0634	♄ 10.0641
♅ 19.9092	♅ 19.9060
♆ 29.9459	♆ 29.9453
♇ 33.4365	♇ 33.4557
☊	Perihelia
☿ 18°♉ 32	☿ 17°♊ 44
♀ 16 ♊ 50	♀ 11 ♌ 38
⊕	⊕ 13 ♋ 41
♂ 19 ♉ 42	♂ 6 ♓ 22
♃ 10 ♋ 40	♃ 14 ♈ 28
♄ 23 ♋ 47	♄ 3 ♋ 54
♅ 14 ♊ 06	♅ 23 ♍ 43
♆ 12 ♌ 01	♆ 12 ♉ 25
♇ 20 ♋ 32	♇ 14 ♏ 56

1 W	♀□♄	5am51
	☿△♅	7pm33
2 Th	♀ ♎	1am23
	☿☌♄	1pm22
3	☿ ♑	0am24
4 S	☿□♀	7am58
	☿✱♃	12pm19
	♀⚺♃	3 42
5 Su	♂△♇	4am19
	⊕✱♆	10 50
6 M	⊕⚼♄	1am26
	♂∠♃	1pm58
7	☿✱♆	4pm14
8	⊕△☿	7pm55
9	☿☌♇	1pm20
10 F	♀⚻♆	6am 0
	☿△♂	7 11
	⊕△♇	11pm28
12 Su	☿□♅	4am42
	☿∠♆	4pm 9
	☿⚺♄	10 4
13 M	☿ ♒	5am25
	♀□♇	4pm17
14	☿□♃	6pm38
15 W	⊕△♂	10am 1
	☿⚼♂	7pm42
16	♀⚺♂	7pm56
17 F	☿⚺♆	6am20
	☿∠♄	12pm29
18 S	⊕⚻♀	3am59
	♀☍♅	4pm33
	☿⚺♇	8 9
19 Su	⊕⚺♅	0am 5
	♀⚼♆	2pm17
20 M	♀✱♄	4am28
	♀ ♏	3pm38
	☿⚻♂	4 31
21 T	☿✱♅	0am55
	⊕⚻♄	10 5
	☿✱♄	4pm12
	⊕□☿	6 19
	☿ ♓	8 35
22 W	⊕ ♊	2am58
	☿△♀	4pm48
	☿∠♇	8 2
23 Th	☿△♃	6am49
	♂⚻♅	5pm32
24 F	♀☌♃	4am39
	☿∠♅	7pm34
25 S	☿☌♆	3am40
	⊕⚼♇	10pm 8
26 Su	☿✱♇	10am12
	☿⚼♃	9pm16
28 T	⊕⚻♃	0am50
	☿⚺♅	5 6
	☿⚼♀	6 30
	☿☍♂	4pm 2
	☿□♄	6 11
	☿ ♈	8 39
	♀△♆	11 34
29 W	♂□♄	4pm25
	♀∠♄	5 15
	♀∠♂	5 33
30 Th	☿⚻♃	3am 3
	⊕✱☿	2pm54
	♂ ♎	5 24
1	☿⚺♆	1pm26
2 S	♀✱♇	10am20
	☿□♇	2pm38
	☿⚻♀	4 29
3	⊕∠♅	11pm45
4 M	☿☌♅	2am36
	⊕∠☿	3 13
	☿∠♆	8 33
	☿△♄	2pm 5
	☿ ♉	3 26
	☿⚻♂	11 28
5 T	⊕□♆	8am33
	☿☍♃	7pm 5
6	☿✱♆	11pm 6
7 Th	☿⚼♄	4am35
	⊕⚺☿	6 59
	♀⚻♅	1pm16
	☿⚼♂	6 3
	☿0N	7 42
	☿△♇	9 9
9 S	☿⚺♅	5am16
	♀⚺♄	7 4
	♀ ♐	9 40
	☿⚻♄	4pm 0
	☿ ♊	4 38
	☿☍♀	7 2
10 Su	☿⚼♇	7am44
	☿△♂	9 13
	⊕⚻♇	7pm 1
	☿⚻♃	7 22
11 M	☿∠♅	3pm 0
	☿□♆	8 6
	♀∠♇	8 49
12 T	☿ P	11am43
	☿⚻♇	4pm58
	♀✱♂	6 41
13 W	⊕☌☿	1am43
	☿⚼♃	5 8
	♀⚺♃	10pm 3
14 Th	☿✱♅	0am 5
	⊕⚼♃	0 22
	☿☍♄	10 59
	☿ ♋	11 3
15 F	♄ ♑	0am50
	☿□♂	12pm20
	☿△♃	3 6
16 S	☿⚻♀	4am34
	☿△♆	2pm57
17 Su	♀⚼♅	1am 4
	♂⚺♃	9 59
	☿☍♇	12pm32
	♀□♆	9 0
18 M	⊕⚺☿	9pm29
	☿□♅	9 33
	⊕✱♅	9 48
19 T	☿⚼♆	2am53
	☿ ♌	9 7
	☿⚻♄	9 39
	☿⚼♀	2pm 1
	♀0S	11 50
20 W	☿□♃	5pm22
	☿✱♂	11 7
21 Th	♀⚺♇	8am 8
	⊕ ♋	4pm21
	☿⚻♆	6 24
	⊕☍♄	9 12
22 F	☿⚼♄	1am57
	⊕∠☿	3 0
	☿⚻♇	6pm47
23 S	☿△♀	9am41
	♀∠♃	8pm14
24 Su	☿∠♂	0am29
	☿△♅	9 0
	☿ ♍	10pm15
	☿△♄	11 42
25 M	☿⚼♇	5pm48
	⊕✱☿	6 42
26 T	♀△♅	1pm36
	☿✱♃	2 44
27 W	☿⚺♂	10am30
	☿⚼♅	12pm 2
	☿☍♆	6 43
28 Th	♀ ♑	7am 8
	♀☌♄	1pm18
29 F	☿△♇	0am21
	⊕△♃	10pm24
30 S	☿∠♃	1am 4
	♂⚻♆	9pm50
	☿⚻♅	11 35
31 Su	☿ ♎	3pm34
	☿□♄	6 36

JANUARY 2018

DAY	☿ LONG	☿ LAT	♀ LONG	♀ LAT	⊕ LONG	♂ LONG	♂ LAT
	° '	° '	° '	° '	° '	° '	° '
1 M	1♎24	5N09	5♑52	1S06	10♋31	14♎03	1N05
2 Tu	5 18	4 49	7 27	1 12	11 32	14 30	1 04
3 W	9 06	4 28	9 02	1 17	12 33	14 58	1 03
4 Th	12 47	4 06	10 36	1 22	13 34	15 25	1 03
5 F	16 22	3 45	12 11	1 27	14 35	15 52	1 02
6 S	19 52	3 22	13 46	1 32	15 36	16 20	1 01
7 Su	23 17	3 00	15 21	1 37	16 38	16 47	1 00
8 M	26 37	2 38	16 56	1 42	17 39	17 15	1 00
9 Tu	29 52	2 15	18 31	1 47	18 40	17 42	0 59
10 W	3♏04	1 53	20 06	1 52	19 41	18 10	0 58
11 Th	6 12	1 30	21 41	1 56	20 42	18 38	0 57
12 F	9 17	1 08	23 15	2 01	21 43	19 05	0 57
13 S	12 19	0 46	24 50	2 05	22 44	19 33	0 56
14 Su	15 18	0 24	26 25	2 10	23 46	20 00	0 55
15 M	18 14	0 02	28 00	2 14	24 47	20 28	0 54
16 Tu	21 08	0S19	29 35	2 18	25 48	20 56	0 53
17 W	24 00	0 40	1♒10	2 22	26 49	21 24	0 53
18 Th	26 51	1 01	2 45	2 26	27 50	21 51	0 52
19 F	29 40	1 21	4 19	2 30	28 51	22 19	0 51
20 S	2♐28	1 42	5 54	2 34	29 52	22 47	0 50
21 Su	5 14	2 01	7 29	2 38	0♌53	23 15	0 49
22 M	8 00	2 21	9 04	2 41	1 54	23 43	0 49
23 Tu	10 46	2 40	10 39	2 44	2 55	24 11	0 48
24 W	13 30	2 58	12 14	2 48	3 57	24 39	0 47
25 Th	16 15	3 16	13 49	2 51	4 58	25 07	0 46
26 F	19 00	3 34	15 24	2 54	5 59	25 35	0 45
27 S	21 45	3 51	16 59	2 57	7 00	26 03	0 45
28 Su	24 30	4 08	18 33	2 59	8 00	26 31	0 44
29 M	27 16	4 24	20 08	3 02	9 01	26 59	0 43
30 Tu	0♑03	4 39	21 43	3 04	10 02	27 28	0 42
31 W	2♑50	4S54	23♒18	3S07	11♌03	27♎56	0N41

FEBRUARY 2018

DAY	☿ LONG	☿ LAT	♀ LONG	♀ LAT	⊕ LONG	♂ LONG	♂ LAT
	° '	° '	° '	° '	° '	° '	° '
1 Th	5♑39	5S09	24♒53	3S09	12♌04	28♎24	0N40
2 F	8 30	5 22	26 28	3 11	13 05	28 52	0 39
3 S	11 22	5 36	28 03	3 13	14 06	29 21	0 39
4 Su	14 16	5 48	29 38	3 15	15 07	29 49	0 38
5 M	17 12	5 59	1♓13	3 16	16 08	0♏18	0 37
6 Tu	20 11	6 10	2 48	3 18	17 08	0 46	0 36
7 W	23 12	6 20	4 24	3 19	18 09	1 15	0 35
8 Th	26 16	6 29	5 59	3 20	19 10	1 43	0 34
9 F	29 23	6 37	7 34	3 21	20 11	2 12	0 33
10 S	2♒34	6 44	9 09	3 22	21 11	2 40	0 33
11 Su	5 48	6 50	10 44	3 23	22 12	3 09	0 32
12 M	9 07	6 55	12 19	3 23	23 13	3 38	0 31
13 Tu	12 30	6 58	13 54	3 23	24 14	4 06	0 30
14 W	15 57	7 00	15 30	3 24	25 14	4 35	0 29
15 Th	19 30	7 00	17 05	3 24	26 15	5 04	0 28
16 F	23 07	6 59	18 40	3 24	27 15	5 33	0 27
17 S	26 51	6 56	20 15	3 23	28 16	6 02	0 26
18 Su	0♓40	6 51	21 51	3 23	29 17	6 31	0 25
19 M	4 37	6 44	23 26	3 22	0♍17	7 00	0 24
20 Tu	8 39	6 35	25 01	3 22	1 18	7 29	0 24
21 W	12 49	6 23	26 37	3 21	2 18	7 58	0 23
22 Th	17 07	6 10	28 12	3 20	3 19	8 27	0 22
23 F	21 33	5 53	29 47	3 19	4 19	8 56	0 21
24 S	26 07	5 34	1♈23	3 17	5 19	9 25	0 20
25 Su	0♈49	5 12	2 58	3 16	6 20	9 54	0 19
26 M	5 40	4 47	4 34	3 14	7 20	10 24	0 18
27 Tu	10 40	4 19	6 09	3 12	8 20	10 53	0 17
28 W	15♈50	3S48	7♈45	3S10	9♍21	11♏22	0N16

DAY	♃ LONG	♃ LAT	♄ LONG	♄ LAT	♅ LONG	♅ LAT	♆ LONG	♆ LAT	♇ LONG	♇ LAT
	° '	° '	° '	° '	° '	° '	° '	° '	° '	° '
2 Tu	8♏38.5	1N09	0♑32.4	0N59	27♈19.8	0S34	13♓34.0	0S56	19♑02.0	0N28
7 Su	9 01.3	1 09	0 41.5	0 59	27 23.0	0 34	13 35.8	0 56	19 03.5	0 27
12 F	9 24.2	1 09	0 50.5	0 58	27 26.3	0 34	13 37.6	0 56	19 05.1	0 27
17 W	9 47.1	1 08	0 59.5	0 58	27 29.6	0 34	13 39.4	0 56	19 06.6	0 26
22 M	10 09.9	1 08	1 08.6	0 57	27 32.9	0 34	13 41.3	0 56	19 08.2	0 26
27 S	10 32.8	1 08	1 17.6	0 57	27 36.1	0 34	13 43.1	0 56	19 09.7	0 25
1 Th	10 55.7	1 08	1 26.6	0 57	27 39.4	0 34	13 44.9	0 56	19 11.3	0 25
6 Tu	11 18.6	1 07	1 35.6	0 56	27 42.7	0 34	13 46.7	0 56	19 12.8	0 25
11 Su	11 41.5	1 07	1 44.7	0 56	27 46.0	0 34	13 48.5	0 56	19 14.4	0 24
16 F	12 04.4	1 07	1 53.7	0 56	27 49.2	0 33	13 50.4	0 56	19 15.9	0 24
21 W	12 27.3	1 06	2 02.7	0 55	27 52.5	0 33	13 52.2	0 56	19 17.5	0 23
26 M	12 50.2	1 06	2 11.7	0 55	27 55.8	0 33	13 54.0	0 56	19 19.0	0 23

☿a.389357	☿ .460773
♀a.727312	♀ .728117
⊕p.983301	⊕ .985299
♂ 1.63104	♂ 1.60255
♃ 5.43224	♃ 5.42736
♄ 10.0647	♄ 10.0652
♅ 19.9027	♅ 19.8993
♆ 29.9448	♆ 29.9442
♇ 33.4756	♇ 33.4956
☊	Perihelia
☿ 18°♉ 33	☿ 17°♊ 44
♀ 16 ♊ 50	♀ 11 ♌ 37
⊕	⊕ 10 ♋ 45
♂ 19 ♉ 42	♂ 6 ♓ 22
♃ 10 ♋ 40	♃ 14 ♈ 28
♄ 23 ♋ 48	♄ 3 ♋ 47
♅ 14 ♊ 06	♅ 23 ♍ 47
♆ 12 ♌ 01	♆ 9 ♉ 38
♇ 20 ♋ 32	♇ 15 ♏ 01

Day	Aspect	Time
2 T	♀*♃	7pm 4
	☿⚺♃	9 33
	☿□♀	11 16
3	⊕ P	5am35
4 Th	⊕△♆	0am13
	☿⚻♆	5 18
	⊕□☿	7 18
	☿☌♂	8pm11
5 F	☿□♇	6pm23
	♀*♆	9 15
7	⊕□♂	7am 0
8 M	☿☍♅	5am44
	♀□♂	6 43
	☿⚼♆	2pm37
9 T	☿ ♏	0am57
	⊕☍♀	6 23
	☿*♄	6 37
	♀☌♇	8 27
	⊕☍♇	9 35
11	♂□♇	11pm57
12	☿☌♃	0am58
13	☿△♆	10am38
14 Su	☿∠♄	5am 0
	♀□♅	3pm55
15 M	☿0S	2am32
	☿*♇	7 9
	♀∠♆	9 50
	☿⚺♂	9pm59
16 T	♀ ♒	6am22
	♀⚺♄	9pm23
17	⊕□♅	4pm 7
18 Th	☿⚻♅	5am35
	⊕△☿	1pm 7
	⊕⚼♆	7 39
19 F	☿ ♐	2am51
	☿⚺♄	12pm 1
20 S	⊕ ♌	3am 2
	☿∠♇	2pm23
21	⊕⚻♄	5am26
22 M	☿∠♂	7am27
	♀□♃	5pm31
	☿⚺♃	7 21
	☿*♀	9 43
23 T	♀ A	2pm13
	☿⚼♅	3 46
24 W	☿□♆	1am41
	♀⚺♆	10pm24
25	☿ A	11am21
26 F	☿⚺♇	1am24
	♀∠♄	1pm27
27	⊕⚼☿	3am25
28 Su	♀⚺♇	9am17
	☿∠♃	10 2
	☿*♂	9pm 8
29 M	☿△♅	3am 7
	☿ ♑	11pm37
30 T	♂☍♅	9am 6
	☿☌♄	11 39
	⊕□♃	6pm50

Day	Aspect	Time
1	♂⚼♆	5pm49
2 F	⊕⚻♆	3pm59
	♀*♅	6 15
	☿*♃	9 33
3	☿*♆	7pm52
4 Su	♀△♂	3am55
	♀ ♓	5 28
	☿∠♀	6 39
	♂ ♏	9 8
	⊕⚻☿	10 36
5 M	♀*♄	5am16
	⊕⚼♄	10 42
	☿☌♇	4pm14
6	♀∠♇	9pm23
7	♂*♄	8pm33
8 Th	⊕⚻♇	1am25
	☿□♅	11 22
	☿∠♆	7pm28
9 F	☿ ♒	4am39
	☿⚺♄	5pm33
10	☿□♂	0am55
11	♀△♃	3pm14
12 M	♀∠♅	6am58
	☿□♃	7pm20
	♀☌♆	10 43
13 T	☿⚺♆	9am18
	☿⚺♀	6pm13
14 W	☿∠♄	6am 6
	☿⚺♇	10pm27
16 F	♀*♇	9am 4
	⊕△♅	1pm31
17 S	☿*♅	6am15
	⊕☍☿	12pm13
	♀⚼♂	4 45
	☿ ♓	7 49
18 Su	☿*♄	7am57
	⊕ ♍	5pm11
	☿∠♇	10 2
19	☿△♂	4pm 8
20 T	⊕△♄	5pm40
	☿△♃	9 52
21 W	☿∠♅	0am17
	☿☌♆	5 55
	♀⚼♃	1pm24
	♀⚺♅	7 13
22 Th	☿*♇	11am55
	⊕⚼♇	11pm36
23 F	♀ ♈	3am10
	☿⚼♂	2pm 9
24 S	☿⚼♃	8am15
	☿⚺♅	9 17
	♀□♄	11 36
	☿ ♈	7pm54
25 Su	☿□♄	6am48
	☿☌♀	3pm59
26	⊕⚻☿	10am 7
27 T	☿⚻♂	1am 6
	☿⚻♃	10 41
	☿⚺♆	3pm10
28	☿□♇	3pm56

MARCH 2018

DAY	☿ LONG	☿ LAT	♀ LONG	♀ LAT	⊕ LONG	♂ LONG	♂ LAT
	° '	° '	° '	° '	° '	° '	° '
1 Th	21♈08	3S14	9♈20	3S08	10♍21	11♏52	0N15
2 F	26 35	2 38	10 56	3 06	11 21	12 21	0 14
3 S	2♉12	1 59	12 32	3 04	12 21	12 51	0 13
4 Su	7 56	1 18	14 07	3 01	13 21	13 20	0 12
5 M	13 49	0 35	15 43	2 58	14 22	13 50	0 11
6 Tu	19 49	0N09	17 18	2 56	15 22	14 19	0 10
7 W	25 55	0 54	18 54	2 53	16 22	14 49	0 09
8 Th	2♊06	1 39	20 30	2 50	17 22	15 19	0 08
9 F	8 22	2 23	22 06	2 46	18 22	15 48	0 08
10 S	14 40	3 06	23 41	2 43	19 22	16 18	0 07
11 Su	20 59	3 46	25 17	2 40	20 22	16 48	0 06
12 M	27 18	4 24	26 53	2 36	21 22	17 18	0 05
13 Tu	3♋35	4 58	28 29	2 32	22 21	17 48	0 04
14 W	9 49	5 29	0♉05	2 28	23 21	18 18	0 03
15 Th	15 58	5 55	1 41	2 25	24 21	18 48	0 02
16 F	22 01	6 16	3 16	2 20	25 21	19 18	0 01
17 S	27 58	6 34	4 52	2 16	26 21	19 48	0S00
18 Su	3♌46	6 47	6 28	2 12	27 21	20 18	0 01
19 M	9 26	6 55	8 04	2 08	28 20	20 49	0 02
20 Tu	14 57	6 59	9 40	2 03	29 20	21 19	0 03
21 W	20 18	7 00	11 17	1 59	0♎20	21 49	0 04
22 Th	25 29	6 57	12 53	1 54	1 19	22 20	0 05
23 F	0♍31	6 51	14 29	1 49	2 19	22 50	0 06
24 S	5 23	6 42	16 05	1 44	3 18	23 21	0 07
25 Su	10 06	6 31	17 41	1 39	4 18	23 51	0 08
26 M	14 40	6 18	19 17	1 34	5 17	24 22	0 09
27 Tu	19 05	6 02	20 53	1 29	6 17	24 52	0 10
28 W	23 22	5 46	22 30	1 24	7 16	25 23	0 11
29 Th	27 30	5 27	24 06	1 19	8 15	25 54	0 12
30 F	1♎31	5 08	25 42	1 14	9 15	26 25	0 13
31 S	5♎25	4N48	27♉19	1S08	10♎14	26♏55	0S14

APRIL 2018

DAY	☿ LONG	☿ LAT	♀ LONG	♀ LAT	⊕ LONG	♂ LONG	♂ LAT
	° '	° '	° '	° '	° '	° '	° '
1 Su	9♎13	4N27	28♉55	1S03	11♎13	27♏26	0S15
2 M	12 54	4 06	0♊31	0 57	12 12	27 57	0 16
3 Tu	16 29	3 44	2 08	0 52	13 11	28 28	0 17
4 W	19 58	3 22	3 44	0 46	14 11	28 59	0 18
5 Th	23 23	2 59	5 21	0 41	15 10	29 30	0 19
6 F	26 43	2 37	6 57	0 35	16 09	0♐02	0 20
7 S	29 58	2 14	8 34	0 29	17 08	0 33	0 21
8 Su	3♏10	1 52	10 10	0 24	18 07	1 04	0 22
9 M	6 18	1 30	11 47	0 18	19 06	1 35	0 23
10 Tu	9 23	1 07	13 24	0 12	20 05	2 07	0 24
11 W	12 24	0 45	15 00	0 07	21 04	2 38	0 25
12 Th	15 23	0 23	16 37	0 01	22 02	3 10	0 26
13 F	18 19	0 02	18 14	0N05	23 01	3 41	0 27
14 S	21 14	0S20	19 51	0 11	24 00	4 13	0 28
15 Su	24 06	0 41	21 27	0 16	24 59	4 45	0 29
16 M	26 56	1 02	23 04	0 22	25 58	5 16	0 30
17 Tu	29 45	1 22	24 41	0 28	26 56	5 48	0 31
18 W	2♐33	1 42	26 18	0 34	27 55	6 20	0 32
19 Th	5 20	2 02	27 55	0 39	28 54	6 52	0 33
20 F	8 06	2 21	29 32	0 45	29 52	7 24	0 34
21 S	10 51	2 40	1♋09	0 50	0♏51	7 56	0 35
22 Su	13 36	2 59	2 46	0 56	1 50	8 28	0 36
23 M	16 20	3 17	4 23	1 01	2 48	9 00	0 37
24 Tu	19 05	3 34	6 00	1 07	3 47	9 32	0 38
25 W	21 50	3 51	7 37	1 12	4 45	10 04	0 39
26 Th	24 35	4 08	9 14	1 18	5 43	10 36	0 40
27 F	27 21	4 24	10 51	1 23	6 42	11 09	0 41
28 S	0♑08	4 40	12 28	1 28	7 40	11 41	0 42
29 Su	2 56	4 55	14 06	1 33	8 39	12 13	0 43
30 M	5♑45	5S09	15♋43	1N38	9♏37	12♐46	0S43

DAY	♃ LONG	♃ LAT	♄ LONG	♄ LAT	♅ LONG	♅ LAT	♆ LONG	♆ LAT	♇ LONG	♇ LAT
	° '	° '	° '	° '	° '	° '	° '	° '	° '	° '
3 S	13♏13.2	1N06	2♑20.8	0N55	27♈59.0	0S33	13♓55.8	0S56	19♑20.6	0N22
8 Th	13 36.1	1 06	2 29.8	0 54	28 02.3	0 33	13 57.6	0 56	19 22.1	0 22
13 Tu	13 59.1	1 05	2 38.8	0 54	28 05.6	0 33	13 59.4	0 56	19 23.6	0 21
18 Su	14 22.0	1 05	2 47.8	0 53	28 08.9	0 33	14 01.2	0 56	19 25.2	0 21
23 F	14 45.0	1 05	2 56.8	0 53	28 12.1	0 33	14 03.1	0 56	19 26.7	0 20
28 W	15 07.9	1 04	3 05.9	0 53	28 15.4	0 33	14 04.9	0 56	19 28.3	0 20
2 M	15 30.9	1 04	3 14.9	0 52	28 18.7	0 33	14 06.7	0 56	19 29.8	0 19
7 S	15 53.9	1 04	3 23.9	0 52	28 21.9	0 33	14 08.5	0 56	19 31.3	0 19
12 Th	16 16.9	1 04	3 32.9	0 52	28 25.2	0 33	14 10.3	0 57	19 32.9	0 18
17 Tu	16 39.9	1 03	3 41.9	0 51	28 28.5	0 33	14 12.1	0 57	19 34.4	0 18
22 Su	17 02.9	1 03	3 51.0	0 51	28 31.8	0 33	14 14.0	0 57	19 36.0	0 17
27 F	17 25.9	1 03	4 00.0	0 51	28 35.0	0 33	14 15.8	0 57	19 37.5	0 17

☿p .333190	☿a .400607
♀ .725937	♀ .721842
⊕ .990729	⊕ .999114
♂ 1.57135	♂ 1.53268
♃ 5.42258	♃ 5.41690
♄ 10.0655	♄a 10.0656
♅ 19.8963	♅ 19.8929
♆ 29.9438	♆ 29.9432
♇ 33.5136	♇ 33.5336
☊	Perihelia
☿ 18°♉ 33	☿ 17°♊ 44
♀ 16 ♊ 50	♀ 11 ♌ 39
⊕	⊕ 10 ♋ 49
♂ 19 ♉ 42	♂ 6 ♓ 23
♃ 10 ♋ 40	♃ 14 ♈ 27
♄ 23 ♋ 48	♄ 3 ♋ 40
♅ 14 ♊ 07	♅ 23 ♍ 52
♆ 12 ♌ 00	♆ 6 ♉ 58
♇ 20 ♋ 33	♇ 15 ♏ 06

Day	Aspect	Time
1	⊕⚼☿	10pm44
2 F	☿☌♅	6am 0
	☿∠♆	10 5
	☿ ♉	2pm41
	⊕⚻♀	5 6
3 S	☿△♄	0am39
	♀⚻♂	6 55
	♀⚻♃	10 59
	⊕⚼♅	3pm13
	♀⚺♆	9 14
	♂☌♃	9 46
	⊕✱♃	10 24
	⊕✱♂	10 55
4 Su	⊕☍♆	1pm57
	☿☍♃	10 11
5 M	☿☍♂	0am 3
	☿✱♆	0 31
	⊕△☿	2 38
	♂△♆	5 39
	☿⚺♀	10 25
	☿⚼♄	2pm30
	☿0N	6 57
	☿△♇	10 12
7 W	♀□♇	6am58
	☿⚺♅	8 15
	☿ ♊	3pm53
8 Th	☿⚻♄	1am31
	☿⚼♇	8 43
	☿∠♀	5pm30
9 F	☿∠♅	5pm54
	☿⚻♃	8 31
	☿□♆	9 23
10 S	⊕△♇	0am24
	☿⚻♂	6 47
	☿ P	10 58
	☿⚻♇	5pm56
	⊕□☿	9 12
11	☿✱♀	9pm53
12 M	☿✱♅	3am 0
	☿⚼♃	6 13
	☿ ♋	10 18
	♂∠♄	4pm12
	♀☌♅	6 9
	☿☍♄	8 24
	☿⚼♂	8 44
13 T	♃△♆	2am10
	♀∠♆	7 42
	♀ ♉	10pm50
14 W	☿△♆	4pm17
	☿△♃	4 44
15 Th	☿△♂	12pm11
	☿☍♇	1 35
	♀△♄	3 46
16 F	♂✱♇	5am12
	⊕✱☿	4pm 5
	♂0S	7 1
17 S	☿□♅	0am43
	☿⚼♆	4 19
	☿ ♌	8 22
	☿⚻♄	7pm55
18 Su	☿□♀	3pm53
	⊕⚻♅	7 39
19 M	☿⚻♆	7pm59
	⊕∠☿	8 42
	☿□♃	10 6
20 T	⊕∠♃	4am55
	☿⚼♄	1pm 3
	⊕ ♎	4 8
	☿⚻♇	8 5
21	☿□♂	7am44
22 Th	☿△♅	12pm50
	♀✱♆	5 34
	☿ ♍	9 30
23 F	♀☍♃	4am15
	⊕⚺☿	10 58
	☿△♄	11 57
	⊕□♄	3pm51
	☿⚼♇	7 18
25 Su	♀⚼♄	4am56
	☿⚼♅	4pm22
	☿☍♆	8 48
26 M	☿✱♃	1am42
	♀△♇	2 36
27 T	☿△♇	2am 7
	⊕⚼♀	3pm 2
	☿△♀	4 5
28	☿✱♂	1pm16
29 Th	☿⚻♅	4am31
	☿ ♎	2pm49
	☿∠♃	4 23
30 F	☿□♄	10am 3
	♀☍♂	3pm30
31	♀⚺♅	2pm43

Day	Aspect	Time
1 Su	♀ ♊	4pm11
	⊕☌☿	5 47
2 M	☿∠♂	0am29
	☿⚻♆	8 6
	♂⚻♅	4pm53
	☿⚺♃	5 53
3 T	☿⚼♀	8am11
	⊕∠♂	2pm28
	♀⚻♄	5 27
	☿□♇	8 46
	⊕⚻♆	10 44
4	♀⚼♇	11am30
5 Th	⊕⚺♃	3pm27
	♂ ♐	10 44
6 F	☿☍♅	12pm 3
	☿⚼♆	5 49
7 S	☿ ♏	0am11
	☿⚺♂	5 6
8	☿✱♄	2am 0
9	⊕□♇	10am44
10 T	♀∠♅	0am 3
	♀□♆	11 26
11 W	☿△♆	2pm10
	♀⚻♃	6 44
12 Th	♀0N	3am18
	☿☌♃	7 29
	♂⚺♄	6pm43
	☿⚻♀	10 16
13 F	☿0S	1am48
	☿∠♄	2 7
	☿✱♇	10 8
	♀⚻♇	7pm45
14	♂∠♇	3pm48
15	⊕⚺☿	11am23
16	☿⚻♅	1pm 2
17 T	☿ ♐	2am 6
	♄ A	11 34
18 W	☿⚺♄	10am17
	⊕☍♅	2pm 3
	☿∠♇	5 33
19 Th	⊕⚼♆	7am50
	♀✱♅	8 43
	☿☌♂	4pm28
20 F	⊕ ♏	3am 5
	♀ ♋	6 59
	⊕△♀	12pm56
21 S	♀⚼♃	12pm52
	☿⚼♅	11 26
22 Su	☿□♆	5am36
	♀☍♄	4pm26
23 M	☿⚺♃	7am 4
	☿ A	10 37
	⊕∠☿	7pm51
24 T	⊕✱♄	3am22
	☿⚺♇	4 37
27 F	♀⚻♂	6am28
	☿△♅	10 42
	☿ ♑	10pm52
28	☿∠♃	8pm59
29 Su	♀△♆	2am44
	☿☌♄	9 46

MAY 2018

DAY	☿ LONG	☿ LAT	♀ LONG	♀ LAT	⊕ LONG	♂ LONG	♂ LAT
	° '	° '	° '	° '	° '	° '	° '
1 Tu	8♑35	5S23	17♋20	1N43	10♏35	13♐18	0S44
2 W	11 27	5 36	18 57	1 48	11 33	13 51	0 45
3 Th	14 22	5 48	20 34	1 53	12 31	14 24	0 46
4 F	17 18	6 00	22 12	1 58	13 30	14 56	0 47
5 S	20 16	6 11	23 49	2 03	14 28	15 29	0 48
6 Su	23 18	6 21	25 26	2 07	15 26	16 02	0 49
7 M	26 22	6 29	27 04	2 12	16 24	16 35	0 50
8 Tu	29 29	6 37	28 41	2 16	17 22	17 08	0 51
9 W	2♒40	6 44	0♌19	2 20	18 20	17 41	0 52
10 Th	5 55	6 50	1 56	2 24	19 18	18 14	0 53
11 F	9 13	6 55	3 33	2 28	20 16	18 47	0 54
12 S	12 36	6 58	5 11	2 32	21 14	19 20	0 55
13 Su	16 04	7 00	6 48	2 36	22 12	19 53	0 56
14 M	19 36	7 00	8 26	2 40	23 10	20 27	0 57
15 Tu	23 14	6 59	10 03	2 43	24 08	21 00	0 58
16 W	26 58	6 56	11 41	2 47	25 06	21 33	0 59
17 Th	0♓48	6 51	13 18	2 50	26 04	22 07	1 00
18 F	4 44	6 44	14 56	2 53	27 02	22 40	1 00
19 S	8 47	6 35	16 33	2 56	27 59	23 14	1 01
20 Su	12 57	6 23	18 11	2 59	28 57	23 48	1 02
21 M	17 15	6 09	19 48	3 01	29 55	24 21	1 03
22 Tu	21 41	5 52	21 26	3 04	0♐53	24 55	1 04
23 W	26 15	5 33	23 04	3 06	1 50	25 29	1 05
24 Th	0♈58	5 11	24 41	3 09	2 48	26 03	1 06
25 F	5 49	4 46	26 19	3 11	3 46	26 37	1 07
26 S	10 50	4 18	27 56	3 13	4 43	27 11	1 08
27 Su	15 59	3 47	29 34	3 15	5 41	27 45	1 08
28 M	21 18	3 13	1♍11	3 16	6 38	28 19	1 09
29 Tu	26 46	2 37	2 49	3 18	7 36	28 53	1 10
30 W	2♉22	1 58	4 26	3 19	8 34	29 27	1 11
31 Th	8♉07	1S16	6♍04	3N20	9♐31	0♑01	1S12

JUNE 2018

DAY	☿ LONG	☿ LAT	♀ LONG	♀ LAT	⊕ LONG	♂ LONG	♂ LAT
	° '	° '	° '	° '	° '	° '	° '
1 F	14♉00	0S33	7♍41	3N21	10♐29	0♑36	1S13
2 S	20 00	0N11	9 19	3 22	11 26	1 10	1 13
3 Su	26 06	0 56	10 56	3 23	12 24	1 44	1 14
4 M	2♊18	1 40	12 34	3 23	13 21	2 19	1 15
5 Tu	8 33	2 24	14 11	3 23	14 18	2 53	1 16
6 W	14 51	3 07	15 48	3 24	15 16	3 28	1 17
7 Th	21 11	3 47	17 26	3 24	16 13	4 03	1 18
8 F	27 30	4 25	19 03	3 24	17 11	4 37	1 18
9 S	3♋47	4 59	20 40	3 23	18 08	5 12	1 19
10 Su	10 00	5 29	22 18	3 23	19 06	5 47	1 20
11 M	16 09	5 55	23 55	3 22	20 03	6 22	1 21
12 Tu	22 13	6 17	25 32	3 21	21 00	6 57	1 21
13 W	28 09	6 34	27 10	3 20	21 58	7 32	1 22
14 Th	3♌57	6 47	28 47	3 19	22 55	8 07	1 23
15 F	9 36	6 55	0♎24	3 18	23 52	8 42	1 24
16 S	15 07	7 00	2 01	3 17	24 50	9 17	1 25
17 Su	20 28	7 00	3 38	3 15	25 47	9 52	1 25
18 M	25 39	6 57	5 15	3 13	26 44	10 27	1 26
19 Tu	0♍40	6 51	6 52	3 11	27 42	11 03	1 27
20 W	5 32	6 42	8 29	3 09	28 39	11 38	1 27
21 Th	10 15	6 31	10 06	3 07	29 36	12 14	1 28
22 F	14 48	6 17	11 43	3 05	0♑33	12 49	1 29
23 S	19 13	6 02	13 20	3 02	1 31	13 25	1 29
24 Su	23 30	5 45	14 57	3 00	2 28	14 00	1 30
25 M	27 38	5 27	16 34	2 57	3 25	14 36	1 31
26 Tu	1♎39	5 08	18 10	2 54	4 22	15 11	1 31
27 W	5 33	4 47	19 47	2 51	5 20	15 47	1 32
28 Th	9 20	4 27	21 24	2 48	6 17	16 23	1 33
29 F	13 00	4 05	23 00	2 45	7 14	16 59	1 33
30 S	16♎35	3N43	24♎37	2N41	8♑11	17♑35	1S34

DAY	♃ LONG	♃ LAT	♄ LONG	♄ LAT	♅ LONG	♅ LAT	♆ LONG	♆ LAT	♇ LONG	♇ LAT
	° '	° '	° '	° '	° '	° '	° '	° '	° '	° '
2 W	17♏48.9	1N02	4♑09.0	0N50	28♈38.3	0S33	14♓17.6	0S57	19♑39.0	0N16
7 M	18 12.0	1 02	4 18.0	0 50	28 41.6	0 33	14 19.4	0 57	19 40.6	0 16
12 S	18 35.0	1 02	4 27.1	0 49	28 44.9	0 33	14 21.2	0 57	19 42.1	0 16
17 Th	18 58.1	1 01	4 36.1	0 49	28 48.1	0 33	14 23.0	0 57	19 43.7	0 15
22 Tu	19 21.1	1 01	4 45.1	0 49	28 51.4	0 33	14 24.9	0 57	19 45.2	0 15
27 Su	19 44.2	1 01	4 54.1	0 48	28 54.7	0 33	14 26.7	0 57	19 46.8	0 14
1 F	20 07.3	1 00	5 03.2	0 48	28 58.0	0 33	14 28.5	0 57	19 48.3	0 14
6 W	20 30.4	1 00	5 12.2	0 48	29 01.3	0 33	14 30.3	0 57	19 49.8	0 13
11 M	20 53.5	1 00	5 21.2	0 47	29 04.5	0 33	14 32.2	0 57	19 51.4	0 13
16 S	21 16.6	0 59	5 30.3	0 47	29 07.8	0 33	14 34.0	0 57	19 52.9	0 12
21 Th	21 39.7	0 59	5 39.3	0 46	29 11.1	0 33	14 35.8	0 57	19 54.5	0 12
26 Tu	22 02.8	0 59	5 48.3	0 46	29 14.4	0 33	14 37.6	0 57	19 56.0	0 11

☿ .458766	☿p .316609
♀p .718844	♀ .718908
⊕ 1.00742	⊕ 1.01393
♂ 1.49362	♂ 1.45474
♃ 5.41101	♃ 5.40454
♄ 10.0656	♄ 10.0655
♅ 19.8896	♅ 19.8862
♆ 29.9427	♆ 29.9422
♇ 33.5530	♇ 33.5730
☊	Perihelia
☿ 18°♉ 33	☿ 17°♊ 44
♀ 16 ♊ 51	♀ 11 ♌ 42
⊕	⊕ 13 ♋ 43
♂ 19 ♉ 42	♂ 6 ♓ 24
♃ 10 ♋ 40	♃ 14 ♈ 26
♄ 23 ♋ 48	♄ 3 ♋ 32
♅ 14 ♊ 07	♅ 23 ♍ 56
♆ 12 ♌ 01	♆ 3 ♉ 58
♇ 20 ♋ 33	♇ 15 ♏ 12

Day	Aspect	Time
1 T	♀△♃	6am19
	♂⚼♅	2pm27
2 W	⊕⚹☿	1am13
	♀☍♇	10 21
	♂□♆	7pm45
	☿⚹♆	11 31
3	☿⚺♂	0am22
4 F	☿⚹♃	5am36
	☿☌♇	7pm 7
	⊕△♆	8 13
7 M	⊕⚺♂	10am22
	☿☍♀	11 18
	☿□♅	6pm 0
	☿∠♆	10 48
8 T	♀□♅	0am15
	☿ ♒	3 54
	♀⚼♆	9 32
	♀ ♌	7pm25
9 W	☿∠♂	0am 7
	⊕☌♃	0 29
	☿⚺♄	12pm43
10 Th	⊕∠♄	2am16
	⊕⚹♇	9 43
	♂⚺♃	10 3
11 F	♀⚼♂	5am 2
	♀⚻♄	12pm59
12 S	☿⚺♆	12pm15
	♂⚺♇	4 2
13 Su	☿□♃	6pm 3
	☿∠♄	11 23
14 M	☿⚺♇	0am44
	☿⚹♂	6 37
15 T	⊕□☿	7am52
	♀ P	10pm55
16 W	☿⚹♅	11am34
	☿ ♓	7pm 4
17 Th	♀⚻♆	3pm58
	☿⚹♄	11 23
18	☿∠♇	0am 0
19	⊕⚻♅	9pm 3
20 Su	☿∠♅	4am59
	☿☌♆	8 10
	♀□♃	3pm44
	♀⚼♄	10 42
	♀⚻♇	11 7
21 M	⊕ ♐	2am 7
	☿△♃	11 14
	☿⚹♇	1pm37
	☿⚻♀	9 54
22	☿□♂	7pm26
23 W	☿⚺♅	1pm27
	☿ ♈	7 9
24 Th	⊕△☿	11am26
	☿⚼♃	5pm51
	☿□♄	7 12
25	♀△♂	6am46
26 S	⊕∠♇	1am20
	⊕⚺♄	3 54
	♀△♅	2pm20
	☿⚼♀	2 26
	☿⚺♆	4 53
27 Su	♀ ♍	6am28
	♃⚹♇	2pm15
	☿□♇	5 13
	☿⚻♃	5 16
28	⊕⚼☿	1am51
29 T	♂△♅	2am18
	☿☌♅	9 23
	☿△♂	10 11
	☿∠♆	11 38
	☿ ♉	1pm56
30 W	♀⚼♇	5am18
	♀△♄	8 21
	☿△♄	11 5
	☿△♀	12pm 8
	♃∠♄	12 57
	♂ ♑	11 7
31	⊕⚻☿	6am53
1 F	☿⚹♆	1am55
	☿⚼♂	7 6
	☿0N	6pm14
	☿△♇	11 15
2 S	☿⚼♄	0am20
	☿☍♃	0 48
3 Su	☿⚺♅	11am14
	☿ ♊	3pm 8
4 M	☿⚻♂	0am 5
	☿⚼♇	9 43
	☿⚻♄	11 0
	⊕⚼♅	4pm28
	♀⚼♅	9 25
5 T	⊕□♀	4am28
	♀☍♆	4 41
	⊕□♆	4 51
	☿∠♅	8pm49
	☿□♆	10 40
6 W	⊕☍☿	1am50
	☿□♀	4 52
	☿ P	10 15
	☿⚻♇	6pm54
	☿⚻♃	9 43
8 F	☿⚹♅	5am55
	☿ ♋	9 33
	♀△♇	11 42
9 S	♀⚹♃	0am58
	♂☌♄	4 0
	☿☍♄	5 51
	☿☍♂	6 2
	☿⚼♃	7 37
10 Su	♂∠♃	1am31
	☿△♆	5pm38
	⊕⚺♇	7 9
11 M	☿☍♇	2pm38
	⊕⚻☿	6 17
	☿△♃	6 59
	⊕⚺♃	11 0
12	☿⚹♀	6pm28
13 W	☿□♅	3am55
	☿⚼♆	5 46
	☿ ♌	7 37
14 Th	♀⚻♅	4am54
	☿⚻♄	6 19
	♀ ♎	6pm 5
	☿⚻♂	7 39
	⊕⚼☿	8 13
15	☿⚻♆	9pm35
16 S	☿∠♀	12pm 8
	☿⚻♇	9 24
17 Su	☿⚼♄	0am21
	☿□♃	4 9
	☿⚼♂	11pm 0
18 M	♀□♄	4am41
	⊕△☿	6 21
	☿△♅	4pm42
	♀∠♃	6 20
	☿ ♍	8 45
19	☿⚼♇	8pm49
20 W	☿△♄	0am26
	⊕△♅	1pm23
	☿⚺♀	10 51
21 Th	⊕ ♑	10am 0
	☿△♂	11 51
	☿⚼♅	8pm44
	☿☍♆	10 54
23 S	♀□♂	1am45
	☿△♇	3 52
	☿⚹♃	2pm45
	♀⚻♆	7 1
25 M	♂⚹♆	1am 2
	☿⚻♅	9 29
	☿ ♎	2pm 4
26	⊕□☿	10pm12
27 W	☿□♄	1am51
	♀□♇	2 17
	☿∠♃	10 9
	⊕☌♄	1pm16
28	♀⚺♃	12pm35
29 F	⊕∠♃	1am17
	☿⚻♆	10 55
30 S	☿□♂	8am 7
	☿□♇	11pm 9

JULY 2018

DAY	☿ LONG	☿ LAT	♀ LONG	♀ LAT	⊕ LONG	♂ LONG	♂ LAT
	° ′	° ′	° ′	° ′	° ′	° ′	° ′
1 Su	20♎05	3N21	26♎14	2N38	9♑08	18♑11	1S35
2 M	23 29	2 59	27 50	2 34	10 05	18 47	1 35
3 Tu	26 49	2 36	29 27	2 30	11 03	19 23	1 36
4 W	0♏05	2 14	1♏03	2 26	12 00	19 59	1 36
5 Th	3 16	1 51	2 39	2 22	12 57	20 35	1 37
6 F	6 24	1 29	4 16	2 18	13 54	21 11	1 38
7 S	9 29	1 07	5 52	2 14	14 51	21 47	1 38
8 Su	12 30	0 44	7 28	2 09	15 49	22 23	1 39
9 M	15 29	0 23	9 04	2 05	16 46	23 00	1 39
10 Tu	18 25	0 01	10 40	2 00	17 43	23 36	1 40
11 W	21 19	0S20	12 17	1 56	18 40	24 13	1 40
12 Th	24 11	0 42	13 53	1 51	19 38	24 49	1 41
13 F	27 02	1 02	15 29	1 46	20 35	25 25	1 41
14 S	29 51	1 23	17 05	1 41	21 32	26 02	1 42
15 Su	2♐38	1 43	18 40	1 36	22 29	26 39	1 42
16 M	5 25	2 03	20 16	1 31	23 27	27 15	1 43
17 Tu	8 11	2 22	21 52	1 26	24 24	27 52	1 43
18 W	10 56	2 41	23 28	1 21	25 21	28 29	1 43
19 Th	13 41	2 59	25 04	1 16	26 18	29 05	1 44
20 F	16 26	3 17	26 39	1 10	27 16	29 42	1 44
21 S	19 10	3 35	28 15	1 05	28 13	0♒19	1 45
22 Su	21 55	3 52	29 51	1 00	29 10	0 56	1 45
23 M	24 40	4 09	1♐26	0 54	0♒07	1 33	1 45
24 Tu	27 26	4 25	3 02	0 49	1 05	2 10	1 46
25 W	0♑13	4 40	4 37	0 43	2 02	2 47	1 46
26 Th	3 01	4 55	6 13	0 38	2 59	3 24	1 47
27 F	5 50	5 10	7 48	0 32	3 57	4 01	1 47
28 S	8 41	5 23	9 23	0 26	4 54	4 38	1 47
29 Su	11 33	5 36	10 59	0 21	5 51	5 15	1 47
30 M	14 27	5 49	12 34	0 15	6 49	5 52	1 48
31 Tu	17♑23	6S00	14♐09	0N10	7♒46	6♒30	1S48

AUGUST 2018

DAY	☿ LONG	☿ LAT	♀ LONG	♀ LAT	⊕ LONG	♂ LONG	♂ LAT
	° ′	° ′	° ′	° ′	° ′	° ′	° ′
1 W	20♑22	6S11	15♐45	0N04	8♒43	7♒07	1S48
2 Th	23 23	6 21	17 20	0S02	9 41	7 44	1 49
3 F	26 28	6 30	18 55	0 07	10 38	8 21	1 49
4 S	29 35	6 38	20 30	0 13	11 36	8 59	1 49
5 Su	2♒46	6 45	22 05	0 19	12 33	9 36	1 49
6 M	6 01	6 50	23 41	0 24	13 30	10 14	1 49
7 Tu	9 19	6 55	25 16	0 30	14 28	10 51	1 50
8 W	12 42	6 58	26 51	0 35	15 25	11 29	1 50
9 Th	16 10	7 00	28 26	0 41	16 23	12 06	1 50
10 F	19 43	7 00	0♑01	0 46	17 21	12 44	1 50
11 S	23 21	6 59	1 36	0 52	18 18	13 21	1 50
12 Su	27 05	6 56	3 11	0 57	19 16	13 59	1 50
13 M	0♓55	6 51	4 46	1 03	20 13	14 36	1 51
14 Tu	4 51	6 44	6 21	1 08	21 11	15 14	1 51
15 W	8 55	6 34	7 56	1 13	22 09	15 52	1 51
16 Th	13 05	6 23	9 31	1 19	23 06	16 29	1 51
17 F	17 23	6 09	11 05	1 24	24 04	17 07	1 51
18 S	21 49	5 52	12 40	1 29	25 02	17 45	1 51
19 Su	26 24	5 33	14 15	1 34	25 59	18 23	1 51
20 M	1♈07	5 10	15 50	1 39	26 57	19 01	1 51
21 Tu	5 58	4 45	17 25	1 44	27 55	19 38	1 51
22 W	10 59	4 17	19 00	1 48	28 53	20 16	1 51
23 Th	16 09	3 46	20 35	1 53	29 50	20 54	1 51
24 F	21 28	3 12	22 10	1 58	0♓48	21 32	1 51
25 S	26 56	2 36	23 44	2 02	1 46	22 10	1 51
26 Su	2♉33	1 56	25 19	2 07	2 44	22 48	1 51
27 M	8 18	1 15	26 54	2 11	3 42	23 26	1 51
28 Tu	14 11	0 32	28 29	2 15	4 40	24 04	1 51
29 W	20 11	0N12	0♒04	2 20	5 38	24 42	1 51
30 Th	26 18	0 57	1 39	2 24	6 35	25 20	1 50
31 F	2♊29	1N42	3♒14	2S28	7♓33	25♒58	1S50

DAY	♃ LONG	♃ LAT	♄ LONG	♄ LAT	♅ LONG	♅ LAT	♆ LONG	♆ LAT	♇ LONG	♇ LAT
	° ′	° ′	° ′	° ′	° ′	° ′	° ′	° ′	° ′	° ′
1 Su	22♏26.0	0N58	5♑57.3	0N46	29♈17.7	0S33	14♓39.4	0S57	19♑57.6	0N11
6 F	22 49.1	0 58	6 06.4	0 45	29 20.9	0 33	14 41.3	0 57	19 59.1	0 10
11 W	23 12.3	0 58	6 15.4	0 45	29 24.2	0 33	14 43.1	0 57	20 00.6	0 10
16 M	23 35.5	0 57	6 24.4	0 45	29 27.5	0 33	14 44.9	0 57	20 02.2	0 09
21 S	23 58.6	0 57	6 33.5	0 44	29 30.8	0 33	14 46.7	0 57	20 03.7	0 09
26 Th	24 21.8	0 57	6 42.5	0 44	29 34.1	0 32	14 48.6	0 58	20 05.3	0 08
31 Tu	24 45.0	0 56	6 51.5	0 43	29 37.4	0 32	14 50.4	0 58	20 06.8	0 08
5 Su	25 08.2	0 56	7 00.5	0 43	29 40.6	0 32	14 52.2	0 58	20 08.3	0 08
10 F	25 31.4	0 55	7 09.6	0 43	29 43.9	0 32	14 54.0	0 58	20 09.9	0 07
15 W	25 54.7	0 55	7 18.6	0 42	29 47.2	0 32	14 55.8	0 58	20 11.4	0 07
20 M	26 17.9	0 55	7 27.6	0 42	29 50.5	0 32	14 57.6	0 58	20 12.9	0 06
25 S	26 41.1	0 54	7 36.7	0 42	29 53.8	0 32	14 59.5	0 58	20 14.5	0 06
30 Th	27 04.4	0 54	7 45.7	0 41	29 57.0	0 32	15 01.3	0 58	20 16.0	0 05

☿a.416300	☿ .448199
♀ .721983	♀ .726056
⊕a1.01662	⊕ 1.01500
♂ 1.42198	♂ 1.39671
♃ 5.39790	♃ 5.39068
♄ 10.0652	♄ 10.0648
♅ 19.8829	♅ 19.8794
♆ 29.9417	♆ 29.9412
♇ 33.5924	♇ 33.6124
☊	Perihelia
☿ 18° ♉ 33	☿ 17° ♊ 45
♀ 16 ♊ 51	♀ 11 ♌ 43
⊕	⊕ 14 ♋ 56
♂ 19 ♉ 42	♂ 6 ♓ 26
♃ 10 ♋ 40	♃ 14 ♈ 25
♄ 23 ♋ 48	♄ 3 ♋ 21
♅ 14 ♊ 08	♅ 23 ♍ 56
♆ 12 ♌ 00	♆ 1 ♉ 03
♇ 20 ♋ 33	♇ 15 ♏ 17

1	☿⚺♃	4pm53
2	♀☍♅	10pm 6
3 T	♀⚼♆	3am24
	♀ ♏	8 19
	☿☍♅	6pm25
	☿⚼♆	9 1
	☿ ♏	11 26
	♂☌♇	11 53
4	☿☌♀	2pm37
5	☿✶♄	9pm43
6 F	⊕ A	4pm48
	⊕✶♆	7 51
7	♀✶♄	4am 8
8	☿△♆	5pm43
9 M	♂✶♃	2am29
	⊕✶☿	3pm30
10 T	☿0S	1am 4
	☿✶♇	1pm 7
	☿∠♄	11 28
11	☿☌♃	4pm11
12 Th	☿✶♂	6am43
	⊕☌♇	9 50
	♀△♆	12pm46
13	☿⚻♅	8pm30
14	☿ ♐	1am20
15 Su	♀✶♇	8pm27
	☿∠♇	8 42
16 M	⊕✶♃	4am 2
	☿⚺♄	8 41
	♀∠♄	5pm23
17	⊕∠☿	4pm13
18	♀☌♃	4am26
19 Th	☿∠♂	4am35
	☿⚼♅	7 6
	☿□♆	9 30
	♂□♅	4pm 0
20 F	♂∠♆	2am45
	☿ A	9 54
	♂ ♒	11 37
	⊕✶♀	10pm41
21	☿⚺♇	7am48
S	♀⚻♅	7pm 9
22 Su	♀ ♐	2am21
	⊕□♅	9 1
	⊕∠♆	3pm35
	☿⚺♃	7 8
	⊕ ♒	8 53
23	♀✶♂	2am43
24 T	☿△♅	6pm16
	☿ ♑	10 6
25 W	♀∠♇	7am 0
	⊕⚺☿	11pm37
26 Th	☿⚺♂	4am10
	♀⚺♄	7 38
27 F	⊕☌♂	5am 7
	☿☌♄	7 44
28 S	☿∠♃	7am15
	☿⚺♀	1pm26
30 M	⊕⚺♄	0am29
	☿✶♆	3 9
31 T	♀⚼♅	7am 5
	♀□♆	10 21
	♂⚺♄	2pm51
	☿☌♇	10 0
1	♀0S	4pm37
2	☿✶♃	12pm11
3	♀⚺♇	6pm22
4 S	☿□♅	0am37
	☿∠♆	2 7
	☿ ♒	3 9
6	☿⚺♄	7am34
7 T	♀⚺♃	0am30
	⊕⚺♆	10 30
	☿∠♀	12pm37
	☿☌♂	1 22
	♀∠♂	2 46
8	☿⚺♆	3pm12
9 Th	⊕☌☿	2am 0
	♀△♅	7pm43
	♀ ♑	11 48
10 F	☿⚺♇	3am 0
	☿∠♄	4pm20
11	☿□♃	2pm51
12 Su	☿✶♅	4pm50
	☿ ♓	6 19
	⊕⚺♇	10 57
13 M	♂⚺♆	12pm 1
	⊕∠♀	5 42
14 T	☿∠♇	1am58
	♀☌♄	2pm27
	☿✶♄	2 32
	☿✶♀	2 35
15	⊕∠♄	4am19
16 Th	☿∠♅	9am39
	☿☌♆	10 25
	☿⚺♂	10pm16
	♀∠♃	11 36
17	☿✶♇	3pm19
18 S	⊕⚺☿	9pm20
	☿△♃	11 5
19 Su	⊕□♃	6am19
	♀✶♆	10 40
	☿⚺♅	5pm36
	☿ ♈	6 25
20	☿∠♂	4pm31
21 T	☿□♄	7am23
	♂⚺♇	10pm20
22 W	☿⚼♃	2am14
	⊕∠☿	4pm36
	☿⚺♆	6 37
	♀☌♇	6 42
23 Th	⊕✶♅	0am54
	⊕ ♓	4 1
	♀⚺♂	8 7
	☿□♇	6pm31
24 F	☿✶♂	0am20
	☿□♀	4 22
	☿⚻♃	10pm55
25	☿☌♅	12pm47
S	☿∠♆	1 10
	☿ ♉	1 12
	♂∠♄	5 51
26 Su	⊕✶☿	0am57
	☿△♄	9pm24
	♀✶♃	11 1
28 T	☿✶♆	3am20
	⊕∠♇	2pm55
	☿0N	5 30
	♀□♅	10 6
	♀ ♒	11 2
	♀∠♆	11 15
29 W	☿△♇	0am18
	☿⚼♄	10 6
	☿□♂	7pm47
30 Th	☿☍♃	3am 5
	☿⚺♅	2pm14
	☿ ♊	2 24
31 F	☿△♀	3am48
	⊕✶♄	5 59
	☿⚼♇	10 43
	☿⚻♄	8pm27
	⊕□☿	11 0

SEPTEMBER 2018

DAY	☿ LONG	☿ LAT	♀ LONG	♀ LAT	⊕ LONG	♂ LONG	♂ LAT
	° '	° '	° '	° '	° '	° '	° '
1 S	8♊45	2N26	4♒48	2S31	8♓31	26♒36	1S50
2 Su	15 03	3 08	6 23	2 35	9 30	27 14	1 50
3 M	21 22	3 49	7 58	2 39	10 28	27 52	1 50
4 Tu	27 41	4 26	9 33	2 42	11 26	28 30	1 50
5 W	3♋58	5 00	11 08	2 45	12 24	29 08	1 49
6 Th	10 12	5 30	12 43	2 49	13 22	29 46	1 49
7 F	16 21	5 56	14 18	2 52	14 20	0♓24	1 49
8 S	22 24	6 18	15 53	2 55	15 19	1 02	1 49
9 Su	28 20	6 35	17 28	2 58	16 17	1 40	1 49
10 M	4♌07	6 47	19 02	3 00	17 15	2 18	1 48
11 Tu	9 47	6 55	20 37	3 03	18 13	2 56	1 48
12 W	15 17	7 00	22 12	3 05	19 12	3 34	1 48
13 Th	20 37	7 00	23 47	3 07	20 10	4 12	1 47
14 F	25 48	6 57	25 22	3 10	21 09	4 50	1 47
15 S	0♍50	6 51	26 57	3 12	22 07	5 28	1 47
16 Su	5 41	6 42	28 32	3 13	23 06	6 07	1 46
17 M	10 24	6 30	0♓07	3 15	24 04	6 45	1 46
18 Tu	14 57	6 17	1 42	3 17	25 03	7 23	1 46
19 W	19 21	6 01	3 18	3 18	26 01	8 01	1 45
20 Th	23 38	5 45	4 53	3 19	27 00	8 39	1 45
21 F	27 46	5 26	6 28	3 20	27 58	9 17	1 45
22 S	1♎46	5 07	8 03	3 21	28 57	9 55	1 44
23 Su	5 40	4 47	9 38	3 22	29 56	10 33	1 44
24 M	9 27	4 26	11 13	3 23	0♈54	11 11	1 43
25 Tu	13 07	4 04	12 48	3 23	1 53	11 49	1 43
26 W	16 42	3 43	14 23	3 24	2 52	12 27	1 42
27 Th	20 11	3 20	15 59	3 24	3 51	13 06	1 42
28 F	23 36	2 58	17 34	3 24	4 49	13 44	1 41
29 S	26 55	2 36	19 09	3 24	5 48	14 22	1 41
30 Su	0♏11	2N13	20♓44	3S23	6♈47	15♓00	1S40

OCTOBER 2018

DAY	☿ LONG	☿ LAT	♀ LONG	♀ LAT	⊕ LONG	♂ LONG	♂ LAT
	° '	° '	° '	° '	° '	° '	° '
1 M	3♏22	1N51	22♓20	3S23	7♈46	15♓38	1S40
2 Tu	6 30	1 28	23 55	3 22	8 45	16 16	1 39
3 W	9 34	1 06	25 30	3 21	9 44	16 54	1 39
4 Th	12 36	0 44	27 06	3 20	10 43	17 32	1 38
5 F	15 34	0 22	28 41	3 19	11 42	18 10	1 38
6 S	18 31	0 00	0♈17	3 18	12 42	18 48	1 37
7 Su	21 25	0S21	1 52	3 17	13 41	19 26	1 36
8 M	24 17	0 42	3 27	3 15	14 40	20 03	1 36
9 Tu	27 07	1 03	5 03	3 14	15 39	20 41	1 35
10 W	29 56	1 23	6 38	3 12	16 38	21 19	1 35
11 Th	2♐44	1 43	8 14	3 10	17 38	21 57	1 34
12 F	5 30	2 03	9 50	3 08	18 37	22 35	1 33
13 S	8 16	2 22	11 25	3 05	19 37	23 13	1 33
14 Su	11 01	2 41	13 01	3 03	20 36	23 51	1 32
15 M	13 46	3 00	14 36	3 00	21 35	24 28	1 31
16 Tu	16 31	3 18	16 12	2 58	22 35	25 06	1 30
17 W	19 16	3 35	17 48	2 55	23 34	25 44	1 30
18 Th	22 00	3 53	19 23	2 52	24 34	26 22	1 29
19 F	24 46	4 09	20 59	2 49	25 33	26 59	1 28
20 S	27 32	4 25	22 35	2 45	26 33	27 37	1 28
21 Su	0♑19	4 41	24 11	2 42	27 33	28 15	1 27
22 M	3 06	4 56	25 46	2 39	28 32	28 52	1 26
23 Tu	5 56	5 10	27 22	2 35	29 32	29 30	1 25
24 W	8 46	5 24	28 58	2 31	0♉32	0♈07	1 24
25 Th	11 38	5 37	0♉34	2 27	1 31	0 45	1 24
26 F	14 33	5 49	2 10	2 23	2 31	1 22	1 23
27 S	17 29	6 01	3 46	2 19	3 31	2 00	1 22
28 Su	20 28	6 11	5 22	2 15	4 31	2 37	1 21
29 M	23 29	6 21	6 58	2 11	5 31	3 15	1 20
30 Tu	26 34	6 30	8 34	2 06	6 31	3 52	1 20
31 W	29♑41	6S38	10♉10	2S02	7♉31	4♈29	1S19

DAY	♃ LONG	♃ LAT	♄ LONG	♄ LAT	♅ LONG	♅ LAT	♆ LONG	♆ LAT	♇ LONG	♇ LAT
	° '	° '	° '	° '	° '	° '	° '	° '	° '	° '
4 Tu	27♏27.7	0N54	7♑54.7	0N41	0♉00.3	0S32	15♓03.1	0S58	20♑17.5	0N05
9 Su	27 50.9	0 53	8 03.7	0 40	0 03.6	0 32	15 04.9	0 58	20 19.1	0 04
14 F	28 14.2	0 53	8 12.7	0 40	0 06.9	0 32	15 06.7	0 58	20 20.6	0 04
19 W	28 37.5	0 52	8 21.8	0 40	0 10.1	0 32	15 08.6	0 58	20 22.1	0 03
24 M	29 00.8	0 52	8 30.8	0 39	0 13.4	0 32	15 10.4	0 58	20 23.7	0 03
29 S	29 24.2	0 52	8 39.8	0 39	0 16.7	0 32	15 12.2	0 58	20 25.2	0 02
4 Th	29 47.5	0 51	8 48.9	0 39	0 20.0	0 32	15 14.0	0 58	20 26.7	0 02
9 Tu	0♐10.8	0 51	8 57.9	0 38	0 23.3	0 32	15 15.8	0 58	20 28.3	0 01
14 Su	0 34.2	0 50	9 06.9	0 38	0 26.5	0 32	15 17.6	0 58	20 29.8	0 01
19 F	0 57.6	0 50	9 15.9	0 37	0 29.8	0 32	15 19.5	0 58	20 31.3	0 00
24 W	1 20.9	0 50	9 25.0	0 37	0 33.1	0 32	15 21.3	0 58	20 32.8	0 00
29 M	1 44.3	0 49	9 34.0	0 37	0 36.4	0 32	15 23.1	0 58	20 34.4	0S00

☿p .308119	☿a .434473
♀a .728208	♀ .727046
⊕ 1.00931	⊕ 1.00131
♂p 1.38318	♂ 1.38295
♃ 5.38308	♃ 5.37540
♄ 10.0641	♄ 10.0634
♅ 19.8759	♅ 19.8726
♆ 29.9407	♆ 29.9402
♇ 33.6325	♇ 33.6520
☊	Perihelia
☿ 18°♉ 33	☿ 17°♊ 45
♀ 16 ♊ 51	♀ 11 ♌ 38
⊕	⊕ 12 ♋ 28
♂ 19 ♉ 42	♂ 6 ♓ 28
♃ 10 ♋ 40	♃ 14 ♈ 26
♄ 23 ♋ 48	♄ 3 ♋ 11
♅ 14 ♊ 08	♅ 23 ♍ 53
♆ 12 ♌ 00	♆ 29 ♈ 01
♇ 20 ♋ 33	♇ 15 ♏ 21

1 S	☿∠♅	11pm45
	☿□♆	11 58
2 Su	♂□♃	3am28
	☿ P	9 32
	☿⚻♇	7pm53
	♀⚺♄	10 39
3 M	☿⚼♀	8am 5
	♅ ♉	12pm42
	☿⚻♃	11 8
4 T	☿△♂	3am25
	☿ ♋	8 49
	☿⚹♅	8 51
5 W	♀ A	8am 6
	☿☍♄	3pm21
6 Th	♂ ♓	9am 1
	☿⚼♃	9 31
	♂⚹♅	10 13
	☿⚻♀	1pm10
	⊕△☿	2 38
	☿△♆	6 59
	☿⚼♂	7 50
7 F	⊕⚺♀	1am40
	♀⚺♆	11 48
	☿☍♇	3pm41
	⊕∠♅	5 31
	⊕☌♆	6 13
8	☿△♃	10pm 1
9 Su	☿ ♌	6am52
	☿□♅	7 8
	☿⚼♆	7 13
	⊕⚼☿	2pm36
	☿⚻♂	3 27
10 M	☿⚻♄	4pm52
	♀⚺♇	7 30
11	☿⚻♆	11pm12
12 W	♀∠♄	2pm37
	⊕⚻☿	9 28
	☿⚻♇	10 42
13 Th	⊕⚹♇	4am10
	☿⚼♄	11 49
	♅∠♆	1pm 7
	☿☍♀	9 3
14 F	☿□♃	11am42
	♂∠♇	7pm12
	☿ ♍	8 0
	☿△♅	8 35
15 S	♀□♃	9pm40
	☿⚼♇	10 19
16 Su	☿☍♂	2am26
	♂ P	12pm54
	☿△♄	1 10
	♀ ♓	10 8
17	♀⚹♅	0am22
18 T	☿☍♆	1am 0
	☿⚼♅	1 8
19 W	☿△♇	5am38
	♂⚹♄	1pm50
20	♀∠♇	7am34
21 F	⊕☍☿	1am38
	☿⚹♃	6 9
	☿ ♎	1pm18
	☿⚻♅	2 29
	⊕△♃	9 34
22	♀⚹♄	6am16
23 Su	⊕ ♈	1am47
	⊕⚺♅	7 5
	☿□♄	5pm58
	♀☌♂	11 15
24 M	☿⚻♂	1pm39
	☿⚻♀	8 17
25 T	☿∠♃	6am35
	☿⚻♆	1pm44
26 W	♀☌♆	12pm 3
	♀∠♅	1 1
27	☿□♇	1am32
29 S	☿⚺♃	6pm41
	♀⚹♇	7 12
	☿⚼♂	10 17
	☿ ♏	10 40
30 Su	☿⚼♆	0am13
	☿☍♅	0 49
	♂☌♆	8 14
	♂∠♅	11 23

2 T	⊕□♄	0am 1
	☿⚹♄	5pm45
3 W	⊕⚻☿	1am55
	☿⚼♀	3pm33
4	☿△♆	9pm17
5 F	♀△♃	6pm46
	♀ ♈	7 49
6 S	☿0S	0am19
	♀⚺♅	1 11
	☿△♂	2 58
	☿⚹♇	4pm 5
	♃ ♐	4 18
7	☿∠♄	9pm 4
8 M	⊕⚼♃	11am32
	⊕⚺♆	2pm28
	♂⚹♇	3 39
10 W	☿ ♐	0am34
	☿☌♃	2 52
	☿⚻♅	4 0
	⊕⚼☿	10pm42
11 Th	♀□♄	12pm 9
	☿∠♇	11 50
12	♃⚻♅	2am19
13 S	☿⚺♄	7am11
	⊕□♇	9pm30
15 M	♀⚺♆	10am29
	☿□♆	1pm25
	☿⚼♅	2 47
	♀⚼♃	4 29
	☿△♀	5 27
16	☿ A	9am10
17	☿⚺♇	10am58
18	♀□♇	5pm 1
19	⊕△☿	10am47
20 S	☿□♂	0am58
	☿ ♑	9pm20
21 Su	☿△♅	1am49
	☿⚺♃	7 8
22	⊕⚺♂	9pm34
23 T	⊕ ♉	11am15
	♂ ♈	7pm19
	⊕∠♆	7 47
24 W	⊕☌♅	0am34
	♇0S	5 26
	☿☌♄	5 29
	♀ ♉	3pm30
	♂⚺♅	4 47
	♀∠♆	8 54
	⊕⚻♃	9 27
	♀☌♅	11 57
25 Th	♀⚺♂	4am28
	♀⚻♃	1pm35
26 F	♂△♃	5am48
	☿⚹♆	6 45
	⊕☌♀	2pm11
	☿∠♃	4 28
28	☿☌♇	0am50
30	♀△♄	3pm48
31 W	☿ ♒	2am23
	☿∠♆	5 24
	☿□♅	7 10
	☿⚹♃	5pm 7

NOVEMBER 2018

DAY	☿ LONG	☿ LAT	♀ LONG	♀ LAT	⊕ LONG	♂ LONG	♂ LAT
	° '	° '	° '	° '	° '	° '	° '
1 Th	2♒52	6S45	11♉46	1S57	8♉31	5♈07	1S18
2 F	6 07	6 51	13 22	1 52	9 31	5 44	1 17
3 S	9 26	6 55	14 58	1 48	10 31	6 21	1 16
4 Su	12 49	6 58	16 34	1 43	11 31	6 58	1 15
5 M	16 17	7 00	18 10	1 38	12 31	7 36	1 14
6 Tu	19 50	7 00	19 47	1 33	13 31	8 13	1 14
7 W	23 28	6 59	21 23	1 28	14 31	8 50	1 13
8 Th	27 12	6 56	22 59	1 22	15 32	9 27	1 12
9 F	1♓02	6 50	24 35	1 17	16 32	10 04	1 11
10 S	4 59	6 43	26 12	1 12	17 32	10 41	1 10
11 Su	9 02	6 34	27 48	1 07	18 32	11 18	1 09
12 M	13 13	6 22	29 24	1 01	19 33	11 55	1 08
13 Tu	17 32	6 08	1♊01	0 56	20 33	12 32	1 07
14 W	21 58	5 51	2 37	0 50	21 34	13 08	1 06
15 Th	26 33	5 32	4 14	0 45	22 34	13 45	1 05
16 F	1♈16	5 10	5 50	0 39	23 34	14 22	1 04
17 S	6 08	4 44	7 27	0 33	24 35	14 59	1 03
18 Su	11 09	4 16	9 03	0 28	25 35	15 35	1 02
19 M	16 19	3 45	10 40	0 22	26 36	16 12	1 01
20 Tu	21 38	3 11	12 17	0 16	27 36	16 49	1 00
21 W	27 06	2 34	13 53	0 11	28 37	17 25	0 59
22 Th	2♉43	1 55	15 30	0 05	29 38	18 02	0 58
23 F	8 29	1 14	17 07	0N01	0♊38	18 38	0 57
24 S	14 22	0 31	18 43	0 07	1 39	19 14	0 56
25 Su	20 23	0N13	20 20	0 12	2 39	19 51	0 55
26 M	26 29	0 58	21 57	0 18	3 40	20 27	0 54
27 Tu	2♊41	1 43	23 34	0 24	4 41	21 03	0 53
28 W	8 57	2 27	25 11	0 30	5 41	21 39	0 52
29 Th	15 15	3 10	26 47	0 35	6 42	22 16	0 51
30 F	21♊34	3N50	28♊24	0N41	7♊43	22♈52	0S50

DECEMBER 2018

DAY	☿ LONG	☿ LAT	♀ LONG	♀ LAT	⊕ LONG	♂ LONG	♂ LAT
	° '	° '	° '	° '	° '	° '	° '
1 S	27♊53	4N27	0♋01	0N46	8♊44	23♈28	0S49
2 Su	4♋10	5 01	1 38	0 52	9 45	24 04	0 48
3 M	10 24	5 31	3 15	0 58	10 45	24 40	0 47
4 Tu	16 32	5 57	4 52	1 03	11 46	25 16	0 46
5 W	22 35	6 18	6 29	1 09	12 47	25 52	0 45
6 Th	28 31	6 35	8 06	1 14	13 48	26 27	0 44
7 F	4♌18	6 48	9 43	1 19	14 49	27 03	0 43
8 S	9 57	6 56	11 21	1 25	15 50	27 39	0 42
9 Su	15 27	7 00	12 58	1 30	16 51	28 14	0 41
10 M	20 47	7 00	14 35	1 35	17 52	28 50	0 40
11 Tu	25 58	6 57	16 12	1 40	18 53	29 26	0 38
12 W	0♍59	6 51	17 49	1 45	19 54	0♉01	0 37
13 Th	5 50	6 42	19 27	1 50	20 55	0 37	0 36
14 F	10 33	6 30	21 04	1 55	21 56	1 12	0 35
15 S	15 05	6 16	22 41	1 59	22 57	1 47	0 34
16 Su	19 30	6 01	24 19	2 04	23 58	2 23	0 33
17 M	23 46	5 44	25 56	2 09	24 59	2 58	0 32
18 Tu	27 54	5 26	27 33	2 13	26 00	3 33	0 31
19 W	1♎54	5 06	29 11	2 17	27 01	4 08	0 30
20 Th	5 47	4 46	0♌48	2 21	28 02	4 43	0 29
21 F	9 34	4 25	2 25	2 26	29 03	5 18	0 28
22 S	13 14	4 04	4 03	2 30	0♋04	5 53	0 27
23 Su	16 49	3 42	5 40	2 33	1 06	6 28	0 25
24 M	20 18	3 20	7 18	2 37	2 07	7 03	0 24
25 Tu	23 42	2 57	8 55	2 41	3 08	7 38	0 23
26 W	27 02	2 35	10 33	2 44	4 09	8 13	0 22
27 Th	0♏17	2 12	12 10	2 48	5 10	8 47	0 21
28 F	3 28	1 50	13 48	2 51	6 11	9 22	0 20
29 S	6 36	1 27	15 25	2 54	7 12	9 56	0 19
30 Su	9 40	1 05	17 03	2 57	8 13	10 31	0 18
31 M	12♏42	0N43	18♌40	3N00	9♋15	11♉05	0S17

DAY	♃ LONG	♃ LAT	♄ LONG	♄ LAT	♅ LONG	♅ LAT	♆ LONG	♆ LAT	♇ LONG	♇ LAT
	° '	° '	° '	° '	° '	° '	° '	° '	° '	° '
3 S	2♐07.7	0N49	9♑43.0	0N36	0♉39.7	0S32	15♓24.9	0S58	20♑35.9	0S01
8 Th	2 31.1	0 48	9 52.0	0 36	0 43.0	0 32	15 26.7	0 59	20 37.4	0 01
13 Tu	2 54.6	0 48	10 01.1	0 36	0 46.2	0 32	15 28.6	0 59	20 39.0	0 02
18 Su	3 18.0	0 47	10 10.1	0 35	0 49.5	0 32	15 30.4	0 59	20 40.5	0 02
23 F	3 41.5	0 47	10 19.1	0 35	0 52.8	0 32	15 32.2	0 59	20 42.0	0 03
28 W	4 04.9	0 47	10 28.2	0 34	0 56.1	0 32	15 34.0	0 59	20 43.6	0 03
3 M	4 28.4	0 46	10 37.2	0 34	0 59.4	0 32	15 35.8	0 59	20 45.1	0 04
8 S	4 51.9	0 46	10 46.2	0 34	1 02.7	0 32	15 37.7	0 59	20 46.6	0 04
13 Th	5 15.4	0 45	10 55.3	0 33	1 06.0	0 32	15 39.5	0 59	20 48.2	0 05
18 Tu	5 38.9	0 45	11 04.3	0 33	1 09.3	0 32	15 41.3	0 59	20 49.7	0 05
23 Su	6 02.5	0 44	11 13.4	0 33	1 12.5	0 32	15 43.1	0 59	20 51.2	0 06
28 F	6 26.0	0 44	11 22.4	0 32	1 15.8	0 31	15 45.0	0 59	20 52.8	0 06

☿p.433505	☿ .308346
♀ .723305	♀p.719675
⊕ .992640	⊕ .986138
♂ 1.39603	♂ 1.41999
♃ 5.36713	♃ 5.35881
♄ 10.0625	♄ 10.0615
♅ 19.8690	♅ 19.8656
♆ 29.9397	♆ 29.9392
♇ 33.6721	♇ 33.6916
☊	Perihelia
☿ 18°♉ 33	☿ 17°♊ 45
♀ 16 ♊ 51	♀ 11 ♌ 44
⊕	⊕ 12 ♋ 04
♂ 19 ♉ 42	♂ 6 ♓ 28
♃ 10 ♋ 40	♃ 14 ♈ 25
♄ 23 ♋ 48	♄ 3 ♋ 02
♅ 14 ♊ 08	♅ 23 ♍ 53
♆ 12 ♌ 00	♆ 27 ♈ 17
♇ 20 ♋ 33	♇ 15 ♏ 25

1	☿∗♂	8pm32
2	⊕△♄	4am20
3 S	☿⚺♄	2am 5
	♀∗♆	6 43
	⊕□☿	11 0
4	☿⚺♆	6pm 8
5	☿□♀	11pm22
6 T	☿⚺♇	5am14
	♀△♇	12pm34
7 W	☿∠♂	2am50
	☿∠♄	8 57
	⊕∗♆	10pm 3
8 Th	♂□♄	5pm 8
	☿ ♓	5 34
	☿∗♅	10 4
9 F	♀⚼♄	4am41
	☿□♃	9 46
	♀∠♂	11 32
10	☿∠♇	3am54
11 Su	☿∗♄	5am22
	☿⚺♂	3pm17
12 M	♀ ♊	8am51
	☿☌♆	12pm39
	☿∠♅	2 17
	♀⚺♅	8 20
13 T	⊕△♇	2am19
	☿∗♇	4pm59
	⊕∗☿	9 13
14	♀☍♃	5am45
15 Th	☿ ♈	5pm39
	♀⚼♇	9 25
	☿⚺♅	9 42
16	☿△♃	9am31
17 S	☿∗♀	9am25
	⊕⚼♄	1pm40
	☿□♄	7 22
	♂⚺♆	8 44
	⊕∠☿	8 44
18 Su	♀⚻♄	4pm55
	☿⚺♆	8 19
	☿☌♂	11 24
19 M	☿⚼♃	9am32
	☿□♇	7pm46
21 W	⊕⚺☿	7am57
	☿∠♀	10 47
	☿ ♉	12pm27
	☿∠♆	2 42
	☿☌♅	4 8
22 Th	♀□♆	0am30
	☿⚻♃	3 48
	♀∠♅	5 35
	⊕ ♊	8 54
	♀0N	8pm 3
23 F	♂⚼♃	2am40
	⊕⚺♅	5 53
	☿△♄	7 35
24 S	☿∗♆	4am44
	♀∗♂	12pm20
	☿0N	4 45
	☿⚺♂	9 40
	☿⚺♀	11 47
25 Su	☿△♇	1am20
	♀⚻♇	5 37
	☿⚼♄	7pm47
26 M	⊕☍♃	6am39
	♂□♇	10 40
	☿ ♊	1pm39
	☿⚺♅	5 12
27 T	☿☍♃	5am 9
	⊕☌☿	9 9
	☿⚼♇	11 41
	☿∠♂	2pm20
28 W	⊕⚼♇	0am50
	☿⚻♄	5 51
29 Th	☿□♆	1am14
	☿∠♅	2 39
	☿ P	8 47
	☿⚻♇	8pm50
30 F	☿∗♂	5am25
	⊕∠♂	8 29
	♀ ♋	11pm41
1 S	☿ ♋	8am 4
	☿☌♀	10 57
	☿∗♅	11 47
	♀∗♅	2pm10
2 Su	☿⚻♃	0am53
	⊕⚻♄	8pm39
3 M	☿☍♄	0am53
	⊕⚺☿	1 41
	♀⚻♃	7pm 2
	☿△♆	8 19
4 T	☿⚼♃	12pm 4
	☿☍♇	4 43
5	☿□♂	2pm40
6 Th	⊕∠☿	1am26
	☿ ♌	6 7
	☿⚼♆	8 39
	☿□♅	10 21
7 F	☿△♃	2am 3
	♀☍♄	3pm21
	⊕□♆	7 7
8 S	☿⚻♄	3am32
	⊕∠♅	5 3
	☿⚺♀	8 29
9 Su	☿⚻♆	0am48
	⊕∗☿	7 40
	☿⚻♇	11pm59
10 M	♀△♆	3pm43
	☿⚼♄	11 30
11 T	☿△♂	6pm41
	☿ ♍	7 14
	♂ ♉	11 14
12 W	☿△♅	0am30
	☿∠♀	1pm30
	☿□♃	9 1
	⊕⚻♇	9 19
	☿⚼♇	11 48
13 Th	♂∠♆	2am 0
	♀⚼♃	12pm38
	♀☍♇	8 10
	♂☌♅	8 18
14	☿△♄	2am 9
15 S	☿☍♆	3am 7
	☿⚼♅	5 33
	⊕⚺♀	10 25
	☿⚼♂	10 34
16	☿△♇	7am22
17 M	⊕□☿	9am19
	☿∗♀	8pm42
18 T	☿ ♎	12pm32
	☿⚻♅	7 32
19 W	♀ ♌	12pm 9
	☿⚻♂	4 10
	♀⚼♆	10 31
20 Th	☿∗♃	0am 7
	♀□♅	5 35
	♃∠♇	10 48
21 F	☿□♄	10am27
	⊕ ♋	10pm16
22 S	♂⚻♃	3am35
	☿⚻♆	4pm34
23 Su	⊕∗♅	2am48
	♀△♃	5 43
	♀□♂	6pm20
24 M	☿□♇	3am54
	☿∠♃	5 51
26 W	♀⚻♄	11am32
	♀ P	4pm47
	☿ ♏	9 53
27 Th	☿⚼♆	3am26
	☿☍♅	7 17
28 F	⊕⚻♃	6am21
	☿⚺♃	11pm19
29 S	♀⚻♆	4am57
	⊕△☿	7 0
30 Su	☿☍♂	8am15
	☿∗♄	2pm 6
31	♂△♄	4pm26

JANUARY 2019

DAY	☿ LONG	☿ LAT	♀ LONG	♀ LAT	⊕ LONG	♂ LONG	♂ LAT
	° '	° '	° '	° '	° '	° '	° '
1 Tu	15♏40	0N21	20♌18	3N02	10♋16	11♉40	0S16
2 W	18 36	0S00	21 55	3 05	11 17	12 14	0 14
3 Th	21 30	0 22	23 33	3 07	12 18	12 49	0 13
4 F	24 22	0 43	25 10	3 09	13 19	13 23	0 12
5 S	27 13	1 04	26 48	3 11	14 20	13 57	0 11
6 Su	0♐01	1 24	28 25	3 13	15 22	14 31	0 10
7 M	2 49	1 44	0♍03	3 15	16 23	15 05	0 09
8 Tu	5 36	2 04	1 41	3 17	17 24	15 39	0 08
9 W	8 21	2 23	3 18	3 18	18 25	16 13	0 07
10 Th	11 07	2 42	4 56	3 19	19 26	16 47	0 06
11 F	13 52	3 00	6 33	3 20	20 27	17 21	0 05
12 S	16 36	3 18	8 10	3 21	21 29	17 55	0 03
13 Su	19 21	3 36	9 48	3 22	22 30	18 28	0 02
14 M	22 06	3 53	11 25	3 23	23 31	19 02	0 01
15 Tu	24 51	4 10	13 03	3 23	24 32	19 36	0 00
16 W	27 37	4 26	14 40	3 24	25 33	20 09	0N01
17 Th	0♑24	4 41	16 18	3 24	26 34	20 43	0 02
18 F	3 12	4 56	17 55	3 24	27 35	21 16	0 03
19 S	6 01	5 10	19 32	3 23	28 36	21 50	0 04
20 Su	8 52	5 24	21 10	3 23	29 37	22 23	0 05
21 M	11 44	5 37	22 47	3 23	0♌38	22 56	0 06
22 Tu	14 38	5 49	24 24	3 22	1 40	23 30	0 07
23 W	17 35	6 01	26 01	3 21	2 41	24 03	0 08
24 Th	20 34	6 12	27 39	3 20	3 42	24 36	0 09
25 F	23 35	6 21	29 16	3 19	4 43	25 09	0 11
26 S	26 40	6 30	0♎53	3 18	5 44	25 42	0 12
27 Su	29 47	6 38	2 30	3 16	6 45	26 15	0 13
28 M	2♒58	6 45	4 07	3 15	7 46	26 48	0 14
29 Tu	6 13	6 51	5 44	3 13	8 47	27 20	0 15
30 W	9 32	6 55	7 21	3 11	9 47	27 53	0 16
31 Th	12♒56	6S58	8♎58	3N09	10♌48	28♉26	0N17

FEBRUARY 2019

DAY	☿ LONG	☿ LAT	♀ LONG	♀ LAT	⊕ LONG	♂ LONG	♂ LAT
	° '	° '	° '	° '	° '	° '	° '
1 F	16♒24	7S00	10♎35	3N06	11♌49	28♉59	0N18
2 S	19 57	7 00	12 12	3 04	12 50	29 31	0 19
3 Su	23 35	6 59	13 49	3 02	13 51	0♊04	0 20
4 M	27 19	6 55	15 26	2 59	14 52	0 36	0 21
5 Tu	1♓10	6 50	17 03	2 56	15 53	1 09	0 22
6 W	5 07	6 43	18 39	2 53	16 54	1 41	0 23
7 Th	9 10	6 34	20 16	2 50	17 55	2 13	0 24
8 F	13 21	6 22	21 53	2 47	18 55	2 46	0 25
9 S	17 40	6 08	23 29	2 44	19 56	3 18	0 26
10 Su	22 07	5 51	25 06	2 40	20 57	3 50	0 27
11 M	26 41	5 31	26 42	2 36	21 58	4 22	0 28
12 Tu	1♈25	5 09	28 19	2 33	22 58	4 54	0 29
13 W	6 17	4 43	29 55	2 29	23 59	5 26	0 30
14 Th	11 18	4 15	1♏32	2 25	25 00	5 58	0 31
15 F	16 29	3 44	3 08	2 21	26 00	6 30	0 32
16 S	21 48	3 10	4 44	2 17	27 01	7 02	0 33
17 Su	27 17	2 33	6 21	2 12	28 02	7 33	0 34
18 M	2♉54	1 54	7 57	2 08	29 02	8 05	0 35
19 Tu	8 40	1 13	9 33	2 04	0♍03	8 37	0 36
20 W	14 33	0 29	11 09	1 59	1 03	9 08	0 37
21 Th	20 34	0N15	12 45	1 54	2 04	9 40	0 38
22 F	26 41	1 00	14 21	1 50	3 04	10 11	0 39
23 S	2♊53	1 44	15 57	1 45	4 04	10 43	0 40
24 Su	9 09	2 28	17 33	1 40	5 05	11 14	0 41
25 M	15 27	3 11	19 09	1 35	6 05	11 45	0 42
26 Tu	21 46	3 51	20 45	1 30	7 06	12 17	0 43
27 W	28 05	4 28	22 21	1 25	8 06	12 48	0 44
28 Th	4♋22	5N02	23♏56	1N19	9♍06	13♊19	0N44

DAY	♃ LONG	♃ LAT	♄ LONG	♄ LAT	♅ LONG	♅ LAT	♆ LONG	♆ LAT	♇ LONG	♇ LAT
	° '	° '	° '	° '	° '	° '	° '	° '	° '	° '
2 W	6♐49.6	0N44	11♑31.4	0N32	1♉19.1	0S31	15♓46.8	0S59	20♑54.3	0S07
7 M	7 13.1	0 43	11 40.5	0 31	1 22.4	0 31	15 48.6	0 59	20 55.8	0 07
12 S	7 36.7	0 43	11 49.5	0 31	1 25.7	0 31	15 50.4	0 59	20 57.4	0 07
17 Th	8 00.3	0 42	11 58.6	0 31	1 29.0	0 31	15 52.3	0 59	20 58.9	0 08
22 Tu	8 23.9	0 42	12 07.6	0 30	1 32.3	0 31	15 54.1	0 59	21 00.4	0 08
27 Su	8 47.5	0 41	12 16.6	0 30	1 35.6	0 31	15 55.9	0 59	21 02.0	0 09
1 F	9 11.2	0 41	12 25.7	0 29	1 38.9	0 31	15 57.7	0 59	21 03.5	0 09
6 W	9 34.8	0 40	12 34.7	0 29	1 42.2	0 31	15 59.6	0 59	21 05.0	0 10
11 M	9 58.4	0 40	12 43.7	0 29	1 45.4	0 31	16 01.4	0 59	21 06.5	0 10
16 S	10 22.1	0 39	12 52.8	0 28	1 48.7	0 31	16 03.2	0 59	21 08.1	0 11
21 Th	10 45.8	0 39	13 01.8	0 28	1 52.0	0 31	16 05.0	0 59	21 09.6	0 11
26 Tu	11 09.5	0 39	13 10.9	0 28	1 55.3	0 31	16 06.8	1 00	21 11.1	0 12

☿a.448937	☿p.415129
♀ .718509	♀ .720779
⊕p.983311	⊕ .985271
♂ 1.45350	♂ 1.49229
♃ 5.34992	♃ 5.34073
♄ 10.0603	♄ 10.0589
♅ 19.8620	♅ 19.8585
♆ 29.9387	♆ 29.9382
♇ 33.7118	♇ 33.7320
☊	Perihelia
☿ 18°♉ 33	☿ 17°♊ 45
♀ 16 ♊ 51	♀ 11 ♌ 48
⊕	⊕ 13 ♋ 40
♂ 19 ♉ 42	♂ 6 ♓ 28
♃ 10 ♋ 40	♃ 14 ♈ 23
♄ 23 ♋ 48	♄ 2 ♋ 52
♅ 14 ♊ 09	♅ 23 ♍ 53
♆ 12 ♌ 00	♆ 25 ♈ 14
♇ 20 ♋ 33	♇ 15 ♏ 30

1	☿△♆	0am51
T	♀⊼♇	8 55
	☿0S	11pm34
2	⊕☍♄	5am53
W	☿✶♇	7pm 3
3	⊕ P	5am22
4	⊕✶♂	3am12
F	☿□♀	3pm49
	☿∠♄	6 53
	♀⚼♄	9 13
5	☿ ♐	11pm47
6	⊕⚼☿	4am31
Su	⊕△♆	10 31
	☿⊼♅	11 31
	♀ ♍	11pm16
7	♀△♅	7pm41
8	☿∠♇	2am58
T	♂✶♆	6 57
	☿☌♃	3pm12
9	⊕∠♀	4am42
10	☿⊻♄	5am46
Th	♀⚼♇	3pm 8
11	⊕☍♇	11am41
F	♀□♃	3pm16
	☿□♆	5 19
	☿⚼♅	10 28
12	☿ A	8am25
S	☿⊼♂	2pm24
13	⊕⚼♃	4am58
Su	☿⊻♇	2pm 7
14	♀△♄	6am58
M	⊕⊼☿	7pm36
15	♂0N	4am36
16	♀☍♆	5pm44
W	☿ ♑	8 33
17	♀⚼♅	2am50
Th	☿△♅	9 21
	♂△♇	11 37
19	☿⚼♂	8am32
S	☿⊻♃	6pm38
	♀△♇	9 35
20	⊕ ♌	8am52
21	☿☌♄	3am 2
M	♀△♂	3 31
	⊕⚼♆	6 2
	⊕□♅	9pm 8
22	☿✶♆	10am22
24	☿☌♇	3am39
25	☿∠♃	0am23
F	♀ ♎	10 55
	☿△♂	2pm54
26	♀⊼♅	10am26
27	☿ ♒	1am36
Su	☿∠♆	8 41
	☿□♅	1pm42
28	☿△♀	4pm58
M	♂⚼♄	11 50
29	⊕△♃	4am28
T	☿✶♃	8pm16
30	⊕☍☿	2am36
W	☿⊻♄	8pm15
31	♀✶♃	2am 8
Th	☿⊻♆	9pm 2
1	⊕⊼♄	2pm44
2	♀□♄	3am53
S	☿⊻♇	7 27
	♂ ♊	9pm15
3	⊕✶♀	1am29
4	☿∠♄	1am14
M	♀⚼♂	3 53
	♀⊼♆	8 13
	☿ ♓	4pm48
	☿□♂	11 51
5	⊕⊼♆	2am28
T	☿✶♅	3 16
	☿⚼♀	9 10
6	♂⊻♅	0am53
W	☿∠♇	5 49
7	☿□♃	2am52
Th	♀□♇	12pm17
	☿✶♄	7 54
8	☿☌♆	2pm51
F	☿∠♅	6 52
9	⊕⊼☿	4pm 0
S	☿✶♇	6 38
	♀∠♃	8 50
10	⊕⊼♇	3am40
11	☿⊼♀	0am 8
M	☿ ♈	4pm53
12	☿⊻♅	1am46
T	☿✶♂	7pm21
13	♀ ♏	1am10
W	⊕⚼☿	4pm15
	♀⚼♆	4 41
	☿△♃	6 44
14	♀☍♅	3am56
Th	☿□♄	7 8
	♂⚼♇	7 14
	☿⊻♆	10pm 1
15	☿□♇	9pm 1
16	☿∠♂	1am 5
S	☿⚼♃	3pm55
	⊕⚼♄	9 8
17	⊕△☿	3am56
Su	☿ ♉	11 41
	☿∠♆	4pm13
	☿☌♅	7 28
18	♀⊼♂	3am 4
M	⊕ ♍	10pm57
	☿⊻♂	11 46
19	☿☍♀	5am 0
T	☿⊼♃	8 4
	♀⊻♃	4pm38
	☿△♄	5 40
20	☿✶♆	6am 7
W	☿0N	4pm 1
	⊕△♅	7 21
21	☿△♇	2am20
Th	♀✶♄	4 14
22	☿⚼♄	5am23
F	☿ ♊	12pm53
	☿⊻♅	8 10
23	♀△♆	2am 9
S	⊕□☿	5 28
	♂☍♃	11 15
	☿⚼♇	12pm38
24	☿☍♃	7am10
Su	☿☌♂	8 42
	☿⊼♄	3pm13
25	⊕⚼♇	2am14
M	☿□♆	2 30
	☿∠♅	5 34
	☿ P	8 2
	☿⊼♀	6pm49
	☿⊼♇	9 47
26	♀✶♇	6am35
27	☿ ♋	7am18
W	☿✶♅	2pm43
	♂⊼♄	8 11
28	⊕✶☿	9pm46
Th	☿⚼♀	11 44

MARCH 2019

APRIL 2019

DAY	☿ LONG	☿ LAT	♀ LONG	♀ LAT	⊕ LONG	♂ LONG	♂ LAT
	° '	° '	° '	° '	° '	° '	° '
1 F	10♋35	5N32	25♏32	1N14	10♍06	13♊50	0N45
2 S	16 44	5 58	27 08	1 09	11 07	14 21	0 46
3 Su	22 46	6 19	28 44	1 03	12 07	14 52	0 47
4 M	28 42	6 36	0♐19	0 58	13 07	15 23	0 48
5 Tu	4♌29	6 48	1 55	0 53	14 07	15 54	0 49
6 W	10 08	6 56	3 30	0 47	15 07	16 25	0 50
7 Th	15 37	7 00	5 06	0 42	16 08	16 56	0 51
8 F	20 57	7 00	6 41	0 36	17 08	17 27	0 52
9 S	26 08	6 57	8 17	0 30	18 08	17 57	0 53
10 Su	1♍08	6 50	9 52	0 25	19 08	18 28	0 53
11 M	6 00	6 41	11 27	0 19	20 08	18 59	0 54
12 Tu	10 41	6 30	13 03	0 14	21 08	19 29	0 55
13 W	15 14	6 16	14 38	0 08	22 07	20 00	0 56
14 Th	19 38	6 00	16 13	0 02	23 07	20 30	0 57
15 F	23 54	5 43	17 48	0S03	24 07	21 00	0 58
16 S	28 01	5 25	19 24	0 09	25 07	21 31	0 59
17 Su	2♎01	5 06	20 59	0 15	26 07	22 01	0 59
18 M	5 55	4 46	22 34	0 20	27 06	22 31	1 00
19 Tu	9 41	4 25	24 09	0 26	28 06	23 02	1 01
20 W	13 21	4 03	25 44	0 32	29 06	23 32	1 02
21 Th	16 56	3 41	27 19	0 37	0♎05	24 02	1 03
22 F	20 25	3 19	28 54	0 43	1 05	24 32	1 03
23 S	23 49	2 57	0♑29	0 48	2 04	25 02	1 04
24 Su	27 08	2 34	2 04	0 54	3 04	25 32	1 05
25 M	0♏23	2 12	3 39	0 59	4 03	26 02	1 06
26 Tu	3 34	1 49	5 14	1 04	5 03	26 32	1 07
27 W	6 42	1 27	6 49	1 10	6 02	27 01	1 07
28 Th	9 46	1 05	8 24	1 15	7 02	27 31	1 08
29 F	12 47	0 42	9 59	1 20	8 01	28 01	1 09
30 S	15 46	0 21	11 34	1 25	9 00	28 31	1 10
31 Su	18♏42	0S01	13♑09	1S30	10♎00	29♊00	1N10

DAY	☿ LONG	☿ LAT	♀ LONG	♀ LAT	⊕ LONG	♂ LONG	♂ LAT
	° '	° '	° '	° '	° '	° '	° '
1 M	21♏36	0S22	14♑44	1S35	10♎59	29♊30	1N11
2 Tu	24 28	0 43	16 19	1 40	11 58	29 59	1 12
3 W	27 18	1 04	17 54	1 45	12 57	0♋29	1 12
4 Th	0♐07	1 25	19 28	1 50	13 57	0 58	1 13
5 F	2 54	1 45	21 03	1 55	14 56	1 28	1 14
6 S	5 41	2 04	22 38	1 59	15 55	1 57	1 15
7 Su	8 27	2 24	24 13	2 04	16 54	2 26	1 15
8 M	11 12	2 43	25 48	2 08	17 53	2 56	1 16
9 Tu	13 57	3 01	27 23	2 12	18 52	3 25	1 17
10 W	16 41	3 19	28 58	2 17	19 51	3 54	1 17
11 Th	19 26	3 37	0♒32	2 21	20 50	4 23	1 18
12 F	22 11	3 54	2 07	2 25	21 49	4 52	1 19
13 S	24 56	4 10	3 42	2 29	22 48	5 21	1 19
14 Su	27 42	4 26	5 17	2 32	23 46	5 51	1 20
15 M	0♑29	4 42	6 52	2 36	24 45	6 19	1 21
16 Tu	3 17	4 57	8 27	2 40	25 44	6 48	1 21
17 W	6 06	5 11	10 02	2 43	26 43	7 17	1 22
18 Th	8 57	5 25	11 37	2 46	27 41	7 46	1 23
19 F	11 50	5 37	13 12	2 50	28 40	8 15	1 23
20 S	14 44	5 50	14 46	2 53	29 39	8 44	1 24
21 Su	17 40	6 01	16 21	2 56	0♏37	9 13	1 24
22 M	20 39	6 12	17 56	2 58	1 36	9 41	1 25
23 Tu	23 41	6 22	19 31	3 01	2 34	10 10	1 26
24 W	26 46	6 31	21 06	3 04	3 33	10 39	1 26
25 Th	29 53	6 38	22 41	3 06	4 31	11 07	1 27
26 F	3♒05	6 45	24 16	3 08	5 29	11 36	1 27
27 S	6 20	6 51	25 51	3 10	6 28	12 04	1 28
28 Su	9 39	6 55	27 26	3 12	7 26	12 33	1 28
29 M	13 02	6 58	29 01	3 14	8 25	13 01	1 29
30 Tu	16♒30	7S00	0♓36	3S16	9♏23	13♋29	1N30

DAY	♃ LONG	♃ LAT	♄ LONG	♄ LAT	♅ LONG	♅ LAT	♆ LONG	♆ LAT	♇ LONG	♇ LAT
	° '	° '	° '	° '	° '	° '	° '	° '	° '	° '
3 Su	11♐33.2	0N38	13♑19.9	0N27	1♉58.6	0S31	16♓08.7	1S00	21♑12.6	0S12
8 F	11 56.9	0 38	13 28.9	0 27	2 01.9	0 31	16 10.5	1 00	21 14.2	0 13
13 W	12 20.7	0 37	13 38.0	0 26	2 05.2	0 31	16 12.3	1 00	21 15.7	0 13
18 M	12 44.4	0 37	13 47.0	0 26	2 08.5	0 31	16 14.1	1 00	21 17.2	0 14
23 S	13 08.2	0 36	13 56.0	0 26	2 11.7	0 31	16 15.9	1 00	21 18.7	0 14
28 Th	13 32.0	0 36	14 05.1	0 25	2 15.0	0 31	16 17.7	1 00	21 20.2	0 14
2 Tu	13 55.7	0 35	14 14.1	0 25	2 18.3	0 31	16 19.6	1 00	21 21.8	0 15
7 Su	14 19.5	0 35	14 23.2	0 24	2 21.6	0 31	16 21.4	1 00	21 23.3	0 15
12 F	14 43.4	0 34	14 32.2	0 24	2 24.9	0 31	16 23.2	1 00	21 24.8	0 16
17 W	15 07.2	0 34	14 41.2	0 24	2 28.2	0 31	16 25.0	1 00	21 26.3	0 16
22 M	15 31.0	0 33	14 50.3	0 23	2 31.5	0 31	16 26.8	1 00	21 27.8	0 17
27 S	15 54.9	0 33	14 59.3	0 23	2 34.8	0 31	16 28.7	1 00	21 29.4	0 17

☿ .311735	☿a.454673
♀ .724451	♀a.727661
⊕ .990677	⊕ .999078
♂ 1.52879	♂ 1.56776
♃ 5.33218	♃ 5.32247
♄ 10.0575	♄ 10.0559
♅ 19.8552	♅ 19.8516
♆ 29.9377	♆ 29.9372
♇ 33.7502	♇ 33.7704
☊	Perihelia
☿ 18° ♉ 33	☿ 17° ♊ 45
♀ 16 ♊ 51	♀ 11 ♌ 49
⊕	⊕ 15 ♋ 30
♂ 19 ♉ 42	♂ 6 ♓ 28
♃ 10 ♋ 40	♃ 14 ♈ 21
♄ 23 ♋ 49	♄ 2 ♋ 39
♅ 14 ♊ 09	♅ 23 ♍ 49
♆ 12 ♌ 00	♆ 23 ♈ 14
♇ 20 ♋ 33	♇ 15 ♏ 35

1 F ☿⚻♃ 3am10
☿☍♄ 10 29
☿⚺♂ 1pm49
☿△♆ 9 40

2 S ⊕□♃ 9am25
☿☍♇ 5pm45
♀∠♄ 5 57

3 Su ☿⚼♃ 3pm28
♀ ♐ 7 11
⊕∠☿ 9 9

4 M ☿ ♌ 5am21
⊕△♄ 6 0
☿∠♂ 7 38
☿△♀ 9 11
☿⚼♆ 10 7
☿□♅ 1pm36

5 T ♀⚻♅ 1am19
♂□♆ 11 57

6 W ☿△♃ 7am17
☿⚻♄ 2pm23

7 Th ⊕☍♆ 1am 3
☿⚻♆ 2 25
⊕⚺☿ 2 44
♂∠♅ 4 17

☿✶♂ 6 26
♀∠♇ 5pm11
⊕⚼♅ 9 42

8 F ☿⚻♇ 1am17
⊕□♂ 3pm33

9 S ☿⚼♄ 11am23
☿ ♍ 6pm28

10 ☿△♅ 4am28

11 M ☿⚼♇ 1am18
♀☌♃ 11 37

12 T ⊕△♇ 3am 9
☿□♃ 8 23
♀⚺♄ 8 36
☿△♄ 3pm24
☿□♀ 7 1

13 W ☿☍♆ 5am14
☿⚼♅ 10 2
♀□♆ 11pm52

14 Th ☿□♂ 5am28
☿△♇ 9 7
♀0S 9 29
♀⚼♅ 1pm21

15 F ⊕☌☿ 1am42
♂⚻♇ 12pm40

16 ☿ ♎ 11am46

17 Su ☿⚻♅ 0am39
♀⚺♇ 4 35
♀☍♂ 11pm 2

19 ☿✶♃ 8pm55

20 W ☿□♄ 3am17
☿⚻♆ 7pm25
⊕ ♎ 9 51

22 F ☿□♇ 6am16
♀ ♑ 4pm36

23 S ⊕⚻♅ 2am59
☿△♂ 10 17

24 Su ♀△♅ 2am 4
☿∠♃ 8 7
☿ ♏ 9pm 7

25 M ☿⚼♆ 6am41
☿☍♅ 1pm47
⊕□♀ 4 19

26 ⊕⚺☿ 4pm31

27 ☿✶♀ 1am56

29 F ☿⚼♂ 2am10
☿⚺♃ 6 47
☿✶♄ 10 46

30 S ☿△♆ 4am26
☿0S 10pm49

31 Su ♀⚺♃ 9am56
♀☌♄ 3pm53
☿✶♇ 10 0

2 T ♀✶♆ 0am13
♂ ♋ 0 30

3 W ⊕∠☿ 8am35
☿∠♄ 4pm55
☿ ♐ 11 1

4 Th ⊕✶♃ 3am50
⊕□♄ 8 51
☿⚻♂ 8 55
☿⚻♅ 7pm 5

5 ♀☌♇ 4am55

6 S ☿∠♇ 6am 5
⊕⚻♆ 10 42
♂✶♅ 7pm57

7 ☿∠♀ 3pm46

8 ♃⚺♄ 5am22

9 T ☿⚺♄ 4am25
☿☌♃ 4 50

☿□♆ 9pm13

10 W ☿⚼♅ 6am10
☿ A 7 41
♀∠♃ 9 39
♀ ♒ 3pm47

11 Th ♀∠♆ 12pm47
⊕□♇ 2 12
☿⚺♇ 5 15
⊕✶☿ 6 57

12 ♀□♅ 4am28

14 Su ♀⚻♂ 12pm10
☿ ♑ 7 47

15 ☿△♅ 4pm53

17 ☿☍♂ 12pm 1

18 ♀ A 2am27

20 S ♀⚺♄ 0am 3
☿☌♄ 0 23
☿⚺♀ 0 45
☿⚺♃ 5 16
⊕ ♏ 8 48
♀✶♃ 9 20
☿✶♆ 1pm57

⊕∠♃ 7 11

21 Su ♀⚺♆ 1am17
⊕⚼♆ 8pm22

22 M ☿☌♇ 6am27
⊕☍♅ 11pm10

24 ♀⚺♇ 5am38

25 Th ☿ ♒ 0am51
☿∠♃ 6 45
☿∠♆ 11 57
☿□♅ 8pm12

27 ⊕□☿ 1am26

28 Su ♀⚼♂ 2am19
☿⚻♂ 11pm52

29 M ☿⚺♄ 2pm 7
♀ ♓ 2 50
♀∠♄ 3 53
☿✶♃ 9 32
☿⚺♆ 11 56

MAY 2019

JUNE 2019

DAY	☿ LONG	☿ LAT	♀ LONG	♀ LAT	⊕ LONG	♂ LONG	♂ LAT
	° ′	° ′	° ′	° ′	° ′	° ′	° ′
1 W	20♒04	7S00	2♓11	3S17	10♏21	13♋58	1N30
2 Th	23 42	6 59	3 46	3 18	11 19	14 26	1 31
3 F	27 27	6 55	5 22	3 20	12 18	14 54	1 31
4 S	1♓17	6 50	6 57	3 21	13 16	15 23	1 32
5 Su	5 14	6 43	8 32	3 22	14 14	15 51	1 32
6 M	9 18	6 33	10 07	3 22	15 12	16 19	1 33
7 Tu	13 29	6 21	11 42	3 23	16 10	16 47	1 33
8 W	17 48	6 07	13 17	3 23	17 09	17 15	1 34
9 Th	22 15	5 50	14 53	3 24	18 07	17 43	1 34
10 F	26 50	5 31	16 28	3 24	19 05	18 11	1 35
11 S	1♈34	5 08	18 03	3 24	20 03	18 40	1 35
12 Su	6 27	4 43	19 38	3 23	21 01	19 07	1 36
13 M	11 28	4 14	21 14	3 23	21 59	19 35	1 36
14 Tu	16 39	3 43	22 49	3 23	22 56	20 03	1 36
15 W	21 59	3 09	24 24	3 22	23 54	20 31	1 37
16 Th	27 27	2 32	26 00	3 21	24 52	20 59	1 37
17 F	3♉05	1 53	27 35	3 20	25 50	21 27	1 38
18 S	8 51	1 11	29 10	3 19	26 48	21 55	1 38
19 Su	14 45	0 28	0♈46	3 18	27 46	22 22	1 39
20 M	20 45	0N16	2 21	3 16	28 43	22 50	1 39
21 Tu	26 52	1 01	3 57	3 15	29 41	23 18	1 39
22 W	3♊05	1 46	5 32	3 13	0♐39	23 45	1 40
23 Th	9 20	2 30	7 08	3 11	1 36	24 13	1 40
24 F	15 39	3 12	8 43	3 09	2 34	24 41	1 41
25 S	21 58	3 52	10 19	3 07	3 32	25 08	1 41
26 Su	28 17	4 29	11 54	3 05	4 29	25 36	1 41
27 M	4♋34	5 03	13 30	3 02	5 27	26 03	1 42
28 Tu	10 47	5 33	15 06	2 59	6 25	26 31	1 42
29 W	16 55	5 58	16 41	2 57	7 22	26 58	1 42
30 Th	22 58	6 19	18 17	2 54	8 20	27 26	1 43
31 F	28♋53	6N36	19♈53	2S51	9♐17	27♋53	1N43

DAY	☿ LONG	☿ LAT	♀ LONG	♀ LAT	⊕ LONG	♂ LONG	♂ LAT
	° ′	° ′	° ′	° ′	° ′	° ′	° ′
1 S	4♌40	6N48	21♈28	2S48	10♐15	28♋20	1N43
2 Su	10 18	6 56	23 04	2 44	11 12	28 48	1 44
3 M	15 48	7 00	24 40	2 41	12 10	29 15	1 44
4 Tu	21 07	7 00	26 16	2 37	13 07	29 42	1 44
5 W	26 17	6 57	27 52	2 34	14 05	0♌10	1 45
6 Th	1♍18	6 50	29 28	2 30	15 02	0 37	1 45
7 F	6 08	6 41	1♉03	2 26	16 00	1 04	1 45
8 S	10 50	6 29	2 39	2 22	16 57	1 31	1 45
9 Su	15 22	6 16	4 15	2 18	17 55	1 59	1 46
10 M	19 46	6 00	5 51	2 14	18 52	2 26	1 46
11 Tu	24 01	5 43	7 27	2 09	19 49	2 53	1 46
12 W	28 09	5 25	9 03	2 05	20 47	3 20	1 46
13 Th	2♎09	5 05	10 39	2 00	21 44	3 47	1 47
14 F	6 02	4 45	12 15	1 56	22 41	4 14	1 47
15 S	9 48	4 24	13 51	1 51	23 39	4 41	1 47
16 Su	13 28	4 02	15 28	1 46	24 36	5 08	1 47
17 M	17 02	3 41	17 04	1 41	25 33	5 35	1 48
18 Tu	20 31	3 18	18 40	1 36	26 31	6 02	1 48
19 W	23 55	2 56	20 16	1 31	27 28	6 29	1 48
20 Th	27 14	2 33	21 52	1 26	28 25	6 56	1 48
21 F	0♏29	2 11	23 29	1 21	29 22	7 23	1 48
22 S	3 40	1 48	25 05	1 16	0♑20	7 50	1 49
23 Su	6 48	1 26	26 41	1 10	1 17	8 16	1 49
24 M	9 52	1 04	28 18	1 05	2 14	8 43	1 49
25 Tu	12 53	0 42	29 54	0 59	3 11	9 10	1 49
26 W	15 51	0 20	1♊30	0 54	4 09	9 37	1 49
27 Th	18 47	0S02	3 07	0 48	5 06	10 04	1 49
28 F	21 41	0 23	4 43	0 43	6 03	10 30	1 50
29 S	24 33	0 44	6 20	0 37	7 00	10 57	1 50
30 Su	27♏23	1S05	7♊56	0S32	7♑57	11♌24	1N50

DAY	♃ LONG	♃ LAT	♄ LONG	♄ LAT	♅ LONG	♅ LAT	♆ LONG	♆ LAT	♇ LONG	♇ LAT
	° ′	° ′	° ′	° ′	° ′	° ′	° ′	° ′	° ′	° ′
2 Th	16♐18.8	0N32	15♑08.4	0N22	2♉38.0	0S31	16♓30.5	1S00	21♑30.9	0S18
7 Tu	16 42.7	0 32	15 17.4	0 22	2 41.3	0 31	16 32.3	1 00	21 32.4	0 18
12 Su	17 06.6	0 31	15 26.5	0 22	2 44.6	0 31	16 34.1	1 00	21 33.9	0 19
17 F	17 30.5	0 31	15 35.5	0 21	2 47.9	0 31	16 35.9	1 00	21 35.5	0 19
22 W	17 54.5	0 30	15 44.6	0 21	2 51.2	0 31	16 37.8	1 00	21 37.0	0 20
27 M	18 18.4	0 30	15 53.6	0 21	2 54.5	0 31	16 39.6	1 00	21 38.5	0 20
1 S	18 42.4	0 29	16 02.7	0 20	2 57.8	0 30	16 41.4	1 00	21 40.0	0 21
6 Th	19 06.4	0 29	16 11.7	0 20	3 01.1	0 30	16 43.2	1 00	21 41.5	0 21
11 Tu	19 30.4	0 28	16 20.8	0 19	3 04.4	0 30	16 45.1	1 01	21 43.1	0 21
16 Su	19 54.4	0 28	16 29.8	0 19	3 07.7	0 30	16 46.9	1 01	21 44.6	0 22
21 F	20 18.4	0 27	16 38.9	0 19	3 11.0	0 30	16 48.7	1 01	21 46.1	0 22
26 W	20 42.5	0 27	16 47.9	0 18	3 14.3	0 30	16 50.5	1 01	21 47.6	0 23

☿p .409918	☿ .325138
♀ .727891	♀ .724994
⊕ 1.00741	⊕ 1.01396
♂ 1.60152	♂ 1.63024
♃ 5.31283	♃ 5.30265
♄ 10.0541	♄ 10.0521
♅ 19.8481	♅ 19.8444
♆ 29.9368	♆ 29.9363
♇ 33.7900	♇ 33.8103
☊	Perihelia
☿ 18° ♉ 33	☿ 17° ♊ 45
♀ 16 ♊ 51	♀ 11 ♌ 44
⊕	⊕ 14 ♋ 04
♂ 19 ♉ 42	♂ 6 ♓ 28
♃ 10 ♋ 41	♃ 14 ♈ 20
♄ 23 ♋ 49	♄ 2 ♋ 27
♅ 14 ♊ 09	♅ 23 ♍ 42
♆ 12 ♌ 00	♆ 21 ♈ 50
♇ 20 ♋ 33	♇ 15 ♏ 38

1 W	♀∗♅	6am37
	☿⚺♇	9 38
3 F	♂☍♄	2pm16
	☿ ♓	4 2
	☿∠♄	5 13
	☿⚼♂	5 37
	♀∠♇	5 38
4 S	☿∗♅	8am25
	♃□♆	3pm31
5	☿∠♇	7am43
6 M	⊕∗♄	1am25
	☿☌♀	7 37
	♂△♆	11 4
	♂⚻♃	7pm18
7 T	⊕△♆	9am 5
	☿∗♄	10 10
	⊕⚺♃	2pm31
	☿☌♆	5 3
	☿□♃	6 19
	⊕△☿	7 19
	☿△♂	8 37
	☿∠♅	11 25
8 W	⊕△♂	5am28
	☿∗♇	8pm15
9	♀∗♄	7am20
10 F	♀☌♆	1am25
	♀□♃	7 46
	☿ ♈	4pm 8
	♀∠♅	7 10
11 S	☿⚺♅	5am49
	♀△♂	1pm 1
	⊕⚼☿	9 24
12	⊕∗♇	1pm52
13 M	♀∗♇	5am13
	☿□♄	6pm44
	☿⚺♆	11 42
14 T	☿△♃	2am53
	⊕△♀	4 52
	☿□♂	4pm54
	☿□♇	10 15
15 W	⊕⚻☿	10am21
	☿⚺♀	3pm 5
16 Th	☿ ♉	10am56
	☿∠♆	5pm44
	☿⚼♃	9 33
	☿☌♅	10 48
17	♂☍♇	7am30
18	♀ ♈	12pm29
19 Su	☿△♄	3am40
	☿∠♀	5 35
	☿∗♆	7 30
	☿⚻♃	11 53
	☿0N	3pm16
20 M	☿△♇	3am21
	♀⚺♅	7 15
	☿∗♂	8 52
21 T	♃⚼♅	5am10
	⊕ ♐	7 52
	☿ ♊	12pm 8
	⊕☍☿	12 55
	☿⚼♄	2 58
	☿⚺♅	11 9
22 W	⊕∠♄	2am29
	☿∗♀	12pm41
	☿⚼♇	1 36
	☿∠♂	11 30
24 F	☿⚻♄	0am36
	☿□♆	3 47
	☿ P	7 18
	⊕⚻♅	7 44
	☿∠♅	8 29
	☿☍♃	9 19
	☿⚻♇	10pm43
25	☿⚺♂	12pm59
26 Su	☿ ♋	6am33
	☿∗♅	5pm39
27	⊕⚻☿	4am 2
28 T	⊕∠♇	5am55
	♀□♄	12pm43
	☿☍♄	8 10
	☿□♀	10 46
	☿△♆	11 1
	♀⚺♆	11 45
29 W	☿⚻♃	6am11
	☿☍♇	6pm47
30 Th	⊕⚼☿	1am46
	♀△♃	4 10
	☿☌♂	7pm35
31 F	☿ ♌	4am36
	☿⚼♆	11 34
	☿□♅	4pm52
	☿⚼♃	7 56

1	♀□♇	2am54
2	⊕△☿	4am43
3 M	☿⚻♄	1am24
	☿⚻♆	4 3
	☿△♃	1pm58
4 T	☿⚻♇	2am34
	♂ ♌	3pm28
5 W	☿△♀	10am56
	☿ ♍	5pm43
	☿⚺♂	8 22
	☿⚼♄	11 31
6 Th	♀ ♉	8am 8
	☿△♅	8 28
	⊕⚼♀	9pm48
7 F	♀□♂	0am16
	☿⚼♇	2 48
	⊕⚼♂	3 24
	⊕⚺♄	5 54
	♀∠♆	10 6
	⊕□♆	6pm24
8	♀☌♅	5am49
S	♂⚼♆	11 18
9 Su	♀⚼♃	1am27
	⊕⚼♅	3 33
	☿△♄	4 57
	☿☍♆	7 23
	☿∠♂	9 39
	☿⚼♅	2pm34
	⊕□☿	5 37
	☿□♃	10 4
10 M	☿⚼♀	9am40
	☿△♇	10 53
	⊕☌♃	3pm17
11	♂□♅	10am34
12 W	☿ ♎	11am 1
	⊕⚺♇	11pm48
13 Th	☿⚻♅	5am49
	☿∗♂	11 20
15	♂⚼♃	9am17
16 Su	♀△♄	3pm50
	♀∗♆	7 52
	☿□♄	8 30
	☿⚻♆	10 17
17 M	☿⚻♀	0am18
	☿∗♃	8pm46
18 T	☿□♇	8am40
	♀⚻♃	10pm 4
19	♀△♇	10pm21
20 Th	⊕∗☿	12pm15
	☿ ♏	8 22
21 F	☿⚼♆	9am57
	⊕ ♑	3pm47
	☿☍♅	8 22
22	☿∠♃	1pm28
23	☿□♂	1pm28
25 T	⊕△♅	1am 0
	♀ ♊	1 29
26 W	♀⚼♄	4am26
	☿∗♄	7 45
	☿△♆	8 2
	☿0S	10pm 5
27 Th	♀⚺♅	2am 1
	⊕∠☿	4pm 4
	☿⚺♃	4 59
	♄∗♆	7 10
28	☿∗♇	0am58
29	♀⚼♇	7am 9
30 Su	⊕⚻♀	0am38
	☿ ♐	10pm15

JULY 2019

AUGUST 2019

DAY	☿ LONG	☿ LAT	♀ LONG	♀ LAT	⊕ LONG	♂ LONG	♂ LAT
	° '	° '	° '	° '	° '	° '	° '
1 M	0♐12	1S25	9♊33	0S26	8♑55	11♌51	1N50
2 Tu	3 00	1 45	11 10	0 20	9 52	12 17	1 50
3 W	5 46	2 05	12 46	0 15	10 49	12 44	1 50
4 Th	8 32	2 24	14 23	0 09	11 46	13 11	1 50
5 F	11 17	2 43	16 00	0 03	12 44	13 37	1 50
6 S	14 02	3 02	17 36	0N03	13 41	14 04	1 50
7 Su	16 47	3 20	19 13	0 08	14 38	14 30	1 51
8 M	19 31	3 37	20 50	0 14	15 35	14 57	1 51
9 Tu	22 16	3 54	22 27	0 20	16 32	15 24	1 51
10 W	25 02	4 11	24 03	0 26	17 30	15 50	1 51
11 Th	27 48	4 27	25 40	0 31	18 27	16 17	1 51
12 F	0♑35	4 42	27 17	0 37	19 24	16 43	1 51
13 S	3 23	4 57	28 54	0 43	20 21	17 10	1 51
14 Su	6 12	5 11	0♋31	0 48	21 18	17 36	1 51
15 M	9 03	5 25	2 08	0 54	22 16	18 03	1 51
16 Tu	11 55	5 38	3 45	0 59	23 13	18 29	1 51
17 W	14 50	5 50	5 22	1 05	24 10	18 56	1 51
18 Th	17 46	6 02	6 59	1 10	25 07	19 22	1 51
19 F	20 45	6 12	8 36	1 16	26 05	19 48	1 51
20 S	23 47	6 22	10 13	1 21	27 02	20 15	1 51
21 Su	26 52	6 31	11 50	1 26	27 59	20 41	1 51
22 M	29 59	6 39	13 28	1 31	28 56	21 08	1 51
23 Tu	3♒11	6 45	15 05	1 36	29 54	21 34	1 51
24 W	6 26	6 51	16 42	1 41	0♒51	22 00	1 51
25 Th	9 45	6 55	18 19	1 46	1 48	22 27	1 51
26 F	13 09	6 58	19 56	1 51	2 45	22 53	1 51
27 S	16 37	7 00	21 34	1 56	3 43	23 19	1 51
28 Su	20 10	7 00	23 11	2 01	4 40	23 46	1 51
29 M	23 49	6 59	24 48	2 05	5 37	24 12	1 51
30 Tu	27 34	6 55	26 26	2 10	6 35	24 38	1 51
31 W	1♓25	6S50	28♋03	2N14	7♒32	25♌05	1N50

DAY	☿ LONG	☿ LAT	♀ LONG	♀ LAT	⊕ LONG	♂ LONG	♂ LAT
	° '	° '	° '	° '	° '	° '	° '
1 Th	5♓22	6S43	29♋41	2N19	8♒30	25♌31	1N50
2 F	9 26	6 33	1♌18	2 23	9 27	25 57	1 50
3 S	13 38	6 21	2 55	2 27	10 24	26 24	1 50
4 Su	17 57	6 07	4 33	2 31	11 22	26 50	1 50
5 M	22 24	5 50	6 10	2 35	12 19	27 16	1 50
6 Tu	26 59	5 30	7 48	2 38	13 17	27 42	1 50
7 W	1♈43	5 07	9 25	2 42	14 14	28 09	1 50
8 Th	6 36	4 42	11 03	2 45	15 12	28 35	1 50
9 F	11 38	4 13	12 40	2 49	16 09	29 01	1 50
10 S	16 49	3 42	14 18	2 52	17 07	29 27	1 49
11 Su	22 09	3 08	15 55	2 55	18 04	29 54	1 49
12 M	27 38	2 31	17 33	2 58	19 02	0♍20	1 49
13 Tu	3♉16	1 51	19 10	3 00	19 59	0 46	1 49
14 W	9 02	1 10	20 48	3 03	20 57	1 12	1 49
15 Th	14 56	0 27	22 25	3 05	21 55	1 39	1 49
16 F	20 57	0N18	24 03	3 08	22 52	2 05	1 48
17 S	27 04	1 02	25 40	3 10	23 50	2 31	1 48
18 Su	3♊16	1 47	27 18	3 12	24 47	2 57	1 48
19 M	9 32	2 31	28 55	3 14	25 45	3 23	1 48
20 Tu	15 50	3 13	0♍33	3 16	26 43	3 50	1 48
21 W	22 10	3 53	2 10	3 17	27 41	4 16	1 47
22 Th	28 29	4 30	3 48	3 18	28 38	4 42	1 47
23 F	4♋45	5 04	5 25	3 20	29 36	5 08	1 47
24 S	10 58	5 34	7 03	3 21	0♓34	5 34	1 47
25 Su	17 07	5 59	8 40	3 22	1 32	6 01	1 47
26 M	23 09	6 20	10 18	3 22	2 30	6 27	1 46
27 Tu	29 04	6 36	11 55	3 23	3 28	6 53	1 46
28 W	4♌51	6 48	13 33	3 23	4 25	7 19	1 46
29 Th	10 29	6 56	15 10	3 24	5 23	7 45	1 46
30 F	15 58	7 00	16 47	3 24	6 21	8 12	1 45
31 S	21♌17	7N00	18♍25	3N24	7♓19	8♍38	1N45

DAY	♃ LONG	♃ LAT	♄ LONG	♄ LAT	♅ LONG	♅ LAT	♆ LONG	♆ LAT	♇ LONG	♇ LAT
	° '	° '	° '	° '	° '	° '	° '	° '	° '	° '
1 M	21♐06.5	0N26	16♑57.0	0N18	3♉17.6	0S30	16♓52.4	1S01	21♑49.2	0S23
6 S	21 30.6	0 26	17 06.1	0 17	3 20.9	0 30	16 54.2	1 01	21 50.7	0 24
11 Th	21 54.7	0 25	17 15.1	0 17	3 24.2	0 30	16 56.0	1 01	21 52.2	0 24
16 Tu	22 18.8	0 25	17 24.2	0 17	3 27.5	0 30	16 57.8	1 01	21 53.7	0 25
21 Su	22 42.9	0 24	17 33.2	0 16	3 30.8	0 30	16 59.7	1 01	21 55.2	0 25
26 F	23 07.1	0 24	17 42.3	0 16	3 34.1	0 30	17 01.5	1 01	21 56.8	0 26
31 W	23 31.2	0 23	17 51.3	0 15	3 37.4	0 30	17 03.3	1 01	21 58.3	0 26
5 M	23 55.4	0 23	18 00.4	0 15	3 40.7	0 30	17 05.1	1 01	21 59.8	0 27
10 S	24 19.6	0 22	18 09.5	0 15	3 44.0	0 30	17 07.0	1 01	22 01.3	0 27
15 Th	24 43.8	0 21	18 18.5	0 14	3 47.3	0 30	17 08.8	1 01	22 02.8	0 27
20 Tu	25 08.0	0 21	18 27.6	0 14	3 50.6	0 30	17 10.6	1 01	22 04.3	0 28
25 Su	25 32.2	0 20	18 36.6	0 14	3 53.9	0 30	17 12.4	1 01	22 05.9	0 28
30 F	25 56.5	0 20	18 45.7	0 13	3 57.2	0 30	17 14.3	1 01	22 07.4	0 29

☿a.461198	☿p.388014
♀ .721033	♀p.718565
⊕a1.01671	⊕ 1.01512
♂ 1.65060	♂a1.66294
♃ 5.29259	♃ 5.28200
♄ 10.0501	♄ 10.0478
♅ 19.8409	♅ 19.8372
♆ 29.9358	♆ 29.9353
♇ 33.8299	♇ 33.8501
☊	Perihelia
☿ 18°♉ 34	☿ 17°♊ 46
♀ 16 ♊ 51	♀ 11 ♌ 42
⊕	⊕ 10 ♋ 37
♂ 19 ♉ 42	♂ 6 ♓ 28
♃ 10 ♋ 41	♃ 14 ♈ 19
♄ 23 ♋ 49	♄ 2 ♋ 14
♅ 14 ♊ 10	♅ 23 ♍ 36
♆ 12 ♌ 00	♆ 20 ♈ 35
♇ 20 ♋ 34	♇ 15 ♏ 42

1	☿∠♄	3pm 9
2	☿⚻♅	2am40
T	♀✶♂	11pm13
3	☿∠♇	9am11
4	⊕ A	10pm14
5	♀0N	12pm47
F	♀□♆	1 32
	♀⚻♄	4 22
	⊕⚺☿	7 15
6	☿△♂	0am18
S	♀∠♅	11 9
	⊕⚻♂	6pm 1
7	☿□♆	1am 9
Su	☿⚺♄	3 7
	☿ A	6 57
	☿⚼♅	1pm52
8	♀☍♃	1pm11
M	♀⚻♇	3 18
	☿☌♃	7 19
	☿⚺♇	8 23
9	☿☍♀	3am34
T	⊕✶♆	9 39
	⊕☌♄	4pm55
10	♃⚺♇	10am41
11	☿ ♑	7pm 1
12	☿⚼♂	11am38
F	♂⚻♆	12pm 9
13	☿△♅	0am24
S	♂⚻♄	8 49
	♀ ♋	4pm20
14	⊕☌♇	2pm37
Su	⊕⚺♃	11 14
15	♀∠♂	6pm36
M	♀✶♅	7 39
17	☿✶♆	5pm33
W	☿☌♄	9 29
18	☿⚻♂	3pm 7
19	☿☌♇	9am14
F	☿⚺♃	2pm43
21	⊕☌☿	12pm28
22	☿ ♒	0am 4
M	☿∠♆	3pm13
23	☿□♅	2am40
T	⊕ ♒	2 43
	♂⚻♇	8pm 4
24	♀△♆	4am39
W	☿∠♃	11 22
	♀☍♄	2pm15
25	⊕∠♆	5am30
26	♂△♃	3pm32
F	⊕□♅	8 37
27	☿⚺♆	2am50
S	♀☍♇	5 46
	☿⚺♄	7 40
28	♀⚻♃	1am28
Su	♀⚺♂	11 45
	☿⚺♇	11 49
	☿✶♃	8pm56
29	☿☍♂	2am48
M	☿⚻♀	11 18
30	☿ ♓	3pm16
31	☿∠♄	8am55
W	☿✶♅	1pm33
1	⊕∠♃	2am58
Th	♀ ♌	4 48
	☿∠♇	9 36
2	⊕⚺☿	0am 7
F	♀⚼♆	11 24
3	♀□♅	10am55
S	☿☌♆	7pm15
4	☿✶♄	0am11
Su	☿∠♅	3 58
	☿⚼♀	1pm45
	☿✶♇	9 53
5	☿□♃	8am13
6	☿⚻♂	4am 6
T	⊕∠☿	8 21
	☿ ♈	3pm23
	♀⚼♃	6 48
7	☿⚺♅	9am52
8	♀ P	9am 4
9	☿△♀	7am 8
F	☿⚼♂	12pm12
10	⊕⚺♆	0am 5
S	☿⚺♆	1 24
	⊕✶☿	1 41
	☿□♄	6 10
	☿□♇	11pm29
11	⊕⚺♄	3am 0
Su	♂ ♍	5 45
	☿△♃	10 8
	♀⚻♆	5pm50
12	♀⚻♄	10am 8
M	☿ ♉	10 11
	☿△♂	12pm34
	☿∠♆	7 15
13	☿☌♅	2am 8
14	☿⚼♃	2am35
W	⊕☍♀	5 33
	♀⚻♇	6pm28
15	⊕⚺♇	3am28
Th	☿✶♆	8 54
	☿△♄	1pm36
	☿0N	2 32
16	☿△♇	4am22
F	⊕□☿	9 0
	♀△♃	11 52
	☿⚻♃	3pm24
	☿□♀	4 36
17	☿ ♊	11am23
S	☿□♂	10pm42
18	☿⚼♄	0am30
Su	☿⚺♅	2 8
	⊕✶♃	4 56
	☿⚼♇	2pm34
19	♂⚼♄	2am17
M	♀ ♍	3pm55
20	♂△♅	0am52
T	☿□♆	5 5
	☿ P	6 34
	☿⚻♄	9 59
	☿∠♅	11 25
	☿⚻♇	11pm40
21	☿☍♃	11am44
W	♀⚼♄	7pm49
22	⊕△☿	0am44
Th	♀△♅	1 0
	☿ ♋	5 49
	♀☌♂	6pm15
	☿✶♅	8 37
23	☿✶♂	1am35
F	☿✶♀	3 28
	⊕ ♓	9 55
24	♀⚼♇	0am41
S	⊕⚼☿	9pm17
25	☿△♆	0am23
Su	☿☍♄	5 57
	☿∠♂	4pm40
	☿☍♇	7 49
26	♂ A	1am15
M	☿⚻♃	10 6
	☿∠♀	11 56
27	☿ ♌	3am52
T	⊕∠♄	5 26
	⊕✶♅	11 35
	♂⚼♇	12pm27
	☿⚼♆	1 3
	☿□♅	8 10
	⊕⚻☿	9 54
28	☿⚺♂	11am21
29	☿⚼♃	1am41
30	☿⚺♀	5am17
F	☿⚻♆	5 42
	♀☍♆	6 39
	☿⚻♄	12pm37
	⊕∠♇	7 6
31	☿⚻♇	3am53
S	♀△♄	5 43
	♀⚼♅	8 13
	☿△♃	10pm21

SEPTEMBER 2019

DAY	☿ LONG	☿ LAT	♀ LONG	♀ LAT	⊕ LONG	♂ LONG	♂ LAT
	° '	° '	° '	° '	° '	° '	° '
1 Su	26♌27	6N56	20♍02	3N23	8♓18	9♍04	1N45
2 M	1♍27	6 50	21 39	3 23	9 16	9 30	1 44
3 Tu	6 17	6 41	23 17	3 22	10 14	9 56	1 44
4 W	10 59	6 29	24 54	3 22	11 12	10 23	1 44
5 Th	15 31	6 15	26 31	3 21	12 10	10 49	1 44
6 F	19 54	5 59	28 08	3 20	13 08	11 15	1 43
7 S	24 09	5 42	29 46	3 19	14 06	11 41	1 43
8 Su	28 17	5 24	1♎23	3 17	15 04	12 07	1 43
9 M	2♎16	5 05	3 00	3 16	16 03	12 34	1 42
10 Tu	6 09	4 44	4 37	3 14	17 01	13 00	1 42
11 W	9 55	4 23	6 14	3 12	17 59	13 26	1 42
12 Th	13 35	4 02	7 51	3 10	18 58	13 52	1 41
13 F	17 09	3 40	9 28	3 08	19 56	14 19	1 41
14 S	20 38	3 18	11 05	3 06	20 54	14 45	1 41
15 Su	24 01	2 55	12 42	3 03	21 53	15 11	1 40
16 M	27 21	2 33	14 19	3 01	22 51	15 37	1 40
17 Tu	0♏35	2 10	15 55	2 58	23 50	16 04	1 39
18 W	3 46	1 48	17 32	2 55	24 48	16 30	1 39
19 Th	6 54	1 25	19 09	2 52	25 47	16 56	1 39
20 F	9 58	1 03	20 46	2 49	26 45	17 22	1 38
21 S	12 59	0 41	22 22	2 46	27 44	17 49	1 38
22 Su	15 57	0 19	23 59	2 42	28 42	18 15	1 37
23 M	18 53	0S02	25 35	2 39	29 41	18 41	1 37
24 Tu	21 47	0 24	27 12	2 35	0♈40	19 08	1 37
25 W	24 39	0 45	28 48	2 32	1 39	19 34	1 36
26 Th	27 29	1 05	0♏25	2 28	2 37	20 00	1 36
27 F	0♐18	1 26	2 01	2 24	3 36	20 27	1 35
28 S	3 05	1 46	3 37	2 20	4 35	20 53	1 35
29 Su	5 52	2 06	5 14	2 15	5 34	21 19	1 35
30 M	8♐37	2S25	6♏50	2N11	6♈33	21♍46	1N34

OCTOBER 2019

DAY	☿ LONG	☿ LAT	♀ LONG	♀ LAT	⊕ LONG	♂ LONG	♂ LAT
	° '	° '	° '	° '	° '	° '	° '
1 Tu	11♐23	2S44	8♏26	2N07	7♈32	22♍12	1N34
2 W	14 07	3 02	10 02	2 02	8 31	22 39	1 33
3 Th	16 52	3 20	11 38	1 58	9 30	23 05	1 33
4 F	19 37	3 38	13 14	1 53	10 29	23 31	1 32
5 S	22 22	3 55	14 51	1 48	11 28	23 58	1 32
6 Su	25 07	4 11	16 26	1 43	12 27	24 24	1 31
7 M	27 53	4 27	18 02	1 38	13 26	24 51	1 31
8 Tu	0♑40	4 43	19 38	1 33	14 26	25 17	1 30
9 W	3 28	4 57	21 14	1 28	15 25	25 44	1 30
10 Th	6 17	5 12	22 50	1 23	16 24	26 10	1 29
11 F	9 08	5 25	24 26	1 18	17 23	26 37	1 29
12 S	12 01	5 38	26 01	1 13	18 23	27 03	1 28
13 Su	14 55	5 50	27 37	1 07	19 22	27 30	1 28
14 M	17 52	6 02	29 13	1 02	20 21	27 56	1 27
15 Tu	20 51	6 13	0♐48	0 56	21 21	28 23	1 27
16 W	23 53	6 22	2 24	0 51	22 20	28 50	1 26
17 Th	26 57	6 31	3 59	0 45	23 20	29 16	1 26
18 F	0♒05	6 39	5 35	0 40	24 19	29 43	1 25
19 S	3 17	6 46	7 10	0 34	25 19	0♎09	1 24
20 Su	6 32	6 51	8 46	0 29	26 18	0 36	1 24
21 M	9 51	6 56	10 21	0 23	27 18	1 03	1 23
22 Tu	13 15	6 59	11 56	0 17	28 17	1 29	1 23
23 W	16 44	7 00	13 32	0 12	29 17	1 56	1 22
24 Th	20 17	7 00	15 07	0 06	0♉17	2 23	1 22
25 F	23 56	6 58	16 42	0 01	1 17	2 50	1 21
26 S	27 41	6 55	18 17	0S05	2 16	3 16	1 20
27 Su	1♓32	6 50	19 53	0 11	3 16	3 43	1 20
28 M	5 29	6 42	21 28	0 16	4 16	4 10	1 19
29 Tu	9 34	6 33	23 03	0 22	5 16	4 37	1 19
30 W	13 45	6 21	24 38	0 28	6 16	5 04	1 18
31 Th	18♓05	6S06	26♐13	0S33	7♉16	5♎30	1N17

DAY	♃ LONG	♃ LAT	♄ LONG	♄ LAT	♅ LONG	♅ LAT	♆ LONG	♆ LAT	♇ LONG	♇ LAT
	° '	° '	° '	° '	° '	° '	° '	° '	° '	° '
4 W	26♐20.7	0N19	18♑54.7	0N13	4♉00.5	0S30	17♓16.1	1S01	22♑08.9	0S29
9 M	26 45.0	0 19	19 03.8	0 12	4 03.8	0 30	17 17.9	1 01	22 10.4	0 30
14 S	27 09.3	0 18	19 12.9	0 12	4 07.1	0 30	17 19.7	1 01	22 11.9	0 30
19 Th	27 33.6	0 18	19 21.9	0 12	4 10.3	0 30	17 21.5	1 01	22 13.4	0 31
24 Tu	27 57.9	0 17	19 31.0	0 11	4 13.6	0 30	17 23.3	1 01	22 14.9	0 31
29 Su	28 22.3	0 17	19 40.1	0 11	4 16.9	0 30	17 25.2	1 02	22 16.4	0 32
4 F	28 46.6	0 16	19 49.1	0 10	4 20.2	0 30	17 27.0	1 02	22 18.0	0 32
9 W	29 11.0	0 16	19 58.2	0 10	4 23.5	0 30	17 28.8	1 02	22 19.5	0 33
14 M	29 35.4	0 15	20 07.2	0 10	4 26.8	0 30	17 30.6	1 02	22 21.0	0 33
19 S	29 59.8	0 14	20 16.3	0 09	4 30.1	0 30	17 32.4	1 02	22 22.5	0 33
24 Th	0♑24.2	0 14	20 25.4	0 09	4 33.4	0 29	17 34.3	1 02	22 24.0	0 34
29 Tu	0 48.7	0 13	20 34.4	0 08	4 36.7	0 29	17 36.1	1 02	22 25.5	0 34

☿ .344885	☿a .465991
♀ .719497	♀ .723013
⊕ 1.00945	⊕ 1.00144
♂ 1.66589	♂ 1.65965
♃ 5.27124	♃ 5.26068
♄ 10.0454	♄ 10.0429
♅ 19.8334	♅ 19.8298
♆ 29.9348	♆ 29.9344
♇ 33.8704	♇ 33.8901
☊	Perihelia
☿ 18°♉ 34	☿ 17°♊ 46
♀ 16 ♊ 51	♀ 11 ♌ 46
⊕	⊕ 11 ♋ 57
♂ 19 ♉ 42	♂ 6 ♓ 28
♃ 10 ♋ 41	♃ 14 ♈ 17
♄ 23 ♋ 49	♄ 2 ♋ 01
♅ 14 ♊ 10	♅ 23 ♍ 27
♆ 12 ♌ 00	♆ 19 ♈ 25
♇ 20 ♋ 34	♇ 15 ♏ 46

1	☿ ♍	4pm58
2	♀△♇	7am 9
M	⊕☍♂	11 2
	☿⚼♄	11 54
	☿△♅	12pm31
3	☿⚼♇	4am19
T	☿☌♂	8pm34
4	⊕☍☿	1am27
W	♀□♃	10pm33
5	☿☍♆	9am33
Th	☿△♄	6pm49
	☿⚼♅	7 9
6	☿△♇	12pm39
7	♀ ♎	3am35
S	☿□♃	2pm22
8	☿ ♎	10am16
9	☿☌♀	7am34
M	☿⚻♅	11 2
	♀⚻♅	3pm55
10	⊕☌♆	7am10
12	☿⚺♂	2am12
Th	⊕∠♅	3 24
	⊕✶♄	4 58
13	☿⚻♆	1am11
F	☿□♄	2pm 5
14	⊕⚻☿	2am42
S	☿□♇	11 3
15	⊕✶♇	8am 4
Su	☿✶♃	11pm49
16	☿ ♏	7pm36
17	♀⚺♂	2am50
T	☿∠♂	4 5
	☿⚼♆	1pm13
	♀⚻♆	9 16
18	☿☍♅	2am59
19	♀□♄	3am19
Th	♂☍♆	11pm27
20	⊕⚼☿	9pm 2
F	☿∠♃	9 53
	♀□♇	9 58
	⊕□♃	11 48
22	☿△♆	11am39
Su	☿0S	9pm20
	☿✶♂	10 7
23	☿✶♄	5am 1
M	⊕ ♈	7 43
24	☿✶♇	3am55
T	♂⚼♅	5 33
	♀✶♃	12pm 5
	♂△♄	10 48
25	♀ ♏	5pm50
26	☿⚺♃	5am40
Th	☿ ♐	9pm30
27	♀⚼♆	5am50
F	⊕⚺♅	4pm14
28	♀☍♅	9am45
S	☿⚻♅	10 17
	☿⚺♀	11 1
	☿∠♄	1pm34
	⊕△☿	8 4
29	☿∠♇	12pm18
Su	⊕⚻♀	1 2
	♀∠♂	10 34
1	♂△♇	4am28
3	☿□♆	5am 4
Th	☿ A	6 13
	☿⚼♅	9pm36
4	☿⚺♄	1am50
F	♀∠♃	8 28
	☿⚺♇	11pm31
5	☿□♂	4pm38
6	♀△♆	3pm23
7	☿☌♃	10am 7
M	☿ ♑	6pm16
8	♀✶♄	4am37
9	☿△♅	7am55
W	♀✶♇	4pm25
11	⊕⚺♆	2am34
F	☿∠♀	5 33
12	♀✶♂	9pm29
13	⊕□♄	6pm10
Su	☿✶♆	9 8
14	♀⚺♃	6am 0
M	♀ ♐	11 53
	☿☌♄	6pm22
15	⊕□☿	5am53
T	☿☌♇	12pm 0
16	⊕□♇	0am37
17	♀⚻♅	7am27
Th	♀∠♄	6pm47
	☿△♂	8 40
	☿⚺♃	10 39
	☿ ♒	11 19
18	♂□♃	1pm28
F	♂ ♎	3 34
	☿∠♆	6 28
19	♃ ♑	0am56
S	♀∠♇	3 5
	☿□♅	9 6
21	☿✶♀	6am40
22	☿∠♃	2pm 8
23	☿⚼♂	1am37
W	☿⚺♆	5 43
	⊕ ♉	5pm13
24	☿⚺♄	0am55
Th	⊕△♃	3 12
	⊕⚼♀	6 43
	☿⚺♇	2pm 0
25	♀0S	2am16
F	♀□♆	1pm16
26	⊕∠♆	7am28
S	☿ ♓	2pm32
	☿✶♃	6 26
	♀⚼♅	7 38
27	♀⚺♄	9am49
Su	⊕✶☿	2pm13
	☿⚻♂	3 2
	☿✶♅	6 39
	⊕⚻♂	7 23
28	☿∠♄	0am20
M	⊕☌♅	8 2
	☿∠♇	11 29
	♀⚺♇	2pm32
29	♂⚻♅	0am 2
30	☿☌♆	9pm27
31	☿∠♅	8am29
Th	☿✶♄	1pm57
	☿✶♇	11 30

NOVEMBER 2019

DAY	☿ LONG	☿ LAT	♀ LONG	♀ LAT	⊕ LONG	♂ LONG	♂ LAT
	° '	° '	° '	° '	° '	° '	° '
1 F	22♓32	5S49	27♐48	0S39	8♉16	5♎57	1N17
2 S	27 08	5 29	29 23	0 44	9 16	6 24	1 16
3 Su	1♈52	5 07	0♑58	0 50	10 16	6 51	1 15
4 M	6 45	4 41	2 33	0 55	11 16	7 18	1 15
5 Tu	11 47	4 12	4 08	1 01	12 16	7 45	1 14
6 W	16 58	3 41	5 43	1 06	13 16	8 12	1 14
7 Th	22 19	3 07	7 18	1 11	14 17	8 39	1 13
8 F	27 48	2 30	8 53	1 16	15 17	9 06	1 12
9 S	3♉26	1 50	10 28	1 22	16 17	9 33	1 12
10 Su	9 13	1 09	12 03	1 27	17 17	10 00	1 11
11 M	15 07	0 25	13 38	1 32	18 18	10 27	1 10
12 Tu	21 08	0N19	15 13	1 37	19 18	10 54	1 10
13 W	27 15	1 04	16 48	1 42	20 18	11 21	1 09
14 Th	3♊28	1 49	18 22	1 47	21 19	11 49	1 08
15 F	9 44	2 32	19 57	1 51	22 19	12 16	1 07
16 S	16 02	3 15	21 32	1 56	23 19	12 43	1 07
17 Su	22 22	3 55	23 07	2 01	24 20	13 10	1 06
18 M	28 40	4 32	24 42	2 05	25 20	13 38	1 05
19 Tu	4♋57	5 05	26 17	2 09	26 21	14 05	1 05
20 W	11 10	5 35	27 52	2 14	27 21	14 32	1 04
21 Th	17 18	6 00	29 27	2 18	28 22	15 00	1 03
22 F	23 20	6 21	1♒01	2 22	29 22	15 27	1 02
23 S	29 15	6 37	2 36	2 26	0♊23	15 54	1 02
24 Su	5♌01	6 49	4 11	2 30	1 24	16 22	1 01
25 M	10 39	6 56	5 46	2 34	2 24	16 49	1 00
26 Tu	16 08	7 00	7 21	2 37	3 25	17 17	1 00
27 W	21 27	7 00	8 56	2 41	4 26	17 44	0 59
28 Th	26 36	6 56	10 31	2 44	5 27	18 12	0 58
29 F	1♍36	6 50	12 06	2 47	6 27	18 39	0 57
30 S	6♍26	6N40	13♒40	2S51	7♊28	19♎07	0N56

DECEMBER 2019

DAY	☿ LONG	☿ LAT	♀ LONG	♀ LAT	⊕ LONG	♂ LONG	♂ LAT
	° '	° '	° '	° '	° '	° '	° '
1 Su	11♍07	6N28	15♒15	2S54	8♊29	19♎35	0N56
2 M	15 39	6 15	16 50	2 56	9 30	20 02	0 55
3 Tu	20 02	5 59	18 25	2 59	10 31	20 30	0 54
4 W	24 17	5 42	20 00	3 02	11 31	20 58	0 53
5 Th	28 24	5 23	21 35	3 04	12 32	21 26	0 53
6 F	2♎24	5 04	23 10	3 07	13 33	21 53	0 52
7 S	6 16	4 44	24 45	3 09	14 34	22 21	0 51
8 Su	10 02	4 23	26 20	3 11	15 35	22 49	0 50
9 M	13 42	4 01	27 55	3 13	16 36	23 17	0 49
10 Tu	17 16	3 39	29 30	3 14	17 37	23 45	0 49
11 W	20 44	3 17	1♓05	3 16	18 38	24 13	0 48
12 Th	24 08	2 55	2 40	3 18	19 39	24 41	0 47
13 F	27 27	2 32	4 15	3 19	20 40	25 09	0 46
14 S	0♏42	2 10	5 51	3 20	21 41	25 37	0 45
15 Su	3 52	1 47	7 26	3 21	22 42	26 05	0 44
16 M	7 00	1 25	9 01	3 22	23 43	26 33	0 44
17 Tu	10 04	1 02	10 36	3 22	24 44	27 01	0 43
18 W	13 05	0 40	12 11	3 23	25 45	27 29	0 42
19 Th	16 03	0 19	13 46	3 23	26 46	27 58	0 41
20 F	18 59	0S03	15 22	3 24	27 47	28 26	0 40
21 S	21 52	0 24	16 57	3 24	28 48	28 54	0 39
22 Su	24 44	0 45	18 32	3 24	29 49	29 23	0 39
23 M	27 34	1 06	20 07	3 23	0♋50	29 51	0 38
24 Tu	0♐23	1 27	21 43	3 23	1 52	0♏19	0 37
25 W	3 10	1 47	23 18	3 22	2 53	0 48	0 36
26 Th	5 57	2 06	24 53	3 22	3 54	1 16	0 35
27 F	8 43	2 25	26 29	3 21	4 55	1 45	0 34
28 S	11 28	2 44	28 04	3 20	5 56	2 13	0 33
29 Su	14 13	3 03	29 39	3 19	6 57	2 42	0 32
30 M	16 57	3 21	1♈15	3 17	7 59	3 11	0 32
31 Tu	19♐42	3S38	2♈50	3S16	9♋00	3♏39	0N31

DAY	♃ LONG	♃ LAT	♄ LONG	♄ LAT	♅ LONG	♅ LAT	♆ LONG	♆ LAT	♇ LONG	♇ LAT
	° '	° '	° '	° '	° '	° '	° '	° '	° '	° '
3 Su	1♑13.1	0N13	20♑43.5	0N08	4♉40.0	0S29	17♓37.9	1S02	22♑27.0	0S35
8 F	1 37.6	0 12	20 52.6	0 08	4 43.3	0 29	17 39.7	1 02	22 28.5	0 35
13 W	2 02.1	0 12	21 01.7	0 07	4 46.6	0 29	17 41.6	1 02	22 30.0	0 36
18 M	2 26.6	0 11	21 10.7	0 07	4 49.9	0 29	17 43.4	1 02	22 31.6	0 36
23 S	2 51.2	0 11	21 19.8	0 06	4 53.2	0 29	17 45.2	1 02	22 33.1	0 37
28 Th	3 15.7	0 10	21 28.9	0 06	4 56.5	0 29	17 47.0	1 02	22 34.6	0 37
3 Tu	3 40.3	0 10	21 38.0	0 06	4 59.8	0 29	17 48.9	1 02	22 36.1	0 38
8 Su	4 04.8	0 09	21 47.1	0 05	5 03.1	0 29	17 50.7	1 02	22 37.6	0 38
13 F	4 29.4	0 08	21 56.1	0 05	5 06.5	0 29	17 52.5	1 02	22 39.1	0 39
18 W	4 54.1	0 08	22 05.2	0 05	5 09.8	0 29	17 54.4	1 02	22 40.6	0 39
23 M	5 18.7	0 07	22 14.3	0 04	5 13.1	0 29	17 56.2	1 02	22 42.2	0 39
28 S	5 43.3	0 07	22 23.4	0 04	5 16.4	0 29	17 58.0	1 02	22 43.7	0 40

☿p.364744	☿a.361925
♀a.726821	♀ .728192
⊕ .992729	⊕ .986182
♂ 1.64411	♂ 1.62094
♃ 5.24963	♃ 5.23883
♄ 10.0402	♄ 10.0374
♅ 19.8261	♅ 19.8224
♆ 29.9339	♆ 29.9334
♇ 33.9104	♇ 33.9301
☊	Perihelia
☿ 18°♉ 34	☿ 17°♊ 46
♀ 16 ♊ 51	♀ 11 ♌ 48
⊕	⊕ 14 ♋ 20
♂ 19 ♉ 43	♂ 6 ♓ 27
♃ 10 ♋ 41	♃ 14 ♈ 17
♄ 23 ♋ 49	♄ 1 ♋ 48
♅ 14 ♊ 10	♅ 23 ♍ 15
♆ 12 ♌ 00	♆ 18 ♈ 41
♇ 20 ♋ 34	♇ 15 ♏ 48

1	⊕∠☿	4am58
2 S	♀ ♑	9am17
	☿ ♈	2pm38
	☿□♀	5 18
	☿□♃	8 43
3 Su	♀☌♃	3am58
	☿⚺♅	1pm53
4	☿☍♂	2am55
5 T	⊕⚺☿	2am50
	♀△♅	8 26
6 W	☿⚺♆	3am 5
	☿□♄	5pm26
7	☿□♇	0am42
8 F	♀□♂	4am34
	☿ ♉	9 26
	☿△♃	4pm36
	☿∠♆	8 46
9 S	☿☌♅	5am27
	⊕⚼♃	11 3
10 Su	☿⚻♂	3am31
	⊕⚹♆	9 17
	☿△♀	3pm50
11 M	☿⚼♃	7am 9
	☿⚹♆	10 18
	☿0N	1pm48
	⊕☌☿	3 16
	☿△♄	11 27
12 T	☿△♇	5am22
	☿⚼♂	8pm13
13 W	☿ ♊	10am39
	♀⚹♆	1pm42
	⊕△♄	5 50
	☿⚻♃	6 45
	☿⚼♀	11 33
14 Th	☿⚺♅	5am 6
	☿⚼♄	10 1
	☿⚼♇	3pm31
15 F	⊕△♇	4am41
	☿△♂	10 24
	♀☌♄	5pm31
16 S	☿ P	5am50
	☿□♆	6 21
	☿∠♅	2pm21
	♀☌♇	2 54
	☿⚻♄	7 23
17 Su	☿⚻♇	0am37
	☿⚻♀	3 50
	⊕⚺☿	8 54
18 M	☿ ♋	5am 4
	☿☍♃	2pm35
	☿⚹♅	11 35
19	⊕△♀	2am45
20 W	⊕∠☿	5am32
	☿□♂	2pm12
21 Th	☿△♆	1am44
	♀ ♒	8 28
	☿☍♄	3pm49
	☿☍♇	8 50
22	⊕ ♊	2pm52
23 S	♀∠♆	2am16
	☿ ♌	3 6
	♀⚺♃	3 58
	⊕⚹☿	5 41
	☿⚼♆	2pm31
	☿⚻♃	3 8
	☿☍♀	7 9
	⊕⚼♂	10 37
	☿□♅	11 29
24	♀□♅	10am53
25	⊕⚻♃	3pm43
26 T	☿⚹♂	5am36
	☿⚻♆	7 20
	☿⚼♃	8 56
27 W	☿⚻♄	0am 1
	♂⚻♆	2 6
	☿⚻♇	5 10
	⊕⚺♅	11 59
28 Th	☿ ♍	4pm13
	♀ A	6 43
29 F	⊕⚼♄	1am21
	☿△♃	8 41
	☿∠♂	11 9
	☿△♅	4pm34
30 S	☿⚼♄	0am31
	⊕⚼♇	2 47
	☿⚼♇	5 48
	⊕□☿	6 38
2 M	☿⚻♀	9am59
	☿☍♆	11 42
	♀⚺♆	2pm46
	☿⚼♅	11 46
3 T	☿⚺♂	2am52
	♀∠♃	4 0
	☿△♄	8 58
	☿△♇	2pm24
4	♀△♂	8pm33
5 Th	♀⚺♄	1am39
	☿ ♎	9 30
	♂□♄	2pm50
	♀⚺♇	3 36
6 F	☿□♃	9am32
	☿⚻♅	4pm17
7	♂□♇	2pm 4
8	☿⚼♀	2pm53
10 T	⊕△☿	3am23
	☿⚻♆	4 4
	⊕□♆	5 45
	♀ ♓	7 31
11 W	☿□♄	8am 3
	☿□♇	1pm25
12 Th	☿☌♂	4am34
	⊕∠♅	10 44
13 F	♀⚹♃	3am44
	♀⚹♅	12pm58
	☿ ♏	6 50
14 S	⊕⚻♄	6am57
	☿⚼♆	4pm30
	♀∠♄	5 20
	⊕⚻♇	11 11
15 Su	♀∠♇	3am34
	☿⚹♃	6 8
	☿☍♅	9 39
16	⊕⚼☿	8pm 7
17	☿△♀	8am58
18	♀⚼♂	6am34
19 Th	☿△♆	3pm16
	☿0S	8 35
20	☿∠♃	9am14
21 S	☿⚹♄	2am34
	⊕△♂	4 28
	☿⚹♇	6 51
	♀☌♆	2pm50
	♃△♅	4 21
22	⊕ ♋	4am12
23 M	♀∠♅	1am27
	♂ ♏	7 37
	☿ ♐	8pm43
	☿⚺♂	11 23
24 T	♀⚹♄	8am36
	♀⚹♇	3pm 6
	⊕⚻☿	7 58
25 W	☿⚻♅	5pm55
	☿⚺♃	8 30
26 Th	☿∠♄	12pm 7
	☿∠♇	3 23
27 F	⊕⚹♅	8am12
	⊕☍♃	6pm31
29 Su	♀ ♈	5am10
	♂⚼♆	1pm51
30 M	☿ A	5am29
	☿□♆	8 58
	☿∠♂	12pm57
31 T	☿⚼♅	5am19
	♀⚻♂	5pm38

JANUARY 2020

DAY	☿ LONG	☿ LAT	♀ LONG	♀ LAT	⊕ LONG	♂ LONG	♂ LAT
	° '	° '	° '	° '	° '	° '	° '
1 W	22♐27	3S55	4♈26	3S14	10♋01	4♏08	0N30
2 Th	25 12	4 12	6 01	3 12	11 02	4 37	0 29
3 F	27 58	4 28	7 37	3 11	12 03	5 06	0 28
4 S	0♑45	4 43	9 12	3 08	13 04	5 35	0 27
5 Su	3 33	4 58	10 48	3 06	14 06	6 03	0 26
6 M	6 23	5 12	12 24	3 04	15 07	6 32	0 25
7 Tu	9 14	5 26	13 59	3 01	16 08	7 01	0 24
8 W	12 06	5 39	15 35	2 59	17 09	7 30	0 23
9 Th	15 01	5 51	17 11	2 56	18 10	7 59	0 23
10 F	17 58	6 02	18 46	2 53	19 11	8 28	0 22
11 S	20 57	6 13	20 22	2 50	20 12	8 58	0 21
12 Su	23 59	6 23	21 58	2 47	21 13	9 27	0 20
13 M	27 03	6 31	23 33	2 43	22 15	9 56	0 19
14 Tu	0♒11	6 39	25 09	2 40	23 16	10 25	0 18
15 W	3 23	6 46	26 45	2 36	24 17	10 55	0 17
16 Th	6 38	6 51	28 21	2 33	25 18	11 24	0 16
17 F	9 58	6 56	29 57	2 29	26 19	11 53	0 15
18 S	13 22	6 59	1♉33	2 25	27 20	12 23	0 14
19 Su	16 50	7 00	3 09	2 21	28 21	12 52	0 13
20 M	20 24	7 00	4 45	2 17	29 22	13 22	0 12
21 Tu	24 03	6 58	6 21	2 12	0♌23	13 51	0 11
22 W	27 48	6 55	7 57	2 08	1 25	14 21	0 10
23 Th	1♓39	6 49	9 33	2 04	2 26	14 51	0 09
24 F	5 37	6 42	11 09	1 59	3 27	15 20	0 08
25 S	9 42	6 32	12 45	1 54	4 28	15 50	0 08
26 Su	13 54	6 20	14 21	1 50	5 29	16 20	0 07
27 M	18 13	6 06	15 57	1 45	6 30	16 50	0 06
28 Tu	22 41	5 49	17 33	1 40	7 31	17 20	0 05
29 W	27 17	5 29	19 09	1 35	8 32	17 50	0 04
30 Th	2♈01	5 06	20 46	1 30	9 33	18 20	0 03
31 F	6♈55	4S40	22♉22	1S25	10♌34	18♏50	0N02

FEBRUARY 2020

DAY	☿ LONG	☿ LAT	♀ LONG	♀ LAT	⊕ LONG	♂ LONG	♂ LAT
	° '	° '	° '	° '	° '	° '	° '
1 S	11♈57	4S12	23♉58	1S19	11♌35	19♏20	0N01
2 Su	17 08	3 40	25 34	1 14	12 36	19 50	0S00
3 M	22 29	3 06	27 11	1 09	13 36	20 20	0 01
4 Tu	27 59	2 28	28 47	1 03	14 37	20 50	0 02
5 W	3♉37	1 49	0♊23	0 58	15 38	21 21	0 03
6 Th	9 24	1 07	2 00	0 52	16 39	21 51	0 04
7 F	15 18	0 24	3 36	0 47	17 40	22 21	0 05
8 S	21 20	0N20	5 13	0 41	18 41	22 52	0 06
9 Su	27 27	1 05	6 49	0 36	19 41	23 22	0 07
10 M	3♊40	1 50	8 26	0 30	20 42	23 53	0 08
11 Tu	9 56	2 34	10 02	0 24	21 43	24 23	0 09
12 W	16 14	3 16	11 39	0 19	22 43	24 54	0 10
13 Th	22 34	3 56	13 16	0 13	23 44	25 25	0 11
14 F	28 52	4 33	14 52	0 07	24 45	25 56	0 12
15 S	5♋09	5 06	16 29	0 01	25 45	26 26	0 13
16 Su	11 22	5 35	18 06	0N04	26 46	26 57	0 14
17 M	17 30	6 00	19 43	0 10	27 47	27 28	0 15
18 Tu	23 31	6 21	21 19	0 16	28 47	27 59	0 16
19 W	29 26	6 37	22 56	0 22	29 48	28 30	0 17
20 Th	5♌12	6 49	24 33	0 27	0♍48	29 01	0 18
21 F	10 50	6 57	26 10	0 33	1 49	29 32	0 19
22 S	16 18	7 00	27 47	0 39	2 49	0♐03	0 20
23 Su	21 37	7 00	29 24	0 44	3 50	0 35	0 21
24 M	26 46	6 56	1♋01	0 50	4 50	1 06	0 22
25 Tu	1♍46	6 49	2 38	0 55	5 51	1 37	0 23
26 W	6 36	6 40	4 15	1 01	6 51	2 09	0 24
27 Th	11 16	6 28	5 52	1 06	7 51	2 40	0 25
28 F	15 48	6 14	7 29	1 12	8 52	3 11	0 26
29 S	20♍11	5N58	9♋06	1N17	9♍52	3♐43	0S27

DAY	♃ LONG	♃ LAT	♄ LONG	♄ LAT	♅ LONG	♅ LAT	♆ LONG	♆ LAT	♇ LONG	♇ LAT
	° '	° '	° '	° '	° '	° '	° '	° '	° '	° '
2 Th	6♑08.0	0N06	22♑32.5	0N03	5♉19.7	0S29	17♓59.8	1S02	22♑45.2	0S40
7 Tu	6 32.7	0 06	22 41.6	0 03	5 23.0	0 29	18 01.7	1 02	22 46.7	0 41
12 Su	6 57.4	0 05	22 50.6	0 03	5 26.3	0 29	18 03.5	1 02	22 48.2	0 41
17 F	7 22.1	0 05	22 59.7	0 02	5 29.6	0 29	18 05.3	1 03	22 49.7	0 42
22 W	7 46.9	0 04	23 08.8	0 02	5 32.9	0 29	18 07.1	1 03	22 51.2	0 42
27 M	8 11.6	0 03	23 17.9	0 01	5 36.2	0 29	18 09.0	1 03	22 52.7	0 43
1 S	8 36.4	0 03	23 27.0	0 01	5 39.5	0 29	18 10.8	1 03	22 54.2	0 43
6 Th	9 01.2	0 02	23 36.1	0 01	5 42.8	0 29	18 12.6	1 03	22 55.8	0 44
11 Tu	9 26.0	0 02	23 45.2	0 00	5 46.1	0 29	18 14.5	1 03	22 57.3	0 44
16 Su	9 50.8	0 01	23 54.3	0S00	5 49.4	0 29	18 16.3	1 03	22 58.8	0 45
21 F	10 15.6	0 01	24 03.4	0 01	5 52.8	0 29	18 18.1	1 03	23 00.3	0 45
26 W	10 40.5	0 00	24 12.4	0 01	5 56.1	0 29	18 19.9	1 03	23 01.8	0 45

☿ .466266	☿p.342134
♀ .726266	♀ .722267
⊕p.983293	⊕ .985199
♂ 1.58979	♂ 1.55307
♃ 5.22758	♃ 5.21626
♄ 10.0343	♄ 10.0311
♅ 19.8186	♅ 19.8148
♆ 29.9329	♆ 29.9324
♇ 33.9505	♇ 33.9708
☊	Perihelia
☿ 18°♉ 34	☿ 17°♊ 46
♀ 16 ♊ 51	♀ 11 ♌ 45
⊕	⊕ 14 ♋ 41
♂ 19 ♉ 43	♂ 6 ♓ 25
♃ 10 ♋ 41	♃ 14 ♈ 17
♄ 23 ♋ 49	♄ 1 ♋ 36
♅ 14 ♊ 10	♅ 23 ♍ 04
♆ 12 ♌ 00	♆ 18 ♈ 10
♇ 20 ♋ 34	♇ 15 ♏ 51

1 W	☿⚺♄	0am32
	☿⚺♇	2 36
	♀⚺♅	1pm27
2	♀□♃	1am46
3 F	♂☍♅	12pm29
	☿ ♑	5 29
5 Su	⊕ P	7am49
	☿△♅	3pm25
	♂✶♃	7 25
6 M	☿☌♃	0am43
	☿✶♂	1 37
8	⊕△♆	8pm58
9	♀⚺♆	1pm 4
10 F	☿✶♆	0am42
	♄☌♇	9 22
	☿□♀	2pm 5
	⊕☍☿	3 3
	⊕□♀	5 21
11 S	☿☌♇	2pm44
	☿☌♄	2 59
12	♀□♇	12pm42
Su	♀□♄	1 32
13 M	⊕☍♇	1pm23
	⊕☍♄	3 20
	☿ ♒	10 33
14	☿∠♆	9pm42
15	☿□♅	3pm30
16	☿⚺♃	4am49
17 F	♀ ♉	0am48
	☿□♂	3pm57
18	♀∠♆	11pm22
19	☿⚺♆	8am35
20 M	♀☌♅	11am51
	⊕ ♌	2pm48
	☿∠♃	2 57
	☿⚺♇	4 8
	☿⚺♄	5 51
21	♀△♃	9pm27
22	☿ ♓	1pm45
23	⊕⚻☿	6am22
Th	⊕⚼♆	4pm34
	☿✶♅	11 43
24 F	☿∠♇	1pm19
	☿✶♃	2 4
	☿∠♄	3 26
26 Su	⊕□♅	2am42
	☿✶♀	4 4
	☿△♂	3pm23
	☿☌♆	11 37
27 M	☿∠♅	12pm57
	♀☍♂	7 9
	⊕⚼☿	10 52
28 T	☿✶♇	1am 5
	☿✶♄	3 27
	♀✶♆	9 5
	⊕⚻♃	7pm36
29 W	☿ ♈	1pm52
	♂△♆	4 14
30 Th	☿⚼♂	7am14
	☿⚺♅	5pm52
31 F	☿∠♀	3am14
	☿□♃	7 54
	♀△♇	8 3
	♀△♄	4pm 7
	♀⚼♃	6 18
	⊕△☿	9 50
1	♂0S	6pm13
2 Su	☿⚺♆	4am45
	☿⚻♂	1pm26
3 M	☿□♇	1am54
	☿□♄	4 33
4 T	☿⚺♀	4am52
	☿ ♉	8 40
	♀ ♊	6pm10
	☿∠♆	10 15
5 W	☿☌♅	8am44
	☿△♃	10pm26
7 F	⊕□☿	11am22
	☿✶♆	11 40
	☿0N	1pm 3
	⊕⚻♆	1 11
8 S	♂✶♇	3am36
	☿△♇	6 21
	☿☍♂	6 36
	♀⚺♅	7 51
	☿△♄	9 14
	☿⚼♃	11 23
9 Su	☿ ♊	9am53
	♂✶♄	4pm 4
	♀⚼♇	4 48
10 M	♀⚼♄	4am26
	☿⚺♅	8 4
	♀⚻♃	2pm27
	☿⚼♇	4 27
	☿⚼♄	7 29
	☿⚻♃	10 5
11 T	☿☌♀	0am34
	♂∠♃	2 21
12 W	☿ P	5am 5
	⊕⚻♇	5 36
	☿□♆	7 38
	☿∠♅	5pm16
13 Th	☿⚻♇	1am32
	⊕⚻♄	1 54
	♄0S	4 4
	☿⚻♄	4 47
	⊕✶☿	5 19
	☿⚻♂	11 47
	⊕⚼♃	10pm17
14	☿ ♋	4am18
15 S	☿✶♅	2am34
	♀0N	5 34
	☿☍♃	6pm 2
16 Su	⊕∠☿	1am53
	☿⚼♂	2 30
	♀□♆	2 37
	⊕□♂	8 57
17 M	☿△♆	3am 6
	☿⚺♀	11 58
	♀∠♅	4pm53
	☿☍♇	9 51
18 T	☿☍♄	1am47
	☿△♂	7pm49
19 W	♀⚻♇	0am53
	⊕⚺☿	1 49
	☿ ♌	2 21
	⊕ ♍	4 50
	☿⚼♆	4pm 0
	♀⚻♄	4 4
20 Th	☿□♅	2am49
	☿⚻♃	9pm30
21	☿∠♀	2am 2
F	♂ ♐	9pm26
22	☿⚻♆	8am59
23 Su	☿⚻♇	6am27
	♀ ♋	9 0
	☿⚻♄	11 37
	☿⚼♃	5pm58
24 M	♀⚻♂	1am54
	☿ ♍	3pm27
	☿□♂	11 14
25 T	⊕△♅	1am54
	☿✶♀	6 21
	☿△♅	8pm41
26 W	⊕☌☿	1am39
	♃0S	2 18
	☿⚼♇	7 18
	☿⚼♄	1pm24
	☿△♃	9 17
27 Th	♀✶♅	1am16
	⊕⚼♇	4 16
28 F	⊕⚼♄	10am 0
	☿☍♆	1pm53
29 S	☿⚼♅	4am25
	☿△♇	4pm 9
	☿△♄	11 27

MARCH 2020

DAY	☿ LONG	☿ LAT	♀ LONG	♀ LAT	⊕ LONG	♂ LONG	♂ LAT
	° '	° '	° '	° '	° '	° '	° '
1 Su	24♍25	5N41	10♋43	1N22	10♍52	4♐15	0S28
2 M	28 32	5 23	12 20	1 28	11 52	4 46	0 29
3 Tu	2♎31	5 03	13 57	1 33	12 53	5 18	0 30
4 W	6 24	4 43	15 34	1 38	13 53	5 50	0 31
5 Th	10 09	4 22	17 12	1 43	14 53	6 21	0 32
6 F	13 49	4 00	18 49	1 48	15 53	6 53	0 33
7 S	17 23	3 38	20 26	1 53	16 53	7 25	0 34
8 Su	20 51	3 16	22 04	1 58	17 53	7 57	0 35
9 M	24 14	2 54	23 41	2 02	18 53	8 29	0 36
10 Tu	27 33	2 31	25 18	2 07	19 53	9 01	0 37
11 W	0♏48	2 09	26 56	2 11	20 53	9 34	0 38
12 Th	3 58	1 46	28 33	2 16	21 53	10 06	0 39
13 F	7 06	1 24	0♌10	2 20	22 53	10 38	0 40
14 S	10 09	1 02	1 48	2 24	23 52	11 10	0 41
15 Su	13 10	0 40	3 25	2 28	24 52	11 43	0 42
16 M	16 09	0 18	5 03	2 32	25 52	12 15	0 43
17 Tu	19 04	0S04	6 40	2 36	26 52	12 48	0 44
18 W	21 58	0 25	8 17	2 39	27 51	13 20	0 44
19 Th	24 50	0 46	9 55	2 43	28 51	13 53	0 45
20 F	27 40	1 07	11 32	2 46	29 51	14 25	0 46
21 S	0♐28	1 27	13 10	2 50	0♎50	14 58	0 47
22 Su	3 16	1 47	14 47	2 53	1 50	15 31	0 48
23 M	6 02	2 07	16 25	2 56	2 50	16 04	0 49
24 Tu	8 48	2 26	18 02	2 59	3 49	16 37	0 50
25 W	11 33	2 45	19 40	3 01	4 49	17 10	0 51
26 Th	14 18	3 03	21 18	3 04	5 48	17 43	0 52
27 F	17 03	3 21	22 55	3 06	6 47	18 16	0 53
28 S	19 47	3 39	24 33	3 08	7 47	18 49	0 54
29 Su	22 32	3 56	26 10	3 11	8 46	19 22	0 55
30 M	25 18	4 12	27 48	3 13	9 46	19 55	0 56
31 Tu	28♐04	4S28	29♌25	3N14	10♎45	20♐28	0S57

APRIL 2020

DAY	☿ LONG	☿ LAT	♀ LONG	♀ LAT	⊕ LONG	♂ LONG	♂ LAT
	° '	° '	° '	° '	° '	° '	° '
1 W	0♑51	4S44	1♍03	3N16	11♎44	21♐02	0S58
2 Th	3 39	4 58	2 40	3 17	12 43	21 35	0 59
3 F	6 28	5 13	4 18	3 19	13 42	22 09	1 00
4 S	9 19	5 26	5 55	3 20	14 41	22 42	1 00
5 Su	12 12	5 39	7 33	3 21	15 41	23 16	1 01
6 M	15 06	5 51	9 10	3 22	16 40	23 49	1 02
7 Tu	18 03	6 03	10 48	3 23	17 39	24 23	1 03
8 W	21 03	6 13	12 25	3 23	18 38	24 57	1 04
9 Th	24 04	6 23	14 02	3 23	19 37	25 31	1 05
10 F	27 09	6 32	15 40	3 24	20 35	26 04	1 06
11 S	0♒18	6 39	17 17	3 24	21 34	26 38	1 07
12 Su	3 29	6 46	18 55	3 24	22 33	27 12	1 08
13 M	6 45	6 51	20 32	3 23	23 32	27 46	1 08
14 Tu	10 04	6 56	22 09	3 23	24 31	28 20	1 09
15 W	13 28	6 59	23 46	3 22	25 30	28 55	1 10
16 Th	16 57	7 00	25 24	3 21	26 28	29 29	1 11
17 F	20 31	7 00	27 01	3 21	27 27	0♑03	1 12
18 S	24 10	6 58	28 38	3 19	28 26	0 37	1 13
19 Su	27 56	6 55	0♎15	3 18	29 24	1 12	1 14
20 M	1♓47	6 49	1 52	3 17	0♏23	1 46	1 14
21 Tu	5 45	6 42	3 30	3 15	1 21	2 21	1 15
22 W	9 50	6 32	5 07	3 13	2 20	2 55	1 16
23 Th	14 02	6 20	6 44	3 12	3 19	3 30	1 17
24 F	18 22	6 05	8 21	3 10	4 17	4 04	1 18
25 S	22 49	5 48	9 58	3 07	5 15	4 39	1 18
26 Su	27 26	5 28	11 35	3 05	6 14	5 14	1 19
27 M	2♈10	5 05	13 11	3 03	7 12	5 49	1 20
28 Tu	7 04	4 39	14 48	3 00	8 11	6 24	1 21
29 W	12 07	4 11	16 25	2 57	9 09	6 59	1 22
30 Th	17♈18	3S39	18♎02	2N54	10♏07	7♑34	1S22

DAY	♃ LONG	♃ LAT	♄ LONG	♄ LAT	♅ LONG	♅ LAT	♆ LONG	♆ LAT	♇ LONG	♇ LAT
	° '	° '	° '	° '	° '	° '	° '	° '	° '	° '
2 M	11♑05.3	0S01	24♑21.5	0S01	5♉59.4	0S29	18♓21.7	1S03	23♑03.3	0S46
7 S	11 30.2	0 01	24 30.6	0 02	6 02.7	0 29	18 23.6	1 03	23 04.8	0 46
12 Th	11 55.1	0 02	24 39.7	0 02	6 06.0	0 29	18 25.4	1 03	23 06.3	0 47
17 Tu	12 20.0	0 02	24 48.8	0 03	6 09.3	0 28	18 27.2	1 03	23 07.8	0 47
22 Su	12 45.0	0 03	24 57.9	0 03	6 12.6	0 28	18 29.0	1 03	23 09.3	0 48
27 F	13 09.9	0 03	25 07.0	0 03	6 15.9	0 28	18 30.8	1 03	23 10.8	0 48
1 W	13 34.9	0 04	25 16.1	0 04	6 19.2	0 28	18 32.7	1 03	23 12.3	0 49
6 M	13 59.9	0 05	25 25.2	0 04	6 22.5	0 28	18 34.5	1 03	23 13.8	0 49
11 S	14 24.9	0 05	25 34.3	0 05	6 25.8	0 28	18 36.3	1 03	23 15.3	0 50
16 Th	14 50.0	0 06	25 43.4	0 05	6 29.1	0 28	18 38.1	1 03	23 16.8	0 50
21 Tu	15 15.0	0 06	25 52.5	0 05	6 32.4	0 28	18 40.0	1 03	23 18.3	0 50
26 Su	15 40.1	0 07	26 01.6	0 06	6 35.7	0 28	18 41.8	1 03	23 19.8	0 51

☿a.379497	☿ .463488
♀p.719136	♀ .718720
⊕ .990841	⊕ .999276
♂ 1.51577	♂ 1.47558
♃ 5.20562	♃ 5.19423
♄ 10.0280	♄ 10.0245
♅ 19.8112	♅ 19.8073
♆ 29.9320	♆ 29.9315
♇ 33.9899	♇ 34.0103
☊	Perihelia
☿ 18°♉ 34	☿ 17°♊ 46
♀ 16 ♊ 52	♀ 11 ♌ 45
⊕	⊕ 12 ♋ 22
♂ 19 ♉ 43	♂ 6 ♓ 23
♃ 10 ♋ 41	♃ 14 ♈ 13
♄ 23 ♋ 49	♄ 1 ♋ 21
♅ 14 ♊ 11	♅ 22 ♍ 54
♆ 11 ♌ 59	♆ 17 ♈ 26
♇ 20 ♋ 34	♇ 15 ♏ 54

1 Su	⊕△♃	3am31
	♀☍♃	4 32
	⊕✶♀	6 3
2	☿ ♎	8am44
3 T	☿✶♂	7pm53
	☿⊼♅	9 35
4	♂⊼♅	8am30
5 Th	☿□♃	7am52
	♀△♆	5pm37
6	⊕⊻☿	7pm20
7	☿⊼♆	6am59
8 Su	♂∠♇	5am56
	⊕☍♆	12pm26
	♀☍♇	3 14
	☿□♇	3 47
	☿□♀	4 18
	☿∠♂	5 37
	♀⚼♂	7 45
9 M	☿□♄	2am24
	♀☍♄	1pm26
10	☿ ♏	6pm 4
11 W	♂∠♄	3am28
	⊕⚼♅	5 2
	☿⚼♆	7pm48
12 Th	☿☍♅	4pm22
	♀ ♌	9 28
13 F	⊕△♇	5am38
	⊕∠☿	9 2
14 S	☿⊻♂	9am47
	☿✶♃	3pm44
	⊕△♄	9 5
15 Su	♀⚼♆	0am20
	♂⊻♃	11pm58
16 M	♀□♅	4pm23
	☿△♆	6 54
	☿0S	7 50
18	☿✶♇	9am47
19 Th	☿✶♄	0am23
	☿∠♃	11pm18
20 F	♀ P	2am10
	⊕ ♎	3 42
	♀⊼♃	4pm14
	☿ ♐	7 56
21	⊕✶☿	4am52
22	♀△♂	4pm 6
23 M	☿⊼♅	1am35
	☿∠♇	6pm27
24 T	♀⊼♆	6am44
	☿∠♄	10 47
25 W	⊕∠♀	5am24
	☿⊻♃	1pm 2
26	⊕⊼♅	11am 6
27 F	♀⊼♇	3am53
	☿ A	4 44
	♂□♆	11 12
	☿□♆	12pm53
	☿☌♂	1 18
28 S	♀⊼♄	9am 5
	☿⚼♅	1pm 2
29 Su	☿⊻♇	5am41
	☿⊻♄	11pm13
30	♀⚼♃	9am40
31	♀ ♍	8am34
T	☿ ♑	4pm42
1 W	☿△♀	4am 3
	♂⚼♅	12pm49
2	☿△♅	10pm54
3	⊕□♃	1am 8
4 S	♀△♅	6am27
	♂⊻♇	10pm26
5 Su	♀⚼♇	10am 5
	☿☌♃	2pm37
6 M	♀⚼♄	6pm50
	⊕□☿	7 1
7 T	☿✶♆	4am16
	⊕⊼♆	11pm 2
8	☿☌♇	5pm28
9 Th	♂⊻♄	0am 5
	♀△♃	3 15
	☿☌♄	11 21
	☿⊻♂	1pm44
10	☿ ♒	9pm47
11	♀☍♆	7pm35
12 Su	☿∠♆	0am55
	☿⚼♀	6 17
	⊕□♇	5pm24
	☿□♅	9 51
13	♀⚼♅	1pm43
14	♀△♇	4pm35
15 W	☿∠♂	3am39
	⊕□♄	5 5
	☿⊻♃	9 5
16 Th	♀△♄	4am57
	☿⊻♆	11 25
	♂ ♑	9pm52
17 F	⊕⊻♀	4pm11
	☿⊻♇	6 15
18 S	☿⊻♄	10am28
	♀ ♎	8pm13
19 Su	⊕△☿	12pm26
	☿ ♓	12 59
	☿∠♃	1 48
	⊕ ♏	2 38
	♀□♂	9 36
	☿✶♂	11 55
20	☿⊼♀	0am58
21 T	☿✶♅	4am44
	☿∠♇	3pm 9
22 W	☿∠♄	6am16
	♀⊼♅	9pm32
23 Th	☿✶♃	7am55
	⊕⚼♆	9 9
	⊕✶♂	11 21
24 F	☿☌♆	1am46
	⊕⚼☿	6 27
	☿∠♅	5pm24
25 S	☿✶♇	2am39
	☿✶♄	4pm44
26 Su	⊕☍♅	9am 4
	☿ ♈	1pm 6
27 M	☿□♂	8pm19
	☿⊻♅	9 49
28 T	⊕⊼☿	6am38
	♂△♅	9 23
	♀□♃	4pm10
29	☿□♃	5pm56
30 Th	☿☍♀	4am43
	☿⊻♆	6 25
	♀⊼♆	10 19

MAY 2020

DAY	☿ LONG	☿ LAT	♀ LONG	♀ LAT	⊕ LONG	♂ LONG	♂ LAT
	° '	° '	° '	° '	° '	° '	° '
1 F	22♈39	3S04	19♎39	2N51	11♏06	8♑09	1S23
2 S	28 09	2 27	21 15	2 48	12 04	8 44	1 24
3 Su	3♉48	1 48	22 52	2 45	13 02	9 19	1 25
4 M	9 35	1 06	24 28	2 41	14 00	9 54	1 25
5 Tu	15 30	0 23	26 05	2 38	14 58	10 29	1 26
6 W	21 31	0N22	27 41	2 34	15 56	11 05	1 27
7 Th	27 39	1 07	29 18	2 30	16 54	11 40	1 27
8 F	3♊51	1 51	0♏54	2 26	17 52	12 15	1 28
9 S	10 08	2 35	2 31	2 22	18 50	12 51	1 29
10 Su	16 26	3 17	4 07	2 18	19 48	13 26	1 29
11 M	22 46	3 57	5 43	2 14	20 46	14 02	1 30
12 Tu	29 04	4 34	7 20	2 10	21 44	14 38	1 31
13 W	5♋21	5 07	8 56	2 05	22 42	15 13	1 31
14 Th	11 33	5 36	10 32	2 01	23 40	15 49	1 32
15 F	17 41	6 01	12 08	1 56	24 38	16 25	1 33
16 S	23 43	6 22	13 44	1 51	25 36	17 01	1 33
17 Su	29 37	6 38	15 20	1 47	26 34	17 37	1 34
18 M	5♌23	6 49	16 56	1 42	27 31	18 13	1 35
19 Tu	11 00	6 57	18 32	1 37	28 29	18 49	1 35
20 W	16 28	7 00	20 08	1 32	29 27	19 25	1 36
21 Th	21 47	7 00	21 44	1 27	0♐25	20 01	1 36
22 F	26 56	6 56	23 19	1 21	1 23	20 37	1 37
23 S	1♍55	6 49	24 55	1 16	2 20	21 13	1 38
24 Su	6 45	6 40	26 31	1 11	3 18	21 49	1 38
25 M	11 25	6 28	28 06	1 06	4 16	22 25	1 39
26 Tu	15 56	6 14	29 42	1 00	5 13	23 02	1 39
27 W	20 19	5 58	1♐18	0 55	6 11	23 38	1 40
28 Th	24 33	5 41	2 53	0 49	7 08	24 15	1 40
29 F	28 40	5 22	4 29	0 44	8 06	24 51	1 41
30 S	2♎39	5 03	6 04	0 38	9 04	25 28	1 41
31 Su	6♎31	4N42	7♐40	0N33	10♐01	26♑04	1S42

JUNE 2020

DAY	☿ LONG	☿ LAT	♀ LONG	♀ LAT	⊕ LONG	♂ LONG	♂ LAT
	° '	° '	° '	° '	° '	° '	° '
1 M	10♎16	4N21	9♐15	0N27	10♐59	26♑41	1S42
2 Tu	13 56	4 00	10 50	0 21	11 56	27 17	1 43
3 W	17 29	3 38	12 26	0 16	12 54	27 54	1 43
4 Th	20 57	3 16	14 01	0 10	13 51	28 31	1 43
5 F	24 21	2 53	15 36	0 04	14 48	29 08	1 44
6 S	27 39	2 31	17 11	0S01	15 46	29 44	1 44
7 Su	0♏54	2 08	18 47	0 07	16 43	0♒21	1 45
8 M	4 05	1 46	20 22	0 12	17 41	0 58	1 45
9 Tu	7 12	1 23	21 57	0 18	18 38	1 35	1 45
10 W	10 15	1 01	23 32	0 24	19 35	2 12	1 46
11 Th	13 16	0 39	25 07	0 29	20 33	2 49	1 46
12 F	16 14	0 17	26 42	0 35	21 30	3 26	1 47
13 S	19 10	0S04	28 17	0 40	22 27	4 03	1 47
14 Su	22 04	0 26	29 52	0 46	23 25	4 40	1 47
15 M	24 55	0 47	1♑27	0 51	24 22	5 17	1 47
16 Tu	27 45	1 07	3 02	0 57	25 19	5 55	1 48
17 W	0♐34	1 28	4 37	1 02	26 17	6 32	1 48
18 Th	3 21	1 48	6 12	1 08	27 14	7 09	1 48
19 F	6 08	2 07	7 47	1 13	28 11	7 46	1 49
20 S	8 53	2 27	9 22	1 18	29 08	8 24	1 49
21 Su	11 39	2 45	10 57	1 23	0♑06	9 01	1 49
22 M	14 23	3 04	12 32	1 28	1 03	9 39	1 49
23 Tu	17 08	3 22	14 07	1 33	2 00	10 16	1 49
24 W	19 53	3 39	15 42	1 38	2 58	10 53	1 50
25 Th	22 38	3 56	17 17	1 43	3 55	11 31	1 50
26 F	25 23	4 13	18 52	1 48	4 52	12 08	1 50
27 S	28 09	4 29	20 26	1 53	5 49	12 46	1 50
28 Su	0♑56	4 44	22 01	1 57	6 46	13 24	1 50
29 M	3 44	4 59	23 36	2 02	7 44	14 01	1 50
30 Tu	6♑34	5S13	25♑11	2S06	8♑41	14♒39	1S51

DAY	♃ LONG	♃ LAT	♄ LONG	♄ LAT	♅ LONG	♅ LAT	♆ LONG	♆ LAT	♇ LONG	♇ LAT
	° '	° '	° '	° '	° '	° '	° '	° '	° '	° '
1 F	16♑05.1	0S07	26♑10.7	0S06	6♉39.0	0S28	18♓43.6	1S03	23♑21.3	0S51
6 W	16 30.2	0 08	26 19.8	0 07	6 42.3	0 28	18 45.4	1 04	23 22.8	0 52
11 M	16 55.4	0 08	26 28.9	0 07	6 45.7	0 28	18 47.3	1 04	23 24.3	0 52
16 S	17 20.5	0 09	26 38.0	0 07	6 49.0	0 28	18 49.1	1 04	23 25.8	0 53
21 Th	17 45.7	0 10	26 47.1	0 08	6 52.3	0 28	18 50.9	1 04	23 27.3	0 53
26 Tu	18 10.8	0 10	26 56.2	0 08	6 55.6	0 28	18 52.7	1 04	23 28.8	0 54
31 Su	18 36.0	0 11	27 05.4	0 09	6 58.9	0 28	18 54.6	1 04	23 30.3	0 54
5 F	19 01.2	0 11	27 14.5	0 09	7 02.2	0 28	18 56.4	1 04	23 31.8	0 55
10 W	19 26.5	0 12	27 23.6	0 09	7 05.5	0 28	18 58.2	1 04	23 33.3	0 55
15 M	19 51.7	0 12	27 32.7	0 10	7 08.8	0 28	19 00.1	1 04	23 34.8	0 56
20 S	20 17.0	0 13	27 41.8	0 10	7 12.2	0 28	19 01.9	1 04	23 36.3	0 56
25 Th	20 42.3	0 14	27 51.0	0 10	7 15.5	0 28	19 03.7	1 04	23 37.8	0 56
30 Tu	21 07.6	0 14	28 00.1	0 11	7 18.8	0 28	19 05.5	1 04	23 39.3	0 57

☿p .331857	☿a .402097
♀ .721460	♀ .725558
⊕ 1.00759	⊕ 1.01405
♂ 1.43962	♂ 1.40914
♃ 5.18320	♃ 5.17182
♄ 10.0210	♄ 10.0172
♅ 19.8036	♅ 19.7997
♆ 29.9310	♆ 29.9305
♇ 34.0300	♇ 34.0504
☊	Perihelia
☿ 18°♉ 34	☿ 17°♊ 46
♀ 16 ♊ 52	♀ 12 ♌ 00
⊕	⊕ 12 ♋ 01
♂ 19 ♉ 43	♂ 6 ♓ 23
♃ 10 ♋ 41	♃ 14 ♈ 11
♄ 23 ♋ 49	♄ 1 ♋ 05
♅ 14 ♊ 11	♅ 22 ♍ 39
♆ 11 ♌ 59	♆ 16 ♈ 50
♇ 20 ♋ 34	♇ 15 ♏ 56

1	☿□♇	3am 5
F	☿□♄	3pm32
2	☿ ♉	7am55
S	☿∠♆	11pm45
3	♀□♇	7am29
Su	☿☌♅	12pm 1
4	☿△♂	1am28
M	⊕☍☿	9pm30
5	♀□♄	3am18
T	☿△♃	3 47
	☿0N	12pm18
	☿*♆	1 2
6	☿△♇	7am20
W	⊕*♃	3pm21
	☿△♄	6 58
	☿⚼♂	7 47
7	☿⚻♀	8am39
Th	☿ ♊	9 7
	♀ ♏	10 28
	☿⚼♃	3pm28
8	☿⚺♅	11am 2
F	☿⚼♇	5pm23
	⊕△♆	10 23
9	☿⚼♄	4am57
S	☿⚻♂	11 26
	♀⚼♆	6pm58
10	☿⚻♃	1am33
Su	☿ P	4 20
	☿□♆	8 54
	☿⚼♀	1pm38
	⊕⚻☿	3 6
	☿∠♅	8 12
11	☿⚻♇	2am27
M	☿⚻♄	2pm13
	♀☍♅	3 39
12	☿ ♋	3am32
13	☿*♅	5am32
W	⊕⚼☿	10 45
	⊕*♇	5pm47
	☿△♀	6 37
14	☿☍♂	6pm27
Th	☿☍♃	10 17
15	☿△♆	4am27
F	☿☍♇	10pm52
16	⊕△☿	9am 5
S	☿☍♄	11 53
	♂☌♃	3pm24
17	☿ ♌	1am35
Su	⊕*♄	2 39
	☿⚼♆	5pm29
18	☿□♅	6am10
M	♀*♃	9 8
19	♂*♆	1am 6
T	♀△♆	4 36
	♀*♂	6 41
20	☿⚻♃	5am28
W	☿⚻♆	10 38
	⊕ ♐	1pm42
	☿⚻♂	2 53
	☿□♀	11 38
21	☿⚻♇	7am44
Th	☿⚻♄	11pm28
22	♀*♇	2am 4
F	☿ ♍	2pm41
23	⊕□☿	2am34
S	☿⚼♃	5 4
	⊕∠♃	4pm11
24	☿⚼♂	0am27
Su	☿△♅	0 49
	♀*♄	5 34
	☿⚼♇	8 47
25	☿⚼♄	2am35
26	♀ ♐	4am30
T	☿△♃	12pm26
	☿☍♆	4 4
	♂☌♇	5 58
27	☿⚼♅	9am 7
W	☿△♇	5pm54
	⊕⚻♅	7 8
	☿△♂	9 54
28	♀∠♃	7am21
Th	☿△♄	2pm17
29	☿ ♎	7am58
F	⊕∠♇	9 56
30	♀⚻♅	1pm41
31	☿⚻♅	2am57
Su	☿*♀	12pm32
	♀∠♇	12 48

1	⊕*☿	6am11
M	♂☌♄	6pm15
2	⊕∠♄	5am35
T	♀∠♄	8pm11
3	⊕∠♂	0am35
W	☿□♃	9 36
	☿⚻♆	9 54
	♀∠♂	11 36
	⊕☌♀	5pm39
	♃*♆	11 5
4	☿□♇	6pm10
5	♀0S	6pm59
F	☿□♄	9 9
6	♂ ♒	10am12
S	☿ ♏	5pm18
	☿□♂	6 58
7	♀□♆	2am38
Su	♀⚺♃	6 34
	⊕∠☿	8 48
	☿⚼♆	11pm 6
8	☿∠♀	8pm 9
M	☿☍♅	11 8
9	♀⚼♅	1am59
T	⊕□♆	8 23
	⊕⚺♃	7pm57
10	♀⚺♇	0am18
12	♀⚺♄	11am34
F	⊕⚼♅	3pm37
	☿0S	7 5
	♂∠♆	9 30
	☿△♆	10 32
13	☿*♃	4am29
14	♀ ♑	1am55
Su	⊕⚺♇	4 10
	☿*♇	12pm43
	⊕⚺☿	4 59
15	☿*♄	10pm28
16	☿ ♐	7pm10
18	♂□♅	1am 8
Th	⊕⚺♄	10 31
	♀△♅	2pm53
	☿∠♃	3 42
	♀⚺♂	11 38
19	☿⚻♅	9am16
F	☿*♂	6pm27
	☿∠♇	9 31
20	☿⚺♀	9am51
S	⊕ ♑	9pm36
21	☿∠♄	9am35
23	☿ A	3am59
T	☿□♆	4pm48
24	☿⚺♃	6am41
W	☿⚼♅	8pm46
25	☿⚺♇	8am45
26	♀*♆	3am10
F	☿∠♂	7pm40
	☿⚺♄	9 52
27	♀☌♃	6am56
S	☿ ♑	3pm56
28	⊕△♅	1pm10
29	♀☌♇	0am43
30	☿△♅	6am22

JULY 2020

DAY	☿ LONG	☿ LAT	♀ LONG	♀ LAT	⊕ LONG	♂ LONG	♂ LAT
	° '	° '	° '	° '	° '	° '	° '
1 W	9♑25	5S27	26♑46	2S11	9♑38	15♒16	1S51
2 Th	12 17	5 39	28 21	2 15	10 35	15 54	1 51
3 F	15 12	5 52	29 56	2 19	11 32	16 32	1 51
4 S	18 09	6 03	1♒30	2 23	12 30	17 10	1 51
5 Su	21 08	6 13	3 05	2 27	13 27	17 47	1 51
6 M	24 10	6 23	4 40	2 31	14 24	18 25	1 51
7 Tu	27 15	6 32	6 15	2 35	15 21	19 03	1 51
8 W	0♒24	6 40	7 50	2 38	16 18	19 41	1 51
9 Th	3 36	6 46	9 25	2 42	17 16	20 19	1 51
10 F	6 51	6 52	11 00	2 45	18 13	20 56	1 51
11 S	10 11	6 56	12 35	2 48	19 10	21 34	1 51
12 Su	13 35	6 59	14 10	2 51	20 07	22 12	1 51
13 M	17 04	7 00	15 44	2 54	21 04	22 50	1 51
14 Tu	20 38	7 00	17 19	2 57	22 02	23 28	1 51
15 W	24 18	6 58	18 54	3 00	22 59	24 06	1 51
16 Th	28 03	6 55	20 29	3 03	23 56	24 44	1 51
17 F	1♓54	6 49	22 04	3 05	24 53	25 22	1 50
18 S	5 53	6 41	23 39	3 07	25 51	26 00	1 50
19 Su	9 58	6 32	25 14	3 09	26 48	26 38	1 50
20 M	14 10	6 19	26 49	3 11	27 45	27 16	1 50
21 Tu	18 30	6 05	28 24	3 13	28 42	27 54	1 50
22 W	22 58	5 47	29 59	3 15	29 40	28 32	1 50
23 Th	27 34	5 27	1♓34	3 17	0♒37	29 10	1 49
24 F	2♈20	5 04	3 09	3 18	1 34	29 48	1 49
25 S	7 13	4 38	4 44	3 19	2 32	0♓26	1 49
26 Su	12 16	4 10	6 20	3 20	3 29	1 04	1 49
27 M	17 28	3 38	7 55	3 21	4 26	1 42	1 49
28 Tu	22 50	3 03	9 30	3 22	5 24	2 21	1 48
29 W	28 20	2 26	11 05	3 23	6 21	2 59	1 48
30 Th	3♉59	1 46	12 40	3 23	7 18	3 37	1 48
31 F	9♉46	1S05	14♓15	3S23	8♒16	4♓15	1S47

AUGUST 2020

DAY	☿ LONG	☿ LAT	♀ LONG	♀ LAT	⊕ LONG	♂ LONG	♂ LAT
	° '	° '	° '	° '	° '	° '	° '
1 S	15♉41	0S21	15♓51	3S24	9♒13	4♓53	1S47
2 Su	21 43	0N23	17 26	3 24	10 10	5 31	1 47
3 M	27 50	1 08	19 01	3 24	11 08	6 09	1 46
4 Tu	4♊03	1 53	20 36	3 23	12 05	6 47	1 46
5 W	10 19	2 36	22 12	3 23	13 03	7 25	1 46
6 Th	16 38	3 19	23 47	3 22	14 00	8 04	1 45
7 F	22 57	3 58	25 22	3 21	14 58	8 42	1 45
8 S	29 16	4 35	26 58	3 21	15 55	9 20	1 45
9 Su	5♋32	5 08	28 33	3 19	16 53	9 58	1 44
10 M	11 45	5 37	0♈08	3 18	17 50	10 36	1 44
11 Tu	17 52	6 02	1 44	3 17	18 48	11 14	1 43
12 W	23 54	6 22	3 19	3 15	19 45	11 52	1 43
13 Th	29 48	6 38	4 55	3 14	20 43	12 30	1 42
14 F	5♌34	6 50	6 30	3 12	21 41	13 08	1 42
15 S	11 11	6 57	8 06	3 10	22 38	13 46	1 41
16 Su	16 38	7 00	9 41	3 08	23 36	14 24	1 41
17 M	21 57	7 00	11 17	3 06	24 34	15 02	1 40
18 Tu	27 05	6 56	12 52	3 03	25 31	15 40	1 40
19 W	2♍04	6 49	14 28	3 01	26 29	16 18	1 39
20 Th	6 53	6 39	16 04	2 58	27 27	16 56	1 39
21 F	11 33	6 27	17 39	2 55	28 25	17 34	1 38
22 S	16 05	6 13	19 15	2 52	29 22	18 12	1 38
23 Su	20 27	5 57	20 51	2 49	0♓20	18 50	1 37
24 M	24 41	5 40	22 27	2 46	1 18	19 28	1 36
25 Tu	28 47	5 22	24 02	2 42	2 16	20 06	1 36
26 W	2♎46	5 02	25 38	2 39	3 14	20 44	1 35
27 Th	6 38	4 42	27 14	2 35	4 12	21 22	1 34
28 F	10 23	4 21	28 50	2 32	5 10	22 00	1 34
29 S	14 02	3 59	0♉26	2 28	6 08	22 38	1 33
30 Su	17 36	3 37	2 02	2 24	7 06	23 15	1 32
31 M	21♎04	3N15	3♉37	2S20	8♓04	23♓53	1S32

DAY	♃ LONG	♃ LAT	♄ LONG	♄ LAT	♅ LONG	♅ LAT	♆ LONG	♆ LAT	♇ LONG	♇ LAT
	° '	° '	° '	° '	° '	° '	° '	° '	° '	° '
5 Su	21♑32.9	0S15	28♑09.2	0S11	7♉22.1	0S28	19♓07.4	1S04	23♑40.8	0S57
10 F	21 58.2	0 15	28 18.3	0 12	7 25.4	0 28	19 09.2	1 04	23 42.3	0 58
15 W	22 23.6	0 16	28 27.4	0 12	7 28.7	0 28	19 11.0	1 04	23 43.8	0 58
20 M	22 49.0	0 16	28 36.6	0 12	7 32.1	0 28	19 12.9	1 04	23 45.3	0 59
25 S	23 14.4	0 17	28 45.7	0 13	7 35.4	0 28	19 14.7	1 04	23 46.8	0 59
30 Th	23 39.8	0 18	28 54.8	0 13	7 38.7	0 28	19 16.5	1 04	23 48.3	1 00
4 Tu	24 05.2	0 18	29 04.0	0 14	7 42.0	0 28	19 18.3	1 04	23 49.8	1 00
9 Su	24 30.6	0 19	29 13.1	0 14	7 45.3	0 27	19 20.2	1 04	23 51.3	1 01
14 F	24 56.1	0 19	29 22.2	0 14	7 48.6	0 27	19 22.0	1 04	23 52.8	1 01
19 W	25 21.6	0 20	29 31.3	0 15	7 52.0	0 27	19 23.8	1 04	23 54.3	1 01
24 M	25 47.1	0 20	29 40.5	0 15	7 55.3	0 27	19 25.6	1 04	23 55.8	1 02
29 S	26 12.6	0 21	29 49.6	0 16	7 58.6	0 27	19 27.5	1 05	23 57.3	1 02

☿ .458181	☿p.315740
♀a.728060	♀ .727394
⊕a1.01667	⊕ 1.01496
♂ 1.38934	♂p1.38142
♃ 5.16085	♃ 5.14958
♄ 10.0134	♄ 10.0094
♅ 19.7959	♅ 19.7919
♆ 29.9300	♆ 29.9295
♇ 34.0702	♇ 34.0907
☊	Perihelia
☿ 18°♉ 34	☿ 17°♊ 47
♀ 16 ♊ 52	♀ 12 ♌ 05
⊕	⊕ 15 ♋ 19
♂ 19 ♉ 43	♂ 6 ♓ 23
♃ 10 ♋ 41	♃ 14 ♈ 12
♄ 23 ♋ 49	♄ 0 ♋ 51
♅ 14 ♊ 11	♅ 22 ♍ 18
♆ 11 ♌ 59	♆ 16 ♈ 44
♇ 20 ♋ 34	♇ 15 ♏ 57

1	⊕☌☿	2am47
W	♀☌♄	7pm36
3	♀ ♒	1am 7
F	☿⚺♂	1pm48
4	☿✶♆	7am49
S	⊕ A	11 36
5	☿☌♃	3am21
Su	♀∠♆	3pm45
	☿☌♇	8 9
7	♂⚺♆	3am18
T	☿☌♄	7 26
	♀□♅	5pm25
	☿ ♒	9 0
9	☿∠♆	4am 8
10	☿□♅	4am10
F	♀ A	2pm45
	⊕✶♆	11 51
11	♂⚺♃	9pm 9
12	☿☌♀	7am22
13	☿⚺♆	2pm15
14	⊕☌♃	7am48
T	♂⚺♇	9 49
	☿⚺♃	11 19
	⊕⚺☿	12pm27
	☿⚺♇	8 21
	☿☌♂	10 30
15	♀⚺♆	4am15
W	⊕☌♇	6pm59
16	☿⚺♄	2am47
Th	☿ ♓	12pm13
17	♀⚺♃	7am53
18	♀⚺♇	1am25
S	☿✶♅	9 44
	☿∠♃	10 43
	⊕⚺♂	11 48
	☿∠♇	4pm57
19	⊕∠☿	1pm41
Su	☿∠♄	8 51
20	♀☌♂	11am20
M	⊕☌♄	10pm16
21	♀⚺♄	3am40
T	☿☌♆	3 55
	⊕⚺♀	11 36
	☿∠♅	9pm49
22	☿✶♃	0am 6
W	♀ ♓	0 12
	☿✶♇	4 13
	♂⚺♄	5 21
	⊕ ♒	8 30
23	☿✶♄	5am48
Th	☿⚺♂	9 24
	☿ ♈	12pm21
	⊕✶☿	7 19
24	☿⚺♀	6am 7
F	♂ ♓	7 24
25	☿⚺♅	1am46
26	⊕∠♆	7pm24
Su	♀✶♅	7 27
	☿∠♂	8 2
27	♀∠♃	7am58
M	☿⚺♆	8 5
	♀∠♇	1pm22
28	☿□♃	2am59
T	☿□♇	4 16
	☿∠♀	10 20
29	☿□♄	2am23
W	☿ ♉	7 10
	☿✶♂	10pm16
30	☿∠♆	1am15
Th	⊕□♅	8 36
	☿☌♅	3pm18
	⊕□☿	4 36
	♀∠♄	7 13
31	♃☌♇	6pm56
1	☿✶♀	0am53
S	☿0N	11 34
	☿✶♆	2pm25
2	☿△♇	8am19
Su	☿△♃	8 48
3	♀☌♆	4am18
M	☿△♄	4 40
	☿ ♊	8 22
	♂ P	9 4
4	☿□♂	11am40
T	☿⚺♅	2pm 0
	☿⚼♇	6 19
	☿⚼♃	7 32
5	♀∠♅	7am53
W	♂✶♅	11 4
	⊕△☿	12pm13
	☿⚼♄	2 26
6	♀✶♇	0am54
Th	☿ P	3 37
	♀✶♃	7 35
	☿□♆	10 12
	☿∠♅	11pm 9
7	☿⚻♇	3am23
F	☿⚻♃	5 20
	♂∠♇	5 48
	☿□♀	12pm15
	☿⚻♄	11 42
8	☿ ♋	2am48
S	♂∠♃	4 15
	⊕⚼☿	7 26
9	☿✶♅	8am33
Su	♀✶♄	10 17
	☿△♂	7pm 1
	♀ ♈	9 54
11	⊕⚻☿	4am20
T	☿△♆	5 50
	⊕⚺♆	1pm55
	☿☍♇	11 54
12	☿☍♃	3am34
W	☿⚼♂	1pm29
	☿☍♄	10 7
13	☿ ♌	0am51
Th	☿⚼♆	6pm59
14	☿△♀	5am33
F	⊕∠♀	6 31
	☿□♅	9 34
	♀⚺♅	7pm50
15	☿⚻♂	12pm48
16	♂∠♄	1am 3
Su	⊕⚺♇	7 21
	☿⚻♆	12pm19
17	☿⚻♇	9am 2
M	⊕☍☿	2pm55
	☿⚻♃	3 19
	⊕⚺♃	5 16
18	☿⚼♀	5am29
T	☿⚻♄	11 34
	☿ ♍	1pm57
20	☿△♅	5am 1
Th	☿⚼♇	10 18
	☿⚼♃	6pm33
	♀⚺♂	9 54
21	☿⚼♄	4pm 6
22	♀⚺♆	2am29
S	⊕⚺♄	6 12
	☿☍♂	1pm33
	⊕ ♓	3 38
	☿☍♆	6 17
23	☿⚻♀	3am32
Su	☿⚼♅	1pm53
	☿△♇	7 40
	♂☌♆	10 22
24	☿△♃	6am30
M	♀□♇	10pm27
25	☿△♄	5am30
T	☿ ♎	7 14
26	⊕⚻☿	3am45
W	♀□♃	5 5
27	☿⚻♅	8am23
28	♀□♄	2pm49
F	♀ ♉	5 35
29	♂∠♅	1pm32
30	☿⚻♆	12pm52
Su	⊕✶♅	10 29
31	♂✶♇	2am59
M	♀∠♆	12pm45
	⊕⚼☿	7 43
	☿□♇	8 33
	⊕∠♇	10 36

SEPTEMBER 2020

DAY	☿ LONG	☿ LAT	♀ LONG	♀ LAT	⊕ LONG	♂ LONG	♂ LAT
	° '	° '	° '	° '	° '	° '	° '
1 Tu	24♎27	2N52	5♉13	2S15	9♓02	24♓31	1S31
2 W	27 46	2 30	6 49	2 11	10 00	25 09	1 30
3 Th	1♏00	2 07	8 25	2 07	10 58	25 47	1 30
4 F	4 10	1 45	10 01	2 02	11 56	26 24	1 29
5 S	7 17	1 23	11 37	1 58	12 54	27 02	1 28
6 Su	10 21	1 00	13 14	1 53	13 52	27 40	1 28
7 M	13 22	0 38	14 50	1 48	14 50	28 17	1 27
8 Tu	16 20	0 17	16 26	1 43	15 48	28 55	1 26
9 W	19 15	0S05	18 02	1 38	16 47	29 32	1 25
10 Th	22 09	0 26	19 38	1 33	17 45	0♈10	1 24
11 F	25 01	0 47	21 14	1 28	18 43	0 48	1 24
12 S	27 51	1 08	22 51	1 23	19 42	1 25	1 23
13 Su	0♐39	1 28	24 27	1 18	20 40	2 02	1 22
14 M	3 27	1 48	26 03	1 12	21 39	2 40	1 21
15 Tu	6 13	2 08	27 40	1 07	22 37	3 17	1 20
16 W	8 59	2 27	29 16	1 02	23 36	3 55	1 20
17 Th	11 44	2 46	0♊52	0 56	24 34	4 32	1 19
18 F	14 29	3 04	2 29	0 51	25 33	5 09	1 18
19 S	17 13	3 22	4 05	0 45	26 31	5 47	1 17
20 Su	19 58	3 40	5 42	0 39	27 30	6 24	1 16
21 M	22 43	3 57	7 18	0 34	28 29	7 01	1 15
22 Tu	25 28	4 13	8 55	0 28	29 27	7 38	1 14
23 W	28 15	4 29	10 31	0 23	0♈26	8 15	1 13
24 Th	1♑02	4 44	12 08	0 17	1 25	8 52	1 13
25 F	3 50	4 59	13 45	0 11	2 23	9 30	1 12
26 S	6 39	5 13	15 21	0 05	3 22	10 07	1 11
27 Su	9 30	5 27	16 58	0N00	4 21	10 44	1 10
28 M	12 23	5 40	18 35	0 06	5 20	11 20	1 09
29 Tu	15 18	5 52	20 11	0 12	6 19	11 57	1 08
30 W	18♑15	6S03	21♊48	0N18	7♈18	12♈34	1S07

OCTOBER 2020

DAY	☿ LONG	☿ LAT	♀ LONG	♀ LAT	⊕ LONG	♂ LONG	♂ LAT
	° '	° '	° '	° '	° '	° '	° '
1 Th	21♑14	6S14	23♊25	0N23	8♈17	13♈11	1S06
2 F	24 16	6 23	25 02	0 29	9 16	13 48	1 05
3 S	27 21	6 32	26 39	0 35	10 15	14 25	1 04
4 Su	0♒30	6 40	28 16	0 40	11 14	15 01	1 03
5 M	3 42	6 46	29 53	0 46	12 13	15 38	1 02
6 Tu	6 57	6 52	1♋30	0 52	13 12	16 14	1 01
7 W	10 17	6 56	3 07	0 57	14 11	16 51	1 00
8 Th	13 42	6 59	4 44	1 03	15 10	17 28	0 59
9 F	17 11	7 00	6 21	1 08	16 10	18 04	0 58
10 S	20 45	7 00	7 58	1 13	17 09	18 40	0 57
11 Su	24 25	6 58	9 35	1 19	18 08	19 17	0 56
12 M	28 10	6 54	11 12	1 24	19 08	19 53	0 55
13 Tu	2♓02	6 49	12 49	1 29	20 07	20 29	0 54
14 W	6 00	6 41	14 26	1 34	21 06	21 06	0 53
15 Th	10 05	6 31	16 04	1 39	22 06	21 42	0 52
16 F	14 18	6 19	17 41	1 44	23 05	22 18	0 51
17 S	18 38	6 04	19 18	1 49	24 05	22 54	0 50
18 Su	23 07	5 47	20 55	1 54	25 04	23 30	0 49
19 M	27 43	5 27	22 33	1 59	26 04	24 06	0 48
20 Tu	2♈29	5 04	24 10	2 04	27 04	24 42	0 47
21 W	7 23	4 38	25 47	2 08	28 03	25 18	0 46
22 Th	12 26	4 09	27 25	2 13	29 03	25 54	0 45
23 F	17 38	3 37	29 02	2 17	0♉03	26 30	0 44
24 S	23 00	3 02	0♌40	2 21	1 03	27 06	0 43
25 Su	28 30	2 25	2 17	2 25	2 02	27 41	0 42
26 M	4♉09	1 45	3 54	2 29	3 02	28 17	0 41
27 Tu	9 57	1 03	5 32	2 33	4 02	28 52	0 39
28 W	15 52	0 20	7 09	2 37	5 02	29 28	0 38
29 Th	21 54	0N25	8 47	2 40	6 02	0♉04	0 37
30 F	28 02	1 09	10 24	2 44	7 02	0 39	0 36
31 S	4♊15	1N54	12♌02	2N47	8♉02	1♉14	0S35

DAY	♃ LONG	♃ LAT	♄ LONG	♄ LAT	♅ LONG	♅ LAT	♆ LONG	♆ LAT	♇ LONG	♇ LAT
	° '	° '	° '	° '	° '	° '	° '	° '	° '	° '
3 Th	26♑38.1	0S21	29♑58.7	0S16	8♉01.9	0S27	19♓29.3	1S05	23♑58.8	1S03
8 Tu	27 03.7	0 22	0♒07.9	0 16	8 05.2	0 27	19 31.1	1 05	24 00.3	1 03
13 Su	27 29.2	0 23	0 17.0	0 17	8 08.5	0 27	19 32.9	1 05	24 01.8	1 04
18 F	27 54.8	0 23	0 26.1	0 17	8 11.8	0 27	19 34.8	1 05	24 03.3	1 04
23 W	28 20.4	0 24	0 35.3	0 18	8 15.2	0 27	19 36.6	1 05	24 04.8	1 05
28 M	28 46.0	0 24	0 44.4	0 18	8 18.5	0 27	19 38.4	1 05	24 06.3	1 05
3 S	29 11.7	0 25	0 53.6	0 18	8 21.8	0 27	19 40.2	1 05	24 07.7	1 06
8 Th	29 37.3	0 25	1 02.7	0 19	8 25.1	0 27	19 42.0	1 05	24 09.2	1 06
13 Tu	0♒03.0	0 26	1 11.8	0 19	8 28.4	0 27	19 43.9	1 05	24 10.7	1 06
18 Su	0 28.7	0 26	1 21.0	0 20	8 31.7	0 27	19 45.7	1 05	24 12.2	1 07
23 F	0 54.4	0 27	1 30.1	0 20	8 35.0	0 27	19 47.5	1 05	24 13.7	1 07
28 W	1 20.1	0 28	1 39.3	0 20	8 38.4	0 27	19 49.3	1 05	24 15.2	1 08

☿a.422417	☿ .447316
♀ .723881	♀p.720060
⊕ 1.00919	⊕ 1.00116
♂ 1.38725	♂ 1.40527
♃ 5.13839	♃ 5.12768
♄ 10.0051	♄ 10.0009
♅ 19.7880	♅ 19.7841
♆ 29.9290	♆ 29.9285
♇ 34.1111	♇ 34.1309
☊	Perihelia
☿ 18°♉ 34	☿ 17°♊ 47
♀ 16 ♊ 52	♀ 12 ♌ 01
⊕	⊕ 15 ♋ 53
♂ 19 ♉ 43	♂ 6 ♓ 24
♃ 10 ♋ 41	♃ 14 ♈ 13
♄ 23 ♋ 50	♄ 0 ♋ 38
♅ 14 ♊ 11	♅ 21 ♍ 59
♆ 11 ♌ 59	♆ 16 ♈ 51
♇ 20 ♋ 34	♇ 15 ♏ 57

1	☿⚻♂	0am35
T	☿□♃	2pm56
2	☿□♄	4pm19
W	☿ ♏	4 32
	♀☌♅	6 6
3	♄ ♒	4pm32
Th	⊕∠♃	6 19
4	☿⚼♆	2am27
F	♂✶♃	1pm59
5	☿☍♅	5am59
S	♀∠♂	10 4
6	☿⚼♂	11pm14
7	⊕✶♀	0am24
M	⊕∠♄	6 43
	⊕△☿	5pm41
8	☿☍♀	1am47
T	☿0S	6pm21
9	☿△♆	2am12
W	♂ ♈	5pm37
	♀✶♆	10 25
10	♂✶♄	1am 2
Th	☿✶♇	3pm39
11	☿✶♃	8pm 8
F	⊕☌♆	8 12
12	♀△♇	5pm43
S	☿ ♐	6 24
	☿✶♄	8 48
13	☿△♂	3pm22
14	♀△♃	11pm59
15	⊕∠♅	1pm37
T	☿⚻♅	4 59
16	☿∠♇	0am35
W	♀ ♊	10 58
	⊕✶♇	11 11
	♀△♄	4pm54
17	☿∠♃	9am54
18	☿∠♄	8am29
19	☿ A	3am16
S	☿□♆	8pm44
20	⊕✶♃	3pm46
Su	♀✶♂	5 3
21	☿⚼♅	4am30
M	☿⚺♇	11 49
	♀⚺♅	1pm55
22	♀⚼♇	2am25
T	⊕ ♈	1pm23
	♂⚺♅	11 52
23	☿⚺♃	0am52
W	⊕✶♄	3 56
	☿ ♑	3pm10
	☿⚺♄	8 27
24	⊕□☿	5am 5
Th	♀⚼♃	8pm21
26	♀⚼♄	4am56
S	☿△♅	1pm49
	♀0N	10 28
27	☿□♂	12pm59
28	♀□♆	3pm52
30	☿✶♆	11am22
W	♀∠♅	10pm51
1	⊕⚺♅	1am32
Th	♀⚻♇	10 28
	☿☌♇	10pm51
2	☿⚻♀	12pm32
3	☿☌♃	2pm30
S	☿ ♒	8 14
4	☿☌♄	3am16
Su	♀⚻♃	3pm58
5	♀ ♋	1am49
M	☿∠♆	7 20
	♀⚻♄	4pm17
6	☿□♅	10am28
8	⊕✶☿	2pm19
9	☿✶♂	7am17
F	☿⚺♆	5pm 6
10	♀✶♅	7am 7
S	☿⚺♇	10pm26
11	☿⚼♀	1am59
Su	♂⚺♆	5pm32
12	♃ ♒	9am59
M	☿ ♓	11 28
	☿⚺♃	11 30
	⊕⚺♆	2pm37
	☿⚺♄	6 50
13	⊕☌♂	11pm20
14	☿∠♂	0am39
W	⊕∠☿	0 49
	☿✶♅	2pm42
	☿∠♇	6 46
16	☿∠♃	5am45
F	☿∠♄	11 10
17	⊕□♇	2am51
S	☿△♀	5 42
	☿☌♆	6 5
	♀△♆	6 45
18	☿∠♅	2am13
Su	☿⚺♂	2 24
	☿✶♇	5 46
	⊕⚺☿	1pm 9
19	♂□♇	4am14
M	☿ ♈	11 36
	☿✶♃	2pm42
	☿✶♄	6 39
20	♀☍♇	0am41
T	♀□♂	12pm34
21	☿⚺♅	5am42
22	⊕ ♉	10pm52
23	☿⚺♆	9am44
F	♀ ♌	2pm15
	⊕□♃	10 41
24	♀☍♃	5am12
S	☿□♇	5 27
	⊕□♄	12pm11
	♀☍♄	1 10
	⊕□♀	2 40
	☿☌♂	8 4
25	☿ ♉	6am25
Su	☿□♃	11 11
	☿□♄	1pm 8
	⊕☌☿	6 17
	☿□♀	10 32
26	☿∠♆	2am45
M	♀⚼♆	1pm24
	☿☌♅	6 35
27	⊕∠♆	6pm57
28	☿0N	10am49
W	☿✶♆	3pm48
	♂ ♉	9 38
	♀□♅	10 4
29	☿△♇	9am17
30	☿ ♊	7am38
F	☿⚺♂	11 12
	☿△♃	1pm39
	☿△♄	2 20
	♀ P	11 5
31	⊕☌♅	3pm40
S	♂□♃	4 52
	☿⚺♅	4 59
	⊕⚺☿	5 14
	☿⚼♇	7 14
	♂□♄	9 47

NOVEMBER 2020

DAY	☿ LONG	☿ LAT	♀ LONG	♀ LAT	⊕ LONG	♂ LONG	♂ LAT
	° '	° '	° '	° '	° '	° '	° '
1 Su	10♊31	2N38	13♌39	2N50	9♉02	1♉50	0S34
2 M	16 50	3 20	15 17	2 54	10 02	2 25	0 33
3 Tu	23 09	3 59	16 54	2 57	11 02	3 00	0 32
4 W	29 28	4 36	18 32	2 59	12 02	3 35	0 31
5 Th	5♋44	5 09	20 09	3 02	13 02	4 11	0 30
6 F	11 56	5 38	21 47	3 05	14 02	4 46	0 29
7 S	18 04	6 03	23 25	3 07	15 02	5 21	0 28
8 Su	24 05	6 23	25 02	3 09	16 02	5 56	0 26
9 M	29 59	6 39	26 40	3 11	17 03	6 30	0 25
10 Tu	5♌44	6 50	28 17	3 13	18 03	7 05	0 24
11 W	11 21	6 57	29 55	3 15	19 03	7 40	0 23
12 Th	16 48	7 00	1♍32	3 16	20 04	8 15	0 22
13 F	22 06	7 00	3 10	3 18	21 04	8 50	0 21
14 S	27 15	6 56	4 47	3 19	22 04	9 24	0 20
15 Su	2♍13	6 49	6 25	3 20	23 05	9 59	0 19
16 M	7 02	6 39	8 02	3 21	24 05	10 33	0 18
17 Tu	11 42	6 27	9 40	3 22	25 06	11 08	0 17
18 W	16 13	6 13	11 17	3 23	26 06	11 42	0 15
19 Th	20 35	5 57	12 55	3 23	27 07	12 16	0 14
20 F	24 49	5 40	14 32	3 24	28 08	12 51	0 13
21 S	28 55	5 21	16 09	3 24	29 08	13 25	0 12
22 Su	2♎54	5 01	17 47	3 24	0♊09	13 59	0 11
23 M	6 45	4 41	19 24	3 23	1 09	14 33	0 10
24 Tu	10 30	4 20	21 01	3 23	2 10	15 07	0 09
25 W	14 09	3 58	22 39	3 23	3 11	15 41	0 08
26 Th	17 42	3 36	24 16	3 22	4 11	16 15	0 07
27 F	21 10	3 14	25 53	3 21	5 12	16 49	0 06
28 S	24 33	2 52	27 31	3 20	6 13	17 23	0 05
29 Su	27 52	2 29	29 08	3 19	7 14	17 57	0 03
30 M	1♏06	2N07	0♎45	3N18	8♊14	18♉31	0S02

DECEMBER 2020

DAY	☿ LONG	☿ LAT	♀ LONG	♀ LAT	⊕ LONG	♂ LONG	♂ LAT
	° '	° '	° '	° '	° '	° '	° '
1 Tu	4♏16	1N44	2♎22	3N16	9♊15	19♉04	0S01
2 W	7 23	1 22	3 59	3 15	10 16	19 38	0 00
3 Th	10 27	1 00	5 36	3 13	11 17	20 11	0N01
4 F	13 27	0 38	7 13	3 11	12 18	20 45	0 02
5 S	16 25	0 16	8 50	3 09	13 18	21 18	0 03
6 Su	19 21	0S06	10 27	3 07	14 19	21 52	0 04
7 M	22 14	0 27	12 04	3 04	15 20	22 25	0 05
8 Tu	25 06	0 48	13 41	3 02	16 21	22 58	0 06
9 W	27 56	1 09	15 18	2 59	17 22	23 32	0 07
10 Th	0♐45	1 29	16 55	2 56	18 23	24 05	0 08
11 F	3 32	1 49	18 31	2 53	19 24	24 38	0 10
12 S	6 18	2 09	20 08	2 50	20 25	25 11	0 11
13 Su	9 04	2 28	21 45	2 47	21 26	25 44	0 12
14 M	11 49	2 47	23 21	2 44	22 27	26 17	0 13
15 Tu	14 34	3 05	24 58	2 40	23 28	26 50	0 14
16 W	17 18	3 23	26 35	2 37	24 29	27 22	0 15
17 Th	20 03	3 40	28 11	2 33	25 30	27 55	0 16
18 F	22 48	3 57	29 47	2 29	26 31	28 28	0 17
19 S	25 34	4 14	1♏24	2 25	27 33	29 01	0 18
20 Su	28 20	4 30	3 00	2 21	28 34	29 33	0 19
21 M	1♑07	4 45	4 37	2 17	29 35	0♊06	0 20
22 Tu	3 55	5 00	6 13	2 13	0♋36	0 38	0 21
23 W	6 45	5 14	7 49	2 08	1 37	1 11	0 22
24 Th	9 36	5 27	9 25	2 04	2 38	1 43	0 23
25 F	12 29	5 40	11 01	1 59	3 39	2 15	0 24
26 S	15 23	5 52	12 37	1 55	4 40	2 48	0 25
27 Su	18 20	6 04	14 13	1 50	5 41	3 20	0 26
28 M	21 20	6 14	15 49	1 45	6 43	3 52	0 27
29 Tu	24 22	6 24	17 25	1 40	7 44	4 24	0 28
30 W	27 27	6 32	19 01	1 35	8 45	4 56	0 29
31 Th	0♒36	6S40	20♏37	1N30	9♋46	5♊28	0N30

DAY	♃ LONG	♃ LAT	♄ LONG	♄ LAT	♅ LONG	♅ LAT	♆ LONG	♆ LAT	♇ LONG	♇ LAT
	° '	° '	° '	° '	° '	° '	° '	° '	° '	° '
2 M	1♒45.9	0S28	1♒48.4	0S21	8♉41.7	0S27	19♓51.2	1S05	24♑16.7	1S08
7 S	2 11.6	0 29	1 57.6	0 21	8 45.0	0 27	19 53.0	1 05	24 18.2	1 09
12 Th	2 37.4	0 29	2 06.7	0 21	8 48.3	0 27	19 54.8	1 05	24 19.7	1 09
17 Tu	3 03.2	0 30	2 15.9	0 22	8 51.6	0 27	19 56.7	1 05	24 21.2	1 10
22 Su	3 29.0	0 30	2 25.1	0 22	8 55.0	0 27	19 58.5	1 05	24 22.7	1 10
27 F	3 54.9	0 31	2 34.2	0 23	8 58.3	0 27	20 00.3	1 05	24 24.2	1 11
2 W	4 20.7	0 31	2 43.4	0 23	9 01.6	0 27	20 02.1	1 05	24 25.7	1 11
7 M	4 46.6	0 32	2 52.5	0 23	9 04.9	0 27	20 04.0	1 05	24 27.1	1 11
12 S	5 12.5	0 32	3 01.7	0 24	9 08.3	0 27	20 05.8	1 05	24 28.6	1 12
17 Th	5 38.4	0 33	3 10.9	0 24	9 11.6	0 27	20 07.6	1 06	24 30.1	1 12
22 Tu	6 04.3	0 34	3 20.0	0 25	9 14.9	0 26	20 09.5	1 06	24 31.6	1 13
27 Su	6 30.3	0 34	3 29.2	0 25	9 18.2	0 26	20 11.3	1 06	24 33.1	1 13

☿p.307902	☿a.435586
♀ .718417	♀ .720172
⊕ .992488	⊕ .986029
♂ 1.43435	♂ 1.46948
♃ 5.11674	♃ 5.10631
♄ 9.99635	♄ 9.99183
♅ 19.7801	♅ 19.7762
♆ 29.9280	♆ 29.9275
♇ 34.1514	♇ 34.1712
☊	Perihelia
☿ 18°♉ 35	☿ 17°♊ 47
♀ 16 ♊ 52	♀ 12 ♌ 00
⊕	⊕ 12 ♋ 52
♂ 19 ♉ 43	♂ 6 ♓ 25
♃ 10 ♋ 41	♃ 14 ♈ 12
♄ 23 ♋ 50	♄ 0 ♋ 24
♅ 14 ♊ 11	♅ 21 ♍ 42
♆ 11 ♌ 59	♆ 16 ♈ 50
♇ 20 ♋ 35	♇ 15 ♏ 58

1 Su	☿⚹♀	4pm 4
	☿⚼♃	11 45
	☿⚼♄	11 55
2 M	☿∠♂	2am27
	☿ P	2 53
	☿□♆	11 29
	♃☌♄	6pm31
3 T	☿∠♅	2am 6
	☿⚻♇	4 18
	⊕∠☿	12pm59
4 W	☿ ♋	2am 3
	☿⚻♄	9 14
	☿⚻♃	9 35
	☿⚹♂	5pm24
	♀⚻♆	7 46
	☿∠♀	9 1
5	☿⚹♅	11am34
6 F	♂∠♆	4am53
	⊕⚹☿	9 46
7 S	☿△♆	7am13
	♀⚻♇	1pm15
8 Su	☿☍♇	0am55
	☿⚺♀	5 18
9 M	☿ ♌	0am 6
	☿☍♄	8 30
	☿☍♃	10 2
	☿⚼♆	8pm29
10 T	☿□♂	6am23
	☿□♅	12pm59
11 W	♀ ♍	1am19
	⊕⚹♆	8pm28
12 Th	♀⚻♄	8am40
	☿⚻♆	2pm 0
	♀⚻♃	4 57
	⊕□☿	6 7
	♂☌♅	11 37
13	☿⚻♇	10am20
14 S	☿ ♍	1pm12
	☿⚻♄	11 55
15	☿⚻♃	3am19
16 M	⊕△♇	6am10
	☿☌♀	7 45
	☿△♅	9 15
	☿⚼♇	11 48
	♀△♅	12pm 6
	♀⚼♇	7 26
	☿△♂	8 35
18 W	☿⚼♄	5am55
	♀△♂	9 32
	☿⚼♃	10 42
	☿☍♆	8pm30
19 Th	☿⚼♅	6pm42
	☿△♇	9 26
20	☿⚼♂	8pm34
21 S	⊕△☿	1am45
	☿ ♎	6 28
	♀⚼♄	6pm33
	⊕ ♊	8 33
	☿△♄	9 4
22 Su	☿△♃	3am43
	♀⚼♃	11 0
23 M	♀☍♆	8am36
	☿⚻♅	1pm52
24	⊕△♄	7am38
25 W	☿⚻♂	12pm15
	⊕△♃	2 39
	♀⚼♅	7 26
26 Th	♀△♇	1am56
	⊕⚼☿	2pm23
	☿⚻♆	3 50
27	☿□♇	10pm56
29 Su	♀ ♎	12pm55
	☿ ♏	3 47
	☿⚺♀	6 41
30 M	☿□♄	11am52
	⊕⚺♅	6pm22
	☿□♃	11 53

1 T	⊕⚼♇	4am 5
	♀△♄	4 55
	☿⚼♆	5 48
2 W	♂0N	3am28
	♀△♃	5 38
	☿☍♅	12pm52
	♀⚼♂	2 39
	♂⚹♆	5 31
3	⊕⚻☿	9am56
5 S	♀⚻♅	3am20
	☿0S	5pm37
6	☿△♆	5am53
7 M	☿☍♂	1am50
	☿⚹♇	6pm34
9 W	⊕⚼♄	1pm51
	☿ ♐	5 39
10 Th	♃∠♆	2pm41
	♂△♇	5 2
	☿⚹♄	7 21
	☿∠♀	11 50
11 F	☿⚹♃	2pm12
	⊕□♆	4 23
	⊕⚼♃	6 36
	♀⚻♆	11 26
12	⊕△♀	11am25
13 Su	☿⚻♅	0am44
	☿∠♇	3 39
14	♀□♇	4pm54
15	⊕∠♅	4pm43
16 W	⊕⚻♇	0am13
	☿ A	2 32
	☿∠♄	7 28
	♀⚻♂	6pm 4
17 Th	☿□♆	0am39
	☿∠♃	5 18
18 F	♀ ♏	3am 7
	☿⚼♅	12pm15
	☿⚺♇	2 52
20 Su	⊕☍☿	3am 8
	♀□♄	4 6
	☿⚻♂	1pm 6
	☿ ♑	2 24
	♂ ♊	7 46
21 M	♀⚼♆	8am 9
	⊕ ♋	9 55
	☿⚺♄	6pm57
	♀□♃	9 45
22 T	⊕⚺♂	1am58
	☿⚺♃	6pm53
23 W	☿⚹♀	8pm41
	☿△♅	9 16
	♀☍♅	9 45
24	⊕⚻♄	6pm28
26	☿⚼♂	11pm54
27 Su	♂△♄	7am30
	☿⚹♆	2pm54
	⊕⚻♃	8 57
29	☿☌♇	1am31
30 W	⊕⚹♅	2pm 4
	♀△♆	5 51
	☿ ♒	7 29
31	☿☌♄	10pm49

JANUARY 2021

DAY	☿ LONG	☿ LAT	♀ LONG	♀ LAT	⊕ LONG	♂ LONG	♂ LAT
	° '	° '	° '	° '	° '	° '	° '
1 F	3♒48	6S47	22♏13	1N25	10♋47	6♊00	0N31
2 S	7 04	6 52	23 49	1 20	11 48	6 32	0 32
3 Su	10 24	6 56	25 25	1 15	12 49	7 04	0 33
4 M	13 48	6 59	27 00	1 09	13 51	7 35	0 34
5 Tu	17 17	7 00	28 36	1 04	14 52	8 07	0 35
6 W	20 52	7 00	0♐11	0 59	15 53	8 39	0 36
7 Th	24 32	6 58	1 47	0 53	16 54	9 10	0 37
8 F	28 17	6 54	3 23	0 48	17 55	9 42	0 38
9 S	2♓09	6 49	4 58	0 42	18 56	10 13	0 39
10 Su	6 08	6 41	6 34	0 36	19 57	10 45	0 40
11 M	10 13	6 31	8 09	0 31	20 59	11 16	0 41
12 Tu	14 26	6 19	9 44	0 25	22 00	11 47	0 42
13 W	18 47	6 04	11 20	0 20	23 01	12 19	0 43
14 Th	23 15	5 46	12 55	0 14	24 02	12 50	0 44
15 F	27 52	5 26	14 30	0 08	25 03	13 21	0 45
16 S	2♈38	5 03	16 06	0 03	26 04	13 52	0 45
17 Su	7 32	4 37	17 41	0S03	27 05	14 23	0 46
18 M	12 36	4 08	19 16	0 09	28 07	14 54	0 47
19 Tu	17 48	3 36	20 51	0 14	29 08	15 25	0 48
20 W	23 10	3 01	22 26	0 20	0♌09	15 56	0 49
21 Th	28 41	2 24	24 01	0 25	1 10	16 27	0 50
22 F	4♉20	1 44	25 37	0 31	2 11	16 58	0 51
23 S	10 08	1 02	27 12	0 37	3 12	17 28	0 52
24 Su	16 03	0 19	28 47	0 42	4 13	17 59	0 53
25 M	22 05	0N26	0♑22	0 48	5 14	18 30	0 53
26 Tu	28 14	1 11	1 57	0 53	6 15	19 00	0 54
27 W	4♊27	1 55	3 32	0 58	7 16	19 31	0 55
28 Th	10 43	2 39	5 07	1 04	8 17	20 01	0 56
29 F	17 02	3 21	6 42	1 09	9 18	20 32	0 57
30 S	23 21	4 01	8 17	1 14	10 19	21 02	0 58
31 Su	29♊40	4N37	9♑51	1S20	11♌20	21♊33	0N59

FEBRUARY 2021

DAY	☿ LONG	☿ LAT	♀ LONG	♀ LAT	⊕ LONG	♂ LONG	♂ LAT
	° '	° '	° '	° '	° '	° '	° '
1 M	5♋56	5N10	11♑26	1S25	12♌21	22♊03	0N59
2 Tu	12 08	5 39	13 01	1 30	13 21	22 33	1 00
3 W	18 15	6 03	14 36	1 35	14 22	23 03	1 01
4 Th	24 16	6 23	16 11	1 40	15 23	23 34	1 02
5 F	0♌10	6 39	17 46	1 45	16 24	24 04	1 03
6 S	5 55	6 50	19 21	1 49	17 25	24 34	1 03
7 Su	11 31	6 57	20 56	1 54	18 26	25 04	1 04
8 M	16 59	7 00	22 31	1 59	19 26	25 34	1 05
9 Tu	22 16	6 59	24 05	2 03	20 27	26 04	1 06
10 W	27 24	6 55	25 40	2 08	21 28	26 33	1 07
11 Th	2♍23	6 48	27 15	2 12	22 29	27 03	1 07
12 F	7 11	6 39	28 50	2 16	23 29	27 33	1 08
13 S	11 51	6 26	0♒25	2 20	24 30	28 03	1 09
14 Su	16 21	6 12	2 00	2 24	25 31	28 32	1 10
15 M	20 43	5 56	3 35	2 28	26 31	29 02	1 10
16 Tu	24 57	5 39	5 09	2 32	27 32	29 32	1 11
17 W	29 03	5 20	6 44	2 36	28 33	0♋01	1 12
18 Th	3♎01	5 01	8 19	2 39	29 33	0 31	1 13
19 F	6 52	4 40	9 54	2 43	0♍34	1 00	1 13
20 S	10 37	4 19	11 29	2 46	1 34	1 30	1 14
21 Su	14 16	3 58	13 04	2 49	2 35	1 59	1 15
22 M	17 49	3 36	14 39	2 52	3 35	2 28	1 15
23 Tu	21 17	3 14	16 14	2 55	4 36	2 57	1 16
24 W	24 40	2 51	17 49	2 58	5 36	3 27	1 17
25 Th	27 58	2 29	19 23	3 01	6 36	3 56	1 17
26 F	1♏12	2 06	20 58	3 03	7 37	4 25	1 18
27 S	4 22	1 44	22 33	3 06	8 37	4 54	1 19
28 Su	7♏29	1N21	24♒08	3S08	9♍37	5♋23	1N19

DAY	♃ LONG	♃ LAT	♄ LONG	♄ LAT	♅ LONG	♅ LAT	♆ LONG	♆ LAT	♇ LONG	♇ LAT
	° '	° '	° '	° '	° '	° '	° '	° '	° '	° '
1 F	6♒56.2	0S35	3♒38.4	0S25	9♉21.6	0S26	20♓13.1	1S06	24♑34.6	1S14
6 W	7 22.2	0 35	3 47.6	0 26	9 24.9	0 26	20 15.0	1 06	24 36.1	1 14
11 M	7 48.2	0 36	3 56.7	0 26	9 28.2	0 26	20 16.8	1 06	24 37.6	1 15
16 S	8 14.2	0 36	4 05.9	0 27	9 31.6	0 26	20 18.6	1 06	24 39.1	1 15
21 Th	8 40.2	0 37	4 15.1	0 27	9 34.9	0 26	20 20.4	1 06	24 40.6	1 16
26 Tu	9 06.3	0 37	4 24.3	0 27	9 38.2	0 26	20 22.3	1 06	24 42.1	1 16
31 Su	9 32.3	0 38	4 33.4	0 28	9 41.5	0 26	20 24.1	1 06	24 43.6	1 16
5 F	9 58.4	0 38	4 42.6	0 28	9 44.9	0 26	20 25.9	1 06	24 45.0	1 17
10 W	10 24.5	0 39	4 51.8	0 29	9 48.2	0 26	20 27.8	1 06	24 46.5	1 17
15 M	10 50.6	0 39	5 01.0	0 29	9 51.5	0 26	20 29.6	1 06	24 48.0	1 18
20 S	11 16.7	0 40	5 10.2	0 29	9 54.8	0 26	20 31.4	1 06	24 49.5	1 18
25 Th	11 42.9	0 40	5 19.3	0 30	9 58.2	0 26	20 33.2	1 06	24 51.0	1 19

☿p .432353	☿ .310190
♀ .724162	♀a .727548
⊕p .983265	⊕ .985294
♂ 1.50935	♂ 1.54936
♃ 5.09571	♃ 5.08533
♄ 9.98701	♄ 9.98205
♅ 19.7722	♅ 19.7681
♆ 29.9270	♆ 29.9264
♇ 34.1917	♇ 34.2122
☊	Perihelia
☿ 18°♉ 35	☿ 17°♊ 47
♀ 16 ♊ 52	♀ 12 ♌ 07
⊕	⊕ 10 ♋ 31
♂ 19 ♉ 43	♂ 6 ♓ 27
♃ 10 ♋ 41	♃ 14 ♈ 12
♄ 23 ♋ 50	♄ 0 ♋ 11
♅ 14 ♊ 11	♅ 21 ♍ 22
♆ 11 ♌ 59	♆ 16 ♈ 55
♇ 20 ♋ 35	♇ 15 ♏ 58

January aspects

1 F	☿∠♆	10am32
	☿△♂	7pm23
	☿☌♃	11 43
2 S	♀⚹♇	11am36
	⊕ P	1pm52
	☿□♅	4 45
3	♂△♃	2am46
4	⊕⚻☿	0am24
5 T	☿⚺♆	7pm55
	♀ ♐	9 7
7 Th	☿⚺♇	0am31
	⊕⚼♀	4 49
	♂⚺♅	11 55
	♂⚼♇	8pm 6
8 F	♀⚹♄	7am20
	☿ ♓	10 42
9 S	☿⚺♄	10am37
	⊕⚼☿	2pm36
10 Su	☿□♀	4am12
	⊕△♆	7 29
	☿⚺♃	9 36
	♀⚹♃	6pm28
	☿⚹♅	7 38
	☿∠♇	8 33
11 M	☿□♂	6am53
	♀⚻♅	8pm 5
	♀∠♇	10 22
13 W	☿∠♄	1am16
	☿☌♆	8 13
	♀☍♂	10pm 4
	☿∠♃	10 59
14 Th	⊕△☿	5am18
	☿∠♅	6 36
	☿⚹♇	7 18
	⊕☍♇	2pm21
15	☿ ♈	10am50
16 S	☿⚹♄	7am19
	♀0S	11 42
17 Su	☿⚹♃	3am51
	☿⚺♅	9 36
	♀∠♄	10pm21
18 M	☿⚹♂	11am54
	♀□♆	4pm 2
19	☿⚺♆	11am24
T	☿△♀	7pm27
	⊕ ♌	8 33
20 W	☿□♇	6am37
	♀∠♃	6pm20
21 Th	☿ ♉	5am39
	♀⚼♅	8 30
	♀⚺♇	9 55
	⊕□☿	12pm57
	☿∠♂	1 0
	⊕∠♂	1 32
	☿□♄	11 46
22 F	☿∠♆	4am14
	☿□♃	6pm38
	☿☌♅	9 50
23	☿⚼♀	11am30
24 Su	⊕☍♄	3am 5
	☿⚺♂	8 27
	☿0N	10 5
	☿⚹♆	5pm11
	♀ ♑	6 32
25 M	⊕⚼♆	3am 8
	☿△♇	10 15
26	☿ ♊	6am53
T	☿⚻♀	7pm17
	♂⚼♄	7 57
	☿△♄	11 58
27 W	⊕⚹☿	12pm54
	♀⚺♄	2 2
	☿△♃	6 26
	☿⚺♅	7 57
	☿⚼♇	8 9
28	♂□♆	5pm13
29 F	⊕☍♃	1am45
	☿ P	2 8
	⊕□♅	8 54
	☿⚼♄	9 25
	☿□♆	12pm46
	☿☌♂	2 27
30 S	☿⚼♃	4am14
	☿∠♅	5 4
	☿⚻♇	5 12
	⊕∠☿	8 53
	♀⚺♃	6pm53
	♀△♅	9 28
31 Su	☿ ♋	1am18
	☿⚻♄	6pm49

February aspects

1 M	☿⚻♃	2pm28
	☿⚹♅	2 35
2 T	♃□♅	0am30
	☿☍♀	4 39
	⊕⚺☿	5 43
	⊕⚻♀	2pm14
3 W	☿△♆	8am36
	☿⚺♂	8pm53
4 Th	☿☍♇	1am56
	☿ ♌	11pm20
5 F	☿☍♄	7pm 2
	☿⚼♆	9 59
6 S	♂⚻♇	9am26
	♂∠♅	9 42
	☿□♅	4pm25
	♀⚹♆	4 38
	☿∠♂	5 3
	☿☍♃	5 58
7	♂⚼♃	5am 2
8 M	⊕☌☿	1pm42
	☿⚻♆	3 41
9	⊕⚻♆	0am 4
T	♀☌♇	10 22
	☿⚻♇	11 36
	☿⚻♀	12pm 9
	☿⚹♂	7 33
10 W	☿ ♍	12pm26
	♀⚻♂	7 37
11	☿⚻♄	12pm32
12 F	☿⚼♇	1pm18
	☿△♅	1 31
	♀ ♒	5 44
	☿⚻♃	5 45
13	⊕⚻♇	6am52
14 Su	☿⚼♀	5am24
	☿⚼♄	8pm 3
	☿☍♆	10 44
15 M	♀☌♄	10pm19
	☿△♇	11 11
	☿⚼♅	11 33
16 T	♀∠♆	5am14
	☿⚼♃	5 49
	⊕⚺☿	8pm 3
	♂ ♋	11 3
17 W	☿ ♎	5am42
	☿□♂	6 38
18 Th	⊕ ♍	10am37
	☿△♄	1pm 1
19 F	♀□♅	0am 3
	☿⚻♅	7pm24
	⊕⚹♂	8 21
	♀☌♃	8 45
20 S	☿△♃	4am22
	♀ A	8 38
	☿△♀	9 50
22 M	⊕∠☿	7am24
	☿⚻♆	6pm48
23	⊕⚻♄	4pm26
24 W	☿□♇	1am18
	♀⚼♂	1pm57
25 Th	☿ ♏	3pm 1
	♀⚺♆	5 43
27 S	☿△♂	4am47
	☿□♄	7 49
	☿⚼♆	9 9
28 Su	♂⚻♄	1am25
	⊕⚼♇	5 54
	⊕△♅	9 16
	♀⚺♇	11 2
	☿☍♅	7pm47

MARCH 2021 — APRIL 2021

MARCH 2021

DAY	☿ LONG	☿ LAT	♀ LONG	♀ LAT	⊕ LONG	♂ LONG	♂ LAT
	° '	° '	° '	° '	° '	° '	° '
1 M	10♏33	0N59	25♒43	3S10	10♍37	5♋52	1N20
2 Tu	13 33	0 37	27 18	3 12	11 38	6 21	1 21
3 W	16 31	0 15	28 53	3 14	12 38	6 50	1 21
4 Th	19 27	0S06	0♓28	3 15	13 38	7 19	1 22
5 F	22 20	0 28	2 03	3 17	14 38	7 48	1 23
6 S	25 12	0 49	3 39	3 18	15 38	8 17	1 23
7 Su	28 01	1 09	5 14	3 20	16 38	8 46	1 24
8 M	0♐50	1 30	6 49	3 21	17 38	9 14	1 24
9 Tu	3 37	1 50	8 24	3 21	18 38	9 43	1 25
10 W	6 24	2 09	9 59	3 22	19 38	10 12	1 26
11 Th	9 09	2 28	11 34	3 23	20 38	10 40	1 26
12 F	11 54	2 47	13 09	3 23	21 38	11 09	1 27
13 S	14 39	3 05	14 44	3 24	22 38	11 37	1 27
14 Su	17 24	3 23	16 20	3 24	23 38	12 06	1 28
15 M	20 08	3 41	17 55	3 24	24 38	12 34	1 28
16 Tu	22 53	3 58	19 30	3 23	25 38	13 03	1 29
17 W	25 39	4 14	21 05	3 23	26 37	13 31	1 30
18 Th	28 25	4 30	22 41	3 23	27 37	14 00	1 30
19 F	1♑12	4 45	24 16	3 22	28 37	14 28	1 31
20 S	4 01	5 00	25 51	3 21	29 36	14 56	1 31
21 Su	6 50	5 14	27 27	3 20	0♎36	15 24	1 32
22 M	9 41	5 28	29 02	3 19	1 36	15 53	1 32
23 Tu	12 34	5 41	0♈38	3 18	2 35	16 21	1 33
24 W	15 29	5 53	2 13	3 16	3 35	16 49	1 33
25 Th	18 26	6 04	3 48	3 15	4 34	17 17	1 34
26 F	21 26	6 14	5 24	3 13	5 34	17 45	1 34
27 S	24 28	6 24	6 59	3 11	6 33	18 13	1 35
28 Su	27 33	6 33	8 35	3 09	7 32	18 41	1 35
29 M	0♒42	6 40	10 11	3 07	8 32	19 09	1 36
30 Tu	3 54	6 47	11 46	3 05	9 31	19 37	1 36
31 W	7♒10	6S52	13♈22	3S02	10♎30	20♋05	1N36

APRIL 2021

DAY	☿ LONG	☿ LAT	♀ LONG	♀ LAT	⊕ LONG	♂ LONG	♂ LAT
	° '	° '	° '	° '	° '	° '	° '
1 Th	10♒30	6S56	14♈57	3S00	11♎29	20♋33	1N37
2 F	13 55	6 59	16 33	2 57	12 29	21 01	1 37
3 S	17 24	7 00	18 09	2 54	13 28	21 29	1 38
4 Su	20 59	7 00	19 44	2 51	14 27	21 56	1 38
5 M	24 39	6 58	21 20	2 48	15 26	22 24	1 39
6 Tu	28 25	6 54	22 56	2 45	16 25	22 52	1 39
7 W	2♓17	6 48	24 32	2 41	17 24	23 20	1 39
8 Th	6 15	6 41	26 07	2 38	18 23	23 47	1 40
9 F	10 21	6 31	27 43	2 34	19 22	24 15	1 40
10 S	14 34	6 18	29 19	2 30	20 21	24 42	1 41
11 Su	18 55	6 03	0♉55	2 26	21 20	25 10	1 41
12 M	23 24	5 46	2 31	2 22	22 19	25 38	1 41
13 Tu	28 01	5 25	4 07	2 18	23 18	26 05	1 42
14 W	2♈47	5 02	5 43	2 14	24 17	26 33	1 42
15 Th	7 42	4 36	7 19	2 10	25 15	27 00	1 42
16 F	12 45	4 07	8 55	2 05	26 14	27 27	1 43
17 S	17 58	3 35	10 31	2 01	27 13	27 55	1 43
18 Su	23 20	3 00	12 07	1 56	28 11	28 22	1 43
19 M	28 51	2 22	13 43	1 51	29 10	28 50	1 44
20 Tu	4♉31	1 43	15 19	1 47	0♏09	29 17	1 44
21 W	10 19	1 01	16 55	1 42	1 07	29 44	1 44
22 Th	16 15	0 17	18 31	1 37	2 06	0♌11	1 45
23 F	22 17	0N27	20 08	1 32	3 04	0 39	1 45
24 S	28 25	1 12	21 44	1 27	4 03	1 06	1 45
25 Su	4♊38	1 57	23 20	1 21	5 01	1 33	1 45
26 M	10 55	2 40	24 56	1 16	6 00	2 00	1 46
27 Tu	17 14	3 22	26 33	1 11	6 58	2 27	1 46
28 W	23 33	4 02	28 09	1 05	7 56	2 55	1 46
29 Th	29 52	4 38	29 45	1 00	8 55	3 22	1 46
30 F	6♋08	5N11	1♊22	0S55	9♏53	3♌49	1N47

DAY	♃ LONG	♃ LAT	♄ LONG	♄ LAT	♅ LONG	♅ LAT	♆ LONG	♆ LAT	♇ LONG	♇ LAT
	° '	° '	° '	° '	° '	° '	° '	° '	° '	° '
2 Tu	12♒09.1	0S41	5♒28.5	0S30	10♉01.5	0S26	20♓35.1	1S06	24♑52.5	1S19
7 Su	12 35.2	0 41	5 37.7	0 31	10 04.8	0 26	20 36.9	1 06	24 54.0	1 20
12 F	13 01.4	0 42	5 46.9	0 31	10 08.1	0 26	20 38.7	1 06	24 55.4	1 20
17 W	13 27.6	0 42	5 56.1	0 31	10 11.5	0 26	20 40.5	1 06	24 56.9	1 21
22 M	13 53.9	0 43	6 05.3	0 32	10 14.8	0 26	20 42.4	1 06	24 58.4	1 21
27 S	14 20.1	0 43	6 14.5	0 32	10 18.1	0 26	20 44.2	1 06	24 59.9	1 21
1 Th	14 46.4	0 44	6 23.7	0 32	10 21.4	0 26	20 46.0	1 06	25 01.4	1 22
6 Tu	15 12.6	0 44	6 32.9	0 33	10 24.8	0 26	20 47.8	1 06	25 02.8	1 22
11 Su	15 38.9	0 45	6 42.0	0 33	10 28.1	0 26	20 49.7	1 07	25 04.3	1 23
16 F	16 05.2	0 45	6 51.2	0 34	10 31.4	0 26	20 51.5	1 07	25 05.8	1 23
21 W	16 31.6	0 46	7 00.4	0 34	10 34.7	0 26	20 53.3	1 07	25 07.3	1 24
26 M	16 57.9	0 46	7 09.6	0 34	10 38.1	0 26	20 55.1	1 07	25 08.8	1 24

☿a.443235	☿p.423394
♀ .728100	♀ .725551
⊕ .990752	⊕ .999180
♂ 1.58305	♂ 1.61538
♃ 5.07614	♃ 5.06622
♄ 9.97745	♄ 9.97222
♅ 19.7644	♅ 19.7603
♆ 29.9259	♆ 29.9254
♇ 34.2307	♇ 34.2513
☊	Perihelia
☿ 18°♉ 35	☿ 17°♊ 47
♀ 16 ♊ 52	♀ 12 ♌ 11
⊕	⊕ 12 ♋ 01
♂ 19 ♉ 43	♂ 6 ♓ 28
♃ 10 ♋ 41	♃ 14 ♈ 12
♄ 23 ♋ 50	♄ 29 ♊ 58
♅ 14 ♊ 11	♅ 20 ♍ 59
♆ 11 ♌ 59	♆ 17 ♈ 14
♇ 20 ♋ 35	♇ 15 ♏ 57

March aspects

1	⊕∗☿	0am56
M	☿□♃	12pm26
2	⊕⊼♃	1pm45
3	♀ ♓	4pm50
W	☿0S	4 52
4	☿△♆	9am34
5	☿⚼♂	4am41
F	☿∗♇	9pm29
6	♄∠♆	10am42
7	♀⊻♄	6am12
Su	☿ ♐	4pm52
9	☿∗♄	6pm 6
T	♂∗♅	7 50
	♀∠♇	10 58
10	♀∗♅	2am 0
W	♀△♂	4 35
11	⊕☍♆	0am 4
Th	⊕⚼♄	2 50
	☿∠♇	6 41
	☿⊼♅	8 30
	☿⊼♂	4pm 0
	♀⊻♃	9 54
12	☿∗♃	10am 5
13	☿□♀	1am52
14	☿ A	1am47
15	☿□♆	4am34
M	☿∠♄	6 28
	⊕△♇	7 30
	⊕⚼♅	1pm 8
16	♀☌♆	5pm42
T	☿⊻♇	5 54
	☿⚼♅	8 0
	♂⊼♃	8 16
	♀∠♄	9 35
17	⊕□☿	1pm10
18	☿∠♃	1am 8
Th	☿ ♑	1pm38
19	⊕⚼♃	0am37
F	♀∗♇	10 27
	♀∠♅	2pm22
20	⊕ ♎	9am30
S	☿⊻♄	5pm20
21	♀∠♃	9pm47
22	☿△♅	4am42
M	♀ ♈	2pm32
23	☿⊻♃	12pm 4
24	☿☍♂	12pm56
25	☿∗♆	6pm26
26	⊕☍♀	6am21
F	♀∗♄	12pm28
	⊕△♄	4 18
27	☿☌♇	4am10
28	☿ ♒	6pm43
29	♀⊻♅	2am15
30	☿∠♆	1pm43
T	☿☌♄	6 6
	⊕⊼♅	8 10
31	♀∗♃	9pm 5
W	☿□♅	10 58

April aspects

1	⊕△☿	9am52
Th	♂△♆	11 25
2	☿☌♃	6am45
3	☿∗♀	9am 7
S	☿⊻♆	10pm43
4	☿⊼♂	7am17
Su	⊕△♃	3pm43
	♀⊻♆	3 48
5	☿⊻♇	2am34
M	♀□♂	10pm36
6	☿ ♓	9am57
7	⊕⚼☿	1am 0
W	♀□♇	7 56
8	☿⊻♄	2am 6
Th	☿⚼♂	4pm47
	☿∠♇	10 19
9	☿∗♅	0am32
F	☿∠♀	9pm44
10	☿⊻♃	5am39
S	♀ ♉	10 15
	⊕⊼♆	11 36
	♂☍♇	7pm 0
11	☿☌♆	10am20
Su	☿∠♄	3pm 6
	⊕⊼☿	4 40
12	☿∗♇	8am49
M	☿∠♅	10 56
	☿△♂	12pm57
13	☿ ♈	10am 5
T	☿∠♃	2pm30
14	♀∠♆	2am 1
W	♀□♄	4pm32
	☿∗♄	7 46
	⊕□♇	7 59
	☿⊻♀	9 17
15	☿⊻♅	1pm29
16	☿∗♃	3pm40
17	♀☌♅	0am20
S	☿⊻♆	1pm 2
18	☿□♇	7am46
Su	⊕□♂	8 15
	☿□♂	11pm51
19	⊕☍☿	1am37
M	☿ ♉	4 54
	⊕ ♏	8pm26
20	☿∠♆	5am42
T	☿□♄	10 18
	♀□♃	5pm46
21	☿☌♅	1am 5
W	♂ ♌	1pm56
22	☿□♃	1am31
Th	☿0N	9 20
	☿☌♀	12pm24
	☿∗♆	6 32
23	☿△♇	11am11
F	♀∗♆	11 39
24	☿ ♊	6am 7
S	☿∗♂	11 11
25	⊕⊼☿	1am43
Su	☿△♄	9 35
	☿⚼♇	9pm 3
	⊕⚼♆	10 10
	☿⊻♅	10 55
26	♀△♇	3am 7
M	☿△♃	11pm19
27	☿∠♂	0am56
T	☿ P	1 23
	⊕□♄	5 45
	☿□♆	2pm 3
	☿⚼♄	6 56
	⊕⚼☿	9 15
28	☿⊼♇	6am 6
W	☿∠♅	8 1
	☿⊻♀	11pm28
29	☿ ♋	0am32
Th	♀ ♊	3 39
	☿⚼♃	9 11
	☿⊻♂	2pm25
30	☿⊼♄	4am29
F	⊕△☿	5pm11
	☿∗♅	5 37
	⊕☍♅	7 57

MAY 2021

DAY	☿ LONG	☿ LAT	♀ LONG	♀ LAT	⊕ LONG	♂ LONG	♂ LAT
	° '	° '	° '	° '	° '	° '	° '
1 S	12♋20	5N40	2♊58	0S49	10♏51	4♌16	1N47
2 Su	18 27	6 04	4 35	0 43	11 49	4 43	1 47
3 M	24 27	6 24	6 11	0 38	12 48	5 10	1 47
4 Tu	0♌21	6 39	7 48	0 32	13 46	5 37	1 48
5 W	6 06	6 50	9 24	0 26	14 44	6 04	1 48
6 Th	11 42	6 57	11 01	0 21	15 42	6 31	1 48
7 F	17 09	7 00	12 37	0 15	16 40	6 58	1 48
8 S	22 26	6 59	14 14	0 09	17 38	7 24	1 48
9 Su	27 34	6 55	15 51	0 04	18 36	7 51	1 49
10 M	2♍32	6 48	17 27	0N02	19 34	8 18	1 49
11 Tu	7 20	6 38	19 04	0 08	20 32	8 45	1 49
12 W	12 00	6 26	20 41	0 14	21 30	9 12	1 49
13 Th	16 30	6 12	22 18	0 19	22 28	9 39	1 49
14 F	20 51	5 56	23 55	0 25	23 26	10 05	1 49
15 S	25 05	5 38	25 31	0 31	24 24	10 32	1 50
16 Su	29 10	5 20	27 08	0 36	25 22	10 59	1 50
17 M	3♎09	5 00	28 45	0 42	26 20	11 26	1 50
18 Tu	7 00	4 40	0♋22	0 48	27 18	11 52	1 50
19 W	10 44	4 19	1 59	0 53	28 15	12 19	1 50
20 Th	14 23	3 57	3 36	0 59	29 13	12 46	1 50
21 F	17 56	3 35	5 13	1 04	0♐11	13 12	1 50
22 S	21 24	3 13	6 50	1 10	1 09	13 39	1 50
23 Su	24 46	2 50	8 27	1 15	2 06	14 06	1 50
24 M	28 04	2 28	10 04	1 20	3 04	14 32	1 51
25 Tu	1♏18	2 05	11 42	1 26	4 01	14 59	1 51
26 W	4 28	1 43	13 19	1 31	4 59	15 25	1 51
27 Th	7 35	1 21	14 56	1 36	5 57	15 52	1 51
28 F	10 38	0 58	16 33	1 41	6 54	16 18	1 51
29 S	13 39	0 36	18 10	1 46	7 52	16 45	1 51
30 Su	16 37	0 15	19 48	1 51	8 49	17 11	1 51
31 M	19♏32	0S07	21♋25	1N56	9♐47	17♌38	1N51

JUNE 2021

DAY	☿ LONG	☿ LAT	♀ LONG	♀ LAT	⊕ LONG	♂ LONG	♂ LAT
	° '	° '	° '	° '	° '	° '	° '
1 Tu	22♏26	0S28	23♋02	2N00	10♐44	18♌04	1N51
2 W	25 17	0 49	24 40	2 05	11 42	18 31	1 51
3 Th	28 07	1 10	26 17	2 09	12 39	18 57	1 51
4 F	0♐55	1 30	27 54	2 14	13 37	19 24	1 51
5 S	3 43	1 50	29 32	2 18	14 34	19 50	1 51
6 Su	6 29	2 10	1♌09	2 22	15 32	20 17	1 51
7 M	9 15	2 29	2 47	2 26	16 29	20 43	1 51
8 Tu	12 00	2 48	4 24	2 30	17 27	21 10	1 51
9 W	14 44	3 06	6 02	2 34	18 24	21 36	1 51
10 Th	17 29	3 24	7 39	2 38	19 21	22 02	1 51
11 F	20 14	3 41	9 16	2 41	20 19	22 29	1 51
12 S	22 59	3 58	10 54	2 45	21 16	22 55	1 51
13 Su	25 44	4 15	12 31	2 48	22 14	23 21	1 51
14 M	28 31	4 31	14 09	2 51	23 11	23 48	1 51
15 Tu	1♑18	4 46	15 47	2 54	24 08	24 14	1 51
16 W	4 06	5 01	17 24	2 57	25 05	24 40	1 51
17 Th	6 56	5 15	19 02	3 00	26 03	25 07	1 50
18 F	9 47	5 28	20 39	3 03	27 00	25 33	1 50
19 S	12 40	5 41	22 17	3 05	27 57	25 59	1 50
20 Su	15 35	5 53	23 54	3 08	28 55	26 26	1 50
21 M	18 32	6 04	25 32	3 10	29 52	26 52	1 50
22 Tu	21 31	6 15	27 09	3 12	0♑49	27 18	1 50
23 W	24 34	6 24	28 47	3 14	1 46	27 44	1 50
24 Th	27 39	6 33	0♍24	3 15	2 44	28 11	1 50
25 F	0♒48	6 40	2 02	3 17	3 41	28 37	1 50
26 S	4 00	6 47	3 39	3 18	4 38	29 03	1 50
27 Su	7 16	6 52	5 17	3 20	5 35	29 29	1 49
28 M	10 37	6 56	6 54	3 21	6 32	29 56	1 49
29 Tu	14 01	6 59	8 32	3 22	7 30	0♍22	1 49
30 W	17♒31	7S00	10♍09	3N22	8♑27	0♍48	1N49

DAY	♃ LONG	♃ LAT	♄ LONG	♄ LAT	♅ LONG	♅ LAT	♆ LONG	♆ LAT	♇ LONG	♇ LAT
	° '	° '	° '	° '	° '	° '	° '	° '	° '	° '
1 S	17♒24.3	0S47	7♒18.9	0S35	10♉41.4	0S26	20♓57.0	1S07	25♑10.2	1S25
6 Th	17 50.6	0 47	7 28.1	0 35	10 44.7	0 25	20 58.8	1 07	25 11.7	1 25
11 Tu	18 17.0	0 48	7 37.3	0 36	10 48.0	0 25	21 00.6	1 07	25 13.2	1 25
16 Su	18 43.4	0 48	7 46.5	0 36	10 51.4	0 25	21 02.5	1 07	25 14.7	1 26
21 F	19 09.9	0 49	7 55.7	0 36	10 54.7	0 25	21 04.3	1 07	25 16.2	1 26
26 W	19 36.3	0 49	8 04.9	0 37	10 58.0	0 25	21 06.1	1 07	25 17.7	1 27
31 M	20 02.8	0 50	8 14.1	0 37	11 01.4	0 25	21 08.0	1 07	25 19.1	1 27
5 S	20 29.2	0 50	8 23.3	0 37	11 04.7	0 25	21 09.8	1 07	25 20.6	1 28
10 Th	20 55.7	0 50	8 32.6	0 38	11 08.0	0 25	21 11.6	1 07	25 22.1	1 28
15 Tu	21 22.2	0 51	8 41.8	0 38	11 11.4	0 25	21 13.4	1 07	25 23.6	1 29
20 Su	21 48.7	0 51	8 51.0	0 39	11 14.7	0 25	21 15.3	1 07	25 25.1	1 29
25 F	22 15.3	0 52	9 00.2	0 39	11 18.1	0 25	21 17.1	1 07	25 26.6	1 30
30 W	22 41.8	0 52	9 09.5	0 39	11 21.4	0 25	21 18.9	1 07	25 28.0	1 30

☿ .312391	☿a .455366
♀ .721558	♀p .718685
⊕ 1.00750	⊕ 1.01400
♂ 1.63999	♂ 1.65723
♃ 5.05688	♃ 5.04752
♄ 9.96702	♄ 9.96152
♅ 19.7563	♅ 19.7521
♆ 29.9249	♆ 29.9243
♇ 34.2711	♇ 34.2917
☊	Perihelia
☿ 18°♉ 35	☿ 17°♊ 47
♀ 16 ♊ 52	♀ 12 ♌ 07
⊕	⊕ 14 ♋ 24
♂ 19 ♉ 43	♂ 6 ♓ 29
♃ 10 ♋ 42	♃ 14 ♈ 12
♄ 23 ♋ 50	♄ 29 ♊ 47
♅ 14 ♊ 11	♅ 20 ♍ 37
♆ 11 ♌ 59	♆ 17 ♈ 32
♇ 20 ♋ 35	♇ 15 ♏ 57

1	☿⚻♃	8pm11
2	♀✶♂	2am48
Su	☿∠♀	6 7
	☿△♆	9 59
3	☿☍♇	2am56
M	♀△♄	6pm 6
	☿ ♌	10 35
4	♂⚼♆	7pm15
T	☿⚼♆	11 29
	☿☌♂	11 51
5	☿☍♄	5am43
W	♀⚼♇	11 46
	☿✶♀	7pm49
	☿□♅	7 52
	♀⚺♅	7 58
6	⊕□☿	9pm24
7	☿☍♃	3am35
F	☿⚻♆	5pm22
8	♂☍♄	6am59
S	⊕□♃	10 28
	☿⚻♇	12pm53
9	☿ ♍	11am41
Su	♀0N	3pm14
10	♀△♃	11am37
11	☿⚻♄	1am27
T	☿⚺♂	7 58
	⊕△♆	11 49
	☿⚼♇	2pm47
	☿△♅	5 50
12	♀□♆	4am59
13	♀⚼♄	5am51
Th	⊕⚻♀	6 26
	☿⚻♃	10 56
14	☿☍♆	0am58
F	☿⚼♄	10 32
	⊕✶☿	6pm55
	♀⚻♇	7 46
15	♀∠♂	0am14
S	☿△♇	0 56
	☿∠♂	2 58
	☿□♀	4 13
	☿⚼♅	4 27
	♀∠♅	4 48
	♂□♅	5pm 5
	⊕✶♇	9 0
16	☿ ♎	4am57
17	☿⚼♃	4am13
M	♀ ♋	6pm30
18	☿△♄	5am22
19	☿⚻♅	0am58
W	☿✶♂	11 44
	⊕∠☿	10pm30
20	♀⚼♃	7am25
Th	⊕ ♐	7pm30
21	☿△♃	8am42
F	☿⚻♆	9pm48
22	♀⚻♄	4pm57
23	☿□♇	3am40
24	♀✶♅	12pm59
M	☿ ♏	2 15
26	⊕⚺☿	5am39
W	☿⚼♆	12pm32
27	☿□♄	4am 9
Th	♀⚺♂	6pm59
28	☿☍♅	2am46
29	⊕✶♄	8am 1
30	♀⚻♃	2am32
Su	☿□♂	5 34
	☿0S	4pm 7
	♀△♆	7 46
31	☿□♃	4am21
M	☿△♆	1pm15
	⊕∠♇	1 32

1	⊕⚻♅	7am28
T	☿△♀	11 51
2	☿✶♇	0am23
W	♀☍♇	9 54
3	☿ ♐	4pm 6
5	⊕⚼♀	1am29
S	♀ ♌	6 57
6	☿✶♄	5pm 2
Su	♂☍♃	8 15
7	☿∠♇	9am42
M	☿⚻♅	4pm16
8	♂⚻♆	1am15
9	♀⚼♆	2am24
10	☿ A	1am 2
Th	♀☍♄	1pm26
11	⊕☌☿	1am 7
F	☿✶♃	7 6
	☿□♆	8 29
	⊕✶♃	7pm28
	⊕□♆	10 24
	☿△♂	11 21
12	♀□♅	3am49
S	☿∠♄	5 30
	♀ P	5pm36
	☿⚺♇	8 54
13	☿⚼♅	3am44
Su	♃⚺♆	5 19
14	⊕∠♄	12pm35
M	☿ ♑	12 51
	☿⚼♀	1 17
15	⊕△♂	4am33
16	⊕⚺♇	7am45
W	☿∠♃	8pm41
17	⊕⚼♅	4am12
Th	☿⚺♄	3pm36
	♂⚻♇	4 9
18	☿⚼♂	7am36
F	♀⚻♆	8 45
	☿△♅	12pm 6
	♀☍♃	3 21
20	♀⚻♇	10pm25
21	⊕ ♑	3am25
M	☿✶♆	9pm57
22	♀☌♂	2am59
T	☿⚺♃	3 48
23	☿☌♇	6am48
W	♀ ♍	6pm 1
24	☿⚻♂	4am40
Th	☿ ♒	5pm56
25	☿⚻♀	6pm48
26	⊕⚺☿	6am35
S	☿∠♆	4pm53
27	⊕△♀	10am53
Su	☿☌♄	1pm 5
28	♂ ♍	3am58
M	☿□♅	5 9
29	⊕∠♃	3am13
T	♀⚻♄	8 59
30	♀⚼♇	4am37
W	♀△♅	5pm52
	⊕⚺♄	6 31

JULY 2021

DAY	☿ LONG	☿ LAT	♀ LONG	♀ LAT	⊕ LONG	♂ LONG	♂ LAT
	° '	° '	° '	° '	° '	° '	° '
1 Th	21♒06	7S00	11♍47	3N23	9♑24	1♍14	1N49
2 F	24 46	6 58	13 24	3 23	10 21	1 41	1 49
3 S	28 32	6 54	15 02	3 24	11 18	2 07	1 48
4 Su	2♓24	6 48	16 39	3 24	12 16	2 33	1 48
5 M	6 23	6 40	18 16	3 24	13 13	2 59	1 48
6 Tu	10 29	6 30	19 54	3 23	14 10	3 25	1 48
7 W	14 42	6 18	21 31	3 23	15 07	3 52	1 48
8 Th	19 03	6 03	23 08	3 22	16 04	4 18	1 47
9 F	23 33	5 45	24 46	3 22	17 02	4 44	1 47
10 S	28 10	5 25	26 23	3 21	17 59	5 10	1 47
11 Su	2♈56	5 01	28 00	3 20	18 56	5 36	1 47
12 M	7 51	4 35	29 37	3 19	19 53	6 03	1 46
13 Tu	12 55	4 06	1♎15	3 17	20 51	6 29	1 46
14 W	18 08	3 34	2 52	3 16	21 48	6 55	1 46
15 Th	23 31	2 59	4 29	3 14	22 45	7 21	1 46
16 F	29 02	2 21	6 06	3 12	23 42	7 47	1 45
17 S	4♉42	1 41	7 43	3 10	24 40	8 14	1 45
18 Su	10 30	0 59	9 20	3 08	25 37	8 40	1 45
19 M	16 26	0 16	10 57	3 06	26 34	9 06	1 45
20 Tu	22 28	0N29	12 34	3 04	27 31	9 32	1 44
21 W	28 37	1 14	14 11	3 01	28 29	9 58	1 44
22 Th	4♊50	1 58	15 47	2 58	29 26	10 25	1 44
23 F	11 07	2 42	17 24	2 56	0♒23	10 51	1 44
24 S	17 26	3 24	19 01	2 53	1 20	11 17	1 43
25 Su	23 45	4 03	20 38	2 49	2 18	11 43	1 43
26 M	0♋03	4 39	22 14	2 46	3 15	12 10	1 43
27 Tu	6 19	5 12	23 51	2 43	4 12	12 36	1 42
28 W	12 31	5 40	25 27	2 39	5 10	13 02	1 42
29 Th	18 38	6 05	27 04	2 36	6 07	13 28	1 42
30 F	24 39	6 24	28 40	2 32	7 04	13 55	1 41
31 S	0♌32	6N40	0♏17	2N28	8♒02	14♍21	1N41

AUGUST 2021

DAY	☿ LONG	☿ LAT	♀ LONG	♀ LAT	⊕ LONG	♂ LONG	♂ LAT
	° '	° '	° '	° '	° '	° '	° '
1 Su	6♌16	6N51	1♏53	2N24	8♒59	14♍47	1N41
2 M	11 52	6 57	3 30	2 20	9 56	15 13	1 40
3 Tu	17 19	7 00	5 06	2 16	10 54	15 40	1 40
4 W	22 36	6 59	6 42	2 11	11 51	16 06	1 39
5 Th	27 43	6 55	8 18	2 07	12 49	16 32	1 39
6 F	2♍41	6 48	9 55	2 03	13 46	16 58	1 39
7 S	7 29	6 38	11 31	1 58	14 44	17 25	1 38
8 Su	12 08	6 26	13 07	1 53	15 41	17 51	1 38
9 M	16 38	6 11	14 43	1 49	16 39	18 17	1 37
10 Tu	21 00	5 55	16 19	1 44	17 36	18 44	1 37
11 W	25 13	5 38	17 55	1 39	18 34	19 10	1 37
12 Th	29 18	5 19	19 31	1 34	19 32	19 36	1 36
13 F	3♎16	5 00	21 06	1 29	20 29	20 03	1 36
14 S	7 07	4 39	22 42	1 23	21 27	20 29	1 35
15 Su	10 51	4 18	24 18	1 18	22 24	20 55	1 35
16 M	14 30	3 56	25 54	1 13	23 22	21 22	1 34
17 Tu	18 03	3 34	27 29	1 08	24 20	21 48	1 34
18 W	21 30	3 12	29 05	1 02	25 17	22 14	1 34
19 Th	24 53	2 50	0♐41	0 57	26 15	22 41	1 33
20 F	28 11	2 27	2 16	0 51	27 13	23 07	1 33
21 S	1♏24	2 05	3 52	0 46	28 11	23 34	1 32
22 Su	4 35	1 42	5 27	0 40	29 08	24 00	1 32
23 M	7 41	1 20	7 03	0 35	0♓06	24 27	1 31
24 Tu	10 44	0 58	8 38	0 29	1 04	24 53	1 31
25 W	13 45	0 36	10 13	0 24	2 02	25 19	1 30
26 Th	16 42	0 14	11 49	0 18	3 00	25 46	1 30
27 F	19 38	0S08	13 24	0 12	3 58	26 12	1 29
28 S	22 31	0 29	14 59	0 07	4 55	26 39	1 29
29 Su	25 22	0 50	16 35	0 01	5 53	27 06	1 28
30 M	28 12	1 11	18 10	0S05	6 51	27 32	1 28
31 Tu	1♐01	1S31	19♐45	0S10	7♓49	27♍59	1N27

DAY	♃ LONG	♃ LAT	♄ LONG	♄ LAT	♅ LONG	♅ LAT	♆ LONG	♆ LAT	♇ LONG	♇ LAT
	° '	° '	° '	° '	° '	° '	° '	° '	° '	° '
5 M	23♒08.4	0S53	9♒18.7	0S40	11♉24.7	0S25	21♓20.8	1S07	25♑29.5	1S30
10 S	23 35.0	0 53	9 27.9	0 40	11 28.1	0 25	21 22.6	1 07	25 31.0	1 31
15 Th	24 01.6	0 54	9 37.2	0 41	11 31.4	0 25	21 24.4	1 07	25 32.5	1 31
20 Tu	24 28.2	0 54	9 46.4	0 41	11 34.7	0 25	21 26.3	1 07	25 34.0	1 32
25 Su	24 54.8	0 55	9 55.6	0 41	11 38.1	0 25	21 28.1	1 07	25 35.4	1 32
30 F	25 21.4	0 55	10 04.9	0 42	11 41.4	0 25	21 29.9	1 07	25 36.9	1 33
4 W	25 48.1	0 55	10 14.1	0 42	11 44.7	0 25	21 31.8	1 08	25 38.4	1 33
9 M	26 14.8	0 56	10 23.4	0 43	11 48.1	0 25	21 33.6	1 08	25 39.9	1 34
14 S	26 41.4	0 56	10 32.6	0 43	11 51.4	0 25	21 35.4	1 08	25 41.3	1 34
19 Th	27 08.1	0 57	10 41.8	0 43	11 54.8	0 25	21 37.2	1 08	25 42.8	1 34
24 Tu	27 34.9	0 57	10 51.1	0 44	11 58.1	0 25	21 39.1	1 08	25 44.3	1 35
29 Su	28 01.6	0 57	11 00.3	0 44	12 01.4	0 25	21 40.9	1 08	25 45.8	1 35

☿p.408487	☿ .326331
♀ .719054	♀ .722422
⊕a1.01666	⊕ 1.01500
♂a1.66524	♂ 1.66417
♃ 5.03876	♃ 5.03006
♄ 9.95606	♄ 9.95028
♅ 19.7480	♅ 19.7438
♆ 29.9238	♆ 29.9232
♇ 34.3116	♇ 34.3321
☊	Perihelia
☿ 18°♉ 35	☿ 17°♊ 47
♀ 16 ♊ 52	♀ 12 ♌ 02
⊕	⊕ 13 ♋ 06
♂ 19 ♉ 43	♂ 6 ♓ 30
♃ 10 ♋ 42	♃ 14 ♈ 12
♄ 23 ♋ 50	♄ 29 ♊ 34
♅ 14 ♊ 11	♅ 20 ♍ 12
♆ 11 ♌ 59	♆ 17 ♈ 52
♇ 20 ♋ 35	♇ 15 ♏ 56

1 Th	☿⚺♆	1am31
	☿☌♃	11 25
2 F	☿⚺♇	4am36
	⊕∠☿	5 5
3 S	⊕△♅	2am 8
	☿ ♓	9 11
4	☿☍♂	1am 0
5 M	☿⚺♄	5pm20
	⊕ A	10 29
6 T	☿∠♇	0am 4
	☿✶♅	5 24
	♀☍♆	9pm38
7	⊕✶☿	2am58
8 Th	♀⚻♃	4am10
	☿☌♆	12pm27
	♀⚼♄	7 4
	☿⚺♃	11 45
9 F	☿∠♄	4am43
	☿☍♀	9 53
	☿✶♇	10 19
	♀△♇	11 9
	☿∠♅	3pm15
10 S	♀⚼♅	1am17
	☿ ♈	9 19
11	☿⚻♂	2pm25
12 M	☿∠♃	4am26
	♀ ♎	5 36
	☿✶♄	8 4
	☿⚺♅	5pm20
13 T	♂ A	0am27
	⊕✶♆	1pm58
14 W	⊕⚼♂	5am34
	☿⚺♆	2pm40
	☿⚼♂	6 26
	⊕□☿	7 56
15 Th	☿✶♃	2am18
	☿□♇	8 54
16 F	☿ ♉	4am 8
	⊕⚺♃	11 21
17 S	☿∠♆	7am11
	♀⚺♂	10 28
	☿△♂	3pm51
	☿⚻♀	5 22
	☿□♄	8 45
	⊕☌♇	10 32
	♀⚼♃	11 25
18 Su	☿☌♅	4am19
	♀△♄	5 47
19 M	☿0N	8am35
	♀⚻♅	9 19
	☿✶♆	7pm54
20 T	☿□♃	7am57
	☿△♇	12pm 8
	♂⚻♄	1 54
	⊕△☿	11 21
21 W	☿⚼♀	2am56
	☿ ♊	5 22
22 Th	♂⚼♇	9am 7
	⊕ ♒	2pm19
	☿△♄	7 13
	☿⚼♇	9 58
	☿□♂	10 55
23 F	☿⚺♅	1am54
	⊕⚼☿	7pm 8
24 S	☿ P	0am39
	☿△♀	8 5
	☿□♆	3pm20
	♂△♅	7 3
25 Su	☿△♃	4am29
	☿⚼♄	4 30
	☿⚻♇	7 0
	☿∠♅	10 59
	♀⚻♆	12pm35
	☿ ♋	11 47
26	⊕⚻☿	2pm24
27 T	☿⚻♄	2pm14
	☿⚼♃	2 46
	♀△♃	7 37
	☿✶♅	8 40
28 W	☿✶♂	2am 9
	♀□♇	2 13
29 Th	⊕∠♆	9am32
	☿△♆	11 22
30 F	☿⚻♃	2am56
	☿☍♇	3 56
	♀∠♂	4 49
	☿∠♂	6pm45
	♀ ♏	7 48
	☿ ♌	9 50
	☿□♀	10 36
1 Su	☿⚼♆	1am 0
	⊕☍☿	1pm55
	☿☍♄	4 37
	☿□♅	11 21
2 M	♃⚺♇	1am44
	⊕☌♄	6 2
	☿⚺♂	3pm59
3 T	☿⚻♆	7pm 5
	⊕□♅	9 14
	♀⚼♆	9 23
4 W	☿⚻♇	2pm10
	☿☍♃	3 11
5	☿ ♍	10am55
6	♀□♄	5am55
7 S	♀☍♅	4am 3
	☿⚻♄	2pm40
	☿⚼♇	4 17
	☿△♅	10 11
8	☿✶♀	7am57
9 M	⊕⚻☿	0am 5
	☿☌♂	10 1
10	☿☍♆	3am14
11 W	☿⚼♄	1am24
	☿△♇	2 41
	☿⚻♃	7 12
	☿⚼♅	9 24
12 Th	⊕□♀	0am35
	♀✶♂	1 57
	⊕⚻♂	3 36
	☿ ♎	4 11
13 F	♀△♆	7am12
	⊕⚼☿	6pm21
14 S	⊕⚺♆	3am38
	☿∠♀	6 28
	☿△♄	10pm 9
15 Su	☿⚼♃	6am10
	☿⚻♅	6 37
	♀✶♇	9pm 2
16 M	♂☍♆	1pm22
	♀□♃	3 31
18 W	☿⚻♆	0am48
	☿⚺♂	5 59
	⊕⚺♇	10 30
	♀ ♐	1pm47
19 Th	☿□♇	6am 3
	⊕△☿	2pm 1
	☿△♃	4 50
20 F	⊕☌♃	0am18
	☿ ♏	1pm29
22 Su	☿⚺♀	1pm47
	☿⚼♆	3 55
	⊕ ♓	9 28
23	☿∠♂	4pm 6
24 T	☿□♄	0am54
	☿☍♅	9 49
25 W	♀∠♇	7am52
	♀✶♄	10 8
	♂△♇	11pm 0
26 Th	♀⚻♅	2am42
	♂⚼♄	8 34
	☿0S	3pm22
27	☿△♆	4pm57
28	♂⚼♅	8pm11
29 Su	☿✶♇	3am17
	♀0S	4 28
	☿✶♂	5pm14
	☿□♃	11 13
30	☿ ♐	3pm20
31	♂⚻♃	3pm25

SEPTEMBER 2021

DAY	☿ LONG	☿ LAT	♀ LONG	♀ LAT	⊕ LONG	♂ LONG	♂ LAT
	° '	° '	° '	° '	° '	° '	° '
1 W	3♐48	1S51	21♐20	0S16	8♓47	28♍25	1N27
2 Th	6 34	2 10	22 55	0 21	9 45	28 52	1 26
3 F	9 20	2 30	24 30	0 27	10 44	29 18	1 26
4 S	12 05	2 48	26 06	0 33	11 42	29 45	1 25
5 Su	14 50	3 07	27 41	0 38	12 40	0♎12	1 24
6 M	17 34	3 24	29 16	0 44	13 38	0 38	1 24
7 Tu	20 19	3 42	0♑51	0 49	14 36	1 05	1 23
8 W	23 04	3 59	2 26	0 55	15 35	1 32	1 23
9 Th	25 50	4 15	4 01	1 00	16 33	1 58	1 22
10 F	28 36	4 31	5 36	1 05	17 31	2 25	1 22
11 S	1♑23	4 46	7 11	1 11	18 29	2 52	1 21
12 Su	4 11	5 01	8 46	1 16	19 28	3 19	1 20
13 M	7 01	5 15	10 20	1 21	20 26	3 45	1 20
14 Tu	9 52	5 29	11 55	1 26	21 25	4 12	1 19
15 W	12 45	5 41	13 30	1 31	22 23	4 39	1 19
16 Th	15 40	5 53	15 05	1 36	23 22	5 06	1 18
17 F	18 38	6 05	16 40	1 41	24 20	5 33	1 17
18 S	21 37	6 15	18 15	1 46	25 19	6 00	1 17
19 Su	24 40	6 25	19 50	1 51	26 17	6 27	1 16
20 M	27 45	6 33	21 25	1 56	27 16	6 53	1 15
21 Tu	0♒54	6 41	22 59	2 00	28 14	7 20	1 15
22 W	4 06	6 47	24 34	2 05	29 13	7 47	1 14
23 Th	7 23	6 52	26 09	2 09	0♈12	8 14	1 14
24 F	10 43	6 56	27 44	2 13	1 10	8 41	1 13
25 S	14 08	6 59	29 19	2 18	2 09	9 08	1 12
26 Su	17 38	7 00	0♒54	2 22	3 08	9 35	1 12
27 M	21 13	7 00	2 29	2 26	4 07	10 02	1 11
28 Tu	24 53	6 58	4 03	2 29	5 06	10 30	1 10
29 W	28 39	6 54	5 38	2 33	6 04	10 57	1 10
30 Th	2♓32	6S48	7♒13	2S37	7♈03	11♎24	1N09

OCTOBER 2021

DAY	☿ LONG	☿ LAT	♀ LONG	♀ LAT	⊕ LONG	♂ LONG	♂ LAT
	° '	° '	° '	° '	° '	° '	° '
1 F	6♓31	6S40	8♒48	2S40	8♈02	11♎51	1N08
2 S	10 37	6 30	10 23	2 44	9 01	12 18	1 07
3 Su	14 51	6 17	11 58	2 47	10 00	12 45	1 07
4 M	19 12	6 02	13 33	2 50	11 00	13 13	1 06
5 Tu	23 41	5 44	15 08	2 53	11 59	13 40	1 05
6 W	28 19	5 24	16 43	2 56	12 58	14 07	1 05
7 Th	3♈05	5 01	18 18	2 59	13 57	14 35	1 04
8 F	8 00	4 34	19 52	3 02	14 56	15 02	1 03
9 S	13 05	4 05	21 27	3 04	15 55	15 29	1 02
10 Su	18 18	3 33	23 02	3 06	16 55	15 57	1 02
11 M	23 41	2 58	24 37	3 09	17 54	16 24	1 01
12 Tu	29 12	2 20	26 12	3 11	18 53	16 52	1 00
13 W	4♉53	1 40	27 47	3 13	19 53	17 19	0 59
14 Th	10 41	0 58	29 22	3 14	20 52	17 47	0 59
15 F	16 37	0 15	0♓57	3 16	21 52	18 14	0 58
16 S	22 40	0N30	2 33	3 17	22 51	18 42	0 57
17 Su	28 48	1 15	4 08	3 19	23 51	19 09	0 56
18 M	5♊02	2 00	5 43	3 20	24 50	19 37	0 56
19 Tu	11 19	2 43	7 18	3 21	25 50	20 05	0 55
20 W	17 37	3 25	8 53	3 22	26 49	20 32	0 54
21 Th	23 57	4 04	10 28	3 22	27 49	21 00	0 53
22 F	0♋15	4 40	12 03	3 23	28 49	21 28	0 53
23 S	6 31	5 13	13 38	3 23	29 48	21 56	0 52
24 Su	12 43	5 41	15 14	3 24	0♉48	22 24	0 51
25 M	18 49	6 05	16 49	3 24	1 48	22 51	0 50
26 Tu	24 49	6 25	18 24	3 24	2 47	23 19	0 49
27 W	0♌42	6 40	19 59	3 23	3 47	23 47	0 49
28 Th	6 27	6 51	21 35	3 23	4 47	24 15	0 48
29 F	12 02	6 58	23 10	3 22	5 47	24 43	0 47
30 S	17 29	7 00	24 45	3 22	6 47	25 11	0 46
31 Su	22♌45	6N59	26♓21	3S21	7♉47	25♎39	0N45

DAY	♃ LONG	♃ LAT	♄ LONG	♄ LAT	♅ LONG	♅ LAT	♆ LONG	♆ LAT	♇ LONG	♇ LAT
	° '	° '	° '	° '	° '	° '	° '	° '	° '	° '
3 F	28♒28.3	0S58	11♒09.6	0S44	12♉04.8	0S25	21♓42.7	1S08	25♑47.2	1S36
8 W	28 55.1	0 58	11 18.8	0 45	12 08.1	0 25	21 44.6	1 08	25 48.7	1 36
13 M	29 21.8	0 59	11 28.1	0 45	12 11.4	0 25	21 46.4	1 08	25 50.2	1 37
18 S	29 48.6	0 59	11 37.3	0 46	12 14.8	0 24	21 48.2	1 08	25 51.7	1 37
23 Th	0♓15.4	0 59	11 46.6	0 46	12 18.1	0 24	21 50.0	1 08	25 53.1	1 38
28 Tu	0 42.2	1 00	11 55.8	0 46	12 21.4	0 24	21 51.9	1 08	25 54.6	1 38
3 Su	1 09.0	1 00	12 05.1	0 47	12 24.8	0 24	21 53.7	1 08	25 56.1	1 39
8 F	1 35.8	1 01	12 14.3	0 47	12 28.1	0 24	21 55.5	1 08	25 57.5	1 39
13 W	2 02.7	1 01	12 23.6	0 47	12 31.4	0 24	21 57.3	1 08	25 59.0	1 39
18 M	2 29.6	1 01	12 32.9	0 48	12 34.8	0 24	21 59.2	1 08	26 00.5	1 40
23 S	2 56.4	1 02	12 42.1	0 48	12 38.1	0 24	22 01.0	1 08	26 01.9	1 40
28 Th	3 23.3	1 02	12 51.4	0 49	12 41.5	0 24	22 02.8	1 08	26 03.4	1 41

☿a.463196	☿p.386444
♀ .726413	♀a.728223
⊕ 1.00928	⊕ 1.00127
♂ 1.65365	♂ 1.63493
♃ 5.02171	♃ 5.01400
♄ 9.94438	♄ 9.93853
♅ 19.7396	♅ 19.7355
♆ 29.9226	♆ 29.9221
♇ 34.3527	♇ 34.3726
☊	Perihelia
☿ 18°♉ 35	☿ 17°♊ 48
♀ 16 ♊ 52	♀ 12 ♌ 06
⊕	⊕ 11 ♋ 06
♂ 19 ♉ 43	♂ 6 ♓ 31
♃ 10 ♋ 42	♃ 14 ♈ 13
♄ 23 ♋ 50	♄ 29 ♊ 24
♅ 14 ♊ 11	♅ 19 ♍ 44
♆ 11 ♌ 59	♆ 18 ♈ 31
♇ 20 ♋ 35	♇ 15 ♏ 53

1	♀□♆	5am31
3	⊕∠♇	1am31
F	⊕⊻♄	11 5
	☿∠♇	12pm43
	☿✱♄	4 8
	⊕□☿	6 47
	♀⊻♇	7 26
4	☿⊼♅	0am 4
S	♀∠♄	1 31
	⊕✱♅	9 54
	♂ ♎	1pm29
	♀⚼♅	3 13
5	♀✱♃	3pm38
6	☿ A	0am18
M	♀ ♑	11 12
7	♀□♂	5am 2
T	☿□♆	12pm25
8	☿⊻♇	11pm54
9	☿∠♄	4am32
Th	☿⚼♅	11 28
10	☿✱♃	4am26
F	☿ ♑	12pm 5
11	☿□♂	3pm 4
13	♀⊻♄	5pm27
14	♀△♅	4am16
T	⊕☌♆	9 7
	☿⊻♄	1pm43
	☿△♅	7 29
15	☿☌♀	1pm33
W	☿∠♃	3 13
	♀∠♃	4 42
18	☿✱♆	1am27
S	⊕✱♇	1pm37
19	⊕∠♄	9am19
Su	☿☌♇	9 24
	⊕✱☿	6pm28
20	⊕∠♅	0am 9
M	♃ ♓	3 2
	♀✱♆	6 10
	☿ ♒	5pm10
	☿⊻♃	5 35
22	⊕ ♈	7pm14
W	♀☌♇	7 55
	☿∠♆	8 2
23	⊕⊻♃	1am41
Th	☿△♂	7 13
24	☿☌♄	7am47
F	☿□♅	11 19
25	♀ ♒	10am24
S	♀⊻♃	6pm 2
26	⊕∠☿	4am43
27	☿⊻♆	4am18
28	☿⚼♂	4am29
T	☿⊻♇	6 37
29	☿ ♓	8am25
W	☿☌♃	1pm39
	⊕✱♀	5 27
	♀∠♆	6 46
1	♂△♄	9am46
F	⊕⊻☿	11 51
	☿⊻♀	9pm49
2	☿∠♇	1am48
S	♂⊼♅	5 17
	☿⊻♄	8 18
	☿✱♅	10 15
	☿⊼♂	10 50
3	♀ A	0am45
Su	♀☌♄	1 52
	♀□♅	6 51
	♀△♂	4pm54
4	☿☌♆	2pm34
5	⊕✱♄	4am15
T	⊕⊻♅	11 16
	☿✱♇	11 49
	☿∠♄	6pm 8
	☿∠♅	7 33
6	☿ ♈	8am34
W	☿⊻♃	4pm 0
7	☿∠♀	1am31
8	⊕☍♂	4am21
F	☿✱♄	8pm11
	☿⊻♅	9 11
9	♀⊻♆	7am13
S	☿☍♂	12pm14
	⊕☌☿	4 13
	☿∠♃	4 56
	⊕∠♃	8 22
10	☿⊻♆	4pm19
11	☿✱♀	5am49
M	☿□♇	10 3
	♀⊻♇	8pm32
12	☿ ♉	3am24
T	♂⚼♃	6 6
	☿✱♃	11 54
13	☿∠♆	8am40
14	☿□♄	7am 8
Th	☿☌♅	7 34
	♀ ♓	9 30
15	⊕⊻♆	2am36
F	☿⊼♂	7 1
	☿0N	7 52
	♀☌♃	8pm20
	☿✱♆	9 17
16	⊕⊻☿	0am53
S	☿△♇	1pm 5
17	♀⚼♂	0am40
Su	☿ ♊	4 37
	☿□♃	2pm 6
	☿⚼♂	10 18
18	☿□♀	3am30
M	⊕∠☿	9pm50
	☿⚼♇	10 52
19	⊕□♇	4am29
T	☿△♄	4 52
	☿⊻♅	4 53
	♄□♅	2pm43
	☿ P	12 0
20	☿△♂	11am57
W	☿□♆	4pm38
21	☿⊼♇	7am55
Th	♀∠♇	8 26
	☿∠♅	1pm59
	☿⚼♄	2 8
	⊕✱☿	5 29
	☿ ♋	11 3
22	♀✱♅	8am41
F	♀⊻♄	9 32
	☿△♃	10 5
23	♂⊼♆	4am33
S	⊕ ♉	4 44
	☿✱♅	11pm45
24	☿⊼♄	0am 5
Su	☿△♀	1pm17
	☿⚼♃	9 11
	⊕∠♀	11 14
25	☿△♆	12pm47
M	☿□♂	5 26
26	☿☍♇	4am57
T	⊕✱♃	11 3
	☿ ♌	9pm 6
27	☿⊼♃	10am57
W	⊕□☿	3pm31
28	☿⚼♀	0am46
Th	☿⚼♆	2 33
	♀☌♆	7 7
29	☿□♅	2am53
F	☿☍♄	3 43
30	⊕∠♆	6am39
S	♀⊼♂	9 16
	♀✱♇	7pm53
	☿⊼♆	8 48
31	☿✱♂	2pm51
Su	☿⊼♇	3 28
	♀∠♅	8 59
	♂□♇	9 34

NOVEMBER 2021

DAY	☿ LONG	☿ LAT	♀ LONG	♀ LAT	⊕ LONG	♂ LONG	♂ LAT
	° '	° '	° '	° '	° '	° '	° '
1 M	27♌53	6N55	27♓56	3S20	8♉47	26♎07	0N44
2 Tu	2♍50	6 48	29 31	3 19	9 47	26 36	0 44
3 W	7 38	6 38	1♈07	3 17	10 47	27 04	0 43
4 Th	12 17	6 25	2 42	3 16	11 47	27 32	0 42
5 F	16 46	6 11	4 18	3 14	12 47	28 00	0 41
6 S	21 07	5 55	5 53	3 13	13 48	28 28	0 40
7 Su	25 20	5 37	7 29	3 11	14 48	28 57	0 39
8 M	29 25	5 19	9 04	3 09	15 48	29 25	0 39
9 Tu	3♎23	4 59	10 40	3 06	16 48	29 53	0 38
10 W	7 14	4 38	12 15	3 04	17 49	0♏22	0 37
11 Th	10 58	4 17	13 51	3 02	18 49	0 50	0 36
12 F	14 37	3 56	15 27	2 59	19 49	1 19	0 35
13 S	18 09	3 34	17 02	2 56	20 50	1 47	0 34
14 Su	21 36	3 11	18 38	2 53	21 50	2 16	0 33
15 M	24 59	2 49	20 14	2 50	22 50	2 45	0 32
16 Tu	28 17	2 27	21 49	2 47	23 51	3 13	0 32
17 W	1♏30	2 04	23 25	2 44	24 51	3 42	0 31
18 Th	4 40	1 42	25 01	2 40	25 52	4 11	0 30
19 F	7 47	1 19	26 37	2 37	26 52	4 39	0 29
20 S	10 50	0 57	28 13	2 33	27 53	5 08	0 28
21 Su	13 50	0 35	29 48	2 29	28 53	5 37	0 27
22 M	16 48	0 13	1♉24	2 25	29 54	6 06	0 26
23 Tu	19 43	0S08	3 00	2 21	0♊54	6 35	0 25
24 W	22 36	0 30	4 36	2 17	1 55	7 04	0 24
25 Th	25 28	0 51	6 12	2 13	2 56	7 33	0 23
26 F	28 18	1 11	7 48	2 08	3 56	8 02	0 22
27 S	1♐06	1 32	9 24	2 04	4 57	8 31	0 22
28 Su	3 53	1 51	11 00	1 59	5 58	9 00	0 21
29 M	6 40	2 11	12 36	1 55	6 59	9 29	0 20
30 Tu	9♐25	2S30	14♉12	1S50	7♊59	9♏58	0N19

DECEMBER 2021

DAY	☿ LONG	☿ LAT	♀ LONG	♀ LAT	⊕ LONG	♂ LONG	♂ LAT
	° '	° '	° '	° '	° '	° '	° '
1 W	12♐10	2S49	15♉49	1S45	9♊00	10♏28	0N18
2 Th	14 55	3 07	17 25	1 40	10 01	10 57	0 17
3 F	17 40	3 25	19 01	1 35	11 02	11 26	0 16
4 S	20 24	3 42	20 37	1 30	12 03	11 56	0 15
5 Su	23 09	3 59	22 13	1 25	13 04	12 25	0 14
6 M	25 55	4 16	23 50	1 20	14 05	12 55	0 13
7 Tu	28 41	4 32	25 26	1 15	15 06	13 24	0 12
8 W	1♑28	4 47	27 02	1 09	16 06	13 54	0 11
9 Th	4 17	5 02	28 39	1 04	17 07	14 23	0 10
10 F	7 06	5 16	0♊15	0 58	18 08	14 53	0 09
11 S	9 58	5 29	1 51	0 53	19 09	15 23	0 08
12 Su	12 51	5 42	3 28	0 47	20 10	15 53	0 07
13 M	15 46	5 54	5 04	0 42	21 11	16 22	0 06
14 Tu	18 43	6 05	6 41	0 36	22 12	16 52	0 06
15 W	21 43	6 15	8 17	0 30	23 13	17 22	0 05
16 Th	24 46	6 25	9 54	0 25	24 14	17 52	0 04
17 F	27 51	6 33	11 31	0 19	25 15	18 22	0 03
18 S	1♒00	6 41	13 07	0 13	26 16	18 52	0 02
19 Su	4 13	6 47	14 44	0 08	27 17	19 22	0 01
20 M	7 29	6 53	16 20	0 02	28 19	19 52	0S00
21 Tu	10 49	6 57	17 57	0N04	29 20	20 23	0 01
22 W	14 14	6 59	19 34	0 10	0♋21	20 53	0 02
23 Th	17 44	7 00	21 11	0 15	1 22	21 23	0 03
24 F	21 19	7 00	22 48	0 21	2 23	21 53	0 04
25 S	25 00	6 58	24 24	0 27	3 24	22 24	0 05
26 Su	28 46	6 54	26 01	0 32	4 25	22 54	0 06
27 M	2♓39	6 48	27 38	0 38	5 26	23 25	0 07
28 Tu	6 38	6 40	29 15	0 44	6 27	23 55	0 08
29 W	10 45	6 30	0♋52	0 49	7 29	24 26	0 09
30 Th	14 59	6 17	2 29	0 55	8 30	24 56	0 10
31 F	19♓20	6S02	4♋06	1N00	9♋31	25♏27	0S11

DAY	♃ LONG	♃ LAT	♄ LONG	♄ LAT	♅ LONG	♅ LAT	♆ LONG	♆ LAT	♇ LONG	♇ LAT
	° '	° '	° '	° '	° '	° '	° '	° '	° '	° '
2 Tu	3♓50.2	1S03	13♒00.7	0S49	12♉44.8	0S24	22♓04.6	1S08	26♑04.9	1S41
7 Su	4 17.1	1 03	13 09.9	0 49	12 48.1	0 24	22 06.5	1 08	26 06.4	1 42
12 F	4 44.1	1 03	13 19.2	0 50	12 51.5	0 24	22 08.3	1 08	26 07.8	1 42
17 W	5 11.0	1 04	13 28.5	0 50	12 54.8	0 24	22 10.1	1 08	26 09.3	1 43
22 M	5 38.0	1 04	13 37.8	0 51	12 58.2	0 24	22 12.0	1 08	26 10.8	1 43
27 S	6 04.9	1 04	13 47.1	0 51	13 01.5	0 24	22 13.8	1 09	26 12.3	1 43
2 Th	6 31.9	1 05	13 56.3	0 51	13 04.8	0 24	22 15.6	1 09	26 13.7	1 44
7 Tu	6 58.9	1 05	14 05.6	0 52	13 08.2	0 24	22 17.5	1 09	26 15.2	1 44
12 Su	7 25.9	1 05	14 14.9	0 52	13 11.5	0 24	22 19.3	1 09	26 16.7	1 45
17 F	7 52.9	1 06	14 24.2	0 52	13 14.9	0 24	22 21.1	1 09	26 18.1	1 45
22 W	8 19.9	1 06	14 33.5	0 53	13 18.2	0 24	22 23.0	1 09	26 19.6	1 46
27 M	8 47.0	1 06	14 42.8	0 53	13 21.6	0 24	22 24.8	1 09	26 21.1	1 46

☿ .346388	☿a.466147
♀ .726728	♀ .722984
⊕ .992627	⊕ .986159
♂ 1.60766	♂ 1.57497
♃ 5.00642	♃ 4.99949
♄ 9.93236	♄ 9.92627
♅ 19.7312	♅ 19.7271
♆ 29.9215	♆ 29.9209
♇ 34.3932	♇ 34.4132
☊	Perihelia
☿ 18°♉ 35	☿ 17°♊ 48
♀ 16 ♊ 53	♀ 11 ♌ 57
⊕	⊕ 12 ♋ 45
♂ 19 ♉ 43	♂ 6 ♓ 32
♃ 10 ♋ 42	♃ 14 ♈ 15
♄ 23 ♋ 50	♄ 29 ♊ 18
♅ 14 ♊ 11	♅ 19 ♍ 18
♆ 11 ♌ 59	♆ 19 ♈ 19
♇ 20 ♋ 36	♇ 15 ♏ 49

1 M	☿⊼♀	0am24
	♀∠♄	0 43
	☿ ♍	10 11
2 T	☿☍♃	5am 3
	♀ ♈	7 11
3 W	☿⚼♇	5pm48
	⊕△☿	8 43
4 Th	☿∠♂	1am30
	☿△♅	2 36
	☿⊼♄	4 13
	☿⊻♃	8pm58
	⊕☌♅	11 45
5	⊕□♄	7am44
6	☿☍♆	5am31
7 Su	☿△♇	4am27
	☿⚼♅	2pm26
	☿⚼♄	4 39
	☿⊻♂	11 58
8 M	☿ ♎	3am27
	⊕⚼☿	11 3
9 T	♂ ♏	5am32
	☿⊼♃	6 49
10 W	♀⊻♅	8am46
	☿✱♄	3pm23
11 Th	☿⊼♅	12pm20
	☿△♄	3 21
12	☿☍♀	10am 9
13	☿⚼♃	11am51
14 Su	⊕⊼☿	2am15
	☿⊼♅	3 50
	⊕✱♆	7 38
	♀∠♃	8pm25
15	☿□♇	8am26
16 T	☿⊻♆	5am 7
	☿ ♏	12pm44
17	☿☌♂	7pm31
18 Th	☿△♃	4am44
	⊕△♇	7 8
	☿□♇	5pm15
	☿⚼♆	7 20
19	⊕⊻♀	10am28
20 S	☿☍♅	4pm55
	♂△♃	7 29
	☿□♄	10 3
21	♀ ♉	2am53
22 M	⊕ ♊	2am27
	☿0S	2pm38
23	☿△♆	8pm41
24 W	♂⚼♆	7am29
	♀✱♃	7pm13
25 Th	☿✱♇	6am11
	♀∠♆	3pm17
26 F	♀☍♂	4am54
	☿ ♐	2pm34
28 Su	⊕□♃	5am25
	☿□♃	8pm27
29 M	⊕☍☿	4am22
	♀☌♅	6 40
	♀□♄	6pm58
30 T	☿⊻♂	5am54
	☿∠♇	3pm44
1 W	☿⊼♅	7am54
	☿✱♄	3pm22
2	☿ A	11pm36
3 F	⊕⚼♇	4am49
	⊕⊼♂	6pm41
4 S	☿⊼♀	4am28
	☿□♆	4pm20
5 Su	♀✱♆	0am51
	⊕⊻♅	1 16
	⊕△♄	11pm40
6 M	☿⊻♇	2am54
	♂☍♅	10 40
	☿⚼♅	7pm13
	☿∠♂	9 2
7 T	☿∠♄	3am33
	☿ ♑	11 19
	☿△♇	12pm19
8	♂□♄	11am49
9	♀ ♊	8pm16
10	☿✱♃	1am15
12 Su	☿△♅	2am52
	☿⊻♄	11 42
13	☿✱♂	5am59
14 T	⊕□♆	3am 3
	♀□♃	2pm43
15 W	☿✱♆	4am57
	☿∠♃	8 3
	⊕⊼☿	5pm53
16 Th	☿⚼♀	2am17
	☿☌♇	12pm 0
	♀⚼♇	8 55
17	☿ ♒	4pm25
18 S	⊕⊼♇	0am48
	☿⊻♅	2 6
	♀△♄	7pm59
19 Su	♂0S	4pm44
	☿∠♆	11 11
	⊕∠♅	11 21
20 M	☿⊻♃	4am59
	♀0N	7 57
21 T	⊕⚼♄	4am53
	⊕ ♋	3pm52
	☿□♅	5 27
22 W	☿☌♄	2am13
	⊕⚼☿	10 47
23 Th	♀⊼♂	4am27
	♀□♆	6pm 4
24 F	☿□♂	4am21
	☿⊻♆	7 4
	☿△♀	5pm13
25 S	♂△♆	0am13
	☿⊻♇	8 37
26 Su	♀⊼♇	4am52
	☿ ♓	7 40
27 M	☿∠♅	10am50
	⊕△☿	10pm32
28 T	♀⚼♄	7am28
	♀ ♋	11 7
	☿☌♃	1pm26
29 W	☿∠♇	3am32
	☿✱♅	3pm 5
	☿⊻♄	11 2
30	⊕△♃	2pm26
31	☿☌♆	4pm41

JANUARY 2022

DAY	☿ LONG	☿ LAT	♀ LONG	♀ LAT	⊕ LONG	♂ LONG	♂ LAT
	° '	° '	° '	° '	° '	° '	° '
1 S	23♓50	5S44	5♋43	1N06	10♋32	25♏58	0S12
2 Su	28 28	5 23	7 20	1 11	11 33	26 29	0 13
3 M	3♈14	5 00	8 57	1 17	12 34	27 00	0 14
4 Tu	8 10	4 33	10 34	1 22	13 36	27 30	0 15
5 W	13 14	4 04	12 12	1 27	14 37	28 01	0 16
6 Th	18 28	3 32	13 49	1 32	15 38	28 32	0 17
7 F	23 51	2 57	15 26	1 37	16 39	29 03	0 18
8 S	29 23	2 19	17 03	1 42	17 40	29 35	0 19
9 Su	5♉03	1 39	18 40	1 47	18 41	0♐06	0 20
10 M	10 52	0 57	20 18	1 52	19 43	0 37	0 21
11 Tu	16 48	0 13	21 55	1 57	20 44	1 08	0 22
12 W	22 51	0N31	23 32	2 02	21 45	1 39	0 23
13 Th	29 00	1 16	25 10	2 06	22 46	2 11	0 24
14 F	5♊13	2 01	26 47	2 11	23 47	2 42	0 25
15 S	11 30	2 44	28 24	2 15	24 48	3 14	0 26
16 Su	17 49	3 26	0♌02	2 19	25 49	3 45	0 27
17 M	24 08	4 05	1 39	2 24	26 50	4 17	0 28
18 Tu	0♋27	4 41	3 17	2 28	27 51	4 49	0 29
19 W	6 42	5 14	4 54	2 32	28 52	5 20	0 30
20 Th	12 54	5 42	6 31	2 35	29 54	5 52	0 31
21 F	19 01	6 06	8 09	2 39	0♌55	6 24	0 32
22 S	25 01	6 26	9 46	2 43	1 56	6 56	0 33
23 Su	0♌53	6 41	11 24	2 46	2 57	7 28	0 34
24 M	6 37	6 51	13 01	2 49	3 58	8 00	0 35
25 Tu	12 13	6 58	14 39	2 52	4 59	8 32	0 36
26 W	17 39	7 00	16 16	2 55	6 00	9 04	0 37
27 Th	22 55	6 59	17 54	2 58	7 01	9 36	0 38
28 F	28 02	6 55	19 31	3 01	8 02	10 08	0 39
29 S	2♍59	6 47	21 09	3 04	9 03	10 40	0 40
30 Su	7 47	6 37	22 47	3 06	10 04	11 13	0 41
31 M	12♍25	6N25	24♌24	3N08	11♌05	11♐45	0S42

FEBRUARY 2022

DAY	☿ LONG	☿ LAT	♀ LONG	♀ LAT	⊕ LONG	♂ LONG	♂ LAT
	° '	° '	° '	° '	° '	° '	° '
1 Tu	16♍55	6N10	26♌02	3N10	12♌06	12♐17	0S43
2 W	21 16	5 54	27 39	3 12	13 07	12 50	0 44
3 Th	25 28	5 37	29 17	3 14	14 07	13 22	0 45
4 F	29 33	5 18	0♍54	3 16	15 08	13 55	0 45
5 S	3♎31	4 58	2 32	3 17	16 09	14 28	0 46
6 Su	7 21	4 38	4 09	3 19	17 10	15 00	0 47
7 M	11 05	4 17	5 47	3 20	18 11	15 33	0 48
8 Tu	14 43	3 55	7 24	3 21	19 12	16 06	0 49
9 W	18 16	3 33	9 02	3 22	20 12	16 39	0 50
10 Th	21 43	3 11	10 39	3 22	21 13	17 12	0 51
11 F	25 05	2 48	12 16	3 23	22 14	17 45	0 52
12 S	28 23	2 26	13 54	3 23	23 15	18 18	0 53
13 Su	1♏37	2 03	15 31	3 24	24 15	18 51	0 54
14 M	4 46	1 41	17 09	3 24	25 16	19 24	0 55
15 Tu	7 53	1 18	18 46	3 24	26 16	19 57	0 56
16 W	10 56	0 56	20 23	3 23	27 17	20 31	0 57
17 Th	13 56	0 34	22 01	3 23	28 18	21 04	0 58
18 F	16 54	0 13	23 38	3 22	29 18	21 37	0 59
19 S	19 49	0S09	25 15	3 22	0♍19	22 11	1 00
20 Su	22 42	0 30	26 52	3 21	1 19	22 44	1 00
21 M	25 33	0 51	28 30	3 20	2 20	23 18	1 01
22 Tu	28 23	1 12	0♎07	3 18	3 20	23 51	1 02
23 W	1♐11	1 32	1 44	3 17	4 20	24 25	1 03
24 Th	3 59	1 52	3 21	3 15	5 21	24 59	1 04
25 F	6 45	2 12	4 58	3 14	6 21	25 33	1 05
26 S	9 30	2 31	6 35	3 12	7 22	26 07	1 06
27 Su	12 15	2 49	8 12	3 10	8 22	26 40	1 07
28 M	15♐00	3S08	9♎49	3N08	9♍22	27♐14	1S08

DAY	♃ LONG	♃ LAT	♄ LONG	♄ LAT	♅ LONG	♅ LAT	♆ LONG	♆ LAT	♇ LONG	♇ LAT
	° '	° '	° '	° '	° '	° '	° '	° '	° '	° '
1 S	9♓14.0	1S07	14♒52.1	0S54	13♉24.9	0S24	22♓26.6	1S09	26♑22.6	1S47
6 Th	9 41.1	1 07	15 01.4	0 54	13 28.3	0 24	22 28.5	1 09	26 24.0	1 47
11 Tu	10 08.2	1 07	15 10.7	0 54	13 31.6	0 24	22 30.3	1 09	26 25.5	1 47
16 Su	10 35.3	1 08	15 20.0	0 55	13 35.0	0 24	22 32.1	1 09	26 27.0	1 48
21 F	11 02.4	1 08	15 29.3	0 55	13 38.3	0 24	22 34.0	1 09	26 28.5	1 48
26 W	11 29.4	1 08	15 38.6	0 55	13 41.7	0 23	22 35.8	1 09	26 29.9	1 49
31 M	11 56.6	1 09	15 47.9	0 56	13 45.0	0 23	22 37.6	1 09	26 31.4	1 49
5 S	12 23.7	1 09	15 57.2	0 56	13 48.4	0 23	22 39.5	1 09	26 32.9	1 50
10 Th	12 50.8	1 09	16 06.5	0 57	13 51.7	0 23	22 41.3	1 09	26 34.3	1 50
15 Tu	13 18.0	1 09	16 15.8	0 57	13 55.1	0 23	22 43.1	1 09	26 35.8	1 51
20 Su	13 45.1	1 10	16 25.2	0 57	13 58.4	0 23	22 44.9	1 09	26 37.2	1 51
25 F	14 12.3	1 10	16 34.5	0 58	14 01.7	0 23	22 46.8	1 09	26 38.7	1 51

☿p.363149	☿a.369319
♀p.719375	♀ .718592
⊕p.983356	⊕ .985315
♂ 1.53663	♂ 1.49628
♃ 4.99275	♃ 4.98647
♄ 9.91985	♄ 9.91331
♅ 19.7227	♅ 19.7184
♆ 29.9203	♆ 29.9197
♇ 34.4338	♇ 34.4544
☊	Perihelia
☿ 18°♉ 35	☿ 17°♊ 48
♀ 16 ♊ 53	♀ 11 ♌ 43
⊕	⊕ 15 ♋ 30
♂ 19 ♉ 43	♂ 6 ♓ 32
♃ 10 ♋ 42	♃ 14 ♈ 16
♄ 23 ♋ 51	♄ 29 ♊ 13
♅ 14 ♊ 11	♅ 18 ♍ 57
♆ 11 ♌ 59	♆ 19 ♈ 58
♇ 20 ♋ 36	♇ 15 ♏ 46

1	☿△♂	12pm33
S	☿✶♇	1 18
	♂✶♇	7 24
	⊕⚼♂	8 26
	☿∠♅	11 50
2	☿∠♄	7am21
Su	☿ ♈	7 49
3	♀△♃	7am14
M	⊕✶♅	8pm34
4	☿⚺♃	6am31
T	⊕ P	6 57
	☿□♀	4pm50
	☿⚼♂	10 52
5	☿⚺♅	1am 1
W	⊕□☿	7 55
	☿✶♄	8 10
	⊕⚻♄	9 13
	♀⚼♂	6pm 6
	♀✶♅	6 56
6	☿⚺♆	5pm57
Th	♀⚻♄	6 18
7	☿∠♃	4am 7
F	☿□♇	11 11
8	☿⚻♂	0am55
S	☿ ♉	2 39
	♂ ♐	7pm36
9	⊕☌♀	0am43
Su	☿∠♆	10 9
	☿✶♃	8pm36
10	☿☌♅	10am48
M	☿□♄	5pm27
11	☿0N	7am 8
T	♀△♆	8 46
	⊕✶☿	6pm46
	☿✶♆	10 39
12	☿✶♀	3am40
W	☿△♇	2pm 1
	⊕△♆	6 6
13	♀⚼♃	2am28
Th	☿ ♊	3 53
	☿☍♂	1pm26
	♀☍♇	6 55
14	⊕∠☿	4pm16
F	☿□♃	8 6
	☿⚼♇	11 46
15	☿⚺♅	7am53
S	☿∠♀	9 44
	☿△♄	2pm31
	⊕⚼♃	5 58
	☿ P	11 16
	♀ ♌	11 35
16	⊕☍♇	2pm53
Su	☿□♆	5 55
17	☿⚻♇	8am48
M	⊕⚺☿	12pm14
	☿∠♅	4 58
	☿ ♋	10 18
	☿⚼♄	11 49
18	☿⚺♀	2pm37
T	☿⚻♂	6 15
19	♀△♂	9am35
W	☿△♃	4pm17
20	⊕ ♌	2am32
Th	☿✶♅	2 50
	☿⚻♄	10 3
	♀⚼♆	3pm22
21	☿⚼♂	10am25
F	☿△♆	2pm11
22	☿⚼♃	4am36
S	☿☍♇	5 57
	☿ ♌	8pm21
	♀⚻♃	9 13
23	♀ P	5am49
Su	⊕☌☿	10 23
24	☿⚼♆	4am 5
M	☿△♂	6 26
	♀□♅	9 39
	☿⚻♃	8pm25
25	☿□♅	6am26
T	♀☍♄	2pm31
	☿☍♄	3 1
	☿☌♀	3 14
26	♃∠♇	2am10
W	☿⚻♆	10pm32
27	⊕⚼♆	2pm 2
Th	☿⚻♇	4 45
28	☿ ♍	9am26
29	♀⚻♆	9pm43
30	♂∠♇	1pm51
Su	⊕⚺☿	2 59
	☿⚼♇	7 18
	☿□♂	8 1
	☿☍♃	9 27
31	☿△♅	7am 3
M	♂□♃	10 20
	☿⚻♄	6pm 6
	⊕⚻♃	10 27
1	♀⚻♇	7am26
T	⊕△♂	9 57
2	☿☍♆	7am48
W	⊕□♅	3pm53
3	☿△♇	6am13
Th	♀ ♍	10 40
	♂⚻♅	6pm31
	☿⚼♅	7 29
4	☿ ♎	2am41
F	⊕∠☿	4 43
	☿⚼♄	8 18
	☿⚺♀	1pm45
	⊕☍♄	7 9
7	☿⚻♃	9am59
M	☿⚻♅	6pm 5
	♂✶♄	9 35
8	☿△♄	8am59
T	☿✶♂	10 57
9	⊕✶☿	7pm 3
10	☿⚻♆	6am53
Th	♀⚼♇	1pm39
11	♀☍♃	10am22
F	☿□♇	10 48
	⊕⚻♆	11 4
	☿⚼♃	9pm19
	♀△♅	11 47
12	☿∠♀	7am37
S	☿ ♏	11 58
13	♀⚻♄	10am15
Su	☿∠♂	8pm33
14	☿⚼♆	10pm45
15	⊕⚻♇	7am42
16	♀□♂	2am41
W	☿△♃	8pm15
17	☿☍♅	0am 3
Th	♀☍♆	10 41
	☿□♄	7pm35
18	☿0S	1pm54
F	⊕ ♍	4 36
19	♀△♇	8pm14
20	☿⚺♂	0am23
Su	☿△♆	0 25
	♂□♆	0 30
21	♀⚼♅	7am18
M	☿✶♇	9 4
	♀ ♎	10pm18
22	☿ ♐	1pm48
T	♃✶♅	6 50
	♀⚼♄	8 40
23	☿✶♀	11am 8
24	⊕□☿	6pm39
26	☿∠♇	6pm44
S	♂⚺♇	11 11
27	⊕⚺♀	6am23
Su	☿⚻♅	3pm45
	☿□♃	7 15
28	☿✶♄	2pm44
M	☿ A	10 51

MARCH 2022

DAY	☿ LONG	☿ LAT	♀ LONG	♀ LAT	⊕ LONG	♂ LONG	♂ LAT
	° '	° '	° '	° '	° '	° '	° '
1 Tu	17♐45	3S26	11♎26	3N05	10♍23	27♐48	1S08
2 W	20 30	3 43	13 03	3 03	11 23	28 23	1 09
3 Th	23 15	4 00	14 40	3 00	12 23	28 57	1 10
4 F	26 00	4 16	16 17	2 58	13 23	29 31	1 11
5 S	28 47	4 32	17 53	2 55	14 23	0♑05	1 12
6 Su	1♑34	4 47	19 30	2 52	15 24	0 39	1 13
7 M	4 22	5 02	21 07	2 48	16 24	1 14	1 14
8 Tu	7 12	5 16	22 43	2 45	17 24	1 48	1 14
9 W	10 03	5 29	24 20	2 42	18 24	2 23	1 15
10 Th	12 56	5 42	25 57	2 38	19 24	2 57	1 16
11 F	15 51	5 54	27 33	2 35	20 24	3 32	1 17
12 S	18 49	6 05	29 10	2 31	21 24	4 06	1 18
13 Su	21 49	6 16	0♏46	2 27	22 23	4 41	1 18
14 M	24 51	6 25	2 22	2 23	23 23	5 16	1 19
15 Tu	27 57	6 34	3 59	2 19	24 23	5 51	1 20
16 W	1♒06	6 41	5 35	2 15	25 23	6 26	1 21
17 Th	4 19	6 47	7 11	2 10	26 23	7 01	1 22
18 F	7 35	6 53	8 47	2 06	27 22	7 36	1 22
19 S	10 56	6 57	10 23	2 01	28 22	8 11	1 23
20 Su	14 21	6 59	12 00	1 57	29 22	8 46	1 24
21 M	17 51	7 00	13 36	1 52	0♎21	9 21	1 25
22 Tu	21 26	7 00	15 12	1 47	1 21	9 56	1 25
23 W	25 07	6 58	16 48	1 42	2 20	10 31	1 26
24 Th	28 54	6 54	18 23	1 37	3 20	11 07	1 27
25 F	2♓47	6 48	19 59	1 32	4 19	11 42	1 27
26 S	6 46	6 40	21 35	1 27	5 19	12 17	1 28
27 Su	10 53	6 29	23 11	1 22	6 18	12 53	1 29
28 M	15 07	6 16	24 47	1 17	7 18	13 28	1 30
29 Tu	19 28	6 01	26 22	1 11	8 17	14 04	1 30
30 W	23 58	5 43	27 58	1 06	9 16	14 40	1 31
31 Th	28♓37	5S23	29♏34	1N01	10♎16	15♑15	1S32

APRIL 2022

DAY	☿ LONG	☿ LAT	♀ LONG	♀ LAT	⊕ LONG	♂ LONG	♂ LAT
	° '	° '	° '	° '	° '	° '	° '
1 F	3♈23	4S59	1♐09	0N55	11♎15	15♑51	1S32
2 S	8 19	4 32	2 45	0 50	12 14	16 27	1 33
3 Su	13 24	4 03	4 20	0 44	13 13	17 03	1 33
4 M	18 38	3 31	5 56	0 39	14 13	17 38	1 34
5 Tu	24 01	2 55	7 31	0 33	15 12	18 14	1 35
6 W	29 33	2 18	9 07	0 28	16 11	18 50	1 35
7 Th	5♉14	1 38	10 42	0 22	17 10	19 26	1 36
8 F	11 03	0 55	12 17	0 16	18 09	20 02	1 36
9 S	16 59	0 12	13 53	0 11	19 08	20 39	1 37
10 Su	23 03	0N33	15 28	0 05	20 07	21 15	1 38
11 M	29 12	1 18	17 03	0S01	21 06	21 51	1 38
12 Tu	5♊25	2 02	18 38	0 06	22 05	22 27	1 39
13 W	11 42	2 46	20 13	0 12	23 04	23 04	1 39
14 Th	18 01	3 27	21 49	0 18	24 02	23 40	1 40
15 F	24 20	4 06	23 24	0 23	25 01	24 16	1 40
16 S	0♋39	4 42	24 59	0 29	26 00	24 53	1 41
17 Su	6 54	5 15	26 34	0 34	26 59	25 29	1 41
18 M	13 06	5 43	28 09	0 40	27 57	26 06	1 42
19 Tu	19 12	6 07	29 44	0 45	28 56	26 42	1 42
20 W	25 12	6 26	1♑19	0 51	29 54	27 19	1 43
21 Th	1♌04	6 41	2 54	0 56	0♏53	27 56	1 43
22 F	6 48	6 52	4 29	1 02	1 52	28 32	1 43
23 S	12 23	6 58	6 04	1 07	2 50	29 09	1 44
24 Su	17 49	7 00	7 39	1 12	3 49	29 46	1 44
25 M	23 05	6 59	9 14	1 18	4 47	0♒23	1 45
26 Tu	28 12	6 54	10 49	1 23	5 45	1 00	1 45
27 W	3♍08	6 47	12 24	1 28	6 44	1 37	1 45
28 Th	7 56	6 37	13 59	1 33	7 42	2 14	1 46
29 F	12 34	6 24	15 33	1 38	8 41	2 51	1 46
30 S	17♍03	6N10	17♑08	1S43	9♏39	3♒28	1S47

DAY	♃ LONG	♃ LAT	♄ LONG	♄ LAT	♅ LONG	♅ LAT	♆ LONG	♆ LAT	♇ LONG	♇ LAT
	° '	° '	° '	° '	° '	° '	° '	° '	° '	° '
2 W	14♓39.5	1S10	16♒43.8	0S58	14♉05.1	0S23	22♓48.6	1S09	26♑40.2	1S52
7 M	15 06.6	1 11	16 53.1	0 58	14 08.4	0 23	22 50.4	1 09	26 41.6	1 52
12 S	15 33.8	1 11	17 02.4	0 59	14 11.8	0 23	22 52.3	1 09	26 43.1	1 53
17 Th	16 01.0	1 11	17 11.7	0 59	14 15.1	0 23	22 54.1	1 09	26 44.6	1 53
22 Tu	16 28.3	1 11	17 21.1	1 00	14 18.5	0 23	22 55.9	1 09	26 46.0	1 54
27 Su	16 55.5	1 12	17 30.4	1 00	14 21.8	0 23	22 57.7	1 10	26 47.5	1 54
1 F	17 22.7	1 12	17 39.7	1 00	14 25.2	0 23	22 59.6	1 10	26 48.9	1 55
6 W	17 49.9	1 12	17 49.0	1 01	14 28.5	0 23	23 01.4	1 10	26 50.4	1 55
11 M	18 17.2	1 12	17 58.4	1 01	14 31.8	0 23	23 03.2	1 10	26 51.9	1 55
16 S	18 44.5	1 12	18 07.7	1 01	14 35.2	0 23	23 05.0	1 10	26 53.3	1 56
21 Th	19 11.7	1 13	18 17.1	1 02	14 38.5	0 23	23 06.9	1 10	26 54.8	1 56
26 Tu	19 39.0	1 13	18 26.4	1 02	14 41.9	0 23	23 08.7	1 10	26 56.2	1 57

☿ .466695	☿p.351561
♀ .720839	♀ .724930
⊕ .990718	⊕ .999107
♂ 1.46079	♂ 1.42592
♃ 4.98120	♃ 4.97583
♄ 9.90730	♄ 9.90053
♅ 19.7144	♅ 19.7100
♆ 29.9191	♆ 29.9185
♇ 34.4731	♇ 34.4937
☊	Perihelia
☿ 18°♉ 35	☿ 17°♊ 48
♀ 16 ♊ 53	♀ 11 ♌ 36
⊕	⊕ 16 ♋ 07
♂ 19 ♉ 43	♂ 6 ♓ 32
♃ 10 ♋ 42	♃ 14 ♈ 15
♄ 23 ♋ 51	♄ 29 ♊ 06
♅ 14 ♊ 11	♅ 18 ♍ 33
♆ 11 ♌ 59	♆ 20 ♈ 34
♇ 20 ♋ 36	♇ 15 ♏ 43

2	⊕⚼♇	6am57
W	♀⚻♅	3pm30
	☿□♆	8 16
3	♀⚻♃	1am20
Th	♂⚼♅	6 31
4	☿⚺♇	5am52
F	♀△♄	7 49
	⊕△♅	5pm25
	♂ ♑	8 26
5	☿⚼♅	2am58
S	☿ ♑	10 33
	☿☌♂	2pm12
	⊕☍♃	2 13
6	☿∠♄	2am31
7	⊕⚻♄	12pm 9
8	♀⚻♆	1am50
T	♂∠♄	4 59
10	☿△♅	10am14
Th	♀□♇	11 27
	☿⚹♃	8pm45
11	☿⚺♄	9am29
12	♀ ♏	12pm34
S	♀⚼♃	10 14
13	⊕△☿	6am50
Su	☿⚹♆	8 27
	⊕☍♆	11 46
14	☿☌♇	2pm35
15	☿ ♒	3pm39
T	☿∠♃	10 38
16	♀⚹♂	7pm51
17	⊕△♇	8am51
Th	♀⚼♆	10 45
18	☿⚺♂	0am 3
F	☿∠♆	2 20
	☿□♀	4pm40
19	⊕⚼♅	10pm 9
S	☿□♅	11 33
20	⊕⚼☿	0am 6
Su	☿⚺♃	1pm43
	⊕ ♎	3 26
	☿☌♄	8 22
21	♀☍♅	10am37
22	☿⚺♆	9am50
T	♀△♃	8pm19
23	⊕⚼♄	1am 3
W	☿∠♂	3 5
	♀□♄	9 1
	☿⚺♇	10 36
	⊕∠♀	9pm38
24	☿ ♓	6am54
25	⊕⚻☿	12pm29
26	♀△♆	8pm40
27	☿∠♇	5am14
Su	☿⚹♂	1pm18
	☿⚹♅	7 52
28	☿☌♃	10am47
M	☿⚺♄	1pm32
29	♀⚹♇	6am27
T	♂△♅	1pm13
	☿☌♆	6 46
30	☿⚹♇	2pm46
31	☿∠♅	4am 4
Th	♀ ♐	6 36
	☿ ♈	7 3
	☿△♀	7 17
	♀∠♂	4pm38
	☿∠♄	8 22
2	⊕☍☿	10pm58
3	☿⚺♅	4am50
Su	☿□♂	6pm54
	☿⚺♃	7 27
	☿⚹♄	7 59
4	♂⚹♃	0am30
M	♂⚺♄	4 52
	⊕⚻♅	5 57
	☿⚼♀	2pm37
	☿⚺♆	7 34
5	☿□♇	12pm17
T	♃⚺♄	5 58
6	☿ ♉	1am54
W	☿∠♃	2pm 8
7	☿∠♆	11am37
Th	⊕△♄	5pm12
	♀∠♇	5 21
	⊕⚻♃	8 21
8	☿⚻♀	6am54
F	☿☌♅	2pm 1
9	☿□♄	3am42
S	☿⚹♃	4 31
	☿0N	6 23
	♀⚻♅	9 37
	⊕⚻☿	10 12
	☿△♂	4pm 8
10	☿⚹♆	0am 1
Su	☿△♇	2pm56
	♀0S	9 21
11	☿ ♊	3am 7
M	♀⚹♄	2pm13
	♀□♃	7 49
12	⊕⚼☿	7am32
T	☿⚼♂	8 37
13	⊕□♂	0am 0
W	⊕⚻♆	0 10
	♂⚹♆	0 16
	☿⚼♇	0 39
	☿⚺♅	10 52
	☿ P	10pm30
14	☿△♄	0am11
Th	☿□♃	2 5
	♀□♆	7pm10
	☿□♆	7 12
	☿☍♀	7 13
	☿⚻♂	11 43
15	⊕△☿	3am 3
F	☿⚻♇	9 41
	☿∠♅	7pm58
	♀⚺♂	9 31
	☿ ♋	9 33
16	☿⚼♄	9am33
S	⊕□♇	9pm59
17	♀⚺♇	4am59
Su	⊕⚹♀	4pm14
18	☿⚹♅	5am55
M	☿⚻♄	8pm 6
	♀⚼♅	10 16
	☿△♃	11 15
19	♀ ♑	4am 3
T	♂☌♇	7 47
	☿△♆	3pm35
20	⊕ ♏	2am17
W	☿☍♇	6 57
	☿☍♂	9 36
	☿ ♌	7pm35
	⊕□☿	11 5
21	♀∠♄	5am56
Th	☿⚻♀	10 29
	☿⚼♃	1pm13
22	☿⚼♆	5am37
23	☿□♅	10am 0
24	☿☍♄	2am32
Su	☿⚻♃	7 35
	♂ ♒	9 7
	⊕⚼♃	5pm54
25	☿⚻♆	0am15
M	☿⚼♀	7 41
	☿⚻♇	6pm 2
26	☿ ♍	8am41
T	☿⚻♂	3pm26
27	⊕⚹☿	10pm34
28	⊕⚼♆	11am14
Th	♀△♅	11 23
	☿⚼♇	8pm47
29	☿△♅	11am32
30	☿△♀	0am45
S	☿⚻♄	8 20
	☿⚼♂	8 59
	☿☍♃	4pm39
	♀⚺♄	10 5

MAY 2022

JUNE 2022

MAY 2022

DAY		☿ LONG	☿ LAT	♀ LONG	♀ LAT	⊕ LONG	♂ LONG	♂ LAT
		° '	° '	° '	° '	° '	° '	° '
1	Su	21♍24	5N54	18♑43	1S48	10♏37	4♒05	1S47
2	M	25 36	5 36	20 18	1 52	11 36	4 42	1 47
3	Tu	29 41	5 17	21 53	1 57	12 34	5 19	1 47
4	W	3♎38	4 58	23 28	2 01	13 32	5 56	1 48
5	Th	7 28	4 37	25 03	2 06	14 30	6 33	1 48
6	F	11 12	4 16	26 37	2 10	15 28	7 11	1 48
7	S	14 50	3 54	28 12	2 15	16 26	7 48	1 49
8	Su	18 22	3 32	29 47	2 19	17 25	8 25	1 49
9	M	21 49	3 10	1♒22	2 23	18 23	9 03	1 49
10	Tu	25 12	2 48	2 57	2 27	19 21	9 40	1 49
11	W	28 29	2 25	4 32	2 31	20 19	10 18	1 49
12	Th	1♏43	2 03	6 07	2 34	21 17	10 55	1 50
13	F	4 52	1 40	7 42	2 38	22 14	11 32	1 50
14	S	7 59	1 18	9 16	2 41	23 12	12 10	1 50
15	Su	11 02	0 56	10 51	2 45	24 10	12 48	1 50
16	M	14 02	0 34	12 26	2 48	25 08	13 25	1 50
17	Tu	16 59	0 12	14 01	2 51	26 06	14 03	1 50
18	W	19 54	0S10	15 36	2 54	27 04	14 40	1 51
19	Th	22 47	0 31	17 11	2 57	28 01	15 18	1 51
20	F	25 39	0 52	18 46	3 00	28 59	15 56	1 51
21	S	28 28	1 12	20 21	3 02	29 57	16 33	1 51
22	Su	1♐17	1 33	21 56	3 05	0♐55	17 11	1 51
23	M	4 04	1 53	23 31	3 07	1 52	17 49	1 51
24	Tu	6 50	2 12	25 06	3 09	2 50	18 27	1 51
25	W	9 36	2 31	26 41	3 11	3 48	19 05	1 51
26	Th	12 21	2 50	28 16	3 13	4 45	19 42	1 51
27	F	15 05	3 08	29 51	3 15	5 43	20 20	1 51
28	S	17 50	3 26	1♓26	3 16	6 41	20 58	1 51
29	Su	20 35	3 43	3 01	3 18	7 38	21 36	1 51
30	M	23 20	4 00	4 36	3 19	8 36	22 14	1 51
31	Tu	26♐06	4S17	6♓11	3S20	9♐33	22♒52	1S51

JUNE 2022

DAY		☿ LONG	☿ LAT	♀ LONG	♀ LAT	⊕ LONG	♂ LONG	♂ LAT
		° '	° '	° '	° '	° '	° '	° '
1	W	28♐52	4S32	7♓46	3S21	10♐31	23♒30	1S51
2	Th	1♑39	4 48	9 21	3 22	11 28	24 08	1 51
3	F	4 28	5 02	10 57	3 23	12 26	24 46	1 51
4	S	7 17	5 16	12 32	3 23	13 23	25 24	1 50
5	Su	10 09	5 30	14 07	3 23	14 21	26 02	1 50
6	M	13 02	5 43	15 42	3 24	15 18	26 40	1 50
7	Tu	15 57	5 54	17 17	3 24	16 16	27 18	1 50
8	W	18 55	6 06	18 53	3 24	17 13	27 56	1 50
9	Th	21 55	6 16	20 28	3 23	18 11	28 34	1 50
10	F	24 57	6 25	22 03	3 23	19 08	29 12	1 49
11	S	28 03	6 34	23 39	3 22	20 05	29 50	1 49
12	Su	1♒12	6 41	25 14	3 22	21 03	0♓28	1 49
13	M	4 25	6 48	26 49	3 21	22 00	1 06	1 49
14	Tu	7 42	6 53	28 25	3 20	22 57	1 44	1 49
15	W	11 02	6 57	0♈00	3 18	23 55	2 22	1 48
16	Th	14 28	6 59	1 36	3 17	24 52	3 00	1 48
17	F	17 58	7 00	3 11	3 16	25 49	3 38	1 48
18	S	21 33	7 00	4 47	3 14	26 46	4 16	1 47
19	Su	25 14	6 58	6 22	3 12	27 44	4 55	1 47
20	M	29 01	6 53	7 58	3 10	28 41	5 33	1 47
21	Tu	2♓54	6 47	9 33	3 08	29 38	6 11	1 46
22	W	6 54	6 39	11 09	3 06	0♑36	6 49	1 46
23	Th	11 01	6 29	12 44	3 03	1 33	7 27	1 46
24	F	15 15	6 16	14 20	3 01	2 30	8 05	1 45
25	S	19 37	6 01	15 56	2 58	3 27	8 43	1 45
26	Su	24 07	5 43	17 31	2 55	4 25	9 21	1 45
27	M	28 45	5 22	19 07	2 52	5 22	9 59	1 44
28	Tu	3♈33	4 58	20 43	2 49	6 19	10 38	1 44
29	W	8 29	4 32	22 18	2 46	7 16	11 16	1 43
30	Th	13♈34	4S02	23♈54	2S43	8♑13	11♓54	1S43

DAY		♃ LONG	♃ LAT	♄ LONG	♄ LAT	♅ LONG	♅ LAT	♆ LONG	♆ LAT	♇ LONG	♇ LAT
		° '	° '	° '	° '	° '	° '	° '	° '	° '	° '
1	Su	20♓06.3	1S13	18♒35.7	1S02	14♉45.2	0S23	23♓10.5	1S10	26♑57.7	1S57
6	F	20 33.6	1 13	18 45.1	1 03	14 48.6	0 23	23 12.4	1 10	26 59.2	1 58
11	W	21 00.9	1 14	18 54.4	1 03	14 51.9	0 23	23 14.2	1 10	27 00.6	1 58
16	M	21 28.2	1 14	19 03.8	1 04	14 55.3	0 23	23 16.0	1 10	27 02.1	1 59
21	S	21 55.5	1 14	19 13.1	1 04	14 58.7	0 23	23 17.9	1 10	27 03.6	1 59
26	Th	22 22.8	1 14	19 22.5	1 04	15 02.0	0 23	23 19.7	1 10	27 05.0	1 59
31	Tu	22 50.2	1 14	19 31.8	1 05	15 05.4	0 22	23 21.5	1 10	27 06.5	2 00
5	Su	23 17.5	1 15	19 41.2	1 05	15 08.7	0 22	23 23.4	1 10	27 07.9	2 00
10	F	23 44.9	1 15	19 50.6	1 05	15 12.1	0 22	23 25.2	1 10	27 09.4	2 01
15	W	24 12.2	1 15	19 59.9	1 06	15 15.4	0 22	23 27.0	1 10	27 10.9	2 01
20	M	24 39.6	1 15	20 09.3	1 06	15 18.8	0 22	23 28.9	1 10	27 12.3	2 02
25	S	25 07.0	1 15	20 18.7	1 06	15 22.1	0 22	23 30.7	1 10	27 13.8	2 02
30	Th	25 34.4	1 15	20 28.1	1 07	15 25.5	0 22	23 32.5	1 10	27 15.2	2 03

☿a.375307	☿ .464376
♀a.727827	♀ .727708
⊕ 1.00743	⊕ 1.01397
♂ 1.39997	♂p1.38435
♃ 4.97111	♃ 4.96673
♄ 9.89387	♄ 9.88687
♅ 19.7057	♅ 19.7013
♆ 29.9179	♆ 29.9172
♇ 34.5137	♇ 34.5344
☊	Perihelia
☿ 18°♉ 36	☿ 17°♊ 48
♀ 16 ♊ 53	♀ 11 ♌ 39
⊕	⊕ 13 ♋ 09
♂ 19 ♉ 44	♂ 6 ♓ 31
♃ 10 ♋ 42	♃ 14 ♈ 15
♄ 23 ♋ 51	♄ 29 ♊ 01
♅ 14 ♊ 11	♅ 18 ♍ 05
♆ 11 ♌ 59	♆ 21 ♈ 23
♇ 20 ♋ 36	♇ 15 ♏ 39

1 Su	☿☍♆	10am 5
	♀✶♃	10pm19
2 M	⊕∠☿	7am33
	☿△♇	7 58
	♂∠♃	10pm37
3 T	☿⚼♅	0am35
	☿ ♎	1 56
	♀✶♆	7pm54
4 W	☿⚼♄	0am21
	☿△♂	5pm 6
5	⊕☍♅	7am25
6 F	♀☌♇	5am30
	☿⊼♅	11pm54
7 S	⊕⊻☿	2pm53
	♂∠♆	4 3
8 Su	☿△♄	3am 3
	♀ ♒	3 14
	☿⊼♃	4pm52
9 M	☿⊼♆	9am56
	⊕□♄	12pm 1
10	☿□♇	1pm10
11 W	☿ ♏	11am12
	⊕△♃	7pm20
	♀∠♃	11 55
13 F	♀∠♆	8am29
	☿⚼♃	10 30
14 S	⊕△♆	1am13
	☿⚼♆	2 11
	☿□♀	9pm10
15 Su	♀ A	10am35
	☿□♂	5pm48
16	☿☍♅	7am14
17 T	♀☌♂	0am41
	☿0S	1pm 9
	♀□♅	1 58
	☿□♄	5 29
	⊕✶♇	11 34
18 W	♂□♅	10am33
	☿△♃	2pm58
19	☿△♆	4am 9
20 F	♀☌♄	6am32
	☿✶♇	11 57
21 S	⊕ ♐	1am15
	☿ ♐	1pm 2
	⊕☌☿	7 12
22 Su	♀⊻♃	1am23
	♀⊻♆	8pm54
25 W	♀⊻♇	6am 4
	♂☌♄	10 45
	☿∠♇	9pm43
26	☿⊼♅	11pm36
27 F	♀ ♓	2am19
	☿ A	10pm 7
28	☿✶♄	2pm10
29 Su	☿✶♂	11am32
	☿□♃	6pm43
30 M	☿□♆	0am11
	♂⊻♃	10pm50
31 T	☿⊻♇	8am49
	♂⊻♆	7pm 1
1 W	☿ ♑	9am48
	☿⚼♅	10 42
2	⊕∠♇	4pm11
3	☿∠♄	1am25
F	♀∠♇	5pm53
5 Su	⊕□♀	8am52
	☿∠♂	9 26
	♀✶♅	3pm40
	⊕⊼♅	8 11
6 M	♃☌♆	3am24
	☿△♅	5pm34
	♂⊻♇	6 12
7 T	⊕⊻☿	3am47
	☿✶♀	11pm28
8 W	☿⊻♄	7am 5
	♀⊻♄	1pm54
9 Th	☿✶♆	11am56
	☿✶♃	2pm15
10 F	☿☌♇	5pm 8
	⊕✶♄	6 25
	♀☌♆	8 42
11 S	♀☌♃	3am 8
	♂ ♓	6 24
	☿ ♒	2pm53
	☿⊻♂	5 1
13	♀✶♇	5am17
14	⊕∠☿	2am41
T	☿∠♆	5 27
	☿∠♃	10 32
	⊕□♆	12pm21
	♀ ♈	11 57
15 W	♀∠♅	3am52
	⊕□♃	8 9
16	☿□♅	5am36
17 F	☿∠♀	2am42
	♀⊻♂	11 25
	☿☌♄	2pm13
18 S	♀∠♄	4am52
	⊕⊻♇	10 38
	☿⊻♆	12pm35
	☿⊻♃	7 36
19 Su	☿⊻♇	12pm34
	⊕✶☿	9 13
20	☿ ♓	6am 9
21 T	⊕ ♑	9am 7
	♂ P	1pm 8
	⊕⚼♅	5 28
	☿☌♂	11 25
23	☿∠♇	6am56
Th	☿⊻♀	3pm49
24 F	☿✶♅	0am37
	♀⊻♅	3pm32
25 S	☿⊻♄	3am47
	☿☌♆	8pm51
26 Su	☿☌♃	5am50
	☿✶♇	4pm13
27 M	⊕∠♄	0am17
	☿ ♈	6 18
	☿∠♅	8 18
	♀✶♄	7pm17
28 T	☿∠♄	9am11
	⊕□☿	4pm48
29 W	☿⊻♂	3pm 5
	♀⊻♆	6 32
30 Th	☿⊻♅	8am37
	♂∠♇	1pm40

JULY 2022

DAY		☿ LONG	☿ LAT	♀ LONG	♀ LAT	⊕ LONG	♂ LONG	♂ LAT
		° '	° '	° '	° '	° '	° '	° '
1	F	18♈48	3S30	25♈30	2S39	9♑11	12♓32	1S42
2	S	24 12	2 54	27 06	2 36	10 08	13 10	1 42
3	Su	29 44	2 16	28 42	2 32	11 05	13 48	1 41
4	M	5♉25	1 36	0♉18	2 28	12 02	14 26	1 41
5	Tu	11 14	0 54	1 54	2 24	13 00	15 04	1 40
6	W	17 11	0 10	3 29	2 20	13 57	15 42	1 40
7	Th	23 14	0N34	5 05	2 16	14 54	16 20	1 39
8	F	29 23	1 19	6 41	2 12	15 51	16 58	1 39
9	S	5♊37	2 04	8 17	2 07	16 48	17 36	1 38
10	Su	11 54	2 47	9 53	2 03	17 46	18 14	1 38
11	M	18 13	3 29	11 29	1 58	18 43	18 52	1 37
12	Tu	24 32	4 08	13 06	1 53	19 40	19 30	1 36
13	W	0♋50	4 43	14 42	1 49	20 37	20 08	1 36
14	Th	7 06	5 16	16 18	1 44	21 34	20 46	1 35
15	F	13 17	5 44	17 54	1 39	22 32	21 24	1 34
16	S	19 24	6 07	19 30	1 34	23 29	22 02	1 34
17	Su	25 23	6 27	21 06	1 29	24 26	22 39	1 33
18	M	1♌15	6 41	22 43	1 23	25 23	23 17	1 32
19	Tu	6 59	6 52	24 19	1 18	26 20	23 55	1 32
20	W	12 34	6 58	25 55	1 13	27 18	24 33	1 31
21	Th	17 59	7 00	27 32	1 08	28 15	25 11	1 30
22	F	23 15	6 59	29 08	1 02	29 12	25 48	1 30
23	S	28 21	6 54	0♊44	0 57	0♒10	26 26	1 29
24	Su	3♍18	6 47	2 21	0 51	1 07	27 04	1 28
25	M	8 05	6 36	3 57	0 46	2 04	27 41	1 28
26	Tu	12 43	6 24	5 34	0 40	3 02	28 19	1 27
27	W	17 11	6 09	7 10	0 34	3 59	28 57	1 26
28	Th	21 32	5 53	8 47	0 29	4 56	29 34	1 25
29	F	25 44	5 36	10 23	0 23	5 54	0♈12	1 24
30	S	29 48	5 17	12 00	0 17	6 51	0 49	1 24
31	Su	3♎45	4N57	13♊37	0S12	7♒48	1♈27	1S23

AUGUST 2022

DAY		☿ LONG	☿ LAT	♀ LONG	♀ LAT	⊕ LONG	♂ LONG	♂ LAT
		° '	° '	° '	° '	° '	° '	° '
1	M	7♎36	4N37	15♊13	0S06	8♒46	2♈04	1S22
2	Tu	11 19	4 15	16 50	0 00	9 43	2 42	1 21
3	W	14 57	3 54	18 27	0N06	10 41	3 19	1 20
4	Th	18 29	3 32	20 04	0 11	11 38	3 57	1 20
5	F	21 56	3 09	21 40	0 17	12 35	4 34	1 19
6	S	25 18	2 47	23 17	0 23	13 33	5 11	1 18
7	Su	28 35	2 24	24 54	0 28	14 30	5 49	1 17
8	M	1♏49	2 02	26 31	0 34	15 28	6 26	1 16
9	Tu	4 58	1 39	28 08	0 40	16 25	7 03	1 15
10	W	8 04	1 17	29 45	0 45	17 23	7 40	1 14
11	Th	11 07	0 55	1♋22	0 51	18 20	8 17	1 13
12	F	14 07	0 33	2 59	0 57	19 18	8 55	1 13
13	S	17 05	0 11	4 36	1 02	20 16	9 32	1 12
14	Su	20 00	0S10	6 13	1 08	21 13	10 09	1 11
15	M	22 53	0 32	7 50	1 13	22 11	10 46	1 10
16	Tu	25 44	0 53	9 27	1 18	23 08	11 23	1 09
17	W	28 34	1 13	11 04	1 24	24 06	11 59	1 08
18	Th	1♐22	1 33	12 41	1 29	25 04	12 36	1 07
19	F	4 09	1 53	14 18	1 34	26 01	13 13	1 06
20	S	6 55	2 13	15 56	1 39	26 59	13 50	1 05
21	Su	9 41	2 32	17 33	1 44	27 57	14 27	1 04
22	M	12 26	2 51	19 10	1 49	28 55	15 03	1 03
23	Tu	15 11	3 09	20 47	1 54	29 52	15 40	1 02
24	W	17 55	3 27	22 25	1 58	0♓50	16 17	1 01
25	Th	20 40	3 44	24 02	2 03	1 48	16 53	1 00
26	F	23 25	4 01	25 39	2 08	2 46	17 30	0 59
27	S	26 11	4 17	27 17	2 12	3 44	18 06	0 58
28	Su	28 57	4 33	28 54	2 16	4 42	18 43	0 57
29	M	1♑45	4 48	0♌32	2 21	5 40	19 19	0 56
30	Tu	4 33	5 03	2 09	2 25	6 38	19 55	0 55
31	W	7♑23	5S17	3♌46	2N29	7♓36	20♈32	0S54

DAY		♃ LONG	♃ LAT	♄ LONG	♄ LAT	♅ LONG	♅ LAT	♆ LONG	♆ LAT	♇ LONG	♇ LAT
		° '	° '	° '	° '	° '	° '	° '	° '	° '	° '
5	Tu	26♓01.7	1S16	20♒37.4	1S07	15♉28.9	0S22	23♓34.4	1S10	27♑16.7	2S03
10	Su	26 29.1	1 16	20 46.8	1 08	15 32.2	0 22	23 36.2	1 10	27 18.2	2 03
15	F	26 56.5	1 16	20 56.2	1 08	15 35.6	0 22	23 38.0	1 10	27 19.6	2 04
20	W	27 23.9	1 16	21 05.6	1 08	15 38.9	0 22	23 39.9	1 10	27 21.1	2 04
25	M	27 51.3	1 16	21 14.9	1 09	15 42.3	0 22	23 41.7	1 11	27 22.5	2 05
30	S	28 18.8	1 16	21 24.3	1 09	15 45.6	0 22	23 43.5	1 11	27 24.0	2 05
4	Th	28 46.2	1 16	21 33.7	1 09	15 49.0	0 22	23 45.4	1 11	27 25.5	2 06
9	Tu	29 13.6	1 17	21 43.1	1 10	15 52.4	0 22	23 47.2	1 11	27 26.9	2 06
14	Su	29 41.0	1 17	21 52.5	1 10	15 55.7	0 22	23 49.0	1 11	27 28.4	2 06
19	F	0♈08.5	1 17	22 01.9	1 10	15 59.1	0 22	23 50.8	1 11	27 29.8	2 07
24	W	0 35.9	1 17	22 11.3	1 11	16 02.4	0 22	23 52.7	1 11	27 31.3	2 07
29	M	1 03.4	1 17	22 20.7	1 11	16 05.8	0 22	23 54.5	1 11	27 32.7	2 08

☿p .335399	☿a .398166
♀ .724662	♀ .720608
⊕a1.01668	⊕ 1.01507
♂ 1.38195	♂ 1.39295
♃ 4.96298	♃ 4.95964
♄ 9.87999	♄ 9.87277
♅ 19.6970	♅ 19.6925
♆ 29.9166	♆ 29.9160
♇ 34.5544	♇ 34.5751
☊	Perihelia
☿ 18° ♉ 36	☿ 17° ♊ 48
♀ 16 ♊ 53	♀ 11 ♌ 42
⊕	⊕ 11 ♋ 26
♂ 19 ♉ 44	♂ 6 ♓ 30
♃ 10 ♋ 42	♃ 14 ♈ 17
♄ 23 ♋ 51	♄ 29 ♊ 01
♅ 14 ♊ 10	♅ 17 ♍ 39
♆ 11 ♌ 59	♆ 22 ♈ 25
♇ 20 ♋ 37	♇ 15 ♏ 34

1 F	♀⊻♃	2am36
	☿✱♄	7 40
	☿⊻♆	9pm11
2 S	♀□♇	2am30
	☿⊻♃	6 56
	☿□♇	1pm23
	☿☌♀	5 46
	☿∠♂	7 29
3 Su	☿ ♉	1am 8
	♀∠♂	2 35
	♀ ♉	7pm36
4 M	⊕ A	7am11
	☿∠♆	1pm 4
	☿∠♃	11 9
5 T	⊕△☿	8am31
	♂✱♅	3pm57
	☿☌♅	5 13
	☿✱♂	5 22
6 W	☿0N	5am38
	☿□♄	1pm53
7 Th	☿✱♆	1am22
	☿✱♃	11 49
	⊕△♅	3pm22
	☿△♇	3 51
8 F	☿ ♊	2am22
	⊕⚼☿	6 42
9 S	♀∠♆	4am38
	☿⊻♀	1pm43
10 Su	☿⚼♇	1am32
	☿⊻♅	1pm51
	☿ P	9 46
11 M	♀∠♃	1am22
	⊕⚻☿	2 13
	☿□♂	2 45
	☿△♄	9 54
	⊕✱♂	11 28
	☿□♆	8pm30
12 T	☿□♃	8am13
	☿⚻♇	10 34
	☿∠♀	6pm 8
	☿ ♋	8 48
	☿∠♅	10 58
13 W	⊕⊻♄	6am37
	♀☌♅	1pm12
	☿⚼♄	7 23
14	♂⊻♄	5am40
15	☿✱♅	9am 2
16 S	☿✱♀	0am36
	⊕✱♆	4 3
	☿⚻♄	6 18
	☿△♂	11 44
	☿△♆	4pm59
	⊕☍☿	7 26
	♀□♄	10 21
17 Su	☿△♃	7am10
	☿☍♇	7 56
	☿ ♌	6pm50
18 M	♂☌♆	2pm 1
	♀✱♆	2 7
	♀✱♂	2 11
19 T	☿⚼♆	7am 9
	☿⚼♂	9 18
	♃✱♇	10 47
	☿⚼♃	11pm17
20 W	⊕☌♇	1am25
	⊕✱♃	2 53
	☿□♅	1pm36
	♀△♇	9 26
	♀✱♃	11 25
21	☿☍♄	2pm19
22 F	☿⚻♆	1am59
	⊕△♀	2 36
	♀ ♊	12pm56
	☿⚻♂	1 37
	☿⚻♇	7 18
	⊕ ♒	8 0
	☿⚻♃	8 42
23 S	☿ ♍	7am55
	⊕⚻☿	10 46
	☿□♀	5pm 4
24	♂✱♇	11am50
25 M	♂☌♃	7am21
	☿⚼♇	10pm16
26	☿△♅	4pm 3
27 W	⊕⚼☿	12pm35
	☿⚻♄	10 57
28 Th	☿☍♆	12pm24
	♂ ♈	4 23
29 F	☿△♇	9am43
	☿☍♃	2pm55
	♂∠♅	9 31
30 S	☿ ♎	1am10
	☿⚼♅	5 45
	♀⚼♇	5 57
	☿☍♂	7 16
31 Su	☿⚼♄	4pm50
	⊕∠♆	11 22
1 M	♀⊻♅	8am24
	⊕△☿	10 1
2	♀0N	0am41
3	☿⚻♅	5am46
4 Th	☿△♀	8pm33
	☿△♄	9 36
	♀△♄	10 47
5	☿⚻♆	1pm 0
6 S	♀□♆	7am11
	⊕∠♃	11 11
	☿□♇	3pm32
7 Su	☿⚻♃	3am27
	☿ ♏	10 26
8 M	⊕□♅	10am 3
	♂∠♄	10 25
	♀⚻♇	1pm50
9 T	♀□♃	5pm16
	☿⚻♂	8 4
10 W	♀ ♋	3am46
	☿⚼♆	5 38
	♀∠♅	5pm 1
12 F	☿⚼♃	3am 9
	☿☍♅	2pm29
13	☿0S	12pm25
14 Su	⊕⚼♀	0am 9
	♀⚼♄	10 0
	⊕□☿	3pm 9
	☿□♄	3 45
	⊕☌♄	4 59
	☿⚼♀	11 0
15	☿△♆	7am54
16 T	☿⚼♂	6am54
	☿✱♇	2pm49
	⊕⊻♆	5 22
17 W	♃ ♈	10am57
	☿ ♐	12pm16
	☿△♃	12 19
	♀□♂	10 2
20 S	♀✱♅	1am 1
	⊕⊻♇	12pm58
22	☿∠♇	0am41
23 T	⊕ ♓	3am 9
	☿△♂	5 30
	☿⚻♅	7 28
	♂⊻♅	2pm29
	⊕⊻♃	5 26
	♀⚻♄	8 37
	☿ A	9 22
24	♀△♆	9pm46
25 Th	⊕∠♂	5am46
	☿✱♄	1pm41
26	☿□♆	4am 6
27 S	♀☍♇	3am48
	☿⊻♇	11 46
	☿⚻♀	10pm56
28 Su	☿ ♑	9am 1
	♀ ♌	4pm14
	☿□♃	5 54
	☿⚼♅	6 26
29 M	♀△♃	8am18
	♃∠♅	12pm 5
31 W	☿∠♄	0am14
	⊕✱☿	2 46

SEPTEMBER 2022

DAY	☿ LONG	☿ LAT	♀ LONG	♀ LAT	⊕ LONG	♂ LONG	♂ LAT
	° '	° '	° '	° '	° '	° '	° '
1 Th	10♑14	5S30	5♌24	2N33	8♓34	21♈08	0S53
2 F	13 07	5 43	7 01	2 36	9 32	21 44	0 52
3 S	16 03	5 55	8 39	2 40	10 30	22 20	0 51
4 Su	19 00	6 06	10 16	2 44	11 28	22 56	0 50
5 M	22 00	6 16	11 54	2 47	12 26	23 33	0 49
6 Tu	25 03	6 26	13 31	2 50	13 24	24 09	0 48
7 W	28 09	6 34	15 09	2 53	14 23	24 45	0 47
8 Th	1♒18	6 42	16 46	2 56	15 21	25 20	0 46
9 F	4 31	6 48	18 24	2 59	16 19	25 56	0 45
10 S	7 48	6 53	20 01	3 02	17 17	26 32	0 44
11 Su	11 09	6 57	21 39	3 04	18 16	27 08	0 43
12 M	14 34	6 59	23 16	3 07	19 14	27 44	0 42
13 Tu	18 05	7 00	24 54	3 09	20 12	28 19	0 41
14 W	21 40	7 00	26 31	3 11	21 11	28 55	0 39
15 Th	25 21	6 57	28 09	3 13	22 09	29 30	0 38
16 F	29 08	6 53	29 46	3 15	23 08	0♉06	0 37
17 S	3♓02	6 47	1♍24	3 16	24 06	0 41	0 36
18 Su	7 02	6 39	3 02	3 18	25 05	1 17	0 35
19 M	11 09	6 28	4 39	3 19	26 03	1 52	0 34
20 Tu	15 23	6 16	6 16	3 20	27 02	2 27	0 33
21 W	19 45	6 00	7 54	3 21	28 00	3 03	0 32
22 Th	24 16	5 42	9 31	3 22	28 59	3 38	0 31
23 F	28 54	5 21	11 09	3 23	29 58	4 13	0 30
24 S	3♈42	4 57	12 46	3 23	0♈56	4 48	0 29
25 Su	8 38	4 31	14 24	3 23	1 55	5 23	0 28
26 M	13 44	4 01	16 01	3 24	2 54	5 58	0 26
27 Tu	18 58	3 29	17 38	3 24	3 53	6 33	0 25
28 W	24 22	2 53	19 16	3 24	4 52	7 08	0 24
29 Th	29 55	2 15	20 53	3 23	5 51	7 43	0 23
30 F	5♉36	1S35	22♍30	3N23	6♈50	8♉17	0S22

OCTOBER 2022

DAY	☿ LONG	☿ LAT	♀ LONG	♀ LAT	⊕ LONG	♂ LONG	♂ LAT
	° '	° '	° '	° '	° '	° '	° '
1 S	11♉25	0S53	24♍08	3N22	7♈49	8♉52	0S21
2 Su	17 22	0 09	25 45	3 21	8 48	9 27	0 20
3 M	23 26	0N36	27 22	3 20	9 47	10 01	0 19
4 Tu	29 35	1 20	28 59	3 19	10 46	10 36	0 18
5 W	5♊49	2 05	0♎37	3 18	11 45	11 10	0 17
6 Th	12 06	2 48	2 14	3 16	12 44	11 45	0 15
7 F	18 25	3 30	3 51	3 15	13 43	12 19	0 14
8 S	24 44	4 09	5 28	3 13	14 42	12 53	0 13
9 Su	1♋02	4 44	7 05	3 11	15 41	13 28	0 12
10 M	7 18	5 16	8 42	3 09	16 41	14 02	0 11
11 Tu	13 29	5 44	10 19	3 07	17 40	14 36	0 10
12 W	19 35	6 08	11 56	3 05	18 39	15 10	0 09
13 Th	25 34	6 27	13 33	3 02	19 38	15 44	0 08
14 F	1♌26	6 42	15 09	2 59	20 38	16 18	0 07
15 S	7 09	6 52	16 46	2 57	21 37	16 52	0 06
16 Su	12 44	6 58	18 23	2 54	22 37	17 26	0 04
17 M	18 09	7 00	20 00	2 51	23 36	17 59	0 03
18 Tu	23 25	6 59	21 36	2 47	24 36	18 33	0 02
19 W	28 31	6 54	23 13	2 44	25 35	19 07	0 01
20 Th	3♍27	6 46	24 50	2 41	26 35	19 40	0 00
21 F	8 14	6 36	26 26	2 37	27 35	20 14	0N01
22 S	12 51	6 24	28 03	2 33	28 34	20 48	0 02
23 Su	17 20	6 09	29 39	2 30	29 34	21 21	0 03
24 M	21 40	5 53	1♏15	2 26	0♉34	21 54	0 04
25 Tu	25 52	5 35	2 52	2 22	1 33	22 28	0 05
26 W	29 56	5 16	4 28	2 17	2 33	23 01	0 06
27 Th	3♎53	4 56	6 04	2 13	3 33	23 34	0 07
28 F	7 43	4 36	7 41	2 09	4 33	24 07	0 09
29 S	11 26	4 15	9 17	2 04	5 33	24 40	0 10
30 Su	15 04	3 53	10 53	2 00	6 33	25 13	0 11
31 M	18♎36	3N31	12♏29	1N55	7♉33	25♉46	0N12

DAY	♃ LONG	♃ LAT	♄ LONG	♄ LAT	♅ LONG	♅ LAT	♆ LONG	♆ LAT	♇ LONG	♇ LAT
	° '	° '	° '	° '	° '	° '	° '	° '	° '	° '
3 S	1♈30.8	1S17	22♒30.1	1S12	16♉09.1	0S22	23♓56.3	1S11	27♑34.2	2S08
8 Th	1 58.3	1 17	22 39.5	1 12	16 12.5	0 22	23 58.2	1 11	27 35.6	2 09
13 Tu	2 25.7	1 17	22 48.9	1 12	16 15.8	0 22	24 00.0	1 11	27 37.1	2 09
18 Su	2 53.2	1 17	22 58.3	1 13	16 19.2	0 22	24 01.8	1 11	27 38.5	2 10
23 F	3 20.6	1 18	23 07.7	1 13	16 22.6	0 22	24 03.6	1 11	27 40.0	2 10
28 W	3 48.1	1 18	23 17.1	1 13	16 25.9	0 22	24 05.5	1 11	27 41.4	2 10
3 M	4 15.6	1 18	23 26.5	1 14	16 29.3	0 22	24 07.3	1 11	27 42.9	2 11
8 S	4 43.0	1 18	23 35.9	1 14	16 32.6	0 21	24 09.1	1 11	27 44.3	2 11
13 Th	5 10.5	1 18	23 45.3	1 14	16 36.0	0 21	24 10.9	1 11	27 45.8	2 12
18 Tu	5 38.0	1 18	23 54.7	1 15	16 39.3	0 21	24 12.8	1 11	27 47.2	2 12
23 Su	6 05.5	1 18	24 04.1	1 15	16 42.7	0 21	24 14.6	1 11	27 48.7	2 13
28 F	6 33.0	1 18	24 13.6	1 15	16 46.1	0 21	24 16.4	1 11	27 50.1	2 13

☿ .457567	☿p.318109
♀p.718473	♀ .719710
⊕ 1.00937	⊕ 1.00137
♂ 1.41619	♂ 1.44766
♃ 4.95683	♃ 4.95463
♄ 9.86544	♄ 9.85824
♅ 19.6879	♅ 19.6835
♆ 29.9153	♆ 29.9146
♇ 34.5958	♇ 34.6158
☊	Perihelia
☿ 18°♉ 36	☿ 17°♊ 48
♀ 16 ♊ 53	♀ 11 ♌ 39
⊕	⊕ 13 ♋ 48
♂ 19 ♉ 44	♂ 6 ♓ 27
♃ 10 ♋ 42	♃ 14 ♈ 17
♄ 23 ♋ 51	♄ 29 ♊ 01
♅ 14 ♊ 10	♅ 17 ♍ 17
♆ 11 ♌ 59	♆ 23 ♈ 24
♇ 20 ♋ 37	♇ 15 ♏ 29

3 S	☿△♅	0am52
	♀Q♆	4 20
	♂✶♄	6 48
4	♀ P	8pm21
5 M	⊕∠♇	3am31
	☿⊻♄	4 28
	☿□♂	3pm 7
	☿✶♆	3 24
	♂⊻♆	4 31
	⊕⊼♀	7 50
6	☿☌♇	7pm40
7 W	⊕∠☿	1pm33
	☿ ♒	2 7
	♀□♅	3 37
8 Th	♀Q♃	3am 7
	☿✶♃	5 9
	⊕✶♅	9pm33
10	☿∠♆	8am34
11 Su	♀☍♄	4pm37
	♂□♇	7 25
12 M	♀⊼♆	10am41
	☿□♅	11 37
	☿∠♃	7pm29
13	⊕⊻☿	7pm34
14 W	☿☌♄	7am48
	☿⊻♆	3pm19
	♀⊼♇	4 16
15 Th	☿⊻♇	2pm31
	⊕⊻♄	6 29
	♂ ♉	8 1
16 F	♀ ♍	3am20
	☿ ♓	5 23
	☿☍♀	6 53
	☿✶♂	7 4
	♀△♂	7 30
	⊕☌♆	10pm 7
	☿⊻♃	10 33
17	♀⊼♃	9pm49
19	☿∠♇	8am36
20 T	☿✶♅	5am20
	☿∠♂	1pm15
	⊕✶♇	3 24
21 W	♂⊻♃	5am40
	☿⊻♄	5pm50
	☿☌♆	10 55
22	☿✶♇	5pm40
23 F	⊕ ♈	0am56
	☿ ♈	5 33
	⊕☌☿	6 44
	☿∠♅	12pm30
	♀Q♇	10 31
	☿☌♃	10 41
24 S	☿⊻♂	6am 9
	⊕∠♅	11 4
	☿∠♄	9pm51
26 M	♀△♅	5am49
	☿⊻♅	12pm23
	☿⊼♀	3 18
	⊕☌♃	7 23
27 T	☿✶♄	7pm13
	☿⊻♆	10 47
28	☿□♇	2pm29
29 Th	☿ ♉	0am23
	☿⊻♃	5pm 9
30 F	⊕⊻☿	6am 9
	☿Q♀	11 0
	☿☌♂	12pm24
	♀⊼♄	12 40
	☿∠♆	2 32
	♀Q♂	5 58
	♀☍♆	11 43
1 S	♂∠♆	10am11
	⊕∠♄	2pm22
	☿☌♅	8 26
2 Su	☿0N	4am54
	☿∠♃	7 17
3 M	☿□♄	0am 3
	☿✶♆	2 44
	♀△♇	5 7
	⊕∠☿	6 18
	⊕⊻♂	2pm22
	☿△♇	4 46
	☿△♀	8 53
4 T	☿ ♊	1am37
	♀ ♎	2pm58
	☿✶♃	6 40
5 W	♀Q♅	1pm27
	☿⊻♂	10 31
6 Th	☿Q♇	2am24
	⊕✶☿	2 51
	☿⊻♅	4pm51
	☿ P	9 1
7 F	♀☍♃	12pm15
	☿△♄	7 40
	☿□♆	9 47
8 S	☿⊼♇	11am26
	☿∠♂	1pm11
	☿ ♋	8 3
9 Su	☿∠♅	1am59
	☿□♃	2pm40
	⊕⊻♅	9 18
	♀Q♄	11 27
10 M	☿Q♄	5am18
	☿□♀	7 20
11 T	☿✶♂	4am48
	☿✶♅	12pm 9
	⊕□☿	7 36
12 W	☿⊼♄	4pm38
	☿△♆	6 24
13 Th	☿☍♇	8am55
	☿ ♌	6pm 5
14 F	♂☌♅	1pm33
	☿△♃	4 16
	♀⊼♅	9 47
15 S	♀⊼♂	2am 8
	☿Q♆	8 42
16 Su	☿□♅	5pm15
	☿□♂	11 12
17 M	⊕✶♄	6am56
	☿Q♃	11 1
	☿✶♀	12pm 0
	⊕⊻♆	2 42
18 T	☿☍♄	2am21
	☿⊼♆	3 44
	⊕△☿	6 50
	☿⊼♇	8pm35
19 W	☿ ♍	7am10
	♀△♄	11 4
	♀⊼♆	3pm 1
20 Th	♂0N	2am21
	☿⊼♃	12pm 2
21 F	⊕□♇	5am29
	♀□♇	8pm28
	☿Q♇	11 46
22 S	☿∠♀	1am34
	⊕Q☿	4 52
	♂∠♃	10 42
	☿△♅	8pm38
	⊕☍♀	8 41
23 Su	♀ ♏	5am14
	⊕ ♉	10 29
24 M	☿△♂	1am34
	☿⊼♄	1pm57
	☿☍♆	2 43
25	☿△♇	11am29
26 W	☿ ♎	0am25
	☿Q♅	10 58
	⊕⊼☿	9pm18
27 Th	♀⊼♃	6am 7
	☿☍♃	4pm28
	☿⊻♀	11 36
28 F	♂□♄	4am48
	♂✶♆	6 41
	☿Q♄	9 45
	☿Q♂	10 34
29 S	♀Q♆	0am 1
	♄⊻♆	9pm29
30 Su	⊕⊻♃	4am53
	☿⊼♅	11 42

NOVEMBER 2022

DAY	☿ LONG	☿ LAT	♀ LONG	♀ LAT	⊕ LONG	♂ LONG	♂ LAT
	° '	° '	° '	° '	° '	° '	° '
1 Tu	22♎02	3N09	14♏05	1N50	8♉33	26♉19	0N13
2 W	25 24	2 46	15 41	1 46	9 33	26 52	0 14
3 Th	28 42	2 24	17 17	1 41	10 33	27 25	0 15
4 F	1♏55	2 01	18 53	1 36	11 33	27 58	0 16
5 S	5 04	1 39	20 29	1 31	12 33	28 31	0 17
6 Su	8 10	1 16	22 04	1 26	13 33	29 03	0 18
7 M	11 13	0 54	23 40	1 20	14 33	29 36	0 19
8 Tu	14 13	0 32	25 16	1 15	15 34	0♊08	0 20
9 W	17 10	0 11	26 52	1 10	16 34	0 41	0 21
10 Th	20 05	0S11	28 27	1 04	17 34	1 13	0 22
11 F	22 58	0 32	0♐03	0 59	18 34	1 46	0 23
12 S	25 50	0 53	1 38	0 54	19 35	2 18	0 24
13 Su	28 39	1 14	3 14	0 48	20 35	2 50	0 25
14 M	1♐27	1 34	4 50	0 43	21 35	3 22	0 26
15 Tu	4 14	1 54	6 25	0 37	22 36	3 54	0 27
16 W	7 01	2 13	8 00	0 31	23 36	4 27	0 28
17 Th	9 46	2 32	9 36	0 26	24 37	4 59	0 29
18 F	12 31	2 51	11 11	0 20	25 37	5 31	0 30
19 S	15 16	3 09	12 46	0 15	26 38	6 02	0 31
20 Su	18 01	3 27	14 22	0 09	27 38	6 34	0 32
21 M	20 45	3 45	15 57	0 03	28 39	7 06	0 33
22 Tu	23 30	4 01	17 32	0S02	29 39	7 38	0 34
23 W	26 16	4 18	19 07	0 08	0♊40	8 10	0 35
24 Th	29 02	4 33	20 43	0 14	1 41	8 41	0 36
25 F	1♑50	4 49	22 18	0 19	2 41	9 13	0 37
26 S	4 38	5 03	23 53	0 25	3 42	9 44	0 38
27 Su	7 28	5 17	25 28	0 30	4 43	10 16	0 39
28 M	10 20	5 31	27 03	0 36	5 43	10 47	0 40
29 Tu	13 13	5 43	28 38	0 42	6 44	11 19	0 41
30 W	16♑08	5S55	0♑13	0S47	7♊45	11♊50	0N42

DECEMBER 2022

DAY	☿ LONG	☿ LAT	♀ LONG	♀ LAT	⊕ LONG	♂ LONG	♂ LAT
	° '	° '	° '	° '	° '	° '	° '
1 Th	19♑06	6S06	1♑48	0S52	8♊46	12♊21	0N43
2 F	22 06	6 17	3 23	0 58	9 46	12 52	0 44
3 S	25 09	6 26	4 58	1 03	10 47	13 24	0 45
4 Su	28 15	6 34	6 33	1 09	11 48	13 55	0 45
5 M	1♒24	6 42	8 08	1 14	12 49	14 26	0 46
6 Tu	4 37	6 48	9 43	1 19	13 50	14 57	0 47
7 W	7 54	6 53	11 18	1 24	14 51	15 28	0 48
8 Th	11 15	6 57	12 53	1 29	15 52	15 59	0 49
9 F	14 41	6 59	14 28	1 34	16 53	16 29	0 50
10 S	18 11	7 00	16 02	1 39	17 53	17 00	0 51
11 Su	21 47	7 00	17 37	1 44	18 54	17 31	0 52
12 M	25 28	6 57	19 12	1 49	19 55	18 02	0 53
13 Tu	29 15	6 53	20 47	1 54	20 56	18 32	0 53
14 W	3♓09	6 47	22 22	1 58	21 57	19 03	0 54
15 Th	7 09	6 39	23 57	2 03	22 58	19 33	0 55
16 F	11 16	6 28	25 32	2 07	23 59	20 04	0 56
17 S	15 31	6 15	27 06	2 12	25 00	20 34	0 57
18 Su	19 53	6 00	28 41	2 16	26 02	21 05	0 58
19 M	24 24	5 41	0♒16	2 20	27 03	21 35	0 59
20 Tu	29 03	5 21	1 51	2 24	28 04	22 05	0 59
21 W	3♈51	4 57	3 26	2 28	29 05	22 36	1 00
22 Th	8 47	4 30	5 01	2 32	0♋06	23 06	1 01
23 F	13 53	4 00	6 36	2 35	1 07	23 36	1 02
24 S	19 08	3 28	8 11	2 39	2 08	24 06	1 03
25 Su	24 32	2 52	9 45	2 42	3 09	24 36	1 03
26 M	0♉05	2 14	11 20	2 46	4 10	25 06	1 04
27 Tu	5 46	1 34	12 55	2 49	5 12	25 36	1 05
28 W	11 36	0 51	14 30	2 52	6 13	26 06	1 06
29 Th	17 33	0 08	16 05	2 55	7 14	26 36	1 07
30 F	23 37	0N37	17 40	2 58	8 15	27 06	1 07
31 S	29♉46	1N22	19♒15	3S00	9♋16	27♊36	1N08

DAY	♃ LONG	♃ LAT	♄ LONG	♄ LAT	♅ LONG	♅ LAT	♆ LONG	♆ LAT	♇ LONG	♇ LAT
	° '	° '	° '	° '	° '	° '	° '	° '	° '	° '
2 W	7♈00.5	1S18	24♒23.0	1S16	16♉49.4	0S21	24♓18.3	1S11	27♑51.6	2S14
7 M	7 27.9	1 18	24 32.4	1 16	16 52.8	0 21	24 20.1	1 11	27 53.0	2 14
12 S	7 55.4	1 18	24 41.8	1 16	16 56.1	0 21	24 21.9	1 11	27 54.5	2 14
17 Th	8 23.0	1 18	24 51.3	1 17	16 59.5	0 21	24 23.8	1 11	27 55.9	2 15
22 Tu	8 50.4	1 18	25 00.7	1 17	17 02.9	0 21	24 25.6	1 12	27 57.4	2 15
27 Su	9 18.0	1 18	25 10.2	1 18	17 06.2	0 21	24 27.4	1 12	27 58.8	2 16
2 F	9 45.5	1 18	25 19.6	1 18	17 09.6	0 21	24 29.3	1 12	28 00.3	2 16
7 W	10 13.0	1 18	25 29.0	1 18	17 13.0	0 21	24 31.1	1 12	28 01.7	2 17
12 M	10 40.5	1 18	25 38.5	1 19	17 16.3	0 21	24 32.9	1 12	28 03.2	2 17
17 S	11 08.0	1 18	25 47.9	1 19	17 19.7	0 21	24 34.8	1 12	28 04.6	2 17
22 Th	11 35.5	1 18	25 57.4	1 19	17 23.1	0 21	24 36.6	1 12	28 06.1	2 18
27 Tu	12 03.0	1 18	26 06.9	1 20	17 26.4	0 21	24 38.4	1 12	28 07.6	2 18

☿a .418985	☿ .449578
♀ .723503	♀a .727075
⊕ .992699	⊕ .986197
♂ 1.48591	♂ 1.52500
♃ 4.95290	♃ 4.95175
♄ 9.85070	♄ 9.84331
♅ 19.6790	♅ 19.6745
♆ 29.9139	♆ 29.9133
♇ 34.6366	♇ 34.6566
☊	Perihelia
☿ 18°♉ 36	☿ 17°♊ 49
♀ 16 ♊ 53	♀ 11 ♌ 36
⊕	⊕ 14 ♋ 46
♂ 19 ♉ 44	♂ 6 ♓ 26
♃ 10 ♋ 43	♃ 14 ♈ 17
♄ 23 ♋ 51	♄ 29 ♊ 02
♅ 14 ♊ 10	♅ 16 ♍ 53
♆ 11 ♌ 59	♆ 24 ♈ 26
♇ 20 ♋ 37	♇ 15 ♏ 23

1 T	☿⚻♆	4pm 5
	☿△♄	4 36
	⊕∠♆	6 8
2 W	☿⚻♂	12pm46
	♀☍♅	5 15
	☿□♇	5 54
3 Th	☿ ♏	9am41
	♂△♇	7pm48
5	☿⚻♃	5pm36
6 Su	♀⚼♃	4am47
	☿⚼♆	9 6
7 M	♀△♆	10am 2
	♀□♄	1pm21
	♂ ♊	5 53
8 T	⊕☍☿	4pm26
	☿☍♅	9 46
9 W	⊕☌♅	8am13
	☿0S	11 41
	♀✶♇	3pm36
10 Th	☿⚼♃	10pm47
	♀ ♐	11 16
11 F	☿△♆	11am39
	☿□♄	2pm22
12 S	♀☍♂	2pm56
	☿✶♇	5 41
13	☿ ♐	11am31
14	☿☍♂	8pm26
15	⊕∠♃	3pm53
16 W	♀△♃	4am34
	☿△♃	11 30
	⊕✶♆	6pm55
	☿☌♀	8 25
17	⊕□♄	6am 3
18	☿∠♇	3am39
19 S	♀∠♇	2am33
	☿⚻♅	3pm22
	☿ A	8 39
20	⊕△♇	7am28
21 M	♀0S	2pm 7
	♀⚻♅	4 33
22 T	☿□♆	8am 1
	⊕ ♊	8 13
	☿✶♄	1pm14
23	☿⚺♇	2pm41
24 Th	☿ ♑	8am16
	♂✶♃	6pm36
25 F	☿⚼♅	2am10
	⊕⚻☿	11 28
26 S	♀□♆	8am41
	♀✶♄	7pm26
27 Su	☿□♃	3pm54
	☿∠♄	10 55
28 M	☿⚻♂	4am41
	♀⚺♇	2pm13
29	♀ ♑	8pm42
30	☿△♅	8am10

1 Th	♀⚼♅	5am19
	⊕✶♃	11pm33
2 F	♂⚼♇	6am 6
	☿✶♆	6pm51
3 S	☿⚺♄	1am38
	⊕⚼☿	7 25
	☿☌♇	10pm11
4 Su	☿⚼♂	6am 4
	☿ ♒	1pm22
5	⊕⚼♇	4am49
6 T	♀□♃	6am37
	♀∠♄	11 26
7 W	☿∠♆	11am40
	☿✶♃	5pm 6
8 Th	⊕☌♂	5am36
	☿⚺♀	9pm11
9 F	⊕⚺♅	8am40
	☿△♂	2pm36
	☿□♅	5 37
	⊕△☿	9 12
10 S	♂⚺♅	11am44
	♀△♅	6pm29
	♀⚻♂	9 39
11 Su	♃∠♄	10am45
	☿⚺♆	6pm 3
12 M	☿☌♄	1am 7
	☿∠♃	1 21
	☿⚺♇	4pm28
13 T	☿ ♓	4am38
	⊕⚻♀	6 37
15 Th	♀✶♆	9am28
	☿∠♀	5pm 4
	☿⚺♃	10 39
16 F	♀⚺♄	3am44
	☿∠♇	10 17
	⊕□♆	1pm51
17 S	☿✶♅	10am 3
	♀☌♇	2pm46
	⊕△♄	7 16
18 Su	☿□♂	7am13
	♀ ♒	7pm55
19 M	☿☌♆	1am 0
	☿⚺♄	7 40
	⊕□☿	5pm33
	☿✶♇	7 6
20 T	⊕⚻♇	0am44
	☿ ♈	4 48
	☿∠♅	4pm41
	☿✶♀	8 58
21	⊕ ♋	9pm41
22 Th	☿∠♄	10am21
	☿☌♃	1pm31
23	☿⚺♅	4pm10
24 S	⊕∠♅	6am27
	♀⚼♂	8pm36
	♀∠♆	10 3
25 Su	☿✶♂	0am20
	☿⚺♆	0 25
	♂□♆	1 13
	☿✶♄	6 40
	☿□♇	3pm35
	☿ ♉	11 39
26 M	♀ A	3am10
	♀✶♃	10 0
	⊕✶☿	9pm 4
27 T	☿∠♆	4pm 0
	☿∠♂	9 47
28 W	☿⚺♃	2am15
	♂△♄	2 17
	☿□♀	4pm 1
	☿☌♅	11 39
29 Th	☿0N	4am11
	♀□♅	9pm 4
	⊕∠☿	10 17
30 F	☿✶♆	4am 6
	☿□♄	10 12
	☿∠♃	2pm43
	☿⚺♂	2 48
	☿△♇	5 41
31	☿ ♊	0am53

JANUARY 2023

DAY	☿ LONG	☿ LAT	♀ LONG	♀ LAT	⊕ LONG	♂ LONG	♂ LAT
	° '	° '	° '	° '	° '	° '	° '
1 Su	6♊00	2N06	20♒50	3S03	10♋17	28♊05	1N09
2 M	12 17	2 50	22 25	3 05	11 18	28 35	1 10
3 Tu	18 36	3 31	24 00	3 08	12 20	29 05	1 10
4 W	24 56	4 10	25 35	3 10	13 21	29 34	1 11
5 Th	1♋14	4 45	27 10	3 12	14 22	0♋04	1 12
6 F	7 29	5 17	28 45	3 14	15 23	0 33	1 13
7 S	13 40	5 45	0♓20	3 15	16 24	1 03	1 13
8 Su	19 46	6 09	1 55	3 17	17 25	1 32	1 14
9 M	25 45	6 28	3 30	3 18	18 26	2 01	1 15
10 Tu	1♌37	6 42	5 05	3 19	19 28	2 31	1 15
11 W	7 20	6 52	6 40	3 20	20 29	3 00	1 16
12 Th	12 54	6 58	8 15	3 21	21 30	3 29	1 17
13 F	18 19	7 00	9 50	3 22	22 31	3 58	1 17
14 S	23 34	6 59	11 26	3 23	23 32	4 28	1 18
15 Su	28 40	6 54	13 01	3 23	24 33	4 57	1 19
16 M	3♍36	6 46	14 36	3 24	25 34	5 26	1 19
17 Tu	8 22	6 36	16 11	3 24	26 35	5 55	1 20
18 W	13 00	6 23	17 47	3 24	27 36	6 24	1 21
19 Th	17 28	6 09	19 22	3 24	28 38	6 53	1 21
20 F	21 48	5 52	20 57	3 23	29 39	7 22	1 22
21 S	25 59	5 35	22 32	3 23	0♌40	7 50	1 23
22 Su	0♎03	5 16	24 08	3 22	1 41	8 19	1 23
23 M	4 00	4 56	25 43	3 21	2 42	8 48	1 24
24 Tu	7 50	4 35	27 18	3 20	3 43	9 17	1 24
25 W	11 33	4 14	28 54	3 19	4 44	9 45	1 25
26 Th	15 11	3 52	0♈29	3 18	5 45	10 14	1 26
27 F	18 42	3 30	2 05	3 17	6 46	10 43	1 26
28 S	22 09	3 08	3 40	3 15	7 47	11 11	1 27
29 Su	25 31	2 46	5 16	3 13	8 48	11 40	1 27
30 M	28 48	2 23	6 51	3 11	9 49	12 08	1 28
31 Tu	2♏01	2N01	8♈27	3S09	10♌50	12♋37	1N29

FEBRUARY 2023

DAY	☿ LONG	☿ LAT	♀ LONG	♀ LAT	⊕ LONG	♂ LONG	♂ LAT
	° '	° '	° '	° '	° '	° '	° '
1 W	5♏10	1N38	10♈02	3S07	11♌51	13♋05	1N29
2 Th	8 16	1 16	11 38	3 05	12 52	13 34	1 30
3 F	11 19	0 54	13 14	3 03	13 53	14 02	1 30
4 S	14 19	0 32	14 49	3 00	14 53	14 30	1 31
5 Su	17 16	0 10	16 25	2 57	15 54	14 59	1 31
6 M	20 11	0S12	18 00	2 54	16 55	15 27	1 32
7 Tu	23 04	0 33	19 36	2 51	17 56	15 55	1 32
8 W	25 55	0 54	21 12	2 48	18 57	16 23	1 33
9 Th	28 45	1 14	22 48	2 45	19 57	16 51	1 33
10 F	1♐33	1 35	24 23	2 42	20 58	17 20	1 34
11 S	4 20	1 54	25 59	2 38	21 59	17 48	1 34
12 Su	7 06	2 14	27 35	2 35	23 00	18 16	1 35
13 M	9 52	2 33	29 11	2 31	24 00	18 44	1 35
14 Tu	12 36	2 52	0♉47	2 27	25 01	19 12	1 36
15 W	15 21	3 10	2 23	2 23	26 02	19 40	1 36
16 Th	18 06	3 28	3 59	2 19	27 02	20 07	1 36
17 F	20 51	3 45	5 35	2 15	28 03	20 35	1 37
18 S	23 36	4 02	7 11	2 10	29 03	21 03	1 37
19 Su	26 21	4 18	8 47	2 06	0♍04	21 31	1 38
20 M	29 08	4 34	10 23	2 01	1 04	21 59	1 38
21 Tu	1♑55	4 49	11 59	1 57	2 05	22 27	1 39
22 W	4 44	5 04	13 35	1 52	3 05	22 54	1 39
23 Th	7 34	5 18	15 11	1 47	4 06	23 22	1 39
24 F	10 25	5 31	16 47	1 42	5 06	23 50	1 40
25 S	13 19	5 44	18 23	1 37	6 07	24 17	1 40
26 Su	16 14	5 56	20 00	1 32	7 07	24 45	1 41
27 M	19 12	6 07	21 36	1 27	8 07	25 12	1 41
28 Tu	22♑12	6S17	23♉12	1S22	9♍08	25♋40	1N41

DAY	♃ LONG	♃ LAT	♄ LONG	♄ LAT	♅ LONG	♅ LAT	♆ LONG	♆ LAT	♇ LONG	♇ LAT
	° '	° '	° '	° '	° '	° '	° '	° '	° '	° '
1 Su	12♈30.5	1S18	26♒16.3	1S20	17♉29.8	0S21	24♓40.3	1S12	28♑09.0	2S19
6 F	12 58.1	1 18	26 25.8	1 20	17 33.2	0 21	24 42.1	1 12	28 10.5	2 19
11 W	13 25.6	1 18	26 35.2	1 21	17 36.5	0 21	24 43.9	1 12	28 11.9	2 20
16 M	13 53.1	1 18	26 44.7	1 21	17 39.9	0 21	24 45.8	1 12	28 13.3	2 20
21 S	14 20.6	1 18	26 54.2	1 21	17 43.3	0 21	24 47.6	1 12	28 14.8	2 21
26 Th	14 48.1	1 18	27 03.6	1 22	17 46.7	0 21	24 49.4	1 12	28 16.3	2 21
31 Tu	15 15.6	1 18	27 13.1	1 22	17 50.0	0 21	24 51.3	1 12	28 17.7	2 21
5 Su	15 43.2	1 18	27 22.6	1 22	17 53.4	0 20	24 53.1	1 12	28 19.1	2 22
10 F	16 10.7	1 18	27 32.1	1 23	17 56.8	0 20	24 54.9	1 12	28 20.6	2 22
15 W	16 38.2	1 18	27 41.5	1 23	18 00.1	0 20	24 56.8	1 12	28 22.0	2 23
20 M	17 05.7	1 18	27 51.0	1 23	18 03.5	0 20	24 58.6	1 12	28 23.5	2 23
25 S	17 33.2	1 18	28 00.5	1 24	18 06.9	0 20	25 00.4	1 12	28 24.9	2 24

☿p .308592	☿a .436679
♀ .728156	♀ .725869
⊕p .983337	⊕ .985243
♂ 1.56425	♂ 1.59954
♃p 4.95112	♃ 4.95105
♄ 9.83557	♄ 9.82774
♅ 19.6699	♅ 19.6652
♆ 29.9126	♆ 29.9119
♇ 34.6774	♇ 34.6981
☊	Perihelia
☿ 18°♉ 36	☿ 17°♊ 49
♀ 16 ♊ 53	♀ 11 ♌ 40
⊕	⊕ 13 ♋ 30
♂ 19 ♉ 44	♂ 6 ♓ 26
♃ 10 ♋ 43	♃ 14 ♈ 18
♄ 23 ♋ 52	♄ 29 ♊ 06
♅ 14 ♊ 10	♅ 16 ♍ 32
♆ 12 ♌ 00	♆ 25 ♈ 34
♇ 20 ♋ 37	♇ 15 ♏ 17

1 Su	♂⚻♇	3am 4
	⊕⚺☿	7pm32
	⊕⚼♄	11 53
2 M	☿⚹♃	1am12
	☿⚼♇	3 17
	☿⚺♅	7pm52
	☿ P	8 19
3 T	⊕□♃	9am28
	♀⚺♆	10 27
	☿□♆	11pm 6
4 W	☿△♀	3am19
	☿△♄	5 30
	♀☌♄	12pm10
	☿⚻♇	12 19
	⊕ P	4 19
	☿☌♂	7 10
	☿ ♋	7 19
	♂ ♋	9 0
5 Th	☿∠♅	5am 2
	♀∠♃	11 28
	♀⚺♇	3pm17
6 F	☿⚼♄	3pm21
	♀ ♓	6 59
	☿□♃	9 35
7 S	☿⚼♀	8am47
	⊕☌☿	12pm51
	☿⚹♅	3 19
	♀△♂	3 38
8 Su	⊕⚹♅	3am40
	☿△♆	7pm50
	⊕⚼♀	9 27
9 M	☿⚻♄	3am 9
	☿☍♇	9 56
	☿ ♌	5pm21
10 T	☿⚺♂	4am 5
	♂∠♅	4 19
	☿⚻♀	8pm 7
11	☿⚼♆	10am17
12 Th	☿△♃	2am45
	☿□♅	8pm55
13 F	☿∠♂	3am16
	⊕⚺☿	11pm47
14 S	☿⚻♆	5am30
	☿☍♄	2pm40
	☿⚻♇	9 52
15	☿⚼♃	0am38
Su	♀∠♇	3 5
	⊕△♆	4 51
	☿ ♍	6 25
	♀⚺♃	12pm30
16	☿⚹♂	10am 9
17 T	⊕⚻♄	4am33
	⊕∠☿	9pm23
	♀⚹♅	10 40
18 W	☿⚼♇	1am16
	☿⚻♃	5 49
	⊕☍♇	2pm47
19 Th	☿△♅	1am16
	☿☍♀	4pm29
20 F	⊕ ♌	8am23
	♃ P	11 43
	☿☍♆	5pm 4
21 S	☿⚻♄	5am21
	☿△♇	1pm14
	☿ ♎	11 39
22 Su	♀☌♆	10am10
	⊕⚹☿	1pm12
	☿⚼♅	4 15
23	♀⚺♄	7pm13
24 T	☿□♂	10am37
	♀⚹♇	2pm26
25 W	☿⚼♄	3am 8
	♀ ♈	4pm38
	☿☍♃	9 26
26	☿⚻♅	5pm41
27	♀∠♅	10am47
28	☿⚻♆	7pm11
29 Su	☿△♄	12pm 4
	☿□♇	8 16
30 M	⊕⚼♆	0am46
	♂⚼♄	2 33
	☿ ♏	8 55

2 Th	♀∠♄	9am59
	☿⚼♆	12pm34
3 F	⊕⚺♂	6am59
	♀□♂	5pm19
4 S	☿△♂	1am51
	⊕△♀	2 58
	⊕□☿	7 5
	☿⚻♀	8 50
	☿⚻♃	10 59
	♀☌♃	12pm55
	⊕△♃	7 11
5 Su	☿☍♅	5am 7
	☿0S	10 56
	♀⚺♅	10pm23
6 M	♂□♃	11pm 0
	⊕□♅	11 33
7	☿△♆	3pm25
8 W	☿□♄	1pm19
	☿⚹♇	8 32
9 Th	☿ ♐	10am44
	☿⚼♃	8pm43
10 F	♀⚺♆	7am55
	☿⚼♂	8 3
11	♂⚹♅	8am36
12 Su	♀⚹♄	0am11
	♀□♇	11 34
13 M	♀ ♉	12pm17
	⊕⚻♆	10 13
14	☿∠♇	6am36
15 W	☿△♃	11am36
	☿ A	7pm56
	☿⚻♅	11 15
16 Th	⊕☍♄	4pm52
	☿⚼♀	6 25
	☿⚻♂	9 19
17	⊕⚻♇	7am54
18 S	☿□♆	11am56
	⊕ ♍	10pm27
19 Su	☿⚹♄	12pm48
	☿⚺♇	5 36
	♀∠♆	5 57
20	☿ ♑	7am29
21 T	⊕△☿	2am10
	⊕⚼♃	2 44
	☿⚼♅	9 52
24 F	♀⚺♃	10am44
	♀☌♅	7pm51
	☿∠♄	9 29
26 Su	☿□♃	11am51
	♂△♆	2pm 6
	☿△♅	3 26
28 T	☿△♀	4pm44
	☿⚹♆	10 18
	⊕⚼☿	10 40

MARCH 2023

DAY	☿ LONG	☿ LAT	♀ LONG	♀ LAT	⊕ LONG	♂ LONG	♂ LAT
	° '	° '	° '	° '	° '	° '	° '
1 W	25♑15	6S26	24♉48	1S17	10♍08	26♋07	1N42
2 Th	28 21	6 35	26 25	1 11	11 08	26 35	1 42
3 F	1♒30	6 42	28 01	1 06	12 08	27 02	1 42
4 S	4 43	6 48	29 37	1 01	13 09	27 30	1 43
5 Su	8 00	6 53	1♊14	0 55	14 09	27 57	1 43
6 M	11 22	6 57	2 50	0 50	15 09	28 25	1 43
7 Tu	14 47	6 59	4 27	0 44	16 09	28 52	1 44
8 W	18 18	7 00	6 03	0 38	17 09	29 19	1 44
9 Th	21 54	7 00	7 40	0 33	18 09	29 46	1 44
10 F	25 35	6 57	9 16	0 27	19 09	0♌14	1 45
11 S	29 23	6 53	10 53	0 21	20 09	0 41	1 45
12 Su	3♓16	6 47	12 30	0 16	21 09	1 08	1 45
13 M	7 17	6 38	14 06	0 10	22 09	1 35	1 45
14 Tu	11 24	6 28	15 43	0 04	23 08	2 03	1 46
15 W	15 39	6 15	17 20	0N02	24 08	2 30	1 46
16 Th	20 02	5 59	18 56	0 07	25 08	2 57	1 46
17 F	24 33	5 41	20 33	0 13	26 08	3 24	1 47
18 S	29 12	5 20	22 10	0 19	27 08	3 51	1 47
19 Su	4♈00	4 56	23 47	0 24	28 07	4 18	1 47
20 M	8 57	4 29	25 24	0 30	29 07	4 45	1 47
21 Tu	14 03	3 59	27 00	0 36	0♎07	5 12	1 47
22 W	19 18	3 26	28 37	0 41	1 06	5 39	1 48
23 Th	24 42	2 51	0♋14	0 47	2 06	6 06	1 48
24 F	0♉15	2 13	1 51	0 53	3 06	6 33	1 48
25 S	5 57	1 32	3 28	0 58	4 05	7 00	1 48
26 Su	11 47	0 50	5 05	1 04	5 05	7 27	1 48
27 M	17 44	0 06	6 42	1 09	6 04	7 54	1 49
28 Tu	23 48	0N38	8 19	1 15	7 03	8 20	1 49
29 W	29 58	1 23	9 57	1 20	8 03	8 47	1 49
30 Th	6♊12	2 08	11 34	1 25	9 02	9 14	1 49
31 F	12♊29	2N51	13♋11	1N30	10♎01	9♌41	1N49

APRIL 2023

DAY	☿ LONG	☿ LAT	♀ LONG	♀ LAT	⊕ LONG	♂ LONG	♂ LAT
	° '	° '	° '	° '	° '	° '	° '
1 S	18♊48	3N32	14♋48	1N35	11♎01	10♌08	1N49
2 Su	25 08	4 11	16 25	1 40	12 00	10 34	1 50
3 M	1♋26	4 46	18 03	1 45	12 59	11 01	1 50
4 Tu	7 41	5 18	19 40	1 50	13 58	11 28	1 50
5 W	13 52	5 46	21 17	1 55	14 57	11 55	1 50
6 Th	19 57	6 09	22 54	2 00	15 56	12 21	1 50
7 F	25 56	6 28	24 32	2 04	16 55	12 48	1 50
8 S	1♌48	6 43	26 09	2 09	17 54	13 15	1 50
9 Su	7 30	6 53	27 46	2 13	18 53	13 41	1 50
10 M	13 04	6 58	29 24	2 18	19 52	14 08	1 50
11 Tu	18 29	7 00	1♌01	2 22	20 51	14 34	1 51
12 W	23 44	6 59	2 39	2 26	21 50	15 01	1 51
13 Th	28 49	6 54	4 16	2 30	22 49	15 28	1 51
14 F	3♍45	6 46	5 54	2 34	23 48	15 54	1 51
15 S	8 31	6 35	7 31	2 38	24 47	16 21	1 51
16 Su	13 08	6 23	9 08	2 41	25 45	16 47	1 51
17 M	17 36	6 08	10 46	2 45	26 44	17 14	1 51
18 Tu	21 56	5 52	12 23	2 48	27 43	17 40	1 51
19 W	26 07	5 34	14 01	2 51	28 42	18 07	1 51
20 Th	0♎11	5 15	15 38	2 54	29 40	18 33	1 51
21 F	4 07	4 55	17 16	2 57	0♏39	19 00	1 51
22 S	7 57	4 35	18 54	3 00	1 37	19 26	1 51
23 Su	11 40	4 13	20 31	3 03	2 36	19 52	1 51
24 M	15 17	3 52	22 09	3 05	3 34	20 19	1 51
25 Tu	18 49	3 30	23 46	3 07	4 33	20 45	1 51
26 W	22 15	3 07	25 24	3 10	5 31	21 12	1 51
27 Th	25 37	2 45	27 01	3 12	6 30	21 38	1 51
28 F	28 54	2 22	28 39	3 13	7 28	22 04	1 51
29 S	2♏07	2 00	0♍16	3 15	8 27	22 31	1 51
30 Su	5♏16	1N37	1♍54	3N17	9♏25	22♌57	1N51

DAY	♃ LONG	♃ LAT	♄ LONG	♄ LAT	♅ LONG	♅ LAT	♆ LONG	♆ LAT	♇ LONG	♇ LAT
	° '	° '	° '	° '	° '	° '	° '	° '	° '	° '
2 Th	18♈00.7	1S18	28♒10.0	1S24	18♉10.2	0S20	25♓02.3	1S12	28♑26.4	2S24
7 Tu	18 28.2	1 17	28 19.5	1 24	18 13.6	0 20	25 04.1	1 12	28 27.8	2 24
12 Su	18 55.7	1 17	28 28.9	1 25	18 16.9	0 20	25 05.9	1 12	28 29.2	2 25
17 F	19 23.2	1 17	28 38.4	1 25	18 20.3	0 20	25 07.7	1 12	28 30.7	2 25
22 W	19 50.7	1 17	28 47.9	1 25	18 23.7	0 20	25 09.6	1 13	28 32.1	2 26
27 M	20 18.2	1 17	28 57.4	1 26	18 27.0	0 20	25 11.4	1 13	28 33.6	2 26
1 S	20 45.7	1 17	29 06.9	1 26	18 30.4	0 20	25 13.2	1 13	28 35.0	2 27
6 Th	21 13.2	1 17	29 16.4	1 26	18 33.8	0 20	25 15.1	1 13	28 36.4	2 27
11 Tu	21 40.7	1 17	29 25.9	1 27	18 37.1	0 20	25 16.9	1 13	28 37.9	2 28
16 Su	22 08.2	1 17	29 35.4	1 27	18 40.5	0 20	25 18.7	1 13	28 39.3	2 28
21 F	22 35.7	1 16	29 44.9	1 27	18 43.9	0 20	25 20.5	1 13	28 40.8	2 28
26 W	23 03.1	1 16	29 54.4	1 28	18 47.3	0 20	25 22.4	1 13	28 42.2	2 29

☿p .442897	☿ .307510
♀ .722190	♀p .718962
⊕ .990625	⊕ .998981
♂ 1.62617	♂ 1.64835
♃ 4.95147	♃ 4.95246
♄ 9.82058	♄ 9.81257
♅ 19.6610	♅ 19.6563
♆ 29.9112	♆ 29.9105
♇ 34.7169	♇ 34.7377
☊	Perihelia
☿ 18°♉ 36	☿ 17°♊ 49
♀ 16 ♊ 53	♀ 11 ♌ 45
⊕	⊕ 11 ♋ 35
♂ 19 ♉ 44	♂ 6 ♓ 27
♃ 10 ♋ 43	♃ 14 ♈ 18
♄ 23 ♋ 52	♄ 29 ♊ 11
♅ 14 ♊ 10	♅ 16 ♍ 16
♆ 12 ♌ 00	♆ 26 ♈ 43
♇ 20 ♋ 38	♇ 15 ♏ 12

1	♀⚹♆	3am23
W	☿☍♂	8 0
	☿⚺♄	10pm35
2	☿☌♇	0am41
Th	♀⚹♂	3 34
	☿ ♒	12pm36
	⊕∠♂	7 34
3	♀□♄	2am45
F	♀△♇	6 24
	♃⚺♅	11pm17
4	♀ ♊	5am37
S	⊕⚼♇	7 22
5	☿∠♆	2pm45
Su	♂⚻♄	5 25
6	♂☍♇	2am38
M	♀∠♃	8 34
7	⊕⚻☿	1pm 5
T	☿□♅	11 35
8	☿⚹♃	1am49
9	⊕△♅	2am26
Th	♂ ♌	11 53
	⊕⚻♃	1pm21
	☿⚺♆	8 46
10	☿☌♄	6pm 8
F	☿⚺♇	6 23
11	☿ ♓	3am53
S	☿⚻♂	9 12
12	☿∠♃	4am 4
Su	♄⚺♇	4 35
	♀⚼♇	2pm52
14	☿∠♇	11am56
T	♀0N	5pm28
15	♀∠♂	3am29
W	☿⚼♂	11 22
	☿□♀	2pm40
	☿⚹♅	2 43
	♀⚺♅	2 50
	☿⚺♃	7 56
	⊕☍♆	11 42
16	♀⚹♃	5am38
17	☿☌♆	3am 3
F	⊕☍☿	10 31
	☿⚹♇	8pm31
	☿⚺♄	9 18
18	☿ ♈	4am 3
S	☿∠♅	8pm50
19	☿△♂	1am38
Su	⊕△♇	9 39
	⊕⚻♄	2pm28
	♀□♆	8 20
20	⊕ ♎	9pm17
M	☿∠♄	10 41
21	☿⚺♅	7pm54
T	♀⚻♇	10 42
22	☿☌♃	2am29
W	♀△♄	2 39
	♀ ♋	8pm27
23	☿⚺♆	2am 1
Th	☿□♇	4pm39
	☿⚹♄	5 59
	☿ ♉	10 54
24	⊕⚼♅	7am57
F	☿⚹♀	9 30
	⊕⚻☿	2pm33
	♀∠♅	11 21
25	☿□♂	4am42
S	☿∠♆	5pm28
	⊕□♀	11 29
27	☿☌♅	2am50
M	☿0N	3 27
	☿⚺♃	10 21
	⊕⚼☿	3pm47
	☿∠♀	9 26
28	♀⚺♂	0am19
T	☿⚹♆	5 27
	☿△♇	6pm35
	☿□♄	8 19
29	☿ ♊	0am 8
W	☿∠♃	9pm35
30	⊕⚹♂	8am51
Th	☿⚹♂	12pm29
	⊕△☿	12 52
31	☿⚺♀	3am33
F	☿⚼♇	4 9
	♀⚼♄	1pm37
	☿ P	7 35
	☿⚺♅	10 52
1	♂⚼♆	5am 5
S	☿⚹♃	7 32
2	☿□♆	0am23
Su	☿∠♂	1 50
	☿⚻♇	1pm11
	☿△♄	3 23
	☿ ♋	6 34
3	♀⚹♅	7am16
M	☿∠♅	8 4
4	⊕⚼♄	6am 3
T	☿⚺♂	3pm48
	♀□♃	9 33
5	☿⚼♄	1am29
W	⊕□☿	5 6
	☿⚹♅	6pm28
6	☿□♃	5am 7
Th	☿☌♀	4pm11
	☿△♆	9 15
7	♀△♆	10am49
F	☿☍♇	10 54
	☿⚻♄	1pm49
	☿ ♌	4 36
8	⊕⚻♅	4pm45
9	☿⚼♆	11am50
Su	♀☍♇	12pm34
10	♀⚻♄	0am 2
M	☿☌♂	5 2
	♀ ♌	8 55
11	☿□♅	0am37
T	⊕⚹☿	1pm13
	☿△♃	2 47
	⊕☍♃	10 13
12	☿⚻♆	7am16
W	☿⚻♇	11pm 8
13	☿☍♄	3am15
Th	☿ ♍	5 40
14	☿⚺♀	4pm13
F	☿⚼♃	4 21
15	⊕∠☿	8am11
S	⊕⚻♆	1pm 2
16	☿⚼♇	2am45
Su	♀⚼♆	5pm21
	☿⚺♂	9 43
17	☿△♅	5am57
M	♀ P	1pm35
18	☿⚻♃	2am15
T	☿☍♆	7pm24
	⊕□♇	11 26
19	☿△♇	2pm59
W	⊕⚺☿	7 56
	☿⚻♄	9 11
	☿ ♎	10 54
20	⊕△♄	1am11
Th	☿∠♀	4 39
	⊕ ♏	8 6
	♂□♅	9 24
	☿⚼♅	9pm34
	☿∠♂	11 5
21	♀□♅	9pm47
22	♀☌♂	10am58
23	☿⚼♄	8pm59
24	♀△♃	11am21
M	☿⚻♅	11pm44
25	☿⚹♂	3pm26
T	♀⚻♆	11 41
26	☿☍♃	5am48
W	☿⚻♆	10pm18
27	☿⚹♀	8pm15
Th	☿□♇	10 37
28	♀⚻♇	1am 0
F	☿△♄	8 1
	☿ ♏	8 9
	♀☍♄	7pm57
	♀ ♍	8 0
	♄ ♓	10 23

MAY 2023

DAY	☿ LONG	☿ LAT	♀ LONG	♀ LAT	⊕ LONG	♂ LONG	♂ LAT
	° '	° '	° '	° '	° '	° '	° '
1 M	8♏22	1N15	3♍31	3N18	10♏23	23♌24	1N51
2 Tu	11 25	0 53	5 09	3 19	11 21	23 50	1 51
3 W	14 24	0 31	6 46	3 21	12 20	24 16	1 51
4 Th	17 22	0 09	8 24	3 21	13 18	24 42	1 51
5 F	20 17	0S12	10 01	3 22	14 16	25 09	1 50
6 S	23 09	0 34	11 39	3 23	15 14	25 35	1 50
7 Su	26 00	0 54	13 16	3 23	16 12	26 01	1 50
8 M	28 50	1 15	14 53	3 24	17 10	26 28	1 50
9 Tu	1♐38	1 35	16 31	3 24	18 08	26 54	1 50
10 W	4 25	1 55	18 08	3 24	19 06	27 20	1 50
11 Th	7 11	2 15	19 46	3 23	20 04	27 47	1 50
12 F	9 57	2 34	21 23	3 23	21 02	28 13	1 50
13 S	12 42	2 52	23 00	3 23	22 00	28 39	1 50
14 Su	15 26	3 11	24 37	3 22	22 58	29 05	1 50
15 M	18 11	3 28	26 15	3 21	23 56	29 32	1 49
16 Tu	20 56	3 46	27 52	3 20	24 54	29 58	1 49
17 W	23 41	4 02	29 29	3 19	25 52	0♍24	1 49
18 Th	26 27	4 19	1♎06	3 17	26 50	0 50	1 49
19 F	29 13	4 34	2 43	3 16	27 47	1 16	1 49
20 S	2♑01	4 50	4 20	3 14	28 45	1 43	1 49
21 Su	4 49	5 04	5 57	3 13	29 43	2 09	1 48
22 M	7 39	5 18	7 34	3 11	0♐41	2 35	1 48
23 Tu	10 31	5 31	9 11	3 08	1 39	3 01	1 48
24 W	13 24	5 44	10 48	3 06	2 36	3 28	1 48
25 Th	16 20	5 56	12 25	3 04	3 34	3 54	1 48
26 F	19 17	6 07	14 02	3 01	4 32	4 20	1 47
27 S	22 18	6 17	15 39	2 59	5 29	4 46	1 47
28 Su	25 21	6 26	17 16	2 56	6 27	5 12	1 47
29 M	28 27	6 35	18 53	2 53	7 24	5 39	1 47
30 Tu	1♒36	6 42	20 29	2 50	8 22	6 05	1 47
31 W	4♒50	6S48	22♎06	2N46	9♐20	6♍31	1N46

JUNE 2023

DAY	☿ LONG	☿ LAT	♀ LONG	♀ LAT	⊕ LONG	♂ LONG	♂ LAT
	° '	° '	° '	° '	° '	° '	° '
1 Th	8♒07	6S53	23♎42	2N43	10♐17	6♍57	1N46
2 F	11 28	6 57	25 19	2 40	11 15	7 23	1 46
3 S	14 54	6 59	26 56	2 36	12 12	7 50	1 45
4 Su	18 25	7 00	28 32	2 32	13 09	8 16	1 45
5 M	22 01	7 00	0♏08	2 28	14 07	8 42	1 45
6 Tu	25 42	6 57	1 45	2 24	15 04	9 08	1 45
7 W	29 30	6 53	3 21	2 20	16 02	9 34	1 44
8 Th	3♓24	6 47	4 58	2 16	16 59	10 01	1 44
9 F	7 24	6 38	6 34	2 12	17 57	10 27	1 44
10 S	11 32	6 27	8 10	2 08	18 54	10 53	1 44
11 Su	15 47	6 14	9 46	2 03	19 51	11 19	1 43
12 M	20 10	5 59	11 22	1 58	20 49	11 45	1 43
13 Tu	24 41	5 40	12 58	1 54	21 46	12 12	1 43
14 W	29 21	5 19	14 34	1 49	22 43	12 38	1 42
15 Th	4♈09	4 55	16 10	1 44	23 41	13 04	1 42
16 F	9 06	4 28	17 46	1 39	24 38	13 30	1 42
17 S	14 13	3 58	19 22	1 34	25 35	13 57	1 41
18 Su	19 28	3 25	20 58	1 29	26 33	14 23	1 41
19 M	24 53	2 50	22 34	1 24	27 30	14 49	1 41
20 Tu	0♉26	2 12	24 10	1 19	28 27	15 15	1 40
21 W	6 08	1 31	25 45	1 14	29 25	15 42	1 40
22 Th	11 58	0 49	27 21	1 08	0♑22	16 08	1 39
23 F	17 56	0 05	28 57	1 03	1 19	16 34	1 39
24 S	24 00	0N40	0♐32	0 57	2 16	17 00	1 39
25 Su	0♊10	1 25	2 08	0 52	3 14	17 27	1 38
26 M	6 24	2 09	3 43	0 46	4 11	17 53	1 38
27 Tu	12 41	2 52	5 19	0 41	5 08	18 19	1 37
28 W	19 00	3 33	6 54	0 35	6 05	18 46	1 37
29 Th	25 19	4 12	8 30	0 30	7 03	19 12	1 37
30 F	1♋37	4N48	10♐05	0N24	8♑00	19♍38	1N36

DAY	♃ LONG	♃ LAT	♄ LONG	♄ LAT	♅ LONG	♅ LAT	♆ LONG	♆ LAT	♇ LONG	♇ LAT
	° '	° '	° '	° '	° '	° '	° '	° '	° '	° '
1 M	23♈30.6	1S16	0♓03.9	1S28	18♉50.6	0S20	25♓24.2	1S13	28♑43.6	2S29
6 S	23 58.1	1 16	0 13.4	1 28	18 54.0	0 20	25 26.0	1 13	28 45.1	2 30
11 Th	24 25.6	1 16	0 23.0	1 29	18 57.4	0 20	25 27.9	1 13	28 46.5	2 30
16 Tu	24 53.1	1 16	0 32.5	1 29	19 00.7	0 20	25 29.7	1 13	28 48.0	2 31
21 Su	25 20.5	1 16	0 42.0	1 29	19 04.1	0 20	25 31.5	1 13	28 49.4	2 31
26 F	25 48.0	1 15	0 51.5	1 30	19 07.5	0 20	25 33.4	1 13	28 50.8	2 31
31 W	26 15.4	1 15	1 01.1	1 30	19 10.9	0 20	25 35.2	1 13	28 52.3	2 32
5 M	26 42.9	1 15	1 10.6	1 30	19 14.2	0 20	25 37.0	1 13	28 53.7	2 32
10 S	27 10.4	1 15	1 20.1	1 31	19 17.6	0 19	25 38.9	1 13	28 55.2	2 33
15 Th	27 37.8	1 15	1 29.7	1 31	19 21.0	0 19	25 40.7	1 13	28 56.6	2 33
20 Tu	28 05.3	1 15	1 39.2	1 31	19 24.4	0 19	25 42.5	1 13	28 58.0	2 34
25 Su	28 32.7	1 14	1 48.8	1 32	19 27.8	0 19	25 44.4	1 13	28 59.5	2 34
30 F	29 00.1	1 14	1 58.3	1 32	19 31.1	0 19	25 46.2	1 13	29 00.9	2 34

☿a .440618	☿p .426693
♀ .718786	♀ .721781
⊕ 1.00731	⊕ 1.01386
♂a 1.66152	♂ 1.66593
♃ 4.95395	♃ 4.95604
♄ 9.80473	♄ 9.79654
♅ 19.6517	♅ 19.6470
♆ 29.9098	♆ 29.9091
♇ 34.7578	♇ 34.7787
☊	Perihelia
☿ 18°♉ 36	☿ 17°♊ 49
♀ 16 ♊ 53	♀ 11 ♌ 47
⊕	⊕ 12 ♋ 40
♂ 19 ♉ 44	♂ 6 ♓ 27
♃ 10 ♋ 43	♃ 14 ♈ 17
♄ 23 ♋ 52	♄ 29 ♊ 15
♅ 14 ♊ 10	♅ 16 ♍ 00
♆ 12 ♌ 00	♆ 27 ♈ 42
♇ 20 ♋ 38	♇ 15 ♏ 06

1	⊕⚼♆	0am26
M	♂△♃	8 11
	☿⚼♆	4pm 3
	⊕☌☿	11 22
4	♀⚼♃	6am 7
Th	☿0S	10 12
	☿☍♅	12pm30
5	♂⚻♆	3pm36
6	☿⚻♃	7am 2
S	☿△♆	7pm11
7	☿□♂	0am 9
Su	♀⚼♇	7 15
	☿*♇	11pm23
8	☿ ♐	9am58
M	☿□♄	12pm35
9	⊕☍♅	7pm59
10	♀△♅	12pm 3
11	⊕*♀	11am26
Th	☿⚼♃	8pm 8
13	♂⚻♇	7am27
S	☿∠♇	9 32
14	♀⚻♃	1am13
Su	♀☍♆	12pm46
	☿ A	7 11
15	☿⚻♅	7am10
M	⊕⚻♃	11pm35
16	♂ ♍	2am 3
T	♀△♇	1pm53
	⊕△♆	2 55
17	♀ ♎	7am38
W	♂☍♄	10 15
	☿△♃	11 37
	☿□♆	3pm50
	♀⚻♄	4 28
	♀⚺♂	6 35
18	⊕⚺☿	5am 5
Th	☿⚺♇	8pm29
19	☿ ♑	6am44
F	☿*♄	12pm21
	♀⚼♅	7 46
	☿△♂	8 58
20	⊕*♇	1am35
S	☿⚼♅	5pm35
21	⊕ ♐	7am 2
Su	☿□♀	10pm29
22	⊕□♄	1am20
23	♃⚺♆	3am32
24	☿∠♄	7pm53
25	⊕□♂	3pm 6
Th	☿△♅	10 41
26	☿⚼♂	0am25
F	⊕∠☿	2 49
27	♀⚼♄	3am39
28	☿*♆	1am44
Su	☿□♃	5 7
29	☿☌♇	3am10
M	♀⚻♅	4 15
	☿ ♒	11 50
	☿⚺♄	7pm16
30	♀∠♂	12pm 6
T	♂ A	8 33
31	☿⚻♂	2pm18

1	☿∠♆	5pm50
Th	⊕*☿	9 47
2	♀⚻♆	4am13
F	⊕⚼♃	5 29
	♀☍♃	5pm46
3	⊕∠♀	10am 7
4	♀□♇	5am20
Su	☿□♅	5 30
	⊕∠♇	6pm27
	♀ ♏	9 53
5	♀△♄	3pm47
M	☿⚺♆	11 28
6	☿*♃	7am12
T	☿⚺♇	8pm17
7	☿ ♓	3am 7
W	☿☌♄	10 53
8	☿△♀	3pm42
9	☿☍♂	7pm49
10	☿∠♃	3am43
S	⊕⚻♅	10 2
	☿∠♇	1pm33
11	♀⚼♆	1pm18
Su	☿*♅	7 22
12	⊕□☿	4am23
M	♀*♂	7 58
13	☿☌♆	5am 6
T	☿⚺♃	2pm35
	♂⚼♃	5 31
	☿*♇	9 55
14	☿⚼♀	1am43
W	☿ ♈	3 18
	☿⚺♄	10 43
15	☿∠♅	0am58
16	☿⚻♂	10pm38
17	♀☍♅	0am 3
S	♂⚼♇	0 31
	⊕□♆	2 33
	☿∠♄	10 52
	☿⚺♅	11pm37
18	☿⚻♀	9am33
19	☿⚺♆	3am36
M	⊕△☿	1pm46
	☿☌♃	1 46
	⊕△♃	1 48
	☿□♇	5 43
	☿ ♉	10 9
	☿⚼♂	11 11
20	☿*♄	5am13
T	⊕⚺♇	12pm57
	♀△♆	11 24
21	⊕ ♑	2pm51
W	☿∠♆	6 54
22	♀⚻♃	2pm42
Th	⊕⚼☿	4 20
	☿△♂	6 8
23	♀*♇	0am34
F	☿0N	2 42
	☿☌♅	6 2
	⊕*♄	11 12
	♀ ♐	3pm54
24	☿*♆	6am48
S	☿⚺♃	5pm39
	♀□♄	7 8
	☿△♇	7 28
	☿ ♊	11 23
25	☿□♄	6am25
Su	☿☍♀	10 13
	⊕⚻☿	1pm58
26	⊕⚼♅	7am28
M	⊕⚺♀	5pm17
27	☿∠♃	4am 1
T	☿⚼♇	5 0
	☿ P	6pm50
	☿□♂	11 1
28	☿⚺♅	1am52
29	☿□♆	1am40
Th	☿*♃	1pm51
	☿⚻♇	2 2
	♂△♅	5 14
	☿ ♋	5 48
30	☿△♄	1am20
F	♃□♇	3 41
	☿∠♅	11 7

JULY 2023

DAY	☿ LONG	☿ LAT	♀ LONG	♀ LAT	⊕ LONG	♂ LONG	♂ LAT
	° '	° '	° '	° '	° '	° '	° '
1 S	7♋52	5N19	11♐40	0N19	8♑57	20♍05	1N36
2 Su	14 03	5 47	13 16	0 13	9 54	20 31	1 35
3 M	20 09	6 10	14 51	0 07	10 51	20 57	1 35
4 Tu	26 07	6 29	16 26	0 02	11 48	21 24	1 34
5 W	1♌59	6 43	18 01	0S04	12 46	21 50	1 34
6 Th	7 41	6 53	19 37	0 10	13 43	22 17	1 34
7 F	13 15	6 59	21 12	0 15	14 40	22 43	1 33
8 S	18 39	7 00	22 47	0 21	15 37	23 09	1 33
9 Su	23 54	6 59	24 22	0 27	16 34	23 36	1 32
10 M	28 59	6 54	25 57	0 32	17 32	24 02	1 32
11 Tu	3♍54	6 46	27 32	0 38	18 29	24 29	1 31
12 W	8 40	6 35	29 07	0 43	19 26	24 55	1 31
13 Th	13 17	6 22	0♑42	0 49	20 23	25 22	1 30
14 F	17 45	6 08	2 17	0 54	21 20	25 48	1 30
15 S	22 04	5 51	3 52	1 00	22 18	26 15	1 29
16 Su	26 15	5 33	5 27	1 05	23 15	26 41	1 29
17 M	0♎19	5 15	7 02	1 10	24 12	27 08	1 28
18 Tu	4 15	4 55	8 37	1 15	25 09	27 34	1 28
19 W	8 04	4 34	10 12	1 21	26 07	28 01	1 27
20 Th	11 47	4 13	11 47	1 26	27 04	28 27	1 27
21 F	15 24	3 51	13 22	1 31	28 01	28 54	1 26
22 S	18 56	3 29	14 57	1 36	28 59	29 21	1 26
23 Su	22 22	3 07	16 32	1 41	29 56	29 47	1 25
24 M	25 43	2 44	18 06	1 46	0♒53	0♎14	1 24
25 Tu	29 00	2 22	19 41	1 50	1 50	0 41	1 24
26 W	2♏13	1 59	21 16	1 55	2 48	1 07	1 23
27 Th	5 22	1 37	22 51	2 00	3 45	1 34	1 23
28 F	8 28	1 14	24 26	2 04	4 42	2 01	1 22
29 S	11 31	0 52	26 01	2 09	5 40	2 27	1 22
30 Su	14 30	0 30	27 36	2 13	6 37	2 54	1 21
31 M	17♏27	0N08	29♑10	2S17	7♒34	3♎21	1N20

AUGUST 2023

DAY	☿ LONG	☿ LAT	♀ LONG	♀ LAT	⊕ LONG	♂ LONG	♂ LAT
	° '	° '	° '	° '	° '	° '	° '
1 Tu	20♏22	0S13	0♒45	2S21	8♒32	3♎48	1N20
2 W	23 15	0 34	2 20	2 25	9 29	4 14	1 19
3 Th	26 06	0 55	3 55	2 29	10 27	4 41	1 19
4 F	28 55	1 16	5 30	2 33	11 24	5 08	1 18
5 S	1♐44	1 36	7 05	2 37	12 21	5 35	1 17
6 Su	4 31	1 56	8 40	2 40	13 19	6 02	1 17
7 M	7 17	2 15	10 15	2 43	14 16	6 29	1 16
8 Tu	10 02	2 34	11 49	2 47	15 14	6 56	1 15
9 W	12 47	2 53	13 24	2 50	16 11	7 23	1 15
10 Th	15 32	3 11	14 59	2 53	17 09	7 50	1 14
11 F	18 16	3 29	16 34	2 56	18 06	8 17	1 13
12 S	21 01	3 46	18 09	2 59	19 04	8 44	1 13
13 Su	23 46	4 03	19 44	3 01	20 01	9 11	1 12
14 M	26 32	4 19	21 19	3 04	20 59	9 38	1 12
15 Tu	29 19	4 35	22 54	3 06	21 57	10 05	1 11
16 W	2♑06	4 50	24 29	3 08	22 54	10 32	1 10
17 Th	4 55	5 05	26 04	3 10	23 52	10 59	1 09
18 F	7 45	5 19	27 39	3 12	24 50	11 26	1 09
19 S	10 36	5 32	29 14	3 14	25 47	11 53	1 08
20 Su	13 30	5 44	0♓49	3 16	26 45	12 21	1 07
21 M	16 25	5 56	2 24	3 17	27 43	12 48	1 07
22 Tu	19 23	6 07	3 59	3 19	28 41	13 15	1 06
23 W	22 23	6 17	5 34	3 20	29 39	13 42	1 05
24 Th	25 27	6 27	7 09	3 21	0♓36	14 10	1 05
25 F	28 33	6 35	8 45	3 22	1 34	14 37	1 04
26 S	1♒43	6 42	10 20	3 22	2 32	15 04	1 03
27 Su	4 56	6 49	11 55	3 23	3 30	15 32	1 02
28 M	8 13	6 53	13 30	3 23	4 28	15 59	1 02
29 Tu	11 35	6 57	15 05	3 24	5 26	16 27	1 01
30 W	15 01	7 00	16 41	3 24	6 24	16 54	1 00
31 Th	18♒32	7S00	18♓16	3S24	7♓22	17♎22	0N59

DAY	♃ LONG	♃ LAT	♄ LONG	♄ LAT	♅ LONG	♅ LAT	♆ LONG	♆ LAT	♇ LONG	♇ LAT
	° '	° '	° '	° '	° '	° '	° '	° '	° '	° '
5 W	29♈27.6	1S14	2♓07.9	1S32	19♉34.5	0S19	25♓48.0	1S13	29♑02.4	2S35
10 M	29 55.0	1 14	2 17.4	1 33	19 37.9	0 19	25 49.9	1 13	29 03.8	2 35
15 S	0♉22.4	1 14	2 27.0	1 33	19 41.3	0 19	25 51.7	1 13	29 05.2	2 36
20 Th	0 49.8	1 13	2 36.5	1 33	19 44.7	0 19	25 53.5	1 13	29 06.7	2 36
25 Tu	1 17.2	1 13	2 46.1	1 34	19 48.0	0 19	25 55.4	1 14	29 08.1	2 37
30 Su	1 44.6	1 13	2 55.7	1 34	19 51.4	0 19	25 57.2	1 14	29 09.6	2 37
4 F	2 12.0	1 13	3 05.2	1 34	19 54.8	0 19	25 59.0	1 14	29 11.0	2 38
9 W	2 39.4	1 13	3 14.8	1 35	19 58.2	0 19	26 00.9	1 14	29 12.4	2 38
14 M	3 06.8	1 12	3 24.4	1 35	20 01.5	0 19	26 02.7	1 14	29 13.9	2 38
19 S	3 34.1	1 12	3 33.9	1 35	20 04.9	0 19	26 04.5	1 14	29 15.3	2 39
24 Th	4 01.5	1 12	3 43.5	1 36	20 08.3	0 19	26 06.4	1 14	29 16.7	2 39
29 Tu	4 28.9	1 12	3 53.1	1 36	20 11.7	0 19	26 08.2	1 14	29 18.2	2 40

☿ .310780	☿a.453494
♀ .725743	♀a.728133
⊕a1.01662	⊕ 1.01505
♂ 1.66113	♂ 1.64701
♃ 4.95858	♃ 4.96174
♄ 9.78854	♄ 9.78019
♅ 19.6423	♅ 19.6375
♆ 29.9083	♆ 29.9076
♇ 34.7988	♇ 34.8197
☊	Perihelia
☿ 18° ♉ 37	☿ 17° ♊ 49
♀ 16 ♊ 53	♀ 11 ♌ 57
⊕	⊕ 16 ♋ 03
♂ 19 ♉ 44	♂ 6 ♓ 28
♃ 10 ♋ 43	♃ 14 ♈ 18
♄ 23 ♋ 52	♄ 29 ♊ 20
♅ 14 ♊ 09	♅ 15 ♍ 40
♆ 12 ♌ 00	♆ 28 ♈ 53
♇ 20 ♋ 38	♇ 15 ♏ 00

1 S	⊕☍☿	4am54
	☿⚻♀	7pm49
2 Su	♀∠♇	11am35
	☿⚼♄	11 45
	♀⚼♃	2pm49
	☿⚹♅	9 38
3 M	☿⚹♂	3am29
	☿△♆	10pm40
4 T	♀0S	6am52
	☿☍♇	11 53
	☿□♃	1pm27
	☿ ♌	3 50
5 W	☿⚻♄	0am39
	☿⚼♀	6 1
	☿∠♂	10pm 7
	♀⚻♅	11 38
6 Th	☿⚼♆	1pm24
	⊕ A	8 6
7	⊕⚻☿	7am33
8 S	☿□♅	4am20
	♀□♂	7 52
	☿⚺♂	10pm29
9 Su	☿△♀	3am 9
	☿⚻♆	9 1
	⊕∠♄	5pm51
	♀□♆	10 10
10 M	☿⚻♇	0am24
	☿△♃	4 35
	☿ ♍	4 54
	☿☍♄	4pm 9
	⊕⚼☿	9 24
	♃ ♉	9 58
11	♀⚺♇	11pm17
12 W	⊕△♅	5am37
	♀ ♑	1pm20
	♀△♃	3 45
13 Th	☿⚼♇	4am14
	☿⚼♃	10 23
14 F	♀⚹♄	2am 1
	♂☍♆	2 55
	☿△♅	10 40
15 S	⊕△☿	1am40
	♀⚼♅	12pm29
	☿☍♆	9 45
16	☿☌♂	2am50
Su	☿△♇	4pm44
	☿ ♎	10 8
17 M	☿⚻♃	1am30
	☿⚻♄	1pm27
18 T	☿⚼♅	2am56
	⊕⚹♆	6pm16
19	☿□♀	11pm56
21 F	♂△♇	11am49
	☿⚼♄	3pm18
22 S	⊕☌♇	3am39
	☿⚻♅	5 49
	⊕△♂	5pm14
23 Su	⊕ ♒	1am43
	♂ ♎	11 29
	♀∠♄	6pm15
24 M	☿⚻♆	1am25
	⊕□♃	8 35
25 T	☿□♇	0am58
	♀△♅	1 42
	☿ ♏	7 23
	☿⚺♂	2pm25
	☿☍♃	5 29
26 W	⊕⚺♄	0am 5
	☿△♄	4 26
	⊕□☿	6 15
	♂⚻♃	5pm30
28 F	☿⚼♆	7pm32
	♀⚹♆	11 0
30 Su	♂⚻♄	1am29
	♀☌♇	11pm50
31 M	☿∠♂	8am38
	☿0S	9 27
	♀ ♒	12pm31
	☿☍♅	7 55

1	♀□♃	6pm51
2 W	♀⚺♄	10am38
	☿△♆	10pm58
3 Th	♂⚼♅	11am45
	⊕∠♆	1pm31
	♀△♂	4 18
4 F	☿⚹♇	2am13
	☿ ♐	9 12
5 S	☿⚻♃	5am 2
	☿□♄	12pm 8
6	☿⚹♂	3pm44
7 M	♀∠♆	11am34
	♀ A	11pm58
9 W	☿∠♇	12pm27
	☿⚹♀	12 49
10 Th	☿ A	6pm26
	☿⚼♃	8 4
	⊕⚹☿	9 44
11	☿⚻♅	3pm 4
12	⊕□♅	11pm44
13 Su	♀□♅	4am16
	⊕☌♀	11 11
	☿□♆	7pm44
14	☿⚺♇	11pm22
15	☿ ♑	5am57
16 W	☿△♃	10am34
	☿⚹♄	11 51
	♀⚼♂	10pm16
	♀⚺♆	11 57
17	☿⚼♅	1am16
18	♃⚹♄	10pm28
19 S	♀⚺♇	0am19
	⊕∠☿	2 21
	⊕⚺♆	7 8
	♀ ♓	11 36
	☿□♂	12pm42
21 M	⊕⚼♂	3am50
	☿∠♀	5pm 9
	☿∠♄	6 6
	♀☌♄	6 58
	♀⚹♃	9 41
22 T	☿△♅	5am53
	⊕⚺♇	2pm46
23	⊕ ♓	8am54
24	☿⚹♆	5am 9
25 F	☿☌♇	5am37
	☿ ♒	11 4
26 S	⊕⚺☿	8am51
	☿⚺♄	3pm42
	☿□♃	7 11
27 Su	⊕☌♄	8am16
	⊕⚹♃	9pm58
28 M	♀∠♇	12pm 5
	☿∠♆	8 53
30 W	♀⚻♂	4am49
	☿△♂	2pm56
	☿⚺♀	8 47
31 Th	☿□♅	11am22
	♀∠♃	10pm28

SEPTEMBER 2023

DAY	☿ LONG	☿ LAT	♀ LONG	♀ LAT	⊕ LONG	♂ LONG	♂ LAT
	° '	° '	° '	° '	° '	° '	° '
1 F	22♒08	7S00	19♓51	3S23	8♓20	17♎49	0N59
2 S	25 50	6 57	21 26	3 23	9 18	18 17	0 58
3 Su	29 37	6 53	23 02	3 23	10 16	18 44	0 57
4 M	3♓31	6 46	24 37	3 22	11 14	19 12	0 56
5 Tu	7 32	6 38	26 12	3 21	12 12	19 40	0 56
6 W	11 40	6 27	27 48	3 20	13 10	20 07	0 55
7 Th	15 56	6 14	29 23	3 19	14 08	20 35	0 54
8 F	20 19	5 58	0♈59	3 18	15 06	21 03	0 53
9 S	24 50	5 40	2 34	3 16	16 05	21 30	0 53
10 Su	29 30	5 18	4 09	3 15	17 03	21 58	0 52
11 M	4♈19	4 54	5 45	3 13	18 01	22 26	0 51
12 Tu	9 16	4 27	7 20	3 11	19 00	22 54	0 50
13 W	14 23	3 57	8 56	3 09	19 58	23 22	0 49
14 Th	19 38	3 24	10 32	3 07	20 56	23 50	0 49
15 F	25 03	2 49	12 07	3 04	21 55	24 18	0 48
16 S	0♉37	2 10	13 43	3 02	22 53	24 46	0 47
17 Su	6 19	1 30	15 18	2 59	23 52	25 14	0 46
18 M	12 09	0 47	16 54	2 56	24 50	25 42	0 45
19 Tu	18 07	0 04	18 30	2 54	25 49	26 10	0 44
20 W	24 11	0N41	20 05	2 50	26 48	26 38	0 44
21 Th	0♊21	1 26	21 41	2 47	27 46	27 06	0 43
22 F	6 36	2 10	23 17	2 44	28 45	27 34	0 42
23 S	12 53	2 54	24 53	2 41	29 44	28 03	0 41
24 Su	19 12	3 35	26 28	2 37	0♈42	28 31	0 40
25 M	25 31	4 13	28 04	2 33	1 41	28 59	0 39
26 Tu	1♋49	4 49	29 40	2 30	2 40	29 28	0 38
27 W	8 04	5 20	1♉16	2 26	3 39	29 56	0 38
28 Th	14 15	5 48	2 52	2 22	4 37	0♏24	0 37
29 F	20 20	6 11	4 28	2 18	5 36	0 53	0 36
30 S	26♋19	6N29	6♉04	2S13	6♈35	1♏21	0N35

OCTOBER 2023

DAY	☿ LONG	☿ LAT	♀ LONG	♀ LAT	⊕ LONG	♂ LONG	♂ LAT
	° '	° '	° '	° '	° '	° '	° '
1 Su	2♌09	6N43	7♉40	2S09	7♈34	1♏50	0N34
2 M	7 52	6 53	9 16	2 04	8 33	2 19	0 33
3 Tu	13 25	6 59	10 52	2 00	9 32	2 47	0 32
4 W	18 49	7 00	12 28	1 55	10 31	3 16	0 31
5 Th	24 04	6 58	14 04	1 50	11 30	3 45	0 31
6 F	29 08	6 53	15 40	1 46	12 29	4 13	0 30
7 S	4♍03	6 45	17 16	1 41	13 28	4 42	0 29
8 Su	8 49	6 35	18 53	1 36	14 28	5 11	0 28
9 M	13 25	6 22	20 29	1 31	15 27	5 40	0 27
10 Tu	17 53	6 07	22 05	1 26	16 26	6 09	0 26
11 W	22 12	5 51	23 41	1 20	17 25	6 38	0 25
12 Th	26 23	5 33	25 18	1 15	18 25	7 06	0 24
13 F	0♎26	5 14	26 54	1 10	19 24	7 35	0 23
14 S	4 22	4 54	28 30	1 04	20 23	8 05	0 22
15 Su	8 11	4 33	0♊07	0 59	21 23	8 34	0 22
16 M	11 54	4 12	1 43	0 53	22 22	9 03	0 21
17 Tu	15 31	3 50	3 19	0 48	23 22	9 32	0 20
18 W	19 02	3 28	4 56	0 42	24 21	10 01	0 19
19 Th	22 28	3 06	6 32	0 37	25 21	10 30	0 18
20 F	25 50	2 43	8 09	0 31	26 21	11 00	0 17
21 S	29 06	2 21	9 46	0 25	27 20	11 29	0 16
22 Su	2♏19	1 58	11 22	0 20	28 20	11 59	0 15
23 M	5 28	1 36	12 59	0 14	29 20	12 28	0 14
24 Tu	8 34	1 14	14 35	0 08	0♉19	12 58	0 13
25 W	11 36	0 52	16 12	0 02	1 19	13 27	0 12
26 Th	14 36	0 30	17 49	0N03	2 19	13 57	0 11
27 F	17 33	0 08	19 26	0 09	3 19	14 26	0 10
28 S	20 28	0S14	21 02	0 15	4 18	14 56	0 09
29 Su	23 20	0 35	22 39	0 20	5 18	15 26	0 08
30 M	26 11	0 56	24 16	0 26	6 18	15 55	0 07
31 Tu	29♏01	1S16	25♊53	0N32	7♉18	16♏25	0N06

DAY	♃ LONG	♃ LAT	♄ LONG	♄ LAT	♅ LONG	♅ LAT	♆ LONG	♆ LAT	♇ LONG	♇ LAT
	° '	° '	° '	° '	° '	° '	° '	° '	° '	° '
3 Su	4♉56.2	1S11	4♓02.6	1S36	20♉15.0	0S19	26♓10.0	1S14	29♑19.6	2S40
8 F	5 23.6	1 11	4 12.2	1 37	20 18.4	0 19	26 11.8	1 14	29 21.0	2 41
13 W	5 50.9	1 11	4 21.8	1 37	20 21.8	0 19	26 13.7	1 14	29 22.5	2 41
18 M	6 18.2	1 11	4 31.4	1 37	20 25.2	0 19	26 15.5	1 14	29 23.9	2 41
23 S	6 45.5	1 10	4 41.0	1 38	20 28.6	0 19	26 17.3	1 14	29 25.3	2 42
28 Th	7 12.9	1 10	4 50.6	1 38	20 31.9	0 19	26 19.2	1 14	29 26.7	2 42
3 Tu	7 40.2	1 10	5 00.1	1 38	20 35.3	0 19	26 21.0	1 14	29 28.2	2 43
8 Su	8 07.5	1 09	5 09.8	1 38	20 38.7	0 18	26 22.8	1 14	29 29.6	2 43
13 F	8 34.7	1 09	5 19.3	1 39	20 42.1	0 18	26 24.6	1 14	29 31.0	2 44
18 W	9 02.0	1 09	5 28.9	1 39	20 45.4	0 18	26 26.5	1 14	29 32.4	2 44
23 M	9 29.3	1 09	5 38.6	1 39	20 48.8	0 18	26 28.3	1 14	29 33.9	2 44
28 S	9 56.6	1 08	5 48.2	1 40	20 52.2	0 18	26 30.1	1 14	29 35.3	2 45

☿p .407052	☿ .323278
♀ .727180	♀ .723676
⊕ 1.00939	⊕ 1.00139
♂ 1.62424	♂ 1.59505
♃ 4.96543	♃ 4.96950
♄ 9.77176	♄ 9.76352
♅ 19.6327	♅ 19.6280
♆ 29.9068	♆ 29.9061
♇ 34.8405	♇ 34.8607
☊	Perihelia
☿ 18° ♉ 37	☿ 17° ♊ 49
♀ 16 ♊ 53	♀ 12 ♌ 07
⊕	⊕ 15 ♋ 10
♂ 19 ♉ 45	♂ 6 ♓ 28
♃ 10 ♋ 43	♃ 14 ♈ 20
♄ 23 ♋ 53	♄ 29 ♊ 30
♅ 14 ♊ 09	♅ 15 ♍ 24
♆ 12 ♌ 01	♆ 0 ♉ 21
♇ 20 ♋ 38	♇ 14 ♏ 53

1	♀✶♅	5am45
2 S	☿⚺♆	2am 9
	☿⚺♇	10pm 9
3 Su	☿ ♓	2am21
	♂⚼♄	5pm 8
4 M	☿☌♄	3am22
	☿⚼♂	4 37
	☿✶♃	9 17
	♀☌♆	11pm36
6 W	♂⚻♅	8am43
	⊕☌☿	11 3
	☿∠♇	3pm10
	♀✶♇	11 24
7 Th	⊕∠♇	5am10
	♀ ♈	9 17
	☿✶♅	11pm58
8 F	☿∠♃	0am26
	☿⚻♂	4 23
9 S	☿☌♆	7am 8
	☿✶♇	11pm18
10 Su	♀⚺♄	1am42
	☿ ♈	2 32
	♀∠♅	5pm48
	♀⚺♃	10 41
	☿⚺♄	11 57
11 M	☿∠♅	5am 4
	☿⚺♃	6 46
	☿☌♀	10 24
13 W	⊕✶♅	9am52
	☿∠♄	10pm54
	⊕∠♃	11 57
14 Th	☿⚺♅	3am19
	⊕⚺☿	7 8
	☿☍♂	8pm23
15 F	☿⚺♆	5am11
	☿□♇	6pm46
	☿ ♉	9 23
16 S	☿✶♄	4pm20
	☿☌♃	11 34
17 Su	⊕∠☿	12pm39
	☿∠♆	8 20
19 T	☿0N	1am57
	☿⚺♀	2 2
	♂⚻♆	5 6
	☿☌♅	9 12
	⊕☌♆	11 4
	♀∠♄	4pm17
	⊕⚻♂	4 30
20 W	♀⚺♅	5am20
	☿✶♆	8 8
	☿⚻♂	10 20
	⊕✶☿	12pm 5
	☿△♇	8 21
	☿ ♊	10 37
21	☿□♄	4pm30
22 F	☿⚺♃	0am17
	☿∠♀	8 39
	⊕✶♇	4pm30
23 S	☿⚼♂	0am40
	☿⚼♇	5 51
	⊕ ♈	6 43
	☿ P	6pm 5
	♀⚺♆	9 17
24 Su	☿⚺♅	4am53
	☿∠♃	10 12
25 M	☿□♆	2am58
	☿✶♀	1pm 0
	☿△♂	2 16
	☿⚻♇	2 53
	☿ ♋	5 3
	♀☍♂	7 34
	♀□♇	8 29
	♂□♇	10 43
26 T	⊕□☿	3am49
	♀ ♉	4 58
	☿△♄	11 23
	☿∠♅	2pm10
	☿✶♃	8 18
27	♂ ♏	3am20
28 Th	⊕⚺♄	5am33
	☿⚼♄	10pm10
	⊕∠♅	10 30
29 F	☿✶♅	0am50
	♀✶♄	6 17
30 S	☿△♆	0am 5
	☿☍♇	12pm51
	☿ ♌	3 5
	⊕⚺♀	8 16
	♀☌♃	9 11
	⊕⚺♃	9 50
	☿□♂	10 32

1 Su	☿⚻♄	11am41
	☿□♃	10pm46
2 M	⊕△☿	3am33
	☿□♀	8 24
	☿⚼♆	2pm58
3	♀∠♆	7am18
4	☿□♅	8am 5
5 Th	☿⚻♆	10am48
	⊕⚼☿	2pm13
6 F	☿⚻♇	1am40
	☿ ♍	4 9
7 S	☿✶♂	3am34
	☿☍♄	5 23
	☿△♃	8pm24
	♂△♄	11 2
9 M	♀☌♅	2am40
	☿⚼♇	5 43
	⊕⚻☿	1pm52
10 T	☿△♅	3pm26
	☿∠♂	8 21
11 W	☿⚼♃	6am56
	☿△♀	1pm42
12 Th	☿☍♆	0am 8
	♀✶♆	4pm42
	☿△♇	6 29
	☿ ♎	9 23
13	⊕∠♄	11pm 4
14 S	☿⚻♄	6am10
	⊕⚺♅	7 52
	☿⚼♅	8 23
	♀△♇	3pm16
	♀ ♊	10 22
15 Su	☿⚺♂	2am43
	☿⚻♃	3 44
	♂☍♃	12pm10
18 W	♀□♄	8am23
	☿⚼♄	10 7
	☿⚼♀	11 38
	☿⚻♅	11 59
20 F	⊕⚺♆	2am40
	☿⚻♆	4 33
	⊕☍☿	5 22
	♀⚺♃	4pm51
	♂⚼♆	10 41
21 S	☿□♇	3am20
	☿ ♏	6 37
22	♀⚻♂	1pm 2
23 M	☿△♄	1am21
	⊕□♇	5 46
	⊕ ♉	4pm14
	♀⚼♇	11 42
24 T	☿☍♃	8am13
	☿⚼♆	11pm 3
25 W	⊕∠♀	4am34
	♀0N	10 16
	☿☌♂	5pm41
27 F	☿0S	8am43
	♀⚺♅	9pm29
28 S	☿☍♅	3am24
	☿⚻♀	10 51
29	⊕✶♄	1pm 8
30 M	☿△♆	2am45
	♀∠♃	1pm32
31 T	☿✶♇	5am 3
	☿ ♐	8 26
	♀□♆	9 34

NOVEMBER 2023

DAY	☿ LONG	☿ LAT	♀ LONG	♀ LAT	⊕ LONG	♂ LONG	♂ LAT
	° '	° '	° '	° '	° '	° '	° '
1 W	1♐49	1S36	27♊30	0N38	8♉18	16♏55	0N05
2 Th	4 36	1 56	29 07	0 43	9 18	17 25	0 05
3 F	7 22	2 16	0♋44	0 49	10 18	17 55	0 04
4 S	10 07	2 35	2 21	0 54	11 18	18 25	0 03
5 Su	12 52	2 53	3 58	1 00	12 18	18 55	0 02
6 M	15 37	3 12	5 35	1 05	13 19	19 25	0 01
7 Tu	18 22	3 29	7 12	1 11	14 19	19 55	0S00
8 W	21 06	3 47	8 49	1 16	15 19	20 25	0 01
9 Th	23 52	4 03	10 26	1 21	16 19	20 56	0 02
10 F	26 37	4 20	12 03	1 27	17 19	21 26	0 03
11 S	29 24	4 35	13 40	1 32	18 20	21 56	0 04
12 Su	2♑11	4 51	15 17	1 37	19 20	22 27	0 05
13 M	5 00	5 05	16 55	1 42	20 20	22 57	0 06
14 Tu	7 50	5 19	18 32	1 47	21 21	23 28	0 07
15 W	10 42	5 32	20 09	1 52	22 21	23 58	0 08
16 Th	13 35	5 45	21 46	1 57	23 22	24 29	0 09
17 F	16 31	5 57	23 24	2 01	24 22	24 59	0 10
18 S	19 29	6 08	25 01	2 06	25 23	25 30	0 11
19 Su	22 29	6 18	26 38	2 10	26 23	26 01	0 12
20 M	25 33	6 27	28 16	2 15	27 24	26 32	0 13
21 Tu	28 39	6 35	29 53	2 19	28 24	27 03	0 14
22 W	1♒49	6 43	1♌30	2 23	29 25	27 33	0 15
23 Th	5 02	6 49	3 08	2 27	0♊25	28 04	0 16
24 F	8 19	6 54	4 45	2 31	1 26	28 35	0 17
25 S	11 41	6 57	6 23	2 35	2 27	29 07	0 18
26 Su	15 07	7 00	8 00	2 39	3 27	29 38	0 19
27 M	18 38	7 00	9 38	2 42	4 28	0♐09	0 20
28 Tu	22 15	6 59	11 15	2 46	5 29	0 40	0 21
29 W	25 57	6 57	12 53	2 49	6 29	1 11	0 22
30 Th	29♒45	6S52	14♌30	2N52	7♊30	1♐43	0S23

DECEMBER 2023

DAY	☿ LONG	☿ LAT	♀ LONG	♀ LAT	⊕ LONG	♂ LONG	♂ LAT
	° '	° '	° '	° '	° '	° '	° '
1 F	3♓39	6S46	16♌08	2N55	8♊31	2♐14	0S24
2 S	7 40	6 38	17 45	2 58	9 32	2 45	0 25
3 Su	11 48	6 27	19 23	3 01	10 33	3 17	0 26
4 M	16 04	6 13	21 00	3 03	11 33	3 48	0 27
5 Tu	20 27	5 58	22 38	3 06	12 34	4 20	0 28
6 W	24 59	5 39	24 15	3 08	13 35	4 52	0 29
7 Th	29 39	5 18	25 53	3 10	14 36	5 23	0 30
8 F	4♈28	4 54	27 30	3 12	15 37	5 55	0 31
9 S	9 25	4 26	29 08	3 14	16 38	6 27	0 32
10 Su	14 32	3 56	0♍45	3 16	17 39	6 59	0 33
11 M	19 48	3 23	2 23	3 17	18 40	7 31	0 34
12 Tu	25 13	2 48	4 01	3 19	19 41	8 03	0 35
13 W	0♉47	2 09	5 38	3 20	20 42	8 35	0 36
14 Th	6 30	1 29	7 15	3 21	21 43	9 07	0 37
15 F	12 20	0 46	8 53	3 22	22 44	9 39	0 38
16 S	18 18	0 02	10 30	3 22	23 45	10 11	0 39
17 Su	24 23	0N42	12 08	3 23	24 46	10 44	0 40
18 M	0♊33	1 27	13 45	3 23	25 47	11 16	0 41
19 Tu	6 47	2 12	15 23	3 24	26 48	11 48	0 42
20 W	13 05	2 55	17 00	3 24	27 49	12 21	0 43
21 Th	19 24	3 36	18 37	3 24	28 50	12 53	0 44
22 F	25 43	4 14	20 15	3 23	29 52	13 26	0 45
23 S	2♋01	4 50	21 52	3 23	0♋53	13 58	0 46
24 Su	8 16	5 21	23 29	3 22	1 54	14 31	0 47
25 M	14 26	5 48	25 07	3 22	2 55	15 04	0 47
26 Tu	20 31	6 11	26 44	3 21	3 56	15 36	0 48
27 W	26 30	6 30	28 21	3 20	4 57	16 09	0 49
28 Th	2♌20	6 44	29 58	3 18	5 58	16 42	0 50
29 F	8 02	6 53	1♎35	3 17	6 59	17 15	0 51
30 S	13 35	6 59	3 13	3 16	8 00	17 48	0 52
31 Su	18♌59	7N00	4♎50	3N14	9♋02	18♐21	0S53

DAY	♃ LONG	♃ LAT	♄ LONG	♄ LAT	♅ LONG	♅ LAT	♆ LONG	♆ LAT	♇ LONG	♇ LAT
	° '	° '	° '	° '	° '	° '	° '	° '	° '	° '
2 Th	10♉23.8	1S08	5♓57.8	1S40	20♉55.6	0S18	26♓32.0	1S14	29♑36.7	2S45
7 Tu	10 51.1	1 08	6 07.4	1 40	20 59.0	0 18	26 33.8	1 14	29 38.2	2 46
12 Su	11 18.3	1 07	6 17.0	1 41	21 02.3	0 18	26 35.6	1 14	29 39.6	2 46
17 F	11 45.5	1 07	6 26.6	1 41	21 05.7	0 18	26 37.5	1 14	29 41.0	2 47
22 W	12 12.8	1 07	6 36.2	1 41	21 09.1	0 18	26 39.3	1 15	29 42.5	2 47
27 M	12 40.0	1 06	6 45.9	1 42	21 12.5	0 18	26 41.1	1 15	29 43.9	2 47
2 S	13 07.2	1 06	6 55.5	1 42	21 15.9	0 18	26 43.0	1 15	29 45.3	2 48
7 Th	13 34.4	1 06	7 05.1	1 42	21 19.3	0 18	26 44.8	1 15	29 46.8	2 48
12 Tu	14 01.6	1 05	7 14.8	1 42	21 22.7	0 18	26 46.6	1 15	29 48.2	2 49
17 Su	14 28.7	1 05	7 24.4	1 43	21 26.1	0 18	26 48.5	1 15	29 49.6	2 49
22 F	14 55.9	1 05	7 34.0	1 43	21 29.4	0 18	26 50.3	1 15	29 51.0	2 50
27 W	15 23.1	1 04	7 43.7	1 43	21 32.8	0 18	26 52.1	1 15	29 52.5	2 50

☿a.462115	☿p.390545
♀p.719837	♀ .718460
⊕ .992708	⊕ .986184
♂ 1.55912	♂ 1.52090
♃ 4.97420	♃ 4.97923
♄ 9.75493	♄ 9.74655
♅ 19.6231	♅ 19.6184
♆ 29.9053	♆ 29.9046
♇ 34.8816	♇ 34.9018
☊	Perihelia
☿ 18°♉ 37	☿ 17°♊ 50
♀ 16 ♊ 54	♀ 12 ♌ 12
⊕	⊕ 12 ♋ 22
♂ 19 ♉ 45	♂ 6 ♓ 29
♃ 10 ♋ 43	♃ 14 ♈ 20
♄ 23 ♋ 53	♄ 29 ♊ 42
♅ 14 ♊ 09	♅ 15 ♍ 15
♆ 12 ♌ 01	♆ 1 ♉ 45
♇ 20 ♋ 39	♇ 14 ♏ 46

2 Th	♀⚻♇	7am29
	☿□♄	11 58
	♀ ♋	1pm13
3	⊕☌♃	4am52
4 S	☿⚻♃	4am 7
	⊕∠♆	5 48
	⊕⚻☿	4pm13
	♀⚼♂	11 7
5	☿∠♇	3pm22
6 M	♀∠♅	5am55
	♀△♄	7 48
	♂0S	3pm28
	☿ A	5 42
7 T	☿⚺♂	4pm42
	☿⚻♅	11 0
9 Th	♂☍♅	3am44
	♀✱♃	9 28
	☿⚼♃	7pm31
	☿□♆	11 38
11 S	☿⚺♇	2am13
	☿ ♑	5 11
13	⊕⚼☿	4am30
M	☿⚼♅	8 57
	☿✱♄	11 18
	⊕☌♅	5pm 8
14	☿∠♂	6am26
15 W	☿△♃	7am35
	♃∠♆	9 49
	♀✱♅	1pm45
	♀⚼♄	6 33
18 S	⊕☍♂	6am 4
	♀△♂	10 32
	☿△♅	1pm 5
	⊕✱♀	2 8
	☿∠♄	4 8
	♀△♆	11 58
19	⊕✱♆	6am 0
20 M	♂△♆	5am23
	☿✱♆	8 34
	☿✱♂	9 12
	⊕△☿	9pm14
	♀☍♇	9 18
21 T	♀ ♌	1am42
	☿☌♇	8 4
	☿ ♒	10 19
	☿☍♀	7pm21
22 W	⊕△♇	7am 1
	⊕ ♊	1pm56
23	☿⚺♄	11am52
24	☿∠♆	11pm56
25 S	♀⚻♄	4am50
	☿□♃	5 48
26 Su	♂✱♇	4am39
	♂ ♐	5pm14
27	☿□♅	5pm13
28 T	♀⚼♆	6am29
	♀ P	12pm32
	♀□♃	11 31
29 W	☿⚺♆	4am49
	⊕□♄	8 16
30 Th	☿⚺♇	0am 1
	☿ ♓	1 36
	☿□♂	2pm 3
1	☿☌♄	7pm36
2	⊕□☿	2pm26
3 Su	☿✱♃	8am12
	☿∠♇	4pm46
4	♀□♅	4am12
5 T	☿✱♅	4am33
	☿⚻♀	6pm 8
	⊕⚺♃	9 19
6 W	☿☌♆	9am 9
	☿∠♃	6pm26
7 Th	☿✱♇	0am40
	☿ ♈	1 47
	⊕⚼♇	4 14
	♀⚻♆	12pm49
8 F	☿△♂	7am59
	☿∠♅	9 10
	☿⚺♄	1pm 1
9 S	♀⚻♇	9am43
	♀ ♍	12pm48
	☿⚺♃	8 44
10	☿⚼♀	8am 9
Su	♂□♄	9 38
	⊕✱☿	5pm39
11 M	☿⚺♅	7am 0
	☿∠♄	10 49
	☿⚼♂	1pm24
12 T	☿⚺♆	6am47
	☿□♇	7pm49
	☿ ♉	8 38
13	⊕⚺♅	4pm29
14 Th	♀☍♄	0am47
	⊕∠☿	1 6
	☿✱♄	3 24
	☿△♀	4 23
	☿⚻♂	11 55
	☿∠♆	9pm47
15 F	☿☌♃	8am 3
	♀□♂	4pm58
16 S	☿0N	1am13
	☿☌♅	12pm23
17 Su	⊕⚺☿	1am49
	☿✱♆	9 29
	☿△♇	9pm13
	☿ ♊	9 53
18 M	♀△♃	12pm45
	♀⚼♇	3 58
19 T	⊕□♆	0am22
	☿□♄	2 37
	☿☍♂	8pm56
20 W	☿⚺♃	6am26
	☿⚼♇	6 42
	☿ P	5pm21
	☿□♀	8 3
21 Th	☿⚺♅	7am55
	⊕⚻♇	11pm49
22 F	⊕∠♃	1am54
	⊕ ♋	3 20
	☿⚼♆	4 16
	☿⚻♇	3pm45
	☿∠♃	4 17
	☿ ♋	4 18
	♀△♅	6 33
	⊕☌☿	6 48
23 S	☿∠♅	5pm14
	☿△♄	9 33
24	♂∠♇	3pm18
25	☿⚻♂	2am40
M	☿✱♃	3 2
	♂⚻♃	7 29
26 T	♀☍♆	1am57
	☿✱♅	4 3
	☿⚼♄	8 44
27 W	☿△♆	1am31
	☿✱♀	10 28
	☿☍♇	1pm50
	☿ ♌	2 20
	☿⚼♂	9 6
	♀△♇	10 38
28 Th	♀ ♎	0am25
	♀⚼♃	7 54
	⊕∠♅	2pm 3
	⊕⚺☿	6 33
	☿⚻♄	10 57
29 F	☿⚼♆	4pm33
	⊕△♄	7 35
30 S	☿□♃	9am15
	☿△♂	8pm49
31 Su	☿∠♀	5am29
	☿□♅	11 53

JANUARY 2024

DAY	☿ LONG	☿ LAT	♀ LONG	♀ LAT	⊕ LONG	♂ LONG	♂ LAT
	° '	° '	° '	° '	° '	° '	° '
1 M	24♌13	6N58	6♎27	3N12	10♋03	18♐54	0S54
2 Tu	29 18	6 53	8 04	3 10	11 04	19 27	0 55
3 W	4♍12	6 45	9 41	3 08	12 05	20 01	0 56
4 Th	8 58	6 34	11 18	3 06	13 06	20 34	0 57
5 F	13 34	6 21	12 55	3 03	14 07	21 07	0 58
6 S	18 01	6 07	14 31	3 01	15 08	21 41	0 59
7 Su	22 20	5 50	16 08	2 58	16 10	22 14	1 00
8 M	26 31	5 32	17 45	2 55	17 11	22 48	1 01
9 Tu	0♎34	5 13	19 22	2 52	18 12	23 21	1 01
10 W	4 30	4 53	20 58	2 49	19 13	23 55	1 02
11 Th	8 19	4 33	22 35	2 45	20 14	24 29	1 03
12 F	12 01	4 11	24 12	2 42	21 15	25 02	1 04
13 S	15 38	3 50	25 48	2 39	22 17	25 36	1 05
14 Su	19 09	3 28	27 25	2 35	23 18	26 10	1 06
15 M	22 35	3 05	29 01	2 31	24 19	26 44	1 07
16 Tu	25 56	2 43	0♏38	2 27	25 20	27 18	1 08
17 W	29 13	2 20	2 14	2 23	26 21	27 52	1 09
18 Th	2♏25	1 58	3 50	2 19	27 22	28 26	1 09
19 F	5 34	1 35	5 27	2 15	28 23	29 00	1 10
20 S	8 40	1 13	7 03	2 11	29 24	29 34	1 11
21 Su	11 42	0 51	8 39	2 06	0♌25	0♑09	1 12
22 M	14 42	0 29	10 15	2 02	1 26	0 43	1 13
23 Tu	17 39	0 07	11 51	1 57	2 28	1 17	1 14
24 W	20 33	0S14	13 27	1 52	3 29	1 52	1 14
25 Th	23 26	0 35	15 03	1 48	4 30	2 26	1 15
26 F	26 17	0 56	16 39	1 43	5 31	3 01	1 16
27 S	29 06	1 17	18 15	1 38	6 32	3 35	1 17
28 Su	1♐54	1 37	19 51	1 33	7 32	4 10	1 18
29 M	4 41	1 57	21 27	1 28	8 33	4 45	1 18
30 Tu	7 27	2 16	23 03	1 22	9 34	5 20	1 19
31 W	10♐13	2S35	24♏39	1N17	10♌35	5♑54	1S20

FEBRUARY 2024

DAY	☿ LONG	☿ LAT	♀ LONG	♀ LAT	⊕ LONG	♂ LONG	♂ LAT
	° '	° '	° '	° '	° '	° '	° '
1 Th	12♐58	2S54	26♏14	1N12	11♌36	6♑29	1S21
2 F	15 42	3 12	27 50	1 07	12 37	7 04	1 22
3 S	18 27	3 30	29 26	1 01	13 38	7 39	1 22
4 Su	21 12	3 47	1♐01	0 56	14 39	8 14	1 23
5 M	23 57	4 04	2 37	0 50	15 40	8 49	1 24
6 Tu	26 43	4 20	4 12	0 45	16 41	9 24	1 25
7 W	29 29	4 36	5 48	0 39	17 41	10 00	1 25
8 Th	2♑17	4 51	7 23	0 34	18 42	10 35	1 26
9 F	5 05	5 05	8 59	0 28	19 43	11 10	1 27
10 S	7 56	5 19	10 34	0 22	20 44	11 46	1 27
11 Su	10 47	5 33	12 09	0 17	21 45	12 21	1 28
12 M	13 41	5 45	13 45	0 11	22 45	12 56	1 29
13 Tu	16 36	5 57	15 20	0 06	23 46	13 32	1 30
14 W	19 34	6 08	16 55	0S00	24 47	14 08	1 30
15 Th	22 35	6 18	18 31	0 06	25 47	14 43	1 31
16 F	25 38	6 27	20 06	0 11	26 48	15 19	1 32
17 S	28 45	6 36	21 41	0 17	27 49	15 55	1 32
18 Su	1♒55	6 43	23 16	0 23	28 49	16 30	1 33
19 M	5 08	6 49	24 51	0 28	29 50	17 06	1 33
20 Tu	8 26	6 54	26 26	0 34	0♍50	17 42	1 34
21 W	11 47	6 57	28 01	0 39	1 51	18 18	1 35
22 Th	15 14	7 00	29 36	0 45	2 51	18 54	1 35
23 F	18 45	7 00	1♑11	0 50	3 52	19 30	1 36
24 S	22 22	6 59	2 46	0 56	4 52	20 06	1 36
25 Su	26 04	6 57	4 21	1 01	5 52	20 42	1 37
26 M	29 52	6 52	5 56	1 07	6 53	21 18	1 38
27 Tu	3♓46	6 46	7 31	1 12	7 53	21 55	1 38
28 W	7 48	6 37	9 06	1 17	8 53	22 31	1 39
29 Th	11♓56	6S26	10♑41	1S22	9♍53	23♑07	1S39

DAY	♃ LONG	♃ LAT	♄ LONG	♄ LAT	♅ LONG	♅ LAT	♆ LONG	♆ LAT	♇ LONG	♇ LAT
	° '	° '	° '	° '	° '	° '	° '	° '	° '	° '
1 M	15♉50.2	1S04	7♓53.3	1S44	21♉36.2	0S18	26♓54.0	1S15	29♑53.9	2S50
6 S	16 17.3	1 04	8 03.0	1 44	21 39.6	0 18	26 55.8	1 15	29 55.3	2 51
11 Th	16 44.5	1 03	8 12.6	1 44	21 43.0	0 18	26 57.6	1 15	29 56.8	2 51
16 Tu	17 11.6	1 03	8 22.3	1 45	21 46.4	0 18	26 59.5	1 15	29 58.2	2 52
21 Su	17 38.7	1 02	8 32.0	1 45	21 49.8	0 18	27 01.3	1 15	29 59.6	2 52
26 F	18 05.8	1 02	8 41.6	1 45	21 53.2	0 18	27 03.1	1 15	0♒01.1	2 53
31 W	18 32.8	1 02	8 51.3	1 45	21 56.6	0 18	27 05.0	1 15	0 02.5	2 53
5 M	18 59.9	1 01	9 00.9	1 46	21 59.9	0 17	27 06.8	1 15	0 03.9	2 53
10 S	19 27.0	1 01	9 10.6	1 46	22 03.3	0 17	27 08.6	1 15	0 05.3	2 54
15 Th	19 54.0	1 01	9 20.3	1 46	22 06.7	0 17	27 10.5	1 15	0 06.8	2 54
20 Tu	20 21.0	1 00	9 29.9	1 47	22 10.1	0 17	27 12.3	1 15	0 08.2	2 55
25 Su	20 48.1	1 00	9 39.6	1 47	22 13.5	0 17	27 14.1	1 15	0 09.6	2 55

☿ .342483	☿a .466294
♀ .720453	♀ .724478
⊕p .983318	⊕ .985227
♂ 1.48066	♂ 1.44306
♃ 4.98490	♃ 4.99104
♄ 9.73783	♄ 9.72903
♅ 19.6134	♅ 19.6085
♆ 29.9038	♆ 29.9030
♇ 34.9228	♇ 34.9437
☊	Perihelia
☿ 18°♉ 37	☿ 17°♊ 50
♀ 16 ♊ 54	♀ 12 ♌ 13
⊕	⊕ 11 ♋ 37
♂ 19 ♉ 45	♂ 6 ♓ 30
♃ 10 ♋ 43	♃ 14 ♈ 19
♄ 23 ♋ 53	♄ 29 ♊ 51
♅ 14 ♊ 09	♅ 15 ♍ 09
♆ 12 ♌ 01	♆ 2 ♉ 56
♇ 20 ♋ 39	♇ 14 ♏ 41

1 M	♀⚼♅	2am22
	⊕∠☿	4 48
	☿⚻♆	12pm36
	♀⚻♄	9 52
2 T	☿⚻♇	2am56
	☿ ♍	3 24
3 W	⊕ P	0am39
	☿☍♄	6pm58
4	☿⚺♀	6pm37
5 F	⊕⚹☿	3am48
	☿⚼♇	7 12
	☿△♃	2pm23
	♂⚻♅	11 11
6 S	☿△♅	8pm15
	☿□♂	11 22
7 Su	⊕□♀	0am55
	♀⚻♃	3 50
	⊕⚹♃	5 41
8 M	☿☍♆	2am31
	☿△♇	8pm14
	☿ ♎	8 37
9	☿⚼♃	6am10
10 W	♀⚻♅	10am59
	☿⚼♅	1pm52
	☿⚻♄	11 22
11	♀⚼♄	9am31
12 F	⊕⚹♅	11am13
	♀⚹♂	7pm23
13 S	☿⚻♃	8am58
	♀⚻♆	5pm30
14 Su	⊕⚼♄	0am18
	☿⚻♅	6pm13
15 M	☿⚼♄	5am27
	♂□♆	10 50
	♀□♇	2pm 9
	♀ ♏	2 38
	⊕□☿	5 46
16 T	☿⚻♆	7am43
	☿⚹♂	12pm 1
17 W	☿□♇	5am41
	☿ ♏	5 51
	⊕△♆	3pm18
18	☿☌♀	10pm 1
19	☿△♄	10pm44
20 S	⊕⚻♂	8am58
	⊕☍♇	1pm49
	⊕ ♌	2 0
	♂⚺♇	5 38
	♂ ♑	5 56
	♀△♄	10 10
21	☿⚼♆	2am34
22 M	♇ ♒	7am 9
	☿∠♂	10 17
23 T	☿☍♃	1am32
	♀⚼♆	2 40
	☿0S	7 59
24	☿☍♅	10am55
26 F	♂⚼♃	4am 5
	☿△♆	6 33
	♀☍♃	10pm53
27 S	☿ ♐	7am40
	♀∠♂	7 50
	☿⚹♇	7 52
29 M	☿⚺♂	0am39
	⊕⚻♄	5 41
	♀☍♅	7 5
30	☿□♄	12pm 2
31	⊕△☿	5am13

1 Th	⊕⚼♆	11am33
	♀△♆	12pm49
	☿∠♇	6 16
	♂⚼♅	7 37
2	☿ A	4pm59
3 S	☿⚻♃	3am20
	♀ ♐	8 36
	♀⚹♇	9 28
4	☿⚻♅	6am56
5	♂⚹♄	8am25
6	☿□♆	3am32
7 W	☿ ♑	4am25
	☿⚺♇	5 4
8 Th	⊕□♃	2pm42
	☿⚼♃	5 34
	⊕⚼☿	7 3
9 F	♀□♄	2am33
	☿⚼♅	4pm38
10	☿⚹♄	10am39
11 Su	♀⚺♂	4am38
	⊕□♅	7 47
	☿☌♂	4pm20
12 M	☿⚺♀	1am12
	♀∠♇	8pm30
13	♀0S	11pm36
14 W	☿△♃	1am57
	☿△♅	8pm15
15 Th	☿∠♄	1pm58
	♀⚻♃	10 19
16 F	⊕⚻♆	9am 7
	☿⚹♆	11 58
	⊕⚻☿	1pm20
17 S	♀⚻♅	6am55
	☿ ♒	9 33
	☿☌♇	10 30
19 M	⊕ ♍	4am 6
	⊕⚻♇	7 16
20 T	☿⚺♄	7am47
	♀□♆	11 41
21 W	☿∠♆	2am58
	☿∠♀	4pm 3
22 Th	♀ ♑	5am59
	♀⚺♇	8 13
23 F	☿⚺♂	6am 4
	☿□♃	12pm50
	☿□♅	11 3
24	⊕⚼♂	2pm 4
25 Su	♂△♃	4am32
	☿⚺♆	7 30
	♀⚼♃	11pm14
26 M	☿ ♓	0am51
	☿⚺♇	1 53
	♀⚼♅	7pm49
27 T	♂△♅	1pm38
	⊕△♀	2 59
	☿∠♂	10 5
28 W	⊕☍☿	8am29
	♀⚹♄	10 7
	☿☌♄	11 34
	☿⚹♀	12pm27
	⊕☍♄	9 30
29	☿∠♇	6pm22

MARCH 2024

DAY	☿ LONG	☿ LAT	♀ LONG	♀ LAT	⊕ LONG	♂ LONG	♂ LAT
	° ′	° ′	° ′	° ′	° ′	° ′	° ′
1 F	16♓12	6S13	12♑16	1S27	10♍54	23♑44	1S40
2 S	20 35	5 57	13 51	1 32	11 54	24 20	1 40
3 Su	25 07	5 38	15 26	1 37	12 54	24 56	1 41
4 M	29 48	5 17	17 01	1 42	13 54	25 33	1 41
5 Tu	4♈37	4 53	18 36	1 47	14 54	26 09	1 42
6 W	9 35	4 26	20 10	1 52	15 54	26 46	1 42
7 Th	14 42	3 55	21 45	1 57	16 55	27 23	1 43
8 F	19 58	3 22	23 20	2 01	17 55	27 59	1 43
9 S	25 23	2 46	24 55	2 06	18 55	28 36	1 44
10 Su	0♉58	2 08	26 30	2 10	19 55	29 13	1 44
11 M	6 40	1 27	28 05	2 14	20 55	29 50	1 44
12 Tu	12 31	0 45	29 40	2 18	21 54	0♒27	1 45
13 W	18 29	0 01	1♒15	2 22	22 54	1 03	1 45
14 Th	24 34	0N44	2 49	2 26	23 54	1 40	1 46
15 F	0♊44	1 29	4 24	2 30	24 54	2 17	1 46
16 S	6 59	2 13	5 59	2 34	25 54	2 54	1 46
17 Su	13 17	2 56	7 34	2 38	26 54	3 31	1 47
18 M	19 36	3 37	9 09	2 41	27 53	4 08	1 47
19 Tu	25 55	4 15	10 44	2 45	28 53	4 46	1 47
20 W	2♋13	4 51	12 19	2 48	29 53	5 23	1 48
21 Th	8 27	5 22	13 54	2 51	0♎52	6 00	1 48
22 F	14 38	5 49	15 29	2 54	1 52	6 37	1 48
23 S	20 43	6 12	17 03	2 57	2 51	7 14	1 48
24 Su	26 41	6 30	18 38	2 59	3 51	7 52	1 49
25 M	2♌31	6 44	20 13	3 02	4 50	8 29	1 49
26 Tu	8 13	6 53	21 48	3 05	5 50	9 06	1 49
27 W	13 46	6 59	23 23	3 07	6 49	9 44	1 49
28 Th	19 09	7 00	24 58	3 09	7 48	10 21	1 49
29 F	24 23	6 58	26 33	3 11	8 48	10 59	1 50
30 S	29 27	6 53	28 08	3 13	9 47	11 36	1 50
31 Su	4♍22	6N45	29♒43	3S15	10♎46	12♒14	1S50

APRIL 2024

DAY	☿ LONG	☿ LAT	♀ LONG	♀ LAT	⊕ LONG	♂ LONG	♂ LAT
	° ′	° ′	° ′	° ′	° ′	° ′	° ′
1 M	9♍07	6N34	1♓18	3S16	11♎45	12♒51	1S50
2 Tu	13 43	6 21	2 53	3 18	12 45	13 29	1 50
3 W	18 10	6 06	4 29	3 19	13 44	14 06	1 50
4 Th	22 28	5 50	6 04	3 20	14 43	14 44	1 51
5 F	26 39	5 32	7 39	3 21	15 42	15 22	1 51
6 S	0♎41	5 13	9 14	3 22	16 41	15 59	1 51
7 Su	4 37	4 53	10 49	3 23	17 40	16 37	1 51
8 M	8 26	4 32	12 24	3 23	18 39	17 15	1 51
9 Tu	12 08	4 11	13 59	3 23	19 38	17 52	1 51
10 W	15 45	3 49	15 35	3 24	20 37	18 30	1 51
11 Th	19 16	3 27	17 10	3 24	21 36	19 08	1 51
12 F	22 41	3 05	18 45	3 24	22 35	19 46	1 51
13 S	26 02	2 42	20 20	3 23	23 34	20 24	1 51
14 Su	29 19	2 20	21 56	3 23	24 33	21 01	1 51
15 M	2♏31	1 57	23 31	3 22	25 31	21 39	1 51
16 Tu	5 40	1 35	25 06	3 22	26 30	22 17	1 51
17 W	8 46	1 12	26 42	3 21	27 29	22 55	1 51
18 Th	11 48	0 50	28 17	3 20	28 28	23 33	1 51
19 F	14 47	0 28	29 52	3 18	29 26	24 11	1 51
20 S	17 44	0 06	1♈28	3 17	0♏25	24 49	1 51
21 Su	20 39	0S15	3 03	3 16	1 23	25 27	1 50
22 M	23 31	0 36	4 39	3 14	2 22	26 05	1 50
23 Tu	26 22	0 57	6 14	3 12	3 20	26 43	1 50
24 W	29 12	1 18	7 50	3 10	4 19	27 21	1 50
25 Th	2♐00	1 38	9 25	3 08	5 17	27 59	1 50
26 F	4 47	1 58	11 01	3 06	6 16	28 37	1 50
27 S	7 33	2 17	12 37	3 04	7 14	29 15	1 49
28 Su	10 18	2 36	14 12	3 01	8 12	29 53	1 49
29 M	13 03	2 55	15 48	2 58	9 11	0♓31	1 49
30 Tu	15♐48	3S13	17♈23	2S56	10♏09	1♓09	1S49

DAY	♃ LONG	♃ LAT	♄ LONG	♄ LAT	♅ LONG	♅ LAT	♆ LONG	♆ LAT	♇ LONG	♇ LAT
	° ′	° ′	° ′	° ′	° ′	° ′	° ′	° ′	° ′	° ′
1 F	21♉15.1	0S59	9♓49.3	1S47	22♉16.9	0S17	27♓15.9	1S15	0♒11.0	2S56
6 W	21 42.0	0 59	9 59.0	1 47	22 20.3	0 17	27 17.8	1 15	0 12.4	2 56
11 M	22 09.0	0 59	10 08.6	1 48	22 23.7	0 17	27 19.6	1 15	0 13.9	2 56
16 S	22 36.0	0 58	10 18.3	1 48	22 27.0	0 17	27 21.4	1 15	0 15.3	2 57
21 Th	23 03.0	0 58	10 28.0	1 48	22 30.4	0 17	27 23.3	1 15	0 16.7	2 57
26 Tu	23 29.9	0 57	10 37.7	1 49	22 33.8	0 17	27 25.1	1 15	0 18.1	2 58
31 Su	23 56.8	0 57	10 47.4	1 49	22 37.2	0 17	27 26.9	1 16	0 19.5	2 58
5 F	24 23.7	0 57	10 57.1	1 49	22 40.6	0 17	27 28.8	1 16	0 21.0	2 59
10 W	24 50.6	0 56	11 06.8	1 50	22 44.0	0 17	27 30.6	1 16	0 22.4	2 59
15 M	25 17.5	0 56	11 16.5	1 50	22 47.4	0 17	27 32.4	1 16	0 23.8	2 59
20 S	25 44.4	0 55	11 26.2	1 50	22 50.8	0 17	27 34.2	1 16	0 25.2	3 00
25 Th	26 11.3	0 55	11 35.9	1 50	22 54.2	0 17	27 36.1	1 16	0 26.6	3 00
30 Tu	26 38.1	0 54	11 45.6	1 51	22 57.6	0 17	27 37.9	1 16	0 28.0	3 01

☿p.373154	☿a.359343
♀a.727551	♀ .727937
⊕ .990831	⊕ .999246
♂ 1.41356	♂ 1.39147
♃ 4.99720	♃ 5.00421
♄ 9.72075	♄ 9.71183
♅ 19.6038	♅ 19.5988
♆ 29.9023	♆ 29.9015
♇ 34.9633	♇ 34.9843
☊	Perihelia
☿ 18° ♉ 37	☿ 17° ♊ 50
♀ 16 ♊ 54	♀ 12 ♌ 10
⊕	⊕ 13 ♋ 49
♂ 19 ♉ 45	♂ 6 ♓ 30
♃ 10 ♋ 43	♃ 14 ♈ 19
♄ 23 ♋ 53	♄ 0 ♋ 01
♅ 14 ♊ 09	♅ 15 ♍ 01
♆ 12 ♌ 01	♆ 4 ♉ 15
♇ 20 ♋ 39	♇ 14 ♏ 35

2 S	☿✱♃	4am 7
	☿✱♅	9 8
	♂∠♄	9pm43
	☿✱♂	10 55
3	☿☌♆	11am11
4 M	☿ ♈	1am 3
	☿✱♇	2 3
5 T	⊕⚼♇	7am 9
	☿∠♃	9 56
	☿∠♅	1pm14
6 W	☿⚺♄	1am56
	♂✱♆	8pm59
7 Th	♀△♃	0am34
	♀△♅	9 4
	⊕⚻☿	12pm32
8 F	☿⚺♃	8am41
	☿⚺♅	10 41
	☿□♀	9pm 6
	☿∠♄	10 38
9 S	♀∠♄	2am30
	☿⚺♆	8 22
	☿□♂	3pm37
	☿ ♉	7 54
	☿□♇	8 52
10 Su	♀✱♆	12pm31
	⊕⚼☿	8 9
11 M	♂ ♒	6am44
	☿✱♄	2pm23
	♂☌♇	3 53
	☿∠♆	11 14
12 T	♀ ♒	5am 9
	♀☌♇	8 45
	⊕△♃	8 47
	⊕△♅	12pm 6
	♀☌♂	7 23
13 W	☿0N	0am30
	☿☌♃	3pm26
	☿☌♅	3 34
	⊕△☿	8 53
14 Th	♃☌♅	2am28
	☿✱♆	10 51
	☿ ♊	9pm 8
	☿△♇	10 6
15 F	☿△♂	6am38
	☿△♀	6pm53
16	☿□♄	12pm45
17 Su	☿⚼♇	7am33
	⊕☍♆	11 25
	☿ P	4pm38
	☿⚼♂	10 5
18 M	☿⚺♅	10am57
	☿⚺♃	12pm16
	♀⚺♄	6 56
	☿⚼♀	11 4
19 T	☿□♆	5am34
	⊕□☿	1pm25
	☿ ♋	3 34
	☿⚻♇	4 36
	♀ A	9 49
20 W	♀∠♆	1am 4
	⊕ ♎	2 59
	⊕△♇	9 39
	☿⚻♂	1pm29
	☿∠♅	8 20
	☿∠♃	10 24
21	☿△♄	7am49
22	☿⚻♀	4am28
23 S	☿✱♅	7am17
	☿✱♃	10 13
	☿⚼♄	7pm27
24 Su	☿△♆	2am58
	⊕⚼♀	8 22
	☿ ♌	1pm35
	☿☍♇	2 48
25	⊕✱☿	11am44
26 T	☿☍♂	4am17
	☿⚻♄	10 25
	♀□♅	11 35
	☿⚼♆	6pm 9
27 W	♀□♃	3am13
	⊕⚼♅	6pm37
28 Th	♂⚺♄	1pm50
	☿□♅	3 43
	⊕∠☿	8 37
	☿□♃	9 6
	⊕⚼♃	11 17
29 F	♀⚺♆	1pm25
	☿⚻♆	2 23
	☿☍♀	2 50
30 S	☿ ♍	2am39
	☿⚻♇	4 12
31 Su	⊕⚻♄	0am30
	♀ ♓	4 13
	♂∠♆	8 37
	♀⚺♇	9 11
1 M	☿☍♄	8am54
	⊕⚺☿	5pm30
	☿⚻♂	10 35
2	☿⚼♇	8am41
4 Th	⊕△♂	1am 4
	☿△♅	1 7
	☿△♃	10 42
5 F	☿☍♆	4am54
	☿ ♎	7pm51
	☿△♇	9 59
6	☿⚼♂	2am 8
7 Su	♀☌♄	3am 5
	☿⚼♅	7pm25
8 M	☿⚼♃	8am 7
	☿⚻♄	5pm 2
9 T	♀∠♇	8pm55
	☿⚻♀	9 59
10	☿△♂	10pm56
11	⊕☌☿	10pm57
12 F	☿⚻♅	0am29
	⊕⚻♅	4 17
	☿⚻♃	5pm 8
13 S	☿⚼♄	1am16
	♀⚺♂	1 22
	☿⚻♆	10 52
14 Su	☿ ♏	5am 5
	☿□♇	8 1
	♀✱♅	12pm57
	⊕⚻♃	5 46
15	⊕⚼♄	7pm 3
16 T	♀✱♃	4am26
	♂□♅	7pm51
17 W	⊕⚻♆	1am46
	♀☌♆	1pm 0
	☿△♄	8 35
18 Th	☿⚼♆	6am 5
	⊕⚻♀	6 49
19	☿⚼♀	1am30
F	♀ ♈	1 54
	♀✱♇	8 11
	⊕ ♏	1pm53
20 S	⊕□♇	0am12
	☿0S	7 14
21 Su	♂□♃	4pm48
	☿☍♅	6 29
22	☿☍♃	8pm50
23 T	☿□♂	3am45
	☿△♆	10 21
24 W	♀∠♅	0am56
	☿ ♐	6 54
	♂⚺♆	9 23
	☿✱♇	10 40
26 F	♀∠♃	4am11
	♀⚺♄	9 28
	⊕⚺☿	7pm49
28 Su	♂ ♓	4am20
	☿□♄	12pm20
	♀∠♂	5 5
	♂⚺♇	9 49
29	☿∠♇	9pm 9
30	☿ A	4pm15

MAY 2024

JUNE 2024

MAY 2024

DAY		☿ LONG	☿ LAT	♀ LONG	♀ LAT	⊕ LONG	♂ LONG	♂ LAT
		° '	° '	° '	° '	° '	° '	° '
1	W	18♐32	3S30	18♈59	2S53	11♏07	1♓47	1S49
2	Th	21 17	3 48	20 35	2 50	12 05	2 25	1 48
3	F	24 02	4 04	22 11	2 46	13 04	3 04	1 48
4	S	26 48	4 21	23 46	2 43	14 02	3 42	1 48
5	Su	29 35	4 36	25 22	2 40	15 00	4 20	1 47
6	M	2♑22	4 51	26 58	2 36	15 58	4 58	1 47
7	Tu	5 11	5 06	28 34	2 32	16 56	5 36	1 47
8	W	8 01	5 20	0♉10	2 28	17 54	6 14	1 46
9	Th	10 53	5 33	1 46	2 24	18 52	6 52	1 46
10	F	13 46	5 46	3 21	2 20	19 50	7 30	1 46
11	S	16 42	5 57	4 57	2 16	20 48	8 08	1 45
12	Su	19 40	6 08	6 33	2 12	21 46	8 46	1 45
13	M	22 41	6 18	8 09	2 08	22 44	9 24	1 45
14	Tu	25 44	6 28	9 45	2 03	23 42	10 03	1 44
15	W	28 51	6 36	11 21	1 58	24 40	10 41	1 44
16	Th	2♒01	6 43	12 57	1 54	25 38	11 19	1 43
17	F	5 14	6 49	14 34	1 49	26 36	11 57	1 43
18	S	8 32	6 54	16 10	1 44	27 34	12 35	1 42
19	Su	11 54	6 57	17 46	1 39	28 31	13 13	1 42
20	M	15 20	7 00	19 22	1 34	29 29	13 51	1 41
21	Tu	18 52	7 00	20 58	1 29	0♐27	14 29	1 41
22	W	22 28	6 59	22 35	1 24	1 24	15 07	1 40
23	Th	26 11	6 57	24 11	1 19	2 22	15 45	1 40
24	F	29 59	6 52	25 47	1 13	3 20	16 23	1 39
25	S	3♓54	6 46	27 23	1 08	4 17	17 01	1 39
26	Su	7 55	6 37	29 00	1 03	5 15	17 39	1 38
27	M	12 04	6 26	0♊36	0 57	6 13	18 17	1 38
28	Tu	16 20	6 13	2 13	0 52	7 10	18 55	1 37
29	W	20 44	5 57	3 49	0 46	8 08	19 33	1 36
30	Th	25 16	5 38	5 26	0 41	9 05	20 11	1 36
31	F	29♓57	5S16	7♊02	0S35	10♐03	20♓49	1S35

JUNE 2024

DAY		☿ LONG	☿ LAT	♀ LONG	♀ LAT	⊕ LONG	♂ LONG	♂ LAT
		° '	° '	° '	° '	° '	° '	° '
1	S	4♈46	4S52	8♊39	0S29	11♐00	21♓27	1S34
2	Su	9 44	4 25	10 15	0 24	11 58	22 04	1 34
3	M	14 52	3 54	11 52	0 18	12 55	22 42	1 33
4	Tu	20 08	3 21	13 28	0 12	13 53	23 20	1 32
5	W	25 34	2 45	15 05	0 06	14 50	23 58	1 32
6	Th	1♉08	2 07	16 42	0 01	15 48	24 36	1 31
7	F	6 51	1 26	18 18	0N05	16 45	25 13	1 30
8	S	12 42	0 44	19 55	0 11	17 43	25 51	1 30
9	Su	18 41	0N00	21 32	0 16	18 40	26 29	1 29
10	M	24 46	0 45	23 09	0 22	19 37	27 07	1 28
11	Tu	0♊56	1 30	24 46	0 28	20 35	27 44	1 27
12	W	7 11	2 14	26 23	0 34	21 32	28 22	1 27
13	Th	13 28	2 57	27 59	0 39	22 30	28 59	1 26
14	F	19 48	3 38	29 36	0 45	23 27	29 37	1 25
15	S	26 07	4 17	1♋13	0 50	24 24	0♈15	1 24
16	Su	2♋24	4 52	2 50	0 56	25 21	0 52	1 24
17	M	8 39	5 23	4 27	1 02	26 19	1 30	1 23
18	Tu	14 49	5 50	6 04	1 07	27 16	2 07	1 22
19	W	20 54	6 12	7 41	1 12	28 13	2 45	1 21
20	Th	26 52	6 31	9 18	1 18	29 11	3 22	1 20
21	F	2♌42	6 44	10 56	1 23	0♑08	3 59	1 20
22	S	8 24	6 54	12 33	1 28	1 05	4 37	1 19
23	Su	13 56	6 59	14 10	1 33	2 02	5 14	1 18
24	M	19 19	7 00	15 47	1 38	2 59	5 51	1 17
25	Tu	24 33	6 58	17 24	1 43	3 57	6 28	1 16
26	W	29 37	6 53	19 02	1 48	4 54	7 06	1 15
27	Th	4♍31	6 44	20 39	1 53	5 51	7 43	1 14
28	F	9 16	6 34	22 16	1 58	6 48	8 20	1 13
29	S	13 51	6 21	23 53	2 03	7 46	8 57	1 13
30	Su	18♍18	6N06	25♋31	2N07	8♑43	9♈34	1S12

DAY		♃ LONG	♃ LAT	♄ LONG	♄ LAT	♅ LONG	♅ LAT	♆ LONG	♆ LAT	♇ LONG	♇ LAT
		° '	° '	° '	° '	° '	° '	° '	° '	° '	° '
5	Su	27♉05.0	0S54	11♓55.3	1S51	23♉00.9	0S17	27♓39.7	1S16	0♒29.5	3S01
10	F	27 31.8	0 54	12 05.0	1 51	23 04.3	0 17	27 41.6	1 16	0 30.9	3 02
15	W	27 58.6	0 53	12 14.8	1 51	23 07.7	0 17	27 43.4	1 16	0 32.3	3 02
20	M	28 25.4	0 53	12 24.5	1 52	23 11.1	0 17	27 45.2	1 16	0 33.7	3 02
25	S	28 52.2	0 52	12 34.2	1 52	23 14.5	0 17	27 47.1	1 16	0 35.1	3 03
30	Th	29 19.0	0 52	12 43.9	1 52	23 17.9	0 16	27 48.9	1 16	0 36.6	3 03
4	Tu	29 45.8	0 51	12 53.7	1 53	23 21.3	0 16	27 50.7	1 16	0 38.0	3 04
9	Su	0♊12.5	0 51	13 03.4	1 53	23 24.7	0 16	27 52.6	1 16	0 39.4	3 04
14	F	0 39.3	0 50	13 13.2	1 53	23 28.1	0 16	27 54.4	1 16	0 40.8	3 05
19	W	1 06.0	0 50	13 22.9	1 53	23 31.5	0 16	27 56.2	1 16	0 42.2	3 05
24	M	1 32.7	0 49	13 32.6	1 54	23 34.9	0 16	27 58.1	1 16	0 43.7	3 05
29	S	1 59.4	0 49	13 42.4	1 54	23 38.3	0 16	27 59.9	1 16	0 45.1	3 06

☿ .466689	☿p.350023
♀ .725228	♀ .721132
⊕ 1.00755	⊕ 1.01402
♂p1.38191	♂ 1.38549
♃ 5.01139	♃ 5.01922
♄ 9.70315	♄ 9.69412
♅ 19.5939	♅ 19.5889
♆ 29.9007	♆ 29.8999
♇ 35.0046	♇ 35.0256
☊	Perihelia
☿ 18°♉ 37	☿ 17°♊ 50
♀ 16 ♊ 54	♀ 12 ♌ 09
⊕	⊕ 14 ♋ 45
♂ 19 ♉ 45	♂ 6 ♓ 31
♃ 10 ♋ 43	♃ 14 ♈ 20
♄ 23 ♋ 54	♄ 0 ♋ 13
♅ 14 ♊ 09	♅ 14 ♍ 56
♆ 12 ♌ 02	♆ 5 ♉ 42
♇ 20 ♋ 39	♇ 14 ♏ 29

1 W	☿△♀	9am20
	⊕△♄	5pm15
2 Th	⊕⚼♆	1pm49
	☿⚻♅	2 52
3	♀⚺♅	12pm22
4 S	☿⚻♃	1am44
	☿□♆	7 26
5 Su	☿ ♑	3am39
	⊕∠☿	5 34
	☿⚺♇	7 54
	♀∠♄	11pm50
6 M	♀⚺♃	3am18
	♀⚺♆	10 36
7 T	☿✶♂	4am34
	♀ ♉	9pm35
8 W	☿⚼♅	0am17
	♀□♇	5 12
	♂ P	10 44
9 Th	☿✶♄	9am52
	☿⚼♃	1pm24
11	♃✶♆	10pm45
13 M	⊕✶☿	0am40
	☿△♅	3 23
	⊕☍♅	9 17
	☿∠♂	5pm10
14 T	♀✶♂	7am 7
	☿∠♄	11 34
	☿✶♆	3pm21
	☿△♃	5 8
15 W	☿ ♒	8am47
	☿☌♇	12pm54
	♀✶♄	1 36
	♀∠♆	8 33
17	♂☌♄	2pm32
18 S	⊕△♆	4am35
	⊕☍♃	6pm52
19 Su	☿⚺♄	3am24
	☿∠♆	5 59
	☿⚺♂	11 21
20	⊕ ♐	12pm52
21	⊕✶♇	3am 2
22 W	☿□♀	1am11
	☿□♅	4 49
	♀☌♅	9 32
	♂∠♇	5pm22
23 Th	☿⚺♆	10am 8
	☿□♃	4pm18
24 F	☿ ♓	0am 6
	☿⚺♇	3 42
25 S	⊕□☿	3am 8
	♀✶♆	5 54
	♀☌♃	11pm25
26 Su	♀ ♊	2pm59
	♀△♇	11 53
27 M	☿☌♄	3am17
	☿∠♇	7pm56
28	☿☌♂	4pm33
29	☿✶♅	1pm39
30 Th	☿☌♆	1pm11
	☿✶♃	9 14
31 F	☿ ♈	0am17
	☿✶♇	3 23
1	☿∠♅	5pm17
2 Su	☿✶♀	3am35
	⊕△☿	12pm56
	☿⚺♄	2 40
	⊕□♄	10 26
	☿∠♃	11 7
3	♀□♄	3pm12
4 T	♂✶♅	0am48
	☿⚺♅	2pm20
	⊕☍♀	2 59
	☿⚺♂	4 5
5 W	♀⚼♇	8am16
	☿⚺♆	9 56
	☿∠♄	10 19
	☿⚺♃	6pm49
	☿ ♉	7 9
	⊕∠♇	8 8
	☿□♇	9 53
	⊕⚼☿	10 15
6 Th	♀0N	3am 1
	☿∠♀	3 18
	♃ ♊	3pm48
7	☿∠♂	3pm33
8 S	☿∠♆	0am40
	☿✶♄	1 18
	☿0N	11pm46
	⊕⚻☿	11 56
9 Su	☿⚺♀	3pm23
	☿☌♅	6 44
10 M	♀⚺♅	4am 9
	☿✶♂	10 12
	☿✶♆	12pm11
	☿ ♊	8 23
	☿☌♃	9 51
	☿△♇	10 58
11	♂☌♆	5am51
12 W	♀□♆	10pm40
	☿□♄	10 54
13 Th	☿⚼♇	8am22
	☿ P	3pm54
14 F	♀□♂	0am17
	⊕⚻♅	0 31
	♀ ♋	5 52
	♃△♇	7 26
	☿⚺♅	1pm59
	♂ ♈	2 40
	♀⚻♇	4 1
	⊕☍☿	4 21
	♀⚺♃	4 29
15 S	☿□♆	6am51
	☿ ♋	2pm48
	♂✶♇	5 6
	☿⚻♇	5 26
	☿□♂	5 28
	☿⚺♃	5 54
	♂✶♃	10 23
16 Su	☿☌♀	2am13
	☿∠♅	11pm25
17	☿△♄	6pm12
18 T	☿∠♃	4am44
	⊕□♆	4pm47
19 W	☿✶♅	10am31
	♀∠♅	12pm29
20 Th	☿△♆	4am24
	☿⚼♄	6 21
	⊕⚻☿	11 17
	☿ ♌	12pm50
	☿☍♇	3 46
	☿✶♃	6 1
	⊕ ♑	8 44
21 F	☿△♂	6am 2
	⊕⚺♇	2pm45
22 S	⊕⚻♃	7am51
	♀△♄	2pm 7
	☿⚼♆	7 44
	☿⚻♄	10 8
23 Su	☿⚺♀	1am26
	⊕⚼☿	4pm43
24 M	☿⚼♂	7am54
	♀∠♃	11 54
	☿□♅	7pm34
25	☿⚻♆	4pm11
26 W	☿ ♍	1am53
	☿⚻♇	5 27
	☿□♃	10 26
27 Th	⊕△☿	8am22
	☿∠♀	8 34
	☿⚻♂	6pm32
28 F	♂∠♅	11am40
	♀✶♅	8pm14
	☿☍♄	11 13
29 S	☿⚼♇	10am10
	⊕⚼♅	10pm24

JULY 2024

DAY	☿ LONG	☿ LAT	♀ LONG	♀ LAT	⊕ LONG	♂ LONG	♂ LAT
	° '	° '	° '	° '	° '	° '	° '
1 M	22♍36	5N49	27♋08	2N12	9♑40	10♈11	1S11
2 Tu	26 46	5 31	28 46	2 16	10 37	10 48	1 10
3 W	0♎49	5 12	0♌23	2 20	11 34	11 25	1 09
4 Th	4 44	4 52	2 00	2 24	12 32	12 02	1 08
5 F	8 33	4 31	3 38	2 28	13 29	12 39	1 07
6 S	12 15	4 10	5 15	2 32	14 26	13 16	1 06
7 Su	15 52	3 48	6 53	2 36	15 23	13 52	1 05
8 M	19 22	3 26	8 30	2 40	16 21	14 29	1 04
9 Tu	22 48	3 04	10 08	2 43	17 18	15 06	1 03
10 W	26 09	2 41	11 45	2 47	18 15	15 42	1 02
11 Th	29 25	2 19	13 23	2 50	19 12	16 19	1 01
12 F	2♏38	1 56	15 00	2 53	20 09	16 56	1 00
13 S	5 46	1 34	16 38	2 56	21 07	17 32	0 59
14 Su	8 52	1 12	18 15	2 59	22 04	18 09	0 58
15 M	11 54	0 49	19 53	3 01	23 01	18 45	0 57
16 Tu	14 53	0 28	21 30	3 04	23 58	19 21	0 56
17 W	17 50	0 06	23 08	3 06	24 56	19 58	0 55
18 Th	20 45	0S16	24 45	3 09	25 53	20 34	0 54
19 F	23 37	0 37	26 23	3 11	26 50	21 10	0 53
20 S	26 28	0 58	28 00	3 13	27 47	21 47	0 52
21 Su	29 17	1 18	29 38	3 15	28 45	22 23	0 51
22 M	2♐05	1 38	1♍15	3 16	29 42	22 59	0 50
23 Tu	4 52	1 58	2 53	3 18	0♒39	23 35	0 49
24 W	7 38	2 18	4 30	3 19	1 36	24 11	0 48
25 Th	10 23	2 37	6 08	3 20	2 34	24 47	0 47
26 F	13 08	2 55	7 45	3 21	3 31	25 23	0 46
27 S	15 53	3 13	9 23	3 22	4 28	25 59	0 45
28 Su	18 38	3 31	11 00	3 23	5 26	26 34	0 44
29 M	21 22	3 48	12 38	3 23	6 23	27 10	0 43
30 Tu	24 08	4 05	14 15	3 23	7 20	27 46	0 42
31 W	26♐53	4S21	15♍52	3N24	8♒18	28♈21	0S40

AUGUST 2024

DAY	☿ LONG	☿ LAT	♀ LONG	♀ LAT	⊕ LONG	♂ LONG	♂ LAT
	° '	° '	° '	° '	° '	° '	° '
1 Th	29♐40	4S37	17♍30	3N24	9♒15	28♈57	0S39
2 F	2♑28	4 52	19 07	3 24	10 13	29 33	0 38
3 S	5 16	5 06	20 45	3 23	11 10	0♉08	0 37
4 Su	8 07	5 20	22 22	3 23	12 07	0 44	0 36
5 M	10 58	5 33	23 59	3 22	13 05	1 19	0 35
6 Tu	13 52	5 46	25 36	3 21	14 02	1 54	0 34
7 W	16 48	5 58	27 14	3 20	15 00	2 30	0 33
8 Th	19 46	6 09	28 51	3 19	15 57	3 05	0 32
9 F	22 47	6 19	0♎28	3 18	16 55	3 40	0 31
10 S	25 50	6 28	2 05	3 17	17 53	4 15	0 30
11 Su	28 57	6 36	3 42	3 15	18 50	4 50	0 29
12 M	2♒07	6 43	5 19	3 13	19 48	5 25	0 27
13 Tu	5 21	6 49	6 56	3 11	20 45	6 00	0 26
14 W	8 38	6 54	8 33	3 09	21 43	6 35	0 25
15 Th	12 01	6 58	10 10	3 07	22 40	7 10	0 24
16 F	15 27	7 00	11 47	3 05	23 38	7 45	0 23
17 S	18 59	7 00	13 24	3 02	24 36	8 19	0 22
18 Su	22 36	6 59	15 01	3 00	25 33	8 54	0 21
19 M	26 18	6 57	16 38	2 57	26 31	9 29	0 20
20 Tu	0♓07	6 52	18 15	2 54	27 29	10 03	0 19
21 W	4 01	6 45	19 51	2 51	28 27	10 38	0 18
22 Th	8 03	6 37	21 28	2 48	29 24	11 12	0 16
23 F	12 12	6 26	23 05	2 44	0♓22	11 47	0 15
24 S	16 28	6 12	24 41	2 41	1 20	12 21	0 14
25 Su	20 52	5 56	26 18	2 37	2 18	12 55	0 13
26 M	25 25	5 37	27 54	2 34	3 16	13 30	0 12
27 Tu	0♈06	5 16	29 31	2 30	4 14	14 04	0 11
28 W	4 55	4 51	1♏07	2 26	5 12	14 38	0 10
29 Th	9 54	4 24	2 43	2 22	6 10	15 12	0 09
30 F	15 02	3 53	4 20	2 18	7 08	15 46	0 08
31 S	20♈18	3S20	5♏56	2N14	8♓06	16♉20	0S07

DAY	♃ LONG	♃ LAT	♄ LONG	♄ LAT	♅ LONG	♅ LAT	♆ LONG	♆ LAT	♇ LONG	♇ LAT
	° '	° '	° '	° '	° '	° '	° '	° '	° '	° '
4 Th	2♊26.1	0S48	13♓52.1	1S54	23♉41.7	0S16	28♓01.7	1S16	0♒46.5	3S06
9 Tu	2 52.7	0 48	14 01.9	1 55	23 45.1	0 16	28 03.6	1 16	0 47.9	3 07
14 Su	3 19.4	0 47	14 11.7	1 55	23 48.5	0 16	28 05.4	1 16	0 49.3	3 07
19 F	3 46.0	0 47	14 21.4	1 55	23 51.9	0 16	28 07.2	1 16	0 50.8	3 08
24 W	4 12.6	0 47	14 31.2	1 55	23 55.3	0 16	28 09.1	1 16	0 52.2	3 08
29 M	4 39.2	0 46	14 40.9	1 56	23 58.7	0 16	28 10.9	1 16	0 53.6	3 08
3 S	5 05.8	0 46	14 50.7	1 56	24 02.1	0 16	28 12.7	1 17	0 55.0	3 09
8 Th	5 32.4	0 45	15 00.5	1 56	24 05.5	0 16	28 14.6	1 17	0 56.4	3 09
13 Tu	5 59.0	0 45	15 10.2	1 56	24 08.9	0 16	28 16.4	1 17	0 57.8	3 10
18 Su	6 25.5	0 44	15 20.0	1 57	24 12.3	0 16	28 18.2	1 17	0 59.3	3 10
23 F	6 52.0	0 44	15 29.8	1 57	24 15.7	0 16	28 20.0	1 17	1 00.7	3 11
28 W	7 18.5	0 43	15 39.6	1 57	24 19.1	0 16	28 21.9	1 17	1 02.1	3 11

☿a.376901	☿ .464060
♀p.718622	♀ .719345
⊕a1.01667	⊕ 1.01500
♂ 1.40155	♂ 1.42908
♃ 5.02715	♃ 5.03571
♄ 9.68533	♄ 9.67619
♅ 19.5839	♅ 19.5788
♆ 29.8991	♆ 29.8983
♇ 35.0459	♇ 35.0670
☊	Perihelia
☿ 18°♉ 37	☿ 17°♊ 50
♀ 16 ♊ 54	♀ 12 ♌ 11
⊕	⊕ 11 ♋ 31
♂ 19 ♉ 45	♂ 6 ♓ 33
♃ 10 ♋ 44	♃ 14 ♈ 20
♄ 23 ♋ 54	♄ 0 ♋ 24
♅ 14 ♊ 09	♅ 14 ♍ 54
♆ 12 ♌ 02	♆ 7 ♉ 02
♇ 20 ♋ 40	♇ 14 ♏ 24

1 M	☿△♅	6am 2
	♀△♆	12pm59
2 T	♀⚼♄	0am41
	☿☍♆	7 18
	⊕□♂	12pm52
	♀ ♌	6 21
	☿ ♎	7 5
	☿⚹♀	7 35
	☿△♇	11 43
3 W	♀☍♇	5am45
	☿△♃	9 29
4	♀⚹♃	6am42
5 F	☿⚼♅	1am 0
	⊕ A	5 6
	⊕⚹♄	10 57
6 S	☿☍♂	7am59
	☿⚻♄	11 13
	⊕□☿	7pm41
7 Su	♂⚺♄	3am53
	☿⚼♃	12pm50
9 T	☿⚻♅	6am48
	⊕⚼♃	4pm10
10 W	♀ P	5am14
	☿⚻♆	2pm 2
	♀⚼♆	7 29
	☿⚼♄	9 35
11 Th	☿ ♏	4am19
	☿□♇	10 21
	♀⚻♄	10 51
12	☿⚻♃	4am 3
13	♀△♂	9pm26
14	♂∠♃	8am18
15 M	☿⚼♆	9am37
	☿△♄	6pm53
	⊕△♅	8 23
17 W	☿0S	6am29
	♀□♅	10 37
	☿⚻♂	10pm10
19 F	☿☍♅	2am 5
	⊕⚻♀	4pm16
20 S	♀⚻♆	1am48
	⊕⚹♆	8 33
	☿△♅	2pm 9
	⊕⚹☿	4 59
21 Su	♀ ♍	5am28
	☿ ♐	6 6
	☿□♀	7 0
	☿⚹♇	1pm28
	⊕∠♄	5 41
	☿⚻♇	6 9
22 M	⊕ ♒	7am37
	☿☍♃	5pm21
23 T	⊕☌♇	5am24
	♂⚺♅	1pm28
	♀□♃	7 24
24	☿⚼♂	5pm12
26	☿□♄	12pm48
27 S	☿∠♇	0am 0
	⊕△♃	0 9
	☿ A	3pm30
28	♀⚼♂	1pm17
29 M	⊕∠☿	0am 7
	☿⚻♅	10pm48
30 T	♀☍♄	7am 0
	♂⚺♆	5pm19
31 W	♀⚼♇	0am25
	☿□♆	11 18
	☿△♂	4pm 9
1 Th	☿ ♑	2am52
	☿⚺♇	10 42
2 F	♂∠♄	11am33
	♂ ♉	6pm31
	☿⚻♃	10 28
4 Su	☿⚼♅	7am55
	♂□♇	8 2
5 M	♀△♅	1am 5
	⊕∠♆	3 35
6 T	⊕⚺☿	2am 7
	☿⚹♄	8 56
	⊕⚺♄	11pm24
7	♀☍♆	3pm 1
8 Th	☿⚼♃	6am23
	♀ ♎	5pm 5
9 F	♀△♇	7am 7
	☿△♅	10 28
10	☿⚹♆	6pm43
11 Su	⊕⚼♀	4am47
	☿ ♒	8 0
	☿∠♄	8 54
	☿☌♇	3pm16
12 M	♀⚻♂	2am17
	♀△♃	9 0
	♂⚺♃	11pm 2
13	☿△♃	4am48
T	☿□♂	5 52
	☿△♀	10pm47
14	♀⚼♅	9am 2
15 Th	☿∠♆	8am59
	☿⚺♄	10pm43
16	⊕□♅	1pm49
18 Su	♀⚻♄	4am50
	☿□♅	10 33
19 M	⊕☌☿	1am52
	☿⚺♆	12pm46
	☿ ♓	11 19
20 T	☿⚺♇	5am30
	⊕⚺♆	8pm57
21 W	☿⚼♀	8am22
	☿□♃	4pm19
22 Th	♀⚼♃	4am57
	⊕ ♓	2pm48
	☿⚹♂	9 13
23 F	⊕⚺♇	4pm 4
	♀⚻♅	5 48
	☿☌♄	6 44
	☿∠♇	9 28
25 Su	♂∠♆	5pm58
	☿⚹♅	6 8
26 M	♀⚻♆	6am44
	☿☌♆	3pm10
	☿∠♂	6 4
	☿⚻♀	7 31
	☿ ♈	11 31
27 T	☿⚹♇	4am43
	♀ ♏	7 18
	♀⚼♄	5pm 1
	♀□♇	10 46
28 W	⊕⚺☿	1am39
	☿⚹♃	11 49
	☿∠♅	9pm17
29	♂⚹♄	10pm 6
30 F	☿⚺♄	3am14
	☿⚺♂	3 49
	⊕□♃	9 50
31 S	☿∠♃	10am16
	⊕∠☿	3pm 4
	☿⚺♅	5 58

SEPTEMBER 2024

DAY	☿ LONG	☿ LAT	♀ LONG	♀ LAT	⊕ LONG	♂ LONG	♂ LAT
	° '	° '	° '	° '	° '	° '	° '
1 Su	25♈44	2S44	7♏32	2N09	9♓04	16♉54	0S06
2 M	1♉19	2 06	9 08	2 05	10 02	17 28	0 04
3 Tu	7 02	1 25	10 45	2 00	11 00	18 02	0 03
4 W	12 54	0 42	12 21	1 56	11 58	18 35	0 02
5 Th	18 52	0N02	13 57	1 51	12 56	19 09	0 01
6 F	24 57	0 47	15 33	1 46	13 54	19 43	0 00
7 S	1♊08	1 31	17 09	1 41	14 53	20 16	0N01
8 Su	7 23	2 16	18 45	1 36	15 51	20 50	0 02
9 M	13 40	2 59	20 20	1 31	16 49	21 23	0 03
10 Tu	20 00	3 40	21 56	1 26	17 47	21 56	0 04
11 W	26 19	4 18	23 32	1 21	18 46	22 30	0 05
12 Th	2♋36	4 53	25 08	1 16	19 44	23 03	0 06
13 F	8 51	5 24	26 44	1 10	20 42	23 36	0 07
14 S	15 01	5 51	28 19	1 05	21 41	24 09	0 09
15 Su	21 05	6 13	29 55	1 00	22 39	24 42	0 10
16 M	27 03	6 31	1♐30	0 54	23 38	25 16	0 11
17 Tu	2♌53	6 45	3 06	0 49	24 36	25 49	0 12
18 W	8 34	6 54	4 41	0 43	25 35	26 21	0 13
19 Th	14 07	6 59	6 17	0 38	26 33	26 54	0 14
20 F	19 29	7 00	7 52	0 32	27 32	27 27	0 15
21 S	24 43	6 58	9 28	0 26	28 31	28 00	0 16
22 Su	29 46	6 52	11 03	0 21	29 29	28 33	0 17
23 M	4♍40	6 44	12 38	0 15	0♈28	29 05	0 18
24 Tu	9 24	6 33	14 14	0 10	1 27	29 38	0 19
25 W	14 00	6 20	15 49	0 04	2 25	0♊10	0 20
26 Th	18 26	6 05	17 24	0S02	3 24	0 43	0 21
27 F	22 44	5 49	19 00	0 07	4 23	1 15	0 22
28 S	26 54	5 31	20 35	0 13	5 22	1 48	0 23
29 Su	0♎57	5 11	22 10	0 19	6 21	2 20	0 24
30 M	4♎52	4N51	23♐45	0S24	7♈20	2♊52	0N25

OCTOBER 2024

DAY	☿ LONG	☿ LAT	♀ LONG	♀ LAT	⊕ LONG	♂ LONG	♂ LAT
	° '	° '	° '	° '	° '	° '	° '
1 Tu	8♎40	4N31	25♐20	0S30	8♈19	3♊24	0N26
2 W	12 22	4 09	26 55	0 35	9 18	3 57	0 27
3 Th	15 58	3 48	28 30	0 41	10 17	4 29	0 28
4 F	19 29	3 25	0♑05	0 47	11 16	5 01	0 29
5 S	22 54	3 03	1 40	0 52	12 15	5 33	0 30
6 Su	26 15	2 41	3 15	0 57	13 14	6 05	0 31
7 M	29 31	2 18	4 50	1 03	14 13	6 36	0 32
8 Tu	2♏44	1 56	6 25	1 08	15 13	7 08	0 33
9 W	5 52	1 33	8 00	1 13	16 12	7 40	0 34
10 Th	8 57	1 11	9 35	1 19	17 11	8 12	0 35
11 F	12 00	0 49	11 10	1 24	18 10	8 43	0 36
12 S	14 59	0 27	12 45	1 29	19 10	9 15	0 37
13 Su	17 56	0 05	14 20	1 34	20 09	9 46	0 38
14 M	20 50	0S16	15 55	1 39	21 09	10 18	0 39
15 Tu	23 43	0 37	17 30	1 44	22 08	10 49	0 40
16 W	26 33	0 58	19 05	1 49	23 07	11 21	0 41
17 Th	29 23	1 19	20 39	1 53	24 07	11 52	0 42
18 F	2♐10	1 39	22 14	1 58	25 06	12 23	0 43
19 S	4 57	1 59	23 49	2 02	26 06	12 55	0 44
20 Su	7 43	2 18	25 24	2 07	27 06	13 26	0 45
21 M	10 29	2 37	26 59	2 11	28 05	13 57	0 45
22 Tu	13 14	2 56	28 34	2 15	29 05	14 28	0 46
23 W	15 58	3 14	0♒09	2 20	0♉05	14 59	0 47
24 Th	18 43	3 32	1 43	2 24	1 04	15 30	0 48
25 F	21 28	3 49	3 18	2 28	2 04	16 01	0 49
26 S	24 13	4 05	4 53	2 31	3 04	16 32	0 50
27 Su	26 59	4 22	6 28	2 35	4 04	17 02	0 51
28 M	29 45	4 37	8 03	2 39	5 04	17 33	0 52
29 Tu	2♑33	4 52	9 38	2 42	6 04	18 04	0 53
30 W	5 22	5 07	11 13	2 45	7 04	18 34	0 54
31 Th	8♑12	5S21	12♒48	2S49	8♉04	19♊05	0N54

DAY	♃ LONG	♃ LAT	♄ LONG	♄ LAT	♅ LONG	♅ LAT	♆ LONG	♆ LAT	♇ LONG	♇ LAT
	° '	° '	° '	° '	° '	° '	° '	° '	° '	° '
2 M	7♊45.0	0S43	15♓49.4	1S57	24♉22.5	0S16	28♓23.7	1S17	1♒03.5	3S11
7 S	8 11.5	0 42	15 59.1	1 58	24 25.9	0 16	28 25.5	1 17	1 04.9	3 12
12 Th	8 38.0	0 42	16 08.9	1 58	24 29.3	0 16	28 27.4	1 17	1 06.3	3 12
17 Tu	9 04.4	0 41	16 18.7	1 58	24 32.7	0 16	28 29.2	1 17	1 07.7	3 13
22 Su	9 30.9	0 41	16 28.5	1 58	24 36.1	0 16	28 31.0	1 17	1 09.1	3 13
27 F	9 57.3	0 40	16 38.3	1 59	24 39.5	0 15	28 32.8	1 17	1 10.5	3 13
2 W	10 23.7	0 39	16 48.1	1 59	24 42.9	0 15	28 34.7	1 17	1 11.9	3 14
7 M	10 50.1	0 39	16 57.9	1 59	24 46.3	0 15	28 36.5	1 17	1 13.3	3 14
12 S	11 16.4	0 38	17 07.7	2 00	24 49.7	0 15	28 38.3	1 17	1 14.8	3 15
17 Th	11 42.8	0 38	17 17.5	2 00	24 53.1	0 15	28 40.1	1 17	1 16.2	3 15
22 Tu	12 09.1	0 37	17 27.3	2 00	24 56.5	0 15	28 42.0	1 17	1 17.6	3 16
27 Su	12 35.4	0 37	17 37.2	2 00	24 59.9	0 15	28 43.8	1 17	1 19.0	3 16

☿p .329275	☿a .399669
♀ .722898	♀a .726645
⊕ 1.00926	⊕ 1.00123
♂ 1.46451	♂ 1.50281
♃ 5.04461	♃ 5.05354
♄ 9.66701	♄ 9.65808
♅ 19.5737	♅ 19.5687
♆ 29.8975	♆ 29.8967
♇ 35.0880	♇ 35.1084
☊	Perihelia
☿ 18°♉ 37	☿ 17°♊ 51
♀ 16 ♊ 54	♀ 12 ♌ 11
⊕	⊕ 10 ♋ 49
♂ 19 ♉ 45	♂ 6 ♓ 34
♃ 10 ♋ 44	♃ 14 ♈ 21
♄ 23 ♋ 54	♄ 0 ♋ 36
♅ 14 ♊ 08	♅ 14 ♍ 52
♆ 12 ♌ 03	♆ 8 ♉ 24
♇ 20 ♋ 40	♇ 14 ♏ 18

1 Su	☿⊼♃	1am59
	☿⊻♆	11 29
	☿ ♉	6pm23
	☿∠♄	9 53
	☿□♇	10 53
3 T	☿⊻♃	3am21
	⊕△♀	9 38
	⊕✶☿	7pm29
	☿☍♀	8 56
4 W	☿∠♆	2am 5
	☿✶♄	12pm 8
	☿⚼♆	3 59
	☿0N	11 1
5 Th	☿☌♂	1am13
	☿☌♅	9pm54
6 F	♂0N	1am53
	☿△♄	6 14
	☿✶♆	1pm30
	☿ ♊	7 37
	☿△♇	11 48
8 Su	☿☌♃	3am30
	⊕☌♄	4 23
	⊕∠♇	5 57
9	☿□♄	9am 5
M	☿☍♇	9 12
	⊕□☿	2pm 7
	☿ P	3 9
10 T	♀☍♂	0am 2
	☿⊻♂	8 6
	☿⊼♀	9 53
	♄∠♇	10 23
	☿⊻♅	5pm 1
11 W	☿□♆	8am 9
	☿ ♋	2pm 3
	♀☍♅	2 16
	☿⊼♇	6 15
12 Th	☿∠♂	10pm58
	☿⊻♃	11 30
13 F	☿∠♅	2am31
	☿⚼♀	3pm 3
14 S	♀△♆	2am14
	♀△♄	4 43
	♂☌♅	3pm44
15 Su	♀ ♐	1am17
	⊕△☿	7 28
	☿∠♃	11 24
	☿✶♅	1pm47
	☿✶♂	3 59
	♀✶♇	6 12
16 M	☿△♆	5am50
	☿ ♌	12pm 4
	☿☍♇	4 43
	☿⚼♄	5 27
	⊕✶♅	10 31
17	☿△♀	1am15
18 W	☿✶♃	2am34
	⊕⚼☿	10 28
	☿⚼♆	9pm19
19 Th	☿⊼♄	10am 6
	⊕✶♂	7pm34
20 F	♀☍♃	11pm24
	☿□♅	11 27
21 S	⊕☍♆	0am 3
	☿□♂	5pm24
	☿✶♆	5 59
	⊕⊼☿	10 19
	♂✶♆	10 49
22 Su	☿ ♍	1am 7
	☿⊼♇	6 43
	⊕ ♈	12pm36
23	⊕✶♇	5pm 4
24 T	☿□♃	1am29
	♂ ♊	4pm21
25 W	♀∠♇	5am17
	☿⚼♇	11 38
	♀□♄	11 40
	☿☍♄	1pm56
	☿□♀	3 10
	♀0S	4 24
26	♂△♇	8pm28
27	☿△♅	10am59
28 S	☿☍♆	9am43
	☿ ♎	6pm19
29 Su	☿△♇	1am27
	☿△♂	9 45
30 M	♀⊼♅	2pm22
	⊕☍♀	8 55
1 T	☿⚼♅	6am39
	☿△♃	10 47
2	⊕∠♅	10am19
3 Th	♀□♆	1am13
	⊕✶♃	5 24
	☿⊼♄	5 54
	♀ ♑	10pm40
4 F	☿⚼♂	4am21
	♀⊻♇	5pm 2
5 S	☿⊼♅	1pm12
	☿⚼♃	8 15
6	☿⊼♆	5pm14
7 M	☿ ♏	3am33
	☿□♇	12pm41
	☿⚼♄	6 26
8	♀⊼♂	4pm19
9 W	☿⊼♂	4pm48
	⊕⊻♄	8 55
10 Th	☿⚼♅	3am21
	☿✶♀	10 17
	☿⊼♃	5pm24
11 F	♀⊼♃	0am18
	☿⚼♆	1pm10
12	☿△♄	5pm40
13	☿0S	5am44
14 M	⊕⊼☿	3am54
	☿✶♄	7pm51
15	☿☍♅	9am44
16 W	♂☌♃	3pm27
	☿△♆	5 57
17 Th	☿ ♐	5am20
	☿✶♇	4pm15
	⊕⊻♅	6 48
19 S	♀△♅	4pm38
	⊕∠♃	8 53
21 M	♀⚼♃	1am20
	☿☍♃	2pm18
	⊕⊻♆	2 42
22 T	☿✶♆	2am 6
	☿∠♀	6 55
	⊕⚼☿	11 44
	☿☍♂	1pm20
	⊕∠♂	7 10
	☿⚼♂	8 21
	⊕□♀	9 19
	♀ ♒	9 50
	⊕ ♉	10 8
23 W	☿∠♇	2am52
	☿□♄	1pm26
	☿ A	2 46
	♀☌♇	5 35
24 Th	⊕□♇	5am33
	♀∠♄	12pm21
25 F	⊕∠♄	12pm 3
	♂⚼♇	1 53
26	☿⊼♅	6am43
27	☿□♆	3pm11
28 M	☿ ♑	2am 6
	☿□♄	5 0
	☿⊻♇	1pm29
30 W	♀ A	2pm 8
	⊕△☿	10 11
31 Th	♀△♃	2am22
	☿∠♆	2pm38
	☿⚼♅	3 31

NOVEMBER 2024

DAY	☿ LONG	☿ LAT	♀ LONG	♀ LAT	⊕ LONG	♂ LONG	♂ LAT
	° '	° '	° '	° '	° '	° '	° '
1 F	11♑04	5S34	14♒23	2S52	9♉04	19♊36	0N55
2 S	13 58	5 46	15 57	2 55	10 04	20 06	0 56
3 Su	16 54	5 58	17 32	2 58	11 04	20 37	0 57
4 M	19 52	6 09	19 07	3 00	12 04	21 07	0 58
5 Tu	22 53	6 19	20 42	3 03	13 04	21 37	0 59
6 W	25 56	6 28	22 17	3 05	14 04	22 08	0 59
7 Th	29 03	6 36	23 52	3 07	15 04	22 38	1 00
8 F	2♒13	6 43	25 27	3 10	16 05	23 08	1 01
9 S	5 27	6 49	27 02	3 12	17 05	23 38	1 02
10 Su	8 45	6 54	28 37	3 13	18 05	24 08	1 03
11 M	12 07	6 58	0♓12	3 15	19 06	24 38	1 03
12 Tu	15 34	7 00	1 47	3 17	20 06	25 08	1 04
13 W	19 06	7 00	3 22	3 18	21 06	25 38	1 05
14 Th	22 43	6 59	4 58	3 19	22 07	26 08	1 06
15 F	26 25	6 56	6 33	3 20	23 07	26 38	1 07
16 S	0♓14	6 52	8 08	3 21	24 07	27 08	1 07
17 Su	4 09	6 45	9 43	3 22	25 08	27 38	1 08
18 M	8 11	6 36	11 18	3 23	26 08	28 07	1 09
19 Tu	12 20	6 25	12 53	3 23	27 09	28 37	1 10
20 W	16 37	6 12	14 28	3 24	28 09	29 07	1 10
21 Th	21 01	5 55	16 04	3 24	29 10	29 36	1 11
22 F	25 34	5 37	17 39	3 24	0♊11	0♋06	1 12
23 S	0♈15	5 15	19 14	3 24	1 11	0 35	1 13
24 Su	5 05	4 50	20 49	3 23	2 12	1 05	1 13
25 M	10 04	4 23	22 25	3 23	3 12	1 34	1 14
26 Tu	15 12	3 52	24 00	3 22	4 13	2 04	1 15
27 W	20 29	3 19	25 35	3 21	5 14	2 33	1 15
28 Th	25 55	2 43	27 11	3 20	6 15	3 02	1 16
29 F	1♉30	2 04	28 46	3 19	7 15	3 31	1 17
30 S	7♉13	1S24	0♈22	3S18	8♊16	4♋01	1N17

DECEMBER 2024

DAY	☿ LONG	☿ LAT	♀ LONG	♀ LAT	⊕ LONG	♂ LONG	♂ LAT
	° '	° '	° '	° '	° '	° '	° '
1 Su	13♉05	0S41	1♈57	3S17	9♊17	4♋30	1N18
2 M	19 04	0N03	3 33	3 15	10 18	4 59	1 19
3 Tu	25 09	0 48	5 08	3 13	11 19	5 28	1 19
4 W	1♊20	1 33	6 44	3 12	12 20	5 57	1 20
5 Th	7 35	2 17	8 19	3 10	13 21	6 26	1 21
6 F	13 52	3 00	9 55	3 08	14 22	6 55	1 21
7 S	20 12	3 41	11 30	3 05	15 22	7 24	1 22
8 Su	26 31	4 19	13 06	3 03	16 23	7 53	1 23
9 M	2♋48	4 54	14 41	3 00	17 24	8 21	1 23
10 Tu	9 03	5 25	16 17	2 58	18 25	8 50	1 24
11 W	15 13	5 51	17 53	2 55	19 26	9 19	1 24
12 Th	21 17	6 14	19 28	2 52	20 27	9 48	1 25
13 F	27 14	6 32	21 04	2 49	21 28	10 16	1 26
14 S	3♌04	6 45	22 40	2 45	22 29	10 45	1 26
15 Su	8 45	6 54	24 16	2 42	23 30	11 14	1 27
16 M	14 17	6 59	25 51	2 38	24 31	11 42	1 27
17 Tu	19 39	7 00	27 27	2 35	25 32	12 11	1 28
18 W	24 52	6 58	29 03	2 31	26 33	12 39	1 29
19 Th	29 55	6 52	0♉39	2 27	27 34	13 08	1 29
20 F	4♍49	6 44	2 15	2 23	28 35	13 36	1 30
21 S	9 33	6 33	3 51	2 19	29 37	14 04	1 30
22 Su	14 08	6 20	5 27	2 15	0♋38	14 33	1 31
23 M	18 35	6 05	7 03	2 11	1 39	15 01	1 31
24 Tu	22 52	5 48	8 39	2 06	2 40	15 29	1 32
25 W	27 02	5 30	10 15	2 02	3 41	15 57	1 32
26 Th	1♎04	5 11	11 51	1 57	4 42	16 26	1 33
27 F	4 59	4 51	13 27	1 52	5 43	16 54	1 33
28 S	8 47	4 30	15 03	1 48	6 44	17 22	1 34
29 Su	12 29	4 09	16 39	1 43	7 46	17 50	1 34
30 M	16 05	3 47	18 15	1 38	8 47	18 18	1 35
31 Tu	19♎35	3N25	19♉52	1S33	9♋48	18♋46	1N35

DAY	♃ LONG	♃ LAT	♄ LONG	♄ LAT	♅ LONG	♅ LAT	♆ LONG	♆ LAT	♇ LONG	♇ LAT
	° '	° '	° '	° '	° '	° '	° '	° '	° '	° '
1 F	13♊01.7	0S36	17♓47.0	2S01	25♉03.3	0S15	28♓45.6	1S17	1♒20.4	3S16
6 W	13 28.0	0 36	17 56.8	2 01	25 06.7	0 15	28 47.5	1 17	1 21.8	3 17
11 M	13 54.3	0 35	18 06.6	2 01	25 10.1	0 15	28 49.3	1 17	1 23.2	3 17
16 S	14 20.6	0 35	18 16.5	2 01	25 13.5	0 15	28 51.1	1 17	1 24.6	3 18
21 Th	14 46.8	0 34	18 26.3	2 02	25 16.9	0 15	28 53.0	1 17	1 26.0	3 18
26 Tu	15 13.0	0 34	18 36.1	2 02	25 20.3	0 15	28 54.8	1 17	1 27.4	3 19
1 Su	15 39.3	0 33	18 46.0	2 02	25 23.7	0 15	28 56.6	1 17	1 28.9	3 19
6 F	16 05.5	0 33	18 55.8	2 02	25 27.1	0 15	28 58.5	1 17	1 30.3	3 19
11 W	16 31.6	0 32	19 05.7	2 02	25 30.5	0 15	29 00.3	1 18	1 31.7	3 20
16 M	16 57.8	0 32	19 15.5	2 03	25 33.9	0 15	29 02.1	1 18	1 33.1	3 20
21 S	17 23.9	0 31	19 25.4	2 03	25 37.3	0 15	29 04.0	1 18	1 34.5	3 21
26 Th	17 50.1	0 30	19 35.2	2 03	25 40.7	0 15	29 05.8	1 18	1 35.9	3 21
31 Tu	18 16.2	0 30	19 45.1	2 03	25 44.2	0 15	29 07.6	1 18	1 37.3	3 22

☿ .456948	☿p .317173
♀ .728199	♀ .726457
⊕ .992567	⊕ .986113
♂ 1.54303	♂ 1.57965
♃ 5.06305	♃ 5.07253
♄ 9.64880	♄ 9.63979
♅ 19.5635	♅ 19.5585
♆ 29.8959	♆ 29.8951
♇ 35.1295	♇ 35.1500
☊	Perihelia
☿ 18° ♉ 38	☿ 17° ♊ 51
♀ 16 ♊ 54	♀ 12 ♌ 07
⊕	⊕ 13 ♋ 30
♂ 19 ♉ 45	♂ 6 ♓ 33
♃ 10 ♋ 44	♃ 14 ♈ 23
♄ 23 ♋ 54	♄ 0 ♋ 50
♅ 14 ♊ 08	♅ 14 ♍ 52
♆ 12 ♌ 03	♆ 10 ♉ 02
♇ 20 ♋ 40	♇ 14 ♏ 12

1	☿⚻♃	4pm49
3 Su	♀⚺♄	4am46
	☿*♄	7 51
	☿⚺♀	11 17
4	☿⚻♂	12pm 3
5 T	⊕⚺♃	8am10
	⊕∠♆	5pm16
	☿△♅	5 32
	♀△♂	8 24
6 W	☿⚼♃	8pm 6
	☿*♆	10 4
7 Th	☿ ♒	7am14
	☿☌♇	5pm37
	♀□♅	7 7
8	☿∠♄	5am59
9	⊕*♄	11pm46
10 Su	♀⚺♆	2am57
	☿⚼♂	3 18
	♀ ♓	8pm53
11 M	☿∠♆	11am58
	☿△♃	12pm51
	♀⚺♇	5 57
12 T	♂⚺♅	1am58
	☿⚺♄	5pm46
13	⊕□☿	6pm34
14	☿□♅	4pm14
15 F	☿△♂	1am34
	☿⚺♆	3pm22
	☿ ♓	10 33
16	☿⚺♇	7am18
17	⊕☌♅	2am32
19 T	☿☌♀	5am 3
	♂□♆	12pm24
	☿□♃	1 7
	☿∠♇	11 0
20 W	♀□♃	3am29
	☿☌♄	9 57
	⊕*♆	5pm14
21 Th	♀∠♇	5am39
	♂ ♋	7pm14
	⊕ ♊	7 49
	⊕⚺♂	8 23
	☿*♅	10 36
22 F	♀☌♄	12pm41
	☿☌♆	5 9
	☿ ♈	10 46
23 S	☿□♂	1am56
	⊕*☿	6 0
	☿*♇	6 1
	⊕△♇	6 8
24	♂⚻♇	6pm10
25	☿∠♅	1am16
26 T	☿*♃	0am 7
	☿⚺♄	3pm40
	♀*♅	8 20
	⊕∠☿	10 39
27	☿⚺♅	9pm35
28 Th	☿⚺♀	7am43
	☿⚺♆	1pm 2
	☿ ♉	5 38
	☿∠♃	7 36
	☿□♇	11 53
29 F	♀☌♆	2am26
	☿∠♄	9 22
	☿*♂	9 22
	♀ ♈	6pm33
30 S	⊕⚺☿	5am15
	♀*♇	4pm53
1 Su	☿∠♆	3am30
	☿⚺♃	10 32
	☿∠♀	9pm12
	☿0N	10 16
	☿*♄	10 57
2	☿∠♂	3am58
3 T	☿☌♅	1am 3
	♀□♂	7 12
	☿*♆	2pm50
	☿ ♊	6 52
4 W	☿△♇	0am39
	☿⚺♂	7pm16
5	☿*♀	3am48
6 F	⊕☌☿	2am12
	♀∠♅	8 13
	☿☌♃	8 33
	☿⚼♇	10 1
	☿ P	2pm24
	☿□♄	7 19
7 S	☿⚺♅	8pm 3
	⊕☌♃	8 48
8 Su	⊕⚼♇	2am57
	☿□♆	9 26
	☿ ♋	1pm18
	☿⚻♇	7 5
9	☿☌♂	11pm 8
10 T	♀*♃	2am29
	☿∠♅	5 39
	⊕□♄	3pm38
11 W	♃⚼♇	0am13
	☿⚺♃	5 15
	☿□♀	2pm15
	☿△♄	3 24
	♀⚺♄	6 40
	⊕⚺☿	8 3
12	☿*♅	5pm 4
13 F	☿△♆	7am17
	☿ ♌	11 19
	♂∠♅	1pm19
	⊕*♀	4 36
	☿☍♇	5 41
	☿∠♃	6 38
14 S	☿⚼♄	4am45
	⊕∠☿	10pm44
15 Su	☿⚺♂	11am41
	♀⚺♅	7pm35
	☿⚼♆	10 56
16 M	☿*♃	12pm 5
	☿⚻♄	10 21
17 T	⊕⚺♅	0am56
	♀⚺♆	11pm56
18 W	☿□♅	3am22
	⊕*☿	9 54
	♀ ♉	2pm14
	☿∠♂	2 29
	☿⚻♆	7 49
19 Th	☿ ♍	0am22
	☿△♀	5 12
	☿⚻♇	7 58
	♀□♇	1pm47
20 F	♀∠♃	1am 0
	⊕□♆	11 8
21 S	♀∠♄	8am49
	⊕ ♋	9 14
22 Su	☿*♂	2am25
	☿⚼♇	1pm 7
	☿□♃	6 24
	⊕⚻♇	10 34
23	☿☍♄	5am 4
24 T	☿⚼♀	7am 7
	☿△♅	4pm 1
25 W	☿☍♆	12pm 9
	☿ ♎	5 34
26	☿△♇	3am12
27 F	⊕□☿	6am15
	♀∠♆	9 50
28	☿⚼♅	12pm23
29	♂⚺♃	4pm40
Su	♀⚺♃	10 50
30 M	♀*♂	0am54
	☿△♃	2pm39
	☿□♂	5 25
	♀*♄	10 21
31 T	☿⚻♄	1am 7
	☿⚻♀	3 29
	⊕∠♅	10pm18

JANUARY 2025

DAY	☿ LONG	☿ LAT	♀ LONG	♀ LAT	⊕ LONG	♂ LONG	♂ LAT
	° '	° '	° '	° '	° '	° '	° '
1 W	23♎01	3N02	21♉28	1S28	10♋49	19♋14	1N36
2 Th	26 21	2 40	23 04	1 22	11 50	19 42	1 36
3 F	29 38	2 17	24 40	1 17	12 51	20 10	1 37
4 S	2♏50	1 55	26 17	1 12	13 53	20 38	1 37
5 Su	5 58	1 33	27 53	1 06	14 54	21 05	1 37
6 M	9 03	1 10	29 29	1 01	15 55	21 33	1 38
7 Tu	12 05	0 48	1♊06	0 56	16 56	22 01	1 38
8 W	15 05	0 26	2 42	0 50	17 57	22 29	1 39
9 Th	18 01	0 04	4 19	0 44	18 58	22 57	1 39
10 F	20 56	0S17	5 55	0 39	20 00	23 24	1 39
11 S	23 48	0 38	7 32	0 33	21 01	23 52	1 40
12 Su	26 39	0 59	9 08	0 28	22 02	24 20	1 40
13 M	29 28	1 19	10 45	0 22	23 03	24 47	1 41
14 Tu	2♐16	1 40	12 21	0 16	24 04	25 15	1 41
15 W	5 03	1 59	13 58	0 10	25 05	25 42	1 41
16 Th	7 49	2 19	15 35	0 05	26 06	26 10	1 42
17 F	10 34	2 38	17 11	0N01	27 07	26 37	1 42
18 S	13 19	2 56	18 48	0 07	28 08	27 05	1 42
19 Su	16 04	3 14	20 25	0 12	29 09	27 32	1 43
20 M	18 48	3 32	22 02	0 18	0♌10	27 59	1 43
21 Tu	21 33	3 49	23 39	0 24	1 12	28 27	1 43
22 W	24 18	4 06	25 15	0 30	2 13	28 54	1 44
23 Th	27 04	4 22	26 52	0 35	3 14	29 22	1 44
24 F	29 51	4 38	28 29	0 41	4 15	29 49	1 44
25 S	2♑38	4 53	0♋06	0 47	5 16	0♌16	1 45
26 Su	5 27	5 07	1 43	0 52	6 17	0 43	1 45
27 M	8 18	5 21	3 20	0 58	7 18	1 11	1 45
28 Tu	11 10	5 34	4 57	1 03	8 19	1 38	1 45
29 W	14 03	5 47	6 34	1 09	9 20	2 05	1 46
30 Th	16 59	5 58	8 11	1 14	10 21	2 32	1 46
31 F	19♑58	6S09	9♋48	1N19	11♌22	2♌59	1N46

FEBRUARY 2025

DAY	☿ LONG	☿ LAT	♀ LONG	♀ LAT	⊕ LONG	♂ LONG	♂ LAT
	° '	° '	° '	° '	° '	° '	° '
1 S	22♑58	6S19	11♋25	1N25	12♌23	3♌26	1N47
2 Su	26 02	6 28	13 03	1 30	13 23	3 53	1 47
3 M	29 09	6 36	14 40	1 35	14 24	4 20	1 47
4 Tu	2♒19	6 44	16 17	1 40	15 25	4 47	1 47
5 W	5 33	6 50	17 54	1 45	16 26	5 14	1 47
6 Th	8 51	6 54	19 32	1 50	17 27	5 41	1 48
7 F	12 14	6 58	21 09	1 55	18 28	6 08	1 48
8 S	15 41	7 00	22 46	1 59	19 28	6 35	1 48
9 Su	19 12	7 00	24 23	2 04	20 29	7 02	1 48
10 M	22 50	6 59	26 01	2 09	21 30	7 29	1 48
11 Tu	26 32	6 56	27 38	2 13	22 31	7 56	1 49
12 W	0♓21	6 52	29 16	2 17	23 31	8 23	1 49
13 Th	4 17	6 45	0♌53	2 22	24 32	8 50	1 49
14 F	8 19	6 36	2 30	2 26	25 33	9 16	1 49
15 S	12 28	6 25	4 08	2 30	26 33	9 43	1 49
16 Su	16 45	6 11	5 45	2 33	27 34	10 10	1 49
17 M	21 09	5 55	7 23	2 37	28 34	10 37	1 50
18 Tu	25 42	5 36	9 00	2 41	29 35	11 03	1 50
19 W	0♈24	5 14	10 38	2 44	0♍35	11 30	1 50
20 Th	5 14	4 50	12 15	2 48	1 36	11 57	1 50
21 F	10 13	4 22	13 53	2 51	2 36	12 24	1 50
22 S	15 21	3 51	15 30	2 54	3 37	12 50	1 50
23 Su	20 39	3 18	17 08	2 57	4 37	13 17	1 50
24 M	26 05	2 42	18 45	3 00	5 38	13 43	1 50
25 Tu	1♉40	2 03	20 23	3 02	6 38	14 10	1 50
26 W	7 24	1 22	22 00	3 05	7 38	14 37	1 51
27 Th	13 16	0 39	23 38	3 07	8 39	15 03	1 51
28 F	19♉15	0N05	25♌15	3N09	9♍39	15♌30	1N51

DAY	♃ LONG	♃ LAT	♄ LONG	♄ LAT	♅ LONG	♅ LAT	♆ LONG	♆ LAT	♇ LONG	♇ LAT
	° '	° '	° '	° '	° '	° '	° '	° '	° '	° '
5 Su	18♊42.3	0S29	19♓55.0	2S04	25♉47.6	0S15	29♓09.5	1S18	1♒38.7	3S22
10 F	19 08.4	0 29	20 04.8	2 04	25 51.0	0 15	29 11.3	1 18	1 40.1	3 22
15 W	19 34.4	0 28	20 14.7	2 04	25 54.4	0 15	29 13.1	1 18	1 41.6	3 23
20 M	20 00.5	0 28	20 24.6	2 04	25 57.8	0 14	29 15.0	1 18	1 43.0	3 23
25 S	20 26.5	0 27	20 34.4	2 05	26 01.2	0 14	29 16.8	1 18	1 44.4	3 24
30 Th	20 52.5	0 27	20 44.3	2 05	26 04.6	0 14	29 18.6	1 18	1 45.8	3 24
4 Tu	21 18.5	0 26	20 54.2	2 05	26 08.0	0 14	29 20.5	1 18	1 47.2	3 24
9 Su	21 44.5	0 25	21 04.1	2 05	26 11.4	0 14	29 22.3	1 18	1 48.6	3 25
14 F	22 10.4	0 25	21 14.0	2 06	26 14.9	0 14	29 24.1	1 18	1 50.0	3 25
19 W	22 36.4	0 24	21 23.8	2 06	26 18.3	0 14	29 26.0	1 18	1 51.4	3 26
24 M	23 02.3	0 24	21 33.7	2 06	26 21.7	0 14	29 27.8	1 18	1 52.8	3 26

☿a .420305	☿ .445504
♀ .722506	♀p .719123
⊕p .983353	⊕ .985376
♂ 1.61261	♂ 1.63869
♃ 5.08257	♃ 5.09284
♄ 9.63044	♄ 9.62105
♅ 19.5533	♅ 19.5480
♆ 29.8943	♆ 29.8935
♇ 35.1711	♇ 35.1922
☊	Perihelia
☿ 18°♉ 38	☿ 17°♊ 51
♀ 16 ♊ 54	♀ 12 ♌ 01
⊕	⊕ 15 ♋ 56
♂ 19 ♉ 45	♂ 6 ♓ 31
♃ 10 ♋ 44	♃ 14 ♈ 23
♄ 23 ♋ 55	♄ 1 ♋ 05
♅ 14 ♊ 08	♅ 14 ♍ 58
♆ 12 ♌ 03	♆ 11 ♉ 35

1	☿⚻♅	7pm39
2 Th	♂△♄	6am39
	☿⚻♆	8pm26
3 F	☿ ♏	2am47
	☿□♇	3pm 2
	♀☌♅	4 32
4 S	☿⚼♃	6am 9
	⊕ P	1pm29
	☿⚼♄	3 49
5	♀⚹♆	7pm 7
6	♀ ♊	7am37
7 T	♀△♇	8am22
	☿⚼♆	4pm44
8	⊕∠♀	10am14
9 Th	⊕⚺♃	2am 2
	☿0S	5 0
	☿⚻♃	8 45
	⊕△☿	12pm 4
	☿△♄	4 54
10	⊕△♄	2am 8
11 S	☿△♂	0am38
	☿☍♅	5pm25
12 Su	♀∠♂	3am55
	☿△♆	9pm47
13 M	☿ ♐	4am34
	☿⚹♇	7pm 2
15 W	♂⚹♅	10am53
	⊕⚹♅	7pm35
16 Th	⊕☌♂	2am32
	♀⚼♇	4pm42
	♀0N	7 47
17 F	☿⚼♂	11am 2
	⊕⚼☿	9pm33
18 S	♀☌♃	4pm13
	♀□♄	11 24
19 Su	⊕△♆	2am 3
	☿∠♇	5 42
	☿ A	2pm 2
	⊕ ♌	7 53
20 M	☿☍♃	10am52
	☿□♄	2pm12
21	⊕☍♇	12pm31
22 W	♀⚺♅	10am55
	☿⚻♅	2pm40
	♂△♆	7 9
	☿☍♀	7 53
23 Th	☿□♆	7pm 3
	☿⚻♂	11 39
24 F	☿ ♑	1am19
	♂ ♌	9 51
	♀□♆	11 45
	☿⚺♇	4pm16
	♀ ♋	10 29
25 S	♀⚺♂	3am26
	⊕∠♃	4 39
	⊕⚼♄	7 37
26 Su	♀⚻♇	0am23
	⊕⚻☿	10 54
27 M	♃□♄	11am 3
	☿⚼♅	11pm 8
28	♂☍♇	6am41
31 F	☿⚹♄	6am34
	☿⚻♃	8 15
	♀∠♅	7pm 9
2 Su	☿△♅	0am35
	⊕⚺♀	1pm47
	⊕⚼♆	10 19
3 M	☿⚹♆	1am24
	☿ ♒	6 28
	☿☌♇	7pm58
4	☿☍♂	9pm18
5 W	☿∠♄	2am49
	☿⚼♃	6 19
6 Th	♂⚼♄	4pm 9
	♀△♄	9 49
7 F	♀⚺♃	6am35
	☿∠♆	2pm56
8	♂∠♃	4am28
9 Su	⊕☍☿	11am53
	☿⚺♄	12pm32
	⊕⚻♄	2 15
	☿△♃	5 17
10 M	♀⚹♅	2am49
	⊕⚹♃	8 32
	☿□♅	9pm54
11 T	☿⚻♀	12pm 8
	☿⚺♆	5 59
	☿ ♓	9 47
12 W	♀△♆	1am57
	☿⚺♇	9 4
	♀ ♌	10 58
13	♀☍♇	2pm 2
14 F	☿⚻♂	6am18
	⊕□♅	4pm57
16 Su	☿∠♇	0am32
	♀⚼♄	8 13
17 M	♀∠♃	0am52
	☿☌♄	0 56
	☿□♃	6 56
	☿⚼♀	10 9
	⊕⚻♆	8pm19
18 T	☿⚼♂	2am 1
	☿⚹♅	3 3
	⊕ ♍	9 59
	☿☌♆	7pm 7
	☿ ♈	10 0
19 W	⊕⚻☿	1am14
	☿⚹♇	7 20
	♀☌♂	5pm49
	♀ P	7 54
20	⊕⚻♇	6am19
21 F	☿∠♅	5am15
	♀⚼♆	8 25
	☿△♂	11 13
22 S	☿△♀	0am59
	⊕⚼☿	6pm20
23 Su	☿⚺♄	3am58
	☿⚹♃	10 25
24 M	☿⚺♅	1am12
	☿⚺♆	2pm36
	☿ ♉	4 52
25 T	☿□♇	0am54
	♂⚼♆	4pm32
	♀⚻♄	6 21
	☿∠♄	8 46
26 W	⊕△☿	1am10
	☿∠♃	3 23
	♀⚹♃	6pm49
27 Th	☿∠♆	4am55
	☿□♂	7 48
	☿0N	9pm32
28 F	☿⚹♄	9am44
	☿⚺♃	4pm34
	♀□♅	5 8

MARCH 2025

DAY	☿ LONG	☿ LAT	♀ LONG	♀ LAT	⊕ LONG	♂ LONG	♂ LAT
	° '	° '	° '	° '	° '	° '	° '
1 S	25♉20	0N49	26♌53	3N11	10♍39	15♌56	1N51
2 Su	1♊31	1 34	28 30	3 13	11 39	16 23	1 51
3 M	7 46	2 18	0♍08	3 15	12 40	16 49	1 51
4 Tu	14 04	3 01	1 45	3 17	13 40	17 16	1 51
5 W	20 23	3 42	3 23	3 18	14 40	17 42	1 51
6 Th	26 42	4 20	5 00	3 19	15 40	18 09	1 51
7 F	3♋00	4 55	6 38	3 20	16 40	18 35	1 51
8 S	9 14	5 25	8 15	3 21	17 40	19 02	1 51
9 Su	15 24	5 52	9 53	3 22	18 40	19 28	1 51
10 M	21 28	6 14	11 30	3 23	19 40	19 55	1 51
11 Tu	27 25	6 32	13 08	3 23	20 40	20 21	1 51
12 W	3♌14	6 45	14 45	3 24	21 40	20 48	1 51
13 Th	8 55	6 54	16 22	3 24	22 40	21 14	1 51
14 F	14 27	6 59	18 00	3 24	23 40	21 40	1 51
15 S	19 49	7 00	19 37	3 23	24 39	22 07	1 51
16 Su	25 02	6 58	21 14	3 23	25 39	22 33	1 51
17 M	0♍05	6 52	22 52	3 23	26 39	22 59	1 51
18 Tu	4 58	6 44	24 29	3 22	27 39	23 26	1 51
19 W	9 42	6 32	26 06	3 21	28 38	23 52	1 51
20 Th	14 17	6 19	27 44	3 20	29 38	24 18	1 51
21 F	18 43	6 04	29 21	3 19	0♎37	24 45	1 51
22 S	23 00	5 47	0♎58	3 18	1 37	25 11	1 50
23 Su	27 10	5 29	2 35	3 16	2 37	25 37	1 50
24 M	1♎12	5 10	4 12	3 15	3 36	26 04	1 50
25 Tu	5 06	4 50	5 49	3 13	4 36	26 30	1 50
26 W	8 54	4 29	7 26	3 11	5 35	26 56	1 50
27 Th	12 36	4 08	9 03	3 09	6 35	27 22	1 50
28 F	16 12	3 46	10 40	3 06	7 34	27 49	1 50
29 S	19 42	3 24	12 17	3 04	8 33	28 15	1 50
30 Su	23 07	3 02	13 54	3 02	9 33	28 41	1 50
31 M	26♎28	2N39	15♎31	2N59	10♎32	29♌07	1N49

APRIL 2025

DAY	☿ LONG	☿ LAT	♀ LONG	♀ LAT	⊕ LONG	♂ LONG	♂ LAT
	° '	° '	° '	° '	° '	° '	° '
1 Tu	29♎44	2N17	17♎07	2N56	11♎31	29♌34	1N49
2 W	2♏56	1 54	18 44	2 53	12 30	0♍00	1 49
3 Th	6 04	1 32	20 21	2 50	13 30	0 26	1 49
4 F	9 09	1 10	21 58	2 47	14 29	0 52	1 49
5 S	12 11	0 47	23 34	2 43	15 28	1 19	1 49
6 Su	15 10	0 26	25 11	2 40	16 27	1 45	1 49
7 M	18 07	0 04	26 47	2 36	17 26	2 11	1 48
8 Tu	21 01	0S18	28 24	2 33	18 25	2 37	1 48
9 W	23 54	0 39	0♏00	2 29	19 24	3 03	1 48
10 Th	26 44	1 00	1 37	2 25	20 23	3 30	1 48
11 F	29 33	1 20	3 13	2 21	21 22	3 56	1 48
12 S	2♐21	1 40	4 49	2 17	22 21	4 22	1 47
13 Su	5 08	2 00	6 26	2 12	23 19	4 48	1 47
14 M	7 54	2 19	8 02	2 08	24 18	5 14	1 47
15 Tu	10 39	2 38	9 38	2 03	25 17	5 41	1 47
16 W	13 24	2 57	11 14	1 59	26 16	6 07	1 46
17 Th	16 09	3 15	12 50	1 54	27 14	6 33	1 46
18 F	18 53	3 33	14 26	1 49	28 13	6 59	1 46
19 S	21 38	3 50	16 02	1 45	29 12	7 25	1 46
20 Su	24 24	4 06	17 38	1 40	0♏10	7 52	1 45
21 M	27 09	4 23	19 14	1 35	1 09	8 18	1 45
22 Tu	29 56	4 38	20 50	1 30	2 07	8 44	1 45
23 W	2♑44	4 53	22 26	1 24	3 06	9 10	1 45
24 Th	5 33	5 08	24 01	1 19	4 04	9 36	1 44
25 F	8 23	5 21	25 37	1 14	5 03	10 03	1 44
26 S	11 15	5 35	27 13	1 09	6 01	10 29	1 44
27 Su	14 09	5 47	28 48	1 03	7 00	10 55	1 43
28 M	17 05	5 59	0♐24	0 58	7 58	11 21	1 43
29 Tu	20 03	6 10	2 00	0 52	8 56	11 47	1 43
30 W	23♑04	6S20	3♐35	0N47	9♏55	12♍14	1N43

DAY	♃ LONG	♃ LAT	♄ LONG	♄ LAT	♅ LONG	♅ LAT	♆ LONG	♆ LAT	♇ LONG	♇ LAT
	° '	° '	° '	° '	° '	° '	° '	° '	° '	° '
1 S	23♊28.2	0S23	21♓43.6	2S06	26♉25.1	0S14	29♓29.6	1S18	1♒54.2	3S27
6 Th	23 54.1	0 23	21 53.5	2 06	26 28.5	0 14	29 31.4	1 18	1 55.6	3 27
11 Tu	24 19.9	0 22	22 03.4	2 07	26 31.9	0 14	29 33.3	1 18	1 57.0	3 27
16 Su	24 45.8	0 22	22 13.3	2 07	26 35.3	0 14	29 35.1	1 18	1 58.4	3 28
21 F	25 11.6	0 21	22 23.2	2 07	26 38.7	0 14	29 36.9	1 18	1 59.8	3 28
26 W	25 37.4	0 20	22 33.1	2 07	26 42.1	0 14	29 38.7	1 18	2 01.2	3 29
31 M	26 03.2	0 20	22 43.0	2 08	26 45.5	0 14	29 40.6	1 18	2 02.6	3 29
5 S	26 29.0	0 19	22 52.9	2 08	26 48.9	0 14	29 42.4	1 18	2 04.0	3 30
10 Th	26 54.8	0 19	23 02.9	2 08	26 52.3	0 14	29 44.2	1 18	2 05.4	3 30
15 Tu	27 20.5	0 18	23 12.8	2 08	26 55.7	0 14	29 46.1	1 18	2 06.8	3 30
20 Su	27 46.2	0 18	23 22.7	2 09	26 59.2	0 14	29 47.9	1 18	2 08.2	3 31
25 F	28 11.9	0 17	23 32.6	2 09	27 02.6	0 14	29 49.7	1 19	2 09.6	3 31
30 W	28 37.6	0 16	23 42.5	2 09	27 06.0	0 14	29 51.5	1 19	2 11.0	3 32

☿p.311526	☿a.429544
♀ .718616	♀ .721255
⊕ .990835	⊕ .999224
♂ 1.65518	♂a1.66480
♃ 5.10230	♃ 5.11295
♄ 9.61255	♄ 9.60310
♅ 19.5433	♅ 19.5380
♆ 29.8928	♆ 29.8920
♇ 35.2114	♇ 35.2325
☊	Perihelia
☿ 18° ♉ 38	☿ 17° ♊ 51
♀ 16 ♊ 54	♀ 11 ♌ 55
⊕	⊕ 15 ♋ 02
♂ 19 ♉ 45	♂ 6 ♓ 30
♃ 10 ♋ 44	♃ 14 ♈ 21
♄ 23 ♋ 55	♄ 1 ♋ 17
♅ 14 ♊ 08	♅ 15 ♍ 08
♆ 12 ♌ 04	♆ 12 ♉ 49
♇ 20 ♋ 41	♇ 14 ♏ 04

1 S	☿☌♅	4am13
	☿□♀	8 9
	☿✶♆	4pm10
	☿ ♊	6 7
2 Su	☿△♇	1am29
	♀⚻♆	2pm44
	♀ ♍	10 4
3	⊕□☿	10pm10
4 T	♀⚻♇	2am24
	☿⚼♇	10 50
	☿✶♂	1pm 4
	☿ P	1 40
5 W	☿□♄	5am37
	☿☌♃	1pm11
	☿⚺♅	11 7
6 Th	☿□♆	10am44
	☿ ♋	12pm33
	☿⚻♇	7 55
7 F	☿∠♂	2am26
	⊕⚼♇	6 19
	☿✶♀	6pm52
8	☿∠♅	8am47
9 Su	⊕✶☿	3pm26
	☿⚺♂	5 19
10 M	☿△♄	2am14
	⊕⚺♂	10 27
	☿⚺♃	11 18
	☿✶♅	8pm23
11 T	☿∠♀	4am 0
	☿△♆	8 45
	☿ ♌	10 34
	☿☍♇	6pm38
12 W	⊕☍♄	10am33
	☿⚼♄	4pm17
	⊕∠☿	5 29
13 Th	☿∠♃	2am32
	♀⚼♇	8 41
14 F	☿⚼♆	0am33
	☿⚺♀	10pm41
15 S	⊕□♃	0am32
	♂⚻♄	4 34
	☿⚻♄	10 53
	☿☌♂	11 26
	☿✶♃	10pm44
16	⊕⚺☿	3am37
Su	☿□♅	7 20
	♀☍♄	2pm49
	☿⚻♆	9 39
	⊕△♅	10 49
	☿ ♍	11 37
17 M	♀⚺♂	2am35
	☿⚻♇	9 14
18	♀□♃	7am 3
19 W	♀△♅	7am43
	⊕☍♆	11pm28
20 Th	⊕ ♎	8am54
	☿⚼♇	2pm36
21 F	♀☍♆	4am 1
	♀ ♎	9 43
	☿☍♄	8pm39
22 S	♂✶♃	6am31
	⊕△♇	9 19
	☿□♃	1pm19
	☿⚺♂	1 57
	♀△♇	3 25
	☿△♅	9 5
23 Su	⊕☌♀	1am 3
	☿☍♆	2pm36
	☿ ♎	4 49
24 M	☿△♇	4am57
	⊕☌☿	7pm43
25 T	☿☌♀	7am42
	♂□♅	10 48
26 W	☿⚼♅	6pm 9
	☿∠♂	10 18
28	♀⚼♅	3pm49
29 S	♀∠♂	7pm42
	☿⚻♄	8 53
30	☿△♃	8pm58
31 M	☿⚻♅	2am10
	☿✶♂	10pm34
	☿⚻♆	11 39
1 T	☿ ♏	2am 1
	⊕⚼♅	6 9
	♂⚻♆	6 43
	☿□♇	5pm22
2	♂ ♍	0am 4
3	☿⚼♄	1pm42
4 F	♀⚻♄	1pm32
	☿⚼♃	6 15
5	☿⚼♆	8pm18
6 Su	⊕∠♂	1pm 5
	⊕⚺☿	3 37
	♂⚻♇	5 59
	♀△♃	9 54
7 M	♀⚻♅	0am45
	☿0S	4 15
8 T	☿△♄	4pm33
	♀⚻♆	7 55
	♀ ♏	11 57
9	♃⚺♅	11am 1
10 Th	☿☍♅	1am 9
	☿⚻♃	1 32
	♀□♇	7 11
11 F	☿△♆	1am36
	☿ ♐	3 48
	♀✶♂	2pm41
	☿✶♇	9 49
12 S	⊕⚻♄	7pm32
	☿□♂	8 37
14 M	♀⚼♄	2am18
	☿⚺♀	2 42
	⊕∠☿	6pm58
16 W	⊕⚻♅	4pm52
	♀⚼♃	6 54
	♂ A	10 13
17 Th	⊕△♃	7am23
	☿∠♇	8 33
	☿ A	1pm18
18	♀⚼♆	5am17
19 S	⊕⚻♆	2pm48
	☿□♄	3 3
	⊕ ♏	7 49
20	☿⚻♅	10pm36
21 M	☿☍♃	6am15
	☿□♆	10pm55
22 T	☿ ♑	0am34
	⊕□♇	0 34
	☿⚺♇	7pm 2
23 W	⊕✶☿	4am50
	♀△♄	4pm 8
25 F	☿△♂	4pm26
	♀☍♅	9 35
26 S	☿⚼♅	6am43
	♀⚻♃	5pm 3
	☿∠♀	5 48
27 Su	♀△♆	3pm37
	♀ ♐	5 58
28	⊕⚼♄	5pm15
29	♀✶♇	2am48
30	☿✶♄	5am 6

MAY 2025

DAY	☿ LONG	☿ LAT	♀ LONG	♀ LAT	⊕ LONG	♂ LONG	♂ LAT
	° '	° '	° '	° '	° '	° '	° '
1 Th	26♑08	6S29	5♐11	0N41	10♏53	12♍40	1N42
2 F	29 15	6 37	6 46	0 36	11 51	13 06	1 42
3 S	2♒25	6 44	8 21	0 30	12 50	13 32	1 42
4 Su	5 39	6 50	9 57	0 25	13 48	13 59	1 41
5 M	8 58	6 54	11 32	0 19	14 46	14 25	1 41
6 Tu	12 20	6 58	13 08	0 13	15 44	14 51	1 40
7 W	15 47	7 00	14 43	0 08	16 42	15 17	1 40
8 Th	19 19	7 00	16 18	0 02	17 40	15 44	1 40
9 F	22 56	6 59	17 53	0S03	18 38	16 10	1 39
10 S	26 39	6 56	19 28	0 09	19 36	16 36	1 39
11 Su	0♓29	6 51	21 04	0 15	20 34	17 02	1 39
12 M	4 24	6 45	22 39	0 20	21 32	17 29	1 38
13 Tu	8 26	6 36	24 14	0 26	22 30	17 55	1 38
14 W	12 36	6 24	25 49	0 32	23 28	18 21	1 37
15 Th	16 53	6 11	27 24	0 37	24 26	18 48	1 37
16 F	21 18	5 54	28 59	0 43	25 24	19 14	1 37
17 S	25 51	5 35	0♑34	0 48	26 21	19 40	1 36
18 Su	0♈33	5 13	2 09	0 54	27 19	20 07	1 36
19 M	5 23	4 49	3 44	0 59	28 17	20 33	1 35
20 Tu	10 23	4 21	5 19	1 04	29 15	20 59	1 35
21 W	15 31	3 50	6 54	1 10	0♐13	21 26	1 34
22 Th	20 49	3 17	8 29	1 15	1 10	21 52	1 34
23 F	26 15	2 41	10 04	1 20	2 08	22 18	1 34
24 S	1♉51	2 02	11 39	1 25	3 06	22 45	1 33
25 Su	7 35	1 21	13 14	1 30	4 03	23 11	1 33
26 M	13 27	0 38	14 49	1 35	5 01	23 38	1 32
27 Tu	19 26	0N06	16 23	1 40	5 59	24 04	1 32
28 W	25 32	0 51	17 58	1 45	6 56	24 31	1 31
29 Th	1♊43	1 36	19 33	1 50	7 54	24 57	1 31
30 F	7 58	2 20	21 08	1 55	8 51	25 24	1 30
31 S	14♊16	3N03	22♑43	1S59	9♐49	25♍50	1N30

JUNE 2025

DAY	☿ LONG	☿ LAT	♀ LONG	♀ LAT	⊕ LONG	♂ LONG	♂ LAT
	° '	° '	° '	° '	° '	° '	° '
1 Su	20♊35	3N43	24♑18	2S04	10♐47	26♍17	1N29
2 M	26 54	4 21	25 53	2 08	11 44	26 43	1 29
3 Tu	3♋12	4 56	27 28	2 13	12 42	27 10	1 28
4 W	9 26	5 26	29 02	2 17	13 39	27 36	1 28
5 Th	15 36	5 53	0♒37	2 21	14 36	28 03	1 27
6 F	21 39	6 15	2 12	2 25	15 34	28 29	1 27
7 S	27 36	6 33	3 47	2 29	16 31	28 56	1 26
8 Su	3♌25	6 46	5 22	2 33	17 29	29 22	1 25
9 M	9 06	6 55	6 57	2 36	18 26	29 49	1 25
10 Tu	14 37	6 59	8 32	2 40	19 23	0♎16	1 24
11 W	19 59	7 00	10 06	2 43	20 21	0 42	1 24
12 Th	25 12	6 58	11 41	2 46	21 18	1 09	1 23
13 F	0♍14	6 52	13 16	2 50	22 15	1 36	1 23
14 S	5 07	6 43	14 51	2 53	23 13	2 02	1 22
15 Su	9 51	6 32	16 26	2 56	24 10	2 29	1 22
16 M	14 25	6 19	18 01	2 58	25 07	2 56	1 21
17 Tu	18 51	6 04	19 36	3 01	26 05	3 23	1 20
18 W	23 08	5 47	21 11	3 04	27 02	3 49	1 20
19 Th	27 18	5 29	22 46	3 06	27 59	4 16	1 19
20 F	1♎19	5 10	24 21	3 08	28 57	4 43	1 19
21 S	5 14	4 50	25 56	3 10	29 54	5 10	1 18
22 Su	9 02	4 29	27 31	3 12	0♑51	5 37	1 17
23 M	12 43	4 07	29 06	3 14	1 48	6 04	1 17
24 Tu	16 19	3 46	0♓41	3 16	2 46	6 31	1 16
25 W	19 49	3 23	2 16	3 17	3 43	6 57	1 15
26 Th	23 14	3 01	3 51	3 18	4 40	7 24	1 15
27 F	26 34	2 39	5 26	3 20	5 37	7 51	1 14
28 S	29 50	2 16	7 01	3 21	6 35	8 18	1 13
29 Su	3♏02	1 54	8 36	3 22	7 32	8 45	1 13
30 M	6♏10	1N31	10♓11	3S22	8♑29	9♎12	1N12

DAY	♃ LONG	♃ LAT	♄ LONG	♄ LAT	♅ LONG	♅ LAT	♆ LONG	♆ LAT	♇ LONG	♇ LAT
	° '	° '	° '	° '	° '	° '	° '	° '	° '	° '
5 M	29♊03.3	0S16	23♓52.5	2S09	27♉09.4	0S14	29♓53.4	1S19	2♒12.4	3S32
10 S	29 29.0	0 15	24 02.4	2 09	27 12.8	0 14	29 55.2	1 19	2 13.8	3 32
15 Th	29 54.6	0 15	24 12.4	2 10	27 16.2	0 13	29 57.0	1 19	2 15.2	3 33
20 Tu	0♋20.2	0 14	24 22.3	2 10	27 19.6	0 13	29 58.9	1 19	2 16.6	3 33
25 Su	0 45.8	0 14	24 32.2	2 10	27 23.0	0 13	0♈00.7	1 19	2 18.0	3 34
30 F	1 11.4	0 13	24 42.2	2 10	27 26.5	0 13	0 02.5	1 19	2 19.4	3 34
4 W	1 37.0	0 12	24 52.2	2 10	27 29.9	0 13	0 04.4	1 19	2 20.8	3 35
9 M	2 02.5	0 12	25 02.1	2 11	27 33.3	0 13	0 06.2	1 19	2 22.2	3 35
14 S	2 28.1	0 11	25 12.1	2 11	27 36.7	0 13	0 08.0	1 19	2 23.6	3 35
19 Th	2 53.6	0 11	25 22.0	2 11	27 40.1	0 13	0 09.9	1 19	2 25.0	3 36
24 Tu	3 19.1	0 10	25 32.0	2 11	27 43.6	0 13	0 11.7	1 19	2 26.4	3 36
29 Su	3 44.6	0 10	25 42.0	2 11	27 47.0	0 13	0 13.5	1 19	2 27.8	3 37

☿p .441915	☿ .307559
♀ .725240	♀a .728001
⊕ 1.00751	⊕ 1.01397
♂ 1.66508	♂ 1.65601
♃ 5.12341	♃ 5.13436
♄ 9.59394	♄ 9.58445
♅ 19.5328	♅ 19.5275
♆ 29.8912	♆ 29.8904
♇ 35.2531	♇ 35.2743
☊	Perihelia
☿ 18°♉ 38	☿ 17°♊ 51
♀ 16 ♊ 55	♀ 11 ♌ 54
⊕	⊕ 12 ♋ 15
♂ 19 ♉ 45	♂ 6 ♓ 30
♃ 10 ♋ 44	♃ 14 ♈ 22
♄ 23 ♋ 55	♄ 1 ♋ 28
♅ 14 ♊ 08	♅ 15 ♍ 14
♆ 12 ♌ 04	♆ 14 ♉ 01
♇ 20 ♋ 41	♇ 14 ♏ 01

1	☿△♅	7am36
Th	☿⚼♂	1pm47
	☿⚻♃	8 27
2	☿⚹♆	4am45
F	☿ ♒	5 43
	☿☌♇	10pm18
4	⊕⚼♃	4am44
Su	⊕⚹♂	8 12
	☿∠♄	11pm23
5	⊕⚼♆	3am 7
6	☿⚹♀	10am20
T	☿⚼♃	12pm58
	☿∠♆	5 54
	☿⚻♂	8 6
7	⊕□☿	8am40
W	♀□♂	12pm 1
8	♀0S	9am 9
Th	♀∠♇	1pm57
9	☿⚺♄	7am 1
10	☿□♅	3am33
S	⊕⚺♀	4 58
	☿△♃	6pm13
	☿⚺♆	8 35
	☿ ♓	9 3
11	♂⚼♇	10am43
Su	☿⚺♇	10 51
12	♀□♄	10pm35
14	⊕△♄	6pm14
W	♀⚻♅	10 1
15	☿∠♇	2am 3
Th	☿☍♂	11 39
	♃□♆	12pm17
16	♃ ♋	1am18
F	♀□♆	2pm47
	♀ ♑	3 23
	☿☌♄	3 43
	♀☍♃	4 11
17	⊕△☿	3am19
S	☿⚹♅	7 29
	☿☌♆	9pm 6
	☿ ♈	9 15
	☿□♃	10 4
	⊕☍♅	11 35
18	♀⚺♇	1am45
Su	☿⚹♇	8 38
	☿□♀	11 59
20	☿∠♅	9am13
T	⊕△♆	6pm26
	⊕ ♐	6 47
	⊕⚼☿	10 16
21	⊕⚻♃	5am51
22	☿⚻♂	5am 7
Th	☿⚺♄	4pm 9
23	♆ ♈	2am32
F	⊕⚹♇	3 57
	☿⚺♅	4 48
	☿ ♉	4pm 8
	☿⚺♆	4 9
	☿⚹♃	6 57
24	☿□♇	1am53
S	⊕⚻☿	6 20
	♀⚼♅	11 6
25	☿⚼♂	2am42
Su	☿∠♄	8 6
26	☿∠♆	6am20
M	☿△♀	7 28
	☿∠♃	9 49
	☿0N	8pm48
27	☿△♂	7pm41
T	☿⚹♄	8 29
28	☿☌♅	7am22
W	♂☍♄	7 30
	☿ ♊	5pm22
	☿⚹♆	5 30
	☿⚺♃	9 37
29	☿△♇	2am20
Th	☿⚼♀	2pm37
30	⊕☍☿	4am 1
31	☿⚼♇	11am38
S	☿ P	12pm56
1	♀⚹♄	7am20
Su	☿□♄	3pm58
	☿⚻♀	6 47
	☿□♂	11 14
2	☿⚺♅	2am11
M	☿ ♋	11 48
	☿□♆	12pm 2
	☿☌♃	5 33
	♀△♂	5 42
	☿⚻♇	8 44
3	♀△♅	0am26
T	⊕∠♀	9 2
	♂△♅	6pm14
4	☿∠♅	11am56
W	♀ ♒	2pm35
	♀⚹♆	3 45
	⊕⚻☿	7 26
5	♀⚻♃	5pm21
6	♀☌♇	2am21
F	☿△♄	1pm15
	☿⚹♅	11 42
7	☿⚹♂	5am52
S	☿ ♌	9 49
	☿△♆	10 12
	☿⚺♃	5pm49
	⊕⚼☿	7 17
	☿☍♇	7 35
	⊕∠♇	9 7
8	☿☍♀	11am16
9	☿⚼♄	4am 3
M	♂ ♎	9 53
	♂☍♆	3pm41
10	☿⚼♆	2am 9
T	☿∠♂	3 4
	☿∠♃	11 18
	♀∠♄	11pm55
11	⊕△☿	2am 0
W	☿⚻♄	11pm44
12	♀ A	2am22
Th	☿□♅	11 20
	☿ ♍	10pm51
	☿⚻♆	11 28
13	♃⚻♇	1am37
F	☿⚺♂	7 15
	☿⚻♇	10 29
	☿⚹♃	10 38
14	♀∠♆	4am17
S	♂△♇	7pm14
15	♂□♃	4am31
Su	♀⚼♃	5pm56
	♀⚼♂	10 12
16	⊕□♄	3am45
M	☿⚼♇	4pm 4
17	☿⚻♀	6am30
18	☿☍♄	12pm41
W	⊕⚻♅	3 53
19	☿△♅	2am12
Th	⊕□☿	5 20
	☿ ♎	4pm 2
	☿☍♆	5 3
20	☿△♇	6am41
F	☿□♃	10 18
	♀⚺♄	4pm19
	☿☌♂	11 32
21	⊕ ♑	2am35
S	⊕□♆	7 4
22	♀□♅	2am54
Su	☿⚼♅	11pm59
23	♀ ♓	1pm41
M	⊕⚺♇	3 53
	☿⚼♀	4 21
	♀⚺♆	4 36
24	⊕☍♃	3pm23
25	♀⚺♇	2am43
W	♀△♃	6pm13
26	☿⚻♄	5pm 9
27	⊕⚹♀	7am11
F	☿⚻♅	8 44
28	☿ ♏	1am14
S	☿⚻♆	2 53
	☿□♇	7pm41
29	♀⚻♂	3am10
Su	☿△♃	5 33

JULY 2025

DAY	☿ LONG	☿ LAT	♀ LONG	♀ LAT	⊕ LONG	♂ LONG	♂ LAT
	° '	° '	° '	° '	° '	° '	° '
1 Tu	9♏15	1N09	11♓47	3S23	9♑26	9♎39	1N11
2 W	12 17	0 47	13 22	3 23	10 24	10 07	1 11
3 Th	15 16	0 25	14 57	3 24	11 21	10 34	1 10
4 F	18 13	0 03	16 32	3 24	12 18	11 01	1 09
5 S	21 07	0S18	18 08	3 24	13 15	11 28	1 09
6 Su	23 59	0 39	19 43	3 23	14 12	11 55	1 08
7 M	26 50	1 00	21 18	3 23	15 10	12 22	1 07
8 Tu	29 39	1 21	22 53	3 23	16 07	12 50	1 07
9 W	2♐27	1 41	24 29	3 22	17 04	13 17	1 06
10 Th	5 13	2 01	26 04	3 21	18 01	13 44	1 05
11 F	7 59	2 20	27 39	3 20	18 58	14 11	1 05
12 S	10 45	2 39	29 15	3 19	19 56	14 39	1 04
13 Su	13 30	2 57	0♈50	3 18	20 53	15 06	1 03
14 M	16 14	3 16	2 26	3 16	21 50	15 33	1 02
15 Tu	18 59	3 33	4 01	3 15	22 47	16 01	1 02
16 W	21 44	3 50	5 37	3 13	23 44	16 28	1 01
17 Th	24 29	4 07	7 12	3 11	24 42	16 56	1 00
18 F	27 15	4 23	8 48	3 09	25 39	17 23	0 59
19 S	0♑02	4 39	10 23	3 07	26 36	17 51	0 59
20 Su	2 49	4 54	11 59	3 05	27 33	18 18	0 58
21 M	5 38	5 08	13 34	3 02	28 31	18 46	0 57
22 Tu	8 29	5 22	15 10	2 59	29 28	19 14	0 56
23 W	11 21	5 35	16 46	2 57	0♒25	19 41	0 56
24 Th	14 15	5 47	18 21	2 54	1 23	20 09	0 55
25 F	17 11	5 59	19 57	2 51	2 20	20 37	0 54
26 S	20 09	6 10	21 33	2 48	3 17	21 04	0 53
27 Su	23 10	6 20	23 09	2 44	4 15	21 32	0 52
28 M	26 14	6 29	24 44	2 41	5 12	22 00	0 52
29 Tu	29 21	6 37	26 20	2 37	6 09	22 28	0 51
30 W	2♒32	6 44	27 56	2 34	7 07	22 56	0 50
31 Th	5♒46	6S50	29♈32	2S30	8♒04	23♎23	0N49

AUGUST 2025

DAY	☿ LONG	☿ LAT	♀ LONG	♀ LAT	⊕ LONG	♂ LONG	♂ LAT
	° '	° '	° '	° '	° '	° '	° '
1 F	9♒04	6S55	1♉08	2S26	9♒02	23♎51	0N48
2 S	12 27	6 58	2 44	2 22	9 59	24 19	0 48
3 Su	15 54	7 00	4 20	2 18	10 56	24 47	0 47
4 M	19 26	7 00	5 56	2 14	11 54	25 15	0 46
5 Tu	23 04	6 59	7 32	2 09	12 51	25 43	0 45
6 W	26 47	6 56	9 08	2 05	13 49	26 12	0 44
7 Th	0♓36	6 51	10 44	2 00	14 46	26 40	0 44
8 F	4 32	6 44	12 20	1 56	15 44	27 08	0 43
9 S	8 34	6 35	13 56	1 51	16 41	27 36	0 42
10 Su	12 44	6 24	15 32	1 46	17 39	28 04	0 41
11 M	17 01	6 10	17 08	1 41	18 36	28 33	0 40
12 Tu	21 26	5 54	18 44	1 36	19 34	29 01	0 39
13 W	26 00	5 35	20 21	1 31	20 31	29 29	0 38
14 Th	0♈42	5 13	21 57	1 26	21 29	29 58	0 38
15 F	5 33	4 48	23 33	1 21	22 27	0♏26	0 37
16 S	10 32	4 20	25 09	1 16	23 24	0 54	0 36
17 Su	15 41	3 49	26 46	1 10	24 22	1 23	0 35
18 M	20 59	3 16	28 22	1 05	25 20	1 51	0 34
19 Tu	26 26	2 40	29 58	0 59	26 17	2 20	0 33
20 W	2♉02	2 01	1♊35	0 54	27 15	2 49	0 32
21 Th	7 46	1 20	3 11	0 48	28 13	3 17	0 31
22 F	13 38	0 37	4 48	0 43	29 11	3 46	0 31
23 S	19 38	0N07	6 24	0 37	0♓09	4 15	0 30
24 Su	25 44	0 52	8 01	0 32	1 06	4 44	0 29
25 M	1♊55	1 37	9 37	0 26	2 04	5 12	0 28
26 Tu	8 10	2 21	11 14	0 20	3 02	5 41	0 27
27 W	14 28	3 04	12 51	0 14	4 00	6 10	0 26
28 Th	20 47	3 44	14 27	0 09	4 58	6 39	0 25
29 F	27 06	4 22	16 04	0 03	5 56	7 08	0 24
30 S	3♋24	4 57	17 41	0N03	6 54	7 37	0 23
31 Su	9♋38	5N27	19♊17	0N08	7♓52	8♏06	0N22

DAY	♃ LONG	♃ LAT	♄ LONG	♄ LAT	♅ LONG	♅ LAT	♆ LONG	♆ LAT	♇ LONG	♇ LAT
	° '	° '	° '	° '	° '	° '	° '	° '	° '	° '
4 F	4♋10.1	0S09	25♓52.0	2S12	27♉50.4	0S13	0♈15.4	1S19	2♒29.2	3S37
9 W	4 35.5	0 08	26 01.9	2 12	27 53.8	0 13	0 17.2	1 19	2 30.6	3 37
14 M	5 00.9	0 08	26 11.9	2 12	27 57.2	0 13	0 19.0	1 19	2 32.0	3 38
19 S	5 26.3	0 07	26 21.9	2 12	28 00.7	0 13	0 20.9	1 19	2 33.4	3 38
24 Th	5 51.7	0 07	26 31.9	2 12	28 04.1	0 13	0 22.7	1 19	2 34.8	3 39
29 Tu	6 17.1	0 06	26 41.9	2 13	28 07.5	0 13	0 24.5	1 19	2 36.2	3 39
3 Su	6 42.5	0 05	26 51.9	2 13	28 10.9	0 13	0 26.4	1 19	2 37.6	3 40
8 F	7 07.8	0 05	27 01.9	2 13	28 14.3	0 13	0 28.2	1 19	2 39.0	3 40
13 W	7 33.1	0 04	27 11.9	2 13	28 17.8	0 13	0 30.0	1 19	2 40.4	3 40
18 M	7 58.4	0 04	27 21.9	2 13	28 21.2	0 13	0 31.8	1 19	2 41.8	3 41
23 S	8 23.7	0 03	27 31.9	2 14	28 24.6	0 13	0 33.7	1 19	2 43.2	3 41
28 Th	8 49.0	0 03	27 41.9	2 14	28 28.0	0 13	0 35.5	1 19	2 44.5	3 42

☿a .441634	☿p .425454
♀ .727572	♀ .724214
⊕a 1.01662	⊕ 1.01496
♂ 1.63858	♂ 1.61245
♃ 5.14507	♃ 5.15623
♄ 9.57525	♄ 9.56573
♅ 19.5223	♅ 19.5169
♆ 29.8896	♆ 29.8888
♇ 35.2949	♇ 35.3161
☊	Perihelia
☿ 18°♉ 38	☿ 17°♊ 51
♀ 16 ♊ 55	♀ 11 ♌ 49
⊕	⊕ 13 ♋ 08
♂ 19 ♉ 46	♂ 6 ♓ 30
♃ 10 ♋ 44	♃ 14 ♈ 24
♄ 23 ♋ 55	♄ 1 ♋ 41
♅ 14 ♊ 08	♅ 15 ♍ 20
♆ 12 ♌ 04	♆ 15 ♉ 32
♇ 20 ♋ 41	♇ 13 ♏ 57

1 T	⊕✱☿	2am 9
	☿⚺♂	3 45
	⊕□♂	10 23
	☿⚼♄	12pm 5
2 W	☿△♀	6pm31
	☿⚼♆	11 52
3	⊕ A	7pm56
4 F	☿0S	3am30
	☿⚼♃	8 8
	⊕⚼♅	1pm45
	♀∠♇	2 23
6	☿△♄	4pm36
7 M	☿∠♂	5am29
	☿☍♅	8 55
8 T	☿ ♐	3am 1
	♂⚼♅	3 17
	☿△♆	5 26
	⊕∠☿	7pm 4
9 W	☿✱♇	0am34
	☿⚻♃	7pm 7
	♀☌♄	11 58
11	♀✱♅	3am59
12 S	♀ ♈	11am21
	♀☌♆	4pm 1
13	☿✱♂	4pm52
14 M	♀✱♇	1am35
	☿∠♇	11 21
	☿ A	12pm34
15	♀□♃	5pm13
17 Th	⊕⚺☿	2am49
	☿□♄	3pm58
18 F	☿⚻♅	6am32
	⊕✱♄	5pm47
	☿ ♑	11 47
19 S	☿□♆	2am47
	☿⚺♇	9pm46
20 Su	⊕△♅	11am49
	♀∠♅	3pm48
	☿☍♃	11 45
22 T	⊕ ♒	1pm22
	⊕✱♆	10 43
23	☿⚼♅	2pm16
25 F	⊕☌♇	6am19
	♀☍♂	1pm54
26 S	☿□♂	8am42
	☿□♀	11pm35
28 M	☿✱♄	3am22
	☿△♅	2pm34
29 T	⊕⚻♃	3am30
	☿ ♒	4 56
	♀⚺♄	5 32
	☿✱♆	8 3
30 W	☿☌♇	0am36
	♀⚺♅	3 3
31 Th	☿⚻♃	5am11
	♀ ♉	7 2
	♀⚺♆	1pm24
	⊕☌☿	11 36

1 F	☿∠♄	7pm39
	♀□♇	10 23
2	☿∠♆	8pm51
3	⊕∠♄	11pm59
4 M	♀✱♃	1pm43
	☿⚼♃	4 3
5	☿△♂	7pm43
6 W	☿⚺♄	1am11
	☿□♅	9 8
	☿ ♓	8pm16
	☿⚺♆	11 9
7 Th	☿⚺♇	12pm35
	⊕∠♆	5 28
	♂⚻♄	6 32
	♀∠♄	7 26
8	☿△♃	3pm51
9	♀∠♆	11pm14
10 Su	☿⚼♂	2am 9
	♂⚻♅	9 58
11 M	☿✱♀	1am 0
	☿∠♇	3 32
	⊕⚺☿	11 6
13 W	☿☌♄	6am15
	⊕□♀	6 45
	☿✱♅	11 52
	☿⚻♂	7pm52
	☿ ♈	8 29
	☿☌♆	11 3
14 Th	♂ ♏	2am 3
	☿✱♇	9 55
	♀∠♃	10 54
15 F	♂⚻♆	4am 4
	⊕⚼♃	7 35
	☿□♃	10 44
	⊕∠☿	11 26
	☿∠♀	9pm21
16	☿∠♅	1pm 8
17 Su	♀✱♄	8am42
	♀☌♅	11pm47
18	⊕✱☿	11pm15
19 T	♀ ♊	0am24
	☿⚺♄	4 12
	☿⚺♅	8 22
	♀✱♆	8 27
	☿ ♉	3pm22
	☿⚺♆	5 40
	♂□♇	6 37
	☿⚺♀	9 20
20 W	☿□♇	2am51
	☿☍♂	3 36
	⊕⚺♄	4 36
	♀△♇	4pm50
21 Th	☿✱♃	1am55
	♀⚻♂	2 8
	⊕□♅	4 19
	☿∠♄	7pm21
22 F	☿∠♆	7am44
	☿0N	8pm 3
	⊕ ♓	8 27
23 S	⊕⚺♆	10am29
	☿∠♃	3pm 4
24 Su	☿✱♄	7am12
	♀⚺♃	7 20
	☿☌♅	10 31
	☿ ♊	4pm37
	☿✱♆	6 49
25 M	⊕□☿	0am43
	☿△♇	3 9
	☿⚻♂	1pm43
	⊕⚺♇	4 25
26 T	☿⚺♃	1am52
	☿☌♀	3pm43
27 W	☿ P	12pm11
	☿⚼♇	12 26
28	☿⚼♂	3am33
29 F	☿□♄	2am24
	☿⚺♅	5 14
	☿ ♋	11 2
	♀0N	12pm35
	☿□♆	1 20
	☿⚻♇	9 33
30 S	♀⚼♇	1am 6
	⊕△☿	3pm57
	☿△♂	5 36
	☿☌♃	9 49
31 Su	⊕△♂	11am36
	☿∠♅	3pm 5

SEPTEMBER 2025

DAY	☿ LONG	☿ LAT	♀ LONG	♀ LAT	⊕ LONG	♂ LONG	♂ LAT
	° '	° '	° '	° '	° '	° '	° '
1 M	15♋47	5N54	20♊54	0N14	8♓50	8♏35	0N22
2 Tu	21 51	6 16	22 31	0 20	9 48	9 04	0 21
3 W	27 48	6 33	24 08	0 26	10 46	9 33	0 20
4 Th	3♌36	6 46	25 45	0 31	11 44	10 03	0 19
5 F	9 17	6 55	27 22	0 37	12 42	10 32	0 18
6 S	14 48	6 59	28 59	0 43	13 41	11 01	0 17
7 Su	20 09	7 00	0♋35	0 48	14 39	11 31	0 16
8 M	25 21	6 57	2 12	0 54	15 37	12 00	0 15
9 Tu	0♍24	6 52	3 49	0 59	16 35	12 29	0 14
10 W	5 16	6 43	5 27	1 05	17 34	12 59	0 13
11 Th	10 00	6 32	7 04	1 10	18 32	13 29	0 12
12 F	14 34	6 18	8 41	1 16	19 30	13 58	0 11
13 S	18 59	6 03	10 18	1 21	20 29	14 28	0 10
14 Su	23 17	5 46	11 55	1 26	21 27	14 57	0 09
15 M	27 26	5 28	13 32	1 31	22 25	15 27	0 08
16 Tu	1♎27	5 09	15 09	1 36	23 24	15 57	0 07
17 W	5 21	4 49	16 47	1 42	24 22	16 27	0 06
18 Th	9 09	4 28	18 24	1 46	25 21	16 57	0 05
19 F	12 50	4 07	20 01	1 51	26 20	17 26	0 04
20 S	16 26	3 45	21 38	1 56	27 18	17 56	0 04
21 Su	19 55	3 23	23 16	2 01	28 17	18 26	0 03
22 M	23 20	3 00	24 53	2 05	29 15	18 56	0 02
23 Tu	26 40	2 38	26 30	2 10	0♈14	19 27	0 01
24 W	29 56	2 15	28 08	2 14	1 13	19 57	0S00
25 Th	3♏08	1 53	29 45	2 19	2 12	20 27	0 01
26 F	6 16	1 30	1♌23	2 23	3 11	20 57	0 02
27 S	9 21	1 08	3 00	2 27	4 09	21 27	0 03
28 Su	12 23	0 46	4 37	2 31	5 08	21 58	0 04
29 M	15 22	0 24	6 15	2 35	6 07	22 28	0 05
30 Tu	18♏18	0N02	7♌52	2N38	7♈06	22♏59	0S06

OCTOBER 2025

DAY	☿ LONG	☿ LAT	♀ LONG	♀ LAT	⊕ LONG	♂ LONG	♂ LAT
	° '	° '	° '	° '	° '	° '	° '
1 W	21♏12	0S19	9♌30	2N42	8♈05	23♏29	0S07
2 Th	24 05	0 40	11 07	2 45	9 04	24 00	0 08
3 F	26 55	1 01	12 45	2 49	10 03	24 30	0 09
4 S	29 44	1 21	14 22	2 52	11 02	25 01	0 10
5 Su	2♐32	1 41	16 00	2 55	12 01	25 32	0 11
6 M	5 19	2 01	17 37	2 58	13 00	26 02	0 12
7 Tu	8 05	2 21	19 15	3 00	13 59	26 33	0 13
8 W	10 50	2 39	20 52	3 03	14 59	27 04	0 14
9 Th	13 35	2 58	22 30	3 06	15 58	27 35	0 15
10 F	16 20	3 16	24 08	3 08	16 57	28 06	0 16
11 S	19 04	3 34	25 45	3 10	17 56	28 37	0 17
12 Su	21 49	3 51	27 23	3 12	18 56	29 08	0 18
13 M	24 34	4 07	29 00	3 14	19 55	29 39	0 19
14 Tu	27 20	4 24	0♍38	3 16	20 54	0♐10	0 20
15 W	0♑07	4 39	2 15	3 17	21 54	0 41	0 21
16 Th	2 55	4 54	3 53	3 18	22 53	1 13	0 22
17 F	5 44	5 09	5 30	3 20	23 53	1 44	0 23
18 S	8 34	5 22	7 08	3 21	24 52	2 15	0 24
19 Su	11 26	5 35	8 45	3 22	25 52	2 47	0 25
20 M	14 20	5 48	10 23	3 22	26 52	3 18	0 26
21 Tu	17 16	5 59	12 00	3 23	27 51	3 50	0 27
22 W	20 15	6 10	13 37	3 23	28 51	4 22	0 28
23 Th	23 16	6 20	15 15	3 24	29 51	4 53	0 29
24 F	26 20	6 29	16 52	3 24	0♉50	5 25	0 30
25 S	29 27	6 37	18 30	3 24	1 50	5 57	0 31
26 Su	2♒38	6 44	20 07	3 23	2 50	6 28	0 32
27 M	5 52	6 50	21 44	3 23	3 50	7 00	0 33
28 Tu	9 11	6 55	23 22	3 22	4 50	7 32	0 34
29 W	12 33	6 58	24 59	3 22	5 50	8 04	0 35
30 Th	16 01	7 00	26 36	3 21	6 50	8 36	0 36
31 F	19♒33	7S00	28♍13	3N20	7♉50	9♐08	0S37

DAY	♃ LONG	♃ LAT	♄ LONG	♄ LAT	♅ LONG	♅ LAT	♆ LONG	♆ LAT	♇ LONG	♇ LAT
	° '	° '	° '	° '	° '	° '	° '	° '	° '	° '
2 Tu	9♋14.2	0S02	27♓51.9	2S14	28♉31.4	0S12	0♈37.3	1S20	2♒45.9	3S42
7 Su	9 39.5	0 01	28 01.9	2 14	28 34.8	0 12	0 39.2	1 20	2 47.3	3 42
12 F	10 04.7	0 01	28 11.9	2 14	28 38.3	0 12	0 41.0	1 20	2 48.7	3 43
17 W	10 29.9	0 00	28 21.9	2 15	28 41.7	0 12	0 42.8	1 20	2 50.1	3 43
22 M	10 55.0	0N00	28 31.9	2 15	28 45.1	0 12	0 44.6	1 20	2 51.5	3 44
27 S	11 20.2	0 01	28 41.9	2 15	28 48.5	0 12	0 46.5	1 20	2 52.9	3 44
2 Th	11 45.4	0 01	28 52.0	2 15	28 51.9	0 12	0 48.3	1 20	2 54.3	3 45
7 Tu	12 10.5	0 02	29 02.0	2 15	28 55.3	0 12	0 50.1	1 20	2 55.7	3 45
12 Su	12 35.6	0 03	29 12.0	2 16	28 58.8	0 12	0 51.9	1 20	2 57.0	3 45
17 F	13 00.7	0 03	29 22.1	2 16	29 02.2	0 12	0 53.8	1 20	2 58.4	3 46
22 W	13 25.7	0 04	29 32.1	2 16	29 05.6	0 12	0 55.6	1 20	2 59.8	3 46
27 M	13 50.8	0 04	29 42.1	2 16	29 09.0	0 12	0 57.4	1 20	3 01.2	3 47

☿ .313811	☿a.454227
♀ .720215	♀p.718427
⊕ 1.00925	⊕ 1.00126
♂ 1.57944	♂ 1.54278
♃ 5.16746	♃ 5.17838
♄ 9.55618	♄ 9.54694
♅ 19.5115	♅ 19.5063
♆ 29.8880	♆ 29.8872
♇ 35.3374	♇ 35.3580
☊	Perihelia
☿ 18° ♉ 38	☿ 17° ♊ 52
♀ 16 ♊ 55	♀ 11 ♌ 45
⊕	⊕ 15 ♋ 22
♂ 19 ♉ 46	♂ 6 ♓ 29
♃ 10 ♋ 44	♃ 14 ♈ 25
♄ 23 ♋ 55	♄ 1 ♋ 55
♅ 14 ♊ 08	♅ 15 ♍ 32
♆ 12 ♌ 05	♆ 17 ♉ 02
♇ 20 ♋ 41	♇ 13 ♏ 53

1	⊕△♃	8am39
2 T	☿⚺♀	3am40
	♂△♃	9 54
	⊕⚼☿	2pm11
3 W	☿△♄	0am26
	☿✶♅	3 3
	☿ ♌	9 3
	♀⚼♂	9 6
	☿△♆	11 39
	☿☍♇	8pm32
5 F	☿⚺♃	0am56
	☿□♂	5 56
	♀□♄	9 10
	☿⚼♄	4pm 4
	♀⚺♅	5 55
	⊕⚻☿	6 2
	☿∠♀	6 53
6 S	☿⚼♆	3am46
	♀ ♋	3pm13
7 Su	♀□♆	0am55
	☿∠♃	9pm 5
8 M	♀⚻♇	8am43
	☿⚻♄	12pm53
	☿□♅	3 22
	☿ ♍	10 5
9 T	☿⚻♆	1am18
	☿⚻♇	11 44
10 W	☿✶♀	1am16
	⊕∠♇	6 3
	♂⚼♄	7 46
	☿✶♃	11pm59
11	☿✶♂	8pm25
12 F	☿⚼♇	5pm33
	♀☌♃	9 54
13	⊕☍☿	10am38
15 M	♀∠♅	2am 2
	☿☍♄	5 11
	☿△♅	7 22
	♂⚼♆	12pm13
	☿ ♎	3 16
	☿☍♆	7 31
	☿∠♂	8 32
16 T	☿△♇	8am25
	♀△♂	4pm56
18	☿□♃	9am28
19 F	☿⚼♅	5am51
	♃0N	8pm 7
20	☿⚺♂	12pm 2
21 Su	⊕☌♄	5am34
	⊕✶♅	11 26
22 M	⊕ ♈	6pm12
	☿□♀	9 36
23 T	⊕☌♆	12pm40
	☿⚻♄	2 0
	♂0S	3 7
	☿⚻♅	3 21
24 W	☿ ♏	0am28
	☿⚻♆	6 7
	♀△♄	7 5
	♀✶♅	9 36
	⊕⚻☿	1pm45
	☿□♇	10 1
25 Th	♀ ♌	3am40
	♀△♆	2pm59
	⊕✶♇	4 39
26	♀☍♇	10pm15
27	☿△♃	4pm 9
28 Su	☿⚼♄	10am58
	⊕△♀	7pm11
29	☿⚼♆	3am27
30	☿0S	2am45

1 W	⊕⚼♂	8pm20
	☿☌♂	11 9
	♄✶♅	11 14
	⊕⚼☿	11 52
2 Th	♀ P	8am57
	♀⚺♃	9 52
	☿⚼♃	11pm18
3 F	☿☍♅	4pm43
	☿△♄	5 2
	♀⚼♄	5 22
4 S	☿ ♐	2am14
	☿△♆	9 16
	♀⚼♆	9pm24
	⊕□♃	11 40
5	☿✶♇	3am19
6	⊕∠♅	10pm19
8 W	♂⚼♃	10am38
	☿⚻♃	12pm50
10 F	⊕△☿	8am33
	☿ A	11 49
	☿∠♇	2pm 9
11	♂☍♅	4pm44
12 Su	♂△♄	3am21
	♀∠♃	3 22
	♀□♅	11pm50
13 M	♀⚻♄	3am30
	♀□♂	2pm 5
	♀ ♍	2 44
	♂ ♐	4 6
14 T	♀⚻♆	3am42
	☿⚻♅	2pm27
	☿□♄	4 53
	☿ ♑	11 0
15 W	☿⚺♂	6am 5
	☿□♆	6 37
	♂△♆	8 59
	♀⚻♇	10 32
16 Th	☿⚺♇	0am30
	☿△♀	7pm30
19 Su	♂✶♇	9am18
	☿☍♃	2pm52
	☿⚼♅	9 48
21 T	☿∠♂	3pm20
	♀✶♃	8 57
22 W	⊕⚺♅	5am56
	⊕⚼♀	8 37
	⊕⚺♄	5pm 6
23	⊕ ♉	3am44
24 F	⊕⚺♆	2am22
	♀⚼♇	4pm50
	☿△♅	9 30
25 S	☿✶♄	1am24
	☿ ♒	4 10
	☿✶♆	11 21
26 Su	⊕□☿	2am13
	☿☌♇	2 53
	⊕□♇	4 22
27 M	☿✶♂	9am55
	☿⚼♀	12pm31
29 W	☿⚻♃	10am28
	☿∠♄	3pm36
	☿∠♆	11 46
31 F	♃∠♅	5am14
	♀△♅	2pm32

NOVEMBER 2025

DAY	☿ LONG	☿ LAT	♀ LONG	♀ LAT	⊕ LONG	♂ LONG	♂ LAT
	° '	° '	° '	° '	° '	° '	° '
1 S	23♒11	6S59	29♍50	3N19	8♉50	9♐41	0S38
2 Su	26 54	6 56	1♎28	3 17	9 50	10 13	0 39
3 M	0♓43	6 51	3 05	3 16	10 50	10 45	0 40
4 Tu	4 39	6 44	4 42	3 14	11 50	11 17	0 41
5 W	8 42	6 35	6 19	3 12	12 50	11 50	0 42
6 Th	12 52	6 24	7 56	3 10	13 50	12 22	0 43
7 F	17 10	6 10	9 33	3 08	14 50	12 55	0 44
8 S	21 35	5 53	11 10	3 06	15 50	13 27	0 45
9 Su	26 09	5 34	12 47	3 03	16 51	14 00	0 46
10 M	0♈51	5 12	14 24	3 01	17 51	14 33	0 47
11 Tu	5 42	4 47	16 00	2 58	18 51	15 05	0 47
12 W	10 42	4 19	17 37	2 55	19 51	15 38	0 48
13 Th	15 51	3 48	19 14	2 52	20 52	16 11	0 49
14 F	21 09	3 15	20 51	2 49	21 52	16 44	0 50
15 S	26 37	2 38	22 27	2 46	22 53	17 17	0 51
16 Su	2♉13	1 59	24 04	2 42	23 53	17 50	0 52
17 M	7 57	1 18	25 40	2 39	24 53	18 23	0 53
18 Tu	13 50	0 35	27 17	2 35	25 54	18 56	0 54
19 W	19 49	0N09	28 53	2 32	26 55	19 29	0 55
20 Th	25 55	0 54	0♏30	2 28	27 55	20 02	0 56
21 F	2♊07	1 38	2 06	2 24	28 56	20 36	0 57
22 S	8 22	2 22	3 43	2 20	29 56	21 09	0 58
23 Su	14 40	3 05	5 19	2 15	0♊57	21 42	0 59
24 M	20 59	3 46	6 55	2 11	1 58	22 16	1 00
25 Tu	27 18	4 23	8 31	2 07	2 58	22 49	1 01
26 W	3♋35	4 58	10 07	2 02	3 59	23 23	1 01
27 Th	9 49	5 28	11 44	1 57	5 00	23 57	1 02
28 F	15 59	5 54	13 20	1 53	6 00	24 30	1 03
29 S	22 02	6 16	14 56	1 48	7 01	25 04	1 04
30 Su	27♋59	6N34	16♏32	1N43	8♊02	25♐38	1S05

DECEMBER 2025

DAY	☿ LONG	☿ LAT	♀ LONG	♀ LAT	⊕ LONG	♂ LONG	♂ LAT
	° '	° '	° '	° '	° '	° '	° '
1 M	3♌47	6N46	18♏07	1N38	9♊03	26♐12	1S06
2 Tu	9 27	6 55	19 43	1 33	10 03	26 46	1 07
3 W	14 58	6 59	21 19	1 28	11 04	27 20	1 08
4 Th	20 19	7 00	22 55	1 23	12 05	27 54	1 09
5 F	25 31	6 57	24 31	1 18	13 06	28 28	1 09
6 S	0♍33	6 51	26 06	1 12	14 07	29 02	1 10
7 Su	5 26	6 43	27 42	1 07	15 08	29 36	1 11
8 M	10 09	6 31	29 18	1 02	16 09	0♑10	1 12
9 Tu	14 43	6 18	0♐53	0 56	17 10	0 45	1 13
10 W	19 08	6 03	2 29	0 51	18 10	1 19	1 14
11 Th	23 25	5 46	4 04	0 45	19 11	1 54	1 14
12 F	27 33	5 28	5 40	0 40	20 12	2 28	1 15
13 S	1♎35	5 08	7 15	0 34	21 13	3 03	1 16
14 Su	5 29	4 48	8 51	0 29	22 14	3 37	1 17
15 M	9 16	4 27	10 26	0 23	23 15	4 12	1 18
16 Tu	12 57	4 06	12 01	0 17	24 17	4 47	1 19
17 W	16 32	3 44	13 37	0 12	25 18	5 21	1 19
18 Th	20 02	3 22	15 12	0 06	26 19	5 56	1 20
19 F	23 27	3 00	16 47	0 00	27 20	6 31	1 21
20 S	26 47	2 37	18 22	0S05	28 21	7 06	1 22
21 Su	0♏02	2 15	19 58	0 11	29 22	7 41	1 22
22 M	3 14	1 52	21 33	0 16	0♋23	8 16	1 23
23 Tu	6 22	1 30	23 08	0 22	1 24	8 51	1 24
24 W	9 27	1 07	24 43	0 28	2 25	9 26	1 25
25 Th	12 29	0 45	26 18	0 33	3 26	10 02	1 25
26 F	15 27	0 23	27 53	0 39	4 28	10 37	1 26
27 S	18 24	0 02	29 28	0 44	5 29	11 12	1 27
28 Su	21 18	0S20	1♑03	0 50	6 30	11 48	1 27
29 M	24 10	0 41	2 38	0 55	7 31	12 23	1 28
30 Tu	27 01	1 01	4 13	1 01	8 32	12 59	1 29
31 W	29♏50	1S22	5♑48	1S06	9♋33	13♑34	1S30

DAY	♃ LONG	♃ LAT	♄ LONG	♄ LAT	♅ LONG	♅ LAT	♆ LONG	♆ LAT	♇ LONG	♇ LAT
	° '	° '	° '	° '	° '	° '	° '	° '	° '	° '
1 S	14♋15.8	0N05	29♓52.2	2S16	29♉12.5	0S12	0♈59.3	1S20	3♒02.6	3S47
6 Th	14 40.8	0 05	0♈02.2	2 16	29 15.9	0 12	1 01.1	1 20	3 04.0	3 47
11 Tu	15 05.9	0 06	0 12.3	2 17	29 19.3	0 12	1 02.9	1 20	3 05.4	3 48
16 Su	15 30.8	0 07	0 22.4	2 17	29 22.7	0 12	1 04.7	1 20	3 06.8	3 48
21 F	15 55.8	0 07	0 32.4	2 17	29 26.1	0 12	1 06.6	1 20	3 08.2	3 49
26 W	16 20.8	0 08	0 42.5	2 17	29 29.6	0 12	1 08.4	1 20	3 09.6	3 49
1 M	16 45.7	0 08	0 52.6	2 17	29 33.0	0 12	1 10.2	1 20	3 10.9	3 49
6 S	17 10.6	0 09	1 02.6	2 17	29 36.4	0 12	1 12.1	1 20	3 12.3	3 50
11 Th	17 35.5	0 09	1 12.7	2 18	29 39.9	0 12	1 13.9	1 20	3 13.7	3 50
16 Tu	18 00.4	0 10	1 22.8	2 18	29 43.3	0 12	1 15.7	1 20	3 15.1	3 51
21 Su	18 25.3	0 10	1 32.9	2 18	29 46.7	0 12	1 17.6	1 20	3 16.5	3 51
26 F	18 50.1	0 11	1 43.0	2 18	29 50.2	0 11	1 19.4	1 20	3 17.9	3 52
31 W	19 15.0	0 12	1 53.0	2 18	29 53.6	0 11	1 21.2	1 20	3 19.3	3 52

☿p .405604	☿ .324411
♀ .720031	♀ .723835
⊕ .992607	⊕ .986137
♂ 1.50250	♂ 1.46415
♃ 5.18968	♃ 5.20061
♄ 9.53737	♄ 9.52811
♅ 19.5009	♅ 19.4956
♆ 29.8864	♆ 29.8856
♇ 35.3793	♇ 35.4000
☊	Perihelia
☿ 18°♉ 38	☿ 17°♊ 52
♀ 16 ♊ 55	♀ 11 ♌ 51
⊕	⊕ 14 ♋ 20
♂ 19 ♉ 46	♂ 6 ♓ 28
♃ 10 ♋ 44	♃ 14 ♈ 25
♄ 23 ♋ 56	♄ 2 ♋ 08
♅ 14 ♊ 08	♅ 15 ♍ 45
♆ 12 ♌ 05	♆ 18 ♉ 20
♇ 20 ♋ 41	♇ 13 ♏ 51

1 S	♀☍♄	0am26
	♀ ♎	2 21
	♀☍♆	5pm 3
2 Su	☿□♅	2pm40
	☿⚼♃	3 46
	☿⚺♄	7 4
	☿ ♓	7 30
	⊕⚻♂	8 2
	♀△♇	11 36
3 M	☿⚺♆	1am42
	☿⚺♇	2pm18
4 T	☿⚻♀	0am24
	♄ ♈	9pm15
5	☿□♂	8pm45
6 Th	⊕⚹☿	7am 8
	☿△♃	10 26
	⊕⚹♃	10pm 9
7 F	☿∠♇	5am 0
	⊕∠♄	5 50
8	⊕∠♆	4am37
9 Su	☿⚹♅	4pm13
	☿ ♈	7 43
	☿☌♄	8 34
	♀⚼♅	10 46
10 M	☿☌♆	0am58
	♀⚹♂	3 21
	♀□♃	9 45
	☿⚹♇	11 10
	⊕∠☿	12pm35
11	♂⚻♃	0am32
12 W	☿∠♅	5pm 3
	☿□♃	9 16
13 Th	☿△♂	1am42
	☿☍♀	10pm 1
14	⊕⚺☿	3am55
15 S	☿⚺♅	11am55
	☿ ♉	2pm36
	☿⚺♄	4 9
	⊕⚻♀	4 48
	☿⚺♆	7 12
16 Su	☿⚼♂	2am53
	☿□♇	3 49
	♂∠♇	12pm30
18	☿∠♄	6am32
T	☿⚹♃	7 34
	☿∠♆	9 8
	☿0N	7pm18
	☿⚻♂	10 32
19 W	♀⚻♅	7am52
	♀ ♏	4pm35
20 Th	♀⚻♄	0am 9
	♀⚻♆	9 6
	⊕☌☿	9 18
	☿☌♅	1pm39
	☿ ♊	3 51
	☿⚹♄	5 54
	☿∠♃	7 23
	☿⚹♆	8 8
	☿⚻♀	11 58
21 F	☿△♇	3am57
	⊕☌♅	12pm13
	♀□♇	3 29
22 S	⊕ ♊	1am28
	⊕⚹♄	3pm37
23 Su	⊕∠♃	3am50
	⊕⚹♆	4 8
	☿⚺♃	5 31
	☿ P	11 26
	☿⚼♇	1pm13
24 M	☿⚼♀	4am44
	☿☍♂	5 19
	♀∠♂	7 58
25 T	⊕△♇	4am23
	☿⚺♅	8 19
	☿ ♋	10 16
	☿□♄	12pm55
	☿□♆	2 37
	☿⚻♇	10 21
26	⊕⚺☿	1am47
27 Th	☿△♀	9am58
	☿∠♅	6pm15
28 F	☿☌♃	2am 7
	⊕∠☿	11pm55
29 S	☿⚻♂	1pm27
	♀⚼♄	1 31
	♀⚼♆	6 33
30 Su	♀△♃	2am25
	☿⚹♅	6 24
	☿ ♌	8 17
	☿△♄	11 50
	☿△♆	1pm 7
	☿☍♇	9 28
2 T	⊕⚹☿	3am11
	☿⚼♂	11 6
3 W	☿⚼♄	4am21
	☿⚼♆	5 23
	☿⚺♃	8 50
4	☿□♀	5pm11
5 F	☿△♂	3pm44
	☿□♅	7 26
	☿ ♍	9 20
6 S	☿⚻♄	2am24
	☿⚻♆	3 9
	☿∠♃	8 3
	☿⚻♇	12pm59
7 Su	♂⚻♅	0am41
	♂ ♑	4pm41
8 M	♀☍♅	5am 4
	♀ ♐	10 36
	♀⚺♂	8pm38
9 T	♀△♄	3am56
	♀△♆	5 0
	⊕⚺♃	6 52
	☿⚹♃	2pm56
	⊕□☿	5 10
	♂□♄	5 44
	☿⚼♇	7 1
	♂□♆	8 2
10 W	♀⚼♃	0am26
	⊕⚼♇	1 11
	♀⚹♇	11 14
11	♄☌♆	5pm22
12 F	☿△♅	12pm36
	☿ ♎	2 30
	☿☍♆	9 59
	☿☍♄	10 11
13 S	♂⚺♇	8am 8
	☿△♇	10 9
	☿□♂	10 30
15	☿⚹♀	1pm14
16	☿⚼♅	11am48
17	☿□♃	10am50
19 F	♀0S	1am56
	♀∠♇	10pm26
	♀⚻♃	11 26
20	⊕△☿	4pm42
S	☿⚻♅	10 3
	☿ ♏	11 42
21 Su	☿⚻♆	9am22
	⊕⚺♅	9 50
	☿⚻♄	11 23
	⊕ ♋	2pm56
22 M	☿□♇	0am20
	⊕□♆	9pm40
23 T	⊕□♄	5am 9
	☿⚹♂	11pm55
24 W	☿∠♀	4am24
	⊕⚻♇	8pm31
26 F	☿⚼♆	7am 3
	☿⚼♄	10 21
27 S	☿0S	2am 0
	☿△♃	4 25
	♀⚻♅	5 46
	♀ ♑	8 2
28 Su	⊕⚼☿	2am32
	♀□♆	4 18
	♀□♄	11 18
29	♀⚺♇	10am16
30	☿∠♂	10am21
31 W	☿☍♅	0am33
	☿ ♐	1 28
	☿△♆	1pm 6
	☿△♄	5 50

JANUARY 2026

DAY	☿		♀		⊕	♂	
	LONG	LAT	LONG	LAT	LONG	LONG	LAT
	° '	° '	° '	° '	° '	° '	° '
1 Th	2♐37	1S42	7♑23	1S11	10♋34	14♑10	1S30
2 F	5 24	2 02	8 58	1 17	11 36	14 45	1 31
3 S	8 10	2 21	10 33	1 22	12 37	15 21	1 32
4 Su	10 55	2 40	12 08	1 27	13 38	15 57	1 32
5 M	13 40	2 59	13 43	1 32	14 39	16 33	1 33
6 Tu	16 25	3 17	15 18	1 37	15 40	17 08	1 33
7 W	19 10	3 34	16 53	1 42	16 41	17 44	1 34
8 Th	21 54	3 51	18 27	1 47	17 42	18 20	1 35
9 F	24 40	4 08	20 02	1 51	18 43	18 56	1 35
10 S	27 26	4 24	21 37	1 56	19 45	19 32	1 36
11 Su	0♑12	4 40	23 12	2 01	20 46	20 08	1 36
12 M	3 00	4 55	24 47	2 05	21 47	20 44	1 37
13 Tu	5 49	5 09	26 22	2 10	22 48	21 21	1 38
14 W	8 40	5 23	27 57	2 14	23 49	21 57	1 38
15 Th	11 32	5 36	29 31	2 18	24 50	22 33	1 39
16 F	14 26	5 48	1♒06	2 22	25 51	23 10	1 39
17 S	17 22	6 00	2 41	2 26	26 53	23 46	1 40
18 Su	20 21	6 11	4 16	2 30	27 54	24 22	1 40
19 M	23 22	6 20	5 51	2 34	28 55	24 59	1 41
20 Tu	26 26	6 29	7 26	2 37	29 56	25 35	1 41
21 W	29 33	6 37	9 01	2 41	0♌57	26 12	1 42
22 Th	2♒44	6 44	10 35	2 44	1 58	26 48	1 42
23 F	5 59	6 50	12 10	2 47	2 59	27 25	1 43
24 S	9 17	6 55	13 45	2 51	4 00	28 02	1 43
25 Su	12 40	6 58	15 20	2 54	5 01	28 39	1 44
26 M	16 07	7 00	16 55	2 56	6 02	29 15	1 44
27 Tu	19 40	7 00	18 30	2 59	7 03	29 52	1 44
28 W	23 18	6 59	20 05	3 02	8 04	0♒29	1 45
29 Th	27 01	6 56	21 40	3 04	9 05	1 06	1 45
30 F	0♓51	6 51	23 15	3 07	10 06	1 43	1 46
31 S	4♓47	6S44	24♒50	3S09	11♌07	2♒20	1S46

FEBRUARY 2026

DAY	☿		♀		⊕	♂	
	LONG	LAT	LONG	LAT	LONG	LONG	LAT
	° '	° '	° '	° '	° '	° '	° '
1 Su	8♓50	6S35	26♒25	3S11	12♌08	2♒57	1S46
2 M	13 00	6 23	28 00	3 13	13 09	3 34	1 47
3 Tu	17 18	6 09	29 35	3 14	14 10	4 11	1 47
4 W	21 44	5 53	1♓10	3 16	15 10	4 48	1 47
5 Th	26 18	5 33	2 45	3 18	16 11	5 25	1 48
6 F	1♈00	5 11	4 20	3 19	17 12	6 02	1 48
7 S	5 51	4 46	5 55	3 20	18 13	6 40	1 48
8 Su	10 52	4 18	7 30	3 21	19 14	7 17	1 48
9 M	16 01	3 47	9 05	3 22	20 14	7 54	1 49
10 Tu	21 19	3 14	10 41	3 22	21 15	8 32	1 49
11 W	26 47	2 37	12 16	3 23	22 16	9 09	1 49
12 Th	2♉23	1 58	13 51	3 23	23 16	9 46	1 49
13 F	8 08	1 17	15 26	3 24	24 17	10 24	1 49
14 S	14 01	0 34	17 01	3 24	25 18	11 01	1 50
15 Su	20 01	0N10	18 37	3 24	26 18	11 39	1 50
16 M	26 07	0 55	20 12	3 23	27 19	12 16	1 50
17 Tu	2♊18	1 40	21 47	3 23	28 20	12 54	1 50
18 W	8 34	2 24	23 22	3 22	29 20	13 32	1 50
19 Th	14 52	3 06	24 58	3 22	0♍21	14 09	1 50
20 F	21 11	3 47	26 33	3 21	1 21	14 47	1 51
21 S	27 30	4 25	28 09	3 20	2 22	15 24	1 51
22 Su	3♋47	4 59	29 44	3 19	3 22	16 02	1 51
23 M	10 01	5 29	1♈19	3 17	4 23	16 40	1 51
24 Tu	16 10	5 55	2 55	3 16	5 23	17 18	1 51
25 W	22 13	6 17	4 30	3 14	6 24	17 55	1 51
26 Th	28 10	6 34	6 06	3 12	7 24	18 33	1 51
27 F	3♌58	6 47	7 41	3 10	8 24	19 11	1 51
28 S	9♌38	6N55	9♈17	3S08	9♍24	19♒49	1S51

DAY	♃		♄		♅		♆		♇	
	LONG	LAT	LONG	LAT	LONG	LAT	LONG	LAT	LONG	LAT
	° '	° '	° '	° '	° '	° '	° '	° '	° '	° '
5 M	19♋39.8	0N12	2♈03.1	2S18	29♉57.0	0S11	1♈23.1	1S20	3♒20.7	3S52
10 S	20 04.6	0 13	2 13.2	2 19	0♊00.4	0 11	1 24.9	1 20	3 22.1	3 53
15 Th	20 29.4	0 13	2 23.3	2 19	0 03.9	0 11	1 26.7	1 21	3 23.5	3 53
20 Tu	20 54.1	0 14	2 33.4	2 19	0 07.3	0 11	1 28.6	1 21	3 24.9	3 54
25 Su	21 18.9	0 14	2 43.5	2 19	0 10.7	0 11	1 30.4	1 21	3 26.2	3 54
30 F	21 43.6	0 15	2 53.7	2 19	0 14.2	0 11	1 32.2	1 21	3 27.6	3 54
4 W	22 08.3	0 15	3 03.8	2 19	0 17.6	0 11	1 34.1	1 21	3 29.0	3 55
9 M	22 33.0	0 16	3 13.9	2 20	0 21.0	0 11	1 35.9	1 21	3 30.4	3 55
14 S	22 57.7	0 17	3 24.0	2 20	0 24.5	0 11	1 37.7	1 21	3 31.8	3 56
19 Th	23 22.3	0 17	3 34.1	2 20	0 27.9	0 11	1 39.5	1 21	3 33.2	3 56
24 Tu	23 47.0	0 18	3 44.2	2 20	0 31.3	0 11	1 41.4	1 21	3 34.5	3 57

☿a .462548	☿p .383290
♀a .727370	♀ .728080
⊕p .983327	⊕ .985295
♂ 1.42869	♂ 1.40117
♃ 5.21189	♃ 5.22313
♄ 9.51854	♄ 9.50897
♅ 19.4901	♅ 19.4846
♆ 29.8848	♆ 29.8841
♇ 35.4213	♇ 35.4427
☊	Perihelia
☿ 18°♉ 39	☿ 17°♊ 52
♀ 16 ♊ 55	♀ 11 ♌ 55
⊕	⊕ 11 ♋ 32
♂ 19 ♉ 46	♂ 6 ♓ 28
♃ 10 ♋ 44	♃ 14 ♈ 26
♄ 23 ♋ 56	♄ 2 ♋ 20
♅ 14 ♊ 08	♅ 15 ♍ 57
♆ 12 ♌ 06	♆ 19 ♉ 38

1 Th	☿⚹♇	6am 3
	☿⚼♃	3pm11
2	♂⚼♅	6am38
3	⊕ P	5pm18
5 M	☿⚺♀	0am52
	⊕∠♅	7 11
	⊕⚻☿	1pm36
	♀⚼♅	6 55
6 T	☿⚺♂	8am 6
	☿ A	11 4
	⊕☍♀	3pm57
	☿∠♇	4 57
7 W	☿⚻♃	6am 2
	♀☌♂	9pm 5
8	♀☍♃	11pm18
9 F	♅ ♊	8am25
	⊕☍♂	12pm11
10 S	⊕☌♃	8am32
	☿ ♑	10pm13
	☿⚻♅	10 22
11 Su	♂☍♃	0am55
	☿□♆	10 28
	☿□♄	5pm48
12	☿⚺♇	3am12
15 Th	♀ ♒	7am15
	♀△♅	8 17
16 F	♀⚹♆	5am18
	☿⚼♅	5 19
	♀⚹♄	8pm27
17	♀☌♇	10am54
18	☿☍♃	3am13
19	☿☌♂	3pm48
20 T	⊕ ♌	1am38
	⊕⚹♅	4 33
21 W	☿ ♒	3am23
	☿△♅	4 24
	⊕△♆	12pm39
	☿⚹♆	2 37
	⊕☍☿	3 33
	☿⚹♄	11 10
22 Th	☿☌♇	5am 9
	⊕△♄	4pm 3
	♀ A	6 39
23	⊕☍♇	10am31
25	♀∠♆	5pm50
26 M	☿∠♆	2am41
	☿☌♀	9 52
	☿∠♄	11 16
	♀∠♄	1pm 3
27 T	♂ ♒	5am 7
	☿⚻♃	12pm21
	♂△♅	1 15
28	♀⚻♃	11pm40
29 Th	♂⚹♆	5pm 2
	☿ ♓	6 44
	☿□♅	8 11
30 F	☿⚺♆	4am15
	☿⚺♂	6 19
	☿⚺♄	12pm39
	☿⚺♇	4 1
31	☿⚼♃	12pm20
1 Su	♂⚹♄	0am35
	♂☌♇	8pm27
2	⊕⚻☿	1am 2
3 T	♀ ♓	6am20
	☿∠♇	6 28
	♀□♅	10 41
	☿∠♂	11 58
4 W	☿△♃	2am14
	♀⚺♆	6 7
5 Th	♀⚺♄	5am22
	⊕⚼♆	9 14
	♀⚺♇	11 13
	☿ ♈	6pm57
	☿⚹♅	8 33
6 F	☿☌♆	2am54
	⊕⚼☿	7 35
	☿☌♄	10 41
	☿⚹♇	12pm25
	⊕⚼♄	10 48
7 S	☿⚺♀	0am27
	☿⚹♂	4 29
	♀⚺♂	6pm30
	♀⚼♃	11 24
8	☿∠♅	8pm56
9	⊕△☿	11pm36
10	☿□♃	5am54
11 W	☿∠♀	2am54
	⊕⚺♃	11 40
	☿ ♉	1pm51
	☿⚺♅	3 28
	☿⚺♆	8 43
12 Th	☿⚺♄	4am 0
	☿□♇	4 46
13	☿□♂	10am24
14 S	☿∠♆	10am32
	☿⚹♀	4pm26
	☿∠♄	5 41
	☿0N	6 34
	♀∠♇	10 51
15	☿⚹♃	12pm 8
16 M	⊕□☿	5am36
	☿ ♊	3pm 6
	☿☌♅	4 48
	☿⚹♆	9 28
17 T	☿⚹♄	4am38
	☿△♇	4 46
	♀△♃	10pm39
	☿∠♃	10 57
18 W	♄⚹♇	11am10
	⊕ ♍	3pm45
	☿△♂	9 0
19 Th	⊕□♅	2am50
	☿ P	10 43
	☿⚼♇	2pm 1
20 F	⊕⚻♆	7am25
	☿⚺♃	8 44
21 S	☿□♀	3am16
	☿ ♋	9 32
	☿⚺♅	11 24
	☿⚼♂	12pm19
	☿□♆	3 55
	⊕⚹☿	10 7
	☿⚻♇	11 10
	☿□♄	11 33
22 Su	♀ ♈	4am 2
	⊕⚻♇	4 40
	⊕⚻♄	7 21
	♀⚹♅	11 39
23 M	♂∠♆	0am44
	♀☌♆	5 27
	♀∠♂	8 31
	☿∠♅	9pm27
24 T	☿⚻♂	4am56
	♀⚹♇	10 1
	♀☌♄	12pm41
	⊕∠☿	8 1
25	☿☌♃	6am41
26 Th	☿ ♌	7am33
	☿⚹♅	9 48
	♂∠♄	10 8
	☿△♆	2pm35
	☿☍♇	10 26
	☿△♄	11 28
27 F	⊕∠♃	4pm18
	☿△♀	9 56
	⊕⚺☿	10 51
28	⊕⚻♀	5am 8

MARCH 2026

DAY	☿ LONG	☿ LAT	♀ LONG	♀ LAT	⊕ LONG	♂ LONG	♂ LAT
	° '	° '	° '	° '	° '	° '	° '
1 Su	15♌08	7N00	10♈52	3S06	10♍25	20♒27	1S51
2 M	20 29	7 00	12 28	3 04	11 25	21 05	1 51
3 Tu	25 41	6 57	14 04	3 01	12 25	21 42	1 51
4 W	0♍42	6 51	15 39	2 59	13 25	22 20	1 51
5 Th	5 35	6 42	17 15	2 56	14 25	22 58	1 51
6 F	10 17	6 31	18 51	2 53	15 25	23 36	1 51
7 S	14 51	6 17	20 26	2 50	16 25	24 14	1 51
8 Su	19 16	6 02	22 02	2 47	17 25	24 52	1 51
9 M	23 32	5 45	23 38	2 43	18 25	25 30	1 50
10 Tu	27 41	5 27	25 14	2 40	19 25	26 08	1 50
11 W	1♎42	5 08	26 49	2 36	20 25	26 46	1 50
12 Th	5 36	4 48	28 25	2 33	21 25	27 24	1 50
13 F	9 23	4 27	0♉01	2 29	22 25	28 02	1 50
14 S	13 04	4 05	1 37	2 25	23 25	28 40	1 50
15 Su	16 39	3 44	3 13	2 21	24 25	29 18	1 49
16 M	20 09	3 21	4 49	2 17	25 25	29 56	1 49
17 Tu	23 33	2 59	6 25	2 12	26 24	0♓34	1 49
18 W	26 53	2 36	8 01	2 08	27 24	1 13	1 49
19 Th	0♏09	2 14	9 37	2 04	28 24	1 51	1 49
20 F	3 20	1 51	11 13	1 59	29 24	2 29	1 48
21 S	6 28	1 29	12 49	1 54	0♎23	3 07	1 48
22 Su	9 33	1 07	14 25	1 50	1 23	3 45	1 48
23 M	12 34	0 45	16 01	1 45	2 22	4 23	1 47
24 Tu	15 33	0 23	17 37	1 40	3 22	5 01	1 47
25 W	18 29	0 01	19 14	1 35	4 21	5 39	1 47
26 Th	21 24	0S20	20 50	1 30	5 21	6 17	1 46
27 F	24 16	0 41	22 26	1 24	6 20	6 55	1 46
28 S	27 06	1 02	24 02	1 19	7 20	7 34	1 46
29 Su	29 55	1 23	25 39	1 14	8 19	8 12	1 45
30 M	2♐43	1 43	27 15	1 09	9 18	8 50	1 45
31 Tu	5♐29	2S02	28♉51	1S03	10♎18	9♓28	1S44

APRIL 2026

DAY	☿ LONG	☿ LAT	♀ LONG	♀ LAT	⊕ LONG	♂ LONG	♂ LAT
	° '	° '	° '	° '	° '	° '	° '
1 W	8♐15	2S22	0♊28	0S58	11♎17	10♓06	1S44
2 Th	11 01	2 41	2 04	0 52	12 16	10 44	1 44
3 F	13 45	2 59	3 41	0 47	13 15	11 22	1 43
4 S	16 30	3 17	5 17	0 41	14 14	12 00	1 43
5 Su	19 15	3 35	6 54	0 35	15 13	12 38	1 42
6 M	22 00	3 52	8 30	0 30	16 12	13 16	1 42
7 Tu	24 45	4 08	10 07	0 24	17 12	13 54	1 41
8 W	27 31	4 25	11 43	0 18	18 11	14 33	1 41
9 Th	0♑18	4 40	13 20	0 13	19 10	15 11	1 40
10 F	3 06	4 55	14 57	0 07	20 08	15 49	1 40
11 S	5 55	5 09	16 33	0 01	21 07	16 27	1 39
12 Su	8 45	5 23	18 10	0N04	22 06	17 05	1 39
13 M	11 37	5 36	19 47	0 10	23 05	17 43	1 38
14 Tu	14 31	5 49	21 24	0 16	24 04	18 21	1 37
15 W	17 28	6 00	23 00	0 22	25 03	18 59	1 37
16 Th	20 26	6 11	24 37	0 27	26 02	19 36	1 36
17 F	23 28	6 21	26 14	0 33	27 00	20 14	1 36
18 S	26 32	6 30	27 51	0 39	27 59	20 52	1 35
19 Su	29 39	6 38	29 28	0 44	28 58	21 30	1 34
20 M	2♒50	6 45	1♋05	0 50	29 56	22 08	1 34
21 Tu	6 05	6 50	2 42	0 55	0♏55	22 46	1 33
22 W	9 23	6 55	4 19	1 01	1 53	23 24	1 32
23 Th	12 46	6 58	5 56	1 06	2 52	24 02	1 32
24 F	16 14	7 00	7 33	1 12	3 50	24 39	1 31
25 S	19 47	7 00	9 10	1 17	4 49	25 17	1 30
26 Su	23 25	6 59	10 47	1 23	5 47	25 55	1 30
27 M	27 08	6 56	12 25	1 28	6 46	26 33	1 29
28 Tu	0♓58	6 51	14 02	1 33	7 44	27 10	1 28
29 W	4 55	6 44	15 39	1 38	8 42	27 48	1 27
30 Th	8♓58	6S34	17♋16	1N43	9♏41	28♓26	1S27

DAY	♃ LONG	♃ LAT	♄ LONG	♄ LAT	♅ LONG	♅ LAT	♆ LONG	♆ LAT	♇ LONG	♇ LAT
	° '	° '	° '	° '	° '	° '	° '	° '	° '	° '
1 Su	24♋11.6	0N18	3♈54.4	2S20	0♊34.7	0S11	1♈43.2	1S21	3♒35.9	3S57
6 F	24 36.2	0 19	4 04.5	2 20	0 38.2	0 11	1 45.0	1 21	3 37.3	3 57
11 W	25 00.8	0 19	4 14.6	2 20	0 41.6	0 11	1 46.9	1 21	3 38.7	3 58
16 M	25 25.4	0 20	4 24.7	2 21	0 45.0	0 11	1 48.7	1 21	3 40.1	3 58
21 S	25 49.9	0 20	4 34.9	2 21	0 48.4	0 11	1 50.5	1 21	3 41.5	3 59
26 Th	26 14.4	0 21	4 45.0	2 21	0 51.9	0 11	1 52.3	1 21	3 42.8	3 59
31 Tu	26 39.0	0 21	4 55.1	2 21	0 55.3	0 11	1 54.2	1 21	3 44.2	3 59
5 Su	27 03.5	0 22	5 05.3	2 21	0 58.7	0 11	1 56.0	1 21	3 45.6	4 00
10 F	27 28.0	0 22	5 15.4	2 21	1 02.2	0 11	1 57.8	1 21	3 47.0	4 00
15 W	27 52.4	0 23	5 25.6	2 21	1 05.6	0 10	1 59.6	1 21	3 48.4	4 01
20 M	28 16.9	0 24	5 35.7	2 22	1 09.0	0 10	2 01.5	1 21	3 49.7	4 01
25 S	28 41.3	0 24	5 45.9	2 22	1 12.5	0 10	2 03.3	1 21	3 51.1	4 01
30 Th	29 05.7	0 25	5 56.1	2 22	1 15.9	0 10	2 05.1	1 21	3 52.5	4 02

☿ .333659	☿a.465057
♀ .725839	♀ .721738
⊕ .990714	⊕ .999089
♂p1.38586	♂ 1.38149
♃ 5.23322	♃ 5.24432
♄ 9.50033	♄ 9.49077
♅ 19.4797	♅ 19.4742
♆ 29.8833	♆ 29.8826
♇ 35.4620	♇ 35.4834
☊	Perihelia
☿ 18°♉ 39	☿ 17°♊ 52
♀ 16 ♊ 55	♀ 11 ♌ 52
⊕	⊕ 10 ♋ 44
♂ 19 ♉ 46	♂ 6 ♓ 28
♃ 10 ♋ 45	♃ 14 ♈ 27
♄ 23 ♋ 56	♄ 2 ♋ 33
♅ 14 ♊ 08	♅ 16 ♍ 13
♆ 12 ♌ 06	♆ 20 ♉ 59
♇ 20 ♋ 42	♇ 13 ♏ 47

1 Su	☿⚼♆	7am 2
	☿⚼♄	4pm56
2 M	☿☍♂	3am 3
	☿⚺♃	5pm44
3 T	☿ ♍	8pm35
	♀∠♅	11 22
	☿□♅	11 33
	☿⚼♀	11 38
4 W	☿⚻♆	5am 2
	☿⚻♇	2pm15
	☿⚻♄	4 18
5	☿∠♃	8pm24
7 S	⊕☌☿	10am56
	♂⚻♃	7pm34
	☿⚼♇	8 30
9 M	☿⚻♀	0am49
	⊕⚼♇	5 6
	☿⚹♃	7 39
	☿⚻♂	1pm18
	♀□♃	7 19
10 T	☿ ♎	1pm45
	☿△♅	5 54
	♀⚹♂	10 38
11 W	☿☍♆	0am30
	☿△♇	11 54
	☿☍♄	3pm43
12	♀ ♉	11pm43
13	♀⚺♅	10am33
14 S	♀⚺♆	2am45
	☿⚼♂	4 52
	☿⚼♅	5pm49
15 Su	♀□♇	6am44
	♀⚺♄	5pm50
16 M	⊕⚹♃	0am17
	♂ ♓	2 17
17 T	♂□♅	7am13
	☿□♃	2pm21
18 W	⊕⚺☿	5am27
	☿ ♏	10pm56
	♂⚺♆	11 28
19 Th	☿⚻♅	4am48
	☿⚻♆	12pm39
	☿△♂	3 53
20	☿□♇	2am40
F	☿⚻♄	9 20
	⊕ ♎	2pm39
21 S	⊕△♅	10am16
	♂⚺♇	9pm59
22	⊕☍♆	11am21
23 M	♂⚺♄	10am34
	♀∠♆	12pm31
24 T	⊕△♇	8am14
	☿⚼♆	10 40
25 W	☿0S	1am16
	⊕⚼♀	5 7
	♀∠♄	7 29
	⊕☍♄	8 59
	☿⚼♄	10 14
	⊕∠☿	10 51
	☿☍♀	1pm33
26	♂ P	7am 9
27	☿△♃	5pm54
28	⊕⚻♂	3pm40
29 Su	☿ ♐	0am42
	☿☍♅	8 26
	♀⚹♃	1pm15
	☿△♆	4 57
30 M	☿⚹♇	8am48
	☿△♄	6pm59
31	♀ ♊	5pm 5

1 W	♀☌♅	7am 4
	☿□♂	8pm53
	♀⚹♆	9 41
2 Th	☿⚼♃	7am13
	⊕⚹☿	5pm 7
3 F	♀△♇	1am 6
	♀⚹♄	8pm29
	♂⚼♃	10 46
4 S	☿ A	10am21
	☿∠♇	7pm44
5	⊕⚼♅	6pm37
7	☿⚻♃	10pm 6
8 W	♀∠♃	9am 6
	☿ ♑	9pm27
9 Th	☿⚻♅	6am18
	☿□♆	2pm19
10 F	☿⚺♇	5am54
	☿□♄	6pm41
	♀□♂	9 14
11	♀0N	5am24
12	♀⚼♇	9am19
14 T	☿⚼♅	12pm48
	♂∠♇	5 32
15	☿⚹♂	3pm32
18 S	⊕□♃	3am38
	♀⚺♃	4 11
	⊕△♀	4 56
	☿☍♃	12pm34
	⊕□☿	4 17
	☿⚻♀	9 3
19 Su	☿ ♒	2am37
	♀ ♋	7 55
	☿△♅	11 17
	☿⚹♆	5pm54
20 M	♀⚺♅	1am 0
	⊕ ♏	1 32
	☿☌♇	7 24
	♀□♆	2pm 2
	☿⚹♄	8 40
21 T	⊕⚻♅	6am 9
	☿∠♂	3pm10
	♀⚻♇	4 53
22 W	⊕⚻♆	3am37
	♀□♄	8pm25
24 F	⊕□♇	0am 9
	☿∠♆	5 35
25	☿∠♄	6am39
26 Su	⊕⚻♄	0am15
	☿⚺♂	7pm26
27 M	☿⚼♀	2am58
	☿⚻♃	11 2
	☿ ♓	5pm58
28 T	☿□♅	1am40
	☿⚺♆	6 47
	☿⚺♇	5pm43
29 W	☿⚺♄	5am58
	♀∠♅	9 1
30	⊕△☿	5am26

MAY 2026

JUNE 2026

May 2026

DAY	☿ LONG	☿ LAT	♀ LONG	♀ LAT	⊕ LONG	♂ LONG	♂ LAT
	° ′	° ′	° ′	° ′	° ′	° ′	° ′
1 F	13♓08	6S23	18♋53	1N48	10♏39	29♓03	1S26
2 S	17 26	6 09	20 31	1 53	11 37	29 41	1 25
3 Su	21 52	5 52	22 08	1 58	12 35	0♈18	1 24
4 M	26 26	5 33	23 45	2 02	13 34	0 56	1 24
5 Tu	1♈09	5 11	25 23	2 07	14 32	1 33	1 23
6 W	6 01	4 45	27 00	2 11	15 30	2 11	1 22
7 Th	11 01	4 17	28 37	2 16	16 28	2 48	1 21
8 F	16 11	3 46	0♌15	2 20	17 26	3 26	1 20
9 S	21 30	3 13	1 52	2 24	18 24	4 03	1 19
10 Su	26 57	2 36	3 30	2 28	19 22	4 40	1 19
11 M	2♉34	1 57	5 07	2 32	20 20	5 18	1 18
12 Tu	8 19	1 16	6 45	2 36	21 18	5 55	1 17
13 W	14 12	0 33	8 22	2 39	22 16	6 32	1 16
14 Th	20 12	0N11	10 00	2 43	23 14	7 09	1 15
15 F	26 18	0 56	11 37	2 46	24 12	7 47	1 14
16 S	2♊30	1 41	13 15	2 50	25 10	8 24	1 13
17 Su	8 45	2 25	14 52	2 53	26 08	9 01	1 12
18 M	15 04	3 08	16 30	2 56	27 05	9 38	1 12
19 Tu	21 23	3 48	18 07	2 59	28 03	10 15	1 11
20 W	27 42	4 26	19 45	3 01	29 01	10 52	1 10
21 Th	3♋59	5 00	21 22	3 04	29 59	11 29	1 09
22 F	10 13	5 30	23 00	3 06	0♐57	12 06	1 08
23 S	16 22	5 56	24 37	3 08	1 54	12 43	1 07
24 Su	22 25	6 17	26 15	3 11	2 52	13 19	1 06
25 M	28 21	6 34	27 52	3 13	3 50	13 56	1 05
26 Tu	4♌09	6 47	29 30	3 14	4 47	14 33	1 04
27 W	9 48	6 55	1♍07	3 16	5 45	15 10	1 03
28 Th	15 18	7 00	2 45	3 18	6 42	15 46	1 02
29 F	20 39	7 00	4 22	3 19	7 40	16 23	1 01
30 S	25 50	6 57	6 00	3 20	8 38	16 59	1 00
31 Su	0♍52	6N51	7♍37	3N21	9♐35	17♈36	0S59

June 2026

DAY	☿ LONG	☿ LAT	♀ LONG	♀ LAT	⊕ LONG	♂ LONG	♂ LAT
	° ′	° ′	° ′	° ′	° ′	° ′	° ′
1 M	5♍44	6N42	9♍15	3N22	10♐33	18♈12	0S58
2 Tu	10 26	6 31	10 52	3 23	11 30	18 49	0 57
3 W	14 59	6 17	12 30	3 23	12 28	19 25	0 56
4 Th	19 24	6 02	14 07	3 23	13 25	20 02	0 55
5 F	23 40	5 45	15 45	3 24	14 22	20 38	0 54
6 S	27 49	5 27	17 22	3 24	15 20	21 14	0 53
7 Su	1♎49	5 07	18 59	3 24	16 17	21 50	0 52
8 M	5 43	4 47	20 37	3 23	17 15	22 27	0 51
9 Tu	9 30	4 26	22 14	3 23	18 12	23 03	0 50
10 W	13 11	4 05	23 51	3 22	19 10	23 39	0 49
11 Th	16 46	3 43	25 29	3 21	20 07	24 15	0 48
12 F	20 15	3 21	27 06	3 20	21 04	24 51	0 47
13 S	23 40	2 58	28 43	3 19	22 02	25 27	0 46
14 Su	26 59	2 36	0♎20	3 18	22 59	26 02	0 45
15 M	0♏15	2 13	1 57	3 17	23 56	26 38	0 44
16 Tu	3 26	1 51	3 34	3 15	24 54	27 14	0 43
17 W	6 34	1 28	5 11	3 13	25 51	27 50	0 41
18 Th	9 39	1 06	6 49	3 12	26 48	28 25	0 40
19 F	12 40	0 44	8 26	3 10	27 46	29 01	0 39
20 S	15 39	0 22	10 02	3 07	28 43	29 36	0 38
21 Su	18 35	0 00	11 39	3 05	29 40	0♉12	0 37
22 M	21 29	0S21	13 16	3 03	0♑37	0 47	0 36
23 Tu	24 21	0 42	14 53	3 00	1 35	1 23	0 35
24 W	27 12	1 03	16 30	2 57	2 32	1 58	0 34
25 Th	0♐00	1 23	18 07	2 54	3 29	2 33	0 33
26 F	2 48	1 43	19 43	2 51	4 26	3 09	0 32
27 S	5 35	2 03	21 20	2 48	5 24	3 44	0 31
28 Su	8 21	2 22	22 57	2 45	6 21	4 19	0 30
29 M	11 06	2 41	24 33	2 41	7 18	4 54	0 28
30 Tu	13♐51	3S00	26♎10	2N38	8♑15	5♉29	0S27

DAY	♃ LONG	♃ LAT	♄ LONG	♄ LAT	♅ LONG	♅ LAT	♆ LONG	♆ LAT	♇ LONG	♇ LAT
	° ′	° ′	° ′	° ′	° ′	° ′	° ′	° ′	° ′	° ′
5 Tu	29♋30.1	0N25	6♈06.2	2S22	1♊19.3	0S10	2♈06.9	1S21	3♒53.9	4S02
10 Su	29 54.5	0 26	6 16.4	2 22	1 22.7	0 10	2 08.8	1 21	3 55.3	4 03
15 F	0♌18.9	0 26	6 26.6	2 22	1 26.2	0 10	2 10.6	1 21	3 56.6	4 03
20 W	0 43.3	0 27	6 36.8	2 22	1 29.6	0 10	2 12.4	1 21	3 58.0	4 03
25 M	1 07.6	0 27	6 46.9	2 23	1 33.1	0 10	2 14.3	1 21	3 59.4	4 04
30 S	1 32.0	0 28	6 57.1	2 23	1 36.5	0 10	2 16.1	1 21	4 00.8	4 04
4 Th	1 56.3	0 28	7 07.3	2 23	1 39.9	0 10	2 17.9	1 22	4 02.2	4 05
9 Tu	2 20.6	0 29	7 17.5	2 23	1 43.4	0 10	2 19.8	1 22	4 03.5	4 05
14 Su	2 44.9	0 29	7 27.7	2 23	1 46.8	0 10	2 21.6	1 22	4 04.9	4 06
19 F	3 09.1	0 30	7 37.9	2 23	1 50.3	0 10	2 23.4	1 22	4 06.3	4 06
24 W	3 33.4	0 30	7 48.1	2 23	1 53.7	0 10	2 25.3	1 22	4 07.7	4 06
29 M	3 57.6	0 31	7 58.3	2 23	1 57.1	0 10	2 27.1	1 22	4 09.1	4 07

☿p .377349	☿ .355213
♀p .718803	♀ .718964
⊕ 1.00739	⊕ 1.01388
♂ 1.39036	♂ 1.41186
♃ 5.25495	♃ 5.26581
♄ 9.48153	♄ 9.47199
♅ 19.4688	♅ 19.4633
♆ 29.8818	♆ 29.8810
♇ 35.5041	♇ 35.5256
☊	Perihelia
☿ 18°♉ 39	☿ 17°♊ 52
♀ 16 ♊ 55	♀ 11 ♌ 49
⊕	⊕ 13 ♋ 25
♂ 19 ♉ 46	♂ 6 ♓ 28
♃ 10 ♋ 45	♃ 14 ♈ 26
♄ 23 ♋ 56	♄ 2 ♋ 45
♅ 14 ♊ 08	♅ 16 ♍ 32
♆ 12 ♌ 06	♆ 22 ♉ 03
♇ 20 ♋ 42	♇ 13 ♏ 47

1	♂△♃	5am27
F	☿⚼♃	5 59
2	☿∠♇	7am56
S	♂ ♈	12pm17
3	☿△♀	2am12
4	⊕⚼☿	1pm43
M	♂⚹♅	2 50
	☿△♃	3 33
	☿ ♈	6 13
5	☿⚹♅	0am52
T	☿☌♂	2 20
	☿☌♆	4 50
	☿⚹♇	1pm40
	♂☌♆	9 43
6	☿☌♄	0am38
7	♀☌♃	4pm13
Th	⊕⚼♆	4 33
	♀ ♌	8 21
8	☿∠♅	0am49
F	⊕⊼☿	7 0
	♀⚹♅	4pm31
	♂⚹♇	6 46
9	♀△♆	4am 0
10	♀☍♇	6am20
Su	☿□♃	12pm54
	☿ ♉	1 6
	☿⊻♅	7 1
	⊕⚼♂	9 19
	☿⊻♆	10 15
11	♃ ♌	2am51
M	♀△♂	4 14
	☿□♇	5 44
	☿⊻♂	12pm51
	☿□♀	2 56
	☿⊻♄	3 46
	♀△♄	5 57
12	⊕⚼♄	1am 3
T	♂☌♄	5pm22
13	☿∠♆	11am56
W	☿0N	5pm49
14	☿∠♄	4am49
Th	☿∠♂	8 37
	⊕☍☿	2pm12
15	♀ P	2am46
F	☿ ♊	2pm21
	☿⚹♃	3 47
	☿☌♅	7 56
	☿⚹♆	10 47
16	☿△♇	5am35
S	☿⚹♄	3pm22
17	☿⚹♂	1am 5
18	☿∠♃	1am55
M	☿⚹♀	7 20
	☿ P	9 59
	♀⚼♆	10 24
	☿⚼♇	2pm49
20	⊕⊼☿	5am57
W	☿ ♋	8 47
	☿⊻♃	11 41
	☿⊻♅	2pm31
	☿□♆	5 14
	☿⊼♇	11 58
21	⊕ ♐	0am29
Th	♀⚼♄	4 11
	☿□♄	10 18
	☿∠♀	12pm25
	⊕△♃	10 24
22	☿□♂	8am 8
F	⊕☍♅	2pm30
23	☿∠♅	0am40
S	⊕⚼☿	2 33
	⊕△♆	8 4
24	☿⊻♀	9pm20
25	⊕⚹♇	4am 6
M	☿ ♌	6 48
	☿☌♃	11 37
	☿⚹♅	1pm14
	☿△♆	4 4
	☿☍♇	11 22
26	♀⚼♂	1am14
T	⊕△☿	3 15
	♀ ♍	7 25
	☿△♄	11 20
27	♀⊻♃	2am35
W	♀□♅	6 42
	♀⊼♆	4pm42
28	☿△♂	2am20
Th	⊕△♄	4 35
	☿⚼♆	8 41
	♀⊼♇	6pm36
29	☿⚼♄	5am50
F	♂∠♅	8 37
30	♀⊼♄	2pm23
S	☿ ♍	7 50
31	♃⚹♅	2am 3
Su	☿□♅	3 42
	☿⊻♃	3 43
	☿⊼♆	6 54
	☿⚼♂	9 42
	☿⊼♇	3pm30
1	☿⊼♄	6am34
2	☿☌♀	3am30
T	⊕□☿	7 1
	⊕□♀	10pm41
3	☿∠♃	10am15
W	☿⚼♇	9pm59
4	☿⊼♂	4am 2
5	♀∠♃	7pm52
6	☿ ♎	1pm 0
S	☿△♅	11 15
7	♀⚼♇	0am54
Su	☿⚹♃	2 13
	☿☍♆	3 0
	☿△♇	1pm39
8	⊕⚼♃	0am27
M	☿☍♄	9 46
	♃△♆	7pm41
9	♀⊼♂	7pm 4
T	⊕∠♇	9 36
10	☿⚼♅	11pm53
12	⊕⚹☿	7am56
13	☿☍♂	3pm36
S	♀ ♎	7 2
14	♀△♅	9pm34
Su	☿ ♏	10 10
15	♀☍♆	6am 7
M	☿⊼♅	11 37
	♀⚹♃	1pm38
	☿⊼♆	3 56
	☿□♃	7 54
16	☿⊻♀	2am 8
T	☿□♇	4 59
	♀△♇	7 43
17	☿⊼♄	7am49
18	♀☍♄	11am58
19	⊕∠☿	1am 6
20	☿⚼♆	2pm18
S	♂ ♉	3 55
21	☿0S	0am31
Su	⊕ ♑	8 17
22	☿⚼♄	10am33
M	⊕△♂	10 52
23	⊕⊼♅	7am45
T	♂⊻♅	8pm56
	⊕□♆	9 10
24	♀⚼♅	5am56
W	♂⊻♆	6pm39
	☿ ♐	11 56
25	⊕⊼♃	4am 8
Th	⊕⊻♇	4pm20
	☿☍♅	4 21
	☿△♆	8 49
26	☿⊼♂	3am43
F	☿△♃	8 8
	☿⚹♇	11 32
	⊕⊻☿	9pm33
27	♂□♃	3am16
S	☿∠♀	3pm41
	♂□♇	5 1
	☿△♄	8 25
29	⊕□♄	5pm31

JULY 2026

DAY	☿ LONG	☿ LAT	♀ LONG	♀ LAT	⊕ LONG	♂ LONG	♂ LAT
	° '	° '	° '	° '	° '	° '	° '
1 W	16♐35	3S18	27♎46	2N34	9♑12	6♉04	0S26
2 Th	19 20	3 35	29 23	2 30	10 10	6 39	0 25
3 F	22 05	3 52	0♏59	2 26	11 07	7 14	0 24
4 S	24 50	4 09	2 36	2 22	12 04	7 49	0 23
5 Su	27 36	4 25	4 12	2 18	13 01	8 23	0 22
6 M	0♑23	4 41	5 48	2 14	13 58	8 58	0 21
7 Tu	3 11	4 56	7 24	2 10	14 56	9 33	0 20
8 W	6 00	5 10	9 01	2 05	15 53	10 07	0 19
9 Th	8 51	5 24	10 37	2 01	16 50	10 42	0 18
10 F	11 43	5 37	12 13	1 56	17 47	11 16	0 16
11 S	14 37	5 49	13 49	1 51	18 45	11 51	0 15
12 Su	17 33	6 00	15 25	1 47	19 42	12 25	0 14
13 M	20 32	6 11	17 01	1 42	20 39	12 59	0 13
14 Tu	23 34	6 21	18 37	1 37	21 36	13 33	0 12
15 W	26 38	6 30	20 13	1 32	22 34	14 08	0 11
16 Th	29 45	6 38	21 49	1 27	23 31	14 42	0 10
17 F	2♒56	6 45	23 24	1 21	24 28	15 16	0 09
18 S	6 11	6 51	25 00	1 16	25 25	15 50	0 08
19 Su	9 30	6 55	26 36	1 11	26 23	16 24	0 07
20 M	12 53	6 58	28 11	1 05	27 20	16 58	0 05
21 Tu	16 21	7 00	29 47	1 00	28 17	17 31	0 04
22 W	19 54	7 00	1♐23	0 55	29 14	18 05	0 03
23 Th	23 32	6 59	2 58	0 49	0♒12	18 39	0 02
24 F	27 16	6 56	4 34	0 44	1 09	19 13	0 01
25 S	1♓06	6 51	6 09	0 38	2 06	19 46	0N00
26 Su	5 02	6 43	7 45	0 33	3 04	20 20	0 01
27 M	9 06	6 34	9 20	0 27	4 01	20 53	0 02
28 Tu	13 16	6 22	10 55	0 21	4 58	21 27	0 03
29 W	17 35	6 08	12 31	0 16	5 56	22 00	0 04
30 Th	22 01	5 52	14 06	0 10	6 53	22 33	0 05
31 F	26♓35	5S32	15♐41	0N04	7♒50	23♉07	0N06

AUGUST 2026

DAY	☿ LONG	☿ LAT	♀ LONG	♀ LAT	⊕ LONG	♂ LONG	♂ LAT
	° '	° '	° '	° '	° '	° '	° '
1 S	1♈18	5S10	17♐16	0S01	8♒48	23♉40	0N08
2 Su	6 10	4 45	18 52	0 07	9 45	24 13	0 09
3 M	11 11	4 17	20 27	0 13	10 42	24 46	0 10
4 Tu	16 21	3 45	22 02	0 18	11 40	25 19	0 11
5 W	21 40	3 11	23 37	0 24	12 37	25 52	0 12
6 Th	27 08	2 35	25 12	0 29	13 35	26 25	0 13
7 F	2♉45	1 56	26 47	0 35	14 32	26 58	0 14
8 S	8 30	1 14	28 22	0 40	15 30	27 31	0 15
9 Su	14 23	0 31	29 57	0 46	16 27	28 03	0 16
10 M	20 23	0N13	1♑32	0 51	17 25	28 36	0 17
11 Tu	26 30	0 58	3 07	0 57	18 22	29 09	0 18
12 W	2♊42	1 42	4 42	1 02	19 20	29 41	0 19
13 Th	8 57	2 27	6 17	1 08	20 18	0♊14	0 20
14 F	15 15	3 09	7 52	1 13	21 15	0 46	0 21
15 S	21 35	3 49	9 27	1 18	22 13	1 19	0 22
16 Su	27 54	4 27	11 02	1 23	23 11	1 51	0 23
17 M	4♋11	5 01	12 37	1 28	24 08	2 23	0 24
18 Tu	10 24	5 31	14 12	1 33	25 06	2 56	0 25
19 W	16 33	5 57	15 47	1 38	26 04	3 28	0 26
20 Th	22 36	6 18	17 22	1 43	27 01	4 00	0 27
21 F	28 32	6 35	18 56	1 48	27 59	4 32	0 28
22 S	4♌20	6 47	20 31	1 53	28 57	5 04	0 29
23 Su	9 59	6 56	22 06	1 57	29 55	5 36	0 30
24 M	15 29	7 00	23 41	2 02	0♓53	6 08	0 31
25 Tu	20 49	7 00	25 16	2 06	1 50	6 40	0 32
26 W	26 00	6 57	26 51	2 11	2 48	7 12	0 33
27 Th	1♍01	6 51	28 26	2 15	3 46	7 43	0 34
28 F	5 53	6 42	0♒00	2 19	4 44	8 15	0 35
29 S	10 35	6 30	1 35	2 23	5 42	8 47	0 36
30 Su	15 08	6 17	3 10	2 27	6 40	9 18	0 37
31 M	19♍32	6N01	4♒45	2S31	7♓38	9♊50	0N38

DAY	♃ LONG	♃ LAT	♄ LONG	♄ LAT	♅ LONG	♅ LAT	♆ LONG	♆ LAT	♇ LONG	♇ LAT
	° '	° '	° '	° '	° '	° '	° '	° '	° '	° '
4 S	4♌21.8	0N31	8♈08.5	2S24	2♊00.6	0S10	2♈28.9	1S22	4♒10.5	4S07
9 Th	4 46.0	0 32	8 18.7	2 24	2 04.0	0 10	2 30.8	1 22	4 11.8	4 08
14 Tu	5 10.2	0 32	8 29.0	2 24	2 07.4	0 10	2 32.6	1 22	4 13.2	4 08
19 Su	5 34.4	0 33	8 39.2	2 24	2 10.9	0 10	2 34.4	1 22	4 14.6	4 08
24 F	5 58.5	0 33	8 49.4	2 24	2 14.3	0 10	2 36.2	1 22	4 16.0	4 09
29 W	6 22.7	0 34	8 59.6	2 24	2 17.8	0 10	2 38.1	1 22	4 17.4	4 09
3 M	6 46.8	0 34	9 09.8	2 24	2 21.2	0 09	2 39.9	1 22	4 18.7	4 10
8 S	7 10.9	0 35	9 20.1	2 24	2 24.6	0 09	2 41.7	1 22	4 20.1	4 10
13 Th	7 35.0	0 35	9 30.3	2 24	2 28.1	0 09	2 43.6	1 22	4 21.5	4 10
18 Tu	7 59.1	0 36	9 40.5	2 25	2 31.5	0 09	2 45.4	1 22	4 22.9	4 11
23 Su	8 23.2	0 36	9 50.8	2 25	2 35.0	0 09	2 47.2	1 22	4 24.2	4 11
28 F	8 47.2	0 37	10 01.0	2 25	2 38.4	0 09	2 49.1	1 22	4 25.6	4 12

☿a.466678	☿p.354084
♀ .722100	♀ .726148
⊕a1.01658	⊕ 1.01496
♂ 1.44211	♂ 1.47968
♃ 5.27618	♃ 5.28674
♄ 9.46278	♄ 9.45328
♅ 19.4579	♅ 19.4523
♆ 29.8803	♆ 29.8796
♇ 35.5464	♇ 35.5678
☊	Perihelia
☿ 18°♉ 39	☿ 17°♊ 52
♀ 16 ♊ 55	♀ 11 ♌ 53
⊕	⊕ 15 ♋ 36
♂ 19 ♉ 46	♂ 6 ♓ 29
♃ 10 ♋ 45	♃ 14 ♈ 26
♄ 23 ♋ 56	♄ 2 ♋ 53
♅ 14 ♊ 08	♅ 16 ♍ 47
♆ 12 ♌ 07	♆ 22 ♉ 55
♇ 20 ♋ 42	♇ 13 ♏ 47

1	☿ A	9am37
W	♃☍♇	12pm15
	☿∠♇	10 31
	☿⚼♃	10 48
2	♀ ♏	9am15
3	☿⚼♂	1am36
F	♀⚻♅	3pm12
	♀⚻♆	10 20
4	♂⚺♄	2pm41
S	♀□♇	11 42
5	♀□♃	3am52
Su	☿ ♑	8pm41
6	☿⚻♅	2pm13
M	⊕ A	5 31
	☿□♆	6 9
7	☿⚺♇	8am36
T	☿⚻♃	12pm30
	♀⚻♄	12 48
8	☿□♄	7pm28
9	♀☍♂	1am54
Th	⊕⚼♅	5 55
	☿△♂	7pm22

10	☿⚹♀	9am17
11	☿⚼♅	8pm17
13	⊕☌☿	1am20
M	♀⚼♆	7 52
16	☿ ♒	1am51
Th	☿△♅	6pm 8
	☿⚹♆	9 10
17	♀⚼♄	2am46
F	☿☌♇	9 39
	☿☍♃	6pm48
18	⊕⚹♀	3pm48
S	☿⚹♄	5 53
21	♂∠♆	2am39
T	♀ ♐	3 16
	☿∠♆	8 29
	☿□♂	9 34
22	♀☍♅	12pm45
W	♀△♆	6 23
	⊕ ♒	7 6
23	☿∠♄	1am43
Th	♀⚹♇	7pm33

24	☿ ♓	5pm13
F	♀△♃	10 29
	♂0N	11 52
25	⊕△♅	3am42
S	☿□♅	7 7
	⊕⚺☿	8 13
	☿⚺♆	9 19
	⊕⚹♆	12pm47
	☿⚺♇	7 24
26	☿⚻♃	6am42
Su	♀△♄	5pm44
	☿⚺♄	11 0
27	☿□♀	2am15
M	⊕☌♇	6 41
29	☿∠♇	9am22
W	⊕☍♃	12pm24
	☿⚼♃	9 0
	⊕∠☿	11 8
30	☿⚹♂	3am18
31	☿ ♈	5pm27
F	♀0S	6 42

1	☿⚹♅	5am 9
S	☿☌♆	6 45
	⊕⚹♄	7 51
	☿⚹♇	2pm55
	♂∠♄	7 57
2	☿△♃	2am38
Su	♀∠♇	6 48
	☿☌♄	2pm23
	☿∠♂	4 30
	⊕⚹☿	9 15
3	♀⚼♃	9pm16
4	☿∠♅	4am40
5	☿△♀	12pm12
W	☿⚺♂	8 34
6	☿ ♉	12pm20
Th	☿⚺♅	10 32
	☿⚺♆	11 46
7	♀⚻♂	4am 8
F	☿□♇	6 40
	☿□♃	6pm29
8	☿⚺♄	3am27
9	♀ ♑	0am41

Su	☿⚼♀	3 7
	⊕□☿	9 54
	☿∠♆	1pm19
	☿0N	5 5
10	⊕∠♆	7am24
M	♀⚻♅	1pm40
	☿∠♄	3 53
	♀□♆	5 48
11	⊕∠♀	9am42
T	☿☌♂	11 17
	☿ ♊	1pm36
	♀⚺♇	6 40
	☿☌♅	11 5
12	☿⚹♆	0am 6
W	☿△♇	6 23
	☿⚻♀	10 21
	♂ ♊	1pm43
	☿⚹♃	6 41
13	☿⚹♄	2am 7
Th	♀⚻♃	8pm43
14	☿ P	9am14
F	☿⚼♇	3pm36
15	♀□♄	1am53
S	⊕△☿	2 51

	☿∠♃	4 29
16	☿ ♋	8am 1
Su	☿⚺♂	4pm31
	☿⚺♅	5 37
	☿□♆	6 32
17	☿⚻♇	0am46
M	♂☌♅	5 36
	⊕∠♄	1pm 3
	☿⚺♃	2 31
	♂⚹♆	4 14
	☿□♄	9 10
	⊕⚼☿	10 36
18	☿☍♀	7pm54
19	☿∠♅	3am53
W	☿∠♂	8 17
20	♀⚼♅	2am53
Th	♂△♇	5pm38
	⊕⚻☿	9 21
21	☿ ♌	6am 2
F	♀⚼♂	1pm38
	☿⚹♅	4 40
	☿△♆	5 33
22	☿☍♇	0am19

S	☿⚹♂	3 27
	☿☌♃	5pm 5
	☿△♄	11 26
23	⊕ ♓	2am12
24	☿⚼♆	10am20
25	☿⚼♄	7pm 2
T	⊕□♅	7 18
26	⊕⚺♆	0am 2
W	☿⚻♀	5 48
	☿ ♍	7pm 4
27	☿□♅	7am53
Th	☿⚻♆	8 47
	⊕⚺♇	4pm20
	☿⚻♇	4 45
	⊕☍☿	4 51
	♀ ♒	11 53
28	☿□♂	1pm32
F	☿⚺♃	3 0
	☿⚻♄	9 14
29	♂⚹♃	4am43
S	♀△♅	4pm16
	♀⚹♆	6 50
30	♀☌♇	7pm17
Su	☿⚼♇	11 27
31	☿⚼♀	1am50
M	♂⚹♄	2pm 7

SEPTEMBER 2026

DAY	☿ LONG	☿ LAT	♀ LONG	♀ LAT	⊕ LONG	♂ LONG	♂ LAT
	° '	° '	° '	° '	° '	° '	° '
1 Tu	23♍48	5N44	6♒20	2S35	8♓36	10♊21	0N39
2 W	27 56	5 26	7 55	2 38	9 34	10 53	0 40
3 Th	1♎57	5 07	9 30	2 42	10 32	11 24	0 41
4 F	5 50	4 46	11 05	2 45	11 30	11 55	0 42
5 S	9 37	4 25	12 39	2 48	12 28	12 27	0 43
6 Su	13 18	4 04	14 14	2 51	13 26	12 58	0 44
7 M	16 52	3 42	15 49	2 54	14 25	13 29	0 45
8 Tu	20 22	3 20	17 24	2 57	15 23	14 00	0 46
9 W	23 46	2 58	18 59	3 00	16 21	14 31	0 46
10 Th	27 06	2 35	20 34	3 03	17 19	15 02	0 47
11 F	0♏21	2 13	22 09	3 05	18 18	15 33	0 48
12 S	3 32	1 50	23 44	3 07	19 16	16 04	0 49
13 Su	6 40	1 28	25 19	3 09	20 15	16 35	0 50
14 M	9 44	1 05	26 54	3 11	21 13	17 06	0 51
15 Tu	12 46	0 43	28 29	3 13	22 11	17 36	0 52
16 W	15 44	0 21	0♓04	3 15	23 10	18 07	0 53
17 Th	18 41	0S00	1 39	3 17	24 08	18 38	0 54
18 F	21 35	0 22	3 14	3 18	25 07	19 08	0 54
19 S	24 27	0 43	4 49	3 19	26 06	19 39	0 55
20 Su	27 17	1 03	6 24	3 20	27 04	20 09	0 56
21 M	0♐06	1 24	7 59	3 21	28 03	20 40	0 57
22 Tu	2 54	1 44	9 35	3 22	29 01	21 10	0 58
23 W	5 40	2 04	11 10	3 23	0♈00	21 40	0 59
24 Th	8 26	2 23	12 45	3 23	0 59	22 11	0 59
25 F	11 11	2 42	14 20	3 23	1 58	22 41	1 00
26 S	13 56	3 00	15 55	3 24	2 56	23 11	1 01
27 Su	16 41	3 18	17 31	3 24	3 55	23 41	1 02
28 M	19 25	3 36	19 06	3 24	4 54	24 11	1 03
29 Tu	22 10	3 53	20 41	3 23	5 53	24 41	1 04
30 W	24♐56	4S10	22♓16	3S23	6♈52	25♊11	1N04

OCTOBER 2026

DAY	☿ LONG	☿ LAT	♀ LONG	♀ LAT	⊕ LONG	♂ LONG	♂ LAT
	° '	° '	° '	° '	° '	° '	° '
1 Th	27♐42	4S26	23♓52	3S22	7♈51	25♊41	1N05
2 F	0♑28	4 41	25 27	3 21	8 50	26 11	1 06
3 S	3 16	4 56	27 02	3 21	9 49	26 41	1 07
4 Su	6 06	5 10	28 38	3 19	10 48	27 11	1 07
5 M	8 56	5 24	0♈13	3 18	11 47	27 41	1 08
6 Tu	11 48	5 37	1 49	3 17	12 46	28 11	1 09
7 W	14 43	5 49	3 24	3 15	13 45	28 40	1 10
8 Th	17 39	6 01	5 00	3 14	14 44	29 10	1 10
9 F	20 38	6 11	6 35	3 12	15 44	29 39	1 11
10 S	23 39	6 21	8 11	3 10	16 43	0♋09	1 12
11 Su	26 44	6 30	9 46	3 08	17 42	0 38	1 13
12 M	29 51	6 38	11 22	3 05	18 41	1 08	1 13
13 Tu	3♒02	6 45	12 57	3 03	19 41	1 37	1 14
14 W	6 17	6 51	14 33	3 01	20 40	2 07	1 15
15 Th	9 36	6 55	16 09	2 58	21 40	2 36	1 15
16 F	12 59	6 58	17 44	2 55	22 39	3 05	1 16
17 S	16 27	7 00	19 20	2 52	23 39	3 34	1 17
18 Su	20 00	7 00	20 56	2 49	24 38	4 04	1 18
19 M	23 39	6 59	22 31	2 46	25 38	4 33	1 18
20 Tu	27 23	6 56	24 07	2 42	26 37	5 02	1 19
21 W	1♓13	6 50	25 43	2 39	27 37	5 31	1 19
22 Th	5 10	6 43	27 19	2 35	28 37	6 00	1 20
23 F	9 14	6 34	28 55	2 31	29 36	6 29	1 21
24 S	13 24	6 22	0♉31	2 28	0♉36	6 58	1 21
25 Su	17 43	6 08	2 06	2 24	1 36	7 27	1 22
26 M	22 09	5 51	3 42	2 20	2 36	7 56	1 23
27 Tu	26 44	5 31	5 18	2 15	3 35	8 24	1 23
28 W	1♈27	5 09	6 54	2 11	4 35	8 53	1 24
29 Th	6 19	4 44	8 30	2 07	5 35	9 22	1 25
30 F	11 20	4 16	10 06	2 02	6 35	9 51	1 25
31 S	16♈31	3S44	11♉42	1S58	7♉35	10♋19	1N26

DAY	♃ LONG	♃ LAT	♄ LONG	♄ LAT	♅ LONG	♅ LAT	♆ LONG	♆ LAT	♇ LONG	♇ LAT
	° '	° '	° '	° '	° '	° '	° '	° '	° '	° '
2 W	9♌11.2	0N37	10♈11.2	2S25	2♊41.8	0S09	2♈50.9	1S22	4♒27.0	4S12
7 M	9 35.2	0 38	10 21.5	2 25	2 45.3	0 09	2 52.7	1 22	4 28.4	4 12
12 S	9 59.2	0 38	10 31.8	2 25	2 48.7	0 09	2 54.5	1 22	4 29.7	4 13
17 Th	10 23.2	0 39	10 42.0	2 25	2 52.1	0 09	2 56.4	1 22	4 31.1	4 13
22 Tu	10 47.2	0 39	10 52.3	2 25	2 55.6	0 09	2 58.2	1 22	4 32.5	4 14
27 Su	11 11.1	0 40	11 02.5	2 25	2 59.0	0 09	3 00.0	1 22	4 33.8	4 14
2 F	11 35.1	0 40	11 12.8	2 26	3 02.5	0 09	3 01.8	1 22	4 35.2	4 14
7 W	11 59.0	0 41	11 23.0	2 26	3 05.9	0 09	3 03.7	1 22	4 36.6	4 15
12 M	12 22.9	0 41	11 33.3	2 26	3 09.3	0 09	3 05.5	1 22	4 37.9	4 15
17 S	12 46.8	0 41	11 43.6	2 26	3 12.8	0 09	3 07.3	1 22	4 39.3	4 16
22 Th	13 10.7	0 42	11 53.9	2 26	3 16.2	0 09	3 09.1	1 23	4 40.7	4 16
27 Tu	13 34.6	0 42	12 04.1	2 26	3 19.7	0 09	3 11.0	1 23	4 42.1	4 17

☿a.378501	☿ .464861
♀a.728209	♀ .726963
⊕ 1.00930	⊕ 1.00133
♂ 1.51995	♂ 1.55827
♃ 5.29711	♃ 5.30695
♄ 9.44380	♄ 9.43465
♅ 19.4467	♅ 19.4413
♆ 29.8788	♆ 29.8781
♇ 35.5893	♇ 35.6101
☊	Perihelia
☿ 18°♉ 39	☿ 17°♊ 53
♀ 16 ♊ 55	♀ 11 ♌ 55
⊕	⊕ 13 ♋ 32
♂ 19 ♉ 46	♂ 6 ♓ 31
♃ 10 ♋ 45	♃ 14 ♈ 29
♄ 23 ♋ 56	♄ 3 ♋ 04
♅ 14 ♊ 08	♅ 17 ♍ 00
♆ 12 ♌ 07	♆ 24 ♉ 04
♇ 20 ♋ 42	♇ 13 ♏ 46

1 T	☿∠♃	1am45
	⊕⚻♃	1pm46
2 W	☿ ♎	12pm14
	⊕⚺♄	3 59
	♀☍♃	8 23
3 Th	☿△♅	4am38
	☿☍♆	5 31
	♀✶♄	11 18
	☿△♇	3pm23
4 F	♀ A	11am39
	⊕⚺♀	4pm43
	♀△♂	7 12
	⊕□♂	10 35
	☿✶♃	10 44
5 S	☿☍♄	4am22
	☿△♂	9pm27
6 Su	⊕⚻☿	1am18
	☿△♀	11 11
7	☿⚼♅	6am 1
8	♀∠♆	7am20
10	☿ ♏	9pm24
11 F	☿⚼♂	1am48
	☿⚻♅	6pm28
	☿⚻♆	7 13
12 S	⊕∠♇	5am36
	☿□♇	7 18
	⊕⚼☿	8 4
13	♀∠♄	3am50
14 M	☿□♃	3am18
	☿⚻♄	6 51
15	♀ ♓	10pm59
16 W	☿⚼♆	5pm56
	☿⚻♂	11 31
	☿0S	11 47
17 Th	♀□♅	6pm35
	♀⚺♆	7 35
18 F	⊕⚼♃	9am24
	♂⚼♇	6pm17
	♀⚺♇	7 33
19 S	☿⚼♄	11am18
	⊕△☿	9pm13
20	☿ ♐	11pm 9
22 T	☿☍♅	0am18
	☿△♆	0 40
	☿✶♇	2pm15
	♀⚻♃	7 17
	♀⚺♄	8 1
	⊕ ♈	11 58
23	♃△♄	8pm20
24 Th	☿△♄	10pm 7
	☿△♃	10 33
26 S	⊕✶♅	0am51
	⊕☌♆	1 23
27 Su	☿ A	8am52
	⊕✶♇	3pm53
	☿□♀	5 14
28 M	☿∠♇	1am16
	♀∠♇	7 9
30 W	♅✶♆	1am10
	☿☍♂	2 48
	☿⚼♃	1pm23
1	☿ ♑	7pm55
2 F	♀□♂	4pm14
	♀⚼♃	6 2
	☿□♆	9 59
	☿⚻♅	10 7
	♂∠♃	10 44
3	☿⚺♇	11am16
4 Su	⊕☌♄	12pm17
	♀ ♈	8 40
5 M	⊕△♃	1am11
	☿□♄	8pm 9
6 T	☿⚻♃	0am49
	⊕□☿	12pm 2
	♀☌♆	6 50
	♀✶♅	7 23
7	♀✶♇	6pm16
8	☿⚼♅	3am43
9	♂ ♋	4pm45
11	⊕∠♅	10am51
12 M	☿ ♒	1am 5
	♀☌♄	2 58
	☿⚻♂	11 25
	♀△♃	4pm10
13 T	☿✶♆	0am25
	☿△♅	0 56
	☿☌♇	11 52
15 Th	☿✶♄	2pm46
	☿☍♃	9 55
16 F	♂□♆	1am27
	♂⚺♅	5 47
	♀∠♅	7 2
17 S	☿∠♆	11am21
	☿⚼♂	4pm40
18	☿✶♀	10am57
19 M	♂⚻♇	5am55
	⊕✶☿	5pm27
	☿∠♄	8 27
20	☿ ♓	4pm27
21 W	☿⚺♆	11am49
	☿□♅	12pm32
	☿⚺♇	9 4
22	☿△♂	5am40
23 F	⊕ ♉	9am31
	☿⚺♄	3pm45
	♀ ♉	4 21
	☿⚻♃	11 36
24 S	⊕☌♀	3am39
	⊕∠☿	4pm 1
	☿∠♀	6 44
25 Su	☿∠♇	10am48
	♀⚺♆	4pm 1
	♀⚺♅	6 6
26 M	⊕⚺♆	2pm 9
	♀□♇	2 54
	⊕⚺♅	5 38
27 T	☿⚼♃	9am37
	☿ ♈	4pm41
28 W	⊕□♇	2am52
	☿☌♆	8 39
	☿✶♅	9 24
	☿✶♇	4pm 8
	⊕⚺☿	7 30
29 Th	☿⚺♀	3pm27
	☿□♂	4 11
	♀✶♂	6 24
30 F	☿☌♄	3am56
	☿△♃	11 45
31 S	♀⚺♄	7am39
	☿∠♅	8 30

NOVEMBER 2026

DAY	☿ LONG	☿ LAT	♀ LONG	♀ LAT	⊕ LONG	♂ LONG	♂ LAT
	° '	° '	° '	° '	° '	° '	° '
1 Su	21♈50	3S10	13♉18	1S53	8♉35	10♋48	1N26
2 M	27 18	2 34	14 55	1 48	9 35	11 16	1 27
3 Tu	2♉56	1 54	16 31	1 43	10 35	11 45	1 27
4 W	8 41	1 13	18 07	1 38	11 35	12 14	1 28
5 Th	14 34	0 30	19 43	1 33	12 35	12 42	1 29
6 F	20 35	0N14	21 19	1 28	13 35	13 10	1 29
7 S	26 42	0 59	22 56	1 23	14 36	13 39	1 30
8 Su	2♊54	1 44	24 32	1 18	15 36	14 07	1 30
9 M	9 09	2 28	26 08	1 12	16 36	14 35	1 31
10 Tu	15 27	3 10	27 45	1 07	17 36	15 04	1 31
11 W	21 47	3 51	29 21	1 02	18 37	15 32	1 32
12 Th	28 06	4 28	0♊57	0 56	19 37	16 00	1 32
13 F	4♋23	5 02	2 34	0 51	20 37	16 28	1 33
14 S	10 36	5 32	4 10	0 45	21 38	16 57	1 33
15 Su	16 45	5 57	5 47	0 39	22 38	17 25	1 34
16 M	22 47	6 19	7 23	0 34	23 39	17 53	1 34
17 Tu	28 43	6 35	9 00	0 28	24 39	18 21	1 35
18 W	4♌30	6 48	10 36	0 22	25 40	18 49	1 35
19 Th	10 09	6 56	12 13	0 17	26 40	19 17	1 36
20 F	15 39	7 00	13 50	0 11	27 41	19 45	1 36
21 S	20 59	7 00	15 26	0 05	28 41	20 13	1 37
22 Su	26 10	6 57	17 03	0N00	29 42	20 40	1 37
23 M	1♍10	6 50	18 40	0 06	0♊42	21 08	1 37
24 Tu	6 02	6 41	20 16	0 12	1 43	21 36	1 38
25 W	10 44	6 30	21 53	0 18	2 43	22 04	1 38
26 Th	15 17	6 16	23 30	0 23	3 44	22 32	1 39
27 F	19 41	6 01	25 07	0 29	4 45	22 59	1 39
28 S	23 56	5 44	26 44	0 35	5 46	23 27	1 39
29 Su	28 04	5 25	28 21	0 40	6 46	23 55	1 40
30 M	2♎05	5N06	29♊58	0N46	7♊47	24♋22	1N40

DECEMBER 2026

DAY	☿ LONG	☿ LAT	♀ LONG	♀ LAT	⊕ LONG	♂ LONG	♂ LAT
	° '	° '	° '	° '	° '	° '	° '
1 Tu	5♎58	4N46	1♋35	0N52	8♊48	24♋50	1N41
2 W	9 44	4 25	3 12	0 57	9 49	25 17	1 41
3 Th	13 25	4 03	4 49	1 03	10 49	25 45	1 41
4 F	16 59	3 41	6 26	1 08	11 50	26 12	1 42
5 S	20 28	3 19	8 03	1 13	12 51	26 40	1 42
6 Su	23 52	2 57	9 40	1 19	13 52	27 07	1 42
7 M	27 12	2 34	11 17	1 24	14 53	27 35	1 43
8 Tu	0♏27	2 12	12 54	1 29	15 54	28 02	1 43
9 W	3 38	1 49	14 31	1 34	16 55	28 30	1 43
10 Th	6 46	1 27	16 08	1 40	17 56	28 57	1 44
11 F	9 50	1 05	17 46	1 45	18 57	29 24	1 44
12 S	12 52	0 43	19 23	1 49	19 58	29 52	1 44
13 Su	15 50	0 21	21 00	1 54	20 59	0♌19	1 45
14 M	18 46	0S01	22 38	1 59	22 00	0 46	1 45
15 Tu	21 40	0 22	24 15	2 04	23 01	1 13	1 45
16 W	24 32	0 43	25 52	2 08	24 02	1 40	1 45
17 Th	27 22	1 04	27 30	2 13	25 03	2 08	1 46
18 F	0♐11	1 24	29 07	2 17	26 04	2 35	1 46
19 S	2 59	1 45	0♌44	2 21	27 05	3 02	1 46
20 Su	5 46	2 04	2 22	2 25	28 06	3 29	1 47
21 M	8 31	2 23	3 59	2 29	29 07	3 56	1 47
22 Tu	11 17	2 42	5 37	2 33	0♋08	4 23	1 47
23 W	14 01	3 01	7 14	2 37	1 09	4 50	1 47
24 Th	16 46	3 19	8 52	2 40	2 11	5 17	1 47
25 F	19 31	3 36	10 29	2 44	3 12	5 44	1 48
26 S	22 16	3 53	12 06	2 47	4 13	6 11	1 48
27 Su	25 01	4 10	13 44	2 51	5 14	6 38	1 48
28 M	27 47	4 26	15 22	2 54	6 15	7 05	1 48
29 Tu	0♑34	4 42	16 59	2 57	7 16	7 32	1 48
30 W	3 22	4 56	18 37	2 59	8 17	7 59	1 49
31 Th	6♑11	5S11	20♌14	3N02	9♋18	8♌25	1N49

DAY	♃ LONG	♃ LAT	♄ LONG	♄ LAT	♅ LONG	♅ LAT	♆ LONG	♆ LAT	♇ LONG	♇ LAT
	° '	° '	° '	° '	° '	° '	° '	° '	° '	° '
1 Su	13♌58.4	0N43	12♈14.4	2S26	3♊23.1	0S09	3♈12.8	1S23	4♒43.4	4S17
6 F	14 22.3	0 43	12 24.7	2 26	3 26.5	0 09	3 14.6	1 23	4 44.8	4 17
11 W	14 46.1	0 44	12 35.0	2 26	3 30.0	0 09	3 16.4	1 23	4 46.2	4 18
16 M	15 09.9	0 44	12 45.3	2 26	3 33.4	0 09	3 18.3	1 23	4 47.5	4 18
21 S	15 33.7	0 45	12 55.6	2 26	3 36.9	0 08	3 20.1	1 23	4 48.9	4 19
26 Th	15 57.5	0 45	13 05.9	2 27	3 40.3	0 08	3 21.9	1 23	4 50.3	4 19
1 Tu	16 21.3	0 46	13 16.2	2 27	3 43.8	0 08	3 23.8	1 23	4 51.7	4 19
6 Su	16 45.1	0 46	13 26.5	2 27	3 47.2	0 08	3 25.6	1 23	4 53.0	4 20
11 F	17 08.8	0 46	13 36.8	2 27	3 50.7	0 08	3 27.4	1 23	4 54.4	4 20
16 W	17 32.6	0 47	13 47.1	2 27	3 54.1	0 08	3 29.3	1 23	4 55.8	4 21
21 M	17 56.3	0 47	13 57.5	2 27	3 57.6	0 08	3 31.1	1 23	4 57.2	4 21
26 S	18 20.0	0 48	14 07.8	2 27	4 01.0	0 08	3 32.9	1 23	4 58.5	4 21
31 Th	18 43.7	0 48	14 18.1	2 27	4 04.5	0 08	3 34.8	1 23	4 59.9	4 22

☿p.332686	☿a.395702
♀ .723195	♀p.719607
⊕ .992684	⊕ .986187
♂ 1.59434	♂ 1.62370
♃ 5.31691	♃ 5.32631
♄ 9.42523	♄ 9.41613
♅ 19.4357	♅ 19.4302
♆ 29.8774	♆ 29.8766
♇ 35.6317	♇ 35.6525
☊	Perihelia
☿ 18°♉ 39	☿ 17°♊ 53
♀ 16 ♊ 55	♀ 11 ♌ 58
⊕	⊕ 12 ♋ 13
♂ 19 ♉ 46	♂ 6 ♓ 33
♃ 10 ♋ 45	♃ 14 ♈ 31
♄ 23 ♋ 57	♄ 3 ♋ 16
♅ 14 ♊ 08	♅ 17 ♍ 19
♆ 12 ♌ 07	♆ 25 ♉ 25
♇ 20 ♋ 42	♇ 13 ♏ 45

1	♀□♃	10am30
2	☿ ♉	11am35
3 T	☿⚺♆	1am16
	☿⚺♅	2 2
	☿□♇	7 36
4 W	♀∠♆	1am45
	♂□♄	6 26
	⊕☌☿	2pm19
	☿⚺♄	3 3
	☿⚹♂	3 45
	⊕⚺♄	6 49
	☿□♃	10 51
5 Th	⊕⚹♂	5am 8
	☿∠♆	2pm42
	☿0N	4 20
6 F	☿☌♀	3am58
	⊕□♃	8pm19
7 S	☿∠♄	2am57
	☿∠♂	8 13
	☿ ♊	12pm50
8 Su	☿⚹♆	1am24
	☿☌♅	2 13
	☿△♇	7 10
9 M	♂⚺♃	1am 8
	☿⚹♄	12pm53
	☿⚹♃	9 2
	♀∠♄	9 3
	☿⚺♂	10 23
10 T	☿ P	8am29
	⊕⚺☿	9 42
	⊕∠♆	3pm56
	☿⚼♇	4 22
11	♀ ♊	9am44
12 Th	♀∠♂	1am 2
	☿∠♃	6 46
	☿ ♋	7 16
	☿⚺♀	2pm39
	☿□♆	7 49
	☿⚺♅	8 43
13 F	☿⚻♇	1am33
	⊕∠☿	5 42
	♀⚹♆	10 51
	♀☌♅	2pm27
14 S	☿□♄	8am 9
	♀△♇	9 11
	☿⚺♃	5pm24
15 Su	☿☌♂	2am50
	☿∠♅	7 7
	☿∠♀	9pm48
16	⊕⚹☿	4am 7
17 T	☿ ♌	5am17
	♂∠♅	11 46
	☿△♆	7pm 1
	☿⚹♅	8 7
18	☿☍♇	1am14
19 Th	♀⚹♄	9am47
	☿△♄	11 48
	☿⚹♀	12pm37
	☿☌♃	11 15
20 F	⊕∠♄	5am20
	☿⚼♆	11 59
	☿⚺♂	8pm 7
21 S	♀⚹♃	1am58
	♀0N	10pm 7
22 Su	⊕ ♊	7am16
	☿⚼♄	8 35
	☿ ♍	6pm18
	⊕□☿	9 8
23 M	☿⚻♆	10am39
	☿□♅	12pm 6
	♀⚼♇	5 22
	☿⚻♇	5 59
24	☿∠♂	3am11
25 W	♀⚺♂	3am42
	☿⚻♄	12pm19
	⊕⚹♆	3 10
	⊕☌♅	10 29
26	☿⚺♃	3am44
27 F	☿⚼♇	0am55
	⊕△♇	2 17
	☿⚹♂	8pm51
29 Su	☿□♀	2am41
	☿ ♎	11 28
	☿∠♃	7pm 3
30 M	♀ ♋	0am36
	☿☍♆	8 3
	☿△♅	10 5
	☿△♇	5pm 7
	♀∠♃	8 33
2 W	⊕△☿	0am37
	♀□♆	3 8
	♀⚺♅	8 13
	⊕∠♂	8pm47
	☿☍♄	11 31
3 Th	♀⚻♇	0am55
	☿⚹♃	9pm15
4	♀⚼♅	12pm12
5	⊕⚹♄	1pm34
7 M	☿□♂	3am14
	☿ ♏	8pm38
8 T	⊕⚼☿	4am53
	♀□♄	9 14
	☿⚻♆	10pm31
9 W	☿⚻♅	1am24
	⊕⚹♃	1 53
	☿□♇	9 37
10	♀⚺♃	2pm26
11 F	♀∠♅	4pm 9
	⊕⚼♇	10 45
12 S	☿⚻♄	6am24
	♂ ♌	7 27
	⊕⚺♀	11pm 7
13 Su	☿□♃	12pm18
	☿⚼♆	9 34
	☿0S	11 2
15	⊕⚻☿	5pm25
17 Th	☿△♀	2am20
	☿⚼♄	12pm27
	☿ ♐	10 23
18	♀ ♌	1pm 5
19 S	☿△♂	0am30
	☿△♆	4 32
	☿☍♅	8 16
	☿⚹♇	4pm58
20 Su	♂△♆	1am36
	♀△♆	5pm 4
	♀☌♂	10 56
	♀⚹♅	11 37
21 M	♂⚹♅	1am25
	♀☍♇	2pm20
	⊕ ♋	8 43
23 W	☿△♄	0am 2
	♂☍♇	6 51
24 Th	☿ A	8am 7
	☿△♃	12pm41
25 F	⊕∠♃	1am33
	☿∠♇	4 1
	⊕□♆	8 17
	☿⚼♂	12pm46
	⊕⚺♅	7 21
	♀ P	9 26
26	⊕⚻♇	6pm 4
27	♀△♄	6am30
28 M	☿ ♑	7pm 8
	♃⚼♆	11 3
29 T	⊕⚺♂	10am58
	♀⚼♆	11pm28
30 W	♀☌♃	0am37
	☿□♆	1 48
	☿⚼♃	2 30
	☿⚼♀	4 58
	☿⚻♅	6 0
	☿⚺♇	1pm55
31	☿⚻♂	10pm26

JANUARY 2027

DAY	☿ LONG	☿ LAT	♀ LONG	♀ LAT	⊕ LONG	♂ LONG	♂ LAT
	° ′	° ′	° ′	° ′	° ′	° ′	° ′
1 F	9♑02	5S24	21♌52	3N05	10♋20	8♌52	1N49
2 S	11 54	5 37	23 29	3 07	11 21	9 19	1 49
3 Su	14 48	5 50	25 07	3 09	12 22	9 46	1 49
4 M	17 45	6 01	26 44	3 11	13 23	10 13	1 49
5 Tu	20 44	6 12	28 22	3 13	14 24	10 39	1 50
6 W	23 45	6 22	29 59	3 15	15 25	11 06	1 50
7 Th	26 50	6 30	1♍37	3 16	16 27	11 33	1 50
8 F	29 58	6 38	3 14	3 18	17 28	12 00	1 50
9 S	3♒09	6 45	4 52	3 19	18 29	12 26	1 50
10 Su	6 24	6 51	6 29	3 20	19 30	12 53	1 50
11 M	9 43	6 55	8 07	3 21	20 31	13 20	1 50
12 Tu	13 06	6 58	9 44	3 22	21 32	13 46	1 50
13 W	16 34	7 00	11 22	3 23	22 34	14 13	1 50
14 Th	20 07	7 00	12 59	3 23	23 35	14 39	1 51
15 F	23 46	6 59	14 36	3 24	24 36	15 06	1 51
16 S	27 30	6 55	16 14	3 24	25 37	15 33	1 51
17 Su	1♓21	6 50	17 51	3 24	26 38	15 59	1 51
18 M	5 18	6 43	19 29	3 23	27 39	16 26	1 51
19 Tu	9 21	6 33	21 06	3 23	28 40	16 52	1 51
20 W	13 33	6 22	22 43	3 23	29 41	17 19	1 51
21 Th	17 51	6 07	24 20	3 22	0♌42	17 45	1 51
22 F	22 18	5 50	25 58	3 21	1 43	18 12	1 51
23 S	26 53	5 31	27 35	3 20	2 44	18 38	1 51
24 Su	1♈36	5 08	29 12	3 19	3 45	19 05	1 51
25 M	6 29	4 43	0♎49	3 18	4 46	19 31	1 51
26 Tu	11 30	4 15	2 26	3 16	5 47	19 57	1 51
27 W	16 41	3 43	4 03	3 15	6 48	20 24	1 51
28 Th	22 00	3 09	5 41	3 13	7 49	20 50	1 51
29 F	27 29	2 32	7 18	3 11	8 50	21 17	1 51
30 S	3♉06	1 53	8 55	3 09	9 51	21 43	1 51
31 Su	8♉52	1S12	10♎31	3N07	10♌52	22♌09	1N51

FEBRUARY 2027

DAY	☿ LONG	☿ LAT	♀ LONG	♀ LAT	⊕ LONG	♂ LONG	♂ LAT
	° ′	° ′	° ′	° ′	° ′	° ′	° ′
1 M	14♉46	0S29	12♎08	3N04	11♌53	22♌36	1N51
2 Tu	20 47	0N16	13 45	3 02	12 54	23 02	1 51
3 W	26 53	1 00	15 22	2 59	13 55	23 28	1 51
4 Th	3♊05	1 45	16 59	2 56	14 56	23 55	1 51
5 F	9 21	2 29	18 36	2 53	15 57	24 21	1 51
6 S	15 39	3 12	20 12	2 50	16 58	24 47	1 51
7 Su	21 59	3 52	21 49	2 47	17 58	25 14	1 50
8 M	28 18	4 29	23 26	2 44	18 59	25 40	1 50
9 Tu	4♋34	5 03	25 02	2 40	20 00	26 06	1 50
10 W	10 48	5 32	26 39	2 37	21 01	26 33	1 50
11 Th	16 56	5 58	28 15	2 33	22 01	26 59	1 50
12 F	22 59	6 19	29 52	2 29	23 02	27 25	1 50
13 S	28 54	6 36	1♏28	2 25	24 03	27 51	1 50
14 Su	4♌41	6 48	3 04	2 21	25 04	28 18	1 50
15 M	10 20	6 56	4 41	2 17	26 04	28 44	1 50
16 Tu	15 49	7 00	6 17	2 13	27 05	29 10	1 49
17 W	21 09	7 00	7 53	2 08	28 05	29 36	1 49
18 Th	26 19	6 57	9 29	2 04	29 06	0♍03	1 49
19 F	1♍20	6 50	11 06	1 59	0♍06	0 29	1 49
20 S	6 11	6 41	12 42	1 55	1 07	0 55	1 49
21 Su	10 52	6 29	14 18	1 50	2 07	1 21	1 49
22 M	15 25	6 16	15 54	1 45	3 08	1 48	1 49
23 Tu	19 49	6 00	17 30	1 40	4 08	2 14	1 48
24 W	24 04	5 43	19 05	1 35	5 09	2 40	1 48
25 Th	28 12	5 25	20 41	1 30	6 09	3 06	1 48
26 F	2♎12	5 05	22 17	1 25	7 09	3 32	1 48
27 S	6 05	4 45	23 53	1 20	8 10	3 59	1 48
28 Su	9♎52	4N24	25♏29	1N15	9♍10	4♍25	1N47

DAY	♃ LONG	♃ LAT	♄ LONG	♄ LAT	♅ LONG	♅ LAT	♆ LONG	♆ LAT	♇ LONG	♇ LAT
	° ′	° ′	° ′	° ′	° ′	° ′	° ′	° ′	° ′	° ′
5 Tu	19♌07.4	0N49	14♈28.4	2S27	4♊07.9	0S08	3♈36.6	1S23	5♒01.3	4S22
10 Su	19 31.0	0 49	14 38.8	2 27	4 11.4	0 08	3 38.4	1 23	5 02.7	4 23
15 F	19 54.7	0 49	14 49.1	2 27	4 14.8	0 08	3 40.3	1 23	5 04.0	4 23
20 W	20 18.3	0 50	14 59.5	2 27	4 18.3	0 08	3 42.1	1 23	5 05.4	4 23
25 M	20 42.0	0 50	15 09.8	2 27	4 21.7	0 08	3 43.9	1 23	5 06.8	4 24
30 S	21 05.6	0 51	15 20.1	2 27	4 25.2	0 08	3 45.8	1 23	5 08.1	4 24
4 Th	21 29.2	0 51	15 30.5	2 28	4 28.6	0 08	3 47.6	1 23	5 09.5	4 25
9 Tu	21 52.8	0 51	15 40.8	2 28	4 32.1	0 08	3 49.4	1 23	5 10.9	4 25
14 Su	22 16.3	0 52	15 51.2	2 28	4 35.5	0 08	3 51.2	1 23	5 12.2	4 25
19 F	22 39.9	0 52	16 01.6	2 28	4 39.0	0 08	3 53.1	1 23	5 13.6	4 26
24 W	23 03.5	0 53	16 11.9	2 28	4 42.4	0 08	3 54.9	1 23	5 15.0	4 26

☿ .458545	☿p .316276
♀ .718531	♀ .720880
⊕p .983343	⊕ .985274
♂ 1.64668	♂ 1.66104
♃ 5.33578	♃ 5.34497
♄ 9.40676	♄ 9.39744
♅ 19.4246	♅ 19.4189
♆ 29.8759	♆ 29.8752
♇ 35.6741	♇ 35.6957
☊	Perihelia
☿ 18° ♉ 39	☿ 17° ♊ 53
♀ 16 ♊ 56	♀ 11 ♌ 54
⊕	⊕ 13 ♋ 04
♂ 19 ♉ 46	♂ 6 ♓ 34
♃ 10 ♋ 45	♃ 14 ♈ 30
♄ 23 ♋ 57	♄ 3 ♋ 27
♅ 14 ♊ 08	♅ 17 ♍ 41
♆ 12 ♌ 08	♆ 26 ♉ 16

1	⊕☍☿	4pm50
2	☿□♄	8pm40
3	⊕ P	2am35
4	☿⚻♃	10am45
M	☿⚼♅	11 8
5	⊕□♄	1am44
T	♀⚼♄	4pm47
6	♀ ♍	0am12
W	⊕∠♀	5pm17
8	☿ ♒	0am18
F	♀⚻♆	5 48
	♀□♅	1pm50
9	♀⚻♇	2am38
S	☿✶♆	3 39
	☿△♅	7 42
	☿☌♇	2pm 4
	⊕∠♅	4 35
10	⊕⚺♃	0am25
Su	☿⚻♀	1 20
12	☿☍♂	5am22
T	☿✶♄	11 21

13	☿∠♆	2pm13
W	☿☍♃	10 1
14	♂△♄	7am29
15	♀⚻♄	3am12
F	⊕⚻☿	7 26
	♀⚺♂	10 1
16	☿∠♄	2pm54
S	☿ ♓	3 40
17	☿⚺♆	2pm19
Su	☿□♅	5 54
	☿⚺♇	10 43
18	♀⚼♇	8am59
M	♀⚺♃	10 27
20	⊕ ♌	7am23
W	☿⚺♄	8 13
	⊕⚼☿	8 27
	☿⚻♂	11pm23
21	☿∠♇	12pm12
Th	☿⚻♃	2 0
23	♂⚼♆	4am40
S	☿☍♀	5 31
	☿ ♈	3pm55

	⊕△♆	11 17
24	☿☌♆	10am32
Su	♀ ♎	11 50
	☿⚼♂	1pm28
	⊕△☿	1 29
	☿✶♅	1 38
	⊕✶♅	2 12
	☿✶♇	5 20
	☿⚼♃	8 9
25	⊕☍♇	8am 4
26	☿☌♄	5pm19
T	♀☍♆	7 20
27	♀△♅	4am53
W	☿∠♅	12pm18
	♀△♇	3 50
	☿△♂	6 20
	☿△♃	7 10
28	♀∠♂	3am19
Th	♀∠♃	4 3
	♂☌♃	6 29
29	☿ ♉	10am49
30	☿⚺♆	2am46
S	☿⚺♅	5 32

	☿□♇	8 31
31	☿⚻♀	9am22
Su	⊕□☿	9 55
	⊕✶♀	1pm47
1	☿⚺♄	2am36
M	☿0N	3pm35
	☿∠♆	4 5
2	☿□♃	2am13
T	☿□♂	9 36
3	♀☍♄	1am36
W	☿ ♊	12pm 5
	☿∠♄	1 59
	☿⚼♀	6 14
4	☿✶♆	2am43
Th	☿☌♅	5 21
	☿△♇	7 57
	⊕△♄	2pm 9
5	♀⚼♅	1pm25

F	☿✶♄	11 42
6	⊕✶☿	5am53
S	☿ P	7 44
	☿⚼♇	5pm 8
	♀✶♃	10 31
	☿✶♃	11 1
	☿△♀	11 10
7	☿✶♂	1pm16
Su	⊕⚼♆	7 59
8	☿ ♋	6am30
M	☿□♆	9pm 7
	☿⚺♅	11 51
9	⊕∠☿	1am57
T	☿⚻♇	2 20
	☿∠♃	8 59
	♀✶♂	9pm55
10	☿∠♂	3am 8
W	☿□♄	7pm18
11	⊕☌♃	0am19
Th	☿∠♅	10 23
	☿⚺♃	8pm30
12	⊕⚺☿	0am17
F	♀ ♏	2 4

	☿⚺♂	7pm24
13	☿ ♌	4am31
S	☿□♀	2pm39
	☿△♆	8 30
	☿✶♅	11 36
14	☿☍♇	2am10
Su	♀⚻♆	11 42
	♀⚻♅	10pm52
15	♀□♇	7am57
16	☿△♄	0am27
T	☿⚼♆	1pm38
17	☿☌♃	6am19
W	♂ ♍	9pm32
18	⊕☌☿	4pm34
Th	☿ ♍	5 33
	☿☌♂	7 29
	⊕ ♍	9 26
	☿⚼♄	10 30
19	☿⚻♆	12pm33
F	⊕☌♂	3 45
	☿□♅	4 23
	☿⚻♇	7 14
	⊕⚼♄	10 38

20	♂⚼♄	8am25
22	♀⚻♄	3am37
M	☿⚻♄	3 52
	☿✶♀	4 0
	⊕⚻♆	6pm31
23	☿⚼♇	2am23
T	⊕□♅	1pm28
	☿⚺♃	6 6
	♀⚼♆	9 20
24	⊕⚻♇	2am32
25	☿ ♎	10am42
26	☿⚺♂	9am14
F	☿☍♆	10 35
	♀□♃	2pm41
	☿△♅	3 35
	☿△♇	6 51
	♂⚻♆	9 32
27	☿∠♃	2pm15
S	⊕⚺☿	5 55
28	☿∠♀	7am 3
Su	♂□♅	7pm 8

MARCH 2027

DAY	☿ LONG	☿ LAT	♀ LONG	♀ LAT	⊕ LONG	♂ LONG	♂ LAT
	° '	° '	° '	° '	° '	° '	° '
1 M	13♎32	4N03	27♏04	1N09	10♍10	4♍51	1N47
2 Tu	17 06	3 41	28 40	1 04	11 10	5 17	1 47
3 W	20 35	3 19	0♐16	0 58	12 11	5 43	1 47
4 Th	23 59	2 56	1 51	0 53	13 11	6 10	1 46
5 F	27 18	2 34	3 27	0 48	14 11	6 36	1 46
6 S	0♏33	2 11	5 02	0 42	15 11	7 02	1 46
7 Su	3 44	1 49	6 38	0 36	16 11	7 28	1 46
8 M	6 52	1 26	8 13	0 31	17 11	7 54	1 45
9 Tu	9 56	1 04	9 49	0 25	18 11	8 21	1 45
10 W	12 57	0 42	11 24	0 20	19 11	8 47	1 45
11 Th	15 56	0 20	12 59	0 14	20 11	9 13	1 45
12 F	18 52	0S02	14 34	0 08	21 11	9 39	1 44
13 S	21 46	0 23	16 10	0 03	22 11	10 05	1 44
14 Su	24 38	0 44	17 45	0S03	23 11	10 32	1 44
15 M	27 28	1 05	19 20	0 09	24 11	10 58	1 43
16 Tu	0♐17	1 25	20 55	0 14	25 11	11 24	1 43
17 W	3 04	1 45	22 30	0 20	26 11	11 50	1 43
18 Th	5 51	2 05	24 06	0 25	27 10	12 16	1 43
19 F	8 37	2 24	25 41	0 31	28 10	12 43	1 42
20 S	11 22	2 43	27 16	0 37	29 10	13 09	1 42
21 Su	14 07	3 01	28 51	0 42	0♎09	13 35	1 42
22 M	16 51	3 19	0♑26	0 48	1 09	14 01	1 41
23 Tu	19 36	3 37	2 01	0 53	2 08	14 28	1 41
24 W	22 21	3 54	3 36	0 58	3 08	14 54	1 40
25 Th	25 06	4 11	5 11	1 04	4 07	15 20	1 40
26 F	27 52	4 27	6 46	1 09	5 07	15 46	1 40
27 S	0♑39	4 42	8 21	1 14	6 06	16 13	1 39
28 Su	3 27	4 57	9 56	1 20	7 06	16 39	1 39
29 M	6 16	5 11	11 31	1 25	8 05	17 05	1 39
30 Tu	9 07	5 25	13 06	1 30	9 04	17 31	1 38
31 W	12♑00	5S38	14♑40	1S35	10♎04	17♍58	1N38

APRIL 2027

DAY	☿ LONG	☿ LAT	♀ LONG	♀ LAT	⊕ LONG	♂ LONG	♂ LAT
	° '	° '	° '	° '	° '	° '	° '
1 Th	14♑54	5S50	16♑15	1S40	11♎03	18♍24	1N37
2 F	17 51	6 01	17 50	1 45	12 02	18 50	1 37
3 S	20 50	6 12	19 25	1 50	13 01	19 17	1 37
4 Su	23 51	6 22	21 00	1 54	14 00	19 43	1 36
5 M	26 56	6 31	22 35	1 59	15 00	20 09	1 36
6 Tu	0♒04	6 39	24 10	2 03	15 59	20 36	1 35
7 W	3 15	6 45	25 45	2 08	16 58	21 02	1 35
8 Th	6 30	6 51	27 19	2 12	17 57	21 28	1 34
9 F	9 49	6 55	28 54	2 16	18 56	21 55	1 34
10 S	13 13	6 58	0♒29	2 20	19 55	22 21	1 34
11 Su	16 41	7 00	2 04	2 24	20 54	22 48	1 33
12 M	20 14	7 00	3 39	2 28	21 53	23 14	1 33
13 Tu	23 53	6 59	5 14	2 32	22 52	23 40	1 32
14 W	27 37	6 55	6 49	2 36	23 50	24 07	1 32
15 Th	1♓28	6 50	8 24	2 39	24 49	24 33	1 31
16 F	5 25	6 43	9 58	2 43	25 48	25 00	1 31
17 S	9 29	6 33	11 33	2 46	26 47	25 26	1 30
18 Su	13 41	6 21	13 08	2 49	27 45	25 53	1 30
19 M	17 59	6 07	14 43	2 52	28 44	26 19	1 29
20 Tu	22 26	5 50	16 18	2 55	29 42	26 46	1 29
21 W	27 02	5 30	17 53	2 58	0♏41	27 12	1 28
22 Th	1♈45	5 08	19 28	3 01	1 40	27 39	1 28
23 F	6 38	4 42	21 03	3 03	2 38	28 05	1 27
24 S	11 40	4 14	22 38	3 06	3 37	28 32	1 27
25 Su	16 50	3 42	24 13	3 08	4 35	28 59	1 26
26 M	22 10	3 08	25 48	3 10	5 33	29 25	1 25
27 Tu	27 39	2 31	27 23	3 12	6 32	29 52	1 25
28 W	3♉17	1 52	28 58	3 14	7 30	0♎18	1 24
29 Th	9 03	1 10	0♓33	3 15	8 29	0 45	1 24
30 F	14♉57	0S27	2♓08	3S17	9♏27	1♎12	1N23

DAY	♃ LONG	♃ LAT	♄ LONG	♄ LAT	♅ LONG	♅ LAT	♆ LONG	♆ LAT	♇ LONG	♇ LAT
	° '	° '	° '	° '	° '	° '	° '	° '	° '	° '
1 M	23♌27.0	0N53	16♈22.3	2S28	4♊45.9	0S08	3♈56.7	1S23	5♒16.3	4S27
6 S	23 50.5	0 53	16 32.6	2 28	4 49.3	0 08	3 58.5	1 23	5 17.7	4 27
11 Th	24 14.0	0 54	16 43.0	2 28	4 52.8	0 07	4 00.4	1 23	5 19.1	4 27
16 Tu	24 37.5	0 54	16 53.4	2 28	4 56.2	0 07	4 02.2	1 24	5 20.4	4 28
21 Su	25 01.0	0 55	17 03.7	2 28	4 59.7	0 07	4 04.0	1 24	5 21.8	4 28
26 F	25 24.5	0 55	17 14.1	2 28	5 03.1	0 07	4 05.8	1 24	5 23.1	4 29
31 W	25 48.0	0 55	17 24.5	2 28	5 06.6	0 07	4 07.7	1 24	5 24.5	4 29
5 M	26 11.4	0 56	17 34.9	2 28	5 10.0	0 07	4 09.5	1 24	5 25.9	4 29
10 S	26 34.8	0 56	17 45.2	2 28	5 13.5	0 07	4 11.3	1 24	5 27.2	4 30
15 Th	26 58.3	0 56	17 55.6	2 28	5 16.9	0 07	4 13.2	1 24	5 28.6	4 30
20 Tu	27 21.7	0 57	18 06.0	2 28	5 20.4	0 07	4 15.0	1 24	5 30.0	4 31
25 Su	27 45.1	0 57	18 16.4	2 28	5 23.8	0 07	4 16.8	1 24	5 31.3	4 31
30 F	28 08.5	0 58	18 26.8	2 28	5 27.3	0 07	4 18.6	1 24	5 32.7	4 31

☿a.406657	☿ .453697
♀ .724563	♀a.727704
⊕ .990655	⊕ .999047
♂a1.66602	♂ 1.66247
♃ 5.35302	♃ 5.36165
♄ 9.38905	♄ 9.37981
♅ 19.4138	♅ 19.4081
♆ 29.8746	♆ 29.8738
♇ 35.7152	♇ 35.7368
☊	Perihelia
☿ 18°♉ 39	☿ 17°♊ 53
♀ 16 ♊ 56	♀ 11 ♌ 57
⊕	⊕ 15 ♋ 00
♂ 19 ♉ 46	♂ 6 ♓ 36
♃ 10 ♋ 45	♃ 14 ♈ 30
♄ 23 ♋ 57	♄ 3 ♋ 34
♅ 14 ♊ 08	♅ 18 ♍ 00
♆ 12 ♌ 08	♆ 26 ♉ 42
♇ 20 ♋ 42	♇ 13 ♏ 48

1 M	☿☍♄	7pm14
	♂⊼♇	11 25
2 T	☿⚼♅	6pm27
	♀ ♐	8 5
3 W	☿∠♂	1am 8
	♀⚼♄	6pm10
	☿✶♃	9 50
4	♂ A	11pm 7
5 F	♀△♆	7am56
	☿ ♏	7pm52
	⊕∠☿	8 1
	♀☍♅	8 44
6	♀✶♇	3am54
7 Su	☿⊼♆	1am50
	☿⊼♅	8 22
	⊕⊼♄	9 41
	☿□♇	11 56
	♀□♂	5pm31
8 M	☿✶♂	9am26
	☿⊻♀	9pm54
11 Th	⊕⚼♇	3am 5
	☿⊼♄	6 28
	☿0S	10pm17
12	☿⚼♆	1am13
13 S	⊕✶☿	5am26
	♀△♄	9 38
	♀0S	11 33
	☿□♃	10pm37
15 M	⊕⊻♃	9am31
	♀∠♇	3pm10
	☿ ♐	9 37
16	☿⚼♄	1pm59
17 W	☿△♆	8am24
	☿☍♅	4pm17
	☿✶♇	7 40
18	♀△♃	10am58
20 S	☿□♂	6pm32
	⊕ ♎	8 18
21	♀ ♑	5pm28
22 M	☿△♄	2am 8
	☿ A	7 23
23 T	⊕□♀	5am 3
	☿∠♇	6 45
24 W	♀□♆	7am25
	♀⊼♅	9pm51
	⊕☍♆	11 15
25 Th	☿△♃	2am 0
	♀⊻♇	3 3
	⊕△♅	10pm31
26 F	⊕△♇	6am39
	☿ ♑	6pm22
28 Su	☿□♆	5am36
	♀⚼♃	10 9
	☿⊼♅	1pm52
	☿⊻♇	4 34
29 M	♂⊼♄	3pm 0
	⊕□☿	11 22
30	☿⚼♃	1pm47
31	⊕∠♃	7pm32

1 Th	♀□♄	6pm25
	☿□♄	9 0
	☿☌♀	11 53
2 F	☿△♂	9am27
	☿⚼♅	6pm31
	♀△♂	9 4
3	♀⚼♅	11am 6
4	☿⊼♃	6pm 7
5 M	♂⚼♇	3pm11
	☿ ♒	11 33
7 W	☿✶♆	6am52
	♀⊼♃	9 38
	☿△♅	2pm27
	☿☌♇	4 16
	⊕☍♄	5 23
	☿⚼♂	11 47
9	♀ ♒	4pm38
10	⊕⚼♅	7am41
11 Su	☿✶♄	7am37
	☿∠♆	5pm 4
12 M	♀✶♆	8am25
	⊕△☿	2pm53
	☿⊼♂	10 28
13 T	♀△♅	0am27
	♀☌♇	3 37
	☿☍♃	7pm16
14 W	⊕⊻♂	12pm16
	☿ ♓	2 55
15 Th	☿∠♄	9am 1
	☿⊻♆	4pm48
	☿□♅	11 14
16 F	☿⊻♇	0am22
	♀⚼♂	0 29
17 S	♀ A	5am 6
	⊕✶♃	9 21
	⊕⚼☿	5pm12
	☿⊻♀	7 8
19 M	☿⊻♄	0am25
	☿∠♇	1pm37
20	⊕ ♏	7am10
21 W	☿☍♂	1am 1
	☿⊼♃	2 10
	♀✶♄	3 54
	☿ ♈	3pm10
	♂⊻♃	3 28
	♀∠♆	8 53
	⊕⊼☿	11 24
22 Th	☿☌♆	12pm26
	☿✶♅	5 51
	☿✶♇	6 33
	☿∠♀	7 49
24 S	☿⚼♃	4am49
	⊕⊼♆	4pm28
25 Su	☿☌♄	6am33
	☿∠♅	4pm 7
	⊕⊼♅	8 16
	⊕□♇	11 14
26	☿✶♀	10pm21
27 T	☿△♃	1am 6
	♂ ♎	7 26
	♀☍♃	8 23
	☿ ♉	10 5
	☿⊼♂	10 18
28 W	☿⊻♆	4am16
	☿⊻♅	9 2
	☿□♇	9 27
	♀ ♓	3pm40
	⊕☍☿	9 10
29	♀⊼♂	4am14
30 F	☿⚼♂	5am25
	☿⊻♄	2pm 6
	☿0N	2 51
	☿∠♆	5 28
	♀∠♄	8 20

MAY 2027

DAY	☿ LONG	☿ LAT	♀ LONG	♀ LAT	⊕ LONG	♂ LONG	♂ LAT
	° '	° '	° '	° '	° '	° '	° '
1 S	20♉58	0N17	3♓43	3S18	10♏25	1♎38	1N23
2 Su	27 05	1 02	5 18	3 20	11 23	2 05	1 22
3 M	3♊17	1 47	6 53	3 21	12 22	2 32	1 21
4 Tu	9 33	2 31	8 28	3 21	13 20	2 59	1 21
5 W	15 51	3 13	10 04	3 22	14 18	3 25	1 20
6 Th	22 10	3 53	11 39	3 23	15 16	3 52	1 20
7 F	28 29	4 30	13 14	3 23	16 14	4 19	1 19
8 S	4♋46	5 04	14 49	3 24	17 12	4 46	1 18
9 Su	10 59	5 33	16 24	3 24	18 11	5 13	1 18
10 M	17 07	5 59	18 00	3 24	19 09	5 39	1 17
11 Tu	23 10	6 20	19 35	3 23	20 07	6 06	1 17
12 W	29 05	6 36	21 10	3 23	21 05	6 33	1 16
13 Th	4♌52	6 48	22 46	3 23	22 03	7 00	1 15
14 F	10 30	6 56	24 21	3 22	23 00	7 27	1 15
15 S	15 59	7 00	25 56	3 21	23 58	7 54	1 14
16 Su	21 19	7 00	27 32	3 20	24 56	8 21	1 13
17 M	26 29	6 56	29 07	3 19	25 54	8 48	1 13
18 Tu	1♍29	6 50	0♈43	3 18	26 52	9 15	1 12
19 W	6 20	6 41	2 18	3 16	27 50	9 42	1 11
20 Th	11 01	6 29	3 53	3 15	28 47	10 09	1 11
21 F	15 33	6 15	5 29	3 13	29 45	10 36	1 10
22 S	19 57	6 00	7 04	3 11	0♐43	11 03	1 09
23 Su	24 12	5 43	8 40	3 09	1 41	11 31	1 09
24 M	28 20	5 24	10 16	3 07	2 38	11 58	1 08
25 Tu	2♎19	5 05	11 51	3 05	3 36	12 25	1 07
26 W	6 12	4 44	13 27	3 02	4 33	12 52	1 07
27 Th	9 58	4 24	15 02	3 00	5 31	13 19	1 06
28 F	13 38	4 02	16 38	2 57	6 29	13 47	1 05
29 S	17 13	3 40	18 14	2 54	7 26	14 14	1 05
30 Su	20 41	3 18	19 49	2 51	8 24	14 41	1 04
31 M	24♎05	2N56	21♈25	2S48	9♐21	15♎09	1N03

JUNE 2027

DAY	☿ LONG	☿ LAT	♀ LONG	♀ LAT	⊕ LONG	♂ LONG	♂ LAT
	° '	° '	° '	° '	° '	° '	° '
1 Tu	27♎24	2N33	23♈01	2S45	10♐19	15♎36	1N02
2 W	0♏39	2 10	24 37	2 41	11 16	16 03	1 02
3 Th	3 50	1 48	26 12	2 38	12 14	16 31	1 01
4 F	6 58	1 26	27 48	2 34	13 11	16 58	1 00
5 S	10 02	1 03	29 24	2 30	14 09	17 26	0 59
6 Su	13 03	0 41	1♉00	2 26	15 06	17 53	0 59
7 M	16 01	0 19	2 36	2 22	16 04	18 21	0 58
8 Tu	18 57	0S02	4 12	2 18	17 01	18 48	0 57
9 W	21 51	0 24	5 48	2 14	17 59	19 16	0 56
10 Th	24 43	0 45	7 24	2 10	18 56	19 44	0 56
11 F	27 33	1 05	9 00	2 05	19 54	20 11	0 55
12 S	0♐22	1 26	10 36	2 01	20 51	20 39	0 54
13 Su	3 10	1 46	12 12	1 56	21 48	21 07	0 53
14 M	5 56	2 05	13 48	1 51	22 46	21 35	0 52
15 Tu	8 42	2 25	15 24	1 47	23 43	22 02	0 52
16 W	11 27	2 44	17 00	1 42	24 40	22 30	0 51
17 Th	14 12	3 02	18 37	1 37	25 37	22 58	0 50
18 F	16 57	3 20	20 13	1 32	26 35	23 26	0 49
19 S	19 41	3 37	21 49	1 27	27 32	23 54	0 48
20 Su	22 26	3 54	23 25	1 21	28 29	24 22	0 48
21 M	25 12	4 11	25 02	1 16	29 26	24 50	0 47
22 Tu	27 58	4 27	26 38	1 11	0♑24	25 18	0 46
23 W	0♑45	4 42	28 14	1 05	1 21	25 46	0 45
24 Th	3 33	4 57	29 51	1 00	2 18	26 14	0 44
25 F	6 22	5 12	1♊27	0 54	3 15	26 42	0 43
26 S	9 13	5 25	3 03	0 49	4 13	27 10	0 43
27 Su	12 05	5 38	4 40	0 43	5 10	27 39	0 42
28 M	15 00	5 50	6 16	0 38	6 07	28 07	0 41
29 Tu	17 56	6 02	7 53	0 32	7 04	28 35	0 40
30 W	20♑55	6S12	9♊29	0S26	8♑02	29♎03	0N39

DAY	♃ LONG	♃ LAT	♄ LONG	♄ LAT	♅ LONG	♅ LAT	♆ LONG	♆ LAT	♇ LONG	♇ LAT
	° '	° '	° '	° '	° '	° '	° '	° '	° '	° '
5 W	28♌31.9	0N58	18♈37.2	2S29	5♊30.7	0S07	4♈20.5	1S24	5♒34.0	4S32
10 M	28 55.2	0 58	18 47.6	2 29	5 34.2	0 07	4 22.3	1 24	5 35.4	4 32
15 S	29 18.6	0 59	18 58.1	2 29	5 37.6	0 07	4 24.1	1 24	5 36.8	4 33
20 Th	29 41.9	0 59	19 08.5	2 29	5 41.1	0 07	4 25.9	1 24	5 38.1	4 33
25 Tu	0♍05.3	0 59	19 18.9	2 29	5 44.5	0 07	4 27.8	1 24	5 39.5	4 33
30 Su	0 28.6	1 00	19 29.3	2 29	5 48.0	0 07	4 29.6	1 24	5 40.9	4 34
4 F	0 51.9	1 00	19 39.7	2 29	5 51.5	0 07	4 31.4	1 24	5 42.2	4 34
9 W	1 15.3	1 00	19 50.2	2 29	5 54.9	0 07	4 33.3	1 24	5 43.6	4 35
14 M	1 38.5	1 01	20 00.6	2 29	5 58.4	0 07	4 35.1	1 24	5 45.0	4 35
19 S	2 01.8	1 01	20 11.0	2 29	6 01.8	0 07	4 36.9	1 24	5 46.3	4 35
24 Th	2 25.1	1 01	20 21.5	2 29	6 05.3	0 07	4 38.8	1 24	5 47.7	4 36
29 Tu	2 48.4	1 02	20 31.9	2 29	6 08.7	0 06	4 40.6	1 24	5 49.0	4 36

☿p .313286	☿a .426347
♀ .727837	♀ .724882
⊕ 1.00738	⊕ 1.01393
♂ 1.65012	♂ 1.62870
♃ 5.36971	♃ 5.37770
♄ 9.37091	♄ 9.36176
♅ 19.4026	♅ 19.3969
♆ 29.8732	♆ 29.8725
♇ 35.7577	♇ 35.7793
☊	Perihelia
☿ 18°♉ 40	☿ 17°♊ 53
♀ 16 ♊ 56	♀ 12 ♌ 00
⊕	⊕ 14 ♋ 28
♂ 19 ♉ 46	♂ 6 ♓ 37
♃ 10 ♋ 45	♃ 14 ♈ 31
♄ 23 ♋ 57	♄ 3 ♋ 42
♅ 14 ♊ 08	♅ 18 ♍ 17
♆ 12 ♌ 08	♆ 27 ♉ 17
♇ 20 ♋ 42	♇ 13 ♏ 49

1	♀⊻♆	9am 5
2 Su	♀□♅	2am39
	♀⊻♇	3 47
	☿□♃	4 48
	☿ ♊	11 20
	☿△♂	8pm53
3 M	☿∠♄	1am 3
	☿*♆	4 2
	☿☌♅	8 30
	☿△♇	8 45
	☿□♀	6pm32
4	⊕⊼☿	5pm 2
5 W	☿ P	7am 1
	☿*♄	10 34
	☿⚼♇	5pm55
7 F	☿*♃	0am46
	♂☍♆	2 4
	☿ ♋	5 46
	⊕⚼☿	12pm25
	☿□♆	10 26
	☿□♂	11 59
8 S	☿⊻♅	3am 0
	☿⊼♇	3 8
9 Su	☿∠♃	11am16
	⊕⊼♄	3pm 1
	♂△♅	7 12
	♂△♇	8 23
10 M	☿△♀	4am39
	⊕⚼♆	5 42
	☿□♄	6 38
	⊕△☿	9 30
	♀⊻♄	12pm21
	☿∠♅	1 40
11 T	♀∠♇	3pm20
	⊕△♀	8 21
	☿⊻♃	11 59
12 W	☿ ♌	3am47
	☿△♆	10pm 1
	⊕∠♂	10 6
	♅△♇	10 48
13 Th	☿☍♇	3am 7
	☿*♅	3 8
	☿*♂	9 49
	☿⚼♀	5pm 5
15 S	☿△♄	1pm26
	☿⚼♆	3 20
16	☿∠♂	10am16
Su	⊕□☿	8pm39
17 M	♀⊼♃	5am31
	♀ ♈	1pm19
	☿☌♃	2 28
	☿ ♍	4 49
	☿⊼♀	6 28
18 T	☿⚼♄	12pm49
	☿⊼♆	2 29
	☿⊼♇	8 30
	☿□♅	8 42
19	☿⊻♂	7pm 2
20	♀☌♆	8am12
21 F	⊕□♃	0am40
	♀*♇	2 24
	♀*♅	3 15
	⊕ ♐	6 11
	☿⊼♄	7pm53
22	☿⚼♇	3am53
23	♃ ♍	8pm47
24 M	☿ ♎	9am58
	☿⊻♃	10 13
25 T	⊕*☿	10am21
	♀☍♂	11 52
	☿☍♆	1pm10
	⊕⚼♄	6 36
	☿△♇	8 36
	☿△♅	9 10
	⊕△♆	9 46
27 Th	♀⚼♃	3am14
	⊕*♇	3 45
	⊕☍♅	6 15
28 F	☿☌♂	1am 3
	☿∠♃	11 29
29 S	☿☍♀	12pm50
	☿☍♄	3 34
	♀☌♄	6 51
30 Su	☿⚼♅	0am46
	♀∠♅	2pm48
31	⊕∠☿	2am42
1 T	♂∠♃	2am 2
	☿ ♏	7pm 7
2	☿*♃	0am25
3 Th	☿⊼♆	5am11
	☿□♇	2pm16
	☿⊼♅	3 26
4	⊕⚼♀	2pm30
5	♀ ♉	8am58
6	♀△♃	0am19
7 M	⊕⊻☿	0am30
	☿0S	9pm33
	☿⊻♂	10 33
8 T	☿⚼♆	4am53
	♀⊻♆	5 16
	☿⊼♄	7 3
	♀□♇	10pm56
9	♀⊻♅	1am46
10	♂☍♄	8am 0
11 F	⊕△♄	0am21
	⊕*♂	2pm28
	☿ ♐	8 51
	⊕∠♇	9 17
12 S	☿□♃	9am53
	♂⚼♅	3pm53
13 Su	☿△♆	12pm17
	☿⚼♄	3 53
	☿*♇	10 23
14 M	☿☍♅	0am19
	☿∠♂	6 40
17 Th	♀∠♆	2pm56
	♀⊻♄	11 2
18	☿ A	6am40
19 S	☿△♄	4am23
	☿∠♇	9 29
20 Su	♀⊼♂	7pm53
	☿*♂	8 12
	☿⊼♀	8 30
21	⊕ ♑	2pm 4
22	☿ ♑	5pm36
23 W	⊕☌☿	7am54
	☿△♃	2pm 6
24 Th	♀ ♊	2am21
	⊕△♃	3 10
	☿□♆	9 25
	☿⊻♇	7pm12
	☿⊼♅	9 45
25	♀□♃	4pm25
26 S	⊕□♆	11am21
	♀*♆	11pm59
27 Su	♀∠♄	12pm10
	⊕⊻♇	4 17
	♀△♇	5 7
	⊕⊼♀	6 18
	♀☌♅	9 55
28 M	⊕⊼♅	0am25
	☿⚼♃	10pm55
29	☿□♄	9pm 8
30	☿⚼♅	1am53

JULY 2027

AUGUST 2027

DAY	☿ LONG	☿ LAT	♀ LONG	♀ LAT	⊕ LONG	♂ LONG	♂ LAT
	° '	° '	° '	° '	° '	° '	° '
1 Th	23♑57	6S22	11♊06	0S21	8♑59	29♎32	0N38
2 F	27 02	6 31	12 43	0 15	9 56	0♏00	0 38
3 S	0♒10	6 39	14 19	0 09	10 53	0 28	0 37
4 Su	3 21	6 46	15 56	0 04	11 50	0 57	0 36
5 M	6 36	6 51	17 33	0N02	12 48	1 25	0 35
6 Tu	9 55	6 55	19 09	0 08	13 45	1 54	0 34
7 W	13 19	6 59	20 46	0 14	14 42	2 22	0 33
8 Th	16 48	7 00	22 23	0 19	15 39	2 51	0 32
9 F	20 21	7 00	24 00	0 25	16 37	3 20	0 31
10 S	24 00	6 59	25 37	0 31	17 34	3 48	0 31
11 Su	27 45	6 55	27 14	0 36	18 31	4 17	0 30
12 M	1♓35	6 50	28 50	0 42	19 28	4 46	0 29
13 Tu	5 33	6 42	0♋27	0 48	20 25	5 15	0 28
14 W	9 37	6 33	2 04	0 53	21 23	5 44	0 27
15 Th	13 49	6 21	3 41	0 59	22 20	6 12	0 26
16 F	18 08	6 06	5 18	1 04	23 17	6 41	0 25
17 S	22 35	5 49	6 55	1 10	24 14	7 10	0 24
18 Su	27 10	5 30	8 33	1 15	25 11	7 39	0 23
19 M	1♈54	5 07	10 10	1 20	26 09	8 08	0 22
20 Tu	6 47	4 41	11 47	1 26	27 06	8 37	0 21
21 W	11 49	4 13	13 24	1 31	28 03	9 07	0 21
22 Th	17 00	3 41	15 01	1 36	29 00	9 36	0 20
23 F	22 21	3 07	16 38	1 41	29 58	10 05	0 19
24 S	27 50	2 30	18 16	1 46	0♒55	10 34	0 18
25 Su	3♉28	1 51	19 53	1 51	1 52	11 04	0 17
26 M	9 14	1 09	21 30	1 56	2 50	11 33	0 16
27 Tu	15 08	0 26	23 07	2 00	3 47	12 02	0 15
28 W	21 09	0N18	24 45	2 05	4 44	12 32	0 14
29 Th	27 16	1 03	26 22	2 09	5 42	13 01	0 13
30 F	3♊28	1 48	27 59	2 14	6 39	13 31	0 12
31 S	9♊44	2N32	29♋37	2N18	7♒36	14♏00	0N11

DAY	☿ LONG	☿ LAT	♀ LONG	♀ LAT	⊕ LONG	♂ LONG	♂ LAT
	° '	° '	° '	° '	° '	° '	° '
1 Su	16♊03	3N14	1♌14	2N22	8♒34	14♏30	0N10
2 M	22 22	3 54	2 52	2 26	9 31	15 00	0 09
3 Tu	28 41	4 31	4 29	2 30	10 29	15 29	0 08
4 W	4♋58	5 05	6 07	2 34	11 26	15 59	0 07
5 Th	11 11	5 34	7 44	2 38	12 24	16 29	0 06
6 F	17 19	5 59	9 21	2 42	13 21	16 59	0 05
7 S	23 21	6 20	10 59	2 45	14 18	17 29	0 04
8 Su	29 16	6 37	12 36	2 48	15 16	17 59	0 03
9 M	5♌02	6 49	14 14	2 51	16 14	18 29	0 03
10 Tu	10 40	6 56	15 51	2 55	17 11	18 59	0 02
11 W	16 09	7 00	17 29	2 57	18 09	19 29	0 01
12 Th	21 29	7 00	19 06	3 00	19 06	19 59	0S00
13 F	26 38	6 56	20 44	3 03	20 04	20 29	0 01
14 S	1♍38	6 50	22 22	3 05	21 01	20 59	0 02
15 Su	6 29	6 40	23 59	3 08	21 59	21 30	0 03
16 M	11 10	6 29	25 37	3 10	22 56	22 00	0 04
17 Tu	15 42	6 15	27 14	3 12	23 54	22 30	0 05
18 W	20 05	5 59	28 52	3 14	24 52	23 01	0 06
19 Th	24 20	5 42	0♍29	3 15	25 49	23 31	0 07
20 F	28 27	5 24	2 07	3 17	26 47	24 02	0 08
21 S	2♎27	5 04	3 44	3 18	27 45	24 32	0 09
22 Su	6 19	4 44	5 22	3 20	28 43	25 03	0 10
23 M	10 05	4 23	6 59	3 21	29 40	25 34	0 11
24 Tu	13 45	4 01	8 37	3 22	0♓38	26 04	0 12
25 W	17 19	3 39	10 14	3 22	1 36	26 35	0 13
26 Th	20 48	3 17	11 51	3 23	2 34	27 06	0 14
27 F	24 12	2 55	13 29	3 23	3 32	27 37	0 15
28 S	27 31	2 32	15 06	3 24	4 30	28 08	0 16
29 Su	0♏45	2 10	16 44	3 24	5 28	28 39	0 17
30 M	3 56	1 47	18 21	3 24	6 26	29 10	0 18
31 Tu	7♏04	1N25	19♍58	3N23	7♓24	29♏41	0S19

DAY	♃ LONG	♃ LAT	♄ LONG	♄ LAT	♅ LONG	♅ LAT	♆ LONG	♆ LAT	♇ LONG	♇ LAT
	° '	° '	° '	° '	° '	° '	° '	° '	° '	° '
4 Su	3♍11.6	1N02	20♈42.4	2S29	6♊12.2	0S06	4♈42.4	1S24	5♒50.4	4S37
9 F	3 34.9	1 02	20 52.8	2 29	6 15.7	0 06	4 44.3	1 24	5 51.8	4 37
14 W	3 58.1	1 03	21 03.3	2 29	6 19.1	0 06	4 46.1	1 24	5 53.1	4 37
19 M	4 21.4	1 03	21 13.7	2 29	6 22.6	0 06	4 47.9	1 24	5 54.5	4 38
24 S	4 44.6	1 03	21 24.2	2 29	6 26.1	0 06	4 49.7	1 24	5 55.9	4 38
29 Th	5 07.8	1 04	21 34.6	2 29	6 29.5	0 06	4 51.6	1 24	5 57.2	4 39
3 Tu	5 31.0	1 04	21 45.1	2 29	6 33.0	0 06	4 53.4	1 24	5 58.6	4 39
8 Su	5 54.1	1 04	21 55.6	2 29	6 36.4	0 06	4 55.2	1 25	5 59.9	4 39
13 F	6 17.3	1 04	22 06.0	2 29	6 39.9	0 06	4 57.1	1 25	6 01.3	4 40
18 W	6 40.5	1 05	22 16.5	2 29	6 43.4	0 06	4 58.9	1 25	6 02.7	4 40
23 M	7 03.6	1 05	22 27.0	2 29	6 46.8	0 06	5 00.7	1 25	6 04.0	4 41
28 S	7 26.8	1 05	22 37.5	2 29	6 50.3	0 06	5 02.5	1 25	6 05.4	4 41

☿ .444458	☿p.307524
♀ .720940	♀p.718552
⊕a1.01667	⊕ 1.01509
♂ 1.60058	♂ 1.56544
♃ 5.38512	♃ 5.39243
♄ 9.35296	♄ 9.34392
♅ 19.3913	♅ 19.3856
♆ 29.8718	♆ 29.8712
♇ 35.8003	♇ 35.8220
☊	Perihelia
☿ 18°♉ 40	☿ 17°♊ 53
♀ 16 ♊ 56	♀ 11 ♌ 56
⊕	⊕ 10 ♋ 41
♂ 19 ♉ 46	♂ 6 ♓ 38
♃ 10 ♋ 45	♃ 14 ♈ 31
♄ 23 ♋ 57	♄ 3 ♋ 50
♅ 14 ♊ 08	♅ 18 ♍ 38
♆ 12 ♌ 08	♆ 27 ♉ 52
♇ 20 ♋ 42	♇ 13 ♏ 51

1	♂ ♏	11pm58
2	☿⚼♀	10am53
F	☿ ♒	10pm47
3	☿□♂	2am48
S	☿⚻♃	10pm48
4	♀⚼♂	0am19
Su	☿✶♆	10 5
	♀0N	2pm50
	☿☌♇	6 26
	☿△♅	9 9
5	⊕ A	5am 6
7	♀✶♄	0am37
W	♀⚼♇	1 15
	⊕⚺☿	1pm16
8	☿∠♆	7pm54
9	☿✶♄	3am33
F	♂✶♃	3pm 8
10	☿△♀	6pm17
11	⊕⚼♃	6am 1
Su	☿ ♓	2pm 9
	♂⚻♆	11 32
12	☿☍♃	1pm51
M	♀ ♋	5 13
	☿⚺♆	7 17
	☿△♂	9 57
	⊕∠☿	11 2
13	☿⚺♇	2am 0
T	☿∠♄	2 51
	☿□♅	4 33
	⊕□♄	3pm34
	⊕⚼♅	10 31
14	♂□♇	8am 2
15	♀✶♃	5am33
Th	♂⚻♅	6 17
	♀□♆	4pm 9
16	♀⚻♇	8am45
F	☿∠♇	3pm 1
	♀⚺♅	3 28
	☿⚺♄	4 21
	☿⚼♂	9 34
17	♀△♂	5am14
S	⊕✶☿	11 3
18	☿ ♈	2pm25
19	☿⚻♃	12pm19
M	☿☌♆	2 19
	☿✶♇	7 44
	☿✶♅	10 3
20	☿⚻♂	9am47
21	☿□♀	10am45
22	☿⚼♃	11am52
Th	☿☌♄	7pm39
	☿∠♅	7 54
23	⊕ ♒	0am57
24	☿ ♉	9am20
S	⊕□☿	3pm56
	♀∠♃	11 3
25	♃⚻♆	5am 6
Su	☿⚺♆	5 46
	☿△♃	5 47
	♄∠♅	8 7
	☿□♇	10 22
	☿⚺♅	12pm31
	♀∠♅	11 20
	♀□♄	11 33
26	☿☍♂	10am21
27	☿0N	2pm 7
T	☿∠♆	6 51
28	☿⚺♄	1am33
W	⊕✶♆	2 56
	⊕⚻♃	8 36
	☿✶♀	7pm13
29	⊕☌♇	6am34
Th	☿ ♊	10 36
	⊕△♅	8pm17
30	☿✶♆	5am21
F	☿□♃	6 44
	☿△♇	9 32
	☿☌♅	11 39
	☿∠♄	12pm 6
	⊕△☿	2 23
31	♀ ♌	5am42
S	☿⚻♂	5pm37
1	☿∠♀	0am58
Su	☿ P	6 17
	☿⚼♇	6pm41
	☿✶♄	9 30
2	⊕⚼☿	9am37
3	☿ ♋	5am 1
T	♀△♆	6 1
	☿⚼♂	7 29
	♀⚺♃	4pm 0
	♀☍♇	10 6
	☿□♆	11 45
4	☿✶♃	2am28
W	☿⚻♇	3 56
	☿⚺♀	5 58
	☿⚺♅	6 10
	♀✶♅	6 44
5	⊕⚻☿	5am36
Th	☿△♂	10pm34
6	☿∠♃	1pm47
F	☿∠♅	4 58
	☿□♄	6 8
7	♀ P	1pm52
8	☿ ♌	3am 2
Su	☿△♆	11pm31
9	☿⚺♃	4am 1
M	☿☍♇	4 4
	☿✶♅	6 40
	♃⚻♇	7 53
11	☿☌♀	8am30
W	⊕☍☿	10 50
	♂0S	1pm56
	☿□♂	4 28
	☿⚼♆	5 1
	♂⚼♆	10 13
	⊕☍♀	11 47
12	☿△♄	2am43
Th	♀⚼♆	12pm24
	♀□♂	6 41
	⊕∠♆	9 13
13	☿ ♍	4pm 4
F	♀△♄	8 38
	⊕□♂	10 18
14	☿⚻♆	4pm24
S	☿⚻♇	9 45
	☿☌♃	11 50
15	☿□♅	1am 4
Su	☿⚼♄	3 32
	⊕✶♄	4 54
16	♂⚻♄	10am30
18	☿⚼♇	5am21
W	☿⚻♄	12pm22
	♀ ♍	4 50
	♃□♅	5 29
	☿✶♂	6 42
19	⊕⚻☿	11am12
20	☿ ♎	9am12
21	☿⚺♀	1pm34
S	☿☍♆	3 45
	♀⚻♆	6 45
	☿△♇	10 21
22	☿△♅	2am48
Su	☿⚺♃	4 14
	♀⚻♇	10 24
	♀□♅	8pm57
23	♀☌♃	1am10
M	☿∠♂	3 32
	♀⚼♄	7 1
	⊕ ♓	8 7
24	⊕⚼☿	5pm17
26	☿⚼♅	7am 9
Th	☿∠♃	10 44
	☿☍♄	12pm28
28	☿⚺♂	5am24
S	⊕⚺♆	1pm39
	☿ ♏	6 21
29	☿∠♀	2pm49
Su	⊕⚺♇	3 45
30	☿⚻♆	8am32
M	⊕□♅	10 51
	☿□♇	4pm35
	☿⚻♅	10 32
31	⊕△☿	3am47
T	☿✶♃	4 55
	⊕☍♃	7 35
	⊕∠♄	8 34
	♂ ♐	2pm34
	♀⚼♇	4 46

SEPTEMBER 2027

DAY	☿ LONG	☿ LAT	♀ LONG	♀ LAT	⊕ LONG	♂ LONG	♂ LAT
	° '	° '	° '	° '	° '	° '	° '
1 W	10♏08	1N03	21♍36	3N23	8♓22	0♐12	0S20
2 Th	13 09	0 41	23 13	3 22	9 20	0 43	0 21
3 F	16 07	0 19	24 50	3 22	10 18	1 15	0 22
4 S	19 03	0S03	26 27	3 21	11 16	1 46	0 23
5 Su	21 57	0 24	28 05	3 20	12 14	2 17	0 24
6 M	24 49	0 45	29 42	3 19	13 12	2 49	0 25
7 Tu	27 39	1 06	1♎19	3 17	14 11	3 20	0 26
8 W	0♐27	1 26	2 56	3 16	15 09	3 52	0 27
9 Th	3 15	1 46	4 33	3 14	16 07	4 23	0 28
10 F	6 01	2 06	6 10	3 12	17 05	4 55	0 29
11 S	8 47	2 25	7 47	3 10	18 04	5 27	0 30
12 Su	11 32	2 44	9 24	3 08	19 02	5 59	0 31
13 M	14 17	3 03	11 01	3 06	20 00	6 30	0 32
14 Tu	17 02	3 20	12 38	3 04	20 59	7 02	0 33
15 W	19 47	3 38	14 15	3 01	21 57	7 34	0 34
16 Th	22 32	3 55	15 52	2 58	22 56	8 06	0 35
17 F	25 17	4 12	17 29	2 55	23 54	8 38	0 36
18 S	28 03	4 28	19 05	2 53	24 53	9 10	0 37
19 Su	0♑50	4 43	20 42	2 49	25 51	9 42	0 38
20 M	3 38	4 58	22 19	2 46	26 50	10 15	0 39
21 Tu	6 27	5 12	23 55	2 43	27 48	10 47	0 40
22 W	9 18	5 26	25 32	2 39	28 47	11 19	0 41
23 Th	12 11	5 39	27 08	2 36	29 46	11 52	0 42
24 F	15 05	5 51	28 45	2 32	0♈44	12 24	0 43
25 S	18 02	6 02	0♏21	2 28	1 43	12 56	0 44
26 Su	21 01	6 13	1 58	2 24	2 42	13 29	0 45
27 M	24 03	6 22	3 34	2 20	3 41	14 02	0 46
28 Tu	27 08	6 31	5 10	2 16	4 40	14 34	0 47
29 W	0♒16	6 39	6 46	2 11	5 38	15 07	0 48
30 Th	3♒27	6S46	8♏23	2N07	6♈37	15♐40	0S48

OCTOBER 2027

DAY	☿ LONG	☿ LAT	♀ LONG	♀ LAT	⊕ LONG	♂ LONG	♂ LAT
	° '	° '	° '	° '	° '	° '	° '
1 F	6♒42	6S51	9♏59	2N03	7♈36	16♐13	0S49
2 S	10 02	6 56	11 35	1 58	8 35	16 45	0 50
3 Su	13 26	6 59	13 11	1 53	9 34	17 18	0 51
4 M	16 54	7 00	14 47	1 48	10 33	17 51	0 52
5 Tu	20 28	7 00	16 23	1 44	11 33	18 24	0 53
6 W	24 07	6 58	17 59	1 39	12 32	18 57	0 54
7 Th	27 52	6 55	19 35	1 34	13 31	19 31	0 55
8 F	1♓43	6 50	21 11	1 29	14 30	20 04	0 56
9 S	5 40	6 42	22 46	1 23	15 29	20 37	0 57
10 Su	9 45	6 32	24 22	1 18	16 28	21 11	0 58
11 M	13 57	6 20	25 58	1 13	17 28	21 44	0 59
12 Tu	18 16	6 06	27 34	1 08	18 27	22 17	1 00
13 W	22 43	5 49	29 09	1 02	19 26	22 51	1 01
14 Th	27 19	5 29	0♐45	0 57	20 26	23 24	1 01
15 F	2♈04	5 06	2 20	0 51	21 25	23 58	1 02
16 S	6 57	4 40	3 56	0 46	22 25	24 32	1 03
17 Su	11 59	4 12	5 31	0 40	23 24	25 06	1 04
18 M	17 10	3 40	7 07	0 35	24 24	25 39	1 05
19 Tu	22 31	3 06	8 42	0 29	25 23	26 13	1 06
20 W	28 00	2 29	10 18	0 24	26 23	26 47	1 07
21 Th	3♉38	1 49	11 53	0 18	27 22	27 21	1 08
22 F	9 25	1 08	13 28	0 12	28 22	27 55	1 09
23 S	15 19	0 25	15 04	0 07	29 22	28 29	1 09
24 Su	21 21	0N20	16 39	0 01	0♉21	29 03	1 10
25 M	27 28	1 05	18 14	0S05	1 21	29 38	1 11
26 Tu	3♊40	1 49	19 49	0 10	2 21	0♑12	1 12
27 W	9 56	2 33	21 24	0 16	3 21	0 46	1 13
28 Th	16 15	3 15	23 00	0 22	4 21	1 20	1 14
29 F	22 34	3 55	24 35	0 27	5 21	1 55	1 14
30 S	28 53	4 32	26 10	0 33	6 20	2 29	1 15
31 Su	5♋09	5N06	27♐45	0S38	7♉20	3♑04	1S16

DAY	♃ LONG	♃ LAT	♄ LONG	♄ LAT	♅ LONG	♅ LAT	♆ LONG	♆ LAT	♇ LONG	♇ LAT
	° '	° '	° '	° '	° '	° '	° '	° '	° '	° '
2 Th	7♍49.9	1N06	22♈47.9	2S29	6♊53.7	0S06	5♈04.4	1S25	6♒06.7	4S41
7 Tu	8 13.0	1 06	22 58.4	2 29	6 57.2	0 06	5 06.2	1 25	6 08.1	4 42
12 Su	8 36.2	1 06	23 08.9	2 29	7 00.6	0 06	5 08.0	1 25	6 09.4	4 42
17 F	8 59.3	1 06	23 19.4	2 29	7 04.1	0 06	5 09.8	1 25	6 10.8	4 43
22 W	9 22.3	1 07	23 29.9	2 29	7 07.6	0 06	5 11.7	1 25	6 12.1	4 43
27 M	9 45.4	1 07	23 40.4	2 29	7 11.0	0 06	5 13.5	1 25	6 13.5	4 43
2 S	10 08.5	1 07	23 50.9	2 29	7 14.5	0 06	5 15.3	1 25	6 14.8	4 44
7 Th	10 31.6	1 08	24 01.4	2 29	7 17.9	0 06	5 17.1	1 25	6 16.2	4 44
12 Tu	10 54.7	1 08	24 11.9	2 29	7 21.4	0 05	5 19.0	1 25	6 17.6	4 45
17 Su	11 17.7	1 08	24 22.4	2 29	7 24.9	0 05	5 20.8	1 25	6 18.9	4 45
22 F	11 40.7	1 08	24 32.9	2 29	7 28.3	0 05	5 22.6	1 25	6 20.3	4 45
27 W	12 03.8	1 09	24 43.4	2 29	7 31.8	0 05	5 24.4	1 25	6 21.6	4 46

☿a.442621	☿p.428673
♀ .719573	♀ .723130
⊕ 1.00942	⊕ 1.00144
♂ 1.52626	♂ 1.48713
♃ 5.39938	♃ 5.40574
♄ 9.33495	♄ 9.32632
♅ 19.3799	♅ 19.3743
♆ 29.8705	♆ 29.8699
♇ 35.8437	♇ 35.8647
☊	Perihelia
☿ 18°♉ 40	☿ 17°♊ 54
♀ 16 ♊ 56	♀ 11 ♌ 51
⊕	⊕ 11 ♋ 20
♂ 19 ♉ 46	♂ 6 ♓ 38
♃ 10 ♋ 45	♃ 14 ♈ 32
♄ 23 ♋ 57	♄ 3 ♋ 56
♅ 14 ♊ 09	♅ 18 ♍ 57
♆ 12 ♌ 08	♆ 28 ♉ 02
♇ 20 ♋ 42	♇ 13 ♏ 54

1 W	♃⚼♄	5am16
	♀⚻♄	5pm41
3	☿0S	8pm49
4	☿⚼♆	8am34
5	☿⚻♄	8am 6
6	♀ ♎	4am29
7	☿ ♐	8pm 5
8	♀✶♂	8pm26
9 Th	♀☍♆	8am22
	☿☌♂	12pm10
	☿△♆	4 10
	♀△♇	11 40
10 F	☿✶♇	1am 4
	☿✶♀	3 3
	☿☍♅	8 24
	♂△♆	9 21
	♀△♅	12pm13
	☿⚼♄	6 4
	☿□♃	9 40
11	♀⚺♃	11am30
12	♂✶♇	8am18
13	♂☍♅	11pm51
14 T	⊕∠♇	4am39
	☿ A	5 56
15	☿∠♇	12pm12
16 Th	⊕□☿	5am24
	☿△♄	6 44
	♂⚼♄	8 58
	⊕⚺♄	9 15
17	♂□♃	6pm27
18	☿ ♑	4pm50
19	♀⚼♅	8pm54
20 M	☿□♆	1pm14
	♀☍♄	5 2
	☿⚺♇	9 49
21 T	☿⚻♅	5am36
	♀∠♃	5 53
22 W	☿△♃	0am36
	♀∠♂	5pm44
	☿⚺♂	8 44
23	⊕ ♈	5am54
24	♀ ♏	6pm44
26 Su	☿⚼♅	9am13
	☿□♄	9pm 1
27 M	⊕⚻♀	4am20
	☿⚼♃	5 42
28 T	♀⚻♆	0am55
	⊕☌♆	2pm 5
	♀□♇	3 54
	☿ ♒	10 1
	☿∠♂	10 40
29 W	♀⚻♅	6am32
	⊕✶♇	2pm35
30 Th	☿✶♆	1pm17
	⊕✶♅	2 43
	☿☌♇	8 36

1 F	♀✶♃	1am20
	☿△♅	3 49
	⊕✶☿	9 18
2 S	☿⚻♃	0am49
	☿□♀	8pm47
3	⊕⚻♃	5pm 5
4 M	☿✶♂	7am40
	☿∠♆	10pm44
5	☿✶♄	11pm10
6	♀⚺♂	10pm25
7 Th	⊕∠☿	5am32
	♀⚼♆	10 39
	☿ ♓	1pm24
8	☿⚺♆	9pm45
9 S	☿⚺♇	3am37
	☿□♅	9 50
	♀⚻♄	8pm17
	☿∠♄	8 22
10 Su	♂∠♇	4am43
	☿☍♃	5 57
12 T	⊕⚺☿	1am18
	☿∠♇	4pm23
13 W	☿□♂	0am45
	☿⚺♄	8 1
	♀ ♐	12pm45
14	☿ ♈	1pm40
15 F	☿△♀	2am 5
	♂△♄	3pm16
	☿☌♆	4 11
	☿✶♇	8 55
	⊕∠♅	11 50
16 S	☿✶♅	2am13
	☿⚻♃	8pm43
	♀△♆	9 20
17	♀✶♇	11am59
18 M	⊕☌♄	0am24
	♀☍♅	4 44
	☿∠♅	11pm40
19 T	☿⚼♀	7am26
	☿☌♄	8 34
	♀⚼♄	11 24
	⊕☌☿	3pm25
	☿⚼♃	5 31
	☿△♂	6 8
20 W	⊕⚼♃	3am53
	☿ ♉	8 34
	♀□♃	7pm33
	⊕△♂	10 53
21 Th	☿⚺♆	7am16
	☿□♇	11 16
	☿⚺♅	3pm58
	⊕⚼♀	7 43
22 F	☿△♃	9am23
	☿⚼♂	3pm49
	☿⚻♀	10 34
23 S	☿0N	1pm23
	⊕ ♉	3 26
	☿∠♆	8 14
24 Su	♀0S	4am20
	☿⚺♄	12pm58
25 M	☿⚻♂	9am14
	☿ ♊	9 50
	♂ ♑	3pm44
	⊕⚺☿	5 56
26 T	☿✶♆	6am39
	☿△♇	10 19
	☿☌♅	2pm47
	☿∠♄	11 10
	♀∠♇	11 18
27	☿□♃	8am12
28 Th	☿ P	5am32
	⊕∠☿	1pm58
	☿⚼♇	7 27
29 F	⊕⚺♆	1am52
	♀△♄	3 21
	☿✶♄	8 30
	☿☍♀	10 11
30 S	⊕□♇	0am47
	☿ ♋	4 16
	☿☍♂	3pm10
31 Su	☿□♆	1am 4
	☿⚻♇	4 42
	⊕⚺♅	5 42
	☿⚺♅	9 20
	⊕✶☿	10 1

NOVEMBER 2027

DECEMBER 2027

DAY	☿ LONG	☿ LAT	♀ LONG	♀ LAT	⊕ LONG	♂ LONG	♂ LAT
	° '	° '	° '	° '	° '	° '	° '
1 M	11♋22	5N35	29♐20	0S44	8♉20	3♑39	1S17
2 Tu	17 30	6 00	0♑55	0 49	9 20	4 13	1 18
3 W	23 32	6 21	2 30	0 55	10 21	4 48	1 19
4 Th	29 27	6 37	4 05	1 00	11 21	5 23	1 19
5 F	5♌13	6 49	5 40	1 05	12 21	5 58	1 20
6 S	10 51	6 56	7 15	1 11	13 21	6 32	1 21
7 Su	16 20	7 00	8 50	1 16	14 21	7 07	1 22
8 M	21 39	7 00	10 25	1 21	15 21	7 42	1 22
9 Tu	26 48	6 56	12 00	1 26	16 21	8 17	1 23
10 W	1♍48	6 49	13 34	1 31	17 22	8 52	1 24
11 Th	6 38	6 40	15 09	1 36	18 22	9 28	1 25
12 F	11 18	6 28	16 44	1 41	19 22	10 03	1 25
13 S	15 50	6 14	18 19	1 46	20 23	10 38	1 26
14 Su	20 13	5 59	19 54	1 51	21 23	11 13	1 27
15 M	24 28	5 41	21 29	1 56	22 23	11 49	1 28
16 Tu	28 35	5 23	23 04	2 00	23 24	12 24	1 28
17 W	2♎34	5 04	24 39	2 05	24 24	13 00	1 29
18 Th	6 27	4 43	26 14	2 09	25 25	13 35	1 30
19 F	10 13	4 22	27 48	2 13	26 25	14 11	1 30
20 S	13 52	4 01	29 23	2 18	27 26	14 46	1 31
21 Su	17 26	3 39	0♒58	2 22	28 26	15 22	1 32
22 M	20 55	3 17	2 33	2 26	29 27	15 58	1 32
23 Tu	24 18	2 54	4 08	2 30	0♊27	16 34	1 33
24 W	27 37	2 32	5 43	2 33	1 28	17 09	1 33
25 Th	0♏52	2 09	7 18	2 37	2 29	17 45	1 34
26 F	4 02	1 47	8 52	2 40	3 29	18 21	1 35
27 S	7 10	1 24	10 27	2 44	4 30	18 57	1 35
28 Su	10 13	1 02	12 02	2 47	5 31	19 33	1 36
29 M	13 14	0 40	13 37	2 50	6 32	20 09	1 36
30 Tu	16♏13	0N18	15♒12	2S53	7♊32	20♑46	1S37

DAY	☿ LONG	☿ LAT	♀ LONG	♀ LAT	⊕ LONG	♂ LONG	♂ LAT
	° '	° '	° '	° '	° '	° '	° '
1 W	19♏09	0S04	16♒47	2S56	8♊33	21♑22	1S38
2 Th	22 02	0 25	18 22	2 59	9 34	21 58	1 38
3 F	24 54	0 46	19 57	3 02	10 35	22 34	1 39
4 S	27 44	1 07	21 32	3 04	11 36	23 11	1 39
5 Su	0♐33	1 27	23 07	3 06	12 37	23 47	1 40
6 M	3 20	1 47	24 42	3 09	13 38	24 23	1 40
7 Tu	6 07	2 07	26 17	3 11	14 38	25 00	1 41
8 W	8 52	2 26	27 52	3 13	15 39	25 36	1 41
9 Th	11 38	2 45	29 27	3 14	16 40	26 13	1 42
10 F	14 22	3 03	1♓02	3 16	17 41	26 49	1 42
11 S	17 07	3 21	2 37	3 17	18 42	27 26	1 43
12 Su	19 52	3 39	4 12	3 19	19 43	28 03	1 43
13 M	22 37	3 56	5 47	3 20	20 44	28 39	1 44
14 Tu	25 22	4 12	7 22	3 21	21 45	29 16	1 44
15 W	28 08	4 28	8 58	3 22	22 46	29 53	1 44
16 Th	0♑55	4 43	10 33	3 22	23 47	0♒30	1 45
17 F	3 43	4 58	12 08	3 23	24 48	1 07	1 45
18 S	6 33	5 12	13 43	3 23	25 49	1 44	1 46
19 Su	9 24	5 26	15 18	3 24	26 50	2 21	1 46
20 M	12 16	5 39	16 54	3 24	27 51	2 58	1 46
21 Tu	15 11	5 51	18 29	3 24	28 52	3 35	1 47
22 W	18 08	6 02	20 04	3 23	29 53	4 12	1 47
23 Th	21 07	6 13	21 39	3 23	0♋55	4 49	1 47
24 F	24 09	6 23	23 15	3 22	1 56	5 26	1 48
25 S	27 14	6 32	24 50	3 22	2 57	6 03	1 48
26 Su	0♒22	6 39	26 25	3 21	3 58	6 41	1 48
27 M	3 33	6 46	28 01	3 20	4 59	7 18	1 48
28 Tu	6 49	6 51	29 36	3 19	6 00	7 55	1 49
29 W	10 08	6 56	1♈12	3 17	7 01	8 33	1 49
30 Th	13 32	6 59	2 47	3 16	8 03	9 10	1 49
31 F	17♒01	7S00	4♈23	3S14	9♋04	9♒47	1S49

DAY	♃ LONG	♃ LAT	♄ LONG	♄ LAT	♅ LONG	♅ LAT	♆ LONG	♆ LAT	♇ LONG	♇ LAT
	° '	° '	° '	° '	° '	° '	° '	° '	° '	° '
1 M	12♍26.8	1N09	24♈53.9	2S29	7♊35.2	0S05	5♈26.3	1S25	6♒23.0	4S46
6 S	12 49.8	1 09	25 04.5	2 29	7 38.7	0 05	5 28.1	1 25	6 24.3	4 47
11 Th	13 12.8	1 09	25 15.0	2 29	7 42.2	0 05	5 29.9	1 25	6 25.7	4 47
16 Tu	13 35.9	1 10	25 25.5	2 29	7 45.6	0 05	5 31.8	1 25	6 27.0	4 47
21 Su	13 58.9	1 10	25 36.0	2 29	7 49.1	0 05	5 33.6	1 25	6 28.4	4 48
26 F	14 21.8	1 10	25 46.6	2 29	7 52.6	0 05	5 35.4	1 25	6 29.7	4 48
1 W	14 44.8	1 10	25 57.1	2 29	7 56.0	0 05	5 37.3	1 25	6 31.1	4 49
6 M	15 07.8	1 10	26 07.7	2 29	7 59.5	0 05	5 39.1	1 25	6 32.5	4 49
11 S	15 30.8	1 11	26 18.2	2 29	8 03.0	0 05	5 40.9	1 25	6 33.8	4 49
16 Th	15 53.8	1 11	26 28.8	2 29	8 06.5	0 05	5 42.8	1 25	6 35.2	4 50
21 Tu	16 16.7	1 11	26 39.3	2 29	8 09.9	0 05	5 44.6	1 25	6 36.5	4 50
26 Su	16 39.7	1 11	26 49.9	2 29	8 13.4	0 05	5 46.4	1 25	6 37.9	4 51
31 F	17 02.6	1 12	27 00.4	2 29	8 16.9	0 05	5 48.3	1 25	6 39.2	4 51

☿ .311983	☿a .452268
♀a .726898	♀ .728173
⊕ .992761	⊕ .986240
♂ 1.44874	♂ 1.41703
♃ 5.41194	♃ 5.41755
♄ 9.31747	♄ 9.30897
♅ 19.3686	♅ 19.3630
♆ 29.8692	♆ 29.8686
♇ 35.8864	♇ 35.9074
☊	Perihelia
☿ 18° ♉ 40	☿ 17° ♊ 54
♀ 16 ♊ 56	♀ 11 ♌ 54
⊕	⊕ 14 ♋ 10
♂ 19 ♉ 46	♂ 6 ♓ 37
♃ 10 ♋ 46	♃ 14 ♈ 33
♄ 23 ♋ 57	♄ 4 ♋ 01
♅ 14 ♊ 09	♅ 19 ♍ 14
♆ 12 ♌ 09	♆ 28 ♉ 16
♇ 20 ♋ 43	♇ 13 ♏ 56

1 M	☿⚹♃	4am14
	♀ ♑	10 9
2	☿∠♅	8pm17
3 W	☿□♄	5am49
	☿∠♃	4pm40
4 Th	☿ ♌	2am17
	♂□♆	3 16
	♀□♆	8pm56
5 F	☿△♆	1am 1
	☿⚻♀	2 35
	☿⚻♂	3 28
	☿☍♇	4 59
	♀☌♂	7 4
	☿⚹♅	10 14
	⊕△♃	10 35
	♀⚺♇	11 13
	♂⚺♇	6pm25
6 S	♀⚻♅	6am 6
	☿⚺♃	8 44
	⊕□☿	1pm18
7 Su	☿⚼♆	6pm41
	♂⚻♅	10 27
8	☿⚼♂	5am30
M	☿△♄	4pm20
9 T	☿⚼♀	1am21
	☿ ♍	3pm18
	♀△♃	5 2
10 W	☿⚻♆	6pm19
	☿⚻♇	11 0
11 Th	☿□♅	5am28
	☿△♂	4pm31
	☿⚼♄	6 39
12	☿☌♃	10am36
13 S	⊕∠♆	3am13
	☿△♀	9pm12
14 Su	☿⚼♇	6am50
	⊕△☿	8 29
15 M	☿⚻♄	5am22
	♀⚼♅	7pm23
16 T	☿ ♎	8am27
	⊕△♀	1pm55
17 W	♀□♄	12pm40
	☿☍♆	6 19
18 Th	☿△♇	0am 5
	⊕⚺♄	2 5
	♂△♃	7 39
	☿△♅	8 29
19 F	⊕⚼☿	10am50
	♀⚼♃	4pm18
20 S	☿⚺♃	0am14
	☿□♂	7 14
	♀ ♒	9 18
22 M	⊕ ♊	1pm 9
	☿⚼♅	1 34
23 T	☿☍♄	9am58
	♀⚹♆	9pm58
24 W	♀☌♇	11am48
	☿∠♃	12pm 1
	☿ ♏	5 35
25 Th	♀△♅	8am44
	⊕⚼♂	4pm 6
	⊕⚻☿	5 51
26 F	☿⚻♆	11am54
	☿□♇	6pm53
27	☿⚻♅	5am41
S	♀ A	8pm44
28 Su	⊕⚹♆	2am 6
	⊕△♇	11pm34
29 M	☿□♀	6am29
	☿⚹♃	11 11
	♀⚻♃	3pm32
30 T	⊕☌♅	9am 9
	☿0S	8pm 4

1 W	☿⚼♆	12pm15
	☿⚹♂	11 15
3 F	☿⚻♄	9am35
	♀∠♆	10 25
	⊕∠♄	10 48
	♂⚼♅	3pm39
4	☿ ♐	7pm19
5	♀⚺♂	4pm24
6 M	☿△♆	8pm 3
	♀⚹♄	10 10
7 T	☿⚹♇	3am46
	⊕□♃	2pm30
	☿☍♅	4 29
8 W	☿∠♂	7pm22
	☿⚼♄	8 31
9 Th	♂□♄	0am48
	♀ ♓	8 21
10	☿□♃	9am33
11	☿ A	5am11
S	⊕☍☿	9pm59
12 Su	☿∠♇	2pm55
	♀⚺♆	10 34
13 M	♀⚺♇	11am55
	⊕⚼♇	7pm53
14 T	☿△♄	9am 8
	♀□♅	10 50
15 W	♂ ♒	4am30
	☿ ♑	4pm 4
	☿⚺♂	7 20
16 Th	♀∠♄	2pm27
	♂⚼♃	5 42
17	☿□♆	5pm 1
18 S	☿⚺♇	0am25
	☿⚻♅	1pm26
	⊕⚹♄	5 52
19	♀☍♃	1pm 2
21 T	♀∠♂	2am29
	☿△♃	9 13
22	⊕ ♋	2am35
W	♀∠♇	11pm25
23 Th	☿⚹♀	9am 7
	☿⚼♅	4pm32
24 F	♂⚹♆	12pm42
	☿□♄	8 38
25 S	☿ ♒	9pm15
	♂☌♇	10 13
26 Su	♀⚺♄	6am18
	☿⚼♃	10 4
27 M	⊕⚻☿	3pm25
	☿⚹♆	4 28
	⊕□♆	6 50
	☿☌♇	10 45
28 T	♀ ♈	5am59
	☿☌♂	9 55
	☿△♅	10 27
	♂△♅	12pm49
	⊕⚻♇	3 3
30	⊕⚺♅	5am24
31 F	☿⚻♃	0am12
	♀☌♆	9pm37

JANUARY 2028

DAY	☿ LONG	☿ LAT	♀ LONG	♀ LAT	⊕ LONG	♂ LONG	♂ LAT
	° '	° '	° '	° '	° '	° '	° '
1 S	20♒35	7S00	5♈58	3S13	10♋05	10♒25	1S49
2 Su	24 14	6 58	7 34	3 11	11 06	11 02	1 50
3 M	27 59	6 55	9 09	3 09	12 07	11 40	1 50
4 Tu	1♓50	6 49	10 45	3 06	13 08	12 17	1 50
5 W	5 48	6 42	12 20	3 04	14 10	12 55	1 50
6 Th	9 53	6 32	13 56	3 02	15 11	13 32	1 50
7 F	14 05	6 20	15 32	2 59	16 12	14 10	1 50
8 S	18 24	6 05	17 07	2 56	17 13	14 48	1 51
9 Su	22 52	5 48	18 43	2 53	18 14	15 25	1 51
10 M	27 28	5 28	20 19	2 50	19 15	16 03	1 51
11 Tu	2♈13	5 05	21 54	2 47	20 16	16 41	1 51
12 W	7 06	4 40	23 30	2 44	21 18	17 18	1 51
13 Th	12 09	4 11	25 06	2 40	22 19	17 56	1 51
14 F	17 20	3 39	26 42	2 37	23 20	18 34	1 51
15 S	22 41	3 05	28 18	2 33	24 21	19 12	1 51
16 Su	28 11	2 28	29 53	2 29	25 22	19 50	1 51
17 M	3♉49	1 48	1♉29	2 25	26 23	20 28	1 51
18 Tu	9 36	1 07	3 05	2 21	27 24	21 05	1 51
19 W	15 31	0 23	4 41	2 17	28 25	21 43	1 51
20 Th	21 32	0N21	6 17	2 13	29 26	22 21	1 51
21 F	27 40	1 06	7 53	2 08	0♌27	22 59	1 51
22 S	3♊52	1 51	9 29	2 04	1 28	23 37	1 51
23 Su	10 08	2 35	11 05	1 59	2 30	24 15	1 51
24 M	16 27	3 17	12 41	1 55	3 31	24 53	1 51
25 Tu	22 46	3 56	14 17	1 50	4 32	25 31	1 50
26 W	29 05	4 33	15 54	1 45	5 33	26 09	1 50
27 Th	5♋21	5 07	17 30	1 40	6 34	26 47	1 50
28 F	11 34	5 36	19 06	1 35	7 35	27 25	1 50
29 S	17 42	6 01	20 42	1 30	8 36	28 03	1 50
30 Su	23 43	6 21	22 18	1 25	9 37	28 41	1 50
31 M	29♋38	6N38	23♉55	1S20	10♌38	29♒19	1S49

FEBRUARY 2028

DAY	☿ LONG	☿ LAT	♀ LONG	♀ LAT	⊕ LONG	♂ LONG	♂ LAT
	° '	° '	° '	° '	° '	° '	° '
1 Tu	5♌24	6N49	25♉31	1S14	11♌39	29♒57	1S49
2 W	11 02	6 57	27 07	1 09	12 39	0♓35	1 49
3 Th	16 30	7 00	28 44	1 04	13 40	1 13	1 49
4 F	21 48	7 00	0♊20	0 58	14 41	1 52	1 49
5 S	26 57	6 56	1 57	0 53	15 42	2 30	1 48
6 Su	1♍57	6 49	3 33	0 47	16 43	3 08	1 48
7 M	6 47	6 40	5 09	0 42	17 44	3 46	1 48
8 Tu	11 27	6 28	6 46	0 36	18 44	4 24	1 47
9 W	15 59	6 14	8 22	0 30	19 45	5 02	1 47
10 Th	20 22	5 58	9 59	0 25	20 46	5 40	1 47
11 F	24 36	5 41	11 36	0 19	21 47	6 18	1 46
12 S	28 43	5 22	13 12	0 13	22 47	6 56	1 46
13 Su	2♎42	5 03	14 49	0 08	23 48	7 35	1 46
14 M	6 34	4 43	16 26	0 02	24 49	8 13	1 45
15 Tu	10 20	4 22	18 02	0N04	25 49	8 51	1 45
16 W	13 59	4 00	19 39	0 10	26 50	9 29	1 44
17 Th	17 33	3 38	21 16	0 15	27 51	10 07	1 44
18 F	21 01	3 16	22 53	0 21	28 51	10 45	1 44
19 S	24 24	2 53	24 29	0 27	29 52	11 23	1 43
20 Su	27 43	2 31	26 06	0 32	0♍52	12 01	1 43
21 M	0♏58	2 08	27 43	0 38	1 53	12 39	1 42
22 Tu	4 08	1 46	29 20	0 44	2 53	13 17	1 42
23 W	7 16	1 24	0♋57	0 49	3 54	13 56	1 41
24 Th	10 19	1 01	2 34	0 55	4 54	14 34	1 41
25 F	13 20	0 39	4 11	1 00	5 54	15 12	1 40
26 S	16 18	0 17	5 48	1 06	6 55	15 50	1 40
27 Su	19 14	0S04	7 25	1 11	7 55	16 28	1 39
28 M	22 08	0 25	9 02	1 17	8 56	17 06	1 39
29 Tu	24♏59	0S47	10♋39	1N22	9♍56	17♓44	1S38

DAY	♃ LONG	♃ LAT	♄ LONG	♄ LAT	♅ LONG	♅ LAT	♆ LONG	♆ LAT	♇ LONG	♇ LAT
	° '	° '	° '	° '	° '	° '	° '	° '	° '	° '
5 W	17♍25.5	1N12	27♈11.0	2S29	8♊20.3	0S05	5♈50.1	1S26	6♒40.6	4S51
10 M	17 48.5	1 12	27 21.6	2 29	8 23.8	0 05	5 51.9	1 26	6 42.0	4 52
15 S	18 11.4	1 12	27 32.1	2 29	8 27.3	0 05	5 53.7	1 26	6 43.3	4 52
20 Th	18 34.3	1 12	27 42.7	2 29	8 30.8	0 05	5 55.6	1 26	6 44.7	4 53
25 Tu	18 57.2	1 13	27 53.3	2 29	8 34.2	0 05	5 57.4	1 26	6 46.0	4 53
30 Su	19 20.1	1 13	28 03.9	2 29	8 37.7	0 04	5 59.2	1 26	6 47.4	4 53
4 F	19 43.0	1 13	28 14.4	2 29	8 41.2	0 04	6 01.1	1 26	6 48.7	4 54
9 W	20 05.9	1 13	28 25.0	2 29	8 44.6	0 04	6 02.9	1 26	6 50.1	4 54
14 M	20 28.8	1 13	28 35.6	2 29	8 48.1	0 04	6 04.7	1 26	6 51.4	4 55
19 S	20 51.6	1 13	28 46.2	2 29	8 51.6	0 04	6 06.5	1 26	6 52.8	4 55
24 Th	21 14.5	1 14	28 56.8	2 29	8 55.0	0 04	6 08.4	1 26	6 54.1	4 55
29 Tu	21 37.4	1 14	29 07.4	2 29	8 58.5	0 04	6 10.2	1 26	6 55.5	4 56

☿p.409378	☿ .325588
♀ .726162	♀ .722155
⊕p.983357	⊕ .985245
♂ 1.39341	♂p1.38196
♃ 5.42296	♃ 5.42796
♄ 9.30026	♄ 9.29162
♅ 19.3572	♅ 19.3515
♆ 29.8680	♆ 29.8674
♇ 35.9291	♇ 35.9509
☊	Perihelia
☿ 18°♉ 40	☿ 17°♊ 54
♀ 16 ♊ 56	♀ 11 ♌ 59
⊕	⊕ 15 ♋ 28
♂ 19 ♉ 47	♂ 6 ♓ 37
♃ 10 ♋ 46	♃ 14 ♈ 34
♄ 23 ♋ 57	♄ 4 ♋ 09
♅ 14 ♊ 09	♅ 19 ♍ 34
♆ 12 ♌ 09	♆ 28 ♉ 41
♇ 20 ♋ 43	♇ 13 ♏ 58

1 S	☿∠♆	1am32
	☿∠♀	4 37
	♀✶♇	10 26
	⊕⚻♂	8pm 6
2 Su	♀✶♅	11am18
	⊕⚼☿	4pm31
	☿✶♄	6 26
3	☿ ♓	12pm38
5 W	☿⚺♆	0am12
	☿⚺♇	5 13
	⊕ P	12pm29
	♀✶♂	2 16
	☿□♅	3 4
6	☿∠♄	1pm34
7 F	☿⚺♂	0am35
	☿⚺♀	12pm51
	⊕△☿	3 29
	☿☍♃	7 49
8 S	⊕□♀	4am 0
	♀⚻♃	8 26
	⊕✶♃	11 9
	☿∠♇	5pm45
9	☿⚺♄	11pm26
10 M	☿ ♈	12pm54
	☿∠♂	8 57
11 T	☿☌♆	6pm 3
	☿✶♇	10 5
	♀∠♅	10 45
12	☿✶♅	6am21
13	♂⚻♃	4am19
14 F	⊕∠♅	2am44
	☿⚻♃	3 34
	☿✶♂	6 20
	♀☌♄	12pm21
15 S	☿∠♅	3am25
	⊕□☿	9 1
	☿☌♄	9pm21
16 Su	♀ ♉	1am38
	☿ ♉	7 49
	☿☌♀	10 16
	☿⚼♃	9pm58
17 M	☿⚺♆	8am45
	☿□♇	12pm10
	♂∠♆	5 14
	☿⚺♅	7 25
18 T	♀⚼♃	5am13
	⊕□♄	5 51
19 W	☿△♃	12pm 6
	☿0N	12 38
	♀⚺♆	6 34
	☿∠♆	9 36
20 Th	☿□♂	3am36
	♀□♇	6 53
	⊕ ♌	1pm15
21 F	☿⚺♄	0am20
	☿ ♊	9 5
	♀⚺♅	9 38
	⊕✶☿	12pm58
22 S	☿✶♆	7am57
	☿△♇	11 4
	☿☌♅	5pm55
23 Su	☿⚺♀	4am51
	☿∠♄	10 16
24 M	☿ P	4am47
	⊕∠☿	9 20
	☿□♃	9 20
	⊕∠♃	9 23
	☿⚼♇	8pm12
25 T	☿△♂	11am36
	☿✶♄	7pm34
26 W	☿ ♋	3am31
	☿∠♀	9 17
	⊕△♆	9 56
27 Th	☿□♆	2am22
	⊕☍♇	5 5
	☿⚻♇	5 28
	⊕⚺☿	5 33
	☿⚺♅	12pm30
28 F	♀△♃	1am18
	☿⚼♂	3 41
	♂✶♄	11pm 5
29 S	⊕✶♅	0am32
	♀∠♆	4 11
	☿✶♃	6 15
	☿✶♀	4pm15
	☿∠♅	11 37
30 Su	☿□♄	5pm42
	☿⚻♂	10 34
31 M	☿ ♌	1am31
	☿∠♃	8pm 7

1 T	♂ ♓	1am42
	☿△♆	2 32
	☿☍♇	5 55
	☿✶♅	1pm49
2 W	⊕☌☿	8am42
	♀⚺♄	4pm 1
3 Th	☿⚺♃	2pm20
	♀ ♊	7 0
	☿⚼♆	8 23
5 S	☿△♄	6am19
	♀□♂	1pm38
	☿ ♍	2 32
6 Su	☿☍♂	6am40
	☿□♀	11 47
	☿⚻♆	8pm15
7 M	☿⚻♇	0am14
	☿□♅	9 54
	♀✶♆	1pm10
8 T	♀△♇	0am58
	☿⚼♄	10 13
9 W	♀☌♅	5am33
	⊕⚺♃	8 49
	☿☌♃	10pm57
10 Th	⊕⚺☿	2am59
	⊕⚼♆	6 52
	☿⚼♇	8 18
	♂⚺♆	2pm39
11 F	♂ P	12pm14
	♂⚺♇	8 28
	☿⚻♄	10 52
12 S	♀∠♄	4am51
	☿ ♎	7 41
13	☿☍♆	8pm55
14 M	☿△♇	1am50
	♀0N	7 36
	☿⚻♂	12pm31
	☿△♅	2 13
	♂□♅	10 43
15	⊕∠☿	4am25
16	♀□♃	3pm19
17 Th	♀⚼♇	9am 3
	⊕△♄	9pm 7
	☿⚺♃	10 20
18	☿⚼♅	8pm 4
19 S	☿△♀	1am10
	⊕ ♍	3 19
	☿⚼♂	5pm40
20 Su	☿☍♄	8am 4
	☿ ♏	4pm49
21 M	⊕✶☿	10am 2
	♀✶♄	5pm 0
22 T	♀ ♋	9am52
	☿⚻♆	3pm16
	☿∠♃	3 19
	☿□♇	9 12
	♂∠♄	11 26
23	☿⚻♅	12pm54
25 F	⊕⚻♆	5am43
	☿△♂	7pm 3
	⊕⚻♇	11 56
26 S	♀□♆	5am12
	♀⚻♇	4pm29
	☿0S	7 20
27 Su	☿⚼♆	3pm57
	☿✶♃	7 1
	⊕✶♀	7 34
	♀⚺♅	10 53
28	⊕□♅	0am56
29	☿⚼♀	1pm 5

MARCH 2028

DAY	☿ LONG	☿ LAT	♀ LONG	♀ LAT	⊕ LONG	♂ LONG	♂ LAT
	° '	° '	° '	° '	° '	° '	° '
1 W	27♏50	1S07	12♋17	1N27	10♍56	18♓22	1S37
2 Th	0♐38	1 28	13 54	1 32	11 56	19 00	1 37
3 F	3 26	1 48	15 31	1 38	12 56	19 38	1 36
4 S	6 12	2 07	17 08	1 43	13 57	20 16	1 36
5 Su	8 58	2 26	18 45	1 47	14 57	20 53	1 35
6 M	11 43	2 45	20 23	1 52	15 57	21 31	1 34
7 Tu	14 28	3 04	22 00	1 57	16 57	22 09	1 34
8 W	17 12	3 22	23 37	2 02	17 57	22 47	1 33
9 Th	19 57	3 39	25 15	2 06	18 57	23 25	1 32
10 F	22 42	3 56	26 52	2 11	19 57	24 03	1 32
11 S	25 28	4 13	28 29	2 15	20 57	24 41	1 31
12 Su	28 14	4 28	0♌07	2 19	21 57	25 18	1 30
13 M	1♑01	4 44	1 44	2 24	22 56	25 56	1 30
14 Tu	3 49	4 59	3 22	2 28	23 56	26 34	1 29
15 W	6 38	5 13	4 59	2 32	24 56	27 11	1 28
16 Th	9 29	5 26	6 36	2 35	25 56	27 49	1 27
17 F	12 22	5 39	8 14	2 39	26 56	28 27	1 27
18 S	15 16	5 51	9 51	2 43	27 55	29 04	1 26
19 Su	18 13	6 03	11 29	2 46	28 55	29 42	1 25
20 M	21 13	6 13	13 06	2 49	29 55	0♈20	1 24
21 Tu	24 15	6 23	14 44	2 52	0♎54	0 57	1 24
22 W	27 20	6 32	16 21	2 55	1 54	1 35	1 23
23 Th	0♒28	6 39	17 59	2 58	2 53	2 12	1 22
24 F	3 39	6 46	19 36	3 01	3 53	2 50	1 21
25 S	6 55	6 52	21 14	3 04	4 52	3 27	1 20
26 Su	10 15	6 56	22 51	3 06	5 52	4 04	1 19
27 M	13 39	6 59	24 29	3 08	6 51	4 42	1 19
28 Tu	17 08	7 00	26 06	3 10	7 51	5 19	1 18
29 W	20 42	7 00	27 44	3 12	8 50	5 56	1 17
30 Th	24 21	6 58	29 22	3 14	9 49	6 34	1 16
31 F	28♒06	6S55	0♍59	3N16	10♎49	7♈11	1S15

APRIL 2028

DAY	☿ LONG	☿ LAT	♀ LONG	♀ LAT	⊕ LONG	♂ LONG	♂ LAT
	° '	° '	° '	° '	° '	° '	° '
1 S	1♓58	6S49	2♍37	3N17	11♎48	7♈48	1S14
2 Su	5 56	6 42	4 14	3 19	12 47	8 25	1 13
3 M	10 01	6 32	5 52	3 20	13 46	9 02	1 12
4 Tu	14 13	6 20	7 29	3 21	14 45	9 39	1 12
5 W	18 33	6 05	9 06	3 22	15 44	10 16	1 11
6 Th	23 01	5 48	10 44	3 23	16 44	10 53	1 10
7 F	27 37	5 28	12 21	3 23	17 43	11 30	1 09
8 S	2♈22	5 05	13 59	3 23	18 42	12 07	1 08
9 Su	7 16	4 39	15 36	3 24	19 40	12 44	1 07
10 M	12 18	4 10	17 14	3 24	20 39	13 21	1 06
11 Tu	17 30	3 38	18 51	3 24	21 38	13 58	1 05
12 W	22 51	3 04	20 28	3 23	22 37	14 34	1 04
13 Th	28 21	2 27	22 06	3 23	23 36	15 11	1 03
14 F	4♉00	1 47	23 43	3 22	24 35	15 48	1 02
15 S	9 47	1 05	25 20	3 22	25 33	16 24	1 01
16 Su	15 42	0 22	26 57	3 21	26 32	17 01	1 00
17 M	21 43	0N23	28 35	3 20	27 31	17 38	0 59
18 Tu	27 51	1 07	0♎12	3 18	28 30	18 14	0 58
19 W	4♊04	1 52	1 49	3 17	29 28	18 51	0 57
20 Th	10 20	2 36	3 26	3 15	0♏27	19 27	0 56
21 F	16 39	3 18	5 03	3 14	1 25	20 03	0 55
22 S	22 58	3 58	6 40	3 12	2 24	20 40	0 54
23 Su	29 17	4 34	8 17	3 10	3 22	21 16	0 53
24 M	5♋33	5 08	9 54	3 08	4 21	21 52	0 52
25 Tu	11 46	5 37	11 31	3 05	5 19	22 28	0 51
26 W	17 53	6 02	13 08	3 03	6 18	23 04	0 50
27 Th	23 55	6 22	14 45	3 00	7 16	23 40	0 49
28 F	29 49	6 38	16 21	2 57	8 15	24 16	0 48
29 S	5♌35	6 50	17 58	2 55	9 13	24 52	0 47
30 Su	11♌12	6N57	19♎35	2N52	10♏11	25♈28	0S46

DAY	♃ LONG	♃ LAT	♄ LONG	♄ LAT	♅ LONG	♅ LAT	♆ LONG	♆ LAT	♇ LONG	♇ LAT
	° '	° '	° '	° '	° '	° '	° '	° '	° '	° '
5 Su	22♍00.2	1N14	29♈18.0	2S29	9♊02.0	0S04	6♈12.0	1S26	6♒56.8	4S56
10 F	22 23.1	1 14	29 28.6	2 28	9 05.5	0 04	6 13.9	1 26	6 58.2	4 56
15 W	22 45.9	1 14	29 39.2	2 28	9 08.9	0 04	6 15.7	1 26	6 59.5	4 57
20 M	23 08.7	1 14	29 49.8	2 28	9 12.4	0 04	6 17.5	1 26	7 00.8	4 57
25 S	23 31.6	1 15	0♉00.4	2 28	9 15.9	0 04	6 19.3	1 26	7 02.2	4 58
30 Th	23 54.4	1 15	0 11.0	2 28	9 19.3	0 04	6 21.1	1 26	7 03.5	4 58
4 Tu	24 17.2	1 15	0 21.6	2 28	9 22.8	0 04	6 23.0	1 26	7 04.9	4 58
9 Su	24 40.0	1 15	0 32.2	2 28	9 26.3	0 04	6 24.8	1 26	7 06.2	4 59
14 F	25 02.8	1 15	0 42.8	2 28	9 29.7	0 04	6 26.6	1 26	7 07.6	4 59
19 W	25 25.6	1 15	0 53.4	2 28	9 33.2	0 04	6 28.5	1 26	7 08.9	5 00
24 M	25 48.4	1 16	1 04.1	2 28	9 36.7	0 04	6 30.3	1 26	7 10.3	5 00
29 S	26 11.2	1 16	1 14.7	2 28	9 40.2	0 04	6 32.1	1 26	7 11.6	5 00

☿a .459521	☿p .393051
♀p .719088	♀ .718768
⊕ .990857	⊕ .999270
♂ 1.38363	♂ 1.39843
♃ 5.43225	♃ 5.43642
♄ 9.28361	♄ 9.27512
♅ 19.3461	♅ 19.3403
♆ 29.8668	♆ 29.8662
♇ 35.9712	♇ 35.9930
☊	Perihelia
☿ 18° ♉ 40	☿ 17° ♊ 54
♀ 16 ♊ 56	♀ 12 ♌ 00
⊕	⊕ 13 ♋ 22
♂ 19 ♉ 47	♂ 6 ♓ 36
♃ 10 ♋ 46	♃ 14 ♈ 34
♄ 23 ♋ 57	♄ 4 ♋ 15
♅ 14 ♊ 09	♅ 19 ♍ 57
♆ 12 ♌ 09	♆ 28 ♉ 31
♇ 20 ♋ 42	♇ 14 ♏ 02

1 W	☿⊼♄	11am30
	☿ ♐	6pm33
3	☿△♆	11pm56
4 S	♃⚼♇	4am59
	☿✱♇	6 26
	⊕⚼♄	7 57
5	☿☍♅	0am37
6 M	♂∠♇	4pm26
	☿⚼♄	11 11
7 T	♂☍♃	0am 6
	♀✱♃	2 26
	♀△♂	3 45
8 W	☿ A	4am26
	♀∠♅	6 39
	⊕□☿	10 13
9 Th	☿∠♇	5pm36
	☿□♃	9 9
10	☿□♂	3pm10
11 S	♀□♄	3pm28
	♀ ♌	10 21
12 Su	⊕⚼♇	0am50
	☿△♄	11 32
	☿ ♑	3pm18
	⊕☌♃	3 26
13	☿⊼♀	2pm47
14	☿□♆	8pm49
15 W	☿⊻♇	3am 1
	♀△♆	6pm58
	☿⊼♅	9 16
16 Th	♀☍♇	5am46
	♀∠♃	7pm 8
17	♀✱♅	2pm 0
19 Su	♂⊻♄	3am47
	♀ P	6 38
	♂ ♈	11 28
	⊕⊼♄	9pm59
20 M	⊕ ♎	2am10
	☿△♃	3pm45
	☿⚼♅	11 48
21	⊕☍♂	3am11
22	♀⚼♂	5am20
W	☿□♄	7pm57
	☿ ♒	8 29
	⊕∠♀	8 32
23	☿✱♂	4pm18
24 F	⊕△☿	2am24
	☿✱♆	7pm39
	♄ ♉	7 50
25 S	☿☌♇	0am52
	♀⚼♆	1 20
	☿⚼♃	11 57
	☿△♅	5pm 2
26 Su	⊕☍♆	11am18
	♀⊻♃	11 32
27	⊕△♇	4am39
29 W	☿∠♂	1am58
	☿∠♆	4 20
	⊕△♅	11 42
	♂☌♆	3pm53
	☿⊼♃	9 4
30 Th	⊕⚼☿	4am10
	♀ ♍	9 28
	♀△♄	12pm26
	♂✱♇	7 26
31 F	☿ ♓	11am53
	☿✱♄	1pm22
1	☿☍♀	6am45
2 Su	☿⊻♆	2am39
	☿⊻♇	6 48
	☿⊻♂	5pm21
	☿□♅	8 16
3 M	♀⊼♆	7am41
	♂✱♅	1pm 5
	♀⊼♇	6 3
4 T	⊕⊼☿	3am57
	☿∠♄	6 28
5 W	♀□♅	4am13
	☿∠♇	7pm 7
6 Th	♀⊼♂	3am45
	☿☍♃	7 39
7 F	☿ ♈	12pm 9
	☿⊻♄	2 37
8 S	☿☌♆	7pm54
	♀⚼♄	11 0
	☿✱♇	11 15
9	☿✱♅	10am29
10	☿☌♂	5am32
11 T	☿⊼♀	8am46
	⊕☍☿	10pm44
12 W	☿∠♅	7am 9
	☿⊼♃	9 7
13 Th	♀⚼♇	0am26
	☿ ♉	7 4
	☿☌♄	10 1
	⊕⚼♅	9pm58
14 F	☿⊻♆	10am13
	⊕⊻♃	12pm28
	☿□♇	1 3
	♀☌♃	8 43
	☿⊻♅	10 52
15 S	☿⚼♃	1am25
	☿⚼♀	3 7
	⊕⊻♀	8 19
16	☿⊻♂	5am54
Su	☿0N	11 54
	☿∠♆	10pm58
17 M	☿△♃	2pm 7
	♀ ♎	9 7
18 T	⊕⊼☿	2am57
	☿ ♊	8 20
	♀⊼♄	10 1
	☿⊻♄	11 42
	☿△♀	12pm17
	☿∠♂	11 3
19 W	☿✱♆	9am15
	☿△♇	11 50
	⊕ ♏	1pm 2
	☿☌♅	9 4
20 Th	⊕☍♄	12pm15
	☿∠♄	9 24
	⊕⚼☿	11 0
21 F	☿ P	4am 2
	☿✱♂	2pm19
	☿⚼♇	8 57
	♀☍♆	9 24
22 S	♀△♇	7am22
	☿□♃	10 21
23 Su	☿ ♋	2am46
	☿✱♄	6 44
	⊕△☿	6pm33
	♀△♅	7 41
24 M	☿□♆	3am41
	☿⊼♇	6 15
	☿⊻♅	3pm42
	☿□♀	10 43
26 W	⊕⊼♆	5am27
	⊕□♇	9pm52
	☿□♂	10 56
27 Th	☿∠♅	2am58
	☿✱♃	8 42
28 F	☿ ♌	0am46
	☿□♄	5 48
	♂∠♅	3pm42
29 S	☿△♆	4am 3
	☿☍♇	6 50
	⊕⊼♅	11 20
	☿✱♅	5pm27
	⊕□☿	6 43
30	☿∠♃	0am17

MAY 2028

DAY	☿ LONG	☿ LAT	♀ LONG	♀ LAT	⊕ LONG	♂ LONG	♂ LAT
	° '	° '	° '	° '	° '	° '	° '
1 M	16♌40	7N00	21♎12	2N48	11♏09	26♈04	0S45
2 Tu	21 58	7 00	22 48	2 45	12 08	26 40	0 44
3 W	27 07	6 56	24 25	2 42	13 06	27 16	0 43
4 Th	2♍06	6 49	26 01	2 38	14 04	27 51	0 41
5 F	6 56	6 39	27 38	2 35	15 02	28 27	0 40
6 S	11 36	6 27	29 14	2 31	16 00	29 03	0 39
7 Su	16 07	6 13	0♏51	2 27	16 58	29 38	0 38
8 M	20 30	5 58	2 27	2 23	17 56	0♉14	0 37
9 Tu	24 44	5 40	4 04	2 19	18 54	0 49	0 36
10 W	28 50	5 22	5 40	2 14	19 52	1 25	0 35
11 Th	2♎49	5 02	7 16	2 10	20 50	2 00	0 34
12 F	6 41	4 42	8 52	2 06	21 48	2 35	0 33
13 S	10 27	4 21	10 28	2 01	22 46	3 11	0 32
14 Su	14 06	3 59	12 04	1 57	23 44	3 46	0 31
15 M	17 39	3 37	13 41	1 52	24 42	4 21	0 30
16 Tu	21 08	3 15	15 17	1 47	25 40	4 56	0 28
17 W	24 31	2 53	16 53	1 42	26 38	5 31	0 27
18 Th	27 49	2 30	18 28	1 37	27 35	6 06	0 26
19 F	1♏04	2 08	20 04	1 32	28 33	6 41	0 25
20 S	4 14	1 45	21 40	1 27	29 31	7 16	0 24
21 Su	7 21	1 23	23 16	1 22	0♐29	7 51	0 23
22 M	10 25	1 01	24 52	1 17	1 27	8 25	0 22
23 Tu	13 26	0 39	26 27	1 11	2 24	9 00	0 21
24 W	16 24	0 17	28 03	1 06	3 22	9 35	0 20
25 Th	19 20	0S05	29 39	1 01	4 20	10 09	0 19
26 F	22 13	0 26	1♐14	0 55	5 17	10 44	0 17
27 S	25 05	0 47	2 50	0 50	6 15	11 18	0 16
28 Su	27 55	1 08	4 25	0 44	7 12	11 53	0 15
29 M	0♐44	1 28	6 01	0 39	8 10	12 27	0 14
30 Tu	3 31	1 48	7 36	0 33	9 08	13 01	0 13
31 W	6♐17	2S08	9♐12	0N27	10♐05	13♉36	0S12

JUNE 2028

DAY	☿ LONG	☿ LAT	♀ LONG	♀ LAT	⊕ LONG	♂ LONG	♂ LAT
	° '	° '	° '	° '	° '	° '	° '
1 Th	9♐03	2S27	10♐47	0N22	11♐03	14♉10	0S11
2 F	11 48	2 46	12 22	0 16	12 00	14 44	0 10
3 S	14 33	3 04	13 58	0 11	12 58	15 18	0 09
4 Su	17 18	3 22	15 33	0 05	13 55	15 52	0 08
5 M	20 02	3 40	17 08	0S01	14 52	16 26	0 06
6 Tu	22 47	3 57	18 43	0 06	15 50	17 00	0 05
7 W	25 33	4 13	20 19	0 12	16 47	17 34	0 04
8 Th	28 19	4 29	21 54	0 18	17 45	18 07	0 03
9 F	1♑06	4 44	23 29	0 23	18 42	18 41	0 02
10 S	3 54	4 59	25 04	0 29	19 39	19 15	0 01
11 Su	6 44	5 13	26 39	0 34	20 37	19 48	0N00
12 M	9 35	5 27	28 14	0 40	21 34	20 22	0 01
13 Tu	12 27	5 40	29 49	0 45	22 31	20 56	0 02
14 W	15 22	5 52	1♑24	0 51	23 29	21 29	0 03
15 Th	18 19	6 03	2 59	0 56	24 26	22 02	0 04
16 F	21 18	6 14	4 34	1 02	25 23	22 36	0 05
17 S	24 20	6 23	6 09	1 07	26 21	23 09	0 07
18 Su	27 25	6 32	7 44	1 12	27 18	23 42	0 08
19 M	0♒34	6 40	9 19	1 18	28 15	24 15	0 09
20 Tu	3 46	6 46	10 54	1 23	29 12	24 48	0 10
21 W	7 01	6 52	12 29	1 28	0♑10	25 22	0 11
22 Th	10 21	6 56	14 04	1 33	1 07	25 55	0 12
23 F	13 45	6 59	15 39	1 38	2 04	26 27	0 13
24 S	17 14	7 00	17 13	1 43	3 02	27 00	0 14
25 Su	20 48	7 00	18 48	1 48	3 59	27 33	0 15
26 M	24 28	6 58	20 23	1 52	4 56	28 06	0 16
27 Tu	28 13	6 55	21 58	1 57	5 53	28 39	0 17
28 W	2♓05	6 49	23 33	2 02	6 51	29 11	0 18
29 Th	6 03	6 41	25 08	2 06	7 48	29 44	0 19
30 F	10♓08	6S31	26♑43	2S10	8♑45	0♊16	0N20

DAY	♃ LONG	♃ LAT	♄ LONG	♄ LAT	♅ LONG	♅ LAT	♆ LONG	♆ LAT	♇ LONG	♇ LAT
	° '	° '	° '	° '	° '	° '	° '	° '	° '	° '
4 Th	26♍34.0	1N16	1♉25.3	2S28	9♊43.6	0S04	6♈33.9	1S26	7♒13.0	5S01
9 Tu	26 56.8	1 16	1 36.0	2 28	9 47.1	0 04	6 35.8	1 26	7 14.3	5 01
14 Su	27 19.6	1 16	1 46.6	2 28	9 50.6	0 03	6 37.6	1 26	7 15.6	5 02
19 F	27 42.4	1 16	1 57.3	2 28	9 54.1	0 03	6 39.4	1 26	7 17.0	5 02
24 W	28 05.1	1 16	2 07.9	2 28	9 57.5	0 03	6 41.2	1 26	7 18.3	5 02
29 M	28 27.9	1 16	2 18.6	2 28	10 01.0	0 03	6 43.1	1 26	7 19.7	5 03
3 S	28 50.7	1 16	2 29.2	2 28	10 04.5	0 03	6 44.9	1 27	7 21.0	5 03
8 Th	29 13.4	1 17	2 39.9	2 27	10 08.0	0 03	6 46.7	1 27	7 22.4	5 04
13 Tu	29 36.2	1 17	2 50.5	2 27	10 11.5	0 03	6 48.6	1 27	7 23.7	5 04
18 Su	29 59.0	1 17	3 01.2	2 27	10 14.9	0 03	6 50.4	1 27	7 25.1	5 04
23 F	0♎21.7	1 17	3 11.9	2 27	10 18.4	0 03	6 52.2	1 27	7 26.4	5 05
28 W	0 44.5	1 17	3 22.5	2 27	10 21.9	0 03	6 54.1	1 27	7 27.8	5 05

☿	.335026	☿a	.465309
♀	.721571	♀	.725661
⊕	1.00758	⊕	1.01404
♂	1.42376	♂	1.45825
♃	5.44004	♃	5.44334
♄	9.26700	♄	9.25869
♅	19.3347	♅	19.3289
♆	29.8656	♆	29.8650
♇	36.0141	♇	36.0359
	☊		Perihelia
☿	18° ♉ 40	☿	17° ♊ 54
♀	16 ♊ 56	♀	12 ♌ 04
⊕	. . . .	⊕	11 ♋ 57
♂	19 ♉ 47	♂	6 ♓ 36
♃	10 ♋ 46	♃	14 ♈ 33
♄	23 ♋ 57	♄	4 ♋ 17
♅	14 ♊ 09	♅	20 ♍ 16
♆	12 ♌ 09	♆	27 ♉ 39
♇	20 ♋ 42	♇	14 ♏ 06

1 M	⊕∠♃	4am51
	♂⚻♃	12pm26
	☿⚼♆	10 5
2 T	☿✶♀	5am34
	☿⚺♃	9pm 0
3 W	☿△♂	0am47
	♀⚼♅	4 31
	☿ ♍	1pm47
	☿△♄	8 40
4 Th	♀⚺♃	8am30
	☿⚻♆	10pm12
5 F	☿⚻♇	1am29
	☿□♅	2pm24
	♀☍♂	7 23
6 S	♀ ♏	11am21
	☿⚼♂	2pm51
	☿∠♀	9 43
7 Su	☿⚼♄	2am14
	⊕✶☿	5 56
	♀☍♄	10 25
	♂ ♉	2pm41
8	☿⚼♇	9am47
9	☿☌♃	1pm 6
10 W	☿ ♎	6am56
	♂☌♄	9 43
	♀⚻♆	2pm 6
	☿⚻♄	4 56
	☿⚻♂	6 7
	♀□♇	11 42
11 Th	⊕⚼♆	7pm13
	☿☍♆	11 32
12 F	⊕∠☿	1am 0
	☿△♇	3 34
	♀⚻♅	2pm19
	☿△♅	8 2
13	☿⚺♀	0am20
14	♀∠♃	3am58
17 W	☿⚼♅	2am38
	⊕⚺☿	9pm35
	☿⚺♃	10 33
18 Th	⊕✶♃	1am 3
	☿ ♏	4pm 4
	♂⚺♆	11 0
19	☿☍♄	6am45
F	♀⚼♆	11pm55
20 S	♂□♇	1am 5
	⊕ ♐	12pm 3
	☿⚻♆	6 40
	☿□♇	11 30
21 Su	☿☍♂	4am39
	☿⚻♅	8pm11
22 M	⊕⚻♄	4pm 2
	☿∠♃	8 32
24 W	♀✶♃	0am33
	♂⚺♅	4pm14
	☿0S	6 36
25 Th	♀ ♐	5am21
	☿⚼♆	7pm39
26	♀⚻♄	2pm52
27	⊕△♆	11am31
28 Su	⊕✶♇	2am55
	☿✶♃	4 9
	☿ ♐	5pm47
29 M	♀△♆	10am40
	☿⚻♄	1pm47
	♀✶♇	7 54
30	⊕☍♅	10pm51
31 W	♂⚼♃	1am13
	☿△♆	3 50
	☿✶♇	9 7
	♀☍♅	12pm52

1 Th	☿☍♅	8am45
	⊕☌♀	9 55
2 F	⊕☌☿	2am40
	☿☌♀	11 47
3	☿⚻♂	8am16
4 Su	☿⚼♄	2am 2
	☿ A	3 43
	♀⚻♂	7 27
	♀0S	9pm 2
5 M	♀⚼♄	6am32
	☿∠♇	8pm17
7	⊕⚼♄	9pm55
8 Th	♀∠♇	7am16
	☿□♃	8 4
	☿ ♑	2pm32
	⊕⚻♂	11 8
9	☿△♄	1pm54
10 S	☿⚼♂	3am41
	♂0N	10pm46
11 Su	☿□♆	0am36
	☿⚺♇	5 35
12 M	☿⚻♅	5am 4
	♀□♃	8pm35
	⊕∠♇	8 47
13	♀ ♑	2am45
14 W	♂∠♆	2pm29
	♀△♄	10 53
16	☿△♂	12pm33
17 S	☿⚼♅	7am 3
	♀□♆	10 24
	♀⚺♇	7pm12
	⊕⚺☿	10 36
18 Su	♃ ♎	5am30
	☿ ♒	7pm44
	☿△♃	8 5
	♀⚼♂	10 37
19 M	♀⚻♅	2pm26
	☿□♄	6 58
20 T	⊕ ♑	7pm55
	☿✶♆	10 49
21 W	⊕□♃	1am18
	☿☌♇	3 0
	☿△♅	11pm36
23 F	☿⚼♃	11am24
	☿⚺♀	11pm50
24 S	⊕△♄	5am25
	⊕∠☿	7 19
25	☿∠♆	7am 8
27 T	☿□♂	3am 5
	☿ ♓	11 8
	☿⚻♃	3pm34
28 W	⊕□♆	1am30
	☿✶♄	7 58
	⊕⚺♇	3pm42
29 Th	♀⚼♅	3am47
	☿⚺♆	5 5
	☿⚺♇	8 24
	♂ ♊	11 54
	⊕✶☿	1pm28
30 F	☿□♅	1am27
	☿∠♀	2pm30

JULY 2028

DAY	☿ LONG	☿ LAT	♀ LONG	♀ LAT	⊕ LONG	♂ LONG	♂ LAT
	° '	° '	° '	° '	° '	° '	° '
1 S	14♓21	6S19	28♑17	2S15	9♑42	0♊49	0N21
2 Su	18 41	6 04	29 52	2 19	10 39	1 21	0 22
3 M	23 09	5 47	1♒27	2 23	11 37	1 54	0 23
4 Tu	27 46	5 27	3 02	2 27	12 34	2 26	0 24
5 W	2♈31	5 04	4 37	2 31	13 31	2 58	0 25
6 Th	7 25	4 38	6 12	2 34	14 28	3 30	0 26
7 F	12 28	4 09	7 47	2 38	15 25	4 03	0 27
8 S	17 40	3 37	9 22	2 42	16 22	4 35	0 28
9 Su	23 01	3 03	10 56	2 45	17 20	5 07	0 29
10 M	28 31	2 25	12 31	2 48	18 17	5 39	0 30
11 Tu	4♉10	1 46	14 06	2 51	19 14	6 11	0 31
12 W	9 58	1 04	15 41	2 54	20 11	6 42	0 32
13 Th	15 53	0 21	17 16	2 57	21 08	7 14	0 33
14 F	21 55	0N24	18 51	3 00	22 06	7 46	0 34
15 S	28 02	1 09	20 26	3 02	23 03	8 18	0 35
16 Su	4♊15	1 53	22 01	3 05	24 00	8 49	0 36
17 M	10 32	2 37	23 36	3 07	24 57	9 21	0 37
18 Tu	16 50	3 19	25 11	3 09	25 55	9 52	0 38
19 W	23 09	3 59	26 46	3 11	26 52	10 24	0 39
20 Th	29 28	4 35	28 21	3 13	27 49	10 55	0 40
21 F	5♋44	5 08	29 56	3 15	28 47	11 27	0 41
22 S	11 57	5 37	1♓31	3 16	29 44	11 58	0 42
23 Su	18 04	6 02	3 06	3 18	0♒41	12 29	0 43
24 M	24 06	6 23	4 41	3 19	1 38	13 01	0 44
25 Tu	29 59	6 38	6 16	3 20	2 36	13 32	0 45
26 W	5♌45	6 50	7 51	3 21	3 33	14 03	0 46
27 Th	11 22	6 57	9 27	3 22	4 30	14 34	0 47
28 F	16 50	7 00	11 02	3 23	5 28	15 05	0 47
29 S	22 08	7 00	12 37	3 23	6 25	15 36	0 48
30 Su	27 16	6 56	14 12	3 23	7 23	16 07	0 49
31 M	2♍15	6N49	15♓47	3S24	8♒20	16♊38	0N50

AUGUST 2028

DAY	☿ LONG	☿ LAT	♀ LONG	♀ LAT	⊕ LONG	♂ LONG	♂ LAT
	° '	° '	° '	° '	° '	° '	° '
1 Tu	7♍04	6N39	17♓22	3S24	9♒17	17♊08	0N51
2 W	11 44	6 27	18 58	3 24	10 15	17 39	0 52
3 Th	16 15	6 13	20 33	3 23	11 12	18 10	0 53
4 F	20 38	5 57	22 08	3 23	12 09	18 40	0 54
5 S	24 52	5 40	23 44	3 22	13 07	19 11	0 54
6 Su	28 58	5 21	25 19	3 22	14 04	19 42	0 55
7 M	2♎57	5 02	26 54	3 21	15 02	20 12	0 56
8 Tu	6 48	4 41	28 30	3 20	15 59	20 43	0 57
9 W	10 34	4 20	0♈05	3 18	16 57	21 13	0 58
10 Th	14 13	3 59	1 41	3 17	17 54	21 43	0 59
11 F	17 46	3 37	3 16	3 16	18 52	22 14	1 00
12 S	21 14	3 14	4 51	3 14	19 49	22 44	1 00
13 Su	24 37	2 52	6 27	3 12	20 47	23 14	1 01
14 M	27 56	2 30	8 03	3 10	21 45	23 44	1 02
15 Tu	1♏10	2 07	9 38	3 08	22 42	24 14	1 03
16 W	4 20	1 45	11 14	3 06	23 40	24 44	1 04
17 Th	7 27	1 22	12 49	3 03	24 38	25 14	1 04
18 F	10 31	1 00	14 25	3 01	25 35	25 44	1 05
19 S	13 32	0 38	16 00	2 58	26 33	26 14	1 06
20 Su	16 30	0 16	17 36	2 55	27 31	26 44	1 07
21 M	19 25	0S06	19 12	2 52	28 29	27 14	1 07
22 Tu	22 19	0 27	20 48	2 49	29 27	27 44	1 08
23 W	25 10	0 48	22 23	2 46	0♓24	28 13	1 09
24 Th	28 00	1 08	23 59	2 43	1 22	28 43	1 10
25 F	0♐49	1 29	25 35	2 39	2 20	29 13	1 10
26 S	3 36	1 49	27 11	2 36	3 18	29 42	1 11
27 Su	6 23	2 08	28 46	2 32	4 16	0♋12	1 12
28 M	9 08	2 28	0♉22	2 28	5 14	0 41	1 13
29 Tu	11 53	2 46	1 58	2 24	6 12	1 11	1 13
30 W	14 38	3 05	3 34	2 20	7 10	1 40	1 14
31 Th	17♐23	3S23	5♉10	2S16	8♓08	2♋10	1N15

DAY	♃ LONG	♃ LAT	♄ LONG	♄ LAT	♅ LONG	♅ LAT	♆ LONG	♆ LAT	♇ LONG	♇ LAT
	° '	° '	° '	° '	° '	° '	° '	° '	° '	° '
3 M	1♎07.2	1N17	3♉33.2	2S27	10♊25.4	0S03	6♈55.9	1S27	7♒29.1	5S05
8 S	1 30.0	1 17	3 43.9	2 27	10 28.9	0 03	6 57.7	1 27	7 30.5	5 06
13 Th	1 52.7	1 17	3 54.5	2 27	10 32.3	0 03	6 59.6	1 27	7 31.8	5 06
18 Tu	2 15.4	1 17	4 05.2	2 27	10 35.8	0 03	7 01.4	1 27	7 33.2	5 07
23 Su	2 38.2	1 17	4 15.9	2 27	10 39.3	0 03	7 03.2	1 27	7 34.5	5 07
28 F	3 00.9	1 17	4 26.6	2 27	10 42.8	0 03	7 05.0	1 27	7 35.8	5 07
2 W	3 23.6	1 18	4 37.3	2 27	10 46.3	0 03	7 06.9	1 27	7 37.2	5 08
7 M	3 46.3	1 18	4 48.0	2 27	10 49.7	0 03	7 08.7	1 27	7 38.5	5 08
12 S	4 09.0	1 18	4 58.7	2 26	10 53.2	0 03	7 10.5	1 27	7 39.9	5 09
17 Th	4 31.7	1 18	5 09.4	2 26	10 56.7	0 03	7 12.4	1 27	7 41.2	5 09
22 Tu	4 54.5	1 18	5 20.1	2 26	11 00.2	0 03	7 14.2	1 27	7 42.6	5 09
27 Su	5 17.2	1 18	5 30.8	2 26	11 03.7	0 02	7 16.0	1 27	7 43.9	5 10

☿p.375753	☿a.356781
♀a.728084	♀ .727314
⊕a1.01666	⊕ 1.01494
♂ 1.49622	♂ 1.53663
♃ 5.44612	♃ 5.44854
♄ 9.25073	♄ 9.24261
♅ 19.3232	♅ 19.3174
♆ 29.8645	♆ 29.8639
♇ 36.0570	♇ 36.0788
☊	Perihelia
☿ 18°♉ 41	☿ 17°♊ 54
♀ 16 ♊ 57	♀ 12 ♌ 07
⊕	⊕ 14 ♋ 44
♂ 19 ♉ 47	♂ 6 ♓ 35
♃ 10 ♋ 46	♃ 14 ♈ 34
♄ 23 ♋ 57	♄ 4 ♋ 18
♅ 14 ♊ 09	♅ 20 ♍ 31
♆ 12 ♌ 09	♆ 27 ♉ 02
♇ 20 ♋ 42	♇ 14 ♏ 10

1 S	♂△♃	7am57
	⊕⚻♅	5pm46
	☿∠♄	11 6
2 Su	♀ ♒	1am56
	♀△♃	6pm41
	☿∠♇	8 28
3 M	♀△♂	10am 9
	⊕ A	10pm17
4 T	♀□♄	8am37
	☿ ♈	11 25
	☿☍♃	5pm43
5 W	☿⚹♂	2am34
	☿⚺♄	5 33
	☿⚹♀	3pm21
	☿☌♆	9 46
6 Th	☿⚹♇	0am25
	♂⚺♄	7 20
	♀⚹♆	11 29
	☿⚹♅	2pm36
	♀☌♇	7 49
7	⊕□☿	4pm48
8 S	☿∠♂	9am37
	♀△♅	5pm 9
9 Su	☿∠♅	10am53
	♀ A	4pm18
10 M	☿ ♉	6am20
	☿⚻♃	1pm32
	☿☌♄	10 35
11 T	☿⚺♂	9am13
	☿⚺♆	11 43
	☿□♇	1pm58
12 W	☿⚺♅	2am19
	♂⚹♆	12pm47
	♀⚼♃	5 47
13 Th	☿⚼♃	4am 4
	☿□♀	7 34
	☿0N	11 11
	♂△♇	1pm23
14 F	☿∠♆	0am21
	⊕△☿	0 52
15 S	☿ ♊	7am36
	⊕⚼♂	1pm53
	☿△♃	3 38
	☿⚺♄	11 5
	♀∠♆	11 56
16 Su	☿⚹♆	10am35
	☿△♇	12pm37
	☿☌♂	7 6
	⊕⚼☿	9 26
17 M	☿☌♅	0am14
	⊕⚼♅	4pm 0
18 T	☿ P	3am21
	☿∠♄	8 36
	☿⚼♇	9pm43
19 W	⊕⚺♀	3am50
	♂☌♅	9 48
	⊕⚻☿	4pm36
	☿△♀	6 18
20 Th	☿ ♋	2am 2
	☿□♃	11 22
	☿⚹♄	6pm 2
21 F	♀ ♓	1am 1
	☿□♆	5 1
	☿⚻♇	7 2
	☿⚺♅	6pm55
22 S	☿⚺♂	0am 5
	⊕ ♒	6 47
	♀⚻♃	4pm36
23 Su	☿⚼♀	0am 9
	♀⚹♄	6pm 2
24 M	☿∠♅	6am22
	☿∠♂	5pm25
25 T	☿ ♌	0am 2
	⊕△♃	5 13
	☿⚹♃	11 44
	♀⚺♆	12pm 5
	⊕☍☿	12 55
	☿□♄	6 10
	♀⚺♇	7 56
26 W	☿△♆	5am35
	☿☍♇	7 47
	☿⚻♀	12pm25
	☿⚹♅	9 7
	⊕□♄	9 24
27 Th	☿⚹♂	3pm26
	♀□♅	7 12
28 F	☿∠♃	5am23
	☿⚼♆	11pm49
29	⊕⚹♆	4pm57
30 Su	⊕☌♇	5am50
	☿ ♍	1pm 3
31 M	☿⚺♃	4am56
	☿△♄	11 26
	♀□♂	6pm46
1 T	☿⚻♆	0am11
	☿⚻♇	2 45
	⊕⚻☿	2pm12
	☿□♅	6 56
2 W	♀∠♄	10am11
	⊕△♅	1pm22
3 Th	☿□♂	11am45
	☿⚼♄	6pm46
4 F	♀∠♇	7am26
	☿⚼♇	11 16
	☿☍♀	1pm34
6 Su	⊕⚼☿	0am51
	♂∠♄	3 34
	☿ ♎	6 11
7 M	☿☌♃	5am11
	☿⚻♄	11 33
8 T	☿☍♆	2am11
	☿△♇	5 19
	♀ ♈	10pm43
9	☿△♅	1am54
11 F	⊕⚼♃	5am42
	⊕△☿	10 24
	♀☍♃	12pm48
	♂⚼♇	8 49
	⊕∠♀	10 43
12 S	♀⚺♄	1am51
	☿△♂	12pm23
13 Su	☿⚼♅	9am15
	♀☌♆	11 5
	♀⚹♇	6pm26
14 M	⊕∠♆	11am 9
	☿ ♏	3pm18
15	♀⚹♅	7pm33
16 W	☿⚺♃	0am53
	☿☍♄	6 2
	☿⚻♆	10pm 4
17	☿□♇	1am49
18 F	☿⚼♂	2am 7
	☿⚻♅	3 30
	⊕△♂	7 41
20 Su	☿0S	5pm51
	☿⚻♀	7 55
21 M	☿∠♃	3am29
	☿⚼♆	11pm22
22	⊕ ♓	1pm54
24 Th	☿⚻♂	7am21
	☿ ♐	5pm 1
25 F	♀∠♅	6am55
	⊕□☿	7pm58
26 S	☿⚹♃	2pm16
	♂ ♋	2 24
	☿⚻♄	4 24
27 Su	☿△♆	7am44
	☿⚹♇	11 46
	♀ ♉	6pm24
28 M	⊕⚻♃	3am32
	♀⚹♂	6 50
	⊕⚹♄	8 12
	☿☍♅	4pm56
30 W	⊕⚺♆	3am 3
	⊕⚺♇	2pm31
31 Th	☿ A	3am 0
	♀⚻♃	6 37
	♀☌♄	7 28

SEPTEMBER 2028

DAY	☿ LONG	☿ LAT	♀ LONG	♀ LAT	⊕ LONG	♂ LONG	♂ LAT
	° '	° '	° '	° '	° '	° '	° '
1 F	20♐08	3S40	6♉46	2S11	9♓06	2♋39	1N16
2 S	22 53	3 57	8 22	2 07	10 04	3 08	1 16
3 Su	25 38	4 14	9 58	2 03	11 02	3 37	1 17
4 M	28 24	4 29	11 34	1 58	12 00	4 07	1 18
5 Tu	1♑11	4 45	13 10	1 53	12 58	4 36	1 18
6 W	4 00	5 00	14 46	1 49	13 56	5 05	1 19
7 Th	6 49	5 14	16 23	1 44	14 55	5 34	1 20
8 F	9 40	5 27	17 59	1 39	15 53	6 03	1 20
9 S	12 33	5 40	19 35	1 34	16 51	6 32	1 21
10 Su	15 28	5 52	21 11	1 29	17 49	7 01	1 21
11 M	18 25	6 03	22 47	1 23	18 48	7 30	1 22
12 Tu	21 24	6 14	24 24	1 18	19 46	7 59	1 23
13 W	24 26	6 24	26 00	1 13	20 44	8 27	1 23
14 Th	27 31	6 32	27 36	1 08	21 43	8 56	1 24
15 F	0♒40	6 40	29 13	1 02	22 41	9 25	1 25
16 S	3 52	6 46	0♊49	0 57	23 40	9 54	1 25
17 Su	7 08	6 52	2 25	0 51	24 38	10 22	1 26
18 M	10 27	6 56	4 02	0 46	25 37	10 51	1 26
19 Tu	13 52	6 59	5 38	0 40	26 36	11 19	1 27
20 W	17 21	7 00	7 15	0 34	27 34	11 48	1 27
21 Th	20 55	7 00	8 51	0 29	28 33	12 16	1 28
22 F	24 35	6 58	10 28	0 23	29 32	12 45	1 29
23 S	28 21	6 54	12 05	0 17	0♈30	13 13	1 29
24 Su	2♓12	6 49	13 41	0 12	1 29	13 42	1 30
25 M	6 11	6 41	15 18	0 06	2 28	14 10	1 30
26 Tu	10 16	6 31	16 55	0 00	3 27	14 38	1 31
27 W	14 29	6 19	18 31	0N06	4 25	15 07	1 31
28 Th	18 49	6 04	20 08	0 11	5 24	15 35	1 32
29 F	23 18	5 46	21 45	0 17	6 23	16 03	1 32
30 S	27♓54	5S26	23♊22	0N23	7♈22	16♋31	1N33

OCTOBER 2028

DAY	☿ LONG	☿ LAT	♀ LONG	♀ LAT	⊕ LONG	♂ LONG	♂ LAT
	° '	° '	° '	° '	° '	° '	° '
1 Su	2♈40	5S03	24♊59	0N29	8♈21	16♋59	1N33
2 M	7 34	4 37	26 35	0 34	9 20	17 28	1 34
3 Tu	12 37	4 08	28 12	0 40	10 19	17 56	1 34
4 W	17 50	3 36	29 49	0 45	11 18	18 24	1 35
5 Th	23 11	3 02	1♋26	0 51	12 17	18 52	1 35
6 F	28 42	2 24	3 03	0 57	13 16	19 20	1 36
7 S	4♉21	1 44	4 40	1 02	14 16	19 48	1 36
8 Su	10 09	1 03	6 17	1 08	15 15	20 15	1 37
9 M	16 04	0 19	7 54	1 13	16 14	20 43	1 37
10 Tu	22 06	0N25	9 31	1 18	17 13	21 11	1 37
11 W	28 14	1 10	11 09	1 24	18 13	21 39	1 38
12 Th	4♊27	1 55	12 46	1 29	19 12	22 07	1 38
13 F	10 43	2 38	14 23	1 34	20 11	22 35	1 39
14 S	17 02	3 20	16 00	1 39	21 11	23 02	1 39
15 Su	23 21	4 00	17 37	1 44	22 10	23 30	1 40
16 M	29 40	4 36	19 15	1 49	23 10	23 58	1 40
17 Tu	5♋56	5 09	20 52	1 54	24 09	24 25	1 40
18 W	12 08	5 38	22 29	1 59	25 09	24 53	1 41
19 Th	18 16	6 03	24 07	2 03	26 08	25 20	1 41
20 F	24 17	6 23	25 44	2 08	27 08	25 48	1 41
21 S	0♌10	6 39	27 21	2 12	28 08	26 15	1 42
22 Su	5 56	6 50	28 59	2 16	29 07	26 43	1 42
23 M	11 33	6 57	0♌36	2 21	0♉07	27 10	1 42
24 Tu	17 00	7 00	2 13	2 25	1 07	27 38	1 43
25 W	22 18	6 59	3 51	2 29	2 07	28 05	1 43
26 Th	27 26	6 55	5 28	2 33	3 07	28 33	1 43
27 F	2♍24	6 48	7 06	2 36	4 06	29 00	1 44
28 S	7 13	6 39	8 43	2 40	5 06	29 27	1 44
29 Su	11 53	6 27	10 21	2 44	6 06	29 54	1 44
30 M	16 24	6 12	11 58	2 47	7 06	0♌22	1 45
31 Tu	20♍46	5N57	13♌36	2N50	8♉06	0♌49	1N45

DAY	♃ LONG	♃ LAT	♄ LONG	♄ LAT	♅ LONG	♅ LAT	♆ LONG	♆ LAT	♇ LONG	♇ LAT
	° '	° '	° '	° '	° '	° '	° '	° '	° '	° '
1 F	5♎39.9	1N18	5♉41.5	2S26	11♊07.1	0S02	7♈17.8	1S27	7♒45.2	5S10
6 W	6 02.6	1 18	5 52.2	2 26	11 10.6	0 02	7 19.7	1 27	7 46.6	5 11
11 M	6 25.3	1 18	6 02.9	2 26	11 14.1	0 02	7 21.5	1 27	7 47.9	5 11
16 S	6 48.0	1 18	6 13.6	2 26	11 17.6	0 02	7 23.3	1 27	7 49.3	5 11
21 Th	7 10.6	1 18	6 24.3	2 26	11 21.1	0 02	7 25.1	1 27	7 50.6	5 12
26 Tu	7 33.3	1 18	6 35.0	2 26	11 24.5	0 02	7 27.0	1 27	7 51.9	5 12
1 Su	7 56.0	1 18	6 45.7	2 25	11 28.0	0 02	7 28.8	1 27	7 53.3	5 13
6 F	8 18.7	1 18	6 56.5	2 25	11 31.5	0 02	7 30.6	1 27	7 54.6	5 13
11 W	8 41.4	1 18	7 07.2	2 25	11 35.0	0 02	7 32.4	1 27	7 55.9	5 13
16 M	9 04.1	1 18	7 17.9	2 25	11 38.5	0 02	7 34.3	1 27	7 57.3	5 14
21 S	9 26.8	1 18	7 28.6	2 25	11 41.9	0 02	7 36.1	1 27	7 58.6	5 14
26 Th	9 49.5	1 18	7 39.4	2 25	11 45.4	0 02	7 37.9	1 27	8 00.0	5 14
31 Tu	10 12.1	1 18	7 50.1	2 25	11 48.9	0 02	7 39.7	1 27	8 01.3	5 15

☿ .466591	☿p .352532
♀ .723755	♀p .719978
⊕ 1.00917	⊕ 1.00113
♂ 1.57503	♂ 1.60778
♃ 5.45052	♃ 5.45200
♄ 9.23458	♄ 9.22690
♅ 19.3116	♅ 19.3060
♆ 29.8634	♆ 29.8628
♇ 36.1006	♇ 36.1218
☊	Perihelia
☿ 18°♉ 41	☿ 17°♊ 55
♀ 16 ♊ 57	♀ 12 ♌ 11
⊕	⊕ 15 ♋ 55
♂ 19 ♉ 47	♂ 6 ♓ 35
♃ 10 ♋ 46	♃ 14 ♈ 36
♄ 23 ♋ 57	♄ 4 ♋ 22
♅ 14 ♊ 09	♅ 20 ♍ 48
♆ 12 ♌ 09	♆ 26 ♉ 44
♇ 20 ♋ 42	♇ 14 ♏ 13

1	☿⚼♄	4am59
F	♀⚺♆	7 58
	♀□♇	2pm50
	♃⚻♄	4 0
	☿∠♇	10 58
2	☿⚼♀	10am12
3	⊕□♅	2am45
Su	♀⚺♅	5pm43
4	☿ ♑	1pm46
M	⊕✱♀	4 22
6	☿☍♂	11am11
W	☿△♄	4pm11
	☿□♃	5 55
7	☿□♆	4am23
Th	☿⚺♇	8 9
	♂✱♄	6pm16
8	♂□♃	8am37
F	☿⚻♅	12pm51
10	♀⚼♃	2am31
Su	♂□♆	5pm 7
	♀∠♆	5 32
	♀∠♂	5 42
11	⊕✱☿	4am37
M	♂⚻♇	3pm18
13	⊕∠♄	9am42
W	☿⚼♅	2pm16
14	☿△♀	1am18
Th	☿ ♒	6pm58
15	⊕∠♇	3am10
F	♀ ♊	11 48
16	☿□♄	5pm38
S	☿△♃	10 8
17	☿✱♆	1am58
Su	☿☌♇	5 6
18	⊕∠☿	1am35
M	☿⚻♂	3 14
	☿△♅	6 8
19	♂⚺♅	0am13
T	♀⚺♄	10 35
	♀△♃	9pm42
20	♀✱♆	2am28
W	♀△♇	8 50
21	☿⚼♃	8am29
Th	☿∠♆	9 55
22	⊕ ♈	11am38
F	♀☌♅	1pm27
	☿⚼♂	11 8
23	☿ ♓	10am23
S	⊕⚺☿	6pm 4
24	♀⚺♂	0am10
Su	♃☍♆	11 20
25	☿✱♄	2am13
M	☿⚺♆	7 30
	☿⚻♃	7 51
	☿⚺♇	9 58
26	♀0N	0am28
T	☿□♅	6 35
27	☿△♂	3am58
28	☿□♀	11am11
Th	☿∠♄	3pm25
	☿∠♇	9 49
	♀∠♄	11 7
29	⊕⚺♄	7am42
F	♀⚼♇	4pm52
30	⊕☌♆	2am34
S	♃△♇	8 26
	☿ ♈	10 40
	⊕✱♇	12pm37
	⊕☍♃	12 57
1	☿⚺♄	8pm16
Su	☿☌♆	11 37
2	☿✱♇	1am34
M	☿☍♃	2 10
	⊕☌☿	10 32
	☿✱♅	6pm41
4	♀ ♋	2am39
W	☿□♂	2 48
	⊕✱♅	4 54
5	☿∠♅	2pm35
6	☿ ♉	5am35
7	☿✱♀	1am52
S	☿☌♄	11 1
	☿⚺♆	1pm12
	☿□♇	2 50
	☿⚻♃	5 0
8	☿⚺♅	5am45
Su	♀✱♄	10 59
	♀□♆	6pm22
9	♀⚻♇	0am15
M	⊕⚺☿	0 49
	♀□♃	9 50
	☿0N	10 26
	☿✱♂	8pm 6
10	☿∠♆	1am43
T	☿⚼♃	6 2
	☿∠♀	12pm57
11	♀⚺♅	6am34
W	☿ ♊	6 51
	⊕∠☿	10pm52
12	☿⚺♄	10am26
Th	☿∠♂	11 2
	☿✱♆	11 53
	☿△♇	1pm23
	☿△♃	4 44
13	☿☌♅	3am22
F	☿⚺♀	6pm44
14	☿ P	2am36
S	⊕✱☿	6pm40
	☿∠♄	7 50
	☿⚼♇	10 28
15	☿⚺♂	0am35
16	☿ ♋	1am17
17	☿✱♄	5am25
T	☿□♆	6 20
	☿⚻♇	7 48
	⊕□♂	11 58
	☿□♃	12pm32
	☿⚺♅	10 9
19	⊕∠♅	1pm 4
20	♀☌♂	1am22
F	☿☌♂	6 39
	☿☌♀	8 5
	☿∠♅	9 46
	⊕□☿	1pm55
	♀∠♅	2 14
	☿ ♌	11 17
21	♂∠♅	11pm48
22	⊕□♀	5am37
Su	☿□♄	6 45
	☿△♆	7 7
	☿☍♇	8 42
	♀ ♌	3pm 7
	☿✱♃	3 30
	⊕ ♉	9 6
23	☿✱♅	0am47
25	☿⚼♆	1am31
W	♄⚺♆	4 26
	☿∠♃	11 32
26	☿⚺♂	5am49
Th	☿ ♍	12pm18
27	♀△♆	8am 2
F	♀□♄	8 59
	⊕△☿	10 34
	♀☍♇	1pm26
28	☿⚻♆	2am 9
S	☿△♄	2 35
	☿⚻♇	4 0
	☿⚺♀	11 42
	☿⚺♃	2pm19
	♀✱♃	7 26
	☿□♅	11 31
29	♂ ♌	4am54
Su	☿∠♂	5pm48
	♀✱♅	9 30
30	♀ P	2am19
M	⊕⚺♆	1pm23
	⊕☌♄	5 22
	⊕□♇	10 4
31	☿⚼♄	11am46
T	☿⚼♇	12pm44
	⊕⚼☿	5 17

NOVEMBER 2028

DAY	☿ LONG	☿ LAT	♀ LONG	♀ LAT	⊕ LONG	♂ LONG	♂ LAT
	° '	° '	° '	° '	° '	° '	° '
1 W	25♍00	5N39	15♌13	2N53	9♉06	1♌16	1N45
2 Th	29 06	5 21	16 51	2 56	10 06	1 43	1 46
3 F	3♎04	5 01	18 28	2 59	11 06	2 10	1 46
4 S	6 56	4 41	20 06	3 02	12 06	2 38	1 46
5 Su	10 41	4 20	21 43	3 04	13 06	3 05	1 46
6 M	14 20	3 58	23 21	3 07	14 07	3 32	1 47
7 Tu	17 53	3 36	24 58	3 09	15 07	3 59	1 47
8 W	21 21	3 14	26 36	3 11	16 07	4 26	1 47
9 Th	24 43	2 51	28 14	3 13	17 07	4 53	1 47
10 F	28 02	2 29	29 51	3 15	18 07	5 20	1 47
11 S	1♏16	2 06	1♍29	3 16	19 08	5 47	1 48
12 Su	4 26	1 44	3 06	3 18	20 08	6 14	1 48
13 M	7 33	1 21	4 44	3 19	21 08	6 41	1 48
14 Tu	10 37	0 59	6 21	3 20	22 09	7 08	1 48
15 W	13 37	0 37	7 59	3 21	23 09	7 35	1 48
16 Th	16 35	0 15	9 36	3 22	24 10	8 01	1 49
17 F	19 31	0S06	11 14	3 23	25 10	8 28	1 49
18 S	22 24	0 27	12 51	3 23	26 11	8 55	1 49
19 Su	25 16	0 48	14 28	3 24	27 11	9 22	1 49
20 M	28 06	1 09	16 06	3 24	28 12	9 49	1 49
21 Tu	0♐54	1 29	17 43	3 24	29 13	10 16	1 49
22 W	3 42	1 49	19 21	3 24	0♊13	10 42	1 50
23 Th	6 28	2 09	20 58	3 23	1 14	11 09	1 50
24 F	9 14	2 28	22 35	3 23	2 14	11 36	1 50
25 S	11 59	2 47	24 12	3 22	3 15	12 02	1 50
26 Su	14 43	3 05	25 50	3 21	4 16	12 29	1 50
27 M	17 28	3 23	27 27	3 20	5 17	12 56	1 50
28 Tu	20 13	3 41	29 04	3 19	6 17	13 22	1 50
29 W	22 58	3 58	0♎41	3 18	7 18	13 49	1 50
30 Th	25♐43	4S14	2♎18	3N16	8♊19	14♌16	1N50

DECEMBER 2028

DAY	☿ LONG	☿ LAT	♀ LONG	♀ LAT	⊕ LONG	♂ LONG	♂ LAT
	° '	° '	° '	° '	° '	° '	° '
1 F	28♐30	4S30	3♎56	3N15	9♊20	14♌42	1N51
2 S	1♑17	4 45	5 33	3 13	10 20	15 09	1 51
3 Su	4 05	5 00	7 10	3 11	11 21	15 35	1 51
4 M	6 54	5 14	8 47	3 09	12 22	16 02	1 51
5 Tu	9 46	5 28	10 24	3 07	13 23	16 28	1 51
6 W	12 38	5 40	12 01	3 05	14 24	16 55	1 51
7 Th	15 33	5 53	13 37	3 02	15 25	17 21	1 51
8 F	18 30	6 04	15 14	2 59	16 26	17 48	1 51
9 S	21 30	6 14	16 51	2 57	17 26	18 14	1 51
10 Su	24 32	6 24	18 28	2 54	18 27	18 41	1 51
11 M	27 37	6 33	20 05	2 51	19 28	19 07	1 51
12 Tu	0♒46	6 40	21 41	2 47	20 29	19 34	1 51
13 W	3 58	6 47	23 18	2 44	21 30	20 00	1 51
14 Th	7 14	6 52	24 54	2 41	22 31	20 27	1 51
15 F	10 34	6 56	26 31	2 37	23 33	20 53	1 51
16 S	13 58	6 59	28 08	2 33	24 34	21 19	1 51
17 Su	17 28	7 00	29 44	2 30	25 35	21 46	1 51
18 M	21 02	7 00	1♏20	2 26	26 36	22 12	1 51
19 Tu	24 42	6 58	2 57	2 22	27 37	22 39	1 51
20 W	28 28	6 54	4 33	2 17	28 38	23 05	1 51
21 Th	2♓20	6 49	6 09	2 13	29 39	23 31	1 51
22 F	6 18	6 41	7 46	2 09	0♋40	23 58	1 51
23 S	10 24	6 31	9 22	2 04	1 41	24 24	1 51
24 Su	14 37	6 18	10 58	2 00	2 42	24 50	1 51
25 M	18 58	6 03	12 34	1 55	3 44	25 17	1 50
26 Tu	23 26	5 46	14 10	1 50	4 45	25 43	1 50
27 W	28 03	5 26	15 46	1 46	5 46	26 09	1 50
28 Th	2♈49	5 02	17 22	1 41	6 47	26 35	1 50
29 F	7 43	4 36	18 58	1 36	7 48	27 02	1 50
30 S	12 47	4 07	20 34	1 31	8 49	27 28	1 50
31 Su	18♈00	3S35	22♏10	1N25	9♋50	27♌54	1N50

DAY	♃ LONG	♃ LAT	♄ LONG	♄ LAT	♅ LONG	♅ LAT	♆ LONG	♆ LAT	♇ LONG	♇ LAT
	° '	° '	° '	° '	° '	° '	° '	° '	° '	° '
5 Su	10♎34.8	1N18	8♉00.9	2S25	11♊52.4	0S02	7♈41.6	1S27	8♒02.6	5S15
10 F	10 57.5	1 18	8 11.6	2 25	11 55.9	0 02	7 43.4	1 28	8 04.0	5 16
15 W	11 20.2	1 18	8 22.3	2 24	11 59.4	0 02	7 45.2	1 28	8 05.3	5 16
20 M	11 42.9	1 18	8 33.1	2 24	12 02.9	0 02	7 47.1	1 28	8 06.6	5 16
25 S	12 05.6	1 18	8 43.9	2 24	12 06.4	0 02	7 48.9	1 28	8 08.0	5 17
30 Th	12 28.2	1 18	8 54.6	2 24	12 09.8	0 02	7 50.7	1 28	8 09.3	5 17
5 Tu	12 50.9	1 18	9 05.4	2 24	12 13.3	0 02	7 52.6	1 28	8 10.7	5 18
10 Su	13 13.6	1 18	9 16.1	2 24	12 16.8	0 02	7 54.4	1 28	8 12.0	5 18
15 F	13 36.3	1 18	9 26.9	2 24	12 20.3	0 01	7 56.2	1 28	8 13.3	5 18
20 W	13 59.0	1 18	9 37.7	2 24	12 23.8	0 01	7 58.1	1 28	8 14.7	5 19
25 M	14 21.6	1 18	9 48.5	2 23	12 27.3	0 01	7 59.9	1 28	8 16.0	5 19
30 S	14 44.3	1 18	9 59.2	2 23	12 30.8	0 01	8 01.7	1 28	8 17.4	5 19

☿a.380092	☿ .464570
♀ .718435	♀ .720272
⊕ .992479	⊕ .986047
♂ 1.63507	♂ 1.65381
♃ 5.45308	♃a5.45368
♄ 9.21907	♄ 9.21159
♅ 19.3002	♅ 19.2946
♆ 29.8623	♆ 29.8618
♇ 36.1436	♇ 36.1648
☊	Perihelia
☿ 18°♉ 41	☿ 17°♊ 55
♀ 16 ♊ 57	♀ 12 ♌ 10
⊕	⊕ 13 ♋ 17
♂ 19 ♉ 47	♂ 6 ♓ 35
♃ 10 ♋ 46	♃ 14 ♈ 36
♄ 23 ♋ 57	♄ 4 ♋ 25
♅ 14 ♊ 09	♅ 21 ♍ 08
♆ 12 ♌ 09	♆ 25 ♉ 55
♇ 20 ♋ 42	♇ 14 ♏ 17

2 Th	☿ ♎	5am25
	⊕⚻♃	6 32
	☿✶♂	5pm51
3 F	☿∠♀	4am16
	⊕⚺♅	6pm 7
4 S	☿☍♆	4am49
	☿⚻♄	6 44
	☿△♇	7 3
	☿☌♃	11pm22
5 Su	☿△♅	7am49
	♀⚼♆	2pm22
	⊕⚻☿	10 0
	♄□♇	10 31
7	♀∠♃	11am43
9	☿⚼♅	3pm56
10 F	♀ ♍	2am12
	☿ ♏	2pm32
11	☿✶♀	3am11
12	☿□♂	4pm 5
13 M	☿⚻♆	1am29
	☿□♇	4 7
	☿☍♄	5 54
14 T	☿⚺♃	5am17
	☿⚻♅	10 53
	⊕∠♆	2pm23
	♀⚺♂	3 51
	♀⚻♆	8 42
15 W	♀⚻♇	1am39
	♀△♄	5 59
	♂△♆	9 37
16 Th	♂☍♇	3am42
	☿0S	5pm 7
	♂□♄	10 23
17 F	♀⚺♃	4am 4
	♀□♅	11 43
18 S	☿⚼♆	3am 5
	⊕⚼♃	9 51
19	☿∠♃	11am57
20 M	⊕☍☿	1am22
	☿ ♐	4pm15
21	⊕ ♊	6pm47
23 Th	☿△♆	11am38
	☿✶♇	2pm25
	☿⚻♄	7 19
24 F	♀⚼♇	8am 3
	♀⚼♄	4pm47
25 S	☿△♂	0am39
	☿✶♃	1 1
	☿☍♅	1 7
	♂✶♃	3 25
	♂✶♅	3 38
	♃△♅	4 57
27 M	☿ A	2am15
	♀∠♂	9 48
28	♀ ♎	1pm47
29 W	☿∠♇	1am37
	☿⚼♄	8 2
	⊕✶♆	12pm52
	⊕△♇	8 15
30	⊕⚺♄	2pm41

1 F	☿⚼♂	12pm26
	☿ ♑	1 0
3 Su	♀☍♆	10am28
	♀△♇	3pm 0
	⊕☌♅	8 16
4 M	♀⚻♄	4am11
	☿□♆	8 9
	⊕△♃	10 24
	☿⚺♇	10 42
	☿△♄	6pm19
5 T	☿□♀	12pm 8
	☿⚻♅	8 37
6 W	☿□♃	2am25
	♀△♅	3 21
	♀☌♃	2pm16
	⊕⚻☿	10 13
7	☿⚻♂	5pm18
9	⊕△♀	11pm44
10 Su	♀✶♂	4am28
	⊕✶♂	9 22
	☿⚼♅	9pm27
11	☿ ♒	6pm12
14 Th	⊕⚼☿	3am 6
	☿✶♆	5 6
	☿☌♇	7 11
	☿□♄	3pm57
	⊕⚼♇	4 25
15 F	♀⚼♅	12pm21
	☿△♅	12 36
	☿△♃	9 55
	⊕∠♄	10 9
17	♀ ♏	3am59
18 M	☿☍♂	8am47
	☿∠♆	12pm40
19	♂⚼♆	5pm38
20 W	⊕△☿	1am27
	☿⚼♃	3 20
	☿ ♓	9 37
21	⊕ ♋	8am13
22 F	♀⚻♆	3am18
	♀□♇	7 25
	☿⚺♆	9 55
	☿⚺♇	11 31
	☿△♀	2pm 9
	☿✶♄	8 7
23 S	♀☍♄	5am43
	☿□♅	11 41
	☿⚻♃	10pm 7
24	♀⚻♅	10pm19
25	☿∠♇	11pm 8
26 T	♀⚺♃	4am14
	☿∠♄	7 27
	☿⚻♂	1pm11
27 W	☿ ♈	9am54
	☿⚼♀	8pm40
28	♃ A	2am44
29 F	⊕□☿	0am28
	☿☌♆	1 26
	☿✶♇	2 42
	⊕□♆	5 15
	☿⚺♄	10 44
	⊕⚻♇	11 27
	☿⚼♂	10pm22
	☿✶♅	10 44
30	☿☍♃	9am13
31 Su	⊕✶♄	4am31
	♀⚼♆	1pm12

JANUARY 2029

DAY	☿ LONG	☿ LAT	♀ LONG	♀ LAT	⊕ LONG	♂ LONG	♂ LAT
	° '	° '	° '	° '	° '	° '	° '
1 M	23♈22	3S00	23♏45	1N20	10♋51	28♌21	1N50
2 Tu	28 52	2 23	25 21	1 15	11 53	28 47	1 50
3 W	4♉32	1 43	26 57	1 10	12 54	29 13	1 49
4 Th	10 20	1 01	28 32	1 04	13 55	29 39	1 49
5 F	16 15	0 18	0♐08	0 59	14 56	0♍05	1 49
6 S	22 17	0N27	1 44	0 54	15 57	0 32	1 49
7 Su	28 26	1 12	3 19	0 48	16 58	0 58	1 49
8 M	4♊39	1 56	4 55	0 43	17 59	1 24	1 49
9 Tu	10 55	2 40	6 30	0 37	19 01	1 50	1 49
10 W	17 14	3 22	8 06	0 31	20 02	2 17	1 48
11 Th	23 33	4 01	9 41	0 26	21 03	2 43	1 48
12 F	29 52	4 38	11 16	0 20	22 04	3 09	1 48
13 S	6♋08	5 10	12 52	0 15	23 05	3 35	1 48
14 Su	12 20	5 39	14 27	0 09	24 06	4 01	1 48
15 M	18 27	6 04	16 02	0 03	25 07	4 28	1 47
16 Tu	24 28	6 24	17 37	0S02	26 09	4 54	1 47
17 W	0♌21	6 39	19 13	0 08	27 10	5 20	1 47
18 Th	6 07	6 50	20 48	0 14	28 11	5 46	1 47
19 F	11 43	6 57	22 23	0 19	29 12	6 12	1 46
20 S	17 10	7 00	23 58	0 25	0♌13	6 39	1 46
21 Su	22 28	6 59	25 33	0 31	1 14	7 05	1 46
22 M	27 36	6 55	27 08	0 36	2 15	7 31	1 46
23 Tu	2♍34	6 48	28 43	0 42	3 16	7 57	1 45
24 W	7 22	6 38	0♑18	0 47	4 17	8 23	1 45
25 Th	12 02	6 26	1 53	0 53	5 18	8 50	1 45
26 F	16 32	6 12	3 28	0 58	6 19	9 16	1 45
27 S	20 54	5 56	5 03	1 03	7 20	9 42	1 44
28 Su	25 08	5 39	6 38	1 09	8 21	10 08	1 44
29 M	29 13	5 20	8 13	1 14	9 22	10 34	1 44
30 Tu	3♎12	5 00	9 48	1 19	10 23	11 01	1 43
31 W	7♎03	4N40	11♑23	1S24	11♌24	11♍27	1N43

FEBRUARY 2029

DAY	☿ LONG	☿ LAT	♀ LONG	♀ LAT	⊕ LONG	♂ LONG	♂ LAT
	° '	° '	° '	° '	° '	° '	° '
1 Th	10♎48	4N19	12♑58	1S29	12♌25	11♍53	1N43
2 F	14 26	3 57	14 33	1 34	13 26	12 19	1 43
3 S	17 59	3 35	16 08	1 39	14 26	12 45	1 42
4 Su	21 27	3 13	17 43	1 44	15 27	13 12	1 42
5 M	24 50	2 51	19 18	1 49	16 28	13 38	1 42
6 Tu	28 08	2 28	20 52	1 54	17 29	14 04	1 41
7 W	1♏22	2 06	22 27	1 58	18 30	14 30	1 41
8 Th	4 32	1 43	24 02	2 03	19 31	14 57	1 40
9 F	7 39	1 21	25 37	2 07	20 31	15 23	1 40
10 S	10 43	0 59	27 12	2 12	21 32	15 49	1 40
11 Su	13 43	0 37	28 47	2 16	22 33	16 15	1 39
12 M	16 41	0 15	0♒22	2 20	23 34	16 42	1 39
13 Tu	19 36	0S07	1 56	2 24	24 34	17 08	1 39
14 W	22 30	0 28	3 31	2 28	25 35	17 34	1 38
15 Th	25 21	0 49	5 06	2 32	26 35	18 01	1 38
16 F	28 11	1 10	6 41	2 36	27 36	18 27	1 37
17 S	1♐00	1 30	8 16	2 39	28 37	18 53	1 37
18 Su	3 47	1 50	9 51	2 43	29 37	19 20	1 37
19 M	6 33	2 10	11 26	2 46	0♍38	19 46	1 36
20 Tu	9 19	2 29	13 00	2 49	1 38	20 12	1 36
21 W	12 04	2 48	14 35	2 52	2 39	20 39	1 35
22 Th	14 49	3 06	16 10	2 55	3 39	21 05	1 35
23 F	17 33	3 24	17 45	2 58	4 40	21 31	1 34
24 S	20 18	3 41	19 20	3 01	5 40	21 58	1 34
25 Su	23 03	3 58	20 55	3 03	6 40	22 24	1 33
26 M	25 49	4 15	22 30	3 05	7 41	22 50	1 33
27 Tu	28 35	4 30	24 05	3 08	8 41	23 17	1 33
28 W	1♑22	4S46	25♒40	3S10	9♍41	23♍43	1N32

DAY	♃ LONG	♃ LAT	♄ LONG	♄ LAT	♅ LONG	♅ LAT	♆ LONG	♆ LAT	♇ LONG	♇ LAT
	° '	° '	° '	° '	° '	° '	° '	° '	° '	° '
4 Th	15♎07.0	1N18	10♉10.0	2S23	12♊34.3	0S01	8♈03.6	1S28	8♒18.7	5S20
9 Tu	15 29.7	1 18	10 20.8	2 23	12 37.8	0 01	8 05.4	1 28	8 20.0	5 20
14 Su	15 52.4	1 18	10 31.6	2 23	12 41.3	0 01	8 07.2	1 28	8 21.4	5 21
19 F	16 15.1	1 18	10 42.4	2 23	12 44.8	0 01	8 09.1	1 28	8 22.7	5 21
24 W	16 37.7	1 18	10 53.2	2 23	12 48.3	0 01	8 10.9	1 28	8 24.0	5 21
29 M	17 00.4	1 18	11 04.0	2 23	12 51.8	0 01	8 12.7	1 28	8 25.4	5 22
3 S	17 23.1	1 18	11 14.7	2 22	12 55.2	0 01	8 14.5	1 28	8 26.7	5 22
8 Th	17 45.8	1 18	11 25.5	2 22	12 58.7	0 01	8 16.4	1 28	8 28.1	5 23
13 Tu	18 08.5	1 18	11 36.3	2 22	13 02.2	0 01	8 18.2	1 28	8 29.4	5 23
18 Su	18 31.1	1 17	11 47.1	2 22	13 05.7	0 01	8 20.0	1 28	8 30.7	5 23
23 F	18 53.8	1 17	11 57.9	2 22	13 09.2	0 01	8 21.8	1 28	8 32.1	5 24
28 W	19 16.5	1 17	12 08.7	2 22	13 12.7	0 01	8 23.7	1 28	8 33.4	5 24

☿p .331370	☿a .402649
♀ .724280	♀a .727605
⊕p .983302	⊕ .985331
♂a 1.66432	♂ 1.66536
♃ 5.45386	♃ 5.45357
♄ 9.20397	♄ 9.19646
♅ 19.2887	♅ 19.2829
♆ 29.8613	♆ 29.8607
♇ 36.1866	♇ 36.2085
☊	Perihelia
☿ 18°♉ 41	☿ 17°♊ 55
♀ 16 ♊ 57	♀ 12 ♌ 09
⊕	⊕ 10 ♋ 32
♂ 19 ♉ 47	♂ 6 ♓ 36
♃ 10 ♋ 46	♃ 14 ♈ 36
♄ 23 ♋ 57	♄ 4 ♋ 26
♅ 14 ♊ 09	♅ 21 ♍ 25
♆ 12 ♌ 09	♆ 24 ♉ 43
♇ 20 ♋ 42	♇ 14 ♏ 22

1 M	☿⚻♀	2am28
	☿∠♅	6pm16
	☿△♂	11 33
2 T	☿ ♉	4am49
	⊕⚺♅	4pm 1
	⊕ P	6 16
3 W	☿⚺♆	2pm39
	☿□♇	3 42
	☿☌♄	11 20
4 Th	☿⚺♅	9am10
	⊕⚼♀	3pm33
	⊕⚹☿	5 36
	♂ ♍	6 59
	☿⚻♃	7 41
	♀ ♐	9 58
	♀□♂	11 6
5 F	♀∠♃	0am54
	⊕∠♂	6 32
	⊕□♃	6 36
	♂∠♃	6 42
	☿0N	9 42
6	☿∠♆	3am 4
7 Su	☿ ♊	6am 6
	☿⚼♃	7 31
	☿□♂	10 34
	⊕∠☿	4pm23
8 M	☿☍♀	1am22
	☿⚹♆	1pm11
	☿△♇	2 7
	☿⚺♄	9 48
9 T	☿☌♅	6am31
	☿△♃	5pm37
10 W	♀△♆	0am 2
	☿ P	1 51
	♀⚹♇	3 42
	⊕⚺☿	12pm39
	☿⚼♇	11 12
11 Th	☿∠♄	7am 7
	♀⚻♄	11 21
12 F	☿ ♋	0am31
	☿⚹♂	1pm30
	♀☍♅	9 11
13 S	☿□♆	7am39
	☿⚻♇	8 34
	☿⚹♄	4pm56
14 Su	☿⚺♅	1am22
	☿⚻♀	11 8
	☿□♃	2pm 0
	♀⚹♃	10 35
15 M	☿∠♂	4am18
	♀0S	1pm45
16 T	⊕☌☿	8am11
	☿∠♅	1pm11
	☿ ♌	10 32
17 W	⊕∠♅	1pm23
	☿⚼♀	10 10
	☿⚺♂	10 27
18 Th	☿△♆	8am38
	☿☍♇	9 37
	☿□♄	7pm36
19 F	☿⚹♅	4am29
	♀∠♇	3pm 7
	⊕ ♌	6 54
	☿⚹♃	8 12
	♂ A	9 32
21 Su	☿⚼♆	3am15
	♀⚼♄	3 29
	☿△♀	8pm52
22 M	☿ ♍	11am32
	☿∠♃	6pm59
23 T	⊕⚺☿	4am24
	♂⚻♆	12pm22
	♀ ♑	7 22
24 W	♂⚻♇	0am36
	☿⚻♆	4 7
	☿⚻♇	5 14
	☿☌♂	5 42
	☿△♄	6pm10
25	☿□♅	4am 8
26	☿⚺♃	1am20
27 S	⊕∠☿	10am37
	☿⚼♇	2pm12
	⊕△♆	8 32
28 Su	⊕☍♇	1am36
	☿⚼♄	5 17
	♀□♆	11pm52
29 M	♀⚺♇	3am 5
	☿ ♎	4 39
30 T	♂△♄	5am29
	⊕□♄	5pm38
	♀△♄	8 10
31 W	⊕⚻♀	0am33
	♀△♂	1 19
	⊕⚺♂	2 4
	☿☍♆	7 28
	☿△♇	8 48
	♀⚻♅	10pm57
1 Th	☿⚻♄	2am29
	☿⚺♂	8 4
	⊕⚹♅	11 36
	☿△♅	1pm48
	⊕⚹☿	2 39
2 F	☿□♀	1am17
	☿☌♃	7pm46
3 S	♂□♅	9am10
	♀□♃	8pm 1
5	☿⚼♅	10pm40
6 T	⊕⚹♃	3am18
	☿∠♂	7 57
	☿ ♏	1pm46
9 F	☿⚻♆	4am54
	☿□♇	6 25
10 S	☿☍♄	6am20
	♀⚼♅	12pm19
	☿⚻♅	6 20
11 Su	⊕⚼♆	5pm46
	♀ ♒	6 33
12 M	☿⚹♂	0am 7
	☿⚺♃	11 37
	☿0S	4pm22
13	♀⚼♂	4am 4
14	☿⚼♆	6am49
15 Th	⊕□☿	4pm16
	♂⚺♃	6 41
16	☿ ♐	3pm29
17 S	♀⚹♆	0am58
	♀☌♇	3 43
	☿∠♃	9pm39
18	⊕ ♍	9am 1
19 M	♀□♄	6am 8
	♀ A	10 9
	☿△♆	3pm32
	☿⚹♇	5 4
20 T	♀△♅	1am41
	☿⚻♄	10pm28
21	☿☍♅	9am20
22	⊕∠♃	4am19
23 F	☿ A	1am30
	☿⚹♀	4 4
	☿⚹♃	12pm 3
	♀△♃	6 12
24	☿□♂	5pm13
25	☿∠♇	4am16
26 M	♀⚻♂	7am 7
	☿⚼♄	11 5
	♀∠♆	1pm24
	⊕⚻♆	4 56
	⊕⚻♇	8 52
27 T	☿ ♑	12pm14
	♂⚼♇	2 57

MARCH 2029

APRIL 2029

DAY	☿ LONG	☿ LAT	♀ LONG	♀ LAT	⊕ LONG	♂ LONG	♂ LAT
	° '	° '	° '	° '	° '	° '	° '
1 Th	4♑10	5S00	27♒15	3S12	10♍41	24♍10	1N32
2 F	7 00	5 15	28 50	3 14	11 42	24 36	1 31
3 S	9 51	5 28	0♓25	3 15	12 42	25 03	1 31
4 Su	12 44	5 41	2 00	3 17	13 42	25 29	1 30
5 M	15 39	5 53	3 35	3 18	14 42	25 56	1 30
6 Tu	18 36	6 04	5 10	3 19	15 42	26 22	1 29
7 W	21 36	6 15	6 45	3 20	16 42	26 49	1 29
8 Th	24 38	6 24	8 21	3 21	17 42	27 15	1 28
9 F	27 43	6 33	9 56	3 22	18 42	27 42	1 28
10 S	0♒52	6 40	11 31	3 23	19 42	28 08	1 27
11 Su	4 04	6 47	13 06	3 23	20 42	28 35	1 27
12 M	7 20	6 52	14 41	3 24	21 42	29 01	1 26
13 Tu	10 40	6 56	16 16	3 24	22 42	29 28	1 25
14 W	14 05	6 59	17 52	3 24	23 42	29 55	1 25
15 Th	17 34	7 00	19 27	3 24	24 42	0♎21	1 24
16 F	21 09	7 00	21 02	3 23	25 41	0 48	1 24
17 S	24 49	6 58	22 38	3 23	26 41	1 15	1 23
18 Su	28 35	6 54	24 13	3 22	27 41	1 41	1 23
19 M	2♓27	6 48	25 48	3 21	28 41	2 08	1 22
20 Tu	6 26	6 41	27 24	3 20	29 40	2 35	1 21
21 W	10 32	6 30	28 59	3 19	0♎40	3 01	1 21
22 Th	14 45	6 18	0♈34	3 18	1 40	3 28	1 20
23 F	19 06	6 03	2 10	3 17	2 39	3 55	1 20
24 S	23 35	5 45	3 45	3 15	3 39	4 22	1 19
25 Su	28 12	5 25	5 21	3 13	4 38	4 49	1 18
26 M	2♈58	5 02	6 56	3 11	5 38	5 15	1 18
27 Tu	7 53	4 35	8 32	3 09	6 37	5 42	1 17
28 W	12 57	4 06	10 07	3 07	7 36	6 09	1 17
29 Th	18 10	3 34	11 43	3 05	8 36	6 36	1 16
30 F	23 32	2 59	13 18	3 03	9 35	7 03	1 15
31 S	29♈03	2S22	14♈54	3S00	10♎34	7♎30	1N15

DAY	☿ LONG	☿ LAT	♀ LONG	♀ LAT	⊕ LONG	♂ LONG	♂ LAT
	° '	° '	° '	° '	° '	° '	° '
1 Su	4♉43	1S42	16♈30	2S57	11♎33	7♎57	1N14
2 M	10 31	1 00	18 05	2 54	12 33	8 24	1 13
3 Tu	16 26	0 17	19 41	2 51	13 32	8 51	1 13
4 W	22 29	0N28	21 17	2 48	14 31	9 18	1 12
5 Th	28 37	1 13	22 53	2 45	15 30	9 45	1 11
6 F	4♊51	1 58	24 28	2 42	16 29	10 12	1 11
7 S	11 07	2 41	26 04	2 38	17 28	10 39	1 10
8 Su	17 26	3 23	27 40	2 34	18 27	11 06	1 09
9 M	23 45	4 02	29 16	2 31	19 26	11 33	1 09
10 Tu	0♋04	4 39	0♉52	2 27	20 25	12 01	1 08
11 W	6 20	5 11	2 28	2 23	21 24	12 28	1 07
12 Th	12 32	5 40	4 03	2 19	22 23	12 55	1 07
13 F	18 39	6 04	5 39	2 15	23 22	13 22	1 06
14 S	24 39	6 24	7 15	2 10	24 20	13 50	1 05
15 Su	0♌32	6 40	8 51	2 06	25 19	14 17	1 04
16 M	6 17	6 51	10 27	2 01	26 18	14 44	1 04
17 Tu	11 53	6 57	12 04	1 57	27 17	15 12	1 03
18 W	17 20	7 00	13 40	1 52	28 15	15 39	1 02
19 Th	22 37	6 59	15 16	1 47	29 14	16 06	1 02
20 F	27 45	6 55	16 52	1 42	0♏13	16 34	1 01
21 S	2♍43	6 48	18 28	1 37	1 11	17 01	1 00
22 Su	7 31	6 38	20 04	1 32	2 10	17 29	0 59
23 M	12 10	6 26	21 40	1 27	3 08	17 56	0 59
24 Tu	16 41	6 12	23 17	1 22	4 07	18 24	0 58
25 W	21 02	5 56	24 53	1 17	5 05	18 51	0 57
26 Th	25 15	5 38	26 29	1 11	6 04	19 19	0 56
27 F	29 21	5 20	28 06	1 06	7 02	19 47	0 56
28 S	3♎19	5 00	29 42	1 00	8 00	20 14	0 55
29 Su	7 10	4 39	1♊18	0 55	8 59	20 42	0 54
30 M	10♎55	4N18	2♊55	0S49	9♏57	21♎10	0N53

DAY	♃ LONG	♃ LAT	♄ LONG	♄ LAT	♅ LONG	♅ LAT	♆ LONG	♆ LAT	♇ LONG	♇ LAT
	° '	° '	° '	° '	° '	° '	° '	° '	° '	° '
5 M	19♎39.2	1N17	12♉19.5	2S22	13♊16.2	0S01	8♈25.5	1S28	8♒34.7	5S24
10 S	20 01.9	1 17	12 30.4	2 21	13 19.7	0 01	8 27.3	1 28	8 36.1	5 25
15 Th	20 24.5	1 17	12 41.2	2 21	13 23.2	0 01	8 29.2	1 28	8 37.4	5 25
20 Tu	20 47.2	1 17	12 52.0	2 21	13 26.6	0 01	8 31.0	1 28	8 38.7	5 26
25 Su	21 09.9	1 17	13 02.8	2 21	13 30.1	0 01	8 32.8	1 28	8 40.0	5 26
30 F	21 32.6	1 17	13 13.6	2 21	13 33.6	0 00	8 34.6	1 28	8 41.4	5 26
4 W	21 55.3	1 17	13 24.4	2 21	13 37.1	0 00	8 36.5	1 28	8 42.7	5 27
9 M	22 18.0	1 17	13 35.3	2 21	13 40.6	0 00	8 38.3	1 28	8 44.0	5 27
14 S	22 40.7	1 16	13 46.1	2 20	13 44.1	0 00	8 40.1	1 29	8 45.3	5 28
19 Th	23 03.4	1 16	13 56.9	2 20	13 47.6	0 00	8 41.9	1 29	8 46.7	5 28
24 Tu	23 26.1	1 16	14 07.8	2 20	13 51.1	0 00	8 43.8	1 29	8 48.0	5 28
29 Su	23 48.8	1 16	14 18.6	2 20	13 54.6	0 00	8 45.6	1 29	8 49.3	5 29

☿ .461791	☿p .322472
♀ .728062	♀ .725430
⊕ .990777	⊕ .999178
♂ 1.65813	♂ 1.64141
♃ 5.45291	♃ 5.45175
♄ 9.18978	♄ 9.18250
♅ 19.2776	♅ 19.2718
♆ 29.8603	♆ 29.8598
♇ 36.2283	♇ 36.2502
☊	Perihelia
☿ 18° ♉ 41	☿ 17° ♊ 55
♀ 16 ♊ 57	♀ 12 ♌ 10
⊕	⊕ 11 ♋ 26
♂ 19 ♉ 47	♂ 6 ♓ 36
♃ 10 ♋ 47	♃ 14 ♈ 36
♄ 23 ♋ 57	♄ 4 ♋ 26
♅ 14 ♊ 09	♅ 21 ♍ 41
♆ 12 ♌ 09	♆ 23 ♉ 34
♇ 20 ♋ 42	♇ 14 ♏ 26

2 F	☿□♆	11am54
	⊕△♄	1pm 0
	☿⊻♇	1 14
	♀ ♓	5 40
3 S	⊕□♅	1pm19
	☿△♄	8 17
4 Su	☿⊼♅	4am22
	⊕△☿	12pm11
5	♀⚼♃	4pm57
6	☿□♃	9am20
7	☿∠♀	2am45
8 Th	♀⊻♆	1am32
	♀⊻♇	3 47
	♂⚼♄	10 46
	☿△♂	11pm45
9 F	☿⚼♅	4am36
	☿ ♒	5pm26
10 S	⊕⊻♃	8am31
	♀∗♄	3pm21
11 Su	♀□♅	3am39
	⊕⚼☿	5pm22
12 M	☿∗♆	8am13
	☿☌♇	9 15
13 T	☿□♄	1pm53
	☿△♅	7 3
	⊕⚼♇	10 6
14 W	♂ ♎	4am53
	☿⚼♂	6 35
15 Th	♀⊼♃	3pm14
	☿△♃	7 29
	☿⊻♀	10 40
16	☿∠♆	3pm25
17 S	♀∠♇	3pm15
	⊕⊼☿	4 17
18 Su	⊕⚼♄	2am47
	☿ ♓	8 51
	☿⊼♂	9pm46
19	☿⚼♃	8pm 4
20 T	♀∠♄	7am19
	⊕ ♎	7 55
	☿⊻♆	12pm18
	☿⊻♇	1 3
21 W	☿∗♄	1pm41
	♀ ♈	3 22
	☿□♅	4 45
23 F	☿⊼♃	10am32
	⊕☍♀	7pm35
24 S	☿∠♇	0am26
	♀☍♂	12pm46
	☿∠♄	11 12
25 Su	⊕☌♂	7am43
	☿ ♈	9 8
26 M	☿☍♂	12pm24
	⊕☍☿	4 21
27 T	♀☌♆	0am27
	♀∗♇	2 13
	☿☌♆	3 15
	☿∗♇	3 49
	☿☌♀	4 33
28 W	☿⊻♄	0am59
	☿∗♅	2 45
	⊕☍♆	11pm28
29 Th	⊕△♇	2am14
	☿☍♃	3pm 4
	♀⊻♄	10 45
30 F	♀∗♅	3am50
	☿∠♅	9pm56
31	☿ ♉	4am 4
1 Su	☿⊼♂	2pm35
	☿⊻♆	4 7
	☿□♇	4 34
2 M	⊕⊼☿	9am55
	♂☍♆	10 41
	☿☌♄	11 33
	☿⊻♅	12pm34
	♂△♇	4 26
	⊕⊼♄	8 2
3 T	⊕△♅	1am57
	☿0N	8 57
	☿⊻♀	5pm34
	☿⊼♃	9 46
4 W	☿∠♆	4am26
	☿⚼♂	7 42
	♀☍♃	10 8
5 Th	☿ ♊	5am20
	⊕⚼☿	8 38
6 F	☿⚼♃	8am39
	☿∗♆	2pm29
	☿△♇	2 52
	☿△♂	10 5
	☿∠♀	11 45
7 S	☿⊻♄	9am10
	☿☌♅	9 40
8 Su	☿ P	1am 6
	⊕△☿	4 35
	♀∠♅	3pm 8
	☿△♃	6 25
	☿⚼♇	11 55
9 M	♀ ♉	11am 4
	☿∠♄	6pm29
	☿ ♋	11 46
10	☿∗♀	4am 6
11 W	☿□♆	8am58
	☿⊼♇	9 19
12 Th	☿□♂	1am38
	⊕☌♃	3 54
	☿∗♄	4 35
	☿⊻♅	4 37
	♄⊻♅	3pm41
13 F	☿□♃	3pm57
	♂△♅	7 6
	♂⊼♄	8 42
	⊕□☿	10 29
14 S	☿∠♅	4pm37
	♀⊻♆	9 15
	☿ ♌	9 47
	♀□♇	10 32
16 M	☿△♆	10am11
	☿☍♇	10 32
17 T	☿□♀	1am 2
	☿∗♅	8 13
	☿□♄	8 44
	☿∗♂	3pm48
18 W	♀⊻♅	1am50
	♀☌♄	3 52
	⊕⚼♅	1pm 3
19 Th	☿∗♃	2am 2
	☿⚼♆	4 59
	♀⊼♂	5pm40
	⊕ ♏	6 48
20 F	☿ ♍	10am47
	⊕∗☿	2pm42
	☿∠♂	8 15
22 Su	☿∠♃	3am56
	☿⊼♆	6 6
	☿⊼♇	6 29
23 M	☿□♅	8am49
	☿△♄	10 13
24 T	♀⊼♃	2am27
	♀∠♆	6 46
	☿⊻♂	10 29
	⊕∠☿	5pm11
25 W	☿⊻♃	2pm15
	☿⚼♇	3 41
26 Th	☿△♀	11am45
	☿⚼♄	11pm21
27	☿ ♎	3am54
28 S	♀ ♊	4am28
	⊕⊼♆	6pm36
	⊕□♇	8 10
29 Su	☿☍♆	10am 8
	☿△♇	10 32
	⊕⊻☿	3pm34
30 M	☿△♅	7pm51
	☿⊼♄	10 51

MAY 2029

DAY	☿ LONG	☿ LAT	♀ LONG	♀ LAT	⊕ LONG	♂ LONG	♂ LAT
	° '	° '	° '	° '	° '	° '	° '
1 Tu	14♎33	3N57	4♊31	0S44	10♏55	21♎38	0N52
2 W	18 06	3 35	6 08	0 38	11 53	22 05	0 52
3 Th	21 34	3 12	7 44	0 33	12 52	22 33	0 51
4 F	24 56	2 50	9 21	0 27	13 50	23 01	0 50
5 S	28 14	2 27	10 58	0 21	14 48	23 29	0 49
6 Su	1♏28	2 05	12 34	0 16	15 46	23 57	0 48
7 M	4 38	1 42	14 11	0 10	16 44	24 25	0 48
8 Tu	7 45	1 20	15 47	0 04	17 42	24 53	0 47
9 W	10 48	0 58	17 24	0N02	18 40	25 21	0 46
10 Th	13 49	0 36	19 01	0 07	19 38	25 49	0 45
11 F	16 46	0 14	20 38	0 13	20 36	26 17	0 44
12 S	19 42	0S07	22 14	0 19	21 34	26 45	0 43
13 Su	22 35	0 29	23 51	0 25	22 32	27 13	0 43
14 M	25 27	0 50	25 28	0 30	23 30	27 41	0 42
15 Tu	28 17	1 10	27 05	0 36	24 28	28 10	0 41
16 W	1♐05	1 31	28 42	0 42	25 26	28 38	0 40
17 Th	3 52	1 51	0♋19	0 47	26 24	29 06	0 39
18 F	6 39	2 10	1 56	0 53	27 22	29 35	0 38
19 S	9 24	2 29	3 33	0 58	28 19	0♏03	0 37
20 Su	12 09	2 48	5 10	1 04	29 17	0 31	0 37
21 M	14 54	3 06	6 47	1 09	0♐15	1 00	0 36
22 Tu	17 39	3 24	8 24	1 15	1 13	1 28	0 35
23 W	20 23	3 42	10 01	1 20	2 10	1 57	0 34
24 Th	23 08	3 59	11 38	1 25	3 08	2 26	0 33
25 F	25 54	4 15	13 15	1 30	4 06	2 54	0 32
26 S	28 40	4 31	14 53	1 35	5 03	3 23	0 31
27 Su	1♑27	4 46	16 30	1 41	6 01	3 51	0 30
28 M	4 16	5 01	18 07	1 46	6 58	4 20	0 30
29 Tu	7 05	5 15	19 44	1 50	7 56	4 49	0 29
30 W	9 56	5 28	21 22	1 55	8 53	5 18	0 28
31 Th	12♑49	5S41	22♋59	2N00	9♐51	5♏47	0N27

JUNE 2029

DAY	☿ LONG	☿ LAT	♀ LONG	♀ LAT	⊕ LONG	♂ LONG	♂ LAT
	° '	° '	° '	° '	° '	° '	° '
1 F	15♑44	5S53	24♋36	2N05	10♐48	6♏16	0N26
2 S	18 42	6 05	26 14	2 09	11 46	6 44	0 25
3 Su	21 41	6 15	27 51	2 13	12 43	7 13	0 24
4 M	24 44	6 24	29 28	2 18	13 41	7 42	0 23
5 Tu	27 49	6 33	1♌06	2 22	14 38	8 11	0 22
6 W	0♒58	6 41	2 43	2 26	15 36	8 41	0 21
7 Th	4 10	6 47	4 21	2 30	16 33	9 10	0 20
8 F	7 26	6 52	5 58	2 34	17 31	9 39	0 20
9 S	10 47	6 56	7 36	2 38	18 28	10 08	0 19
10 Su	14 11	6 59	9 13	2 41	19 25	10 37	0 18
11 M	17 41	7 00	10 51	2 45	20 23	11 07	0 17
12 Tu	21 16	7 00	12 28	2 48	21 20	11 36	0 16
13 W	24 56	6 58	14 06	2 51	22 18	12 05	0 15
14 Th	28 42	6 54	15 43	2 54	23 15	12 35	0 14
15 F	2♓35	6 48	17 21	2 57	24 12	13 04	0 13
16 S	6 34	6 40	18 58	3 00	25 10	13 34	0 12
17 Su	10 40	6 30	20 36	3 03	26 07	14 03	0 11
18 M	14 53	6 18	22 13	3 05	27 04	14 33	0 10
19 Tu	19 14	6 02	23 51	3 07	28 01	15 03	0 09
20 W	23 43	5 45	25 28	3 10	28 59	15 33	0 08
21 Th	28 21	5 24	27 06	3 12	29 56	16 02	0 07
22 F	3♈07	5 01	28 43	3 14	0♑53	16 32	0 06
23 S	8 02	4 35	0♍21	3 15	1 50	17 02	0 05
24 Su	13 06	4 05	1 58	3 17	2 48	17 32	0 04
25 M	18 20	3 33	3 36	3 18	3 45	18 02	0 03
26 Tu	23 42	2 58	5 13	3 19	4 42	18 32	0 02
27 W	29 13	2 21	6 51	3 21	5 39	19 02	0 01
28 Th	4♉53	1 41	8 28	3 21	6 37	19 32	0 01
29 F	10 42	0 59	10 06	3 22	7 34	20 02	0S00
30 S	16♉38	0S15	11♍43	3N23	8♑31	20♏32	0S01

DAY	♃ LONG	♃ LAT	♄ LONG	♄ LAT	♅ LONG	♅ LAT	♆ LONG	♆ LAT	♇ LONG	♇ LAT
	° '	° '	° '	° '	° '	° '	° '	° '	° '	° '
4 F	24♎11.5	1N16	14♉29.4	2S20	13♊58.1	0S00	8♈47.4	1S29	8♒50.7	5S29
9 W	24 34.2	1 16	14 40.3	2 20	14 01.6	0 00	8 49.2	1 29	8 52.0	5 29
14 M	24 56.9	1 16	14 51.1	2 19	14 05.1	0 00	8 51.1	1 29	8 53.3	5 30
19 S	25 19.6	1 16	15 02.0	2 19	14 08.6	0 00	8 52.9	1 29	8 54.7	5 30
24 Th	25 42.4	1 16	15 12.8	2 19	14 12.1	0N00	8 54.7	1 29	8 56.0	5 31
29 Tu	26 05.1	1 15	15 23.7	2 19	14 15.6	0 00	8 56.6	1 29	8 57.3	5 31
3 Su	26 27.8	1 15	15 34.5	2 19	14 19.1	0 00	8 58.4	1 29	8 58.7	5 31
8 F	26 50.5	1 15	15 45.4	2 19	14 22.6	0 00	9 00.2	1 29	9 00.0	5 32
13 W	27 13.3	1 15	15 56.3	2 18	14 26.1	0 00	9 02.1	1 29	9 01.3	5 32
18 M	27 36.0	1 15	16 07.1	2 18	14 29.6	0 00	9 03.9	1 29	9 02.7	5 33
23 S	27 58.7	1 15	16 18.0	2 18	14 33.1	0 00	9 05.7	1 29	9 04.0	5 33
28 Th	28 21.5	1 15	16 28.9	2 18	14 36.6	0 00	9 07.6	1 29	9 05.3	5 33

☿a .408096	☿ .452956
♀ .721441	♀p .718656
⊕ 1.00748	⊕ 1.01398
♂ 1.61725	♂ 1.58529
♃ 5.45019	♃ 5.44813
♄ 9.17556	♄ 9.16851
♅ 19.2662	♅ 19.2603
♆ 29.8593	♆ 29.8589
♇ 36.2714	♇ 36.2933
☊	Perihelia
☿ 18° ♉ 41	☿ 17° ♊ 55
♀ 16 ♊ 57	♀ 12 ♌ 13
⊕	⊕ 14 ♋ 16
♂ 19 ♉ 48	♂ 6 ♓ 37
♃ 10 ♋ 47	♃ 14 ♈ 36
♄ 23 ♋ 57	♄ 4 ♋ 26
♅ 14 ♊ 09	♅ 21 ♍ 58
♆ 12 ♌ 09	♆ 22 ♉ 09
♇ 20 ♋ 42	♇ 14 ♏ 31

2	♀⚼♂	8pm 5
3 Th	☿☌♂	8am 6
	♀✶♆	3pm38
	☿⚼♀	3 54
	♀△♇	4 27
	☿☌♃	6 32
	♀⚼♃	9 32
4 F	⊕⚻♅	3am30
	⊕☍♄	5pm 1
5 S	☿⚼♅	5am29
	☿ ♏	1pm 1
6	♀☌♅	9pm21
7 M	♂☌♃	0am20
	♀⚺♄	6 23
8 T	☿⚻♆	8am21
	☿□♇	8 43
	♀0N	5pm15
10 Th	☿⚻♅	1am50
	☿☍♄	7 18
	⊕⚻♀	11pm 8
11	☿0S	3pm38
12	⊕☌☿	11pm22
13 Su	♀⚼♇	0am27
	☿⚼♆	10 33
	♀△♃	3pm53
	☿⚺♃	7 42
14 M	☿⚻♀	0am28
	⊕⚼♆	8 44
	☿⚺♂	10pm50
15 T	☿ ♐	2pm43
	⊕⚺♃	3 3
	♀△♂	10 37
16 W	♀∠♄	6pm37
	♀ ♋	7 20
17	♂⚼♅	0am46
18 F	☿△♆	7pm27
	☿✶♇	7 43
	♂ ♏	9 26
19 S	☿∠♃	8am17
	♅0N	6pm 1
20 Su	☿☍♅	5pm33
	⊕ ♐	5 49
21 M	☿⚻♄	1am49
	☿∠♂	11 37
22 T	☿ A	0am46
	♀□♆	7 26
	♀⚻♇	7 48
	⊕⚺♂	1pm 0
24 Th	☿∠♇	6am55
	☿✶♃	10pm57
25	♀⚺♅	2pm16
26 S	♀✶♄	6am12
	☿ ♑	11 28
	☿⚼♄	2pm 7
28	☿✶♂	0am46
29 T	⊕⚺☿	10am44
	☿□♆	3pm40
	☿⚺♇	3 45
30 W	⊕△♆	1am28
	⊕✶♇	1 44
31 Th	☿⚻♅	12pm 6
	☿△♄	10 2

1	⊕∠♃	1pm43
2 S	♀□♃	2am30
	⊕⚼♀	7pm28
3	♀∠♅	9pm52
4 M	♀ ♌	7am48
	☿□♃	2pm28
	⊕☍♅	4 27
5 T	☿⚼♅	11am43
	♆✶♇	2pm51
	☿ ♒	4 41
	⊕∠☿	8 0
6 W	⊕⚻♄	2am17
	♂□♇	3pm42
	♂⚻♆	3 48
7	☿☍♀	2am35
8 F	☿☌♇	11am18
	☿✶♆	11 20
	☿□♂	6pm39
9 S	♀☍♇	8pm55
	♀△♆	9 1
10 Su	☿△♅	1am27
	☿□♄	11 27
11 M	♀□♂	5am41
	♀ P	7pm30
12 T	⊕✶☿	0am39
	☿∠♆	6pm 9
13 W	♀✶♅	5am 6
	☿△♃	2pm56
14 Th	♀□♄	3am52
	☿ ♓	8 6
	⊕∠♇	7pm37
S	☿⚺♆	2 41
17 Su	☿⚼♃	10am52
	♂⚻♅	9pm 4
	☿□♅	9 48
	☿△♂	9 54
18 M	☿✶♄	6am56
	⊕✶♃	2pm29
19	♀⚼♆	3am21
20 W	☿∠♇	1am45
	☿⚻♀	2pm 8
	☿⚻♃	9 18
21 Th	⊕ ♑	1am41
	☿ ♈	8 24
	♂☍♄	9 53
	⊕□☿	10 5
	♀✶♃	11 19
	☿∠♄	2pm41
	☿⚼♂	3 12
22 F	⊕⚼♄	9am51
	♀ ♍	6pm52
23 S	☿✶♇	4am56
	☿☌♆	5 5
24 Su	☿✶♅	6am47
	☿⚺♄	3pm 2
	☿⚻♂	10 30
25 M	☿⚼♀	1am45
	⊕△♀	5 23
26	☿☍♃	7pm54
27 W	☿∠♅	1am36
	☿ ♉	3 19
28 Th	⊕△☿	8am34
	♀⚻♇	9 8
	♀⚻♆	9 42
	♂0S	12pm26
	☿□♇	5 25
	☿⚺♆	5 35
	☿△♀	8 36
29 F	☿⚺♅	3pm58
	☿☌♄	11 42
30 S	☿0N	8am13
	⊕⚺♇	2pm44
	⊕□♆	3 47
	☿☍♂	4 59

JULY 2029

DAY	☿ LONG	☿ LAT	♀ LONG	♀ LAT	⊕ LONG	♂ LONG	♂ LAT
	° '	° '	° '	° '	° '	° '	° '
1 Su	22♉40	0N29	13♍21	3N23	9♑28	21♏03	0S02
2 M	28 49	1 14	14 58	3 24	10 25	21 33	0 03
3 Tu	5♊02	1 59	16 36	3 24	11 22	22 03	0 04
4 W	11 19	2 42	18 13	3 24	12 20	22 34	0 05
5 Th	17 38	3 24	19 50	3 23	13 17	23 04	0 06
6 F	23 57	4 03	21 28	3 23	14 14	23 34	0 07
7 S	0♋15	4 40	23 05	3 23	15 11	24 05	0 08
8 Su	6 31	5 12	24 42	3 22	16 09	24 36	0 09
9 M	12 43	5 41	26 19	3 21	17 06	25 06	0 10
10 Tu	18 50	6 05	27 57	3 20	18 03	25 37	0 11
11 W	24 50	6 25	29 34	3 19	19 00	26 08	0 12
12 Th	0♌43	6 40	1♎11	3 17	19 57	26 38	0 13
13 F	6 28	6 51	2 48	3 16	20 55	27 09	0 14
14 S	12 04	6 58	4 25	3 14	21 52	27 40	0 15
15 Su	17 30	7 00	6 02	3 13	22 49	28 11	0 16
16 M	22 47	6 59	7 39	3 11	23 46	28 42	0 17
17 Tu	27 54	6 55	9 16	3 08	24 44	29 13	0 18
18 W	2♍52	6 48	10 53	3 06	25 41	29 44	0 19
19 Th	7 40	6 38	12 30	3 04	26 38	0♐15	0 20
20 F	12 19	6 25	14 07	3 01	27 35	0 47	0 21
21 S	16 49	6 11	15 44	2 59	28 33	1 18	0 22
22 Su	21 10	5 55	17 21	2 56	29 30	1 49	0 23
23 M	25 23	5 38	18 57	2 53	0♒27	2 21	0 24
24 Tu	29 28	5 19	20 34	2 50	1 25	2 52	0 25
25 W	3♎26	4 59	22 11	2 46	2 22	3 24	0 26
26 Th	7 17	4 39	23 47	2 43	3 19	3 55	0 27
27 F	11 02	4 18	25 24	2 40	4 16	4 27	0 28
28 S	14 40	3 56	27 00	2 36	5 14	4 58	0 29
29 Su	18 13	3 34	28 37	2 32	6 11	5 30	0 30
30 M	21 40	3 12	0♏13	2 28	7 08	6 02	0 31
31 Tu	25♎03	2N49	1♏50	2N24	8♒06	6♐34	0S32

AUGUST 2029

DAY	☿ LONG	☿ LAT	♀ LONG	♀ LAT	⊕ LONG	♂ LONG	♂ LAT
	° '	° '	° '	° '	° '	° '	° '
1 W	28♎21	2N27	3♏26	2N20	9♒03	7♐05	0S33
2 Th	1♏34	2 04	5 02	2 16	10 01	7 37	0 34
3 F	4 44	1 42	6 39	2 12	10 58	8 09	0 35
4 S	7 51	1 19	8 15	2 07	11 55	8 41	0 36
5 Su	10 54	0 57	9 51	2 03	12 53	9 14	0 37
6 M	13 54	0 35	11 27	1 58	13 50	9 46	0 38
7 Tu	16 52	0 13	13 03	1 54	14 48	10 18	0 39
8 W	19 48	0S08	14 39	1 49	15 45	10 50	0 40
9 Th	22 41	0 29	16 15	1 44	16 43	11 22	0 41
10 F	25 32	0 50	17 51	1 39	17 40	11 55	0 42
11 S	28 22	1 11	19 27	1 34	18 38	12 27	0 43
12 Su	1♐10	1 31	21 03	1 29	19 36	13 00	0 44
13 M	3 58	1 51	22 39	1 24	20 33	13 32	0 45
14 Tu	6 44	2 11	24 15	1 19	21 31	14 05	0 46
15 W	9 29	2 30	25 50	1 13	22 28	14 37	0 47
16 Th	12 15	2 49	27 26	1 08	23 26	15 10	0 48
17 F	14 59	3 07	29 02	1 03	24 24	15 43	0 49
18 S	17 44	3 25	0♐37	0 57	25 22	16 16	0 49
19 Su	20 29	3 42	2 13	0 52	26 19	16 49	0 50
20 M	23 14	3 59	3 48	0 46	27 17	17 22	0 51
21 Tu	25 59	4 16	5 24	0 41	28 15	17 55	0 52
22 W	28 46	4 31	6 59	0 35	29 12	18 28	0 53
23 Th	1♑33	4 47	8 35	0 30	0♓10	19 01	0 54
24 F	4 21	5 01	10 10	0 24	1 08	19 34	0 55
25 S	7 11	5 15	11 45	0 18	2 06	20 07	0 56
26 Su	10 02	5 29	13 21	0 13	3 04	20 40	0 57
27 M	12 55	5 42	14 56	0 07	4 02	21 14	0 58
28 Tu	15 50	5 54	16 31	0 02	5 00	21 47	0 59
29 W	18 47	6 05	18 07	0S04	5 58	22 21	1 00
30 Th	21 47	6 15	19 42	0 10	6 55	22 54	1 01
31 F	24♑50	6S25	21♐17	0S15	7♓53	23♐28	1S02

DAY	♃ LONG	♃ LAT	♄ LONG	♄ LAT	♅ LONG	♅ LAT	♆ LONG	♆ LAT	♇ LONG	♇ LAT
	° '	° '	° '	° '	° '	° '	° '	° '	° '	° '
3 Tu	28♎44.2	1N14	16♉39.7	2S18	14♊40.1	0N00	9♈09.4	1S29	9♒06.6	5S34
8 Su	29 07.0	1 14	16 50.6	2 17	14 43.6	0 00	9 11.2	1 29	9 08.0	5 34
13 F	29 29.7	1 14	17 01.5	2 17	14 47.1	0 01	9 13.1	1 29	9 09.3	5 34
18 W	29 52.5	1 14	17 12.4	2 17	14 50.6	0 01	9 14.9	1 29	9 10.6	5 35
23 M	0♏15.3	1 14	17 23.3	2 17	14 54.1	0 01	9 16.7	1 29	9 12.0	5 35
28 S	0 38.0	1 14	17 34.2	2 17	14 57.6	0 01	9 18.5	1 29	9 13.3	5 36
2 Th	1 00.8	1 13	17 45.0	2 16	15 01.1	0 01	9 20.4	1 29	9 14.6	5 36
7 Tu	1 23.6	1 13	17 55.9	2 16	15 04.6	0 01	9 22.2	1 29	9 15.9	5 36
12 Su	1 46.3	1 13	18 06.8	2 16	15 08.1	0 01	9 24.0	1 29	9 17.3	5 37
17 F	2 09.1	1 13	18 17.7	2 16	15 11.6	0 01	9 25.9	1 29	9 18.6	5 37
22 W	2 31.9	1 13	18 28.6	2 16	15 15.1	0 01	9 27.7	1 29	9 19.9	5 37
27 M	2 54.7	1 12	18 39.5	2 16	15 18.6	0 01	9 29.5	1 29	9 21.2	5 38

☿p.312579	☿a.427580
♀ .719128	♀ .722544
⊕a1.01665	⊕ 1.01498
♂ 1.54931	♂ 1.50929
♃ 5.44570	♃ 5.44275
♄ 9.16182	♄ 9.15502
♅ 19.2547	♅ 19.2488
♆ 29.8584	♆ 29.8580
♇ 36.3145	♇ 36.3364
☊	Perihelia
☿ 18°♉ 41	☿ 17°♊ 55
♀ 16 ♊ 57	♀ 12 ♌ 11
⊕	⊕ 14 ♋ 02
♂ 19 ♉ 48	♂ 6 ♓ 39
♃ 10 ♋ 47	♃ 14 ♈ 36
♄ 23 ♋ 57	♄ 4 ♋ 24
♅ 14 ♊ 09	♅ 22 ♍ 14
♆ 12 ♌ 09	♆ 20 ♉ 13
♇ 20 ♋ 42	♇ 14 ♏ 37

1 Su	♀∠♃	3am44
	☿∠♆	5 47
	⊕⚼☿	8 21
	♀□♅	7pm21
	☿⚻♃	11 24
2	☿ ♊	4am36
3 T	♀△♄	1am 4
	☿△♇	3pm36
	☿✶♅	3 47
4 W	⊕⚻☿	4am33
	☿⚼♃	9 38
	☿☍♅	12pm50
	☿⚺♄	8 36
5 Th	☿ P	0am23
	☿□♀	11 17
	☿⚻♂	10pm27
6 F	☿⚼♇	0am40
	⊕ A	5 13
	⊕⚻♅	11 56
	☿△♃	7pm19
	☿ ♋	11 2
7 S	♂⚼♆	4am39
	☿∠♄	5 58
	♀⚼♇	3pm33
	♀✶♂	9 38
8 Su	☿⚻♇	10am 5
	☿□♆	10 18
	☿⚼♂	12pm55
	⊕△♄	6 21
9 M	☿⚺♅	7am54
	☿✶♄	4pm23
	⊕☍☿	8 20
10	♀⚺♃	8pm35
11 W	☿△♂	5am43
	♀ ♎	6 28
	☿□♃	6pm35
	☿∠♅	8 5
	☿ ♌	9 2
12 Th	☿✶♀	2am39
	♀⚼♄	12pm13
13 F	☿☍♇	11am28
	☿△♆	11 44
14 S	☿✶♅	12pm 0
	☿□♄	10 10
15	☿∠♀	11pm 7
16 M	⊕⚻☿	5am36
	☿⚼♆	6 43
	♀△♇	10pm32
	♀☍♆	11 34
17 T	☿□♂	7am 0
	☿✶♃	9 12
	☿ ♍	10 2
	♃⚼♅	12pm13
18 W	♂⚺♃	7am23
	♂ ♐	12pm 5
19 Th	☿⚻♇	7am44
	☿⚻♆	8 6
	♃ ♏	3pm33
20 F	⊕⚼☿	1am49
	☿△♅	11 14
	☿□♅	1pm33
	☿∠♃	2 37
	☿⚺♀	2 50
21 S	☿△♄	2am45
	♀∠♂	12pm31
22 Su	♀⚻♄	0am 7
	⊕⚼♅	9 56
	⊕ ♒	12pm35
	☿⚼♇	5 10
	⊕□♃	6 32
24 T	☿ ♎	3am 9
	☿⚺♃	5 13
	⊕△☿	3pm19
	☿⚼♄	5 57
	☿✶♂	11 41
26 Th	☿△♇	12pm17
	☿☍♆	12 50
27	⊕✶♂	9am37
28 S	☿△♅	1am58
	☿⚻♄	7pm49
29 Su	☿∠♂	6pm43
	♀⚼♅	8 24
	♀ ♏	8 40
30	♀☌♃	8am49

1 W	⊕☌♇	4am42
	⊕✶♆	7 6
	☿ ♏	12pm15
	☿⚼♅	12 21
	☿☌♃	7 42
4 S	☿☌♀	6am34
	☿⚺♂	7 59
	♀⚺♂	9 55
	☿□♇	11 1
	☿⚻♆	11 48
	♀□♇	3pm 4
	♀⚻♆	4 34
5 Su	♂✶♇	1am26
	♂△♆	6 1
	⊕□☿	11pm12
6	☿⚻♅	9am23
7 T	⊕△♅	7am 5
	☿☍♄	8 48
	☿0S	2pm54
8	♀⚻♅	6am33
9 Th	☿⚼♆	2pm18
	⊕□♀	5 14
10 F	♀☍♄	2am52
	⊕□♄	9 32
11	☿ ♐	1pm57
12	☿⚺♃	5am18
14 T	♀⚼♆	2am33
	☿✶♇	10pm21
	☿△♆	11 22
16	♂☍♅	0am33
17 F	⊕∠♆	0am51
	☿☍♅	1 48
	☿☌♂	7 57
	♀ ♐	2pm39
	☿∠♃	7 28
18 S	☿ A	0am 4
	☿⚻♄	5 19
19	♀⚺♃	1am25
20	♂∠♃	1am 0
M	☿∠♇	9 33
22 W	♂⚻♄	0am45
	⊕✶☿	5 56
	☿ ♑	10 42
	⊕ ♓	7pm44
23 Th	☿✶♃	9am22
	☿✶♇	11 28
	♀△♆	1pm28
	☿⚼♄	5 4
25 S	⊕△♃	5pm52
	☿⚺♇	6 16
	☿□♆	7 25
27 M	♀☍♅	5am44
	☿⚻♅	7pm48
28 T	♀0S	6am31
	☿⚺♀	12pm11
	☿∠♃	11 17
	☿△♄	11 32
29	♀⚻♄	9am38
30 Th	⊕∠☿	1am39
	☿⚺♂	10 52

SEPTEMBER 2029

DAY	☿ LONG	☿ LAT	♀ LONG	♀ LAT	⊕ LONG	♂ LONG	♂ LAT
	° '	° '	° '	° '	° '	° '	° '
1 S	27♑55	6S33	22♐52	0S21	8♓52	24♐01	1S02
2 Su	1♒04	6 41	24 27	0 27	9 50	24 35	1 03
3 M	4 16	6 47	26 02	0 32	10 48	25 09	1 04
4 Tu	7 33	6 52	27 37	0 38	11 46	25 43	1 05
5 W	10 53	6 56	29 12	0 43	12 44	26 16	1 06
6 Th	14 18	6 59	0♑47	0 49	13 42	26 50	1 07
7 F	17 48	7 00	2 22	0 54	14 40	27 24	1 08
8 S	21 23	7 00	3 57	1 00	15 39	27 58	1 09
9 Su	25 03	6 58	5 32	1 05	16 37	28 32	1 09
10 M	28 49	6 54	7 07	1 10	17 35	29 07	1 10
11 Tu	2♓42	6 48	8 42	1 16	18 34	29 41	1 11
12 W	6 41	6 40	10 17	1 21	19 32	0♑15	1 12
13 Th	10 47	6 30	11 52	1 26	20 30	0 49	1 13
14 F	15 01	6 17	13 27	1 31	21 29	1 24	1 14
15 S	19 22	6 02	15 02	1 36	22 27	1 58	1 15
16 Su	23 52	5 44	16 37	1 41	23 26	2 33	1 15
17 M	28 30	5 24	18 12	1 46	24 24	3 07	1 16
18 Tu	3♈16	5 00	19 46	1 51	25 23	3 42	1 17
19 W	8 11	4 34	21 21	1 55	26 21	4 16	1 18
20 Th	13 16	4 04	22 56	2 00	27 20	4 51	1 19
21 F	18 29	3 32	24 31	2 04	28 19	5 26	1 19
22 S	23 52	2 57	26 06	2 09	29 17	6 01	1 20
23 Su	29 24	2 19	27 41	2 13	0♈16	6 36	1 21
24 M	5♉04	1 39	29 16	2 17	1 15	7 10	1 22
25 Tu	10 53	0 57	0♒50	2 21	2 13	7 45	1 22
26 W	16 49	0 14	2 25	2 25	3 12	8 20	1 23
27 Th	22 52	0N31	4 00	2 29	4 11	8 56	1 24
28 F	29 00	1 16	5 35	2 33	5 10	9 31	1 25
29 S	5♊14	2 00	7 10	2 37	6 09	10 06	1 25
30 Su	11♊30	2N44	8♒45	2S40	7♈08	10♑41	1S26

OCTOBER 2029

DAY	☿ LONG	☿ LAT	♀ LONG	♀ LAT	⊕ LONG	♂ LONG	♂ LAT
	° '	° '	° '	° '	° '	° '	° '
1 M	17♊49	3N25	10♒20	2S44	8♈07	11♑16	1S27
2 Tu	24 09	4 05	11 55	2 47	9 06	11 52	1 28
3 W	0♋27	4 41	13 29	2 50	10 05	12 27	1 28
4 Th	6 43	5 13	15 04	2 53	11 04	13 03	1 29
5 F	12 55	5 42	16 39	2 56	12 03	13 38	1 30
6 S	19 01	6 06	18 14	2 59	13 02	14 14	1 30
7 Su	25 01	6 25	19 49	3 01	14 01	14 49	1 31
8 M	0♌54	6 40	21 24	3 04	15 00	15 25	1 32
9 Tu	6 38	6 51	22 59	3 06	16 00	16 01	1 32
10 W	12 14	6 58	24 34	3 08	16 59	16 37	1 33
11 Th	17 40	7 00	26 09	3 10	17 58	17 12	1 34
12 F	22 57	6 59	27 44	3 12	18 58	17 48	1 34
13 S	28 04	6 55	29 19	3 14	19 57	18 24	1 35
14 Su	3♍01	6 47	0♓54	3 16	20 56	19 00	1 35
15 M	7 49	6 37	2 29	3 17	21 56	19 36	1 36
16 Tu	12 28	6 25	4 04	3 19	22 55	20 12	1 37
17 W	16 57	6 11	5 39	3 20	23 55	20 48	1 37
18 Th	21 18	5 55	7 15	3 21	24 54	21 25	1 38
19 F	25 31	5 37	8 50	3 22	25 54	22 01	1 38
20 S	29 36	5 18	10 25	3 22	26 54	22 37	1 39
21 Su	3♎34	4 59	12 00	3 23	27 53	23 13	1 39
22 M	7 24	4 38	13 35	3 23	28 53	23 50	1 40
23 Tu	11 09	4 17	15 10	3 24	29 52	24 26	1 40
24 W	14 47	3 55	16 46	3 24	0♉52	25 03	1 41
25 Th	18 19	3 33	18 21	3 24	1 52	25 39	1 41
26 F	21 47	3 11	19 56	3 23	2 52	26 16	1 42
27 S	25 09	2 49	21 31	3 23	3 52	26 52	1 42
28 Su	28 27	2 26	23 07	3 23	4 51	27 29	1 43
29 M	1♏40	2 04	24 42	3 22	5 51	28 06	1 43
30 Tu	4 50	1 41	26 17	3 21	6 51	28 42	1 44
31 W	7♏57	1N19	27♓53	3S20	7♉51	29♑19	1S44

DAY	♃ LONG	♃ LAT	♄ LONG	♄ LAT	♅ LONG	♅ LAT	♆ LONG	♆ LAT	♇ LONG	♇ LAT
	° '	° '	° '	° '	° '	° '	° '	° '	° '	° '
1 S	3♏17.5	1N12	18♉50.4	2S15	15♊22.1	0N01	9♈31.3	1S29	9♒22.6	5S38
6 Th	3 40.3	1 12	19 01.3	2 15	15 25.6	0 01	9 33.2	1 29	9 23.9	5 39
11 Tu	4 03.1	1 12	19 12.2	2 15	15 29.1	0 01	9 35.0	1 29	9 25.2	5 39
16 Su	4 25.9	1 12	19 23.1	2 15	15 32.6	0 01	9 36.8	1 29	9 26.5	5 39
21 F	4 48.7	1 11	19 34.0	2 15	15 36.1	0 01	9 38.6	1 29	9 27.9	5 40
26 W	5 11.5	1 11	19 44.9	2 14	15 39.6	0 01	9 40.5	1 30	9 29.2	5 40
1 M	5 34.3	1 11	19 55.9	2 14	15 43.1	0 01	9 42.3	1 30	9 30.5	5 41
6 S	5 57.2	1 11	20 06.8	2 14	15 46.6	0 01	9 44.1	1 30	9 31.8	5 41
11 Th	6 20.0	1 11	20 17.7	2 14	15 50.1	0 01	9 45.9	1 30	9 33.1	5 41
16 Tu	6 42.8	1 10	20 28.6	2 13	15 53.7	0 01	9 47.8	1 30	9 34.5	5 42
21 Su	7 05.7	1 10	20 39.5	2 13	15 57.2	0 01	9 49.6	1 30	9 35.8	5 42
26 F	7 28.5	1 10	20 50.5	2 13	16 00.7	0 02	9 51.4	1 30	9 37.1	5 42
31 W	7 51.4	1 10	21 01.4	2 13	16 04.2	0 02	9 53.3	1 30	9 38.4	5 43

☿p .439884	☿ .307494
♀ .726503	♀a .728225
⊕ 1.00926	⊕ 1.00124
♂ 1.46941	♂ 1.43430
♃ 5.43936	♃ 5.43566
♄ 9.14836	♄ 9.14204
♅ 19.2430	♅ 19.2374
♆ 29.8575	♆ 29.8571
♇ 36.3583	♇ 36.3795
☊	Perihelia
☿ 18°♉ 41	☿ 17°♊ 55
♀ 16 ♊ 57	♀ 12 ♌ 07
⊕	⊕ 11 ♋ 40
♂ 19 ♉ 48	♂ 6 ♓ 40
♃ 10 ♋ 47	♃ 14 ♈ 38
♄ 23 ♋ 57	♄ 4 ♋ 21
♅ 14 ♊ 09	♅ 22 ♍ 23
♆ 12 ♌ 09	♆ 18 ♉ 34
♇ 20 ♋ 42	♇ 14 ♏ 41

1 S	⊕⚺♇	12pm54
	♂∠♇	3 16
	☿ ♒	3 56
	⊕⚺♆	4 34
	☿⚼♅	6 48
	♀∠♇	10 55
2 Su	♀☌♂	3am 5
	☿□♃	5pm42
4 T	☿☌♇	1pm21
	☿⚹♆	2 27
5 W	☿∠♂	3am19
	♀ ♑	12pm 2
	⊕⚺☿	6 13
6 Th	☿△♅	7am50
	☿∠♀	6pm48
7 F	☿□♄	8am37
	⊕□♅	7pm 9
	♀⚹♃	9 53
8 S	♀⚼♄	2am 9
	☿∠♆	8pm54
10 M	☿⚹♂	2am 6
	☿ ♓	7 21
11 T	☿△♃	8am22
	♀⚺♇	10 54
	⊕⚼♃	1pm 9
	♀□♆	1 24
	♂ ♑	1 30
	⊕⚹♄	4 30
12 W	☿⚺♇	4pm 6
	☿⚺♆	5 4
13	☿⚹♀	9am55
14 F	☿□♅	2am49
	☿⚹♄	11pm52
	☿⚼♃	11 54
15 S	♀⚻♅	7am40
	⊕☌☿	9pm 5
16	☿∠♇	3am 3
17 M	⊕∠♇	1am 4
	☿ ♈	7 39
	♀△♄	7pm 5
18 T	☿□♂	2am24
	☿∠♄	5 55
	☿⚻♃	6 35
19	☿⚹♇	6am 3
W	☿☌♆	6 54
	♂⚼♄	9 49
	♂⚹♃	6pm29
20	☿⚹♅	10am47
21	☿⚺♄	4am53
22 S	☿□♀	1pm40
	⊕ ♈	5 31
23 Su	☿ ♉	2am35
	⊕⚺☿	4 30
	☿∠♅	5 16
	☿☍♃	11pm53
24 M	☿△♂	9am45
	♀ ♒	11 14
	☿□♇	6pm17
	☿⚺♆	7 3
	♀⚼♅	9 3
25	☿⚺♅	7pm23
26 W	⊕∠☿	6am38
	☿0N	7 30
	☿☌♄	11 47
27 Th	☿⚼♂	4am38
	⊕⚹♀	7 8
	☿∠♆	7 9
	⊕∠♄	3pm20
	♀□♃	8 10
	♂⚺♇	11 19
28 F	☿ ♊	3am52
	⊕⚻♃	4 48
	♂□♆	7 14
29 S	☿⚻♃	0am45
	⊕⚹☿	4 10
	☿△♀	9 56
	☿△♇	4pm21
	☿⚹♆	5 6
	☿⚻♂	8 33
30 Su	♀☌♇	11am31
	♀⚹♆	2pm30
	☿☌♅	4 0
	☿ P	11 44
1 M	☿⚺♄	8am 3
	☿⚼♃	10 34
	♀⚺♂	10pm53
2 T	☿⚼♇	1am24
	♀ A	2 59
	⊕⚹♇	10 18
	☿⚼♀	2pm 2
	⊕☌♆	3 11
	☿ ♋	10 17
3 W	☿∠♄	5pm32
	☿△♃	8 27
4 Th	♀△♅	10am24
	☿⚻♇	10 51
	☿□♆	11 38
	⊕□☿	8pm 0
5 F	☿☍♂	3am 8
	☿⚺♅	11 11
	☿⚻♀	7pm49
6	☿⚹♄	4am22
7 Su	♀□♄	5am 7
	☿ ♌	8pm17
	☿∠♅	11 35
8 M	♂⚻♅	3pm44
	⊕⚹♅	7 32
	☿□♃	10 2
9 T	⊕□♂	1am13
	☿☍♇	12pm23
	☿△♆	1 17
10 W	♀∠♆	2am55
	☿⚹♅	3pm48
	☿⚻♂	9 40
11 Th	⊕△☿	1am39
	☿□♄	11 55
12	☿⚼♆	8am29
13 S	☿☍♀	8am48
	☿ ♍	9 17
	♀ ♓	10 19
	⊕⚺♄	10 30
14 Su	☿⚼♂	5am33
	☿⚹♃	5pm56
	⊕⚼☿	6 19
15 M	☿⚻♇	8am59
	☿⚻♆	10 7
16 T	♂△♄	11am31
	☿□♅	6pm19
17 W	♀∠♂	3am41
	♀△♃	6pm 2
	☿△♄	7 45
18 Th	☿△♂	0am42
	☿∠♃	3 13
	☿⚼♇	6pm38
19 F	⊕⚻☿	2am55
	♀⚺♇	11 32
	♀⚺♆	3pm 0
20	☿ ♎	2am23
21 Su	☿⚼♄	1pm 8
	☿⚺♃	10 28
22 M	⊕∠♀	11am57
	☿△♇	2pm 1
	☿☍♆	3 31
23 T	⊕ ♉	3am 1
	♀□♅	12pm15
24 W	⊕∠♅	2am52
	☿△♅	8 8
25 Th	☿⚻♀	0am18
	☿⚻♄	5pm22
26	♀⚹♄	2pm 1
27 S	☿□♂	3pm18
	♀⚼♃	4 20
28 Su	☿ ♏	11am29
	☿⚼♅	7pm16
	♀∠♇	10 58
30 T	⊕☍☿	10pm57
	☿☌♃	11 17
31 W	⊕☍♃	0am 3
	☿□♇	1pm18
	☿⚻♆	3 15

NOVEMBER 2029

DAY	☿ LONG	☿ LAT	♀ LONG	♀ LAT	⊕ LONG	♂ LONG	♂ LAT
	° '	° '	° '	° '	° '	° '	° '
1 Th	11♏00	0N57	29♓28	3S19	8♉51	29♑56	1S44
2 F	14 00	0 35	1♈04	3 18	9 51	0♒33	1 45
3 S	16 58	0 13	2 39	3 16	10 51	1 10	1 45
4 Su	19 53	0S09	4 14	3 15	11 52	1 46	1 46
5 M	22 46	0 30	5 50	3 13	12 52	2 23	1 46
6 Tu	25 38	0 51	7 25	3 11	13 52	3 00	1 46
7 W	28 27	1 12	9 01	3 09	14 52	3 37	1 47
8 Th	1♐16	1 32	10 37	3 07	15 52	4 15	1 47
9 F	4 03	1 52	12 12	3 04	16 53	4 52	1 47
10 S	6 49	2 11	13 48	3 02	17 53	5 29	1 48
11 Su	9 35	2 31	15 23	2 59	18 53	6 06	1 48
12 M	12 20	2 49	16 59	2 56	19 54	6 43	1 48
13 Tu	15 05	3 08	18 35	2 54	20 54	7 21	1 48
14 W	17 49	3 25	20 10	2 50	21 54	7 58	1 49
15 Th	20 34	3 43	21 46	2 47	22 55	8 35	1 49
16 F	23 19	4 00	23 22	2 44	23 55	9 12	1 49
17 S	26 05	4 16	24 58	2 41	24 56	9 50	1 49
18 Su	28 51	4 32	26 33	2 37	25 56	10 27	1 50
19 M	1♑38	4 47	28 09	2 33	26 57	11 05	1 50
20 Tu	4 26	5 02	29 45	2 30	27 57	11 42	1 50
21 W	7 16	5 16	1♉21	2 26	28 58	12 20	1 50
22 Th	10 07	5 29	2 57	2 22	29 58	12 57	1 50
23 F	13 00	5 42	4 33	2 17	0♊59	13 35	1 50
24 S	15 56	5 54	6 09	2 13	1 59	14 12	1 50
25 Su	18 53	6 05	7 45	2 09	3 00	14 50	1 51
26 M	21 53	6 16	9 21	2 04	4 01	15 28	1 51
27 Tu	24 55	6 25	10 57	2 00	5 01	16 05	1 51
28 W	28 01	6 34	12 33	1 55	6 02	16 43	1 51
29 Th	1♒10	6 41	14 09	1 50	7 03	17 21	1 51
30 F	4♒22	6S47	15♉45	1S46	8♊04	17♒59	1S51

DECEMBER 2029

DAY	☿ LONG	☿ LAT	♀ LONG	♀ LAT	⊕ LONG	♂ LONG	♂ LAT
	° '	° '	° '	° '	° '	° '	° '
1 S	7♒39	6S53	17♉21	1S41	9♊05	18♒36	1S51
2 Su	10 59	6 57	18 58	1 36	10 05	19 14	1 51
3 M	14 24	6 59	20 34	1 31	11 06	19 52	1 51
4 Tu	17 54	7 00	22 10	1 25	12 07	20 30	1 51
5 W	21 29	7 00	23 46	1 20	13 08	21 08	1 51
6 Th	25 10	6 58	25 23	1 15	14 09	21 46	1 51
7 F	28 57	6 54	26 59	1 10	15 10	22 24	1 51
8 S	2♓49	6 48	28 35	1 04	16 11	23 01	1 51
9 Su	6 49	6 40	0♊12	0 59	17 12	23 39	1 51
10 M	10 55	6 29	1 48	0 53	18 13	24 17	1 51
11 Tu	15 09	6 17	3 25	0 48	19 14	24 55	1 51
12 W	19 31	6 01	5 01	0 42	20 15	25 33	1 50
13 Th	24 00	5 44	6 37	0 37	21 16	26 11	1 50
14 F	28 38	5 23	8 14	0 31	22 17	26 49	1 50
15 S	3♈25	4 59	9 51	0 25	23 18	27 27	1 50
16 Su	8 21	4 33	11 27	0 20	24 19	28 05	1 50
17 M	13 26	4 03	13 04	0 14	25 20	28 43	1 50
18 Tu	18 39	3 31	14 40	0 08	26 21	29 21	1 49
19 W	24 02	2 56	16 17	0 02	27 22	29 59	1 49
20 Th	29 34	2 18	17 54	0N03	28 23	0♓38	1 49
21 F	5♉15	1 38	19 31	0 09	29 24	1 16	1 49
22 S	11 04	0 56	21 07	0 15	0♋25	1 54	1 49
23 Su	17 00	0 12	22 44	0 21	1 26	2 32	1 48
24 M	23 03	0N32	24 21	0 26	2 27	3 10	1 48
25 Tu	29 12	1 17	25 58	0 32	3 28	3 48	1 48
26 W	5♊25	2 02	27 35	0 38	4 30	4 26	1 47
27 Th	11 42	2 45	29 12	0 43	5 31	5 04	1 47
28 F	18 01	3 27	0♋49	0 49	6 32	5 42	1 47
29 S	24 21	4 06	2 26	0 54	7 33	6 20	1 46
30 Su	0♋39	4 42	4 03	1 00	8 34	6 58	1 46
31 M	6♋55	5N14	5♋40	1N05	9♋35	7♓37	1S46

DAY	♃ LONG	♃ LAT	♄ LONG	♄ LAT	♅ LONG	♅ LAT	♆ LONG	♆ LAT	♇ LONG	♇ LAT
	° '	° '	° '	° '	° '	° '	° '	° '	° '	° '
5 M	8♏14.2	1N09	21♉12.3	2S13	16♊07.7	0N02	9♈55.1	1S30	9♒39.7	5S43
10 S	8 37.1	1 09	21 23.3	2 12	16 11.2	0 02	9 56.9	1 30	9 41.1	5 44
15 Th	9 00.0	1 09	21 34.2	2 12	16 14.7	0 02	9 58.7	1 30	9 42.4	5 44
20 Tu	9 22.9	1 09	21 45.1	2 12	16 18.2	0 02	10 00.6	1 30	9 43.7	5 44
25 Su	9 45.8	1 08	21 56.1	2 12	16 21.7	0 02	10 02.4	1 30	9 45.0	5 45
30 F	10 08.7	1 08	22 07.0	2 12	16 25.2	0 02	10 04.2	1 30	9 46.4	5 45
5 W	10 31.6	1 08	22 18.0	2 11	16 28.7	0 02	10 06.1	1 30	9 47.7	5 45
10 M	10 54.5	1 08	22 28.9	2 11	16 32.3	0 02	10 07.9	1 30	9 49.0	5 46
15 S	11 17.4	1 07	22 39.9	2 11	16 35.8	0 02	10 09.7	1 30	9 50.3	5 46
20 Th	11 40.3	1 07	22 50.8	2 11	16 39.3	0 02	10 11.6	1 30	9 51.7	5 47
25 Tu	12 03.3	1 07	23 01.8	2 10	16 42.8	0 02	10 13.4	1 30	9 53.0	5 47
30 Su	12 26.2	1 07	23 12.8	2 10	16 46.3	0 02	10 15.2	1 30	9 54.3	5 47

☿a .443598	☿p .427465
♀ .726632	♀ .722854
⊕ .992587	⊕ .986129
♂ 1.40523	♂p 1.38724
♃ 5.43141	♃ 5.42689
♄ 9.13565	♄ 9.12960
♅ 19.2315	♅ 19.2259
♆ 29.8567	♆ 29.8563
♇ 36.4015	♇ 36.4227
☊	Perihelia
☿ 18°♉ 42	☿ 17°♊ 56
♀ 16 ♊ 57	♀ 11 ♌ 54
⊕	⊕ 12 ♋ 20
♂ 19 ♉ 48	♂ 6 ♓ 41
♃ 10 ♋ 47	♃ 14 ♈ 39
♄ 23 ♋ 57	♄ 4 ♋ 20
♅ 14 ♊ 09	♅ 22 ♍ 34
♆ 12 ♌ 09	♆ 17 ♉ 20
♇ 20 ♋ 42	♇ 14 ♏ 45

DAY	ASPECT	TIME
1 Th	♂ ♒	2am42
	♀ ♈	8 1
	♀⚹♂	11 21
	⊕□♇	7pm 2
2 F	⊕⚺♆	1am 4
	☿⚻♅	4pm59
	♂⚼♅	9 49
3 S	☿⚼♀	12pm18
	☿0S	2 9
4	☿☍♄	10am47
5 M	♀∠♄	5am45
	☿⚼♆	6pm 4
6	♀⚻♃	2pm 5
7 W	♀⚹♇	9am54
	☿ ♐	1pm11
	♀☌♆	1 49
8	⊕⚺♅	7am 2
9	☿⚹♂	9am 3
10	☿⚺♃	4pm 5
11	☿⚹♇	0am58
Su	☿△♆	3 17
	♀⚹♅	12pm16
13 T	☿☍♅	10am 4
	⊕☌♄	2pm49
	☿ A	11 20
14	♀⚺♄	8pm56
15 Th	☿⚻♄	8am53
	♂□♃	6pm12
16 F	☿△♀	1am 0
	☿∠♃	6 48
	⊕⚻☿	8 16
	☿∠♂	10 2
	☿∠♇	12pm 9
	♂☌♇	7 30
	⊕⚺♀	10 35
17 S	⊕∠♆	1am33
	♂⚹♆	6 12
18	☿ ♑	9am56
20 T	♀ ♉	3am43
	☿⚼♄	7pm53
	♀∠♅	11 27
21	☿⚹♃	6pm56
W	☿⚺♇	8 46
	☿□♆	11 9
22	⊕ ♊	0am42
23	☿⚺♂	6am 2
24 S	☿⚻♅	3am29
	⊕⚼☿	1pm12
	♃□♇	8 0
26 M	☿△♄	0am44
	♀□♇	6 7
	♀☍♃	7 44
	♀⚺♆	10 30
27	♂△♅	11am27
28 W	☿ ♒	3pm10
	♃⚻♆	10 47
29	☿⚼♅	1am50
30	♀⚺♅	10am 3

DAY	ASPECT	TIME
1 S	⊕△☿	2pm49
	☿☌♇	3 22
	⊕△♇	4 40
	☿⚹♆	5 32
	☿□♃	6 57
	⊕⚹♆	11 50
2 Su	⊕⚻♃	5am18
	♀□♂	6 51
3	☿△♅	2pm10
4 T	♀☌♄	1am28
	☿☌♂	9pm 6
5 W	☿□♄	5am23
	♀∠♆	7pm58
	☿∠♆	11 36
6 Th	☿□♀	2am21
	♂□♄	11pm13
7	☿ ♓	6am36
8 S	⊕☌♅	7am59
	♀ ♊	9pm 6
9 Su	☿⚺♇	5pm36
	☿⚺♆	7 26
	☿△♃	11 55
11 T	☿□♅	7am47
	♂∠♆	8 17
12 W	⊕□☿	5am 9
	☿⚹♄	4pm28
13 Th	☿∠♇	4am19
	☿⚼♃	11 19
	☿⚺♂	1pm11
14 F	☿ ♈	6am54
	⊕⚺♄	8 33
	♀△♇	11pm56
15 S	♀⚹♆	4am46
	☿∠♄	8pm52
	♀⚻♃	10 39
16 Su	☿⚹♇	7am 9
	☿☌♆	8 42
	⊕⚼♇	12pm34
	☿⚻♃	2 34
	☿⚹♀	9 32
17 M	☿∠♂	1am34
	☿⚹♅	2pm46
18 T	⊕⚼♃	4am22
	☿⚺♄	6pm32
19 W	♂ ♓	0am21
	♀☌♅	5 21
	♀0N	9 59
	⊕⚹☿	5pm45
20 Th	☿ ♉	1am50
	☿⚹♂	5 4
	☿∠♅	8 54
	☿∠♀	7pm42
21 F	⊕ ♋	2pm 7
	☿□♇	7 8
	☿⚺♆	8 30
22 S	☿☍♃	3am10
	⊕∠☿	9pm17
	☿⚺♅	10 46
23 Su	♀⚺♄	3am21
	☿0N	6 45
	☿☌♄	11pm46
24 M	☿⚺♀	6am56
	♀⚼♇	7 53
	☿∠♆	8 30
25 T	☿ ♊	3am 6
	♀⚼♃	5pm 0
	⊕⚺☿	7 44
	☿□♂	7 46
	⊕△♂	8 20
26 W	☿△♇	5pm 5
	☿⚹♆	6 23
27 Th	☿⚻♃	1am56
	♀ ♋	11 57
	☿☌♅	7pm10
	☿ P	10 59
28	☿⚺♄	7pm33
29 S	☿⚼♇	2am 7
	☿⚼♃	11 37
	♂ P	1pm17
	⊕∠♄	3 19
	☿ ♋	9 32
30	☿☌♀	5pm31
31 M	☿△♂	3am 0
	☿∠♄	5 12
	⊕⚻♇	7 36
	☿⚻♇	11 36
	⊕☌☿	12pm23
	☿□♆	12 57
	⊕□♆	3 55
	☿△♃	9 58

JANUARY 2030

DAY	☿ LONG	☿ LAT	♀ LONG	♀ LAT	⊕ LONG	♂ LONG	♂ LAT
	° ′	° ′	° ′	° ′	° ′	° ′	° ′
1 Tu	13♋06	5N42	7♋17	1N11	10♋36	8♓15	1S45
2 W	19 13	6 06	8 54	1 16	11 38	8 53	1 45
3 Th	25 13	6 26	10 31	1 22	12 39	9 31	1 44
4 F	1♌05	6 41	12 08	1 27	13 40	10 09	1 44
5 S	6 49	6 51	13 45	1 32	14 41	10 47	1 44
6 Su	12 25	6 58	15 22	1 37	15 42	11 25	1 43
7 M	17 50	7 00	17 00	1 42	16 44	12 03	1 43
8 Tu	23 07	6 59	18 37	1 47	17 45	12 41	1 42
9 W	28 14	6 55	20 14	1 52	18 46	13 19	1 42
10 Th	3♍11	6 47	21 52	1 57	19 47	13 57	1 41
11 F	7 58	6 37	23 29	2 01	20 48	14 35	1 41
12 S	12 36	6 25	25 06	2 06	21 49	15 13	1 40
13 Su	17 06	6 10	26 44	2 10	22 50	15 51	1 40
14 M	21 26	5 54	28 21	2 15	23 52	16 30	1 39
15 Tu	25 39	5 36	29 58	2 19	24 53	17 08	1 39
16 W	29 44	5 18	1♌36	2 23	25 54	17 45	1 38
17 Th	3♎41	4 58	3 13	2 27	26 55	18 23	1 37
18 F	7 32	4 37	4 51	2 31	27 56	19 01	1 37
19 S	11 16	4 16	6 28	2 35	28 57	19 39	1 36
20 Su	14 54	3 55	8 05	2 39	29 58	20 17	1 36
21 M	18 26	3 33	9 43	2 42	0♌59	20 55	1 35
22 Tu	21 53	3 10	11 20	2 46	2 00	21 33	1 34
23 W	25 15	2 48	12 58	2 49	3 01	22 11	1 34
24 Th	28 33	2 25	14 35	2 52	4 02	22 49	1 33
25 F	1♏47	2 03	16 13	2 55	5 03	23 27	1 32
26 S	4 56	1 40	17 50	2 58	6 04	24 04	1 32
27 Su	8 03	1 18	19 28	3 01	7 05	24 42	1 31
28 M	11 06	0 56	21 06	3 03	8 06	25 20	1 30
29 Tu	14 06	0 34	22 43	3 06	9 07	25 58	1 30
30 W	17 04	0 12	24 21	3 08	10 08	26 35	1 29
31 Th	19♏59	0S09	25♌58	3N10	11♌09	27♓13	1S28

FEBRUARY 2030

DAY	☿ LONG	☿ LAT	♀ LONG	♀ LAT	⊕ LONG	♂ LONG	♂ LAT
	° ′	° ′	° ′	° ′	° ′	° ′	° ′
1 F	22♏52	0S31	27♌36	3N12	12♌10	27♓51	1S27
2 S	25 43	0 52	29 13	3 14	13 11	28 28	1 27
3 Su	28 33	1 12	0♍51	3 16	14 12	29 06	1 26
4 M	1♐21	1 33	2 28	3 17	15 13	29 44	1 25
5 Tu	4 08	1 52	4 06	3 19	16 13	0♈21	1 24
6 W	6 55	2 12	5 43	3 20	17 14	0 59	1 24
7 Th	9 40	2 31	7 21	3 21	18 15	1 36	1 23
8 F	12 25	2 50	8 58	3 22	19 16	2 14	1 22
9 S	15 10	3 08	10 36	3 22	20 17	2 51	1 21
10 Su	17 55	3 26	12 13	3 23	21 17	3 29	1 20
11 M	20 39	3 43	13 50	3 23	22 18	4 06	1 19
12 Tu	23 24	4 00	15 28	3 24	23 19	4 43	1 19
13 W	26 10	4 17	17 05	3 24	24 20	5 21	1 18
14 Th	28 56	4 32	18 43	3 24	25 20	5 58	1 17
15 F	1♑44	4 48	20 20	3 23	26 21	6 35	1 16
16 S	4 32	5 02	21 57	3 23	27 21	7 12	1 15
17 Su	7 22	5 16	23 34	3 22	28 22	7 50	1 14
18 M	10 13	5 30	25 12	3 22	29 22	8 27	1 13
19 Tu	13 06	5 42	26 49	3 21	0♍23	9 04	1 12
20 W	16 01	5 54	28 26	3 20	1 23	9 41	1 12
21 Th	18 59	6 06	0♎03	3 18	2 24	10 18	1 11
22 F	21 59	6 16	1 40	3 17	3 24	10 55	1 10
23 S	25 01	6 25	3 18	3 15	4 25	11 32	1 09
24 Su	28 07	6 34	4 55	3 14	5 25	12 09	1 08
25 M	1♒16	6 41	6 32	3 12	6 26	12 46	1 07
26 Tu	4 29	6 48	8 09	3 10	7 26	13 22	1 06
27 W	7 45	6 53	9 46	3 08	8 26	13 59	1 05
28 Th	11♒06	6S57	11♎23	3N06	9♍26	14♈36	1S04

DAY	♃ LONG	♃ LAT	♄ LONG	♄ LAT	♅ LONG	♅ LAT	♆ LONG	♆ LAT	♇ LONG	♇ LAT
	° ′	° ′	° ′	° ′	° ′	° ′	° ′	° ′	° ′	° ′
4 F	12♏49.1	1N06	23♉23.7	2S10	16♊49.8	0N02	10♈17.1	1S30	9♒55.6	5S48
9 W	13 12.1	1 06	23 34.7	2 10	16 53.3	0 02	10 18.9	1 30	9 57.0	5 48
14 M	13 35.1	1 06	23 45.7	2 09	16 56.9	0 02	10 20.7	1 30	9 58.3	5 48
19 S	13 58.0	1 05	23 56.6	2 09	17 00.4	0 02	10 22.6	1 30	9 59.6	5 49
24 Th	14 21.0	1 05	24 07.6	2 09	17 03.9	0 02	10 24.4	1 30	10 00.9	5 49
29 Tu	14 44.0	1 05	24 18.6	2 09	17 07.4	0 02	10 26.2	1 30	10 02.2	5 50
3 Su	15 07.0	1 05	24 29.6	2 08	17 10.9	0 02	10 28.1	1 30	10 03.6	5 50
8 F	15 30.0	1 04	24 40.5	2 08	17 14.4	0 02	10 29.9	1 30	10 04.9	5 50
13 W	15 53.0	1 04	24 51.5	2 08	17 17.9	0 03	10 31.7	1 30	10 06.2	5 51
18 M	16 16.0	1 04	25 02.5	2 08	17 21.5	0 03	10 33.5	1 30	10 07.5	5 51
23 S	16 39.0	1 03	25 13.5	2 08	17 25.0	0 03	10 35.4	1 30	10 08.8	5 51
28 Th	17 02.0	1 03	25 24.5	2 07	17 28.5	0 03	10 37.2	1 30	10 10.2	5 52

☿ .312639	☿a.455623
♀p.719307	♀ .718637
⊕p.983353	⊕ .985338
♂ 1.38144	♂ 1.38939
♃ 5.42181	♃ 5.41633
♄ 9.12348	♄ 9.11750
♅ 19.2201	♅ 19.2142
♆ 29.8558	♆ 29.8554
♇ 36.4446	♇ 36.4666
☊	Perihelia
☿ 18°♉ 42	☿ 17°♊ 56
♀ 16 ♊ 57	♀ 11 ♌ 47
⊕	⊕ 14 ♋ 48
♂ 19 ♉ 48	♂ 6 ♓ 41
♃ 10 ♋ 47	♃ 14 ♈ 38
♄ 23 ♋ 57	♄ 4 ♋ 19
♅ 14 ♊ 09	♅ 22 ♍ 49
♆ 12 ♌ 09	♆ 15 ♉ 45
♇ 20 ♋ 42	♇ 14 ♏ 50

Day	Aspect	Time
1 T	☿⚺♅	2pm29
	♀∠♄	3 17
	♀△♂	11 33
2 W	♀⚻♇	3pm11
	☿✱♄	4 30
	♀□♆	8 28
	☿⚼♂	8 51
3 Th	⊕△♃	2am27
	⊕ P	10 14
	♂⚺♇	3pm33
	☿ ♌	7 32
4 F	☿∠♅	3am 5
	♂⚺♆	5 10
	♀△♃	10 38
5 S	☿☍♇	1pm17
	☿△♆	2 50
	☿⚻♂	7 9
6 Su	☿□♃	2am29
	⊕☌♀	1pm13
	⊕⚺☿	5 51
	☿⚺♀	6 35
	☿✱♅	7 38
	♀⚺♅	10 4
7	⊕⚺♅	3am21
8 T	☿□♄	2am 0
	☿⚼♆	10 14
	♂△♃	6pm48
9	☿ ♍	8am31
10	⊕∠☿	10am 6
11 F	♀✱♄	2am35
	☿∠♀	4 0
	☿⚻♇	10 13
	☿⚻♆	12pm 8
12 S	☿✱♃	4am26
	☿☍♂	4pm12
	☿□♅	11 8
13	⊕✱♄	9pm37
14 M	☿△♄	1pm15
	♂□♅	5 36
	⊕✱☿	6 6
	☿⚼♇	8 6
15 T	♀ ♌	0am26
	☿∠♃	5pm59
16 W	☿ ♎	1am37
	♀∠♅	5 36
	☿✱♀	7pm 5
17	♀⚼♂	4am11
18 F	☿⚼♄	8am52
	☿△♇	3pm45
	☿☍♆	6 14
19	☿⚺♃	6pm11
20 Su	⊕ ♌	0am47
	☿△♅	2pm22
21 M	♀☍♇	4am15
	♀△♆	9 58
	☿⚻♂	9pm 6
22 T	⊕∠♅	0am58
	♀ P	6 40
	☿⚻♄	3pm32
23	♀□♃	8pm16
24	☿ ♏	10am43
25 F	☿⚼♅	2am15
	♀✱♅	12pm48
26 S	♂✱♄	5am 6
	⊕□☿	12pm53
27 Su	♂∠♇	12pm28
	☿□♇	3 35
	☿⚼♂	4 23
	☿⚻♆	6 43
29 T	☿☌♃	5am15
	⊕☍♇	9pm49
30 W	♀□♄	0am 3
	☿⚻♅	0 38
	⊕△♆	7 21
	☿0S	1pm24
	♀⚼♆	4 18

Day	Aspect	Time
1 F	♀⚻♂	6am 5
	☿☍♄	1pm13
	☿⚼♆	9 49
2 S	♀ ♍	11am32
	⊕⚼♂	6pm10
3 Su	☿△♂	6am 5
	☿ ♐	12pm24
	⊕□♃	11 33
4 M	♂ ♈	10am26
	♂⚼♃	8pm19
	☿□♀	11 4
5	⊕✱♅	11pm29
7 Th	☿✱♇	3am34
	☿△♆	7 12
8 F	♀⚻♇	4pm30
	♀⚻♆	10 41
9 S	☿⚺♃	3am42
	☿☍♅	6pm20
	☿ A	10 35
11	⊕△☿	10pm44
12 T	♀✱♃	5am19
	☿⚻♄	12pm29
	☿∠♇	2 45
13 W	♀□♅	3am10
	⊕□♄	1pm 8
14 Th	⊕⚼♆	4am44
	☿ ♑	9 10
	☿∠♃	5pm55
17 Su	☿□♂	5am 0
	♀△♄	9pm40
	☿⚼♄	10 31
	♀⚼♇	10 58
	☿⚺♇	11 14
18 M	☿□♆	2am52
	⊕ ♍	2pm53
20 W	☿✱♃	3am20
	⊕⚼☿	4 35
	☿⚻♅	11 7
	♂✱♇	5pm47
	♂∠♄	5 58
	♀ ♎	11 11
21 Th	♂☌♆	11am 0
	♀∠♃	10pm25
23	☿△♄	1am36
24 Su	☿ ♒	2pm24
	⊕⚺♀	7 59
25	☿⚼♅	8am51
27 W	♀△♇	6am 1
	⊕⚻☿	7 5
	♀⚼♄	9 17
	♀☍♆	12pm43
	☿☌♇	5 22
	☿✱♆	8 35
28 Th	☿△♀	3am45
	⊕⚻♇	5pm28

MARCH 2030

DAY	☿ LONG	☿ LAT	♀ LONG	♀ LAT	⊕ LONG	♂ LONG	♂ LAT
	° '	° '	° '	° '	° '	° '	° '
1 F	14♒31	6S59	12♎59	3N03	10♍27	15♈13	1S03
2 S	18 01	7 00	14 36	3 00	11 27	15 49	1 02
3 Su	21 36	7 00	16 13	2 58	12 27	16 26	1 01
4 M	25 17	6 58	17 50	2 55	13 27	17 02	1 00
5 Tu	29 04	6 54	19 27	2 52	14 28	17 39	0 59
6 W	2♓57	6 48	21 03	2 49	15 28	18 15	0 58
7 Th	6 57	6 39	22 40	2 45	16 28	18 52	0 57
8 F	11 03	6 29	24 17	2 42	17 28	19 28	0 56
9 S	15 17	6 16	25 53	2 39	18 28	20 05	0 55
10 Su	19 39	6 01	27 30	2 35	19 28	20 41	0 54
11 M	24 09	5 43	29 06	2 31	20 28	21 17	0 53
12 Tu	28 47	5 22	0♏42	2 27	21 28	21 53	0 52
13 W	3♈34	4 59	2 19	2 23	22 28	22 30	0 51
14 Th	8 30	4 32	3 55	2 19	23 28	23 06	0 50
15 F	13 35	4 03	5 31	2 15	24 27	23 42	0 49
16 S	18 50	3 30	7 08	2 11	25 27	24 18	0 48
17 Su	24 13	2 55	8 44	2 06	26 27	24 54	0 47
18 M	29 45	2 17	10 20	2 02	27 27	25 30	0 46
19 Tu	5♉26	1 37	11 56	1 57	28 26	26 05	0 45
20 W	11 15	0 55	13 32	1 52	29 26	26 41	0 44
21 Th	17 11	0 11	15 08	1 47	0♎25	27 17	0 43
22 F	23 15	0N34	16 44	1 43	1 25	27 53	0 41
23 S	29 24	1 18	18 20	1 38	2 25	28 28	0 40
24 Su	5♊37	2 03	19 56	1 33	3 24	29 04	0 39
25 M	11 54	2 46	21 32	1 28	4 24	29 40	0 38
26 Tu	18 13	3 28	23 08	1 22	5 23	0♉15	0 37
27 W	24 33	4 07	24 43	1 17	6 22	0 51	0 36
28 Th	0♋51	4 43	26 19	1 12	7 22	1 26	0 35
29 F	7 06	5 15	27 55	1 07	8 21	2 01	0 34
30 S	13 18	5 43	29 30	1 01	9 21	2 37	0 33
31 Su	19♋24	6N07	1♐06	0N56	10♎20	3♉12	0S32

APRIL 2030

DAY	☿ LONG	☿ LAT	♀ LONG	♀ LAT	⊕ LONG	♂ LONG	♂ LAT
	° '	° '	° '	° '	° '	° '	° '
1 M	25♋24	6N26	2♐41	0N50	11♎19	3♉47	0S31
2 Tu	1♌16	6 41	4 17	0 45	12 18	4 22	0 30
3 W	7 00	6 52	5 52	0 39	13 18	4 57	0 28
4 Th	12 35	6 58	7 28	0 34	14 17	5 32	0 27
5 F	18 01	7 00	9 03	0 28	15 16	6 07	0 26
6 S	23 17	6 59	10 39	0 22	16 15	6 42	0 25
7 Su	28 23	6 54	12 14	0 17	17 14	7 17	0 24
8 M	3♍20	6 47	13 49	0 11	18 13	7 52	0 23
9 Tu	8 07	6 37	15 24	0 06	19 12	8 26	0 22
10 W	12 45	6 24	17 00	0S00	20 11	9 01	0 21
11 Th	17 14	6 10	18 35	0 06	21 10	9 36	0 20
12 F	21 35	5 54	20 10	0 11	22 09	10 10	0 19
13 S	25 47	5 36	21 45	0 17	23 08	10 45	0 17
14 Su	29 51	5 17	23 20	0 23	24 06	11 19	0 16
15 M	3♎49	4 57	24 55	0 28	25 05	11 54	0 15
16 Tu	7 39	4 37	26 31	0 34	26 04	12 28	0 14
17 W	11 23	4 16	28 06	0 39	27 03	13 02	0 13
18 Th	15 01	3 54	29 41	0 45	28 01	13 37	0 12
19 F	18 33	3 32	1♑16	0 50	29 00	14 11	0 11
20 S	22 00	3 10	2 51	0 56	29 59	14 45	0 10
21 Su	25 22	2 47	4 26	1 01	0♏57	15 19	0 09
22 M	28 39	2 25	6 01	1 07	1 56	15 53	0 08
23 Tu	1♏53	2 02	7 36	1 12	2 54	16 27	0 06
24 W	5 02	1 40	9 10	1 17	3 53	17 01	0 05
25 Th	8 09	1 17	10 45	1 22	4 51	17 35	0 04
26 F	11 12	0 55	12 20	1 27	5 50	18 09	0 03
27 S	14 12	0 33	13 55	1 32	6 48	18 42	0 02
28 Su	17 09	0 11	15 30	1 37	7 46	19 16	0 01
29 M	20 04	0S10	17 05	1 42	8 45	19 50	0N00
30 Tu	22♏57	0S31	18♑40	1S47	9♏43	20♉23	0N01

DAY	♃ LONG	♃ LAT	♄ LONG	♄ LAT	♅ LONG	♅ LAT	♆ LONG	♆ LAT	♇ LONG	♇ LAT
	° '	° '	° '	° '	° '	° '	° '	° '	° '	° '
5 Tu	17♏25.1	1N03	25♉35.5	2S07	17♊32.0	0N03	10♈39.0	1S30	10♒11.5	5S52
10 Su	17 48.1	1 02	25 46.4	2 07	17 35.5	0 03	10 40.8	1 30	10 12.8	5 53
15 F	18 11.1	1 02	25 57.4	2 07	17 39.0	0 03	10 42.7	1 31	10 14.1	5 53
20 W	18 34.2	1 02	26 08.4	2 06	17 42.5	0 03	10 44.5	1 31	10 15.4	5 53
25 M	18 57.3	1 01	26 19.4	2 06	17 46.0	0 03	10 46.3	1 31	10 16.7	5 54
30 S	19 20.3	1 01	26 30.4	2 06	17 49.6	0 03	10 48.2	1 31	10 18.0	5 54
4 Th	19 43.4	1 01	26 41.4	2 05	17 53.1	0 03	10 50.0	1 31	10 19.3	5 54
9 Tu	20 06.5	1 00	26 52.4	2 05	17 56.6	0 03	10 51.8	1 31	10 20.7	5 55
14 Su	20 29.6	1 00	27 03.4	2 05	18 00.1	0 03	10 53.6	1 31	10 22.0	5 55
19 F	20 52.7	1 00	27 14.4	2 05	18 03.6	0 03	10 55.5	1 31	10 23.3	5 56
24 W	21 15.9	0 59	27 25.4	2 04	18 07.1	0 03	10 57.3	1 31	10 24.6	5 56
29 M	21 39.0	0 59	27 36.4	2 04	18 10.7	0 03	10 59.1	1 31	10 25.9	5 56

☿p .418023	☿ .318801
♀ .720954	♀ .725043
⊕ .990747	⊕ .999130
♂ 1.40754	♂ 1.43746
♃ 5.41102	♃ 5.40477
♄ 9.11223	♄ 9.10654
♅ 19.2090	♅ 19.2031
♆ 29.8551	♆ 29.8547
♇ 36.4864	♇ 36.5083
☊	Perihelia
☿ 18°♉ 42	☿ 17°♊ 56
♀ 16 ♊ 57	♀ 11 ♌ 44
⊕	⊕ 16 ♋ 10
♂ 19 ♉ 48	♂ 6 ♓ 41
♃ 10 ♋ 47	♃ 14 ♈ 37
♄ 23 ♋ 56	♄ 4 ♋ 15
♅ 14 ♊ 09	♅ 23 ♍ 02
♆ 12 ♌ 09	♆ 13 ♉ 38
♇ 20 ♋ 42	♇ 14 ♏ 56

Day	Aspect	Time
1 F	⊕⚻♆	4am20
	☿⚹♂	5 48
	☿□♃	6pm13
	☿△♅	8 27
3 Su	♀☍♂	5am 5
	♀⚺♃	4pm20
	♀△♅	7 21
4 M	☿□♄	1am44
	☿∠♆	2 18
	♂⚻♃	1pm32
	♂⚹♅	7 20
5	☿ ♓	5am50
6 W	☿∠♂	2am13
	♃⚻♅	6pm40
	♄∠♆	10 50
7 Th	☿⚼♀	7am 2
	☿⚺♇	7pm 5
	☿⚺♆	9 46
8 F	⊕□♅	2am31
	⊕⚹♃	4 46
	♀⚻♄	9pm45
9 S	☿□♅	12pm43
	☿△♃	1 43
	⊕☍☿	10 41
10	☿⚺♂	6am25
11 M	☿∠♇	5am35
	☿⚹♄	8 44
	♀ ♏	1pm26
12 T	☿ ♈	6am 8
	☿⚻♀	2pm36
	☿⚼♃	9 16
13 W	⊕⚻♂	1am53
	♀⚼♅	4 43
14 Th	☿⚹♇	8am13
	☿☌♆	10 29
	☿∠♄	11 34
15 F	☿⚹♅	6pm43
	⊕⚼♇	6 51
	☿⚻♃	9 25
16	⊕△♄	1pm34
17 Su	☿☌♂	3am21
	☿⚺♄	8 0
	⊕⚻☿	11 54
	♀□♇	10pm43
18 M	☿ ♉	1am 4
	♀⚻♆	5 58
	☿∠♅	12pm30
19 T	♂⚺♄	0am33
	☿□♇	7pm57
	☿⚺♆	9 56
20 W	☿☍♀	12pm44
	⊕ ♎	1 45
	⊕⚼☿	3 30
21 Th	☿⚺♅	2am 8
	☿☍♃	5 54
	☿0N	6 0
	⊕∠♀	11 25
22 F	☿∠♆	9am51
	☿☌♄	11 42
	♀⚻♅	3pm 5
	☿⚺♂	8 3
23 S	☿ ♊	2am21
	♀☌♃	7 22
	⊕△☿	1pm51
24 Su	⊕∠♃	12pm30
	☿△♇	5 48
	☿⚹♆	7 41
25 M	☿∠♂	11am33
	♂ ♉	1pm49
	☿ P	10 14
	☿☌♅	10 19
26	☿⚻♃	3am 7
27 W	☿⚻♀	0am55
	☿⚼♇	2 50
	☿⚺♄	7 5
	♀⚼♆	4pm 3
	☿ ♋	8 46
28 Th	♀☍♄	1am48
	☿⚹♂	2 28
	☿⚼♃	12pm56
29 F	⊕□☿	5am43
	☿⚻♇	12pm20
	☿□♆	2 17
	☿∠♄	4 59
30 S	☿⚼♀	6am22
	♀ ♐	7 28
	♂∠♅	9 3
	☿⚺♅	5pm48
	⊕△♇	11 23
31 Su	☿△♃	0am 3
	⊕☍♆	11 41
1 M	☿⚹♄	4am49
	⊕⚼♄	6 36
	☿ ♌	6pm46
2 T	♀⚻♂	2am 4
	☿∠♅	6 37
	☿□♂	2pm22
	☿△♀	5 23
3 W	☿☍♇	2pm12
	☿△♆	4 24
4 Th	⊕⚹☿	9am 4
	☿⚹♅	11pm29
5 F	☿□♃	8am12
	♀⚹♇	7pm17
6 S	♀△♆	3am 4
	☿⚼♆	11 59
	☿□♄	4pm25
7 Su	☿ ♍	7am45
	⊕△♅	4pm56
	⊕∠☿	11 19
9 T	☿△♂	1am53
	☿⚻♇	11 27
	☿⚻♆	2pm 9
	♀0S	11 25
10 W	⊕⚺♃	0am 3
	♀☍♅	2pm37
11 Th	☿□♅	4am 0
	☿□♀	11 35
	☿⚹♃	4pm58
12 F	♀⚺♃	2am43
	⊕⚺☿	4 10
	♂□♇	7 44
	☿⚼♇	9pm34
	☿⚼♂	11 47
13 S	♂⚺♆	5am51
	☿△♄	7 17
14	☿ ♎	0am51
15 M	⊕⚹♀	6am26
	♀∠♇	6 46
	☿∠♃	11 8
16 T	♀⚻♄	9am37
	☿△♇	5pm29
	☿☍♆	8 57
	♀⚼♂	10 46
17 W	⊕⚻♄	3am 8
	☿⚼♄	5 12
	☿⚻♂	12pm56
18 Th	♀ ♑	4am53
	☿△♅	8pm39
19	☿⚺♃	4pm32
20	⊕ ♏	0am36
21	☿⚻♄	2pm19
22 M	♀∠♃	1am36
	☿ ♏	9 57
23 T	⊕⚼♅	5am 6
	☿⚼♅	9 18
	⊕☌☿	11 9
24	♀⚺♇	6pm48
25 Th	♀□♆	3am 7
	☿□♇	5pm52
	☿⚻♆	10 12
	♂⚺♅	11 55
26 F	♀⚼♄	2am28
	☿⚹♀	7pm19
28 Su	☿⚻♅	8am20
	☿0S	12pm39
	☿☍♂	9 31
	♂0N	10 51
29 M	☿☌♃	1pm28
	♀⚻♅	4 44
30	⊕□♇	5pm52

MAY 2030

DAY	☿ LONG	☿ LAT	♀ LONG	♀ LAT	⊕ LONG	♂ LONG	♂ LAT
	° '	° '	° '	° '	° '	° '	° '
1 W	25♏49	0S52	20♑15	1S52	10♏41	20♉57	0N02
2 Th	28 38	1 13	21 50	1 57	11 40	21 30	0 03
3 F	1♐27	1 33	23 24	2 01	12 38	22 04	0 04
4 S	4 14	1 53	24 59	2 06	13 36	22 37	0 05
5 Su	7 00	2 13	26 34	2 10	14 34	23 10	0 07
6 M	9 45	2 32	28 09	2 14	15 32	23 43	0 08
7 Tu	12 30	2 50	29 44	2 18	16 30	24 17	0 09
8 W	15 15	3 09	1♒19	2 22	17 29	24 50	0 10
9 Th	18 00	3 26	2 54	2 26	18 27	25 23	0 11
10 F	20 45	3 44	4 28	2 30	19 25	25 56	0 12
11 S	23 30	4 01	6 03	2 34	20 23	26 29	0 13
12 Su	26 15	4 17	7 38	2 38	21 21	27 02	0 14
13 M	29 02	4 33	9 13	2 41	22 19	27 34	0 15
14 Tu	1♑49	4 48	10 48	2 45	23 16	28 07	0 16
15 W	4 37	5 03	12 23	2 48	24 14	28 40	0 17
16 Th	7 27	5 17	13 58	2 51	25 12	29 12	0 18
17 F	10 18	5 30	15 33	2 54	26 10	29 45	0 19
18 S	13 12	5 43	17 08	2 57	27 08	0♊18	0 20
19 Su	16 07	5 55	18 43	2 59	28 06	0 50	0 21
20 M	19 04	6 06	20 18	3 02	29 03	1 23	0 22
21 Tu	22 04	6 16	21 53	3 05	0♐01	1 55	0 23
22 W	25 07	6 26	23 27	3 07	0 59	2 27	0 24
23 Th	28 13	6 34	25 02	3 09	1 56	2 59	0 25
24 F	1♒22	6 41	26 37	3 11	2 54	3 32	0 26
25 S	4 35	6 48	28 13	3 13	3 52	4 04	0 27
26 Su	7 52	6 53	29 48	3 15	4 49	4 36	0 28
27 M	11 12	6 57	1♓23	3 16	5 47	5 08	0 29
28 Tu	14 38	6 59	2 58	3 18	6 45	5 40	0 30
29 W	18 08	7 00	4 33	3 19	7 42	6 12	0 31
30 Th	21 43	7 00	6 08	3 20	8 40	6 44	0 32
31 F	25♒24	6S57	7♓43	3S21	9♐37	7♊16	0N33

JUNE 2030

DAY	☿ LONG	☿ LAT	♀ LONG	♀ LAT	⊕ LONG	♂ LONG	♂ LAT
	° '	° '	° '	° '	° '	° '	° '
1 S	29♒11	6S53	9♓18	3S22	10♐35	7♊47	0N34
2 Su	3♓04	6 47	10 53	3 23	11 33	8 19	0 35
3 M	7 04	6 39	12 28	3 23	12 30	8 51	0 36
4 Tu	11 11	6 29	14 04	3 23	13 28	9 22	0 37
5 W	15 26	6 16	15 39	3 24	14 25	9 54	0 38
6 Th	19 48	6 00	17 14	3 24	15 22	10 25	0 39
7 F	24 18	5 42	18 49	3 24	16 20	10 57	0 40
8 S	28 56	5 22	20 25	3 23	17 17	11 28	0 41
9 Su	3♈44	4 58	22 00	3 23	18 15	11 59	0 42
10 M	8 40	4 31	23 35	3 22	19 12	12 31	0 43
11 Tu	13 45	4 02	25 11	3 22	20 09	13 02	0 44
12 W	19 00	3 29	26 46	3 21	21 07	13 33	0 45
13 Th	24 23	2 54	28 21	3 20	22 04	14 04	0 46
14 F	29 56	2 16	29 57	3 19	23 01	14 35	0 47
15 S	5♉37	1 36	1♈32	3 17	23 59	15 06	0 47
16 Su	11 26	0 53	3 08	3 16	24 56	15 37	0 48
17 M	17 23	0 10	4 43	3 14	25 53	16 08	0 49
18 Tu	23 26	0N35	6 19	3 12	26 51	16 39	0 50
19 W	29 35	1 20	7 54	3 10	27 48	17 10	0 51
20 Th	5♊49	2 04	9 30	3 08	28 45	17 41	0 52
21 F	12 06	2 48	11 05	3 06	29 42	18 11	0 53
22 S	18 25	3 29	12 41	3 04	0♑40	18 42	0 54
23 Su	24 44	4 08	14 17	3 01	1 37	19 12	0 55
24 M	1♋03	4 44	15 52	2 58	2 34	19 43	0 55
25 Tu	7 18	5 16	17 28	2 56	3 31	20 14	0 56
26 W	13 29	5 44	19 04	2 53	4 29	20 44	0 57
27 Th	19 36	6 08	20 39	2 50	5 26	21 14	0 58
28 F	25 35	6 27	22 15	2 46	6 23	21 45	0 59
29 S	1♌27	6 42	23 51	2 43	7 20	22 15	1 00
30 Su	7♌11	6N52	25♈27	2S40	8♑18	22♊45	1N00

DAY	♃ LONG	♃ LAT	♄ LONG	♄ LAT	♅ LONG	♅ LAT	♆ LONG	♆ LAT	♇ LONG	♇ LAT
	° '	° '	° '	° '	° '	° '	° '	° '	° '	° '
4 S	22♍02.1	0N59	27♉47.4	2S04	18♊14.2	0N03	11♈00.9	1S31	10♒27.2	5S57
9 Th	22 25.3	0 58	27 58.4	2 04	18 17.7	0 03	11 02.8	1 31	10 28.6	5 57
14 Tu	22 48.4	0 58	28 09.5	2 03	18 21.2	0 03	11 04.6	1 31	10 29.9	5 57
19 Su	23 11.6	0 58	28 20.5	2 03	18 24.7	0 03	11 06.4	1 31	10 31.2	5 58
24 F	23 34.8	0 57	28 31.5	2 03	18 28.3	0 03	11 08.3	1 31	10 32.5	5 58
29 W	23 58.0	0 57	28 42.5	2 03	18 31.8	0 04	11 10.1	1 31	10 33.8	5 59
3 M	24 21.2	0 57	28 53.6	2 02	18 35.3	0 04	11 11.9	1 31	10 35.1	5 59
8 S	24 44.4	0 56	29 04.6	2 02	18 38.8	0 04	11 13.8	1 31	10 36.4	5 59
13 Th	25 07.6	0 56	29 15.6	2 02	18 42.3	0 04	11 15.6	1 31	10 37.8	6 00
18 Tu	25 30.9	0 56	29 26.7	2 01	18 45.9	0 04	11 17.4	1 31	10 39.1	6 00
23 Su	25 54.1	0 55	29 37.7	2 01	18 49.4	0 04	11 19.3	1 31	10 40.4	6 00
28 F	26 17.3	0 55	29 48.7	2 01	18 52.9	0 04	11 21.1	1 31	10 41.7	6 01

☿a.458016	☿p.397072
♀a.727869	♀ .727648
⊕ 1.00744	⊕ 1.01397
♂ 1.47308	♂ 1.51314
♃ 5.39836	♃ 5.39136
♄ 9.10117	♄ 9.09578
♅ 19.1975	♅ 19.1917
♆ 29.8543	♆ 29.8540
♇ 36.5296	♇ 36.5515
☊	Perihelia
☿ 18° ♉ 42	☿ 17° ♊ 56
♀ 16 ♊ 58	♀ 11 ♌ 40
⊕	⊕ 13 ♋ 41
♂ 19 ♉ 48	♂ 6 ♓ 41
♃ 10 ♋ 47	♃ 14 ♈ 38
♄ 23 ♋ 56	♄ 4 ♋ 09
♅ 14 ♊ 09	♅ 23 ♍ 09
♆ 12 ♌ 08	♆ 11 ♌ 47
♇ 20 ♋ 42	♇ 15 ♏ 01

Day	Aspect	Time
1 W	☿⚼♆	1am35
	⊕⊼♆	7 42
	☿☍♄	4pm 4
	♀△♂	4 25
2 Th	♀✱♃	0am52
	☿ ♐	11 38
	♂☍♃	6pm54
5	♀△♄	7pm33
6 M	☿✱♇	6am10
	☿△♆	11 7
7	♀ ♒	4am 5
8 W	⊕⊼♅	8pm16
	☿ A	9 50
	☿∠♀	9 52
9 Th	☿☍♅	2am37
	⊕⊻☿	6 2
	♀⚼♅	6 8
10 F	♂∠♆	5am27
	☿⊻♃	3pm46
11	☿∠♇	5pm21
12	☿⊼♂	8am20
Su	☿⊼♄	4pm 4
13 M	☿ ♑	8am24
	⊕☌♃	11 23
	♀☌♇	7pm24
14 T	♂☌♄	1am50
	♀✱♆	4 13
	♀ A	1pm14
16 Th	☿∠♃	4am25
	⊕⚼♆	10pm13
17 F	☿⊻♇	1am42
	☿□♆	6 35
	⊕∠☿	10 46
	♂ ♊	11 0
18 S	☿⚼♄	0am55
	☿△♅	7pm27
	☿⚼♂	9 12
19 Su	⊕☍♄	6am27
	☿⊼♅	6pm44
20 M	☿⊻♀	8pm41
	⊕ ♐	11 34
21 T	☿✱♃	10am21
	♀□♃	11pm29
23 Th	☿△♄	2am 6
	☿ ♒	1pm38
	♀∠♆	4 35
24 F	☿⚼♅	3pm49
	⊕✱☿	4 25
	☿△♂	7 24
25 S	♀□♄	5am29
	⊕☍♂	11 18
26 Su	♀ ♓	3am 9
	☿☌♇	7pm22
	☿✱♆	11 39
29	☿△♅	2am41
30 Th	♀□♂	1pm36
	☿□♃	3 31
31 F	☿∠♆	4am58
	☿□♄	9pm40
	⊕✱♇	11 50
1 S	☿ ♓	5am 4
	⊕△♆	3pm12
	♀⊻♇	7 20
2	♀⊻♆	4am38
3 M	⊕□♀	0am59
	☿□♂	11 57
	☿⊻♇	8pm33
4 T	☿⊻♆	0am 6
	⊕□☿	4pm43
5 W	☿☌♀	1am58
	☿□♅	5pm38
6 Th	♂△♇	8am12
	♀□♅	9pm 8
7 F	☿△♃	1am57
	☿∠♇	6 50
	♂✱♆	12pm55
8 S	☿✱♄	0am42
	☿ ♈	5 23
9	⊕☍♅	10am31
10 M	☿⚼♃	5am57
	☿✱♇	9 18
	☿☌♆	12pm16
	☿✱♂	8 16
	♀△♃	8 44
11 T	☿∠♄	2am 2
	♀∠♇	6 42
	☿✱♅	10pm39
12	⊕△☿	11am34
13 Th	☿⊼♃	3am18
	♀✱♄	1pm57
	☿⊻♄	9 17
	☿∠♂	10 24
14 F	☿⊻♀	0am 8
	☿ ♉	0 19
	♀ ♈	0 48
	☿∠♅	4pm 6
15 S	⊕⚼☿	4pm41
	☿□♇	8 47
	☿⊻♆	11 23
16 Su	⊕⊻♃	11am38
	⊕∠♇	5pm54
	☿⊻♂	6 34
17 M	☿0N	5am16
	☿⊻♅	5 30
	☿∠♀	12pm40
18 T	☿☍♃	8am15
	☿∠♆	11 11
	⊕⊼☿	3pm47
	☿☌♄	11 35
19	☿ ♊	1am36
20 Th	♀✱♇	5pm34
	☿△♇	6 31
	☿⚼♃	6 34
	☿✱♀	6 50
	⊕⊼♄	8 3
	☿✱♆	8 58
21 F	♀☌♆	3am19
	⊕ ♑	7 24
	☿ P	9pm30
22 S	☿☌♂	1am 9
	☿☌♅	1 30
	♂☌♅	5 28
23 Su	☿⚼♇	3am33
	☿⊼♃	4 28
	♀∠♄	5 25
	☿⊼♄	6pm43
	☿ ♋	8 1
24	⊕☍☿	6am53
25 T	☿⊼♇	1pm 5
	☿⚼♃	2 42
	☿⚼♆	3 37
	♀✱♅	8 56
26 W	☿∠♄	4am54
	☿⊻♅	9pm 8
27 Th	☿□♀	5am45
	☿⊻♂	7 9
	♀✱♂	12pm51
28 F	☿△♃	2am54
	☿✱♄	5pm21
	☿ ♌	6 1
	♃⚼♆	9 3
29	☿∠♅	10am11
30 Su	☿∠♂	2am42
	⊕⊼☿	5 43
	☿☌♇	3pm 7
	♀⊼♃	3 47
	♀△♆	5 58

JULY 2030

AUGUST 2030

DAY	☿ LONG	☿ LAT	♀ LONG	♀ LAT	⊕ LONG	♂ LONG	♂ LAT
	° '	° '	° '	° '	° '	° '	° '
1 M	12♌45	6N58	27♈03	2S36	9♑15	23♊15	1N01
2 Tu	18 11	7 00	28 38	2 32	10 12	23 46	1 02
3 W	23 26	6 59	0♉14	2 28	11 09	24 16	1 03
4 Th	28 32	6 54	1 50	2 24	12 06	24 46	1 04
5 F	3♍29	6 47	3 26	2 20	13 04	25 16	1 04
6 S	8 16	6 36	5 02	2 16	14 01	25 46	1 05
7 Su	12 54	6 24	6 38	2 12	14 58	26 16	1 06
8 M	17 22	6 09	8 14	2 08	15 55	26 46	1 07
9 Tu	21 43	5 53	9 50	2 03	16 52	27 15	1 08
10 W	25 55	5 35	11 26	1 58	17 50	27 45	1 08
11 Th	29 59	5 17	13 02	1 54	18 47	28 15	1 09
12 F	3♎56	4 57	14 38	1 49	19 44	28 45	1 10
13 S	7 46	4 36	16 14	1 44	20 41	29 14	1 11
14 Su	11 30	4 15	17 51	1 39	21 39	29 44	1 11
15 M	15 07	3 53	19 27	1 34	22 36	0♋13	1 12
16 Tu	18 39	3 31	21 03	1 29	23 33	0 43	1 13
17 W	22 06	3 09	22 39	1 24	24 30	1 12	1 13
18 Th	25 28	2 46	24 16	1 19	25 27	1 42	1 14
19 F	28 46	2 24	25 52	1 13	26 25	2 11	1 15
20 S	1♏59	2 01	27 28	1 08	27 22	2 40	1 16
21 Su	5 08	1 39	29 05	1 03	28 19	3 10	1 16
22 M	8 14	1 17	0♊41	0 57	29 16	3 39	1 17
23 Tu	11 17	0 54	2 17	0 52	0♒14	4 08	1 18
24 W	14 17	0 32	3 54	0 46	1 11	4 37	1 18
25 Th	17 15	0 11	5 30	0 40	2 08	5 06	1 19
26 F	20 10	0S11	7 07	0 35	3 06	5 35	1 20
27 S	23 03	0 32	8 44	0 29	4 03	6 04	1 20
28 Su	25 54	0 53	10 20	0 24	5 00	6 33	1 21
29 M	28 44	1 14	11 57	0 18	5 58	7 02	1 21
30 Tu	1♐32	1 34	13 33	0 12	6 55	7 31	1 22
31 W	4♐19	1S54	15♊10	0S06	7♒52	8♋00	1N23

DAY	☿ LONG	☿ LAT	♀ LONG	♀ LAT	⊕ LONG	♂ LONG	♂ LAT
	° '	° '	° '	° '	° '	° '	° '
1 Th	7♐05	2S13	16♊47	0S01	8♒50	8♋29	1N23
2 F	9 51	2 32	18 23	0N05	9 47	8 58	1 24
3 S	12 36	2 51	20 00	0 11	10 45	9 27	1 25
4 Su	15 20	3 09	21 37	0 17	11 42	9 55	1 25
5 M	18 05	3 27	23 14	0 22	12 40	10 24	1 26
6 Tu	20 50	3 44	24 51	0 28	13 37	10 53	1 26
7 W	23 35	4 01	26 28	0 34	14 34	11 21	1 27
8 Th	26 21	4 18	28 04	0 39	15 32	11 50	1 27
9 F	29 07	4 33	29 41	0 45	16 29	12 18	1 28
10 S	1♑54	4 49	1♋18	0 51	17 27	12 47	1 29
11 Su	4 43	5 03	2 55	0 56	18 24	13 15	1 29
12 M	7 33	5 17	4 32	1 02	19 22	13 43	1 30
13 Tu	10 24	5 31	6 09	1 07	20 20	14 12	1 30
14 W	13 17	5 43	7 47	1 12	21 17	14 40	1 31
15 Th	16 13	5 55	9 24	1 18	22 15	15 08	1 31
16 F	19 10	6 06	11 01	1 23	23 12	15 37	1 32
17 S	22 10	6 16	12 38	1 28	24 10	16 05	1 32
18 Su	25 13	6 26	14 15	1 33	25 08	16 33	1 33
19 M	28 19	6 34	15 52	1 39	26 05	17 01	1 33
20 Tu	1♒28	6 42	17 30	1 44	27 03	17 29	1 34
21 W	4 41	6 48	19 07	1 48	28 01	17 57	1 34
22 Th	7 58	6 53	20 44	1 53	28 59	18 25	1 35
23 F	11 19	6 57	22 21	1 58	29 56	18 53	1 35
24 S	14 44	6 59	23 59	2 03	0♓54	19 21	1 36
25 Su	18 15	7 00	25 36	2 07	1 52	19 49	1 36
26 M	21 50	7 00	27 13	2 12	2 50	20 17	1 37
27 Tu	25 31	6 57	28 51	2 16	3 48	20 45	1 37
28 W	29 19	6 53	0♌28	2 20	4 46	21 13	1 37
29 Th	3♓12	6 47	2 06	2 24	5 44	21 41	1 38
30 F	7 12	6 39	3 43	2 28	6 42	22 09	1 38
31 S	11♓19	6S28	5♌20	2N32	7♓40	22♋36	1N39

DAY	♃ LONG	♃ LAT	♄ LONG	♄ LAT	♅ LONG	♅ LAT	♆ LONG	♆ LAT	♇ LONG	♇ LAT
	° '	° '	° '	° '	° '	° '	° '	° '	° '	° '
3 W	26♏40.6	0N54	29♉59.8	2S01	18♊56.5	0N04	11♈22.9	1S31	10♒43.0	6S01
8 M	27 03.9	0 54	0♊10.8	2 00	19 00.0	0 04	11 24.8	1 31	10 44.3	6 02
13 S	27 27.2	0 54	0 21.9	2 00	19 03.5	0 04	11 26.6	1 31	10 45.7	6 02
18 Th	27 50.5	0 53	0 32.9	2 00	19 07.0	0 04	11 28.4	1 31	10 47.0	6 02
23 Tu	28 13.8	0 53	0 43.9	2 00	19 10.6	0 04	11 30.3	1 31	10 48.3	6 03
28 Su	28 37.1	0 52	0 55.0	1 59	19 14.1	0 04	11 32.1	1 31	10 49.6	6 03
2 F	29 00.4	0 52	1 06.0	1 59	19 17.6	0 04	11 33.9	1 31	10 50.9	6 03
7 W	29 23.7	0 52	1 17.1	1 59	19 21.1	0 04	11 35.8	1 31	10 52.2	6 04
12 M	29 47.1	0 51	1 28.1	1 58	19 24.7	0 04	11 37.6	1 31	10 53.5	6 04
17 S	0♐10.4	0 51	1 39.2	1 58	19 28.2	0 04	11 39.4	1 31	10 54.8	6 05
22 Th	0 33.8	0 50	1 50.3	1 58	19 31.7	0 04	11 41.2	1 31	10 56.2	6 05
27 Tu	0 57.2	0 50	2 01.3	1 57	19 35.2	0 04	11 43.1	1 31	10 57.5	6 05

☿ .331497	☿a.464604
♀ .724535	♀ .720500
⊕a1.01669	⊕ 1.01508
♂ 1.55178	♂ 1.58862
♃ 5.38424	♃ 5.37654
♄ 9.09072	♄ 9.08564
♅ 19.1861	♅ 19.1802
♆ 29.8536	♆ 29.8533
♇ 36.5728	♇ 36.5947
☊	Perihelia
☿ 18°♉ 42	☿ 17°♊ 56
♀ 16 ♊ 58	♀ 11 ♌ 38
⊕	⊕ 11 ♋ 05
♂ 19 ♉ 48	♂ 6 ♓ 41
♃ 10 ♋ 47	♃ 14 ♈ 39
♄ 23 ♋ 56	♄ 4 ♋ 04
♅ 14 ♊ 09	♅ 23 ♍ 16
♆ 12 ♌ 08	♆ 10 ♉ 14
♇ 20 ♋ 42	♇ 15 ♏ 05

Day	Aspect	Time
2 T	☿✱♅	3am23
	⊕⊻♇	12pm58
	♀⊻♄	8 17
	♀ ♉	8 26
3 W	♄ ♊	2am29
	☿✱♂	4 14
	⊕□♆	5 47
	☿⚼♆	1pm46
	⊕∠♃	2 20
	☿□♃	3 22
	⊕⚼☿	3 36
4 Th	☿ ♍	7am 0
	☿□♄	7 13
	⊕ A	12pm59
	☿△♀	11 39
5 F	♀∠♅	8am 1
	♂⚼♇	10pm25
6 S	☿⊼♇	12pm42
	☿⊼♆	4 12
7 Su	⊕⚼♄	4am35
	⊕△☿	2pm 0
8 M	☿□♅	8am56
	♂⊼♃	5pm28
9 T	♀□♇	1pm40
	☿⚼♇	11 3
	♀⊻♆	11 51
10 W	☿⚼♀	4am59
	☿✱♃	7 47
	☿□♂	12pm15
11 Th	☿ ♎	0am 6
	☿△♄	1 51
	♀∠♂	4 35
	⊕⊼♅	6 27
13 S	☿△♇	7pm14
	☿☍♆	11 41
14 Su	☿∠♃	6am55
	♂ ♋	1pm 9
	♀⊻♅	6 29
15 M	☿⚼♄	2am 8
	♂⊻♄	11 22
16	☿△♅	3am 1
17 W	☿⊼♀	7am25
	⊕□☿	11pm52
18	☿⊻♃	5pm40
19 F	☿ ♏	9am11
	♀∠♆	9 13
	☿⊼♄	1pm42
	⊕△♀	8 2
20 S	☿△♂	6am10
	♀☍♃	8 14
	☿⚼♅	4pm25
	⊕✱♃	5 19
21	♀ ♊	1pm47
22 M	♀☌♄	0am10
	⊕ ♒	6pm18
	☿□♇	8 9
23 T	☿⊼♆	1am43
	⊕△♄	1pm13
24	♀⊻♂	3pm26
25 Th	☿0S	11am55
	☿⊼♅	4pm 6
26	☿⚼♂	4am15
27	⊕⚼♅	4am27
28 Su	☿⚼♆	5am23
	♀△♇	7 21
	♀✱♆	5pm57
	☿☌♃	11 43
29 M	☿ ♐	10am52
	☿☍♄	7pm18
31	⊕⊼♂	6am34
1 Th	♀0N	2am43
	☿⊼♂	2pm42
	⊕✱☿	11 13
2 F	☿✱♇	8am46
	♀☌♅	1pm32
	☿△♆	3 2
3 S	⊕☌♇	2am45
	⊕✱♆	8pm53
4	☿ A	9pm 6
5 M	☿☍♅	10am55
	♂⊼♇	11pm32
6	♀⚼♇	3pm14
7 W	♂□♆	12pm28
	☿∠♇	7 56
8	♀⊼♃	9pm50
9 F	☿⊻♃	3am52
	♀ ♋	4 36
	☿ ♑	7 37
	☿☍♀	11 47
	☿⊼♄	7pm34
10 S	♀⊻♄	1am22
	⊕∠☿	7 6
11	⊕⚼♀	5pm42
12	⊕△♅	1am 7
13 T	☿⊻♇	4am 9
	☿□♆	10 18
14 W	☿☍♂	1pm35
	☿∠♃	1 59
	♂⚼♃	4 32
	♃ ♐	6 24
15 Th	☿⚼♄	3am 4
	♀⊼♇	10pm29
16 F	☿⊼♅	2am20
	♀□♆	9 30
17	⊕⊻☿	10pm59
18 Su	♂∠♄	7am42
	♀⚼♃	3pm34
19 M	☿ ♒	12pm52
	♀∠♄	12 58
	⊕∠♆	2 33
	☿✱♃	3 45
	♀☌♂	11 57
20 T	☿△♄	2am14
	☿⚼♅	10pm45
21	♀⊻♅	6am 2
22	☿☌♇	9pm21
23 F	⊕ ♓	1am29
	☿✱♆	2 41
	⊕□♃	6pm59
24	♂⊻♅	10am17
25 Su	⊕□♄	2am 4
	☿△♅	8 54
	☿⊼♂	12pm11
27 T	☿∠♆	7am39
	♀ ♌	5pm 4
28 W	☿ ♓	4am19
	♀△♃	8 44
	☿□♃	10 55
	☿⊼♀	12pm25
	☿□♄	5 12
29 Th	♀✱♄	0am 3
	⊕☌☿	8pm 5
	☿⚼♂	11 37
30 F	♀∠♅	1pm30
	⊕⚼♂	9 15
	☿⊻♇	10 1
31	☿⊻♆	2am26

SEPTEMBER 2030

DAY	☿ LONG	☿ LAT	♀ LONG	♀ LAT	⊕ LONG	♂ LONG	♂ LAT
	° '	° '	° '	° '	° '	° '	° '
1 Su	15♓34	6S15	6♌58	2N36	8♓38	23♋04	1N39
2 M	19 56	6 00	8 35	2 40	9 36	23 32	1 40
3 Tu	24 26	5 42	10 13	2 43	10 34	23 59	1 40
4 W	29 05	5 21	11 50	2 47	11 32	24 27	1 40
5 Th	3♈53	4 57	13 28	2 50	12 30	24 55	1 41
6 F	8 49	4 30	15 05	2 53	13 28	25 22	1 41
7 S	13 55	4 01	16 43	2 56	14 27	25 50	1 41
8 Su	19 10	3 28	18 20	2 59	15 25	26 17	1 42
9 M	24 33	2 53	19 58	3 02	16 23	26 45	1 42
10 Tu	0♉06	2 15	21 35	3 04	17 21	27 12	1 42
11 W	5 47	1 34	23 13	3 06	18 20	27 40	1 43
12 Th	11 37	0 52	24 50	3 09	19 18	28 07	1 43
13 F	17 34	0 08	26 28	3 11	20 16	28 34	1 43
14 S	23 37	0N36	28 05	3 13	21 15	29 02	1 44
15 Su	29 47	1 21	29 43	3 15	22 13	29 29	1 44
16 M	6♊01	2 06	1♍21	3 16	23 12	29 56	1 44
17 Tu	12 18	2 49	2 58	3 18	24 10	0♌24	1 45
18 W	18 37	3 30	4 36	3 19	25 09	0 51	1 45
19 Th	24 56	4 09	6 13	3 20	26 07	1 18	1 45
20 F	1♋14	4 45	7 50	3 21	27 06	1 45	1 46
21 S	7 30	5 17	9 28	3 22	28 04	2 12	1 46
22 Su	13 41	5 45	11 05	3 23	29 03	2 40	1 46
23 M	19 47	6 08	12 43	3 23	0♈02	3 07	1 46
24 Tu	25 46	6 27	14 20	3 23	1 00	3 34	1 47
25 W	1♌38	6 42	15 58	3 24	1 59	4 01	1 47
26 Th	7 21	6 52	17 35	3 24	2 58	4 28	1 47
27 F	12 56	6 58	19 12	3 24	3 57	4 55	1 47
28 S	18 21	7 00	20 50	3 23	4 56	5 22	1 47
29 Su	23 36	6 59	22 27	3 23	5 55	5 49	1 48
30 M	28♌42	6N54	24♍04	3N22	6♈54	6♌16	1N48

OCTOBER 2030

DAY	☿ LONG	☿ LAT	♀ LONG	♀ LAT	⊕ LONG	♂ LONG	♂ LAT
	° '	° '	° '	° '	° '	° '	° '
1 Tu	3♍38	6N46	25♍41	3N21	7♈52	6♌43	1N48
2 W	8 25	6 36	27 19	3 20	8 51	7 10	1 48
3 Th	13 02	6 23	28 56	3 19	9 51	7 37	1 48
4 F	17 31	6 09	0♎33	3 18	10 50	8 03	1 49
5 S	21 51	5 52	2 10	3 17	11 49	8 30	1 49
6 Su	26 02	5 35	3 47	3 15	12 48	8 57	1 49
7 M	0♎07	5 16	5 24	3 13	13 47	9 24	1 49
8 Tu	4 03	4 56	7 01	3 11	14 46	9 51	1 49
9 W	7 53	4 36	8 38	3 09	15 45	10 18	1 49
10 Th	11 37	4 14	10 15	3 07	16 45	10 44	1 50
11 F	15 14	3 53	11 52	3 05	17 44	11 11	1 50
12 S	18 46	3 31	13 29	3 02	18 43	11 38	1 50
13 Su	22 13	3 08	15 06	3 00	19 42	12 04	1 50
14 M	25 34	2 46	16 43	2 57	20 42	12 31	1 50
15 Tu	28 52	2 23	18 19	2 54	21 41	12 58	1 50
16 W	2♏05	2 01	19 56	2 51	22 41	13 24	1 50
17 Th	5 14	1 38	21 33	2 48	23 40	13 51	1 50
18 F	8 20	1 16	23 09	2 44	24 40	14 18	1 50
19 S	11 23	0 54	24 46	2 41	25 39	14 44	1 51
20 Su	14 23	0 32	26 23	2 37	26 39	15 11	1 51
21 M	17 20	0 10	27 59	2 34	27 38	15 37	1 51
22 Tu	20 15	0S11	29 35	2 30	28 38	16 04	1 51
23 W	23 08	0 33	1♏12	2 26	29 38	16 31	1 51
24 Th	25 59	0 54	2 48	2 22	0♉38	16 57	1 51
25 F	28 49	1 14	4 25	2 18	1 37	17 24	1 51
26 S	1♐37	1 34	6 01	2 14	2 37	17 50	1 51
27 Su	4 24	1 54	7 37	2 09	3 37	18 17	1 51
28 M	7 10	2 14	9 13	2 05	4 37	18 43	1 51
29 Tu	9 56	2 33	10 49	2 00	5 37	19 09	1 51
30 W	12 41	2 52	12 25	1 56	6 37	19 36	1 51
31 Th	15♐26	3S10	14♏01	1N51	7♉37	20♌02	1N51

DAY	♃ LONG	♃ LAT	♄ LONG	♄ LAT	♅ LONG	♅ LAT	♆ LONG	♆ LAT	♇ LONG	♇ LAT
	° '	° '	° '	° '	° '	° '	° '	° '	° '	° '
1 Su	1♐20.6	0N50	2♊12.4	1S57	19♊38.8	0N04	11♈44.9	1S31	10♒58.8	6S06
6 F	1 44.0	0 49	2 23.4	1 57	19 42.3	0 04	11 46.7	1 32	11 00.1	6 06
11 W	2 07.4	0 49	2 34.5	1 57	19 45.8	0 05	11 48.6	1 32	11 01.4	6 06
16 M	2 30.8	0 48	2 45.5	1 56	19 49.3	0 05	11 50.4	1 32	11 02.7	6 07
21 S	2 54.2	0 48	2 56.6	1 56	19 52.9	0 05	11 52.2	1 32	11 04.0	6 07
26 Th	3 17.7	0 48	3 07.7	1 56	19 56.4	0 05	11 54.0	1 32	11 05.3	6 08
1 Tu	3 41.1	0 47	3 18.7	1 55	19 59.9	0 05	11 55.9	1 32	11 06.6	6 08
6 Su	4 04.6	0 47	3 29.8	1 55	20 03.4	0 05	11 57.7	1 32	11 07.9	6 08
11 F	4 28.1	0 46	3 40.9	1 55	20 07.0	0 05	11 59.5	1 32	11 09.2	6 09
16 W	4 51.6	0 46	3 52.0	1 54	20 10.5	0 05	12 01.3	1 32	11 10.5	6 09
21 M	5 15.1	0 45	4 03.0	1 54	20 14.0	0 05	12 03.2	1 32	11 11.8	6 09
26 S	5 38.6	0 45	4 14.1	1 54	20 17.5	0 05	12 05.0	1 32	11 13.1	6 10
31 Th	6 02.1	0 45	4 25.2	1 54	20 21.1	0 05	12 06.8	1 32	11 14.4	6 10

☿p.374151	☿a.352679
♀p.718466	♀ .719806
⊕ 1.00939	⊕ 1.00138
♂ 1.61997	♂ 1.64339
♃ 5.36850	♃ 5.36042
♄ 9.08072	♄ 9.07612
♅ 19.1744	♅ 19.1688
♆ 29.8529	♆ 29.8526
♇ 36.6167	♇ 36.6379
☊	Perihelia
☿ 18°♉ 42	☿ 17°♊ 56
♀ 16 ♊ 58	♀ 11 ♌ 42
⊕	⊕ 13 ♋ 02
♂ 19 ♉ 48	♂ 6 ♓ 40
♃ 10 ♋ 47	♃ 14 ♈ 39
♄ 23 ♋ 56	♄ 4 ♋ 00
♅ 14 ♊ 09	♅ 23 ♍ 23
♆ 12 ♌ 08	♆ 8 ♉ 39
♇ 20 ♋ 42	♇ 15 ♏ 10

1	☿□♅	10pm31
2	☿△♂	9pm23
3 T	☿⚼♀	6am15
	☿∠♇	8 5
	⊕⚺♇	10 29
	♀☍♇	11 28
	⊕⚻♀	12pm56
	♀ P	8 18
	♀△♆	10 56
4 W	☿ ♈	4am38
	⊕⚺♆	5 45
	☿△♃	12pm46
	☿✱♄	4 23
6 F	☿✱♇	10am22
	☿☌♆	2pm 2
7 S	⊕⚺☿	3am 1
	☿⚼♃	1pm32
	☿∠♄	4 16
	☿△♀	6 39
8 Su	☿✱♅	2am34
	♀✱♅	8pm40
9 M	☿□♂	10am25
	☿ ♉	11pm34
10 T	☿⚻♃	8am23
	☿⚺♄	10 25
	⊕∠☿	11 33
	☿∠♅	7pm42
11	☿□♇	9pm36
12 Th	☿⚺♆	0am49
	⊕□♅	11 54
13 F	☿0N	4am32
	♀⚼♆	5 16
	☿⚺♅	8 52
	⊕✱☿	12pm50
14 S	☿∠♆	12pm32
	♀⚺♂	7 14
	☿✱♂	10 46
	☿□♀	11 40
15 Su	☿ ♊	0am51
	♀ ♍	4 11
	☿☍♃	10 23
	☿☌♄	11 26
16 M	♂ ♌	3am12
	♀□♃	6pm10
	☿△♇	7 14
	♀□♄	9 25
	☿✱♆	10 17
17 T	☿∠♂	12pm41
	☿ P	8 46
18 W	☿☌♅	4am41
	⊕∠♇	10pm31
19 Th	☿⚼♇	4am16
	⊕□☿	5 19
	☿ ♋	7pm17
20 F	☿⚺♂	2am 8
	☿⚻♃	6 9
	☿⚺♄	6 25
21 S	☿✱♀	10am19
	☿⚻♇	1pm50
	☿□♆	4 57
	♃☍♄	11 8
	♀⚻♇	11 43
22 Su	♀⚻♆	11am40
	☿∠♄	4pm59
	☿⚼♃	5 6
	♂✱♄	6 32
	♂△♃	8 41
	⊕ ♈	11 20
23	☿⚺♅	0am30
24	☿ ♌	5pm16
T	☿∠♀	8 10
25 W	⊕△☿	1am47
	☿✱♄	6 7
	☿△♃	6 41
	☿☌♂	10 46
	☿∠♅	1pm47
26 Th	⊕✱♄	4am 7
	⊕△♃	8 44
	☿☍♇	4pm 2
	☿△♆	7 33
27 F	♂∠♅	1am58
	♀□♅	11 7
	♀∠♂	2pm32
28 S	☿✱♅	7am20
	⊕⚼☿	8 47
	☿⚺♀	4pm17
	⊕△♂	7 44
29	☿⚼♆	3pm33
30 M	☿ ♍	6am15
	☿□♄	10pm24
1	☿□♃	0am16
T	♀⚼♇	6 13
	☿⚺♂	4pm59
2 W	⊕⚻☿	2am54
	☿⚻♇	1pm57
	☿⚻♆	6 15
3	♀ ♎	3pm50
4 F	⊕✱♇	7am16
	☿□♅	1pm55
5 S	⊕☌♆	3am32
	☿∠♂	10 32
	♀△♄	7pm35
6 Su	☿⚼♇	0am32
	♀✱♃	4 30
	☿ ♎	11pm21
7	☿△♄	8pm59
8	☿✱♃	1am 7
9 W	☿☌♀	8am25
	☿✱♂	5pm32
	☿△♇	8 59
10 Th	☿☍♆	2am27
	♀✱♂	9 55
	♀△♇	1pm20
	♂☍♇	10 21
11 F	♀☍♆	1am49
	⊕☍☿	11pm32
	☿⚼♄	11 40
	⊕∠♄	11 59
12 S	☿∠♃	5am30
	☿△♅	9 27
	♂△♆	8pm10
	⊕⚼♃	9 49
13	⊕✱♅	10am36
15 T	♀⚼♄	7am42
	☿ ♏	8 26
	♀∠♃	10pm48
16 W	♀△♅	3am35
	☿⚻♄	1pm40
	☿⚺♃	9 38
	☿⚼♅	11 36
18	☿□♇	10pm27
19	☿⚻♆	5am14
20 Su	☿□♂	7am35
	⊕☍♀	10 36
21 M	☿0S	11am10
	☿⚻♅	11pm55
22	♀ ♏	6am 6
23	⊕ ♉	8am53
24 Th	☿⚼♆	9am10
	♀⚻♄	8pm46
25 F	☿ ♐	10am 7
	♀⚼♅	1pm 8
	♀⚺♃	6 10
26 S	⊕⚻☿	1pm25
	☿☍♄	10 51
27 Su	☿☌♃	11am44
	⊕⚺♄	4pm20
28	⊕∠♅	5pm 1
29 T	♀□♇	6am 9
	⊕⚻♃	6 53
	☿✱♇	11 21
	☿⚺♀	6pm36
	☿△♆	6 58
	♀⚻♆	7 15
31 Th	♂✱♅	5pm29
	☿ A	8 23

NOVEMBER 2030

DAY	☿ LONG	☿ LAT	♀ LONG	♀ LAT	⊕ LONG	♂ LONG	♂ LAT
	° '	° '	° '	° '	° '	° '	° '
1 F	18♐10	3S28	15♏37	1N46	8♉37	20♌29	1N51
2 S	20 55	3 45	17 13	1 41	9 37	20 55	1 51
3 Su	23 40	4 02	18 49	1 36	10 37	21 22	1 51
4 M	26 26	4 18	20 25	1 31	11 37	21 48	1 51
5 Tu	29 12	4 34	22 01	1 26	12 37	22 14	1 51
6 W	2♑00	4 49	23 37	1 21	13 37	22 41	1 51
7 Th	4 48	5 04	25 13	1 16	14 37	23 07	1 51
8 F	7 38	5 18	26 48	1 10	15 38	23 33	1 51
9 S	10 29	5 31	28 24	1 05	16 38	24 00	1 51
10 Su	13 23	5 44	29 59	1 00	17 38	24 26	1 51
11 M	16 18	5 55	1♐35	0 54	18 38	24 52	1 51
12 Tu	19 16	6 06	3 11	0 49	19 39	25 19	1 50
13 W	22 16	6 17	4 46	0 43	20 39	25 45	1 50
14 Th	25 19	6 26	6 22	0 38	21 39	26 11	1 50
15 F	28 25	6 34	7 57	0 32	22 40	26 38	1 50
16 S	1♒34	6 42	9 32	0 26	23 40	27 04	1 50
17 Su	4 47	6 48	11 08	0 21	24 41	27 30	1 50
18 M	8 04	6 53	12 43	0 15	25 41	27 56	1 50
19 Tu	11 25	6 57	14 18	0 09	26 42	28 23	1 50
20 W	14 51	6 59	15 54	0 04	27 42	28 49	1 50
21 Th	18 21	7 00	17 29	0S02	28 43	29 15	1 49
22 F	21 57	7 00	19 04	0 07	29 43	29 41	1 49
23 S	25 38	6 57	20 39	0 13	0♊44	0♍08	1 49
24 Su	29 26	6 53	22 14	0 19	1 45	0 34	1 49
25 M	3♓19	6 47	23 49	0 24	2 45	1 00	1 49
26 Tu	7 20	6 39	25 24	0 30	3 46	1 26	1 49
27 W	11 27	6 28	27 00	0 36	4 47	1 53	1 49
28 Th	15 42	6 15	28 35	0 41	5 47	2 19	1 48
29 F	20 04	5 59	0♑10	0 47	6 48	2 45	1 48
30 S	24♓35	5S41	1♑45	0S52	7♊49	3♍11	1N48

DECEMBER 2030

DAY	☿ LONG	☿ LAT	♀ LONG	♀ LAT	⊕ LONG	♂ LONG	♂ LAT
	° '	° '	° '	° '	° '	° '	° '
1 Su	29♓14	5S20	3♑20	0S57	8♊50	3♍37	1N48
2 M	4♈02	4 56	4 55	1 03	9 51	4 04	1 48
3 Tu	8 59	4 29	6 30	1 08	10 51	4 30	1 47
4 W	14 04	4 00	8 05	1 13	11 52	4 56	1 47
5 Th	19 19	3 27	9 39	1 19	12 53	5 22	1 47
6 F	24 44	2 52	11 14	1 24	13 54	5 48	1 47
7 S	0♉16	2 13	12 49	1 29	14 55	6 15	1 46
8 Su	5 58	1 33	14 24	1 34	15 56	6 41	1 46
9 M	11 48	0 51	15 59	1 39	16 57	7 07	1 46
10 Tu	17 45	0 07	17 34	1 44	17 58	7 33	1 46
11 W	23 49	0N38	19 09	1 49	18 59	7 59	1 45
12 Th	29 58	1 23	20 44	1 53	20 00	8 26	1 45
13 F	6♊12	2 07	22 19	1 58	21 01	8 52	1 45
14 S	12 30	2 50	23 53	2 02	22 02	9 18	1 45
15 Su	18 49	3 32	25 28	2 07	23 03	9 44	1 44
16 M	25 08	4 10	27 03	2 11	24 04	10 10	1 44
17 Tu	1♋26	4 46	28 38	2 16	25 05	10 37	1 44
18 W	7 41	5 18	0♒13	2 20	26 06	11 03	1 43
19 Th	13 52	5 46	1 48	2 24	27 07	11 29	1 43
20 F	19 58	6 09	3 23	2 28	28 08	11 55	1 43
21 S	25 57	6 28	4 57	2 31	29 09	12 21	1 42
22 Su	1♌49	6 42	6 32	2 35	0♋10	12 48	1 42
23 M	7 32	6 52	8 07	2 39	1 11	13 14	1 42
24 Tu	13 06	6 58	9 42	2 42	2 12	13 40	1 41
25 W	18 31	7 00	11 17	2 46	3 14	14 06	1 41
26 Th	23 46	6 59	12 52	2 49	4 15	14 33	1 41
27 F	28 51	6 54	14 27	2 52	5 16	14 59	1 40
28 S	3♍47	6 46	16 02	2 55	6 17	15 25	1 40
29 Su	8 34	6 36	17 37	2 58	7 18	15 51	1 40
30 M	13 11	6 23	19 12	3 00	8 19	16 18	1 39
31 Tu	17♍39	6N08	20♒46	3S03	9♋20	16♍44	1N39

DAY	♃ LONG	♃ LAT	♄ LONG	♄ LAT	♅ LONG	♅ LAT	♆ LONG	♆ LAT	♇ LONG	♇ LAT
	° '	° '	° '	° '	° '	° '	° '	° '	° '	° '
5 Tu	6♐25.7	0N44	4♊36.3	1S53	20♊24.6	0N05	12♈08.7	1S32	11♒15.7	6S10
10 Su	6 49.2	0 44	4 47.3	1 53	20 28.1	0 05	12 10.5	1 32	11 17.1	6 11
15 F	7 12.8	0 43	4 58.4	1 53	20 31.7	0 05	12 12.3	1 32	11 18.4	6 11
20 W	7 36.4	0 43	5 09.5	1 52	20 35.2	0 05	12 14.2	1 32	11 19.7	6 12
25 M	8 00.0	0 42	5 20.6	1 52	20 38.7	0 05	12 16.0	1 32	11 21.0	6 12
30 S	8 23.6	0 42	5 31.7	1 52	20 42.3	0 05	12 17.8	1 32	11 22.3	6 12
5 Th	8 47.2	0 41	5 42.8	1 51	20 45.8	0 05	12 19.7	1 32	11 23.6	6 13
10 Tu	9 10.9	0 41	5 53.9	1 51	20 49.3	0 05	12 21.5	1 32	11 24.9	6 13
15 Su	9 34.5	0 41	6 05.0	1 51	20 52.9	0 05	12 23.3	1 32	11 26.2	6 13
20 F	9 58.2	0 40	6 16.1	1 50	20 56.4	0 05	12 25.2	1 32	11 27.5	6 14
25 W	10 21.9	0 40	6 27.2	1 50	21 00.0	0 06	12 27.0	1 32	11 28.8	6 14
30 M	10 45.5	0 39	6 38.3	1 50	21 03.5	0 06	12 28.8	1 32	11 30.1	6 15

☿ .466702	☿p.356631
♀ .723631	♀a.727150
⊕ .992684	⊕ .986168
♂ 1.65923	♂a1.66576
♃ 5.35175	♃ 5.34308
♄ 9.07152	♄ 9.06723
♅ 19.1630	♅ 19.1574
♆ 29.8522	♆ 29.8519
♇ 36.6599	♇ 36.6811
☊	Perihelia
☿ 18° ♉ 42	☿ 17° ♊ 57
♀ 16 ♊ 58	♀ 11 ♌ 43
⊕	⊕ 14 ♋ 44
♂ 19 ♉ 48	♂ 6 ♓ 40
♃ 10 ♋ 47	♃ 14 ♈ 40
♄ 23 ♋ 56	♄ 3 ♋ 54
♅ 14 ♊ 09	♅ 23 ♍ 27
♆ 12 ♌ 08	♆ 7 ♉ 09
♇ 20 ♋ 42	♇ 15 ♏ 15

Day	Aspect	Time
1	☿☍♅	7pm14
2	☿△♂	0am 1
3 Su	⊕□♇	3pm23
	☿∠♇	10 30
	♀⚻♅	11 41
4 M	⊕⚼☿	2am32
	⊕⚺♆	12pm35
5 T	♀□♂	4am37
	☿ ♑	6 52
6	☿⚻♄	10pm56
7	☿⚺♃	3pm35
8 F	♀⚼♆	5am26
	☿⚼♂	9 12
9 S	☿⚺♇	6am36
	☿□♆	2pm 0
10	♀ ♐	0am 8
11	☿∠♀	5am 1
12 T	⊕△☿	4am37
	☿⚼♄	4 54
	♀⚻♅	9 55
	⊕⚺♅	8pm31
	☿∠♃	10 18
13	♀☍♄	2am 3
14 Th	☿⚻♂	7am56
	♀☌♃	12pm19
15	☿ ♒	12pm 7
16	♂⚼♆	8am11
17 Su	☿△♄	1am57
	♀⚹♇	2 50
	☿⚼♅	5 40
	♀△♆	4pm31
	☿⚹♃	7 24
18	☿☌♇	11pm19
19 T	☿⚹♆	5am44
	⊕∠♆	12pm52
20 W	☿⚹♀	1pm11
	♀0S	4 12
21 Th	☿△♅	3pm 5
	⊕□♂	10 41
22 F	⊕ ♊	6am38
	♂ ♍	5pm 2
	♀☍♅	11 32
23	☿∠♆	10am19
24 Su	☿ ♓	3am34
	☿☍♂	7 58
	⊕□☿	7pm21
25	☿□♄	12pm19
26 T	☿□♃	4am31
	♀∠♇	2pm22
	☿⚺♇	11 29
27 W	☿⚺♆	4am45
	⊕☌♄	3pm44
28	♀ ♑	9pm34
29	☿□♅	3am22
30 S	☿∠♇	9am20
	⊕☍♃	2pm49
1 Su	☿ ♈	3am53
	♀△♂	6 11
2 M	☿⚻♂	0am 9
	☿□♀	6 23
	☿⚹♄	7 46
	♀⚻♄	10 45
	☿△♃	10pm19
3 T	⊕⚹☿	11am10
	☿⚹♇	11 26
	⊕△♇	12pm32
	☿☌♆	3 49
4 W	♀⚺♃	10am 6
	⊕⚹♆	10 43
5 Th	☿⚼♂	5am 7
	☿∠♄	6 17
	☿⚹♅	6 29
	☿⚼♃	8pm10
	♂□♄	8 38
6 F	♀⚺♇	2am25
	♀□♆	4pm40
	⊕∠☿	10 7
	☿ ♉	10 50
7 S	☿∠♅	11pm18
	☿⚺♄	11 24
	♂ A	11 35
8 Su	☿△♂	3am12
	☿⚻♃	12pm49
	☿□♇	10 26
9 M	☿⚺♆	2am16
	☿△♀	11pm 0
10 T	⊕⚺☿	1am 1
	☿0N	3 48
	☿⚺♅	12pm14
	⊕⚻♀	4 48
11	☿∠♆	1pm53
12 Th	☿ ♊	0am 6
	♀⚻♅	1 49
	♀⚼♄	3 48
	⊕☌♅	8pm23
	☿☌♄	11 14
13 F	☿⚼♀	5am38
	☿□♂	10 55
	☿☍♃	12pm26
	☿△♇	7 57
	☿⚹♆	11 34
14 S	♀⚼♂	8am36
	♀∠♃	9 41
	♂□♃	1pm11
	☿ P	8 2
15 Su	☿☌♅	7am52
	⊕☌☿	7pm 9
16 M	☿⚼♇	4am59
	☿⚻♀	9 44
	☿ ♋	6pm32
17 T	☿⚺♄	6pm13
	♀ ♒	8 46
18 W	☿⚻♃	8am19
	⊕⚼♇	8 25
	☿⚹♂	1pm59
	☿⚻♇	2 34
	☿□♆	6 18
	♂⚻♇	10 23
20 F	☿⚺♅	3am52
	☿∠♄	5 12
	☿⚼♃	8pm17
21 S	♂⚻♆	3am46
	☿∠♂	6 10
	♀⚼♅	3pm13
	⊕⚺☿	3 46
	☿ ♌	4 31
	⊕ ♋	8 3
	♀△♄	8 58
22 Su	☿∠♅	5pm24
	☿⚹♄	7 5
23 M	☿☍♀	3am29
	☿△♃	11 37
	☿☍♇	4pm56
	☿△♆	9 8
24 T	☿⚺♂	2am43
	♀⚹♃	9 20
	⊕∠☿	10pm24
25 W	♀☌♇	3am 1
	♀ A	5 50
	☿⚹♅	11 18
	♀⚹♆	5pm47
26	☿⚼♆	5pm21
27 F	☿ ♍	5am30
	♀⚻♂	11 14
28 S	⊕⚺♄	6am53
	☿□♄	1pm59
	⊕⚹☿	3 51
29 Su	☿□♃	11am 6
	☿⚻♇	3pm11
	☿⚻♆	8 19
30	☿☌♂	6pm27
31 T	♀△♅	4am31
	☿□♅	6pm57

JANUARY 2031

FEBRUARY 2031

DAY	☿ LONG	☿ LAT	♀ LONG	♀ LAT	⊕ LONG	♂ LONG	♂ LAT
	° '	° '	° '	° '	° '	° '	° '
1 W	21♍59	5N52	22♒21	3S05	10♋22	17♍10	1N39
2 Th	26 10	5 34	23 56	3 08	11 23	17 37	1 38
3 F	0♎14	5 15	25 31	3 10	12 24	18 03	1 38
4 S	4 11	4 55	27 06	3 12	13 25	18 29	1 37
5 Su	8 01	4 35	28 41	3 13	14 26	18 55	1 37
6 M	11 44	4 14	0♓17	3 15	15 27	19 22	1 37
7 Tu	15 21	3 52	1 52	3 17	16 28	19 48	1 36
8 W	18 53	3 30	3 27	3 18	17 30	20 14	1 36
9 Th	22 19	3 08	5 02	3 19	18 31	20 41	1 35
10 F	25 41	2 45	6 37	3 20	19 32	21 07	1 35
11 S	28 58	2 23	8 12	3 21	20 33	21 33	1 34
12 Su	2♏11	2 00	9 47	3 22	21 34	22 00	1 34
13 M	5 20	1 38	11 22	3 23	22 35	22 26	1 33
14 Tu	8 26	1 15	12 57	3 23	23 36	22 53	1 33
15 W	11 29	0 53	14 33	3 24	24 37	23 19	1 33
16 Th	14 29	0 31	16 08	3 24	25 39	23 45	1 32
17 F	17 26	0 09	17 43	3 24	26 40	24 12	1 32
18 S	20 21	0S12	19 18	3 24	27 41	24 38	1 31
19 Su	23 14	0 33	20 54	3 23	28 42	25 05	1 31
20 M	26 05	0 54	22 29	3 23	29 43	25 31	1 30
21 Tu	28 54	1 15	24 04	3 22	0♌44	25 58	1 30
22 W	1♐43	1 35	25 40	3 21	1 45	26 24	1 29
23 Th	4 30	1 55	27 15	3 20	2 46	26 51	1 29
24 F	7 16	2 14	28 50	3 19	3 47	27 17	1 28
25 S	10 01	2 33	0♈26	3 18	4 48	27 44	1 28
26 Su	12 46	2 52	2 01	3 17	5 49	28 10	1 27
27 M	15 31	3 10	3 37	3 15	6 50	28 37	1 26
28 Tu	18 16	3 28	5 12	3 13	7 51	29 04	1 26
29 W	21 00	3 45	6 48	3 12	8 52	29 30	1 25
30 Th	23 46	4 02	8 23	3 10	9 53	29 57	1 25
31 F	26♐31	4S19	9♈59	3S08	10♌54	0♎23	1N24

DAY	☿ LONG	☿ LAT	♀ LONG	♀ LAT	⊕ LONG	♂ LONG	♂ LAT
	° '	° '	° '	° '	° '	° '	° '
1 S	29♐18	4S34	11♈34	3S05	11♌55	0♎50	1N24
2 Su	2♑05	4 49	13 10	3 03	12 56	1 17	1 23
3 M	4 54	5 04	14 46	3 00	13 57	1 43	1 23
4 Tu	7 43	5 18	16 21	2 58	14 58	2 10	1 22
5 W	10 35	5 31	17 57	2 55	15 59	2 37	1 21
6 Th	13 28	5 44	19 33	2 52	16 59	3 04	1 21
7 F	16 24	5 56	21 08	2 49	18 00	3 30	1 20
8 S	19 22	6 07	22 44	2 45	19 01	3 57	1 20
9 Su	22 22	6 17	24 20	2 42	20 02	4 24	1 19
10 M	25 25	6 26	25 56	2 38	21 03	4 51	1 18
11 Tu	28 31	6 35	27 32	2 35	22 03	5 18	1 18
12 W	1♒40	6 42	29 08	2 31	23 04	5 45	1 17
13 Th	4 53	6 48	0♉43	2 27	24 05	6 11	1 17
14 F	8 10	6 53	2 19	2 23	25 05	6 38	1 16
15 S	11 32	6 57	3 55	2 19	26 06	7 05	1 15
16 Su	14 58	6 59	5 31	2 15	27 07	7 32	1 15
17 M	18 28	7 00	7 07	2 11	28 07	7 59	1 14
18 Tu	22 04	7 00	8 43	2 06	29 08	8 26	1 13
19 W	25 46	6 57	10 19	2 02	0♍08	8 53	1 13
20 Th	29 33	6 53	11 55	1 57	1 09	9 20	1 12
21 F	3♓27	6 47	13 31	1 52	2 09	9 47	1 11
22 S	7 27	6 38	15 08	1 48	3 10	10 14	1 11
23 Su	11 35	6 28	16 44	1 43	4 10	10 41	1 10
24 M	15 50	6 14	18 20	1 38	5 11	11 09	1 09
25 Tu	20 13	5 59	19 56	1 33	6 11	11 36	1 09
26 W	24 44	5 41	21 32	1 28	7 11	12 03	1 08
27 Th	29 23	5 19	23 09	1 22	8 12	12 30	1 07
28 F	4♈11	4S55	24♉45	1S17	9♍12	12♎57	1N07

DAY	♃ LONG	♃ LAT	♄ LONG	♄ LAT	♅ LONG	♅ LAT	♆ LONG	♆ LAT	♇ LONG	♇ LAT
	° '	° '	° '	° '	° '	° '	° '	° '	° '	° '
4 S	11♐09.2	0N39	6♊49.4	1S49	21♊07.0	0N06	12♈30.7	1S32	11♒31.5	6S15
9 Th	11 33.0	0 38	7 00.5	1 49	21 10.6	0 06	12 32.5	1 32	11 32.8	6 15
14 Tu	11 56.7	0 38	7 11.6	1 49	21 14.1	0 06	12 34.3	1 32	11 34.1	6 16
19 Su	12 20.4	0 37	7 22.7	1 48	21 17.7	0 06	12 36.2	1 32	11 35.4	6 16
24 F	12 44.2	0 37	7 33.9	1 48	21 21.2	0 06	12 38.0	1 32	11 36.7	6 16
29 W	13 08.0	0 36	7 45.0	1 48	21 24.7	0 06	12 39.8	1 32	11 38.0	6 17
3 M	13 31.7	0 36	7 56.1	1 47	21 28.3	0 06	12 41.7	1 32	11 39.3	6 17
8 S	13 55.5	0 35	8 07.2	1 47	21 31.8	0 06	12 43.5	1 32	11 40.6	6 17
13 Th	14 19.3	0 35	8 18.3	1 47	21 35.3	0 06	12 45.3	1 32	11 41.9	6 18
18 Tu	14 43.2	0 34	8 29.4	1 46	21 38.9	0 06	12 47.2	1 32	11 43.2	6 18
23 Su	15 07.0	0 34	8 40.5	1 46	21 42.4	0 06	12 49.0	1 32	11 44.5	6 19
28 F	15 30.8	0 33	8 51.7	1 46	21 46.0	0 06	12 50.8	1 32	11 45.8	6 19

☿a .375904	☿ .464267
♀ .728132	♀ .725760
⊕p .983310	⊕ .985236
♂ 1.66314	♂ 1.65110
♃ 5.33384	♃ 5.32434
♄ 9.06297	♄ 9.05887
♅ 19.1516	♅ 19.1459
♆ 29.8516	♆ 29.8513
♇ 36.7031	♇ 36.7250
☊	Perihelia
☿ 18°♉ 42	☿ 17°♊ 57
♀ 16 ♊ 58	♀ 11 ♌ 40
⊕	⊕ 14 ♋ 16
♂ 19 ♉ 48	♂ 6 ♓ 39
♃ 10 ♋ 48	♃ 14 ♈ 41
♄ 23 ♋ 56	♄ 3 ♋ 48
♅ 14 ♊ 09	♅ 23 ♍ 29
♆ 12 ♌ 08	♆ 5 ♉ 59
♇ 20 ♋ 42	♇ 15 ♏ 19

1 W	☿⊼♀	3am24
	⊕⊼♃	2pm13
2 Th	☿⚼♇	2am 0
	⊕⊼♇	3 13
	☿ ♎	10pm35
3	⊕□♆	2am31
4 S	♀∠♆	6am 8
	☿△♄	4pm39
	⊕ P	8 50
5 Su	♀ ♓	7pm50
	☿✶♃	9 13
	☿△♇	10 43
6 M	☿☍♆	5am13
	⊕⚼♀	7 40
7 T	⊕□☿	10am38
	☿⚼♀	6pm32
8 W	☿⊻♂	10am48
	☿△♅	3pm56
	☿⚼♄	9 47
	♃✶♇	10 57
10 F	♂□♅	3am54
	♀□♄	6 42
	☿∠♃	7 2
11 S	☿ ♏	7am39
	⊕⊻♅	3pm30
12 Su	⊕∠♄	1pm29
	⊕✶♂	5 48
13 M	♀⊻♇	2am55
	☿⚼♅	6 50
	♀□♃	7 52
	☿⊼♄	2pm12
	♀⊻♆	6 9
	☿∠♂	6 54
15 W	☿□♇	0am43
	☿⊻♃	4 25
	☿⊼♆	8 45
17 F	☿△♀	5am 6
	☿0S	10 25
	⊕⚼♃	1pm18
18	☿⊼♅	7am46
19 Su	♀□♅	6am 5
	☿✶♂	6pm23
20 M	⊕ ♌	6am41
	☿⚼♆	12pm58
21	☿ ♐	9am20
22 W	⊕△☿	0am34
	♂⚼♇	10 51
	♃△♆	2pm 6
	♀∠♇	2 15
	♀☍♂	3 33
24 F	☿☍♄	2am39
	♀ ♈	5pm29
25 S	☿✶♇	1pm56
	☿△♆	10 54
26 Su	☿☌♃	1am 7
	⊕∠♅	1pm13
27 M	☿ A	7pm38
	⊕✶♄	8 28
29 W	☿☍♅	3am33
	♀✶♄	2pm42
30 Th	♂ ♎	2am51
	⊕⚼☿	3pm33
31 F	☿∠♇	1am 3
	⊕☍♇	5pm30

1 S	♀✶♇	1am 5
	☿ ♑	6 5
	⊕△♀	2pm20
	☿□♂	3 48
	♀☌♆	4 45
	⊕△♆	6 8
2 Su	♀△♃	4am28
	⊕△♃	1pm12
4	☿⊼♄	2am 7
5 W	☿⊻♇	9am 1
	☿□♆	5pm42
6	☿⊻♃	2am30
7 F	♀✶♅	5am43
	⊕⊼☿	7pm50
	⊕∠♂	9 18
8 S	♀∠♄	5am53
	☿⊼♅	5pm27
9	☿⚼♄	6am22
10 M	☿□♀	8am20
	⊕✶♅	12pm17
11	☿∠♃	5am 5
T	☿ ♒	11 20
12 W	♀⚼♃	1am52
	♀ ♉	1pm 8
13 Th	☿△♂	11am 4
	☿⚼♅	12pm31
14	☿△♄	1am13
15 S	☿☌♇	1am16
	☿✶♆	8 45
	☿✶♃	9pm11
16 Su	⊕⚼♆	3pm54
	♀∠♅	4 41
17 M	♀⊼♂	6pm 4
	♀⊻♄	8 28
	☿△♅	9 13
18 T	♂△♄	3am12
	☿⚼♂	10 12
	⊕ ♍	8pm44
19 W	☿∠♆	12pm58
	♀□♇	9 6
20 Th	☿ ♓	2am48
	♀⊻♆	1pm11
	⊕☍☿	1 22
21	♀⊼♃	10pm36
22 S	☿□♄	7am 1
	☿⊼♂	6pm15
23 Su	☿⊻♇	0am55
	☿⊻♆	7 3
	☿□♃	8pm23
24	☿✶♀	9pm39
25 T	☿□♅	8am11
	♂△♇	8 20
26 W	♀⊻♅	3am 4
	☿∠♇	10 33
27 Th	☿ ♈	3am 7
	⊕□♄	3pm34
	♂☍♆	6 13
28	☿✶♄	10pm51

MARCH 2031

APRIL 2031

DAY	☿ LONG	☿ LAT	♀ LONG	♀ LAT	⊕ LONG	♂ LONG	♂ LAT
	° '	° '	° '	° '	° '	° '	° '
1 S	9♈08	4S29	26♉21	1S12	10♍12	13♎25	1N06
2 Su	14 14	3 59	27 58	1 06	11 13	13 52	1 05
3 M	19 30	3 26	29 34	1 01	12 13	14 19	1 04
4 Tu	24 54	2 50	1♊10	0 56	13 13	14 46	1 04
5 W	0♉27	2 12	2 47	0 50	14 13	15 14	1 03
6 Th	6 09	1 32	4 23	0 44	15 13	15 41	1 02
7 F	11 59	0 49	6 00	0 39	16 13	16 09	1 02
8 S	17 56	0 06	7 36	0 33	17 13	16 36	1 01
9 Su	24 00	0N39	9 13	0 28	18 13	17 04	1 00
10 M	0♊10	1 24	10 49	0 22	19 13	17 31	0 59
11 Tu	6 24	2 08	12 26	0 16	20 13	17 59	0 59
12 W	12 42	2 52	14 03	0 10	21 13	18 26	0 58
13 Th	19 01	3 33	15 39	0 05	22 13	18 54	0 57
14 F	25 20	4 12	17 16	0N01	23 13	19 21	0 56
15 S	1♋38	4 47	18 53	0 07	24 13	19 49	0 55
16 Su	7 53	5 19	20 30	0 13	25 12	20 17	0 55
17 M	14 04	5 46	22 06	0 18	26 12	20 44	0 54
18 Tu	20 10	6 10	23 43	0 24	27 12	21 12	0 53
19 W	26 08	6 28	25 20	0 30	28 12	21 40	0 52
20 Th	2♌00	6 43	26 57	0 35	29 11	22 08	0 52
21 F	7 43	6 53	28 34	0 41	0♎11	22 35	0 51
22 S	13 16	6 58	0♋11	0 47	1 11	23 03	0 50
23 Su	18 41	7 00	1 48	0 52	2 10	23 31	0 49
24 M	23 56	6 59	3 25	0 58	3 10	23 59	0 48
25 Tu	29 01	6 54	5 02	1 03	4 09	24 27	0 48
26 W	3♍57	6 46	6 39	1 09	5 09	24 55	0 47
27 Th	8 43	6 35	8 16	1 14	6 08	25 23	0 46
28 F	13 19	6 22	9 53	1 19	7 08	25 51	0 45
29 S	17 47	6 08	11 30	1 25	8 07	26 19	0 44
30 Su	22 07	5 51	13 07	1 30	9 06	26 47	0 43
31 M	26♍18	5N34	14♋45	1N35	10♎06	27♎16	0N43

DAY	☿ LONG	☿ LAT	♀ LONG	♀ LAT	⊕ LONG	♂ LONG	♂ LAT
	° '	° '	° '	° '	° '	° '	° '
1 Tu	0♎22	5N15	16♋22	1N40	11♎05	27♎44	0N42
2 W	4 18	4 55	17 59	1 45	12 04	28 12	0 41
3 Th	8 08	4 34	19 36	1 50	13 03	28 40	0 40
4 F	11 51	4 13	21 14	1 55	14 02	29 09	0 39
5 S	15 28	3 51	22 51	1 59	15 02	29 37	0 38
6 Su	18 59	3 29	24 28	2 04	16 01	0♏05	0 37
7 M	22 26	3 07	26 06	2 09	17 00	0 34	0 37
8 Tu	25 47	2 44	27 43	2 13	17 59	1 02	0 36
9 W	29 04	2 22	29 20	2 17	18 58	1 31	0 35
10 Th	2♏17	1 59	0♌58	2 22	19 57	1 59	0 34
11 F	5 26	1 37	2 35	2 26	20 56	2 28	0 33
12 S	8 32	1 15	4 13	2 30	21 54	2 56	0 32
13 Su	11 35	0 52	5 50	2 33	22 53	3 25	0 31
14 M	14 35	0 30	7 28	2 37	23 52	3 54	0 30
15 Tu	17 32	0 09	9 05	2 41	24 51	4 22	0 30
16 W	20 27	0S13	10 42	2 44	25 50	4 51	0 29
17 Th	23 19	0 34	12 20	2 48	26 48	5 20	0 28
18 F	26 10	0 55	13 57	2 51	27 47	5 49	0 27
19 S	29 00	1 15	15 35	2 54	28 46	6 18	0 26
20 Su	1♐48	1 36	17 12	2 57	29 44	6 47	0 25
21 M	4 35	1 56	18 50	3 00	0♏43	7 16	0 24
22 Tu	7 21	2 15	20 28	3 02	1 42	7 45	0 23
23 W	10 07	2 34	22 05	3 05	2 40	8 14	0 22
24 Th	12 52	2 53	23 43	3 07	3 39	8 43	0 21
25 F	15 36	3 11	25 20	3 09	4 37	9 12	0 20
26 S	18 21	3 29	26 58	3 11	5 36	9 41	0 20
27 Su	21 06	3 46	28 35	3 13	6 34	10 10	0 19
28 M	23 51	4 03	0♍13	3 15	7 32	10 40	0 18
29 Tu	26 37	4 19	1 50	3 17	8 31	11 09	0 17
30 W	29♐23	4S35	3♍28	3N18	9♏29	11♏38	0N16

DAY	♃ LONG	♃ LAT	♄ LONG	♄ LAT	♅ LONG	♅ LAT	♆ LONG	♆ LAT	♇ LONG	♇ LAT
	° '	° '	° '	° '	° '	° '	° '	° '	° '	° '
5 W	15♐54.7	0N33	9♊02.8	1S45	21♊49.5	0N06	12♈52.6	1S33	11♒47.1	6S19
10 M	16 18.6	0 32	9 13.9	1 45	21 53.0	0 06	12 54.5	1 33	11 48.4	6 20
15 S	16 42.5	0 32	9 25.0	1 45	21 56.6	0 06	12 56.3	1 33	11 49.7	6 20
20 Th	17 06.4	0 31	9 36.1	1 44	22 00.1	0 06	12 58.1	1 33	11 51.0	6 20
25 Tu	17 30.3	0 31	9 47.3	1 44	22 03.6	0 06	12 59.9	1 33	11 52.3	6 21
30 Su	17 54.2	0 30	9 58.4	1 44	22 07.2	0 06	13 01.8	1 33	11 53.6	6 21
4 F	18 18.2	0 30	10 09.5	1 43	22 10.7	0 06	13 03.6	1 33	11 54.9	6 22
9 W	18 42.1	0 29	10 20.6	1 43	22 14.2	0 07	13 05.4	1 33	11 56.2	6 22
14 M	19 06.1	0 29	10 31.8	1 43	22 17.8	0 07	13 07.3	1 33	11 57.5	6 22
19 S	19 30.1	0 28	10 42.9	1 42	22 21.3	0 07	13 09.1	1 33	11 58.8	6 23
24 Th	19 54.1	0 28	10 54.0	1 42	22 24.9	0 07	13 10.9	1 33	12 00.1	6 23
29 Tu	20 18.2	0 27	11 05.2	1 42	22 28.4	0 07	13 12.7	1 33	12 01.4	6 23

☿p.345299	☿a.387578
♀ .722063	♀p.718903
⊕ .990644	⊕ .999017
♂ 1.63258	♂ 1.60455
♃ 5.31554	♃ 5.30558
♄ 9.05532	♄ 9.05155
♅ 19.1406	♅ 19.1349
♆ 29.8510	♆ 29.8507
♇ 36.7448	♇ 36.7668
☊	Perihelia
☿ 18°♉ 42	☿ 17°♊ 57
♀ 16 ♊ 58	♀ 11 ♌ 41
⊕	⊕ 12 ♋ 14
♂ 19 ♉ 49	♂ 6 ♓ 37
♃ 10 ♋ 48	♃ 14 ♈ 40
♄ 23 ♋ 56	♄ 3 ♋ 43
♅ 14 ♊ 09	♅ 23 ♍ 34
♆ 12 ♌ 08	♆ 4 ♉ 45
♇ 20 ♋ 42	♇ 15 ♏ 23

1	⊕⊼☿	6am21
S	☿✶♇	12pm29
	☿∠♀	3 20
	☿☌♆	5 34
	☿☍♂	10 5
	♀∠♆	10 30
2	☿△♃	6am43
Su	⊕⊼♇	1pm30
	♀⚼♂	6 51
3	♀ ♊	6am29
M	☿✶♅	10 21
	⊕⊼♆	3pm42
	☿∠♄	8 4
4	⊕⚼☿	5pm34
T	☿ ♉	10 4
5	☿⚼♃	1am59
W	☿⊻♀	1pm45
6	☿∠♅	2am51
Th	☿⊻♄	12pm13
	♂✶♃	7 24
	⊕□♃	8 6
	⊕⊻♂	8 35
	☿□♇	11 14
7	☿⊻♆	3am41
F	☿⊼♃	4pm45
	☿⊼♂	6 12
	⊕△☿	8 33
8	☿0N	3am 3
S	☿⊻♅	3pm35
	♀☌♄	11 42
9	☿∠♆	3pm13
Su	☿ ♊	11 21
10	☿⚼♂	9am47
M	♀△♇	2pm41
11	♀✶♆	7am10
T	☿☌♄	11 1
	☿△♇	8pm39
12	☿✶♆	0am52
W	☿☌♀	6 54
	☿☍♃	2pm32
	⊕□♅	4 46
	☿ P	7 17
	☿△♂	11 31
13	☿☌♅	11am 3
Th	♀☍♃	1pm59
	⊕□☿	2 27
	♀0N	7 31
14	☿⚼♇	5am41
F	☿ ♋	5pm46
15	♀△♂	7pm29
16	☿⊻♄	6am 6
Su	☿⊼♇	3pm18
	☿□♆	7 38
	♀☌♅	9 54
17	☿⊼♃	11am 7
M	⊕⚼♇	3pm20
18	☿□♂	4am29
T	☿⊻♅	7 15
	☿∠♄	5pm35
	☿⊻♀	7 31
19	⊕✶☿	10am 4
W	☿ ♌	3pm45
	♂△♅	5 21
	♀⚼♇	10 31
20	☿⚼♃	0am28
Th	⊕ ♎	7pm34
	☿∠♅	9 2
21	☿✶♄	8am18
F	☿☍♇	5pm50
	♀ ♋	9 19
	☿△♆	10 43
22	☿∠♀	11am57
S	⊕∠☿	3pm41
	☿△♃	5 55
23	⊕□♀	2pm22
Su	☿✶♅	3 18
24	☿✶♂	0am17
M	☿⚼♆	7pm 8
25	☿ ♍	4am44
T	♂⚼♄	6pm48
26	⊕⊻☿	7am33
W	☿✶♀	8pm33
27	☿□♄	5am58
Th	☿∠♂	9 35
	☿⊼♇	4pm25
	☿⊼♆	10 22
28	♀⊻♄	0am12
29	☿□♃	0am11
S	♀⊼♇	5 43
	♀□♆	10pm36
30	☿□♅	0am 1
Su	⊕△♄	9pm52
31	☿⚼♇	3am28
M	☿⊻♂	6 18
	☿ ♎	9pm49
1	⊕△♇	8pm 1
2	♀⊼♃	2am29
W	⊕☍♆	11pm57
3	☿△♄	12pm54
4	☿△♇	0am27
F	☿☍♆	7 59
	♀⊻♅	2pm11
	⊕☌☿	7 56
5	♂ ♏	7pm31
S	☿✶♃	8 17
6	♀∠♄	11am32
Su	☿△♅	10pm29
7	☿⚼♄	8pm30
8	⊕✶♃	5pm 7
9	☿□♀	3am58
W	☿ ♏	6 53
	♀ ♌	9 46
	☿☌♂	9pm21
10	☿∠♃	11am37
Th	♀□♂	9pm26
11	☿⚼♅	2pm 7
F	♀⚼♃	7 50
12	⊕△♅	9am 5
S	☿⊼♄	3pm17
13	☿□♇	2am59
Su	☿⊼♆	12pm17
	♀∠♅	9 35
14	♂∠♃	12pm26
15	☿0S	9am40
T	☿⊻♃	1pm58
	⊕⚼♄	6 19
	♀✶♄	10 25
16	♀ P	1pm37
W	☿⊼♅	3 41
	♀☍♇	6 39
17	♀△♆	11am57
18	☿⚼♆	4pm46
F	⊕⊻☿	8 55
19	☿ ♐	8am34
20	⊕ ♏	6am24
21	♂⚼♅	6am 0
M	♀△♃	12pm52
22	☿⊻♂	4am 8
23	♀✶♅	4am44
W	☿☍♄	6 40
	☿✶♇	4pm30
24	☿△♆	2am49
25	⊕∠♃	9am45
F	☿ A	6pm54
26	☿☌♃	3pm26
S	♀⚼♆	6 17
27	⊕∠☿	6am22
Su	☿☍♅	11 52
	♀ ♍	8pm52
	⊕⚼♅	10 3
28	☿∠♂	7pm10
M	♂⊼♄	8 37
29	☿∠♇	3am36
30	☿ ♑	5am19
W	♂□♇	7pm12

MAY 2031 | JUNE 2031

MAY 2031

DAY	☿ LONG	☿ LAT	♀ LONG	♀ LAT	⊕ LONG	♂ LONG	♂ LAT
	° '	° '	° '	° '	° '	° '	° '
1 Th	2♑10	4S50	5♍05	3N19	10♏27	12♏08	0N15
2 F	4 59	5 04	6 43	3 20	11 26	12 37	0 14
3 S	7 49	5 18	8 20	3 21	12 24	13 07	0 13
4 Su	10 41	5 32	9 58	3 22	13 22	13 36	0 12
5 M	13 34	5 44	11 35	3 23	14 20	14 06	0 11
6 Tu	16 29	5 56	13 12	3 23	15 18	14 35	0 10
7 W	19 27	6 07	14 50	3 24	16 16	15 05	0 09
8 Th	22 28	6 17	16 27	3 24	17 14	15 35	0 08
9 F	25 31	6 27	18 05	3 24	18 12	16 05	0 07
10 S	28 37	6 35	19 42	3 23	19 10	16 34	0 06
11 Su	1♒47	6 42	21 19	3 23	20 08	17 04	0 05
12 M	5 00	6 48	22 57	3 23	21 06	17 34	0 04
13 Tu	8 17	6 53	24 34	3 22	22 04	18 04	0 03
14 W	11 38	6 57	26 11	3 21	23 02	18 34	0 02
15 Th	15 04	6 59	27 48	3 20	24 00	19 04	0 01
16 F	18 35	7 00	29 26	3 19	24 58	19 34	0 00
17 S	22 11	7 00	1♎03	3 18	25 56	20 04	0S01
18 Su	25 53	6 57	2 40	3 16	26 54	20 35	0 01
19 M	29 40	6 53	4 17	3 14	27 52	21 05	0 02
20 Tu	3♓34	6 46	5 54	3 13	28 49	21 35	0 03
21 W	7 35	6 38	7 31	3 11	29 47	22 06	0 04
22 Th	11 43	6 27	9 08	3 09	0♐45	22 36	0 05
23 F	15 58	6 14	10 45	3 06	1 43	23 06	0 06
24 S	20 21	5 58	12 22	3 04	2 40	23 37	0 07
25 Su	24 52	5 40	13 59	3 02	3 38	24 07	0 08
26 M	29 32	5 19	15 35	2 59	4 36	24 38	0 09
27 Tu	4♈20	4 55	17 12	2 56	5 33	25 09	0 10
28 W	9 18	4 28	18 49	2 53	6 31	25 39	0 11
29 Th	14 24	3 58	20 26	2 50	7 29	26 10	0 12
30 F	19 40	3 25	22 02	2 47	8 26	26 41	0 13
31 S	25♈04	2S49	23♎39	2N43	9♐24	27♏12	0S14

JUNE 2031

DAY	☿ LONG	☿ LAT	♀ LONG	♀ LAT	⊕ LONG	♂ LONG	♂ LAT
	° '	° '	° '	° '	° '	° '	° '
1 Su	0♉38	2S11	25♎16	2N40	10♐21	27♏43	0S15
2 M	6 20	1 31	26 52	2 36	11 19	28 14	0 16
3 Tu	12 10	0 48	28 29	2 33	12 16	28 45	0 17
4 W	18 08	0 04	0♏05	2 29	13 14	29 16	0 18
5 Th	24 12	0N40	1 41	2 25	14 11	29 47	0 19
6 F	0♊22	1 25	3 18	2 21	15 08	0♐18	0 20
7 S	6 36	2 10	4 54	2 17	16 06	0 49	0 21
8 Su	12 54	2 53	6 30	2 12	17 03	1 20	0 22
9 M	19 13	3 34	8 06	2 08	18 01	1 52	0 23
10 Tu	25 32	4 13	9 43	2 03	18 58	2 23	0 24
11 W	1♋50	4 48	11 19	1 59	19 55	2 55	0 25
12 Th	8 05	5 20	12 55	1 54	20 53	3 26	0 26
13 F	14 16	5 47	14 31	1 49	21 50	3 58	0 27
14 S	20 21	6 10	16 07	1 45	22 47	4 29	0 28
15 Su	26 20	6 29	17 43	1 40	23 45	5 01	0 29
16 M	2♌11	6 43	19 19	1 35	24 42	5 33	0 30
17 Tu	7 53	6 53	20 55	1 30	25 39	6 04	0 31
18 W	13 27	6 59	22 30	1 24	26 37	6 36	0 32
19 Th	18 51	7 00	24 06	1 19	27 34	7 08	0 33
20 F	24 06	6 58	25 42	1 14	28 31	7 40	0 34
21 S	29 10	6 53	27 17	1 09	29 29	8 12	0 35
22 Su	4♍06	6 45	28 53	1 03	0♑26	8 44	0 36
23 M	8 52	6 35	0♐29	0 58	1 23	9 16	0 37
24 Tu	13 28	6 22	2 04	0 52	2 20	9 48	0 38
25 W	17 56	6 07	3 40	0 47	3 18	10 20	0 39
26 Th	22 15	5 51	5 15	0 41	4 15	10 53	0 40
27 F	26 26	5 33	6 51	0 36	5 12	11 25	0 41
28 S	0♎30	5 14	8 26	0 30	6 09	11 57	0 42
29 Su	4 26	4 54	10 02	0 25	7 07	12 30	0 43
30 M	8♎15	4N34	11♐37	0N19	8♑04	13♐02	0S44

DAY	♃ LONG	♃ LAT	♄ LONG	♄ LAT	♅ LONG	♅ LAT	♆ LONG	♆ LAT	♇ LONG	♇ LAT
	° '	° '	° '	° '	° '	° '	° '	° '	° '	° '
4 Su	20♐42.2	0N27	11♊16.3	1S41	22♊32.0	0N07	13♈14.6	1S33	12♒02.7	6S24
9 F	21 06.3	0 26	11 27.4	1 41	22 35.5	0 07	13 16.4	1 33	12 04.0	6 24
14 W	21 30.3	0 26	11 38.6	1 40	22 39.0	0 07	13 18.2	1 33	12 05.3	6 24
19 M	21 54.4	0 25	11 49.7	1 40	22 42.6	0 07	13 20.1	1 33	12 06.6	6 25
24 S	22 18.5	0 25	12 00.9	1 40	22 46.1	0 07	13 21.9	1 33	12 07.9	6 25
29 Th	22 42.6	0 24	12 12.0	1 39	22 49.7	0 07	13 23.7	1 33	12 09.2	6 26
3 Tu	23 06.8	0 24	12 23.1	1 39	22 53.2	0 07	13 25.6	1 33	12 10.5	6 26
8 Su	23 30.9	0 23	12 34.3	1 39	22 56.8	0 07	13 27.4	1 33	12 11.8	6 26
13 F	23 55.1	0 23	12 45.5	1 38	23 00.3	0 07	13 29.2	1 33	12 13.1	6 27
18 W	24 19.3	0 22	12 56.6	1 38	23 03.9	0 07	13 31.1	1 33	12 14.4	6 27
23 M	24 43.5	0 22	13 07.8	1 38	23 07.4	0 07	13 32.9	1 33	12 15.7	6 27
28 S	25 07.7	0 21	13 18.9	1 37	23 11.0	0 07	13 34.7	1 33	12 17.0	6 28

☿ .462920	☿p .325459
♀ .718839	♀ .721908
⊕ 1.00734	⊕ 1.01389
♂ 1.57128	♂ 1.53258
♃ 5.29573	♃ 5.28535
♄ 9.04807	♄ 9.04466
♅ 19.1293	♅ 19.1235
♆ 29.8504	♆ 29.8501
♇ 36.7880	♇ 36.8100
☊	Perihelia
☿ 18°♉ 43	☿ 17°♊ 57
♀ 16 ♊ 58	♀ 11 ♌ 50
⊕	⊕ 12 ♋ 25
♂ 19 ♉ 49	♂ 6 ♓ 35
♃ 10 ♋ 48	♃ 14 ♈ 39
♄ 23 ♋ 56	♄ 3 ♋ 36
♅ 14 ♊ 09	♅ 23 ♍ 37
♆ 12 ♌ 07	♆ 3 ♉ 21
♇ 20 ♋ 42	♇ 15 ♏ 28

1	⊕⚻♄	6pm 7
2	⊕□♇	3pm 9
3 S	♂⚻♆	6am12
	☿△♀	10 10
	⊕⚻♆	8pm56
4 Su	☿⚻♄	5am 2
	☿⚺♇	11 25
	⊕☌♂	11 57
	♀□♄	7pm50
	☿□♆	9 23
5 M	☿✱♂	5am16
	♀⚻♇	6 53
	⊕✱☿	9 30
6	♀⚻♆	0am42
7 W	♀✱♂	5am23
	☿⚺♃	12pm16
8	☿⚻♅	0am57
9 F	⊕✱♀	4am45
	☿⚼♄	7 27
10 S	☿ ♒	10am34
	♀□♃	11pm 6
11	♀□♅	7pm17
12 M	⊕⚺♃	6am28
	☿∠♃	10 10
	☿⚼♅	7pm20
13 T	⊕⚻♅	2pm16
	☿⚼♀	5 51
14 W	☿△♄	0am 3
	☿☌♇	3 11
	☿✱♆	11 45
	♀⚼♇	1pm24
16 F	☿□♂	7am44
	♀ ♎	8 31
	♂0S	11 25
	☿✱♃	9pm 3
17	☿△♅	3am18
18 Su	⊕□☿	8am43
	☿∠♆	3pm35
19 M	☿ ♓	2am 2
	⊕⚼♆	11 55
20 T	♀∠♂	2pm50
	♂⚺♃	10 38
	☿⚻♀	11 19
21	⊕ ♐	5am21
22 Th	☿□♄	1am18
	☿⚺♇	2 20
	♂⚻♅	7 7
	☿⚺♆	9 20
23 F	♀△♄	6pm42
	♀△♇	8 33
24 S	☿□♃	10am40
	☿□♅	12pm57
	♀☍♆	2 57
	☿△♂	7 35
25	☿∠♇	11am45
26	☿ ♈	2am22
27 T	⊕△☿	7am24
	♄△♇	1pm38
28 W	☿⚼♂	7am11
	☿✱♇	1pm30
	☿✱♄	1 40
	☿☌♆	7 19
30 F	♀✱♃	11am48
	♀△♅	12pm 1
	☿△♃	2 10
	☿✱♅	2 13
	☿☍♀	3 8
	♃☍♅	5 5
	⊕⚼☿	8 24
31 S	☿∠♄	9am39
	☿⚻♂	10 11
	☿ ♉	9pm18
1	⊕∠♀	3am27
2 M	☿∠♅	6am24
	☿⚼♃	7 9
	♀⚼♄	7 21
	♂⚼♆	9 7
	⊕✱♇	9pm38
3 T	☿□♇	0am 1
	⊕⚻☿	0 29
	☿⚺♄	0 53
	⊕☍♄	3 3
	☿⚺♆	5 6
	♀⚺♂	5 53
	♀ ♏	10pm46
4 W	☿0N	2am18
	⊕△♆	5 12
	☿⚺♅	6pm55
	☿⚻♃	8 19
5 Th	♂ ♐	10am12
	☿∠♆	4pm33
	☿ ♊	10 35
	☿☍♂	11 43
6	☿⚻♀	3pm13
7 S	☿△♇	9pm21
	☿☌♄	10 46
8 Su	☿✱♆	2am 9
	☿ P	6pm32
	⊕☍☿	6 38
	♀⚼♅	9 45
9 M	♀∠♃	7am42
	☿☌♅	2pm15
	☿☍♃	4 52
	☿⚼♀	7 49
10 T	☿⚼♇	6am22
	☿ ♋	5pm 1
11 W	☿⚻♂	4am30
	♀□♇	1pm29
	♀⚻♄	9 2
12	♀⚻♆	8am33
Th	☿⚻♇	4pm 1
	☿⚺♄	6 5
	☿□♆	8 58
13 F	☿△♀	1am20
	☿⚼♂	8pm14
14 S	⊕☍♅	5am47
	☿⚺♅	10 40
	⊕⚻☿	11 35
	☿⚻♃	2pm47
15 Su	☿∠♄	6am 9
	⊕☌♃	9 9
	☿ ♌	3pm 0
16	☿△♂	3pm31
17 T	☿∠♅	0am42
	☿⚼♃	5 52
	⊕⚼☿	2pm20
	☿☍♇	6 44
	☿✱♄	9 47
18 W	☿△♆	0am19
	♀⚻♅	8 28
	⊕∠♇	3pm52
19 Th	♀⚺♃	4am45
	☿✱♅	7pm20
20 F	☿△♃	1am50
	☿□♀	10 54
	☿⚼♆	8pm56
21 S	⊕△☿	1am48
	☿ ♍	3 58
	⊕ ♑	1pm10
	♀⚼♆	6 49
22	♀ ♐	4pm47
23 M	☿□♂	2am22
	☿⚻♇	5pm39
	☿□♄	10 23
24 T	☿⚻♆	0am27
	⊕⚺♀	10 5
26 Th	☿□♅	5am 9
	☿□♃	3pm48
27 F	☿⚼♇	4am56
	☿ ♎	9pm 3
28	♂✱♇	2pm37
29	⊕□☿	10pm24
30 M	♀✱♇	10am15
	♂☍♄	4pm40

JULY 2031

DAY	☿ LONG	☿ LAT	♀ LONG	♀ LAT	⊕ LONG	♂ LONG	♂ LAT
	° '	° '	° '	° '	° '	° '	° '
1 Tu	11♎58	4N12	13♐12	0N13	9♑01	13♐35	0S45
2 W	15 35	3 51	14 47	0 08	9 58	14 07	0 46
3 Th	19 06	3 28	16 23	0 02	10 55	14 40	0 47
4 F	22 32	3 06	17 58	0S04	11 53	15 13	0 48
5 S	25 54	2 44	19 33	0 09	12 50	15 46	0 49
6 Su	29 11	2 21	21 08	0 15	13 47	16 18	0 50
7 M	2♏23	1 59	22 43	0 20	14 44	16 51	0 50
8 Tu	5 32	1 36	24 19	0 26	15 41	17 24	0 51
9 W	8 38	1 14	25 54	0 32	16 38	17 57	0 52
10 Th	11 41	0 52	27 29	0 37	17 36	18 30	0 53
11 F	14 40	0 30	29 04	0 43	18 33	19 03	0 54
12 S	17 37	0 08	0♑39	0 48	19 30	19 37	0 55
13 Su	20 32	0S13	2 14	0 54	20 27	20 10	0 56
14 M	23 25	0 35	3 49	0 59	21 24	20 43	0 57
15 Tu	26 16	0 56	5 24	1 04	22 22	21 17	0 58
16 W	29 05	1 16	6 59	1 10	23 19	21 50	0 59
17 Th	1♐53	1 36	8 34	1 15	24 16	22 23	1 00
18 F	4 40	1 56	10 09	1 20	25 13	22 57	1 01
19 S	7 27	2 16	11 43	1 25	26 11	23 31	1 02
20 Su	10 12	2 35	13 18	1 30	27 08	24 04	1 02
21 M	12 57	2 53	14 53	1 35	28 05	24 38	1 03
22 Tu	15 42	3 11	16 28	1 40	29 03	25 12	1 04
23 W	18 26	3 29	18 03	1 45	0♒00	25 45	1 05
24 Th	21 11	3 46	19 38	1 50	0 57	26 19	1 06
25 F	23 56	4 03	21 13	1 55	1 54	26 53	1 07
26 S	26 42	4 20	22 48	1 59	2 52	27 27	1 08
27 Su	29 28	4 35	24 22	2 04	3 49	28 01	1 09
28 M	2♑16	4 50	25 57	2 08	4 46	28 35	1 10
29 Tu	5 04	5 05	27 32	2 13	5 44	29 09	1 10
30 W	7 55	5 19	29 07	2 17	6 41	29 44	1 11
31 Th	10♑46	5S32	0♒42	2S21	7♒38	0♑18	1S12

AUGUST 2031

DAY	☿ LONG	☿ LAT	♀ LONG	♀ LAT	⊕ LONG	♂ LONG	♂ LAT
	° '	° '	° '	° '	° '	° '	° '
1 F	13♑40	5S45	2♒17	2S25	8♒36	0♑52	1S13
2 S	16 35	5 56	3 52	2 29	9 33	1 27	1 14
3 Su	19 33	6 07	5 27	2 33	10 31	2 01	1 15
4 M	22 33	6 18	7 01	2 36	11 28	2 36	1 15
5 Tu	25 37	6 27	8 36	2 40	12 25	3 10	1 16
6 W	28 43	6 35	10 11	2 43	13 23	3 45	1 17
7 Th	1♒53	6 42	11 46	2 47	14 20	4 19	1 18
8 F	5 06	6 49	13 21	2 50	15 18	4 54	1 19
9 S	8 23	6 54	14 56	2 53	16 15	5 29	1 19
10 Su	11 45	6 57	16 31	2 56	17 13	6 04	1 20
11 M	15 11	7 00	18 06	2 58	18 10	6 39	1 21
12 Tu	18 42	7 00	19 41	3 01	19 08	7 14	1 22
13 W	22 18	7 00	21 16	3 04	20 05	7 49	1 22
14 Th	26 00	6 57	22 51	3 06	21 03	8 24	1 23
15 F	29 48	6 53	24 26	3 08	22 01	8 59	1 24
16 S	3♓42	6 46	26 01	3 10	22 58	9 34	1 25
17 Su	7 43	6 38	27 36	3 12	23 56	10 09	1 25
18 M	11 51	6 27	29 11	3 14	24 54	10 44	1 26
19 Tu	16 06	6 14	0♓46	3 16	25 51	11 20	1 27
20 W	20 30	5 58	2 21	3 17	26 49	11 55	1 28
21 Th	25 01	5 39	3 56	3 18	27 47	12 30	1 28
22 F	29 41	5 18	5 31	3 20	28 45	13 06	1 29
23 S	4♈30	4 54	7 06	3 21	29 42	13 41	1 30
24 Su	9 27	4 27	8 41	3 22	0♓40	14 17	1 30
25 M	14 34	3 57	10 16	3 22	1 38	14 53	1 31
26 Tu	19 50	3 24	11 51	3 23	2 36	15 28	1 32
27 W	25 15	2 48	13 27	3 23	3 34	16 04	1 32
28 Th	0♉48	2 10	15 02	3 24	4 32	16 40	1 33
29 F	6 31	1 29	16 37	3 24	5 30	17 16	1 34
30 S	12 21	0 47	18 12	3 24	6 28	17 52	1 34
31 Su	18♉19	0S03	19♓48	3S23	7♓26	18♑28	1S35

DAY	♃ LONG	♃ LAT	♄ LONG	♄ LAT	♅ LONG	♅ LAT	♆ LONG	♆ LAT	♇ LONG	♇ LAT
	° '	° '	° '	° '	° '	° '	° '	° '	° '	° '
3 Th	25♐31.9	0N21	13♊30.1	1S37	23♊14.5	0N07	13♈36.6	1S33	12♒18.3	6S28
8 Tu	25 56.2	0 20	13 41.2	1 36	23 18.1	0 07	13 38.4	1 33	12 19.6	6 28
13 Su	26 20.4	0 20	13 52.4	1 36	23 21.6	0 07	13 40.2	1 33	12 20.9	6 29
18 F	26 44.7	0 19	14 03.5	1 36	23 25.2	0 07	13 42.1	1 33	12 22.2	6 29
23 W	27 09.0	0 18	14 14.7	1 35	23 28.7	0 08	13 43.9	1 33	12 23.5	6 30
28 M	27 33.3	0 18	14 25.9	1 35	23 32.3	0 08	13 45.7	1 33	12 24.8	6 30
2 S	27 57.6	0 17	14 37.0	1 35	23 35.8	0 08	13 47.6	1 33	12 26.1	6 30
7 Th	28 21.9	0 17	14 48.2	1 34	23 39.4	0 08	13 49.4	1 33	12 27.4	6 31
12 Tu	28 46.3	0 16	14 59.3	1 34	23 42.9	0 08	13 51.2	1 33	12 28.7	6 31
17 Su	29 10.7	0 16	15 10.5	1 33	23 46.5	0 08	13 53.1	1 33	12 30.0	6 31
22 F	29 35.0	0 15	15 21.7	1 33	23 50.0	0 08	13 54.9	1 33	12 31.3	6 32
27 W	29 59.4	0 15	15 32.8	1 33	23 53.6	0 08	13 56.7	1 33	12 32.6	6 32

☿a.404290	☿ .454868
♀ .725852	♀a.728153
⊕a1.01664	⊕ 1.01507
♂ 1.49347	♂ 1.45458
♃ 5.27514	♃ 5.26442
♄ 9.04152	♄ 9.03846
♅ 19.1180	♅ 19.1122
♆ 29.8498	♆ 29.8495
♇ 36.8312	♇ 36.8531
☊	Perihelia
☿ 18°♉ 43	☿ 17°♊ 57
♀ 16 ♊ 58	♀ 12 ♌ 05
⊕	⊕ 15 ♋ 55
♂ 19 ♉ 49	♂ 6 ♓ 35
♃ 10 ♋ 48	♃ 14 ♈ 41
♄ 23 ♋ 56	♄ 3 ♋ 28
♅ 14 ♊ 09	♅ 23 ♍ 32
♆ 12 ♌ 07	♆ 2 ♉ 19
♇ 20 ♋ 42	♇ 15 ♏ 33

1	♂△♆	0am43
T	☿△♇	2 11
	♀☍♄	3 27
	♀△♆	5 59
	♀☌♂	8 41
	☿△♄	9 44
	☿☍♆	10 47
	☿⚹♂	12pm32
	☿⚹♀	2 32
3	♀0S	8am57
4	☿△♅	5am 6
F	⊕⚺♇	10 59
	☿⚹♃	10pm31
5	⊕⚻♄	7pm35
S	☿⚼♄	7 48
	⊕□♆	8 7
6	☿ ♏	6am 6
Su	⊕ A	7 13
	♄⚹♆	11 51
	☿∠♂	7pm 9
7	♀☍♅	8am37
8	☿⚼♅	9pm28
9	♀☌♃	1am57
W	☿∠♃	7pm16
	♀∠♇	9 49
10	☿□♇	5am15
Th	☿∠♀	1pm33
	☿⚻♆	3 50
	☿⚻♄	4 53
11	♀ ♑	2pm12
12	⊕⚺♂	6am38
S	☿0S	8 55
	☿⚺♂	8pm12
	⊕⚹☿	10 59
13	☿⚻♅	11pm38
15	☿⚺♃	2am 4
T	☿⚼♆	8pm35
16	⊕⚻♅	2am 2
W	☿ ♐	7 47
18	♂☍♅	8pm37
19	♀⚺♇	9am53
S	⊕⚺♃	5pm46
20	♀□♆	6am12
Su	♀⚻♄	12pm51
	☿⚹♇	7 3
21	⊕∠☿	1am52
M	☿△♆	6 45
	☿☍♄	10 50
22	⊕⚼♄	4am19
T	☿⚺♀	4pm 0
	☿ A	6 9
23	⊕ ♒	0am 3
24	☿☍♅	8pm12
25	♂☌♃	9pm 1
F	♂∠♇	9 56
26	♃∠♇	3am43
S	☿∠♇	6 7
	☿☌♃	6 11
	☿☌♂	8 13
	♀⚻♅	11 1
27	☿ ♑	4am32
29	♀⚺♃	1am35
T	⊕⚺☿	8 24
30	♀⚼♄	6am 2
W	♂ ♑	11 26
	♀ ♒	1pm24
	♀⚺♂	2 30
31	☿⚺♇	1pm48
Th	⊕⚼♅	11 42
1	☿□♆	1am 3
F	☿⚻♄	7 40
4	☿⚻♅	8am26
5	♀⚼♅	0am26
T	⊕☌♇	0 37
	☿⚺♃	8pm36
	⊕∠♃	9 23
6	☿⚼♄	8am 6
W	☿ ♒	9 48
	⊕⚹♆	11 2
7	♀ A	2am31
Th	♀☌♇	10 29
	⊕△♄	12pm 8
	☿⚺♂	10 13
8	♀∠♃	1am34
F	♀⚹♆	7 19
	♀△♄	11pm10
9	☿⚼♅	2am 7
10	☿☌♇	5am 6
Su	☿∠♃	1pm24
	☿⚹♆	2 44
	☿△♄	10 24
11	⊕☌♀	2am56
12	⊕☌☿	3am59
T	☿☌♀	11 46
13	☿∠♂	3am57
W	☿△♅	9 21
14	♀∠♂	1pm13
Th	♀△♅	1 41
	☿∠♆	6 12
	☿⚹♃	7 0
15	☿ ♓	1am16
16	⊕△♅	7pm59
17	☿⚹♂	4pm34
Su	♀∠♆	7 39
18	♀⚹♃	1am19
M	☿⚺♇	3 45
	☿⚺♆	11 37
	♀ ♓	12pm28
	☿□♄	7 11
20	⊕∠♂	6am16
W	☿□♅	5pm42
21	♂⚺♇	0am25
Th	☿∠♇	12pm57
	⊕⚺☿	6 0
	☿□♃	11 29
22	☿ ♈	1am36
F	⊕∠♆	4 16
	⊕⚹♃	10pm50
23	⊕ ♓	7am16
S	♂□♆	9 27
	☿⚺♀	6pm37
24	☿⚹♇	2pm32
Su	☿☌♆	9 4
25	☿□♂	1am37
M	☿⚹♄	4 13
	⊕∠☿	11 39
26	♂⚻♄	1am38
T	♀⚺♇	10 20
	☿⚹♅	6pm 3
27	♃ ♑	2am44
W	♀⚺♆	7 37
	☿∠♀	7pm22
	☿ ♉	8 33
	☿△♃	8 49
	☿∠♄	11 2
28	♀□♄	8am35
Th	⊕⚹☿	6pm54
29	☿∠♅	9am57
F	♀⚹♂	3pm37
30	☿□♇	0am49
S	☿⚺♆	6 32
	☿⚼♃	11 49
	☿⚺♄	1pm26
31	☿△♂	0am37
Su	☿0N	1 34
	☿⚹♀	7 57
	☿⚺♅	10pm16

SEPTEMBER 2031

DAY	☿ LONG	☿ LAT	♀ LONG	♀ LAT	⊕ LONG	♂ LONG	♂ LAT
	° '	° '	° '	° '	° '	° '	° '
1 M	24♉24	0N42	21♓23	3S23	8♓24	19♑03	1S35
2 Tu	0♊34	1 27	22 58	3 23	9 22	19 40	1 36
3 W	6 48	2 11	24 33	3 22	10 20	20 16	1 37
4 Th	13 05	2 54	26 09	3 21	11 18	20 52	1 37
5 F	19 24	3 35	27 44	3 20	12 16	21 28	1 38
6 S	25 44	4 14	29 20	3 19	13 14	22 04	1 38
7 Su	2♋01	4 49	0♈55	3 18	14 12	22 40	1 39
8 M	8 16	5 21	2 30	3 16	15 10	23 17	1 39
9 Tu	14 27	5 48	4 06	3 15	16 09	23 53	1 40
10 W	20 32	6 11	5 41	3 13	17 07	24 30	1 40
11 Th	26 31	6 29	7 17	3 11	18 05	25 06	1 41
12 F	2♌21	6 43	8 52	3 09	19 04	25 43	1 41
13 S	8 04	6 53	10 28	3 07	20 02	26 19	1 42
14 Su	13 37	6 59	12 04	3 05	21 00	26 56	1 42
15 M	19 01	7 00	13 39	3 02	21 59	27 32	1 43
16 Tu	24 15	6 58	15 15	2 59	22 57	28 09	1 43
17 W	29 20	6 53	16 50	2 57	23 56	28 46	1 44
18 Th	4♍15	6 45	18 26	2 54	24 54	29 22	1 44
19 F	9 00	6 34	20 02	2 51	25 53	29 59	1 44
20 S	13 37	6 22	21 38	2 48	26 51	0♒36	1 45
21 Su	18 04	6 07	23 13	2 44	27 50	1 13	1 45
22 M	22 23	5 50	24 49	2 41	28 49	1 50	1 46
23 Tu	26 34	5 33	26 25	2 37	29 47	2 27	1 46
24 W	0♎37	5 14	28 01	2 34	0♈46	3 04	1 46
25 Th	4 33	4 54	29 37	2 30	1 45	3 41	1 47
26 F	8 22	4 33	1♉12	2 26	2 44	4 18	1 47
27 S	12 05	4 12	2 48	2 22	3 42	4 55	1 47
28 Su	15 41	3 50	4 24	2 18	4 41	5 32	1 48
29 M	19 13	3 28	6 00	2 14	5 40	6 10	1 48
30 Tu	22♎39	3N05	7♉36	2S09	6♈39	6♒47	1S48

OCTOBER 2031

DAY	☿ LONG	☿ LAT	♀ LONG	♀ LAT	⊕ LONG	♂ LONG	♂ LAT
	° '	° '	° '	° '	° '	° '	° '
1 W	26♎00	2N43	9♉12	2S05	7♈38	7♒24	1S48
2 Th	29 17	2 20	10 48	2 00	8 37	8 01	1 49
3 F	2♏29	1 58	12 24	1 56	9 36	8 39	1 49
4 S	5 38	1 36	14 00	1 51	10 35	9 16	1 49
5 Su	8 44	1 13	15 37	1 46	11 34	9 53	1 49
6 M	11 46	0 51	17 13	1 41	12 33	10 31	1 50
7 Tu	14 46	0 29	18 49	1 36	13 32	11 08	1 50
8 W	17 43	0 07	20 25	1 31	14 31	11 46	1 50
9 Th	20 38	0S14	22 01	1 26	15 31	12 23	1 50
10 F	23 30	0 35	23 38	1 21	16 30	13 01	1 50
11 S	26 21	0 56	25 14	1 16	17 29	13 38	1 50
12 Su	29 11	1 17	26 50	1 10	18 28	14 16	1 50
13 M	1♐59	1 37	28 27	1 05	19 28	14 54	1 51
14 Tu	4 46	1 57	0♊03	0 59	20 27	15 31	1 51
15 W	7 32	2 16	1 39	0 54	21 27	16 09	1 51
16 Th	10 17	2 35	3 16	0 48	22 26	16 47	1 51
17 F	13 02	2 54	4 52	0 43	23 26	17 24	1 51
18 S	15 47	3 12	6 29	0 37	24 25	18 02	1 51
19 Su	18 31	3 30	8 05	0 31	25 25	18 40	1 51
20 M	21 16	3 47	9 42	0 26	26 24	19 18	1 51
21 Tu	24 01	4 04	11 18	0 20	27 24	19 56	1 51
22 W	26 47	4 20	12 55	0 14	28 24	20 33	1 51
23 Th	29 34	4 36	14 32	0 09	29 23	21 11	1 51
24 F	2♑21	4 51	16 08	0 03	0♉23	21 49	1 51
25 S	5 10	5 05	17 45	0N03	1 23	22 27	1 51
26 Su	8 00	5 19	19 22	0 09	2 23	23 05	1 51
27 M	10 52	5 33	20 59	0 14	3 22	23 43	1 51
28 Tu	13 45	5 45	22 35	0 20	4 22	24 21	1 51
29 W	16 41	5 57	24 12	0 26	5 22	24 59	1 51
30 Th	19 39	6 08	25 49	0 31	6 22	25 37	1 50
31 F	22♑39	6S18	27♊26	0N37	7♉22	26♒15	1S50

DAY	♃ LONG	♃ LAT	♄ LONG	♄ LAT	♅ LONG	♅ LAT	♆ LONG	♆ LAT	♇ LONG	♇ LAT
	° '	° '	° '	° '	° '	° '	° '	° '	° '	° '
1 M	0♑23.9	0N14	15♊44.0	1S32	23♊57.1	0N08	13♈58.6	1S33	12♒33.9	6S32
6 S	0 48.3	0 14	15 55.2	1 32	24 00.7	0 08	14 00.4	1 34	12 35.1	6 33
11 Th	1 12.7	0 13	16 06.3	1 32	24 04.2	0 08	14 02.2	1 34	12 36.4	6 33
16 Tu	1 37.2	0 12	16 17.5	1 31	24 07.8	0 08	14 04.1	1 34	12 37.7	6 34
21 Su	2 01.7	0 12	16 28.6	1 31	24 11.3	0 08	14 05.9	1 34	12 39.0	6 34
26 F	2 26.2	0 11	16 39.8	1 30	24 14.9	0 08	14 07.7	1 34	12 40.3	6 34
1 W	2 50.7	0 11	16 51.0	1 30	24 18.4	0 08	14 09.5	1 34	12 41.6	6 35
6 M	3 15.2	0 10	17 02.2	1 30	24 22.0	0 08	14 11.4	1 34	12 42.9	6 35
11 S	3 39.8	0 10	17 13.3	1 29	24 25.5	0 08	14 13.2	1 34	12 44.2	6 35
16 Th	4 04.3	0 09	17 24.5	1 29	24 29.1	0 08	14 15.0	1 34	12 45.5	6 36
21 Tu	4 28.9	0 09	17 35.7	1 28	24 32.6	0 08	14 16.9	1 34	12 46.8	6 36
26 Su	4 53.5	0 08	17 46.9	1 28	24 36.2	0 08	14 18.7	1 34	12 48.1	6 36
31 F	5 18.1	0 07	17 58.0	1 28	24 39.7	0 08	14 20.5	1 34	12 49.3	6 37

☿p.311914	☿a.424317
♀ .727103	♀ .723551
⊕ 1.00941	⊕ 1.00141
♂ 1.42085	♂ 1.39659
♃ 5.25357	♃ 5.24294
♄ 9.03558	♄ 9.03297
♅ 19.1065	♅ 19.1010
♆ 29.8493	♆ 29.8490
♇ 36.8750	♇ 36.8962
☊	Perihelia
☿ 18°♉ 43	☿ 17°♊ 57
♀ 16 ♊ 58	♀ 12 ♌ 09
⊕	⊕ 15 ♋ 54
♂ 19 ♉ 49	♂ 6 ♓ 36
♃ 10 ♋ 48	♃ 14 ♈ 43
♄ 23 ♋ 56	♄ 3 ♋ 21
♅ 14 ♊ 09	♅ 23 ♍ 25
♆ 12 ♌ 07	♆ 1 ♉ 46
♇ 20 ♋ 42	♇ 15 ♏ 35

1 M	☿∠♆	5pm53
	☿ ♊	9 50
	☿⚻♃	11 41
2 T	♀□♅	3pm 8
	☿⚼♂	5 29
3 W	⊕□☿	3pm56
	☿△♇	10 3
4 Th	☿⚹♆	3am27
	☿☌♄	10 32
	☿ P	5pm49
	♀∠♇	9 39
5 F	⊕⚺♇	7am53
	☿⚻♂	8 38
	☿☌♅	5pm28
6 S	☿⚼♇	7am 4
	♀ ♈	10 10
	☿ ♋	4pm16
	☿□♀	6 20
	⊕⚺♆	7 15
	☿☍♃	7 36
	♀□♃	11 31
8 M	☿⚻♇	4pm46
	⊕□♄	9 6
	☿□♆	10 20
9 T	☿⚺♄	6am14
	♂⚻♅	6 31
	⊕△☿	7 53
10 W	☿⚺♅	2pm 7
	☿☍♂	5 38
11 Th	☿ ♌	2pm15
	☿∠♄	6 56
	☿⚻♃	7 32
12	⊕⚼☿	8am33
13 S	☿∠♅	4am25
	☿△♀	2pm28
	☿☍♇	7 39
14 Su	☿△♆	1am56
	♀⚹♇	8 28
	☿⚹♄	11 33
	☿⚼♃	12pm44
15 M	♀☌♆	6am10
	⊕⚻☿	4pm36
	☿⚹♅	11 26
16 T	♀⚹♄	4pm 6
	☿⚻♂	8 54
	☿⚼♆	10 46
17 W	☿ ♍	3am14
	⊕□♅	5 17
	☿△♃	11 41
	☿⚼♀	6pm 3
19 F	♂ ♒	0am29
	☿⚻♇	6pm55
20 S	☿⚻♆	2am34
	☿⚼♂	12pm20
	☿□♄	3 17
	⊕∠♇	7 27
21 Su	♂⚼♄	10am50
	♀⚹♅	2pm38
22 M	☿□♅	10am22
	♂⚺♃	12pm28
	☿⚻♀	10 35
23 T	⊕ ♈	5am 8
	☿⚼♇	6 25
	☿ ♎	8pm18
24 W	⊕☍☿	1am13
	☿□♃	10 14
	☿△♂	5pm39
25 Th	♀ ♉	5am51
	⊕□♃	4pm13
26 F	♀∠♄	7am 0
	♀△♃	7pm26
27 S	☿△♇	3am56
	☿☍♆	1pm36
28 Su	☿△♄	7am 9
	⊕⚺♀	10 58
29	♀□♂	3am46
30 T	⊕⚹♂	8am33
	☿△♅	11 48
1	♀∠♅	1am33
2 Th	☿ ♏	5am22
	☿⚼♄	7pm42
3 F	☿⚹♃	4am 2
	♀□♇	4 26
4 S	♀⚺♆	2am33
	♂⚼♅	2 59
5 Su	☿⚼♅	4am54
	☿□♂	11 27
	♀⚺♄	9pm17
6 M	⊕⚹♇	4am 0
	☿□♇	7 32
	⊕⚻☿	9 16
	♀⚼♃	4pm25
	☿⚻♆	7 24
7 T	⊕☌♆	4pm 8
	☿⚻♄	7 0
8 W	☿∠♃	5am55
	☿0S	8 11
9	♂☌♇	1pm 7
10 F	☿☍♀	2am19
	☿⚻♅	7 39
	♀⚺♅	11 50
	⊕⚹♄	5pm21
11	♂⚹♆	10pm25
12 Su	☿⚼♆	0am25
	☿ ♐	7 2
13 M	♀∠♆	11am50
	☿⚺♃	4pm24
	♀ ♊	11 15
14	⊕⚼☿	9am20
16 Th	♀⚻♃	12pm42
	☿⚹♇	9 37
17 F	♂△♄	1am33
	☿△♆	10 42
18 S	⊕⚹♅	2am 9
	☿☍♄	3pm 6
	☿ A	5 26
19	☿⚹♂	1am36
20	♂∠♃	4am32
21 T	☿☍♅	4am32
	♀△♇	9pm59
22 W	☿∠♇	8am39
	⊕∠♀	6pm34
	♀⚹♆	8 28
	⊕△☿	9 42
23 Th	☿ ♑	3am47
	⊕ ♉	2pm42
24 F	♀0N	12pm21
	☿☌♃	8 54
	♀☌♄	11 52
26 Su	☿∠♂	0am55
	⊕∠♄	10 5
27	☿⚺♇	4pm12
28 T	☿□♆	4am43
	♂△♅	10 47
	⊕△♃	5pm56
29 W	♀☌♅	6am30
	☿⚻♄	9 59
	♀△♂	6pm58
31 F	♀⚼♇	5am47
	☿⚻♅	3pm53

NOVEMBER 2031

DAY	☿ LONG	☿ LAT	♀ LONG	♀ LAT	⊕ LONG	♂ LONG	♂ LAT
	° '	° '	° '	° '	° '	° '	° '
1 S	25♑43	6S27	29♊03	0N43	8♉22	26♒53	1S50
2 Su	28 49	6 35	0♋40	0 48	9 22	27 31	1 50
3 M	1♒59	6 43	2 17	0 54	10 22	28 09	1 50
4 Tu	5 12	6 49	3 54	0 59	11 22	28 47	1 50
5 W	8 30	6 54	5 31	1 05	12 22	29 25	1 49
6 Th	11 51	6 57	7 08	1 10	13 22	0♓03	1 49
7 F	15 17	7 00	8 45	1 16	14 22	0 41	1 49
8 S	18 49	7 00	10 22	1 21	15 23	1 19	1 49
9 Su	22 25	6 59	11 59	1 26	16 23	1 57	1 48
10 M	26 07	6 57	13 37	1 31	17 23	2 35	1 48
11 Tu	29 55	6 52	15 14	1 37	18 23	3 13	1 48
12 W	3♓49	6 46	16 51	1 42	19 24	3 51	1 48
13 Th	7 51	6 37	18 28	1 47	20 24	4 30	1 47
14 F	11 59	6 26	20 05	1 51	21 25	5 08	1 47
15 S	16 14	6 13	21 43	1 56	22 25	5 46	1 47
16 Su	20 38	5 57	23 20	2 01	23 25	6 24	1 46
17 M	25 10	5 39	24 57	2 05	24 26	7 02	1 46
18 Tu	29 50	5 17	26 35	2 10	25 26	7 40	1 46
19 W	4♈39	4 53	28 12	2 14	26 27	8 18	1 45
20 Th	9 37	4 26	29 49	2 19	27 27	8 56	1 45
21 F	14 44	3 56	1♌27	2 23	28 28	9 34	1 44
22 S	20 00	3 23	3 04	2 27	29 29	10 12	1 44
23 Su	25 25	2 47	4 42	2 31	0♊29	10 51	1 44
24 M	0♉59	2 09	6 19	2 35	1 30	11 29	1 43
25 Tu	6 42	1 28	7 57	2 38	2 30	12 07	1 43
26 W	12 32	0 45	9 34	2 42	3 31	12 45	1 42
27 Th	18 30	0 02	11 12	2 45	4 32	13 23	1 42
28 F	24 35	0N43	12 49	2 49	5 33	14 01	1 41
29 S	0♊45	1 28	14 27	2 52	6 33	14 39	1 41
30 Su	7♊00	2N12	16♌04	2N55	7♊34	15♓17	1S40

DECEMBER 2031

DAY	☿ LONG	☿ LAT	♀ LONG	♀ LAT	⊕ LONG	♂ LONG	♂ LAT
	° '	° '	° '	° '	° '	° '	° '
1 M	13♊17	2N56	17♌42	2N58	8♊35	15♓55	1S40
2 Tu	19 36	3 37	19 19	3 00	9 36	16 33	1 39
3 W	25 55	4 15	20 57	3 03	10 36	17 11	1 39
4 Th	2♋13	4 50	22 34	3 06	11 37	17 49	1 38
5 F	8 28	5 21	24 12	3 08	12 38	18 27	1 37
6 S	14 39	5 49	25 49	3 10	13 39	19 05	1 37
7 Su	20 43	6 12	27 27	3 12	14 40	19 43	1 36
8 M	26 42	6 30	29 04	3 14	15 41	20 21	1 36
9 Tu	2♌32	6 44	0♍42	3 16	16 42	20 59	1 35
10 W	8 14	6 53	2 19	3 17	17 43	21 36	1 34
11 Th	13 47	6 59	3 57	3 18	18 44	22 14	1 34
12 F	19 11	7 00	5 34	3 20	19 45	22 52	1 33
13 S	24 25	6 58	7 12	3 21	20 46	23 30	1 32
14 Su	29 29	6 53	8 49	3 22	21 47	24 08	1 32
15 M	4♍24	6 45	10 27	3 22	22 48	24 46	1 31
16 Tu	9 09	6 34	12 04	3 23	23 49	25 23	1 30
17 W	13 45	6 21	13 42	3 23	24 50	26 01	1 30
18 Th	18 12	6 06	15 19	3 24	25 51	26 39	1 29
19 F	22 31	5 50	16 57	3 24	26 52	27 17	1 28
20 S	26 42	5 32	18 34	3 24	27 53	27 54	1 27
21 Su	0♎45	5 13	20 11	3 23	28 54	28 32	1 27
22 M	4 40	4 53	21 49	3 23	29 55	29 09	1 26
23 Tu	8 29	4 32	23 26	3 22	0♋56	29 47	1 25
24 W	12 12	4 11	25 03	3 22	1 58	0♈25	1 24
25 Th	15 48	3 49	26 40	3 21	2 59	1 02	1 23
26 F	19 19	3 27	28 18	3 20	4 00	1 40	1 23
27 S	22 45	3 05	29 55	3 19	5 01	2 17	1 22
28 Su	26 06	2 42	1♎32	3 17	6 02	2 54	1 21
29 M	29 23	2 20	3 09	3 16	7 03	3 32	1 20
30 Tu	2♏35	1 57	4 46	3 14	8 04	4 09	1 19
31 W	5♏44	1N35	6♎23	3N12	9♋05	4♈47	1S19

DAY	♃ LONG	♃ LAT	♄ LONG	♄ LAT	♅ LONG	♅ LAT	♆ LONG	♆ LAT	♇ LONG	♇ LAT
	° '	° '	° '	° '	° '	° '	° '	° '	° '	° '
5 W	5♑42.7	0N07	18♊09.2	1S27	24♊43.3	0N08	14♈22.4	1S34	12♒50.6	6S37
10 M	6 07.4	0 06	18 20.4	1 27	24 46.8	0 09	14 24.2	1 34	12 51.9	6 38
15 S	6 32.1	0 06	18 31.6	1 27	24 50.4	0 09	14 26.0	1 34	12 53.2	6 38
20 Th	6 56.8	0 05	18 42.8	1 26	24 54.0	0 09	14 27.9	1 34	12 54.5	6 38
25 Tu	7 21.4	0 05	18 53.9	1 26	24 57.5	0 09	14 29.7	1 34	12 55.8	6 39
30 Su	7 46.2	0 04	19 05.1	1 25	25 01.1	0 09	14 31.5	1 34	12 57.1	6 39
5 F	8 10.9	0 04	19 16.3	1 25	25 04.6	0 09	14 33.4	1 34	12 58.4	6 39
10 W	8 35.7	0 03	19 27.5	1 25	25 08.2	0 09	14 35.2	1 34	12 59.7	6 40
15 M	9 00.4	0 02	19 38.7	1 24	25 11.8	0 09	14 37.0	1 34	13 01.0	6 40
20 S	9 25.2	0 02	19 49.9	1 24	25 15.3	0 09	14 38.9	1 34	13 02.3	6 40
25 Th	9 50.0	0 01	20 01.1	1 23	25 18.9	0 09	14 40.7	1 34	13 03.6	6 41
30 Tu	10 14.9	0 01	20 12.3	1 23	25 22.5	0 09	14 42.5	1 34	13 04.9	6 41

☿ .442532	☿p.307657
♀p.719743	♀ .718464
⊕ .992702	⊕ .986151
♂p1.38314	♂ 1.38300
♃ 5.23186	♃ 5.22107
♄ 9.03045	♄ 9.02819
♅ 19.0952	♅ 19.0897
♆ 29.8487	♆ 29.8485
♇ 36.9182	♇ 36.9394
☊	Perihelia
☿ 18°♉ 43	☿ 17°♊ 58
♀ 16 ♊ 58	♀ 12 ♌ 08
⊕	⊕ 12 ♋ 51
♂ 19 ♉ 49	♂ 6 ♓ 37
♃ 10 ♋ 48	♃ 14 ♈ 43
♄ 23 ♋ 57	♄ 3 ♋ 16
♅ 14 ♊ 09	♅ 23 ♍ 21
♆ 12 ♌ 07	♆ 1 ♉ 12
♇ 20 ♋ 42	♇ 15 ♏ 38

Day	Aspect	Time
1 S	☿⊻♂	11am26
	♀ ♋	2pm 7
2 Su	⊕∠♅	7am46
	☿ ♒	9 2
3 M	☿⊼♀	4am35
	☿⚼♄	8 20
4 T	☿⊻♃	3am14
	♂∠♆	10pm21
5 W	♀☍♃	3am 5
	☿⚼♅	8 52
	⊕□♇	11 26
	♂ ♓	10pm 7
6 Th	☿☌♇	7am 1
	⊕□☿	3pm 3
	☿*♆	5 43
7 F	⊕⊻♆	0am16
	☿△♄	8pm17
8	☿∠♃	2pm42
9 Su	♀⊼♇	12pm58
	☿△♅	3 23
10 M	♀□♆	11am49
	☿∠♆	8pm49
	⊕⊻♄	11 40
11 T	☿ ♓	0am31
	☿⚼♀	3 20
12 W	☿☌♂	0am15
	☿*♃	3pm 6
	♀⊻♄	11 44
14 F	♀⚼♂	0am55
	⊕⚼♃	1 7
	☿⊻♇	5 9
	☿⊻♆	1pm54
15	☿□♄	12pm41
16 Su	⊕*♀	3am31
	♂ P	8 9
	♂*♃	9 30
	⊕*☿	7pm 6
	☿△♀	10 20
	☿□♅	10 26
	♀⊻♅	10 38
17 M	⊕⊻♅	10am24
	☿∠♇	2pm 9
18	☿ ♈	0am51
19 W	☿□♃	10am59
	☿⊻♂	8pm19
20 Th	♀ ♌	2am36
	☿*♇	3pm34
	⊕∠☿	4 44
	☿☌♆	10 49
21 F	☿*♄	6pm31
	⊕∠♆	11 59
22 S	♀∠♄	10am49
	⊕ ♊	12pm26
	☿*♅	9 54
23 Su	☿∠♂	2am 6
	☿ ♉	7pm49
24 M	⊕⊻☿	2am40
	☿∠♄	12pm15
	♀⊼♃	2 52
25 T	☿△♃	2am48
	☿□♀	7 12
	☿∠♅	1pm30
26 W	☿*♂	0am57
	☿□♇	1 37
	♀∠♅	5 59
	♂⊻♇	7 11
	☿⊻♆	7 57
27 Th	☿0N	0am50
	☿⊻♄	1 53
	♀ P	1pm14
	☿⚼♃	4 8
28 F	☿⊻♅	1am37
	♀☍♇	1 51
	♂⊻♆	7pm 4
	☿∠♆	7 14
	☿ ♊	9 6
29 S	♀△♆	1am 7
	♀⊼♂	4 57
30 Su	⊕☌☿	2am37
	☿⊼♃	3 1
	⊕⊼♃	5 13
	☿△♇	10pm45
1 M	☿*♆	4am45
	☿□♂	11 7
	☿ P	5pm 5
	♀*♄	9 35
	☿☌♄	10 19
	☿*♀	10 33
2	☿☌♅	8pm41
3 W	☿⚼♇	7am46
	☿ ♋	3pm32
4 Th	♀⚼♃	8am13
	☿☍♃	10pm53
5 F	☿∠♀	3am49
	⊕△♇	8 2
	♀*♅	1pm 6
	☿⊼♇	5 30
	⊕⊻☿	7 21
	☿□♆	11 41
6 S	♂□♄	9am12
	☿⊻♄	6pm30
	☿△♂	7 31
	⊕*♆	9 43
7	☿⊻♅	5pm35
8 M	♀⚼♆	7am26
	☿⊻♀	1pm27
	☿ ♌	1 31
	♀ ♍	1 41
	⊕∠☿	7 46
9 T	☿∠♄	7am55
	☿⚼♂	4pm13
10 W	☿⊼♃	1am33
	☿∠♅	8 10
	☿☍♇	8pm33
11 Th	☿△♆	3am33
	⊕☌♄	6pm48
12 F	☿*♄	1am36
	⊕*☿	3 10
	☿⊼♂	7pm11
	☿⚼♃	9 18
13	☿*♅	3am33
14 Su	☿⚼♆	0am37
	♀△♃	1 35
	☿ ♍	2 29
15 M	♂□♅	4pm57
	☿△♃	11 41
16 T	♀⊼♇	2pm 4
	☿⊼♇	8 9
	☿☌♀	11 32
17 W	☿⊼♆	4am41
	⊕☌♅	9 15
	♀⊼♆	1pm52
18	☿□♄	8am38
19	☿□♅	3pm38
20 S	⊕□♂	0am59
	⊕⚼♇	3 35
	♂∠♇	5 13
	☿⚼♇	7 54
	☿☍♂	8 23
	⊕□☿	9 20
	♀□♄	7pm11
	☿ ♎	7 33
22	⊕ ♋	1am48
23 T	☿□♃	7am45
	♂ ♈	8 19
24 W	♀□♅	3am45
	☿△♇	5 41
	☿☍♆	4pm26
25	♀⚼♇	8pm36
26	☿△♄	5am 9
27 S	♀ ♎	1am18
	☿△♅	6pm33
29 M	☿ ♏	4am36
	♀☍♂	9 11
30 T	☿⊼♂	2pm48
	☿⚼♄	8 9
31	☿⊻♀	10am27

JANUARY 2032

DAY	☿ LONG	☿ LAT	♀ LONG	♀ LAT	⊕ LONG	♂ LONG	♂ LAT
	° '	° '	° '	° '	° '	° '	° '
1 Th	8♏50	1N13	8♎00	3N10	10♋07	5♈24	1S18
2 F	11 52	0 50	9 37	3 08	11 08	6 01	1 17
3 S	14 52	0 28	11 14	3 06	12 09	6 38	1 16
4 Su	17 49	0 07	12 51	3 03	13 10	7 16	1 15
5 M	20 43	0S15	14 28	3 01	14 11	7 53	1 14
6 Tu	23 36	0 36	16 05	2 58	15 12	8 30	1 13
7 W	26 27	0 57	17 41	2 55	16 14	9 07	1 12
8 Th	29 16	1 17	19 18	2 52	17 15	9 44	1 11
9 F	2♐04	1 38	20 55	2 49	18 16	10 21	1 11
10 S	4 51	1 57	22 32	2 46	19 17	10 58	1 10
11 Su	7 37	2 17	24 08	2 42	20 18	11 35	1 09
12 M	10 22	2 36	25 45	2 39	21 19	12 12	1 08
13 Tu	13 07	2 54	27 21	2 35	22 21	12 49	1 07
14 W	15 52	3 13	28 58	2 31	23 22	13 26	1 06
15 Th	18 37	3 30	0♏34	2 28	24 23	14 02	1 05
16 F	21 22	3 48	2 11	2 24	25 24	14 39	1 04
17 S	24 07	4 04	3 47	2 20	26 25	15 16	1 03
18 Su	26 53	4 21	5 23	2 15	27 26	15 52	1 02
19 M	29 39	4 36	6 59	2 11	28 27	16 29	1 01
20 Tu	2♑27	4 51	8 36	2 07	29 28	17 06	1 00
21 W	5 15	5 06	10 12	2 02	0♌30	17 42	0 59
22 Th	8 05	5 20	11 48	1 57	1 31	18 18	0 58
23 F	10 57	5 33	13 24	1 53	2 32	18 55	0 57
24 S	13 51	5 45	15 00	1 48	3 33	19 31	0 56
25 Su	16 46	5 57	16 36	1 43	4 34	20 08	0 55
26 M	19 44	6 08	18 12	1 38	5 35	20 44	0 54
27 Tu	22 45	6 18	19 48	1 33	6 36	21 20	0 53
28 W	25 48	6 27	21 24	1 28	7 37	21 56	0 52
29 Th	28 55	6 36	22 59	1 23	8 38	22 33	0 51
30 F	2♒05	6 43	24 35	1 18	9 39	23 09	0 50
31 S	5♒18	6S49	26♏11	1N12	10♌39	23♈45	0S49

FEBRUARY 2032

DAY	☿ LONG	☿ LAT	♀ LONG	♀ LAT	⊕ LONG	♂ LONG	♂ LAT
	° '	° '	° '	° '	° '	° '	° '
1 Su	8♒36	6S54	27♏47	1N07	11♌40	24♈21	0S48
2 M	11 58	6 57	29 22	1 02	12 41	24 57	0 47
3 Tu	15 24	7 00	0♐58	0 56	13 42	25 32	0 46
4 W	18 55	7 00	2 33	0 51	14 43	26 08	0 45
5 Th	22 32	6 59	4 09	0 45	15 44	26 44	0 44
6 F	26 14	6 57	5 44	0 40	16 45	27 20	0 42
7 S	0♓02	6 52	7 20	0 34	17 46	27 56	0 41
8 Su	3 57	6 46	8 55	0 29	18 46	28 31	0 40
9 M	7 58	6 37	10 31	0 23	19 47	29 07	0 39
10 Tu	12 07	6 26	12 06	0 17	20 48	29 42	0 38
11 W	16 23	6 13	13 41	0 12	21 49	0♉18	0 37
12 Th	20 46	5 57	15 17	0 06	22 49	0 53	0 36
13 F	25 18	5 38	16 52	0 00	23 50	1 29	0 35
14 S	29 59	5 17	18 27	0S05	24 51	2 04	0 34
15 Su	4♈48	4 52	20 02	0 11	25 52	2 39	0 33
16 M	9 46	4 25	21 37	0 17	26 52	3 15	0 32
17 Tu	14 53	3 55	23 13	0 22	27 53	3 50	0 31
18 W	20 10	3 22	24 48	0 28	28 53	4 25	0 29
19 Th	25 35	2 46	26 23	0 33	29 54	5 00	0 28
20 F	1♉10	2 07	27 58	0 39	0♍54	5 35	0 27
21 S	6 52	1 27	29 33	0 44	1 55	6 10	0 26
22 Su	12 43	0 44	1♑08	0 50	2 55	6 45	0 25
23 M	18 42	0 00	2 43	0 55	3 56	7 20	0 24
24 Tu	24 46	0N45	4 18	1 01	4 56	7 54	0 23
25 W	0♊57	1 29	5 53	1 06	5 57	8 29	0 22
26 Th	7 11	2 14	7 28	1 11	6 57	9 04	0 21
27 F	13 29	2 57	9 03	1 17	7 57	9 38	0 20
28 S	19 48	3 38	10 38	1 22	8 57	10 13	0 19
29 Su	26♊07	4N16	12♑13	1S27	9♍58	10♉48	0S17

DAY	♃ LONG	♃ LAT	♄ LONG	♄ LAT	♅ LONG	♅ LAT	♆ LONG	♆ LAT	♇ LONG	♇ LAT
	° '	° '	° '	° '	° '	° '	° '	° '	° '	° '
4 Su	10♑39.7	0N00	20♊23.5	1S23	25♊26.0	0N09	14♈44.4	1S34	13♒06.2	6S41
9 F	11 04.6	0S00	20 34.6	1 22	25 29.6	0 09	14 46.2	1 34	13 07.5	6 42
14 W	11 29.4	0 01	20 45.9	1 22	25 33.1	0 09	14 48.1	1 34	13 08.8	6 42
19 M	11 54.3	0 02	20 57.0	1 21	25 36.7	0 09	14 49.9	1 34	13 10.0	6 43
24 S	12 19.2	0 02	21 08.2	1 21	25 40.3	0 09	14 51.7	1 34	13 11.3	6 43
29 Th	12 44.2	0 03	21 19.4	1 20	25 43.8	0 09	14 53.6	1 34	13 12.6	6 43
3 Tu	13 09.1	0 03	21 30.6	1 20	25 47.4	0 09	14 55.4	1 34	13 13.9	6 44
8 Su	13 34.1	0 04	21 41.8	1 20	25 51.0	0 09	14 57.2	1 34	13 15.2	6 44
13 F	13 59.0	0 04	21 53.0	1 19	25 54.5	0 09	14 59.1	1 34	13 16.5	6 44
18 W	14 24.0	0 05	22 04.2	1 19	25 58.1	0 09	15 00.9	1 34	13 17.8	6 45
23 M	14 49.0	0 05	22 15.4	1 18	26 01.6	0 10	15 02.7	1 34	13 19.1	6 45
28 S	15 14.1	0 06	22 26.6	1 18	26 05.2	0 10	15 04.5	1 34	13 20.3	6 45

☿a.441005	☿p.426231
♀ .720559	♀ .724605
⊕p.983261	⊕ .985168
♂ 1.39616	♂ 1.42114
♃ 5.20985	♃ 5.19860
♄ 9.02603	♄ 9.02407
♅ 19.0840	♅ 19.0783
♆ 29.8482	♆ 29.8479
♇ 36.9613	♇ 36.9832
☊	Perihelia
☿ 18°♉ 43	☿ 17°♊ 58
♀ 16 ♊ 58	♀ 12 ♌ 15
⊕	⊕ 11 ♋ 09
♂ 19 ♉ 49	♂ 6 ♓ 37
♃ 10 ♋ 48	♃ 14 ♈ 42
♄ 23 ♋ 57	♄ 3 ♋ 09
♅ 14 ♊ 09	♅ 23 ♍ 16
♆ 12 ♌ 06	♆ 0 ♉ 33
♇ 20 ♋ 42	♇ 15 ♏ 41

Day	Aspect	Time
1 Th	⊕☍♃	7am46
	☿⚼♅	12pm24
	☿✶♃	12 49
	⊕△☿	3 10
2 F	☿□♇	9am49
	♀□♃	1pm44
	☿⚻♆	10 59
3 S	⊕ P	5am12
	⊕⚻♇	10pm28
4 Su	♀△♇	3am46
	☿0S	7 26
	⊕□♀	12pm49
	☿⚻♄	9 33
5 M	♀☍♆	4am12
	⊕□♆	1pm15
	♃0S	3 57
	☿⚼♂	10 56
6 T	☿⚻♅	3pm43
	☿∠♃	7 20
8 Th	☿⚼♆	4am15
	☿ ♐	6 16
	♀△♄	6pm52
9	⊕⚼☿	4pm16
10	♂□♃	8am40
11 Su	⊕⚺♄	8am31
	♀△♅	8pm45
12 M	☿∠♀	7am47
	☿⚺♃	8 33
	☿△♂	8pm29
13 T	☿✶♇	0am10
	♂✶♇	1pm 0
	☿△♆	2 39
14 W	♀ ♏	3pm30
	☿ A	4 42
15	☿☍♄	7pm23
16 F	⊕⚺♅	4am12
	♂☌♆	6 27
17	☿☍♅	12pm53
18 Su	⊕⚻☿	7am42
	♀⚼♄	8 5
	☿∠♇	11 10
19	☿ ♑	3am 1
20	⊕ ♌	12pm24
21	♀⚼♅	6am38
22 Th	♀✶♃	5am38
	♀□♇	8pm47
23 F	☿☌♃	11am 1
	☿⚺♇	6pm34
	♀⚻♆	9 56
24 S	☿□♆	8am23
	☿✶♀	8pm53
26 M	☿□♂	9am57
	☿⚻♄	11 56
	⊕∠♄	3pm33
	♂✶♄	8 19
27 T	♀⚻♄	10pm21
	☿⚻♅	11 19
28	♀⚻♂	1pm10
29	☿ ♒	8am16
30	♀⚻♅	5pm31
31 S	⊕∠♅	2am19
	☿⚼♄	8 7
1 Su	♀∠♃	3am19
	☿⚼♅	3pm35
2 M	⊕☍☿	7am16
	☿⚺♃	7 59
	♀⚼♆	8 16
	☿☌♇	8 55
	♀ ♐	9 29
	⊕⚻♃	9 49
	⊕☍♇	12pm49
	☿✶♆	8 42
3	♂✶♅	10am10
4 W	♃⚺♇	0am23
	⊕△♆	5 3
	☿△♄	5pm42
5	☿△♅	9pm22
6 F	☿✶♂	8am17
	☿∠♃	2pm 3
	☿∠♆	11 26
	☿ ♓	11 45
9	☿□♀	11pm53
10 T	☿⚺♇	6am33
	☿✶♃	9 24
	♂ ♉	11 54
	☿⚺♆	4pm10
	☿∠♂	5 2
	♀✶♇	5 37
	⊕✶♄	11 56
11 W	♀⚺♃	2am 4
	♀△♆	7pm29
12 Th	☿□♄	5am47
	⊕⚻☿	2pm 5
	♀⚼♂	2 45
13 F	♀0S	1am41
	☿□♅	3 8
	☿∠♇	3pm20
14 S	☿ ♈	0am 6
	☿⚺♂	11 56
15	⊕✶♅	1am46
16 M	♀☍♄	5am46
	⊕⚼☿	12pm22
	☿✶♇	4 35
	☿□♃	9 18
17	☿☌♆	0am33
18 W	☿✶♄	8am34
	⊕⚼♃	1pm15
	♀☍♅	5 55
19 Th	☿✶♅	1am43
	⊕ ♍	2 25
	⊕⚼♆	2 56
	☿△♀	4 50
	☿ ♉	7pm 3
	⊕△☿	10 41
20 F	♀∠♇	5am12
	☿☌♂	8pm43
21 S	☿∠♄	1am17
	♀ ♑	6 52
	☿∠♅	5pm 2
22 Su	☿□♇	2am24
	☿△♃	8 15
	☿⚺♆	9 22
	☿⚼♀	6pm42
	♂∠♄	8 53
23 M	☿0N	0am 5
	☿⚺♄	2pm12
24 T	☿⚺♅	4am57
	☿⚼♃	8pm14
	☿ ♊	8 21
	☿∠♆	8 34
25 W	⊕△♀	2am36
	♃□♆	10pm45
	⊕□☿	10 54
26 Th	☿⚻♀	1am24
	☿⚺♂	7 53
	☿△♇	11pm26
27 F	☿✶♆	6am 2
	☿⚻♃	6 26
	♀△♂	2pm13
	☿ P	4 20
28 S	☿☌♄	10am 5
	☿∠♂	10pm38
	☿☌♅	11 55
29 Su	☿⚼♇	8am28
	♂∠♅	1pm 3
	☿ ♋	2 46
	♀⚺♇	5 15

MARCH 2032

DAY	☿ LONG	☿ LAT	♀ LONG	♀ LAT	⊕ LONG	♂ LONG	♂ LAT
	° '	° '	° '	° '	° '	° '	° '
1 M	2♋25	4N51	13♑47	1S32	10♍58	11♉22	0S16
2 Tu	8 40	5 22	15 22	1 37	11 58	11 56	0 15
3 W	14 50	5 49	16 57	1 42	12 58	12 31	0 14
4 Th	20 55	6 12	18 32	1 47	13 58	13 05	0 13
5 F	26 53	6 30	20 07	1 51	14 59	13 39	0 12
6 S	2♌43	6 44	21 42	1 56	15 59	14 13	0 11
7 Su	8 25	6 54	23 17	2 01	16 59	14 48	0 10
8 M	13 58	6 59	24 52	2 05	17 59	15 22	0 09
9 Tu	19 21	7 00	26 26	2 10	18 59	15 56	0 08
10 W	24 35	6 58	28 01	2 14	19 59	16 30	0 06
11 Th	29 39	6 53	29 36	2 18	20 59	17 04	0 05
12 F	4♍33	6 45	1♒11	2 22	21 59	17 37	0 04
13 S	9 18	6 34	2 46	2 26	22 59	18 11	0 03
14 Su	13 54	6 21	4 21	2 30	23 58	18 45	0 02
15 M	18 21	6 06	5 56	2 34	24 58	19 19	0 01
16 Tu	22 39	5 49	7 31	2 37	25 58	19 52	0N00
17 W	26 49	5 31	9 05	2 41	26 58	20 26	0 01
18 Th	0♎52	5 12	10 40	2 44	27 58	20 59	0 02
19 F	4 48	4 52	12 15	2 47	28 57	21 33	0 03
20 S	8 36	4 32	13 50	2 51	29 57	22 06	0 04
21 Su	12 19	4 10	15 25	2 54	0♎57	22 39	0 06
22 M	15 55	3 49	17 00	2 56	1 56	23 13	0 07
23 Tu	19 26	3 26	18 35	2 59	2 56	23 46	0 08
24 W	22 52	3 04	20 10	3 02	3 55	24 19	0 09
25 Th	26 12	2 42	21 45	3 04	4 55	24 52	0 10
26 F	29 29	2 19	23 20	3 07	5 54	25 25	0 11
27 S	2♏41	1 57	24 55	3 09	6 53	25 58	0 12
28 Su	5 50	1 34	26 30	3 11	7 53	26 31	0 13
29 M	8 56	1 12	28 05	3 13	8 52	27 04	0 14
30 Tu	11 58	0 50	29 40	3 14	9 51	27 37	0 15
31 W	14♏57	0N28	1♓15	3S16	10♎51	28♉09	0N16

APRIL 2032

DAY	☿ LONG	☿ LAT	♀ LONG	♀ LAT	⊕ LONG	♂ LONG	♂ LAT
	° '	° '	° '	° '	° '	° '	° '
1 Th	17♏54	0N06	2♓50	3S18	11♎50	28♉42	0N17
2 F	20 49	0S15	4 25	3 19	12 49	29 15	0 18
3 S	23 41	0 37	6 00	3 20	13 48	29 47	0 19
4 Su	26 32	0 57	7 35	3 21	14 47	0♊20	0 20
5 M	29 21	1 18	9 10	3 22	15 46	0 52	0 21
6 Tu	2♐09	1 38	10 45	3 22	16 45	1 25	0 22
7 W	4 56	1 58	12 21	3 23	17 44	1 57	0 23
8 Th	7 42	2 17	13 56	3 23	18 43	2 29	0 24
9 F	10 28	2 36	15 31	3 24	19 42	3 02	0 25
10 S	13 13	2 55	17 06	3 24	20 41	3 34	0 26
11 Su	15 57	3 13	18 42	3 24	21 40	4 06	0 27
12 M	18 42	3 31	20 17	3 23	22 39	4 38	0 28
13 Tu	21 27	3 48	21 52	3 23	23 38	5 10	0 29
14 W	24 12	4 05	23 27	3 22	24 37	5 42	0 30
15 Th	26 58	4 21	25 03	3 22	25 36	6 14	0 31
16 F	29 44	4 37	26 38	3 21	26 34	6 46	0 32
17 S	2♑32	4 52	28 13	3 20	27 33	7 18	0 33
18 Su	5 21	5 06	29 49	3 19	28 32	7 49	0 34
19 M	8 11	5 20	1♈24	3 17	29 30	8 21	0 35
20 Tu	11 03	5 33	3 00	3 16	0♏29	8 53	0 36
21 W	13 56	5 46	4 35	3 14	1 28	9 24	0 37
22 Th	16 52	5 58	6 11	3 12	2 26	9 56	0 38
23 F	19 50	6 08	7 46	3 10	3 25	10 27	0 39
24 S	22 51	6 19	9 22	3 08	4 23	10 59	0 40
25 Su	25 54	6 28	10 57	3 06	5 21	11 30	0 41
26 M	29 01	6 36	12 33	3 04	6 20	12 01	0 42
27 Tu	2♒11	6 43	14 09	3 01	7 18	12 33	0 43
28 W	5 25	6 49	15 44	2 59	8 17	13 04	0 44
29 Th	8 42	6 54	17 20	2 56	9 15	13 35	0 45
30 F	12♒04	6S58	18♈55	2S53	10♏13	14♊06	0N46

DAY	♃ LONG	♃ LAT	♄ LONG	♄ LAT	♅ LONG	♅ LAT	♆ LONG	♆ LAT	♇ LONG	♇ LAT
	° '	° '	° '	° '	° '	° '	° '	° '	° '	° '
4 Th	15♑39.1	0S07	22♊37.8	1S18	26♊08.8	0N10	15♈06.4	1S34	13♒21.6	6S46
9 Tu	16 04.2	0 07	22 49.0	1 17	26 12.3	0 10	15 08.2	1 34	13 22.9	6 46
14 Su	16 29.3	0 08	23 00.2	1 17	26 15.9	0 10	15 10.0	1 35	13 24.2	6 46
19 F	16 54.4	0 08	23 11.4	1 16	26 19.5	0 10	15 11.9	1 35	13 25.5	6 47
24 W	17 19.5	0 09	23 22.6	1 16	26 23.0	0 10	15 13.7	1 35	13 26.8	6 47
29 M	17 44.6	0 09	23 33.8	1 16	26 26.6	0 10	15 15.5	1 35	13 28.0	6 48
3 S	18 09.7	0 10	23 45.0	1 15	26 30.1	0 10	15 17.4	1 35	13 29.3	6 48
8 Th	18 34.9	0 11	23 56.2	1 15	26 33.7	0 10	15 19.2	1 35	13 30.6	6 48
13 Tu	19 00.1	0 11	24 07.4	1 14	26 37.3	0 10	15 21.0	1 35	13 31.9	6 49
18 Su	19 25.3	0 12	24 18.6	1 14	26 40.8	0 10	15 22.8	1 35	13 33.2	6 49
23 F	19 50.5	0 12	24 29.8	1 13	26 44.4	0 10	15 24.7	1 35	13 34.5	6 49
28 W	20 15.8	0 13	24 41.0	1 13	26 48.0	0 10	15 26.5	1 35	13 35.7	6 50

☿ .309211	☿a.450994
♀a.727616	♀ .727897
⊕ .990793	⊕ .999237
♂ 1.45253	♂ 1.49121
♃ 5.18806	♃ 5.17681
♄ 9.02240	♄ 9.02080
♅ 19.0730	♅ 19.0673
♆ 29.8477	♆ 29.8474
♇ 37.0036	♇ 37.0255
☊	Perihelia
☿ 18°♉ 43	☿ 17°♊ 58
♀ 16 ♊ 59	♀ 12 ♌ 18
⊕	⊕ 13 ♋ 01
♂ 19 ♉ 49	♂ 6 ♓ 39
♃ 10 ♋ 48	♃ 14 ♈ 43
♄ 23 ♋ 57	♄ 3 ♋ 02
♅ 14 ♊ 09	♅ 23 ♍ 07
♆ 12 ♌ 06	♆ 0 ♉ 06
♇ 20 ♋ 42	♇ 15 ♏ 44

Day	Aspect	Time
1 M	♀□♆	7pm46
	⊕△♂	10 22
2 T	♀☌♃	1am48
	☿✶♂	2pm 0
	⊕✶☿	3 18
	☿⚻♇	6 13
3 W	☿□♆	1am 2
	☿☍♃	2 55
	⊕⚻♇	9 14
	☿☍♀	11 14
4 Th	☿⚺♄	6am54
	♂□♇	11 42
	☿⚺♅	9pm 4
5 F	⊕⚻♆	3am16
	☿ ♌	12pm45
	⊕∠☿	3 17
	⊕△♃	7 49
6 S	♀⚻♄	3pm39
	☿∠♄	9 7
7 Su	☿∠♅	11am55
	♂⚺♆	2pm 9
	☿☍♇	9 27
8 M	☿△♆	5am10
	☿□♂	6 54
	☿⚻♃	9 5
	♀⚻♅	8pm24
	⊕⚺☿	9 58
9 T	♂△♃	7am 3
	☿✶♄	3pm57
10 W	☿✶♅	7am43
	☿⚻♀	11pm43
11 Th	☿ ♍	1am43
	☿⚼♆	2 27
	♀ ♒	6 2
	☿⚼♃	7 51
12	⊕□♄	11pm43
13	☿⚻♇	9pm24
14 Su	☿⚻♆	6am48
	☿△♃	2pm10
15 M	☿△♂	6am 6
	♂0N	9pm40
	☿⚼♀	10 43
16 T	☿□♄	2am27
	⊕□♅	7 48
	♀⚼♄	8 51
	☿□♅	8pm56
17 W	⊕☌☿	1am 5
	☿⚼♇	9 22
	☿ ♎	6pm47
18 Th	♀⚼♅	9am48
	⊕⚼♇	11 10
	♀ A	11pm47
19 F	☿⚼♂	12pm48
	♀☌♇	5 50
20 S	⊕ ♎	1am15
	♀✶♆	8pm51
21 Su	☿△♇	7am25
	☿☍♆	7pm17
	⊕⚼♀	9 23
22 M	♀⚺♃	2am32
	♂⚺♄	4 17
	☿□♃	8 36
	☿△♀	1pm18
24 W	☿△♄	3am43
	☿⚻♂	12pm25
25	☿△♅	1am22
26 F	♀△♄	1am54
	☿ ♏	3 50
27 S	♂⚺♅	8pm12
	♀△♅	11 1
28 Su	♀□♂	0am29
	☿⚼♄	9pm 7
	⊕⚺☿	11 19
29	☿⚼♅	7pm56
30 T	♀ ♓	5am 7
	♀∠♆	9 9
	☿□♇	12pm 5
31	☿⚻♆	2am34

Day	Aspect	Time
1 Th	☿✶♃	0am47
	♀∠♃	2 37
	☿0S	6 41
2	⊕△♇	4pm21
3 S	☿⚻♄	0am31
	♂ ♊	9 21
	♂∠♆	10pm25
	☿⚻♅	11 49
4	⊕☍♆	12pm27
5 M	⊕⚼♂	5am21
	☿ ♐	5 29
	☿⚼♆	8 5
	☿☍♂	4pm 4
	⊕∠☿	6 41
6	☿∠♃	11am10
7 W	♀⚺♇	5pm38
	⊕□♃	8 11
8	♀⚺♆	9pm 6
10 S	☿✶♇	2am42
	♂⚼♃	9 53
	☿△♆	6pm35
11 Su	♀✶♃	2am16
	☿ A	3pm57
12	☿⚺♃	1am58
13 T	☿□♀	8am41
	⊕△♄	12pm25
	☿☍♄	11 39
14 W	⊕✶☿	5am36
	♀□♄	10 53
	☿☍♅	9pm14
15 Th	☿∠♇	1pm40
	⊕⚻♀	9 36
16 F	♀□♅	0am20
	⊕△♅	2 4
	☿ ♑	2 15
17	♀∠♇	4am54
18	♀ ♈	2am48
19 M	☿⚻♂	1am46
	⊕ ♏	12pm 7
20	☿⚺♇	8pm56
21	☿□♆	12pm 2
23	☿☌♃	0am 3
24	☿⚻♄	1pm27
25 Su	☿⚼♂	5am35
	☿⚻♅	6 42
	♀✶♂	12pm14
26 M	☿ ♒	7am31
	♀✶♇	3pm41
27	♀☌♆	7pm33
29 Th	♂△♇	0am45
	⊕□☿	5 31
	☿⚼♄	7 23
	⊕⚼♄	12pm10
	☿⚼♅	10 16
30 F	☿☌♇	10am47
	☿△♂	4pm45
	☿✶♆	11 39
	♀□♃	11 55

MAY 2032

DAY	☿ LONG	☿ LAT	♀ LONG	♀ LAT	⊕ LONG	♂ LONG	♂ LAT
	° '	° '	° '	° '	° '	° '	° '
1 S	15♒31	7S00	20♈31	2S50	11♏11	14♊37	0N47
2 Su	19 02	7 00	22 07	2 47	12 10	15 08	0 47
3 M	22 39	6 59	23 43	2 43	13 08	15 39	0 48
4 Tu	26 21	6 57	25 18	2 40	14 06	16 10	0 49
5 W	0♓10	6 52	26 54	2 36	15 04	16 41	0 50
6 Th	4 04	6 45	28 30	2 33	16 02	17 12	0 51
7 F	8 06	6 37	0♉06	2 29	17 00	17 42	0 52
8 S	12 15	6 26	1 42	2 25	17 58	18 13	0 53
9 Su	16 31	6 12	3 18	2 21	18 56	18 44	0 54
10 M	20 55	5 56	4 54	2 17	19 54	19 14	0 55
11 Tu	25 27	5 37	6 30	2 12	20 52	19 45	0 55
12 W	0♈08	5 16	8 06	2 08	21 50	20 15	0 56
13 Th	4 57	4 51	9 42	2 03	22 48	20 46	0 57
14 F	9 56	4 24	11 18	1 59	23 46	21 16	0 58
15 S	15 03	3 54	12 54	1 54	24 44	21 47	0 59
16 Su	20 20	3 21	14 30	1 49	25 42	22 17	1 00
17 M	25 46	2 45	16 06	1 45	26 40	22 47	1 00
18 Tu	1♉20	2 06	17 42	1 40	27 38	23 17	1 01
19 W	7 03	1 25	19 18	1 35	28 35	23 47	1 02
20 Th	12 55	0 43	20 55	1 30	29 33	24 18	1 03
21 F	18 53	0N01	22 31	1 24	0♐31	24 48	1 04
22 S	24 58	0 46	24 07	1 19	1 29	25 18	1 04
23 Su	1♊08	1 31	25 43	1 14	2 26	25 48	1 05
24 M	7 23	2 15	27 20	1 09	3 24	26 17	1 06
25 Tu	13 41	2 58	28 56	1 03	4 22	26 47	1 07
26 W	20 00	3 39	0♊32	0 58	5 19	27 17	1 08
27 Th	26 19	4 17	2 09	0 52	6 17	27 47	1 08
28 F	2♋37	4 52	3 45	0 47	7 14	28 17	1 09
29 S	8 51	5 23	5 22	0 41	8 12	28 46	1 10
30 Su	15 02	5 50	6 58	0 35	9 09	29 16	1 11
31 M	21♋06	6N13	8♊35	0S30	10♐07	29♊46	1N11

JUNE 2032

DAY	☿ LONG	☿ LAT	♀ LONG	♀ LAT	⊕ LONG	♂ LONG	♂ LAT
	° '	° '	° '	° '	° '	° '	° '
1 Tu	27♋04	6N31	10♊11	0S24	11♐04	0♋15	1N12
2 W	2♌54	6 45	11 48	0 18	12 02	0 45	1 13
3 Th	8 35	6 54	13 25	0 13	12 59	1 14	1 13
4 F	14 08	6 59	15 01	0 07	13 57	1 43	1 14
5 S	19 31	7 00	16 38	0 01	14 54	2 13	1 15
6 Su	24 44	6 58	18 15	0N05	15 52	2 42	1 16
7 M	29 48	6 53	19 51	0 10	16 49	3 11	1 16
8 Tu	4♍42	6 44	21 28	0 16	17 47	3 41	1 17
9 W	9 27	6 33	23 05	0 22	18 44	4 10	1 18
10 Th	14 02	6 20	24 42	0 27	19 42	4 39	1 18
11 F	18 29	6 05	26 19	0 33	20 39	5 08	1 19
12 S	22 47	5 49	27 56	0 39	21 36	5 37	1 20
13 Su	26 57	5 31	29 33	0 44	22 34	6 06	1 20
14 M	1♎00	5 12	1♋10	0 50	23 31	6 35	1 21
15 Tu	4 55	4 52	2 47	0 56	24 28	7 04	1 22
16 W	8 43	4 31	4 24	1 01	25 26	7 33	1 22
17 Th	12 26	4 10	6 01	1 06	26 23	8 02	1 23
18 F	16 02	3 48	7 38	1 12	27 20	8 31	1 23
19 S	19 32	3 26	9 15	1 17	28 17	8 59	1 24
20 Su	22 58	3 03	10 52	1 23	29 15	9 28	1 25
21 M	26 19	2 41	12 29	1 28	0♑12	9 57	1 25
22 Tu	29 35	2 18	14 06	1 33	1 09	10 26	1 26
23 W	2♏48	1 56	15 43	1 38	2 06	10 54	1 26
24 Th	5 56	1 33	17 21	1 43	3 04	11 23	1 27
25 F	9 01	1 11	18 58	1 48	4 01	11 51	1 28
26 S	12 04	0 49	20 35	1 53	4 58	12 20	1 28
27 Su	15 03	0 27	22 12	1 58	5 55	12 48	1 29
28 M	18 00	0 05	23 50	2 02	6 52	13 17	1 29
29 Tu	20 54	0S16	25 27	2 07	7 50	13 45	1 30
30 W	23♏47	0S37	27♋04	2N11	8♑47	14♋13	1N30

DAY	♃ LONG	♃ LAT	♄ LONG	♄ LAT	♅ LONG	♅ LAT	♆ LONG	♆ LAT	♇ LONG	♇ LAT
	° '	° '	° '	° '	° '	° '	° '	° '	° '	° '
3 M	20♑41.0	0S13	24♊52.2	1S13	26♊51.5	0N10	15♈28.3	1S35	13♒37.0	6S50
8 S	21 06.3	0 14	25 03.4	1 12	26 55.1	0 10	15 30.2	1 35	13 38.3	6 50
13 Th	21 31.6	0 15	25 14.6	1 12	26 58.7	0 10	15 32.0	1 35	13 39.6	6 51
18 Tu	21 56.9	0 15	25 25.8	1 11	27 02.2	0 10	15 33.8	1 35	13 40.9	6 51
23 Su	22 22.2	0 16	25 37.0	1 11	27 05.8	0 10	15 35.7	1 35	13 42.2	6 51
28 F	22 47.6	0 16	25 48.2	1 10	27 09.4	0 10	15 37.5	1 35	13 43.5	6 52
2 W	23 12.9	0 17	25 59.4	1 10	27 13.0	0 10	15 39.4	1 35	13 44.7	6 52
7 M	23 38.3	0 17	26 10.6	1 10	27 16.5	0 11	15 41.2	1 35	13 46.0	6 53
12 S	24 03.7	0 18	26 21.9	1 09	27 20.1	0 11	15 43.0	1 35	13 47.3	6 53
17 Th	24 29.2	0 18	26 33.1	1 09	27 23.7	0 11	15 44.9	1 35	13 48.6	6 53
22 Tu	24 54.6	0 19	26 44.3	1 08	27 27.3	0 11	15 46.7	1 35	13 49.9	6 54
27 Su	25 20.1	0 20	26 55.5	1 08	27 30.8	0 11	15 48.5	1 35	13 51.2	6 54

☿p .416676	☿ .319798
♀ .725116	♀ .721018
⊕ 1.00756	⊕ 1.01405
♂ 1.53027	♂ 1.56911
♃ 5.16594	♃ 5.15476
♄ 9.01944	♄ 9.01821
♅ 19.0618	♅ 19.0562
♆ 29.8472	♆ 29.8469
♇ 37.0467	♇ 37.0686
☊	Perihelia
☿ 18° ♉ 43	☿ 17° ♊ 58
♀ 16 ♊ 59	♀ 12 ♌ 13
⊕	⊕ 14 ♋ 49
♂ 19 ♉ 49	♂ 6 ♓ 40
♃ 10 ♋ 48	♃ 14 ♈ 44
♄ 23 ♋ 57	♄ 2 ♋ 56
♅ 14 ♊ 09	♅ 22 ♍ 56
♆ 12 ♌ 06	♆ 29 ♈ 53
♇ 20 ♋ 42	♇ 15 ♏ 46

1	⊕⚼♅	4pm11
2 Su	☿⚺♃	10am43
	♂✱♆	3pm31
3 M	⊕□♇	12pm 8
	☿✱♀	12 14
	☿△♄	2 36
	♀✱♄	5 50
4 T	☿△♅	3am18
	☿ ♓	11pm 0
	♀✱♅	11 40
5 W	☿∠♆	2am 1
	⊕⚻♆	10 23
6 Th	☿∠♃	11am25
	♀ ♉	10pm30
8 S	☿⚺♇	7am55
	⊕⚻♂	12pm53
	☿⚺♆	6 24
9 Su	♀∠♂	9am33
	☿□♂	1pm46
	☿∠♀	3 24
	⊕△☿	5 4
10	☿✱♃	1am58
M	☿□♄	10pm31
11 T	☿□♅	7am48
	⊕✱♃	1pm 8
	☿∠♇	4 30
	☿ ♈	11 20
13 Th	♀∠♄	8am25
	⊕⚼☿	5pm10
14 F	☿⚺♀	9am26
	♀∠♅	10 29
	☿✱♇	5pm34
	♂⚻♃	7 23
15 S	☿☌♆	2am16
	♀□♇	11 36
	⊕⚻♄	3pm 2
16 Su	☿□♃	6am34
	☿✱♂	9 35
	♀⚺♆	3pm50
	☿✱♄	10 23
17 M	⊕⚻☿	4am46
	☿✱♅	5 30
	⊕⚻♅	9 5
	☿ ♉	6pm18
19	☿∠♂	7am50
W	☿∠♄	2pm 8
	☿∠♅	8 33
20 Th	☿□♇	3am10
	☿⚺♆	10 47
	⊕ ♐	11 8
	♀△♃	7pm 4
	☿0N	11 20
21 F	⊕⚼♆	1am40
	☿△♃	1pm19
	☿☌♀	7 30
22 S	☿⚺♂	1am23
	☿⚺♄	2 25
	☿⚺♅	8 17
	♂☌♄	2pm52
	☿ ♊	7 35
	☿∠♆	9 53
	♀⚺♄	10 22
23 Su	♀⚺♂	1am30
	⊕☍☿	5 55
	♀⚺♅	8pm41
24	☿⚼♃	0am16
25 T	☿△♇	0am 7
	☿✱♆	7 20
	☿ P	3pm35
	♀ ♊	3 55
	♂☌♅	4 25
26 W	♀∠♆	1am 4
	☿⚻♃	10 6
	☿☌♄	9pm53
27 Th	☿☌♅	3am 9
	☿☌♂	6 2
	☿⚼♇	9 8
	☿ ♋	2pm 1
28 F	☿⚺♀	5am53
	⊕∠♃	3pm12
	⊕⚻☿	8 59
	♂⚼♇	9 53
29	☿⚻♇	6pm56
30 Su	☿□♆	2am23
	♀⚼♃	3pm35
31 M	☿☍♃	7am53
	♂ ♋	11 45
	☿∠♀	1pm34
	⊕⚼☿	7 12
	☿⚺♄	7 27
1 T	☿⚺♅	0am34
	☿ ♌	12pm 0
	☿⚺♂	2 14
2	⊕☍♀	8am33
3 Th	♀△♇	5am 4
	☿∠♄	10 33
	☿∠♅	3pm43
	⊕✱♇	7 6
	☿☍♇	10 20
	⊕△☿	11 1
4 F	☿✱♀	5am34
	☿△♆	6 47
	♀✱♆	9 40
	☿∠♂	12pm37
5 S	♀0N	5am 7
	☿⚻♃	6pm24
	⊕△♆	7 22
6 Su	☿✱♄	6am37
	☿✱♅	11 54
7 M	☿ ♍	0am58
	☿⚼♆	4 17
	☿✱♂	6pm21
8	☿⚼♃	8pm40
9 W	♀⚻♃	11am22
	☿⚻♇	10pm38
10	☿⚻♆	8am55
11 F	♀☌♄	0am13
	♀☌♅	3pm 8
	⊕□☿	3 25
12 S	☿△♃	7am25
	♀⚼♇	12pm50
	☿□♄	8 45
13 Su	☿□♅	2am18
	♀ ♋	6 47
	☿⚼♇	10 50
	☿ ♎	6pm 1
14 M	☿□♀	1am40
	⊕⚺♃	7pm45
15	☿□♂	3pm26
17 Th	⊕☍♄	4am27
	☿△♇	9 9
	☿☍♆	10pm 8
18 F	⊕☍♅	1am49
	♀☌♂	6pm38
19	⊕∠♇	1pm22
20 Su	☿□♃	12pm59
	⊕ ♑	7 1
21 M	☿△♄	2am50
	☿△♅	8 15
	♀⚻♇	7pm58
22 T	☿ ♏	3am 4
	⊕✱☿	4pm36
23	♀□♆	0am55
25	☿⚼♄	10pm36
26 S	☿△♂	2am33
	☿⚼♅	3 32
	☿□♇	2pm20
27	☿⚻♆	6am10
28	☿0S	5am57
29 T	♀☍♃	0am50
	♂⚻♇	5 38
	♀⚺♄	11pm27
	⊕∠☿	11 59
30 W	♀⚺♅	7am 6
	☿✱♃	3pm41

JULY 2032

DAY	☿ LONG	☿ LAT	♀ LONG	♀ LAT	⊕ LONG	♂ LONG	♂ LAT
	° '	° '	° '	° '	° '	° '	° '
1 Th	26♏38	0S58	28♋42	2N16	9♑44	14♋42	1N31
2 F	29 27	1 19	0♌19	2 20	10 41	15 10	1 31
3 S	2♐15	1 39	1 57	2 24	11 38	15 38	1 32
4 Su	5 02	1 59	3 34	2 28	12 36	16 07	1 32
5 M	7 48	2 18	5 11	2 32	13 33	16 35	1 33
6 Tu	10 33	2 37	6 49	2 36	14 30	17 03	1 33
7 W	13 18	2 56	8 26	2 39	15 27	17 31	1 34
8 Th	16 03	3 14	10 04	2 43	16 25	17 59	1 34
9 F	18 47	3 31	11 41	2 46	17 22	18 27	1 35
10 S	21 32	3 49	13 19	2 50	18 19	18 55	1 35
11 Su	24 17	4 05	14 56	2 53	19 16	19 23	1 36
12 M	27 03	4 22	16 34	2 56	20 13	19 51	1 36
13 Tu	29 50	4 37	18 11	2 59	21 11	20 19	1 37
14 W	2♑37	4 52	19 49	3 01	22 08	20 47	1 37
15 Th	5 26	5 07	21 26	3 04	23 05	21 15	1 37
16 F	8 16	5 21	23 04	3 06	24 02	21 42	1 38
17 S	11 08	5 34	24 42	3 09	25 00	22 10	1 38
18 Su	14 02	5 46	26 19	3 11	25 57	22 38	1 39
19 M	16 58	5 58	27 57	3 13	26 54	23 06	1 39
20 Tu	19 56	6 09	29 34	3 14	27 51	23 33	1 40
21 W	22 57	6 19	1♍12	3 16	28 49	24 01	1 40
22 Th	26 00	6 28	2 49	3 18	29 46	24 29	1 40
23 F	29 07	6 36	4 27	3 19	0♒43	24 56	1 41
24 S	2♒17	6 43	6 04	3 20	1 40	25 24	1 41
25 Su	5 31	6 49	7 42	3 21	2 38	25 51	1 41
26 M	8 49	6 54	9 19	3 22	3 35	26 19	1 42
27 Tu	12 11	6 58	10 57	3 23	4 32	26 46	1 42
28 W	15 37	7 00	12 34	3 23	5 30	27 14	1 42
29 Th	19 09	7 00	14 11	3 23	6 27	27 41	1 43
30 F	22 46	6 59	15 49	3 24	7 24	28 09	1 43
31 S	26♒29	6S57	17♍26	3N24	8♒22	28♋36	1N43

AUGUST 2032

DAY	☿ LONG	☿ LAT	♀ LONG	♀ LAT	⊕ LONG	♂ LONG	♂ LAT
	° '	° '	° '	° '	° '	° '	° '
1 Su	0♓17	6S52	19♍04	3N24	9♒19	29♋03	1N44
2 M	4 12	6 45	20 41	3 23	10 16	29 31	1 44
3 Tu	8 14	6 36	22 18	3 23	11 14	29 58	1 44
4 W	12 23	6 25	23 55	3 22	12 11	0♌25	1 45
5 Th	16 39	6 12	25 33	3 21	13 09	0 52	1 45
6 F	21 03	5 56	27 10	3 20	14 06	1 20	1 45
7 S	25 36	5 37	28 47	3 19	15 04	1 47	1 46
8 Su	0♈17	5 15	0♎24	3 18	16 01	2 14	1 46
9 M	5 07	4 51	2 01	3 17	16 59	2 41	1 46
10 Tu	10 05	4 23	3 39	3 15	17 56	3 08	1 46
11 W	15 13	3 53	5 16	3 13	18 54	3 35	1 47
12 Th	20 30	3 20	6 53	3 12	19 52	4 02	1 47
13 F	25 56	2 43	8 30	3 10	20 49	4 30	1 47
14 S	1♉31	2 05	10 07	3 07	21 47	4 57	1 47
15 Su	7 14	1 24	11 44	3 05	22 44	5 24	1 47
16 M	13 06	0 41	13 20	3 03	23 42	5 51	1 48
17 Tu	19 04	0N03	14 57	3 00	24 40	6 17	1 48
18 W	25 10	0 47	16 34	2 57	25 37	6 44	1 48
19 Th	1♊20	1 32	18 11	2 54	26 35	7 11	1 48
20 F	7 35	2 17	19 48	2 51	27 33	7 38	1 48
21 S	13 53	2 59	21 24	2 48	28 31	8 05	1 49
22 Su	20 12	3 40	23 01	2 45	29 28	8 32	1 49
23 M	26 31	4 18	24 38	2 41	0♓26	8 59	1 49
24 Tu	2♋49	4 53	26 14	2 38	1 24	9 26	1 49
25 W	9 03	5 24	27 51	2 34	2 22	9 52	1 49
26 Th	15 13	5 51	29 27	2 30	3 20	10 19	1 49
27 F	21 18	6 13	1♏03	2 26	4 17	10 46	1 50
28 S	27 15	6 31	2 40	2 22	5 15	11 13	1 50
29 Su	3♌05	6 45	4 16	2 18	6 13	11 39	1 50
30 M	8 46	6 54	5 52	2 14	7 11	12 06	1 50
31 Tu	14♌18	6N59	7♏29	2N10	8♓09	12♌33	1N50

DAY	♃ LONG	♃ LAT	♄ LONG	♄ LAT	♅ LONG	♅ LAT	♆ LONG	♆ LAT	♇ LONG	♇ LAT
	° '	° '	° '	° '	° '	° '	° '	° '	° '	° '
2 F	25♑45.5	0S20	27♊06.7	1S07	27♊34.4	0N11	15♈50.4	1S35	13♒52.5	6S54
7 W	26 11.0	0 21	27 17.9	1 07	27 38.0	0 11	15 52.2	1 35	13 53.8	6 55
12 M	26 36.5	0 21	27 29.1	1 07	27 41.6	0 11	15 54.0	1 35	13 55.0	6 55
17 S	27 02.0	0 22	27 40.3	1 06	27 45.1	0 11	15 55.9	1 35	13 56.3	6 55
22 Th	27 27.6	0 22	27 51.6	1 06	27 48.7	0 11	15 57.7	1 35	13 57.6	6 56
27 Tu	27 53.2	0 23	28 02.8	1 05	27 52.3	0 11	15 59.6	1 35	13 58.9	6 56
1 Su	28 18.7	0 24	28 14.0	1 05	27 55.9	0 11	16 01.4	1 35	14 00.2	6 56
6 F	28 44.3	0 24	28 25.2	1 04	27 59.4	0 11	16 03.2	1 35	14 01.5	6 57
11 W	29 09.9	0 25	28 36.4	1 04	28 03.0	0 11	16 05.1	1 35	14 02.7	6 57
16 M	29 35.6	0 25	28 47.6	1 03	28 06.6	0 11	16 06.9	1 35	14 04.0	6 58
21 S	0♒01.2	0 26	28 58.8	1 03	28 10.2	0 11	16 08.7	1 35	14 05.3	6 58
26 Th	0 26.9	0 26	29 10.0	1 03	28 13.7	0 11	16 10.6	1 35	14 06.6	6 58
31 Tu	0 52.6	0 27	29 21.3	1 02	28 17.3	0 11	16 12.4	1 35	14 07.8	6 59

☿a.458609	☿p.395547
♀p.718580	♀ .719412
⊕a1.01669	⊕ 1.01501
♂ 1.60266	♂ 1.63109
♃ 5.14401	♃ 5.13301
♄ 9.01721	♄ 9.01637
♅ 19.0507	♅ 19.0451
♆ 29.8467	♆ 29.8464
♇ 37.0897	♇ 37.1116
☊	Perihelia
☿ 18° ♉ 43	☿ 17° ♊ 58
♀ 16 ♊ 59	♀ 12 ♌ 09
⊕	⊕ 12 ♋ 17
♂ 19 ♉ 49	♂ 6 ♓ 40
♃ 10 ♋ 48	♃ 14 ♈ 43
♄ 23 ♋ 57	♄ 2 ♋ 50
♅ 14 ♊ 09	♅ 22 ♍ 44
♆ 12 ♌ 06	♆ 29 ♈ 39
♇ 20 ♋ 43	♇ 15 ♏ 48

1 Th	☿⚻♄	3am50
	☿⚻♅	7 58
	♀ ♌	7pm16
2 F	☿ ♐	4am43
	☿⚼♂	7 24
	☿⚼♆	11 56
	☿△♀	5pm45
3	♂□♆	10am42
5 M	⊕⚺♇	8am36
	⊕ A	11 55
6	☿∠♃	4am56
7 W	☿✱♇	5am13
	⊕□♆	10 31
	☿△♆	10pm31
8 Th	⊕⚺☿	4am53
	☿ A	3pm12
	☿⚻♂	8 27
9 F	♀ P	7am 2
	♀∠♄	10 20
	♀∠♅	2pm24
10	♀☍♇	8am48
11 Su	⊕☍♂	5am38
	♀△♆	2pm 9
	☿⚺♃	8 2
12 M	☿☍♄	3am48
	☿☍♅	5 34
	☿∠♇	4pm 9
13	☿ ♑	1am28
14	♀⚺♂	7pm56
15	☿⚼♀	7pm57
17 S	⊕⚻♀	10am45
	☿⚺♇	11pm16
18 Su	♀⚻♃	12pm30
	☿□♆	3 40
	♀✱♄	9 2
	♀✱♅	9 31
19 M	⊕☌♃	8am23
	⊕⚻♄	10pm10
	⊕⚻♅	10 18
20 T	♄☌♅	3am21
	♀ ♍	6 22
	♀⚼♆	8pm28
21	☿☍♂	9am58
22 Th	⊕ ♒	5am57
	☿☌♃	11 36
	☿⚻♅	2pm 3
	☿⚻♄	2 32
23 F	☿ ♒	6am44
	⊕☌☿	5pm25
26 M	☿⚻♀	7am 5
	♃⚻♅	7pm16
27 T	☿⚼♅	4am53
	☿⚼♄	6 10
	☿☌♇	12pm39
	♀∠♂	5 5
28 W	☿✱♆	2am35
	♀⚼♃	6 19
	♀⚻♇	9pm 2
29 Th	♂⚺♅	11am13
	♂☍♃	11pm51
30 F	♂⚺♄	0am49
	♀⚻♆	2 56
	♃⚻♄	8 19
31	☿△♅	9am12
S	☿△♄	11 1
	☿⚺♃	11 22
	☿⚻♂	3pm17
	☿ ♓	10 13
1	☿∠♆	4am35
3 T	♂ ♌	1am47
	⊕⚺☿	10pm35
4 W	☿∠♃	6am53
	☿⚺♇	9 17
	☿⚼♂	7pm10
	⊕⚼♅	7 45
	☿⚺♆	8 38
5 Th	⊕⚼♄	6am 9
	⊕☌♇	9pm59
6 F	♀□♅	12pm18
	♀□♄	7 1
7 S	♀△♃	0am36
	♀⚼♇	3 36
	☿□♅	12pm26
	☿□♄	2 51
	☿✱♃	4 55
	☿∠♇	5 40
	♀ ♎	5 59
	☿ ♈	10 34
8 Su	☿☍♀	0am56
	⊕✱♆	1 7
	⊕∠☿	4 39
	☿△♂	10 48
	⊕⚼♀	10pm24
9	♀✱♂	1pm37
10	☿✱♇	6pm34
11 W	☿☌♆	3am59
	⊕✱☿	8pm29
13 F	☿✱♅	9am17
	☿✱♄	11 58
	☿□♃	2pm56
	☿ ♉	5 32
14	☿□♂	3pm40
16 M	☿∠♅	0am 3
	☿⚻♀	1 22
	☿∠♄	2 51
	☿□♇	3 56
	♀△♇	10 49
	☿⚺♆	12pm11
	☿0N	10 36
17	♀☍♆	5pm24
18 W	⊕□☿	2am 8
	☿⚺♅	11 37
	☿⚺♄	2pm32
	☿△♃	6 10
	☿ ♊	6 50
	☿∠♆	11 13
19	☿⚼♀	9am35
20 F	☿✱♂	0am13
	⊕△♅	3pm27
	♃ ♒	6 18
21 S	☿△♇	0am48
	☿⚼♃	4 24
	☿✱♆	8 37
	⊕△♄	12pm15
	☿ P	2 51
22 Su	⊕ ♓	1pm11
	☿∠♂	1 37
	☿△♀	2 21
	⊕⚺♃	5 22
23 M	☿☌♅	6am23
	☿☌♄	9 43
	☿⚼♇	9 49
	☿ ♋	1pm16
	☿⚻♃	2 11
	⊕△☿	5 37
	⊕∠♆	6 8
24	♄⚼♇	6am 1
25 W	☿⚺♂	3am25
	♀△♅	5 37
	☿⚻♇	7pm39
	♀△♄	7 40
26 Th	☿□♆	3am45
	♀ ♏	8 12
	⊕⚼☿	2pm32
	♀□♃	3 44
28 S	☿⚺♅	4am 5
	☿⚺♄	8 11
	☿ ♌	11 15
	☿☍♃	2pm 0
29 Su	☿□♀	6am54
	⊕⚻☿	3pm53
30 M	☿☌♂	3pm38
	☿∠♅	7 32
	☿☍♇	11 14
31 T	☿∠♄	0am14
	☿△♆	8 25

SEPTEMBER 2032

DAY	☿ LONG	☿ LAT	♀ LONG	♀ LAT	⊕ LONG	♂ LONG	♂ LAT
	° '	° '	° '	° '	° '	° '	° '
1 W	19♌41	7N00	9♏05	2N05	9♓07	12♌59	1N50
2 Th	24 54	6 58	10 41	2 01	10 05	13 26	1 50
3 F	29 57	6 52	12 17	1 56	11 04	13 53	1 50
4 S	4♍51	6 44	13 53	1 51	12 02	14 19	1 50
5 Su	9 36	6 33	15 29	1 46	13 00	14 46	1 51
6 M	14 11	6 20	17 05	1 42	13 58	15 12	1 51
7 Tu	18 37	6 05	18 41	1 37	14 56	15 39	1 51
8 W	22 55	5 48	20 17	1 32	15 55	16 06	1 51
9 Th	27 05	5 30	21 53	1 26	16 53	16 32	1 51
10 F	1♎07	5 11	23 29	1 21	17 51	16 59	1 51
11 S	5 02	4 51	25 04	1 16	18 50	17 25	1 51
12 Su	8 51	4 30	26 40	1 11	19 48	17 52	1 51
13 M	12 33	4 09	28 16	1 05	20 46	18 18	1 51
14 Tu	16 09	3 47	29 51	1 00	21 45	18 45	1 51
15 W	19 39	3 25	1♐27	0 55	22 43	19 11	1 51
16 Th	23 04	3 03	3 02	0 49	23 42	19 38	1 51
17 F	26 25	2 40	4 38	0 44	24 40	20 04	1 51
18 S	29 41	2 18	6 13	0 38	25 39	20 30	1 51
19 Su	2♏54	1 55	7 49	0 32	26 37	20 57	1 51
20 M	6 02	1 33	9 24	0 27	27 36	21 23	1 51
21 Tu	9 07	1 10	11 00	0 21	28 34	21 50	1 51
22 W	12 09	0 48	12 35	0 16	29 33	22 16	1 51
23 Th	15 09	0 26	14 10	0 10	0♈32	22 42	1 51
24 F	18 05	0 05	15 46	0 04	1 30	23 09	1 51
25 S	21 00	0S17	17 21	0S01	2 29	23 35	1 51
26 Su	23 52	0 38	18 56	0 07	3 28	24 01	1 51
27 M	26 43	0 59	20 31	0 13	4 27	24 28	1 51
28 Tu	29 32	1 19	22 06	0 18	5 26	24 54	1 51
29 W	2♐20	1 39	23 41	0 24	6 25	25 20	1 50
30 Th	5♐07	1S59	25♐17	0S29	7♈23	25♌47	1N50

OCTOBER 2032

DAY	☿ LONG	☿ LAT	♀ LONG	♀ LAT	⊕ LONG	♂ LONG	♂ LAT
	° '	° '	° '	° '	° '	° '	° '
1 F	7♐53	2S19	26♐52	0S35	8♈22	26♌13	1N50
2 S	10 38	2 38	28 27	0 41	9 21	26 39	1 50
3 Su	13 23	2 56	0♑02	0 46	10 21	27 05	1 50
4 M	16 08	3 14	1 37	0 52	11 20	27 32	1 50
5 Tu	18 53	3 32	3 12	0 57	12 19	27 58	1 50
6 W	21 37	3 49	4 47	1 02	13 18	28 24	1 50
7 Th	24 23	4 06	6 22	1 08	14 17	28 51	1 50
8 F	27 08	4 22	7 57	1 13	15 16	29 17	1 49
9 S	29 55	4 38	9 32	1 18	16 16	29 43	1 49
10 Su	2♑43	4 53	11 06	1 23	17 15	0♍09	1 49
11 M	5 32	5 07	12 41	1 28	18 14	0 35	1 49
12 Tu	8 22	5 21	14 16	1 33	19 14	1 02	1 49
13 W	11 14	5 34	15 51	1 38	20 13	1 28	1 49
14 Th	14 07	5 47	17 26	1 43	21 12	1 54	1 49
15 F	17 03	5 58	19 01	1 48	22 12	2 20	1 48
16 S	20 02	6 09	20 36	1 53	23 11	2 47	1 48
17 Su	23 02	6 19	22 11	1 58	24 11	3 13	1 48
18 M	26 06	6 28	23 46	2 02	25 10	3 39	1 48
19 Tu	29 13	6 36	25 20	2 07	26 10	4 05	1 48
20 W	2♒23	6 44	26 55	2 11	27 09	4 31	1 47
21 Th	5 37	6 49	28 30	2 15	28 09	4 58	1 47
22 F	8 55	6 54	0♒05	2 19	29 09	5 24	1 47
23 S	12 17	6 58	1 40	2 23	0♉08	5 50	1 47
24 Su	15 44	7 00	3 15	2 27	1 08	6 16	1 46
25 M	19 16	7 00	4 50	2 31	2 08	6 42	1 46
26 Tu	22 53	6 59	6 24	2 35	3 08	7 09	1 46
27 W	26 36	6 56	7 59	2 38	4 07	7 35	1 46
28 Th	0♓24	6 52	9 34	2 42	5 07	8 01	1 45
29 F	4 20	6 45	11 09	2 45	6 07	8 27	1 45
30 S	8 22	6 36	12 44	2 48	7 07	8 53	1 45
31 Su	12♓31	6S25	14♒19	2S52	8♉07	9♍20	1N45

DAY	♃ LONG	♃ LAT	♄ LONG	♄ LAT	♅ LONG	♅ LAT	♆ LONG	♆ LAT	♇ LONG	♇ LAT
	° '	° '	° '	° '	° '	° '	° '	° '	° '	° '
5 Su	1♒18.3	0S27	29♊32.5	1S02	28♊20.9	0N11	16♈14.2	1S35	14♒09.1	6S59
10 F	1 44.0	0 28	29 43.7	1 01	28 24.5	0 11	16 16.0	1 35	14 10.4	6 59
15 W	2 09.7	0 28	29 54.9	1 01	28 28.0	0 11	16 17.9	1 35	14 11.7	7 00
20 M	2 35.5	0 29	0♋06.1	1 00	28 31.6	0 11	16 19.7	1 35	14 12.9	7 00
25 S	3 01.2	0 30	0 17.3	1 00	28 35.2	0 12	16 21.5	1 35	14 14.2	7 00
30 Th	3 27.0	0 30	0 28.5	0 59	28 38.8	0 12	16 23.4	1 36	14 15.5	7 01
5 Tu	3 52.8	0 31	0 39.7	0 59	28 42.3	0 12	16 25.2	1 36	14 16.8	7 01
10 Su	4 18.6	0 31	0 50.9	0 59	28 45.9	0 12	16 27.0	1 36	14 18.0	7 01
15 F	4 44.5	0 32	1 02.2	0 58	28 49.5	0 12	16 28.9	1 36	14 19.3	7 02
20 W	5 10.3	0 32	1 13.4	0 58	28 53.1	0 12	16 30.7	1 36	14 20.6	7 02
25 M	5 36.2	0 33	1 24.6	0 57	28 56.7	0 12	16 32.5	1 36	14 21.9	7 02
30 S	6 02.1	0 33	1 35.8	0 57	29 00.2	0 12	16 34.4	1 36	14 23.2	7 03

☿ .337802	☿a.464891
♀ .723027	♀a.726741
⊕ 1.00927	⊕ 1.00125
♂ 1.65166	♂a1.66313
♃ 5.12212	♃ 5.11173
♄ 9.01571	♄ 9.01527
♅ 19.0394	♅ 19.0340
♆ 29.8462	♆ 29.8459
♇ 37.1334	♇ 37.1545
☊	Perihelia
☿ 18° ♉ 43	☿ 17° ♊ 58
♀ 16 ♊ 59	♀ 12 ♌ 14
⊕	⊕ 11 ♋ 01
♂ 19 ♉ 49	♂ 6 ♓ 41
♃ 10 ♋ 48	♃ 14 ♈ 44
♄ 23 ♋ 57	♄ 2 ♋ 43
♅ 14 ♊ 09	♅ 22 ♍ 27
♆ 12 ♌ 06	♆ 29 ♈ 35
♇ 20 ♋ 43	♇ 15 ♏ 49

1 W	⊕△♀	1am36
	♂∠♅	5pm14
2 Th	☿✶♅	4pm 9
	☿✶♄	9 37
3 F	☿ ♍	0am13
	☿⚻♃	5 48
	☿⚼♆	6 9
	♂☍♇	2pm30
	♀⚼♅	3 42
4 S	♀□♇	3am56
	♀□♂	9 2
	♀⚼♄	9 29
	♂∠♄	10 46
5 Su	♀⚻♆	11am18
	⊕☍☿	10pm34
	☿⚻♇	11 53
6 M	⊕⚺♇	4am40
	☿⚺♂	6 6
	☿⚻♆	11 4
	☿⚼♃	12pm 5
7	☿✶♀	0am34
8 W	⊕⚻♂	8am20
	⊕⚺♆	8 35
	♂△♆	8 54
	⊕∠♃	5pm40
9 Th	☿□♅	7am45
	☿⚼♇	12pm19
	☿□♄	3 34
	☿ ♎	5 16
10 F	☿△♃	3am47
	☿∠♂	5 51
13 M	♀⚻♅	2am46
	☿∠♀	8 28
	☿△♇	10 53
14 T	♀⚻♄	0am21
	☿☍♆	1 1
	♀ ♐	2 11
	☿✶♂	8pm18
	♀⚼♆	9 44
15	♀✶♃	11am22
16	⊕⚻☿	6am11
17 F	♄ ♋	6am44
	☿△♅	3pm12
18 S	☿ ♏	2am18
	☿△♄	2 32
	☿□♃	8pm59
20	⊕□♅	11pm11
21	⊕∠♇	3pm59
22 W	☿⚺♀	7am14
	⊕ ♈	11 4
	☿⚼♅	11 12
	⊕□♄	4pm 0
	☿□♇	4 36
23 Th	☿⚼♄	0am34
	♀✶♇	0 53
	⊕⚼☿	4 39
	☿⚻♆	9 47
24 F	☿0S	5am12
	♀△♆	9 1
	♀0S	6pm28
25 S	♀∠♃	10am47
	⊕✶♃	2pm22
26	☿□♂	1am30
27	☿⚻♅	4pm 9
28 T	☿ ♐	3am57
	☿⚻♄	7 29
	☿⚼♆	3pm48
29	☿✶♃	9am 8
30	♀△♂	10am30
1	⊕△☿	6am38
2 S	♀☍♅	3am26
	♀∠♇	12pm30
	♀ ♑	11 34
3 Su	☿✶♇	7am44
	♀☍♄	8 41
4 M	☿△♆	2am28
	☿ A	2pm28
5 T	☿∠♃	0am 2
	♀⚺♃	10 59
6 W	⊕⚼♂	4am38
	♂✶♅	5pm39
7	⊕✶♇	0am 4
8 F	☿☍♅	1pm54
	☿∠♇	6 38
	☿△♂	9 56
9 S	☿ ♑	0am42
	⊕☌♆	4 31
	☿☍♄	7 48
	♂ ♍	3pm32
10	☿⚺♃	2pm 5
11	♂✶♄	5pm42
12	♀⚺♇	0am34
13 W	♂⚼♆	0am11
	♀□♆	9 23
	♀⚼♂	12pm51
14 Th	☿⚺♇	1am35
	☿□♆	7pm18
15	☿⚼♂	2am42
16	☿☌♀	9am38
17	⊕□☿	1pm15
18	☿⚻♅	9pm22
19 T	☿ ♒	5am58
	☿⚻♄	3pm 8
20 W	⊕□♀	9am35
	☿⚻♂	6pm24
	☿☌♃	9 17
21 Th	♀⚻♅	6am 2
	⊕✶♅	6pm15
	♂⚻♃	8 24
	♀ ♒	10 44
22 F	♀⚻♄	6pm53
	⊕ ♉	8 39
23 S	☿⚼♅	11am29
	☿☌♇	2pm30
24 Su	☿⚼♄	4am26
	☿✶♆	5 31
	⊕✶♄	5 57
	♂ A	10pm54
25	♀☌♃	12pm28
26	♀⚻♂	3pm25
27 W	☿△♅	3pm 4
	☿ ♓	9 28
28 Th	☿△♄	6am58
	☿∠♆	7 9
	⊕□♃	7pm27
29 F	☿⚺♃	9am57
	⊕✶☿	2pm19
	♀ A	3 34
30 S	☿☍♂	3am29
	♀⚼♅	7pm25
31 Su	♀☌♇	1am 8
	☿⚺♇	10 38
	☿⚺♀	4pm12
	☿⚺♆	10 52

NOVEMBER 2032

DAY	☿ LONG	☿ LAT	♀ LONG	♀ LAT	⊕ LONG	♂ LONG	♂ LAT
	° '	° '	° '	° '	° '	° '	° '
1 M	16♓47	6S11	15♒54	2S55	9♉07	9♍46	1N44
2 Tu	21 12	5 55	17 29	2 57	10 07	10 12	1 44
3 W	25 45	5 36	19 04	3 00	11 07	10 38	1 44
4 Th	0♈26	5 14	20 39	3 03	12 08	11 04	1 43
5 F	5 16	4 50	22 14	3 05	13 08	11 31	1 43
6 S	10 15	4 22	23 49	3 07	14 08	11 57	1 43
7 Su	15 23	3 52	25 24	3 09	15 08	12 23	1 42
8 M	20 40	3 18	26 59	3 11	16 08	12 49	1 42
9 Tu	26 06	2 42	28 34	3 13	17 09	13 16	1 42
10 W	1♉41	2 04	0♓09	3 15	18 09	13 42	1 41
11 Th	7 25	1 23	1 44	3 17	19 09	14 08	1 41
12 F	13 17	0 40	3 19	3 18	20 09	14 34	1 41
13 S	19 16	0N04	4 54	3 19	21 10	15 01	1 40
14 Su	25 21	0 49	6 29	3 20	22 10	15 27	1 40
15 M	1♊32	1 34	8 04	3 21	23 11	15 53	1 40
16 Tu	7 47	2 18	9 39	3 22	24 11	16 19	1 39
17 W	14 04	3 01	11 14	3 23	25 11	16 46	1 39
18 Th	20 24	3 41	12 50	3 23	26 12	17 12	1 39
19 F	26 43	4 20	14 25	3 23	27 12	17 38	1 38
20 S	3♋00	4 54	16 00	3 24	28 13	18 04	1 38
21 Su	9 15	5 25	17 35	3 24	29 14	18 31	1 37
22 M	15 24	5 52	19 11	3 24	0♊14	18 57	1 37
23 Tu	21 29	6 14	20 46	3 23	1 15	19 23	1 37
24 W	27 26	6 32	22 21	3 23	2 15	19 50	1 36
25 Th	3♌15	6 45	23 56	3 22	3 16	20 16	1 36
26 F	8 56	6 54	25 32	3 21	4 17	20 42	1 35
27 S	14 28	6 59	27 07	3 21	5 17	21 09	1 35
28 Su	19 51	7 00	28 43	3 19	6 18	21 35	1 34
29 M	25 03	6 58	0♈18	3 18	7 19	22 02	1 34
30 Tu	0♍06	6N52	1♈53	3S17	8♊20	22♍28	1N33

DECEMBER 2032

DAY	☿ LONG	☿ LAT	♀ LONG	♀ LAT	⊕ LONG	♂ LONG	♂ LAT
	° '	° '	° '	° '	° '	° '	° '
1 W	5♍00	6N44	3♈29	3S15	9♊21	22♍54	1N33
2 Th	9 44	6 33	5 04	3 14	10 21	23 21	1 33
3 F	14 19	6 19	6 40	3 12	11 22	23 47	1 32
4 S	18 45	6 04	8 15	3 10	12 23	24 14	1 32
5 Su	23 03	5 48	9 51	3 08	13 24	24 40	1 31
6 M	27 13	5 30	11 26	3 05	14 25	25 07	1 31
7 Tu	1♎15	5 11	13 02	3 03	15 26	25 33	1 30
8 W	5 09	4 50	14 38	3 00	16 27	25 59	1 30
9 Th	8 58	4 30	16 13	2 58	17 28	26 26	1 29
10 F	12 39	4 08	17 49	2 55	18 29	26 53	1 29
11 S	16 15	3 46	19 25	2 52	19 30	27 19	1 28
12 Su	19 46	3 24	21 00	2 49	20 31	27 46	1 28
13 M	23 11	3 02	22 36	2 46	21 32	28 12	1 27
14 Tu	26 31	2 40	24 12	2 42	22 33	28 39	1 26
15 W	29 47	2 17	25 48	2 39	23 34	29 05	1 26
16 Th	3♏00	1 54	27 24	2 35	24 35	29 32	1 25
17 F	6 08	1 32	28 59	2 31	25 36	29 59	1 25
18 S	9 13	1 10	0♉35	2 28	26 37	0♎25	1 24
19 Su	12 15	0 48	2 11	2 24	27 38	0 52	1 24
20 M	15 14	0 26	3 47	2 20	28 39	1 19	1 23
21 Tu	18 11	0 04	5 23	2 15	29 40	1 45	1 23
22 W	21 05	0S17	6 59	2 11	0♋41	2 12	1 22
23 Th	23 58	0 39	8 35	2 07	1 42	2 39	1 21
24 F	26 48	0 59	10 11	2 02	2 43	3 05	1 21
25 S	29 38	1 20	11 47	1 57	3 45	3 32	1 20
26 Su	2♐25	1 40	13 23	1 53	4 46	3 59	1 20
27 M	5 12	2 00	14 59	1 48	5 47	4 26	1 19
28 Tu	7 58	2 19	16 35	1 43	6 48	4 53	1 18
29 W	10 44	2 38	18 12	1 38	7 49	5 19	1 18
30 Th	13 28	2 57	19 48	1 33	8 50	5 46	1 17
31 F	16♐13	3S15	21♉24	1S28	9♋51	6♎13	1N17

DAY	♃ LONG	♃ LAT	♄ LONG	♄ LAT	♅ LONG	♅ LAT	♆ LONG	♆ LAT	♇ LONG	♇ LAT
	° '	° '	° '	° '	° '	° '	° '	° '	° '	° '
4 Th	6♒28.0	0S34	1♋47.0	0S56	29♊03.8	0N12	16♈36.2	1S36	14♒24.4	7S03
9 Tu	6 53.9	0 34	1 58.2	0 56	29 07.4	0 12	16 38.0	1 36	14 25.7	7 04
14 Su	7 19.9	0 35	2 09.4	0 55	29 11.0	0 12	16 39.9	1 36	14 27.0	7 04
19 F	7 45.8	0 35	2 20.7	0 55	29 14.6	0 12	16 41.7	1 36	14 28.3	7 04
24 W	8 11.8	0 36	2 31.9	0 55	29 18.2	0 12	16 43.5	1 36	14 29.5	7 05
29 M	8 37.8	0 36	2 43.1	0 54	29 21.7	0 12	16 45.4	1 36	14 30.8	7 05
4 S	9 03.8	0 37	2 54.3	0 54	29 25.3	0 12	16 47.2	1 36	14 32.1	7 05
9 Th	9 29.8	0 38	3 05.5	0 53	29 28.9	0 12	16 49.1	1 36	14 33.4	7 06
14 Tu	9 55.9	0 38	3 16.7	0 53	29 32.5	0 12	16 50.9	1 36	14 34.7	7 06
19 Su	10 22.0	0 39	3 28.0	0 52	29 36.1	0 12	16 52.7	1 36	14 35.9	7 06
24 F	10 48.0	0 39	3 39.2	0 52	29 39.7	0 12	16 54.6	1 36	14 37.2	7 07
29 W	11 14.1	0 40	3 50.4	0 51	29 43.3	0 12	16 56.4	1 36	14 38.5	7 07

☿p.372550	☿a.354235
♀ .728196	♀ .726364
⊕ .992581	⊕ .986108
♂ 1.66573	♂ 1.65919
♃ 5.10115	♃ 5.09110
♄p9.01500	♄ 9.01492
♅ 19.0284	♅ 19.0230
♆ 29.8457	♆ 29.8455
♇ 37.1763	♇ 37.1975
☊	Perihelia
☿ 18° ♉ 43	☿ 17° ♊ 58
♀ 16 ♊ 59	♀ 12 ♌ 16
⊕	⊕ 13 ♋ 20
♂ 19 ♉ 49	♂ 6 ♓ 42
♃ 10 ♋ 48	♃ 14 ♈ 46
♄ 23 ♋ 57	♄ 2 ♋ 39
♅ 14 ♊ 09	♅ 22 ♍ 08
♆ 12 ♌ 05	♆ 29 ♈ 50
♇ 20 ♋ 43	♇ 15 ♏ 49

1 M	♀∗♆	10am28
	♀⚼♄	12pm 1
2 T	☿∠♃	0am32
	⊕△♂	3 20
3 W	⊕∠☿	2am31
	☿□♅	5pm 4
	☿∠♇	6 49
	☿ ♈	9 50
4	☿□♄	6am51
5 F	☿∗♃	6am23
	☿∠♀	2pm 0
	⊕∠♅	10 57
6 S	⊕□♇	6am50
	☿⚻♂	8 47
	☿∗♇	7pm33
	⊕⚺☿	10 35
7	☿☌♆	5am42
8 M	⊕⚺♆	11am46
	⊕∠♄	7pm44
9 T	♀△♅	8am35
	☿⚼♂	10 7
	☿∗♅	1pm 4
	☿∗♀	2 50
	☿ ♉	4 48
	♀ ♓	9 48
10 W	☿∗♄	1am21
	☿□♃	10pm33
	♀∠♆	10 44
11 Th	♀△♄	4am54
	♂⚻♇	4pm47
12 F	☿∠♅	3am34
	☿□♇	4 42
	☿△♂	5 39
	☿⚺♆	1pm36
	☿∠♄	3 25
	☿0N	9 52
13	⊕☌☿	9am 3
14 Su	♀⚺♃	1pm34
	☿⚺♅	2 57
	☿ ♊	6 6
15 M	☿∠♆	0am33
	☿⚺♄	2 35
	☿△♃	10pm57
16 T	☿□♀	9am36
	♂⚻♆	7pm43
17 W	☿△♇	1am29
	☿∗♆	9 56
	☿□♂	10 58
	☿ P	2pm 8
18	☿⚼♃	8am48
19 F	♀⚺♇	0am52
	⊕⚺☿	2 15
	☿☌♅	9 40
	☿⚼♇	10 31
	☿ ♋	12pm32
	☿☌♄	9 37
20 S	♀⚺♆	10am38
	☿⚻♃	6pm53
21 Su	⊕⚺♅	0am59
	⊕ ♊	6pm24
	♀☍♂	7 19
	☿⚻♇	8 23
	⊕∠☿	11 12
22 M	☿□♆	5am 8
	☿∗♂	3pm 3
	☿△♀	8 9
23	⊕∠♆	11am19
24 W	⊕⚺♄	6am46
	☿⚺♅	7 40
	☿ ♌	10 31
	♀∠♃	1pm29
	☿⚺♄	9 7
25 Th	⊕∗☿	0am 4
	☿∠♂	9 8
	☿☍♃	9pm32
26 F	☿⚼♀	9am35
	☿∠♅	11pm25
27 S	☿☍♇	0am 9
	☿△♆	10 5
	☿∠♄	2pm11
28 Su	☿⚺♂	8am40
	♀□♅	9 45
	♀∠♇	12pm 6
	♄ P	3 39
	♀ ♈	7 29
29 M	☿∗♅	8pm27
	☿ ♍	11 29
30 T	☿⚼♆	8am 2
	⊕△♃	10 1
	☿⚻♀	12pm49
	☿∗♄	12 59
	♀□♄	1 22

1	☿⚻♃	7pm35
2	⊕□☿	4am 7
3 F	☿⚻♇	1am 8
	♂⚼♃	12pm55
	☿⚻♆	1 15
4	♀∗♃	12pm52
5 Su	☿⚼♃	6am25
	☿☌♂	10 21
6 M	⊕△♇	3am 0
	☿□♅	1pm15
	☿⚼♇	1 49
	☿ ♎	4 32
7 T	☿□♄	10am54
	♀∗♇	10pm51
8	⊕∗♆	8am37
9 Th	☿△♃	3am32
	♀☌♆	8 59
10	☿△♇	12pm39
11 S	⊕∗♀	3am31
	☿☍♆	3 55
12 Su	⊕△☿	7am27
	☿☍♀	4pm18
14 T	☿⚺♂	5pm59
	☿△♅	10 14
15	☿ ♏	1am33
16 Th	♂□♅	1am52
	☿△♄	2 46
	♂⚼♇	2 57
	⊕⚼♃	1pm33
17 F	♂ ♎	1am18
	♀∗♅	8 53
	♀ ♉	3pm10
	♀⚻♂	8 30
18 S	☿□♃	8am36
	♅⚼♇	4pm 7
19 Su	⊕⚼☿	4am37
	☿□♇	6pm52
	☿⚼♅	6 56
	♀∗♄	7 41
20	☿∠♂	10am15
M	☿⚻♆	1pm25
	⊕⚼♇	10 33
	⊕☌♅	10 58
21 T	☿⚼♄	2am59
	☿0S	4 28
	⊕ ♋	7 49
24 F	♀□♃	9am47
	⊕□♂	3pm21
	⊕☌♄	10 44
25 S	☿⚻♅	0am24
	☿ ♐	3 12
	♂□♄	9 5
	☿⚼♆	7pm40
26 Su	☿⚻♄	11am23
	☿∗♂	4pm 0
	♀□♇	6 40
	♀∠♅	7 36
27	⊕⚻☿	7am54
28	♀⚺♆	5am10
29 W	☿∗♃	4am35
	♀∠♄	9 55
30 Th	☿∗♇	10am15
	♀⚼♂	8pm14
31 F	☿△♆	6am26
	☿ A	1pm45

JANUARY 2033

DAY	☿ LONG	☿ LAT	♀ LONG	♀ LAT	⊕ LONG	♂ LONG	♂ LAT
	° '	° '	° '	° '	° '	° '	° '
1 S	18♐58	3S32	23♉00	1S23	10♋53	6♎40	1N16
2 Su	21 43	3 50	24 37	1 18	11 54	7 07	1 15
3 M	24 28	4 06	26 13	1 12	12 55	7 34	1 15
4 Tu	27 14	4 22	27 49	1 07	13 56	8 01	1 14
5 W	0♑00	4 38	29 26	1 02	14 57	8 28	1 13
6 Th	2 48	4 53	1♊02	0 56	15 59	8 55	1 13
7 F	5 37	5 08	2 38	0 51	17 00	9 22	1 12
8 S	8 27	5 21	4 15	0 45	18 01	9 49	1 11
9 Su	11 19	5 35	5 51	0 39	19 02	10 16	1 11
10 M	14 13	5 47	7 28	0 34	20 03	10 43	1 10
11 Tu	17 09	5 59	9 04	0 28	21 04	11 10	1 09
12 W	20 07	6 09	10 41	0 22	22 05	11 37	1 09
13 Th	23 08	6 19	12 18	0 17	23 07	12 05	1 08
14 F	26 12	6 29	13 54	0 11	24 08	12 32	1 07
15 S	29 19	6 37	15 31	0 05	25 09	12 59	1 07
16 Su	2♒29	6 44	17 08	0N01	26 10	13 26	1 06
17 M	5 43	6 50	18 44	0 06	27 11	13 54	1 05
18 Tu	9 01	6 54	20 21	0 12	28 12	14 21	1 04
19 W	12 24	6 58	21 58	0 18	29 13	14 48	1 04
20 Th	15 51	7 00	23 35	0 23	0♌14	15 16	1 03
21 F	19 23	7 00	25 12	0 29	1 15	15 43	1 02
22 S	23 00	6 59	26 48	0 35	2 16	16 10	1 01
23 Su	26 43	6 56	28 25	0 40	3 17	16 38	1 01
24 M	0♓32	6 52	0♋02	0 46	4 18	17 05	1 00
25 Tu	4 27	6 45	1 39	0 52	5 19	17 33	0 59
26 W	8 29	6 36	3 16	0 57	6 20	18 00	0 59
27 Th	12 39	6 25	4 53	1 03	7 21	18 28	0 58
28 F	16 56	6 11	6 30	1 08	8 22	18 55	0 57
29 S	21 20	5 55	8 07	1 14	9 23	19 23	0 56
30 Su	25 53	5 36	9 44	1 19	10 24	19 51	0 55
31 M	0♈35	5S14	11♋22	1N24	11♌25	20♎18	0N55

FEBRUARY 2033

DAY	☿ LONG	☿ LAT	♀ LONG	♀ LAT	⊕ LONG	♂ LONG	♂ LAT
	° '	° '	° '	° '	° '	° '	° '
1 Tu	5♈25	4S49	12♋59	1N29	12♌26	20♎46	0N54
2 W	10 24	4 21	14 36	1 35	13 27	21 14	0 53
3 Th	15 33	3 51	16 13	1 40	14 28	21 42	0 52
4 F	20 50	3 17	17 50	1 45	15 29	22 09	0 52
5 S	26 17	2 41	19 28	1 49	16 30	22 37	0 51
6 Su	1♉52	2 02	21 05	1 54	17 31	23 05	0 50
7 M	7 36	1 22	22 42	1 59	18 31	23 33	0 49
8 Tu	13 28	0 39	24 20	2 04	19 32	24 01	0 48
9 W	19 27	0N05	25 57	2 08	20 33	24 29	0 48
10 Th	25 32	0 50	27 34	2 13	21 34	24 57	0 47
11 F	1♊43	1 35	29 12	2 17	22 34	25 25	0 46
12 S	7 58	2 19	0♌49	2 21	23 35	25 53	0 45
13 Su	14 16	3 02	2 26	2 25	24 36	26 21	0 44
14 M	20 35	3 43	4 04	2 29	25 36	26 49	0 43
15 Tu	26 54	4 21	5 41	2 33	26 37	27 17	0 43
16 W	3♋12	4 55	7 19	2 37	27 38	27 46	0 42
17 Th	9 26	5 26	8 56	2 40	28 38	28 14	0 41
18 F	15 36	5 53	10 34	2 44	29 39	28 42	0 40
19 S	21 40	6 15	12 11	2 47	0♍39	29 10	0 39
20 Su	27 37	6 32	13 49	2 51	1 40	29 39	0 38
21 M	3♌26	6 46	15 26	2 54	2 40	0♏07	0 37
22 Tu	9 07	6 54	17 04	2 57	3 41	0 35	0 37
23 W	14 38	6 59	18 41	2 59	4 41	1 04	0 36
24 Th	20 00	7 00	20 19	3 02	5 41	1 32	0 35
25 F	25 13	6 58	21 56	3 05	6 42	2 01	0 34
26 S	0♍16	6 52	23 34	3 07	7 42	2 30	0 33
27 Su	5 09	6 43	25 11	3 09	8 43	2 58	0 32
28 M	9♍53	6N32	26♌49	3N11	9♍43	3♏27	0N31

DAY	♃ LONG	♃ LAT	♄ LONG	♄ LAT	♅ LONG	♅ LAT	♆ LONG	♆ LAT	♇ LONG	♇ LAT
	° '	° '	° '	° '	° '	° '	° '	° '	° '	° '
3 M	11♒40.3	0S40	4♋01.6	0S51	29♊46.9	0N12	16♈58.2	1S36	14♒39.8	7S07
8 S	12 06.4	0 41	4 12.8	0 50	29 50.4	0 13	17 00.1	1 36	14 41.0	7 08
13 Th	12 32.5	0 41	4 24.1	0 50	29 54.0	0 13	17 01.9	1 36	14 42.3	7 08
18 Tu	12 58.7	0 42	4 35.3	0 50	29 57.6	0 13	17 03.8	1 36	14 43.6	7 08
23 Su	13 24.9	0 42	4 46.5	0 49	0♋01.2	0 13	17 05.6	1 36	14 44.9	7 09
28 F	13 51.1	0 43	4 57.7	0 49	0 04.8	0 13	17 07.4	1 36	14 46.2	7 09
2 W	14 17.3	0 43	5 08.9	0 48	0 08.4	0 13	17 09.3	1 36	14 47.4	7 09
7 M	14 43.5	0 44	5 20.2	0 48	0 12.0	0 13	17 11.1	1 36	14 48.7	7 10
12 S	15 09.8	0 44	5 31.4	0 47	0 15.6	0 13	17 12.9	1 36	14 50.0	7 10
17 Th	15 36.0	0 45	5 42.6	0 47	0 19.2	0 13	17 14.8	1 36	14 51.2	7 11
22 Tu	16 02.3	0 45	5 53.8	0 46	0 22.7	0 13	17 16.6	1 36	14 52.5	7 11
27 Su	16 28.6	0 46	6 05.0	0 46	0 26.3	0 13	17 18.4	1 36	14 53.8	7 11

☿ .466674	☿p .349450
♀ .722386	♀p .719055
⊕p .983322	⊕ .985325
♂ 1.64335	♂ 1.61903
♃ 5.08093	♃ 5.07099
♄ 9.01503	♄ 9.01534
♅ 19.0174	♅ 19.0118
♆ 29.8452	♆ 29.8449
♇ 37.2193	♇ 37.2411
☊	Perihelia
☿ 18°♉ 44	☿ 17°♊ 59
♀ 16 ♊ 59	♀ 12 ♌ 08
⊕	⊕ 16 ♋ 01
♂ 19 ♉ 49	♂ 6 ♓ 42
♃ 10 ♋ 48	♃ 14 ♈ 47
♄ 23 ♋ 57	♄ 2 ♋ 36
♅ 14 ♊ 09	♅ 21 ♍ 53
♆ 12 ♌ 05	♆ 0 ♉ 03
♇ 20 ♋ 43	♇ 15 ♏ 48

1	⊕⚻♃	3pm56
3	☿∠♃	7pm47
4 T	⊕ P	11am52
	☿⚻♀	12pm 8
	⊕⚻♇	5 15
	☿∠♇	9 6
	☿☍♅	10 15
	☿ ♑	11 56
5 W	♀⚺♅	5am42
	♀ ♊	8 34
	⊕∠♀	9pm41
6 Th	☿☍♄	11am35
	♀∠♆	2pm20
	⊕□♆	11 59
7	♀⚺♄	11pm29
8	☿□♂	1pm34
9	☿⚺♃	7am29
10 M	☿⚺♇	3am55
	☿□♆	10pm56
12 W	♀△♂	7pm31
	⊕☍☿	11 40
13	♀△♃	3am56
14 F	♂△♃	6am30
	♀△♇	12pm 2
15 S	☿⚻♅	4am39
	☿ ♒	5 13
	☿⚼♀	6pm31
	♀0N	9 52
	♀✱♆	10 52
16	☿⚻♄	3pm16
18	♂△♇	8pm 8
19 W	☿☌♃	4am50
	☿☌♇	4pm20
	⊕⚺♅	5 59
	☿⚼♅	6 3
	⊕ ♌	6 26
	☿△♂	7 22
20	☿✱♆	8am27
21 F	☿⚼♄	2am12
	♅ ♋	7 22
22	♀⚼♃	11pm53
23	☿△♀	6pm44
Su	♀⚼♇	7 45
	☿ ♓	8 43
	☿△♅	8 54
	♀ ♋	11 27
	♀☌♅	11 55
24 M	♂☍♆	0am36
	☿∠♆	9 42
	☿⚼♂	10 54
	⊕⚺♄	12pm24
25 T	☿△♄	2am25
	⊕⚻☿	7 1
27 Th	♀☌♄	0am34
	☿⚺♃	6 29
	☿⚺♇	11 59
28 F	☿⚺♆	1am 6
	☿⚻♂	12pm14
29	⊕⚼☿	8pm47
30 Su	☿∠♃	4pm26
	☿∠♇	7 58
	☿ ♈	9 4
	☿□♅	9 39
31 M	⊕⚺♀	2am29
	☿□♄	10pm30
1	♀⚻♃	7pm 8
2 W	♀⚻♇	2am51
	⊕△☿	5pm49
	☿✱♃	6 31
	☿✱♇	8 32
	⊕☍♃	9 36
3 Th	☿□♀	4am29
	☿☌♆	7 25
	⊕☍♇	7 45
	♀□♆	2pm 0
	⊕∠♅	4 22
4	☿☍♂	6am26
5 S	☿ ♉	4pm 3
	⊕△♆	4 5
	☿✱♅	4 50
6	☿✱♄	2pm32
7	♀□♂	5pm34
8 T	♃☌♇	0am52
	☿□♇	5 28
	☿□♃	5 32
	☿∠♅	7 5
	☿⚺♆	3pm 1
	⊕∠♄	8 34
	☿0N	9 8
9 W	☿∠♄	3am51
	⊕□☿	5 15
	☿⚻♂	9pm30
10 Th	☿✱♀	10am45
	☿ ♊	5pm21
	☿⚺♅	6 18
11 F	☿∠♆	1am53
	♀ ♌	11 55
	☿⚺♄	2pm34
	♀⚺♅	3 42
12	☿⚼♂	12pm 0
13 Su	☿△♇	2am10
	☿△♃	3 47
	♃⚼♅	6 42
	☿✱♆	11 14
	☿ P	1pm24
	☿∠♀	4 13
14 M	⊕✱☿	10pm41
	♀⚺♄	11 11
15 T	☿△♂	1am34
	☿⚼♇	11 12
	☿ ♋	11 47
	☿☌♅	12pm56
	☿⚼♃	1 36
16 W	⊕✱♂	5am53
	☿☌♄	9 33
	☿⚺♀	9pm24
17 Th	⊕∠☿	7pm32
	☿⚻♇	9 6
18 F	☿⚻♃	0am22
	☿□♆	6 31
	⊕ ♍	8 27
	⊕✱♅	4pm31
	♀ P	10 50
20 Su	☿□♂	9am 2
	☿ ♌	9 46
	☿⚺♅	11 15
	⊕⚼♆	2pm26
	♀☍♇	3 37
	♂ ♏	6 1
	⊕⚺☿	8 8
	♀∠♅	10 57
21 M	♀☍♃	8am 1
	☿⚺♄	10 14
	♂△♅	12pm57
22	♀△♆	3am10
23 W	☿☍♇	1am 4
	☿∠♅	3 19
	☿☍♃	6 41
	☿△♆	11 44
24 Th	☿☌♀	2am 0
	☿∠♄	4 25
	⊕✱♄	6 57
	♀∠♄	9 56
25	☿ ♍	10pm44
26 S	☿✱♅	0am48
	☿⚼♆	9 55
	☿✱♂	12pm 1
27 Su	☿✱♄	4am42
	⊕☌☿	10pm54

MARCH 2033

DAY	☿ LONG	☿ LAT	♀ LONG	♀ LAT	⊕ LONG	♂ LONG	♂ LAT
	° '	° '	° '	° '	° '	° '	° '
1 Tu	14♍28	6N19	28♌26	3N13	10♍43	3♏56	0N30
2 W	18 53	6 04	0♍04	3 15	11 43	4 24	0 30
3 Th	23 11	5 47	1 41	3 16	12 44	4 53	0 29
4 F	27 20	5 29	3 19	3 18	13 44	5 22	0 28
5 S	1♎22	5 10	4 57	3 19	14 44	5 51	0 27
6 Su	5 17	4 50	6 34	3 20	15 44	6 20	0 26
7 M	9 05	4 29	8 11	3 21	16 44	6 48	0 25
8 Tu	12 46	4 08	9 49	3 22	17 44	7 17	0 24
9 W	16 22	3 46	11 26	3 23	18 44	7 46	0 23
10 Th	19 52	3 24	13 04	3 23	19 44	8 16	0 22
11 F	23 17	3 01	14 41	3 24	20 44	8 45	0 21
12 S	26 38	2 39	16 19	3 24	21 44	9 14	0 20
13 Su	29 54	2 16	17 56	3 24	22 44	9 43	0 19
14 M	3♏06	1 54	19 33	3 23	23 44	10 12	0 19
15 Tu	6 14	1 31	21 11	3 23	24 43	10 41	0 18
16 W	9 19	1 09	22 48	3 23	25 43	11 11	0 17
17 Th	12 21	0 47	24 25	3 22	26 43	11 40	0 16
18 F	15 20	0 25	26 03	3 21	27 43	12 09	0 15
19 S	18 16	0 03	27 40	3 20	28 42	12 39	0 14
20 Su	21 11	0S18	29 17	3 19	29 42	13 08	0 13
21 M	24 03	0 39	0♎54	3 18	0♎42	13 38	0 12
22 Tu	26 54	1 00	2 31	3 16	1 41	14 08	0 11
23 W	29 43	1 21	4 08	3 15	2 41	14 37	0 10
24 Th	2♐31	1 41	5 45	3 13	3 40	15 07	0 09
25 F	5 18	2 00	7 22	3 11	4 40	15 37	0 08
26 S	8 03	2 20	8 59	3 09	5 39	16 06	0 07
27 Su	10 49	2 39	10 36	3 07	6 39	16 36	0 06
28 M	13 34	2 57	12 13	3 04	7 38	17 06	0 05
29 Tu	16 18	3 15	13 50	3 02	8 37	17 36	0 04
30 W	19 03	3 33	15 27	2 59	9 37	18 06	0 03
31 Th	21♐48	3S50	17♎04	2N56	10♎36	18♏36	0N02

APRIL 2033

DAY	☿ LONG	☿ LAT	♀ LONG	♀ LAT	⊕ LONG	♂ LONG	♂ LAT
	° '	° '	° '	° '	° '	° '	° '
1 F	24♐33	4S07	18♎40	2N53	11♎35	19♏06	0N01
2 S	27 19	4 23	20 17	2 50	12 35	19 36	0 00
3 Su	0♑06	4 39	21 54	2 47	13 34	20 06	0S01
4 M	2 53	4 54	23 30	2 44	14 33	20 36	0 02
5 Tu	5 42	5 08	25 07	2 40	15 32	21 07	0 02
6 W	8 33	5 22	26 44	2 37	16 31	21 37	0 03
7 Th	11 25	5 35	28 20	2 33	17 30	22 07	0 04
8 F	14 19	5 47	29 57	2 29	18 29	22 38	0 05
9 S	17 15	5 59	1♏33	2 25	19 28	23 08	0 06
10 Su	20 13	6 10	3 09	2 21	20 27	23 38	0 07
11 M	23 14	6 20	4 46	2 17	21 26	24 09	0 08
12 Tu	26 18	6 29	6 22	2 13	22 25	24 40	0 09
13 W	29 25	6 37	7 58	2 08	23 24	25 10	0 10
14 Th	2♒35	6 44	9 34	2 04	24 22	25 41	0 11
15 F	5 49	6 50	11 10	1 59	25 21	26 12	0 12
16 S	9 08	6 55	12 46	1 55	26 20	26 42	0 13
17 Su	12 30	6 58	14 22	1 50	27 19	27 13	0 14
18 M	15 57	7 00	15 58	1 45	28 17	27 44	0 15
19 Tu	19 29	7 00	17 34	1 40	29 16	28 15	0 16
20 W	23 07	6 59	19 10	1 35	0♏14	28 46	0 17
21 Th	26 50	6 56	20 46	1 30	1 13	29 17	0 18
22 F	0♓39	6 51	22 22	1 25	2 12	29 48	0 19
23 S	4 35	6 45	23 58	1 20	3 10	0♐20	0 20
24 Su	8 37	6 35	25 33	1 14	4 09	0 51	0 21
25 M	12 47	6 24	27 09	1 09	5 07	1 22	0 22
26 Tu	17 04	6 10	28 45	1 04	6 05	1 53	0 23
27 W	21 29	5 54	0♐20	0 58	7 04	2 25	0 24
28 Th	26 02	5 35	1 56	0 53	8 02	2 56	0 25
29 F	0♈44	5 13	3 31	0 47	9 01	3 28	0 26
30 S	5♈34	4S48	5♐07	0N42	9♏59	3♐59	0S27

DAY	♃ LONG	♃ LAT	♄ LONG	♄ LAT	♅ LONG	♅ LAT	♆ LONG	♆ LAT	♇ LONG	♇ LAT
	° '	° '	° '	° '	° '	° '	° '	° '	° '	° '
4 F	16♒54.9	0S46	6♋16.2	0S45	0♋29.9	0N13	17♈20.3	1S36	14♒55.1	7S12
9 W	17 21.2	0 47	6 27.4	0 45	0 33.5	0 13	17 22.1	1 36	14 56.3	7 12
14 M	17 47.6	0 47	6 38.6	0 44	0 37.1	0 13	17 23.9	1 36	14 57.6	7 12
19 S	18 13.9	0 47	6 49.8	0 44	0 40.7	0 13	17 25.8	1 36	14 58.9	7 13
24 Th	18 40.3	0 48	7 01.1	0 43	0 44.3	0 13	17 27.6	1 36	15 00.1	7 13
29 Tu	19 06.7	0 48	7 12.3	0 43	0 47.9	0 13	17 29.4	1 36	15 01.4	7 13
3 Su	19 33.1	0 49	7 23.5	0 43	0 51.5	0 13	17 31.3	1 36	15 02.7	7 14
8 F	19 59.5	0 49	7 34.7	0 42	0 55.0	0 13	17 33.1	1 36	15 03.9	7 14
13 W	20 25.9	0 50	7 45.9	0 42	0 58.6	0 13	17 34.9	1 36	15 05.2	7 14
18 M	20 52.4	0 50	7 57.1	0 41	1 02.2	0 13	17 36.8	1 36	15 06.5	7 15
23 S	21 18.9	0 51	8 08.3	0 41	1 05.8	0 13	17 38.6	1 36	15 07.7	7 15
28 Th	21 45.3	0 51	8 19.5	0 40	1 09.4	0 14	17 40.4	1 36	15 09.0	7 15

☿a .365893	☿ .465856
♀ .718638	♀ .721365
⊕ .990778	⊕ .999191
♂ 1.59081	♂ 1.55425
♃ 5.06225	♃ 5.05283
♄ 9.01577	♄ 9.01644
♅ 19.0068	♅ 19.0012
♆ 29.8447	♆ 29.8444
♇ 37.2607	♇ 37.2825
☊	Perihelia
☿ 18°♉ 44	☿ 17°♊ 59
♀ 16 ♊ 59	♀ 11 ♌ 53
⊕	⊕ 15 ♋ 50
♂ 19 ♉ 49	♂ 6 ♓ 42
♃ 10 ♋ 48	♃ 14 ♈ 45
♄ 23 ♋ 57	♄ 2 ♋ 32
♅ 14 ♊ 09	♅ 21 ♍ 38
♆ 12 ♌ 05	♆ 0 ♉ 07
♇ 20 ♋ 43	♇ 15 ♏ 49

1 T	☿⚻♇	2am23
	☿⚻♃	12pm 1
	☿⚻♆	3 26
	♀ ♍	11 1
2 W	☿∠♂	3am11
	♀✱♅	6 5
3	♀⚼♆	9am29
4 F	☿⚼♇	3pm18
	☿ ♎	3 46
	☿□♅	6 49
5 S	☿⚼♃	3am56
	⊕⚻♇	4 34
	♀✱♂	6pm56
	♀✱♄	8 39
6 Su	♂△♄	1am 3
	☿□♄	6 44
	☿⚺♂	7 30
	☿⚺♀	2pm 5
7 M	⊕⚻♃	11am39
	⊕⚻♆	2pm59
8	☿△♇	2pm24
9	♃✱♆	4am15
W	☿☍♆	6 50
	☿△♃	6 53
	⊕⚺☿	10pm43
11	♀⚻♇	3am51
12 S	♀⚻♆	3pm59
	♀⚻♃	8 26
13 Su	☿ ♏	0am48
	☿△♅	5 20
14	☿∠♀	11pm 8
15	☿△♄	3am31
16 W	⊕∠☿	4pm31
	☿☌♂	5 33
	⊕∠♂	9 42
17	☿□♇	9pm 8
18 F	☿⚼♅	2am44
	☿⚻♆	5pm 4
	☿□♃	11 39
	♀∠♂	11 43
19	☿0S	3am43
20	☿⚼♄	5am48
Su	⊕⚼♇	6 56
	⊕ ♎	7 16
	♀⚼♇	10 27
	♀ ♎	10 38
	⊕☌♀	4pm 0
	♀□♅	9 1
21	⊕□♅	0am13
22	♀⚼♃	3pm18
23 W	☿ ♐	2am26
	☿⚻♅	8 41
	♂□♇	6pm33
	☿⚼♆	11 33
24 Th	⊕⚼♃	0am 2
	⊕✱☿	3pm31
	♀□♄	7 10
25 F	♂⚼♅	7am 0
	☿⚻♄	3pm30
26	☿✱♀	7pm37
27	⊕□♄	12pm15
28 M	☿✱♇	12pm46
	♂⚻♆	6 46
29 T	☿△♆	10am23
	☿ A	1pm 1
	☿⚺♂	1 48
	♀△♇	5 43
30	☿✱♃	1am21
31	♀☍♆	6am35
1	♀⚺♂	9am 8
F	♀△♃	11 2
	♂□♃	4pm 7
2 S	♂0S	10am29
	☿ ♑	11pm11
	☿∠♇	11 34
3	☿☍♅	6am36
4 M	⊕△♇	12pm15
	☿∠♃	3 25
5 T	☿∠♂	4am10
	☿☍♄	3pm 7
7 Th	⊕☍♆	1am 4
	♂⚼♄	9pm33
8 F	♀ ♏	0am52
	☿⚺♇	6 13
	♀△♅	2pm41
9 S	☿□♆	2am34
	⊕△♃	4pm25
	☿⚺♃	11 36
10	⊕□☿	2am47
11	☿✱♂	8am40
12	♀△♄	8pm54
13 W	☿ ♒	4am28
	☿⚻♅	11 55
15	☿⚻♄	2pm52
16	⊕⚺♂	7pm31
17 Su	♀□♇	10am58
	☿☌♇	6pm10
18 M	☿□♀	0am16
	☿⚼♅	0 35
	♀⚼♅	0 57
	☿✱♆	11 21
19 T	♀⚻♆	0am41
	☿☌♃	10 4
	⊕ ♏	6pm 6
	☿⚼♄	11 26
20	⊕△♅	8pm26
21 Th	♀□♃	5am52
	☿□♂	5pm56
	☿ ♓	7 58
22 F	☿△♅	2am42
	♂ ♐	8 58
	♀⚼♄	11 19
	☿∠♆	12pm15
	⊕△☿	12 39
23	☿△♄	9pm23
24	♂⚻♅	12pm25
25	☿⚺♇	1pm20
26 T	☿⚺♆	3am18
	♀ ♐	6pm53
27 W	☿⚺♃	1am 2
	⊕⚼☿	3 59
	♂⚼♆	11 52
	♀⚻♅	12pm13
28 Th	⊕△♄	7am24
	♀⚼♆	11 13
	☿ ♈	8pm19
	☿∠♇	9 6
	♀☌♂	10 33
29 F	☿□♅	2am13
	☿△♂	3pm17
	☿△♀	8 42
30 S	☿∠♃	6am44
	☿□♄	1pm47

MAY 2033

DAY	☿ LONG	☿ LAT	♀ LONG	♀ LAT	⊕ LONG	♂ LONG	♂ LAT
	° '	° '	° '	° '	° '	° '	° '
1 Su	10♈34	4S21	6♐42	0N36	10♏57	4♐31	0S28
2 M	15 42	3 50	8 18	0 31	11 55	5 02	0 29
3 Tu	21 00	3 16	9 53	0 25	12 54	5 34	0 30
4 W	26 27	2 40	11 29	0 20	13 52	6 06	0 31
5 Th	2♉03	2 01	13 04	0 14	14 50	6 38	0 32
6 F	7 47	1 20	14 39	0 08	15 48	7 10	0 33
7 S	13 39	0 37	16 14	0 03	16 46	7 41	0 34
8 Su	19 38	0N07	17 50	0S03	17 44	8 13	0 35
9 M	25 44	0 52	19 25	0 09	18 42	8 45	0 36
10 Tu	1♊55	1 36	21 00	0 14	19 40	9 18	0 37
11 W	8 10	2 21	22 35	0 20	20 38	9 50	0 38
12 Th	14 28	3 03	24 10	0 26	21 36	10 22	0 39
13 F	20 47	3 44	25 45	0 31	22 34	10 54	0 40
14 S	27 06	4 22	27 20	0 37	23 32	11 27	0 41
15 Su	3♋24	4 56	28 55	0 42	24 30	11 59	0 42
16 M	9 38	5 27	0♑30	0 48	25 28	12 31	0 43
17 Tu	15 47	5 53	2 05	0 53	26 26	13 04	0 44
18 W	21 51	6 15	3 40	0 59	27 23	13 36	0 45
19 Th	27 48	6 33	5 15	1 04	28 21	14 09	0 46
20 F	3♌37	6 46	6 50	1 09	29 19	14 42	0 47
21 S	9 17	6 55	8 25	1 15	0♐17	15 14	0 48
22 Su	14 49	6 59	10 00	1 20	1 14	15 47	0 49
23 M	20 10	7 00	11 35	1 25	2 12	16 20	0 50
24 Tu	25 23	6 58	13 10	1 30	3 10	16 53	0 50
25 W	0♍25	6 52	14 45	1 35	4 07	17 26	0 51
26 Th	5 18	6 43	16 20	1 40	5 05	17 59	0 52
27 F	10 02	6 32	17 55	1 45	6 03	18 32	0 53
28 S	14 36	6 19	19 30	1 50	7 00	19 05	0 54
29 Su	19 02	6 03	21 04	1 54	7 58	19 38	0 55
30 M	23 19	5 47	22 39	1 59	8 56	20 11	0 56
31 Tu	27♍28	5N29	24♑14	2S03	9♐53	20♐45	0S57

JUNE 2033

DAY	☿ LONG	☿ LAT	♀ LONG	♀ LAT	⊕ LONG	♂ LONG	♂ LAT
	° '	° '	° '	° '	° '	° '	° '
1 W	1♎30	5N09	25♑49	2S08	10♐51	21♐18	0S58
2 Th	5 24	4 49	27 24	2 12	11 48	21 51	0 59
3 F	9 12	4 28	28 59	2 16	12 46	22 25	1 00
4 S	12 53	4 07	0♒34	2 20	13 43	22 58	1 01
5 Su	16 29	3 45	2 08	2 25	14 41	23 32	1 02
6 M	19 59	3 23	3 43	2 28	15 38	24 06	1 03
7 Tu	23 24	3 01	5 18	2 32	16 35	24 39	1 03
8 W	26 44	2 38	6 53	2 36	17 33	25 13	1 04
9 Th	0♏00	2 16	8 28	2 39	18 30	25 47	1 05
10 F	3 12	1 53	10 03	2 43	19 28	26 21	1 06
11 S	6 20	1 31	11 38	2 46	20 25	26 55	1 07
12 Su	9 25	1 08	13 12	2 49	21 22	27 29	1 08
13 M	12 26	0 46	14 47	2 52	22 20	28 03	1 09
14 Tu	15 25	0 24	16 22	2 55	23 17	28 37	1 10
15 W	18 22	0 03	17 57	2 58	24 14	29 11	1 10
16 Th	21 16	0S19	19 32	3 01	25 11	29 45	1 11
17 F	24 09	0 40	21 07	3 03	26 09	0♑19	1 12
18 S	26 59	1 01	22 42	3 06	27 06	0 54	1 13
19 Su	29 48	1 21	24 17	3 08	28 03	1 28	1 14
20 M	2♐36	1 41	25 52	3 10	29 01	2 02	1 15
21 Tu	5 23	2 01	27 27	3 12	29 58	2 37	1 15
22 W	8 09	2 20	29 02	3 14	0♑55	3 11	1 16
23 Th	10 54	2 39	0♓37	3 15	1 52	3 46	1 17
24 F	13 39	2 58	2 12	3 17	2 50	4 21	1 18
25 S	16 24	3 16	3 47	3 18	3 47	4 55	1 19
26 Su	19 08	3 34	5 22	3 20	4 44	5 30	1 19
27 M	21 53	3 51	6 57	3 21	5 41	6 05	1 20
28 Tu	24 38	4 07	8 33	3 21	6 39	6 40	1 21
29 W	27 24	4 23	10 08	3 22	7 36	7 15	1 22
30 Th	0♑11	4S39	11♓43	3S23	8♑33	7♑50	1S22

DAY	♃ LONG	♃ LAT	♄ LONG	♄ LAT	♅ LONG	♅ LAT	♆ LONG	♆ LAT	♇ LONG	♇ LAT
	° '	° '	° '	° '	° '	° '	° '	° '	° '	° '
3 Tu	22♒11.8	0S52	8♋30.7	0S40	1♋13.0	0N14	17♈42.3	1S37	15♒10.3	7S16
8 Su	22 38.3	0 52	8 41.9	0 39	1 16.6	0 14	17 44.1	1 37	15 11.5	7 16
13 F	23 04.9	0 53	8 53.1	0 39	1 20.2	0 14	17 45.9	1 37	15 12.8	7 16
18 W	23 31.4	0 53	9 04.4	0 38	1 23.8	0 14	17 47.8	1 37	15 14.1	7 17
23 M	23 58.0	0 53	9 15.6	0 38	1 27.4	0 14	17 49.6	1 37	15 15.4	7 17
28 S	24 24.6	0 54	9 26.8	0 37	1 31.0	0 14	17 51.4	1 37	15 16.6	7 17
2 Th	24 51.2	0 54	9 38.0	0 37	1 34.6	0 14	17 53.3	1 37	15 17.9	7 18
7 Tu	25 17.8	0 55	9 49.2	0 36	1 38.2	0 14	17 55.1	1 37	15 19.2	7 18
12 Su	25 44.4	0 55	10 00.4	0 36	1 41.8	0 14	17 57.0	1 37	15 20.4	7 19
17 F	26 11.0	0 56	10 11.6	0 36	1 45.4	0 14	17 58.8	1 37	15 21.7	7 19
22 W	26 37.7	0 56	10 22.8	0 35	1 49.0	0 14	18 00.6	1 37	15 23.0	7 19
27 M	27 04.3	0 56	10 34.0	0 35	1 52.6	0 14	18 02.5	1 37	15 24.3	7 20

☿p .343814	☿a .389139
♀ .725361	♀a .728045
⊕ 1.00751	⊕ 1.01400
♂ 1.51572	♂ 1.47554
♃ 5.04402	♃ 5.03522
♄ 9.01728	♄ 9.01833
♅ 18.9958	♅ 18.9903
♆ 29.8442	♆ 29.8439
♇ 37.3036	♇ 37.3253
☊	Perihelia
☿ 18°♉ 44	☿ 17°♊ 59
♀ 16 ♊ 59	♀ 11 ♌ 56
⊕	⊕ 12 ♋ 39
♂ 19 ♉ 49	♂ 6 ♓ 42
♃ 10 ♋ 49	♃ 14 ♈ 45
♄ 23 ♋ 57	♄ 2 ♋ 27
♅ 14 ♊ 10	♅ 21 ♍ 17
♆ 12 ♌ 05	♆ 0 ♉ 21
♇ 20 ♋ 44	♇ 15 ♏ 48

1 Su	⊕⚻☿	2am17
	☿✶♇	9pm31
2 M	♀⚻♄	2am45
	☿☌♆	9 7
	☿⚼♂	9pm50
3	☿✶♃	5am24
4 W	☿⚼♀	0am 9
	☿ ♉	3pm18
	☿✶♅	8 35
5 Th	⊕□♇	8am36
	☿⚻♂	9pm10
6 F	☿✶♄	3am30
	♀✶♇	8 3
	⊕⚼♅	11 17
7 S	☿□♇	6am13
	☿∠♅	10 34
	♀0S	11 12
	☿⚻♀	2pm12
	⊕☍☿	2 59
	☿⚺♆	4 25
	☿0N	8 23
	⊕⚺♀	8 35
	♀△♆	10 36
	⊕⚻♆	11 54
8 Su	☿□♃	12pm 3
	☿∠♄	4 8
	♂⚻♄	10 57
9 M	☿ ♊	4pm36
	☿⚺♅	9 37
10	☿∠♆	3am12
11 W	☿⚺♄	2am28
	♀✶♃	5 7
	☿☍♂	6 56
12 Th	☿△♇	2am49
	☿✶♆	12pm31
	☿ P	12 39
13 F	⊕⚻☿	7am59
	☿△♃	8 50
	⊕□♃	2pm 0
14 S	☿☍♀	1am12
	⊕⚼♄	10 3
	☿ ♋	11 2
	☿⚼♇	11 52
	☿☌♅	4pm13
15 Su	♀ ♑	4pm19
	☿⚼♃	6 58
	♀∠♇	7 44
	☿☌♄	9 33
16 M	⊕⚼☿	3am49
	☿⚻♂	12pm18
	♀☍♅	1 13
	☿⚻♇	9 48
17	☿□♆	7am53
18	☿⚻♃	6am48
19 Th	⊕△☿	2am42
	☿⚼♂	6 5
	☿ ♌	9 1
	☿⚺♅	2pm51
20 F	⊕ ♐	5pm 4
	☿⚻♀	6 50
	☿⚺♄	11 33
21 S	♂✶♇	0am23
	♀∠♃	5 55
	♀☍♄	11 52
22 Su	☿☍♇	1am57
	☿△♂	4 47
	⊕⚻♅	5 10
	☿∠♅	7 15
	☿△♆	1pm24
23 M	⊕⚼♆	3pm42
	☿☍♃	5 43
	☿∠♄	6 55
24 T	☿⚼♀	7pm15
	☿ ♍	9 58
25 W	☿✶♅	5am10
	♀⚺♇	7 51
	☿⚼♆	11 49
	♂△♆	6pm 5
	⊕□☿	10 39
26 Th	☿✶♄	8pm47
	♀□♆	11 5
27	♀⚺♂	2pm26
28 S	☿⚻♇	3am37
	♃⚼♄	5pm20
	☿⚻♆	5 36
29 Su	☿□♂	3am51
	☿△♀	6pm 2
30 M	☿⚻♃	7am26
	⊕⚻♄	3pm29
31 T	♀⚺♃	7am 5
	☿ ♎	3pm 1
	☿⚼♇	4 46
1 W	☿□♅	0am26
	⊕∠♀	1 6
3 F	☿□♄	3am 5
	☿⚼♃	4 55
	♀ ♒	3pm31
4 S	⊕✶☿	7am31
	♀⚻♅	3pm56
	☿△♇	4 8
5 Su	☿☍♆	9am45
	⊕✶♇	3pm58
7 T	☿✶♂	10am50
	☿△♃	1pm59
8 W	♂✶♃	8am30
	⊕△♆	9 31
9 Th	☿ ♏	0am 2
	☿△♅	12pm29
	♀⚻♄	10 14
10	⊕∠☿	1pm52
11 S	♀ A	3am32
	♀∠♂	6 41
12	☿△♄	4am45
13 M	☿∠♂	5am57
	♀☌♇	8 26
	☿□♇	11pm23
14 T	♀⚼♅	5am20
	☿⚼♅	10 35
	☿□♀	4pm39
	☿⚻♆	8 43
15 W	♀✶♆	0am12
	☿0S	2 59
16	♂ ♑	10am28
17 F	⊕✶♃	1am 2
	♂∠♇	1 41
	☿⚼♄	8 57
	☿□♃	5pm45
18	⊕⚺☿	1am28
19 Su	☿ ♐	1am40
	♂☍♅	1pm24
	♀⚼♄	3 16
	☿⚻♅	5 1
	☿⚺♂	5 56
20 M	☿⚼♆	3am26
	♀☌♃	9 21
21 T	⊕ ♑	0am54
	⊕∠♇	10 28
22 W	♀ ♓	2pm37
	☿⚻♄	7 44
	⊕☍♅	10 52
23	♀△♅	6pm28
24 F	♀∠♆	12pm28
	☿✶♇	3 16
	⊕✶♀	11 46
25 S	☿ A	12pm16
	☿△♆	2 20
26	♀✶♂	3am 8
28 T	⊕☌♂	1am24
	☿✶♃	10pm37
29 W	♀△♄	7am57
	☿ ♑	10pm25
30 Th	☿∠♇	2am 1
	☿☍♅	2pm56

JULY 2033

DAY	☿ LONG	☿ LAT	♀ LONG	♀ LAT	⊕ LONG	♂ LONG	♂ LAT
	° '	° '	° '	° '	° '	° '	° '
1 F	2♑59	4S54	13♓18	3S23	9♑30	8♑25	1S23
2 S	5 48	5 08	14 53	3 24	10 28	9 00	1 24
3 Su	8 38	5 22	16 29	3 24	11 25	9 35	1 25
4 M	11 30	5 35	18 04	3 24	12 22	10 10	1 25
5 Tu	14 24	5 48	19 39	3 23	13 19	10 46	1 26
6 W	17 20	5 59	21 14	3 23	14 16	11 21	1 27
7 Th	20 19	6 10	22 50	3 23	15 14	11 56	1 28
8 F	23 20	6 20	24 25	3 22	16 11	12 32	1 28
9 S	26 24	6 29	26 00	3 21	17 08	13 07	1 29
10 Su	29 31	6 37	27 36	3 20	18 05	13 43	1 30
11 M	2♒41	6 44	29 11	3 19	19 02	14 18	1 30
12 Tu	5 56	6 50	0♈46	3 18	20 00	14 54	1 31
13 W	9 14	6 55	2 22	3 16	20 57	15 30	1 32
14 Th	12 37	6 58	3 57	3 15	21 54	16 05	1 32
15 F	16 04	7 00	5 33	3 13	22 51	16 41	1 33
16 S	19 36	7 00	7 08	3 11	23 48	17 17	1 34
17 Su	23 14	6 59	8 44	3 09	24 46	17 53	1 34
18 M	26 57	6 56	10 19	3 07	25 43	18 29	1 35
19 Tu	0♓46	6 51	11 55	3 05	26 40	19 05	1 35
20 W	4 42	6 44	13 31	3 02	27 37	19 41	1 36
21 Th	8 45	6 35	15 06	3 00	28 35	20 17	1 37
22 F	12 55	6 24	16 42	2 57	29 32	20 53	1 37
23 S	17 12	6 10	18 18	2 54	0♒29	21 29	1 38
24 Su	21 37	5 53	19 53	2 51	1 27	22 06	1 38
25 M	26 11	5 34	21 29	2 48	2 24	22 42	1 39
26 Tu	0♈53	5 12	23 05	2 45	3 21	23 18	1 39
27 W	5 44	4 47	24 41	2 41	4 19	23 55	1 40
28 Th	10 43	4 20	26 16	2 38	5 16	24 31	1 40
29 F	15 52	3 49	27 52	2 34	6 13	25 07	1 41
30 S	21 10	3 15	29 28	2 30	7 11	25 44	1 41
31 Su	26♈38	2S39	1♉04	2S26	8♒08	26♑20	1S42

AUGUST 2033

DAY	☿ LONG	☿ LAT	♀ LONG	♀ LAT	⊕ LONG	♂ LONG	♂ LAT
	° '	° '	° '	° '	° '	° '	° '
1 M	2♉13	2S00	2♉40	2S22	9♒05	26♑57	1S42
2 Tu	7 58	1 19	4 16	2 18	10 03	27 34	1 43
3 W	13 50	0 36	5 52	2 14	11 00	28 10	1 43
4 Th	19 50	0N08	7 28	2 10	11 58	28 47	1 44
5 F	25 56	0 53	9 04	2 05	12 55	29 24	1 44
6 S	2♊07	1 38	10 40	2 01	13 53	0♒01	1 44
7 Su	8 22	2 22	12 16	1 56	14 50	0 38	1 45
8 M	14 40	3 05	13 52	1 51	15 48	1 14	1 45
9 Tu	20 59	3 45	15 28	1 47	16 45	1 51	1 46
10 W	27 18	4 23	17 04	1 42	17 43	2 28	1 46
11 Th	3♋35	4 57	18 40	1 37	18 40	3 05	1 46
12 F	9 49	5 28	20 17	1 32	19 38	3 42	1 47
13 S	15 59	5 54	21 53	1 26	20 35	4 20	1 47
14 Su	22 02	6 16	23 29	1 21	21 33	4 57	1 47
15 M	27 59	6 33	25 05	1 16	22 30	5 34	1 48
16 Tu	3♌48	6 46	26 42	1 11	23 28	6 11	1 48
17 W	9 28	6 55	28 18	1 05	24 26	6 48	1 48
18 Th	14 59	6 59	29 54	1 00	25 23	7 26	1 48
19 F	20 20	7 00	1♊31	0 54	26 21	8 03	1 49
20 S	25 32	6 57	3 07	0 49	27 19	8 40	1 49
21 Su	0♍35	6 51	4 44	0 43	28 17	9 18	1 49
22 M	5 27	6 43	6 20	0 38	29 14	9 55	1 49
23 Tu	10 10	6 32	7 57	0 32	0♓12	10 32	1 50
24 W	14 45	6 18	9 33	0 26	1 10	11 10	1 50
25 Th	19 10	6 03	11 10	0 21	2 08	11 47	1 50
26 F	23 27	5 46	12 47	0 15	3 06	12 25	1 50
27 S	27 36	5 28	14 23	0 09	4 04	13 02	1 50
28 Su	1♎37	5 09	16 00	0 04	5 02	13 40	1 50
29 M	5 31	4 49	17 37	0N02	6 00	14 18	1 50
30 Tu	9 19	4 28	19 13	0 08	6 58	14 55	1 51
31 W	13♎00	4N06	20♊50	0N14	7♓56	15♒33	1S51

DAY	♃ LONG	♃ LAT	♄ LONG	♄ LAT	♅ LONG	♅ LAT	♆ LONG	♆ LAT	♇ LONG	♇ LAT
	° '	° '	° '	° '	° '	° '	° '	° '	° '	° '
2 S	27♒31.0	0S57	10♋45.3	0S34	1♋56.2	0N14	18♈04.3	1S37	15♒25.5	7S20
7 Th	27 57.7	0 57	10 56.5	0 34	1 59.8	0 14	18 06.1	1 37	15 26.8	7 20
12 Tu	28 24.4	0 58	11 07.7	0 33	2 03.4	0 14	18 08.0	1 37	15 28.1	7 21
17 Su	28 51.1	0 58	11 18.9	0 33	2 07.0	0 14	18 09.8	1 37	15 29.3	7 21
22 F	29 17.9	0 59	11 30.1	0 32	2 10.6	0 14	18 11.7	1 37	15 30.6	7 21
27 W	29 44.6	0 59	11 41.3	0 32	2 14.2	0 14	18 13.5	1 37	15 31.9	7 22
1 M	0♓11.4	0 59	11 52.5	0 31	2 17.8	0 14	18 15.3	1 37	15 33.1	7 22
6 S	0 38.2	1 00	12 03.7	0 31	2 21.4	0 14	18 17.2	1 37	15 34.4	7 22
11 Th	1 04.9	1 00	12 14.9	0 30	2 25.0	0 15	18 19.0	1 37	15 35.7	7 23
16 Tu	1 31.7	1 00	12 26.1	0 30	2 28.6	0 15	18 20.8	1 37	15 36.9	7 23
21 Su	1 58.6	1 01	12 37.3	0 29	2 32.2	0 15	18 22.7	1 37	15 38.2	7 23
26 F	2 25.4	1 01	12 48.5	0 29	2 35.8	0 15	18 24.5	1 37	15 39.5	7 24
31 W	2 52.2	1 02	12 59.7	0 28	2 39.4	0 15	18 26.3	1 37	15 40.7	7 24

☿ .462502	☿p .324301
♀ .727511	♀ .724093
⊕a 1.01667	⊕ 1.01501
♂ 1.43957	♂ 1.40906
♃ 5.02704	♃ 5.01895
♄ 9.01953	♄ 9.02096
♅ 18.9850	♅ 18.9794
♆ 29.8437	♆ 29.8434
♇ 37.3464	♇ 37.3681
☊	Perihelia
☿ 18°♉ 44	☿ 17°♊ 59
♀ 16 ♊ 59	♀ 12 ♌ 00
⊕	⊕ 12 ♋ 25
♂ 19 ♉ 49	♂ 6 ♓ 41
♃ 10 ♋ 49	♃ 14 ♈ 47
♄ 23 ♋ 57	♄ 2 ♋ 25
♅ 14 ♊ 10	♅ 20 ♍ 51
♆ 12 ♌ 05	♆ 0 ♉ 53
♇ 20 ♋ 44	♇ 15 ♏ 46

2	⊕☍♄	7am43
S	♀⚺♇	8 9
3	☿☌♂	10am 3
Su	☿☍♄	6pm18
	⊕ A	8 53
4	♀⚺♆	0am20
M	⊕∠♃	9 7
	☿∠♃	10 13
	⊕☌☿	10 42
5	♂☍♄	4am35
T	☿⚺♇	8 31
6	☿□♆	6am10
7	⊕⚺♇	5am34
8	☿⚹♀	5pm43
9	♂∠♃	0am55
S	☿⚺♃	1pm52
10	⊕□♆	0am52
Su	☿ ♒	3 41
	♀⚺♃	10 9
	☿⚻♅	7pm 8
11	♀ ♈	12pm19
M	♀∠♇	7 21
12	♀□♅	7pm30
T	♂⚺♇	11 5
13	☿⚻♄	1pm57
14	☿☌♇	7pm58
15	☿⚺♂	5am 8
F	☿⚼♅	7 3
	☿⚹♆	2pm15
17	☿∠♀	5am46
Su	♂□♆	11 24
	⊕⚺☿	1pm23
	☿⚼♄	8 8
18	☿☌♃	12pm53
M	♀□♄	3 51
	☿ ♓	7 12
19	☿△♅	8am27
T	☿∠♆	2pm46
	☿∠♂	11 51
20	♀∠♃	9am43
21	♀⚹♇	6am 3
Th	☿△♄	3pm53
	⊕⚺♃	5 30
22	⊕ ♒	11am45
F	⊕∠☿	11 47
	☿⚺♇	2pm39
	♀☌♆	10 36
23	☿⚺♆	5am30
S	☿⚺♀	9 25
24	☿⚹♂	2am54
Su	⊕⚻♅	7pm18
25	☿⚺♃	5pm42
M	☿ ♈	7 34
	☿∠♇	10 13
26	♀□♂	5am24
T	☿□♅	6 45
	⊕⚹☿	3pm22
28	☿□♄	4am45
Th	☿∠♃	7pm33
	☿⚹♇	10 28
29	☿☌♆	10am48
F	♃ ♓	8pm58
30	♀ ♉	8am 0
S	♀⚹♃	8 39
	☿□♂	10pm37
31	☿ ♉	2pm32
Su	☿⚹♃	3 13
	♀⚹♅	6 27
1	☿⚹♅	0am19
M	☿☌♀	2 35
2	⊕□☿	10am15
T	☿⚹♄	4pm18
3	☿□♇	6am58
W	☿∠♅	2pm 3
	☿⚺♆	5 49
	☿0N	7 38
4	⊕⚻♄	0am39
5	☿∠♄	4am19
F	☿△♂	3pm 0
	☿ ♊	3 50
	☿□♃	6 13
	♂ ♒	11 33
6	☿⚺♅	0am57
S	☿∠♆	4 32
	♀⚹♄	9pm27
7	♂⚺♃	4am32
Su	☿⚺♄	2pm19
	⊕☌♇	6 41
	☿⚺♀	7 56
8	☿△♇	3am29
M	⊕△☿	5 3
	☿⚼♂	6 38
	☿ P	11 54
	☿⚹♆	1pm49
9	♀□♇	1am46
T	⊕⚼♅	4pm17
	♂⚻♅	9 19
10	♀∠♅	5am 3
W	☿ ♋	10 17
	☿⚼♇	12pm32
	☿△♃	2 16
	⊕⚹♆	3 9
	♀⚺♆	6 38
	☿☌♅	7 30
	☿⚻♂	9 52
	⊕□♀	11 48
11	⊕⚼☿	0am21
Th	☿∠♀	0 26
12	☿☌♄	9am37
F	☿⚻♇	10pm31
13	☿⚼♃	1am 7
S	☿□♆	9 15
	⊕⚻☿	9pm39
14	☿⚹♀	7am55
15	☿ ♌	8am16
M	☿⚻♃	2pm25
	☿⚺♅	6 30
16	☿☍♂	11am16
T	♀∠♄	11 18
17	☿⚺♄	1pm 5
18	♀ ♊	1am22
Th	☿☍♇	2 50
	☿∠♅	11 13
	☿△♆	3pm 4
19	♀□♃	4am28
F	♀⚺♅	3pm 1
20	♀∠♆	3am44
S	⊕⚼♄	6 59
	☿∠♄	9 44
	⊕☍☿	10 21
	☿ ♍	9pm13
21	☿☍♃	6am56
Su	☿⚹♅	9 35
	☿⚼♆	1pm43
22	☿□♀	6am43
M	⊕ ♓	6pm55
23	☿⚻♂	2am11
T	☿⚹♄	1pm16
24	☿⚻♇	4am52
W	☿⚻♆	7pm48
25	⊕☌♃	5am30
Th	⊕△♅	11 23
	♀△♂	3pm 9
26	♀⚺♄	0am28
F	⊕∠♆	7 46
	♂⚻♄	4pm 3
27	☿⚼♂	3am 6
S	☿ ♎	2pm16
	☿⚼♇	6 15
	♀△♇	7 1
28	♃△♅	5am58
Su	☿□♅	6 7
	☿⚻♃	6 7
	♀0N	2pm39
29	⊕⚻☿	3am58
M	♀⚹♆	12pm11
30	☿□♄	11pm58
31	♂☌♇	5am 0
W	☿△♇	5pm53
	☿△♂	8 37

SEPTEMBER 2033

DAY	☿ LONG	☿ LAT	♀ LONG	♀ LAT	⊕ LONG	♂ LONG	♂ LAT
	° '	° '	° '	° '	° '	° '	° '
1 Th	16♎35	3N44	22♊27	0N19	8♓54	16♒11	1S51
2 F	20 05	3 22	24 04	0 25	9 52	16 48	1 51
3 S	23 30	3 00	25 41	0 31	10 50	17 26	1 51
4 Su	26 50	2 37	27 18	0 36	11 48	18 04	1 51
5 M	0♏06	2 15	28 55	0 42	12 46	18 42	1 51
6 Tu	3 18	1 52	0♋31	0 48	13 44	19 19	1 51
7 W	6 26	1 30	2 08	0 53	14 42	19 57	1 51
8 Th	9 30	1 08	3 45	0 59	15 41	20 35	1 51
9 F	12 32	0 46	5 23	1 04	16 39	21 13	1 51
10 S	15 31	0 24	7 00	1 10	17 37	21 51	1 51
11 Su	18 28	0 02	8 37	1 15	18 35	22 29	1 51
12 M	21 22	0S19	10 14	1 20	19 34	23 07	1 51
13 Tu	24 14	0 41	11 51	1 26	20 32	23 45	1 51
14 W	27 05	1 01	13 28	1 31	21 31	24 23	1 51
15 Th	29 54	1 22	15 05	1 36	22 29	25 01	1 51
16 F	2♐41	1 42	16 43	1 41	23 27	25 39	1 50
17 S	5 28	2 02	18 20	1 46	24 26	26 17	1 50
18 Su	8 14	2 21	19 57	1 51	25 25	26 55	1 50
19 M	10 59	2 40	21 34	1 56	26 23	27 33	1 50
20 Tu	13 44	2 58	23 12	2 00	27 22	28 11	1 50
21 W	16 29	3 16	24 49	2 05	28 20	28 49	1 50
22 Th	19 14	3 34	26 26	2 10	29 19	29 27	1 49
23 F	21 58	3 51	28 04	2 14	0♈18	0♓05	1 49
24 S	24 44	4 08	29 41	2 18	1 17	0 43	1 49
25 Su	27 30	4 24	1♌19	2 22	2 15	1 21	1 49
26 M	0♑16	4 40	2 56	2 26	3 14	1 59	1 48
27 Tu	3 04	4 55	4 33	2 30	4 13	2 37	1 48
28 W	5 53	5 09	6 11	2 34	5 12	3 15	1 48
29 Th	8 44	5 23	7 48	2 38	6 11	3 53	1 48
30 F	11♑36	5S36	9♌26	2N42	7♈10	4♓31	1S47

OCTOBER 2033

DAY	☿ LONG	☿ LAT	♀ LONG	♀ LAT	⊕ LONG	♂ LONG	♂ LAT
	° '	° '	° '	° '	° '	° '	° '
1 S	14♑30	5S48	11♌03	2N45	8♈09	5♓10	1S47
2 Su	17 26	6 00	12 41	2 48	9 08	5 48	1 47
3 M	20 24	6 10	14 18	2 52	10 07	6 26	1 46
4 Tu	23 26	6 20	15 56	2 55	11 06	7 04	1 46
5 W	26 30	6 29	17 33	2 57	12 05	7 42	1 46
6 Th	29 37	6 37	19 11	3 00	13 04	8 20	1 45
7 F	2♒48	6 44	20 48	3 03	14 03	8 58	1 45
8 S	6 02	6 50	22 26	3 05	15 02	9 36	1 44
9 Su	9 20	6 55	24 04	3 08	16 01	10 14	1 44
10 M	12 43	6 58	25 41	3 10	17 01	10 53	1 44
11 Tu	16 10	7 00	27 19	3 12	18 00	11 31	1 43
12 W	19 43	7 00	28 56	3 14	18 59	12 09	1 43
13 Th	23 21	6 59	0♍34	3 15	19 59	12 47	1 42
14 F	27 04	6 56	2 11	3 17	20 58	13 25	1 42
15 S	0♓54	6 51	3 49	3 18	21 57	14 03	1 41
16 Su	4 50	6 44	5 26	3 20	22 57	14 41	1 41
17 M	8 53	6 35	7 04	3 21	23 56	15 19	1 40
18 Tu	13 03	6 23	8 41	3 22	24 56	15 57	1 40
19 W	17 20	6 09	10 19	3 22	25 55	16 35	1 39
20 Th	21 46	5 53	11 56	3 23	26 55	17 13	1 39
21 F	26 19	5 34	13 34	3 23	27 55	17 51	1 38
22 S	1♈02	5 12	15 11	3 24	28 54	18 29	1 37
23 Su	5 53	4 47	16 48	3 24	29 54	19 07	1 37
24 M	10 53	4 19	18 26	3 24	0♉54	19 45	1 36
25 Tu	16 02	3 48	20 03	3 23	1 54	20 23	1 36
26 W	21 20	3 14	21 40	3 23	2 54	21 01	1 35
27 Th	26 48	2 38	23 18	3 22	3 53	21 39	1 34
28 F	2♉24	1 59	24 55	3 22	4 53	22 17	1 34
29 S	8 09	1 18	26 32	3 21	5 53	22 54	1 33
30 Su	14 01	0 35	28 09	3 20	6 53	23 32	1 32
31 M	20♉01	0N09	29♍47	3N19	7♉53	24♓10	1S32

DAY	♃ LONG	♃ LAT	♄ LONG	♄ LAT	♅ LONG	♅ LAT	♆ LONG	♆ LAT	♇ LONG	♇ LAT
	° '	° '	° '	° '	° '	° '	° '	° '	° '	° '
5 M	3♓19.1	1S02	13♋10.9	0S28	2♋43.0	0N15	18♈28.2	1S37	15♒42.0	7S24
10 S	3 45.9	1 02	13 22.1	0 27	2 46.6	0 15	18 30.0	1 37	15 43.2	7 25
15 Th	4 12.8	1 03	13 33.3	0 27	2 50.2	0 15	18 31.8	1 37	15 44.5	7 25
20 Tu	4 39.7	1 03	13 44.5	0 26	2 53.8	0 15	18 33.7	1 37	15 45.8	7 25
25 Su	5 06.6	1 03	13 55.6	0 26	2 57.4	0 15	18 35.5	1 37	15 47.0	7 26
30 F	5 33.5	1 04	14 06.8	0 26	3 01.0	0 15	18 37.3	1 37	15 48.3	7 26
5 W	6 00.4	1 04	14 18.0	0 25	3 04.7	0 15	18 39.2	1 37	15 49.5	7 26
10 M	6 27.4	1 05	14 29.2	0 25	3 08.3	0 15	18 41.0	1 37	15 50.8	7 27
15 S	6 54.3	1 05	14 40.4	0 24	3 11.9	0 15	18 42.8	1 37	15 52.1	7 27
20 Th	7 21.3	1 05	14 51.6	0 24	3 15.5	0 15	18 44.7	1 37	15 53.3	7 27
25 Tu	7 48.3	1 06	15 02.8	0 23	3 19.1	0 15	18 46.5	1 37	15 54.6	7 28
30 Su	8 15.3	1 06	15 14.0	0 23	3 22.7	0 15	18 48.3	1 37	15 55.8	7 28

☿a .410939	☿ .454150
♀ .720119	♀p .718415
⊕ 1.00930	⊕ 1.00130
♂ 1.38876	♂p 1.38129
♃ 5.01125	♃ 5.00418
♄ 9.02259	♄ 9.02435
♅ 18.9739	♅ 18.9686
♆ 29.8431	♆ 29.8429
♇ 37.3898	♇ 37.4108
Ω	Perihelia
☿ 18°♉ 44	☿ 17°♊ 59
♀ 16 ♊ 59	♀ 11 ♌ 55
⊕	⊕ 14 ♋ 47
♂ 19 ♉ 49	♂ 6 ♓ 39
♃ 10 ♋ 49	♃ 14 ♈ 48
♄ 23 ♋ 58	♄ 2 ♋ 25
♅ 14 ♊ 10	♅ 20 ♍ 28
♆ 12 ♌ 05	♆ 1 ♉ 26
♇ 20 ♋ 45	♇ 15 ♏ 43

1 Th	☿⚼♃	9am35
	☿☍♆	12pm41
3 S	♂⚼♅	10am 4
	⊕⚼☿	11pm39
4 Su	☿△♀	6am35
	♂✱♆	3pm23
	☿ ♏	11 17
5 M	⊕△♄	10am37
	♀ ♋	4pm12
	☿△♅	7 43
6 T	☿△♃	0am53
	♀⚼♇	2 40
	♃∠♆	7pm41
7 W	♀☌♅	8am59
	♀△♃	9pm18
8	⊕⚺♇	0am51
9 F	☿△♄	6am26
	♀⚼♂	8pm28
10 S	☿□♇	1am39
	☿⚼♅	6pm29
	⊕⚺♆	9 53
11 Su	☿⚻♆	0am23
	⊕△☿	1 38
	☿0S	2 14
12	☿□♂	6pm43
14 W	♀☌♄	0am44
	☿⚼♄	12pm25
15 Th	☿ ♐	0am55
	☿⚼♀	3 57
	♀⚻♇	9 42
16 F	☿⚻♅	1am23
	☿⚼♆	7 19
	☿□♃	2pm23
17 S	♀□♆	3am10
	♀⚼♃	4pm40
20 T	☿⚻♄	0am 3
	☿✱♇	5pm45
	♂⚼♄	10 39
21 W	☿ A	11am32
	☿△♆	6pm17
22 Th	⊕⚺♂	8am58
	⊕ ♈	4pm44
	♂ ♓	8 57
23	⊕∠♇	11am48
24	♀ ♌	4am39
25 Su	♀⚻♂	0am59
	⊕□♅	5pm25
	☿ ♑	9 39
26 M	♀⚺♅	0am33
	☿∠♇	4 27
	⊕△♀	11 17
	☿✱♂	7pm 2
	☿☍♅	11 15
27 T	♀⚻♃	11am27
	♂△♅	1pm57
	⊕□☿	3 3
	☿✱♃	7 34
28 W	⊕⚺♃	4am54
	☿⚻♀	5 54
	♂∠♆	1pm34
30	☿☍♄	9pm 8

1 S	☿⚺♇	10am48
	♀ P	12pm37
	♂☌♃	9 30
2 Su	☿□♆	9am46
	♀⚺♄	10pm48
3 M	☿∠♃	3am28
	♂ P	9 15
	☿∠♂	10 21
	♀☍♇	10pm23
5 W	♀∠♅	7am45
	♀△♆	4pm15
6	☿ ♒	2am56
7 F	☿⚻♅	2am19
	⊕□♄	8 13
8 S	☿⚺♃	1am51
	⊕✱♇	7pm35
9	☿⚺♂	7am58
10 M	☿⚻♄	12pm29
	☿☌♇	9 46
11 T	☿⚼♅	1pm30
	⊕☌♆	4 53
	☿✱♆	5 8
	⊕✱☿	5 14
12 W	♀∠♄	9am28
	♀ ♍	3pm43
14 F	♀✱♅	2pm52
	☿⚼♄	4 20
	☿ ♓	6 26
	♀⚼♆	10 33
	⊕∠♃	10 39
15 S	☿△♅	2pm10
	☿∠♆	5 18
16 Su	♂△♄	1am 6
	☿☍♀	6 8
	☿☌♃	1pm14
17 M	♀☍♃	0am23
	⊕∠☿	0 29
	♂⚺♇	9pm18
18 T	☿△♄	9am55
	☿⚺♇	3pm57
	☿☌♂	7 8
19 W	☿⚺♆	7am42
	⊕⚼♀	11pm23
21 F	⊕⚺☿	10am23
	☿ ♈	6pm49
	♀✱♄	8 15
	☿∠♇	11 20
22 S	♂⚺♆	10am27
	♀⚻♇	10 36
	☿□♅	11 16
23 Su	⊕ ♉	2am20
	☿⚺♃	8 36
24 M	♀⚻♆	5am 4
	☿□♄	7pm25
	☿✱♇	11 25
25 T	☿☍♂	8am 1
	☿☌♆	12pm29
	☿⚺♂	10 20
26 W	☿⚻♀	2am 7
	☿∠♃	7 1
	⊕✱♅	10 39
27	☿ ♉	1pm48
28 F	☿✱♅	4am 2
	⊕☌☿	12pm40
	☿∠♂	10 54
29 S	☿✱♃	0am 5
	☿⚼♀	7pm11
30 Su	☿✱♄	4am55
	☿□♇	7 42
	☿∠♅	5pm31
	☿0N	6 54
	☿⚺♆	7 13
31 M	♀ ♎	3am19
	⊕✱♃	12pm 8
	♀⚼♇	5 13
	☿✱♂	6 15

NOVEMBER 2033

DAY	☿ LONG	☿ LAT	♀ LONG	♀ LAT	⊕ LONG	♂ LONG	♂ LAT
	° '	° '	° '	° '	° '	° '	° '
1 Tu	26♉07	0N54	1♎24	3N17	8♉53	24♓48	1S31
2 W	2♊18	1 39	3 01	3 16	9 53	25 26	1 30
3 Th	8 34	2 23	4 38	3 14	10 53	26 03	1 30
4 F	14 52	3 06	6 15	3 12	11 53	26 41	1 29
5 S	21 11	3 46	7 52	3 10	12 53	27 19	1 28
6 Su	27 30	4 24	9 29	3 08	13 53	27 56	1 27
7 M	3♋47	4 58	11 06	3 06	14 54	28 34	1 27
8 Tu	10 01	5 29	12 43	3 04	15 54	29 12	1 26
9 W	16 10	5 55	14 20	3 01	16 54	29 49	1 25
10 Th	22 14	6 17	15 57	2 58	17 54	0♈27	1 24
11 F	28 10	6 34	17 33	2 55	18 54	1 04	1 23
12 S	3♌58	6 47	19 10	2 52	19 55	1 42	1 23
13 Su	9 38	6 55	20 47	2 49	20 55	2 19	1 22
14 M	15 09	7 00	22 23	2 46	21 56	2 57	1 21
15 Tu	20 30	7 00	24 00	2 43	22 56	3 34	1 20
16 W	25 42	6 57	25 37	2 39	23 56	4 12	1 19
17 Th	0♍44	6 51	27 13	2 36	24 57	4 49	1 18
18 F	5 36	6 42	28 50	2 32	25 57	5 26	1 18
19 S	10 19	6 31	0♏26	2 28	26 58	6 04	1 17
20 Su	14 53	6 18	2 02	2 24	27 58	6 41	1 16
21 M	19 18	6 02	3 39	2 20	28 59	7 18	1 15
22 Tu	23 35	5 46	5 15	2 16	0♊00	7 55	1 14
23 W	27 43	5 27	6 51	2 11	1 00	8 32	1 13
24 Th	1♎44	5 08	8 27	2 07	2 01	9 09	1 12
25 F	5 38	4 48	10 04	2 02	3 02	9 47	1 11
26 S	9 26	4 27	11 40	1 58	4 02	10 24	1 10
27 Su	13 07	4 06	13 16	1 53	5 03	11 01	1 10
28 M	16 42	3 44	14 52	1 48	6 04	11 37	1 09
29 Tu	20 12	3 22	16 28	1 44	7 05	12 14	1 08
30 W	23♎36	2N59	18♏04	1N39	8♊05	12♈51	1S07

DECEMBER 2033

DAY	☿ LONG	☿ LAT	♀ LONG	♀ LAT	⊕ LONG	♂ LONG	♂ LAT
	° '	° '	° '	° '	° '	° '	° '
1 Th	26♎56	2N37	19♏40	1N34	9♊06	13♈28	1S06
2 F	0♏12	2 14	21 15	1 29	10 07	14 05	1 05
3 S	3 24	1 52	22 51	1 23	11 08	14 42	1 04
4 Su	6 32	1 29	24 27	1 18	12 08	15 18	1 03
5 M	9 36	1 07	26 03	1 13	13 09	15 55	1 02
6 Tu	12 38	0 45	27 38	1 08	14 10	16 32	1 01
7 W	15 37	0 23	29 14	1 02	15 11	17 08	1 00
8 Th	18 33	0 01	0♐50	0 57	16 12	17 45	0 59
9 F	21 27	0S20	2 25	0 51	17 13	18 21	0 58
10 S	24 19	0 41	4 01	0 46	18 14	18 58	0 57
11 Su	27 10	1 02	5 36	0 40	19 15	19 34	0 56
12 M	29 59	1 22	7 12	0 35	20 16	20 10	0 55
13 Tu	2♐47	1 42	8 47	0 29	21 17	20 47	0 54
14 W	5 33	2 02	10 22	0 23	22 18	21 23	0 53
15 Th	8 19	2 22	11 58	0 18	23 19	21 59	0 52
16 F	11 05	2 40	13 33	0 12	24 20	22 35	0 51
17 S	13 49	2 59	15 08	0 07	25 21	23 11	0 50
18 Su	16 34	3 17	16 44	0 01	26 22	23 47	0 49
19 M	19 19	3 35	18 19	0S05	27 23	24 23	0 48
20 Tu	22 04	3 52	19 54	0 10	28 24	24 59	0 47
21 W	24 49	4 08	21 29	0 16	29 25	25 35	0 46
22 Th	27 35	4 24	23 04	0 22	0♋26	26 11	0 45
23 F	0♑22	4 40	24 39	0 27	1 27	26 47	0 43
24 S	3 09	4 55	26 14	0 33	2 29	27 23	0 42
25 Su	5 58	5 09	27 49	0 38	3 30	27 58	0 41
26 M	8 49	5 23	29 24	0 44	4 31	28 34	0 40
27 Tu	11 41	5 36	0♑59	0 49	5 32	29 10	0 39
28 W	14 35	5 48	2 34	0 55	6 33	29 45	0 38
29 Th	17 31	6 00	4 09	1 00	7 34	0♉21	0 37
30 F	20 30	6 11	5 44	1 06	8 35	0 56	0 36
31 S	23♑31	6S21	7♑19	1S11	9♋37	1♉31	0S35

DAY	♃ LONG	♃ LAT	♄ LONG	♄ LAT	♅ LONG	♅ LAT	♆ LONG	♆ LAT	♇ LONG	♇ LAT
	° '	° '	° '	° '	° '	° '	° '	° '	° '	° '
4 F	8♓42.3	1S06	15♋25.2	0S22	3♋26.3	0N15	18♈50.2	1S37	15♒57.1	7S29
9 W	9 09.3	1 07	15 36.4	0 22	3 29.9	0 15	18 52.0	1 37	15 58.4	7 29
14 M	9 36.3	1 07	15 47.5	0 21	3 33.5	0 15	18 53.9	1 37	15 59.6	7 29
19 S	10 03.3	1 07	15 58.7	0 21	3 37.1	0 15	18 55.7	1 37	16 00.9	7 30
24 Th	10 30.4	1 07	16 09.9	0 20	3 40.7	0 15	18 57.5	1 37	16 02.1	7 30
29 Tu	10 57.5	1 08	16 21.1	0 20	3 44.3	0 16	18 59.4	1 37	16 03.4	7 30
4 Su	11 24.5	1 08	16 32.3	0 19	3 48.0	0 16	19 01.2	1 37	16 04.7	7 31
9 F	11 51.6	1 08	16 43.5	0 19	3 51.6	0 16	19 03.1	1 38	16 05.9	7 31
14 W	12 18.7	1 09	16 54.7	0 18	3 55.2	0 16	19 04.9	1 38	16 07.2	7 31
19 M	12 45.8	1 09	17 05.9	0 18	3 58.8	0 16	19 06.7	1 38	16 08.5	7 32
24 S	13 12.9	1 09	17 17.0	0 17	4 02.4	0 16	19 08.6	1 38	16 09.7	7 32
29 Th	13 40.1	1 10	17 28.2	0 17	4 06.0	0 16	19 10.4	1 38	16 11.0	7 32

☿p.311302	☿a.425572
♀ .720115	♀ .723958
⊕ .992643	⊕ .986159
♂ 1.38713	♂ 1.40519
♃ 4.99729	♃ 4.99104
♄ 9.02635	♄ 9.02846
♅ 18.9631	♅ 18.9578
♆ 29.8426	♆ 29.8423
♇ 37.4325	♇ 37.4535
☊	Perihelia
☿ 18°♉ 44	☿ 17°♊ 59
♀ 16 ♊ 59	♀ 11 ♌ 53
⊕	⊕ 14 ♋ 51
♂ 19 ♉ 49	♂ 6 ♓ 38
♃ 10 ♋ 49	♃ 14 ♈ 48
♄ 23 ♋ 58	♄ 2 ♋ 24
♅ 14 ♊ 10	♅ 20 ♍ 06
♆ 12 ♌ 05	♆ 1 ♉ 57
♇ 20 ♋ 45	♇ 15 ♏ 40

1 T	☿ ♊	3pm 6
	☿∠♄	4 23
2 W	☿△♀	3am41
	☿⚺♅	4 17
	☿∠♆	5 51
	♀□♅	5 58
3 Th	☿□♃	0am12
	⊕⚺☿	10 33
	⊕∠♂	11 1
4 F	☿⚺♄	2am 8
	☿△♇	4 9
	☿ P	11 9
	☿⚹♆	3pm 7
5	♀⚻♃	2pm35
6 Su	☿□♂	1am52
	⊕∠☿	6 18
	☿ ♋	9 32
	☿⚼♇	1pm12
	☿☌♅	10 48
7 M	⊕⚹♄	3pm52
	☿△♃	8 16
8 T	⊕□♇	1am45
	☿□♀	2pm12
	☿☌♄	9 46
	☿⚻♇	11 13
9 W	⊕⚹☿	3am26
	♂ ♈	6 49
	☿□♆	10 38
	♀□♄	7pm27
10 Th	♀△♇	0am31
	☿⚼♃	8 13
	⊕∠♅	2pm40
	♂∠♇	8 25
	⊕⚺♆	11 18
11 F	☿ ♌	7am31
	☿△♂	1pm23
	♀☍♆	7 47
	☿⚺♅	10 9
12	☿⚻♃	11pm28
13	⊕⚻♀	5am34
14 M	☿⚺♄	2am52
	☿☍♇	3 44
	☿⚼♂	2pm 6
	☿∠♅	3 14
	☿△♆	4 44
	♂□♅	11 59
15 T	♀⚼♃	10am59
	⊕□☿	1pm48
	☿⚹♀	11 24
16	☿ ♍	8pm28
17 Th	☿∠♄	0am51
	☿⚹♅	2pm 3
	☿⚼♆	3 38
	☿⚻♂	11 4
18 F	♀ ♏	5pm32
	☿☍♃	10 37
20 Su	♄⚻♇	2am 5
	☿⚻♇	6 6
	☿⚹♄	6 8
	☿∠♀	6pm18
	☿⚻♆	10 1
	♀△♅	11 58
22	⊕ ♊	0am 9
23 W	⊕∠♄	3am 3
	☿ ♎	1pm31
	☿⚼♇	7 44
24 Th	⊕△☿	2am14
	☿□♅	11 52
	♀⚻♂	5pm 3
25 F	♀△♃	8am31
	⊕⚺♅	3pm57
	⊕∠♆	10 24
26 S	☿☍♂	7am27
	☿⚻♃	8 19
	♂⚺♃	1pm27
27 Su	☿⚺♀	1am46
	☿△♇	7pm37
	☿□♄	9 22
28 M	☿☍♆	3pm39
	♀□♇	5 53
	♀△♄	10 17
29	⊕⚼☿	6pm45
30 W	♀⚼♅	10am26
	♀⚻♆	2pm 5
	☿⚼♃	6 2

1	☿ ♏	10pm31
3 S	☿△♅	3am 1
	⊕□♃	4 58
5 M	♂⚹♇	6am35
	☿△♃	3pm27
6 T	♂□♄	3am39
	⊕⚻☿	6pm45
7 W	☿□♇	3am54
	☿△♄	8 33
	♀ ♐	11 33
	☿⚻♂	3pm39
	⊕△♇	9 31
8 Th	☿0S	1am30
	☿⚼♅	2 27
	☿⚻♆	4 4
	⊕⚺♄	11 58
	♀⚼♄	1pm17
9 F	♀⚻♅	9pm53
	♀⚼♂	10 44
10 S	♀⚼♆	0am42
	♂☌♆	3 54
	⊕⚹♆	7pm39
11	⊕⚹♂	6pm41
12 M	☿ ♐	0am 9
	☿⚼♄	4pm 7
13 T	☿⚻♅	9am47
	☿⚼♆	11 13
14	☿⚼♂	9am 8
15	♀□♃	7am 3
16	☿□♃	12pm48
17 S	♀⚹♇	3pm 5
	☿⚹♇	8 14
18 Su	☿☌♀	3am16
	♀0S	3 57
	☿⚻♄	4 22
	♀⚻♄	5 11
	☿ A	10 49
	☿△♆	10pm15
19	♀△♆	12pm 9
21 W	☿△♂	8am33
	⊕ ♋	1pm39
22 Th	⊕⚼♇	4pm54
	☿ ♑	8 54
23 F	☿∠♇	6am52
	⊕☍☿	2pm51
24	☿☍♅	7am35
25 Su	♀△♂	3am36
	⊕☌♅	1pm16
	♂∠♃	3 54
26	♀ ♑	8am59
27 T	♀∠♇	2am47
	☿⚹♃	3pm25
28 W	♂ ♉	10am 2
	☿⚺♇	1pm 4
	♀☍♅	11 8
	☿☍♄	11 33
29	☿□♆	1pm22

JANUARY 2034

DAY	☿ LONG	☿ LAT	♀ LONG	♀ LAT	⊕ LONG	♂ LONG	♂ LAT
	° '	° '	° '	° '	° '	° '	° '
1 Su	26♑36	6S30	8♑54	1S16	10♋38	2♉07	0S34
2 M	29 43	6 38	10 29	1 21	11 39	2 42	0 33
3 Tu	2♒54	6 45	12 04	1 26	12 40	3 17	0 32
4 W	6 08	6 50	13 39	1 31	13 41	3 53	0 30
5 Th	9 27	6 55	15 14	1 36	14 42	4 28	0 29
6 F	12 50	6 58	16 49	1 41	15 43	5 03	0 28
7 S	16 17	7 00	18 24	1 46	16 45	5 38	0 27
8 Su	19 50	7 00	19 58	1 51	17 46	6 13	0 26
9 M	23 28	6 59	21 33	1 56	18 47	6 48	0 25
10 Tu	27 11	6 56	23 08	2 00	19 48	7 22	0 24
11 W	1♓01	6 51	24 43	2 05	20 49	7 57	0 23
12 Th	4 57	6 44	26 18	2 09	21 50	8 32	0 22
13 F	9 00	6 35	27 53	2 13	22 51	9 07	0 21
14 S	13 10	6 23	29 28	2 18	23 52	9 41	0 20
15 Su	17 28	6 09	1♒02	2 22	24 54	10 16	0 18
16 M	21 54	5 52	2 37	2 26	25 55	10 50	0 17
17 Tu	26 28	5 33	4 12	2 30	26 56	11 25	0 16
18 W	1♈11	5 11	5 47	2 33	27 57	11 59	0 15
19 Th	6 02	4 46	7 22	2 37	28 58	12 34	0 14
20 F	11 02	4 18	8 57	2 40	29 59	13 08	0 13
21 S	16 12	3 47	10 32	2 44	1♌00	13 42	0 12
22 Su	21 30	3 13	12 07	2 47	2 01	14 16	0 11
23 M	26 58	2 37	13 41	2 50	3 02	14 50	0 10
24 Tu	2♉34	1 58	15 16	2 53	4 03	15 25	0 09
25 W	8 19	1 16	16 51	2 56	5 04	15 59	0 07
26 Th	14 12	0 33	18 26	2 59	6 05	16 32	0 06
27 F	20 12	0N11	20 01	3 02	7 06	17 06	0 05
28 S	26 18	0 56	21 36	3 04	8 07	17 40	0 04
29 Su	2♊30	1 40	23 11	3 06	9 08	18 14	0 03
30 M	8 45	2 25	24 46	3 09	10 09	18 48	0 02
31 Tu	15♊03	3N07	26♒21	3S11	11♌10	19♉21	0S01

FEBRUARY 2034

DAY	☿ LONG	☿ LAT	♀ LONG	♀ LAT	⊕ LONG	♂ LONG	♂ LAT
	° '	° '	° '	° '	° '	° '	° '
1 W	21♊23	3N48	27♒56	3S13	12♌11	19♉55	0N00
2 Th	27 41	4 25	29 31	3 14	13 12	20 29	0 01
3 F	3♋59	4 59	1♓06	3 16	14 13	21 02	0 02
4 S	10 12	5 29	2 41	3 17	15 14	21 35	0 03
5 Su	16 21	5 55	4 16	3 19	16 15	22 09	0 05
6 M	22 25	6 17	5 51	3 20	17 15	22 42	0 06
7 Tu	28 21	6 34	7 26	3 21	18 16	23 15	0 07
8 W	4♌09	6 47	9 02	3 22	19 17	23 49	0 08
9 Th	9 49	6 55	10 37	3 22	20 18	24 22	0 09
10 F	15 19	7 00	12 12	3 23	21 18	24 55	0 10
11 S	20 40	7 00	13 47	3 23	22 19	25 28	0 11
12 Su	25 51	6 57	15 22	3 24	23 20	26 01	0 12
13 M	0♍53	6 51	16 57	3 24	24 21	26 34	0 13
14 Tu	5 45	6 42	18 33	3 24	25 21	27 07	0 14
15 W	10 28	6 31	20 08	3 23	26 22	27 39	0 15
16 Th	15 01	6 17	21 43	3 23	27 23	28 12	0 16
17 F	19 26	6 02	23 19	3 22	28 23	28 45	0 17
18 S	23 43	5 45	24 54	3 22	29 24	29 18	0 18
19 Su	27 51	5 27	26 29	3 21	0♍24	29 50	0 19
20 M	1♎52	5 07	28 05	3 20	1 25	0♊23	0 20
21 Tu	5 46	4 47	29 40	3 19	2 25	0 55	0 21
22 W	9 33	4 26	1♈15	3 17	3 26	1 28	0 22
23 Th	13 14	4 05	2 51	3 16	4 26	2 00	0 23
24 F	16 49	3 43	4 26	3 14	5 27	2 32	0 24
25 S	20 18	3 21	6 02	3 13	6 27	3 04	0 25
26 Su	23 43	2 59	7 37	3 11	7 27	3 37	0 26
27 M	27 02	2 36	9 13	3 09	8 28	4 09	0 27
28 Tu	0♏18	2N14	10♈49	3S06	9♍28	4♊41	0N28

DAY	♃ LONG	♃ LAT	♄ LONG	♄ LAT	♅ LONG	♅ LAT	♆ LONG	♆ LAT	♇ LONG	♇ LAT
	° '	° '	° '	° '	° '	° '	° '	° '	° '	° '
3 Tu	14♓07.2	1S10	17♋39.4	0S16	4♋09.7	0N16	19♈12.3	1S38	16♒12.3	7S33
8 Su	14 34.4	1 10	17 50.6	0 16	4 13.3	0 16	19 14.1	1 38	16 13.5	7 33
13 F	15 01.5	1 10	18 01.8	0 15	4 16.9	0 16	19 15.9	1 38	16 14.8	7 33
18 W	15 28.7	1 11	18 12.9	0 15	4 20.5	0 16	19 17.8	1 38	16 16.0	7 34
23 M	15 55.9	1 11	18 24.1	0 14	4 24.1	0 16	19 19.6	1 38	16 17.3	7 34
28 S	16 23.0	1 11	18 35.3	0 14	4 27.7	0 16	19 21.4	1 38	16 18.6	7 34
2 Th	16 50.2	1 11	18 46.5	0 14	4 31.4	0 16	19 23.3	1 38	16 19.8	7 35
7 Tu	17 17.4	1 12	18 57.7	0 13	4 35.0	0 16	19 25.1	1 38	16 21.1	7 35
12 Su	17 44.7	1 12	19 08.8	0 13	4 38.6	0 16	19 27.0	1 38	16 22.3	7 35
17 F	18 11.9	1 12	19 20.0	0 12	4 42.2	0 16	19 28.8	1 38	16 23.6	7 36
22 W	18 39.1	1 12	19 31.2	0 12	4 45.8	0 16	19 30.6	1 38	16 24.8	7 36
27 M	19 06.3	1 13	19 42.3	0 11	4 49.4	0 16	19 32.5	1 38	16 26.1	7 36

☿p .441535	☿ .307604
♀a .727447	♀ .728053
⊕p .983322	⊕ .985256
♂ 1.43435	♂ 1.47081
♃ 4.98504	♃ 4.97950
♄ 9.03083	♄ 9.03339
♅ 18.9524	♅ 18.9469
♆ 29.8420	♆ 29.8417
♇ 37.4752	♇ 37.4969
☊	Perihelia
☿ 18°♉ 44	☿ 17°♊ 59
♀ 16 ♊ 59	♀ 11 ♌ 58
⊕	⊕ 12 ♋ 35
♂ 19 ♉ 49	♂ 6 ♓ 37
♃ 10 ♋ 49	♃ 14 ♈ 49
♄ 23 ♋ 58	♄ 2 ♋ 25
♅ 14 ♊ 10	♅ 19 ♍ 42
♆ 12 ♌ 05	♆ 2 ♉ 35
♇ 20 ♋ 45	♇ 15 ♏ 37

1	☿∠♃	6pm37
2	☿ ♒	2am11
3	☿□♂	3am37
T	☿⚻♅	9 29
4	⊕☍♀	1am31
W	⊕ P	4 47
	♀✶♃	9 1
	♂✶♅	12pm27
	⊕△♃	1 34
5	♀⚺♇	2pm56
6	☿⚺♃	11am14
F	⊕⚻♇	11 40
	♀☍♄	2pm52
	☿☌♇	11 34
7	⊕⚻☿	4am25
S	☿⚻♄	10 29
	♀□♆	12pm43
	☿⚼♅	7 55
	☿✶♆	8 1
8	☿⚺♀	1am45
Su	⊕☌♄	2 0
9	⊕□♆	10am56
10	☿ ♓	5pm42
11	☿⚼♄	12pm 1
W	☿∠♆	7 49
	☿△♅	7 52
12	⊕⚼☿	3pm 1
13	☿✶♂	0am44
14	♀ ♒	8am12
S	♀∠♃	10 33
	☿☌♃	11 10
	☿∠♀	11 30
	☿⚺♇	5pm16
15	☿△♄	3am30
Su	☿⚺♆	9 53
16	☿∠♂	11pm41
17	♀⚻♅	1am56
T	⊕△☿	3 4
	☿ ♈	6pm 4
18	☿∠♇	0am27
W	☿□♅	3pm46
19	☿✶♀	9am28
20	⊕ ♌	0am20
F	☿⚺♂	11 3
	⊕⚼♃	5pm26
	☿⚺♃	9 55
21	☿✶♇	0am23
S	☿□♄	9 47
	☿☌♆	2pm12
	♀ A	8 2
23	☿ ♉	1pm 3
M	☿∠♃	5 18
24	♀□♂	3am13
T	⊕□☿	7 36
	☿✶♅	7 46
	⊕⚺♅	8 31
	♀⚺♃	12pm 3
	♀☌♇	3 31
25	♂✶♃	6am54
W	♂□♇	1pm44
26	♀⚻♄	1am12
Th	☿✶♃	8 11
	☿□♇	8 27
	☿☌♂	10 24
	♀✶♆	1pm50
	♀⚼♅	3 19
	☿✶♄	5 24
	☿0N	6 11
	☿⚺♆	8 38
	☿∠♅	9 1
	☿□♀	11 1
27	♃⚺♇	3am16
28	☿ ♊	2pm22
29	☿∠♄	4am23
Su	☿∠♆	7 12
	☿⚺♅	7 38
	♂✶♄	5pm57
30	⊕✶☿	6am23
31	♂⚺♆	0am51
T	☿△♇	4 49
	☿□♃	6 10
	♂∠♅	6 14
	☿ P	10 27
	☿⚺♄	1pm56
	☿✶♆	4 26
	☿⚺♂	5 56
	♂0N	7 54
2	⊕∠☿	2am19
Th	♀ ♓	7 18
	☿ ♋	8 48
	☿△♀	9 18
	☿⚼♇	1pm53
3	☿☌♅	2am 9
F	☿∠♂	8 40
4	♀⚼♄	6pm 2
S	⊕⚺☿	11 28
	☿⚻♇	11 57
5	♀∠♆	2am 4
Su	⊕☍♇	2 22
	☿△♃	3 0
	♀△♅	4 24
	☿☌♄	10 2
	☿□♆	12pm 3
	☿⚼♀	3 35
	⊕⚻♃	10 32
6	☿✶♂	1am17
7	☿ ♌	6am47
T	☿⚼♃	4pm31
	⊕⚺♄	5 0
8	☿⚺♅	1am52
W	⊕△♆	3 23
	⊕∠♅	7 30
9	☿⚻♀	4am50
10	☿☍♇	4am39
F	☿⚻♃	10 10
	☿⚺♄	4pm54
	☿△♆	6 27
	☿∠♅	7 17
11	⊕☌☿	9am23
12	☿□♂	0am51
Su	♀⚺♇	3pm11
	☿ ♍	7 44
13	♀☌♃	2pm 3
M	☿∠♄	4 19
	☿⚼♆	5 34
	☿✶♅	6 35
14	♀△♄	10am28
T	♀⚺♆	1pm54
16	☿⚻♇	7am22
Th	☿☍♃	5pm 3
	☿✶♄	11 26
17	☿⚻♆	0am15
F	⊕□♂	6pm45
18	☿☍♀	11am 3
S	⊕ ♍	2pm23
19	♂ ♊	7am15
Su	☿ ♎	12pm46
	☿△♂	1 37
	⊕⚺☿	8 20
	☿⚼♇	9 13
20	☿□♅	5pm42
21	♀ ♈	5am 1
T	♄□♆	5pm15
22	♀∠♇	2am22
W	♀✶♂	4 36
23	⊕⚼♆	1am55
Th	⊕∠♄	2 57
	⊕✶♅	8 10
	☿△♇	9pm22
24	♀□♅	5am17
F	☿⚼♂	5 50
	☿⚻♃	2pm12
	☿☍♆	6 37
	☿□♄	7 17
25	⊕∠☿	11am22
S	⊕⚻♀	5pm 9
27	♂∠♆	5pm55
M	☿ ♏	9 46
28	♂∠♄	2am58
T	♂⚺♅	7 8

MARCH 2034

DAY	☿ LONG	☿ LAT	♀ LONG	♀ LAT	⊕ LONG	♂ LONG	♂ LAT
	° '	° '	° '	° '	° '	° '	° '
1 W	3♏30	1N51	12♈24	3S04	10♍28	5♊13	0N29
2 Th	6 37	1 29	14 00	3 02	11 28	5 45	0 30
3 F	9 42	1 06	15 35	2 59	12 29	6 17	0 31
4 S	12 44	0 44	17 11	2 56	13 29	6 49	0 32
5 Su	15 42	0 22	18 47	2 53	14 29	7 20	0 33
6 M	18 39	0 01	20 22	2 50	15 29	7 52	0 34
7 Tu	21 33	0S21	21 58	2 47	16 29	8 24	0 35
8 W	24 25	0 42	23 34	2 44	17 29	8 55	0 36
9 Th	27 15	1 03	25 10	2 40	18 29	9 27	0 37
10 F	0♐04	1 23	26 45	2 37	19 29	9 59	0 38
11 S	2 52	1 43	28 21	2 33	20 29	10 30	0 39
12 Su	5 39	2 03	29 57	2 29	21 29	11 01	0 40
13 M	8 25	2 22	1♉33	2 25	22 29	11 33	0 41
14 Tu	11 10	2 41	3 09	2 21	23 29	12 04	0 42
15 W	13 55	3 00	4 45	2 17	24 29	12 35	0 43
16 Th	16 39	3 18	6 21	2 13	25 28	13 07	0 44
17 F	19 24	3 35	7 57	2 08	26 28	13 38	0 45
18 S	22 09	3 52	9 33	2 04	27 28	14 09	0 46
19 Su	24 54	4 09	11 09	1 59	28 28	14 40	0 47
20 M	27 40	4 25	12 45	1 55	29 27	15 11	0 48
21 Tu	0♑27	4 40	14 21	1 50	0♎27	15 42	0 48
22 W	3 15	4 55	15 57	1 45	1 27	16 13	0 49
23 Th	6 04	5 10	17 33	1 40	2 26	16 44	0 50
24 F	8 54	5 23	19 10	1 35	3 26	17 14	0 51
25 S	11 47	5 36	20 46	1 30	4 25	17 45	0 52
26 Su	14 41	5 49	22 22	1 25	5 25	18 16	0 53
27 M	17 37	6 00	23 58	1 20	6 24	18 46	0 54
28 Tu	20 36	6 11	25 35	1 14	7 23	19 17	0 55
29 W	23 37	6 21	27 11	1 09	8 23	19 48	0 55
30 Th	26 41	6 30	28 47	1 04	9 22	20 18	0 56
31 F	29♑49	6S38	0♊24	0S58	10♎21	20♊48	0N57

APRIL 2034

DAY	☿ LONG	☿ LAT	♀ LONG	♀ LAT	⊕ LONG	♂ LONG	♂ LAT
	° '	° '	° '	° '	° '	° '	° '
1 S	3♒00	6S45	2♊00	0S53	11♎21	21♊19	0N58
2 Su	6 14	6 50	3 37	0 47	12 20	21 49	0 59
3 M	9 33	6 55	5 13	0 42	13 19	22 20	1 00
4 Tu	12 56	6 58	6 50	0 36	14 18	22 50	1 00
5 W	16 24	7 00	8 26	0 30	15 17	23 20	1 01
6 Th	19 56	7 00	10 03	0 25	16 16	23 50	1 02
7 F	23 34	6 59	11 39	0 19	17 15	24 20	1 03
8 S	27 18	6 56	13 16	0 13	18 14	24 50	1 04
9 Su	1♓08	6 51	14 53	0 08	19 13	25 20	1 04
10 M	5 05	6 44	16 29	0 02	20 12	25 50	1 05
11 Tu	9 08	6 34	18 06	0N04	21 11	26 20	1 06
12 W	13 18	6 23	19 43	0 10	22 10	26 50	1 07
13 Th	17 36	6 09	21 20	0 15	23 09	27 20	1 08
14 F	22 02	5 52	22 56	0 21	24 08	27 49	1 08
15 S	26 37	5 32	24 33	0 27	25 07	28 19	1 09
16 Su	1♈20	5 10	26 10	0 33	26 05	28 49	1 10
17 M	6 11	4 45	27 47	0 38	27 04	29 18	1 11
18 Tu	11 12	4 17	29 24	0 44	28 03	29 48	1 11
19 W	16 22	3 46	1♋01	0 49	29 01	0♋18	1 12
20 Th	21 40	3 12	2 38	0 55	0♏00	0 47	1 13
21 F	27 08	2 35	4 15	1 01	0 59	1 17	1 13
22 S	2♉45	1 56	5 52	1 06	1 57	1 46	1 14
23 Su	8 30	1 15	7 29	1 11	2 56	2 15	1 15
24 M	14 23	0 32	9 06	1 17	3 54	2 45	1 16
25 Tu	20 23	0N12	10 43	1 22	4 53	3 14	1 16
26 W	26 30	0 57	12 20	1 27	5 51	3 43	1 17
27 Th	2♊41	1 42	13 58	1 32	6 50	4 12	1 18
28 F	8 57	2 26	15 35	1 38	7 48	4 41	1 18
29 S	15 15	3 08	17 12	1 43	8 46	5 11	1 19
30 Su	21♊34	3N49	18♋49	1N48	9♏45	5♋40	1N20

DAY	♃ LONG	♃ LAT	♄ LONG	♄ LAT	♅ LONG	♅ LAT	♆ LONG	♆ LAT	♇ LONG	♇ LAT
	° '	° '	° '	° '	° '	° '	° '	° '	° '	° '
4 S	19♓33.6	1S13	19♋53.5	0S11	4♋53.1	0N16	19♈34.3	1S38	16♒27.4	7S37
9 Th	20 00.8	1 13	20 04.7	0 10	4 56.7	0 16	19 36.1	1 38	16 28.6	7 37
14 Tu	20 28.1	1 13	20 15.8	0 10	5 00.3	0 16	19 38.0	1 38	16 29.9	7 37
19 Su	20 55.4	1 13	20 27.0	0 09	5 03.9	0 17	19 39.8	1 38	16 31.1	7 38
24 F	21 22.6	1 14	20 38.1	0 09	5 07.5	0 17	19 41.6	1 38	16 32.4	7 38
29 W	21 49.9	1 14	20 49.3	0 08	5 11.1	0 17	19 43.5	1 38	16 33.6	7 38
3 M	22 17.2	1 14	21 00.5	0 08	5 14.8	0 17	19 45.3	1 38	16 34.9	7 39
8 S	22 44.5	1 14	21 11.6	0 07	5 18.4	0 17	19 47.1	1 38	16 36.1	7 39
13 Th	23 11.8	1 14	21 22.8	0 07	5 22.0	0 17	19 49.0	1 38	16 37.4	7 39
18 Tu	23 39.1	1 15	21 33.9	0 06	5 25.6	0 17	19 50.8	1 38	16 38.6	7 40
23 Su	24 06.5	1 15	21 45.1	0 06	5 29.2	0 17	19 52.6	1 38	16 39.9	7 40
28 F	24 33.8	1 15	21 56.2	0 05	5 32.9	0 17	19 54.5	1 38	16 41.1	7 40

☿a.434311	☿p.433659
♀ .725733	♀ .721623
⊕ .990657	⊕ .999027
♂ 1.50689	♂ 1.54703
♃ 4.97492	♃ 4.97033
♄ 9.03587	♄ 9.03878
♅ 18.9420	♅ 18.9366
♆ 29.8414	♆ 29.8411
♇ 37.5165	♇ 37.5381
☊	Perihelia
☿ 18°♉ 44	☿ 18°♊ 00
♀ 16 ♊ 59	♀ 12 ♌ 03
⊕	⊕ 11 ♋ 09
♂ 19 ♉ 49	♂ 6 ♓ 38
♃ 10 ♋ 49	♃ 14 ♈ 49
♄ 23 ♋ 58	♄ 2 ♋ 27
♅ 14 ♊ 10	♅ 19 ♍ 18
♆ 12 ♌ 05	♆ 3 ♉ 18
♇ 20 ♋ 46	♇ 15 ♏ 33

1 W	☿⚼♃	6am14
	☿△♅	10 22
	☿⚻♂	3pm51
3	♀✶♇	1pm 1
4 S	♃⚺♆	3am24
	⊕✶☿	9 5
5 Su	☿□♇	6am 9
	♀☌♆	12pm 5
	♀⚺♃	1 55
	♀□♄	5 43
6 M	☿0S	0am45
	☿⚻♆	7 46
	☿△♃	9 20
	☿⚼♅	10 28
	☿△♄	11 2
	⊕⚻♇	11pm37
7	☿⚻♀	7am55
8	♀∠♂	8am 5
9	☿ ♐	11pm23
10 F	⊕⚻♆	3am 0
	♃△♄	4 29
	⊕✶♄	3pm44
	⊕☍♃	4 24
11 S	☿⚼♆	3pm 7
	☿⚻♅	6 14
	☿⚼♄	8 0
12	♀ ♉	0am42
14	☿☍♂	9am46
15 W	♀✶♅	4am 3
	♀∠♃	12pm54
	☿✶♇	10 42
16	☿ A	10am 5
17 F	☿△♆	2am12
	☿⚻♄	8 39
	☿□♃	12pm 7
20 M	☿⚼♀	1am40
	⊕ ♎	1pm10
	☿ ♑	8 8
	⊕□☿	12 0
21	☿∠♇	9am17
22 W	⊕⚼♇	2am 9
	♀⚺♂	5 42
	♀□♇	8 39
	♂△♇	2pm59
	☿☍♅	3 53
	⊕⚼♀	7 12
24 F	♀⚺♆	8am 1
	♀∠♅	2pm33
	♀✶♄	10 36
25 S	♀✶♃	11am10
	⊕□♅	5pm36
26	☿⚺♇	3pm19
27 M	☿⚻♂	11am18
	☿□♆	4pm57
28 T	☿☍♄	1am31
	☿✶♃	9 25
	♂✶♆	8pm44
30	♀ ♊	6pm 5
31 F	☿ ♒	1am25
	♂⚺♄	4 29
	☿△♀	8 59
1	☿⚻♅	4pm36
2 Su	☿⚼♂	5am 2
	☿∠♃	7 12
	♀∠♆	5pm 4
	♂□♃	9 48
3 M	♀⚺♅	0am25
	♀∠♄	12pm 3
4	⊕△☿	1pm22
5 W	☿☌♇	1am20
	☿✶♆	10pm53
6 Th	☿⚼♅	2am18
	⊕△♇	7 52
	☿⚻♄	7 56
	☿⚺♃	5pm48
7	☿△♂	5am43
8	☿ ♓	4pm57
9 Su	⊕☍♆	1pm59
	☿∠♆	10 19
10 M	⊕⚼☿	1am 1
	☿△♅	1 31
	♀△♇	1 49
	☿⚼♄	7 11
	♀0N	7 26
11	⊕□♄	3am 0
12 W	♀✶♆	1am27
	☿⚺♇	6pm34
13 Th	♀⚺♄	0am49
	⊕⚻♃	1 17
	☿⚺♆	12pm 4
	☿△♄	8 38
14 F	♀□♃	5am30
	☿☌♃	6 45
	☿□♀	7 25
	⊕⚻☿	2pm 5
15 S	☿□♂	9am49
	☿ ♈	5pm19
	⊕△♀	9 2
16 Su	☿∠♇	1am33
	☿□♅	8pm14
18 T	♀☌♂	8am36
	♀ ♋	8 56
	♂ ♋	9 42
19 W	☿✶♇	1am19
	♀⚼♇	9 26
	☿☌♆	3pm52
	☿□♄	11 51
	⊕ ♏	11 56
20	☿⚺♃	9am44
21 F	☿ ♉	12pm19
	⊕△♂	2 37
	♀☌♅	6 10
	♂⚼♇	6 48
	☿✶♂	7 26
	⊕☍☿	7 56
22 S	☿✶♅	11am28
	☿✶♀	6pm 9
23	☿∠♃	2am32
24 M	☿□♇	9am11
	☿∠♂	2pm40
	☿0N	5 26
	☿⚺♆	10 1
25	☿∠♅	0am29
T	☿✶♄	5 43
	☿✶♃	3pm36
	⊕△♅	3 43
26 W	☿∠♀	4am28
	☿ ♊	1pm37
27 Th	☿⚺♂	6am19
	☿∠♆	8 31
	☿⚺♅	10 58
	☿∠♄	4pm16
	⊕⚻☿	6 49
28	♀⚻♇	4pm25
29 S	☿△♇	5am28
	☿ P	9 43
	☿⚺♀	9 57
	☿✶♆	5pm43
	♂☌♅	7 31
30 Su	⊕⚼♃	0am 1
	☿⚺♄	1 41
	☿□♃	12pm14
	⊕⚼☿	2 14
	♀□♆	4 20

MAY 2034

DAY	☿ LONG	☿ LAT	♀ LONG	♀ LAT	⊕ LONG	♂ LONG	♂ LAT
	° '	° '	° '	° '	° '	° '	° '
1 M	27♊53	4N26	20♋27	1N52	10♏43	6♋09	1N20
2 Tu	4♋10	5 00	22 04	1 57	11 41	6 38	1 21
3 W	10 24	5 30	23 41	2 02	12 39	7 07	1 22
4 Th	16 33	5 56	25 18	2 06	13 38	7 35	1 22
5 F	22 36	6 18	26 56	2 11	14 36	8 04	1 23
6 S	28 32	6 35	28 33	2 15	15 34	8 33	1 23
7 Su	4♌20	6 47	0♌11	2 19	16 32	9 02	1 24
8 M	9 59	6 55	1 48	2 24	17 30	9 31	1 25
9 Tu	15 29	7 00	3 25	2 28	18 28	9 59	1 25
10 W	20 50	7 00	5 03	2 32	19 26	10 28	1 26
11 Th	26 01	6 57	6 40	2 35	20 24	10 57	1 26
12 F	1♍02	6 51	8 18	2 39	21 22	11 25	1 27
13 S	5 54	6 42	9 55	2 43	22 20	11 54	1 28
14 Su	10 36	6 30	11 33	2 46	23 18	12 22	1 28
15 M	15 10	6 17	13 10	2 49	24 16	12 51	1 29
16 Tu	19 34	6 01	14 48	2 52	25 14	13 19	1 29
17 W	23 50	5 44	16 25	2 55	26 12	13 47	1 30
18 Th	27 59	5 26	18 03	2 58	27 09	14 16	1 30
19 F	1♎59	5 07	19 40	3 01	28 07	14 44	1 31
20 S	5 53	4 47	21 18	3 04	29 05	15 12	1 31
21 Su	9 40	4 26	22 56	3 06	0♐03	15 41	1 32
22 M	13 20	4 04	24 33	3 08	1 01	16 09	1 32
23 Tu	16 55	3 42	26 11	3 10	1 58	16 37	1 33
24 W	20 25	3 20	27 48	3 12	2 56	17 05	1 33
25 Th	23 49	2 58	29 26	3 14	3 54	17 33	1 34
26 F	27 09	2 35	1♍03	3 16	4 51	18 01	1 34
27 S	0♏24	2 13	2 41	3 17	5 49	18 29	1 35
28 Su	3 36	1 50	4 18	3 19	6 47	18 57	1 35
29 M	6 43	1 28	5 56	3 20	7 44	19 25	1 36
30 Tu	9 48	1 06	7 33	3 21	8 42	19 53	1 36
31 W	12♏49	0N44	9♍11	3N22	9♐39	20♋21	1N37

JUNE 2034

DAY	☿ LONG	☿ LAT	♀ LONG	♀ LAT	⊕ LONG	♂ LONG	♂ LAT
	° '	° '	° '	° '	° '	° '	° '
1 Th	15♏48	0N22	10♍48	3N23	10♐37	20♋49	1N37
2 F	18 44	0 00	12 26	3 23	11 34	21 17	1 37
3 S	21 38	0S21	14 03	3 23	12 32	21 45	1 38
4 Su	24 30	0 42	15 40	3 24	13 29	22 12	1 38
5 M	27 21	1 03	17 18	3 24	14 27	22 40	1 39
6 Tu	0♐10	1 24	18 55	3 24	15 24	23 08	1 39
7 W	2 57	1 44	20 33	3 23	16 21	23 36	1 40
8 Th	5 44	2 03	22 10	3 23	17 19	24 03	1 40
9 F	8 30	2 23	23 47	3 22	18 16	24 31	1 40
10 S	11 15	2 42	25 24	3 22	19 14	24 58	1 41
11 Su	14 00	3 00	27 02	3 21	20 11	25 26	1 41
12 M	16 44	3 18	28 39	3 20	21 08	25 54	1 41
13 Tu	19 29	3 36	0♎16	3 18	22 06	26 21	1 42
14 W	22 14	3 53	1 53	3 17	23 03	26 49	1 42
15 Th	24 59	4 09	3 30	3 15	24 00	27 16	1 42
16 F	27 45	4 25	5 07	3 14	24 58	27 43	1 43
17 S	0♑32	4 41	6 44	3 12	25 55	28 11	1 43
18 Su	3 20	4 56	8 21	3 10	26 52	28 38	1 43
19 M	6 09	5 10	9 58	3 08	27 50	29 05	1 44
20 Tu	9 00	5 24	11 35	3 05	28 47	29 33	1 44
21 W	11 52	5 37	13 12	3 03	29 44	0♌00	1 44
22 Th	14 46	5 49	14 49	3 00	0♑41	0 27	1 45
23 F	17 43	6 01	16 26	2 57	1 39	0 55	1 45
24 S	20 41	6 11	18 03	2 55	2 36	1 22	1 45
25 Su	23 43	6 21	19 39	2 52	3 33	1 49	1 46
26 M	26 47	6 30	21 16	2 48	4 30	2 16	1 46
27 Tu	29 55	6 38	22 53	2 45	5 28	2 43	1 46
28 W	3♒06	6 45	24 29	2 42	6 25	3 10	1 46
29 Th	6 21	6 51	26 06	2 38	7 22	3 37	1 47
30 F	9♒39	6S55	27♎42	2N34	8♑19	4♌05	1N47

DAY	♃ LONG	♃ LAT	♄ LONG	♄ LAT	♅ LONG	♅ LAT	♆ LONG	♆ LAT	♇ LONG	♇ LAT
	° '	° '	° '	° '	° '	° '	° '	° '	° '	° '
3 W	25♓01.1	1S15	22♋07.4	0S05	5♋36.5	0N17	19♈56.3	1S38	16♒42.4	7S41
8 M	25 28.5	1 15	22 18.5	0 04	5 40.1	0 17	19 58.1	1 38	16 43.6	7 41
13 S	25 55.8	1 16	22 29.7	0 04	5 43.7	0 17	20 00.0	1 38	16 44.9	7 41
18 Th	26 23.2	1 16	22 40.8	0 03	5 47.3	0 17	20 01.8	1 38	16 46.1	7 42
23 Tu	26 50.6	1 16	22 52.0	0 03	5 51.0	0 17	20 03.7	1 38	16 47.4	7 42
28 Su	27 17.9	1 16	23 03.1	0 02	5 54.6	0 17	20 05.5	1 38	16 48.7	7 42
2 F	27 45.3	1 16	23 14.3	0 02	5 58.2	0 17	20 07.3	1 38	16 49.9	7 43
7 W	28 12.7	1 16	23 25.4	0 01	6 01.9	0 17	20 09.2	1 38	16 51.2	7 43
12 M	28 40.1	1 16	23 36.6	0 01	6 05.5	0 17	20 11.0	1 38	16 52.4	7 43
17 S	29 07.5	1 17	23 47.7	0 00	6 09.1	0 17	20 12.9	1 38	16 53.7	7 44
22 Th	29 34.9	1 17	23 58.9	0N00	6 12.7	0 17	20 14.7	1 38	16 54.9	7 44
27 Tu	0♈02.3	1 17	24 10.0	0 01	6 16.4	0 17	20 16.5	1 38	16 56.2	7 45

☿ .308316	☿a .448811
♀p .718755	♀ .719014
⊕ 1.00735	⊕ 1.01388
♂ 1.58328	♂ 1.61561
♃ 4.96637	♃ 4.96279
♄ 9.04177	♄ 9.04505
♅ 18.9313	♅ 18.9259
♆ 29.8408	♆ 29.8405
♇ 37.5591	♇ 37.5807
☊	Perihelia
☿ 18°♉ 44	☿ 18°♊ 00
♀ 16 ♊ 59	♀ 12 ♌ 01
⊕	⊕ 13 ♋ 15
♂ 19 ♉ 49	♂ 6 ♓ 38
♃ 10 ♋ 49	♃ 14 ♈ 49
♄ 23 ♋ 58	♄ 2 ♋ 29
♅ 14 ♊ 10	♅ 18 ♍ 58
♆ 12 ♌ 05	♆ 3 ♉ 55
♇ 20 ♋ 46	♇ 15 ♏ 29

DAY	ASPECT	TIME
1 M	☿ ♋	8am 3
	☿⚼♇	2pm33
2 T	♀☌♄	0am20
	☿☌♅	5 29
	☿☌♂	10 13
3 W	⊕△☿	10am25
	♀△♃	8pm54
4 Th	☿⚻♇	0am38
	☿□♆	1pm26
	☿☌♄	10 23
5	☿△♃	10am38
6 S	☿☌♀	0am 8
	☿ ♌	6 2
	♀ ♌	9pm23
7 Su	⊕□♇	4am46
	☿⚺♅	5 35
	☿⚺♂	9pm46
8	☿⚼♃	2am 9
9 T	☿☍♇	5am32
	⊕□☿	4pm15
	☿△♆	8 8
	☿∠♅	11 22
10 W	☿⚺♄	7am10
	♀⚺♅	9 35
	⊕⚻♆	1pm41
	☿⚻♃	10 44
	☿∠♂	11 38
11 Th	⊕⚼♅	7am38
	☿ ♍	6pm59
12 F	☿⚼♆	7pm30
	☿✶♅	11 8
13 S	⊕△♄	4am11
	☿∠♄	8 7
	♀⚼♃	3pm46
14 Su	♀ P	6am41
	☿⚺♀	7 35
	☿✶♂	10 16
	♀⚺♂	5pm 8
15	☿⚻♇	8am36
16 T	☿⚻♆	2am29
	☿✶♄	5pm 8
17 W	⊕△♃	2am49
	♀☍♇	5 3
	☿☍♃	2pm28
	⊕✶☿	5 42
18 Th	☿ ♎	12pm 1
	☿⚼♇	10 41
19 F	♀△♆	5am22
	♀∠♅	4pm45
	☿□♅	11 34
20 S	☿∠♀	4am34
	♀⚺♄	9pm59
	⊕ ♐	10 50
22 M	⊕⚼♂	6am42
	☿□♂	9pm37
	☿△♇	11 6
23 T	⊕∠☿	0am28
	♂⚻♇	8 58
	♀⚻♃	10 25
	☿☍♆	9pm36
24	☿□♄	5pm42
25 Th	♀ ♍	8am26
	☿⚻♃	11pm47
26 F	⊕⚼♆	5am39
	☿ ♏	9pm 1
27 S	⊕⚻♅	2am 5
	♀∠♂	4pm47
28 Su	☿✶♀	11am14
	♀⚼♆	11 41
	☿△♅	5pm48
	♀✶♅	11 54
29 M	⊕⚼♄	9am14
	⊕⚺☿	11 25
30 T	♀∠♄	8am40
	♂□♆	11 20
	☿⚼♃	9pm58
31	⊕□♀	5pm 5

DAY	ASPECT	TIME
1	☿□♇	8am23
2 F	☿0S	0am 1
	☿⚻♆	11 27
	☿⚼♅	6pm32
3 S	☿△♂	1am 4
	☿△♄	1pm52
4	♀⚻♇	5pm17
5 M	☿△♃	6am 1
	☿ ♐	10pm38
6 T	♂☌♄	2pm27
	♀⚻♆	6 13
7 W	⊕✶♇	12pm31
	☿⚼♆	7 2
8 Th	☿⚻♅	2am43
	♀✶♄	7pm38
9 F	☿⚼♄	0am 1
	☿⚼♂	10 39
	♀✶♂	3pm 3
10	⊕△♆	11pm53
12 M	♀☍♃	0am19
	☿✶♇	1 9
	☿ A	9 21
	♀ ♎	8pm 2
13 T	☿△♆	6am10
	♀⚼♇	11pm56
14 W	⊕☌☿	10am53
	☿⚻♄	12pm48
	⊕⚻♄	4 34
15	☿⚻♂	11pm39
16 F	☿□♃	11am25
	♀□♅	3pm12
	☿ ♑	7 22
17	☿∠♇	11am41
19 M	☿☍♅	0am11
	♂△♃	2pm17
20 T	⊕□♃	5pm 9
	♂ ♌	11 56
21 W	⊕ ♑	6am37
	⊕⚻♂	12pm41
	♄0N	2 18
22 Th	☿□♀	0am51
	☿⚺♇	5pm33
23 F	⊕∠♇	6am56
	♀△♇	7 17
	☿□♆	8pm31
25 Su	☿☍♄	3am 0
	♀☍♆	9 4
26	♃ ♈	1pm50
27 T	☿ ♒	0am40
	☿✶♃	0 59
	♀□♄	7pm39
	⊕☍♅	8 42
28 W	☿☍♂	0am40
	☿⚻♅	11pm40
29	⊕⚺☿	10am31

JULY 2034

DAY	☿ LONG	☿ LAT	♀ LONG	♀ LAT	⊕ LONG	♂ LONG	♂ LAT
	° '	° '	° '	° '	° '	° '	° '
1 S	13♒02	6S58	29♎19	2N31	9♑16	4♌32	1N47
2 Su	16 30	7 00	0♏55	2 27	10 14	4 59	1 47
3 M	20 03	7 00	2 32	2 23	11 11	5 26	1 47
4 Tu	23 41	6 59	4 08	2 19	12 08	5 53	1 48
5 W	27 26	6 56	5 44	2 14	13 05	6 20	1 48
6 Th	1♓16	6 50	7 21	2 10	14 02	6 46	1 48
7 F	5 12	6 43	8 57	2 06	15 00	7 13	1 48
8 S	9 16	6 34	10 33	2 01	15 57	7 40	1 48
9 Su	13 26	6 22	12 09	1 56	16 54	8 07	1 49
10 M	17 45	6 08	13 45	1 52	17 51	8 34	1 49
11 Tu	22 11	5 51	15 21	1 47	18 48	9 01	1 49
12 W	26 45	5 32	16 57	1 42	19 46	9 28	1 49
13 Th	1♈29	5 09	18 33	1 37	20 43	9 54	1 49
14 F	6 21	4 44	20 09	1 32	21 40	10 21	1 49
15 S	11 21	4 16	21 45	1 27	22 37	10 48	1 50
16 Su	16 31	3 45	23 20	1 22	23 35	11 15	1 50
17 M	21 51	3 11	24 56	1 17	24 32	11 41	1 50
18 Tu	27 19	2 34	26 32	1 11	25 29	12 08	1 50
19 W	2♉56	1 55	28 08	1 06	26 26	12 35	1 50
20 Th	8 41	1 14	29 43	1 01	27 24	13 01	1 50
21 F	14 34	0 31	1♐19	0 55	28 21	13 28	1 50
22 S	20 35	0N14	2 54	0 50	29 18	13 55	1 50
23 Su	26 41	0 58	4 30	0 44	0♒16	14 21	1 50
24 M	2♊53	1 43	6 05	0 39	1 13	14 48	1 51
25 Tu	9 09	2 27	7 41	0 33	2 10	15 14	1 51
26 W	15 27	3 10	9 16	0 27	3 07	15 41	1 51
27 Th	21 46	3 50	10 51	0 22	4 05	16 08	1 51
28 F	28 05	4 27	12 27	0 16	5 02	16 34	1 51
29 S	4♋22	5 01	14 02	0 11	5 59	17 01	1 51
30 Su	10 36	5 31	15 37	0 05	6 57	17 27	1 51
31 M	16♋44	5N57	17♐13	0S01	7♒54	17♌54	1N51

AUGUST 2034

DAY	☿ LONG	☿ LAT	♀ LONG	♀ LAT	⊕ LONG	♂ LONG	♂ LAT
	° '	° '	° '	° '	° '	° '	° '
1 Tu	22♋47	6N18	18♐48	0S06	8♒51	18♌20	1N51
2 W	28 43	6 35	20 23	0 12	9 49	18 47	1 51
3 Th	4♌31	6 48	21 58	0 18	10 46	19 13	1 51
4 F	10 10	6 56	23 33	0 23	11 44	19 39	1 51
5 S	15 39	7 00	25 08	0 29	12 41	20 06	1 51
6 Su	21 00	7 00	26 43	0 34	13 39	20 32	1 51
7 M	26 11	6 57	28 18	0 40	14 36	20 59	1 51
8 Tu	1♍12	6 51	29 53	0 46	15 33	21 25	1 51
9 W	6 03	6 41	1♑28	0 51	16 31	21 51	1 51
10 Th	10 45	6 30	3 03	0 56	17 29	22 18	1 51
11 F	15 18	6 16	4 38	1 02	18 26	22 44	1 51
12 S	19 42	6 01	6 13	1 07	19 24	23 11	1 51
13 Su	23 58	5 44	7 48	1 12	20 21	23 37	1 51
14 M	28 06	5 26	9 23	1 18	21 19	24 03	1 51
15 Tu	2♎07	5 06	10 58	1 23	22 17	24 30	1 51
16 W	6 00	4 46	12 33	1 28	23 14	24 56	1 51
17 Th	9 47	4 25	14 08	1 33	24 12	25 22	1 50
18 F	13 27	4 04	15 43	1 38	25 10	25 48	1 50
19 S	17 02	3 42	17 18	1 43	26 07	26 15	1 50
20 Su	20 31	3 20	18 53	1 48	27 05	26 41	1 50
21 M	23 55	2 57	20 27	1 52	28 03	27 07	1 50
22 Tu	27 15	2 35	22 02	1 57	29 01	27 34	1 50
23 W	0♏30	2 12	23 37	2 02	29 58	28 00	1 50
24 Th	3 42	1 50	25 12	2 06	0♓56	28 26	1 50
25 F	6 49	1 27	26 47	2 10	1 54	28 52	1 50
26 S	9 54	1 05	28 22	2 15	2 52	29 19	1 49
27 Su	12 55	0 43	29 57	2 19	3 50	29 45	1 49
28 M	15 54	0 21	1♒31	2 23	4 48	0♍11	1 49
29 Tu	18 50	0S01	3 06	2 27	5 46	0 37	1 49
30 W	21 44	0 22	4 41	2 31	6 44	1 04	1 49
31 Th	24♏36	0S43	6♒16	2S34	7♓42	1♍30	1N49

DAY	♃ LONG	♃ LAT	♄ LONG	♄ LAT	♅ LONG	♅ LAT	♆ LONG	♆ LAT	♇ LONG	♇ LAT
	° '	° '	° '	° '	° '	° '	° '	° '	° '	° '
2 Su	0♈29.7	1S17	24♋21.2	0N01	6♋20.0	0N17	20♈18.4	1S38	16♒57.4	7S45
7 F	0 57.2	1 17	24 32.3	0 01	6 23.6	0 18	20 20.2	1 38	16 58.7	7 45
12 W	1 24.6	1 17	24 43.4	0 02	6 27.3	0 18	20 22.1	1 38	17 00.0	7 46
17 M	1 52.0	1 17	24 54.6	0 02	6 30.9	0 18	20 23.9	1 38	17 01.2	7 46
22 S	2 19.4	1 17	25 05.7	0 03	6 34.5	0 18	20 25.7	1 38	17 02.5	7 46
27 Th	2 46.9	1 17	25 16.9	0 03	6 38.2	0 18	20 27.6	1 38	17 03.7	7 47
1 Tu	3 14.3	1 17	25 28.0	0 04	6 41.8	0 18	20 29.4	1 39	17 05.0	7 47
6 Su	3 41.8	1 18	25 39.1	0 04	6 45.4	0 18	20 31.3	1 39	17 06.2	7 47
11 F	4 09.2	1 18	25 50.2	0 05	6 49.0	0 18	20 33.1	1 39	17 07.5	7 48
16 W	4 36.7	1 18	26 01.4	0 05	6 52.7	0 18	20 34.9	1 39	17 08.7	7 48
21 M	5 04.1	1 18	26 12.5	0 06	6 56.3	0 18	20 36.8	1 39	17 10.0	7 48
26 S	5 31.6	1 18	26 23.6	0 06	6 59.9	0 18	20 38.6	1 39	17 11.2	7 49
31 Th	5 59.0	1 18	26 34.7	0 07	7 03.6	0 18	20 40.4	1 39	17 12.5	7 49

☿p .420177	☿ .317264
♀ .722212	♀ .726250
⊕a 1.01661	⊕ 1.01501
♂ 1.64020	♂ 1.65740
♃ 4.95983	♃ 4.95730
♄ 9.04839	♄ 9.05202
♅ 18.9206	♅ 18.9153
♆ 29.8402	♆ 29.8399
♇ 37.6016	♇ 37.6232
☊	Perihelia
☿ 18°♉ 44	☿ 18°♊ 00
♀ 17 ♊ 00	♀ 11 ♌ 58
⊕	⊕ 16 ♋ 05
♂ 19 ♉ 49	♂ 6 ♓ 39
♃ 10 ♋ 49	♃ 14 ♈ 49
♄ 23 ♋ 58	♄ 2 ♋ 32
♅ 14 ♊ 10	♅ 18 ♍ 33
♆ 12 ♌ 05	♆ 4 ♉ 37
♇ 20 ♋ 47	♇ 15 ♏ 25

Day	Aspect	Time
1 S	♀ ♏	10am14
	☿∠♃	4pm53
	♀⚻♃	5 15
2	☿☌♇	3am 6
3 M	☿⚹♆	1am44
	☿⚼♅	8 37
4	☿⚻♄	4am50
5 W	♂⚺♅	2am27
	⊕∠☿	5 35
	♀△♅	9 31
	♀□♂	12pm12
	☿ ♓	4 11
	☿⚺♃	9 28
6	⊕ A	6pm49
7 F	☿∠♆	0am48
	☿△♅	7 8
	☿⚻♂	1pm31
8 S	☿⚼♄	1am51
	☿△♀	12pm 7
9 Su	⊕⚺♇	2am12
	☿⚺♇	7pm51
10 M	⊕⚹☿	0am46
	☿⚺♆	2pm14
11 T	☿⚼♂	10am44
	☿△♄	1pm20
	♀⚼♃	3 24
12 W	♀□♇	0am45
	⊕□♆	3pm22
	☿ ♈	4 34
13 Th	☿☌♃	0am 8
	☿∠♇	2 38
	☿⚼♀	3pm21
14 F	☿□♅	0am40
	♀⚻♆	3 32
	♀⚼♅	8pm10
	☿△♂	9 6
16 Su	☿⚹♇	2am15
	⊕⚹♀	8 53
	☿☌♆	5pm32
	♀△♄	11 36
17 M	⊕☍♄	9am54
	☿□♄	1pm37
	⊕□☿	2 23
	☿⚻♀	7 13
18 T	☿ ♉	11am33
	♃∠♇	6pm 8
	☿⚺♃	8 13
19	☿⚹♅	3pm 9
20 Th	♀ ♐	4am14
	☿□♂	7pm10
21 F	☿□♇	9am54
	☿∠♃	10 51
	♀△♃	2pm43
	☿0N	4 42
	☿⚺♆	11 24
22 S	☿∠♅	3am57
	⊕ ♒	5pm29
	☿⚹♄	5 53
23 Su	☿ ♊	12pm52
	♀⚼♆	2 13
	⊕△☿	4 23
	☿⚹♃	10 31
24 M	♀⚻♅	7am47
	☿∠♆	9 50
	☿⚺♅	2pm18
	☿☍♀	4 29
25	☿∠♄	4am 4
T	⊕⚹♃	11 56
26 W	☿⚹♂	0am57
	☿△♇	6 7
	☿ P	8 58
	⊕⚼☿	11 58
	♀⚼♄	3pm 6
	☿⚹♆	7 1
27	☿⚺♄	1pm25
28 F	☿ ♋	7am18
	☿∠♂	2pm17
	☿⚼♇	3 12
	☿□♃	6 33
29 S	♂☍♇	3am18
	⊕⚻☿	7 21
	☿☌♅	8 49
	⊕⚻♅	5pm 3
30 Su	♀0S	8pm43
	♀⚹♇	10 1
31 M	☿⚻♇	1am20
	☿⚻♀	2 30
	☿⚺♂	4 54
	♀△♂	2pm20
	☿□♆	2 50
	♂⚼♃	5 25
1	☿☌♄	10am51
2 W	♀△♆	1am44
	☿ ♌	5 17
	☿△♃	7pm23
3 Th	☿⚺♅	9am20
	☿⚼♀	2pm25
4	⊕☍☿	8am12
5 S	☿☍♇	6am25
	♀⚻♄	7 24
	☿⚼♃	1pm23
	☿☌♂	9 43
	☿△♆	9 50
	♂△♆	11 3
6 Su	☿∠♅	3am29
	☿⚺♄	9pm42
7 M	☿△♀	2pm46
	☿ ♍	6 14
8 T	♀ ♑	1am39
	☿⚻♃	1pm26
	♂∠♅	8 22
	☿⚼♆	9 26
9 W	⊕∠♀	1am37
	☿⚹♅	3 45
	♀∠♇	9 45
	⊕☌♇	3pm 4
10 Th	☿∠♄	0am15
	♀□♃	4pm10
11 F	☿⚻♇	9am50
	⊕∠♃	7pm52
	⊕⚻☿	9 47
12 S	☿⚻♆	4am44
	♀☍♅	9 16
	☿⚺♂	9pm43
13 Su	⊕⚹♆	5am16
	☿⚹♄	11 16
	♀⚼♂	5pm 0
14 M	☿ ♎	11am15
	⊕⚼♅	1pm38
15 T	☿⚼♇	0am10
	☿☍♃	3pm 7
16 W	☿□♅	5am31
	⊕⚼☿	6pm57
17	☿∠♂	4am18
18 F	♂⚺♄	5pm17
	♀⚺♇	9 54
19 S	⊕⚻♄	0am19
	☿△♇	0 51
	☿□♀	3 14
	⊕☍♂	5 42
20	☿☍♆	0am36
21 M	♀□♆	2am22
	☿□♄	4pm37
22 T	☿⚹♂	2am37
	⊕△☿	6pm22
	☿ ♏	8 15
23	⊕ ♓	0am40
24 Th	☿⚻♃	12pm59
	♀☍♄	5 24
25	☿△♅	1am18
26	♀⚻♂	7pm54
27 Su	♀ ♒	0am52
	♂ ♍	1pm51
28 M	☿□♇	10am37
	⊕∠♆	9pm33
	☿0S	11 17
29 T	⊕⚺♃	1am 8
	☿⚻♆	3pm10
	☿⚼♃	4 49
30 W	☿⚼♅	2am40
	⊕△♅	8 6
	♀⚹♃	7pm27
31 Th	♀⚻♅	12pm 8
	☿△♄	4 58

SEPTEMBER 2034

DAY	☿ LONG	☿ LAT	♀ LONG	♀ LAT	⊕ LONG	♂ LONG	♂ LAT
	° '	° '	° '	° '	° '	° '	° '
1 F	27♏26	1S04	7♒51	2S38	8♓40	1♍56	1N49
2 S	0♐15	1 24	9 26	2 42	9 38	2 22	1 48
3 Su	3 03	1 44	11 01	2 45	10 36	2 48	1 48
4 M	5 49	2 04	12 36	2 48	11 34	3 15	1 48
5 Tu	8 35	2 23	14 10	2 51	12 32	3 41	1 48
6 W	11 20	2 42	15 45	2 54	13 30	4 07	1 48
7 Th	14 05	3 01	17 20	2 57	14 28	4 33	1 47
8 F	16 50	3 19	18 55	3 00	15 26	4 59	1 47
9 S	19 34	3 36	20 30	3 02	16 25	5 26	1 47
10 Su	22 19	3 53	22 05	3 05	17 23	5 52	1 47
11 M	25 05	4 10	23 40	3 07	18 21	6 18	1 46
12 Tu	27 51	4 26	25 15	3 09	19 20	6 44	1 46
13 W	0♑38	4 41	26 50	3 11	20 18	7 10	1 46
14 Th	3 25	4 56	28 25	3 13	21 16	7 37	1 46
15 F	6 15	5 11	0♓00	3 15	22 15	8 03	1 45
16 S	9 05	5 24	1 35	3 16	23 13	8 29	1 45
17 Su	11 58	5 37	3 10	3 18	24 12	8 55	1 45
18 M	14 52	5 50	4 45	3 19	25 10	9 21	1 45
19 Tu	17 48	6 01	6 20	3 20	26 09	9 48	1 44
20 W	20 47	6 12	7 55	3 21	27 08	10 14	1 44
21 Th	23 49	6 22	9 31	3 22	28 06	10 40	1 44
22 F	26 53	6 30	11 06	3 23	29 05	11 06	1 43
23 S	0♒01	6 38	12 41	3 23	0♈04	11 32	1 43
24 Su	3 12	6 45	14 16	3 23	1 02	11 59	1 43
25 M	6 27	6 51	15 51	3 24	2 01	12 25	1 42
26 Tu	9 46	6 55	17 27	3 24	3 00	12 51	1 42
27 W	13 09	6 58	19 02	3 24	3 59	13 17	1 42
28 Th	16 37	7 00	20 37	3 23	4 57	13 44	1 41
29 F	20 10	7 00	22 12	3 23	5 56	14 10	1 41
30 S	23♒48	6S59	23♓48	3S22	6♈55	14♍36	1N41

OCTOBER 2034

DAY	☿ LONG	☿ LAT	♀ LONG	♀ LAT	⊕ LONG	♂ LONG	♂ LAT
	° '	° '	° '	° '	° '	° '	° '
1 Su	27♒33	6S55	25♓23	3S22	7♈54	15♍02	1N40
2 M	1♓23	6 50	26 58	3 21	8 53	15 29	1 40
3 Tu	5 20	6 43	28 34	3 20	9 52	15 55	1 40
4 W	9 24	6 34	0♈09	3 18	10 51	16 21	1 39
5 Th	13 34	6 22	1 45	3 17	11 50	16 47	1 39
6 F	17 53	6 08	3 20	3 15	12 49	17 14	1 39
7 S	22 19	5 51	4 56	3 14	13 48	17 40	1 38
8 Su	26 54	5 31	6 31	3 12	14 48	18 06	1 38
9 M	1♈38	5 09	8 07	3 10	15 47	18 33	1 37
10 Tu	6 30	4 43	9 42	3 08	16 46	18 59	1 37
11 W	11 31	4 15	11 18	3 06	17 45	19 25	1 37
12 Th	16 41	3 44	12 53	3 03	18 45	19 51	1 36
13 F	22 01	3 10	14 29	3 01	19 44	20 18	1 36
14 S	27 29	2 33	16 05	2 58	20 44	20 44	1 35
15 Su	3♉07	1 54	17 40	2 55	21 43	21 11	1 35
16 M	8 52	1 12	19 16	2 52	22 43	21 37	1 34
17 Tu	14 46	0 29	20 52	2 49	23 42	22 03	1 34
18 W	20 46	0N15	22 27	2 46	24 42	22 30	1 33
19 Th	26 53	1 00	24 03	2 43	25 41	22 56	1 33
20 F	3♊05	1 45	25 39	2 39	26 41	23 22	1 32
21 S	9 21	2 29	27 15	2 36	27 40	23 49	1 32
22 Su	15 39	3 11	28 51	2 32	28 40	24 15	1 32
23 M	21 58	3 51	0♉26	2 28	29 40	24 42	1 31
24 Tu	28 17	4 28	2 02	2 24	0♉39	25 08	1 31
25 W	4♋34	5 02	3 38	2 20	1 39	25 35	1 30
26 Th	10 47	5 32	5 14	2 16	2 39	26 01	1 30
27 F	16 56	5 58	6 50	2 11	3 39	26 28	1 29
28 S	22 58	6 19	8 26	2 07	4 39	26 54	1 29
29 Su	28 54	6 36	10 02	2 03	5 38	27 21	1 28
30 M	4♌41	6 48	11 38	1 58	6 38	27 47	1 28
31 Tu	10♌20	6N56	13♉14	1S53	7♉38	28♍14	1N27

DAY	♃ LONG	♃ LAT	♄ LONG	♄ LAT	♅ LONG	♅ LAT	♆ LONG	♆ LAT	♇ LONG	♇ LAT
	° '	° '	° '	° '	° '	° '	° '	° '	° '	° '
5 Tu	6♈26.5	1S18	26♋45.9	0N07	7♋07.2	0N18	20♈42.3	1S39	17♒13.7	7S49
10 Su	6 54.0	1 18	26 57.0	0 08	7 10.8	0 18	20 44.1	1 39	17 14.9	7 50
15 F	7 21.4	1 18	27 08.1	0 08	7 14.5	0 18	20 45.9	1 39	17 16.2	7 50
20 W	7 48.9	1 18	27 19.2	0 09	7 18.1	0 18	20 47.8	1 39	17 17.4	7 50
25 M	8 16.4	1 18	27 30.3	0 09	7 21.7	0 18	20 49.6	1 39	17 18.7	7 51
30 S	8 43.8	1 18	27 41.4	0 10	7 25.3	0 18	20 51.4	1 39	17 19.9	7 51
5 Th	9 11.3	1 18	27 52.5	0 10	7 29.0	0 18	20 53.3	1 39	17 21.2	7 51
10 Tu	9 38.8	1 18	28 03.6	0 11	7 32.6	0 18	20 55.1	1 39	17 22.4	7 52
15 Su	10 06.3	1 18	28 14.7	0 11	7 36.2	0 18	20 56.9	1 39	17 23.7	7 52
20 F	10 33.8	1 18	28 25.9	0 12	7 39.9	0 18	20 58.8	1 39	17 24.9	7 52
25 W	11 01.3	1 18	28 37.0	0 12	7 43.5	0 19	21 00.6	1 39	17 26.1	7 53
30 M	11 28.7	1 18	28 48.1	0 13	7 47.1	0 19	21 02.5	1 39	17 27.4	7 53

☿a.459173	☿p.399522
♀a.728228	♀ .726884
⊕ 1.00934	⊕ 1.00136
♂a1.66547	♂ 1.66423
♃ 4.95532	♃ 4.95393
♄ 9.05583	♄ 9.05969
♅ 18.9099	♅ 18.9047
♆ 29.8395	♆ 29.8392
♇ 37.6448	♇ 37.6657
☊	Perihelia
☿ 18°♉ 45	☿ 18°♊ 00
♀ 16 ♊ 59	♀ 12 ♌ 00
⊕	⊕ 14 ♋ 32
♂ 19 ♉ 50	♂ 6 ♓ 40
♃ 10 ♋ 49	♃ 14 ♈ 50
♄ 23 ♋ 58	♄ 2 ♋ 37
♅ 14 ♊ 11	♅ 18 ♍ 06
♆ 12 ♌ 06	♆ 5 ♉ 33
♇ 20 ♋ 47	♇ 15 ♏ 18

1	☿ ♐	9pm52
2	⊕⚺♀	7am41
S	☿□♂	9pm35
3	♀ A	1pm49
Su	☿⚼♆	10 57
4	⊕⚼♄	4am16
M	☿△♃	4 45
	☿⚻♅	11 13
6	☿⚼♄	4am 6
W	♀☌♇	10pm28
7	⊕□☿	5am12
8	☿⚹♇	3am36
F	☿ A	8 36
9	♀⚹♆	3am27
S	☿△♆	10 7
	♂⚼♆	4pm50
	☿⚹♀	7 7
	⊕⚺♇	8 41
	♀∠♃	9 1
10	♀⚼♅	1am28
11	☿⚻♄	4pm47
M	♂ A	7 57
12	☿ ♑	6pm37
13	♂⚻♃	0am 2
W	♂⚹♅	2 26
	♀⚻♄	3 31
	⊕⚺♆	11 13
	♃□♅	12pm52
	☿∠♇	2 4
14	♀ ♓	11pm59
15	☿☍♅	8am29
F	☿□♃	9 44
	☿△♂	6pm 0
18	♀∠♆	3pm39
M	☿⚺♇	7 47
19	♀△♅	2pm29
T	♀⚺♃	10 14
20	☿□♆	0am 5
W	⊕△♄	4 56
21	☿∠♀	11am22
Th	☿⚼♂	4pm56
22	♀☍♂	0am 9
F	☿☍♄	3 59
	♀⚼♄	8pm 6
	⊕ ♈	10 32
	☿ ♒	11 54
23	⊕⚹☿	0am31
25	♂∠♄	5am26
M	☿⚻♅	6 43
	⊕∠♇	7 15
	☿⚹♃	1pm40
	♀⚺♇	10 4
27	☿⚻♂	1am 7
28	♀⚺♆	3am26
Th	☿☌♇	4 50
29	☿⚹♆	4am34
F	⊕∠☿	7 2
	☿⚼♅	2pm55
	☿∠♃	11 29
	☿⚺♀	11 52
30	⊕□♅	12pm27
1	☿⚻♄	1am10
Su	☿ ♓	3pm26
2	⊕☌♃	0am48
M	♀△♄	12pm13
3	☿∠♆	3am16
T	☿△♅	12pm42
	♀ ♈	9 41
	☿⚺♃	10 15
4	⊕⚺☿	11am 4
W	☿⚼♄	8pm 0
5	♀∠♇	9am12
Th	☿☍♂	7pm59
	☿⚺♇	9 6
6	♂⚻♇	7am11
F	☿⚺♆	4pm22
8	☿△♄	5am36
Su	♀□♅	3pm13
	☿ ♈	3 49
9	☿∠♇	3am42
M	♀☌♃	11pm 7
10	☿□♅	5am 4
T	⊕⚹♇	2pm44
	☿☌♃	3 25
	☿☌♀	10 29
12	☿⚹♇	3am10
Th	⊕☌☿	11 30
	☿⚻♂	3pm39
	☿☌♆	7 12
14	⊕⚻♂	0am23
S	☿□♄	3 8
	⊕☌♆	5 16
	☿ ♉	10 48
	♂⚻♆	11 28
	♀⚹♇	7pm50
15	☿⚼♂	1pm54
Su	☿⚹♅	6 49
16	☿⚺♃	5am32
17	♀☌♆	1am31
T	☿□♇	10 37
	☿0N	3pm57
18	☿⚺♆	0am47
W	♀⚻♂	0 47
	☿△♂	7 20
	☿∠♅	7 24
	☿⚺♀	9 1
	☿∠♃	6pm25
	⊕⚺☿	6 26
19	☿⚹♄	5am55
Th	☿ ♊	12pm 7
20	☿∠♆	11am 9
F	☿⚺♅	5pm37
21	☿⚹♃	5am 5
S	☿∠♀	2pm49
	⊕∠☿	3 4
	☿∠♄	3 49
	⊕☌♀	4 59
	♀□♄	6 48
	⊕□♄	7 56
22	☿△♇	6am45
Su	☿ P	8 13
	♀ ♉	5pm22
	☿⚹♆	8 19
23	⊕ ♉	8am 9
M	☿□♂	11 8
24	☿⚺♄	1am 8
T	☿ ♋	6 33
	⊕⚹☿	10 45
	☿⚼♇	3pm51
	☿⚹♀	7 14
25	☿☌♅	12pm11
26	☿□♃	1am17
27	☿⚻♇	2am 1
F	♀⚹♅	1pm48
	☿□♆	4 13
28	☿⚹♂	5pm 9
S	☿☌♄	11 27
29	☿ ♌	4am32
Su	♀⚺♃	9pm28
30	⊕□☿	9am59
M	☿⚺♅	1pm 7
	♀⚼♂	11 49
31	⊕⚹♅	3am53
T	☿△♃	5 26
	☿∠♂	1pm41
	☿□♀	5 50

NOVEMBER 2034

DAY	☿ LONG	☿ LAT	♀ LONG	♀ LAT	⊕ LONG	♂ LONG	♂ LAT
	° '	° '	° '	° '	° '	° '	° '
1 W	15♌50	7N00	14♉50	1S48	8♉38	28♍40	1N26
2 Th	21 10	7 00	16 27	1 44	9 38	29 07	1 26
3 F	26 20	6 57	18 03	1 39	10 38	29 34	1 25
4 S	1♍21	6 50	19 39	1 34	11 38	0♎00	1 25
5 Su	6 12	6 41	21 15	1 29	12 38	0 27	1 24
6 M	10 54	6 30	22 51	1 23	13 39	0 54	1 24
7 Tu	15 27	6 16	24 28	1 18	14 39	1 20	1 23
8 W	19 51	6 00	26 04	1 13	15 39	1 47	1 23
9 Th	24 06	5 43	27 40	1 07	16 39	2 14	1 22
10 F	28 14	5 25	29 17	1 02	17 40	2 40	1 21
11 S	2♎14	5 06	0♊53	0 57	18 40	3 07	1 21
12 Su	6 07	4 45	2 30	0 51	19 40	3 34	1 20
13 M	9 54	4 24	4 06	0 45	20 41	4 01	1 20
14 Tu	13 34	4 03	5 43	0 40	21 41	4 27	1 19
15 W	17 09	3 41	7 19	0 34	22 41	4 54	1 18
16 Th	20 38	3 19	8 56	0 29	23 42	5 21	1 18
17 F	24 02	2 56	10 32	0 23	24 42	5 48	1 17
18 S	27 21	2 34	12 09	0 17	25 43	6 15	1 17
19 Su	0♏36	2 11	13 45	0 12	26 43	6 42	1 16
20 M	3 47	1 49	15 22	0 06	27 44	7 09	1 15
21 Tu	6 55	1 27	16 59	0 00	28 44	7 36	1 15
22 W	9 59	1 04	18 35	0N06	29 45	8 03	1 14
23 Th	13 01	0 42	20 12	0 11	0♊46	8 30	1 13
24 F	15 59	0 20	21 49	0 17	1 46	8 57	1 13
25 S	18 55	0S01	23 26	0 23	2 47	9 24	1 12
26 Su	21 49	0 23	25 03	0 29	3 47	9 51	1 11
27 M	24 41	0 44	26 40	0 34	4 48	10 18	1 11
28 Tu	27 31	1 04	28 16	0 40	5 49	10 45	1 10
29 W	0♐20	1 25	29 53	0 46	6 50	11 12	1 09
30 Th	3♐08	1S45	1♋30	0N51	7♊50	11♎39	1N09

DECEMBER 2034

DAY	☿ LONG	☿ LAT	♀ LONG	♀ LAT	⊕ LONG	♂ LONG	♂ LAT
	° '	° '	° '	° '	° '	° '	° '
1 F	5♐54	2S05	3♋07	0N57	8♊51	12♎06	1N08
2 S	8 40	2 24	4 44	1 02	9 52	12 34	1 07
3 Su	11 25	2 43	6 21	1 08	10 53	13 01	1 07
4 M	14 10	3 01	7 58	1 13	11 54	13 28	1 06
5 Tu	16 55	3 19	9 36	1 18	12 54	13 55	1 05
6 W	19 40	3 37	11 13	1 24	13 55	14 23	1 04
7 Th	22 25	3 54	12 50	1 29	14 56	14 50	1 04
8 F	25 10	4 10	14 27	1 34	15 57	15 17	1 03
9 S	27 56	4 26	16 04	1 39	16 58	15 45	1 02
10 Su	0♑43	4 42	17 41	1 44	17 59	16 12	1 01
11 M	3 31	4 57	19 19	1 49	19 00	16 40	1 01
12 Tu	6 20	5 11	20 56	1 54	20 01	17 07	1 00
13 W	9 11	5 25	22 33	1 59	21 02	17 35	0 59
14 Th	12 03	5 38	24 11	2 03	22 03	18 02	0 58
15 F	14 57	5 50	25 48	2 08	23 04	18 30	0 58
16 S	17 54	6 01	27 25	2 12	24 05	18 57	0 57
17 Su	20 53	6 12	29 03	2 17	25 06	19 25	0 56
18 M	23 54	6 22	0♌40	2 21	26 07	19 52	0 55
19 Tu	26 59	6 31	2 17	2 25	27 08	20 20	0 55
20 W	0♒07	6 39	3 55	2 29	28 09	20 48	0 54
21 Th	3 18	6 45	5 32	2 33	29 11	21 16	0 53
22 F	6 33	6 51	7 10	2 37	0♋12	21 43	0 52
23 S	9 52	6 55	8 47	2 40	1 13	22 11	0 52
24 Su	13 15	6 58	10 25	2 44	2 14	22 39	0 51
25 M	16 44	7 00	12 02	2 47	3 15	23 07	0 50
26 Tu	20 17	7 00	13 40	2 50	4 16	23 35	0 49
27 W	23 55	6 59	15 17	2 53	5 17	24 03	0 48
28 Th	27 40	6 55	16 55	2 56	6 18	24 31	0 47
29 F	1♓30	6 50	18 32	2 59	7 19	24 59	0 47
30 S	5 27	6 43	20 10	3 02	8 20	25 27	0 46
31 Su	9♓31	6S33	21♌47	3N04	9♋22	25♎55	0N45

DAY	♃ LONG	♃ LAT	♄ LONG	♄ LAT	♅ LONG	♅ LAT	♆ LONG	♆ LAT	♇ LONG	♇ LAT
	° '	° '	° '	° '	° '	° '	° '	° '	° '	° '
4 S	11♈56.2	1S18	28♋59.2	0N13	7♋50.8	0N19	21♈04.3	1S39	17♒28.6	7S53
9 Th	12 23.7	1 18	29 10.3	0 14	7 54.4	0 19	21 06.1	1 39	17 29.9	7 54
14 Tu	12 51.2	1 18	29 21.4	0 14	7 58.1	0 19	21 08.0	1 39	17 31.1	7 54
19 Su	13 18.7	1 18	29 32.5	0 14	8 01.7	0 19	21 09.8	1 39	17 32.4	7 54
24 F	13 46.2	1 18	29 43.6	0 15	8 05.3	0 19	21 11.6	1 39	17 33.6	7 55
29 W	14 13.7	1 18	29 54.7	0 15	8 09.0	0 19	21 13.5	1 39	17 34.9	7 55
4 M	14 41.2	1 18	0♌05.8	0 16	8 12.6	0 19	21 15.3	1 39	17 36.1	7 55
9 S	15 08.7	1 18	0 16.9	0 16	8 16.3	0 19	21 17.2	1 39	17 37.4	7 56
14 Th	15 36.2	1 18	0 28.0	0 17	8 19.9	0 19	21 19.0	1 39	17 38.6	7 56
19 Tu	16 03.7	1 18	0 39.0	0 17	8 23.6	0 19	21 20.9	1 39	17 39.9	7 56
24 Su	16 31.2	1 18	0 50.1	0 18	8 27.2	0 19	21 22.7	1 39	17 41.1	7 57
29 F	16 58.7	1 18	1 01.2	0 18	8 30.8	0 19	21 24.5	1 39	17 42.4	7 57

☿ .334169	☿a .464086
♀ .723074	♀p .719531
⊕ .992701	⊕ .986193
♂ 1.65365	♂ 1.63488
♃ 4.95303	♃p 4.95269
♄ 9.06385	♄ 9.06804
♅ 18.8993	♅ 18.8941
♆ 29.8388	♆ 29.8385
♇ 37.6873	♇ 37.7082
☊	Perihelia
☿ 18°♉ 45	☿ 18°♊ 00
♀ 16 ♊ 59	♀ 12 ♌ 11
⊕	⊕ 12 ♋ 24
♂ 19 ♉ 50	♂ 6 ♓ 40
♃ 10 ♋ 49	♃ 14 ♈ 51
♄ 23 ♋ 58	♄ 2 ♋ 44
♅ 14 ♊ 11	♅ 17 ♍ 44
♆ 12 ♌ 06	♆ 6 ♉ 32
♇ 20 ♋ 48	♇ 15 ♏ 12

1 W	☿☍♇	7am18
	♂✶♄	11 53
	☿△♆	11pm32
2 Th	☿∠♅	7am39
	♀□♇	3pm24
3 F	☿⚼♃	2am27
	☿⚺♄	12pm31
	☿⚺♂	4 52
	☿ ♍	5 29
	♂ ♎	11 46
4 S	⊕⚺♃	7am51
	♀⚺♆	9pm22
	☿⚼♆	11 23
5	☿✶♅	8am24
6 M	♀∠♅	0am12
	☿⚻♃	6 31
	☿∠♄	4pm45
	⊕△☿	6 31
7	☿⚻♇	11am 5
8 W	☿⚻♆	6am59
	♀∠♃	7pm36
9	♂⚼♇	2pm45
Th	⊕□♇	8 14
	♀✶♄	10 55
10 F	⊕⚼♂	0am33
	☿✶♄	5 50
	☿△♀	10 19
	☿ ♎	10 30
	♀ ♊	10 46
11 S	☿⚼♇	1am38
	☿☌♂	6 4
	⊕⚼☿	11 46
12 Su	☿□♅	11am31
	♀△♂	10pm 9
13 M	⊕⚺♆	10am48
	☿☍♃	7pm 9
14	♀∠♆	6am21
15 W	☿△♇	2am35
	⊕∠♅	7 0
	♀⚺♅	9 58
16	☿☍♆	3am37
17 F	⊕⚻☿	6am55
	☿⚼♀	9pm 3
18 S	☿□♄	4pm 0
	♀✶♃	4 59
	☿ ♏	7 30
19	♀∠♄	11am58
20	⊕∠♃	5pm36
21 T	♀0N	0am10
	☿⚺♂	6 8
	♀△♇	8 30
	☿△♅	8 51
	⊕✶♄	9pm36
22 W	♂□♅	1am11
	⊕ ♊	5 58
23 Th	☿⚻♃	5am32
	♀✶♆	2pm42
24 F	☿□♇	12pm51
	☿0S	10 32
25	☿⚻♆	6pm54
26	☿⚼♅	10am51
27	☿∠♂	6am 7
28	⊕∠♆	9am40
T	☿⚼♃	2pm12
	☿⚻♀	2 58
	☿△♄	8 18
	☿ ♐	9 7
29 W	♀⚺♄	0am20
	♀ ♋	1 39
30 Th	⊕⚺♅	7am46
	♀⚼♇	4pm 5

1 F	☿⚼♆	2am52
	♄ ♌	9 41
	☿⚻♅	7pm46
2	⊕☍☿	4pm27
3	☿✶♂	4pm37
4 M	♀☌♅	3am32
	☿△♃	4 40
	☿⚼♄	8 12
5 T	☿✶♇	6am 3
	☿ A	7 52
	♃ P	4pm56
6 W	☿△♆	2pm 4
	⊕△♂	7 31
7 Th	⊕✶♃	0am39
	⊕∠♄	6 38
	♂☍♃	8 31
8 F	♀□♃	9am29
	♀□♂	5pm18
9 S	⊕△♇	3pm31
	☿ ♑	5 51
	☿⚻♄	8 33
	♀⚻♇	11 4
10 Su	⊕⚺♀	11am41
	☿∠♇	4pm27
12 T	♀□♆	5am32
	☿☍♅	4pm45
13 W	♂△♇	3am23
	⊕✶♆	6 34
15 F	☿□♃	6am15
	☿⚺♇	10pm 0
16	☿□♂	10am 5
17 Su	☿□♆	3am38
	♀ ♌	2pm 8
	♀☌♄	11 12
19 T	⊕⚻☿	1am47
	☿ ♒	11pm 9
20	☿☍♄	4am25
21 Th	♂☍♆	5am17
	⊕ ♋	7pm27
22	☿☍♀	8am49
F	☿⚻♅	1pm43
	⊕⚺♄	1 54
	♀⚺♅	6 51
24 Su	⊕⚼♇	10am47
	☿✶♃	11pm12
25 M	♀ P	1am23
	☿☌♇	6 34
	⊕⚼☿	2pm30
26 T	☿✶♆	7am24
	☿⚼♅	9pm10
27 W	☿△♂	0am54
	♀△♃	11pm36
28 Th	♀☍♇	11am42
	☿ ♓	2pm40
	☿⚻♄	8 59
29	☿∠♃	2am59
30 S	⊕☌♅	4am26
	☿∠♆	5 44
	☿△♅	6pm15
	♀△♆	6 34
	⊕△☿	10 45
31	☿⚼♂	9am 4

JANUARY 2035

DAY	☿ LONG	☿ LAT	♀ LONG	♀ LAT	⊕ LONG	♂ LONG	♂ LAT
	° '	° '	° '	° '	° '	° '	° '
1 M	13♓42	6S21	23♌25	3N07	10♋23	26♎23	0N44
2 Tu	18 01	6 07	25 02	3 09	11 24	26 51	0 43
3 W	22 28	5 50	26 40	3 11	12 25	27 19	0 42
4 Th	27 03	5 30	28 17	3 13	13 26	27 47	0 42
5 F	1♈47	5 08	29 55	3 15	14 27	28 16	0 41
6 S	6 39	4 43	1♍32	3 16	15 29	28 44	0 40
7 Su	11 41	4 14	3 10	3 18	16 30	29 12	0 39
8 M	16 51	3 43	4 47	3 19	17 31	29 41	0 38
9 Tu	22 11	3 09	6 25	3 20	18 32	0♏09	0 37
10 W	27 40	2 32	8 02	3 21	19 33	0 37	0 37
11 Th	3♉17	1 53	9 40	3 22	20 34	1 06	0 36
12 F	9 03	1 11	11 17	3 23	21 36	1 34	0 35
13 S	14 57	0 28	12 55	3 23	22 37	2 03	0 34
14 Su	20 57	0N16	14 32	3 24	23 38	2 31	0 33
15 M	27 04	1 01	16 10	3 24	24 39	3 00	0 32
16 Tu	3♊16	1 46	17 47	3 24	25 40	3 29	0 31
17 W	9 32	2 30	19 24	3 24	26 41	3 57	0 30
18 Th	15 51	3 12	21 02	3 23	27 42	4 26	0 29
19 F	22 10	3 52	22 39	3 23	28 43	4 55	0 29
20 S	28 29	4 29	24 16	3 22	29 44	5 24	0 28
21 Su	4♋45	5 03	25 53	3 21	0♌45	5 52	0 27
22 M	10 59	5 33	27 31	3 20	1 47	6 21	0 26
23 Tu	17 07	5 58	29 08	3 19	2 48	6 50	0 25
24 W	23 10	6 19	0♎45	3 18	3 49	7 19	0 24
25 Th	29 05	6 36	2 22	3 16	4 50	7 48	0 23
26 F	4♌52	6 48	3 59	3 15	5 51	8 17	0 22
27 S	10 30	6 56	5 36	3 13	6 52	8 46	0 21
28 Su	16 00	7 00	7 13	3 11	7 53	9 16	0 20
29 M	21 19	7 00	8 50	3 09	8 53	9 45	0 19
30 Tu	26 30	6 57	10 27	3 07	9 54	10 14	0 19
31 W	1♍30	6N50	12♎04	3N05	10♌55	10♏43	0N18

FEBRUARY 2035

DAY	☿ LONG	☿ LAT	♀ LONG	♀ LAT	⊕ LONG	♂ LONG	♂ LAT
	° '	° '	° '	° '	° '	° '	° '
1 Th	6♍21	6N41	13♎41	3N02	11♌56	11♏13	0N17
2 F	11 02	6 29	15 18	2 59	12 57	11 42	0 16
3 S	15 35	6 15	16 55	2 57	13 58	12 11	0 15
4 Su	19 59	6 00	18 31	2 54	14 59	12 41	0 14
5 M	24 14	5 43	20 08	2 51	16 00	13 10	0 13
6 Tu	28 22	5 24	21 45	2 47	17 01	13 40	0 12
7 W	2♎22	5 05	23 21	2 44	18 02	14 09	0 11
8 Th	6 15	4 45	24 58	2 41	19 02	14 39	0 10
9 F	10 01	4 24	26 35	2 37	20 03	15 09	0 09
10 S	13 41	4 02	28 11	2 33	21 04	15 38	0 08
11 Su	17 15	3 40	29 48	2 30	22 05	16 08	0 07
12 M	20 44	3 18	1♏24	2 26	23 05	16 38	0 06
13 Tu	24 08	2 56	3 00	2 22	24 06	17 08	0 05
14 W	27 27	2 33	4 37	2 17	25 07	17 38	0 04
15 Th	0♏42	2 11	6 13	2 13	26 07	18 08	0 03
16 F	3 53	1 48	7 49	2 09	27 08	18 38	0 02
17 S	7 01	1 26	9 25	2 04	28 09	19 08	0 01
18 Su	10 05	1 04	11 01	2 00	29 09	19 38	0 00
19 M	13 06	0 42	12 38	1 55	0♍10	20 08	0S01
20 Tu	16 05	0 20	14 14	1 50	1 10	20 38	0 02
21 W	19 01	0S02	15 50	1 46	2 11	21 08	0 03
22 Th	21 55	0 23	17 26	1 41	3 11	21 39	0 04
23 F	24 47	0 44	19 01	1 36	4 12	22 09	0 04
24 S	27 37	1 05	20 37	1 31	5 12	22 39	0 05
25 Su	0♐26	1 26	22 13	1 25	6 12	23 10	0 06
26 M	3 13	1 46	23 49	1 20	7 13	23 40	0 07
27 Tu	6 00	2 05	25 25	1 15	8 13	24 11	0 08
28 W	8♐45	2S24	27♏00	1N10	9♍13	24♏42	0S09

DAY	♃ LONG	♃ LAT	♄ LONG	♄ LAT	♅ LONG	♅ LAT	♆ LONG	♆ LAT	♇ LONG	♇ LAT
	° '	° '	° '	° '	° '	° '	° '	° '	° '	° '
3 W	17♈26.2	1S18	1♌12.3	0N19	8♋34.5	0N19	21♈26.4	1S39	17♒43.6	7S57
8 M	17 53.7	1 18	1 23.4	0 19	8 38.1	0 19	21 28.2	1 39	17 44.9	7 58
13 S	18 21.2	1 17	1 34.5	0 20	8 41.8	0 19	21 30.1	1 39	17 46.1	7 58
18 Th	18 48.6	1 17	1 45.6	0 20	8 45.4	0 19	21 31.9	1 39	17 47.3	7 58
23 Tu	19 16.1	1 17	1 56.6	0 21	8 49.1	0 19	21 33.7	1 39	17 48.6	7 59
28 Su	19 43.6	1 17	2 07.7	0 21	8 52.7	0 19	21 35.6	1 39	17 49.8	7 59
2 F	20 11.1	1 17	2 18.8	0 22	8 56.4	0 19	21 37.4	1 39	17 51.1	7 59
7 W	20 38.6	1 17	2 29.9	0 22	9 00.0	0 19	21 39.3	1 39	17 52.3	8 00
12 M	21 06.1	1 17	2 40.9	0 23	9 03.7	0 20	21 41.1	1 39	17 53.6	8 00
17 S	21 33.5	1 17	2 52.0	0 23	9 07.3	0 20	21 42.9	1 39	17 54.8	8 00
22 Th	22 01.0	1 17	3 03.1	0 24	9 10.9	0 20	21 44.8	1 39	17 56.0	8 01
27 Tu	22 28.5	1 17	3 14.1	0 24	9 14.6	0 20	21 46.6	1 39	17 57.3	8 01

☿p .376750	☿ .355802
♀ .718551	♀ .720976
⊕p .983335	⊕ .985245
♂ 1.60757	♂ 1.57367
♃ 4.95288	♃ 4.95363
♄ 9.07254	♄ 9.07721
♅ 18.8888	♅ 18.8834
♆ 29.8381	♆ 29.8378
♇ 37.7298	♇ 37.7513
☊	Perihelia
☿ 18°♉ 45	☿ 18°♊ 00
♀ 17 ♊ 00	♀ 12 ♌ 10
⊕	⊕ 12 ♋ 30
♂ 19 ♉ 50	♂ 6 ♓ 41
♃ 10 ♋ 49	♃ 14 ♈ 50
♄ 23 ♋ 58	♄ 2 ♋ 50
♅ 14 ♊ 11	♅ 17 ♍ 28
♆ 12 ♌ 06	♆ 7 ♉ 21
♇ 20 ♋ 48	♇ 15 ♏ 07

1 M	♀∠♅	2am 2
	☿⚼♄	1pm42
	☿⚺♃	8 13
	☿⚺♇	10 22
2	☿⚺♆	6pm31
3 W	⊕ P	0am56
	♀∗♂	1pm35
4 Th	☿⚻♂	4am13
	⊕∠♀	5 48
	☿⚻♀	9 44
	☿ ♈	3pm 4
	☿△♄	9 29
5 F	♀ ♍	1am15
	☿∠♇	4 47
	♀⚺♄	8pm37
6 S	♃∗♇	7am41
	☿□♅	9 28
	♀⚼♃	6pm19
8 M	⊕□☿	3am44
	☿∗♇	4 5
	☿☌♃	4 50
	⊕⚻♇	5 31
	⊕□♃	9 50
	♂ ♏	4pm29
	☿⚼♀	7 7
	☿☌♆	8 52
9	♀⚼♆	0am55
10 W	♀∗♅	9am14
	☿ ♉	10 3
	☿☍♂	1pm53
	☿□♄	4 24
11 Th	⊕□♆	9pm42
	♂□♄	10 10
	☿∗♅	10 29
12	☿△♀	12pm40
13 S	☿□♇	11am20
	☿⚺♃	1pm52
	☿0N	3 13
14 Su	☿⚺♆	2am10
	☿∠♅	10 52
	⊕∗☿	12pm38
15 M	♀∠♄	7am25
	☿ ♊	11 22
	☿∗♄	5pm51
	♀⚻♇	11 59
16	☿⚻♂	0am51
T	☿∠♃	1 23
	☿∠♆	12pm28
	♀⚻♃	1 15
	♀∠♂	2 35
	☿⚺♅	8 58
17	⊕∠☿	9am46
18 Th	☿∠♄	3am30
	☿△♇	7 24
	☿ P	7 29
	♀⚻♆	7 30
	☿∗♃	11 26
	☿⚼♂	2pm45
	☿∗♆	9 37
19	☿□♀	2am28
20 S	⊕⚺☿	5am44
	☿ ♋	5 48
	⊕ ♌	6 7
	☿⚺♄	12pm53
	☿⚼♇	4 30
21 Su	☿△♂	4am39
	☿☌♅	3pm34
22	⊕☌♄	3am13
23	☿⚻♇	2am43
T	☿□♃	8 37
	♀ ♎	12pm53
	☿□♆	5 38
24	♀∗♄	6pm40
25 Th	☿ ♌	3am47
	♀⚼♇	6 40
	☿☌♄	12pm12
	☿∗♀	6 53
26 F	⊕☌☿	5am 0
	☿□♂	3pm51
	☿⚺♅	4 56
27	♂△♅	4am40
28 Su	☿☍♇	8am11
	☿△♃	5pm 1
	⊕⚺♅	12 0
29 M	♀□♅	0am47
	☿△♆	1 15
	⊕∗♀	2 5
	☿∠♅	11 51
	☿∠♀	4pm52
	♀⚺♂	7 18
30 T	⊕□♂	2pm51
	☿ ♍	4 44
31 W	☿⚺♄	3am38
	☿⚼♃	5pm35
1 Th	☿⚼♆	1am21
	☿∗♅	1pm 7
2 F	☿∗♂	3am50
	⊕⚺☿	12pm53
3 S	☿∠♄	9am38
	☿⚺♀	11 18
	☿⚻♇	12pm19
	♀△♇	2 5
4 Su	☿⚻♃	2am13
	☿⚻♆	9 16
5 M	♀☍♃	5am 6
	♀☍♆	10pm31
6 T	☿∠♂	2am 2
	☿ ♎	9 45
	⊕☍♇	8pm21
7 W	☿∗♄	0am50
	☿⚼♇	3 7
	⊕∠☿	5 28
8	☿□♅	5pm36
9	⊕△♃	8pm10
10 S	⊕△♆	2pm29
	☿⚺♂	3 11
11 Su	♀ ♏	3am 6
	☿△♇	4 19
12 M	☿☍♃	2am37
	☿☍♆	6 39
	♀□♄	7pm37
	⊕∠♅	11 19
	⊕∗☿	11 39
14 W	♂□♇	1pm 9
	☿ ♏	6 44
15	☿□♄	3pm51
16	♀△♅	7pm28
17	☿△♅	4pm29
18 Su	♂0S	9am28
	☿☌♀	3pm48
	♃☌♆	7 57
	⊕ ♍	8 9
20 T	☿□♇	3pm 5
	☿0S	9 48
21 W	⊕⚺♄	8pm41
	☿☌♂	9 20
	☿⚻♆	10 37
22 Th	☿⚻♃	0am55
	♂⚻♆	4 49
	♀□♇	7 39
	☿⚼♅	7pm 5
	♂⚻♃	9 30
24 S	♀⚻♆	5pm 8
	☿ ♐	8 21
25 Su	♀⚻♃	1am 9
	⊕⚼♆	1pm26
	♀☌♂	8 52
	☿△♄	11 49
26 M	⊕⚼♃	4am32
	♀⚼♅	6 18
27 T	♂⚼♅	2am54
	☿⚼♆	6 48
	☿⚼♃	1pm17
28 W	⊕∗♅	0am51
	☿⚻♅	4 21
	⊕□☿	6 20

MARCH 2035

APRIL 2035

DAY	☿ LONG	☿ LAT	♀ LONG	♀ LAT	⊕ LONG	♂ LONG	♂ LAT
	° '	° '	° '	° '	° '	° '	° '
1 Th	11♐31	2S43	28♏36	1N04	10♍13	25♏12	0S10
2 F	14 15	3 02	0♐12	0 59	11 14	25 43	0 11
3 S	17 00	3 20	1 47	0 53	12 14	26 14	0 12
4 Su	19 45	3 37	3 23	0 48	13 14	26 44	0 13
5 M	22 30	3 54	4 58	0 42	14 14	27 15	0 14
6 Tu	25 15	4 11	6 34	0 37	15 14	27 46	0 15
7 W	28 01	4 27	8 09	0 31	16 15	28 17	0 16
8 Th	0♑48	4 42	9 45	0 26	17 15	28 48	0 17
9 F	3 36	4 57	11 20	0 20	18 15	29 19	0 18
10 S	6 25	5 11	12 55	0 14	19 15	29 50	0 19
11 Su	9 16	5 25	14 31	0 09	20 15	0♐21	0 20
12 M	12 09	5 38	16 06	0 03	21 15	0 53	0 21
13 Tu	15 03	5 50	17 41	0S02	22 15	1 24	0 22
14 W	18 00	6 02	19 16	0 08	23 14	1 55	0 23
15 Th	20 59	6 12	20 51	0 14	24 14	2 27	0 24
16 F	24 00	6 22	22 27	0 19	25 14	2 58	0 25
17 S	27 05	6 31	24 02	0 25	26 14	3 30	0 26
18 Su	0♒13	6 39	25 37	0 31	27 14	4 01	0 27
19 M	3 24	6 45	27 12	0 36	28 13	4 33	0 28
20 Tu	6 39	6 51	28 47	0 42	29 13	5 04	0 29
21 W	9 58	6 55	0♑22	0 47	0♎13	5 36	0 30
22 Th	13 22	6 59	1 57	0 53	1 12	6 08	0 31
23 F	16 50	7 00	3 32	0 58	2 12	6 40	0 32
24 S	20 23	7 00	5 07	1 03	3 11	7 12	0 33
25 Su	24 02	6 59	6 42	1 09	4 11	7 43	0 34
26 M	27 47	6 55	8 17	1 14	5 10	8 15	0 35
27 Tu	1♓38	6 50	9 52	1 19	6 10	8 47	0 36
28 W	5 35	6 42	11 27	1 24	7 09	9 20	0 37
29 Th	9 39	6 33	13 02	1 29	8 08	9 52	0 38
30 F	13 50	6 21	14 37	1 35	9 08	10 24	0 39
31 S	18♓09	6S07	16♑11	1S39	10♎07	10♐56	0S40

DAY	☿ LONG	☿ LAT	♀ LONG	♀ LAT	⊕ LONG	♂ LONG	♂ LAT
	° '	° '	° '	° '	° '	° '	° '
1 Su	22♓36	5S50	17♑46	1S44	11♎06	11♐28	0S41
2 M	27 12	5 30	19 21	1 49	12 05	12 01	0 42
3 Tu	1♈55	5 07	20 56	1 54	13 05	12 33	0 43
4 W	6 48	4 42	22 31	1 58	14 04	13 06	0 44
5 Th	11 50	4 13	24 06	2 03	15 03	13 38	0 45
6 F	17 01	3 42	25 41	2 07	16 02	14 11	0 46
7 S	22 21	3 08	27 16	2 12	17 01	14 44	0 47
8 Su	27 50	2 31	28 50	2 16	18 00	15 16	0 48
9 M	3♉28	1 51	0♒25	2 20	18 59	15 49	0 49
10 Tu	9 14	1 10	2 00	2 24	19 58	16 22	0 50
11 W	15 08	0 27	3 35	2 28	20 57	16 55	0 51
12 Th	21 09	0N18	5 10	2 32	21 56	17 28	0 51
13 F	27 16	1 03	6 45	2 36	22 55	18 01	0 52
14 S	3♊28	1 47	8 20	2 39	23 54	18 34	0 53
15 Su	9 44	2 31	9 54	2 43	24 53	19 07	0 54
16 M	16 02	3 13	11 29	2 46	25 51	19 40	0 55
17 Tu	22 22	3 53	13 04	2 49	26 50	20 13	0 56
18 W	28 40	4 31	14 39	2 52	27 49	20 47	0 57
19 Th	4♋57	5 04	16 14	2 55	28 47	21 20	0 58
20 F	11 10	5 34	17 49	2 58	29 46	21 53	0 59
21 S	17 18	5 59	19 24	3 01	0♏45	22 27	1 00
22 Su	23 21	6 20	20 59	3 03	1 43	23 00	1 01
23 M	29 16	6 36	22 34	3 06	2 42	23 34	1 02
24 Tu	5♌03	6 48	24 09	3 08	3 40	24 07	1 03
25 W	10 41	6 56	25 44	3 10	4 39	24 41	1 03
26 Th	16 10	7 00	27 19	3 12	5 37	25 15	1 04
27 F	21 29	7 00	28 54	3 14	6 35	25 49	1 05
28 S	26 39	6 56	0♓29	3 15	7 34	26 23	1 06
29 Su	1♍39	6 50	2 04	3 17	8 32	26 56	1 07
30 M	6♍30	6N41	3♓39	3S18	9♏31	27♐30	1S08

DAY	♃ LONG	♃ LAT	♄ LONG	♄ LAT	♅ LONG	♅ LAT	♆ LONG	♆ LAT	♇ LONG	♇ LAT
	° '	° '	° '	° '	° '	° '	° '	° '	° '	° '
4 Su	22♈55.9	1S16	3♌25.2	0N24	9♋18.2	0N20	21♈48.4	1S39	17♒58.5	8S01
9 F	23 23.4	1 16	3 36.2	0 25	9 21.9	0 20	21 50.3	1 39	17 59.8	8 02
14 W	23 50.9	1 16	3 47.3	0 25	9 25.5	0 20	21 52.1	1 39	18 01.0	8 02
19 M	24 18.3	1 16	3 58.4	0 26	9 29.2	0 20	21 53.9	1 39	18 02.2	8 02
24 S	24 45.8	1 16	4 09.4	0 26	9 32.8	0 20	21 55.8	1 39	18 03.5	8 03
29 Th	25 13.2	1 16	4 20.5	0 27	9 36.4	0 20	21 57.6	1 39	18 04.7	8 03
3 Tu	25 40.7	1 16	4 31.5	0 27	9 40.1	0 20	21 59.4	1 39	18 05.9	8 03
8 Su	26 08.1	1 15	4 42.6	0 28	9 43.7	0 20	22 01.3	1 40	18 07.2	8 04
13 F	26 35.6	1 15	4 53.6	0 28	9 47.4	0 20	22 03.1	1 40	18 08.4	8 04
18 W	27 03.0	1 15	5 04.6	0 29	9 51.0	0 20	22 05.0	1 40	18 09.6	8 04
23 M	27 30.4	1 15	5 15.7	0 29	9 54.7	0 20	22 06.8	1 40	18 10.9	8 05
28 S	27 57.8	1 15	5 26.7	0 30	9 58.3	0 20	22 08.6	1 40	18 12.1	8 05

☿a .465963	☿p .364968
♀ .724672	♀a .727759
⊕ .990603	⊕ .998976
♂ 1.53906	♂ 1.49876
♃ 4.95479	♃ 4.95659
♄ 9.08157	♄ 9.08655
♅ 18.8786	♅ 18.8733
♆ 29.8374	♆ 29.8370
♇ 37.7708	♇ 37.7924
☊	Perihelia
☿ 18°♉ 45	☿ 18°♊ 00
♀ 17 ♊ 00	♀ 12 ♌ 07
⊕	⊕ 14 ♋ 31
♂ 19 ♉ 50	♂ 6 ♓ 42
♃ 10 ♋ 49	♃ 14 ♈ 50
♄ 23 ♋ 58	♄ 2 ♋ 56
♅ 14 ♊ 11	♅ 17 ♍ 09
♆ 12 ♌ 06	♆ 8 ♉ 11
♇ 20 ♋ 49	♇ 15 ♏ 01

1	♀ ♐	9pm 5
3 S	☿ A	7am 9
	☿✱♇	8 29
	☿⚼♄	12pm14
4 Su	♀△♄	0am37
	☿△♆	6pm 2
5	☿△♃	4am45
6	♀⚼♆	3am54
7 W	♀⚼♃	0am52
	☿⊻♂	2 49
	☿ ♑	5pm 6
	♀⊼♅	6 4
8 Th	⊕⊼♇	6pm 1
	☿∠♇	6 49
9 F	☿⊼♄	0am 1
	⊕∠♄	8 58
10	♂ ♐	7am28
11	☿☍♅	1am 1
12 M	♀0S	1pm33
	⊕⊼♆	2 48
13 T	♀✱♇	4am59
	☿∠♂	1pm26
	♀⚼♄	4 32
14 W	☿⊻♇	0am12
	⊕⊼♃	4pm 5
	☿⊻♀	9 59
15 Th	☿□♆	7am11
	♀△♆	3pm28
16 F	☿□♃	0am13
	⊕△☿	2pm17
17 S	♀△♃	1am31
	♂△♄	7pm55
	☿ ♒	10 24
19 M	☿☍♄	4am19
	☿✱♂	10 10
20 T	⊕□♀	5pm40
	♀ ♑	6 27
	⊕ ♎	6 56
	☿⊼♅	8 41
22	♀∠♇	4pm43
23 F	⊕⚼☿	3am25
	☿☌♇	8 18
	♀⊼♄	9 7
	♂⚼♆	12pm 1
	☿∠♀	8 43
	⊕⚼♇	8 51
24	☿✱♆	10am13
25 Su	⊕✱♄	0am22
	☿⚼♅	3 23
	☿✱♃	5 25
	♀⊻♂	11pm27
26 M	☿ ♓	1pm56
	♀☍♅	7 43
27	☿⊼♄	4pm16
28 W	☿∠♆	8am12
	♂⊼♅	12pm21
	⊕⊼☿	12 21
	☿△♅	11 46
29 Th	☿□♂	1am26
	☿∠♃	3 24
	♂⚼♃	7pm21
30 F	☿✱♀	6am53
	⊕□♅	12pm 5
	☿⊻♇	11 38
31 S	☿⚼♄	6am56
	☿⊻♆	8pm40
1 Su	♀⊻♇	4am51
	☿⊻♃	3pm31
	⊕✱♂	7 52
2	☿ ♈	2pm20
3 T	☿∠♇	5am51
	☿△♄	12pm59
	♀□♆	4 6
4	☿□♅	1pm51
5 Th	☿△♂	9am26
	⊕☍☿	6pm29
6 F	♀□♃	4am26
	☿✱♇	5 0
	☿☌♆	10pm32
7	☿☌♃	4pm32
8 Su	⊕△♇	2am49
	⊕□♀	6 4
	☿ ♉	9 19
	☿⚼♂	11 37
	♀ ♒	5pm37
9 M	☿□♄	5am26
	♀∠♂	9 13
10	☿✱♅	2am10
11 W	☿⊼♂	7am54
	☿□♇	12pm 3
	☿0N	2 30
	♀☍♄	7 13
12 Th	⊕☍♆	2am43
	☿⊻♆	3 34
	⊕⊼☿	3 44
	☿∠♅	2pm20
	☿⊻♃	9 21
13 F	♂✱♇	5am38
	☿ ♊	10 38
14 S	☿✱♄	5am40
	☿∠♆	1pm48
	♀⊼♅	10 34
15 Su	☿⊻♅	0am19
	⊕⚼☿	0 40
	☿△♀	0 54
	☿∠♃	7 55
16 M	☿ P	6am46
	☿△♇	8 2
	♀ A	8 52
	☿☍♂	3pm 7
	☿∠♄	3 9
	♂⚼♄	3 37
	☿✱♆	10 56
17 T	⊕☍♃	3am19
	☿✱♃	5pm44
	⊕△☿	8 8
18 W	☿⚼♀	5am 0
	☿ ♋	5 4
	☿⚼♇	5pm 9
19 Th	☿⊻♄	0am38
	☿☌♅	6pm58
20 F	♀☍♇	5am21
	⊕ ♏	5 42
	♂△♆	8 59
21 S	☿⊼♇	3am25
	☿⊼♀	11 12
	☿□♆	7pm 3
	☿⊼♂	10 30
22 Su	☿□♃	4pm43
	♀✱♆	5 7
23 M	☿ ♌	3am 2
	⊕□☿	5pm 5
	♀✱♂	11 26
24 T	☿☌♄	1am 5
	☿⚼♅	11 50
	☿⚼♂	7pm15
	☿⊻♅	8 47
25	⊕□♄	5pm41
26 Th	♀✱♃	7am29
	☿☍♇	9 5
27 F	☿△♆	2am59
	☿∠♅	4pm 6
	♀ ♓	4 41
	☿△♂	10 32
28 S	☿△♃	6am20
	☿ ♍	3pm59
29 Su	☿☍♀	2am59
	☿⊻♄	7pm 3
30 M	☿⚼♆	3am20
	⊕△♅	12pm12
	☿✱♅	5 53
	⊕✱☿	7 22

MAY 2035

DAY	☿ LONG	☿ LAT	♀ LONG	♀ LAT	⊕ LONG	♂ LONG	♂ LAT
	° '	° '	° '	° '	° '	° '	° '
1 Tu	11♍11	6N29	5♓14	3S19	10♏29	28♐05	1S09
2 W	15 43	6 15	6 49	3 21	11 27	28 39	1 10
3 Th	20 07	5 59	8 24	3 21	12 25	29 13	1 10
4 F	24 22	5 42	10 00	3 22	13 24	29 47	1 11
5 S	28 29	5 24	11 35	3 23	14 22	0♑21	1 12
6 Su	2♎29	5 04	13 10	3 23	15 20	0 56	1 13
7 M	6 22	4 44	14 45	3 24	16 18	1 30	1 14
8 Tu	10 08	4 23	16 20	3 24	17 16	2 04	1 15
9 W	13 48	4 02	17 56	3 24	18 14	2 39	1 15
10 Th	17 22	3 40	19 31	3 24	19 12	3 13	1 16
11 F	20 51	3 17	21 06	3 23	20 10	3 48	1 17
12 S	24 15	2 55	22 42	3 23	21 08	4 23	1 18
13 Su	27 34	2 33	24 17	3 22	22 06	4 57	1 19
14 M	0♏49	2 10	25 52	3 21	23 04	5 32	1 19
15 Tu	3 59	1 48	27 28	3 20	24 02	6 07	1 20
16 W	7 07	1 25	29 03	3 19	25 00	6 42	1 21
17 Th	10 11	1 03	0♈38	3 18	25 58	7 17	1 22
18 F	13 12	0 41	2 14	3 17	26 56	7 52	1 23
19 S	16 10	0 19	3 49	3 15	27 53	8 27	1 23
20 Su	19 06	0S03	5 25	3 13	28 51	9 02	1 24
21 M	22 00	0 24	7 00	3 11	29 49	9 37	1 25
22 Tu	24 52	0 45	8 36	3 09	0♐47	10 12	1 25
23 W	27 42	1 06	10 11	3 07	1 44	10 47	1 26
24 Th	0♐31	1 26	11 47	3 05	2 42	11 23	1 27
25 F	3 18	1 46	13 23	3 03	3 40	11 58	1 28
26 S	6 05	2 06	14 58	3 00	4 37	12 34	1 28
27 Su	8 51	2 25	16 34	2 57	5 35	13 09	1 29
28 M	11 36	2 44	18 10	2 54	6 33	13 45	1 30
29 Tu	14 21	3 02	19 45	2 51	7 30	14 20	1 30
30 W	17 05	3 20	21 21	2 48	8 28	14 56	1 31
31 Th	19♐50	3S38	22♈57	2S45	9♐25	15♑31	1S32

JUNE 2035

DAY	☿ LONG	☿ LAT	♀ LONG	♀ LAT	⊕ LONG	♂ LONG	♂ LAT
	° '	° '	° '	° '	° '	° '	° '
1 F	22♐35	3S55	24♈33	2S42	10♐23	16♑07	1S32
2 S	25 20	4 11	26 08	2 38	11 20	16 43	1 33
3 Su	28 07	4 27	27 44	2 34	12 18	17 19	1 34
4 M	0♑53	4 43	29 20	2 31	13 15	17 55	1 34
5 Tu	3 41	4 58	0♉56	2 27	14 13	18 31	1 35
6 W	6 31	5 12	2 32	2 23	15 10	19 07	1 35
7 Th	9 22	5 26	4 08	2 19	16 08	19 43	1 36
8 F	12 14	5 38	5 44	2 14	17 05	20 19	1 37
9 S	15 09	5 51	7 20	2 10	18 03	20 55	1 37
10 Su	18 05	6 02	8 56	2 06	19 00	21 31	1 38
11 M	21 04	6 13	10 32	2 01	19 57	22 07	1 38
12 Tu	24 06	6 22	12 08	1 57	20 55	22 43	1 39
13 W	27 11	6 31	13 44	1 52	21 52	23 20	1 39
14 Th	0♒19	6 39	15 20	1 47	22 49	23 56	1 40
15 F	3 30	6 46	16 56	1 42	23 47	24 33	1 40
16 S	6 45	6 51	18 32	1 37	24 44	25 09	1 41
17 Su	10 05	6 56	20 09	1 32	25 41	25 46	1 41
18 M	13 28	6 59	21 45	1 27	26 39	26 22	1 42
19 Tu	16 57	7 00	23 21	1 22	27 36	26 59	1 42
20 W	20 30	7 00	24 57	1 17	28 33	27 35	1 43
21 Th	24 09	6 58	26 34	1 11	29 30	28 12	1 43
22 F	27 54	6 55	28 10	1 06	0♑28	28 49	1 44
23 S	1♓45	6 50	29 46	1 00	1 25	29 25	1 44
24 Su	5 42	6 42	1♊23	0 55	2 22	0♒02	1 44
25 M	9 47	6 33	2 59	0 49	3 19	0 39	1 45
26 Tu	13 58	6 21	4 36	0 44	4 16	1 16	1 45
27 W	18 18	6 06	6 12	0 38	5 14	1 53	1 46
28 Th	22 45	5 49	7 49	0 33	6 11	2 30	1 46
29 F	27 20	5 29	9 25	0 27	7 08	3 07	1 46
30 S	2♈04	5S07	11♊02	0S21	8♑05	3♒44	1S47

DAY	♃ LONG	♃ LAT	♄ LONG	♄ LAT	♅ LONG	♅ LAT	♆ LONG	♆ LAT	♇ LONG	♇ LAT
	° '	° '	° '	° '	° '	° '	° '	° '	° '	° '
3 Th	28♈25.3	1S14	5♌37.8	0N30	10♋02.0	0N20	22♈10.5	1S40	18♒13.4	8S05
8 Tu	28 52.7	1 14	5 48.8	0 31	10 05.6	0 20	22 12.3	1 40	18 14.6	8 06
13 Su	29 20.1	1 14	5 59.8	0 31	10 09.3	0 20	22 14.1	1 40	18 15.8	8 06
18 F	29 47.5	1 14	6 10.9	0 32	10 12.9	0 20	22 16.0	1 40	18 17.1	8 06
23 W	0♉14.9	1 14	6 21.9	0 32	10 16.6	0 20	22 17.8	1 40	18 18.3	8 07
28 M	0 42.3	1 13	6 32.9	0 32	10 20.2	0 20	22 19.7	1 40	18 19.6	8 07
2 S	1 09.7	1 13	6 44.0	0 33	10 23.9	0 20	22 21.5	1 40	18 20.8	8 07
7 Th	1 37.1	1 13	6 55.0	0 33	10 27.6	0 21	22 23.3	1 40	18 22.0	8 07
12 Tu	2 04.5	1 13	7 06.0	0 34	10 31.2	0 21	22 25.2	1 40	18 23.3	8 08
17 Su	2 31.9	1 13	7 17.1	0 34	10 34.9	0 21	22 27.0	1 40	18 24.5	8 08
22 F	2 59.2	1 12	7 28.1	0 35	10 38.5	0 21	22 28.9	1 40	18 25.7	8 08
27 W	3 26.6	1 12	7 39.1	0 35	10 42.2	0 21	22 30.7	1 40	18 27.0	8 09

☿a .361703	☿ .466282
♀ .727800	♀ .724772
⊕ 1.00731	⊕ 1.01389
♂ 1.46070	♂ 1.42588
♃ 4.95886	♃ 4.96173
♄ 9.09153	♄ 9.09684
♅ 18.8681	♅ 18.8628
♆ 29.8367	♆ 29.8363
♇ 37.8132	♇ 37.8347
☊	Perihelia
☿ 18°♉ 45	☿ 18°♊ 00
♀ 17 ♊ 00	♀ 12 ♌ 06
⊕	⊕ 15 ♋ 01
♂ 19 ♉ 50	♂ 6 ♓ 44
♃ 10 ♋ 49	♃ 14 ♈ 50
♄ 23 ♋ 58	♄ 3 ♋ 04
♅ 14 ♊ 12	♅ 16 ♍ 49
♆ 12 ♌ 07	♆ 9 ♉ 09
♇ 20 ♋ 49	♇ 14 ♏ 55

Day	Aspect	Time
1 T	♀⚻♄	4am56
	♂△♃	8 14
	☿⚼♃	10 59
2 W	♀∠♆	5am15
	☿⚻♇	1pm34
3 Th	☿∠♄	2am53
	☿⚻♆	11 33
4 F	♀△♅	0am47
	♂ ♑	9 9
5 S	☿⚻♃	0am42
	⊕∠☿	6 50
	☿ ♎	9 0
	☿□♂	12pm58
6 Su	☿⚼♇	4am35
	♀∠♃	8 29
	☿✱♄	8pm17
7 M	⊕∠♂	12pm 1
	☿□♅	11 45
9 W	⊕□♇	0am15
	♀⚺♇	4 51
	⊕△♀	11 58
10 Th	♂∠♇	1am13
	☿△♇	6 3
	⊕⚺☿	5pm29
	♀⚼♄	9 13
11 F	☿⚻♀	3am22
	☿☍♆	9 41
	♀⚺♆	4pm59
13 Su	⊕⚻♆	3am17
	☿☍♃	1pm26
	☿ ♏	5 59
14	♂⚻♄	10pm 3
15 T	☿□♄	4pm 7
	☿✱♂	8 1
16 W	⊕⚼♅	4am50
	♀⚺♃	8 57
	♀ ♈	2pm20
17	☿△♅	0am10
18	♀∠♇	3pm56
19 S	☿□♇	5pm18
	☿0S	9 3
20 Su	♃ ♉	6am41
	♀△♄	12pm59
21 M	☿⚼♀	0am 3
	☿⚻♆	2 21
	⊕ ♐	4 36
	⊕⚻♃	6 54
22 T	♂☍♅	2am33
	☿⚼♅	3 22
	☿∠♂	3 34
23 W	♀□♅	1am18
	♀□♂	2pm21
	☿ ♐	7 35
	☿⚻♃	10 27
25	⊕☌☿	4am39
26 S	☿△♄	3am27
	☿⚼♆	10 43
27	☿⚻♅	12pm57
28 M	⊕△♄	0am11
	♀✱♇	2 31
	⊕⚼♆	7pm47
	☿⚺♂	11 53
29	☿⚼♃	1pm 8
30 W	☿ A	6am25
	☿✱♇	10 54
	♀☌♆	2pm57
31 Th	☿⚼♄	4pm 9
	☿△♆	9 58
1	⊕⚻♅	0am11
2 S	⊕⚼♀	7am29
	☿△♀	4pm23
3	☿ ♑	4pm20
4 M	☿△♃	4am 2
	♀ ♉	10 1
	♂⚺♇	5pm55
	☿∠♇	9 10
5	♀☌♃	8am 2
6	☿⚻♄	3am 9
7 Th	☿☍♅	9am15
	⊕⚼♃	1pm35
8	♀□♄	6pm49
9	⊕✱♇	8am23
10 Su	☿⚺♇	2am23
	⊕⚺☿	10 52
	♀✱♅	11pm41
11 M	☿☌♂	10am27
	☿□♆	10 42
	♂□♆	11 46
13 W	⊕⚼♄	7am 2
	⊕△♆	2pm 6
	☿ ♒	9 38
14	☿□♃	3pm 8
15	♀□♇	9pm59
16	☿☍♄	3am38
17 Su	☿⚻♅	3am37
	⊕⚺♂	4 53
	⊕∠☿	6 5
18	♀⚺♆	10am40
19	☿☌♇	10am 0
20 W	♀∠♅	9am59
	☿✱♆	1pm 1
21 Th	☿⚼♅	9am34
	⊕ ♑	12pm26
22 F	☿□♀	2am54
	☿⚺♂	6 51
	☿ ♓	1pm11
	♀△♂	3 36
	⊕✱☿	9 16
23 S	♀ ♊	3am24
	☿✱♃	8 20
	♂ ♒	10pm31
24 Su	☿∠♆	10am38
	☿⚻♄	11 0
	⊕△♃	10pm20
25 M	⊕∠♇	3am 3
	♀⚺♃	4 21
	☿△♅	5 14
	⊕⚻♀	12pm17
26	☿∠♂	2pm58
27 W	☿∠♃	0am51
	☿⚺♇	0 52
	♀∠♆	7pm37
	♀✱♄	10 8
	☿⚺♆	10 47
	☿⚼♄	11 42
29 F	☿ ♈	1pm35
	⊕⚻♄	3 26
	♀⚺♅	7 38
	♂□♃	11 18
30 S	☿∠♇	6am54
	☿⚺♃	8 19
	☿✱♂	9 26

JULY 2035

DAY	☿ LONG	☿ LAT	♀ LONG	♀ LAT	⊕ LONG	♂ LONG	♂ LAT
	° '	° '	° '	° '	° '	° '	° '
1 Su	6♈57	4S41	12♊38	0S15	9♑03	4♒21	1S47
2 M	12 00	4 12	14 15	0 10	10 00	4 58	1 47
3 Tu	17 11	3 41	15 52	0 04	10 57	5 35	1 48
4 W	22 31	3 07	17 28	0N02	11 54	6 12	1 48
5 Th	28 00	2 30	19 05	0 07	12 51	6 50	1 48
6 F	3♉38	1 50	20 42	0 13	13 49	7 27	1 48
7 S	9 25	1 09	22 19	0 19	14 46	8 04	1 49
8 Su	15 19	0 25	23 56	0 25	15 43	8 42	1 49
9 M	21 20	0N19	25 32	0 30	16 40	9 19	1 49
10 Tu	27 27	1 04	27 09	0 36	17 38	9 56	1 49
11 W	3♊40	1 49	28 46	0 42	18 35	10 34	1 50
12 Th	9 56	2 33	0♋23	0 47	19 32	11 11	1 50
13 F	16 14	3 15	2 00	0 53	20 29	11 49	1 50
14 S	22 33	3 55	3 37	0 58	21 26	12 26	1 50
15 Su	28 52	4 32	5 14	1 04	22 24	13 04	1 50
16 M	5♋09	5 05	6 51	1 09	23 21	13 41	1 50
17 Tu	11 22	5 35	8 28	1 15	24 18	14 19	1 50
18 W	17 30	6 00	10 05	1 20	25 15	14 57	1 51
19 Th	23 32	6 21	11 42	1 25	26 13	15 34	1 51
20 F	29 27	6 37	13 20	1 30	27 10	16 12	1 51
21 S	5♌13	6 49	14 57	1 36	28 07	16 50	1 51
22 Su	10 51	6 56	16 34	1 41	29 04	17 27	1 51
23 M	16 20	7 00	18 11	1 46	0♒02	18 05	1 51
24 Tu	21 39	7 00	19 48	1 50	0 59	18 43	1 51
25 W	26 49	6 56	21 26	1 55	1 56	19 21	1 51
26 Th	1♍49	6 50	23 03	2 00	2 53	19 59	1 51
27 F	6 39	6 40	24 40	2 05	3 51	20 36	1 51
28 S	11 20	6 28	26 18	2 09	4 48	21 14	1 51
29 Su	15 52	6 15	27 55	2 14	5 45	21 52	1 51
30 M	20 15	5 59	29 32	2 18	6 43	22 30	1 51
31 Tu	24♍30	5N42	1♌10	2N22	7♒40	23♒08	1S51

AUGUST 2035

DAY	☿ LONG	☿ LAT	♀ LONG	♀ LAT	⊕ LONG	♂ LONG	♂ LAT
	° '	° '	° '	° '	° '	° '	° '
1 W	28♍37	5N23	2♌47	2N26	8♒37	23♒46	1S51
2 Th	2♎37	5 04	4 25	2 30	9 35	24 24	1 51
3 F	6 29	4 43	6 02	2 34	10 32	25 02	1 51
4 S	10 15	4 22	7 40	2 38	11 30	25 40	1 50
5 Su	13 55	4 01	9 17	2 41	12 27	26 18	1 50
6 M	17 29	3 39	10 55	2 45	13 25	26 56	1 50
7 Tu	20 57	3 17	12 32	2 48	14 22	27 34	1 50
8 W	24 21	2 54	14 10	2 51	15 20	28 12	1 50
9 Th	27 40	2 32	15 47	2 54	16 17	28 50	1 50
10 F	0♏55	2 09	17 25	2 57	17 15	29 28	1 49
11 S	4 06	1 47	19 02	3 00	18 12	0♓06	1 49
12 Su	7 13	1 24	20 40	3 03	19 10	0 44	1 49
13 M	10 17	1 02	22 17	3 05	20 07	1 22	1 49
14 Tu	13 18	0 40	23 55	3 07	21 05	2 00	1 48
15 W	16 16	0 18	25 32	3 10	22 03	2 38	1 48
16 Th	19 12	0S03	27 10	3 12	23 00	3 16	1 48
17 F	22 06	0 25	28 47	3 14	23 58	3 54	1 48
18 S	24 58	0 46	0♍25	3 15	24 55	4 33	1 47
19 Su	27 48	1 06	2 02	3 17	25 53	5 11	1 47
20 M	0♐36	1 27	3 40	3 18	26 51	5 49	1 47
21 Tu	3 24	1 47	5 17	3 19	27 49	6 27	1 46
22 W	6 10	2 06	6 55	3 21	28 46	7 05	1 46
23 Th	8 56	2 26	8 32	3 21	29 44	7 43	1 46
24 F	11 41	2 45	10 10	3 22	0♓42	8 21	1 45
25 S	14 26	3 03	11 47	3 23	1 40	8 59	1 45
26 Su	17 11	3 21	13 24	3 23	2 38	9 37	1 44
27 M	19 55	3 38	15 02	3 24	3 35	10 15	1 44
28 Tu	22 40	3 55	16 39	3 24	4 33	10 53	1 44
29 W	25 26	4 12	18 17	3 24	5 31	11 32	1 43
30 Th	28 12	4 28	19 54	3 23	6 29	12 10	1 43
31 F	0♑59	4S43	21♍31	3N23	7♓27	12♓48	1S42

DAY	♃ LONG	♃ LAT	♄ LONG	♄ LAT	♅ LONG	♅ LAT	♆ LONG	♆ LAT	♇ LONG	♇ LAT
	° '	° '	° '	° '	° '	° '	° '	° '	° '	° '
2 M	3♉54.0	1S12	7♌50.1	0N36	10♋45.8	0N21	22♈32.5	1S40	18♒28.2	8S09
7 S	4 21.3	1 12	8 01.1	0 36	10 49.5	0 21	22 34.4	1 40	18 29.5	8 09
12 Th	4 48.7	1 11	8 12.2	0 37	10 53.2	0 21	22 36.2	1 40	18 30.7	8 10
17 Tu	5 16.0	1 11	8 23.2	0 37	10 56.8	0 21	22 38.1	1 40	18 31.9	8 10
22 Su	5 43.3	1 11	8 34.2	0 38	11 00.5	0 21	22 39.9	1 40	18 33.2	8 10
27 F	6 10.7	1 11	8 45.2	0 38	11 04.1	0 21	22 41.7	1 40	18 34.4	8 11
1 W	6 38.0	1 10	8 56.2	0 39	11 07.8	0 21	22 43.6	1 40	18 35.6	8 11
6 M	7 05.3	1 10	9 07.2	0 39	11 11.5	0 21	22 45.4	1 40	18 36.9	8 11
11 S	7 32.6	1 10	9 18.2	0 39	11 15.1	0 21	22 47.3	1 40	18 38.1	8 12
16 Th	7 59.9	1 10	9 29.2	0 40	11 18.8	0 21	22 49.1	1 40	18 39.4	8 12
21 Tu	8 27.2	1 09	9 40.2	0 40	11 22.4	0 21	22 50.9	1 40	18 40.6	8 12
26 Su	8 54.4	1 09	9 51.2	0 41	11 26.1	0 21	22 52.8	1 40	18 41.8	8 13
31 F	9 21.7	1 09	10 02.2	0 41	11 29.7	0 21	22 54.6	1 40	18 43.0	8 13

☿p.347756	☿a.385018
♀ .720838	♀p.718533
⊕a1.01667	⊕ 1.01512
♂ 1.40000	♂p1.38443
♃ 4.96502	♃ 4.96893
♄ 9.10213	♄ 9.10775
♅ 18.8577	♅ 18.8524
♆ 29.8359	♆ 29.8355
♇ 37.8556	♇ 37.8771
☊	Perihelia
☿ 18°♉ 45	☿ 18°♊ 01
♀ 17 ♊ 00	♀ 12 ♌ 09
⊕	⊕ 11 ♋ 23
♂ 19 ♉ 50	♂ 6 ♓ 45
♃ 10 ♋ 49	♃ 14 ♈ 51
♄ 23 ♋ 59	♄ 3 ♋ 14
♅ 14 ♊ 12	♅ 16 ♍ 33
♆ 12 ♌ 07	♆ 10 ♉ 11
♇ 20 ♋ 50	♇ 14 ♏ 48

Day	Aspect	Time
1	☿△♄	4am 5
Su	⊕□☿	12pm22
	☿□♅	6 12
2	☿✶♀	3pm17
M	⊕☍♅	7 34
3	☿✶♇	5am54
T	♀0N	4pm53
4	☿☌♆	0am10
W	♀△♇	3pm 0
5	♀∠♃	1am22
Th	☿ ♉	8 34
	⊕ A	6pm24
6	☿☌♃	2am40
F	☿∠♀	11 59
	☿□♂	5pm49
	☿□♄	6 14
	♂☍♄	9 51
7	♀✶♆	3am54
S	☿✶♅	5 49
	♀∠♄	10 46
	♀⚼♂	6pm23
8	⊕△☿	1am57
Su	☿□♇	12pm45
	☿0N	1 45
9	☿⚺♆	4am57
M	☿∠♅	5pm47
	☿⚺♀	10 25
10	☿ ♊	9am53
T	⊕⚺♇	10pm10
	⊕⚼☿	11 38
11	☿⚺♃	4am 8
W	♂⚻♅	12pm11
	☿∠♆	3 7
	☿✶♄	5 23
	♀ ♋	6 17
12	☿⚺♅	3am40
Th	☿△♂	5 20
13	☿ P	6am 1
F	☿△♇	8 40
	☿∠♃	2pm 8
	⊕⚻☿	7 1
	♀⚼♇	10 33
14	☿✶♆	0am14
S	☿∠♄	2 45
	☿⚼♂	8pm36
	♀✶♃	9 38
15	☿ ♋	4am19
Su	⊕□♆	5 46
	☿⚼♇	5pm48
16	☿✶♃	0am 7
M	☿☌♀	8 52
	☿⚺♄	12pm24
	☿☌♅	10 23
	♀⚺♄	10 43
17	☿⚻♂	12pm49
18	☿⚻♇	4am 6
W	♀☌♅	1pm 0
	☿□♆	8 27
19	⊕☍☿	12pm53
20	☿ ♌	2am17
21	☿□♃	1am45
S	☿☌♄	2pm 7
22	☿⚺♅	0am40
Su	♀⚻♂	9pm33
	⊕ ♒	11 21
23	♀⚻♇	5am30
M	☿☍♂	8 52
	☿☍♇	9 57
	☿⚺♀	11 54
	♂☌♇	6pm 5
24	☿△♆	4am43
T	☿∠♅	8pm22
25	☿ ♍	3pm13
W	♀□♆	6 38
26	⊕⚻☿	6am34
Th	☿△♃	9pm35
27	☿⚼♆	5am18
F	☿⚺♄	10 46
	☿✶♅	10pm41
	☿∠♀	11 42
29	☿⚻♇	2pm47
Su	⊕□♃	4 45
30	♀ ♌	6am47
M	☿⚼♃	6 50
	♂✶♆	8 12
	⊕⚼☿	10 31
	☿⚻♆	1pm50
	☿⚻♂	2 49
	☿∠♄	8 32
1	⊕☍♄	8am 8
W	☿ ♎	8 13
2	☿⚼♇	6am 3
Th	☿✶♀	7pm 6
3	☿⚻♃	2am 7
F	♀□♃	12pm12
	⊕⚻♅	3 38
	☿✶♄	4 10
4	☿⚼♂	3am13
S	☿□♅	5 57
	⊕△☿	10 56
	♂⚼♅	7pm29
	♀☌♄	8 58
6	♀⚺♅	4am12
M	☿△♇	7 47
	♀ P	5pm23
7	☿☍♆	12pm44
9	☿△♂	10am37
Th	☿ ♏	5pm12
	⊕☍♀	6 6
10	♀☍♇	6pm 6
F	♂ ♓	8 16
11	⊕☌♇	10am50
12	☿☍♃	3am22
Su	☿□♄	4pm48
13	♀△♆	7am38
M	☿△♅	7 55
15	♀∠♅	11am23
W	⊕✶♆	7pm21
	☿□♇	7 31
	☿0S	8 18
17	☿⚻♆	6am 6
F	♀ ♍	5pm55
	⊕□☿	11 34
18	☿⚼♅	11am41
19	⊕⚼♅	11am43
Su	☿ ♐	6pm49
21	♂ P	11am35
22	♀☍♂	4am 8
W	☿□♂	10 15
	♀⚼♆	2pm 0
	☿⚼♆	2 38
	☿□♀	3 33
	☿⚻♃	9 18
23	♀△♃	1am33
Th	♂∠♆	5 30
	⊕ ♓	6 37
	☿△♄	7 8
	♀⚺♄	6pm15
	☿⚻♅	9 34
24	♂✶♃	4pm28
F	♀✶♅	6 37
26	☿ A	5am40
Su	♂⚻♄	9 16
	☿✶♇	1pm18
28	☿△♆	1am55
T	☿⚼♃	12pm45
	☿⚼♄	7 53
	♂△♅	9 53
29	♀⚻♇	6am25
30	☿ ♑	3pm33
31	⊕∠♆	11am22
F	♀⚻♆	8pm38
	☿∠♇	11 29

SEPTEMBER 2035

DAY	☿ LONG	☿ LAT	♀ LONG	♀ LAT	⊕ LONG	♂ LONG	♂ LAT
	° '	° '	° '	° '	° '	° '	° '
1 S	3♑47	4S58	23♍09	3N23	8♓25	13♓26	1S42
2 Su	6 36	5 12	24 46	3 22	9 23	14 04	1 41
3 M	9 27	5 26	26 23	3 21	10 21	14 42	1 41
4 Tu	12 20	5 39	28 00	3 20	11 20	15 20	1 40
5 W	15 14	5 51	29 37	3 19	12 18	15 58	1 40
6 Th	18 11	6 02	1♎15	3 17	13 16	16 36	1 39
7 F	21 10	6 13	2 52	3 16	14 14	17 14	1 39
8 S	24 12	6 23	4 29	3 14	15 12	17 52	1 38
9 Su	27 17	6 31	6 06	3 13	16 11	18 30	1 37
10 M	0♒25	6 39	7 43	3 11	17 09	19 08	1 37
11 Tu	3 36	6 46	9 20	3 08	18 07	19 46	1 36
12 W	6 52	6 51	10 57	3 06	19 05	20 24	1 36
13 Th	10 11	6 56	12 34	3 04	20 04	21 02	1 35
14 F	13 35	6 59	14 11	3 01	21 02	21 39	1 34
15 S	17 04	7 00	15 47	2 59	22 01	22 17	1 34
16 Su	20 37	7 00	17 24	2 56	22 59	22 55	1 33
17 M	24 16	6 58	19 01	2 53	23 57	23 33	1 32
18 Tu	28 01	6 55	20 38	2 50	24 56	24 11	1 32
19 W	1♓52	6 49	22 14	2 46	25 54	24 49	1 31
20 Th	5 50	6 42	23 51	2 43	26 53	25 26	1 30
21 F	9 55	6 32	25 27	2 40	27 52	26 04	1 30
22 S	14 06	6 20	27 04	2 36	28 50	26 42	1 29
23 Su	18 26	6 06	28 40	2 32	29 49	27 20	1 28
24 M	22 53	5 48	0♏17	2 28	0♈48	27 57	1 27
25 Tu	27 29	5 29	1 53	2 24	1 46	28 35	1 27
26 W	2♈14	5 06	3 30	2 20	2 45	29 12	1 26
27 Th	7 07	4 40	5 06	2 16	3 44	29 50	1 25
28 F	12 09	4 11	6 42	2 12	4 43	0♈28	1 24
29 S	17 21	3 40	8 18	2 07	5 42	1 05	1 23
30 Su	22♈41	3S05	9♏55	2N03	6♈41	1♈43	1S23

OCTOBER 2035

DAY	☿ LONG	☿ LAT	♀ LONG	♀ LAT	⊕ LONG	♂ LONG	♂ LAT
	° '	° '	° '	° '	° '	° '	° '
1 M	28♈11	2S28	11♏31	1N58	7♈40	2♈20	1S22
2 Tu	3♉49	1 49	13 07	1 54	8 39	2 58	1 21
3 W	9 36	1 07	14 43	1 49	9 38	3 35	1 20
4 Th	15 30	0 24	16 19	1 44	10 37	4 12	1 19
5 F	21 31	0N20	17 55	1 39	11 36	4 50	1 18
6 S	27 39	1 05	19 31	1 34	12 35	5 27	1 18
7 Su	3♊51	1 50	21 06	1 29	13 34	6 04	1 17
8 M	10 08	2 34	22 42	1 24	14 33	6 41	1 16
9 Tu	16 26	3 16	24 18	1 19	15 32	7 19	1 15
10 W	22 45	3 56	25 54	1 13	16 32	7 56	1 14
11 Th	29 04	4 33	27 29	1 08	17 31	8 33	1 13
12 F	5♋21	5 06	29 05	1 03	18 30	9 10	1 12
13 S	11 33	5 35	0♐41	0 57	19 30	9 47	1 11
14 Su	17 41	6 01	2 16	0 52	20 29	10 24	1 10
15 M	23 43	6 21	3 52	0 46	21 28	11 01	1 10
16 Tu	29 38	6 37	5 27	0 41	22 28	11 38	1 09
17 W	5♌24	6 49	7 03	0 35	23 27	12 15	1 08
18 Th	11 02	6 57	8 38	0 30	24 27	12 52	1 07
19 F	16 30	7 00	10 14	0 24	25 26	13 29	1 06
20 S	21 49	7 00	11 49	0 18	26 26	14 05	1 05
21 Su	26 58	6 56	13 24	0 13	27 25	14 42	1 04
22 M	1♍58	6 49	14 59	0 07	28 25	15 19	1 03
23 Tu	6 48	6 40	16 35	0 01	29 25	15 56	1 02
24 W	11 29	6 28	18 10	0S04	0♉25	16 32	1 01
25 Th	16 00	6 14	19 45	0 10	1 24	17 09	1 00
26 F	20 23	5 58	21 20	0 15	2 24	17 45	0 59
27 S	24 38	5 41	22 55	0 21	3 24	18 22	0 58
28 Su	28 45	5 23	24 31	0 27	4 24	18 58	0 57
29 M	2♎44	5 03	26 06	0 32	5 24	19 35	0 56
30 Tu	6 36	4 43	27 41	0 38	6 24	20 11	0 55
31 W	10♎22	4N22	29♐16	0S43	7♉24	20♈47	0S54

DAY	♃ LONG	♃ LAT	♄ LONG	♄ LAT	♅ LONG	♅ LAT	♆ LONG	♆ LAT	♇ LONG	♇ LAT
	° '	° '	° '	° '	° '	° '	° '	° '	° '	° '
5 W	9♉48.9	1S08	10♌13.2	0N42	11♋33.4	0N21	22♈56.4	1S40	18♒44.3	8S13
10 M	10 16.2	1 08	10 24.1	0 42	11 37.1	0 21	22 58.3	1 40	18 45.5	8 14
15 S	10 43.4	1 08	10 35.1	0 43	11 40.7	0 21	23 00.1	1 40	18 46.7	8 14
20 Th	11 10.7	1 07	10 46.1	0 43	11 44.4	0 21	23 01.9	1 40	18 48.0	8 14
25 Tu	11 37.9	1 07	10 57.1	0 44	11 48.0	0 21	23 03.8	1 40	18 49.2	8 15
30 Su	12 05.1	1 07	11 08.1	0 44	11 51.7	0 22	23 05.6	1 40	18 50.4	8 15
5 F	12 32.3	1 06	11 19.0	0 44	11 55.3	0 22	23 07.4	1 40	18 51.6	8 15
10 W	12 59.5	1 06	11 30.0	0 45	11 59.0	0 22	23 09.3	1 40	18 52.9	8 16
15 M	13 26.7	1 06	11 41.0	0 45	12 02.7	0 22	23 11.1	1 40	18 54.1	8 16
20 S	13 53.8	1 05	11 51.9	0 46	12 06.3	0 22	23 12.9	1 40	18 55.3	8 16
25 Th	14 21.0	1 05	12 02.9	0 46	12 10.0	0 22	23 14.8	1 40	18 56.6	8 17
30 Tu	14 48.2	1 05	12 13.9	0 47	12 13.7	0 22	23 16.6	1 40	18 57.8	8 17

☿ .462076	☿p .327422
♀ .719648	♀ .723241
⊕ 1.00948	⊕ 1.00149
♂ 1.38221	♂ 1.39306
♃ 4.97336	♃ 4.97812
♄ 9.11352	♄ 9.11925
♅ 18.8471	♅ 18.8420
♆ 29.8350	♆ 29.8346
♇ 37.8986	♇ 37.9194
☊	Perihelia
☿ 18°♉ 45	☿ 18°♊ 01
♀ 17 ♊ 00	♀ 12 ♌ 08
⊕	⊕ 11 ♋ 07
♂ 19 ♉ 50	♂ 6 ♓ 47
♃ 10 ♋ 49	♃ 14 ♈ 51
♄ 23 ♋ 59	♄ 3 ♋ 23
♅ 14 ♊ 12	♅ 16 ♍ 18
♆ 12 ♌ 08	♆ 11 ♉ 10
♇ 20 ♋ 50	♇ 14 ♏ 41

1	♀⚼♃	8pm32
2	⊕✶♃	4am12
Su	♀∠♄	5 14
	⊕⚻♄	6pm32
3	☿△♃	1am35
M	☿⚻♄	5 54
	⊕✶☿	11 28
	☿☍♅	5pm28
4	⊕△♅	5am28
5	♀ ♎	5am34
W	☿✶♂	7 37
6	☿⚺♇	4am32
7	♀⚼♇	1pm 9
F	☿□♆	2 13
9	♂⚺♇	9am47
Su	☿ ♒	8pm52
10	⊕∠☿	6pm49
11	☿∠♂	10am40
T	⊕⚺♇	3pm58
	♀⚻♃	4 12
	♀✶♄	4 50
12	♀□♅	10am25
W	♃□♄	10 38
13	☿☍♄	2am22
Th	☿□♃	2 38
	☿⚻♅	10 29
14	☿△♀	7am46
15	☿☌♇	11am41
S	⊕☌♂	7pm33
16	⊕⚺♆	0am36
Su	♂⚺♆	3 23
	☿✶♆	3pm47
	☿⚺♂	6 20
	♀△♇	8 36
	⊕⚺☿	9 14
17	☿⚼♅	3pm41
18	☿ ♓	12pm25
T	⊕⚼♄	7 30
19	⊕∠♃	4am51
W	♀☍♆	11 48
20	☿∠♆	1pm 3
Th	♂⚼♄	1 19
21	☿⚼♀	5am11
F	☿⚻♄	5 14
	☿✶♃	8 2
	♂∠♃	8 55
	☿△♅	10 39
	♀⚻♂	2pm58
23	☿⚺♇	2am 5
Su	⊕ ♈	4 32
	♀ ♏	7pm48
24	☿⚺♆	0am53
M	☿⚼♄	4pm 0
	☿∠♃	7 30
	⊕⚻♀	7 36
25	☿☌♂	6am28
T	☿ ♈	12pm49
26	⊕☌☿	3am17
W	☿∠♇	7 56
	☿⚻♀	9 23
27	⊕∠♇	2am20
Th	♃✶♅	3 41
	♂ ♈	6 22
	☿△♄	6pm49
	☿□♅	10 31
	☿⚺♃	10 48
29	☿✶♇	6am46
30	☿☌♆	1am48
Su	♀□♄	6pm47
1	♀△♅	5am28
M	☿ ♉	7 49
	♀☍♃	10 33
	☿⚺♂	7pm56
3	⊕⚺☿	0am 9
W	☿□♄	6 48
	☿✶♅	9 26
	♂∠♇	10 30
	☿☌♃	11 28
4	☿☍♀	4am27
Th	☿0N	1pm 0
	☿□♇	1 26
	☿∠♂	4 30
	⊕△♄	4 56
5	☿⚺♆	6am19
F	⊕□♅	8 2
	♀□♇	2pm17
	☿∠♅	9 13
	⊕∠☿	11 41
6	⊕⚺♃	1am16
S	☿ ♊	9 7
	♀⚼♂	11pm 5
7	☿✶♂	9am26
Su	☿∠♆	4pm25
8	☿✶♄	4am59
M	♀⚻♆	6 37
	☿⚺♅	7 0
	☿⚺♃	10 23
	⊕✶☿	7pm59
9	☿ P	5am16
T	☿△♇	9 17
10	☿✶♆	1am31
W	☿∠♄	2pm19
	☿⚻♀	3 58
	♀⚼♅	4 30
	☿∠♃	8 12
11	☿ ♋	3am33
Th	☿⚼♇	6pm25
12	⊕✶♇	9am22
F	♀ ♐	1pm47
	☿□♂	4 22
13	☿⚺♄	0am12
S	☿☌♅	1 48
	☿✶♃	6 44
	☿⚼♀	9pm46
14	☿⚻♇	4am46
Su	⊕□☿	1pm14
	☿□♆	9 51
16	☿ ♌	1am32
T	♂△♄	3 31
	♂□♅	4pm48
	⊕☌♆	5 44
17	☿△♀	9am40
W	♀⚼♆	5pm27
18	☿☌♄	3am20
Th	☿⚺♅	4 34
	☿△♂	8 58
	☿□♃	11 53
19	⊕⚼♀	8am34
F	☿☍♇	10 49
	♂⚺♃	3pm 7
20	♀△♄	0am47
S	♀⚻♅	4 26
	☿△♆	6 26
21	☿∠♅	0am41
Su	⊕△☿	2 40
	♀⚻♃	9 23
	☿ ♍	2pm28
	☿⚼♂	2 51
22	♀△♂	7am57
23	♀0S	6am21
T	☿⚼♆	7 17
	⊕ ♉	2pm 9
24	☿⚺♄	2am49
W	☿✶♅	3 33
	♀✶♇	11 43
	☿△♃	2pm57
25	⊕⚼☿	2am47
Th	☿⚻♂	7 9
	☿⚻♇	4pm 1
26	☿□♀	8am26
F	☿⚻♆	4pm 8
27	♀△♆	5am 5
S	☿∠♄	2pm34
	♂✶♇	11 26
28	☿⚼♃	5am20
Su	☿ ♎	7 28
29	☿⚼♇	7am31
M	♀⚼♄	5pm 3
	♄⚺♅	8 32
	⊕⚻☿	10 11
31	♀⚼♃	10am 8
W	♀ ♑	11 10
	☿□♅	12pm14
	☿✶♄	12 30

NOVEMBER 2035

DAY	☿ LONG	☿ LAT	♀ LONG	♀ LAT	⊕ LONG	♂ LONG	♂ LAT
	° '	° '	° '	° '	° '	° '	° '
1 Th	14♎02	4N00	0♑51	0S49	8♉24	21♈23	0S53
2 F	17 35	3 38	2 26	0 54	9 24	22 00	0 52
3 S	21 04	3 16	4 01	1 00	10 24	22 36	0 51
4 Su	24 27	2 54	5 36	1 05	11 24	23 12	0 50
5 M	27 46	2 31	7 11	1 10	12 24	23 48	0 49
6 Tu	1♏01	2 09	8 46	1 16	13 24	24 24	0 48
7 W	4 12	1 46	10 21	1 21	14 24	25 00	0 47
8 Th	7 19	1 24	11 56	1 26	15 24	25 36	0 46
9 F	10 23	1 02	13 30	1 31	16 25	26 12	0 45
10 S	13 24	0 39	15 05	1 36	17 25	26 48	0 43
11 Su	16 22	0 18	16 40	1 41	18 25	27 23	0 42
12 M	19 18	0S04	18 15	1 46	19 25	27 59	0 41
13 Tu	22 11	0 25	19 50	1 51	20 26	28 35	0 40
14 W	25 03	0 46	21 25	1 55	21 26	29 10	0 39
15 Th	27 53	1 07	23 00	2 00	22 26	29 46	0 38
16 F	0♐42	1 27	24 35	2 04	23 27	0♉21	0 37
17 S	3 29	1 47	26 09	2 09	24 27	0 57	0 36
18 Su	6 16	2 07	27 44	2 13	25 28	1 32	0 35
19 M	9 01	2 26	29 19	2 17	26 28	2 07	0 34
20 Tu	11 47	2 45	0♒54	2 21	27 29	2 43	0 33
21 W	14 31	3 03	2 29	2 25	28 29	3 18	0 32
22 Th	17 16	3 21	4 04	2 29	29 30	3 53	0 30
23 F	20 01	3 39	5 39	2 33	0♊30	4 28	0 29
24 S	22 46	3 56	7 14	2 37	1 31	5 03	0 28
25 Su	25 31	4 12	8 48	2 40	2 32	5 38	0 27
26 M	28 17	4 28	10 23	2 44	3 32	6 13	0 26
27 Tu	1♑04	4 44	11 58	2 47	4 33	6 48	0 25
28 W	3 52	4 59	13 33	2 50	5 34	7 23	0 24
29 Th	6 42	5 13	15 08	2 53	6 35	7 58	0 23
30 F	9♑33	5S26	16♒43	2S56	7♊35	8♉33	0S22

DECEMBER 2035

DAY	☿ LONG	☿ LAT	♀ LONG	♀ LAT	⊕ LONG	♂ LONG	♂ LAT
	° '	° '	° '	° '	° '	° '	° '
1 S	12♑25	5S39	18♒18	2S59	8♊36	9♉07	0S21
2 Su	15 20	5 51	19 53	3 01	9 37	9 42	0 20
3 M	18 17	6 03	21 28	3 04	10 38	10 17	0 18
4 Tu	21 16	6 13	23 03	3 06	11 39	10 51	0 17
5 W	24 18	6 23	24 38	3 08	12 40	11 26	0 16
6 Th	27 23	6 32	26 13	3 10	13 41	12 00	0 15
7 F	0♒31	6 39	27 48	3 12	14 41	12 34	0 14
8 S	3 42	6 46	29 23	3 14	15 42	13 09	0 13
9 Su	6 58	6 52	0♓58	3 16	16 43	13 43	0 12
10 M	10 17	6 56	2 33	3 17	17 44	14 17	0 11
11 Tu	13 41	6 59	4 08	3 19	18 45	14 51	0 10
12 W	17 10	7 00	5 43	3 20	19 46	15 25	0 09
13 Th	20 44	7 00	7 18	3 21	20 47	15 59	0 07
14 F	24 23	6 58	8 53	3 22	21 48	16 33	0 06
15 S	28 08	6 55	10 29	3 22	22 49	17 07	0 05
16 Su	2♓00	6 49	12 04	3 23	23 50	17 41	0 04
17 M	5 58	6 42	13 39	3 23	24 51	18 15	0 03
18 Tu	10 02	6 32	15 14	3 24	25 52	18 49	0 02
19 W	14 14	6 20	16 49	3 24	26 53	19 22	0 01
20 Th	18 34	6 05	18 25	3 24	27 54	19 56	0N00
21 F	23 02	5 48	20 00	3 23	28 55	20 29	0 01
22 S	27 38	5 28	21 35	3 23	29 56	21 03	0 02
23 Su	2♈23	5 05	23 11	3 23	0♋58	21 36	0 03
24 M	7 16	4 39	24 46	3 22	1 59	22 10	0 05
25 Tu	12 19	4 10	26 21	3 21	3 00	22 43	0 06
26 W	17 31	3 39	27 57	3 20	4 01	23 16	0 07
27 Th	22 51	3 04	29 32	3 19	5 02	23 50	0 08
28 F	28 21	2 27	1♈07	3 18	6 03	24 23	0 09
29 S	4♉00	1 48	2 43	3 16	7 04	24 56	0 10
30 Su	9 47	1 06	4 18	3 15	8 06	25 29	0 11
31 M	15♉41	0S23	5♈54	3S13	9♋07	26♉02	0N12

DAY	♃ LONG	♃ LAT	♄ LONG	♄ LAT	♅ LONG	♅ LAT	♆ LONG	♆ LAT	♇ LONG	♇ LAT
	° '	° '	° '	° '	° '	° '	° '	° '	° '	° '
4 Su	15♉15.3	1S04	12♌24.8	0N47	12♋17.3	0N22	23♈18.5	1S40	18♒59.0	8S17
9 F	15 42.5	1 04	12 35.8	0 48	12 21.0	0 22	23 20.3	1 40	19 00.3	8 18
14 W	16 09.6	1 04	12 46.7	0 48	12 24.6	0 22	23 22.1	1 40	19 01.5	8 18
19 M	16 36.7	1 03	12 57.7	0 49	12 28.3	0 22	23 24.0	1 40	19 02.7	8 18
24 S	17 03.8	1 03	13 08.7	0 49	12 32.0	0 22	23 25.8	1 40	19 03.9	8 19
29 Th	17 30.9	1 03	13 19.6	0 49	12 35.7	0 22	23 27.7	1 40	19 05.2	8 19
4 Tu	17 58.0	1 02	13 30.6	0 50	12 39.3	0 22	23 29.5	1 40	19 06.4	8 19
9 Su	18 25.1	1 02	13 41.5	0 50	12 43.0	0 22	23 31.3	1 40	19 07.6	8 20
14 F	18 52.2	1 02	13 52.5	0 51	12 46.7	0 22	23 33.2	1 40	19 08.9	8 20
19 W	19 19.2	1 01	14 03.4	0 51	12 50.3	0 22	23 35.0	1 40	19 10.1	8 20
24 M	19 46.3	1 01	14 14.4	0 52	12 54.0	0 22	23 36.9	1 40	19 11.3	8 21
29 S	20 13.3	1 00	14 25.3	0 52	12 57.7	0 22	23 38.7	1 40	19 12.6	8 21

☿a.407194	☿ .455978
♀a.726973	♀ .728166
⊕ .992800	⊕ .986262
♂ 1.41627	♂ 1.44769
♃ 4.98351	♃ 4.98919
♄ 9.12533	♄ 9.13134
♅ 18.8368	♅ 18.8317
♆ 29.8342	♆ 29.8338
♇ 37.9409	♇ 37.9618
☊	Perihelia
☿ 18°♉ 45	☿ 18°♊ 01
♀ 17 ♊ 00	♀ 12 ♌ 04
⊕	⊕ 13 ♋ 56
♂ 19 ♉ 50	♂ 6 ♓ 47
♃ 10 ♋ 50	♃ 14 ♈ 52
♄ 23 ♋ 59	♄ 3 ♋ 33
♅ 14 ♊ 13	♅ 16 ♍ 03
♆ 12 ♌ 08	♆ 12 ♉ 16
♇ 20 ♋ 51	♇ 14 ♏ 34

1	☿⊼♃	6am33
2 F	☿△♇	9am30
	♀∠♇	11pm29
3 S	☿☍♂	1pm 6
	☿☍♆	3 48
4 Su	♂☌♆	4am25
	⊕✶♅	9pm39
5 M	⊕□♄	1am18
	☿ ♏	4pm27
8 Th	⊕☌♃	5am33
	♀☍♅	6 18
	♀⊼♄	9 51
9 F	☿△♅	3pm44
	☿□♄	5 51
10 S	♀△♃	11am25
	☿⚼♃	8pm 2
11 Su	☿✶♀	5am26
	⊕□♇	2pm14
	☿0S	7 34
	☿□♇	9 43
12	⊕☍☿	1am39
M	♀⊻♇	11 38
13	☿⊼♆	9am51
14 W	⊕△♀	0am51
	☿⚼♅	8pm 4
15 Th	♀□♆	5am47
	♂ ♉	9 36
	☿ ♐	6pm 3
	☿⊼♂	8 18
	⊕⊻♆	10 24
18	☿⚼♆	6pm34
19	♀ ♒	10am19
20 T	⊕∠♅	0am 7
	☿⊼♅	6 13
	☿△♄	10 50
21 W	♀□♂	7pm44
	☿⊼♃	8 32
22 Th	☿ A	4am55
	⊕ ♊	11 56
	☿✶♇	3pm41
	☿⚼♂	6 1
23	☿∠♀	1pm 2
24	☿△♆	5am51
25	☿⚼♄	11pm24
26	☿ ♑	2pm48
27 T	♀ A	1am20
	♀⊼♅	9 10
	☿⚼♃	11 13
	☿☍♄	7pm56
28 W	☿∠♇	1am48
	⊕⊼☿	10pm28
29	☿△♂	1pm30
30 F	♀□♃	2pm18
	⊕∠♆	8 53

1 S	☿☍♅	1am40
	☿⊼♄	8 14
	♀☌♇	12pm 6
2 Su	⊕⊻♂	4am32
	☿△♃	8pm40
3	☿⊻♇	6am41
4 T	♀✶♆	6am46
	☿□♆	5pm43
5 W	⊕⊻♅	0am10
	☿⊻♀	5 26
	⊕✶♄	9pm43
6 Th	⊕⚼☿	2pm46
	☿ ♒	8 6
	♀⚼♅	10 23
7	♂✶♅	5am 6
8 S	♀ ♓	9am22
	♂□♄	10pm56
10 M	☿⊼♅	5pm20
	⊕⊻♃	8 0
11 T	☿☍♄	0am31
	⊕△♇	9 4
	☿□♂	9 40
12 W	☿□♃	10am34
	☿☌♇	1pm21
13 Th	⊕△☿	0am28
	☿✶♆	6pm33
	♀∠♆	6 52
14	☿⚼♅	9pm46
15 S	☿ ♓	11am39
	⊕✶♆	5pm36
16	♀△♅	11am16
17 M	♀⊼♄	5am11
	♃□♇	5 40
	☿∠♆	3pm28
18 T	♂□♇	3pm16
	☿△♅	4 3
	♂☌♃	9 25
	☿⊼♄	10 57
19 W	♂0N	7pm51
	☿☌♀	10 38
20 Th	☿⊻♇	3am17
	☿✶♃	4 40
	☿✶♂	8 28
	♀⊻♇	11 32
	♀✶♃	4pm 1
21 F	☿⊻♆	2am59
	⊕∠♄	5 4
	♀✶♂	11 27
22 S	⊕ ♋	1am24
	☿⚼♄	7 54
	☿ ♈	12pm 4
	⊕□☿	2 58
23 Su	♀⊻♆	6am33
	☿∠♇	8 57
	☿∠♃	11 36
	☿∠♂	11pm24
25 T	☿□♅	2am48
	☿△♄	9 12
26 W	⊕⚼♇	4am18
	☿✶♇	7 39
	☿⊻♃	11 14
	♂⊻♆	3pm30
	♀⚼♄	9 8
27 Th	⊕∠♃	0am10
	☿☌♆	3 26
	☿⊻♂	4 46
	♀ ♈	7 2
28 F	☿ ♉	7am 4
	☿⊻♀	4pm30
29 S	⊕✶☿	3pm35
	♀∠♇	10 36
30 Su	☿✶♅	1pm 4
	♀∠♃	4 4
	☿□♄	7 10
31 M	☿0N	12pm16
	☿□♇	2 7
	☿☌♃	7 5

JANUARY 2036

DAY	☿ LONG	☿ LAT	♀ LONG	♀ LAT	⊕ LONG	♂ LONG	♂ LAT
	° '	° '	° '	° '	° '	° '	° '
1 Tu	21♉43	0N22	7♈29	3S11	10♋08	26♉35	0N13
2 W	27 51	1 07	9 05	3 09	11 09	27 08	0 14
3 Th	4♊03	1 51	10 41	3 07	12 10	27 41	0 15
4 F	10 19	2 35	12 16	3 04	13 11	28 13	0 16
5 S	16 38	3 17	13 52	3 02	14 13	28 46	0 17
6 Su	22 57	3 57	15 27	2 59	15 14	29 19	0 18
7 M	29 16	4 34	17 03	2 56	16 15	29 51	0 19
8 Tu	5♋32	5 07	18 39	2 53	17 16	0♊24	0 20
9 W	11 45	5 36	20 14	2 50	18 17	0 56	0 21
10 Th	17 53	6 01	21 50	2 47	19 18	1 29	0 22
11 F	23 54	6 22	23 26	2 44	20 19	2 01	0 23
12 S	29 49	6 38	25 02	2 41	21 21	2 33	0 24
13 Su	5♌35	6 49	26 38	2 37	22 22	3 06	0 25
14 M	11 12	6 57	28 13	2 33	23 23	3 38	0 26
15 Tu	16 40	7 00	29 49	2 30	24 24	4 10	0 27
16 W	21 59	7 00	1♉25	2 26	25 25	4 42	0 28
17 Th	27 08	6 56	3 01	2 22	26 26	5 14	0 29
18 F	2♍07	6 49	4 37	2 17	27 27	5 46	0 30
19 S	6 57	6 40	6 13	2 13	28 28	6 18	0 31
20 Su	11 37	6 28	7 49	2 09	29 29	6 50	0 32
21 M	16 09	6 14	9 25	2 04	0♌30	7 22	0 33
22 Tu	20 31	5 58	11 01	2 00	1 31	7 53	0 34
23 W	24 46	5 41	12 37	1 55	2 32	8 25	0 35
24 Th	28 52	5 22	14 13	1 50	3 34	8 57	0 36
25 F	2♎52	5 03	15 49	1 46	4 35	9 28	0 37
26 S	6 44	4 42	17 25	1 41	5 36	10 00	0 38
27 Su	10 29	4 21	19 02	1 36	6 37	10 31	0 39
28 M	14 09	4 00	20 38	1 31	7 38	11 03	0 40
29 Tu	17 42	3 38	22 14	1 25	8 39	11 34	0 41
30 W	21 10	3 15	23 50	1 20	9 40	12 05	0 42
31 Th	24♎34	2N53	25♉27	1S15	10♌41	12♊37	0N43

FEBRUARY 2036

DAY	☿ LONG	☿ LAT	♀ LONG	♀ LAT	⊕ LONG	♂ LONG	♂ LAT
	° '	° '	° '	° '	° '	° '	° '
1 F	27♎52	2N30	27♉03	1S10	11♌42	13♊08	0N44
2 S	1♏07	2 08	28 39	1 04	12 42	13 39	0 45
3 Su	4 18	1 45	0♊16	0 59	13 43	14 10	0 46
4 M	7 25	1 23	1 52	0 53	14 44	14 41	0 47
5 Tu	10 28	1 01	3 29	0 48	15 45	15 12	0 48
6 W	13 29	0 39	5 05	0 42	16 46	15 43	0 48
7 Th	16 27	0 17	6 42	0 36	17 47	16 14	0 49
8 F	19 23	0S05	8 18	0 31	18 48	16 45	0 50
9 S	22 17	0 26	9 55	0 25	19 48	17 16	0 51
10 Su	25 08	0 47	11 31	0 19	20 49	17 47	0 52
11 M	27 58	1 08	13 08	0 14	21 50	18 17	0 53
12 Tu	0♐47	1 28	14 45	0 08	22 50	18 48	0 54
13 W	3 35	1 48	16 21	0 02	23 51	19 18	0 55
14 Th	6 21	2 08	17 58	0N03	24 52	19 49	0 55
15 F	9 07	2 27	19 35	0 09	25 52	20 20	0 56
16 S	11 52	2 46	21 11	0 15	26 53	20 50	0 57
17 Su	14 37	3 04	22 48	0 21	27 54	21 20	0 58
18 M	17 21	3 22	24 25	0 26	28 54	21 51	0 59
19 Tu	20 06	3 39	26 02	0 32	29 55	22 21	1 00
20 W	22 51	3 56	27 39	0 38	0♍55	22 51	1 00
21 Th	25 36	4 13	29 16	0 43	1 56	23 21	1 01
22 F	28 23	4 29	0♋53	0 49	2 56	23 52	1 02
23 S	1♑10	4 44	2 30	0 54	3 57	24 22	1 03
24 Su	3 58	4 59	4 07	1 00	4 57	24 52	1 04
25 M	6 47	5 13	5 44	1 05	5 57	25 22	1 04
26 Tu	9 38	5 27	7 21	1 11	6 58	25 52	1 05
27 W	12 31	5 40	8 58	1 16	7 58	26 22	1 06
28 Th	15 25	5 52	10 35	1 22	8 59	26 51	1 07
29 F	18♑22	6S03	12♋12	1N27	9♍59	27♊21	1N08

DAY	♃ LONG	♃ LAT	♄ LONG	♄ LAT	♅ LONG	♅ LAT	♆ LONG	♆ LAT	♇ LONG	♇ LAT
	° '	° '	° '	° '	° '	° '	° '	° '	° '	° '
3 Th	20♉40.3	1S00	14♌36.2	0N53	13♋01.4	0N22	23♈40.6	1S41	19♒13.8	8S21
8 Tu	21 07.3	1 00	14 47.2	0 53	13 05.0	0 22	23 42.4	1 41	19 15.0	8 22
13 Su	21 34.3	0 59	14 58.1	0 53	13 08.7	0 22	23 44.2	1 41	19 16.3	8 22
18 F	22 01.3	0 59	15 09.0	0 54	13 12.4	0 22	23 46.1	1 41	19 17.5	8 22
23 W	22 28.3	0 58	15 20.0	0 54	13 16.0	0 23	23 47.9	1 41	19 18.7	8 22
28 M	22 55.3	0 58	15 30.9	0 55	13 19.7	0 23	23 49.8	1 41	19 20.0	8 23
2 S	23 22.2	0 58	15 41.8	0 55	13 23.4	0 23	23 51.6	1 41	19 21.2	8 23
7 Th	23 49.1	0 57	15 52.7	0 56	13 27.1	0 23	23 53.4	1 41	19 22.4	8 23
12 Tu	24 16.1	0 57	16 03.7	0 56	13 30.7	0 23	23 55.3	1 41	19 23.6	8 24
17 Su	24 43.0	0 56	16 14.6	0 57	13 34.4	0 23	23 57.1	1 41	19 24.9	8 24
22 F	25 09.9	0 56	16 25.5	0 57	13 38.1	0 23	23 58.9	1 41	19 26.1	8 24
27 W	25 36.8	0 55	16 36.4	0 57	13 41.8	0 23	24 00.8	1 41	19 27.3	8 25

☿p.313012	☿a.426813
♀ .726070	♀ .722041
⊕p.983367	⊕ .985244
♂ 1.48591	♂ 1.52630
♃ 4.99551	♃ 5.00227
♄ 9.13771	♄ 9.14421
♅ 18.8265	♅ 18.8212
♆ 29.8333	♆ 29.8329
♇ 37.9832	♇ 38.0047
☊	Perihelia
☿ 18°♉ 45	☿ 18°♊ 01
♀ 17 ♊ 00	♀ 12 ♌ 04
⊕	⊕ 15 ♋ 59
♂ 19 ♉ 50	♂ 6 ♓ 46
♃ 10 ♋ 50	♃ 14 ♈ 52
♄ 23 ♋ 59	♄ 3 ♋ 45
♅ 14 ♊ 13	♅ 15 ♍ 52
♆ 12 ♌ 08	♆ 13 ♉ 27
♇ 20 ♋ 51	♇ 14 ♏ 27

1	☿∠♀	4am 8
T	☿⚺♆	7 41
	⊕∠☿	4pm 6
	☿☌♂	8 57
2	☿∠♅	0am39
W	☿ ♊	8 22
3	♂∠♅	3pm36
Th	☿∠♆	5 44
	⊕☌♅	8 18
4	⊕∠♂	1am35
F	☿✱♀	9 55
	☿⚺♅	10 21
	♀□♅	11 38
	⊕⚺☿	1pm 2
	☿✱♄	4 32
	♀∠♂	9 49
5	☿ P	4am32
S	☿△♇	9 54
	⊕⚺♄	11 25
	♀△♄	12pm33
	⊕ P	2 18
	⊕□♀	2 31
	☿⚺♃	4 15
6	☿✱♆	2am49
7	☿∠♄	1am52
M	☿⚺♂	2 28
	☿ ♋	2 48
	♂ ♊	6 28
	☿⚼♇	7pm 3
8	☿∠♃	2am17
T	♀✱♇	9 8
9	☿☌♅	5am15
W	☿⚺♄	12pm 3
	♀⚺♃	3 29
	☿∠♂	5 56
	⊕⚻♇	10 54
10	☿⚻♇	5am27
Th	⊕☌☿	6 46
	☿✱♃	1pm47
	☿□♀	9 24
	☿□♆	11 16
11	♀☌♆	4am25
12	☿ ♌	0am47
S	⊕✱♃	3 36
	☿✱♂	12pm31
14	☿⚺♅	8am31
M	⊕□♆	8 38
	☿☌♄	4pm43
15	♀ ♉	2am42
T	☿☍♇	11 42
	☿□♃	11pm21
16	☿△♆	8am11
W	⊕⚺☿	7pm53
17	☿∠♅	5am 4
Th	☿ ♍	1pm43
18	☿△♀	6pm27
F	☿□♂	8 19
19	♀⚺♂	1am53
S	☿⚼♆	9 18
20	☿✱♅	8am28
Su	⊕ ♌	12pm 4
	☿⚺♄	7 12
	⊕∠☿	7 33
21	☿⚻♇	5pm15
22	☿△♃	10am39
T	☿⚻♆	6pm28
23	♀✱♅	9am49
W	♂∠♆	5pm31
24	☿⚼♀	3am25
Th	☿ ♎	6 43
	☿∠♄	9 0
	♀□♄	5pm37
25	☿⚼♇	9am 0
F	⊕✱☿	2pm21
26	☿⚼♃	6am34
27	☿△♂	0am17
Su	♀□♇	4 31
	☿□♅	6pm35
28	☿✱♄	9am17
29	☿△♇	11am14
T	♀☌♃	12pm17
30	♀⚺♆	0am 2
W	☿⚻♃	1pm57
	☿☍♆	6 53
31	☿⚻♀	12pm17
1	☿⚼♂	2am15
F	♂⚺♅	11 35
	☿ ♏	3pm41
	♀∠♅	8 0
2	⊕⚺♅	4pm20
S	♀ ♊	8 5
3	⊕✱♂	9pm37
5	⊕☌♄	1am20
T	☿△♅	11pm37
6	♂✱♄	6am 6
W	☿□♄	7pm15
	☿⚻♂	9 50
7	⊕□☿	4pm31
Th	☿0S	6 50
	♃⚺♆	8 31
	☿□♇	11 56
8	♀∠♆	8am54
F	⊕☍♇	1pm56
9	☿⚻♆	1pm37
S	☿☍♃	2 52
11	☿⚼♅	4am30
M	♀⚺♅	5 32
	☿ ♐	5pm17
12	♀✱♄	8pm 6
13	⊕△♆	1am48
W	♂△♇	4 16
	♀0N	9 39
	⊕□♃	1pm11
14	♀△♇	9pm26
Th	☿⚼♆	10 30
15	♀☌♂	4pm14
16	☿⚻♅	2pm54
17	☿△♄	2pm29
Su	⊕∠♅	4 23
	♀✱♆	5 8
18	☿ A	4am11
M	♀⚺♃	6 6
	☿✱♇	6pm 5
19	⊕ ♍	2am 7
20	☿☍♂	0am 3
W	☿△♆	9 48
	☿⚻♃	7pm14
21	♀ ♋	10am57
22	♂✱♆	5am56
F	♀∠♄	8 18
	☿ ♑	2pm 2
23	☿⚼♄	2am38
24	☿☍♀	3am 1
Su	☿∠♇	4 7
	♀⚼♇	4 56
	⊕△☿	1pm 7
25	♂⚺♃	4am 9
M	⊕✱♀	9 0
26	☿⚼♃	7am41
27	☿☍♅	9am51
28	⊕⚼♆	1am 3
Th	♀∠♃	1 52
	☿⚻♄	10 6
29	☿⚺♇	8am50
F	♀☌♅	10pm40

MARCH 2036

DAY	☿ LONG	☿ LAT	♀ LONG	♀ LAT	⊕ LONG	♂ LONG	♂ LAT
	° '	° '	° '	° '	° '	° '	° '
1 S	21♑22	6S14	13♋49	1N32	10♍59	27♊51	1N08
2 Su	24 24	6 23	15 26	1 37	11 59	28 21	1 09
3 M	27 29	6 32	17 04	1 42	13 00	28 50	1 10
4 Tu	0♒37	6 40	18 41	1 47	14 00	29 20	1 11
5 W	3 49	6 46	20 18	1 52	15 00	29 50	1 11
6 Th	7 04	6 52	21 55	1 57	16 00	0♋19	1 12
7 F	10 24	6 56	23 33	2 01	17 00	0 49	1 13
8 S	13 48	6 59	25 10	2 06	18 00	1 18	1 13
9 Su	17 17	7 00	26 47	2 10	19 00	1 48	1 14
10 M	20 51	7 00	28 25	2 15	20 00	2 17	1 15
11 Tu	24 30	6 58	0♌02	2 19	21 00	2 46	1 16
12 W	28 16	6 55	1 40	2 23	22 00	3 16	1 16
13 Th	2♓07	6 49	3 17	2 27	23 00	3 45	1 17
14 F	6 05	6 41	4 54	2 31	23 59	4 14	1 18
15 S	10 10	6 32	6 32	2 35	24 59	4 43	1 18
16 Su	14 22	6 19	8 09	2 39	25 59	5 12	1 19
17 M	18 42	6 05	9 47	2 42	26 59	5 41	1 20
18 Tu	23 10	5 47	11 24	2 46	27 58	6 10	1 20
19 W	27 47	5 27	13 02	2 49	28 58	6 39	1 21
20 Th	2♈32	5 04	14 39	2 52	29 58	7 08	1 22
21 F	7 26	4 38	16 17	2 55	0♎57	7 37	1 22
22 S	12 28	4 10	17 54	2 58	1 57	8 06	1 23
23 Su	17 40	3 38	19 32	3 01	2 56	8 35	1 23
24 M	23 02	3 03	21 09	3 03	3 56	9 04	1 24
25 Tu	28 32	2 26	22 47	3 06	4 55	9 32	1 25
26 W	4♉11	1 46	24 24	3 08	5 55	10 01	1 25
27 Th	9 58	1 05	26 02	3 10	6 54	10 30	1 26
28 F	15 52	0 21	27 39	3 12	7 54	10 58	1 26
29 S	21 54	0N23	29 17	3 14	8 53	11 27	1 27
30 Su	28 02	1 08	0♍55	3 16	9 52	11 55	1 28
31 M	4♊15	1N53	2♍32	3N17	10♎52	12♋24	1N28

APRIL 2036

DAY	☿ LONG	☿ LAT	♀ LONG	♀ LAT	⊕ LONG	♂ LONG	♂ LAT
	° '	° '	° '	° '	° '	° '	° '
1 Tu	10♊31	2N36	4♍10	3N19	11♎51	12♋52	1N29
2 W	16 50	3 19	5 47	3 20	12 50	13 21	1 29
3 Th	23 09	3 58	7 24	3 21	13 49	13 49	1 30
4 F	29 28	4 35	9 02	3 22	14 49	14 18	1 30
5 S	5♋44	5 08	10 39	3 22	15 48	14 46	1 31
6 Su	11 57	5 37	12 17	3 23	16 47	15 14	1 31
7 M	18 04	6 02	13 54	3 23	17 46	15 42	1 32
8 Tu	24 05	6 22	15 32	3 24	18 45	16 11	1 32
9 W	0♌00	6 38	17 09	3 24	19 44	16 39	1 33
10 Th	5 45	6 50	18 46	3 24	20 43	17 07	1 33
11 F	11 23	6 57	20 24	3 23	21 41	17 35	1 34
12 S	16 50	7 00	22 01	3 23	22 40	18 03	1 34
13 Su	22 09	7 00	23 38	3 22	23 39	18 31	1 35
14 M	27 17	6 56	25 16	3 22	24 38	18 59	1 35
15 Tu	2♍16	6 49	26 53	3 21	25 37	19 27	1 36
16 W	7 06	6 39	28 30	3 20	26 35	19 55	1 36
17 Th	11 46	6 27	0♎07	3 18	27 34	20 23	1 37
18 F	16 17	6 13	1 44	3 17	28 33	20 51	1 37
19 S	20 39	5 57	3 21	3 15	29 31	21 19	1 38
20 Su	24 54	5 40	4 59	3 14	0♏30	21 46	1 38
21 M	29 00	5 22	6 36	3 12	1 29	22 14	1 38
22 Tu	2♎59	5 02	8 13	3 10	2 27	22 42	1 39
23 W	6 51	4 42	9 50	3 08	3 26	23 10	1 39
24 Th	10 36	4 20	11 26	3 05	4 24	23 37	1 40
25 F	14 15	3 59	13 03	3 03	5 23	24 05	1 40
26 S	17 49	3 37	14 40	3 00	6 21	24 33	1 40
27 Su	21 17	3 15	16 17	2 58	7 19	25 00	1 41
28 M	24 40	2 52	17 54	2 55	8 18	25 28	1 41
29 Tu	27 59	2 30	19 31	2 52	9 16	25 55	1 41
30 W	1♏13	2N07	21♎07	2N49	10♏14	26♋23	1N42

DAY	♃ LONG	♃ LAT	♄ LONG	♄ LAT	♅ LONG	♅ LAT	♆ LONG	♆ LAT	♇ LONG	♇ LAT
	° '	° '	° '	° '	° '	° '	° '	° '	° '	° '
3 M	26♉03.6	0S55	16♌47.3	0N58	13♋45.4	0N23	24♈02.6	1S41	19♒28.5	8S25
8 S	26 30.5	0 55	16 58.2	0 58	13 49.1	0 23	24 04.4	1 41	19 29.7	8 25
13 Th	26 57.3	0 54	17 09.1	0 59	13 52.8	0 23	24 06.3	1 41	19 31.0	8 26
18 Tu	27 24.2	0 54	17 20.0	0 59	13 56.4	0 23	24 08.1	1 41	19 32.2	8 26
23 Su	27 51.0	0 53	17 30.9	1 00	14 00.1	0 23	24 09.9	1 41	19 33.4	8 26
28 F	28 17.8	0 53	17 41.8	1 00	14 03.8	0 23	24 11.8	1 41	19 34.6	8 27
2 W	28 44.6	0 52	17 52.7	1 00	14 07.5	0 23	24 13.6	1 41	19 35.8	8 27
7 M	29 11.3	0 52	18 03.6	1 01	14 11.1	0 23	24 15.5	1 41	19 37.1	8 27
12 S	29 38.1	0 51	18 14.4	1 01	14 14.8	0 23	24 17.3	1 41	19 38.3	8 28
17 Th	0♊04.9	0 51	18 25.3	1 02	14 18.5	0 23	24 19.1	1 41	19 39.5	8 28
22 Tu	0 31.6	0 51	18 36.2	1 02	14 22.2	0 23	24 21.0	1 41	19 40.7	8 28
27 Su	0 58.3	0 50	18 47.1	1 03	14 25.8	0 23	24 22.8	1 41	19 42.0	8 29

☿ .447440	☿p.307928
♀p.719032	♀ .718814
⊕ .990841	⊕ .999235
♂ 1.56304	♂ 1.59853
♃ 5.00899	♃ 5.01655
♄ 9.15042	♄ 9.15719
♅ 18.8163	♅ 18.8111
♆ 29.8325	♆ 29.8320
♇ 38.0248	♇ 38.0463
☊	Perihelia
☿ 18°♉ 46	☿ 18°♊ 01
♀ 17 ♊ 00	♀ 12 ♌ 11
⊕	⊕ 14 ♋ 27
♂ 19 ♉ 50	♂ 6 ♓ 43
♃ 10 ♋ 50	♃ 14 ♈ 51
♄ 23 ♋ 59	♄ 3 ♋ 56
♅ 14 ♊ 13	♅ 15 ♍ 48
♆ 12 ♌ 09	♆ 14 ♉ 29
♇ 20 ♋ 51	♇ 14 ♏ 21

1	☿□♆	9pm12
2 Su	☿△♃	12pm42
	♀⊻♄	7 52
3 M	⊕⚼☿	5am51
	☿⊼♂	12pm27
	⊕✱♅	6 32
	☿ ♒	7 21
4	♀⊼♇	11am50
5	♂ ♋	8am23
6	⊕⊻♄	10pm22
7	♀□♆	7am45
8 S	☿⊼♅	0am 8
	☿⚼♂	8pm 8
	♀✱♃	8 58
	☿☍♄	10 6
9 Su	♂∠♄	11am18
	⊕⊼♇	12pm 4
	☿☌♇	3 1
	⊕⊼☿	4 9
10 M	☿✱♆	9pm19
	♀ ♌	11 27
11	☿□♃	2pm57
12 W	☿⚼♅	3am50
	☿ ♓	10 54
13 Th	♀⊻♂	9am45
	☿△♂	11 19
	☿⊼♀	12pm 4
14 F	⊕⊼♆	2am56
	♂⚼♇	2pm20
	☿∠♆	5 52
15	☿△♅	9pm25
16	☿⊼♄	4pm12
17 M	☿⊻♇	4am29
	⊕△♃	8 53
18 T	☿⊻♆	5am 4
	♀ P	9 18
	☿✱♃	10pm29
19 W	☿⚼♀	1am58
	⊕☍☿	7 41
	☿ ♈	11 19
	♀⊻♅	1pm44
	☿⚼♄	11 23
20 Th	⊕ ♎	0am56
	☿∠♇	9 58
	⊕∠♀	11 38
21 F	☿□♂	1am 1
	♀☌♄	5pm33
22 S	☿∠♃	1am22
	☿□♅	7 5
	⊕∠♄	1pm18
	☿△♄	11 16
23 Su	♀☍♇	0am23
	☿✱♇	8 31
	☿△♀	12pm 5
24 M	☿☌♆	5am 3
	⊕⚼♇	3pm16
	☿⊻♃	9 49
25 T	☿ ♉	6am19
	♀△♆	8pm41
26 W	⊕⊼☿	8am47
	♀∠♂	12pm44
27 Th	☿✱♂	2am23
	☿✱♅	4pm41
28	☿□♄	7am21
F	♀□♃	9 58
	☿0N	11 32
	☿□♇	2pm48
	♀∠♅	8 54
29 S	☿⊻♆	9am 3
	⊕⚼☿	9 18
	♀ ♍	10 35
	☿∠♂	7pm19
30 Su	☿☌♃	1am44
	☿∠♅	4 6
	☿ ♊	7 38
	☿□♀	3pm 5
31	☿∠♆	7pm 3
1 T	⊕△☿	6am 1
	☿⊻♂	9 42
	☿⊻♅	1pm43
2 W	☿ P	3am48
	☿✱♄	4 1
	☿△♇	10 31
	⊕□♂	11pm49
3 Th	⊕⚼♃	0am14
	♂∠♃	0 47
	☿✱♆	4 7
	⊕□♅	7 43
	♂☌♅	4pm32
	☿⊻♃	9 55
4 F	☿ ♋	2am 4
	♀⚼♆	3 4
	☿∠♄	1pm25
	☿⚼♇	7 41
6 Su	☿✱♀	1am47
	☿∠♃	8 32
	☿☌♅	8 43
	☿☌♂	1pm55
	⊕□☿	10 33
	♃∠♅	10 53
	☿⊻♄	11 58
7 M	♀✱♅	4am11
	☿⊼♇	6 8
	⊕✱♄	7 32
8 T	☿□♆	0am42
	♀✱♂	1pm30
	☿✱♃	9 24
	⊕△♇	9 30
9 W	☿ ♌	0am 2
	☿∠♀	12pm24
	♀⊻♄	2 51
10	♀⊼♇	12pm42
11	☿⊻♅	12pm30
12 S	☿⊻♂	5am56
	☿☌♄	6 19
	♂⊻♄	10 33
	☿☍♇	12pm35
13 Su	⊕⊻♀	0am29
	⊕✱☿	8 35
	♀⊼♆	9 44
	☿△♆	9 57
	☿⊻♀	10 3
	⊕☍♆	3pm50
14 M	☿∠♅	9am29
	☿□♃	12pm17
	☿ ♍	12 58
15 T	♂⊼♇	10am21
	☿∠♂	11 54
16 W	♃ ♊	2am13
	☿⚼♆	11 19
	♀ ♎	10pm13
	♀△♃	11 23
17 Th	⊕∠☿	5am21
	☿✱♅	1pm27
18 F	☿⊻♄	11am56
	☿⊼♇	6pm29
19 S	♀∠♄	2am 5
	☿✱♂	4 5
	⊕ ♏	11 43
	♀⚼♇	7pm28
	⊕⊼♃	7 54
	☿⊼♆	8 48
21 M	☿ ♎	5am58
	☿△♃	8 47
	⊕⊻☿	7pm42
22 T	☿∠♄	3am51
	☿⚼♇	10 28
24	☿☌♀	9am45
25 F	☿□♅	1am 1
	☿⚼♃	10 34
	♂□♆	3pm 1
	♀□♅	8 13
26 S	☿✱♄	6am29
	☿△♇	12pm58
	♀⚼♃	7 5
27	☿☍♆	9pm59
28 M	☿□♂	6am38
	♀✱♄	2pm 4
29 T	♀△♇	2am58
	☿ ♏	2pm56
30	☿⊼♃	0am10

MAY 2036

DAY	☿ LONG	☿ LAT	♀ LONG	♀ LAT	⊕ LONG	♂ LONG	♂ LAT
	° '	° '	° '	° '	° '	° '	° '
1 Th	4♏23	1N45	22♎44	2N45	11♏13	26♋50	1N42
2 F	7 30	1 22	24 20	2 42	12 11	27 18	1 42
3 S	10 34	1 00	25 57	2 39	13 09	27 45	1 43
4 Su	13 35	0 38	27 34	2 35	14 07	28 13	1 43
5 M	16 33	0 16	29 10	2 31	15 06	28 40	1 43
6 Tu	19 29	0S05	0♏46	2 27	16 04	29 07	1 44
7 W	22 22	0 27	2 23	2 23	17 02	29 35	1 44
8 Th	25 14	0 48	3 59	2 19	18 00	0♌02	1 44
9 F	28 04	1 08	5 35	2 15	18 58	0 29	1 45
10 S	0♐52	1 29	7 12	2 11	19 56	0 56	1 45
11 Su	3 40	1 49	8 48	2 06	20 54	1 24	1 45
12 M	6 26	2 08	10 24	2 02	21 52	1 51	1 46
13 Tu	9 12	2 27	12 00	1 57	22 50	2 18	1 46
14 W	11 57	2 46	13 36	1 52	23 48	2 45	1 46
15 Th	14 42	3 05	15 12	1 47	24 45	3 12	1 46
16 F	17 26	3 23	16 48	1 43	25 43	3 39	1 47
17 S	20 11	3 40	18 24	1 38	26 41	4 06	1 47
18 Su	22 56	3 57	20 00	1 33	27 39	4 33	1 47
19 M	25 42	4 13	21 36	1 27	28 37	5 00	1 47
20 Tu	28 28	4 29	23 12	1 22	29 34	5 27	1 47
21 W	1♑15	4 45	24 47	1 17	0♐32	5 54	1 48
22 Th	4 03	4 59	26 23	1 12	1 30	6 21	1 48
23 F	6 52	5 14	27 59	1 06	2 28	6 48	1 48
24 S	9 43	5 27	29 34	1 01	3 25	7 15	1 48
25 Su	12 36	5 40	1♐10	0 56	4 23	7 42	1 48
26 M	15 31	5 52	2 46	0 50	5 21	8 09	1 49
27 Tu	18 28	6 03	4 21	0 45	6 18	8 36	1 49
28 W	21 27	6 14	5 57	0 39	7 16	9 03	1 49
29 Th	24 29	6 24	7 32	0 34	8 14	9 29	1 49
30 F	27 34	6 32	9 07	0 28	9 11	9 56	1 49
31 S	0♒43	6S40	10♐43	0N22	10♐09	10♌23	1N49

JUNE 2036

DAY	☿ LONG	☿ LAT	♀ LONG	♀ LAT	⊕ LONG	♂ LONG	♂ LAT
	° '	° '	° '	° '	° '	° '	° '
1 Su	3♒55	6S46	12♐18	0N17	11♐06	10♌50	1N50
2 M	7 10	6 52	13 53	0 11	12 04	11 16	1 50
3 Tu	10 30	6 56	15 29	0 05	13 01	11 43	1 50
4 W	13 54	6 59	17 04	0S00	13 59	12 10	1 50
5 Th	17 23	7 00	18 39	0 06	14 56	12 37	1 50
6 F	20 58	7 00	20 14	0 12	15 53	13 03	1 50
7 S	24 37	6 58	21 49	0 17	16 51	13 30	1 50
8 Su	28 23	6 54	23 25	0 23	17 48	13 56	1 50
9 M	2♓14	6 49	25 00	0 28	18 46	14 23	1 50
10 Tu	6 13	6 41	26 35	0 34	19 43	14 50	1 51
11 W	10 18	6 31	28 10	0 39	20 40	15 16	1 51
12 Th	14 30	6 19	29 45	0 45	21 38	15 43	1 51
13 F	18 51	6 04	1♑20	0 50	22 35	16 09	1 51
14 S	23 19	5 47	2 55	0 56	23 32	16 36	1 51
15 Su	27 55	5 27	4 30	1 01	24 30	17 02	1 51
16 M	2♈41	5 04	6 05	1 07	25 27	17 29	1 51
17 Tu	7 35	4 38	7 40	1 12	26 24	17 55	1 51
18 W	12 38	4 09	9 15	1 17	27 21	18 22	1 51
19 Th	17 50	3 37	10 50	1 22	28 19	18 48	1 51
20 F	23 12	3 02	12 25	1 27	29 16	19 15	1 51
21 S	28 42	2 25	14 00	1 33	0♑13	19 41	1 51
22 Su	4♉21	1 45	15 34	1 38	1 11	20 08	1 51
23 M	10 08	1 03	17 09	1 42	2 08	20 34	1 51
24 Tu	16 04	0 20	18 44	1 47	3 05	21 00	1 51
25 W	22 06	0N25	20 19	1 52	4 02	21 27	1 51
26 Th	28 13	1 09	21 54	1 57	5 00	21 53	1 51
27 F	4♊26	1 54	23 29	2 01	5 57	22 20	1 51
28 S	10 43	2 38	25 04	2 06	6 54	22 46	1 51
29 Su	17 01	3 20	26 38	2 10	7 51	23 12	1 51
30 M	23♊21	3N59	28♑13	2S14	8♑49	23♌39	1N51

DAY	♃ LONG	♃ LAT	♄ LONG	♄ LAT	♅ LONG	♅ LAT	♆ LONG	♆ LAT	♇ LONG	♇ LAT
	° '	° '	° '	° '	° '	° '	° '	° '	° '	° '
2 F	1♊25.0	0S50	18♌58.0	1N03	14♋29.5	0N23	24♈24.6	1S41	19♒43.2	8S29
7 W	1 51.7	0 49	19 08.8	1 03	14 33.2	0 23	24 26.5	1 41	19 44.4	8 29
12 M	2 18.4	0 49	19 19.7	1 04	14 36.9	0 23	24 28.3	1 41	19 45.6	8 30
17 S	2 45.1	0 48	19 30.6	1 04	14 40.5	0 24	24 30.1	1 41	19 46.8	8 30
22 Th	3 11.7	0 48	19 41.4	1 05	14 44.2	0 24	24 32.0	1 41	19 48.1	8 30
27 Tu	3 38.4	0 47	19 52.3	1 05	14 47.9	0 24	24 33.8	1 41	19 49.3	8 31
1 Su	4 05.0	0 47	20 03.2	1 06	14 51.6	0 24	24 35.7	1 41	19 50.5	8 31
6 F	4 31.6	0 46	20 14.0	1 06	14 55.3	0 24	24 37.5	1 41	19 51.7	8 31
11 W	4 58.2	0 46	20 24.9	1 06	14 59.0	0 24	24 39.3	1 41	19 53.0	8 32
16 M	5 24.8	0 45	20 35.8	1 07	15 02.6	0 24	24 41.2	1 41	19 54.2	8 32
21 S	5 51.4	0 45	20 46.6	1 07	15 06.3	0 24	24 43.0	1 41	19 55.4	8 32
26 Th	6 17.9	0 44	20 57.5	1 08	15 10.0	0 24	24 44.9	1 41	19 56.6	8 32

☿a .435434	☿p .432520
♀ .721680	♀ .725757
⊕ 1.00753	⊕ 1.01400
♂ 1.62709	♂ 1.64905
♃ 5.02425	♃ 5.03258
♄ 9.16387	♄ 9.17090
♅ 18.8061	♅ 18.8009
♆ 29.8316	♆ 29.8311
♇ 38.0671	♇ 38.0886
☊	Perihelia
☿ 18°♉ 46	☿ 18°♊ 01
♀ 17 ♊ 00	♀ 12 ♌ 19
⊕	⊕ 12 ♋ 14
♂ 19 ♉ 50	♂ 6 ♓ 43
♃ 10 ♋ 50	♃ 14 ♈ 51
♄ 23 ♋ 59	♄ 4 ♋ 05
♅ 14 ♊ 13	♅ 15 ♍ 42
♆ 12 ♌ 09	♆ 15 ♉ 24
♇ 20 ♋ 52	♇ 14 ♏ 16

Day	Aspect	Time
2	♀☍♆	1am 2
4 Su	⊕☌☿	6am28
	☿△♅	7 33
	⊕△♅	9 51
	♀□♂	1pm34
5 M	♀ ♏	12pm27
	☿0S	6 5
	☿□♄	8 57
6 T	☿□♇	2am 8
	♀⚻♃	3pm48
7 W	☿⚻♆	5pm24
	♂ ♌	10 21
9 F	⊕□♄	6am36
	☿⚼♅	12pm58
	☿ ♐	4 32
	⊕□♇	7 34
10 S	☿△♂	0am41
	☿☍♃	11 8
13 T	☿⚼♆	2am27
	♂⚹♃	6 24
14 W	♀△♅	3pm39
	⊕⚻♆	5 20
	☿⚻♅	11 36
15	☿⚺♀	10am39
16 F	☿ A	3am28
	☿⚼♂	12pm43
	☿△♄	6 1
	☿⚹♇	8 28
17 S	♀□♄	5pm 1
	♀□♇	8 46
18	☿△♆	1pm44
20 T	⊕⚼♅	3am30
	⊕ ♐	10 38
	☿ ♑	1pm16
	⊕⚺☿	2 40
	♀⚻♆	8 2
21	☿⚻♃	4pm28
22 Th	☿⚼♄	5am33
	☿∠♇	6 25
	☿⚻♂	11pm18
23	⊕☍♃	10pm39
24 S	♀⚼♅	2am51
	♀ ♐	6 26
25 Su	♄☍♇	10am29
	☿☍♅	6pm 0
26	♀☍♃	12pm38
27 T	☿⚼♃	1am28
	☿⚺♇	10 58
	☿⚻♄	11 30
	☿∠♀	3pm20
28	⊕∠☿	9am28
29	☿□♆	0am41
30 F	⊕☌♀	2am20
	♀⚼♆	6 57
	⊕⚼♆	10 1
	♀△♂	5pm 4
	☿ ♒	6 36
31	⊕△♂	11am10

Day	Aspect	Time
1	☿△♃	1am20
2	♀⚻♅	2pm57
3 T	☿☍♂	9am57
	♀0S	11pm 4
4 W	⊕⚹☿	0am41
	☿⚻♅	6 54
	⊕⚻♅	11pm22
5 Th	☿⚹♀	3pm24
	☿☌♇	4 40
	♀⚹♇	6 17
	☿☍♄	7 7
	♀△♄	11 55
7	☿⚹♆	0am 4
8 Su	☿⚼♅	9am51
	☿ ♓	10 9
	♀△♆	6pm39
9	☿□♃	3pm52
10 T	⊕⚹♇	4am 6
	♂⚺♅	7 57
	⊕△♄	5pm18
	☿∠♆	8 16
12 Th	☿△♅	2am45
	♀ ♑	3 49
	☿⚻♂	7 31
	♀⚼♂	8pm17
13 F	☿⚺♇	5am42
	☿⚻♄	8 59
14 S	⊕□☿	1am30
	☿⚺♆	7 10
15 Su	⊕△♆	4am44
	♀∠♇	6 5
	☿ ♈	10 34
	♀⚻♃	1pm16
	♀⚼♄	4 28
	☿⚼♂	10 55
16 M	☿∠♇	11am 0
	☿⚹♃	1pm44
	☿⚼♄	2 29
17	☿□♀	0am36
18	☿□♅	11am21
19 Th	☿△♂	4am47
	☿⚹♇	9 24
	☿△♄	1pm 1
	☿∠♃	1 2
20 F	☿☌♆	6am41
	⊕ ♑	6pm25
21 S	☿ ♉	5am35
	⊕△☿	7 51
	♂☍♇	1pm 0
	♀☍♅	5 2
22	☿⚺♃	6am46
23 M	♂☌♄	4pm42
	☿⚹♅	8 18
24 T	⊕⚼☿	9am38
	☿0N	10 48
	☿△♀	2pm30
	☿□♇	3 29
	♀⚺♇	6 15
	☿□♄	7 21
	☿□♂	9 16
25 W	♀⚻♄	9am23
	☿⚺♆	10 25
	♀⚼♃	2pm21
	⊕∠♇	10 44
	♀⚻♂	11 46
26 Th	☿ ♊	6am53
	☿∠♅	7 33
27 F	⊕⚼♄	1am11
	⊕⚻☿	6 50
	☿☌♃	7 35
	⊕⚻♃	12pm10
	♀□♆	7 25
	☿∠♆	8 22
	☿⚼♀	8 41
28	☿⚺♅	5pm 5
29 Su	☿ P	3am 4
	☿△♇	11 9
	☿⚹♄	3pm26
	⊕⚼♂	4 18
30 M	☿⚹♂	1am13
	☿⚹♆	5 25

JULY 2036

DAY	☿ LONG	☿ LAT	♀ LONG	♀ LAT	⊕ LONG	♂ LONG	♂ LAT
	° '	° '	° '	° '	° '	° '	° '
1 Tu	29♊39	4N36	29♑48	2S18	9♑46	24♌05	1N51
2 W	5♋56	5 09	1♒23	2 23	10 43	24 31	1 51
3 Th	12 08	5 38	2 58	2 27	11 40	24 58	1 51
4 F	18 16	6 03	4 33	2 30	12 37	25 24	1 50
5 S	24 17	6 23	6 08	2 34	13 35	25 50	1 50
6 Su	0♌10	6 39	7 43	2 38	14 32	26 17	1 50
7 M	5 56	6 50	9 17	2 41	15 29	26 43	1 50
8 Tu	11 33	6 57	10 52	2 45	16 26	27 09	1 50
9 W	17 01	7 00	12 27	2 48	17 23	27 35	1 50
10 Th	22 19	7 00	14 02	2 51	18 21	28 02	1 50
11 F	27 27	6 56	15 37	2 54	19 18	28 28	1 50
12 S	2♍26	6 49	17 12	2 57	20 15	28 54	1 50
13 Su	7 15	6 39	18 47	3 00	21 12	29 20	1 49
14 M	11 55	6 27	20 22	3 02	22 09	29 47	1 49
15 Tu	16 25	6 13	21 57	3 05	23 07	0♍13	1 49
16 W	20 48	5 57	23 32	3 07	24 04	0 39	1 49
17 Th	25 02	5 40	25 07	3 09	25 01	1 05	1 49
18 F	29 08	5 21	26 42	3 11	25 58	1 32	1 49
19 S	3♎06	5 01	28 17	3 13	26 56	1 58	1 48
20 Su	6 58	4 41	29 52	3 15	27 53	2 24	1 48
21 M	10 43	4 20	1♓27	3 16	28 50	2 50	1 48
22 Tu	14 22	3 58	3 02	3 18	29 47	3 16	1 48
23 W	17 56	3 36	4 37	3 20	0♒45	3 43	1 48
24 Th	21 23	3 14	6 12	3 20	1 42	4 09	1 48
25 F	24 47	2 52	7 47	3 21	2 39	4 35	1 47
26 S	28 05	2 29	9 22	3 22	3 37	5 01	1 47
27 Su	1♏19	2 07	10 57	3 23	4 34	5 27	1 47
28 M	4 30	1 44	12 33	3 23	5 31	5 54	1 47
29 Tu	7 36	1 22	14 08	3 23	6 29	6 20	1 46
30 W	10 40	0 59	15 43	3 24	7 26	6 46	1 46
31 Th	13♏41	0N37	17♓18	3S24	8♒24	7♍12	1N46

AUGUST 2036

DAY	☿ LONG	☿ LAT	♀ LONG	♀ LAT	⊕ LONG	♂ LONG	♂ LAT
	° '	° '	° '	° '	° '	° '	° '
1 F	16♏39	0N16	18♓54	3S24	9♒21	7♍38	1N46
2 S	19 34	0S06	20 29	3 23	10 18	8 05	1 45
3 Su	22 28	0 27	22 04	3 23	11 16	8 31	1 45
4 M	25 19	0 48	23 39	3 22	12 13	8 57	1 45
5 Tu	28 09	1 09	25 15	3 22	13 11	9 23	1 45
6 W	0♐58	1 29	26 50	3 21	14 08	9 49	1 44
7 Th	3 45	1 49	28 25	3 20	15 06	10 16	1 44
8 F	6 32	2 09	0♈01	3 18	16 03	10 42	1 44
9 S	9 17	2 28	1 36	3 17	17 01	11 08	1 43
10 Su	12 02	2 47	3 12	3 16	17 58	11 34	1 43
11 M	14 47	3 05	4 47	3 14	18 56	12 00	1 43
12 Tu	17 32	3 23	6 23	3 12	19 53	12 27	1 42
13 W	20 16	3 41	7 58	3 10	20 51	12 53	1 42
14 Th	23 01	3 57	9 34	3 08	21 48	13 19	1 42
15 F	25 47	4 14	11 09	3 06	22 46	13 45	1 41
16 S	28 33	4 30	12 45	3 04	23 44	14 11	1 41
17 Su	1♑20	4 45	14 21	3 01	24 41	14 38	1 41
18 M	4 08	5 00	15 56	2 58	25 39	15 04	1 40
19 Tu	6 58	5 14	17 32	2 56	26 37	15 30	1 40
20 W	9 49	5 28	19 08	2 53	27 34	15 56	1 40
21 Th	12 42	5 40	20 43	2 50	28 32	16 23	1 39
22 F	15 37	5 52	22 19	2 46	29 30	16 49	1 39
23 S	18 34	6 04	23 55	2 43	0♓28	17 15	1 39
24 Su	21 33	6 14	25 31	2 39	1 26	17 42	1 38
25 M	24 35	6 24	27 06	2 36	2 24	18 08	1 38
26 Tu	27 40	6 32	28 42	2 32	3 22	18 34	1 37
27 W	0♒49	6 40	0♉18	2 28	4 19	19 00	1 37
28 Th	4 01	6 47	1 54	2 24	5 17	19 27	1 36
29 F	7 17	6 52	3 30	2 20	6 15	19 53	1 36
30 S	10 37	6 56	5 06	2 16	7 13	20 19	1 36
31 Su	14♒01	6S59	6♉42	2S12	8♓11	20♍46	1N35

DAY	♃ LONG	♃ LAT	♄ LONG	♄ LAT	♅ LONG	♅ LAT	♆ LONG	♆ LAT	♇ LONG	♇ LAT
	° '	° '	° '	° '	° '	° '	° '	° '	° '	° '
1 Tu	6♊44.5	0S44	21♌08.3	1N08	15♋13.7	0N24	24♈46.7	1S41	19♒57.9	8S33
6 Su	7 11.0	0 43	21 19.2	1 09	15 17.4	0 24	24 48.5	1 41	19 59.1	8 33
11 F	7 37.5	0 43	21 30.0	1 09	15 21.1	0 24	24 50.4	1 41	20 00.3	8 33
16 W	8 04.0	0 42	21 40.8	1 09	15 24.8	0 24	24 52.2	1 41	20 01.5	8 34
21 M	8 30.5	0 42	21 51.7	1 10	15 28.4	0 24	24 54.1	1 41	20 02.8	8 34
26 S	8 56.9	0 41	22 02.5	1 10	15 32.1	0 24	24 55.9	1 41	20 04.0	8 34
31 Th	9 23.4	0 41	22 13.3	1 11	15 35.8	0 24	24 57.7	1 41	20 05.2	8 35
5 Tu	9 49.8	0 40	22 24.2	1 11	15 39.5	0 24	24 59.6	1 41	20 06.4	8 35
10 Su	10 16.2	0 40	22 35.0	1 11	15 43.2	0 24	25 01.4	1 41	20 07.6	8 35
15 F	10 42.6	0 39	22 45.8	1 12	15 46.9	0 24	25 03.3	1 41	20 08.8	8 36
20 W	11 09.0	0 39	22 56.6	1 12	15 50.6	0 24	25 05.1	1 41	20 10.1	8 36
25 M	11 35.4	0 38	23 07.5	1 13	15 54.2	0 24	25 06.9	1 41	20 11.3	8 36
30 S	12 01.7	0 38	23 18.3	1 13	15 57.9	0 24	25 08.8	1 41	20 12.5	8 37

☿ .308611	☿a.449662
♀a.728110	♀ .727250
⊕a1.01665	⊕ 1.01496
♂a1.66196	♂ 1.66609
♃ 5.04097	♃ 5.04996
♄ 9.17782	♄ 9.18510
♅ 18.7958	♅ 18.7906
♆ 29.8306	♆ 29.8302
♇ 38.1094	♇ 38.1309
☊	Perihelia
☿ 18°♉ 46	☿ 18°♊ 01
♀ 17 ♊ 00	♀ 12 ♌ 17
⊕	⊕ 14 ♋ 23
♂ 19 ♉ 50	♂ 6 ♓ 42
♃ 10 ♋ 50	♃ 14 ♈ 53
♄ 23 ♋ 59	♄ 4 ♋ 16
♅ 14 ♊ 14	♅ 15 ♍ 34
♆ 12 ♌ 10	♆ 16 ♋ 31
♇ 20 ♋ 52	♇ 14 ♏ 10

Day	Aspect	Time
1	☿⚻♀	0am45
T	☿ ♋	1 19
	♀ ♒	2 59
	☿⚼♇	8pm19
2	☿∠♄	0am58
W	☿⚺♃	3 31
	♂△♆	2pm33
	☿∠♂	2 55
	⊕☍☿	9 52
3	☿☌♅	12pm12
Th	⊕ A	9 18
4	☿⚻♇	6am49
F	☿⚺♄	11 56
	☿∠♃	3pm 7
5	☿□♆	2am 7
S	☿⚺♂	6 48
	♀△♃	3pm33
	☿ ♌	11 17
6	⊕☍♅	7pm23
7	☿⚹♃	5am45
M	☿☍♀	7pm54
8	☿⚺♅	4pm31
T	♀ A	9 16
9	⊕⚻☿	2am 4
W	☿☍♇	1pm27
	☿☌♄	8 6
10	☿△♆	11am42
Th	♀⚻♅	7pm56
11	☿☌♂	5am18
F	☿ ♍	12pm12
	☿∠♅	1 56
	⊕⚺♇	5 56
12	⊕⚼☿	5pm25
13	☿□♃	2am52
Su	⊕⚻♄	9 40
	☿⚼♆	1pm20
	♀☌♇	6 44
14	♂ ♍	12pm15
M	☿⚹♅	6 28
	♀☍♄	7 19
	⊕⚼♃	8 21
15	♂∠♅	10am31
T	☿⚻♇	7pm43
16	☿⚺♄	5am 0
W	⊕⚺♀	8pm23
	♀⚹♆	8 25
	⊕□♆	8 26
	☿⚻♆	11 8
	⊕△☿	11 56
17	☿⚻♀	0am47
18	☿ ♎	5am12
F	☿⚺♂	4pm 9
19	☿⚼♇	11am55
S	☿∠♄	11pm 5
20	♀ ♓	2am 4
Su	♀⚼♅	9 8
	☿△♃	9 25
22	♀☍♂	5am 2
T	⊕ ♒	5 15
	☿□♅	7 29
23	☿∠♂	6am 9
W	☿△♇	2pm41
	☿⚼♀	9 31
24	☿⚹♄	4am 6
Th	☿⚼♃	5pm17
25	☿☍♆	1am 5
F	♀□♃	5pm13
26	♀∠♆	8am30
S	☿ ♏	2pm 9
28	⊕□☿	11am23
M	☿⚹♂	12pm29
	⊕⚻♂	5 1
29	☿⚻♃	12pm55
T	♂ A	9 17
	♀△♅	9 58
31	☿△♅	3pm33

Day	Aspect	Time
1	⊕△♃	3am33
F	☿0S	5pm20
	♀⚺♇	6 10
2	☿□♇	4am20
S	☿△♀	4pm40
	☿□♄	10 53
3	♀⚻♄	4am 4
Su	☿⚻♆	9pm10
4	♀⚺♆	8pm10
5	☿ ♐	3pm45
T	☿⚼♅	9 28
6	♂□♃	6am38
W	♂⚼♆	9 53
	♃∠♆	11pm44
7	⊕⚻♅	3pm 0
Th	♀ ♈	11 47
9	☿⚼♆	6am23
S	☿☍♃	8 4
	⊕∠♀	3pm19
	☿□♂	7 7
11	♀∠♇	5am12
M	☿⚻♅	8 19
12	☿ A	2am43
T	⊕☌♇	6 17
	♀⚼♄	7pm42
	☿⚹♇	10 49
13	⊕⚹☿	7am39
W	☿△♄	9pm23
14	♀⚹♃	4pm54
Th	☿△♆	5 39
	⊕☍♄	11 57
16	☿ ♑	12pm30
17	♀⚻♂	5am57
Su	⊕⚹♆	9 31
	♀□♅	10pm12
18	☿∠♇	8am42
19	☿⚼♄	8am 4
T	♂⚹♅	6pm26
20	☿⚻♃	11am30
W	♀⚹♇	3pm44
21	⊕∠☿	10am25
22	☿☍♅	2am 7
F	♀△♄	10 46
	☿△♂	11 35
	⊕ ♓	12pm25
23	⊕⚼♅	10am27
S	☿⚺♇	1pm 4
	♀☌♆	5 59
24	☿⚻♄	12pm21
Su	♀∠♃	3 48
25	☿□♆	4am 9
M	☿⚼♃	4pm 5
26	☿□♀	4pm 6
T	☿ ♒	5 49
	♀ ♉	7 29
28	☿⚼♂	3am43
Th	⊕⚺☿	1pm25
29	♂⚻♇	5pm37
30	♀⚼♂	4am43
S	☿△♃	10 20
31	☿⚻♅	1pm37

SEPTEMBER 2036

DAY	☿ LONG	☿ LAT	♀ LONG	♀ LAT	⊕ LONG	♂ LONG	♂ LAT
	° '	° '	° '	° '	° '	° '	° '
1 M	17♒30	7S00	8♉18	2S07	9♓09	21♍12	1N35
2 Tu	21 05	7 00	9 54	2 03	10 07	21 39	1 34
3 W	24 44	6 58	11 30	1 58	11 06	22 05	1 34
4 Th	28 30	6 54	13 06	1 54	12 04	22 31	1 33
5 F	2♓22	6 49	14 42	1 49	13 02	22 58	1 33
6 S	6 20	6 41	16 18	1 44	14 00	23 24	1 32
7 Su	10 26	6 31	17 54	1 39	14 58	23 51	1 32
8 M	14 39	6 19	19 30	1 34	15 56	24 17	1 32
9 Tu	18 59	6 04	21 07	1 29	16 55	24 43	1 31
10 W	23 28	5 46	22 43	1 24	17 53	25 10	1 31
11 Th	28 04	5 26	24 19	1 19	18 51	25 36	1 30
12 F	2♈50	5 03	25 55	1 13	19 49	26 03	1 30
13 S	7 44	4 37	27 32	1 08	20 48	26 29	1 29
14 Su	12 48	4 08	29 08	1 03	21 46	26 56	1 29
15 M	18 00	3 36	0♊45	0 57	22 45	27 22	1 28
16 Tu	23 22	3 01	2 21	0 52	23 43	27 49	1 27
17 W	28 53	2 24	3 57	0 46	24 42	28 15	1 27
18 Th	4♉32	1 44	5 34	0 40	25 40	28 42	1 26
19 F	10 20	1 02	7 10	0 35	26 39	29 09	1 26
20 S	16 15	0 19	8 47	0 29	27 38	29 35	1 25
21 Su	22 17	0N26	10 24	0 23	28 36	0♎02	1 25
22 M	28 25	1 11	12 00	0 18	29 35	0 28	1 24
23 Tu	4♊38	1 55	13 37	0 12	0♈34	0 55	1 24
24 W	10 55	2 39	15 13	0 06	1 32	1 22	1 23
25 Th	17 13	3 21	16 50	0 01	2 31	1 48	1 23
26 F	23 33	4 01	18 27	0N05	3 30	2 15	1 22
27 S	29 51	4 37	20 04	0 11	4 29	2 42	1 21
28 Su	6♋07	5 10	21 40	0 17	5 28	3 09	1 21
29 M	12 20	5 39	23 17	0 22	6 27	3 35	1 20
30 Tu	18♋27	6N03	24♊54	0N28	7♈25	4♎02	1N20

OCTOBER 2036

DAY	☿ LONG	☿ LAT	♀ LONG	♀ LAT	⊕ LONG	♂ LONG	♂ LAT
	° '	° '	° '	° '	° '	° '	° '
1 W	24♋28	6N23	26♊31	0N34	8♈24	4♎29	1N19
2 Th	0♌22	6 39	28 08	0 39	9 23	4 56	1 18
3 F	6 07	6 50	29 45	0 45	10 22	5 23	1 18
4 S	11 43	6 57	1♋22	0 51	11 21	5 49	1 17
5 Su	17 11	7 00	2 59	0 56	12 21	6 16	1 16
6 M	22 28	6 59	4 36	1 02	13 20	6 43	1 16
7 Tu	27 37	6 55	6 13	1 07	14 19	7 10	1 15
8 W	2♍35	6 48	7 50	1 12	15 18	7 37	1 15
9 Th	7 24	6 39	9 27	1 18	16 17	8 04	1 14
10 F	12 03	6 26	11 04	1 23	17 16	8 31	1 13
11 S	16 34	6 12	12 41	1 28	18 16	8 58	1 13
12 Su	20 56	5 56	14 18	1 34	19 15	9 25	1 12
13 M	25 10	5 39	15 56	1 39	20 15	9 52	1 11
14 Tu	29 15	5 20	17 33	1 44	21 14	10 19	1 11
15 W	3♎14	5 01	19 10	1 49	22 13	10 46	1 10
16 Th	7 05	4 40	20 47	1 53	23 13	11 13	1 09
17 F	10 50	4 19	22 25	1 58	24 12	11 41	1 09
18 S	14 29	3 58	24 02	2 03	25 12	12 08	1 08
19 Su	18 02	3 36	25 39	2 07	26 12	12 35	1 07
20 M	21 30	3 13	27 17	2 12	27 11	13 02	1 06
21 Tu	24 53	2 51	28 54	2 16	28 11	13 29	1 06
22 W	28 11	2 28	0♌31	2 20	29 11	13 57	1 05
23 Th	1♏25	2 06	2 09	2 24	0♉10	14 24	1 04
24 F	4 36	1 43	3 46	2 28	1 10	14 51	1 04
25 S	7 42	1 21	5 24	2 32	2 10	15 19	1 03
26 Su	10 46	0 59	7 01	2 36	3 10	15 46	1 02
27 M	13 46	0 37	8 39	2 40	4 10	16 14	1 01
28 Tu	16 44	0 15	10 16	2 43	5 09	16 41	1 01
29 W	19 40	0S07	11 54	2 47	6 09	17 08	1 00
30 Th	22 33	0 28	13 31	2 50	7 09	17 36	0 59
31 F	25♏25	0S49	15♌09	2N53	8♉09	18♎03	0N58

DAY	♃ LONG	♃ LAT	♄ LONG	♄ LAT	♅ LONG	♅ LAT	♆ LONG	♆ LAT	♇ LONG	♇ LAT
	° '	° '	° '	° '	° '	° '	° '	° '	° '	° '
4 Th	12♊28.1	0S37	23♌29.1	1N13	16♋01.6	0N24	25♈10.6	1S41	20♒13.7	8S37
9 Tu	12 54.4	0 37	23 39.9	1 14	16 05.3	0 25	25 12.4	1 41	20 14.9	8 37
14 Su	13 20.7	0 36	23 50.7	1 14	16 09.0	0 25	25 14.3	1 41	20 16.1	8 38
19 F	13 46.9	0 36	24 01.5	1 15	16 12.7	0 25	25 16.1	1 41	20 17.4	8 38
24 W	14 13.2	0 35	24 12.3	1 15	16 16.3	0 25	25 17.9	1 41	20 18.6	8 38
29 M	14 39.5	0 34	24 23.1	1 15	16 20.0	0 25	25 19.8	1 41	20 19.8	8 39
4 S	15 05.7	0 34	24 33.9	1 16	16 23.7	0 25	25 21.6	1 41	20 21.0	8 39
9 Th	15 31.9	0 33	24 44.7	1 16	16 27.4	0 25	25 23.4	1 41	20 22.2	8 39
14 Tu	15 58.1	0 33	24 55.5	1 17	16 31.1	0 25	25 25.3	1 41	20 23.4	8 39
19 Su	16 24.3	0 32	25 06.2	1 17	16 34.8	0 25	25 27.1	1 42	20 24.6	8 40
24 F	16 50.5	0 32	25 17.0	1 17	16 38.5	0 25	25 28.9	1 42	20 25.8	8 40
29 W	17 16.6	0 31	25 27.8	1 18	16 42.2	0 25	25 30.8	1 42	20 27.1	8 40

☿p .413946	☿ .318193
♀ .723640	♀p .719891
⊕ 1.00922	⊕ 1.00120
♂ 1.66066	♂ 1.64655
♃ 5.05927	♃ 5.06855
♄ 9.19251	♄ 9.19979
♅ 18.7855	♅ 18.7805
♆ 29.8297	♆ 29.8292
♇ 38.1524	♇ 38.1731
☊	Perihelia
☿ 18° ♉ 46	☿ 18° ♊ 02
♀ 17 ♊ 00	♀ 12 ♌ 16
⊕	⊕ 16 ♋ 02
♂ 19 ♉ 50	♂ 6 ♓ 42
♃ 10 ♋ 50	♃ 14 ♈ 54
♄ 23 ♋ 59	♄ 4 ♋ 29
♅ 14 ♊ 14	♅ 15 ♍ 30
♆ 12 ♌ 10	♆ 17 ♉ 49
♇ 20 ♋ 53	♇ 14 ♏ 03

Day	Aspect	Time
1	☿☌♇	6pm18
2 T	⊕∠♆	1am 1
	☿⚻♂	4 16
	⊕⚹♀	8 39
	☿☍♄	3pm32
3 W	☿⚹♆	2am47
	♀⚺♃	2pm 0
4 Th	☿ ♓	9am23
	⊕□♃	11 6
	☿⚼♅	3pm49
5	♀⚹♅	8pm13
6 S	♂⚺♄	9am13
	☿∠♆	10pm38
7	☿□♃	1pm29
8 M	⊕△♅	3am27
	☿△♅	8 2
	⊕☌☿	9 20
	♀□♇	11 4
9 T	☿⚺♇	6am52
	☿⚹♀	5pm54
10	☿⚻♄	1am17
W	♂⚻♆	2 43
	☿⚺♆	9 14
	☿☍♂	9 54
	♀□♄	3pm 5
11 Th	☿ ♈	9am49
	♀⚺♆	1pm30
12 F	♀△♂	2am30
	⊕⚺♇	10 49
	☿∠♇	11 59
13	☿⚼♄	5am11
14 Su	☿⚹♃	2am36
	☿∠♀	9 3
	♀ ♊	12pm54
	☿□♅	3 34
15 M	♀∠♅	6am18
	☿⚹♇	10 15
16 T	⊕⚺☿	1am54
	☿△♄	2 27
	⊕⚻♄	5 1
	☿☌♆	8 17
	☿⚻♂	9pm 6
	☿∠♃	10 49
17	☿ ♉	4am49
W	⊕⚺♆	1pm52
18	☿⚺♀	6am 0
19 F	⊕∠☿	6am29
	☿⚺♃	2pm17
	☿⚼♂	4 47
	☿⚹♅	11 54
20 S	☿0N	10am 3
	☿□♇	4pm 8
	♀∠♆	10 19
	♂ ♎	10 22
21 Su	☿□♄	7am10
	☿⚺♆	11 47
22 M	⊕⚹☿	5am21
	☿ ♊	6 8
	☿△♂	8 34
	⊕ ♈	10 16
	☿∠♅	10 58
23 T	♀☌♃	8am11
	⊕☍♂	4pm 5
	☿∠♆	9 40
24 W	☿☌♃	12pm46
	♀⚺♅	3 44
	☿⚺♅	8 26
	☿☌♀	10 2
25 Th	☿ P	2am19
	♀0N	2 33
	☿△♇	11 44
26 F	☿⚹♄	2am48
	☿⚹♆	6 43
27 S	☿ ♋	0am33
	♀△♇	3 54
	☿□♂	11 42
	⊕∠♇	8pm41
	☿⚼♇	8 56
	⊕□☿	8 59
28	☿∠♄	12pm31
29 M	☿⚺♃	9am13
	☿☌♅	3pm41
	♀⚹♄	4 42
30 T	♀⚹♆	6am29
	☿⚻♇	7 28
	☿⚺♄	11pm58
1 W	☿□♆	3am32
	☿⚺♀	11 24
	☿∠♃	10pm10
	☿ ♌	10 31
2 Th	⊕⚼♄	2am35
	☿⚹♂	8pm37
	♂⚼♇	10 19
3 F	♀ ♋	3am46
	⊕△☿	10pm 4
4 S	☿⚹♃	2pm59
	☿⚺♅	8 33
5 Su	☿∠♀	5am 7
	☿☍♇	2pm19
	☿∠♂	8 13
6 M	☿☌♄	10am 5
	♀⚼♇	11 21
	☿△♆	1pm28
7 T	⊕⚼☿	10am 9
	☿ ♍	11 27
	☿∠♅	6pm26
	♀□♂	7 38
8	⊕⚹♃	3am51
9 Th	☿⚺♂	3am46
	⊕□♅	4 10
	♀∠♄	4 29
	☿⚼♆	3pm21
	☿⚹♀	4 4
10 F	☿□♃	7pm16
	☿⚹♅	11 32
11 S	⊕⚻☿	11am56
	☿⚻♇	8pm56
12 Su	☿⚺♄	10pm25
	♀⚺♃	11 17
13 M	♂∠♄	1am 6
	☿⚻♆	1 29
	⊕⚹♇	3 31
	♀☌♅	8 38
14	☿ ♎	4am26
15 W	☿⚼♇	1pm23
	♀⚻♇	6 12
16	☿∠♄	6pm44
17 F	☿☌♂	6am14
	⊕△♄	8pm42
18 S	⊕☌♆	5am59
	☿△♃	12pm37
	☿□♅	2 2
	♀⚺♄	3 39
	♀□♆	8 58
19 Su	☿△♇	4pm24
	⊕□♀	8 30
21 T	☿⚹♄	2am 8
	☿☍♆	4 12
	♃⚺♅	7 50
	♀ ♌	4pm15
22 W	⊕☍☿	10am31
	☿ ♏	1pm23
	♀∠♃	5 51
	⊕ ♉	7 52
23 Th	☿⚼♃	2am33
	☿□♀	11 8
24	⊕∠♃	5pm47
27 M	☿⚺♂	11pm28
	☿△♅	11 36
28 T	♂□♅	0am24
	☿⚻♃	3 48
	☿0S	4pm35
29 W	♀ P	4am40
	☿□♇	6 31
	♂△♃	8 51
30	♄△♆	3pm59
31 F	☿⚻♆	0am57
	☿□♄	1 2
	♀⚺♅	11pm32

NOVEMBER 2036

DAY	☿ LONG	☿ LAT	♀ LONG	♀ LAT	⊕ LONG	♂ LONG	♂ LAT
	° '	° '	° '	° '	° '	° '	° '
1 S	28♏15	1S10	16♌46	2N56	9♉09	18♎31	0N58
2 Su	1♐03	1 30	18 24	2 59	10 09	18 59	0 57
3 M	3 51	1 50	20 01	3 02	11 09	19 26	0 56
4 Tu	6 37	2 09	21 39	3 04	12 09	19 54	0 55
5 W	9 23	2 29	23 16	3 07	13 09	20 22	0 55
6 Th	12 08	2 47	24 54	3 09	14 10	20 49	0 54
7 F	14 52	3 06	26 31	3 11	15 10	21 17	0 53
8 S	17 37	3 24	28 09	3 13	16 10	21 45	0 52
9 Su	20 22	3 41	29 46	3 15	17 10	22 13	0 51
10 M	23 07	3 58	1♍24	3 16	18 10	22 40	0 51
11 Tu	25 52	4 14	3 02	3 18	19 11	23 08	0 50
12 W	28 38	4 30	4 39	3 19	20 11	23 36	0 49
13 Th	1♑26	4 46	6 17	3 20	21 11	24 04	0 48
14 F	4 14	5 00	7 54	3 21	22 12	24 32	0 47
15 S	7 03	5 14	9 31	3 22	23 12	25 00	0 47
16 Su	9 54	5 28	11 09	3 23	24 13	25 28	0 46
17 M	12 47	5 41	12 46	3 23	25 13	25 56	0 45
18 Tu	15 42	5 53	14 24	3 23	26 14	26 24	0 44
19 W	18 39	6 04	16 01	3 24	27 14	26 52	0 43
20 Th	21 39	6 15	17 39	3 24	28 15	27 20	0 42
21 F	24 41	6 24	19 16	3 24	29 15	27 49	0 42
22 S	27 46	6 33	20 53	3 23	0♊16	28 17	0 41
23 Su	0♒55	6 40	22 31	3 23	1 17	28 45	0 40
24 M	4 07	6 47	24 08	3 22	2 17	29 14	0 39
25 Tu	7 23	6 52	25 45	3 21	3 18	29 42	0 38
26 W	10 43	6 56	27 22	3 20	4 19	0♏10	0 37
27 Th	14 08	6 59	29 00	3 19	5 19	0 39	0 36
28 F	17 37	7 00	0♎37	3 18	6 20	1 07	0 36
29 S	21 11	7 00	2 14	3 17	7 21	1 36	0 35
30 Su	24♒51	6S58	3♎51	3N15	8♊22	2♏04	0N34

DECEMBER 2036

DAY	☿ LONG	☿ LAT	♀ LONG	♀ LAT	⊕ LONG	♂ LONG	♂ LAT
	° '	° '	° '	° '	° '	° '	° '
1 M	28♒37	6S54	5♎28	3N13	9♊22	2♏33	0N33
2 Tu	2♓29	6 48	7 05	3 11	10 23	3 01	0 32
3 W	6 28	6 41	8 42	3 09	11 24	3 30	0 31
4 Th	10 34	6 31	10 19	3 07	12 25	3 59	0 30
5 F	14 47	6 18	11 56	3 05	13 26	4 27	0 29
6 S	19 07	6 03	13 33	3 02	14 27	4 56	0 29
7 Su	23 36	5 46	15 10	3 00	15 28	5 25	0 28
8 M	28 13	5 25	16 47	2 57	16 28	5 54	0 27
9 Tu	2♈59	5 02	18 23	2 54	17 29	6 23	0 26
10 W	7 54	4 36	20 00	2 51	18 30	6 52	0 25
11 Th	12 57	4 07	21 37	2 48	19 31	7 21	0 24
12 F	18 10	3 35	23 13	2 44	20 32	7 50	0 23
13 S	23 32	3 00	24 50	2 41	21 33	8 19	0 22
14 Su	29 03	2 22	26 27	2 37	22 34	8 48	0 21
15 M	4♉43	1 43	28 03	2 34	23 35	9 17	0 20
16 Tu	10 31	1 01	29 39	2 30	24 36	9 46	0 19
17 W	16 26	0 17	1♏16	2 26	25 38	10 15	0 18
18 Th	22 29	0N27	2 52	2 22	26 39	10 45	0 18
19 F	28 37	1 12	4 29	2 18	27 40	11 14	0 17
20 S	4♊50	1 57	6 05	2 14	28 41	11 43	0 16
21 Su	11 07	2 40	7 41	2 09	29 42	12 13	0 15
22 M	17 25	3 22	9 17	2 05	0♋43	12 42	0 14
23 Tu	23 45	4 02	10 53	2 00	1 44	13 12	0 13
24 W	0♋03	4 38	12 30	1 56	2 45	13 41	0 12
25 Th	6 19	5 11	14 06	1 51	3 46	14 11	0 11
26 F	12 31	5 40	15 42	1 46	4 48	14 40	0 10
27 S	18 39	6 04	17 18	1 41	5 49	15 10	0 09
28 Su	24 39	6 24	18 53	1 36	6 50	15 40	0 08
29 M	0♌33	6 39	20 29	1 31	7 51	16 10	0 07
30 Tu	6 18	6 51	22 05	1 26	8 52	16 39	0 06
31 W	11♌54	6N57	23♏41	1N21	9♋53	17♏09	0N05

DAY	♃ LONG	♃ LAT	♄ LONG	♄ LAT	♅ LONG	♅ LAT	♆ LONG	♆ LAT	♇ LONG	♇ LAT
	° '	° '	° '	° '	° '	° '	° '	° '	° '	° '
3 M	17♊42.8	0S31	25♌38.6	1N18	16♋45.8	0N25	25♈32.6	1S42	20♒28.3	8S41
8 S	18 08.9	0 30	25 49.4	1 19	16 49.5	0 25	25 34.5	1 42	20 29.5	8 41
13 Th	18 35.0	0 30	26 00.1	1 19	16 53.2	0 25	25 36.3	1 42	20 30.7	8 41
18 Tu	19 01.1	0 29	26 10.9	1 19	16 56.9	0 25	25 38.1	1 42	20 31.9	8 42
23 Su	19 27.2	0 28	26 21.7	1 20	17 00.6	0 25	25 40.0	1 42	20 33.1	8 42
28 F	19 53.2	0 28	26 32.4	1 20	17 04.3	0 25	25 41.8	1 42	20 34.4	8 42
3 W	20 19.3	0 27	26 43.2	1 21	17 08.0	0 25	25 43.6	1 42	20 35.6	8 43
8 M	20 45.3	0 27	26 54.0	1 21	17 11.7	0 25	25 45.5	1 42	20 36.8	8 43
13 S	21 11.3	0 26	27 04.7	1 21	17 15.4	0 25	25 47.3	1 42	20 38.0	8 43
18 Th	21 37.3	0 26	27 15.5	1 22	17 19.1	0 25	25 49.2	1 42	20 39.2	8 44
23 Tu	22 03.3	0 25	27 26.2	1 22	17 22.8	0 25	25 51.0	1 42	20 40.4	8 44
28 Su	22 29.2	0 25	27 37.0	1 23	17 26.5	0 25	25 52.9	1 42	20 41.7	8 44

☿a.459731	☿p.398018
♀ .718445	♀ .720369
⊕ .992538	⊕ .986079
♂ 1.62348	♂ 1.59402
♃ 5.07840	♃ 5.08816
♄ 9.20743	♄ 9.21493
♅ 18.7753	♅ 18.7703
♆ 29.8288	♆ 29.8283
♇ 38.1946	♇ 38.2154
☊	Perihelia
☿ 18°♉ 46	☿ 18°♊ 02
♀ 17 ♊ 01	♀ 12 ♌ 20
⊕	⊕ 13 ♋ 57
♂ 19 ♉ 51	♂ 6 ♓ 41
♃ 10 ♋ 50	♃ 14 ♈ 54
♄ 23 ♋ 59	♄ 4 ♋ 40
♅ 14 ♊ 14	♅ 15 ♍ 31
♆ 12 ♌ 11	♆ 18 ♉ 59
♇ 20 ♋ 53	♇ 13 ♏ 58

Day	Aspect	Time
1 S	♀✶♃	11am59
	☿ ♐	2pm59
2 Su	☿⚼♅	6am 1
	♀✶♂	11 57
3 M	☿∠♂	6am10
	♀☍♇	6 39
5 W	♂△♇	6am20
	☿⚼♆	10 19
6 Th	♀△♆	9am50
	♀☌♄	12pm52
7 F	⊕⚻☿	3am59
	☿⚻♅	5pm 3
8 S	☿ A	1am59
	☿☍♃	4 48
	⊕✶♅	3pm59
9 Su	☿✶♇	1am10
	♀ ♍	3 20
	☿✶♂	7pm23
10 M	⊕⚺♃	3am53
	♀∠♅	6 42
	☿△♆	9pm34
11	☿△♄	0am31
12 W	⊕□♇	7am45
	☿ ♑	11 44
14	☿∠♇	10am58
15 S	♀∠♂	9am52
	⊕⚼☿	3pm 0
	♀⚼♆	4 12
16 Su	♂☍♆	8am 7
	☿⚼♄	10 11
	☿△♀	11pm43
17 M	⊕⚺♆	9am47
	♂✶♄	11 42
	⊕□♄	10pm50
18 T	⊕⚻♂	7am44
	☿☍♅	10 13
19 W	☿⚻♃	3am45
	♀✶♅	2pm 1
	☿⚺♇	3 9
21 F	♀□♃	0am13
	☿□♆	7 35
	☿⚻♄	12pm40
	⊕ ♊	5 38
	♀⚻♇	6 58
22 S	☿□♂	4am37
	☿ ♒	5pm 3
23 Su	⊕△☿	4am 2
	⊕∠♅	5pm35
24 M	☿⚼♃	3am13
	♀⚻♆	10pm54
25 T	♀⚺♄	10am18
	♂ ♏	3pm20
26	☿⚼♀	10pm14
27 Th	♀ ♎	2pm55
	☿⚻♅	8 17
28 F	♀⚺♂	10am37
	☿△♃	3pm42
	☿☌♇	7 55
30 Su	☿✶♆	5am29
	☿☍♄	11 22
1 M	♀⚼♇	1am44
	☿ ♓	8 38
	☿⚼♅	9pm44
2 T	☿△♂	3am42
	⊕∠♆	7 57
3	☿⚻♀	9pm41
4 Th	☿∠♆	1am 0
	⊕□☿	2pm 0
	♀∠♄	9 51
5	☿△♅	1pm16
6 S	☿⚼♂	4am57
	♃△♇	6 50
	☿⚺♇	8 2
	☿□♃	8 3
7 Su	☿⚺♆	11am16
	⊕△♀	11 53
	♂⚼♃	3pm18
	☿⚻♄	5 9
8 M	♀□♅	6am17
	☿ ♈	9 3
	⊕⚺♅	5pm15
9 T	☿∠♇	12pm58
	☿⚻♂	6 28
10 W	♀△♇	9am16
	♀△♃	2pm36
	☿⚼♄	7 31
11	☿□♅	7pm46
12 F	⊕△♇	2am 9
	☿✶♇	11 5
	⊕✶☿	1pm10
	☿✶♃	1 24
	⊕☌♃	2 32
13 S	☿☍♀	8am 3
	☿☌♆	9 53
	♀☍♆	2pm19
	☿△♄	3 35
14 Su	☿ ♉	4am 3
	♀✶♄	10 16
15 M	☿∠♃	6am59
	⊕∠☿	7pm31
	☿☍♂	8 41
16 T	♀ ♏	5am 6
	⊕⚼♂	7 19
17 W	☿✶♅	3am29
	⊕✶♆	4 28
	☿0N	9 18
	☿□♇	4pm48
	☿⚺♃	8 35
18 Th	☿⚺♆	1pm 8
	⊕✶♄	3 1
	☿□♄	6 50
	⊕⚺☿	7 34
19 F	☿ ♊	5am22
	☿∠♅	2pm24
20 S	☿⚻♀	6am26
	♀⚼♃	11 17
	☿∠♆	10pm58
21 Su	☿⚻♂	4am33
	⊕ ♋	7 6
	☿⚺♅	11pm48
22 M	☿ P	1am35
	☿△♇	12pm20
	☿☌♃	5 30
23 T	☿✶♆	8am 0
	☿⚼♀	10 56
	☿✶♄	2pm 7
	☿⚼♂	6 21
	☿ ♋	11 48
24 W	⊕☌☿	12pm20
	☿⚼♇	9 33
25	♀☌♂	1am54
26 F	☿∠♄	0am 5
	☿△♂	9 8
	☿△♀	4pm47
	☿☌♅	7 12
	⊕⚼♇	9 8
27 S	♀△♅	2am 4
	☿⚻♇	8 8
	☿⚺♃	3pm10
28 Su	☿□♆	4am58
	☿⚺♄	12pm 5
	☿ ♌	9 46
29	♀□♇	3am 9
30 T	☿∠♃	5am53
	♀⚻♃	9 7
	⊕⚺☿	1pm22
31	♂△♅	3pm59

JANUARY 2037

DAY	☿ LONG	☿ LAT	♀ LONG	♀ LAT	⊕ LONG	♂ LONG	♂ LAT
	° '	° '	° '	° '	° '	° '	° '
1 Th	17♌21	7N00	25♏17	1N16	10♋54	17♏39	0N04
2 F	22 38	6 59	26 52	1 10	11 55	18 09	0 03
3 S	27 46	6 55	28 28	1 05	12 57	18 39	0 02
4 Su	2♍44	6 48	0♐04	0 59	13 58	19 09	0 01
5 M	7 33	6 38	1 39	0 54	14 59	19 39	0 00
6 Tu	12 12	6 26	3 15	0 49	16 00	20 09	0S01
7 W	16 42	6 12	4 50	0 43	17 01	20 40	0 02
8 Th	21 04	5 56	6 26	0 37	18 02	21 10	0 03
9 F	25 18	5 38	8 01	0 32	19 03	21 40	0 04
10 S	29 23	5 20	9 37	0 26	20 05	22 11	0 05
11 Su	3♎21	5 00	11 12	0 21	21 06	22 41	0 06
12 M	7 13	4 40	12 47	0 15	22 07	23 11	0 06
13 Tu	10 57	4 18	14 23	0 09	23 08	23 42	0 07
14 W	14 36	3 57	15 58	0 04	24 09	24 12	0 08
15 Th	18 09	3 35	17 33	0S02	25 10	24 43	0 09
16 F	21 37	3 13	19 08	0 08	26 11	25 14	0 10
17 S	24 59	2 50	20 44	0 13	27 13	25 44	0 11
18 Su	28 18	2 28	22 19	0 19	28 14	26 15	0 12
19 M	1♏32	2 05	23 54	0 24	29 15	26 46	0 13
20 Tu	4 42	1 43	25 29	0 30	0♌16	27 17	0 14
21 W	7 48	1 20	27 04	0 36	1 17	27 48	0 15
22 Th	10 52	0 58	28 39	0 41	2 18	28 19	0 16
23 F	13 52	0 36	0♑14	0 47	3 19	28 50	0 17
24 S	16 50	0 14	1 49	0 52	4 20	29 21	0 18
25 Su	19 46	0S07	3 24	0 58	5 21	29 52	0 19
26 M	22 39	0 29	4 59	1 03	6 22	0♐23	0 20
27 Tu	25 30	0 50	6 34	1 08	7 23	0 54	0 21
28 W	28 20	1 10	8 09	1 14	8 24	1 26	0 22
29 Th	1♐09	1 31	9 44	1 19	9 25	1 57	0 23
30 F	3 56	1 50	11 19	1 24	10 26	2 28	0 24
31 S	6♐42	2S10	12♑54	1S29	11♌27	3♐00	0S25

FEBRUARY 2037

DAY	☿ LONG	☿ LAT	♀ LONG	♀ LAT	⊕ LONG	♂ LONG	♂ LAT
	° '	° '	° '	° '	° '	° '	° '
1 Su	9♐28	2S29	14♑29	1S34	12♌28	3♐31	0S26
2 M	12 13	2 48	16 04	1 39	13 29	4 03	0 27
3 Tu	14 58	3 06	17 38	1 44	14 29	4 34	0 28
4 W	17 42	3 24	19 13	1 49	15 30	5 06	0 29
5 Th	20 27	3 42	20 48	1 53	16 31	5 38	0 30
6 F	23 12	3 58	22 23	1 58	17 32	6 09	0 31
7 S	25 58	4 15	23 58	2 03	18 33	6 41	0 32
8 Su	28 44	4 31	25 33	2 07	19 33	7 13	0 33
9 M	1♑31	4 46	27 08	2 11	20 34	7 45	0 34
10 Tu	4 19	5 01	28 42	2 16	21 35	8 17	0 35
11 W	7 09	5 15	0♒17	2 20	22 36	8 49	0 36
12 Th	10 00	5 28	1 52	2 24	23 36	9 21	0 37
13 F	12 53	5 41	3 27	2 28	24 37	9 53	0 38
14 S	15 48	5 53	5 02	2 32	25 38	10 26	0 39
15 Su	18 45	6 04	6 37	2 35	26 38	10 58	0 40
16 M	21 45	6 15	8 12	2 39	27 39	11 30	0 41
17 Tu	24 47	6 24	9 46	2 42	28 40	12 03	0 42
18 W	27 52	6 33	11 21	2 46	29 40	12 35	0 43
19 Th	1♒01	6 41	12 56	2 49	0♍41	13 07	0 44
20 F	4 13	6 47	14 31	2 52	1 41	13 40	0 45
21 S	7 29	6 52	16 06	2 55	2 42	14 13	0 46
22 Su	10 50	6 56	17 41	2 58	3 42	14 45	0 47
23 M	14 14	6 59	19 16	3 00	4 43	15 18	0 48
24 Tu	17 44	7 00	20 51	3 03	5 43	15 51	0 49
25 W	21 18	7 00	22 26	3 05	6 43	16 24	0 50
26 Th	24 59	6 58	24 01	3 08	7 44	16 57	0 51
27 F	28 45	6 54	25 36	3 10	8 44	17 29	0 52
28 S	2♓37	6S48	27♒11	3S12	9♍44	18♐02	0S52

DAY	♃ LONG	♃ LAT	♄ LONG	♄ LAT	♅ LONG	♅ LAT	♆ LONG	♆ LAT	♇ LONG	♇ LAT
	° '	° '	° '	° '	° '	° '	° '	° '	° '	° '
2 F	22♊55.2	0S24	27♌47.7	1N23	17♋30.2	0N25	25♈54.7	1S42	20♒42.9	8S45
7 W	23 21.1	0 23	27 58.5	1 23	17 33.9	0 26	25 56.5	1 42	20 44.1	8 45
12 M	23 47.0	0 23	28 09.2	1 24	17 37.6	0 26	25 58.4	1 42	20 45.3	8 45
17 S	24 12.9	0 22	28 20.0	1 24	17 41.3	0 26	26 00.2	1 42	20 46.5	8 45
22 Th	24 38.8	0 22	28 30.7	1 25	17 45.0	0 26	26 02.1	1 42	20 47.7	8 46
27 Tu	25 04.6	0 21	28 41.4	1 25	17 48.7	0 26	26 03.9	1 42	20 48.9	8 46
1 Su	25 30.5	0 21	28 52.2	1 25	17 52.4	0 26	26 05.7	1 42	20 50.2	8 46
6 F	25 56.3	0 20	29 02.9	1 26	17 56.1	0 26	26 07.6	1 42	20 51.4	8 47
11 W	26 22.1	0 20	29 13.6	1 26	17 59.8	0 26	26 09.4	1 42	20 52.6	8 47
16 M	26 47.8	0 19	29 24.3	1 26	18 03.5	0 26	26 11.2	1 42	20 53.8	8 47
21 S	27 13.6	0 18	29 35.1	1 27	18 07.2	0 26	26 13.1	1 42	20 55.0	8 48
26 Th	27 39.4	0 18	29 45.8	1 27	18 10.9	0 26	26 14.9	1 42	20 56.2	8 48

☿ .335531	☿a .465405
♀ .724392	♀a .727655
⊕p .983305	⊕ .985314
♂ 1.55787	♂ 1.51820
♃ 5.09846	♃ 5.10895
♄ 9.22279	♄ 9.23075
♅ 18.7652	♅ 18.7600
♆ 29.8278	♆ 29.8273
♇ 38.2369	♇ 38.2583
☊	Perihelia
☿ 18° ♉ 46	☿ 18° ♊ 02
♀ 17 ♊ 01	♀ 12 ♌ 24
⊕	⊕ 10 ♋ 56
♂ 19 ♉ 51	♂ 6 ♓ 40
♃ 10 ♋ 50	♃ 14 ♈ 54
♄ 23 ♋ 59	♄ 4 ♋ 50
♅ 14 ♊ 14	♅ 15 ♍ 33
♆ 12 ♌ 11	♆ 20 ♉ 00
♇ 20 ♋ 53	♇ 13 ♏ 54

1	☿⚺♅	0am38
Th	☿□♂	1 30
	♀⚻♆	9 28
	☿☍♇	3pm10
2	☿✶♃	1am19
F	⊕⚼♀	2 6
	♀□♄	2pm12
	☿△♆	3 14
	⊕∠♄	9 17
3	☿☌♄	0am18
S	⊕∠☿	1 2
	⊕ P	4 0
	☿□♀	4 53
	☿ ♍	10 41
	☿∠♅	10pm58
	♀ ♐	11 4
5	♂0S	8am55
M	♀⚼♅	1pm27
	☿⚼♆	5 23
7	⊕✶☿	2am12
W	♂□♇	3 32
	☿✶♅	4 40
	⊕☌♅	1pm 1
	☿⚻♇	10 9
8	☿✶♂	0am37
Th	☿□♃	1pm39
9	☿⚻♆	3am50
F	☿⚺♄	4pm12
10	☿ ♎	3am40
S	⊕⚻♇	3pm52
	♀⚼♆	8 28
11	☿⚼♇	2pm51
12	☿∠♂	7am10
13	♂⚻♃	9am44
T	☿∠♄	2pm47
	⊕⚺♃	6 57
14	⊕△♂	2am36
W	♀0S	3pm49
	☿✶♀	4 34
	☿□♅	8 40
15	♀⚻♅	1am42
Th	☿△♇	6pm 7
	⊕□♆	7 26
16	☿△♃	6pm18
17	♀✶♇	0am46
S	☿⚺♂	6 24
	☿☍♆	7 20
	♂⚻♆	12pm30
	⊕□☿	11 18
18	☿✶♄	0am34
Su	⊕⚺♄	3 27
	☿ ♏	12pm37
19	♀☍♃	7am51
M	⊕ ♌	5pm47
20	♀△♆	8am13
21	☿⚼♃	2pm 8
W	♀⚺♂	4 22
	♀△♄	9 51
22	♂□♄	10am 2
Th	♀ ♑	8pm27
23	☿∠♀	11pm43
24	☿△♅	7am43
S	☿0S	3pm50
25	♂ ♐	6am17
Su	☿□♇	8 42
26	♀∠♇	12pm35
M	☿⚻♃	8 16
27	☿⚻♆	4am44
28	☿□♄	3am22
W	⊕⚻♀	10 38
	☿ ♐	2pm12
29	☿☌♂	8am29
Th	☿⚼♅	2pm37
	⊕∠♃	9 31
30	♂⚼♅	5pm44
31	♀⚼♄	2pm34

1	☿⚼♆	2pm15
2	⊕△☿	5pm27
3	♀☍♅	3am57
4	☿ A	1am14
W	☿⚻♅	1 47
	♀∠♂	8pm 2
5	♀⚺♇	0am46
Th	☿✶♇	3 30
	☿⚺♀	7 12
6	⊕⚺♅	9am41
7	☿☍♃	0am34
S	☿△♆	1 29
8	☿△♄	3am24
Su	♃✶♆	8 36
	♀□♆	9 2
	♀⚻♃	9 4
	☿ ♑	10 57
9	⊕☍♇	7am 6
10	♀⚻♄	7am31
T	☿∠♇	1pm13
	♀ ♒	7 38
11	⊕⚼☿	5am51
W	☿⚺♂	5pm20
13	☿⚼♄	11am50
14	⊕△♆	1pm 3
S	☿☍♅	6 17
15	⊕✶♃	1am52
Su	♂⚼♆	9 48
	☿⚺♇	5pm14
17	☿□♆	11am 1
T	☿⚻♃	4pm49
	⊕☌♄	7 16
	☿∠♂	9 17
18	⊕ ♍	7am52
W	♀⚼♃	9 50
	☿⚻♄	12pm26
	♀ A	2 58
	☿ ♒	4 17
	⊕⚻☿	8 14
19	♀✶♂	4am18
21	⊕∠♅	10am15
22	♀⚻♅	6am51
Su	☿⚼♃	10 48
23	☿✶♂	8am44
24	♀☌♇	1am13
T	☿⚻♅	2 54
	☿☌♇	9pm31
25	☿☌♀	1pm 3
26	☿✶♆	8am11
Th	☿△♃	5pm32
27	☿☍♄	6am40
F	☿ ♓	7 51
	♀✶♆	10 0
28	☿⚼♅	3am37
S	♂⚻♅	7 21
	♀△♃	10 22

MARCH 2037

DAY	☿ LONG	☿ LAT	♀ LONG	♀ LAT	⊕ LONG	♂ LONG	♂ LAT
	° '	° '	° '	° '	° '	° '	° '
1 Su	6♓36	6S40	28♒46	3S13	10♍44	18♐36	0S53
2 M	10 42	6 30	0♓21	3 15	11 45	19 09	0 54
3 Tu	14 55	6 18	1 56	3 17	12 45	19 42	0 55
4 W	19 16	6 03	3 31	3 18	13 45	20 15	0 56
5 Th	23 45	5 45	5 06	3 19	14 45	20 48	0 57
6 F	28 22	5 25	6 41	3 20	15 45	21 22	0 58
7 S	3♈08	5 01	8 16	3 21	16 45	21 55	0 59
8 Su	8 03	4 35	9 51	3 22	17 45	22 29	1 00
9 M	13 07	4 06	11 27	3 23	18 45	23 02	1 01
10 Tu	18 20	3 34	13 02	3 23	19 45	23 36	1 02
11 W	23 43	2 59	14 37	3 24	20 45	24 09	1 03
12 Th	29 14	2 21	16 12	3 24	21 45	24 43	1 03
13 F	4♉54	1 41	17 47	3 24	22 45	25 17	1 04
14 S	10 42	0 59	19 23	3 24	23 45	25 51	1 05
15 Su	16 37	0 16	20 58	3 23	24 45	26 24	1 06
16 M	22 40	0N29	22 33	3 23	25 44	26 58	1 07
17 Tu	28 49	1 14	24 09	3 22	26 44	27 32	1 08
18 W	5♊02	1 58	25 44	3 21	27 44	28 06	1 09
19 Th	11 18	2 42	27 19	3 20	28 44	28 41	1 10
20 F	17 37	3 24	28 55	3 19	29 43	29 15	1 10
21 S	23 56	4 03	0♈30	3 18	0♎43	29 49	1 11
22 Su	0♋15	4 39	2 05	3 17	1 43	0♑23	1 12
23 M	6 31	5 12	3 41	3 15	2 42	0 57	1 13
24 Tu	12 43	5 40	5 16	3 13	3 42	1 32	1 14
25 W	18 50	6 05	6 52	3 12	4 41	2 06	1 15
26 Th	24 50	6 25	8 27	3 10	5 41	2 41	1 15
27 F	0♌43	6 40	10 03	3 07	6 40	3 15	1 16
28 S	6 28	6 51	11 39	3 05	7 39	3 50	1 17
29 Su	12 04	6 57	13 14	3 03	8 39	4 25	1 18
30 M	17 31	7 00	14 50	3 00	9 38	4 59	1 19
31 Tu	22♌48	6N59	16♈25	2S58	10♎37	5♑34	1S19

APRIL 2037

DAY	☿ LONG	☿ LAT	♀ LONG	♀ LAT	⊕ LONG	♂ LONG	♂ LAT
	° '	° '	° '	° '	° '	° '	° '
1 W	27♌56	6N55	18♈01	2S55	11♎36	6♑09	1S20
2 Th	2♍53	6 48	19 37	2 52	12 36	6 44	1 21
3 F	7 42	6 38	21 12	2 49	13 35	7 19	1 22
4 S	12 21	6 26	22 48	2 45	14 34	7 54	1 23
5 Su	16 51	6 11	24 24	2 42	15 33	8 29	1 23
6 M	21 12	5 55	26 00	2 38	16 32	9 04	1 24
7 Tu	25 25	5 38	27 36	2 35	17 31	9 39	1 25
8 W	29 31	5 19	29 11	2 31	18 30	10 14	1 26
9 Th	3♎29	4 59	0♉47	2 27	19 29	10 50	1 26
10 F	7 20	4 39	2 23	2 23	20 28	11 25	1 27
11 S	11 04	4 18	3 59	2 19	21 27	12 00	1 28
12 Su	14 43	3 56	5 35	2 15	22 26	12 36	1 28
13 M	18 16	3 34	7 11	2 11	23 25	13 11	1 29
14 Tu	21 43	3 12	8 47	2 06	24 23	13 47	1 30
15 W	25 06	2 50	10 23	2 02	25 22	14 22	1 30
16 Th	28 24	2 27	11 59	1 57	26 21	14 58	1 31
17 F	1♏38	2 04	13 35	1 52	27 20	15 34	1 32
18 S	4 48	1 42	15 11	1 48	28 18	16 09	1 32
19 Su	7 54	1 20	16 47	1 43	29 17	16 45	1 33
20 M	10 57	0 57	18 24	1 38	0♏16	17 21	1 34
21 Tu	13 58	0 35	20 00	1 33	1 14	17 57	1 34
22 W	16 56	0 14	21 36	1 28	2 13	18 33	1 35
23 Th	19 51	0S08	23 12	1 22	3 11	19 09	1 35
24 F	22 44	0 29	24 49	1 17	4 10	19 45	1 36
25 S	25 36	0 50	26 25	1 12	5 08	20 21	1 37
26 Su	28 26	1 11	28 01	1 06	6 07	20 57	1 37
27 M	1♐14	1 31	29 38	1 01	7 05	21 33	1 38
28 Tu	4 01	1 51	1♊14	0 55	8 03	22 10	1 38
29 W	6 48	2 11	2 50	0 50	9 02	22 46	1 39
30 Th	9♐33	2S30	4♊27	0S44	10♏00	23♑22	1S39

DAY	♃ LONG	♃ LAT	♄ LONG	♄ LAT	♅ LONG	♅ LAT	♆ LONG	♆ LAT	♇ LONG	♇ LAT
	° '	° '	° '	° '	° '	° '	° '	° '	° '	° '
3 Tu	28♊05.1	0S17	29♌56.5	1N28	18♋14.6	0N26	26♈16.7	1S42	20♒57.4	8S48
8 Su	28 30.8	0 17	0♍07.2	1 28	18 18.3	0 26	26 18.6	1 42	20 58.6	8 49
13 F	28 56.5	0 16	0 17.9	1 28	18 22.0	0 26	26 20.4	1 42	20 59.8	8 49
18 W	29 22.2	0 16	0 28.6	1 29	18 25.7	0 26	26 22.2	1 42	21 01.0	8 49
23 M	29 47.8	0 15	0 39.3	1 29	18 29.4	0 26	26 24.1	1 42	21 02.2	8 50
28 S	0♋13.5	0 14	0 50.0	1 29	18 33.1	0 26	26 25.9	1 42	21 03.5	8 50
2 Th	0 39.1	0 14	1 00.7	1 30	18 36.8	0 26	26 27.7	1 42	21 04.7	8 50
7 Tu	1 04.7	0 13	1 11.4	1 30	18 40.5	0 26	26 29.6	1 42	21 05.9	8 50
12 Su	1 30.3	0 13	1 22.0	1 31	18 44.2	0 26	26 31.4	1 42	21 07.1	8 51
17 F	1 55.8	0 12	1 32.7	1 31	18 47.9	0 26	26 33.2	1 42	21 08.3	8 51
22 W	2 21.4	0 12	1 43.4	1 31	18 51.6	0 26	26 35.1	1 42	21 09.5	8 51
27 M	2 46.9	0 11	1 54.1	1 32	18 55.3	0 26	26 36.9	1 42	21 10.7	8 52

☿p .386662	☿ .346178
♀ .728029	♀ .725327
⊕ .990755	⊕ .999143
♂ 1.48177	♂ 1.44397
♃ 5.11859	♃ 5.12939
♄ 9.23804	♄ 9.24620
♅ 18.7554	♅ 18.7503
♆ 29.8269	♆ 29.8264
♇ 38.2777	♇ 38.2992
☊	Perihelia
☿ 18°♉ 46	☿ 18°♊ 02
♀ 17 ♊ 01	♀ 12 ♌ 21
⊕	⊕ 11 ♋ 01
♂ 19 ♉ 51	♂ 6 ♓ 40
♃ 10 ♋ 50	♃ 14 ♈ 55
♄ 23 ♋ 59	♄ 5 ♋ 01
♅ 14 ♊ 15	♅ 15 ♍ 35
♆ 12 ♌ 12	♆ 21 ♉ 10
♇ 20 ♋ 53	♇ 13 ♏ 49

1 Su	⊕⚼♆	12pm41
	♀☍♄	5 9
	♀ ♓	6 44
2 M	☿∠♆	3am20
	⊕☍☿	7 55
3 T	☿△♅	6pm29
	♀⚼♅	8 1
4 W	☿□♂	6am 6
	☿⚺♇	9 11
	♄ ♍	3pm26
5 Th	♂✶♇	6am55
	☿⚺♆	1pm19
	☿□♃	11 51
6 F	☿ ♈	8am17
	☿⚻♄	8 36
7	☿∠♇	1pm56
8 Su	☿⚺♀	12pm34
	⊕✶♅	1 24
	♀∠♆	10 4
9 M	☿⚼♄	9am30
	☿□♅	11pm57
10 T	⊕⚻☿	7am51
	☿✶♇	11 55
11 W	☿△♂	2am11
	⊕⚻♇	5 43
	☿☌♆	11 29
	☿✶♃	10pm22
12 Th	☿ ♉	3am18
	☿△♄	4 27
	☿∠♀	11 43
13 F	♀△♅	8am47
	⊕⚼☿	2pm21
14 S	☿⚼♂	0am40
	☿∠♃	1pm45
	♂△♆	9 37
15 Su	♀⚺♇	0am36
	☿✶♅	7 4
	☿0N	8 34
	☿□♇	5pm27
	☿✶♀	11 24
16 M	⊕△☿	2pm23
	☿⚺♆	2 29
	⊕⚻♆	2 59
	☿⚻♂	6 34
17 T	☿⚺♃	1am52
	☿ ♊	4 37
	☿□♄	6 22
	☿∠♅	5pm50
18 W	♀⚺♆	9am42
	⊕□♂	9pm 5
19 Th	☿∠♆	0am16
	⊕□♃	7pm12
20 F	☿ P	0am51
	☿⚺♅	3 10
	⊕ ♎	6 43
	♀□♂	7 52
	♀□♃	10 3
	☿△♇	12pm56
	♂☍♃	2 38
	♀ ♈	4 27
	⊕⚺♄	8 41
21 S	♀⚻♄	1am17
	♂ ♑	7 47
	⊕☍♀	8 39
	☿✶♆	9 19
	☿☌♃	9pm56
	☿ ♋	11 3
22 Su	☿☍♂	0am35
	☿✶♄	1 25
	⊕□☿	6 38
	☿□♀	9 26
	♂△♄	10 26
	☿⚼♇	10pm10
24 T	♀∠♇	11am37
	☿∠♄	11 42
	☿☌♅	10pm45
25 W	☿⚻♇	8am48
	♃ ♋	9 2
26 Th	☿□♆	6am24
	⊕⚼♇	9 6
	☿ ♌	9pm 1
	☿⚺♃	9 33
27 F	☿⚺♄	0am18
	☿⚻♂	11 40
28	⊕✶☿	6am 5
29 Su	☿△♀	7am 9
	☿∠♃	2pm25
30 M	☿⚺♅	4am46
	☿⚼♂	12pm31
	☿☍♇	4 3
	♀⚼♄	4 34
31 T	⊕∠☿	4pm15
	☿△♆	5 2
	♂∠♇	8 51
1 W	♀□♅	8am51
	☿ ♍	9 56
	☿✶♃	12pm54
	☿☌♄	2 46
2 Th	☿∠♅	3am35
	☿⚼♀	12pm45
	☿△♂	9 48
	♀✶♇	10 6
3	☿⚼♆	7pm27
4	⊕⚺☿	3pm 3
5 Su	☿✶♅	9am53
	⊕∠♄	2pm23
	☿⚻♇	11 24
6	♀☌♆	7am25
7 T	☿⚻♆	6am14
	☿⚻♀	8pm50
8	☿ ♎	2am55
W	⊕□♅	4 35
	☿□♃	10 8
	☿⚺♄	10 22
	♀ ♉	12pm10
9 Th	♃✶♄	5am47
	♀△♄	7 16
	♀✶♃	7 19
	☿⚼♇	4pm19
10	⊕△♇	3pm47
11	☿□♂	7am16
12	☿∠♄	11am14
13 M	☿□♅	3am23
	☿△♇	7pm51
15 W	⊕☌☿	2am50
	☿☍♆	10 29
16 Th	⊕☍♆	4am52
	☿ ♏	11 52
	☿✶♄	11pm24
17	☿△♃	2am21
18 S	♂⚼♄	6pm10
	♀△♂	11 7
19 Su	♀∠♃	4am55
	⊕ ♏	5pm33
20	♀✶♅	6am40
21 T	⊕✶♄	11am27
	♀□♇	5pm22
22 W	☿⚼♃	3am37
	⊕△♃	3 49
	♂☍♅	12pm44
	☿0S	3 6
	☿△♅	3 54
	☿✶♂	4 42
23	☿□♇	10am53
25 S	♀⚺♆	2am50
	☿⚻♆	8 33
	☿☍♀	4pm 0
26 Su	♂⚺♇	8am54
	☿ ♐	1pm27
27 M	♀ ♊	5am35
	☿□♄	5 49
	☿⚻♃	1pm45
	☿⚼♅	11 15
28	♀□♄	10am45
29 W	♀⚺♃	1am46
	☿∠♂	10 49
	♀∠♅	4pm38
30 Th	⊕⚺☿	6am 3
	☿⚼♆	6pm12

MAY 2037

JUNE 2037

DAY	☿ LONG	☿ LAT	♀ LONG	♀ LAT	⊕ LONG	♂ LONG	♂ LAT
	° '	° '	° '	° '	° '	° '	° '
1 F	12♐18	2S49	6♊03	0S39	10♏58	23♑59	1S40
2 S	15 03	3 07	7 40	0 33	11 57	24 35	1 40
3 Su	17 48	3 25	9 16	0 27	12 55	25 11	1 41
4 M	20 32	3 42	10 53	0 22	13 53	25 48	1 41
5 Tu	23 17	3 59	12 30	0 16	14 51	26 25	1 42
6 W	26 03	4 15	14 06	0 10	15 49	27 01	1 42
7 Th	28 49	4 31	15 43	0 05	16 47	27 38	1 43
8 F	1♑36	4 47	17 20	0N01	17 45	28 14	1 43
9 S	4 25	5 01	18 56	0 07	18 43	28 51	1 44
10 Su	7 14	5 15	20 33	0 13	19 41	29 28	1 44
11 M	10 05	5 29	22 10	0 18	20 39	0♒05	1 44
12 Tu	12 58	5 42	23 47	0 24	21 37	0 42	1 45
13 W	15 53	5 54	25 24	0 30	22 35	1 19	1 45
14 Th	18 51	6 05	27 00	0 35	23 33	1 55	1 46
15 F	21 50	6 15	28 37	0 41	24 31	2 32	1 46
16 S	24 53	6 25	0♋14	0 47	25 29	3 09	1 46
17 Su	27 58	6 33	1 51	0 52	26 27	3 46	1 47
18 M	1♒07	6 41	3 28	0 58	27 25	4 24	1 47
19 Tu	4 19	6 47	5 05	1 03	28 23	5 01	1 47
20 W	7 36	6 52	6 42	1 09	29 20	5 38	1 48
21 Th	10 56	6 56	8 19	1 14	0♐18	6 15	1 48
22 F	14 21	6 59	9 57	1 19	1 16	6 52	1 48
23 S	17 50	7 00	11 34	1 25	2 14	7 30	1 48
24 Su	21 25	7 00	13 11	1 30	3 11	8 07	1 49
25 M	25 06	6 58	14 48	1 35	4 09	8 44	1 49
26 Tu	28 52	6 54	16 25	1 40	5 06	9 22	1 49
27 W	2♓44	6 48	18 02	1 45	6 04	9 59	1 49
28 Th	6 43	6 40	19 40	1 50	7 02	10 36	1 50
29 F	10 49	6 30	21 17	1 55	7 59	11 14	1 50
30 S	15 03	6 17	22 54	2 00	8 57	11 51	1 50
31 Su	19♓24	6S02	24♋32	2N04	9♐54	12♒29	1S50

DAY	☿ LONG	☿ LAT	♀ LONG	♀ LAT	⊕ LONG	♂ LONG	♂ LAT
	° '	° '	° '	° '	° '	° '	° '
1 M	23♓53	5S44	26♋09	2N09	10♐52	13♒07	1S50
2 Tu	28 31	5 24	27 46	2 13	11 49	13 44	1 50
3 W	3♈17	5 00	29 24	2 17	12 47	14 22	1 50
4 Th	8 13	4 34	1♌01	2 22	13 44	14 59	1 51
5 F	13 17	4 05	2 39	2 26	14 42	15 37	1 51
6 S	18 30	3 33	4 16	2 30	15 39	16 15	1 51
7 Su	23 53	2 58	5 53	2 34	16 37	16 52	1 51
8 M	29 24	2 20	7 31	2 37	17 34	17 30	1 51
9 Tu	5♉04	1 40	9 08	2 41	18 31	18 08	1 51
10 W	10 53	0 58	10 46	2 44	19 29	18 46	1 51
11 Th	16 49	0 14	12 23	2 48	20 26	19 24	1 51
12 F	22 51	0N30	14 01	2 51	21 24	20 01	1 51
13 S	29 00	1 15	15 38	2 54	22 21	20 39	1 51
14 Su	5♊13	2 00	17 16	2 57	23 18	21 17	1 51
15 M	11 30	2 43	18 53	3 00	24 16	21 55	1 51
16 Tu	17 49	3 25	20 31	3 02	25 13	22 33	1 51
17 W	24 08	4 04	22 09	3 05	26 10	23 11	1 51
18 Th	0♋27	4 40	23 46	3 07	27 08	23 49	1 51
19 F	6 42	5 13	25 24	3 09	28 05	24 27	1 51
20 S	12 54	5 41	27 01	3 11	29 02	25 05	1 51
21 Su	19 01	6 05	28 39	3 13	29 59	25 43	1 50
22 M	25 01	6 25	0♍16	3 15	0♑57	26 21	1 50
23 Tu	0♌54	6 40	1 54	3 17	1 54	26 59	1 50
24 W	6 39	6 51	3 31	3 18	2 51	27 37	1 50
25 Th	12 15	6 58	5 09	3 19	3 48	28 15	1 50
26 F	17 41	7 00	6 46	3 20	4 46	28 53	1 50
27 S	22 58	6 59	8 24	3 21	5 43	29 31	1 49
28 Su	28 05	6 55	10 01	3 22	6 40	0♓09	1 49
29 M	3♍02	6 47	11 39	3 23	7 37	0 47	1 49
30 Tu	7♍50	6N37	13♍16	3N23	8♑34	1♓25	1S49

DAY	♃ LONG	♃ LAT	♄ LONG	♄ LAT	♅ LONG	♅ LAT	♆ LONG	♆ LAT	♇ LONG	♇ LAT
	° '	° '	° '	° '	° '	° '	° '	° '	° '	° '
2 S	3♋12.4	0S10	2♍04.8	1N32	18♋59.0	0N26	26♈38.8	1S42	21♒11.9	8S52
7 Th	3 37.9	0 10	2 15.4	1 32	19 02.7	0 27	26 40.6	1 42	21 13.1	8 52
12 Tu	4 03.4	0 09	2 26.1	1 33	19 06.4	0 27	26 42.4	1 42	21 14.3	8 53
17 Su	4 28.9	0 09	2 36.8	1 33	19 10.1	0 27	26 44.3	1 42	21 15.5	8 53
22 F	4 54.3	0 08	2 47.4	1 33	19 13.8	0 27	26 46.1	1 42	21 16.7	8 53
27 W	5 19.8	0 07	2 58.1	1 34	19 17.5	0 27	26 47.9	1 42	21 17.9	8 54
1 M	5 45.2	0 07	3 08.8	1 34	19 21.2	0 27	26 49.8	1 42	21 19.1	8 54
6 S	6 10.6	0 06	3 19.4	1 35	19 24.9	0 27	26 51.6	1 42	21 20.4	8 54
11 Th	6 36.0	0 06	3 30.1	1 35	19 28.6	0 27	26 53.5	1 42	21 21.6	8 55
16 Tu	7 01.3	0 05	3 40.7	1 35	19 32.3	0 27	26 55.3	1 42	21 22.8	8 55
21 Su	7 26.7	0 05	3 51.4	1 36	19 36.0	0 27	26 57.1	1 42	21 24.0	8 55
26 F	7 52.0	0 04	4 02.0	1 36	19 39.8	0 27	26 59.0	1 42	21 25.2	8 55

☿a.466132	☿p.363370
♀ .721334	♀p.718621
⊕ 1.00744	⊕ 1.01392
♂ 1.41331	♂ 1.39123
♃ 5.13997	♃ 5.15101
♄ 9.25419	♄ 9.26254
♅ 18.7454	♅ 18.7403
♆ 29.8259	♆ 29.8254
♇ 38.3200	♇ 38.3415
☊	Perihelia
☿ 18°♉ 46	☿ 18°♊ 02
♀ 17 ♊ 01	♀ 12 ♌ 17
⊕	⊕ 14 ♋ 06
♂ 19 ♉ 51	♂ 6 ♓ 40
♃ 10 ♋ 50	♃ 14 ♈ 55
♄ 23 ♋ 59	♄ 5 ♋ 12
♅ 14 ♊ 15	♅ 15 ♍ 40
♆ 12 ♌ 12	♆ 22 ♉ 19
♇ 20 ♋ 54	♇ 13 ♏ 45

3 Su	☿ A	0am31
	☿⚻♅	10 34
	♀⚼♂	9pm59
4 M	☿✶♇	5am50
	♀∠♆	11 36
5	♂□♆	10am11
6 W	☿△♆	5am25
	☿⚺♂	10 48
7 Th	☿ ♑	10am11
	♀0N	7pm20
8 F	☿△♄	5am58
	⊕∠☿	3pm 3
	⊕⚻♀	3 58
	☿☍♃	6 39
9 S	♀⚺♅	1am57
	⊕⚼♃	2 10
	⊕△♅	8 43
	☿∠♇	3pm28
10 Su	♀△♇	10am 8
	♂ ♒	8pm54
11	⊕□♇	2pm25
13 W	☿⚼♄	1pm 2
	♀✶♆	7 42
14 Th	☿☍♅	2am20
	☿⚺♇	7pm18
15 F	♂⚻♄	0am 3
	♀ ♋	8pm28
16 S	⊕✶☿	6am53
	☿□♆	2pm27
17 Su	⊕⚻♆	7am14
	♀✶♄	11 31
	☿ ♒	3pm31
18 M	♂⚻♃	7am48
	☿⚻♄	11 39
	♀☌♃	5pm10
	♀⚻♂	10 10
19 T	☿⚻♃	2am30
	☿☌♂	6 18
	☿⚻♀	11 14
	♀⚼♇	5pm32
20	⊕ ♐	4pm28
23 S	☿⚻♅	9am30
	☿⚼♃	2pm50
	⊕□♄	3 34
	☿☌♇	11 7
25 M	⊕⚼♅	3am 1
	☿✶♆	10 52
26 T	⊕⚻♃	3am45
	☿ ♓	7 6
	♀∠♄	10pm54
27 W	☿☍♄	1am25
	☿⚼♀	3 8
	☿⚼♅	9 28
	☿△♃	4pm 1
	♀☌♅	6 40
28	⊕□☿	2am22
29 F	♀⚻♇	0am21
	☿⚺♂	2 45
	☿∠♆	5 41
30	☿△♅	11pm40
31 Su	☿⚺♇	10am20
	⊕⚼♀	1pm39
1	♀□♆	10am 6
M	☿⚺♆	3pm21
	☿△♀	6 10
2 T	⊕⚼♆	0am22
	☿∠♂	1 17
	☿ ♈	7 32
	☿⚻♄	11pm39
3 W	♀ ♌	8am56
	☿□♃	1pm10
	☿∠♇	2 55
5 F	⊕△☿	8am 3
	♀⚺♄	9 45
	☿✶♂	12pm18
	☿⚼♄	11 11
6 S	☿□♅	4am 8
	☿✶♇	12pm45
7 Su	♀⚺♃	5am46
	☿☌♆	1pm 5
	⊕✶♂	7 22
8 M	♃⚼♇	0am27
	☿ ♉	2 33
	⊕⚼☿	4pm11
	☿△♄	5 4
9	☿✶♃	5am45
T	☿□♀	11pm22
	⊕⚻♅	11 38
10	♀ P	9pm57
11 Th	♂⚻♅	3am19
	☿0N	7 50
	☿✶♅	10 40
	☿□♂	11 30
	⊕⚻☿	5pm 9
	☿□♇	6 7
	☿∠♃	7 19
	⊕✶♇	11 17
12	☿⚺♆	3pm50
13 S	☿ ♊	3am53
	☿□♄	5pm46
	☿∠♅	9 17
14 Su	♂☌♇	3am20
	☿⚺♃	6 20
15 M	♂⚼♃	0am58
	☿∠♆	1 35
	♀⚺♅	9 27
16 T	☿ P	0am 7
	☿⚺♅	6 33
	♀☍♇	12pm46
	☿△♇	1 32
	☿✶♀	1 48
	☿△♂	7 58
	♀∠♃	11 27
17 W	⊕☍☿	9am 7
	☿✶♆	10 37
	⊕△♆	7pm 9
	☿ ♋	10 19
18 Th	♀☍♂	1am 4
	☿✶♄	12pm43
	☿⚼♇	10 47
19 F	☿☌♃	2am13
	☿⚼♂	11 46
	☿∠♀	7pm19
	♀△♆	10 55
20	☿∠♄	11pm21
21 Su	⊕ ♑	0am15
	☿☌♅	2 19
	☿⚻♇	9 28
	♀ ♍	8pm 1
22 M	☿⚻♂	5am59
	☿□♆	7 51
	☿ ♌	8pm17
	♂✶♆	11 30
23 T	⊕△♀	0am 7
	⊕⚻☿	4 55
	☿⚺♀	5 42
	☿⚺♄	12pm38
24 W	☿⚺♃	4am32
	♀☌♄	6 41
	♀∠♅	4pm38
25	⊕△♄	5am 2
26 F	☿⚺♅	8am56
	⊕⚼☿	11 24
	☿☍♇	4pm55
	♀✶♃	5 5
	☿∠♃	11 57
27 S	⊕∠♇	5pm59
	♂ ♓	6 24
	☿△♆	6 50
28 Su	☿ ♍	9am11
	☿☍♂	11 21
29 M	♀⚼♆	5am19
	☿☌♄	5 28
	☿∠♅	8 14
	⊕☍♃	1pm49
30 T	☿✶♃	1am53
	⊕△☿	4 41
	☿⚼♆	9pm31

JULY 2037

DAY	☿ LONG	☿ LAT	♀ LONG	♀ LAT	⊕ LONG	♂ LONG	♂ LAT
	° '	° '	° '	° '	° '	° '	° '
1 W	12♍29	6N25	14♍53	3N24	9♑32	2♓03	1S48
2 Th	16 59	6 11	16 31	3 24	10 29	2 41	1 48
3 F	21 20	5 55	18 08	3 24	11 26	3 19	1 48
4 S	25 33	5 37	19 46	3 23	12 23	3 57	1 48
5 Su	29 38	5 19	21 23	3 23	13 20	4 36	1 47
6 M	3♎36	4 59	23 00	3 23	14 18	5 14	1 47
7 Tu	7 27	4 38	24 38	3 22	15 15	5 52	1 47
8 W	11 11	4 17	26 15	3 21	16 12	6 30	1 46
9 Th	14 50	3 56	27 52	3 20	17 09	7 08	1 46
10 F	18 22	3 34	29 29	3 19	18 06	7 46	1 46
11 S	21 50	3 11	1♎06	3 18	19 04	8 24	1 45
12 Su	25 12	2 49	2 43	3 16	20 01	9 02	1 45
13 M	28 30	2 26	4 21	3 14	20 58	9 40	1 44
14 Tu	1♏44	2 04	5 58	3 13	21 55	10 18	1 44
15 W	4 54	1 41	7 35	3 11	22 53	10 57	1 44
16 Th	8 00	1 19	9 12	3 09	23 50	11 35	1 43
17 F	11 03	0 57	10 49	3 06	24 47	12 13	1 43
18 S	14 04	0 35	12 26	3 04	25 44	12 51	1 42
19 Su	17 01	0 13	14 02	3 02	26 42	13 29	1 42
20 M	19 57	0S09	15 39	2 59	27 39	14 07	1 41
21 Tu	22 50	0 30	17 16	2 56	28 36	14 45	1 41
22 W	25 41	0 51	18 53	2 53	29 34	15 23	1 40
23 Th	28 31	1 11	20 30	2 50	0♒31	16 01	1 40
24 F	1♐19	1 32	22 06	2 47	1 28	16 39	1 39
25 S	4 07	1 52	23 43	2 43	2 25	17 17	1 38
26 Su	6 53	2 11	25 19	2 40	3 23	17 55	1 38
27 M	9 38	2 30	26 56	2 36	4 20	18 33	1 37
28 Tu	12 23	2 49	28 32	2 33	5 17	19 11	1 37
29 W	15 08	3 07	0♏09	2 29	6 15	19 49	1 36
30 Th	17 53	3 25	1 45	2 25	7 12	20 27	1 36
31 F	20♐38	3S43	3♏22	2N21	8♒09	21♓05	1S35

AUGUST 2037

DAY	☿ LONG	☿ LAT	♀ LONG	♀ LAT	⊕ LONG	♂ LONG	♂ LAT
	° '	° '	° '	° '	° '	° '	° '
1 S	23♐23	4S00	4♏58	2N17	9♒07	21♓43	1S34
2 Su	26 08	4 16	6 34	2 12	10 04	22 20	1 34
3 M	28 54	4 32	8 10	2 08	11 02	22 58	1 33
4 Tu	1♑42	4 47	9 47	2 03	11 59	23 36	1 32
5 W	4 30	5 02	11 23	1 59	12 56	24 14	1 32
6 Th	7 20	5 16	12 59	1 54	13 54	24 52	1 31
7 F	10 11	5 29	14 35	1 49	14 51	25 30	1 30
8 S	13 04	5 42	16 11	1 45	15 49	26 07	1 29
9 Su	15 59	5 54	17 47	1 40	16 46	26 45	1 29
10 M	18 56	6 05	19 23	1 35	17 44	27 23	1 28
11 Tu	21 56	6 15	20 59	1 30	18 42	28 00	1 27
12 W	24 59	6 25	22 34	1 24	19 39	28 38	1 27
13 Th	28 04	6 33	24 10	1 19	20 37	29 16	1 26
14 F	1♒13	6 41	25 46	1 14	21 34	29 53	1 25
15 S	4 26	6 47	27 22	1 09	22 32	0♈31	1 24
16 Su	7 42	6 53	28 57	1 03	23 30	1 08	1 23
17 M	11 02	6 57	0♐33	0 58	24 27	1 46	1 23
18 Tu	14 27	6 59	2 08	0 52	25 25	2 23	1 22
19 W	17 57	7 00	3 44	0 47	26 23	3 01	1 21
20 Th	21 32	7 00	5 19	0 41	27 21	3 38	1 20
21 F	25 13	6 58	6 55	0 36	28 18	4 15	1 19
22 S	28 59	6 54	8 30	0 30	29 16	4 53	1 18
23 Su	2♓52	6 48	10 06	0 25	0♓14	5 30	1 18
24 M	6 51	6 40	11 41	0 19	1 12	6 07	1 17
25 Tu	10 57	6 30	13 16	0 13	2 10	6 45	1 16
26 W	15 11	6 17	14 52	0 08	3 07	7 22	1 15
27 Th	19 32	6 02	16 27	0 02	4 05	7 59	1 14
28 F	24 02	5 44	18 02	0S04	5 03	8 36	1 13
29 S	28 40	5 23	19 37	0 09	6 01	9 13	1 12
30 Su	3♈26	5 00	21 12	0 15	6 59	9 50	1 11
31 M	8♈22	4S33	22♐48	0S21	7♓57	10♈27	1S10

DAY	♃ LONG	♃ LAT	♄ LONG	♄ LAT	♅ LONG	♅ LAT	♆ LONG	♆ LAT	♇ LONG	♇ LAT
	° '	° '	° '	° '	° '	° '	° '	° '	° '	° '
1 W	8♋17.3	0S03	4♍12.7	1N36	19♋43.5	0N27	27♈00.8	1S42	21♒26.4	8S56
6 M	8 42.6	0 03	4 23.3	1 37	19 47.2	0 27	27 02.7	1 42	21 27.6	8 56
11 S	9 07.9	0 02	4 33.9	1 37	19 50.9	0 27	27 04.5	1 42	21 28.8	8 56
16 Th	9 33.2	0 02	4 44.6	1 37	19 54.6	0 27	27 06.3	1 42	21 30.0	8 57
21 Tu	9 58.4	0 01	4 55.2	1 38	19 58.3	0 27	27 08.2	1 42	21 31.2	8 57
26 Su	10 23.6	0 01	5 05.8	1 38	20 02.0	0 27	27 10.0	1 42	21 32.4	8 57
31 F	10 48.8	0 00	5 16.5	1 38	20 05.7	0 27	27 11.9	1 42	21 33.6	8 58
5 W	11 14.0	0N01	5 27.1	1 39	20 09.4	0 27	27 13.7	1 42	21 34.8	8 58
10 M	11 39.2	0 01	5 37.7	1 39	20 13.2	0 27	27 15.5	1 42	21 36.1	8 58
15 S	12 04.3	0 02	5 48.3	1 39	20 16.9	0 27	27 17.4	1 42	21 37.3	8 59
20 Th	12 29.4	0 02	5 58.9	1 40	20 20.6	0 27	27 19.2	1 42	21 38.5	8 59
25 Tu	12 54.6	0 03	6 09.5	1 40	20 24.3	0 27	27 21.0	1 42	21 39.7	8 59
30 Su	13 19.7	0 03	6 20.1	1 40	20 28.0	0 27	27 22.9	1 42	21 40.9	8 59

☿a.363298	☿ .466139
♀ .719193	♀ .722664
⊕a1.01660	⊕ 1.01496
♂p1.38170	♂ 1.38537
♃ 5.16177	♃ 5.17294
♄ 9.27070	♄ 9.27923
♅ 18.7354	♅ 18.7303
♆ 29.8249	♆ 29.8244
♇ 38.3622	♇ 38.3837
☊	Perihelia
☿ 18°♉ 46	☿ 18°♊ 02
♀ 17 ♊ 01	♀ 12 ♌ 20
⊕	⊕ 15 ♋ 03
♂ 19 ♉ 51	♂ 6 ♓ 40
♃ 10 ♋ 50	♃ 14 ♈ 55
♄ 23 ♋ 59	♄ 5 ♋ 20
♅ 14 ♊ 15	♅ 15 ♍ 47
♆ 12 ♌ 13	♆ 23 ♉ 17
♇ 20 ♋ 54	♇ 13 ♏ 43

Day	Aspect	Time
1	☿☌♀	8pm 0
2	☿⚹♅	3pm 8
3	☿⚻♇	0am38
4 S	♀⚹♅	0am 1
	☿⚻♆	8 37
	♂☍♄	2pm26
5 Su	♀⚻♇	1am 6
	☿ ♎	2 10
	♂⚼♅	7 1
6 M	☿⚺♄	4am54
	☿⚻♂	12pm 2
	⊕ A	12 7
	☿⚼♇	5 47
7	☿□♃	8am45
8 W	♂ P	6am53
	♀⚻♆	12pm 3
9	⊕□☿	9pm32
10 F	♀ ♎	7am37
	☿∠♄	8 5
	☿□♅	10 9
	☿△♇	9pm35
11 S	⊕⚼♄	1pm10
	☿⚼♂	1 44
	⊕☍♅	8 3
12 Su	♂△♃	7am45
	☿☍♆	1pm39
13 M	♀⚺♄	4am27
	☿ ♏	11 6
	⊕⚺♇	1pm 6
14 T	♀⚼♇	7am55
	☿⚹♄	10pm34
16 Th	♀□♃	5am37
	☿△♃	12pm30
	☿⚺♀	7 53
	♂∠♆	8 10
17	☿△♂	11am40
18	♀⚻♂	10am18
19 Su	⊕□♆	10am51
	☿0S	2pm21
20 M	☿△♅	0am 8
	☿□♇	1pm 4
21	☿⚼♃	6pm32
22 W	⊕ ♒	11am 5
	☿⚻♆	12pm21
	♀∠♄	4 23
	♀□♅	4 34
23 Th	♄∠♅	5am52
	☿ ♐	12pm40
	♀△♇	3 29
24 F	⊕⚹☿	1am55
	⊕∠♂	1pm36
25 S	☿⚼♅	7am55
	☿□♄	8 21
27 M	♀☍♆	3am37
	☿⚻♃	7 32
	⊕⚻♄	8pm51
	☿⚼♆	10 9
28	♀ ♏	9pm48
29 W	☿∠♀	0am14
	♂△♅	9 55
	☿ A	11pm47
30	☿⚻♅	7pm20
31 F	☿□♂	5am 7
	♃0N	6 52
	☿⚹♇	8 10
	♂⚺♇	6pm27
1 S	♀⚹♄	5am16
	⊕∠☿	9 48
2 Su	☿△♆	9am20
	♀⚼♂	7pm 2
3 M	⊕⚻♃	1am 6
	☿ ♑	9 25
4	♀△♃	9pm42
5 W	☿△♄	8am12
	☿∠♇	5pm42
7 F	⊕□♀	10am19
	☿☍♃	10 29
9 Su	⊕⚺☿	9am33
	♂⚺♆	7pm25
10 M	☿⚹♀	7am37
	☿☍♅	10 20
	♀△♅	12pm44
	☿⚼♄	1 44
	☿⚺♇	9 22
11	♀□♇	9am29
12 W	⊕⚻♅	2pm58
	☿□♆	5 52
13 Th	☿⚹♂	11am23
	☿ ♒	2pm46
14 F	⊕☌♇	1am 5
	♂ ♈	4 22
	♀⚼♃	7pm26
	♀⚻♆	10 57
15	☿⚻♄	10am17
16	♀ ♐	3pm46
17	☿⚻♃	8am42
18	♀△♂	6am 7
19 W	☿∠♂	0am28
	☿⚻♅	4pm 3
	⊕⚹♆	11 26
20 Th	♀⚼♅	0am18
	☿☌♇	0 42
	⊕⚼♃	4 3
	♀□♄	10 9
21 F	☿⚹♆	1pm33
	☿⚼♃	3 27
22 S	⊕☌☿	2am22
	☿ ♓	6 21
	⊕ ♓	6pm15
23 Su	☿⚼♅	3pm17
	☿⚺♂	6 53
	☿☍♄	7 38
24 M	♂⚻♄	0am 3
	♀⚼♆	10 1
	♀⚻♃	6pm12
	♂∠♇	8 49
25 T	☿∠♆	8am 0
	☿△♃	11 24
	☿□♀	9pm 7
27 Th	☿△♅	4am49
	♀0S	8 36
	☿⚺♇	11 28
28 F	⊕⚼♅	9am48
	☿⚺♆	5pm23
29 S	☿ ♈	6am47
	⊕☍♄	7 16
	♀⚻♅	12pm41
30 Su	♀⚹♇	7am11
	☿⚻♄	2pm18
	☿∠♇	3 53
	⊕⚺☿	9 31
31	☿☌♂	11am20

SEPTEMBER 2037

DAY	☿ LONG	☿ LAT	♀ LONG	♀ LAT	⊕ LONG	♂ LONG	♂ LAT
	° '	° '	° '	° '	° '	° '	° '
1 Tu	13♈27	4S04	24♐23	0S26	8♓55	11♈04	1S10
2 W	18 40	3 32	25 58	0 32	9 53	11 41	1 09
3 Th	24 03	2 57	27 33	0 37	10 51	12 18	1 08
4 F	29 35	2 19	29 08	0 43	11 49	12 55	1 07
5 S	5♉15	1 39	0♑43	0 48	12 47	13 32	1 06
6 Su	11 04	0 57	2 18	0 54	13 46	14 09	1 05
7 M	17 00	0 13	3 53	0 59	14 44	14 45	1 04
8 Tu	23 03	0N31	5 28	1 05	15 42	15 22	1 03
9 W	29 12	1 16	7 03	1 10	16 40	15 59	1 02
10 Th	5♊25	2 01	8 38	1 15	17 39	16 35	1 01
11 F	11 42	2 44	10 13	1 20	18 37	17 12	1 00
12 S	18 01	3 26	11 48	1 25	19 35	17 48	0 59
13 Su	24 20	4 05	13 23	1 31	20 34	18 25	0 58
14 M	0♋38	4 41	14 58	1 36	21 32	19 01	0 57
15 Tu	6 54	5 14	16 32	1 40	22 31	19 38	0 56
16 W	13 06	5 42	18 07	1 45	23 29	20 14	0 55
17 Th	19 13	6 06	19 42	1 50	24 28	20 50	0 54
18 F	25 13	6 26	21 17	1 55	25 26	21 26	0 53
19 S	1♌05	6 41	22 52	1 59	26 25	22 03	0 52
20 Su	6 50	6 51	24 27	2 04	27 23	22 39	0 51
21 M	12 25	6 58	26 02	2 08	28 22	23 15	0 50
22 Tu	17 51	7 00	27 36	2 13	29 21	23 51	0 49
23 W	23 08	6 59	29 11	2 17	0♈19	24 27	0 48
24 Th	28 15	6 55	0♒46	2 21	1 18	25 03	0 47
25 F	3♍12	6 47	2 21	2 25	2 17	25 39	0 46
26 S	7 59	6 37	3 56	2 29	3 16	26 15	0 44
27 Su	12 38	6 25	5 31	2 33	4 14	26 50	0 43
28 M	17 07	6 10	7 06	2 36	5 13	27 26	0 42
29 Tu	21 28	5 54	8 41	2 40	6 12	28 02	0 41
30 W	25♍41	5N37	10♒15	2S43	7♈11	28♈37	0S40

OCTOBER 2037

DAY	☿ LONG	☿ LAT	♀ LONG	♀ LAT	⊕ LONG	♂ LONG	♂ LAT
	° '	° '	° '	° '	° '	° '	° '
1 Th	29♍46	5N18	11♒50	2S47	8♈10	29♈13	0S39
2 F	3♎44	4 58	13 25	2 50	9 09	29 49	0 38
3 S	7 34	4 38	15 00	2 53	10 08	0♉24	0 37
4 Su	11 18	4 17	16 35	2 56	11 07	1 00	0 36
5 M	14 56	3 55	18 10	2 58	12 06	1 35	0 35
6 Tu	18 29	3 33	19 45	3 01	13 05	2 10	0 34
7 W	21 56	3 11	21 20	3 04	14 04	2 46	0 33
8 Th	25 18	2 48	22 55	3 06	15 04	3 21	0 32
9 F	28 36	2 26	24 30	3 08	16 03	3 56	0 30
10 S	1♏50	2 03	26 05	3 10	17 02	4 31	0 29
11 Su	5 00	1 41	27 40	3 12	18 02	5 06	0 28
12 M	8 06	1 18	29 15	3 14	19 01	5 41	0 27
13 Tu	11 09	0 56	0♓50	3 16	20 00	6 16	0 26
14 W	14 09	0 34	2 25	3 17	21 00	6 51	0 25
15 Th	17 07	0 12	4 00	3 18	21 59	7 26	0 24
16 F	20 02	0S09	5 35	3 20	22 59	8 01	0 23
17 S	22 55	0 31	7 10	3 21	23 58	8 35	0 22
18 Su	25 47	0 51	8 45	3 22	24 58	9 10	0 21
19 M	28 36	1 12	10 20	3 22	25 57	9 45	0 19
20 Tu	1♐25	1 32	11 56	3 23	26 57	10 19	0 18
21 W	4 12	1 52	13 31	3 23	27 56	10 54	0 17
22 Th	6 58	2 12	15 06	3 24	28 56	11 28	0 16
23 F	9 44	2 31	16 41	3 24	29 56	12 03	0 15
24 S	12 29	2 50	18 16	3 24	0♉55	12 37	0 14
25 Su	15 13	3 08	19 52	3 23	1 55	13 11	0 13
26 M	17 58	3 26	21 27	3 23	2 55	13 46	0 12
27 Tu	20 43	3 43	23 02	3 23	3 55	14 20	0 11
28 W	23 28	4 00	24 38	3 22	4 55	14 54	0 10
29 Th	26 14	4 16	26 13	3 21	5 55	15 28	0 08
30 F	29 00	4 32	27 48	3 20	6 54	16 02	0 07
31 S	1♑47	4S47	29♓24	3S19	7♉54	16♉36	0S06

DAY	♃ LONG	♃ LAT	♄ LONG	♄ LAT	♅ LONG	♅ LAT	♆ LONG	♆ LAT	♇ LONG	♇ LAT
	° '	° '	° '	° '	° '	° '	° '	° '	° '	° '
4 F	13♋44.7	0N04	6♍30.7	1N41	20♋31.7	0N27	27♈24.7	1S42	21♒42.1	9S00
9 W	14 09.8	0 05	6 41.3	1 41	20 35.4	0 28	27 26.5	1 42	21 43.3	9 00
14 M	14 34.8	0 05	6 51.9	1 41	20 39.1	0 28	27 28.4	1 43	21 44.5	9 00
19 S	14 59.9	0 06	7 02.5	1 42	20 42.8	0 28	27 30.2	1 43	21 45.7	9 01
24 Th	15 24.9	0 06	7 13.1	1 42	20 46.5	0 28	27 32.0	1 43	21 46.9	9 01
29 Tu	15 49.8	0 07	7 23.7	1 42	20 50.3	0 28	27 33.9	1 43	21 48.1	9 01
4 Su	16 14.8	0 07	7 34.2	1 43	20 54.0	0 28	27 35.7	1 43	21 49.3	9 02
9 F	16 39.8	0 08	7 44.8	1 43	20 57.7	0 28	27 37.5	1 43	21 50.5	9 02
14 W	17 04.7	0 08	7 55.4	1 43	21 01.4	0 28	27 39.4	1 43	21 51.7	9 02
19 M	17 29.6	0 09	8 06.0	1 44	21 05.1	0 28	27 41.2	1 43	21 52.9	9 03
24 S	17 54.5	0 10	8 16.5	1 44	21 08.8	0 28	27 43.0	1 43	21 54.1	9 03
29 Th	18 19.4	0 10	8 27.1	1 44	21 12.5	0 28	27 44.9	1 43	21 55.3	9 03

☿p .340880	☿a .386595
♀ .726587	♀a .728221
⊕ 1.00927	⊕ 1.00129
♂ 1.40225	♂ 1.42914
♃ 5.18415	♃ 5.19501
♄ 9.28784	♄ 9.29625
♅ 18.7252	♅ 18.7203
♆ 29.8239	♆ 29.8235
♇ 38.4052	♇ 38.4260
☊	Perihelia
☿ 18°♉ 47	☿ 18°♊ 02
♀ 17 ♊ 01	♀ 12 ♌ 21
⊕	⊕ 12 ♋ 47
♂ 19 ♉ 51	♂ 6 ♓ 41
♃ 10 ♋ 50	♃ 14 ♈ 58
♄ 23 ♋ 59	♄ 5 ♋ 29
♅ 14 ♊ 15	♅ 15 ♍ 52
♆ 12 ♌ 13	♆ 24 ♉ 22
♇ 20 ♋ 54	♇ 13 ♏ 39

1	☿□♃	0am15
2	☿□♅	8am17
W	☿⚼♄	12pm32
	☿✱♇	1 35
	♀△♆	9 50
3	⊕∠☿	9am35
Th	☿☌♆	2pm40
	☿△♀	9 20
4	☿ ♉	1am48
F	♀ ♑	1pm 8
	⊕∠♆	2 42
5	☿△♄	5am26
S	♂□♃	1pm37
6	⊕△♃	4am 6
Su	☿✱♃	11 45
	⊕✱☿	1pm 7
	☿⚺♂	1 57
7	⊕⚺♂	1am30
M	☿0N	7 5
	☿⚼♀	10 12
	☿✱♅	2pm14
	☿□♇	6 45
8	☿⚺♆	5pm11
T	♀△♄	6 25
	♀∠♇	7 1
	☿∠♃	11 53
9	☿ ♊	3am 7
W	☿∠♂	7 39
10	☿∠♅	0am43
Th	☿□♄	5 2
	☿⚻♀	4pm26
11	☿∠♆	2am53
F	☿⚺♃	10 9
	☿✱♂	11pm 7
	☿ P	11 26
12	⊕□☿	7am 5
S	☿⚺♅	9 57
	☿△♇	2pm 8
13	⊕△♅	1am53
Su	☿✱♆	11 55
	♀☍♃	5pm57
	☿ ♋	9 33
14	⊕⚺♇	5am 2
M	☿⚼♇	11pm23
	☿✱♄	11 59
16	☿☌♃	6am31
W	♂□♅	6pm 3
17	☿☍♀	2am39
Th	☿☌♅	5 53
	☿□♂	7 11
	☿⚻♇	10 7
	☿∠♄	11 3
	♀☍♅	3pm 6
18	⊕△☿	1am 6
F	♀□♂	3 50
	♀⚺♇	7 12
	☿□♆	9 17
	♀⚼♄	11 13
	♂✱♇	12pm42
	☿ ♌	7 31
	♂⚼♄	11 56
20	☿⚺♄	1am 4
Su	⊕⚺♆	2 58
21	⊕⚼☿	5am 3
M	☿⚺♃	12pm14
	♀□♆	10 41
22	☿⚺♅	1pm 8
T	⊕ ♈	4 6
	☿☍♇	5 47
23	☿△♂	6am56
W	♀ ♒	12pm19
	☿△♆	8 38
24	☿ ♍	8am26
Th	☿∠♃	10 37
	☿⚻♀	5pm53
	⊕⚻☿	6 23
	⊕✱♀	9 9
25	☿∠♅	12pm55
F	☿☌♄	8 25
26	☿⚼♂	7pm14
S	☿⚼♆	11 35
27	☿✱♃	4pm26
28	♀⚻♄	4am 7
M	♂☌♆	5 0
	☿✱♅	8pm27
29	☿⚻♇	1am51
T	⊕∠♇	2pm44
	☿⚼♀	8 1
30	⊕⚻♄	6am15
W	☿⚻♆	11 1
	☿⚻♂	8pm11

1	☿ ♎	1am24
Th	♀ A	7 5
2	♂ ♉	7am41
F	☿⚼♇	7pm15
	☿⚺♄	11 47
3	♀⚻♃	6pm36
S	⊕☍☿	10 20
5	☿□♃	9am34
6	☿△♀	4pm 9
T	☿□♅	4 59
	♀⚻♅	5 58
	☿△♇	11 17
7	☿∠♄	5am18
W	♀☌♇	7 38
8	☿☍♆	4pm49
9	☿ ♏	10am20
F	⊕□♃	4pm17
10	♀✱♆	11pm36
11	☿☍♂	1am 2
Su	☿✱♄	10pm 4
12	♀ ♓	11am24
13	♀⚼♃	6pm37
14	⊕□♅	0am42
W	⊕✱♇	9pm 4
15	☿△♃	0am24
Th	☿0S	1pm36
	♂△♄	11 14
16	⊕⚼♄	0am25
F	♀⚼♅	7 4
	☿△♅	8 26
	☿□♇	3pm14
17	♀☍♄	1pm18
S	⊕⚻☿	1 27
18	♀✱♂	9am49
Su	☿⚻♆	4pm10
19	☿ ♐	11am54
20	⊕∠♀	0am46
T	☿⚼♃	10 20
	♀∠♆	11 38
	⊕☌♆	6pm 8
21	☿⚼♅	4pm37
22	☿□♄	10am53
23	⊕ ♉	1am43
F	♀△♃	6pm10
24	☿⚻♂	1am31
S	☿⚼♆	2 5
25	♀△♅	7pm45
Su	☿ A	11 2
	⊕⚼☿	11 17
26	☿⚻♃	0am58
M	♀⚺♇	6 56
27	☿⚻♅	4am 7
T	☿✱♇	10 29
28	☿□♀	11pm50
29	☿△♆	1pm14
Th	♀⚺♆	11 12
30	☿ ♑	8am39
F	☿⚼♂	9pm59
31	♀ ♈	9am 6
S	⊕△♄	3pm18

NOVEMBER 2037

DAY	☿ LONG	☿ LAT	♀ LONG	♀ LAT	⊕ LONG	♂ LONG	♂ LAT
	° '	° '	° '	° '	° '	° '	° '
1 Su	4♑35	5S02	0♈59	3S18	8♉54	17♉10	0S05
2 M	7 25	5 16	2 35	3 16	9 54	17 44	0 04
3 Tu	10 16	5 30	4 10	3 15	10 55	18 17	0 03
4 W	13 10	5 42	5 46	3 13	11 55	18 51	0 02
5 Th	16 05	5 54	7 21	3 11	12 55	19 25	0 01
6 F	19 02	6 05	8 57	3 09	13 55	19 58	0N00
7 S	22 02	6 16	10 32	3 07	14 55	20 32	0 01
8 Su	25 05	6 25	12 08	3 04	15 55	21 05	0 02
9 M	28 10	6 34	13 43	3 02	16 56	21 39	0 03
10 Tu	1♒19	6 41	15 19	2 59	17 56	22 12	0 05
11 W	4 32	6 48	16 55	2 57	18 56	22 46	0 06
12 Th	7 48	6 53	18 30	2 54	19 57	23 19	0 07
13 F	11 09	6 57	20 06	2 51	20 57	23 52	0 08
14 S	14 34	6 59	21 42	2 48	21 57	24 25	0 09
15 Su	18 04	7 00	23 18	2 44	22 58	24 58	0 10
16 M	21 39	7 00	24 53	2 41	23 58	25 31	0 11
17 Tu	25 20	6 58	26 29	2 37	24 59	26 04	0 12
18 W	29 06	6 54	28 05	2 34	25 59	26 37	0 13
19 Th	2♓59	6 48	29 41	2 30	27 00	27 10	0 14
20 F	6 59	6 39	1♉17	2 26	28 00	27 43	0 15
21 S	11 05	6 29	2 53	2 22	29 01	28 16	0 16
22 Su	15 19	6 16	4 28	2 18	0♊01	28 48	0 17
23 M	19 41	6 01	6 04	2 14	1 02	29 21	0 18
24 Tu	24 11	5 43	7 40	2 09	2 02	29 54	0 19
25 W	28 49	5 22	9 16	2 05	3 03	0♊26	0 20
26 Th	3♈36	4 59	10 52	2 00	4 04	0 59	0 21
27 F	8 31	4 32	12 29	1 56	5 04	1 31	0 22
28 S	13 36	4 03	14 05	1 51	6 05	2 03	0 23
29 Su	18 50	3 31	15 41	1 46	7 06	2 36	0 24
30 M	24♈13	2S55	17♉17	1S41	8♊07	3♊08	0N26

DECEMBER 2037

DAY	☿ LONG	☿ LAT	♀ LONG	♀ LAT	⊕ LONG	♂ LONG	♂ LAT
	° '	° '	° '	° '	° '	° '	° '
1 Tu	29♈45	2S18	18♉53	1S36	9♊07	3♊40	0N27
2 W	5♉26	1 37	20 29	1 31	10 08	4 12	0 28
3 Th	11 15	0 55	22 06	1 26	11 09	4 44	0 29
4 F	17 11	0 12	23 42	1 21	12 10	5 16	0 30
5 S	23 14	0N33	25 18	1 15	13 11	5 48	0 31
6 Su	29 23	1 18	26 54	1 10	14 12	6 20	0 32
7 M	5♊37	2 02	28 31	1 05	15 13	6 52	0 32
8 Tu	11 54	2 46	0♊07	0 59	16 14	7 24	0 33
9 W	18 13	3 27	1 44	0 54	17 15	7 56	0 34
10 Th	24 32	4 06	3 20	0 48	18 16	8 27	0 35
11 F	0♋50	4 42	4 56	0 43	19 17	8 59	0 36
12 S	7 06	5 15	6 33	0 37	20 18	9 30	0 37
13 Su	13 18	5 43	8 09	0 31	21 19	10 02	0 38
14 M	19 24	6 07	9 46	0 26	22 20	10 33	0 39
15 Tu	25 24	6 26	11 23	0 20	23 21	11 05	0 40
16 W	1♌16	6 41	12 59	0 14	24 22	11 36	0 41
17 Th	7 00	6 52	14 36	0 09	25 23	12 08	0 42
18 F	12 35	6 58	16 13	0 03	26 24	12 39	0 43
19 S	18 01	7 00	17 49	0N03	27 25	13 10	0 44
20 Su	23 18	6 59	19 26	0 09	28 26	13 41	0 45
21 M	28 24	6 54	21 03	0 14	29 27	14 12	0 46
22 Tu	3♍21	6 47	22 40	0 20	0♋28	14 43	0 47
23 W	8 08	6 37	24 16	0 26	1 29	15 14	0 48
24 Th	12 47	6 24	25 53	0 31	2 30	15 45	0 48
25 F	17 16	6 10	27 30	0 37	3 31	16 16	0 49
26 S	21 36	5 54	29 07	0 43	4 32	16 47	0 50
27 Su	25 49	5 36	0♋44	0 48	5 33	17 18	0 51
28 M	29 54	5 17	2 21	0 54	6 35	17 49	0 52
29 Tu	3♎51	4 58	3 58	0 59	7 36	18 19	0 53
30 W	7 41	4 37	5 35	1 05	8 37	18 50	0 54
31 Th	11♎25	4N16	7♋12	1N10	9♋38	19♊20	0N55

DAY	♃ LONG	♃ LAT	♄ LONG	♄ LAT	♅ LONG	♅ LAT	♆ LONG	♆ LAT	♇ LONG	♇ LAT
	° '	° '	° '	° '	° '	° '	° '	° '	° '	° '
3 Tu	18♋44.3	0N11	8♍37.7	1N45	21♋16.2	0N28	27♈46.7	1S43	21♒56.5	9S04
8 Su	19 09.2	0 11	8 48.2	1 45	21 20.0	0 28	27 48.5	1 43	21 57.7	9 04
13 F	19 34.0	0 12	8 58.8	1 45	21 23.7	0 28	27 50.4	1 43	21 58.9	9 04
18 W	19 58.8	0 12	9 09.3	1 46	21 27.4	0 28	27 52.2	1 43	22 00.1	9 04
23 M	20 23.6	0 13	9 19.9	1 46	21 31.1	0 28	27 54.1	1 43	22 01.3	9 05
28 S	20 48.4	0 14	9 30.4	1 46	21 34.8	0 28	27 55.9	1 43	22 02.5	9 05
3 Th	21 13.2	0 14	9 41.0	1 47	21 38.6	0 28	27 57.7	1 43	22 03.7	9 05
8 Tu	21 37.9	0 15	9 51.5	1 47	21 42.3	0 28	27 59.6	1 43	22 04.9	9 06
13 Su	22 02.7	0 15	10 02.1	1 47	21 46.0	0 28	28 01.4	1 43	22 06.1	9 06
18 F	22 27.4	0 16	10 12.6	1 48	21 49.7	0 28	28 03.3	1 43	22 07.3	9 06
23 W	22 52.1	0 16	10 23.1	1 48	21 53.5	0 28	28 05.1	1 43	22 08.5	9 07
28 M	23 16.8	0 17	10 33.7	1 48	21 57.2	0 28	28 06.9	1 43	22 09.7	9 07

☿ .461624	☿p .326205
♀ .726544	♀ .722741
⊕ .992646	⊕ .986173
♂ 1.46464	♂ 1.50297
♃ 5.20623	♃ 5.21705
♄ 9.30501	♄ 9.31357
♅ 18.7153	♅ 18.7104
♆ 29.8230	♆ 29.8225
♇ 38.4475	♇ 38.4682
☊	Perihelia
☿ 18° ♉ 47	☿ 18° ♊ 03
♀ 17 ♊ 01	♀ 12 ♌ 04
⊕	⊕ 12 ♋ 23
♂ 19 ♉ 51	♂ 6 ♓ 43
♃ 10 ♋ 50	♃ 15 ♈ 01
♄ 23 ♋ 59	♄ 5 ♋ 41
♅ 14 ♊ 15	♅ 15 ♍ 59
♆ 12 ♌ 14	♆ 25 ♉ 45
♇ 20 ♋ 54	♇ 13 ♏ 35

1	☿∠♇	7pm55
2	♀∠♂	3am28
M	☿△♄	10 1
3	⊕△☿	8am 8
T	♂⚹♃	10pm30
4	♀∠♇	5pm55
5	♂0N	6pm39
Th	♀⚻♄	8 45
	☿☍♃	11 37
6	☿△♂	9am17
F	☿☍♅	6pm19
	☿⚺♇	11 24
7	☿⚼♄	1pm54
8	♂⚹♅	10am42
Su	☿□♆	9pm16
9	♂□♇	1pm49
M	☿ ♒	2 0
11	⊕⚹♃	12pm 4
12	☿⚻♄	8am20
Th	♀□♃	3pm32
13	⊕⚹♅	10am46
F	♀□♅	7pm37
14	⊕□♇	0am43
S	♀⚹♇	4 22
	⊕⚺♀	10 34
15	☿⚻♃	11am30
Su	♀⚼♄	11 40
	☿⚻♅	10pm33
16	☿☌♇	2am15
M	♀⚺♂	2pm31
	⊕□☿	8 53
17	☿□♂	5am35
T	☿⚹♀	12pm51
	☿⚹♆	4 12
	♀☌♆	8 49
18	☿ ♓	5am35
19	♀ ♉	4am49
Th	⊕☌♂	9 4
	☿⚼♃	12pm50
	☿⚼♅	9 2
	⊕⚺♆	9 9
20	♂⚺♆	7am29
F	☿☍♄	1pm19
21	☿∠♆	10am19
S	⊕ ♊	11pm31
23	☿△♃	3am55
M	☿△♅	9 55
	☿∠♀	11 41
	☿⚺♇	12pm36
24	♂ ♊	4am47
T	☿⚺♆	7pm23
25	♀△♄	1am58
W	☿ ♈	6 1
	☿⚹♂	9 16
26	⊕⚹☿	2am55
Th	☿∠♇	4pm50
27	☿⚻♄	4am34
F	⊕∠♃	4pm48
28	☿⚺♀	3am11
S	⊕∠♅	11 53
	☿∠♂	5pm43
29	☿□♃	9am22
Su	☿□♅	12pm24
	☿⚹♇	2 23
	⊕∠☿	5 59
30	☿⚼♄	1am34
M	☿☌♆	4pm14
1	☿ ♉	1am 3
T	⊕□♄	12pm 0
	☿⚺♂	6 19
2	♀⚹♃	10am14
W	♀⚹♅	5pm14
	☿△♄	5 33
	⊕⚺☿	11 32
	♀□♇	11 32
4	☿0N	6am20
F	☿⚹♃	4pm35
	☿⚹♅	5 47
	⊕∠♆	7 5
	☿□♇	7 23
5	☿☌♀	10am57
S	☿⚺♆	6pm32
6	☿ ♊	2am22
Su	♂∠♃	7 3
	♂∠♅	3pm56
	♀⚺♆	4 7
7	☿∠♃	3am38
M	☿∠♅	4 8
	☿☌♂	5 14
	☿□♄	4pm11
	♀ ♊	10 14
8	☿∠♆	4am10
T	⊕☌☿	7pm37
	☿ P	10 41
9	♃☌♅	0am49
W	☿⚺♅	1pm20
	☿⚺♃	1 28
	☿△♇	2 42
10	☿⚹♆	1pm13
Th	☿ ♋	8 48
11	☿⚺♀	9pm 8
F	☿⚼♇	11 59
12	♀∠♅	3am 5
S	♀∠♃	6 30
	☿⚺♂	10 9
	☿⚹♄	11 15
13	♂□♄	0am 5
Su	⊕⚺♅	10 56
	♃⚻♇	5pm21
	⊕△♇	6 46
	⊕⚺♃	6 53
14	♀□♄	4am37
M	☿☌♅	9 29
	☿⚻♇	10 46
	☿☌♃	11 0
	⊕⚺☿	2pm 2
	♀☌♂	5 28
	☿∠♄	10 48
15	☿∠♂	3am 2
T	☿∠♀	5 27
	☿□♆	10 43
	☿ ♌	6pm46
16	♀∠♆	0am49
17	☿⚺♄	1pm37
Th	⊕∠☿	5 38
18	☿⚹♂	0am16
F	♀0N	12pm 4
	♂∠♆	7 0
	☿⚹♀	10 43
19	⊕⚹♆	3pm22
S	☿⚺♅	5 22
	☿☍♇	6 38
	☿⚺♃	8 51
20	☿△♆	10pm26
21	⊕⚹☿	6am18
M	☿ ♍	7 40
	♀⚺♅	12pm17
	⊕ ♋	1 1
	♀△♇	4 13
22	♀⚺♃	1am59
T	☿∠♅	5pm39
	☿∠♃	10 35
23	☿☌♄	11am37
24	☿⚼♆	1am39
Th	☿□♂	5pm55
25	♀⚹♆	8am52
26	☿⚹♅	1am48
S	☿⚻♇	3 4
	☿⚹♃	8 41
	♀ ♋	1pm 6
27	☿⚻♆	1pm26
28	☿ ♎	0am38
M	⊕⚼♇	1pm50
29	☿□♀	1am14
T	☿⚼♇	8pm42
30	⊕□☿	8am 4
W	☿⚺♄	7pm 2
	♀⚼♇	11 35

JANUARY 2038

DAY	☿ LONG	☿ LAT	♀ LONG	♀ LAT	⊕ LONG	♂ LONG	♂ LAT
	° '	° '	° '	° '	° '	° '	° '
1 F	15♎03	3N54	8♋49	1N16	10♋39	19♊51	0N56
2 S	18 36	3 32	10 26	1 21	11 40	20 22	0 56
3 Su	22 03	3 10	12 03	1 26	12 42	20 52	0 57
4 M	25 25	2 47	13 41	1 31	13 43	21 22	0 58
5 Tu	28 42	2 25	15 18	1 37	14 44	21 53	0 59
6 W	1♏56	2 02	16 55	1 42	15 45	22 23	1 00
7 Th	5 06	1 40	18 32	1 47	16 46	22 53	1 01
8 F	8 12	1 18	20 10	1 51	17 47	23 23	1 01
9 S	11 15	0 55	21 47	1 56	18 49	23 54	1 02
10 Su	14 15	0 33	23 24	2 01	19 50	24 24	1 03
11 M	17 13	0 12	25 01	2 06	20 51	24 54	1 04
12 Tu	20 08	0S10	26 39	2 10	21 52	25 24	1 05
13 W	23 01	0 31	28 16	2 14	22 53	25 54	1 05
14 Th	25 52	0 52	29 54	2 19	23 54	26 24	1 06
15 F	28 42	1 13	1♌31	2 23	24 55	26 53	1 07
16 S	1♐30	1 33	3 08	2 27	25 56	27 23	1 08
17 Su	4 17	1 53	4 46	2 31	26 58	27 53	1 08
18 M	7 04	2 12	6 23	2 35	27 59	28 23	1 09
19 Tu	9 49	2 32	8 01	2 38	29 00	28 52	1 10
20 W	12 34	2 50	9 38	2 42	0♌01	29 22	1 11
21 Th	15 19	3 09	11 16	2 45	1 02	29 52	1 11
22 F	18 03	3 26	12 53	2 49	2 03	0♋21	1 12
23 S	20 48	3 44	14 31	2 52	3 04	0 51	1 13
24 Su	23 33	4 01	16 08	2 55	4 05	1 20	1 14
25 M	26 19	4 17	17 46	2 58	5 06	1 50	1 14
26 Tu	29 05	4 33	19 23	3 01	6 07	2 19	1 15
27 W	1♑53	4 48	21 01	3 03	7 08	2 48	1 16
28 Th	4 41	5 03	22 38	3 06	8 09	3 17	1 16
29 F	7 31	5 17	24 16	3 08	9 10	3 47	1 17
30 S	10 22	5 30	25 53	3 10	10 11	4 16	1 18
31 Su	13♑15	5S43	27♌31	3N12	11♌12	4♋45	1N18

FEBRUARY 2038

DAY	☿ LONG	☿ LAT	♀ LONG	♀ LAT	⊕ LONG	♂ LONG	♂ LAT
	° '	° '	° '	° '	° '	° '	° '
1 M	16♑10	5S55	29♌08	3N14	12♌13	5♋14	1N19
2 Tu	19 08	6 06	0♍46	3 16	13 14	5 43	1 20
3 W	22 08	6 16	2 23	3 17	14 14	6 12	1 20
4 Th	25 11	6 25	4 01	3 18	15 15	6 41	1 21
5 F	28 16	6 34	5 38	3 20	16 16	7 10	1 22
6 S	1♒25	6 41	7 16	3 21	17 17	7 39	1 22
7 Su	4 38	6 48	8 53	3 22	18 18	8 08	1 23
8 M	7 55	6 53	10 31	3 22	19 19	8 37	1 23
9 Tu	11 15	6 57	12 08	3 23	20 19	9 05	1 24
10 W	14 41	6 59	13 46	3 23	21 20	9 34	1 25
11 Th	18 11	7 00	15 23	3 24	22 21	10 03	1 25
12 F	21 46	7 00	17 00	3 24	23 22	10 32	1 26
13 S	25 27	6 58	18 38	3 24	24 22	11 00	1 26
14 Su	29 14	6 53	20 15	3 23	25 23	11 29	1 27
15 M	3♓07	6 47	21 52	3 23	26 24	11 57	1 28
16 Tu	7 07	6 39	23 30	3 22	27 24	12 26	1 28
17 W	11 13	6 29	25 07	3 22	28 25	12 54	1 29
18 Th	15 27	6 16	26 44	3 21	29 25	13 23	1 29
19 F	19 49	6 01	28 21	3 20	0♍26	13 51	1 30
20 S	24 19	5 43	29 59	3 19	1 26	14 19	1 30
21 Su	28 58	5 22	1♎36	3 17	2 27	14 48	1 31
22 M	3♈45	4 58	3 13	3 16	3 27	15 16	1 31
23 Tu	8 41	4 32	4 50	3 14	4 28	15 44	1 32
24 W	13 46	4 02	6 27	3 12	5 28	16 12	1 32
25 Th	19 00	3 30	8 04	3 10	6 28	16 41	1 33
26 F	24 24	2 54	9 41	3 08	7 29	17 09	1 33
27 S	29 56	2 16	11 18	3 06	8 29	17 37	1 34
28 Su	5♉37	1S36	12♎55	3N03	9♍29	18♋05	1N34

DAY	♃ LONG	♃ LAT	♄ LONG	♄ LAT	♅ LONG	♅ LAT	♆ LONG	♆ LAT	♇ LONG	♇ LAT
	° '	° '	° '	° '	° '	° '	° '	° '	° '	° '
2 S	23♋41.5	0N17	10♍44.2	1N49	22♋00.9	0N28	28♈08.8	1S43	22♒10.9	9S07
7 Th	24 06.1	0 18	10 54.7	1 49	22 04.6	0 28	28 10.6	1 43	22 12.1	9 07
12 Tu	24 30.8	0 18	11 05.3	1 49	22 08.3	0 29	28 12.5	1 43	22 13.3	9 08
17 Su	24 55.4	0 19	11 15.8	1 50	22 12.1	0 29	28 14.3	1 43	22 14.5	9 08
22 F	25 20.0	0 20	11 26.3	1 50	22 15.8	0 29	28 16.1	1 43	22 15.7	9 08
27 W	25 44.6	0 20	11 36.8	1 50	22 19.5	0 29	28 18.0	1 43	22 16.9	9 09
1 M	26 09.1	0 21	11 47.3	1 50	22 23.2	0 29	28 19.8	1 43	22 18.1	9 09
6 S	26 33.7	0 21	11 57.8	1 51	22 27.0	0 29	28 21.6	1 43	22 19.3	9 09
11 Th	26 58.2	0 22	12 08.3	1 51	22 30.7	0 29	28 23.5	1 43	22 20.5	9 10
16 Tu	27 22.7	0 22	12 18.8	1 51	22 34.4	0 29	28 25.3	1 43	22 21.7	9 10
21 Su	27 47.2	0 23	12 29.3	1 52	22 38.1	0 29	28 27.1	1 43	22 22.9	9 10
26 F	28 11.7	0 23	12 39.8	1 52	22 41.8	0 29	28 29.0	1 43	22 24.1	9 11

☿a.408634	☿ .452673
♀p.719243	♀ .718673
⊕p.983365	⊕ .985321
♂ 1.54319	♂ 1.58092
♃ 5.22818	♃ 5.23923
♄ 9.32248	♄ 9.33146
♅ 18.7054	♅ 18.7004
♆ 29.8220	♆ 29.8215
♇ 38.4897	♇ 38.5112
☊	Perihelia
☿ 18°♉ 47	☿ 18°♊ 03
♀ 17 ♊ 01	♀ 11 ♌ 50
⊕	⊕ 14 ♋ 15
♂ 19 ♉ 51	♂ 6 ♓ 45
♃ 10 ♋ 51	♃ 15 ♈ 01
♄ 23 ♋ 59	♄ 5 ♋ 50
♅ 14 ♊ 15	♅ 16 ♍ 11
♆ 12 ♌ 14	♆ 26 ♉ 54
♇ 20 ♋ 54	♇ 13 ♏ 33

1	⊕⚹♄	1am11
2 S	♀⚹♄	4am31
	☿△♂	2pm19
	☿□♅	11 53
3 Su	☿△♇	1am 0
	⊕ P	5 4
	☿□♃	12pm34
4 M	⊕☌♀	1am22
	☿∠♄	2 53
	☿☍♆	8pm 0
5 T	♂⊻♅	8am29
	☿ ♏	9 34
	♂△♇	3pm 6
8 F	☿⚼♂	1am48
	☿⚹♄	9pm52
9 S	♀☌♅	4am47
	♀⚻♇	6 22
	♂⊻♃	9pm22
10 Su	♀☌♃	2pm44
	♀⊻♂	9 14
11 M	☿0S	12pm51
	♀∠♄	3 33
12 T	⊕☌♅	6am30
	⊕⚻♇	8 23
	☿△♅	4pm46
	☿□♇	5 24
	⊕△☿	10 20
	♀□♆	11 10
13	☿△♃	1pm39
14 Th	♀ ♌	1am35
	☿⚻♂	5 23
	⊕☌♃	7pm48
	☿⚻♆	7 59
15	☿ ♐	11am 8
16	⊕∠♄	7am 0
17 Su	☿△♀	9am56
	♂⚹♆	5pm24
18 M	☿⚼♅	1am21
	⊕□♆	6 20
	⊕⊻♂	6pm25
19 T	☿⚼♃	2am25
	☿□♄	1pm23
	⊕ ♌	11 42
20	☿⚼♆	6am 2
21 Th	♀⚹♄	2am 8
	♂ ♋	6 48
	♀ P	9 41
	⊕⚼☿	9 58
	♅⚻♇	7pm 9
	☿ A	10 17
23 S	☿⚹♇	12pm47
	☿⚻♅	12 54
24 Su	♀∠♂	4am11
	☿⚻♃	5pm25
25	☿△♆	5pm 7
26	☿ ♑	7am52
27 W	☿☍♂	9am38
	♀☍♇	6pm46
	♀⊻♅	7 31
28	☿∠♇	10pm 7
29	⊕⚻☿	9pm34
30 S	♀⊻♃	1am32
	☿⚼♀	10 2
	☿△♄	11 25
31	♀△♆	11am59
Su	⊕⊻♄	1pm40

1	♀ ♍	12pm41
3 W	☿⊻♇	1am26
	☿☍♅	2 15
4 Th	☿☍♃	9am47
	☿⚼♄	1pm31
5 F	☿□♆	0am38
	♂⚼♇	7 29
	☿ ♒	1pm13
6 S	♀∠♅	2am44
	♀⚹♂	8 5
8 M	☿⚻♂	5am56
	♀∠♃	6pm51
	♀☌♄	10 57
9 T	☿⚻♄	5am49
	☿⚻♀	11 54
	♀⚼♆	6pm25
10	⊕☍♇	11pm48
11	⊕⊻♅	3am53
12 F	☿☌♇	3am48
	☿⚻♅	4 59
	⊕☍☿	2pm25
13 S	☿⚼♂	4am 4
	☿⚻♃	11 1
	☿⚹♆	6pm50
14 Su	☿ ♓	4am49
	♃∠♄	2pm32
15 M	♀⚻♇	7am 9
	♀⚹♅	10 14
	♂⚹♄	5pm40
	⊕⊻♃	11 21
16 T	⊕∠♂	1am11
	☿⚼♅	2 45
17 W	⊕△♆	0am21
	☿☍♄	6 30
	☿⚼♃	7 14
	☿△♂	10 50
	☿∠♆	12pm36
18 Th	♀⚹♃	12pm33
	⊕ ♍	1 45
19 F	♀⚻♆	1am13
	☿⊻♇	1pm42
	☿△♅	3 0
20 S	♀ ♎	0am20
	☿△♃	5pm53
	☿⊻♆	9 23
21 Su	☿ ♈	5am15
	☿☍♀	8pm 2
	⊕⚻☿	10 9
22 M	⊕⊻♀	9am22
	☿∠♇	5pm46
23	☿⚻♄	6pm29
24 W	☿□♂	12pm22
	♀⚼♇	2 2
25 Th	⊕⚼☿	1pm36
	☿⚹♇	3 11
	☿□♅	4 30
26 F	⊕∠♅	5am18
	☿⚼♄	2pm20
	☿□♃	4 47
	☿☌♆	5 48
27 S	☿ ♉	0am17
	♀⊻♄	9pm16
28	⊕△☿	7pm22

MARCH 2038

DAY	☿ LONG	☿ LAT	♀ LONG	♀ LAT	⊕ LONG	♂ LONG	♂ LAT
	° ′	° ′	° ′	° ′	° ′	° ′	° ′
1 M	11♉26	0S54	14♎32	3N01	10♍30	18♋33	1N35
2 Tu	17 23	0 10	16 08	2 58	11 30	19 01	1 35
3 W	23 26	0N34	17 45	2 55	12 30	19 29	1 36
4 Th	29 35	1 19	19 22	2 52	13 30	19 57	1 36
5 F	5♊49	2 04	20 59	2 49	14 30	20 25	1 37
6 S	12 06	2 47	22 35	2 46	15 31	20 53	1 37
7 Su	18 25	3 29	24 12	2 42	16 31	21 21	1 38
8 M	24 44	4 08	25 48	2 39	17 31	21 48	1 38
9 Tu	1♋02	4 43	27 25	2 35	18 31	22 16	1 38
10 W	7 18	5 16	29 01	2 31	19 31	22 44	1 39
11 Th	13 29	5 44	0♏38	2 28	20 31	23 12	1 39
12 F	19 35	6 07	2 14	2 24	21 31	23 39	1 40
13 S	25 35	6 27	3 51	2 19	22 31	24 07	1 40
14 Su	1♌27	6 41	5 27	2 15	23 30	24 35	1 40
15 M	7 11	6 52	7 03	2 11	24 30	25 02	1 41
16 Tu	12 46	6 58	8 39	2 07	25 30	25 30	1 41
17 W	18 11	7 00	10 15	2 02	26 30	25 57	1 41
18 Th	23 27	6 59	11 52	1 57	27 29	26 25	1 42
19 F	28 34	6 54	13 28	1 53	28 29	26 52	1 42
20 S	3♍30	6 47	15 04	1 48	29 29	27 20	1 43
21 Su	8 17	6 36	16 40	1 43	0♎28	27 47	1 43
22 M	12 55	6 24	18 15	1 38	1 28	28 15	1 43
23 Tu	17 24	6 09	19 51	1 33	2 28	28 42	1 43
24 W	21 45	5 53	21 27	1 28	3 27	29 09	1 44
25 Th	25 57	5 36	23 03	1 23	4 27	29 37	1 44
26 F	0♎01	5 17	24 39	1 18	5 26	0♌04	1 44
27 S	3 58	4 57	26 14	1 12	6 25	0 31	1 45
28 Su	7 49	4 36	27 50	1 07	7 25	0 58	1 45
29 M	11 32	4 15	29 26	1 02	8 24	1 26	1 45
30 Tu	15 10	3 53	1♐01	0 56	9 23	1 53	1 46
31 W	18♎42	3N31	2♐37	0N51	10♎23	2♌20	1N46

APRIL 2038

DAY	☿ LONG	☿ LAT	♀ LONG	♀ LAT	⊕ LONG	♂ LONG	♂ LAT
	° ′	° ′	° ′	° ′	° ′	° ′	° ′
1 Th	22♎09	3N09	4♐12	0N45	11♎22	2♌47	1N46
2 F	25 31	2 47	5 48	0 40	12 21	3 14	1 46
3 S	28 49	2 24	7 23	0 34	13 20	3 41	1 47
4 Su	2♏02	2 02	8 59	0 29	14 20	4 08	1 47
5 M	5 12	1 39	10 34	0 23	15 19	4 35	1 47
6 Tu	8 18	1 17	12 09	0 17	16 18	5 02	1 47
7 W	11 21	0 55	13 45	0 12	17 17	5 29	1 47
8 Th	14 21	0 33	15 20	0 06	18 16	5 56	1 48
9 F	17 18	0 11	16 55	0 00	19 15	6 23	1 48
10 S	20 13	0S11	18 30	0S05	20 14	6 50	1 48
11 Su	23 06	0 32	20 06	0 11	21 13	7 17	1 48
12 M	25 58	0 53	21 41	0 17	22 12	7 44	1 48
13 Tu	28 47	1 13	23 16	0 22	23 11	8 11	1 49
14 W	1♐35	1 34	24 51	0 28	24 09	8 38	1 49
15 Th	4 23	1 54	26 26	0 33	25 08	9 05	1 49
16 F	7 09	2 13	28 01	0 39	26 07	9 31	1 49
17 S	9 54	2 32	29 36	0 44	27 06	9 58	1 49
18 Su	12 39	2 51	1♑11	0 50	28 04	10 25	1 49
19 M	15 24	3 09	2 46	0 55	29 03	10 52	1 50
20 Tu	18 09	3 27	4 21	1 01	0♏02	11 18	1 50
21 W	20 53	3 44	5 56	1 06	1 00	11 45	1 50
22 Th	23 39	4 01	7 31	1 11	1 59	12 12	1 50
23 F	26 24	4 17	9 06	1 17	2 57	12 39	1 50
24 S	29 11	4 33	10 41	1 22	3 56	13 05	1 50
25 Su	1♑58	4 48	12 16	1 27	4 54	13 32	1 50
26 M	4 46	5 03	13 51	1 32	5 53	13 58	1 50
27 Tu	7 36	5 17	15 26	1 37	6 51	14 25	1 50
28 W	10 28	5 30	17 01	1 42	7 49	14 52	1 51
29 Th	13 21	5 43	18 35	1 47	8 48	15 18	1 51
30 F	16♑16	5S55	20♑10	1S51	9♏46	15♌45	1N51

DAY	♃ LONG	♃ LAT	♄ LONG	♄ LAT	♅ LONG	♅ LAT	♆ LONG	♆ LAT	♇ LONG	♇ LAT
	° ′	° ′	° ′	° ′	° ′	° ′	° ′	° ′	° ′	° ′
3 W	28♋36.2	0N24	12♍50.3	1N52	22♋45.6	0N29	28♈30.8	1S43	22♒25.3	9S11
8 M	29 00.6	0 24	13 00.8	1 53	22 49.3	0 29	28 32.6	1 43	22 26.5	9 11
13 S	29 25.1	0 25	13 11.2	1 53	22 53.0	0 29	28 34.5	1 43	22 27.6	9 11
18 Th	29 49.5	0 25	13 21.7	1 53	22 56.7	0 29	28 36.3	1 43	22 28.8	9 12
23 Tu	0♌13.9	0 26	13 32.2	1 53	23 00.5	0 29	28 38.1	1 43	22 30.0	9 12
28 Su	0 38.3	0 26	13 42.7	1 54	23 04.2	0 29	28 40.0	1 43	22 31.2	9 12
2 F	1 02.6	0 27	13 53.1	1 54	23 07.9	0 29	28 41.8	1 43	22 32.4	9 13
7 W	1 27.0	0 28	14 03.6	1 54	23 11.6	0 29	28 43.6	1 43	22 33.6	9 13
12 M	1 51.3	0 28	14 14.1	1 55	23 15.3	0 29	28 45.5	1 43	22 34.8	9 13
17 S	2 15.6	0 29	14 24.5	1 55	23 19.1	0 29	28 47.3	1 43	22 36.0	9 14
22 Th	2 39.9	0 29	14 35.0	1 55	23 22.8	0 29	28 49.1	1 43	22 37.2	9 14
27 Tu	3 04.2	0 30	14 45.4	1 55	23 26.5	0 29	28 51.0	1 43	22 38.4	9 14

☿p.318236	☿a.418804
♀ .721063	♀ .725152
⊕ .990713	⊕ .999094
♂ 1.61076	♂ 1.63729
♃ 5.24913	♃ 5.25998
♄ 9.33963	♄ 9.34872
♅ 18.6959	♅ 18.6909
♆ 29.8211	♆ 29.8206
♇ 38.5306	♇ 38.5521

☊	Perihelia
☿ 18°♉ 47	☿ 18°♊ 03
♀ 17 ♊ 01	♀ 11 ♌ 51
⊕	⊕ 15 ♋ 58
♂ 19 ♉ 51	♂ 6 ♓ 47
♃ 10 ♋ 51	♃ 15 ♈ 00
♄ 23 ♋ 59	♄ 5 ♋ 56
♅ 14 ♊ 15	♅ 16 ♍ 25
♆ 12 ♌ 15	♆ 27 ♉ 45
♇ 20 ♋ 54	♇ 13 ♏ 33

Day	Aspect	Time
1 M	☿△♄	5am28
	☿⊼♀	5pm13
	♃□♆	7 33
2 T	☿0N	5am36
	☿✶♂	7 5
	☿□♇	8pm 1
	☿✶♅	9 21
3 W	⊕☌♄	8am21
	☿⊻♆	7pm52
	☿✶♃	8 28
4 Th	⊕⚼♆	0am22
	☿ ♊	1 36
	⊕∠♃	4 42
	♀□♂	12pm12
	☿∠♂	10 21
5 F	☿⚼♀	0am51
	☿∠♅	7 34
	♀△♇	9pm41
6 S	♀□♅	3am 8
	☿□♄	3 14
	☿∠♆	5 28
	☿∠♃	6 45
	⊕□☿	3pm25
	☿ P	9 57
7 Su	☿⊻♂	12pm 0
	☿△♇	3 17
	☿⊻♅	4 43
8 M	☿△♀	5am29
	☿✶♆	2pm30
	☿⊻♃	4 29
	☿ ♋	8 3
9 T	♂⊼♇	9am12
	♀∠♄	9 38
	♀☍♆	5pm 0
10 W	☿⚼♇	0am35
	♀□♃	2 21
	♂☌♅	6 8
	♀ ♏	2pm35
	☿✶♄	10 33
12 F	⊕✶☿	9am 9
	☿⊼♇	11 25
	☿☌♅	1pm 6
	☿☌♂	5 35
	⊕⊼♇	10 50
13 S	⊕✶♅	9am 7
	☿∠♄	10 38
	☿□♆	12pm10
	☿☌♃	3 50
	☿ ♌	6 0
14	☿□♀	11pm13
15 M	⊕∠☿	12pm 3
	⊕✶♂	11 46
16	☿⊻♄	2am19
17 W	☿☍♇	7pm30
	☿⊻♅	9 38
18 Th	☿⊻♂	3pm11
	♀✶♄	11 2
	⊕⊻☿	11 34
19 F	☿△♆	0am15
	⊕∠♀	1 3
	⊕⊼♆	3 2
	☿⊻♃	6 34
	☿ ♍	6 55
20 S	♃ ♌	3am44
	⊕ ♎	12pm33
	⊕✶♃	1 21
	☿∠♅	10 26
22 M	☿∠♂	1am53
	☿☌♄	3 6
	☿⚼♆	3 45
	☿∠♃	12pm 3
	♂∠♄	2 48
	♂□♆	8 40
23	☿✶♀	9pm25
24 W	☿⊼♇	4am18
	☿✶♅	7 14
	♀□♇	3pm50
	♀△♅	11 44
25 Th	☿⊼♆	3pm51
	♂ ♌	8 38
	☿ ♎	11 53
26 F	☿✶♂	0am17
	☿✶♃	2 47
	♄⚼♆	10 34
27 S	♂☌♃	2am27
	⊕☌☿	8pm36
	☿⚼♇	10 10
28 Su	⊕⚼♇	2am37
	♀⊼♆	12pm33
29 M	♀ ♐	8am36
	☿⊻♄	2pm39
	♀△♃	8 28
30 T	☿∠♀	10am25
	♀△♂	6pm 2

Day	Aspect	Time
1 Th	☿△♇	2am43
	☿□♅	6 52
2	☿☍♆	11pm12
3 S	☿∠♄	0am49
	☿ ♏	8 48
	♀⚼♅	11 29
	⊕⊻♄	2pm37
	☿□♃	5 38
4	☿□♂	6pm36
6	♀⚼♆	11pm43
7 W	♀□♄	4am51
	☿✶♄	9pm58
8 Th	☿⊻♀	5pm14
	♀⚼♃	7 5
9 F	♀0S	1am31
	☿0S	12pm 7
10 S	⊕⊻☿	0am 9
	☿□♇	7pm34
11	☿△♅	1am10
12 M	⊕△♇	9am25
	♀✶♇	1pm39
	⊕✶♀	8 30
	♀⚼♂	10 14
	☿⊼♆	11 49
13 T	♀⊼♅	0am 2
	⊕□♅	2 15
	☿ ♐	10 22
14	☿△♃	3am47
16 F	☿⚼♅	10am 7
	♀△♆	11 36
17 S	☿△♂	0am40
	♀ ♑	6 0
18 Su	⊕∠☿	5am39
	☿⚼♆	9 59
	☿□♄	3pm50
	⊕☍♆	5 51
	♀⊼♃	6 26
19 M	⊕∠♄	10am55
	☿⚼♃	6pm13
	☿ A	9 33
	⊕ ♏	11 21
21 W	☿✶♇	3pm 4
	☿⊼♅	9 42
22 Th	♀∠♇	1am32
	⊕□♃	6pm27
23 F	☿⚼♂	12pm47
	☿△♆	9 1
24	☿ ♑	7am 6
25	☿⊼♃	8am20
26 M	♀⊼♂	2am41
	♀△♄	1pm35
	⊕✶☿	2 19
27 T	☿∠♇	0am19
	♂⊻♄	7pm56
29 Th	☿△♄	12pm21
	☿⊼♂	7 0

MAY 2038

JUNE 2038

DAY	☿ LONG	☿ LAT	♀ LONG	♀ LAT	⊕ LONG	♂ LONG	♂ LAT
	° '	° '	° '	° '	° '	° '	° '
1 S	19♑14	6S06	21♑45	1S56	10♏44	16♌11	1N51
2 Su	22 14	6 16	23 20	2 01	11 43	16 38	1 51
3 M	25 16	6 26	24 55	2 05	12 41	17 04	1 51
4 Tu	28 22	6 34	26 30	2 10	13 39	17 31	1 51
5 W	1♒31	6 42	28 05	2 14	14 37	17 57	1 51
6 Th	4 44	6 48	29 40	2 18	15 35	18 24	1 51
7 F	8 01	6 53	1♒14	2 22	16 34	18 50	1 51
8 S	11 22	6 57	2 49	2 26	17 32	19 17	1 51
9 Su	14 47	6 59	4 24	2 30	18 30	19 43	1 51
10 M	18 18	7 00	5 59	2 34	19 28	20 10	1 51
11 Tu	21 53	7 00	7 34	2 37	20 26	20 36	1 51
12 W	25 34	6 57	9 09	2 41	21 24	21 03	1 51
13 Th	29 21	6 53	10 44	2 44	22 22	21 29	1 51
14 F	3♓14	6 47	12 19	2 48	23 20	21 55	1 51
15 S	7 14	6 39	13 53	2 51	24 17	22 22	1 51
16 Su	11 21	6 28	15 28	2 54	25 15	22 48	1 51
17 M	15 36	6 16	17 03	2 57	26 13	23 14	1 51
18 Tu	19 58	6 00	18 38	2 59	27 11	23 41	1 51
19 W	24 28	5 42	20 13	3 02	28 09	24 07	1 51
20 Th	29 07	5 21	21 48	3 04	29 06	24 33	1 51
21 F	3♈54	4 57	23 23	3 07	0♐04	25 00	1 51
22 S	8 50	4 31	24 58	3 09	1 02	25 26	1 50
23 Su	13 56	4 01	26 33	3 11	2 00	25 52	1 50
24 M	19 10	3 28	28 08	3 13	2 57	26 19	1 50
25 Tu	24 34	2 53	29 43	3 15	3 55	26 45	1 50
26 W	0♉06	2 15	1♓18	3 16	4 53	27 11	1 50
27 Th	5 48	1 35	2 53	3 18	5 50	27 37	1 50
28 F	11 37	0 53	4 28	3 19	6 48	28 04	1 50
29 S	17 34	0 09	6 04	3 20	7 45	28 30	1 50
30 Su	23 37	0N36	7 39	3 21	8 43	28 56	1 50
31 M	29♉47	1N21	9♓14	3S22	9♐41	29♌22	1N49

DAY	☿ LONG	☿ LAT	♀ LONG	♀ LAT	⊕ LONG	♂ LONG	♂ LAT
	° '	° '	° '	° '	° '	° '	° '
1 Tu	6♊00	2N05	10♓49	3S23	10♐38	29♌49	1N49
2 W	12 17	2 48	12 24	3 23	11 36	0♍15	1 49
3 Th	18 36	3 30	13 59	3 23	12 33	0 41	1 49
4 F	24 56	4 09	15 35	3 24	13 31	1 07	1 49
5 S	1♋14	4 44	17 10	3 24	14 28	1 34	1 49
6 Su	7 29	5 16	18 45	3 24	15 26	2 00	1 48
7 M	13 41	5 44	20 20	3 23	16 23	2 26	1 48
8 Tu	19 47	6 08	21 56	3 23	17 20	2 52	1 48
9 W	25 46	6 27	23 31	3 22	18 18	3 18	1 48
10 Th	1♌38	6 42	25 06	3 22	19 15	3 45	1 48
11 F	7 21	6 52	26 42	3 21	20 13	4 11	1 48
12 S	12 56	6 58	28 17	3 20	21 10	4 37	1 47
13 Su	18 21	7 00	29 53	3 19	22 07	5 03	1 47
14 M	23 37	6 59	1♈28	3 17	23 05	5 29	1 47
15 Tu	28 43	6 54	3 03	3 16	24 02	5 56	1 47
16 W	3♍39	6 46	4 39	3 14	24 59	6 22	1 46
17 Th	8 26	6 36	6 14	3 12	25 57	6 48	1 46
18 F	13 04	6 23	7 50	3 10	26 54	7 14	1 46
19 S	17 32	6 09	9 25	3 08	27 51	7 40	1 46
20 Su	21 52	5 53	11 01	3 06	28 48	8 07	1 45
21 M	26 04	5 35	12 37	3 04	29 46	8 33	1 45
22 Tu	0♎09	5 16	14 12	3 01	0♑43	8 59	1 45
23 W	4 06	4 56	15 48	2 59	1 40	9 25	1 45
24 Th	7 56	4 36	17 24	2 56	2 37	9 51	1 44
25 F	11 39	4 15	18 59	2 53	3 35	10 18	1 44
26 S	15 17	3 53	20 35	2 50	4 32	10 44	1 44
27 Su	18 49	3 31	22 11	2 47	5 29	11 10	1 43
28 M	22 15	3 08	23 47	2 43	6 26	11 36	1 43
29 Tu	25 37	2 46	25 22	2 40	7 24	12 02	1 43
30 W	28♎55	2N24	26♈58	2S36	8♑21	12♍29	1N42

DAY	♃ LONG	♃ LAT	♄ LONG	♄ LAT	♅ LONG	♅ LAT	♆ LONG	♆ LAT	♇ LONG	♇ LAT
	° '	° '	° '	° '	° '	° '	° '	° '	° '	° '
2 Su	3♌28.5	0N30	14♍55.9	1N56	23♋30.3	0N29	28♈52.8	1S43	22♒39.6	9S14
7 F	3 52.8	0 31	15 06.3	1 56	23 34.0	0 29	28 54.6	1 43	22 40.8	9 15
12 W	4 17.0	0 31	15 16.8	1 56	23 37.7	0 29	28 56.5	1 43	22 42.0	9 15
17 M	4 41.2	0 32	15 27.2	1 57	23 41.4	0 30	28 58.3	1 43	22 43.2	9 15
22 S	5 05.5	0 32	15 37.6	1 57	23 45.2	0 30	29 00.2	1 43	22 44.4	9 16
27 Th	5 29.7	0 33	15 48.1	1 57	23 48.9	0 30	29 02.0	1 43	22 45.6	9 16
1 Tu	5 53.8	0 33	15 58.5	1 57	23 52.6	0 30	29 03.8	1 43	22 46.7	9 16
6 Su	6 18.0	0 34	16 08.9	1 58	23 56.4	0 30	29 05.7	1 43	22 47.9	9 17
11 F	6 42.2	0 34	16 19.4	1 58	24 00.1	0 30	29 07.5	1 43	22 49.1	9 17
16 W	7 06.3	0 35	16 29.8	1 58	24 03.8	0 30	29 09.3	1 43	22 50.3	9 17
21 M	7 30.4	0 35	16 40.2	1 59	24 07.6	0 30	29 11.2	1 43	22 51.5	9 18
26 S	7 54.5	0 36	16 50.6	1 59	24 11.3	0 30	29 13.0	1 43	22 52.7	9 18

☿ .449695	☿p.308634
♀a.727900	♀ .727582
⊕ 1.00740	⊕ 1.01393
♂ 1.65521	♂a1.66484
♃ 5.27035	♃ 5.28091
♄ 9.35757	♄ 9.36678
♅ 18.6861	♅ 18.6811
♆ 29.8202	♆ 29.8197
♇ 38.5729	♇ 38.5944
☊	Perihelia
☿ 18°♉ 47	☿ 18°♊ 03
♀ 17 ♊ 01	♀ 11 ♌ 54
⊕	⊕ 14 ♋ 12
♂ 19 ♉ 51	♂ 6 ♓ 48
♃ 10 ♋ 51	♃ 15 ♈ 02
♄ 24 ♋ 00	♄ 6 ♋ 01
♅ 14 ♊ 15	♅ 16 ♍ 35
♆ 12 ♌ 15	♆ 28 ♉ 39
♇ 20 ♋ 54	♇ 13 ♏ 32

Day	Aspect	Time
1	♀⊻♇	1pm43
2 Su	♀☍♅	2am35
	☿⊻♇	3 27
	☿☍♅	10 9
	☿☌♀	6pm14
4 T	☿□♆	4am 0
	☿ ♒	12pm27
	☿⚼♄	12 36
5 W	⊕⚹♄	10am40
	♀□♆	12pm30
	☿☍♃	4 52
6 Th	♀ ♒	5am11
	♀⚼♄	6 23
8	♀☍♃	6pm13
9	☿⊼♄	2am43
10 M	⊕□☿	10am48
	☿☍♂	2pm19
11 T	☿☌♇	5am21
	⊕□♂	7 54
	☿⊼♅	11 24
12	☿⚹♆	9pm28
13 Th	☿ ♓	4am 3
	⊕□♇	8 33
	♀ A	4pm25
14 F	☿⊼♃	7am28
	⊕△♅	8 15
15 S	☿⚼♅	8am26
	♂☍♇	7pm18
	♀⊼♄	11 9
16 Su	☿∠♆	2pm54
	☿☍♄	11 13
17 M	☿⊻♀	12pm44
	☿⚼♃	10 56
18 T	♂⊻♅	1am21
	☿⊻♇	2pm49
	☿△♅	8 2
	☿⊼♂	9 59
19 W	⊕⊼♆	9pm 3
	☿⊻♆	11 23
	⊕△☿	11 59
20 Th	☿ ♈	4am31
	♀☌♇	2pm 6
	⊕ ♐	10 15
21 F	♀⊼♅	5am25
	☿△♃	5 33
	☿∠♇	6pm43
22 S	☿∠♀	7am51
	☿⚼♂	8 19
	♀☍♂	9 44
23 Su	☿⊼♄	8am 4
	⊕⚼☿	5pm16
24 M	♀⚹♆	1pm21
	☿⚹♇	4 0
	☿□♅	8 35
25 T	♀ ♓	4am14
	☿△♂	10 21
	☿☌♆	7pm22
	☿ ♉	11 32
26 W	☿⚼♄	2am50
	☿⚹♀	7 6
	⊕△♃	2pm39
	☿□♃	10 44
27	⊕⊼☿	0am13
28 F	☿△♄	5pm11
	♀⊼♃	5 33
29 S	☿0N	4am52
	☿□♇	8pm39
30 Su	☿⚹♅	0am55
	⊕⚼♅	3 26
	♂△♆	6 23
	♀⚼♅	6pm25
	☿⊻♆	9 13
	☿□♂	10 20
31 M	☿ ♊	0am52
	⊕□♀	5pm 3
	☿⚹♃	11 35
1 T	♂ ♍	10am20
	☿∠♅	11 0
	⊕☍☿	8pm52
2 W	☿□♀	0am34
	☿∠♆	6 47
	☿□♄	2pm13
	☿ P	9 14
3 Th	♀∠♆	1am19
	☿∠♃	9 26
	☿△♇	3pm53
	☿⊻♅	8 9
4 F	♀☍♄	7am46
	⊕⚼♆	2pm24
	☿⚹♆	3 49
	☿ ♋	7 18
5 S	☿⚹♂	1am21
	☿⊻♃	7pm22
6 Su	☿⚼♇	1am12
	⊕□♄	6pm47
7 M	☿⚹♄	9am52
	⊕⊼☿	12pm35
	☿∠♂	3 53
	♀⚼♃	4 34
8 T	☿△♀	11am39
	☿⊼♇	12pm 5
	♀⊻♇	1 19
	☿☌♅	4 46
9 W	♀△♅	7am 0
	☿□♆	1pm38
	☿ ♌	5 16
	☿∠♄	10 34
10 Th	☿⊻♂	9am31
	⊕⚼☿	1pm 7
	☿☌♃	9 11
12 S	☿⚼♀	2am10
	♀⊻♆	12pm49
	☿⊻♄	3 11
	⊕⚼♃	4 54
13 Su	♀ ♈	1am53
	⊕⚹♇	5pm46
	☿☍♇	8 22
	⊕△☿	8 57
14	☿⊻♅	1am58
15 T	⊕⊼♅	0am28
	☿△♆	2 5
	☿ ♍	6 10
16 W	☿⊼♀	7am22
	☿☌♂	2pm53
	☿⊻♃	5 33
17 Th	♂ A	0am 0
	☿∠♅	3 18
	♀⊼♂	11 39
	♀△♃	3pm 1
18 F	♀∠♇	0am13
	♂⊻♃	1 55
	☿⚼♆	5 52
	☿☌♄	6pm52
20 Su	☿∠♃	3am10
	☿⊼♇	5 32
	⊕△♆	9 29
	☿⚹♅	12pm44
21 M	⊕ ♑	6am 2
	☿⊼♆	6pm19
	☿ ♎	11 8
22 T	⊕□☿	4am29
	♂∠♅	8 44
23 W	♀⊼♄	2pm29
	☿⚹♃	10 50
	☿⚼♇	11 38
24	☿⊻♂	1pm59
26	☿⊻♄	10am39
27	♀⚹♇	10am36
28 M	☿△♇	4am27
	♀□♅	6 38
	☿□♅	1pm56
	☿☍♀	8 32
29 T	☿∠♂	11am52
	⊕∠♇	12pm36
	⊕⊼♃	8 49
30 W	☿☍♆	2am26
	☿ ♏	8 3
	♀⚼♂	10 32
	☿∠♄	11pm 7

JULY 2038

DAY	☿ LONG	☿ LAT	♀ LONG	♀ LAT	⊕ LONG	♂ LONG	♂ LAT
	° '	° '	° '	° '	° '	° '	° '
1 Th	2♏08	2N01	28♈34	2S33	9♑18	12♍55	1N42
2 F	5 18	1 39	0♉10	2 29	10 15	13 21	1 42
3 S	8 24	1 16	1 46	2 25	11 12	13 47	1 41
4 Su	11 26	0 54	3 22	2 21	12 10	14 14	1 41
5 M	14 26	0 32	4 58	2 17	13 07	14 40	1 41
6 Tu	17 24	0 10	6 34	2 12	14 04	15 06	1 40
7 W	20 19	0S11	8 10	2 08	15 01	15 32	1 40
8 Th	23 12	0 33	9 46	2 03	15 59	15 59	1 40
9 F	26 03	0 53	11 22	1 59	16 56	16 25	1 39
10 S	28 53	1 14	12 58	1 54	17 53	16 51	1 39
11 Su	1♐41	1 34	14 34	1 49	18 50	17 17	1 38
12 M	4 28	1 54	16 10	1 45	19 47	17 44	1 38
13 Tu	7 14	2 14	17 46	1 40	20 45	18 10	1 38
14 W	10 00	2 33	19 22	1 35	21 42	18 36	1 37
15 Th	12 45	2 51	20 59	1 30	22 39	19 03	1 37
16 F	15 29	3 10	22 35	1 24	23 36	19 29	1 36
17 S	18 14	3 27	24 11	1 19	24 34	19 55	1 36
18 Su	20 59	3 45	25 47	1 14	25 31	20 22	1 36
19 M	23 44	4 02	27 24	1 08	26 28	20 48	1 35
20 Tu	26 30	4 18	29 00	1 03	27 25	21 14	1 35
21 W	29 16	4 34	0♊37	0 58	28 22	21 41	1 34
22 Th	2♑03	4 49	2 13	0 52	29 20	22 07	1 34
23 F	4 52	5 03	3 49	0 47	0♒17	22 33	1 33
24 S	7 42	5 17	5 26	0 41	1 14	23 00	1 33
25 Su	10 33	5 31	7 02	0 35	2 12	23 26	1 32
26 M	13 26	5 43	8 39	0 30	3 09	23 53	1 32
27 Tu	16 22	5 55	10 16	0 24	4 06	24 19	1 31
28 W	19 19	6 06	11 52	0 18	5 04	24 46	1 31
29 Th	22 19	6 17	13 29	0 13	6 01	25 12	1 31
30 F	25 22	6 26	15 05	0 07	6 58	25 38	1 30
31 S	28♑28	6S34	16♊42	0S01	7♒56	26♍05	1N30

AUGUST 2038

DAY	☿ LONG	☿ LAT	♀ LONG	♀ LAT	⊕ LONG	♂ LONG	♂ LAT
	° '	° '	° '	° '	° '	° '	° '
1 Su	1♒38	6S42	18♊19	0N05	8♒53	26♍31	1N29
2 M	4 50	6 48	19 56	0 10	9 51	26 58	1 28
3 Tu	8 07	6 53	21 32	0 16	10 48	27 24	1 28
4 W	11 28	6 57	23 09	0 22	11 45	27 51	1 27
5 Th	14 54	6 59	24 46	0 27	12 43	28 18	1 27
6 F	18 24	7 00	26 23	0 33	13 40	28 44	1 26
7 S	22 00	7 00	28 00	0 39	14 38	29 11	1 26
8 Su	25 41	6 57	29 37	0 44	15 35	29 37	1 25
9 M	29 28	6 53	1♋14	0 50	16 33	0♎04	1 25
10 Tu	3♓22	6 47	2 51	0 56	17 30	0 31	1 24
11 W	7 22	6 39	4 28	1 01	18 28	0 57	1 24
12 Th	11 29	6 28	6 05	1 07	19 25	1 24	1 23
13 F	15 44	6 15	7 42	1 12	20 23	1 51	1 22
14 S	20 06	6 00	9 19	1 17	21 21	2 17	1 22
15 Su	24 37	5 41	10 56	1 23	22 18	2 44	1 21
16 M	29 16	5 20	12 33	1 28	23 16	3 11	1 21
17 Tu	4♈03	4 57	14 10	1 33	24 14	3 38	1 20
18 W	9 00	4 30	15 48	1 38	25 11	4 04	1 20
19 Th	14 05	4 00	17 25	1 43	26 09	4 31	1 19
20 F	19 20	3 27	19 02	1 48	27 07	4 58	1 18
21 S	24 44	2 52	20 39	1 53	28 04	5 25	1 18
22 Su	0♉17	2 14	22 17	1 58	29 02	5 52	1 17
23 M	5 58	1 34	23 54	2 02	0♓00	6 18	1 16
24 Tu	11 48	0 51	25 31	2 07	0 58	6 45	1 16
25 W	17 45	0 08	27 09	2 11	1 56	7 12	1 15
26 Th	23 49	0N37	28 46	2 16	2 53	7 39	1 15
27 F	29 58	1 22	0♌23	2 20	3 51	8 06	1 14
28 S	6♊12	2 06	2 01	2 24	4 49	8 33	1 13
29 Su	12 29	2 50	3 38	2 28	5 47	9 00	1 13
30 M	18 48	3 31	5 16	2 32	6 45	9 27	1 12
31 Tu	25♊07	4N10	6♌53	2N36	7♓43	9♎54	1N11

DAY	♃ LONG	♃ LAT	♄ LONG	♄ LAT	♅ LONG	♅ LAT	♆ LONG	♆ LAT	♇ LONG	♇ LAT
	° '	° '	° '	° '	° '	° '	° '	° '	° '	° '
1 Th	8♌18.6	0N36	17♍01.0	1N59	24♋15.0	0N30	29♈14.9	1S43	22♒53.9	9S18
6 Tu	8 42.7	0 37	17 11.5	1 59	24 18.8	0 30	29 16.7	1 43	22 55.1	9 18
11 Su	9 06.8	0 37	17 21.9	2 00	24 22.5	0 30	29 18.5	1 43	22 56.3	9 19
16 F	9 30.8	0 37	17 32.3	2 00	24 26.2	0 30	29 20.4	1 43	22 57.5	9 19
21 W	9 54.9	0 38	17 42.7	2 00	24 30.0	0 30	29 22.2	1 43	22 58.7	9 19
26 M	10 18.9	0 38	17 53.1	2 00	24 33.7	0 30	29 24.0	1 43	22 59.9	9 20
31 S	10 42.9	0 39	18 03.5	2 01	24 37.4	0 30	29 25.9	1 43	23 01.1	9 20
5 Th	11 06.9	0 39	18 13.8	2 01	24 41.2	0 30	29 27.7	1 43	23 02.3	9 20
10 Tu	11 30.8	0 40	18 24.2	2 01	24 44.9	0 30	29 29.6	1 43	23 03.5	9 21
15 Su	11 54.8	0 40	18 34.6	2 02	24 48.7	0 30	29 31.4	1 43	23 04.7	9 21
20 F	12 18.7	0 41	18 45.0	2 02	24 52.4	0 30	29 33.2	1 43	23 05.8	9 21
25 W	12 42.7	0 41	18 55.4	2 02	24 56.1	0 30	29 35.1	1 43	23 07.0	9 21
30 M	13 06.6	0 42	19 05.7	2 02	24 59.8	0 30	29 36.9	1 43	23 08.2	9 22

☿a .432464	☿p .435480
♀ .724422	♀ .720412
⊕a 1.01665	⊕ 1.01505
♂ 1.66514	♂ 1.65611
♃ 5.29097	♃ 5.30118
♄ 9.37573	♄ 9.38503
♅ 18.6763	♅ 18.6714
♆ 29.8192	♆ 29.8188
♇ 38.6152	♇ 38.6366
☊	Perihelia
☿ 18°♉ 47	☿ 18°♊ 03
♀ 17 ♊ 02	♀ 11 ♌ 49
⊕	⊕ 10 ♋ 55
♂ 19 ♉ 51	♂ 6 ♓ 49
♃ 10 ♋ 51	♃ 15 ♈ 05
♄ 24 ♋ 00	♄ 6 ♋ 07
♅ 14 ♊ 15	♅ 16 ♍ 47
♆ 12 ♌ 15	♆ 29 ♉ 45
♇ 20 ♋ 54	♇ 13 ♏ 31

Day	Aspect	Time
1 Th	♀☌♆	10am16
	♀ ♉	9pm32
3 S	☿□♃	0am38
	♀⚼♄	4 58
4 Su	♂⚼♆	2am11
	⊕✶☿	8 25
	⊕ A	7pm48
5 M	☿✶♂	2am 8
	☿✶♄	10pm18
6	☿0S	11am22
7 W	♀□♃	9am58
	☿□♇	9pm44
8 Th	⊕△♂	0am 1
	☿△♅	9 37
9	⊕△♄	9am32
10 S	☿⚻♆	3am39
	☿ ♐	9 36
11	♂☌♄	4am24
12 M	⊕∠☿	4am18
	♀△♄	6pm51
13 T	♀△♂	8am10
	☿△♃	6pm16
	☿⚼♅	6 55
15 Th	⊕⚺♇	7am40
	☿⚼♆	1pm56
16 F	♀□♇	5am39
	☿□♄	6pm 9
	☿ A	8 50
	⊕☍♅	9 14
17 S	♀✶♅	3am58
	⊕△♀	1pm43
	☿□♂	5 34
18	☿✶♇	5pm22
19 M	☿⚻♅	6am30
	☿⚼♃	9 10
20 T	♀⚺♆	5am25
	⊕⚺☿	12pm16
	♀ ♊	2 54
21 W	☿△♆	0am55
	☿ ♑	6 20
22 Th	⊕□♆	1am12
	☿⚻♀	3 17
	⊕ ♒	4pm53
23	♂⚻♇	11pm37
24 S	☿∠♇	2am31
	☿⚻♃	9pm17
25	⊕⚼♄	5pm 7
26	♀∠♅	1pm42
27 T	♀✶♃	2am 7
	☿△♄	12pm50
	♂✶♅	2 21
29 Th	☿⚺♇	5am27
	♀∠♆	2pm 2
	☿☍♅	6 2
	♂∠♃	11 34
30	☿△♂	2am28
31 S	♀0N	4am47
	☿□♆	7 22
	☿ ♒	11 41
	♀□♄	8pm37

Day	Aspect	Time
1	☿⚼♄	11am 8
2	☿⚼♀	1am17
3 T	⊕☍♃	4am13
	☿☍♃	8pm50
	♀△♇	10 12
4 W	⊕☌☿	2am49
	☿⚼♂	11 10
	♀⚺♅	10pm46
5 Th	♀∠♃	9pm 3
	☿⚻♄	11 3
6	⊕⚼♂	2am55
7 S	☿☌♇	6am53
	♂⚻♆	4pm13
	☿⚻♅	5 47
	♀✶♆	10 1
8 Su	♀□♂	0am11
	♀ ♋	5 45
	♂ ♎	8pm26
9 M	☿✶♆	0am 6
	☿ ♓	3 18
	☿⚻♂	4 11
	⊕⚼♀	11 38
	☿△♀	6pm39
10	⊕⚻♄	11pm18
11	☿⚼♅	2pm 5
12 Th	☿⚻♃	1am 6
	☿∠♆	5pm11
13 F	♀⚼♇	5am32
	☿☍♄	3pm28
14 S	⊕⚺☿	8am30
	☿⚺♇	3pm55
15 Su	☿△♅	1am 3
	☿⚼♃	12pm11
	♀⚺♃	3 15
	⊕☌♇	7 25
16 M	☿⚺♆	1am22
	☿ ♈	3 45
	☿☍♂	9pm40
17 T	⊕⚻♅	3pm27
	☿∠♇	7 39
18 W	⊕∠☿	7am 0
	☿△♃	3pm11
19 Th	♀✶♄	7pm41
	☿⚻♄	9 20
	☿□♀	10 2
20	☿✶♇	4pm48
21 S	☿□♅	0am39
	⊕✶☿	5pm33
	☿☌♆	8 56
	☿ ♉	10 48
22 Su	♀⚻♇	12pm17
	⊕✶♆	1 19
	☿⚼♄	3 5
23 M	⊕ ♓	0am 3
	☿⚻♂	1 31
	♀☌♅	3pm 4
24	☿□♃	3am26
25 W	☿0N	4am 8
	☿△♄	4 42
	☿⚼♂	7pm 5
	☿□♇	9 17
26	☿✶♅	4am28
Th	♀□♆	12pm13
	♀ ♌	6 13
	☿⚺♆	10 34
27 F	☿ ♊	0am 7
	♂⚼♇	1 12
	☿✶♀	2 13
	⊕□☿	5pm45
28 S	☿△♂	9am42
	☿∠♅	2pm27
29 Su	☿✶♃	2am 6
	♀∠♄	6 23
	☿∠♆	8 5
	☿ P	8pm30
30 M	☿□♄	1am 7
	☿∠♀	7 27
	☿△♇	4pm28
	☿⚺♅	11 34
31 T	☿∠♃	11am49
	☿✶♆	5pm 8
	☿ ♋	6 34

SEPTEMBER 2038

DAY	☿ LONG	☿ LAT	♀ LONG	♀ LAT	⊕ LONG	♂ LONG	♂ LAT
	° '	° '	° '	° '	° '	° '	° '
1 W	1♋25	4N46	8♌31	2N39	8♓41	10♎21	1N11
2 Th	7 41	5 17	10 08	2 43	9 39	10 48	1 10
3 F	13 52	5 45	11 46	2 46	10 37	11 16	1 09
4 S	19 58	6 09	13 23	2 50	11 36	11 43	1 09
5 Su	25 57	6 28	15 01	2 53	12 34	12 10	1 08
6 M	1♌49	6 42	16 38	2 56	13 32	12 37	1 07
7 Tu	7 32	6 52	18 16	2 59	14 30	13 04	1 06
8 W	13 06	6 58	19 53	3 01	15 28	13 32	1 06
9 Th	18 31	7 00	21 31	3 04	16 27	13 59	1 05
10 F	23 47	6 59	23 08	3 06	17 25	14 26	1 04
11 S	28 52	6 54	24 46	3 09	18 23	14 53	1 04
12 Su	3♍48	6 46	26 23	3 11	19 21	15 21	1 03
13 M	8 35	6 36	28 01	3 13	20 20	15 48	1 02
14 Tu	13 12	6 23	29 38	3 14	21 18	16 16	1 01
15 W	17 41	6 08	1♍16	3 16	22 17	16 43	1 01
16 Th	22 00	5 52	2 53	3 18	23 15	17 10	1 00
17 F	26 12	5 34	4 31	3 19	24 14	17 38	0 59
18 S	0♎16	5 16	6 08	3 20	25 12	18 05	0 58
19 Su	4 13	4 56	7 46	3 21	26 11	18 33	0 58
20 M	8 03	4 35	9 23	3 22	27 09	19 01	0 57
21 Tu	11 46	4 14	11 01	3 23	28 08	19 28	0 56
22 W	15 24	3 52	12 38	3 23	29 06	19 56	0 55
23 Th	18 55	3 30	14 16	3 23	0♈05	20 24	0 55
24 F	22 22	3 08	15 53	3 24	1 04	20 51	0 54
25 S	25 44	2 45	17 30	3 24	2 03	21 19	0 53
26 Su	29 01	2 23	19 08	3 24	3 01	21 47	0 52
27 M	2♏14	2 00	20 45	3 23	4 00	22 14	0 51
28 Tu	5 23	1 38	22 22	3 23	4 59	22 42	0 51
29 W	8 29	1 15	24 00	3 22	5 58	23 10	0 50
30 Th	11♏32	0N53	25♍37	3N21	6♈57	23♎38	0N49

OCTOBER 2038

DAY	☿ LONG	☿ LAT	♀ LONG	♀ LAT	⊕ LONG	♂ LONG	♂ LAT
	° '	° '	° '	° '	° '	° '	° '
1 F	14♏32	0N31	27♍14	3N20	7♈56	24♎06	0N48
2 S	17 29	0 10	28 51	3 19	8 55	24 34	0 47
3 Su	20 24	0S12	0♎28	3 18	9 54	25 02	0 47
4 M	23 17	0 33	2 06	3 17	10 53	25 30	0 46
5 Tu	26 08	0 54	3 43	3 15	11 52	25 58	0 45
6 W	28 58	1 15	5 20	3 13	12 51	26 26	0 44
7 Th	1♐46	1 35	6 57	3 12	13 50	26 54	0 43
8 F	4 33	1 55	8 34	3 10	14 50	27 22	0 42
9 S	7 19	2 14	10 11	3 07	15 49	27 51	0 42
10 Su	10 05	2 33	11 48	3 05	16 48	28 19	0 41
11 M	12 50	2 52	13 24	3 03	17 47	28 47	0 40
12 Tu	15 35	3 10	15 01	3 00	18 47	29 15	0 39
13 W	18 19	3 28	16 38	2 57	19 46	29 44	0 38
14 Th	21 04	3 45	18 15	2 54	20 45	0♏12	0 37
15 F	23 49	4 02	19 52	2 51	21 45	0 41	0 36
16 S	26 35	4 18	21 28	2 48	22 44	1 09	0 36
17 Su	29 21	4 34	23 05	2 45	23 44	1 37	0 35
18 M	2♑09	4 49	24 41	2 41	24 43	2 06	0 34
19 Tu	4 57	5 04	26 18	2 38	25 43	2 35	0 33
20 W	7 47	5 18	27 54	2 34	26 42	3 03	0 32
21 Th	10 38	5 31	29 31	2 30	27 42	3 32	0 31
22 F	13 32	5 44	1♏07	2 26	28 41	4 00	0 30
23 S	16 27	5 56	2 44	2 22	29 41	4 29	0 29
24 Su	19 25	6 07	4 20	2 18	0♉41	4 58	0 29
25 M	22 25	6 17	5 56	2 14	1 41	5 27	0 28
26 Tu	25 28	6 26	7 32	2 10	2 41	5 56	0 27
27 W	28 34	6 35	9 09	2 05	3 40	6 24	0 26
28 Th	1♒44	6 42	10 45	2 01	4 40	6 53	0 25
29 F	4 57	6 48	12 21	1 56	5 40	7 22	0 24
30 S	8 13	6 53	13 57	1 51	6 40	7 51	0 23
31 Su	11♒35	6S57	15♏33	1N46	7♉40	8♏20	0N22

DAY	♃ LONG	♃ LAT	♄ LONG	♄ LAT	♅ LONG	♅ LAT	♆ LONG	♆ LAT	♇ LONG	♇ LAT
	° '	° '	° '	° '	° '	° '	° '	° '	° '	° '
4 S	13♌30.5	0N42	19♍16.1	2N03	25♋03.6	0N30	29♈38.7	1S43	23♒09.4	9S22
9 Th	13 54.4	0 43	19 26.5	2 03	25 07.3	0 30	29 40.6	1 43	23 10.6	9 22
14 Tu	14 18.2	0 43	19 36.8	2 03	25 11.0	0 30	29 42.4	1 43	23 11.8	9 23
19 Su	14 42.1	0 44	19 47.2	2 03	25 14.8	0 30	29 44.2	1 43	23 13.0	9 23
24 F	15 05.9	0 44	19 57.5	2 04	25 18.5	0 31	29 46.1	1 43	23 14.2	9 23
29 W	15 29.7	0 44	20 07.9	2 04	25 22.2	0 31	29 47.9	1 44	23 15.3	9 24
4 M	15 53.6	0 45	20 18.2	2 04	25 26.0	0 31	29 49.7	1 44	23 16.5	9 24
9 S	16 17.4	0 45	20 28.6	2 04	25 29.7	0 31	29 51.6	1 44	23 17.7	9 24
14 Th	16 41.1	0 46	20 38.9	2 05	25 33.4	0 31	29 53.4	1 44	23 18.9	9 24
19 Tu	17 04.9	0 46	20 49.2	2 05	25 37.2	0 31	29 55.2	1 44	23 20.1	9 25
24 Su	17 28.7	0 47	20 59.6	2 05	25 40.9	0 31	29 57.1	1 44	23 21.3	9 25
29 F	17 52.4	0 47	21 09.9	2 05	25 44.7	0 31	29 58.9	1 44	23 22.5	9 25

☿ .308973	☿a.447399
♀p.718463	♀ .719893
⊕ 1.00939	⊕ 1.00141
♂ 1.63799	♂ 1.61261
♃ 5.31117	♃ 5.32063
♄ 9.39437	♄ 9.40345
♅ 18.6665	♅ 18.6618
♆ 29.8183	♆ 29.8179
♇ 38.6581	♇ 38.6789
☊	Perihelia
☿ 18°♉ 47	☿ 18°♊ 03
♀ 17 ♊ 02	♀ 11 ♌ 44
⊕	⊕ 12 ♋ 26
♂ 19 ♉ 51	♂ 6 ♓ 49
♃ 10 ♋ 51	♃ 15 ♈ 07
♄ 24 ♋ 00	♄ 6 ♋ 12
♅ 14 ♊ 15	♅ 17 ♍ 02
♆ 12 ♌ 16	♆ 0 ♊ 40
♇ 20 ♋ 54	♇ 13 ♏ 31

Day	Aspect	Time
1	⊕⚻♀	6am30
2 Th	☿⚼♇	1am48
	⊕△☿	9 3
	⊕⚼♅	9 30
	☿⚺♀	12pm52
	☿□♂	1 2
	♀✶♂	1 45
	☿⚺♃	10 16
3 F	♀ P	0am 5
	☿✶♄	9pm13
4 S	♀☌♃	1am54
	⊕⚻♂	5 29
	☿⚻♇	12pm45
	☿☌♅	8 26
5 Su	⊕⚼☿	7am50
	☿□♆	3pm 6
	☿ ♌	4 31
6 M	⊕⚻♃	3am38
	☿∠♄	10 35
7 T	⊕∠♆	4am 2
	♀⚺♄	4pm46
8 W	☿✶♂	2am 0
	☿☌♃	3 12
	⊕⚻☿	12pm41
	♂✶♃	7 16
9 Th	☿⚺♄	4am11
	☿☌♀	7pm42
	☿☍♇	9 14
10 F	♀☍♇	0am39
	☿⚺♅	6 20
11 S	☿△♆	3am56
	☿∠♂	5 23
	☿ ♍	5 26
	♀⚺♅	5 43
12	⊕☍♄	4am47
13	☿∠♅	8am12
14 T	♀△♆	1am 1
	♀ ♍	5 20
	☿⚺♃	5 56
	☿⚼♆	7 59
	☿⚺♂	6pm11
15 W	♀∠♂	9am19
	☿☌♄	10 55
	⊕⚺♇	10pm51
16	☿⚻♇	6am46
Th	⊕☍☿	9 8
	☿✶♅	6pm18
17 F	☿∠♃	8pm 3
	☿⚻♆	8 46
	☿ ♎	10 23
18	⊕△♅	0am50
20 M	☿⚼♇	1am 6
	♀∠♅	12pm59
	☿⚺♀	3 12
21 T	☿✶♃	8pm54
	♂⚺♄	9 42
22 W	⊕⚺♆	4pm 1
	⊕ ♈	9 55
	⊕⚼♃	10 15
23 Th	☿⚺♄	7am 0
	♀⚼♆	7 28
	☿☌♂	11 45
	♀⚺♃	11 49
24 F	☿△♇	6am10
	☿□♅	9pm 4
26 Su	☿☍♆	5am40
	☿ ♏	7 17
	♀☌♄	1pm37
27 M	⊕⚻☿	7pm28
	☿∠♄	9 43
28 T	♀⚺♂	6am56
	♀⚻♇	1pm 4
29 W	♂△♇	4am29
	☿∠♀	8 23
	♀✶♅	8pm34

Day	Aspect	Time
1 F	⊕∠♇	8am 8
	☿□♃	9 19
2 S	☿0S	10am38
	♀⚻♆	2pm19
	♀ ♎	4 59
	☿✶♄	10 52
3 Su	♀∠♃	5am18
	♂□♅	8pm30
	☿□♇	11 54
4 M	☿△♅	6pm 7
	☿⚺♂	10 15
5	⊕⚼☿	9am28
6 W	☿⚻♆	7am30
	☿ ♐	8 51
7	♀⚼♇	7pm59
9	⊕△♃	12pm37
10	☿⚼♅	3am45
11 M	☿∠♂	10am 4
	☿✶♀	12pm14
	☿⚼♆	5 53
12 T	☿△♃	8am34
	☿ A	8pm 6
	♀✶♃	11 34
13 W	♂☍♆	7am58
	♂ ♏	1pm46
	⊕△☿	7 45
	☿□♄	8 18
	⊕⚻♄	9 21
14	☿✶♇	7pm39
15 F	♀⚺♄	12pm33
	☿⚻♅	3 18
16	⊕✶♇	2pm18
17 Su	♀△♇	3am41
	☿△♆	4 48
	☿ ♑	5 35
	☿⚼♃	10pm46
	☿✶♂	11 34
18	⊕☍♀	1am 5
M	♀□♅	1pm47
	⊕□♅	9 47
20	☿∠♇	4am42
21 Th	♀☍♆	6am16
	♀ ♏	7 15
23 S	⊕☌♆	6am16
	⊕ ♉	7 34
	☿⚻♃	7 55
24 Su	☿△♄	12pm48
	♀☌♂	1 31
25 M	♀∠♄	1am23
	☿⚺♇	7 27
26 T	☿☍♅	1am52
	♂∠♄	7 15
27 W	☿□♆	10am43
	☿ ♒	10 56
29 F	⊕□☿	7am43
	☿⚼♄	9 6
	⊕⚼♄	12pm21
	☿□♂	8 53

NOVEMBER 2038

DAY	☿ LONG	☿ LAT	♀ LONG	♀ LAT	⊕ LONG	♂ LONG	♂ LAT
	° '	° '	° '	° '	° '	° '	° '
1 M	15♒00	6S59	17♏09	1N42	8♉40	8♏50	0N21
2 Tu	18 31	7 00	18 45	1 37	9 40	9 19	0 20
3 W	22 07	7 00	20 21	1 32	10 40	9 48	0 19
4 Th	25 48	6 57	21 56	1 26	11 40	10 17	0 18
5 F	29 36	6 53	23 32	1 21	12 40	10 46	0 18
6 S	3♓29	6 47	25 08	1 16	13 40	11 16	0 17
7 Su	7 30	6 38	26 44	1 11	14 41	11 45	0 16
8 M	11 37	6 28	28 19	1 05	15 41	12 14	0 15
9 Tu	15 52	6 15	29 55	1 00	16 41	12 44	0 14
10 W	20 14	5 59	1♐31	0 55	17 41	13 13	0 13
11 Th	24 45	5 41	3 06	0 49	18 42	13 43	0 12
12 F	29 24	5 20	4 42	0 44	19 42	14 12	0 11
13 S	4♈12	4 56	6 17	0 38	20 42	14 42	0 10
14 Su	9 09	4 29	7 52	0 32	21 42	15 12	0 09
15 M	14 15	3 59	9 28	0 27	22 43	15 41	0 08
16 Tu	19 30	3 26	11 03	0 21	23 43	16 11	0 07
17 W	24 54	2 51	12 39	0 16	24 44	16 41	0 06
18 Th	0♉28	2 13	14 14	0 10	25 44	17 11	0 05
19 F	6 09	1 32	15 49	0 04	26 45	17 41	0 04
20 S	11 59	0 50	17 24	0S01	27 45	18 11	0 03
21 Su	17 56	0 06	19 00	0 07	28 46	18 41	0 02
22 M	24 00	0N38	20 35	0 13	29 46	19 11	0 01
23 Tu	0♊10	1 23	22 10	0 18	0♊47	19 41	0 00
24 W	6 24	2 08	23 45	0 24	1 48	20 11	0S01
25 Th	12 41	2 51	25 20	0 29	2 48	20 41	0 02
26 F	19 00	3 32	26 55	0 35	3 49	21 11	0 03
27 S	25 19	4 11	28 30	0 41	4 50	21 42	0 04
28 Su	1♋37	4 47	0♑05	0 46	5 50	22 12	0 05
29 M	7 53	5 18	1 40	0 52	6 51	22 42	0 06
30 Tu	14♋04	5N46	3♑15	0S57	7♊52	23♏13	0S07

DECEMBER 2038

DAY	☿ LONG	☿ LAT	♀ LONG	♀ LAT	⊕ LONG	♂ LONG	♂ LAT
	° '	° '	° '	° '	° '	° '	° '
1 W	20♋09	6N09	4♑50	1S02	8♊53	23♏43	0S08
2 Th	26 08	6 28	6 25	1 08	9 54	24 14	0 08
3 F	2♌00	6 43	8 00	1 13	10 54	24 44	0 09
4 S	7 43	6 53	9 35	1 18	11 55	25 15	0 10
5 Su	13 17	6 58	11 10	1 23	12 56	25 46	0 11
6 M	18 41	7 00	12 45	1 28	13 57	26 17	0 12
7 Tu	23 56	6 59	14 20	1 34	14 58	26 47	0 13
8 W	29 02	6 54	15 55	1 38	15 59	27 18	0 14
9 Th	3♍57	6 46	17 30	1 43	17 00	27 49	0 15
10 F	8 44	6 35	19 04	1 48	18 01	28 20	0 16
11 S	13 21	6 23	20 39	1 53	19 02	28 51	0 17
12 Su	17 49	6 08	22 14	1 58	20 03	29 22	0 18
13 M	22 09	5 52	23 49	2 02	21 04	29 53	0 19
14 Tu	26 20	5 34	25 24	2 07	22 05	0♐24	0 20
15 W	0♎24	5 15	26 59	2 11	23 06	0 56	0 21
16 Th	4 20	4 55	28 34	2 15	24 07	1 27	0 22
17 F	8 10	4 34	0♒08	2 19	25 08	1 58	0 23
18 S	11 53	4 13	1 43	2 23	26 09	2 30	0 24
19 Su	15 30	3 51	3 18	2 27	27 10	3 01	0 25
20 M	19 02	3 29	4 53	2 31	28 11	3 32	0 26
21 Tu	22 28	3 07	6 28	2 35	29 12	4 04	0 27
22 W	25 50	2 45	8 03	2 38	0♋13	4 36	0 28
23 Th	29 07	2 22	9 38	2 42	1 14	5 07	0 29
24 F	2♏20	2 00	11 13	2 45	2 15	5 39	0 30
25 S	5 29	1 37	12 47	2 48	3 16	6 11	0 31
26 Su	8 35	1 15	14 22	2 52	4 17	6 43	0 32
27 M	11 38	0 53	15 57	2 55	5 19	7 14	0 33
28 Tu	14 38	0 31	17 32	2 57	6 20	7 46	0 34
29 W	17 35	0 09	19 07	3 00	7 21	8 18	0 35
30 Th	20 30	0S13	20 42	3 03	8 22	8 50	0 36
31 F	23♏23	0S34	22♒17	3S05	9♋23	9♐22	0S37

DAY	♃ LONG	♃ LAT	♄ LONG	♄ LAT	♅ LONG	♅ LAT	♆ LONG	♆ LAT	♇ LONG	♇ LAT
	° '	° '	° '	° '	° '	° '	° '	° '	° '	° '
3 W	18♌16.2	0N47	21♍20.2	2N06	25♋48.4	0N31	0♉00.7	1S44	23♒23.6	9S26
8 M	18 39.9	0 48	21 30.6	2 06	25 52.1	0 31	0 02.6	1 44	23 24.8	9 26
13 S	19 03.6	0 48	21 40.9	2 06	25 55.9	0 31	0 04.4	1 44	23 26.0	9 26
18 Th	19 27.3	0 49	21 51.2	2 06	25 59.6	0 31	0 06.2	1 44	23 27.2	9 27
23 Tu	19 51.0	0 49	22 01.5	2 06	26 03.4	0 31	0 08.1	1 44	23 28.4	9 27
28 Su	20 14.6	0 50	22 11.9	2 07	26 07.1	0 31	0 09.9	1 44	23 29.6	9 27
3 F	20 38.3	0 50	22 22.2	2 07	26 10.9	0 31	0 11.7	1 44	23 30.8	9 27
8 W	21 01.9	0 50	22 32.5	2 07	26 14.6	0 31	0 13.6	1 44	23 32.0	9 28
13 M	21 25.6	0 51	22 42.8	2 07	26 18.3	0 31	0 15.4	1 44	23 33.2	9 28
18 S	21 49.2	0 51	22 53.1	2 08	26 22.1	0 31	0 17.3	1 44	23 34.3	9 28
23 Th	22 12.8	0 52	23 03.4	2 08	26 25.8	0 31	0 19.1	1 44	23 35.5	9 29
28 Tu	22 36.4	0 52	23 13.7	2 08	26 29.6	0 31	0 20.9	1 44	23 36.7	9 29

☿p .417518	☿ .315822
♀ .723752	♀a .727217
⊕ .992751	⊕ .986240
♂ 1.57963	♂ 1.54296
♃ 5.33016	♃ 5.33913
♄ 9.41286	♄ 9.42200
♅ 18.6569	♅ 18.6521
♆ 29.8174	♆ 29.8170
♇ 38.7004	♇ 38.7212
☊	Perihelia
☿ 18° ♉ 47	☿ 18° ♊ 04
♀ 17 ♊ 02	♀ 11 ♌ 48
⊕	⊕ 14 ♋ 52
♂ 19 ♉ 51	♂ 6 ♓ 49
♃ 10 ♋ 51	♃ 15 ♈ 09
♄ 24 ♋ 00	♄ 6 ♋ 16
♅ 14 ♊ 15	♅ 17 ♍ 16
♆ 12 ♌ 16	♆ 1 ♊ 30
♇ 20 ♋ 54	♇ 13 ♏ 31

1 M	♆ ♉	1am 1
	⊕☍♂	7 22
	♀□♃	3pm13
	☿☍♃	9 45
2 T	☿□♀	2am49
	☿⊼♄	6pm50
3 W	☿☌♇	8am25
	♀⚹♄	3pm15
4 Th	☿⊼♅	0am 6
	♀□♇	9pm58
5 F	☿ ♓	2am33
	☿⚹♆	2 42
6	♀△♅	10am47
7	☿⚼♅	7pm42
8 M	☿△♂	4am 3
	☿∠♆	7pm27
9 T	♀ ♐	1am16
	♀⊼♆	2 1
	⊕⚹☿	5 55
	☿⊼♃	4pm10
10 W	☿☍♄	7am15
	☿⊻♇	5pm 0
11 Th	⊕□♃	5am27
	☿△♅	6 2
	☿⚼♂	10pm52
12 F	☿ ♈	3am 0
	☿⊻♆	3 21
	☿⚼♃	11pm16
13 S	⊕∠☿	9am13
	☿△♀	2pm59
	☿∠♇	8 34
14	⊕△♄	0am12
15 M	☿⊼♂	7am20
	⊕□♇	5pm24
	♀⚼♅	10 43
	☿△♃	11 3
16 T	☿⊼♄	10am17
	☿⚹♇	5pm35
	⊕⊻☿	11 2
17 W	☿□♅	4am42
	☿⚼♀	4pm39
	☿ ♉	10 2
	☿☌♆	10 29
18 Th	⊕⚹♅	6am12
	♀⚼♆	1pm15
19 F	☿⚼♄	3am 4
	♀0S	6pm17
20	♀⊻♂	5pm 4
21 Su	☿☍♂	3am13
	☿0N	3 23
	☿⊼♀	5 42
	☿□♃	7 4
	♀△♃	11 9
	☿△♄	4pm 2
	☿□♇	9 54
22 M	⊕ ♊	5am24
	☿⚹♅	8 0
	⊕⊻♆	8 30
	♀□♄	9pm52
	☿ ♊	11 22
	☿⊻♆	11 53
23 T	⊕☌☿	2am52
	♂0S	7 58
	♂□♃	9 35
	♀⚹♇	7pm52
24	☿∠♅	5pm53
25 Th	☿∠♆	9am22
	♀⊼♅	11 24
	☿ P	7pm45
26 F	☿⚹♃	4am10
	☿⊼♂	9 2
	☿□♄	11 56
	☿△♇	5pm 2
27 S	☿⊻♅	2am59
	☿☍♀	4pm10
	☿ ♋	5 48
	☿⚹♆	6 26
	♀ ♑	10 41
	♂⚹♄	11 51
28 Su	♀△♆	1am11
	☿∠♃	2pm 3
	⊕⊻☿	7 18
	☿⚼♂	11 17
29	☿⚼♇	2am24
30	♂□♇	1pm39
1 W	☿⊻♃	1am19
	☿⚹♄	8 36
	♀⚼♃	10 17
	☿⊼♇	1pm23
	☿△♂	3 35
	⊕∠☿	5 56
2 Th	☿☌♅	0am 7
	☿ ♌	3pm46
	☿□♆	4 34
3 F	⊕∠♅	6am33
	♀∠♇	7 47
	☿∠♄	10pm41
4 S	☿⊼♀	11am10
	♀∠♂	2pm59
	⊕⚹☿	10 10
5	♂△♅	9pm14
6 M	☿☌♃	10am 3
	☿⊻♄	5pm20
	☿☍♇	10 6
7 T	⊕∠♆	6am 4
	☿⊻♅	10 44
	☿□♂	2pm51
8 W	⊕⊼♀	2am57
	☿ ♍	4 40
	☿△♆	5 46
	☿⚼♀	1pm21
10	☿∠♅	1pm 8
11 S	♀⊼♃	9am49
	☿⚼♆	10 7
12 Su	♀△♄	6am53
	⊕□☿	4pm 2
	☿⊻♃	7 54
	♀⊻♇	7 59
13 M	☿☌♄	3am15
	♂ ♐	5 14
	☿⊼♇	8 0
	⊕⚹♃	9 25
	☿△♀	3pm15
	♂⊼♆	5 19
	☿⚹♅	11 54
14 T	♀☍♅	2pm 5
	⊕□♄	4 26
	☿ ♎	9 37
	☿⊼♆	11 14
15 W	☿⚹♂	3am39
	⊕△♇	11 6
16 Th	☿∠♃	2pm48
	♀ ♒	9 52
17	♀□♆	2am 9
F	☿⚼♇	2 34
18 S	⊕⊻♅	5am22
	♀⚹♂	5pm30
19	☿∠♂	8pm 1
20	☿⚹♃	8pm59
21 T	☿⊻♄	3am41
	☿△♇	7 53
	⊕ ♋	6pm55
	♀⚼♄	11 37
22 W	⊕⚹♆	2am17
	☿□♅	4 15
23 Th	☿ ♏	6am32
	☿☍♆	8 54
	⊕△☿	11pm 5
24	♀ A	8am 1
25 S	☿⊻♂	6am23
	☿∠♄	8pm37
29 W	⊕∠♃	8am35
	☿0S	9 53
30 Th	☿□♀	3am45
	⊕⚼♇	5 57
	☿□♃	7pm23
	⊕⊼♂	11 18
	☿⚹♄	11 36
31 F	☿□♇	2am 3
	♀☍♃	8 53
	⊕⚼☿	1pm10
	♀⊼♄	4 12
	♀☌♇	8 21

JANUARY 2039

DAY	☿ LONG	☿ LAT	♀ LONG	♀ LAT	⊕ LONG	♂ LONG	♂ LAT
	° '	° '	° '	° '	° '	° '	° '
1 S	26♏14	0S55	23♒52	3S07	10♋24	9♐55	0S38
2 Su	29 03	1 15	25 27	3 09	11 26	10 27	0 39
3 M	1♐51	1 36	27 02	3 11	12 27	10 59	0 40
4 Tu	4 39	1 55	28 37	3 13	13 28	11 31	0 41
5 W	7 25	2 15	0♓12	3 15	14 29	12 04	0 42
6 Th	10 10	2 34	1 47	3 17	15 30	12 36	0 43
7 F	12 55	2 53	3 22	3 18	16 31	13 09	0 44
8 S	15 40	3 11	4 57	3 19	17 32	13 41	0 45
9 Su	18 24	3 29	6 33	3 20	18 34	14 14	0 46
10 M	21 09	3 46	8 08	3 21	19 35	14 46	0 47
11 Tu	23 54	4 03	9 43	3 22	20 36	15 19	0 48
12 W	26 40	4 19	11 18	3 23	21 37	15 52	0 49
13 Th	29 27	4 35	12 53	3 23	22 38	16 25	0 50
14 F	2♑14	4 50	14 28	3 23	23 39	16 58	0 51
15 S	5 03	5 04	16 04	3 24	24 40	17 31	0 52
16 Su	7 52	5 18	17 39	3 24	25 41	18 04	0 52
17 M	10 44	5 32	19 14	3 24	26 42	18 37	0 53
18 Tu	13 37	5 44	20 49	3 23	27 44	19 10	0 54
19 W	16 33	5 56	22 25	3 23	28 45	19 43	0 55
20 Th	19 31	6 07	24 00	3 22	29 46	20 16	0 56
21 F	22 31	6 17	25 35	3 21	0♌47	20 49	0 57
22 S	25 34	6 27	27 11	3 21	1 48	21 23	0 58
23 Su	28 40	6 35	28 46	3 19	2 49	21 56	0 59
24 M	1♒50	6 42	0♈22	3 18	3 50	22 30	1 00
25 Tu	5 03	6 48	1 57	3 17	4 51	23 03	1 01
26 W	8 20	6 53	3 32	3 15	5 52	23 37	1 02
27 Th	11 41	6 57	5 08	3 14	6 53	24 10	1 03
28 F	15 07	6 59	6 43	3 12	7 54	24 44	1 03
29 S	18 38	7 00	8 19	3 10	8 55	25 18	1 04
30 Su	22 14	7 00	9 55	3 08	9 56	25 52	1 05
31 M	25♒55	6S57	11♈30	3S05	10♌57	26♐26	1S06

FEBRUARY 2039

DAY	☿ LONG	☿ LAT	♀ LONG	♀ LAT	⊕ LONG	♂ LONG	♂ LAT
	° '	° '	° '	° '	° '	° '	° '
1 Tu	29♒43	6S53	13♈06	3S03	11♌58	26♐59	1S07
2 W	3♓37	6 46	14 41	3 00	12 59	27 33	1 08
3 Th	7 37	6 38	16 17	2 58	14 00	28 07	1 09
4 F	11 45	6 27	17 53	2 55	15 01	28 42	1 10
5 S	16 00	6 14	19 28	2 52	16 01	29 16	1 10
6 Su	20 23	5 59	21 04	2 49	17 02	29 50	1 11
7 M	24 54	5 40	22 40	2 46	18 03	0♑24	1 12
8 Tu	29 33	5 19	24 16	2 42	19 04	0 58	1 13
9 W	4♈22	4 55	25 51	2 39	20 05	1 33	1 14
10 Th	9 19	4 28	27 27	2 35	21 05	2 07	1 15
11 F	14 25	3 58	29 03	2 31	22 06	2 42	1 15
12 S	19 40	3 25	0♉39	2 28	23 07	3 16	1 16
13 Su	25 05	2 50	2 15	2 24	24 07	3 51	1 17
14 M	0♉38	2 12	3 51	2 19	25 08	4 26	1 18
15 Tu	6 20	1 31	5 27	2 15	26 09	5 00	1 19
16 W	12 10	0 49	7 03	2 11	27 09	5 35	1 19
17 Th	18 08	0 05	8 39	2 07	28 10	6 10	1 20
18 F	24 12	0N40	10 15	2 02	29 10	6 45	1 21
19 S	0♊22	1 25	11 51	1 57	0♍11	7 20	1 22
20 Su	6 36	2 09	13 27	1 53	1 12	7 55	1 23
21 M	12 53	2 52	15 03	1 48	2 12	8 30	1 23
22 Tu	19 12	3 34	16 39	1 43	3 13	9 05	1 24
23 W	25 31	4 12	18 15	1 38	4 13	9 40	1 25
24 Th	1♋49	4 48	19 52	1 33	5 13	10 15	1 26
25 F	8 04	5 19	21 28	1 28	6 14	10 51	1 26
26 S	14 15	5 47	23 04	1 23	7 14	11 26	1 27
27 Su	20 21	6 10	24 40	1 18	8 15	12 01	1 28
28 M	26♋19	6N29	26♉17	1S12	9♍15	12♑37	1S28

DAY	♃ LONG	♃ LAT	♄ LONG	♄ LAT	♅ LONG	♅ LAT	♆ LONG	♆ LAT	♇ LONG	♇ LAT
	° '	° '	° '	° '	° '	° '	° '	° '	° '	° '
2 Su	23♌00.0	0N52	23♍24.0	2N08	26♋33.3	0N31	0♉22.8	1S44	23♒37.9	9S29
7 F	23 23.6	0 53	23 34.3	2 09	26 37.1	0 31	0 24.6	1 44	23 39.1	9 29
12 W	23 47.1	0 53	23 44.6	2 09	26 40.8	0 31	0 26.5	1 44	23 40.3	9 30
17 M	24 10.7	0 54	23 54.8	2 09	26 44.6	0 31	0 28.3	1 44	23 41.5	9 30
22 S	24 34.2	0 54	24 05.1	2 09	26 48.3	0 31	0 30.1	1 44	23 42.7	9 30
27 Th	24 57.7	0 54	24 15.4	2 09	26 52.1	0 31	0 32.0	1 44	23 43.9	9 31
1 Tu	25 21.2	0 55	24 25.7	2 10	26 55.8	0 31	0 33.8	1 44	23 45.0	9 31
6 Su	25 44.7	0 55	24 35.9	2 10	26 59.5	0 32	0 35.6	1 44	23 46.2	9 31
11 F	26 08.2	0 56	24 46.2	2 10	27 03.3	0 32	0 37.5	1 44	23 47.4	9 32
16 W	26 31.7	0 56	24 56.5	2 10	27 07.0	0 32	0 39.3	1 44	23 48.6	9 32
21 M	26 55.1	0 56	25 06.7	2 11	27 10.8	0 32	0 41.1	1 44	23 49.8	9 32
26 S	27 18.6	0 57	25 17.0	2 11	27 14.5	0 32	0 43.0	1 44	23 51.0	9 32

☿a .458236	☿p .396498
♀ .728096	♀ .725651
⊕p .983361	⊕ .985252
♂ 1.50266	♂ 1.46304
♃ 5.34813	♃ 5.35684
♄ 9.43148	♄ 9.44097
♅ 18.6473	♅ 18.6425
♆ 29.8166	♆ 29.8161
♇ 38.7427	♇ 38.7642
☊	Perihelia
☿ 18°♉ 47	☿ 18°♊ 04
♀ 17 ♊ 02	♀ 11 ♌ 53
⊕	⊕ 15 ♋ 16
♂ 19 ♉ 51	♂ 6 ♓ 48
♃ 10 ♋ 51	♃ 15 ♈ 12
♄ 24 ♋ 00	♄ 6 ♋ 19
♅ 14 ♊ 15	♅ 17 ♍ 29
♆ 12 ♌ 16	♆ 2 ♊ 26
♇ 20 ♋ 54	♇ 13 ♏ 32

1	☿△♅	2am39
2 Su	☿ ♐	8am 4
	☿⚻♆	11 21
	♀⚻♅	4pm52
3	⊕⚼♀	5pm26
4 T	♂⚼♅	2am38
	♀ ♓	8pm55
5 W	♀✶♆	2am58
	⊕ P	6 43
6	☿⚼♅	12pm35
7 F	☿☌♂	2am27
	☿⚼♆	9pm50
8	☿ A	7pm21
9 Su	⊕⚻☿	2am 6
	♄⚻♇	3pm43
10 M	♃☍♇	11am23
	☿✶♇	9pm55
	☿△♃	10 12
	☿□♄	10 15
11	♃⚺♄	0am51
T	♂⚼♆	5 8
12 W	☿⚻♅	0am 6
	♀⚼♅	5 48
13 Th	☿ ♑	4am48
	☿△♆	8 41
14 F	⊕⚻♇	0am39
	⊕✶♄	3 53
	⊕⚺♃	7 24
	♀∠♆	2pm53
16 Su	☿∠♇	6am51
	♀□♂	9 33
	☿⚼♃	10 36
17	⊕☌♅	0am51
19	♀⚺♇	7pm30
20 Th	♀☍♄	0am15
	⊕ ♌	5 37
	♀⚻♃	6 33
	☿⚺♂	7 29
	⊕□♆	5pm16
21 F	☿⚺♇	9am26
	☿△♄	12pm16
	☿⚻♃	4 0
	♀△♅	6 18
22	☿☍♅	9am40
23 Su	☿✶♀	1am33
	☿ ♒	10 10
	☿□♆	2pm 3
	♀ ♈	6 34
24 M	♀⚺♆	2am21
	⊕☍☿	9pm54
26 W	☿∠♂	2am27
	♂✶♇	4 56
	☿⚼♄	6 29
27	♂□♄	3am48
28	♂△♃	3pm 9
29 S	♀∠♇	6am22
	⊕∠♄	9 56
30 Su	⊕△♀	1am 2
	♀⚼♃	4 33
	☿☌♇	9 55
	☿⚻♄	2pm 3
	☿☍♃	7 45
31	☿✶♂	3am47
M	☿⚻♅	6 23
	☿∠♀	6 26
	♂⚻♅	9pm22
1 T	⊕⚼♂	1am19
	☿ ♓	1 47
	☿✶♆	5 17
4 F	☿⚼♅	1am15
	☿∠♆	9pm42
5	⊕⚻☿	0am10
6 Su	☿⚺♀	5am45
	♂ ♑	7 5
	☿⚺♇	6pm 5
	☿☍♄	10 36
7 M	☿⚻♃	4am54
	♂△♆	8 22
	☿△♅	10 58
	♀✶♇	4pm43
8 T	☿ ♈	2am14
	☿⚺♆	5 18
	♀⚻♄	6 14
	☿□♂	8 8
9 W	♀△♃	1am56
	⊕⚼☿	4 25
	♀□♅	5pm45
	☿∠♇	9 28
10	☿⚼♃	8am25
11 F	♀ ♉	2pm13
	♀☌♆	11 42
12 S	⊕☍♇	4pm16
	☿✶♇	6 22
	⊕△☿	6 50
	☿⚻♄	10 56
13 Su	☿△♃	5am22
	☿□♅	8 43
	⊕⚺♄	5pm35
	☿ ♉	9 17
14 M	☿☌♆	0am 1
	♀△♂	1pm36
	☿△♂	5 49
	☿☌♀	6 52
15 T	⊕☌♃	7am52
	☿⚼♄	2pm50
	⊕⚺♅	11 6
17 Th	☿0N	2am38
	☿⚼♂	1pm20
	♀⚼♄	8 21
	☿□♇	10 31
18 F	☿△♄	3am12
	☿□♃	9 51
	☿✶♅	11 32
	⊕ ♍	7pm39
	☿ ♊	10 37
	⊕□☿	11 11
19 S	☿⚺♆	1am13
	⊕△♆	11 44
20 Su	☿⚻♂	5am33
	☿∠♅	9pm19
21 M	☿∠♆	10am40
	☿⚺♀	11 3
	♂∠♇	1pm46
	☿ P	7 0
22	☿△♇	5pm36
T	☿□♄	10 42
23 W	☿✶♃	5am59
	☿⚺♅	6 25
	☿ ♋	5pm 3
	☿✶♆	7 44
24 Th	⊕✶☿	3pm32
	☿∠♀	3 40
	♃⚺♅	11 19
25 F	☿⚼♇	2am59
	☿☍♂	11 50
	☿∠♃	4pm19
26	♀□♇	11am41
27 Su	♀△♄	9am49
	⊕∠☿	1pm54
	☿⚻♇	2 2
	♂⚼♃	5 13
	☿✶♄	8 2
	☿✶♀	11 45
28 M	☿☌♅	3am50
	☿⚺♃	4 42
	♀✶♅	2pm52
	☿ ♌	3 1
	☿□♆	6 2
	♀□♃	6 38

MARCH 2039

DAY	☿ LONG	☿ LAT	♀ LONG	♀ LAT	⊕ LONG	♂ LONG	♂ LAT
	° '	° '	° '	° '	° '	° '	° '
1 Tu	2♌11	6N43	27♉53	1S07	10♍15	13♑12	1S29
2 W	7 53	6 53	29 30	1 01	11 15	13 48	1 30
3 Th	13 27	6 59	1♊06	0 56	12 16	14 23	1 30
4 F	18 51	7 00	2 42	0 50	13 16	14 59	1 31
5 S	24 06	6 59	4 19	0 45	14 16	15 35	1 32
6 Su	29 11	6 54	5 55	0 39	15 16	16 10	1 32
7 M	4♍07	6 46	7 32	0 34	16 16	16 46	1 33
8 Tu	8 53	6 35	9 08	0 28	17 16	17 22	1 34
9 W	13 29	6 22	10 45	0 22	18 16	17 58	1 34
10 Th	17 57	6 07	12 22	0 17	19 16	18 34	1 35
11 F	22 17	5 51	13 58	0 11	20 16	19 10	1 35
12 S	26 28	5 33	15 35	0 05	21 16	19 46	1 36
13 Su	0♎31	5 14	17 12	0N01	22 16	20 22	1 37
14 M	4 28	4 54	18 48	0 06	23 16	20 58	1 37
15 Tu	8 17	4 34	20 25	0 12	24 16	21 34	1 38
16 W	12 00	4 13	22 02	0 18	25 15	22 10	1 38
17 Th	15 37	3 51	23 39	0 23	26 15	22 47	1 39
18 F	19 09	3 29	25 16	0 29	27 15	23 23	1 39
19 S	22 35	3 06	26 52	0 35	28 15	23 59	1 40
20 Su	25 56	2 44	28 29	0 41	29 14	24 36	1 40
21 M	29 13	2 21	0♋06	0 46	0♎14	25 12	1 41
22 Tu	2♏26	1 59	1 43	0 52	1 14	25 49	1 41
23 W	5 35	1 36	3 20	0 57	2 13	26 25	1 42
24 Th	8 41	1 14	4 57	1 03	3 13	27 02	1 42
25 F	11 44	0 52	6 34	1 08	4 12	27 39	1 43
26 S	14 43	0 30	8 11	1 14	5 12	28 15	1 43
27 Su	17 41	0 08	9 49	1 19	6 11	28 52	1 44
28 M	20 35	0S13	11 26	1 24	7 11	29 29	1 44
29 Tu	23 28	0 34	13 03	1 29	8 10	0♒06	1 44
30 W	26 19	0 55	14 40	1 35	9 09	0 43	1 45
31 Th	29♏09	1S16	16♋17	1N40	10♎09	1♒19	1S45

APRIL 2039

DAY	☿ LONG	☿ LAT	♀ LONG	♀ LAT	⊕ LONG	♂ LONG	♂ LAT
	° '	° '	° '	° '	° '	° '	° '
1 F	1♐57	1S36	17♋54	1N45	11♎08	1♒56	1S46
2 S	4 44	1 56	19 32	1 50	12 07	2 33	1 46
3 Su	7 30	2 15	21 09	1 54	13 06	3 10	1 46
4 M	10 15	2 34	22 46	1 59	14 05	3 47	1 47
5 Tu	13 00	2 53	24 24	2 04	15 05	4 24	1 47
6 W	15 45	3 11	26 01	2 08	16 04	5 02	1 47
7 Th	18 30	3 29	27 38	2 13	17 03	5 39	1 48
8 F	21 15	3 46	29 16	2 17	18 02	6 16	1 48
9 S	24 00	4 03	0♌53	2 21	19 01	6 53	1 48
10 Su	26 45	4 19	2 31	2 25	20 00	7 30	1 48
11 M	29 32	4 35	4 08	2 29	20 59	8 08	1 49
12 Tu	2♑19	4 50	5 45	2 33	21 57	8 45	1 49
13 W	5 08	5 05	7 23	2 37	22 56	9 23	1 49
14 Th	7 58	5 19	9 00	2 41	23 55	10 00	1 49
15 F	10 49	5 32	10 38	2 44	24 54	10 37	1 50
16 S	13 43	5 45	12 15	2 47	25 53	11 15	1 50
17 Su	16 38	5 56	13 53	2 51	26 51	11 52	1 50
18 M	19 36	6 07	15 30	2 54	27 50	12 30	1 50
19 Tu	22 37	6 18	17 08	2 57	28 49	13 07	1 50
20 W	25 40	6 27	18 45	2 59	29 47	13 45	1 50
21 Th	28 46	6 35	20 23	3 02	0♏46	14 23	1 50
22 F	1♒56	6 42	22 00	3 05	1 45	15 00	1 51
23 S	5 09	6 49	23 38	3 07	2 43	15 38	1 51
24 Su	8 26	6 54	25 15	3 09	3 42	16 16	1 51
25 M	11 48	6 57	26 53	3 11	4 40	16 53	1 51
26 Tu	15 14	7 00	28 31	3 13	5 39	17 31	1 51
27 W	18 45	7 00	0♍08	3 15	6 37	18 09	1 51
28 Th	22 21	7 00	1 46	3 17	7 35	18 47	1 51
29 F	26 02	6 57	3 23	3 18	8 34	19 25	1 51
30 S	29♒50	6S53	5♍01	3N19	9♏32	20♒02	1S51

DAY	♃ LONG	♃ LAT	♄ LONG	♄ LAT	♅ LONG	♅ LAT	♆ LONG	♆ LAT	♇ LONG	♇ LAT
	° '	° '	° '	° '	° '	° '	° '	° '	° '	° '
3 Th	27♌42.0	0N57	25♍27.2	2N11	27♋18.3	0N32	0♉44.8	1S44	23♒52.1	9S33
8 Tu	28 05.4	0 57	25 37.5	2 11	27 22.0	0 32	0 46.6	1 44	23 53.3	9 33
13 Su	28 28.8	0 58	25 47.7	2 11	27 25.8	0 32	0 48.5	1 44	23 54.5	9 33
18 F	28 52.2	0 58	25 58.0	2 12	27 29.5	0 32	0 50.3	1 44	23 55.7	9 34
23 W	29 15.6	0 58	26 08.2	2 12	27 33.2	0 32	0 52.1	1 44	23 56.9	9 34
28 M	29 39.0	0 59	26 18.4	2 12	27 37.0	0 32	0 54.0	1 44	23 58.0	9 34
2 S	0♍02.4	0 59	26 28.6	2 12	27 40.7	0 32	0 55.8	1 44	23 59.2	9 35
7 Th	0 25.7	0 59	26 38.9	2 12	27 44.5	0 32	0 57.6	1 44	24 00.4	9 35
12 Tu	0 49.1	1 00	26 49.1	2 13	27 48.2	0 32	0 59.4	1 44	24 01.6	9 35
17 Su	1 12.4	1 00	26 59.3	2 13	27 52.0	0 32	1 01.3	1 44	24 02.8	9 35
22 F	1 35.7	1 01	27 09.5	2 13	27 55.7	0 32	1 03.1	1 44	24 03.9	9 36
27 W	1 59.0	1 01	27 19.7	2 13	27 59.5	0 32	1 04.9	1 44	24 05.1	9 36

☿ .323123	☿a.462054
♀ .721953	♀p.718862
⊕ .990632	⊕ .998993
♂ 1.43084	♂ 1.40262
♃ 5.36445	♃ 5.37256
♄ 9.44957	♄ 9.45911
♅ 18.6381	♅ 18.6333
♆ 29.8158	♆ 29.8154
♇ 38.7836	♇ 38.8051
☊	Perihelia
☿ 18°♉ 48	☿ 18°♊ 04
♀ 17 ♊ 02	♀ 11 ♌ 52
⊕	⊕ 13 ♋ 13
♂ 19 ♉ 51	♂ 6 ♓ 47
♃ 10 ♋ 51	♃ 15 ♈ 14
♄ 24 ♋ 00	♄ 6 ♋ 22
♅ 14 ♊ 15	♅ 17 ♍ 47
♆ 12 ♌ 17	♆ 3 ♊ 16
♇ 20 ♋ 54	♇ 13 ♏ 33

Day	Aspect	Time
1	♀⚼♂	7am29
2 W	♀ ♊	7am35
	☿∠♄	10 54
	⊕⚺☿	5pm39
	♀⚺♆	6 43
3 Th	⊕∠♅	1am 5
	☿⚻♂	4 36
4	☿☍♇	10pm57
5 S	☿⚺♄	6am40
	☿⚺♅	3pm11
	☿☌♃	5 55
6 Su	☿ ♍	3am55
	☿△♆	7 37
	☿⚼♂	10 54
	⊕⚼♆	12pm 0
8 T	☿□♀	2am 3
	⊕△♂	5 45
	☿∠♅	6pm 8
9	☿⚼♆	12pm15
10 Th	♀∠♅	0am29
	☿△♂	3 51
	⊕☌☿	9 22
11 F	☿⚻♇	9am13
	☿☌♄	7pm53
12 S	♀∠♆	3am17
	☿✱♅	5 35
	☿⚺♃	11 35
	☿ ♎	8pm51
	♀0N	9 34
13	☿⚻♆	1am42
14	⊕⚻♇	3pm43
15	☿⚼♇	4am 2
16 W	♀⚻♂	3am23
	☿∠♃	11 32
	⊕☌♄	4pm 1
17	♀△♇	4am 9
18 F	⊕✱♅	5am58
	♀□♄	10 43
	♂⚺♇	9pm40
19 S	♀⚺♅	9am26
	☿△♇	9 36
	☿□♂	12pm13
	⊕⚺♃	6 29
20 Su	☿⚺♄	0am42
	♀✱♃	8 23
	☿□♅	11 31
	⊕ ♎	6pm25
	♀ ♋	10 26
	☿✱♃	11 7
21 M	⊕□♀	4am52
	☿ ♏	5 46
	⊕⚺☿	10 49
	♀✱♆	11 12
	☿☍♆	12pm10
	☿△♀	1 8
	⊕⚻♆	3 12
22	♂△♄	12pm 2
24 Th	☿∠♄	7pm48
	♂☍♅	9 24
26	♀⚼♇	11am26
27	☿0S	9am 9
28 M	♂⚻♃	7am36
	⊕∠☿	8pm 6
	♂ ♒	8 19
29 T	☿□♇	4am12
	⊕⚼♇	7pm38
30 W	☿✱♄	0am28
	♀∠♃	2 10
	♂□♆	8 0
	☿△♅	11 15
31 Th	☿□♃	6am30
	☿ ♐	7 18
	☿⚻♆	3pm12
	☿✱♂	11 55
1 F	♃ ♍	11am53
	☿⚼♀	7pm49
4 M	♀⚻♇	6pm 9
	☿⚼♅	9 28
5	⊕∠♃	5am12
6 W	☿⚼♆	1am47
	⊕✱☿	4 14
	♀✱♄	9 2
	☿ A	6pm36
7	♀☌♅	1am32
8 F	☿∠♂	0am17
	♀ ♌	10 55
	♀⚺♃	7pm20
9 S	☿✱♇	0am10
	♀□♆	1 18
	☿□♄	11pm57
10	☿⚻♅	8am54
11 M	☿ ♑	4am 3
	☿△♃	10 43
	☿△♆	12pm33
14 Th	⊕△♇	2am52
	☿∠♇	9 1
	♃△♆	10 0
	☿⚻♀	8pm15
	☿⚺♂	9 51
	♀☍♂	11 50
15 F	♀ P	5pm41
	♀∠♄	7 28
16	☿⚼♃	8pm21
17 Su	⊕⚺♄	3am23
	♂⚼♄	4 42
18	⊕□♅	1am 7
19	☿⚺♇	11am24
20 W	⊕ ♏	5am11
	☿△♄	11 12
	☿☍♅	5pm25
21 Th	⊕☍♆	6am55
	☿ ♒	9 24
	☿□♆	5pm22
	⊕✱♃	8 4
	☿⚻♃	9 25
	⊕□☿	9 59
23	♀☍♇	6am28
25 M	☿⚼♄	3am20
	♀⚺♄	5 42
	♀⚺♅	4pm 7
26 T	☿☌♂	7pm 7
	♀ ♍	10 1
27	♀△♆	2pm 4
28 Th	♀☌♃	4am41
	☿☌♇	11 25
29 F	☿⚻♄	8am44
	☿⚻♅	12pm37
30 S	☿ ♓	1am 1
	☿✱♆	7 52
	☿☍♃	3pm 1

MAY 2039

JUNE 2039

DAY	☿ LONG	☿ LAT	♀ LONG	♀ LAT	⊕ LONG	♂ LONG	♂ LAT
	° '	° '	° '	° '	° '	° '	° '
1 Su	3♓44	6S46	6♍38	3N20	10♏30	20♒40	1S51
2 M	7 45	6 38	8 16	3 21	11 29	21 18	1 51
3 Tu	11 53	6 27	9 53	3 22	12 27	21 56	1 51
4 W	16 08	6 14	11 30	3 23	13 25	22 34	1 51
5 Th	20 31	5 58	13 08	3 23	14 23	23 12	1 51
6 F	25 03	5 40	14 45	3 24	15 21	23 50	1 51
7 S	29 42	5 18	16 23	3 24	16 19	24 28	1 51
8 Su	4♈31	4 54	18 00	3 24	17 18	25 06	1 51
9 M	9 28	4 27	19 37	3 23	18 16	25 44	1 50
10 Tu	14 35	3 57	21 15	3 23	19 14	26 22	1 50
11 W	19 50	3 24	22 52	3 23	20 12	27 00	1 50
12 Th	25 15	2 49	24 29	3 22	21 10	27 38	1 50
13 F	0♉49	2 10	26 06	3 21	22 07	28 16	1 50
14 S	6 31	1 30	27 44	3 20	23 05	28 54	1 50
15 Su	12 21	0 47	29 21	3 19	24 03	29 32	1 49
16 M	18 19	0 04	0♎58	3 18	25 01	0♓10	1 49
17 Tu	24 23	0N41	2 35	3 16	25 59	0 48	1 49
18 W	0♊33	1 26	4 12	3 15	26 57	1 26	1 49
19 Th	6 47	2 10	5 49	3 13	27 55	2 04	1 48
20 F	13 05	2 54	7 26	3 11	28 52	2 42	1 48
21 S	19 24	3 35	9 03	3 09	29 50	3 20	1 48
22 Su	25 43	4 13	10 40	3 07	0♐48	3 59	1 48
23 M	2♋01	4 49	12 17	3 04	1 46	4 37	1 47
24 Tu	8 16	5 20	13 54	3 02	2 43	5 15	1 47
25 W	14 27	5 48	15 31	2 59	3 41	5 53	1 47
26 Th	20 32	6 11	17 08	2 56	4 39	6 31	1 46
27 F	26 31	6 29	18 44	2 53	5 36	7 09	1 46
28 S	2♌21	6 43	20 21	2 50	6 34	7 47	1 46
29 Su	8 04	6 53	21 58	2 47	7 32	8 25	1 45
30 M	13 37	6 59	23 34	2 44	8 29	9 04	1 45
31 Tu	19♌01	7N00	25♎11	2N40	9♐27	9♓42	1S44

DAY	☿ LONG	☿ LAT	♀ LONG	♀ LAT	⊕ LONG	♂ LONG	♂ LAT
	° '	° '	° '	° '	° '	° '	° '
1 W	24♌16	6N58	26♎47	2N37	10♐24	10♓20	1S44
2 Th	29 21	6 53	28 24	2 33	11 22	10 58	1 44
3 F	4♍16	6 45	0♏00	2 29	12 19	11 36	1 43
4 S	9 01	6 35	1 37	2 25	13 17	12 14	1 43
5 Su	13 38	6 22	3 13	2 21	14 14	12 52	1 42
6 M	18 06	6 07	4 49	2 17	15 12	13 30	1 42
7 Tu	22 25	5 51	6 26	2 13	16 09	14 08	1 41
8 W	26 36	5 33	8 02	2 08	17 06	14 46	1 41
9 Th	0♎39	5 14	9 38	2 04	18 04	15 24	1 40
10 F	4 35	4 54	11 14	1 59	19 01	16 02	1 40
11 S	8 24	4 33	12 50	1 55	19 59	16 40	1 39
12 Su	12 07	4 12	14 26	1 50	20 56	17 18	1 38
13 M	15 44	3 50	16 02	1 45	21 53	17 56	1 38
14 Tu	19 15	3 28	17 38	1 40	22 51	18 34	1 37
15 W	22 41	3 06	19 14	1 35	23 48	19 12	1 37
16 Th	26 03	2 43	20 50	1 30	24 45	19 50	1 36
17 F	29 19	2 21	22 26	1 25	25 43	20 28	1 36
18 S	2♏32	1 58	24 02	1 20	26 40	21 06	1 35
19 Su	5 41	1 36	25 37	1 14	27 37	21 44	1 34
20 M	8 47	1 13	27 13	1 09	28 34	22 22	1 34
21 Tu	11 49	0 51	28 49	1 04	29 32	23 00	1 33
22 W	14 49	0 29	0♐24	0 58	0♑29	23 38	1 32
23 Th	17 46	0 08	2 00	0 53	1 26	24 16	1 32
24 F	20 41	0S14	3 35	0 47	2 24	24 53	1 31
25 S	23 34	0 35	5 11	0 42	3 21	25 31	1 30
26 Su	26 25	0 56	6 46	0 36	4 18	26 09	1 29
27 M	29 14	1 17	8 22	0 31	5 15	26 47	1 29
28 Tu	2♐02	1 37	9 57	0 25	6 13	27 24	1 28
29 W	4 49	1 57	11 32	0 20	7 10	28 02	1 27
30 Th	7♐35	2S16	13♐08	0N14	8♑07	28♓40	1S26

DAY	♃ LONG	♃ LAT	♄ LONG	♄ LAT	♅ LONG	♅ LAT	♆ LONG	♆ LAT	♇ LONG	♇ LAT
	° '	° '	° '	° '	° '	° '	° '	° '	° '	° '
2 M	2♍22.3	1N01	27♍30.0	2N13	28♋03.2	0N32	1♉06.8	1S44	24♒06.3	9S36
7 S	2 45.6	1 01	27 40.2	2 14	28 07.0	0 32	1 08.6	1 44	24 07.5	9 37
12 Th	3 08.9	1 02	27 50.4	2 14	28 10.7	0 32	1 10.5	1 44	24 08.7	9 37
17 Tu	3 32.2	1 02	28 00.6	2 14	28 14.5	0 32	1 12.3	1 44	24 09.9	9 37
22 Su	3 55.4	1 02	28 10.8	2 14	28 18.2	0 32	1 14.1	1 44	24 11.0	9 37
27 F	4 18.7	1 03	28 21.0	2 14	28 22.0	0 32	1 16.0	1 44	24 12.2	9 38
1 W	4 41.9	1 03	28 31.2	2 15	28 25.7	0 32	1 17.8	1 44	24 13.4	9 38
6 M	5 05.2	1 03	28 41.4	2 15	28 29.5	0 32	1 19.6	1 44	24 14.6	9 38
11 S	5 28.4	1 04	28 51.6	2 15	28 33.2	0 32	1 21.5	1 44	24 15.8	9 39
16 Th	5 51.6	1 04	29 01.7	2 15	28 37.0	0 32	1 23.3	1 44	24 16.9	9 39
21 Tu	6 14.8	1 04	29 11.9	2 15	28 40.7	0 33	1 25.1	1 44	24 18.1	9 39
26 Su	6 38.0	1 05	29 22.1	2 16	28 44.5	0 33	1 27.0	1 44	24 19.3	9 40

☿p .390755	☿ .342284
♀ .718892	♀ .722026
⊕ 1.00732	⊕ 1.01387
♂p 1.38577	♂ 1.38134
♃ 5.38010	♃ 5.38755
♄ 9.46834	♄ 9.47790
♅ 18.6286	♅ 18.6239
♆ 29.8150	♆ 29.8146
♇ 38.8259	♇ 38.8474
☊	Perihelia
☿ 18°♉ 48	☿ 18°♊ 04
♀ 17 ♊ 02	♀ 11 ♌ 51
⊕	⊕ 12 ♋ 17
♂ 19 ♉ 51	♂ 6 ♓ 47
♃ 10 ♋ 52	♃ 15 ♈ 14
♄ 24 ♋ 00	♄ 6 ♋ 21
♅ 14 ♊ 15	♅ 18 ♍ 06
♆ 12 ♌ 17	♆ 3 ♊ 37
♇ 20 ♋ 53	♇ 13 ♏ 36

2	☿☍♀	4am58
3	⊕∠♄	2am11
T	⊕△☿	4 12
	☿⚼♅	6 46
	☿∠♆	11pm56
4	♀∠♅	11pm25
5	☿⚺♂	4pm36
Th	☿⚺♇	7 9
6	♂☌♇	11am 7
F	☿☍♄	1pm32
	☿△♅	3 52
	♀⚼♆	8 32
	⊕✶♀	10 3
7	☿ ♈	1am29
S	☿⚺♆	7 16
	⊕⚼☿	10 13
	☿⚻♃	3pm35
8	☿∠♇	10pm23
9	☿∠♂	6am49
10	☿⚼♃	3pm53
11	⊕⚻☿	1am56

W	♀⚻♇	6pm54
	☿✶♇	7 8
	☿⚻♀	7 14
12	♂⚻♄	8am24
Th	☿⚻♄	11 19
	☿✶♂	11 40
	☿□♅	12pm44
	☿ ♉	8 32
	♂⚻♅	9 12
13	☿☌♆	1am34
F	☿△♃	10 22
14	♀☌♄	2am43
S	♀✶♅	7 6
15	☿⚼♄	2am24
Su	⊕□♇	2 33
	♀⚻♂	4 29
	♀ ♎	9 39
	☿⚼♀	11 6
	♂ ♓	5pm41
16	☿0N	1am54
M	♀⚻♆	3 26
	☿□♇	11pm 7
17	⊕☍☿	7am24
T	☿△♄	2pm13

	♀⚺♃	2 48
	☿✶♅	3 4
	♂✶♆	3 23
	☿ ♊	9 52
18	☿⚺♆	2am33
W	☿□♂	3 48
	☿□♃	11 57
	☿△♀	7pm 0
19	⊕✶♄	4am18
Th	⊕△♅	8 58
20	☿∠♅	0am45
F	☿∠♆	11 57
	☿ P	6pm15
21	♀⚼♇	1am51
S	⊕ ♐	4 4
	☿△♇	6pm10
	♂☍♃	9 43
22	☿□♄	9am25
Su	☿⚺♅	9 51
	⊕⚻♆	10 56
	☿ ♋	4pm18
	☿✶♆	9 2
	⊕⚻☿	10 51
23	☿✶♃	7am42

M	☿△♂	11 4
24	☿⚼♇	3am34
25	☿□♀	5am41
W	⊕□♃	12pm48
	☿∠♃	6 46
	⊕⚼☿	7 49
26	☿⚼♂	4am23
Th	♂ P	10 21
	☿⚻♇	2pm41
27	☿✶♄	7am32
F	☿☌♅	7 35
	♀∠♃	8 56
	☿ ♌	2pm16
	♄✶♅	6 35
	☿□♆	7 30
28	☿⚺♃	8am35
S	⊕△☿	9pm15
29	☿⚻♂	1am44
Su	⊕∠♀	8pm50
	☿∠♄	11 15
30	♀△♇	9am36
M	♀⚼♂	11 58

31	⊕□♂	6pm23
T	☿☍♇	11 49
1	☿✶♀	5pm22
W	☿⚺♅	7 40
	☿⚺♄	8 11
2	♀□♅	0am38
Th	♀⚺♄	2 21
	☿ ♍	3 9
	☿△♆	9 29
	♀ ♏	11pm54
3	☿☌♃	2am59
F	♀☍♆	7pm31
4	⊕⚼♅	4am45
S	☿☍♂	7pm19
	☿∠♅	11 11
5	⊕□☿	4am 4
Su	☿⚼♆	2pm24
	♂⚼♅	11 31
6	♀✶♃	4am 7
M	☿∠♀	3pm10
7	⊕⚼♆	4am37

T	☿⚻♇	10 27
8	☿✶♅	11am19
W	☿☌♄	12pm49
	☿ ♎	8 6
9	☿⚻♆	4am12
10	☿⚺♃	5am 9
F	♂∠♆	11 53
11	☿⚼♇	5am30
S	♀∠♄	3pm38
13	☿⚺♀	3am45
M	☿⚻♂	6pm17
14	☿∠♃	10am18
T	♀△♂	11pm17
15	⊕✶☿	11am 0
W	☿△♇	11 19
	⊕✶♇	12pm 6
16	☿□♅	6pm51
Th	☿⚺♄	10 3
17	☿ ♏	5am 0
F	☿☍♆	3pm26

18	♀□♇	3am58
19	☿✶♃	3am11
Su	☿⚼♂	10 9
20	⊕⚻♅	2am21
M	⊕□♄	3pm23
	♀△♅	10 0
21	♀✶♄	5am58
T	⊕ ♑	11 50
	♀ ♐	5pm54
	☿∠♄	7 14
22	⊕⚺♀	2am59
W	⊕∠☿	7 57
	♀⚻♆	3pm26
	⊕△♆	11 49
23	♂⚺♇	1am56
Th	☿0S	8 25
25	☿□♇	6am21
S	☿△♂	9pm 9
	♀□♃	9 48
26	☿△♅	7pm53
27	☿✶♄	1am27
M	☿ ♐	6 32
	☿⚻♆	7pm 4
28	⊕△♃	3pm51
29	☿□♃	6pm14
30	♂△♅	5am 6
Th	⊕⚺☿	7 2
	♀⚼♅	10 5

JULY 2039

DAY	☿ LONG	☿ LAT	♀ LONG	♀ LAT	⊕ LONG	♂ LONG	♂ LAT
	° '	° '	° '	° '	° '	° '	° '
1 F	10♐21	2S35	14♐43	0N08	9♑04	29♓17	1S26
2 S	13 06	2 54	16 18	0 03	10 01	29 55	1 25
3 Su	15 50	3 12	17 54	0S03	10 59	0♈32	1 24
4 M	18 35	3 30	19 29	0 09	11 56	1 10	1 23
5 Tu	21 20	3 47	21 04	0 14	12 53	1 48	1 23
6 W	24 05	4 04	22 39	0 20	13 50	2 25	1 22
7 Th	26 51	4 20	24 14	0 26	14 47	3 02	1 21
8 F	29 37	4 36	25 49	0 31	15 45	3 40	1 20
9 S	2♑25	4 51	27 24	0 37	16 42	4 17	1 19
10 Su	5 13	5 05	28 59	0 42	17 39	4 55	1 18
11 M	8 03	5 19	0♑34	0 48	18 36	5 32	1 18
12 Tu	10 55	5 32	2 09	0 53	19 33	6 09	1 17
13 W	13 49	5 45	3 44	0 59	20 31	6 46	1 16
14 Th	16 44	5 57	5 19	1 04	21 28	7 24	1 15
15 F	19 42	6 08	6 54	1 09	22 25	8 01	1 14
16 S	22 42	6 18	8 29	1 15	23 22	8 38	1 13
17 Su	25 46	6 27	10 04	1 20	24 19	9 15	1 12
18 M	28 52	6 35	11 39	1 25	25 17	9 52	1 11
19 Tu	2♒02	6 43	13 14	1 30	26 14	10 29	1 10
20 W	5 15	6 49	14 49	1 35	27 11	11 06	1 09
21 Th	8 33	6 54	16 24	1 40	28 09	11 43	1 09
22 F	11 54	6 57	17 59	1 45	29 06	12 20	1 08
23 S	15 20	7 00	19 34	1 50	0♒03	12 57	1 07
24 Su	18 51	7 00	21 08	1 54	1 00	13 34	1 06
25 M	22 28	6 59	22 43	1 59	1 58	14 11	1 05
26 Tu	26 10	6 57	24 18	2 03	2 55	14 47	1 04
27 W	29 57	6 52	25 53	2 08	3 52	15 24	1 03
28 Th	3♓52	6 46	27 28	2 12	4 50	16 01	1 02
29 F	7 53	6 37	29 03	2 16	5 47	16 37	1 01
30 S	12 01	6 27	0♒38	2 21	6 44	17 14	1 00
31 Su	16♓16	6S13	2♒12	2S25	7♒42	17♈50	0S59

AUGUST 2039

DAY	☿ LONG	☿ LAT	♀ LONG	♀ LAT	⊕ LONG	♂ LONG	♂ LAT
	° '	° '	° '	° '	° '	° '	° '
1 M	20♓40	5S57	3♒47	2S28	8♒39	18♈27	0S58
2 Tu	25 11	5 39	5 22	2 32	9 37	19 03	0 57
3 W	29 51	5 18	6 57	2 36	10 34	19 40	0 56
4 Th	4♈40	4 53	8 32	2 39	11 31	20 16	0 55
5 F	9 38	4 26	10 07	2 43	12 29	20 52	0 54
6 S	14 44	3 56	11 42	2 46	13 26	21 29	0 53
7 Su	20 00	3 23	13 17	2 49	14 24	22 05	0 52
8 M	25 25	2 47	14 52	2 52	15 21	22 41	0 51
9 Tu	0♉59	2 09	16 26	2 55	16 19	23 17	0 50
10 W	6 42	1 29	18 01	2 58	17 16	23 53	0 49
11 Th	12 32	0 46	19 36	3 01	18 14	24 29	0 48
12 F	18 30	0 02	21 11	3 03	19 11	25 05	0 47
13 S	24 35	0N43	22 46	3 06	20 09	25 41	0 45
14 Su	0♊45	1 27	24 21	3 08	21 06	26 17	0 44
15 M	6 59	2 12	25 56	3 10	22 04	26 53	0 43
16 Tu	13 16	2 55	27 31	3 12	23 02	27 29	0 42
17 W	19 35	3 36	29 06	3 14	23 59	28 04	0 41
18 Th	25 55	4 14	0♓41	3 15	24 57	28 40	0 40
19 F	2♋12	4 50	2 16	3 17	25 55	29 16	0 39
20 S	8 27	5 21	3 51	3 18	26 53	29 51	0 38
21 Su	14 38	5 48	5 27	3 20	27 50	0♉27	0 37
22 M	20 43	6 11	7 02	3 21	28 48	1 02	0 36
23 Tu	26 41	6 30	8 37	3 22	29 46	1 37	0 35
24 W	2♌32	6 44	10 12	3 22	0♓44	2 13	0 34
25 Th	8 14	6 53	11 47	3 23	1 42	2 48	0 33
26 F	13 47	6 59	13 22	3 23	2 39	3 23	0 31
27 S	19 11	7 00	14 58	3 24	3 37	3 59	0 30
28 Su	24 25	6 58	16 33	3 24	4 35	4 34	0 29
29 M	29 30	6 53	18 08	3 24	5 33	5 09	0 28
30 Tu	4♍25	6 45	19 43	3 23	6 31	5 44	0 27
31 W	9♍10	6N34	21♓19	3S23	7♓29	6♉19	0S26

DAY	♃ LONG	♃ LAT	♄ LONG	♄ LAT	♅ LONG	♅ LAT	♆ LONG	♆ LAT	♇ LONG	♇ LAT
	° '	° '	° '	° '	° '	° '	° '	° '	° '	° '
1 F	7♍01.2	1N05	29♍32.3	2N16	28♋48.3	0N33	1♉28.8	1S44	24♒20.5	9S40
6 W	7 24.4	1 05	29 42.5	2 16	28 52.0	0 33	1 30.7	1 44	24 21.7	9 40
11 M	7 47.5	1 05	29 52.6	2 16	28 55.8	0 33	1 32.5	1 44	24 22.9	9 40
16 S	8 10.7	1 06	0♎02.8	2 16	28 59.5	0 33	1 34.3	1 44	24 24.0	9 41
21 Th	8 33.8	1 06	0 12.9	2 16	29 03.3	0 33	1 36.2	1 44	24 25.2	9 41
26 Tu	8 57.0	1 06	0 23.1	2 17	29 07.0	0 33	1 38.0	1 44	24 26.4	9 41
31 Su	9 20.1	1 07	0 33.3	2 17	29 10.8	0 33	1 39.8	1 44	24 27.6	9 42
5 F	9 43.2	1 07	0 43.4	2 17	29 14.6	0 33	1 41.7	1 44	24 28.8	9 42
10 W	10 06.3	1 07	0 53.6	2 17	29 18.3	0 33	1 43.5	1 44	24 29.9	9 42
15 M	10 29.4	1 07	1 03.7	2 17	29 22.1	0 33	1 45.3	1 44	24 31.1	9 42
20 S	10 52.5	1 08	1 13.8	2 17	29 25.8	0 33	1 47.2	1 44	24 32.3	9 43
25 Th	11 15.6	1 08	1 24.0	2 18	29 29.6	0 33	1 49.0	1 44	24 33.5	9 43
30 Tu	11 38.7	1 08	1 34.1	2 18	29 33.3	0 33	1 50.8	1 44	24 34.7	9 43

☿a .465647	☿p .367568
♀ .725953	♀a .728162
⊕a 1.01662	⊕ 1.01505
♂ 1.39016	♂ 1.41165
♃ 5.39442	♃ 5.40116
♄ 9.48715	♄ 9.49671
♅ 18.6193	♅ 18.6145
♆ 29.8142	♆ 29.8138
♇ 38.8682	♇ 38.8897
☊	Perihelia
☿ 18° ♉ 48	☿ 18° ♊ 04
♀ 17 ♊ 02	♀ 12 ♌ 08
⊕	⊕ 15 ♋ 26
♂ 19 ♉ 51	♂ 6 ♓ 47
♃ 10 ♋ 52	♃ 15 ♈ 17
♄ 24 ♋ 00	♄ 6 ♋ 19
♅ 14 ♊ 15	♅ 18 ♍ 21
♆ 12 ♌ 17	♆ 3 ♊ 49
♇ 20 ♋ 53	♇ 13 ♏ 39

1 F	⊕∠♇	6am52
	♂☍♄	10 6
2 S	♀⚼♆	2am45
	♂ ♈	3 16
	☿⚼♅	6 21
	♀0S	11 1
3 Su	☿⚼♆	5am44
	☿ A	5pm53
4 M	♂⊻♆	12pm52
	☿☌♀	6 32
5	⊕ A	1pm26
6	☿⚹♇	2am26
7 Th	♀⚹♇	1am58
	☿⊼♅	5pm41
8 F	☿□♄	1am21
	☿ ♑	3 17
	☿△♆	4pm25
9 S	☿□♂	8pm36
	♀⊼♅	10 54
10 Su	♀□♄	1pm13
	♀ ♑	3 19
	☿△♃	9 43
11 M	☿∠♇	11am10
	♀△♆	2pm44
14	♄ ♎	3pm10
15 F	♂⊼♃	3am49
	⊕⚼♃	6pm45
	♀△♃	7 4
16 S	♀□♂	3am38
	☿⚼♃	3 49
	⊕☌☿	7 38
	☿⊻♇	1pm22
	♀∠♇	1 53
17 Su	⊕⊻♇	2am 2
	♂∠♇	5 58
18 M	☿☍♅	1am 9
	☿ ♒	8 38
	☿△♄	9 37
	☿□♆	8pm41
21 Th	☿⊼♃	0am10
	⊕☍♅	11pm14
22 F	☿⚹♂	3am44
	⊕ ♒	10pm41
	☿⚼♄	11 38
23	⊕△♄	6am 1
24	⊕□♆	3pm31
25 M	☿⊻♀	3am 1
	☿☌♇	12pm55
	♀⚼♃	6 22
26 T	♀⊻♇	2am 6
	☿⊼♅	6pm49
27 W	☿ ♓	0am16
	☿⊼♄	2 54
	☿∠♂	3 17
	☿⚹♆	10 26
28	⊕⊻☿	7am41
29 F	♀☍♅	1am40
	☿☍♃	7 47
	♀ ♒	2pm29
	♀△♄	10 21
30 S	☿⚼♅	12pm16
	♀□♆	3 43
31 Su	☿∠♆	2am11
	☿∠♀	8 7
	☿⊻♂	10 4
1 M	⊕∠☿	8pm11
	☿⊻♇	8 14
	⊕⊼♃	8 43
2	☿△♅	8pm46
3 W	☿ ♈	0am44
	☿☍♄	4 5
	☿⊻♆	9 13
4 Th	♀⊼♃	5pm43
	☿∠♇	11 18
5 F	☿⊼♃	0am27
	☿⚹♀	3 22
	⊕⚹☿	4pm34
6	♀ A	3am55
7 Su	☿☌♂	10am26
	☿⚹♇	7pm55
	☿⚼♃	9 55
8 M	⊕⚼♄	12pm17
	♀⚼♄	2 58
	☿□♅	4 45
	⊕☌♀	6 57
	☿ ♉	7 47
	☿⊼♄	11 27
9	☿☌♆	3am 7
10	☿△♃	2pm16
11 Th	♂⚹♇	0am38
	☿⚼♄	1pm47
12 F	☿0N	1am11
	⊕□☿	3 15
	♂⚼♃	7 57
	☿□♀	2pm26
	☿□♇	11 45
13 S	☿⊻♂	4am49
	☿⚹♅	6pm37
	☿ ♊	9 8
14 Su	☿△♄	1am 7
	♀☌♇	2 26
	☿⊻♆	3 54
15 M	☿□♃	1pm34
	☿∠♂	8 39
	♀⚹♂	10 54
16 T	☿∠♅	4am13
	☿∠♆	1pm16
	☿ P	5 33
17 W	♀⊼♅	4am24
	⊕☌♇	1pm28
	♀ ♓	1 33
	☿△♇	6 45
	⊕△☿	7 42
18 Th	♀⊼♄	7am20
	☿⚹♂	11 34
	☿⊻♅	1pm20
	☿ ♋	3 34
	♀⚹♆	4 30
	☿□♄	8 7
	☿⚹♆	10 22
19 F	☿△♀	0am20
	♂□♅	6 34
20 S	☿⚼♇	4am11
	♂ ♉	6 1
	☿⚹♃	9 29
	⊕⚼☿	3pm41
22 M	☿⚼♀	7am 6
	♂⊼♄	11 23
	☿⊼♇	3pm20
	⊕⊼♅	4 30
	☿∠♃	9 36
23 T	⊕ ♓	5am51
	♂☌♆	7 26
	☿☌♅	11 22
	☿ ♌	1pm32
	⊕⊼☿	3 3
	☿⚹♄	7 8
	☿□♆	9 0
	☿□♂	10 31
24 W	♀☍♃	3pm38
	⊕⊼♄	4 26
25 Th	⊕⚹♆	3am 6
	☿⊻♃	1pm10
	☿⊼♀	9 26
26 F	☿∠♄	11am44
	♀⚼♅	5pm17
27	⊕⚹♂	10pm19
28 Su	☿☍♇	0am41
	♀∠♆	4 23
29 M	☿⊻♅	0am13
	☿ ♍	2 25
	☿⊻♄	9 55
	☿△♆	11 22
30 T	☿△♂	7am29
	⊕☍☿	1pm13
31 W	♀∠♂	0am 3
	☿☌♃	1pm26

SEPTEMBER 2039

DAY	☿ LONG	☿ LAT	♀ LONG	♀ LAT	⊕ LONG	♂ LONG	♂ LAT
	° '	° '	° '	° '	° '	° '	° '
1 Th	13♍46	6N21	22♓54	3S23	8♓27	6♉54	0S25
2 F	18 14	6 07	24 29	3 22	9 25	7 28	0 24
3 S	22 33	5 50	26 05	3 21	10 23	8 03	0 23
4 Su	26 43	5 32	27 40	3 20	11 21	8 38	0 22
5 M	0♎46	5 13	29 15	3 19	12 19	9 13	0 21
6 Tu	4 42	4 53	0♈51	3 18	13 18	9 47	0 19
7 W	8 31	4 33	2 26	3 16	14 16	10 22	0 18
8 Th	12 14	4 11	4 02	3 15	15 14	10 56	0 17
9 F	15 51	3 49	5 37	3 13	16 12	11 31	0 16
10 S	19 22	3 27	7 13	3 11	17 10	12 05	0 15
11 Su	22 48	3 05	8 48	3 09	18 09	12 40	0 14
12 M	26 09	2 43	10 24	3 07	19 07	13 14	0 13
13 Tu	29 26	2 20	11 59	3 05	20 05	13 48	0 12
14 W	2♏38	1 58	13 35	3 02	21 04	14 22	0 11
15 Th	5 47	1 35	15 11	3 00	22 02	14 57	0 10
16 F	8 53	1 13	16 46	2 57	23 01	15 31	0 08
17 S	11 55	0 51	18 22	2 54	23 59	16 05	0 07
18 Su	14 55	0 29	19 58	2 51	24 58	16 39	0 06
19 M	17 52	0 07	21 33	2 48	25 56	17 13	0 05
20 Tu	20 46	0S15	23 09	2 45	26 55	17 46	0 04
21 W	23 39	0 36	24 45	2 41	27 54	18 20	0 03
22 Th	26 30	0 57	26 21	2 38	28 52	18 54	0 02
23 F	29 19	1 17	27 56	2 34	29 51	19 28	0 01
24 S	2♐07	1 37	29 32	2 30	0♈50	20 01	0N00
25 Su	4 54	1 57	1♉08	2 26	1 48	20 35	0 01
26 M	7 41	2 17	2 44	2 22	2 47	21 08	0 02
27 Tu	10 26	2 36	4 20	2 18	3 46	21 42	0 04
28 W	13 11	2 54	5 56	2 14	4 45	22 15	0 05
29 Th	15 56	3 12	7 32	2 10	5 44	22 48	0 06
30 F	18♐40	3S30	9♉08	2S05	6♈43	23♉22	0N07

OCTOBER 2039

DAY	☿ LONG	☿ LAT	♀ LONG	♀ LAT	⊕ LONG	♂ LONG	♂ LAT
	° '	° '	° '	° '	° '	° '	° '
1 S	21♐25	3S47	10♉44	2S01	7♈41	23♉55	0N08
2 Su	24 10	4 04	12 20	1 56	8 40	24 28	0 09
3 M	26 56	4 20	13 56	1 51	9 39	25 01	0 10
4 Tu	29 42	4 36	15 32	1 47	10 38	25 34	0 11
5 W	2♑30	4 51	17 08	1 42	11 38	26 07	0 12
6 Th	5 19	5 06	18 45	1 37	12 37	26 40	0 13
7 F	8 09	5 20	20 21	1 32	13 36	27 13	0 14
8 S	11 00	5 33	21 57	1 26	14 35	27 46	0 15
9 Su	13 54	5 45	23 33	1 21	15 34	28 19	0 16
10 M	16 50	5 57	25 10	1 16	16 33	28 51	0 17
11 Tu	19 48	6 08	26 46	1 11	17 33	29 24	0 18
12 W	22 48	6 18	28 22	1 05	18 32	29 56	0 19
13 Th	25 52	6 27	29 59	1 00	19 31	0♊29	0 20
14 F	28 58	6 36	1♊35	0 54	20 31	1 01	0 22
15 S	2♒08	6 43	3 12	0 49	21 30	1 34	0 23
16 Su	5 21	6 49	4 48	0 43	22 30	2 06	0 24
17 M	8 39	6 54	6 24	0 38	23 29	2 39	0 25
18 Tu	12 00	6 57	8 01	0 32	24 29	3 11	0 26
19 W	15 27	7 00	9 38	0 26	25 28	3 43	0 27
20 Th	18 58	7 00	11 14	0 21	26 28	4 15	0 28
21 F	22 34	6 59	12 51	0 15	27 28	4 47	0 29
22 S	26 17	6 57	14 27	0 09	28 27	5 19	0 30
23 Su	0♓05	6 52	16 04	0 03	29 27	5 51	0 31
24 M	3 59	6 46	17 41	0N02	0♉27	6 23	0 32
25 Tu	8 00	6 37	19 18	0 08	1 26	6 55	0 33
26 W	12 09	6 26	20 54	0 14	2 26	7 27	0 34
27 Th	16 24	6 13	22 31	0 19	3 26	7 59	0 35
28 F	20 48	5 57	24 08	0 25	4 26	8 30	0 35
29 S	25 20	5 38	25 45	0 31	5 26	9 02	0 36
30 Su	0♈00	5 17	27 22	0 37	6 26	9 33	0 37
31 M	4♈49	4S53	28♊59	0N42	7♉26	10♊05	0N38

DAY	♃ LONG	♃ LAT	♄ LONG	♄ LAT	♅ LONG	♅ LAT	♆ LONG	♆ LAT	♇ LONG	♇ LAT
	° '	° '	° '	° '	° '	° '	° '	° '	° '	° '
4 Su	12♍01.7	1N08	1♎44.2	2N18	29♋37.1	0N33	1♉52.7	1S44	24♒35.8	9S44
9 F	12 24.8	1 09	1 54.4	2 18	29 40.8	0 33	1 54.5	1 44	24 37.0	9 44
14 W	12 47.8	1 09	2 04.5	2 18	29 44.6	0 33	1 56.3	1 44	24 38.2	9 44
19 M	13 10.9	1 09	2 14.6	2 18	29 48.3	0 33	1 58.2	1 44	24 39.3	9 44
24 S	13 33.9	1 09	2 24.7	2 19	29 52.1	0 33	2 00.0	1 44	24 40.5	9 45
29 Th	13 56.9	1 10	2 34.8	2 19	29 55.9	0 33	2 01.8	1 44	24 41.7	9 45
4 Tu	14 19.9	1 10	2 44.9	2 19	29 59.6	0 33	2 03.7	1 44	24 42.9	9 45
9 Su	14 42.9	1 10	2 55.0	2 19	0♌03.4	0 33	2 05.5	1 44	24 44.0	9 46
14 F	15 05.9	1 10	3 05.1	2 19	0 07.1	0 33	2 07.3	1 44	24 45.2	9 46
19 W	15 28.9	1 11	3 15.2	2 19	0 10.9	0 33	2 09.2	1 44	24 46.4	9 46
24 M	15 51.9	1 11	3 25.3	2 20	0 14.6	0 33	2 11.0	1 44	24 47.6	9 47
29 S	16 14.9	1 11	3 35.4	2 20	0 18.4	0 33	2 12.8	1 44	24 48.7	9 47

☿a.364894	☿ .466467
♀ .727013	♀ .723429
⊕ 1.00939	⊕ 1.00141
♂ 1.44305	♂ 1.47952
♃ 5.40753	♃ 5.41332
♄ 9.50627	♄ 9.51552
♅ 18.6098	♅ 18.6052
♆ 29.8134	♆ 29.8131
♇ 38.9112	♇ 38.9320
☊	Perihelia
☿ 18°♉ 48	☿ 18°♊ 04
♀ 17 ♊ 02	♀ 12 ♌ 19
⊕	⊕ 16 ♋ 13
♂ 19 ♉ 51	♂ 6 ♓ 46
♃ 10 ♋ 52	♃ 15 ♈ 21
♄ 24 ♋ 00	♄ 6 ♋ 19
♅ 14 ♊ 15	♅ 18 ♍ 35
♆ 12 ♌ 17	♆ 4 ♊ 22
♇ 20 ♋ 53	♇ 13 ♏ 40

DAY	ASPECT	TIME
1 Th	☿∠♅	4am18
	☿⚼♆	4pm34
2	♀⚺♇	1am33
3 S	☿⚼♂	3am21
	☿⚻♇	11 41
4 Su	☿☍♀	9am 3
	☿✶♅	5pm 8
	⊕☍♃	6 9
	☿ ♎	7 21
5 M	♀△♅	5am42
	☿☌♄	6 4
	☿⚻♆	6 43
	♀ ♈	11 14
6 T	♀☍♄	2pm47
	♀⚺♆	3 49
7 W	☿⚼♇	6am58
	⊕⚼♅	9 53
	☿⚻♂	2pm 1
8	☿⚺♃	0am42
9 F	♄⚻♆	2am14
	⊕⚻☿	3 19
	⊕∠♆	5pm34
10	♂△♃	7pm24
11 Su	♀∠♇	12pm24
	☿△♇	1 3
12	☿∠♃	11am 9
13 T	☿□♅	2am15
	☿ ♏	4 15
	♀⚻♃	11 34
	☿☍♆	6pm43
	☿⚺♄	7 42
14	♀⚺♂	6pm32
15	⊕⚼☿	2pm 6
17 S	☿✶♃	9am 5
	⊕⚺♇	4pm19
18 Su	☿☍♂	5pm23
	☿∠♄	6 53
19 M	♂⚼♄	1am34
	☿0S	7 40
20	♀✶♇	10pm44
21 W	☿□♇	8am30
	☿⚻♀	8pm58
23 F	⊕△♅	0am10
	⊕ ♈	3 42
	☿△♅	4 34
	☿ ♐	5 47
	⊕△☿	6 53
	♀⚼♃	8 38
	♂0N	4pm58
	☿⚻♆	10 56
24 S	☿✶♄	2am30
	♀□♅	4 59
	♀ ♉	6 55
25 Su	⊕⚺♆	4am55
	♀☌♆	1pm 6
	⊕☍♄	4 12
	♀⚻♄	8 4
26	⊕⚺♀	1am59
28 W	☿□♃	6am13
	☿⚼♅	3pm15
29 Th	☿⚼♆	9am41
	☿ A	5pm10
2 Su	☿⚻♂	3am13
	☿✶♇	4 40
	♂□♇	10 30
3 M	⊕∠♇	1am18
	♀△♃	5 1
	⊕∠♂	8pm 1
4 T	☿⚻♅	2am28
	☿ ♑	2 31
	♅ ♌	12pm35
	☿⚼♀	4 48
	☿△♆	8 17
5 W	☿□♄	2am27
	♀⚼♄	9 49
7	☿∠♇	1pm18
8 S	⊕⚻♃	1am30
	☿⚼♂	5pm58
9 Su	☿△♃	6am53
	♀□♇	5pm40
	⊕□☿	8 40
12 W	♂ ♊	2am37
	♂✶♅	6 56
	☿⚺♇	3pm19
13 Th	♀ ♊	0am20
	♀✶♅	1 56
	♀☌♂	11 23
14 F	♃∠♅	7am25
	☿ ♒	7 53
	♀⚺♆	8 3
	☿☍♅	8 49
	☿⚼♃	8 51
	☿△♂	6pm52
	♀△♄	10 54
	☿□♆	11 59
15 S	☿△♄	7am29
	☿△♀	3pm51
16	♂⚺♆	1am23
18 T	♂△♄	1am56
	⊕✶♇	7 3
19 W	☿⚻♃	0am15
	☿⚼♄	7pm22
20	⊕∠♀	8am56
21	☿☌♇	2pm24
22 S	♀∠♅	11am27
	⊕✶☿	6pm42
	♀□♃	7 38
	☿ ♓	11 31
23 Su	☿⚻♅	0am58
	☿✶♆	1pm 0
	⊕ ♉	1 18
	♀0N	2 23
	♀∠♆	4 35
	⊕□♅	7 7
	☿⚻♄	8 33
24 M	⊕⚼♃	11am 0
	☿□♂	4pm36
25	⊕☌♆	6pm10
26 W	☿⚼♅	5pm43
	☿☍♃	10 14
27 Th	⊕⚻♄	2am15
	☿∠♆	4 24
	⊕∠☿	2pm26
28 F	♀△♇	10am 5
	☿⚺♇	9pm17
29 S	☿□♀	3am20
	☿ ♈	12pm 0
30 Su	☿△♅	1am37
	☿⚺♆	11 10
	☿☍♄	6pm15
31 M	♀ ♋	3pm13
	⊕⚺☿	3 52
	♀⚺♅	8 18

NOVEMBER 2039

DAY	☿ LONG	☿ LAT	♀ LONG	♀ LAT	⊕ LONG	♂ LONG	♂ LAT
	° '	° '	° '	° '	° '	° '	° '
1 Tu	9♈47	4S25	0♋35	0N48	8♉25	10♊36	0N39
2 W	14 54	3 55	2 12	0 53	9 25	11 08	0 40
3 Th	20 10	3 22	3 49	0 59	10 25	11 39	0 41
4 F	25 36	2 46	5 26	1 04	11 26	12 11	0 42
5 S	1♉10	2 08	7 04	1 10	12 26	12 42	0 43
6 Su	6 52	1 27	8 41	1 15	13 26	13 13	0 44
7 M	12 43	0 45	10 18	1 21	14 26	13 44	0 45
8 Tu	18 41	0 01	11 55	1 26	15 26	14 15	0 46
9 W	24 46	0N44	13 32	1 31	16 26	14 46	0 47
10 Th	0♊56	1 29	15 09	1 36	17 27	15 17	0 48
11 F	7 11	2 13	16 46	1 41	18 27	15 48	0 49
12 S	13 28	2 56	18 24	1 46	19 27	16 19	0 49
13 Su	19 47	3 37	20 01	1 51	20 28	16 50	0 50
14 M	26 06	4 16	21 38	1 56	21 28	17 21	0 51
15 Tu	2♋24	4 51	23 15	2 00	22 28	17 52	0 52
16 W	8 39	5 22	24 53	2 05	23 29	18 22	0 53
17 Th	14 50	5 49	26 30	2 10	24 29	18 53	0 54
18 F	20 54	6 12	28 08	2 14	25 30	19 24	0 55
19 S	26 52	6 30	29 45	2 18	26 30	19 54	0 56
20 Su	2♌43	6 44	1♌22	2 22	27 31	20 25	0 56
21 M	8 25	6 54	3 00	2 27	28 31	20 55	0 57
22 Tu	13 58	6 59	4 37	2 30	29 32	21 25	0 58
23 W	19 21	7 00	6 15	2 34	0♊33	21 56	0 59
24 Th	24 35	6 58	7 52	2 38	1 33	22 26	1 00
25 F	29 39	6 53	9 30	2 42	2 34	22 56	1 01
26 S	4♍34	6 45	11 07	2 45	3 35	23 26	1 01
27 Su	9 19	6 34	12 45	2 48	4 35	23 57	1 02
28 M	13 55	6 21	14 22	2 52	5 36	24 27	1 03
29 Tu	18 22	6 06	16 00	2 55	6 37	24 57	1 04
30 W	22♍41	5N50	17♌37	2N57	7♊37	25♊27	1N05

DECEMBER 2039

DAY	☿ LONG	☿ LAT	♀ LONG	♀ LAT	⊕ LONG	♂ LONG	♂ LAT
	° '	° '	° '	° '	° '	° '	° '
1 Th	26♍51	5N32	19♌15	3N00	8♊38	25♊57	1N05
2 F	0♎54	5 13	20 52	3 03	9 39	26 27	1 06
3 S	4 50	4 53	22 30	3 05	10 40	26 56	1 07
4 Su	8 38	4 32	24 07	3 08	11 41	27 26	1 08
5 M	12 21	4 11	25 45	3 10	12 41	27 56	1 08
6 Tu	15 57	3 49	27 22	3 12	13 42	28 26	1 09
7 W	19 28	3 27	29 00	3 14	14 43	28 55	1 10
8 Th	22 54	3 04	0♍37	3 15	15 44	29 25	1 11
9 F	26 15	2 42	2 15	3 17	16 45	29 55	1 11
10 S	29 32	2 19	3 52	3 18	17 46	0♋24	1 12
11 Su	2♏44	1 57	5 30	3 20	18 47	0 54	1 13
12 M	5 53	1 34	7 07	3 21	19 48	1 23	1 14
13 Tu	8 59	1 12	8 45	3 22	20 49	1 53	1 14
14 W	12 01	0 50	10 22	3 22	21 50	2 22	1 15
15 Th	15 00	0 28	12 00	3 23	22 51	2 51	1 16
16 F	17 57	0 06	13 37	3 23	23 52	3 20	1 16
17 S	20 52	0S15	15 15	3 24	24 53	3 50	1 17
18 Su	23 45	0 36	16 52	3 24	25 54	4 19	1 18
19 M	26 35	0 57	18 29	3 24	26 55	4 48	1 18
20 Tu	29 25	1 18	20 07	3 23	27 56	5 17	1 19
21 W	2♐13	1 38	21 44	3 23	28 57	5 46	1 20
22 Th	5 00	1 58	23 21	3 22	29 59	6 15	1 20
23 F	7 46	2 17	24 59	3 22	1♋00	6 44	1 21
24 S	10 31	2 36	26 36	3 21	2 01	7 13	1 22
25 Su	13 16	2 55	28 13	3 20	3 02	7 42	1 22
26 M	16 01	3 13	29 50	3 19	4 03	8 11	1 23
27 Tu	18 45	3 31	1♎27	3 17	5 04	8 40	1 24
28 W	21 30	3 48	3 04	3 16	6 05	9 08	1 24
29 Th	24 16	4 05	4 42	3 14	7 06	9 37	1 25
30 F	27 01	4 21	6 19	3 12	8 07	10 06	1 25
31 S	29♐48	4S37	7♎56	3N10	9♋09	10♋35	1N26

DAY	♃ LONG	♃ LAT	♄ LONG	♄ LAT	♅ LONG	♅ LAT	♆ LONG	♆ LAT	♇ LONG	♇ LAT
	° '	° '	° '	° '	° '	° '	° '	° '	° '	° '
3 Th	16♍37.9	1N11	3♎45.5	2N20	0♌22.2	0N33	2♉14.7	1S44	24♒49.9	9S47
8 Tu	17 00.8	1 11	3 55.6	2 20	0 25.9	0 34	2 16.5	1 44	24 51.1	9 47
13 Su	17 23.8	1 12	4 05.7	2 20	0 29.7	0 34	2 18.3	1 44	24 52.3	9 48
18 F	17 46.7	1 12	4 15.8	2 20	0 33.4	0 34	2 20.2	1 44	24 53.4	9 48
23 W	18 09.7	1 12	4 25.9	2 20	0 37.2	0 34	2 22.0	1 44	24 54.6	9 48
28 M	18 32.6	1 12	4 35.9	2 21	0 41.0	0 34	2 23.8	1 44	24 55.8	9 49
3 S	18 55.5	1 12	4 46.0	2 21	0 44.7	0 34	2 25.7	1 44	24 57.0	9 49
8 Th	19 18.5	1 13	4 56.1	2 21	0 48.5	0 34	2 27.5	1 44	24 58.2	9 49
13 Tu	19 41.4	1 13	5 06.1	2 21	0 52.3	0 34	2 29.3	1 44	24 59.3	9 49
18 Su	20 04.3	1 13	5 16.2	2 21	0 56.0	0 34	2 31.2	1 44	25 00.5	9 50
23 F	20 27.2	1 13	5 26.3	2 21	0 59.8	0 34	2 33.0	1 44	25 01.7	9 50
28 W	20 50.1	1 13	5 36.3	2 21	1 03.6	0 34	2 34.9	1 44	25 02.9	9 50

☿p.344747	☿a.382450
♀p.719672	♀ .718487
⊕ .992730	⊕ .986202
♂ 1.51986	♂ 1.55822
♃ 5.41892	♃ 5.42396
♄ 9.52507	♄ 9.53430
♅ 18.6006	♅ 18.5961
♆ 29.8127	♆ 29.8124
♇ 38.9535	♇ 38.9743
☊	Perihelia
☿ 18° ♉ 48	☿ 18° ♊ 04
♀ 17 ♊ 02	♀ 12 ♌ 18
⊕	⊕ 13 ♋ 23
♂ 19 ♉ 51	♂ 6 ♓ 45
♃ 10 ♋ 52	♃ 15 ♈ 24
♄ 24 ♋ 00	♄ 6 ♋ 19
♅ 14 ♊ 14	♅ 18 ♍ 53
♆ 12 ♌ 18	♆ 4 ♊ 56
♇ 20 ♋ 53	♇ 13 ♏ 43

1 T	☿∠♇	0am11
	☿✶♂	4 21
2 W	♀✶♆	0am28
	☿⚻♃	7 43
	♀□♄	11pm 0
3	☿✶♇	8pm41
4 F	☿∠♂	7am36
	☿ ♉	7pm 3
	☿□♅	8 43
5 S	☿⚼♃	2am41
	☿☌♆	4 39
	☿⚻♄	11 20
	⊕⚺♂	1pm28
6 Su	☿✶♀	10am20
	♀⚼♇	5pm21
7 M	☿⚺♂	4am31
	⊕☌☿	8 20
	☿△♃	5pm14
8 T	☿0N	0am26
	☿⚼♄	0 57
9 W	☿□♇	0am21
	⊕△♃	4pm51
	☿∠♀	7 54
	☿ ♊	8 23
	☿✶♅	10 9
10 Th	♀⚺♂	2am57
	☿⚺♆	5 13
	♂∠♅	7 59
	☿△♄	11 51
11 F	♀✶♃	7am18
	⊕⚼♄	2pm19
	♃⚼♆	5 2
12 S	☿∠♅	7am40
	☿☌♂	11 48
	☿∠♆	2pm34
	☿□♃	2 49
	☿ P	4 49
13 Su	☿⚺♀	1am10
	⊕⚺☿	3 2
	⊕✶♀	5pm20
	☿△♇	7 19
	♂∠♆	10 18
14 M	♂□♃	6am54
	☿ ♋	2pm49
	☿⚺♅	4 47
	☿✶♆	11 40
15 T	☿□♄	6am46
	⊕∠☿	11pm13
16 W	♀⚻♇	0am 2
	☿⚼♇	4 46
17 Th	⊕□♇	9am32
	☿✶♃	11 27
	☿⚺♂	5pm26
18 F	☿⚻♇	3pm59
	⊕✶☿	10 12
19 S	♀ ♌	3am43
	♀☌♅	12pm14
	☿ ♌	12 47
	☿☌♅	3 9
	☿☌♀	4 17
	☿□♆	10 29
20 Su	☿∠♃	0am55
	☿✶♄	6 47
	☿∠♂	12pm22
	♀□♆	2 29
21 M	♀∠♃	0am12
	♀✶♄	8pm39
22 T	⊕ ♊	11am 5
	☿⚺♃	6pm33
23 W	☿∠♄	0am21
	⊕✶♅	1 50
	☿✶♂	12pm59
	♀∠♂	2 41
24 Th	☿☍♇	1am32
	⊕⚺♆	7pm34
25 F	☿ ♍	1am40
	☿⚺♅	4 48
	☿△♆	1pm15
	⊕□☿	5 50
	☿⚺♄	11 50
26 S	♀ P	5pm 6
	⊕△♄	11 28
28 M	☿⚺♀	3am46
	☿∠♅	9 28
	☿⚼♆	6pm44
	♂△♇	11 27
29	☿☌♃	1am25
30 W	☿⚻♇	12pm55
	♀⚺♃	4 42
	☿□♂	6 0
1 Th	♀∠♄	6am52
	☿ ♎	6pm36
	☿✶♅	11 0
2 F	☿⚻♆	9am14
	☿☌♄	11pm37
4 Su	☿∠♀	5am25
	☿⚼♇	8 26
	♀☍♇	12pm20
5	⊕△☿	3am 7
6 T	☿⚺♃	10pm18
	♀✶♂	10 27
7	♀ ♍	2pm49
8 Th	⊕∠♅	1am46
	♀⚺♅	2 47
	☿△♇	2pm45
9 F	♀△♆	3am14
	♂ ♋	4 22
	⊕∠♆	4pm59
10 S	☿ ♏	3am29
	☿△♂	7 39
	☿□♅	9 44
	♀⚺♄	5pm 2
	♂⚺♅	9 35
	☿☍♆	10 1
11 Su	⊕⚼☿	11am40
	☿∠♃	2pm 0
	☿⚺♄	5 39
	⊕□♃	7 16
12	☿✶♀	8pm10
14	♂✶♆	6am30
16 F	☿⚼♂	3am48
	☿0S	6 56
	☿✶♃	4pm36
	☿∠♄	6 43
17 S	⊕△♇	2am49
	♀∠♅	10 7
18 Su	♀⚼♆	9am43
	☿□♇	10 39
19	⊕⚻☿	4am22
20 T	♀☌♃	1am46
	♂□♄	2 46
	☿ ♐	5 1
	☿△♅	1pm17
21	☿⚻♆	2am48
22 Th	⊕ ♋	0am34
	☿✶♄	3 35
	☿⚻♂	1pm12
23 F	⊕⚺♅	0am 3
	♀⚻♇	0 47
24	⊕✶♆	12pm53
26 M	☿⚼♅	0am11
	♀ ♎	2 26
	☿⚼♆	1pm38
	☿ A	4 25
	♀✶♅	5 54
27 T	⊕□♄	12pm16
	♀⚻♆	4 40
	☿□♃	5 59
29 Th	☿✶♇	6am54
	♀☌♄	2pm21
	♂⚼♇	9 52
31 S	☿ ♑	1am45
	☿⚻♅	11 15
	⊕⚼♇	9pm40

JANUARY 2040

DAY	☿ LONG	☿ LAT	♀ LONG	♀ LAT	⊕ LONG	♂ LONG	♂ LAT
	° '	° '	° '	° '	° '	° '	° '
1 Su	2♑35	4S52	9♎33	3N08	10♋10	11♋03	1N26
2 M	5 24	5 06	11 10	3 06	11 11	11 32	1 27
3 Tu	8 14	5 20	12 46	3 04	12 12	12 00	1 28
4 W	11 06	5 33	14 23	3 01	13 13	12 29	1 28
5 Th	14 00	5 46	16 00	2 58	14 14	12 57	1 29
6 F	16 55	5 57	17 37	2 55	15 15	13 26	1 29
7 S	19 53	6 08	19 14	2 52	16 17	13 54	1 30
8 Su	22 54	6 18	20 50	2 49	17 18	14 22	1 30
9 M	25 57	6 28	22 27	2 46	18 19	14 51	1 31
10 Tu	29 04	6 36	24 04	2 43	19 20	15 19	1 31
11 W	2♒14	6 43	25 40	2 39	20 21	15 47	1 32
12 Th	5 28	6 49	27 17	2 36	21 22	16 15	1 32
13 F	8 45	6 54	28 53	2 32	22 24	16 44	1 33
14 S	12 07	6 58	0♏30	2 28	23 25	17 12	1 33
15 Su	15 33	7 00	2 06	2 24	24 26	17 40	1 34
16 M	19 05	7 00	3 42	2 20	25 27	18 08	1 34
17 Tu	22 41	6 59	5 19	2 16	26 28	18 36	1 35
18 W	26 24	6 57	6 55	2 11	27 29	19 04	1 35
19 Th	0♓12	6 52	8 31	2 07	28 30	19 32	1 36
20 F	4 07	6 46	10 07	2 02	29 31	20 00	1 36
21 S	8 08	6 37	11 43	1 58	0♌32	20 28	1 37
22 Su	12 17	6 26	13 19	1 53	1 34	20 56	1 37
23 M	16 33	6 12	14 56	1 48	2 35	21 23	1 38
24 Tu	20 57	5 56	16 32	1 44	3 36	21 51	1 38
25 W	25 29	5 38	18 07	1 39	4 37	22 19	1 38
26 Th	0♈09	5 16	19 43	1 34	5 38	22 47	1 39
27 F	4 58	4 52	21 19	1 28	6 39	23 15	1 39
28 S	9 57	4 25	22 55	1 23	7 40	23 42	1 40
29 Su	15 04	3 54	24 31	1 18	8 41	24 10	1 40
30 M	20 20	3 21	26 06	1 13	9 41	24 37	1 40
31 Tu	25♈46	2S45	27♏42	1N08	10♌42	25♋05	1N41

FEBRUARY 2040

DAY	☿ LONG	☿ LAT	♀ LONG	♀ LAT	⊕ LONG	♂ LONG	♂ LAT
	° '	° '	° '	° '	° '	° '	° '
1 W	1♉20	2S07	29♏18	1N02	11♌43	25♋33	1N41
2 Th	7 03	1 26	0♐53	0 57	12 44	26 00	1 41
3 F	12 54	0 43	2 29	0 51	13 45	26 28	1 42
4 S	18 53	0N01	4 05	0 46	14 46	26 55	1 42
5 Su	24 58	0 45	5 40	0 40	15 47	27 23	1 43
6 M	1♊08	1 30	7 15	0 35	16 48	27 50	1 43
7 Tu	7 23	2 14	8 51	0 29	17 48	28 17	1 43
8 W	13 40	2 57	10 26	0 23	18 49	28 45	1 44
9 Th	19 59	3 38	12 02	0 18	19 50	29 12	1 44
10 F	26 18	4 17	13 37	0 12	20 51	29 39	1 44
11 S	2♋36	4 52	15 12	0 07	21 52	0♌07	1 44
12 Su	8 51	5 23	16 47	0 01	22 52	0 34	1 45
13 M	15 01	5 50	18 23	0S05	23 53	1 01	1 45
14 Tu	21 06	6 13	19 58	0 10	24 54	1 28	1 45
15 W	27 04	6 31	21 33	0 16	25 54	1 56	1 46
16 Th	2♌54	6 44	23 08	0 22	26 55	2 23	1 46
17 F	8 35	6 54	24 43	0 27	27 56	2 50	1 46
18 S	14 08	6 59	26 18	0 33	28 56	3 17	1 46
19 Su	19 31	7 00	27 53	0 38	29 57	3 44	1 47
20 M	24 45	6 58	29 28	0 44	0♍57	4 11	1 47
21 Tu	29 49	6 53	1♑04	0 49	1 58	4 38	1 47
22 W	4♍43	6 44	2 39	0 55	2 58	5 05	1 47
23 Th	9 28	6 34	4 14	1 00	3 59	5 32	1 48
24 F	14 04	6 21	5 48	1 06	4 59	5 59	1 48
25 S	18 30	6 06	7 23	1 11	5 59	6 26	1 48
26 Su	22 49	5 49	8 58	1 16	7 00	6 53	1 48
27 M	26 59	5 31	10 33	1 21	8 00	7 20	1 48
28 Tu	1♎02	5 12	12 08	1 26	9 00	7 47	1 49
29 W	4♎57	4N52	13♑43	1S32	10♍01	8♌14	1N49

DAY	♃ LONG	♃ LAT	♄ LONG	♄ LAT	♅ LONG	♅ LAT	♆ LONG	♆ LAT	♇ LONG	♇ LAT
	° '	° '	° '	° '	° '	° '	° '	° '	° '	° '
2 M	21♍13.0	1N14	5♎46.4	2N22	1♌07.3	0N34	2♉36.7	1S44	25♒04.0	9S51
7 S	21 35.9	1 14	5 56.4	2 22	1 11.1	0 34	2 38.5	1 45	25 05.2	9 51
12 Th	21 58.8	1 14	6 06.5	2 22	1 14.9	0 34	2 40.4	1 45	25 06.4	9 51
17 Tu	22 21.7	1 14	6 16.5	2 22	1 18.6	0 34	2 42.2	1 45	25 07.6	9 51
22 Su	22 44.5	1 14	6 26.6	2 22	1 22.4	0 34	2 44.0	1 45	25 08.7	9 52
27 F	23 07.4	1 14	6 36.6	2 22	1 26.2	0 34	2 45.9	1 45	25 09.9	9 52
1 W	23 30.3	1 15	6 46.7	2 22	1 29.9	0 34	2 47.7	1 45	25 11.1	9 52
6 M	23 53.1	1 15	6 56.7	2 22	1 33.7	0 34	2 49.6	1 45	25 12.3	9 53
11 S	24 15.9	1 15	7 06.7	2 23	1 37.5	0 34	2 51.4	1 45	25 13.4	9 53
16 Th	24 38.8	1 15	7 16.7	2 23	1 41.2	0 34	2 53.2	1 45	25 14.6	9 53
21 Tu	25 01.6	1 15	7 26.8	2 23	1 45.0	0 34	2 55.1	1 45	25 15.8	9 53
26 Su	25 24.4	1 15	7 36.8	2 23	1 48.8	0 34	2 56.9	1 45	25 17.0	9 54

☿ .462761	☿p.325028
♀ .720663	♀ .724722
⊕p.983313	⊕ .985196
♂ 1.59434	♂ 1.62461
♃ 5.42875	♃ 5.43313
♄ 9.54382	♄ 9.55332
♅ 18.5914	♅ 18.5868
♆ 29.8120	♆ 29.8117
♇ 38.9958	♇ 39.0173
☊	Perihelia
☿ 18° ♉ 48	☿ 18° ♊ 05
♀ 17 ♊ 02	♀ 12 ♌ 16
⊕	⊕ 11 ♋ 01
♂ 19 ♉ 52	♂ 6 ♓ 46
♃ 10 ♋ 52	♃ 15 ♈ 25
♄ 24 ♋ 00	♄ 6 ♋ 17
♅ 14 ♊ 14	♅ 19 ♍ 12
♆ 12 ♌ 18	♆ 4 ♊ 53
♇ 20 ♋ 53	♇ 13 ♏ 47

Day	Aspect	Time
1 Su	☿△♆	0am 8
	♀⚼♇	7 45
2 M	⊕□♀	0am54
	☿□♄	3 12
	♀□♂	7 47
	⊕☌♂	3pm21
3 T	⊕ P	11am34
	☿∠♇	3pm25
4	☿☍♂	1pm43
5	⊕☍☿	3am 6
6	☿□♀	12pm21
7	☿△♃	2pm 1
8 Su	♀⚺♃	1pm 4
	☿⚺♇	5 15
10 T	☿ ♒	7am 7
	♀△♇	3pm31
	☿☍♅	4 27
11	☿□♆	3am16
12 Th	☿△♄	4am49
	☿⚼♃	11 24
	⊕⚹♃	3pm27
13	♀ ♏	4pm37
14	♀□♅	11am44
15 Su	♀☍♆	8am52
	⊕⚻♇	4pm16
	☿⚻♂	4 37
16 M	☿⚼♄	2pm35
	☿⚻♃	9 47
17 T	♀⚺♄	2pm44
	☿☌♇	3 52
18 W	♀∠♃	8am12
	⊕⚻☿	9 30
	☿ ♓	10pm45
19 Th	☿⚻♅	7am 3
	☿⚹♆	3pm32
20 F	☿⚼♂	6am 3
	⊕ ♌	11 14
	☿⚻♄	1pm42
21	⊕☌♅	7pm34
22	☿△♀	9am34
Su	☿⚼♅	11pm 7
23 M	⊕□♆	3am53
	☿∠♆	6 36
	⊕⚼☿	7 26
24 T	☿△♂	5am27
	☿☍♃	10 36
	☿⚺♇	10pm20
25	☿ ♈	11pm14
26 Th	☿△♅	6am25
	☿⚺♆	1pm 5
	♂⚹♃	4 37
	⊕⚹♄	11 11
27 F	♀∠♄	4am28
	☿☍♄	8 2
	☿⚼♀	9 42
	⊕△☿	10 15
28 S	☿∠♇	1am 4
	♀⚹♃	4 28
	⊕∠♃	1pm47
	♀△♂	4 38
29	♀□♇	9am58
30	☿⚻♃	1pm35
M	☿□♂	8 45
	☿⚹♇	9 26
31 T	♂⚻♇	5am 6
	☿⚻♀	11 47
	☿ ♉	6pm17
1 W	☿□♅	0am40
	☿☌♆	6 10
	♀ ♐	10 35
	☿⚻♄	10pm59
2 Th	☿⚼♃	6am23
	♀△♅	9 26
3 F	⊕□☿	4am 8
	♀⚻♆	4 55
	☿0N	11pm42
4 S	☿⚼♄	11am57
	☿△♃	7pm26
5 Su	☿□♇	0am57
	☿⚹♂	10 11
	♀⚹♄	7pm11
	☿ ♊	7 37
6	☿⚹♅	1am40
M	☿⚺♆	6 32
	☿△♄	10pm28
7	☿☍♀	7am32
8 W	☿∠♂	0am19
	☿∠♅	11 7
	☿∠♆	3pm51
	☿ P	4 4
	⊕⚹☿	11 18
9 Th	☿□♃	3pm51
	☿△♇	7 52
10 F	☿⚺♂	1pm45
	☿ ♋	2 4
	♂ ♌	6 6
	☿⚺♅	8 15
	♀⚼♂	10 4
11 S	☿⚹♆	0am58
	⊕∠♄	6 11
	☿□♄	5pm24
	⊕∠☿	7 30
	♀⚼♅	9 39
12 Su	♀0S	3am44
	☿⚼♇	5 21
	♀⚼♆	4pm16
13 M	⊕⚺♃	1pm42
	☿⚻♀	5 54
14 T	⊕☍♇	8am 7
	♂☌♅	10 17
	☿⚹♃	1pm47
	☿⚻♇	4 37
	⊕⚺☿	6 21
15 W	☿ ♌	12pm 1
	☿☌♅	6 58
	☿☌♂	9 40
	☿□♆	11 58
16	☿⚹♄	6pm31
17 F	♀□♃	0am 1
	♂□♆	3 20
	☿∠♃	4 55
	☿⚼♀	6 45
	♀⚹♇	7 59
19 Su	⊕ ♍	1am17
	☿∠♄	1pm 7
20 M	☿⚺♃	0am58
	☿☍♇	2 24
	♀ ♑	7 58
	⊕⚺♅	6pm51
21 T	☿ ♍	0am54
	☿△♀	8 52
	☿⚺♅	9 25
	♀⚻♅	10 34
	⊕☌☿	1pm 8
	☿△♆	3 8
	⊕△♆	10 52
22 W	☿⚺♂	2am 2
	♀△♆	4 17
	⊕△♀	1pm43
	☿⚺♄	1 58
24 F	♀⚻♂	3am46
	♃⚻♇	6 32
	☿∠♅	2pm41
	☿⚼♆	8 55
25 S	♀□♄	2am56
	☿∠♂	6pm 9
	⊕⚺♂	7 8
26 Su	☿⚻♇	2pm 8
	☿☌♃	3 7
	⊕⚺♄	3 13
	♀∠♇	7 55
27 M	☿ ♎	5pm50
	♂⚹♄	6 10
28 T	☿⚹♅	4am55
	☿⚻♆	11 45
29 W	☿☌♄	5pm29
	☿⚹♂	11 23

MARCH 2040

DAY	☿ LONG	☿ LAT	♀ LONG	♀ LAT	⊕ LONG	♂ LONG	♂ LAT
	° '	° '	° '	° '	° '	° '	° '
1 Th	8♎46	4N31	15♑18	1S37	11♍01	8♌41	1N49
2 F	12 28	4 10	16 53	1 41	12 01	9 07	1 49
3 S	16 04	3 48	18 28	1 46	13 01	9 34	1 49
4 Su	19 35	3 26	20 03	1 51	14 01	10 01	1 49
5 M	23 01	3 04	21 38	1 56	15 01	10 28	1 49
6 Tu	26 22	2 41	23 12	2 00	16 02	10 54	1 50
7 W	29 38	2 19	24 47	2 05	17 02	11 21	1 50
8 Th	2♏50	1 56	26 22	2 09	18 02	11 48	1 50
9 F	5 59	1 34	27 57	2 13	19 02	12 15	1 50
10 S	9 04	1 11	29 32	2 18	20 02	12 41	1 50
11 Su	12 07	0 49	1♒07	2 22	21 02	13 08	1 50
12 M	15 06	0 27	2 42	2 26	22 02	13 35	1 50
13 Tu	18 03	0 06	4 16	2 30	23 01	14 01	1 50
14 W	20 58	0S16	5 51	2 33	24 01	14 28	1 50
15 Th	23 50	0 37	7 26	2 37	25 01	14 54	1 51
16 F	26 41	0 58	9 01	2 41	26 01	15 21	1 51
17 S	29 30	1 18	10 36	2 44	27 01	15 48	1 51
18 Su	2♐18	1 39	12 11	2 47	28 00	16 14	1 51
19 M	5 05	1 58	13 46	2 50	29 00	16 41	1 51
20 Tu	7 51	2 18	15 21	2 53	0♎00	17 07	1 51
21 W	10 36	2 37	16 56	2 56	0 59	17 34	1 51
22 Th	13 21	2 55	18 31	2 59	1 59	18 00	1 51
23 F	16 06	3 14	20 06	3 02	2 59	18 27	1 51
24 S	18 51	3 31	21 40	3 04	3 58	18 53	1 51
25 Su	21 36	3 48	23 15	3 06	4 58	19 20	1 51
26 M	24 21	4 05	24 50	3 09	5 57	19 46	1 51
27 Tu	27 07	4 21	26 25	3 11	6 56	20 12	1 51
28 W	29 53	4 37	28 00	3 13	7 56	20 39	1 51
29 Th	2♑41	4 52	29 36	3 14	8 55	21 05	1 51
30 F	5 29	5 07	1♓11	3 16	9 54	21 32	1 51
31 S	8♑20	5S20	2♓46	3S17	10♎54	21♌58	1N51

APRIL 2040

DAY	☿ LONG	☿ LAT	♀ LONG	♀ LAT	⊕ LONG	♂ LONG	♂ LAT
	° '	° '	° '	° '	° '	° '	° '
1 Su	11♑12	5S34	4♓21	3S19	11♎53	22♌24	1N51
2 M	14 05	5 46	5 56	3 20	12 52	22 51	1 51
3 Tu	17 01	5 58	7 31	3 21	13 51	23 17	1 51
4 W	19 59	6 09	9 06	3 22	14 50	23 43	1 51
5 Th	23 00	6 19	10 41	3 22	15 49	24 10	1 51
6 F	26 03	6 28	12 16	3 23	16 48	24 36	1 51
7 S	29 10	6 36	13 52	3 23	17 47	25 02	1 51
8 Su	2♒20	6 43	15 27	3 24	18 46	25 29	1 50
9 M	5 34	6 49	17 02	3 24	19 45	25 55	1 50
10 Tu	8 51	6 54	18 37	3 24	20 44	26 21	1 50
11 W	12 13	6 58	20 13	3 23	21 43	26 48	1 50
12 Th	15 40	7 00	21 48	3 23	22 42	27 14	1 50
13 F	19 12	7 00	23 23	3 22	23 41	27 40	1 50
14 S	22 48	6 59	24 58	3 22	24 40	28 06	1 50
15 Su	26 31	6 57	26 34	3 21	25 39	28 33	1 50
16 M	0♓19	6 52	28 09	3 20	26 37	28 59	1 50
17 Tu	4 14	6 45	29 45	3 19	27 36	29 25	1 49
18 W	8 16	6 37	1♈20	3 17	28 35	29 51	1 49
19 Th	12 25	6 25	2 56	3 16	29 33	0♍18	1 49
20 F	16 41	6 12	4 31	3 14	0♏32	0 44	1 49
21 S	21 05	5 56	6 06	3 13	1 31	1 10	1 49
22 Su	25 37	5 37	7 42	3 11	2 29	1 36	1 49
23 M	0♈18	5 16	9 18	3 09	3 28	2 02	1 48
24 Tu	5 08	4 51	10 53	3 06	4 26	2 29	1 48
25 W	10 06	4 24	12 29	3 04	5 25	2 55	1 48
26 Th	15 14	3 53	14 04	3 01	6 23	3 21	1 48
27 F	20 31	3 20	15 40	2 59	7 21	3 47	1 48
28 S	25 56	2 44	17 16	2 56	8 20	4 14	1 48
29 Su	1♉31	2 05	18 51	2 53	9 18	4 40	1 47
30 M	7♉14	1S25	20♈27	2S50	10♏16	5♍06	1N47

DAY	♃ LONG	♃ LAT	♄ LONG	♄ LAT	♅ LONG	♅ LAT	♆ LONG	♆ LAT	♇ LONG	♇ LAT
	° '	° '	° '	° '	° '	° '	° '	° '	° '	° '
2 F	25♍47.3	1N15	7♎46.8	2N23	1♌52.5	0N34	2♉58.7	1S45	25♒18.1	9S54
7 W	26 10.1	1 16	7 56.8	2 23	1 56.3	0 34	3 00.5	1 45	25 19.3	9 54
12 M	26 32.9	1 16	8 06.8	2 23	2 00.1	0 34	3 02.4	1 45	25 20.5	9 55
17 S	26 55.7	1 16	8 16.8	2 23	2 03.8	0 34	3 04.2	1 45	25 21.6	9 55
22 Th	27 18.5	1 16	8 26.8	2 24	2 07.6	0 34	3 06.0	1 45	25 22.8	9 55
27 Tu	27 41.3	1 16	8 36.8	2 24	2 11.3	0 34	3 07.9	1 45	25 24.0	9 55
1 Su	28 04.1	1 16	8 46.8	2 24	2 15.1	0 35	3 09.7	1 45	25 25.1	9 56
6 F	28 26.9	1 16	8 56.8	2 24	2 18.9	0 35	3 11.5	1 45	25 26.3	9 56
11 W	28 49.7	1 16	9 06.8	2 24	2 22.6	0 35	3 13.4	1 45	25 27.5	9 56
16 M	29 12.4	1 17	9 16.7	2 24	2 26.4	0 35	3 15.2	1 45	25 28.6	9 57
21 S	29 35.2	1 17	9 26.7	2 24	2 30.2	0 35	3 17.0	1 45	25 29.8	9 57
26 Th	29 58.0	1 17	9 36.7	2 24	2 33.9	0 35	3 18.9	1 45	25 31.0	9 57

☿a .399460	☿ .457031
♀a .727668	♀ .727841
⊕ .990790	⊕ .999206
♂ 1.64612	♂ 1.66076
♃ 5.43685	♃ 5.44040
♄ 9.56218	♄ 9.57163
♅ 18.5825	♅ 18.5779
♆ 29.8114	♆ 29.8111
♇ 39.0374	♇ 39.0589
☊	Perihelia
☿ 18°♉ 48	☿ 18°♊ 05
♀ 17 ♊ 02	♀ 12 ♌ 17
⊕	⊕ 12 ♋ 24
♂ 19 ♉ 52	♂ 6 ♓ 47
♃ 10 ♋ 53	♃ 15 ♈ 28
♄ 24 ♋ 00	♄ 6 ♋ 12
♅ 14 ♊ 14	♅ 19 ♍ 29
♆ 12 ♌ 18	♆ 4 ♊ 31
♇ 20 ♋ 52	♇ 13 ♏ 51

1 Th	☿⚼♇	9am53
	⊕⚺☿	7pm58
4	☿□♀	5am54
5 M	☿△♇	4pm28
	☿⚺♃	10 1
6 T	♂∠♃	11am57
	⊕∠♅	9pm50
7 W	☿ ♏	2am43
	♀⚺♇	8 7
	☿□♅	5pm16
	♀△♃	10 0
	⊕⚼♆	11 41
8 Th	☿☍♆	1am19
	⊕∠☿	2 4
9	☿⚺♄	3pm53
10 S	♀ ♒	7am 7
	☿∠♃	6pm47
11 Su	☿□♂	9am34
	♀☍♅	1pm24
12	♀□♆	5am17
13	☿0S	6am11
14	☿∠♄	6pm44
15 Th	⊕⚻♇	8am 3
	♀△♄	12pm 2
	☿□♇	12 47
	⊕⚹☿	3 19
16 F	☿⚹♃	1am29
	⊕☌♃	9pm48
17 S	☿ ♐	4am15
	♀⚼♃	9pm10
	☿△♅	10 2
18 Su	♀ A	0am40
	☿⚻♆	6 40
19	⊕⚼♀	9am47
20 T	⊕ ♎	0am 5
	☿⚹♄	4 39
21	♀☍♂	1pm20
22	⊕⚹♅	3am30
23 F	⊕⚻♆	3am12
	☿⚼♅	9 7
	☿ A	3pm40
	☿⚼♆	5 35
	⊕∠♂	8 25
24	☿△♂	0am24
25	♀⚼♄	4am28
26 M	♀☌♇	8am26
	☿⚹♇	9 8
	☿⚹♀	10 5
27 T	☿□♃	5am 9
	♀⚻♃	8pm 7
28 W	☿ ♑	0am59
	⊕☌♄	6pm 4
	☿⚻♅	8 0
29 Th	☿△♆	3am59
	♀ ♓	6 11
30 F	☿⚼♂	10am24
	⊕⚼♇	12pm22
	♀⚻♅	4 3
31 S	☿□♄	3am34
	♀⚹♆	6 0
	☿∠♇	5pm32
1	⊕□☿	8am41
3	♀⚻♄	8pm35
4	♂∠♄	9am14
5 Th	☿⚻♂	10am44
	☿⚺♇	7pm11
6 F	☿△♃	6pm57
	☿∠♀	7 14
7 S	☿ ♒	6am21
	♂☍♇	10pm13
8 Su	☿☍♅	0am 2
	☿□♆	6 32
9 M	♀⚼♅	4am51
	♀∠♆	5pm52
10	☿△♄	1am37
11	☿⚼♃	11am30
13	⊕⚻♀	11am46
14 S	♀⚺♇	7am29
	☿⚼♄	9 15
	⊕△☿	4pm26
	☿☌♇	5 19
	⊕△♇	7 48
15 Su	☿⚺♀	0am33
	☿☍♂	2pm32
	☿⚻♃	4 54
	☿ ♓	10 0
16 M	☿⚻♅	1pm 7
	♂⚺♃	3 0
	♀☍♃	4 42
	♀⚻♂	5 14
	☿⚹♆	6 4
17	♀ ♈	3am52
18 W	☿⚻♄	6am23
	♂ ♍	7 54
	♀△♅	5pm12
	⊕⚺♃	8 44
19 Th	♀⚺♆	5am15
	⊕ ♏	10 52
	⊕⚼☿	3pm45
20 F	☿⚼♅	4am29
	⊕⚹♂	8 44
	☿∠♆	8 48
21	☿⚺♇	11pm22
22 Su	⊕□♅	0am44
	⊕☍♆	7pm55
	☿☍♃	9 6
	☿ ♈	10 28
23 M	♀☍♄	3am23
	☿⚻♂	9 36
	☿△♅	11 11
	☿⚺♆	3pm 0
	♀∠♇	6 19
	⊕⚻☿	7 45
24 T	♂⚺♅	3am32
	☿☍♄	9pm29
25 W	☿∠♇	1am56
	☿☌♀	4pm14
	♂△♆	9 55
26 Th	♃ ♎	10am41
	☿⚼♂	3pm33
27	☿⚹♇	10pm11
28 S	☿ ♉	5pm32
	☿⚻♃	6 17
29 Su	☿□♅	4am36
	☿☌♆	7 41
	⊕⚺♄	10 34
	☿△♂	2pm21
	♀⚼♂	4 44
30 M	☿⚻♄	10am24
	⊕☍☿	2pm58

MAY 2040

DAY	☿ LONG	☿ LAT	♀ LONG	♀ LAT	⊕ LONG	♂ LONG	♂ LAT
	° '	° '	° '	° '	° '	° '	° '
1 Tu	13♉06	0S42	22♈03	2S47	11♏14	5♍32	1N47
2 W	19 04	0N02	23 38	2 44	12 13	5 58	1 47
3 Th	25 09	0 47	25 14	2 40	13 11	6 25	1 46
4 F	1♊20	1 32	26 50	2 37	14 09	6 51	1 46
5 S	7 34	2 16	28 26	2 33	15 07	7 17	1 46
6 Su	13 52	2 59	0♉02	2 29	16 05	7 43	1 46
7 M	20 11	3 40	1 38	2 25	17 03	8 09	1 45
8 Tu	26 30	4 18	3 14	2 21	18 01	8 35	1 45
9 W	2♋48	4 53	4 50	2 17	19 00	9 02	1 45
10 Th	9 03	5 24	6 25	2 13	19 58	9 28	1 45
11 F	15 13	5 51	8 01	2 08	20 56	9 54	1 44
12 S	21 17	6 13	9 37	2 04	21 54	10 20	1 44
13 Su	27 15	6 31	11 14	1 59	22 52	10 46	1 44
14 M	3♌05	6 45	12 50	1 55	23 49	11 13	1 43
15 Tu	8 46	6 54	14 26	1 50	24 47	11 39	1 43
16 W	14 18	6 59	16 02	1 45	25 45	12 05	1 43
17 Th	19 41	7 00	17 38	1 40	26 43	12 31	1 42
18 F	24 55	6 58	19 14	1 35	27 41	12 58	1 42
19 S	29 58	6 52	20 50	1 30	28 39	13 24	1 42
20 Su	4♍52	6 44	22 27	1 25	29 36	13 50	1 41
21 M	9 37	6 33	24 03	1 20	0♐34	14 16	1 41
22 Tu	14 12	6 20	25 39	1 14	1 32	14 43	1 41
23 W	18 39	6 05	27 15	1 09	2 30	15 09	1 40
24 Th	22 57	5 48	28 52	1 04	3 27	15 35	1 40
25 F	27 07	5 30	0♊28	0 58	4 25	16 01	1 40
26 S	1♎09	5 11	2 05	0 53	5 22	16 28	1 39
27 Su	5 04	4 51	3 41	0 47	6 20	16 54	1 39
28 M	8 53	4 31	5 18	0 42	7 18	17 20	1 38
29 Tu	12 35	4 09	6 54	0 36	8 15	17 46	1 38
30 W	16 11	3 47	8 31	0 30	9 13	18 13	1 38
31 Th	19♎42	3N25	10♊07	0S25	10♐10	18♍39	1N37

JUNE 2040

DAY	☿ LONG	☿ LAT	♀ LONG	♀ LAT	⊕ LONG	♂ LONG	♂ LAT
	° '	° '	° '	° '	° '	° '	° '
1 F	23♎07	3N03	11♊44	0S19	11♐08	19♍05	1N37
2 S	26 28	2 40	13 20	0 13	12 05	19 32	1 36
3 Su	29 44	2 18	14 57	0 07	13 03	19 58	1 36
4 M	2♏56	1 55	16 34	0 02	14 00	20 24	1 36
5 Tu	6 05	1 33	18 10	0N04	14 58	20 51	1 35
6 W	9 10	1 11	19 47	0 10	15 55	21 17	1 35
7 Th	12 12	0 49	21 24	0 15	16 52	21 43	1 34
8 F	15 12	0 27	23 01	0 21	17 50	22 10	1 34
9 S	18 09	0 05	24 38	0 27	18 47	22 36	1 33
10 Su	21 03	0S17	26 14	0 33	19 45	23 03	1 33
11 M	23 56	0 38	27 51	0 38	20 42	23 29	1 32
12 Tu	26 46	0 59	29 28	0 44	21 39	23 55	1 32
13 W	29 36	1 19	1♋05	0 49	22 37	24 22	1 31
14 Th	2♐24	1 39	2 42	0 55	23 34	24 48	1 31
15 F	5 10	1 59	4 19	1 01	24 31	25 15	1 30
16 S	7 56	2 18	5 56	1 06	25 29	25 41	1 30
17 Su	10 42	2 37	7 33	1 11	26 26	26 08	1 29
18 M	13 27	2 56	9 10	1 17	27 23	26 34	1 29
19 Tu	16 11	3 14	10 47	1 22	28 21	27 01	1 28
20 W	18 56	3 32	12 25	1 27	29 18	27 27	1 28
21 Th	21 41	3 49	14 02	1 33	0♑15	27 54	1 27
22 F	24 26	4 06	15 39	1 38	1 12	28 20	1 27
23 S	27 12	4 22	17 16	1 43	2 10	28 47	1 26
24 Su	29 58	4 37	18 53	1 48	3 07	29 13	1 26
25 M	2♑46	4 53	20 31	1 52	4 04	29 40	1 25
26 Tu	5 35	5 07	22 08	1 57	5 01	0♎07	1 25
27 W	8 25	5 21	23 45	2 02	5 58	0 33	1 24
28 Th	11 17	5 34	25 23	2 06	6 56	1 00	1 24
29 F	14 11	5 46	27 00	2 11	7 53	1 27	1 23
30 S	17♑07	5S58	28♋37	2N15	8♑50	1♎53	1N22

DAY	♃ LONG	♃ LAT	♄ LONG	♄ LAT	♅ LONG	♅ LAT	♆ LONG	♆ LAT	♇ LONG	♇ LAT
	° '	° '	° '	° '	° '	° '	° '	° '	° '	° '
1 Tu	0♎20.7	1N17	9♎46.7	2N24	2♌37.7	0N35	3♉20.7	1S45	25♒32.1	9S57
6 Su	0 43.5	1 17	9 56.7	2 25	2 41.5	0 35	3 22.5	1 45	25 33.3	9 58
11 F	1 06.3	1 17	10 06.6	2 25	2 45.3	0 35	3 24.4	1 45	25 34.5	9 58
16 W	1 29.0	1 17	10 16.6	2 25	2 49.0	0 35	3 26.2	1 45	25 35.7	9 58
21 M	1 51.8	1 17	10 26.6	2 25	2 52.8	0 35	3 28.0	1 45	25 36.8	9 59
26 S	2 14.5	1 17	10 36.5	2 25	2 56.6	0 35	3 29.9	1 45	25 38.0	9 59
31 Th	2 37.3	1 17	10 46.5	2 25	3 00.4	0 35	3 31.7	1 45	25 39.2	9 59
5 Tu	3 00.0	1 17	10 56.4	2 25	3 04.1	0 35	3 33.5	1 45	25 40.3	9 59
10 Su	3 22.8	1 17	11 06.4	2 25	3 07.9	0 35	3 35.4	1 45	25 41.5	10 00
15 F	3 45.5	1 18	11 16.4	2 25	3 11.7	0 35	3 37.2	1 45	25 42.7	10 00
20 W	4 08.3	1 18	11 26.3	2 25	3 15.4	0 35	3 39.1	1 45	25 43.9	10 00
25 M	4 31.0	1 18	11 36.3	2 26	3 19.2	0 35	3 40.9	1 45	25 45.0	10 01
30 S	4 53.7	1 18	11 46.2	2 26	3 23.0	0 35	3 42.7	1 45	25 46.2	10 01

☿p .317302	☿a .420123
♀ .724992	♀ .720915
⊕ 1.00752	⊕ 1.01401
♂a1.66607	♂ 1.66219
♃ 5.44342	♃ 5.44611
♄ 9.58074	♄ 9.59013
♅ 18.5735	♅ 18.5690
♆ 29.8108	♆ 29.8105
♇ 39.0797	♇ 39.1012
☊	Perihelia
☿ 18°♉ 48	☿ 18°♊ 05
♀ 17 ♊ 02	♀ 12 ♌ 21
⊕	⊕ 14 ♋ 48
♂ 19 ♉ 52	♂ 6 ♓ 48
♃ 10 ♋ 53	♃ 15 ♈ 30
♄ 24 ♋ 00	♄ 6 ♋ 10
♅ 14 ♊ 14	♅ 19 ♍ 47
♆ 12 ♌ 18	♆ 4 ♊ 13
♇ 20 ♋ 52	♇ 13 ♏ 55

1 T	☿⚼♃	9am13
	☿0N	10pm57
2	☿⚼♄	10pm47
3 Th	☿⚺♀	0am27
	☿□♇	1 32
	♀✶♇	4 36
	☿ ♊	6pm52
	♂ A	9 0
	☿△♃	9 3
4 F	☿✶♅	5am11
	☿⚺♆	7 51
	☿□♂	10pm48
5 S	☿△♄	8am59
	⊕∠♃	2pm14
	♀ ♉	11 33
6 Su	☿∠♀	5am55
	⊕⚻☿	9 58
	♀⚻♃	10 58
	☿∠♅	2pm33
	☿ P	3 18
	☿∠♆	5 8
7 M	♀□♅	4pm17
	☿△♇	8 25
8 T	♀☌♆	2am26
	☿ ♋	1pm18
	☿□♃	4 51
	☿⚺♅	11 44
9 W	☿✶♆	2am17
	⊕⚼☿	5 24
	☿✶♀	10 26
10 Th	☿✶♂	1am45
	☿□♄	4 2
	☿⚼♇	5 55
11	♂⚺♄	12pm26
12 S	⊕△☿	2am53
	♀⚻♄	7 57
	♀△♂	2pm43
	☿⚻♇	5 15
	☿∠♂	5 33
13 Su	☿ ♌	11am16
	☿✶♃	4pm40
	☿☌♅	10 48
14	☿□♆	1am27
15 T	☿✶♄	6am22
	⊕∠♄	11 43
	☿⚺♂	1pm28
	⊕□♇	8 1
16 W	♀⚼♃	7am 8
	☿∠♃	9 46
	☿□♀	10 50
18 F	☿∠♄	2am 3
	☿☍♇	3 15
	⊕□☿	4pm 8
19 S	☿ ♍	0am 9
	☿⚺♃	8 35
	☿⚺♅	2pm 5
	☿△♆	5 1
20	⊕ ♐	9am48
21 M	☿⚺♄	4am19
	♀⚼♄	9pm18
	♀□♇	11 28
22 T	☿☌♂	3am 0
	⊕✶♃	11 4
	☿∠♅	7pm57
	☿⚼♆	11 6
23	⊕△♅	10am27
24 Th	⊕⚻♆	0am49
	☿⚻♇	3pm22
	♀ ♊	4 58
25	☿ ♎	5pm 5
26 S	♀△♃	2am35
	☿☌♃	6 44
	☿△♀	9 28
	☿✶♅	10 55
	♀✶♅	1pm 1
	☿⚻♆	2 18
	♄⚼♇	8 5
	♀⚺♆	9 17
27	⊕✶☿	10am31
28 M	☿⚼♇	11am21
	☿☌♄	11 40
29	♂∠♅	11am42
30 W	☿⚺♂	3pm46
	♂⚼♆	5 16
31 Th	⊕☍♀	1am51
	♀△♄	9 59
	⊕✶♄	3pm42

1	☿△♇	6pm11
2	⊕∠☿	6am23
3 Su	☿ ♏	1am58
	☿⚼♀	3 11
	☿⚺♃	11pm52
4 M	☿□♅	0am52
	☿☍♆	4 39
	♀0N	7 7
	☿∠♂	9pm51
	♀∠♅	10 25
5	♀∠♆	5am45
6 W	♃✶♅	1am49
	☿⚺♄	2pm22
7	♀□♂	6am37
8 F	⊕⚼♅	7am 0
	⊕⚼♆	6pm50
9	☿∠♃	1am22
S	☿0S	5 27
	⊕⚺☿	7 54
	♀△♇	3pm49
10	☿✶♂	7pm36
11 M	☿□♇	2pm55
	☿∠♄	6 52
12	♀ ♋	7am52
13 W	♃⚻♆	0am18
	☿ ♐	3 29
14 Th	☿⚻♀	6am23
	☿△♅	6 50
	♀⚺♅	7 10
	☿⚻♆	10 33
	☿✶♃	11 26
	♀✶♆	1pm35
	♀□♃	3 16
16 S	♂⚻♇	1am36
	⊕✶♇	5 57
	⊕□♂	9 39
17	☿✶♄	5am41
18	♀⚼♇	11pm 3
19 T	♀□♄	9am17
	☿ A	2pm56
	☿⚼♅	6 4
	☿⚼♆	9 31
20	⊕ ♑	5pm39
22	☿✶♇	11am21
23	☿□♂	4pm18
24 Su	☿ ♑	0am13
	⊕⚻♅	4 57
	⊕△♆	2pm14
25 M	☿⚻♅	4am45
	☿△♆	7 50
	⊕□♃	12pm18
	☿□♃	3 21
	⊕☌☿	4 47
	♂ ♎	5 57
27	☿∠♇	7pm39
28 Th	☿□♄	3am32
	♀⚻♇	5 42
30	♀ ♌	8pm22

JULY 2040

AUGUST 2040

DAY	☿ LONG	☿ LAT	♀ LONG	♀ LAT	⊕ LONG	♂ LONG	♂ LAT
	° '	° '	° '	° '	° '	° '	° '
1 Su	20♑05	6S09	0♌15	2N20	9♑47	2♎20	1N22
2 M	23 06	6 19	1 52	2 24	10 44	2 47	1 21
3 Tu	26 09	6 28	3 30	2 28	11 42	3 14	1 21
4 W	29 16	6 36	5 07	2 32	12 39	3 40	1 20
5 Th	2♒26	6 43	6 44	2 35	13 36	4 07	1 19
6 F	5 40	6 49	8 22	2 39	14 33	4 34	1 19
7 S	8 58	6 54	9 59	2 43	15 31	5 01	1 18
8 Su	12 20	6 58	11 37	2 46	16 28	5 28	1 18
9 M	15 47	7 00	13 14	2 49	17 25	5 54	1 17
10 Tu	19 18	7 00	14 52	2 52	18 22	6 21	1 16
11 W	22 55	6 59	16 29	2 55	19 19	6 48	1 16
12 Th	26 38	6 56	18 07	2 58	20 17	7 15	1 15
13 F	0♓27	6 52	19 44	3 01	21 14	7 42	1 15
14 S	4 22	6 45	21 22	3 04	22 11	8 09	1 14
15 Su	8 24	6 36	23 00	3 06	23 08	8 36	1 13
16 M	12 33	6 25	24 37	3 08	24 06	9 03	1 13
17 Tu	16 49	6 12	26 15	3 10	25 03	9 30	1 12
18 W	21 13	5 55	27 52	3 12	26 00	9 57	1 11
19 Th	25 46	5 36	29 30	3 14	26 57	10 24	1 11
20 F	0♈27	5 15	1♍07	3 16	27 55	10 51	1 10
21 S	5 17	4 50	2 45	3 17	28 52	11 18	1 09
22 Su	10 16	4 23	4 22	3 19	29 49	11 46	1 08
23 M	15 24	3 52	6 00	3 20	0♒46	12 13	1 08
24 Tu	20 41	3 19	7 37	3 21	1 44	12 40	1 07
25 W	26 07	2 43	9 15	3 22	2 41	13 07	1 06
26 Th	1♉42	2 04	10 52	3 23	3 38	13 34	1 06
27 F	7 25	1 23	12 29	3 23	4 36	14 02	1 05
28 S	13 17	0 41	14 07	3 23	5 33	14 29	1 04
29 Su	19 15	0N03	15 44	3 24	6 30	14 56	1 04
30 M	25 21	0 48	17 22	3 24	7 28	15 24	1 03
31 Tu	1♊31	1N33	18♍59	3N24	8♒25	15♎51	1N02

DAY	☿ LONG	☿ LAT	♀ LONG	♀ LAT	⊕ LONG	♂ LONG	♂ LAT
	° '	° '	° '	° '	° '	° '	° '
1 W	7♊46	2N17	20♍36	3N23	9♒22	16♎18	1N01
2 Th	14 04	3 00	22 14	3 23	10 20	16 46	1 01
3 F	20 23	3 41	23 51	3 22	11 17	17 13	1 00
4 S	26 42	4 19	25 28	3 22	12 15	17 41	0 59
5 Su	3♋00	4 54	27 05	3 21	13 12	18 08	0 58
6 M	9 14	5 25	28 43	3 19	14 10	18 36	0 58
7 Tu	15 24	5 51	0♎20	3 18	15 07	19 04	0 57
8 W	21 28	6 14	1 57	3 17	16 05	19 31	0 56
9 Th	27 26	6 32	3 34	3 15	17 02	19 59	0 55
10 F	3♌15	6 45	5 11	3 14	18 00	20 26	0 55
11 S	8 57	6 54	6 48	3 12	18 57	20 54	0 54
12 Su	14 29	6 59	8 25	3 10	19 55	21 22	0 53
13 M	19 51	7 00	10 02	3 08	20 52	21 50	0 52
14 Tu	25 04	6 58	11 39	3 05	21 50	22 17	0 51
15 W	0♍07	6 52	13 16	3 03	22 48	22 45	0 51
16 Th	5 01	6 44	14 53	3 00	23 45	23 13	0 50
17 F	9 45	6 33	16 30	2 57	24 43	23 41	0 49
18 S	14 21	6 20	18 06	2 55	25 41	24 09	0 48
19 Su	18 47	6 05	19 43	2 52	26 38	24 37	0 47
20 M	23 05	5 48	21 20	2 48	27 36	25 05	0 47
21 Tu	27 14	5 30	22 57	2 45	28 34	25 33	0 46
22 W	1♎17	5 11	24 33	2 42	29 32	26 01	0 45
23 Th	5 12	4 51	26 10	2 38	0♓29	26 29	0 44
24 F	9 00	4 30	27 46	2 34	1 27	26 57	0 43
25 S	12 42	4 09	29 23	2 31	2 25	27 25	0 42
26 Su	16 18	3 47	0♏59	2 27	3 23	27 54	0 42
27 M	19 48	3 25	2 35	2 23	4 21	28 22	0 41
28 Tu	23 13	3 02	4 12	2 19	5 19	28 50	0 40
29 W	26 34	2 40	5 48	2 14	6 17	29 18	0 39
30 Th	29 50	2 17	7 24	2 10	7 15	29 47	0 38
31 F	3♏03	1N55	9♏00	2N06	8♓13	0♏15	0N37

DAY	♃ LONG	♃ LAT	♄ LONG	♄ LAT	♅ LONG	♅ LAT	♆ LONG	♆ LAT	♇ LONG	♇ LAT
	° '	° '	° '	° '	° '	° '	° '	° '	° '	° '
5 Th	5♎16.5	1N18	11♎56.1	2N26	3♌26.8	0N35	3♉44.6	1S45	25♒47.4	10S01
10 Tu	5 39.2	1 18	12 06.1	2 26	3 30.6	0 35	3 46.4	1 45	25 48.5	10 01
15 Su	6 01.9	1 18	12 16.0	2 26	3 34.3	0 35	3 48.2	1 45	25 49.7	10 02
20 F	6 24.6	1 18	12 25.9	2 26	3 38.1	0 35	3 50.1	1 45	25 50.9	10 02
25 W	6 47.4	1 18	12 35.9	2 26	3 41.9	0 35	3 51.9	1 45	25 52.1	10 02
30 M	7 10.1	1 18	12 45.8	2 26	3 45.7	0 35	3 53.7	1 45	25 53.2	10 03
4 S	7 32.8	1 18	12 55.7	2 26	3 49.4	0 35	3 55.6	1 45	25 54.4	10 03
9 Th	7 55.5	1 18	13 05.6	2 26	3 53.2	0 35	3 57.4	1 45	25 55.6	10 03
14 Tu	8 18.2	1 18	13 15.5	2 26	3 57.0	0 35	3 59.2	1 45	25 56.7	10 03
19 Su	8 40.9	1 18	13 25.4	2 27	4 00.8	0 35	4 01.1	1 45	25 57.9	10 04
24 F	9 03.6	1 18	13 35.3	2 27	4 04.5	0 35	4 02.9	1 45	25 59.1	10 04
29 W	9 26.3	1 18	13 45.2	2 27	4 08.3	0 36	4 04.7	1 45	26 00.2	10 04

☿ .448848	☿p .308330
♀p .718566	♀ .719493
⊕a 1.01666	⊕ 1.01498
♂ 1.64952	♂ 1.62782
♃ 5.44829	♃ 5.45011
♄ 9.59918	♄ 9.60849
♅ 18.5646	♅ 18.5601
♆ 29.8102	♆ 29.8099
♇ 39.1219	♇ 39.1434
☊	Perihelia
☿ 18°♉ 49	☿ 18°♊ 05
♀ 17 ♊ 03	♀ 12 ♌ 18
⊕	⊕ 13 ♋ 03
♂ 19 ♉ 52	♂ 6 ♓ 50
♃ 10 ♋ 53	♃ 15 ♈ 32
♄ 24 ♋ 00	♄ 6 ♋ 06
♅ 14 ♊ 13	♅ 20 ♍ 06
♆ 12 ♌ 18	♆ 3 ♊ 26
♇ 20 ♋ 52	♇ 14 ♏ 00

2 M	⊕∠♇	0am56
	♀✱♂	6pm33
	☿⊻♇	9 6
	♀☌♅	10 56
3 T	♀□♆	3am31
	⊕□♄	4 34
	♂✱♅	10 50
4 W	♀✱♃	1am16
	♂⊼♆	3 33
	☿ ♒	5 35
5 Th	☿☍♅	7am35
	☿□♆	9 47
	☿△♂	2pm34
	⊕ A	7 3
	☿△♃	9 37
7 S	☿☍♀	2pm15
	☿△♄	9 53
8 Su	♂☌♃	2am46
	♀✱♄	6 20
	♀ P	10 10
9	⊕⊻☿	3pm22
10 T	☿⚼♃	9am12
	☿⚼♂	3pm36
11	☿☌♇	6pm46
12 Th	☿⚼♄	3am26
	☿ ♓	9pm14
13 F	♀∠♃	5pm39
	☿⊼♅	7 7
	☿✱♆	8 35
14 S	☿⊼♃	9am45
	⊕∠☿	10pm 4
15 Su	☿⊼♂	1am22
	⊕⊼♀	5 17
	♀∠♂	12pm25
	☿⊼♄	10 36
16	♀☍♇	5pm59
17 T	☿⚼♅	9am49
	☿∠♆	11 0
	♀∠♄	4pm26
	⊕⊻♇	7 55
19 Th	☿⊻♇	0am24
	♀ ♍	7 29
	⊕✱☿	7 45
	☿ ♈	9pm43
	♂⚼♇	11 39
20 F	☿⊼♀	5am 5
	☿△♅	3pm57
	☿⊻♆	4 55
21 S	☿☍♃	5am58
	♀⊻♅	1pm27
	♀△♆	4 16
22 Su	☿∠♇	2am49
	⊕ ♒	4 34
	☿☍♂	7 46
	☿☍♄	10 37
23 M	♀⊻♃	9am59
	♂☌♄	6pm14
24 T	☿⚼♀	12pm21
	☿✱♇	10 56
25	☿ ♉	4pm47
26 Th	⊕☍♅	1am52
	⊕□♆	5 55
	☿□♅	8 32
	☿☌♆	9 12
	⊕□☿	9 51
	☿⊼♃	9pm59
27 F	♀⊻♄	2am36
	☿⊼♄	9pm38
28 S	☿△♀	4am40
	☿⊼♂	5 17
	♀⊻♂	7 34
	☿0N	10pm13
29 Su	☿⚼♃	11am22
	⊕△♃	4pm 3
30 M	☿□♇	2am 8
	☿⚼♄	9 29
	☿ ♊	6pm 7
	♀∠♅	8 52
	☿⚼♂	9 12
	♀⚼♆	10 47
31 T	☿✱♅	8am42
	☿⊻♆	9 11
	☿△♃	10pm16
1 W	⊕△☿	7am14
	♀△♄	7pm24
2 Th	☿△♂	11am 4
	☿ P	2pm35
	☿∠♅	6 1
	☿∠♆	6 27
3	☿□♀	5pm42
F	☿△♇	8 58
4 S	⊕⚼☿	2am26
	♀⊼♇	6 28
	☿ ♋	12pm34
	⊕△♄	5 46
5 Su	☿⊻♅	3am14
	☿✱♆	3 36
	☿□♃	6pm 0
6 M	☿⚼♇	6am30
	☿□♄	2pm40
	⊕⚼♀	4 16
	♀ ♎	7 6
	⊕⊼☿	10 41
7	☿□♂	3pm35
8	☿⊼♇	5pm53
9 Th	♀✱♅	4am46
	♀⊼♆	5 47
	☿ ♌	10 31
10 F	☿☌♅	2am41
	☿□♆	2 57
	☿✱♀	11 16
	☿✱♃	8pm15
11 S	☿✱♄	6pm20
	♀☌♃	7 49
13 M	⊕☍☿	5am41
	☿✱♂	9 52
	♀⚼♇	1pm29
	☿∠♃	3 40
14 T	☿☍♇	4am 7
	☿∠♀	10 54
	☿∠♄	3pm 9
	⊕△♂	10 2
	☿ ♍	11 24
15 W	♀☌♄	0am23
	⊕⚼♃	3pm50
	☿⊻♅	6 48
	☿△♆	6 56
16 Th	☿⊻♃	5pm37
	☿∠♂	5 54
17	☿⊻♄	6pm55
18	⊕☌♇	7am 4
19 Su	☿∠♅	1am17
	☿⚼♆	1 19
	☿⊻♀	8 15
	♅□♆	7pm56
20 M	☿⊻♂	12pm55
	☿⊼♇	4 36
	⊕⚼♄	10 4
21 T	⊕⊼☿	10am13
	☿ ♎	4pm20
	♂△♇	9 55
22 W	⊕ ♓	11am46
	☿⊼♆	4pm52
	☿✱♅	4 59
	♀△♇	9 18
23	♀☌♂	6am49
24 F	☿☌♃	0am25
	☿⚼♇	12pm50
25 S	☿☌♄	6am10
	♀ ♏	9 18
26 Su	⊕✱♆	4pm58
	⊕⊼♅	6 6
	⊕⚼☿	7 39
27 M	♀☍♆	10pm 9
	♀□♅	10 57
28	☿△♇	7pm54
29 W	⊕△♀	6pm 0
	☿☌♂	11 29
30 Th	☿ ♏	1am12
	♂ ♏	11 13
31 F	☿☍♆	7am59
	☿□♅	8 33
	♀⊻♃	9 9

SEPTEMBER 2040

DAY	☿ LONG	☿ LAT	♀ LONG	♀ LAT	⊕ LONG	♂ LONG	♂ LAT
	° '	° '	° '	° '	° '	° '	° '
1 S	6♏11	1N32	10♏37	2N01	9♓11	0♏44	0N36
2 Su	9 16	1 10	12 13	1 56	10 09	1 12	0 36
3 M	12 18	0 48	13 49	1 52	11 07	1 40	0 35
4 Tu	15 17	0 26	15 25	1 47	12 05	2 09	0 34
5 W	18 14	0 04	17 01	1 42	13 03	2 38	0 33
6 Th	21 09	0S17	18 37	1 37	14 01	3 06	0 32
7 F	24 01	0 38	20 13	1 32	15 00	3 35	0 31
8 S	26 52	0 59	21 48	1 27	15 58	4 04	0 30
9 Su	29 41	1 20	23 24	1 22	16 56	4 32	0 29
10 M	2♐29	1 40	25 00	1 17	17 55	5 01	0 28
11 Tu	5 16	2 00	26 36	1 11	18 53	5 30	0 28
12 W	8 02	2 19	28 11	1 06	19 51	5 59	0 27
13 Th	10 47	2 38	29 47	1 01	20 50	6 28	0 26
14 F	13 32	2 57	1♐23	0 55	21 48	6 56	0 25
15 S	16 17	3 15	2 58	0 50	22 47	7 25	0 24
16 Su	19 01	3 32	4 34	0 44	23 45	7 54	0 23
17 M	21 46	3 49	6 09	0 39	24 44	8 24	0 22
18 Tu	24 31	4 06	7 45	0 33	25 42	8 53	0 21
19 W	27 17	4 22	9 20	0 27	26 41	9 22	0 20
20 Th	0♑04	4 38	10 55	0 22	27 39	9 51	0 19
21 F	2 51	4 53	12 31	0 16	28 38	10 20	0 18
22 S	5 40	5 07	14 06	0 10	29 36	10 49	0 17
23 Su	8 31	5 21	15 41	0 05	0♈35	11 19	0 17
24 M	11 22	5 34	17 16	0S01	1 34	11 48	0 16
25 Tu	14 16	5 47	18 52	0 06	2 33	12 17	0 15
26 W	17 12	5 58	20 27	0 12	3 31	12 47	0 14
27 Th	20 10	6 09	22 02	0 18	4 30	13 16	0 13
28 F	23 11	6 19	23 37	0 23	5 29	13 46	0 12
29 S	26 15	6 28	25 12	0 29	6 28	14 16	0 11
30 Su	29♑22	6S37	26♐47	0S35	7♈27	14♏45	0N10

OCTOBER 2040

DAY	☿ LONG	☿ LAT	♀ LONG	♀ LAT	⊕ LONG	♂ LONG	♂ LAT
	° '	° '	° '	° '	° '	° '	° '
1 M	2♒32	6S44	28♐22	0S40	8♈26	15♏15	0N09
2 Tu	5 46	6 50	29 57	0 46	9 25	15 45	0 08
3 W	9 04	6 54	1♑32	0 51	10 24	16 14	0 07
4 Th	12 26	6 58	3 07	0 56	11 23	16 44	0 06
5 F	15 53	7 00	4 42	1 02	12 22	17 14	0 05
6 S	19 25	7 00	6 17	1 07	13 21	17 44	0 04
7 Su	23 02	6 59	7 52	1 13	14 21	18 14	0 03
8 M	26 45	6 56	9 27	1 18	15 20	18 44	0 02
9 Tu	0♓34	6 52	11 02	1 23	16 19	19 14	0 01
10 W	4 29	6 45	12 37	1 28	17 18	19 44	0 00
11 Th	8 31	6 36	14 12	1 33	18 18	20 14	0S01
12 F	12 40	6 25	15 47	1 38	19 17	20 44	0 02
13 S	16 57	6 11	17 22	1 43	20 16	21 14	0 03
14 Su	21 22	5 55	18 57	1 48	21 16	21 45	0 04
15 M	25 54	5 36	20 32	1 52	22 15	22 15	0 05
16 Tu	0♈36	5 14	22 06	1 57	23 15	22 45	0 06
17 W	5 26	4 49	23 41	2 02	24 14	23 16	0 07
18 Th	10 25	4 22	25 16	2 06	25 14	23 46	0 08
19 F	15 33	3 51	26 51	2 10	26 13	24 17	0 09
20 S	20 50	3 18	28 26	2 15	27 13	24 48	0 10
21 Su	26 17	2 42	0♒01	2 19	28 13	25 18	0 11
22 M	1♉52	2 03	1 36	2 23	29 12	25 49	0 12
23 Tu	7 36	1 22	3 11	2 27	0♉12	26 20	0 12
24 W	13 27	0 39	4 45	2 31	1 12	26 50	0 13
25 Th	19 26	0N05	6 20	2 34	2 11	27 21	0 14
26 F	25 32	0 49	7 55	2 38	3 11	27 52	0 15
27 S	1♊43	1 34	9 30	2 42	4 11	28 23	0 16
28 Su	7 58	2 19	11 05	2 45	5 11	28 54	0 17
29 M	14 15	3 01	12 40	2 48	6 11	29 25	0 18
30 Tu	20 35	3 42	14 15	2 51	7 11	29 56	0 19
31 W	26♊54	4N20	15♒50	2S54	8♉11	0♐27	0S20

DAY	♃ LONG	♃ LAT	♄ LONG	♄ LAT	♅ LONG	♅ LAT	♆ LONG	♆ LAT	♇ LONG	♇ LAT
	° '	° '	° '	° '	° '	° '	° '	° '	° '	° '
3 M	9♎49.0	1N18	13♎55.1	2N27	4♌12.1	0N36	4♉06.6	1S45	26♒01.4	10S05
8 S	10 11.7	1 18	14 05.0	2 27	4 15.9	0 36	4 08.4	1 45	26 02.5	10 05
13 Th	10 34.4	1 18	14 14.9	2 27	4 19.6	0 36	4 10.2	1 45	26 03.7	10 05
18 Tu	10 57.1	1 18	14 24.8	2 27	4 23.4	0 36	4 12.1	1 45	26 04.9	10 05
23 Su	11 19.8	1 18	14 34.7	2 27	4 27.2	0 36	4 13.9	1 45	26 06.0	10 06
28 F	11 42.5	1 18	14 44.6	2 27	4 31.0	0 36	4 15.7	1 45	26 07.2	10 06
3 W	12 05.2	1 18	14 54.4	2 27	4 34.7	0 36	4 17.6	1 45	26 08.4	10 06
8 M	12 27.9	1 18	15 04.3	2 27	4 38.5	0 36	4 19.4	1 45	26 09.5	10 07
13 S	12 50.6	1 18	15 14.2	2 27	4 42.3	0 36	4 21.2	1 45	26 10.7	10 07
18 Th	13 13.2	1 18	15 24.1	2 27	4 46.1	0 36	4 23.1	1 45	26 11.8	10 07
23 Tu	13 35.9	1 18	15 33.9	2 27	4 49.8	0 36	4 24.9	1 45	26 13.0	10 07
28 Su	13 58.6	1 18	15 43.8	2 27	4 53.6	0 36	4 26.7	1 45	26 14.2	10 08

☿a .437612	☿p .434367
♀ .723149	♀a .726825
⊕ 1.00924	⊕ 1.00122
♂ 1.59844	♂ 1.56420
♃ 5.45148	♃ 5.45237
♄ 9.61775	♄ 9.62667
♅ 18.5556	♅ 18.5513
♆ 29.8096	♆ 29.8094
♇ 39.1649	♇ 39.1857
☊	Perihelia
☿ 18° ♉ 49	☿ 18° ♊ 05
♀ 17 ♊ 03	♀ 12 ♌ 14
⊕	⊕ 11 ♋ 13
♂ 19 ♉ 52	♂ 6 ♓ 52
♃ 10 ♋ 54	♃ 15 ♈ 35
♄ 24 ♋ 00	♄ 6 ♋ 01
♅ 14 ♊ 13	♅ 20 ♍ 22
♆ 12 ♌ 18	♆ 2 ♊ 14
♇ 20 ♋ 51	♇ 14 ♏ 05

Aspects (Key: SSX = semi-sextile, QNX = quincunx, SQQ = sesquiquadrate)

1	⊕ QNX ♃	1pm 4
2	☿ SSX ♃	3am48
Su	⊕△☿	10 9
3	♀ SSX ♄	1am37
M	☿ SSX ♄	1pm 5
4	☿☌♀	2am11
5	☿0S	4am43
W	⊕ QNX ♄	11pm49
7	☿∠♃	9am31
F	☿□♇	5pm 3
8	♂☍♆	4am 8
S	♂□♅	10 35
	☿∠♄	7pm 7
9	☿ ♐	2am43
10	♀∠♃	5am29
M	☿ QNX ♆	2pm27
	☿△♅	3 40
	♀□♇	3 51
11	☿ SSX ♂	2am28
T	⊕∠♆	6 52
	⊕ SQQ ♅	10 30
12	♀∠♄	3pm47
W	☿✶♃	10 7
13	♀ ♐	3am16
14	☿✶♄	6am38
F	⊕ SQQ ♂	6 49
15	☿ A	2pm13
S	♀ QNX ♆	6 22
	♀△♅	9 2
16	☿ SQQ ♆	1am28
Su	☿ SQQ ♅	3 1
17	☿∠♂	5pm11
18	⊕ SSX ♇	9am23
T	☿✶♇	1pm34
	⊕□☿	3 50
19	♀ SSX ♂	0am39
W	♃ SQQ ♇	7pm20
	☿ ♑	11 27
20	♀✶♃	2am52
21	☿△♆	11am40
F	☿ QNX ♅	1pm29
22	♀✶♄	6am53
S	⊕ ♈	9 38
23	♂ SSX ♃	1am 2
Su	♀0S	8pm30
	☿∠♇	9 45
24	☿□♃	0am16
M	☿✶♂	4 17
25	☿□♄	3am 6
T	♀ SQQ ♆	5 48
	♀ SQQ ♅	9 24
26	⊕ SSX ♆	5pm54
W	⊕△♅	11 59
28	☿ SSX ♀	7am 5
F	☿ SSX ♇	11pm 1
29	♀✶♇	1pm57
30	♂ SSX ♄	2am57
Su	☿ ♒	4 50
1	☿□♆	1pm 2
M	☿☍♅	3 6
2	♀ ♑	0am38
T	♀∠♂	5pm18
3	⊕✶☿	1pm30
W	⊕∠♇	6 5
	☿△♃	10 0
4	☿△♄	5pm38
Th	♀△♆	5 52
	⊕☍♃	8 30
	♀ QNX ♅	10 25
5	☿□♂	10am44
6	☿∠♀	10pm 7
7	⊕☍♄	5pm30
Su	☿☌♇	8 13
8	☿ SQQ ♃	4am38
M	☿ ♓	8pm30
	☿ SQQ ♄	9 7
9	♀∠♇	1am54
T	⊕∠☿	6 15
	☿✶♆	11pm 6
	♀□♃	11 56
10	☿ QNX ♅	1am 6
W	♂0S	6 25
11	♀□♄	3pm 1
12	☿ QNX ♃	0am33
F	☿ QNX ♄	2pm24
13	☿✶♀	3am35
S	☿∠♆	1pm11
	☿ SQQ ♅	3 7
	⊕ SSX ☿	11 20
14	☿△♂	2am19
Su	⊕ QNX ♂	11pm50
15	☿ SSX ♇	1am27
M	☿ ♈	8pm59
16	♀✶♂	2pm31
T	☿ SSX ♆	6 50
	☿△♅	8 41
17	☿ SQQ ♂	3pm17
W	⊕□♀	10 21
18	☿∠♇	3am42
Th	☿☍♃	1pm23
	♀ SSX ♇	2 6
	☿☍♄	11 27
	⊕✶♇	11 29
20	☿ QNX ♂	7pm18
S	☿✶♇	11 41
	♀ ♒	11 48
21	⊕☌☿	10am10
Su	☿ ♉	4pm 3
	☿□♀	10 23
22	☿☌♆	10am44
M	☿□♅	12pm28
	♂□♇	6 49
	⊕ ♉	7 13
23	♀□♆	6pm53
24	☿ QNX ♃	0am53
W	♀☍♅	1 19
	☿ QNX ♄	8 41
	☿0N	9pm30
26	☿□♇	2am44
F	☿☍♂	9 57
	☿ SQQ ♃	1pm 0
	☿ ♊	5 23
	☿ SQQ ♄	8 4
27	⊕☌♆	6am10
S	☿ SSX ♆	10 31
	⊕ SSX ☿	11 20
	☿✶♅	12pm14
	⊕□♅	4 58
28	♂∠♃	4am 7
Su	☿△♀	3pm55
	♀ A	4 41
	☿△♃	11 13
29	☿△♄	5am45
M	☿ P	1pm52
	☿∠♆	7 45
	☿∠♅	9 30
	♀△♃	10 7
30	♂ ♐	2am54
T	⊕∠☿	7 14
	☿△♇	9pm32
31	♀△♄	0am 0
W	☿ ♋	11 49
	☿ QNX ♂	2pm47
	♂∠♄	6 19
	☿ SQQ ♀	8 2

NOVEMBER 2040

DAY	☿ LONG	☿ LAT	♀ LONG	♀ LAT	⊕ LONG	♂ LONG	♂ LAT
	° '	° '	° '	° '	° '	° '	° '
1 Th	3♋11	4N55	17♒25	2S57	9♉11	0♐59	0S21
2 F	9 26	5 26	19 00	3 00	10 11	1 30	0 22
3 S	15 35	5 52	20 35	3 02	11 11	2 01	0 23
4 Su	21 39	6 14	22 09	3 05	12 11	2 33	0 24
5 M	27 37	6 32	23 44	3 07	13 11	3 04	0 25
6 Tu	3♌26	6 45	25 19	3 09	14 11	3 35	0 26
7 W	9 07	6 54	26 54	3 11	15 12	4 07	0 27
8 Th	14 39	6 59	28 29	3 13	16 12	4 39	0 28
9 F	20 01	7 00	0♓05	3 15	17 12	5 10	0 29
10 S	25 14	6 58	1 40	3 16	18 12	5 42	0 30
11 Su	0♍17	6 52	3 15	3 18	19 13	6 14	0 31
12 M	5 10	6 43	4 50	3 19	20 13	6 46	0 32
13 Tu	9 54	6 32	6 25	3 20	21 13	7 17	0 33
14 W	14 29	6 19	8 00	3 21	22 14	7 49	0 34
15 Th	18 55	6 04	9 35	3 22	23 14	8 21	0 35
16 F	23 13	5 47	11 10	3 23	24 15	8 53	0 36
17 S	27 22	5 29	12 45	3 23	25 15	9 25	0 37
18 Su	1♎24	5 10	14 21	3 23	26 16	9 58	0 38
19 M	5 19	4 50	15 56	3 24	27 16	10 30	0 39
20 Tu	9 07	4 29	17 31	3 24	28 17	11 02	0 40
21 W	12 49	4 08	19 06	3 24	29 17	11 34	0 41
22 Th	16 24	3 46	20 42	3 23	0♊18	12 07	0 42
23 F	19 55	3 24	22 17	3 23	1 18	12 39	0 43
24 S	23 20	3 02	23 52	3 22	2 19	13 12	0 44
25 Su	26 40	2 39	25 28	3 22	3 20	13 44	0 45
26 M	29 56	2 17	27 03	3 21	4 20	14 17	0 46
27 Tu	3♏09	1 54	28 38	3 20	5 21	14 49	0 47
28 W	6 17	1 32	0♈14	3 18	6 22	15 22	0 48
29 Th	9 22	1 09	1 49	3 17	7 23	15 55	0 49
30 F	12♏24	0N47	3♈25	3S15	8♊23	16♐28	0S50

DECEMBER 2040

DAY	☿ LONG	☿ LAT	♀ LONG	♀ LAT	⊕ LONG	♂ LONG	♂ LAT
	° '	° '	° '	° '	° '	° '	° '
1 S	15♏23	0N25	5♈00	3S14	9♊24	17♐01	0S51
2 Su	18 20	0 04	6 36	3 12	10 25	17 33	0 52
3 M	21 14	0S18	8 11	3 10	11 26	18 06	0 53
4 Tu	24 07	0 39	9 47	3 08	12 27	18 40	0 53
5 W	26 57	1 00	11 22	3 06	13 28	19 13	0 54
6 Th	29 46	1 20	12 58	3 03	14 29	19 46	0 55
7 F	2♐34	1 40	14 34	3 01	15 29	20 19	0 56
8 S	5 21	2 00	16 09	2 58	16 30	20 52	0 57
9 Su	8 07	2 20	17 45	2 55	17 31	21 26	0 58
10 M	10 52	2 39	19 21	2 52	18 32	21 59	0 59
11 Tu	13 37	2 57	20 56	2 49	19 33	22 33	1 00
12 W	16 22	3 15	22 32	2 46	20 34	23 06	1 01
13 Th	19 07	3 33	24 08	2 43	21 35	23 40	1 02
14 F	21 51	3 50	25 44	2 39	22 36	24 13	1 03
15 S	24 37	4 07	27 19	2 35	23 37	24 47	1 04
16 Su	27 23	4 23	28 55	2 32	24 38	25 21	1 04
17 M	0♑09	4 38	0♉31	2 28	25 39	25 54	1 05
18 Tu	2 57	4 53	2 07	2 24	26 40	26 28	1 06
19 W	5 46	5 08	3 43	2 20	27 41	27 02	1 07
20 Th	8 36	5 22	5 19	2 16	28 43	27 36	1 08
21 F	11 28	5 35	6 55	2 11	29 44	28 10	1 09
22 S	14 22	5 47	8 31	2 07	0♋45	28 44	1 10
23 Su	17 18	5 59	10 07	2 02	1 46	29 18	1 11
24 M	20 16	6 10	11 43	1 58	2 47	29 53	1 11
25 Tu	23 17	6 20	13 19	1 53	3 48	0♑27	1 12
26 W	26 21	6 29	14 55	1 48	4 49	1 01	1 13
27 Th	29 28	6 37	16 31	1 44	5 50	1 36	1 14
28 F	2♒38	6 44	18 07	1 39	6 51	2 10	1 15
29 S	5 52	6 50	19 44	1 34	7 53	2 44	1 16
30 Su	9 10	6 54	21 20	1 28	8 54	3 19	1 16
31 M	12♒33	6S58	22♉56	1S23	9♋55	3♑54	1S17

DAY	♃ LONG	♃ LAT	♄ LONG	♄ LAT	♅ LONG	♅ LAT	♆ LONG	♆ LAT	♇ LONG	♇ LAT
	° '	° '	° '	° '	° '	° '	° '	° '	° '	° '
2 F	14♎21.3	1N18	15♎53.7	2N28	4♌57.4	0N36	4♉28.6	1S45	26♒15.3	10S08
7 W	14 44.0	1 18	16 03.5	2 28	5 01.2	0 36	4 30.4	1 45	26 16.5	10 08
12 M	15 06.7	1 18	16 13.4	2 28	5 05.0	0 36	4 32.2	1 45	26 17.7	10 08
17 S	15 29.4	1 18	16 23.2	2 28	5 08.7	0 36	4 34.1	1 45	26 18.8	10 09
22 Th	15 52.1	1 18	16 33.1	2 28	5 12.5	0 36	4 35.9	1 45	26 20.0	10 09
27 Tu	16 14.8	1 18	16 42.9	2 28	5 16.3	0 36	4 37.7	1 45	26 21.2	10 09
2 Su	16 37.4	1 18	16 52.8	2 28	5 20.1	0 36	4 39.6	1 45	26 22.3	10 10
7 F	17 00.2	1 18	17 02.6	2 28	5 23.9	0 36	4 41.4	1 45	26 23.5	10 10
12 W	17 22.8	1 18	17 12.5	2 28	5 27.7	0 36	4 43.2	1 45	26 24.7	10 10
17 M	17 45.5	1 18	17 22.3	2 28	5 31.4	0 36	4 45.1	1 45	26 25.8	10 10
22 S	18 08.2	1 18	17 32.2	2 28	5 35.2	0 36	4 46.9	1 45	26 27.0	10 11
27 Th	18 30.9	1 17	17 42.0	2 28	5 39.0	0 36	4 48.8	1 45	26 28.2	10 11

☿ .309370	☿a .448276
♀ .728179	♀ .726256
⊕ .992571	⊕ .986124
♂ 1.52497	♂ 1.48590
♃a 5.45285	♃ 5.45288
♄ 9.63584	♄ 9.64467
♅ 18.5469	♅ 18.5426
♆ 29.8092	♆ 29.8089
♇ 39.2071	♇ 39.2279
☊	Perihelia
☿ 18° ♉ 49	☿ 18° ♊ 05
♀ 17 ♊ 03	♀ 12 ♌ 14
⊕	⊕ 12 ♋ 54
♂ 19 ♉ 52	♂ 6 ♓ 54
♃ 10 ♋ 54	♃ 15 ♈ 38
♄ 24 ♋ 00	♄ 5 ♋ 58
♅ 14 ♊ 13	♅ 20 ♍ 37
♆ 12 ♌ 18	♆ 1 ♊ 19
♇ 20 ♋ 51	♇ 14 ♏ 09

Day	Aspect	Time
1 Th	☿∗♆	4am55
	☿⊻♅	6 45
2 F	⊕∗☿	3am29
	☿⚼♇	7 6
	☿□♃	7pm24
3 S	☿□♄	1am20
	☿⚼♂	6 9
4 Su	☿⚻♀	2am43
	☿⚻♇	6pm32
5	☿ ♌	9am47
6 T	☿△♂	0am43
	☿□♆	4 27
	☿☌♅	6 36
	⊕⚻♃	12pm 6
	♀☌♇	2 23
7 W	♂⚻♆	5pm58
	⊕⚻♄	9 22
8 Th	☿∗♃	0am44
	☿∗♄	6 26
	⊕□☿	8 26
	♂△♅	6pm 8
	♀⚼♃	8 58
	♀ ♓	10 51
9	♀⚼♄	4pm14
10 S	☿☍♇	4am58
	☿ ♍	10pm39
	☿∠♃	10 49
11 Su	☿∠♄	4am27
	☿∗♆	7pm34
	☿△♆	8 51
	☿☍♀	9 29
	☿⊻♅	11 34
12 M	♀⚻♅	3am52
	☿□♂	8 58
13	♀□♂	7pm56
14 W	☿⊻♃	4am14
	☿⊻♄	9 45
15 Th	☿⚼♆	3am31
	☿∠♅	6 40
16 F	⊕△☿	7am46
	☿⚻♇	5pm50
17	☿ ♎	3pm34
18 Su	⊕□♇	1am23
	♃ A	9 58
	♀⚻♃	7pm23
	♀⚻♆	7 26
	☿∗♅	11 6
19	♀⚻♄	8am 3
20 T	☿⚼♇	2pm17
	☿∗♂	2 29
21 W	♀∠♆	7am22
	⊕⚼☿	1pm35
	♀⚼♅	4 36
	⊕ ♊	4 58
	☿☌♃	8 17
22 Th	☿☌♄	0am59
	⊕⚼♃	2pm42
23	⊕⚼♄	6am50
24 S	☿⚻♀	7am17
	☿△♇	9pm37
25 Su	☿⊻♇	1pm23
	☿∠♂	6 6
26 M	☿ ♏	0am26
	⊕⊻♆	6 47
	⊕∗♅	10pm 6
27 T	☿☍♆	11am19
	☿□♅	4pm17
	♀ ♈	8 31
28	⊕⚻☿	0am55
30 F	♂∗♃	0am37
	♂∗♄	4pm27
	♂⊻♆	6 42

Day	Aspect	Time
1 S	♀△♅	4am51
	☿⊻♃	9 42
	☿⊻♄	12pm 1
	☿⊻♂	4 14
2	☿0S	3am58
4 T	☿⚼♀	12pm48
	☿□♇	7 10
5 W	♀∠♇	0am10
	♂⚼♆	8pm31
6 Th	☿ ♐	1am57
	☿∠♃	6pm59
	☿∠♄	7 25
7 F	♂⚼♅	3am34
	☿⚻♆	6pm20
	♃☌♄	11 9
8 S	☿△♅	0am31
	⊕△♄	1pm54
	♀☍♄	2 11
	⊕△♃	2 34
	♀☍♃	2 37
	⊕∗♀	2 41
11 T	⊕∠♆	3am46
	⊕∠♅	9pm20
12 W	☿∗♄	7am28
	☿∗♃	9 8
	♀△♂	1pm 6
	☿ A	1 29
13 Th	☿⚼♆	5am25
	☿⚼♅	11 59
14 F	⊕☍☿	10am22
	♀∗♇	10 26
15 S	☿☌♂	1am52
	☿∗♇	3pm46
16 Su	♀ ♉	4pm12
	☿ ♑	10 41
17 M	☿△♀	7am23
	⊕☍♂	1pm16
	⊕△♇	6 20
	♂∗♇	10 25
18 T	☿△♆	3pm30
	☿⚻♅	10 11
19	♀☌♆	3pm47
20	♀□♅	3am44
Th	☿∠♇	11pm50
21	⊕ ♋	6am26
23 Su	☿□♄	2am13
	☿□♃	7 37
24	♂ ♑	5am 9
25	⊕∗♆	11pm42
26 W	☿⊻♇	0am54
	⊕⊻♅	7pm31
27 Th	☿⚼♂	1am40
	☿ ♒	4 4
	♀⚻♄	6pm 0
	☿⊻♂	7 41
28 F	♀⚻♃	7am20
	☿□♆	4pm16
	☿☍♅	10 32
29	⊕⚻☿	9pm 7

JANUARY 2041

DAY	☿ LONG	☿ LAT	♀ LONG	♀ LAT	⊕ LONG	♂ LONG	♂ LAT
	° '	° '	° '	° '	° '	° '	° '
1 Tu	16♒00	7S00	24♉32	1S18	10♋56	4♑28	1S18
2 W	19 32	7 00	26 09	1 13	11 57	5 03	1 19
3 Th	23 09	6 59	27 45	1 07	12 58	5 38	1 20
4 F	26 52	6 56	29 21	1 02	14 00	6 13	1 20
5 S	0♓41	6 51	0♊58	0 56	15 01	6 47	1 21
6 Su	4 37	6 45	2 34	0 51	16 02	7 22	1 22
7 M	8 39	6 36	4 11	0 45	17 03	7 57	1 23
8 Tu	12 48	6 24	5 47	0 40	18 04	8 32	1 23
9 W	17 05	6 11	7 24	0 34	19 05	9 07	1 24
10 Th	21 30	5 54	9 00	0 29	20 07	9 43	1 25
11 F	26 03	5 35	10 37	0 23	21 08	10 18	1 26
12 S	0♈45	5 13	12 13	0 17	22 09	10 53	1 26
13 Su	5 35	4 49	13 50	0 11	23 10	11 28	1 27
14 M	10 35	4 21	15 27	0 06	24 11	12 04	1 28
15 Tu	15 43	3 50	17 03	0N00	25 12	12 39	1 28
16 W	21 01	3 17	18 40	0 06	26 13	13 15	1 29
17 Th	26 27	2 41	20 17	0 12	27 14	13 50	1 30
18 F	2♉03	2 02	21 54	0 17	28 15	14 26	1 30
19 S	7 47	1 21	23 31	0 23	29 16	15 01	1 31
20 Su	13 39	0 38	25 07	0 29	0♌18	15 37	1 32
21 M	19 38	0N06	26 44	0 34	1 19	16 13	1 32
22 Tu	25 43	0 51	28 21	0 40	2 20	16 49	1 33
23 W	1♊54	1 36	29 58	0 46	3 21	17 24	1 34
24 Th	8 09	2 20	1♋35	0 51	4 22	18 00	1 34
25 F	14 27	3 03	3 12	0 57	5 23	18 36	1 35
26 S	20 47	3 43	4 49	1 02	6 24	19 12	1 35
27 Su	27 06	4 21	6 26	1 08	7 25	19 48	1 36
28 M	3♋23	4 56	8 03	1 13	8 26	20 24	1 37
29 Tu	9 37	5 26	9 40	1 18	9 27	21 00	1 37
30 W	15 47	5 53	11 17	1 24	10 28	21 37	1 38
31 Th	21♋51	6N15	12♋55	1N29	11♌29	22♑13	1S38

FEBRUARY 2041

DAY	☿ LONG	☿ LAT	♀ LONG	♀ LAT	⊕ LONG	♂ LONG	♂ LAT
	° '	° '	° '	° '	° '	° '	° '
1 F	27♋48	6N33	14♋32	1N34	12♌30	22♑49	1S39
2 S	3♌37	6 46	16 09	1 39	13 30	23 25	1 39
3 Su	9 18	6 55	17 46	1 44	14 31	24 02	1 40
4 M	14 49	6 59	19 23	1 49	15 32	24 38	1 40
5 Tu	20 11	7 00	21 01	1 54	16 33	25 15	1 41
6 W	25 24	6 58	22 38	1 59	17 34	25 51	1 41
7 Th	0♍26	6 52	24 15	2 03	18 35	26 28	1 42
8 F	5 19	6 43	25 53	2 08	19 35	27 04	1 42
9 S	10 03	6 32	27 30	2 12	20 36	27 41	1 43
10 Su	14 38	6 19	29 07	2 17	21 37	28 18	1 43
11 M	19 03	6 04	0♌45	2 21	22 38	28 54	1 44
12 Tu	23 21	5 47	2 22	2 25	23 38	29 31	1 44
13 W	27 30	5 29	4 00	2 29	24 39	0♒08	1 44
14 Th	1♎32	5 10	5 37	2 33	25 40	0 45	1 45
15 F	5 26	4 49	7 14	2 37	26 40	1 22	1 45
16 S	9 14	4 29	8 52	2 40	27 41	1 59	1 46
17 Su	12 56	4 07	10 29	2 44	28 41	2 36	1 46
18 M	16 31	3 45	12 07	2 47	29 42	3 13	1 46
19 Tu	20 01	3 23	13 44	2 50	0♍42	3 50	1 47
20 W	23 26	3 01	15 22	2 53	1 43	4 27	1 47
21 Th	26 47	2 38	16 59	2 56	2 43	5 04	1 47
22 F	0♏03	2 16	18 37	2 59	3 44	5 41	1 48
23 S	3 15	1 53	20 14	3 02	4 44	6 18	1 48
24 Su	6 23	1 31	21 52	3 04	5 45	6 55	1 48
25 M	9 28	1 09	23 30	3 07	6 45	7 33	1 48
26 Tu	12 30	0 46	25 07	3 09	7 45	8 10	1 49
27 W	15 29	0 25	26 45	3 11	8 46	8 47	1 49
28 Th	18♏25	0N03	28♌22	3N13	9♍46	9♒25	1S49

DAY	♃ LONG	♃ LAT	♄ LONG	♄ LAT	♅ LONG	♅ LAT	♆ LONG	♆ LAT	♇ LONG	♇ LAT
	° '	° '	° '	° '	° '	° '	° '	° '	° '	° '
1 Tu	18♎53.6	1N17	17♎51.8	2N28	5♌42.8	0N36	4♉50.6	1S45	26♒29.3	10S11
6 Su	19 16.3	1 17	18 01.6	2 28	5 46.6	0 36	4 52.4	1 45	26 30.5	10 12
11 F	19 39.0	1 17	18 11.5	2 28	5 50.4	0 36	4 54.3	1 45	26 31.7	10 12
16 W	20 01.7	1 17	18 21.3	2 28	5 54.2	0 36	4 56.1	1 45	26 32.8	10 12
21 M	20 24.4	1 17	18 31.1	2 28	5 57.9	0 36	4 57.9	1 45	26 34.0	10 12
26 S	20 47.1	1 17	18 40.9	2 28	6 01.7	0 36	4 59.8	1 45	26 35.2	10 13
31 Th	21 09.8	1 17	18 50.7	2 28	6 05.5	0 37	5 01.6	1 45	26 36.3	10 13
5 Tu	21 32.5	1 17	19 00.5	2 28	6 09.3	0 37	5 03.5	1 45	26 37.5	10 13
10 Su	21 55.2	1 17	19 10.3	2 29	6 13.1	0 37	5 05.3	1 45	26 38.6	10 14
15 F	22 17.9	1 17	19 20.1	2 29	6 16.9	0 37	5 07.1	1 45	26 39.8	10 14
20 W	22 40.6	1 17	19 29.9	2 29	6 20.6	0 37	5 08.9	1 45	26 41.0	10 14
25 M	23 03.3	1 16	19 39.7	2 29	6 24.4	0 37	5 10.8	1 45	26 42.1	10 14

☿p .416171	☿ .320179
♀ .722261	♀p .719007
⊕p .983362	⊕ .985370
♂ 1.44768	♂ 1.41532
♃ 5.45248	♃ 5.45162
♄ 9.65373	♄ 9.66274
♅ 18.5383	♅ 18.5339
♆ 29.8087	♆ 29.8085
♇ 39.2494	♇ 39.2708
☊	Perihelia
☿ 18°♉ 49	☿ 18°♊ 06
♀ 17 ♊ 03	♀ 12 ♌ 12
⊕	⊕ 15 ♋ 39
♂ 19 ♉ 52	♂ 6 ♓ 54
♃ 10 ♋ 55	♃ 15 ♈ 40
♄ 24 ♋ 00	♄ 5 ♋ 58
♅ 14 ♊ 12	♅ 20 ♍ 55
♆ 12 ♌ 18	♆ 0 ♊ 22
♇ 20 ♋ 51	♇ 14 ♏ 13

1	☿△♄	12pm52
T	⊕⚼♇	1 6
	♂△♆	3 36
	☿△♃	8 9
2	☿∠♂	4am 9
W	♀□♇	5 12
3	♂⚻♅	4am37
Th	⊕∠♀	9 7
	☿☌♇	9pm39
	⊕ P	9 50
4	♀ ♊	9am36
F	⊕⚼☿	6pm18
	☿ ♓	7 44
5	☿□♀	2am56
S	☿⚼♄	2pm19
	☿⚼♃	9 55
6	☿⚹♆	1am35
Su	♀⚼♄	6 57
	☿⚻♅	7 1
	☿⚹♂	7pm15
7	♀⚼♃	2am39
M	♀⚺♆	10 31
8	♀⚹♅	0am14
T	⊕□♄	0 31
9	☿⚻♄	5am45
W	⊕□♃	10 23
	☿⚻♃	1pm25
	⊕△☿	2 16
	☿∠♆	3 21
	☿⚼♅	8 22
10	♀⚻♂	4pm34
11	☿⚺♇	2am27
F	☿ ♈	8pm14
12	☿⚺♆	8pm43
13	☿△♅	1am21
Su	♂∠♇	2 33
14	☿∠♇	4am33
M	☿□♂	7 56
	♀0N	11pm52
15	☿⚹♀	8am51
T	☿☍♄	11 58
	♀△♄	7pm13
	☿☍♃	7 32
16	⊕⚻♇	7am43
W	♀∠♆	6pm55
	♀△♃	9 14
17	☿⚹♇	0am25
Th	⊕□☿	4 10
	♀∠♅	9 30
	☿ ♉	3pm17
18	☿☌♆	12pm14
F	☿□♅	4 21
19	☿∠♀	4am10
S	⊕ ☊	5pm 6
20	☿△♂	8am50
Su	☿⚻♄	7pm33
	☿0N	8 45
	♀△♇	9 28
21	☿⚻♃	3am 7
22	☿□♇	3am18
T	☿⚺♀	1pm51
	☿ ♊	4 38
23	♀ ♋	0am29
W	☿⚼♂	2 8
	☿⚼♄	6 30
	⊕⚹☿	6 37
	☿⚺♆	11 50
	☿⚼♃	2pm13
	☿⚹♅	3 44
24	⊕□♆	2pm47
25	♂□♄	1am56
F	☿ P	1pm 7
	⊕☌♅	3 15
	☿△♄	4 0
	☿⚻♂	5 24
	☿∠♆	9 2
26	☿△♃	0am 2
S	☿∠♅	0 58
	♀⚹♆	2 40
	⊕∠☿	2 48
	♀⚺♅	6pm 7
	☿△♇	10 5
27	☿ ♋	11am 4
28	☿⚹♆	6am14
M	☿⚺♅	10 16
	⊕⚺♀	2pm59
	⊕⚺☿	11 11
29	♂□♃	0am14
T	☿☌♀	0 15
	☿⚼♇	7 40
30	♀⚼♇	4am38
W	☿□♄	12pm 0
	☿□♃	9 14
31	☿☍♂	1am37
Th	☿⚻♇	7pm10
1	☿ ♌	9am 1
2	☿□♆	5am58
S	☿☌♅	10 31
3	♀□♄	5pm45
4	⊕☌☿	3am54
M	☿⚹♄	6pm39
5	☿⚺♀	5am26
T	☿⚹♃	6 16
	♀□♃	8 15
6	☿⚻♂	2am27
W	☿☍♇	5 49
	☿ ♍	9pm53
7	♂⚺♇	6am46
Th	⊕⚹♄	12pm 8
	☿∠♄	5 55
	☿△♆	10 46
8	☿⚺♅	4am22
F	☿∠♃	7 22
	♀⚻♇	11 16
9	♀☍♂	4am20
S	☿⚼♂	3pm49
	☿∠♀	7 48
10	⊕⚹♃	7am47
Su	♀ ♌	12pm59
11	☿⚺♄	0am49
M	☿⚼♆	5 44
	☿∠♅	12pm 6
	☿⚺♃	4 40
12	⊕⚺☿	2am12
T	♂ ♒	6pm52
	☿⚻♇	7 3
13	☿ ♎	2pm48
W	♀□♆	4 31
	☿△♂	6 25
14	♀☌♅	9am42
Th	☿⚻♆	10pm 0
	⊕☍♇	11 49
15	☿⚹♅	5am17
F	☿⚹♀	7pm49
16	☿⚼♇	3pm45
17	⊕∠☿	6am59
18	♀ P	0am46
M	⊕ ♍	7 10
	☿☌♄	8pm 6
19	☿☌♃	6pm28
20	☿△♇	11pm19
21	♂□♆	3am38
Th	☿ ♏	11pm40
22	♀⚹♄	2pm18
F	⊕∠♄	8 33
23	♂☍♅	3am10
S	⊕△♆	10 20
	☿☍♆	2pm41
	⊕⚹☿	4 44
24	☿□♅	0am 5
Su	☿□♂	5 13
	⊕⚺♅	3pm44
	♀⚹♃	5 14
26	⊕∠♃	9am42
T	♀☍♇	11pm31
27	⊕⚻♂	1am38
28	☿0S	3am13
Th	☿⚺♄	11 8

MARCH 2041

DAY	☿ LONG	☿ LAT	♀ LONG	♀ LAT	⊕ LONG	♂ LONG	♂ LAT
	° '	° '	° '	° '	° '	° '	° '
1 F	21♏20	0S19	0♍00	3N15	10♍46	10♒02	1S49
2 S	24 12	0 40	1 37	3 16	11 46	10 39	1 50
3 Su	27 03	1 00	3 15	3 18	12 47	11 17	1 50
4 M	29 52	1 21	4 52	3 19	13 47	11 54	1 50
5 Tu	2♐40	1 41	6 30	3 20	14 47	12 32	1 50
6 W	5 26	2 01	8 07	3 21	15 47	13 09	1 50
7 Th	8 12	2 20	9 45	3 22	16 47	13 47	1 50
8 F	10 58	2 39	11 22	3 23	17 47	14 25	1 50
9 S	13 43	2 58	12 59	3 23	18 47	15 02	1 51
10 Su	16 27	3 16	14 37	3 24	19 47	15 40	1 51
11 M	19 12	3 33	16 14	3 24	20 47	16 18	1 51
12 Tu	21 57	3 51	17 52	3 24	21 47	16 55	1 51
13 W	24 42	4 07	19 29	3 24	22 47	17 33	1 51
14 Th	27 28	4 23	21 06	3 23	23 47	18 11	1 51
15 F	0♑15	4 39	22 44	3 23	24 47	18 49	1 51
16 S	3 02	4 54	24 21	3 22	25 46	19 26	1 51
17 Su	5 51	5 08	25 58	3 21	26 46	20 04	1 51
18 M	8 42	5 22	27 35	3 20	27 46	20 42	1 51
19 Tu	11 34	5 35	29 13	3 19	28 45	21 20	1 51
20 W	14 28	5 48	0♎50	3 18	29 45	21 58	1 51
21 Th	17 24	5 59	2 27	3 16	0♎45	22 36	1 51
22 F	20 22	6 10	4 04	3 15	1 44	23 14	1 51
23 S	23 23	6 20	5 41	3 13	2 44	23 52	1 51
24 Su	26 27	6 29	7 18	3 11	3 43	24 29	1 51
25 M	29 34	6 37	8 55	3 09	4 43	25 07	1 51
26 Tu	2♒44	6 44	10 32	3 07	5 42	25 45	1 50
27 W	5 59	6 50	12 09	3 04	6 42	26 23	1 50
28 Th	9 17	6 55	13 46	3 02	7 41	27 01	1 50
29 F	12 39	6 58	15 23	2 59	8 40	27 39	1 50
30 S	16 07	7 00	16 59	2 57	9 40	28 18	1 50
31 Su	19♒39	7S00	18♎36	2N54	10♎39	28♒56	1S50

APRIL 2041

DAY	☿ LONG	☿ LAT	♀ LONG	♀ LAT	⊕ LONG	♂ LONG	♂ LAT
	° '	° '	° '	° '	° '	° '	° '
1 M	23♒16	6S59	20♎13	2N51	11♎38	29♒34	1S49
2 Tu	26 59	6 56	21 50	2 47	12 38	0♓12	1 49
3 W	0♓49	6 51	23 26	2 44	13 37	0 50	1 49
4 Th	4 44	6 44	25 03	2 41	14 36	1 28	1 49
5 F	8 47	6 35	26 39	2 37	15 35	2 06	1 48
6 S	12 56	6 24	28 16	2 33	16 34	2 44	1 48
7 Su	17 14	6 10	29 52	2 29	17 33	3 22	1 48
8 M	21 39	5 54	1♏29	2 26	18 32	4 00	1 48
9 Tu	26 12	5 35	3 05	2 21	19 31	4 38	1 47
10 W	0♈54	5 13	4 41	2 17	20 30	5 16	1 47
11 Th	5 45	4 48	6 18	2 13	21 29	5 55	1 47
12 F	10 44	4 20	7 54	2 09	22 28	6 33	1 46
13 S	15 53	3 49	9 30	2 04	23 27	7 11	1 46
14 Su	21 11	3 16	11 06	2 00	24 26	7 49	1 46
15 M	26 38	2 39	12 42	1 55	25 24	8 27	1 45
16 Tu	2♉14	2 01	14 18	1 50	26 23	9 05	1 45
17 W	7 58	1 20	15 54	1 45	27 22	9 43	1 44
18 Th	13 50	0 37	17 30	1 41	28 20	10 21	1 44
19 F	19 49	0N07	19 06	1 36	29 19	10 59	1 44
20 S	25 55	0 52	20 42	1 30	0♏18	11 37	1 43
21 Su	2♊06	1 37	22 18	1 25	1 16	12 16	1 43
22 M	8 21	2 21	23 53	1 20	2 15	12 54	1 42
23 Tu	14 39	3 04	25 29	1 15	3 13	13 32	1 42
24 W	20 59	3 45	27 05	1 10	4 12	14 10	1 41
25 Th	27 18	4 22	28 41	1 04	5 10	14 48	1 41
26 F	3♋35	4 57	0♐16	0 59	6 09	15 26	1 40
27 S	9 49	5 27	1 52	0 53	7 07	16 04	1 40
28 Su	15 59	5 54	3 27	0 48	8 05	16 42	1 39
29 M	22 02	6 16	5 03	0 42	9 04	17 20	1 38
30 Tu	27♋59	6N33	6♐38	0N37	10♏02	17♓58	1S38

DAY	♃ LONG	♃ LAT	♄ LONG	♄ LAT	♅ LONG	♅ LAT	♆ LONG	♆ LAT	♇ LONG	♇ LAT
	° '	° '	° '	° '	° '	° '	° '	° '	° '	° '
2 S	23♎26.0	1N16	19♎49.5	2N29	6♌28.2	0N37	5♉12.6	1S45	26♒43.3	10S15
7 Th	23 48.7	1 16	19 59.3	2 29	6 32.0	0 37	5 14.4	1 45	26 44.4	10 15
12 Tu	24 11.5	1 16	20 09.1	2 29	6 35.8	0 37	5 16.3	1 45	26 45.6	10 15
17 Su	24 34.2	1 16	20 18.9	2 29	6 39.6	0 37	5 18.1	1 45	26 46.8	10 15
22 F	24 56.9	1 16	20 28.6	2 29	6 43.3	0 37	5 19.9	1 45	26 47.9	10 16
27 W	25 19.6	1 16	20 38.4	2 29	6 47.1	0 37	5 21.8	1 45	26 49.1	10 16
1 M	25 42.3	1 16	20 48.2	2 29	6 50.9	0 37	5 23.6	1 45	26 50.2	10 16
6 S	26 05.0	1 15	20 58.0	2 29	6 54.7	0 37	5 25.4	1 45	26 51.4	10 17
11 Th	26 27.8	1 15	21 07.7	2 29	6 58.5	0 37	5 27.3	1 45	26 52.5	10 17
16 Tu	26 50.5	1 15	21 17.5	2 29	7 02.3	0 37	5 29.1	1 45	26 53.7	10 17
21 Su	27 13.2	1 15	21 27.3	2 29	7 06.0	0 37	5 30.9	1 45	26 54.9	10 17
26 F	27 36.0	1 15	21 37.0	2 29	7 09.8	0 37	5 32.8	1 45	26 56.0	10 18

☿a.454124	☿p.405805
♀ .718688	♀ .721485
⊕ .990802	⊕ .999190
♂ 1.39414	♂p1.38226
♃ 5.45045	♃ 5.44873
♄ 9.67083	♄ 9.67972
♅ 18.5300	♅ 18.5257
♆ 29.8083	♆ 29.8081
♇ 39.2902	♇ 39.3116
☊	Perihelia
☿ 18°♉ 49	☿ 18°♊ 06
♀ 17 ♊ 03	♀ 11 ♌ 59
⊕	⊕ 16 ♋ 22
♂ 19 ♉ 52	♂ 6 ♓ 54
♃ 10 ♋ 55	♃ 15 ♈ 41
♄ 24 ♋ 00	♄ 5 ♋ 55
♅ 14 ♊ 12	♅ 21 ♍ 15
♆ 12 ♌ 18	♆ 28 ♉ 19
♇ 20 ♋ 51	♇ 14 ♏ 20

1 F	♀ ♍	0am 6
	☿⚺♃	5pm23
2	☿□♇	9pm17
4 M	♀∠♄	0am20
	☿ ♐	1 10
	♀△♆	5 14
5 T	♀⚺♅	0am13
	☿∠♄	7pm46
	☿⚻♆	10 13
6 W	☿△♅	9am25
	♀∠♃	9 35
7	☿∠♃	5am26
8	☿□♀	8am39
9	☿✶♂	3pm 4
10 Su	⊕⚺♄	7am24
	⊕⚼♆	11 23
	☿ A	12pm44
11 M	♀⚻♂	1am21
	☿✶♄	8 9
	☿⚼♆	9 21
	⊕∠♅	7pm24
	☿⚼♅	8 56
	⊕□☿	9 48
12	☿✶♃	8pm 7
13 W	♀⚺♄	10am35
	♀⚼♆	11 48
	☿✶♇	5pm57
14 Th	♀∠♅	7am42
	⊕⚺♃	2pm38
	☿ ♑	9 55
16 S	♀⚺♃	2am16
	☿∠♂	3pm26
	☿△♆	7 18
17 Su	⊕⚻♇	0am15
	☿⚻♅	6 52
	♂△♄	9 49
	♀⚻♇	12pm 2
18	⊕☌♀	6am42
19 T	☿∠♇	1am54
	♀ ♎	11 43
20	⊕ ♎	6am 0
22	☿□♄	0am54
F	♀⚻♆	6pm52
23 S	☿⚺♂	4am44
	☿□♃	1pm13
	♀✶♅	3 44
24	☿⚺♇	2am46
25 M	♂△♃	2am12
	☿ ♒	3 18
	⊕⚻♆	3pm31
26 T	♀⚼♂	5am29
	♀⚼♇	7pm 5
	☿□♆	7 28
27 W	⊕✶♅	2am14
	☿☍♅	5 56
	⊕△☿	7 31
	♂☌♇	4pm17
30	☿△♀	11am 7
31	☿△♄	7am35
1 M	⊕⚼♇	4am50
	♀☌♄	8 57
	☿△♃	4pm 7
	♂ ♓	4 39
	☿☌♇	11 3
2 T	⊕⚼☿	5am28
	☿ ♓	6pm58
3	☿☌♂	0am 8
4 Th	☿✶♆	4am 3
	☿⚼♄	7 2
	☿⚻♅	12pm53
	♀☌♃	1 53
5 F	♀△♇	2am58
	☿⚼♃	1pm11
6	☿⚼♀	2am57
7 Su	♀ ♏	1am57
	⊕⚻☿	2 19
	☿∠♆	5pm30
	☿⚻♄	8 41
8	☿⚼♅	1am34
9 T	☿⚻♃	0am35
	☿⚺♇	3 27
	⊕⚼♂	8 8
	☿ ♈	7pm28
10 W	♂✶♆	6am41
	♀☍♆	11 25
	♀△♂	2pm30
	⊕☌♄	3 1
	☿⚺♆	10 35
11 Th	☿⚺♂	0am55
	☿⚻♀	3 57
	☿△♅	6 0
	♂⚼♄	8 47
	♀□♅	10 18
12 F	☿∠♇	5am24
	♂ P	1pm36
	♂⚻♅	5 6
14 Su	☿☍♄	0am12
	☿∠♂	8 13
	⊕☍☿	5pm30
15 M	☿☍♃	0am36
	☿✶♇	1 8
	☿ ♉	2pm32
16 T	⊕☌♃	12pm10
	⊕△♇	12 36
	☿☌♆	1 43
	♃△♇	5 51
	☿□♅	8 13
17	☿✶♂	8am 7
18 Th	☿0N	8pm 0
	☿☍♀	8 6
19 F	☿⚻♄	6am14
	⊕ ♏	4pm48
20 S	☿□♇	3am52
	☿⚻♃	4 50
	♀⚺♄	11 6
	☿ ♊	3pm52
	⊕⚻☿	8 11
	♂⚼♃	10 22
21 Su	☿⚺♆	1pm 8
	☿⚼♄	4 48
	☿✶♅	7 14
22 M	☿⚼♃	3pm12
	☿□♂	7 14
23 T	☿ P	12pm22
	⊕⚼☿	4 0
	♀□♇	9 39
	☿∠♆	10 19
24 W	☿△♄	2am12
	☿∠♅	4 25
	♀⚺♃	5 47
	☿△♇	10pm37
25 Th	☿△♃	0am53
	☿⚻♀	7 2
	⊕☍♆	9 11
	☿ ♋	10 18
	♀ ♐	7pm57
26 F	☿✶♆	7am32
	⊕△☿	11 38
	☿⚺♅	1pm47
27 S	⊕□♅	1am30
	☿⚼♇	8 14
28 Su	☿△♂	3am 9
	☿⚼♀	1pm14
	☿□♄	10 42
29 M	♀⚻♆	7am51
	☿⚻♇	7pm47
	☿□♃	11 40
30 T	♀∠♄	1am42
	☿ ♌	8 15
	♀△♅	8 47
	☿⚼♂	11pm 3

MAY 2041

DAY	☿ LONG	☿ LAT	♀ LONG	♀ LAT	⊕ LONG	♂ LONG	♂ LAT
	° '	° '	° '	° '	° '	° '	° '
1 W	3♌48	6N46	8♐14	0N31	11♏00	18♓36	1S37
2 Th	9 28	6 55	9 49	0 26	11 59	19 14	1 37
3 F	14 59	6 59	11 24	0 20	12 57	19 52	1 36
4 S	20 21	7 00	13 00	0 14	13 55	20 30	1 36
5 Su	25 33	6 57	14 35	0 09	14 53	21 08	1 35
6 M	0♍36	6 52	16 10	0 03	15 51	21 45	1 34
7 Tu	5 28	6 43	17 45	0S03	16 49	22 23	1 34
8 W	10 12	6 32	19 21	0 08	17 48	23 01	1 33
9 Th	14 46	6 18	20 56	0 14	18 46	23 39	1 32
10 F	19 12	6 03	22 31	0 19	19 44	24 17	1 32
11 S	23 29	5 46	24 06	0 25	20 42	24 55	1 31
12 Su	27 38	5 28	25 41	0 31	21 40	25 32	1 30
13 M	1♎39	5 09	27 16	0 36	22 37	26 10	1 29
14 Tu	5 34	4 49	28 51	0 42	23 35	26 48	1 29
15 W	9 21	4 28	0♑26	0 47	24 33	27 26	1 28
16 Th	13 03	4 07	2 01	0 53	25 31	28 03	1 27
17 F	16 38	3 45	3 36	0 58	26 29	28 41	1 26
18 S	20 08	3 23	5 11	1 03	27 27	29 19	1 26
19 Su	23 33	3 00	6 46	1 09	28 24	29 56	1 25
20 M	26 53	2 38	8 21	1 14	29 22	0♈34	1 24
21 Tu	0♏09	2 15	9 56	1 19	0♐20	1 11	1 23
22 W	3 21	1 53	11 31	1 24	1 18	1 49	1 23
23 Th	6 29	1 30	13 06	1 30	2 15	2 26	1 22
24 F	9 34	1 08	14 41	1 35	3 13	3 04	1 21
25 S	12 36	0 46	16 16	1 40	4 11	3 41	1 20
26 Su	15 35	0 24	17 51	1 44	5 08	4 18	1 19
27 M	18 31	0 02	19 25	1 49	6 06	4 56	1 18
28 Tu	21 25	0S19	21 00	1 54	7 04	5 33	1 18
29 W	24 18	0 40	22 35	1 58	8 01	6 10	1 17
30 Th	27 08	1 01	24 10	2 03	8 59	6 48	1 16
31 F	29♏57	1S22	25♑45	2S07	9♐56	7♈25	1S15

JUNE 2041

DAY	☿ LONG	☿ LAT	♀ LONG	♀ LAT	⊕ LONG	♂ LONG	♂ LAT
	° '	° '	° '	° '	° '	° '	° '
1 S	2♐45	1S42	27♑20	2S12	10♐54	8♈02	1S14
2 Su	5 32	2 01	28 55	2 16	11 51	8 39	1 13
3 M	8 18	2 21	0♒29	2 20	12 49	9 16	1 12
4 Tu	11 03	2 40	2 04	2 24	13 46	9 53	1 11
5 W	13 48	2 58	3 39	2 28	14 44	10 30	1 10
6 Th	16 32	3 16	5 14	2 32	15 41	11 07	1 09
7 F	19 17	3 34	6 49	2 36	16 39	11 44	1 09
8 S	22 02	3 51	8 24	2 39	17 36	12 21	1 08
9 Su	24 47	4 08	9 59	2 43	18 34	12 58	1 07
10 M	27 33	4 24	11 33	2 46	19 31	13 35	1 06
11 Tu	0♑20	4 39	13 08	2 49	20 28	14 12	1 05
12 W	3 08	4 54	14 43	2 52	21 26	14 49	1 04
13 Th	5 57	5 09	16 18	2 55	22 23	15 25	1 03
14 F	8 47	5 23	17 53	2 58	23 20	16 02	1 02
15 S	11 39	5 36	19 28	3 01	24 18	16 39	1 01
16 Su	14 33	5 48	21 03	3 03	25 15	17 15	1 00
17 M	17 29	6 00	22 38	3 06	26 12	17 52	0 59
18 Tu	20 28	6 10	24 13	3 08	27 09	18 28	0 58
19 W	23 29	6 20	25 48	3 10	28 07	19 05	0 57
20 Th	26 33	6 29	27 23	3 12	29 04	19 41	0 56
21 F	29 40	6 37	28 58	3 14	0♑01	20 17	0 55
22 S	2♒51	6 44	0♓33	3 15	0 59	20 54	0 54
23 Su	6 05	6 50	2 08	3 17	1 56	21 30	0 53
24 M	9 23	6 55	3 43	3 18	2 53	22 06	0 52
25 Tu	12 46	6 58	5 18	3 19	3 50	22 42	0 51
26 W	16 13	7 00	6 53	3 21	4 48	23 18	0 50
27 Th	19 46	7 00	8 28	3 21	5 45	23 54	0 49
28 F	23 23	6 59	10 04	3 22	6 42	24 30	0 48
29 S	27 07	6 56	11 39	3 23	7 39	25 06	0 47
30 Su	0♓56	6S51	13♓14	3S23	8♑36	25♈42	0S45

DAY	♃ LONG	♃ LAT	♄ LONG	♄ LAT	♅ LONG	♅ LAT	♆ LONG	♆ LAT	♇ LONG	♇ LAT
	° '	° '	° '	° '	° '	° '	° '	° '	° '	° '
1 W	27♎58.7	1N15	21♎46.8	2N29	7♌13.6	0N37	5♉34.6	1S45	26♒57.2	10S18
6 M	28 21.4	1 15	21 56.5	2 29	7 17.4	0 37	5 36.4	1 45	26 58.3	10 18
11 S	28 44.2	1 14	22 06.3	2 29	7 21.2	0 37	5 38.3	1 45	26 59.5	10 18
16 Th	29 06.9	1 14	22 16.0	2 29	7 25.0	0 37	5 40.1	1 45	27 00.6	10 19
21 Tu	29 29.7	1 14	22 25.8	2 29	7 28.8	0 37	5 41.9	1 45	27 01.8	10 19
26 Su	29 52.4	1 14	22 35.5	2 29	7 32.6	0 37	5 43.8	1 45	27 03.0	10 19
31 F	0♏15.2	1 14	22 45.3	2 29	7 36.4	0 37	5 45.6	1 45	27 04.1	10 20
5 W	0 38.0	1 14	22 55.0	2 29	7 40.2	0 37	5 47.4	1 45	27 05.3	10 20
10 M	1 00.7	1 13	23 04.7	2 29	7 44.0	0 37	5 49.3	1 45	27 06.5	10 20
15 S	1 23.5	1 13	23 14.5	2 29	7 47.7	0 37	5 51.1	1 45	27 07.6	10 20
20 Th	1 46.3	1 13	23 24.2	2 29	7 51.5	0 37	5 53.0	1 45	27 08.8	10 21
25 Tu	2 09.1	1 13	23 34.0	2 29	7 55.3	0 37	5 54.8	1 45	27 09.9	10 21
30 Su	2 31.9	1 13	23 43.7	2 29	7 59.1	0 37	5 56.6	1 45	27 11.1	10 21

☿ .324252	☿a .462488
♀ .725472	♀a .728073
⊕ 1.00749	⊕ 1.01398
♂ 1.38374	♂ 1.39849
♃ 5.44665	♃ 5.44405
♄ 9.68825	♄ 9.69701
♅ 18.5216	♅ 18.5174
♆ 29.8079	♆ 29.8078
♇ 39.3324	♇ 39.3538
☊	Perihelia
☿ 18°♉ 49	☿ 18°♊ 06
♀ 17 ♊ 03	♀ 11 ♌ 54
⊕	⊕ 13 ♋ 11
♂ 19 ♉ 53	♂ 6 ♓ 54
♃ 10 ♋ 55	♃ 15 ♈ 44
♄ 24 ♋ 00	♄ 5 ♋ 49
♅ 14 ♊ 12	♅ 21 ♍ 31
♆ 12 ♌ 18	♆ 25 ♉ 45
♇ 20 ♋ 50	♇ 14 ♏ 26

Day	Aspect	Time
1 W	☿□♆	7am28
	☿☌♅	2pm28
2 Th	☿△♀	2am 4
	⊕□☿	1pm 7
4 S	☿⚻♂	0am44
	♀∠♃	3 21
	♂∠♆	3 51
	☿✶♄	7 0
5 Su	☿☍♇	6am40
	⊕⚺♀	11 50
	☿✶♃	1pm 5
	☿ ♍	9 8
6 M	♂⚻♄	7am24
	♀0S	1pm15
	♂⚼♅	8 39
7 T	☿△♆	0am42
	☿∠♄	7 35
	☿⚺♅	9 13
8 W	☿∠♃	5pm36
	♀⚼♆	7 22
9 Th	♀✶♄	5pm 9
	♀⚼♅	9 20
10 F	⊕✶☿	3am47
	☿⚼♆	7 58
	☿⚺♄	4pm 9
	☿∠♅	5 36
11 S	☿□♀	5am42
	☿☍♂	9 39
	☿⚻♇	8pm16
	♀□♂	8 21
12 Su	☿⚺♃	7am 6
	⊕⚺♄	12pm17
	☿ ♎	2 2
	♀✶♇	7 53
14 T	☿⚻♆	0am35
	♀✶♃	1 45
	♂⚺♇	7 53
	☿✶♅	11 32
	♀ ♑	5pm22
15 W	⊕∠☿	1am43
	☿⚼♇	5pm12
17 F	⊕□♇	1pm20
	♂⚻♃	10 11
18 S	♀△♆	7am30
	☿☌♄	3pm32
19 Su	♂ ♈	2am28
	♀⚻♅	10 28
20 M	☿△♇	1am 2
	⊕⚺♃	1 18
	⊕ ♐	3pm42
	☿☌♃	7 2
	☿ ♏	10 54
21 T	⊕⚺☿	1am57
	☿⚻♂	9 37
22 W	♀∠♇	7am53
	☿☍♆	6pm 3
23 Th	☿□♅	7am57
	⊕△♂	12pm50
26	⊕⚻♆	2pm49
27 M	☿0S	2am29
	☿⚼♂	2pm49
	♃ ♏	3 49
	☿✶♀	4 22
28 T	♂⚺♆	7am23
	☿⚺♄	10 25
	⊕△♅	12pm51
	⊕∠♄	3 26
29 W	♀□♄	1am37
	⊕∠♀	4pm50
	☿□♇	11 24
31 F	☿ ♐	0am24
	☿⚺♃	2 38
	♂△♅	7 34
	♀⚺♇	8pm 7
2 Su	☿⚻♆	2am 7
	♀ ♒	4pm34
	☿△♅	6 19
	☿∠♄	8 7
	♀□♃	11 52
3	☿△♂	10am58
5 W	⊕☌☿	12pm34
	☿∠♃	4 31
6 Th	⊕∠♃	0am31
	♀□♆	8 36
	☿ A	12pm 0
7 F	☿⚼♆	1pm17
	♀☍♅	1 28
	♂∠♇	2 0
8 S	☿⚼♅	5am54
	☿✶♄	8 39
9 Su	☿∠♀	3am49
	☿✶♇	8pm 8
10 M	♀ A	4am44
	☿ ♑	9pm 8
11 T	☿✶♃	6am41
	⊕⚼♆	8 58
12 W	♀✶♂	2am 9
	☿△♆	11pm 7
13 Th	⊕⚼♅	9am51
	☿⚻♅	3pm32
	⊕✶♄	8 38
15	☿∠♇	3am57
17 M	☿□♂	3am48
	♀△♄	10 25
	⊕✶♇	11pm31
18	☿□♄	11pm 7
19	♀☌♇	8pm24
20 Th	☿⚺♇	4am38
	☿⚺♀	1pm 9
	⊕ ♑	11 29
21 F	☿ ♒	2am32
	⊕⚺☿	3 51
	♀ ♓	3pm40
	☿□♃	4 55
22 S	⊕✶♀	4pm11
	♀△♃	9 51
	☿□♆	10 40
23 Su	⊕✶♃	1am55
	☿☍♅	1pm17
25	♀✶♆	9am15
26 W	♂☍♄	12pm21
	♀⚻♅	3 57
27 Th	♀⚼♄	2am25
	⊕△♆	4 32
	⊕∠☿	8 57
	♀∠♂	10 31
28 F	☿△♄	1am49
	☿✶♂	8 41
29 S	☿☌♇	0am27
	⊕⚻♅	8 7
	☿ ♓	6pm12
30	☿△♃	10am 2

JULY 2041

DAY	☿ LONG	☿ LAT	♀ LONG	♀ LAT	⊕ LONG	♂ LONG	♂ LAT
	° '	° '	° '	° '	° '	° '	° '
1 M	4♓52	6S44	14♓49	3S24	9♑34	26♈18	0S44
2 Tu	8 55	6 35	16 24	3 24	10 31	26 54	0 43
3 W	13 04	6 24	18 00	3 24	11 28	27 30	0 42
4 Th	17 22	6 10	19 35	3 24	12 25	28 05	0 41
5 F	21 47	5 53	21 10	3 23	13 23	28 41	0 40
6 S	26 21	5 34	22 46	3 23	14 20	29 17	0 39
7 Su	1♈03	5 12	24 21	3 22	15 17	29 52	0 38
8 M	5 54	4 47	25 56	3 21	16 14	0♉28	0 37
9 Tu	10 54	4 19	27 32	3 20	17 11	1 03	0 36
10 W	16 03	3 48	29 07	3 19	18 09	1 39	0 35
11 Th	21 21	3 15	0♈42	3 18	19 06	2 14	0 34
12 F	26 48	2 38	2 18	3 17	20 03	2 49	0 33
13 S	2♉24	1 59	3 53	3 15	21 00	3 25	0 31
14 Su	8 09	1 18	5 29	3 13	21 57	4 00	0 30
15 M	14 01	0 35	7 04	3 11	22 55	4 35	0 29
16 Tu	20 01	0N09	8 40	3 09	23 52	5 10	0 28
17 W	26 07	0 54	10 15	3 07	24 49	5 45	0 27
18 Th	2♊18	1 38	11 51	3 05	25 46	6 20	0 26
19 F	8 33	2 23	13 27	3 03	26 44	6 55	0 25
20 S	14 51	3 05	15 02	3 00	27 41	7 30	0 24
21 Su	21 11	3 46	16 38	2 57	28 38	8 05	0 23
22 M	27 30	4 23	18 14	2 54	29 35	8 39	0 22
23 Tu	3♋47	4 58	19 49	2 51	0♒33	9 14	0 21
24 W	10 01	5 28	21 25	2 48	1 30	9 49	0 19
25 Th	16 10	5 54	23 01	2 45	2 27	10 23	0 18
26 F	22 14	6 16	24 37	2 42	3 25	10 58	0 17
27 S	28 10	6 34	26 12	2 38	4 22	11 32	0 16
28 Su	3♌59	6 46	27 48	2 34	5 19	12 07	0 15
29 M	9 39	6 55	29 24	2 31	6 17	12 41	0 14
30 Tu	15 10	6 59	1♉00	2 27	7 14	13 15	0 13
31 W	20♌31	7N00	2♉36	2S23	8♒11	13♉50	0S12

AUGUST 2041

DAY	☿ LONG	☿ LAT	♀ LONG	♀ LAT	⊕ LONG	♂ LONG	♂ LAT
	° '	° '	° '	° '	° '	° '	° '
1 Th	25♌43	6N57	4♉12	2S19	9♒09	14♉24	0S11
2 F	0♍45	6 51	5 48	2 14	10 06	14 58	0 10
3 S	5 38	6 43	7 24	2 10	11 04	15 32	0 08
4 Su	10 21	6 31	9 00	2 06	12 01	16 06	0 07
5 M	14 55	6 18	10 36	2 01	12 59	16 40	0 06
6 Tu	19 20	6 03	12 12	1 57	13 56	17 14	0 05
7 W	23 37	5 46	13 48	1 52	14 54	17 48	0 04
8 Th	27 46	5 28	15 24	1 47	15 51	18 22	0 03
9 F	1♎47	5 08	17 00	1 42	16 49	18 55	0 02
10 S	5 41	4 48	18 36	1 37	17 46	19 29	0 01
11 Su	9 28	4 27	20 13	1 32	18 44	20 03	0N00
12 M	13 10	4 06	21 49	1 27	19 41	20 36	0 01
13 Tu	16 45	3 44	23 25	1 22	20 39	21 10	0 02
14 W	20 15	3 22	25 01	1 16	21 36	21 43	0 04
15 Th	23 39	2 59	26 38	1 11	22 34	22 16	0 05
16 F	26 59	2 37	28 14	1 06	23 32	22 50	0 06
17 S	0♏15	2 14	29 50	1 00	24 29	23 23	0 07
18 Su	3 27	1 52	1♊27	0 55	25 27	23 56	0 08
19 M	6 35	1 30	3 03	0 49	26 25	24 29	0 09
20 Tu	9 40	1 07	4 40	0 44	27 22	25 03	0 10
21 W	12 41	0 45	6 16	0 38	28 20	25 36	0 11
22 Th	15 40	0 23	7 53	0 33	29 18	26 09	0 12
23 F	18 37	0 02	9 29	0 27	0♓16	26 42	0 13
24 S	21 31	0S20	11 06	0 21	1 14	27 14	0 14
25 Su	24 23	0 41	12 43	0 15	2 11	27 47	0 15
26 M	27 14	1 02	14 19	0 10	3 09	28 20	0 16
27 Tu	0♐03	1 22	15 56	0 04	4 07	28 53	0 17
28 W	2 50	1 42	17 33	0N02	5 05	29 25	0 18
29 Th	5 37	2 02	19 09	0 07	6 03	29 58	0 19
30 F	8 23	2 21	20 46	0 13	7 01	0♊31	0 20
31 S	11♐08	2S40	22♊23	0N19	7♓59	1♊03	0N22

DAY	♃ LONG	♃ LAT	♄ LONG	♄ LAT	♅ LONG	♅ LAT	♆ LONG	♆ LAT	♇ LONG	♇ LAT
	° '	° '	° '	° '	° '	° '	° '	° '	° '	° '
5 F	2♍54.7	1N12	23♎53.4	2N29	8♌02.9	0N37	5♉58.5	1S45	27♒12.3	10S22
10 W	3 17.5	1 12	24 03.1	2 29	8 06.7	0 37	6 00.3	1 45	27 13.4	10 22
15 M	3 40.3	1 12	24 12.9	2 29	8 10.5	0 38	6 02.1	1 45	27 14.6	10 22
20 S	4 03.1	1 12	24 22.6	2 29	8 14.3	0 38	6 04.0	1 45	27 15.7	10 22
25 Th	4 25.9	1 12	24 32.3	2 29	8 18.1	0 38	6 05.8	1 45	27 16.9	10 23
30 Tu	4 48.7	1 11	24 42.0	2 29	8 21.9	0 38	6 07.6	1 45	27 18.1	10 23
4 Su	5 11.5	1 11	24 51.7	2 29	8 25.7	0 38	6 09.5	1 45	27 19.2	10 23
9 F	5 34.3	1 11	25 01.4	2 29	8 29.5	0 38	6 11.3	1 45	27 20.4	10 23
14 W	5 57.1	1 11	25 11.1	2 29	8 33.3	0 38	6 13.1	1 45	27 21.5	10 24
19 M	6 20.0	1 11	25 20.8	2 29	8 37.1	0 38	6 15.0	1 45	27 22.7	10 24
24 S	6 42.8	1 10	25 30.5	2 29	8 40.9	0 38	6 16.8	1 45	27 23.8	10 24
29 Th	7 05.6	1 10	25 40.2	2 29	8 44.7	0 38	6 18.6	1 45	27 25.0	10 25

☿p .389203	☿ .343754
♀ .727435	♀ .723957
⊕a 1.01666	⊕ 1.01502
♂ 1.42378	♂ 1.45822
♃ 5.44112	♃ 5.43766
♄ 9.70542	♄ 9.71403
♅ 18.5133	♅ 18.5091
♆ 29.8076	♆ 29.8075
♇ 39.3745	♇ 39.3959
☊	Perihelia
☿ 18° ♉ 49	☿ 18° ♊ 06
♀ 17 ♊ 03	♀ 11 ♌ 54
⊕	⊕ 11 ♋ 48
♂ 19 ♉ 53	♂ 6 ♓ 54
♃ 10 ♋ 56	♃ 15 ♈ 47
♄ 24 ♋ 00	♄ 5 ♋ 45
♅ 14 ♊ 11	♅ 21 ♍ 45
♆ 12 ♌ 18	♆ 23 ♉ 39
♇ 20 ♋ 50	♇ 14 ♏ 31

Day	Aspect	Time
1 M	☿✶♆	6am31
	☿⚻♅	6pm42
	☿⚼♄	11 19
2 T	♂✶♇	11am52
	⊕✶☿	12pm 7
	☿∠♂	8 10
	♀⚼♃	8 16
3	⊕∠♇	6pm22
4 Th	⊕ A	1am39
	☿⚼♃	2 38
	☿☌♀	6pm52
	☿∠♆	7 38
	♀∠♆	9 2
5 F	☿⚼♅	6am44
	☿⚻♄	11 14
6 S	☿⚺♇	4am27
	♀⚼♅	4 37
	☿⚺♂	5pm12
	♀⚻♄	5 57
	☿ ♈	6 42
7 Su	♂ ♉	5am12
	☿⚻♃	10 13
8 M	☿⚺♆	0am27
	☿△♅	10 37
	♀⚺♇	7pm22
9	☿∠♇	6am14
10 W	⊕□☿	11am40
	♀ ♈	1pm21
11	☿☍♄	12pm11
12 F	☿✶♇	1am51
	♀⚺♂	12pm34
	☿ ♉	1 46
	♀⚻♃	6 9
13 S	☿☌♂	4am44
	☿☍♃	4 46
	♂☍♃	5 8
	☿⚺♀	8 40
	☿☌♆	3pm13
14 Su	☿□♅	0am 4
	♀⚺♆	8 19
15 M	♀△♅	4pm46
	☿0N	7 16
16 T	⊕□♄	9am57
	☿⚻♄	4pm47
	⊕△☿	6 0
	☿∠♀	7 29
17 W	☿□♇	4am27
	♂☌♆	12pm23
	☿ ♊	3 7
18 Th	♀∠♇	6am 7
	☿⚻♃	6 14
	☿⚺♆	2pm27
	☿⚺♂	5 5
	☿✶♅	10 45
19 F	☿⚼♄	3am 2
	⊕⚺♇	1pm27
	⊕⚼☿	2 15
20 S	☿✶♀	0am56
	☿ P	11 37
	☿⚼♃	4pm 8
	☿∠♆	11 37
21 Su	♂□♅	7am24
	☿∠♅	7 54
	☿∠♂	7 57
	☿△♄	12pm20
	☿△♇	11 9
22 M	⊕⚻☿	9am25
	☿ ♋	9 33
	⊕ ♒	10 19
23 T	☿△♃	1am56
	☿✶♆	8 51
	☿⚺♅	5pm19
	☿✶♂	11 8
24	☿⚼♇	8am48
25	♀☍♄	11pm25
26 F	☿□♄	9am27
	☿□♀	1pm 4
	☿⚻♇	8 25
27 S	⊕□♃	5am55
	☿ ♌	7 30
	♀✶♇	4pm20
28 Su	☿□♃	2am53
	⊕☍☿	6 46
	☿□♆	8 59
	☿☌♅	6pm27
	⊕□♆	8 2
29 M	♀ ♉	9am 1
	☿□♂	2pm39
31 W	⊕☍♅	4am44
	☿✶♄	7pm31
1 Th	☿☍♇	7am31
	♀☍♃	12pm 6
	☿ ♍	8 22
2 F	♀☌♆	5am17
	☿✶♃	9pm25
3 S	☿△♆	2am38
	☿△♀	1pm28
	☿⚺♅	2 8
	♀□♅	3 26
	☿∠♄	9 29
4	⊕⚻☿	11am 1
5	☿△♂	10am49
6 T	☿∠♃	5am42
	☿⚼♆	10 13
	☿∠♅	11pm10
7 W	☿⚺♄	7am46
	☿⚻♇	9pm30
8 Th	☿ ♎	1pm17
	⊕□♀	4 46
9 F	⊕⚼☿	0am13
	☿⚼♀	2 16
	☿⚼♂	3pm17
	☿⚺♃	11 46
10 S	☿⚻♆	3am12
	♂0N	4pm53
	☿✶♅	5 51
	♀☌♂	8 10
11	☿⚼♇	6pm41
14 W	♀⚻♄	2am28
	⊕□♂	6 46
	☿⚻♂	12pm19
	⊕△☿	1 13
15 Th	♀□♇	11am 0
	☿☌♄	11 17
16 F	☿△♇	2am45
	☿⚻♀	5pm57
	☿ ♏	10 8
17 S	♀ ♊	2am23
	♃☍♆	7pm29
	⊕△♄	8 33
18 Su	☿☍♆	9pm26
	☿☌♃	10 2
19	☿□♅	3pm54
20 T	⊕☌♇	0am15
	♂⚻♄	3pm31
	♀⚺♆	11 51
21	♀⚻♃	3am21
22 Th	♀✶♅	11am39
	⊕ ♓	5pm29
23 F	☿0S	1am44
	♀⚼♄	3pm 0
24	♂□♇	6am54
25	☿⚺♄	9am51
26 M	☿□♇	1am31
	☿☍♂	11 40
	☿ ♐	11pm38
27	♀0N	4pm39
29 Th	♂ ♊	1am28
	⊕□☿	5 48
	☿⚻♆	6 1
	⊕✶♆	6 27
	☿⚺♃	1pm10
30 F	☿△♅	3am16
	⊕△♃	4 4
	♀∠♆	8 10
	☿∠♄	8pm27
	♀⚼♃	9 52
31 S	⊕⚻♅	7pm41
	♀∠♅	8 47

SEPTEMBER 2041

DAY	☿ LONG	☿ LAT	♀ LONG	♀ LAT	⊕ LONG	♂ LONG	♂ LAT
	° '	° '	° '	° '	° '	° '	° '
1 Su	13♐53	2S59	24♊00	0N25	8♓57	1♊35	0N23
2 M	16 38	3 17	25 37	0 30	9 55	2 08	0 24
3 Tu	19 22	3 34	27 14	0 36	10 53	2 40	0 25
4 W	22 07	3 52	28 50	0 42	11 52	3 12	0 26
5 Th	24 53	4 08	0♋27	0 47	12 50	3 45	0 27
6 F	27 39	4 24	2 04	0 53	13 48	4 17	0 28
7 S	0♑25	4 40	3 41	0 58	14 46	4 49	0 29
8 Su	3 13	4 55	5 18	1 04	15 44	5 21	0 30
9 M	6 02	5 09	6 56	1 09	16 42	5 53	0 31
10 Tu	8 53	5 23	8 33	1 15	17 41	6 25	0 32
11 W	11 45	5 36	10 10	1 20	18 39	6 57	0 33
12 Th	14 39	5 48	11 47	1 25	19 37	7 28	0 34
13 F	17 35	6 00	13 24	1 30	20 36	8 00	0 35
14 S	20 33	6 11	15 01	1 36	21 34	8 32	0 36
15 Su	23 35	6 21	16 38	1 41	22 33	9 04	0 36
16 M	26 39	6 30	18 16	1 46	23 31	9 35	0 37
17 Tu	29 46	6 38	19 53	1 51	24 29	10 07	0 38
18 W	2♒57	6 44	21 30	1 55	25 28	10 38	0 39
19 Th	6 11	6 50	23 08	2 00	26 27	11 10	0 40
20 F	9 30	6 55	24 45	2 05	27 25	11 41	0 41
21 S	12 52	6 58	26 22	2 09	28 24	12 12	0 42
22 Su	16 20	7 00	28 00	2 14	29 23	12 44	0 43
23 M	19 52	7 00	29 37	2 18	0♈21	13 15	0 44
24 Tu	23 30	6 59	1♌14	2 22	1 20	13 46	0 45
25 W	27 14	6 56	2 52	2 26	2 19	14 17	0 46
26 Th	1♓03	6 51	4 29	2 30	3 18	14 48	0 47
27 F	4 59	6 44	6 07	2 34	4 16	15 19	0 48
28 S	9 02	6 35	7 44	2 38	5 15	15 50	0 49
29 Su	13 12	6 23	9 22	2 41	6 14	16 21	0 49
30 M	17♓30	6S09	10♌59	2N45	7♈13	16♊52	0N50

OCTOBER 2041

DAY	☿ LONG	☿ LAT	♀ LONG	♀ LAT	⊕ LONG	♂ LONG	♂ LAT
	° '	° '	° '	° '	° '	° '	° '
1 Tu	21♓56	5S53	12♌37	2N48	8♈12	17♊23	0N51
2 W	26 30	5 33	14 14	2 51	9 11	17 53	0 52
3 Th	1♈12	5 11	15 52	2 54	10 10	18 24	0 53
4 F	6 03	4 46	17 29	2 57	11 09	18 55	0 54
5 S	11 03	4 18	19 07	3 00	12 08	19 25	0 55
6 Su	16 13	3 47	20 44	3 03	13 07	19 56	0 56
7 M	21 31	3 14	22 22	3 05	14 07	20 26	0 56
8 Tu	26 59	2 37	23 59	3 07	15 06	20 57	0 57
9 W	2♉35	1 58	25 37	3 10	16 05	21 27	0 58
10 Th	8 20	1 17	27 14	3 12	17 04	21 58	0 59
11 F	14 12	0 34	28 52	3 14	18 03	22 28	1 00
12 S	20 12	0N10	0♍29	3 15	19 03	22 58	1 01
13 Su	26 18	0 55	2 07	3 17	20 02	23 28	1 01
14 M	2♊30	1 40	3 44	3 18	21 02	23 58	1 02
15 Tu	8 45	2 24	5 22	3 19	22 01	24 29	1 03
16 W	15 03	3 07	6 59	3 21	23 00	24 59	1 04
17 Th	21 22	3 47	8 37	3 22	24 00	25 29	1 05
18 F	27 41	4 25	10 14	3 22	24 59	25 59	1 05
19 S	3♋58	4 59	11 52	3 23	25 59	26 29	1 06
20 Su	10 12	5 29	13 29	3 23	26 59	26 58	1 07
21 M	16 22	5 55	15 07	3 24	27 58	27 28	1 08
22 Tu	22 25	6 17	16 44	3 24	28 58	27 58	1 08
23 W	28 21	6 34	18 21	3 24	29 58	28 28	1 09
24 Th	4♌09	6 47	19 59	3 23	0♉57	28 57	1 10
25 F	9 49	6 55	21 36	3 23	1 57	29 27	1 11
26 S	15 20	7 00	23 13	3 23	2 57	29 57	1 11
27 Su	20 41	7 00	24 51	3 22	3 57	0♋26	1 12
28 M	25 52	6 57	26 28	3 21	4 57	0 56	1 13
29 Tu	0♍54	6 51	28 05	3 20	5 57	1 25	1 14
30 W	5 47	6 42	29 42	3 19	6 57	1 55	1 14
31 Th	10♍29	6N31	1♎20	3N17	7♉57	2♋24	1N15

DAY	♃ LONG	♃ LAT	♄ LONG	♄ LAT	♅ LONG	♅ LAT	♆ LONG	♆ LAT	♇ LONG	♇ LAT
	° '	° '	° '	° '	° '	° '	° '	° '	° '	° '
3 Tu	7♏28.5	1N10	25♎49.8	2N29	8♌48.4	0N38	6♉20.5	1S45	27♒26.1	10S25
8 Su	7 51.3	1 10	25 59.5	2 29	8 52.2	0 38	6 22.3	1 45	27 27.3	10 25
13 F	8 14.2	1 09	26 09.2	2 29	8 56.0	0 38	6 24.1	1 45	27 28.5	10 25
18 W	8 37.0	1 09	26 18.9	2 29	8 59.8	0 38	6 26.0	1 45	27 29.6	10 26
23 M	8 59.9	1 09	26 28.6	2 29	9 03.6	0 38	6 27.8	1 45	27 30.8	10 26
28 S	9 22.8	1 09	26 38.2	2 29	9 07.4	0 38	6 29.6	1 45	27 31.9	10 26
3 Th	9 45.7	1 08	26 47.9	2 29	9 11.2	0 38	6 31.5	1 45	27 33.1	10 26
8 Tu	10 08.5	1 08	26 57.6	2 29	9 15.0	0 38	6 33.3	1 45	27 34.2	10 27
13 Su	10 31.4	1 08	27 07.2	2 29	9 18.8	0 38	6 35.1	1 45	27 35.4	10 27
18 F	10 54.3	1 08	27 16.9	2 29	9 22.6	0 38	6 37.0	1 45	27 36.5	10 27
23 W	11 17.2	1 07	27 26.6	2 29	9 26.4	0 38	6 38.8	1 45	27 37.7	10 28
28 M	11 40.1	1 07	27 36.2	2 29	9 30.2	0 38	6 40.6	1 45	27 38.8	10 28

☿a .466400	☿p .365962
♀p .720024	♀ .718428
⊕ 1.00930	⊕ 1.00130
♂ 1.49746	♂ 1.53655
♃ 5.43377	♃ 5.42960
♄ 9.72258	♄ 9.73077
♅ 18.5049	♅ 18.5009
♆ 29.8073	♆ 29.8072
♇ 39.4173	♇ 39.4381
☊	Perihelia
☿ 18°♉ 49	☿ 18°♊ 06
♀ 17 ♊ 03	♀ 11 ♌ 57
⊕	⊕ 13 ♋ 55
♂ 19 ♉ 53	♂ 6 ♓ 53
♃ 10 ♋ 56	♃ 15 ♈ 50
♄ 24 ♋ 00	♄ 5 ♋ 43
♅ 14 ♊ 11	♅ 22 ♍ 00
♆ 12 ♌ 18	♆ 21 ♉ 30
♇ 20 ♋ 50	♇ 14 ♏ 37

2	♀△♄	2am51
M	☿ A	11 16
	⊕⚼♄	10pm29
3	♀△♇	3am 8
T	☿⚼♆	5pm13
4	☿∠♃	3am51
W	☿⚼♅	2pm52
	♀ ♋	5 13
5	☿⚹♄	8am57
Th	☿⚹♇	10pm18
6	☿ ♑	8pm22
8	♀⚺♂	0am53
Su	♀⚹♆	3pm51
	☿⚻♂	10 24
9	☿△♆	2am55
M	♀△♃	3pm40
	☿⚹♃	4 30
	☿☍♀	5 32
	♂⚺♆	10 41
10	☿⚻♅	0am10
T	♀⚺♅	5 16
11	☿∠♇	6am 0
12	♀⚼♇	10am14
13	♂⚻♃	12pm22
F	⊕∠♆	8 2
14	⊕⚹☿	11am55
S	♂⚹♅	7pm20
15	☿⚼♂	4am35
Su	☿□♄	8pm53
	⊕⚼♃	10 38
16	☿⚺♇	6am30
M	⊕⚼♅	11 22
17	☿ ♒	1am46
18	⊕⚻♄	9pm34
19	☿□♆	1am51
Th	♂⚼♄	9 9
	☿□♃	6pm40
	☿☍♅	8 36
20	⊕⚺♇	2am 0
F	☿△♂	6pm26
21	♀□♄	0am37
S	⊕∠☿	5 8
	♀⚻♇	4pm49
	♀∠♂	6 11
22	⊕ ♈	3pm19
23	♀ ♌	5am40
M	♃□♅	11pm17
24	⊕△♀	3am27
T	☿△♄	7pm34
25	☿☌♇	1am51
W	☿ ♓	5pm27
26	⊕⚺☿	6pm15
27	♀□♆	5am34
F	☿⚹♆	8 58
	☿⚻♀	11 15
28	☿⚻♅	0am30
S	☿△♃	2 1
	☿⚼♄	3pm10
	♀☌♅	8 39
29	♀□♃	1am28
Su	⊕⚺♆	6 28
	☿□♂	8pm 1
30	♀ P	12pm59
M	☿∠♆	9 46

1	☿⚼♅	11am52
T	☿⚼♃	2pm25
	⊕△♅	11 43
2	☿⚻♄	1am25
W	☿⚺♇	5 27
	⊕⚻♃	1pm12
	☿ ♈	5 57
	☿⚼♀	9 25
4	☿⚺♆	2am19
F	☿△♅	3pm13
	☿⚻♃	6 30
5	⊕☌☿	6am19
S	♀⚹♂	6 40
	☿∠♇	7 4
	⊕∠♇	10 16
6	☿⚹♂	6pm40
7	☿△♀	5am22
M	☿☍♄	11pm56
8	☿⚹♇	2am34
T	☿ ♉	1pm 1
9	♂∠♆	5am 8
W	☿☌♆	4pm42
	☿∠♂	5 48
	♀⚹♄	8 44
10	☿□♅	3am55
Th	♀☍♇	5 0
	☿☍♃	8 12
11	♀ ♍	4pm45
F	⊕⚺☿	6 31
	☿0N	6 32
12	☿⚺♂	11am55
13	☿⚻♄	3am12
Su	☿□♇	5 1
	☿ ♊	2pm22
14	☿□♀	6am30
M	☿⚺♆	3pm46
	⊕∠☿	4 8
	♂∠♅	5 13
15	☿⚹♅	2am15
T	☿⚻♃	7 27
	☿⚼♄	1pm10
	♀△♆	6 15
16	☿ P	10am53
17	☿∠♆	0am54
Th	♀⚺♅	11 8
	☿∠♅	11 23
	⊕⚹☿	11 50
	⊕⚼♀	2pm32
	☿☌♂	4 56
	☿⚼♃	5 8
	♂⚼♃	7 56
	☿△♄	10 27
	☿△♇	11 42
18	☿ ♋	8am49
F	♀⚹♃	10 19
19	♀∠♄	6am47
S	☿⚹♆	10 11
	☿⚺♅	8pm53
	⊕⚹♂	11 47
20	☿△♃	3am21
Su	⊕☍♄	9 11
	☿⚼♇	9 22
	⊕⚹♇	3pm29
	☿⚹♀	5 21
	♂△♄	7 15
21	♂△♇	7am18
22	☿□♄	8pm16
T	☿⚻♇	9 3
23	☿⚺♂	0am29
W	⊕ ♉	0 55
	☿ ♌	6 45
	⊕□☿	7 57
24	☿∠♀	4am49
Th	☿□♆	10 30
	☿☌♅	10pm28
25	♀⚼♆	0am50
F	☿□♃	7 5
	☿∠♂	10pm 7
26	♂ ♋	2am45
S	♀∠♅	6pm42
28	♀∠♃	3am10
M	☿⚺♀	4 5
	☿⚹♄	8 13
	☿☍♇	8 22
	♀⚺♄	5pm12
	♀⚻♇	5 32
	☿ ♍	7 38
29	☿⚹♂	2am46
T	♄△♇	12pm47
	⊕☌♆	5 49
30	♀ ♎	4am22
W	☿△♆	4 36
	⊕△☿	7 27
	☿⚺♅	7pm 6
31	☿⚹♃	7am27
Th	☿∠♄	11 37
	♀□♂	10pm48

NOVEMBER 2041

DECEMBER 2041

DAY	☿ LONG	☿ LAT	♀ LONG	♀ LAT	⊕ LONG	♂ LONG	♂ LAT
	° '	° '	° '	° '	° '	° '	° '
1 F	15♍03	6N17	2♎57	3N16	8♉57	2♋53	1N16
2 S	19 28	6 02	4 34	3 14	9 57	3 23	1 16
3 Su	23 45	5 45	6 11	3 12	10 57	3 52	1 17
4 M	27 53	5 27	7 48	3 11	11 57	4 21	1 18
5 Tu	1♎54	5 08	9 25	3 08	12 57	4 50	1 18
6 W	5 48	4 48	11 02	3 06	13 57	5 19	1 19
7 Th	9 35	4 27	12 39	3 04	14 57	5 48	1 20
8 F	13 16	4 05	14 15	3 01	15 57	6 17	1 20
9 S	16 52	3 43	15 52	2 59	16 58	6 46	1 21
10 Su	20 21	3 21	17 29	2 56	17 58	7 15	1 22
11 M	23 46	2 59	19 06	2 53	18 58	7 44	1 22
12 Tu	27 06	2 36	20 43	2 50	19 58	8 13	1 23
13 W	0♏21	2 14	22 19	2 46	20 59	8 42	1 24
14 Th	3 33	1 51	23 56	2 43	21 59	9 11	1 24
15 F	6 41	1 29	25 32	2 40	23 00	9 39	1 25
16 S	9 45	1 07	27 09	2 36	24 00	10 08	1 25
17 Su	12 47	0 44	28 45	2 32	25 01	10 37	1 26
18 M	15 46	0 23	0♏22	2 28	26 01	11 05	1 27
19 Tu	18 42	0 01	1 58	2 24	27 02	11 34	1 27
20 W	21 36	0S20	3 35	2 20	28 02	12 02	1 28
21 Th	24 28	0 42	5 11	2 16	29 03	12 31	1 28
22 F	27 19	1 02	6 47	2 12	0♊03	12 59	1 29
23 S	0♐08	1 23	8 23	2 07	1 04	13 28	1 29
24 Su	2 56	1 43	9 59	2 03	2 05	13 56	1 30
25 M	5 42	2 03	11 36	1 58	3 05	14 25	1 30
26 Tu	8 28	2 22	13 12	1 54	4 06	14 53	1 31
27 W	11 13	2 41	14 48	1 49	5 07	15 21	1 31
28 Th	13 58	2 59	16 24	1 44	6 07	15 49	1 32
29 F	16 43	3 17	18 00	1 39	7 08	16 18	1 32
30 S	19♐28	3S35	19♏35	1N34	8♊09	16♋46	1N33

DAY	☿ LONG	☿ LAT	♀ LONG	♀ LAT	⊕ LONG	♂ LONG	♂ LAT
	° '	° '	° '	° '	° '	° '	° '
1 Su	22♐13	3S52	21♏11	1N29	9♊10	17♋14	1N33
2 M	24 58	4 09	22 47	1 24	10 11	17 42	1 34
3 Tu	27 44	4 25	24 23	1 19	11 11	18 10	1 34
4 W	0♑31	4 40	25 59	1 13	12 12	18 38	1 35
5 Th	3 18	4 55	27 34	1 08	13 13	19 06	1 35
6 F	6 07	5 10	29 10	1 03	14 14	19 34	1 36
7 S	8 58	5 23	0♐45	0 57	15 15	20 02	1 36
8 Su	11 50	5 36	2 21	0 52	16 16	20 30	1 37
9 M	14 44	5 49	3 57	0 46	17 17	20 58	1 37
10 Tu	17 41	6 00	5 32	0 41	18 18	21 26	1 38
11 W	20 39	6 11	7 07	0 35	19 19	21 54	1 38
12 Th	23 40	6 21	8 43	0 30	20 20	22 21	1 38
13 F	26 45	6 30	10 18	0 24	21 21	22 49	1 39
14 S	29 52	6 38	11 54	0 18	22 22	23 17	1 39
15 Su	3♒03	6 45	13 29	0 13	23 23	23 45	1 40
16 M	6 17	6 50	15 04	0 07	24 24	24 12	1 40
17 Tu	9 36	6 55	16 39	0 01	25 25	24 40	1 40
18 W	12 59	6 58	18 15	0S04	26 26	25 07	1 41
19 Th	16 26	7 00	19 50	0 10	27 27	25 35	1 41
20 F	19 59	7 00	21 25	0 16	28 28	26 03	1 42
21 S	23 37	6 59	23 00	0 21	29 29	26 30	1 42
22 Su	27 21	6 56	24 35	0 27	0♋30	26 57	1 42
23 M	1♓11	6 51	26 10	0 32	1 31	27 25	1 43
24 Tu	5 07	6 44	27 45	0 38	2 32	27 52	1 43
25 W	9 10	6 34	29 20	0 43	3 33	28 20	1 43
26 Th	13 20	6 23	0♑55	0 49	4 35	28 47	1 44
27 F	17 38	6 09	2 30	0 54	5 36	29 14	1 44
28 S	22 04	5 52	4 05	1 00	6 37	29 42	1 44
29 Su	26 38	5 33	5 40	1 05	7 38	0♌09	1 44
30 M	1♈21	5 11	7 15	1 10	8 39	0 36	1 45
31 Tu	6♈12	4S45	8♑50	1S16	9♋40	1♌04	1N45

DAY	♃ LONG	♃ LAT	♄ LONG	♄ LAT	♅ LONG	♅ LAT	♆ LONG	♆ LAT	♇ LONG	♇ LAT
	° '	° '	° '	° '	° '	° '	° '	° '	° '	° '
2 S	12♏03.1	1N07	27♎45.9	2N29	9♌34.0	0N38	6♉42.5	1S45	27♒40.0	10S28
7 Th	12 26.0	1 07	27 55.5	2 29	9 37.8	0 38	6 44.3	1 45	27 41.1	10 28
12 Tu	12 48.9	1 06	28 05.2	2 29	9 41.6	0 38	6 46.1	1 45	27 42.3	10 29
17 Su	13 11.9	1 06	28 14.8	2 29	9 45.4	0 38	6 48.0	1 45	27 43.4	10 29
22 F	13 34.8	1 06	28 24.5	2 29	9 49.1	0 38	6 49.8	1 46	27 44.6	10 29
27 W	13 57.8	1 06	28 34.1	2 29	9 53.0	0 38	6 51.6	1 46	27 45.7	10 29
2 M	14 20.7	1 05	28 43.8	2 29	9 56.8	0 38	6 53.5	1 46	27 46.9	10 30
7 S	14 43.7	1 05	28 53.4	2 28	10 00.6	0 38	6 55.3	1 46	27 48.1	10 30
12 Th	15 06.7	1 05	29 03.0	2 28	10 04.4	0 38	6 57.1	1 46	27 49.2	10 30
17 Tu	15 29.7	1 04	29 12.7	2 28	10 08.2	0 38	6 59.0	1 46	27 50.4	10 31
22 Su	15 52.6	1 04	29 22.3	2 28	10 12.0	0 38	7 00.8	1 46	27 51.5	10 31
27 F	16 15.7	1 04	29 31.9	2 28	10 15.8	0 38	7 02.7	1 46	27 52.7	10 31

☿a.366497	☿ .466364
♀ .720224	♀ .724085
⊕ .992630	⊕ .986154
♂ 1.57494	♂ 1.60769
♃ 5.42489	♃ 5.41993
♄ 9.73917	♄ 9.74722
♅ 18.4968	♅ 18.4929
♆ 29.8071	♆ 29.8070
♇ 39.4594	♇ 39.4801
☊	Perihelia
☿ 18° ♉ 50	☿ 18° ♊ 06
♀ 17 ♊ 03	♀ 11 ♌ 57
⊕	⊕ 14 ♋ 53
♂ 19 ♉ 53	♂ 6 ♓ 52
♃ 10 ♋ 56	♃ 15 ♈ 52
♄ 24 ♋ 00	♄ 5 ♋ 38
♅ 14 ♊ 10	♅ 22 ♍ 15
♆ 12 ♌ 18	♆ 18 ♉ 50
♇ 20 ♋ 49	♇ 14 ♏ 43

1	⊕□♅	2pm47
2	☿⚼♆	12pm29
3 Su	☿∠♅	4am47
	♀⚻♆	7 58
	⊕⚼☿	4pm43
	☿∠♃	7 54
	☿⚻♇	10 44
	☿⚺♄	11 39
4 M	⊕☍♃	6am39
	☿ ♎	12pm31
5 T	♀⚹♅	2am52
	☿□♂	8pm33
6 W	☿⚻♆	5am50
	♀⚺♃	8pm43
7 Th	☿⚹♅	0am15
	♀⚼♇	0 38
	☿⚺♃	6pm52
	☿⚼♇	8 9
8 F	☿☌♀	11am51
	♂⚹♆	10pm57
9	⊕⚻☿	0am58
10	⊕⚻♀	6pm58
12 T	☿△♇	4am28
	☿☌♄	7 19
	☿ ♏	9pm22
15 F	☿☍♆	0am50
	♂⚺♅	3 53
	☿□♅	11pm54
16 S	☿△♂	3am31
	♀△♇	8 34
	♀☌♄	4pm15
17 Su	☿☌♃	3am24
	♀ ♏	6pm35
18	⊕∠♂	3am14
19 T	☿0S	1am 0
	⊕□♇	4pm52
20	⊕⚻♄	7am35
21 Th	♂⚼♇	11am25
	⊕ ♊	10pm42
22 F	♀☍♆	0am41
	☿□♇	3 38
	☿⚼♂	6 53
	☿⚺♄	9 23
	☿ ♐	10pm52
23 S	♂△♃	11am39
	⊕☍☿	12pm31
	♀□♅	9 48
25	☿⚻♆	9am56
26 T	♀☌♃	10am54
	☿△♅	12pm15
27 W	♀△♂	11am54
	☿∠♄	8pm43
28 Th	☿⚺♃	0am36
	⊕⚺♆	5pm42
	☿⚻♂	7 33
29	☿ A	10am32
30 S	☿⚺♀	2am42
	☿⚼♆	9pm10
1 Su	⊕⚹♅	6pm28
	☿⚼♅	11 50
3 T	☿⚹♇	0am29
	☿⚹♄	9 1
	☿∠♃	3pm 2
	☿ ♑	7 37
5 Th	♀□♇	3am22
	⊕⚼♄	2pm50
	♀⚺♄	7 17
6 F	☿△♆	6am43
	⊕⚻♃	10 43
	♀ ♐	12pm35
7	☿⚻♅	8am48
8	☿∠♇	8am 3
9	☿⚹♃	1am13
10 T	⊕⚻☿	7am37
	♀⚼♂	7pm 4
	♀⚻♆	9 18
11	☿☍♂	11am41
12 Th	☿∠♀	0am40
	♀△♅	8pm40
13 F	☿⚺♇	8am22
	⊕∠♆	2pm39
	☿□♄	6 12
14	☿ ♒	1am 1
15 Su	♀∠♄	10am16
	⊕⚺♂	3pm49
16 M	☿□♆	5am 2
	♀⚺♃	5 32
	⊕∠♅	5pm27
17 T	☿☍♅	3am52
	♀0S	6 0
	⊕⚼☿	8 19
18	☿□♃	6pm25
19	⊕△♇	9am30
20 F	♀⚼♆	8am53
	☿⚹♀	4pm53
	⊕△♄	8 31
21 S	⊕ ♋	12pm11
	☿⚻♂	9 11
22 Su	☿☌♇	3am15
	♀⚼♅	9 21
	⊕⚼♃	9 35
	☿△♄	12pm53
	☿ ♓	4 42
23 M	⊕△☿	2am52
	♂⚻♇	11pm40
24 T	♀⚹♇	1am41
	♀⚻♂	2 29
	☿⚹♆	11 25
25 W	♀⚹♄	1am59
	☿⚻♅	6 15
	♀ ♑	10 0
26 Th	☿⚼♂	2am50
	♀∠♃	4 9
	☿⚼♄	6 36
	☿△♃	4pm15
27 F	♂□♄	4pm30
	☿∠♆	11 54
28 S	⊕⚹♆	10am18
	♂ ♌	4pm 0
	☿⚼♅	4 58
29 Su	☿⚺♇	6am26
	☿⚻♄	3pm16
	☿ ♈	5 12
	☿△♂	7 52
	♀△♆	9 4
30	☿⚼♃	0am44
31 T	☿⚺♆	4am11
	⊕⚺♅	3pm16
	☿□♀	6 32
	☿△♅	7 47
	⊕□☿	8 55
	♀⚻♅	10 35

JANUARY 2042

DAY		☿ LONG	☿ LAT	♀ LONG	♀ LAT	⊕ LONG	♂ LONG	♂ LAT
		° '	° '	° '	° '	° '	° '	° '
1	W	11♈13	4S17	10♑25	1S21	10♋42	1♌31	1N45
2	Th	16 22	3 46	12 00	1 26	11 43	1 58	1 46
3	F	21 41	3 13	13 35	1 31	12 44	2 25	1 46
4	S	27 09	2 36	15 10	1 36	13 45	2 52	1 46
5	Su	2♉45	1 57	16 45	1 41	14 46	3 19	1 46
6	M	8 30	1 16	18 20	1 46	15 47	3 47	1 47
7	Tu	14 23	0 33	19 54	1 51	16 48	4 14	1 47
8	W	20 23	0N12	21 29	1 55	17 49	4 41	1 47
9	Th	26 30	0 56	23 04	2 00	18 51	5 08	1 47
10	F	2♊41	1 41	24 39	2 04	19 52	5 35	1 48
11	S	8 57	2 25	26 14	2 09	20 53	6 02	1 48
12	Su	15 15	3 08	27 49	2 13	21 54	6 29	1 48
13	M	21 34	3 48	29 24	2 17	22 55	6 56	1 48
14	Tu	27 53	4 26	0♒58	2 21	23 56	7 22	1 48
15	W	4♋10	5 00	2 33	2 25	24 57	7 49	1 49
16	Th	10 24	5 30	4 08	2 29	25 58	8 16	1 49
17	F	16 33	5 56	5 43	2 33	27 00	8 43	1 49
18	S	22 36	6 17	7 18	2 37	28 01	9 10	1 49
19	Su	28 32	6 34	8 53	2 40	29 02	9 37	1 49
20	M	4♌20	6 47	10 28	2 44	0♌03	10 03	1 49
21	Tu	10 00	6 55	12 03	2 47	1 04	10 30	1 49
22	W	15 30	7 00	13 37	2 50	2 05	10 57	1 50
23	Th	20 51	7 00	15 12	2 53	3 06	11 24	1 50
24	F	26 02	6 57	16 47	2 56	4 07	11 50	1 50
25	S	1♍04	6 51	18 22	2 59	5 08	12 17	1 50
26	Su	5 56	6 42	19 57	3 01	6 09	12 44	1 50
27	M	10 38	6 31	21 32	3 04	7 10	13 10	1 50
28	Tu	15 12	6 17	23 07	3 06	8 11	13 37	1 50
29	W	19 36	6 02	24 42	3 08	9 12	14 04	1 50
30	Th	23 53	5 45	26 17	3 10	10 13	14 30	1 50
31	F	28♍01	5N26	27♒52	3S12	11♌14	14♌57	1N51

FEBRUARY 2042

DAY		☿ LONG	☿ LAT	♀ LONG	♀ LAT	⊕ LONG	♂ LONG	♂ LAT
		° '	° '	° '	° '	° '	° '	° '
1	S	2♎02	5N07	29♒27	3S14	12♌15	15♌24	1N51
2	Su	5 56	4 47	1♓02	3 16	13 16	15 50	1 51
3	M	9 43	4 26	2 37	3 17	14 17	16 17	1 51
4	Tu	13 23	4 05	4 12	3 19	15 17	16 43	1 51
5	W	16 58	3 43	5 47	3 20	16 18	17 10	1 51
6	Th	20 28	3 20	7 22	3 21	17 19	17 36	1 51
7	F	23 52	2 58	8 58	3 22	18 20	18 03	1 51
8	S	27 12	2 36	10 33	3 22	19 21	18 29	1 51
9	Su	0♏28	2 13	12 08	3 23	20 21	18 56	1 51
10	M	3 39	1 51	13 43	3 23	21 22	19 22	1 51
11	Tu	6 47	1 28	15 18	3 24	22 23	19 49	1 51
12	W	9 51	1 06	16 53	3 24	23 24	20 15	1 51
13	Th	12 53	0 44	18 29	3 24	24 24	20 41	1 51
14	F	15 52	0 22	20 04	3 23	25 25	21 08	1 51
15	S	18 48	0 00	21 39	3 23	26 26	21 34	1 51
16	Su	21 42	0S21	23 15	3 23	27 26	22 01	1 51
17	M	24 34	0 42	24 50	3 22	28 27	22 27	1 51
18	Tu	27 25	1 03	26 25	3 21	29 27	22 53	1 51
19	W	0♐13	1 23	28 01	3 20	0♍28	23 20	1 51
20	Th	3 01	1 44	29 36	3 19	1 28	23 46	1 51
21	F	5 48	2 03	1♈12	3 18	2 29	24 12	1 51
22	S	8 34	2 23	2 47	3 16	3 29	24 39	1 51
23	Su	11 19	2 41	4 22	3 14	4 30	25 05	1 51
24	M	14 04	3 00	5 58	3 13	5 30	25 31	1 50
25	Tu	16 48	3 18	7 33	3 11	6 31	25 58	1 50
26	W	19 33	3 36	9 09	3 09	7 31	26 24	1 50
27	Th	22 18	3 53	10 45	3 07	8 31	26 50	1 50
28	F	25♐03	4S09	12♈20	3S04	9♍32	27♌16	1N50

DAY		♃ LONG	♃ LAT	♄ LONG	♄ LAT	♅ LONG	♅ LAT	♆ LONG	♆ LAT	♇ LONG	♇ LAT
		° '	° '	° '	° '	° '	° '	° '	° '	° '	° '
1	W	16♏38.7	1N03	29♎41.6	2N28	10♌19.6	0N39	7♉04.5	1S46	27♒53.8	10S31
6	M	17 01.7	1 03	29 51.2	2 28	10 23.4	0 39	7 06.3	1 46	27 55.0	10 32
11	S	17 24.7	1 03	0♏00.8	2 28	10 27.2	0 39	7 08.2	1 46	27 56.2	10 32
16	Th	17 47.7	1 03	0 10.4	2 28	10 31.0	0 39	7 10.0	1 46	27 57.3	10 32
21	Tu	18 10.8	1 02	0 20.1	2 28	10 34.8	0 39	7 11.8	1 46	27 58.5	10 32
26	Su	18 33.8	1 02	0 29.7	2 28	10 38.6	0 39	7 13.7	1 46	27 59.6	10 33
31	F	18 56.9	1 02	0 39.3	2 28	10 42.4	0 39	7 15.5	1 46	28 00.8	10 33
5	W	19 19.9	1 01	0 48.9	2 28	10 46.2	0 39	7 17.4	1 46	28 01.9	10 33
10	M	19 43.0	1 01	0 58.5	2 28	10 50.0	0 39	7 19.2	1 46	28 03.1	10 34
15	S	20 06.1	1 01	1 08.1	2 28	10 53.8	0 39	7 21.0	1 46	28 04.2	10 34
20	Th	20 29.2	1 00	1 17.7	2 28	10 57.6	0 39	7 22.9	1 46	28 05.4	10 34
25	Tu	20 52.2	1 00	1 27.3	2 28	11 01.4	0 39	7 24.7	1 46	28 06.5	10 34

☿p .343258	☿a .389723
♀a .727510	♀ .728011
⊕p .983337	⊕ .985290
♂ 1.63500	♂ 1.65424
♃ 5.41441	♃ 5.40849
♄ 9.75545	♄ 9.76361
♅ 18.4889	♅ 18.4849
♆ 29.8069	♆ 29.8068
♇ 39.5015	♇ 39.5229
☊	Perihelia
☿ 18° ♉ 50	☿ 18° ♊ 07
♀ 17 ♊ 03	♀ 11 ♌ 56
⊕	⊕ 13 ♋ 19
♂ 19 ♉ 53	♂ 6 ♓ 52
♃ 10 ♋ 56	♃ 15 ♈ 54
♄ 24 ♋ 00	♄ 5 ♋ 34
♅ 14 ♊ 10	♅ 22 ♍ 29
♆ 12 ♌ 18	♆ 16 ♉ 24
♇ 20 ♋ 49	♇ 14 ♏ 49

1 W ☿∠♇ 7am55
⊕☍♀ 11 38
2 Th ☿⚻♃ 1am37
♀∠♇ 1pm42
3 ⊕⚼♇ 4am 8
4 S ☿✶♇ 3am18
⊕ P 9 8
☿☍♄ 11 27
☿ ♉ 12pm17
5 Su ☿□♂ 2am36
♀✶♃ 3 17
☿☌♆ 6pm12
6 ☿□♅ 7am45
7 T ⊕△♃ 7am37
☿☍♃ 11 4
⊕✶☿ 11 43
☿0N 5pm48
8 ☿△♀ 5am53
9 Th ☿□♇ 5am35
☿⚻♄ 1pm30
☿ ♊ 1 37
10 F ⊕∠☿ 10am 0
☿✶♂ 11 58
♄ ♏ 1pm43
☿⚺♆ 5 5
11 S ☿✶♅ 5am46
☿⚼♀ 11 39
☿⚼♄ 11pm14
12 Su ♀⚺♇ 1am56
☿⚻♃ 8 37
☿ P 10 10
13 M ☿∠♂ 1am27
☿∠♆ 2 12
⊕⚺☿ 6 6
♀ ♒ 9 13
♀□♄ 10 37
♂□♆ 12pm 6
☿∠♅ 2 53
14 T ☿△♇ 0am14
☿ ♋ 8 4
☿△♄ 8 31
☿⚻♀ 3pm44
☿⚼♃ 6 22
15 W ☿✶♆ 11am30
☿⚺♂ 3pm 8
16 Th ☿⚺♅ 0am27
☿⚼♇ 9 56
17 F ☿△♃ 5am16
♀□♆ 10pm11
⊕⚻♇ 10 52
18 ☿⚻♇ 9pm40
19 Su ⊕☌☿ 2am26
☿ ♌ 6 0
☿□♄ 7 9
♀☍♂ 3pm29
⊕ ♌ 10 53
20 M ♀☍♅ 1am38
⊕□♄ 6 12
☿□♆ 12pm 2
♀ A 9 49
21 T ☿☌♂ 2am22
☿☌♅ 2 31
♂☌♅ 4 12
☿☍♀ 12pm23
22 ☿□♃ 12pm27
24 F ☿☍♇ 9am13
☿ ♍ 6pm52
☿✶♄ 9 4
25 ♀□♃ 1am52
26 Su ⊕⚺☿ 1am26
☿△♆ 6 33
27 M ☿⚺♅ 0am 6
⊕□♆ 1 32
☿⚺♂ 2pm42
28 T ☿∠♄ 1am57
☿✶♃ 7pm26
29 ☿⚼♆ 2pm45
30 Th ⊕∠☿ 10am 9
☿∠♅ 10 27
⊕☌♅ 11 23
☿⚻♀ 10pm32
☿⚻♇ 11 58
31 F ♀☌♇ 2am13
☿ ♎ 11 45
☿∠♂ 12pm52
☿⚺♄ 3 48

1 S ♀ ♓ 8am19
☿∠♃ 12pm26
♀△♄ 7 7
2 ☿⚻♆ 8am27
3 M ☿✶♅ 6am42
☿⚼♇ 9pm36
4 ⊕✶☿ 5pm41
5 W ☿✶♂ 1am28
☿⚺♃ 4pm31
♀✶♆ 10 48
6 ⊕☌♂ 11am59
7 ☿⚼♀ 1am11
8 S ♀⚻♅ 4am 1
⊕□♃ 5 36
☿△♇ 6 10
☿ ♏ 8pm35
9 ☿☌♄ 3am39
10 ♂□♃ 10pm56
11 T ☿☍♆ 4am14
♀⚼♄ 10 50
12 ☿□♅ 7am57
13 ♀△♃ 11pm19
14 ♀⚻♂ 10pm14
15 S ☿0S 0am15
♀∠♆ 10 33
☿☌♃ 11 2
16 Su ☿□♂ 3am 3
⊕☍♇ 3pm14
17 M ☿△♀ 5am 1
♀⚼♅ 4pm35
18 T ☿□♇ 5am44
⊕ ♍ 12pm57
☿ ♐ 10 5
19 W ♀⚺♇ 1am 8
⊕□☿ 3 13
☿⚺♄ 9 0
⊕✶♄ 7pm37
20 ♀ ♈ 6am 1
21 F ♀⚻♄ 2am 5
☿⚻♆ 1pm50
22 ☿△♅ 9pm14
23 Su ⊕⚻♀ 5am 4
♀⚼♃ 9pm17
24 M ☿∠♄ 8pm53
♀⚺♆ 9 48
25 T ☿ A 9am48
⊕△♆ 9pm38
26 ☿⚺♃ 12pm33
27 Th ☿⚼♆ 1am 5
♀△♅ 4 39
♀⚼♂ 10pm44
28 F ☿⚼♅ 8am47
♀∠♇ 11 51
☿△♂ 10pm53

MARCH 2042

DAY	☿ LONG	☿ LAT	♀ LONG	♀ LAT	⊕ LONG	♂ LONG	♂ LAT
	° ′	° ′	° ′	° ′	° ′	° ′	° ′
1 S	27♐49	4S25	13♈56	3S02	10♍32	27♌43	1N50
2 Su	0♑36	4 41	15 31	2 59	11 32	28 09	1 50
3 M	3 24	4 56	17 07	2 56	12 32	28 35	1 50
4 Tu	6 13	5 10	18 43	2 53	13 32	29 02	1 50
5 W	9 04	5 24	20 18	2 50	14 33	29 28	1 49
6 Th	11 56	5 37	21 54	2 47	15 33	29 54	1 49
7 F	14 50	5 49	23 30	2 44	16 33	0♍20	1 49
8 S	17 46	6 01	25 06	2 41	17 33	0 46	1 49
9 Su	20 45	6 11	26 41	2 37	18 33	1 13	1 49
10 M	23 46	6 21	28 17	2 33	19 33	1 39	1 49
11 Tu	26 51	6 30	29 53	2 29	20 33	2 05	1 48
12 W	29 58	6 38	1♉29	2 26	21 32	2 31	1 48
13 Th	3♒09	6 45	3 05	2 22	22 32	2 58	1 48
14 F	6 24	6 51	4 41	2 17	23 32	3 24	1 48
15 S	9 42	6 55	6 17	2 13	24 32	3 50	1 48
16 Su	13 05	6 58	7 53	2 09	25 32	4 16	1 47
17 M	16 33	7 00	9 29	2 04	26 32	4 42	1 47
18 Tu	20 06	7 00	11 05	2 00	27 31	5 09	1 47
19 W	23 44	6 59	12 41	1 55	28 31	5 35	1 47
20 Th	27 28	6 56	14 17	1 50	29 31	6 01	1 47
21 F	1♓18	6 51	15 53	1 46	0♎30	6 27	1 46
22 S	5 15	6 43	17 29	1 41	1 30	6 53	1 46
23 Su	9 18	6 34	19 06	1 36	2 30	7 20	1 46
24 M	13 28	6 22	20 42	1 31	3 29	7 46	1 46
25 Tu	17 47	6 08	22 18	1 25	4 29	8 12	1 45
26 W	22 13	5 52	23 54	1 20	5 28	8 38	1 45
27 Th	26 47	5 32	25 31	1 15	6 28	9 04	1 45
28 F	1♈30	5 10	27 07	1 10	7 27	9 30	1 45
29 S	6 22	4 45	28 43	1 04	8 26	9 57	1 44
30 Su	11 23	4 16	0♊20	0 59	9 26	10 23	1 44
31 M	16♈32	3S45	1♊56	0S53	10♎25	10♍49	1N44

APRIL 2042

DAY	☿ LONG	☿ LAT	♀ LONG	♀ LAT	⊕ LONG	♂ LONG	♂ LAT
	° ′	° ′	° ′	° ′	° ′	° ′	° ′
1 Tu	21♈51	3S11	3♊33	0S48	11♎24	11♍15	1N43
2 W	27 19	2 35	5 09	0 42	12 23	11 42	1 43
3 Th	2♉56	1 56	6 46	0 36	13 23	12 08	1 43
4 F	8 41	1 14	8 22	0 31	14 22	12 34	1 42
5 S	14 35	0 31	9 59	0 25	15 21	13 00	1 42
6 Su	20 35	0N13	11 35	0 19	16 20	13 26	1 42
7 M	26 41	0 58	13 12	0 14	17 19	13 53	1 41
8 Tu	2♊53	1 43	14 49	0 08	18 18	14 19	1 41
9 W	9 09	2 27	16 25	0 02	19 17	14 45	1 41
10 Th	15 27	3 09	18 02	0N03	20 16	15 11	1 40
11 F	21 46	3 49	19 39	0 09	21 15	15 38	1 40
12 S	28 05	4 27	21 16	0 15	22 14	16 04	1 40
13 Su	4♋22	5 01	22 52	0 21	23 12	16 30	1 39
14 M	10 36	5 31	24 29	0 26	24 11	16 56	1 39
15 Tu	16 45	5 57	26 06	0 32	25 10	17 23	1 38
16 W	22 48	6 18	27 43	0 38	26 09	17 49	1 38
17 Th	28 43	6 35	29 20	0 43	27 08	18 15	1 38
18 F	4♌31	6 47	0♋57	0 49	28 06	18 42	1 37
19 S	10 10	6 56	2 34	0 55	29 05	19 08	1 37
20 Su	15 41	7 00	4 11	1 00	0♏04	19 34	1 36
21 M	21 01	7 00	5 48	1 06	1 02	20 01	1 36
22 Tu	26 12	6 57	7 25	1 11	2 01	20 27	1 36
23 W	1♍13	6 51	9 02	1 16	2 59	20 53	1 35
24 Th	6 05	6 42	10 39	1 22	3 58	21 20	1 35
25 F	10 47	6 30	12 16	1 27	4 56	21 46	1 34
26 S	15 20	6 17	13 54	1 32	5 55	22 12	1 34
27 Su	19 45	6 01	15 31	1 37	6 53	22 39	1 33
28 M	24 01	5 44	17 08	1 42	7 52	23 05	1 33
29 Tu	28 09	5 26	18 45	1 47	8 50	23 32	1 32
30 W	2♎10	5N06	20♋23	1N52	9♏48	23♍58	1N32

DAY	♃ LONG	♃ LAT	♄ LONG	♄ LAT	♅ LONG	♅ LAT	♆ LONG	♆ LAT	♇ LONG	♇ LAT
	° ′	° ′	° ′	° ′	° ′	° ′	° ′	° ′	° ′	° ′
2 Su	21♏15.4	1N00	1♍36.9	2N28	11♌05.2	0N39	7♉26.5	1S46	28♒07.7	10S35
7 F	21 38.5	0 59	1 46.5	2 28	11 09.0	0 39	7 28.3	1 46	28 08.8	10 35
12 W	22 01.6	0 59	1 56.0	2 28	11 12.8	0 39	7 30.2	1 46	28 10.0	10 35
17 M	22 24.7	0 59	2 05.6	2 28	11 16.6	0 39	7 32.0	1 46	28 11.1	10 35
22 S	22 47.8	0 58	2 15.2	2 27	11 20.4	0 39	7 33.8	1 46	28 12.3	10 36
27 Th	23 11.0	0 58	2 24.8	2 27	11 24.2	0 39	7 35.7	1 46	28 13.4	10 36
1 Tu	23 34.1	0 57	2 34.4	2 27	11 28.0	0 39	7 37.5	1 46	28 14.6	10 36
6 Su	23 57.3	0 57	2 43.9	2 27	11 31.8	0 39	7 39.3	1 46	28 15.7	10 36
11 F	24 20.5	0 57	2 53.5	2 27	11 35.6	0 39	7 41.2	1 46	28 16.8	10 37
16 W	24 43.7	0 56	3 03.1	2 27	11 39.4	0 39	7 43.0	1 46	28 18.0	10 37
21 M	25 06.8	0 56	3 12.6	2 27	11 43.2	0 39	7 44.8	1 46	28 19.1	10 37
26 S	25 30.1	0 56	3 22.2	2 27	11 47.0	0 39	7 46.7	1 46	28 20.3	10 38

☿ .464905	☿p.332869
♀ .725614	♀ .721497
⊕ .990700	⊕ .999059
♂a1.66389	♂ 1.66557
♃ 5.40281	♃ 5.39617
♄ 9.77090	♄ 9.77889
♅ 18.4813	♅ 18.4773
♆ 29.8067	♆ 29.8067
♇ 39.5422	♇ 39.5635
☊	Perihelia
☿ 18°♉ 50	☿ 18°♊ 07
♀ 17 ♊ 04	♀ 11 ♌ 57
⊕	⊕ 11 ♋ 32
♂ 19 ♉ 53	♂ 6 ♓ 51
♃ 10 ♋ 56	♃ 15 ♈ 56
♄ 24 ♋ 00	♄ 5 ♋ 30
♅ 14 ♊ 10	♅ 22 ♍ 42
♆ 12 ♌ 18	♆ 14 ♉ 00
♇ 20 ♋ 49	♇ 14 ♏ 55

1	☿✶♇	2am38
S	⊕⊻♅	1pm10
	☿ ♑	6 50
	♂☍♇	10 47
2	☿✶♄	8am49
4	☿∠♃	1am41
T	☿△♆	10 30
5	☿⊼♅	5pm22
W	♀⊼♃	6 39
6	♂ ♍	5am30
Th	☿∠♇	10 5
7	☿⚼♂	4am52
F	⊕∠♄	5 42
	⊕△☿	9pm13
9	☿✶♃	8am33
Su	♀✶♇	10pm 2
10	♂✶♄	1pm10
11	♀ ♉	1am42
T	☿⊻♇	10 11
12	☿ ♒	0am14
W	♀☍♄	6 53
	⊕✶♃	12pm38
	☿□♄	3 2
	♀△♂	9 26
	☿⊼♂	10 21
	☿□♀	11 0
	⊕⚼♆	11 16
14	☿□♆	8am12
F	⊕⚼☿	10pm14
15	☿☍♅	11am 4
S	♀☌♆	6pm40
16	⊕∠♅	5pm54
18	♀□♅	3am 7
T	⊕⊼♇	4pm 8
	☿□♃	4 11
20	☿☌♇	4am37
Th	⊕⚼♀	8 56
	⊕ ♎	11 46
	☿ ♓	3pm56
	⊕⊼☿	5 22
21	☿△♄	5am43
F	♂ A	10pm41
22	☿☍♂	11am 1
S	☿✶♆	1pm51
	⊕⊻♄	6 49
23	☿⊼♅	11am56
Su	♂△♆	1pm39
24	☿⚼♄	9pm38
25	♀☍♃	11am25
26	☿∠♆	2am 0
W	☿△♃	4 50
	☿✶♀	1pm51
	☿⚼♅	10 1
27	☿⊻♇	7am24
Th	☿ ♈	4pm27
28	⊕⊼♆	3am41
F	☿⊼♄	4 45
	♀□♇	4pm38
	⊕∠♃	9 20
29	☿⊻♆	6am 2
S	☿⚼♃	9 41
	⊕☍☿	12pm30
	☿⊼♂	6 51
	♀ ♊	7 4
30	☿△♅	0am19
Su	☿∠♇	8 44
31	☿∠♀	2am37
M	♀⊼♄	9 12
	⊕⊻♂	5pm34
1	⊕✶♅	1am34
T	☿⊼♃	7 42
	♂⊻♅	11 57
	☿⚼♂	9pm 2
2	☿✶♇	3am59
W	☿ ♉	11 31
	⊕⚼♇	8pm56
	☿☍♄	10 43
3	♀⊻♆	1pm 7
Th	☿☌♆	7 40
	☿⊻♀	10 10
4	☿□♅	11am34
F	☿△♂	5pm 7
5	⊕⊼☿	3am43
S	☿0N	5pm 3
	♀✶♅	11 6
6	☿☍♃	1pm28
7	☿□♇	6am 8
M	☿ ♊	12pm52
	♀□♂	1 51
	☿⊼♄	11 40
8	⊕⚼☿	1am54
T	☿⊻♆	6pm23
9	☿✶♅	9am16
W	♀0N	9 28
	♀⚼♄	9pm21
	☿□♂	10 57
10	☿⚼♄	9am13
Th	☿ P	9 24
	☿☌♀	1pm11
	⊕△☿	9 39
11	☿∠♆	3am29
F	☿⊼♃	9 53
	☿∠♅	6pm22
12	☿△♇	0am46
S	☿ ♋	7 18
	☿△♄	6pm34
	♀∠♆	9 23
13	⊕△♀	12pm38
Su	☿✶♆	12 49
	☿⚼♃	7 59
14	♀⊼♃	1am20
M	☿⊻♅	4 2
	⊕⊻♃	10 15
	☿⚼♇	10 29
15	☿✶♂	2am41
T	♀∠♅	8 7
16	☿△♃	7am53
W	♀△♇	8 41
	♂∠♄	1pm53
	⊕□☿	4 11
	☿⊼♇	10 17
17	☿⊻♀	3am27
Th	☿ ♌	5 14
	♀ ♋	9 55
	☿□♄	6pm 6
	☿∠♂	8 15
18	⊕△♇	5am 1
F	☿□♆	1pm33
19	☿☌♅	6am35
S	♀△♄	8 49
	⊕ ♏	10pm33
20	☿⊻♂	7pm 0
Su	☿∠♀	10 34
21	☿□♃	7pm12
22	♀✶♆	5am 0
T	☿☍♇	10 4
	☿ ♍	6pm 6
23	⊕☌♄	7am17
W	☿✶♄	10 7
	⊕✶☿	10 48
	♀⚼♃	7pm12
24	☿△♆	8am31
Th	♀⊻♅	4pm29
25	☿⊻♅	5am 8
F	☿✶♀	12pm 1
	♀⚼♇	3 45
26	☿∠♄	4pm33
27	♂⚼♆	7am41
Su	⊕∠☿	3pm28
	☿⚼♆	5 2
	☿☌♂	6 6
	⊕☍♆	10 18
28	☿✶♃	9am37
M	⊕∠♂	10 12
	☿∠♅	4pm11
29	☿⊼♇	1am11
T	☿ ♎	10 59
30	☿⊻♄	8am14

MAY 2042

DAY	☿ LONG	☿ LAT	♀ LONG	♀ LAT	⊕ LONG	♂ LONG	♂ LAT
	° '	° '	° '	° '	° '	° '	° '
1 Th	6♎03	4N46	22♋00	1N57	10♏46	24♍24	1N31
2 F	9 50	4 25	23 37	2 01	11 45	24 51	1 31
3 S	13 30	4 04	25 15	2 06	12 43	25 17	1 30
4 Su	17 05	3 42	26 52	2 10	13 41	25 44	1 30
5 M	20 35	3 20	28 29	2 15	14 39	26 10	1 29
6 Tu	23 59	2 57	0♌07	2 19	15 37	26 37	1 29
7 W	27 18	2 35	1 44	2 23	16 35	27 03	1 28
8 Th	0♏34	2 12	3 21	2 27	17 33	27 30	1 28
9 F	3 45	1 50	4 59	2 31	18 31	27 56	1 27
10 S	6 53	1 27	6 36	2 35	19 30	28 23	1 27
11 Su	9 57	1 05	8 14	2 39	20 28	28 49	1 26
12 M	12 59	0 43	9 51	2 42	21 25	29 16	1 26
13 Tu	15 57	0 21	11 29	2 46	22 23	29 43	1 25
14 W	18 54	0S00	13 06	2 49	23 21	0♎09	1 25
15 Th	21 48	0 22	14 44	2 52	24 19	0 36	1 24
16 F	24 40	0 43	16 21	2 55	25 17	1 03	1 24
17 S	27 30	1 04	17 59	2 58	26 15	1 29	1 23
18 Su	0♐19	1 24	19 36	3 01	27 13	1 56	1 22
19 M	3 07	1 44	21 14	3 03	28 11	2 23	1 22
20 Tu	5 53	2 04	22 52	3 06	29 08	2 49	1 21
21 W	8 39	2 23	24 29	3 08	0♐06	3 16	1 21
22 Th	11 24	2 42	26 07	3 10	1 04	3 43	1 20
23 F	14 09	3 00	27 44	3 12	2 02	4 10	1 19
24 S	16 54	3 19	29 22	3 14	2 59	4 36	1 19
25 Su	19 38	3 36	0♍59	3 16	3 57	5 03	1 18
26 M	22 23	3 53	2 37	3 17	4 55	5 30	1 18
27 Tu	25 09	4 10	4 14	3 19	5 52	5 57	1 17
28 W	27 55	4 26	5 52	3 20	6 50	6 24	1 16
29 Th	0♑41	4 41	7 29	3 21	7 48	6 51	1 16
30 F	3 29	4 56	9 07	3 22	8 45	7 18	1 15
31 S	6♑18	5S10	10♍44	3N22	9♐43	7♎45	1N14

JUNE 2042

DAY	☿ LONG	☿ LAT	♀ LONG	♀ LAT	⊕ LONG	♂ LONG	♂ LAT
	° '	° '	° '	° '	° '	° '	° '
1 Su	9♑09	5S24	12♍22	3N23	10♐40	8♎12	1N14
2 M	12 01	5 37	13 59	3 23	11 38	8 39	1 13
3 Tu	14 56	5 49	15 36	3 24	12 35	9 06	1 13
4 W	17 52	6 01	17 14	3 24	13 33	9 33	1 12
5 Th	20 51	6 12	18 51	3 24	14 30	10 00	1 11
6 F	23 52	6 21	20 28	3 23	15 27	10 27	1 11
7 S	26 57	6 30	22 06	3 23	16 25	10 54	1 10
8 Su	0♒04	6 38	23 43	3 22	17 22	11 21	1 09
9 M	3 15	6 45	25 20	3 22	18 20	11 48	1 08
10 Tu	6 30	6 51	26 58	3 21	19 17	12 15	1 08
11 W	9 49	6 55	28 35	3 20	20 14	12 42	1 07
12 Th	13 12	6 58	0♎12	3 18	21 12	13 10	1 06
13 F	16 40	7 00	1 49	3 17	22 09	13 37	1 06
14 S	20 13	7 00	3 26	3 15	23 07	14 04	1 05
15 Su	23 51	6 59	5 03	3 14	24 04	14 32	1 04
16 M	27 35	6 55	6 40	3 12	25 01	14 59	1 04
17 Tu	1♓26	6 50	8 17	3 10	25 59	15 26	1 03
18 W	5 22	6 43	9 54	3 08	26 56	15 54	1 02
19 Th	9 26	6 34	11 31	3 05	27 53	16 21	1 01
20 F	13 37	6 22	13 08	3 03	28 50	16 48	1 01
21 S	17 55	6 08	14 45	3 00	29 48	17 16	1 00
22 Su	22 21	5 51	16 22	2 58	0♑45	17 43	0 59
23 M	26 56	5 31	17 59	2 55	1 42	18 11	0 58
24 Tu	1♈39	5 09	19 35	2 52	2 40	18 39	0 58
25 W	6 31	4 44	21 12	2 49	3 37	19 06	0 57
26 Th	11 32	4 16	22 49	2 45	4 34	19 34	0 56
27 F	16 42	3 44	24 25	2 42	5 31	20 01	0 55
28 S	22 02	3 10	26 02	2 38	6 28	20 29	0 54
29 Su	27 30	2 34	27 38	2 35	7 26	20 57	0 54
30 M	3♉07	1S54	29♎15	2N31	8♑23	21♎24	0N53

DAY	♃ LONG	♃ LAT	♄ LONG	♄ LAT	♅ LONG	♅ LAT	♆ LONG	♆ LAT	♇ LONG	♇ LAT
	° '	° '	° '	° '	° '	° '	° '	° '	° '	° '
1 Th	25♏53.3	0N55	3♏31.8	2N27	11♌50.8	0N39	7♉48.5	1S46	28♒21.4	10S38
6 Tu	26 16.5	0 55	3 41.3	2 27	11 54.6	0 39	7 50.3	1 46	28 22.6	10 38
11 Su	26 39.7	0 55	3 50.9	2 27	11 58.4	0 39	7 52.2	1 46	28 23.7	10 38
16 F	27 03.0	0 54	4 00.4	2 27	12 02.2	0 39	7 54.0	1 46	28 24.9	10 39
21 W	27 26.2	0 54	4 10.0	2 27	12 06.0	0 39	7 55.8	1 46	28 26.0	10 39
26 M	27 49.5	0 53	4 19.6	2 27	12 09.8	0 39	7 57.7	1 46	28 27.2	10 39
31 S	28 12.8	0 53	4 29.1	2 27	12 13.6	0 39	7 59.5	1 46	28 28.3	10 39
5 Th	28 36.1	0 53	4 38.7	2 26	12 17.5	0 39	8 01.3	1 46	28 29.5	10 40
10 Tu	28 59.4	0 52	4 48.2	2 26	12 21.3	0 39	8 03.2	1 46	28 30.6	10 40
15 Su	29 22.7	0 52	4 57.7	2 26	12 25.1	0 39	8 05.0	1 46	28 31.8	10 40
20 F	29 46.0	0 51	5 07.3	2 26	12 28.9	0 39	8 06.9	1 46	28 32.9	10 41
25 W	0♐09.3	0 51	5 16.8	2 26	12 32.7	0 39	8 08.7	1 46	28 34.1	10 41
30 M	0 32.7	0 51	5 26.4	2 26	12 36.5	0 40	8 10.5	1 46	28 35.2	10 41

☿a .395490	☿ .458634
♀p .718713	♀ .719090
⊕ 1.00736	⊕ 1.01388
♂ 1.65812	♂ 1.64140
♃ 5.38939	♃ 5.38203
♄ 9.78654	♄ 9.79435
♅ 18.4735	♅ 18.4696
♆ 29.8066	♆ 29.8066
♇ 39.5842	♇ 39.6055
☊	Perihelia
☿ 18°♉ 50	☿ 18°♊ 07
♀ 17 ♊ 04	♀ 12 ♌ 00
⊕	⊕ 12 ♋ 58
♂ 19 ♉ 53	♂ 6 ♓ 50
♃ 10 ♋ 57	♃ 15 ♈ 57
♄ 24 ♋ 00	♄ 5 ♋ 24
♅ 14 ♊ 09	♅ 22 ♍ 57
♆ 12 ♌ 18	♆ 11 ♉ 13
♇ 20 ♋ 49	♇ 15 ♏ 02

1	☿⚻♆	11am 5
2 F	⊕□♅	2am53
	☿∠♃	7 29
	☿✶♅	1pm12
	⊕⚺☿	4 53
	☿⚼♇	11 3
3 S	♀✶♂	0am56
	♀△♃	12pm26
4	♀⚻♇	10pm18
5 M	♂✶♃	1am46
	♀ ♌	10pm22
6 T	♂∠♅	4pm40
	☿⚺♃	4 54
	☿⚺♂	9 52
7 W	☿△♇	7am52
	☿ ♏	7pm49
8	♀□♄	5am57
9 F	☿☌♄	0am15
	☿□♀	7pm33
10 S	♂⚻♇	0am34
	☿☍♆	7 38
	♀□♆	6pm38
11	☿□♅	4pm 3
12	☿∠♂	12pm10
13 T	♀ P	6am20
	♀☌♅	7 43
	♂ ♎	3pm39
	☿0S	11 30
15	♀∠♂	5pm37
16 F	⊕☌☿	7am58
	☿☌♃	8pm45
17 S	☿□♇	7am50
	☿ ♐	9pm19
	⊕☌♃	11 44
18	☿✶♂	4pm30
19 M	⊕□♇	6am12
	☿⚺♄	8 41
20 T	☿⚻♆	5pm44
	⊕ ♐	9 24
22 Th	☿△♅	6am14
	♀□♃	9pm47
23 F	♂⚺♄	4am 3
	♀☍♇	10 27
24 S	☿ A	9am 3
	♀ ♍	9 26
	☿∠♄	8pm57
25	⊕⚺♄	8am50
26	☿⚼♆	5am 1
27 T	♀✶♄	1am50
	⊕✶♂	3 33
	☿⚼♅	5pm44
28 W	☿⚺♃	0am37
	☿✶♇	4 46
	♀⚺♂	10 55
	☿ ♑	6pm 3
29 Th	⊕⚻♆	4am42
	♀△♆	7 19
	⊕□♀	11 4
30	☿✶♄	8am20
31 S	♂⚻♆	1pm28
	☿△♆	2 17
	☿□♂	2 26
	♀⚺♅	10 14
1	⊕⚺☿	7pm 5
2 M	☿⚻♅	1am55
	☿∠♃	11 28
	☿∠♇	12pm 6
	⊕△♅	3 52
3 T	♃□♇	12pm23
	☿△♀	12 29
5	♀∠♄	11am57
7 S	☿⚺♇	12pm 1
	♀⚼♆	1 56
	☿✶♃	2 19
	☿ ♒	11 28
9 M	⊕∠☿	0am47
	☿□♄	11 24
10 T	♂✶♅	5am26
	♀∠♅	5 53
	☿□♆	11 20
	⊕∠♄	1pm29
	♀⚻♇	11 2
11 W	♀✶♃	7am35
	☿☍♅	6pm13
	♀ ♎	9 2
	☿△♂	11 41
12	♂⚼♇	6pm59
13 F	☿⚼♀	1am56
	⊕⚼♆	11pm13
14 S	♂∠♃	2pm35
	♀⚺♄	10 36
15	⊕✶☿	1am51
16 M	☿☌♇	5am59
	☿□♃	12pm 0
	☿ ♓	3 10
	☿⚼♂	5 4
	♀⚻♆	9 7
17	☿△♄	10pm 7
18 W	⊕⚼♅	1pm23
	☿✶♆	4 15
19 Th	♀✶♅	2pm12
	⊕✶♇	4 39
	☿⚻♅	5 34
	☿⚻♀	7 40
20 F	♀⚼♇	6am 9
	☿⚻♂	8pm 0
21 S	⊕⚺♃	1am20
	♀∠♃	1 28
	⊕ ♑	5 9
	☿⚼♄	12pm17
22	☿∠♆	4am 6
23 M	♃ ♐	0am 2
	☿⚼♅	3 2
	♀☌♂	4 17
	☿⚺♇	8 22
	☿ ♈	3pm41
	☿△♃	3 57
24 T	⊕□☿	6am15
	☿⚻♄	5pm55
25	☿⚺♆	7am52
26 Th	☿△♅	4am48
	☿∠♇	9 32
	☿⚼♃	5pm30
	⊕✶♄	7 25
27	☿☍♂	4pm28
29 Su	☿☍♀	0am51
	☿✶♇	4 41
	☿ ♉	10 45
	☿⚻♃	12pm56
	♀△♇	2 8
	⊕△♆	6 48
30 M	☿☍♄	9am48
	♀ ♏	11 15
	♀⚺♃	8pm22
	☿☌♆	9 8

JULY 2042

DAY	☿ LONG	☿ LAT	♀ LONG	♀ LAT	⊕ LONG	♂ LONG	♂ LAT
	° '	° '	° '	° '	° '	° '	° '
1 Tu	8♉53	1S13	0♏51	2N27	9♑20	21♎52	0N52
2 W	14 46	0 30	2 28	2 23	10 17	22 20	0 51
3 Th	20 46	0N14	4 04	2 19	11 14	22 48	0 51
4 F	26 53	0 59	5 40	2 15	12 12	23 16	0 50
5 S	3♊05	1 44	7 16	2 10	13 09	23 44	0 49
6 Su	9 21	2 28	8 53	2 06	14 06	24 12	0 48
7 M	15 39	3 10	10 29	2 01	15 03	24 40	0 47
8 Tu	21 58	3 51	12 05	1 57	16 00	25 08	0 46
9 W	28 17	4 28	13 41	1 52	16 58	25 36	0 46
10 Th	4♋34	5 02	15 17	1 47	17 55	26 04	0 45
11 F	10 47	5 32	16 53	1 42	18 52	26 32	0 44
12 S	16 56	5 57	18 29	1 38	19 49	27 00	0 43
13 Su	22 59	6 19	20 05	1 33	20 46	27 28	0 42
14 M	28 55	6 35	21 41	1 27	21 44	27 56	0 41
15 Tu	4♌42	6 48	23 16	1 22	22 41	28 24	0 41
16 W	10 21	6 56	24 52	1 17	23 38	28 53	0 40
17 Th	15 51	7 00	26 28	1 12	24 35	29 21	0 39
18 F	21 11	7 00	28 03	1 06	25 33	29 49	0 38
19 S	26 22	6 57	29 39	1 01	26 30	0♏18	0 37
20 Su	1♍23	6 50	1♐15	0 56	27 27	0 46	0 36
21 M	6 14	6 41	2 50	0 50	28 25	1 15	0 35
22 Tu	10 56	6 30	4 26	0 45	29 22	1 43	0 35
23 W	15 29	6 16	6 01	0 39	0♒19	2 12	0 34
24 Th	19 53	6 01	7 37	0 33	1 16	2 40	0 33
25 F	24 09	5 44	9 12	0 28	2 14	3 09	0 32
26 S	28 17	5 25	10 47	0 22	3 11	3 38	0 31
27 Su	2♎17	5 06	12 23	0 17	4 08	4 06	0 30
28 M	6 10	4 46	13 58	0 11	5 06	4 35	0 29
29 Tu	9 57	4 25	15 33	0 05	6 03	5 04	0 28
30 W	13 37	4 03	17 09	0S00	7 00	5 33	0 28
31 Th	17♎12	3N41	18♐44	0S06	7♒58	6♏01	0N27

AUGUST 2042

DAY	☿ LONG	☿ LAT	♀ LONG	♀ LAT	⊕ LONG	♂ LONG	♂ LAT
	° '	° '	° '	° '	° '	° '	° '
1 F	20♎41	3N19	20♐19	0S12	8♒55	6♏30	0N26
2 S	24 05	2 57	21 54	0 17	9 52	6 59	0 25
3 Su	27 25	2 34	23 29	0 23	10 50	7 28	0 24
4 M	0♏40	2 12	25 04	0 28	11 47	7 57	0 23
5 Tu	3 51	1 49	26 39	0 34	12 45	8 26	0 22
6 W	6 59	1 27	28 14	0 40	13 42	8 55	0 21
7 Th	10 03	1 04	29 49	0 45	14 40	9 24	0 20
8 F	13 05	0 42	1♑25	0 51	15 37	9 54	0 19
9 S	16 03	0 21	2 59	0 56	16 35	10 23	0 18
10 Su	18 59	0S01	4 34	1 01	17 32	10 52	0 17
11 M	21 53	0 22	6 09	1 07	18 30	11 21	0 16
12 Tu	24 45	0 44	7 44	1 12	19 27	11 51	0 16
13 W	27 36	1 04	9 19	1 17	20 25	12 20	0 15
14 Th	0♐24	1 25	10 54	1 22	21 22	12 50	0 14
15 F	3 12	1 45	12 29	1 28	22 20	13 19	0 13
16 S	5 59	2 04	14 04	1 33	23 18	13 49	0 12
17 Su	8 44	2 24	15 39	1 38	24 15	14 18	0 11
18 M	11 30	2 43	17 14	1 42	25 13	14 48	0 10
19 Tu	14 14	3 01	18 49	1 47	26 11	15 18	0 09
20 W	16 59	3 19	20 24	1 52	27 09	15 47	0 08
21 Th	19 44	3 37	21 58	1 57	28 06	16 17	0 07
22 F	22 29	3 54	23 33	2 01	29 04	16 47	0 06
23 S	25 14	4 10	25 08	2 06	0♓02	17 17	0 05
24 Su	28 00	4 26	26 43	2 10	1 00	17 47	0 04
25 M	0♑47	4 42	28 18	2 14	1 58	18 17	0 03
26 Tu	3 35	4 57	29 53	2 19	2 55	18 47	0 02
27 W	6 24	5 11	1♒28	2 23	3 53	19 17	0 01
28 Th	9 15	5 25	3 02	2 27	4 51	19 47	0 00
29 F	12 07	5 38	4 37	2 30	5 49	20 17	0S01
30 S	15 01	5 50	6 12	2 34	6 47	20 47	0 02
31 Su	17♑58	6S01	7♒47	2S38	7♓45	21♏17	0S03

DAY	♃ LONG	♃ LAT	♄ LONG	♄ LAT	♅ LONG	♅ LAT	♆ LONG	♆ LAT	♇ LONG	♇ LAT
	° '	° '	° '	° '	° '	° '	° '	° '	° '	° '
5 S	0♐56.0	0N50	5♏35.9	2N26	12♌40.3	0N40	8♉12.4	1S46	28♒36.4	10S41
10 Th	1 19.4	0 50	5 45.4	2 26	12 44.1	0 40	8 14.2	1 46	28 37.5	10 42
15 Tu	1 42.8	0 49	5 55.0	2 26	12 47.9	0 40	8 16.1	1 46	28 38.7	10 42
20 Su	2 06.1	0 49	6 04.5	2 26	12 51.8	0 40	8 17.9	1 46	28 39.8	10 42
25 F	2 29.5	0 49	6 14.0	2 26	12 55.6	0 40	8 19.7	1 46	28 41.0	10 42
30 W	2 52.9	0 48	6 23.5	2 26	12 59.4	0 40	8 21.6	1 46	28 42.1	10 43
4 M	3 16.4	0 48	6 33.1	2 25	13 03.2	0 40	8 23.4	1 46	28 43.3	10 43
9 S	3 39.8	0 47	6 42.6	2 25	13 07.0	0 40	8 25.2	1 46	28 44.4	10 43
14 Th	4 03.2	0 47	6 52.1	2 25	13 10.8	0 40	8 27.1	1 46	28 45.6	10 43
19 Tu	4 26.7	0 46	7 01.6	2 25	13 14.6	0 40	8 28.9	1 46	28 46.7	10 44
24 Su	4 50.1	0 46	7 11.1	2 25	13 18.4	0 40	8 30.7	1 46	28 47.9	10 44
29 F	5 13.6	0 46	7 20.6	2 25	13 22.2	0 40	8 32.6	1 46	28 49.0	10 44

☿p.319834	☿a.416625
♀ .722344	♀ .726349
⊕a1.01660	⊕ 1.01501
♂ 1.61721	♂ 1.58522
♃ 5.37458	♃ 5.36655
♄ 9.80183	♄ 9.80946
♅ 18.4659	♅ 18.4621
♆ 29.8065	♆ 29.8065
♇ 39.6261	♇ 39.6474
☊	Perihelia
☿ 18°♉ 50	☿ 18°♊ 07
♀ 17 ♊ 04	♀ 12 ♌ 02
⊕	⊕ 16 ♋ 19
♂ 19 ♉ 53	♂ 6 ♓ 49
♃ 10 ♋ 57	♃ 15 ♈ 59
♄ 24 ♋ 00	♄ 5 ♋ 14
♅ 14 ♊ 09	♅ 23 ♍ 09
♆ 12 ♌ 18	♆ 8 ♉ 40
♇ 20 ♋ 48	♇ 15 ♏ 09

1 T	⊕△☿	2am15
	☿□♅	3pm21
2	☿0N	4pm18
3 Th	☿⊼♂	8am39
	♀☌♄	10pm25
4 F	⊕⚼☿	1am26
	☿□♇	6 41
	⊕⊼♅	11 53
	☿ ♊	12pm 6
	☿☍♃	3 37
5 S	☿⊼♄	9am43
	⊕∠♇	11 38
	♀☍♆	2pm 0
	☿⊻♆	7 41
	☿⊼♀	9 37
	☿⚼♂	11 23
6 Su	☿⚹♅	12pm46
	⊕ A	1 11
	⊕⊼☿	9 21
7 M	☿ P	8am40
	☿⚼♄	7pm 8
8 T	⊕∠♃	4am25
	☿∠♆	4 46
	♀□♅	9 30
	☿△♂	12pm57
	☿∠♅	9 52
9 W	☿△♇	1am17
	☿⚼♀	2 2
	☿ ♋	6 32
	☿⊼♃	11 26
10 Th	☿△♄	4am36
	☿⚹♆	2pm 8
11 F	☿⊻♅	7am37
	☿⚼♇	11 3
	☿⚼♃	10pm10
12 S	☿△♀	8am16
	⊕☍☿	1pm32
13 Su	☿□♂	7pm41
	☿⊼♇	10 54
14 M	⊕⚹♀	1am56
	☿ ♌	4 29
	☿△♃	11 22
15 T	☿□♄	5am 8
	♂△♇	12pm10
	☿□♆	3 5
16	☿☌♅	10am41
18 F	♂ ♏	8am57
	♀□♇	9 2
19 S	⊕⊼☿	0am48
	♀ ♐	5 14
	☿☍♇	10 55
	♀⊻♂	1pm49
	☿ ♍	5 20
	☿⚹♂	8 45
	☿□♀	11 3
20 Su	☿□♃	3am35
	♀☌♃	1pm35
	☿⚹♄	11 22
21 M	⊕⊻♇	6am32
	☿△♆	10 29
22 T	☿⊻♅	10am15
	⊕ ♒	3pm59
	⊕⚼☿	10 53
23 W	♀⊻♄	2am18
	♂⊻♃	8 31
	☿∠♂	10 22
24 Th	☿∠♄	7am23
	♀⊼♆	10 47
	☿⚼♆	7pm19
25 F	⊕⚹♃	7am12
	☿∠♅	9pm59
26 S	☿⊼♇	2am24
	☿ ♎	10 13
	⊕□♂	10pm12
27 Su	☿⚹♃	2am15
	♀△♅	8 43
	☿⊻♂	12pm42
	⊕△☿	3 3
28 M	☿⊻♄	0am59
	☿⊼♆	1pm45
29 T	⊕□♄	8am 3
	☿⚹♅	7pm47
	♀0S	10 47
30	☿⚼♇	0am31
31 Th	☿∠♃	5am18
	⊕□♆	10 12
	☿⚹♀	7pm14
	♂☌♄	9 24
1	♀∠♄	5pm36
2 S	♀∠♂	1am51
	♀⚼♆	10pm26
3 Su	☿△♇	9am34
	☿ ♏	7pm 2
4 M	☿⊻♃	8pm 5
	♂☍♆	9 55
5 T	⊕☍♅	8am10
	☿☌♄	9pm 8
	♀⚼♅	9 31
6 W	♀⚹♇	7am25
	☿☍♆	11 4
	⊕∠♀	5pm40
	☿☌♂	5 58
7	♀ ♑	2am39
8	☿□♅	0am14
9 S	⊕□☿	6am19
	♀⊻♃	10 43
	☿0S	10pm45
10	☿∠♀	10am38
11	♀⚹♄	9am32
12	♀△♆	10am39
13 W	☿□♇	9am55
	☿ ♐	8pm32
14	♂□♅	5pm38
15 F	☿☌♃	8am17
	♀⊼♅	10 49
	♀⚹♂	6pm23
	♀∠♇	7 26
16 S	☿⊻♄	8am23
	☿⊼♆	9pm39
18	☿△♅	3pm15
19 T	♀∠♃	10am 7
	☿⊻♂	11 14
20	☿ A	8am18
21 Th	⊕☌♇	5pm 1
	☿∠♄	8 51
22 F	☿⚼♆	8am56
	☿⊻♀	9pm59
	⊕ ♓	11 11
24 Su	☿⚼♅	2am40
	☿⚹♇	6 54
	☿ ♑	5pm16
25 M	♀⊻♇	7am41
	⊕⚹☿	3pm28
26 T	♀ ♒	1am51
	☿∠♂	2 3
	☿⊻♃	12pm23
27 W	☿⚹♄	7am32
	☿△♆	6pm 2
28 Th	♂0S	5am15
	⊕□♃	7 57
29 F	♀⚹♃	9am41
	☿⊼♅	10 26
	☿∠♇	2pm 6
30 S	⊕△♄	3pm 8
	♀□♄	6 11
	⊕⊻♀	10 48
31 Su	♀□♆	11am46
	☿∠♃	8pm 2
	⊕⚹♆	8 4

SEPTEMBER 2042

DAY	☿ LONG	☿ LAT	♀ LONG	♀ LAT	⊕ LONG	♂ LONG	♂ LAT
	° '	° '	° '	° '	° '	° '	° '
1 M	20♑57	6S12	9♒22	2S41	8♓43	21♏48	0S04
2 Tu	23 58	6 22	10 57	2 45	9 41	22 18	0 05
3 W	27 03	6 31	12 32	2 48	10 39	22 48	0 06
4 Th	0♒10	6 38	14 07	2 51	11 37	23 19	0 07
5 F	3 21	6 45	15 41	2 54	12 35	23 49	0 08
6 S	6 36	6 51	17 16	2 57	13 34	24 20	0 09
7 Su	9 55	6 55	18 51	3 00	14 32	24 50	0 10
8 M	13 19	6 58	20 26	3 02	15 30	25 21	0 11
9 Tu	16 47	7 00	22 01	3 05	16 28	25 52	0 12
10 W	20 20	7 00	23 36	3 07	17 27	26 23	0 13
11 Th	23 58	6 59	25 11	3 09	18 25	26 53	0 14
12 F	27 43	6 55	26 46	3 11	19 23	27 24	0 15
13 S	1♓33	6 50	28 21	3 13	20 22	27 55	0 16
14 Su	5 30	6 43	29 56	3 15	21 20	28 26	0 16
15 M	9 34	6 33	1♓31	3 16	22 18	28 57	0 17
16 Tu	13 45	6 22	3 06	3 18	23 17	29 28	0 18
17 W	18 03	6 07	4 41	3 19	24 15	29 59	0 19
18 Th	22 30	5 50	6 16	3 20	25 14	0♐30	0 20
19 F	27 05	5 31	7 52	3 21	26 13	1 02	0 21
20 S	1♈48	5 08	9 27	3 22	27 11	1 33	0 22
21 Su	6 41	4 43	11 02	3 23	28 10	2 04	0 23
22 M	11 42	4 15	12 37	3 23	29 08	2 36	0 24
23 Tu	16 52	3 43	14 12	3 23	0♈07	3 07	0 25
24 W	22 12	3 09	15 47	3 24	1 06	3 39	0 26
25 Th	27 40	2 32	17 23	3 24	2 05	4 10	0 27
26 F	3♉18	1 53	18 58	3 24	3 03	4 42	0 28
27 S	9 04	1 12	20 33	3 23	4 02	5 13	0 29
28 Su	14 57	0 29	22 09	3 23	5 01	5 45	0 30
29 M	20 58	0N16	23 44	3 22	6 00	6 17	0 31
30 Tu	27♉05	1N01	25♓19	3S22	6♈59	6♐49	0S32

OCTOBER 2042

DAY	☿ LONG	☿ LAT	♀ LONG	♀ LAT	⊕ LONG	♂ LONG	♂ LAT
	° '	° '	° '	° '	° '	° '	° '
1 W	3♊17	1N45	26♓55	3S21	7♈58	7♐20	0S33
2 Th	9 32	2 29	28 30	3 20	8 57	7 52	0 34
3 F	15 51	3 12	0♈05	3 18	9 56	8 24	0 35
4 S	22 10	3 52	1 41	3 17	10 55	8 56	0 36
5 Su	28 29	4 29	3 16	3 16	11 54	9 29	0 37
6 M	4♋46	5 03	4 52	3 14	12 53	10 01	0 38
7 Tu	10 59	5 33	6 27	3 12	13 52	10 33	0 39
8 W	17 08	5 58	8 03	3 10	14 51	11 05	0 40
9 Th	23 10	6 19	9 38	3 08	15 50	11 37	0 41
10 F	29 05	6 36	11 14	3 06	16 50	12 10	0 42
11 S	4♌53	6 48	12 49	3 04	17 49	12 42	0 43
12 Su	10 31	6 56	14 25	3 01	18 48	13 15	0 44
13 M	16 01	7 00	16 01	2 58	19 48	13 47	0 45
14 Tu	21 21	7 00	17 36	2 55	20 47	14 20	0 46
15 W	26 31	6 57	19 12	2 53	21 47	14 53	0 47
16 Th	1♍32	6 50	20 48	2 49	22 46	15 25	0 48
17 F	6 23	6 41	22 23	2 46	23 46	15 58	0 49
18 S	11 05	6 29	23 59	2 43	24 45	16 31	0 50
19 Su	15 37	6 16	25 35	2 39	25 45	17 04	0 51
20 M	20 01	6 00	27 11	2 36	26 44	17 37	0 52
21 Tu	24 17	5 43	28 47	2 32	27 44	18 10	0 53
22 W	28 24	5 25	0♉23	2 28	28 44	18 43	0 54
23 Th	2♎25	5 05	1 58	2 24	29 43	19 16	0 54
24 F	6 18	4 45	3 34	2 20	0♉43	19 49	0 55
25 S	10 04	4 24	5 10	2 16	1 43	20 22	0 56
26 Su	13 44	4 03	6 46	2 12	2 43	20 56	0 57
27 M	17 19	3 41	8 22	2 07	3 42	21 29	0 58
28 Tu	20 48	3 18	9 58	2 03	4 42	22 02	0 59
29 W	24 12	2 56	11 34	1 58	5 42	22 36	1 00
30 Th	27 31	2 34	13 10	1 54	6 42	23 09	1 01
31 F	0♏46	2N11	14♉47	1S49	7♉42	23♐43	1S02

DAY	♃ LONG	♃ LAT	♄ LONG	♄ LAT	♅ LONG	♅ LAT	♆ LONG	♆ LAT	♇ LONG	♇ LAT
	° '	° '	° '	° '	° '	° '	° '	° '	° '	° '
3 W	5♐37.1	0N45	7♏30.1	2N25	13♌26.0	0N40	8♉34.4	1S46	28♒50.2	10S44
8 M	6 00.6	0 45	7 39.6	2 25	13 29.8	0 40	8 36.2	1 46	28 51.3	10 45
13 S	6 24.1	0 44	7 49.1	2 25	13 33.7	0 40	8 38.1	1 46	28 52.4	10 45
18 Th	6 47.6	0 44	7 58.6	2 25	13 37.5	0 40	8 39.9	1 46	28 53.6	10 45
23 Tu	7 11.2	0 43	8 08.1	2 25	13 41.3	0 40	8 41.7	1 46	28 54.7	10 46
28 Su	7 34.7	0 43	8 17.6	2 24	13 45.1	0 40	8 43.6	1 46	28 55.9	10 46
3 F	7 58.2	0 43	8 27.0	2 24	13 48.9	0 40	8 45.4	1 46	28 57.0	10 46
8 W	8 21.8	0 42	8 36.5	2 24	13 52.7	0 40	8 47.2	1 46	28 58.2	10 46
13 M	8 45.4	0 42	8 46.0	2 24	13 56.5	0 40	8 49.1	1 46	28 59.3	10 47
18 S	9 09.0	0 41	8 55.5	2 24	14 00.3	0 40	8 50.9	1 46	29 00.4	10 47
23 Th	9 32.6	0 41	9 05.0	2 24	14 04.1	0 40	8 52.7	1 46	29 01.6	10 47
28 Tu	9 56.2	0 40	9 14.4	2 24	14 07.9	0 40	8 54.5	1 46	29 02.7	10 47

☿ .447990	☿p.309229
♀a.728231	♀ .726792
⊕ 1.00934	⊕ 1.00135
♂ 1.54794	♂ 1.50915
♃ 5.35819	♃ 5.34982
♄ 9.81699	♄ 9.82419
♅ 18.4583	♅ 18.4546
♆p29.8065	♆ 29.8065
♇ 39.6687	♇ 39.6893
☊	Perihelia
☿ 18°♉ 50	☿ 18°♊ 07
♀ 17 ♊ 04	♀ 11 ♌ 59
⊕	⊕ 15 ♋ 26
♂ 19 ♉ 53	♂ 6 ♓ 50
♃ 10 ♋ 57	♃ 16 ♈ 03
♄ 24 ♋ 01	♄ 5 ♋ 06
♅ 14 ♊ 08	♅ 23 ♍ 17
♆ 12 ♌ 17	♆ 7 ♉ 02
♇ 20 ♋ 48	♇ 15 ♏ 14

1	☿⚹♂	8am 9
2	⊕∠☿	8am13
T	♀ A	3pm47
3	♆ P	11am44
W	☿⚺♇	1pm49
	☿☍♅	1 52
	☿ ♒	10 41
5	☿⚹♃	6pm21
F	⊕⚻♅	9 48
6	☿□♄	7am18
S	☿□♆	2pm27
8	☿☍♅	1am18
M	⊕⚺☿	9pm 5
11	☿☌♀	1pm39
Th	☿□♂	9 45
12	☿☌♇	7am19
F	♀□♂	2pm15
	☿ ♓	2 23
13	♀☌♇	7am55
14	♀ ♓	0am58
Su	☿□♃	5 59
	☿△♄	2pm 5
	☿⚹♆	6 39
	♂□♇	8 45
15	⊕⚼♄	2pm36
M	☿⚻♅	11 10
16	⊕∠♆	9am10
17	♂ ♐	0am35
18	☿⚼♄	2am33
Th	☿∠♆	6 11
	♀□♃	8 16
	⊕☌☿	6pm17
19	♀△♄	2am17
F	☿⚼♅	8 1
	☿⚺♇	9 19
	♀⚹♆	12pm19
	☿ ♈	2 55
	☿△♂	10 33
21	☿△♃	1am44
Su	☿⚻♄	6 47
	☿⚺♆	9 41
	⊕⚼♅	12pm24
	⊕⚺♇	6 15
22	☿⚺♀	6am15
M	☿△♅	9 16
	☿∠♇	10 21
	♀⚻♅	4pm 8
	⊕ ♈	9 4
23	☿⚼♂	6am18
24	☿⚼♃	0am18
25	☿⚹♇	5am22
Th	☿ ♉	10 0
	⊕⚺☿	10pm46
26	☿∠♀	3am54
F	☿⚻♂	6 28
	☿⚻♃	5pm28
	☿☍♄	8 41
	☿☌♆	10 36
27	☿□♅	7pm 8
28	☿0N	3pm34
Su	♀⚼♄	5 44
29	♀∠♆	0am 1
M	⊕∠☿	0 10
	☿⚹♀	2pm44
	⊕△♂	3 0
30	☿□♇	7am15
T	☿ ♊	11 21
	⊕△♃	8pm 5
1	⊕⚻♄	10am45
W	☿☍♂	5pm 3
	☿☍♃	5 38
	⊕⚺♆	7 14
	☿⚻♄	7 42
	☿⚺♆	8 59
	⊕⚹☿	9 18
2	♂☌♃	1am 0
Th	♀⚼♅	4 37
	♀⚺♇	6 46
	☿⚹♅	4pm16
	♀ ♈	10 40
3	♂⚺♄	2am 7
F	☿ P	7 56
	♂⚻♆	3pm55
4	☿⚼♄	5am 1
S	☿∠♆	6 4
5	☿∠♅	1am22
Su	☿△♇	1 49
	☿ ♋	5 47
6	☿□♀	0am31
M	☿⚻♃	1pm25
	☿△♄	2 38
	☿⚹♆	3 28
	☿⚻♂	10 9
	⊕△♅	11 57
7	⊕∠♇	2am24
T	☿⚺♅	11 14
	☿⚼♇	11 37
	⊕□☿	1pm22
8	♀△♃	5am 3
W	♀⚻♄	8 40
	♀⚺♆	11 14
9	☿⚼♃	1am 7
Th	☿⚼♂	3pm21
	☿⚻♇	11 32
10	☿ ♌	3am44
F	♀△♂	9pm17
11	☿△♃	3pm58
S	☿□♄	4 17
	♀△♅	4 35
	☿□♆	4 38
	♀∠♇	5 28
12	☿△♂	1pm 6
Su	☿☌♅	2 50
	☿△♀	11 58
13	♃⚺♄	5am13
M	♂△♅	6 56
	♃⚻♆	8pm 7
	⊕△☿	8 50
14	♄☍♆	11pm38
15	☿☍♇	11am46
W	☿ ♍	4pm35
17	☿⚼♀	7am41
F	⊕⚼♃	8 11
	☿△♆	12pm30
	☿⚹♄	12 50
	☿□♃	1 53
	⊕⚼☿	3 18
18	♀⚼♃	2am34
S	☿⚺♅	3pm25
19	⊕☌♀	6am25
Su	☿□♂	8 53
20	☿⚼♆	9pm38
M	☿∠♄	10 30
21	♀⚹♇	3am37
T	♀ ♉	6pm21
22	⊕⚻☿	2am30
W	☿⚻♇	3 39
	☿∠♅	3 51
	⊕⚹♇	7 9
	☿ ♎	9 28
	☿⚻♀	7pm34
23	⊕ ♉	6am42
24	☿⚻♆	4pm26
F	☿⚺♄	6 2
	☿⚹♃	9 35
25	♀⚼♂	4am35
26	☿⚼♇	2am 0
Su	☿⚹♅	2 28
27	♀☌♆	8am 0
M	♀☍♄	12pm49
	♀⚻♃	11 27
28	☿⚹♂	10am26
29	☿∠♃	6am 2
30	☿△♇	11am17
Th	♀□♅	2pm51
	☿ ♏	6 17
31	♂⚼♆	9am12

NOVEMBER 2042

DAY	☿ LONG	☿ LAT	♀ LONG	♀ LAT	⊕ LONG	♂ LONG	♂ LAT
	° '	° '	° '	° '	° '	° '	° '
1 S	3♏57	1N48	16♉23	1S44	8♉42	24♐17	1S03
2 Su	7 05	1 26	17 59	1 39	9 42	24 50	1 04
3 M	10 09	1 04	19 35	1 34	10 42	25 24	1 04
4 Tu	13 10	0 42	21 11	1 29	11 42	25 58	1 05
5 W	16 09	0 20	22 48	1 24	12 42	26 32	1 06
6 Th	19 05	0S02	24 24	1 19	13 42	27 06	1 07
7 F	21 59	0 23	26 00	1 13	14 42	27 40	1 08
8 S	24 51	0 44	27 36	1 08	15 43	28 14	1 09
9 Su	27 41	1 05	29 13	1 03	16 43	28 48	1 10
10 M	0♐30	1 25	0♊49	0 57	17 43	29 22	1 11
11 Tu	3 17	1 45	2 26	0 52	18 43	29 56	1 11
12 W	6 04	2 05	4 02	0 46	19 44	0♑30	1 12
13 Th	8 50	2 24	5 39	0 40	20 44	1 05	1 13
14 F	11 35	2 43	7 15	0 35	21 45	1 39	1 14
15 S	14 20	3 02	8 52	0 29	22 45	2 13	1 15
16 Su	17 04	3 20	10 28	0 23	23 45	2 48	1 16
17 M	19 49	3 37	12 05	0 18	24 46	3 22	1 16
18 Tu	22 34	3 54	13 41	0 12	25 46	3 57	1 17
19 W	25 19	4 11	15 18	0 06	26 47	4 32	1 18
20 Th	28 05	4 27	16 55	0 01	27 47	5 06	1 19
21 F	0♑52	4 42	18 32	0N05	28 48	5 41	1 20
22 S	3 40	4 57	20 08	0 11	29 49	6 16	1 20
23 Su	6 29	5 11	21 45	0 17	0♊49	6 51	1 21
24 M	9 20	5 25	23 22	0 22	1 50	7 26	1 22
25 Tu	12 12	5 38	24 59	0 28	2 50	8 01	1 23
26 W	15 07	5 50	26 36	0 34	3 51	8 36	1 23
27 Th	18 03	6 02	28 13	0 39	4 52	9 11	1 24
28 F	21 02	6 12	29 49	0 45	5 53	9 46	1 25
29 S	24 04	6 22	1♋26	0 51	6 53	10 21	1 26
30 Su	27♑09	6S31	3♋03	0N56	7♊54	10♑57	1S26

DECEMBER 2042

DAY	☿ LONG	☿ LAT	♀ LONG	♀ LAT	⊕ LONG	♂ LONG	♂ LAT
	° '	° '	° '	° '	° '	° '	° '
1 M	0♒16	6S39	4♋40	1N02	8♊55	11♑32	1S27
2 Tu	3 28	6 45	6 17	1 07	9 56	12 07	1 28
3 W	6 43	6 51	7 55	1 13	10 56	12 43	1 28
4 Th	10 02	6 55	9 32	1 18	11 57	13 18	1 29
5 F	13 25	6 58	11 09	1 23	12 58	13 54	1 30
6 S	16 53	7 00	12 46	1 28	13 59	14 29	1 30
7 Su	20 27	7 00	14 23	1 34	15 00	15 05	1 31
8 M	24 05	6 59	16 00	1 39	16 01	15 41	1 32
9 Tu	27 50	6 55	17 38	1 44	17 02	16 16	1 32
10 W	1♓40	6 50	19 15	1 49	18 03	16 52	1 33
11 Th	5 37	6 43	20 52	1 53	19 04	17 28	1 34
12 F	9 41	6 33	22 29	1 58	20 05	18 04	1 34
13 S	13 53	6 21	24 07	2 03	21 06	18 40	1 35
14 Su	18 12	6 07	25 44	2 07	22 07	19 16	1 35
15 M	22 38	5 50	27 21	2 12	23 08	19 52	1 36
16 Tu	27 14	5 30	28 59	2 16	24 09	20 28	1 37
17 W	1♈57	5 08	0♌36	2 20	25 10	21 04	1 37
18 Th	6 50	4 42	2 14	2 25	26 11	21 40	1 38
19 F	11 51	4 14	3 51	2 29	27 12	22 16	1 38
20 S	17 02	3 42	5 28	2 32	28 13	22 53	1 39
21 Su	22 22	3 08	7 06	2 36	29 14	23 29	1 39
22 M	27 51	2 31	8 43	2 40	0♋15	24 05	1 40
23 Tu	3♉28	1 52	10 21	2 43	1 16	24 42	1 40
24 W	9 14	1 10	11 58	2 47	2 18	25 18	1 41
25 Th	15 08	0 27	13 36	2 50	3 19	25 55	1 41
26 F	21 09	0N17	15 13	2 53	4 20	26 31	1 42
27 S	27 16	1 02	16 51	2 56	5 21	27 08	1 42
28 Su	3♊28	1 47	18 28	2 59	6 22	27 45	1 43
29 M	9 44	2 31	20 06	3 02	7 23	28 21	1 43
30 Tu	16 02	3 13	21 43	3 04	8 24	28 58	1 44
31 W	22♊22	3N53	23♌21	3N07	9♋25	29♑35	1S44

DAY	♃ LONG	♃ LAT	♄ LONG	♄ LAT	♅ LONG	♅ LAT	♆ LONG	♆ LAT	♇ LONG	♇ LAT
	° '	° '	° '	° '	° '	° '	° '	° '	° '	° '
2 Su	10♐19.9	0N40	9♏23.9	2N24	14♌11.7	0N40	8♉56.4	1S46	29♒03.9	10S48
7 F	10 43.5	0 39	9 33.4	2 24	14 15.6	0 40	8 58.2	1 46	29 05.0	10 48
12 W	11 07.2	0 39	9 42.9	2 23	14 19.4	0 40	9 00.1	1 46	29 06.1	10 48
17 M	11 30.8	0 38	9 52.3	2 23	14 23.2	0 40	9 01.9	1 46	29 07.3	10 48
22 S	11 54.5	0 38	10 01.8	2 23	14 27.0	0 40	9 03.7	1 46	29 08.4	10 49
27 Th	12 18.2	0 37	10 11.3	2 23	14 30.8	0 40	9 05.6	1 46	29 09.6	10 49
2 Tu	12 42.0	0 37	10 20.7	2 23	14 34.6	0 40	9 07.4	1 46	29 10.7	10 49
7 Su	13 05.7	0 37	10 30.2	2 23	14 38.4	0 40	9 09.2	1 46	29 11.9	10 50
12 F	13 29.4	0 36	10 39.7	2 23	14 42.3	0 40	9 11.1	1 46	29 13.0	10 50
17 W	13 53.2	0 36	10 49.1	2 23	14 46.1	0 40	9 12.9	1 46	29 14.2	10 50
22 M	14 17.0	0 35	10 58.6	2 23	14 49.9	0 40	9 14.8	1 46	29 15.3	10 50
27 S	14 40.7	0 35	11 08.0	2 22	14 53.7	0 40	9 16.6	1 46	29 16.5	10 51

☿a .434742	☿p .437258
♀ .722941	♀p .719447
⊕ .992679	⊕ .986157
♂ 1.46927	♂ 1.43417
♃ 5.34087	♃ 5.33195
♄ 9.83154	♄ 9.83855
♅ 18.4509	♅ 18.4473
♆ 29.8065	♆ 29.8066
♇ 39.7106	♇ 39.7311
☊	Perihelia
☿ 18°♉ 50	☿ 18°♊ 07
♀ 17 ♊ 04	♀ 12 ♌ 05
⊕	⊕ 12 ♋ 35
♂ 19 ♉ 53	♂ 6 ♓ 51
♃ 10 ♋ 57	♃ 16 ♈ 05
♄ 24 ♋ 01	♄ 5 ♋ 00
♅ 14 ♊ 08	♅ 23 ♍ 25
♆ 12 ♌ 17	♆ 5 ♉ 33
♇ 20 ♋ 48	♇ 15 ♏ 19

1 S	♂∠♄	4am 9
	⊕☌♆	5 42
	⊕☍♄	4pm35
2 Su	⊕⚼♂	7am38
	☿☍♆	2pm32
	⊕⚻♃	4 29
	☿☌♄	6 17
3 M	☿⚺♃	2am 7
	☿∠♂	2 25
	⊕☍☿	6 28
4	☿□♅	8am29
5	☿0S	10pm 1
6	⊕□♅	1pm 9
8 S	♀⚻♂	2pm18
	♀□♇	10 9
9 Su	♀ ♊	11am44
	☿⚺♂	11 52
	☿□♇	12pm 1
	♂✶♇	12 36
	☿ ♐	7 46
	♂⚼♅	9 8
10	☿☍♀	6am34
11	♂ ♑	2am47
13 Th	☿⚻♆	1am34
	☿⚺♄	8 6
	☿☌♃	9pm17
15 S	☿△♅	0am18
	♀⚺♆	2 22
	♀⚻♄	2pm25
16 Su	☿ A	7am35
	♀☍♃	3pm 7
18 T	♀✶♅	10am38
	☿⚼♆	12pm51
	☿∠♄	8 36
19	⊕⚻☿	7pm57
20 Th	♀0N	2am13
	☿✶♇	9 2
	☿⚼♅	11 36
	☿ ♑	4pm30
21	⊕□♇	8am 1
22	⊕ ♊	4am30
23 Su	☿☌♂	3am49
	☿△♆	9pm49
24 M	☿✶♄	6am26
	♀∠♆	10 35
	☿⚺♃	11pm28
25 T	♀⚼♄	2am12
	☿∠♇	4pm 6
	☿⚻♅	6 56
26	♂△♆	8pm16
27 Th	♀△♇	2pm10
	♀∠♅	7 32
	⊕⚼☿	10 1
28 F	♀ ♋	2am36
	♂✶♄	7pm29
30 Su	☿∠♃	3am 9
	☿⚺♇	3pm37
	☿ ♒	9 56
1	⊕⚺♆	4am52
2	⊕⚻♄	10am15
3 W	♂⚺♃	3am 7
	☿⚻♀	5pm 2
	☿□♆	5 35
	♀✶♆	6 10
4 Th	☿□♄	2am45
	♀△♄	1pm20
	⊕△☿	7 30
	☿✶♃	8 32
	⊕☍♃	11 11
5 F	☿⚺♂	4am 1
	☿☍♅	8 22
	♂∠♇	12pm 2
6 S	♀⚻♃	3am54
	♂⚻♅	5 47
	⊕✶♅	3pm26
	♀⚼♇	9 13
7 Su	♀⚺♅	3am49
	⊕⚻♂	4 45
	♀☍♂	4pm19
8	⊕⚺♀	0am21
9 T	☿☌♇	8am40
	☿ ♓	1pm38
10	☿∠♂	1am25
11 Th	☿⚼♀	2am26
	☿✶♆	9pm 3
12 F	☿△♄	5am40
	☿□♃	10pm13
13	☿⚻♅	4am44
14	☿✶♂	6am45
15 M	⊕□☿	3am21
	☿∠♆	8 16
	☿⚼♄	4pm30
	♀⚼♃	9 20
16 T	⊕∠♆	1am26
	♀⚻♇	3 45
	☿⚺♇	10 17
	☿⚼♅	12pm58
	☿△♀	1 41
	☿ ♈	2 10
	♀ ♌	3 6
17	⊕⚼♄	3pm52
18 Th	☿⚺♆	11am31
	☿⚻♄	7pm22
19 F	☿△♃	10am23
	☿∠♇	11 9
	☿△♅	1pm44
21 Su	⊕△♇	0am18
	☿□♂	5 34
	⊕∠♅	1pm51
	⊕ ♋	5 57
22 M	☿✶♇	6am 4
	☿⚼♃	6 16
	♀□♆	7 46
	☿ ♉	9 15
	⊕✶☿	12pm38
23	♀□♄	9am57
24 W	☿☌♆	0am 4
	♀ P	0 54
	☿☍♄	7 25
	☿□♀	3pm26
	☿⚻♃	9 29
	☿□♅	10 55
25 Th	♀△♃	2pm20
	☿0N	2 50
	⊕∠☿	3 19
	♀☌♅	6 57
26	☿△♂	11pm25
27 S	☿□♇	7am48
	☿ ♊	10 36
28 Su	⊕⚺☿	1pm17
	☿⚺♆	10 18
29 M	☿⚻♄	5am36
	☿⚼♂	3pm16
	☿☍♃	7 41
	☿✶♅	7 47
30 T	♃△♅	5am57
	☿ P	7 12
	♂⚺♇	12pm38
	⊕✶♆	9 6
31 W	☿✶♀	5am 2
	☿∠♆	7 22
	☿⚼♄	2pm53
	♂ ♒	4 30
	♂∠♃	6 47

JANUARY 2043

DAY	☿ LONG	☿ LAT	♀ LONG	♀ LAT	⊕ LONG	♂ LONG	♂ LAT
	° '	° '	° '	° '	° '	° '	° '
1 Th	28♊41	4N30	24♌58	3N09	10♋27	0♒12	1S44
2 F	4♋57	5 04	26 36	3 11	11 28	0 48	1 45
3 S	11 11	5 33	28 13	3 13	12 29	1 25	1 45
4 Su	17 19	5 59	29 51	3 15	13 30	2 02	1 46
5 M	23 21	6 20	1♍29	3 16	14 31	2 39	1 46
6 Tu	29 16	6 36	3 06	3 18	15 32	3 16	1 46
7 W	5♌04	6 48	4 44	3 19	16 34	3 53	1 47
8 Th	10 42	6 56	6 21	3 20	17 35	4 30	1 47
9 F	16 11	7 00	7 58	3 21	18 36	5 07	1 47
10 S	21 31	7 00	9 36	3 22	19 37	5 45	1 48
11 Su	26 41	6 56	11 13	3 23	20 38	6 22	1 48
12 M	1♍41	6 50	12 51	3 23	21 39	6 59	1 48
13 Tu	6 32	6 41	14 28	3 24	22 41	7 36	1 48
14 W	11 13	6 29	16 06	3 24	23 42	8 14	1 49
15 Th	15 46	6 15	17 43	3 24	24 43	8 51	1 49
16 F	20 09	6 00	19 20	3 24	25 44	9 28	1 49
17 S	24 25	5 42	20 58	3 23	26 45	10 06	1 49
18 Su	28 32	5 24	22 35	3 23	27 46	10 43	1 50
19 M	2♎32	5 05	24 12	3 22	28 47	11 20	1 50
20 Tu	6 25	4 44	25 50	3 21	29 48	11 58	1 50
21 W	10 11	4 23	27 27	3 20	0♌49	12 35	1 50
22 Th	13 51	4 02	29 04	3 19	1 50	13 13	1 50
23 F	17 25	3 40	0♎41	3 18	2 52	13 51	1 50
24 S	20 54	3 18	2 18	3 17	3 53	14 28	1 50
25 Su	24 18	2 55	3 55	3 15	4 54	15 06	1 51
26 M	27 37	2 33	5 32	3 13	5 55	15 44	1 51
27 Tu	0♏52	2 10	7 09	3 11	6 56	16 21	1 51
28 W	4 03	1 48	8 46	3 09	7 56	16 59	1 51
29 Th	7 11	1 25	10 23	3 07	8 57	17 37	1 51
30 F	10 15	1 03	12 00	3 05	9 58	18 14	1 51
31 S	13♏16	0N41	13♎37	3N02	10♌59	18♒52	1S51

FEBRUARY 2043

DAY	☿ LONG	☿ LAT	♀ LONG	♀ LAT	⊕ LONG	♂ LONG	♂ LAT
	° '	° '	° '	° '	° '	° '	° '
1 Su	16♏14	0N19	15♎14	3N00	12♌00	19♒30	1S51
2 M	19 10	0S02	16 51	2 57	13 01	20 08	1 51
3 Tu	22 04	0 24	18 28	2 54	14 02	20 46	1 51
4 W	24 56	0 45	20 04	2 51	15 03	21 23	1 51
5 Th	27 46	1 06	21 41	2 48	16 04	22 01	1 51
6 F	0♐35	1 26	23 18	2 44	17 05	22 39	1 51
7 S	3 23	1 46	24 54	2 41	18 05	23 17	1 51
8 Su	6 09	2 06	26 31	2 37	19 06	23 55	1 51
9 M	8 55	2 25	28 07	2 34	20 07	24 33	1 51
10 Tu	11 40	2 44	29 44	2 30	21 08	25 11	1 50
11 W	14 25	3 02	1♏20	2 26	22 09	25 49	1 50
12 Th	17 10	3 20	2 56	2 22	23 09	26 27	1 50
13 F	19 54	3 38	4 33	2 18	24 10	27 05	1 50
14 S	22 39	3 55	6 09	2 14	25 11	27 43	1 50
15 Su	25 25	4 11	7 45	2 09	26 11	28 21	1 50
16 M	28 11	4 27	9 21	2 05	27 12	28 59	1 50
17 Tu	0♑58	4 43	10 58	2 00	28 13	29 37	1 49
18 W	3 46	4 58	12 34	1 55	29 13	0♓15	1 49
19 Th	6 35	5 12	14 10	1 51	0♍14	0 53	1 49
20 F	9 26	5 25	15 46	1 46	1 14	1 31	1 49
21 S	12 18	5 38	17 22	1 41	2 15	2 09	1 48
22 Su	15 13	5 51	18 58	1 36	3 15	2 47	1 48
23 M	18 09	6 02	20 33	1 31	4 16	3 26	1 48
24 Tu	21 08	6 13	22 09	1 26	5 16	4 04	1 48
25 W	24 10	6 22	23 45	1 21	6 16	4 42	1 47
26 Th	27 15	6 31	25 21	1 15	7 17	5 20	1 47
27 F	0♒22	6 39	26 57	1 10	8 17	5 58	1 47
28 S	3♒34	6S46	28♏32	1N05	9♍17	6♓36	1S46

DAY	♃ LONG	♃ LAT	♄ LONG	♄ LAT	♅ LONG	♅ LAT	♆ LONG	♆ LAT	♇ LONG	♇ LAT
	° '	° '	° '	° '	° '	° '	° '	° '	° '	° '
1 Th	15♐04.5	0N34	11♏17.5	2N22	14♌57.5	0N40	9♉18.4	1S46	29♒17.6	10S51
6 Tu	15 28.3	0 34	11 26.9	2 22	15 01.4	0 41	9 20.3	1 46	29 18.7	10 51
11 Su	15 52.2	0 33	11 36.4	2 22	15 05.2	0 41	9 22.1	1 46	29 19.9	10 51
16 F	16 16.0	0 33	11 45.8	2 22	15 09.0	0 41	9 24.0	1 46	29 21.0	10 52
21 W	16 39.9	0 32	11 55.3	2 22	15 12.8	0 41	9 25.8	1 46	29 22.2	10 52
26 M	17 03.7	0 32	12 04.7	2 22	15 16.6	0 41	9 27.6	1 46	29 23.3	10 52
31 S	17 27.6	0 31	12 14.1	2 22	15 20.4	0 41	9 29.5	1 46	29 24.5	10 52
5 Th	17 51.5	0 31	12 23.6	2 21	15 24.3	0 41	9 31.3	1 46	29 25.6	10 53
10 Tu	18 15.4	0 30	12 33.0	2 21	15 28.1	0 41	9 33.1	1 46	29 26.8	10 53
15 Su	18 39.3	0 30	12 42.4	2 21	15 31.9	0 41	9 35.0	1 46	29 27.9	10 53
20 F	19 03.3	0 29	12 51.8	2 21	15 35.7	0 41	9 36.8	1 46	29 29.0	10 53
25 W	19 27.2	0 29	13 01.3	2 21	15 39.5	0 41	9 38.6	1 46	29 30.2	10 54

☿ .308418	☿a.449139
♀ .718581	♀ .721097
⊕p.983298	⊕ .985225
♂ 1.40515	♂p1.38683
♃ 5.32248	♃ 5.31276
♄ 9.84570	♄ 9.85275
♅ 18.4437	♅ 18.4401
♆ 29.8066	♆ 29.8066
♇ 39.7524	♇ 39.7736
☊	Perihelia
☿ 18° ♉ 51	☿ 18° ♊ 08
♀ 17 ♊ 04	♀ 12 ♌ 10
⊕	⊕ 11 ♋ 46
♂ 19 ♉ 54	♂ 6 ♓ 51
♃ 10 ♋ 57	♃ 16 ♈ 05
♄ 24 ♋ 01	♄ 4 ♋ 52
♅ 14 ♊ 08	♅ 23 ♍ 36
♆ 12 ♌ 17	♆ 3 ♉ 46
♇ 20 ♋ 48	♇ 15 ♏ 25

1 Th	☿△♇	2am21
	☿∠♅	4 54
	☿ ♋	5 3
	☿⚻♂	6 24
	⊕∠♀	6pm33
	⊕△♄	8 37
2 F	☿✶♆	4pm48
	⊕ P	10 17
3 S	☿△♄	0am42
	⊕☌☿	6 4
	☿∠♀	10 50
	☿⚼♇	12pm11
	☿⚺♅	2 52
	♀☍♇	3 56
	☿⚻♃	4 2
4 Su	♀ ♍	2am13
	⊕⚼♇	7pm 1
5 M	⊕⚺♅	11am41
	⊕⚻♃	10pm18
6 T	☿⚻♇	0am10
	☿ ♌	2 59
	♀⚻♂	4 1
	☿⚼♃	5 0
	☿☍♂	6pm30
	☿⚺♀	10 3
7	☿□♆	6pm12
8 Th	☿□♄	3am32
	☿☌♅	7pm 1
	☿△♃	9 52
9 F	⊕⚺☿	1pm20
	♀△♆	8 29
11 Su	♀✶♄	5am46
	☿☍♇	12pm38
	☿ ♍	3 50
13 T	☿⚻♂	6am14
	⊕∠☿	7 22
	♀⚺♅	9 33
	☿△♆	2pm30
14 W	♀□♃	0am13
	☿✶♄	2 30
	☿⚺♅	8pm38
15 Th	☿□♃	2am20
	☿☌♀	4pm48
	♂□♆	9 14
16	☿⚼♆	11pm58
17 S	☿⚼♂	4am36
	☿∠♄	1pm53
	⊕✶☿	5 59
18 Su	☿⚻♇	4am53
	☿ ♎	8 42
	☿∠♅	9 47
19 M	♀⚼♆	3am10
	⊕⚻♇	1pm35
	♂□♄	8 53
20 T	⊕ ♌	4am35
	♀∠♄	4pm 4
	☿⚻♆	7 8
21 W	♀⚼♂	3am31
	☿⚺♄	11 22
	☿△♂	6pm55
	⊕⚼♃	9 31
22 Th	☿⚼♇	3am28
	♀⚻♇	4 34
	☿✶♅	9 11
	♀ ♎	1pm51
	♀∠♅	5 20
	☿✶♃	7 50
25	♂☍♅	6am31
26 M	☿△♇	1pm 0
	⊕✶♀	2 43
	☿ ♏	5 31
27	☿∠♃	9am46
28 W	♀⚻♆	10am25
	♂✶♃	10 29
29 Th	⊕□♆	12pm24
	☿☍♆	5 59
	⊕□☿	8 45
30 F	♀⚺♄	3am 1
	☿☌♄	3pm41
31 S	☿⚺♀	6am10
	♀⚼♇	11 45
	☿□♅	4pm47

1 Su	♀✶♅	1am48
	⊕□♄	6 26
	☿⚺♃	10 53
	☿0S	9pm16
2 M	☿□♂	10am 5
	♀✶♃	12pm 5
4	⊕☌♅	8am14
5 Th	♀△♂	8am20
	☿□♇	2pm 7
	☿ ♐	6 59
6	⊕△♃	10pm 8
9 M	☿⚻♆	5am30
	♀△♇	7pm47
10 T	♀ ♏	4am 4
	☿⚺♄	7 47
11	☿△♅	9am21
12 Th	☿ A	6am51
	♀∠♃	7 29
	☿☌♃	11 19
	☿∠♀	4pm27
14	☿⚼♆	4pm47
15 Su	⊕△☿	10am39
	☿∠♄	8pm 9
16 M	♀☍♆	3am29
	☿✶♂	9 2
	☿✶♇	11 10
	☿ ♑	3pm44
	♂☌♇	6 26
	☿⚼♅	8 31
17	♂ ♓	2pm26
18 W	♀☌♄	3am40
	⊕☍♇	6 9
	⊕ ♍	6pm35
19	♀□♅	9pm29
20 F	☿△♆	1am34
	⊕☍♂	6pm21
21 S	☿✶♄	4am59
	☿∠♇	6pm 6
22 Su	☿⚻♅	3am24
	♀⚺♃	4 1
23 M	☿∠♂	2am49
	☿⚺♃	9 29
	⊕⚼☿	1pm30
24	☿✶♀	5pm10
26 Th	☿⚺♇	5pm25
	☿ ♒	9 10
28 S	☿∠♃	8am37
	⊕△♆	9 2
	♂ P	9 56
	♀□♇	2pm46
	♀ ♐	10 3

MARCH 2043

APRIL 2043

DAY	☿ LONG	☿ LAT	♀ LONG	♀ LAT	⊕ LONG	♂ LONG	♂ LAT
	° '	° '	° '	° '	° '	° '	° '
1 Su	6♒49	6S51	0♐08	0N59	10♍17	7♓14	1S46
2 M	10 08	6 56	1 43	0 54	11 18	7 52	1 46
3 Tu	13 32	6 59	3 19	0 48	12 18	8 30	1 45
4 W	17 00	7 00	4 54	0 43	13 18	9 08	1 45
5 Th	20 34	7 00	6 30	0 37	14 18	9 47	1 44
6 F	24 12	6 59	8 05	0 32	15 18	10 25	1 44
7 S	27 57	6 55	9 41	0 26	16 18	11 03	1 43
8 Su	1♓48	6 50	11 16	0 21	17 19	11 41	1 43
9 M	5 45	6 42	12 51	0 15	18 19	12 19	1 43
10 Tu	9 49	6 33	14 27	0 09	19 19	12 57	1 42
11 W	14 01	6 21	16 02	0 04	20 19	13 35	1 42
12 Th	18 20	6 06	17 37	0S02	21 19	14 13	1 41
13 F	22 47	5 49	19 12	0 08	22 18	14 51	1 41
14 S	27 22	5 29	20 48	0 13	23 18	15 29	1 40
15 Su	2♈06	5 07	22 23	0 19	24 18	16 07	1 40
16 M	6 59	4 41	23 58	0 24	25 18	16 45	1 39
17 Tu	12 01	4 13	25 33	0 30	26 18	17 23	1 38
18 W	17 12	3 41	27 08	0 36	27 18	18 01	1 38
19 Th	22 32	3 07	28 43	0 41	28 17	18 39	1 37
20 F	28 01	2 30	0♑18	0 47	29 17	19 17	1 37
21 S	3♉39	1 51	1 53	0 52	0♎17	19 55	1 36
22 Su	9 25	1 09	3 28	0 58	1 16	20 33	1 35
23 M	15 19	0 26	5 03	1 03	2 16	21 11	1 35
24 Tu	21 21	0N18	6 38	1 08	3 15	21 49	1 34
25 W	27 28	1 03	8 13	1 14	4 15	22 27	1 34
26 Th	3♊40	1 48	9 48	1 19	5 14	23 04	1 33
27 F	9 56	2 32	11 23	1 24	6 14	23 42	1 32
28 S	16 14	3 14	12 58	1 29	7 13	24 20	1 32
29 Su	22 34	3 54	14 33	1 34	8 12	24 58	1 31
30 M	28 52	4 31	16 08	1 39	9 12	25 36	1 30
31 Tu	5♋09	5N05	17♑43	1S44	10♎11	26♓13	1S29

DAY	☿ LONG	☿ LAT	♀ LONG	♀ LAT	⊕ LONG	♂ LONG	♂ LAT
	° '	° '	° '	° '	° '	° '	° '
1 W	11♋22	5N34	19♑17	1S49	11♎10	26♓51	1S29
2 Th	17 31	6 00	20 52	1 53	12 09	27 29	1 28
3 F	23 33	6 20	22 27	1 58	13 09	28 06	1 27
4 S	29 28	6 37	24 02	2 03	14 08	28 44	1 26
5 Su	5♌14	6 49	25 37	2 07	15 07	29 22	1 26
6 M	10 52	6 56	27 12	2 11	16 06	29 59	1 25
7 Tu	16 21	7 00	28 47	2 16	17 05	0♈37	1 24
8 W	21 41	7 00	0♒21	2 20	18 04	1 14	1 23
9 Th	26 50	6 56	1 56	2 24	19 03	1 52	1 23
10 F	1♍51	6 50	3 31	2 28	20 02	2 29	1 22
11 S	6 41	6 40	5 06	2 32	21 01	3 07	1 21
12 Su	11 22	6 29	6 41	2 35	22 00	3 44	1 20
13 M	15 54	6 15	8 16	2 39	22 59	4 21	1 19
14 Tu	20 18	5 59	9 51	2 42	23 58	4 59	1 18
15 W	24 33	5 42	11 26	2 46	24 56	5 36	1 18
16 Th	28 40	5 24	13 01	2 49	25 55	6 13	1 17
17 F	2♎40	5 04	14 35	2 52	26 54	6 51	1 16
18 S	6 32	4 44	16 10	2 55	27 53	7 28	1 15
19 Su	10 18	4 23	17 45	2 58	28 51	8 05	1 14
20 M	13 58	4 01	19 20	3 00	29 50	8 42	1 13
21 Tu	17 32	3 39	20 55	3 03	0♏49	9 19	1 12
22 W	21 01	3 17	22 30	3 05	1 47	9 56	1 11
23 Th	24 25	2 55	24 05	3 08	2 46	10 33	1 10
24 F	27 44	2 32	25 40	3 10	3 44	11 10	1 09
25 S	0♏58	2 10	27 15	3 12	4 43	11 47	1 08
26 Su	4 09	1 47	28 50	3 14	5 41	12 24	1 08
27 M	7 17	1 25	0♓25	3 15	6 39	13 01	1 07
28 Tu	10 21	1 02	2 00	3 17	7 38	13 38	1 06
29 W	13 22	0 40	3 35	3 18	8 36	14 14	1 05
30 Th	16♏20	0N18	5♓10	3S19	9♏34	14♈51	1S04

DAY	♃ LONG	♃ LAT	♄ LONG	♄ LAT	♅ LONG	♅ LAT	♆ LONG	♆ LAT	♇ LONG	♇ LAT
	° '	° '	° '	° '	° '	° '	° '	° '	° '	° '
2 M	19♐51.2	0N28	13♏10.7	2N21	15♌43.3	0N41	9♉40.5	1S46	29♒31.3	10S54
7 S	20 15.2	0 28	13 20.1	2 21	15 47.2	0 41	9 42.3	1 46	29 32.5	10 54
12 Th	20 39.1	0 27	13 29.5	2 21	15 51.0	0 41	9 44.1	1 46	29 33.6	10 54
17 Tu	21 03.1	0 27	13 38.9	2 20	15 54.8	0 41	9 46.0	1 46	29 34.7	10 55
22 Su	21 27.2	0 26	13 48.3	2 20	15 58.6	0 41	9 47.8	1 46	29 35.9	10 55
27 F	21 51.2	0 26	13 57.7	2 20	16 02.4	0 41	9 49.6	1 46	29 37.0	10 55
1 W	22 15.3	0 25	14 07.1	2 20	16 06.2	0 41	9 51.5	1 46	29 38.1	10 56
6 M	22 39.3	0 25	14 16.6	2 20	16 10.1	0 41	9 53.3	1 46	29 39.3	10 56
11 S	23 03.4	0 24	14 25.9	2 20	16 13.9	0 41	9 55.1	1 46	29 40.4	10 56
16 Th	23 27.5	0 23	14 35.4	2 20	16 17.7	0 41	9 57.0	1 46	29 41.5	10 56
21 Tu	23 51.6	0 23	14 44.8	2 19	16 21.5	0 41	9 58.8	1 46	29 42.7	10 57
26 Su	24 15.7	0 22	14 54.1	2 19	16 25.3	0 41	10 00.6	1 46	29 43.8	10 57

☿p .428847	☿ .311884
♀ .724797	♀a .727808
⊕ .990604	⊕ .998991
♂ 1.38145	♂ 1.38857
♃ 5.30378	♃ 5.29364
♄ 9.85902	♄ 9.86587
♅ 18.4368	♅ 18.4333
♆ 29.8067	♆ 29.8067
♇ 39.7927	♇ 39.8139
☊	Perihelia
☿ 18°♉ 51	☿ 18°♊ 08
♀ 17 ♊ 04	♀ 12 ♌ 11
⊕	⊕ 13 ♋ 37
♂ 19 ♉ 54	♂ 6 ♓ 52
♃ 10 ♋ 57	♃ 16 ♈ 06
♄ 24 ♋ 01	♄ 4 ♋ 41
♅ 14 ♊ 07	♅ 23 ♍ 45
♆ 12 ♌ 17	♆ 2 ♉ 20
♇ 20 ♋ 48	♇ 15 ♏ 32

1 Su	☿⚺♂	3am48
	☿□♆	8pm42
2 M	⊕⚻☿	11am44
	☿□♄	9pm45
3 T	☿☍♅	3pm22
	⊕✱♄	10 31
4 W	☿✱♃	8pm49
	♂✱♆	8 51
6	⊕⚺♅	11am21
7 S	♀⚻♆	0am24
	☿☌♇	10 1
	☿ ♓	12pm52
8	♀□♂	10am21
9 M	♀⚺♄	8am20
	☿✱♆	11pm26
10 T	♂△♄	7pm 7
	☿△♄	8 51
	♀△♅	9 1
	☿☌♂	9 9
11 W	⊕□♃	6am52
	☿⚻♅	10 15
	♀0S	3pm38
	☿□♀	5 52
12 Th	☿□♃	12pm50
	⊕☍☿	8 45
13	☿∠♆	10am21
14 S	♀☌♃	0am18
	☿⚼♄	6 6
	☿⚺♇	11 14
	☿ ♈	1pm25
	♂⚻♅	3 4
	☿⚼♅	5 53
15	⊕⚼♆	10am55
16 M	♀⚼♆	12pm 5
	☿⚺♆	1 20
17 T	☿⚻♄	7am40
	☿∠♇	11 57
	☿△♅	6pm 9
18 W	☿⚺♂	4am14
	⊕□♀	6 26
	☿△♃	6pm 1
	♀∠♄	11 53
19 Th	⊕∠♄	10am34
	♀✱♇	1pm11
	♀ ♑	7 25
20 F	⊕⚻☿	6am36
	☿✱♇	6 45
	⊕⚻♇	7 29
	☿ ♉	8 30
	♀⚼♅	9 55
	☿△♀	1pm38
	⊕ ♎	5 21
21 S	☿∠♂	5am57
	☿⚼♃	11 32
	⊕∠♅	4pm51
22 Su	☿☌♆	1am32
	☿☍♄	5pm58
23 M	☿□♅	2am41
	⊕⚼☿	9 19
	☿0N	2pm 5
	♂□♃	3 23
24 T	☿⚻♃	1am 5
	☿⚼♀	1 34
	☿✱♂	2 4
25 W	☿□♇	8am21
	☿ ♊	9 51
26 Th	♀△♆	0am19
	⊕△☿	7 10
	☿⚺♆	11pm36
27 F	☿⚻♀	7am23
	☿⚻♄	3pm25
	☿✱♅	11 18
28 S	☿ P	6am28
	♀✱♄	3pm57
	♂∠♆	7 15
	☿☍♃	9 54
29 Su	♀∠♇	1am12
	☿∠♆	8 40
	☿□♂	10 8
	♀⚻♅	11pm15
30 M	☿⚼♄	0am42
	☿△♇	2 52
	☿ ♋	4 17
	☿∠♅	8 25
	⊕⚻♆	3pm57
31 T	☿✱♆	6pm 8
	⊕□☿	11 4
1 W	☿△♄	10am45
	☿⚼♇	12pm44
	☿⚺♅	6 31
2 Th	☿☍♀	6pm 4
	☿⚻♃	7 25
	♀⚺♃	11 24
3	☿△♂	8pm40
4 S	☿⚻♇	0am46
	⊕⚺♄	2 8
	☿ ♌	2 13
	⊕⚼♇	12pm40
	♂⚼♄	7 22
5 Su	☿⚼♃	10am 1
	♂⚺♇	11 13
	☿□♆	7pm45
6 M	♂ ♈	0am32
	⊕✱♅	1 41
	☿□♄	2pm54
	☿⚼♂	8 16
	☿☌♅	11 13
7 T	⊕✱☿	3am58
	♀⚺♇	1pm25
	♀ ♒	6 34
	♂⚼♅	10 16
8 W	☿△♃	5am18
	♀✱♂	10pm 5
9 Th	☿☍♇	1pm28
	☿ ♍	3 4
10 F	☿⚻♂	3am37
	☿⚻♀	12pm13
	⊕∠☿	7 47
11	☿△♆	4pm31
12 Su	☿✱♄	4pm24
	♀∠♃	11 15
13 M	☿⚺♅	1am54
	⊕✱♃	6 18
14 T	♀□♆	1am24
	☿□♃	5pm12
15 W	☿⚼♆	2am17
	⊕⚺☿	2 58
	♀ A	10 52
	☿⚼♀	5pm41
16 Th	☿∠♄	5am32
	☿⚻♇	6 6
	☿ ♎	7 56
	☿∠♅	3pm46
17	♀□♄	0am28
18 S	♀☍♅	2am15
	☿☍♂	6 58
	☿⚻♆	9pm49
19	⊕△♇	8pm55
20 M	⊕ ♏	4am 7
	☿⚼♇	4 55
	☿⚺♄	5 1
	☿✱♅	3pm59
22 W	♂⚺♆	1am56
	☿△♀	7pm39
	☿✱♃	9 10
	♀✱♃	10 58
24 F	♀∠♂	12pm25
	☿△♇	2 42
	☿ ♏	4 45
26 Su	♀☌♇	1pm34
	⊕☌☿	4 59
	♀ ♓	5 38
27 M	☿∠♃	4pm33
	☿☍♆	9 27
29 W	☿⚻♂	8am53
	☿☌♄	1pm17
	♂∠♇	7 43
30 Th	⊕∠♃	0am20
	☿□♅	1 8
	♂⚻♄	7 11
	⊕☍♆	11 31
	☿0S	8pm31

MAY 2043

DAY	☿ LONG	☿ LAT	♀ LONG	♀ LAT	⊕ LONG	♂ LONG	♂ LAT
	° '	° '	° '	° '	° '	° '	° '
1 F	19♏16	0S03	6♓46	3S20	10♏33	15♈28	1S03
2 S	22 10	0 24	8 21	3 21	11 31	16 05	1 02
3 Su	25 02	0 45	9 56	3 22	12 29	16 41	1 01
4 M	27 52	1 06	11 31	3 23	13 27	17 18	1 00
5 Tu	0♐41	1 27	13 06	3 23	14 25	17 54	0 59
6 W	3 28	1 47	14 41	3 24	15 24	18 31	0 58
7 Th	6 15	2 06	16 17	3 24	16 22	19 07	0 57
8 F	9 00	2 26	17 52	3 24	17 20	19 44	0 56
9 S	11 45	2 44	19 27	3 24	18 18	20 20	0 55
10 Su	14 30	3 03	21 02	3 23	19 16	20 56	0 54
11 M	17 15	3 21	22 38	3 23	20 14	21 32	0 53
12 Tu	20 00	3 38	24 13	3 22	21 12	22 09	0 52
13 W	22 45	3 55	25 48	3 21	22 10	22 45	0 51
14 Th	25 30	4 12	27 24	3 20	23 08	23 21	0 50
15 F	28 16	4 28	28 59	3 19	24 06	23 57	0 49
16 S	1♑03	4 43	0♈35	3 18	25 04	24 33	0 48
17 Su	3 51	4 58	2 10	3 17	26 02	25 09	0 46
18 M	6 40	5 12	3 46	3 15	26 59	25 45	0 45
19 Tu	9 31	5 26	5 21	3 13	27 57	26 21	0 44
20 W	12 24	5 39	6 57	3 12	28 55	26 56	0 43
21 Th	15 18	5 51	8 32	3 10	29 53	27 32	0 42
22 F	18 15	6 02	10 08	3 07	0♐50	28 08	0 41
23 S	21 14	6 13	11 43	3 05	1 48	28 44	0 40
24 Su	24 16	6 23	13 19	3 03	2 46	29 19	0 39
25 M	27 20	6 31	14 54	3 00	3 43	29 55	0 38
26 Tu	0♒28	6 39	16 30	2 57	4 41	0♉30	0 37
27 W	3 40	6 46	18 06	2 55	5 39	1 06	0 36
28 Th	6 55	6 51	19 41	2 52	6 36	1 41	0 35
29 F	10 15	6 56	21 17	2 49	7 34	2 16	0 34
30 S	13 38	6 59	22 53	2 45	8 31	2 52	0 33
31 Su	17♒07	7S00	24♈29	2S42	9♐29	3♉27	0S31

JUNE 2043

DAY	☿ LONG	☿ LAT	♀ LONG	♀ LAT	⊕ LONG	♂ LONG	♂ LAT
	° '	° '	° '	° '	° '	° '	° '
1 M	20♒40	7S00	26♈05	2S38	10♐26	4♉02	0S30
2 Tu	24 19	6 58	27 40	2 35	11 24	4 37	0 29
3 W	28 04	6 55	29 16	2 31	12 21	5 12	0 28
4 Th	1♓55	6 50	0♉52	2 27	13 19	5 47	0 27
5 F	5 53	6 42	2 28	2 23	14 16	6 22	0 26
6 S	9 57	6 32	4 04	2 19	15 14	6 57	0 25
7 Su	14 09	6 20	5 40	2 15	16 11	7 32	0 24
8 M	18 28	6 06	7 16	2 11	17 09	8 07	0 23
9 Tu	22 56	5 49	8 52	2 06	18 06	8 42	0 22
10 W	27 31	5 29	10 28	2 02	19 04	9 16	0 20
11 Th	2♈16	5 06	12 04	1 57	20 01	9 51	0 19
12 F	7 09	4 40	13 40	1 52	20 58	10 25	0 18
13 S	12 11	4 12	15 16	1 47	21 56	11 00	0 17
14 Su	17 22	3 40	16 52	1 43	22 53	11 34	0 16
15 M	22 42	3 06	18 29	1 38	23 50	12 09	0 15
16 Tu	28 12	2 29	20 05	1 33	24 48	12 43	0 14
17 W	3♉50	1 49	21 41	1 27	25 45	13 18	0 13
18 Th	9 36	1 08	23 17	1 22	26 42	13 52	0 12
19 F	15 31	0 25	24 53	1 17	27 40	14 26	0 11
20 S	21 32	0N20	26 30	1 12	28 37	15 00	0 09
21 Su	27 39	1 05	28 06	1 06	29 34	15 34	0 08
22 M	3♊52	1 49	29 43	1 01	0♑31	16 08	0 07
23 Tu	10 08	2 33	1♊19	0 55	1 29	16 42	0 06
24 W	16 26	3 15	2 55	0 50	2 26	17 16	0 05
25 Th	22 46	3 55	4 32	0 44	3 23	17 50	0 04
26 F	29 04	4 32	6 08	0 39	4 20	18 24	0 03
27 S	5♋21	5 06	7 45	0 33	5 17	18 57	0 02
28 Su	11 34	5 35	9 21	0 27	6 15	19 31	0 01
29 M	17 42	6 00	10 58	0 22	7 12	20 05	0N00
30 Tu	23♋44	6N21	12♊35	0S16	8♑09	20♉38	0N01

DAY	♃ LONG	♃ LAT	♄ LONG	♄ LAT	♅ LONG	♅ LAT	♆ LONG	♆ LAT	♇ LONG	♇ LAT
	° '	° '	° '	° '	° '	° '	° '	° '	° '	° '
1 F	24♐39.9	0N22	15♏03.5	2N19	16♌29.1	0N41	10♉02.5	1S46	29♒45.0	10S57
6 W	25 04.0	0 21	15 12.9	2 19	16 33.0	0 41	10 04.3	1 46	29 46.1	10 57
11 M	25 28.2	0 21	15 22.3	2 19	16 36.8	0 41	10 06.1	1 46	29 47.2	10 58
16 S	25 52.4	0 20	15 31.7	2 19	16 40.6	0 41	10 08.0	1 46	29 48.4	10 58
21 Th	26 16.6	0 20	15 41.1	2 19	16 44.4	0 41	10 09.8	1 46	29 49.5	10 58
26 Tu	26 40.8	0 19	15 50.5	2 18	16 48.2	0 41	10 11.7	1 46	29 50.7	10 58
31 Su	27 05.1	0 19	15 59.9	2 18	16 52.1	0 41	10 13.5	1 46	29 51.8	10 59
5 F	27 29.3	0 18	16 09.3	2 18	16 55.9	0 41	10 15.3	1 46	29 52.9	10 59
10 W	27 53.6	0 18	16 18.6	2 18	16 59.7	0 41	10 17.2	1 46	29 54.1	10 59
15 M	28 17.9	0 17	16 28.0	2 18	17 03.5	0 41	10 19.0	1 46	29 55.2	10 59
20 S	28 42.2	0 17	16 37.4	2 18	17 07.4	0 41	10 20.8	1 46	29 56.4	11 00
25 Th	29 06.5	0 16	16 46.8	2 17	17 11.2	0 41	10 22.7	1 46	29 57.5	11 00
30 Tu	29 30.8	0 16	16 56.1	2 17	17 15.0	0 41	10 24.5	1 46	29 58.6	11 00

☿a.452168	☿p.409582
♀ .727748	♀ .724650
⊕ 1.00733	⊕ 1.01390
♂ 1.40768	♂ 1.43761
♃ 5.28363	♃ 5.27312
♄ 9.87239	♄ 9.87902
♅ 18.4299	♅ 18.4264
♆ 29.8068	♆ 29.8069
♇ 39.8344	♇ 39.8556
☊	Perihelia
☿ 18° ♉ 51	☿ 18° ♊ 08
♀ 17 ♊ 04	♀ 12 ♌ 06
⊕	⊕ 15 ♋ 07
♂ 19 ♉ 54	♂ 6 ♓ 53
♃ 10 ♋ 57	♃ 16 ♈ 08
♄ 24 ♋ 01	♄ 4 ♋ 30
♅ 14 ♊ 07	♅ 23 ♍ 50
♆ 12 ♌ 16	♆ 1 ♉ 30
♇ 20 ♋ 48	♇ 15 ♏ 37

2 S	♂△♅	4pm57
	☿⚺♃	10 15
3	♀✶♆	1am51
4 M	☿□♇	4pm12
	☿ ♐	6 13
5	⊕☌♄	7pm26
6 W	☿⚻♂	0am30
	♃⚻♆	1 28
	♀△♄	8 6
7 Th	⊕△♀	3am18
	♀⚼♅	4 20
	⊕□♅	5 0
8	☿⚼♆	9am25
9	♀⚺♂	9pm27
10 Su	☿⚺♄	7am24
	☿△♅	6pm25
11	☿ A	6am 6
12 T	♀∠♆	1pm30
	⊕⚺☿	4 16
	♀□♃	9 12
13 W	☿△♂	0am 2
	☿⚻♆	8pm42
14 Th	☿☌♃	1am54
	⊕⚼♂	2pm12
15 F	♀⚺♇	12pm20
	☿✶♇	1 17
	☿□♀	2 32
	☿ ♑	2 58
	♀ ♈	3 17
	☿∠♄	7 28
	♀⚻♄	11 15
16 S	☿⚻♅	5am25
	♀⚻♅	4pm43
	⊕⚺♃	10 2
18	♂△♃	1pm22
19	☿△♆	5am19
20 W	⊕∠☿	6pm49
	☿∠♇	8 5
	⊕□♇	10 40
21 Th	⊕ ♐	3am 2
	☿✶♄	3 10
	☿⚼♅	11 49
22	♀⚺♆	0am39
24 Su	☿⚺♃	6pm 6
	♂✶♇	9 5
	♀∠♇	10 59
25 M	♂ ♉	3am34
	♀⚼♄	1pm52
	☿⚺♇	7 12
	☿ ♒	8 24
26 T	☿□♂	0am17
	♀△♅	4 35
27	⊕✶☿	8pm45
28	☿□♆	11pm47
29	☿∠♃	12pm14
30 S	☿□♄	4pm17
	☿☍♅	10 19
31 Su	⊕⚻♀	0am 8
	⊕⚼♆	6pm42

1	♀△♃	5pm15
2	☿✶♃	7pm11
3 W	♀✶♇	9am 6
	♀ ♉	10 58
	☿☌♇	11 20
	☿ ♓	12pm 7
	☿✶♀	12 55
5	☿✶♂	3am26
6	☿✶♆	1am48
7 Su	⊕⚺♄	0am42
	☿△♄	11 40
	⊕□☿	2pm41
	☿⚼♅	3 44
	⊕△♅	7 30
8	♀☌♂	7pm58
9 T	☿∠♂	4am39
	☿∠♀	7 39
	☿∠♆	12pm24
	♀☌♆	9 18
10 W	☿□♃	1am57
	☿⚺♇	12pm10
	☿ ♈	12 39
	☿⚻♄	7 23
	☿⚻♅	10 45
11 Th	♀⚻♃	2pm20
	♂☌♆	6 41
12 F	☿⚺♆	3pm 8
	☿⚺♂	5 44
13 S	☿∠♇	12pm44
	♀☍♄	5 20
	☿⚼♄	7 43
	☿⚺♀	8 45
	☿△♅	10 32
14	♀□♅	2am38
15	⊕△☿	6am 4
16 T	☿△♃	0am48
	☿✶♇	7 25
	☿ ♉	7 45
	⊕⚻♆	1pm19
17	♂⚻♃	8am13
18 Th	☿☌♆	2am59
	⊕⚻☿	10 15
	☿⚻♃	4pm16
	☿☌♂	7 11
19 F	☿☍♄	4am22
	☿□♅	6 25
	☿0N	1pm21
20	⊕☌♃	2am26
21 Su	☿☌♀	2am21
	☿⚼♃	4 26
	⊕⚼☿	8 47
	☿□♇	8 53
	☿ ♊	9 6
	⊕✶♇	9 27
	♀⚼♃	10 43
	⊕ ♑	10 51
22 M	♀□♇	3am34
	♀ ♊	4 21
23 T	♂☍♄	0am41
	☿⚺♆	0 54
	⊕⚼♀	5 55
	⊕∠♄	6 16
	⊕⚻♂	1pm56
	⊕⚻♅	5 28
	♂□♅	7 57
24 W	☿⚼♄	1am11
	☿✶♅	2 48
	☿⚺♂	3 27
	☿ P	5 43
25	☿∠♆	9am57
26 F	☿☍♃	0am27
	☿△♇	3 23
	☿ ♋	3 32
	☿⚻♄	10 30
	☿∠♅	11 57
	☿∠♂	6pm 8
	⊕☍☿	11 44
27 S	☿⚺♀	12pm26
	☿✶♆	7 27
28 Su	☿⚻♇	1pm17
	♀⚺♆	3 34
	♂0N	4 15
	☿△♄	8 51
	☿⚺♅	10 10
29	☿✶♂	10am22
30 T	☿∠♀	9pm25
	☿⚼♃	11 48

JULY 2043

DAY	☿ LONG	☿ LAT	♀ LONG	♀ LAT	⊕ LONG	♂ LONG	♂ LAT
	° '	° '	° '	° '	° '	° '	° '
1 W	29♋39	6N37	14♊11	0S10	9♑06	21♉12	0N03
2 Th	5♌25	6 49	15 48	0 05	10 04	21 45	0 04
3 F	11 03	6 57	17 25	0N01	11 01	22 19	0 05
4 S	16 32	7 00	19 01	0 07	11 58	22 52	0 06
5 Su	21 51	7 00	20 38	0 13	12 55	23 25	0 07
6 M	27 00	6 56	22 15	0 18	13 52	23 58	0 08
7 Tu	2♍00	6 49	23 52	0 24	14 50	24 32	0 09
8 W	6 50	6 40	25 29	0 30	15 47	25 05	0 10
9 Th	11 31	6 28	27 05	0 35	16 44	25 38	0 11
10 F	16 03	6 14	28 42	0 41	17 41	26 11	0 12
11 S	20 26	5 59	0♋19	0 47	18 39	26 44	0 13
12 Su	24 41	5 41	1 56	0 52	19 36	27 16	0 14
13 M	28 48	5 23	3 33	0 58	20 33	27 49	0 15
14 Tu	2♎47	5 03	5 10	1 03	21 30	28 22	0 16
15 W	6 40	4 43	6 47	1 09	22 27	28 55	0 17
16 Th	10 25	4 22	8 24	1 14	23 25	29 27	0 18
17 F	14 05	4 00	10 02	1 20	24 22	0♊00	0 19
18 S	17 39	3 39	11 39	1 25	25 19	0 33	0 21
19 Su	21 08	3 16	13 16	1 30	26 16	1 05	0 22
20 M	24 31	2 54	14 53	1 35	27 14	1 37	0 23
21 Tu	27 50	2 31	16 30	1 40	28 11	2 10	0 24
22 W	1♏05	2 09	18 07	1 45	29 08	2 42	0 25
23 Th	4 16	1 46	19 45	1 50	0♒05	3 14	0 26
24 F	7 23	1 24	21 22	1 55	1 03	3 47	0 27
25 S	10 27	1 02	22 59	2 00	2 00	4 19	0 28
26 Su	13 28	0 40	24 37	2 04	2 57	4 51	0 29
27 M	16 26	0 18	26 14	2 09	3 54	5 23	0 30
28 Tu	19 22	0S04	27 51	2 13	4 52	5 55	0 31
29 W	22 15	0 25	29 29	2 17	5 49	6 27	0 32
30 Th	25 07	0 46	1♌06	2 22	6 46	6 59	0 33
31 F	27♏57	1S07	2♌43	2N26	7♒44	7♊30	0N34

AUGUST 2043

DAY	☿ LONG	☿ LAT	♀ LONG	♀ LAT	⊕ LONG	♂ LONG	♂ LAT
	° '	° '	° '	° '	° '	° '	° '
1 S	0♐46	1S27	4♌21	2N30	8♒41	8♊02	0N35
2 Su	3 33	1 47	5 58	2 34	9 39	8 34	0 36
3 M	6 20	2 07	7 36	2 37	10 36	9 05	0 36
4 Tu	9 06	2 26	9 13	2 41	11 33	9 37	0 37
5 W	11 51	2 45	10 51	2 44	12 31	10 09	0 38
6 Th	14 36	3 03	12 28	2 48	13 28	10 40	0 39
7 F	17 20	3 21	14 06	2 51	14 26	11 11	0 40
8 S	20 05	3 39	15 43	2 54	15 23	11 43	0 41
9 Su	22 50	3 56	17 21	2 57	16 21	12 14	0 42
10 M	25 35	4 12	18 58	3 00	17 18	12 45	0 43
11 Tu	28 21	4 28	20 36	3 02	18 16	13 17	0 44
12 W	1♑08	4 44	22 13	3 05	19 14	13 48	0 45
13 Th	3 57	4 58	23 51	3 07	20 11	14 19	0 46
14 F	6 46	5 13	25 28	3 09	21 09	14 50	0 47
15 S	9 37	5 26	27 06	3 11	22 06	15 21	0 48
16 Su	12 29	5 39	28 43	3 13	23 04	15 52	0 49
17 M	15 24	5 51	0♍21	3 15	24 02	16 23	0 49
18 Tu	18 21	6 03	1 58	3 17	24 59	16 54	0 50
19 W	21 20	6 13	3 36	3 18	25 57	17 25	0 51
20 Th	24 22	6 23	5 13	3 19	26 55	17 55	0 52
21 F	27 27	6 32	6 51	3 20	27 52	18 26	0 53
22 S	0♒35	6 39	8 28	3 21	28 50	18 57	0 54
23 Su	3 46	6 46	10 06	3 22	29 48	19 27	0 55
24 M	7 02	6 52	11 43	3 23	0♓46	19 58	0 56
25 Tu	10 21	6 56	13 21	3 23	1 43	20 28	0 56
26 W	13 45	6 59	14 58	3 24	2 41	20 59	0 57
27 Th	17 14	7 00	16 35	3 24	3 39	21 29	0 58
28 F	20 47	7 00	18 13	3 24	4 37	21 59	0 59
29 S	24 27	6 58	19 50	3 23	5 35	22 30	1 00
30 Su	28 12	6 55	21 28	3 23	6 33	23 00	1 01
31 M	2♓03	6S49	23♍05	3N23	7♓31	23♊30	1N01

DAY	♃ LONG	♃ LAT	♄ LONG	♄ LAT	♅ LONG	♅ LAT	♆ LONG	♆ LAT	♇ LONG	♇ LAT
	° '	° '	° '	° '	° '	° '	° '	° '	° '	° '
5 Su	29♐55.2	0N15	17♏05.5	2N17	17♌18.8	0N41	10♉26.4	1S46	29♒59.8	11S00
10 F	0♑19.6	0 14	17 14.9	2 17	17 22.7	0 41	10 28.2	1 46	0♓00.9	11 01
15 W	0 43.9	0 14	17 24.3	2 17	17 26.5	0 41	10 30.0	1 46	0 02.1	11 01
20 M	1 08.3	0 13	17 33.6	2 17	17 30.3	0 41	10 31.9	1 46	0 03.2	11 01
25 S	1 32.7	0 13	17 43.0	2 16	17 34.1	0 41	10 33.7	1 46	0 04.3	11 02
30 Th	1 57.2	0 12	17 52.3	2 16	17 38.0	0 41	10 35.6	1 46	0 05.5	11 02
4 Tu	2 21.6	0 12	18 01.7	2 16	17 41.8	0 42	10 37.4	1 46	0 06.6	11 02
9 Su	2 46.1	0 11	18 11.1	2 16	17 45.6	0 42	10 39.2	1 46	0 07.8	11 02
14 F	3 10.5	0 11	18 20.4	2 16	17 49.4	0 42	10 41.1	1 46	0 08.9	11 03
19 W	3 35.0	0 10	18 29.8	2 16	17 53.3	0 42	10 42.9	1 46	0 10.0	11 03
24 M	3 59.5	0 09	18 39.1	2 15	17 57.1	0 42	10 44.7	1 46	0 11.2	11 03
29 S	4 24.1	0 09	18 48.4	2 15	18 00.9	0 42	10 46.6	1 46	0 12.3	11 03

☿ .321341	☿a.461316
♀ .720724	♀p.718509
⊕a1.01667	⊕ 1.01512
♂ 1.47322	♂ 1.51326
♃ 5.26279	♃ 5.25198
♄ 9.88534	♄ 9.89175
♅ 18.4231	♅ 18.4197
♆ 29.8070	♆ 29.8071
♇ 39.8761	♇ 39.8972
☊	Perihelia
☿ 18°♉ 51	☿ 18°♊ 08
♀ 17 ♊ 04	♀ 12 ♌ 04
⊕	⊕ 12 ♋ 06
♂ 19 ♉ 54	♂ 6 ♓ 54
♃ 10 ♋ 58	♃ 16 ♈ 09
♄ 24 ♋ 02	♄ 4 ♋ 20
♅ 14 ♊ 07	♅ 23 ♍ 55
♆ 12 ♌ 16	♆ 0 ♉ 44
♇ 20 ♋ 48	♇ 15 ♏ 42

1 W	☿⚻♇	1am23
	☿ ♌	1 28
2 Th	⊕△♆	9am11
	♀⚻♄	6pm13
	♀0N	6 57
	☿□♆	9 18
	♀⚹♅	10 11
	⊕⚻☿	11 48
3	☿⚼♃	4pm25
4 S	☿□♄	2am23
	☿☌♅	3 27
	☿⚹♀	4pm 2
5 Su	☿□♂	8am 6
	♇ ♓	10pm42
	♃ ♑	11 44
	♃⚹♇	11 47
6 M	⊕ A	2am24
	⊕⚼☿	10 59
	☿ ♍	2pm18
	☿☍♇	2 19
	☿△♃	2 33
7 T	⊕∠♇	4am28
	♀⚺♂	3pm 0
	♀∠♆	11 44
8	☿△♆	6pm32
9 Th	⊕⚹♄	12pm32
	⊕⚻♅	4 4
10 F	☿⚹♄	6am32
	☿⚺♅	7 13
	⊕△☿	11 21
	♀ ♋	7pm13
	♀△♇	7 30
11	♀☍♃	1am20
12 Su	☿⚼♆	4am38
	♀⚼♄	5 39
	♀∠♅	6 58
	☿△♂	5pm22
13 M	☿ ♎	7am10
	☿⚻♇	7 20
	☿□♃	10 48
	☿∠♄	9pm27
	☿∠♅	9 49
15	☿□♀	1am24
16	☿⚻♆	0am32
17 F	♂ ♊	0am 1
	♄□♅	0 24
	♂□♇	1 53
	☿⚼♇	6 23
	☿⚼♂	7 11
	♀⚹♆	7 16
	☿⚹♅	10pm50
	☿⚺♄	10 57
18	♂⚻♃	10pm39
20	♀⚼♇	2am32
21 T	⊕□☿	3am35
	♀∠♂	2pm38
	♀⚺♅	3 9
	☿ ♏	3 58
	☿△♇	4 25
	♀△♄	4 26
22 W	☿⚹♃	1am43
	☿⚻♂	2pm40
	⊕ ♒	9 46
	⊕⚺♇	11 24
24	⊕⚺♃	11am35
25	☿☍♆	0am56
27 M	☿∠♃	2am19
	☿□♅	9 32
	☿☌♄	11 7
	☿0S	7pm46
29 W	♀ ♌	7am44
	♀⚻♇	9 2
30 Th	⊕△♂	11am21
	♀⚻♃	1pm16
31 F	☿ ♐	5pm26
	☿□♇	6 16

1	☿⚺♃	11am56
3	⊕□♆	0am25
4 T	☿△♀	2am41
	☿☍♂	5 37
	♀⚹♂	8 39
	☿⚻♆	1pm21
	♀□♆	8 47
5 W	⊕⚹☿	8am58
	♀ P	5pm31
	♂⚺♆	10 30
7 F	☿△♅	3am29
	☿ A	5 21
	☿⚺♄	6 56
	⊕☍♀	12pm 6
8	♃⚼♅	9pm22
9 Su	♀☌♅	6am10
	♀⚼♃	6 34
	♀□♄	12pm37
10 M	☿⚼♆	0am37
	⊕☍♅	11 48
	⊕∠♃	2pm49
	⊕□♄	11 29
11 T	☿ ♑	2pm11
	☿⚹♇	3 23
12 W	☿⚼♅	2pm17
	☿☌♃	4 32
	☿∠♄	6 32
13	⊕∠☿	4pm 4
15	☿△♆	9am 3
16 Su	♀ ♍	6pm51
	♀☍♇	9 12
	☿∠♇	10 3
	☿⚼♀	11 6
17 M	♃∠♄	6am12
	☿⚻♂	9 45
	☿⚻♅	8pm11
18 T	☿⚹♄	0am59
	♀△♃	11pm46
19	♂⚹♅	11pm 0
21 F	⊕⚺☿	4am48
	♂⚻♄	6 17
	☿ ♒	7pm37
	☿⚺♇	8 58
23 Su	☿⚺♃	1am 4
	⊕ ♓	5 3
	☿⚼♂	6 1
	♀△♆	9 32
	⊕☌♇	9 37
25	☿□♆	2am52
26	☿⚻♀	3pm53
27 Th	☿☍♅	5am12
	☿□♄	10 23
	☿∠♃	1pm56
	⊕⚹♃	3 52
	♀⚺♅	8 51
28 F	♀⚹♄	8am29
	☿△♂	9 14
30 Su	☿ ♓	11am20
	☿☌♇	12pm39
31 M	♀□♂	9am 4
	☿⚹♃	3pm39

SEPTEMBER 2043

DAY	☿ LONG	☿ LAT	♀ LONG	♀ LAT	⊕ LONG	♂ LONG	♂ LAT
	° '	° '	° '	° '	° '	° '	° '
1 Tu	6♓01	6S42	24♍42	3N22	8♓29	24♊00	1N02
2 W	10 05	6 32	26 19	3 21	9 27	24 30	1 03
3 Th	14 17	6 20	27 57	3 20	10 25	25 00	1 04
4 F	18 37	6 05	29 34	3 19	11 23	25 30	1 05
5 S	23 04	5 48	1♎11	3 18	12 21	26 00	1 05
6 Su	27 40	5 28	2 48	3 16	13 20	26 30	1 06
7 M	2♈25	5 05	4 25	3 14	14 18	27 00	1 07
8 Tu	7 18	4 40	6 02	3 13	15 16	27 30	1 08
9 W	12 21	4 11	7 39	3 11	16 14	28 00	1 08
10 Th	17 32	3 39	9 16	3 09	17 13	28 30	1 09
11 F	22 53	3 05	10 53	3 06	18 11	28 59	1 10
12 S	28 22	2 28	12 30	3 04	19 09	29 29	1 11
13 Su	4♉01	1 48	14 07	3 01	20 08	29 58	1 11
14 M	9 48	1 06	15 44	2 59	21 06	0♋28	1 12
15 Tu	15 42	0 23	17 20	2 56	22 04	0 57	1 13
16 W	21 44	0N21	18 57	2 53	23 03	1 27	1 14
17 Th	27 51	1 06	20 34	2 50	24 01	1 56	1 14
18 F	4♊04	1 51	22 11	2 47	25 00	2 26	1 15
19 S	10 20	2 35	23 47	2 43	25 58	2 55	1 16
20 Su	16 38	3 17	25 24	2 40	26 57	3 24	1 16
21 M	22 58	3 57	27 00	2 36	27 55	3 54	1 17
22 Tu	29 16	4 33	28 37	2 33	28 54	4 23	1 18
23 W	5♋33	5 07	0♏13	2 29	29 53	4 52	1 18
24 Th	11 46	5 36	1 50	2 25	0♈51	5 21	1 19
25 F	17 54	6 01	3 26	2 21	1 50	5 50	1 20
26 S	23 55	6 22	5 02	2 16	2 49	6 19	1 20
27 Su	29 50	6 38	6 38	2 12	3 48	6 48	1 21
28 M	5♌36	6 49	8 15	2 08	4 47	7 17	1 22
29 Tu	11 14	6 57	9 51	2 03	5 45	7 46	1 22
30 W	16♌42	7N00	11♏27	1N59	6♈44	8♋15	1N23

OCTOBER 2043

DAY	☿ LONG	☿ LAT	♀ LONG	♀ LAT	⊕ LONG	♂ LONG	♂ LAT
	° '	° '	° '	° '	° '	° '	° '
1 Th	22♌01	7N00	13♏03	1N54	7♈43	8♋44	1N24
2 F	27 10	6 56	14 39	1 49	8 42	9 12	1 24
3 S	2♍09	6 49	16 15	1 44	9 41	9 41	1 25
4 Su	6 59	6 40	17 51	1 40	10 40	10 10	1 25
5 M	11 40	6 28	19 27	1 35	11 39	10 38	1 26
6 Tu	16 11	6 14	21 03	1 29	12 39	11 07	1 27
7 W	20 34	5 58	22 39	1 24	13 38	11 36	1 27
8 Th	24 49	5 41	24 14	1 19	14 37	12 04	1 28
9 F	28 55	5 22	25 50	1 14	15 36	12 33	1 28
10 S	2♎55	5 03	27 26	1 09	16 35	13 01	1 29
11 Su	6 47	4 42	29 01	1 03	17 35	13 30	1 29
12 M	10 33	4 21	0♐37	0 58	18 34	13 58	1 30
13 Tu	14 12	4 00	2 13	0 52	19 33	14 26	1 30
14 W	17 46	3 38	3 48	0 47	20 33	14 55	1 31
15 Th	21 14	3 16	5 24	0 41	21 32	15 23	1 31
16 F	24 37	2 53	6 59	0 36	22 32	15 51	1 32
17 S	27 56	2 31	8 34	0 30	23 31	16 19	1 32
18 Su	1♏11	2 08	10 10	0 25	24 31	16 48	1 33
19 M	4 22	1 46	11 45	0 19	25 30	17 16	1 33
20 Tu	7 29	1 23	13 21	0 13	26 30	17 44	1 34
21 W	10 32	1 01	14 56	0 08	27 29	18 12	1 34
22 Th	13 33	0 39	16 31	0 02	28 29	18 40	1 35
23 F	16 32	0 17	18 06	0S04	29 29	19 08	1 35
24 S	19 27	0S04	19 41	0 09	0♉28	19 36	1 36
25 Su	22 21	0 26	21 17	0 15	1 28	20 04	1 36
26 M	25 13	0 47	22 52	0 21	2 28	20 32	1 37
27 Tu	28 03	1 07	24 27	0 26	3 28	21 00	1 37
28 W	0♐51	1 28	26 02	0 32	4 27	21 28	1 38
29 Th	3 39	1 48	27 37	0 37	5 27	21 55	1 38
30 F	6 25	2 07	29 12	0 43	6 27	22 23	1 38
31 S	9♐11	2S27	0♑47	0S48	7♉27	22♋51	1N39

DAY	♃ LONG	♃ LAT	♄ LONG	♄ LAT	♅ LONG	♅ LAT	♆ LONG	♆ LAT	♇ LONG	♇ LAT
	° '	° '	° '	° '	° '	° '	° '	° '	° '	° '
3 Th	4♑48.6	0N08	18♏57.8	2N15	18♌04.7	0N42	10♉48.4	1S46	0♓13.4	11S04
8 Tu	5 13.2	0 08	19 07.1	2 15	18 08.5	0 42	10 50.2	1 46	0 14.6	11 04
13 Su	5 37.7	0 07	19 16.5	2 15	18 12.4	0 42	10 52.1	1 46	0 15.7	11 04
18 F	6 02.3	0 07	19 25.8	2 15	18 16.2	0 42	10 53.9	1 46	0 16.8	11 04
23 W	6 26.9	0 06	19 35.1	2 14	18 20.0	0 42	10 55.7	1 46	0 17.9	11 05
28 M	6 51.6	0 06	19 44.5	2 14	18 23.8	0 42	10 57.6	1 46	0 19.1	11 05
3 S	7 16.2	0 05	19 53.8	2 14	18 27.7	0 42	10 59.4	1 46	0 20.2	11 05
8 Th	7 40.8	0 04	20 03.1	2 14	18 31.5	0 42	11 01.2	1 46	0 21.3	11 05
13 Tu	8 05.5	0 04	20 12.5	2 14	18 35.3	0 42	11 03.1	1 46	0 22.5	11 06
18 Su	8 30.2	0 03	20 21.8	2 14	18 39.1	0 42	11 04.9	1 46	0 23.6	11 06
23 F	8 54.9	0 03	20 31.1	2 13	18 43.0	0 42	11 06.7	1 46	0 24.7	11 06
28 W	9 19.6	0 02	20 40.4	2 13	18 46.8	0 42	11 08.6	1 46	0 25.9	11 06

☿p .387638	☿ .339919
♀ .719735	♀ .723374
⊕ 1.00949	⊕ 1.00150
♂ 1.55311	♂ 1.58868
♃ 5.24105	♃ 5.23038
♄ 9.89805	♄ 9.90404
♅ 18.4163	♅ 18.4131
♆ 29.8072	♆ 29.8073
♇ 39.9183	♇ 39.9387
☊	Perihelia
☿ 18°♉ 51	☿ 18°♊ 08
♀ 17 ♊ 04	♀ 12 ♌ 08
⊕	⊕ 11 ♋ 10
♂ 19 ♉ 54	♂ 6 ♓ 54
♃ 10 ♋ 58	♃ 16 ♈ 10
♄ 24 ♋ 02	♄ 4 ♋ 08
♅ 14 ♊ 06	♅ 23 ♍ 58
♆ 12 ♌ 16	♆ 0 ♉ 11
♇ 20 ♋ 48	♇ 15 ♏ 48

1 T	♀⚼♆	4pm15
	⊕☌☿	7 11
2	☿✶♆	4am 9
3 Th	⊕✶♆	9am39
	☿⚻♅	9pm 9
4 F	☿△♄	2am 6
	♀ ♎	6 30
	♀⚻♇	9 53
	♂∠♆	2pm50
5 S	☿∠♆	2pm27
	☿□♂	5 16
6 Su	♀∠♅	4am45
	☿ ♈	11 53
	☿⚺♇	1pm 5
	♀∠♄	7 0
7 M	☿⚼♅	3am35
	☿⚼♄	8 22
	♀□♃	11 15
	☿□♃	1pm42
	☿☍♀	2 50
8	☿⚺♆	4pm56
9 W	☿∠♇	1pm31
	⊕⚺☿	10 11
10 Th	☿△♅	2am53
	☿⚻♄	7 30
	♀⚻♆	11pm34
	⊕⚻♅	11 59
12 S	⊕△♄	2am17
	☿✶♂	5 13
	☿ ♉	6 59
	☿✶♇	8 5
13 Su	♂ ♋	1am16
	⊕∠☿	5 37
	☿△♃	6 52
	♂△♇	2pm 7
	♀⚼♇	5 6
14	☿☌♆	4am26
15 T	☿∠♂	1am 7
	☿⚻♀	8 59
	☿□♅	10 9
	☿0N	12pm36
	♀✶♅	1 22
	☿☍♄	2 37
	☿⚼♃	8 35
16 W	⊕✶☿	6am12
	♀⚺♄	6 18
17 Th	☿ ♊	8am20
	☿□♇	9 25
	☿⚺♂	5pm11
18 F	☿⚻♃	7am42
	☿⚼♀	4pm 5
	⊕∠♆	10 21
19 S	☿⚺♆	2am12
	♂∠♅	6pm27
20 Su	☿ P	4am58
	☿✶♅	6 18
	☿⚻♄	10 53
21 M	☿∠♆	11am14
	☿△♀	8pm37
	⊕□☿	10 19
22 T	☿ ♋	2am46
	☿△♇	3 54
	♂⚼♄	9 15
	⊕⚻♀	10 59
	☿∠♅	3pm30
	☿⚼♄	8 17
	♀ ♏	8 43
	☿☌♂	9 10
23 W	♀△♇	1am12
	⊕ ♈	3 0
	☿☍♃	3 31
	⊕⚺♇	10 23
	☿✶♆	8pm47
24	☿⚼♇	1pm49
25 F	☿⚺♅	1am51
	☿△♄	6 59
26 S	⊕⚼♅	1pm50
	♂☍♃	10 33
27 Su	☿ ♌	0am42
	☿⚻♇	2 0
	♀✶♃	2 9
	♀△♂	3 26
	⊕△☿	7pm49
	⊕⚼♄	11 8
28 M	☿⚻♃	5am24
	☿⚺♂	7 47
	☿□♀	3pm40
	☿□♆	10 52
29	♀☍♆	4pm49
30 W	⊕□♃	7am35
	☿☌♅	7 44
	☿□♄	2pm 1

1 Th	☿⚼♃	0am26
	⊕⚼☿	4 1
	☿∠♂	8 43
2 F	☿ ♍	1pm33
	☿☍♇	3 10
	⊕□♂	11 51
4 Su	☿△♃	1am53
	⊕⚺♆	7 56
	♀□♅	9 27
	☿✶♂	6pm 5
	☿△♆	8 34
	⊕⚻☿	11 58
5 M	♀☌♄	7am49
	♂✶♆	6pm23
6 T	☿⚺♅	12pm36
	☿✶♄	8 56
	♀∠♃	11 18
7	☿✶♀	6pm42
8 Th	☿⚼♆	6am59
	⊕∠♇	6pm 4
9 F	☿ ♎	6am24
	☿⚻♇	8 34
10 S	☿∠♅	3am56
	♀⚼♂	12pm40
	☿∠♄	1 41
11 Su	☿□♃	7am24
	♀ ♐	2pm43
	♀□♇	8 17
12 M	⊕△♅	0am13
	☿⚻♆	3 16
13 T	☿□♂	1am50
	☿⚼♇	7 51
	⊕⚻♄	4pm19
14 W	☿✶♅	5am46
	☿∠♀	1pm 8
	☿⚺♄	5 13
	♂⚼♇	11 56
15	⊕☍☿	2am58
16 F	♀⚺♃	9pm34
	⊕⚼♀	9 42
17 S	☿ ♏	3pm12
	☿△♇	6 7
18	♀⚻♆	1pm55
20	☿✶♃	9am32
21	☿☍♆	4am26
22 Th	♂⚺♅	1am54
	♀0S	8 25
23 F	♀△♅	9am19
	⊕ ♉	12pm40
	☿□♅	6 0
	☿0S	7 2
	♀⚻♂	10 3
	⊕✶♇	10 41
24 S	☿△♂	1am25
	☿⚺♀	4 17
	☿☌♄	9 8
	♀⚺♄	1pm15
25	☿∠♃	2pm55
26	♂△♄	4am26
27 T	☿ ♐	4pm40
	☿□♇	8 21
28	♀⚼♆	1am40
30 F	⊕⚻☿	0am27
	☿⚼♂	10 4
	♀ ♑	12pm 5
	♀✶♇	6 47
31 S	☿⚺♃	3am31
	☿⚻♆	5pm17

NOVEMBER 2043

DAY	☿ LONG	☿ LAT	♀ LONG	♀ LAT	⊕ LONG	♂ LONG	♂ LAT
	° '	° '	° '	° '	° '	° '	° '
1 Su	11♐56	2S46	2♑22	0S54	8♉27	23♋19	1N39
2 M	14 41	3 04	3 57	0 59	9 27	23 46	1 40
3 Tu	17 26	3 22	5 32	1 05	10 27	24 14	1 40
4 W	20 10	3 39	7 07	1 10	11 27	24 42	1 40
5 Th	22 55	3 56	8 42	1 15	12 28	25 09	1 41
6 F	25 41	4 13	10 17	1 20	13 28	25 37	1 41
7 S	28 27	4 29	11 52	1 25	14 28	26 04	1 42
8 Su	1♑14	4 44	13 27	1 31	15 28	26 32	1 42
9 M	4 02	4 59	15 02	1 36	16 28	26 59	1 42
10 Tu	6 51	5 13	16 37	1 41	17 29	27 27	1 43
11 W	9 42	5 27	18 11	1 45	18 29	27 54	1 43
12 Th	12 35	5 39	19 46	1 50	19 29	28 22	1 43
13 F	15 29	5 52	21 21	1 55	20 29	28 49	1 44
14 S	18 26	6 03	22 56	1 59	21 30	29 16	1 44
15 Su	21 26	6 13	24 31	2 04	22 30	29 44	1 44
16 M	24 28	6 23	26 06	2 08	23 31	0♌11	1 44
17 Tu	27 33	6 32	27 41	2 13	24 31	0 38	1 45
18 W	0♒41	6 40	29 16	2 17	25 31	1 05	1 45
19 Th	3 52	6 46	0♒50	2 21	26 32	1 33	1 45
20 F	7 08	6 52	2 25	2 25	27 32	2 00	1 46
21 S	10 28	6 56	4 00	2 29	28 33	2 27	1 46
22 Su	13 52	6 59	5 35	2 33	29 34	2 54	1 46
23 M	17 20	7 00	7 10	2 36	0♊34	3 21	1 46
24 Tu	20 54	7 00	8 45	2 40	1 35	3 48	1 47
25 W	24 34	6 58	10 20	2 43	2 35	4 15	1 47
26 Th	28 19	6 55	11 55	2 47	3 36	4 43	1 47
27 F	2♓10	6 49	13 30	2 50	4 37	5 10	1 47
28 S	6 08	6 42	15 04	2 53	5 38	5 37	1 48
29 Su	10 13	6 32	16 39	2 56	6 38	6 04	1 48
30 M	14♓25	6S20	18♒14	2S58	7♊39	6♌30	1N48

DECEMBER 2043

DAY	☿ LONG	☿ LAT	♀ LONG	♀ LAT	⊕ LONG	♂ LONG	♂ LAT
	° '	° '	° '	° '	° '	° '	° '
1 Tu	18♓45	6S05	19♒49	3S01	8♊40	6♌57	1N48
2 W	23 13	5 48	21 24	3 04	9 41	7 24	1 48
3 Th	27 49	5 27	22 59	3 06	10 42	7 51	1 49
4 F	2♈34	5 05	24 34	3 08	11 42	8 18	1 49
5 S	7 27	4 39	26 09	3 10	12 43	8 45	1 49
6 Su	12 30	4 10	27 44	3 12	13 44	9 12	1 49
7 M	17 42	3 38	29 19	3 14	14 45	9 39	1 49
8 Tu	23 03	3 04	0♓54	3 16	15 46	10 05	1 49
9 W	28 33	2 27	2 29	3 17	16 47	10 32	1 49
10 Th	4♉12	1 47	4 04	3 18	17 48	10 59	1 50
11 F	9 58	1 05	5 40	3 20	18 49	11 26	1 50
12 S	15 53	0 22	7 15	3 21	19 50	11 52	1 50
13 Su	21 55	0N23	8 50	3 22	20 51	12 19	1 50
14 M	28 03	1 07	10 25	3 22	21 52	12 46	1 50
15 Tu	4♊15	1 52	12 00	3 23	22 53	13 12	1 50
16 W	10 31	2 36	13 35	3 23	23 54	13 39	1 50
17 Th	16 50	3 18	15 11	3 24	24 55	14 06	1 50
18 F	23 09	3 58	16 46	3 24	25 56	14 32	1 50
19 S	29 28	4 34	18 21	3 24	26 57	14 59	1 51
20 Su	5♋44	5 08	19 56	3 23	27 58	15 26	1 51
21 M	11 57	5 37	21 32	3 23	28 59	15 52	1 51
22 Tu	18 05	6 02	23 07	3 23	0♋00	16 19	1 51
23 W	24 06	6 22	24 42	3 22	1 01	16 45	1 51
24 Th	0♌00	6 38	26 18	3 21	2 02	17 12	1 51
25 F	5 47	6 50	27 53	3 20	3 04	17 38	1 51
26 S	11 24	6 57	29 28	3 19	4 05	18 05	1 51
27 Su	16 52	7 00	1♈04	3 18	5 06	18 31	1 51
28 M	22 10	7 00	2 39	3 16	6 07	18 58	1 51
29 Tu	27 19	6 56	4 15	3 15	7 08	19 24	1 51
30 W	2♍18	6 49	5 50	3 13	8 09	19 51	1 51
31 Th	7♍08	6N39	7♈26	3S11	9♋11	20♌17	1N51

DAY	♃ LONG	♃ LAT	♄ LONG	♄ LAT	♅ LONG	♅ LAT	♆ LONG	♆ LAT	♇ LONG	♇ LAT
	° '	° '	° '	° '	° '	° '	° '	° '	° '	° '
2 M	9♑44.4	0N02	20♏49.7	2N13	18♌50.6	0N42	11♉10.4	1S46	0♓27.0	11S07
7 S	10 09.1	0 01	20 59.1	2 13	18 54.4	0 42	11 12.2	1 46	0 28.1	11 07
12 Th	10 33.9	0 01	21 08.4	2 13	18 58.3	0 42	11 14.1	1 46	0 29.3	11 07
17 Tu	10 58.7	0S00	21 17.7	2 12	19 02.1	0 42	11 15.9	1 46	0 30.4	11 07
22 Su	11 23.5	0 01	21 27.0	2 12	19 05.9	0 42	11 17.8	1 46	0 31.5	11 08
27 F	11 48.4	0 01	21 36.3	2 12	19 09.7	0 42	11 19.6	1 46	0 32.7	11 08
2 W	12 13.2	0 02	21 45.6	2 12	19 13.6	0 42	11 21.4	1 46	0 33.8	11 08
7 M	12 38.1	0 02	21 54.9	2 12	19 17.4	0 42	11 23.3	1 46	0 35.0	11 08
12 S	13 02.9	0 03	22 04.2	2 12	19 21.2	0 42	11 25.1	1 46	0 36.1	11 09
17 Th	13 27.9	0 03	22 13.6	2 11	19 25.1	0 42	11 27.0	1 46	0 37.2	11 09
22 Tu	13 52.8	0 04	22 22.9	2 11	19 28.9	0 42	11 28.8	1 46	0 38.4	11 09
27 Su	14 17.7	0 05	22 32.2	2 11	19 32.7	0 42	11 30.6	1 46	0 39.5	11 09

☿a.466034	☿p.370168
♀a.727057	♀ .728150
⊕ .992803	⊕ .986244
♂ 1.62000	♂ 1.64339
♃ 5.21928	♃ 5.20847
♄ 9.91011	♄ 9.91588
♅ 18.4098	♅ 18.4066
♆ 29.8074	♆ 29.8075
♇ 39.9598	♇ 39.9802
☊	Perihelia
☿ 18°♉ 51	☿ 18°♊ 09
♀ 17 ♊ 05	♀ 12 ♌ 11
⊕	⊕ 13 ♋ 42
♂ 19 ♉ 54	♂ 6 ♓ 55
♃ 10 ♋ 58	♃ 16 ♈ 13
♄ 24 ♋ 02	♄ 3 ♋ 56
♅ 14 ♊ 06	♅ 23 ♍ 58
♆ 12 ♌ 16	♆ 0 ♉ 05
♇ 20 ♋ 48	♇ 15 ♏ 52

1	♀⚼♅	10pm20
2	⊕△♃	7am28
3 T	☿ A	4am38
	♀∠♄	5 1
	☿△♅	12pm34
	⊕☌♆	5 28
4	☿⚺♄	6am21
5 Th	♀☌♃	8pm35
	☿⚻♂	11 19
6 F	☿⚼♆	4am31
	♀△♆	1pm56
7 S	☿ ♑	1pm24
	⊕⚼☿	1 44
	☿*♇	5 28
8	☿⚼♅	11pm 9
9 M	♀∠♇	6am49
	☿∠♄	5pm20
11 W	☿☌♃	6am43
	⊕□♅	11 33
	♀⚻♅	11 44
	⊕△♀	12pm 2
	☿△♆	12 47
12	♀*♄	9pm10
13 F	☿∠♇	0am 0
	⊕☍♄	4pm44
14 S	☿⚻♅	4am32
	☿*♄	10pm26
15 Su	⊕△☿	12pm49
	♂ ♌	2 22
16 M	♂⚻♇	5pm 3
	♃0S	7 1
17 T	☿☌♀	2am 8
	☿ ♒	6pm51
	☿⚺♇	10 44
18 W	☿☍♂	3am39
	♀ ♒	11 14
	⊕⚼♃	1pm55
	♀⚺♇	7 2
19	♀☍♂	2pm59
20	♃△♆	5pm53
21 S	☿□♆	5am56
	☿⚺♃	6 12
22 Su	⊕ ♊	10am28
	⊕□♇	11pm 3
23	☿☍♅	12pm 3
24	☿□♄	4am 4
25 W	☿∠♃	1pm41
	♀□♆	3 1
	♀⚺♃	9 0
26 Th	♀ A	2am56
	☿ ♓	10 34
	☿☌♇	1pm57
27 F	⊕□☿	7pm56
	☿⚻♂	8 27
	⊕*♂	11 16
29 Su	☿*♆	6am29
	☿*♃	10 19
30	♀☍♅	2pm43
1 T	☿⚻♅	2am32
	☿⚺♀	9 3
	☿△♄	4pm13
	☿⚼♂	7 14
2 W	♀□♄	5am31
	☿∠♆	4pm30
3 Th	☿ ♈	11am 8
	☿⚺♇	2pm 1
	⊕⚺♆	3 57
4 F	☿⚼♅	8am23
	⊕⚻♃	5pm27
	☿⚼♄	9 4
5 S	☿△♂	6am49
	☿⚺♆	6pm43
	♀∠♃	9 2
6 Su	☿□♃	0am14
	☿∠♀	1 35
	⊕*☿	7 11
	☿∠♇	2pm18
7 M	☿△♅	7am13
	♀ ♓	10 17
	☿⚻♄	7pm 5
	♀☌♇	7 10
9 W	☿ ♉	6am14
	☿*♇	8 46
	⊕∠☿	4pm52
	☿*♀	11 19
10	♂□♆	11pm 9
11 F	☿☌♆	5am53
	☿□♂	6 26
	☿△♃	12pm23
	⊕*♅	12 34
12 S	☿0N	11am52
	☿□♅	1pm53
	⊕⚺☿	6 56
13	☿☍♄	0am45
14 M	☿⚼♃	0am41
	⊕⚻♄	6 32
	☿ ♊	7 36
	☿□♇	9 58
	♀*♆	3pm25
15 T	♂⚻♃	6am 1
	♀*♃	8pm41
16 W	♀⚻♂	1am19
	☿⚺♆	3 30
	☿⚻♃	11 2
	☿*♂	12pm49
	☿□♀	3 36
17 Th	☿ P	4am15
	☿*♅	9 50
	☿⚻♄	8pm34
18 F	⊕∠♆	12pm24
	☿∠♆	12 33
	⊕☌☿	12 35
19 S	☿ ♋	2am 2
	☿∠♂	2 7
	☿△♇	4 26
	♀⚻♅	4pm39
	☿∠♅	7 4
20 Su	☿⚼♄	6am 6
	☿*♆	10pm 9
21 M	☿☍♃	7am17
	♀△♄	12pm41
	☿⚼♇	2 24
	☿⚺♂	4 29
	⊕ ♋	11 54
22 T	☿⚺♅	5am33
	⊕△♇	3pm 2
	☿△♄	5 11
23 W	☿△♀	3am18
	☿ ♌	11pm58
24 Th	☿⚻♇	2am38
	♀∠♆	3 1
	⊕∠♂	6 26
	⊕⚺☿	10 11
26 S	☿□♆	0am28
	♀ ♈	7 57
	⊕∠♅	10 50
	☿⚻♃	12pm28
	♀⚺♇	5 52
	☿⚼♀	6 58
27 Su	☿☌♂	8am 5
	☿☌♅	12pm 4
	⊕∠☿	6 1
28	☿□♄	1am50
29 T	♀⚼♂	3am16
	♀⚼♅	4 57
	♂☌♅	9 27
	☿⚼♃	10 23
	⊕⚼♄	11 13
	☿ ♍	12pm48
	☿☍♇	4 2
31 Th	☿⚻♀	2am16
	♀⚼♄	3 33
	⊕*☿	1pm18
	☿△♆	10 38

JANUARY 2044

DAY	☿ LONG	☿ LAT	♀ LONG	♀ LAT	⊕ LONG	♂ LONG	♂ LAT
	° '	° '	° '	° '	° '	° '	° '
1 F	11♍48	6N27	9♈01	3S09	10♋12	20♌43	1N51
2 S	16 20	6 13	10 37	3 07	11 13	21 10	1 51
3 Su	20 42	5 58	12 12	3 04	12 14	21 36	1 51
4 M	24 57	5 40	13 48	3 02	13 15	22 03	1 51
5 Tu	29 03	5 22	15 24	2 59	14 16	22 29	1 51
6 W	3♎02	5 02	16 59	2 57	15 18	22 55	1 51
7 Th	6 54	4 42	18 35	2 54	16 19	23 22	1 51
8 F	10 39	4 21	20 11	2 51	17 20	23 48	1 51
9 S	14 19	3 59	21 46	2 48	18 21	24 14	1 51
10 Su	17 52	3 37	23 22	2 44	19 22	24 41	1 51
11 M	21 21	3 15	24 58	2 41	20 23	25 07	1 51
12 Tu	24 44	2 53	26 34	2 37	21 24	25 33	1 50
13 W	28 02	2 30	28 10	2 34	22 26	26 00	1 50
14 Th	1♏17	2 07	29 46	2 30	23 27	26 26	1 50
15 F	4 28	1 45	1♉21	2 26	24 28	26 52	1 50
16 S	7 35	1 23	2 57	2 22	25 29	27 19	1 50
17 Su	10 38	1 00	4 33	2 18	26 30	27 45	1 50
18 M	13 39	0 38	6 09	2 14	27 31	28 11	1 50
19 Tu	16 37	0 16	7 45	2 09	28 32	28 37	1 50
20 W	19 33	0S05	9 21	2 05	29 33	29 04	1 50
21 Th	22 26	0 26	10 57	2 00	0♌34	29 30	1 49
22 F	25 18	0 47	12 33	1 56	1 35	29 56	1 49
23 S	28 08	1 08	14 09	1 51	2 36	0♍22	1 49
24 Su	0♐57	1 28	15 46	1 46	3 38	0 49	1 49
25 M	3 44	1 48	17 22	1 41	4 39	1 15	1 49
26 Tu	6 31	2 08	18 58	1 36	5 40	1 41	1 49
27 W	9 16	2 27	20 34	1 31	6 41	2 07	1 48
28 Th	12 01	2 46	22 10	1 26	7 42	2 33	1 48
29 F	14 46	3 04	23 47	1 21	8 43	3 00	1 48
30 S	17 31	3 22	25 23	1 15	9 44	3 26	1 48
31 Su	20♐16	3S40	26♉59	1S10	10♌45	3♍52	1N48

FEBRUARY 2044

DAY	☿ LONG	☿ LAT	♀ LONG	♀ LAT	⊕ LONG	♂ LONG	♂ LAT
	° '	° '	° '	° '	° '	° '	° '
1 M	23♐01	3S57	28♉36	1S05	11♌46	4♍18	1N47
2 Tu	25 46	4 13	0♊12	0 59	12 46	4 45	1 47
3 W	28 32	4 29	1 48	0 54	13 47	5 11	1 47
4 Th	1♑19	4 45	3 25	0 48	14 48	5 37	1 47
5 F	4 07	4 59	5 01	0 43	15 49	6 03	1 47
6 S	6 57	5 14	6 38	0 37	16 50	6 29	1 46
7 Su	9 48	5 27	8 14	0 31	17 51	6 56	1 46
8 M	12 40	5 40	9 51	0 26	18 52	7 22	1 46
9 Tu	15 35	5 52	11 28	0 20	19 52	7 48	1 46
10 W	18 32	6 03	13 04	0 14	20 53	8 14	1 45
11 Th	21 31	6 14	14 41	0 09	21 54	8 40	1 45
12 F	24 33	6 23	16 18	0 03	22 55	9 07	1 45
13 S	27 39	6 32	17 54	0N03	23 55	9 33	1 45
14 Su	0♒47	6 40	19 31	0 09	24 56	9 59	1 44
15 M	3 59	6 46	21 08	0 14	25 57	10 25	1 44
16 Tu	7 14	6 52	22 45	0 20	26 57	10 51	1 44
17 W	10 34	6 56	24 21	0 26	27 58	11 18	1 43
18 Th	13 58	6 59	25 58	0 32	28 58	11 44	1 43
19 F	17 27	7 00	27 35	0 37	29 59	12 10	1 43
20 S	21 01	7 00	29 12	0 43	0♍59	12 36	1 42
21 Su	24 41	6 58	0♋49	0 48	2 00	13 02	1 42
22 M	28 26	6 55	2 26	0 54	3 00	13 29	1 42
23 Tu	2♓18	6 49	4 03	1 00	4 01	13 55	1 41
24 W	6 16	6 41	5 40	1 05	5 01	14 21	1 41
25 Th	10 21	6 31	7 17	1 10	6 02	14 47	1 41
26 F	14 33	6 19	8 54	1 16	7 02	15 14	1 40
27 S	18 53	6 04	10 31	1 21	8 02	15 40	1 40
28 Su	23 21	5 47	12 08	1 26	9 03	16 06	1 40
29 M	27♓58	5S27	13♋46	1N32	10♍03	16♍32	1N39

DAY	♃ LONG	♃ LAT	♄ LONG	♄ LAT	♅ LONG	♅ LAT	♆ LONG	♆ LAT	♇ LONG	♇ LAT
	° '	° '	° '	° '	° '	° '	° '	° '	° '	° '
1 F	14♑42.7	0S05	22♏41.5	2N11	19♌36.6	0N42	11♉32.5	1S46	0♓40.6	11S10
6 W	15 07.6	0 06	22 50.8	2 11	19 40.4	0 42	11 34.3	1 46	0 41.8	11 10
11 M	15 32.6	0 06	23 00.1	2 10	19 44.2	0 42	11 36.2	1 46	0 42.9	11 10
16 S	15 57.6	0 07	23 09.4	2 10	19 48.1	0 42	11 38.0	1 46	0 44.0	11 10
21 Th	16 22.6	0 07	23 18.7	2 10	19 51.9	0 42	11 39.8	1 46	0 45.2	11 11
26 Tu	16 47.7	0 08	23 28.0	2 10	19 55.7	0 42	11 41.7	1 46	0 46.3	11 11
31 Su	17 12.7	0 09	23 37.2	2 10	19 59.6	0 42	11 43.5	1 46	0 47.4	11 11
5 F	17 37.8	0 09	23 46.5	2 09	20 03.4	0 42	11 45.4	1 46	0 48.6	11 11
10 W	18 02.9	0 10	23 55.8	2 09	20 07.2	0 42	11 47.2	1 46	0 49.7	11 12
15 M	18 28.0	0 10	24 05.1	2 09	20 11.1	0 42	11 49.0	1 46	0 50.8	11 12
20 S	18 53.1	0 11	24 14.4	2 09	20 14.9	0 42	11 50.9	1 46	0 52.0	11 12
25 Th	19 18.3	0 11	24 23.7	2 09	20 18.7	0 42	11 52.7	1 46	0 53.1	11 12

☿a .362304	☿ .466231
♀ .725966	♀ .721918
⊕p .983332	⊕ .985208
♂ 1.65922	♂a 1.66582
♃ 5.19728	♃ 5.18607
♄ 9.92172	♄ 9.92744
♅ 18.4034	♅ 18.4002
♆ 29.8077	♆ 29.8078
♇ 40.0012	♇ 40.0222
Ω	Perihelia
☿ 18°♉ 51	☿ 18°♊ 09
♀ 17 ♊ 05	♀ 12 ♌ 07
⊕	⊕ 16 ♋ 13
♂ 19 ♉ 54	♂ 6 ♓ 55
♃ 10 ♋ 58	♃ 16 ♈ 14
♄ 24 ♋ 02	♄ 3 ♋ 46
♅ 14 ♊ 06	♅ 23 ♍ 58
♆ 12 ♌ 16	♆ 0 ♉ 03
♇ 20 ♋ 48	♇ 15 ♏ 55

1	☿△♃	3pm38
2 S	⊕✶♆	7am52
	☿⊻♆	2pm 7
	☿⊻♅	6 3
3 Su	⊕□♀	1am 8
	☿⊻♂	5 37
	☿✶♄	11 36
4 M	☿⚼♆	9am23
	♀□♃	6pm25
5 T	♀∠♇	4am29
	☿ ♎	5 39
	☿⊼♇	9 49
	⊕ P	12pm53
	♂□♄	7 28
	⊕☍♃	7 44
6 W	⊕⚼♇	9am31
	☿∠♅	10 7
7 Th	☿∠♄	6am13
	☿∠♂	10 29
	♀△♅	4pm43
8	☿⊼♆	6am 2
9	☿□♃	7am17
S	☿⚼♇	9 20
	♀⊼♄	5pm51
10 Su	⊕⊻♅	8am27
	☿✶♅	12pm47
	⊕□☿	2 34
11 M	♀△♂	3am 8
	☿⊻♄	11 47
12	☿✶♂	6am51
13 W	☿☍♀	1am43
	♃∠♇	3 43
	☿ ♏	2pm27
	⊕△♄	3 28
	☿△♇	7 51
14 Th	♀ ♉	3am37
	♀✶♇	2pm34
17	☿☍♆	7am57
18	☿✶♃	8pm35
19 T	⊕⊻♂	3am35
	☿0S	6pm17
20 W	☿□♅	2am31
	⊕ ♌	10 30
21 Th	⊕⊼♇	4am17
	☿☌♄	7 21
	♀☌♆	10 40
22	♂ ♍	3am32
23 S	☿ ♐	3pm54
	♂☍♇	9 28
	☿□♇	10 26
	☿□♂	10 37
24 Su	☿∠♃	6am 1
	♀△♃	1pm43
25	⊕△☿	12pm21
26 T	♂⚼♃	7am30
	♀□♅	2pm32
27	☿⊼♆	9pm13
28	♀☍♄	8pm40
29	☿⊻♃	8pm31
30 S	☿ A	3am55
	☿△♅	9pm39
31	⊕□♆	11pm21

1 M	☿⊻♄	5am39
	♀ ♊	9pm 0
2 T	☿⚼♆	8am26
	♀□♇	8 57
3 W	⊕⚼☿	3am27
	♀⚼♃	10 20
	☿ ♑	12pm38
	☿✶♇	7 34
5 F	☿⚼♅	8am 0
	☿⊼♀	5pm49
	☿△♂	7 25
	♀□♂	9 6
6 S	☿∠♄	3pm52
	⊕⊼♃	10 43
	♂ A	11 56
7	☿△♆	4pm30
9 T	☿∠♇	1am57
	☿⊻♆	4 48
	⊕☌♅	5 38
	☿☌♃	7pm57
10	☿⊼♅	12pm50
11 Th	⊕⊼☿	4am29
	☿✶♄	7pm30
	☿⚼♂	7 53
12	♀0N	11am44
13 S	⊕□♄	2am31
	☿⊼♃	6 13
	☿ ♒	6pm 5
14 Su	☿⊻♇	0am29
	☿✶♅	9 50
16 T	☿⚼♀	7am10
	♀⊼♄	8pm50
17 W	☿⊼♂	5am56
	☿□♆	8 59
18 Th	♂△♆	5am53
	♀∠♆	12pm54
19 F	⊕ ♍	0am29
	☿⊻♃	9 22
	☿☍♅	6pm50
	⊕☍♇	9 4
20 S	♀ ♋	11am53
	☿□♄	9pm20
21	♀△♇	0am48
22 M	☿ ♓	9am49
	☿☌♇	3pm15
	⊕✶♀	10 33
23 T	⊕⚼♃	3am14
	☿∠♃	11 28
	⊕☍☿	2pm 2
	☿△♀	6 1
	♀∠♅	6 30
25	☿✶♆	8am50
26 F	☿☍♂	4am12
	♀⚼♄	7 54
27 S	☿✶♃	3am14
	☿⊼♅	7 53
	☿✶♆	8pm23
28 Su	☿△♄	6am 0
	☿∠♆	6pm32
29 M	☿ ♈	10am23
	☿⊻♇	2pm56

MARCH 2044

APRIL 2044

DAY	☿ LONG	☿ LAT	♀ LONG	♀ LAT	⊕ LONG	♂ LONG	♂ LAT
	° '	° '	° '	° '	° '	° '	° '
1 Tu	2♈43	5S04	15♋23	1N37	11♍03	16♍59	1N39
2 W	7 37	4 38	17 00	1 42	12 03	17 25	1 38
3 Th	12 40	4 09	18 37	1 47	13 04	17 51	1 38
4 F	17 52	3 37	20 14	1 52	14 04	18 18	1 38
5 S	23 13	3 03	21 52	1 56	15 04	18 44	1 37
6 Su	28 43	2 25	23 29	2 01	16 04	19 10	1 37
7 M	4♉22	1 46	25 06	2 06	17 04	19 37	1 36
8 Tu	10 09	1 04	26 44	2 10	18 04	20 03	1 36
9 W	16 04	0 21	28 21	2 14	19 04	20 29	1 36
10 Th	22 06	0N24	29 59	2 19	20 04	20 56	1 35
11 F	28 14	1 09	1♌36	2 23	21 04	21 22	1 35
12 S	4♊27	1 53	3 13	2 27	22 04	21 48	1 34
13 Su	10 43	2 37	4 51	2 31	23 04	22 15	1 34
14 M	17 02	3 19	6 28	2 35	24 04	22 41	1 33
15 Tu	23 21	3 59	8 06	2 38	25 03	23 07	1 33
16 W	29 40	4 35	9 43	2 42	26 03	23 34	1 32
17 Th	5♋56	5 09	11 21	2 45	27 03	24 00	1 32
18 F	12 09	5 38	12 58	2 49	28 03	24 27	1 31
19 S	18 16	6 02	14 36	2 52	29 02	24 53	1 31
20 Su	24 17	6 23	16 13	2 55	0♎02	25 20	1 30
21 M	0♌11	6 38	17 51	2 58	1 02	25 46	1 30
22 Tu	5 57	6 50	19 28	3 01	2 01	26 13	1 29
23 W	11 34	6 57	21 06	3 03	3 01	26 39	1 29
24 Th	17 02	7 00	22 43	3 06	4 00	27 06	1 28
25 F	22 20	7 00	24 21	3 08	5 00	27 32	1 28
26 S	27 29	6 56	25 58	3 10	5 59	27 59	1 27
27 Su	2♍28	6 49	27 36	3 12	6 59	28 25	1 27
28 M	7 17	6 39	29 13	3 14	7 58	28 52	1 26
29 Tu	11 57	6 27	0♍51	3 16	8 57	29 18	1 26
30 W	16 28	6 13	2 28	3 17	9 57	29 45	1 25
31 Th	20♍50	5N57	4♍06	3N19	10♎56	0♎12	1N25

DAY	☿ LONG	☿ LAT	♀ LONG	♀ LAT	⊕ LONG	♂ LONG	♂ LAT
	° '	° '	° '	° '	° '	° '	° '
1 F	25♍04	5N40	5♍43	3N20	11♎55	0♎38	1N24
2 S	29 11	5 21	7 21	3 21	12 54	1 05	1 24
3 Su	3♎09	5 02	8 58	3 22	13 54	1 32	1 23
4 M	7 01	4 41	10 36	3 22	14 53	1 58	1 22
5 Tu	10 46	4 20	12 13	3 23	15 52	2 25	1 22
6 W	14 26	3 58	13 51	3 23	16 51	2 52	1 21
7 Th	17 59	3 36	15 28	3 24	17 50	3 18	1 21
8 F	21 27	3 14	17 05	3 24	18 49	3 45	1 20
9 S	24 50	2 52	18 43	3 24	19 48	4 12	1 19
10 Su	28 09	2 29	20 20	3 23	20 47	4 39	1 19
11 M	1♏23	2 07	21 57	3 23	21 46	5 06	1 18
12 Tu	4 33	1 44	23 35	3 22	22 45	5 32	1 18
13 W	7 40	1 22	25 12	3 22	23 43	5 59	1 17
14 Th	10 44	1 00	26 49	3 21	24 42	6 26	1 16
15 F	13 45	0 38	28 26	3 20	25 41	6 53	1 16
16 S	16 43	0 16	0♎04	3 19	26 40	7 20	1 15
17 Su	19 38	0S06	1 41	3 17	27 38	7 47	1 14
18 M	22 32	0 27	3 18	3 16	28 37	8 14	1 14
19 Tu	25 24	0 48	4 55	3 14	29 36	8 41	1 13
20 W	28 14	1 09	6 32	3 12	0♏34	9 08	1 12
21 Th	1♐02	1 29	8 09	3 10	1 33	9 35	1 12
22 F	3 50	1 49	9 46	3 08	2 31	10 02	1 11
23 S	6 36	2 09	11 23	3 06	3 30	10 29	1 10
24 Su	9 22	2 28	13 00	3 03	4 28	10 56	1 10
25 M	12 07	2 47	14 37	3 01	5 27	11 23	1 09
26 Tu	14 51	3 05	16 13	2 58	6 25	11 50	1 08
27 W	17 36	3 23	17 50	2 55	7 24	12 18	1 08
28 Th	20 21	3 40	19 27	2 52	8 22	12 45	1 07
29 F	23 06	3 57	21 04	2 49	9 20	13 12	1 06
30 S	25♐51	4S14	22♎40	2N46	10♏19	13♎39	1N06

DAY	♃ LONG	♃ LAT	♄ LONG	♄ LAT	♅ LONG	♅ LAT	♆ LONG	♆ LAT	♇ LONG	♇ LAT
	° '	° '	° '	° '	° '	° '	° '	° '	° '	° '
1 Tu	19♉43.4	0S12	24♏32.9	2N08	20♌22.5	0N42	11♉54.5	1S46	0♓54.2	11S13
6 Su	20 08.6	0 12	24 42.2	2 08	20 26.4	0 42	11 56.4	1 46	0 55.3	11 13
11 F	20 33.8	0 13	24 51.5	2 08	20 30.2	0 42	11 58.2	1 46	0 56.5	11 13
16 W	20 59.0	0 14	25 00.7	2 08	20 34.0	0 42	12 00.0	1 46	0 57.6	11 14
21 M	21 24.2	0 14	25 10.0	2 08	20 37.9	0 43	12 01.9	1 46	0 58.7	11 14
26 S	21 49.5	0 15	25 19.3	2 07	20 41.7	0 43	12 03.7	1 46	0 59.9	11 14
31 Th	22 14.7	0 15	25 28.5	2 07	20 45.5	0 43	12 05.5	1 46	1 01.0	11 14
5 Tu	22 40.0	0 16	25 37.8	2 07	20 49.4	0 43	12 07.4	1 46	1 02.1	11 15
10 Su	23 05.3	0 16	25 47.1	2 07	20 53.2	0 43	12 09.2	1 46	1 03.2	11 15
15 F	23 30.6	0 17	25 56.3	2 07	20 57.0	0 43	12 11.0	1 46	1 04.4	11 15
20 W	23 55.9	0 18	26 05.6	2 06	21 00.8	0 43	12 12.9	1 46	1 05.5	11 15
25 M	24 21.3	0 18	26 14.8	2 06	21 04.7	0 43	12 14.7	1 46	1 06.6	11 16
30 S	24 46.7	0 19	26 24.1	2 06	21 08.5	0 43	12 16.5	1 46	1 07.7	11 16

☿p.352747	☿a.379871
♀p.718967	♀ .718858
⊕ .990819	⊕ .999242
♂ 1.66337	♂ 1.65164
♃ 5.17559	♃ 5.16442
♄ 9.93269	♄ 9.93817
♅ 18.3973	♅ 18.3942
♆ 29.8079	♆ 29.8081
♇ 40.0419	♇ 40.0629
☊	Perihelia
☿ 18°♉ 51	☿ 18°♊ 09
♀ 17 ♊ 05	♀ 12 ♌ 08
⊕	⊕ 15 ♋ 16
♂ 19 ♉ 54	♂ 6 ♓ 55
♃ 10 ♋ 58	♃ 16 ♈ 13
♄ 24 ♋ 02	♄ 3 ♋ 36
♅ 14 ♊ 06	♅ 24 ♍ 00
♆ 12 ♌ 16	♆ 29 ♈ 48
♇ 20 ♋ 48	♇ 16 ♏ 00

1 T	♀⚼♇	7am47
	☿⚼♅	1pm10
	⊕△♆	8 34
2 W	♀✶♂	8am28
	☿⚼♄	9 29
	☿⊻♆	8pm31
3 Th	⊕⊼☿	2am19
	☿∠♇	3pm 5
	♀☍♃	7 51
4 F	☿⊼♂	2am 7
	♀⊻♅	2 35
	☿□♃	9 42
	☿△♅	11 32
	☿□♀	3pm24
5	☿⊼♄	6am26
6 Su	☿ ♉	5am29
	☿✶♇	9 26
	⊕⚼☿	12pm13
	♀△♄	6 23
7	☿⚼♂	1am 5
8 T	☿☌♆	7am20
	♂△♃	5pm50
	♂⊻♅	11 32
9 W	☿0N	11am 8
	⊕△☿	2pm22
	☿△♃	5 29
	☿□♅	5 37
	☿△♂	6 59
10 Th	♀ ♌	0am22
	♃⊼♅	3 54
	⊕⊻♅	10 15
	⊕△♃	10 45
	☿☍♄	10 46
	♀⊼♇	2pm16
11 F	☿ ♊	6am51
	☿□♇	10 30
	⊕☌♂	12pm44
	☿✶♀	5 38
12	☿⚼♃	4am40
13	☿⊻♆	4am49
14 M	☿ P	3am32
	☿✶♅	1pm22
	☿⊼♃	2 34
	⊕✶♄	10 7
	☿∠♀	10 41
	☿□♂	11 4
15 T	♀∠♂	0am35
	☿⊼♄	6 13
	⊕□☿	7 42
	☿∠♆	1pm51
16 W	☿ ♋	1am17
	☿△♇	4 57
	☿∠♅	10pm38
	⊕⚼♆	10 59
17 Th	♀□♆	9am50
	♀ P	10 31
	☿⚼♄	3pm56
	☿✶♆	11 29
18 F	⊕∠♀	2am51
	☿⊻♀	4 22
	☿⚼♇	2pm57
19 S	☿⊻♅	9am17
	☿☍♃	11 56
	♂✶♄	12pm50
	⊕ ♎	11 13
20 Su	☿△♄	3am26
	☿✶♂	4 31
	⊕⊼♇	10pm52
	☿ ♌	11 13
21 M	☿⊼♇	3am15
	⊕✶☿	4 9
22	♀☌♅	5pm28
23 W	☿∠♂	0am23
	☿□♆	2 3
	♀⊼♃	7 25
	♂⚼♆	9pm36
24 Th	⊕∠☿	10am52
	☿☌♅	4pm25
	☿⊼♃	9 14
25 F	☿☌♀	1pm35
	☿□♄	1 47
	♀□♄	2 13
	⊕∠♅	4 52
26 S	☿⊻♂	2am36
	☿ ♍	12pm 3
	☿☍♇	4 54
27 Su	♀⊻♂	4pm42
	☿⚼♃	10 31
28 M	⊕⊻☿	4am24
	♀ ♍	11 29
29 T	☿△♆	0am41
	♀☍♇	2 23
30 W	⊕∠♄	12pm32
	♂ ♎	1 33
	☿⊻♅	11 33
31	☿△♃	8am 3
1 F	☿✶♄	2am31
	⊕⊼♆	4 21
	☿⚼♆	11 46
	♂⊼♇	8pm52
2 S	♀⚼♃	1am 2
	☿ ♎	4 54
	☿⊼♇	11 3
	☿☌♂	12pm50
3	☿∠♅	4pm23
4 M	♀△♆	10pm34
	☿∠♄	11 3
5 T	⊕⚼♇	4am10
	☿⊼♆	8 48
	☿⊻♀	4pm59
6 W	☿⚼♇	10am49
	⊕☌☿	10pm35
7	☿✶♅	7pm52
8	☿□♃	10am37
9	☿⊻♄	6am40
10 Su	⊕✶♅	2am37
	♀⊻♅	8 13
	☿ ♏	1pm41
	⊕⊻♀	4 42
	☿△♇	9 33
11	♀△♃	6pm59
12 T	☿⊻♂	8am47
	⊕□♃	1pm46
	♂∠♅	8 30
13	♀✶♄	10am13
14 Th	♀⚼♆	5am19
	☿☍♆	11 29
	☿∠♀	6pm40
15 F	⊕⊻♄	6am30
	♀ ♎	11pm 7
16 S	♀⊼♇	3pm 6
	☿0S	5 33
17	☿□♅	11am 6
18 M	☿∠♂	6am56
	☿✶♃	10 37
19 T	☿☌♄	5am43
	⊕ ♏	10 0
	♀∠♅	4pm14
20 W	⊕△♇	12pm52
	☿ ♐	3 8
21 Th	☿□♇	0am31
	⊕⊻☿	6 44
22 F	♀☌♂	5am30
	♀∠♄	9pm 2
23 S	♀⊼♆	12pm42
	☿∠♃	11 12
24 Su	♂∠♄	3pm58
	☿✶♂	4 27
25 M	☿⊼♆	1am10
	♀⚼♇	10pm22
26	♂⊼♆	10pm 3
27 W	☿ A	3am11
	☿✶♀	4 59
28	☿△♅	6am45
29 F	♀✶♅	1am 2
	☿⊻♃	2pm20
	⊕∠☿	4 42
30 S	☿⊻♄	4am48
	☿⚼♆	12pm21

MAY 2044

DAY	☿ LONG	☿ LAT	♀ LONG	♀ LAT	⊕ LONG	♂ LONG	♂ LAT
	° '	° '	° '	° '	° '	° '	° '
1 Su	28♐37	4S30	24♎17	2N42	11♏17	14♎07	1N05
2 M	1♑25	4 45	25 53	2 39	12 15	14 34	1 04
3 Tu	4 13	5 00	27 30	2 35	13 13	15 01	1 03
4 W	7 02	5 14	29 06	2 31	14 12	15 29	1 03
5 Th	9 53	5 27	0♏43	2 28	15 10	15 56	1 02
6 F	12 46	5 40	2 19	2 24	16 08	16 23	1 01
7 S	15 41	5 52	3 56	2 19	17 06	16 51	1 01
8 Su	18 38	6 04	5 32	2 15	18 04	17 18	1 00
9 M	21 37	6 14	7 08	2 11	19 02	17 46	0 59
10 Tu	24 39	6 24	8 44	2 06	20 00	18 13	0 58
11 W	27 44	6 32	10 20	2 02	20 58	18 41	0 58
12 Th	0♒53	6 40	11 57	1 57	21 56	19 08	0 57
13 F	4 05	6 47	13 33	1 53	22 54	19 36	0 56
14 S	7 20	6 52	15 09	1 48	23 52	20 04	0 55
15 Su	10 40	6 56	16 45	1 43	24 50	20 31	0 54
16 M	14 05	6 59	18 21	1 38	25 47	20 59	0 54
17 Tu	17 34	7 00	19 56	1 33	26 45	21 27	0 53
18 W	21 08	7 00	21 32	1 28	27 43	21 55	0 52
19 Th	24 48	6 58	23 08	1 23	28 41	22 22	0 51
20 F	28 33	6 54	24 44	1 18	29 39	22 50	0 51
21 S	2♓25	6 49	26 20	1 12	0♐36	23 18	0 50
22 Su	6 23	6 41	27 55	1 07	1 34	23 46	0 49
23 M	10 29	6 31	29 31	1 02	2 32	24 14	0 48
24 Tu	14 41	6 19	1♐06	0 56	3 29	24 42	0 47
25 W	19 02	6 04	2 42	0 51	4 27	25 10	0 46
26 Th	23 30	5 46	4 18	0 45	5 25	25 38	0 46
27 F	28 07	5 26	5 53	0 40	6 22	26 06	0 45
28 S	2♈52	5 03	7 28	0 34	7 20	26 34	0 44
29 Su	7 46	4 37	9 04	0 28	8 18	27 02	0 43
30 M	12 49	4 08	10 39	0 23	9 15	27 30	0 42
31 Tu	18♈02	3S36	12♐15	0N17	10♐13	27♎59	0N41

JUNE 2044

DAY	☿ LONG	☿ LAT	♀ LONG	♀ LAT	⊕ LONG	♂ LONG	♂ LAT
	° '	° '	° '	° '	° '	° '	° '
1 W	23♈23	3S02	13♐50	0N12	11♐10	28♎27	0N41
2 Th	28 54	2 24	15 25	0 06	12 08	28 55	0 40
3 F	4♉33	1 44	17 00	0 00	13 05	29 23	0 39
4 S	10 20	1 03	18 36	0S05	14 03	29 52	0 38
5 Su	16 16	0 19	20 11	0 11	15 00	0♏20	0 37
6 M	22 18	0N25	21 46	0 17	15 58	0 48	0 36
7 Tu	28 26	1 10	23 21	0 22	16 55	1 17	0 35
8 W	4♊39	1 55	24 56	0 28	17 52	1 45	0 35
9 Th	10 55	2 39	26 31	0 33	18 50	2 14	0 34
10 F	17 14	3 20	28 06	0 39	19 47	2 43	0 33
11 S	23 33	4 00	29 41	0 45	20 44	3 11	0 32
12 Su	29 52	4 37	1♑16	0 50	21 42	3 40	0 31
13 M	6♋08	5 09	2 51	0 55	22 39	4 09	0 30
14 Tu	12 20	5 38	4 26	1 01	23 36	4 37	0 29
15 W	18 28	6 03	6 01	1 06	24 34	5 06	0 28
16 Th	24 29	6 23	7 36	1 11	25 31	5 35	0 27
17 F	0♌22	6 39	9 11	1 17	26 28	6 04	0 27
18 S	6 08	6 50	10 46	1 22	27 26	6 33	0 26
19 Su	11 45	6 57	12 21	1 27	28 23	7 01	0 25
20 M	17 12	7 00	13 56	1 32	29 20	7 30	0 24
21 Tu	22 30	7 00	15 31	1 37	0♑17	7 59	0 23
22 W	27 38	6 55	17 06	1 42	1 15	8 29	0 22
23 Th	2♍37	6 48	18 41	1 47	2 12	8 58	0 21
24 F	7 26	6 39	20 16	1 52	3 09	9 27	0 20
25 S	12 06	6 27	21 50	1 56	4 06	9 56	0 19
26 Su	16 36	6 12	23 25	2 01	5 04	10 25	0 18
27 M	20 59	5 57	25 00	2 05	6 01	10 54	0 17
28 Tu	25 12	5 39	26 35	2 10	6 58	11 24	0 16
29 W	29 18	5 21	28 10	2 14	7 55	11 53	0 15
30 Th	3♎17	5N01	29♑45	2S18	8♑53	12♏23	0N15

DAY	♃ LONG	♃ LAT	♄ LONG	♄ LAT	♅ LONG	♅ LAT	♆ LONG	♆ LAT	♇ LONG	♇ LAT
	° '	° '	° '	° '	° '	° '	° '	° '	° '	° '
5 Th	25♑12.1	0S19	26♏33.3	2N06	21♌12.3	0N43	12♉18.4	1S46	1♓08.9	11S16
10 Tu	25 37.5	0 20	26 42.6	2 05	21 16.2	0 43	12 20.2	1 46	1 10.0	11 16
15 Su	26 02.9	0 20	26 51.8	2 05	21 20.0	0 43	12 22.1	1 46	1 11.1	11 17
20 F	26 28.3	0 21	27 01.1	2 05	21 23.8	0 43	12 23.9	1 46	1 12.3	11 17
25 W	26 53.8	0 21	27 10.3	2 05	21 27.7	0 43	12 25.7	1 46	1 13.4	11 17
30 M	27 19.3	0 22	27 19.6	2 05	21 31.5	0 43	12 27.6	1 46	1 14.5	11 17
4 S	27 44.8	0 23	27 28.8	2 04	21 35.4	0 43	12 29.4	1 46	1 15.7	11 18
9 Th	28 10.3	0 23	27 38.1	2 04	21 39.2	0 43	12 31.3	1 46	1 16.8	11 18
14 Tu	28 35.8	0 24	27 47.3	2 04	21 43.0	0 43	12 33.1	1 46	1 17.9	11 18
19 Su	29 01.4	0 24	27 56.6	2 04	21 46.9	0 43	12 34.9	1 46	1 19.0	11 18
24 F	29 26.9	0 25	28 05.8	2 03	21 50.7	0 43	12 36.8	1 46	1 20.2	11 19
29 W	29 52.5	0 25	28 15.1	2 03	21 54.6	0 43	12 38.6	1 46	1 21.3	11 19

☿ .464616	☿p .331551
♀ .721803	♀ .725873
⊕ 1.00756	⊕ 1.01404
♂ 1.63182	♂ 1.60356
♃ 5.15367	♃ 5.14263
♄ 9.94337	♄ 9.94861
♅ 18.3912	♅ 18.3882
♆ 29.8083	♆ 29.8084
♇ 40.0831	♇ 40.1041
☊	Perihelia
☿ 18°♉ 52	☿ 18°♊ 09
♀ 17 ♊ 05	♀ 12 ♌ 19
⊕	⊕ 12 ♋ 22
♂ 19 ♉ 54	♂ 6 ♓ 55
♃ 10 ♋ 58	♃ 16 ♈ 12
♄ 24 ♋ 02	♄ 3 ♋ 23
♅ 14 ♊ 06	♅ 23 ♍ 59
♆ 12 ♌ 15	♆ 29 ♈ 50
♇ 20 ♋ 48	♇ 16 ♏ 05

1 Su	♀□♃	9am 8
	☿ ♑	11 52
	☿✱♇	9pm39
2 M	⊕☍♆	0am52
	♀⚺♄	8 42
3	☿⚼♅	4pm49
4	♀ ♏	1pm20
5 Th	♀△♇	6am29
	♂⚼♇	11 24
	☿∠♄	2pm 6
	☿△♆	8 14
6	⊕⚺♂	12pm 8
7 S	☿∠♇	3am54
	☿□♂	11 18
	⊕✱☿	5pm15
8	☿⚻♅	9pm 6
10 T	☿☌♃	7am48
	☿✱♄	4pm12
11 W	⊕□♅	7am58
	☿ ♒	5pm19
12 Th	☿⚺♇	2am14
	♀☍♆	6 7
15	☿□♆	12pm 2
16 M	⊕✱♃	9am21
	♂✱♅	7pm19
17 T	⊕☌♄	4am25
	♀□♅	9pm29
18 W	☿☍♅	1am35
	☿□♀	4 47
	☿△♂	5 53
	♀⚺♂	7 52
19 Th	☿⚺♃	10am29
	☿□♄	2pm11
20 F	⊕ ♐	8am55
	☿ ♓	9 3
	⊕□☿	9 6
	☿☌♇	4pm33
21 S	♀✱♃	3am40
	♀☌♄	11 6
	⊕□♇	3pm 6
22	☿⚼♂	3pm50
23 M	♀ ♐	7am19
	☿∠♃	7 21
	☿✱♆	11 10
24	♀□♇	1am41
25	☿⚻♅	1pm12
26 Th	☿⚻♂	12pm27
	☿✱♃	6 32
	☿△♄	7 28
	☿∠♆	8 34
27 F	☿ ♈	9am37
	☿⚺♇	3pm51
	⊕☌♀	6 38
28	☿⚼♅	5pm54
29 Su	⊕△☿	3am 7
	☿△♀	9 6
	♂□♃	12pm30
	♂⚺♄	2 13
	☿⚼♄	9 39
	☿⚺♆	10 18
30 M	♃✱♄	2am26
	☿∠♇	3pm51
31	♀∠♃	2am36
T	♀⚻♆	3 23
	♀∠♂	3pm43
	☿△♅	3 49
1 W	⊕⚼☿	2pm46
	☿⚻♄	5 35
	☿□♃	6 13
2 Th	☿☍♂	0am 6
	☿ ♉	4 44
	⊕⚻♆	8 48
	☿⚼♀	9 5
	☿✱♇	10 5
	⊕∠♃	12pm17
3	♀0S	1am 8
4 S	♂ ♏	7am 2
	☿☌♆	8 47
	⊕⚻☿	5pm58
5 Su	☿0N	10am23
	⊕∠♂	4pm30
	☿⚻♀	9 11
	☿□♅	9 19
	♀△♅	9 41
6	☿☍♄	8pm40
M	☿△♃	10 19
	♂△♇	11 28
7 T	☿ ♊	6am 6
	☿□♇	11 1
	☿⚻♂	11 58
9 Th	☿⚺♆	6am 7
	☿⚼♃	8 42
	♀⚼♆	3pm12
	♀⚺♄	5 12
10 F	☿⚼♂	1am59
	♀⚺♃	2 24
	☿ P	2 47
	⊕☍☿	11 26
	☿✱♅	4pm53
11 S	♀ ♑	4am42
	☿∠♆	3pm 9
	☿⚻♄	3 50
	☿⚻♃	6 28
	⊕△♅	11 54
12 Su	♀✱♇	0am16
	☿ ♋	0 32
	☿△♇	5 28
	☿☍♀	7 13
	☿△♂	3pm44
13	☿∠♅	2am13
14 T	☿✱♆	0am50
	☿⚼♄	1 46
	♀✱♂	3 55
	☿⚼♇	3pm30
15 W	♀⚼♅	10am49
	☿⚺♅	1pm 1
16 Th	⊕⚻☿	4am59
	☿△♄	1pm44
	☿☍♃	5 40
	☿ ♌	10 28
17	☿⚻♇	3am52
18 S	☿□♂	1am53
	⊕⚼♆	3 49
	⊕⚺♄	12pm38
19 Su	♀△♆	3am31
	☿□♆	3 39
	☿⚻♀	3 42
	⊕⚼☿	8 37
	♀∠♄	9 9
	⊕⚺♃	5pm44
20 M	⊕ ♑	4pm44
	☿☌♅	8 48
21	♀∠♇	12pm19
22 W	☿□♄	1am54
	⊕✱♇	2 9
	☿⚻♃	7 58
	☿ ♍	11 18
	☿☍♇	5pm44
	⊕△☿	9 28
23	☿⚼♀	7am46
24	☿✱♂	11am28
25 S	♀⚻♅	0am17
	☿△♆	2 45
	☿⚼♃	1pm 8
27 M	☿⚺♅	5am 6
	⊕⚼♅	10pm 9
28 T	☿∠♂	7am49
	☿△♀	12pm58
	☿⚼♆	2 10
	☿✱♄	5 42
29 W	♀✱♄	1am21
	☿△♃	3 28
	☿ ♎	4 8
	☿⚻♇	12pm17
30 Th	♀☌♃	3am28
	♀ ♒	3 52
	♃ ♒	11 6
	♂☍♆	1pm37
	☿∠♅	10 41

JULY 2044

AUGUST 2044

DAY	☿ LONG	☿ LAT	♀ LONG	♀ LAT	⊕ LONG	♂ LONG	♂ LAT
	° '	° '	° '	° '	° '	° '	° '
1 F	7♎09	4N41	1♒20	2S22	9♑50	12♏52	0N14
2 S	10 54	4 19	2 54	2 26	10 47	13 21	0 13
3 Su	14 33	3 58	4 29	2 30	11 44	13 51	0 12
4 M	18 06	3 36	6 04	2 34	12 41	14 21	0 11
5 Tu	21 34	3 14	7 39	2 37	13 39	14 50	0 10
6 W	24 57	2 51	9 14	2 41	14 36	15 20	0 09
7 Th	28 15	2 29	10 49	2 44	15 33	15 50	0 08
8 F	1♏29	2 06	12 24	2 48	16 30	16 19	0 07
9 S	4 40	1 44	13 59	2 51	17 27	16 49	0 06
10 Su	7 46	1 21	15 33	2 54	18 25	17 19	0 05
11 M	10 50	0 59	17 08	2 57	19 22	17 49	0 04
12 Tu	13 51	0 37	18 43	2 59	20 19	18 19	0 03
13 W	16 49	0 15	20 18	3 02	21 16	18 49	0 02
14 Th	19 44	0S06	21 53	3 04	22 13	19 19	0 01
15 F	22 38	0 28	23 28	3 07	23 11	19 49	0 00
16 S	25 29	0 49	25 03	3 09	24 08	20 19	0S01
17 Su	28 19	1 09	26 38	3 11	25 05	20 49	0 02
18 M	1♐08	1 30	28 13	3 13	26 02	21 20	0 03
19 Tu	3 55	1 50	29 48	3 15	27 00	21 50	0 04
20 W	6 41	2 09	1♓23	3 16	27 57	22 20	0 05
21 Th	9 27	2 28	2 58	3 18	28 54	22 51	0 06
22 F	12 12	2 47	4 33	3 19	29 51	23 21	0 07
23 S	14 57	3 06	6 09	3 20	0♒49	23 52	0 08
24 Su	17 41	3 23	7 44	3 21	1 46	24 22	0 09
25 M	20 26	3 41	9 19	3 22	2 43	24 53	0 10
26 Tu	23 11	3 58	10 54	3 23	3 41	25 23	0 11
27 W	25 57	4 14	12 29	3 23	4 38	25 54	0 12
28 Th	28 43	4 30	14 04	3 23	5 35	26 25	0 13
29 F	1♑30	4 45	15 40	3 24	6 33	26 56	0 14
30 S	4 18	5 00	17 15	3 24	7 30	27 26	0 15
31 Su	7♑08	5S14	18♓50	3S24	8♒28	27♏57	0S16

DAY	☿ LONG	☿ LAT	♀ LONG	♀ LAT	⊕ LONG	♂ LONG	♂ LAT
	° '	° '	° '	° '	° '	° '	° '
1 M	9♑59	5S28	20♓25	3S23	9♒25	28♏28	0S17
2 Tu	12 52	5 41	22 01	3 23	10 22	28 59	0 18
3 W	15 46	5 53	23 36	3 22	11 20	29 30	0 19
4 Th	18 43	6 04	25 11	3 22	12 17	0♐01	0 20
5 F	21 43	6 14	26 47	3 21	13 15	0 33	0 20
6 S	24 45	6 24	28 22	3 20	14 12	1 04	0 21
7 Su	27 50	6 33	29 57	3 19	15 10	1 35	0 22
8 M	0♒59	6 40	1♈33	3 17	16 07	2 06	0 23
9 Tu	4 11	6 47	3 08	3 16	17 05	2 38	0 24
10 W	7 27	6 52	4 44	3 14	18 02	3 09	0 25
11 Th	10 47	6 56	6 19	3 12	19 00	3 41	0 26
12 F	14 11	6 59	7 55	3 10	19 57	4 12	0 27
13 S	17 41	7 00	9 30	3 08	20 55	4 44	0 28
14 Su	21 15	7 00	11 06	3 06	21 52	5 16	0 29
15 M	24 55	6 58	12 41	3 04	22 50	5 47	0 30
16 Tu	28 41	6 54	14 17	3 01	23 48	6 19	0 31
17 W	2♓33	6 49	15 53	2 59	24 45	6 51	0 32
18 Th	6 31	6 41	17 28	2 56	25 43	7 23	0 33
19 F	10 37	6 31	19 04	2 53	26 41	7 55	0 34
20 S	14 49	6 18	20 40	2 50	27 38	8 27	0 35
21 Su	19 10	6 03	22 15	2 47	28 36	8 59	0 36
22 M	23 39	5 46	23 51	2 43	29 34	9 31	0 37
23 Tu	28 16	5 25	25 27	2 40	0♓32	10 03	0 38
24 W	3♈01	5 02	27 03	2 36	1 30	10 35	0 39
25 Th	7 56	4 36	28 39	2 33	2 28	11 07	0 40
26 F	12 59	4 07	0♉14	2 29	3 25	11 40	0 41
27 S	18 12	3 35	1 50	2 25	4 23	12 12	0 42
28 Su	23 34	3 00	3 26	2 21	5 21	12 44	0 43
29 M	29 04	2 23	5 02	2 17	6 19	13 17	0 44
30 Tu	4♉44	1 43	6 38	2 12	7 17	13 49	0 45
31 W	10♉32	1S01	8♉14	2S08	8♓15	14♐22	0S46

DAY	♃ LONG	♃ LAT	♄ LONG	♄ LAT	♅ LONG	♅ LAT	♆ LONG	♆ LAT	♇ LONG	♇ LAT
	° '	° '	° '	° '	° '	° '	° '	° '	° '	° '
4 M	0♒18.1	0S26	28♏24.3	2N03	21♌58.4	0N43	12♉40.5	1S46	1♓22.4	11S19
9 S	0 43.7	0 26	28 33.5	2 03	22 02.2	0 43	12 42.3	1 46	1 23.6	11 19
14 Th	1 09.4	0 27	28 42.8	2 03	22 06.1	0 43	12 44.1	1 46	1 24.7	11 20
19 Tu	1 35.0	0 28	28 52.0	2 02	22 09.9	0 43	12 46.0	1 46	1 25.8	11 20
24 Su	2 00.7	0 28	29 01.2	2 02	22 13.7	0 43	12 47.8	1 46	1 27.0	11 20
29 F	2 26.4	0 29	29 10.5	2 02	22 17.6	0 43	12 49.7	1 46	1 28.1	11 20
3 W	2 52.1	0 29	29 19.7	2 02	22 21.4	0 43	12 51.5	1 46	1 29.2	11 21
8 M	3 17.8	0 30	29 28.9	2 01	22 25.3	0 43	12 53.3	1 46	1 30.3	11 21
13 S	3 43.5	0 30	29 38.1	2 01	22 29.1	0 43	12 55.2	1 46	1 31.5	11 21
18 Th	4 09.3	0 31	29 47.3	2 01	22 32.9	0 43	12 57.0	1 46	1 32.6	11 21
23 Tu	4 35.1	0 31	29 56.6	2 01	22 36.8	0 43	12 58.9	1 46	1 33.7	11 22
28 Su	5 00.9	0 32	0♐05.8	2 00	22 40.6	0 43	13 00.7	1 46	1 34.8	11 22

☿a.397008	☿ .458039
♀a.728139	♀ .727175
⊕a1.01668	⊕ 1.01499
♂ 1.57012	♂ 1.53131
♃ 5.13204	♃ 5.12122
♄ 9.95356	♄ 9.95854
♅ 18.3853	♅ 18.3824
♆ 29.8086	♆ 29.8088
♇ 40.1243	♇ 40.1452
☊	Perihelia
☿ 18°♉ 52	☿ 18°♊ 09
♀ 17 ♊ 05	♀ 12 ♌ 24
⊕	⊕ 13 ♋ 39
♂ 19 ♉ 54	♂ 6 ♓ 54
♃ 10 ♋ 58	♃ 16 ♈ 14
♄ 24 ♋ 03	♄ 3 ♋ 10
♅ 14 ♊ 06	♅ 23 ♍ 52
♆ 12 ♌ 15	♆ 0 ♉ 21
♇ 20 ♋ 48	♇ 16 ♏ 08

1 F	♀⚺♇	0am34
	⊕□☿	11pm 3
2 S	☿⚻♆	11am34
	☿∠♄	4pm11
	☿⚺♂	6 40
3 Su	☿⚼♇	12pm17
	⊕ A	3 25
	⊕△♆	11 35
4	⊕∠♄	6pm35
5	☿✱♅	3am 0
7 Th	☿⚺♄	1am50
	☿ ♏	12pm55
	⊕✱♂	2 29
	☿□♃	5 32
	⊕∠♇	9 6
	♀ A	10 20
	☿△♇	11 16
8	♀□♆	4am38
11 M	♀□♂	2pm57
	☿☍♆	3 1
13 W	☿0S	4pm48
	☿☌♂	7 49
	⊕⚻♅	8 53
14 Th	♀☍♅	3am16
	⊕⚺♀	12pm48
	☿□♅	7 43
15 F	♂0S	4am14
	⊕✱☿	6 54
	☿□♀	3pm49
17 Su	♃⚺♇	3am 0
	☿☌♄	4 12
	☿ ♐	2pm21
18 M	☿□♇	2am35
	☿✱♃	3 18
	♀□♄	9 31
19 T	♀ ♓	2am58
	♂□♅	4pm15
20 W	♀☌♇	0am42
	♀⚺♃	4 30
21	⊕✱♄	0am41
22 F	⊕ ♒	3am36
	☿⚻♆	5 7
23 S	⊕∠☿	11am36
	⊕⚺♇	3pm59
	☿∠♃	5 52
24 Su	☿ A	2am26
	⊕☌♃	6 45
25	☿△♅	3pm50
26	☿⚺♂	11pm31
27 W	♀✱♆	5am 1
	☿⚼♆	4pm15
28 Th	☿⚺♄	3am45
	☿ ♑	11 5
	☿✱♇	11pm44
29	☿⚺♃	8am19
30	♀∠♃	4am28
31 Su	☿⚼♅	1am37
	⊕⚺☿	4pm53

1	☿△♆	11pm56
2 T	♀⚻♅	5am 6
	☿∠♂	11 21
	☿∠♄	12pm 0
	♂☌♄	3 14
3 W	☿∠♇	5am50
	♂ ♐	10pm53
4	⊕□♆	2pm36
5 F	☿⚻♅	5am19
	♀∠♆	4pm36
6 S	♀△♄	4pm14
	♂□♇	8 8
7 Su	♀ ♈	0am40
	⊕∠♀	7 43
	☿✱♄	12pm29
	☿ ♒	4 33
	♀⚺♇	11 24
8 M	☿⚺♇	3am58
	☿✱♀	8 30
	☿✱♂	10 9
	♀△♂	12pm37
	☿☌♃	5 53
9	♀✱♃	3am55
10	♂✱♃	5pm11
11 Th	☿□♆	3pm 4
	♀⚼♅	5 20
14 Su	⊕☌☿	5am35
	☿☍♅	8 16
	⊕☍♅	3pm52
15	♀⚺♆	3am40
16 T	☿∠♀	6am30
	☿□♄	6 38
	♀⚼♄	6 50
	☿ ♓	8 17
	☿☌♇	5pm50
17 W	☿⚺♃	9am30
	♀∠♇	10 0
18	☿□♂	5am52
19	☿✱♆	1pm28
21 Su	☿∠♃	1am22
	♀△♅	5 1
	☿⚻♅	6pm27
22 M	☿⚺♀	1am41
	⊕□♄	8 53
	⊕ ♓	10 47
	♀⚼♂	2pm56
	☿∠♆	10 34
23 T	☿△♄	8am37
	☿ ♈	8 51
	⊕⚺☿	2pm28
	☿⚺♇	4 44
24 W	⊕☌♇	1am46
	☿✱♃	8 18
	♄ ♐	8pm49
	☿⚼♅	10 36
25 Th	☿△♂	5pm 2
	♀ ♉	8 23
	♀⚻♄	8 51
26 F	☿⚺♆	0am 3
	☿⚼♄	9 34
	☿∠♇	4pm36
	♀✱♇	8 4
27 S	⊕∠☿	6am35
	⊕⚺♃	2pm42
	☿△♅	8 5
28 Su	♂⚻♆	12pm 8
	☿⚼♂	8 14
29 M	♀□♃	1am 1
	☿ ♉	3 58
	☿⚻♄	4 32
	☿✱♇	10 44
30 T	☿□♃	1am56
	☿☌♀	10 59
	⊕✱☿	12pm47
31 W	⊕✱♀	0am45
	☿☌♆	10 13
	☿⚻♂	5pm12

SEPTEMBER 2044

DAY		☿ LONG	☿ LAT	♀ LONG	♀ LAT	⊕ LONG	♂ LONG	♂ LAT
		° '	° '	° '	° '	° '	° '	° '
1	Th	16♉27	0S18	9♉50	2S03	9♓13	14♐55	0S47
2	F	22 29	0N27	11 26	1 59	10 11	15 27	0 48
3	S	28 37	1 12	13 02	1 54	11 09	16 00	0 49
4	Su	4♊50	1 56	14 38	1 49	12 08	16 33	0 50
5	M	11 07	2 40	16 15	1 45	13 06	17 06	0 51
6	Tu	17 26	3 22	17 51	1 40	14 04	17 39	0 52
7	W	23 45	4 01	19 27	1 35	15 02	18 12	0 53
8	Th	0♋03	4 38	21 03	1 29	16 00	18 45	0 54
9	F	6 20	5 10	22 39	1 24	16 59	19 18	0 54
10	S	12 32	5 39	24 16	1 19	17 57	19 51	0 55
11	Su	18 39	6 04	25 52	1 14	18 55	20 24	0 56
12	M	24 40	6 24	27 28	1 08	19 53	20 58	0 57
13	Tu	0♌33	6 39	29 05	1 03	20 52	21 31	0 58
14	W	6 19	6 50	0♊41	0 58	21 50	22 05	0 59
15	Th	11 55	6 57	2 17	0 52	22 49	22 38	1 00
16	F	17 22	7 00	3 54	0 47	23 47	23 12	1 01
17	S	22 40	6 59	5 30	0 41	24 46	23 45	1 02
18	Su	27 48	6 55	7 07	0 35	25 44	24 19	1 03
19	M	2♍46	6 48	8 43	0 30	26 43	24 52	1 04
20	Tu	7 35	6 38	10 20	0 24	27 41	25 26	1 04
21	W	12 14	6 26	11 57	0 18	28 40	26 00	1 05
22	Th	16 45	6 12	13 33	0 13	29 39	26 34	1 06
23	F	21 07	5 56	15 10	0 07	0♈37	27 08	1 07
24	S	25 20	5 39	16 47	0 01	1 36	27 42	1 08
25	Su	29 26	5 20	18 23	0N05	2 35	28 16	1 09
26	M	3♎24	5 00	20 00	0 10	3 34	28 50	1 10
27	Tu	7 16	4 40	21 37	0 16	4 33	29 24	1 11
28	W	11 01	4 19	23 14	0 22	5 32	29 58	1 11
29	Th	14 39	3 57	24 50	0 28	6 30	0♑33	1 12
30	F	18♎12	3N35	26♊27	0N33	7♈29	1♑07	1S13

OCTOBER 2044

DAY		☿ LONG	☿ LAT	♀ LONG	♀ LAT	⊕ LONG	♂ LONG	♂ LAT
		° '	° '	° '	° '	° '	° '	° '
1	S	21♎40	3N13	28♊04	0N39	8♈28	1♑41	1S14
2	Su	25 03	2 50	29 41	0 44	9 27	2 16	1 15
3	M	28 21	2 28	1♋18	0 50	10 26	2 50	1 16
4	Tu	1♏35	2 05	2 55	0 56	11 25	3 25	1 16
5	W	4 46	1 43	4 32	1 01	12 25	3 59	1 17
6	Th	7 52	1 21	6 09	1 07	13 24	4 34	1 18
7	F	10 56	0 58	7 46	1 12	14 23	5 09	1 19
8	S	13 56	0 36	9 23	1 17	15 22	5 43	1 20
9	Su	16 54	0 14	11 00	1 23	16 21	6 18	1 20
10	M	19 50	0S07	12 38	1 28	17 20	6 53	1 21
11	Tu	22 43	0 28	14 15	1 33	18 20	7 28	1 22
12	W	25 35	0 49	15 52	1 38	19 19	8 03	1 23
13	Th	28 24	1 10	17 29	1 43	20 18	8 38	1 23
14	F	1♐13	1 30	19 06	1 48	21 18	9 13	1 24
15	S	4 00	1 50	20 44	1 53	22 17	9 48	1 25
16	Su	6 47	2 10	22 21	1 58	23 17	10 24	1 26
17	M	9 32	2 29	23 58	2 02	24 16	10 59	1 26
18	Tu	12 17	2 48	25 36	2 07	25 16	11 34	1 27
19	W	15 02	3 06	27 13	2 11	26 15	12 10	1 28
20	Th	17 47	3 24	28 50	2 16	27 15	12 45	1 28
21	F	20 31	3 41	0♌28	2 20	28 15	13 20	1 29
22	S	23 16	3 58	2 05	2 24	29 14	13 56	1 30
23	Su	26 02	4 15	3 43	2 28	0♉14	14 32	1 30
24	M	28 48	4 31	5 20	2 32	1 14	15 07	1 31
25	Tu	1♑35	4 46	6 58	2 36	2 14	15 43	1 32
26	W	4 24	5 01	8 35	2 39	3 14	16 19	1 32
27	Th	7 13	5 15	10 13	2 43	4 13	16 54	1 33
28	F	10 04	5 28	11 50	2 46	5 13	17 30	1 34
29	S	12 57	5 41	13 28	2 50	6 13	18 06	1 34
30	Su	15 52	5 53	15 05	2 53	7 13	18 42	1 35
31	M	18♑49	6S04	16♌43	2N56	8♉13	19♑18	1S36

DAY		♃ LONG	♃ LAT	♄ LONG	♄ LAT	♅ LONG	♅ LAT	♆ LONG	♆ LAT	♇ LONG	♇ LAT
		° '	° '	° '	° '	° '	° '	° '	° '	° '	° '
2	F	5♒26.7	0S32	0♐15.0	2N00	22♌44.4	0N43	13♉02.5	1S46	1♓36.0	11S22
7	W	5 52.5	0 33	0 24.2	2 00	22 48.3	0 43	13 04.4	1 46	1 37.1	11 22
12	M	6 18.3	0 33	0 33.4	2 00	22 52.1	0 43	13 06.2	1 46	1 38.2	11 23
17	S	6 44.2	0 34	0 42.6	2 00	22 55.9	0 43	13 08.0	1 46	1 39.3	11 23
22	Th	7 10.1	0 34	0 51.8	1 59	22 59.8	0 43	13 09.9	1 46	1 40.4	11 23
27	Tu	7 36.0	0 35	1 01.0	1 59	23 03.6	0 43	13 11.7	1 46	1 41.6	11 23
2	Su	8 01.9	0 36	1 10.2	1 59	23 07.4	0 43	13 13.5	1 46	1 42.7	11 24
7	F	8 27.8	0 36	1 19.4	1 59	23 11.3	0 43	13 15.4	1 46	1 43.8	11 24
12	W	8 53.7	0 37	1 28.6	1 58	23 15.1	0 43	13 17.2	1 46	1 44.9	11 24
17	M	9 19.7	0 37	1 37.8	1 58	23 19.0	0 43	13 19.0	1 46	1 46.1	11 24
22	S	9 45.7	0 38	1 47.0	1 58	23 22.8	0 43	13 20.9	1 46	1 47.2	11 25
27	Th	10 11.7	0 38	1 56.2	1 58	23 26.6	0 43	13 22.7	1 46	1 48.3	11 25

☿p.315535	☿a.417968
♀ .723514	♀p.719797
⊕ 1.00925	⊕ 1.00123
♂ 1.49089	♂ 1.45335
♃ 5.11054	♃ 5.10037
♄ 9.96340	♄ 9.96798
♅ 18.3795	♅ 18.3768
♆ 29.8090	♆ 29.8091
♇ 40.1661	♇ 40.1863
☊	Perihelia
☿ 18° ♉ 52	☿ 18° ♊ 09
♀ 17 ♊ 05	♀ 12 ♌ 21
⊕	⊕ 15 ♋ 43
♂ 19 ♉ 54	♂ 6 ♓ 53
♃ 10 ♋ 58	♃ 16 ♈ 16
♄ 24 ♋ 03	♄ 3 ♋ 00
♅ 14 ♊ 06	♅ 23 ♍ 45
♆ 12 ♌ 15	♆ 0 ♉ 55
♇ 20 ♋ 49	♇ 16 ♏ 09

1	☿0N	9am39
2	☿□♅	1am 0
3 S	♀☌♆	0am 9
	☿ ♊	5 20
	☿☍♄	6 27
	☿□♇	11 33
4 Su	☿△♃	3am 1
	⊕⚹♆	11pm 8
5 M	☿⊻♆	7am25
	⊕□☿	8 54
	♀⊼♂	7pm32
6 T	☿☍♂	0am55
	☿ P	2 2
	☿⊻♀	2 7
	☿⚼♃	12pm56
	☿⚹♅	8 24
7 W	☿∠♆	4pm27
	☿ ♋	11 47
8 Th	☿⊼♄	1am26
	☿△♇	5 58
	☿⊼♃	10pm55
9	♀□♅	2am38
F	☿∠♅	5 48
	☿∠♀	6 53
10 S	☿⚹♆	2am11
	☿⚼♄	11 38
	☿⚼♇	4pm 2
11 Su	⊕△☿	1am15
	☿⊼♂	7 40
	☿⊻♅	4pm46
12 M	☿⚹♀	3pm37
	♂∠♃	5 31
	☿ ♌	9 42
13 T	☿△♄	0am 8
	☿⊼♇	4 29
	♀ ♊	1pm48
	⊕∠♃	2 18
	♀☍♄	11 1
14 W	☿☍♃	0am43
	⊕⚼☿	2 41
	☿⚼♂	3 35
	⊕□♂	1pm46
	♀□♇	2 24
15 Th	⊕⊼♅	2am24
	☿□♆	5 14
	♂△♅	12pm 2
17 S	☿☌♅	1am14
	☿△♂	5 38
	⊕⊼☿	11 59
	♀△♃	7pm25
18 Su	☿ ♍	10am32
	☿□♄	2pm12
	☿☍♇	6 35
19	☿⊼♃	8pm59
20 T	⊕∠♆	11am25
	☿□♀	9pm37
21 W	☿△♆	4am50
	♀⊻♆	6pm12
22	⊕ ♈	8am41
23 F	☿⚼♃	6am33
	⊕△♄	6 49
	☿⊻♅	10 43
24 S	⊕⊻♇	1am54
	♀0N	4 37
	☿□♂	3pm57
	☿⚼♆	4 35
	♂⚼♆	8 34
25	☿ ♎	3am23
Su	☿⚹♄	9 11
	☿⊼♇	1pm32
26	⊕☍☿	1am18
27 T	☿△♃	2am11
	☿∠♅	5 4
	♀⚼♃	3pm30
	♀⚹♅	9 42
28 W	♂ ♑	1am14
	☿⊼♆	2pm22
29 Th	☿∠♄	9am37
	☿⚼♇	1pm45
	♂⊻♄	11 47
30 F	⊕⚹♃	9am52
	⊕⚼♅	3pm 3
1 S	♂⚹♇	0am53
	♀∠♆	2 14
	☿⚹♅	10 13
2 Su	♀ ♋	4am40
	♀⊼♄	10pm29
3 M	♀△♇	6am10
	☿ ♏	12pm 9
	☿⊻♄	9 18
4 T	☿△♇	0am59
	♀☍♂	11 23
	☿⚹♂	4pm48
	☿△♀	8 28
5	⊕⊻♆	8pm29
6	☿□♃	4am 4
7 F	♀∠♅	6am15
	♀⊼♃	10 52
	☿☍♆	6pm34
8	⊕⊼☿	5pm17
9 Su	⊕⚼♄	0am49
	⊕∠♇	9 23
	☿0S	4pm 4
10 M	♀⚹♆	9am38
	☿∠♂	9pm24
11	☿□♅	4am23
12 W	♂⚼♅	8am26
	♀⚼♄	9 14
	♀⚼♇	1pm 6
13 Th	☿ ♐	1pm35
	♂⊻♃	4 41
14 F	☿☌♄	2am48
	☿□♇	4 39
16 Su	⊕△♅	0am36
	☿⚼♀	12pm 4
	♀⊻♅	2 12
	⊕⚼☿	8 23
	☿⚹♃	10 8
17 M	⊕□♀	11am22
	☿⊻♂	4pm 1
18	☿⊼♆	9am 4
20 Th	☿ A	1am41
	♀ ♌	5pm 9
21 F	♂△♆	0am 2
	♀△♄	7pm25
	♀⊼♇	7 32
22 S	☿△♅	0am55
	♄□♇	2 8
	☿∠♃	1pm22
	⊕ ♉	6 19
23	☿⚼♆	8pm 9
24 M	☿ ♑	10am20
	⊕⚹♇	1pm35
	⊕⊼♄	3 14
25 T	☿⚹♇	1am47
	☿⊻♄	2 29
	⊕△☿	8 31
26 W	♂∠♇	7pm52
	♀☍♃	11 46
27 Th	♂∠♄	1am16
	☿⚼♅	10 23
28 F	☿⊻♃	1am49
	♀ P	6 51
	♀□♆	10pm59
29 S	☿△♆	3am38
	☿⊼♀	9 31
30 Su	☿∠♇	7am46
	☿∠♄	9 35
31	☿☌♂	4am53

NOVEMBER 2044

DECEMBER 2044

DAY	☿ LONG	☿ LAT	♀ LONG	♀ LAT	⊕ LONG	♂ LONG	♂ LAT
	° '	° '	° '	° '	° '	° '	° '
1 Tu	21♑49	6S15	18♌20	2N59	9♉13	19♑54	1S36
2 W	24 51	6 24	19 58	3 01	10 13	20 30	1 37
3 Th	27 56	6 33	21 35	3 04	11 13	21 06	1 37
4 F	1♒05	6 40	23 13	3 06	12 13	21 43	1 38
5 S	4 17	6 47	24 50	3 09	13 13	22 19	1 38
6 Su	7 33	6 52	26 28	3 11	14 13	22 55	1 39
7 M	10 53	6 56	28 05	3 13	15 14	23 31	1 39
8 Tu	14 18	6 59	29 43	3 14	16 14	24 08	1 40
9 W	17 47	7 00	1♍20	3 16	17 14	24 44	1 40
10 Th	21 22	7 00	2 58	3 18	18 14	25 21	1 41
11 F	25 02	6 58	4 35	3 19	19 15	25 57	1 41
12 S	28 48	6 54	6 13	3 20	20 15	26 34	1 42
13 Su	2♓40	6 48	7 50	3 21	21 15	27 10	1 42
14 M	6 39	6 40	9 28	3 22	22 16	27 47	1 43
15 Tu	10 45	6 30	11 05	3 23	23 16	28 24	1 43
16 W	14 58	6 18	12 43	3 23	24 17	29 00	1 44
17 Th	19 18	6 03	14 20	3 23	25 17	29 37	1 44
18 F	23 47	5 45	15 58	3 24	26 18	0♒14	1 44
19 S	28 24	5 25	17 35	3 24	27 18	0 51	1 45
20 Su	3♈10	5 02	19 12	3 24	28 19	1 28	1 45
21 M	8 05	4 35	20 50	3 23	29 19	2 05	1 46
22 Tu	13 09	4 06	22 27	3 23	0♊20	2 42	1 46
23 W	18 22	3 34	24 04	3 22	1 21	3 19	1 46
24 Th	23 44	2 59	25 42	3 21	2 21	3 56	1 47
25 F	29 15	2 22	27 19	3 20	3 22	4 33	1 47
26 S	4♉55	1 42	28 56	3 19	4 23	5 10	1 47
27 Su	10 43	1 00	0♎33	3 18	5 23	5 47	1 48
28 M	16 38	0 16	2 10	3 17	6 24	6 24	1 48
29 Tu	22 41	0N28	3 48	3 15	7 25	7 02	1 48
30 W	28♉49	1N13	5♎25	3N13	8♊26	7♒39	1S48

DAY	☿ LONG	☿ LAT	♀ LONG	♀ LAT	⊕ LONG	♂ LONG	♂ LAT
	° '	° '	° '	° '	° '	° '	° '
1 Th	5♊02	1N58	7♎02	3N12	9♊26	8♒16	1S49
2 F	11 19	2 41	8 39	3 09	10 27	8 53	1 49
3 S	17 37	3 23	10 16	3 07	11 28	9 31	1 49
4 Su	23 57	4 02	11 53	3 05	12 29	10 08	1 49
5 M	0♋15	4 39	13 29	3 03	13 30	10 46	1 50
6 Tu	6 31	5 11	15 06	3 00	14 30	11 23	1 50
7 W	12 43	5 40	16 43	2 57	15 31	12 01	1 50
8 Th	18 50	6 04	18 20	2 54	16 32	12 38	1 50
9 F	24 51	6 24	19 57	2 51	17 33	13 16	1 50
10 S	0♌44	6 40	21 33	2 48	18 34	13 53	1 50
11 Su	6 29	6 51	23 10	2 45	19 35	14 31	1 50
12 M	12 06	6 57	24 47	2 41	20 36	15 09	1 51
13 Tu	17 32	7 00	26 23	2 38	21 37	15 46	1 51
14 W	22 50	6 59	28 00	2 34	22 38	16 24	1 51
15 Th	27 57	6 55	29 36	2 30	23 39	17 02	1 51
16 F	2♍55	6 48	1♏12	2 26	24 40	17 39	1 51
17 S	7 44	6 38	2 49	2 22	25 41	18 17	1 51
18 Su	12 23	6 26	4 25	2 18	26 42	18 55	1 51
19 M	16 53	6 11	6 01	2 14	27 43	19 33	1 51
20 Tu	21 15	5 55	7 38	2 10	28 45	20 11	1 51
21 W	25 28	5 38	9 14	2 05	29 46	20 48	1 51
22 Th	29 34	5 19	10 50	2 01	0♋47	21 26	1 51
23 F	3♎32	5 00	12 26	1 56	1 48	22 04	1 51
24 S	7 23	4 39	14 02	1 51	2 49	22 42	1 51
25 Su	11 08	4 18	15 38	1 46	3 50	23 20	1 51
26 M	14 46	3 56	17 14	1 41	4 51	23 58	1 51
27 Tu	18 19	3 34	18 50	1 37	5 53	24 36	1 51
28 W	21 47	3 12	20 26	1 31	6 54	25 14	1 50
29 Th	25 09	2 50	22 02	1 26	7 55	25 52	1 50
30 F	28 27	2 27	23 38	1 21	8 56	26 30	1 50
31 S	1♏41	2N05	25♏13	1N16	9♋57	27♒08	1S50

DAY	♃ LONG	♃ LAT	♄ LONG	♄ LAT	♅ LONG	♅ LAT	♆ LONG	♆ LAT	♇ LONG	♇ LAT
	° '	° '	° '	° '	° '	° '	° '	° '	° '	° '
1 Tu	10♒37.7	0S39	2♐05.4	1N57	23♌30.5	0N43	13♉24.5	1S46	1♓49.4	11S25
6 Su	11 03.7	0 39	2 14.6	1 57	23 34.3	0 43	13 26.4	1 46	1 50.5	11 25
11 F	11 29.8	0 40	2 23.8	1 57	23 38.1	0 43	13 28.2	1 46	1 51.7	11 26
16 W	11 55.8	0 40	2 33.0	1 57	23 42.0	0 43	13 30.1	1 46	1 52.8	11 26
21 M	12 21.9	0 41	2 42.2	1 56	23 45.8	0 43	13 31.9	1 46	1 53.9	11 26
26 S	12 48.0	0 41	2 51.4	1 56	23 49.7	0 43	13 33.7	1 46	1 55.0	11 26
1 Th	13 14.1	0 42	3 00.6	1 56	23 53.5	0 43	13 35.6	1 46	1 56.2	11 27
6 Tu	13 40.3	0 42	3 09.8	1 56	23 57.4	0 44	13 37.4	1 46	1 57.3	11 27
11 Su	14 06.4	0 43	3 19.0	1 55	24 01.2	0 44	13 39.3	1 46	1 58.4	11 27
16 F	14 32.6	0 43	3 28.1	1 55	24 05.0	0 44	13 41.1	1 46	1 59.5	11 27
21 W	14 58.8	0 44	3 37.3	1 55	24 08.9	0 44	13 43.0	1 46	2 00.7	11 27
26 M	15 25.0	0 44	3 46.5	1 55	24 12.7	0 44	13 44.8	1 46	2 01.8	11 28
31 S	15 51.2	0 45	3 55.7	1 54	24 16.6	0 44	13 46.6	1 46	2 02.9	11 28

☿ .447104	☿p .308848
♀ .718446	♀ .720467
⊕ .992562	⊕ .986090
♂ 1.41981	♂ 1.39584
♃ 5.09005	♃ 5.08027
♄ 9.97259	♄ 9.97692
♅ 18.3739	♅ 18.3713
♆ 29.8093	♆ 29.8095
♇ 40.2071	♇ 40.2273
☊	Perihelia
☿ 18°♉ 52	☿ 18°♊ 10
♀ 17 ♊ 05	♀ 12 ♌ 19
⊕	⊕ 14 ♋ 36
♂ 19 ♉ 54	♂ 6 ♓ 51
♃ 10 ♋ 58	♃ 16 ♈ 16
♄ 24 ♋ 03	♄ 2 ♋ 51
♅ 14 ♊ 05	♅ 23 ♍ 39
♆ 12 ♌ 15	♆ 1 ♉ 21
♇ 20 ♋ 49	♇ 16 ♏ 11

1	☿⊼♅	1pm30
2 W	♀⊼♂	12pm43
	⊕□♃	1 3
3	☿ ♒	3pm47
4 F	♀☌♅	4am58
	☿⊻♇	5 41
	☿⚹♄	8 22
5	⊕☌♆	5am 7
7 M	☿☌♃	1am54
	♂⊼♅	2 29
	☿□♆	6pm 5
8 T	♀ ♍	4am13
	⊕□☿	6pm43
9 W	♀☍♇	7am36
	♀□♄	2pm59
10	☿☍♅	2pm54
11	☿⊻♂	7am 5
12 S	☿ ♓	7am32
	☿☌♇	7pm 6
	☿□♄	10 43
15 T	☿☍♀	3am17
	☿⊻♃	6 28
	⊕□♅	10 7
	♀⊼♃	11 46
	☿⚹♆	3pm46
	☿∠♂	5 44
16	♀△♆	11am41
17 Th	♀⚼♂	6am42
	♂ ♒	2pm54
	☿⊼♅	11 40
18 F	⊕⚹☿	4pm45
	☿∠♃	5 38
19 S	☿∠♆	0am34
	☿ ♈	8 6
	☿⚹♂	2pm13
	☿⊻♇	5 38
	☿△♄	9 30
20	♂⊻♇	4pm59
21 M	☿⚼♅	3am16
	⊕ ♊	4pm 8
	☿⚹♃	8 41
22 T	♂⚹♄	1am38
	☿⊻♆	1 49
	⊕∠☿	12pm34
	☿∠♇	5 21
	♀⊻♅	7 46
	☿⚼♄	9 15
23	⊕□♇	1pm27
24 Th	☿△♅	0am19
	⊕☍♄	10 50
	☿⊼♀	12pm12
25 F	☿ ♉	3am13
	♀⚼♃	6 14
	☿⚹♇	11 23
	☿⊼♄	3pm19
	♀⚼♆	6 28
	⊕⊻☿	9 16
26 S	☿□♂	1am12
	♀ ♎	3pm47
27 Su	☿□♃	9am 0
	☿☌♆	11 39
	♀⊼♇	8pm18
28 M	⊕△♂	0am18
	☿⚼♀	2 57
	☿0N	8 54
	♀⚹♄	11 15
29	☿□♅	4am41
30 W	☿ ♊	4am35
	☿□♇	12pm 4
	☿☍♄	4 10
1 Th	☿△♀	10am17
	☿△♂	1pm45
	⊕☌☿	8 5
2 F	♀∠♅	3am54
	♀△♂	5 58
	☿△♃	7 45
	☿⊻♆	8 43
3 S	☿ P	1am18
	☿⚹♅	11pm56
4 Su	☿⚼♂	5am 1
	☿⚼♃	5pm33
	☿∠♆	5 45
	☿ ♋	11 2
5 M	⊕△♀	0am 7
	♀△♃	1 28
	♀⊼♆	1 54
	⊕△♃	2 20
	⊕⊻♆	2 57
	☿△♇	6 29
	♃□♆	10 1
	☿⊼♄	11 3
6 T	☿∠♅	9am24
	☿⊼♂	8pm54
7 W	☿⚹♆	3am32
	♀⚼♇	3 35
	☿⊼♃	4 5
	⊕⊻☿	1pm 6
	☿⚼♇	4 35
	☿□♀	9 15
	☿⚼♄	9 33
	♀∠♄	10 23
8	☿⊻♅	8pm32
9 F	♂□♆	2pm43
	☿ ♌	8 57
10 S	☿⊼♇	5am 5
	♂☌♃	5 51
	☿△♄	10 37
	⊕∠☿	2pm16
11	♀⚹♅	12pm51
12 M	☿□♆	6am51
	☿☍♃	9 20
	☿☍♂	3pm 6
13	⊕⚹☿	10pm54
14	☿☌♅	5am42
15 Th	♀ ♏	5am58
	☿ ♍	9 47
	⊕⚹♅	10 0
	☿⚹♀	11 37
	☿☍♇	7pm27
16 F	☿□♄	2am43
	♀△♇	11 45
17	♀⊻♄	10am27
18 Su	☿△♆	6am56
	☿⊼♃	12pm35
19 M	☿⊼♂	5pm 1
	⊕∠♆	11 12
20 T	☿∠♀	12pm31
	☿⊻♅	4 24
21 W	⊕⚼♃	5am37
	⊕ ♋	5 37
	☿⚼♆	7pm 1
22 Th	☿ ♎	2am37
	☿⚼♃	3 5
	⊕□☿	9 48
	☿⊼♇	2pm46
23 F	☿⚹♄	0am57
	⊕△♇	5 11
	♀☍♆	7pm27
24 S	☿⚼♂	2am25
	☿∠♅	11 31
	♀□♃	7pm 7
	⊕⊼♄	9 45
25	☿⊼♆	5pm11
26 M	☿△♃	4am26
	♂☍♅	9 33
	☿⚼♇	3pm14
27 T	☿∠♄	3am23
	☿⊻♀	6 33
28	☿⚹♅	5pm29
29	☿△♂	6am19
30 F	⊕∠♅	7am54
	♀□♅	9 40
	☿ ♏	11 23
	⊕⚼♀	12pm43
31 S	☿△♇	2am41
	☿⊻♄	5pm 4

JANUARY 2045

DAY		☿ LONG	☿ LAT	♀ LONG	♀ LAT	⊕ LONG	♂ LONG	♂ LAT
		° '	° '	° '	° '	° '	° '	° '
1	Su	4♏52	1N42	26♏49	1N11	10♋58	27♒46	1S50
2	M	7 58	1 20	28 25	1 05	11 59	28 24	1 50
3	Tu	11 02	0 58	0♐00	1 00	13 00	29 02	1 50
4	W	14 02	0 36	1 36	0 54	14 02	29 40	1 49
5	Th	17 00	0 14	3 11	0 49	15 03	0♓18	1 49
6	F	19 55	0S08	4 47	0 43	16 04	0 56	1 49
7	S	22 49	0 29	6 22	0 38	17 05	1 34	1 49
8	Su	25 40	0 50	7 58	0 32	18 06	2 12	1 48
9	M	28 30	1 11	9 33	0 27	19 07	2 50	1 48
10	Tu	1♐18	1 31	11 09	0 21	20 08	3 29	1 48
11	W	4 06	1 51	12 44	0 15	21 10	4 07	1 48
12	Th	6 52	2 10	14 19	0 10	22 11	4 45	1 47
13	F	9 38	2 30	15 55	0 04	23 12	5 23	1 47
14	S	12 23	2 48	17 30	0S01	24 13	6 01	1 47
15	Su	15 07	3 07	19 05	0 07	25 14	6 39	1 46
16	M	17 52	3 25	20 40	0 13	26 15	7 17	1 46
17	Tu	20 37	3 42	22 15	0 18	27 16	7 55	1 46
18	W	23 22	3 59	23 50	0 24	28 18	8 33	1 45
19	Th	26 07	4 15	25 26	0 30	29 19	9 12	1 45
20	F	28 54	4 31	27 01	0 35	0♌20	9 50	1 44
21	S	1♑41	4 46	28 36	0 41	1 21	10 28	1 44
22	Su	4 29	5 01	0♑11	0 46	2 22	11 06	1 43
23	M	7 19	5 15	1 46	0 52	3 23	11 44	1 43
24	Tu	10 10	5 29	3 21	0 57	4 24	12 22	1 43
25	W	13 03	5 41	4 56	1 02	5 25	13 00	1 42
26	Th	15 58	5 53	6 31	1 08	6 26	13 38	1 42
27	F	18 55	6 05	8 06	1 13	7 27	14 16	1 41
28	S	21 55	6 15	9 41	1 18	8 28	14 54	1 41
29	Su	24 57	6 25	11 15	1 23	9 29	15 32	1 40
30	M	28 02	6 33	12 50	1 29	10 30	16 10	1 40
31	Tu	1♒11	6S41	14♑25	1S34	11♌31	16♓48	1S39

FEBRUARY 2045

DAY		☿ LONG	☿ LAT	♀ LONG	♀ LAT	⊕ LONG	♂ LONG	♂ LAT
		° '	° '	° '	° '	° '	° '	° '
1	W	4♒23	6S47	16♑00	1S39	12♌32	17♓26	1S38
2	Th	7 39	6 52	17 35	1 43	13 33	18 04	1 38
3	F	11 00	6 56	19 10	1 48	14 33	18 42	1 37
4	S	14 25	6 59	20 45	1 53	15 34	19 20	1 37
5	Su	17 54	7 00	22 20	1 58	16 35	19 58	1 36
6	M	21 29	7 00	23 54	2 02	17 36	20 36	1 35
7	Tu	25 09	6 58	25 29	2 07	18 37	21 14	1 35
8	W	28 55	6 54	27 04	2 11	19 37	21 52	1 34
9	Th	2♓47	6 48	28 39	2 15	20 38	22 30	1 34
10	F	6 46	6 40	0♒14	2 19	21 39	23 08	1 33
11	S	10 52	6 30	1 49	2 23	22 40	23 45	1 32
12	Su	15 06	6 17	3 24	2 27	23 40	24 23	1 31
13	M	19 27	6 02	4 58	2 31	24 41	25 01	1 31
14	Tu	23 56	5 45	6 33	2 35	25 42	25 39	1 30
15	W	28 33	5 24	8 08	2 38	26 42	26 17	1 29
16	Th	3♈19	5 01	9 43	2 42	27 43	26 54	1 29
17	F	8 14	4 34	11 18	2 45	28 44	27 32	1 28
18	S	13 19	4 05	12 53	2 49	29 44	28 10	1 27
19	Su	18 32	3 33	14 28	2 52	0♍45	28 47	1 26
20	M	23 54	2 58	16 03	2 55	1 45	29 25	1 26
21	Tu	29 25	2 21	17 38	2 57	2 46	0♈02	1 25
22	W	5♉05	1 41	19 13	3 00	3 46	0 40	1 24
23	Th	10 53	0 59	20 47	3 03	4 47	1 18	1 23
24	F	16 49	0 15	22 22	3 05	5 47	1 55	1 22
25	S	22 52	0N29	23 57	3 07	6 47	2 33	1 22
26	Su	29 00	1 14	25 32	3 09	7 48	3 10	1 21
27	M	5♊14	1 59	27 07	3 11	8 48	3 47	1 20
28	Tu	11♊30	2N42	28♒42	3S13	9♍48	4♈25	1S19

DAY		♃ LONG	♃ LAT	♄ LONG	♄ LAT	♅ LONG	♅ LAT	♆ LONG	♆ LAT	♇ LONG	♇ LAT
		° '	° '	° '	° '	° '	° '	° '	° '	° '	° '
5	Th	16♒17.4	0S45	4♐04.9	1N54	24♌20.4	0N44	13♉48.5	1S46	2♓04.0	11S28
10	Tu	16 43.7	0 46	4 14.1	1 54	24 24.3	0 44	13 50.3	1 46	2 05.2	11 28
15	Su	17 09.9	0 46	4 23.2	1 54	24 28.1	0 44	13 52.2	1 46	2 06.3	11 29
20	F	17 36.2	0 47	4 32.4	1 53	24 32.0	0 44	13 54.0	1 46	2 07.4	11 29
25	W	18 02.5	0 47	4 41.6	1 53	24 35.8	0 44	13 55.8	1 46	2 08.5	11 29
30	M	18 28.8	0 48	4 50.8	1 53	24 39.7	0 44	13 57.7	1 46	2 09.7	11 29
4	S	18 55.2	0 48	4 59.9	1 53	24 43.5	0 44	13 59.5	1 46	2 10.8	11 30
9	Th	19 21.5	0 49	5 09.1	1 52	24 47.3	0 44	14 01.4	1 46	2 11.9	11 30
14	Tu	19 47.9	0 49	5 18.3	1 52	24 51.2	0 44	14 03.2	1 46	2 13.0	11 30
19	Su	20 14.2	0 49	5 27.4	1 52	24 55.0	0 44	14 05.0	1 46	2 14.1	11 30
24	F	20 40.6	0 50	5 36.6	1 52	24 58.9	0 44	14 06.9	1 46	2 15.3	11 31

☿a .435849	☿ .432083
♀ .724522	♀a .727720
⊕p .983288	⊕ .985272
♂p 1.38278	♂ 1.38331
♃ 5.07040	♃ 5.06080
♄ 9.98127	♄ 9.98548
♅ 18.3685	♅ 18.3659
♆ 29.8097	♆ 29.8099
♇ 40.2481	♇ 40.2688
☊	Perihelia
☿ 18°♉ 52	☿ 18°♊ 10
♀ 17 ♊ 05	♀ 12 ♌ 24
⊕	⊕ 11 ♋ 47
♂ 19 ♉ 54	♂ 6 ♓ 50
♃ 10 ♋ 58	♃ 16 ♈ 15
♄ 24 ♋ 03	♄ 2 ♋ 40
♅ 14 ♊ 06	♅ 23 ♍ 31
♆ 12 ♌ 15	♆ 1 ♉ 53

1	♀□♂	11pm41
2	♀ ♐	11pm55
3 T	⊕ P	2pm58
	⊕⚹♆	6 41
	☿☍♆	10 8
	⊕△☿	11 55
4 W	♀□♇	7am 2
	♂ ♓	12pm34
	☿□♃	6 5
5 Th	♀☌♄	1pm41
	☿0S	3 19
	⊕⚼♂	4 1
6 F	⊕⚻♃	8am 5
	⊕⚼♇	11pm48
7 S	☿□♅	1pm 6
	♂☌♇	7 9
9 M	⊕⚼♄	2am 0
	☿ ♐	12pm49
10	☿□♇	6am43
11 W	☿□♂	0am12
	☿☌♄	1 30
	♂□♄	6 7
	♀⚻♆	4pm52
12	⊕⚼☿	4am18
13 F	♀⚹♃	5pm19
	♀0S	5 51
14 S	⊕⚺♅	5am43
	☿⚻♆	1pm 1
15 Su	♂ P	7am43
	☿⚹♃	6pm27
16	☿ A	0am58
18 W	☿☌♀	9am46
	☿△♅	10 0
	♀△♅	10 11
19	⊕ ♌	4pm15
20 F	☿⚼♆	0am 3
	☿ ♑	9 33
	⊕⚻☿	7pm30
21 S	☿⚹♇	3am51
	♀⚼♆	4 45
	☿∠♃	8 58
	⊕⚻♇	6pm28
	♀ ♑	9 18
22	☿⚺♄	1am 1
23 M	♀⚹♇	5am40
	♀∠♃	5pm44
	☿⚼♅	7 7
24 T	⊕△♄	6am24
	♀⚺♄	8pm22
	☿⚹♂	11 32
25 W	☿△♆	7am20
	⊕⚻♀	8pm44
26 Th	☿∠♇	9am41
	♂⚹♆	11 30
	☿⚺♃	6pm11
27 F	☿∠♄	6am50
	♀⚼♅	11pm23
28	☿⚻♅	9pm38
30 M	☿ ♒	3pm 1
	♀△♆	5 6
31 T	☿∠♂	5am51
	☿⚺♇	7 24
1 W	☿⚹♄	3am52
	♀∠♇	5pm45
2 Th	⊕□♆	10am25
	♀⚹♂	12pm22
	♀⚺♃	6 39
3 F	♂⚺♃	5am35
	♀∠♄	12pm27
	☿□♆	9 6
4	⊕☍☿	11am21
5 Su	☿☌♃	7am40
	☿⚺♂	4pm56
6 M	♀⚻♅	12pm54
	☿☍♅	9 29
7 T	☿⚺♀	3am47
	⊕☍♃	2pm50
8 W	☿ ♓	6am46
	☿☌♇	8pm22
9 Th	☿□♄	2pm25
	♀ ♒	8 29
11 S	♀⚺♇	5am59
	☿⚹♆	6pm 4
12	♂⚻♅	5pm 6
13 M	☿⚺♃	1am28
	⊕☌♅	3 44
	☿∠♀	4 28
	♀⚹♄	4 38
	⊕⚻♂	8pm56
14 T	☿⚻♅	4am52
	☿☌♂	10 25
	⊕⚻☿	11 51
15 W	☿∠♆	2am35
	☿ ♈	7 21
	☿⚺♇	6pm32
16 Th	☿∠♃	8am17
	☿△♄	10 7
17 F	☿⚼♅	7am55
	♀ A	3pm44
	☿⚹♀	9 7
18 S	☿⚺♆	3am35
	⊕ ♍	6 15
	♀∠♂	7 2
	⊕⚼☿	8 14
	☿∠♇	6pm 7
	♀□♆	6 14
19 Su	☿⚹♃	7am50
	☿⚼♄	8 45
	♂∠♆	11 26
20 M	☿△♅	4am32
	⊕☍♇	11 35
	♂ ♈	10pm24
21 T	☿ ♉	2am29
	☿⚺♂	2 59
	☿⚹♇	12pm 2
	⊕△☿	5 17
22 W	☿⚻♄	1am56
	♀☌♃	8pm45
23 Th	☿☌♆	1pm 6
	⊕□♄	7 42
24 F	☿∠♂	0am26
	☿0N	8 11
	♂⚺♇	1pm 0
	☿□♃	3 35
25 S	☿□♀	5am48
	☿□♅	8 23
	♀☍♅	3pm51
26 Su	☿ ♊	3am51
	☿□♇	12pm36
	☿⚹♂	5 52
27 M	☿☍♄	1am50
	⊕□☿	4pm17
28 T	☿⚺♆	10am 2
	♀ ♓	7pm35

MARCH 2045

APRIL 2045

DAY	☿ LONG	☿ LAT	♀ LONG	♀ LAT	⊕ LONG	♂ LONG	♂ LAT
	° '	° '	° '	° '	° '	° '	° '
1 W	17♊49	3N24	0♓17	3S15	10♍49	5♈02	1S18
2 Th	24 08	4 04	1 53	3 17	11 49	5 39	1 17
3 F	0♋27	4 40	3 28	3 18	12 49	6 17	1 17
4 S	6 43	5 12	5 03	3 19	13 49	6 54	1 16
5 Su	12 55	5 41	6 38	3 20	14 49	7 31	1 15
6 M	19 02	6 05	8 13	3 21	15 49	8 08	1 14
7 Tu	25 02	6 25	9 48	3 22	16 49	8 45	1 13
8 W	0♌55	6 40	11 23	3 23	17 49	9 23	1 12
9 Th	6 40	6 51	12 58	3 23	18 49	10 00	1 11
10 F	12 16	6 58	14 34	3 24	19 49	10 37	1 10
11 S	17 42	7 00	16 09	3 24	20 49	11 14	1 09
12 Su	22 59	6 59	17 44	3 24	21 49	11 51	1 08
13 M	28 07	6 55	19 19	3 24	22 49	12 27	1 07
14 Tu	3♍04	6 48	20 55	3 23	23 49	13 04	1 07
15 W	7 53	6 38	22 30	3 23	24 49	13 41	1 06
16 Th	12 31	6 25	24 05	3 22	25 49	14 18	1 05
17 F	17 01	6 11	25 40	3 21	26 48	14 55	1 04
18 S	21 23	5 55	27 16	3 21	27 48	15 31	1 03
19 Su	25 36	5 37	28 51	3 19	28 48	16 08	1 02
20 M	29 41	5 19	0♈27	3 18	29 48	16 45	1 01
21 Tu	3♎39	4 59	2 02	3 17	0♎47	17 21	1 00
22 W	7 30	4 39	3 37	3 15	1 47	17 58	0 59
23 Th	11 15	4 17	5 13	3 14	2 46	18 34	0 58
24 F	14 53	3 56	6 48	3 12	3 46	19 11	0 57
25 S	18 26	3 34	8 24	3 10	4 45	19 47	0 56
26 Su	21 53	3 11	10 00	3 08	5 45	20 23	0 55
27 M	25 16	2 49	11 35	3 05	6 44	21 00	0 54
28 Tu	28 34	2 27	13 11	3 03	7 44	21 36	0 53
29 W	1♏47	2 04	14 46	3 00	8 43	22 12	0 52
30 Th	4 57	1 42	16 22	2 58	9 42	22 48	0 51
31 F	8♏04	1N19	17♈58	2S55	10♎42	23♈24	0S50

DAY	☿ LONG	☿ LAT	♀ LONG	♀ LAT	⊕ LONG	♂ LONG	♂ LAT
	° '	° '	° '	° '	° '	° '	° '
1 S	11♏07	0N57	19♈33	2S52	11♎41	24♈00	0S48
2 Su	14 08	0 35	21 09	2 49	12 40	24 36	0 47
3 M	17 05	0 13	22 45	2 46	13 39	25 12	0 46
4 Tu	20 01	0S08	24 20	2 42	14 38	25 48	0 45
5 W	22 54	0 30	25 56	2 39	15 37	26 24	0 44
6 Th	25 45	0 51	27 32	2 35	16 36	27 00	0 43
7 F	28 35	1 11	29 08	2 31	17 35	27 36	0 42
8 S	1♐24	1 32	0♉44	2 28	18 34	28 11	0 41
9 Su	4 11	1 52	2 20	2 24	19 33	28 47	0 40
10 M	6 57	2 11	3 56	2 19	20 32	29 23	0 39
11 Tu	9 43	2 30	5 32	2 15	21 31	29 58	0 38
12 W	12 28	2 49	7 08	2 11	22 30	0♉34	0 37
13 Th	15 13	3 07	8 44	2 07	23 29	1 09	0 36
14 F	17 57	3 25	10 20	2 02	24 28	1 44	0 35
15 S	20 42	3 42	11 56	1 57	25 27	2 20	0 34
16 Su	23 27	3 59	13 32	1 53	26 25	2 55	0 32
17 M	26 13	4 16	15 08	1 48	27 24	3 30	0 31
18 Tu	28 59	4 32	16 44	1 43	28 23	4 05	0 30
19 W	1♑46	4 47	18 20	1 38	29 21	4 41	0 29
20 Th	4 34	5 02	19 56	1 33	0♏20	5 16	0 28
21 F	7 24	5 16	21 32	1 28	1 19	5 51	0 27
22 S	10 15	5 29	23 09	1 23	2 17	6 26	0 26
23 Su	13 08	5 42	24 45	1 18	3 16	7 00	0 25
24 M	16 03	5 54	26 21	1 12	4 14	7 35	0 24
25 Tu	19 01	6 05	27 58	1 07	5 13	8 10	0 23
26 W	22 00	6 15	29 34	1 01	6 11	8 45	0 21
27 Th	25 03	6 25	1♊10	0 56	7 10	9 20	0 20
28 F	28 08	6 33	2 47	0 50	8 08	9 54	0 19
29 S	1♒17	6 41	4 23	0 45	9 06	10 29	0 18
30 Su	4♒29	6S47	6♊00	0S39	10♏04	11♉03	0S17

DAY	♃ LONG	♃ LAT	♄ LONG	♄ LAT	♅ LONG	♅ LAT	♆ LONG	♆ LAT	♇ LONG	♇ LAT
	° '	° '	° '	° '	° '	° '	° '	° '	° '	° '
1 W	21♒07.0	0S50	5♐45.8	1N51	25♌02.7	0N44	14♉08.7	1S46	2♓16.4	11S31
6 M	21 33.4	0 51	5 54.9	1 51	25 06.6	0 44	14 10.6	1 46	2 17.5	11 31
11 S	21 59.9	0 51	6 04.1	1 51	25 10.4	0 44	14 12.4	1 46	2 18.6	11 31
16 Th	22 26.3	0 52	6 13.3	1 50	25 14.2	0 44	14 14.2	1 46	2 19.7	11 32
21 Tu	22 52.8	0 52	6 22.4	1 50	25 18.1	0 44	14 16.1	1 46	2 20.8	11 32
26 Su	23 19.3	0 53	6 31.6	1 50	25 21.9	0 44	14 17.9	1 46	2 22.0	11 32
31 F	23 45.8	0 53	6 40.7	1 50	25 25.8	0 44	14 19.7	1 46	2 23.1	11 32
5 W	24 12.3	0 54	6 49.9	1 49	25 29.6	0 44	14 21.6	1 46	2 24.2	11 33
10 M	24 38.8	0 54	6 59.0	1 49	25 33.4	0 44	14 23.4	1 46	2 25.3	11 33
15 S	25 05.4	0 54	7 08.2	1 49	25 37.3	0 44	14 25.2	1 46	2 26.4	11 33
20 Th	25 31.9	0 55	7 17.3	1 49	25 41.1	0 44	14 27.1	1 46	2 27.5	11 33
25 Tu	25 58.5	0 55	7 26.5	1 48	25 45.0	0 44	14 28.9	1 46	2 28.7	11 34
30 Su	26 25.1	0 56	7 35.6	1 48	25 48.8	0 44	14 30.8	1 46	2 29.8	11 34

☿p .307499	☿a .443460
♀ .727994	♀ .725214
⊕ .990711	⊕ .999111
♂ 1.39543	♂ 1.42012
♃ 5.05237	♃ 5.04332
♄ 9.98917	♄ 9.99312
♅ 18.3635	♅ 18.3609
♆ 29.8101	♆ 29.8103
♇ 40.2876	♇ 40.3083
☊	Perihelia
☿ 18°♉ 52	☿ 18°♊ 10
♀ 17 ♊ 05	♀ 12 ♌ 30
⊕	⊕ 10 ♋ 57
♂ 19 ♉ 55	♂ 6 ♓ 50
♃ 10 ♋ 58	♃ 16 ♈ 16
♄ 24 ♋ 03	♄ 2 ♋ 31
♅ 14 ♊ 06	♅ 23 ♍ 21
♆ 12 ♌ 15	♆ 2 ♉ 35
♇ 20 ♋ 50	♇ 16 ♏ 13

1 W	☿ P	0am36
	☿△♃	12pm42
2 Th	☿✶♅	3am30
	♂△♄	5 32
	♀☌♇	6 6
	☿∠♆	7pm 5
	☿ ♋	10 18
3 F	♂∠♃	0am40
	☿△♇	7 0
	☿△♀	3pm25
	☿⚻♄	8 41
	☿⚼♃	10 43
4 S	☿□♂	0am48
	⊕△♆	8 19
	♀□♄	12pm31
	☿∠♅	1 2
5 Su	☿✶♆	4am54
	⊕✶☿	8 54
	☿⚼♇	5pm 9
	♀⚺♂	10 7
6 M	☿⚼♄	7am32
	☿⚻♃	10 12
	☿⚼♀	10pm43
7	☿⚺♅	0am21
T	☿ ♌	8pm13
8 W	☿⚻♇	5am43
	⊕∠☿	9 33
	☿△♄	9pm13
9 Th	♂⚼♅	6am 8
	☿△♂	3pm58
	♀✶♆	6 34
10 F	☿□♆	8am29
	☿⚻♀	2pm11
11 S	⊕⚺☿	5pm22
	☿☍♃	7 47
12 Su	⊕⚻♃	7am 0
	☿☌♅	10 14
	☿⚼♂	8pm28
13 M	☿ ♍	9am 3
	☿☍♇	8pm19
14 T	☿□♄	3pm26
	♀⚺♃	9 40
15 W	⊕⚺♅	10am 1
	♂⚺♆	9pm35
16	☿△♆	9am 4
Th	☿⚻♂	10 51
	♀⚻♅	5pm33
18 S	☿⚻♃	7am 6
	⊕☍♀	9pm46
	☿⚺♅	10 8
19 Su	♀∠♆	6am 6
	⊕⚼♆	11 6
	♀ ♈	5pm19
	☿⚼♆	9 28
20 M	⊕☌☿	0am51
	☿ ♎	1 53
	⊕ ♎	5 1
	☿☍♀	7 31
	☿⚻♇	4pm 1
	♂∠♇	11 48
21 T	♀⚺♇	4am45
	☿✶♄	5pm 2
22 W	☿⚼♃	3am 2
	⊕⚻♇	1pm51
	☿∠♅	6 3
23 Th	♀△♄	6pm44
	☿⚻♆	8 1
24	☿⚼♇	4pm43
F	♀∠♃	9 21
25 S	☿☍♂	11am19
	☿∠♄	9pm28
26 Su	♀⚼♅	5am41
	☿△♃	10 25
	⊕✶♄	7pm28
27 M	☿✶♅	0am51
	♂⚼♄	11pm35
28 T	☿ ♏	10am38
	♀⚺♆	5pm 8
	⊕⚼♃	8 32
29	☿△♇	4am25
30 Th	☿⚺♄	1pm 7
	♀∠♇	3 19
	⊕∠♅	5 31
31	♂✶♃	4pm48

1	⊕⚺☿	6am35
2 Su	☿☍♆	1am44
	♀⚼♄	9 3
3 M	♂△♅	10am48
	☿0S	2pm35
	⊕⚻♆	5 2
	♀✶♃	8 25
4	♀△♅	5pm16
5 W	♀☌♂	11am 6
	☿□♃	11 17
	☿□♅	9pm52
6 Th	☿⚻♂	1pm17
	⊕⚼♇	7 36
7 F	☿⚻♀	10am46
	☿ ♐	12pm 3
	♀ ♉	1 2
8	☿□♇	8am47
9 Su	♀✶♇	1am21
	⊕∠☿	5 1
10	☿☌♄	0am16
11 T	♂ ♉	1am18
	⊕∠♄	12pm26
	♀⚻♄	10 46
12	☿⚻♆	4pm58
13	☿⚼♂	10am28
14 F	☿ A	0am15
	⊕△♃	2pm27
15 S	⊕✶♅	4am25
	♂✶♇	4 35
16 Su	♀☌♆	1pm31
	☿✶♃	3 32
	☿△♅	7 5
17	⊕✶☿	3pm58
18 T	☿⚼♆	3am58
	☿ ♑	8 47
19 W	☿✶♇	5am54
	⊕ ♏	3pm46
20 Th	☿⚼♀	7am12
	☿△♂	7 22
	☿⚺♄	11pm18
22 S	♃☍♅	0am41
	☿⚼♅	3 50
	☿∠♃	3 55
	⊕△♇	4 24
23 Su	☿△♆	11am 1
	♀□♅	2pm40
	♂⚻♄	4 13
	♀□♃	4 34
24	☿∠♇	11am35
26 W	☿∠♄	3am45
	♀ ♊	6 28
27 Th	☿⚻♅	5am43
	⊕⚺♄	8 44
	☿⚺♃	8 53
	♀□♇	7pm38
28	☿ ♒	2pm15
29	☿⚺♇	9am 6
30 Su	☿△♀	9pm47
	☿✶♄	10 59

MAY 2045

DAY	☿ LONG	☿ LAT	♀ LONG	♀ LAT	⊕ LONG	♂ LONG	♂ LAT
	° '	° '	° '	° '	° '	° '	° '
1 M	7♒46	6S53	7♊36	0S34	11♏03	11♉38	0S16
2 Tu	11 06	6 57	9 13	0 28	12 01	12 12	0 15
3 W	14 31	6 59	10 49	0 22	12 59	12 46	0 14
4 Th	18 01	7 00	12 26	0 17	13 57	13 21	0 13
5 F	21 36	7 00	14 03	0 11	14 55	13 55	0 12
6 S	25 16	6 58	15 39	0 05	15 54	14 29	0 10
7 Su	29 02	6 54	17 16	0N01	16 52	15 03	0 09
8 M	2♓55	6 48	18 53	0 06	17 50	15 37	0 08
9 Tu	6 54	6 40	20 30	0 12	18 48	16 11	0 07
10 W	11 00	6 30	22 06	0 18	19 46	16 45	0 06
11 Th	15 14	6 17	23 43	0 24	20 44	17 19	0 05
12 F	19 35	6 02	25 20	0 29	21 42	17 53	0 04
13 S	24 04	5 44	26 57	0 35	22 40	18 27	0 03
14 Su	28 42	5 23	28 34	0 41	23 38	19 01	0 02
15 M	3♈28	5 00	0♋11	0 46	24 36	19 34	0 01
16 Tu	8 24	4 34	1 48	0 52	25 33	20 08	0N00
17 W	13 28	4 04	3 25	0 57	26 31	20 41	0 02
18 Th	18 42	3 32	5 02	1 03	27 29	21 15	0 03
19 F	24 04	2 57	6 39	1 08	28 27	21 48	0 04
20 S	29 36	2 19	8 16	1 14	29 25	22 22	0 05
21 Su	5♉16	1 39	9 53	1 19	0♐23	22 55	0 06
22 M	11 04	0 57	11 30	1 24	1 20	23 28	0 07
23 Tu	17 00	0 14	13 07	1 29	2 18	24 01	0 08
24 W	23 03	0N31	14 44	1 35	3 16	24 35	0 09
25 Th	29 12	1 16	16 22	1 40	4 13	25 08	0 10
26 F	5♊25	2 00	17 59	1 45	5 11	25 41	0 11
27 S	11 42	2 44	19 36	1 50	6 09	26 14	0 12
28 Su	18 01	3 25	21 13	1 54	7 06	26 47	0 13
29 M	24 20	4 05	22 51	1 59	8 04	27 20	0 14
30 Tu	0♋39	4 41	24 28	2 04	9 01	27 52	0 15
31 W	6♋54	5N13	26♋05	2N08	9♐59	28♉25	0N16

JUNE 2045

DAY	☿ LONG	☿ LAT	♀ LONG	♀ LAT	⊕ LONG	♂ LONG	♂ LAT
	° '	° '	° '	° '	° '	° '	° '
1 Th	13♋06	5N42	27♋43	2N13	10♐56	28♉58	0N17
2 F	19 13	6 06	29 20	2 17	11 54	29 30	0 19
3 S	25 13	6 25	0♌58	2 21	12 51	0♊03	0 20
4 Su	1♌06	6 40	2 35	2 25	13 49	0 36	0 21
5 M	6 50	6 51	4 12	2 29	14 46	1 08	0 22
6 Tu	12 26	6 58	5 50	2 33	15 43	1 40	0 23
7 W	17 52	7 00	7 27	2 37	16 41	2 13	0 24
8 Th	23 09	6 59	9 05	2 41	17 38	2 45	0 25
9 F	28 16	6 55	10 42	2 44	18 36	3 17	0 26
10 S	3♍14	6 47	12 20	2 47	19 33	3 49	0 27
11 Su	8 01	6 37	13 57	2 51	20 30	4 22	0 28
12 M	12 40	6 25	15 35	2 54	21 28	4 54	0 29
13 Tu	17 10	6 11	17 12	2 57	22 25	5 26	0 30
14 W	21 31	5 54	18 50	2 59	23 23	5 58	0 31
15 Th	25 44	5 37	20 27	3 02	24 20	6 30	0 32
16 F	29 49	5 18	22 05	3 05	25 17	7 01	0 33
17 S	3♎47	4 58	23 43	3 07	26 15	7 33	0 34
18 Su	7 37	4 38	25 20	3 09	27 12	8 05	0 35
19 M	11 22	4 17	26 58	3 11	28 09	8 37	0 36
20 Tu	15 00	3 55	28 35	3 13	29 06	9 08	0 37
21 W	18 32	3 33	0♍13	3 15	0♑04	9 40	0 38
22 Th	22 00	3 11	1 50	3 17	1 01	10 11	0 38
23 F	25 22	2 48	3 28	3 18	1 58	10 43	0 39
24 S	28 40	2 26	5 05	3 19	2 55	11 14	0 40
25 Su	1♏54	2 03	6 43	3 20	3 53	11 46	0 41
26 M	5 03	1 41	8 20	3 21	4 50	12 17	0 42
27 Tu	8 10	1 18	9 58	3 22	5 47	12 48	0 43
28 W	11 13	0 56	11 35	3 23	6 44	13 20	0 44
29 Th	14 13	0 34	13 13	3 23	7 41	13 51	0 45
30 F	17♏11	0N12	14♍50	3N24	8♑39	14♊22	0N46

DAY	♃ LONG	♃ LAT	♄ LONG	♄ LAT	♅ LONG	♅ LAT	♆ LONG	♆ LAT	♇ LONG	♇ LAT
	° '	° '	° '	° '	° '	° '	° '	° '	° '	° '
5 F	26♒51.7	0S56	7♐44.8	1N48	25♌52.7	0N44	14♉32.6	1S46	2♓30.9	11S34
10 W	27 18.3	0 56	7 53.9	1 47	25 56.5	0 44	14 34.4	1 46	2 32.0	11 34
15 M	27 44.9	0 57	8 03.0	1 47	26 00.4	0 44	14 36.3	1 46	2 33.1	11 35
20 S	28 11.6	0 57	8 12.2	1 47	26 04.2	0 44	14 38.1	1 46	2 34.2	11 35
25 Th	28 38.2	0 58	8 21.3	1 47	26 08.1	0 44	14 40.0	1 46	2 35.4	11 35
30 Tu	29 04.9	0 58	8 30.5	1 46	26 11.9	0 44	14 41.8	1 46	2 36.5	11 35
4 Su	29 31.6	0 59	8 39.6	1 46	26 15.8	0 44	14 43.6	1 46	2 37.6	11 36
9 F	29 58.3	0 59	8 48.8	1 46	26 19.6	0 44	14 45.5	1 46	2 38.7	11 36
14 W	0♓25.0	0 59	8 57.9	1 46	26 23.5	0 44	14 47.3	1 46	2 39.8	11 36
19 M	0 51.8	1 00	9 07.0	1 45	26 27.3	0 44	14 49.2	1 46	2 41.0	11 36
24 S	1 18.5	1 00	9 16.2	1 45	26 31.2	0 44	14 51.0	1 46	2 42.1	11 37
29 Th	1 45.3	1 01	9 25.3	1 45	26 35.0	0 44	14 52.9	1 46	2 43.2	11 37

☿p .427635	☿ .312547
♀ .721220	♀p .718583
⊕ 1.00743	⊕ 1.01394
♂ 1.45253	♂ 1.49124
♃ 5.03488	♃ 5.02650
♄ 9.99682	♄ 10.0005
♅ 18.3584	♅ 18.3559
♆ 29.8105	♆ 29.8107
♇ 40.3283	♇ 40.3490
☊	Perihelia
☿ 18°♉ 52	☿ 18°♊ 10
♀ 17 ♊ 06	♀ 12 ♌ 26
⊕	⊕ 13 ♋ 48
♂ 19 ♉ 55	♂ 6 ♓ 50
♃ 10 ♋ 59	♃ 16 ♈ 16
♄ 24 ♋ 03	♄ 2 ♋ 23
♅ 14 ♊ 06	♅ 23 ♍ 11
♆ 12 ♌ 15	♆ 3 ♉ 14
♇ 20 ♋ 50	♇ 16 ♏ 14

1	♀☍♄	0am17
2 T	⊕□☿	9am 4
	☿□♂	9 22
	⊕☍♂	11 13
3	☿□♆	0am 6
4 Th	⊕☍♆	2pm30
	♀⚺♂	9 2
5	♀⚺♆	7am27
6 S	♂☌♆	2am42
	☿☍♅	4 2
	⊕⚻♀	8 51
	☿☌♃	11 3
	♀0N	9pm23
7 Su	☿ ♓	6am 1
	☿☌♇	9pm37
9	☿□♄	5am46
10	☿⚹♆	8pm22
11	☿⚹♂	1pm21
12 F	♀⚹♅	9am30
	⊕△☿	2pm30
13 S	♀△♃	9am48
	☿⚻♅	10 1
	☿⚺♃	6pm34
	☿□♀	10 56
14 Su	☿∠♆	4am34
	☿ ♈	6 36
	♀∠♆	3pm27
	☿⚺♇	7 25
	♀ ♋	9 21
15 M	☿∠♂	6am 6
	♂0N	2pm32
	☿△♄	10 29
16 T	♀△♇	11am20
	⊕□♅	11 38
	☿⚼♅	12pm32
	⊕⚼☿	12 44
	☿∠♃	9 25
17 W	☿⚺♆	5am20
	☿∠♇	6pm52
18 Th	☿⚺♂	12pm49
	⊕□♃	2 32
	☿⚼♄	8 1
19 F	♀∠♂	3am36
	☿△♅	8 43
	☿⚹♃	5pm52
	⊕⚻☿	11 3
	♀⚻♄	11 5
20 S	☿ ♉	1am44
	☿⚹♇	12pm40
	⊕ ♐	2 39
21 Su	☿⚻♄	12pm24
	♀∠♅	5 57
22 M	☿⚹♀	2am25
	☿☌♆	2pm32
23 T	♀⚼♃	5am19
	⊕□♇	7 5
	☿0N	7 27
	♀⚹♆	10pm48
24 W	☿☌♂	6am34
	☿□♅	12pm 3
	☿□♃	9 47
25 Th	☿ ♊	3am 6
	☿∠♀	11 19
	☿□♇	1pm 7
	♀⚼♇	6 15
	⊕☍☿	10 55
26	☿☍♄	11am24
F	♂□♅	8pm55
27 S	☿⚺♆	11am20
	☿ P	11pm55
28	☿⚺♀	4pm23
29 M	☿⚹♅	7am 2
	⊕⚼♀	7 48
	♀⚼♄	9 32
	⊕☌♄	10 46
	☿⚺♂	12pm26
	☿△♃	5 58
	☿∠♆	8 23
	☿ ♋	9 33
30	☿△♇	7am31
31 W	♀⚺♅	1am49
	☿⚻♄	6 19
	⊕⚻☿	2pm 1
	☿∠♅	4 40
1 Th	☿∠♂	3am40
	☿⚼♃	4 34
	☿⚹♆	6 16
	♂□♃	3pm40
	☿⚼♇	5 41
2 F	♀⚻♃	0am12
	♀⚹♂	3 48
	♀ ♌	9 49
	☿⚼♄	5pm34
	♂ ♊	9 47
3 S	☿⚺♅	4am11
	⊕⚼☿	12pm46
	☿⚻♃	5 26
	☿ ♌	7 28
	☿⚹♂	9 42
4 Su	♀⚻♇	0am39
	☿⚻♇	6 20
	☿☌♀	8 33
	⊕⚻♆	11pm 9
5	☿△♄	7am55
6 T	☿□♆	10am 6
	⊕△☿	5pm32
7 W	♂□♇	7pm 5
	♀△♄	7 31
8	☿☌♅	2pm47
9 F	♃ ♓	7am33
	☿ ♍	8 18
	☿☍♃	8 18
	☿☍♇	9pm10
10 S	♀ P	1am13
	☿□♂	3 19
11 Su	☿□♄	4am22
	♀□♆	12pm 5
12	☿△♆	11am11
13	☿⚺♀	0am22
14	⊕□☿	1pm36
15 Th	☿⚺♅	3am56
	☿⚼♆	11pm56
16 F	☿ ♎	1am 7
	☿⚻♃	4 47
	☿⚻♇	5pm16
17	⊕△♅	4am46
18 Su	☿△♂	3am25
	☿⚹♄	9 24
	♀☌♅	4pm30
19 M	☿∠♅	0am37
	☿∠♀	7 2
	☿⚻♆	10pm51
20 T	♂☍♄	0am25
	☿⚼♃	6 35
	⊕⚼♆	6pm11
	☿⚼♇	6 11
	⊕△♀	6 41
	♀ ♍	8 53
	⊕ ♑	10 27
21	♀☍♃	12pm59
22 Th	⊕⚹♃	3am10
	♀☍♇	12pm42
	☿∠♄	3 51
23 F	☿⚼♂	2am59
	☿⚹♅	8 16
	⊕⚹♇	6pm23
24 S	☿ ♏	9am52
	☿△♃	8pm11
25 Su	☿△♇	6am 7
	⊕⚹☿	9pm30
26	♀□♄	2pm58
27	☿⚺♄	9am27
28 W	☿⚹♀	6am18
	☿⚻♂	8pm19
29 Th	☿☍♆	5am19
	♀□♂	1pm49
30 F	♀△♆	0am49
	☿0S	1pm50
	⊕⚺♄	9 1

JULY 2045

DAY	☿ LONG	☿ LAT	♀ LONG	♀ LAT	⊕ LONG	♂ LONG	♂ LAT
	° '	° '	° '	° '	° '	° '	° '
1 S	20♏06	0S09	16♍27	3N24	9♑36	14♊53	0N47
2 Su	23 00	0 30	18 05	3 24	10 33	15 24	0 48
3 M	25 51	0 51	19 42	3 23	11 30	15 55	0 49
4 Tu	28 41	1 12	21 19	3 23	12 27	16 26	0 50
5 W	1♐29	1 32	22 57	3 23	13 25	16 57	0 50
6 Th	4 16	1 52	24 34	3 22	14 22	17 27	0 51
7 F	7 03	2 12	26 11	3 21	15 19	17 58	0 52
8 S	9 48	2 31	27 49	3 20	16 16	18 29	0 53
9 Su	12 33	2 50	29 26	3 19	17 13	18 59	0 54
10 M	15 18	3 08	1♎03	3 18	18 11	19 30	0 55
11 Tu	18 03	3 26	2 40	3 16	19 08	20 01	0 56
12 W	20 47	3 43	4 17	3 15	20 05	20 31	0 57
13 Th	23 32	4 00	5 54	3 13	21 02	21 01	0 57
14 F	26 18	4 16	7 31	3 11	22 00	21 32	0 58
15 S	29 04	4 32	9 08	3 09	22 57	22 02	0 59
16 Su	1♑51	4 47	10 45	3 07	23 54	22 32	1 00
17 M	4 40	5 02	12 22	3 04	24 51	23 03	1 01
18 Tu	7 30	5 16	13 59	3 02	25 49	23 33	1 01
19 W	10 21	5 29	15 36	2 59	26 46	24 03	1 02
20 Th	13 14	5 42	17 13	2 56	27 43	24 33	1 03
21 F	16 09	5 54	18 49	2 53	28 40	25 03	1 04
22 S	19 06	6 05	20 26	2 50	29 38	25 33	1 05
23 Su	22 06	6 16	22 03	2 47	0♒35	26 03	1 05
24 M	25 09	6 25	23 39	2 44	1 32	26 33	1 06
25 Tu	28 14	6 34	25 16	2 40	2 30	27 03	1 07
26 W	1♒23	6 41	26 53	2 37	3 27	27 33	1 08
27 Th	4 36	6 47	28 29	2 33	4 24	28 02	1 09
28 F	7 52	6 53	0♏05	2 29	5 22	28 32	1 09
29 S	11 13	6 57	1 42	2 25	6 19	29 02	1 10
30 Su	14 38	6 59	3 18	2 21	7 16	29 32	1 11
31 M	18♒08	7S00	4♏55	2N17	8♒14	0♋01	1N11

AUGUST 2045

DAY	☿ LONG	☿ LAT	♀ LONG	♀ LAT	⊕ LONG	♂ LONG	♂ LAT
	° '	° '	° '	° '	° '	° '	° '
1 Tu	21♒43	7S00	6♏31	2N13	9♒11	0♋31	1N12
2 W	25 23	6 58	8 07	2 08	10 08	1 00	1 13
3 Th	29 10	6 54	9 43	2 04	11 06	1 30	1 14
4 F	3♓02	6 48	11 19	1 59	12 03	1 59	1 14
5 S	7 02	6 40	12 55	1 55	13 01	2 28	1 15
6 Su	11 08	6 29	14 32	1 50	13 58	2 58	1 16
7 M	15 22	6 17	16 07	1 45	14 56	3 27	1 16
8 Tu	19 43	6 01	17 43	1 40	15 53	3 56	1 17
9 W	24 13	5 43	19 19	1 35	16 51	4 25	1 18
10 Th	28 51	5 23	20 55	1 30	17 48	4 54	1 18
11 F	3♈38	4 59	22 31	1 25	18 46	5 24	1 19
12 S	8 33	4 33	24 07	1 20	19 43	5 53	1 20
13 Su	13 38	4 03	25 43	1 14	20 41	6 22	1 20
14 M	18 52	3 31	27 18	1 09	21 39	6 51	1 21
15 Tu	24 15	2 56	28 54	1 04	22 36	7 20	1 22
16 W	29 46	2 18	0♐30	0 58	23 34	7 48	1 22
17 Th	5♉27	1 38	2 05	0 53	24 32	8 17	1 23
18 F	11 16	0 56	3 41	0 47	25 29	8 46	1 24
19 S	17 12	0 12	5 16	0 42	26 27	9 15	1 24
20 Su	23 15	0N32	6 52	0 36	27 25	9 44	1 25
21 M	29 24	1 17	8 27	0 31	28 22	10 12	1 25
22 Tu	5♊37	2 02	10 02	0 25	29 20	10 41	1 26
23 W	11 54	2 45	11 38	0 19	0♓18	11 10	1 27
24 Th	18 13	3 27	13 13	0 14	1 16	11 38	1 27
25 F	24 32	4 06	14 48	0 08	2 14	12 07	1 28
26 S	0♋50	4 42	16 24	0 02	3 11	12 35	1 28
27 Su	7 06	5 14	17 59	0S03	4 09	13 04	1 29
28 M	13 18	5 42	19 34	0 09	5 07	13 32	1 29
29 Tu	19 24	6 06	21 09	0 14	6 05	14 01	1 30
30 W	25 24	6 26	22 44	0 20	7 03	14 29	1 30
31 Th	1♌17	6N41	24♐19	0S26	8♓01	14♋57	1N31

DAY	♃ LONG	♃ LAT	♄ LONG	♄ LAT	♅ LONG	♅ LAT	♆ LONG	♆ LAT	♇ LONG	♇ LAT
	° '	° '	° '	° '	° '	° '	° '	° '	° '	° '
4 Tu	2♓12.1	1S01	9♐34.5	1N44	26♌38.9	0N44	14♉54.7	1S46	2♓44.3	11S37
9 Su	2 38.9	1 01	9 43.6	1 44	26 42.7	0 44	14 56.5	1 46	2 45.4	11 37
14 F	3 05.7	1 02	9 52.7	1 44	26 46.6	0 44	14 58.4	1 46	2 46.6	11 38
19 W	3 32.5	1 02	10 01.9	1 44	26 50.4	0 44	15 00.2	1 46	2 47.7	11 38
24 M	3 59.3	1 02	10 11.0	1 43	26 54.3	0 44	15 02.1	1 46	2 48.8	11 38
29 S	4 26.1	1 03	10 20.1	1 43	26 58.1	0 44	15 03.9	1 46	2 49.9	11 38
3 Th	4 53.0	1 03	10 29.2	1 43	27 02.0	0 44	15 05.7	1 46	2 51.0	11 38
8 Tu	5 19.9	1 03	10 38.4	1 42	27 05.8	0 44	15 07.6	1 46	2 52.1	11 39
13 Su	5 46.7	1 04	10 47.5	1 42	27 09.7	0 44	15 09.4	1 46	2 53.3	11 39
18 F	6 13.6	1 04	10 56.6	1 42	27 13.5	0 44	15 11.3	1 46	2 54.4	11 39
23 W	6 40.5	1 05	11 05.7	1 42	27 17.4	0 44	15 13.1	1 46	2 55.5	11 39
28 M	7 07.5	1 05	11 14.9	1 41	27 21.2	0 44	15 14.9	1 46	2 56.6	11 40

☿a.452923	☿p.408155
♀ .719253	♀ .722787
⊕a1.01663	⊕ 1.01499
♂ 1.53033	♂ 1.56918
♃ 5.01873	♃ 5.01110
♄ 10.0039	♄ 10.0073
♅ 18.3535	♅ 18.3511
♆ 29.8109	♆ 29.8112
♇ 40.3690	♇ 40.3896
☊	Perihelia
☿ 18°♉ 53	☿ 18°♊ 10
♀ 17 ♊ 06	♀ 12 ♌ 21
⊕	⊕ 15 ♋ 41
♂ 19 ♉ 55	♂ 6 ♓ 52
♃ 10 ♋ 59	♃ 16 ♈ 15
♄ 24 ♋ 03	♄ 2 ♋ 15
♅ 14 ♊ 06	♅ 23 ♍ 00
♆ 12 ♌ 15	♆ 3 ♉ 56
♇ 20 ♋ 51	♇ 16 ♏ 14

1	♂⊻♆	0am35
3 M	⊕⚼♅	3am20
	☿□♅	6 41
	⊕∠☿	8 21
4	☿ ♐	11am17
5 W	☿□♃	7am10
	☿□♇	10 50
6 Th	⊕ A	12pm52
	⊕△♆	2 11
7 F	♀⊻♅	7am26
	☿☌♄	11pm 4
9 Su	♀⚼♆	7am38
	♀ ♎	8 28
	⊕∠♃	11 45
	⊕∠♇	1pm28
	☿⚻♆	8 56
10 M	♃☌♇	6am48
	☿ A	11pm31
11 T	♀⚻♇	1am27
	♀⚻♃	2 30
	⊕⊻☿	2pm35
	☿☍♂	9 5
12	⊕⚻♂	11pm 9
14	☿△♅	4am 9
15 S	☿⚼♆	7am51
	☿ ♑	8 1
	♀✶♄	11 41
16 Su	☿✶♇	7am57
	☿✶♃	12pm32
	♀∠♅	3 42
17	⊕∠♄	2am57
18 T	♀⚻♆	3pm 8
	☿⊻♄	9 20
19 W	⊕⚻♅	1am54
	☿⚼♅	12pm31
20 Th	♀⚼♇	8am46
	☿△♆	2pm42
	♀⚼♃	10 22
21 F	☿∠♇	1pm29
	☿∠♃	9 33
22 S	⊕ ♒	9am20
	☿□♀	11pm 3
24 M	☿∠♄	0am18
	☿⚻♂	1pm 4
	☿⚻♅	1 45
	♂✶♅	5 30
	♀∠♄	11 12
25 T	⊕⊻♇	8am10
	☿ ♒	1pm29
26 W	♀✶♅	0am49
	☿⊻♇	10 48
	♀△♂	2pm27
	⊕⊻♃	7 56
	☿⊻♃	9 25
	⊕☌☿	9 59
27	♀ ♏	10pm38
28	☿✶♄	5pm43
29 S	♀△♇	4pm59
	☿⚼♂	11 10
30 Su	☿□♆	3am 5
	♀△♃	7pm20
	♂ ♋	11 7
31	♂∠♆	2am56
2 W	⊕✶♄	8am15
	☿☍♅	10 30
3 Th	☿ ♓	5am15
	♀⊻♄	11 42
	☿△♂	4pm36
	☿☌♇	10 52
4	☿☌♃	11am59
5 S	⊕□♀	3am10
	♂△♇	7pm 6
	☿□♄	8 46
6 Su	♀☍♆	8am52
	⊕⊻☿	8pm50
	☿✶♆	10 38
7 M	⊕□♆	4am55
	☿△♀	6 43
9 W	♀⚼♂	2am 9
	☿⚻♅	3pm 7
10 Th	☿ ♈	5am50
	☿∠♆	6 33
	☿⊻♇	8pm17
11 F	⊕∠☿	0am49
	☿□♂	9 38
	☿⊻♃	9 52
	♂△♃	12pm34
12 S	☿⚼♀	3am55
	☿△♄	10 35
	☿⚼♅	5pm 6
13 Su	☿⊻♆	7am 5
	☿∠♇	7pm36
	♀□♅	10 1
14 M	☿∠♃	9am11
	⊕⚼♂	10 9
	⊕✶☿	3pm11
15 T	☿⚼♄	7am 5
	☿△♅	12pm53
	♀ ♐	4 35
16 W	☿ ♉	0am58
	☿⚻♀	4 17
	☿✶♇	1pm18
17 Th	☿✶♃	2am55
	♀□♇	12pm21
	☿✶♂	12 52
	☿⚻♄	10 42
18	☿☌♆	3pm57
19 S	☿0N	6am42
	♀□♃	4pm45
	⊕☍♅	7 57
20 Su	☿∠♂	6am18
	☿□♅	3pm42
	⊕□☿	7 18
21 M	☿ ♊	2am21
	☿□♇	1pm37
22 T	☿□♃	3am45
	♀⚻♂	1pm53
	♀☌♄	3 47
	⊕ ♓	4 32
	♂⚻♄	8 31
	☿☍♄	8 55
	☿⊻♂	8 57
	☿☍♀	10 37
23 W	☿⊻♆	12pm38
	☿ P	11 10
25 F	♀⚻♆	6am26
	♂∠♅	10 31
	☿✶♅	10 35
	⊕☌♇	5pm37
	☿ ♋	8 47
	☿∠♆	9 41
26 S	☿△♇	8am 1
	⊕△☿	10 37
	♀0S	10 37
	☿△♃	11pm44
27 Su	☿⚻♄	3pm59
	☿∠♅	8 18
28 M	☿☌♂	1am 0
	☿✶♆	7 38
	☿⚼♇	6pm13
29 T	⊕⚼☿	7am57
	☿⚻♀	9 25
	☿⚼♃	11 20
30 W	☿⚼♄	3am40
	⊕☌♃	6 52
	☿⊻♅	8 1
	☿ ♌	6pm43
31 Th	☿⚻♇	6am56
	♂✶♆	4pm12

SEPTEMBER 2045

DAY	☿ LONG	☿ LAT	♀ LONG	♀ LAT	⊕ LONG	♂ LONG	♂ LAT
	° '	° '	° '	° '	° '	° '	° '
1 F	7♌01	6N51	25♐55	0S31	8♓59	15♋25	1N31
2 S	12 36	6 58	27 30	0 37	9 57	15 54	1 32
3 Su	18 02	7 00	29 05	0 42	10 55	16 22	1 32
4 M	23 19	6 59	0♑40	0 48	11 53	16 50	1 33
5 Tu	28 26	6 55	2 15	0 53	12 52	17 18	1 33
6 W	3♍23	6 47	3 50	0 59	13 50	17 46	1 34
7 Th	8 10	6 37	5 25	1 04	14 48	18 14	1 34
8 F	12 49	6 25	7 00	1 09	15 46	18 42	1 35
9 S	17 18	6 10	8 35	1 15	16 44	19 10	1 35
10 Su	21 39	5 54	10 10	1 20	17 43	19 38	1 36
11 M	25 52	5 36	11 44	1 25	18 41	20 06	1 36
12 Tu	29 56	5 18	13 19	1 30	19 39	20 34	1 37
13 W	3♎54	4 58	14 54	1 35	20 38	21 02	1 37
14 Th	7 44	4 37	16 29	1 40	21 36	21 30	1 38
15 F	11 29	4 16	18 04	1 45	22 35	21 58	1 38
16 S	15 07	3 54	19 39	1 50	23 33	22 26	1 38
17 Su	18 39	3 32	21 14	1 54	24 32	22 53	1 39
18 M	22 06	3 10	22 49	1 59	25 30	23 21	1 39
19 Tu	25 28	2 48	24 23	2 04	26 29	23 49	1 40
20 W	28 46	2 25	25 58	2 08	27 27	24 16	1 40
21 Th	2♏00	2 03	27 33	2 12	28 26	24 44	1 40
22 F	5 09	1 40	29 08	2 16	29 25	25 12	1 41
23 S	8 16	1 18	0♒43	2 21	0♈23	25 39	1 41
24 Su	11 19	0 56	2 18	2 25	1 22	26 07	1 42
25 M	14 19	0 34	3 53	2 29	2 21	26 34	1 42
26 Tu	17 17	0 12	5 27	2 32	3 20	27 02	1 42
27 W	20 12	0S10	7 02	2 36	4 18	27 29	1 43
28 Th	23 05	0 31	8 37	2 40	5 17	27 57	1 43
29 F	25 56	0 52	10 12	2 43	6 16	28 24	1 43
30 S	28♏46	1S13	11♒47	2S46	7♈15	28♋51	1N44

OCTOBER 2045

DAY	☿ LONG	☿ LAT	♀ LONG	♀ LAT	⊕ LONG	♂ LONG	♂ LAT
	° '	° '	° '	° '	° '	° '	° '
1 Su	1♐34	1S33	13♒22	2S49	8♈14	29♋19	1N44
2 M	4 22	1 53	14 57	2 53	9 13	29 46	1 44
3 Tu	7 08	2 12	16 32	2 55	10 12	0♌13	1 44
4 W	9 53	2 31	18 07	2 58	11 11	0 41	1 45
5 Th	12 38	2 50	19 42	3 01	12 10	1 08	1 45
6 F	15 23	3 08	21 17	3 03	13 09	1 35	1 45
7 S	18 08	3 26	22 52	3 06	14 08	2 02	1 46
8 Su	20 53	3 44	24 26	3 08	15 08	2 29	1 46
9 M	23 38	4 00	26 01	3 10	16 07	2 56	1 46
10 Tu	26 23	4 17	27 36	3 12	17 06	3 24	1 46
11 W	29 10	4 33	29 12	3 14	18 06	3 51	1 47
12 Th	1♑57	4 48	0♓47	3 16	19 05	4 18	1 47
13 F	4 45	5 02	2 22	3 17	20 04	4 45	1 47
14 S	7 35	5 17	3 57	3 18	21 04	5 12	1 47
15 Su	10 26	5 30	5 32	3 20	22 03	5 39	1 48
16 M	13 19	5 43	7 07	3 21	23 03	6 06	1 48
17 Tu	16 15	5 54	8 42	3 22	24 02	6 33	1 48
18 W	19 12	6 06	10 17	3 22	25 02	7 00	1 48
19 Th	22 12	6 16	11 52	3 23	26 01	7 27	1 48
20 F	25 15	6 25	13 27	3 23	27 01	7 54	1 49
21 S	28 20	6 34	15 03	3 24	28 00	8 20	1 49
22 Su	1♒29	6 41	16 38	3 24	29 00	8 47	1 49
23 M	4 42	6 48	18 13	3 24	0♉00	9 14	1 49
24 Tu	7 58	6 53	19 48	3 23	0 59	9 41	1 49
25 W	11 19	6 57	21 24	3 23	1 59	10 08	1 49
26 Th	14 44	6 59	22 59	3 23	2 59	10 34	1 49
27 F	18 14	7 00	24 34	3 22	3 59	11 01	1 50
28 S	21 49	7 00	26 10	3 21	4 59	11 28	1 50
29 Su	25 30	6 58	27 45	3 20	5 59	11 55	1 50
30 M	29 17	6 54	29 20	3 19	6 58	12 21	1 50
31 Tu	3♓10	6S47	0♈56	3S18	7♉58	12♌48	1N50

DAY	♃ LONG	♃ LAT	♄ LONG	♄ LAT	♅ LONG	♅ LAT	♆ LONG	♆ LAT	♇ LONG	♇ LAT
	° '	° '	° '	° '	° '	° '	° '	° '	° '	° '
2 S	7♓34.4	1S05	11♐24.0	1N41	27♌25.1	0N44	15♉16.8	1S46	2♓57.7	11S40
7 Th	8 01.3	1 06	11 33.1	1 41	27 28.9	0 44	15 18.6	1 46	2 58.8	11 40
12 Tu	8 28.3	1 06	11 42.2	1 40	27 32.8	0 44	15 20.5	1 46	2 59.9	11 40
17 Su	8 55.2	1 06	11 51.3	1 40	27 36.6	0 44	15 22.3	1 46	3 01.0	11 41
22 F	9 22.2	1 07	12 00.4	1 40	27 40.4	0 44	15 24.1	1 46	3 02.2	11 41
27 W	9 49.2	1 07	12 09.5	1 40	27 44.3	0 44	15 26.0	1 46	3 03.3	11 41
2 M	10 16.2	1 07	12 18.6	1 39	27 48.1	0 44	15 27.8	1 46	3 04.4	11 41
7 S	10 43.2	1 07	12 27.8	1 39	27 52.0	0 44	15 29.6	1 46	3 05.5	11 42
12 Th	11 10.2	1 08	12 36.9	1 39	27 55.8	0 45	15 31.5	1 46	3 06.6	11 42
17 Tu	11 37.3	1 08	12 46.0	1 38	27 59.7	0 45	15 33.3	1 46	3 07.7	11 42
22 Su	12 04.3	1 08	12 55.1	1 38	28 03.5	0 45	15 35.1	1 46	3 08.8	11 42
27 F	12 31.3	1 09	13 04.2	1 38	28 07.4	0 45	15 37.0	1 46	3 09.9	11 43

☿ .326610	☿a .461772
♀a .726686	♀ .728226
⊕ 1.00929	⊕ 1.00130
♂ 1.60374	♂ 1.63113
♃ 5.00386	♃ 4.99727
♄ 10.0106	♄ 10.0136
♅ 18.3487	♅ 18.3464
♆ 29.8114	♆ 29.8116
♇ 40.4102	♇ 40.4301
☊	Perihelia
☿ 18°♉ 53	☿ 18°♊ 10
♀ 17 ♊ 06	♀ 12 ♌ 24
⊕	⊕ 13 ♋ 45
♂ 19 ♉ 55	♂ 6 ♓ 53
♃ 10 ♋ 59	♃ 16 ♈ 16
♄ 24 ♋ 03	♄ 2 ♋ 07
♅ 14 ♊ 06	♅ 22 ♍ 45
♆ 12 ♌ 14	♆ 4 ♉ 52
♇ 20 ♋ 51	♇ 16 ♏ 13

September aspects:

1 F	☿⚻♃	2am 0
	⊕⚻☿	10 7
	☿△♄	6pm43
	♀△♅	10 50
	☿⚼♀	11 18
2 S	☿□♆	11am44
	☿⚺♂	3pm49
3 Su	⊕□♄	1pm 0
	♀ ♑	1 58
	♀⚼♆	6 22
4	☿☌♅	7pm22
5 T	☿ ♍	7am32
	♀⚹♇	11 3
	☿∠♂	8pm42
	☿☍♇	10 1
6 W	☿△♀	3am17
	♂⚼♇	10 33
	☿☍♃	11pm13
7 Th	⊕⚹♆	12pm43
	☿□♄	5 31
8 F	☿△♆	1pm18
	♀⚹♃	5 58
	⊕☍☿	8 6
9	☿⚹♂	11am28
10	♀⚺♄	10pm57
11 M	☿⚺♅	9am47
	♀⚼♅	12pm 7
12 T	☿ ♎	0am21
	☿⚼♆	2 24
	☿⚻♇	6pm30
13 W	♀△♆	6am45
	⊕△♂	7pm 4
14 Th	☿⚻♃	5am55
	♀∠♇	11pm 8
15 F	☿⚹♄	2am 6
	☿∠♅	7 16
16 S	☿⚻♆	1am43
	☿⚼♇	7pm40
18 M	☿□♀	9am22
	☿□♂	10 14
	♀☍♂	11 36
	☿⚼♃	1pm54
	♀∠♃	7 19
19	⊕⚻☿	10am21
T	☿∠♄	10 33
	☿⚹♅	3pm45
	♂⚼♃	6 37
20 W	⊕⚻♅	4am45
	☿ ♏	9 6
	♀∠♄	3pm 5
21 Th	♀⚻♅	1am39
	☿△♇	7 50
22 F	⊕⚹♀	11am 4
	♀ ♒	1pm 9
	⊕ ♈	2 26
23 S	⊕∠♆	0am27
	☿△♃	9 39
24 Su	☿⚺♄	6am 3
	♀⚺♇	11 22
25 M	☿☍♆	8am55
	⊕⚺♇	5pm13
26 T	♂⚼♄	5am37
	⊕⚼☿	12pm55
	☿0S	1 6
27	♂⚺♅	1pm38
28	♀⚺♃	8pm45
29	☿□♅	3pm32
30 S	☿△♂	0am54
	♀⚹♄	7 13
	♀ A	8 12
	☿ ♐	10 31

October aspects:

1	☿□♇	12pm53
2 M	♀□♆	7am52
	♂ ♌	12pm19
3	⊕⚺♃	4am18
4 W	☿□♃	5am 3
	⊕△☿	5pm35
	☿☌♄	9 54
5 Th	⊕△♄	5am51
	⊕⚼♅	4pm35
6 F	☿⚻♆	0am54
	☿⚼♂	12pm33
	☿ A	10 46
8	⊕⚺♆	9am 6
9	♂⚻♇	8am25
10 T	♀☍♅	4am32
	☿△♅	1pm13
11 W	⊕∠♇	0am21
	☿⚹♀	0 39
	☿ ♑	7 15
	☿⚼♆	11 45
	♀ ♓	12pm15
12 Th	☿⚹♇	9am59
	☿⚻♂	11pm56
13	♀☌♇	11am26
15 Su	♀⚻♂	2am29
	☿⚹♃	8 38
	☿⚺♄	7pm 5
	☿⚼♅	9 10
16	☿△♆	6pm22
17 T	⊕∠♀	1pm34
	☿∠♇	3 22
18	♀☌♃	10pm52
19 Th	♀□♄	2pm44
	⊕∠♃	8 45
20 F	☿∠♃	1pm13
	⊕□☿	8 16
	☿∠♄	8 30
	⊕⚼♄	9 1
	☿⚻♅	9 45
21	⊕△♅	0am57
S	♀⚹♆	8 7
	☿ ♒	12pm43
22 Su	☿∠♀	2am10
	☿⚺♇	12pm29
23	⊕ ♉	0am 5
24	☿☍♂	2pm13
25 W	☿⚺♃	7am27
	☿⚹♄	12pm 3
26 Th	⊕⚹♇	4am19
	☿□♆	6 3
28	♀⚼♂	6am23
29 Su	♀⚻♅	6am 3
	☿☍♅	4pm56
30 M	☿⚺♀	0am38
	☿ ♓	4 29
	♀ ♈	9 57
	♀∠♆	7pm37
31 T	☿☌♇	0am 6
	♂⚻♃	5 38
	♂△♄	10pm39

NOVEMBER 2045

DECEMBER 2045

DAY	LONG	LAT	LONG	LAT	LONG	LONG	LAT
	° '	° '	° '	° '	° '	° '	° '
1 W	7♓09	6S39	2♈31	3S16	8♉58	13♌15	1N50
2 Th	11 16	6 29	4 07	3 15	9 58	13 41	1 50
3 F	15 30	6 16	5 42	3 13	10 58	14 08	1 50
4 S	19 52	6 01	7 18	3 11	11 59	14 35	1 50
5 Su	24 22	5 43	8 53	3 09	12 59	15 01	1 51
6 M	29 00	5 22	10 29	3 07	13 59	15 28	1 51
7 Tu	3♈47	4 58	12 04	3 05	14 59	15 54	1 51
8 W	8 43	4 32	13 40	3 02	15 59	16 21	1 51
9 Th	13 48	4 02	15 16	3 00	17 00	16 47	1 51
10 F	19 02	3 30	16 51	2 57	18 00	17 14	1 51
11 S	24 25	2 55	18 27	2 54	19 00	17 40	1 51
12 Su	29 57	2 17	20 03	2 51	20 00	18 07	1 51
13 M	5♉38	1 37	21 38	2 48	21 01	18 33	1 51
14 Tu	11 27	0 55	23 14	2 45	22 01	19 00	1 51
15 W	17 23	0 11	24 50	2 41	23 02	19 26	1 51
16 Th	23 26	0N34	26 26	2 38	24 02	19 53	1 51
17 F	29 35	1 19	28 02	2 34	25 03	20 19	1 51
18 S	5♊49	2 03	29 37	2 30	26 03	20 46	1 51
19 Su	12 06	2 46	1♉13	2 26	27 04	21 12	1 51
20 M	18 25	3 28	2 49	2 22	28 04	21 38	1 51
21 Tu	24 44	4 07	4 25	2 18	29 05	22 05	1 51
22 W	1♋02	4 43	6 01	2 14	0♊05	22 31	1 51
23 Th	7 18	5 15	7 37	2 10	1 06	22 58	1 51
24 F	13 30	5 43	9 13	2 05	2 06	23 24	1 51
25 S	19 36	6 07	10 49	2 01	3 07	23 50	1 51
26 Su	25 36	6 26	12 25	1 56	4 08	24 17	1 51
27 M	1♌28	6 41	14 01	1 51	5 08	24 43	1 51
28 Tu	7 12	6 52	15 37	1 46	6 09	25 09	1 51
29 W	12 47	6 58	17 13	1 42	7 10	25 36	1 50
30 Th	18♌13	7N00	18♉50	1S37	8♊11	26♌02	1N50

DAY	LONG	LAT	LONG	LAT	LONG	LONG	LAT
	° '	° '	° '	° '	° '	° '	° '
1 F	23♌29	6N59	20♉26	1S32	9♊11	26♌28	1N50
2 S	28 35	6 54	22 02	1 26	10 12	26 55	1 50
3 Su	3♍32	6 47	23 38	1 21	11 13	27 21	1 50
4 M	8 19	6 37	25 15	1 16	12 14	27 47	1 50
5 Tu	12 57	6 24	26 51	1 11	13 15	28 13	1 50
6 W	17 26	6 10	28 27	1 05	14 16	28 40	1 50
7 Th	21 47	5 53	0♊04	1 00	15 17	29 06	1 50
8 F	25 59	5 36	1 40	0 54	16 18	29 32	1 49
9 S	0♎04	5 17	3 17	0 49	17 18	29 58	1 49
10 Su	4 01	4 57	4 53	0 43	18 19	0♍25	1 49
11 M	7 52	4 37	6 29	0 38	19 20	0 51	1 49
12 Tu	11 36	4 15	8 06	0 32	20 21	1 17	1 49
13 W	15 13	3 54	9 43	0 26	21 22	1 43	1 49
14 Th	18 46	3 32	11 19	0 21	22 23	2 10	1 48
15 F	22 13	3 09	12 56	0 15	23 24	2 36	1 48
16 S	25 35	2 47	14 32	0 09	24 26	3 02	1 48
17 Su	28 52	2 24	16 09	0 03	25 27	3 28	1 48
18 M	2♏06	2 02	17 46	0N02	26 28	3 54	1 48
19 Tu	5 15	1 39	19 23	0 08	27 29	4 21	1 47
20 W	8 22	1 17	20 59	0 14	28 30	4 47	1 47
21 Th	11 25	0 55	22 36	0 20	29 31	5 13	1 47
22 F	14 25	0 33	24 13	0 25	0♋32	5 39	1 47
23 S	17 22	0 11	25 50	0 31	1 33	6 05	1 47
24 Su	20 17	0S10	27 27	0 37	2 34	6 32	1 46
25 M	23 11	0 32	29 04	0 42	3 35	6 58	1 46
26 Tu	26 02	0 53	0♋41	0 48	4 36	7 24	1 46
27 W	28 51	1 13	2 18	0 53	5 37	7 50	1 46
28 Th	1♐40	1 33	3 55	0 59	6 38	8 16	1 45
29 F	4 27	1 53	5 32	1 04	7 40	8 43	1 45
30 S	7 13	2 13	7 09	1 10	8 41	9 09	1 45
31 Su	9♐59	2S32	8♋46	1N15	9♋42	9♍35	1N44

DAY	LONG	LAT	LONG	LAT	LONG	LAT	LONG	LAT	LONG	LAT
	° '	° '	° '	° '	° '	° '	° '	° '	° '	° '
1 W	12♓58.4	1S09	13♐13.3	1N37	28♌11.2	0N45	15♉38.8	1S46	3♓11.0	11S43
6 M	13 25.5	1 09	13 22.4	1 37	28 15.1	0 45	15 40.7	1 46	3 12.2	11 43
11 S	13 52.6	1 10	13 31.5	1 37	28 18.9	0 45	15 42.5	1 46	3 13.3	11 43
16 Th	14 19.7	1 10	13 40.6	1 37	28 22.8	0 45	15 44.4	1 46	3 14.4	11 44
21 Tu	14 46.8	1 10	13 49.7	1 36	28 26.6	0 45	15 46.2	1 46	3 15.5	11 44
26 Su	15 13.9	1 10	13 58.8	1 36	28 30.5	0 45	15 48.0	1 46	3 16.6	11 44
1 F	15 41.1	1 11	14 07.9	1 36	28 34.4	0 45	15 49.9	1 46	3 17.7	11 44
6 W	16 08.2	1 11	14 17.0	1 35	28 38.2	0 45	15 51.7	1 46	3 18.8	11 45
11 M	16 35.4	1 11	14 26.1	1 35	28 42.1	0 45	15 53.6	1 46	3 20.0	11 45
16 S	17 02.5	1 11	14 35.2	1 35	28 45.9	0 45	15 55.4	1 46	3 21.1	11 45
21 Th	17 29.7	1 12	14 44.3	1 34	28 49.8	0 45	15 57.2	1 46	3 22.2	11 45
26 Tu	17 56.9	1 12	14 53.4	1 34	28 53.6	0 45	15 59.1	1 46	3 23.3	11 45
31 Su	18 24.1	1 12	15 02.5	1 34	28 57.5	0 45	16 00.9	1 46	3 24.4	11 46

☿p.386072	☿ .341367
♀ .726452	♀ .722620
⊕ .992656	⊕ .986179
♂ 1.65168	♂a1.66313
♃ 4.99088	♃ 4.98514
♄ 10.0166	♄ 10.0194
♅ 18.3441	♅ 18.3419
♆ 29.8118	♆ 29.8120
♇ 40.4507	♇ 40.4706
☊	Perihelia
☿ 18°♉ 53	☿ 18°♊ 10
♀ 17 ♊ 06	♀ 12 ♌ 15
⊕	⊕ 12 ♋ 30
♂ 19 ♉ 55	♂ 6 ♓ 54
♃ 10 ♋ 59	♃ 16 ♈ 18
♄ 24 ♋ 03	♄ 2 ♋ 02
♅ 14 ♊ 07	♅ 22 ♍ 29
♆ 12 ♌ 15	♆ 5 ♉ 52
♇ 20 ♋ 52	♇ 16 ♏ 10

1 W	♀⚺♇	10am 1
	⊕⚹☿	2pm 8
2 Th	☿☌♃	10am30
	☿□♄	11 25
	☿⚻♂	3pm26
3	☿⚹♆	0am53
5 Su	♃□♄	3am16
	⊕⚻♄	9 0
	⊕⚹♃	9 23
	☿⚻♅	8pm10
	⊕∠☿	11 53
6 M	☿ ♈	5am 5
	☿⚼♂	8 11
	☿∠♆	8 31
	♂□♆	11 49
	☿⚺♇	9pm 9
7 T	⊕☌♆	4pm50
	♀⚼♅	6 5
	♀△♄	8 26
	♀⚺♃	11 2
8 W	⊕□♂	3pm23
	☿⚼♅	9 38
	☿△♄	10 27
	☿⚺♃	11 32
9 Th	♀⚺♆	6am35
	☿⚺♆	8 48
	☿☌♀	9 47
	☿△♂	3pm 5
	⊕⚺☿	6 13
	☿∠♇	8 19
10 F	♀△♂	7am52
	♀∠♇	8pm34
11 S	☿△♅	5pm 1
	☿⚼♄	5 59
	☿∠♃	7 43
	⊕⚺♀	10 32
12 Su	☿ ♉	0am13
	☿⚹♇	1pm55
14 T	☿⚻♄	8am52
	☿⚹♃	11 9
	☿☌♆	5pm22
15 W	☿0N	5am57
	☿□♂	8 50
16 Th	⊕☌☿	2am48
	☿⚺♀	3pm48
	☿□♅	7 21
17	☿ ♊	1am35
F	♀△♅	5 34
	♀⚼♄	10 27
	☿□♇	2pm 7
	♀∠♃	10 11
18	♀ ♉	5am40
19 Su	☿☍♄	6am23
	☿□♃	9 39
	☿⚺♆	1pm56
	☿∠♀	8 59
	☿ P	10 25
20 M	♀⚹♇	6am33
	⊕□♅	8 45
	☿⚹♂	1pm10
21 T	☿⚹♅	2pm 8
	⊕⚺☿	7 40
	☿ ♋	8 2
	⊕ ♊	9 57
	☿∠♆	11 0
22	☿△♇	8am30
23 Th	☿⚹♀	1am39
	☿∠♂	2 44
	☿∠♅	11pm58
24	☿⚻♄	1am40
F	☿△♃	6 11
	☿⚹♆	8 59
	⊕∠☿	4pm59
	☿⚼♇	6 45
25 S	⊕□♇	3am43
	☿⚺♂	6pm16
26 Su	☿⚺♅	11am52
	☿⚼♄	1pm51
	☿ ♌	5 58
	☿⚼♃	7 13
	♀⚻♄	11 51
27 M	☿⚻♇	7am33
	⊕⚹☿	6pm37
	♀⚹♃	8 41
28	♀☌♆	2am52
29 W	☿△♄	5am40
	☿⚻♃	12pm 9
	☿□♆	1 22
30	☿□♀	3am58
1	☿☌♂	3pm17
F	☿☌♅	12 0
2 S	☿ ♍	6am47
	♃⚹♆	5pm48
	☿☍♇	10 52
5 T	⊕□☿	1am58
	☿□♄	6 55
	☿△♆	3pm27
	☿☍♃	4 48
	♂☌♅	10 42
6 W	⊕☍♄	0am34
	♀□♅	2 44
	♀□♂	4 13
	♀ ♊	11pm 5
7	⊕⚺♆	2pm 5
8 F	⊕□♃	0am41
	☿⚺♅	3pm42
	☿⚺♂	11 22
	☿ ♎	11 36
9 S	♀□♇	0am45
	♂ ♍	1 31
	☿⚼♆	4 53
	☿⚻♇	7pm44
10	☿△♀	9am 7
12 T	☿∠♅	2pm 0
	☿⚹♄	7 6
13 W	☿⚻♆	4am35
	☿⚻♃	10 42
	☿∠♂	11 31
	☿⚼♇	9pm 8
15	⊕△☿	12pm 8
16 S	♀☍♄	0am43
	♂☍♇	5pm40
	♀⚺♆	8 41
	☿⚹♅	11 19
17 Su	☿∠♄	5am34
	☿ ♏	8 21
	♀0N	2pm 6
	♀□♃	3 29
18 M	☿⚼♃	0am59
	☿△♇	9 32
	☿⚼♀	10 13
	☿⚹♂	3pm53
20	⊕⚹♅	7am40
21	⊕ ♋	11am28
22	☿⚺♄	2am54
F	⊕∠♆	10 10
	☿☍♆	12pm33
	⊕⚼☿	1 47
23 S	☿△♃	2am35
	☿0S	12pm22
24 Su	⊕△♇	7pm14
	♂ A	9 0
	♀⚹♅	9 20
25	♀ ♋	1pm58
26	♀∠♆	4am37
27 W	☿□♅	0am26
	☿ ♐	9 45
	♀△♇	4pm22
28	☿□♇	2pm56
29	☿⚻♀	10pm25
30 S	⊕⚹♂	7pm16
	☿□♂	7 55
	⊕⚻☿	8 8
31	♀⚹♂	4pm42

JANUARY 2046

FEBRUARY 2046

DAY	☿ LONG	☿ LAT	♀ LONG	♀ LAT	⊕ LONG	♂ LONG	♂ LAT
	° '	° '	° '	° '	° '	° '	° '
1 M	12♐44	2S51	10♋23	1N21	10♋43	10♍01	1N44
2 Tu	15 28	3 09	12 00	1 26	11 44	10 27	1 44
3 W	18 13	3 27	13 37	1 31	12 45	10 54	1 44
4 Th	20 58	3 44	15 14	1 36	13 47	11 20	1 43
5 F	23 43	4 01	16 52	1 41	14 48	11 46	1 43
6 S	26 29	4 17	18 29	1 46	15 49	12 12	1 43
7 Su	29 15	4 33	20 06	1 51	16 50	12 39	1 42
8 M	2♑02	4 48	21 43	1 56	17 51	13 05	1 42
9 Tu	4 51	5 03	23 21	2 01	18 52	13 31	1 42
10 W	7 40	5 17	24 58	2 05	19 54	13 57	1 41
11 Th	10 32	5 30	26 35	2 10	20 55	14 23	1 41
12 F	13 25	5 43	28 13	2 14	21 56	14 50	1 41
13 S	16 20	5 55	29 50	2 18	22 57	15 16	1 40
14 Su	19 18	6 06	1♌27	2 23	23 58	15 42	1 40
15 M	22 18	6 16	3 05	2 27	24 59	16 08	1 40
16 Tu	25 20	6 26	4 42	2 31	26 00	16 35	1 39
17 W	28 26	6 34	6 20	2 34	27 01	17 01	1 39
18 Th	1♒35	6 42	7 57	2 38	28 03	17 27	1 38
19 F	4 48	6 48	9 35	2 42	29 04	17 54	1 38
20 S	8 05	6 53	11 12	2 45	0♌05	18 20	1 38
21 Su	11 26	6 57	12 50	2 48	1 06	18 46	1 37
22 M	14 51	6 59	14 27	2 52	2 07	19 13	1 37
23 Tu	18 21	7 00	16 05	2 55	3 08	19 39	1 36
24 W	21 56	7 00	17 42	2 58	4 09	20 05	1 36
25 Th	25 37	6 57	19 20	3 00	5 10	20 32	1 36
26 F	29 24	6 53	20 57	3 03	6 11	20 58	1 35
27 S	3♓17	6 47	22 35	3 05	7 12	21 24	1 35
28 Su	7 17	6 39	24 12	3 08	8 13	21 51	1 34
29 M	11 24	6 29	25 50	3 10	9 14	22 17	1 34
30 Tu	15 38	6 16	27 27	3 12	10 15	22 43	1 33
31 W	20♓00	6S00	29♌05	3N14	11♌16	23♍10	1N33

DAY	☿ LONG	☿ LAT	♀ LONG	♀ LAT	⊕ LONG	♂ LONG	♂ LAT
	° '	° '	° '	° '	° '	° '	° '
1 Th	24♓30	5S42	0♍42	3N15	12♌17	23♍36	1N32
2 F	29 09	5 21	2 20	3 17	13 17	24 03	1 32
3 S	3♈56	4 58	3 57	3 18	14 18	24 29	1 31
4 Su	8 52	4 31	5 35	3 20	15 19	24 56	1 31
5 M	13 57	4 01	7 12	3 21	16 20	25 22	1 30
6 Tu	19 12	3 29	8 50	3 22	17 21	25 48	1 30
7 W	24 35	2 54	10 27	3 22	18 22	26 15	1 29
8 Th	0♉08	2 16	12 05	3 23	19 23	26 41	1 29
9 F	5 49	1 36	13 42	3 23	20 23	27 08	1 28
10 S	11 38	0 53	15 20	3 24	21 24	27 35	1 28
11 Su	17 34	0 10	16 57	3 24	22 25	28 01	1 27
12 M	23 38	0N35	18 34	3 24	23 26	28 28	1 27
13 Tu	29 47	1 20	20 12	3 23	24 26	28 54	1 26
14 W	6♊01	2 04	21 49	3 23	25 27	29 21	1 26
15 Th	12 18	2 48	23 26	3 22	26 28	29 47	1 25
16 F	18 37	3 29	25 04	3 22	27 28	0♎14	1 25
17 S	24 56	4 08	26 41	3 21	28 29	0 41	1 24
18 Su	1♋14	4 44	28 18	3 20	29 29	1 07	1 24
19 M	7 30	5 16	29 55	3 19	0♍30	1 34	1 23
20 Tu	13 41	5 44	1♎32	3 17	1 30	2 01	1 22
21 W	19 47	6 08	3 09	3 16	2 31	2 27	1 22
22 Th	25 47	6 27	4 47	3 14	3 31	2 54	1 21
23 F	1♌39	6 42	6 24	3 12	4 32	3 21	1 21
24 S	7 22	6 52	8 01	3 10	5 32	3 48	1 20
25 Su	12 57	6 58	9 38	3 08	6 32	4 14	1 19
26 M	18 23	7 00	11 15	3 06	7 33	4 41	1 19
27 Tu	23 38	6 59	12 51	3 04	8 33	5 08	1 18
28 W	28♌45	6N54	14♎28	3N01	9♍33	5♎35	1N18

DAY	♃ LONG	♃ LAT	♄ LONG	♄ LAT	♅ LONG	♅ LAT	♆ LONG	♆ LAT	♇ LONG	♇ LAT
	° '	° '	° '	° '	° '	° '	° '	° '	° '	° '
5 F	18♓51.3	1S12	15♐11.6	1N34	29♌01.4	0N45	16♉02.8	1S46	3♓25.5	11S46
10 W	19 18.5	1 13	15 20.7	1 33	29 05.2	0 45	16 04.6	1 46	3 26.7	11 46
15 M	19 45.7	1 13	15 29.8	1 33	29 09.1	0 45	16 06.5	1 46	3 27.8	11 46
20 S	20 13.0	1 13	15 38.9	1 33	29 12.9	0 45	16 08.3	1 46	3 28.9	11 47
25 Th	20 40.2	1 13	15 48.0	1 32	29 16.8	0 45	16 10.2	1 46	3 30.0	11 47
30 Tu	21 07.4	1 13	15 57.1	1 32	29 20.6	0 45	16 12.0	1 46	3 31.1	11 47
4 Su	21 34.7	1 14	16 06.2	1 32	29 24.5	0 45	16 13.8	1 46	3 32.2	11 47
9 F	22 02.0	1 14	16 15.3	1 31	29 28.4	0 45	16 15.7	1 46	3 33.3	11 48
14 W	22 29.2	1 14	16 24.4	1 31	29 32.2	0 45	16 17.5	1 46	3 34.4	11 48
19 M	22 56.5	1 14	16 33.5	1 31	29 36.1	0 45	16 19.4	1 46	3 35.5	11 48
24 S	23 23.8	1 14	16 42.5	1 30	29 39.9	0 45	16 21.2	1 46	3 36.6	11 48

☿a .466184	☿p .362771
♀p .719177	♀ .718704
⊕p .983354	⊕ .985286
♂ 1.66571	♂ 1.65877
♃ 4.97966	♃ 4.97468
♄ 10.0221	♄ 10.0247
♅ 18.3397	♅ 18.3376
♆ 29.8122	♆ 29.8124
♇ 40.4911	♇ 40.5115
☊	Perihelia
☿ 18°♉ 53	☿ 18°♊ 11
♀ 17 ♊ 06	♀ 12 ♌ 04
⊕	⊕ 13 ♋ 45
♂ 19 ♉ 55	♂ 6 ♓ 55
♃ 10 ♋ 59	♃ 16 ♈ 18
♄ 24 ♋ 03	♄ 1 ♋ 59
♅ 14 ♊ 07	♅ 22 ♍ 18
♆ 12 ♌ 15	♆ 6 ♉ 38

1 M	⊕☌♀	1pm31
	☿☌♄	8 43
2 T	☿⚻♆	4am51
	☿ A	10pm 2
3 W	⊕ P	1am 0
	☿□♃	4 7
	♀∠♅	5 39
	♀⚻♄	10pm52
4 Th	⊕∠♅	5am35
	♀⚹♆	11 56
5 F	⊕⚻♄	9am40
	♀⚼♇	11pm16
6 S	⊕⚹♆	5am38
	♀△♃	7 19
	☿△♅	10pm16
7 Su	☿ ♑	6am29
	☿⚼♆	3pm38
8 M	☿⚹♇	12pm 0
	⊕⚼♇	1 46
9	⊕△♃	8am54
12	☿⚼♅	5am47
F	♀⚺♅	1pm27
	☿△♂	1 42
	☿⚺♄	4 33
	☿△♆	10 2
13 S	♀ ♌	2am27
	♀∠♂	8 45
	♀⚼♄	9 5
	♂□♄	10 2
	☿∠♇	5pm15
14 Su	☿⚹♃	3am 8
	♂△♆	10pm 8
15	♀⚻♇	5am39
16 T	♀⚼♃	2am19
	⊕☍☿	7 45
17 W	☿⚻♅	5am42
	☿ ♒	11 57
	☿∠♄	4pm21
18 Th	☿⚼♂	7am33
	☿⚺♇	2pm 9
19 F	☿∠♃	2am28
	⊕⚺♅	3 23
	⊕ ♌	10pm 9
20 S	♀ P	1pm33
	⊕⚼♄	1 52
21	☿☍♀	6pm49
22 M	☿⚹♄	6am 0
	☿□♆	9 1
	♀△♄	6pm54
23 T	♀□♆	1am10
	⊕⚻♇	8 35
	☿⚻♂	9 58
	☿⚺♃	2pm44
25 Th	♂☍♃	9am56
	⊕⚼♃	1pm 7
	⊕∠♂	3 2
	♀⚻♃	8 58
	☿☍♅	11 18
26 F	♀⚺♂	0am13
	☿ ♓	3 44
27	☿☌♇	1am20
28	⊕⚻☿	7am17
30 T	☿□♄	1am46
	☿⚹♆	3 8
31 W	♀☌♅	4am 6
	☿☌♃	6 40
	♀ ♍	1pm34
	☿☍♂	6 44
1	⊕⚼☿	6pm25
2 F	☿⚻♅	1am12
	☿ ♈	4 20
	☿∠♆	10 29
	♀☍♇	5pm43
	☿⚺♇	10 1
3	☿⚻♀	0am10
4 Su	⊕△♄	7pm 4
	⊕□♆	9 39
5 M	☿⚼♅	2am 9
	☿△♄	10 7
	☿⚺♆	10 32
	⊕△☿	1pm37
	☿∠♇	9 3
6	☿⚺♃	11am42
7 W	☿⚼♀	5am24
	☿⚻♂	7 54
	☿△♅	9pm 8
	☿ ♉	11 28
8 Th	☿⚼♄	4am43
	☿⚹♇	2pm33
9 F	☿∠♃	5am10
	♄⚻♆	6 43
10 S	☿⚼♂	4am10
	♀△♆	1pm58
	♀□♄	2 26
	⊕⚻♃	6 45
	☿☌♆	6 47
	☿⚻♄	6 56
	☿△♀	8 35
11 Su	☿0N	5am13
	☿⚹♃	6pm42
	⊕□☿	11 3
12 M	☿△♂	8pm20
	☿□♅	11 0
13 T	☿ ♊	0am50
	☿□♇	2pm38
14 W	♀☍♃	10am30
	♂⚺♅	10 35
15 Th	♂ ♎	11am20
	☿⚺♆	3pm14
	☿☍♄	3 49
	☿ P	9 41
16	☿□♃	3pm38
17 S	☿□♀	8am56
	⊕⚹☿	4pm 4
	☿⚹♅	5 42
	☿ ♋	7 17
	☿□♂	11 32
18 Su	☿∠♆	0am19
	⊕☌♅	2 23
	☿△♇	9 0
	♂⚼♆	10 37
	⊕ ♍	12pm 9
	♀⚺♅	7 14
19 M	♀ ♎	1am11
	♀⚼♆	8pm52
	⊕⚺♀	10 43
20 T	☿∠♅	3am38
	♀☌♂	9 40
	☿⚹♆	10 22
	☿⚻♄	11 26
	⊕∠☿	1pm14
	☿⚼♇	7 18
	⊕⚺♂	9 34
21 W	♀⚻♇	6am34
	☿△♃	1pm31
22 Th	⊕☍♇	1am58
	☿⚺♅	3pm46
	☿ ♌	5 13
23 F	☿⚼♄	0am 8
	☿⚹♂	7 40
	☿⚻♇	8 9
	♂⚻♇	2pm 1
	⊕⚺☿	2 34
24 S	☿⚹♀	3am47
	☿⚼♃	4 25
25 Su	☿□♆	3pm 0
	☿△♄	4 46
26	☿∠♂	6am27
27	☿⚻♃	0am 8
28 W	♀∠♅	3am41
	☿☌♅	4 41
	☿∠♀	5 9
	☿ ♍	6 2
	☿☍♇	11pm43

MARCH 2046

APRIL 2046

DAY	☿ LONG	☿ LAT	♀ LONG	♀ LAT	⊕ LONG	♂ LONG	♂ LAT
	° '	° '	° '	° '	° '	° '	° '
1 Th	3♍41	6N47	16♎05	2N58	10♍34	6♎02	1N17
2 F	8 28	6 36	17 42	2 55	11 34	6 29	1 16
3 S	13 06	6 24	19 19	2 52	12 34	6 56	1 16
4 Su	17 35	6 09	20 55	2 49	13 34	7 23	1 15
5 M	21 55	5 53	22 32	2 46	14 34	7 49	1 14
6 Tu	26 07	5 35	24 09	2 43	15 35	8 16	1 14
7 W	0♎12	5 16	25 45	2 39	16 35	8 43	1 13
8 Th	4 09	4 57	27 22	2 36	17 35	9 10	1 12
9 F	7 59	4 36	28 58	2 32	18 35	9 37	1 12
10 S	11 43	4 15	0♏35	2 28	19 35	10 05	1 11
11 Su	15 20	3 53	2 11	2 24	20 35	10 32	1 10
12 M	18 52	3 31	3 47	2 20	21 35	10 59	1 10
13 Tu	22 19	3 09	5 24	2 16	22 35	11 26	1 09
14 W	25 41	2 46	7 00	2 11	23 35	11 53	1 08
15 Th	28 58	2 24	8 36	2 07	24 34	12 20	1 08
16 F	2♏12	2 01	10 12	2 02	25 34	12 47	1 07
17 S	5 21	1 39	11 48	1 58	26 34	13 15	1 06
18 Su	8 27	1 16	13 24	1 53	27 34	13 42	1 06
19 M	11 30	0 54	15 00	1 48	28 33	14 09	1 05
20 Tu	14 30	0 32	16 36	1 43	29 33	14 36	1 04
21 W	17 28	0 10	18 12	1 39	0♎33	15 04	1 03
22 Th	20 23	0S11	19 48	1 34	1 32	15 31	1 03
23 F	23 16	0 32	21 24	1 28	2 32	15 59	1 02
24 S	26 07	0 53	23 00	1 23	3 31	16 26	1 01
25 Su	28 57	1 14	24 36	1 18	4 31	16 53	1 00
26 M	1♐45	1 34	26 11	1 13	5 30	17 21	1 00
27 Tu	4 32	1 54	27 47	1 07	6 30	17 48	0 59
28 W	7 18	2 13	29 23	1 02	7 29	18 16	0 58
29 Th	10 04	2 33	0♐58	0 57	8 28	18 43	0 57
30 F	12 49	2 51	2 34	0 51	9 28	19 11	0 57
31 S	15♐34	3S09	4♐09	0N46	10♎27	19♎39	0N56

DAY	☿ LONG	☿ LAT	♀ LONG	♀ LAT	⊕ LONG	♂ LONG	♂ LAT
	° '	° '	° '	° '	° '	° '	° '
1 Su	18♐18	3S27	5♐45	0N40	11♎26	20♎06	0N55
2 M	21 03	3 45	7 20	0 35	12 26	20 34	0 54
3 Tu	23 48	4 01	8 56	0 29	13 25	21 02	0 54
4 W	26 34	4 18	10 31	0 23	14 24	21 29	0 53
5 Th	29 20	4 34	12 06	0 18	15 23	21 57	0 52
6 F	2♑07	4 49	13 42	0 12	16 22	22 25	0 51
7 S	4 56	5 03	15 17	0 06	17 21	22 53	0 50
8 Su	7 46	5 17	16 52	0 01	18 20	23 21	0 50
9 M	10 37	5 31	18 27	0S05	19 19	23 49	0 49
10 Tu	13 30	5 43	20 02	0 10	20 18	24 17	0 48
11 W	16 26	5 55	21 38	0 16	21 17	24 44	0 47
12 Th	19 23	6 06	23 13	0 22	22 16	25 12	0 46
13 F	22 23	6 17	24 48	0 27	23 15	25 41	0 46
14 S	25 26	6 26	26 23	0 33	24 14	26 09	0 45
15 Su	28 32	6 34	27 58	0 38	25 13	26 37	0 44
16 M	1♒41	6 42	29 33	0 44	26 11	27 05	0 43
17 Tu	4 54	6 48	1♑08	0 49	27 10	27 33	0 42
18 W	8 11	6 53	2 43	0 55	28 09	28 01	0 41
19 Th	11 32	6 57	4 18	1 00	29 07	28 29	0 41
20 F	14 57	6 59	5 53	1 06	0♏06	28 58	0 40
21 S	18 28	7 00	7 28	1 11	1 05	29 26	0 39
22 Su	22 03	7 00	9 03	1 16	2 03	29 54	0 38
23 M	25 44	6 57	10 38	1 21	3 02	0♏23	0 37
24 Tu	29 31	6 53	12 13	1 27	4 00	0 51	0 36
25 W	3♓25	6 47	13 48	1 32	4 59	1 20	0 35
26 Th	7 25	6 39	15 23	1 37	5 57	1 48	0 35
27 F	11 32	6 28	16 57	1 41	6 55	2 17	0 34
28 S	15 46	6 15	18 32	1 46	7 54	2 45	0 33
29 Su	20 08	6 00	20 07	1 51	8 52	3 14	0 32
30 M	24♓39	5S42	21♑42	1S56	9♏50	3♏43	0N31

DAY	♃ LONG	♃ LAT	♄ LONG	♄ LAT	♅ LONG	♅ LAT	♆ LONG	♆ LAT	♇ LONG	♇ LAT
	° '	° '	° '	° '	° '	° '	° '	° '	° '	° '
1 Th	23♓51.1	1S15	16♐51.6	1N30	29♌43.8	0N45	16♉23.0	1S46	3♓37.7	11S49
6 Tu	24 18.4	1 15	17 00.7	1 30	29 47.6	0 45	16 24.9	1 46	3 38.9	11 49
11 Su	24 45.7	1 15	17 09.8	1 29	29 51.5	0 45	16 26.7	1 46	3 40.0	11 49
16 F	25 13.0	1 15	17 18.9	1 29	29 55.3	0 45	16 28.6	1 46	3 41.1	11 49
21 W	25 40.3	1 15	17 27.9	1 29	29 59.2	0 45	16 30.4	1 46	3 42.2	11 50
26 M	26 07.6	1 15	17 37.0	1 29	0♍03.0	0 45	16 32.2	1 46	3 43.3	11 50
31 S	26 35.0	1 16	17 46.1	1 28	0 06.9	0 45	16 34.1	1 46	3 44.4	11 50
5 Th	27 02.3	1 16	17 55.2	1 28	0 10.7	0 45	16 35.9	1 46	3 45.5	11 50
10 Tu	27 29.6	1 16	18 04.2	1 28	0 14.6	0 45	16 37.7	1 46	3 46.6	11 50
15 Su	27 57.0	1 16	18 13.3	1 27	0 18.5	0 45	16 39.6	1 46	3 47.7	11 51
20 F	28 24.4	1 16	18 22.4	1 27	0 22.3	0 45	16 41.4	1 46	3 48.8	11 51
25 W	28 51.7	1 16	18 31.5	1 27	0 26.2	0 45	16 43.3	1 46	3 49.9	11 51
30 M	29 19.1	1 16	18 40.5	1 26	0 30.0	0 45	16 45.1	1 46	3 51.0	11 51

☿a.352465	☿ .466698
♀ .721164	♀ .725264
⊕ .990656	⊕ .999033
♂ 1.64458	♂ 1.62078
♃ 4.97060	♃ 4.96658
♄ 10.0269	♄ 10.0292
♅ 18.3357	♅ 18.3336
♆ 29.8126	♆ 29.8128
♇ 40.5300	♇ 40.5505
☊	Perihelia
☿ 18°♉ 53	☿ 18°♊ 11
♀ 17 ♊ 06	♀ 11 ♌ 57
⊕	⊕ 15 ♋ 44
♂ 19 ♉ 55	♂ 6 ♓ 55
♃ 10 ♋ 59	♃ 16 ♈ 16
♄ 24 ♋ 03	♄ 1 ♋ 55
♅ 14 ♊ 07	♅ 22 ♍ 05
♆ 12 ♌ 15	♆ 7 ♉ 21
♇ 20 ♋ 53	♇ 16 ♏ 06

1 Th	♀⊼♆	4am28
	♀✱♄	11 46
	☿⊻♂	12pm52
2 F	♀⚼♇	1pm57
	⊕☌☿	8 26
3 S	☿△♆	5pm37
	☿□♄	8 34
5 M	☿⊻♀	5am35
	☿☍♃	1pm19
6 T	♀⊼♃	2am35
	⊕△♆	8pm11
	☿⊻♅	9 41
	☿ ♎	10 51
7 W	☿⚼♆	7am23
	⊕□♄	11 27
	☿⊼♇	8pm59
9 F	☿☌♂	11am57
	♀✱♅	1pm 0
	♀ ♏	3 25
10 S	☿∠♅	8pm47
	♀∠♄	11 43
11	☿⊼♆	7am29
Su	☿✱♄	12pm26
	♀△♇	10 14
	☿⚼♇	10 37
13 T	⊕⊻☿	2am36
	☿⊼♃	7pm12
15 Th	☿✱♅	6am56
	☿ ♏	7 35
	⊕☍♃	2pm37
16 F	♀⚼♃	0am14
	☿∠♄	0 53
	☿△♇	11 15
	⊕∠♀	2pm36
18 Su	♀⊻♂	6am 8
	☿⚼♃	3pm42
19	♀☍♆	10pm26
20 T	⊕∠☿	0am32
	☿⊻♂	0 57
	⊕⊻♅	10 21
	⊕ ♎	10 51
	♀⊻♄	12pm42
	☿☍♆	4 11
	♂∠♅	7 50
21	☿⊻♄	0am 1
W	☿0S	11 38
	☿☌♀	1pm22
	⊕⚼♆	11 24
22	♅ ♍	1am24
23	☿△♃	10pm28
24 S	⊕⊼♇	4am40
	♂⊼♆	4 55
25 Su	☿ ♐	9am 0
	☿□♅	9 22
	♀△♃	11pm 3
26 M	☿∠♂	6am 8
	♂✱♄	3pm 5
	☿□♇	4 59
28 W	⊕✱☿	2am24
	♀ ♐	9 24
	♀□♅	10 38
29	♂⚼♇	0am25
30	♀□♇	5pm45
31 S	☿⊼♆	8am50
	♀∠♂	10 25
	☿☌♄	7pm31
	☿ A	9 19

1	☿✱♂	6pm55
4 W	☿□♃	3am26
	⊕∠♅	6pm55
5 Th	☿ ♑	5am44
	☿△♅	7 18
	☿⚼♆	7pm31
6 F	⊕⊼♆	5am45
	☿✱♇	2pm 2
7 S	⊕✱♄	3pm44
	♀⊼♆	8 11
8 Su	♀0S	3am31
	⊕⚼♇	10 32
	♀☌♄	5pm37
10 T	⊕✱♀	10am30
	☿⚼♅	2pm22
11 W	☿△♆	1am41
	☿⊻♄	1pm45
	☿∠♇	7 7
13	⊕□☿	10am 4
F	♀✱♂	6pm51
14 S	☿□♂	6am30
	☿⊻♀	3pm 6
	☿✱♃	7 22
	♀□♃	11 44
15 Su	☿ ♒	11am12
	☿⊼♅	1pm36
16 M	♀ ♑	6am48
	♀△♅	11 45
	☿∠♄	11 51
	☿⊻♇	3pm50
17 T	♀⚼♆	8am11
	⊕☌♂	6pm 1
18 W	⊕⊼♃	2am 5
	♂⊼♃	12pm54
	♀✱♇	4 32
19 Th	☿∠♃	12pm55
	⊕ ♏	9 32
20 F	⊕✱♅	6am45
	☿□♆	11 58
	☿✱♄	11pm37
22	♂ ♏	4am46
Su	☿∠♀	10pm48
23 M	♂✱♅	1am38
	⊕∠♄	11 5
	☿⊻♃	7pm10
	⊕△♇	7 41
24 T	☿ ♓	2am59
	☿☍♅	5 38
	☿△♂	9 27
25 W	☿☌♇	2am34
	⊕△☿	12pm32
26 Th	♀⚼♅	1am 7
	♀△♆	8pm35
28 S	♀⊻♄	1am11
	♀∠♇	4 38
	☿✱♆	5 24
	☿⚼♂	12pm20
	☿□♄	3 49
	☿✱♀	11 50
29	♂∠♄	10pm15
30 M	⊕⚼☿	1am18
	♂△♇	7 10

MAY 2046

DAY	☿ LONG	☿ LAT	♀ LONG	♀ LAT	⊕ LONG	♂ LONG	♂ LAT
	° '	° '	° '	° '	° '	° '	° '
1 Tu	29♓18	5S21	23♑17	2S00	10♏49	4♏11	0N30
2 W	4♈05	4 57	24 52	2 05	11 47	4 40	0 29
3 Th	9 01	4 30	26 27	2 09	12 45	5 09	0 28
4 F	14 07	4 01	28 01	2 14	13 43	5 38	0 27
5 S	19 22	3 28	29 36	2 18	14 42	6 06	0 27
6 Su	24 45	2 53	1♒11	2 22	15 40	6 35	0 26
7 M	0♉18	2 15	2 46	2 26	16 38	7 04	0 25
8 Tu	5 59	1 34	4 21	2 30	17 36	7 33	0 24
9 W	11 49	0 52	5 56	2 33	18 34	8 02	0 23
10 Th	17 45	0 08	7 31	2 37	19 32	8 31	0 22
11 F	23 49	0N36	9 06	2 41	20 30	9 00	0 21
12 S	29 58	1 21	10 40	2 44	21 28	9 29	0 20
13 Su	6♊12	2 06	12 15	2 47	22 26	9 59	0 19
14 M	12 29	2 49	13 50	2 50	23 24	10 28	0 18
15 Tu	18 48	3 30	15 25	2 53	24 22	10 57	0 17
16 W	25 08	4 09	17 00	2 56	25 20	11 26	0 16
17 Th	1♋26	4 45	18 35	2 59	26 18	11 56	0 15
18 F	7 41	5 17	20 10	3 02	27 15	12 25	0 14
19 S	13 52	5 45	21 45	3 04	28 13	12 55	0 14
20 Su	19 58	6 08	23 20	3 06	29 11	13 24	0 13
21 M	25 58	6 27	24 55	3 09	0♐09	13 54	0 12
22 Tu	1♌49	6 42	26 30	3 11	1 06	14 23	0 11
23 W	7 33	6 52	28 05	3 13	2 04	14 53	0 10
24 Th	13 07	6 58	29 40	3 14	3 02	15 23	0 09
25 F	18 33	7 00	1♓15	3 16	4 00	15 52	0 08
26 S	23 48	6 59	2 50	3 17	4 57	16 22	0 07
27 Su	28 54	6 54	4 25	3 19	5 55	16 52	0 06
28 M	3♍50	6 46	6 00	3 20	6 52	17 22	0 05
29 Tu	8 37	6 36	7 35	3 21	7 50	17 52	0 04
30 W	13 14	6 23	9 11	3 22	8 48	18 22	0 03
31 Th	17♍43	6N09	10♓46	3S22	9♐45	18♏52	0N02

JUNE 2046

DAY	☿ LONG	☿ LAT	♀ LONG	♀ LAT	⊕ LONG	♂ LONG	♂ LAT
	° '	° '	° '	° '	° '	° '	° '
1 F	22♍03	5N52	12♓21	3S23	10♐43	19♏22	0N01
2 S	26 15	5 35	13 56	3 23	11 40	19 52	0 00
3 Su	0♎19	5 16	15 31	3 24	12 38	20 22	0S01
4 M	4 16	4 56	17 07	3 24	13 35	20 52	0 02
5 Tu	8 06	4 35	18 42	3 24	14 33	21 22	0 03
6 W	11 50	4 14	20 17	3 23	15 30	21 53	0 04
7 Th	15 27	3 52	21 52	3 23	16 28	22 23	0 05
8 F	18 59	3 30	23 28	3 22	17 25	22 53	0 06
9 S	22 26	3 08	25 03	3 22	18 22	23 24	0 07
10 Su	25 47	2 46	26 38	3 21	19 20	23 54	0 08
11 M	29 05	2 23	28 14	3 20	20 17	24 25	0 09
12 Tu	2♏18	2 01	29 49	3 19	21 15	24 55	0 10
13 W	5 27	1 38	1♈25	3 17	22 12	25 26	0 11
14 Th	8 33	1 16	3 00	3 16	23 09	25 57	0 12
15 F	11 36	0 54	4 36	3 14	24 07	26 28	0 13
16 S	14 36	0 32	6 11	3 13	25 04	26 58	0 14
17 Su	17 34	0 10	7 47	3 11	26 01	27 29	0 15
18 M	20 29	0S12	9 22	3 09	26 58	28 00	0 16
19 Tu	23 22	0 33	10 58	3 06	27 56	28 31	0 17
20 W	26 13	0 54	12 33	3 04	28 53	29 02	0 18
21 Th	29 02	1 14	14 09	3 01	29 50	29 33	0 19
22 F	1♐50	1 35	15 45	2 59	0♑47	0♐04	0 20
23 S	4 38	1 55	17 20	2 56	1 45	0 35	0 21
24 Su	7 24	2 14	18 56	2 53	2 42	1 07	0 22
25 M	10 09	2 33	20 32	2 50	3 39	1 38	0 23
26 Tu	12 54	2 52	22 07	2 47	4 36	2 09	0 24
27 W	15 39	3 10	23 43	2 44	5 34	2 41	0 25
28 Th	18 24	3 28	25 19	2 40	6 31	3 12	0 25
29 F	21 08	3 45	26 55	2 37	7 28	3 44	0 26
30 S	23♐54	4S02	28♈31	2S33	8♑25	4♐15	0S27

DAY	♃ LONG	♃ LAT	♄ LONG	♄ LAT	♅ LONG	♅ LAT	♆ LONG	♆ LAT	♇ LONG	♇ LAT
	° '	° '	° '	° '	° '	° '	° '	° '	° '	° '
5 S	29♓46.5	1S17	18♐49.6	1N26	0♍33.9	0N45	16♉46.9	1S46	3♓52.1	11S52
10 Th	0♈13.9	1 17	18 58.7	1 26	0 37.7	0 45	16 48.8	1 46	3 53.2	11 52
15 Tu	0 41.3	1 17	19 07.8	1 25	0 41.6	0 45	16 50.6	1 46	3 54.3	11 52
20 Su	1 08.7	1 17	19 16.8	1 25	0 45.5	0 45	16 52.5	1 46	3 55.4	11 52
25 F	1 36.1	1 17	19 25.9	1 25	0 49.3	0 45	16 54.3	1 46	3 56.5	11 53
30 W	2 03.5	1 17	19 35.0	1 24	0 53.2	0 45	16 56.1	1 46	3 57.7	11 53
4 M	2 30.9	1 17	19 44.1	1 24	0 57.0	0 45	16 58.0	1 46	3 58.8	11 53
9 S	2 58.3	1 17	19 53.1	1 24	1 00.9	0 45	16 59.8	1 46	3 59.9	11 53
14 Th	3 25.7	1 17	20 02.2	1 23	1 04.8	0 45	17 01.7	1 46	4 01.0	11 54
19 Tu	3 53.2	1 18	20 11.3	1 23	1 08.6	0 45	17 03.5	1 46	4 02.1	11 54
24 Su	4 20.6	1 18	20 20.4	1 23	1 12.5	0 45	17 05.4	1 46	4 03.2	11 54
29 F	4 48.0	1 18	20 29.4	1 22	1 16.3	0 45	17 07.2	1 46	4 04.3	11 54

☿p .356855	☿a .375678
♀a .727946	♀ .727526
⊕ 1.00736	⊕ 1.01392
♂ 1.59075	♂ 1.55422
♃ 4.96319	♃ 4.96020
♄ 10.0313	♄ 10.0333
♅ 18.3316	♅ 18.3296
♆ 29.8130	♆ 29.8132
♇ 40.5702	♇ 40.5906
☊	Perihelia
☿ 18°♉ 53	☿ 18°♊ 11
♀ 17 ♊ 06	♀ 11 ♌ 58
⊕	⊕ 14 ♋ 49
♂ 19 ♉ 55	♂ 6 ♓ 57
♃ 10 ♋ 59	♃ 16 ♈ 17
♄ 24 ♋ 03	♄ 1 ♋ 51
♅ 14 ♊ 08	♅ 21 ♍ 50
♆ 12 ♌ 15	♆ 8 ♉ 17
♇ 20 ♋ 54	♇ 16 ♏ 03

DAY	Aspect	Time
1 T	☿☌♃	0am37
	☿ ♈	3 35
	☿⚻♅	6 12
	☿∠♆	12pm27
	☿⚺♇	10 53
2	☿⚻♂	3am10
3	⊕⚻☿	9pm46
4 F	☿⚼♅	6am40
	☿⚺♆	12pm17
	☿△♄	9 35
	☿∠♇	9 47
5 S	⊕⚼♃	2am11
	♀✱♃	2 43
	♀ ♒	5 59
	♀⚻♅	2pm40
6 Su	☿⚺♃	10pm31
	☿ ♉	10 44
7 M	☿△♅	1am15
	⊕☍♆	4 2
	♃ ♈	11 14
	☿□♀	2pm32
	☿✱♇	3 11
	☿⚼♄	3 18
	♀⚺♇	4 51
	♀∠♄	5 19
8	☿☍♂	7am 6
9 W	⊕⚺♄	9am41
	☿∠♃	1pm43
	☿☌♆	8 13
10 Th	☿0N	4am30
	☿⚻♄	4 54
	⊕☍☿	8 27
	♀□♂	10pm 5
12 S	☿ ♊	0am 6
	☿✱♃	1 44
	☿□♅	2 39
	☿□♇	3pm 9
	♀ A	6 32
13	☿⚻♂	3pm38
14 M	☿△♀	6am51
	☿⚺♆	4pm33
	☿ P	8 58
15 T	☿☍♄	1am14
	♃⚻♅	1 40
	♀∠♃	4 19
	♀□♆	9pm41
16 W	⊕⚻☿	0am55
	☿⚼♂	5 25
	☿ ♋	6pm33
	☿✱♅	9 17
	☿□♃	9 50
17 Th	☿∠♆	1am38
	♀✱♄	9 22
	☿△♇	9 31
	☿⚼♀	11 2
18 F	☿△♂	7pm55
	⊕⚼☿	8 59
19 S	☿∠♅	7am20
	☿✱♆	11 45
	☿⚼♇	7pm50
	☿⚻♄	9 15
20 Su	☿⚻♀	6pm15
	⊕ ♐	8 21
21 M	⊕□♅	3pm47
	☿ ♌	4 28
	☿⚺♅	7 41
	⊕△☿	8 27
	☿△♃	9 54
22 T	⊕△♃	6am 3
	☿⚻♇	8 46
	☿⚼♄	10 32
24 Th	♀ ♓	5am 3
	☿□♂	10 53
	☿⚼♃	3pm10
	☿□♆	4 40
	♀☍♅	5 27
	⊕□♇	10 46
25 F	☿△♄	4am 2
	♀⚺♃	5 38
26 S	♀☌♇	4pm51
	♂⚼♃	7 13
27 Su	♂☍♆	2am34
	☿ ♍	5 17
	☿☌♅	9 24
	☿⚻♃	2pm11
28 M	☿☍♇	0am35
	♃∠♆	1pm34
	☿☍♀	4 10
	⊕□☿	7 0
29	⊕□♀	9am16
30	☿△♆	7pm47
31 Th	☿✱♂	7am 4
	☿□♄	10 28
1	♂⚺♄	2pm23
2 S	♂0S	2am44
	☿ ♎	10pm 5
3 Su	☿⚺♅	3am43
	☿⚼♆	9 54
	☿☍♃	1pm 0
	♀✱♆	9 50
	☿⚻♇	10 14
4	☿∠♂	11am27
5	♀□♄	4pm27
7 Th	☿∠♅	3am38
	⊕✱☿	9 19
	☿⚻♆	10 22
	♀△♂	11 18
	⊕⚻♆	1pm15
8 F	☿⚼♇	0am 5
	☿✱♄	6 5
9	☿⚺♂	8am 5
10 Su	☿⚻♀	11am54
	⊕☌♄	3pm10
11 M	☿ ♏	6am49
	☿✱♅	2pm37
12 T	♀ ♈	2am42
	☿⚻♃	7 22
	☿△♇	12pm57
	♀⚻♅	6 45
	☿∠♄	8 31
13 W	♀∠♆	9am15
	⊕∠☿	7pm27
14 Th	♀☌♃	6am50
	♀⚺♇	3pm20
16	☿☍♆	7pm49
17 Su	☿⚼♃	9am41
	☿0S	10 53
	☿⚺♄	9pm21
20 W	⊕⚺♂	8am23
	♃⚺♇	4pm37
21 Th	☿⚼♀	2am13
	⊕ ♑	4 7
	☿☌♂	5 23
	☿ ♐	8 13
	♀⚼♂	8 58
	⊕⚺☿	10 20
	☿□♅	6pm19
	♂ ♐	8 44
22 F	♀⚼♅	6am39
	⊕△♅	10 0
	☿□♇	7pm 1
	♀⚺♆	8 9
	☿△♃	8 40
23	⊕⚼♆	8am36
24 Su	♀∠♇	1am49
	♂□♅	4 37
	♀△♄	9pm34
25 M	⊕✱♇	10am14
	⊕□♃	9pm48
27 W	☿⚻♆	12pm47
	☿ A	8 35
28	☿☌♄	6pm16
29	♂□♇	3pm56
30	♀ ♉	10pm22

JULY 2046

DAY	☿ LONG	☿ LAT	♀ LONG	♀ LAT	⊕ LONG	♂ LONG	♂ LAT
	° '	° '	° '	° '	° '	° '	° '
1 Su	26♐39	4S18	0♉07	2S29	9♑22	4♐47	0S28
2 M	29 26	4 34	1 42	2 25	10 20	5 18	0 29
3 Tu	2♑13	4 49	3 18	2 21	11 17	5 50	0 30
4 W	5 01	5 04	4 54	2 17	12 14	6 22	0 31
5 Th	7 51	5 18	6 30	2 13	13 11	6 54	0 32
6 F	10 43	5 31	8 06	2 08	14 09	7 25	0 33
7 S	13 36	5 44	9 42	2 04	15 06	7 57	0 34
8 Su	16 31	5 56	11 18	1 59	16 03	8 29	0 35
9 M	19 29	6 07	12 54	1 55	17 00	9 01	0 36
10 Tu	22 29	6 17	14 31	1 50	17 57	9 33	0 37
11 W	25 32	6 26	16 07	1 45	18 55	10 06	0 38
12 Th	28 38	6 35	17 43	1 40	19 52	10 38	0 39
13 F	1♒47	6 42	19 19	1 35	20 49	11 10	0 40
14 S	5 00	6 48	20 55	1 30	21 46	11 42	0 41
15 Su	8 17	6 53	22 32	1 25	22 44	12 15	0 42
16 M	11 38	6 57	24 08	1 20	23 41	12 47	0 43
17 Tu	15 04	6 59	25 44	1 14	24 38	13 20	0 44
18 W	18 34	7 00	27 20	1 09	25 35	13 52	0 45
19 Th	22 10	7 00	28 57	1 04	26 32	14 25	0 46
20 F	25 51	6 57	0♊33	0 58	27 30	14 58	0 47
21 S	29 39	6 53	2 10	0 53	28 27	15 30	0 48
22 Su	3♓32	6 47	3 46	0 47	29 24	16 03	0 49
23 M	7 32	6 38	5 23	0 41	0♒21	16 36	0 50
24 Tu	11 40	6 28	6 59	0 36	1 19	17 09	0 51
25 W	15 54	6 15	8 36	0 30	2 16	17 42	0 52
26 Th	20 17	5 59	10 12	0 25	3 13	18 15	0 53
27 F	24 47	5 41	11 49	0 19	4 11	18 48	0 54
28 S	29 26	5 20	13 25	0 13	5 08	19 21	0 55
29 Su	4♈14	4 56	15 02	0 07	6 05	19 54	0 55
30 M	9 11	4 29	16 39	0 02	7 03	20 27	0 56
31 Tu	14♈17	4S00	18♊15	0N04	8♒00	21♐01	0S57

AUGUST 2046

DAY	☿ LONG	☿ LAT	♀ LONG	♀ LAT	⊕ LONG	♂ LONG	♂ LAT
	° '	° '	° '	° '	° '	° '	° '
1 W	19♈32	3S27	19♊52	0N10	8♒57	21♐34	0S58
2 Th	24 56	2 51	21 29	0 16	9 55	22 07	0 59
3 F	0♉29	2 13	23 06	0 21	10 52	22 41	1 00
4 S	6 10	1 33	24 43	0 27	11 50	23 14	1 01
5 Su	12 00	0 51	26 20	0 33	12 47	23 48	1 02
6 M	17 57	0 07	27 56	0 38	13 45	24 21	1 03
7 Tu	24 01	0N38	29 33	0 44	14 42	24 55	1 04
8 W	0♊10	1 23	1♋10	0 50	15 40	25 29	1 05
9 Th	6 24	2 07	2 47	0 55	16 37	26 03	1 05
10 F	12 41	2 50	4 24	1 01	17 35	26 37	1 06
11 S	19 00	3 32	6 01	1 06	18 32	27 10	1 07
12 Su	25 20	4 10	7 38	1 12	19 30	27 44	1 08
13 M	1♋38	4 46	9 15	1 17	20 27	28 18	1 09
14 Tu	7 53	5 18	10 53	1 22	21 25	28 53	1 10
15 W	14 04	5 46	12 30	1 27	22 23	29 27	1 11
16 Th	20 10	6 09	14 07	1 33	23 20	0♑01	1 11
17 F	26 09	6 28	15 44	1 38	24 18	0 35	1 12
18 S	2♌00	6 42	17 21	1 43	25 15	1 09	1 13
19 Su	7 44	6 52	18 59	1 48	26 13	1 44	1 14
20 M	13 18	6 58	20 36	1 53	27 11	2 18	1 15
21 Tu	18 43	7 00	22 13	1 57	28 09	2 53	1 16
22 W	23 58	6 59	23 50	2 02	29 06	3 27	1 16
23 Th	29 04	6 54	25 28	2 07	0♓04	4 02	1 17
24 F	3♍59	6 46	27 05	2 11	1 02	4 37	1 18
25 S	8 46	6 36	28 43	2 15	2 00	5 11	1 19
26 Su	13 23	6 23	0♌20	2 20	2 58	5 46	1 20
27 M	17 51	6 08	1 57	2 24	3 56	6 21	1 20
28 Tu	22 11	5 52	3 35	2 28	4 53	6 56	1 21
29 W	26 23	5 34	5 12	2 32	5 51	7 31	1 22
30 Th	0♎27	5 15	6 50	2 35	6 49	8 06	1 23
31 F	4♎23	4N55	8♌27	2N39	7♓47	8♑41	1S23

DAY	♃ LONG	♃ LAT	♄ LONG	♄ LAT	♅ LONG	♅ LAT	♆ LONG	♆ LAT	♇ LONG	♇ LAT
	° '	° '	° '	° '	° '	° '	° '	° '	° '	° '
4 W	5♈15.5	1S18	20♐38.5	1N22	1♍20.2	0N45	17♉09.1	1S46	4♓05.4	11S54
9 M	5 42.9	1 18	20 47.6	1 22	1 24.1	0 45	17 10.9	1 46	4 06.5	11 55
14 S	6 10.4	1 18	20 56.6	1 21	1 27.9	0 45	17 12.7	1 46	4 07.6	11 55
19 Th	6 37.8	1 18	21 05.7	1 21	1 31.8	0 45	17 14.6	1 46	4 08.7	11 55
24 Tu	7 05.3	1 18	21 14.8	1 21	1 35.7	0 45	17 16.4	1 46	4 09.8	11 55
29 Su	7 32.8	1 18	21 23.8	1 20	1 39.5	0 45	17 18.3	1 46	4 10.9	11 56
3 F	8 00.2	1 18	21 32.9	1 20	1 43.4	0 45	17 20.1	1 46	4 12.1	11 56
8 W	8 27.7	1 18	21 41.9	1 20	1 47.2	0 45	17 22.0	1 46	4 13.2	11 56
13 M	8 55.2	1 18	21 51.0	1 19	1 51.1	0 45	17 23.8	1 46	4 14.3	11 56
18 S	9 22.6	1 18	22 00.1	1 19	1 55.0	0 45	17 25.6	1 46	4 15.4	11 57
23 Th	9 50.1	1 18	22 09.1	1 19	1 58.8	0 45	17 27.5	1 46	4 16.5	11 57
28 Tu	10 17.6	1 18	22 18.2	1 18	2 02.7	0 45	17 29.3	1 46	4 17.6	11 57

☿ .465322	☿p .335079
♀ .724305	♀ .720319
⊕a 1.01667	⊕ 1.01509
♂ 1.51572	♂ 1.47559
♃ 4.95782	♃ 4.95589
♄ 10.0351	♄ 10.0368
♅ 18.3277	♅ 18.3258
♆ 29.8134	♆ 29.8136
♇ 40.6103	♇ 40.6307
☊	Perihelia
☿ 18°♉ 53	☿ 18°♊ 11
♀ 17 ♊ 06	♀ 12 ♌ 01
⊕	⊕ 11 ♋ 05
♂ 19 ♉ 55	♂ 6 ♓ 58
♃ 10 ♋ 59	♃ 16 ♈ 17
♄ 24 ♋ 03	♄ 1 ♋ 50
♅ 14 ♊ 08	♅ 21 ♍ 34
♆ 12 ♌ 15	♆ 9 ♉ 18
♇ 20 ♋ 55	♇ 15 ♏ 59

Day	Aspect	Time
1 Su	♂△♃	11am22
	♀△♅	6pm 0
2 M	☿ ♑	4am57
	☿△♅	4pm19
	☿⚼♆	11 24
3 T	♀✱♇	11am44
	☿✱♇	4pm 2
	☿△♀	9 40
4 W	☿□♃	2am 4
	♀⚺♃	5 37
	♀⚼♄	11 16
	☿⚺♂	2pm 0
5 Th	⊕ A	6am 6
	♀⚻♂	8 43
7 S	⊕☌☿	6pm17
	☿⚼♅	10 54
8 Su	☿△♆	5am20
	⊕⚼♅	8 36
	☿∠♇	8pm59
9 M	⊕△♆	4am29
	☿⚺♄	10 37
10	☿∠♂	7pm49
11 W	⊕∠♇	5am10
	♀☌♆	4pm16
12 Th	☿ ♒	10am26
	☿⚻♅	9pm26
13 F	⊕⚺♄	2am28
	☿⚺♇	5pm29
14 S	♀⚻♄	0am21
	♀∠♃	4 0
	☿∠♄	6 58
	☿✱♃	8 50
15	⊕△♀	7am23
16	☿✱♂	9am38
17	☿□♆	2pm54
18 W	☿✱♄	4pm50
	☿∠♃	8 21
19	♀ ♊	3pm44
20 F	⊕⚺☿	1pm58
	♀□♅	2 54
21 S	☿ ♓	2am13
	☿☍♅	11 55
22 Su	☿□♀	2am22
	☿☌♇	3 46
	♀□♇	5 49
	⊕ ♒	3pm 1
	☿⚺♃	8 43
24 T	♀✱♃	1am39
	♂⚻♆	5 41
	⊕⚻♅	7 12
25 W	☿✱♆	7am38
	⊕∠☿	9 40
	☿□♂	11 19
26 Th	⊕∠♂	1am21
	☿□♄	5 34
	⊕⚺♇	11pm57
28 S	☿ ♈	2am50
	☿⚻♅	11 9
	☿∠♆	2pm24
	☿⚺♇	11 44
29 Su	⊕∠♄	8am 0
	⊕✱☿	11 15
	☿☌♃	4pm26
30 M	♀0N	6am49
	♀⚺♆	9 56
	⊕✱♃	4pm27
31 T	☿⚼♅	11am 7
	☿⚺♆	2pm 0
	♂☌♄	8 30
	☿∠♇	10 30
1 W	☿✱♀	2am13
	☿△♄	8 51
	☿△♂	10 11
2 Th	♀☍♄	0am31
	♀☍♂	2pm30
	☿ ♉	9 58
3 F	☿△♅	5am20
	☿✱♇	3pm47
4 S	☿⚼♄	1am43
	☿⚺♃	8 8
	☿⚼♂	9 30
	☿∠♀	8pm14
5 Su	⊕□☿	3am51
	☿☌♆	9pm38
6 M	☿0N	3am45
	☿⚻♄	2pm44
	☿∠♃	9 27
7 T	☿⚻♂	3am56
	⊕⚼♀	5 23
	♀ ♋	6 36
	☿ ♊	11pm21
8 W	☿⚺♀	5am15
	☿□♅	6 16
	♀✱♅	9 13
	☿□♇	3pm38
	♀∠♆	5 48
9 Th	☿✱♃	8am21
	⊕□♆	6pm57
	♀△♇	9 21
10 F	☿⚺♆	5pm51
	☿ P	8 14
	⊕△☿	9 55
11	☿☍♄	10am37
12 Su	☿☍♂	10am 6
	☿ ♋	5pm48
	♀□♃	6 40
13 M	☿✱♅	0am52
	☿∠♆	2 57
	☿△♇	10 0
	⊕⚼☿	5pm20
14 T	☿□♃	4am25
	⊕✱♄	12pm 0
	☿☌♀	3 42
15 W	☿∠♅	11am 2
	☿✱♆	1pm 7
	☿⚼♇	8 22
	♂ ♑	11 22
16 Th	☿⚻♄	7am 7
	⊕⚻☿	3pm 5
	⊕∠♃	11 41
17 F	☿ ♌	3pm43
	♀∠♅	5 26
	☿⚻♂	8 6
	☿⚺♅	11 37
18 S	♀✱♆	1am 4
	☿⚻♇	9 22
	☿⚼♄	9pm 2
19 Su	♀⚼♇	4am12
	☿△♃	7 33
	♂△♅	8 28
20 M	♂⚼♆	5am41
	☿□♆	6pm19
	☿⚼♂	7 49
	♀⚻♄	10 5
21 T	☿△♄	3pm27
	☿⚺♀	11 9
22 W	☿⚼♃	3am41
	⊕ ♓	10pm17
23 Th	☿ ♍	4am31
	⊕☍☿	6 1
	♂✱♇	10 9
	☿☌♅	2pm10
24 F	☿☍♇	1am25
	☿△♂	3 29
25 S	⊕☍♅	0am15
	☿⚻♃	6 33
	♀ ♌	7pm 5
26 Su	☿∠♀	4pm16
	☿△♆	9 57
27 M	♀⚺♅	1am 8
	⊕☌♇	9 4
28 T	☿□♄	0am39
	♀⚻♇	10 34
29 W	☿ ♎	9pm19
	⊕⚻♀	11 52
30 Th	♀⚼♄	8am 4
	☿⚺♅	9 49
	☿⚼♆	12pm26
	☿⚻♇	11 28
31	♀⚻♂	5am14

SEPTEMBER 2046 / OCTOBER 2046

September 2046

DAY	☿ LONG	☿ LAT	♀ LONG	♀ LAT	⊕ LONG	♂ LONG	♂ LAT
	° '	° '	° '	° '	° '	° '	° '
1 S	8♎13	4N35	10♌05	2N43	8♓45	9♑16	1S24
2 Su	11 57	4 13	11 42	2 46	9 44	9 51	1 25
3 M	15 34	3 52	13 20	2 49	10 42	10 26	1 26
4 Tu	19 06	3 30	14 57	2 53	11 40	11 01	1 26
5 W	22 32	3 07	16 35	2 56	12 38	11 37	1 27
6 Th	25 54	2 45	18 12	2 58	13 36	12 12	1 28
7 F	29 11	2 22	19 50	3 01	14 34	12 48	1 28
8 S	2♏24	2 00	21 27	3 04	15 33	13 23	1 29
9 Su	5 33	1 37	23 05	3 06	16 31	13 59	1 30
10 M	8 39	1 15	24 42	3 08	17 29	14 34	1 31
11 Tu	11 42	0 53	26 20	3 10	18 27	15 10	1 31
12 W	14 42	0 31	27 57	3 12	19 26	15 45	1 32
13 Th	17 39	0 09	29 35	3 14	20 24	16 21	1 32
14 F	20 34	0S12	1♍12	3 16	21 22	16 57	1 33
15 S	23 27	0 34	2 50	3 17	22 21	17 33	1 34
16 Su	26 18	0 55	4 27	3 19	23 19	18 09	1 34
17 M	29 08	1 15	6 05	3 20	24 18	18 45	1 35
18 Tu	1♐56	1 35	7 42	3 21	25 16	19 21	1 36
19 W	4 43	1 55	9 20	3 22	26 15	19 57	1 36
20 Th	7 29	2 15	10 57	3 23	27 13	20 33	1 37
21 F	10 15	2 34	12 35	3 23	28 12	21 09	1 37
22 S	13 00	2 52	14 12	3 23	29 11	21 45	1 38
23 Su	15 44	3 11	15 49	3 24	0♈09	22 21	1 38
24 M	18 29	3 28	17 27	3 24	1 08	22 57	1 39
25 Tu	21 14	3 46	19 04	3 24	2 07	23 34	1 39
26 W	23 59	4 02	20 41	3 23	3 05	24 10	1 40
27 Th	26 44	4 19	22 19	3 23	4 04	24 47	1 40
28 F	29 31	4 34	23 56	3 22	5 03	25 23	1 41
29 S	2♑18	4 50	25 33	3 22	6 02	25 59	1 41
30 Su	5♑07	5S04	27♍11	3N21	7♈01	26♑36	1S42

October 2046

DAY	☿ LONG	☿ LAT	♀ LONG	♀ LAT	⊕ LONG	♂ LONG	♂ LAT
	° '	° '	° '	° '	° '	° '	° '
1 M	7♑57	5S18	28♍48	3N19	8♈00	27♑13	1S42
2 Tu	10 48	5 31	0♎25	3 18	8 59	27 49	1 43
3 W	13 42	5 44	2 02	3 17	9 58	28 26	1 43
4 Th	16 37	5 56	3 39	3 15	10 57	29 03	1 44
5 F	19 35	6 07	5 16	3 14	11 56	29 39	1 44
6 S	22 35	6 17	6 53	3 12	12 55	0♒16	1 45
7 Su	25 38	6 26	8 30	3 10	13 54	0 53	1 45
8 M	28 44	6 35	10 07	3 08	14 54	1 30	1 45
9 Tu	1♒54	6 42	11 44	3 05	15 53	2 07	1 46
10 W	5 07	6 48	13 21	3 03	16 52	2 44	1 46
11 Th	8 24	6 53	14 58	3 00	17 51	3 21	1 46
12 F	11 45	6 57	16 35	2 57	18 51	3 58	1 47
13 S	15 11	6 59	18 11	2 55	19 50	4 35	1 47
14 Su	18 41	7 00	19 48	2 51	20 49	5 12	1 47
15 M	22 17	7 00	21 25	2 48	21 49	5 49	1 48
16 Tu	25 59	6 57	23 01	2 45	22 48	6 26	1 48
17 W	29 46	6 53	24 38	2 42	23 48	7 04	1 48
18 Th	3♓40	6 47	26 15	2 38	24 47	7 41	1 48
19 F	7 40	6 38	27 51	2 34	25 47	8 18	1 49
20 S	11 48	6 27	29 28	2 31	26 46	8 56	1 49
21 Su	16 03	6 14	1♏04	2 27	27 46	9 33	1 49
22 M	20 25	5 59	2 40	2 23	28 46	10 10	1 49
23 Tu	24 56	5 40	4 17	2 19	29 45	10 48	1 50
24 W	29 35	5 19	5 53	2 14	0♉45	11 25	1 50
25 Th	4♈24	4 55	7 29	2 10	1 45	12 03	1 50
26 F	9 20	4 28	9 05	2 06	2 45	12 40	1 50
27 S	14 27	3 59	10 41	2 01	3 44	13 18	1 50
28 Su	19 42	3 26	12 18	1 56	4 44	13 55	1 50
29 M	25 06	2 50	13 54	1 52	5 44	14 33	1 50
30 Tu	0♉39	2 12	15 30	1 47	6 44	15 11	1 51
31 W	6♉21	1S32	17♏06	1N42	7♉44	15♒48	1S51

DAY	♃ LONG	♃ LAT	♄ LONG	♄ LAT	♅ LONG	♅ LAT	♆ LONG	♆ LAT	♇ LONG	♇ LAT
	° '	° '	° '	° '	° '	° '	° '	° '	° '	° '
2 Su	10♈45.0	1S18	22♐27.2	1N18	2♍06.5	0N45	17♉31.2	1S46	4♓18.7	11S57
7 F	11 12.5	1 18	22 36.3	1 18	2 10.4	0 45	17 33.0	1 46	4 19.8	11 58
12 W	11 40.0	1 18	22 45.4	1 18	2 14.3	0 45	17 34.8	1 45	4 20.9	11 58
17 M	12 07.5	1 18	22 54.4	1 17	2 18.1	0 45	17 36.7	1 45	4 22.0	11 58
22 S	12 34.9	1 18	23 03.5	1 17	2 22.0	0 45	17 38.5	1 45	4 23.1	11 58
27 Th	13 02.4	1 18	23 12.5	1 16	2 25.8	0 45	17 40.3	1 45	4 24.2	11 58
2 Tu	13 29.9	1 18	23 21.6	1 16	2 29.7	0 45	17 42.2	1 45	4 25.3	11 59
7 Su	13 57.4	1 18	23 30.6	1 16	2 33.6	0 45	17 44.0	1 45	4 26.4	11 59
12 F	14 24.9	1 18	23 39.7	1 15	2 37.4	0 45	17 45.9	1 45	4 27.5	11 59
17 W	14 52.3	1 18	23 48.7	1 15	2 41.3	0 45	17 47.7	1 45	4 28.6	11 59
22 M	15 19.8	1 18	23 57.8	1 15	2 45.1	0 45	17 49.5	1 45	4 29.7	12 00
27 S	15 47.3	1 18	24 06.8	1 14	2 49.0	0 45	17 51.4	1 45	4 30.8	12 00

☿a .398516	☿ .459547
♀p .718460	♀ .719975
⊕ 1.00943	⊕ 1.00144
♂ 1.43856	♂ 1.40919
♃ 4.95451	♃ 4.95371
♄ 10.0384	♄ 10.0398
♅ 18.3240	♅ 18.3222
♆ 29.8138	♆ 29.8139
♇ 40.6510	♇ 40.6706
☊	Perihelia
☿ 18°♉ 53	☿ 18°♊ 11
♀ 17 ♊ 06	♀ 11 ♌ 59
⊕	⊕ 11 ♋ 47
♂ 19 ♉ 55	♂ 6 ♓ 58
♃ 10 ♋ 59	♃ 16 ♈ 17
♄ 24 ♋ 03	♄ 1 ♌ 50
♅ 14 ♊ 08	♅ 21 ♍ 20
♆ 12 ♌ 15	♆ 10 ♉ 12
♇ 20 ♋ 55	♇ 15 ♏ 55

Day	Aspect	Time
1 S	⊕⚻☿	4am37
	☿□♂	7 53
	♀△♃	9 7
	☿☍♃	4pm 3
	☿⚹♀	9 11
2 Su	♀ P	4am 4
	⊕⚹♂	7 45
3 M	⊕⚺♃	4am 3
	☿∠♅	10 33
	☿⚻♆	1pm17
	♂□♃	7 39
4	☿⚼♇	1am33
5 W	☿⚹♄	0am 4
	♀□♆	2pm15
7 F	⊕⚼☿	4am 6
	☿ ♏	6 3
	☿⚹♅	10pm22
8 S	☿△♇	2pm39
	♀△♄	5 48
9	☿∠♄	4pm27
10 M	⊕⚹♆	2am 6
	☿⚻♃	10pm58
11	♀⚼♃	3am51
12 W	☿⚹♂	10am43
	☿☍♆	11pm27
13 Th	♀ ♍	6am12
	☿0S	10 8
14 F	⊕△♆	10am 3
	♂⚼♅	12pm57
	♀☌♅	3 46
	♀⚼♂	5 22
	☿⚺♄	6 54
15 S	♂△♆	2am10
	⊕□♄	12pm44
	♀☍♇	10 38
16	☿⚼♃	6am23
17	☿ ♐	7am27
18 T	♂∠♇	1am 7
	☿□♅	3 19
	☿□♇	9pm 3
19	☿∠♂	2am31
20	♀⚻♃	10pm39
21	☿△♃	8pm18
22	⊕ ♈	8pm15
23 Su	☿□♀	1am50
	☿⚻♆	4pm45
	☿ A	7 50
24 M	☿△♆	3am 5
	♂⚺♄	6 43
25 T	⊕⚻♅	7am18
	⊕∠♆	1pm32
	☿☌♄	4 56
26	☿⚺♂	2am 6
27 Th	⊕⚺♇	8am 8
	♀□♄	1pm31
28	☿ ♑	4am11
29 S	☿△♅	1am18
	☿⚼♆	3 16
	♀△♂	10 21
	☿⚹♇	6pm 2
1 M	⊕□☿	0am41
	♀ ♎	5pm51
2	☿□♃	11pm 7
3 W	♀⚺♅	7am 5
	♀⚼♆	10 3
4 Th	☿⚼♅	7am23
	☿△♆	8 57
	♀⚻♇	11 32
	☿∠♇	10pm49
5	♂ ♒	1pm25
6	☿⚺♄	7am10
7	⊕☌♃	1am19
8	☿ ♒	9am40
9 T	☿☌♂	2am 4
	☿⚻♅	5 14
	♂⚻♅	6pm42
	☿⚺♇	7 7
10 W	♀☍♃	1pm53
	⊕⚼♅	5 58
	⊕⚺♆	9 37
11	☿∠♄	1am44
12 F	⊕∠♇	2pm57
	☿∠♅	3 41
	♀⚻♆	5 44
	☿⚹♃	7 14
	♂⚺♇	7 15
13 S	☿□♆	5pm49
	☿⚼♇	6 58
14 Su	☿△♀	1pm37
	⊕⚹☿	7 43
15 M	☿⚹♄	9am42
	⊕☍♀	3pm26
16	♀⚹♄	11am31
17 W	⊕△♄	0am27
	☿∠♃	0 41
	☿ ♓	1 28
	♀☍♅	6pm 7
18	☿☌♇	4am58
19 F	☿⚺♂	4am25
	♂∠♄	11pm 3
	⊕∠☿	11 50
20 S	♀ ♏	8am 5
	☿⚺♃	7pm25
21 Su	☿⚼♀	0am12
	☿⚹♆	9 50
22 M	☿⚹♅	1am13
	☿□♄	7pm 1
23 T	♀△♇	3am18
	☿∠♂	5 11
	⊕ ♉	5 56
24 W	☿ ♈	2am 4
	⊕⚺☿	7 24
	☿⚹♅	4pm 3
	☿∠♆	4 20
25 Th	☿⚺♇	0am33
	☿⚻♀	10pm14
	♀∠♄	11 55
26 F	⊕△♅	1am31
	☿⚹♂	5pm56
27 S	☿☌♃	6am20
	☿⚼♅	3pm32
	☿⚺♆	3 42
	⊕⚹♇	6 40
	☿∠♇	11 12
28	☿△♄	7pm55
29 M	♀□♂	4pm10
	☿ ♉	9 13
30 T	☿⚻♃	9am 4
	☿△♅	9 22
	☿⚹♇	4pm23
31 W	⊕☍☿	6am57
	♀☍♆	11 52
	☿⚼♄	12pm 0
	♂⚹♃	3 43

NOVEMBER 2046

DAY	☿ LONG	☿ LAT	♀ LONG	♀ LAT	⊕ LONG	♂ LONG	♂ LAT
	° '	° '	° '	° '	° '	° '	° '
1 Th	12♉11	0S49	18♏42	1N37	8♉44	16♒26	1S51
2 F	18 08	0 06	20 17	1 32	9 44	17 04	1 51
3 S	24 12	0N39	21 53	1 27	10 44	17 41	1 51
4 Su	0♊22	1 24	23 29	1 22	11 44	18 19	1 51
5 M	6 36	2 08	25 05	1 16	12 44	18 57	1 51
6 Tu	12 53	2 52	26 40	1 11	13 44	19 35	1 51
7 W	19 12	3 33	28 16	1 06	14 45	20 13	1 51
8 Th	25 31	4 12	29 52	1 00	15 45	20 50	1 51
9 F	1♋49	4 47	1♐27	0 55	16 45	21 28	1 51
10 S	8 05	5 19	3 03	0 50	17 45	22 06	1 51
11 Su	14 16	5 46	4 38	0 44	18 46	22 44	1 51
12 M	20 21	6 10	6 14	0 38	19 46	23 22	1 51
13 Tu	26 20	6 28	7 49	0 33	20 46	24 00	1 51
14 W	2♌11	6 43	9 25	0 27	21 47	24 38	1 51
15 Th	7 54	6 53	11 00	0 22	22 47	25 16	1 50
16 F	13 28	6 58	12 35	0 16	23 47	25 54	1 50
17 S	18 53	7 00	14 11	0 10	24 48	26 32	1 50
18 Su	24 08	6 59	15 46	0 05	25 48	27 10	1 50
19 M	29 13	6 54	17 21	0S01	26 49	27 48	1 50
20 Tu	4♍09	6 46	18 56	0 07	27 49	28 26	1 50
21 W	8 55	6 35	20 32	0 12	28 50	29 04	1 50
22 Th	13 32	6 22	22 07	0 18	29 50	29 42	1 49
23 F	18 00	6 08	23 42	0 23	0♊51	0♓20	1 49
24 S	22 19	5 51	25 17	0 29	1 52	0 58	1 49
25 Su	26 31	5 34	26 52	0 35	2 52	1 36	1 49
26 M	0♎34	5 15	28 27	0 40	3 53	2 14	1 48
27 Tu	4 31	4 55	0♑02	0 46	4 54	2 52	1 48
28 W	8 20	4 34	1 37	0 51	5 54	3 30	1 48
29 Th	12 04	4 13	3 12	0 57	6 55	4 08	1 48
30 F	15♎41	3N51	4♑47	1S02	7♊56	4♓47	1S47

DECEMBER 2046

DAY	☿ LONG	☿ LAT	♀ LONG	♀ LAT	⊕ LONG	♂ LONG	♂ LAT
	° '	° '	° '	° '	° '	° '	° '
1 S	19♎12	3N29	6♑22	1S07	8♊57	5♓25	1S47
2 Su	22 39	3 07	7 57	1 13	9 58	6 03	1 47
3 M	26 00	2 44	9 32	1 18	10 58	6 41	1 46
4 Tu	29 17	2 22	11 07	1 23	11 59	7 19	1 46
5 W	2♏30	1 59	12 42	1 28	13 00	7 57	1 46
6 Th	5 39	1 37	14 17	1 33	14 01	8 35	1 45
7 F	8 45	1 14	15 52	1 38	15 02	9 13	1 45
8 S	11 48	0 52	17 26	1 43	16 03	9 51	1 44
9 Su	14 48	0 30	19 01	1 48	17 04	10 29	1 44
10 M	17 45	0 08	20 36	1 53	18 05	11 08	1 43
11 Tu	20 40	0S13	22 11	1 57	19 06	11 46	1 43
12 W	23 33	0 34	23 46	2 02	20 07	12 24	1 43
13 Th	26 24	0 55	25 21	2 06	21 08	13 02	1 42
14 F	29 13	1 16	26 56	2 11	22 09	13 40	1 42
15 S	2♐01	1 36	28 30	2 15	23 10	14 18	1 41
16 Su	4 48	1 56	0♒05	2 19	24 11	14 56	1 41
17 M	7 34	2 15	1 40	2 23	25 12	15 34	1 40
18 Tu	10 20	2 34	3 15	2 27	26 13	16 12	1 40
19 W	13 05	2 53	4 50	2 31	27 14	16 50	1 39
20 Th	15 50	3 11	6 25	2 35	28 15	17 28	1 38
21 F	18 34	3 29	8 00	2 38	29 16	18 06	1 38
22 S	21 19	3 46	9 35	2 42	0♋17	18 44	1 37
23 Su	24 04	4 03	11 09	2 45	1 18	19 22	1 37
24 M	26 50	4 19	12 44	2 48	2 19	20 00	1 36
25 Tu	29 36	4 35	14 19	2 51	3 20	20 38	1 35
26 W	2♑24	4 50	15 54	2 54	4 21	21 16	1 35
27 Th	5 12	5 05	17 29	2 57	5 23	21 54	1 34
28 F	8 02	5 19	19 04	3 00	6 24	22 32	1 34
29 S	10 54	5 32	20 39	3 02	7 25	23 09	1 33
30 Su	13 47	5 44	22 14	3 05	8 26	23 47	1 32
31 M	16♑43	5S56	23♒49	3S07	9♋27	24♓25	1S31

DAY	♃ LONG	♃ LAT	♄ LONG	♄ LAT	♅ LONG	♅ LAT	♆ LONG	♆ LAT	♇ LONG	♇ LAT
	° '	° '	° '	° '	° '	° '	° '	° '	° '	° '
1 Th	16♈14.8	1S18	24♐15.9	1N14	2♍52.9	0N45	17♉53.2	1S45	4♓31.9	12S00
6 Tu	16 42.3	1 18	24 24.9	1 14	2 56.7	0 45	17 55.1	1 45	4 33.0	12 00
11 Su	17 09.8	1 18	24 34.0	1 13	3 00.6	0 45	17 56.9	1 45	4 34.1	12 01
16 F	17 37.3	1 18	24 43.0	1 13	3 04.4	0 45	17 58.7	1 45	4 35.2	12 01
21 W	18 04.8	1 18	24 52.1	1 13	3 08.3	0 46	18 00.6	1 45	4 36.3	12 01
26 M	18 32.2	1 17	25 01.1	1 12	3 12.2	0 46	18 02.4	1 45	4 37.4	12 01
1 S	18 59.7	1 17	25 10.2	1 12	3 16.1	0 46	18 04.3	1 45	4 38.5	12 01
6 Th	19 27.2	1 17	25 19.2	1 12	3 19.9	0 46	18 06.1	1 45	4 39.6	12 02
11 Tu	19 54.7	1 17	25 28.3	1 11	3 23.8	0 46	18 08.0	1 45	4 40.7	12 02
16 Su	20 22.2	1 17	25 37.4	1 11	3 27.7	0 46	18 09.8	1 45	4 41.8	12 02
21 F	20 49.7	1 17	25 46.4	1 11	3 31.5	0 46	18 11.7	1 45	4 42.9	12 02
26 W	21 17.2	1 17	25 55.5	1 10	3 35.4	0 46	18 13.5	1 45	4 44.0	12 03
31 M	21 44.7	1 17	26 04.5	1 10	3 39.3	0 46	18 15.3	1 45	4 45.1	12 03

☿p .317882	☿a .414401
♀ .723865	♀a .727289
⊕ .992772	⊕ .986255
♂ 1.38892	♂p 1.38142
♃p 4.95342	♃ 4.95367
♄ 10.0411	♄ 10.0422
♅ 18.3204	♅ 18.3188
♆ 29.8141	♆ 29.8143
♇ 40.6909	♇ 40.7105
☊	Perihelia
☿ 18°♉ 54	☿ 18°♊ 11
♀ 17 ♊ 07	♀ 11 ♌ 56
⊕	⊕ 14 ♋ 43
♂ 19 ♉ 56	♂ 6 ♓ 59
♃ 11 ♋ 00	♃ 16 ♈ 18
♄ 24 ♋ 03	♄ 1 ♋ 50
♅ 14 ♊ 09	♅ 21 ♍ 06
♆ 12 ♌ 16	♆ 11 ♉ 09
♇ 20 ♋ 56	♇ 15 ♏ 50

Day	Aspect	Time
1 Th	♃ P	11am42
	⊕⚼♄	1pm 7
	☿⚺♃	4 42
	☿□♂	7 12
	☿☌♆	11 2
2 F	☿0N	3am 0
	☿☍♀	11 38
3 S	☿⚻♄	0am29
	♂□♆	8 5
	☿ ♊	10pm36
4 Su	☿∠♃	4am33
	☿□♅	9 53
	♀⚺♄	1pm22
	☿□♇	4 7
6 T	⊕⚺☿	3am52
	☿⚹♃	2pm44
	☿⚺♆	7 8
	☿ P	7 28
7 W	☿△♂	4am14
	☿☍♄	8pm 0
8 Th	♀ ♐	2am 5
	☿ ♋	5pm 2
	☿⚻♀	10 7
	⊕∠☿	11 40
9 F	☿∠♆	4am15
	☿⚹♅	4 27
	⊕⚺♃	6 1
	♀⚼♃	8 23
	☿△♇	10 29
	☿⚼♂	7pm49
	♀□♅	11 14
10 S	⊕☌♆	4am30
	♀□♇	10pm55
11 Su	☿□♃	11am33
	☿⚹♆	2pm29
	☿∠♅	2 45
	☿⚼♇	8 53
	⊕⚹☿	9 11
12 M	☿⚼♀	4am44
	☿⚻♂	1pm27
	☿⚻♄	5 3
13	☿ ♌	2pm57
14 W	♂⚹♄	1am 4
	☿⚺♅	3 34
	☿⚻♇	9 58
15 Th	☿⚼♄	7am39
	☿△♀	6pm36
16 F	☿△♃	6pm40
	☿□♆	7 58
	⊕⚻♄	10 49
18 Su	☿△♄	3am 2
	⊕□☿	9 44
	☿☍♂	4pm15
	♀0S	8 17
19 M	☿ ♍	3am46
	♀△♃	8 44
	♀⚻♆	9 48
	☿⚼♃	6pm11
	☿☌♅	6 58
20 T	☿☍♇	2am16
	♃⚺♆	4 28
21 W	⊕□♂	3pm 0
	♃⚼♅	6 4
22 Th	⊕ ♊	3am49
	♂ ♓	11 25
23 F	☿△♆	0am 8
	☿⚻♃	1 29
	♀☌♄	7pm 1
24	☿□♄	3pm 7
25 Su	☿□♀	3am21
	⊕□♅	7 40
	⊕∠♃	3pm 0
	☿ ♎	8 34
26 M	☿⚻♂	11am58
	☿⚼♆	2pm58
	☿⚺♅	3 59
	⊕□♇	5 37
	♀ ♑	11 29
27 T	☿⚻♇	0am42
	⊕△☿	3 11
	♂☍♅	1pm18
28 W	♂∠♃	9am29
	♀⚼♆	9pm50
29 Th	♀△♅	0am37
	♂☌♇	6pm44
	♀⚹♇	9 46
	♀⚹♂	11 48
30 F	☿⚻♆	4pm13
	☿∠♅	5 33
	☿☍♃	10 32
1 S	☿⚼♇	3am 1
	☿⚼♂	10 15
2 Su	☿⚹♄	6pm23
	⊕⚼☿	11 43
3	♂ P	11am22
4	☿ ♏	5am17
5 W	☿⚹♅	6am11
	⊕⚻♀	1pm 0
	☿△♇	4 21
7 F	☿△♂	4am38
	☿∠♄	12pm41
8 S	♃∠♇	8am 9
	♀△♆	10 16
	♀⚼♅	2pm 3
9 Su	♀∠♇	9am53
	♀□♃	11 24
10 M	⊕⚺♆	1am 9
	☿☍♆	3 7
	⊕⚻☿	4 9
	☿0S	9 23
	☿⚻♃	5pm36
11	⊕⚹♃	9pm14
12 W	☿⚹♀	4am 9
	☿⚺♄	4pm39
13	♀⚺♄	2am53
14	☿ ♐	6am41
15 S	☿□♅	12pm21
	♀∠♂	8 4
	♀ ♒	10 39
	☿□♇	11 4
16	☿⚼♃	5am 4
17	⊕☍♄	11am11
18 T	♀⚻♅	3am37
	♀⚺♇	10pm 6
20 Th	☿□♂	6pm40
	☿ A	7 5
	☿⚻♆	8 42
21 F	♂⚹♆	3am35
	⊕ ♋	5pm22
	☿△♃	8 25
22	♀∠♄	7pm 0
23 Su	♀ A	11am11
	☿☌♄	3pm31
24 M	☿∠♀	6pm19
	⊕∠♆	9 11
25 T	☿ ♑	3am25
	⊕⚹♅	5 42
26 W	♂⚺♃	1am 3
	☿⚼♆	7 7
	⊕△♇	8 53
	☿△♅	10 17
	☿⚹♇	8pm 1
27 Th	⊕☍☿	2am17
	♀□♆	11 22
29	♀⚹♃	2pm40
31 M	☿△♆	12pm34
	♀⚺♂	3 8
	☿⚼♅	3 50

JANUARY 2047

DAY	☿ LONG	☿ LAT	♀ LONG	♀ LAT	⊕ LONG	♂ LONG	♂ LAT
	° '	° '	° '	° '	° '	° '	° '
1 Tu	19♑40	6S07	25♒24	3S09	10♋28	25♓03	1S31
2 W	22 41	6 17	26 59	3 11	11 30	25 41	1 30
3 Th	25 44	6 27	28 34	3 13	12 31	26 18	1 29
4 F	28 50	6 35	0♓09	3 15	13 32	26 56	1 29
5 S	2♒00	6 42	1 44	3 16	14 33	27 34	1 28
6 Su	5 13	6 49	3 19	3 18	15 34	28 11	1 27
7 M	8 30	6 54	4 54	3 19	16 35	28 49	1 26
8 Tu	11 51	6 57	6 29	3 20	17 36	29 27	1 26
9 W	15 17	7 00	8 04	3 21	18 38	0♈04	1 25
10 Th	18 48	7 00	9 40	3 22	19 39	0 42	1 24
11 F	22 24	7 00	11 15	3 23	20 40	1 19	1 23
12 S	26 06	6 57	12 50	3 23	21 41	1 57	1 22
13 Su	29 53	6 53	14 25	3 23	22 42	2 34	1 22
14 M	3♓47	6 46	16 00	3 24	23 43	3 12	1 21
15 Tu	7 48	6 38	17 36	3 24	24 44	3 49	1 20
16 W	11 56	6 27	19 11	3 24	25 45	4 27	1 19
17 Th	16 11	6 14	20 46	3 23	26 46	5 04	1 18
18 F	20 34	5 58	22 21	3 23	27 48	5 41	1 17
19 S	25 05	5 40	23 57	3 22	28 49	6 18	1 17
20 Su	29 45	5 19	25 32	3 22	29 50	6 56	1 16
21 M	4♈33	4 55	27 08	3 21	0♌51	7 33	1 15
22 Tu	9 30	4 28	28 43	3 20	1 52	8 10	1 14
23 W	14 36	3 58	0♈18	3 18	2 53	8 47	1 13
24 Th	19 52	3 25	1 54	3 17	3 54	9 24	1 12
25 F	25 16	2 49	3 29	3 15	4 55	10 01	1 11
26 S	0♉50	2 11	5 05	3 14	5 56	10 38	1 10
27 Su	6 32	1 30	6 40	3 12	6 57	11 15	1 09
28 M	12 22	0 48	8 16	3 10	7 58	11 52	1 08
29 Tu	18 20	0 04	9 51	3 08	8 59	12 29	1 07
30 W	24 24	0N41	11 27	3 06	10 00	13 06	1 07
31 Th	0♊34	1N25	13♈03	3S03	11♌01	13♈43	1S06

FEBRUARY 2047

DAY	☿ LONG	☿ LAT	♀ LONG	♀ LAT	⊕ LONG	♂ LONG	♂ LAT
	° '	° '	° '	° '	° '	° '	° '
1 F	6♊48	2N10	14♈38	3S01	12♌02	14♈20	1S05
2 S	13 05	2 53	16 14	2 58	13 03	14 56	1 04
3 Su	19 24	3 34	17 49	2 55	14 04	15 33	1 03
4 M	25 43	4 13	19 25	2 52	15 05	16 10	1 02
5 Tu	2♋01	4 48	21 01	2 49	16 05	16 46	1 01
6 W	8 16	5 20	22 37	2 46	17 06	17 23	1 00
7 Th	14 27	5 47	24 12	2 43	18 07	18 00	0 59
8 F	20 33	6 10	25 48	2 39	19 08	18 36	0 58
9 S	26 31	6 29	27 24	2 35	20 09	19 12	0 57
10 Su	2♌22	6 43	29 00	2 32	21 09	19 49	0 56
11 M	8 05	6 53	0♉36	2 28	22 10	20 25	0 55
12 Tu	13 39	6 59	2 12	2 24	23 11	21 01	0 54
13 W	19 03	7 00	3 48	2 20	24 11	21 38	0 53
14 Th	24 18	6 59	5 24	2 16	25 12	22 14	0 52
15 F	29 22	6 53	7 00	2 11	26 13	22 50	0 51
16 S	4♍18	6 45	8 36	2 07	27 13	23 26	0 50
17 Su	9 04	6 35	10 12	2 02	28 14	24 02	0 48
18 M	13 40	6 22	11 48	1 58	29 14	24 38	0 47
19 Tu	18 08	6 07	13 24	1 53	0♍15	25 14	0 46
20 W	22 27	5 51	15 00	1 48	1 16	25 50	0 45
21 Th	26 39	5 33	16 36	1 44	2 16	26 26	0 44
22 F	0♎42	5 14	18 12	1 39	3 17	27 02	0 43
23 S	4 38	4 54	19 48	1 34	4 17	27 38	0 42
24 Su	8 28	4 33	21 25	1 28	5 17	28 13	0 41
25 M	12 11	4 12	23 01	1 23	6 18	28 49	0 40
26 Tu	15 47	3 50	24 37	1 18	7 18	29 24	0 39
27 W	19 19	3 28	26 13	1 13	8 19	0♉00	0 38
28 Th	22♎45	3N06	27♉50	1S07	9♍19	0♉36	0S37

DAY	♃ LONG	♃ LAT	♄ LONG	♄ LAT	♅ LONG	♅ LAT	♆ LONG	♆ LAT	♇ LONG	♇ LAT
	° '	° '	° '	° '	° '	° '	° '	° '	° '	° '
5 S	22♈12.1	1S17	26♐13.6	1N10	3♍43.1	0N46	18♉17.2	1S45	4♓46.2	12S03
10 Th	22 39.6	1 16	26 22.6	1 09	3 47.0	0 46	18 19.0	1 45	4 47.3	12 03
15 Tu	23 07.1	1 16	26 31.7	1 09	3 50.9	0 46	18 20.9	1 45	4 48.4	12 04
20 Su	23 34.5	1 16	26 40.7	1 09	3 54.7	0 46	18 22.7	1 45	4 49.5	12 04
25 F	24 02.0	1 16	26 49.8	1 08	3 58.6	0 46	18 24.6	1 45	4 50.6	12 04
30 W	24 29.5	1 16	26 58.8	1 08	4 02.5	0 46	18 26.4	1 45	4 51.7	12 04
4 M	24 56.9	1 16	27 07.8	1 08	4 06.3	0 46	18 28.2	1 45	4 52.8	12 04
9 S	25 24.4	1 16	27 16.9	1 07	4 10.2	0 46	18 30.1	1 45	4 53.9	12 05
14 Th	25 51.9	1 15	27 25.9	1 07	4 14.1	0 46	18 31.9	1 45	4 55.0	12 05
19 Tu	26 19.3	1 15	27 35.0	1 06	4 17.9	0 46	18 33.8	1 45	4 56.1	12 05
24 Su	26 46.8	1 15	27 44.0	1 06	4 21.8	0 46	18 35.6	1 45	4 57.2	12 05

☿ .449381	☿p .308513
♀ .728074	♀ .725546
⊕p .983372	⊕ .985252
♂ 1.38721	♂ 1.40600
♃ 4.95448	♃ 4.95584
♄ 10.0432	♄ 10.0441
♅ 18.3171	♅ 18.3154
♆ 29.8144	♆ 29.8146
♇ 40.7307	♇ 40.7509
☊	Perihelia
☿ 18°♉ 54	☿ 18°♊ 12
♀ 17 ♊ 07	♀ 11 ♌ 59
⊕	⊕ 15 ♋ 59
♂ 19 ♉ 56	♂ 6 ♓ 58
♃ 11 ♋ 00	♃ 16 ♈ 19
♄ 24 ♋ 03	♄ 1 ♋ 52
♅ 14 ♊ 10	♅ 20 ♍ 53
♆ 12 ♌ 16	♆ 12 ♉ 08

1	☿∠♇	0am39
T	⊕⚼♀	3 9
	♀✱♄	10 55
	☿□♃	5pm50
2	♂□♄	6pm25
3	☿⚺♄	3am24
Th	☿✱♂	5 36
	♀ ♓	9pm43
4	☿ ♒	8am54
F	☿⚺♀	8pm 6
5	⊕ P	11am46
S	☿⚻♅	12pm58
	☿⚺♇	8 44
6	♀☍♅	6am18
Su	♀☌♇	10pm 5
7	☿∠♄	8pm 9
8	♀∠♃	3pm52
T	⊕✱♆	4 32
	♂ ♈	9 18
	☿∠♂	10 10
9	⊕∠♅	3am26
W	☿□♆	8pm43
10	⊕⚼♇	3am23
Th	⊕⚻☿	7 56
11	☿✱♃	2am22
12	☿✱♄	2am12
13	☿ ♓	0am41
Su	⊕□♃	6 4
	☿⚺♂	7pm43
14	☿☍♅	0am17
M	♂∠♆	5 41
	☿☌♇	6 9
15	♂⚻♅	1am 8
T	☿∠♃	1 55
	♀✱♆	11 27
	⊕⚼☿	3pm 4
16	♂⚺♇	2pm17
W	⊕⚻♄	7 29
17	☿✱♆	12pm 3
18	☿☌♀	2pm50
F	☿⚺♃	3 25
	♀⚺♃	4 35
19	☿□♄	8am12
20	⊕△☿	0am33
Su	☿ ♈	1 18
	⊕ ♌	4 3
	♀□♄	5pm35
	☿∠♆	6 15
	☿⚻♅	8 56
21	☿⚺♇	1am23
M	☿☌♂	4pm42
22	♀ ♈	7pm23
23	☿⚺♆	5pm24
W	☿⚼♅	7 56
	☿∠♇	11 53
24	⊕⚺♅	1am32
Th	☿☌♃	6pm28
	⊕⚻♇	10 15
	♀∠♆	10 49
25	☿△♄	6am49
F	♀⚻♅	7 26
	☿ ♉	8pm27
	♀⚺♇	8 30
26	☿△♅	1pm24
S	☿✱♇	4 59
27	☿⚺♀	0am48
Su	⊕□☿	2 7
	⊕△♀	11 42
	☿⚺♂	9pm45
	☿⚼♄	10 10
29	☿☌♆	0am26
T	☿0N	2 16
30	☿⚺♃	0am23
W	☿⚻♄	10 9
	☿∠♀	10 50
	☿∠♂	4pm 4
	☿ ♊	9 50
31	☿□♅	1pm30
Th	♀☌♂	4 29
	☿□♇	4 36
1	⊕⚼♄	0am12
F	☿∠♃	11 10
	⊕✱☿	11pm50
2	☿✱♂	7am49
S	☿✱♀	3pm59
	☿ P	6 44
	☿⚺♆	8 26
3	♀⚺♆	9am40
Su	♀⚼♅	7pm14
	☿✱♃	9 1
4	☿☍♄	5am23
M	♀∠♇	6 57
	☿ ♋	4pm17
	⊕∠☿	7 46
5	☿∠♆	5am34
T	☿✱♅	8 2
	☿△♇	10 58
6	⊕△♂	4pm31
7	⊕□♆	8am51
Th	☿□♂	3pm26
	☿✱♆	3 52
	♀☌♃	4 13
	⊕⚺☿	5 16
	☿∠♅	6 29
	♂⚺♆	7 50
	☿⚼♇	9 25
8	☿□♃	7pm25
F	♀△♄	10 11
	♂⚼♅	10 30
9	☿⚻♄	3am 6
S	☿□♀	4 54
	☿ ♌	2pm12
10	♂∠♇	3am31
Su	☿⚺♅	7 33
	☿⚻♇	10 34
	♀ ♉	3pm 3
11	☿⚼♄	6pm25
12	☿□♆	9pm39
13	♀△♅	6am29
W	☿△♂	1pm14
	♀✱♇	4 50
14	⊕☌☿	5am16
Th	☿△♃	7 29
	☿△♄	2pm50
	⊕△♃	5 20
15	☿ ♍	3am 0
F	☿☌♅	11pm49
16	☿☍♇	3am 7
S	⊕△♄	6 38
	☿⚼♂	11pm51
17	☿△♀	8am53
Su	☿⚼♃	10 56
18	♀⚼♄	11am35
M	⊕ ♍	6pm 3
19	☿△♆	2am20
20	☿⚻♂	10pm34
W	☿⚻♃	11 10
21	♂☌♃	3am26
Th	☿□♄	5 53
	☿ ♎	7pm48
22	♀☌♆	5am41
F	☿⚼♆	5pm31
	⊕⚺☿	9 3
	☿⚺♅	10 13
23	⊕☌♅	1am38
S	☿⚼♀	1 47
	☿⚻♇	1 56
	♂△♄	3 19
	⊕☍♇	3pm56
26	☿⚻♆	7pm 9
T	♂ ♉	11 59
27	☿∠♅	0am36
W	☿⚼♇	4 30
	♀⚺♃	1pm 9
28	♀⚻♄	0am22
Th	⊕∠☿	3pm52

MARCH 2047

DAY	☿ LONG	☿ LAT	♀ LONG	♀ LAT	⊕ LONG	♂ LONG	♂ LAT
	° '	° '	° '	° '	° '	° '	° '
1 F	26♎06	2N43	29♉26	1S02	10♍19	1♉11	0S36
2 S	29 23	2 21	1♊03	0 56	11 19	1 46	0 35
3 Su	2♏36	1 58	2 39	0 51	12 20	2 22	0 34
4 M	5 45	1 36	4 15	0 45	13 20	2 57	0 32
5 Tu	8 51	1 14	5 52	0 40	14 20	3 32	0 31
6 W	11 54	0 51	7 28	0 34	15 20	4 07	0 30
7 Th	14 53	0 30	9 05	0 28	16 20	4 43	0 29
8 F	17 50	0 08	10 42	0 23	17 20	5 18	0 28
9 S	20 45	0S14	12 18	0 17	18 20	5 53	0 27
10 Su	23 38	0 35	13 55	0 11	19 20	6 28	0 26
11 M	26 29	0 56	15 32	0 06	20 20	7 03	0 25
12 Tu	29 18	1 16	17 08	0N00	21 20	7 37	0 24
13 W	2♐07	1 37	18 45	0 06	22 20	8 12	0 23
14 Th	4 54	1 56	20 22	0 12	23 20	8 47	0 21
15 F	7 40	2 16	21 58	0 17	24 20	9 22	0 20
16 S	10 25	2 35	23 35	0 23	25 19	9 56	0 19
17 Su	13 10	2 54	25 12	0 29	26 19	10 31	0 18
18 M	15 55	3 12	26 49	0 34	27 19	11 05	0 17
19 Tu	18 39	3 29	28 26	0 40	28 19	11 40	0 16
20 W	21 24	3 47	0♋03	0 46	29 18	12 14	0 15
21 Th	24 09	4 03	1 40	0 51	0♎18	12 49	0 14
22 F	26 55	4 20	3 17	0 57	1 18	13 23	0 13
23 S	29 42	4 35	4 54	1 02	2 17	13 57	0 12
24 Su	2♑29	4 51	6 31	1 08	3 17	14 31	0 10
25 M	5 18	5 05	8 08	1 13	4 16	15 05	0 09
26 Tu	8 08	5 19	9 45	1 18	5 16	15 39	0 08
27 W	10 59	5 32	11 22	1 24	6 15	16 13	0 07
28 Th	13 53	5 45	12 59	1 29	7 15	16 47	0 06
29 F	16 48	5 57	14 37	1 34	8 14	17 21	0 05
30 S	19 46	6 08	16 14	1 39	9 13	17 55	0 04
31 Su	22♑47	6S18	17♋51	1N44	10♎13	18♉29	0S03

APRIL 2047

DAY	☿ LONG	☿ LAT	♀ LONG	♀ LAT	⊕ LONG	♂ LONG	♂ LAT
	° '	° '	° '	° '	° '	° '	° '
1 M	25♑50	6S27	19♋28	1N49	11♎12	19♉03	0S02
2 Tu	28 56	6 35	21 06	1 54	12 11	19 36	0 01
3 W	2♒06	6 43	22 43	1 59	13 10	20 10	0N00
4 Th	5 19	6 49	24 20	2 03	14 10	20 44	0 02
5 F	8 36	6 54	25 57	2 08	15 09	21 17	0 03
6 S	11 58	6 57	27 35	2 12	16 08	21 50	0 04
7 Su	15 24	7 00	29 12	2 17	17 07	22 24	0 05
8 M	18 55	7 00	0♌50	2 21	18 06	22 57	0 06
9 Tu	22 31	7 00	2 27	2 25	19 05	23 30	0 07
10 W	26 13	6 57	4 04	2 29	20 04	24 04	0 08
11 Th	0♓01	6 53	5 42	2 33	21 03	24 37	0 09
12 F	3 55	6 46	7 19	2 37	22 02	25 10	0 10
13 S	7 56	6 38	8 57	2 40	23 01	25 43	0 11
14 Su	12 04	6 27	10 34	2 44	23 59	26 16	0 12
15 M	16 19	6 14	12 12	2 47	24 58	26 49	0 13
16 Tu	20 42	5 58	13 49	2 50	25 57	27 22	0 14
17 W	25 14	5 39	15 27	2 53	26 56	27 55	0 15
18 Th	29 53	5 18	17 04	2 56	27 54	28 27	0 16
19 F	4♈42	4 54	18 42	2 59	28 53	29 00	0 17
20 S	9 39	4 27	20 19	3 02	29 52	29 33	0 19
21 Su	14 46	3 57	21 57	3 04	0♏50	0♊05	0 20
22 M	20 02	3 24	23 34	3 07	1 49	0 38	0 21
23 Tu	25 27	2 48	25 12	3 09	2 47	1 10	0 22
24 W	1♉00	2 10	26 49	3 11	3 46	1 43	0 23
25 Th	6 43	1 29	28 27	3 13	4 44	2 15	0 24
26 F	12 33	0 47	0♍04	3 15	5 43	2 47	0 25
27 S	18 31	0 03	1 42	3 16	6 41	3 20	0 26
28 Su	24 35	0N42	3 20	3 18	7 40	3 52	0 27
29 M	0♊45	1 27	4 57	3 19	8 38	4 24	0 28
30 Tu	6♊59	2N11	6♍34	3N20	9♏36	4♊56	0N29

DAY	♃ LONG	♃ LAT	♄ LONG	♄ LAT	♅ LONG	♅ LAT	♆ LONG	♆ LAT	♇ LONG	♇ LAT
	° '	° '	° '	° '	° '	° '	° '	° '	° '	° '
1 F	27♈14.2	1S15	27♐53.1	1N06	4♍25.7	0N46	18♉37.5	1S45	4♓58.3	12S06
6 W	27 41.6	1 15	28 02.1	1 05	4 29.5	0 46	18 39.3	1 45	4 59.4	12 06
11 M	28 09.1	1 15	28 11.1	1 05	4 33.4	0 46	18 41.1	1 45	5 00.5	12 06
16 S	28 36.5	1 14	28 20.2	1 05	4 37.2	0 46	18 43.0	1 45	5 01.6	12 06
21 Th	29 03.9	1 14	28 29.2	1 04	4 41.1	0 46	18 44.8	1 45	5 02.7	12 07
26 Tu	29 31.3	1 14	28 38.3	1 04	4 45.0	0 46	18 46.6	1 45	5 03.7	12 07
31 Su	29 58.7	1 14	28 47.3	1 04	4 48.8	0 46	18 48.5	1 45	5 04.8	12 07
5 F	0♉26.2	1 14	28 56.3	1 03	4 52.7	0 46	18 50.3	1 45	5 05.9	12 07
10 W	0 53.6	1 13	29 05.4	1 03	4 56.6	0 46	18 52.2	1 45	5 07.0	12 07
15 M	1 21.0	1 13	29 14.4	1 03	5 00.4	0 46	18 54.0	1 45	5 08.1	12 08
20 S	1 48.4	1 13	29 23.4	1 02	5 04.3	0 46	18 55.8	1 45	5 09.2	12 08
25 Th	2 15.7	1 13	29 32.5	1 02	5 08.2	0 46	18 57.7	1 45	5 10.3	12 08
30 Tu	2 43.1	1 13	29 41.5	1 02	5 12.0	0 46	18 59.5	1 45	5 11.4	12 08

☿a .424140	☿ .442666
♀ .721839	♀p .718819
⊕ .990613	⊕ .998959
♂ 1.43217	♂ 1.46823
♃ 4.95754	♃ 4.95994
♄ 10.0447	♄ 10.0453
♅ 18.3140	♅ 18.3124
♆ 29.8148	♆ 29.8149
♇ 40.7692	♇ 40.7893
☊	Perihelia
☿ 18° ♉ 54	☿ 18° ♊ 12
♀ 17 ♊ 07	♀ 12 ♌ 04
⊕	⊕ 14 ♋ 26
♂ 19 ♉ 56	♂ 6 ♓ 56
♃ 11 ♋ 00	♃ 16 ♈ 18
♄ 24 ♋ 03	♄ 1 ♋ 55
♅ 14 ♊ 10	♅ 20 ♍ 42
♆ 12 ♌ 16	♆ 13 ♉ 03
♇ 20 ♋ 57	♇ 15 ♏ 39

Day	Aspect	Time
1 F	♀ ♊	8am25
	☿☍♃	8 26
	☿⚹♄	1pm 3
2 S	☿ ♏	4am31
	♀⚺♂	5pm13
	☿☍♂	9 46
3 Su	☿⚻♀	0am42
	⊕⚼♃	2 25
	☿⚹♅	2pm 5
	☿△♇	6 3
4 M	♀□♅	3am 8
	♀□♇	10 50
6 W	☿∠♄	9am12
	♂△♅	3pm26
7 Th	♂⚹♇	11am44
	⊕⚹☿	5pm46
8 F	☿☍♆	6am48
	☿0S	8 39
9 S	⊕△♆	8am 6
	♀∠♃	10 30
11 M	♃△♄	1pm34
	☿⚺♄	2 36
	☿⚻♃	2 37
	♀0N	11 37
12 T	☿ ♐	5am55
	♀⚺♆	11pm14
13	☿□♅	9pm25
14	☿□♇	1am 5
15 F	⊕⚼♂	1am51
	☿⚻♂	6pm42
17 Su	☿⚼♃	4am48
	♀∠♂	7 11
18 M	☿ A	6pm21
	⊕□♀	7 18
	♀☍♄	11 55
19 T	☿⚻♆	0am41
	⊕□♄	2 53
	♀⚹♃	7 5
	⊕⚻♃	3pm11
	♀ ♋	11 17
20	⊕ ♎	4pm46
22 F	♂⚼♄	6am 3
	♀∠♆	7 2
	☿☌♄	2pm 0
	☿⚼♂	3 56
	☿△♃	8 2
	♀⚹♅	9 13
23 S	♀△♇	2am17
	☿ ♑	2 39
24 Su	⊕□☿	10am32
	☿⚼♆	10 59
	⊕⚼♆	11 49
	☿△♅	7pm14
	☿⚹♇	10 0
25 M	⊕⚺♅	11am24
	⊕⚻♇	7pm 7
27	☿☍♀	7am16
29 F	☿△♂	5am32
	☿△♆	4pm11
30 S	☿⚼♅	0am15
	☿∠♇	2 28
31 Su	♃ ♉	5am31
	♂☌♆	2pm 2
	♀⚹♆	2 15
	♀⚹♂	2 21
1 M	♀∠♅	5am19
	♀⚼♇	9 6
	☿⚺♄	11pm20
2 T	☿ ♒	8am 8
	☿□♃	9 39
	♂0N	1pm54
3 W	☿⚻♅	8pm39
	☿⚺♇	10 22
6 S	☿∠♄	2pm13
	♀⚻♄	8 55
7 Su	♀ ♌	11am47
	⊕△☿	4pm23
	♀□♃	10 10
	☿□♆	11 37
8	⊕⚻♆	6pm37
9 T	☿□♂	7am39
	⊕∠♅	8pm59
10 W	⊕⚼♇	1am17
	♀⚺♅	12pm57
	♀⚻♇	3 27
	☿⚹♄	6 23
	☿ ♓	11 56
11	☿⚹♃	6am12
12 F	☿☍♅	6am24
	☿☌♇	7 20
13 S	⊕⚼☿	0am38
	☿⚻♀	9 55
14	♀ P	9pm 6
15 M	☿∠♃	0am12
	☿⚹♆	2pm15
16	♀⚼♄	6am45
17 W	⊕⚻☿	11am12
	☿⚹♂	3pm44
	☿□♄	9 9
18 Th	☿ ♈	0am34
	☿⚺♃	8 54
	☿⚼♀	4pm34
	☿∠♆	8 11
19 F	☿⚻♅	1am46
	☿⚺♇	2 13
	♀□♆	3 22
	⊕⚻♂	6 29
	⊕⚹♄	12pm 6
	♂⚻♄	4 50
20 S	⊕ ♏	3am25
	♂ ♊	8pm 8
21 Su	☿∠♂	1am39
	☿⚺♆	7pm 5
22 M	☿⚼♅	0am18
	☿∠♇	0 35
	⊕☍♃	4 44
	☿△♀	10pm29
23 T	☿△♄	5pm35
	☿ ♉	7 42
24 W	☿⚺♂	3am19
	☿☌♃	5 2
	⊕☍☿	2pm 5
	☿△♅	5 25
	☿⚹♇	5 35
25 Th	♂⚺♃	0am39
	⊕⚹♅	9 52
	⊕△♇	10 39
	♀△♄	4pm25
	♀ ♍	10 54
26	☿⚼♄	8am14
27 S	☿0N	1am32
	☿☌♆	1 50
	♀△♃	11 39
28 Su	♀□♂	11am51
	☿⚻♄	7pm46
	♅☍♇	7 59
	☿ ♊	9 5
29 M	♀☍♇	3am30
	♀☌♅	3 32
	☿⚺♃	7 21
	☿☌♂	3pm22
	☿□♇	5 6
	☿□♅	5 7
	☿□♀	9 51
30 T	♂□♇	11am37
	⊕⚻☿	11 50
	♂□♅	12pm19

MAY 2047

DAY	☿ LONG	☿ LAT	♀ LONG	♀ LAT	⊕ LONG	♂ LONG	♂ LAT
	° '	° '	° '	° '	° '	° '	° '
1 W	13♊17	2N54	8♍12	3N21	10♏35	5♊28	0N30
2 Th	19 36	3 35	9 49	3 22	11 33	6 00	0 31
3 F	25 55	4 14	11 27	3 23	12 31	6 32	0 32
4 S	2♋13	4 49	13 04	3 23	13 29	7 04	0 33
5 Su	8 28	5 21	14 42	3 24	14 28	7 36	0 34
6 M	14 39	5 48	16 19	3 24	15 26	8 07	0 35
7 Tu	20 44	6 11	17 56	3 24	16 24	8 39	0 36
8 W	26 42	6 29	19 34	3 24	17 22	9 11	0 37
9 Th	2♌33	6 44	21 11	3 23	18 20	9 42	0 38
10 F	8 16	6 53	22 48	3 23	19 18	10 14	0 39
11 S	13 49	6 59	24 26	3 22	20 16	10 45	0 39
12 Su	19 13	7 00	26 03	3 21	21 14	11 17	0 40
13 M	24 27	6 58	27 40	3 20	22 12	11 48	0 41
14 Tu	29 32	6 53	29 17	3 19	23 10	12 19	0 42
15 W	4♍27	6 45	0♎55	3 18	24 08	12 51	0 43
16 Th	9 13	6 34	2 32	3 16	25 06	13 22	0 44
17 F	13 49	6 22	4 09	3 15	26 03	13 53	0 45
18 S	18 16	6 07	5 46	3 13	27 01	14 24	0 46
19 Su	22 35	5 50	7 23	3 11	27 59	14 55	0 47
20 M	26 46	5 32	9 00	3 09	28 57	15 26	0 48
21 Tu	0♎50	5 13	10 37	3 07	29 55	15 57	0 49
22 W	4 46	4 53	12 14	3 04	0♐52	16 28	0 50
23 Th	8 35	4 33	13 51	3 02	1 50	16 59	0 50
24 F	12 17	4 11	15 27	2 59	2 48	17 30	0 51
25 S	15 54	3 50	17 04	2 57	3 46	18 00	0 52
26 Su	19 25	3 28	18 41	2 54	4 43	18 31	0 53
27 M	22 51	3 05	20 18	2 51	5 41	19 02	0 54
28 Tu	26 13	2 43	21 54	2 47	6 39	19 32	0 55
29 W	29 30	2 20	23 31	2 44	7 36	20 03	0 56
30 Th	2♏42	1 58	25 08	2 41	8 34	20 33	0 57
31 F	5♏51	1N35	26♎44	2N37	9♐31	21♊04	0N57

JUNE 2047

DAY	☿ LONG	☿ LAT	♀ LONG	♀ LAT	⊕ LONG	♂ LONG	♂ LAT
	° '	° '	° '	° '	° '	° '	° '
1 S	8♏57	1N13	28♎21	2N33	10♐29	21♊34	0N58
2 Su	11 59	0 51	29 57	2 29	11 26	22 05	0 59
3 M	14 59	0 29	1♏33	2 26	12 24	22 35	1 00
4 Tu	17 56	0 07	3 10	2 21	13 21	23 05	1 01
5 W	20 51	0S14	4 46	2 17	14 19	23 35	1 02
6 Th	23 43	0 36	6 22	2 13	15 16	24 05	1 02
7 F	26 34	0 56	7 59	2 09	16 14	24 35	1 03
8 S	29 24	1 17	9 35	2 04	17 11	25 06	1 04
9 Su	2♐12	1 37	11 11	2 00	18 08	25 36	1 05
10 M	4 59	1 57	12 47	1 55	19 06	26 05	1 05
11 Tu	7 45	2 16	14 23	1 50	20 03	26 35	1 06
12 W	10 30	2 35	15 59	1 45	21 00	27 05	1 07
13 Th	13 15	2 54	17 35	1 40	21 58	27 35	1 08
14 F	16 00	3 12	19 11	1 36	22 55	28 05	1 09
15 S	18 45	3 30	20 47	1 30	23 52	28 35	1 09
16 Su	21 29	3 47	22 23	1 25	24 50	29 04	1 10
17 M	24 15	4 04	23 58	1 20	25 47	29 34	1 11
18 Tu	27 00	4 20	25 34	1 15	26 44	0♋03	1 12
19 W	29 47	4 36	27 10	1 10	27 42	0 33	1 12
20 Th	2♑34	4 51	28 45	1 04	28 39	1 02	1 13
21 F	5 23	5 06	0♐21	0 59	29 36	1 32	1 14
22 S	8 13	5 19	1 57	0 53	0♑34	2 01	1 14
23 Su	11 05	5 33	3 32	0 48	1 31	2 31	1 15
24 M	13 58	5 45	5 08	0 42	2 28	3 00	1 16
25 Tu	16 54	5 57	6 43	0 37	3 25	3 29	1 16
26 W	19 52	6 08	8 19	0 31	4 23	3 59	1 17
27 Th	22 52	6 18	9 54	0 26	5 20	4 28	1 18
28 F	25 56	6 27	11 29	0 20	6 17	4 57	1 18
29 S	29 02	6 36	13 05	0 14	7 14	5 26	1 19
30 Su	2♒12	6S43	14♐40	0N09	8♑12	5♋55	1N20

DAY	♃ LONG	♃ LAT	♄ LONG	♄ LAT	♅ LONG	♅ LAT	♆ LONG	♆ LAT	♇ LONG	♇ LAT
	° '	° '	° '	° '	° '	° '	° '	° '	° '	° '
5 Su	3♉10.5	1S12	29♐50.6	1N01	5♍15.9	0N46	19♉01.4	1S45	5♓12.5	12S09
10 F	3 37.9	1 12	29 59.6	1 01	5 19.8	0 46	19 03.2	1 45	5 13.6	12 09
15 W	4 05.3	1 12	0♑08.6	1 00	5 23.7	0 46	19 05.0	1 45	5 14.7	12 09
20 M	4 32.6	1 12	0 17.7	1 00	5 27.5	0 46	19 06.9	1 45	5 15.8	12 09
25 S	5 00.0	1 11	0 26.7	1 00	5 31.4	0 46	19 08.7	1 45	5 16.9	12 10
30 Th	5 27.3	1 11	0 35.8	0 59	5 35.3	0 46	19 10.6	1 45	5 18.0	12 10
4 Tu	5 54.7	1 11	0 44.8	0 59	5 39.1	0 46	19 12.4	1 45	5 19.1	12 10
9 Su	6 22.0	1 11	0 53.8	0 59	5 43.0	0 46	19 14.3	1 45	5 20.2	12 10
14 F	6 49.3	1 10	1 02.9	0 58	5 46.9	0 46	19 16.1	1 45	5 21.3	12 10
19 W	7 16.7	1 10	1 11.9	0 58	5 50.7	0 46	19 17.9	1 45	5 22.3	12 11
24 M	7 44.0	1 10	1 21.0	0 58	5 54.6	0 46	19 19.8	1 45	5 23.5	12 11
29 S	8 11.3	1 09	1 30.0	0 57	5 58.5	0 46	19 21.6	1 45	5 24.5	12 11

☿p .307678	☿a .440863
♀ .718945	♀ .722135
⊕ 1.00729	⊕ 1.01385
♂ 1.50679	♂ 1.54695
♃ 4.96277	♃ 4.96623
♄ 10.0457	♄ 10.0460
♅ 18.3110	♅ 18.3095
♆ 29.8150	♆ 29.8152
♇ 40.8088	♇ 40.8289
☊	Perihelia
☿ 18°♉ 54	☿ 18°♊ 12
♀ 17 ♊ 07	♀ 12 ♌ 09
⊕	⊕ 12 ♋ 32
♂ 19 ♉ 56	♂ 6 ♓ 54
♃ 11 ♋ 00	♃ 16 ♈ 17
♄ 24 ♋ 03	♄ 1 ♋ 58
♅ 14 ♊ 10	♅ 20 ♍ 33
♆ 12 ♌ 17	♆ 13 ♉ 48
♇ 20 ♋ 58	♇ 15 ♏ 34

Day	Aspect	Time
1 W	☿∠♃	5pm28
	☿ P	6 0
	☿⚺♆	9 44
3 F	⊕⚼☿	7am12
	☿☍♄	2pm47
	☿ ♋	3 32
4 S	☿✱♃	3am22
	☿∠♆	6 54
	☿△♇	11 27
	☿✱♅	11 39
	⊕✱♀	3pm24
	☿⚺♂	8 19
5	⊕∠♄	9am46
6 M	⊕△☿	3am39
	☿✱♀	8 56
	☿✱♆	5pm16
	☿⚼♇	9 57
	☿∠♅	10 15
7 T	♀⚼♃	6am31
	☿∠♂	12pm48
	♀△♆	4 14
8 W	☿⚻♄	1pm15
	☿ ♌	1 27
9 Th	☿□♃	4am11
	☿⚻♇	11 10
	☿⚺♅	11 35
	⊕☍♆	5pm50
	☿∠♀	9 18
10 F	♄ ♑	5am23
	☿✱♂	9 19
11 S	☿⚼♄	5am20
	☿□♆	11pm20
12	⊕□☿	11am13
13	☿⚺♀	10pm17
14 T	☿ ♍	2am15
	☿△♄	2 49
	♀ ♎	10 31
	♀□♄	12pm26
	☿△♃	10 11
15 W	☿☍♇	3am58
	☿☌♅	4 43
16	♀⚼♆	11pm15
17 F	☿□♂	0am25
	♀⚻♃	1 57
	♀⚻♇	4pm26
	♀⚺♅	7 3
18 S	☿△♆	4am33
	☿⚼♃	6 6
20 M	⊕✱☿	4pm48
	☿ ♎	7 3
	☿□♄	8 58
21 T	⊕ ♐	2am13
	⊕⚺♄	10 38
	☿⚼♆	8pm 5
	☿⚻♃	11 47
22 W	☿⚻♇	3am10
	☿⚺♅	4 31
25 S	☿☌♀	2pm33
	☿△♂	4 42
	♀△♂	8 24
	☿⚻♆	10 7
26 Su	⊕∠☿	2am50
	☿⚼♇	5 58
	♀⚻♆	7 0
	☿∠♅	7 44
	⊕⚻♃	10 12
	⊕□♇	2pm 8
	⊕□♅	8 38
	♀⚼♇	11 54
27 M	♀∠♅	3am49
	♂⚺♆	6 9
	⊕∠♀	2pm17
28	♃✱♇	5am12
29 W	☿ ♏	3am45
	☿✱♄	8 2
	♂∠♃	6pm14
30 Th	☿△♇	7pm45
	☿☍♃	9 34
	☿✱♅	10 2
31 F	☿⚼♂	1am55
	♃△♅	4pm32

Day	Aspect	Time
1	⊕⚺☿	5pm37
2 Su	♀ ♏	0am44
	♀✱♄	11 12
3	☿∠♄	6am 0
4 T	☿0S	7am55
	☿☍♆	10 29
5 W	♀△♇	8am17
	♀✱♅	1pm31
	♀☍♃	7 34
6	☿⚻♂	3am43
8 S	☿ ♐	5am 9
	♀⚼♂	11 10
	☿⚺♄	12pm43
10 M	☿□♇	3am 6
	⊕⚻♆	3 44
	☿□♅	6 31
	☿⚻♃	1pm14
12 W	♀∠♄	0am 4
	⊕⚼♃	5pm33
14 F	♀☍♆	1am19
	☿ A	5pm38
15	☿⚻♆	4am39
16 Su	☿⚼♃	4am38
	☿⚺♀	6pm22
17 M	⊕☌☿	8pm28
	♂ ♋	9 13
19 W	☿ ♑	1am53
	☿☍♂	8 2
	☿☌♄	12pm20
	⊕⚺♀	7 59
20 Th	♂☍♄	9am47
	☿⚼♆	2pm51
	♀ ♐	6 43
	☿✱♇	11 58
21 F	☿△♅	4am10
	⊕ ♑	9 56
	♀⚺♄	1pm57
	☿△♃	6 11
22 S	♀⚻♂	1am43
	⊕☌♄	6pm57
24 M	♀□♇	3am59
	♀□♅	11 55
25 T	⊕☍♂	3am20
	♀⚻♃	5pm42
	☿△♆	7 48
	⊕⚼♆	11 7
26 W	☿∠♇	4am18
	☿⚼♅	8 38
	♂∠♆	6pm21
27 Th	⊕✱♇	1am47
	⊕△♅	3pm45
28 F	☿∠♀	8am58
	♂△♇	10pm51
29 S	☿ ♒	7am23
	☿⚺♄	6pm56
30 Su	⊕△♃	2am25
	♂✱♅	3 38
	☿⚺♇	11pm59

JULY 2047

DAY	☿ LONG	☿ LAT	♀ LONG	♀ LAT	⊕ LONG	♂ LONG	♂ LAT
	° '	° '	° '	° '	° '	° '	° '
1 M	5♒25	6S49	16♐15	0N03	9♑09	6♋24	1N20
2 Tu	8 43	6 54	17 50	0S03	10 06	6 53	1 21
3 W	12 04	6 57	19 26	0 08	11 03	7 22	1 22
4 Th	15 30	7 00	21 01	0 14	12 00	7 51	1 22
5 F	19 01	7 00	22 36	0 19	12 58	8 20	1 23
6 S	22 38	6 59	24 11	0 25	13 55	8 48	1 24
7 Su	26 20	6 57	25 46	0 31	14 52	9 17	1 24
8 M	0♓08	6 52	27 21	0 36	15 49	9 46	1 25
9 Tu	4 02	6 46	28 56	0 42	16 46	10 15	1 25
10 W	8 03	6 37	0♑31	0 47	17 43	10 43	1 26
11 Th	12 11	6 26	2 06	0 53	18 41	11 12	1 27
12 F	16 27	6 13	3 41	0 58	19 38	11 41	1 27
13 S	20 50	5 57	5 16	1 04	20 35	12 09	1 28
14 Su	25 22	5 39	6 51	1 09	21 32	12 38	1 28
15 M	0♈02	5 17	8 26	1 14	22 30	13 06	1 29
16 Tu	4 51	4 53	10 01	1 19	23 27	13 34	1 29
17 W	9 49	4 26	11 36	1 25	24 24	14 03	1 30
18 Th	14 56	3 56	13 11	1 30	25 21	14 31	1 30
19 F	20 12	3 23	14 46	1 35	26 18	15 00	1 31
20 S	25 37	2 47	16 21	1 40	27 16	15 28	1 31
21 Su	1♉11	2 09	17 56	1 44	28 13	15 56	1 32
22 M	6 53	1 28	19 30	1 49	29 10	16 24	1 33
23 Tu	12 44	0 45	21 05	1 54	0♒08	16 52	1 33
24 W	18 42	0 01	22 40	1 59	1 05	17 21	1 34
25 Th	24 47	0N43	24 15	2 03	2 02	17 49	1 34
26 F	0♊57	1 28	25 50	2 08	3 00	18 17	1 34
27 S	7 11	2 12	27 25	2 12	3 57	18 45	1 35
28 Su	13 29	2 56	29 00	2 16	4 54	19 13	1 35
29 M	19 48	3 37	0♒34	2 20	5 52	19 41	1 36
30 Tu	26 07	4 15	2 09	2 24	6 49	20 09	1 36
31 W	2♋25	4N50	3♒44	2S28	7♒46	20♋37	1N37

AUGUST 2047

DAY	☿ LONG	☿ LAT	♀ LONG	♀ LAT	⊕ LONG	♂ LONG	♂ LAT
	° '	° '	° '	° '	° '	° '	° '
1 Th	8♋40	5N22	5♒19	2S32	8♒44	21♋04	1N37
2 F	14 50	5 49	6 54	2 36	9 41	21 32	1 38
3 S	20 55	6 12	8 29	2 39	10 38	22 00	1 38
4 Su	26 53	6 30	10 04	2 43	11 36	22 28	1 38
5 M	2♌44	6 44	11 39	2 46	12 33	22 56	1 39
6 Tu	8 26	6 53	13 14	2 49	13 31	23 23	1 39
7 W	13 59	6 59	14 48	2 52	14 28	23 51	1 40
8 Th	19 23	7 00	16 23	2 55	15 26	24 19	1 40
9 F	24 37	6 58	17 58	2 58	16 23	24 46	1 40
10 S	29 41	6 53	19 33	3 01	17 21	25 14	1 41
11 Su	4♍36	6 45	21 08	3 03	18 18	25 41	1 41
12 M	9 21	6 34	22 43	3 06	19 16	26 09	1 42
13 Tu	13 58	6 21	24 18	3 08	20 13	26 36	1 42
14 W	18 25	6 06	25 53	3 10	21 11	27 04	1 42
15 Th	22 44	5 50	27 28	3 12	22 08	27 31	1 43
16 F	26 54	5 32	29 03	3 14	23 06	27 59	1 43
17 S	0♎57	5 13	0♓38	3 15	24 04	28 26	1 43
18 Su	4 53	4 53	2 13	3 17	25 01	28 54	1 44
19 M	8 42	4 32	3 48	3 18	25 59	29 21	1 44
20 Tu	12 25	4 11	5 23	3 19	26 57	29 48	1 44
21 W	16 01	3 49	6 59	3 21	27 55	0♌16	1 44
22 Th	19 32	3 27	8 34	3 21	28 52	0 43	1 45
23 F	22 58	3 05	10 09	3 22	29 50	1 10	1 45
24 S	26 19	2 42	11 44	3 23	0♓48	1 37	1 45
25 Su	29 36	2 20	13 19	3 23	1 46	2 04	1 46
26 M	2♏48	1 57	14 54	3 24	2 44	2 32	1 46
27 Tu	5 57	1 35	16 30	3 24	3 42	2 59	1 46
28 W	9 03	1 12	18 05	3 24	4 40	3 26	1 46
29 Th	12 05	0 50	19 40	3 24	5 38	3 53	1 47
30 F	15 05	0 28	21 15	3 23	6 35	4 20	1 47
31 S	18♏02	0N06	22♓51	3S23	7♓33	4♌47	1N47

DAY	♃ LONG	♃ LAT	♄ LONG	♄ LAT	♅ LONG	♅ LAT	♆ LONG	♆ LAT	♇ LONG	♇ LAT
	° '	° '	° '	° '	° '	° '	° '	° '	° '	° '
4 Th	8♉38.6	1S09	1♑39.0	0N57	6♍02.4	0N46	19♉23.5	1S45	5♓25.6	12S11
9 Tu	9 05.9	1 09	1 48.1	0 56	6 06.2	0 46	19 25.3	1 45	5 26.7	12 12
14 Su	9 33.2	1 09	1 57.1	0 56	6 10.1	0 46	19 27.2	1 45	5 27.8	12 12
19 F	10 00.5	1 08	2 06.2	0 56	6 14.0	0 46	19 29.0	1 45	5 28.9	12 12
24 W	10 27.7	1 08	2 15.2	0 55	6 17.9	0 46	19 30.9	1 45	5 30.0	12 12
29 M	10 55.0	1 08	2 24.2	0 55	6 21.7	0 46	19 32.7	1 45	5 31.1	12 12
3 S	11 22.3	1 07	2 33.3	0 55	6 25.6	0 46	19 34.6	1 45	5 32.2	12 13
8 Th	11 49.5	1 07	2 42.3	0 54	6 29.5	0 46	19 36.4	1 45	5 33.3	12 13
13 Tu	12 16.7	1 07	2 51.4	0 54	6 33.3	0 46	19 38.2	1 45	5 34.4	12 13
18 Su	12 44.0	1 06	3 00.4	0 54	6 37.2	0 46	19 40.1	1 45	5 35.5	12 13
23 F	13 11.2	1 06	3 09.4	0 53	6 41.1	0 46	19 41.9	1 45	5 36.6	12 14
28 W	13 38.4	1 06	3 18.5	0 53	6 45.0	0 46	19 43.8	1 45	5 37.7	12 14

☿p.430786	☿ .310906
♀ .726046	♀a.728179
⊕a1.01664	⊕ 1.01509
♂ 1.58321	♂ 1.61556
♃ 4.97007	♃ 4.97454
♄a10.0461	♄ 10.0461
♅ 18.3081	♅ 18.3067
♆ 29.8153	♆ 29.8154
♇ 40.8484	♇ 40.8685
☊	Perihelia
☿ 18° ♉ 54	☿ 18° ♊ 12
♀ 17 ♊ 07	♀ 12 ♌ 20
⊕	⊕ 15 ♋ 03
♂ 19 ♉ 56	♂ 6 ♓ 53
♃ 11 ♋ 00	♃ 16 ♈ 19
♄ 24 ♋ 03	♄ 2 ♋ 01
♅ 14 ♊ 11	♅ 20 ♍ 21
♆ 12 ♌ 17	♆ 14 ♉ 44
♇ 20 ♋ 59	♇ 15 ♏ 29

1	☿⚻♅	4am18
M	☿⚻♂	8 27
	♀0S	1pm 2
	☿□♃	10 10
2	⊕⚺☿	1pm58
T	♀⚻♆	11 23
4	☿∠♄	7am57
5	☿□♆	2am31
F	⊕ A	6 35
	♀⚼♃	6pm15
6	♂⚹♃	1am 4
S	☿⚼♂	8 52
	☿⚹♀	5pm44
7	☿ ♓	11pm11
8	⊕∠☿	5am41
M	☿⚹♄	10 15
9	☿☌♇	8am31
T	☿☍♅	12pm29
	♀ ♑	4 6
10	☿⚹♃	6am49
W	☿△♂	5pm35
	♀☌♄	8 15
11	⊕△♆	7pm10
12	♀⚼♆	11am28
F	☿⚹♆	4pm27
	⊕∠♇	8 52
	⊕⚹☿	10 15
13	♀⚹♇	2am53
S	♀△♅	1pm32
	⊕⚼♅	2 34
	☿∠♃	7 39
14	☿ ♈	11pm49
15	♄ A	7am 1
M	☿□♄	9 51
	♀△♃	7pm27
	☿∠♆	10 6
16	☿⚺♇	3am 3
T	☿⚻♅	6 35
17	☿⚺♃	0am 4
W	☿□♀	12pm16
	☿□♂	9 55
18	☿⚺♆	8pm48
19	☿∠♇	1am17
F	☿⚼♅	4 40
	♀☍♂	4 57
20	⊕□☿	8am40
S	☿ ♉	6pm58
21	☿△♄	4am12
Su	☿⚹♇	6pm11
	☿△♅	9 26
	♀△♆	11 55
22	☿☌♃	2pm13
M	♀∠♇	3 0
	⊕ ♒	8 48
23	♀⚼♅	3am 0
T	☿⚹♂	6pm 8
	☿⚼♄	6 12
24	☿0N	0am48
W	☿☌♆	3 15
	☿△♀	9pm14
25	⊕⚺♄	6am23
Th	☿ ♊	8pm21
26	☿⚻♄	5am19
F	⊕△☿	9 20
	☿∠♂	9 44
	☿□♇	5pm35
	☿□♅	8 45
27	☿⚺♃	1pm45
28	☿⚼♀	2am37
Su	♀ ♒	3pm17
	⊕⚺♇	3 24
	♂⚹♆	5 0
	☿ P	5 16
	☿⚺♆	11 3
	☿⚺♂	11 31
29	⊕⚼☿	4am46
M	⊕⚻♅	12pm47
	☿∠♃	11 35
30	♀⚺♄	4am19
T	☿ ♋	2pm47
	♂⚼♇	7 37
31	☿☍♄	0am12
W	☿⚻♀	6 47
	☿∠♆	8 13
	☿△♇	11 56
	☿⚹♅	3pm16
1	⊕⚻☿	0am18
Th	♀⚺♇	3 13
	☿⚹♃	9 56
	♀⚻♅	4pm34
	♂∠♅	5 22
2	☿⚹♆	6pm39
F	☿⚼♇	10 28
3	☿∠♅	2am 1
S	☿☌♂	4 40
	⊕□♃	8pm14
4	☿ ♌	12pm42
Su	♀□♃	10 32
	☿⚻♄	11 30
5	♀ A	8am32
M	☿⚻♇	11 46
	☿⚺♅	3pm37
6	⊕☌♀	11am 0
T	☿□♃	2pm 1
7	⊕☍☿	2am34
W	☿☍♀	5 5
	☿⚼♄	4pm25
8	☿□♆	1am 1
Th	♀∠♄	8pm21
9	☿⚺♂	0am48
10	♀□♆	0am59
S	☿ ♍	1 30
	⊕∠♄	10 56
	☿△♄	3pm 2
11	☿☍♇	4am48
Su	☿☌♅	9 40
12	⊕□♆	9am20
M	☿∠♂	10 17
	☿△♃	2pm58
14	☿△♆	6am46
W	⊕⚻☿	7pm44
15	♀⚻♂	1am10
16	☿⚼♃	3am52
F	☿⚹♂	7 6
	♀ ♓	2pm21
	☿ ♎	6 17
	☿⚻♀	8 51
17	☿□♄	12pm21
S	☿⚼♆	10 40
18	☿⚻♇	4am24
Su	☿⚺♅	10 52
	♀⚹♄	12pm 8
19	⊕⚼☿	7pm55
20	♀☌♇	3am 9
T	☿⚻♃	3 24
	♂ ♌	10 20
	♀☍♅	7pm10
22	☿⚻♆	1am 5
Th	☿⚼♇	7 26
	☿∠♅	2pm56
23	⊕ ♓	4am 4
24	☿⚼♀	5am46
25	♀⚹♃	0am47
Su	☿ ♏	2 59
	⊕⚻♂	2pm29
	☿□♂	9 31
	⊕△☿	11 9
26	☿⚹♄	3am21
M	⊕⚹♄	1pm18
	☿△♇	9 27
27	☿⚹♅	6am 3
T	♂⚻♄	5pm 1
28	♀⚼♂	7am24
29	⊕☌♇	0am 9
Th	♀⚹♆	1 1
	☿☍♃	1pm33
30	⊕☍♅	4am38
31	☿∠♄	3am 4
S	☿0S	7 10
	☿☍♆	2pm10

SEPTEMBER 2047

DAY	☿ LONG	☿ LAT	♀ LONG	♀ LAT	⊕ LONG	♂ LONG	♂ LAT
	° '	° '	° '	° '	° '	° '	° '
1 Su	20♏56	0S15	24♓26	3S22	8♓31	5♌14	1N47
2 M	23 49	0 36	26 01	3 21	9 29	5 41	1 48
3 Tu	26 40	0 57	27 37	3 20	10 28	6 08	1 48
4 W	29 29	1 18	29 12	3 19	11 26	6 35	1 48
5 Th	2♐17	1 38	0♈48	3 18	12 24	7 02	1 48
6 F	5 04	1 58	2 23	3 17	13 22	7 29	1 48
7 S	7 50	2 17	3 58	3 15	14 20	7 56	1 49
8 Su	10 36	2 36	5 34	3 13	15 18	8 23	1 49
9 M	13 21	2 55	7 09	3 11	16 16	8 49	1 49
10 Tu	16 05	3 13	8 45	3 09	17 15	9 16	1 49
11 W	18 50	3 31	10 21	3 07	18 13	9 43	1 49
12 Th	21 35	3 48	11 56	3 05	19 11	10 10	1 49
13 F	24 20	4 05	13 32	3 02	20 10	10 37	1 50
14 S	27 06	4 21	15 07	3 00	21 08	11 03	1 50
15 Su	29 52	4 36	16 43	2 57	22 06	11 30	1 50
16 M	2♑40	4 51	18 19	2 54	23 05	11 57	1 50
17 Tu	5 28	5 06	19 54	2 51	24 03	12 23	1 50
18 W	8 19	5 20	21 30	2 48	25 02	12 50	1 50
19 Th	11 10	5 33	23 06	2 45	26 00	13 17	1 50
20 F	14 04	5 46	24 42	2 42	26 59	13 43	1 50
21 S	17 00	5 57	26 17	2 38	27 58	14 10	1 50
22 Su	19 58	6 08	27 53	2 34	28 56	14 37	1 50
23 M	22 58	6 18	29 29	2 31	29 55	15 03	1 51
24 Tu	26 02	6 28	1♉05	2 27	0♈54	15 30	1 51
25 W	29 08	6 36	2 41	2 23	1 53	15 56	1 51
26 Th	2♒18	6 43	4 17	2 19	2 51	16 23	1 51
27 F	5 31	6 49	5 53	2 14	3 50	16 50	1 51
28 S	8 49	6 54	7 29	2 10	4 49	17 16	1 51
29 Su	12 11	6 57	9 05	2 06	5 48	17 43	1 51
30 M	15♒37	7S00	10♉41	2S01	6♈47	18♌09	1N51

OCTOBER 2047

DAY	☿ LONG	☿ LAT	♀ LONG	♀ LAT	⊕ LONG	♂ LONG	♂ LAT
	° '	° '	° '	° '	° '	° '	° '
1 Tu	19♒08	7S00	12♉17	1S56	7♈46	18♌36	1N51
2 W	22 45	6 59	13 53	1 52	8 45	19 02	1 51
3 Th	26 27	6 57	15 29	1 47	9 44	19 28	1 51
4 F	0♓15	6 52	17 05	1 42	10 43	19 55	1 51
5 S	4 10	6 46	18 41	1 37	11 42	20 21	1 51
6 Su	8 11	6 37	20 17	1 32	12 41	20 48	1 51
7 M	12 19	6 26	21 54	1 27	13 40	21 14	1 51
8 Tu	16 35	6 13	23 30	1 22	14 39	21 41	1 51
9 W	20 59	5 57	25 06	1 16	15 38	22 07	1 51
10 Th	25 31	5 38	26 43	1 11	16 37	22 33	1 51
11 F	0♈11	5 17	28 19	1 06	17 37	23 00	1 51
12 S	5 00	4 52	29 55	1 00	18 36	23 26	1 51
13 Su	9 58	4 25	1♊32	0 55	19 35	23 52	1 51
14 M	15 06	3 55	3 08	0 49	20 35	24 19	1 51
15 Tu	20 22	3 22	4 45	0 44	21 34	24 45	1 51
16 W	25 47	2 46	6 21	0 38	22 34	25 11	1 51
17 Th	1♉21	2 07	7 58	0 32	23 33	25 38	1 50
18 F	7 04	1 27	9 34	0 27	24 33	26 04	1 50
19 S	12 55	0 44	11 11	0 21	25 32	26 30	1 50
20 Su	18 53	0 00	12 47	0 15	26 32	26 56	1 50
21 M	24 58	0N45	14 24	0 10	27 32	27 23	1 50
22 Tu	1♊08	1 30	16 01	0 04	28 31	27 49	1 50
23 W	7 23	2 14	17 37	0N02	29 31	28 15	1 50
24 Th	13 41	2 57	19 14	0 08	0♉31	28 42	1 50
25 F	20 00	3 38	20 51	0 13	1 30	29 08	1 50
26 S	26 19	4 16	22 28	0 19	2 30	29 34	1 49
27 Su	2♋37	4 51	24 04	0 25	3 30	0♍00	1 49
28 M	8 51	5 22	25 41	0 30	4 30	0 27	1 49
29 Tu	15 02	5 50	27 18	0 36	5 30	0 53	1 49
30 W	21 07	6 12	28 55	0 42	6 30	1 19	1 49
31 Th	27♋05	6N30	0♋32	0N47	7♉30	1♍45	1N49

DAY	♃ LONG	♃ LAT	♄ LONG	♄ LAT	♅ LONG	♅ LAT	♆ LONG	♆ LAT	♇ LONG	♇ LAT
	° '	° '	° '	° '	° '	° '	° '	° '	° '	° '
2 M	14♉05.6	1S05	3♑27.5	0N52	6♍48.8	0N46	19♉45.6	1S45	5♓38.8	12S14
7 S	14 32.8	1 05	3 36.5	0 52	6 52.7	0 46	19 47.4	1 45	5 39.8	12 14
12 Th	14 59.9	1 05	3 45.6	0 52	6 56.6	0 46	19 49.3	1 45	5 40.9	12 15
17 Tu	15 27.1	1 04	3 54.6	0 51	7 00.4	0 46	19 51.1	1 45	5 42.0	12 15
22 Su	15 54.3	1 04	4 03.6	0 51	7 04.3	0 46	19 52.9	1 45	5 43.1	12 15
27 F	16 21.4	1 04	4 12.7	0 51	7 08.2	0 46	19 54.8	1 45	5 44.2	12 15
2 W	16 48.6	1 03	4 21.7	0 50	7 12.0	0 46	19 56.6	1 45	5 45.3	12 15
7 M	17 15.7	1 03	4 30.7	0 50	7 15.9	0 46	19 58.5	1 45	5 46.4	12 16
12 S	17 42.8	1 03	4 39.8	0 50	7 19.8	0 46	20 00.3	1 45	5 47.4	12 16
17 Th	18 09.9	1 02	4 48.8	0 49	7 23.6	0 46	20 02.1	1 45	5 48.5	12 16
22 Tu	18 37.0	1 02	4 57.8	0 49	7 27.5	0 46	20 04.0	1 45	5 49.6	12 16
27 Su	19 04.1	1 01	5 06.9	0 48	7 31.4	0 46	20 05.8	1 45	5 50.7	12 17

☿a .453672	☿p .411878
♀ .726940	♀ .723312
⊕ 1.00944	⊕ 1.00145
♂ 1.64086	♂ 1.65738
♃ 4.97952	♃ 4.98480
♄ 10.0460	♄ 10.0457
♅ 18.3054	♅ 18.3041
♆ 29.8156	♆ 29.8157
♇ 40.8885	♇ 40.9079
☊	Perihelia
☿ 18°♉ 54	☿ 18°♊ 12
♀ 17 ♊ 07	♀ 12 ♌ 26
⊕	⊕ 16 ♋ 20
♂ 19 ♉ 56	♂ 6 ♓ 53
♃ 11 ♋ 00	♃ 16 ♈ 20
♄ 24 ♋ 03	♄ 2 ♋ 07
♅ 14 ♊ 12	♅ 20 ♍ 10
♆ 12 ♌ 17	♆ 15 ♉ 47
♇ 21 ♋ 00	♇ 15 ♏ 22

1	♂⊼♇	9pm57
3	☿△♀	6pm23
4 W	♀∠♃	1am 9
	☿ ♐	4 22
	♀ ♈	12pm 3
	♂⊻♅	2 9
5	☿⊻♄	10am58
6 F	☿□♇	5am 6
	☿□♅	3pm37
	♀□♄	6 23
7 S	☿△♂	0am56
	⊕✱♃	5 50
	♀∠♆	12pm22
8 Su	♀⊻♇	1am33
	♀⊼♅	8pm 9
9	☿⊼♃	12pm30
10 T	♀△♂	10am55
	⊕□☿	3pm38
	☿ A	4 53
11	☿⊼♆	8am36
12	⊕✱♆	3pm44
13	☿⚼♂	1pm14
14	♀⊻♃	0am56
15 Su	☿ ♑	1am 6
	☿⚼♃	3 33
16 M	☿☌♄	10am31
	☿⚼♆	6pm41
	♀⊻♆	11 11
17 T	☿✱♇	1am55
	♀∠♇	11 59
	☿△♅	1pm 3
18	♀⚼♅	7am52
19	☿⊼♂	8pm41
20	☿△♃	2pm 4
21	☿△♆	11pm23
22 Su	☿∠♇	6am 5
	☿⚼♅	4pm57
23 M	⊕ ♈	2am 1
	⊕⚼♂	6 8
	♀ ♉	7 45
	⊕⊻♀	4pm49
24	⊕∠♃	5am 6
25 W	☿ ♒	6am37
	♂□♃	4pm 4
	♀△♄	10 30
26 Th	⊕✱☿	6am 1
	☿⊻♄	2pm12
	♀✱♇	9 52
27 F	☿⊻♇	1am34
	☿□♀	5 7
	⊕□♄	9 29
	☿⊼♅	11 52
	♀△♅	7pm 2
28 S	⊕∠♆	2am32
	⊕⊻♇	10pm41
30 M	☿□♃	7am 8
	⊕⊼♅	9 49
	☿☍♂	7pm48
1 T	☿∠♄	1am19
	☿□♆	5 23
2 W	⊕∠☿	8am54
	♂⚼♄	7pm12
3 Th	☿ ♓	10pm26
	♀☌♃	10 29
4	♂□♆	2am18
5 S	☿✱♄	1am46
	☿☌♇	9 40
	♀⚼♄	11 39
	☿☍♅	6pm30
	♀☌♆	7 9
6	♀□♂	10am23
7	⊕⊻☿	9am56
8 T	☿✱♃	4am19
	☿✱♆	6pm37
9	☿⊼♂	6am44
10 Th	☿✱♀	9am30
	☿ ♈	11pm 3
11 F	⊕⊻♃	0am18
	☿∠♃	12pm28
	☿□♄	10 19
	☿∠♆	12 0
12 S	♀ ♊	1am10
	☿⊻♇	3 51
	☿⊼♅	11 21
	☿⚼♂	6pm14
13	⊕⊻♆	10am17
14 M	⊕∠♇	5am19
	☿⊻♃	1pm 4
	☿∠♀	8 0
	☿⊻♆	10 28
15 T	♀⊼♄	0am 9
	☿∠♇	1 58
	⊕☌☿	6 37
	☿⚼♅	8 58
	♀□♇	3pm50
	⊕⚼♅	7 35
	☿△♂	9 9
16 W	♀□♅	3pm30
	☿ ♉	6 12
17 Th	☿△♄	2pm40
	☿✱♇	6 45
	⊕∠♀	11 4
18 F	☿△♅	1am24
	☿⊻♀	2pm14
19	☿☌♃	10pm10
20 Su	☿0N	0am 3
	☿⚼♄	4 3
	☿☌♆	4 38
	⊕△♂	5pm41
21 M	☿□♂	10am 8
	⊕⊻☿	11 54
	☿ ♊	7pm35
22 T	☿⊼♄	2pm48
	♀0N	4 26
	☿□♇	6 3
23 W	☿□♅	0am20
	⊕ ♉	11 42
	♀⊻♃	5pm 7
24 Th	⊕∠☿	8am17
	♀⊻♆	12pm37
	☿ P	4 31
	☿⊻♃	7 44
25 F	☿⊻♆	0am20
	☿☌♀	4 20
26 S	♄⚼♆	6am29
	☿✱♂	1pm18
	☿ ♋	2 2
	♂ ♍	11 45
27 Su	⊕✱☿	4am 3
	☿∠♃	5 40
	☿∠♆	9 32
	☿☍♄	9 38
	☿△♇	12pm24
	☿✱♅	6 54
28	⊕△♄	4pm 3
29 T	☿∠♂	3am35
	⊕✱♇	8 37
	☿✱♃	4pm51
	☿✱♆	8 2
	☿⚼♇	10 59
30 W	☿∠♅	5am48
	♀ ♋	4pm 4
31 Th	⊕△♅	2am 0
	☿ ♌	11 56
	☿⊻♀	7pm35
	☿⊻♂	8 44

NOVEMBER 2047

DAY	☿ LONG	☿ LAT	♀ LONG	♀ LAT	⊕ LONG	♂ LONG	♂ LAT
	° '	° '	° '	° '	° '	° '	° '
1 F	2♌55	6N44	2♋09	0N53	8♉29	2♍11	1N48
2 S	8 37	6 54	3 46	0 58	9 29	2 38	1 48
3 Su	14 10	6 59	5 23	1 04	10 30	3 04	1 48
4 M	19 33	7 00	7 00	1 09	11 30	3 30	1 48
5 Tu	24 47	6 58	8 37	1 15	12 30	3 56	1 48
6 W	29 51	6 53	10 14	1 20	13 30	4 22	1 47
7 Th	4♍45	6 45	11 51	1 25	14 30	4 49	1 47
8 F	9 30	6 34	13 29	1 31	15 30	5 15	1 47
9 S	14 06	6 21	15 06	1 36	16 30	5 41	1 47
10 Su	18 33	6 06	16 43	1 41	17 31	6 07	1 47
11 M	22 52	5 49	18 20	1 46	18 31	6 33	1 46
12 Tu	27 02	5 31	19 57	1 51	19 31	7 00	1 46
13 W	1♎05	5 12	21 35	1 55	20 31	7 26	1 46
14 Th	5 00	4 52	23 12	2 00	21 32	7 52	1 46
15 F	8 49	4 31	24 49	2 05	22 32	8 18	1 45
16 S	12 32	4 10	26 27	2 09	23 33	8 44	1 45
17 Su	16 08	3 48	28 04	2 14	24 33	9 11	1 45
18 M	19 39	3 26	29 41	2 18	25 34	9 37	1 44
19 Tu	23 05	3 04	1♌19	2 22	26 34	10 03	1 44
20 W	26 26	2 41	2 56	2 26	27 35	10 29	1 44
21 Th	29 42	2 19	4 34	2 30	28 35	10 55	1 44
22 F	2♏55	1 56	6 11	2 34	29 36	11 22	1 43
23 S	6 03	1 34	7 49	2 38	0♊37	11 48	1 43
24 Su	9 09	1 12	9 26	2 41	1 37	12 14	1 43
25 M	12 11	0 49	11 04	2 45	2 38	12 40	1 42
26 Tu	15 10	0 27	12 41	2 48	3 39	13 07	1 42
27 W	18 07	0 06	14 19	2 51	4 39	13 33	1 42
28 Th	21 02	0S16	15 56	2 54	5 40	13 59	1 41
29 F	23 55	0 37	17 34	2 57	6 41	14 25	1 41
30 S	26♏45	0S58	19♌11	3N00	7♊41	14♍52	1N41

DECEMBER 2047

DAY	☿ LONG	☿ LAT	♀ LONG	♀ LAT	⊕ LONG	♂ LONG	♂ LAT
	° '	° '	° '	° '	° '	° '	° '
1 Su	29♏35	1S18	20♌49	3N03	8♊42	15♍18	1N40
2 M	2♐23	1 38	22 26	3 05	9 43	15 44	1 40
3 Tu	5 10	1 58	24 04	3 07	10 44	16 10	1 40
4 W	7 56	2 18	25 41	3 10	11 45	16 37	1 39
5 Th	10 41	2 37	27 19	3 12	12 45	17 03	1 39
6 F	13 26	2 55	28 56	3 14	13 46	17 29	1 38
7 S	16 11	3 13	0♍34	3 15	14 47	17 55	1 38
8 Su	18 55	3 31	2 11	3 17	15 48	18 22	1 38
9 M	21 40	3 48	3 49	3 18	16 49	18 48	1 37
10 Tu	24 25	4 05	5 26	3 19	17 50	19 14	1 37
11 W	27 11	4 21	7 04	3 21	18 51	19 41	1 36
12 Th	29 58	4 37	8 41	3 22	19 52	20 07	1 36
13 F	2♑45	4 52	10 19	3 22	20 53	20 33	1 36
14 S	5 34	5 06	11 56	3 23	21 54	21 00	1 35
15 Su	8 24	5 20	13 34	3 23	22 55	21 26	1 35
16 M	11 16	5 33	15 11	3 24	23 56	21 52	1 34
17 Tu	14 10	5 46	16 48	3 24	24 57	22 19	1 34
18 W	17 05	5 58	18 26	3 24	25 58	22 45	1 33
19 Th	20 03	6 09	20 03	3 23	26 59	23 12	1 33
20 F	23 04	6 19	21 40	3 23	28 00	23 38	1 32
21 S	26 08	6 28	23 18	3 23	29 01	24 04	1 32
22 Su	29 14	6 36	24 55	3 22	0♋03	24 31	1 31
23 M	2♒24	6 43	26 32	3 21	1 04	24 57	1 31
24 Tu	5 38	6 49	28 09	3 20	2 05	25 24	1 30
25 W	8 55	6 54	29 47	3 19	3 06	25 50	1 30
26 Th	12 17	6 58	1♎24	3 17	4 07	26 17	1 29
27 F	15 44	7 00	3 01	3 16	5 08	26 43	1 29
28 S	19 15	7 00	4 38	3 14	6 09	27 10	1 28
29 Su	22 52	6 59	6 15	3 12	7 10	27 36	1 28
30 M	26 34	6 57	7 52	3 11	8 11	28 03	1 27
31 Tu	0♓23	6S52	9♎29	3N08	9♋13	28♍29	1N27

DAY	♃ LONG	♃ LAT	♄ LONG	♄ LAT	♅ LONG	♅ LAT	♆ LONG	♆ LAT	♇ LONG	♇ LAT
	° '	° '	° '	° '	° '	° '	° '	° '	° '	° '
1 F	19♉31.2	1S01	5♑15.9	0N48	7♍35.3	0N46	20♉07.7	1S45	5♓51.8	12S17
6 W	19 58.2	1 01	5 24.9	0 48	7 39.1	0 46	20 09.5	1 45	5 52.9	12 17
11 M	20 25.3	1 00	5 34.0	0 47	7 43.0	0 46	20 11.3	1 45	5 54.0	12 17
16 S	20 52.3	1 00	5 43.0	0 47	7 46.9	0 46	20 13.2	1 45	5 55.1	12 17
21 Th	21 19.4	1 00	5 52.1	0 47	7 50.8	0 46	20 15.0	1 45	5 56.2	12 18
26 Tu	21 46.4	0 59	6 01.1	0 46	7 54.6	0 46	20 16.9	1 45	5 57.2	12 18
1 Su	22 13.4	0 59	6 10.1	0 46	7 58.5	0 46	20 18.7	1 45	5 58.3	12 18
6 F	22 40.4	0 58	6 19.2	0 45	8 02.4	0 46	20 20.6	1 45	5 59.4	12 18
11 W	23 07.4	0 58	6 28.2	0 45	8 06.3	0 46	20 22.4	1 45	6 00.5	12 19
16 M	23 34.4	0 58	6 37.3	0 45	8 10.1	0 46	20 24.2	1 45	6 01.6	12 19
21 S	24 01.4	0 57	6 46.3	0 44	8 14.0	0 46	20 26.1	1 45	6 02.7	12 19
26 Th	24 28.3	0 57	6 55.3	0 44	8 17.9	0 46	20 27.9	1 45	6 03.8	12 19
31 Tu	24 55.3	0 56	7 04.4	0 44	8 21.8	0 46	20 29.8	1 45	6 04.9	12 19

☿ .323536	☿a.460513
♀p.719596	♀ .718507
⊕ .992754	⊕ .986207
♂a1.66544	♂ 1.66417
♃ 4.99072	♃ 4.99688
♄ 10.0452	♄ 10.0447
♅ 18.3029	♅ 18.3017
♆ 29.8158	♆ 29.8159
♇ 40.9279	♇ 40.9473
☊	Perihelia
☿ 18°♉ 54	☿ 18°♊ 12
♀ 17 ♊ 07	♀ 12 ♌ 31
⊕	⊕ 13 ♋ 55
♂ 19 ♉ 56	♂ 6 ♓ 53
♃ 11 ♋ 00	♃ 16 ♈ 20
♄ 24 ♋ 04	♄ 2 ♋ 13
♅ 14 ♊ 12	♅ 20 ♍ 04
♆ 12 ♌ 18	♆ 16 ♉ 42
♇ 21 ♋ 00	♇ 15 ♏ 15

Day	Aspect	Time
1 F	♀✶♂	0am49
	☿⚻♄	9 52
	☿⚻♇	12pm21
	☿⚺♅	7 40
2 S	⊕□☿	4am34
	♀∠♃	1pm16
	♀∠♆	8 22
	♀☍♄	11 7
3	♀△♇	7am15
4 M	☿□♃	1am 6
	☿□♆	2 42
	☿⚼♄	3 40
	♀✶♅	9 21
	☿∠♀	4pm10
6	☿ ♍	0am44
7 Th	☿☌♂	0am18
	☿△♄	3 28
	☿☍♇	5 38
	☿☌♅	2pm39
8 F	♃☌♆	5am31
	♂△♄	1pm29
9 S	☿✶♀	8am16
	♂☍♇	11 32
	⊕△☿	4pm37
10 Su	☿△♆	9am 0
	☿△♃	10 1
11 M	⊕✶♀	6am56
	♂ A	6pm27
12 T	♀✶♆	3am33
	♀✶♃	8 42
	♀⚼♇	2pm 3
	⊕☌♆	4 14
	☿ ♎	5 31
13 W	⊕☌♃	2am 1
	⊕⚼♄	2 30
	♃⚼♄	9 45
	♀∠♂	5pm16
	♀∠♅	5 22
	♂☌♅	5 40
14 Th	☿⚼♆	1am15
	☿□♄	4 4
	☿⚼♃	4 22
	☿⚻♇	5 38
	⊕⚼☿	12pm55
	☿⚺♅	5 18
	☿⚺♂	8 17
18	☿⚻♆	4am 4
M	♀ ♌	4 35
	☿⚼♇	8 53
	☿⚻♃	10 2
	☿∠♅	10pm11
19	☿∠♂	4pm12
20	⊕⚻☿	12pm 8
21 Th	☿ ♏	2am13
	♀⚻♄	7pm41
	♀⚻♇	8 22
22 F	⊕ ♊	9am31
	☿✶♄	11pm 0
	☿△♇	11 8
23 S	♀⚺♅	0am56
	♄✶♇	1pm54
	☿✶♅	2 7
24	☿□♀	4am49
25 M	☿✶♂	4am34
	♀ P	8pm 6
26	♀⚺♂	8am36
27 W	☿0S	6am25
	☿☍♆	5pm52
28 Th	☿∠♄	0am23
	⊕□♇	7 3
	☿☍♃	7 54
	⊕⚻♄	10 6
30 S	⊕□♅	6am33
	♀□♆	4pm37

Day	Aspect	Time
1 Su	☿ ♐	3am36
	♀⚼♄	5 24
	♀□♃	10pm 6
3 T	☿□♇	7am 6
	☿⚺♄	9 21
4	☿□♅	0am45
6 F	⊕☍☿	4am41
	♀ ♍	3pm42
7 S	☿ A	4pm 8
	☿□♂	6 10
8	☿⚻♆	12pm33
9	☿⚻♃	11am30
10 T	♀☍♇	8am24
	♀△♄	3pm 5
11	♀☌♅	3pm31
12 Th	☿ ♑	0am20
	⊕□♂	10 28
	⊕⚺♆	12pm14
	♂△♆	2 36
13	☿⚼♆	10pm31
14 S	☿✶♇	3am51
	☿☌♄	8 32
	☿△♅	9pm55
15 Su	☿⚼♃	0am43
	⊕⚺♃	2pm42
18	☿△♀	11pm55
19 Th	☿△♆	2am57
	♀△♆	5 31
	☿∠♇	7 52
20 F	☿⚼♅	1am13
	☿△♂	5 14
	☿△♃	7 3
	♂△♃	8pm32
21 S	♀△♃	11am25
	♀☌♂	3pm50
	⊕ ♋	11 0
22 Su	☿ ♒	5am50
	⊕⚻☿	9 6
24 T	☿⚺♇	3am 9
	☿⚺♄	9 8
	☿⚻♅	7pm23
25 W	♀ ♎	3am18
	☿⚼♂	3pm48
27 F	⊕∠♆	7am59
	⊕△♇	10pm 1
28 S	☿⚼♀	4am40
	☿□♆	8 14
	♀⚼♆	12pm35
	⊕⚼☿	5 41
	☿∠♄	6 21
	⊕☍♄	8 7
	♀⚻♇	9 22
29 Su	♀□♄	11am31
	☿□♃	12pm33
30 M	⊕✶♅	3am47
	♀⚺♅	7 13
	☿⚻♂	10 38
	⊕□♀	12pm59
	☿ ♓	9 40
31 T	♀⚼♃	6am52
	⊕∠♃	6pm22

JANUARY 2048

DAY	☿ LONG	☿ LAT	♀ LONG	♀ LAT	⊕ LONG	♂ LONG	♂ LAT
	° '	° '	° '	° '	° '	° '	° '
1 W	4♓17	6S45	11♎06	3N06	10♋14	28♍56	1N26
2 Th	8 19	6 37	12 43	3 04	11 15	29 23	1 26
3 F	12 27	6 26	14 20	3 01	12 16	29 49	1 25
4 S	16 44	6 12	15 57	2 59	13 17	0♎16	1 25
5 Su	21 07	5 56	17 33	2 56	14 18	0 42	1 24
6 M	25 40	5 37	19 10	2 53	15 19	1 09	1 23
7 Tu	0♈20	5 16	20 47	2 50	16 21	1 36	1 23
8 W	5 10	4 51	22 24	2 46	17 22	2 02	1 22
9 Th	10 08	4 24	24 00	2 43	18 23	2 29	1 22
10 F	15 15	3 54	25 37	2 40	19 24	2 56	1 21
11 S	20 32	3 21	27 13	2 36	20 25	3 23	1 21
12 Su	25 58	2 45	28 50	2 32	21 26	3 49	1 20
13 M	1♉32	2 06	0♏26	2 28	22 27	4 16	1 19
14 Tu	7 15	1 25	2 03	2 24	23 29	4 43	1 19
15 W	13 06	0 43	3 39	2 20	24 30	5 10	1 18
16 Th	19 05	0N01	5 15	2 16	25 31	5 37	1 18
17 F	25 10	0 46	6 52	2 12	26 32	6 04	1 17
18 S	1♊20	1 31	8 28	2 07	27 33	6 30	1 16
19 Su	7 35	2 15	10 04	2 03	28 34	6 57	1 16
20 M	13 53	2 58	11 40	1 58	29 35	7 24	1 15
21 Tu	20 12	3 39	13 16	1 54	0♌36	7 51	1 14
22 W	26 31	4 17	14 52	1 49	1 38	8 18	1 14
23 Th	2♋49	4 52	16 28	1 44	2 39	8 45	1 13
24 F	9 03	5 23	18 04	1 39	3 40	9 12	1 12
25 S	15 14	5 50	19 40	1 34	4 41	9 39	1 12
26 Su	21 18	6 13	21 16	1 29	5 42	10 06	1 11
27 M	27 16	6 31	22 52	1 24	6 43	10 33	1 10
28 Tu	3♌06	6 45	24 27	1 19	7 44	11 01	1 10
29 W	8 48	6 54	26 03	1 13	8 45	11 28	1 09
30 Th	14 20	6 59	27 39	1 08	9 46	11 55	1 08
31 F	19♌43	7N00	29♏15	1N03	10♌46	12♎22	1N08

FEBRUARY 2048

DAY	☿ LONG	☿ LAT	♀ LONG	♀ LAT	⊕ LONG	♂ LONG	♂ LAT
	° '	° '	° '	° '	° '	° '	° '
1 S	24♌57	6N58	0♐50	0N57	11♌47	12♎49	1N07
2 Su	0♍00	6 53	2 26	0 52	12 48	13 16	1 06
3 M	4 55	6 44	4 01	0 46	13 49	13 44	1 06
4 Tu	9 39	6 33	5 37	0 41	14 50	14 11	1 05
5 W	14 15	6 20	7 12	0 35	15 51	14 38	1 04
6 Th	18 42	6 05	8 48	0 30	16 52	15 06	1 03
7 F	23 00	5 49	10 23	0 24	17 52	15 33	1 03
8 S	27 10	5 31	11 58	0 18	18 53	16 00	1 02
9 Su	1♎13	5 12	13 34	0 13	19 54	16 28	1 01
10 M	5 08	4 52	15 09	0 07	20 55	16 55	1 00
11 Tu	8 56	4 31	16 44	0 01	21 56	17 23	1 00
12 W	12 39	4 09	18 19	0S04	22 56	17 50	0 59
13 Th	16 15	3 48	19 55	0 10	23 57	18 18	0 58
14 F	19 46	3 26	21 30	0 16	24 58	18 45	0 57
15 S	23 11	3 03	23 05	0 21	25 58	19 13	0 57
16 Su	26 32	2 41	24 40	0 27	26 59	19 41	0 56
17 M	29 48	2 18	26 15	0 32	28 00	20 08	0 55
18 Tu	3♏01	1 56	27 50	0 38	29 00	20 36	0 54
19 W	6 09	1 33	29 25	0 43	0♍01	21 04	0 54
20 Th	9 15	1 11	1♑00	0 49	1 01	21 31	0 53
21 F	12 17	0 49	2 35	0 54	2 02	21 59	0 52
22 S	15 16	0 27	4 10	1 00	3 02	22 27	0 51
23 Su	18 13	0 05	5 45	1 05	4 03	22 55	0 50
24 M	21 08	0S16	7 20	1 10	5 03	23 23	0 50
25 Tu	24 00	0 38	8 55	1 16	6 04	23 50	0 49
26 W	26 51	0 58	10 30	1 21	7 04	24 18	0 48
27 Th	29 40	1 19	12 05	1 26	8 04	24 46	0 47
28 F	2♐28	1 39	13 40	1 31	9 04	25 14	0 46
29 S	5♐15	1S59	15♑15	1S36	10♍05	25♎42	0N46

DAY	♃ LONG	♃ LAT	♄ LONG	♄ LAT	♅ LONG	♅ LAT	♆ LONG	♆ LAT	♇ LONG	♇ LAT
	° '	° '	° '	° '	° '	° '	° '	° '	° '	° '
5 Su	25♉22.2	0S56	7♑13.4	0N43	8♍25.7	0N46	20♉31.6	1S45	6♓06.0	12S20
10 F	25 49.1	0 55	7 22.5	0 43	8 29.5	0 46	20 33.5	1 45	6 07.1	12 20
15 W	26 16.0	0 55	7 31.5	0 42	8 33.4	0 46	20 35.3	1 45	6 08.2	12 20
20 M	26 42.9	0 55	7 40.5	0 42	8 37.3	0 46	20 37.2	1 45	6 09.2	12 20
25 S	27 09.8	0 54	7 49.6	0 42	8 41.2	0 46	20 39.0	1 45	6 10.3	12 21
30 Th	27 36.7	0 54	7 58.6	0 41	8 45.1	0 46	20 40.9	1 45	6 11.4	12 21
4 Tu	28 03.5	0 53	8 07.7	0 41	8 48.9	0 46	20 42.7	1 45	6 12.5	12 21
9 Su	28 30.4	0 53	8 16.7	0 41	8 52.8	0 46	20 44.5	1 45	6 13.6	12 21
14 F	28 57.2	0 52	8 25.7	0 40	8 56.7	0 46	20 46.4	1 45	6 14.7	12 21
19 W	29 24.0	0 52	8 34.8	0 40	9 00.5	0 46	20 48.2	1 45	6 15.8	12 22
24 M	29 50.8	0 51	8 43.8	0 39	9 04.4	0 46	20 50.1	1 45	6 16.8	12 22
29 S	0♊17.6	0 51	8 52.9	0 39	9 08.3	0 46	20 51.9	1 45	6 17.9	12 22

☿p .390177	☿ .342828
♀ .720762	♀ .724826
⊕p .983306	⊕ .985183
♂ 1.65356	♂ 1.63399
♃ 5.00368	♃ 5.01091
♄ 10.0439	♄ 10.0431
♅ 18.3005	♅ 18.2994
♆ 29.8160	♆ 29.8161
♇ 40.9673	♇ 40.9872
☊	Perihelia
☿ 18°♉ 54	☿ 18°♊ 13
♀ 17 ♊ 07	♀ 12 ♌ 34
⊕	⊕ 11 ♋ 00
♂ 19 ♉ 56	♂ 6 ♓ 52
♃ 11 ♋ 00	♃ 16 ♈ 19
♄ 24 ♋ 04	♄ 2 ♋ 19
♅ 14 ♊ 12	♅ 19 ♍ 59
♆ 12 ♌ 18	♆ 17 ♉ 28
♇ 21 ♋ 01	♇ 15 ♏ 10

Day	Aspect	Time
1 W	☿☌♇	10am49
	☿✶♄	4pm59
2 Th	☿☍♅	0am27
	⊕△☿	10pm34
3 F	♂ ♎	9am44
	☿⚻♀	5pm 3
	⊕ P	6 7
4	☿✶♆	8pm47
5	☿✶♃	10pm56
6 M	♀⚻♆	8pm23
	☿ ♈	10 17
7 T	♀⚼♇	4am52
	☿☍♂	6 59
8 W	☿∠♆	1am53
	☿⚺♇	4 38
	☿□♄	10 33
	☿⚻♅	4pm 5
	♀∠♅	4 8
9	☿∠♃	2am53
10 F	♀⚻♃	3am16
	⊕□☿	11pm22
11 S	☿⚺♆	0am 8
	☿∠♇	2 38
	⊕✶♆	3 25
	☿⚼♅	1pm15
	⊕⚼♇	4 35
12 Su	☿⚺♃	0am10
	☿☍♀	5pm26
	☿ ♉	5 27
	♀ ♏	5 29
13 M	☿⚻♂	12pm31
	☿✶♇	7 20
14 T	☿△♄	1am 0
	⊕∠♅	1 36
	☿△♅	5 21
15 W	♂⚼♆	11pm 5
	☿0N	11 18
16 Th	☿☌♆	6am 1
	☿⚼♂	6 34
	♀⚺♂	7 25
	♀△♇	1pm16
	☿⚼♄	1 49
	⊕✶♃	9 44
17 F	♂⚻♇	4am31
	☿☌♃	5 5
	⊕✶☿	6 25
	♀✶♄	11 5
	☿ ♊	6pm50
18 S	♀✶♅	2am 1
	☿□♇	6pm31
	☿△♂	9 25
19 Su	☿⚻♄	0am15
	☿□♅	3 56
	☿⚻♀	12pm44
20 M	⊕∠☿	3am14
	⊕ ♌	9 40
	♂□♄	3pm31
	☿ P	3 46
21	☿⚺♆	1am38
22 W	☿⚺♃	1am28
	☿ ♋	1pm16
	☿⚼♀	5 8
	♂⚺♅	6 53
	⊕⚺☿	11 14
23 Th	☿∠♆	10am51
	☿△♇	12pm52
	☿☍♄	7 7
	☿✶♅	10 31
24 F	☿□♂	0am37
	☿∠♃	11 52
25 S	♀☍♆	2pm50
	☿✶♆	9 26
	☿⚼♇	11 30
	☿△♀	11 48
26 Su	☿∠♅	9am36
	⊕⚻♇	11 24
27 M	☿✶♃	0am19
	♀∠♄	0 23
	☿ ♌	11 11
28 T	⊕⚻♄	4am37
	☿⚻♇	12pm56
	☿⚻♄	8 22
	⊕☌☿	11 44
	☿⚺♅	11 46
	⊕⚺♅	11 53
29 W	♀∠♂	8am34
	☿✶♂	12pm29
	♀☍♃	11 25
31 F	☿□♆	4am24
	♀ ♐	11 25
	☿⚼♄	3pm 6
	♂⚼♃	10 3
1 S	☿□♃	1pm39
	☿∠♂	2 53
	☿ ♍	11 58
2 Su	☿□♀	5pm27
	⊕✶♂	8 8
3 M	☿☍♇	6am29
	☿△♄	4pm 8
	☿☌♅	7 41
4	♀□♇	9am 1
5 W	☿⚺♂	2am19
	⊕⚺☿	11 3
	♀⚺♄	2pm41
6 Th	♀□♅	0am44
	☿△♆	11 15
8 S	☿△♃	7am30
	☿ ♎	4pm45
9	⊕□♆	8pm 4
10 M	☿⚼♆	3am51
	⊕∠☿	6 37
	☿⚻♇	6 52
	☿□♄	8pm 8
	☿⚺♅	11 47
11 T	♀0S	5am46
	♀✶♂	1pm38
12 W	☿⚼♃	7am39
	⊕⚼♄	10 31
13 Th	♀⚻♆	1pm 0
	☿☌♂	4 2
14 F	☿⚻♆	7am 3
	☿⚼♇	10 21
	☿✶♀	10pm38
15	☿∠♅	5am30
16 Su	⊕✶☿	4am43
	☿⚻♃	7pm33
17	☿ ♏	1am26
18 T	⊕□♃	8am 1
	♂⚻♆	10 32
	♀⚻♃	11pm39
	⊕ ♍	11 42
19 W	☿△♇	0am49
	♀ ♑	8 46
	♂⚼♇	10 38
	☿✶♄	6pm59
	☿✶♅	10 15
20	⊕△♀	0am41
23 Su	♀⚼♆	1am 6
	☿0S	5 40
	♀✶♇	7 56
	☿☍♆	9pm34
24 M	♀☌♄	9pm31
	☿∠♄	9 57
	☿⚺♂	10 23
	☿∠♀	10 27
25 T	♀△♅	2am32
	⊕☍♇	5 24
	♂∠♅	1pm 0
	♃ ♊	5 9
27 Th	☿ ♐	2am49
	☿☍♃	3 55
	⊕△♄	6pm30
28	⊕☌♅	1am14
29 S	♀⚼♃	0am43
	☿□♇	9 5

MARCH 2048

DAY	☿ LONG	☿ LAT	♀ LONG	♀ LAT	⊕ LONG	♂ LONG	♂ LAT
	° '	° '	° '	° '	° '	° '	° '
1 Su	8♐01	2S18	16♑50	1S41	11♍05	26♎10	0N45
2 M	10 46	2 37	18 25	1 46	12 05	26 39	0 44
3 Tu	13 31	2 56	20 00	1 51	13 05	27 07	0 43
4 W	16 16	3 14	21 34	1 55	14 05	27 35	0 42
5 Th	19 01	3 32	23 09	2 00	15 06	28 03	0 41
6 F	21 46	3 49	24 44	2 04	16 06	28 31	0 41
7 S	24 31	4 06	26 19	2 09	17 06	29 00	0 40
8 Su	27 17	4 22	27 54	2 13	18 06	29 28	0 39
9 M	0♑03	4 37	29 29	2 17	19 06	29 56	0 38
10 Tu	2 51	4 52	1♒04	2 21	20 06	0♏25	0 37
11 W	5 39	5 07	2 38	2 25	21 06	0 53	0 36
12 Th	8 30	5 21	4 13	2 29	22 06	1 22	0 35
13 F	11 21	5 34	5 48	2 33	23 06	1 50	0 34
14 S	14 15	5 46	7 23	2 37	24 05	2 19	0 34
15 Su	17 11	5 58	8 58	2 40	25 05	2 47	0 33
16 M	20 09	6 09	10 33	2 44	26 05	3 16	0 32
17 Tu	23 10	6 19	12 08	2 47	27 05	3 44	0 31
18 W	26 13	6 28	13 43	2 50	28 05	4 13	0 30
19 Th	29 20	6 36	15 18	2 53	29 04	4 42	0 29
20 F	2♒30	6 43	16 53	2 56	0♎04	5 11	0 28
21 S	5 44	6 49	18 27	2 59	1 03	5 40	0 27
22 Su	9 02	6 54	20 02	3 01	2 03	6 08	0 26
23 M	12 24	6 58	21 37	3 04	3 03	6 37	0 26
24 Tu	15 50	7 00	23 12	3 06	4 02	7 06	0 25
25 W	19 22	7 00	24 47	3 08	5 02	7 35	0 24
26 Th	22 59	6 59	26 22	3 11	6 01	8 04	0 23
27 F	26 41	6 57	27 57	3 12	7 00	8 33	0 22
28 S	0♓30	6 52	29 32	3 14	8 00	9 02	0 21
29 Su	4 25	6 45	1♓07	3 16	8 59	9 32	0 20
30 M	8 27	6 36	2 42	3 17	9 58	10 01	0 19
31 Tu	12♓35	6S25	4♓18	3S19	10♎58	10♏30	0N18

APRIL 2048

DAY	☿ LONG	☿ LAT	♀ LONG	♀ LAT	⊕ LONG	♂ LONG	♂ LAT
	° '	° '	° '	° '	° '	° '	° '
1 W	16♓52	6S12	5♓53	3S20	11♎57	10♏59	0N17
2 Th	21 16	5 56	7 28	3 21	12 56	11 29	0 16
3 F	25 48	5 37	9 03	3 22	13 55	11 58	0 15
4 S	0♈29	5 15	10 38	3 22	14 54	12 27	0 14
5 Su	5 19	4 51	12 13	3 23	15 53	12 57	0 14
6 M	10 18	4 23	13 48	3 23	16 52	13 26	0 13
7 Tu	15 25	3 53	15 24	3 24	17 52	13 56	0 12
8 W	20 42	3 19	16 59	3 24	18 51	14 25	0 11
9 Th	26 08	2 43	18 34	3 24	19 50	14 55	0 10
10 F	1♉43	2 05	20 09	3 23	20 48	15 25	0 09
11 S	7 26	1 24	21 45	3 23	21 47	15 54	0 08
12 Su	13 18	0 41	23 20	3 23	22 46	16 24	0 07
13 M	19 16	0N03	24 55	3 22	23 45	16 54	0 06
14 Tu	25 21	0 47	26 31	3 21	24 44	17 24	0 05
15 W	1♊32	1 32	28 06	3 20	25 43	17 54	0 04
16 Th	7 47	2 17	29 41	3 19	26 42	18 24	0 03
17 F	14 04	2 59	1♈17	3 18	27 40	18 54	0 02
18 S	20 24	3 40	2 52	3 16	28 39	19 24	0 01
19 Su	26 43	4 18	4 28	3 14	29 38	19 54	0 00
20 M	3♋00	4 53	6 03	3 13	0♏36	20 24	0S01
21 Tu	9 15	5 24	7 39	3 11	1 35	20 54	0 02
22 W	15 25	5 51	9 14	3 09	2 33	21 25	0 03
23 Th	21 29	6 14	10 50	3 07	3 32	21 55	0 04
24 F	27 27	6 31	12 25	3 04	4 30	22 25	0 05
25 S	3♌17	6 45	14 01	3 02	5 29	22 56	0 06
26 Su	8 58	6 54	15 37	2 59	6 27	23 26	0 07
27 M	14 30	6 59	17 12	2 56	7 26	23 57	0 08
28 Tu	19 53	7 00	18 48	2 53	8 24	24 27	0 09
29 W	25 06	6 58	20 24	2 50	9 22	24 58	0 10
30 Th	0♍10	6N52	21♈59	2S47	10♏20	25♏28	0S11

DAY	♃ LONG	♃ LAT	♄ LONG	♄ LAT	♅ LONG	♅ LAT	♆ LONG	♆ LAT	♇ LONG	♇ LAT
	° '	° '	° '	° '	° '	° '	° '	° '	° '	° '
5 Th	0♊44.4	0S50	9♑01.9	0N39	9♍12.2	0N46	20♉53.7	1S45	6♓19.0	12S22
10 Tu	1 11.1	0 50	9 10.9	0 38	9 16.1	0 46	20 55.6	1 45	6 20.1	12 23
15 Su	1 37.9	0 50	9 20.0	0 38	9 19.9	0 46	20 57.4	1 45	6 21.2	12 23
20 F	2 04.6	0 49	9 29.0	0 38	9 23.8	0 46	20 59.2	1 45	6 22.2	12 23
25 W	2 31.3	0 49	9 38.0	0 37	9 27.7	0 46	21 01.1	1 45	6 23.3	12 23
30 M	2 58.0	0 48	9 47.1	0 37	9 31.5	0 46	21 02.9	1 45	6 24.4	12 23
4 S	3 24.7	0 48	9 56.1	0 36	9 35.4	0 46	21 04.8	1 45	6 25.5	12 24
9 Th	3 51.4	0 47	10 05.2	0 36	9 39.3	0 46	21 06.6	1 45	6 26.6	12 24
14 Tu	4 18.0	0 47	10 14.2	0 36	9 43.2	0 46	21 08.4	1 45	6 27.6	12 24
19 Su	4 44.7	0 46	10 23.2	0 35	9 47.0	0 46	21 10.3	1 45	6 28.7	12 24
24 F	5 11.3	0 46	10 32.3	0 35	9 50.9	0 46	21 12.1	1 45	6 29.8	12 25
29 W	5 37.9	0 45	10 41.3	0 35	9 54.8	0 46	21 13.9	1 45	6 30.9	12 25

☿a.464855	☿p.372769
♀a.727716	♀ .727799
⊕ .990771	⊕ .999172
♂ 1.60839	♂ 1.57463
♃ 5.01805	♃ 5.02605
♄ 10.0421	♄ 10.0409
♅ 18.2983	♅ 18.2973
♆ 29.8161	♆ 29.8162
♇ 41.0059	♇ 41.0258
☊	Perihelia
☿ 18°♉ 55	☿ 18°♊ 13
♀ 17 ♊ 07	♀ 12 ♌ 31
⊕	⊕ 11 ♋ 52
♂ 19 ♉ 57	♂ 6 ♓ 52
♃ 11 ♋ 00	♃ 16 ♈ 20
♄ 24 ♋ 04	♄ 2 ♋ 25
♅ 14 ♊ 13	♅ 19 ♍ 54
♆ 12 ♌ 19	♆ 18 ♉ 18
♇ 21 ♋ 01	♇ 15 ♏ 04

Day	Aspect	Time
1 Su	⊕∠♂	4am 9
	☿⊻♄	7 51
	☿□♅	9 55
2 M	☿∠♂	9am 9
	⊕□☿	6pm 2
3 T	♀△♆	1pm34
	♀∠♇	8 2
4	☿ A	3pm23
5 Th	♀⚼♅	4pm 2
	☿⚻♆	4 30
8 Su	☿⊻♀	12pm32
	☿*♂	10 50
	☿ ♑	11 33
9 M	♂ ♏	3am 7
	♀ ♒	7 54
	☿⚻♃	9 17
	♀□♂	9 57
10 T	♀△♃	2am 1
	⊕△♆	8pm 4
11 W	☿⚼♆	2am20
	☿*♇	5 47
12 Th	♂⚻♃	0am14
	☿☌♄	6 22
	☿△♅	6 45
13	♀⊻♇	8am15
14 S	☿⚼♃	7pm21
	♄△♅	10 57
15 Su	♀⚻♅	5am36
	♀⊻♄	5 40
16 M	☿△♆	6am30
	☿∠♇	9 39
	⊕⚼♀	9pm57
17 T	♀ A	5am46
	☿⚼♅	9 27
18	⊕△☿	9pm 1
19 Th	☿ ♒	5am 4
	☿△♃	8pm42
	⊕ ♎	10 27
20	☿□♂	11pm21
21	☿⊻♇	4am43
22	☿⚻♅	2am50
Su	☿⊻♄	3 44
	⊕△♃	5 24
	♂△♇	11 58
	♀□♆	2pm37
24	♀∠♄	9pm37
25 W	⊕⚼☿	6am 7
	☿□♆	11 4
26 Th	⊕⚼♆	0am10
	⊕⚻♇	9 8
	☿∠♄	11 3
27 F	☿☌♀	1pm47
	☿ ♓	8 53
28 S	♀ ♓	6am59
	☿□♃	2pm27
	♂*♅	11 21
29 Su	☿☌♇	11am57
	♂*♄	12pm 3
	⊕⊻♅	12 59
	⊕□♄	7 17
30 M	⊕⊻♂	1am52
	♀□♃	4 9
	☿☍♅	6 21
	☿*♄	7 54
	☿△♂	10 23
	⊕⚻☿	11 44
1 W	♀☌♇	8am 9
	☿*♆	10pm56
3 F	☿⚼♂	6am43
	♀☍♅	8 4
	♀*♄	1pm13
	☿ ♈	9 32
4	☿*♃	2pm54
5 Su	☿∠♆	3am46
	☿⊻♇	5 26
	♀△♂	3pm55
	☿⚻♅	8 46
	☿□♄	10 35
6 M	☿⚻♂	4pm22
	☿⊻♀	11 49
7 T	⊕☍☿	1pm43
	☿∠♃	3 8
	⊕⚼♃	9 59
8 W	☿⊻♆	1am48
	☿∠♇	3 18
	☿⚼♅	5pm30
9	☿ ♉	4pm41
10 F	⊕⚻♆	7am34
	☿⊻♃	9 34
	♀*♆	2pm34
	⊕⚼♇	3 39
	☿*♇	7 54
	☿∠♀	8 2
11 S	⊕⚻♀	1am49
	☿△♅	9 17
	☿△♄	11 14
12 Su	☿☍♂	1pm41
	☿0N	10 34
13 M	☿☌♆	7am24
	⊕⚻☿	9pm 6
	☿⚼♄	11 32
	⊕∠♅	11 40
14 T	☿*♀	6am 5
	☿ ♊	6pm 5
15 W	☿☌♃	11am10
	☿□♇	6pm59
16	♀ ♈	4am41
Th	☿□♅	7 32
	☿⚻♄	9 40
	⊕⚼☿	5pm41
17 F	☿ P	3pm 2
	☿⚻♂	7 54
18	☿⊻♆	2am56
19 Su	♂0S	2am 3
	♀*♃	4 30
	⊕ ♏	9 10
	♀⚼♂	9 38
	☿ ♋	12pm31
	⊕△☿	1 8
20 M	♀∠♆	1am52
	♀⊻♇	6 29
	☿⊻♃	7 6
	☿⚼♂	10 0
	☿∠♆	12pm11
	☿△♇	1 21
	☿□♀	3 42
21 T	☿*♅	2am11
	☿☍♄	4 40
	♂☍♆	1pm24
22 W	♀⚻♅	8am53
	☿∠♃	6pm23
	♀□♄	7 3
	☿*♆	10 50
23 Th	☿⚼♇	0am 1
	☿△♂	1 51
	☿∠♅	1pm27
24 F	☿ ♌	10am26
	⊕⚻♃	6pm31
25 S	☿*♃	8am30
	⊕□☿	11 6
	☿⚻♇	1pm32
26 Su	⊕△♇	1am17
	☿⊻♅	3 54
	☿⚻♄	7 2
27	☿△♀	5pm 1
28 T	☿□♆	6am 7
	☿□♂	11pm16
29 W	☿⚼♄	2am45
	♀∠♃	3 47
	♀⊻♆	12pm39
	⊕*♅	1 37
	♀∠♇	4 53
	☿ ♍	11 13
30 Th	⊕*♄	9am39
	♂∠♄	12pm15

MAY 2048

DAY	☿ LONG	☿ LAT	♀ LONG	♀ LAT	⊕ LONG	♂ LONG	♂ LAT
	° '	° '	° '	° '	° '	° '	° '
1 F	5♍04	6N44	23♈35	2S44	11♏19	25♏59	0S12
2 S	9 48	6 33	25 11	2 40	12 17	26 30	0 13
3 Su	14 23	6 20	26 47	2 37	13 15	27 01	0 14
4 M	18 50	6 05	28 23	2 33	14 13	27 32	0 15
5 Tu	23 08	5 48	29 58	2 29	15 11	28 02	0 16
6 W	27 18	5 30	1♉34	2 25	16 10	28 33	0 17
7 Th	1♎20	5 11	3 10	2 21	17 08	29 04	0 18
8 F	5 15	4 51	4 46	2 17	18 06	29 35	0 19
9 S	9 03	4 30	6 22	2 13	19 04	0♐07	0 20
10 Su	12 45	4 09	7 58	2 09	20 02	0 38	0 21
11 M	16 21	3 47	9 34	2 04	21 00	1 09	0 22
12 Tu	19 52	3 25	11 10	2 00	21 58	1 40	0 23
13 W	23 17	3 02	12 46	1 55	22 56	2 12	0 24
14 Th	26 38	2 40	14 22	1 50	23 54	2 43	0 25
15 F	29 54	2 17	15 58	1 45	24 52	3 14	0 26
16 S	3♏07	1 55	17 35	1 41	25 49	3 46	0 27
17 Su	6 15	1 33	19 11	1 36	26 47	4 18	0 28
18 M	9 20	1 10	20 47	1 30	27 45	4 49	0 28
19 Tu	12 23	0 48	22 23	1 25	28 43	5 21	0 29
20 W	15 22	0 26	23 59	1 20	29 41	5 52	0 30
21 Th	18 19	0 04	25 36	1 15	0♐38	6 24	0 31
22 F	21 13	0S17	27 12	1 09	1 36	6 56	0 32
23 S	24 06	0 38	28 48	1 04	2 34	7 28	0 33
24 Su	26 56	0 59	0♊25	0 59	3 32	8 00	0 34
25 M	29 46	1 20	2 01	0 53	4 29	8 32	0 35
26 Tu	2♐33	1 40	3 38	0 48	5 27	9 04	0 36
27 W	5 20	1 59	5 14	0 42	6 24	9 36	0 37
28 Th	8 06	2 19	6 51	0 36	7 22	10 08	0 38
29 F	10 52	2 38	8 27	0 31	8 19	10 40	0 39
30 S	13 37	2 56	10 04	0 25	9 17	11 13	0 40
31 Su	16♐21	3S14	11♊40	0S19	10♐15	11♐45	0S41

JUNE 2048

DAY	☿ LONG	☿ LAT	♀ LONG	♀ LAT	⊕ LONG	♂ LONG	♂ LAT
	° '	° '	° '	° '	° '	° '	° '
1 M	19♐06	3S32	13♊17	0S14	11♐12	12♐17	0S42
2 Tu	21 51	3 49	14 54	0 08	12 10	12 50	0 43
3 W	24 36	4 06	16 30	0 02	13 07	13 22	0 44
4 Th	27 22	4 22	18 07	0N04	14 04	13 55	0 45
5 F	0♑08	4 38	19 44	0 09	15 02	14 28	0 46
6 S	2 56	4 53	21 20	0 15	15 59	15 00	0 47
7 Su	5 45	5 07	22 57	0 21	16 57	15 33	0 48
8 M	8 35	5 21	24 34	0 26	17 54	16 06	0 49
9 Tu	11 27	5 34	26 11	0 32	18 52	16 39	0 50
10 W	14 21	5 47	27 48	0 38	19 49	17 11	0 51
11 Th	17 17	5 58	29 25	0 43	20 46	17 44	0 52
12 F	20 15	6 09	1♋02	0 49	21 44	18 17	0 53
13 S	23 16	6 19	2 39	0 55	22 41	18 50	0 54
14 Su	26 19	6 28	4 16	1 00	23 39	19 24	0 55
15 M	29 26	6 37	5 53	1 06	24 36	19 57	0 56
16 Tu	2♒36	6 44	7 30	1 11	25 33	20 30	0 56
17 W	5 50	6 50	9 07	1 16	26 31	21 03	0 57
18 Th	9 08	6 54	10 44	1 22	27 28	21 37	0 58
19 F	12 30	6 58	12 21	1 27	28 25	22 10	0 59
20 S	15 57	7 00	13 58	1 32	29 22	22 44	1 00
21 Su	19 29	7 00	15 35	1 37	0♑20	23 17	1 01
22 M	23 06	6 59	17 13	1 42	1 17	23 51	1 02
23 Tu	26 48	6 56	18 50	1 47	2 14	24 24	1 03
24 W	0♓37	6 52	20 27	1 52	3 11	24 58	1 04
25 Th	4 32	6 45	22 04	1 57	4 09	25 32	1 05
26 F	8 34	6 36	23 42	2 01	5 06	26 06	1 05
27 S	12 43	6 25	25 19	2 06	6 03	26 39	1 06
28 Su	17 00	6 11	26 56	2 11	7 00	27 13	1 07
29 M	21 24	5 55	28 34	2 15	7 57	27 47	1 08
30 Tu	25♓57	5S36	0♌11	2N19	8♑55	28♐21	1S09

DAY	♃ LONG	♃ LAT	♄ LONG	♄ LAT	♅ LONG	♅ LAT	♆ LONG	♆ LAT	♇ LONG	♇ LAT
	° '	° '	° '	° '	° '	° '	° '	° '	° '	° '
4 M	6♊04.5	0S45	10♑50.4	0N34	9♍58.7	0N46	21♉15.8	1S45	6♓32.0	12S25
9 S	6 31.1	0 44	10 59.4	0 34	10 02.5	0 46	21 17.6	1 45	6 33.1	12 25
14 Th	6 57.7	0 44	11 08.4	0 33	10 06.4	0 46	21 19.5	1 45	6 34.1	12 25
19 Tu	7 24.2	0 43	11 17.5	0 33	10 10.3	0 46	21 21.3	1 45	6 35.2	12 26
24 Su	7 50.8	0 43	11 26.5	0 33	10 14.2	0 46	21 23.2	1 45	6 36.3	12 26
29 F	8 17.3	0 42	11 35.6	0 32	10 18.1	0 46	21 25.0	1 45	6 37.4	12 26
3 W	8 43.8	0 42	11 44.6	0 32	10 21.9	0 46	21 26.9	1 45	6 38.5	12 26
8 M	9 10.3	0 41	11 53.7	0 31	10 25.8	0 46	21 28.7	1 45	6 39.6	12 27
13 S	9 36.8	0 41	12 02.7	0 31	10 29.7	0 46	21 30.5	1 45	6 40.7	12 27
18 Th	10 03.3	0 40	12 11.8	0 31	10 33.6	0 46	21 32.4	1 45	6 41.7	12 27
23 Tu	10 29.7	0 40	12 20.8	0 30	10 37.5	0 46	21 34.2	1 45	6 42.8	12 27
28 Su	10 56.2	0 39	12 29.9	0 30	10 41.4	0 46	21 36.1	1 45	6 43.9	12 27

☿a .354021	☿ .466683
♀ .724885	♀ .720814
⊕ 1.00747	⊕ 1.01397
♂ 1.53753	♂ 1.49720
♃ 5.03415	♃ 5.04286
♄ 10.0397	♄ 10.0382
♅ 18.2963	♅ 18.2953
♆ 29.8163	♆ 29.8164
♇ 41.0451	♇ 41.0650
☊	Perihelia
☿ 18°♉ 55	☿ 18°♊ 13
♀ 17 ♊ 07	♀ 12 ♌ 27
⊕	⊕ 14 ♋ 51
♂ 19 ♉ 57	♂ 6 ♓ 52
♃ 11 ♋ 50	♃ 16 ♈ 20
♄ 24 ♋ 04	♄ 2 ♋ 32
♅ 14 ♊ 14	♅ 19 ♍ 50
♆ 12 ♌ 19	♆ 19 ♉ 08
♇ 21 ♋ 02	♇ 14 ♏ 58

1 F	☿□♃	3am49
	☿☍♇	7 20
	♀⚼♅	8pm30
2 S	☿☌♅	0am47
	☿⚼♀	3 0
	☿△♄	5 5
	⊕✱☿	4pm21
3	♀⚻♂	5am 8
4	☿△♆	1pm31
5	♀ ♉	0am23
6 W	☿✱♂	8am30
	☿ ♎	4pm 0
7 Th	⊕∠☿	6am22
	☿⚻♀	6pm55
8 F	☿⚼♆	6am29
	☿△♃	7 32
	☿⚻♇	8 6
	♂ ♐	6pm55
9 S	♀⚺♃	2am23
	♀✱♇	2 45
	☿⚺♅	6 21
	♃□♇	9 12
	☿□♄	12pm33
10	☿∠♂	10pm21
11 M	♀△♅	7am33
	⊕☍♆	7 44
	♀△♄	10pm39
12 T	☿⚻♆	10am 5
	☿⚼♇	11 49
	☿⚼♃	1pm43
	⊕⚺☿	8 25
13	☿∠♅	12pm55
15	☿ ♏	0am41
16 S	☿⚺♂	5am57
	⊕∠♄	9 41
17 Su	☿△♇	2am31
	☿⚻♃	7 44
18 M	☿✱♅	6am27
	♀☌♆	8 30
	☿✱♄	3pm18
20	⊕ ♐	8am 1
21	☿0S	4am56
Th	♂□♇	8 40
	♀⚼♄	11 31
22	☿☍♆	1am18
23 S	♂☍♃	3pm48
	♀ ♊	5 49
	☿∠♄	7 45
25	☿ ♐	2am 4
26	☿☍♀	9pm53
27 W	⊕□♇	5am16
	☿□♇	11 5
	⊕☌☿	2pm10
	♀□♇	8 39
28 Th	☿☍♃	0am51
	♂□♅	6 56
	☿□♅	7pm 6
	⊕☍♀	7 17
	♀☌♃	9 25
	☿☌♂	9 58
	⊕☍♃	11 0
29	☿⚺♄	6am28
30 S	♀□♅	3am47
	♂⚺♄	7pm26
	♀⚻♄	11 43
31 Su	♀☍♂	1am46
	⊕□♅	2 9
	☿ A	2pm40

1 M	⊕⚺♄	12pm29
	☿⚻♆	8 28
3 W	♀0N	9am12
	⊕☌♂	2pm45
4	☿ ♑	10pm48
6	♀⚺♆	1am52
7 Su	☿⚼♆	6am10
	☿✱♇	7 43
8 M	☿⚻♃	5am 6
	☿△♅	3pm34
9	☿☌♄	4am 0
11 Th	☿⚺♂	4am37
	♀ ♋	8 44
	⊕⚻♆	6pm15
12 F	☿△♆	10am 4
	☿∠♇	11 25
	⊕⚺☿	5pm21
13 S	☿⚼♃	10am58
	☿⚼♅	5pm38
15 M	☿ ♒	4am18
	♀∠♆	9 34
	♀△♇	11 59
17 W	☿∠♂	1am56
	☿⚺♇	6 17
	♀⚺♃	1pm22
	♂⚻♆	8 53
	♀✱♅	9 25
18 Th	☿△♃	6am47
	☿⚻♅	10 15
	☿⚻♀	9pm57
	☿⚺♄	10 2
	♀☍♄	10 7
19	⊕∠☿	8am54
20	⊕ ♑	3pm47
21	☿□♆	1pm53
22	☿✱♂	5am46
23 T	☿∠♄	3am28
	☿ ♓	8pm 8
24 W	♀✱♆	4pm42
	♃□♅	5 3
	♀⚼♇	6 45
	⊕✱☿	8 50
25	☿☌♇	1pm 5
26 F	☿⚼♀	1am13
	☿☍♅	12pm13
	☿□♃	1 1
	☿✱♄	10 32
27 S	♀∠♅	5am20
	♀∠♃	8 18
	⊕⚼♆	1pm50
	⊕✱♇	5 10
28	♀⚻♂	6am25
29 M	☿✱♆	1am 5
	♀ ♌	9pm14
30 T	☿□♂	2pm 8
	☿ ♈	8 47

JULY 2048

DAY	☿ LONG	☿ LAT	♀ LONG	♀ LAT	⊕ LONG	♂ LONG	♂ LAT
	° '	° '	° '	° '	° '	° '	° '
1 W	0♈38	5S14	1♌49	2N23	9♑52	28♐56	1S10
2 Th	5 28	4 50	3 26	2 27	10 49	29 30	1 11
3 F	10 27	4 22	5 03	2 31	11 46	0♑04	1 12
4 S	15 35	3 52	6 41	2 35	12 43	0 38	1 12
5 Su	20 52	3 18	8 18	2 39	13 41	1 13	1 13
6 M	26 18	2 42	9 56	2 42	14 38	1 47	1 14
7 Tu	1♉53	2 04	11 33	2 46	15 35	2 21	1 15
8 W	7 37	1 23	13 11	2 49	16 32	2 56	1 16
9 Th	13 29	0 40	14 48	2 52	17 29	3 30	1 16
10 F	19 27	0N04	16 26	2 55	18 27	4 05	1 17
11 S	25 33	0 49	18 03	2 58	19 24	4 40	1 18
12 Su	1♊43	1 34	19 41	3 01	20 21	5 14	1 19
13 M	7 58	2 18	21 18	3 03	21 18	5 49	1 20
14 Tu	14 16	3 01	22 56	3 06	22 16	6 24	1 20
15 W	20 35	3 42	24 33	3 08	23 13	6 59	1 21
16 Th	26 54	4 20	26 11	3 10	24 10	7 34	1 22
17 F	3♋12	4 54	27 49	3 12	25 07	8 09	1 23
18 S	9 26	5 25	29 26	3 14	26 05	8 44	1 23
19 Su	15 36	5 52	1♍04	3 16	27 02	9 19	1 24
20 M	21 41	6 14	2 41	3 17	27 59	9 54	1 25
21 Tu	27 38	6 32	4 19	3 19	28 56	10 29	1 26
22 W	3♌27	6 45	5 56	3 20	29 54	11 05	1 26
23 Th	9 09	6 54	7 34	3 21	0♒51	11 40	1 27
24 F	14 40	6 59	9 11	3 22	1 48	12 15	1 28
25 S	20 03	7 00	10 48	3 22	2 45	12 51	1 29
26 Su	25 16	6 58	12 26	3 23	3 43	13 26	1 29
27 M	0♍19	6 52	14 03	3 23	4 40	14 02	1 30
28 Tu	5 13	6 44	15 41	3 24	5 37	14 37	1 31
29 W	9 57	6 33	17 18	3 24	6 35	15 13	1 31
30 Th	14 32	6 19	18 55	3 24	7 32	15 49	1 32
31 F	18♍58	6N04	20♍33	3N23	8♒29	16♑24	1S33

AUGUST 2048

DAY	☿ LONG	☿ LAT	♀ LONG	♀ LAT	⊕ LONG	♂ LONG	♂ LAT
	° '	° '	° '	° '	° '	° '	° '
1 S	23♍16	5N48	22♍10	3N23	9♒27	17♑00	1S33
2 Su	27 25	5 30	23 47	3 22	10 24	17 36	1 34
3 M	1♎28	5 10	25 25	3 22	11 22	18 12	1 34
4 Tu	5 22	4 50	27 02	3 21	12 19	18 48	1 35
5 W	9 11	4 30	28 39	3 20	13 17	19 24	1 36
6 Th	12 52	4 08	0♎16	3 18	14 14	20 00	1 36
7 F	16 28	3 46	1 53	3 17	15 12	20 36	1 37
8 S	19 59	3 24	3 31	3 15	16 09	21 12	1 37
9 Su	23 24	3 02	5 08	3 14	17 07	21 48	1 38
10 M	26 44	2 39	6 45	3 12	18 04	22 25	1 38
11 Tu	0♏01	2 17	8 22	3 10	19 02	23 01	1 39
12 W	3 13	1 54	9 59	3 08	19 59	23 37	1 39
13 Th	6 21	1 32	11 36	3 05	20 57	24 14	1 40
14 F	9 26	1 10	13 12	3 03	21 55	24 50	1 40
15 S	12 28	0 47	14 49	3 00	22 52	25 27	1 41
16 Su	15 28	0 25	16 26	2 58	23 50	26 03	1 41
17 M	18 24	0 04	18 03	2 55	24 47	26 40	1 42
18 Tu	21 19	0S18	19 40	2 52	25 45	27 16	1 42
19 W	24 11	0 39	21 16	2 49	26 43	27 53	1 43
20 Th	27 02	1 00	22 53	2 45	27 41	28 30	1 43
21 F	29 51	1 20	24 30	2 42	28 38	29 06	1 44
22 S	2♐39	1 40	26 06	2 38	29 36	29 43	1 44
23 Su	5 26	2 00	27 43	2 35	0♓34	0♒20	1 45
24 M	8 12	2 19	29 19	2 31	1 32	0 57	1 45
25 Tu	10 57	2 38	0♏56	2 27	2 30	1 34	1 45
26 W	13 42	2 57	2 32	2 23	3 27	2 11	1 46
27 Th	16 27	3 15	4 08	2 19	4 25	2 47	1 46
28 F	19 11	3 33	5 45	2 15	5 23	3 24	1 46
29 S	21 56	3 50	7 21	2 10	6 21	4 02	1 47
30 Su	24 41	4 07	8 57	2 06	7 19	4 39	1 47
31 M	27♐27	4S23	10♏33	2N01	8♓17	5♒16	1S47

DAY	♃ LONG	♃ LAT	♄ LONG	♄ LAT	♅ LONG	♅ LAT	♆ LONG	♆ LAT	♇ LONG	♇ LAT
	° '	° '	° '	° '	° '	° '	° '	° '	° '	° '
3 F	11♊22.6	0S39	12♑38.9	0N30	10♍45.2	0N46	21♉37.9	1S45	6♓45.0	12S28
8 W	11 49.0	0 38	12 48.0	0 29	10 49.1	0 46	21 39.8	1 45	6 46.1	12 28
13 M	12 15.4	0 38	12 57.0	0 29	10 53.0	0 46	21 41.6	1 45	6 47.2	12 28
18 S	12 41.8	0 37	13 06.1	0 28	10 56.9	0 46	21 43.4	1 45	6 48.2	12 28
23 Th	13 08.2	0 37	13 15.1	0 28	11 00.8	0 46	21 45.3	1 45	6 49.3	12 29
28 Tu	13 34.5	0 36	13 24.2	0 28	11 04.6	0 46	21 47.1	1 44	6 50.4	12 29
2 Su	14 00.8	0 35	13 33.2	0 27	11 08.5	0 46	21 49.0	1 44	6 51.5	12 29
7 F	14 27.1	0 35	13 42.3	0 27	11 12.4	0 46	21 50.8	1 44	6 52.6	12 29
12 W	14 53.4	0 34	13 51.3	0 26	11 16.3	0 46	21 52.7	1 44	6 53.6	12 29
17 M	15 19.7	0 34	14 00.4	0 26	11 20.2	0 46	21 54.5	1 44	6 54.7	12 30
22 S	15 46.0	0 33	14 09.5	0 26	11 24.0	0 46	21 56.3	1 44	6 55.8	12 30
27 Th	16 12.2	0 33	14 18.5	0 25	11 27.9	0 46	21 58.2	1 44	6 56.9	12 30

☿p.355280	☿a.377281
♀p.718545	♀ .719572
⊕a1.01664	⊕ 1.01499
♂ 1.45923	♂ 1.42466
♃ 5.05161	♃ 5.06095
♄ 10.0367	♄ 10.0349
♅ 18.2944	♅ 18.2935
♆ 29.8164	♆ 29.8165
♇ 41.0842	♇ 41.1041
☊	Perihelia
☿ 18°♉ 55	☿ 18°♊ 13
♀ 17 ♊ 07	♀ 12 ♌ 30
⊕	⊕ 14 ♋ 16
♂ 19 ♉ 57	♂ 6 ♓ 52
♃ 11 ♋ 01	♃ 16 ♈ 20
♄ 24 ♋ 04	♄ 2 ♋ 38
♅ 14 ♊ 14	♅ 19 ♍ 49
♆ 12 ♌ 20	♆ 19 ♉ 53
♇ 21 ♋ 02	♇ 14 ♏ 53

1 W	☿△♀	8am54
	⊕△♅	10pm 6
2 Th	☿∠♆	5am39
	☿⚺♇	6 14
	⊕⚻♃	1pm 8
	♂ ♑	9 16
3 F	☿⚻♅	1am26
	☿✶♃	4 28
	⊕□☿	7 40
	☿□♄	10 26
	⊕☌♄	10pm53
4	♀⚻♇	1am 4
5 Su	☿⚺♆	3am28
	☿∠♇	3 58
	☿⚼♅	9pm45
6 M	☿∠♃	1am29
	⊕ A	5 9
	♀⚺♅	12pm50
	☿ ♉	3 57
7 T	☿△♂	2am12
	♀✶♃	2 43
	♀ P	12pm38
	♀⚻♄	6 16
	☿✶♇	8 29
8 W	☿△♅	1pm13
	☿⚺♃	5 31
	☿△♄	9 22
9 Th	☿□♀	7am24
	⊕△☿	7pm13
	☿0N	9 50
	☿⚼♂	10 21
10	☿☌♆	8am48
11 S	☿⚼♄	9am12
	☿ ♊	5pm20
12 Su	♀⚼♂	12pm49
	☿⚻♂	2 55
	⊕⚼☿	4 29
	☿□♇	7 27
	⊕⚻♀	11 59
13 M	♀□♆	5am44
	⊕△♆	9 48
	☿□♅	11 8
	⊕∠♇	12pm 7
	☿☌♃	4 35
	☿⚻♄	7 5
14 T	♂⚼♆	12pm29
	☿ P	2 19
	♂✶♇	4 10
15 W	☿⚺♆	4am15
	⊕⚻☿	11 44
	☿✶♀	8pm17
16	☿ ♋	11am47
17 F	♀⚼♄	3am57
	☿∠♆	1pm31
	☿△♇	1 50
	⊕⚼♅	8 43
	☿☍♂	8 59
18 S	☿✶♅	5am51
	♀ ♍	8 22
	☿⚺♃	12pm49
	☿☍♄	2 17
19 Su	☿∠♀	2am25
	⊕⚼♃	8pm52
20 M	☿✶♆	0am14
	☿⚼♇	0 32
	☿∠♅	5pm18
21 T	☿∠♃	1am21
	⊕☍☿	6 23
	☿ ♌	9 41
	♂△♅	8pm45
22	⊕ ♒	2am40
W	♀☍♇	1pm 6
	☿⚻♇	2 7
	☿⚺♀	2 32
23 Th	☿⚺♅	8am 4
	☿⚻♂	12pm10
	☿✶♃	5 32
	☿⚻♄	5 52
25 S	♃⚻♄	0am28
	♀☌♅	3 27
	☿□♆	7 50
	♂☌♄	7pm56
	♂⚻♃	10 10
26 Su	♀△♄	1pm44
	☿⚼♄	2 37
	♀□♃	3 8
	☿⚼♂	4 59
	☿ ♍	10 28
	♀△♂	11 25
28 T	⊕⚻☿	2am34
	☿☍♇	8 11
29 W	☿☌♅	5am56
	⊕⚺♇	6 41
	☿△♄	6pm19
	☿□♃	7 47
30	☿△♂	7am55
31 F	☿☌♀	2pm 2
	☿△♆	3 47
	♀△♆	6 41
1	⊕⚼☿	8am45
2 Su	☿ ♎	3pm14
	⊕⚻♅	6 46
4 T	☿⚼♆	9am 7
	☿⚻♇	9 20
	⊕⚼♀	10 22
5 W	⊕⚺♄	9am33
	☿⚺♅	12pm59
	♀ ♎	7 59
6 Th	⊕△♃	3am37
	☿□♄	5 20
	☿△♃	10 7
	⊕△☿	12pm16
8 S	☿□♂	10am21
	☿⚻♆	1pm 6
	☿⚼♇	1 17
9 Su	♂△♆	2am 7
	♂∠♇	3 4
	☿∠♅	8pm23
10 M	♀⚼♆	1am48
	♀⚻♇	2 7
	☿⚼♃	10pm25
	☿ ♏	11 55
12	♀⚺♅	7pm23
13 Th	☿△♇	4am12
	⊕□♆	11pm32
14 F	♀□♄	10am44
	☿✶♅	2pm43
15 S	♀△♃	5am13
	☿✶♄	11 55
	☿⚻♃	10pm11
16 Su	♂⚼♅	10am59
	☿⚺♀	5pm32
17	☿0S	4am11
18	☿☍♆	5am 2
19 W	♀⚼♇	9am40
	♀⚻♆	9 42
20 Th	⊕□☿	8am20
	☿✶♂	3pm52
	☿∠♄	5 46
21 F	☿ ♐	1am17
	⊕∠♄	12pm34
22 S	♀∠♅	4am29
	⊕⚺♂	7 54
	⊕ ♓	9 55
	♂ ♒	11 5
23 Su	☿□♇	1pm 4
	♂⚼♃	11 51
24	♀ ♏	10am10
25 T	♀⚼♃	1am37
	☿□♅	4 18
	♀□♂	3pm20
26 W	☿⚺♄	5am 8
	☿☍♃	9pm51
27 Th	⊕△♀	10am37
	☿ A	1pm56
	☿∠♂	3 13
28	♀△♇	6pm 7
29 S	☿⚻♆	0am25
	☿∠♀	8 38
	⊕☌♇	3pm 2
31 M	♀✶♅	2pm34
	☿ ♑	10 1

SEPTEMBER 2048

DAY	☿ LONG	☿ LAT	♀ LONG	♀ LAT	⊕ LONG	♂ LONG	♂ LAT
	° ′	° ′	° ′	° ′	° ′	° ′	° ′
1 Tu	0♑14	4S38	12♏09	1N57	9♓15	5♒53	1S48
2 W	3 01	4 53	13 45	1 52	10 13	6 30	1 48
3 Th	5 50	5 08	15 21	1 47	11 11	7 07	1 48
4 F	8 41	5 22	16 57	1 42	12 09	7 45	1 48
5 S	11 32	5 35	18 33	1 38	13 08	8 22	1 49
6 Su	14 26	5 47	20 09	1 32	14 06	8 59	1 49
7 M	17 22	5 59	21 45	1 27	15 04	9 37	1 49
8 Tu	20 21	6 10	23 21	1 22	16 02	10 14	1 49
9 W	23 21	6 20	24 57	1 17	17 01	10 51	1 50
10 Th	26 25	6 29	26 32	1 12	17 59	11 29	1 50
11 F	29 32	6 37	28 08	1 06	18 57	12 06	1 50
12 S	2♒42	6 44	29 44	1 01	19 56	12 44	1 50
13 Su	5 56	6 50	1♐19	0 56	20 54	13 21	1 50
14 M	9 14	6 54	2 55	0 50	21 52	13 59	1 50
15 Tu	12 37	6 58	4 30	0 45	22 51	14 37	1 50
16 W	16 04	7 00	6 06	0 39	23 49	15 14	1 51
17 Th	19 35	7 00	7 41	0 33	24 48	15 52	1 51
18 F	23 13	6 59	9 17	0 28	25 46	16 30	1 51
19 S	26 56	6 56	10 52	0 22	26 45	17 07	1 51
20 Su	0♓45	6 52	12 27	0 17	27 43	17 45	1 51
21 M	4 40	6 45	14 03	0 11	28 42	18 23	1 51
22 Tu	8 42	6 36	15 38	0 05	29 41	19 01	1 51
23 W	12 51	6 25	17 13	0S00	0♈39	19 38	1 51
24 Th	17 08	6 11	18 48	0 06	1 38	20 16	1 51
25 F	21 33	5 55	20 24	0 12	2 37	20 54	1 51
26 S	26 06	5 36	21 59	0 17	3 36	21 32	1 51
27 Su	0♈47	5 14	23 34	0 23	4 34	22 10	1 51
28 M	5 37	4 49	25 09	0 28	5 33	22 48	1 51
29 Tu	10 37	4 21	26 44	0 34	6 32	23 26	1 51
30 W	15♈45	3S51	28♐19	0S40	7♈31	24♒04	1S51

OCTOBER 2048

DAY	☿ LONG	☿ LAT	♀ LONG	♀ LAT	⊕ LONG	♂ LONG	♂ LAT
	° ′	° ′	° ′	° ′	° ′	° ′	° ′
1 Th	21♈02	3S17	29♐54	0S45	8♈30	24♒42	1S51
2 F	26 29	2 41	1♑29	0 51	9 29	25 20	1 50
3 S	2♉04	2 02	3 04	0 56	10 28	25 58	1 50
4 Su	7 48	1 21	4 39	1 01	11 27	26 36	1 50
5 M	13 40	0 39	6 14	1 07	12 26	27 14	1 50
6 Tu	19 39	0N05	7 49	1 12	13 25	27 52	1 50
7 W	25 44	0 50	9 24	1 17	14 25	28 30	1 50
8 Th	1♊55	1 35	10 59	1 22	15 24	29 08	1 50
9 F	8 10	2 19	12 34	1 28	16 23	29 46	1 49
10 S	14 28	3 02	14 09	1 33	17 22	0♓24	1 49
11 Su	20 47	3 43	15 44	1 38	18 22	1 02	1 49
12 M	27 06	4 21	17 19	1 43	19 21	1 40	1 49
13 Tu	3♋24	4 55	18 54	1 47	20 20	2 18	1 48
14 W	9 38	5 26	20 28	1 52	21 20	2 56	1 48
15 Th	15 48	5 53	22 03	1 57	22 19	3 34	1 48
16 F	21 52	6 15	23 38	2 01	23 19	4 12	1 48
17 S	27 49	6 32	25 13	2 06	24 18	4 50	1 47
18 Su	3♌38	6 46	26 48	2 10	25 18	5 28	1 47
19 M	9 19	6 55	28 23	2 14	26 17	6 07	1 47
20 Tu	14 51	6 59	29 58	2 19	27 17	6 45	1 46
21 W	20 13	7 00	1♒32	2 23	28 17	7 23	1 46
22 Th	25 26	6 58	3 07	2 27	29 16	8 01	1 45
23 F	0♍28	6 52	4 42	2 30	0♉16	8 39	1 45
24 S	5 22	6 43	6 17	2 34	1 16	9 17	1 45
25 Su	10 06	6 32	7 52	2 38	2 15	9 55	1 44
26 M	14 40	6 19	9 27	2 41	3 15	10 33	1 44
27 Tu	19 06	6 04	11 02	2 45	4 15	11 11	1 43
28 W	23 24	5 47	12 37	2 48	5 15	11 49	1 43
29 Th	27 33	5 29	14 12	2 51	6 15	12 27	1 43
30 F	1♎35	5 10	15 47	2 54	7 15	13 06	1 42
31 S	5♎30	4N50	17♒21	2S57	8♉15	13♓44	1S42

DAY	♃ LONG	♃ LAT	♄ LONG	♄ LAT	♅ LONG	♅ LAT	♆ LONG	♆ LAT	♇ LONG	♇ LAT
	° ′	° ′	° ′	° ′	° ′	° ′	° ′	° ′	° ′	° ′
1 Tu	16♊38.4	0S32	14♑27.6	0N25	11♍31.8	0N46	22♉00.0	1S44	6♓57.9	12S30
6 Su	17 04.7	0 32	14 36.6	0 25	11 35.7	0 46	22 01.9	1 44	6 59.0	12 31
11 F	17 30.8	0 31	14 45.7	0 24	11 39.5	0 46	22 03.7	1 44	7 00.1	12 31
16 W	17 57.0	0 31	14 54.7	0 24	11 43.4	0 46	22 05.5	1 44	7 01.2	12 31
21 M	18 23.2	0 30	15 03.8	0 23	11 47.3	0 46	22 07.4	1 44	7 02.3	12 31
26 S	18 49.3	0 29	15 12.8	0 23	11 51.2	0 46	22 09.2	1 44	7 03.3	12 31
1 Th	19 15.5	0 29	15 21.9	0 23	11 55.1	0 46	22 11.0	1 44	7 04.4	12 32
6 Tu	19 41.6	0 28	15 30.9	0 22	11 58.9	0 46	22 12.9	1 44	7 05.5	12 32
11 Su	20 07.7	0 28	15 40.0	0 22	12 02.8	0 46	22 14.7	1 44	7 06.5	12 32
16 F	20 33.7	0 27	15 49.0	0 21	12 06.7	0 46	22 16.6	1 44	7 07.6	12 32
21 W	20 59.8	0 27	15 58.1	0 21	12 10.6	0 46	22 18.4	1 44	7 08.7	12 32
26 M	21 25.8	0 26	16 07.1	0 21	12 14.4	0 46	22 20.2	1 44	7 09.8	12 33
31 S	21 51.9	0 26	16 16.2	0 20	12 18.3	0 46	22 22.1	1 44	7 10.9	12 33

☿ .463982	☿p.333711
♀ .723263	♀a.726896
⊕ 1.00928	⊕ 1.00127
♂ 1.39847	♂p1.38409
♃ 5.07058	♃ 5.08015
♄ 10.0331	♄ 10.0311
♅ 18.2926	♅ 18.2918
♆ 29.8165	♆ 29.8166
♇ 41.1240	♇ 41.1432
☊	Perihelia
☿ 18°♉ 55	☿ 18°♊ 13
♀ 17 ♊ 08	♀ 12 ♌ 31
⊕	⊕ 12 ♋ 05
♂ 19 ♉ 57	♂ 6 ♓ 53
♃ 11 ♋ 01	♃ 16 ♈ 21
♄ 24 ♋ 04	♄ 2 ♋ 45
♅ 14 ♊ 14	♅ 19 ♍ 47
♆ 12 ♌ 20	♆ 20 ♉ 39
♇ 21 ♋ 03	♇ 14 ♏ 48

Day	Aspect	Time
2 W	♀⚹♄	11am13
	♂⚺♇	6pm11
3 Th	⊕☍♅	9am14
	☿⚹♇	9 38
	☿⚼♆	9 59
	☿⚺♂	1pm57
	♀⚻♃	11 10
5 S	☿△♅	0am20
	⊕⚹☿	7pm46
6 Su	☿☌♄	1am26
	⊕⚹♄	1pm 7
	☿⚻♃	10 16
7	♀☍♆	4am20
8 T	☿∠♇	1pm11
	☿△♆	1 37
9	⊕□♃	8am58
10 Th	☿⚼♅	1am46
	☿⚹♀	1 54
	♂⚻♅	6 26
11 F	☿ ♒	3am33
	☿⚼♃	11pm11
12 S	♀∠♄	0am59
	♀ ♐	4 7
	⊕∠☿	11pm35
13	☿⚺♇	7am50
14 M	⊕⚹♆	5am 8
	☿⚻♅	5pm37
15 T	♂⚺♄	10am52
	☿⚺♄	4pm 0
	☿☌♂	5 5
16 W	☿△♃	1pm15
	♀□♇	1 58
17	☿□♆	4pm43
18	⊕⚺☿	10pm28
19 S	♀□♅	1pm38
	☿ ♓	7 23
	☿∠♄	7 33
21 M	♂△♃	0am14
	☿☌♇	2pm13
	♀⚺♄	3 41
22 T	⊕ ♈	7am54
	☿☍♅	6pm 2
	♀0S	10 34
23 W	☿⚹♄	12pm54
	♀☍♃	9 28
24 Th	☿□♃	8am29
	☿□♀	2pm21
	☿⚺♂	7 58
25 F	☿⚹♆	3am13
	♀⚹♂	12pm47
26 S	♀⚻♆	2am39
	☿ ♈	8pm 2
	♂□♆	11 48
27	⊕☌☿	11pm35
28 M	☿⚺♇	7am 1
	☿∠♆	7 31
	☿∠♂	12pm 5
29 T	☿⚻♅	6am 4
	⊕⚺♇	1pm 0
	⊕∠♆	3 38
	☿□♄	10 5
30	☿⚹♃	3pm52
1 Th	♀ ♑	1am28
	☿∠♇	4 37
	☿⚺♆	5 7
	☿⚹♂	6pm19
2 F	☿⚼♅	1am58
	☿ ♉	3pm12
3 S	☿△♀	5am53
	☿∠♃	10 8
	☿⚹♇	9pm 2
4 Su	⊕∠♂	9am29
	⊕⚻♅	12pm25
	☿△♅	5 7
	⊕⚺☿	6 3
5 M	☿△♄	7am24
	♀⚹♇	12pm56
	♀⚼♆	2 47
	☿0N	9 5
6 T	☿⚺♃	0am11
	☿☌♆	10 11
	☿⚼♀	4pm57
7 W	☿□♂	11am58
	☿ ♊	4pm35
	⊕∠☿	5 1
	☿⚼♄	6 47
8 Th	⊕□♄	4am27
	♀△♅	3pm40
	☿□♇	7 55
9 F	♂ ♓	9am 2
	☿□♅	2pm44
	☿⚻♀	10 23
10 S	☿⚻♄	4am28
	♂∠♄	9 33
	⊕⚹☿	1pm 6
	☿ P	1 34
	☿☌♃	9 28
	♀☌♄	11 1
11 Su	☿⚺♆	5am33
	♀∠♂	7 37
12 M	☿ ♋	11am 2
	☿△♂	7pm20
	⊕⚹♃	10 57
13 T	☿△♇	2pm17
	☿∠♆	2 50
	♀⚻♃	10 38
14 W	☿⚹♅	9am31
	⊕∠♇	7pm10
	⊕⚺♆	10 43
	☿☍♄	11 57
15 Th	♀∠♇	1am 3
	♀△♆	3 16
	⊕□♀	10 52
	☿⚼♂	12pm11
	☿⚺♃	6 44
16 F	☿⚼♇	1am 3
	☿⚹♆	1 38
	⊕□☿	6 57
	☿☍♀	9 39
	☿∠♅	9pm10
17	☿ ♌	8am56
18 Su	♀⚼♅	5am11
	☿⚻♂	8 39
	☿∠♃	8 56
	☿⚻♇	2pm42
19 M	☿⚺♅	12pm14
	⊕⚼♅	9 4
20 T	♀ ♒	0am36
	☿⚻♄	4 51
	♂ P	5 38
	♂☌♇	3pm 7
21 W	☿⚹♃	3am36
	☿□♆	9 33
22 Th	⊕ ♉	5pm36
	☿ ♍	9 43
	⊕△☿	10 45
23 F	☿⚼♄	2am42
	♀⚼♃	11pm33
24 S	☿⚻♀	6am55
	☿☍♇	9 1
	♀⚺♇	1pm15
	☿☍♂	10 57
25	☿☌♅	11am 7
26	☿△♄	7am48
27 T	⊕⚼☿	1am 2
	♀⚺♂	4 1
	☿□♃	1pm41
	☿△♆	6 4
	♀⚻♅	6 44
	♀ A	9 55
28	♂☍♅	5pm 8
29 Th	⊕∠♃	11am42
	☿ ♎	2pm28
	☿⚼♀	3 56
	⊕⚹♇	10 21
30	♀⚺♄	7am11
31 S	☿⚻♇	10am34
	☿⚼♆	11 45
	⊕⚻☿	11pm34

NOVEMBER 2048

DAY	☿ LONG	☿ LAT	♀ LONG	♀ LAT	⊕ LONG	♂ LONG	♂ LAT
	° '	° '	° '	° '	° '	° '	° '
1 Su	9♎18	4N29	18♒56	3S00	9♉15	14♓22	1S41
2 M	12 59	4 07	20 31	3 02	10 15	15 00	1 41
3 Tu	16 35	3 46	22 06	3 05	11 15	15 38	1 40
4 W	20 05	3 23	23 41	3 07	12 15	16 16	1 39
5 Th	23 30	3 01	25 16	3 09	13 15	16 54	1 39
6 F	26 51	2 39	26 51	3 11	14 15	17 32	1 38
7 S	0♏07	2 16	28 26	3 13	15 15	18 10	1 38
8 Su	3 19	1 54	0♓01	3 15	16 16	18 48	1 37
9 M	6 27	1 31	1 36	3 16	17 16	19 26	1 37
10 Tu	9 32	1 09	3 11	3 18	18 16	20 04	1 36
11 W	12 34	0 47	4 47	3 19	19 17	20 41	1 35
12 Th	15 33	0 25	6 22	3 20	20 17	21 19	1 35
13 F	18 30	0 03	7 57	3 21	21 17	21 57	1 34
14 S	21 24	0S18	9 32	3 22	22 18	22 35	1 33
15 Su	24 17	0 39	11 07	3 23	23 18	23 13	1 33
16 M	27 07	1 00	12 42	3 23	24 19	23 51	1 32
17 Tu	29 56	1 21	14 17	3 23	25 19	24 29	1 31
18 W	2♐44	1 41	15 53	3 24	26 19	25 06	1 31
19 Th	5 31	2 01	17 28	3 24	27 20	25 44	1 30
20 F	8 17	2 20	19 03	3 24	28 20	26 22	1 29
21 S	11 02	2 39	20 38	3 23	29 21	27 00	1 29
22 Su	13 47	2 58	22 14	3 23	0♊22	27 37	1 28
23 M	16 32	3 16	23 49	3 22	1 22	28 15	1 27
24 Tu	19 16	3 33	25 24	3 22	2 23	28 53	1 26
25 W	22 01	3 50	27 00	3 21	3 23	29 30	1 26
26 Th	24 47	4 07	28 35	3 20	4 24	0♈08	1 25
27 F	27 32	4 23	0♈11	3 18	5 25	0 45	1 24
28 S	0♑19	4 39	1 46	3 17	6 26	1 23	1 23
29 Su	3 07	4 54	3 21	3 16	7 26	2 00	1 22
30 M	5♑56	5S08	4♈57	3S14	8♊27	2♈38	1S22

DECEMBER 2048

DAY	☿ LONG	☿ LAT	♀ LONG	♀ LAT	⊕ LONG	♂ LONG	♂ LAT
	° '	° '	° '	° '	° '	° '	° '
1 Tu	8♑46	5S22	6♈32	3S12	9♊28	3♈15	1S21
2 W	11 38	5 35	8 08	3 10	10 29	3 53	1 20
3 Th	14 32	5 47	9 43	3 08	11 30	4 30	1 19
4 F	17 28	5 59	11 19	3 06	12 31	5 07	1 18
5 S	20 26	6 10	12 55	3 03	13 31	5 45	1 17
6 Su	23 27	6 20	14 30	3 01	14 32	6 22	1 17
7 M	26 31	6 29	16 06	2 58	15 33	6 59	1 16
8 Tu	29 38	6 37	17 42	2 55	16 34	7 36	1 15
9 W	2♒49	6 44	19 17	2 53	17 35	8 13	1 14
10 Th	6 03	6 50	20 53	2 49	18 36	8 51	1 13
11 F	9 21	6 55	22 29	2 46	19 37	9 28	1 12
12 S	12 43	6 58	24 04	2 43	20 38	10 05	1 11
13 Su	16 10	7 00	25 40	2 39	21 39	10 42	1 10
14 M	19 42	7 00	27 16	2 36	22 40	11 19	1 09
15 Tu	23 20	6 59	28 52	2 32	23 41	11 56	1 08
16 W	27 03	6 56	0♉28	2 28	24 42	12 33	1 07
17 Th	0♓52	6 51	2 04	2 24	25 43	13 09	1 06
18 F	4 47	6 44	3 40	2 20	26 44	13 46	1 06
19 S	8 50	6 35	5 16	2 16	27 45	14 23	1 05
20 Su	12 59	6 24	6 51	2 12	28 46	15 00	1 04
21 M	17 16	6 10	8 27	2 07	29 47	15 36	1 03
22 Tu	21 41	5 54	10 04	2 03	0♋49	16 13	1 02
23 W	26 14	5 35	11 40	1 58	1 50	16 50	1 01
24 Th	0♈56	5 13	13 16	1 54	2 51	17 26	1 00
25 F	5 47	4 48	14 52	1 49	3 52	18 03	0 59
26 S	10 46	4 20	16 28	1 44	4 53	18 39	0 58
27 Su	15 55	3 50	18 04	1 39	5 54	19 16	0 57
28 M	21 12	3 16	19 40	1 34	6 55	19 52	0 56
29 Tu	26 39	2 40	21 16	1 29	7 56	20 28	0 55
30 W	2♉15	2 01	22 53	1 24	8 58	21 05	0 54
31 Th	7♉59	1S20	24♉29	1S19	9♋59	21♈41	0S53

DAY	♃ LONG	♃ LAT	♄ LONG	♄ LAT	♅ LONG	♅ LAT	♆ LONG	♆ LAT	♇ LONG	♇ LAT
	° '	° '	° '	° '	° '	° '	° '	° '	° '	° '
5 Th	22♊17.9	0S25	16♑25.3	0N20	12♍22.2	0N46	22♉23.9	1S44	7♓11.9	12S33
10 Tu	22 43.9	0 24	16 34.3	0 19	12 26.1	0 46	22 25.7	1 44	7 13.0	12 33
15 Su	23 09.9	0 24	16 43.4	0 19	12 30.0	0 46	22 27.6	1 44	7 14.1	12 34
20 F	23 35.8	0 23	16 52.4	0 19	12 33.9	0 46	22 29.4	1 44	7 15.2	12 34
25 W	24 01.8	0 23	17 01.5	0 18	12 37.7	0 46	22 31.3	1 44	7 16.2	12 34
30 M	24 27.7	0 22	17 10.6	0 18	12 41.6	0 46	22 33.1	1 44	7 17.3	12 34
5 S	24 53.6	0 22	17 19.6	0 18	12 45.5	0 46	22 35.0	1 44	7 18.4	12 34
10 Th	25 19.5	0 21	17 28.7	0 17	12 49.4	0 46	22 36.8	1 44	7 19.5	12 35
15 Tu	25 45.4	0 21	17 37.8	0 17	12 53.3	0 46	22 38.6	1 44	7 20.6	12 35
20 Su	26 11.3	0 20	17 46.9	0 16	12 57.2	0 46	22 40.5	1 44	7 21.6	12 35
25 F	26 37.1	0 19	17 55.9	0 16	13 01.1	0 46	22 42.3	1 44	7 22.7	12 35
30 W	27 02.9	0 19	18 05.0	0 16	13 04.9	0 46	22 44.2	1 44	7 23.8	12 36

☿a .400025	☿ .458993
♀ .728164	♀ .726166
⊕ .992606	⊕ .986131
♂ 1.38242	♂ 1.39379
♃ 5.09027	♃ 5.10028
♄ 10.0289	♄ 10.0267
♅ 18.2910	♅ 18.2903
♆ 29.8166	♆ 29.8166
♇ 41.1630	♇ 41.1821
☊	Perihelia
☿ 18°♉ 55	☿ 18°♊ 13
♀ 17 ♊ 08	♀ 12 ♌ 26
⊕	⊕ 12 ♋ 44
♂ 19 ♉ 57	♂ 6 ♓ 54
♃ 11 ♋ 01	♃ 16 ♈ 23
♄ 24 ♋ 04	♄ 2 ♋ 53
♅ 14 ♊ 15	♅ 19 ♍ 46
♆ 12 ♌ 20	♆ 21 ♉ 31
♇ 21 ♋ 03	♇ 14 ♏ 41

1	☿⚺♅	7pm40
2 M	☿⚻♂	4pm10
	☿□♄	10 29
3 T	♀△♃	0am19
	♀□♆	4 17
4 W	⊕△♅	2am37
	♂✶♄	5 8
	☿⚼♇	2pm44
	☿△♃	3 14
	☿⚻♆	4 9
6 F	☿△♀	0am 7
	☿∠♅	3 55
	♃⚺♆	5 52
	☿ ♏	11pm 9
7	♀ ♓	11pm40
8 Su	☿⚼♂	4am33
	⊕△♄	6 9
	♀∠♄	11pm 0
9 M	☿△♇	5am53
	☿⚼♃	9 29
10	☿✶♅	11pm 2
12 Th	☿✶♄	8am51
	♀☌♇	1pm 6
13 F	☿0S	3am26
	♂✶♆	6pm57
14 S	⊕☌♆	3am49
	☿☍♆	8 46
	⊕☍☿	11 25
	☿△♂	12pm36
	☿⚻♃	2 23
	⊕✶♂	6 32
	⊕⚺♃	8 26
	♂□♃	9 44
15	♀☍♅	9pm 4
17 T	☿ ♐	0am31
	☿∠♄	3pm59
18	♀✶♄	2pm25
19	☿□♇	3pm 3
21 S	☿□♅	1pm30
	⊕ ♊	3 27
22	♀✶♆	4am 9
23	♀□♃	0am37
M	☿⚺♄	3 51
	☿ A	1pm12
	⊕⚼♄	2 34
25 W	☿⚻♆	4am22
	☿☍♃	6pm 4
	♂ ♈	7 4
26	♀ ♈	9pm21
27 F	♀☌♂	2pm23
	☿ ♑	9 15
28 S	☿□♂	11am46
	⊕□♇	8pm20
29	☿□♀	4am50
30 M	☿✶♇	11am33
	☿⚼♆	1pm47

1 T	⊕⚻☿	9am 6
	♀⚺♇	11 22
	♀∠♆	3pm24
2	☿△♅	9am 4
3	☿☌♄	10pm37
4 F	⊕□♅	5am41
	♀⚻♅	9pm41
5 S	☿∠♇	2pm55
	☿△♆	5 8
6 Su	⊕✶♀	1am26
	☿⚻♃	12pm21
7 M	☿⚼♅	9am50
	♂⚺♇	12pm49
	♀□♄	7 47
	♂∠♆	11 52
8 T	☿ ♒	2am47
	⊕⚻♄	8pm38
	⊕⚼☿	9 33
10 Th	☿⚺♇	9am23
	♀∠♇	9pm44
11 F	☿✶♂	1am 1
	♀⚺♆	2 8
	☿⚼♃	7 50
12 S	☿⚻♅	0am55
	♀✶♃	10pm37
13 Su	☿⚺♄	9am39
	⊕⚺♆	11pm16
14 M	♀⚼♅	9am12
	☿□♆	7pm30
15 T	⊕△☿	3am14
	☿△♃	4pm 7
	♀ ♉	5 3
16 W	☿∠♂	3am46
	♂⚻♅	2pm20
	☿ ♓	6 37
17 Th	⊕☌♃	5am23
	☿∠♄	11 20
	☿✶♀	12pm29
18	☿☌♇	3pm19
19	☿☍♅	11pm48
20 Su	♀✶♇	7am33
	☿⚺♂	1pm13
21 M	☿✶♄	2am59
	⊕ ♋	4 55
22 T	☿✶♆	5am20
	♀∠♃	8pm37
23 W	☿□♃	1am 5
	☿∠♀	3 18
	☿ ♈	7pm16
	♀△♅	8 8
24 Th	⊕□☿	12pm 6
	♂□♄	7 20
25 F	☿⚺♇	7am47
	☿∠♆	9 22
26 S	☿⚻♅	10am40
	♀△♄	10pm51
27 Su	☿□♄	9am34
	☿⚺♀	2pm 8
	☿☌♂	5 13
28 M	♀⚺♂	4am42
	☿∠♇	5 16
	☿⚺♆	6 45
	⊕△♇	11 5
	⊕∠♆	7pm 2
29 T	☿✶♃	1am22
	☿⚼♅	6 9
	☿ ♉	2pm26
	♀☌♆	9 52
30	☿✶♇	9pm36
31 Th	⊕✶☿	9am58
	☿∠♃	5pm18
	⊕∠♀	8 19
	☿△♅	9 0

JANUARY 2049

DAY	☿ LONG	☿ LAT	♀ LONG	♀ LAT	⊕ LONG	♂ LONG	♂ LAT
	° '	° '	° '	° '	° '	° '	° '
1 F	13♉51	0S37	26♉05	1S13	11♋00	22♈17	0S52
2 S	19 50	0N07	27 42	1 08	12 01	22 53	0 50
3 Su	25 56	0 52	29 18	1 02	13 02	23 29	0 49
4 M	2♊07	1 36	0♊54	0 57	14 03	24 05	0 48
5 Tu	8 22	2 21	2 31	0 51	15 05	24 41	0 47
6 W	14 40	3 03	4 07	0 46	16 06	25 17	0 46
7 Th	20 59	3 44	5 44	0 40	17 07	25 53	0 45
8 F	27 18	4 22	7 20	0 35	18 08	26 29	0 44
9 S	3♋36	4 56	8 57	0 29	19 09	27 05	0 43
10 Su	9 50	5 27	10 33	0 23	20 10	27 41	0 42
11 M	16 00	5 53	12 10	0 18	21 12	28 16	0 41
12 Tu	22 03	6 15	13 47	0 12	22 13	28 52	0 40
13 W	28 00	6 33	15 23	0 06	23 14	29 27	0 39
14 Th	3♌49	6 46	17 00	0 00	24 15	0♉03	0 38
15 F	9 30	6 55	18 37	0N05	25 16	0 38	0 37
16 S	15 01	6 59	20 13	0 11	26 17	1 14	0 36
17 Su	20 23	7 00	21 50	0 17	27 18	1 49	0 35
18 M	25 35	6 58	23 27	0 22	28 19	2 25	0 33
19 Tu	0♍38	6 52	25 04	0 28	29 20	3 00	0 32
20 W	5 31	6 43	26 41	0 34	0♌21	3 35	0 31
21 Th	10 15	6 32	28 18	0 39	1 22	4 10	0 30
22 F	14 49	6 18	29 54	0 45	2 24	4 45	0 29
23 S	19 15	6 03	1♋31	0 51	3 25	5 20	0 28
24 Su	23 32	5 47	3 08	0 56	4 26	5 55	0 27
25 M	27 41	5 28	4 45	1 02	5 27	6 30	0 26
26 Tu	1♎43	5 09	6 22	1 07	6 28	7 05	0 25
27 W	5 37	4 49	8 00	1 13	7 29	7 40	0 24
28 Th	9 25	4 28	9 37	1 18	8 30	8 15	0 23
29 F	13 06	4 07	11 14	1 23	9 31	8 50	0 21
30 S	16 42	3 45	12 51	1 28	10 31	9 24	0 20
31 Su	20♎12	3N23	14♋28	1N34	11♌32	9♉59	0S19

FEBRUARY 2049

DAY	☿ LONG	☿ LAT	♀ LONG	♀ LAT	⊕ LONG	♂ LONG	♂ LAT
	° '	° '	° '	° '	° '	° '	° '
1 M	23♎37	3N00	16♋05	1N39	12♌33	10♉34	0S18
2 Tu	26 57	2 38	17 43	1 44	13 34	11 08	0 17
3 W	0♏13	2 15	19 20	1 49	14 35	11 43	0 16
4 Th	3 25	1 53	20 57	1 53	15 36	12 17	0 15
5 F	6 33	1 30	22 34	1 58	16 37	12 51	0 14
6 S	9 38	1 08	24 12	2 03	17 38	13 26	0 13
7 Su	12 40	0 46	25 49	2 07	18 39	14 00	0 12
8 M	15 39	0 24	27 26	2 12	19 39	14 34	0 10
9 Tu	18 36	0 02	29 04	2 16	20 40	15 08	0 09
10 W	21 30	0S19	0♌41	2 20	21 41	15 42	0 08
11 Th	24 22	0 40	2 18	2 25	22 42	16 16	0 07
12 F	27 13	1 01	3 56	2 29	23 42	16 50	0 06
13 S	0♐02	1 21	5 33	2 32	24 43	17 24	0 05
14 Su	2 50	1 42	7 11	2 36	25 44	17 58	0 04
15 M	5 36	2 01	8 48	2 40	26 44	18 32	0 03
16 Tu	8 22	2 21	10 26	2 43	27 45	19 05	0 02
17 W	11 08	2 40	12 03	2 47	28 45	19 39	0 01
18 Th	13 52	2 58	13 41	2 50	29 46	20 13	0N01
19 F	16 37	3 16	15 18	2 53	0♍46	20 46	0 02
20 S	19 22	3 34	16 56	2 56	1 47	21 20	0 03
21 Su	22 07	3 51	18 33	2 59	2 47	21 53	0 04
22 M	24 52	4 08	20 11	3 02	3 48	22 26	0 05
23 Tu	27 38	4 24	21 48	3 04	4 48	23 00	0 06
24 W	0♑25	4 39	23 26	3 07	5 49	23 33	0 07
25 Th	3 12	4 54	25 03	3 09	6 49	24 06	0 08
26 F	6 01	5 09	26 41	3 11	7 49	24 39	0 09
27 S	8 52	5 22	28 18	3 13	8 50	25 12	0 10
28 Su	11♑44	5S35	29♌56	3N15	9♍50	25♉45	0N11

DAY	♃ LONG	♃ LAT	♄ LONG	♄ LAT	♅ LONG	♅ LAT	♆ LONG	♆ LAT	♇ LONG	♇ LAT
	° '	° '	° '	° '	° '	° '	° '	° '	° '	° '
4 M	27♊28.8	0S18	18♑14.1	0N15	13♍08.8	0N46	22♉46.0	1S44	7♓24.9	12S36
9 S	27 54.6	0 18	18 23.1	0 15	13 12.7	0 46	22 47.9	1 44	7 25.9	12 36
14 Th	28 20.3	0 17	18 32.2	0 14	13 16.6	0 46	22 49.7	1 44	7 27.0	12 36
19 Tu	28 46.1	0 17	18 41.3	0 14	13 20.5	0 46	22 51.6	1 44	7 28.1	12 36
24 Su	29 11.8	0 16	18 50.4	0 14	13 24.4	0 46	22 53.4	1 44	7 29.2	12 37
29 F	29 37.5	0 15	18 59.4	0 13	13 28.3	0 46	22 55.2	1 44	7 30.3	12 37
3 W	0♋03.3	0 15	19 08.5	0 13	13 32.1	0 46	22 57.1	1 44	7 31.3	12 37
8 M	0 28.9	0 14	19 17.6	0 12	13 36.0	0 46	22 58.9	1 44	7 32.4	12 37
13 S	0 54.6	0 14	19 26.7	0 12	13 39.9	0 46	23 00.8	1 44	7 33.5	12 37
18 Th	1 20.3	0 13	19 35.7	0 12	13 43.8	0 46	23 02.6	1 44	7 34.5	12 38
23 Tu	1 45.9	0 13	19 44.8	0 11	13 47.7	0 46	23 04.4	1 44	7 35.6	12 38
28 Su	2 11.5	0 12	19 53.9	0 11	13 51.6	0 46	23 06.3	1 44	7 36.7	12 38

☿p.316951	☿a.420620
♀ .722151	♀p.718956
⊕p.983345	⊕ .985344
♂ 1.41743	♂ 1.45030
♃ 5.11081	♃ 5.12151
♄ 10.0242	♄ 10.0216
♅ 18.2896	♅ 18.2889
♆ 29.8167	♆ 29.8167
♇ 41.2019	♇ 41.2217
☊	Perihelia
☿ 18°♉ 55	☿ 18°♊ 14
♀ 17 ♊ 08	♀ 12 ♌ 18
⊕	⊕ 15 ♋ 07
♂ 19 ♉ 57	♂ 6 ♓ 56
♃ 11 ♋ 01	♃ 16 ♈ 23
♄ 24 ♋ 04	♄ 3 ♋ 01
♅ 14 ♊ 15	♅ 19 ♍ 49
♆ 12 ♌ 21	♆ 22 ♉ 16
♇ 21 ♋ 04	♇ 14 ♏ 36

1 F	♂∠♇	4am50
	☿△♄	5pm21
	♀⚺♃	5 54
	♂⚺♆	6 44
	☿0N	8 21
2 S	☿☌♆	11am33
	☿⚺♂	1pm22
3 Su	⊕✱♅	2am19
	☿⚺♃	5 47
	⊕∠☿	9 50
	♀ ♊	10 28
	⊕ P	10 29
	☿ ♊	3pm50
	☿☌♀	5 42
4 M	☿⚼♄	4am20
	☿□♇	8pm22
5 T	☿∠♂	5am35
	♀⚼♄	11 26
	☿□♅	6pm19
6 W	⊕⚺☿	6am29
	☿ P	12pm49
	☿⚻♄	1 51
7 Th	☿⚺♆	6am50
	☿✱♂	8pm33
8 F	♀□♇	1am22
	☿☌♃	2 0
	⊕☍♄	5 20
	☿ ♋	10 16
9 S	☿△♇	2pm45
	☿∠♆	4 10
10 Su	☿⚺♀	3am47
	☿✱♅	1pm12
	♂✱♃	3 5
	♂⚼♅	10 40
11 M	☿☍♄	9am43
	♀□♅	4pm 7
12 T	⊕☌☿	0am45
	☿⚼♇	1 33
	♀∠♂	2 5
	☿✱♆	3 3
	⊕⚼♇	5 28
	⊕✱♆	2pm19
13 W	☿⚺♃	1am 2
	☿∠♅	1 4
	☿□♂	6 37
	☿ ♌	8 10
	☿∠♀	1pm30
	♂ ♉	9 59
14 Th	♀0N	1am57
	☿⚻♇	3pm17
	♀⚻♄	11 21
15 F	☿⚺♅	4pm27
	☿∠♃	5 16
16	☿⚻♄	4pm 1
17 Su	☿✱♀	9am34
	☿□♆	11 17
	♀⚺♆	3pm 6
18 M	⊕∠♅	0am 9
	⊕⚺♃	9 17
	☿✱♃	2pm53
	⊕⚺☿	4 11
	☿ ♍	8 57
19 T	☿△♂	1pm 6
	☿⚼♄	3 1
	⊕ ♌	3 34
20	☿☍♇	9am51
21 Th	♀☌♃	10am 9
	☿☌♅	4pm21
22 F	♀ ♋	1am22
	⊕∠☿	6pm 2
	☿△♄	9 35
23 S	☿⚼♂	7am 1
	☿△♆	8pm21
25 M	☿□♃	9am38
	☿ ♎	1pm42
26 T	⊕⚺♀	3am24
	♀✱♂	4pm32
	♀△♇	4 38
	♂✱♇	4 49
	♀∠♆	10 45
27 W	⊕⚻♇	0am30
	⊕□♂	10 38
	☿⚻♇	11 48
	☿⚼♆	2pm25
	☿⚻♂	3 12
	⊕✱☿	3 55
28	☿□♀	2am12
29	☿⚺♅	2am25
30 S	♀✱♅	9am29
	☿□♄	3pm59
31 Su	☿⚼♇	4pm12
	☿⚻♆	7 11

1	⊕⚺♅	10pm50
2 T	♃ ♋	8am47
	☿∠♅	11 31
	♀☍♄	9pm10
	☿ ♏	10 22
	☿△♃	10 45
3	⊕∠♃	12pm 5
4	♀⚼♇	11pm22
5 F	♀✱♆	5am49
	☿△♇	7 33
6	♂△♅	6am23
7 Su	☿✱♅	7am24
	☿☍♂	1pm10
	⊕⚻♄	3 7
	☿⚼♃	10 36
8	♀∠♅	5pm19
9 T	☿0S	2am41
	☿✱♄	6 4
	♀ ♌	1pm53
	♂∠♃	9 34
	♀⚺♃	11 31
10 W	⊕□☿	2am22
	☿☍♆	12pm30
11	⊕□♆	7am19
12	☿ ♐	11pm44
13	☿⚻♃	7am46
14 Su	♀⚻♇	5am39
	☿∠♄	2pm22
15	☿□♇	5pm 1
16	♂△♄	8pm12
17 W	♀ P	3am22
	♂0N	12pm51
	☿△♀	7 49
	☿□♅	10 44
18 Th	♀⚺♅	0am45
	⊕ ♍	5 35
19 F	☿ A	12pm27
	⊕✱♃	4 54
	♀∠♃	5 26
20 S	☿⚺♄	2am35
	☿⚻♂	9pm30
21 Su	☿⚻♆	8am18
	♀⚻♄	5pm 1
22	⊕⚼♄	10pm36
23 T	♂☌♆	3am26
	♀□♆	6pm48
	☿ ♑	8 29
24 W	♀□♂	2am39
	☿☍♃	12pm47
25	⊕☍♇	6pm48
26 F	☿✱♇	1pm26
	☿⚼♆	5 34
	⊕△☿	11 34
27	☿⚼♂	2pm 0
28 Su	♀ ♍	1am 0
	☿△♅	5pm45

MARCH 2049

DAY	☿ LONG	☿ LAT	♀ LONG	♀ LAT	⊕ LONG	♂ LONG	♂ LAT
	° '	° '	° '	° '	° '	° '	° '
1 M	14♑38	5S48	1♍33	3N16	10♍50	26♉18	0N12
2 Tu	17 34	5 59	3 11	3 18	11 50	26 51	0 13
3 W	20 32	6 10	4 48	3 19	12 51	27 24	0 14
4 Th	23 33	6 20	6 26	3 20	13 51	27 57	0 15
5 F	26 37	6 29	8 03	3 21	14 51	28 30	0 16
6 S	29 44	6 37	9 41	3 22	15 51	29 02	0 18
7 Su	2♒55	6 44	11 18	3 23	16 51	29 35	0 19
8 M	6 09	6 50	12 56	3 23	17 51	0♊08	0 20
9 Tu	9 27	6 55	14 33	3 23	18 51	0 40	0 21
10 W	12 50	6 58	16 11	3 24	19 51	1 13	0 22
11 Th	16 17	7 00	17 48	3 24	20 51	1 45	0 23
12 F	19 49	7 00	19 25	3 24	21 51	2 17	0 24
13 S	23 27	6 59	21 03	3 23	22 51	2 50	0 25
14 Su	27 10	6 56	22 40	3 23	23 51	3 22	0 26
15 M	0♓59	6 51	24 17	3 22	24 51	3 54	0 27
16 Tu	4 55	6 44	25 54	3 21	25 50	4 26	0 28
17 W	8 58	6 35	27 32	3 20	26 50	4 58	0 29
18 Th	13 07	6 24	29 09	3 19	27 50	5 30	0 30
19 F	17 25	6 10	0♎46	3 18	28 50	6 02	0 31
20 S	21 50	5 53	2 23	3 17	29 49	6 34	0 32
21 Su	26 23	5 34	4 00	3 15	0♎49	7 06	0 33
22 M	1♈05	5 12	5 37	3 13	1 48	7 38	0 34
23 Tu	5 56	4 47	7 14	3 11	2 48	8 10	0 35
24 W	10 56	4 20	8 51	3 09	3 47	8 41	0 36
25 Th	16 05	3 49	10 28	3 07	4 47	9 13	0 37
26 F	21 23	3 15	12 05	3 05	5 46	9 45	0 38
27 S	26 50	2 39	13 42	3 02	6 46	10 16	0 39
28 Su	2♉26	2 00	15 19	3 00	7 45	10 48	0 39
29 M	8 10	1 19	16 56	2 57	8 44	11 19	0 40
30 Tu	14 02	0 36	18 33	2 54	9 44	11 50	0 41
31 W	20♉02	0N08	20♎09	2N51	10♎43	12♊22	0N42

APRIL 2049

DAY	☿ LONG	☿ LAT	♀ LONG	♀ LAT	⊕ LONG	♂ LONG	♂ LAT
	° '	° '	° '	° '	° '	° '	° '
1 Th	26♉08	0N53	21♎46	2N48	11♎42	12♊53	0N43
2 F	2♊19	1 38	23 23	2 44	12 42	13 24	0 44
3 S	8 34	2 22	24 59	2 41	13 41	13 55	0 45
4 Su	14 52	3 05	26 36	2 37	14 40	14 26	0 46
5 M	21 11	3 45	28 12	2 34	15 39	14 57	0 47
6 Tu	27 30	4 23	29 49	2 30	16 38	15 28	0 48
7 W	3♋47	4 57	1♏25	2 26	17 37	15 59	0 49
8 Th	10 02	5 28	3 01	2 22	18 36	16 30	0 50
9 F	16 11	5 54	4 38	2 18	19 35	17 01	0 51
10 S	22 15	6 16	6 14	2 13	20 34	17 32	0 51
11 Su	28 11	6 33	7 50	2 09	21 33	18 03	0 52
12 M	4♌00	6 46	9 26	2 05	22 32	18 33	0 53
13 Tu	9 40	6 55	11 03	2 00	23 31	19 04	0 54
14 W	15 11	6 59	12 39	1 55	24 30	19 35	0 55
15 Th	20 33	7 00	14 15	1 51	25 28	20 05	0 56
16 F	25 45	6 57	15 51	1 46	26 27	20 36	0 57
17 S	0♍47	6 51	17 27	1 41	27 26	21 06	0 57
18 Su	5 40	6 43	19 02	1 36	28 24	21 36	0 58
19 M	10 23	6 31	20 38	1 31	29 23	22 07	0 59
20 Tu	14 57	6 18	22 14	1 26	0♏22	22 37	1 00
21 W	19 23	6 03	23 50	1 21	1 20	23 07	1 01
22 Th	23 40	5 46	25 26	1 15	2 19	23 37	1 02
23 F	27 49	5 28	27 01	1 10	3 17	24 08	1 02
24 S	1♎50	5 09	28 37	1 05	4 16	24 38	1 03
25 Su	5 45	4 48	0♐13	0 59	5 14	25 08	1 04
26 M	9 32	4 28	1 48	0 54	6 13	25 38	1 05
27 Tu	13 13	4 06	3 24	0 48	7 11	26 08	1 06
28 W	16 49	3 44	4 59	0 43	8 09	26 38	1 06
29 Th	20 19	3 22	6 35	0 37	9 08	27 07	1 07
30 F	23♎43	3N00	8♐10	0N32	10♏06	27♊37	1N07

DAY	♃ LONG	♃ LAT	♄ LONG	♄ LAT	♅ LONG	♅ LAT	♆ LONG	♆ LAT	♇ LONG	♇ LAT
	° '	° '	° '	° '	° '	° '	° '	° '	° '	° '
5 F	2♋37.1	0S11	20♑02.9	0N10	13♍55.4	0N46	23♉08.1	1S44	7♓37.8	12S38
10 W	3 02.7	0 11	20 12.0	0 10	13 59.3	0 46	23 09.9	1 44	7 38.8	12 39
15 M	3 28.2	0 10	20 21.1	0 10	14 03.2	0 46	23 11.8	1 44	7 39.9	12 39
20 S	3 53.8	0 10	20 30.2	0 09	14 07.1	0 46	23 13.6	1 44	7 41.0	12 39
25 Th	4 19.3	0 09	20 39.2	0 09	14 10.9	0 46	23 15.5	1 44	7 42.0	12 39
30 Tu	4 44.8	0 09	20 48.3	0 08	14 14.8	0 46	23 17.3	1 44	7 43.1	12 39
4 Su	5 10.3	0 08	20 57.4	0 08	14 18.7	0 46	23 19.1	1 44	7 44.2	12 40
9 F	5 35.8	0 07	21 06.5	0 08	14 22.6	0 46	23 21.0	1 44	7 45.2	12 40
14 W	6 01.2	0 07	21 15.6	0 07	14 26.5	0 46	23 22.8	1 44	7 46.3	12 40
19 M	6 26.7	0 06	21 24.6	0 07	14 30.4	0 46	23 24.6	1 44	7 47.4	12 40
24 S	6 52.1	0 06	21 33.7	0 07	14 34.2	0 46	23 26.5	1 44	7 48.5	12 40
29 Th	7 17.5	0 05	21 42.8	0 06	14 38.1	0 46	23 28.3	1 44	7 49.5	12 41

☿ .454257	☿p .311375
♀ .718731	♀ .721599
⊕ .990772	⊕ .999162
♂ 1.48489	♂ 1.52523
♃ 5.13131	♃ 5.14227
♄ 10.0192	♄ 10.0163
♅ 18.2883	♅ 18.2877
♆ 29.8167	♆ 29.8167
♇ 41.2395	♇ 41.2593
☊	Perihelia
☿ 18° ♉ 55	☿ 18° ♊ 14
♀ 17 ♊ 08	♀ 12 ♌ 10
⊕	⊕ 16 ♋ 30
♂ 19 ♉ 57	♂ 6 ♓ 57
♃ 11 ♋ 01	♃ 16 ♈ 21
♄ 24 ♋ 04	♄ 3 ♋ 08
♅ 14 ♊ 15	♅ 19 ♍ 54
♆ 12 ♌ 22	♆ 22 ♉ 49
♇ 21 ♋ 04	♇ 14 ♏ 32

1	♀✶♃	11am13
2 T	☿⚼♀	11am 9
	☿☌♄	7pm34
3 W	♀⚼♄	2am43
	☿∠♇	4pm39
	☿△♆	8 39
4 Th	⊕☌♅	1am33
	♀☍♇	5pm40
5 F	☿△♂	5pm33
	☿⚼♅	5 51
6 S	☿ ♒	2am 0
	⊕⚼☿	12pm23
	☿⚻♃	11 3
7	♂ ♊	6pm21
8 M	☿⚺♇	10am54
	♀☌♅	3pm24
10 W	☿⚻♅	8am 9
	⊕△♄	8 34
11 Th	☿⚼♃	12pm55
	☿⚻♀	7 5
12 F	☿⚺♄	2am58
	♀△♄	12pm39
	⊕⚻☿	6 38
	☿□♆	10 17
13	⊕△♆	8am 5
14 Su	♂⚺♃	1am 2
	♀△♆	7 48
	☿ ♓	5pm51
15 M	☿△♃	3pm34
	☿□♂	8 39
	⊕☌♀	9 25
16 T	☿∠♄	2am48
	☿☌♇	4pm25
17	♂⚼♄	8pm58
18 Th	☿☍♅	5am30
	♀ ♎	12pm37
19	☿✶♄	4pm49
20 S	⊕ ♎	4am22
	☿✶♆	7 26
	♀□♃	11pm38
21	☿ ♈	6pm30
22 M	♂□♇	2am40
	⊕☍☿	4 32
	☿□♃	3pm 6
23 T	♀⚻♇	6am45
	☿⚺♇	8 32
	☿☍♀	9 24
	☿∠♆	11 12
	☿✶♂	12pm 4
	♀⚼♆	2 59
	♀△♂	8 18
24 W	⊕□♃	11am50
	☿⚻♅	3pm13
25	☿□♄	8pm53
26 F	☿∠♇	5am54
	☿⚺♆	8 23
	☿∠♂	4pm28
27 S	♀⚺♅	7am35
	☿⚼♅	10 18
	☿ ♉	1pm40
	⊕⚻♇	11 1
28 Su	☿✶♃	9am12
	⊕⚼♆	12pm48
	☿✶♇	10 8
29 M	⊕⚻☿	2am52
	☿⚺♂	2pm13
30 T	☿△♅	0am51
	☿0N	7pm36
	☿∠♃	11 13
31 W	☿⚻♀	0am41
	☿△♄	3 13
	♀□♄	10 21
	☿☌♆	12pm55
1 Th	⊕⚼☿	2am42
	♀⚼♇	2pm21
	☿ ♊	3 4
	♀⚻♆	10 58
2 F	☿⚺♃	10am30
	☿⚼♄	1pm51
	☿□♇	8 49
3 S	☿⚼♀	7am17
	⊕△♂	12pm20
	⊕⚺♅	3 15
	♂□♅	5 57
	☿□♅	9 54
	☿☌♂	10 14
	⊕△☿	11 6
4 Su	☿ P	12pm 5
	☿⚻♄	11 15
5 M	☿⚺♆	8am 8
	♀∠♅	4pm53
6 T	♀ ♏	2am50
	☿ ♋	9 31
	☿△♀	11 48
	♀⚼♂	2pm35
7 W	☿☌♃	6am21
	☿△♇	3pm12
	☿∠♆	5 29
8	☿✶♅	4pm54
9 F	☿⚺♂	3am35
	♀△♃	3pm17
	⊕□☿	4 2
	☿☍♄	7 34
10 S	☿⚼♇	2am 3
	☿✶♆	4 27
	⊕□♄	2pm19
	♀△♇	10 52
11 Su	☿∠♅	4am58
	☿ ♌	7 25
	☿∠♂	9pm57
12 M	⊕⚼♇	5am40
	☿⚺♃	7 52
	☿⚻♇	3pm52
	⊕⚻♆	8 32
13 T	☿□♀	8am17
	☿⚺♅	8pm42
14	☿✶♂	9pm39
15 Th	☿∠♃	2am34
	♀✶♅	3 11
	☿⚻♄	3 23
	☿□♆	1pm 1
16 F	⊕✶☿	4am 5
	☿ ♍	8pm12
17	♂⚻♄	12pm38
18 Su	☿✶♃	3am32
	☿⚼♄	3 36
	☿☍♇	10 41
19 M	⊕∠♅	3am 0
	♀✶♄	11 49
	♀⚼♃	12pm46
	⊕ ♏	3 6
	☿☌♅	9 39
20 T	⊕∠☿	2am46
	♀⚻♂	8 21
	♀☍♆	5pm49
21 W	☿△♄	11am42
	♂⚺♆	2pm37
	☿△♆	10 40
	☿□♂	11 44
22	☿✶♀	4pm26
23	☿ ♎	12pm57
24 S	⊕⚺☿	7pm48
	♀ ♐	8 49
25 Su	☿□♃	7am46
	☿⚻♇	1pm 1
	☿⚼♆	5 5
26	⊕△♃	10pm18
27 T	☿⚺♅	9am14
	⊕△♇	3pm40
29 Th	♀∠♄	2am 4
	☿□♄	9 54
	♀⚻♃	11 21
	☿∠♀	4pm36
	☿⚼♇	5 39
	♀□♇	6 51
	☿⚻♆	10 15

MAY 2049

JUNE 2049

DAY	☿ LONG	☿ LAT	♀ LONG	♀ LAT	⊕ LONG	♂ LONG	♂ LAT
	° '	° '	° '	° '	° '	° '	° '
1 S	27♎03	2N37	9♐46	0N26	11♏04	28♊07	1N09
2 Su	0♏19	2 15	11 21	0 21	12 03	28 37	1 09
3 M	3 31	1 52	12 56	0 15	13 01	29 06	1 10
4 Tu	6 39	1 30	14 32	0 09	13 59	29 36	1 11
5 W	9 44	1 07	16 07	0 04	14 57	0♋06	1 12
6 Th	12 46	0 45	17 42	0S02	15 56	0 35	1 12
7 F	15 45	0 23	19 17	0 08	16 54	1 05	1 13
8 S	18 41	0 02	20 52	0 13	17 52	1 34	1 14
9 Su	21 35	0S20	22 28	0 19	18 50	2 03	1 14
10 M	24 28	0 41	24 03	0 25	19 48	2 33	1 15
11 Tu	27 18	1 02	25 38	0 30	20 46	3 02	1 16
12 W	0♐07	1 22	27 13	0 36	21 44	3 31	1 16
13 Th	2 55	1 42	28 48	0 41	22 42	4 01	1 17
14 F	5 42	2 02	0♑23	0 47	23 40	4 30	1 18
15 S	8 28	2 21	1 58	0 52	24 37	4 59	1 19
16 Su	11 13	2 40	3 33	0 58	25 35	5 28	1 19
17 M	13 58	2 59	5 08	1 03	26 33	5 57	1 20
18 Tu	16 42	3 17	6 43	1 08	27 31	6 26	1 20
19 W	19 27	3 34	8 18	1 14	28 29	6 55	1 21
20 Th	22 12	3 51	9 53	1 19	29 26	7 24	1 22
21 F	24 57	4 08	11 28	1 24	0♐24	7 53	1 22
22 S	27 43	4 24	13 03	1 29	1 22	8 22	1 23
23 Su	0♑30	4 40	14 37	1 34	2 20	8 51	1 24
24 M	3 18	4 55	16 12	1 39	3 17	9 19	1 24
25 Tu	6 07	5 09	17 47	1 44	4 15	9 48	1 25
26 W	8 57	5 23	19 22	1 49	5 13	10 17	1 25
27 Th	11 49	5 36	20 57	1 53	6 10	10 45	1 26
28 F	14 43	5 48	22 32	1 58	7 08	11 14	1 27
29 S	17 39	6 00	24 07	2 03	8 05	11 43	1 27
30 Su	20 38	6 11	25 42	2 07	9 03	12 11	1 28
31 M	23♑39	6S20	27♑16	2S11	10♐01	12♋40	1N28

DAY	☿ LONG	☿ LAT	♀ LONG	♀ LAT	⊕ LONG	♂ LONG	♂ LAT
	° '	° '	° '	° '	° '	° '	° '
1 Tu	26♑43	6S29	28♑51	2S16	10♐58	13♋08	1N29
2 W	29 50	6 37	0♒26	2 20	11 56	13 37	1 29
3 Th	3♒01	6 44	2 01	2 24	12 53	14 05	1 30
4 F	6 15	6 50	3 36	2 28	13 51	14 33	1 30
5 S	9 34	6 55	5 11	2 32	14 48	15 02	1 31
6 Su	12 56	6 58	6 46	2 35	15 46	15 30	1 32
7 M	16 24	7 00	8 20	2 39	16 43	15 58	1 32
8 Tu	19 56	7 00	9 55	2 42	17 40	16 26	1 33
9 W	23 34	6 59	11 30	2 46	18 38	16 55	1 33
10 Th	27 17	6 56	13 05	2 49	19 35	17 23	1 34
11 F	1♓07	6 51	14 40	2 52	20 33	17 51	1 34
12 S	5 03	6 44	16 15	2 55	21 30	18 19	1 34
13 Su	9 05	6 35	17 50	2 58	22 27	18 47	1 35
14 M	13 15	6 23	19 25	3 00	23 25	19 15	1 35
15 Tu	17 33	6 09	21 00	3 03	24 22	19 43	1 36
16 W	21 58	5 53	22 35	3 05	25 19	20 11	1 36
17 Th	26 32	5 34	24 10	3 08	26 17	20 39	1 37
18 F	1♈14	5 12	25 45	3 10	27 14	21 07	1 37
19 S	6 05	4 47	27 20	3 12	28 11	21 34	1 38
20 Su	11 05	4 19	28 55	3 14	29 08	22 02	1 38
21 M	16 14	3 48	0♓30	3 15	0♑06	22 30	1 38
22 Tu	21 33	3 14	2 05	3 17	1 03	22 58	1 39
23 W	27 00	2 38	3 40	3 18	2 00	23 25	1 39
24 Th	2♉36	1 59	5 15	3 19	2 57	23 53	1 40
25 F	8 21	1 18	6 50	3 20	3 55	24 21	1 40
26 S	14 13	0 35	8 25	3 21	4 52	24 48	1 40
27 Su	20 13	0N10	10 00	3 22	5 49	25 16	1 41
28 M	26 19	0 54	11 36	3 23	6 46	25 44	1 41
29 Tu	2♊30	1 39	13 11	3 23	7 44	26 11	1 42
30 W	8♊45	2N23	14♓46	3S24	8♑41	26♋39	1N42

DAY	♃ LONG	♃ LAT	♄ LONG	♄ LAT	♅ LONG	♅ LAT	♆ LONG	♆ LAT	♇ LONG	♇ LAT
	° '	° '	° '	° '	° '	° '	° '	° '	° '	° '
4 Tu	7♋42.9	0S04	21♑51.9	0N06	14♍42.0	0N46	23♉30.2	1S44	7♓50.6	12S41
9 Su	8 08.2	0 04	22 01.0	0 05	14 45.9	0 46	23 32.0	1 44	7 51.7	12 41
14 F	8 33.6	0 03	22 10.1	0 05	14 49.8	0 46	23 33.8	1 44	7 52.7	12 41
19 W	8 58.9	0 03	22 19.2	0 05	14 53.7	0 46	23 35.7	1 44	7 53.8	12 42
24 M	9 24.2	0 02	22 28.3	0 04	14 57.6	0 46	23 37.5	1 44	7 54.9	12 42
29 S	9 49.5	0 02	22 37.4	0 04	15 01.4	0 46	23 39.4	1 44	7 55.9	12 42
3 Th	10 14.8	0 01	22 46.5	0 03	15 05.3	0 46	23 41.2	1 44	7 57.0	12 42
8 Tu	10 40.1	0 00	22 55.5	0 03	15 09.2	0 46	23 43.0	1 44	7 58.1	12 42
13 Su	11 05.3	0N00	23 04.6	0 03	15 13.1	0 46	23 44.9	1 44	7 59.2	12 43
18 F	11 30.6	0 01	23 13.7	0 02	15 17.0	0 46	23 46.7	1 44	8 00.2	12 43
23 W	11 55.8	0 01	23 22.8	0 02	15 20.9	0 46	23 48.6	1 44	8 01.3	12 43
28 M	12 21.0	0 02	23 31.9	0 01	15 24.8	0 46	23 50.4	1 44	8 02.4	12 43

☿a.425404	☿ .441677
♀ .725571	♀a.728090
⊕ 1.00746	⊕ 1.01395
♂ 1.56322	♂ 1.59865
♃ 5.15297	♃ 5.16412
♄ 10.0134	♄ 10.0103
♅ 18.2872	♅ 18.2866
♆ 29.8168	♆ 29.8168
♇ 41.2784	♇ 41.2981
☊	Perihelia
☿ 18° ♉ 55	☿ 18° ♊ 14
♀ 17 ♊ 08	♀ 12 ♌ 10
⊕	⊕ 13 ♋ 48
♂ 19 ♉ 57	♂ 6 ♓ 58
♃ 11 ♋ 01	♃ 16 ♈ 21
♄ 24 ♋ 04	♄ 3 ♋ 13
♅ 14 ♊ 15	♅ 19 ♍ 57
♆ 12 ♌ 22	♆ 23 ♉ 20
♇ 21 ♋ 04	♇ 14 ♏ 29

1 S	☿△♂	9am 6
	☿∠♅	7pm11
	☿ ♏	9 37
3	⊕⚺♀	3am 4
4 T	♀□♅	2am40
	☿△♃	8 27
	☿△♇	9 14
	⊕✶♅	5pm54
	♂ ♋	7 29
5 W	⊕⚼♂	6am53
	♃△♇	2pm 8
	♀0S	3 20
6	☿✶♅	3pm50
7 F	☿⚼♂	3am14
	⊕☌☿	1pm56
8 S	☿0S	1am56
	♀⚺♄	5pm10
9 Su	☿✶♄	3am36
	☿⚼♃	1pm18
	☿⚺♀	4 10
	☿☍♆	4 15
	♀⚻♆	4 20
11	☿ ♐	10pm58
12	⊕✶♄	9am42
13 Th	☿⚻♂	11am26
	♀ ♑	6pm13
	⊕⚼♃	9 16
	⊕☍♆	9 36
14 F	♃∠♆	1am17
	☿∠♄	12pm55
	☿□♇	6 58
15	☿⚻♃	1am39
17 M	☿□♅	7am57
	♀☍♂	5pm55
18 T	☿ A	11am43
	♀✶♇	5pm55
19 W	♀⚼♆	4am32
	♀☍♃	10 59
20 Th	☿⚺♄	1am19
	☿⚻♆	12pm15
	⊕ ♐	1 57
21	♂△♇	1am 6
22 S	♂∠♆	12pm40
	☿ ♑	7 42
23 Su	♀△♅	4am56
	⊕⚺☿	11pm55
24	♂☌♃	4am57
25 T	☿✶♇	3pm19
	☿⚼♆	9 21
26 W	☿☍♃	5am23
	☿☍♂	1pm23
27	⊕∠♀	8am33
28 F	♀☌♄	0am58
	☿△♅	2 24
	♀∠♇	6 4
	⊕∠♄	11 55
	♀△♆	5pm 4
	⊕□♇	8 2
30 Su	☿☌♄	4pm16
	☿∠♇	6 23
	⊕⚻♃	11 34
31 M	☿△♆	0am 8
	⊕∠☿	3pm33

1 T	♀ ♒	5pm24
	♀⚼♅	6 30
2 W	☿ ♒	1am14
	☿⚼♅	1 49
	☿☌♀	9 5
4	☿⚺♇	12pm25
5 S	♂✶♅	4am35
	☿⚻♃	6 17
	⊕□♅	7 55
	⊕⚻♂	11 5
6 Su	☿⚻♅	3pm19
	♀⚺♇	6 17
	☿⚻♂	8 37
7	⊕✶☿	3am 3
8 T	♀⚻♃	11am57
	☿⚺♄	8pm 0
9 W	☿□♆	1am 3
	♀ A	9 17
	♄∠♇	2pm 3
	☿⚼♃	2 31
10	☿ ♓	5pm 5
11 F	♀⚻♅	8am 2
	☿⚼♂	12pm 7
12 S	♃0N	2am48
	☿☌♇	5pm31
	☿∠♄	6 1
13 Su	☿△♃	11am50
	⊕⚺♄	4pm 9
	♀⚻♂	8 27
14 M	⊕⚻♆	8am42
	☿☍♅	11 10
15	☿△♂	1pm14
16 W	☿⚺♀	4am59
	☿✶♄	6 24
	♀⚺♄	9 7
	☿✶♆	9 32
	♀□♆	6pm 5
	⊕□☿	10 18
17	☿ ♈	5pm45
18	♀⚼♃	12pm14
19 S	☿⚺♇	9am18
	☿∠♆	1pm 3
20 Su	☿□♃	2am50
	⊕✶♀	8 37
	♀ ♓	4pm29
	☿∠♀	7 5
	☿⚻♅	7 46
	⊕ ♑	9 40
22 T	♂⚼♇	2am56
	☿∠♇	6 33
	☿□♂	6 53
	☿□♄	8 4
	☿⚺♆	10 2
	♂☍♄	9pm35
23 W	☿ ♉	12pm56
	☿⚼♅	2 27
	♂✶♆	8 19
24 Th	⊕△☿	1am48
	☿✶♀	3pm23
	☿✶♇	10 42
25 F	☿✶♃	3pm37
	♀☌♇	6 7
26 S	♀∠♄	0am48
	☿△♅	4 43
	☿0N	6pm52
27 Su	⊕⚼☿	2am50
	♀⚼♂	5 33
	☿△♄	1pm 3
	☿☌♆	2 18
	☿✶♂	9 31
28 M	☿∠♃	4am 6
	♀△♃	12pm 6
	☿ ♊	2 20
29 T	⊕✶♇	8am 1
	☿□♇	9pm17
	☿⚼♄	11 22
	⊕⚻☿	11 39
30 W	⊕⚼♆	4am22
	♀☍♅	10 16
	☿∠♂	11 52
	☿⚺♃	2pm32

JULY 2049

DAY	☿ LONG	☿ LAT	♀ LONG	♀ LAT	⊕ LONG	♂ LONG	♂ LAT
	° '	° '	° '	° '	° '	° '	° '
1 Th	15♊04	3N06	16♓21	3S24	9♑38	27♋06	1N42
2 F	21 23	3 46	17 56	3 24	10 35	27 34	1 43
3 S	27 42	4 24	19 32	3 24	11 33	28 01	1 43
4 Su	3♋59	4 58	21 07	3 23	12 30	28 28	1 43
5 M	10 13	5 29	22 42	3 23	13 27	28 56	1 44
6 Tu	16 22	5 55	24 18	3 22	14 24	29 23	1 44
7 W	22 26	6 17	25 53	3 21	15 21	29 50	1 44
8 Th	28 22	6 34	27 28	3 20	16 19	0♌18	1 44
9 F	4♌11	6 47	29 04	3 19	17 16	0 45	1 45
10 S	9 51	6 55	0♈39	3 18	18 13	1 12	1 45
11 Su	15 21	7 00	2 15	3 17	19 10	1 39	1 45
12 M	20 43	7 00	3 50	3 15	20 07	2 07	1 46
13 Tu	25 54	6 57	5 25	3 13	21 05	2 34	1 46
14 W	0♍56	6 51	7 01	3 12	22 02	3 01	1 46
15 Th	5 49	6 42	8 37	3 10	22 59	3 28	1 46
16 F	10 32	6 31	10 12	3 07	23 56	3 55	1 47
17 S	15 06	6 18	11 48	3 05	24 53	4 22	1 47
18 Su	19 31	6 02	13 23	3 03	25 51	4 49	1 47
19 M	23 48	5 45	14 59	3 00	26 48	5 16	1 47
20 Tu	27 56	5 27	16 35	2 57	27 45	5 43	1 48
21 W	1♎58	5 08	18 10	2 55	28 42	6 10	1 48
22 Th	5 52	4 48	19 46	2 52	29 40	6 37	1 48
23 F	9 39	4 27	21 22	2 48	0♒37	7 04	1 48
24 S	13 20	4 05	22 57	2 45	1 34	7 31	1 48
25 Su	16 55	3 44	24 33	2 42	2 32	7 58	1 49
26 M	20 25	3 21	26 09	2 38	3 29	8 25	1 49
27 Tu	23 50	2 59	27 45	2 35	4 26	8 52	1 49
28 W	27 10	2 37	29 21	2 31	5 24	9 18	1 49
29 Th	0♏25	2 14	0♉56	2 27	6 21	9 45	1 49
30 F	3 37	1 51	2 32	2 23	7 18	10 12	1 49
31 S	6♏45	1N29	4♉08	2S19	8♒16	10♌39	1N49

AUGUST 2049

DAY	☿ LONG	☿ LAT	♀ LONG	♀ LAT	⊕ LONG	♂ LONG	♂ LAT
	° '	° '	° '	° '	° '	° '	° '
1 Su	9♏50	1N07	5♉44	2S15	9♒13	11♌05	1N50
2 M	12 51	0 45	7 20	2 10	10 11	11 32	1 50
3 Tu	15 50	0 23	8 56	2 06	11 08	11 59	1 50
4 W	18 47	0 01	10 32	2 02	12 06	12 26	1 50
5 Th	21 41	0S20	12 08	1 57	13 03	12 52	1 50
6 F	24 33	0 41	13 44	1 52	14 00	13 19	1 50
7 S	27 24	1 02	15 21	1 47	14 58	13 46	1 50
8 Su	0♐13	1 23	16 57	1 43	15 55	14 12	1 50
9 M	3 00	1 43	18 33	1 38	16 53	14 39	1 50
10 Tu	5 47	2 02	20 09	1 33	17 50	15 05	1 51
11 W	8 33	2 22	21 45	1 27	18 48	15 32	1 51
12 Th	11 18	2 41	23 22	1 22	19 46	15 59	1 51
13 F	14 03	2 59	24 58	1 17	20 43	16 25	1 51
14 S	16 48	3 17	26 34	1 12	21 41	16 52	1 51
15 Su	19 32	3 35	28 11	1 06	22 38	17 18	1 51
16 M	22 17	3 52	29 47	1 01	23 36	17 45	1 51
17 Tu	25 03	4 09	1♊23	0 55	24 34	18 11	1 51
18 W	27 48	4 25	3 00	0 50	25 31	18 38	1 51
19 Th	0♑35	4 40	4 36	0 44	26 29	19 04	1 51
20 F	3 23	4 55	6 13	0 39	27 27	19 31	1 51
21 S	6 12	5 10	7 49	0 33	28 24	19 57	1 51
22 Su	9 03	5 23	9 26	0 27	29 22	20 23	1 51
23 M	11 55	5 36	11 02	0 22	0♓20	20 50	1 51
24 Tu	14 49	5 49	12 39	0 16	1 18	21 16	1 51
25 W	17 45	6 00	14 16	0 10	2 16	21 43	1 51
26 Th	20 44	6 11	15 52	0 04	3 14	22 09	1 51
27 F	23 45	6 21	17 29	0N01	4 12	22 35	1 51
28 S	26 49	6 30	19 06	0 07	5 10	23 02	1 51
29 Su	29 56	6 38	20 43	0 13	6 08	23 28	1 51
30 M	3♒07	6 45	22 19	0 18	7 06	23 54	1 51
31 Tu	6♒21	6S50	23♊56	0N24	8♓04	24♌21	1N51

DAY	♃ LONG	♃ LAT	♄ LONG	♄ LAT	♅ LONG	♅ LAT	♆ LONG	♆ LAT	♇ LONG	♇ LAT
	° '	° '	° '	° '	° '	° '	° '	° '	° '	° '
3 S	12♋46.2	0N02	23♑41.0	0N01	15♍28.7	0N46	23♉52.3	1S44	8♓03.5	12S43
8 Th	13 11.3	0 03	23 50.1	0 01	15 32.5	0 46	23 54.1	1 44	8 04.5	12 44
13 Tu	13 36.4	0 04	23 59.2	0 00	15 36.4	0 46	23 55.9	1 44	8 05.6	12 44
18 Su	14 01.6	0 04	24 08.4	0S00	15 40.3	0 46	23 57.8	1 44	8 06.7	12 44
23 F	14 26.7	0 05	24 17.5	0 01	15 44.2	0 46	23 59.6	1 44	8 07.7	12 44
28 W	14 51.8	0 05	24 26.6	0 01	15 48.1	0 46	24 01.5	1 44	8 08.8	12 45
2 M	15 16.8	0 06	24 35.7	0 01	15 52.0	0 46	24 03.3	1 44	8 09.9	12 45
7 S	15 41.9	0 06	24 44.8	0 02	15 55.9	0 46	24 05.1	1 44	8 10.9	12 45
12 Th	16 06.9	0 07	24 53.9	0 02	15 59.8	0 46	24 07.0	1 44	8 12.0	12 45
17 Tu	16 31.9	0 08	25 03.0	0 03	16 03.6	0 46	24 08.8	1 44	8 13.1	12 45
22 Su	16 56.9	0 08	25 12.1	0 03	16 07.5	0 46	24 10.7	1 44	8 14.1	12 46
27 F	17 21.9	0 09	25 21.2	0 03	16 11.4	0 46	24 12.5	1 44	8 15.2	12 46

☿p .307568	☿a .441869
♀ .727366	♀ .723845
⊕a 1.01664	⊕ 1.01502
♂ 1.62718	♂ 1.64911
♃ 5.17496	♃ 5.18619
♄ 10.0071	♄ 10.0037
♅ 18.2862	♅ 18.2857
♆ 29.8168	♆ 29.8168
♇ 41.3172	♇ 41.3369
☊	Perihelia
☿ 18°♉ 55	☿ 18°♊ 14
♀ 17 ♊ 08	♀ 12 ♌ 06
⊕	⊕ 11 ♋ 32
♂ 19 ♉ 57	♂ 6 ♓ 59
♃ 11 ♋ 01	♃ 16 ♈ 23
♄ 24 ♋ 04	♄ 3 ♋ 21
♅ 14 ♊ 16	♅ 20 ♍ 01
♆ 12 ♌ 22	♆ 24 ♉ 00
♇ 21 ♋ 05	♇ 14 ♏ 25

Day	Aspect	Time
1 Th	☿□♅	1am30
	☿□♀	6 34
	☿ P	11 22
2 F	☿⊼♄	8am40
	☿⊻♆	9 27
3 S	☿⊻♂	1am19
	☿ ♋	8 47
4 Su	⊕ A	9am 7
	⊕☍♃	9 52
	☿△♇	3pm41
	☿∠♆	6 50
5 M	☿☌♃	10am43
	⊕☍☿	2pm52
	♀⚹♄	4 2
	♀⚹♆	5 53
	☿⚹♅	8 38
7 W	☿⚼♇	2am35
	⊕△♅	4 25
	☿☍♄	5 33
	☿⚹♆	5 53
	♂ ♌	8 29
	☿△♀	6pm59
8 Th	☿ ♌	6am41
	☿☌♂	8 33
	☿∠♅	8 56
	♂∠♅	1pm30
9 F	♀ ♈	2pm10
	☿⊼♇	4 28
10 S	♀△♂	11am38
	☿⊻♃	3pm27
	♄△♆	5 21
11 Su	☿⊻♅	0am59
	☿⚼♀	11 53
	⊕⊼☿	8pm44
12 M	☿□♆	2pm47
	☿⊼♄	2 59
13 T	☿∠♃	1pm 0
	☿ ♍	7 27
14 W	☿⊻♂	11am 9
	♀⊻♇	4pm20
15 Th	⊕∠♇	2am56
	♀∠♆	5 5
	☿☍♇	11 32
	⊕⚼☿	1pm43
	☿⚼♄	4 28
	♄0S	7 14
	☿⊼♀	9 24
16 F	⊕△♆	0am20
	⊕☌♄	3 39
	☿⚹♃	5pm44
17	☿☌♅	3am 1
18 Su	☿∠♂	1am52
	♀□♃	10 9
19 M	☿△♆	1am 0
	☿△♄	2 9
	♀⊼♅	10 41
	⊕△☿	10pm34
20	☿ ♎	12pm12
22 Th	☿⚹♂	5am22
	⊕ ♒	8 29
	☿⊼♇	2pm16
	☿⚼♆	7 47
23	⊕⚼♅	3am 3
24 S	♀∠♇	2am40
	☿□♃	8 6
	♀⊻♆	3pm45
	☿⊻♅	4 9
	♀□♄	8 56
25	♂⊼♇	9am20
26	☿⚼♇	7pm 8
27 T	☿⊼♆	1am21
	☿□♄	4 12
28 W	♀ ♉	9am52
	☿ ♏	8pm51
	♀⚼♅	10 5
29 Th	☿∠♅	2am56
	☿☍♀	7 41
30	⊕⊻♇	9pm19
31 S	☿△♇	10am56
	⊕□☿	5pm 3

Day	Aspect	Time
1	☿□♂	11am40
2 M	♀⚹♇	12pm26
	☿△♃	8 3
3	☿⚹♅	0am20
4 W	☿0S	1am12
	⊕☍♂	3pm36
5 Th	♀□♂	3pm10
	☿☍♆	8 2
6 F	☿⚹♄	1am24
	⊕□♀	9 57
7 S	♀⚹♃	5am37
	♀△♅	8 53
	⊕⊼♃	8pm 5
	☿ ♐	10 13
8 Su	⊕⊼♅	0am30
	☿⚼♃	5 3
10 T	♃⚹♅	7am17
	☿□♇	8pm56
11	☿∠♄	11am37
12 Th	♂⊻♅	1am 8
	♂⊻♃	9 21
	♀☌♆	11 21
	♀△♄	11pm26
13 F	☿□♅	5pm12
	☿⊼♃	7 22
14 S	☿△♂	0am41
	☿ A	11 0
16 M	♀ ♊	3am15
	⊕□♆	1pm37
	☿⊼♆	4 11
	⊕⚹☿	5 33
17 T	☿⊻♄	0am 4
	♀∠♃	2 15
	⊕⊻♄	12pm37
18	☿ ♑	6pm56
20	☿⚼♂	11am23
21 S	♀□♇	6am 8
	☿⚹♇	5pm12
22 Su	☿⚼♆	1am 8
	☿⊼♀	7 28
	♀⚼♄	11 43
	⊕ ♓	3pm40
24 T	☿△♅	11am 1
	⊕∠☿	6pm 7
	☿☍♃	7 23
	⊕⚼♃	10 15
26 Th	♀□♅	4am34
	☿⊼♂	1pm17
	♀0N	6 44
	☿∠♇	8 6
	♀⊻♃	10 8
27 F	☿△♆	3am38
	☿☌♄	12pm44
29 Su	☿ ♒	0am28
	☿⚼♅	9 45
30	♂□♆	5pm45
31 T	♀⊻♆	4am25
	⊕☌♇	5 12
	♀⚹♂	8 21
	☿⊻♇	1pm56
	⊕⊻☿	5 31
	♀⊼♄	11 18

SEPTEMBER 2049

DAY	☿ LONG	☿ LAT	♀ LONG	♀ LAT	⊕ LONG	♂ LONG	♂ LAT
	° '	° '	° '	° '	° '	° '	° '
1 W	9♒40	6S55	25♊33	0N30	9♓02	24♌47	1N51
2 Th	13 03	6 58	27 10	0 36	10 00	25 13	1 50
3 F	16 30	7 00	28 47	0 41	10 58	25 40	1 50
4 S	20 03	7 00	0♋24	0 47	11 56	26 06	1 50
5 Su	23 41	6 59	2 01	0 52	12 54	26 32	1 50
6 M	27 24	6 56	3 38	0 58	13 52	26 59	1 50
7 Tu	1♓14	6 51	5 15	1 03	14 50	27 25	1 50
8 W	5 10	6 44	6 52	1 09	15 49	27 51	1 50
9 Th	9 13	6 34	8 29	1 14	16 47	28 17	1 50
10 F	13 23	6 23	10 06	1 20	17 45	28 44	1 50
11 S	17 41	6 09	11 43	1 25	18 43	29 10	1 50
12 Su	22 07	5 52	13 20	1 30	19 42	29 36	1 49
13 M	26 41	5 33	14 58	1 35	20 40	0♍02	1 49
14 Tu	1♈23	5 11	16 35	1 40	21 38	0 29	1 49
15 W	6 15	4 46	18 12	1 45	22 37	0 55	1 49
16 Th	11 15	4 18	19 49	1 50	23 35	1 21	1 49
17 F	16 24	3 47	21 27	1 55	24 34	1 47	1 49
18 S	21 43	3 13	23 04	2 00	25 32	2 13	1 48
19 Su	27 10	2 36	24 41	2 04	26 31	2 40	1 48
20 M	2♉47	1 57	26 19	2 09	27 29	3 06	1 48
21 Tu	8 32	1 16	27 56	2 13	28 28	3 32	1 48
22 W	14 24	0 33	29 33	2 18	29 27	3 58	1 48
23 Th	20 24	0N11	1♌11	2 22	0♈25	4 24	1 47
24 F	26 30	0 56	2 48	2 26	1 24	4 51	1 47
25 S	2♊42	1 41	4 26	2 30	2 23	5 17	1 47
26 Su	8 57	2 25	6 03	2 34	3 22	5 43	1 47
27 M	15 15	3 07	7 40	2 37	4 21	6 09	1 47
28 Tu	21 35	3 48	9 18	2 41	5 20	6 35	1 46
29 W	27 54	4 25	10 55	2 44	6 18	7 02	1 46
30 Th	4♋11	4N59	12♌33	2N48	7♈17	7♍28	1N46

OCTOBER 2049

DAY	☿ LONG	☿ LAT	♀ LONG	♀ LAT	⊕ LONG	♂ LONG	♂ LAT
	° '	° '	° '	° '	° '	° '	° '
1 F	10♋24	5N30	14♌10	2N51	8♈16	7♍54	1N46
2 S	16 34	5 56	15 48	2 54	9 15	8 20	1 45
3 Su	22 37	6 17	17 26	2 57	10 14	8 46	1 45
4 M	28 33	6 34	19 03	3 00	11 13	9 13	1 45
5 Tu	4♌21	6 47	20 41	3 02	12 13	9 39	1 44
6 W	10 01	6 55	22 18	3 05	13 12	10 05	1 44
7 Th	15 32	7 00	23 56	3 07	14 11	10 31	1 44
8 F	20 53	7 00	25 33	3 09	15 10	10 57	1 44
9 S	26 04	6 57	27 11	3 12	16 09	11 24	1 43
10 Su	1♍06	6 51	28 48	3 13	17 08	11 50	1 43
11 M	5 58	6 42	0♍26	3 15	18 08	12 16	1 43
12 Tu	10 41	6 31	2 03	3 17	19 07	12 42	1 42
13 W	15 14	6 17	3 41	3 18	20 06	13 08	1 42
14 Th	19 39	6 02	5 18	3 19	21 06	13 35	1 42
15 F	23 56	5 45	6 56	3 20	22 05	14 01	1 41
16 S	28 04	5 27	8 33	3 21	23 05	14 27	1 41
17 Su	2♎05	5 07	10 11	3 22	24 04	14 53	1 41
18 M	5 59	4 47	11 48	3 23	25 04	15 20	1 40
19 Tu	9 46	4 26	13 26	3 23	26 03	15 46	1 40
20 W	13 27	4 05	15 03	3 24	27 03	16 12	1 40
21 Th	17 02	3 43	16 40	3 24	28 02	16 38	1 39
22 F	20 32	3 21	18 18	3 24	29 02	17 05	1 39
23 S	23 56	2 58	19 55	3 23	0♉02	17 31	1 38
24 Su	27 16	2 36	21 32	3 23	1 01	17 57	1 38
25 M	0♏31	2 13	23 10	3 23	2 01	18 23	1 38
26 Tu	3 43	1 51	24 47	3 22	3 01	18 50	1 37
27 W	6 51	1 28	26 24	3 21	4 01	19 16	1 37
28 Th	9 56	1 06	28 01	3 20	5 01	19 42	1 36
29 F	12 57	0 44	29 39	3 19	6 01	20 09	1 36
30 S	15 56	0 22	1♎16	3 18	7 01	20 35	1 35
31 Su	18♏52	0N00	2♎53	3N16	8♉01	21♍01	1N35

DAY	♃ LONG	♃ LAT	♄ LONG	♄ LAT	♅ LONG	♅ LAT	♆ LONG	♆ LAT	♇ LONG	♇ LAT
	° '	° '	° '	° '	° '	° '	° '	° '	° '	° '
1 W	17♋46.9	0N09	25♑30.3	0S04	16♍15.3	0N46	24♉14.3	1S44	8♓16.3	12S46
6 M	18 11.8	0 10	25 39.4	0 04	16 19.2	0 46	24 16.2	1 44	8 17.3	12 46
11 S	18 36.8	0 10	25 48.5	0 05	16 23.1	0 46	24 18.0	1 44	8 18.4	12 46
16 Th	19 01.7	0 11	25 57.6	0 05	16 26.9	0 46	24 19.8	1 44	8 19.5	12 47
21 Tu	19 26.6	0 11	26 06.7	0 05	16 30.8	0 46	24 21.7	1 44	8 20.5	12 47
26 Su	19 51.4	0 12	26 15.8	0 06	16 34.7	0 46	24 23.5	1 44	8 21.6	12 47
1 F	20 16.3	0 13	26 25.0	0 06	16 38.6	0 46	24 25.3	1 44	8 22.7	12 47
6 W	20 41.1	0 13	26 34.1	0 06	16 42.5	0 46	24 27.2	1 44	8 23.7	12 47
11 M	21 05.9	0 14	26 43.2	0 07	16 46.3	0 46	24 29.0	1 44	8 24.8	12 48
16 S	21 30.8	0 14	26 52.3	0 07	16 50.2	0 46	24 30.9	1 44	8 25.8	12 48
21 Th	21 55.5	0 15	27 01.4	0 08	16 54.1	0 46	24 32.7	1 44	8 26.9	12 48
26 Tu	22 20.3	0 15	27 10.5	0 08	16 58.0	0 46	24 34.5	1 44	8 28.0	12 48
31 Su	22 45.1	0 16	27 19.7	0 08	17 01.9	0 46	24 36.4	1 44	8 29.0	12 49

☿p .425158	☿ .311498
♀p .719942	♀ .718435
⊕ 1.00934	⊕ 1.00136
♂a 1.66230	♂ 1.66615
♃ 5.19744	♃ 5.20831
♄ 10.0001	♄ 9.99655
♅ 18.2853	♅ 18.2849
♆ 29.8168	♆ 29.8168
♇ 41.3566	♇ 41.3756
☊	Perihelia
☿ 18°♉ 56	☿ 18°♊ 14
♀ 17 ♊ 08	♀ 12 ♌ 02
⊕	⊕ 13 ♋ 26
♂ 19 ♉ 57	♂ 6 ♓ 59
♃ 11 ♋ 01	♃ 16 ♈ 23
♄ 24 ♋ 05	♄ 3 ♋ 28
♅ 14 ♊ 16	♅ 20 ♍ 07
♆ 12 ♌ 23	♆ 24 ♉ 36
♇ 21 ♋ 05	♇ 14 ♏ 21

Day	Aspect	Time
1	☿⚼♀	12pm 9
2 Th	⊕∠♄	1pm51
	♂⚻♄	6 24
	☿⚻♅	10 27
3 F	☿⚻♃	10am 5
	♀ ♋	6pm 6
5 Su	☿□♆	3am49
	☿⚺♄	12pm43
	☿☍♂	8 54
6	☿ ♓	4pm20
7	☿⚼♃	12pm50
8 W	⊕☍♅	1pm26
	☿△♀	4 51
	☿☌♇	6 36
	♀△♇	9 17
9 Th	☿∠♄	8am57
	♀∠♆	11 59
10 F	☿☍♅	4pm47
	⊕△♃	9 1
11 S	☿△♃	5am11
	⊕☌☿	7 18
12 Su	☿⚹♆	11am38
	☿⚹♄	7pm46
	♂ ♍	9 54
13 M	♀∠♂	1am36
	☿ ♈	5pm 0
	☿⚻♂	6 57
	♀⚹♅	9 40
15 W	☿⚺♇	10am 4
	♀☌♃	11 37
	☿∠♆	2pm53
16	⊕⚹♆	6pm24
17 F	☿⚻♅	0am16
	☿⚼♂	1 55
	☿□♃	12pm31
18 S	♀⚼♇	3am57
	☿∠♇	7 11
	☿□♀	8 34
	☿⚺♆	11 39
	⊕⚹♄	12pm15
	♀⚹♆	6 59
	☿□♄	7 6
	⊕⚺☿	8 32
19 Su	☿ ♉	12pm11
	☿⚼♅	6 34
	♀☍♄	8 34
20 M	☿△♂	1am28
	☿⚹♇	11pm15
21	⊕△♀	7pm56
22 W	⊕∠☿	0am12
	♀ ♌	6 34
	☿△♅	8 34
	⊕ ♈	1pm36
	☿0N	6 8
	☿⚹♃	8 48
23 Th	♀∠♅	5am23
	♂∠♃	1pm39
	☿☌♆	3 41
	☿△♄	10 49
24 F	☿ ♊	1pm35
	⊕⚹☿	10 34
25 S	☿∠♃	8am 6
	☿⚹♀	9 0
	☿□♂	10 41
	♀⚺♂	5pm16
	☿□♇	9 44
26	☿⚼♄	8am52
27 M	☿□♅	5am 5
	♀⚻♇	10 12
	☿ P	10 38
	☿⚺♃	6pm 2
28 T	☿⚺♆	10am45
	☿∠♀	1pm55
	☿⚻♄	6 8
	♂ A	9 46
29 W	☿ ♋	8am 2
	♀ P	3pm56
30 Th	⊕⚻♂	7am38
	☿⚹♂	1pm35
	⊕□☿	2 12
	☿△♇	4 9
	☿∠♆	8 11
1 F	⊕⚺♇	2am35
	☿⚺♀	7pm56
2 S	☿⚹♅	0am22
	♂☍♇	2 30
	⊕∠♆	4 15
	♀⚺♅	12pm45
	☿☌♃	3 12
3 Su	☿⚼♇	3am 5
	☿∠♂	5 0
	☿⚹♆	7 19
	☿☍♄	3pm38
4 M	☿ ♌	5am56
	☿∠♅	12pm54
	♀⚺♃	10 51
5	☿⚻♇	5pm 3
6 W	☿⚺♂	0am18
	⊕△☿	4pm46
7 Th	☿⚺♅	5am19
	♀□♆	7 53
	☿⚺♃	11pm53
8 F	♀⚻♄	4pm11
	☿□♆	4 32
9 S	☿⚻♄	2am48
	☿☌♀	7 43
	⊕⚻♅	2pm38
	♂⚼♄	3 44
	☿ ♍	6 43
10 Su	⊕⚼☿	6am22
	♀ ♍	5pm40
11 M	☿∠♃	0am41
	☿☍♇	12pm23
12 T	☿⚼♄	5am37
	☿☌♂	11 41
13	☿☌♅	8am25
14 Th	⊕□♃	6am41
	☿⚹♃	9 37
	⊕⚻☿	10 25
	♀∠♃	4pm14
15 F	☿△♆	3am20
	⊕⚼♀	5 53
	☿△♄	4pm56
	♀☍♇	10 11
16 S	⊕∠♇	8am38
	☿ ♎	11 27
17	⊕⚺♆	11am 2
18 M	♀⚼♄	1am58
	☿⚻♇	3pm31
	☿⚼♆	10 29
19	⊕□♄	10pm43
20	☿⚺♀	7pm31
W	☿⚺♂	8 58
	☿⚺♅	11 7
	♀☌♂	11 19
21 Th	♀☌♅	3am25
	♂☌♅	2pm51
22 F	☿□♃	10am38
	☿⚼♇	8pm35
	⊕ ♉	11 18
23 S	☿⚻♆	4am27
	☿□♄	10pm54
24 Su	♀⚹♃	9am52
	☿ ♏	8pm 6
	⊕⚼♅	10 21
25 M	☿∠♅	10am44
	⊕☍☿	4pm17
	♀△♆	8 55
26	☿∠♂	1am 0
27 W	⊕⚼♂	10am49
	♀△♄	12pm 7
	☿△♇	12 37
29	♀ ♎	5am17
30 S	☿∠♀	5am58
	☿⚹♅	8 53
31 Su	☿0S	0am28
	⊕⚹♇	11 24
	☿⚹♂	8pm58

NOVEMBER 2049

DAY	☿ LONG	☿ LAT	♀ LONG	♀ LAT	⊕ LONG	♂ LONG	♂ LAT
	° '	° '	° '	° '	° '	° '	° '
1 M	21♏46	0S21	4♎30	3N14	9♉01	21♍28	1N35
2 Tu	24 38	0 42	6 07	3 13	10 01	21 54	1 34
3 W	27 29	1 03	7 44	3 11	11 01	22 20	1 34
4 Th	0♐18	1 23	9 21	3 09	12 01	22 47	1 33
5 F	3 06	1 43	10 58	3 06	13 01	23 13	1 33
6 S	5 52	2 03	12 35	3 04	14 01	23 40	1 32
7 Su	8 38	2 22	14 12	3 01	15 01	24 06	1 32
8 M	11 23	2 41	15 49	2 59	16 01	24 33	1 31
9 Tu	14 08	3 00	17 25	2 56	17 02	24 59	1 31
10 W	16 53	3 18	19 02	2 53	18 02	25 25	1 30
11 Th	19 38	3 35	20 39	2 50	19 02	25 52	1 30
12 F	22 22	3 52	22 15	2 47	20 02	26 18	1 29
13 S	25 08	4 09	23 52	2 43	21 03	26 45	1 29
14 Su	27 54	4 25	25 29	2 40	22 03	27 11	1 28
15 M	0♑41	4 41	27 05	2 36	23 03	27 38	1 28
16 Tu	3 28	4 56	28 42	2 32	24 04	28 04	1 27
17 W	6 17	5 10	0♏18	2 29	25 04	28 31	1 27
18 Th	9 08	5 24	1 55	2 25	26 05	28 58	1 26
19 F	12 00	5 37	3 31	2 21	27 05	29 24	1 26
20 S	14 54	5 49	5 07	2 16	28 06	29 51	1 25
21 Su	17 51	6 00	6 43	2 12	29 06	0♎17	1 25
22 M	20 49	6 11	8 20	2 08	0♊07	0 44	1 24
23 Tu	23 51	6 21	9 56	2 03	1 08	1 11	1 23
24 W	26 55	6 30	11 32	1 59	2 08	1 37	1 23
25 Th	0♒02	6 38	13 08	1 54	3 09	2 04	1 22
26 F	3 13	6 45	14 44	1 49	4 10	2 31	1 22
27 S	6 28	6 51	16 20	1 44	5 10	2 57	1 21
28 Su	9 46	6 55	17 56	1 39	6 11	3 24	1 21
29 M	13 09	6 58	19 32	1 34	7 12	3 51	1 20
30 Tu	16♒37	7S00	21♏08	1N29	8♊13	4♎18	1N19

DECEMBER 2049

DAY	☿ LONG	☿ LAT	♀ LONG	♀ LAT	⊕ LONG	♂ LONG	♂ LAT
	° '	° '	° '	° '	° '	° '	° '
1 W	20♒10	7S00	22♏43	1N24	9♊14	4♎45	1N19
2 Th	23 48	6 59	24 19	1 19	10 14	5 11	1 18
3 F	27 31	6 56	25 55	1 14	11 15	5 38	1 18
4 S	1♓21	6 51	27 31	1 08	12 16	6 05	1 17
5 Su	5 18	6 43	29 06	1 03	13 17	6 32	1 16
6 M	9 21	6 34	0♐42	0 58	14 18	6 59	1 16
7 Tu	13 31	6 23	2 17	0 52	15 19	7 26	1 15
8 W	17 49	6 08	3 53	0 47	16 20	7 53	1 14
9 Th	22 15	5 52	5 28	0 41	17 20	8 20	1 14
10 F	26 49	5 32	7 04	0 36	18 21	8 47	1 13
11 S	1♈32	5 10	8 39	0 30	19 22	9 14	1 12
12 Su	6 24	4 45	10 15	0 24	20 23	9 41	1 12
13 M	11 24	4 17	11 50	0 19	21 24	10 08	1 11
14 Tu	16 34	3 46	13 25	0 13	22 25	10 35	1 10
15 W	21 53	3 12	15 01	0 08	23 26	11 02	1 10
16 Th	27 21	2 35	16 36	0 02	24 27	11 29	1 09
17 F	2♉57	1 56	18 11	0S04	25 28	11 56	1 08
18 S	8 42	1 15	19 46	0 09	26 29	12 23	1 08
19 Su	14 35	0 32	21 21	0 15	27 30	12 51	1 07
20 M	20 36	0N12	22 57	0 21	28 32	13 18	1 06
21 Tu	26 42	0 57	24 32	0 26	29 33	13 45	1 06
22 W	2♊53	1 42	26 07	0 32	0♋34	14 12	1 05
23 Th	9 09	2 26	27 42	0 37	1 35	14 40	1 04
24 F	15 27	3 08	29 17	0 43	2 36	15 07	1 03
25 S	21 46	3 49	0♑52	0 48	3 37	15 34	1 03
26 Su	28 05	4 26	2 27	0 54	4 38	16 02	1 02
27 M	4♋22	5 00	4 02	0 59	5 39	16 29	1 01
28 Tu	10 36	5 30	5 37	1 05	6 41	16 56	1 00
29 W	16 45	5 56	7 12	1 10	7 42	17 24	1 00
30 Th	22 48	6 18	8 47	1 15	8 43	17 51	0 59
31 F	28♋44	6N35	10♑22	1S20	9♋44	18♎19	0N58

DAY	♃ LONG	♃ LAT	♄ LONG	♄ LAT	♅ LONG	♅ LAT	♆ LONG	♆ LAT	♇ LONG	♇ LAT
	° '	° '	° '	° '	° '	° '	° '	° '	° '	° '
5 F	23♋09.8	0N16	27♑28.8	0S09	17♍05.8	0N46	24♉38.2	1S43	8♓30.1	12S49
10 W	23 34.5	0 17	27 37.9	0 09	17 09.7	0 46	24 40.0	1 43	8 31.2	12 49
15 M	23 59.2	0 18	27 47.0	0 10	17 13.6	0 46	24 41.9	1 43	8 32.2	12 49
20 S	24 23.9	0 18	27 56.2	0 10	17 17.4	0 46	24 43.7	1 43	8 33.3	12 49
25 Th	24 48.6	0 19	28 05.3	0 10	17 21.3	0 46	24 45.6	1 43	8 34.4	12 50
30 Tu	25 13.3	0 19	28 14.4	0 11	17 25.2	0 46	24 47.4	1 43	8 35.4	12 50
5 Su	25 37.9	0 20	28 23.6	0 11	17 29.1	0 46	24 49.2	1 43	8 36.5	12 50
10 F	26 02.5	0 20	28 32.7	0 12	17 33.0	0 46	24 51.1	1 43	8 37.6	12 50
15 W	26 27.1	0 21	28 41.8	0 12	17 36.9	0 46	24 52.9	1 43	8 38.6	12 50
20 M	26 51.7	0 21	28 51.0	0 12	17 40.8	0 46	24 54.8	1 43	8 39.7	12 51
25 S	27 16.3	0 22	29 00.1	0 13	17 44.7	0 46	24 56.6	1 43	8 40.8	12 51
30 Th	27 40.9	0 22	29 09.3	0 13	17 48.6	0 46	24 58.5	1 43	8 41.8	12 51

☿a .454394	☿p .410470
♀ .720323	♀ .724202
⊕ .992696	⊕ .986200
♂ 1.66073	♂ 1.64662
♃ 5.21951	♃ 5.23029
♄ 9.99273	♄ 9.98890
♅ 18.2846	♅ 18.2843
♆a 29.8168	♆ 29.8168
♇ 41.3953	♇ 41.4143
☊	Perihelia
☿ 18°♉ 56	☿ 18°♊ 14
♀ 17 ♊ 08	♀ 12 ♌ 06
⊕	⊕ 15 ♋ 11
♂ 19 ♉ 57	♂ 6 ♓ 58
♃ 11 ♋ 01	♃ 16 ♈ 23
♄ 24 ♋ 05	♄ 3 ♋ 34
♅ 14 ♊ 16	♅ 20 ♍ 14
♆ 12 ♌ 23	♆ 25 ♉ 04
♇ 21 ♋ 05	♇ 14 ♏ 18

1 M	♆ A	1am43
	☿△♃	9 7
	☿☍♆	11pm49
2	☿⚹♄	11pm28
3 W	♀⚻♇	11am18
	☿ ♐	9pm27
4 Th	♀⚼♆	4am10
	♂⚹♃	8pm 8
6 S	☿⚼♃	9pm15
	☿□♇	10 54
8 M	♂△♆	6am15
	⊕⚻♀	8 23
	☿∠♄	10 26
	♀⚺♅	7pm52
9 T	⊕△♅	2am57
	♃⚼♇	6 55
10 W	☿□♅	2am27
	☿ A	10 16
	⊕⚻☿	3pm51
11	☿⚹♀	9pm33
12	☿⚻♃	12pm16
F	♀⚼♇	6 57
	☿⚻♆	8 8
	♀□♃	11 17
13 S	♀⚻♆	12pm14
	☿□♂	4 43
	☿⚺♄	10 45
14	☿ ♑	6pm11
15 M	♂△♄	8am52
	♀□♄	10 36
	♀⚺♂	11 13
16 T	⊕⚹♃	0am 8
	⊕☌♆	3pm19
	♀ ♏	7 29
17	☿⚹♇	7pm 5
18 Th	☿⚼♆	4am55
	♀∠♅	5 22
19 F	⊕⚼☿	1am 6
	⊕△♄	8pm 2
20 S	♂ ♎	8am20
	☿△♅	7pm36
21	⊕ ♊	9pm12
22 M	♀△♇	3am32
	☿∠♇	9pm49
23 T	⊕△♂	2am 6
	☿☍♃	6 29
	☿△♆	7 7
24 W	♃⚹♆	7am59
	☿☌♄	8 56
	☿ ♒	11pm43
25 Th	☿⚼♅	5pm37
	☿△♂	5 52
26	⊕△☿	10am15
27 S	☿⚺♇	3pm26
	♀⚹♅	3 52
28	♀∠♂	9am48
30 T	☿⚻♅	5am31
	⊕□♇	8 59
	☿⚼♂	8pm48
2 Th	⊕∠♃	3am46
	☿□♀	6 1
	☿□♆	6 33
	♀☍♆	7 16
	☿⚻♃	10 33
	♀△♃	4pm53
3 F	☿⚺♄	5am 9
	☿ ♓	3pm35
4	♀⚹♄	1pm 4
5 Su	⊕⚼♄	2am43
	☿⚻♂	8 19
	♀ ♐	1pm29
	☿☌♇	7 41
6 M	☿⚼♃	8am 5
	☿∠♄	11pm37
7 T	⊕□☿	1pm11
	☿☍♅	10 21
9 Th	⊕□♅	4am42
	☿⚹♆	1pm43
	♂⚻♇	3 54
	☿△♃	7 52
10 F	☿⚹♄	8am54
	☿ ♈	4pm15
	♀□♇	11 36
11	♀⚹♂	12pm 2
12 Su	♂⚼♆	10am 3
	☿⚺♇	10 49
	♀⚼♃	3pm18
	☿∠♆	4 42
	☿☍♂	5 21
13	☿△♀	2am56
14 T	♀∠♄	3am46
	☿⚻♅	4 44
15 W	☿∠♇	7am49
	⊕⚹☿	8 29
	☿⚺♆	1pm17
	☿□♃	8 26
16 Th	☿□♄	6am 0
	♀0S	8 6
	⊕⚺♆	10 18
	☿ ♉	11 26
	♀□♅	3pm42
	☿⚼♅	10 40
17 F	☿⚼♀	1am20
	☿⚹♇	11pm47
18 S	⊕⚺♃	5am22
	⊕∠☿	1pm48
	☿⚻♂	4 20
19 Su	☿△♅	12pm23
	☿0N	5 23
20 M	⊕⚻♄	7am53
	☿⚻♀	12pm33
	☿☌♆	5 2
21 T	☿⚹♃	0am58
	♀⚻♆	5 56
	☿△♄	8 32
	☿⚼♂	8 37
	⊕ ♋	10 45
	☿ ♊	12pm50
	⊕⚺☿	1 15
22 W	♀⚻♃	2pm35
	☿□♇	10 10
23 Th	☿∠♃	11am26
	☿⚼♄	6pm21
	♀⚺♄	7 12
	☿△♂	10 37
24 F	☿□♅	8am40
	☿ P	9 53
	♀ ♑	10 53
25 S	☿⚺♆	12pm 3
	☿⚺♃	9 10
26 Su	☿⚻♄	3am36
	☿ ♋	7 17
	☿☍♀	10pm15
27 M	⊕☌☿	5am53
	☿△♇	4pm36
	☿∠♆	9 31
29 W	☿□♂	2am45
	☿⚹♅	4 7
	⊕☍♀	9pm15
	♂⚺♅	9 24
	♀⚹♇	10 45
	⊕△♇	11 35
30 Th	☿⚼♇	3am35
	☿⚹♆	8 44
	♀⚼♆	6pm12
	☿☌♃	7 58
31 F	☿☍♄	1am51
	☿ ♌	5 11
	⊕∠♆	5 50
	☿∠♅	4pm53

JANUARY 2050

DAY	☿ LONG	☿ LAT	♀ LONG	♀ LAT	⊕ LONG	♂ LONG	♂ LAT
	° '	° '	° '	° '	° '	° '	° '
1 S	4♌32	6N47	11♑57	1S26	10♋45	18♎47	0N57
2 Su	10 12	6 56	13 32	1 31	11 46	19 14	0 57
3 M	15 42	7 00	15 06	1 36	12 47	19 42	0 56
4 Tu	21 03	7 00	16 41	1 41	13 49	20 09	0 55
5 W	26 14	6 57	18 16	1 45	14 50	20 37	0 54
6 Th	1♍15	6 51	19 51	1 50	15 51	21 05	0 54
7 F	6 07	6 42	21 26	1 55	16 52	21 32	0 53
8 S	10 49	6 30	23 01	1 59	17 53	22 00	0 52
9 Su	15 23	6 17	24 36	2 04	18 54	22 28	0 51
10 M	19 47	6 01	26 10	2 08	19 55	22 56	0 50
11 Tu	24 04	5 44	27 45	2 13	20 57	23 24	0 50
12 W	28 12	5 26	29 20	2 17	21 58	23 52	0 49
13 Th	2♎13	5 07	0♒55	2 21	22 59	24 20	0 48
14 F	6 06	4 47	2 30	2 25	24 00	24 48	0 47
15 S	9 53	4 26	4 05	2 29	25 01	25 15	0 46
16 Su	13 34	4 04	5 40	2 33	26 02	25 44	0 46
17 M	17 09	3 42	7 14	2 36	27 03	26 12	0 45
18 Tu	20 38	3 20	8 49	2 40	28 04	26 40	0 44
19 W	24 03	2 58	10 24	2 43	29 05	27 08	0 43
20 Th	27 22	2 35	11 59	2 47	0♌06	27 36	0 42
21 F	0♏38	2 13	13 34	2 50	1 08	28 04	0 41
22 S	3 49	1 50	15 09	2 53	2 09	28 32	0 41
23 Su	6 57	1 28	16 44	2 56	3 10	29 01	0 40
24 M	10 01	1 05	18 19	2 59	4 11	29 29	0 39
25 Tu	13 03	0 43	19 54	3 01	5 12	29 57	0 38
26 W	16 02	0 21	21 29	3 04	6 13	0♏26	0 37
27 Th	18 58	0S00	23 04	3 06	7 14	0 54	0 36
28 F	21 52	0 22	24 39	3 08	8 15	1 23	0 35
29 S	24 44	0 43	26 14	3 10	9 16	1 51	0 34
30 Su	27 34	1 03	27 49	3 12	10 17	2 20	0 34
31 M	0♐23	1S24	29♒24	3S14	11♌18	2♏48	0N33

FEBRUARY 2050

DAY	☿ LONG	☿ LAT	♀ LONG	♀ LAT	⊕ LONG	♂ LONG	♂ LAT
	° '	° '	° '	° '	° '	° '	° '
1 Tu	3♐11	1S44	0♓59	3S16	12♌19	3♏17	0N32
2 W	5 58	2 04	2 34	3 17	13 20	3 45	0 31
3 Th	8 43	2 23	4 09	3 19	14 20	4 14	0 30
4 F	11 29	2 42	5 44	3 20	15 21	4 43	0 29
5 S	14 14	3 00	7 19	3 21	16 22	5 12	0 28
6 Su	16 58	3 18	8 54	3 22	17 23	5 40	0 27
7 M	19 43	3 36	10 29	3 22	18 24	6 09	0 26
8 Tu	22 28	3 53	12 05	3 23	19 24	6 38	0 26
9 W	25 13	4 10	13 40	3 23	20 25	7 07	0 25
10 Th	27 59	4 26	15 15	3 24	21 26	7 36	0 24
11 F	0♑46	4 41	16 50	3 24	22 27	8 05	0 23
12 S	3 34	4 56	18 25	3 24	23 27	8 34	0 22
13 Su	6 23	5 10	20 01	3 23	24 28	9 03	0 21
14 M	9 13	5 24	21 36	3 23	25 29	9 32	0 20
15 Tu	12 06	5 37	23 11	3 23	26 29	10 02	0 19
16 W	15 00	5 49	24 47	3 22	27 30	10 31	0 18
17 Th	17 56	6 01	26 22	3 21	28 30	11 00	0 17
18 F	20 55	6 12	27 57	3 20	29 31	11 29	0 16
19 S	23 56	6 21	29 33	3 19	0♍32	11 59	0 15
20 Su	27 01	6 30	1♈08	3 18	1 32	12 28	0 14
21 M	0♒08	6 38	2 44	3 16	2 33	12 58	0 14
22 Tu	3 19	6 45	4 19	3 15	3 33	13 27	0 13
23 W	6 34	6 51	5 55	3 13	4 34	13 57	0 12
24 Th	9 53	6 55	7 30	3 11	5 34	14 26	0 11
25 F	13 16	6 58	9 06	3 09	6 34	14 56	0 10
26 S	16 44	7 00	10 41	3 07	7 35	15 25	0 09
27 Su	20 17	7 00	12 17	3 04	8 35	15 55	0 08
28 M	23♒55	6S59	13♈52	3S02	9♍35	16♏25	0N07

DAY	♃ LONG	♃ LAT	♄ LONG	♄ LAT	♅ LONG	♅ LAT	♆ LONG	♆ LAT	♇ LONG	♇ LAT
	° '	° '	° '	° '	° '	° '	° '	° '	° '	° '
4 Tu	28♋05.4	0N23	29♑18.4	0S14	17♍52.5	0N46	25♉00.3	1S43	8♓42.9	12S51
9 Su	28 29.9	0 23	29 27.6	0 14	17 56.3	0 46	25 02.1	1 43	8 44.0	12 51
14 F	28 54.4	0 24	29 36.7	0 14	18 00.2	0 46	25 04.0	1 43	8 45.0	12 52
19 W	29 18.9	0 25	29 45.8	0 15	18 04.1	0 46	25 05.8	1 43	8 46.1	12 52
24 M	29 43.4	0 25	29 55.0	0 15	18 08.0	0 46	25 07.7	1 43	8 47.2	12 52
29 S	0♌07.9	0 26	0♒04.1	0 16	18 11.9	0 46	25 09.5	1 43	8 48.2	12 52
3 Th	0 32.3	0 26	0 13.3	0 16	18 15.8	0 46	25 11.3	1 43	8 49.3	12 52
8 Tu	0 56.7	0 27	0 22.4	0 16	18 19.7	0 46	25 13.2	1 43	8 50.4	12 53
13 Su	1 21.1	0 27	0 31.6	0 17	18 23.6	0 46	25 15.0	1 43	8 51.4	12 53
18 F	1 45.5	0 28	0 40.7	0 17	18 27.5	0 46	25 16.9	1 43	8 52.5	12 53
23 W	2 09.9	0 28	0 49.9	0 18	18 31.3	0 46	25 18.7	1 43	8 53.5	12 53
28 M	2 34.3	0 29	0 59.0	0 18	18 35.2	0 46	25 20.5	1 43	8 54.6	12 54

☿ .324683	☿a.462645
♀a.727560	♀ .727964
⊕p.983349	⊕ .985273
♂ 1.62355	♂ 1.59299
♃ 5.24136	♃ 5.25233
♄ 9.98481	♄ 9.98059
♅ 18.2840	♅ 18.2838
♆ 29.8168	♆ 29.8168
♇ 41.4339	♇ 41.4536
☊	Perihelia
☿ 18°♉ 56	☿ 18°♊ 14
♀ 17 ♊ 08	♀ 12 ♌ 11
⊕	⊕ 14 ♋ 21
♂ 19 ♉ 57	♂ 6 ♓ 58
♃ 11 ♋ 01	♃ 16 ♈ 23
♄ 24 ♋ 05	♄ 3 ♋ 39
♅ 14 ♊ 16	♅ 20 ♍ 21
♆ 12 ♌ 24	♆ 25 ♉ 29
♇ 21 ♋ 05	♇ 14 ♏ 16

1	☿⊼♇	5pm38
2 Su	⊕⊻☿	8am21
	☿⊼♀	8pm20
3 M	☿⊻♅	9am39
	☿⚹♂	7pm35
4 T	♀△♅	6pm 9
	☿□♆	6 18
	⊕ P	7 37
5 W	☿⊻♃	9am21
	☿⊼♄	2pm51
	☿ ♍	5 57
	⊕∠☿	9 32
7 F	♀□♂	2am21
	☿∠♂	2 22
	☿⚼♀	2 22
	☿☍♇	1pm13
8 S	⊕⚹♅	0am57
	♀∠♇	10 54
	☿∠♃	1pm49
	☿⚼♄	7 3
9 Su	♀△♆	6am44
	☿☌♅	1pm53
10 M	⊕⚹☿	0am58
	☿⊻♂	7pm45
11 T	☿△♆	5am40
	♀☍♃	2pm31
	♂⚼♇	5 56
12 W	☿⚹♃	3am17
	♀☌♄	3 19
	☿△♄	8 4
	♀ ♒	10 4
	☿ ♎	10 41
	☿△♀	11 5
13	⊕⚼♇	6pm 9
14 F	♀⚼♅	7am44
	♂⊼♆	2pm19
	☿⊼♇	4 44
15 S	☿⚼♆	1am12
	⊕⚹♆	1 20
	⊕□♂	10 31
17 M	☿⊻♅	6am 8
	♀⊻♇	11pm 7
18	☿⚼♇	10pm 3
19	⊕☌♃	5am47
W	☿⊼♆	7 34
	⊕☍♄	4pm22
	⊕ ♌	9 27
20 Th	♀ A	1am24
	☿☌♂	1 57
	☿□♃	3pm15
	☿□♄	5 59
	☿ ♏	7 20
21 F	⊕□☿	5am27
	☿∠♅	6pm35
22	⊕∠♅	11pm 0
23 Su	☿△♇	2pm17
	♀⊼♅	9 15
24 M	♂□♃	2pm46
	♂□♄	11 31
25	♂ ♏	2am15
26 W	☿⚹♅	5pm28
	♄ ♒	5 49
	☿0S	11 43
27 Th	♃ ♌	9am21
	♃☍♄	6pm38
28 F	♀□♆	7am44
	⊕⊼♇	1pm 6
29	☿☍♆	3am35
30 Su	☿□♀	4am36
	☿ ♐	8pm41
	☿⚹♄	9 46
	☿△♃	11 10
31 M	♀ ♓	9am10
	♀⊻♄	11 21
	♀⊼♃	2pm22
	♂∠♅	9 47

1	☿⊻♂	1am 1
3 Th	☿□♇	0am51
	♀△♂	1 54
5 S	☿∠♄	9am20
	☿⚼♃	1pm18
	♀☌♇	10 55
6 Su	⊕△☿	5am42
	☿ A	9 31
	☿□♅	11 42
	⊕⊻♅	10pm 5
7	☿∠♂	3pm15
9	☿⊼♆	0am 4
10 Th	♀∠♄	2am52
	♀⚼♃	1pm42
	☿ ♑	5 24
	☿⊻♄	9 23
11 F	☿⊼♃	3am46
	♀☍♅	11pm21
12	♂△♇	2pm11
13 Su	⊕□♆	6pm43
	☿⚹♇	8 56
14 M	☿⚹♂	3am11
	☿⚼♆	8 40
	⊕⚼☿	4pm12
16 W	♀⚹♆	7am28
	♀⚼♂	4pm 4
17	☿△♅	4am 7
18 F	⊕ ♍	11am28
	☿∠♇	11pm30
19	⊕⊼♄	4am28
S	♀ ♈	6 52
	☿△♆	10 35
	♀⚹♄	5pm55
20 Su	⊕⊻♃	9am59
	♀△♃	12pm30
	⊕⊼♀	4 31
	☿ ♒	10 57
21 M	☿☌♄	4am51
	☿☍♃	2pm29
22 T	☿⚼♅	1am25
	⊕⊼☿	2 31
	☿⚹♀	2pm34
23	☿⊻♇	4pm56
24	♀⊻♇	9pm 5
25 F	☿□♂	1pm33
	♀∠♆	6 37
26	☿⊼♅	12pm31
27	⊕☍♇	7am42
28	☿□♆	9am17

MARCH 2050

DAY	☿ LONG	☿ LAT	♀ LONG	♀ LAT	⊕ LONG	♂ LONG	♂ LAT
	° '	° '	° '	° '	° '	° '	° '
1 Tu	27♒39	6S56	15♈28	2S59	10♍36	16♏55	0N06
2 W	1♓29	6 50	17 04	2 57	11 36	17 25	0 05
3 Th	5 25	6 43	18 39	2 54	12 36	17 55	0 04
4 F	9 29	6 34	20 15	2 51	13 36	18 25	0 03
5 S	13 39	6 22	21 51	2 48	14 36	18 55	0 02
6 Su	17 58	6 08	23 26	2 44	15 36	19 25	0 01
7 M	22 24	5 51	25 02	2 41	16 37	19 55	0 00
8 Tu	26 58	5 32	26 38	2 37	17 37	20 25	0S01
9 W	1♈41	5 09	28 14	2 34	18 37	20 55	0 02
10 Th	6 33	4 44	29 50	2 30	19 37	21 25	0 03
11 F	11 34	4 16	1♉26	2 26	20 36	21 56	0 04
12 S	16 44	3 45	3 02	2 22	21 36	22 26	0 05
13 Su	22 03	3 11	4 37	2 18	22 36	22 56	0 06
14 M	27 31	2 34	6 13	2 13	23 36	23 27	0 07
15 Tu	3♉08	1 55	7 49	2 09	24 36	23 57	0 08
16 W	8 53	1 14	9 25	2 05	25 36	24 28	0 09
17 Th	14 47	0 31	11 01	2 00	26 35	24 58	0 10
18 F	20 47	0N14	12 38	1 56	27 35	25 29	0 11
19 S	26 54	0 59	14 14	1 51	28 35	26 00	0 12
20 Su	3♊05	1 43	15 50	1 46	29 35	26 30	0 13
21 M	9 21	2 27	17 26	1 41	0♎34	27 01	0 14
22 Tu	15 39	3 10	19 02	1 36	1 34	27 32	0 15
23 W	21 58	3 50	20 38	1 31	2 33	28 03	0 16
24 Th	28 17	4 27	22 15	1 26	3 33	28 34	0 17
25 F	4♋34	5 01	23 51	1 21	4 33	29 05	0 18
26 S	10 48	5 31	25 27	1 15	5 32	29 36	0 19
27 Su	16 57	5 57	27 03	1 10	6 31	0♐07	0 20
28 M	23 00	6 18	28 40	1 05	7 31	0 38	0 21
29 Tu	28 55	6 35	0♊16	0 59	8 30	1 10	0 22
30 W	4♌43	6 48	1 53	0 54	9 30	1 41	0 23
31 Th	10♌22	6N56	3♊29	0S48	10♎29	2♐12	0S24

APRIL 2050

DAY	☿ LONG	☿ LAT	♀ LONG	♀ LAT	⊕ LONG	♂ LONG	♂ LAT
	° '	° '	° '	° '	° '	° '	° '
1 F	15♌52	7N00	5♊06	0S43	11♎28	2♐44	0S25
2 S	21 13	7 00	6 42	0 37	12 27	3 15	0 26
3 Su	26 23	6 57	8 19	0 31	13 27	3 46	0 27
4 M	1♍24	6 51	9 55	0 26	14 26	4 18	0 28
5 Tu	6 16	6 41	11 32	0 20	15 25	4 50	0 28
6 W	10 58	6 30	13 08	0 14	16 24	5 21	0 29
7 Th	15 31	6 16	14 45	0 08	17 23	5 53	0 30
8 F	19 56	6 01	16 22	0 03	18 22	6 25	0 31
9 S	24 12	5 44	17 58	0N03	19 21	6 57	0 32
10 Su	28 20	5 25	19 35	0 09	20 20	7 28	0 33
11 M	2♎20	5 06	21 12	0 14	21 19	8 00	0 34
12 Tu	6 13	4 46	22 49	0 20	22 18	8 32	0 35
13 W	10 00	4 25	24 26	0 26	23 16	9 04	0 36
14 Th	13 41	4 03	26 02	0 32	24 15	9 36	0 37
15 F	17 15	3 42	27 39	0 37	25 14	10 09	0 38
16 S	20 45	3 19	29 16	0 43	26 13	10 41	0 39
17 Su	24 09	2 57	0♋53	0 48	27 12	11 13	0 40
18 M	27 28	2 34	2 30	0 54	28 10	11 45	0 41
19 Tu	0♏44	2 12	4 07	1 00	29 09	12 18	0 42
20 W	3 55	1 49	5 44	1 05	0♏08	12 50	0 43
21 Th	7 03	1 27	7 21	1 10	1 06	13 23	0 44
22 F	10 07	1 05	8 58	1 16	2 05	13 55	0 45
23 S	13 09	0 43	10 36	1 21	3 03	14 28	0 46
24 Su	16 07	0 21	12 13	1 26	4 02	15 01	0 47
25 M	19 03	0S01	13 50	1 32	5 00	15 33	0 48
26 Tu	21 57	0 22	15 27	1 37	5 59	16 06	0 49
27 W	24 49	0 43	17 04	1 42	6 57	16 39	0 50
28 Th	27 40	1 04	18 42	1 47	7 56	17 12	0 51
29 F	0♐29	1 25	20 19	1 52	8 54	17 45	0 52
30 S	3♐16	1S45	21♋56	1N56	9♏52	18♐18	0S53

DAY	♃ LONG	♃ LAT	♄ LONG	♄ LAT	♅ LONG	♅ LAT	♆ LONG	♆ LAT	♇ LONG	♇ LAT
	° '	° '	° '	° '	° '	° '	° '	° '	° '	° '
5 S	2♌58.6	0N29	1♒08.2	0S18	18♍39.1	0N46	25♉22.4	1S43	8♓55.7	12S54
10 Th	3 22.9	0 30	1 17.3	0 19	18 43.0	0 46	25 24.2	1 43	8 56.7	12 54
15 Tu	3 47.2	0 30	1 26.5	0 19	18 46.9	0 46	25 26.0	1 43	8 57.8	12 54
20 Su	4 11.5	0 31	1 35.6	0 20	18 50.8	0 46	25 27.9	1 43	8 58.8	12 54
25 F	4 35.8	0 31	1 44.8	0 20	18 54.6	0 46	25 29.7	1 43	8 59.9	12 55
30 W	5 00.1	0 32	1 53.9	0 20	18 58.5	0 46	25 31.5	1 43	9 01.0	12 55
4 M	5 24.3	0 32	2 03.1	0 21	19 02.4	0 46	25 33.4	1 43	9 02.0	12 55
9 S	5 48.5	0 33	2 12.3	0 21	19 06.3	0 46	25 35.2	1 43	9 03.1	12 55
14 Th	6 12.8	0 33	2 21.4	0 21	19 10.2	0 46	25 37.0	1 43	9 04.1	12 55
19 Tu	6 36.9	0 34	2 30.6	0 22	19 14.1	0 46	25 38.9	1 43	9 05.2	12 56
24 Su	7 01.1	0 34	2 39.7	0 22	19 18.0	0 46	25 40.7	1 43	9 06.2	12 56
29 F	7 25.3	0 35	2 48.9	0 23	19 21.8	0 46	25 42.5	1 43	9 07.3	12 56

☿p.399731	☿ .333978
♀ .725508	♀ .721394
⊕ .990674	⊕ .999036
♂ 1.56036	♂ 1.52080
♃ 5.26213	♃ 5.27286
♄ 9.97666	♄ 9.97219
♅ 18.2836	♅ 18.2834
♆ 29.8168	♆ 29.8168
♇ 41.4713	♇ 41.4909
☊	Perihelia
☿ 18°♉ 56	☿ 18°♊ 15
♀ 17 ♊ 08	♀ 12 ♌ 09
⊕	⊕ 12 ♋ 14
♂ 19 ♉ 57	♂ 6 ♓ 57
♃ 11 ♋ 01	♃ 16 ♈ 24
♄ 24 ♋ 05	♄ 3 ♋ 45
♅ 14 ♊ 16	♅ 20 ♍ 30
♆ 12 ♌ 24	♆ 25 ♉ 54
♇ 21 ♋ 05	♇ 14 ♏ 14

Day	Aspect	Time
1 T	☿ ♓	2pm49
	☿⚺♄	9 17
2 W	☿∠♀	6am 2
	♀⚻♂	7 41
	☿⚻♃	7 52
	♀⚻♅	11pm34
3	☿☌♇	8pm45
4	♂✶♅	11am22
5 S	⊕☍☿	7am 0
	☿∠♄	2pm 1
6 Su	☿⚼♃	0am32
	☿☍♅	3 52
	♀∠♇	7 23
	☿△♂	8 56
	⊕⚼♄	1pm49
7 M	♂0S	1am49
	♀⚺♆	5 15
	☿✶♆	3pm47
	☿⚺♀	9 20
8 T	☿ ♈	3pm29
	⊕∠♃	3 57
	☿✶♄	9 49
9 W	⊕☌♅	2am17
	☿△♃	8 10
	☿⚼♂	11pm17
10 Th	♀ ♉	2am34
	☿⚺♇	11 33
	☿∠♆	6pm31
	♀□♄	10 21
12 S	♀□♃	8am12
	☿⚻♅	9 10
	♀⚼♅	10 51
13 Su	⊕⚻☿	3am 0
	☿⚻♂	4 20
	☿∠♇	8 26
	☿⚺♆	2pm53
	⊕✶♂	4 19
14 M	☿ ♉	10am40
	☿□♄	4pm47
	♃∠♅	9 54
15 T	☿⚼♅	2am44
	☿□♃	2 47
	♀✶♇	5pm 7
	⊕△♆	8 14
16 W	☿✶♇	0am19
	☿☌♀	3 1
	⊕⚼☿	8 26
17 Th	☿△♅	4pm11
	☿0N	4 39
	⊕⚼♀	10 28
	♂☍♆	10 32
18 F	☿☌♆	6pm24
	☿☍♂	8 11
19 S	⊕△☿	7am50
	☿ ♊	12pm 5
	☿△♄	6 13
20 Su	☿✶♃	4am18
	⊕ ♎	10 13
	☿□♇	10pm37
21	♀△♅	9pm32
22 T	⊕△♄	2am15
	☿⚼♄	3 50
	☿ P	9 8
	☿□♅	12pm15
	☿∠♃	2 14
	☿⚺♀	5 13
23	☿⚺♆	1pm20
24	☿⚻♂	1am 9
Th	☿ ♋	6 31
	☿⚻♄	1pm 8
	⊕□☿	11 52
25 F	☿⚺♃	0am 6
	⊕✶♃	1 26
	☿△♇	5pm 3
	☿∠♀	10 12
	☿∠♆	10 51
26 S	♀☌♆	0am44
	☿⚼♂	4pm10
	♂ ♐	6 30
27	☿✶♅	7am52
28 M	☿⚼♇	4am 5
	☿✶♆	10 9
	♀ ♊	7pm58
29 T	☿ ♌	4am25
	☿✶♀	7 38
	☿△♂	10 6
	☿☍♄	12pm12
	⊕⚻♇	12 22
	♀☍♂	7 38
	☿∠♅	8 53
30 W	♀△♄	0am20
	☿☌♃	1 12
	♂✶♄	10 42
	☿⚻♇	6pm12
31 Th	⊕✶☿	0am35
	⊕⚼♆	1 14
1 F	♀✶♃	1am 6
	☿⚺♅	2pm 2
2	☿□♆	8pm 4
3 Su	♀□♇	10am46
	⊕∠☿	12pm 6
	☿ ♍	5 12
4 M	☿⚻♄	3am10
	☿□♂	3pm56
	☿⚺♃	8 2
5	☿☍♇	2pm 3
6 W	♂△♃	11am25
	☿□♀	5pm36
7 Th	☿⚼♄	8am49
	⊕⚺☿	12pm56
	☿☌♅	7 23
8 F	☿∠♃	4am32
	♀0N	11 33
	♀⚼♄	12pm19
	⊕⚺♅	6 0
9 S	☿△♆	8am 1
	♀□♅	4pm59
10 Su	☿ ♎	9am56
	♀∠♃	8pm25
	☿△♄	11 34
11 M	⊕△♀	4am16
	☿✶♃	10pm53
12 T	☿✶♂	5pm 2
	☿⚻♇	5 58
	♂□♇	11 40
13 W	☿⚼♆	3am56
	♀⚺♆	5pm41
	⊕⚼♇	7 27
14	⊕∠♂	7pm 8
15 F	⊕⚻♆	9am37
	☿⚺♅	1pm14
16 S	♀ ♋	10am50
	☿⚼♇	11pm30
17 Su	☿⚻♆	10am41
	☿∠♂	5pm46
	♀⚻♄	11 38
18 M	⊕☌☿	7am15
	☿ ♏	6pm35
19 T	☿□♄	1pm28
	⊕ ♏	8 55
20 W	☿∠♅	2am31
	♀⚺♃	2pm58
	☿□♃	9 52
21 Th	☿△♀	5am 1
	☿△♇	3pm58
22 F	♀△♇	1am50
	⊕□♄	1pm16
23 S	♀∠♆	1am12
	☿⚺♂	12pm59
24 Su	⊕∠♅	6am43
	☿0S	10pm58
25	☿✶♅	2am 7
26	♀⚻♂	2pm32
27 W	☿☍♆	7am23
	⊕□♃	8 17
28 Th	♀✶♅	9am50
	☿ ♐	7pm55
29 F	♂∠♄	3am13
	⊕△♇	5 32
	☿✶♄	8pm18

MAY 2050

DAY	☿ LONG	☿ LAT	♀ LONG	♀ LAT	⊕ LONG	♂ LONG	♂ LAT
	° '	° '	° '	° '	° '	° '	° '
1 Su	6♐03	2S04	23♋33	2N01	10♏50	18♐51	0S54
2 M	8 49	2 24	25 11	2 06	11 49	19 24	0 55
3 Tu	11 34	2 42	26 48	2 10	12 47	19 57	0 55
4 W	14 19	3 01	28 25	2 14	13 45	20 30	0 56
5 Th	17 03	3 19	0♌03	2 19	14 43	21 04	0 57
6 F	19 48	3 36	1 40	2 23	15 41	21 37	0 58
7 S	22 33	3 54	3 18	2 27	16 39	22 10	0 59
8 Su	25 18	4 10	4 55	2 31	17 38	22 44	1 00
9 M	28 04	4 26	6 33	2 35	18 36	23 17	1 01
10 Tu	0♑51	4 42	8 10	2 38	19 34	23 51	1 02
11 W	3 39	4 57	9 48	2 42	20 32	24 25	1 03
12 Th	6 28	5 11	11 25	2 45	21 30	24 58	1 04
13 F	9 19	5 24	13 03	2 49	22 27	25 32	1 05
14 S	12 11	5 37	14 40	2 52	23 25	26 06	1 05
15 Su	15 05	5 50	16 18	2 55	24 23	26 40	1 06
16 M	18 02	6 01	17 55	2 58	25 21	27 14	1 07
17 Tu	21 01	6 12	19 33	3 01	26 19	27 48	1 08
18 W	24 02	6 22	21 10	3 03	27 17	28 22	1 09
19 Th	27 07	6 31	22 48	3 06	28 15	28 56	1 10
20 F	0♒14	6 38	24 25	3 08	29 13	29 30	1 11
21 S	3 25	6 45	26 03	3 10	0♐10	0♑04	1 12
22 Su	6 40	6 51	27 40	3 12	1 08	0 39	1 12
23 M	9 59	6 55	29 18	3 14	2 06	1 13	1 13
24 Tu	13 22	6 58	0♍55	3 16	3 03	1 47	1 14
25 W	16 50	7 00	2 33	3 17	4 01	2 22	1 15
26 Th	20 23	7 00	4 10	3 19	4 59	2 56	1 16
27 F	24 02	6 59	5 48	3 20	5 56	3 31	1 16
28 S	27 46	6 55	7 25	3 21	6 54	4 05	1 17
29 Su	1♓36	6 50	9 03	3 22	7 52	4 40	1 18
30 M	5 33	6 43	10 40	3 22	8 49	5 15	1 19
31 Tu	9♓37	6S34	12♍18	3N23	9♐47	5♑50	1S20

JUNE 2050

DAY	☿ LONG	☿ LAT	♀ LONG	♀ LAT	⊕ LONG	♂ LONG	♂ LAT
	° '	° '	° '	° '	° '	° '	° '
1 W	13♓47	6S22	13♍55	3N23	10♐44	6♑24	1S20
2 Th	18 06	6 07	15 33	3 24	11 42	6 59	1 21
3 F	22 32	5 51	17 10	3 24	12 39	7 34	1 22
4 S	27 07	5 31	18 47	3 24	13 37	8 09	1 23
5 Su	1♈50	5 09	20 25	3 23	14 34	8 44	1 23
6 M	6 42	4 43	22 02	3 23	15 32	9 19	1 24
7 Tu	11 44	4 15	23 39	3 22	16 29	9 55	1 25
8 W	16 54	3 44	25 17	3 22	17 26	10 30	1 26
9 Th	22 13	3 10	26 54	3 21	18 24	11 05	1 26
10 F	27 42	2 33	28 31	3 20	19 21	11 40	1 27
11 S	3♉19	1 54	0♎08	3 18	20 19	12 16	1 28
12 Su	9 04	1 12	1 45	3 17	21 16	12 51	1 29
13 M	14 58	0 29	3 22	3 16	22 13	13 27	1 29
14 Tu	20 58	0N15	5 00	3 14	23 11	14 02	1 30
15 W	27 05	1 00	6 37	3 12	24 08	14 38	1 31
16 Th	3♊17	1 45	8 14	3 10	25 05	15 13	1 31
17 F	9 33	2 29	9 51	3 08	26 03	15 49	1 32
18 S	15 51	3 11	11 27	3 06	27 00	16 25	1 32
19 Su	22 10	3 51	13 04	3 03	27 57	17 01	1 33
20 M	28 29	4 28	14 41	3 01	28 55	17 37	1 34
21 Tu	4♋46	5 02	16 18	2 58	29 52	18 12	1 34
22 W	10 59	5 32	17 55	2 55	0♑49	18 48	1 35
23 Th	17 08	5 58	19 32	2 52	1 46	19 24	1 36
24 F	23 11	6 19	21 08	2 49	2 44	20 00	1 36
25 S	29 06	6 36	22 45	2 46	3 41	20 37	1 37
26 Su	4♌54	6 48	24 22	2 42	4 38	21 13	1 37
27 M	10 33	6 56	25 58	2 39	5 35	21 49	1 38
28 Tu	16 02	7 00	27 35	2 35	6 33	22 25	1 38
29 W	21 22	7 00	29 11	2 31	7 30	23 01	1 39
30 Th	26♌33	6N57	0♏47	2N27	8♑27	23♑38	1S39

DAY	♃ LONG	♃ LAT	♄ LONG	♄ LAT	♅ LONG	♅ LAT	♆ LONG	♆ LAT	♇ LONG	♇ LAT
	° '	° '	° '	° '	° '	° '	° '	° '	° '	° '
4 W	7♌49.5	0N35	2♒58.1	0S23	19♍25.7	0N46	25♉44.4	1S43	9♓08.4	12S56
9 M	8 13.6	0 36	3 07.2	0 23	19 29.6	0 46	25 46.2	1 43	9 09.4	12 56
14 S	8 37.7	0 36	3 16.4	0 24	19 33.5	0 46	25 48.1	1 43	9 10.5	12 57
19 Th	9 01.8	0 37	3 25.6	0 24	19 37.4	0 46	25 49.9	1 43	9 11.5	12 57
24 Tu	9 25.9	0 37	3 34.8	0 25	19 41.3	0 46	25 51.7	1 43	9 12.6	12 57
29 Su	9 50.0	0 38	3 44.0	0 25	19 45.2	0 46	25 53.6	1 43	9 13.7	12 57
3 F	10 14.1	0 38	3 53.1	0 25	19 49.1	0 46	25 55.4	1 43	9 14.7	12 57
8 W	10 38.1	0 39	4 02.3	0 26	19 53.0	0 46	25 57.3	1 43	9 15.8	12 58
13 M	11 02.2	0 39	4 11.5	0 26	19 56.9	0 46	25 59.1	1 43	9 16.8	12 58
18 S	11 26.2	0 40	4 20.7	0 27	20 00.7	0 46	26 00.9	1 43	9 17.9	12 58
23 Th	11 50.2	0 40	4 29.9	0 27	20 04.6	0 46	26 02.8	1 43	9 19.0	12 58
28 Tu	12 14.2	0 40	4 39.1	0 27	20 08.5	0 46	26 04.6	1 43	9 20.0	12 58

☿a .464044	☿p .376970
♀p .718680	♀ .719155
⊕ 1.00734	⊕ 1.01386
♂ 1.48172	♂ 1.44387
♃ 5.28309	♃ 5.29348
♄ 9.96773	♄ 9.96300
♅ 18.2833	♅ 18.2832
♆ 29.8168	♆p 29.8168
♇ 41.5099	♇ 41.5295
☊	Perihelia
☿ 18°♉ 56	☿ 18°♊ 15
♀ 17 ♊ 08	♀ 12 ♌ 04
⊕	⊕ 12 ♋ 44
♂ 19 ♉ 57	♂ 6 ♓ 56
♃ 11 ♋ 01	♃ 16 ♈ 22
♄ 24 ♋ 05	♄ 3 ♋ 49
♅ 14 ♊ 16	♅ 20 ♍ 40
♆ 12 ♌ 24	♆ 26 ♉ 05
♇ 21 ♋ 05	♇ 14 ♏ 13

Day	Aspect	Time
1 Su	♀⚼♇	8am29
	☿△♃	1pm43
2 M	♂□♅	0am11
	☿□♇	2 48
	♀⚹♆	8 9
3 T	☿⚼♀	5am 2
	⊕⚺☿	4pm25
4	♀ ♌	11pm18
5 Th	☿∠♄	8am20
	☿ A	8 46
	☿□♅	8pm57
6 F	☿☌♂	7pm53
	♀☍♄	8 27
7 S	☿⚼♃	4am38
	♀∠♅	5pm28
8 Su	☿⚻♆	3am59
	♂⚼♃	8pm48
9 M	☿ ♑	4pm39
	⊕⚹♅	10 40
10 T	♀☌♃	2am10
	♀⚻♇	2pm42
	♀⚼♂	3 23
	☿⚺♄	7 56
12 Th	⊕∠☿	0am16
	♀ P	9 52
	☿⚻♃	5pm22
	☿⚹♇	10 47
13 F	♂⚻♆	11am11
	☿⚼♆	12pm25
15	☿⚻♀	9pm57
16 M	⊕☍♆	11am32
	☿△♅	12pm36
17	♀⚺♅	0am48
18 W	☿∠♇	1am11
	☿△♆	2pm 2
19 Th	⊕⚹☿	12pm39
	☿⚺♂	5 8
	☿ ♒	10 11
20 F	⊕⚺♂	5pm50
	⊕ ♐	7 44
	♀□♆	9 0
	♂ ♑	9 2
21 S	☿☌♄	0am30
	♃⚻♇	2 35
	☿⚼♅	9 10
22 Su	☿⚺♇	6pm24
	☿☍♃	7 21
23	♀ ♍	10am23
24 T	⊕⚹♄	1pm27
	♀△♂	7 44
25 W	☿∠♂	4am16
	♀⚻♄	3pm59
	☿⚻♅	7 28
27 F	⊕□♀	5am10
	♂⚺♄	7 0
	☿□♆	12pm 0
28	☿ ♓	2pm 4
29 Su	♀☍♇	2am40
	♀⚺♃	12pm13
	☿⚺♄	1 8
	☿⚹♂	9 52
30 M	⊕□♇	10am19
	☿☌♇	9pm49
31 T	⊕□☿	1am18
	☿⚻♃	2 17
	⊕△♃	5 51
1	☿☍♀	1am11
2 Th	☿∠♄	4am10
	☿☍♅	9 20
3 F	☿⚼♃	2pm28
	☿⚹♆	5 50
4 S	♀⚼♄	1am55
	☿ ♈	2pm44
	♀☌♅	3 32
5 Su	☿⚹♄	10am33
	♂⚹♇	9pm15
6 M	☿⚺♇	12pm17
	☿□♂	2 15
	☿△♃	6 22
	☿∠♆	8 19
8 W	⊕△☿	3am 2
	♀∠♃	5 36
	♂⚻♃	6 35
	♀△♆	10 5
	☿⚻♅	1pm34
	♂⚼♆	6 55
9 Th	☿∠♇	9am 3
	☿⚺♆	4pm29
	⊕∠♄	5 27
10 F	☿⚻♀	5am 0
	☿ ♉	9 55
	⊕□♅	2pm 9
	♀ ♎	9 59
11 S	☿□♄	3am27
	☿⚼♅	6 46
	⊕⚼☿	10 3
12 Su	☿⚹♇	0am50
	☿□♃	7 50
	☿△♂	5pm11
13 M	♀△♄	12pm22
	☿ 0N	3 54
	☿⚼♀	6 42
	☿△♅	7 59
14 T	⊕⚻☿	10am19
	☿☌♆	7pm45
15 W	☿⚼♂	10am57
	☿ ♊	11 20
16 Th	☿△♄	3am52
	♀⚻♇	3pm51
	☿□♇	11 3
	⊕⚻♆	11 9
17 F	☿△♀	1am32
	☿⚹♃	7 0
	⊕⚼♃	8 35
	♀⚼♆	5pm24
	♀⚹♃	11 39
18 S	☿⚻♂	2am23
	☿ P	8 24
	☿⚼♄	1pm20
	☿□♅	3 51
19 Su	☿⚺♆	2pm39
	☿∠♃	4 43
20 M	⊕☍☿	1am54
	☿ ♋	5 46
	☿⚻♄	10pm44
21 T	⊕ ♑	3am26
	☿△♇	5pm30
22 W	☿∠♆	0am11
	☿⚺♃	3 1
	♀□♂	9pm 9
23 Th	♀⚺♅	8am16
	☿☍♂	9 57
	☿⚹♅	11 39
	☿□♀	12pm52
24 F	♂△♅	3am23
	☿⚼♇	4 35
	☿⚹♆	11 35
25 S	☿ ♌	3am41
	⊕⚻☿	10pm41
	☿☍♄	10 43
	⊕⚺♄	10 49
	♀⚼♇	11 31
26 Su	☿∠♅	0am56
	☿⚻♇	6pm47
27 M	♀⚻♆	1am32
	☿☌♃	7 5
28	☿⚺♅	6pm27
29 W	⊕⚼☿	6am18
	☿⚻♂	8 34
	♀ ♏	12pm11
	♆ P	8 28
	☿□♆	9 50
30 Th	☿ ♍	4pm27
	⊕⚹♇	10 30

JULY 2050

AUGUST 2050

July 2050

DAY	☿ LONG	☿ LAT	♀ LONG	♀ LAT	⊕ LONG	♂ LONG	♂ LAT
	° '	° '	° '	° '	° '	° '	° '
1 F	1♍34	6N50	2♏24	2N23	9♑24	24♑14	1S40
2 S	6 25	6 41	4 00	2 19	10 21	24 51	1 40
3 Su	11 07	6 30	5 36	2 15	11 19	25 27	1 41
4 M	15 40	6 16	7 13	2 11	12 16	26 04	1 41
5 Tu	20 04	6 00	8 49	2 06	13 13	26 40	1 42
6 W	24 19	5 43	10 25	2 02	14 10	27 17	1 42
7 Th	28 27	5 25	12 01	1 57	15 07	27 53	1 43
8 F	2♎28	5 06	13 37	1 53	16 05	28 30	1 43
9 S	6 21	4 45	15 13	1 48	17 02	29 07	1 44
10 Su	10 07	4 24	16 49	1 43	17 59	29 44	1 44
11 M	13 48	4 03	18 25	1 38	18 56	0♒20	1 45
12 Tu	17 22	3 41	20 01	1 33	19 53	0 57	1 45
13 W	20 51	3 19	21 37	1 28	20 51	1 34	1 45
14 Th	24 15	2 56	23 13	1 23	21 48	2 11	1 46
15 F	27 35	2 34	24 48	1 17	22 45	2 48	1 46
16 S	0♏50	2 11	26 24	1 12	23 42	3 25	1 46
17 Su	4 01	1 49	28 00	1 07	24 40	4 02	1 47
18 M	7 09	1 26	29 35	1 01	25 37	4 39	1 47
19 Tu	10 13	1 04	1♐11	0 56	26 34	5 16	1 47
20 W	13 14	0 42	2 47	0 51	27 31	5 54	1 48
21 Th	16 13	0 20	4 22	0 45	28 29	6 31	1 48
22 F	19 09	0S02	5 58	0 40	29 26	7 08	1 48
23 S	22 03	0 23	7 33	0 34	0♒23	7 45	1 48
24 Su	24 55	0 44	9 08	0 28	1 21	8 23	1 49
25 M	27 45	1 05	10 44	0 23	2 18	9 00	1 49
26 Tu	0♐34	1 25	12 19	0 17	3 15	9 37	1 49
27 W	3 22	1 45	13 54	0 12	4 13	10 15	1 49
28 Th	6 08	2 05	15 30	0 06	5 10	10 52	1 50
29 F	8 54	2 24	17 05	0 00	6 07	11 30	1 50
30 S	11 39	2 43	18 40	0S05	7 05	12 07	1 50
31 Su	14♐24	3S01	20♐15	0S11	8♒02	12♒45	1S50

August 2050

DAY	☿ LONG	☿ LAT	♀ LONG	♀ LAT	⊕ LONG	♂ LONG	♂ LAT
	° '	° '	° '	° '	° '	° '	° '
1 M	17♐09	3S19	21♐51	0S17	8♒59	13♒22	1S50
2 Tu	19 53	3 37	23 26	0 22	9 57	14 00	1 50
3 W	22 38	3 54	25 01	0 28	10 54	14 38	1 50
4 Th	25 24	4 11	26 36	0 34	11 52	15 15	1 51
5 F	28 10	4 27	28 11	0 39	12 49	15 53	1 51
6 S	0♑57	4 42	29 46	0 45	13 46	16 31	1 51
7 Su	3 45	4 57	1♑21	0 50	14 44	17 08	1 51
8 M	6 34	5 11	2 56	0 55	15 41	17 46	1 51
9 Tu	9 24	5 25	4 31	1 01	16 39	18 24	1 51
10 W	12 17	5 38	6 06	1 06	17 36	19 02	1 51
11 Th	15 11	5 50	7 41	1 12	18 34	19 39	1 51
12 F	18 08	6 02	9 16	1 17	19 31	20 17	1 51
13 S	21 07	6 12	10 51	1 22	20 29	20 55	1 51
14 Su	24 08	6 22	12 26	1 27	21 27	21 33	1 51
15 M	27 13	6 31	14 00	1 32	22 24	22 11	1 51
16 Tu	0♒20	6 39	15 35	1 37	23 22	22 49	1 51
17 W	3 32	6 45	17 10	1 42	24 20	23 27	1 51
18 Th	6 46	6 51	18 45	1 47	25 17	24 05	1 51
19 F	10 05	6 55	20 20	1 52	26 15	24 43	1 51
20 S	13 29	6 58	21 55	1 56	27 13	25 21	1 50
21 Su	16 57	7 00	23 30	2 01	28 11	25 59	1 50
22 M	20 30	7 00	25 05	2 05	29 08	26 37	1 50
23 Tu	24 09	6 59	26 39	2 10	0♓06	27 15	1 50
24 W	27 53	6 55	28 14	2 14	1 04	27 53	1 50
25 Th	1♓44	6 50	29 49	2 18	2 02	28 31	1 50
26 F	5 40	6 43	1♒24	2 22	3 00	29 09	1 50
27 S	9 44	6 33	2 59	2 26	3 58	29 47	1 49
28 Su	13 55	6 21	4 34	2 30	4 56	0♓25	1 49
29 M	18 14	6 07	6 09	2 34	5 53	1 03	1 49
30 Tu	22 41	5 50	7 43	2 37	6 51	1 41	1 49
31 W	27♓16	5S30	9♒18	2S41	7♓49	2♓19	1S48

DAY	♃ LONG	♃ LAT	♄ LONG	♄ LAT	♅ LONG	♅ LAT	♆ LONG	♆ LAT	♇ LONG	♇ LAT
	° '	° '	° '	° '	° '	° '	° '	° '	° '	° '
3 Su	12♌38.1	0N41	4♒48.3	0S28	20♍12.4	0N46	26♉06.5	1S43	9♓21.1	12S59
8 F	13 02.1	0 41	4 57.5	0 28	20 16.3	0 46	26 08.3	1 43	9 22.2	12 59
13 W	13 26.1	0 42	5 06.6	0 29	20 20.2	0 46	26 10.1	1 43	9 23.2	12 59
18 M	13 50.0	0 42	5 15.8	0 29	20 24.1	0 46	26 12.0	1 43	9 24.3	12 59
23 S	14 13.9	0 43	5 25.0	0 29	20 28.0	0 46	26 13.8	1 43	9 25.3	12 59
28 Th	14 37.8	0 43	5 34.2	0 30	20 31.9	0 46	26 15.7	1 43	9 26.4	13 00
2 Tu	15 01.7	0 44	5 43.4	0 30	20 35.8	0 46	26 17.5	1 43	9 27.5	13 00
7 Su	15 25.6	0 44	5 52.6	0 31	20 39.7	0 46	26 19.3	1 43	9 28.5	13 00
12 F	15 49.4	0 45	6 01.8	0 31	20 43.5	0 46	26 21.2	1 43	9 29.6	13 00
17 W	16 13.3	0 45	6 11.0	0 31	20 47.4	0 46	26 23.0	1 43	9 30.6	13 00
22 M	16 37.1	0 45	6 20.2	0 32	20 51.3	0 46	26 24.8	1 43	9 31.7	13 01
27 S	17 00.9	0 46	6 29.4	0 32	20 55.2	0 46	26 26.7	1 43	9 32.7	13 01

☿ .349958	☿a.466686
♀ .722465	♀ .726437
⊕a1.01659	⊕ 1.01500
♂ 1.41316	♂ 1.39104
♃ 5.30335	♃ 5.31334
♄ 9.95830	♄ 9.95332
♅ 18.2831	♅p18.2831
♆ 29.8168	♆ 29.8168
♇ 41.5484	♇ 41.5680
Ω	Perihelia
☿ 18°♉ 56	☿ 18°♊ 15
♀ 17 ♊ 08	♀ 12 ♌ 09
⊕	⊕ 16 ♋ 16
♂ 19 ♉ 57	♂ 6 ♓ 57
♃ 11 ♋ 01	♃ 16 ♈ 22
♄ 24 ♋ 05	♄ 3 ♋ 51
♅ 14 ♊ 16	♅ 20 ♍ 49
♆ 12 ♌ 24	♆ 26 ♉ 08
♇ 21 ♋ 05	♇ 14 ♏ 13

1 F	♂∠♇	4am20
	☿✶♀	6 4
	☿⚻♄	3pm44
2 S	♀□♄	11am44
	☿☍♇	2pm54
	♀∠♅	5 57
	⊕⚼♆	6 52
	☿⚼♂	8 3
3 Su	⊕△☿	1am17
	☿⚺♃	8 5
4 M	♂△♆	2am10
	⊕⚻♃	12pm26
	☿⚼♄	10 54
5 T	☿☌♅	0am57
	♀△♇	8 9
6 W	⊕ A	2am 2
	☿∠♀	10 14
	☿△♆	10 23
	☿△♂	8pm 5
	☿∠♃	9 0
7 Th	☿ ♎	9am10
	♀□♃	2pm45
8	☿△♄	3pm28
9	☿⚻♇	7pm12
10 Su	☿⚼♆	6am40
	♂ ♒	10 41
	☿✶♃	8pm30
11	⊕✶♀	7pm14
12 T	♀✶♅	4am38
	⊕△♅	11 5
	☿⚺♅	8pm23
	⊕□☿	11 54
13	☿⚺♀	9am59
14 Th	☿⚼♇	0am58
	☿⚻♆	1pm49
15 F	☿ ♏	5pm49
	♀☍♆	8 45
16	⊕∠♇	5pm28
17 Su	☿□♂	0am10
	☿□♄	9 22
	☿∠♅	10 30
18 M	♀ ♐	6am10
	⊕△♆	2pm49
	☿△♇	5 38
19 T	♂☌♄	0am50
	♂⚼♅	5 33
20	☿□♃	6am13
21 Th	♀✶♄	3pm11
	☿0S	10 14
22 F	☿✶♅	10am49
	⊕ ♒	2pm14
23	♀✶♂	5am 6
24 Su	♀□♇	4am19
	☿☍♆	11 10
25 M	♂⚺♇	4pm37
	♄⚼♅	6 52
	☿ ♐	7 9
27 W	♀△♃	10am14
	⊕✶☿	11 10
	☿✶♄	7pm 2
28 Th	⊕⚼♅	9am19
	⊕☌♄	10 31
29 F	♀0S	0am52
	☿□♇	4 44
30	☿✶♂	5am17
31 Su	☿△♃	4am13
	♀□♅	4 48
	♀∠♄	6 16
1 M	☿ A	8am 3
	⊕⚺♇	11 43
2 T	☿□♅	6am12
	☿∠♄	7 22
3	♀⚻♆	7pm33
W	♂☍♃	9 6
4 Th	☿⚻♆	7am55
	⊕∠♀	10 0
	⊕∠☿	7pm25
5 F	☿☌♀	0am23
	☿ ♑	3pm52
	☿⚼♃	6 43
6 S	♀ ♑	3am33
	☿∠♂	6 17
	♀⚼♃	9 17
7 Su	☿⚺♄	6pm23
	⊕☍♃	7 1
	♀∠♂	7 52
9 T	☿✶♇	0am38
	☿⚼♆	4pm10
	♀⚺♄	10 0
11	☿⚻♃	4am43
12 F	♀✶♇	3am30
	⊕⚺☿	4pm38
	♂⚻♅	4 59
	☿△♅	9 2
	☿⚺♂	10 5
13 S	⊕⚻♅	6am27
	♀⚼♆	7 50
14 Su	☿∠♇	2am52
	⊕☌♂	7 46
	☿△♆	5pm29
15	☿ ♒	9pm25
16	♀⚻♃	8am49
17 W	♅ P	0am22
	☿⚼♅	4pm51
	☿☌♄	7 52
18	☿⚺♇	7pm53
19 F	⊕□♆	3am37
	♀△♅	7 24
20	☿☍♃	9pm 7
21 Su	♀∠♇	3pm39
	♂□♆	4 26
22 M	☿⚻♅	2am22
	♀△♆	8pm23
	⊕ ♓	9 26
23	☿□♆	2pm42
T	♀⚺♂	2 54
	☿☌♂	11 58
24 W	☿⚺♀	3am50
	☿ ♓	1pm18
25 Th	⊕☌☿	2am30
	♀ ♒	2 45
26 F	☿⚺♄	4am44
	☿☌♇	10pm53
27	♂ ♓	8am14
28 Su	⊕⚺♀	2pm10
	☿⚻♃	6 3
	♀⚼♅	8 59
29 M	♀☌♄	6am19
	☿☍♅	2pm46
	⊕⚺♄	4 57
	☿∠♄	6 6
30 T	☿∠♀	0am22
	☿✶♆	7pm54
31 W	♀⚺♇	3am51
	☿ ♈	1pm59

SEPTEMBER 2050

DAY	☿ LONG	☿ LAT	♀ LONG	♀ LAT	⊕ LONG	♂ LONG	♂ LAT
	° '	° '	° '	° '	° '	° '	° '
1 Th	1♈59	5S08	10♒53	2S44	8♓47	2♓57	1S48
2 F	6 52	4 42	12 28	2 48	9 45	3 35	1 48
3 S	11 53	4 14	14 03	2 51	10 43	4 14	1 48
4 Su	17 04	3 43	15 38	2 54	11 42	4 52	1 47
5 M	22 23	3 09	17 13	2 57	12 40	5 30	1 47
6 Tu	27 52	2 32	18 48	2 59	13 38	6 08	1 47
7 W	3♉29	1 52	20 23	3 02	14 36	6 46	1 46
8 Th	9 15	1 11	21 58	3 04	15 34	7 24	1 46
9 F	15 09	0 28	23 33	3 07	16 32	8 02	1 45
10 S	21 09	0N16	25 08	3 09	17 31	8 40	1 45
11 Su	27 16	1 01	26 43	3 11	18 29	9 19	1 45
12 M	3♊28	1 46	28 18	3 13	19 27	9 57	1 44
13 Tu	9 44	2 30	29 53	3 15	20 26	10 35	1 44
14 W	16 02	3 12	1♓28	3 16	21 24	11 13	1 43
15 Th	22 22	3 52	3 03	3 18	22 23	11 51	1 43
16 F	28 41	4 30	4 38	3 19	23 21	12 29	1 42
17 S	4♋57	5 03	6 13	3 20	24 20	13 07	1 42
18 Su	11 11	5 33	7 48	3 21	25 18	13 45	1 42
19 M	17 19	5 58	9 23	3 22	26 17	14 23	1 41
20 Tu	23 22	6 20	10 58	3 23	27 15	15 01	1 41
21 W	29 17	6 36	12 34	3 23	28 14	15 39	1 40
22 Th	5♌04	6 48	14 09	3 23	29 13	16 17	1 39
23 F	10 43	6 56	15 44	3 24	0♈11	16 55	1 39
24 S	16 12	7 00	17 19	3 24	1 10	17 33	1 38
25 Su	21 32	7 00	18 55	3 24	2 09	18 11	1 38
26 M	26 42	6 57	20 30	3 23	3 08	18 49	1 37
27 Tu	1♍43	6 50	22 05	3 23	4 06	19 27	1 37
28 W	6 34	6 41	23 40	3 22	5 05	20 05	1 36
29 Th	11 15	6 29	25 16	3 22	6 04	20 43	1 35
30 F	15♍48	6N15	26♓51	3S21	7♈03	21♓21	1S35

OCTOBER 2050

DAY	☿ LONG	☿ LAT	♀ LONG	♀ LAT	⊕ LONG	♂ LONG	♂ LAT
	° '	° '	° '	° '	° '	° '	° '
1 S	20♍12	6N00	28♓26	3S20	8♈02	21♓59	1S34
2 Su	24 27	5 43	0♈02	3 19	9 01	22 37	1 33
3 M	28 35	5 24	1 37	3 17	10 00	23 15	1 33
4 Tu	2♎35	5 05	3 13	3 16	10 59	23 53	1 32
5 W	6 28	4 45	4 48	3 14	11 58	24 30	1 31
6 Th	10 14	4 24	6 24	3 12	12 57	25 08	1 31
7 F	13 54	4 02	7 59	3 10	13 56	25 46	1 30
8 S	17 29	3 40	9 35	3 08	14 55	26 24	1 29
9 Su	20 58	3 18	11 10	3 06	15 55	27 02	1 29
10 M	24 22	2 56	12 46	3 04	16 54	27 39	1 28
11 Tu	27 41	2 33	14 22	3 01	17 53	28 17	1 27
12 W	0♏56	2 11	15 57	2 59	18 52	28 55	1 26
13 Th	4 07	1 48	17 33	2 56	19 52	29 32	1 26
14 F	7 15	1 26	19 09	2 53	20 51	0♈10	1 25
15 S	10 19	1 03	20 44	2 50	21 51	0 47	1 24
16 Su	13 20	0 41	22 20	2 47	22 50	1 25	1 23
17 M	16 18	0 19	23 56	2 43	23 50	2 02	1 22
18 Tu	19 14	0S02	25 32	2 40	24 49	2 40	1 22
19 W	22 08	0 24	27 07	2 36	25 49	3 17	1 21
20 Th	25 00	0 45	28 43	2 32	26 48	3 55	1 20
21 F	27 50	1 05	0♉19	2 29	27 48	4 32	1 19
22 S	0♐39	1 26	1 55	2 25	28 48	5 09	1 18
23 Su	3 27	1 46	3 31	2 21	29 47	5 47	1 17
24 M	6 13	2 05	5 07	2 16	0♉47	6 24	1 16
25 Tu	8 59	2 25	6 43	2 12	1 47	7 01	1 16
26 W	11 44	2 44	8 19	2 08	2 47	7 39	1 15
27 Th	14 29	3 02	9 55	2 03	3 46	8 16	1 14
28 F	17 14	3 20	11 31	1 59	4 46	8 53	1 13
29 S	19 59	3 38	13 07	1 54	5 46	9 30	1 12
30 Su	22 44	3 55	14 43	1 49	6 46	10 07	1 11
31 M	25♐29	4S11	16♉19	1S44	7♉46	10♈44	1S10

DAY	♃ LONG	♃ LAT	♄ LONG	♄ LAT	♅ LONG	♅ LAT	♆ LONG	♆ LAT	♇ LONG	♇ LAT
	° '	° '	° '	° '	° '	° '	° '	° '	° '	° '
1 Th	17♌24.7	0N46	6♒38.6	0S32	20♍59.1	0N46	26♉28.5	1S43	9♓33.8	13S01
6 Tu	17 48.5	0 47	6 47.8	0 33	21 03.0	0 46	26 30.3	1 43	9 34.8	13 01
11 Su	18 12.3	0 47	6 57.0	0 33	21 06.9	0 46	26 32.2	1 43	9 35.9	13 02
16 F	18 36.0	0 48	7 06.2	0 34	21 10.7	0 46	26 34.0	1 43	9 36.9	13 02
21 W	18 59.8	0 48	7 15.4	0 34	21 14.6	0 46	26 35.8	1 43	9 38.0	13 02
26 M	19 23.5	0 48	7 24.7	0 34	21 18.5	0 46	26 37.7	1 43	9 39.1	13 02
1 S	19 47.2	0 49	7 33.9	0 35	21 22.4	0 46	26 39.5	1 43	9 40.1	13 02
6 Th	20 10.9	0 49	7 43.1	0 35	21 26.3	0 46	26 41.3	1 43	9 41.2	13 03
11 Tu	20 34.6	0 50	7 52.3	0 36	21 30.2	0 46	26 43.2	1 43	9 42.2	13 03
16 Su	20 58.3	0 50	8 01.5	0 36	21 34.1	0 46	26 45.0	1 43	9 43.3	13 03
21 F	21 22.0	0 51	8 10.7	0 36	21 37.9	0 46	26 46.8	1 43	9 44.3	13 03
26 W	21 45.6	0 51	8 20.0	0 37	21 41.8	0 46	26 48.7	1 43	9 45.4	13 03
31 M	22 09.2	0 51	8 29.2	0 37	21 45.7	0 46	26 50.5	1 43	9 46.4	13 04

☿p .353723	☿a .373077
♀a .728221	♀ .726698
⊕ 1.00935	⊕ 1.00139
♂p 1.38140	♂ 1.38516
♃ 5.32310	♃ 5.33231
♄ 9.94821	♄ 9.94315
♅ 18.2831	♅ 18.2831
♆ 29.8168	♆ 29.8168
♇ 41.5875	♇ 41.6064
☊	Perihelia
☿ 18°♉ 56	☿ 18°♊ 15
♀ 17 ♊ 08	♀ 12 ♌ 15
⊕	⊕ 16 ♋ 20
♂ 19 ♉ 57	♂ 6 ♓ 58
♃ 11 ♋ 01	♃ 16 ♈ 24
♄ 24 ♋ 05	♄ 3 ♋ 55
♅ 14 ♊ 16	♅ 20 ♍ 57
♆ 12 ♌ 25	♆ 26 ♉ 25
♇ 21 ♋ 04	♇ 14 ♏ 11

Day	Aspect	Time
1 Th	☿⚼♃	2am 9
	☿⚺♂	5 33
	♀ A	6pm24
	⊕☌♇	7 15
	☿⚹♄	11 5
2 F	☿⚺♇	1pm 1
	⊕⚺☿	5 14
	☿∠♆	10 7
3	☿⚹♀	2pm35
4 Su	☿△♃	2am44
	☿∠♂	2pm25
	☿⚻♅	5 58
5 M	♀☍♃	8am13
	☿∠♇	9 41
	☿⚺♆	6pm 6
6 T	⊕∠☿	4am 0
	☿ ♉	9 11
7 W	♂⚺♄	2am23
	♂ P	7 14
	♀⚻♅	10 27
	☿⚼♅	10 49
	☿□♄	2pm 3
	☿⚹♂	3 25
8	☿⚹♇	1am23
9 F	⊕⚹☿	6am42
	☿□♃	11 47
	☿0N	3pm11
	☿△♅	11 47
10 S	⊕⚻♃	4pm28
	☿□♀	9 3
	☿☌♆	9 8
	♀□♆	9 20
11 Su	☿ ♊	10am36
	♂☌♇	10 59
12 M	☿△♄	1pm32
	☿□♇	11 30
13 T	♀ ♓	1am50
	☿□♂	3 35
	⊕☍♅	5pm45
14 W	☿ P	7am41
	☿⚹♃	9 14
	⊕∠♄	4pm15
	☿□♅	7 27
	☿⚼♄	10 54
15 Th	⊕□☿	0am 4
	☿⚺♆	3pm58
16 F	☿ ♋	5am 3
	☿∠♃	7pm 3
17 S	☿△♀	6am29
	☿⚻♄	8 25
	♀⚺♄	2pm10
	☿△♇	5 58
18 Su	☿∠♆	1am33
	☿△♂	11 10
19 M	♀☌♇	3am37
	☿⚺♃	6 4
	⊕⚹♆	7 33
	☿⚹♅	3pm28
20 T	☿⚼♇	5am 6
	☿⚹♆	1pm 3
	☿⚼♀	2 23
	⊕△☿	6 51
21 W	☿ ♌	2am57
	☿⚼♂	6 20
22 Th	☿∠♅	5am 0
	☿☍♄	9 25
	⊕ ♈	7pm21
	☿⚻♇	7 23
23	⊕⚼☿	11pm49
24 S	♀☌♂	5am57
	☿⚻♂	6 50
	☿⚻♀	7 4
	☿☌♃	1pm46
	☿⚺♅	10 55
25 Su	♀⚻♃	6am26
	☿□♆	11pm39
26 M	♀☍♅	12pm23
	☿ ♍	3 43
27 T	♂⚻♃	0am38
	♀∠♄	5 30
	⊕⚼♃	9 42
	⊕⚻☿	2pm44
28 W	☿⚻♄	4am38
	☿☍♇	3pm45
29	♀⚹♆	8pm59
30 F	♂☍♅	0am17
	⊕⚹♄	12pm13
	☿⚺♃	9 42
1 S	☿☌♅	6am35
	☿☍♂	11 44
	☿⚼♄	1pm21
	♂∠♄	11 10
	♀ ♈	11 32
2 Su	☿△♆	12pm47
	⊕⚺♇	4 7
3	☿ ♎	8am26
4 T	☿☍♀	6am30
	☿∠♃	3pm20
	⊕∠♆	5 4
5 W	♀⚼♃	4am45
	☿△♄	7 46
	☿⚻♇	8pm27
6 Th	☿⚼♆	9am26
	♀⚹♄	8pm20
7	⊕☍☿	0am17
8 S	♀⚺♇	1am43
	♂⚹♆	11 45
	☿⚹♃	8pm 8
9 Su	☿⚺♅	3am37
	♀∠♆	8 5
10 M	☿⚼♇	2am26
	☿⚻♆	4pm59
11 T	☿⚻♂	5am26
	☿ ♏	5pm 4
13 Th	♂ ♈	5pm46
	☿∠♅	6 34
	⊕△♃	10 57
14 F	☿□♄	5am40
	⊕⚻♅	4pm53
	☿△♇	7 19
15 S	♀△♃	2am27
	♀⚻♅	12pm23
16	⊕☌♀	7pm57
17 M	☿⚼♂	7am34
	♀∠♇	11 59
	☿0S	9pm30
	⊕∠♇	9 46
18 T	☿□♃	4pm 3
	♀⚺♆	6 39
	☿⚹♅	7 33
19	⊕⚺♆	11pm14
20 Th	☿☍♆	2pm59
	♀ ♉	7 14
	⊕⚻☿	11 27
21	☿ ♐	6pm24
23 Su	☿⚻♀	1am21
	⊕ ♉	5 5
24 M	☿△♂	1am59
	♂⚼♃	8 56
	☿⚹♄	5pm58
	♀⚼♅	11 34
25 T	♃⚺♅	1am 4
	☿□♇	6 41
	♀⚺♂	7 34
26 W	♀□♄	0am18
	♀⚹♇	9pm41
27	♂⚹♄	4am10
28	☿ A	7am20
29 S	♂⚺♇	10am28
	⊕⚼☿	10 52
	☿□♅	3pm26
	☿△♃	6 10
	⊕⚼♅	11 34
30	☿∠♄	6am26
31 M	☿⚻♆	11am50
	⊕□♄	5pm52

NOVEMBER 2050

DAY	☿ LONG	☿ LAT	♀ LONG	♀ LAT	⊕ LONG	♂ LONG	♂ LAT
	° '	° '	° '	° '	° '	° '	° '
1 Tu	28♐15	4S27	17♉55	1S40	8♉46	11♈21	1S09
2 W	1♑02	4 43	19 32	1 35	9 46	11 58	1 08
3 Th	3 50	4 57	21 08	1 29	10 46	12 35	1 07
4 F	6 39	5 12	22 44	1 24	11 46	13 12	1 06
5 S	9 30	5 25	24 20	1 19	12 46	13 49	1 05
6 Su	12 22	5 38	25 57	1 14	13 46	14 25	1 04
7 M	15 17	5 50	27 33	1 08	14 46	15 02	1 04
8 Tu	18 13	6 02	29 09	1 03	15 47	15 39	1 03
9 W	21 12	6 12	0♊46	0 58	16 47	16 15	1 02
10 Th	24 14	6 22	2 22	0 52	17 47	16 52	1 01
11 F	27 18	6 31	3 58	0 46	18 47	17 29	1 00
12 S	0♒26	6 39	5 35	0 41	19 48	18 05	0 59
13 Su	3 38	6 46	7 11	0 35	20 48	18 42	0 58
14 M	6 53	6 51	8 48	0 30	21 48	19 18	0 57
15 Tu	10 12	6 56	10 25	0 24	22 49	19 54	0 56
16 W	13 35	6 59	12 01	0 18	23 49	20 31	0 55
17 Th	17 04	7 00	13 38	0 12	24 50	21 07	0 54
18 F	20 37	7 00	15 14	0 07	25 50	21 43	0 52
19 S	24 16	6 59	16 51	0 01	26 51	22 20	0 51
20 Su	28 00	6 55	18 28	0N05	27 51	22 56	0 50
21 M	1♓51	6 50	20 05	0 10	28 52	23 32	0 49
22 Tu	5 48	6 42	21 41	0 16	29 52	24 08	0 48
23 W	9 52	6 33	23 18	0 22	0♊53	24 44	0 47
24 Th	14 03	6 21	24 55	0 28	1 54	25 20	0 46
25 F	18 22	6 07	26 32	0 33	2 54	25 56	0 45
26 S	22 49	5 50	28 09	0 39	3 55	26 32	0 44
27 Su	27 24	5 30	29 46	0 45	4 56	27 07	0 43
28 M	2♈08	5 07	1♋23	0 50	5 56	27 43	0 42
29 Tu	7 01	4 42	3 00	0 56	6 57	28 19	0 41
30 W	12♈03	4S13	4♋37	1N01	7♊58	28♈55	0S40

DECEMBER 2050

DAY	☿ LONG	☿ LAT	♀ LONG	♀ LAT	⊕ LONG	♂ LONG	♂ LAT
	° '	° '	° '	° '	° '	° '	° '
1 Th	17♈13	3S42	6♋14	1N07	8♊59	29♈30	0S39
2 F	22 33	3 08	7 51	1 12	9 59	0♉06	0 38
3 S	28 02	2 31	9 28	1 17	11 00	0 41	0 37
4 Su	3♉40	1 51	11 05	1 23	12 01	1 17	0 36
5 M	9 26	1 10	12 42	1 28	13 02	1 52	0 34
6 Tu	15 20	0 27	14 19	1 33	14 03	2 27	0 33
7 W	21 21	0N18	15 56	1 38	15 04	3 03	0 32
8 Th	27 28	1 03	17 34	1 43	16 05	3 38	0 31
9 F	3♊40	1 47	19 11	1 48	17 05	4 13	0 30
10 S	9 56	2 31	20 48	1 53	18 06	4 48	0 29
11 Su	16 14	3 14	22 25	1 58	19 07	5 23	0 28
12 M	22 34	3 54	24 03	2 02	20 08	5 58	0 27
13 Tu	28 52	4 31	25 40	2 07	21 09	6 33	0 26
14 W	5♋09	5 04	27 17	2 11	22 10	7 08	0 25
15 Th	11 22	5 34	28 55	2 16	23 11	7 43	0 24
16 F	17 31	5 59	0♌32	2 20	24 13	8 18	0 22
17 S	23 33	6 20	2 10	2 24	25 14	8 53	0 21
18 Su	29 28	6 37	3 47	2 28	26 15	9 27	0 20
19 M	5♌15	6 49	5 25	2 32	27 16	10 02	0 19
20 Tu	10 53	6 56	7 02	2 36	28 17	10 36	0 18
21 W	16 22	7 00	8 39	2 40	29 18	11 11	0 17
22 Th	21 42	7 00	10 17	2 43	0♋19	11 45	0 16
23 F	26 52	6 56	11 54	2 46	1 20	12 20	0 15
24 S	1♍52	6 50	13 32	2 50	2 21	12 54	0 14
25 Su	6 43	6 40	15 09	2 53	3 22	13 28	0 13
26 M	11 24	6 29	16 47	2 56	4 23	14 03	0 11
27 Tu	15 56	6 15	18 24	2 59	5 25	14 37	0 10
28 W	20 20	5 59	20 02	3 01	6 26	15 11	0 09
29 Th	24 35	5 42	21 39	3 04	7 27	15 45	0 08
30 F	28 42	5 24	23 17	3 06	8 28	16 19	0 07
31 S	2♎42	5N04	24♌55	3N09	9♋29	16♉53	0S06

DAY	♃ LONG	♃ LAT	♄ LONG	♄ LAT	♅ LONG	♅ LAT	♆ LONG	♆ LAT	♇ LONG	♇ LAT
	° '	° '	° '	° '	° '	° '	° '	° '	° '	° '
5 S	22♌32.9	0N52	8♒38.4	0S38	21♍49.6	0N46	26♉52.4	1S43	9♓47.5	13S04
10 Th	22 56.5	0 52	8 47.6	0 38	21 53.5	0 46	26 54.2	1 43	9 48.5	13 04
15 Tu	23 20.1	0 53	8 56.9	0 38	21 57.4	0 46	26 56.0	1 43	9 49.6	13 04
20 Su	23 43.7	0 53	9 06.1	0 39	22 01.3	0 46	26 57.9	1 42	9 50.6	13 04
25 F	24 07.3	0 53	9 15.3	0 39	22 05.2	0 46	26 59.7	1 42	9 51.7	13 05
30 W	24 30.8	0 54	9 24.6	0 39	22 09.1	0 46	27 01.5	1 42	9 52.7	13 05
5 M	24 54.4	0 54	9 33.8	0 40	22 13.0	0 46	27 03.4	1 42	9 53.8	13 05
10 S	25 17.9	0 55	9 43.1	0 40	22 16.8	0 46	27 05.2	1 42	9 54.9	13 05
15 Th	25 41.5	0 55	9 52.3	0 41	22 20.7	0 46	27 07.1	1 42	9 55.9	13 05
20 Tu	26 05.0	0 55	10 01.5	0 41	22 24.6	0 46	27 08.9	1 42	9 57.0	13 06
25 Su	26 28.5	0 56	10 10.8	0 41	22 28.5	0 46	27 10.7	1 42	9 58.0	13 06
30 F	26 52.0	0 56	10 20.0	0 42	22 32.4	0 46	27 12.6	1 42	9 59.1	13 06

☿ .464795	☿p.337337
♀ .722829	♀p.719388
⊕ .992727	⊕ .986204
♂ 1.40207	♂ 1.42901
♃ 5.34157	♃ 5.35027
♄ 9.93779	♄ 9.93249
♅ 18.2832	♅ 18.2833
♆ 29.8168	♆ 29.8168
♇ 41.6260	♇ 41.6449
☊	Perihelia
☿ 18°♉ 56	☿ 18°♊ 15
♀ 17 ♊ 08	♀ 12 ♌ 18
⊕	⊕ 13 ♋ 11
♂ 19 ♉ 57	♂ 6 ♓ 57
♃ 11 ♋ 02	♃ 16 ♈ 25
♄ 24 ♋ 05	♄ 4 ♋ 00
♅ 14 ♊ 16	♅ 21 ♍ 08
♆ 12 ♌ 25	♆ 26 ♉ 40
♇ 21 ♋ 04	♇ 14 ♏ 10

1 T	☿ ♑	3pm 7
	♂∠♆	7 36
2	⊕✶♇	0am23
3 Th	♀△♅	10am 8
	♀□♃	7pm51
4 F	☿⚼♃	7am 7
	☿⚺♄	4pm43
	☿⚼♀	8 57
5 S	☿✶♇	2am29
	☿⚼♆	7pm54
6 Su	♀☌♆	2pm 3
	⊕△☿	5 41
	☿□♂	9 29
7	⊕⚺♂	4pm 5
8	♀ ♊	12pm38
9 W	☿△♅	5am25
	♀∠♂	11 58
	☿⚻♃	1pm33
10 Th	☿∠♇	4am33
	☿△♆	8pm55
11	☿ ♒	8pm40
14 M	☿⚼♅	0am29
	♀△♄	1 47
	⊕△♅	3 18
	☿☌♄	2pm57
	♀□♇	3 17
	☿⚺♇	9 21
15 T	☿△♀	2am56
	⊕□♃	1pm28
18 F	☿✶♂	8am49
	☿⚻♅	9 12
	♂⚻♅	11 5
	☿☍♃	7pm56
19 S	⊕☌♆	2am41
	♀0N	4 16
	☿□♆	5pm24
	⊕□☿	10 44
20	☿ ♓	12pm33
21	♂△♃	12pm42
22 T	⊕ ♊	2am59
	♀□♅	5 22
	☿⚺♄	8pm 3
	☿∠♂	11 5
	☿☌♇	11 56
23 W	♂∠♇	4am57
	♀✶♃	10 20
	♀⚼♄	1pm30
24	♀✶♂	9am47
25 F	♀⚺♆	6am55
	☿☍♅	8pm 9
26 S	☿⚻♃	7am25
	☿∠♄	7 48
	♂⚺♆	7pm16
	☿✶♆	9 56
	☿⚺♂	10 19
27 Su	♀ ♋	3am32
	☿ ♈	1pm15
	☿□♀	6 15
28	⊕✶☿	11pm36
29 T	☿✶♄	11am26
	☿⚼♃	11 50
	☿⚺♇	1pm45
	☿∠♆	11 55

1 Th	⊕△♄	11am21
	♂ ♉	8pm 9
	⊕□♇	9 33
	☿⚻♅	10 19
2 F	☿△♃	9am29
	☿∠♇	10 17
	⊕∠☿	1pm10
	☿⚺♆	7 42
3 S	♀⚻♄	0am34
	♀∠♃	4 27
	♀△♇	6 20
	☿ ♉	8 26
	☿☌♂	12pm42
4 Su	♀∠♆	2pm24
	☿⚼♅	2 49
5 M	☿□♄	0am32
	☿✶♇	1 54
	⊕⚺♀	1pm 3
	⊕⚺☿	5 44
	☿✶♀	6 24
6	☿0N	2pm27
7 W	☿△♅	3am33
	☿□♃	2pm49
	☿☌♆	10 29
8	☿ ♊	9am51
9 F	☿⚺♂	2am21
	☿∠♀	2 41
	☿△♄	11pm11
	☿□♇	11 56
10	♀✶♅	10pm 3
11 Su	☿ P	6am57
	⊕☌☿	1pm 3
	☿∠♂	5 22
	☿□♅	11 2
12 M	☿⚺♀	7am36
	☿⚼♄	8 28
	☿✶♃	11 8
	♀⚼♇	12pm58
	☿⚺♆	5 16
	♀⚺♃	9 54
13 T	☿ ♋	4am18
	♀✶♆	9pm20
	⊕∠♂	9 55
14 W	⊕□♅	3am48
	♂⚼♅	8 18
	☿✶♂	8 25
	☿⚻♄	6pm10
	☿△♇	6 25
	☿∠♃	9 20
15 Th	☿∠♆	2am54
	♀ ♌	4pm 3
16 F	⊕⚼♄	4pm52
	☿✶♅	7 17
17 S	♄⚺♇	5am 4
	☿⚼♇	5 36
	⊕⚺☿	8 9
	☿⚺♃	9 24
	☿✶♆	2pm29
	⊕✶♃	3 52
18 Su	☿ ♌	2am12
	♂✶♇	8pm26
	⊕⚺♆	9 9
	♂□♄	10 24
19 M	☿☌♀	0am56
	☿∠♅	9 6
	☿⚻♇	7pm58
	☿☍♄	8 16
	☿□♂	10 40
20 T	♀∠♅	5am38
	⊕∠☿	12pm46
21	⊕ ♋	4pm32
W	♀⚻♇	7 11
	♀☍♄	9 4
22 Th	☿⚺♅	3am24
	☿☌♃	9pm24
23 F	☿□♆	1am26
	♀ P	5 19
	♀□♂	9 41
	☿ ♍	2pm57
24	⊕✶☿	3am 0
25 Su	☿☍♇	4pm36
	☿⚻♄	5 48
26	☿△♂	3pm54
27	☿⚺♀	9pm21
28	☿☌♅	12pm15
29 Th	☿⚼♄	4am 9
	♀⚺♅	12pm57
	☿⚺♃	12 59
	☿△♆	3 11
30 F	⊕∠♀	7am11
	☿ ♎	7 41
	☿⚼♂	6pm11
31 S	⊕△♇	11am56
	⊕⚻♄	9pm25

www.ingramcontent.com/pod-product-compliance
Lightning Source LLC
Chambersburg PA
CBHW080726230426
43665CB00020B/2626

* 9 7 8 0 9 7 6 2 4 2 2 5 3 *